기계설계 제도 편람

오니시 키요시 지음 | 노수황 감역 | 김정아 옮김

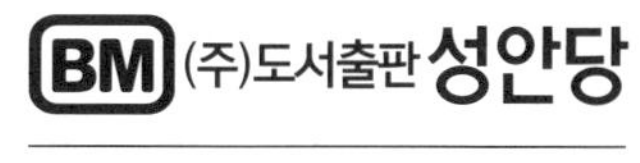

(주)도서출판 성안당

日本 옴사 · 성안당 공동 출간

기계설계제도 편람

Original Japanese Language edition
JIS NI MOTOZUKU KIKAI SEKKEI SEIZU BINRAN (DAI 12 HAN)
by Kiyoshi Onishi

Published by Ohmsha, Ltd.
Korean translation rights arranged with Ohmsha, Ltd.
through Japan UNI Agency, Inc., Tokyo

서문

앞서 수작 'JIS에 기초하는 표준제도법'을 저술한 오니시 키요시(大西 淸)씨가 이번에 다시 본서를 간행하게 됐다.

이러한 종류의 우수한 편람을 설계·제도자는 물론, 현장기술자 및 학생들이 얼마나 바라고 있었는지는 이미 논할 필요도 없지만, 이것은 또한 지극히 어려운 일이었다.

'기계설계제조편람'이 구비해야 하는 요건은 국가 규격을 기본으로 설계·제도의 기초이론과 함께 실용상·경험상의 필요사항이 폭넓게 기술되어 있어야 하고, 또한 이들을 쉽게 응용할 수 있는 형태로 되어 있어야 한다.

이번에 오니시씨가 저술한 본서는 필요한 일본공업규격(JIS)는 물론이고 해외의 주요 자료도 참고로 했으며, 풍부한 그림 예시와 함께 적절하게 이론과 경험을 통일 분류해 그 이용 가치가 매우 높다. 그러나 오니시씨가 단순히 설계·제조 분야만으로 한정하지 않고, 설계·제조자 및 현장기술자에게 없어서는 안 되는 실제 상의 공작 지식을 함께 기술한 것은 정말로 적절했다고 생각한다.

본인은 본서의 간행에 있어 오니시씨의 변함없는 연찬을 기쁘게 생각하는 동시에, 널리 세상에 본서를 추천하는 바이다.

1955년 5월

공학박사 츠무라 토시미츠(津村 利光)

초판의 서문

저는 이전 저서 'JIS에 기초하는 표준제도법'을 저술했을 때, 또한 그 후 많은 독자들로부터 설계·제조를 일체로 한 실용적인 핸드북을 저술해 달라는 요청을 받았습니다.

본서는 이러한 사람들의 절대적인 요구에 격려를 받아 이루어진 것입니다.

공업에서 모든 생산 공정이 도면을 안내로 해서 진행되는 것은 알고 계시겠지만, 그 도면이 설계를 기초로 이루어지는 것도 또한 논할 필요가 없습니다. 설계 없이는 제도는 이루어지지 않으며, 한편 설계도 제도되지 않고서는 어떠한 힘도 발휘할 수 없습니다.

저는 이전 저서 'JIS에 기초하는 표준제도법'에서 도면은 일본공업규격(JIS)에 따라 제도돼야 하는 것을 강조해 왔습니다만, 설계도 또한 마찬가지로 일본공업규격을 무시해서는 단순한 이론으로 끝나고 실제 생산에 적합한 것은 되지 못합니다. 이것은 정말로 설계·제도 관련이 일본공업규격을 통해 비로소 그 능력을 발휘한다는 것을 의미합니다. 본서는 이상의 관점에 따라 설계·제도를 일체로 한 실용적인 핸드북으로서 기획한 것입니다.

본서에서 저는 설계·제도의 연계에 유의하면서 단순한 이론의 나열에서 끝나는 것이 아니라 많은 실제 예를 기초로 설명보다는 그림으로 풀어서 이해시키는 방향을 선택했으며, 기계 관계에 필요한 JIS 규격 및 중요 자료는 망라 해설해 설계·제도자·현장공작자·학생 여러분이 즉시 이것을 이용할 수 있도록 주의를 기울였습니다.

그리고 또한 기초적인 사항에 대해서는 기존에 경시되고 있던 공작 상의 필요 지식도 더해 내용의 충실을 도모했습니다만, 저의 얕은 학문으로 부족한 점은 독자 여러분의 비판을 수용해 장래를 기약하고 싶다고 생각합니다.

끝으로 본서의 간행에 절대적인 지도와 격려를 보내주신 은사 츠무라 토시미츠 선생님께 감사를 드리며, 또한 본서 집필에 참고가 된 각 방면의 모든 문헌 저작자에게 감사를 표합니다. 그리고 또한 시종 협력을 아끼지 않았던 리코가쿠사 사장 나카가와 노부(中川 乃信)씨 및 편집부 여러분께 감사드리는 바입니다.

1955년 5월

오니시 키요시

제12판의 서문

시간의 흐름은 정말로 빨라서 리코가쿠사에서 본서의 초판이 간행된 것이 1955년 5월, 묘하게도 이와나미(岩波) 서점에서 코우지엔(廣辭苑)의 초판이 간행된 것과 동일한 해였습니다. 그 후 세기를 넘어 오늘에 이르기까지 본서는 전국의 기계계 학생 여러분을 비롯해, 실무에 관련된 많은 기술자 여러분이 애용해 주셔서 판을 거듭해 왔습니다. 이것은 오로지 독자 여러분의 절대적인 지지 덕분으로 깊이 감사드리는 동시에, 본서의 개정에 관련된 자로서 그 책임의 중대함에 몸이 긴장되는 느낌이 듭니다.

이러한 세월 속에서 기술이나 규격도 많은 변천을 거쳐 왔습니다. 그래서 필요한 부분에는 증쇄할 때마다 가필 정정을 실시하는 외에, 과거 10회에 걸친 개정 시에 전면적인 수정을 해 왔습니다. 전회 개정한 제11판은 2009년 2월에 간행했습니다만, 저자인 오니시 키요시 선생님이 그 완성을 기다리지 못하고 애석하게도 2008년 섣달에 영면하셨습니다. 새로운 개정판을 보시는 것은 이루어지지 않았습니다만, 남겨진 저서의 개정은 저자의 좋은 동료였던 리코가쿠사 전 편집부장 고 토미타 히로시(富田 宏)씨에게 협조를 부탁했습니다.

그리고 2010년에 제조현장의 디지털화·글로벌화에 대응하기 위해 제도총칙(JIS Z 8310 : 2010), 기계제도(JIS B 0001 : 2010)가 개정되어, 저자의 대표적인 저작인 'JIS에 기초하는 표준제도법'에 대해서도 2010년 7월에 제13전정판으로서 개정판을 간행했습니다.

본서의 개정에 대해서도 애용하시는 독자 여러분의 강한 요망을 받고 있었습니다만, 이번에 드디어 '17장 기계 제도'의 수정을 주안으로 한 제12판을, 판원을 옴사로 변경해 간행하게 됐습니다. 개정에 있어서는 앞에서 말한 기계 제도 외에 2015년 7월 시점까지 개정된 최신 JIS 규격에 기초해 전체를 점검, 본서 중의 해당 부분에 대해 그들을 반영해 쇄신했습니다.

여기에 본서의 완성을 고 오니시 키요시 선생님께 보고하는 동시에, 생산과 교육의 현장에서 실무와 학습에 도움이 되는 실용적인 편람으로서 본서가 지금까지 이상으로 활용되기를 바라며 제12판의 서문을 드립니다.

2015년 10월
오니시 키요시 설계제도연구회
오니시 마사토시(大西 正敏) 아이치(愛知)공과대학 교수
히라노 시게오(平野 重雄) 도쿄(東京)도시대학 명예교수, (공익사단법인)일본설계공학회 감사

범례

1. 기계 설계·제도·제작에 관한 JIS 규격의 전 종목에 걸쳐 집록해, 각 공업 부문에 적용할 수 있게 해설하고 있다.
2. 주요 금속 재료표 및 질량표를 JIS 재료표에 기초해 삽입하고 있다.
3. 일반 기계공학 기초이론을 평이하게 그림으로 풀어 상세 설명하고 있다.
4. 다량 생산 방식에 필요한 지그·장착구·프레스 등의 설계·제도에 대해서도 기술하고 있다.
5. 풍부하게 그림·표를 삽입해 이론적 설계수치의 산출법과 경험적 설계수치를 기술, 실무 참고에 적합하도록 했다.
6. 일본 및 해외 여러 나라의 공작기계를 소개하고, 또한 아울러 공작 상의 여러 가지 지식·주의 사항도 기술하고 있다.
7. 전국 주요 공장·학교 관계자의 의견과 일본 및 해외 여러 나라의 주요 문헌과 규격을 참조해, 내용의 충실을 기했다.
8. 해설문은 상용한자를 이용해 현대 가나 표현법으로 했지만, 술어나 기타 오독의 우려가 있는 것은 기존의 관용을 따랐다.
9. 각종 용어에 대응하는 외국어는 중복 번잡을 피하기 위해 대부분 본문 중에 삽입하지 않고, 색인에 두어 이들을 모아서 게재했다.
10. 본문 중에 '이상', '이하', '초과', '미만'의 용어가 삽입되어 있는 경우가 있는데, 이들은 JIS Z 8301(규격표의 양식 및 작성 방법) 부록에 다음과 같이 규정되어 있다.
    (1) 이상… '이상'의 문자 앞에 오는 것을 포함해, 그것보다 큰 것을 나타낸다.
        〔예〕 10 이상…10 또는 10보다 큰 것을 나타낸다.
    (2) 이하… '이하'의 문자 앞에 오는 것을 포함해, 그것보다 작은 것을 나타낸다.
        〔예〕 5 이하…5 또는 5보다 작은 것을 나타낸다.
    (3) 초과…'초과'의 문자 앞에 오는 것을 포함하지 않고, 그것보다 큰 것을 나타낸다.
        〔예〕 10 초과…10보다 큰 것을 나타낸다(10은 포함하지 않는다).
    (4) 미만…'미만'의 문자 앞에 오는 것을 포함하지 않고, 그것보다 작은 것을 나타낸다.
        〔예〕 5 미만…5보다 작은 것을 나타낸다(5는 포함하지 않는다).
11. 본문 중에 게재한 모든 표는 가장 새로운 JIS에 기초해 개정했다.

주요 참고 문헌

(일본 문헌은 오십음 순, 외국 문서는 알파벳 순)

아오키 히로시(青木 弘): 공업역학

안노 요시로우(阿武 芳朗) 엮음: 생산성설계애서

토미나리 키마헤이(富城 喜馬平) 번역: 기계발명사

이이타카 이치로우(飯高 一郎): 금속과합금

이케타니 타케오(池谷 武雄) 외: 원동기

이시다 미치오(石田 道夫): 기구학

이시다 모토무(石田 求): 금속재료

이소에 미치오(磯江 道夫): 볼 베어링·롤러 베어링

이소다 히로시(磯田 浩): 기초도학

이토우 시게루(伊藤 茂) 엮음: 메커니즘의 사전

세자와 카츠타다(妹沢 克惟): 진동학

오니시 키요시(大西 清): JIS에 기초하는 표준제도법

오니시 키요시(大西 清): 기계의 설계법

오니시 키요시(大西 清): 기계제작도의 읽는 법과 그리는 법

오니시 키요시(大西 清): 생산설계를 위한 기계 재료편람

오니시 키요시(大西 清): 제도학으로의 초대

오니시 키요시(大西 清): "제도의 변천" 설계제도 Vol.3, No.8~9

오니시 키요시(大西 清): 전동윈치의 설계제도

오니시 키요시(大西 清): 회전 전동기구의 설계

오니시 히사하루(大西 久治): 판금판떼기 전개도집

오가와 키요시(小川 潔): 기계설계시스템

오구리 후지오(小栗 富士雄): 표준기계설계도표편람

오구리 후지오(小栗 富士雄): 회전축 설계 가이드북

오케타니 시게오(桶谷 繁雄): 금속재료간이식별법

오노 시게루(小野 繁): 구름 베어링의 응용 설계

과학측기간행회 엮음: 과학측기편람

카와다 유우이치(川田 雄一): 금속의 피로와 설계

기계공학사전편집위원회 엮음: 기계공학사전

기계공작편람편집위원회 엮음: JIS에 기초하는 기계공작편람

강도설계데이터북편집위원회 엮음: 강도설계 데이터북

크레켈러 저/ 사기츠카 토시오(鷺塚 俊夫) 번역: 윤활유·절삭유·열처리유

클로세 저/ 토리이 코타로(鳥居 光太郎) 번역: 아크용접법

공업조사회 엮음: 기계설계자료

공차편람편집위원회 엮음: 공차편람

고토우 마사하루(後藤正治): 합금학

사이토우 테츠오(斎藤 哲夫): 기계의 용접 및 그 설계

사토우 고우(佐藤 豪) 엮음: JIS제도매뉴얼 기본편

사토우 고우(佐藤 豪) 엮음: JIS제도매뉴얼 정도편

시게마츠 미츠오(重松 光夫): 래핑공작법

시노자키 카오루(篠崎 薫): 가공의 공학

시바 카메키치(芝 龜吉): 단위 이야기

시미즈 아츠마로(清水 篤麿): 재료역학

슐레징거 저/ 모리 사이치로우(森 佐一郎) 외 번역: 공작기계

신기계공학편람편집위원회 엮음: 신기계공학편람

세이케 타다시(清家 正): 기계제도학

정기학회 엮음: 정밀공작편람

생산관리편람편집위원회 엮음: 생산관리편람

셀린 저/ 요코히라 요시타네(横平 義胤) 번역: 판금의 드로잉 작업

센바 마사타카(仙波 正荘): 기어의 전위

센바 마사타카(仙波 正荘) 엮음: 기어전동기구 설계의 포인트

소다 노리무네(曽田 範宗): 베어링

타카하시 야슨도(高橋 安人): 자동제어

타케나카 노리오(竹中 規雄): 공작기계

타니구치 오사무(谷口 修): 기계역학

타니구치 노리오(谷口 紀男): 재료와 가공

타니시타 이치마츠(谷下 市松) : 공업열역학

타니야마 이와오(谷山 巌) : 목형 및 주형

츠키조에 타다스(築添 正) : 정밀측정학

츠치야 히사시(土屋 寿) : 기계설계활용표

츠무라 토시미츠(津村 利光) 외 : 기계제작

전기학회 엮음 : 전기공학 포켓북

전동기술연구회 엮음 : 벨트전동기술

도호쿠(東北)대학금속재료연구소 엮음: 철강현미경조직

토목공학실용편람편집위원회 엮음: 토목공학실용편람

나이토우 쿠니사쿠(内藤 邦策): 정밀기기설계

나카가와(中川)·무로츠(室津)·이와츠보(岩壺): 공업진동학

나카지마 나오마사(中島 尚正) 엮음: 자동설계

나카타 코우(中田 孝) : 전위기어

나루세 마사오(成瀬 政男) : 기어

니시다 마사타카(西田 正孝) : 응력집중

일본기계학회 엮음: 기계공학편람

일본기계학회 엮음: 기계실용편람

일본기계학회 엮음: 피로강도의 설계 자료(I), (II), (III)

일본규격협회 엮음: SI의 사용법

일본공업표준조사회 : 일본공업규격(JIS)
일본재료학회 엮음 : 소성가공학
일본윤활학회 엮음 : 윤활 핸드북
일본철강협회 엮음 : 강의 열처리작업기준
배관공학연구회 엮음 : 배관 핸드북
바우덴 외 소다 노리무네(曾田 範宗) 번역 : 고체의 마찰과 윤활
기어수치편람편집위원회 엮음 : 실용기어수치편람
기어설계연구회 엮음 : 기어설계 핸드북
스프링기술연구회 엮음 : 스프링
하야시 케이이치(林 桂一) : 수치계산
히라야마 타카시 외 : 도학
후지(富士)제록스 엮음 : 마이크로사진용제도법
헤르베스 저/ 타나카 미노루(田中 実) 번역 : 강의 담금질과 템퍼링
혼마 아키라(本間 旭) 외 : 기계고정법
문부성 : 학술용어집 기계공학편
야마기시 마사오(山岸 正雄) : NC공작기계
야마다 료노스케(山田 良之助) : 재료시험법
유아사 카메이치(湯浅 龜一) : 재료역학
요시자와 타케오(吉沢 武男) 엮음 : 기계요소설계
래티스 엮음 : 단위의 사전
리겔 저/ 안도우(安藤)·마에카와(前川) 공동번역 : 공작기계계산 핸드북
릴리 저/ 코바야시(小林)·이토우(伊藤) 공동번역 : 인류와 기계의 역사
레이벨 저/ 이시모리(石森) 외 번역 : 목형제작법
와다 타다오(和田 忠夫) : 착상메커니즘설계
와타바야시 히데카즈(綿林 英一) 엮음 : 구름 베어링의 선정법·사용법

Abbot : Machine Drawing and Design
ANSI : American National Standards Institute
Bevard & Waters : Machine Design
Brahdy : Blue Print Reading
BS : British Standards Institution
Buckingham : Manual of Gear Design
Colvin and Haas : Jigs and Fixtures
DIN : Deutsches Institut fur Normung, GERMANY
Faires : Design of Machine Elements
French & Vierch : Graphic science
French, T. E. : A Manual of Engineering Drawing for Student and Draftman
Gates, P. : Jigs, Tools and Fixtures
Gempe, E. : Elemente des Vorichtungsbaues
General Motors Co. : Engineering Standards
Grant, H. E. : Engineering Drawing
Hoelscher, R P. : The Teaching of Mechanical Drawing
Herd : Die Casting
Hesse, H. C. : Engineering Tools and Processes
Hinman, C. W. : Practical Designs for Drilling and Milling Tools
ISO : International Organization for Standardization
John, A. B. : Technical Drawing
Jones, D. F. : Mechanical Drawing
Joseph, E. S. : Mechanical Engineering Design
Kent, R T. : Kent's Mechanical Engineer's Hand Book
Kent, W. : Mechanical Engineers Handbook Design-shop Practice
Keuffel & Esser Co. : Drafting and Reproduction
Lawrence, E.D. : Metal Machining
Lewtwiler : Machine Design
Luzader, W. J. : Fundamental of Engineering Drawing
M. F. Spotts : Design of Machine Elements
Norman : Principle of Machine Design
Piwowarski : Allgemeine Metallkunde
Reginald Trautschold, M. E. : Standard Gear Book
Sachs, G. : Praktische Metallkunde
Schneider, W. : Techniches Zeichnen für die Praxis
Spooner : Machine Design, Construction & Drawing
Svensen, C. L. : Essential of Drafting
VSM : Norman Des Vereins Schweizerischer Maschinenindustrieller

NTN(주) : Ball and Roller Bearing
코하라기어공업(小原歯車工業)(주) : KHK GEARS
㈜츠바키모토(椿本)체인 : 츠바키모토체인 카탈로그
㈜도쿄시험기 : 제품카탈로그
㈜후지코시(不二越) : NACHI 카탈로그
신일본제철(주) : 제품 카탈로그
일본정공(주) : 구름 베어링

차례

1장. 여러 단위

1·1 단위계에 대해서 ······ 1-2
1·2 국제단위계(SI)에 대해서 ······ 1-2
1. SI의 특징 ······ 1-2
2. JIS에서 SI로 이행 ······ 1-2
3. SI로 어림수 이행 ······ 1-3
1·3 국제단위계(SI)와 그 사용법 ······ 1-3
1. SI의 구성 ······ 1-3
(1) SI 기본 단위 ······ 1-3
(2) SI 조립 단위 ······ 1-3
(3) SI 단위의 10의 정수승배 ······ 1-3
(4) SI 단위 및 그 정수승배의 사용법 ·· 1-3
(5) 단위 기호의 필기법 ······ 1-6
(6) SI 단위 및 그 10의 정수승배와 병용해 도 좋은 SI 이외의 단위 ······ 1-6
2. SI 단위의 일람 ······ 1-6

2장. 수학

2·1 대수 ······ 2-2
1. 항등식 ······ 2-2
2. 2차방정식의 근 ······ 2-2
3. 2항 정리 ······ 2-2
4. 지수법칙 ······ 2-2
5. 거듭제곱근 ······ 2-2
6. 대수 ······ 2-2
7. 수열의 합 ······ 2-2
2·2 삼각함수 ······ 2-2
1. 삼각함수의 정의 ······ 2-2
2. 삼각함수의 상호관계 ······ 2-3
3. 음의 삼각함수 ······ 2-3
4. 여각과 보각의 삼각함수 ······ 2-3
5. 합과 차의 삼각함수 ······ 2-3
6. 이배각의 삼각함수 ······ 2-3
7. 삼배각의 삼각함수 ······ 2-3
8. 반각의 삼각함수 ······ 2-3
9. 삼각함수의 합과 차 ······ 2-4
10. 삼각형의 성질 ······ 2-4
2·3 평면곡선 ······ 2-4
1. 좌표 ······ 2-4
(1) 직교좌표 ······ 2-4
(2) 극좌표 ······ 2-4
(3) 직교좌표와 극좌표의 관계 ······ 2-4
2. 직선의 방정식 ······ 2-4
3. 원의 방정식 ······ 2-5
4. 타원 ······ 2-5
5. 쌍곡선 ······ 2-5
6. 포물선 ······ 2-5
7. 사인곡선 ······ 2-5
8. 나선 ······ 2-6
(1) 아르키메데스의 나선 ······ 2-6
(2) 로그 나선 ······ 2-6
9. 인벌류트 곡선 ······ 2-6
10. 사이클로이드 곡선 ······ 2-6
(1) 사이클로이드 ······ 2-6
(2) 에피사이클로이드, 하이포사이클로이드 ······ 2-6

3장. 역학

3·1 힘의 모멘트 ······ 3-2
1. 운동과 정지 ······ 3-2
2. 힘 ······ 3-2
3·2 힘의 합성과 분해 및 균형 ······ 3-2
1. 벡터와 스칼라 ······ 3-2
2. 힘의 합성과 분해 ······ 3-2

(1) 1점에 작용하는 2힘의 합성 ········3-2
(2) 1점에 작용하는 다수 힘의 합성 ····3-2
(3) 물체의 2점에 작용하는 2힘의 합성 3-2
(4) 동 방향으로 평행한 2힘의 합성 ···3-2
(5) 방향이 반대이고, 평행한 2힘의 합성 3-3
(6) 우력 ···························3-3
3. 힘의 균형과 라미의 정리 ············3-3
4. 강체의 균형과 운동 ··················3-3
(1) 힘의 모멘트 ······················3-3
(2) 우력과 토크 ······················3-3
5. 구조물에 작용하는 힘 ················3-3
(1) 도리(부재)에 작용하는 힘 ·········3-4
(2) 1평면 상에서 많은 힘이 작용점 달리해 작용하는 경우 ····················3-4
(3) 3개의 평행한 힘의 합력···········3-4
(4) 보에 작용하는 반력···············3-4
(5) 철탑, 가옥 등에 작용하는 반력 ····3-4
6. 중력과 중심 ·························3-5
3·3 질점의 운동 ························3-5
1. 질점의 운동과 변위 ··················3-5
2 속도와 가속도························3-5
(1) 등속도 운동 ······················3-5
(2) 등가속도 직선운동 ···············3-5
(3) 자유낙하·························3-5
(4) 각속도와 각가속도 ···············3-5
3. 관성 ·································3-6
4. 질량과 중량 ·························3-6
5. 운동량과 임펄스 ·····················3-6
(1) 충격력 ···························3-6
(2) 충돌 ·····························3-6
6. 구심력과 원심력 ·····················3-6
7. 회전체와 관성 모멘트 (관성 능률) ····3-7
3·4 일과 에너지 ························3-7
1. 동력 (공률) ··························3-7
2. 위치 에너지 ·························3-7
3. 운동 에너지 ·························3-7
3·5 마찰 ································3-7
1. 마찰력 ······························3-7
2. 마찰계수와 마찰각····················3-7
3. 미끄럼 마찰과 구름 마찰 ·············3-8
3·6 진동 ································3-8
1. 비(불)감쇠 자유진동 ·················3-8
2. 감쇠 자유진동························3-9
3. 강제진동····························3-10
(1) 비감쇠 강제진동·················3-10
(2) 점성 감쇠가 있는 강제진동·······3-10

4장. 재료역학

4·1 응력·································4-2
1. 인장응력과 압축응력 ·················4-2
2. 전단응력 ····························4-2
3. 하중 ································4-2
4. 변형 ································4-2
5. 탄성과 탄성한도······················4-2
6. 종탄성계수, 횡탄성계수, 체적탄성 계수·································4-3
7. 재료의 최대 강도, 허용응력, 안전율 ··4-3
8. 푸아송비 ····························4-3
4·2 보··································4-5
1. 보의 종류 ···························4-5
2. 보에 작용하는 힘과 보의 강도 ········4-5
(1) 반력 ·····························4-6
(2) 전단력····························4-6
(3) 벤딩 모멘트·······················4-6
(4) 벤딩 응력 ························4-6
(5) 보의 단면형 선택··················4-6
(6) 외팔 보의 강도 ···················4-7
(7) 양단 지지 보 ·····················4-7
(8) 2개 이상의 하중이 걸리는 경우 ···4-7
(9) 보의 최대 하중 계산 ··············4-9
(10) 평등한 강도의 보 (그 1)··········4-9
(11) 평등한 강도의 보 (그 2)··········4-9
4·3 비틀림 ·····························4-10
1. 비틀림 ·····························4-10
2. 비틀림과 벤딩 모멘트를 받는 축 ·····4-11
3. 비틀림 모멘트를 받는 전동축········4-11
4·4 얇은 원통 및 구 ····················4-11
1. 외압을 받는 얇은 원통···············4-11
2. 내압을 받는 얇은 원통 ··············4-12
3. 내압을 받는 얇은구··················4-12
4·5 회전 원륜 및 원판··················4-12
1. 회전 원륜 ··························4-12
2. 원주로 지지한 등분포 하중을 받는 원판 ·······························4-12

3. 원주로 고정된 등분포 하중을 받는 원판 ······4-12
4. 외주를 지지, 동심원 상에 등분포 하중을 받는 원판 ······4-12
5. 주위를 고정, 동심원 상에 등분포 하중을 받는 원판······4-13
4·6 스프링 ······4-12
4·7 좌굴······4-12
1. 짧은 기둥 ······4-12
2. 긴 기둥 ······4-15
(1) 랭킨의 공식 ······4-15
(2) 오일러의 이론공식 ······4-15
(3) 테트마이어의 공식 ······4-15

5장. 기계 재료

5·1 금속 재료에 대해서 ······5-2
1. 금속 재료의 성질 ······5-2
2. 금속의 평형상태도······5-2
3. 강의 상태 ······5-3
4. 강의 열처리 ······5-4
(1) 불림 ······5-4
(2) 어닐링······5-4
(3) 담금질 ······5-5
(4) 템퍼링 ······5-5
(5) 오스템퍼링······5-5
(6) 마퀜치 ······5-5
(7) 가공 경화의 방지 ······5-5
(8) 강의 표면경화법······5-6
5. 재질의 식별법 ······5-6
(1) 목적 ······5-7
(2) 시험의 요령 ······5-7
(3) 판정의 요령 ······5-9
5·2 금속 재료시험 ······5-11
1. 금속 재료시험용 시험편 ······5-11
(1) 인장시험편 ······5-11
(2) 충격시험편······5-13
(3) 항절시험편······5-13
2. 금속 재료시험 방법 ······5-14
(1) 인장시험 방법 ······5-14
(2) 충격시험 방법······5-14
(3) 경도시험 방법······5-15
(4) 벤딩 시험 방법 ······5-17
(5) 에릭센 시험 방법 ······5-17
3. 기타 재료시험 ······5-18
(1) 크리프 시험 ······5-18
(2) 방사선 투과시험······5-18
(3) 침투 탐상시험 ······5-18
(4) 초음파 탐상시험······5-18
5·3 JIS에 기초하는 각종 금속 재료 ······5-19
1. 금속 기호의 표시법 ······5-19
2. JIS 재료 표에 대한 주의······5-20
(1) 화학 성분에 대해서······5-20
(2) 기계적 성질에 대해서 ······5-20
5·4 철강 ······5-21
1. 화학 성분, 기계적 성질······5-21
2. 형상, 치수 및 질량 ······5-32
(1) 일반 구조용 강 ······5-32
(2) 합금강······5-43
5·5 비철금속······5-43
1. 종류, 화학 성분 및 기계적 성질 ······5-43
2. 치수 ······5-56
5·6 비금속 재료······5-58
1. 합성수지 ······5-58
(1) 열경화성 수지······5-58
(2) 열가소성 수지 ······5-58
2. 고무 ······5-58
3. 목재 ······5-60
4. 시멘트·콘크리트 ······5-60
(1) 시멘트······5-60
(2) 콘크리트 ······5-60
5. 세라믹스 ······5-61
6. 도료 ······5-61
(1) 페인트······5-62
(2) 바니시······5-62
(3) 도료용 오일······5-62
7. 접착제 ······5-62
8. 복합 재료 ······5-62
9. 기능성 재료 ······5-62

6장. 기계 설계 제도자에 필요한 공작 지식

6·1 기계설계 제작의 공정 ··· 6-2
6·2 주조 ··· 6-2
1. 목형과 단조 ··· 6-2
(1) 분할형 ··· 6-2
(2) 부분형 ··· 6-3
(3) 회전형 ··· 6-3
(4) 골조 목형 ··· 6-3
(5) 코어용 목형 ··· 6-4
(6) 긁기형 ··· 6-4
2. 수축 여유와 주물척 ··· 6-4
3. 빼기구배 ··· 6-5
4. 다듬질 여유 ··· 6-5
5. 주조법의 종류와 특성 및 코스트 ··· 6-5
6. 목형용 목재와 주물 질량 ··· 6-5
(1) 노송나무 ··· 6-5
(2) 삼목 ··· 6-5
(3) 후박나무 ··· 6-5
(4) 소나무 ··· 6-5
7. 주조품에 관한 주의사항 ··· 6-6
(1) 냉각의 완화 ··· 6-6
(2) 주물의 두께 ··· 6-6
(3) 모서리의 R ··· 6-6
(4) 모래빼기 ··· 6-6
(5) 주물 각 부의 허용 살두께 변화 및 최소 R ··· 6-7
6·3 단조 ··· 6-7
1. 단조가공에 대해서 ··· 6-7
(1) 단조에서의 변형 ··· 6-7
(2) 단련 효과 ··· 6-7
2. 단조기계 ··· 6-7
(1) 단조기계의 종류 ··· 6-7
(2) 단조기계의 능력 ··· 6-7
3. 단조용 재료 및 단조 온도 ··· 6-8
(1) 단조용 재료 ··· 6-8
(2) 단조용 재료와 단조 온도 ··· 6-8
(3) 재료 떼기 ··· 6-8
4. 단조작업 ··· 6-8
(1) 자유단조 ··· 6-8
(2) 단접작업 ··· 6-9
(3) 형단조 ··· 6-9
(4) 업셋단조 ··· 6-9
6·4 압연, 선긋기, 압출, 제관 ··· 6-10
1. 압연 ··· 6-10
2. 선긋기 ··· 6-10
3. 압출 ··· 6-10
4. 제관 ··· 6-11
6·5 판금공작 ··· 6-11
1. 판금 프레스공작 ··· 6-11
(1) 프레스 기계의 종류 ··· 6-11
(2) 프레스용 형 ··· 6-12
2. 프레스 가공 상의 주의 ··· 6-12
6·6 기계가공 ··· 6-13
1. 선반가공 ··· 6-13
2. 드릴머신 작업 ··· 6-15
3. 밀링 ··· 6-16
4. 평면 절삭작업 ··· 6-17
5. 보링가공 ··· 6-18
6. 연삭가공 ··· 6-19
7. 기어절삭가공 ··· 6-20
8. 브로치가공 ··· 6-21
9. 랩, 호닝, 슈퍼피니싱 ··· 6-21
(1) 랩 다듬질 ··· 6-21
(2) 호닝가공 ··· 6-21
(3) 슈퍼피니싱 ··· 6-22
10. 방전가공 ··· 6-22
11. 나사의 전조 ··· 6-23
6·7 수치제어 공작기계 ··· 6-23
1. 수치제어에 대해서 ··· 6-23
2. 수치제어 공작기계 ··· 6-23
3. 수치제어계 ··· 6-23
(1) 위치결정 제어 ··· 6-23
(2) 위치결정 직선 절삭 제어 ··· 6-23
(3) 연속 윤곽 제어 ··· 6-23
4. 수치제어 공작기계의 종류 및 제어축 ··· 6-23
5. 지령 테이프 ··· 6-23
6·8 기계가공에 관한 주의사항 ··· 6-25
1. 절삭 다듬질여유 ··· 6-25
2. 릴리프 ··· 6-25
(1) 날붙이의 릴리프 ··· 6-25
(2) 공작물 맞춤면의 릴리프 ··· 6-25
3. 구멍뚫기 ··· 6-25
(1) 경사구멍 뚫는법 ··· 6-25
(2) 측벽에 가까운 부분의 구멍 뚫는법 ··· 6-26
4. 다듬질 횟수와 다듬질면의 절약 ··· 6-26
5. 가공 방법의 기호 ··· 6-26
6. 보통 공차 ··· 6-28

7장. 기하화법

7·1 평면 기하화법 (평면도학) ············ 7-2
1. 변 또는 원호의 2등분법 ············ 7-2
2. 직선 상의 정점에 수직선을 만드는 방법 · 7-2
3. 직선 외의 정점에서 직선에 수직선을 만드는 방법 ············ 7-2
4. 직선의 한쪽 끝에 수직선을 만드는 방법 ··· 7-2
5. 모서리의 2등분법 ············ 7-2
6. 직각의 3등분법 ············ 7-2
7. 정점을 지나 정직선으로 평행선을 긋는 방법 7 2
8. 정직선에 정거리의 평행선을 긋는 방법 · 7-3
9. 정직선의 등분법 ············ 7.3
10. 원의 중심을 구하는 방법 ············ 7-3
11. 2정점을 지나, 주어진 반경의 원을 그리는 방법 ············ 7-3
12. 3정점을 지나는 원의 화법 ············ 7-3
13. 정직선에 접하고, 정점을 지나는 주어진 반경의 원을 그리는 방법 ············ 7-3
14. 직선 상의 정점에 접하고, 직선 외의 정점을 지나는 원을 그리는 방법 ······ 7-3
15. 직각을 만드는 2직선에 접하는 주어진 반경의 원호를 그리는 방법 ············ 7-3
16. 임의의 모서리를 만드는 2직선에 접하는 원호의 화법 ············ 7-3
17. 정직선과 정원호에 접하고, 주어진 반경의 원호를 그리는 방법 ············ 7-4
18. 주어진 2원에 접하는 반경 R의 원호를 그리는 방법 ············ 7-4
(1) 주어진 2원의 중심이 구하는 원호의 외측에 있을 때 ············ 7-4
(2) 주어진 2원의 중심이 구하는 원호의 내측에 있을 때 ············ 7-4
19. 주어진 2직선에 접하고, 또한 분할선 상의 정점 P에 접하는 역방향 곡선을 그리는 방법 ············ 7-4
20. 주어진 원호 길이의 근사직선을 그리는 방법 ············ 7-4
21. 정직선과 동등한 길이(근사값)를 주어진 원호 상에 취하는 화법 ············ 7-4
22. 원에 내접하는 정오각형의 화법 ····· 7-4
23. 원에 내접 또는 외접하는 정육각형의 화법 7 4
24. 정사각형에 내접하는 정팔각형의 화법 7-.5
25. 한 변을 주어지고 정다각형을 그리는 방법 (그림 예는 칠각형) ············ 7-5
26. 타원의 화법 ············ 7-5
27. 포물선의 화법 ············ 7-5
28. 등변 쌍곡선의 화법 ············ 7-5
29. 사이클로이드 곡선의 화법 ············ 7-5
30. 인벌류트 곡선의 화법 ············ 7-6
31. 정현 곡선(사인 커프)의 화법 ········ 7-6
7·2 투영화법 (입체도학) ············ 7-6
1. 정투영화법 ············ 7-6
(1) 정시화법 ············ 7-6
(2) 등각화법과 부등각화법 ············ 7-6
2. 경사투영화법과 투시화법 ············ 7-7
3. 정면도, 평면도, 측면도 ············ 7-7
4. 선과 면의 투영 ············ 7-7
5. 입체의 투영 ············ 7-7
6. 입체의 단면 ············ 7-8
7. 상관체의 투영 ············ 7-8
8. 입체의 전개도 ············ 7-8
9. 캠의 선도 ············ 7-10
10. 캠선도 및 캠의 화법 ············ 7-10

8장. 체결용 기계 요소의 설계

8·1 나사 ············ 8-2
1. 나사에 대해서
(1) 나사 각 부의 명칭 ············ 8-2
(2) 수나사와 암나사 ············ 8-2
(3) 나사의 용도 ············ 8-3
2. 나사의 종류와 그 특징 ············ 8-3
(1) 삼각 나사 ············ 8-3
(2) 각 나사 ············ 8-3
(3) 사다리꼴 나사 ············ 8-3
(4) 톱니 나사 ············ 8-3
(5) 둥근 나사 ············ 8-3
(6) 관용 나사
8·2 나사 부품 ············ 8-19
1. 육각 볼트·너트 ············ 8-19

(1) 관통 볼트 ··························8-19
(2) 나사 볼트 ··························8-19
(3) 스터드 볼트 ························8-19
2. 육각 볼트·너트의 신규격 ············8-20
(1) 육각 볼트 ··························8-20
(2) 육각 너트 ··························8-21
(3) 볼트의 보증 하중 및 이것에 조합한 너트 ··························8-37
3. 스터드 볼트 ··························8-39
4. 기타 나사 부품 ······················8-39
(1) 사각 볼트·너트 ····················8-39
(2) 고정나사 ··························8-40
(3) 작은나사 ··························8-40
(4) 나무나사, 태핑나사 ················8-52
(5) 특수한 형태의 볼트, 너트 ··········8-53
5. 체결용 부품의 공차 ··················8-60
6. 스패너, 드라이버 ····················8-71
(1) 보통 스패너 ························8-71
(2) 박스 스패너 ························8-71
(3) 스터드 드라이버 ····················8-71
(4) 드라이버 ··························8-71
(5) 육각봉 스패너 ······················8-71
(6) 둥근 드라이버 ······················8-71
7. 와셔 ································8-73
8. 나사의 헐거움 방지 ··················8-76
(1) 너트를 사용하는 것 ················8-76
(2) 핀을 통과시키는 방법 ··············8-76
(3) 소나사에 의한 방법 ················8-76
(4) 와셔에 의한 방법 ··················8-76
(5) 기타 방법 ··························8-77
9. 나사 크기 계산 ······················8-77
(1) 인장력만을 받는 경우 ··············8-77
(2) 인장력과 비틀림 모멘트를 받는 경우 ································8-77
(3) 나사산의 수 ························8-77
(4) 고정용, 봉합용 볼트 ················8-78
10. 나사 기초구멍 지름 ················8-81
(1) 접촉률 ····························8-81
(2) 기초구멍 지름 구하는 법 ············8-81
(3) 나사 기초구멍 지름 선택법 ··········8-81
8·3 키 ··································8-83
1. 키의 종류 ····························8-83
(1) 평행 키 ····························8-83
(2) 구배 키 ····························8-83
(3) 반월 키 ····························8-83
(4) 평 키 ······························8-89
(5) 각 키 ······························8-89
(6) 둥근 키 ····························8-89
2. 키의 계산 ····························8-90
(1) 키의 선정 ··························8-90
(2) 키의 강도 ··························8-90
8·4 핀 ··································8-90
1. 핀의 종류 ····························8-90
2. 핀의 강도 ····························8-93
3. 팔꿈치 조인트(너클 조인트) ··········8-95
8·5 코터 및 코터 조인트 ················8-95
1. 코터 ································8-95
2. 코터 조인트 ··························8-95
3. 코터의 계산 ··························8-95
(1) 코터의 경사각 ······················8-95
(2) 코터 조인트의 강도 ················8-96
(3) 코터의 크기 ························8-96
8·6 스냅 링 ······························8-96

9장. 축, 커플링 및 클러치의 설계

9·1 축 ··································9-2
1. 축에 관한 JIS 규격 ··················9-2
2. 축에 걸리는 강도의 계산 ··············9-6
(1) 굽힘 모멘트가 작용하는 축 ··········9-6
(2) 비틀림 모멘트가 작용하는 축 ········9-6
(3) 비틀림과 굽힘 모멘트가 동시에 걸리는 축 ··························9-7
(4) 응력 집중과 결손 효과 ··············9-7
3. 베어링 간 거리 ························9-9
4. 크랭크축 ······························9-9
(1) 크랭크축의 형식 ····················9-9
(2) 크랭크축의 강도 ····················9-9
5. 축의 위험 회전수 ······················9-10
9·2 커플링 ······························9-11

1. 고정 커플링 ···························9-11
(1) 플랜지 커플링 ·······················9-11
(2) 원통 반중첩 커플링 ················9-11
(3) 마찰 원통 커플링 ··················9-11
(4) 셀러스식 원뿔 커플링 ··············9-11
(5) 원통 커플링 ·······················9-13
(6) 합성상자형 커플링 (클램프 커플링) ···················9-13
2. 휨 커플링 ···························9-13
(1) 플랜지형 휨 커플링 ················9-13
(2) 기어형 커플링 ·····················9-15
(3) 고무 커플링 ·······················9-15
(4) 롤러 체인 커플링 ··················9-16
(5) 올덤 커플링 ·······················9-16
3. 유니버설 커플링 ·····················9-17
9·3 클러치 ·····························9-19
1. 맞물림 클러치 ·······················9-19
2. 마찰 클러치 ·························9-19
(1) 원판 클러치 ·······················9-20
(2) 원뿔 마찰 클러치 ··················9-20

10장. 베어링의 설계

10·1 베어링의 종류 ·······················10-2
1. 미끄럼 베어링 ·······················10-2
(1) 레이디얼 베어링 ···················10-2
(2) 스러스트 베어링 ···················10-2
2. 구름 베어링 ·························10-2
10·2 미끄럼 베어링 ·······················10-2
1. 레이디얼 베어링 ·····················10-2
(1) 단체 베어링 ·······················10-2
(2) 분할 베어링 ·······················10-2
(3) 오일링 베어링 ·····················10-2
(4) 미끄럼 베어링용 부시 ··············10-3
2. 스러스트 베어링 ·····················10-3
(1) 수직 베어링 (피벗 베어링) ·········10-3
(2) 미첼 베어링 ·······················10-3
(3) 플랜지 베어링 ·····················10-3
3. 미끄럼 베어링의 치수 계산 ···········10-4
(1) 레이디얼 베어링 ···················10-5
(2) 스러스트 베어링 ···················10-6
4. 미끄럼 베어링 각부의 강도 ···········10-6
10·3 구름 베어링 ·························10-7
1. 구름 베어링의 종류 ··················10-7
(1) 깊은 홈 볼 베어링 ·················10-7
(2) 앵귤러 콘택트 볼 베어링 ···········10-8
(3) 자동 조심 볼 베어링 ···············10-8
(4) 원통 롤러 베어링 ··················10-8
(5) 니들 롤러 베어링 ··················10-8
(6) 원뿔 롤러 베어링 ··················10-8
(7) 자동 조심 롤러 베어링 ·············10-8
(8) 스러스트 볼 베어링 ················10-8
(9) 스러스트 자동 조심 롤러 베어링 ···10-8
2. 구름 베어링의 주요 치수 ·············10-8
(1) 직경 계열 ·························10-8
(2) 폭 계열 또는 높이 계열 ············10-8
(3) 치수 계열 ·························10-9
(4) 베어링의 주요 치수 ················10-9
3. 구름 베어링의 형번 ··················10-9
(1) 베어링 계열 기호 ··················10-9
(2) 내경 번호 ·························10-9
(3) 접촉각 ····························10-11
(4) 보조 기호 ·························10-11
(5) 형번의 예 ·························10-11
4. 구름 베어링의 정도 ··················10-12
5. 구름 베어링의 형번과 치수 ···········10-12
(1) 깊은 홈 볼 베어링 ·················10-12
(2) 앵귤러 콘택트 볼 베어링 ···········10-12
(3) 자동 조심 볼 베어링 ···············10-12
(4) 원뿔 롤러 베어링 ··················10-12
6. 구름 베어링의 장착 관계 치수 ········10-34
(1) 구름 베어링의 장착 방법 ···········10-34
(2) 구석의 라운드 반경 및 어깨의 높이 ·10-48
(3) 원통 롤러 베어링 및 니들 롤러 베어링의 장착 관계 치수 ·········10-48
(4) 원뿔 롤러 베어링의 장착 관계 치수 ·10-48
(5) 어댑터 부착 레이디얼 베어링의 장착 관계 치수 ·························10-48
7. 구름 베어링의 끼워맞춤 ··············10-55
(1) 레이디얼 베어링 ···················10-55
(2) 스러스트 베어링 ···················10-56
(3) 끼워맞춤의 선택 및 수치 ···········10-56
8. 기본 정격 하중과 수명 ···············10-61
(1) 정격 수명 ·························10-61
(2) 기본 동정격 하중 ··················10-61

(3) 동등가 하중 ······ 10-61
(4) 정격 수명의 계산식 ······ 10-61
(5) 기본 정정격 하중 ······ 10-62
10·4 윤활 ······ 10-65
1. 윤활에 대해서 ······ 10-65
2. 윤활제 ······ 10-65
(1) 그리스 ······ 10-65
(2) 윤활유 ······ 10-65
3. 윤활법 ······ 10-65
(1) 그리스 윤활법 ······ 10-65
(2) 오일 윤활법 ······ 10-66
4. 허용 속도 한계 ······ 10-68

11장. 전동용 기계 요소의 설계

11·1 기어 ······ 11-2
1. 치형 곡선 ······ 11-2
(1) 인벌류트 치형 ······ 11-2
(2) 사이클로이드 치형 ······ 11-2
2. 기어의 종류 ······ 11-2
(1) 평기어 (스퍼 기어) ······ 11-2
(2) 헬리컬 기어 ······ 11-3
(3) 베벨 기어 ······ 11-3
(4) 나사 기어 ······ 11-3
(5) 웜과 웜 기어 ······ 11-3
3. 치형 각부의 명칭 ······ 11-4
4. 기어 기호 ······ 11-4
5. 압력각 ······ 11-6
6. 인벌류트 함수 ······ 11-6
7. 접촉률 ······ 11-6
8. 톱니의 간섭과 최소 톱니 수 ······ 11-7
9. 치형의 크기를 나타내는 기준 치수 ······ 11-7
(1) 모듈 (기호···m) ······ 11-7
(2) 지름 피치 (기호···P) ······ 11-7
(3) 정면 피치 (기호···p) ······ 11-7
10. 인벌류트 기어의 기준 치형 ······ 11-8
11. 표준 기어와 전위 기어 ······ 11-8
12. 축 직각 방식과 톱니 직각 방식 ······ 11-9
13. 기어의 회전비 ······ 11-9
(1) 평기어의 회전비 ······ 11-9
(2) 베벨 기어의 회전비 ······ 11-10
(3) 나사 기어의 회전비 ······ 11-10
(4) 웜 기어 쌍의 회전비 ······ 11-10
14. 기어 각부의 치수 계산 ······ 11-11
(1) 표준 평기어의 계산 ······ 11-11
(2) 전위 평기어의 계산 ······ 11-11
(3) 표준 헬리컬 기어의 계산 ······ 11-13
(4) 전위 헬리컬 기어의 계산 ······ 11-13
(5) 직선 베벨 기어, 나사 기어, 웜 기어 쌍의 계산 공식 ······ 11-17
15. 기어의 톱니 강도 ······ 11-17
(1) 기초가 되는 환산식 ······ 11-17
(2) 평기어 및 헬리컬 기어의 벤딩 강도의 계산식 ······ 11-18
(3) 평기어 및 헬리컬 기어의 치면 강도의 계산식 ······ 11-23
16. 이두께의 측정 ······ 11-26
(1) 치형 캘리퍼에 의한 방법 ······ 11-26
(2) 걸치기 이두께 측정법 ······ 11-26
(3) 오버핀법 ······ 11-26
17. 기어 각부의 구조와 치수 비율 ······ 11-30
11·2 스플라인과 세레이션 ······ 11-30
1. 각형 스플라인 ······ 11-30
(1) ISO 준거의 각형 스플라인 ······ 11-30
(2) 구 JIS에 의한 각형 스플라인 (J형 각형 스플라인) ······ 11-33
2. 인벌류트 세레이션 ······ 11-33
(1) 구성의 기본 요소 ······ 11-34
(2) 톱니의 기본 형상 ······ 11-34
(3) 각부의 명칭, 기호 및 기본식 ······ 11-34
11·3 롤러 체인 전동 ······ 11-35
1. 롤러 체인 ······ 11-35
(1) 롤러 체인의 구성 ······ 11-35
(2) 롤러 체인의 형번 ······ 11-35
(3) 롤러 체인의 형상 및 치수 ······ 11-37
(4) 체인의 길이 계산 ······ 11-37
2. 스프로킷 ······ 11-37
(1) 스프로킷의 기준 치수 ······ 11-37
(2) 스프로킷의 치형 ······ 11-39
3. 롤러 체인의 선정 ······ 11-39
(1) 일반 경우의 선정법 ······ 11-39
(2) 저속 전동 경우의 선정법 ······ 11-40
(3) 특수한 경우의 선정법 ······ 11-41
4. 롤러 체인의 윤활 ······ 11-41

11·4 벨트 전동 ··························11-42
1. V 벨트 전동 ························11-42
(1) V 벨트의 종류 및 성능 ··········11-42
(2) V 벨트의 길이 ··················11-42
(3) V 풀리 ·························11-42
(4) 일반용 V 벨트의 계산 ··········11-45
2. 세폭 V 벨트 전동 ···················11-50
(1) 세폭 V 벨트의 특징 ············11-50
(2) 세폭 V 벨트의 종류 ············11-50
(3) 세폭 V 벨트의 길이 ············11-50
(4) 세폭 V 풀리 ····················11-51
(5) 세폭 V 벨트의 계산 ············11-51
3. 타이밍 벨트 전동 ···················11-55
(1) 타이밍 벨트 ····················11-56
(2) 타이밍 벨트용 풀리 ·············11-57
(3) 타이밍 벨트의 계산 ·············11-57
(4) 축간 거리 ······················11-59
(5) 벨트의 전동 용량 ···············11-59
(6) 벨트 폭의 결정 ·················11-59
(7) 축간 거리의 어저서트 여유 ······11-59
4. 평벨트 전동 ·······················11-61
(1) 벨트의 거는 법 ·················11-61
(2) 벨트 ···························11-62
(3) 평 풀리 ························11-62
(4) 원뿔 풀리 ······················11-63
(5) 벨트 이동장치 ··················11-63
11·5 와이어 로프 전동 ·················11-64
1. 와이어 로프 ························11-64
(1) 와이어 로프 구성 ···············11-64
(2) 와이어 로프의 ··················11-64
(3) 와이어 로프의 종류 ·············11-64
(4) 스트랜드의 꼬는 법 ·············11-64
(5) 각 구분에 의한 조합 ············11-64
(6) 로프 지름의 측정법 ·············11-64
(7) 와이어 로프의 파단력과 질량 ···11-64
(8) 보증 파단력과 안전율 ···········11-64
2. 시브 및 드럼 (감기 드럼) ···········11-69
(1) 시브 ···························11-69
(2) 드럼 ···························11-69
(3) 시브 및 드럼의 직경 ············11-69
(4) 로프의 편각 ····················11-70
(5) 매달기 로프에 생기는 하중계수 ·11-70
3. 로프용 장착 금구 ··················11-70
4. 훅 ·································11-74

12장. 완충 및 제동용 기계 요소의 설계

12·1 스프링 ···························12-2
1. 스프링 재료 ························12-2
2. 스프링의 종류 ······················12-2
(1) 코일 스프링 ····················12-2
(2) 나선형 스프링 ··················12-3
(3) 벌류트 스프링 ··················12-3
(4) 판 스프링 ······················12-3
3. 압축, 인장 코일 스프링의 계산 ······12-4
(1) 비틀림 수정 응력 ···············12-4
(2) 휨 ·····························12-4
(3) 코일 스프링의 선지름과 유효 코일 수 구하는 법 ·····················12-5
(4) 인장 스프링의 초기장력 ·········12-6
(5) 밀착 높이 ······················12-6
(6) 서어징 ·························12-6
(7) 스프링 특성 ····················12-6
(8) 스프링 치수 및 스프링 특성의 허용차 ·························12-6
(9) 설계 응력 취하는 법 ············12-6
4. 비틀림 코일 스프링의 계산 ··········12-6
(1) 스프링 설계에 이용하는 기본식 ···12-8
(2) 스프링을 되감는 방향으로 사용하는 경우 ·························12-8
(3) 설계 응력 취하는 법 ············12-10
5. 겹판 스프링의 계산 ················12-11
(1) 전개법 ·························12-12
(2) 판단법 ·························12-13
6. 토션 바의 계산 ····················12-13
(1) 토션 바의 형상 ·················12-14
(2) 스프링의 특성 ··················12-14
7. 접시 스프링 ·······················12-14
12·2 쇼크 업소버 ·····················12-15
1. 쇼크 업소버에 대해서 ··············12-15
2. 쇼크 업소버의 종류와 구조 ··········12-15
3. 쇼크 업소버의 규격 ················12-16
12·3 브레이크 ························12-16
1. 브레이크 재료 ·····················12-16
2. 열소산 관계의 여러 계산 ···········12-17

3. 베개 브레이크 (블록 브레이크) ·····12-17
(1) 단식 블록 브레이크 ·············12-17
(2) 복식 블록 브레이크·············12-17
4. 띠 브레이크 (밴드 브레이크) ·······12-18
5. 띠와 브레이크 바퀴의 치수 및 장착법 ··12-19
6. 디스크 브레이크 (원판 브레이크)

13장. 리벳 이음, 용접 이음의 설계

13·1 리벳 및 리벳 이음 ················13-2
1. 리벳 ·····························13-2
2. 리벳 이음 ························13-7
3. 리벳 이음의 실례 ·················13-9
4. 판의 두께 ························13-9
5. 구조용 리벳 이음 ·················13-9
6. 리벳 이음의 강도 ················13-10
(1) 리벳이 전단되는 경우···········13-10
(2) 리벳 구멍 간의 판이 절단되는 경우 ··························13-10
(3) 리벳 앞의 판 부분이 갈라지는 경우 ··························13-10
(4) 판이 전단되는 경우 ·············13-11
(5) 리벳 혹은 판이 압축 파괴하는 경우·························13-11
(6) 리벳 이음의 계산 예 ············13-11
13·2 용접 이음 ·······················13-13
1. 이음 및 용접의 종류 ··············13-13
(1) 모재 조합부의 형상 ·············13-13
(2) 용접 양식의 종류···············13-13
2. 용접 이음의 강도 계산 ············13-14
(1) 맞대기 이음의 경우 ·············13-14
(2) 필릿 이음의 경우···············13-14
3. 용접 이음의 설계 ·················13-14

14장. 배관 및 밀봉장치의 설계

14·1 관······························14-2
1. 관의 종류 ························14-2
2. 관의 선정 ························14-2
14·2 관의 강도 ·······················14-5
14·3 관이음 ··························14-6
1. 나사식 관이음 ····················14-6
(1) 나사식 가단주철제 관이음········14-6
(2) 나사식 강관제 관이음···········14-7
2. 용접식 관이음 ····················14-7
(1) 맞대기 용접식 관이음···········14-8
(2) 삽입 용접식 관이음·············14-8
3. 관 플랜지 ························14-8
(1) 관 플랜지의 종류 ···············14-8
(2) 관 플랜지의 압력-온도 기준 ·····14-9
(3) 관 플랜지의 치수···············14-9
(4) 플랜지의 계산··················14-9
4. 수전 이음························14-24
5. 신축 이음························14-24
14·4 밸브 ··························14-25
1. 스톱 밸브 ······················14-25
(1) 스톱 밸브의 규격··············14-25
(2) 스톱 밸브의 주요 부분 계산·····14-25
2. 슬루스 밸브·····················14-25
3. 체크 밸브·······················14-26
4. 콕······························14-30
(1) 콕 ···························14-30
(2) 콕 주요 부분의 계산············14-30
14·5 밀봉장치························14-32
1. O 링····························14-32
(1) O 링의 종류 ··················14-33
(2) O 링의 형상·치수 ·············14-33
(3) O 링의 하우징 홈 ·············14-33
(4) 백업 링·······················14-37
(5) 하우징의 홈부 표면 성상, 모서리의 모떼기·························14-40
(6) O 링 설치 상의 주의 ··········14-40
2. 오일 실·························14-40
(1) 오일 실의 구조················14-40
(2) 오일 실의 형상·치수 ··········14-40

15장. 지그 및 고정구의 설계

15·1 지그 ··· 15-2
15·2 고정구 ··· 15-2
15·3 각종 지그, 고정구 부품의 규격 ··· 15-4
1. 지그용 부시 ··· 15-4
(1) 고정 부시 ··· 15-4
(2) 삽입 부시 ··· 15-5
2. 지그·장착구용 위치결정 핀 ··· 15-8
3. 지그·장착구용 클램프 ··· 15-8
(1) 지그용 클램프 (평형) ··· 15-9
(2) 지그용 클램프 (다리붙이형) ··· 15-11
(3) 지그용 클램프 (U자형) ··· 15-11
(4) 클램프의 사용법 ··· 15-11
4. 지그·고정구용 푸시 볼트, 너트, 기타 ··· 15-13
5. 지그 제작의 구멍 위치 ··· 15-13
6. 지그 설계의 요점 ··· 15-14

16장. 치수공차 및 끼워맞춤

16·1 끼워맞춤에 대해서 ··· 16-2
1. 끼워맞춤 방식과 한계 게이지 ··· 16-2
2. 끼워맞춤의 종류 ··· 16-3
(1) 헐거운 끼워맞춤 ··· 16-3
(2) 억지 끼워맞춤 ··· 16-3
(3) 중간 끼워맞춤 ··· 16-3
3. 구멍 기준식과 축 기준식 ··· 16-3
4. 끼워맞춤의 도시 ··· 16-4
16·2 치수 허용차 취하는 법 ··· 16-4
1. 기준 치수의 구분 ··· 16-4
2. 공차 등급 ··· 16-5
3. 공차역의 위치 및 공차역 클래스 ··· 16-5
4. 기초가 되는 치수 허용차 ··· 16-6
5. 치수 허용차의 수치 구하는 법 ··· 16-7
(1) 50F7 구멍의 치수 허용차 구하는 법 ··· 16-7
(2) 36p6 축의 치수 허용차 구하는 법 ··· 16-7
(3) 25R6 구멍의 치수 허용차 구하는 법 ··· 16-7
16·3 끼워맞춤의 적용 ··· 16-7
1. 많이 이용되는 끼워맞춤 ··· 16-7
2. 구멍 기준에서 축 기준으로 변환 ··· 16-10
(1) 헐거운 끼워맞춤의 경우 ··· 16-12
(2) 억지 끼워맞춤의 경우 ··· 16-12

17장. 기계 제도

17·1 기계 제도란 ··· 17-2
1. 제도법에 대해서 ··· 17-2
2. 제조 규격과 일본공업규격(JIS)의 성립 ··· 17-2
(1) 제도 (JES 제119호) ··· 17-2
(2) 제도 (임시 JES 제428호) ··· 17-2
(3) 제도 통칙 (JIS Z 8302) ··· 17-2
(4) 각 부문별 제도 규격 ··· 17-2
(5) 제도 규격의 국제화 ··· 17-2
(6) 새로운 제도 규격 ··· 17-2
(7) 기계 제도 규격의 재개정 ··· 17-3
3. JIS의 분류 기호와 규격 번호 ··· 17-3
4. 도면의 명칭 ··· 17-3
17·2 제도 용지의 크기·도면의 양식 ··· 17-5
1. 제도 용지의 크기 ··· 17-5
2. 도면의 윤곽 ··· 17-5
3. 표제란의 위치 ··· 17-5
4. 중심 마크 ··· 17-6
5. 방향 마크 ··· 17-6
6. 비교 눈금 ··· 17-6
7. 격자 참조 방식 ··· 17-6
8. 재단 마크 ··· 17-6
9. 도면 접는 법 ··· 17-6
17·3 척도, 선 및 문자 ··· 17-7
1. 척도 ··· 17-7
2. 선 ··· 17-7
(1) 선의 종류 및 굵기 ··· 17-7
(2) 선의 우선 순위 ··· 17-9

(3) 선 간의 간격 ····················17-9
(4) 선 두께 방향의 중심 ·············17-9
3. 문자 ·····························17-9
(1) 문자의 종류 및 크기 ·············17-9
(2) 문장 표현·······················17-10
17·4 도형의 표시법 ···················17-10
1. 제1각법과 제3각법··················17-10
(1) 투영도의 명칭 ····················17-11
(2) 제3각법의 기준 배치···············17-11
(3) 제1각법의 기준 배치 ··············17-11
(4) 전개법 ··························17-11
2. 작도 일반에 관한 주의 ·············17-12
3. 특수 도시법·······················17-12
(1) 보조 투영도······················17-12
(2) 회전 투영도······················17-12
(3) 부분 투영도······················17-13
(4) 국부 투영도······················17-13
(5) 부분 확대도······················17-13
(6) 가상도··························17-13
4. 단면도···························17-13
(1) 전체 단면도······················17-14
(2) 한쪽 단면도······················17-14
(3) 부분 단면도······················17-14
(4) 회전 도시 단면도·················17-14
(5) 조합에 의한 단면도···············17-14
(6) 다수의 단면도에 의한 도시·······17-15
(7) 절단하지 않는 것 ················17-15
(8) 해칭 ···························17-16
(9) 얇은 부분의 단면도···············17-16
5. 도형의 생략 ······················17-17
(1) 대칭 도형의 생략 ················17-17
(2) 반복 도형의 생략·················17-17
(3) 중간 부분의 생략·················17-17
6. 특별한 도시 방법 ·················17-18
(1) 전개도 ··························17-18
(2) 간단 명료한 도시 ················17-18
(3) 2개 면의 공유부 표시·············17-18
(4) 평면의 표시······················17-19
(5) 특수한 가공 부분의 표시··········17-19
(6) 용접 부분의 표시법···············17-19
(7) 모양 등의 표시···················17-20
17·5 치수 ···························17-20
1. 도면에 기입되는 치수와 그 단위····17-20
2. 치수 기입의 일반 원칙·············17-20
3. 치수의 기입 방법··················17-20
(1) 치수선, 치수보조선···············17-20
(2) 끝단 기호 ·······················17-21
(3) 지시선 ··························17-21
4. 치수 수치의 기입법 ···············17-21
(1) 일반 기입법 ·····················17-21
(2) 좁은 곳의 기입법·················17-22
5. 치수의 배치 ······················17-22
(1) 직렬 치수 기입법·················17-22
(2) 병렬 치수 기입법·················17-22
(3) 누진 치수 기입법·················17-23
(4) 좌표 치수 기입법·················17-23
6. 치수 보조 기호에 의한 기입법······17-23
(1) 직경의 기호 ϕ ················17-23
(2) 구면의 기호 $S\phi$ 및 SR ·········17-23
(3) 정사각형의 기호 □ ···············17-24
(4) 반경의 표시법 ···················17-24
(5) 컨트롤 반경 CR ·················17-24
(6) 현과 원호 길이의 표시법··········17-25
(7) 모떼기의 기호 C ················17-25
(8) 판의 두께 기호 t ···············17-25
(9) 곡선의 표시법 ···················17-25
7. 구멍의 표시법·····················17-26
(1) 가공 방법에 의한 구멍의 구별···17-26
(2) 구멍 깊이의 표시법 ··············17-26
(3) 스폿페이싱의 표시법 ············17-26
(4) 타원 구멍의 표시법 ··············17-28
(5) 일련의 동일 구멍 치수 기입법···17-28
8. 키 홈의 표시법 ···················17-28
(1) 축 키 홈의 경우 ·················17-28
(2) 구멍 키 홈의 경우················17-28
9. 구배와 테이퍼의 기입법 ···········17-28
10. 얇은 부분의 표시법···············17-29
11. 강 구조부 등의 치수 표시 ·········17-30
12. 치수 기입 상 특별히 유의해야 할 사항 ·····························17-31
(1) 치수는 정면도에 가급적 집중해 기입한다 ·······················17-31
(2) 치수는 중복 기입을 피한다······17-31
(3) 불필요한 치수는 기입하지 않는다 ·························17-32
(4) 치수에는 기준부를 준비해 기입한다························17-32
(5) 서로 관련된 치수는 한 곳에 모아서 기입한다················17-32
(6) 치수는 공정별로 기입한다 ······17-32

13. 기타의 일반적 주의사항 ··········17-32
(1) 치수 기입의 위치 ················17-32
(2) 연속하는 치수선 ················17-32
(3) 다수의 평행한 치수선 ··········17-32
(4) 긴 치수선의 경우···············17-33
(5) 대칭 도형의 한쪽 측 생략의 경우17-33
(6) 기호 문자에 의한 경우··········17-33
(7) 라운딩 또는 모떼기가 있는 부분의 기입법 ························17-33
(8) 원호 부분의 치수 기입법 ·······17-33
(9) 키 홈이 있는 허브 구멍의 치수··17-33
(10) 다른 치수에 의해 결정되는 반경 ··························17-34
(11) 동일 부분의 치수··············17-34
(12) 비비례 치수의 경우 ···········17-34
17·6 나사 제도 ························17-34
1. 나사 및 나사 부품의 제도 규격 ·····17-34
2. 나사 및 나사 부품의 도시 방법·····17-34
(1) 나사의 실형 도시 ··············17-34
(2) 나사의 통상 도시···············17-35
(3) 나사의 간략 도시···············17-36
3. 나사의 표시법·····················17-37
(1) 나사의 표시법의 항목 및 구성···17-38
(2) 나사의 호칭····················17-38
(3) 나사의 등급····················17-38
(4) 나사의 줄 수 ···················17-38
(5) 나사산의 감김 방향 ············17-39
17·7 스프링 제도 ·····················17-39
1. 스프링의 종류 ····················17-39
2. 스프링의 도시법···················17-39
(1) 코일 스프링 ····················17-39
(2) 겹판 스프링 ····················17-41
(3) 벌류트 스프링 ·················17-42
(4) 나선형 스프링 ·················17-43
(5) 접시 스프링····················17-43
17·8 기어 제도 ························17-44
1. 기어의 도시법 ····················17-44
2. 각종 기어의 제작도 예와 요목표에 대해서 ··························17-44
(1) 기어 치형란····················17-44
(2) 기준 랙의 치형란···············17-44
(3) 기준 랙의 모듈란···············17-44
(4) 기준 랙의 압력각란 ···········17-44
(5) 기준원 직경란 ·················17-44
(6) 이두께란 ······················17-44
(7) 가공 방법란····················17-44
(8) 정도란·························17-45
(9) 비고란·························17-45
3. 기어의 간략 도시법 (제작도 예) ····17-45
(1) 평기어 ························17-45
(2) 헬리컬 기어····················17-45
(3) 더블 헬리컬 기어···············17-46
(4) 나사 기어 ·····················17-46
(5) 직선 베벨 기어 ················17-46
(6) 스파이럴 베벨 기어, 하이포이드 기어쌍 ························17-47
(7) 웜 ····························17-47
(8) 웜 휠 ·························17-48
(9) 이두께 치수의 기입법 ·········17-48
(10) 섹터 기어····················17-48
(11) 이의 모떼기 ··················17-49
4. 기어의 간략 도시법 (조립도) ·······17-49
17·9 구름 베어링 제도················17-50
1. 구름 베어링의 도시 방법 ·········17-50
2. 기본 간략 도시 방법 ··············17-50
3. 개별 간략 도시 방법 ··············17-50
(1) 긴 실선의 직선 ················17-50
(2) 긴 실선의 원호·················17-52
(3) 짧은 실선의 직선···············17-52
4. 구 JIS에 의한 구름 베어링의 간략 도시법 ·······················17-52
17·10 센터 구멍의 간략 도시 방법 ·····17-52
1. 센터 구멍에 대해서 ···············17-52
2. 센터 구멍의 간략 도시 방법 ········17-52
17·11 용접 기호························17-53
1. 용접에 대해서 ····················17-53
2. 용접의 특수한 용어···············17-53
3. 용접의 종류와 용접 기호··········17-54
4. 용접 기호의 구성 ·················17-55
5. 치수의 지시 ······················17-56
17·12 표면 성상의 도시 방법··········17-60
1. 표면 성상에 대해서 ···············17-60
(1) 표면 성상이란··················17-60
(2) 윤곽곡선·단면곡선·조도곡선·파형곡선 ························17-60
(3) 윤곽곡선 파라미터 ············17-61
(4) 기타의 용어해설 ··············17-63
2. 표면 성상의 도시 방법 ············17-63
(1) 표면 성상의 도시 기호 ·········17-63
(2) 파라미터의 표준 수열 ·········17-63

(3) 표면 성상 요구사항의 지시 위치 ······ 17-63
(4) 표면 성상 도시 기호의 기입 방법 ······ 17-65
(5) 표면 성상 요구사항의 간략 도시 ······ 17-66
3. 표면 성상 도시 기호의 기입 예와 도시 예 ······ 17-66
4. 가공 기호에 의한 기입법 ······ 17-69
17·13 치수 공차 및 끼워맞춤의 표시법 ······ 17-69
1. 끼워맞춤 방식의 표시법 ······ 17-69
2. 끼워맞춤 방식에 의하지 않는 경우의 치수 허용차 기입법 ······ 17-70
17·14 보통 공차 ······ 17-71
17·15 기하 공차의 도시 방법 ······ 17-71
1. 기하 공차 방식에 대해서 ······ 17-71
2. 공차역에 대해서 ······ 17-73
3. 치수 허용차에 의한 공차역 (도면 해석의 다양성에 대해서) ······ 17-73
4. 위치도에 의한 공차역 ······ 17-74
5. 공차역에 관한 일반 사항 ······ 17-74
6. 데이텀 (JIS B 0022에서) ······ 17-75
(1) 단독 형체와 관련 형체 ······ 17-75
(2) 데이텀, 데이텀 형체, 실용 데이텀 형체 ······ 17-75
(3) 데이텀계 ······ 17-75
(4) 데이텀 타깃 ······ 17-75
(5) 데이텀 설정 ······ 17-76
(6) 데이텀의 적용 ······ 17-76
7. 기하 공차의 도시법 ······ 17-78
(1) 공차 기입 틀 ······ 17-78
(2) 공차붙이 형체의 표시법 ······ 17-78
(3) 데이텀의 도시법 ······ 17-78
(4) 데이텀 문자 기호를 공차 기입틀에 기입하는 방법 ······ 17-79
(5) 공차역 ······ 17-80
(6) 보충 사항의 지시 방법 ······ 17-81
(7) 공차 적용의 한정 ······ 17-81
(8) 이론적으로 정확한 치수 ······ 17-81
(9) 돌출 공차역 ······ 17-82
(10) 최대 실체 공차 방식의 적용 ······ 17-82
8. 데이텀 타깃의 도시법 ······ 17-82
9. 형체 그룹을 데이텀으로 할 때의 지시 ······ 17-83
10. 기하 공차의 정의 ······ 17-83
17·16 최대 실체 공차 방식과 도시법 ······ 17-97
1. 최대 실체에 대해서 ······ 17-97
2. 최대 실체의 원리 정의 ······ 17-97
3. 최대 실체의 원리 설명 ······ 17-97
(1) 치수 공차와 위치 공차의 관계 ······ 17-97
(2) 위치도 공차에 최대 실체의 원리를 적용하는 경우 ······ 17-100
(3) 위치도 공차가 제로인 경우 ······ 17-100
(4) 포락의 조건 (JIS B 0024) ······ 17-101
4. 최대 실체 공차 방식의 적용 예 ······ 17-102
(1) 데이텀 평면에 관련된 축의 평행도 공차 ······ 17-102
(2) 데이텀 평면에 관련된 구멍의 직각도 공차 ······ 17-102
(3) 데이텀 평면에 관련된 홈의 경사도 공차 ······ 17-103
(4) 서로 관련된 4개 구멍의 위치도 공차 ······ 17-104
(5) 서로 관련된 4개 구멍의 제로 위치도 공차 ······ 17-104
(6) MMC를 데이텀 형체에도 적용하는 경우 ······ 17-105
5. 기능 게이지 ······ 17-106
(1) 기능 게이지의 원리 ······ 17-106
(2) 기능 게이지의 예 ······ 17-106
17·17 배관 제도 ······ 17-107
1. 정투영도에 의한 배관도 ······ 17-107
(1) 관 등의 도시 방법 ······ 17-107
(2) 선의 굵기 ······ 17-107
(3) 관의 호칭지름의 기입법 ······ 17-107
(4) 관의 교차부 및 접속부 ······ 17-107
(5) 흐름의 방향 ······ 17-108
(6) 기존 이용하고 있던 간략 도시 방법 ······ 17-108
2. 등각투영법에 의한 배관도 ······ 17-108
17·18 각종 제도용 그림기호 ······ 17-109
17·19 도면 관리 ······ 17-112
1. 대조 번호 ······ 17-112
2. 표제란, 부품표 및 명세표 ······ 17-112
(1) 표제란 ······ 17-112
(2) 부품표 ······ 17-112
(3) 명세표 ······ 17-113
3. 도면의 정정·변경 ······ 17-113
(1) 변경 문자 ······ 17-113

(2) 숫자의 변경 ···················· 17-113
(3) 도형의 변경 ···················· 17-113
4. 검도 ···························· 17-113
5. 도면의 보관 ······················ 17-115
17·20 약식도 (스케치도) ·············· 17-116
1. 약식도에 대해서 ·················· 17-116
2. 약식도의 용구 ···················· 17-116
3. 약식도 그리는 방법 ··············· 17-116

18장. CAD 제도

18·1 CAD란 ·························· 18-2
18·2 CAD의 하드웨어 ·················· 18-2
18·3 CAD의 소프트웨어 ················ 18-2
18·4 JIS의 CAD 제도 규격 ············ 18-6
18·5 CAD 용어 ························ 18-8

19장. 표준수

19·1 표준수에 대해서 ·················· 19-2
19·2 표준수에 관한 용어와 기호 ········· 19-2
1. 기본 수열 ························ 19-2
2. 특별 수열 ························ 19-4
3. 이론값 ·························· 19-4
4. 계산값 ·························· 19-4
5. 유도 수열 ························ 19-4
6. 변위 수열 ························ 19-4
7. 배열 번호 ························ 19-4
19·3 표준수의 활용 ···················· 19-4
1. 표준수에 의한 계산의 법칙 ········· 19-4
2. 배열 번호를 이용하는 방법 ········· 19-5
19·4 표준수의 사용법 ·················· 19-5

부록. 각종 수치 및 자료

부록 1 표 각종 단위 환산표 ·············· 부-2
부록 2 표 경도 간의 관계표 예
(ISO/DIS 4964 : 1984) ······ 부-3
부록 3 표 단면 2차 모멘트 및 단면 계수 · 부-4
부록 4 표 하중을 받는 보의 응력 및 휨 ·· 부-6
부록 5 표 봉재 질량표 예 ·············· 부-10
부록 6 표 주요 원소 기호 및 밀도 ······ 부-10
부록 7 표 평면의 면적 및 여러 수치 ···· 부-11
부록 8 표 입체의 용적 및 여러 수치 ···· 부-13

JIS

기계설계제도편람

(제12판)

제1장

여러 단위

1장. 여러 단위

1·1 단위계에 대해서

자연현상을 연구하는 경우에는 다양한 종류의 양을 취급해야 한다. 예를 들면 길이라는 양을 취급하는 경우, 알고자 하는 길이가 다른 어떤 기준이 되는 길이의 몇 배인가 하는 것을 확인해 그 수치를 구하게 된다. 이 경우의 기준이 되는 길이와 같이 기준으로 정한 양을 단위라고 한다.

단위는 서로 독립해 있는 소수의 기본적인 양(일반적으로 길이, 질량, 시간)에 대해 정해 두면, 그 외의 것은 통상 이들을 적당히 조합함으로써 나타낼 수 있다. 이 경우, 기본적으로 선택된 단위를 기본 단위라고 하며, 기본 단위를 조합해 만들어진 단위를 조립 단위라고 한다.

반대로 말하면, 이미 선택된 기본 단위에서 도출된 조립 단위로도 만들 수 없는 양에 대해서는 새롭게 그것을 기본 단위로서 정하는 것이 필요하다(예…온도, 전류, 광도 등)

또한 기본 단위나 조립 단위만으로는 실용상 너무 크거나 너무 세밀하거나 해서 불편하므로 그러한 경우에는 이들의 배수나 분수 값의 단위를 사용하는 것이다.

이와 같이 몇 개의 기본 단위를 기초로 해서, 다른 양에 대해 여러 가지 조립 단위를 만듦으로써 어느 하나의 단위 계열이 생긴다. 이러한 계열을 단위계라고 한다.

일본은 1885년 미터 조약에 가입했기 때문에 국내에서는 미터법을 의무적으로 사용해야 한다. 미터법에 의한 단위계에는 기존에 CGS 단위계(센티미터 cm, 그램 g, 초 s), MKS 단위계(밀리 m, 킬로그램 kg, 초 s), 중력단위계(미터 m, 중량킬로그램 kgf, 초 s) 등이 사용되고 있었으며, CGS계는 주로 이학상으로, MKS계 및 중력계는 주로 공학상으로 사용되고 있었다.

국제적으로 보면, 이 외에도 FPS 단위계(푸트 ft, 파운드 p, 초 s)를 비롯한 다양한 단위계가 존재한다. 이와 같이 다른 단위계는 상호 간의 교류에 매우 중대한 장해를 주므로 이들을 국제적으로 통일해 각국 모두 전 분야에서 동일하고 일관된 단위계를 사용하고자 하는 움직임이 일어나, 1960년 제11회 국제도량형총회(미터 조약의 최고 의결 기관 Conference Generale des Poids et Mesures, 약칭 CGPM)에서 미터법을 모체로 하는 국제단위계(Le Systeme International d' Unites, 약칭 SI)의 채택이 가결됐으며, 이를 기초로 일본에서도 1974년 4월 이후 국제단위계(SI) 도입이 결정됐다.

1·2 국제단위계(SI)에 대해서

1. SI의 특징

SI의 주요 특징을 들면, 다음과 같다.

① 안정된 표준을 갖는 기본 단위에서 출발하는 일관성 있는 단위계인 것.

② 한 개의 물리량에 단 한 개의 단위가 대응하는 것.

③ 10진법에 의한 것.

이와 같이 SI는 많은 우수한 특징을 가지고 있으므로 미터법 국가는 말할 것도 없고, 미국, 영국 등의 야드파운드법 국가에서도 모두 SI로 전환하고 있다. 따라서 가까운 장래에 동서양을 불문하고, 지구상의 모든 나라에서 SI가 유일무이한 것이 될 것으로 예상된다. 일본에서도 몇 가지 단계를 정해 점차적으로 SI로 전환, 1980년에는 완전히 전환하는 것을 목표로 각종 작업이 진행됐다. 그러나 단위계의 변경은 말하자면 큰 사업으로, 단번에 할 수 있는 것은 아니다. 따라서 당분간은 단계적으로 기존의 단위계와 병용(혹은 병기)하는 것이 인정되고 있다.

2. JIS에서 SI로 이행

단위계 변경에 있어서 가장 큰 영향력을 미치는 것은 말할 것도 없이 JIS 등의 규격이다. 일본에서는 SI 도입에 있어 이것을 JIS화하는 방법에 대해, 다음과 같은 단계를 거쳐 도입해 왔다.

① 제1 단계…각 JIS에서 국제단위계가 아닌 단위에 의한 수치 뒤에, 국제단위계에 의한 수치를 괄호 안에 쓴다.

② 제2 단계…각 JIS에서 국제단위계가 아닌 단위에 의한 수치를 국제단위계에 의한 것으로 바꾸고, 국제단위계가 아닌 단위에 의한 것은 뒤에 괄호 안에 쓴다.

③ 제3 단계…각 JIS에서 국제단위계에 의한 단위만으로 표시한다.

일본에서 이와 같은 각 단계의 이행을 실시한 결과, 현재는 모든 규격이 SI로 완전 이행을 완료했다.

3. SI로 어림수 이행

앞에서 말한 이행에 있어 기계공학 상 가장 문제가 되는 것은 힘의 단위와 응력의 단위일 것이다. 종래 공학에서는 힘은 중량킬로그램(kgf)이 압도적으로 사용되고 있었지만, 이것이 뉴턴(N)으로 전환됐다. 이 환산율은 JIS Z 8000-4 부속서 C에 나타낸 대로

1kgf = 9.80665N

1N = 0.10197kgf

이지만, 어림수 계산에서는 다음의 약산식이 성립된다.

1kgf = 10N (오차율 약 +2%)

1N = 0.1kgf (오차율 약 −2%)

압력의 단위에서도 마찬가지이며, 앞에서 말한 JIS에서

1kgf/m^2 = 9.80665Pa

1kgf/mm^2 = 9.80665MPa

1MPa = 0.10197kgf/mm^2

이고, 마찬가지로

1kgf/mm^2 = 10MPa (오차율+2%)

1MPa = 0.1kgfmm^2 (오차율 약 −2%)

이기 때문에 이것에 의해 대략의 어림을 잡는 것이 좋다.

또한 온도(열역학 온도)의 SI 단위는 켈빈(K)인데 이것은 기존에 절대온도라고 불리던 것으로, 현재 일반적으로 사용되고 있는 섭씨도(셀시우스도)와의 관계는 0K = −273.15℃, 0℃ = 273.15K이며, 눈금의 크기는 모두 동일하다. 정확하게는 "셀시우스온도 t는 T_0 = 273.15K일 때의 두 열역학 온도 T와 T_0의 차이, $t = T - T_0$와 같다"가 된다. 덧붙여서 온도 간격은 지금까지는 deg의 기호를 사용하고 있었지만, SI에서는 K도 ℃도 사용해도 되는 것으로 하고 있다.

1·3 국제단위계(SI)와 그 사용법

1. SI의 구성

SI는 기본 단위, 조립 단위, 접두어로 구성되며, 그 구성은 1-1 표와 같다.

(1) SI 기본 단위 SI에 있어 기본 벽의 단위이며, 1·2 표에 나타낸 7개가 정해져 있다.

1·1 표 SI의 구성

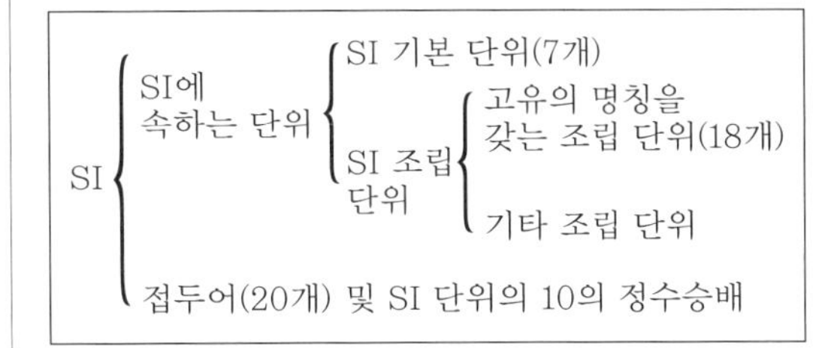

(2) SI 조립 단위 조립 단위는 앞에서 말한 기본 단위를 조합해 대수적으로 나타낸 것으로, 1·3 표에 SI 기본 단위에서 출발해 표현되는 조립 단위의 예를 나타냈다.

또한 1·4 표는 고유의 명칭 및 기호를 갖는 조립 단위의 예를 나타낸 것이다. 이들의 명칭은 그 단위의 발생에 관련된 역사적 인명에 의한 것이 많다.

또한 이 중 라디안과 스테라디안 2개의 단위는 2000년 개정 규격 이전에는 보조 단위라고 하는 기본 단위와 조립 단위의 중간적인 분류로서 취급됐는데, 2000년 개정으로 보조 단위라는 분류는 폐지되어 조립 단위에 수록됐다.

1·5표에 사람의 건강을 지키기 위해 허용되는 고유의 명칭을 갖는 SI 조립 단위를 나타냈다.

(3) SI 단위의 10의 정수승배

자연의 양에는 여러 가지 크기의 단계가 있으므로 이상과 같은 단위만으로는 너무 크거나 너무 작거나 해서 실용상 불편하기 때문에 이들 단위의 10의 정수승배를 적절히 사용하는 것으로 하고, 이들을 나타내기 위해 1·6 표에 나타낸 20개의 SI 접두어가 정해져 있으며, 이것을 SI 단위 기호의 앞에 기입해 나타내는 것으로 되어 있다.

기존 규격에서는 10^{18}~10^{-18}의 16개가 규정되어 있었지만, 2000년 개정으로 요타(Y, 10^{24}), 제타(Z, 10^{21}), 젭토(Z, 10^{-21}) 및 욕토(y, 10^{-24})가 추가로 규정됐다.

(4) SI 단위 및 그 정수승배의 사용법

이들의 SI 단위 및 그 정수승배의 사용 시에는 다음과 같은 점에 주의해야 한다.

① 접두어의 기호는 그것이 직접 연결되는 모체가 되는 기호에 결합된다. 따라서 이 결합에 의해 10의 정수승배의 새로운 기호가 형성되게 된다. 이 새로운 기호는 양음의 제곱지수를 붙여도 되고, 또는 다른 단위의 기호와 결합해 만들어진 조립 단위를 구성해도 된다.

1·2 표 SI 기본 단위 (JIS Z 8000-1)

기본량	기본 단위		정의*
	단위의 명칭	단위기호	
① 길이	미터	m	미터는 $\frac{1}{299\ 792\ 458}$초의 시간에 빛이 진공 속을 진행한 경로의 길이.
② 질량	킬로그램	kg	킬로그램은 (중량도 힘도 아니다) 질량의 단위이며, 이것은 국제 킬로그램 원기의 질량과 같다.
③ 시간	초	s	초는 세슘 133 원자의 기저 상태인 두 개의 초미세 준위 사이의 전이에 대응하는 복사선의 9 192 631 770 주기의 지속 시간.
④ 전류	암페어	A	암페어는 진공 속에 1m의 간격으로 평행하게 놓은 무한히 작은 원형 단면적을 가진 무한히 긴 2개의 직선 모양 도체의 각각을 흘러, 이들의 도체 길이 1m당 2×10^{-7} 뉴턴의 힘을 생기게 하는 불변의 전류.
⑤ 열역학온도	켈빈	K	켈빈은 물의 삼중점의 열역학 온도의 $\frac{1}{273.16}$
⑥ 물질량	몰	mol	몰은 0.012킬로그램의 탄소 12 속에 존재하는 원자의 수와 같은 수의 요소 입자 또는 요소 입자의 집합체(조성이 명확하게 밝혀진 것에 한한다)로 구성된 계의 물질량으로 하고, 요소 입자 또는 요소 입자의 집합체를 특정해 사용한다.
⑦ 광도	칸델라	cd	칸델라는 주파수 540×10^{12} 헤르츠의 단색 방사를 방출, 소정의 방향에서 그 방사 강도가 $\frac{1}{683}$당 스테라디안인 광원의 그 방향의 광도.

* JIS 핸드북 : 표준화, 참고 11, 2014에서

1.3 표 기본 단위에서 출발해 표현되는 SI 조립 단위의 예

양	조립 단위		양	조립 단위	
	명칭	기호		명칭	기호
면적	제곱미터	m^2	전류밀도	암페어 매 제곱미터	A/m^2
체적	세제곱미터	m^3	자계의 강도	암페어 매 미터	A/m
속도	미터 매 초	m/s	(물질량의) 농도	몰 매 세제곱미터	mol/m^3
가속도	미터 매 초 제곱	m/s^2	비용적	세제곱미터 매 킬로그램	m^3/kg
파동수	역미터	m^{-1}	휘도	칸델라 매 제곱미터	cd/m^2
밀도	킬로그램 매 세제곱미터	kg/m^3			

[예] $1\,cm^3 = (10^{-2}\,m)^3 = 10^{-6}\,m^3$

$1\,\mu s^{-1} = (10^{-6}\,s)^{-1} = 10^6\,s^{-1}$

$1\,mm^2/s = (10^{-3}\,m)^2/S = 10^{-6}\,m^2/s$

접두어는 복합된 접두어의 형태로 사용해서는 안 된다. 예를 들면, 10^{-9}m(나노미터)는 nm으로 나타내고, mμm라고 표시해서는 안 된다.

② 질량의 기본 단위 킬로그램은 역사적인 이유로부터 “킬로”라고 하는 접두어의 명칭이 포함되어 있는 유일한 것이다. 따라서 질량 단위의 10의 정수승배 명칭은 “그램”이라는 말에 접두어를 붙여 구성해야 한다. 예를 들면 마이크로킬로그램(μkg)이 아니고, 밀리그램(mg)으로 하는 것이다.

③ SI 단위의 10의 정수승배는 그때그때의 상황에 맞춰 적절한 선택을 해도 된다. 단, 이 경우에 선택하는 10의 정수승배는 실용상 허용되는 범위에 수치가 표시되는 것이어야 한다.

④ 일반적으로 0.1~1000의 범위에 수치를 나타나도록 10의 정수승배를 선택하는 것이 좋다. 단, 제곱 또는 세제곱된 단위를 포함하는 합성된 조립 단위의 경우에는 이와 같은 선택이 반드시 가능하다고는 할 수 없다.

[예] 1.2×10^4N은 12kN으로 표기한다.

0.00394m는 3.94mm로 표기한다.

1401Pa는 1.401kPa로 표기한다.

1·4 표 고유의 명칭 및 기호를 갖는 SI 조립 단위 (JIS Z 8000-1)

조립량	SI 조립 단위		
	고유의 명칭	고유의 기호	SI 기본 단위 및 SI 조립 단위에 의한 표현법
평면각	라디안	rad	rad = m/m = 1
입체각	스테라디안	sr	$sr = m^2/m^2 = 1$
주파수	헤르츠	Hz	$Hz = s^{-1}$
힘	뉴턴	N	$N = kg \cdot m/s^2$
압력, 응력	파스칼	Pa	$Pa = N/m^2$
에너지	줄	J	J = N·m
전력	와트	W	W = J/s
전하	쿨롱	C	C = A·s
전위	볼트	V	V = W/A
정전용량	패럿	F	F = C/V
전기저항	옴	Ω	Ω = V/A
전기컨덕턴스	지멘스	S	$S = \Omega^{-1}$
자속	웨버	Wb	Wb = V·s
자속밀도	테슬라	T	$T = Wb/m^2$
인덕턴스	헨리	H	H = Wb/A
셀시우스온도	셀시우스도	℃	℃ = K
광속	루멘	lm	lm = cd·sr
조도	럭스	lx	$lx = lm/m^2$

1·5 표 사람의 건강을 지키기 위해 허용되는 고유의 명칭 및 기호를 갖는 SI 조립 단위 (JIS Z 8000-1)

조립량	SI 조립 단위		
	고유의 명칭	고유의 기호	고유의 명칭 고유의 기호 SI 기본 단위 및 SI 조립 단위에 의한 표현법
(방사성 핵종의) 방사능 베크렐		Bq	$Bq = s^{-1}$
흡수선량 그레이		Gy	Gy = J/kg
선량당량 시버트		Sv	Sv = J/kg
산소활성 카탈		kat	kat = mol/s

3.1×10^{-8}s는 31ns로 표기한다.

그러나 동일한 양의 각종 값을 나타내는 경우나, 이러한 값을 그 주어진 전후 관계의 범위 내에서 검토하는 경우 등에서는 수치의 몇 개가 0.1~1000의 범위를 넘는 것이 있다고 해도 모든 수치에 대해서 동일한 10의 정수승배를 이용하는 편이 일반적으로는 좋다.

또한 특정 분야에서 특정의 양에 대해서 동일한 10의 정수승배만을 이용하는 경우도 있다. 예를 들면, 기계공학의 도면에서는 대부분의 경우

1·6 표 SI 접두어 (JIS Z 8000-1)

단위에 실리는 배수	접두어		단위에 실리는 배수	접두어	
	명칭	기호		명칭	기호
10^{24}	요타	Y	10^{-1}	데시	d
10^{21}	제타	Z	10^{-2}	센티	c
10^{18}	엑사	E	10^{-3}	밀리	m
10^{15}	베타	P	10^{-6}	마이크로	μ
10^{12}	테라	T	10^{-9}	나노	n
10^{9}	기가	G	10^{-12}	피코	p
10^{6}	메가	M	10^{-15}	펨토	f
10^{3}	킬로	k	10^{-18}	아토	a
10^{2}	헥토	h	10^{-21}	젭토	z
10^{1}	데카	da	10^{-24}	욕토	y

1·7 표 SI 단위와 병용해도 되는 단위 (JIS Z 8000-1)

양	단위의 명칭	단위 기호	정의
시간	분 시 일	min h d	1 min = 60 s 1 h = 60 min 1 d = 24 h
평면각	도 분 초	° ′ ″	$1^\circ = (\pi/180)$ rad $1' = (1/60)^\circ$ $1'' = (1/60)'$
체적	리터	l, L	1 l = 1 dm^3
질량	톤	t	1 t = 1000 kg
레벨	네퍼 벨	Np B	1 Np = ln e = 1 1 B = (1/2) ln 10 Np ≈ 1.151293

1·8 표 SI 단위와 병용해도 되는 단위로, SI 단위에 의한 값이 실험적으로 얻어지는 단위 (JIS Z 8000-1)

양	단위		
	명칭	기호	정의
에너지	전자 볼트	eV	진공 중에서 1볼트의 전위차를 통과하는 전자에 의해 얻어지는 운동 에너지이다. 1 eV ≈ 1.602176487(40)×10^{-19} J
질량	돌턴*	Da	기저 상태에서 정지 상태의 핵종 ^{12}C의 원자 질량의 1/12. 1 Da ≈ 1.660538782(83)×10^{-27} kg
길이	천문 단위	ua	태양과 지구 간 거리의 평균값에 거의 동등한 관행적인 값. 1 ua = 1.49597870691(6)×10^{11} m

[주] * 이전에는 통일 원자 질량 단위 (u)라고 불리고 있었다.

밀리미터만을 이용하고 있다.

⑤ 복수의 단위로 합성되는 조립 단위에 사용되는 접두어의 개수는 실용상 지장이 없는 범위에서 모순이 없도록 해야 한다.

⑥ 계산의 실수를 가급적 피하려면, 모든 양을 접두어 대신에 10의 누승을 이용한 SI 단위로 나타내는 것이 좋다.

(5) 단위기호 쓰는 법

① 단위기호는 (본문의 서체에 관계없이) 로마체(직립체)로 하고, 복수의 경우도 동일한 형태로 한다.

② 단위기호는 보통 소문자로 쓰는데, 그 명칭이 고유명사에 의한 경우에는 기호의 첫 문자를 대문자로 한다.

[예] m 미터, s 초
A 암페어, Wb 웨버

③ 조립 단위를 2개 이상의 단위의 곱셈으로 만드는 경우에는 다음 중 하나의 형태로 나타낸다.

N·m, Nm.

④ 하나의 단위를 다른 단위로 나누어 만드는 경우에는 다음 중 하나의 형태로 나타내는 것이 좋다.

$\frac{m}{s}$, m/s 또는 m·s^{-1}

(6) SI 단위 및 그 10의 정수승배와 병용해도 되는 SI 이외의 단위

SI 이외의 단위인데, 그 실용상의 중요성으로부터 앞으로도 계속 사용해도 되는 단위로서 국제도량형위원회(CIPM)에서 인정하고 있는 몇 개의 단위가 있어, 이들을 1·7 표 및 1·8 표에 나타냈다. 이들 표에 나타낸 단위 중에는 1·6 표의 접두어를 붙여도 되는 것이 있다. 예를 들면, 밀리리터(ml)가 그 예이다.

또한 극히 한정된 경우이지만, 이들 표의 단위와 SI 단위 및 그 10의 정수승배를 이용해 조립 단위를 형성하는 경우가 있다. 예를 들면, kg/h, km/h가 그 예이다.

2. SI 단위의 일람

1·9 표에 일반적으로 이용되고 있는 많은 양에 대해 SI 단위의 10의 정수승배 및 사용해도 되는 기타 단위의 예를 나타냈다.

또한 1·10 표에는 SI 단위에 대한 다른 단위의 환산율을 나타냈다.

1.9 표 SI 단위 및 그 10의 정수승배와 사용해도 되는 SI 이외의 단위 예 (구 JIS Z 8023 부록 A)

(1) 공간 및 시간

양	SI 단위	SI 단위의 10의 정수승배의 선택	CIPM에서 사용이 허용되고 있는 SI 이외의 단위 및 SI 단위 조합의 특례		특수한 분야에서 사용되는 단위에 관한 비고
			단위	왼쪽란에 나타낸 단위의 10의 정수승배	
각도 (평면각)	rad (라디안)	mrad, μrad	° (도), ′ (분), ″ (초). $1^\circ = \frac{\pi}{180}$ rad		1gon[곤(또는 그레이드)] $= \frac{\pi}{200}$ rad
입체각	sr (스테라디안)				

(다음 페이지에 계속)

양	SI 단위	SI 단위의 10의 정수승배의 선택	CIPM에서 사용이 허용되고 있는 SI 이외의 단위 및 SI 단위 조합의 특례		특수한 분야에서 사용되는 단위에 관한 비고
			단위	왼쪽란에 나타낸 단위의 10의 정수승배	
길이	m (미터)	km, cm, mm, μm, nm, pm, fm			1해리* = 1852 m (정확히)
면적	m^2	km^2, dm^2, cm^2, mm^2			ha * (헥타르) 1 ha = 10^4 m^2 a * (아르) 1 a = 10^2 m^2
체적	m^3	dm^3, cm^3, mm^3	l, L (리터) 1 l = 10^{-3} m^3 = 1 dm^3	hl, cl, ml 1 hl = 10^{-1} m^3 1 cl = 10^{-5} m^3 1 ml = 10^{-6} m^3 = 1 cm^3	고밀도 측정의 경우에는 리터의 명칭은 사용하지 않는 편이 좋다.
시간	s (초)	ks, ms, μs, ns	d (일), h (시), min (분)		그 외에 주, 월, 년도 사용된다.
각속도	rad/s				
속도	m/s		m/h	km/h	1노트* = 1.852 km/h = 0.514444 m/s
가속도	m/s^2				

(2) 주기 현상 및 관련 현상

양	SI 단위	SI 단위의 10의 정수배승의 선택	CIPM에서 사용이 허용되고 있는 SI 이외의 단위 및 SI 단위 조합의 특례		특수한 분야에서 사용되는 단위에 관한 비고
			단위	왼쪽란에 나타낸 단위의 10의 정수승배	
주파수	Hz (헤르츠)	THz, GHz, MHz, kHz			
회전 속도	s^{-1}		min^{-1}		회전 매 분 (r/min), 회전 매 초 (r/s)
각주파수	rad/s				

(3) 역학

양	SI 단위	SI 단위의 10의 정수배승의 선택	CIPM에서 사용이 허용되고 있는 SI 이외의 단위 및 SI 단위 조합의 특례		특수한 분야에서 사용되는 단위에 관한 비고
			단위	왼쪽란에 나타낸 단위의 10의 정수승배	
질량	kg (킬로그램)	Mg, g, mg, μg	t (톤) 1 t = 10^3 kg		영어로 톤은 "미터 톤"이라고 부른다.
밀도, 체적질량, 질량밀도	kg/m^3	Mg/m^3, kg/dm^3, g/cm^3	t/m^3 또는 kg/l	g/ml, g/l	
선질량, 선밀도	kg/m	mg/m			1 텍스 = 10^{-6} kg/m = 1 g/km (섬유의 굵기 단위)
관성 모멘트	$kg{\cdot}m^2$				
운동량	kg·m/s				

(다음 페이지에 계속)

양	SI 단위	SI 단위의 10의 정수배승의 선택	CIPM에서 사용이 허용되고 있는 SI 이외의 단위 및 SI 단위 조합의 특례		특수한 분야에서 사용되는 단위에 관한 비고
			단위	왼쪽란에 나타낸 단위의 10의 정수승배	
힘	N (뉴턴)	MN, kN, mN, μN			
운동량 모멘트, 각운동량	kg·m²/s				
힘의 모멘트	N·m	MN·m, kN·m, mN·m, μN·m			
압력	Pa (파스칼)	GPa, MPa, kPa, hPa, mPa, μPa			1 bar * (바) = 100 kPa, 1 mbar = 1 hPa
응력	Pa	GPa, MPa, kPa			N/m² 1 N/m² = 1 Pa
점도 (역학적 점도)	Pa·s	mPa·s			P (포아즈) 1 cP = 1 mPa·s
동점도	m²/s	mm²/s			St (스토크스) 1 cSt = 1 mm²/s
표면장력	N/m	mN/m			
에너지, 일	J (줄)	EJ, PJ, TJ, GJ, MJ, kJ, mJ			
일률	W (와트)	GW, MW, kW, mW, μW			

[주] *당분간 CIPM에서 사용이 허용되고 있다.
위의 표 이외에 (4) 열, (5) 전기 및 자기, (6) 빛 및 관련된 전자방사, (7) 소리, (8) 물리화학 및 분자물리학 등이 있는데, 본서에서는 생략한다.

1·10 표 SI 단위에 대한 다른 단위의 환산율표

양의 분류	단위의 명칭	단위기호	정의	SI 단위에 대한 환산율
각도 (평면각)	라디안	rad		
	도	°	$\frac{\pi}{180}$ rad	1.74533×10^{-2} rad
	분	′	$\frac{1}{60}$ °	2.90888×10^{-4} rad
	초	″	$\frac{1}{60}$ ′	4.84814×10^{-6} rad
	점	pt	$\frac{\pi}{16}$ rad (= 11.25°)	1.96350×10^{-1} rad
	직각	∟	$\frac{\pi}{2}$ rad	1.57080 rad
	그레이드	…^{g}, gon	$\frac{1}{100}$ ∟	1.57080×10^{-2} rad
길이	미터	m		
	미크론	μ	1 μm	1×10^{-6} m
	옹스트롬	Å	10^{-10} m	1×10^{-10} m
	해리	M, NM, nml, nm	1852 m	1.852×10^{3} m

(다음 페이지에 계속)

양의 분류	단위의 명칭	단위기호	정의	SI 단위에 대한 환산율
길이	야드	yd	0.9144 m	9.144×10^{-1} m
	푸트	ft	$\frac{1}{3}$ yd	3.048×10^{-1} m
	인치	in	$\frac{1}{12}$ ft	2.54×10^{-2} m
	체인	chain	22 yd	2.01168×10 m
	마일	mile	80 chain	1.60934×10^{3} m
	밀	mil	10^{-3} in	2.54×10^{-5} m
면적	제곱미터	m^2		
	아르	a	100 m^2	1×10^{2} m^2
	반	b	100 fm^2	1×10^{-28} m^2
	제곱야드	yd^2		8.36127×10^{-1} m^2
	제곱푸트	ft^2		9.29030×10^{-2} m^2
	제곱인치	in^2		6.4516×10^{-4} m^2
	에이커	acre	4840 yd^2	4.04686×10^{3} m^2
	제곱마일	$mile^2$		2.58999×10^{6} m^2
체적	세제곱미터	m^3		
	리터	l, L		1×10^{-3} m^3
	톤	T	10^2 ft^3	2.83168 m^3
			$\frac{1000}{353}$ m^3	2.83286 m^3
	세제곱야드	yd^3		7.64555×10^{-1} m^3
	세제곱푸트	ft^3		$\approx 2.83168 \times 10^{-2}$ m^3
	세제곱인치	in^3		1.63871×10^{-5} m^3
	영국 갤런	gal (UK)	영국 도량형법	4.54609×10^{-3} m^3
	영국 파인트	pt (UK)	$\frac{1}{8}$ gal (UK)	5.68261×10^{-4} m^3
	영국 액용온스	fl oz (UK)	$\frac{1}{160}$ gal (UK)	2.84130×10^{-5} m^3
	영국 부셀	bushel (UK)	8 gal (UK)	3.63687×10^{-2} m^3
	미국 갤런	gal (US)	231 in^3	$\approx 3.78541 \times 10^{-3}$ m^3
	미국 액용파인트	liq pt (US)	$\frac{1}{8}$ gal (US)	4.73176×10^{-4} m^3
	미국 액용온스	fl oz (US)	$\frac{1}{128}$ gal (US)	2.95735×10^{-5} m^3
	미국 배럴	barrel (US)	42 gal (US)	1.58987×10^{-1} m^3
	미국 부셀	bu (US)	2150.42 in^3	3.52391×10^{-2} m^3
	곡용파인트	dry pt (US)	$\frac{1}{64}$ bu (US)	5.50610×10^{-4} m^3
	곡용배럴	bbl (US)	7056 in^3	1.15627×10^{-1} m^3
시간	초	s		
	분	min	60 s	6×10 s
	시	h	60 min	3.6×10^{3} s
	일	d	24 h	8.64×10^{4} s

(다음 페이지에 계속)

양의 분류	단위의 명칭	단위기호	정의	SI 단위에 대한 환산율
속도	미터 매 초	m/s		
	킬로미터 매 시	km/h		2.77778×10^{-1} m/s
	노트	kn, kt	1 M/h	5.14444×10^{-1} m/s
	마일 매 시	mile/h		4.4704×10^{-1} m/s
가속도	미터 매 초 제곱	m/s^2		
	갈	Gal	$\frac{1}{100}$ m/s^2	1×10^{-2} m/s^2
	지	G	9.80665 m/s^2	9.80665 m/s^2
질량	킬로그램	kg		
	톤	t	10^3 kg	1×10^3 kg
	캐럿 (미터계)	ct, car	200 mg	2×10^{-4} kg
	파운드	lb		4.53592×10^{-1} kg
	그레인 (그레인)	gr	$\frac{1}{7000}$ lb	6.47989×10^{-5} kg
	온스	oz	$\frac{1}{16}$ lb	2.83495×10^{-2} kg
	트로이온스 (약용온스)	troy ounce	480 gr	3.11035×10^{-2} kg
	영국 헌드레드웨이트	cwt (UK)	112 lb	5.08023×10 kg
	영국 톤	ton (UK)	2240 lb	1.01605×10^3 kg
	미국 헌드레드웨이트	cwt (US)	100 lb	4.53592×10 kg
	미국 톤	ton (US) sh·tn, sh·ton	2000 lb	9.07185×10^2 kg
밀도	킬로그램 매 세제곱미터	kg/m^3		
	파운드 매 세제곱푸트	lb/ft^3		1.60185×10 kg/m^3
힘	뉴턴	N	1 kg·m/s^2	
	다인	dyn	10^{-5} N	1×10^{-5} N
	중량킬로그램	kgf		9.80665 N
	파운달	pdl	1 lb·ft/s^2	$\approx 1.38255 \times 10^{-1}$ N
	중량파운드	lbf		≈ 4.44822 N
힘의 모멘트, 토크	뉴턴미터	N·m		
	중량킬로그램미터	kgf·m, kgw·m		9.80665 N·m
	중량파운드푸트	lbf·ft		1.35582 N·m
압력 및 응력	파스칼	Pa	1 N/m^2	
	바	bar, b	10^5 Pa	1×10^5 Pa
	중량킬로그램 매 제곱미터	kgf/m^2		9.80665 Pa
	중량킬로그램 매 제곱밀리미터	kgf/mm^2		9.80665×10^6 Pa
	중량킬로그램 매 제곱센티미터	kgf/cm^2		9.80665×10^4 Pa
	수주미터	mH_2O, mAq		9.80665×10^3 Pa
	수주밀리미터	mmH_2O, mmAq		9.80665 Pa
	기압	atm	101325 Pa	1.01325×10^5 Pa

(다음 페이지에 계속)

양의 분류	단위의 명칭	단위기호	정의	SI 단위에 대한 환산율
압력 및 응력	수은주미터	mHg	$\frac{1}{0.76}$ atm	1.33322×10^5 Pa
	수은주밀리미터	mmHg		1.33322×10^2 Pa
	토르	Torr	1 mmHg	1.33322×10^2 Pa
	중량파운드 매 제곱인치	lbf/in^2, psi		$\approx 6.89476 \times 10^3$ Pa
	수주푸트	ftH_2O, ftAq		2.98907×10^3 Pa
	수주인치	inH_2O, inAq		2.49089×10^2 Pa
	수은주인치	inHg		3.38639×10^3 Pa
	중량 영국 톤 매 제곱인치	ton w/in^2		1.54443×10^7 Pa
	중량 미국 톤 매 제곱인치	sh·ton w/in^2		1.37895×10^7 Pa
점도	파스칼초	Pa·s	1 N·s/m^2	
	포아즈	P	10^{-1} N·s/m^2	1×10^{-1} N·s/m^2
동점도	제곱미터 매 초	m^2/s		
	스토크스	St	10^{-4} m^2/s	1×10^{-4} m^2/s
일, 에너지, 열량	줄	J	1 N·m	
	와트초	W·s	1 J	1 J
	에르그	erg	10^{-7} J	1×10^{-7} J
	중량킬로그램미터	kgf·m		9.80665 J
	와트시	W·h	3600 W·s	3.6×10^3 J
	칼로리	cal (계량법)		4.18605 J
	15도칼로리	cal_{15}		4.1855 J
	열화학칼로리	cal_{th}		4.184 J
	리터기압	l·atm		1.01325×10^2 J
	전자볼트	eV		$\approx 1.60219 \times 10^{-19}$ J
	I.T.칼로리	cal, cal_{IT}, cal (IT)		4.1868 J
	푸트중량파운드	ft·lbf		≈ 1.35582 J
	영국 열량	Btu		$\approx 1.05506 \times 10^3$ J
동력, 일률, 전열량 (열류량)	와트	W	1 J/s	
	중량킬로그램미터 매 초	kgf·m/s		9.80665 W
	에르그 매 초	erg/s		1×10^{-7} W
	I.T.칼로리 매 시	cal_{IT}/h		1.163×10^{-3} W
	프랑스 마력	PS	75 kgf·m/s	$\approx 7.35499 \times 10^2$ W
	영국 마력	hp, HP	550 ft·lbf/s	$\approx 7.45700 \times 10^2$ W
	푸트중량파운드 매 초	ft·lbf/s		≈ 1.35582 W
	영국 열량 매 시	Btu/h		$\approx 2.93071 \times 10^{-1}$ W
온도	켈빈	K		
	셀시우스도 또는 도	°C	t°C = (t + 273.15) K	
	화씨도	°F	$t°F = \left(\frac{t + 459.67}{1.8}\right) K$	
			$t°F = \left(\frac{5t - 160}{9}\right) °C$	
자계의 강도	암페어 매 미터	A/m		

(다음 페이지에 계속)

양의 분류	단위의 명칭	단위기호	정의	SI 단위에 대한 환산율
자계의 강도	에르스텟	Oe	$\frac{10^3}{4\pi}$ A/m	7.95775 × 10 A/m
자속밀도	테슬라	T	$1 Wb/m^2$ ($= V\cdot s/m^2$)	
	가우스	Gs, G	10^{-4} T	1×10^{-4} T
	감마	γ	10^{-9} T	1×10^{-9} T
자속	웨버	Wb	1 V·s	
	맥스웰	Mx	10^{-8} Wb	1×10^{-8} Wb
조도	럭스	lx	$1 lm/m^2$	
	포토	ph	10^4 lx	1×10^4 lx
휘도	칸델라 매 제곱미터	cd/m^2		
	스틸브	sb	$10^4 cd/m^2$	$1 \times 10^4 cd/m^2$
방사능	베크렐	Bq, s^{-1}		
	큐리	Ci		3.7×10^{10} Bq
흡수선량	그레이	Gy	1 J/kg	
	래드	rad, rd	10^{-2} J/kg	1×10^{-2} Gy
조사선량	쿨롱 매 킬로그램	C/kg		
	뢴트겐	R		2.58×10^{-4} C/kg

[주] 환산율의 수치는 정확한 값이 유효숫자 6자리 이하인 경우에는 그대로 나타내고, 7자리 이상인 경우에는 유효숫자 6자리로 반올림한 값을 나타내고 있다.

참고표 수치의 반올림법 (JIS Z 8401 발췌)

1. 적용범위

이 규격은 광공업에서 이용하는 십진법 수치의 반올림법에 대해서 규정한다.

2. 수치의 반올림법

a) 반올림이란 주어진 수치를, 어느 일정한 반올림 폭의 정수배가 만드는 계열 중에서 선택한 수치로 치환하는 것이다. 이 치환된 수치를 반올림한 수치라고 한다.

예 1. 반올림 폭을 0.1, 주어진 수치를 12.XX라고 하면, 그 정수배는 12.1, 12.2, 12.3, 12.4, …

예 2. 반올림 폭을 10, 주어진 수치를 12XX라고 하면, 그 정수배는 1210, 1220, 1230, 1240, …

b) 주어진 수치에 가장 가까운 정수배가 하나밖에 없는 경우는 그것을 반올림한 수치로 한다.

예 1. 반올림 폭을 0.1로 하면, 주어진 수치는 다음과 같이 반올림한다.

12.223→12.2, 12.251→12.3, 12.275→12.3

예 2. 반올림을 10으로 하면, 주어진 수치는 다음과 같이 반올림한다.

1222.3→1220, 1225.1→1230, 1227.5→1230

c) 주어진 수치에 동등하게 가까운 두 개의 이웃하는 정수배가 있는 경우에는 다음의 규칙이 이용된다.

규칙 반올림한 수치로서 짝수배 쪽을 선택한다.

예 1. 반올림 폭을 0.1로 하면, 주어진 수치는 다음과 같이 반올림한다.

12.25→12.2, 12.35→12.4

예 2. 반올림 폭을 10으로 하면, 주어진 수치는 다음과 같이 반올림한다.

1225.0→1220, 1235.0→1240

[비고] 이 규칙에는 예를 들면, 일련의 측정값을 이 방법으로 처리할 때 반올림에 의한 오차가 최소가 되는 특별한 이점이 있다.

d) 반올림법은 항상 1단계에서 해야 한다.

예 12.251은 12.3으로 반올림해야 하며, 먼저 12.25로 하고 이어서 12.2로 해서는 안 된다.

제2장

수학

2장. 수학

2·1 대수학

1. 항등식

(1) $a^2-b^2=(a+b)(a-b)$

(2) $a^3-b^3=(a-b)(a^2+ab+b^2)$

(3) $a^3+b^3=(a+b)(a^2-ab+b^2)$

(4) $a^n-b^n=(a-b)(a^{n-1}+a^{n-2}b+\cdots+ab^{n-2}+b^{n-1})$

($\because n$은 양의 정수)

2. 이차방정식의 근

$ax^2+bx+c=0\ (a\neq 0)$ 의 이차방정식의 근은

$$x=\frac{-b\pm\sqrt{b^2-4ac}}{2a}$$

이다. 이 근은

$b^2-4ac>0$ 일 때는 서로 다른 실근,

$b^2-4ac=0$ 일 때는 중근,

$b^2-4ac<0$ 일 때는 서로 다른 허근

이 된다.

3. 이항정리

$$(a+b)^n=a^n+na^{n-1}b+\frac{n(n-1)}{1\times 2}a^{n-2}b^2+\frac{n(n-1)(n-2)}{1\times 2\times 3}a^{n-3}b^3+\cdots\cdots$$

$$(a-b)^n=a^n-na^{n-1}b+\frac{n(n-1)}{1\times 2}a^{n-2}b^2-\frac{n(n-1)(n-2)}{1\times 2\times 3}a^{n-3}b^3+\cdots\cdots$$

이고

n이 양의 정수일 때는, 오른변의 급수는 유한으로 b^n에서 끝나고,

n이 분수 혹은 음수일 때는 무한급수

가 된다.

4. 지수법칙

(1) $(a^m)^n=a^{mn}$ (2) $(ab)^n=a^nb^n$

(3) $\left(\frac{a}{b}\right)^n=\frac{a^n}{b^n}$ (4) $a^0=1$

(5) $a^{-n}=\frac{1}{a^n}$

5. 거듭제곱근

어떤 수 또는 어떤 식의 a의 n승이 b, 즉

$a^n=b$

일 때

$a=\sqrt[n]{b}$

(1) $\sqrt{ab}=\sqrt{a}\sqrt{b}$ (2) $\sqrt{\frac{b}{a}}=\frac{\sqrt{b}}{\sqrt{a}}$

(3) $\sqrt[n]{a^m}=a^{\frac{m}{n}}=\sqrt[np]{a^{mp}}=\sqrt[\frac{n}{q}]{a^{\frac{m}{q}}}$

(4) $a\sqrt[n]{b}=\sqrt[n]{a^nb}$ (5) $\sqrt[m]{\sqrt[n]{a}}=\sqrt[mn]{a}$

6. 로그

일반적으로 a가 1과 같지 않은 정수로

$a^x=N$ (1)

일 때, x는 a를 밑수(또는 밑)으로 하는 N의 로그라고 하며, 이것을

$x=\log_a N$ (2)

으로 나타내고, (1)과 (2)는 a, N, x 사이의 완전히 동일한 관계를 나타낸다. 10을 밑으로 하는 로그를 상용로그라고 한다. e=2.71828을 밑으로 하는 로그를 자연로그라라고 한다. 상용로그는 $\log_{10x}$라고 써야 하는 데도 10을 생략해 단지 $\log x$라고 쓴다.

(1) $\log ab=\log a+\log b$

(2) $\log\frac{a}{b}=\log a-\log b$

(3) $\log N^P=P\log N$

(4) $\log\sqrt[P]{N}=\frac{1}{P}\log N$

7. 수열의 합

(1) 초항 a, 공차$=\delta$, 말항$=\{a+(n-1)\delta\}$, 항수$=n$의 등차수열의 합 S는

$$S=a+(a+\delta)+(a+2\delta)+\cdots+\{a+(n-1)\delta\}=\frac{n}{2}\{2a+(n-1)\delta\}$$

(2) 초항$=a$, 공비$=r$, 말항$=ar^{n-1}$, 항수$=n$의 등비수열의 합 S는

$$S=a+ar+ar^2+\cdots+ar^{n-1}=\frac{a(r^n-1)}{r-1}$$

$n=\infty$에서 r이 양 혹은 음의 분수라면,

$$S=\frac{a}{1-r}$$

2·2 삼각함수

1. 삼각함수의 정의

직각 삼각형 ABC에서 $\angle ABC=\theta$으로 하면,

$\sin\theta = \frac{AC}{AB}$ $\cos\theta = \frac{BC}{AB}$

$\tan\theta = \frac{AC}{BC}$

$\cot\theta = \frac{BC}{AC}$

$\sec\theta = \frac{AB}{BC}$

$\mathrm{cosec}\,\theta = \frac{AB}{AC}$

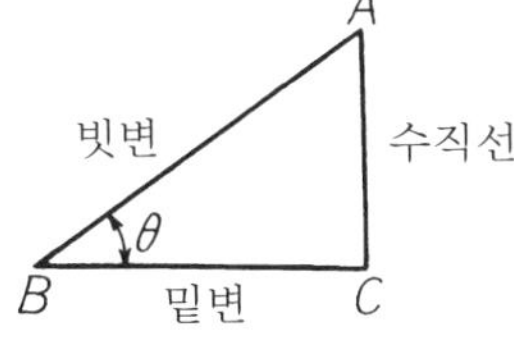

2·1 그림 삼각함수의 정의

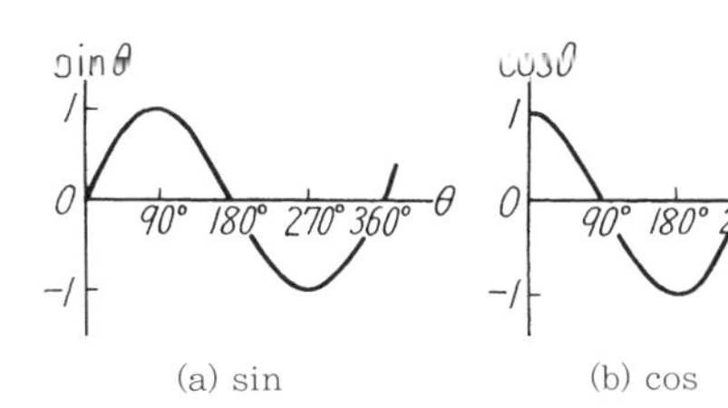

(a) sin (b) cos

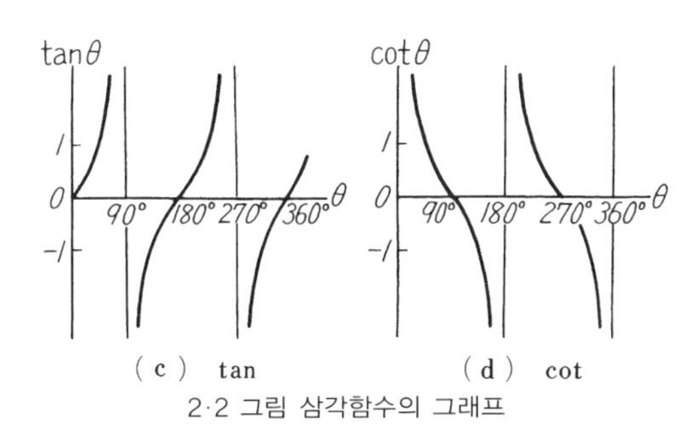

(c) tan (d) cot

2·2 그림 삼각함수의 그래프

2·2 그림에 각 함수의 수치 변화 그래프를 나타냈다.

2. 삼각함수의 상호관계

(1) $\sin^2\theta + \cos^2\theta = 1$ (2) $\frac{\sin\theta}{\cos\theta} = \tan\theta$

(3) $\frac{\cos\theta}{\sin\theta} = \cot\theta$ (4) $\tan\theta \cdot \cot\theta = 1$

3. 음의 삼각함수

(1) $\sin(-\theta) = -\sin\theta$

(2) $\cos(-\theta) = \cos\theta$

(3) $\tan(-\theta) = -\tan\theta$

(4) $\cot(-\theta) = -\cot\theta$

4. 여각과 보각의 삼각함수

(1) $\sin(90^\circ + \theta) = \cos\theta$

(2) $\cos(90^\circ + \theta) = -\sin\theta$

(3) $\tan(90^\circ + \theta) = -\cot\theta$

(4) $\sin(180^\circ + \theta) = -\sin\theta$

(5) $\cos(180^\circ + \theta) = -\cos\theta$

(6) $\tan(180^\circ + \theta) = \tan\theta$

(7) $\sin(90^\circ - \theta) = \cos\theta$

(8) $\cos(90^\circ - \theta) = \sin\theta$

(9) $\tan(90^\circ - \theta) = \cot\theta$

(10) $\sin(180^\circ - \theta) = \sin\theta$

(11) $\cos(180^\circ - \theta) = -\cos\theta$

(12) $\tan(180^\circ - \theta) = -\tan\theta$

5. 합과 차의 삼각함수

(1) $\sin(\alpha + \beta) = \sin\alpha\cos\beta + \cos\alpha\sin\beta$

(2) $\sin(\alpha - \beta) = \sin\alpha\cos\beta - \cos\alpha\sin\beta$

(3) $\cos(\alpha + \beta) = \cos\alpha\cos\beta - \sin\alpha\sin\beta$

(4) $\cos(\alpha - \beta) = \cos\alpha\cos\beta + \sin\alpha\sin\beta$

(5) $\tan(\alpha + \beta) = \frac{\tan\alpha + \tan\beta}{1 - \tan\alpha\tan\beta}$

(6) $\tan(\alpha - \beta) = \frac{\tan\alpha - \tan\beta}{1 + \tan\alpha\tan\beta}$

(7) $\cot(\alpha + \beta) = \frac{\cot\alpha\cot\beta - 1}{\cot\beta + \cot\alpha}$

(8) $\cot(\alpha - \beta) = \frac{\cot\alpha\cot\beta + 1}{\cot\beta - \cot\alpha}$

6. 배각의 삼각함수

(1) $\sin 2\alpha = 2\sin\alpha\cos\alpha$

(2) $\cos 2\alpha = \cos^2\alpha - \sin^2\alpha$
$= 2\cos^2\alpha - 1 = 1 - 2\sin^2\alpha$

(3) $\tan 2\alpha = \frac{2\tan\alpha}{1 - \tan^2\alpha}$

(4) $\cot 2\alpha = \frac{\cot^2\alpha - 1}{2\cot\alpha}$

7. 삼배각의 삼각함수

(1) $\sin 3\alpha = 3\sin\alpha - 4\sin^3\alpha$

(2) $\cos 3\alpha = 4\cos^3\alpha - 3\cos\alpha$

(3) $\tan 3\alpha = \frac{3\tan\alpha - \tan^3\alpha}{1 - 3\tan^2\alpha}$

(4) $\cot 3\alpha = \frac{\cot^3\alpha - 3\cot\alpha}{3\cot^2\alpha - 1}$

8. 반각의 삼각함수

(1) $\sin\frac{\alpha}{2} = \pm\sqrt{\frac{1}{2}(1 - \cos\alpha)}$

(2) $\cos\frac{\alpha}{2} = \pm\sqrt{\frac{1}{2}(1 + \cos\alpha)}$

(3) $\tan\frac{\alpha}{2} = \pm\sqrt{\frac{1 - \cos\alpha}{1 + \cos\alpha}}$

(4) $\cot\frac{\alpha}{2} = \pm\sqrt{\frac{1 + \cos\alpha}{1 - \cos\alpha}}$

9. 삼각함수의 합과 차

(1) $\sin x + \sin y = 2\sin\frac{x+y}{2}\cos\frac{x-y}{2}$

(2) $\sin x - \sin y = 2\cos\frac{x+y}{2}\sin\frac{x-y}{2}$

(3) $\cos x + \cos y = 2\cos\frac{x+y}{2}\cos\frac{x-y}{2}$

(4) $\cos x - \cos y = -2\sin\frac{x+y}{2}\sin\frac{x-y}{2}$

10. 삼각형의 성질

2·3 그림의 삼각형 ABC에서

$BC = a$, $AC = b$

$AB = c$, $\angle BAC = \alpha$

$\angle ABC = \beta$

$\angle ACB = \gamma$

$a + b + c = 2s$

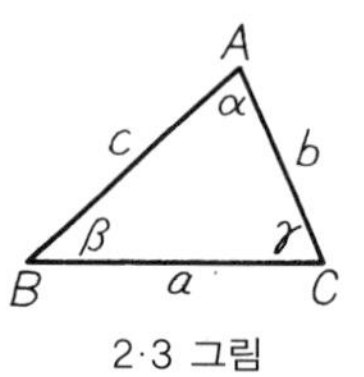

2·3 그림

로 하면

(1) $\alpha + \beta + \gamma = 180°$

(2) $\frac{a}{\sin\alpha} = \frac{b}{\sin\beta} = \frac{c}{\sin\gamma}$ (사인법칙이라고 한다.)

(3) $a^2 = b^2 + c^2 - 2bc\cos\alpha$

$b^2 = c^2 + a^2 - 2ca\cos\beta$

$c^2 = a^2 + b^2 - 2ab\cos\gamma$

(4) (a) $\sin\frac{1}{2}\alpha = \sqrt{\frac{(s-b)(s-c)}{bc}}$

(b) $\cos\frac{1}{2}\alpha = \sqrt{\frac{s(s-a)}{bc}}$

(c) $\tan\frac{1}{2}\alpha = \sqrt{\frac{(s-b)(s-c)}{s(s-a)}}$

(d) $\sin\frac{1}{2}\beta = \sqrt{\frac{(s-c)(s-a)}{ca}}$

(e) $\cos\frac{1}{2}\beta = \sqrt{\frac{s(s-b)}{ca}}$

(f) $\tan\frac{1}{2}\beta = \sqrt{\frac{(s-c)(s-a)}{s(s-b)}}$

(g) $\sin\frac{1}{2}\gamma = \sqrt{\frac{(s-a)(s-b)}{ab}}$

(h) $\cos\frac{1}{2}\gamma = \sqrt{\frac{s(s-c)}{ab}}$

(i) $\tan\frac{1}{2}\gamma = \sqrt{\frac{(s-a)(s-b)}{s(s-c)}}$

(5) $\triangle ABC$의 면적 $= \frac{1}{2}bc\sin\alpha = \frac{1}{2}ca\sin\beta$

$= \frac{1}{2}ab\sin\gamma$

$= \sqrt{s(s-a)(s-b)(s-c)}$

2·3 평면곡선

1. 좌표

(1) 직교좌표

평면 상에 있는 점 P의 위치를 정하는 데는 2·4 그림과 같이 임의의 점 O를 잡고, 이 점을 지나 직교하는 2직선 OX, OY를 만들어 P에서 이 직선에 각각 수직선 PB, PA를 그리면, P의 위치는 PB, PA의 길이 x, y에 의해 결정할 수 있다.이 경우의 O를 원점이라고 하고 직교하는 2직선을 직교좌표축이라고 하며, OX를 가로축, OY를 세로축이라고 한다. 또한 (x,y)를 점 P의 좌표라고 한다. 그리고 직교좌표축이 평면을 나누어 생기는 4부분을, 2·5 그림과 같이 오른쪽 위에서부터 반시계 방향으로 제1, 제2, 제3, 제4 사분면이라고 부르고, 좌표 x, y의 양음을 2·1 표와 같이 정한다.

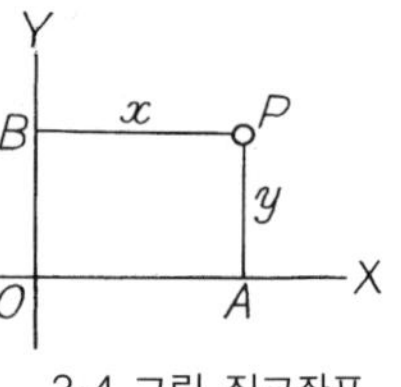

2·4 그림 직교좌표

2.1 표

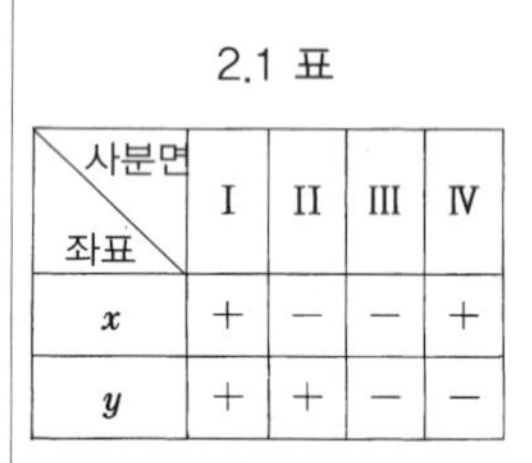

좌표 \ 사분면	I	II	III	IV
x	+	−	−	+
y	+	+	−	−

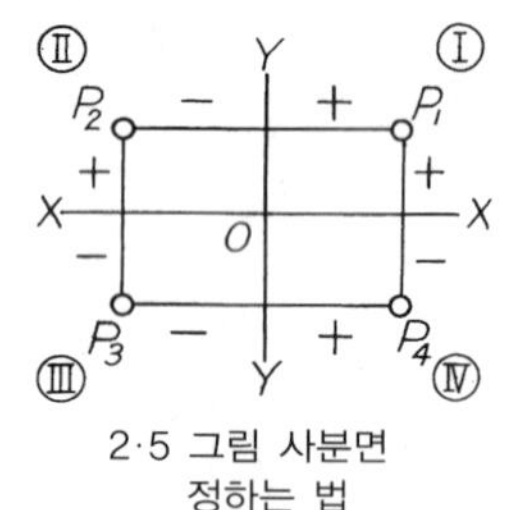

2·5 그림 사분면 정하는 법

(2) 극좌표

평면 상의 점 P의 위치를 정하는 데는 직교좌표 외에 극좌표가 있다. 지금 2·6 그림과 같이 임의의 점 O를 잡고, O를 지나는 무한 반직선 OX를 긋고 OP를 연결해 $OP = \rho$, $\angle POX = \theta$로 하면, P는 ρ와 θ에 의해 결정할 수 있다. 이 경우의 ρ를 동경, θ를 편각, (ρ, θ)을 점 P의 극좌표라고 한다.

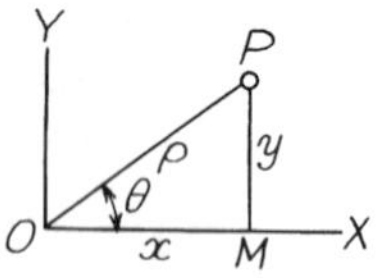

2·6 그림 극좌표

(3) 직교좌표와 극좌표의 관계

P점 직교좌표를 (x, y), 극좌표를 (ρ, θ)로 하면,

$x = \rho\cos\theta$, $y = \rho\sin\theta$, $\rho^2 = x^2 + y^2$,

$\theta = \tan^{-1}\frac{y}{x}$

2. 직선의 방정식

(1) 직선이 X축과 α의 각을 만들고 Y축의 절편이 k인 경우(2·7 그림), $\tan\alpha = m$으로 하면 직선의 방정식은

$y = mx + k$

이다. 이 위 식의 m을 방향계수라고 한다.

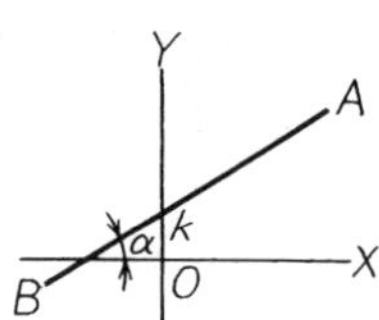

2·7 그림

(2) 직선의 일반방정식은

$ax + by + c = 0$

$b \fallingdotseq 0$ 일 때 $m=-\frac{a}{b}$, $k=-\frac{c}{b}$

(3) 원점을 지나는 직선은 $y=mx$

(4) X, Y 양축의 절편이 각각 a, b인 직선의 방정식은

$$\frac{x}{a}+\frac{y}{b}=1$$

3. 원의 방정식

(1) (a, b)를 중심으로 하는 반경 r의 원의 방정식(2·8 그림)은

$$(x-a)^2+(y-b)^2=r^2$$

(2) 원점을 중심으로 하는 반경 r이 원이 방정식은

$$x^2+y^2=r^2$$

2·8 그림

(3) 원의 일반방정식은

$$ax^2+2hxy+by^2+2gx+2fy+c=0$$

위 식에서 중심 $=\left(-\frac{g}{a},\ -\frac{f}{a}\right)$

$$\text{반경}=\frac{\sqrt{g^2+f^2-ac}}{a}$$

$g^2+f^2-ac>0 \cdots$ 실원

$g^2+f^2-ac=0 \cdots$ 심원 (점이 된다)

$g^2+f^2-ac<0 \cdots$ 허원

이 된다.

4. 타원

(1) 타원의 방정식은 다음과 같다.

2·9 그림에서

$OA=a$, $OB=b$

$OB_1=-b$, $OA_1=-a$

로 하면, 타원의 방정식은

$$\frac{x^2}{a^2}+\frac{y^2}{b^2}=1$$

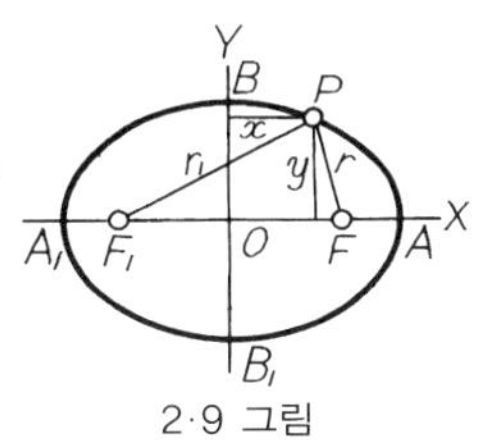

2·9 그림

여기서 AA_1을 장축, BB_1을 단축이라고 한다.

(2) 2·9 그림에서

$$OF=\sqrt{a^2-b^2},\quad OF_1=-\sqrt{a^2-b^2}$$

일 때, F, F_1을 타원의 초점이라고 한다.

(3) P가 타원 상의 임의점이라고 하면

$$PF+PF_1=2a$$

5. 쌍곡선

(1) 쌍곡선의 방정식은 다음과 같다.

2·10 그림에서

$OA=a$, $OA'=-a$

$OB=b$, $OB'=-b$

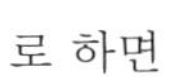

로 하면

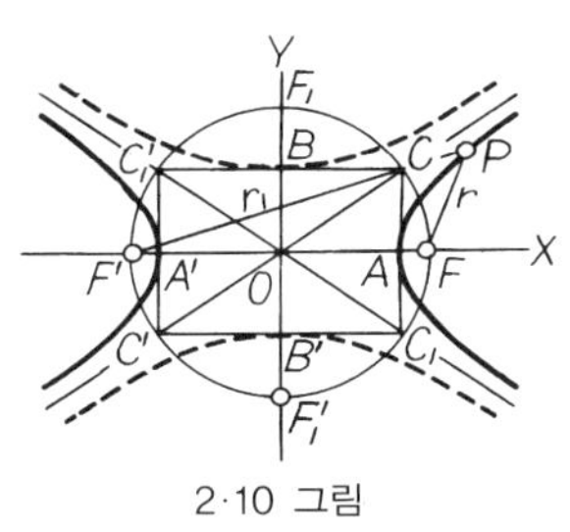

2·10 그림

$$\frac{x^2}{a^2}-\frac{y^2}{b^2}=1 \quad (a>0,\ b>0) \qquad (1)$$

또는 (1) 식의 a, b를 바꿔서

$$\frac{x^2}{a^2}-\frac{y^2}{b^2}=-1 \qquad (2)$$

을 얻는다. (1)과 (2)를 공역쌍곡선이라고 한다.

(2) 2·10 그림에서

$$OF=\sqrt{a^2+b^2},\quad OF'=-\sqrt{a^2+b^2}$$

일 때, F, F'을 쌍곡선의 초점이라고 한다.

(3) P가 쌍곡선 상의 임의점일 때

$$PF-PF'=2a$$

(4) 점근선은 다음과 같다. 2·10 그림에서 A, A', B, B'로부터 X, Y축으로 수직선을 내려서 얻은 교점 C, C', C_1, C_1'을 연결하는 직선을 점근선이라고 한다.

(5) 점근선이 서로 직각인 쌍곡선을 직각쌍곡선이라고 한다(2·11 그림). 직각쌍곡선 상의 임의점에서 점근선에 내린 수직선 PM, PN에서

$$PM,\ PN=\frac{a^2}{2}=\text{일정}$$

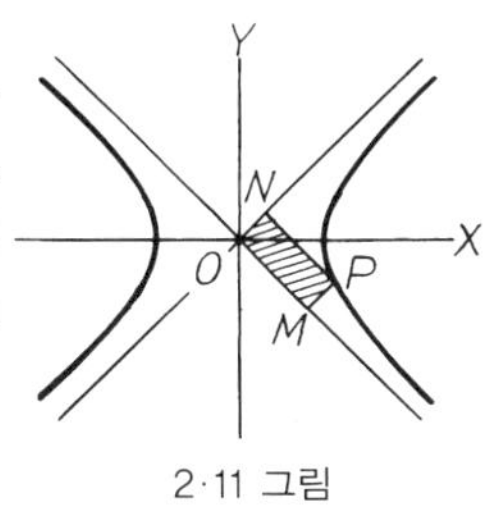

2·11 그림

6. 포물선

(1) 포물선의 방정식은

$$y^2=2px$$

(2) 초점과 준선은 다음과 같다. 2·12 그림의 X축 상에서

$OF=\frac{p}{2}$ 인 점 F를

초점이라고 하고,

$OL=-\frac{p}{2}$ 인 점 L을

2·12 그림

지나가 Y축에 평행한 직선 LL'을 준선이라고 한다. 포물선 상에 임의점 P를 잡고, P로부터 준선 상에 수직선 PM을 잡으면

$$PM=PF$$

7. 사인곡선

2·13 그림에서 중심 O, 지름 AB의 원주를 임의의 수로 등분해 이들의 각점에서 $\overline{AB}$에 평행한 선을 긋고, 또한 $\overline{JK}$의 길이를 파장의 길이와 동일하게 잡는다. 다음으로 $\overline{JK}$를 정원과 동일한 수로 분할하고, 각각의 점에서 $\overline{JK}$에 수직선을 세워 각각의 평행선의 교점을 매끈하게 연결하면 사인곡선을 얻을 수 있다.

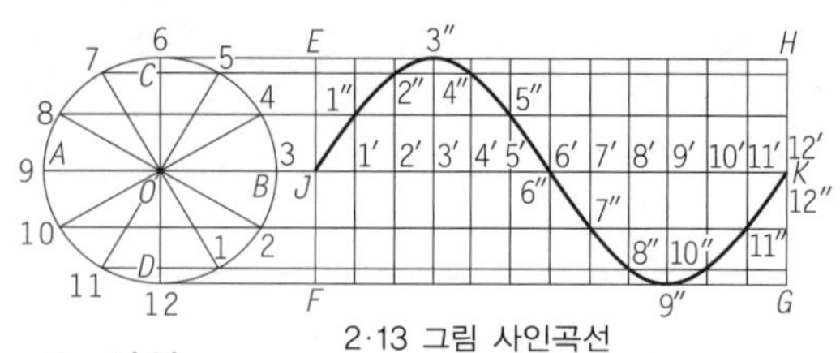

2·13 그림 사인곡선

8. 나선

(1) 아르키메데스 나선

극좌표에서 $r=\alpha O$인 곡선을 아르키메데스 나선이라고 한다(2·14 그림).

(2) 로그 나선

극좌표에서 $r=\alpha^{\theta}$ 또는 $\log r=\theta\log\alpha$로 나타내는 곡선을 로그 나선이라고 한다(2·15 그림).

9. 인벌류트 곡선

원과 접하는 직선이 원 위를 굴러갈 때, 직선 상의 임의의 점이 그리는 궤적을 인벌류트 곡선이라고 한다(2·16 그림).

10. 사이클로이드 곡선

(1) 사이클로이드

원이 정직선 상을 굴러갈 때, 그 원주 상의 일정 점이 그리는 궤적을 사이클로이드라고 한다(2·17 그림). 또한 원주 상이 아니라 원 바깥의 한 점이 그리는 궤적을 고 트로코이드, 원 안의 한 점이 그리는 궤적을 저 트로코이드라고 한다.

(2) 에피사이클로이드, 하이포사이클로이드

원이 정원의 바깥쪽을 굴러갈 때, 그 주전원 상의 한 점이 그리는 궤적을 에피사이클로이드라고 한다(2·18 그림). 또한 주전원이 정원 안쪽으로 굴러갈 때, 그 주전원 상의 한 점이 그리는 궤적을 하이포사이클로이드라고 한다.

그리고 주전원 상이 아니라 주전원의 바깥, 또는 안쪽의 한 점이 그리는 궤적을, (1)의 경우와 동일하게 각각 고 또는 저 에피트로코이드, 고 또는 저 하이포트로코이드라고 부른다.

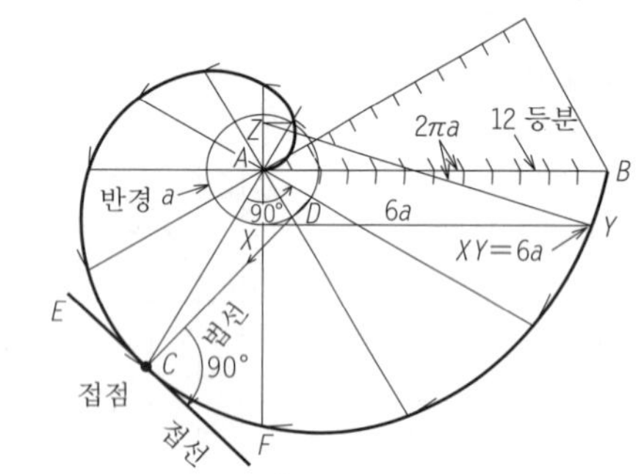

2·14 그림 아르키메데스 나선

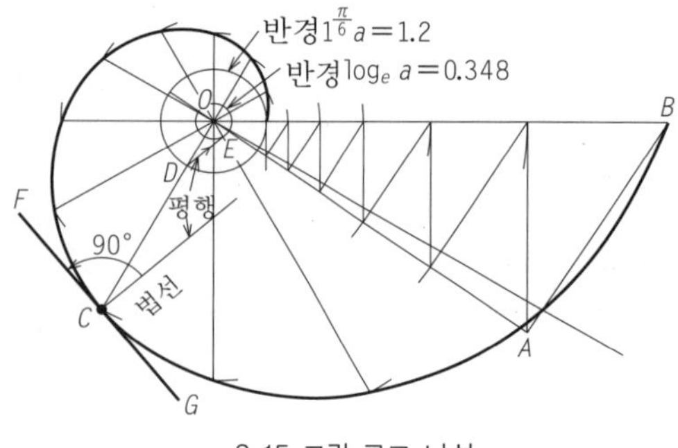

2·15 그림 로그 나선

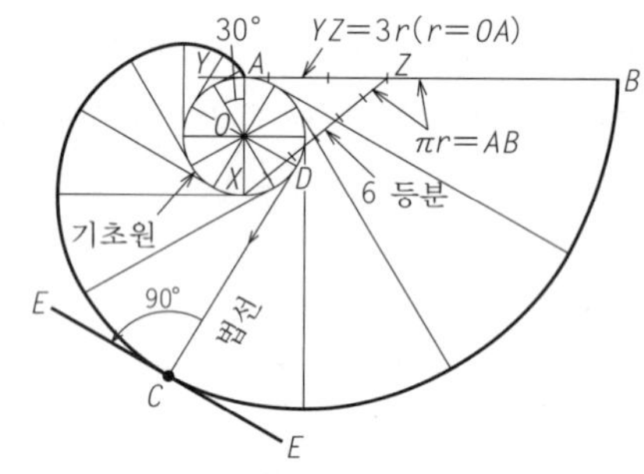

2·16 그림 원의 인벌류트 곡선

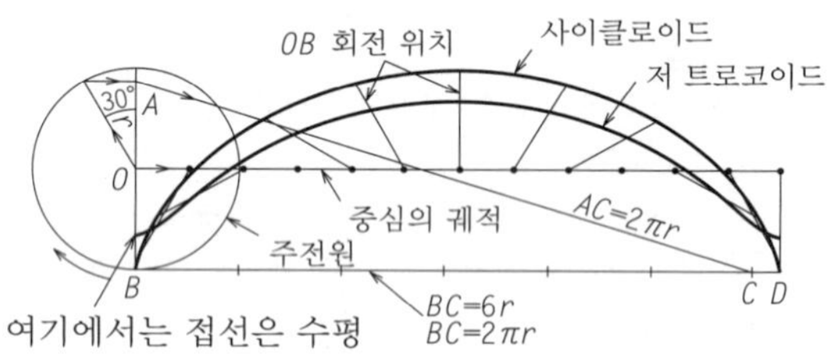

2·17 그림 사이클로이드 곡선

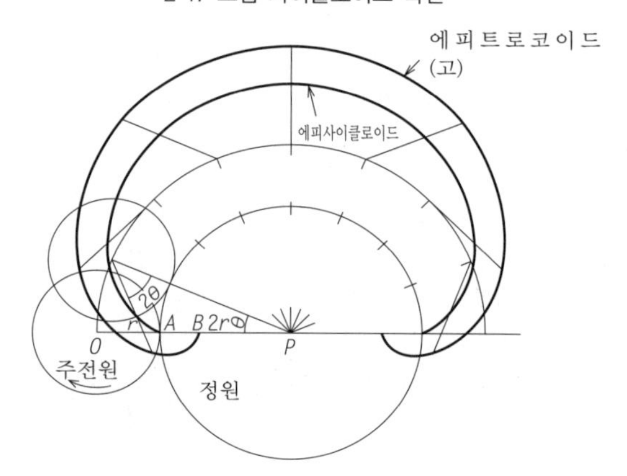

2·18 그림 에피사이클로이드 곡선

제3장

역학

3장. 역학

3·1 힘의 모멘트

1. 운동과 정지

어떤 물체가 다른 기준체에 대해 시간과 함께 그 위치를 바꾸는 것을 운동이라고 하며, 일정 위치에 멈추는 것을 정지라고 한다.

2. 힘

물체의 운동 상태를 변화시키는 원인을 힘이라고 한다. 힘에 의한 운동 상태 변화는 가해진 힘의 크기와 방향과 작용한 점(착력점)에 의해 결정되기 때문에 이들을 힘의 3요소라고 한다. 힘을 그리기 위해서는 3·1 그림과 같이 힘의 착력점에서 힘이 작용한 방향으로 직선을 긋고, 그 직선 상에 힘의 크기와 비례한 길이를 잡아 끝에 화살표를 붙여 나타낸다.

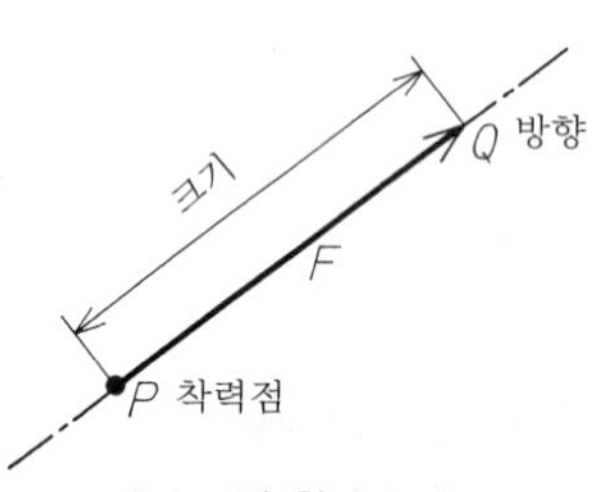

3·1 그림 힘의 도시

3·2 힘의 합성과 분해 및 균형

1. 벡터와 스칼라

힘과 같이 크기와 방향에 의해 정해지는 양을 벡터라고 하고, 면적, 밀도, 질량과 같이 그 크기만으로 정해지는 양을 스칼라라고 한다.

2. 힘의 합성과 분해

하나의 물체에 두 가지 이상의 힘이 작용할 때, 그들의 힘과 동일한 효과를 갖는 하나의 힘을 원래 힘의 합력이라고 하며, 합력을 구하는 것을 힘의 합성이라고 한다. 또한 하나의 힘을 동일한 효과를 주는 몇 개의 힘으로 나누는 것을 힘의 분해라고 하며, 그것을 원래 힘의 분력이라고 한다. 예를 들면 키로 기어를 축에 고정할 때에 실제로 키를 박아 넣기 위해 작용하는 힘은 3·2 그림과 같이 가해진 힘 F의 수평분력 F_1이다.

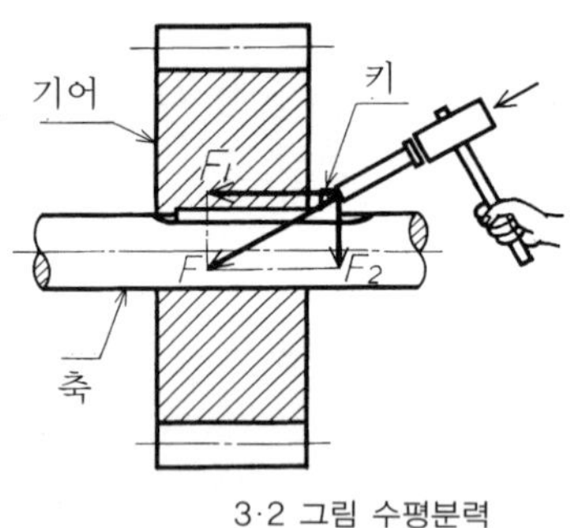

3·2 그림 수평분력

(1) 1점에 작용하는 2힘의 합성

어떤 물체의 한 점에 두 개의 힘 F_1, F_2가 작용하면, 물체는 F_1과 F_2를 두 변으로 한 평행 사변형의 대각선 F에 같은 힘을 받는다. 3·3 그림은 그것을 벡터로 표시한 것이다.

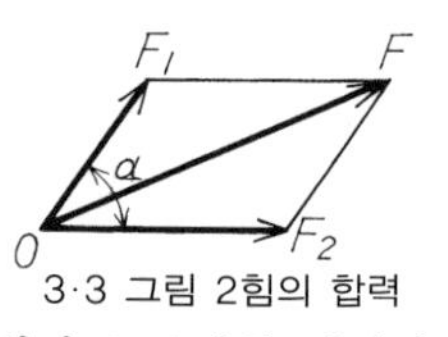

3·3 그림 2힘의 합력

$$F=\sqrt{F_1{}^2+F_2{}^2+2F_1F_2\cos\alpha}$$

(2) 1점에 작용하는 다수 힘의 합성

어떤 물체의 한 점에 많은 힘 F_i, F_2, F_3, F_4, F_5…가 작용할 때, 그 합력의 크기 F는 어떤 최초의 한 점 0를 결정하고 그 점으로부터 시작해 각 힘의 방향에 평행하며, 크기는 동일하게 F_1, F_2, F_3, F_4, F_5···의 다각형을 만들어 마지막 점 E와 0점을 연결하는 벡터 $0E$로 표현된다(3·4 그림).

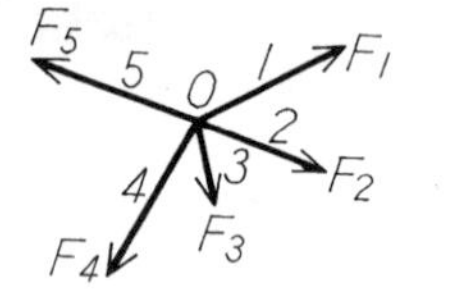

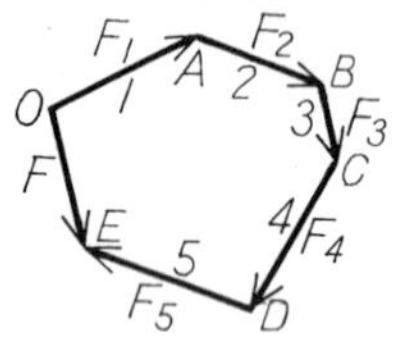

동일한 번호의 힘은 각각 크기는 같고 평행이다.
3·4 그림 많은 힘의 합성

(3) 물체의 2점에 작용하는 2힘의 합성

어떤 물체가 다른 착력점 P, Q의 두 점에 작용하는 힘 F_i, F_2의 합력 F는, 그 작용선의 교점 R을 통과하는 $F_1=F_1'$, $F_2=F_2'$를 두 변으로 하는 평행사변형의 대각선으로 표현된다(3·5 그림).

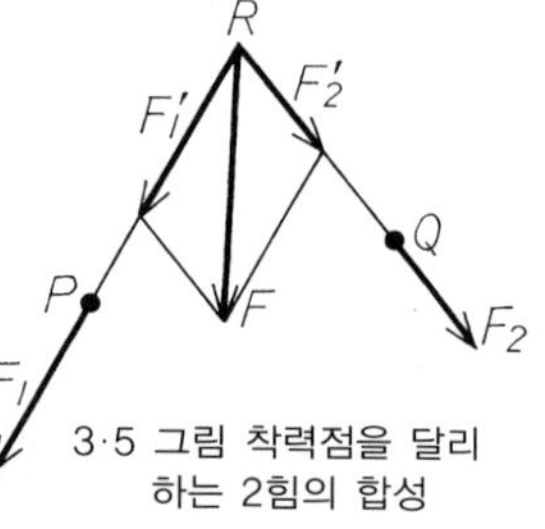

3·5 그림 착력점을 달리하는 2힘의 합성

(4) 동 방향으로 평행한 2힘의 합성

두 개의 동일한 방향으로 평행한 힘 F_1, F_2의 합성은 우선 각각의 착력점 P, Q로부터 임의의 보조 힘 F_3, $-F_3$를 취하고, 그것과 원래의 힘 F_1, F_2와의 합력 F_1', F_2'를 구한다. 다음으로 이 두 힘의 합력을 (3)의 방법에 의해 구하면, 합력 F는

F_1, F_2의합력이 된다. 이 경우, 두 개의 평행한 동일 방향 힘의 합력 착력점은 두 힘의 착력점 P, Q 간의 거리를 두 힘의 역비로 내분한 점 R'이 된다(3·6 그림).

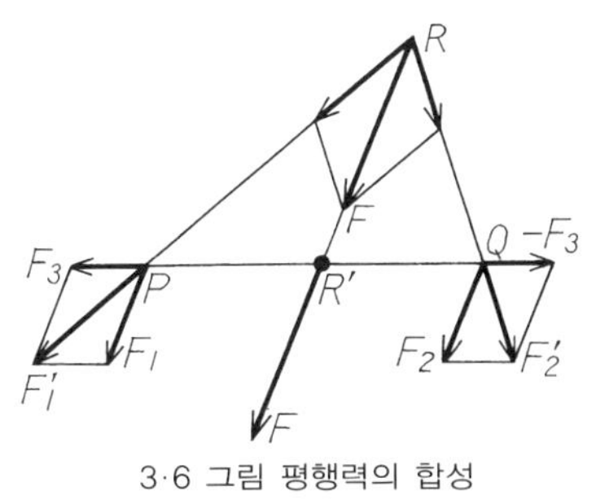

3·6 그림 평행력의 합성

(5) 방향이 반대이고, 평행한 2힘의 합성

두 개의 평행력 F_1, F_2가 서로 반대 방향으로 작용하고, 또한 $F_1>F_2$일 때의 합력은 우선 착력점 P, Q를 연결하고, P, Q 간의 거리를 두 힘 크기의 역비로 외분하는 점, 즉 $\frac{F_1}{F'_2}=\frac{QR}{PR}$가 되는 점 R을 구한다. 합력은 이 점을 착력점으로 하고 크기는 F_1-F_2이며, 방향은 F_1과 동일해지는 힘 F를 그리면 구하는 합력이 된다(3·7 그림).

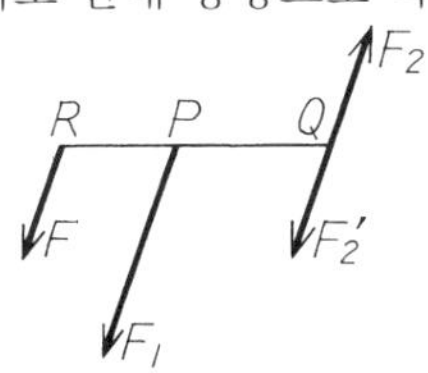

3·7 그림 반대로 향하는 2평행력의 합성

(6) 우력

방향이 반대이고 크기가 동일한 평행한 두 힘은 더 이상 합성할 수 없어 물체는 회전한다. 이러한 한 쌍의 힘을 우력이라고 한다(그림 3·8).

3·8 그림 우력

3. 힘의 균형과 라미의 정리

한 물체에 두 힘 이상이 동시에 작용해도 그 결과가 힘이 전혀 작용하지 않는 것과 동일할 때, 이들의 힘은 균형을 이루고 있다고 하며 또한 이 경우 물체는 균형 상태에 있다고 한다. 물체의 한 점에 F_1, F_2, F_3가 작용하고 균형 상태에 있다고 하면, 힘의 합성 (2)에서 설명했듯이 그 전체의 합력은 0이고 F_1, F_2, F_3의 다각형이 생긴다. 그러나 다른 점에 여러 힘이 작용할 때는 매우 복잡해져 간단히는 해결할 수 없는 것이다.

3·9 그림과 같이 한 점에 작용해 균형을 이루는 세 힘 사이에는 다음의 관계가 성립된다.

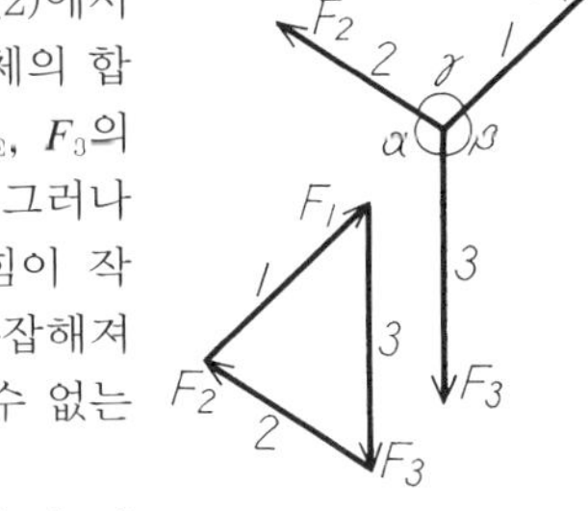

동일한 번호의 힘은 각각 크기는 같고 평행이다.
3·9 그림 라미의 정리

$$\frac{F_1}{\sin\alpha}=\frac{F_2}{\sin\beta}=\frac{F_3}{\sin\gamma}$$

이것을 라미의 정리라고 한다.

4. 강체의 균형과 운동

(1) 힘의 모멘트 축의 주위에 자유롭게 회전할 수 있는 강체에 힘 F가 작용할 때, 그 강체는 회전한다. 이 회전의 정도는 가해진 힘 F와 축에서 힘의 작용점까지의 거리 r의 곱 Fr에 의해 결정된다. 이 Fr을 힘의 모멘트라고 하며, M의 기호로 나타낸다. 즉

$$M=Fr$$

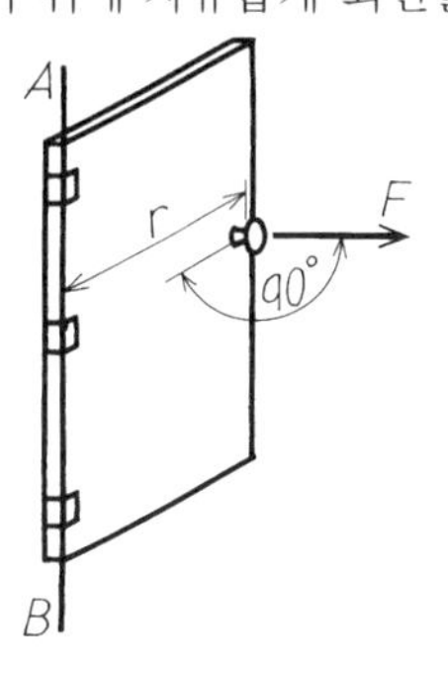

3·10 그림 힘의 모멘트

또한 이 r을 모멘트의 암이라고 한다.

(2) 우력과 토크 이미 말했듯이 우력은 회전능력을 갖고 있으며, 그 모멘트는 축의 위치에 관계없이

우력의 모멘트

$$=F\times OA+F\times OB=F\times AB$$

3·11 그림 토크

이다(3·11). 이 경우 AB의 길이를 우력의 암이라고 하고, 우력의 모멘트는 공업상에서는 토크라고 한다.

5. 구조물에 작용하는 힘

일반적으로 강체의 각 부에 작용하는 여러 힘은 단지 하나의 합력이나 단지 하나의 우력이나, 혹은 한 힘과 한 우력의 어느 쪽인가로 합성할 수 있다. 그림에 의해 문제를 풀려면, 구조물에 작용하는 힘의 상태를 나타내는 구조도와 이것에 관련해 벡터산법을 하는 벡터도를 필요로 한다. 구조물을 나타내는 도리 혹은 시력선으로 구분된 공간에, 3·12 그림과 같이 시계 바늘과 같은 방향으로 순차적으로 기호를 붙이고 서로 이웃하는

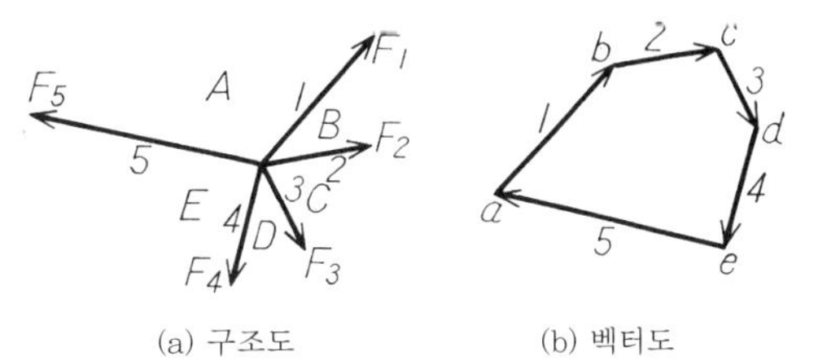

(a) 구조도 (b) 벡터도
(5힘의 균형을 나타낸다.)
3·12 그림 번호가 같은 각 힘은 각각 크기가 같고 평행이다

공간의 기호로 도리 혹은 힘을 나타낸다. 동일한 그림 (a)와 같이 *A*, *B*, *C*, *D*, *E*의 기호를 넣고, *AB*로 F_1의 힘을 나타내고 *BC*로 F_2의 힘을 나타내며 또한 동시에 이들 힘을 벡터도 (b)에서는 *ab*, *bc*…로서 상호 관계를 분명하게 한다.

(1) 도리(부재)에 작용하는 힘 3·13 그림 (a)와 같은 구조의 도리에 작용하는 힘의 상태는 (b)가 된다. 이 벡터를 구하려면 우선 공간에 *A*, *B*, *C*의 기호를 붙이고, 다음으로 *W* 즉 *CA*의 힘에 상당하는 벡터 *ca*를 긋어(예를 들면 1cm를 10N으로 잡는다) 이 양 끝에서 각 도리에 평행선 *cb*, *ab*를 긋고 교점을 *b*로 해 벡터도를 그리면 각 도리에 일어나는 힘의 크기를 알 수 있다.

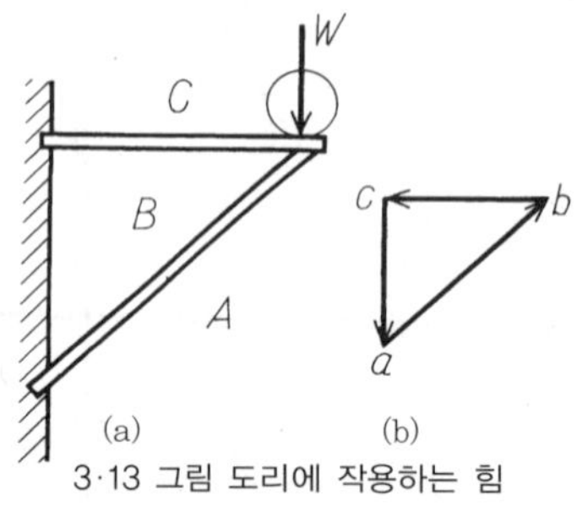

3·13 그림 도리에 작용하는 힘

(2) 1평면 상에서 많은 힘이 착력점을 달리 해서 작용하는 경우

세 힘이 3·14 그림 (a)의 구조도에 나타냈듯이 작용할 때는 우선 벡터도를 그리고 임의의 한 점 *O*과 벡터도의 각 정점을 연결, 이들의 각 선에 평행선 4 1, 1 2, 2 3, 3 4를 구조도에 기입하면 합력은 점 4를 지나고 크기는 *ad*이다.

(3) 3개의 평행한 힘의 합성 3.15 그림과 같이 3평행력 F_1, F_2, F_3가 작용하는 경우는 3·14 그림의 방법과 동일하게 해 합력 *F*를 구할 수 있다. 더구나 3힘의 임의의 점 *P*에 관한 모멘트는 합력 *F*와 거리 *r*의 곱, 즉 $M=Fr$이다.

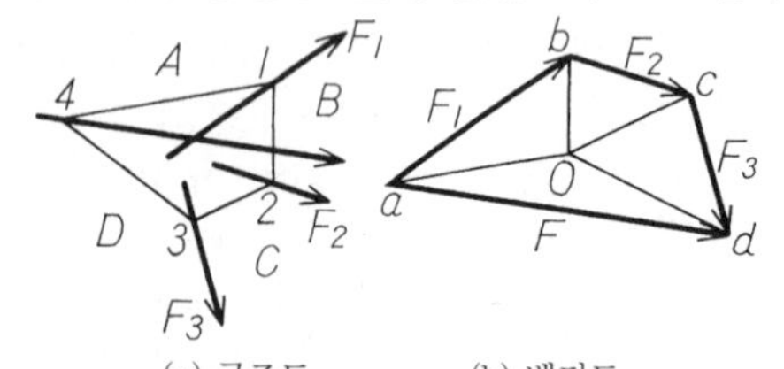

3·14 그림 1평면에 작용하는 많은 힘의 합성

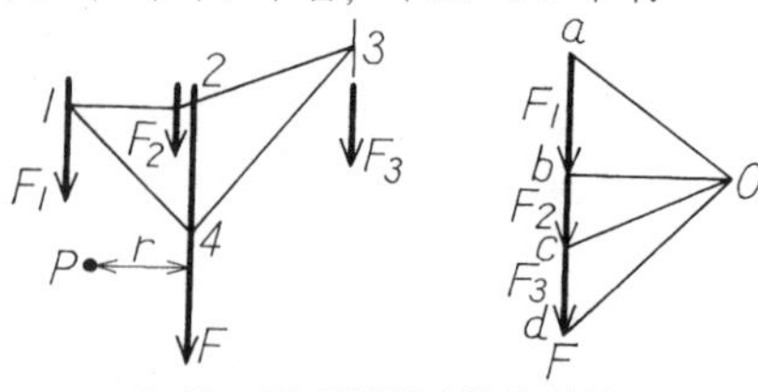

3·15 그림 평행한 3힘의 합성

(4) 보에 작용하는 반력 두 점으로 지지되는 보에 중량 W_1, W_2, W_3를 실은 경우의 지점에서 반력 R_1, R_2를 구하기 위해서는(3·16 그림), 3·15 그림의 방법으로 세 힘 W_1, W_2, W_3의 벡터도를 그리면 합력 F는 점 4를 지난다. 1 4 및 4 3을 연결하는 선을 연장해 교점 *m*, *n*을 구하고, *mn*과의 평행선을 벡터도에 그리면 *ea*, *de*가 반력 R_1과 R_2의 크기를 나타낸다.

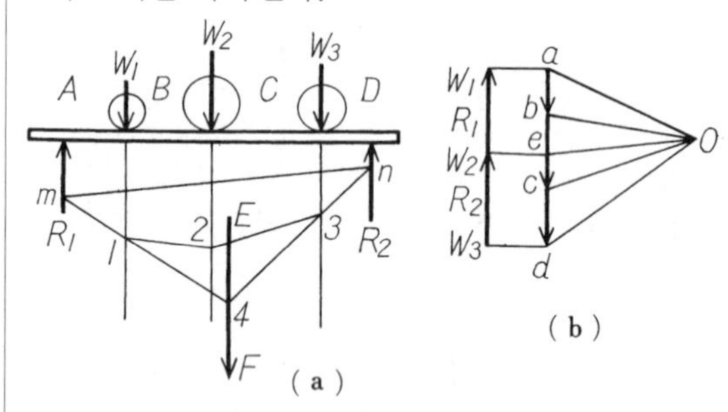

3·16 그림 보에 작용하는 힘

(5) 철탑, 가옥 등에 작용하는 힘 여러 개의 도리를 결합해서 만든 기중기, 철탑, 교량, 가옥 등의 구조물이 외력을 받으면, 도리는 그것에 대응해 인장과 압축의 내력을 발생시켜 균형을 유지한다.

W(N)의 외력이 작용하는 경우, 3·17 그림의 방법에 의해 반력, 압축력, 인장력을 구할 수 있다.

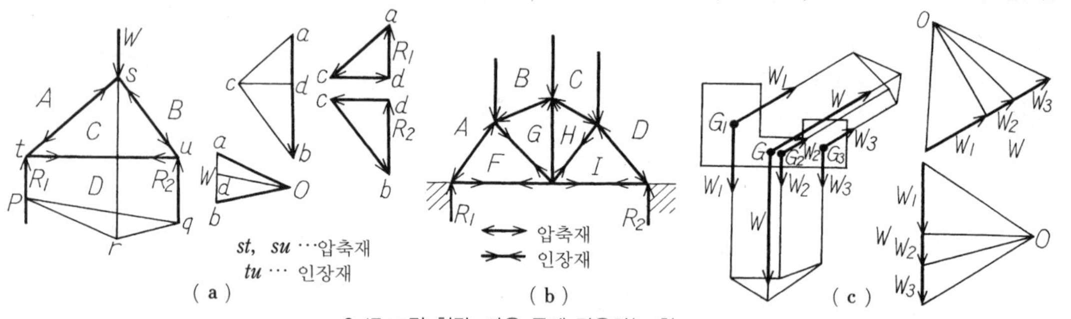

3·17 그림 철탑, 가옥 등에 작용하는 힘

또한 박판이 몇 개로 구분되어 각 구분의 중심 위치를 구할 수 있는 경우는 전체의 중심 G를 알 수 있다. 즉 3·17 그림 (c)와 같이 다른 2방향의 각 구분에 작용하는 힘의 합력의 방향선 교점이 중심 G이다.

6. 중력과 중심

지구 상의 모든 물체는 연직 아래방향으로 지구의 인력을 받고 있다. 이 인력을 중력이라고 한다. 어떤 물체의 중력은 각 점에 평행하게 작용하는 중력의 합력으로서 구할 수 있고, 그 합성력의 착력점을 그 물체의 중심이라고 한다.

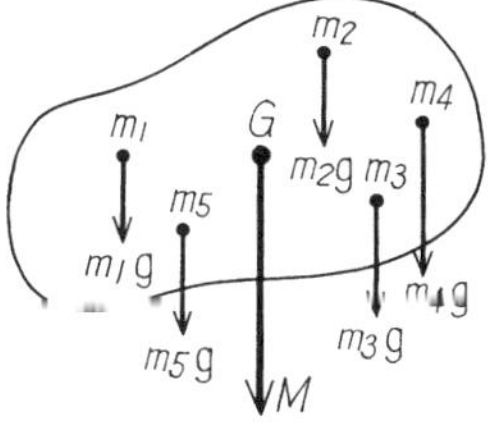

3·18 그림 중심

3·3 질점의 운동

1. 질점의 운동과 변위

물체는 모두 크기를 가지고 있는데, 물체의 운동을 생각할 때에 그 크기를 생각할 필요가 없는 경우는 편의상 그 물체를 하나의 점으로 생각해 질점이라고 부른다. 이 질점이 임의점 A에서 3·19 그림과 같이 임의의 경로를 거쳐 B로 이동했을 때, 경로와 관계없이 그 처음과 끝의 위치만을 생각해 그 위치 변화를 변위라고 한다.

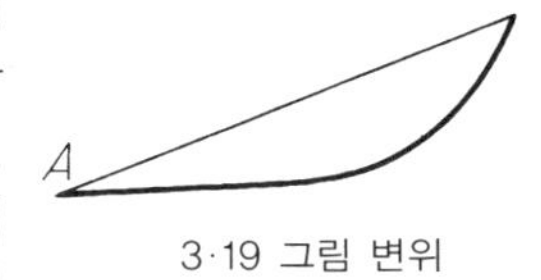

3·19 그림 변위

2. 속도와 가속도

운동의 지속 정도를 속도라고 한다. 또한 단위 시간에 일어나는 속도의 변화를 가속도라고 한다.

(1) 등속도운동 속도가 변화하지 않는 운동을 등속도운동이라고 하며, 물체가 t초 간에 거리 xm 만큼 움직였을 때

$$속도\ v = \frac{x}{t}\ (\mathrm{m/s})$$

로 표현된다.

(2) 등가속도 직선운동 가속도의 크기가 일정하고 그 방향이 초속도의 방향과 동일할 때, 이것을 등가속도 직선운동이라고 한다. 이 경우, 가속도 a는

$$a = \frac{V_2 - V_1}{t_1}\ (\mathrm{m/s^2})$$

단, V_1…초속도, V_2…종속도, t_1…V_1에서 V_2가 될 때까지의 시간

또한 평균속도를 V로 하면,

$$V = \frac{V_1 + V_2}{2}$$

속도를 v, 시간을 t로 하면

$$v = V_1 + at$$

$$움직인\ 거리\ x = Vt = V_1 t + \frac{1}{2}at^2$$

$$또는\ 2ax = V_2^2 - V_1^2$$

(3) 자유낙하 지구 표면에서 물체를 자유낙하시켰을 때, 모든 물체는 연직 아래방향으로 일정한 가속도를 발생시키고, 등가속도 직선운동을 한다. 이 일정한 가속도를 g로 나타내고, 그 값은 물체에는 관계없이 $9.8\mathrm{m/s^2}$이다.

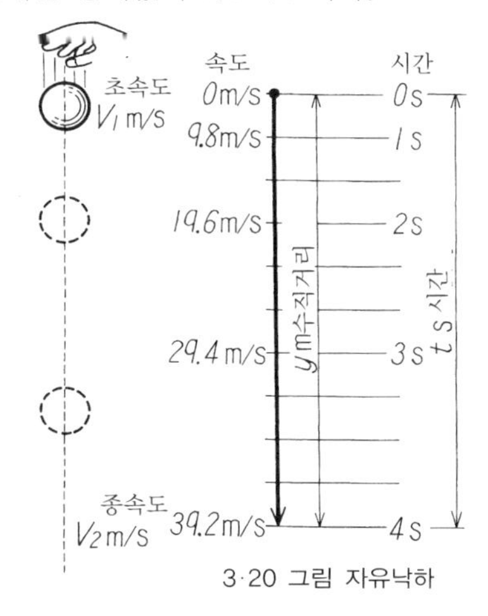

3·20 그림 자유낙하

물체의 낙하거리를 y로 하면, 수직 아래방향으로 초속도 V_1으로 던졌을 때, 다음 식이 성립된다.

$$y = V_1 t + \frac{1}{2}gt^2$$

혹은

$$V_2 = V_1 + gt,\quad 2gy = V_2^2 - V_1^2$$

단, V_1…초속도, V_2…종속도, t…그 사이의 시간

(4) 각속도와 각가속도 한 개의 축 또는 점을 중심으로 원운동 혹은 회전운동을 하는 질점의 운동은 그 회전각으로 표현하는 것이 편리하나.

물체가 회전할 때의 각변위 지속의 정도를 각속도라고 한다. t초 간의 각속도를 $\theta°$로 하면

$$\omega = \frac{\theta}{t}$$

(deg/s)

θ를 라디안 단위로 잡으면,

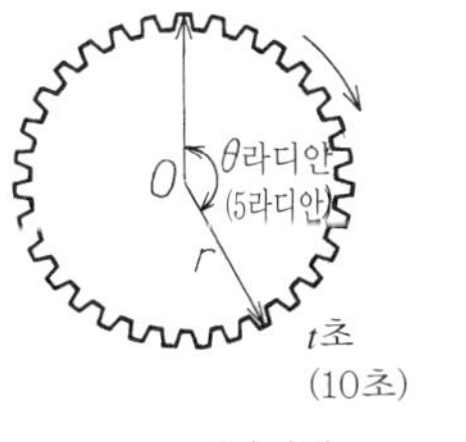

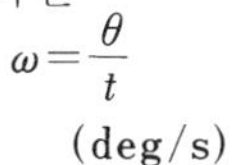

$$= \frac{0.5\mathrm{rad}}{\mathrm{s}}$$

기어가 t초 간에 θ 라디안 돈다.

3·21 그림 각속도

$$\omega=\frac{\theta}{t}(\mathrm{rad/s})$$

이 경우, 운동 중심점 O에서 질점까지의 거리 r을 동경이라고 한다. θ를 라디안으로 잡았을 때, 질점이 움직인 거리 x는 $x=\theta r$이기 때문에 t초 간의 질점 선속도 V는

$$V=\frac{x}{t}=\frac{\theta r}{t}$$

또한, 각속도의 시간에 대한 변화 비율을 각가속도라고 한다.

물체가 t초 간에 각속도 w_1에서 w_2로 변화했을 때의 각가속도 α는

$$\alpha=\frac{\omega_2-\omega_1}{t}$$

또한 $V=\frac{\theta r}{t}$, $\omega=\frac{\theta}{t}$에서 $V=r\omega$이기 때문에 초선속도를 V_1, 종선속도를 V_2로 하면

$$\alpha=\frac{\omega_2-\omega_1}{t}=\frac{V_2-V_1}{rt}=\frac{a}{r}$$

의 선가속도와 각가속도의 관계가 성립된다.

단, α는 선가속도이다.

3. 관성

외부에서 전혀 작용을 받지 않으면 정지하고 있는 물체는 영구적으로 정지하려고 하며, 운동하는 물체는 영구적으로 운동을 계속하려고 한다. 이와 같이 물체는 현재의 상태를 유지하려고 하는 성질을 가지고 있고, 이것을 관성이라고 한다.

4. 질량과 중량

물체를 구성하고 있는 물질의 양을 질량이라고 한다. 질량 m은 그 체적 v와 밀도 ρ의 곱에 비례한다. 즉

$$m=\rho v$$

이다. 또한 어떤 물체에 작용하는 중력의 크기를 그 물체의 중량이라고 한다. 질량은 측정 장소나 물리적 변화를 받아도 그 값은 변하지 않지만, 중량은 중력의 크기가 변하면 변화하기 때문에 측정 장소에 따라 다르다.

5. 운동량과 충격량

물체의 질량 m과 속도 V의 곱을 그 물체의 운동량이라고 한다. 어떤 질점에 힘이 작용하면 속도는 변화한다. 그 정도는 힘의 크기와 그 작용하는 시간에 관계된다. 일정한 힘 f가 t시간 질점에 작용했을 때, ft를 질점에 작용하는 힘의 충격량이라고 한다. 일정한 힘 f가 t초 간 작용한 축격량 ft는 그 시간 중의 운동량 변화과 같다. 즉, 힘이 작용했을 때의 운동량을 mv_1, t초 후의 운동량을 mv_2로 하면

$$ft=mv_2-mv_1$$

의 관계가 성립된다.

(1) 충격력

물체에 힘 f가 매우 짧은 시간 t 만큼 작용해, 물체 속도에 큰 변화(V_1-V_2)를 발생시킬 때, 이 힘을 충격력이라고 한다.

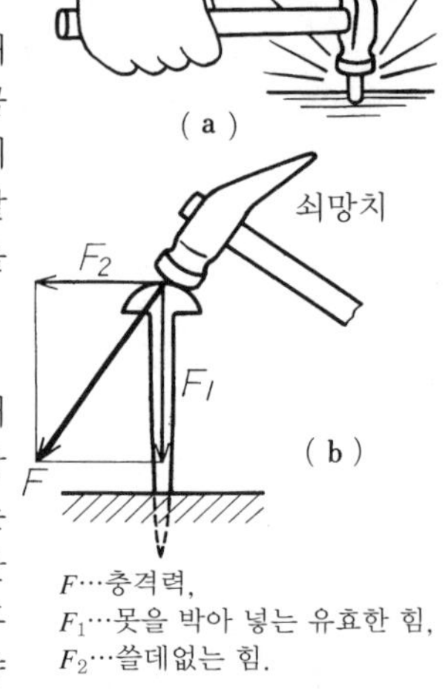

F…충격력,
F_1…못을 박아 넣는 유효한 힘,
F_2…쓸데없는 힘.

3·22 그림 충격력

(2) 충돌

속도가 다른 두 개의 물체가 동일한 방향으로 운동할 때는 이 두 물체는 충돌한다. 이 때 충돌 전후의 운동량은 운동량 보존의 법칙에 의해 변화하지 않는다. V_1, V_2의 속도를 갖는 질량 m_1, m_2 두 개의 물체가 충돌해 그 속도가 V_1', V_2'이 됐다고 하면,

m_1 질량 m_2 운동방향 V_1 V_2 속도

3·23 그림 충돌 ($V_1>V_2$)

$$m_1V_1'+m_2V_2'=m_1V_1+m_2V_2$$

6. 구심력과 원심력

동경 r, 속도 V로 등속원운동을 하는 질점에는 중심을 향해 크기가 $\frac{V^2}{r}$인 가속도를 발생시킨다. 이것이 질점의 원운동을 가능하게 시키는 것으로, 이것을 구심력이라고 한다. 이 경우에 원운동하는 질점의 균형을 생각할 때에는 구심력과 역방향으로 크기가 같은 힘이 작용하고 있다고 가정함으로써 가능해진다. 이 가정적인 힘을 원심력이라고 한다. 일반적으로 동적인 질점의 균형을 생각할 때, 그것과 방향이 반대이고 크기가 같은 힘을 가정하면 편리하다. 이 힘을 관성력이라고 하며, 원심력도 그 하나이다. 질량이 m인 물체에 힘 f가 가해져 α의 가속도를 발생시켰을 때 운동의 방정식은

$$f=ma$$

가 되고, 이 관성력 $-ma$를 생각하면 물체는 균형을 이룬다. 이것을 달랑베르의 원리라고 하며, 동력학적 문제를 정력학

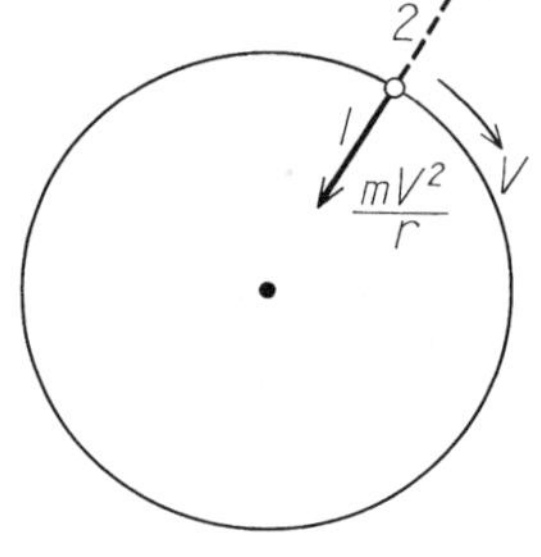

구심력 1과 원심력 2는 크기는 같지만, 방향은 상반된다.

3·24 그림 구심력과 원심력

적으로 취급하는 편리함이 있다. 실에 달은 구가 실이 잘려 원심력이 소멸되면, 원운동의 접선 방향으로 날아가는 것은 원심력의 작용은 아니다. 즉 구심력이 없어지면 원심력도 없어지므로, 접선 방향으로 날아가는 것은 물체의 관성에 의한다.

7. 회전체와 관성 모멘트 (관성 능률)

강체가 어떤 직선을 축으로 각속도 ω로 회전할 때, 그 물체의 질량 m의 임의 미소 부분의 운동에너지 W는

$$W=\frac{1}{2}mr^2\omega^2$$

로 나타낸다. 이것을 물체의 각 점에서 m_1, m_2……m_n에 대해 구하면, 그 각 점까지의 회전 암을 r_1, r_2……r_n으로 해서

$$W=\frac{1}{2}\omega^2\sum_{i=1}^{n} m_i r_i^2$$

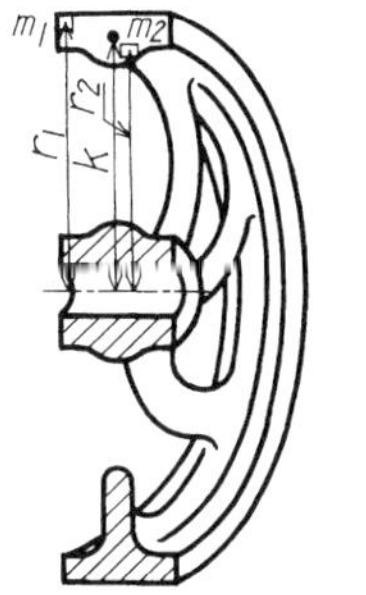

가 된다. 이 중의 $\Sigma miri^2$를 그 회전체의 관성 모멘트라고 한다. 이것은 회전체 운동의 중요한 요소로, I로 나타낸다. 즉

m_i…각 점의 질량,
r…각 점의 반경,
K…회전 반경
3·25 그림 회전체

$$W=\frac{1}{2}I\omega^2$$

이며, 물체의 전질량을 M으로 할 때

$$I=MK^2,\quad K=\sqrt{\frac{I}{M}}$$

의 관계가 있고, 물체의 관성 모멘트 I가 축에서 거리 K인 점에 전질량이 집중했다고 생각하는 경우의 관성 모멘트와 동일할 때, K를 이 물체의 회전 반경이라고 한다.

3·4 일과 에너지

중량 ω의 물체에 힘 F가 작용해 거리 x 만큼 움직였을 때, 힘은 일을 했다고 하고

일 $W=Fx$로

나타낸다.

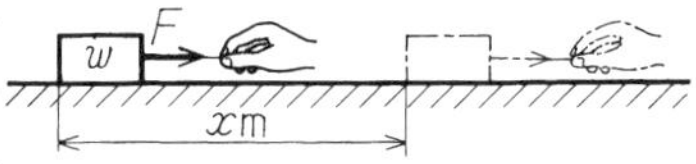

물체가 일을 하는 능력을 가지고 있거나 혹은 일을 하고 있을 때, 물체는 일을 하는 요소를 가지고 있다고 생각할 수 있다. 이 요소를 에너지라고 한다.

3·26 그림 일

1. 동력 (공률)

단위 시간에 가능한 일을 동력이라고 한다. 일에 필요한 시간을 t로 하면

$$\text{동력 } H=\frac{Fx}{t}\quad(\text{N·m/h})$$

이다. 공업상에서는 동력으로서 와트(W) [또는 마력(PS)]를 사용한다.

2. 위치의 에너지

높은 곳에 있는 물체는 그 낙하에 의해 일을 할 수 있다. 이 때 물체는 위치의 에너지를 갖는다고 한다.

높이 h의 곳에 있는 질량 m의 물체가 갖는 위치의 에너지 $P.E$는

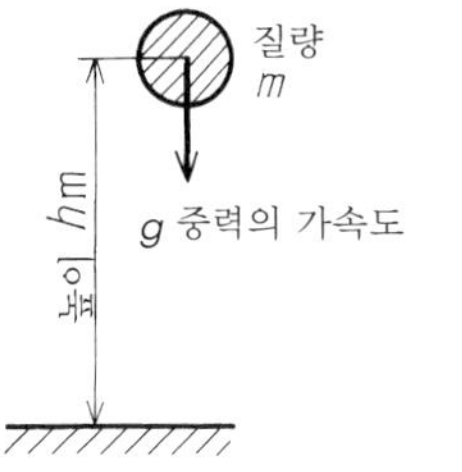

$$P.E=mgh$$

3·27 그림 위치의 에너지

이다. 단, g는 중력의 가속도를 나타낸다(3·27 그림).

3. 운동의 에너지

속도 V로 운동하고 있는 질량 m의 물체는 정지하고 있을 때보다 $\frac{1}{2}mV^2$만큼 많은 에너지를 갖는다(3·28 그림). 이것을 운동의 에너지라고 한다. 운동의 에너지 $K.E$는

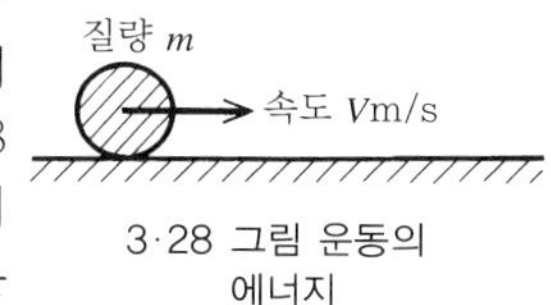

3·28 그림 운동의 에너지

$$K.E=\frac{1}{2}mV^2$$

3·5 마찰

1. 마찰력

어떤 물체 위에 정지하고 있는 물체를 움직이려고 할 때, 가하는 힘이 어떤 크기에 달하지 않으면 움직일 수 없다. 또한 움직이기 시작한 물체는 가한 힘을 제거하면 정지한다. 이와 같이 서로 접촉해 물체가 스칠 때, 그 접촉면에는 상호의 운동을 방해하려고 하는 힘이 존재한다. 이것을 마찰력이라고 하고, 정지하고 있는 물체를 움직이려고 할 때에 작용하는 마찰을 정마찰, 운동 중인 물체에 작용하는 마찰을 동마찰이라고 한다.

2. 마찰계수와 마찰각

정지하고 있는 물체에 힘을 가할 때, 정말로 미끄러지기 시작하려고 하는 극한의 마찰력을 최대 정지마찰력이라고 하며, 단순히 마찰력이라고 할 때에는 대부분의 경우 이것을 가리킨다. 3·29 그림과 같이 마찰력 F는 물체의 수직 방향 분력 N에 비례해

$$F=\mu N$$

로 나타낸다. μ는 비례상수이고 접촉하는 물체와

접촉면 상태로 결정되며, 이것을 마찰계수라고 한다. 또한 최대 정지마찰력 F와 분력 N의 합력 R이 수직 방향과 이루는 각 λ를 마찰각이라고 하며, 다음의 관계가 성립된다.

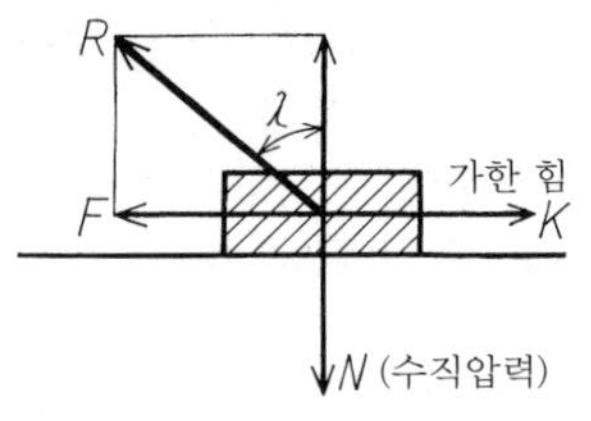

F…마찰력, λ…마찰각
3·29 그림 마찰력

$$\tan\lambda = \frac{F}{N} = \mu$$

3. 미끄럼 마찰과 구름 마찰

두 물체가 접촉해 미끄러질 때의 마찰을 미끄럼 마찰이라고 하고(3·1 표), 한 물체가 다른 물체를 따라 구를 때에 생기는 마찰을 구름 마찰이라고 한다(3·2 표). 구름 마찰은 미끄럼 마찰에 비해 그 힘이 매우 작기 때문에 큰 것을 운반할 때에 그 밑에 굴림대를 펴는 것은 그 성질을 이용한 것이다.

또한 3·30 그림과 같이 물체를 빗면에 싣고, 빗면의 경사각을 차츰 늘려 가면, 결국 물체는 빗면을 미끄러져 떨어지기 시작한다. 이 때의 경사각을 λ로 하면, 그림으로 알 수 있듯이

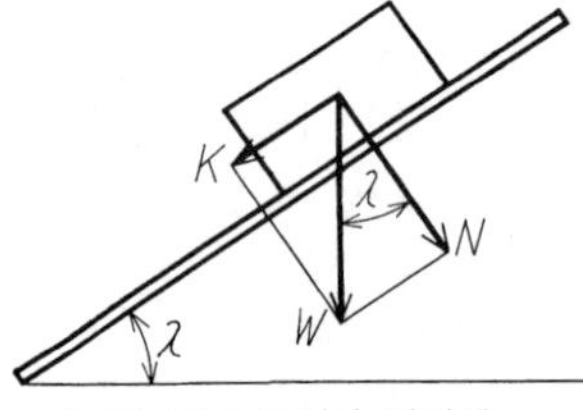

3·30 그림 물체가 빗면에 있는 경우

$$K = W\sin\lambda$$
$$N = W\cos\lambda$$

단, W…물체의 중량, K…물체 중량의 빗면을 따르는 분력,
N…물체 중량의 빗면을 마주보는 분력

또한, 물체가 빗면을 자연적으로 미끄러져 떨어지기 시작하는 데는 다음 식이 성립된다.

$$K > F$$

단, $F = \mu N = \tan\lambda \cdot N$

또한 차바퀴가 바닥 위를 구르는 경우는

$$M = \mu' N$$
$$K = \frac{\mu'}{r} N$$

단, N…수직하중,
M…마찰 모멘트,
μ'…구름 마찰계수

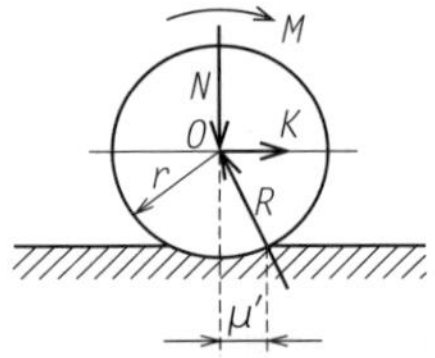

3·31 그림 차바퀴가 구르는 경우

3·1 표 미끄럼 마찰 (계수)

면 (1)	면 (2)	μ
나무	나무	0.25 ~ 0.50
나무	삼노끈	0.35 ~ 0.50
나무	주철	0.20 ~ 0.60
금속	금속	0.15 ~ 0.20
금속	가죽	0.56
나무	가죽	0.27

3·2 표 구름 마찰 (계수)

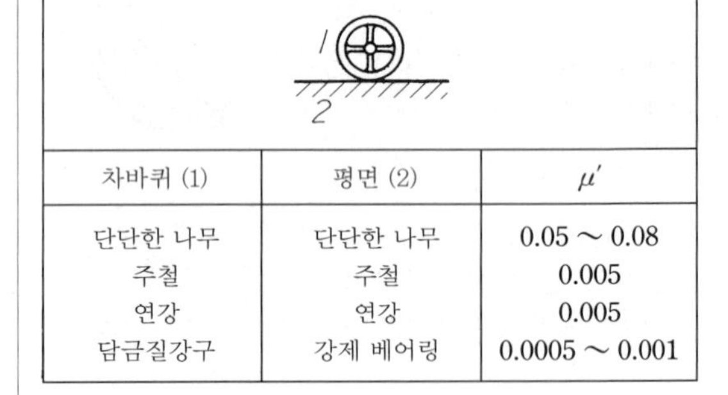

차바퀴 (1)	평면 (2)	μ'
단단한 나무	단단한 나무	0.05 ~ 0.08
주철	주철	0.005
연강	연강	0.005
담금질강구	강제 베어링	0.0005 ~ 0.001

3·6 진동

물체가 일정한 시간 간격을 두고 동일한 상태 또는 특정 상태를 반복하는 현상을 진동이라고 하며, 일정한 시간 간격을 진동의 주기라고 한다.

1. 비(불)감쇠 자유진동

외부에서 힘이 작용하지 않는 진동을 자유진동이라고 한다. 계에 감쇠작용이 없을 때는 질량 m의 운동방정식은 (3·32 그림 참조)

$$m\ddot{x} + kx = 0$$

또는 $\ddot{x} + p^2 x = 0$ (1)

으로 나타낸다.

여기에 k…스프링정수, $p^2 = k/m$

또한 식 (1)의 해는

$$x = A\cos(pt - \theta) \quad (2)$$

가 된다.

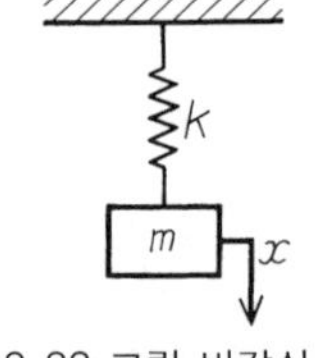
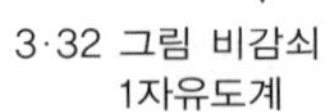

3·32 그림 비감쇠 1자유도계

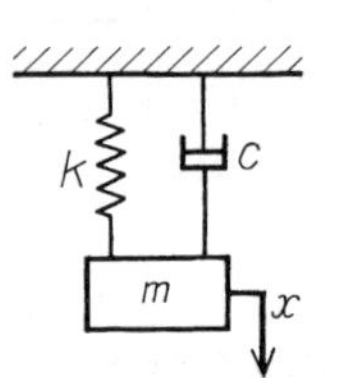

3·33 그림 점성 감쇠 1자유도계

정수 A, θ는 초기 조건에 의해 결정되고, 변위 x는 시간 t에 대해 주기운동을 한다. 이와 같은 진동을 단진동 또는 조화진동이라고 한다. 여기에 A는 진폭, $p=\sqrt{k/m}$은 원진동수, θ는 초기위상각이다. 진동수 f_n, 주기 T 및 원진동수 p의 사이에

$$f_n=\frac{1}{T}=\frac{p}{2\pi}\ \ (\mathrm{Hz}) \qquad (3)$$

의 관계가 있다. 단진동에서는 주기를 따라 진동수는 주어진 계의 m과 k만으로 정해진다. 이 진동수를 고유진동수라고 한다.

3·3 표는 스프링으로서 여러 가지 탄성체(진동체의 무게와 같은 힘을 가했을 때의 스프링.)를 이용한 진동계의 고유진동수를 나타낸 것이다.

2. 감쇠 자유진동

감쇠력은 마찰 또는 비탄성적 저항, 공기 저항 및 내부 마찰 등 때문에 진동의 에너지가 주위의 매개물을 통해 계의 외부로 빠져나가거나, 내부에서 열이 되어 소비되거나 함으로써 생기는 운동에 저항하는 힘으로, 점성 감쇠, 쿨롱 감쇠, 구조 감쇠 등이 있다. 감쇠력이 속도에 비례하는 점성감쇠력이 작용하고 있는 경우를 취급하면 운동방정식은 (3·33 그림 참조)

$$m\ddot{x}+c\dot{x}+kx=0$$

또는 $$\ddot{x}+2\beta p\dot{x}+p^2x=0 \qquad (4)$$

이다.

여기에 $\beta=c/2\sqrt{km}$, $p=\sqrt{k/m}$ 이다. c는 양의 정수로 감쇠계수라고 불린다. 식 (4)의 해는 c의 값에 의해 운동이 무주기운동 또는 감쇠 진동이 된다. 이 경계의 c값 $c_c=2\sqrt{km}$을 한계 감쇠계수라고 한다. 또 $\beta=c/c_c$를 점성 감쇠 비율이라고 부른다 $\beta\gtreqless 1$에 의해 다음과 같이 다른 해를 얻을 수 있다.

(a) $\beta>1(c>c_c)$ 의 경우

$$x=e^{-\beta pt}(Ae^{p\sqrt{\beta^2-1}\cdot t}+Be^{-p\sqrt{\beta^2-1}\cdot t}) \qquad (5)$$

가 되어 진동하지 않고 균형의 위치에 근접한다. 이 상태를 과감쇠 상태라고 한다.

3·3 표 1자유도계의 고유진동수

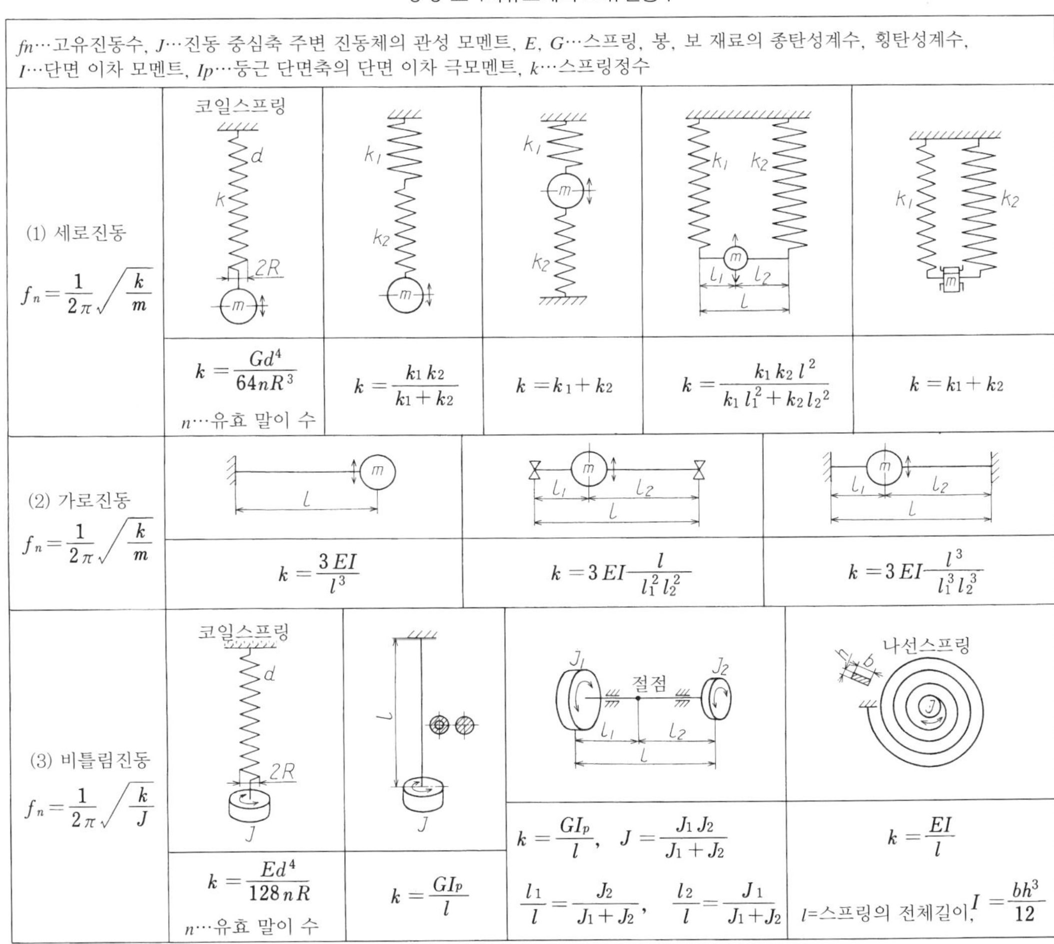

f_n…고유진동수, J…진동 중심축 주변 진동체의 관성 모멘트, E, G…스프링, 봉, 보 재료의 종탄성계수, 횡탄성계수, I…단면 이차 모멘트, I_p…둥근 단면축의 단면 이차 극모멘트, k…스프링정수

(1) 세로진동 $f_n=\frac{1}{2\pi}\sqrt{\frac{k}{m}}$	코일스프링 $k=\frac{Gd^4}{64nR^3}$ n…유효 말이 수	$k=\frac{k_1k_2}{k_1+k_2}$	$k=k_1+k_2$	$k=\frac{k_1k_2l^2}{k_1l_1^2+k_2l_2^2}$	$k=k_1+k_2$
(2) 가로진동 $f_n=\frac{1}{2\pi}\sqrt{\frac{k}{m}}$	$k=\frac{3EI}{l^3}$	$k=3EI\frac{l}{l_1^2l_2^2}$	$k=3EI\frac{l^3}{l_1^3l_2^3}$		
(3) 비틀림진동 $f_n=\frac{1}{2\pi}\sqrt{\frac{k}{J}}$	코일스프링 $k=\frac{Ed^4}{128nR}$ n…유효 말이 수	$k=\frac{GI_p}{l}$	절점 $k=\frac{GI_p}{l}$, $J=\frac{J_1J_2}{J_1+J_2}$ $\frac{l_1}{l}=\frac{J_2}{J_1+J_2}$, $\frac{l_2}{l}=\frac{J_1}{J_1+J_2}$	나선스프링 $k=\frac{EI}{l}$ l=스프링의 전체길이, $I=\frac{bh^3}{12}$	

(b) $\beta=1(c=c_c)$의 경우

$$x=e^{-pt}(A+Bt) \tag{6}$$

(c) $\beta<1$ $(c<c_c)$의 경우

$$x=e^{-\beta pt}(A\cos p\sqrt{1-\beta^2}t+B\sin p\sqrt{1-\beta^2}t)$$
$$=ce^{-\beta pt}\sin(\sqrt{1-\beta^2}pt+\theta) \tag{7}$$

이 되어 진폭이 시간과 함께 감소하는 진동 이른바 감쇠 진동이 된다. 이 경우의 진동 주기는

$$T=\frac{2\pi}{p\sqrt{1-\beta^2}} \tag{8}$$

이 된다.

또한 진폭의 감소는 등비급수적이고, 한 주기 사이에 진폭은 $ce^{-\beta pt}$에서 $ce^{-\beta p(t+T)}$로 감소해 그 두 개의 진폭 비는 일정값으로 이것을 감쇠비라고 한다. 감쇠비를 Δ로 하면

$$\Delta=e^{\beta pT} \tag{9}$$

로 그 자연로그

$$\delta=\log\Delta=\beta pT=\frac{2\pi\beta}{\sqrt{1-\beta^2}} \tag{10}$$

을 로그 감쇠율이라고 한다.

(7) 식에서 A, B는 임의 상수, 또한 c, θ는 초기조건에 의해 결정된다.

3. 강제진동

계에 외부에서 강제력이 작용함으로써 발생하는 진동을 강제진동이라고 한다.

(1) 비감쇠 강제진동 3·32 그림의 질량 m에 $F(t)=F_0\sin\omega t$가 작용하는 경우, 운동방정식은

$$m\ddot{x}+kx=F_0\sin\omega t$$

또는
$$\ddot{x}+p^2x=\frac{F_0}{m}\sin\omega t \tag{11}$$

이 해는 $p\neq\omega$의 경우에 다음과 같이 나타낸다.

$$x=A\cos pt+B\sin pt+\frac{F_0/k}{1-(\omega^2/p^2)}\sin\omega t \tag{12}$$

식 (12) 오른쪽 변의 제1항, 2항은 자유진동 항이고, 제3항이 강제진동의 항이 된다. 또한 F_0/k는 정적변위 x_{st}이고, 강제진동 항의 진폭을 x_{max}로 할 때 x_{max}/x_{st}를 배율이라고 부른다. $p=\omega$의 경우는 진폭은 무한대가 되고, 이 현상을 공진이라고 한다.

(2) 점성 감쇠가 있는 강제진동 3·33 그림의 질량 m에 $F(t)$가 작용하는 운동방정식은 식 (4)에서

$$\ddot{x}+2\beta p\dot{x}+p^2x=\frac{F_0}{m}\sin\omega t \tag{13}$$

이 되고 이 해는

$$x=Ae^{-\beta pt}\cos(p\sqrt{1-\beta^2}t+\theta)+\frac{F_0/k}{\sqrt{\{1-(\omega^2/p^2)\}^2-4\beta^2\omega^2/p^2}}\sin(\omega t-\gamma) \tag{14}$$

여기서 $\gamma=\tan^{-1}\left(\frac{2\beta\omega/p}{1-(\omega^2/p^2)}\right)$이다.

식 (14)의 제1항 자유진동은 시간과 함께 감쇠력의 작용에 의해 소멸하는 것에 대해, 강제진동항은 일정 진폭의 조화진동으로 정상진동을 계속한다. 이 정상 상태가 되기까지의 상태, 바꿔 말하면 자유진동이 존재하는 상태의 진동을 과도진동이라고 한다. 일반적으로 계가 급격한 외력을 받는 경우의 응답은 이 과도진동의 문제가 된다. 또한 만약 외력 $F(t)$를 조화함수로 나타낼 수 없는 경우에는 정상 상태가 되는 일은 없다.

그리고 식 (14)의 강제진동 항에 의해 진폭이나 위상 지연과 진동수비나 감쇠비율의 관계는 3·34 그림과 같이 된다. 이 그림을 공진곡선이라고 한다.

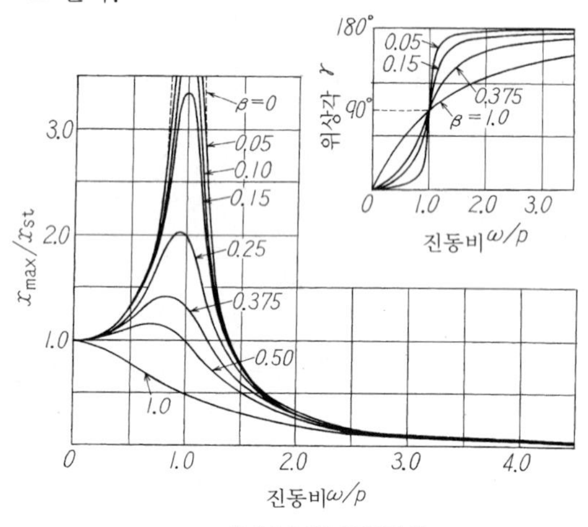

3·34 그림 공진곡선

제4장

재료역학

4장. 재료역학

4·1 응력

재료에 힘이 작용하면 그 힘에 균형을 맞추기 위해 재료 내부에 반대 방향으로 동일한 양의 저항력이 생긴다. 이것을 내력이라고 하며, 단위 면적에 대한 내력의 크기를 응력이라고 한다. 가해진 힘에 대해 응력이 작으면 재료는 파괴된다.

1. 인장응력과 압축응력

재료에 인장력 P가 작용하면, 재료 내부에는 인장응력 σ_t가 생긴다. 또한 단면적에 대해 길이가 그다지 크지 않은 재료에 압축력 P가 작용하면, 재료에는 압축응력 σ_c가 생긴다.

인장응력 $\sigma t = \dfrac{P}{A}$ (N/mm²)

압축응력 $\sigma c = \dfrac{P}{A}$ (N/mm²)

4·1 그림 응력

2. 전단응력

쇠절단가위로 판상의 재료를 절단하는 경우, 4·2 그림과 같이 재료의 아주 근접한 2점에 평행력이 가해진다. 이 때의 외력을 전단력이라고 하는데, 그림의 $X-X$ 단면에 대해 보면 이 외력과 균형을 맞추기 위해서는 그 단면을 따라 내력이 작용해야 한다. 이것을 전단응력이라고 하며, 전단력 F의 전단응력을 로 표시하면

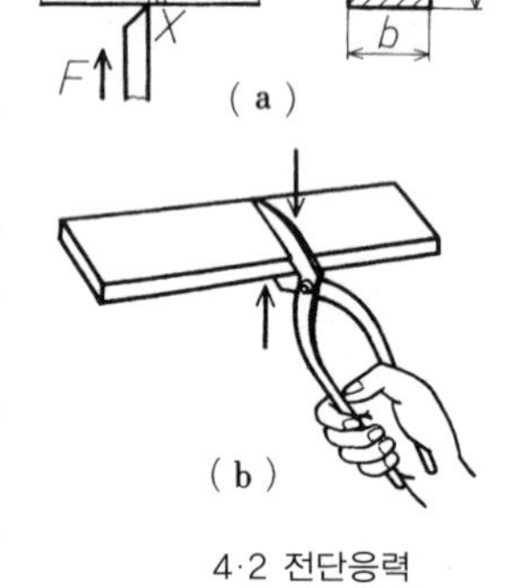

4·2 전단응력

$$\tau = \frac{F}{A} \text{ (N/mm}^2\text{)}$$

단, A는 단면적이다.

이상의 경우, 인장응력 및 압축응력은 재료의 단면에 직각으로 작용하므로 이것을 직각응력이라고 한다. 전단응력은 재료의 단면을 따라 작용하므로 이것을 접선응력이라고도 한다. 또한 이들 3응력을 단순응력이라고 하는 경우도 있으며, 다른 응력은 일반적으로 이 단순응력의 합성에 의해 구할 수 있다.

3. 하중

물체에 작용하는 외력을 하중이라고 한다. 하중은 그 걸리는 방법에 따라 활하중(동하중)과 사하중(정하중)으로 나누어진다.

활하중은

(a) 한 방향으로 진동적으로 반복되는 반복하중.

(b) 인장력, 압축력이 교대로 작용하는 교대하중

으로 구별되고, 이와 반대로 급격한 변화가 없고 정적으로 작용하는 하중을 사하중이라고 한다.

4. 변형

재료에 외력이 작용하면, 이에 저항하는 응력이 생기는 동시에 변형이 나타난다. 이 변형된 재료의 원 상태에 대한 정도를 변형(왜곡)이라고 한다. 인장력에 의해 생기는 변형을 인장변형, 압축력에 의해 생기는 변형을 압축변형이라고 한다. 재료의 첫 길이를 l, 외력을 가했을 때의 길이를 l'이라고 하면, 그 변형 ε은 모두

$$\varepsilon = \frac{l'-l}{l} = \frac{\lambda}{l}$$

이다. 이 경우, 외력의 방향은 반대이기 때문에 인장변형과 압축변형에서는 ε의 양, 음이 반대가 된다.

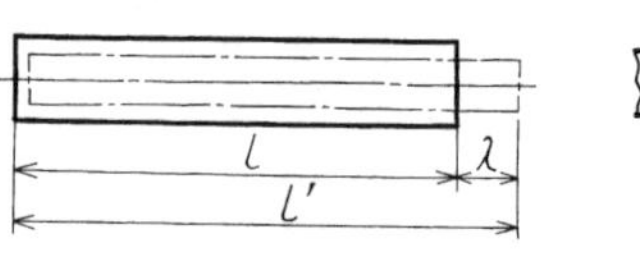

4·3 인장변형

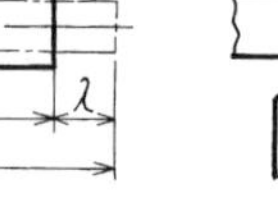

4·4 전단변형

또한 전단력에 의한 변형을 전단변형이라고 하며, 이 경우 4·4 그림과 같이 변형은 ab에 대한 변형 bb'에 의한다. 이 변형은 다음 항에서 서술할 탄성한도 내에서는 매우 작고, 동 그림 ϕ(라디안)과 동일한 것으로 생각된다. 따라서 전단변형 ε는 다음 식으로 구할 수 있다.

$$\varepsilon = \phi \fallingdotseq \frac{bb'}{ab} \text{ (rad)}$$

5. 탄성과 탄성한도

어떤 제한된 외력의 범위에서는 재료에 가한

외력을 제거하면, 재료 내의 응력 및 변형은 사라지고 원래의 상태로 되돌아간다. 이 재료의 성질을 탄성이라고 한다. 그러나 외력이 재료에 대해 어떤 일정 한도를 넘으면, 외력을 제거해도 변형의 일부가 남는다. 이 한계를 탄성한도라고 하며, 이 한도 내에서는 변형은 외력에 정비례해 변화한다. 이것을 후크의 법칙이라고 한다. 또한 외력을 제거해도 잔류해 회복되지 않는 변형을 영구변형이라고 한다. 또한 탄성한도는 쇠나 강철과 같이 명확하게 나타나는 것도 있지만, 주철, 동, 포금 등과 같이 매우 불명확한 것도 있다.

시험편을 재료시험기에 걸고 차례로 하중을 가해 늘려서 마침내 시험편이 절단될 때까지의 시험응력과 시험편에 일어나는 변형의 관계를 기록하면, 4·5 그림과 같은 그래프가 되는데 이것을 응력-변형선도라고 한다. 이 응력-변형선도는 각각 재료에 따라 특성적인 형태가 된다.

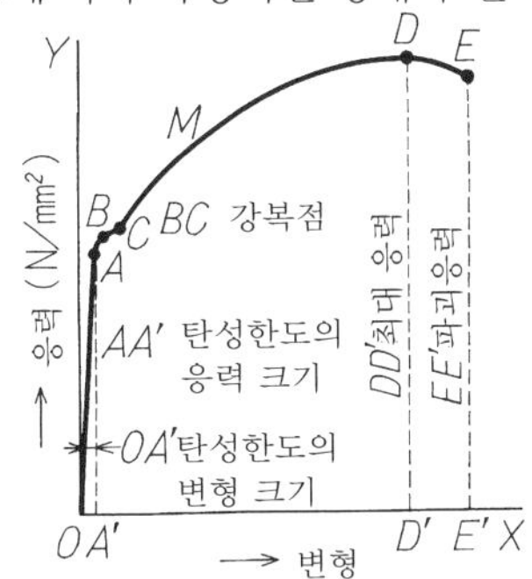

A…탄성한계, B…상강복점
C…하강복점, AE…영구변형
4·5 응력-변형선도

4·5 그림은 응력-변형선도의 한 예를 나타낸 것인데, 하중을 걸기 시작한 후부터 탄성한도 내에서 재료는 후크의 법칙에 따라 응력과 변형은 정비례하기 때문에 OA와 같이 직선이 된다. 하중을 더 늘리면, 변형이 급격히 증가하고 곡선 BC 부분에서는 재료의 표면에 주름이 나오기 시작한다. 이 점을 항복점이라고 한다. 이 점을 지날 쯤부터 변형과 함께 재료에 일어난 가공경화 때문에 응력도 증대해 D점에서 최대가 되고, 이 부근에서는 재료의 일부에 작은 잘록한 부위가 생겨 응력은 줄고 변형은 점점 더 증대해 마침내 E점에서 절단된다. D점에서의 응력을 재료의 최대 응력, E점에서의 응력은 파괴응력이라고 한다. 이 2점은 매우 근접해 있어 최대 응력은 결국 응력이라고도 불리며, 양자는 구별되지 않고 혼동되어 이용되는 경우가 있다.

또한 재료에 따라 항복점이 명확하지 않은 것은 영구변형 0.2%를 가지고 항복점으로 한다.

6. 종탄성계수, 횡탄성계수, 체적탄성계수

직각응력을 σ, 변형을 ε이라고 하면, 그 사이에는

$$E = \frac{\sigma}{\varepsilon}$$

의 관계식이 성립되고, E는 그 재료에 대해 일정하며 이것을 종탄성계수, 영계수 혹은 단순히 탄성계수라고 한다.

전단응력 τ와 변형 ϕ 사이에도 마찬가지로

$$G = \frac{\tau}{\psi}$$

의 관계식이 성립되고, G는 횡탄성계수 또는 강성계수라고 한다.

이들 계수는 재료가 변형되기 어려운지 혹은 변형되기 쉬운지의 정도를 나타내는 것으로, 재료의 강약을 아는 중요한 요소가 된다. 이상의 식으로부터 인장응력과 변형에 대해서는

$$E = \frac{\sigma}{\varepsilon} = \frac{\frac{P}{A}}{\frac{\lambda}{l}} = \frac{Pl}{A\lambda}$$

$$\therefore \lambda = \frac{Pl}{AE}$$

단, λ는 길이 l인 봉의 신장이다.

또한, 전단응력과 변형에 대해서는

$$\lambda_s = \frac{Pl}{GA}$$

7. 재료의 최대 강도, 허용응력, 안전율

재료가 파괴될 때까지 재료가 견딜 수 있는 최대 응력을 그 때의 재료 단면적으로 나눈 것을 그 재료의 최대 강도라고 하며, 이것은 또한 파괴의 강도와 동일하게 보이는 경우가 있다. 또한, 재료가 파괴될 때의 응력을 파괴응력이라고 하며, 재료에 외력을 가해도 사용에 견딜 수 있는 충분히 안전한 응력을 그 재료에 대한 허용응력, 혹은 사용응력 또는 상용응력이라고 한다. 이 파괴응력과 허용응력의 비율을 안전율이라고 하며

$$\text{안전율} = \frac{\text{파괴응력}}{\text{허용응력}}$$

이다 (4·1 표~4·3 표 참조).

8. 푸아송비

재료의 세로변형과 가로변형의 비율은 일정한 상수로, 이 비율을 푸아송비라고 하며, $\nu = \frac{1}{m} = \frac{\varepsilon'}{\varepsilon}$로 나타난다. 또한 m을 푸아송 역비 또는 푸아송수라고 한다.

종탄성계수 E, 횡탄성계수 G 및 체적탄성계수 K의 관계식은

4·1 표 재료의 강약표

재료	종탄성계수	횡강성계수	탄성한도	항복점	극한강도 (N/mm^2)			비중
					인장	압축	전단	
	E (N/mm^2)	G (N/mm^2)	σ_d (N/mm^2)	σ_s (N/mm^2)	f_t	f_c	f_s	
연철(섬유에 평행)	196×10^3	75×10^3	≧127	176 200	320 370	$=\sigma_s$	250 320	7.85
연강	206×10^3	79×10^3	≧176	≧185	330 440	$=\sigma_s$	280 370	〃
강철	216×10^3	83×10^3	245 490	≧275	440 880	$=\sigma_s$(경질) $\leqq f_t$(연질)	>400	〃
스프링강 (담금질 없음)	216×10^3	83×10^3	≧490	—	≧ 980	—	—	〃
스프링강 (담금질)	216×10^3	83×10^3	≧735	—	≧1660	—	—	〃
주철	74×10^3 103×10^3	26×10^3 39×10^3	— —	— —	120 235	690 830	130 250	7.3
주강	211×10^3	81×10^3	≧196	≧205	350	강철과 동일	390	7.85
황동(주물) (압연)	78×10^3 108×10^3	29×10^3 49×10^3	63 —	— —	150 150	100 —	150 150	8.5
청동	88×10^3	—	—	—	200	—	—	8.8
알루미늄(주물) (압연)	67×10^3 72×10^3	25×10^3 —	— 47	— —	100 150	— —	— —	2.56 〃
동	118×10^3	39×10^3	—	—	200	—	—	8.6

4·2 표 허용응력

비고	인장			압축		굽힘			전단			비틀림		
	σ_t (N/mm^2)			σ_c (N/mm^2)		σ_b (N/mm^2)			τ (N/mm^2)			τ (N/mm^2)		
	a	b	c	a	b	a	b	c	a	b	c	a	b	c
연철	90	60	30	90	60	90	60	30	70	50	23	35	23	10
연강	90~150	60~100	30~50	90~150	60~100	90~150	60~100	30~50	70~120	50~80	23~40	60~120	40~80	20~40
경강	120~180	80~180	40~60	120~180	80~120	120~180	80~120	40~60	90~140	60~90	30~50	90~140	60~90	30~50
담금질한 스프링강	—	—	—	—	—	735	50	—	—	—	—	590	390	—
주강	60 120	40 80	20 40	90 150	60 100	70 120	50 80	25 40	50 90	30 80	15 30	50 90	30 60	15 30
주철	30	20	10	90	60	40	30	15	30	20	10	30	20	10
동(압연)	60	30	—	40 50	26 —	—	—	—	—	—	—	—	—	—
인청동	70	45	—	60 90	—	—	—	—	50	30	—	30	20	—
청동	30	20	10	30 40	10	—	—	—	—	—	—	—	—	—
황동	20	15	—	40 60	26	—	—	—	—	—	—	—	—	—

[비고] 표 중의 수치는 충격이 없는 경우에 대한 것으로 하고, 충격이 있는 경우는 그 1/2 이하로 한다.
또한 불명확한 내력이 있을 때는 그것에 대응해 작게 잡는다.
또한 표 중 a 는 정하중, b는 편진동 반복하중, c는 교대하중으로, $a : b : c = 3 : 2 : 1$로 한다.

4·3 표 안전율

재료	정하중	동하중		
		반복	교번	충격
주철	4	6	10	15
연강	3	5	8	12
주강	3	5	8	15
동 및 합금	5	6	9	15
목재	7	10	15	20
석재·콘크리트	20	30	(25)	(30)

$$G = \frac{mE}{2(m+1)}$$

$$K = \frac{mE}{3(m-2)}$$

또한 물체를 가열 또는 냉각시키면 팽창 또는 수축하고, 이에 대응하는 응력이 발생한다. 이것을 열응력이라고 부른다.

양 끝이 고정된 길이 l의 봉을 온도 t_0℃에서 t℃까지 상승시켰을 때의 열응력 σ_e는

$$\sigma_e = E\varepsilon = E\frac{\lambda}{l} = E\frac{\alpha(t-t_0)l}{l}$$

$$= E\alpha(t-t_0)$$

로 구할 수 있다. 단, α는 선팽창계수이다.

4·2 보

1. 보의 종류

굽힘하중을 받는 봉을 보라고 한다. 보에는 한쪽 끝을 고정하고 다른 쪽 끝이 자유로운 외팔보, 양단 고정 보, 양단 지지 보, 일단 고정 타단 지지 보, 3점 이상으로 지지된 연속 보 등이 있다(4·6 그림)

또한 보에 작용하는 하중에는 4·7 그림에 나타낸 것이 있다.

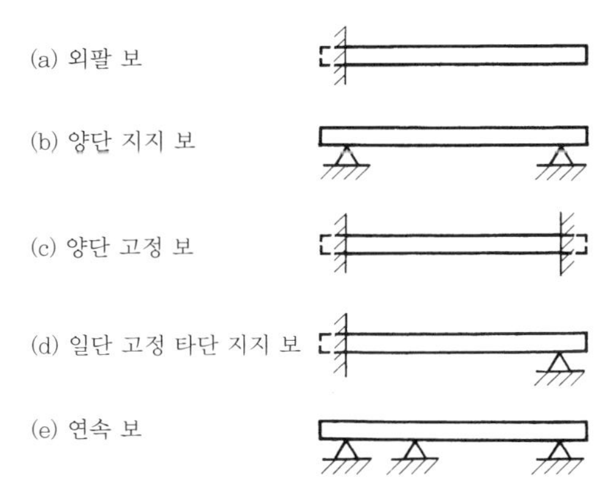

4·6 그림 보의 종류

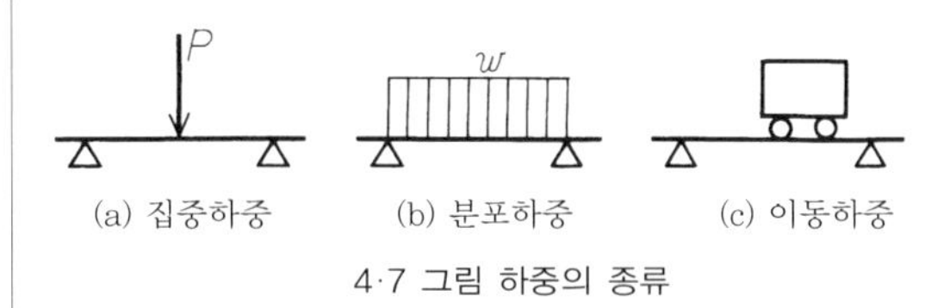

(a) 집중하중 (b) 분포하중 (c) 이동하중

4·7 그림 하중의 종류

2. 보에 작용하는 힘과 보의 강도

보에 작용하는 미지의 항력을 외력으로 생각하면, 보가 외력과 균형을 이루기 위해서는 외력의 연직 방향 성분과 수평 방향 성분 및 임의의 점 주변의 모멘트 총합이 각각 0이어야 한다.

임의의 점 주위의 모멘트를 M으로 하면,

연직 방향 $\Sigma Y = 0$
수평방향 $\Sigma X = 0$
모멘트 $\Sigma M = 0$

이 된다.

또한 위의 식에 의해 미지의 항력이 요구되는 것을 정정 보, 변형 조건 및 경계조건식을 고려해 미지의 항력을 요구하는 보를 부정정 보라고 한다.

(1) 반력

4·8 그림 (a)와 같이 2점 A, B로 지지된 보의 축에 수직으로 하중이 작용한 경우, 보가 균형을 이루기 위해서는 지점 A, B에서 축에 직각인 반력 R_1, R_2가 각각 작용한다.

이 경우, 균형의 조건으로부터

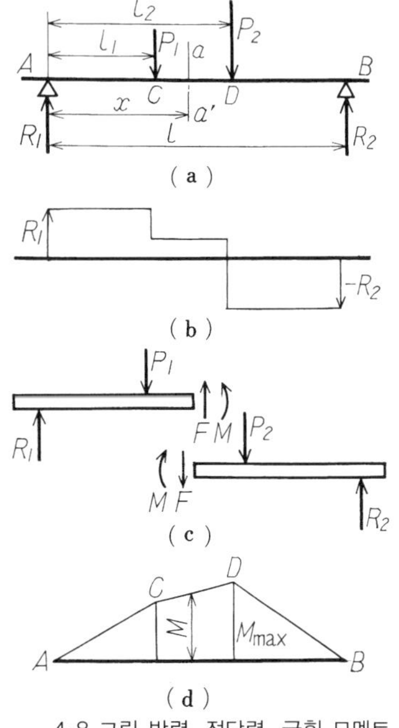

4·8 그림 반력, 전단력, 굽힘 모멘트

$$R_1 = \{P_1(l-l_1)+P_2(l-l_2)\} \times \frac{1}{l}$$

$$R_2 = (P_1 l_1 + P_2 l_2) \times \frac{1}{l}$$

$$P_1 + P_2 = R_1 + R_2$$

을 얻을 수 있다. 단, P_1, P_2는 집중하중, l_1, l_2는 A에서 P_1, P_2 까지의 거리, l은 지점 간의 거리, R_1, R_2는 반력이다.

(2) 전단력 4·8 그림 (a)에 있어 지점 A에서 x의 거리인 곳에 단면 aa'을 생각하면, 단면의 좌우 부분이 균형을 이루기 위해서는 전단력 F가 이 단면에 작용하고 [4·8 그림 (b)], 전단력 F는

$$F = R_1 - P_1$$

으로 표현된다. 이 경우, 각 단면에서의 전단력을 그림으로 나타낸 것을 전단력도라고 하며, 그 양과 음은 4·9 그림과 같이 결정한다.

(a) 양 (b) 음
4·9 그림 전단력의 양, 음

(3) 굽힘 모멘트 보는 외력을 받아 구부러지지만, 이것은 외력에 의해 생기는 모멘트에 의한 것으로, 이 모멘트를 굽힘 모멘트라고 한다. 이 굽힘 모멘트를 받았을 때, 보의 단면에는 이것에 대해 균형을 이루기 위한 저항 모멘트를 발생시킨다.

4·8 그림 (a)에서 굽힘 모멘트 M은

$$M = R_1 x - P_1(x - l_1)$$

으로 나타내며, 또한 최대 굽힘 모멘트 M_{max}는 전단력이 0이 되는 단면에 생기고, 이 단면을 위험단면이라고 한다. 4·8 그림 (d)와 같이 보의 각 단면에 대한 굽힘 모멘트를 그림으로 나타낸 것을 굽힘 모멘트도라고 하며, 그 양, 음은 4·10 그림과 같이 결정한다.

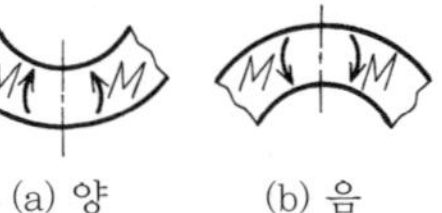

(a) 양 (b) 음
4·10 그림 굽힘 모멘트의 양, 음

또한, 임의 단면의 전단력 F와 굽힘 모멘트 M 사이에는

$$\frac{dM}{dx} = F$$

가 되는 관계가 있으며, 또한 분포하중 ω와 전단력 F 사이에는

$$\frac{dF}{dx} = -w$$

가 되는 관계가 있다.

(4) 굽힘응력 보에 굽힘 모멘트가 작용하면, 보의 상면에는 인장력, 하면에는 압축력이 작용한다. 이들 두 힘은 보의 단면 중앙부에 가까워짐에 따라 감소하고, 결국 늘어나지도 줄어들지도 않는 면을 발견한다. 이것을 중립면이라고 하며, 중립면은 보의 단면 중심을 통과한다.

이 중립면을 경계로 해서 보의 상면에 인장응력, 하면에 압축응력이 생기고, 이들을 굽힘응력이라고 하며 보의 강도를 나타내는 것이다. 이상을 고려한 보의 기본 공식은 다음 식에 나타낸 대로이다.

즉 굽힘응력 σ_b는

$$\sigma_b = \frac{M}{Z}$$

단, M…굽힘 모멘트

이 Z를 단면계수라고 하며, 단면계수 Z는

$$Z = \frac{I}{y}$$

전단응력 τ는

$$\tau = \frac{FS}{Z_1 I}$$

단, I…단면 이차 모멘트 $=\int_A y^2 dA$,

S…단면 일차 모멘트 $=\int_A y dA$,

Z_1…중립축에서 임의의 거리에서의 횡단면 폭.

이며, I는 중립면의 축(중립축이라고 한다)에 관한 단면 이차 모멘트, y는 중립축에서 단면 상의 임의점까지의 거리(4·11 그림)이다.

이 I와 Z의 각종 단면에 대한 값은 부록(부3 표)에 나타냈으므로 필요한 경우에는 그 표를 보면 된다.

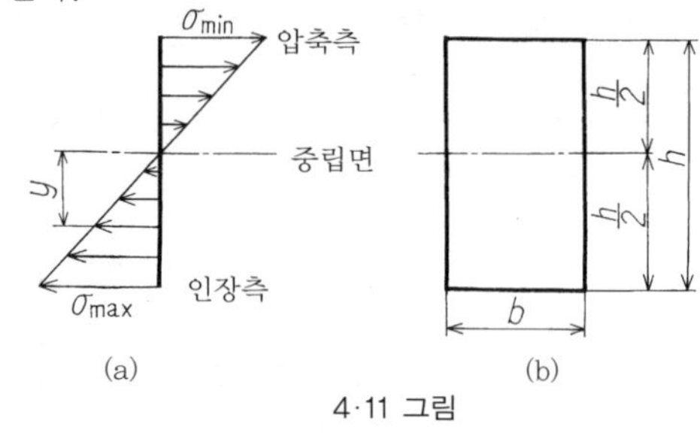

(a) (b)
4·11 그림

(5) 보의 단면형 선택 4·11 그림에 나타낸 예에서는 중립축에서 최대 인장력, 최대 압축력까지의 거리가 동일한 경우, 즉 단면이 중립축에 관해 대칭형을 하고 있는 경우였다. 일반적으로 원, 정방형, 장방형 등과 같이 중립축에 관해 단면이 대칭으로 되는 보의 최대 인장력과 최대 압축력은 동일하지만, T형이나 L형과 같은 비대칭형 단면에서는 다른 것이다.

4·12 그림은 T형 단면의 굽힘응력을 나타낸 것이다. 이것으로부터 압축과 인장에 대해 최대 강도가 동일한, 예를 들면 강철 등의 재질에서는 대칭형이 되는 단면의 보를 이용하고, 주철과 같이 인장에 대해 약한 것은 최대 압축력이 크고, 최대 인장력이 작은 단면의 보로 하면 된다는 것을 알 수 있다.

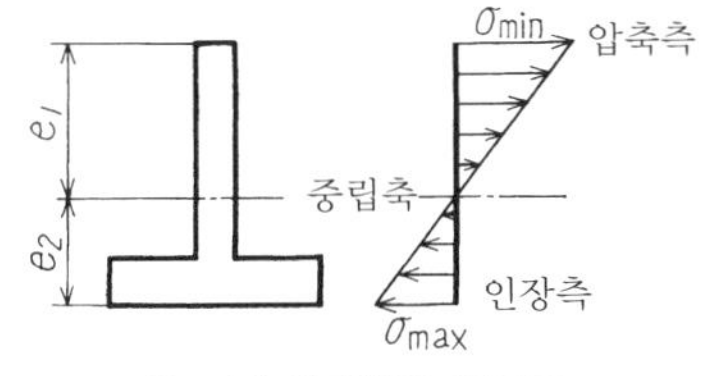

4·12 그림 비대칭형 단면의 굽힘응력

(6) 외팔 보의 강도 외팔 보의 굽힘응력을 σ_b로 하면

$$\sigma_{b\,max} = \frac{M}{Z}$$

외팔 보의 하중이 보의 전체길이에 등분으로 작용할 때 이것을 분포하중이라고 하며, 등분포하중 ω가 작용할 때

$$M = wl^2$$

가 된다. ωl은 등분포하중의 총합이기 때문에

$\omega l = W$로 하면 $M = Wl$

이 된다. 휨을 δ로 하면

$$\delta = \frac{Wl^3}{8EI}$$

단, E…영계수

굽힘 모멘트에 의한 보의 휨에 대해서는, 임의의 단면에서 굽힘 모멘트 M과 휨선의 곡률 반경 사이에 다음 식의 관계가 있다.

$$\frac{d^2y}{dx^2} = \pm\frac{M}{EI}$$

단, M…굽힘 모멘트

또한, 보의 종류와 작용하는 하중의 형식으로부터 위의 식을 푼 결과를 정리한 것을 4·4 표에 나타냈다.

(7) 양단 지지 보의 강도 양단 지지 보의 지점에는 하중과 균형을 이루는 반력이 생긴다. 따라서 양단 지지 보의 굽힘 모멘트를 구하기 위해서는 지점에서의 반력을 구해야 한다. 보 상의 임의점에서는 그 왼쪽 지점에서 모멘트를 구해도, 또한 오른쪽 지점에서 모멘트를 구해도 그 모멘트가 균형을 이루기 위해서는 동일할 것이다.

집중하중이 중앙에 작용하는 경우는

$$M_{max} = \frac{Wl}{4}, \quad \sigma_{b\,max} = \frac{Wl}{4Z}$$

하중 W가 편중되어 걸리는 경우는

반력 $R_1 = W \times \dfrac{l_2}{l_1 + l_2} = \dfrac{Wl_2}{l}$

반력 $R_2 = W \times \dfrac{l_1}{l_1 + l_2} = \dfrac{Wl_1}{l}$

$$M_{max} = R_1 l_1 = R_2 l_2$$

(8) 2개 이상의 하중이 걸리는 경우

2점에 W_1, W_2의 하중이 작용할 때를 생각한다(4·13 그림). R_1를 구하는 데에 B점에 관한 모멘트를 보면, W_1, W_2에 의한 모멘트가 B점에서 균형을 이루기 때문에 다음 식이 된다.

4·13 그림 2개 이상의 하중이 걸리는 경우

$$R_1 l - W_1(l_2 + l_3) - W_2 l_3 = 0$$

위 식에서 $R_1 = \dfrac{W_1(l_2 + l_3) + W_2 l_3}{l}$

$$\therefore \quad R_2 = (W_1 + W_2) - R_1$$

2개 이상의 하중이 걸릴 때도 마찬가지로 하여, 구하기 쉬운 쪽부터 그 반력을 구해 가면 되므로 최좌단 지점에서도 최우단 지점에서도 구하는 값은 동일한 것이다.

4·14 그림은 양단 지지 보에 $P_1 = 3$kN, $P_2 = 7$kN, $P_3 = 12$kN의 3하중이 그림과 같이 작용할 때의 굽힘 모멘트, 전단력선도의 예이다.

4·4 표 및 4·15 그림은 각종 보의 계산, 전단력

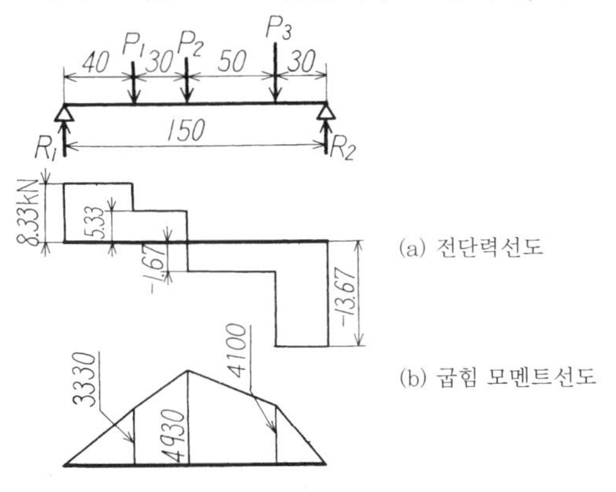

반력 $R_1 = 8.33$kN

$R_2 = P_1 + P_2 + P_3 - R_1 = 22 - 8.33 = 13.67$kN

전단력

R_1P_1 간 $F = R_1 = 8.33$

P_1P_2 간 $F = R_1 - P_1 = 5.33$

P_2P_3 간 $F = R_1 - P_1 - P_2 = -1.67$

P_3R_2 간 $F = R_1 - P_1 - P_2 - P_3 = -R_2$

$= -13.67$

4·14 그림 2개 이상의 하중이 걸리는 경우의 모멘트와 전단력

4·4 표 보의 계산

	보의 종류	$M(M_{max})$	R_1	R_2	최대 휨 δ	F
정정보	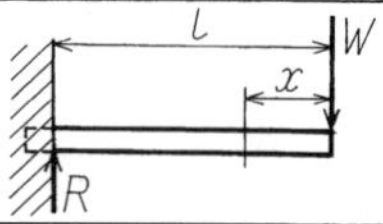	$M_x = Wx$ $M_{max} = Wl$	$R_1 = W$	—	$\frac{Wl^3}{3EI}$ (자유단)	W
	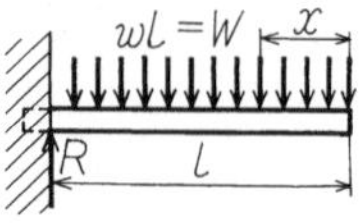	$M_x = \frac{wx^2}{2}$ $M_{max} = \frac{1}{2}wl^2$	$R_1 = wl$	—	$\frac{wl^4}{8EI}$ (자유단)	$F_x = wx$ $F_{max} = wl$
	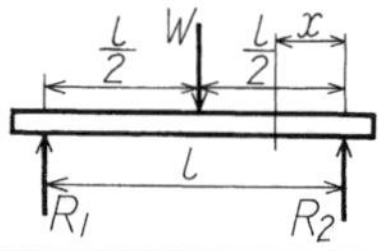	$M_x = \frac{Wx}{2}$ $M_{max} = \frac{1}{4}Wl$	$R_1 = \frac{W}{2}$	$R_2 = \frac{W}{2}$	$\frac{Wl^3}{48EI}$ (중앙)	$\frac{W}{2}$
	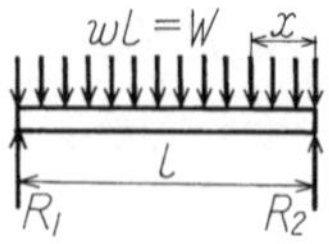	$M_{max} = \frac{1}{8}wl^2$ $M_x = \frac{wx}{2}(l-x)$	$R_1 = \frac{wl}{2}$	$R_2 = \frac{wl}{2}$	$\frac{5wl^4}{384EI}$ (중앙)	$F_x =$ $\left(\frac{l}{2}-x\right)w$
부정정보	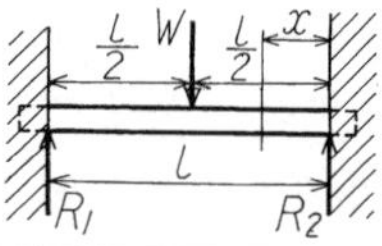	$M_{max} = \frac{1}{8}Wl$ $M_x = \frac{-W}{2}\left(\frac{l}{4}-x\right)$	$\frac{W}{2}$	$\frac{W}{2}$	$\frac{Wl^3}{192EI}$ (중앙)	$\frac{W}{2}$
	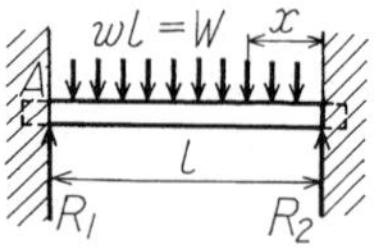	$M_{max} = -\frac{wl^2}{12}$ $M_x = -\frac{wl^2}{2}$ $\left(\frac{1}{6}-\frac{x}{l}+\frac{x^2}{l^2}\right)$	$\frac{wl}{2}$	$\frac{wl}{2}$	$\frac{wl^4}{384EI}$ (중앙)	$F_x =$ $\left(\frac{l}{2}-x\right)w$
	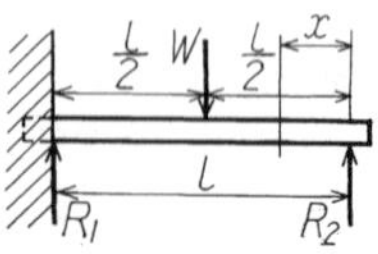	$M_{max} = M_A$ $M_A = \frac{-3Wl}{16}$ $M_x = \frac{5Wx}{16}$	$R_1 = \frac{11W}{16}$	$R_2 = \frac{5W}{16}$	$\sqrt{\frac{1}{5}} \times \frac{Wl^3}{48EI}$ {자유단에서 $\sqrt{\frac{1}{5}}\,l$	$F_1 = \frac{11}{16}W$ $F_2 = \frac{5}{16}W$
	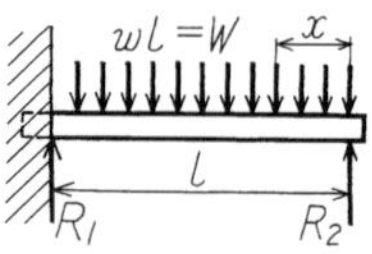	$M_{max} = \frac{wl^2}{8}$ $M_x = \frac{wl^2}{4}$ $\times\left(\frac{3}{4}-\frac{x}{l^2}\right)$	$\frac{5}{8}wl$	$\frac{3}{8}wl$	$\frac{wl^4}{185EI}$ {자유단에서 0.4215 l	$F_1 = \frac{5}{8}wl$ $F_2 = \frac{3}{8}wl$
연속보	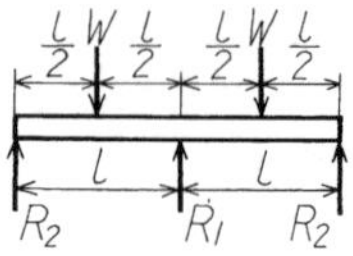	$M_{max}(R_1$ 단면$)$ $= \frac{3Wl}{16}$	$\frac{11W}{8}$	$R_2 = R_2'$ $R_2' = \frac{5W}{16}$	$\sqrt{\frac{1}{5}} \times \frac{Wl^3}{48EI}$ {자유단에서 $\sqrt{\frac{1}{5}}\,l$	—
	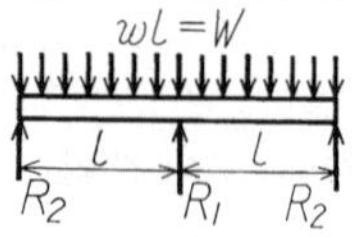	$M_{max}(R_1$ 단면$)$ $= \frac{wl^2}{8}$	$\frac{5}{4}wl$	$R_2 = R_2'$ $R_2' = \frac{3}{8}wl$	$\frac{wl^4}{185EI}$ {자유단에서 0.4512l	—

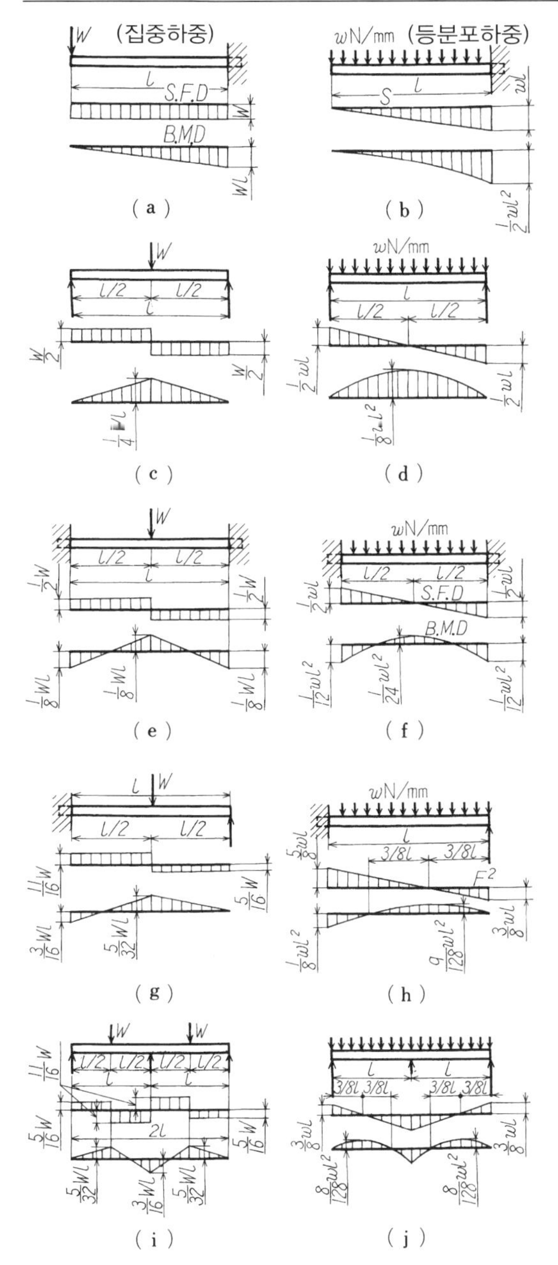

4·15 그림 보의 전단력선도와 굽힘 모멘트선도

선도, 굽힘 모멘트선도를 나타낸 것이다.

(9) 보의 최대 하중 계산

단면이 I형으로 길이 4000mm의 양단 지지 수평 보가 있는 것으로 한다. 이 경우 그 허용응력을 70N/mm²로 하면, 그 수평 보의 중앙에서 지지되는 최대 하중은 다음과 같다. 단, 보의 단면은 4·16 그림에 나타낸 치수로 한다.

M을 최대 굽힘 모멘트, P를 최대 하중, l을 보의 길이로 하면

$$M=\frac{Pl}{4}$$

위의 경우, l=4000mm이기 때문에

$$M=\frac{P\times4000}{4}=1000P\ \mathrm{N\cdot mm}$$

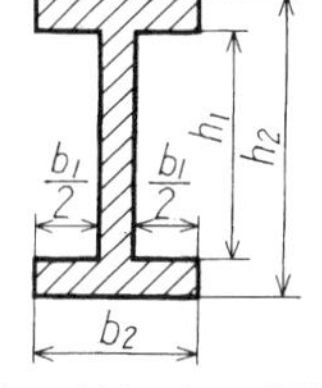

$h_1=200$, $h_2=250$
$b_1=88$, $b_2=100$

4·16 그림 보의 계산 (단위 mm)

또한, 중립면에 관한 단면 이차 모멘트 I, 단면계수 Z는

$$I=\frac{1}{12}(100\times250^3-88\times200^3)=7150\times10^4\mathrm{mm}^4$$

$$Z=\frac{I}{h_2/2}=\frac{7150\times10^4\times2}{250}=572\times10^3\mathrm{mm}^3$$

이고, 또한 굽힘응력 σ_b는

$$\sigma_b=\frac{M}{Z},\ \sigma_b=70\mathrm{N/mm^2}\ \text{이기 때문에}$$

$$P=\frac{70\times572\times10^3}{1000}=40040\mathrm{N}\fallingdotseq40\mathrm{kN}$$

즉, 최대 하중은 40kN이 된다.

(10) 평등한 강도의 보 (그 1) 보의 축을 따라 굽힘 모멘트가 그 크기를 바꿀 때, 단면이 일정한 보에서는 굽힘 모멘트가 최대가 되는 위험단면에서 굽힘응력도 최대가 된다. 다른 단면의 굽힘응력은 이것에 의해 작아진다. 더구나 단면이 일정하지 않은 보의 경우(4·17 그림), 또한 보의 재료를 유효하게 사용하기 위해서는 각 단면의 굽힘 모멘트에 대응해 항상 굽힘응력 σ_b를 평등하게 하면 된다. 즉, $\sigma_b=M/Z$에서 단면계수(Z)를 굽힘 모멘트(M)에 비례해 바꾸면 된다.

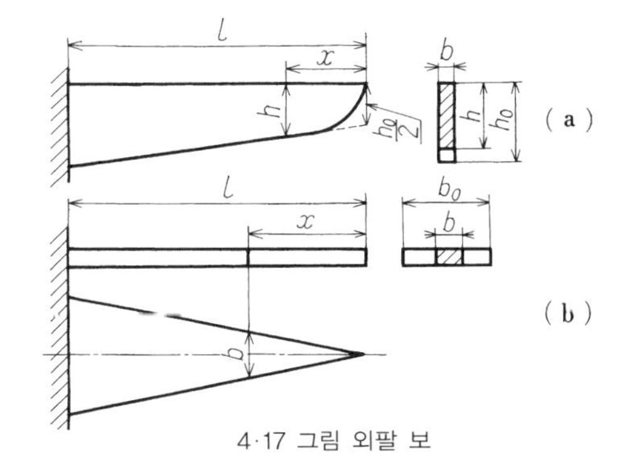

4·17 그림 외팔 보

(11) 평등한 강도의 보 (그 2) 자유단에 집중하중 P가 작용하는 외팔 보에서 자유단으로부터 x인 거리의 단면 굽힘 모멘트 M_x는

$$M_x=P_x$$

로 나타내며, 또한 단면을 직사각형으로 하고 폭을

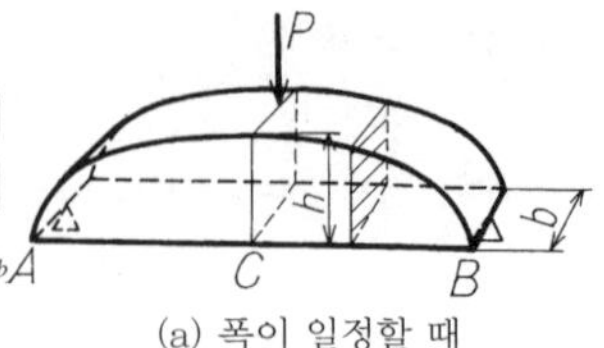

(a) 폭이 일정할 때

b, 높이를 h로 하면 단면계수 $Z=\frac{bh^2}{6}$이기 때문에 단면에 생기는 평등 굽힘응력 σ_b는

$$\sigma_b=\frac{M_x}{Z}$$

이다. 따라서

$\sigma_b=\frac{6Px}{bh^2}$으로, 이 식에서 폭 b를 일정하게 하면 $h=\sqrt{\frac{6Px}{b\sigma_b}}$이고, 높이는 포물선의 변화를 한다.

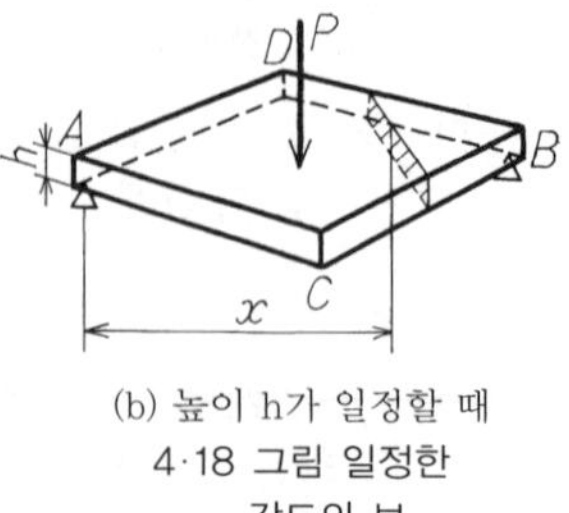

(b) 높이 h가 일정할 때

4·18 그림 일정한 강도의 보

이 경우 $x=l$ 일 때 $h_o=\sqrt{\frac{6Pl}{b\sigma_b}}$,

높이 h를 일정하게 하면 $b=\frac{6Px}{h^2\sigma_b}$ 이고, 폭은 삼각형이 된다. 또한 x=l 일때 $b_0=\frac{6Pl}{h^2\sigma_b}$ 이다.

4·3 비틀림

1. 비틀림

4·19 그림에 나타냈듯이 축에 우력의 모멘트 M_t가 작용할 때, 축은 비틀림에 의해 전단변형과 전단응력이 생긴다. 이 때의 우력 모멘트를 비틀림 모멘트라고 한다. 그러나 축의 중심에는 전단응력을 발생시키지 않고 이 점을 중립점이라고 하며, 단면의 중심과 일치한다.

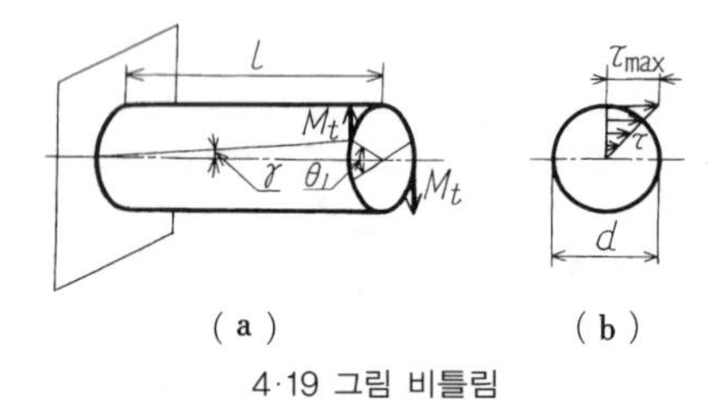

4·19 그림 비틀림

비틀림을 받는 축의 직경을 d라고 하면, 전단응력 τ는

$$\tau=\frac{M_t}{2I_p}d$$

에 의해 나타낼 수 있다.

이 I_p를 단면 이차 극모멘트라고 하며, 그 값은 단면의 형상에 따라 결정된다.

단면이 원일 때

$$I_p=\frac{\pi d^4}{32}$$

이기 때문에

$$\tau=\frac{16M_t}{\pi d^4}d$$

이다. 이 전단응력은 축의 외주에서 최대가 되기 때문에 $\gamma=\frac{d}{2}$일 때 최대 전단응력 τ_{max}는

$$\tau_{max}=\frac{32M_t}{\pi d^4}\times\frac{d}{2}=\frac{16M_t}{\pi d^3}$$

이 된다. 4·19 그림의 γ은 전단변형으로, 이것을 전단각 또한 θ를 비틀림각이라고 하며

$$\gamma=\frac{\tau_{max}}{G}(\text{rad})$$

$$\theta=\frac{M_t}{GI_p}(\text{rad})\ (\text{G}\cdots\text{횡탄성계수})$$

단면이 원인 경우 $\theta=\frac{32M_t}{\pi d^4G}$

전단각 γ은 축의 길이에 무관계인데, θ는 축길이에 비례한다. 축의 길이를 l로 하면, 축의 전체 비틀림각 θ_l은

$$\theta_l=\frac{M_t}{GI_p}l$$

단면이 원이라면

$$\theta_l=\frac{32M_t}{\pi d^4G}l$$ 이 된다.

만약 축이 4·20 그림과 같은 중공축이라고 하면, 중공축의 극단면계수 Z_p는

$$Z_p=\frac{\pi}{16}\left(\frac{d_2^4-d_1^4}{d_2}\right)$$

이기 때문에 비틀림 모멘트 M_{t2}는

$$M_{t2}=\tau\times\frac{\pi}{16}\left(\frac{d_2^4-d_1^4}{d_2}\right)$$

4·20 그림 중공축의 단면계수

이 된다. 이것을 중실축인 경우의 모멘트 M_{t1}과 비교하면, 중실축은 앞에서 말했듯이

$M_{t1}=\tau\times\frac{\pi}{16}d^3$ 이기 때문에

$$\frac{M_{t2}}{M_{t1}}=\frac{d_2^4-d_1^4}{d_2}\times\frac{1}{d^3}$$

$$=\frac{d_2^4-d_1^4}{d_2}\times\frac{1}{(\sqrt{d_2^2-d_1^2})^3}$$

$$\therefore\ \frac{M_{t2}}{M_{t1}}=\frac{1+\left(\frac{d_1}{d_2}\right)^2}{\sqrt{1-\left(\frac{d_1}{d_2}\right)^2}}>1$$

이 된다. 따라서 $M_{t2}>M_{t1}$이 되기 때문에 비틀림에 대해 중공축은 중실축보다 강한 것을 알 수 있다. 만약 중공축과 중실축이 동등한 비틀림 모멘트를 받을 수 있게 하기 위해서는

$$d^3 = \frac{d_2{}^4 - d_1{}^4}{d_2}$$

의 관계를 만족시키는 각각의 지름을 선택하게 된다.

2. 비틀림과 굽힘 모멘트를 받는 축

벨트 풀리와 같은 것의 축은 비틀림 모멘트와 굽힘 모멘트를 동시에 받는 것으로, 축에는 이 2 모멘트의 합성응력이 생긴다. 축지름은 이 합성응력에서 구하는 것이 지당한데, 실제로는 어느 쪽의 모멘트만을 이용해 산출하고 있다. 즉 이 경우, 단순하게 비틀림만을 받았다고 가정하면, 그 최대 전단응력으로부터 축지름을 결정할 수 있다. 이 계산 상, 필요해지는 비틀림 모멘트를 합성응력의 비틀림 모멘트에 대해 상당 비틀림 모멘트라고 한다. 동시에 단순히 굽힘만을 받았다고 하고, 최대 굽힘응력에서 축지름을 구할 때의 굽힘 모멘트를 합성응력의 굽힘 모멘트에 대해 상당 굽힘 모멘트라고 한다. 축에 대한

비틀림 모멘트…T, 굽힘 모멘트…M,

상당 비틀림 모멘트…T_e,

상당 굽힘 모멘트…M_e

로 하면

$$M_e = \frac{1}{2}M + \frac{1}{2}\sqrt{M^2 + T^2}$$

$$T_e = \sqrt{M^2 + T^2}$$

혹은

$$M_e = \frac{M}{2}\left[1 + \sqrt{1 + \left(\frac{T}{M}\right)^2}\right]$$

$$T_e = M\sqrt{1 + \left(\frac{T}{M}\right)^2}$$

의 관계식이 성립된다. 따라서 상당 굽힘 모멘트에 의한 굽힘응력 σ_e는

$$\sigma_e = \frac{M_e}{Z} = \frac{1}{2}(M + \sqrt{M^2 + T^2})\frac{1}{Z}$$

또는

$$\sigma_e = \frac{1}{2}\sigma_b + \sqrt{\frac{1}{4}\sigma_b{}^2 + \tau_1{}^2}$$

이 때의 σ_b는 합성력에서의 굽힘 모멘트에 의한 굽힘응력이고, τ_1는 전단응력이다.

다음으로 상당 비틀림 모멘트에 의한 최대의 전단응력을 τ_{max}로 하면

$$\tau_{max} = \frac{1}{2Z}\sqrt{M^2 + T^2}$$

이 된다.

축지름의 결정은 축재와 같이 늘어나는 성질이 있는 것은 최대 전단응력에서 구하는 편이 좋기 때문에 허용전단응력을 τ(N/mm^2)로 하면, 축지름 d(mm)는

$$d = \sqrt[3]{\frac{16}{\pi\tau}\sqrt{M^2 + T^2}} \quad \text{(mm)}$$

로부터 구할 수 있다.

3. 비틀림 모멘트를 받는 전동축

전달동력을 H(kW)로 하면

$$H = \frac{2\pi n M_t}{1000 \times 60 \times 1000}, \quad M_t = \frac{\pi}{16}d^3\tau_{al}$$

로 나타낸다. 이 식으로부터

$$d = \sqrt[3]{\frac{16}{\pi\tau}M_t} = \sqrt[3]{\frac{60 \times 10^6 H}{2\pi n} \cdot \frac{16}{\pi\tau}}$$

$$= \sqrt[3]{9.55 \times 10^6 \times \frac{16H}{\pi n\tau}} \quad \text{(mm)}$$

단 n…매분 회전수 (rpm), M_t…비틀림 모멘트 (N·m), d…축의 직경 (mm), τ…허용전단응력 (N/mm^2)

[예제] 전달동력 15kW, 1500rpm의 전동축 직경을 구해라. 단, 허용전단응력 τ=60N/mm^{2}로 한다.

[해] $$d = \sqrt[3]{\frac{9.55 \times 10^6 \times 16 \times 15}{\pi \times 1500 \times 60}} \fallingdotseq 20\text{mm}$$

4·5 표 축지름과 허용전단응력

τ (N/mm^2)	20	30	40
d (mm)	$135\sqrt[3]{\frac{H}{n}}$	$118\sqrt[3]{\frac{H}{n}}$	$107\sqrt[3]{\frac{H}{n}}$
τ (N/mm^2)	50	60	70
d (mm)	$99\sqrt[3]{\frac{H}{n}}$	$93\sqrt[3]{\frac{H}{n}}$	$89\sqrt[3]{\frac{H}{n}}$

4.4 얇은 원통 및 구

1. 외압을 받는 얇은 원통

외압을 받는 얇은 원통에서는 외압을 P로 하면, 한계압력 이하에서는

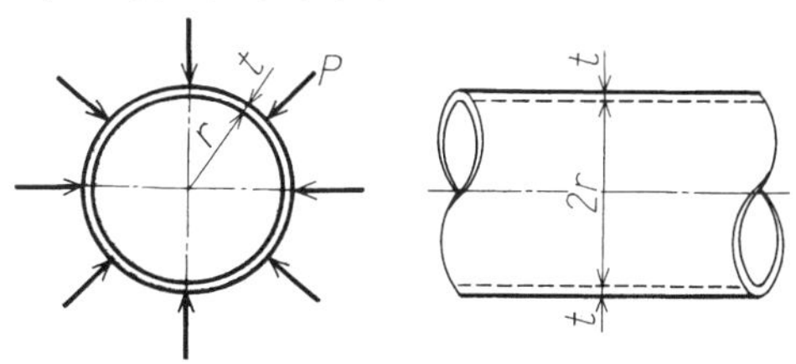

4·21 그림 외압을 받는 얇은 원통

$$\sigma_t = -\frac{Pr}{t}$$

가 된다.

만약 P가 한계외압에 달하면, 원통에 오목부를 발생시킨다. 이 경우의 P의 근사값은

$$P = E\left\{\frac{m^2}{4(m^2-1)}\right\}\left(\frac{t}{r}\right)^3$$

단, E…영계수, m…푸아송 수,
r…원통의 내측 반경,
t…원통의 두께.

2. 내압을 받는 얇은 원통

4·22 그림에 나타낸 내측 반경 r(mm), 두께 t(mm)의 얇은 원통이 내측에서 P(N/mm²)의 압력을 받을 때

원주 방향의 응력 $\sigma_t = \frac{Pr}{t}$

축 방향의 응력 $\sigma_z = \frac{Pr}{2t}$

이다.

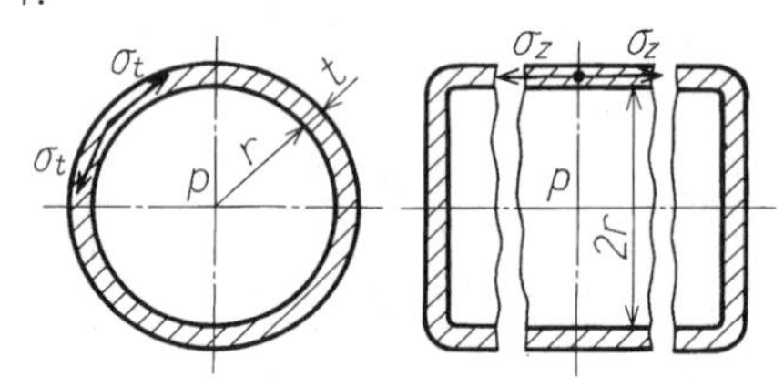

4·22 그림 내압을 받는 얇은 원통

3. 내압을 받는 얇은 구

내압을 받는 얇은 구에서 원주응력을 σ_t로 하면

$$\sigma_t = \frac{1}{2}\times\frac{Pr}{t}$$

이고, 또한 반경의 증가를 δ_r로 하면

$$\delta_r = \frac{pr^2}{2Et}\left(1-\frac{1}{m}\right)$$

단, r…구의 내반경,
t…벽의 두께,
E…영계수,
$\frac{1}{m}$…푸아송비

4·23 그림 내압을 받는 얇은 구

4·5 회전 원륜 및 원판

1. 회전 원륜

플라이휠, 풀리 등의 회전 원륜은 회전에 의해 원심력을 발생시키고, 내압력을 받는 동시에 인장력을 발생시킨다(4·24 그림). 원주응력 σ_t는

$$\sigma_t = \frac{\pi^2 r^2 \gamma N^2}{900\,g}$$

또한

$$N = \frac{30}{\pi r}\sqrt{\frac{g\sigma_t}{\gamma}}$$

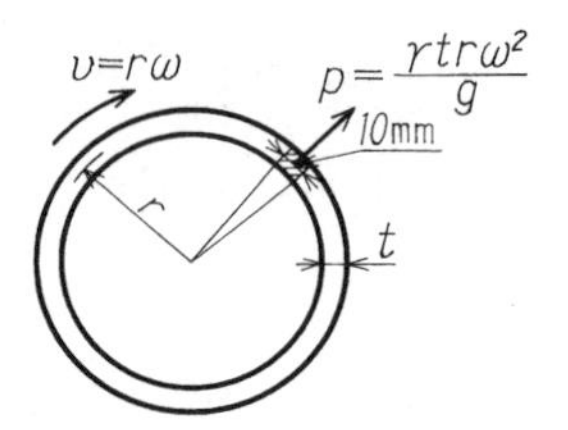

4·24 그림 회전원륜

단, r…평균 반경,
t…두께, ω…각속도,
γ…단위 체적의 무게, g…중력의 가속도,
p…단위 면적에 작용하는 원심력,
N…원륜의 1분간 회전수.

2. 원주로 지지한 등분포하중을 받는 원판

4·25 그림의 등분포하중을 받는 지지 원판에서 원주 방향 응력 σ_t와 반경 방향 응력 σ_r는 중심에서

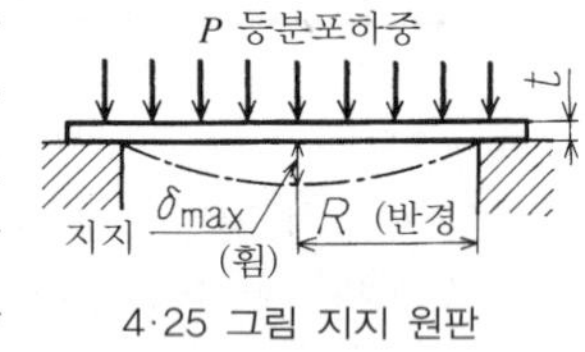

4·25 그림 지지 원판

$$\sigma_{t\max} = \sigma_{r\max} = \pm\frac{3P(3m+1)R^2}{8mt^2}$$

또한 중심에서의 휨 $\delta_{\max}$는

$$\delta_{\max} = \frac{3(m-1)(5m+1)}{16Em^2t^3}PR^4$$

단, P…등분포하중, R…판의 반경,
t…판의 두께, E…영계수, m…푸아송 수

3. 원주로 고정한 등분포하중을 받는 원판

4·26 그림에 나타낸 고정 원판의 외주 응력은

$$\sigma_t = \pm\frac{3PR^2}{4mt^2}$$

또한

$$\sigma_{r\max} = \pm\frac{3PR^2}{4t^2}$$

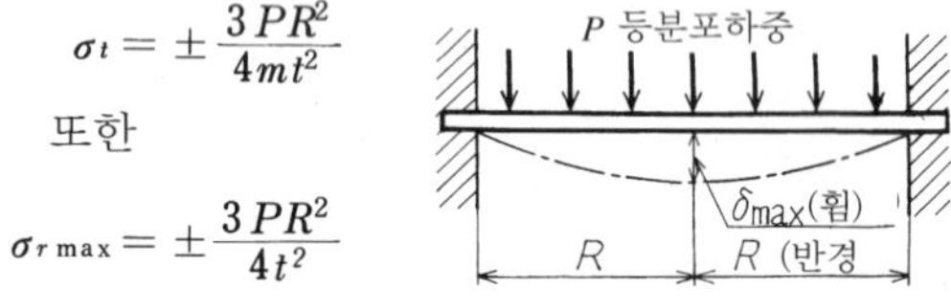

4·26 그림 고정 원판

또한 중심에서는

$$\sigma_{t\max} = \sigma_r = \mp\frac{3(m+1)PR^2}{8mt^2}$$

중심의 휨 $\delta_{\max}$는

$$\delta_{\max} = \frac{3(m^2-1)PR^4}{16Em^2t^3}$$

단, P…등분포하중, R…판의 반경,
t…판의 두께, E…영계수, m…푸아송 수.

4. 외주를 지지하고, 동심원 상에 등분포하중을 받는 원판

4·27 그림에 나타냈듯이 외주를 지지하고, 어떤 범위 내의 동심원 상에 등분포하중을 받는 경우의 중심 응력은

$$\sigma_{t\,max} = \sigma_{r\,max} = \mp\frac{3(m+1)P}{2\pi m t^2}\left(\frac{m}{m+1} + \log\frac{R}{r_0} - \frac{m-1}{m+1}\frac{r_0^2}{4R^2}\right)$$

또한 중심의 휨(r_0가 R에 비해 작은 경우) δ_{max}는

$$\delta_{max} = \frac{3(m-1)(3m+1)PR^2}{4\pi E m^2 t^3}$$

단, P…동심원 상의 총하중으로 $P=\pi r_0^2 p$,
R…판의 반경, t…판의 두께,
E…영계수, m…푸아송 수

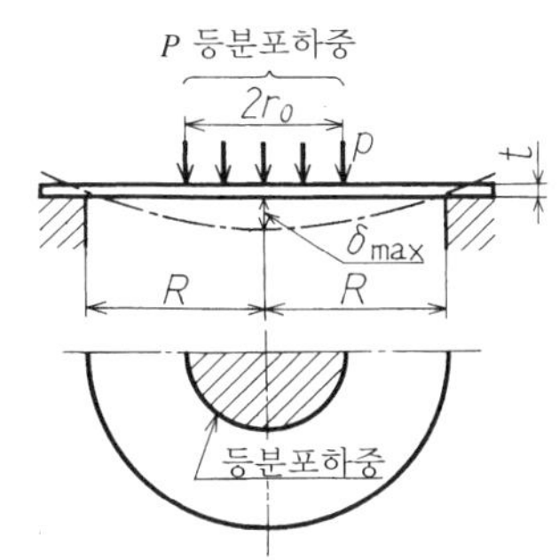

4·27 그림 외주를 지지하고, 동심원 상에 등분포하중을 받는 원판

5. 주위를 고정하고, 동심원 상에 등분포 하중을 받는 원판

원주를 고정된 원판에 4·28 그림과 같은 등분포하중이 작용하는 경우, 그 외주에서의 응력은

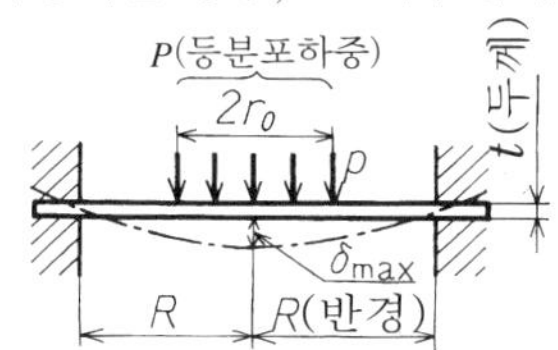

4·28 그림 외주를 고정하고, 동심원 상에 등분포하중을 받는 원판

$$\sigma_t = \pm\frac{3P}{2\pi m t^2}\left(1-\frac{r_0^2}{2R^2}\right)$$

또는 $$\sigma_r = \pm\frac{3P}{2\pi t^2}\left(1-\frac{r_0^2}{2R^2}\right)$$

중심에서는

$$\sigma_t = \sigma_r = \mp\frac{3(m+1)P}{2\pi m t^2}\left(\log\frac{R}{r_0}+\frac{r_0^2}{4R^2}\right)$$

중심에서의 휨 δ_{max}는

$$\delta_{max} \fallingdotseq \frac{3(m-1)(7m+3)PR^2}{16\pi E m^2 t^3}$$

단, P…동심원 상의 총하중으로 $P=\pi r_0^2 p$,
R…판의 반경, t…판의 두께,
E…영계수, m…푸아송 수

4·6 스프링

4·6 표는 각종 스프링 형상과 그 각 경우의 하중과 휨의 관계를 나타낸 것이다.

또한 스프링의 계산에 관한 상세한 내용은 12장 스프링 항을 참조하기 바란다.

4·7 좌굴

1. 짧은 기둥

직경에 비해 기둥의 길이가 짧을 때는 단순히 압축력만을 받는 것으로서 계산한다. 즉 하중 P가 단면적 A의 짧은 기둥에 작용할 때

$$P = \sigma_c A$$

로 나타내며, σ_c는 압축응력(N/mm²)이다.

또한 짧은 기둥에서 4·29 그림에 나타낸 축 방향으로, 축심에서 e의 거리로 편심하중 P를 받을 때는 기둥은 압축과 굽힘의 합성력을 받는다. 기둥이 균형을 이루고 있다고 하면, 축심으로 편심하중 P와 동일하게 반대 방향의 힘이 작용하고 있다고 생각할 수 있다. 즉 짧은 기둥은 P에 의한 압축과 P_e에 의한 우력의 굽힘을 받고 있는 것이 된다.

P에 의한 압축응력 σ_c는

$$\sigma_c = \frac{P}{A}$$

(A…짧은 기둥의 단면적)

축심에서 임의의 거리 y에서, P_e에 의해 생기는 굽힘응력 σ_b는

$$\sigma_b = \frac{Pe\cdot y}{I}$$

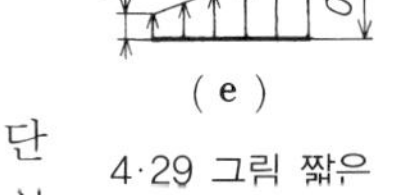

4·29 그림 짧은 기둥의 강도

(I는 이 경우 Z축에 관한 단면 이차 모멘트)가 된다. 이 식으로부터 합성응력 σ_r은

$$\sigma_r = -\sigma_c - \sigma_b = -\frac{P}{A} - \frac{Pe\cdot y}{I}$$

최대 합성응력이 생기는 것은 $y = -\frac{h}{2}$가 될 때이기 때문에 이것을 대입하면

$$\sigma_{r\,max} = -\frac{P}{A} + \frac{Pe\cdot h}{2I}$$

이다. 단면이 직사각형일 때 $I = \frac{bh^3}{12}$, $A = bh$, $A=bh$이기 때문에

4·6 표 스프링

스프링 형상	하중 P와 단면	휨 δ
코일 스프링 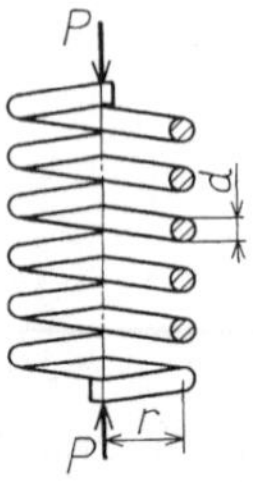	$\frac{\pi d^3 \tau}{16 r}$ 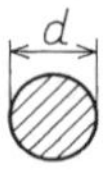	$\frac{64 n r^3 P}{d^4 G}$ 또는 $\frac{4 \pi n r^2 \tau}{dG}$ (τ …전단응력)
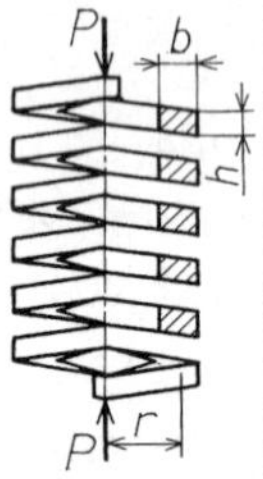	$\frac{2 h^3 \tau}{9 r}$ 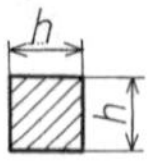	$\frac{14.4 \pi n r^3 P}{h^4 G}$ 또는 $\frac{4 \pi n r^2 \tau}{hG}$
	$\frac{2 b h^2 \tau}{9 r}$ 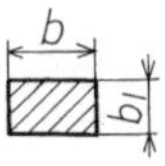	$\frac{7.2 \pi n r^3 (b^2 + h^2) P}{b^3 h^3 G}$ 또는 $\frac{1.6 \pi n r^2 (b^2 + h^2) \tau}{b^2 h G}$
벌류트 스프링 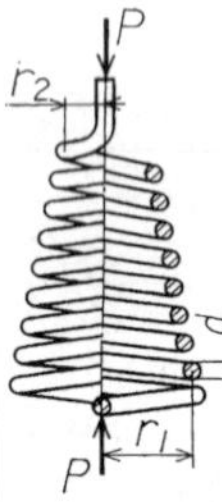	$\frac{\pi d^3 \tau}{16 r_1}$ 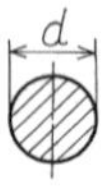	$\frac{16 n (r_1 + r_2)(r_1^2 + r_2^2) P}{d^4 G}$ 또는 $\frac{\pi n (r_1 + r_2)(r_1^2 + r_2^2) \tau_s}{r_1 d G}$
	$\frac{\pi a b^2 \tau}{2 r_1}$ 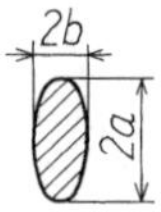	$\frac{n (r_1 + r_2)(r_1^2 + r_2^2)(a^2 + b^2) P}{2 a^3 b^3 G}$
	$\frac{2 b h^2 \tau}{9 r_1}$ 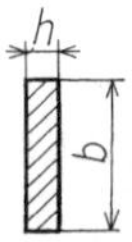	$\frac{1.8 \pi n (r_1 + r_2)(r_1^2 + r_2^2)(b^2 + h^2) P}{b^3 h^3 G}$ 또는 $\frac{0.4 \pi n (r_1 + r_2)(r_1^2 + r_2^2)(b^2 + h^2) \tau}{r_1 b^2 h G}$

스프링 형상	하중 P	휨 δ
판 스프링 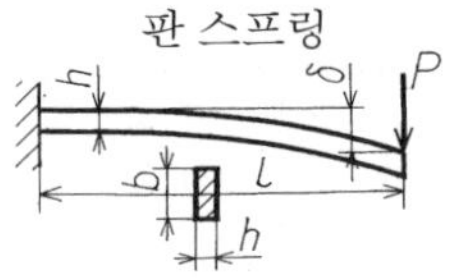	$\frac{b h^2 \sigma}{6 l}$ (σ … 굽힘응력)	$\frac{4 l^3 P}{b h^3 E}$ 또는 $\frac{2 l^2 \sigma}{3 h E}$
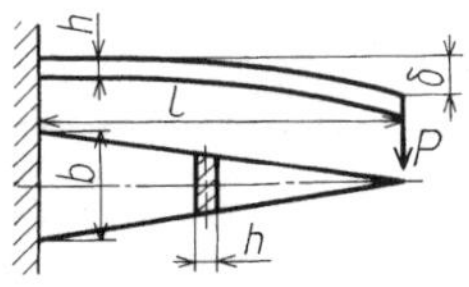	$\frac{b h^2 \sigma}{6 l}$	$\frac{6 l^3 P}{b h^3 E}$ 또는 $\frac{l^2 \sigma}{h E}$
겹판 스프링 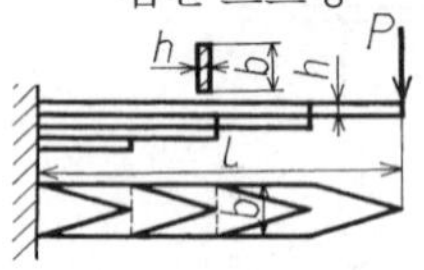	$\frac{n b h^2 \sigma}{6 l}$	$\frac{6 l^3 P}{n b h^3 E}$ 또는 $\frac{l^2 \sigma}{h E}$
비틀림 스프링 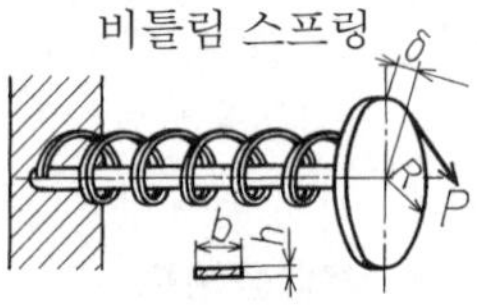	$\frac{b h^2 \sigma}{6 R}$	$\frac{12 l R^2 P}{b h^3 E}$ 또는 $\frac{2 l R \sigma}{h E}$
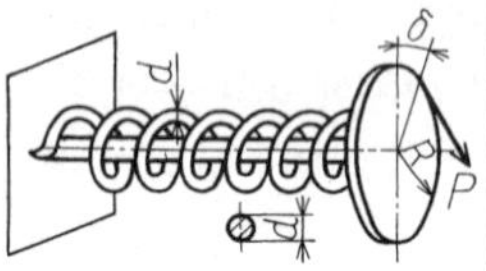	$\frac{\pi d^3 \sigma}{32 R}$	$\frac{64 l R^2 P}{\pi d^4 E}$ 또는 $\frac{2 l R \sigma}{d E}$
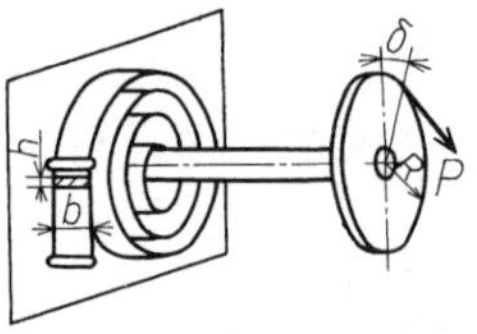	$\frac{b h^2 \sigma}{6 R}$	$\frac{12 l R^2 P}{b h^3 E}$ 또는 $\frac{2 l R \sigma}{h E}$
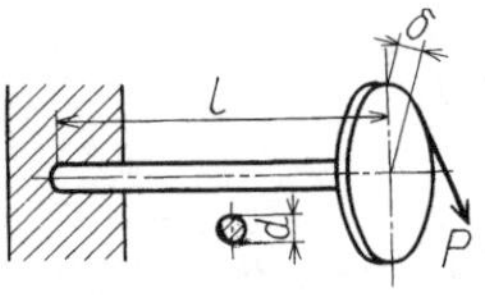	$\frac{\pi d^3 \tau}{16 R}$	$\frac{32 l R^2 P}{\pi d^4 G}$ 또는 $\frac{2 l R \tau}{d G}$
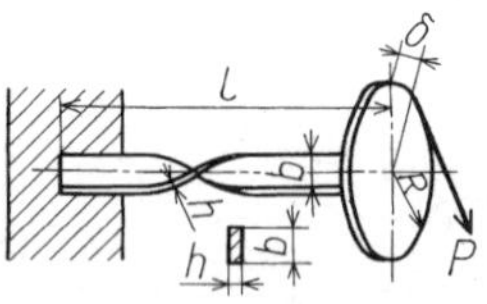	$\frac{2 b h^2 \tau}{9 R}$	$\frac{0.8 l R (b^2 + h^2) \tau}{b^2 h G}$ 또는 $\frac{3.6 l R^2 (b^2 + h^2) P}{b^3 h^3 G}$

$$\sigma_{r\max} = -\frac{P}{bh} + \frac{6Pe}{bh^2} = -\frac{P}{bh}\left(1 - \frac{6e}{h}\right)$$

가 된다.

$y = \frac{h}{2}$를 대입하면, 최소 합성응력 $\sigma_{e\min}$은

$$\sigma_{r\min} = -\frac{P}{bh}\left(1 + \frac{6e}{h}\right)$$

이 되고, 단면 결정의 경우 허용압축응력을 σ_c로 하면

$$\frac{P}{bh}\left(1 + \frac{6e}{h}\right) \leqq \sigma_c$$

인 것이 필요하다.

2. 긴 기둥

단면에 비해 길이가 긴 기둥이 압축을 받았을 때는 압축보다 굽힘에 의해 파괴된다. 이것을 기둥의 좌굴이라고 하며, 그 때의 하중을 좌굴하중이라고 한다.

긴 기둥의 좌굴강도 σ_{cr}에 관해서는 다음의 여러 공식이 있다.

(1) 랭킨의 공식

$$\sigma_{cr} = \frac{\sigma_d}{\left\{1 + \left(\frac{l}{k}\right)^2 \frac{a}{n}\right\}}, \quad P_{cr} = A\sigma_{cr}$$

단, P_{cr}…좌굴하중(N), σ_{cr}…좌굴강도(N/mm^2), l…기둥의 길이(mm), σ_d…압축강도(실험값 4·8 표 참조), α…실험정수(4·8 표 참조), n…기둥 양 끝단의 조건에 의한 정수(4·7 표 참조), A…기둥의 단면적(mm^2).

(2) 오일러의 이론공식

$$P_{cr} = n\pi^2\left(\frac{EI}{l^2}\right) \quad \sigma_{cr} = \frac{P_{cr}}{A} = n\pi^2 E\left(\frac{k}{l}\right)^2$$

단, P_{cr}…좌굴하중(N), σ_{cr}…좌굴강도(N/mm^2), l…기둥의 길이(mm), A…기둥의 단면적(mm^2), I…단면 이차 모멘트(mm4), k…최소 회전 반경(mm), n…기둥의 양 끝단 조건에 의한 정수(4·7 표 참조).

이 식은 σ_{cr}이 재료의 탄성한도 이하인 경우에 성립된다. 긴 기둥에서는 이 식이 주로 이용된다.

(3) 테트마이어의 공식

$$\sigma_{cr} = \sigma_d\left\{1 - a\frac{l}{k} + b\left(\frac{l}{k}\right)^2\right\}$$

단, σ_{cr}…좌굴강도(N/mm^2), σ_d…압축강도(실험값 4·9 표 참조), l…기둥의 길이(mm), k…최소 회전 반경(mm), α, b…실험정수(4·9 표 참조).

위의 식에서 $\frac{l}{k}$의 값이 4·9 표에 나타낸 사용 범위의 값보다 클 때는 오일러의 공식을 이용한다.

4·7 표 랭킨 공식, 오일러 공식의 n 값

양 끝단의 조건	양단 힌지	일단 고착 타단 자유	일단 고착 타단 힌지	양단 고착
n의 값	1	$\frac{1}{4}$	2.046≒2	4
긴 기둥의 그림	P	P		

4·8 표 랭킨 공식의 정수

정수 \ 재료	주철	연강	경강	연철	목재
σ_d (N/mm^2)	550	330	480	245	50
a	$\frac{1}{1600}$	$\frac{1}{7500}$	$\frac{1}{5000}$	$\frac{1}{9000}$	$\frac{1}{750}$
$\frac{l}{k}$의 사용 범위	$<80\sqrt{n}$	$<90\sqrt{n}$	$<85\sqrt{n}$	$<100\sqrt{n}$	$<60\sqrt{n}$

4·9 표 테트마이어 공식의 정수

정수 \ 재료	연철	연강	경강	주철	목재
σ_d (N/mm^2)	300	300	330	760	30
a	0.00426	0.00368	0.00185	0.01546	0.00626
b	—	—	—	0.00007	—
$\frac{l}{k}$의 사용 범위	<112	<105	<90	<88	<100

제5장

기계 재료

5장. 기계 재료

공업 재료로서는 여러 가지가 있지만, 기계 재료에는 주로 금속이 이용된다. 금속 이외의 재료로 각 기계 부품에서 직접 필요해지는 것에 대해서는 그 각 항에서 서술하고 있으므로 본 장에서는 기초적 재료의 일반적 필요사항에 대해 서술한다.

5·1 금속 재료에 대해서

1. 금속 재료의 성질

공업용 금속 재료는 대부분 합금으로서 이용된다. 그것은 단일 금속에 비해 합금은 대부분의 경우, 보다 양질의 것이 되기 때문이다.

금속의 공통 성질로서는

① 열 및 전기의 양도체이다. 이 전도성은 불순물의 혼입이 많아질수록 현저하게 감소한다. 은이 가장 전도성이 좋고, 다음으로 동, 금이고 가장 낮은 것은 창연(비스무트)이다.

② 금속은 탄성체이다. 즉 어떤 한도 내에서는 외력에 의해 변형되어도 그 외력을 제거하면 원래 상태로 되돌아가는 성질을 갖는다.

③ 금속에는 용해해 적당한 형태로 성형할 수 있는 성질, 즉 가주성과 가열해 적당한 형태로 단련 성형할 수 있는 가단성을 가지고 있다.

④ 일반적으로 금속은 가열하면 팽창한다. 납은 가장 팽창률이 높다. 단, 창연(비스무트)는 가열하면 어느 정도 수축된다.

⑤ 금속의 결점에는 부식성이 있다. 그러나 백금이나 금과 같이 녹슬지 않는 것, 알루미늄이나 주석과 같이 표면에는 녹의 막이 생겨도 내부까지는 녹슬지 않는 것도 있다.

⑥ 금속 중 비중이 가장 가벼운 것은 마그네슘, 가장 무거운 것은 백금이다. 또한 용해 온도가 가장 낮은 것은 주석, 가장 높은 것은 텅스텐이다.

⑦ 금속에서 가장 단단한 것은 강철, 부드러운 것은 납이다.

또한 합금이 두루 가지고 있는 성질로서는

① 인장강도는 그 성분 금속보다 일반적으로 강해진다.

② 경도는 일반적으로 증가한다.

③ 가주성은 일반적으로 증가한다.

④ 가단성은 감소하거나 또는 완전히 없어진다.

⑤ 용해점은 낮아진다.

⑥ 도전력은 일반적으로 감소한다.

⑦ 화학적인 부식 작용에 대한 저항은 일반적으로 커진다.

2. 금속의 평형 상태도

5·1 그림은 A성분과 B성분으로 구성되는 합금의 평형 상태도이다. A성분에 m(%)의 B 성분을 더해 용융 상태에서 서서히 냉각시켜 갈 때, a점에서 A성분이 결정되기 시작하고 온도의 하강에 따라 A성분은 점점 결정을 증가시켜 간다. 이 때 나머지 용액은 B에 대해 그 농도를 A성분이 결정됨에 따라 증가해 가고, 그 임의의 온도 t_2에서의 결정 A와 용액과의 비는 $bd : bc$에 의해 나타낸다. 즉, CE선은 그 사이의 합금 응고 온도와 용액의 농도 변화를 나타내는 곡선이다. 그리고 E점에 도달했을 때, 남아 있는 용액은 한 번에 결정된다. 이 E점에서 결정되는 용액을 공정체라고 한다.

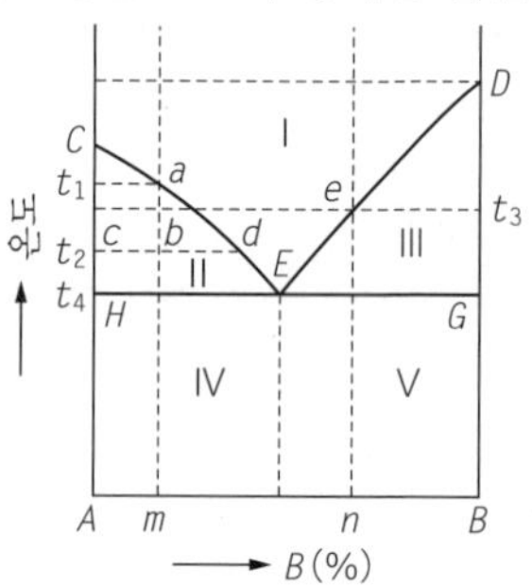

5·1 그림 평형 상태도

만약 이 합금의 성분 비율이 E점보다 오른쪽 측에, 예를 들면 B가 n(%)의 비율이었다고 하면 e점에서 우선 B가 결정되고, DE 곡선이 이 경우는 CE 곡선과 동일한 것을 나타내게 된다. 그리고 E점에서는 지금까지 결정된 B성분의 나머지 용액이 한 번에 응고하는 공정체가 된다. 이들의 조직을 나타내 보면, 5·1 표와 같이 된다.

5·1 표

범위	I	II	III	IV	V
조직	용액	결정 A +용액	결정 B +용액	결정 A +공정	결정 B +공정

만약 A, B성분의 비율이 E점을 지나는 비율이라면, 용액은 E점에서 전부 응고된다. 이것은 이 때의 용액 성분 비율이 공정체 조직이기 때문이다.

그러나 어떤 종류의 합금에서는 온도가 내려감에 따라 성분 금속이 용합한 채로, 각각의 성분으로 분리되지 않고 응고하는 것이 있다. 이와 같은 상태를 고용체라고 한다.

또한 금속 결정은 고체 상태에서는 각각 특유의 원자 배열을 가지고 있는 것이지만, 금속에 따라서는 고체 상태 중 어떤 온도에 의해 원자 배열을 변화하는 일이 있으며, 이것을 변태라고 부르고 그 온도를 변태점이라고 한다. 그리고 변태점의 위아래는 이종 금속으로 간주할 수 있다. 예를 들면, 철은 912℃와 1394℃에서 변태점을 가지고 이를 변태점을 A_3 변태점 및 A_4 변태점이라고 하며, A_3 이하를 α철, A_3와 A_4 사이를 γ철, A_4와 용해점 사이를 δ철이라고 불러 구별하고 있다. 이들 원자 배열을 보면, α철과 δ철에서는 5·2 그림 (a)와 같이 원자는 정육면체의 각 정점과 그 중심에 있으며, γ철에서는 동 그림 (b)와 같이 정육면체의 각 정점과 각 면의 중심에 있다. 전자를 체심입방격자, 후자를 면심입방격자라고 한다. 위에서 말한 예와 같이 금속의 평형 상태도는 용해·응고 및 변태 온도에 의한 금속 조성의 변화를 알기 위해 필요하다.

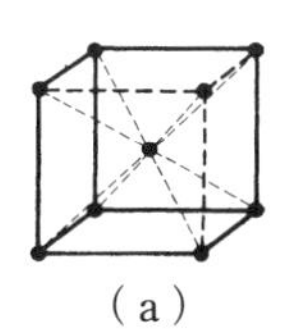

(a)

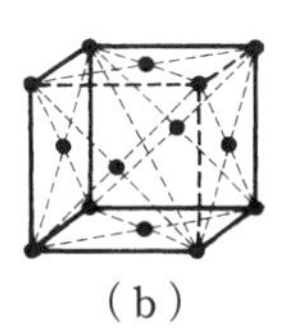

(b)

5·2 그림 체심입방격자 (a)와 면심입방격자 (b)

3. 철강의 상태

철강은 철과 탄소의 합금인데, 이 경우 양 성분의 결합 상태는 α, γ, δ철에 대해 탄소가 고용체를 만드는 상태로, 각각 α고용체·γ고용체·δ고용체라고 하며 또한 탄소 함유량이 6.67%인 곳에서는 탄화철의 화합물을 만들고 이것을 시멘타이트라고 한다. 그리고 α고용체는 지철 또는 페라이트, γ고용체는 오스테나이트, 페라이트와 시멘타이트의 공정을 펄라이트라고 부른다.

또한 철강의 평형 상태도는 5·3 그림과 같이 되고, 각 범위에서의 조직은 5·2 표와 같다.

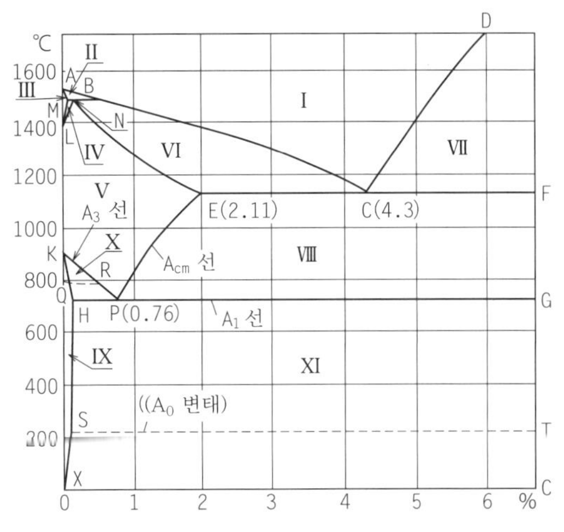

5·3 그림 탄소-철합금 상태도

5·3 그림의 평형 상태도에서 온도 HPG는 A_1점으로 불리며, γ고용체가 α고용체와 시멘타이트의 공정으로 변화한다. 그러나 이것은 한 번에 변화하지 않고, 다음과 같은 과정을 거치게 된다.

γ고용체(오스테나이트)→[α고용체(다량의 탄소를 포함한다)-(α철+시멘타이트)(펄라이트)

그리고 이 중간의 불안정한 상태는 마르텐사이트로 불리고 있다. 이 경우 A_1점보다 위에서 급속하게 냉각되면 조직의 변화가 완전히 이루어지지 않아 철강 조직은 오스테나이트 혹은 마르텐사이트로서 얻을 수 있고, 냉각 속도가 약간 느려지면 마르텐사이트→펄라이트의 변화가 어느 정도 일어난다. 그러나 이 때 펄라이트 중의 시멘타이트는 현미경으로 그 입자를 확인하기 어려운 매우 미세한 입자의 것으로서 α철 중에 포함된다. 이러한 조직을 트루스타이트라고 한다.

이와 같이 급랭해서 얻어진 오스테나이트 혹은 마르텐사이트의 조직을 반대로 A_1점 이하의 온도로 가열하면 이들 조직은

마르텐사이트→페라이트+시멘타이트

오스테나이트→마르텐사이트→페라이트+시멘타이트로 변화하며, 오스테나이트는 250℃ 부

5·2 표 강철의 조직

범위	I	II	III	IV	V	VI
조직	융액	δ 고용체 +융액	δ 고용체	δ 고용체 +γ 고용체	γ 고용체	융액+ γ 고용체
범위	VII	VIII	IX	X	XI	—
조직	융액+ 시멘타이트	γ 고용체+ 시멘타이트	α 고용체	γ 고용체+ α 고용체	α 고용체+ 시멘타이트	—

5장

5·3 표 강철의 조직과 경도

조직 / 경도	시멘타이트	마르텐사이트	트루스타이트	소르바이트	펄라이트	페라이트
브리넬 경도 10/3000/30	800	680	약 400	약 270	225	90

근에서 마르텐사이트로 변화하고 또한 시멘타이트를 만든다. 이 때의 시멘타이트는 급랭했을 때 생긴 트루스타이트와 동일한 것이다. 온도를 더 올리면, 이 시멘타이트는 차츰 응집해 거친 입자가 된다. 이 때의 조직을 소르바이트라고 한다.

이상의 각 상태의 경도를 비교하면, 5·3 표와 같이 된다.

즉 시멘타이트의 경도가 최대이고 소르바이트는 경도가 작지만 인성이 가장 크며, 다시 말하면 점성이 있다. 반복하중 혹은 충격하중에는 이 소르바이트 조직이 적합한 것은 이 때문이다.

또한 5·3 그림에서 KP 곡선을 A_3선이라 칭하며, A_3변태점을 나타낸다. EP 곡선은 A_{cm}선이라고 칭하며, 고용체가 탄소를 석출하면서 그 농도가 *P*점에 근접하는 것을 나타낸다. 온도 HPG는 A_1점이다.

또한 철은 상온에서 강자성체이지만 온도의 상승과 함께 차츰 그 자성을 잃어 780℃에서 상자성체가 되며, 그림에서는 점선으로 나타내고 있다. 이것은 물리적 변화로 인한 변태는 아니지만, 변태라고 불린다. 마찬가지로 시멘타이트도 상온에서 강자성체, 213℃ 이하에서 상자성체가 되며, 이것은 변태라고 불린다.

이상의 변태점은 가열 시와 냉각 시에는 어느 정도 다른 것으로, 가열 시에는 A_{c3}, A_{c1}과 같이 또한 냉각 시에는 A_{r3}, A_{r1}과 같이 써서 구별한다.

이 철과 탄소에 다른 약간의 불순물이 섞이는 합금을 탄소강이라고 하며, 이것에 특수한 성질을 갖게 하기 위해 다른 금속 원소를 함유시킨 것을 특수강 또는 합금강이라고 한다.

공업용 금속 재료로서는 이 탄소강·특수강과 위에서 말한 강철의 표준 조직과는 조금 다른 주강 및 선철이 대부분이다.

주철은 탄소 약 2.0% 이상의 철-탄소 합금을 말하며, 가주성이 풍부하기 때문에 주물 재료로 이용된다. 주철은 일반적으로 회주철과 백주철로 구별되며, 회주철은 박판 모양의 흑연이 들어있어 그 파면이 회색이다. 백주철이라고 불리는 것은 그 파면이 치밀하고 백색을 띄며, 질은 매우 단단하므로 특수 주물 혹은 제강용으로서 이용된다.

4. 강철의 열처리

강철의 온도에 따른 상태 변화를 이용해 필요한 성질을 갖는 강철의 상태를 얻는 것을 강철의 열처리라고 한다.

(1) **불림** 상온 가공, 단조, 혹은 급랭에 의해 탄소강에 생긴 변형이나 결정 조직이 큰 것을 제거하고 정상의 상태로 되돌리기 위해 A_{c3}선 또는 A_{cm}선 이상 50℃ 정도의 온도로 가열해 균일한 오스테나이트로 만든 후, 서서히 공기 속에서 방랭하는 것을 불림이라고 한다.

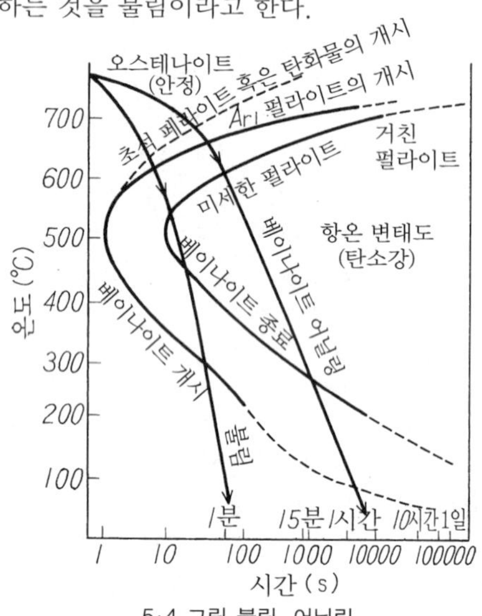

5·4 그림 불림, 어닐링

(2) **어닐링** 불림과 마찬가지로 조직을 정상화하기 위해 하는 조작으로, 그 주된 것으로는 다음과 같은 것이 있다.

(i) **완전 어닐링** 아공석강은 A_{c3}, 초공석강은 A_{c1} 이상의 온도로 가열 유지 후, 노 내에서 천천히 냉각한다.

(ii) **구상화 어닐링** 강 상태 및 층 상태의 탄화물을 구상화하여 가공성을 높이고, 또한 기계적 성질을 개선하는 조작이다.

(iii) **항온 어닐링** 강철의 연화 어닐링을 비교적 단시간에 보다 균일하게 하기 위해 강철을 A_{c3}, 또는

A_{c1} 이상 적당한 온도로 가열한 후 A_{c1} 부근의 적당한 온도로 유지한 열욕(주로 염욕) 또는 가열로 속으로 옮겨 그 온도로 유지하고 변태를 완료시킨 후 냉각한다.

(iv) **응력 제거 어닐링** 주조, 단조, 불림, 담금질, 템퍼링, 기계가공 또는 용접에 의해 생긴 내부 응력을 제거하기 위해 한다.

(3) **담금질** A_{c1}선 이상의 적당한 온도(거의 30~50℃)에서 급랭해, 마르텐사이트 조직의 경도가 높은 조직을 얻는 것을 담금질이라고 한다.

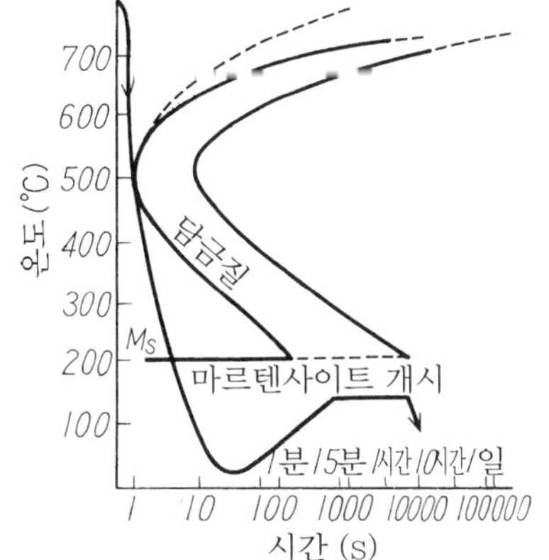

5·5 그림 담금질, 템퍼링 (탄소강)

담금질 속도는 물, 기름 등의 냉각제와 그 온도, 담금질 온도의 고저에 의한다. 또한 급격하게 담금질을 할 때는 균열이 생기기 때문에 주의해야 한다. 이 균열은 A_{c1}선을 넘어 담금질을 할 때에 처음 생기는 것이다.

(4) **템퍼링** 강철을 담금질하면, 경도는 커지지만 무르기 때문에 그대로는 일반 용도에 적합하지 않다. 그렇기 때문에 담금질강을 A_1점 이하의 온도로 재가열해, 필요한 점성을 되돌리는 것을 템퍼링이라고 한다. 재가열 온도는 목적에 따라 다르지만, 경도가 감소해도 점성을 강하게 하고 싶을 때는 온도를 높이고, 경도의 감소를 가급적 막고 싶을 때는 낮게 한다.

5·4 표는 템퍼링 온도와 템퍼링 색깔의 관계를 나타낸 것이다.

5·4 표 템퍼링 온도와 템퍼링 색깔의 관계

템퍼링 온도 (℃)	템퍼링 색깔	템퍼링 온도 (℃)	템퍼링 색깔
220~230	옅은 짚색	285	제비꽃색
240	진한 짚색	295	황남색
255	황갈색	310~315	밝은 남색
265	적갈색	330	녹색
275	잔디색		

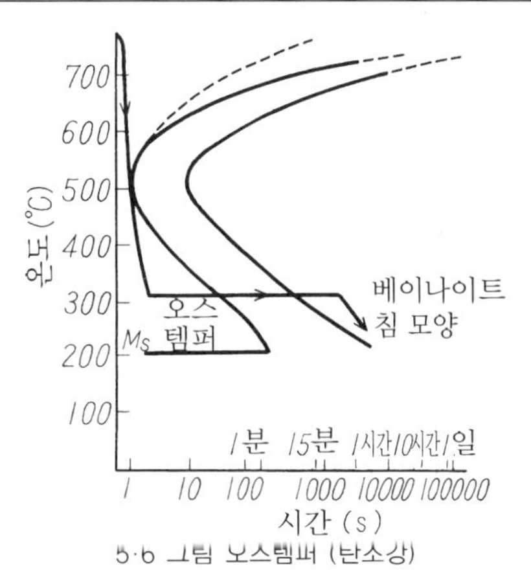

5·6 그림 오스템퍼 (탄소강)

(5) **오스템퍼** 일반적인 강철은 담금질과 템퍼링의 2단 처리를 하고 사용하지만, 오스템퍼란 강철을 A_{c3} 또는 A_{c1} 이상의 적당한 온도로 가열해 안정된 오스테나이트로 만든 후 적당한 온도로 가열된 항온욕으로 담금질하고, 그 온도에서 변태에 필요한 시간을 유지한 후 급랭 혹은 서랭해 1단의 처리로 적당한 단단함 및 강도의 강철을 얻는 방법이다.

(6) **마퀜칭** 강철을 담금질할 때에 마르텐사이트의 개시 바로 위 또는 그보다 조금 높은 온도를 유지한 열욕 중에서 담금질해 각 부가 균일하게 그 온도가 될 때까지 유지한 후, 마르텐사이트의 시작 및 종료점의 범위를 공랭에 의해 통과시켜 마르텐사이트를 생성시키는 조작을 마퀜칭이라고 한다. 이 조작에 의하면 강철 내외의 온도차가 적고, 따라서 응력도 작기 때문에 담금질 변형을 감소시킬 수 있다.

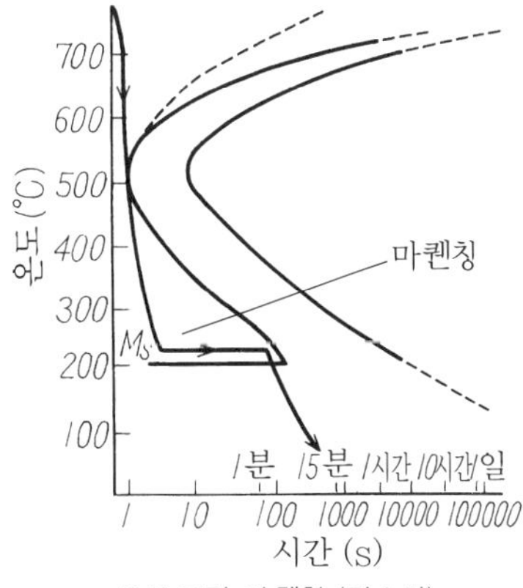

5·7 그림 마퀜칭 (탄소강)

(7) **가공경화 방지** 금속의 가공은 온도에 따라 열간가공(단조 등)과 상온 또는 이에 가까운 온도로 가공하는 냉간가공(신선가공, 압연 등)으로 나

높 수 있는데, 냉간가공의 경우에는 가공에 따라 경도가 증가하고 연신율을 감소시킨다. 이것을 가공경화라고 한다.

강철에서 이 경화현상을 제거하기 위해서는 일정 온도로 어닐링을 하면 되고, 또한 소르바이트 조직으로 해 두면 이 현상을 동반하지 않는다.

(8) 강철의 표면경화법 저탄소강은 인성이 풍부하여 고탄소강보다 저렴하지만, 경도가 불충분한 결점이 있다. 그렇기 때문에 소재를 저탄소강으로 하고, 그 표면의 경도를 크게 하면 좋다. 이 목적을 위해 하는 것이 강철의 표면경화로, 표면경화법으로서는 표면을 가공경화시키거나 화학적으로 경화시키는데 일반적으로 화학적 방법에 의한 침탄법과 질화법이 이용되며, 침탄법이 가장 많이 이용된다.

침탄법이란 소재와 침탄제를 함께 해서 밀폐하고, 800℃ 정도로 가열해 소재의 표면에 탄소를 확산시켜 표면의 경도를 얻는 방법이다. 침탄 속도는 가열 온도가 높을수록 또한 가열 시간이 길수록 커진다. 침탄제에는 고형 침탄제를 이용하는데, 때로는 액체 침탄제를 이용한다.

침탄 후, 담금질을 했을 때는 더욱 표면의 경도가 커진다. 5·5 표는 담금질 및 템퍼링을 실시한 침탄층의 경도 변화를 나타낸 것이다. 또한 질화법이란 표면을 질소 화합물로서 경도를 높이는 방법으로 질화한 강철을 질화강이라고 한다. 5·8 그림은 여러 가지 조직의 강철을 적당한 약품으로 부식시킨 것을 현미경으로 확대한 예를 나타낸다.

5. 재질의 식별법

철 및 철합금 이외의 금속은 그 색상이나 무게로 비교적 용이하게 그 재질을 분별할 수 있지만, 철 및 철합금의 식별에는 불꽃에 의한 식별법이 편리하다. JIS에서는 강철의 불꽃시험 방법을 규정하고 있으므로 (JIS G 0566), 이하에 이에 대

5·5 표 침탄경화층의 경도

강철의 종류	Ni	Cr	담금질 온도 (℃)	냉각법	경도 V.P.H			
					담금질 그대로	100℃-1h* 기름	150℃-1h 기름	200℃-1h 기름
탄소강	0	0	760	물	895	870	847	743
			780	물	870	870	803	707
			800	물	843	847	782	690
2.5/0.3 Ni-Cr강	2.43	0.32	760	물	824	824	762	724
			760	기름	782	803	724	690
			780	물	824	847	782	707
			780	기름	803	824	762	707
			800	물	847	847	762	690
			800	기름	803	803	743	673
3.0/0.6 Ni-Cr강	3.15	0.57	760	물	824	824	782	724
			760	기름	824	824	762	724
			780	물	824	824	782	743
			780	기름	824	803	762	707
			800	물	803	782	743	690
			800	기름	803	782	743	673
5.0 Ni-Cr강	3.11	1.00	760	물	782	762	724	673
			760	기름	762	743	724	673
			780	물	762	762	707	673
			780	기름	762	743	690	657
			800	물	743	743	690	642
			800	기름	724	707	690	627
3/1 Ni-Cr강	3.11	1.00	760	물	847	824	803	724
			760	기름	847	824	782	724
			780	물	824	803	762	707
			780	기름	824	803	762	707
			800	물	824	824	762	707
			800	기름	824	803	762	707
4/1 Ni-Cr강	4.18	1.00	730	물	824	803	762	707
			730	기름	824	803	762	707
			750	물	824	803	743	690
			750	기름	803	782	743	690
			780	물	803	782	743	690
			780	기름	803	782	743	673

[주] *h는 시간.

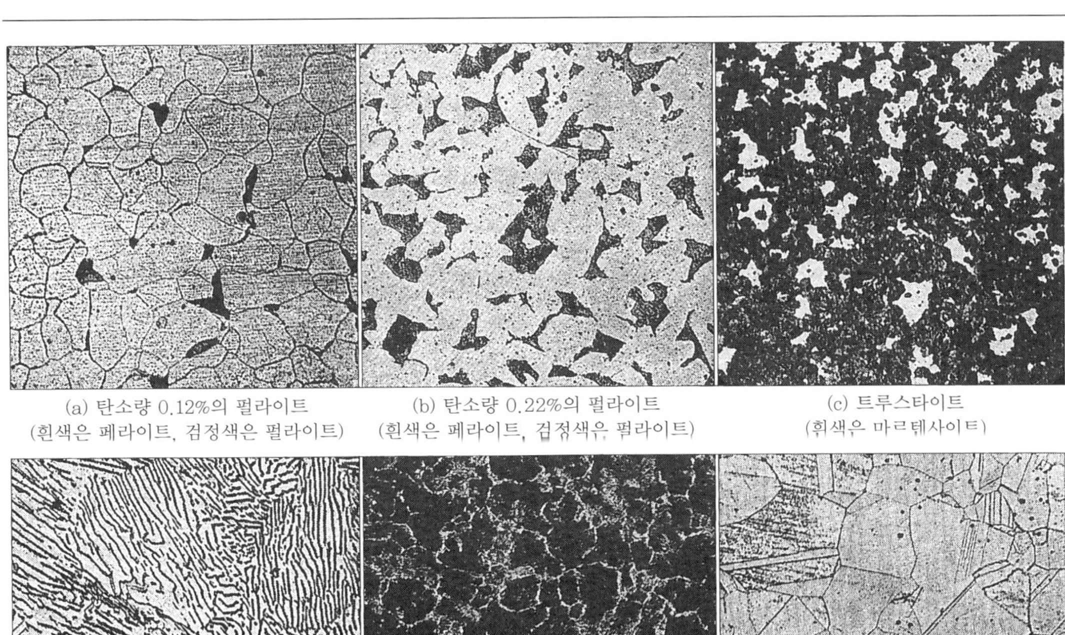

(a) 탄소량 0.12%의 펄라이트
(흰색은 페라이트, 검정색은 펄라이트)

(b) 탄소량 0.22%의 펄라이트
(흰색은 페라이트, 검정색은 펄라이트)

(c) 트루스타이트
(흰색은 마르텐사이트)

(d) 펄라이트 (C=0.9%)

(e) 시멘타이트
(C=1.12%, 검정색은 펄라이트)

(f) 오스테나이트 (스테인리스강)

5·8 그림 금속의 조직 예

해 간단히 설명한다.

(1) 목적 강철의 불꽃시험에서는 강철을 그라인더로 연마함으로써 불꽃을 방출하고, 이 불꽃을 관찰해 그 특징을 통해 불명확한 강철 종류의 추정, 혼입 이재의 감별 또는 그 유무를 확인한다. 또한 시료로서 시험품과 함께 표준 시료를 준비한다. 표준 시료는 이미 알려진 화학 성분의 봉강 등 각 종류로 하며, 시험품과 동일한 이력의 것이 좋다.

(2) 시험 요령 불꽃시험은 다음의 요령으로 한다.

① 그라인더는 비트리파이드 연삭과 숫돌로 입도 36 또는 46, 결합도 P 또는 Q 정도를 이용해 주속 20m/s 이상으로 사용한다.

② 그라인더 기타, 가급적 동일한 조건으로 한다.

③ 적당히 어두운 실내에서 하고, 옥외나 밝은 장소에서는 보조기구로 밝기를 조정한다.

④ 바람의 영향을 피하고, 특히 맞바람을 향해 불꽃을 방출하지 않는다.

⑤ 연삭 부분은 강재 표면의 탈탄층, 침탄층, 질화층, 가스절단층, 스케일 등을 피한다.

⑥ 시료를 그라인더에(그라인더를 시료에) 눌러 붙이는 압력은 가급적 동일하게 한다. 압압력

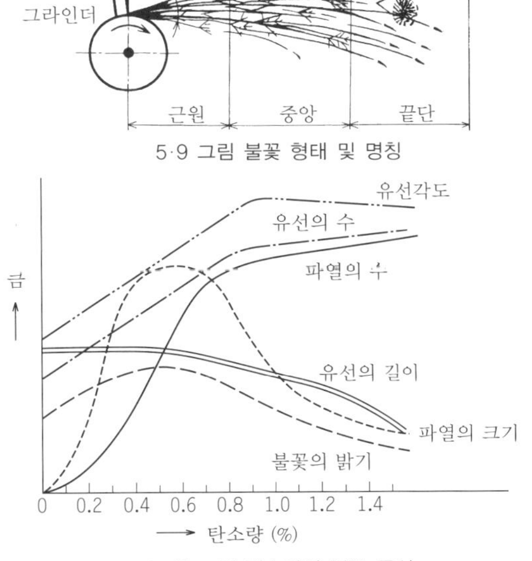

5·9 그림 불꽃 형태 및 명칭

5·10 그림 탄소강의 불꽃 특성

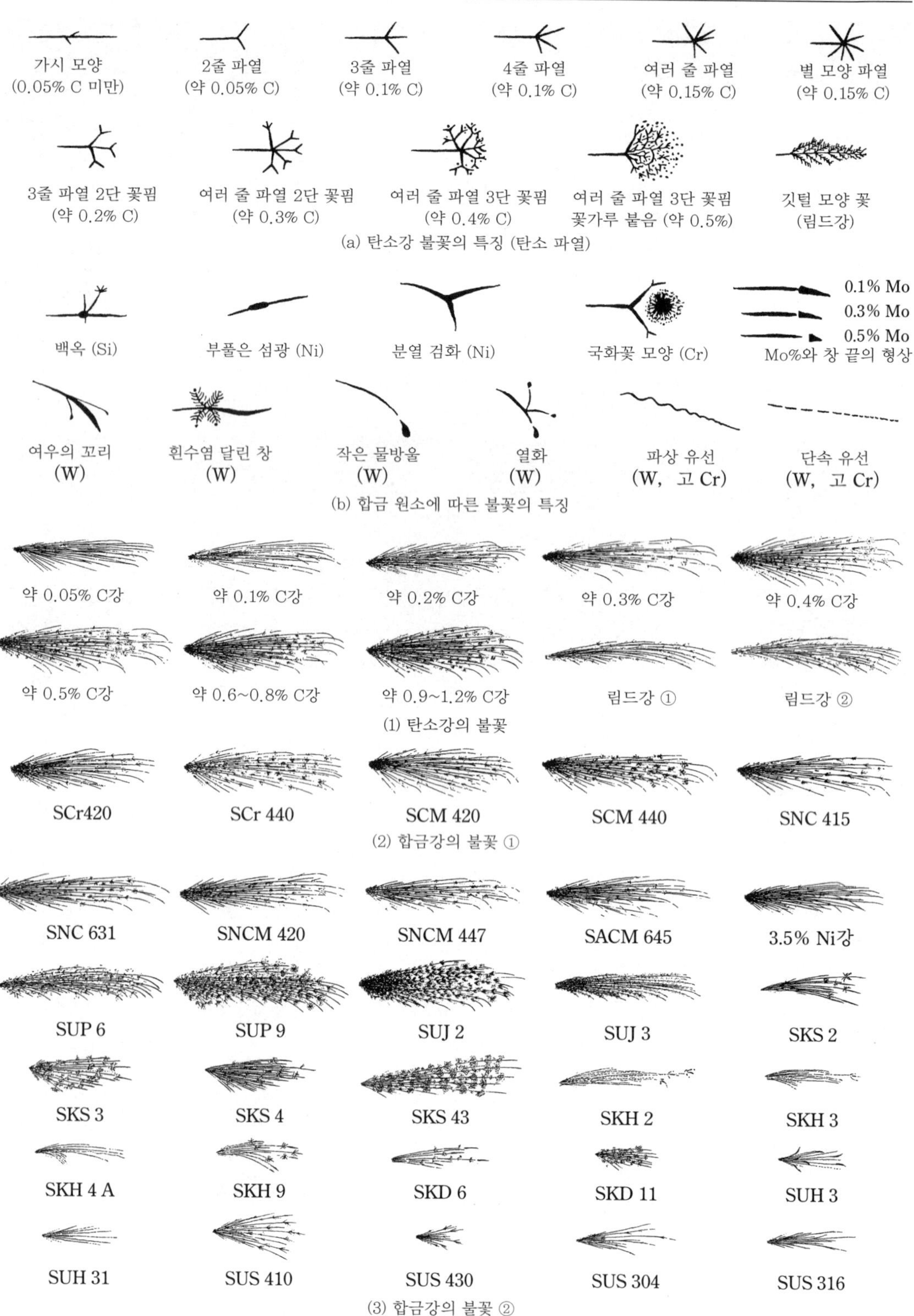
가시 모양
(0.05% C 미만)
2줄 파열
(약 0.05% C)
3줄 파열
(약 0.1% C)
4줄 파열
(약 0.1% C)
여러 줄 파열
(약 0.15% C)
별 모양 파열
(약 0.15% C)
3줄 파열 2단 꽃핌
(약 0.2% C)
여러 줄 파열 2단 꽃핌
(약 0.3% C)
여러 줄 파열 3단 꽃핌
(약 0.4% C)
여러 줄 파열 3단 꽃핌
꽃가루 붙음 (약 0.5%)
깃털 모양 꽃
(림드강)
(a) 탄소강 불꽃의 특징 (탄소 파열)
백옥 (Si)
부풀은 섬광 (Ni)
분열 검화 (Ni)
국화꽃 모양 (Cr)
0.1% Mo
0.3% Mo
0.5% Mo
Mo%와 창 끝의 형상
여우의 꼬리
(W)
흰수염 달린 창
(W)
작은 물방울
(W)
열화
(W)
파상 유선
(W, 고 Cr)
단속 유선
(W, 고 Cr)
(b) 합금 원소에 따른 불꽃의 특징
약 0.05% C강
약 0.1% C강
약 0.2% C강
약 0.3% C강
약 0.4% C강
약 0.5% C강
약 0.6~0.8% C강
약 0.9~1.2% C강
림드강 ①
림드강 ②
(1) 탄소강의 불꽃
SCr420
SCr 440
SCM 420
SCM 440
SNC 415
(2) 합금강의 불꽃 ①
SNC 631
SNCM 420
SNCM 447
SACM 645
3.5% Ni강
SUP 6
SUP 9
SUJ 2
SUJ 3
SKS 2
SKS 3
SKS 4
SKS 43
SKH 2
SKH 3
SKH 4 A
SKH 9
SKD 6
SKD 11
SUH 3
SUH 31
SUS 410
SUS 430
SUS 304
SUS 316
(3) 합금강의 불꽃 ②
(c) 탄소강·합금강의 불꽃 스케치 예

5·11 그림 탄소강·합금강의 불꽃 특징과 스케치 예

5·6 표 탄소강의 불꽃 특성

C (%)	유선					파열				손의 느낌
	색깔	밝기	길이	굵기	수	형태	크기	수	꽃가루	
0.05 미만	오렌지색	어둡다	길다	굵다	적다	파열 없음 (가시 모양은 확인된다)				부드럽다
0.05						2줄 파열	작다	적다	없음	
0.1						3줄 파열			없음	
0.15						여러 줄 파열			없음	
0.2						3줄 파열 2단 꽃핌			없음	
0.3						여러 줄 파열 3단 꽃핌			붙기 시작한다	
0.4									있음	
0.5		밝다	길다	굵다			크다			
0.6										
0.7										
0.8										
0.8을 넘는다	빨간색	어둡다	짧다	가늘다	많다	복잡	작다	많다	많다	단단하다

5·7 표 불꽃 특성에 미치는 합금 원소의 영향

영향 대별	첨가 원소	유선				파열				손의 느낌	특징	
		색깔	밝기	길이	굵기	색깔	형태	수	꽃가루		형태	위치
탄소 파열 조장	Mn	노란색을 띤 흰색	밝다	짧다	굵다	흰색	복잡, 가는 나뭇가지 모양	많다	있음	부드럽다	꽃가루	중앙
	Cr	오렌지색	어둡다	짧다	가늘다	오렌지색	국화꽃 모양	변함없다	있음	단단하다	꽃	끝단
	V	변화 적다				변화 적다	가늘다	많다	–	–	–	–
탄소 파열 저지	W	어두운 빨간색	어둡다	짧다	가늘다, 파상과 단속	빨간색	작은 물방울 여우의 꼬리	적다	없음	단단하다	여우의 꼬리	끝단
	Si	노란색	어둡다	짧다	굵다	흰색	백옥	적다	–	–	백옥	중앙
	Ni	빨간색을 띤 노란색	어둡다	짧다	가늘다	빨간색을 띤 노란색	부풀은 섬광	적다	없음	단단하다	부풀은 섬광	중앙
	Mo	빨간색을 띤 오렌지색	어둡다	짧다	가늘다	빨간색을 띤 오렌지색	창 끝	적다	없음	단단하다	창 끝	끝단

은 C 0.2% 정도의 탄소강 불꽃의 길이가 원칙으로서 500mm 정도가 되도록 한다.

⑦ 불꽃은 수평 또는 비스듬히 위쪽으로 튀고, 관찰은 원칙으로서 배웅하는 식(유선의 후방에서 본다) 또는 곁눈으로 보는 식(옆에서 본나)으로 하고, 근원, 중앙, 끝단의 각 부분에 걸쳐 유선의 색깔, 밝기, 길이, 굵기, 수, 또한 파열의 형태, 크기, 수, 꽃가루 및 손의 느낌을 주의 깊게 관찰한다.

(3) 판정 요령

① 강철 종류의 추정은 다음과 같이 한다.

(i) 시험의 불꽃 유선, 파열의 특징으로부터 5·6 표, 5·7 표, 5·10 그림 및 5·11 그림에 나타낸 불꽃 특성 및 스케치 예를 참고로, 탄소량 및 합금 원소의 종류와 양을 추측하고 강철 종류를 추정한다(개략 추정). 5·8 표에 순서를 나타냈다.

(ii) 그리고 추정한 강철 종류의 표준 시료의 불꽃과 비교해 추정 결과를 보정한다.

(iii) 또한 판별이 곤란하고 불가능한 경우에는 화학분석 방법 등의 시험 방법을 병용해 판별한다.

② 이재의 감별은 우선 시험품에 해당하는 강철 종류의 표준 시료를 시험으로 불꽃을 확인한 후, 시험품 전수를 시험으로 불꽃을 관찰하고 다음과 같이 한다.

(i) 모든 항목에 대해 표준 시료와 차이가 없을 때는 이재의 혼입이 없는 것으로 추정한다.

(ii) 관찰 항목 중에 하나 이상으로 표준 시료와

5·8 표 강철 종류의 추정 순서

제1 분류			제2 분류			제3 분류			강철 종류 추정	
관찰	특징	분류	관찰	특징	분류	관찰	특징	분류	특징	추정 강철 종류 예
탄소 파열의 유무	탄소 파열 있음	탄소 파열계	파열의 다소	여러 줄 파열	0.25% C 이하	특수 불꽃	특수 불꽃 없음 탄소 불꽃 단일	탄소강	—	탄소강 강재 (S10C, S15CK) 압연강재 (SS400)
									깃털 모양	림드강
							특수 불꽃 있음	저합금강	부풀은 섬광, 분열 검화 Ni 국화꽃 모양, 느낌 단단하다 Cr 근원 부근 파열 깨끗함 창 끝 Mo	Ni-Cr강 (SNC415) Cr강 (SCr420) Cr-Mo강 (SCM415)
				여러 줄, 여러 단 파열	0.25% C 를 넘고 0.5% C 이하	특수 불꽃	특수 불꽃 없음 탄소 불꽃 단일	탄소강	—	탄소강 단강품 (SF540) 탄소강 강재 (S30C, S45C)
							특수 불꽃 있음	저합금강	부풀은 섬광, 분열 검화 Ni 국화꽃 모양, 느낌 단단하다 Cr 근원 부근 파열 깨끗함 창 끝 Mo	Ni-Cr강 (SNC631) Cr강 (SCr440) Cr-Mo강 (SCM440) Ni-Cr-Mo강 (SNCM447) Mn-Cr강 (SMnC443)
				파열 많은 나뭇가지 모양	0.5% C 를 넘는 것	특수 불꽃	특수 불꽃 없음 탄소 불꽃 단일	탄소강	—	탄소공구강 (SK3, SK5) 스프링강 (SUP3, SUP4)
							특수 불꽃 있음	저합금강	국화꽃 모양 , 느낌 단단하다 Cr 근원 부근의 파열 깨끗함	베어링강 (SUJ1, SUJ2, SUJ3)
									백옥 Si	스프링강 (SUP6, SUP7)
	파열 없음	유선계	유선의 색깔	오렌지색	오렌지색	특수 불꽃	파열 없음	순철	—	SUY1 (전자연철)
				빨간색을 띤 오렌지색	오렌지색	특수 불꽃	끝단 부풀음	스테인리스강	자석에 붙는다	SUS420J2
									자석에 잘 붙지 않는다	SUS304
				어두운 빨간색 유선은 가늘다	어두운 빨간색계	특수 불꽃	파열 없음 끝단 부풀음	내열강	—	SUH3
						특수 불꽃	파열 없음 단속 파상 유선	고속도공구강	열화, 작은 물방울	SKH2
									열화, 작은 물방울	SKH3
									열화, 작은 물방울 없음	SKH4
									끝단 부풀고 꽃 붙음	SKH9
						특수 불꽃	흰수염 달린 창	합금공구강 (SKS계)	—	SKS2, SKS3, SKS4
						특수 불꽃	작은 국화꽃 모양	합금공구강 (SKD계)	—	SKD1, SKD11

명확한 차이가 있을 때는 그 차이가 있는 것을 이 재로 간주한다.

(iii) 관찰 항목 중에 전혀 동일하지 않은 것이 생긴 경우는, 더욱 분석시험 등의 시험을 병용해 확인을 한다.

5·2 금속 재료시험

1. 금속 재료시험용 시험편

(1) 인장 시험편 이것은 인장시험에 사용하는 것으로, 시험 결과를 비교하는데 있어 시험편에 일정한 규격을 정해 두면 편리하기 때문에 JIS Z 2241 부속서에서는 다음과 같이 그 종류를 정하고 있다. 이 중에서 *표시는 JIS 독자의 것이고, +표시의 3호, 6호, 7호 시험편은 2004년에 폐지됐다.

(i) **1호 시험편** 이것은 주로 강판, 평강, 형강의 인장시험에 이용한다.

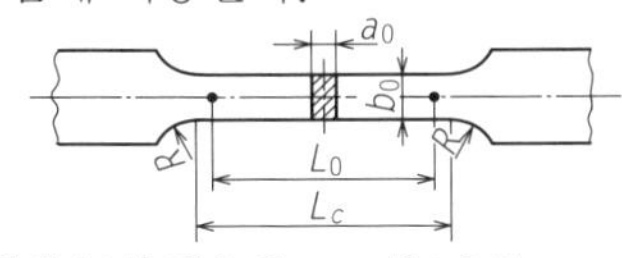

시험편 1A의 경우 폭 $b_0=40\pm0.7$mm,
동 1B의 경우 $b_0=25\pm0.7$mm,
그 외는 공통으로, 이하와 같다.
원표점거리 $L_0=200$mm
평행부의 길이 $L_c\geqq220$mm
어깨부의 반경 $R\geqq25$mm
시험편 두께 a_0는 원래의 두께 그대로.

5·12 그림 1호 시험편

(ii) **2호 시험편*** 이것은 주로 봉강의 인장시험에 이용한다. 그 형상은 5·13 그림에 나타낸 것과 같다.

또한 이 시험편은 호칭 지름(또는 대변 거리)이 25mm 이하인 봉재를 이용한다.

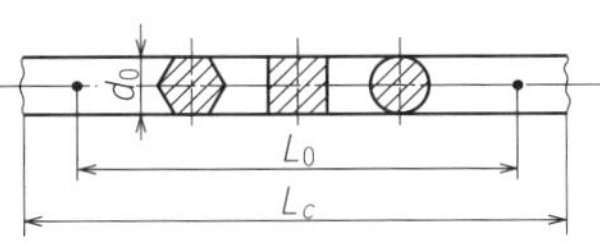

d_0…원래 그대로.
$L_0=8\,d_0,\ L_c\fallingdotseq L_0+2\,d_0$

5·13 그림 2호 시험편

(iii) **3호 시험편+** 이것은 재료의 호칭 지름(또는 대변 거리) D가 25mm를 넘는 봉강의 인장시험에 이용한다. 5·14 그림은 그 형상을 나타낸 것이다.

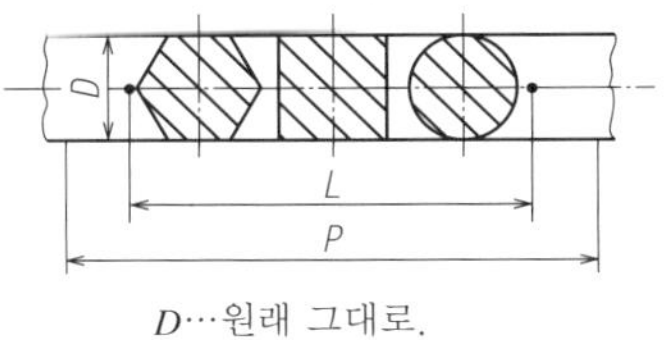

D…원래 그대로.
$L=4\,D,\ P\fallingdotseq L+2\,D$

5·14 그림 3호 시험편

(iv) **4호 시험편*** 이것은 주로 주단강품, 압연강재, 가단주철품 및 구상흑연주철품 및 비철금속(또는 그 합금)봉 및 주물의 인장시험에 이용한다. 5·15 그림은 그 형상을 나타낸 것이다.

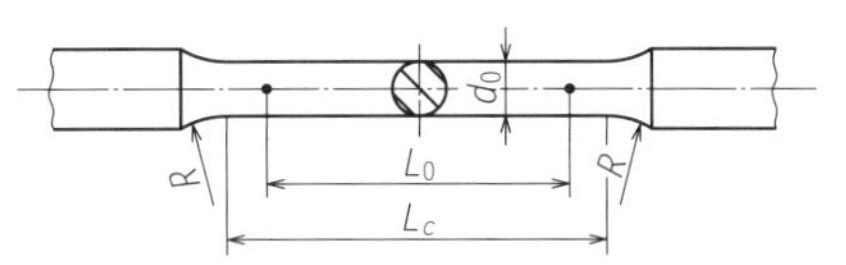

$L_0=50,\ d_0=14\pm0.5,\ L_c\geqq60,\ R\geqq15$

5·15 그림 4호 시험편 (단위 mm)

이 시험편의 평행부는 기계 다듬질을 한다. 단, 가단주철품의 경우는 다듬질해서는 안 된다. 재료의 사정에 따라 위에서 말한 치수를 따를 수 없는 경우는 다음 식에 의해 평행부의 지름과 표점거리를 정할 수 있다.

$$L_0=4\sqrt{S_0}=3.54d_0$$

단, S_0…평행부의 원 단면적

(V) **5호 시험편** 이것은 주로 얇은 강판 및 비철금속 또는 그 합금의 판 및 형재의 인장시험에 이용한다. 5·16 그림은 그 형상을 나타낸 것이다. 단, 판두께 3mm 이하의 얇은 철판에서는 어깨부 반경 $R=20\sim30$mm, 그립부의 폭 $B\geqq1.2b_0$mm로 한다.

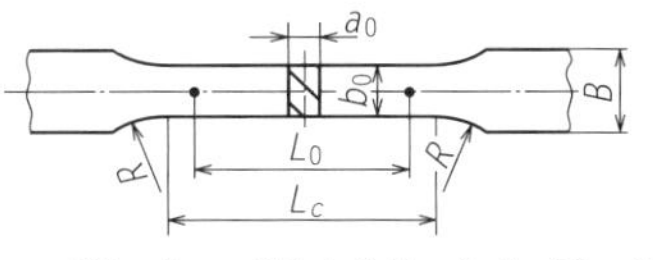

$L_0=50,\ b_0=25\pm0.7,\ L_c\fallingdotseq60,\ R=20\sim30$, a_0…원래 두께 그대로

5·16 그림 5호 시험편 (단위 mm)

(vi) **6호 시험편*** 이것은 주로 판재 및 형재로, 두께 6 mm 이하의 것의 인장시험에 이용한다. 5·17 그림은 그 형상을 나타낸 것이다.

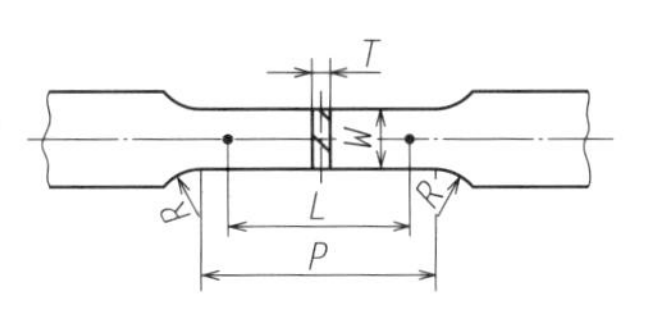

$L=4\sqrt{A}$ (단 A는 평행부의 단면적),
$P\fallingdotseq L+10,\ W=15,\ R\geqq15$,
T…원래 두께 그대로.

5·17 그림 6호 시험편 (단위 mm)

(vii) **7호 시험편+** 이것은 주로 인장강도가 큰 평강, 강판, 각강의 인장시험에 이용한다. 5·18 그림은 그 형상을 나타낸 것이다. 두께는 원래의 두께 그대로로 하고, 폭은 두께보다 크게 취하는 것을 원칙으로 한다.

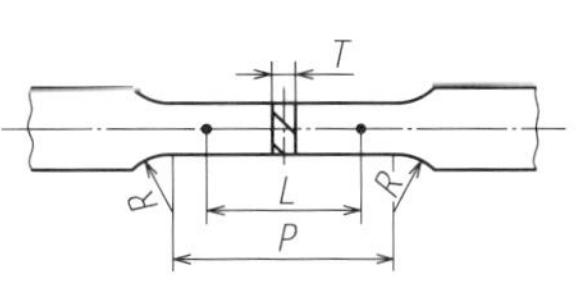

$L=4\sqrt{A}$ (단 A는 평행부의 단면적),
$P\fallingdotseq 1.2L,\ R\geqq15$, T…원래 두께 그대로.

5·18 그림 7호 시험편 (단위 mm)

(viii) **8호 시험편*** 이것은 연신값을 필요로 하지 않는 일반 주철품 등의 인장시험에 이용한다. 5·9 표는 이 시험편의 치수, 형상을 나타낸 것이다.

5·9 표 8호 시험편 (단위 mm)

시험편의 구별	공시재의 주조 치수 (지름)	평행부의 길이 L_c	지름 d_0	어깨부의 반경 R
8 A	약 13	약 8	8	16 이상
8 B	약 20	약 12.5	12.5	25 이상
8 C	약 30	약 20	20	40 이상
8 D	약 45	약 32	32	64 이상

(ix) **9호 시험편** 이것은 주로 강선 및 비철금속(또는 그 합금)선의 인장시험에 이용한다. 5·10 표는 이 시험편의 원표점 거리, 형상을 나타낸 것이다.

5·10 표 9호 시험편 (단위 mm)

시험편의 구별	원표점 거리 L_0	그립부의 간격 L_c
9 A	100 ± 1	150 이상
9 B	200 ± 2	250 이상

(x) **10호 시험편*** 이것은 주로 연강의 용착금속, 단강품, 주강품 및 압연강재의 인장시험에 이용한다. 이 시험편의 단면은 원형으로 다듬질하는 것이 필요하다. 또한 평행부는 모두 용착금속으로 하는 것을 필요로 한다. 5·19 그림은 그 형상을 나타낸 것이다.

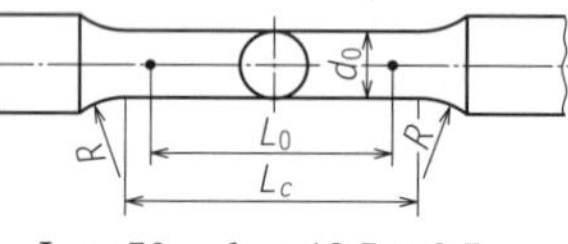

$L_0 = 50$, $d_0 = 12.5 \pm 0.5$, $L_c \geqq 60$, $R \geqq 15$

5·19 그림 10호 시험편 (단위 mm)

(xi) **11호 시험편*** 이것은 관 모양 그대로 하는 관 종류의 인장시험에 이용한다. 이 재료는 원재료에서 잘라낸 대로 하고, 그립부에는 철심을 넣거나 또는 망치로 두드려 평평하게 한다. 후자의 경우, 평행부의 길이는 100mm 이상으로 한다.

$L_0 = 50$ mm

5·20 그림 11호 시험편

(xii) **12호 시험편*** 이것은 주로 관 모양 그대로 하지 않는 관 종류의 인장시험에 이용한다. 시험편의 평행부 단면은 관재에서 잘라낸 대로의 원호상으로 한다. 단, 시험편의 그립부는 상온에서 망치로 두드려 평평하게 할 수 있다. 5·11 표는 그 형상, 폭을 나타낸 것이다.

5·11 표 12호 시험편 (단위 mm)

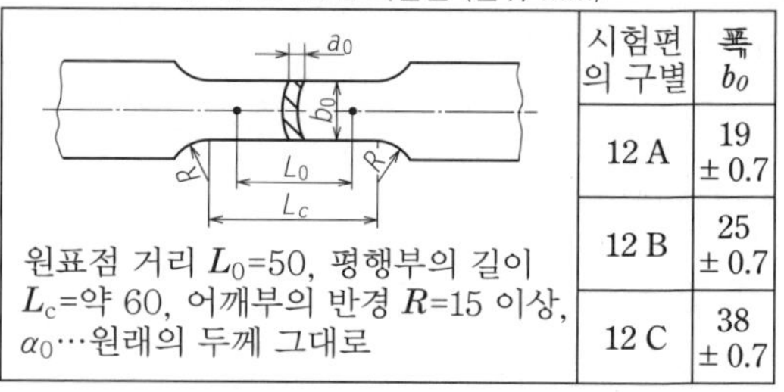

원표점 거리 L_0=50, 평행부의 길이 L_c=약 60, 어깨부의 반경 R=15 이상, a_0…원래의 두께 그대로

시험편의 구별	폭 b_0
12 A	19 ± 0.7
12 B	25 ± 0.7
12 C	38 ± 0.7

(xiii) **13호 시험편** 이것은 주로 박판재의 인장시험에 이용한다. 5·12 표는 그 형상과 치수를 나타낸 것이다.

5·12 표 13호 시험편 (단위 mm)

시험편의 구별	폭 b_0	원표점 거리 L_0	평행부의 길이 L_c	어깨의 반경 R	그립부의 폭 B
13 A	20 ± 0.7	80	120	20 ～ 30	≧ 1.2b_0
13 B	12.5 ± 0.5	50	75	20 ～ 30	≧ 1.2b_0

두께 a_0는 원래 두께 그대로로 한다.

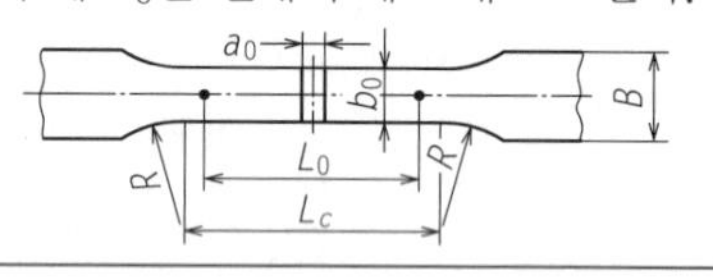

(xiv) **14 A호 시험편** 이것은 주로 강재의 인장시험에 이용한다.

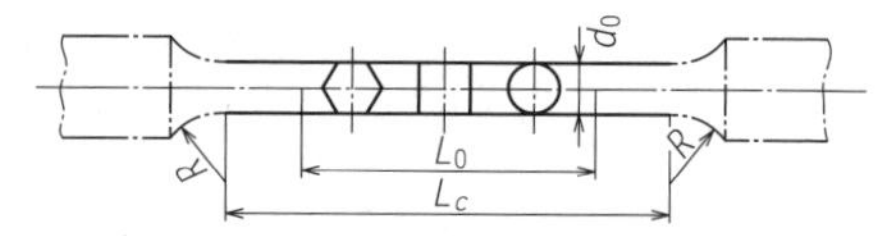

$L_0 = 5.65\sqrt{S_0}$ (S_0는 평행부의 원단면적), $L_c = (5.5 \sim 7)d_0$, $R \geqq 15$ mm.
평행부의 단면이 원형인 경우 L_0=5d_0, 사각형인 경우 L_0=5.65d_0, 육각인 경우 L_0=5.26d_0로 해도 된다. 그립부의 지름은 평행부의 지름과 동일한 치수로 할 수 있다. 단, L_0=8d_0로 한다.

5·11 표 12호 시험편 (단위 mm)

(xv) **14 B호 시험편** 이것은 주로 강재의 인장시험 및 관 모양 그대로 하지 않는 관 종류의 인장시험에 이용한다. 또한 관의 시험에 이용하는 경우, 평행부의 단면은 관에서 잘라낸 대로 한다.

(xvi) **14 C호 시험편** 이것은 주로 관 모양 그대로 하는 관 종류의 인장시험에 이용한다. 시험

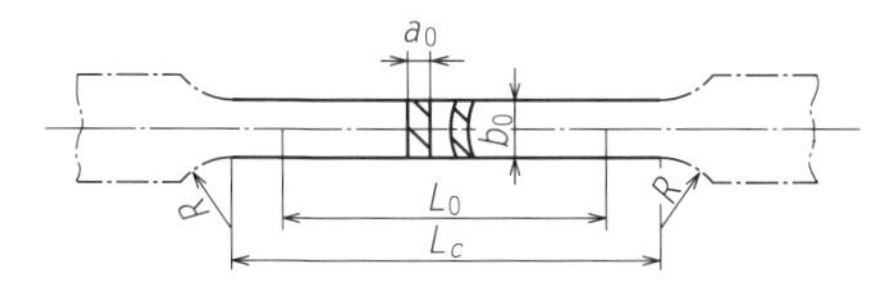

$L_0 = 5.65\sqrt{S_0}$ (S_0는 평행부의 단면적),
$b_0 \leqq 8\ a_0$, $L_c = L_0 + (1.5 \sim 2.5)\sqrt{S_0}$, $R \geqq 15$ mm, a_0…원래 두께 그대로.
또한 평행부의 길이는 가급적 $L_c = L_0 + 2\sqrt{S_0}$으로 한다. 그립부의 폭은 평행부의 폭과 동일한 치수로 할 수 있다. 단, $L_c = L_0 + 3\sqrt{S_0}$으로 한다.
시험편의 표준치수를 아래 표에 나타냈는데, 적당한 판두께 범위마다 가급적 치수를 정리해 이용하면 된다.

표준치수			(단위 mm)
판두께	폭 b_0	원표점 거리 L_0	평행부의 길이 L_c
5.5를 넘고 7.5 이하	12.5 ± 0.5	50	80
7.5를 넘고 10 이하		60	
10을 넘고 13 이하	20 ± 0.7	85	130
13을 넘고 19 이하		100	
19를 넘고 27 이하	40 ± 0.7	170	265
27을 넘고 40 이하		205	

5·22 그림 14B호 시험편

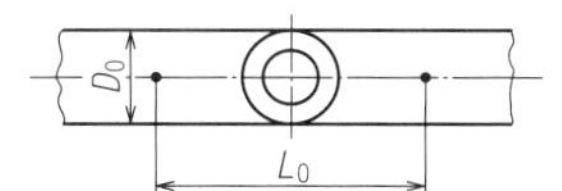

$L_0 = 5.65\sqrt{S_0}$
(S_0는 관의 원단면적)
5·23 그림 14C호 시험편

편의 단면은 관재에서 잘라낸 대로 한다. 그립부에는 철심을 넣는다. 이 때 철심에 닿지 않고 변형할 수 있는 부분의 길이는 $L_0 + (0.5 \sim 20)D_0$로 하고, 가급적 $(L_0 + 2D_0)$로 한다.

(2) **충격 시험편** 이것에는 JIS Z 2242에 의해 5·13 표에 나타냈듯이 샤르피 충격시험에 이용하는 2종류의 시험편이 규정되어 있다.

(3) **항절 시험편** 항절 시험편은 재료를 두 개의 지점에서 지지하고 그 중앙에 하중을 가했을

5·14 표 항절 시험편 (단위 mm)

시험편의 구별	지름 D	지름의 허용차	지점 간 거리 L	길이 P
A 호	13	±1.0	200	약300
B 호	20	±1.0	300	약350
C 호	30	±1.5	450	약500
D 호	45	±2.0	600	약650

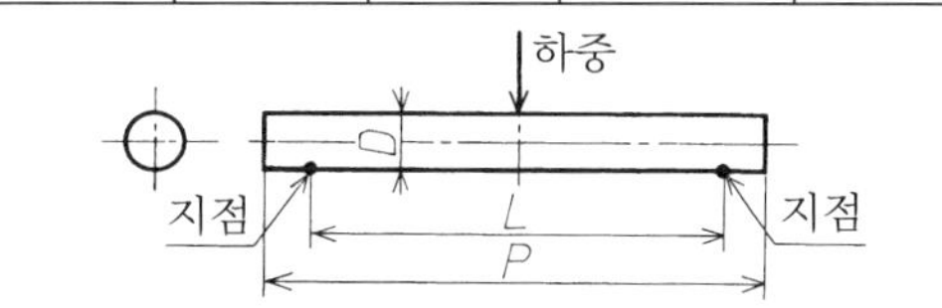

(JIS Z 2203 : 2005년 폐지)

5·13 표 샤르피 충격 시험편의 치수 및 허용차 (JIS Z 2242) (단위 mm)

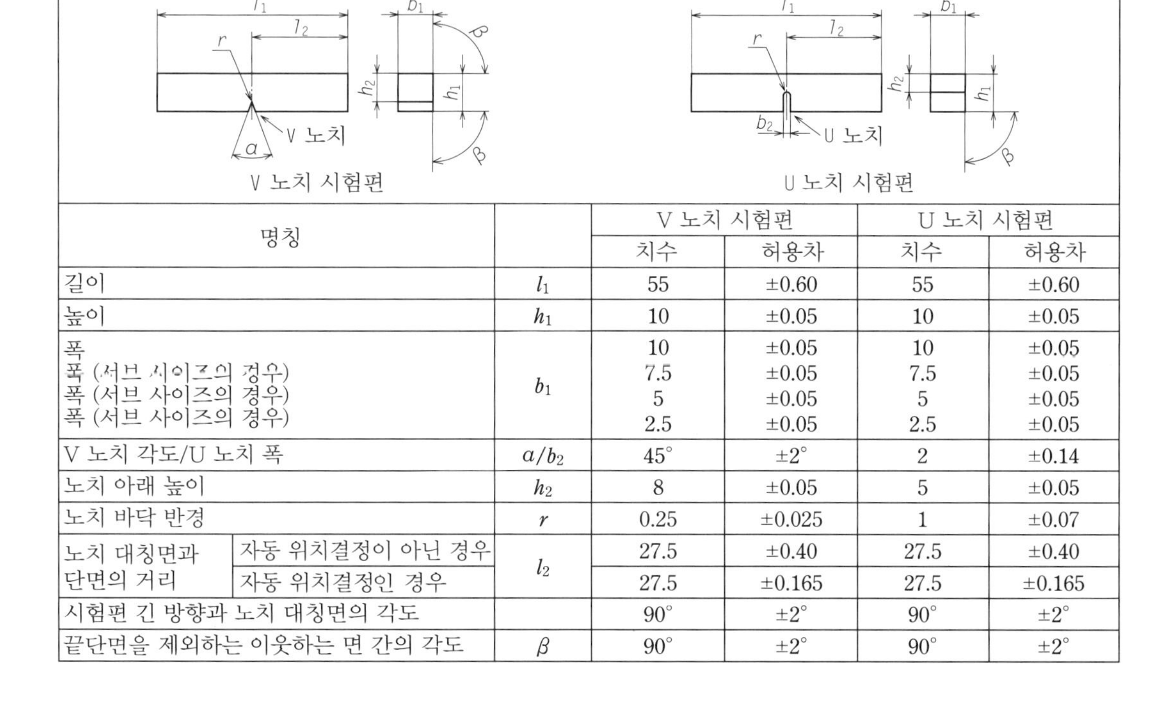

명칭			V 노치 시험편		U 노치 시험편	
			치수	허용차	치수	허용차
길이		l_1	55	±0.60	55	±0.60
높이		h_1	10	±0.05	10	±0.05
폭 폭 (서브 사이즈의 경우) 폭 (서브 사이즈의 경우) 폭 (서브 사이즈의 경우)		b_1	10 7.5 5 2.5	±0.05 ±0.05 ±0.05 ±0.05	10 7.5 5 2.5	±0.05 ±0.05 ±0.05 ±0.05
V 노치 각도/U 노치 폭		α / b_2	45°	±2°	2	±0.14
노치 아래 높이		h_2	8	±0.05	5	±0.05
노치 바닥 반경		r	0.25	±0.025	1	±0.07
노치 대칭면과 단면의 거리	자동 위치결정이 아닌 경우	l_2	27.5	±0.40	27.5	±0.40
	자동 위치결정인 경우		27.5	±0.165	27.5	±0.165
시험편 긴 방향과 노치 대칭면의 각도			90°	±2°	90°	±2°
끝단면을 제외하는 이웃하는 면 간의 각도		β	90°	±2°	90°	±2°

5장

때, 재료가 견딜 수 있는 최대 하중과 그 휨을 시험하는데 이용하는 것으로, JIS에서는 주로 주철품에 적용하는 것으로서 5·14 표에 나타낸 시험편을 규정하고 있다.

2. 금속 재료시험 방법

(1) 인장시험 방법 이것은 인장시험기에 의해 하는 것으로, 하중이 항상 시험편의 축 방향으로만 걸리게 되어 있다. 5·24 그림은 인장시험기로서 일반적으로 많이 이용되고 있는 암슬러 시험기를 나타낸 것이다. 인장시험기로는 재료의 항복점, 내력, 인장강도, 항복연신, 파단연신 및 단면수축의 전부 또는 그 일부를 측정한다(JIS Z 2241). 항복점을 구하는 법은 재료가 항복점에 이르기까지의 최대 하중을 시험편 평행부의 원단면적 A_0(인장하중을 가하지 않을 때의 최초의 면적)으로 나눈 것으로

$$\text{항복점}\quad \sigma_S = \frac{P_S}{A_0}(\text{N/mm}^2)$$

이다. 이 경우, 원단면적은 시험편에 찍은 표점거리의 양단부와 중앙부 3군데의 단면적 평균값을 취하고 있다(이하 동일). 내력은 재료가 탄성한계를 넘어 영구 연신을 비롯해 그 영구 연신이 표점거리의 0.2%가 됐을 때의 하중 $P_{0.2}$를 평행부의 원단면적 A_0로 나눈 것으로

$$\text{내력}\quad \sigma_{0.2} = \frac{P_{0.2}}{A_0}(\text{N/mm}^2)$$

이다. 인장강도란 인장시험 중에 시험편이 견딜 수 있는 최대 하중 P_{max}를 원단면적 A_0로 나눈 것

5·24 그림 암슬러 시험기

으로

$$\text{인장강도}\quad \sigma_B = \frac{P_{max}}{A_0}(\text{N/mm}^2)$$

이다. 연신(파단연신)이란 시험편이 절단됐을 때의 표점 거리 l과 표점 거리 l_0의 차이인 표점 거리 l_0에 대한 백분율로

$$\text{연신(파단연신)}\quad \delta = \frac{l - l_0}{l_0} \times 100\%$$

이다. 이 경우 표점 거리 l은 절단되어 갈라진 시험편을 맞대어 측정하는 것이기 때문에 완전히 정확하지는 않고, JIS에서는 연신의 추정치를 구하는 법을 다음과 같이 하고 있다.

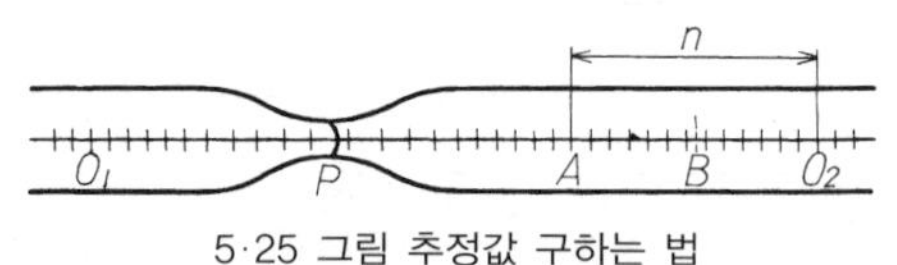

5·25 그림 추정값 구하는 법

즉 절단면이 5·25 그림과 같이 표점 사이에 있는 경우, 미리 표점 O_1O_2 사이는 적당한 길이의 등분선으로 표시해 두고, 시험 후 $O_1P < O_2P$가 되는 P점에서 절단한 것으로 한다. 절단면을 맞대어 짧은 쪽의 절단조각 표점 O_1의 P점에 대한 대칭점에, 가장 가까운 눈금 A를 구하고 O_1A를 측정한다. 다음으로 O_2A 사이의 등분 눈금을 n으로 하고, n이 짝수일 때는 A보다 O_2쪽으로 $\frac{n}{2}$번째 눈금, n이 홀수일 때는 $\frac{n-1}{2}$번과 $\frac{n+1}{2}$번째 눈금의 중점을 B로 해 AB 사이를 측정한다. 그리고 추정치를 다음과 같이 구한다.

$$\text{연신 추정값} = \frac{O_1A + 2AB - \text{표점 거리}}{\text{표점 거리}} \times 100$$

단면수축이란 시험편 절단 후의 최소 단면적 A와 원단면적 A_0의 차이인 원단면적 A_0에 대한 백분율로, 다음 식과 같다.

$$\text{단면수축}\quad \phi = \frac{A_0 - A}{A_0} \times 100\%$$

(2) 충격시험 방법 충격시험은 충격 시험편을 이용해 충격시험기로 한다.

JIS에서는 샤르피 충격시험기로 하는 것을 규정하고 있다(아이조드 충격시험기의 경우는 1998년에 폐지됐다).

5·26 그림은 샤르피 충격시험기를 나타낸 것이다.

단, 주철, 다이캐스팅 합금과 같이 충격에 대한 강도가 낮은 것에는 JIS는 적용되지 않는다.

샤르피 충격시험기는 진자식 해머를 시험편에

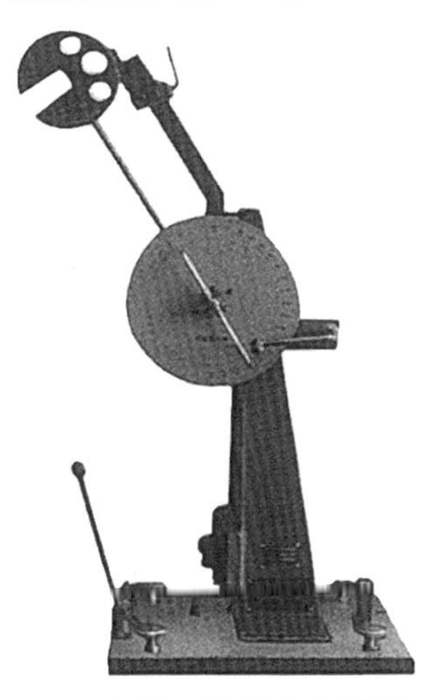
5·26 그림 샤르피 시험기

충돌시켜 시험을 하는 것으로, 시험편의 절입부를 중앙으로 하고 양 끝단에서 지지, 즉 양팔 보로서 절입부의 뒷면에 해머를 맞힌다. JIS에서는 5·13 표에 나타낸 U 노치와 V 노치의 절입부를 정해 이 부분을 중앙으로 하고, 40mm 떨어진 2점을 지지해 뒷면에 반경 2mm 또는 8mm의 충격날을 붙인 해머를 맞히도록 정하고 있다. 충격값은 충격편을 파단하기 위해 필요한 에너지(흡수에너지) E를 절입부의 원단면적 A로 나눈 값이다.

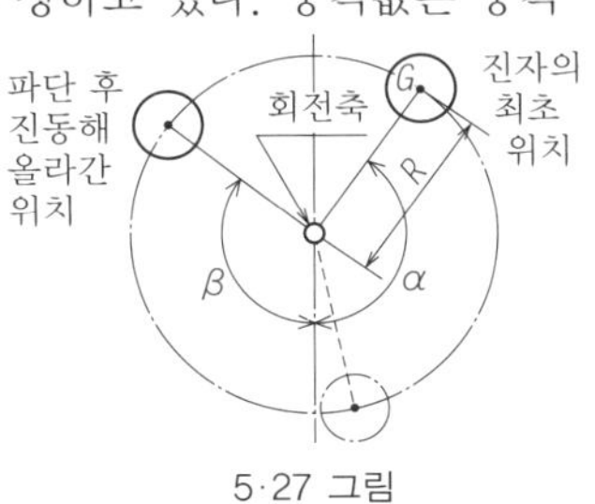

5·27 그림

파단하기 위해 필요한 에너지 E는

$$E = WR(\cos\beta - \cos\alpha)$$

단, W…해머의 중량, β…파단 후 해머의 진동 상승각, α…해머의 리프팅각, R…회전축의 중심에서 무게중심까지의 거리(5·27 그림).

따라서, 충격값

$$= \frac{E}{A} (\mathrm{J/m^2})$$

(3) 경도시험 방법

(i) 브리넬 경도시험

이것은 브리넬 경도시험기(5·28 그림)에 의한 것으로, 초경합금구의 압자를 시료에 눌러 붙여, 그것에 의해 생긴 오목부의 표면적으로 그 시험력을 나눈 몫을 그 재료의 경도로 하는 것이며, 기호 HBW를 가지고 나타낸다(JIS Z 2243). 5·29 그림으로부터

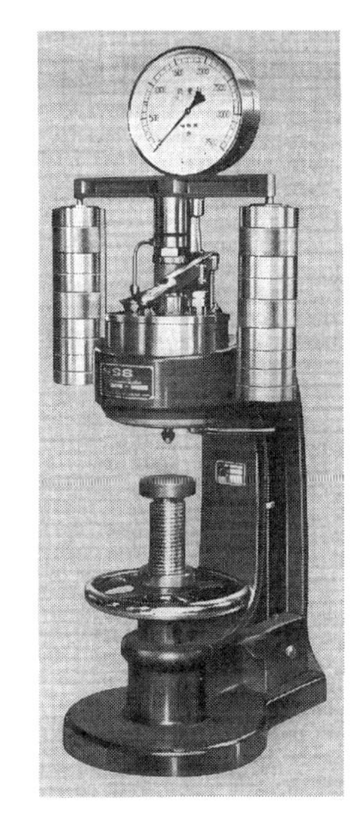
5·28 그림 브리넬 경도 시험기

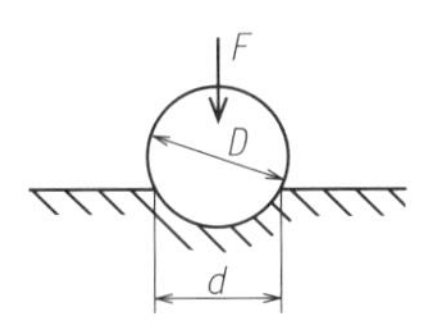

F…시험력 (N)
D…구압자의 직경 (mm)
d…오목부의 평균 직경 (mm)
5·29 그림

$$\mathrm{HBW} = 0.102 \frac{2F}{\pi D^2\left(1-\sqrt{1-d^2/D^2}\right)}$$

그리고 이 경도의 수치에는 단위를 붙이지 않는다. 또한 시험력은 5·15 표 중에서 선택한다.

5·15 표 경도 기호와 그 조건

경도 기호	압자의 직경 D (mm)	$0.102F^*/D^2$	시험력 F
HBW 10/3000	10	30	29.42 kN
HBW 10/1500	10	15	14.71 kN
HBW 10/1000	10	10	9.807 kN
HBW 10/500	10	5	4.903 kN
HBW 5/750	5	30	7.355 kN
HBW 5/250	5	10	2.452 kN
HBW 2.5/187.5	2.5	30	1.839 kN
HBW 2.5/62.5	2.5	10	612.9 N
HBW 1/30	1	30	294.2 N
HBW 1/10	1	10	98.07 N

[주] *이 칸의 수치는 시료의 재질, 경도에 따라 정해져 있다(단위 $\mathrm{N/mm^2}$).
또한 위의 표는 발췌해 게재하고 있다.

(ii) 비커스 경도시험 비커스 경도시험기(5·30 그림)에 의한 것이며, 시험재에 정사각뿔의 다이아몬드 압자를 눌러 붙여 생긴 오목부의 대각선에서 구한 표면적으로 하중을 나눈 몫을 경도로 하며, 기호 HV로 나타낸다(JIS Z 2244).

$$\mathrm{HV} = 0.102 \frac{2F\sin\alpha/2}{d^2} = 0.1891 \frac{F}{d^2}$$

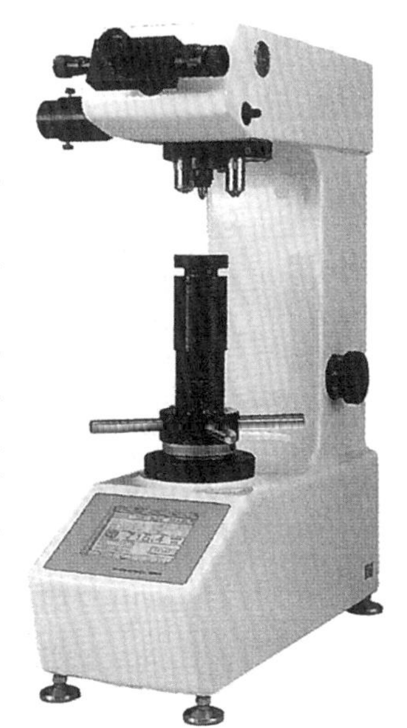
5·30 그림 비커스 경도 시험기

5장

여기에 F…시험력(N), d…오목부의 대각선 길이의 평균(mm), α…다이아몬드 압자의 대면각(136°). 또한 HV의 수치에는 단위를 붙이지 않는다. 5·16 표에 시험력의 예를 든다.

5·16 표 경도 기호와 시험력*

경도 기호		시험력 (*N*)	경도 기호		시험력 (*N*)
①	HV5	49.03	②	HV2	19.61
	HV10	98.07		HV3	29.42
	HV20	196.1	③	HV0.01	0.09807
	HV30	294.2		HV0.015	0.1474
	HV50	490.3		HV0.02	0.1961
	HV100	980.7		HV0.025	0.2452
②	HV0.2	1.961		HV0.03	0.2942
	HV0.3	2.942		HV0.05	0.4903
	HV0.5	4.903		HV0.1	0.9807
	HV1	9.807			

[주] ①…비커스 경도, ②…저시험 비커스 경도, ③…마이크로 비커스 경도 각 시험을 나타낸다.

(iii) **로크웰 경도시험** 이것은 로크웰 경도시험기(5·31 그림)에 의한 것으로, 원뿔형 다이아몬드 강구 혹은 초경합금구를 시료에 대고 5·32 그림과 같이 우선 초시험력을 가하고, 다음으로 추가시험력을 가해 다시 초시험력으로 되돌렸을 때의 압자 오목부 깊이(영구 오목부 깊이) h로부터 경도를 산출해 구한다. 그 값은 게이지의 눈금에 의해 읽을 수 있게 되어 있다.

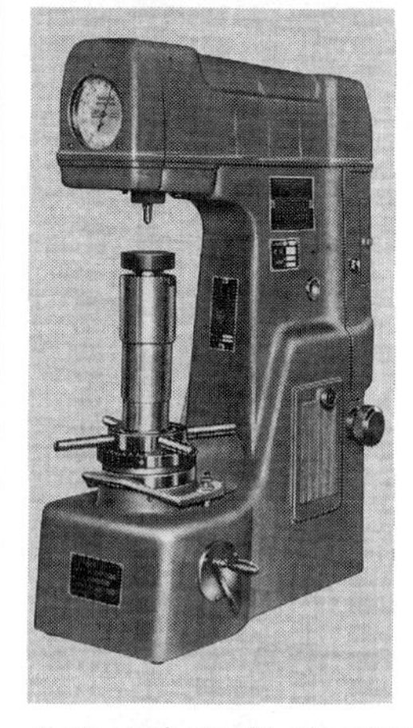

5·31 그림 로크웰 경도시험기

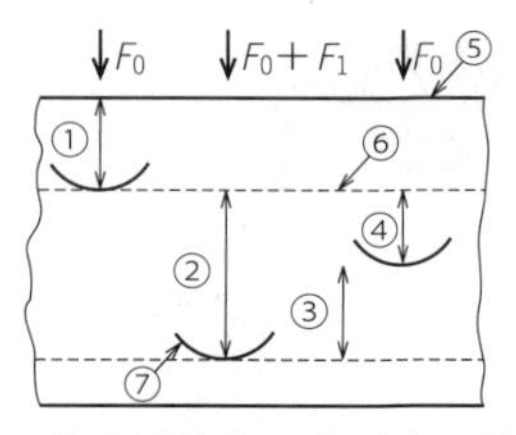

① 초시험력 F_0에 의한 오목부 깊이.
② 추가시험력 F_1에 의한 오목부 깊이.
③ 추가시험력 F_1 제거에 의한 탄성 회복.
④ 영구 오목부 깊이 h.
⑤ 시료 표면
⑥ 영구 오목부 깊이 측정의 기준면.
⑦ 압자의 위치.

5·32 그림

초시험력은 98.07N으로 하고 압자의 종류 및 시험하중에 따라 5·17 표에 나타낸 것 같은 스케일이 있으며, 로크웰 경도의 기호 HR 앞에 경도의 수치, 뒤에 이들 스케일의 기호를 붙여 59HRC, 60HRBW 등과 같이 부른다(JIS Z 2245).

로크웰 경도시험 방법은 앞에서 말한 이외에도 초시험력을 29.42N으로 한 로크웰 슈퍼피셜 경

5·17 표 로크웰 경도 및 로크웰 슈퍼피셜 경도의 스케일과 관련 사항

	스케일	경도 기호	압자	초시험력 F_0 (N)	추가시험력 F_1 (N)	전시험력 F (N)	적용하는 범위
로크웰 경도	A [1]	HRA	원뿔형 다이아몬드	98.07	490.3	588.4	20 ~ 95 HRA
	B [2]	HRB	구 1.5875mm		882.6	980.7	20 ~ 100 HRB
	C [3]	HRC	원뿔형 다이아몬드		1373	1471	10 ~ 70 HRC
	D	HRD			882.6	980.7	40 ~ 77 HRD
	E	HRE	구 3.175mm		882.6	980.7	70 ~ 100 HRE
	F	HRF	구 1.5875mm		490.3	588.4	60 ~ 100 HRF
	G	HRG			1373	1471	30 ~ 94 HRG
	H	HRH	구 3.175mm		490.3	588.4	80 ~ 100 HRH
	K	HRK			1373	1471	40 ~ 100 HRK
로크웰 슈퍼피셜 경도	15N	HR15N	원뿔형 다이아몬드	29.42	117.7	147.1	70 ~ 94HR15N
	30N	HR30N			264.8	294.2	42 ~ 86HR30N
	45N	HR45N			411.9	441.3	20 ~ 77HR45N
	15T	HR15T	구 1.5875mm		117.7	147.1	67 ~ 93HR15T
	30T	HR30T			264.8	294.2	29 ~ 82HR30T
	45T	HR45T			411.9	441.3	10 ~ 72HR45T

[주] [1] 탄화물의 시험에 대해 94HRA까지 적용하는 범위를 넓혀도 된다.
[2] 제품 규격 또는 주고받는 당사자 간의 협정이 있는 경우에, 10HRBW 또는 10HRBS까지 적용하는 범위를 넓혀도 된다.
[3] 압자가 적절한 치수인 경우에 10HRC까지 적용하는 범위를 넓혀도 된다.

도가 규정되어 있다(5·17 표 참조).

로크웰 시험의 특징은 시험재가 얇고 작아도 되는 것과, 시험에 의한 흔적(자국)이 작은 것 등이다.

(iv) **쇼어 경도시험** 지금까지 서술한 경도시험기는 모두 어떤 형태의 것을 시험재로 밀어 넣어 비교하고, 그 경도를 결정했는데, 쇼어 경도시험기(5·33 그림)에 의한 방법은 다이아몬드가 끝단에 붙은 일정 중량의 해머를 시험재의 면에 낙하시키고, 그것이 면에 맞아 튀어오르는 높이에 따라 경도를 정하는 것으로, 그 값은 즉시 눈금으로 표시되도록 되어 있다(JIS Z 2246).

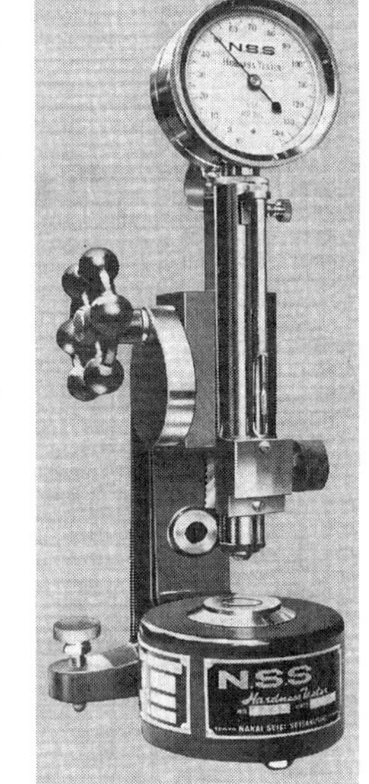

5·33 그림 쇼어 경도시험기

쇼어 경도 HS는 다음 식으로 결정한다. 일정한 높이에서 낙하시킨 해머가 튀어오르는 높이일 때

$$HS = k \times \frac{h}{h_0}$$

κ의 값은 시험기의 계측통의 형식에 따라 다음과 같이 된다.

지시형(C형)일 때

$k = 10000/65$

목측형(D형)일 때

$k = 140$

단, 이 시험은 1곳에서만 하지 않고 연속해서 측정한 5점의 평균값으로 결정한다. 이 시험 방법은 간단하고, 시험기는 다른 것에 비해 저렴하므로 널리 이용되고 있다.

(4) 굽힘시험 방법 굽힘시험은 규정의 내측 반경에서 규정의 각도만큼 구부리고, 시험편의 만곡부 외측의 갈라진 흔적, 그 외의 결점 유무를 검사한다.

그 방법으로서는 압착굽힘법(5·34 그림)과 래핑법(5·35그림), V 블록법(5·36 그림)의 세 가지를 규정하고 있다(JIS Z 2248).

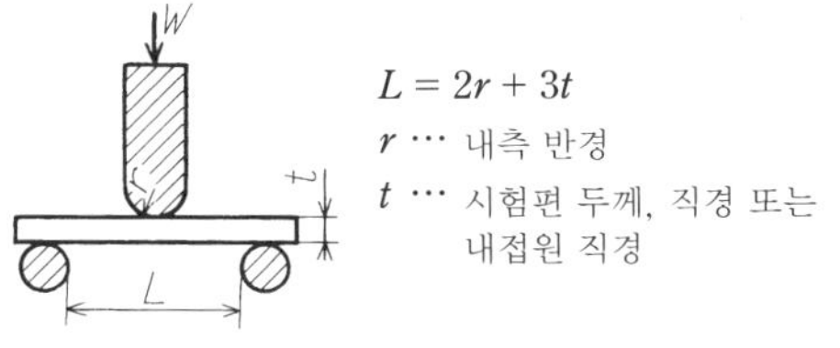

5·34 그림 압착굽힘법

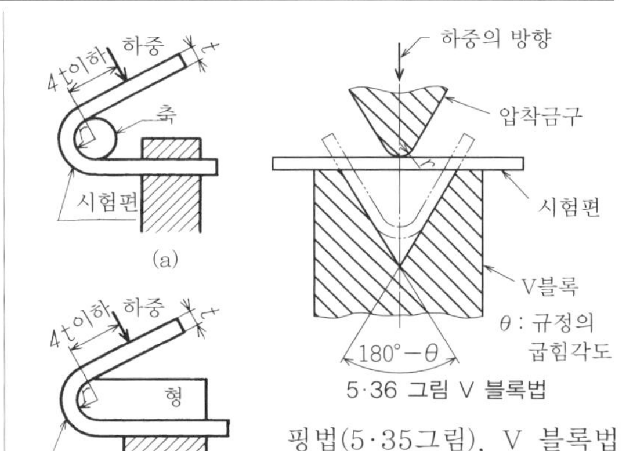

5·35 그림 래핑법

5·36 그림 V 블록법

(5) 에릭센 시험 방법

에릭센 시험은 금속 박판의 에릭센값을 측정하는 시험을 말한다. 에릭센값이란 5·37 그림에 나타낸 장치에 의해 박판을 펀치와 다이스 사이에 힘을 가해 시험편의 안쪽면에 이르는 균열이 생겼을 때 펀치의 끝단이 누름면에서 이동한 거리(mm)를 나타내는 숫자이다.

이 시험은 에릭센 시험기(5·38 그림)에 의한

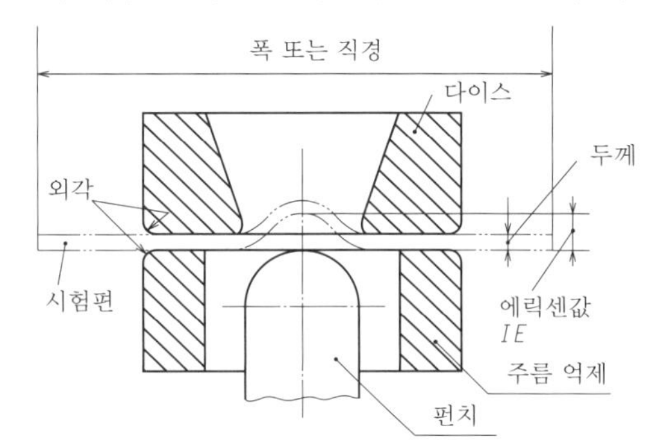

5·37 그림 에릭센 시험

5·38 그림 에릭센 시험기

5·18 표 시험편 및 에릭센값 기호 (JIS Z 2247) (단위 mm)

기호	정의	시험편 및 에릭센값 기호			
		표준시험편	표준시험편보다 두껍고, 또한 좁은 시험편		
IE	에릭센값 기호	*IE*	IE_{40}	IE_{21}	IE_{11}
a	시험편의 두께	0.1 이상 2 이하	2를 넘고 3 이하	0.1 이상 2 이하	0.1 이상 1 이하
b	시험편의 폭 또는 직경	90 이상	90 이상	55 이상 90 미만	30 이상 55 미만

다. 그리고 JIS Z 2247에서는 이 시험에 적용하는 박판은 두께 0.1~2.0mm, 폭 90mm 이상으로 하고, 30≦폭<90mm의 조(띠), 2<두께≦3mm의 판에도 적용할 수 있는 것으로 하고 있다. 또한 시험편 및 에릭센 기호에 관해 5·18 표와 같이 정하고 있다.

시험 방법은 시험편의 양면에 그라파이트 그리스를 가볍게 바르고, 시험편은 그 폭의 중심선 또는 원형의 중심이 펀치, 다이스 등의 중심에 정확하게 일치하도록 놓는다. 그리고 표준 시험편의 오목부 중심은 시험편의 어느 변에서도 45mm 이상으로 한다. 펀치는 서서히 일정한 속도로 시험편에 밀어 넣는다. 그 속도는 5~20mm/min을 표준으로 한다. 조(띠)의 경우, 오목부 상호의 중심간 거리는 90mm 이상인 것을 필요로 한다. 시험은 적어도 3회 실시해서 그 평균값을 취한다.

3. 그 외의 재료시험

(1) 크리프 시험 재료에 하중이 작용하면 변형이 생긴다. 이 경우, 어떤 일정 하중이 작용해 생긴 변형은 하중이 일정하면 변형도 일정하고 불변하는 것이다. 그런데 이 하중의 작용이 시간과 함께 변화한다. 즉, 변형이 시간과 함께 증가하는 경우가 있다. 이 현상은 철합금 등에서는 대략 250℃가 되지 않으면 눈에 띄지 않지만, 융해점이 낮은 납, 강철, 연질 합금 등에서는 상온에서도 생긴다. 이런 현상을 크리프라고 한다.

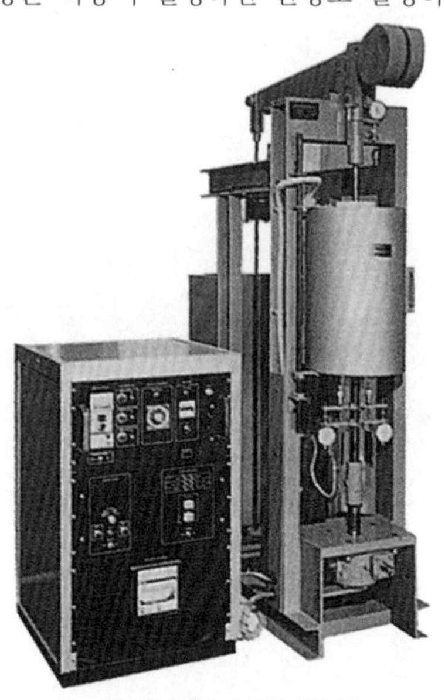

5·39 그림 크리프 시험기

이 크리프 시험 방법에 크리프 파단시험이 있으며, JIS Z 2271에 규정되어 있다.

(2) 방사선 투과시험 금속 재료 또는 그 제품의 결함을 X선이나 γ선 등의 방사선을 투과시켜 조사할 수 있다. 이 시험을 방사선 투과시험이라고 한다. 여기에는 투과 사진을 찍는 방법과 단순히 투시만 하는 방법이 있으며, 후자는 경금속 재료 및 그 제품에 대해 공정을 간소화하기 위해 이용된다.

그리고, 주강품의 시험에 관해 JIS G 0581에 규정되어 있다.

(3) 침투 탐상시험 이것은 적당한 표시도와 충분한 침투성을 가지고 있으며, 게다가 물세척이 용이하고 재료에 대한 부식성이 없는 동시에 인체에도 무해한 형광 침투액을 시험품의 표면 결함에 스며들게 한 후 자외선을 대어 관찰하는 시험이다. 이것에 따르면, 형광제의 발광에 의해 균열, 다공성 블로홀, 불완전 접착과 기타 결함 부위를 발견할 수 있다. 그 외에 염색 침투액, 이원성 침투액(전 양자의 모두를 함유)을 이용하는 방법이 있다.

그리고, 이들 시험에 관해서는 JIS Z 2343-1에서 규정하고 있다.

(4) 초음파 탐상시험 금속 재료에 대해 초음파를 발사, 그 펄스의 반사에 의해 재료의 이상을 아는 시험 방법이다. 이것에 관해 JIS Z 2344에서 규정하고 있다.

그리고 방사선 투과시험, 형광침투 탐상시험, 초음파 탐상시험 등은 일반적으로 비파괴시험법으로 불리고 있는데, 이에 속하는 시험법에는 이 외에도 자분탐상시험, 또는 와류탐상시험 등이 있다.

5·3 JIS에 기초한 각종 금속 재료

1. 금속 기호의 표시법

공업 재료는 금속 재료가 가장 많고, 그 중에서도 철강 재료가 가장 압도적으로 많이 사용되고 있다.

철강 기호는 JIS에서 다음과 같이 규정되어 있다. 기호는 세 부분으로 만들어져 있으며,

(i) 첫 부분…재질 [영어 혹은 로마자의 머리글자 또는 화학 원소 기호 — 5·19 표 (a)]

(ii) 2번째 부분…규격 또는 제품명 [영어 또는

5·19 표 재질명 및 제품명의 기호와 그 조합의 예

(a) 재질명의 기호와 그 조합의 예 (1번째에 나타낸다)

기호	명칭	비고	기호	명칭	비고
A	알루미늄	Aluminium	PB	인청동	Phosphor Bronze
Mcr	금속크롬	Metalic Cr	S	강철	Steel
Bs	황동	Brass	SCM	크롬 몰리브덴강	Chromium Molybdenum
C	탄소	Carbon	SCr	크롬강	Chromium
C	동	Copper	SMn	망간강	Manganese
C	크롬	Chromium	SNC	니켈크롬강	Nickel Chomium
DCu	인탈산동	Deoxidized Copper	Si	규소	Silicon (원소 기호)
F	철	Ferrum	SzB	실진청동	Silzin Bronze
HBs	고력황동	High Strength Brass	T	티타늄	Titanium
M	몰리브덴	Molybdenum	Ta	탄탈	Tantal
M	마그네슘	Magnesium	W	화이트메탈	White Metal
Mn	망간	Manganese (원소 기호)	W	텅스텐	Wolfram (원소 기호)
Ni	니켈	Nickel (원소 기호)	Zn	아연	Zinc (원소 기호)
P	인	Phosphorus (원소 기호)			
Pb	납	Plumbun (원소 기호)			

(b) 제품명의 기호와 그 조합의 예 (2번째에 나타낸다)

기호	명칭	비고	기호	명칭	비고
B	봉 또는 보일러	Bar, Boiler	M	중탄소, 내후성강	Medium carbon, Marine
BC	체인용 환강	Bar Chain	P	박판	Plate
C	주조품	Casting	PC	냉간압연강판	Cold-rolled steel Plates
C	냉간가공품	Cold work	PH	열간압연강판	Hot-rolled steel Plates
CMB	흑심가단주철품	Malleable Casting Black	PT	블리크판	Tinplate
CMW	백심가단주철품	Malleable Casting White	PV	압력용기용 강판	Pressure Vessel
CMP	펄라이트 가단주철품	Malleable Casting Pearlite	R	띠	Ribbon
CP	냉연판	Cold Plate	S	일반구조용 압연재	Structual
CS	냉연대	Cold Strip	SC	냉간성형강	Structual Cold forming
D	드로잉	Drawing	SD	이형봉강	Deformed
DC	다이캐스트 주물	Die Casting	T	관	Tube
F		Forging	TB	보일러·열교환기용 관	Boiler, heat exchanger
GP	가스관	Gas Pipe	TP	배관용 관	Tube Piping
H	고탄소	High carbon	U	특수용도 강	Special-Use
H	열간가공품	Hot work	UH	내열강	Heat-resisting Use
H	담금질성을 보증한 구조용 (H강)	Hardenbility bands	UJ	베어링강	로마자
HP	열연판	Hot Plate	UM	쾌삭강	Machinability
HS	열연대	Hot Strip	UP	스프링강	Spring
K	공구강	Kôgu (로마자)	US	스테인리스강	Stainless
KH	고속도강	Kôgu High speed	V	리벳용 압연재	Rivet
KS	합금공구강	Kôgu Special	V	밸브, 전자관용	Valbe
KD	합금공구강(다이스강)	로마자	W	선	Wire
KT	합금공구강(단조형강)	로마자	WO	오일템퍼선	Oiltemper Wire
L	저탄소	Low carbon	WP	피아노선	Piano Wire
			WR	선재	Wire Rod

5장

로마자의 머리글자— 5·19 표 (b)]

(iii) 마지막 부분…종류(종류번호의 숫자, 재료의 최저 인장강도 또는 내력)

로 표시된다.

[예] 일반 구조용 압연강재 SS 330

탄소공구강 강재 SK 140

(예외 : 기계구조용 탄소강 강재 S 10 C)

그리고 철강 재료의 종류, 기호 이외에 형상이나 제조법을 나타내는 경우에는 종류, 기호에 이어서, 다음의 5·20 표 (a)에 나타낸 부호를 붙여 나타낸다.

또한 동, 알루미늄 등의 비철금속 재료에서는 금속 기호 뒤에 ·을 넣고, 다음의 5·20 표 (b)와 같은 질별 기호(또는 열처리 기호)를 붙인다.

2. JIS 재료표에 대한 주의

(1) 화학 성분에 대해서 JIS 재료표에 나타나 있는 재료의 각 성분은 탄소강이면 C, Si, Mn, P 및 S의 5원소를, 합금강(특수강)이면 이 5원소 외에 Ni, Cr, Mo, W, V 및 Co 등의 순서로 표시되어 있다.

(2) 기계적 성질에 대해서 규격에 표시되어 있는 각 재료의 기계적 성질의 여러 수치는 해당 재료 특유의 것은 아니다. 이들 여러 수치는 규격으로 정해진 열처리 온도 범위에서 열처리법을 적당히 선택하면, 재료 불량이 아닌 한 규격이 정하는 기계적 성질의 것을 얻을 수 있어야 하는 것을 나타낸 것이다. 따라서 재료의 사용자는 규격 외의 열처리를 함으로써 필요한 성질을 갖게 해 사용하는 것은 지장이 없다.

또한 규격으로 지정된 기계적 성질의 수치는 정해진 시험편을 이용해 정해진 열처리 범위 내에서 유지해야 하는 것으로, 일반적으로 직경 또는 두께가 25mm 이하인 것이 많기 때문에 이 규격값은 이 치수 이하의 재료 강도를 나타내는 것이 일반적이다. 따라서 규격값을 그대로 실제에서도 동일한 강도가 나오는 것으로서 일반적으로는 설계값에 적용하고 있는데, 이것을 설계에 이용하는 경우에는 일단 고려하는 것이 바람직하다.

5·20 표 제조 방법 및 질별·열처리를 나타내는 기호

(a) 제조 방법을 나타내는 기호 (철강 재료)

기호	명칭	비고	기호	명칭	비고
-R	림드강		-A	아크용접강관	Arc Welding
-A	알루미늄 킬드강		-A-C	냉간다듬질 아크용접 강관	Arc Welding Cold
-K	킬드강				
-S-H	열간다듬질 이음매무강관	Seamless Hot	-D 9	냉간드로잉 (9는 허용차의 등급 IT 9)	Drawing
-S-C	냉간다듬질 이음매무강관	Seamless Cold			
-E	전기저항 용접강관	Electric resistance Welding	-RCH	냉간압조용 선재	Rod by Cold Heading
-E-H	열간다듬질 전기저항 용접강관	Electric resistance Welding Hot	-WCH	냉간압조용 선	Wire by Cold Heading
-E-C	냉간다듬질 전기저항 용접강관	Electric resistance Welding Cold	-T 8	절삭 (8은 허용차의 등급 IT 8)	Cutting
-E-G	전기저항 용접 그대로의 강관	Electric resistance General	-G 7	연삭 (7은 허용차의 등급 IT 7)	Grinding
-B	단접강관	Butt Welding	-CSP	스프링용 냉간압연강대	Cold Strip Spring
-B-C	냉간다듬질 단접강관	Butt Welding Cold	-M	특수연마대강	MIGAKI

(b) 질별 및 열처리의 기호 (비철금속 재료)

기호	재질	기호	재질
-F	제조 (제출) 그대로의 것	-OM	밀하든(mill-hardend)재 연질
-O	연질 (어닐링한 것)	-HM	밀하든재 경질
-OL	경연질	-EHM	밀하든재 특경질
-	1/4 경질	-SR	응력제거재
-	1/2 경질 (반경질)	-W	용체화처리한 것
-	3/4 경질	-T	열처리에 의해 F·O·H 이외의 안정된 질별로 한 것
-H	경질 (가공경화한 것)		
-EH	특경질 (H와 SH의 중간)	-S	용체화처리재
-SH	특경질 (스프링질)	-AH	시효처리재
-ESH	특경질 (특스프링질)	-TH	액체화처리 후 시효처리재

합금강(특수강) 등에서 열처리해서 시험하는 것은 재료가 어떤 크기 이상이 되면, 인장강도 그 외의 값이 규격값보다 떨어지게 된다. 이것은 실제 제품의 경우에서도 그 크기나 형상에 따라서도 일어나기 때문에 설계에 있어서는 충분히 주의할 필요가 있다.

5·4 철강

1. 화학 성분, 기계적 성질

다음의 5·21 표~5·52 표는 JIS에 규정된 철강의 화학 성분, 기계적 성질 등을 나타낸 것이다.

5·21 표 일반구조용 압연강재 (JIS G 3101) KS D 3503

종류의 기호	구기호 (참고)	화학 성분(%)				인장시험					적용
						항복점 또는 내력 N/mm^2)				인장강도 (N/mm^2)	
						두께, 지름, 변 또는 대변 거리 mm)					
		C	Mn	P	S	16 이하	16 을 넘고 40 이하	40 을 넘고 100 이하	100 을 넘는 것		
SS 330	SS 34	—	—	0.050 이하	0.050 이하	205 이상	195 이상	175 이상	165 이상	330~430	강판, 강대, 평강, 봉강
SS 400	SS 41	—	—	0.050 이하	0.050 이하	245 이상	235 이상	215 이상	205 이상	400~510	강판, 강대, 평강, 봉강, 형강
SS 490	SS 50	—	—	0.050 이하	0.050 이하	285 이상	275 이상	255 이상	245 이상	490~610	강판, 강대, 평강, 봉강, 형강
SS 540	SS 55	0.30 이하	1.60 이하	0.040 이하	0.040 이하	400 이상	390 이상	—	—	540 이상	두께 40mm 이하의 강판, 강대, 평강, 형강 지름, 변, 대변 거리 40mm 이하의 봉강

5·22 표 보일러 및 압력용기용 탄소강 및 몰리브덴강 강판 (JIS G 3103) KS D 3560

종류의 기호	구기호 (참고)	화학 성분(%)						인장시험		적요 (두께)
		C (1)	Si	Mn	P	S	Mo	항복점 (N/mm^2)	인장강도 (N/mm^2)	
SB 410	SB 42	0.24 이하	0.15 ~ 0.40	0.90 이하	0.020 이하	0.020 이하	—	225 이상	410 ~ 550	6 mm 이상 200 mm 이하
SB 450	SB 46	0.28 이하	0.15 ~ 0.40	0.90 이하	0.020 이하	0.020 이하	—	245 이상	450 ~ 590	6 mm 이상 200 mm 이하
SB 480	SB 49	0.31 이하	0.15 ~ 0.40	1.20 이하	0.020 이하	0.020 이하	—	265 이상	480 ~ 620	6 mm 이상 200 mm 이하
SB 450 M	SB 46M	0.18 이하	0.15 ~ 0.40	0.90 이하	0.020 이하	0.020 이하	0.45 ~ 0.60	255 이상	450 ~ 590	6 mm 이상 150 mm 이하
SB 480 M	SB 49M	0.20 이하	0.15 ~ 0.40	0.90 이하	0.020 이하	0.020 이하	0.45 ~ 0.60	275 이상	480 ~ 620	6 mm 이상 150 mm 이하

[주] C%는 두께 25mm 이하의 경우를 나타낸다.

5·23 표 리벳용 환강 (JIS G 3104) KS D 3557

종류의 기호	구기호 (참고)	화학 성분 (%)		인장강도 (N/mm^2)
		P	S	
SV 300	SV 34	0.040 이하	0.040 이하	330 ~ 400
SV 400	SV 41	0.040 이하	0.040 이하	400 ~ 490
(2011년 폐지)				

5·24 표 체인용 환강 (JIS G 3105) KS D 3546

종류의 기호	구기호 (참고)	화학 성분(%)					인장강도 (N/mm^2)
		C	Si	Mn	P	S	
SBC 300	SBC 31	0.13 이하	0.04 이하	0.50 이하	0.040 이하	0.040 이하	300 이상
SBC 490	SBC 50	0.25 이하	0.15 ~ 0.40	1.00 ~ 1.50	0.040 이하	0.040 이하	490 이상
SBC 690	SBC 70	0.36 이하	0.15 ~ 0.55	1.00 ~ 1.90	0.040 이하	0.040 이하	690 이상

5·25 표 용접구조용 압연강재 (JIS G 3106) KS D 3515

종류의 기호	화학 성분(%)							
	C [1]	Si	Mn	P	S	인장강도 [2] (N/mm²)	항복점 (N/mm²)	적요 (두께 mm)
SM 400 A	0.23 이하	—	2.5×C 이상	0.035 이하	0.035 이하	400～510 *	215 이상	강판, 강대, 형강, 평강 200 이하
SM 400 B	0.20 이하	0.35 이하	0.60 ～1.50	0.035 이하	0.035 이하			
SM 400 C	0.18 이하	0.35 이하	0.60 ～1.50	0.035 이하	0.035 이하			강판, 강대, 형강 100 이하, 평강 50 이하
SM 490 A	0.20 이하	0.55 이하	1.65 이하	0.035 이하	0.035 이하	490～610 *	295 이상	강판, 강대, 형강, 평강 200 이하
SM 490 B	0.18 이하	0.55 이하	1.65 이하	0.035 이하	0.035 이하			
SM 490 C	0.18 이하	0.55 이하	1.65 이하	0.035 이하	0.035 이하			강판, 강대, 형강 100 이하, 평강 50 이하
SM 490 YA SM 490 YB	0.20 이하	0.55 이하	1.65 이하	0.035 이하	0.035 이하	490～610	325 이상	강판, 강대, 형강, 평강 100 이하
SM 520 B	0.20 이하	0.55 이하	1.65 이하	0.035 이하	0.035 이하	520～640	325 이상	강판, 강대, 형강, 평강 100 이하
SM 520 C								강판, 강대, 형강 100 이하, 평강 40 이하
SM 570	0.18 이하	0.55 이하	1.70 이하	0.035 이하	0.035 이하	570～720	420 이상	강판, 강대, 형강 100 이하, 평강 40 이하

[주] (1) C%는 두께 50mm 이하의 경우.
(2) 두께 100mm 이하의 경우. 100<두께≤200mm의 경우는 *표시와 동일.

5·26 표 열간압연 연강판 및 강대 (JIS G 3131) KS D 3501

종류의 기호	화학 성분(%)				인장강도 (N/mm²)	적요
	C	Mn	P	S		
SPHC	0.15 이하	0.60 이하	0.050 이하	0.050 이하	270 이상	두께 1.2 mm 이상 14 mm 이하의 일반용
SPHD	0.10 이하	0.50 이하	0.040 이하	0.040 이하	270 이상	두께 1.2 mm 이상 14 mm 이하의 가공용
SPHE	0.10 이하	0.50 이하	0.030 이하	0.035 이하	270 이상	두께 1.2 mm 이상 8 mm 이하의 가공용
SPHF	0.08 이하	0.50 이하	0.025 이하	0.025 이하	270 이상	두께 1.4 mm 이상 8 mm 이하의 가공용

5·27 표 냉간압연강판 및 강대 (JIS G 3141) KS D 3512

종류의 기호	화학 성분(%)				인장강도 (N/mm²)	적요
	C	Mn	P	S		
SPCC	0.15 이하	0.60 이하	0.100 이하	0.035 이하	–	일반용
SPCD	0.10 이하	0.50 이하	0.040 이하	0.035 이하	270 이상	드로잉용
SPCE	0.08 이하	0.45 이하	0.030 이하	0.030 이하	270 이상	디프드로잉용
SPCF	0.06 이하	0.45 이하	0.030 이하	0.030 이하	270 이상	비시효성 디프드로잉용
SPCG	0.02 이하	0.25 이하	0.020 이하	0.020 이하	270 이상	비시효성 초디프드로잉용

5·28 표 일반구조용 탄소강 강관 (JIS G 3444) KS D 3566

종류의 기호	화학 성분(%)					인장강도 (N/mm²)	적용범위
	C	Si	Mn	P	S		
STK 290	—	—	—	0.050 이하	0.050 이하	290 이상	철탑, 비계, 지주, 기초 말뚝, 산사태 방지 말뚝 등의 토목, 건축 구조물용
STK 400	0.25 이하	—	—	0.040 이하	0.040 이하	400 이상	
STK 490	0.18 이하	0.55 이하	1.65 이하	0.035 이하	0.035 이하	490 이상	
STK 500	0.24 이하	0.35 이하	0.30 ～ 1.30	0.040 이하	0.040 이하	500 이상	
STK 540	0.23 이하	0.55 이하	1.50 이하	0.040 이하	0.040 이하	540 이상	

5·29 표 기계구조용 탄소강 강관 (JIS G 3445) KS D 3517

종류의 기호	화학 성분(%)						인장강도 (N/mm²)	적용범위
	C	Si	Mn	P	S	Nb 또는 V		
STKM 11 A	0.12 이하	0.35 이하	0.60 이하	0.040 이하	0.040 이하	—	290 이상	기계기구, 자동차, 자전거, 가구, 기구, 기타 기계 부품용
STKM 12 A STKM 12 B STKM 12 C	0.20 이하	0.35 이하	0.60 이하	0.040 이하	0.040 이하	—	340 이상 390 이상 470 이상	
STKM 13 A STKM 13 B STKM 13 C	0.25 이하	0.35 이하	0.30 ~ 0.90	0.040 이하	0.040 이하	—	370 이상 440 이상 510 이상	
STKM 14 A STKM 14 B STKM 14 C	0.30 이하	0.35 이하	0.30 ~ 1.00	0.040 이하	0.040 이하	—	410 이상 500 이상 550 이상	
STKM 15 A STKM 15 C	0.25 ~ 0.35	0.35 이하	0.30 ~ 1.00	0.040 이하	0.040 이하	—	470 이상 580 이상	
STKM 16 A STKM 16 C	0.35 ~ 0.45	0.40 이하	0.40 ~ 1.00	0.040 이하	0.040 이하	—	510 이상 620 이상	
STKM 17 A STKM 17 C	0.45 ~ 0.55	0.40 이하	0.40 ~ 1.00	0.040 이하	0.040 이하	—	550 이상 650 이상	
STKM 18 A STKM 18 B STKM 18 C	0.18 이하	0.55 이하	1.50 이하	0.040 이하	0.040 이하	—	440 이상 490 이상 510 이상	
STKM 19 A STKM 19 C	0.25 이하	0.55 이하	1.50 이하	0.040 이하	0.040 이하	—	490 이상 550 이상	
STKM 20 A	0.25 이하	0.55 이하	1.60 이하	0.040 이하	0.040 이하	0.15 이하	540 이상	

5·30 표 배관용 탄소강 강관 (JIS G 3452) KS D 3507

종류의 기호	화학 성분(%)		인장강도 (N/mm²)	구분	적용 범위
	P	S			
SGP	0.040 이하	0.040 이하	290 이상	흑관 (아연도금 없음) 백관 (아연도금 있음)	사용 압력이 비교적 낮은 증기, 물(상수도용을 제외한다), 기름, 가스 및 공기 등의 배관용.

5·31 표 압력배관용 탄소강 강관 (JIS G 3454) KS D 3562

종류의 기호	화학 성분(%)					인장강도 (N/mm²)	적용 범위
	C	Si	Mn	P	S		
STPG370	0.25 이하	0.35 이하	0.30 ~ 0.90	0.040 이하	0.040 이하	370 이상	350℃ 정도 이하의 압력 배관용
STPG410	0.30 이하	0.35 이하	0.30 ~ 1.00	0.040 이하	0.040 이하	410 이상	

5·32 표 고압배관용 탄소강 강관 (JIS G 3455) KS D 3564

종류의 기호	화학 성분(%)					인장시험	
	C	Si	Mn	P	S	인장강도 (N/mm²)	항복점 (N/mm²)
STS370	0.25 이하	0.10 ~ 0.35	0.30 ~ 1.10	0.035 이하	0.035 이하	370 이상	215 이상
STS410	0.30 이하		0.30 ~ 1.40			410 이상	245 이상
STS480	0.33 이하		0.30 ~ 1.50			480 이상	275 이상

5·33 표 고온배관용 탄소강 강관 (JIS G 3456) KS D 3570(폐지)

종류의 기호	화학 성분(%)					인장시험	
	C	Si	Mn	P	S	인장강도 (N/mm²)	항복점 (N/mm²)
STPT370	0.25 이하	0.10 ~ 0.35	0.30 ~ 0.90	0.035 이하	0.035 이하	370 이상	215 이상
STPT410	0.30 이하		0.30 ~ 1.00			410 이상	245 이상
STPT480	0.33 이하		0.30 ~ 1.00			480 이상	275 이상

5·34 표 배관용 합금강 강관 (JIS G 3458) KS D 3573(폐지)

종류의 기호	화학 성분 (%)							인장시험	
	C	Si	Mn	P	S	Cr	Mo	인장강도 (N/mm^2)	항복점 (N/mm^2)
STPA12	0.10~0.20	0.10~0.50	0.30~0.80	0.035 이하	0.035이하	–	0.45~0.65	380 이상	205 이상
STPA20	0.10~0.20	0.10~0.50	0.30~0.60	0.035 이하	0.035이하	0.50~0.80	0.40~0.65	410 이상	205 이상
STPA22	0.15 이하	0.50 이하	0.30~0.60	0.035 이하	0.035이하	0.80~1.25	0.45~0.65	410 이상	205 이상
STPA23	0.15 이하	0.50~1.00	0.30~0.60	0.030 이하	0.030이하	1.00~1.50	0.45~0.65	410 이상	205 이상
STPA24	0.15 이하	0.50 이하	0.30~0.60	0.030 이하	0.030이하	1.90~2.60	0.87~1.13	410 이상	205 이상
STPA25	0.15 이하	0.50 이하	0.30~0.60	0.030 이하	0.030이하	4.00~6.00	0.45~0.65	410 이상	205 이상
STPA26	0.15 이하	0.25~1.00	0.30~0.60	0.030 이하	0.030이하	8.00~10.00	0.90~1.10	410 이상	205 이상

5·35 표 보일러·열교환기용 탄소강 강관 (JIS G 3461) KS D 3563

종류의 기호	화학 성분 (%)					인장시험	
	C	Si	Mn	P	S	인장강도 (N/mm^2)	항복점 (N/mm^2)
STB340	0.18 이하	0.35 이하	0.30 ~ 0.60	0.035 이하	0.035 이하	340 이상	175 이상
STB410	0.32 이하	0.35 이하	0.30 ~ 0.80	0.035 이하	0.035 이하	410 이상	255 이상
STB510	0.25 이하	0.35 이하	1.00 ~ 1.50	0.035 이하	0.035 이하	510 이상	295 이상

5·36 표 보일러·열교환기용 합금강 강관 (JIS G 3462) KS D 3572

종류의 기호	화학 성분 (%)						
	C	Si	Mn	P	S	Cr	Mo
STBA12 (1)	0.10 ~ 0.20	0.10 ~ 0.50	0.30 ~ 0.80	0.035 이하	0.035 이하	—	0.45 ~ 0.65
STBA13 (1)	0.15 ~ 0.25	0.10 ~ 0.50	0.30 ~ 0.80	0.035 이하	0.035 이하	—	0.45 ~ 0.65
STBA20 (2)	0.10 ~ 0.20	0.10 ~ 0.50	0.30 ~ 0.60	0.035 이하	0.035 이하	0.50 ~ 0.80	0.40 ~ 0.65
STBA22 (2)	0.15 이하	0.50 이하	0.30 ~ 0.60	0.035 이하	0.035 이하	0.80 ~ 1.25	0.45 ~ 0.65
STBA23 (2)	0.15 이하	0.50 ~ 1.00	0.30 ~ 0.60	0.030 이하	0.030 이하	1.00 ~ 1.50	0.45 ~ 0.65
STBA24 (2)	0.15 이하	0.50 이하	0.30 ~ 0.60	0.030 이하	0.030 이하	1.90 ~ 2.60	0.87 ~ 1.13
STBA25 (2)	0.15 이하	0.50 이하	0.30 ~ 0.60	0.030 이하	0.030 이하	4.00 ~ 6.00	0.45 ~ 0.65
STBA26 (2)	0.15 이하	0.25 ~ 1.00	0.30 ~ 0.60	0.030 이하	0.030 이하	8.00 ~ 10.0	0.90 ~ 1.10

[주] (1) 몰리브덴강 강관
(2) 크롬몰리브덴강 강관

5·37 표 연강선재 (JIS G 3505) KS D 3572

종류의 기호	화학 성분 (%)			
	C	Mn	P	S
SWRM 6	0.08 이하	0.60 이하	0.040 이하	0.040 이하
SWRM 8	0.10 이하	0.60 이하	0.040 이하	0.040 이하
SWRM 10	0.08 ~ 0.13	0.30 ~ 0.60	0.040 이하	0.040 이하
SWRM 12	0.10 ~ 0.15	0.30 ~ 0.60	0.040 이하	0.040 이하
SWRM 15	0.13 ~ 0.18	0.30 ~ 0.60	0.040 이하	0.040 이하
SWRM 17	0.15 ~ 0.20	0.30 ~ 0.60	0.040 이하	0.040 이하
SWRM 20	0.18 ~ 0.23	0.30 ~ 0.60	0.040 이하	0.040 이하
SWRM 22	0.20 ~ 0.25	0.30 ~ 0.60	0.040 이하	0.040 이하

5·38 표 경강선재 (JIS G 3506) KS D 3554

종류의 기호	화학 성분 (%)				
	C	Si	Mn	P	S
SWRH 27	0.24 ~ 0.31	0.15 ~ 0.35	0.30 ~ 0.60	0.030 이하	0.030 이하
SWRH 32	0.29 ~ 0.36	0.15 ~ 0.35	0.30 ~ 0.60	0.030 이하	0.030 이하
SWRH 37	0.34 ~ 0.41	0.15 ~ 0.35	0.30 ~ 0.60	0.030 이하	0.030 이하
SWRH 42 A	0.39 ~ 0.46	0.15 ~ 0.35	0.30 ~ 0.60	0.030 이하	0.030 이하

(다음 페이지에 계속)

종류의 기호	화학 성분(%)				
	C	Si	Mn	P	S
SWRH 42 B	0.39 ~ 0.46	0.15 ~ 0.35	0.60 ~ 0.90	0.030 이하	0.030 이하
SWRH 47 A	0.44 ~ 0.51	0.15 ~ 0.35	0.30 ~ 0.60	0.030 이하	0.030 이하
SWRH 47 B	0.44 ~ 0.51	0.15 ~ 0.35	0.60 ~ 0.90	0.030 이하	0.030 이하
SWRH 52 A	0.49 ~ 0.56	0.15 ~ 0.35	0.30 ~ 0.60	0.030 이하	0.030 이하
SWRH 52 B	0.49 ~ 0.56	0.15 ~ 0.35	0.60 ~ 0.90	0.030 이하	0.030 이하
SWRH 57 A	0.54 ~ 0.61	0.15 ~ 0.35	0.30 ~ 0.60	0.030 이하	0.030 이하
SWRH 57 B	0.54 ~ 0.61	0.15 ~ 0.35	0.60 ~ 0.90	0.030 이하	0.030 이하
SWRH 62 A	0.59 ~ 0.66	0.15 ~ 0.35	0.30 ~ 0.60	0.030 이하	0.030 이하
SWRH 62 B	0.59 ~ 0.66	0.15 ~ 0.35	0.60 ~ 0.90	0.030 이하	0.030 이하
SWRH 67 A	0.64 ~ 0.71	0.15 ~ 0.35	0.30 ~ 0.60	0.030 이하	0.030 이하
SWRH 67 B	0.64 ~ 0.71	0.15 ~ 0.35	0.60 ~ 0.90	0.030 이하	0.030 이하
SWRH 72 A	0.69 ~ 0.76	0.15 ~ 0.35	0.30 ~ 0.60	0.030 이하	0.030 이하
SWRH 72 B	0.69 ~ 0.76	0.15 ~ 0.35	0.60 ~ 0.90	0.030 이하	0.030 이하
SWRH 77 A	0.74 ~ 0.81	0.15 ~ 0.35	0.30 ~ 0.60	0.030 이하	0.030 이하
SWRH 77 B	0.74 ~ 0.81	0.15 ~ 0.35	0.60 ~ 0.90	0.030 이하	0.030 이하
SWRH 82 A	0.79 ~ 0.86	0.15 ~ 0.35	0.30 ~ 0.60	0.030 이하	0.030 이하
SWRH 82 B	0.79 ~ 0.86	0.15 ~ 0.35	0.60 ~ 0.90	0.030 이하	0.030 이하

5·39 표 기계구조용 탄소강 강재 (JIS G 4051) KS D 3752

종류의 기호	화학 성분(%)					비고 (참고)
	C	Si	Mn	P	S	
S 10 C	0.08 ~ 0.13	0.15 ~ 0.35	0.30 ~ 0.60	0.030 이하	0.035 이하	볼트, 너트, 리벳, 모터축, 소형 부품, 로드, 레버, 크랭크축, 연접봉, 키, 핀 등.
S 12 C	0.10 ~ 0.15	0.15 ~ 0.35	0.30 ~ 0.60	0.030 이하	0.035 이하	
S 15 C	0.13 ~ 0.18	0.15 ~ 0.35	0.30 ~ 0.60	0.030 이하	0.035 이하	
S 17 C	0.15 ~ 0.20	0.15 ~ 0.35	0.30 ~ 0.60	0.030 이하	0.035 이하	
S 20 C	0.18 ~ 0.23	0.15 ~ 0.35	0.30 ~ 0.60	0.030 이하	0.035 이하	
S 22 C	0.20 ~ 0.25	0.15 ~ 0.35	0.30 ~ 0.60	0.030 이하	0.035 이하	
S 25 C	0.22 ~ 0.28	0.15 ~ 0.35	0.30 ~ 0.60	0.030 이하	0.035 이하	
S 28 C	0.25 ~ 0.31	0.15 ~ 0.35	0.60 ~ 0.90	0.030 이하	0.035 이하	
S 30 C	0.27 ~ 0.33	0.15 ~ 0.35	0.60 ~ 0.90	0.030 이하	0.035 이하	
S 33 C	0.30 ~ 0.36	0.15 ~ 0.35	0.60 ~ 0.90	0.030 이하	0.035 이하	
S 35 C	0.32 ~ 0.38	0.15 ~ 0.35	0.60 ~ 0.90	0.030 이하	0.035 이하	
S 38 C	0.35 ~ 0.41	0.15 ~ 0.35	0.60 ~ 0.90	0.030 이하	0.035 이하	
S 40 C	0.37 ~ 0.43	0.15 ~ 0.35	0.60 ~ 0.90	0.030 이하	0.035 이하	
S 43 C	0.40 ~ 0.46	0.15 ~ 0.35	0.60 ~ 0.90	0.030 이하	0.035 이하	
S 45 C	0.42 ~ 0.48	0.15 ~ 0.35	0.60 ~ 0.90	0.030 이하	0.035 이하	
S 48 C	0.45 ~ 0.51	0.15 ~ 0.35	0.60 ~ 0.90	0.030 이하	0.035 이하	
S 50 C	0.47 ~ 0.53	0.15 ~ 0.35	0.60 ~ 0.90	0.030 이하	0.035 이하	
S 53 C	0.50 ~ 0.56	0.15 ~ 0.35	0.60 ~ 0.90	0.030 이하	0.035 이하	
S 55 C	0.52 ~ 0.58	0.15 ~ 0.35	0.60 ~ 0.90	0.030 이하	0.035 이하	
S 58 C	0.55 ~ 0.61	0.15 ~ 0.35	0.60 ~ 0.90	0.030 이하	0.035 이하	
S 09 CK	0.07 ~ 0.12	0.10 ~ 0.35	0.30 ~ 0.60	0.025 이하	0.025 이하	표면담금질용
S 15 CK	0.13 ~ 0.18	0.15 ~ 0.35	0.30 ~ 0.60	0.025 이하	0.025 이하	
S 20 CK	0.18 ~ 0.23	0.15 ~ 0.35	0.30 ~ 0.60	0.025 이하	0.025 이하	

5·40 표 담금질성을 보증한 구조용강 강재 (H강) KS D 3754(폐지)

종류의 기호	분 류	종류의 기호	분 류
SMn 420H SMn 433H SMn 438H SMn 443H	망간강 [5·41 표 (a) 참조]	SCM 415H SCM 418H SCM 420H SCM 425H SCM 435H SCM 440H SCM 445H SCM 822H	크롬몰리브덴강 [5·41 표 (c) 참조]
SMnC 420H SMnC 443H	망간크롬강 [5·41 표 (a) 참조]		
SCr 415H SCr 420H SCr 430H SCr 435H SCr 440H	크롬강 [5·41 표 (b) 참조]	SNC 415H SNC 631H SNC 815 H	니켈크롬강 [5·41 표 (d) 참조]
		SNCM 220H SNCM 420H	니켈크롬몰리브덴강 [5·41 표 (e) 참조]

5·41 표 기계구조용 합금강 강재 (JIS G 4053)

KS D 3867

(a) 망간강 및 망간크롬강 강재

종류의 기호	화학 성분(%)						
	C	Si	Mn	P	S	Ni	Cr
SMn 420	0.17~0.23	0.15~0.35	1.20~1.50	0.030 이하	0.030 이하	0.25 이하	0.35 이하
SMn 433	0.30~0.36	0.15~0.35	1.20~1.50	0.030 이하	0.030 이하	0.25 이하	0.35 이하
SMn 438	0.35~0.41	0.15~0.35	1.35~1.65	0.030 이하	0.030 이하	0.25 이하	0.35 이하
SMn 443	0.40~0.46	0.15~0.35	1.35~1.65	0.030 이하	0.030 이하	0.25 이하	0.35 이하
SMnC 420	0.17~0.23	0.15~0.35	1.20~1.50	0.030 이하	0.030 이하	0.25 이하	0.35~0.70
SMnC 443	0.40~0.46	0.15~0.35	1.35~1.65	0.030 이하	0.030 이하	0.25 이하	0.35~0.70

(b) 크롬강 강재

종류의 기호	화학 성분(%)						
	C	Si	Mn	P	S	Ni	Cr
SCr 415	0.13~0.18	0.15~0.35	0.60~0.90	0.030 이하	0.030 이하	0.25 이하	0.90~1.20
SCr 420	0.18~0.23	0.15~0.35	0.60~0.90	0.030 이하	0.030 이하	0.25 이하	0.90~1.20
SCr 430	0.28~0.33	0.15~0.35	0.60~0.90	0.030 이하	0.030 이하	0.25 이하	0.90~1.20
SCr 435	0.33~0.38	0.15~0.35	0.60~0.90	0.030 이하	0.030 이하	0.25 이하	0.90~1.20
SCr 440	0.38~0.43	0.15~0.35	0.60~0.90	0.030 이하	0.030 이하	0.25 이하	0.90~1.20
SCr 445	0.43~0.48	0.15~0.35	0.60~0.90	0.030 이하	0.030 이하	0.25 이하	0.90~1.20

(c) 크롬몰리브덴강 강재

종류의 기호	화학 성분(%)							
	C	Si	Mn	P	S	Ni	Cr	Mo
SCM 415	0.13~0.18	0.15~0.35	0.60~0.90	0.030 이하	0.030 이하	0.25 이하	0.90~1.20	0.15~0.25
SCM 418	0.16~0.21	0.15~0.35	0.60~0.90	0.030 이하	0.030 이하	0.25 이하	0.90~1.20	0.15~0.25
SCM 420	0.18~0.23	0.15~0.35	0.60~0.90	0.030 이하	0.030 이하	0.25 이하	0.90~1.20	0.15~0.25
SCM 421	0.17~0.23	0.15~0.35	0.70~1.00	0.030 이하	0.030 이하	0.25 이하	0.90~1.20	0.15~0.25
SCM 425	0.23~0.28	0.15~0.35	0.60~0.90	0.030 이하	0.030 이하	0.25 이하	0.90~1.20	0.15~0.30
SCM 430	0.28~0.33	0.15~0.35	0.60~0.90	0.030 이하	0.030 이하	0.25 이하	0.90~1.20	0.15~0.30
SCM 432	0.27~0.37	0.15~0.35	0.30~0.60	0.030 이하	0.030 이하	0.25 이하	1.00~1.50	0.15~0.30
SCM 435	0.33~0.38	0.15~0.35	0.60~0.90	0.030 이하	0.030 이하	0.25 이하	0.90~1.20	0.15~0.30
SCM 440	0.38~0.43	0.15~0.35	0.60~0.90	0.030 이하	0.030 이하	0.25 이하	0.90~1.20	0.15~0.30
SCM 445	0.43~0.48	0.15~0.35	0.60~0.90	0.030 이하	0.030 이하	0.25 이하	0.90~1.20	0.15~0.30
SCM 822	0.20~0.25	0.15~0.35	0.60~0.90	0.030 이하	0.030 이하	0.25 이하	0.90~1.20	0.35~0.45

(d) 니켈크롬강 강재

종류의 기호	화학 성분(%)							용도 예 (참고)	
	C	Si	Mn	P	S	Ni	Cr		
SNC 236	0.32 ~0.40	0.15 ~0.35	0.50 ~0.80	0.030 이하	0.030 이하	1.00 ~1.50	0.50 ~0.90	볼트, 너트	
SNC 415	0.12 ~0.18	0.15 ~0.35	0.35 ~0.65	0.030 이하	0.030 이하	2.00 ~2.50	0.20 ~0.50	표면 담금질용	피스톤 핀, 기어
SNC 631	0.27 ~0.35	0.15 ~0.35	0.35 ~0.65	0.030 이하	0.030 이하	2.50 ~3.00	0.60 ~1.00	크랭크축, 축류, 기어	
SNC 815	0.12 ~0.18	0.15 ~0.35	0.35 ~0.65	0.030 이하	0.030 이하	3.00 ~3.50	0.60 ~1.00	표면 담금질용	캠축, 기어
SNC 836	0.32 ~0.40	0.15 ~0.35	0.35 ~0.65	0.030 이하	0.030 이하	3.00 ~3.50	0.60 ~1.00	축류, 기어	

(e) 니켈크롬몰리브덴강 강재

종류의 기호	화학 성분(%)							
	C	Si	Mn	P	S	Ni	Cr	Mo
SNCM 220	0.17~0.23	0.15~0.35	0.60~0.90	0.030 이하	0.030 이하	0.40~0.70	0.40~0.60	0.15~0.25
SNCM 240	0.38~0.43	0.15~0.35	0.70~1.00	0.030 이하	0.030 이하	0.40~0.70	0.40~0.60	0.15~0.30
SNCM 415	0.12~0.18	0.15~0.35	0.40~0.70	0.030 이하	0.030 이하	1.60~2.00	0.40~0.60	0.15~0.30
SNCM 420	0.17~0.23	0.15~0.35	0.40~0.70	0.030 이하	0.030 이하	1.60~2.00	0.40~0.60	0.15~0.30
SNCM 431	0.27~0.35	0.15~0.35	0.60~0.90	0.030 이하	0.030 이하	1.60~2.00	0.60~1.00	0.15~0.30
SNCM 439	0.36~0.43	0.15~0.35	0.60~0.90	0.030 이하	0.030 이하	1.60~2.00	0.60~1.00	0.15~0.30
SNCM 447	0.44~0.50	0.15~0.35	0.60~0.90	0.030 이하	0.030 이하	1.60~2.00	0.60~1.00	0.15~0.30
SNCM 616	0.13~0.20	0.15~0.35	0.80~1.20	0.030 이하	0.030 이하	2.80~3.20	1.40~1.80	0.40~0.60
SNCM 625	0.20~0.30	0.15~0.35	0.35~0.60	0.030 이하	0.030 이하	3.00~3.50	1.00~1.50	0.15~0.30
SNCM 630	0.25~0.35	0.15~0.35	0.35~0.60	0.030 이하	0.030 이하	2.50~3.50	2.50~3.50	0.50~0.70(2)
SNCM 815	0.12~0.18	0.15~0.35	0.30~0.60	0.030 이하	0.030 이하	4.00~4.50	0.70~1.00	0.15~0.30
SACM 645(3)	0.40~0.50	0.15~0.50	0.60 이하	0.030 이하	0.030 이하	0.25 이하	1.30~1.70	0.15~0.30

[주] (1) (a)~(e) 표의 모든 강재는 불순물로서 Cu가 0.30%를 넘어서는 안 된다.
(2) 거래 당사자 간의 협정에 의해 하한을 0.30%로 해도 된다.
(3) SACM 645의 Al은 0.70~1.20%로 한다.

5·42 표 고온용 합금강 볼트재 (JIS G 4107) KS D 3755(폐지)

종류	기호	화학 성분(%)								인장시험	
		C	Si	Mn	P	S	Cr	Mo	V	지름(mm)	(N/mm²)
1종	SNB 5	0.10 이하	1.00 이하	1.00 이하	0.040 이하	0.030 이하	4.00 ~ 6.00	0.40 ~ 0.65	—	100 이하	690 이상
2종	SNB 7	0.38 ~ 0.48	0.20 ~ 0.35	0.75 ~ 1.00	0.040 이하	0.040 이하	0.80 ~ 1.10	0.15 ~ 0.25	—	63 이하 63을 넘고 100 이하 100을 넘고 120 이하	860 이상 800 이상 690 이상
3종	SNB 16	0.36 ~ 0.44	0.20 ~ 0.35	0.45 ~ 0.70	0.040 이하	0.040 이하	0.80 ~ 1.15	0.50 ~ 0.65	0.25 ~ 0.35	63 이하 63을 넘고 100 이하 100을 넘고 180 이하	860 이상 760 이상 690 이상

5·43 표 보일러 및 압력용기용 크롬몰리브덴강 강판 (JIS G 4109) KS D 3543

종류의 기호	화학 성분(%)							인장시험	
	C	Si	Mn	P	S	Cr	Mo	인장강도 (N/mm²)	항복점 (N/mm²)
SCMV 1	0.21 이하	0.40 이하	0.55 ~ 0.80	0.020 이하	0.020 이하	0.50 ~ 0.80	0.45 ~ 0.60	380 ~ 550	225 이상
SCMV 2	0.17 이하	0.40 이하	0.40 ~ 0.65	0.020 이하	0.020 이하	0.8 ~ 1.15	0.45 ~ 0.60	380 ~ 550	225 이상
SCMV 3	0.17 이하	0.50 ~ 0.80	0.40 ~ 0.65	0.020 이하	0.020 이하	1.00 ~ 1.50	0.45 ~ 0.65	410 ~ 590	235 이상
SCMV 4	0.17 이하	0.50 이하	0.30 ~ 0.60	0.020 이하	0.020 이하	2.00 ~ 2.50	0.90 ~ 1.10	410 ~ 590	205 이상
SCMV 5	0.17 이하	0.50 이하	0.30 ~ 0.60	0.020 이하	0.020 이하	2.75 ~ 3.25	0.90 ~ 1.10	410 ~ 590	205 이상
SCMV 6	0.15 이하	0.50 이하	0.30 ~ 0.60	0.020 이하	0.020 이하	4.00 ~ 6.00	0.45 ~ 0.65	410 ~ 590	205 이상

5·44 표 알루미늄크롬몰리브덴강 강재 (JIS G 4202) (2008년 폐지) KS D 3756

종류의 기호	화학 성분(%)								용도 예
	C	Si	Mn	P	S	Cr	Mo	Al	
SACM 645	0.40 ~ 0.50	0.15 ~ 0.50	0.60 이하	0.030 이하	0.030 이하	1.30 ~ 1.70	0.15 ~ 0.30	0.70 ~ 1.20	표면질화 작용

5·45 표 스테인리스강의 종류 (JIS G 4303~4309)

분류	종류의 기호	개략 조성	분류	종류의 기호	개략 조성
오스테나이트계	SUS 201	17 Cr-4.5 Ni-6 Mn-N	오스테나이트계	SUS 321	18 Cr-9 Ni-Ti
	SUS 202	18 Cr-5 Ni-8 Mn-N		SUS 347	18 Cr-9 Ni-Mb
	SUS 301	17 Cr-7 Ni		SUS 384	16 Cr-18 Ni
	SUS 301 h	17 Cr-7 Ni-N-저 C		SUSXM 7	18 Cr-9 Ni-3.5 Cu
	SUS 301 J 1	17 Cr-7 Ni-0.1 C		SUSXM 15 J 1	18 Cr-13 Ni-4 Si
	SUS 302	18 Cr-8 Ni-0.1 C	오스테나이트·페라이트계	SUS 329 J 1	25 Cr-4.5 Ni-2 Mo
	SUS 302 B	18 Cr-8 Ni-2.5 Si		SUS 329 J 3 L	25 Cr-5 Ni-3 Mo-N-저C
	SUS 303	18 Cr-8 Ni-고S		SUS 329 J 4 L	25 Cr-6 Ni-3 Mo-N-저C
	SUS 303 Se	18 Cr-8 Ni-Se	페라이트계	SUS 405	13 Cr-A 1
	SUS 303 Cu	18 Cr-8 Ni-2.5 Cu		SUS 410 L	13 Cr-저C
	SUS 304	18 Cr-8 Ni		SUS 429	16 Cr
	SUS 304 Cu	18 Cr-8 Ni-1 Cu		SUS 430	18 Cr
	SUS 304 L	18 Cr-9 Ni-저 C		SUS 430 LX	18 Cr-(Ti, Nb)-저C
	SUS 304 N 1	18 Cr-8 Ni-N		SUS 430 J 1 L	18 Cr-N-(Ti, Nb, Zr)-저C
	SUS 304 N 2	18 Cr-8 Ni-N-Nb		SUS 430 F	18 Cr-고S
	SUS 304 LN	18 Cr-8 Ni-N-고C		SUS 434	18 Cr-1 Mo
	SUS 304 J 1	16 Cr-7 Ni-2 Cu		SUS 436 L	18 Cr-1 Mo-0.5 Cu-N-(Ti, Nb, Zr)-저C
	SUS 304 J 2	16 Cr-7 Ni-4 Mo-2 Cu		SUS 436 J 1 L	18 Cr-0.5 Mo-N-(Ti, Nb, Zr)-저C
	SUS 304 J 3	18 Cr-8 Ni-2 Cu		SUS 444	18 Cr-2 Mo-N-(Ti, Nb, Zr)-저C
	SUS 305	18 Cr-12 Ni-0.1 C		SUS 445 J 1	22 Cr-1 Mo-N-저C
	SUS 305 J 1	18 Cr-12 Ni		SUS 445 J 2	22 Cr-2 Mo-N-저C
	SUS 309 S	22 Cr-12 Ni		SUS 447 J 1	30 Cr-2 Mo-N-극저C
	SUS 310 S	25 Cr-20 Ni		SUSXM 27	26 Cr-1 Mo-극저 C, N)
	SUS 312 L	20 Cr-18 Ni-6.5 Mo-0.8 Cu-N-저C	마르텐사이트계	SUS 403	13 Cr-극Si
	SUS 315 J 1	18 Cr-8 Ni-2 Si-1 Mo-3 Cu		SUS 410	13 Cr
	SUS 315 J 2	18 Cr-12 Ni-3 Si-1 Mo-3 Cu		SUS 410 J 1	13 Cr-Mo
	SUS 316	18 Cr-12 Ni-2.5 Mo		SUS 410 F 2	13 Cr-0.1 C-Pb
	SUS 316 L	18 Cr-12 Ni-2.5 Mo-저C		SUS 410 S	13 Cr
	SUS 316 N	18 Cr-12 Ni-2.5 Mo-N		SUS 416	13 Cr-0.1 C-고S
	SUS 316 LN	18 Cr-12 Ni-2.5 Mo-N-저C		SUS 420 J 1	13 Cr-0.2 C
	SUS 316 Ti	18 Cr-12 Ni-2.5 Mo-Ti		SUS 420 J 2	13 Cr-0.3 C
	SUS 316 J 1	18 Cr-12 Ni-2 Mo-2 Cu		SUS 420 F	13 Cr-0.3 C-고S
	SUS 316 J 1 L	18 Cr-12 Ni-2 Mo-2 Cu-저C		SUS 420 F 2	13 Cr-0.2 C-Pb
	SUS 316 F	18 Cr-12 Ni-2.5 Mo-고S		SUS 431	16 Cr-2 Ni
	SUS 317	18 Cr-12 Ni-3.5 Mo		SUS 440 A	18 Cr-0.7 C
	SUS 317 L	18 Cr-12 Ni-3.5 Mo-저C		SUS 440 B	18 Cr-0.8 C
	SUS 317 LN	18 Cr-13 Ni-3.5 Mo-N-저C		SUS 440 C	18 Cr-1 C
	SUS 317 J 1	18 Cr-16 Ni-5 Mo-저C		SUS 440 F	18 Cr-1 C-고S
	SUS 317 J 2	24 Cr-14 Ni-1 Mo-N	석출경화계	SUS 630	17 Cr-4 Ni-4 Cu-Nb
	SUS 836 L	20 Cr-25 Ni-6 Mo-N-저C		SUS 631	17 Cr-7 Ni-1 Al
	SUS 890 L	20 Cr-24 Ni-4.5 Mo-2.5 Cu-저C		SUS 631 J 1	17 Cr-8 Ni-1 Al

[비고] JIS G 4316 (용접용 스테인리스강 선재)만으로 규정되어 있는 종류는 생략했다.

5·46 표 탄소공구강 강재 (JIS G 4401) KS D 3751

기호	화학 성분(%)					용도 예
	C	Si	Mn	P	S	
SK 140	1.30∼1.50	0.10∼0.35	0.10∼0.50	0.030 이하	0.030 이하	칼날줄, 사포
SK 120	1.15∼1.25	0.10∼0.35	0.10∼0.50	0.030 이하	0.030 이하	드릴, 소형 펀치, 면도칼, 철공줄, 날붙이, 쇠톱, 용수철
SK 105	1.00∼1.10	0.10∼0.35	0.10∼0.50	0.030 이하	0.030 이하	쇠톱, 정, 게이지, 용수철, 프레스형, 치공구, 날붙이
SK 95	0.90∼1.00	0.10∼0.35	0.10∼0.50	0.030 이하	0.030 이하	목공용 송곳, 도끼, 정, 용수철, 펜촉, 치즐, 슬리터나이프, 프레스형, 게이지, 래치 바늘
SK 90	0.85∼0.95	0.10∼0.35	0.10∼0.50	0.030 이하	0.030 이하	프레스형, 용수철, 게이지, 바늘
SK 85	0.80∼0.90	0.10∼0.35	0.10∼0.50	0.030 이하	0.030 이하	각인, 프레스형, 용수철, 띠톱, 치공구, 날붙이, 둥근톱, 게이지, 바늘
SK 80	0.75∼0.85	0.10∼0.35	0.10∼0.50	0.030 이하	0.030 이하	각인, 프레스형, 용수철
SK 75	0.70∼0.80	0.10∼0.35	0.10∼0.50	0.030 이하	0.030 이하	각인, 스냅, 둥근톱, 용수철, 프레스형
SK 70	0.65∼0.75	0.10∼0.35	0.10∼0.50	0.030 이하	0.030 이하	각인, 스냅, 용수철, 프레스형
SK 65	0.60∼0.70	0.10∼0.35	0.10∼0.50	0.030 이하	0.030 이하	각인, 스냅, 프레스형, 나이프
SK 60	0.55∼0.65	0.10∼0.35	0.10∼0.50	0.030 이하	0.030 이하	각인, 스냅, 프레스형

5·47 표 고속도공구강 강재 (JIS G 4403) KS D 3522

분류	기호	화학 성분(%)										용도 예
		C	Si	Mn	P	S	Cr	Mo	W	V	Co	
텅스텐계	SKH 2	0.73∼0.83	0.45 이하	0.40 이하	0.030 이하	0.030 이하	3.80∼4.50	—	17.20∼18.70	1.00∼1.20	—	일반 절삭용 기타 각종 공구
	SKH 3	0.73∼0.83	0.45 이하	0.40 이하	0.030 이하	0.030 이하	3.80∼4.50	—	17.00∼19.00	0.80∼1.20	4.50∼5.50	고속 중절삭용 기타 각종 공구
	SKH 4	0.73∼0.83	0.45 이하	0.40 이하	0.030 이하	0.030 이하	3.80∼4.50	—	17.00∼19.00	1.00∼1.50	9.00∼11.00	난삭재 절삭용 기타 각종 공구
	SKH 10	1.45∼1.60	0.45 이하	0.40 이하	0.030 이하	0.030 이하	3.80∼4.50	—	11.50∼13.50	4.20∼5.20	4.20∼5.20	고난삭재 절삭용 기타 각종 공구
*	SKH 40	1.23∼1.33	0.45 이하	0.40 이하	0.030 이하	0.030 이하	3.80∼4.50	4.70∼5.30	5.70∼6.70	2.70∼3.20	8.00∼8.80	경도, 인성, 내마모성을 필요로 하는 일반 절삭용 기타 각종 공구
몰리브덴계	SKH 50	0.77∼0.87	0.70 이하	0.45 이하	0.030 이하	0.030 이하	3.50∼4.50	8.00∼9.00	1.40∼2.00	1.00∼1.40	—	인성을 필요로 하는 일반 절삭용 기타 각종 공구
	SKH 51	0.80∼0.88	0.45 이하	0.40 이하	0.030 이하	0.030 이하	3.80∼4.50	4.70∼5.20	5.90∼6.70	1.70∼2.10	—	
	SKH 52	1.00∼1.10	0.45 이하	0.40 이하	0.030 이하	0.030 이하	3.80∼4.50	5.50∼6.25	5.90∼6.70	2.30∼2.60	—	비교적 인성을 필요로 하는 고경도재 절삭용 기타 각종 공구
	SKH 53	1.15∼1.25	0.45 이하	0.40 이하	0.030 이하	0.030 이하	3.80∼4.50	4.70∼5.20	5.90∼6.70	2.70∼3.20	—	
	SKH 54	1.25∼1.40	0.45 이하	0.40 이하	0.030 이하	0.030 이하	3.80∼4.50	4.20∼5.00	5.20∼6.00	3.70∼4.20	—	고난삭재 절삭용 기타 각종 공구
	SKH 55	0.87∼0.95	0.45 이하	0.40 이하	0.030 이하	0.030 이하	3.80∼4.50	4.70∼5.20	5.90∼6.70	1.70∼2.10	4.50∼5.00	비교적 인성을 필요로 하는 고속 중절삭용 기타 각종 공구
	SKH 56	0.85∼0.95	0.45 이하	0.40 이하	0.030 이하	0.030 이하	3.80∼4.50	4.70∼5.20	5.90∼6.70	1.70∼2.10	7.00∼9.00	
	SKH 57	1.20∼1.35	0.45 이하	0.40 이하	0.030 이하	0.030 이하	3.80∼4.50	3.20∼3.90	9.00∼10.00	3.00∼3.50	9.50∼10.50	고난삭재 절삭용 기타 각종 공구
	SKH 58	0.95∼1.05	0.70 이하	0.40 이하	0.030 이하	0.030 이하	3.50∼4.50	8.20∼9.20	1.50∼2.10	1.70∼2.20	—	인성을 필요로 하는 일반 절삭용 기타 각종 공구
	SKH 59	1.05∼1.15	0.70 이하	0.40 이하	0.030 이하	0.030 이하	3.50∼4.50	9.00∼10.00	1.20∼1.90	0.90∼1.30	7.50∼8.50	비교적 인성을 필요로 하는 고속 중절삭용 기타 각종 공구

[주] * 분말야금으로 제조된 몰리브덴계.

5장

5·48 표 합금공구강 강재 (JIS G 4404)

(a) 절삭공구강용 KS D 3753

기호	화학 성분 (%)									용도 예
	C	Si	Mn	P	S	Ni	Cr	W	V	
SKS 11	1.20 ~ 1.30	0.35 이하	0.50 이하	0.030 이하	0.030 이하	—	0.20 ~ 0.50	3.00 ~ 4.00	0.10 ~ 0.30	바이트, 냉간드로잉 다이스
SKS 2	1.00 ~ 1.10	0.35 이하	0.80 이하	0.030 이하	0.030 이하	—	0.50 ~ 1.00	1.00 ~ 1.50	(0.20	탭, 드릴, 커터, 프레스형, 나사절삭 다이스
SKS 21	1.00 ~ 1.10	0.35 이하	0.50 이하	0.030 이하	0.030 이하	—	0.20 ~ 0.50	0.50 ~ 1.00	0.10 ~ 0.25	탭, 드릴, 커터, 프레스형, 나사절삭 다이스
SKS 5	0.75 ~ 0.85	0.35 이하	0.50 이하	0.030 이하	0.030 이하	0.70 ~ 1.30	0.20 ~ 0.50	—	—	둥근톱, 띠톱
SKS 51	0.75 ~ 0.85	0.35 이하	0.50 이하	0.030 이하	0.030 이하	1.30 ~ 2.00	0.20 ~ 0.50	—	—	둥근톱, 띠톱
SKS 7	1.10 ~ 1.20	0.35 이하	0.50 이하	0.030 이하	0.030 이하	—	0.20 ~ 0.50	2.00 ~ 2.50	(0.20	쇠톱
SKS 81	1.10 ~ 1.30	0.35 이하	0.50 이하	0.030 이하	0.030 이하	—	0.20 ~ 0.50	—	—	교체 면도날, 날붙이, 쇠톱
SKS 8	1.30 ~ 1.50	0.35 이하	0.50 이하	0.030 이하	0.030 이하	—	0.20 ~ 0.50	—	—	칼날줄, 줄 세트

(b) 내충격공구강용

記号	화학 성분 (%)								용도 예
	C	Si	Mn	P	S	Cr	W	V	
SKS 4	0.45 ~ 0.55	0.35 이하	0.50 이하	0.030 이하	0.030 이하	0.50 ~ 1.00	0.50 ~ 1.00	—	정, 펀치, 시어날
SKS 41	0.35 ~ 0.45	0.35 이하	0.50 이하	0.030 이하	0.030 이하	1.00 ~ 1.50	2.50 ~ 3.50	—	정, 펀치, 시어날
SKS 43	1.00 ~ 1.10	0.10 ~ 0.30	0.10 ~ 0.40	0.030 이하	0.030 이하	—	—	0.10 ~ 0.20	착암기용 피스톤, 헤딩다이스
SKS 44	0.80 ~ 0.90	0.25 이하	0.30 이하	0.030 이하	0.030 이하	—	—	0.10 ~ 0.25	정, 헤딩다이스

(c) 냉간금형용

기호	화학 성분 (%)									용도 예
	C	Si	Mn	P	S	Cr	Mo	W	V	
SKS 3	0.90 ~ 1.00	0.35 이하	0.90 ~ 1.20	0.030 이하	0.030 이하	0.50 ~ 1.00	—	0.50 ~ 1.00	—	게이지, 시어날, 프레스형, 나사절삭 다이스
SKS 31	0.95 ~ 1.05	0.35 이하	0.90 ~ 1.20	0.030 이하	0.030 이하	0.80 ~ 1.20	—	1.00 ~ 1.50	—	게이지, 프레스형, 나사절삭 다이스
SKS 93	1.00 ~ 1.10	0.50 이하	0.80 ~ 1.10	0.030 이하	0.030 이하	0.20 ~ 0.60	—	—	—	
SKS 94	0.90 ~ 1.00	0.50 이하	0.80 ~ 1.10	0.030 이하	0.030 이하	0.20 ~ 0.60	—	—	—	시어날, 게이지, 프레스형
SKS 95	0.80 ~ 0.90	0.50 이하	0.80 ~ 1.10	0.030 이하	0.030 이하	0.20 ~ 0.60	—	—	—	
SKD 1	1.90 ~ 2.20	0.10 ~ 0.60	0.20 ~ 0.60	0.030 이하	0.030 이하	11.00 ~ 13.00	—	—	(0.30 이하)	선긋기 다이스, 프레스형, 벽돌형, 분말성형형
SKD 2	2.00 ~ 2.30	0.10 ~ 0.40	0.30 ~ 0.60	0.030 이하	0.030 이하	11.00 ~ 13.00	—	0.60 ~ 0.80	—	
SKD 10	1.45 ~ 1.60	0.10 ~ 0.60	0.20 ~ 0.60	0.030 이하	0.030 이하	11.00 ~ 13.00	0.70 ~ 1.00	—	0.70 ~ 1.00	
SKD 11	1.40 ~ 1.60	0.40 이하	0.60 이하	0.030 이하	0.030 이하	11.00 ~ 13.00	0.80 ~ 1.20	—	0.20 ~ 0.50	게이지, 나사전조 다이스, 금속날붙이, 호밍롤, 프레스형
SKD 12	0.95 ~ 1.05	0.10 ~ 0.40	0.40 ~ 0.80	0.030 이하	0.030 이하	4.80 ~ 5.50	0.90 ~ 1.20	—	0.15 ~ 0.35	

(d) 열간금형용

비고	화학 성분(%)										용도예
	C	Si	Mn	P	S	Ni	Cr	Mo	W	V	Co	
SKD 4	0.25 ~ 0.35	0.40 이하	0.60 이하	0.030 이하	0.020 이하	—	2.00 ~ 3.00	—	5.00 ~ 6.00	0.30 ~ 0.50	—	프레스형, 다이캐스트형, 압출공구, 시어 블레이드
SKD 5	0.25 ~ 0.35	0.01 ~ 0.40	0.15 ~ 0.45	0.030 이하	0.020 이하	—	2.50 ~ 3.20	—	8.50 ~ 9.50	0.30 ~ 0.50	—	
SKD 6	0.32 ~ 0.42	0.80 ~ 1.20	0.50 이하	0.030 이하	0.020 이하	—	4.50 ~ 5.50	1.00 ~ 1.50	—	0.30 ~ 0.50	—	
SKD 61	0.35 ~ 0.42	0.80 ~ 1.20	0.25 ~ 0.50	0.030 이하	0.020 이하	—	4.80 ~ 5.50	1.00 ~ 1.50	—	0.80 ~ 0.15	—	
SKD 62	0.32 ~ 0.40	0.80 ~ 1.20	0.20 ~ 0.50	0.030 이하	0.020 이하	—	4.75 ~ 5.50	1.00 ~ 1.60	1.00 ~ 1.60	0.20 ~ 0.50	—	프레스형, 압출공구
SKD 7	0.28 ~ 0.35	0.01 ~ 0.40	0.15 ~ 0.45	0.030 이하	0.020 이하	—	2.70 ~ 3.20	2.50 ~ 3.00	—	0.40 ~ 0.70	—	프레스형, 압출공구
SKD 8	0.35 ~ 0.45	0.15 ~ 0.50	0.20 ~ 0.50	0.030 이하	0.020 이하	—	4.00 ~ 4.70	0.30 ~ 0.50	3.80 ~ 4.50	1.70 ~ 2.10	4.00 ~ 4.50	프레스형, 압출공구, 다이캐스트형
SKT 3	0.50 ~ 0.60	0.35 이하	0.60 이하	0.030 이하	0.020 이하	0.25 ~ 0.60	0.90 ~ 1.20	0.30 ~ 0.50	—	(0.20 이하)	—	단조형, 프레스형, 압출공구
SKT 4	0.50 ~ 0.60	0.10 ~ 0.40	0.60 ~ 0.90	0.030 이하	0.020 이하	1.50 ~ 1.80	0.80 ~ 1.20	0.35 ~ 0.55	—	0.55 ~ 0.15	—	
SKT 6	0.40 ~ 0.50	0.10 ~ 0.40	0.20 ~ 0.50	0.030 이하	0.020 이하	3.80 ~ 4.30	1.20 ~ 1.50	0.15 ~ 0.35	—	—	—	

5·49 표 스프링강 강재 (JIS G 4801) KS D 3701

종류의 기호	화학 성분(%)								주요 용도예
	C	Si	Mn	P *	S *	Cr	Mo	V	B	
SUP 6	0.56 ~ 0.64	1.50 ~ 1.80	0.70 ~ 1.00	0.030 이하	0.030 이하	—	—	—	—	겹판 스프링, 코일 스프링, 토션 바
SUP 7	0.56 ~ 0.64	1.80 ~ 2.20	0.70 ~ 1.00	0.030 이하	0.030 이하	—	—	—	—	
SUP 9	0.52 ~ 0.60	0.15 ~ 0.35	0.65 ~ 0.95	0.030 이하	0.030 이하	0.65 ~ 0.95	—	—	—	
SUP 9 A	0.56 ~ 0.64	0.15 ~ 0.35	0.70 ~ 1.00	0.030 이하	0.030 이하	0.70 ~ 1.00	—	—	—	
SUP 10	0.47 ~ 0.55	0.15 ~ 0.35	0.65 ~ 0.95	0.030 이하	0.030 이하	0.80 ~ 1.10	—	0.15 ~ 0.25	—	코일 스프링, 토션 바
SUP 11 A	0.56 ~ 0.64	0.15 ~ 0.35	0.70 ~ 1.00	0.030 이하	0.030 이하	0.70 ~ 1.00	—	—	0.0005 이상	대형 겹판 스프링, 코일 스프링, 토션 바
SUP 12	0.51 ~ 0.59	1.20 ~ 1.60	0.60 ~ 0.90	0.030 이하	0.030 이하	0.60 ~ 0.90	—	—	—	코일 스프링
SUP 13	0.56 ~ 0.64	0.15 ~ 0.35	0.70 ~ 1.00	0.030 이하	0.030 이하	0.70 ~ 0.90	0.25 ~ 0.35	—	—	대형 겹판 스프링, 코일 스프링

[주] Cu의 값은 모두 0.30 이하. *P, S의 값은 거래 당사자 간의 협정에 의해 0.035% 이하로 해도 된다.

5·50 표 탄소강 단강품 (JIS G 3201) KS D 3710

종류의 기호	화학 성분(%)					인장강도 (N/mm²)
	C	Si	Mn	P	S	
SF 340 A SF 390 A SF 440 A SF 490 A SF 540 A SF 590 A	0.60 이하	0.15 ~ 0.50	0.30 ~ 1.20	0.030 이하	0.035 이하	340 ~ 440 390 ~ 490 440 ~ 540 490 ~ 590 540 ~ 640 590 ~ 690
SF 540 B SF 590 B SF 640 B						540 ~ 690 590 ~ 740 640 ~ 780

5·51 표 탄소강 주강품 (JIS G 5101) KS D 4101(폐지)

종류의 기호	화학 성분(%)			인장강도		적용
	C	P	S	(N/mm²)	신연(%)	
SC 360	0.20 이하	0.040 이하	0.040 이하	360 이상	23 이상	일반구조·전동기 부품용
SC 410	0.30 이하	0.040 이하	0.040 이하	410 이상	21 이상	일반구조용
SC 450	0.35 이하	0.040 이하	0.040 이하	450 이상	19 이상	일반구조용
SC 480	0.40 이하	0.040 이하	0.040 이하	480 이상	17 이상	일반구조용

5·52 표 회주철품 (JIS G 5501) KS D 4301(폐지)

종류의 기호	별도 캐스팅 공시재		본체붙이 공시재 (A) 및 실체 강도용 공시재 (B) (발췌; 참고)					
	인장강도 (N/mm²)	경도 (HB)	인장강도 (N/mm²)					
			10≦주철품의 살두께<20mm		20≦주철품의 살두께<40mm		40≦주철품의 살두께<80mm	
			A	B	A	B	A	B
FC 100	100 이상	201 이하	—	90	—	—	—	—
FC 150	150 이상	212 이하	—	130 이상	120 이상	110 이상	110 이상	95 이상
FC 200	200 이상	223 이하	—	180 이상	170 이상	155 이상	150 이상	130 이상
FC 250	250 이상	241 이하	—	225 이상	210 이상	195 이상	190 이상	170 이상
FC 300	300 이상	262 이하	—	270 이상	250 이상	240 이상	220 이상	210 이상
FC 350	350 이상	277 이하	—	315 이상	290 이상	280 이상	260 이상	250 이상

2. 형상, 치수 및 질량

(1) 일반 구조용 강 5·53 표~5·58 표는 JIS에 규정된 일반 구조용 강의 형상, 치수 및 질량을 나타낸 것이다.

5·53 표 열간압연봉강과 바 인 코일의 형상, 치수 및 질량 (JIS G 3191) KS D 3051

(a) 환강 (바 인 코일을 포함)의 표준 지름 (단위 mm)

5.5	6	7	8	9	10	11	12	13	(14)	16	(18)	19
20	22	24	25	(27)	28	30	32	(33)	36	38	(39)	42
(45)	46	48	50	(52)	55	56	60	64	65	(68)	70	75
80	85	90	95	100	110	120	130	140	150	160	180	200

[비고] 1. 괄호 이외의 표준 지름 적용이 바람직하다.
2. 환강은 9mm 이상을 적용하는 것으로 하고, 바 인 코일은 지름 50mm 이하를 적용한다.

(b) 봉강의 표준 길이 (단위 m)

3.5	4.0	4.5	5.0	5.5	6.0	6.5	7.0	8.0	9.0	10.0

(c) 질량의 계산 방법

계산 순서	계산 방법		결과의 자릿수
기본 질량 〔kg/(mm²·m)〕	7.85×10^{-3} (단면적 1mm², 길이 1m의 질량)		—
단면적 (mm²)	환강	$D^2\times0.7854$ 단, D는 지름 (mm)	유효숫자 4자리의 수치로 반올림한다.
	각강	A^2 단, A는 변 (mm)	
	육각강	$B^2\times0.8660$ 단, B는 대변 거리 (mm)	
단위 질량 (kg/m)	기본 질량 [kg/(mm²·m)]×단면적 (mm²)		유효숫자 3자리의 수치로 반올림한다.
1개의 질량 (kg)	단위 질량 (kg/m)×길이 (m)		유효숫자 3자리의 수치로 반올림한다. 단, 100kg을 넘는 것은 kg의 정수치로 반올림한다.
총질량 (kg)	1개의 질량 (kg)×동일 치수의 총개수		kg의 정수치로 반올림한다.

[비고] 1. 위의 표에서 규정되어 있지 않은 봉강의 단면적 계산 방법은 주문자와의 협의에 의한다.
2. 수치의 반올림법은 JIS Z 8401(수치의 반올림법)에 의한다.

(d) 환강이 표준 지름에 대한 단면적 및 단위 질량

지름(*D*) (mm)	단면적 (mm^2)	단위질량 (kg/m)	지름(*D*) (mm)	단면적 (mm^2)	단위질량 (kg/m)	지름(*D*) (mm)	단면적 (mm^2)	단위질량 (kg/m)
5.5	23.76	0.186	28	615.8	4.83	(68)	3632	28.5
6	28.27	0.222	30	706.9	5.55	70	3848	30.2
7	38.48	0.302	32	804.2	6.31	75	4418	34.7
8	50.27	0.395	(33)	855.3	6.71	80	5027	39.5
9	63.62	0.499	36	1018	7.99	85	5675	44.5
10	78.54	0.617	38	1134	8.90	90	6362	49.9
11	95.03	0.746	(39)	1195	9.38	95	7088	55.6
12	113.1	0.888	42	1385	10.9	100	7854	61.7
13	132.7	1.04	(45)	1590	12.5	110	9503	74.6
(14)	153.9	1.21	46	1662	13.0	120	11310	88.8
16	201.1	1.58	48	1810	14.2	130	13270	104
(18)	254.5	2.00	50	1964	15.4	140	15390	121
19	283.5	2.23	(52)	2124	16.7	150	17670	139
20	314.2	2.47	55	2376	18.7	160	20110	158
22	308.1	2.98	56	2463	19.3	180	25450	200
24	452.4	3.55	60	2827	22.2	200	31420	247
25	490.9	3.85	64	3217	25.3			
(27)	572.6	4.49	65	3318	26.0			

5·54 표 열간압연형강의 형상, 치수 및 질량 (JIS G 3192)

KS D 3052

(a) 형강의 표준 길이 (단위 m)

6.0	7.0	8.0	9.0	10.0	11.0	12.0	13.0

(b) 등변산형강

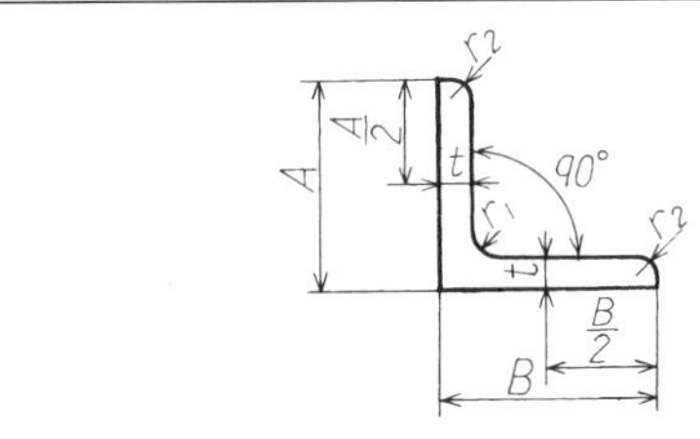

[주] (b)~(i) 표에서 단면특성의 수치는 5·56 표에 나타나 있다.

표준 단면치수 (mm)				단면적 (cm^2)	단위질량 (kg/m)	표준 단면치수 (mm)				단면적 (cm^2)	단위질량 (kg/m)
$A \times B$	t	r_1	r_2			$A \times B$	t	r_1	r_2		
25×25	3	4	2	1.427	1.12	90×90	7	10	5	12.22	9.59
30×30	3	4	2	1.727	1.36	90×90	10	10	7	17.00	13.3
40×40	3	4.5	2	2.336	1.83	90×90	13	10	7	21.21	17.0
40×40	5	4.5	3	3.755	2.95	100×100	7	10	5	13.62	10.7
45×45	4	6.5	3	3.492	2.74	100×100	10	10	7	19.00	14.9
45×45	5	6.5	3	4.302	3.38	100×100	13	10	7	24.31	19.1
50×50	4	6.5	3	3.892	3.06	120×120	8	12	5	18.76	14.7
50×50	5	6.5	3	4.802	3.77	130×130	9	12	6	22.74	17.9
50×50	6	6.5	4.5	5.644	4.43	130×130	12	12	8.5	29.76	23.4
60×60	4	6.5	3	4.692	3.68	130×130	15	12	8.5	36.75	28.8
60×60	5	6.5	3	5.802	4.55	150×150	12	14	7	34.77	27.3
65×65	5	8.5	3	6.367	5.00	150×150	15	14	10	42.74	33.6
65×65	6	8.5	4	7.527	5.91	150×150	19	14	10	53.38	41.9
65×65	8	8.5	6	9.761	7.66	175×175	12	15	11	40.52	31.8
70×70	6	8.5	4	8.127	6.38	175×175	15	15	11	50.21	39.4
75×75	6	8.5	4	8.727	6.85	200×200	15	17	12	57.75	45.3
75×75	9	8.5	6	12.69	9.96	200×200	20	17	12	76.00	59.7
75×75	12	8.5	6	16.56	13.0	200×200	25	17	12	93.75	73.6
80×80	6	8.5	4	9.327	7.32	250×250	25	24	12	119.4	93.7
90×90	6	10	5	10.55	8.28	250×250	35	24	18	162.6	128

(c) 부등변산형강

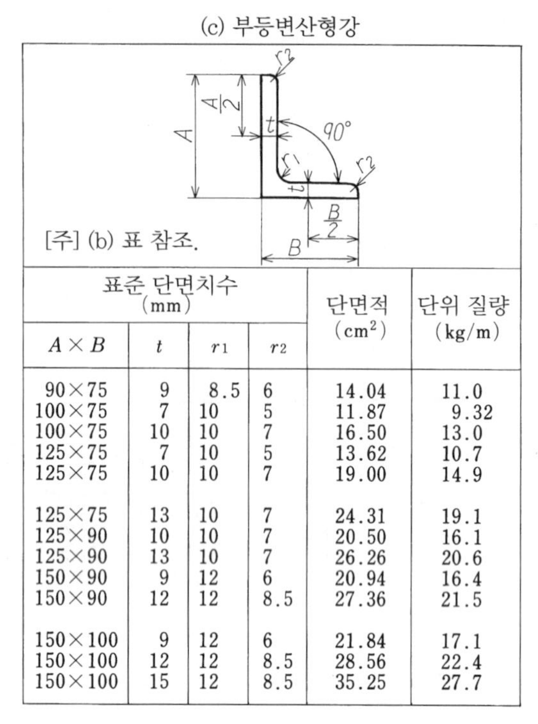

[주] (b) 표 참조.

표준 단면치수 (mm)				단면적 (cm²)	단위 질량 (kg/m)
$A \times B$	t	r_1	r_2		
90×75	9	8.5	6	14.04	11.0
100×75	7	10	5	11.87	9.32
100×75	10	10	7	16.50	13.0
125×75	7	10	5	13.62	10.7
125×75	10	10	7	19.00	14.9
125×75	13	10	7	24.31	19.1
125×90	10	10	7	20.50	16.1
125×90	13	10	7	26.26	20.6
150×90	9	12	6	20.94	16.4
150×90	12	12	8.5	27.36	21.5
150×100	9	12	6	21.84	17.1
150×100	12	12	8.5	28.56	22.4
150×100	15	12	8.5	35.25	27.7

(d) 부등변부등후산형강

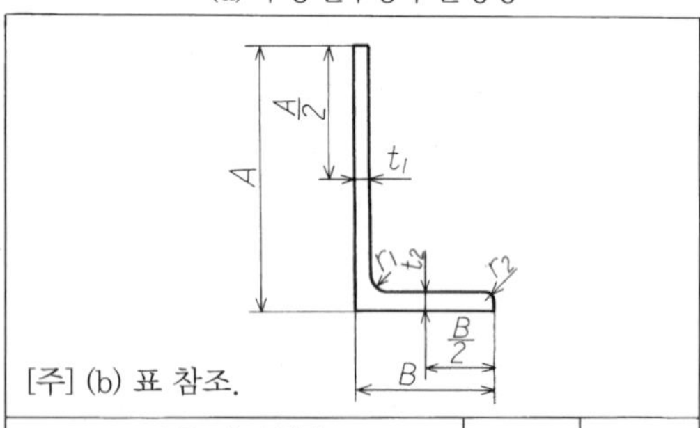

[주] (b) 표 참조.

표준 단면치수 (mm)					단면적 (cm²)	단위 질량 (kg/m)
$A \times B$	t_1	t_2	r_1	r_2		
200× 90	9	14	14	7	29.66	23.3
250× 90	10	15	17	8.5	37.47	29.4
250× 90	12	16	17	8.5	42.95	33.7
300× 90	11	16	19	9.5	46.22	36.3
300× 90	13	17	19	9.5	52.67	41.3
350×100	12	17	22	11	57.74	45.3
400×100	13	18	24	12	68.59	53.8

(e) I형강

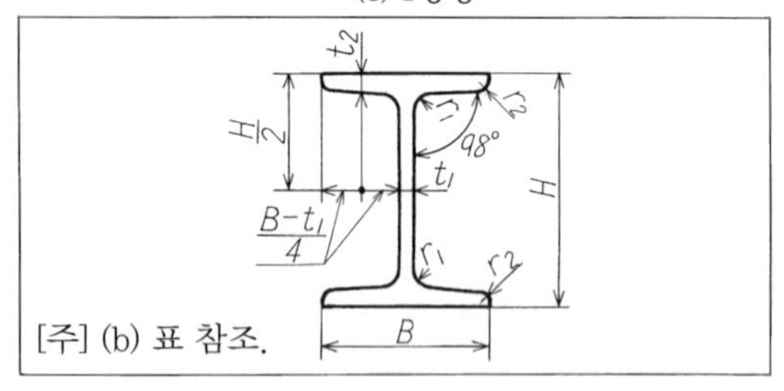

[주] (b) 표 참조.

(오른쪽 상단에 계속)

표준 단면치수 (mm)					단면적 (cm²)	단위 질량 (kg/m)
$H \times B$	t_1	t_2	r_1	r_2		
100×75	5	8	7	3.5	16.43	12.9
125×75	5.5	9.5	9	4.5	20.45	16.1
150×75	5.5	9.5	9	4.5	21.83	17.1
150×125	8.5	14	13	6.5	46.15	36.2
180×100	6	10	10	5	30.06	23.6
200×100	7	10	10	5	33.06	26.0
200×150	9	16	15	7.5	64.16	50.4
250×125	7.5	12.5	12	6	48.79	38.3
250×125	10	19	21	10.5	70.73	55.5
300×150	8	13	12	6	61.58	48.3
300×150	10	18.5	19	9.5	83.47	65.5
300×150	11.5	22	23	11.5	97.88	76.8
350×150	9	15	13	6.5	74.58	58.5
350×150	12	24	25	12.5	111.1	87.2
400×150	10	18	17	8.5	91.73	72.0
400×150	12.5	25	27	13.5	122.1	95.8
450×175	11	20	19	9.5	116.8	91.7
450×175	13	26	27	13.5	146.1	115
600×190	13	25	25	12.5	169.4	133
600×190	16	35	38	19	224.5	176

(f) 구평형강

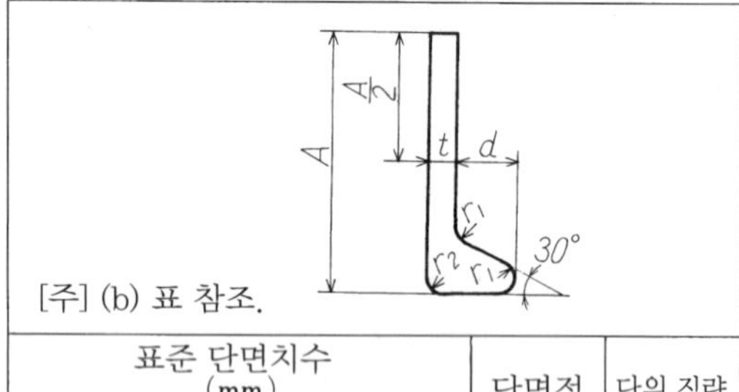

[주] (b) 표 참조.

표준 단면치수 (mm)					단면적 (cm²)	단위 질량 (kg/m)
A	t	d	r_1	r_2		
180	9.5	23	7	2	21.06	16.5
200	10	26.5	8	2	25.23	19.8
230	11	30	9	2	31.98	25.1
250	12	33	10	2	38.13	29.9

(g) 홈형강

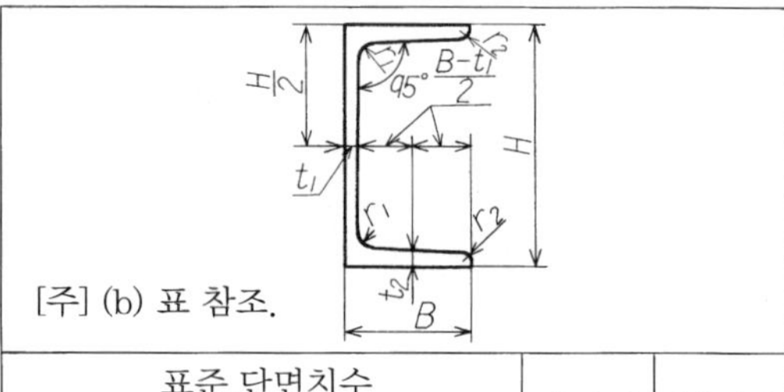

[주] (b) 표 참조.

표준 단면치수 (mm)					단면적 (cm²)	단위 질량 (kg/m)
$H \times B$	t_1	t_2	r_1	r_2		
75×40	5	7	8	4	8.818	6.92
100×50	5	7.5	8	4	11.92	9.36
125×65	6	8	8	4	17.11	13.4

(다음 페이지에 계속)

표준 단면 치수 (mm)					단면적 (cm²)	단위 질량 (kg/m)
$H \times B$	t_1	t_2	r_1	r_2		
150×75	6.5	10	10	5	23.71	18.6
150×75	9	12.5	15	7.5	30.59	24.0
180×75	7	10.5	11	5.5	27.20	21.4
200×80	7.5	11	12	6	31.33	24.6
200×90	8	13.5	14	7	38.65	30.3
250×90	9	13	14	7	44.07	34.6
250×90	11	14.5	17	8.5	51.17	40.2
300×90	9	13	14	7	48.57	38.1
300×90	10	15.5	19	9.5	55.74	43.8
300×90	12	16	19	9.5	61.90	48.6
380×100	10.5	16	18	9	69.39	54.5
[illegible]×100	1[illegible]	16.5	1[illegible]	9	[illegible]	[illegible]2.0
380×100	13	20	24	12	85.71	67.3

(h) T형강

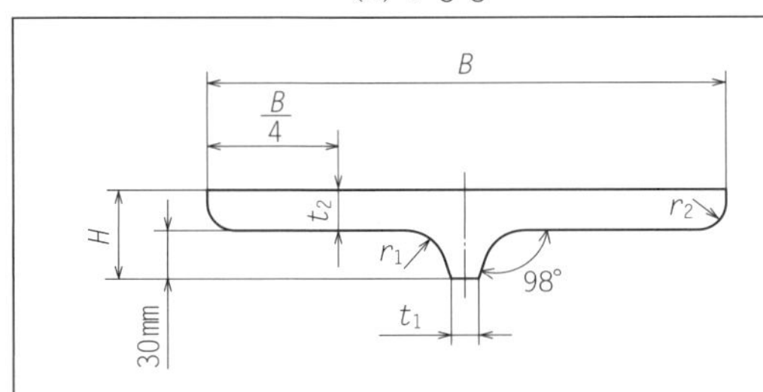

[주] (b) 표 참조.

표준 단면 치수 (mm)					단면적 (cm²)	단위 질량 (kg/m)
호칭 치수 $B \times t_2$	H	t_1	r_1	r_2		
150× 9	39	12	8	3	18.52	14.5
150×12	42	12	8	3	23.02	18.1
150×15	45	12	8	3	27.52	21.6
200×12	42	12	8	3	29.02	22.8
200×16	46	12	8	3	37.02	29.1
200×19	49	12	8	3	43.02	33.8
200×22	52	12	8	3	49.02	38.5
250×16	46	12	20	3	46.05	36.2
250×19	49	12	20	3	53.55	42.0
250×22	52	12	20	3	61.05	47.9
250×25	55	12	20	3	68.55	53.8

(i) H형강

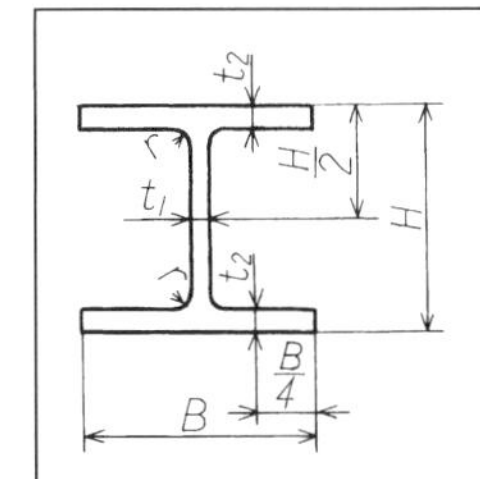

[비고]
1. 호칭 치수의 동일 틀 내에 속하는 것은 내측 높이가 일정하다.
2. * 표시 이외의 치수는 범용품을 나타낸다.

[주] (b) 표 참조.

(오른쪽 상단에 계속)

표준 단면 치수 (mm)					단면적 (cm²)	단위 질량 (kg/m)
호칭 치수 (높이×변)	$H \times B$	t_1	t_2	r		
100× 50	100× 50	5	7	8	11.85	9.30
100×100	100×100	6	8	8	21.59	16.9
125× 60	125× 60	6	8	8	16.69	13.1
125×125	125×125	6.5	9	8	30.00	23.6
150× 75	150× 75	5	7	8	17.85	14.0
150×100	148×100	6	9	8	26.35	20.7
150×150	150×150	7	10	8	39.65	31.1
175× 90	175× 90	5	8	8	22.90	18.0
175×175	175×175	7.5	11	13	51.42	40.4
200×100	*198× 99	4.5	7	8	22.69	17.8
	200×100	5.5	8	8	[illegible]	20.9
200×150	194×150	6	9	8	38.11	29.9
200×200	200×200	8	12	13	63.53	49.9
250×125	*248×124	5	8	8	31.99	25.1
	250×125	6	9	8	36.97	29.0
250×175	244×175	7	11	13	55.49	43.6
250×250	250×250	9	14	13	91.43	71.8
300×150	*298×149	5.5	8	13	40.80	32.0
	300×150	6.5	9	13	46.78	36.7
300×200	294×200	8	12	13	71.05	55.8
300×300	300×300	10	15	13	118.4	93.0
350×175	*346×174	6	9	13	52.45	41.2
	350×175	7	11	13	62.91	49.4
350×250	340×250	9	14	13	99.53	78.1
350×350	350×350	12	19	13	171.9	135
400×200	*396×199	7	11	13	71.41	56.1
	400×200	8	13	13	83.37	65.4
400×300	390×300	10	16	13	133.2	105
400×400	400×400	13	21	22	218.7	172
	*414×405	18	28	22	295.4	232
	*428×407	20	35	22	360.7	283
	*458×417	30	50	22	528.6	415
	*498×432	45	70	22	770.1	605
450×200	*446×199	8	12	13	82.97	65.1
	450×200	9	14	13	95.43	74.9
450×300	440×300	11	18	13	153.9	121
500×200	*496×199	9	14	13	99.29	77.9
	500×200	10	16	13	112.2	88.2
500×300	*482×300	11	15	13	141.2	111
	488×300	11	18	13	159.2	125
600×200	*596×199	10	15	13	117.8	92.5
	600×200	11	17	13	131.7	103
600×300	*582×300	12	17	13	169.2	133
	588×300	12	20	13	187.2	147
	*594×302	14	23	13	217.1	170
700×300	*692×300	13	20	18	207.5	163
	700×300	13	24	18	231.5	182
800×300	*792×300	14	22	18	239.5	188
	800×300	14	26	18	263.5	207
900×300	*890×299	15	23	18	266.9	210
	900×300	16	28	18	305.8	240
	912×302	18	34	18	360.1	283
	*918×303	19	37	18	387.4	304

5장

5·55 표 열간압연형강의 단면적 계산식 (JIS G 3192) KS D 3502

종류	계산식	비고
등변산형강	$t(2A-t)+0.215(r_1^2-2r_2^2)$	왼쪽 식에 의해 구해 계산값에 1/100을 곱하고 cm^2 단위로 해, 유효숫자 4자리의 수치로 반올림한다.
부등변산형강	$t(A+B-t)+0.215(r_1^2-2r_2^2)$	
부등변부등후산형강	$At_1+t_2(B-t_1)+0.215(r_1^2-r_2^2)$	
I형강	$Ht_1+2t_2(B-t_1)+0.615(r_1^2-r_2^2)$	
홈형강	$Ht_1+2t_2(B-t_1)+0.349(r_1^2-r_2^2)$	*H형강의 웨브를 절단해 분할한 형강. 외측 치수 일정 CT형강을 포함한다.
구평형강	$At+dr_1+0.289d(2r_1-d)+0.215(r_1^2-r_2^2)$	
T형강	$Bt_2+0.307r_1^2+482.6$	
H형강	$t_1(H-2t_2)+2Bt_2+0.858r_2$	
CT형강*	$t_1(H-t_2)+Bt_2+0.429r_2$	

5·56 표 열간압연형강의 단면특성 (JIS G 3192) KS D 3502

(a) 등변산형강

단면 2차 모멘트 $I=ai^2$

단면 2차 반경 $i=\sqrt{I/a}$

단면계수 $Z=I/e$

(a =단면적)

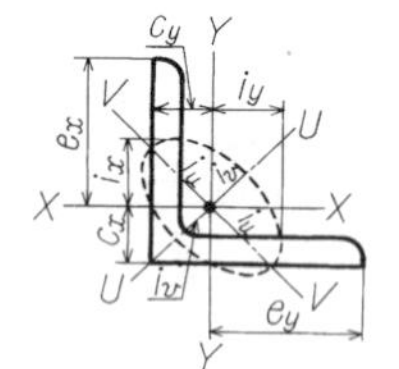

표준 단면 치수 (mm) A×B	t	중심의 위치 (cm) C_x	C_y	단면 2차 모멘트 (cm^4) I_x	I_y	최대 I_u	최소 I_v	단면 2차 반경 (cm) i_x	i_y	최대 i_u	최소 i_v	단면계수 (cm^3) Z_x	Z_y
25× 25	3	0.719	0.719	0.797	0.797	1.26	0.332	0.747	0.747	0.940	0.483	0.448	0.448
30× 30	3	0.844	0.844	1.42	1.42	2.26	0.590	0.908	0.908	1.14	0.585	0.661	0.661
40× 40	3	1.09	1.09	3.53	3.53	5.60	1.46	1.23	1.23	1.55	0.790	1.21	1.21
40× 40	5	1.17	1.17	5.42	5.42	8.59	2.25	1.20	1.20	1.51	0.774	1.91	1.91
45× 45	4	1.24	1.24	6.50	6.50	10.3	2.70	1.36	1.36	1.72	0.880	2.00	2.00
45× 45	5	1.28	1.28	7.91	7.91	12.5	3.29	1.36	1.36	1.71	0.874	2.46	2.46
50× 50	4	1.37	1.37	9.06	9.06	14.4	3.76	1.53	1.53	1.92	0.983	2.49	2.49
50× 50	5	1.41	1.41	11.1	11.1	17.5	4.58	1.52	1.52	1.91	0.976	3.08	3.08
50× 50	6	1.44	1.44	12.6	12.6	20.0	5.23	1.50	1.50	1.88	0.963	3.55	3.55
60× 60	4	1.61	1.61	16.0	16.0	25.4	6.62	1.85	1.85	2.33	1.19	3.66	3.66
60× 60	5	1.66	1.66	19.6	19.6	31.2	8.09	1.84	1.84	2.32	1.18	4.52	4.52
65× 65	5	1.77	1.77	25.3	25.3	40.1	10.5	1.99	1.99	2.51	1.28	5.35	5.35
65× 65	6	1.81	1.81	29.4	29.4	46.6	12.2	1.98	1.98	2.49	1.27	6.26	6.26
65× 65	8	1.88	1.88	36.8	36.8	58.3	15.3	1.94	1.94	2.44	1.25	7.96	7.96
70× 70	6	1.93	1.93	37.1	37.1	58.9	15.3	2.14	2.14	2.69	1.37	7.33	7.33
75× 75	6	2.06	2.06	46.1	46.1	73.2	19.0	2.30	2.30	2.90	1.48	8.47	8.47
75× 75	9	2.17	2.17	64.4	64.4	102	26.7	2.25	2.25	2.84	1.45	12.1	12.1
75× 75	12	2.29	2.29	81.9	81.9	129	34.5	2.22	2.22	2.79	1.44	15.7	15.7
80× 80	6	2.18	2.18	56.4	56.4	89.6	23.2	2.46	2.46	3.10	1.58	9.70	9.70
90× 90	6	2.42	2.42	80.7	80.7	128	33.4	2.77	2.77	3.48	1.78	12.3	12.3
90× 90	7	2.46	2.46	93.0	93.0	148	38.3	2.76	2.76	3.48	1.77	14.2	14.2
90× 90	10	2.57	2.57	125	125	199	51.7	2.71	2.71	3.42	1.74	19.5	19.5
90× 90	13	2.69	2.69	156	156	248	65.3	2.68	2.68	3.38	1.73	24.8	24.8
100×100	7	2.71	2.71	129	129	205	53.2	3.08	3.08	3.88	1.98	17.7	17.7
100×100	10	2.82	2.82	175	175	278	72.0	3.04	3.04	3.83	1.95	24.4	24.4
100×100	13	2.94	2.94	220	220	348	91.1	3.00	3.00	3.78	1.94	31.1	31.1
120×120	8	3.24	3.24	258	258	410	106	3.71	3.71	4.67	2.38	29.5	29.5
130×130	9	3.53	3.53	366	366	583	150	4.01	4.01	5.06	2.57	38.7	38.7
130×130	12	3.64	3.64	467	467	743	192	3.96	3.96	5.00	2.54	49.9	49.9
130×130	15	3.76	3.76	568	568	902	234	3.93	3.93	4.95	2.53	61.5	61.5
150×150	12	4.14	4.14	740	740	1180	304	4.61	4.61	5.82	2.96	68.1	68.1
150×150	15	4.24	4.24	888	888	1410	365	4.56	4.56	5.75	2.92	82.6	82.6
150×150	19	4.40	4.40	1090	1090	1730	451	4.52	4.52	5.69	2.91	103	103
175×175	12	4.73	4.73	1170	1170	1860	480	5.38	5.38	6.78	3.44	91.8	91.8
175×175	15	4.85	4.85	1440	1440	2290	589	5.35	5.35	6.75	3.42	114	114
200×200	15	5.46	5.46	2180	2180	3470	891	6.14	6.14	7.75	3.93	150	150
200×200	20	5.67	5.67	2820	2820	4490	1160	6.09	6.09	7.68	3.90	197	197
200×200	25	5.86	5.86	3420	3420	5420	1410	6.04	6.04	7.61	3.88	242	242
250×250	25	7.10	7.10	6950	6950	11000	2860	7.63	7.63	9.62	4.90	388	388
250×250	35	7.45	7.45	9110	9110	14400	3790	7.49	7.49	9.42	4.83	519	519

(b) 부등변산형강

단면 2차 모멘트 $I=ai^2$

단면 2차 반경 $i=\sqrt{I/a}$

단면계수 $Z=I/e$

(a=단면적)

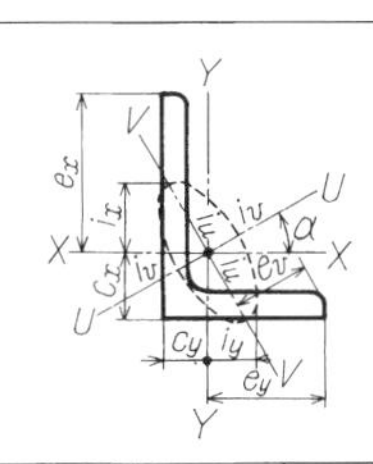

표준 단면 치수 (mm)		중심의 위치 (cm)		단면 2차 모멘트 (cm⁴)				단면 2차 반경 (cm)				tan α	단면계수 (cm³)	
A×B	t	Cx	Cy	Ix	Iy	최대 Iu	최소 Iv	ix	iy	최대 iu	최소 iv		Zx	Zy
90× 75	9	2.75	2.00	109	68.1	143	34.1	2.78	2.20	3.19	1.56	0.676	17.4	12.4
100× 75	7	3.06	1.83	118	56.9	144	30.8	3.15	2.19	3.49	1.61	0.548	17.0	10.0
100× 75	10	3.17	1.94	159	76.1	194	41.3	3.11	2.15	3.43	1.58	0.543	23.3	13.7
125× 75	7	4.10	1.64	219	60.4	243	36.4	4.01	2.11	4.23	1.64	0.362	26.1	10.3
125× 75	10	4.22	1.75	299	80.8	330	49.0	3.96	2.06	4.17	1.61	0.357	36.1	14.1
125× 75	13	4.35	1.87	376	101	415	61.9	3.93	2.04	4.13	1.60	0.352	46.1	17.9
125× 90	10	3.95	2.22	318	138	380	76.2	3.94	2.59	4.30	1.93	0.505	37.2	20.3
125× 90	13	4.07	2.34	401	173	477	96.3	3.91	2.57	4.26	1.91	0.501	47.5	25.9
150× 90	9	4.95	1.99	485	133	537	80.4	4.81	2.52	5.06	1.96	0.361	48.2	19.0
150× 90	12	5.07	2.10	619	167	685	102	4.76	2.47	5.00	1.93	0.357	62.3	24.3
150×100	9	4.76	2.30	502	181	579	104	4.79	2.88	5.15	2.18	0.439	49.1	23.5
150×100	12	4.88	2.41	642	228	738	132	4.74	2.83	5.09	2.15	0.435	63.4	30.1
150×100	15	5.00	2.53	782	276	897	161	4.71	2.80	5.04	2.14	0.431	78.2	37.0

(c) 부등변부등후산형강

단면 2차 모멘트 $I=ai^2$

단면 2차 반경 $i=\sqrt{I/a}$

단면계수 $Z=I/e$

(a=단면적)

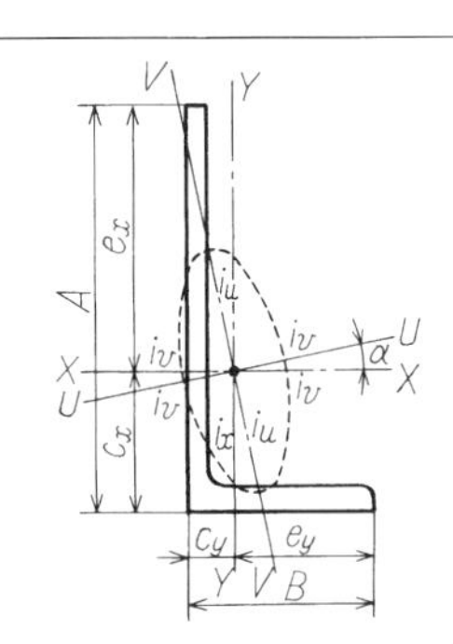

표준 단면 치수 (mm)			중심의 위치 (cm)		단면 2차 모멘트 (cm⁴)				단면 2차 반경 (cm)				tan α	단면계수 (cm³)	
A×B	t₁	t₂	Cx	Cy	Ix	Iy	최대 Iu	최소 Iv	ix	iy	최대 Iu	최소 iv		Zx	Zy
200× 90	9	14	6.36	2.15	1210	200	1290	125	6.39	2.60	6.58	2.05	0.263	88.7	29.2
250× 90	10	15	8.61	1.92	2440	223	2520	147	8.08	2.44	8.20	1.98	0.182	149	31.5
250× 90	12	16	8.99	1.89	2790	238	2870	160	8.07	2.35	8.18	1.93	0.173	174	33.5
300× 90	11	16	11.0	1.76	4370	245	4440	168	9.72	2.30	9.80	1.90	0.136	229	33.8
300× 90	13	17	11.3	1.75	4940	259	5020	181	9.68	2.22	9.76	1.85	0.128	265	35.8
350×100	12	17	13.0	1.87	7440	362	7550	251	11.3	2.50	11.4	2.08	0.124	338	44.5
400×100	13	18	15.4	1.77	11500	388	11600	277	12.9	2.38	13.0	2.01	0.0996	467	47.1

(d) I형강

단면 2차 모멘트 $I=ai^2$

단면 2차 반경 $i=\sqrt{I/a}$

단면계수 $Z=I/e$

(a=단면적)

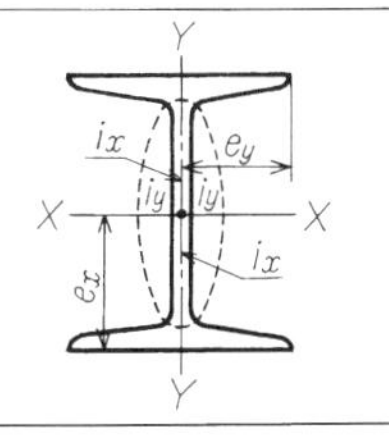

(다음 페이지에 계속)

표준 단면 치수 (mm)			중심의 위치 (cm)		단면 2차 모멘트 (cm^4)		단면 2차 반경 (cm)		단면계수 (cm^3)	
$H \times B$	t_1	t_2	Cx	Cy	Ix	Iy	ix	iy	Zx	Zy
100× 75	5	8	0	0	281	47.3	4.14	1.70	56.2	12.6
125× 75	5.5	9.5	0	0	538	57.5	5.13	1.68	86.0	15.3
150× 75	5.5	9.5	0	0	819	57.5	6.12	1.62	109	15.3
150×125	8.5	14	0	0	1760	385	6.18	2.89	235	61.6
180×100	6	10	0	0	1670	138	7.45	2.14	186	27.5
200×100	7	10	0	0	2170	138	8.11	2.05	217	27.7
200×150	9	16	0	0	4460	753	8.34	3.43	446	10.0
250×125	7.5	12.5	0	0	5180	337	10.3	2.63	414	53.9
250×125	10	19	0	0	7310	538	10.2	2.76	585	86.0
300×150	8	13	0	0	9480	588	12.4	3.09	632	78.4
300×150	10	18.5	0	0	12700	886	12.3	3.26	849	118
300×150	11.5	22	0	0	14700	1080	12.2	3.32	978	143
350×150	9	15	0	0	15200	702	14.3	3.07	870	93.5
350×150	12	24	0	0	22400	1180	14.2	3.26	1280	158
400×150	10	18	0	0	24100	864	16.2	3.07	1200	115
400×150	12.5	25	0	0	31700	1240	16.1	3.18	1580	165
450×175	11	20	0	0	39200	1510	18.3	3.60	1740	173
450×175	13	26	0	0	48800	2020	18.3	3.72	2170	231
600×190	13	25	0	0	98400	2460	24.1	3.81	3280	259
600×190	16	35	0	0	130000	3540	24.1	3.97	4330	373

(e) 홈형강

단면 2차 모멘트 $I=ai^2$

단면 2차 반경 $i=\sqrt{I/a}$

단면계수 $Z=I/e$

(a =단면적)

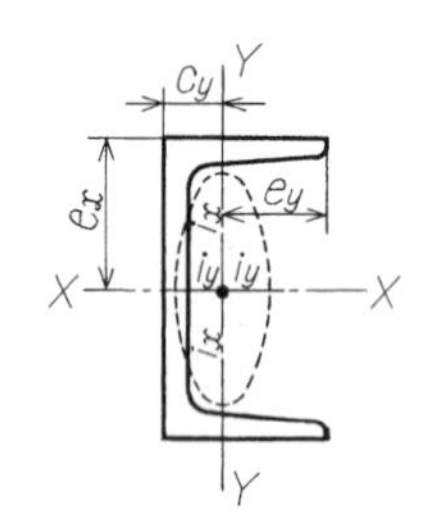

표준 단면 치수 (mm)			중심의 위치 (cm)		단면 2차 모멘트 (cm^4)		단면 2차 반경 (cm)		단면계수 (cm^3)	
$H \times B$	t_1	t_2	Cx	Cy	Ix	Iy	ix	iy	Zx	Zy
75× 40	5	7	0	1.28	75.3	12.2	2.92	1.17	20.1	4.47
100× 50	5	7.5	0	1.54	188	26.0	3.97	1.48	37.6	7.52
125× 65	6	8	0	1.90	424	61.8	4.98	1.90	67.8	13.4
150× 75	6.5	10	0	2.28	861	117	6.03	2.22	115	22.4
150× 75	9	12.5	0	2.31	1050	147	5.86	2.19	140	28.3
180× 75	7	10.5	0	2.13	1380	131	7.12	2.19	153	24.3
200× 80	7.5	11	0	2.21	1950	168	7.88	2.32	195	29.1
200× 90	8	13.5	0	2.74	2490	277	8.02	2.68	249	44.2
250× 90	9	13	0	2.40	4180	294	9.74	2.58	334	44.5
250× 90	11	14.5	0	2.40	4680	329	9.56	2.54	374	49.9
300× 90	9	13	0	2.22	6440	309	11.5	2.52	429	45.7
300× 90	10	15.5	0	2.34	7410	360	11.5	2.54	494	54.1
300× 90	12	16	0	2.28	7870	379	11.3	2.48	525	56.4
380×100	10.5	16	0	2.41	14500	535	14.5	2.78	763	70.5
380×100	13	16.5	0	2.33	15600	565	14.1	2.67	823	73.6
380×100	13	20	0	2.54	17600	655	14.3	2.76	926	87.8

(f) 구평형강

단면 2차 모멘트 $I=ai^2$

단면 2차 반경 $i=\sqrt{I/a}$

단면계수 $Z=I/e$

(a =단면적)

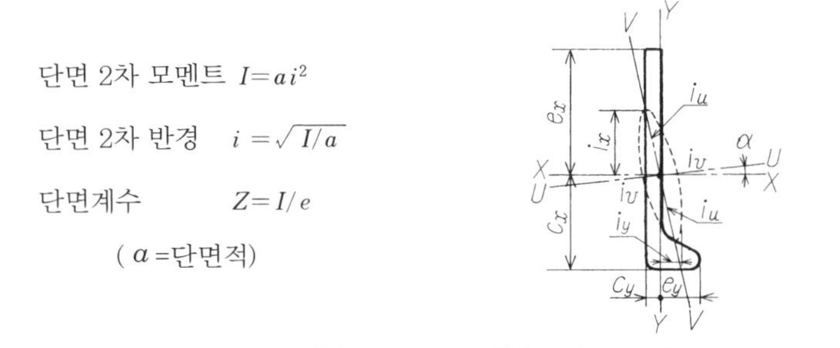

표준 단면 치수 (mm)			중심의 위치 (cm)		단면 2차 모멘트 (cm^4)				단면 2차 반경 (cm)				tan α	단면계수 (cm^3)	
A	t	d	Cx	Cy	Ix	Iy	최대 Iu	최소 Iv	ix	iy	최대 iu	최소 iv		Zx	Zy
180	9.5	23	7.49	0.746	671	9.48	673	7.34	5.64	0.671	5.65	0.591	0.0568	63.8	3.79
200	10	26.5	8.16	0.834	997	15.1	1000	11.4	6.29	0.773	6.30	0.672	0.0611	84.2	5.35
230	11	30	9.36	0.927	1680	24.2	1680	18.3	7.24	0.870	7.25	0.755	0.0599	123	7.62
250	12	33	10.1	1.02	2360	35.2	2370	26.4	7.87	0.960	7.88	0.832	0.0612	159	10.1

(g) T형강

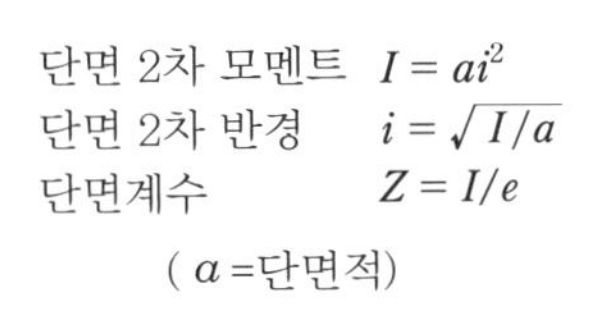

단면 2차 모멘트 $I=ai^2$

단면 2차 반경 $i=\sqrt{I/a}$

단면계수 $Z=I/e$

(a =단면적)

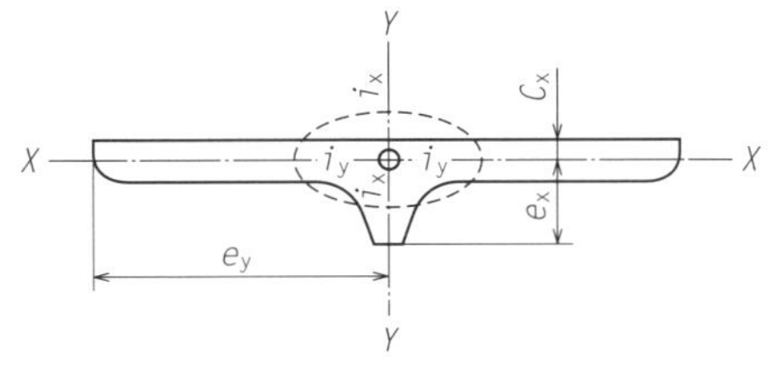

표준 단면 치수 (mm)					중심의 위치 (cm)		단면 2차 모멘트 (cm^4)		단면 2차 반경 (cm)		단면계수 (cm^3)	
호칭 치수 $B\times t_2$	B	H	t_1	t_2	C_x	C_y	I_x	I_y	i_x	i_y	Z_x	Z_y
150× 9	150	39	12	9	0.934	0	16.5	254	0.942	3.70	5.55	33.8
150×12	150	42	12	12	1.02	0	20.7	338	0.949	3.83	6.52	45.1
150×15	150	45	12	15	1.13	0	25.9	423	0.971	3.92	7.70	56.4
200×12	200	42	12	12	0.935	0	22.3	799	0.877	5.25	6.83	79.9
200×16	200	46	12	16	1.09	0	30.5	1070	0.907	5.37	8.68	107
200×19	200	49	12	19	1.22	0	38.5	1270	0.946	5.43	10.4	127
200×22	200	52	12	22	1.35	0	48.3	1470	0.993	5.47	12.6	147
220×16	250	46	12	16	1.06	0	33.6	2080	0.854	6.72	9.49	167
220×19	250	49	12	19	1.19	0	43.1	2470	0.897	6.80	11.6	198
250×22	250	52	12	22	1.33	0	55.0	2870	0.949	6.85	14.2	229
250×25	250	55	12	25	1.46	0	69.6	3260	1.01	6.90	17.2	261

(h) H형강

단면 2차 모멘트 $I=ai^2$

단면 2차 반경 $i=\sqrt{I/a}$

단면계수 $Z=I/e$

(a =단면적)

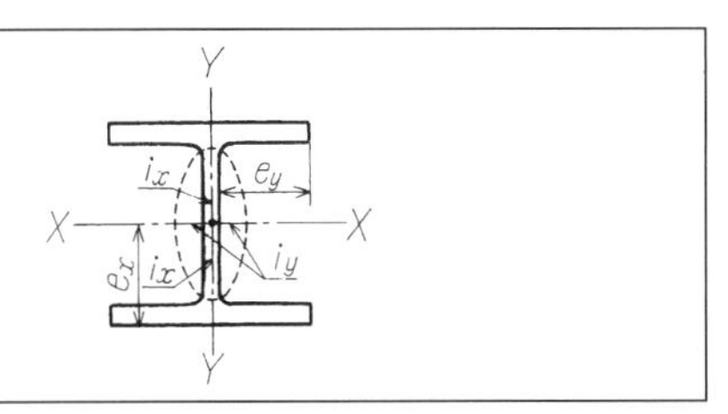

(다음 페이지에 계속)

5장

호칭 치수 (높이×변)	단면 2차 모멘트 (cm^4)		단면 2차 반경 (cm)		단면 계수 (cm^3)	
	I_x	I_y	i_x	i_y	Z_x	Z_y
100× 50	187	14.8	3.98	1.12	37.5	5.91
100×100	378	134	4.18	2.49	75.6	26.7
125× 60	409	29.1	4.95	1.32	65.5	9.71
125×125	839	293	5.29	3.13	134	46.9
150× 75	666	49.5	6.11	1.66	88.8	13.2
150×100	1000	150	6.17	2.39	135	30.1
150×150	1620	563	6.40	3.77	216	75.1
175× 90	1210	97.5	7.26	2.06	138	21.7
175×175	2900	984	7.50	4.37	331	112
200×100	1540	113	8.25	2.24	156	22.9
	1810	134	8.23	2.24	181	26.7
200×150	2630	507	8.30	3.65	271	67.6
200×200	4720	1600	8.62	5.02	472	160
250×125	3450	255	10.4	2.82	278	41.1
	3960	294	10.4	2.82	317	47.0
250×175	6040	984	10.4	4.21	495	112
250×250	10700	3650	10.8	6.32	860	292
300×150	6320	442	12.4	3.29	424	59.3
	7210	508	12.4	3.29	481	67.7
300×200	11100	1600	12.5	4.75	756	160
300×300	20200	6750	13.1	7.55	1350	450
350×175	11000	791	14.5	3.88	638	91.0
	13500	984	14.6	3.96	771	112
350×250	21200	3650	14.6	6.05	1250	292
350×350	39800	13600	15.2	8.89	2280	776
400×200	19800	1450	16.6	4.50	999	145
	23500	1740	16.8	4.56	1170	174
400×300	37900	7200	16.9	7.35	1940	480
400×400	66600	22400	17.5	10.1	3330	1120
	92800	31000	17.7	10.2	4480	1530
	119000	39400	18.2	10.4	5570	1930
	187000	60500	18.8	10.7	8170	2900
	298000	94400	19.7	11.1	12000	4370
450×200	28100	1580	18.4	4.36	1260	159
	32900	1870	18.6	4.43	1460	187
450×300	54700	8110	18.9	7.26	2490	540
500×200	40800	1840	20.3	4.31	1650	185
	46800	2140	20.4	4.36	1870	214
500×300	58300	6760	20.3	6.92	2420	450
	68900	8110	20.8	7.14	2820	540
600×200	66600	1980	23.8	4.10	2240	199
	75600	2270	24.0	4.16	2520	227
600×300	98900	7660	24.2	6.73	3400	511
	114000	9010	24.7	6.94	3890	601
	134000	10600	24.8	6.98	4500	700
700×300	168000	9020	28.5	6.59	4870	601
	197000	10800	29.2	6.83	5640	721
800×300	248000	9920	32.2	6.44	6270	661
	286000	11700	33.0	6.67	7160	781
900×300	339000	10300	35.6	6.20	7610	687
	404000	12600	36.4	6.43	8990	842
	491000	15700	36.9	6.59	10800	1040
	535000	17200	37.2	6.67	11700	1140

(오른쪽 상단에 계속)

5·57 표 열간압연강판과 강대의 형상, 치수 및 질량 (JIS G 3193)

(a) 강판 및 강대의 표준 두께 (단위 mm)

KS D 3500

1.2	1.4	1.6	1.8	2.0	2.3	2.5	(2.6)	2.8	(2.9)	3.2	3.6
4.0	4.5	5.0	5.6	6.0	6.3	7.0	8.0	9.0	10.0	11.0	12.0
12.7	13.0	14.0	15.0	16.0	(17.0)	18.0	19.0	20.0	22.0	25.0	25.4
28.0	(30.0)	32.0	36.0	38.0	40.0	45.0	50.0				

[비고] 1. 괄호 이외의 표준 두께의 적용이 바람직하다.
2. 강대 및 강대의 절판은 두께 12.7mm 이하를 적용한다.

(b) 강판 및 강대의 표준 폭 (단위 mm)

600	630	670	710	750	800	850	900	914	950	1000	1060
1100	1120	1180	1200	1219	1250	1300	1320	1400	1500	1524	1600
1700	1800	1829	1900	2000	2100	2134	2438	2500	2600	2800	3000
3048											

[비고] 1. 강대 및 강대의 절판은 폭 2000mm 이하를 적용한다.
2. 강판(강대의 절판을 제외)은 폭 914mm, 1219mm 및 1400mm 이상을 적용한다.

(c) 강판의 표준 길이 (단위 mm)

1829	2438	3048	6000	6096	7000	8000	9000	9144	10000	12000	12192

[비고] 강대의 절판에는 적용하지 않는다.

(d) 강판의 질량 계산 방법

계산 순서	계산 방법	결과의 자릿수
기본질량 〔kg/(mm·m²)〕	7.85 (두께 1 mm, 면적 1 m²의 질량)	—
단위면적 (kg/m²)	기본질량〔kg/(mm·m²)〕×판의 두께(mm)	유효숫자 4자리의 수치로 반올림한다.
동판의 면적 (m²)	폭(m)×길이(m)	유효숫자 4자리의 수치로 반올림한다.
1장의 질량(kg)	단위질량(kg/m²) × 면적(m²)	유효숫자 3자리의 수치로 반올림한다. 단, 1000kg을 넘는 것은 kg의 정수치로 반올림한다.
[비고] 수치의 반올림법은 JIS Z 8401의 규칙 A에 의한다. 결속(또는 포장)의 경우는 생략.		

5·58 표 열간압연평강의 형상, 치수 및 질량 (JIS G 3194)

(a) 평강의 표준 길이 (단위 m)

3.5	4.0	4.5	5.0	5.5	6.0	6.5	7.0	8.0	9.0	10.0	11.0
12.0	13.0	14.0	15.0								

(b) 평강의 표준 단면 치수와 그 단면적, 단위 질량

표준 단면 치수 (mm)		단면적	단위 질량	표준 단면 치수 (mm)		단면적	단위 질량	표준 단면 치수 (mm)		단면적	단위 질량
두께	폭	(cm²)	(kg/m)	두께	폭	(cm²)	(kg/m)	두께	폭	(cm²)	(kg/m)
4.5	25	1.125	0.883	8	44	3.520	2.76	9	280	25.20	19.8
4.5	32	1.440	1.13	8	50	4.000	3.14	9	300	27.00	21.2
4.5	38	1.710	1.34	8	65	5.200	4.08	9	350	31.50	24.7
4.5	44	1.980	1.55	8	75	6.000	4.71	9	400	36.00	28.3
4.5	50	2.250	1.77	8	90	7.200	5.65	12	25	3.000	2.36
4.5	65	2.925	2.30	8	100	8.000	6.28	12	32	3.840	3.01
4.5	75	3.375	2.65	8	125	10.00	7.85	12	38	4.560	3.58
4.5	90	4.050	3.18	8	150	12.00	9.42	12	44	5.280	4.14
4.5	100	4.500	3.53	8	180	14.40	11.3	12	50	6.000	4.71
4.5	125	5.625	4.42	8	200	16.00	12.6	12	65	7.800	6.12
4.5	150	6.750	5.30	8	230	18.40	14.4	12	75	9.000	7.06
6	25	1.500	1.18	8	250	20.00	15.7	12	90	10.80	8.48
6	32	1.920	1.51	8	280	22.40	17.6	12	100	12.00	9.42
6	38	2.280	1.79	8	300	24.00	18.8	12	125	15.00	11.8
6	44	2.640	2.07	8	350	28.00	22.0	12	150	18.00	14.1
6	50	3.000	2.36	8	400	32.00	25.1	12	180	21.60	17.0
6	65	3.900	3.06	9	25	2.250	1.77	12	200	24.00	18.8
6	75	4.500	3.53	9	32	2.880	2.26	12	230	27.60	21.7
6	90	5.400	4.24	9	38	3.420	2.68	12	250	30.00	23.6
6	100	6.000	4.71	9	44	3.960	3.11	12	280	33.60	26.4
6	125	7.500	5.89	9	50	4.500	3.53	12	300	36.00	28.3
6	150	9.000	7.06	9	65	5.850	4.59	12	350	42.00	33.0
6	180	10.80	8.48	9	75	6.750	5.30	12	400	48.00	37.7
6	200	12.00	9.42	9	90	8.100	6.36	16	32	5.120	4.02
6	230	13.80	10.8	9	100	9.000	7.06	16	38	6.080	4.77
6	250	15.00	11.8	9	125	11.25	8.83	16	44	7.040	5.53
6	280	16.80	13.2	9	150	13.50	10.6	16	50	8.000	6.28
6	300	18.00	14.1	9	180	16.20	12.7	16	65	10.40	8.16
8	25	2.000	1.57	9	200	18.00	14.1	16	75	12.00	9.42
8	32	2.560	2.01	9	230	20.70	16.2	16	90	14.40	11.3
8	38	3.040	2.39	9	250	22.50	17.7	16	100	16.00	12.6

(다음 페이지에 계속)

표준 단면 치수 (mm)		단면적	단위 질량	표준 단면 치수 (mm)		단면적	단위 질량	표준 단면 치수 (mm)		단면적	단위 질량
두께	폭	(cm^2)	(kg/m)	두께	폭	(cm^2)	(kg/m)	두께	폭	(cm^2)	(kg/m)
16	125	20.00	15.7	22	450	99.00	77.7	32	500	160.0	126
16	150	24.00	18.8	22	500	110.0	86.4	36	75	27.00	21.2
16	180	28.80	22.6	25	50	12.50	9.81	36	90	32.40	25.4
16	200	32.00	25.1	25	65	16.25	12.8	36	100	36.00	28.3
16	230	36.80	28.9	25	75	18.75	14.7	36	125	45.00	35.3
16	250	40.00	31.4	25	90	22.50	17.7	36	150	54.00	42.4
16	280	44.80	35.2	25	100	25.00	19.6	36	180	64.80	50.9
16	300	48.00	37.7	25	125	31.25	24.5	36	200	72.00	56.5
16	350	56.00	44.0	25	150	37.50	29.4	36	230	82.80	65.0
16	400	64.00	50.2	25	180	45.00	35.3	36	250	90.00	70.6
16	450	72.00	56.5	25	200	50.00	39.2	36	280	100.8	79.1
16	500	80.00	62.8	25	230	57.50	45.1	36	300	108.0	84.8
19	38	7.220	5.67	25	250	62.50	49.1	36	350	126.0	98.9
19	44	8.360	6.56	25	280	70.00	55.0	36	400	144.0	113
19	50	9.500	7.46	25	300	75.00	58.9	36	450	162.0	127
19	65	12.35	9.69	25	350	87.50	68.7	36	500	180.0	141
19	75	14.25	11.2	25	400	100.0	78.5	40	75	30.00	23.6
19	90	17.10	13.4	25	450	112.5	88.3	40	90	36.00	28.3
19	100	19.00	14.9	25	500	125.0	98.1	40	100	40.00	31.4
19	125	23.75	18.6	28	75	21.00	16.5	40	125	50.00	39.2
19	150	28.50	22.4	28	90	25.20	19.8	40	150	60.00	47.1
19	180	34.20	26.8	28	100	28.00	22.0	40	180	72.00	56.5
19	200	38.00	29.8	28	125	35.00	27.5	40	200	80.00	62.8
19	230	43.70	34.3	28	150	42.00	33.0	40	230	92.00	72.2
19	250	47.50	37.3	28	180	50.40	39.6	40	250	100.0	78.5
19	280	53.20	41.8	28	200	56.00	44.0	40	280	112.0	87.9
19	300	57.00	44.7	28	230	64.40	50.6	40	300	120.0	94.2
19	350	66.50	52.2	28	250	70.00	55.0	40	350	140.0	110
19	400	76.00	59.7	28	280	78.40	61.5	40	400	160.0	126
19	450	85.50	67.1	28	300	84.00	65.9	40	450	180.0	141
19	500	95.00	74.6	28	350	98.00	76.9	40	500	200.0	157
22	50	11.00	8.64	28	400	112.0	87.9	45	75	33.75	26.5
22	65	14.30	11.2	28	450	126.0	98.9	45	90	40.50	31.8
22	75	16.50	13.0	28	500	140.0	110	45	100	45.00	35.3
22	90	19.80	15.5	32	75	24.00	18.8	45	125	56.25	44.2
22	100	22.00	17.3	32	90	28.80	22.6	45	150	67.50	53.0
22	125	27.50	21.6	32	100	32.00	25.1	45	180	81.00	63.6
22	150	33.00	25.9	32	125	40.00	31.4	45	250	112.5	88.3
22	180	39.60	31.1	32	150	48.00	37.7	45	280	126.0	98.9
22	200	44.00	34.5	32	230	73.60	57.8	45	300	135.0	106
22	230	50.60	39.7	32	250	80.00	62.8	45	350	157.5	124
22	250	55.00	43.2	32	280	89.60	70.3	45	400	180.0	141
22	280	61.60	48.4	32	300	96.00	75.4	45	450	202.5	159
22	300	66.00	51.8	32	350	112.0	87.9	45	500	225.0	177
22	350	77.00	60.4	32	400	128.0	100				
22	400	88.00	69.1	32	450	144.0	113				

[비고] 단위 질량은 기본 질량[kg/(cm^2·m)]을 0.785로 계산한 것이다.

(2) **합금강** 5·59 표는 구조용 합금강 강재의 표준 치수를 나타낸 것이다. 표 중에 괄호가 붙어 있는 치수에 대해서는, 장래에 없애고 싶은 치수이므로 설계에 있어서는 괄호가 없는 치수를 사용하는 것이 바람직하다. JIS에 규정된 기계 구조용 합금강 강재는 JIS G 4051(기계 구조용 탄소강 강재), JIS G 4052(담금질성을 보증한 구조용 강재<H강>) 외에도 JIS G 4053(기계 구조용 합금강 강재)가 있다. 니켈 크롬강 강재, 니켈 크롬 몰리브덴강 강재, 크롬강 강재, 크롬 몰리브덴강 강재, 알루미늄 크롬 몰리브덴강 강재 등의 규정은 여기에 통합됐다.

5·59 표 기계구조용 탄소강 및 합금강 강재, H강 강재의 표준 치수 (JIS G 4051~4053) (단위 mm)

환강 (지름)					각강 (대변 거리)			육각강 (대변 거리)			선재 (지름)			
(10)	11	(12)	13	(14)	40	45	50	(12)	13	14	5.5	6	7	8
(15)	16	(17)	(18)	19	55	60	65	17	19	22	9	9.5	(10)	11
(20)	22	(24)	25	(26)	70	75	80	24	27	30	(12)	13	(14)	(15)
28	30	32	34	36	85	90	95	32	36	41	16	(17)	(18)	19
38	40	42	44	46	100	(105)	110	46	50	55	(20)	22	(24)	25
48	50	55	60	65	(115)	120	130	60	63	67	(26)	28	30	32
70	75	80	85	90	140	150	160	71	(75)	(77)	34	36	38	40
95	100	(105)	110	(115)	180	200		(81)			42	44	46	48
120	130	140	150	160							50			
(170)	180	(190)	200											

5·5 비철금속

1. 종류, 화학 성분 및 기계적 성질

5·60 표~5·71 표는 JIS에 규정된 비철금속의 종류, 특성 및 화학 성분 등을 나타낸 것이다.

5·60 표 동 및 동합금의 판 및 조 (JIS H 3100)

(a) 종류 및 용도 예

KS D 5201

종류 합금 번호	부가 기호(1)	참고 명칭	참고 특성 및 용도 예
C 1020	P*, PS*, R*, RS*	무산소동	도전성·열전도성·전연성·드로잉 가공성이 우수하고, 용접성·내식성·내후성이 좋다. 전기용, 화학공업용 등.
C 1100	P*, PS*, R*, RS*	터프피치동	도전성·열전도성이 우수하고, 전연성·드로잉 가공성·내식성·내후성이 좋다. 전기용, 증류가마, 건축용, 화학공업용, 개스킷, 기물 등.
	PP(2)	인쇄용 동	특히 평면이 평활하다. 그라비어판용.
C 1201	P, PS, R, RS	인탈산동	전연성·드로잉 가공성·용접성·내식성·내후성·열전동성이 좋다. C 1201은 C 1220 및 C 1221보다 도전성이 좋다. 목욕가마, 탕비기, 개스킷, 건축용, 화학공업용 등.
C 1220	P, PS, R, RS		
C 1221(2)	P, PS, R, RS		
	PP	인쇄용 동	특히 평면이 평활하다. 그라비어판용.
C 1401(2)	PP		특히 평면이 평활하고 내열성이 있다. 사진 요판용.
C 1441	PS*, RS*	주석 함유 동	도전성·열전도성·내열성·전연성이 우수하다. 반도체용 리드프레임, 배선기기, 기타 전기전자 부품, 탕비기 등.
C 1510	PS*, RS*	지르코늄 함유 동	도전성·열전도성·내열성·전연성이 우수하다. 반도체용 리드프레임 등.
C 1921	PS*, RS*	철 함유 동	도전성·열전도성·강도·내열성이 우수하고, 가공성이 좋다. 반도체용 리드프레임, 단자·커넥터 등의 전자 부품 등.
C 1940	PS*, RS*		
C 2051	R	뇌관용 동	특히 드로잉 가공성이 우수하다. 뇌관용.
C 2100	P, R, RS	단동	광택이 아름답고 전연성·드로잉 가공성·내후성이 좋다. 건축용, 장신구, 화장품 케이스 등.
C 2200	P, R, RS		
C 2300	P, R, RS		
C 2400	P, R, RS		
C 2600	P*, R*, RS*	황동	전연성·드로잉 가공성이 우수하고, 도금성이 좋다. 단자 커넥터 등.

(다음 페이지에 계속)

5장

종류 합금 번호	부가 기호[1]	참고	
		명칭	특성 및 용도 예
C 2680	P*, R*, RS*	황동	전연성·드로잉 가공성·도금성이 좋다. 스냅 버튼, 카메라, 보온병 등의 디프 드로잉용, 단자커넥터, 배선기구 등전
C 2720	P, R, RS	황동	전연성·드로잉 가공성이 좋다. 쉘로우 드로잉용 등.
C 2801	P*, R*, RS*	황동	강도가 높고 전연성이 있다. 블랭킹한 채로, 또는 절곡해서 사용하는 배선기구 부품, 네임플레이트, 계기판 등.
C 3560[2]	P, R	쾌삭황동	특히 피삭성이 우수하고 블랭킹성도 좋다. 시계 부품, 기어 등.
C 3561[2]	P, R	쾌삭황동	특히 피삭성이 우수하고 블랭킹성도 좋다. 시계 부품, 기어 등.
C 3710	P, R	쾌삭황동	특히 블랭킹성이 우수하고 피삭성도 좋다. 시계 부품, 기어 등.
C 3713	P, R	쾌삭황동	특히 블랭킹성이 우수하고 피삭성도 좋다. 시계 부품, 기어 등.
C 4250	P, R, RS	주석황동	내응력·부식균열성·내마모성·스프링성이 좋다. 스위치, 릴레이, 커넥터, 각종 스프링 부품 등.
C 4430[2]	P, R	애드미럴티 황동	내식성. 특히 내해수성이 좋다. 두꺼운 것은 열교환기용 관판, 얇은 것은 열교환기, 가스배관용 용접관 등.
C 4450	R	인 함유 애드미럴티 황동	내식성이 좋다. 가스배관용 용접관 등.
C 4621	P	네이벌 황동	내식성. 특히 내해수성이 좋다. 두꺼운 것은 열교환기용 관판, 얇은 것은 선박해수 취입구용 등(C 4621은 로이드선급용, NK선급용, C 4640은 AB선급용).
C 4640	P	네이벌 황동	내식성. 특히 내해수성이 좋다. 두꺼운 것은 열교환기용 관판, 얇은 것은 선박해수 취입구용 등(C 4621은 로이드선급용, NK선급용, C 4640은 AB선급용).
C 6140	P	알루미늄 청동	강도가 높고 내식성, 특히 내해수성·내마모성이 좋다. 기계부품, 화학공업용, 선박용 등.
C 6161	P	알루미늄 청동	강도가 높고 내식성, 특히 내해수성·내마모성이 좋다. 기계부품, 화학공업용, 선박용 등.
C 6280	P	알루미늄 청동	강도가 높고 내식성, 특히 내해수성·내마모성이 좋다. 기계부품, 화학공업용, 선박용 등.
C 6301[2]	P	알루미늄 청동	강도가 높고 내식성, 특히 내해수성·내마모성이 좋다. 기계부품, 화학공업용, 선박용 등.
C 6711[2]	P	악기밸브용 황동	블랭킹 가공성·내피로성이 좋다. 하모니카·오르간·아코디언의 밸브 등.
C 6712[2]	P	악기밸브용 황동	블랭킹 가공성·내피로성이 좋다. 하모니카·오르간·아코디언의 밸브 등.
C 7060	P	백동	내식성, 특히 내해수성이 좋고 비교적 고온의 사용에 적합하다. 열교환기용 관판, 용접관 등.
C 7150	P	백동	내식성, 특히 내해수성이 좋고 비교적 고온의 사용에 적합하다. 열교환기용 관판, 용접관 등.
C 7250	PS, RS	니켈-주석동	전연성·성형가공성·피로특성·내열성·내식성이 좋다. 전자·전기기기용 스프링, 스위치·릴레이, 리드프레임, 커넥터 등.

[주] [1] 형상은 판…P, 조…R의 기호로 나타낸다. 또한 등급은 특수급…S, 보통급…S가 붙지 않는 것으로 나타낸다. 판 및 조의 기호는 합금 번호의 뒤에, 이 칸의 기호를 붙여서 나타낸다.
[예] 합금 번호 C 2600, 조, 특수급의 경우…C 2600 RS
또한 도전용인 것(*표시)은 위의 기호 뒤에 C를 붙인다.
[2] 2012년 JIS 폐지.

(b) 화학 성분

합금 번호	화학 성분(%)									
	Cu	Pb	Fe	Sn	Zn	Al	Mn	Ni	P	기타
C 1020	99.96 이상	—	—	—	—	—	—	—	—	—
C 1100	99.90 이상	—	—	—	—	—	—	—	—	—
C 1201	99.90 이상	—	—	—	—	—	—	—	0.004 ~ 0.015 (미만)	—
C 1220	99.90 이상	—	—	—	—	—	—	—	0.015 ~ 0.040	—
C 1221[1]	99.75 이상	—	—	—	—	—	—	—	0.004 ~ 0.040	—
C 1401[1]	99.30 이상	—	—	—	—	—	—	0.10 ~ 0.20	—	—

(다음 페이지에 계속)

합금 번호	화학 성분(%)									
	Cu	Pb	Fe	Sn	Zn	Al	Mn	Ni	P	기타
C 1441	나머지	0.03 이하	0.02 이하	0.10 ~ 0.20	0.10 이하	—	—	—	0.001 ~ 0.020	—
C 1510	나머지	—	—	—	—	—	—	—	—	Zr 0.05 ~ 0.15
C 1921	나머지	—	0.05 ~ 0.15	—	—	—	—	—	0.015 ~ 0.050	—
C 1940	나머지	0.03 이하	2.1 ~ 2.6	—	0.05 ~ 0.20	—	—	—	0.015 ~ 0.150	Cu 분석의 경우 Cu+Pb+Fe+Zn +P 99.8 이상
C 2051	98.0 ~ 99.0	0.05 이하	0.05 이하	—	나머지	—	—	—	—	—
C 2100	94.0 ~ 96.0	0.03 이하	0.05 이하	—	나머지	—	—	—	—	—
C 2200	89.0 ~ 91.0	0.05 이하	0.05 이하	—	나머지	—	—	—	—	—
C 2300	84.0 ~ 86.0	0.05 이하	0.05 이하	—	나머지	—	—	—	—	—
C 2400	78.5 ~ 81.5	0.05 이하	0.05 이하	—	나머지	—	—	—	—	—
C 2600	68.5 ~ 71.5	0.05 이하	0.05 이하	—	나머지	—	—	—	—	—
C 2680	64.0 ~ 68.0	0.05 이하	0.05 이하	—	나머지	—	—	—	—	—
C 2720	62.0 ~ 64.0	0.07 이하	0.07 이하	—	나머지	—	—	—	—	—
C 2801	59.0 ~ 62.0	0.10 이하	0.07 이하	—	나머지	—	—	—	—	—
C 3560 (1)	61.0 ~ 64.0	2.0 ~ 3.0	0.10 이하	—	나머지	—	—	—	—	—
C 3561 (1)	57.0 ~ 61.0	2.0 ~ 3.0	0.10 이하	—	나머지	—	—	—	—	—
C 3710	58.0 ~ 62.0	0.6 ~ 1.2	0.10 이하	—	나머지	—	—	—	—	—
C 3713	58.0 ~ 62.0	1.0 ~ 2.0	0.10 이하	—	나머지	—	—	—	—	—
C 4250	87.0 ~ 90.0	0.05 이하	0.05 이하	1.5 ~ 3.0	나머지	—	—	—	0.35 이하	—
C 4430 (1)	70.0 ~ 73.0	0.05 이하	0.05 이하	0.9 ~ 1.2	나머지	—	—	—	—	As 0.02 ~ 0.06
C 4450	70.0 ~ 73.0	0.05 이하	0.03 이하	0.8 ~ 1.2	나머지	—	—	—	0.002 ~ 0.100	—
C 4621	61.0 ~ 64.0	0.20 이하	0.10 이하	0.7 ~ 1.5	나머지	—	—	—	—	—
C 4640	59.0 ~ 62.0	0.20 이하	0.10 이하	0.5 ~ 1.0	나머지	—	—	—	—	—
C 6140	88.0 ~ 92.5	0.01 이하	1.5 ~ 3.5	—	0.20 이하	6.0 ~ 8.0	1.0 이하	—	0.015 이하	Cu+Pb+Fe+Zn +Al+Mn +P 99.5 이상
C 6161	83.0 ~ 90.0	0.02 이하	2.0 ~ 4.0	—	—	7.0 ~ 10.0	0.50 ~ 2.0	0.50 ~ 2.0	—	Cu+Fe+Al+Mn +Ni 99.5 이상
C 6280	78.0 ~ 85.0	0.02 이하	1.5 ~ 3.5	—	—	8.0 ~ 11.0	0.50 ~ 2.0	4.0 ~ 7.0	—	상동
C 6301 (1)	77.0 ~ 84.0	0.02 이하	3.5 ~ 6.0	—	—	8.5 ~ 10.5	0.50 ~ 2.0	4.0 ~ 6.0	—	상동

(다음 페이지에 계속)

합금 번호	화학 성분(%)									
	Cu	Pb	Fe	Sn	Zn	Al	Mn	Ni	P	기타
C 6711 (1)	61.0 ~ 65.0	0.10 ~ 1.0	—	0.7 ~ 1.5	나머지	—	0.05 ~ 1.0	—	—	Fe+Al+Si 1.0 이상
C 6712 (1)	58.0 ~ 62.0	0.10 ~ 1.0	—	—	나머지	—	0.05 ~ 1.0	—	—	상동
C 7060	나머지	0.02 이하	1.0 ~ 1.8	—	0.50 이하	—	0.20 ~ 1.0	9.0 ~ 11.0	—	Cu 측정의 경우 Cu+Ni+Fe +Mn 99.5 이상
C 7150	나머지	0.02 이하	0.40 ~ 1.0	—	0.50 이하	—	0.20 ~ 1.0	29.0 ~ 33.0	—	Cu 분석의 경우 Cu+Fe+Mn +Ni 99.5 이상
C 7250	나머지	0.05 이하	0.6 이하	1.8 ~ 2.8	0.50 이하	—	0.20 이하	8.5 ~ 10.5	—	Cu 측정의 경우 Cu+Pb+Fe+Sn +Zn+Mn+ Ni 99.8 이상

[주] (1) 2012년 JIS 폐지.

5·61 표 인청동 및 양백의 판 및 조 (JIS H 3110)

(a) 종류 및 용도 예

KS D 5506

종류	참고		종류	참고	
합금 번호	명칭	특성 및 용도 예	합금 번호	명칭	특성 및 용도 예
C 5050	인청동	전연성·내피로성·내식성이 좋다. C 5050, C 5071은 도전성·열전도성이 우수하다. C 5191, C 5212는 스프링재에 적합하다. 단, 특히 고성능 스프링성을 요구하는 것은 스프링용 인청동을 이용하는 것이 좋다. 전자, 전기기기용 스프링, 스위치, 리드프레임, 커넥터, 다이어그램, 벨로, 휴즈그립, 접동편 베어링, 부시, 타악기 등.	C 7451	양백	광택이 아름답고 전연성·내피로성·내식성이 좋다. C 7351, C 7521은 드로잉성이 풍부하다. 수정발진자 케이스, 트랜지스터 캡, 볼륨용 접동편, 시계문자판·테, 장식품, 양식기, 의료기기, 건축용, 관악기 등.
C 5071			C 7521		
C 5111			C 7541		
C 5102					
C 5191					
C 5212					

[주] 형상으로서는 각각 판(P)과 조(R)이 있고, 기호는 합금 번호 뒤에 이들 기호를 붙여 나타낸다.
[예] 합금 번호 C 5050, 판의 경우…C 5050 P

(b) 화학 성분

합금 번호	화학 성분(%)									
	Cu	Pb	Fe	Sn	Zn	Mn	Ni	P	Cu+Sn +P	Cu+Sn +Ni+P
C 5050	—	0.02 이하	0.10 이하	1.0~1.7	0.20 이하	—	—	0.15 이하	99.5이상	—
C 5071	—	0.02 이하	0.10 이하	1.7~2.3	0.20 이하	—	0.10~0.40	0.15 이하	—	99.5 이상
C 5111	—	0.02 이하	0.10 이하	3.5~4.5	0.20 이하	—	—	0.03~0.35	99.5이상	—
C 5102	—	0.02 이하	0.10 이하	4.5~5.5	0.20 이하	—	—	0.03~0.35	99.5이상	—
C 5191	—	0.02 이하	0.10 이하	5.5~7.0	0.20 이하	—	—	0.03~0.35	99.5이상	—
C 5212	—	0.02 이하	0.10 이하	7.0~9.0	0.20 이하	—	—	0.03~0.35	99.5이상	—
C 7451	63.0~67.0	0.03 이하	0.25 이하	—	나머지	0.50 이하	8.5~11.0	—	—	—
C 7521	62.0~66.0	0.03 이하	0.25 이하	—	나머지	0.50 이하	16.5~19.5	—	—	—
C 7541	60.0~64.0	0.03 이하	0.25 이하	—	나머지	0.50 이하	12.5~15.5	—	—	—

5·62 표 스프링용 베릴륨동, 티탄동, 인청동, 니켈-주석동 및 양백의 판 및 조 (JIS H 3130)

(a) 종류 및 용도 예

KS D 5202

종류	참고	
합금 번호	명칭	특성 및 용도 예
C 1700 C 1720	스프링용 베릴륨동	내식성이 좋고 시효경화 처리 전은 전연성이 풍부하며, 시효경화 처리 후는 내피로성·도전성이 증가한다. 밀하든재(제조업자측에서 적절한 냉간가공 및 시효경화 처리를 실시, 규정된 기계적 성질을 부여한 것)를 제외하고, 시효경화 처리는 성형가공 후에 한다. 고성능 스프링, 계전기용 스프링, 전기기기용 스프링, 마이크로 스위치, 다이어그램, 벨로, 휴즈그립, 커넥터, 소켓 등.
C 1751	스프링용 저 베릴륨동	내식성이 좋고 시효경화 처리 후는 내마모성·도전성이 증가한다. 특히 도전성에 대해서는 순동의 반 이상의 도전율을 갖는다. 스위치, 릴레이, 전극 등.
C 1990	스프링용 티탄동	시효경화성 동합금의 밀하든재로, 전연성·내식성·내마모성·내피로특성이 좋고, 특히 응력완화특성·내열성이 우수한 고성능 스프링재이다. 전자·통신·정보·전기·계측기 등의 스위치, 커넥터, 잭, 릴레이 등.
C 5210 C 5240	스프링용 인청동	전연성·내피로성·내식성이 좋다. 특히 저온 어닐링을 실시하고 있으므로 고성능 스프링재에 적합하다. 질별 SH는 거의 벤딩 가공을 실시하지 않는 판스프링에 이용한다. 전자·통신·정보·전기·계측기기용 스위치, 커넥터, 릴레이 등.
C 7270	스프링용 니켈-주석동	내열성·내식성이 좋고 시효경화 처리 전은 전연성이 풍부하고, 시효경화 처리 후는 응력완화특성·내피로성·도전성이 향상되어 고성능 스프링재에 적합하다. 밀하든재를 제외하고 시효경화 처리는 성형가공 후에 한다. 전자·통신·정보·전기·계측기기용 단자, 커넥터, 소켓, 스위치, 릴레이, 브러시 등.
C 7701	스프링용 양백	광택이 아름답고 전연성·내피로성·내식성이 좋다. 특히 저온 어닐링을 실시하고 있으므로 고성능 스프링재에 적합하다. 질별 SH는 거의 벤딩 가공을 실시하지 않는 판스프링에 이용한다. 전자·통신·정보·전기·계측기기용 스위치, 커넥터, 릴레이 등.

[주] 형상으로서는 각각 판(P)와 조(R)이 있고, 기호는 합금 번호의 뒤에 이들 형상 기호를 붙여 나타낸다.
[예] 합금 번호 C 1700, 판의 경우…C 1700 P

(b) 화학 성분

합금 번호	화학 성분(%)															
	Cu	Pb	Fe	Sn	Zn	Be	Mn	Ni	Ni+Co	Ni+Co+Fe	P	Ti	Cu+Sn+P	Cu+Be+Ni	Cu+Be+Ni+Co+Fe	Cu+Ti
C 1700	—	—	—	—	—	1.60～1.79	—	—	0.20 이하	0.6 이하	—	—	—	—	99.5 이상	—
C 1720	—	—	—	—	—	1.80～2.00	—	—	0.20 이하	0.6 이하	—	—	—	—	99.5 이상	—
C 1751	—	—	—	—	—	0.2～0.6	—	1.4～2.2	—	—	—	—	—	99.5 이상	—	—
C 1990	—	—	—	—	—	—	—	—	—	—	—	2.9～3.5	—	—	—	99.5 이상
C 5210	—	0.02 이하	0.10 이하	7.0～9.0	0.20 이하	—	—	—	—	—	0.03～0.35	—	99.5 이상	—	—	—
C 5240	—	0.02 이하	0.10 이하	7.0～11.0	0.20 이하	—	—	—	—	—	0.03～0.35	—	99.5 이상	—	—	—
C 7270	나머지	0.02 이하	0.50 이하	5.5～6.5	—	—	0.50 이하	8.5～9.5	—	—	—	—	—	—	—	—
C 7701	54.0～58.0	0.03 이하	0.25 이하	—	나머지	—	0.50 이하	16.5～19.5	—	—	—	—	—	—	—	—

5·63 표 동 및 동합금 재질 기호의 표시법

재질 기호 신동품의 재질 기호는 C와 4자리 숫자로 나타낸다.

C	×	×	×	×
제1위	제2위	제3위	제4위	제5위

제1위 동 및 동합금을 나타내는 C.
제2위 주요 첨가 원소에 의한 합금 계통을 나타낸다.

1×××	Cu 고 Cu계 합금	5×××	Cu-Sn 계 합금 Cu-Sn-Pb 계 합금	7×××	Cu-Ni 계 합금 Cu-Ni-Zn 계 합금
2×××	Cu-Zn계 합금	6×××	Cu-Al 계 합금 Cu-Si 계 합금 특수 Cu-Zn계 합금		
3×××	Cu-Zn-Pb계 합금				
4×××	Cu-Zn-Sn계 합금				

제2위, 제3위, 제4위 CDA(Copper Development Association)의 합금 기호를 나타낸다.
제5위 0…CDA와 동등한 기본 합금, 1~9…그 개량 합금에 이용한다.
기타 4자리 숫자에 이어 재료의 형상을 나타내는 기호로서 1~3개의 로마자가 붙는다.

형상을 나타내는 기호

기호	의미	기호	의미	기호	의미
P(PS)	판, 원판 (왼쪽과 동일한 특수급)	BB	버스바	BF	단조봉
R(RS)	조 (왼쪽과 동일한 특수급)	W	선	T(TS)	관 (왼쪽과 동일한 특수급)
PP	인쇄용 판	BE	압출봉	TW(TWS)	용접관 (왼쪽과 동일한 특수급)
B	봉	BD	인발봉	V	압력용기

질별을 나타낼 때는 위의 금속 기호 뒤에 "-"를 넣고, 질별 기호(열처리 기호 등도 포함)을 붙인다.

질별을 나타내는 기호

기호	의미	기호	의미	기호	의미
-F	제조 그대로	-3/4H	3/4 경질	-SSH	특경질 (초특스프링질)
-O	연질	-H	경질	-OM	밀하든재* 연질
-OL	경연질	-EH	특경질 (H와 SH의 중간)	-HM	밀하든재 경질
-1/4H	1/4 경질	-SH	특경질 (스프링질)	-EHM	밀하든재 특경질
-1/2H	1/2 경질	-ESH	특경질 (특스프링질)	-SR	응력 제거

[주] * 5-62 표(a) 참조.

5·64 표 알루미늄 및 알루미늄합금의 판 및 조의 종류, 특성, 용도 예 (JIS H 4000) KS D 6701

종류 합금 번호	기호	참고 특성 및 용도 예
1085	A 1085 P	순알루미늄이기 때문에 강도는 낮지만, 성형성, 용접성, 내식성이 좋다. 반사판, 조명기구, 장식품, 화학공업용 탱크, 도전재 등.
1080	A 1080 P	
1070	A 1070 P	
1050	A 1050 P	
1050 A	A 1050 AP	1050재보다 약간 강도가 높은 합금.
1060	A 1060 P	도체용 순알루미늄으로 전기전도성이 높다. 버스바 등.
1100	A 1100 P	강도가 비교적 낮지만, 성형성, 용접성, 내식성이 좋다. 일반기물, 건축용재, 전기기구, 각종 용기, 인쇄판 등.
1200	A 1200 P	
1 N 00	A 1 N 00 P	1100보다 약간 강도가 높고, 성형성도 우수하다. 일용품 등.
1 N 30	A 1 N 30 P	전연성, 내식성이 좋다. 알루미늄 박지 등.
2014	A 2014 P A 2014 PC	강도가 높은 열처리 합금이다. 클래드 강판은 표면에 6003을 붙여 내식성을 개선한 것이다. 항공기용재, 각종 구조재 등.
2014 A	A 2014 AP	2014보다 약간 강도가 낮은 열처리 합금.
2017	A 2017 P	열처리 합금으로 강도가 높고, 절삭가공성도 좋다. 항공기용재, 각종 구조재 등.
2017 A	A 2017 AP	2017보다 강도가 높은 합금.
2219	A 2219 P	강도가 높고, 내열성, 용접성도 좋다. 항공우주기기 등.
2024	A 2024 P A 2024 PC	2017보다 강도가 높고, 절삭가공성도 좋다. 클래드 강판은 표면에 1230을 붙여 내식성을 개선한 것이다. 항공기용재, 각종 구조재 등.

(다음 페이지에 계속)

종류 합금 번호	기호	참고 특성 및 용도 예
3003	A 3003 P	1100보다 약간 강도가 높고, 성형성, 용접성, 내식성도 좋다. 일반용기물, 건축용재, 선박용재, 핀재, 각종 용기 등.
3103	A 3103 P	
3203	A 3203 P	
3004	A 3004 P	3003보다 강도가 높고, 성형성이 우수하며 내식성도 좋다. 음료캔, 지붕판, 도어 패널재, 컬러 알루미늄, 전구 꼭지쇠 등.
3104	A 3104 P	
3005	A 3005 P	3003보다 강도가 높고 내식성도 좋다. 건축용재, 컬러 알루미늄 등.
3105	A 3105 P	3003보다 약간 강도가 높고, 성형성, 내식성이 좋다. 건축용재, 컬러알루미늄, 캡 등.
5005	A 5005 P	3003과 동일한 정도의 강도가 있으며, 내식성, 용접성, 가공성이 좋다. 건축 내외장재, 차량 내장재 등.
5021	A 5021 P	5052와 동일한 정도의 강도이고, 내식성, 성형성이 좋다. 음료캔용재 등.
5042	A 5042 P	5052와 5182의 중간 정도 강도의 합금으로, 내식성, 성형성이 좋다. 음료캔용재 등.
5052	A 5052 P	중간 정도의 강도를 갖는 대표적인 합금으로, 내식성, 성형성, 용접성이 좋다. 선박·차량·건축용재, 음료캔 등.
5652	A 5652 P	5052의 불순물 원소를 규제하고 과산화수소의 분해를 억제한 합금으로, 기타의 특성은 5052와 동일한 정도이다. 과산화수소 용기 등.
5154	A 5154 P	5052와 5083의 중간 정도의 강도를 갖는 합금으로, 내식성, 성형성, 용접성이 좋다. 선박·차량용재, 압력용기 등.
5254	A 5254 P	5154의 불순물 원소를 규제해 과산화수소의 분해를 억제한 합금으로, 기타의 특성은 5154와 동일한 정도이다. 과산화수소 용기 등.
5454	A 5454 P	5052보다 강도가 높고, 내식성, 성형성, 용접성이 좋다. 자동차용 휠 등.
5754	A 5754 P	5052와 5454의 중간 정도 강도를 갖는 합금.
5082	A 5082 P	5083과 거의 동등한 정도의 강도가 있으며, 성형성, 내식성이 좋다. 음료캔 등.
5182	A 5182 P	
5083 *	A 5083 P	비열처리 합금 중에서 가장 강도가 있으며, 내식성, 용접성이 좋다. 선박·차량용재, 저온용 탱크, 압력용기 등.
	A 5083 PS	액화천연가스 저장조.
5086	A 5086 P	5154보다 강도가 높고, 내식성이 우수한 용접구조용 합금. 선박용재, 압력용기, 자기디스크 등.
5 N 01	A 5 N 01 P	3003과 동등한 정도의 강도가 있으며, 화학 또는 전해연마 등의 광택처리 후의 양극산화처리로 높은 광택성을 얻을 수 있다. 성형성, 내식성도 좋다. 장식품, 부엌용품, 명판 등.
6101	A 6101 P	고강도 도체용 합금으로 전기전도성이 높다. 버스바 등.
6061	A 6061 P	내식성이 양호하고 주로 볼트·리벳 접합의 구조용재로서 이용된다. 선박·차량용재, 육상구조물 등.
6082	A 6082 P	6061과 거의 동등한 정도의 강도가 있으며, 내식성도 좋다. 스키 등.
7010	A 7010 P	7075와 거의 동등한 정도의 강도를 갖는 합금.
7075	A 7075 P	알루미늄합금 중 높은 강도를 가진 합금의 하나인데, 클래드 강판은 표면에 7072를 붙여 내식성을 개선한 것. 항공기용재, 스키 등.
	A 7075 PC	
7475	A 7475 P	7075와 거의 동등한 정도의 강도가 있으며, 인성이 좋다. 초소성재, 항공기용재 등.
7178	A 7178 P	7075보다 강도가 높은 합금. 배트용재, 스키 등.
7 N 01	A 7 N 01 P	강도가 높고 내식성도 양호한 용접구조용 합금. 차량 기타의 육상구조물 등.
8021	A 8021 P	IN30보다 강도가 높고 전연성 및 내식성이 좋다. 알루미늄 박지 등. 장식용, 전기통신용, 포장용 등.
8079	A 8079 P	

[주] *등급으로서 보통급(A 5083 P)과 특수급(A 5083 PS)이 있다.

[비고] 1. 질별을 나타내는 기호는 표의 기호 뒤에 붙인다.
2. A 2014 PC, A 2024 PC, A 7075PC는 클래드 강판에 사용하는 경우로 한정한다.
3. A 5083 PS는 액화천연가스 저장조의 측판, 애뉼러 플레이트, 너클 플레이트에 사용하는 경우로 한정한다.
4. A 1060 P, A 6101 P는 도체용으로서 사용하는 경우로 한정한다.
또한 2014년의 개정에서는 위의 표에 대해 합금 번호 5652가 삭제되고, 1100 A, 1230 A, 2124, 5050, 5110 A, 5456, 7050, 7204, 8011 A가 추가(수정)됐다.

5·65 표 알루미늄 및 알루미늄합금의 판 및 조의 화학 성분 (JIS H 4000) KS D 6701

합금 번호	화학 성분(%)											
	Si	Fe	Cu	Mn	Mg	Cr	Zn	Ga, V, Ni, B, Zr 등	Ti	기타[2]		Al
										각각	합계	
1085	0.10 이하	0.12 이하	0.03 이하	0.02 이하	0.02 이하	—	0.03 이하	Ga 0.03 이하, V 0.05 이하	0.02 이하	0.01 이하	—	99.85 이상
1080	0.15 이하	0.15 이하	0.03 이하	0.02 이하	0.02 이하	—	0.03 이하	Ga 0.03 이하, V 0.05 이하	0.03 이하	0.02 이하	—	99.80 이상
1070	0.20 이하	0.25 이하	0.04 이하	0.03 이하	0.03 이하	—	0.04 이하	V 0.05 이하	0.03 이하	0.03 이하	—	99.70 이상
1060	0.25 이하	0.35 이하	0.05 이하	0.03 이하	0.03 이하	—	0.05 이하	V 0.05 이하	0.03 이하	0.03 이하	—	99.60 이상
1050	0.25 이하	0.40 이하	0.05 이하	0.05 이하	0.05 이하	—	0.05 이하	V 0.05 이하	0.03 이하	0.03 이하	—	99.50 이상
1050 A	0.25 이하	0.40 이하	0.05 이하	0.05 이하	0.05 이하	—	0.07 이하	—	0.05 이하	0.03 이하	—	99.50 이상
1100	Si+Fe 0.95 이하		0.05 ~0.20	0.05 이하	—	—	0.10 이하	—	—	0.05 이하	0.15 이하	99.00 이상
1200	Si+Fe 1.00 이하		0.05 이하	0.05 이하	—	—	0.10 이하	—	0.05 이하	0.05 이하	0.15 이하	99.00 이상
1 N 00	Si+Fe 1.0 이하		0.05 ~0.20	0.05 이하	0.10 이하	—	0.10 이하	—	0.10 이하	0.05 이하	0.15 이하	99.00 이상
1 N 30	Si+Fe 0.7 이하		0.10 이하	0.05 이하	0.05 이하	—	0.05 이하	—	—	0.03 이하	—	99.30 이상
2014	0.50 ~1.2	0.7 이하	3.9 ~5.0	0.40 ~1.2	0.20 ~0.8	0.10 이하	0.25 이하	—	0.15 이하	0.05 이하	0.15 이하	나머지
2014[1]	0.50 ~1.2	0.7 이하	3.9 ~5.0	0.40 ~1.2	0.20 ~0.8	0.10 이하	0.25 이하	—	0.15 이하	0.05 이하	0.15 이하	나머지
	0.35 ~1.0	0.6 이하	0.10 이하	0.8 이하	0.8 ~1.5	0.35 이하	0.20 이하	—	0.10 이하	0.05 이하	0.15 이하	나머지
2014 A	0.50 ~0.9	0.50 이하	3.9 ~5.0	0.40 ~1.2	0.20 ~0.8	0.10 이하	0.25 이하	Ni 0.10 이하, Zr + Ti 0.20 이하	0.15 이하	0.05 이하	0.15 이하	나머지
2017	0.20 ~0.8	0.7 이하	3.5 ~4.5	0.40 ~1.0	0.40 ~0.8	0.10 이하	0.25 이하	—	0.15 이하	0.05 이하	0.15 이하	나머지
2017 A	0.20 ~0.8	0.7 이하	3.5 ~4.5	0.40 ~1.0	0.40 ~1.0	0.10 이하	0.25 이하	Zr + Ti 0.25 이하	—	0.05 이하	0.15 이하	나머지
2219	0.20 이하	0.30 이하	5.8 ~6.8	0.20 ~0.40	0.02 이하	—	0.10 이하	V 0.05 ~ 0.15, Zr 0.10 ~ 0.25	0.02 ~0.10	0.05 이하	0.15 이하	나머지
2024	0.50 이하	0.50 이하	3.8 ~4.9	0.30 ~0.9	1.2 ~1.8	0.10 이하	0.25 이하	—	0.15 이하	0.05 이하	0.15 이하	나머지
2024[1]	0.50 이하	0.50 이하	3.8 ~4.9	0.30 ~0.9	1.2 ~1.8	0.10 이하	0.25 이하	—	0.15 이하	0.05 이하	0.15 이하	나머지
	Si+Fe 0.70 이하		0.10 이하	0.05 이하	0.05 이하	—	0.10 이하	V 0.05 이하	0.03 이하	0.03 이하	—	99.30 이상
3003	0.6 이하	0.7 이하	0.05 ~0.20	1.0 ~1.5	—	—	0.10 이하	—	—	0.05 이하	0.15 이하	나머지
3103	0.50 이하	0.7 이하	0.10 이하	0.9 ~1.5	0.30 이하	0.10 이하	0.20 이하	Zr + Ti 0.10 이하	—	0.05 이하	0.15 이하	나머지
3203	0.6 이하	0.7 이하	0.05 이하	1.0 ~1.5	—	—	0.10 이하	—	—	0.05 이하	0.15 이하	나머지
3004	0.30 이하	0.7 이하	0.25 이하	1.0 ~1.5	0.8 ~1.3	—	0.25 이하	—	—	0.05 이하	0.15 이하	나머지
3104	0.6 이하	0.8 이하	0.05 ~0.25	0.8 ~1.4	0.8 ~1.3	—	0.25 이하	Ga 0.05 이하, V 0.05 이하	0.10 이하	0.05 이하	0.15 이하	나머지
3005	0.6 이하	0.7 이하	0.30 이하	1.0 ~1.5	0.20 ~0.6	0.10 이하	0.25 이하	—	0.10 이하	0.05 이하	0.15 이하	나머지
3105	0.6 이하	0.7 이하	0.30 이하	0.30 ~0.8	0.20 ~0.8	0.20 이하	0.40 이하	—	0.10 이하	0.05 이하	0.15 이하	나머지

(다음 페이지에 계속)

합금 번호	화학 성분(%)											
	Si	Fe	Cu	Mn	Mg	Cr	Zn	Ga, V, Ni, B, Zr 등	Ti	기타[(2)] 각각	기타[(2)] 합계	Al
5005	0.30 이하	0.7 이하	0.20 이하	0.20 이하	0.50~1.1	0.10 이하	0.25 이하	—	—	0.05 이하	0.15 이하	나머지
5021	0.40 이하	0.50 이하	0.15 이하	0.10~0.50	2.2~2.8	0.15 이하	0.15 이하	—	—	0.05 이하	0.15 이하	나머지
5042	0.20 이하	0.35 이하	0.15 이하	0.20~0.50	3.0~4.0	0.10 이하	0.25 이하	—	0.10 이하	0.05 이하	0.15 이하	나머지
5052	0.25 이하	0.40 이하	0.10 이하	0.10 이하	2.2~2.8	0.15~0.35	0.10 이하	—	—	0.05 이하	0.15 이하	나머지
5652	Si+Fe 0.40 이하		0.04 이하	0.01 이하	2.2~2.8	0.15~0.35	0.10 이하	—	—	0.05 이하	0.15 이하	나머지
5154	0.25 이하	0.40 이하	0.10 이하	0.10 이하	3.1~3.9	0.15~0.35	0.20 이하	—	0.20 이하	0.05 이하	0.15 이하	나머지
5254	Si+Fe 0.45 이하		0.05 이하	0.01 이하	3.1~3.9	0.15~0.35	0.20 이하	—	0.05 이하	0.05 이하	0.15 이하	나머지
5454	0.25 이하	0.40 이하	0.10 이하	0.50~1.0	2.4~3.0	0.05~0.20	0.25 이하	—	0.20 이하	0.05 이하	0.15 이하	나머지
5754	0.40 이하	0.40 이하	0.10 이하	0.50 이하	2.6~3.6	0.30 이하	0.20 이하	Mn + Cr 0.10 ~ 0.6	0.15 이하	0.05 이하	0.15 이하	나머지
5082	0.20 이하	0.35 이하	0.15 이하	0.15 이하	4.0~5.0	0.15 이하	0.25 이하	—	0.10 이하	0.05 이하	0.15 이하	나머지
5182	0.20 이하	0.35 이하	0.15 이하	0.20~0.50	4.0~5.0	0.10 이하	0.25 이하	—	0.10 이하	0.05 이하	0.15 이하	나머지
5083	0.40 이하	0.40 이하	0.10 이하	0.40~1.0	4.0~4.9	0.05~0.25	0.25 이하	—	0.15 이하	0.05 이하	0.15 이하	나머지
5086	0.40 이하	0.50 이하	0.10 이하	0.20~0.7	3.5~4.5	0.05~0.25	0.25 이하	—	0.15 이하	0.05 이하	0.15 이하	나머지
5N01	0.15 이하	0.25 이하	0.20 이하	0.20 이하	0.20~0.6	—	0.03 이하	—	—	0.05 이하	0.10 이하	나머지
6101	0.30~0.7	0.50 이하	0.10 이하	0.03 이하	0.35~0.8	0.03 이하	0.10 이하	B 0.06 이하	—	0.03 이하	0.10 이하	나머지
6061	0.40~0.8	0.7 이하	0.15~0.40	0.15 이하	0.8~1.2	0.04~0.35	0.25 이하	—	0.15 이하	0.05 이하	0.15 이하	나머지
6082	0.7~1.3	0.50 이하	0.10 이하	0.40~1.0	0.6~1.2	0.25 이하	0.20 이하	—	0.10 이하	0.05 이하	0.15 이하	나머지
7010	0.12 이하	0.15 이하	1.5~2.0	0.10 이하	2.1~2.6	0.05 이하	5.7~6.7	Ni 0.05 이하, Zr 0.10 ~ 0.16	0.06 이하	0.05 이하	0.15 이하	나머지
7075	0.40 이하	0.50 이하	1.2~2.0	0.30 이하	2.1~2.9	0.18~0.28	5.1~6.1	—	0.20 이하	0.05 이하	0.15 이하	나머지
7075[(1)]	0.40 이하	0.50 이하	1.2~2.0	0.30 이하	2.1~2.9	0.18~0.28	5.1~6.1	—	0.20 이하	0.05 이하	0.15 이하	나머지
	Si+Fe 0.7 이하		0.10 이하	0.10 이하	0.10 이하	—	0.8~1.3	—	—	0.05 이하	0.15 이하	나머지
7475	0.10 이하	0.12 이하	1.2~1.9	0.06 이하	1.9~2.6	0.18~0.25	5.2~6.2	—	0.06 이하	0.05 이하	0.15 이하	나머지
7178	0.40 이하	0.50 이하	1.6~2.4	0.30 이하	2.4~3.1	0.18~0.28	6.3~7.3	—	0.20 이하	0.05 이하	0.15 이하	나머지
7 N 01	0.30 이하	0.35 이하	0.20 이하	0.20~0.7	1.0~2.0	0.30 이하	4.0~5.0	V 0.10 이하, Zr 0.25 이하	0.20 이하	0.05 이하	0.15 이하	나머지
8021	0.15 이하	1.2~1.7	0.05 이하	—	—	—	—	—	—	0.05 이하	0.15 이하	나머지
8079	0.05~0.30	0.7~1.3	0.05 이하	—	—	—	0.10 이하	—	—	0.05 이하	0.15 이하	나머지

[주] (1) 합금 번호 2014 및 7075 클래드 강판의 화학 성분은 상단이 심재, 하단이 표면재를 나타낸다. 또한 표면재의 합금 번호는 각각 6003, 1230 및 7072이다.

(2) "기타"의 화학 성분은 표에서 "—"를 나타내며, 성분값을 규정하고 있지 않은 화학 성분도 포함한다. 또한 2014년 개정에 대해서는 앞 표의 비고란을 참조.

5장

5·66 표 알루미늄 및 알루미늄합금의 재질 기호의 표현법

재질 기호 알루미늄 전신재의 재질 기호는 A와 4자리의 숫자로 나타낸다.

A	×	×	×	×
제1위	제2위	제3위	제4위	제5위

제1위 알루미늄 및 알루미늄합금을 나타내는 A로 한다.

제2위 순알루미늄에 대해서는 숫자 1, 알루미늄합금에 대해서는 주요 첨가 원소에 따라 숫자 2~8을 다음의 구분에 따라 이용한다.

A 1×××	Al 순도 99.00% 이상의 순Al	×××	Al·Cu·Mg계 합금
A 2×××	Al-Cu-Mg 계 합금	A 6×××	Al-Mg-Si-(Cu)계 합금
A 3×××	Al-Mn 계 합금	A 7×××	Al-Zn-Mg-(Cu)계 합금
A 4×××	Al-Si 계 합금	A 8×××	상기 이외의 계통 합금

제3위 숫자 0~9를 이용하며, 다음의 제4위, 제5위의 숫자가 동일한 경우에는 0은 기본 합금을 나타내고, 1~9는 그 개량형 합금에 이용한다. 일본 독자의 합금으로, 국제 등록되어 있지 않은 합금은 N으로 한다.

제4위, 제5위 순Al은 Al 순도를 소수점 이하 2자리로 나타내며, 합금에 대해서는 구 알코아의 호칭을 원칙으로 붙이고, 일본 독자의 합금에 대해서는 합금계별, 제정순으로 01~99를 붙인다.

기타 4자리 숫자에 이어 제조 공정 혹은 제품 형상을 나타내는 1~3개의 로마자 기호를 붙이고, 이상의 기호 뒤에 "—"를 넣어 질별 기호를 붙인다.

제조 공정 혹은 제품 형상을 나타내는 기호

기호	의미	기호	의미
P (PS)	판, 조, 원판 (왼쪽과 동일한 특수급)	TW (TWS)	용접관 (왼쪽과 동일한 특수급)
		TWA	아크 용접관
PC	클래드 강판	S (SS)	압출형재 (왼쪽과 동일한 특수급)
BE (BES)	압출봉 (왼쪽과 동일한 특수급)		
BD (BDS)	인발봉 (왼쪽과 동일한 특수급)	FD	형타단조품
W (WS)	인발봉 (왼쪽과 동일한 특수급)	FH	자유단조품
TE (TES)	압출 이음매무관 (왼쪽과 동일한 특수급)	H	박
		BY	용가봉
TD (TDS)	인발 이음매무관 (왼쪽과 동일한 특수급)	WY	용접와이어

질별을 나타내는 기호 (JIS H 0001)

의미	정의
F	제조 그대로의 것
O	어닐링한 것
H	가공경화한 것
W	용체화 처리한 것
T	열처리에 의해 F·O·H 이외의 안정된 질별로 한 것

5·67 표 동 및 동합금 주물 (JIS H 5120) KS D 6024

종류 기호	종류 기호	주조법의 구분	참고 (합금의 특성 및 용도 예)
동주물 1종 CAC 101	Cu계	사형, 금형, 원심, 정밀	주조성이 좋다. 도전성, 열전도성, 기계적 성질이 좋다. 송풍구, 대송풍구, 냉각판, 열풍밸브, 전극홀더, 일반기계 부품 등.
동주물 2종 CAC 102	Cu계		CAC 101보다 도전성, 열전도성이 좋다. 송풍구, 전기용 터미널, 분기 슬리브, 콘택트, 도체, 일반전기 부품 등.
동주물 3종 CAC 103	Cu계		동주물 가운데서는 도전성, 열전도성이 가장 좋다. 전로용 랜스 노즐, 전기용 터미널, 분기 슬리브, 통전 서포트, 도체, 일반전기 부품 등.
황동주물 1종 CAC 201	Cu-Zn계	사형, 금형, 원심, 정밀	납땜하기 쉽다. 플랜지류, 전기 부품, 장식용품 등.
황동주물 2종 CAC 202	Cu-Zn계		황동주물 가운데서 비교적 주조가 용이하다. 전기 부품, 계기 부품, 일반기계 부품 등.
황동주물 3종 CAC 203	Cu-Zn계		CAC 202보다 기계적 성질이 좋다. 급배수 금구, 전기 부품, 건축용 금구, 일반기계 부품, 일용품·잡화품 등.
고력황동주물 1종 CAC 301	Cu-Zn-Mn-Fe-Al계	사형, 금형, 원심, 정밀	강도, 경도가 높고 내식성, 인성이 좋다. 선박용 프로펠러, 프로펠러 보닛, 베어링, 밸브좌, 밸브봉, 베어링 유지기, 레버, 암, 기어, 선박용 의장품 등.
고력황동주물 2종 CAC 302	Cu-Zn-Mn-Fe-Al계		강도가 높고 내마모성이 좋다. 경도는 CAC 301보다 높고, 강성이 있다. 선박용 프로펠러, 베어링, 베어링 유지기, 슬리퍼, 엔드 플레이트, 밸브좌, 밸브봉, 특수실린더, 일반기계 부품 등.

종별 기호	합금계	주조법의 구분	참고 (합금의 특성 및 용도 예)
고력황동주물 3종 CAC 303	Cu-Zn-Al-Mn-Fe계	사형, 금형, 원심, 정밀	특히 강도, 경도가 높고 고하중의 경우에도 내마모성이 좋다. 저속 고하중의 접동 부품, 대형 밸브, 스템, 부시, 웜기어, 슬리퍼, 캠, 수압실린더 부품 등.
고력황동주물 4종 CAC 304	Cu-Zn-Al-Mn-Fe계		고력황동주물 중에서 가장 강도, 경도가 높고, 고하중의 경우에도 내마모성이 좋다. 저속 고하중의 접동 부품, 교량용 지승판, 베어링, 부시, 너트, 웜기어, 내마모판 등.
청동주물 1종 CAC 401	Cu-Zn-Pb-Sn계	사형, 금형, 원심, 정밀	탕흐름, 피삭성이 좋다. 베어링, 명판, 일반기계 부품 등.
청동주물 2종 CAC 402	Cu-Sn-Zn계		내압성, 내마모성, 내식성이 좋고, 또한 기계적 성질도 좋다. 납용출량은 매우 적다. 베어링, 슬리브, 부시, 펌프 동체, 임펠러, 밸브, 기어, 선박용 현창, 전동기 부품 등.
청동주물 3종 CAC 403	Cu-Sn-Zn계		내압성, 내마모성, 기계적 성질이 좋고, 또한 내식성이 CAC402보다 좋아 납 침출량이 매우 적다. 베어링, 슬리브, 부시, 펌프 동체, 임펠러, 밸브, 기어, 선박용 현창, 전동기 부품, 일반기계 부품 등
청동주물 6종 CAC 406	Cu-Sn-Zn-Pb계		내압성, 내마모성, 피삭성, 주조성이 좋다. 밸브, 펌프 동체, 임펠러, 급수전, 베어링, 슬리브, 부시, 일반기계 부품, 경관 주물, 미술 주물 등.
청동주물 7종 CAC 407	Cu-Sn-Zn-Pb계		기계적 성질이 CAC 406보다 좋다. 베어링, 소형 펌프 부품, 밸브, 연료펌프, 일반기계 부품 등.
인청동주물 2종 A CAC 502 A	Cu-Sn-P계	사형, 원심, 정밀	내식성, 내마모성이 좋다. 납용출량은 매우 적다. 기어, 웜기어, 베어링, 부시, 슬리브, 임펠러, 일반기계 부품 등.
인청동주물 2종 B CAC 502 B	Cu-Sn-P계	금형, 원심*	
인청동주물 3종 A CAC 503 A	Cu-Sn-P계	사형, 원심, 정밀	경도가 높고 내마모성이 좋다. 납용출량은 매우 적다. 접동 부품, 유압실린더, 슬리브, 기어, 제지용 각종 롤 등.
인청동주물 3종 B CAC 503 B	Cu-Sn-P계	금형, 원심*	
연청동주물 2종 CAC 602	Cu-Sn-Pb계	사형, 금형, 원심, 정밀	내압성, 내마모성이 좋다. 중고속·고하중용 베어링, 실린더, 밸브 등.
연청동주물 3종 CAC 603	Cu-Sn-Pb계		면압이 높은 베어링에 적합하며, 순응성이 좋다. 중고속·고하중용 베어링, 대형 엔진용 베어링 등.
연청동주물 4종 CAC 604	Cu-Sn-Pb계		CAC 603보다 순응성이 좋다. 중고속·고하중용 베어링, 차량용 베어링, 화이트메탈의 배판 등.
연청동주물 5종 CAC 605	Cu-Sn-Pb계		연청동주물 중에서 순응성, 내버닝성이 특히 좋다. 중고속·저하중용 베어링, 엔진용 베어링 등.
알루미늄청동주물 1종 CAC 701	Cu-Al-Fe-Ni-Mn계	사형, 금형, 원심, 정밀	강도, 인성이 높고 굽힘에도 강하다. 내식성, 내열성, 내마모, 저온특성이 좋다. 내산펌프, 베어링, 부시, 기어, 밸브시트, 플랜저, 제지용 롤 등.
알루미늄청동주물 2종 CAC 702	Cu-Al-Fe-Ni-Mn계		강도가 높고 내식성, 내마모성이 좋다. 선박용 소형 프로펠러, 베어링, 기어, 부시, 밸브시트, 임펠러, 볼트, 너트, 안전공구, 스테인리스강용 베어링 등.
알루미늄청동주물 3종 CAC 703	Cu-Al-Fe-Ni-Mn계		대형 주물에 적합하고 강도가 특히 높으며, 내식성, 내마모성이 좋다. 선박용 프로펠러, 임펠러, 밸브, 기어, 펌프 부품, 화학공업용 기기 부품, 스테인리스강용 베어링, 식품가공용 기계 부품 등.
알루미늄청동주물 4종 CAC 704	Cu-Al-Fe-Ni-Mn계		단순 형상의 대형 주물에 적합하고 강도가 특히 높으며, 내식성, 내마모성이 좋다. 선박용 프로펠러, 슬리브, 기어, 화학용 기기 부품 등.

(다음 페이지에 계속)

종류 기호	합금계	주조법의 구분	참고 (합금의 특성 및 용도 예)
실진청동주물 1종 CAC 801	Cu-Si-Zn계	사형, 금형, 원심, 정밀	탕흐름이 좋다. 강도가 높고 내식성이 좋다. 선박용 의장품, 베어링, 기어 등.
실진청동주물 2종 CAC 802	Cu-Si-Zn계		CAC 801보다 강도가 높다. 선박용 의장품, 베어링, 기어, 보트용 프로펠러 등.
실진청동주물 3종 CAC 803	Cu-Si-Zn계		탕흐름이 좋다. 어닐링 메짐성이 적다. 강도가 높고 내식성이 좋다. 선박용 의장품, 베어링, 기어 등.
실진청동주물 4종 CAC 804	Cu-Si-Zn계		납용출량은 거의 없다. 탕흐름이 좋다. 강도·신연이 높고 내식성도 양호하다. 피삭성은 CAC 406보다 떨어진다. 급수장치 기구류(수도미터, 밸브류, 커플링류, 수전밸브 등) 등.
비스무트청동주물 1종 CAC 901	Cu-Sn-Zn-Bi 계	사형, 금형, 원심, 정밀	납용출량은 거의 없다. 기계적 성질, 내압성은 CAC 902보다 좋지만, 피삭성은 떨어진다. 탕흐름은 CAC 406과 동일한 정도. 급수장치 기구류(밸브류, 커플링류, 감압밸브, 수전밸브, 수도미터 등), 수도시설 기구류(게이트밸브, 커플링), 밸브, 커플링 등.
비스무트청동주물 2종 CAC 902	Cu-Sn-Zn-Bi 계		납용출량은 거의 없다. CAC 406과 동등한 기계적 성질을 갖고 있지만, 피삭성은 약간 떨어진다. 탕흐름은 CAC 406과 동일한 정도. 급수장치 기구류(밸브류, 커플링류, 감압밸브, 수전밸브, 수도미터 등), 수도시설 기구류(게이트밸브, 커플링), 밸브, 커플링 등.
비스무트청동주물 3종 B CAC 903 B	Cu-Sn-Zn-Bi 계	금형, 원심*	납용출량은 거의 없다. CAC 406과 동등한 피삭성을 갖는다. CAC 406의 금형 주조와 동등한 기계적 성질. 탕흐름은 CAC 406과 동일한 정도. 급수장치 기구류 부속 부품(뚜껑류, 너트 등), 수도시설 기구류(뚜껑류, 너트 등) 등.
비스무트셀렌청동주물 1종 CAC 911	Cu-Sn-Zn-Bi -Se계	사형, 금형, 원심, 정밀	납용출량은 거의 없다. CAC 406과 동등한 기계적 성질을 갖는다. 피삭성은 CAC 902보다 좋다. 탕흐름은 CAC 406과 동일한 정도. 급수장치 기구류(밸브류, 커플링류, 감압밸브, 수전밸브, 수도미터 등), 수도시설 기구류(게이트밸브, 커플링), 밸브, 커플링 등.

[주] *사형과 금형을 이용한 원심주조 중 CAC 502 B, CAC 503 B, CAC 903 B는 금형을 이용한 주조. 또한 2009년의 개정에서는 청동주물 8종(CAC 408), 11종(CAC 411), 비스무트청동주물 4종(CAC 904), 비스무트셀렌청동주물 2종(CAC 912)가 더해졌다.

5·68 표 알루미늄합금 주물 (JIS H 5202 부록) KS D 6008

종류의 기호	근사하는 대응 ISO 기호	적용 주물	참고 (합금계)	참고 (합금의 특성 및 용도 예)
AC 1 B	AlCu4MgTi	사형·금형	Al-Cu계	기계적 성질이 우수하고 절삭성도 좋지만, 주조성이 좋지 않으므로 주물의 형상에 따라 용해, 주조 방안에 주의가 필요하다. 가선용 부품, 중전기 부품, 자전거 부품, 항공기 부품.
AC 2 A	AlSi5Cu3Mn	사형·금형	Al-Cu-Si계	주조성이 좋고 인장강도는 좋지만, 신연은 적다. 일반용으로서 우수하다. 매니폴드, 디프 캐리어, 펌프 보디, 실린더 헤드, 자동차용 선회 부품.
AC 2 B	AlSi5Cu3Mn	사형·금형	Al-Cu-Si계	주조성이 좋고 일반용으로서 널리 이용된다. 밸브 보디, 크랭크 케이스, 클러치 하우징.
AC 3 A	AlSi12(b)	사형·금형	Al-Si계	유동성이 우수하고 내식성도 좋지만, 내력이 낮다. 케이스류, 커버류, 하우징류의 박육, 복잡한 형상의 것, 커텐 월.
AC 4 A	AlSi10Mg	사형·금형	Al-Si-Mg계	주조성이 좋고 강도가 있다. 인성이 있다. 용접이 가능하다. 브레이크 드럼, 미션 케이스, 크랭크 케이스, 기어박스, 선박용, 차량용 엔진 부품.
AC 4 B	AlSi8Cu3	사형·금형	Al-Si-Cu계	주조성이 좋고 강도가 있다. 용접이 가능하다. 크랭크 케이스, 실리더 헤드, 매니폴드

(다음 페이지에 계속)

종류의 기호	근사하는 대응 ISO 기호	적용 주물	참고 (합금계)	참고 (합금의 특성 및 용도 예)
AC 4 C	AlSi7Mg	사형·금형	Al-Si-Mg계	주조성이 우수하고 내압성, 내식성도 좋다. 유압 부품, 미션 케이스, 플라이휠 하우징, 항공기 피팅류, 커텐 월, 소형 선박용 엔진 부품.
AC 4 CH	AlSi7Mg0.3	사형·금형	Al-Si-Mg계	주조성이 우수하고 기계적 성질도 우수하다. 고급 주물에 이용된다. 자동차용 바퀴, 가선금구, 항공기용 엔진 부품 및 유압 부품.
AC 4 D	AlSi5Cu1Mg	사형·금형	Al-Si-Cu-Mg계	주조성이 좋고 기계적 성질도 좋다. 내압성을 필요로 하는 것에 이용된다. 수냉 실린더 헤드, 크랭크 케이스, 실린더 블록, 연료 펌프 보디, 블로어 하우징.
AC 5 A	—	사형·금형	Al-Cu-Ni-Mg계	고온에서 인장강도가 좋다. 주조성은 좋지 않다. 공냉 실린더 헤드, 디젤기관용 피스톤.
AC 7 A	AlMg5	사형·금형	Al-Mg계	내식성이 우수하고 인성이 좋으며, 양극산화성이 좋다. 주조성은 좋지 않다. 가선금구, 현창, 탱크 커버, 손잡이, 조각소재, 사무기기, 의자.
AC 8 A	AlSi12CuMgNi	금형	Al-Si-Cu-Ni-Mg계	내열성이 우수하고 내마모성도 좋으며, 열팽창계수가 작다. 인장강도도 높다. 자동차용 피스톤, 디젤기관용 피스톤, 선박용 피스톤, 풀리, 베어링.
AC 8 B	—	금형	Al-Si-Cu-Mg계	내열성이 우수하고 내마모성도 좋으며, 열팽창계수가 작다. 인장강도도 높다. 자동차용 피스톤, 풀리, 베어링.
AC 8 C	—	금형	Al-Si-Cu-Mg계	내열성이 우수하고 내마모성도 좋으며, 열팽창계수가 작다. 인장강도도 높다. 가솔린 자동차용 피스톤, 풀리, 베어링.
AC 9 A	—	금형	Al-Si-Cu-Ni-Mg계	내열성이 우수하고 열팽창계수가 작다. 내마모성은 좋지만, 주조성이나 절삭성은 좋지 않다. 피스톤(공냉 2사이클용).
AC 9 B	—	금형	Al-Si-Cu-Ni-Mg계	내열성이 우수하고 열팽창계수가 작다. 내마모성은 좋지만, 주조성이나 절삭성은 좋지 않다. 피스톤(디젤기관용), 공냉실린더.

5·69 표 알루미늄합금 다이캐스트 (JIS H 5302) KS D 6006

기호	화학 성분(%)										
	Cu	Si	Mg	Zn	Fe	Mn	Ni	Sn	Pb	Ti	Al
ADC 1	1.0 이하	11.0 ~ 13.0	0.3 이하	0.5 이하	1.3 이하	0.3 이하	0.5 이하	0.1 이하	0.20 이하	0.30 이하	나머지
ADC 3	0.6 이하	9.0 ~ 11.0	0.4 ~ 0.6	0.5 이하	1.3 이하	0.3 이하	0.5 이하	0.1 이하	0.15 이하	0.30 이하	나머지
ADC 5	0.2 이하	0.3 이하	4.0 ~ 8.5	0.1 이하	1.8 이하	0.3 이하	0.1 이하	0.1 이하	0.10 이하	0.20 이하	나머지
ADC 6	0.1 이하	1.0 이하	2.5 ~ 4.0	0.4 이하	0.8 이하	0.4 ~ 0.6	0.1 이하	0.1 이하	0.10 이하	0.20 이하	나머지
ADC 10	2.0 ~ 4.0	7.5 ~ 9.5	0.3 이하	1.0 이하	1.3 이하	0.5 이하	0.5 이하	0.2 이하	0.2 이하	0.30 이하	나머지
ADC 10 Z	2.0 ~ 4.0	7.5 ~ 9.5	0.3 이하	3.0 이하	1.3 이하	0.5 이하	0.5 이하	0.2 이하	0.2 이하	0.30 이하	나머지
ADC 12	1.5 ~ 3.5	9.6 ~ 12.0	0.3 이하	1.0 이하	1.3 이하	0.5 이하	0.5 이하	0.2 이하	0.2 이하	0.30 이하	나머지
ADC 12 Z	1.5 ~ 3.5	9.6 ~ 12.0	0.3 이하	3.0 이하	1.3 이하	0.5 이하	0.5 이하	0.2 이하	0.2 이하	0.30 이하	나머지
ADC 14	4.0 ~ 5.0	16.0 ~ 18.0	0.45 ~ 0.65	1.5 이하	1.3 이하	0.5 이하	0.3 이하	0.3 이하	0.2 이하	0.30 이하	나머지

[주] 이상 외에 Al Si 9, Al Si 12(Fe), Al Si 10 Mg(Fe), Al Si 8 Cu 3, Al Si 9 Cu 3(Fe), Al Si 9 Cu 3(Fe) (Zn), Al Si 11 Cu 2(Fe), Al Si 11 Cu 3(Fe), Al Si 12 Cu 1(Fe), Al Si 17 Cu 4 Mg, Al Mg 9가 정해져 있다.

5장

5·70 표 마그네슘합금 다이캐스트 (JIS H 5303) KS D 6017

종류	기호	화학 성분(%)								
		Mg	Al	Zn	Mn	Si	Cu	Ni	Fe	기타 각각
1종 B	MDC1B	나머지	8.3~9.7	0.35~1.0	0.13~0.50	0.50 이하	0.35 이하	0.03 이하	0.03 이하	0.05 이하
1종 D	MDC1D	나머지	8.3~9.7	0.35~1.0	0.15~0.50	0.10 이하	0.030 이하	0.002 이하	0.005 이하	0.01 이하
2종 B	MDC2B	나머지	5.5~6.5	0.30 이하	0.24~0.6	0.10 이하	0.010 이하	0.002 이하	0.005 이하	0.01 이하
3종 B	MDC3B	나머지	3.5~5.0	0.20 이하	0.35~0.7	0.50~1.5	0.02 이하	0.002 이하	0.0035 이하	0.01 이하
4종	MDC4	나머지	4.4~5.3	0.30 이하	0.26~0.6	0.10 이하	0.010 이하	0.002 이하	0.004 이하	0.01 이하
5종	MDC5	나머지	1.6~2.5	0.20 이하	0.33~0.70	0.08 이하	0.008 이하	0.001 이하	0.004 이하	0.01 이하
6종	MDC6	나머지	1.8~2.5	0.20 이하	0.18~0.70	0.7~1.2	0.008 이하	0.001 이하	0.004 이하	0.01 이하

5·71 표 화이트메탈 (JIS H 5401) KS D 6003

종류	기호	화학 성분(%)													적용
		Sn	Sb	Cu	Pb	Zn	As	불순물							
								Pb	Fe	Zn	Al	Bi	As	Cu	
1종	WJ 1	나머지	5.0~7.0	3.0~5.0	—	—	—	0.50 이하	0.08 이하	0.01 이하	0.01 이하	0.08 이하	0.10 이하	—	고속 고하중 베어링용
2종	WJ 2	나머지	8.0~10.0	5.0~6.0	—	—	—	0.50 이하	0.08 이하	0.01 이하	0.01 이하	0.08 이하	0.10 이하	—	
2종 B	WJ 2 B	나머지	7.5~9.5	7.5~8.5	—	—	—	0.50 이하	0.08 이하	0.01 이하	0.01 이하	0.08 이하	0.10 이하	—	
3종	WJ 3	나머지	11.0~12.0	4.0~5.0	3.0 이하	—	—	—	0.10 이하	0.01 이하	0.01 이하	0.08 이하	0.10 이하	—	고속 중하중 베어링용
4종	WJ 4	나머지	11.0~13.0	3.0~5.0	13.0~15.0	—	—	—	0.10 이하	0.01 이하	0.01 이하	0.08 이하	0.10 이하	—	중속 중하중 베어링용
5종	WJ 5	나머지		2.0~3.0	—	28.0~29.0	—	—	0.10 이하	—	0.05 이하	—	—	—	
6종	WJ 6	44.0~46.0	11.0~13.0	1.0~3.0	나머지	—	—	—	0.10 이하	0.05 이하	0.01 이하	—	0.20 이하	—	고속 소하중 베어링용
7종	WJ 7	11.0~13.0	13.0~15.0	1.0 이하	나머지	—	—	—	0.10 이하	0.05 이하	0.01 이하	—	0.20 이하	—	중속 중하중 베어링용
8종	WJ 8	6.0~8.0	16.0~18.0	1.0 이하	나머지	—	—	—	0.10 이하	0.05 이하	0.01 이하	—	0.20 이하	—	
9종	WJ 9	5.0~7.0	9.0~11.0	—	나머지	—	—	—	0.10 이하	0.05 이하	0.01 이하	—	0.20 이하	0.30 이하	중속 소하중 베어링용
10종	WJ 10	0.8~1.2	14.0~15.5	0.1~0.5	나머지	—	0.75~1.25	—	0.10 이하	0.05 이하	0.01 이하	—	—	—	

2. 치수

5·72 표~5·73 표에 동 및 동합금, 5·74 표에 알루미늄 및 알루미늄합금의 표준 치수를 나타냈다. 또한 5·72 표에서 A는 둥근형일 때는 지름, 정사각형일 때는 변, 정육각형일 때는 맞변 거리를 나타내는 것이다.

KS D 5101

5·72 표 동 및 동합금 봉의 대표 치수(참고) (JIS H 3250 부록)

(단위 mm)

형상 / A	둥근형	정육각형	정사각형	형상 / A	둥근형	정육각형	정사각형	형상 / A	둥근형	정육각형	정사각형	형상 / A	둥근형	정육각형	정사각형
3	○	—	—	12	○	○	○	24	○	○	○	41	—	○	○
3.5	○	—	—	13	○	○	○	25	○	○	○	42	○	—	—
4	○	○	—	14	○	○	—	26	○	○	—	45	○	○	—
4.5	○	○	—	15	○	○	○	27	○	○	○	46	—	○	—
5	○	○	○	16	○	—	—	28	○	—	—	48	○	—	—
5.5	○	○	○	17	○	○	○	29	○	○	—	50	○	○	—
6	○	○	○	18	○	—	—	30	○	○	○	60	○	—	—
7	○	○	○	19	○	○	○	32	○	○	○	70	○	—	—
8	○	○	○	20	○	○	○	35	○	○	○	80	○	—	—
9	○	○	○	21	○	○	—	36	○	○	○	90	○	—	—
10	○	○	○	22	○	○	○	38	○	—	—	100	○	—	—
11	○	○	—	23	○	○	—	40	○	○	○	A			

5·73 표 동 및 동합금의 판 및 조의 대표 치수 (참고) (JIS H 3100) KS D 5201

(a) 판의 대표 치수

(단위 : mm)

폭×길이 / 두께	365×1200	1000×2000	폭×길이 / 두께	365×1200	1000×2000	폭×길이 / 두께	365×1200	1000×2000
0.1	○	—	0.6	◎ ○	○	3.5	◎ ○	○
0.15	○	—	0.7	◎ ○	○	4	◎ ○	○
0.2	○	—	0.8	◎ ○	○	5	◎ ○	○
0.25	○	—	1	◎ ○	○	6	◎ ○	○
0.3	○	—	1.2	◎ ○	○	7	◎ ○	○
0.35	○	—	1.5	◎ ○	○	8	◎ ○	○
0.4	◎ ○	—	2	◎ ○	○	10	○	○
0.45	◎ ○	—	2.5	◎ ○	○			
0.5	◎ ○	○	3	◎ ○	○			

[비고] ○ 표시는 합금 번호 C 1020·C 1100·C 1201·C 1220·C 2100·C 2200·C 2300·C 2400·C 2600·C 2680·C 2720·C 2801를 나타낸다. ◎ 표시는 C 3710·C 3713을 나타낸다.

(b) 조의 코일 대표 내경

(단위 mm)

두께	표준 내경						
	150	200	250	300	400	450	500
0.3 이하	○	○	○	○	○	○	○
0.3을 넘고 0.8 이하	—	○	○	○	○	○	○
0.8을 넘고 1.5 이하	—	—	—	○	○	○	○
1.5를 넘고 4 이하	—	—	—	—	○	○	○

KS D 6701

5·74 표 알루미늄 및 알루미늄합금 판의 표준 치수 (JIS H 4000)

(단위 mm)

폭×길이 / 두께	400×1200	1000×2000	1250×2500	1525×3050	폭×길이 / 두께	400×1200	1000×2000	1250×2500	1525×3050
0.3	○	○	○	○	1.5	○	○	○	○
0.4	○	○	○	○	1.6	○	○	○	○
0.5	○	○	○	○	2	○	○	○	○
0.6	○	○	○	○	2.5	○	○	○	○
0.7	○	○	○	○	3	○	○	○	○
0.8	○	○	○	○	4	○	○	○	○
1	○	○	○	○	5	○	○	○	○
1.2	○	○	○	○	6	○	○	○	○

5·6 비금속 재료

1. 합성수지

합성수지는 화학적으로 합성된 고분자의 유기 화합물로, 일반적으로 플라스틱이라고 불리며 여러 가지 뛰어난 특징을 가지고 있으므로 모든 분야에서 널리 이용되고 있다.

5·75 표는 주요한 플라스틱의 물리적 성질을 나타낸 것이다.

합성수지는 그 화학 구조에 따라 열경화 수지와 열가소성 수지로 나눌 수 있다.

(1) 열경화성 수지 이것은 원료를 가열하면 처음에는 가소성을 나타내지만, 점점 경화해 일단 경화된 것은 다시 가열해도 연화되지 않는 수지이다. 5·76 표는 주요한 열경화성 수지의 종류 및 성질을 나타낸 것이다.

(2) 열가소성 수지 가열하면 가소성을 나타내지만, 상온까지 냉각하면 다시 경화된다. 이와 같이 가열, 냉각을 반복해도 그 본질이 변화하지 않는 수지를 열가소성 수지라고 한다.

5·77 표는 주요한 열가소성 수지의 종류와 성질을 나타낸 것이다.

2. 고무

고무는 열대지방에서 산출되는 고무나무의 수액(라텍스라고 한다)에 산, 그 외의 것을 첨가해 만든 생고무에 유황을 더해 섞어 개서 100~150℃로 가열해서 만들어진다. 이것을 천연고무라고 한다.

그러나 천연고무는 일반적으로 내유성, 내열성이 나쁘고, 특히 노화현상은 피할 수 없으므로 현재는 화학적으로 합성된 각종 합성고무가 널리 사용되고 있다. 5·78 표에 이들 고무의 종류를 나타냈다.

5·75 표 주요한 플라스틱의 물리적 성질

플라스틱의 종류	비중	열변형 온도 (℃) (하중 1.18MPa) (*동 0.45MPa)	인장강도 (N/mm^2)
페놀수지	1.34 ~ 1.95	150 ~ 315	34 ~ 62
요소수지	1.47 ~ 1.52	130 ~ 140	38 ~ 89
멜라민수지	1.47 ~ 1.52	150	48 ~ 83
에폭시수지	1.11 ~ 2.00	121 ~ 260	27 ~ 137
실리콘수지	-	290	27
폴리에스테르수지	1.10 ~ 2.30	200 ~ 260	21 ~ 89
폴리아미드 (나일론 6)	1.12 ~ 1.14	149 ~ 185 *	69 ~ 81
스티롤수지	1.05 ~ 1.06	70 ~ 105	24 ~ 62
폴리에틸렌수지	0.90 ~ 0.97	41 ~ 82 *	4 ~ 38
염화비닐수지	1.30 ~ 1.58	57 ~ 82 *	41 ~ 52
염화비닐리덴수지	1.88	185 ~ 200	22 ~ 37
아크릴수지	1.18 ~ 1.17	65 ~ 100	48 ~ 69

5·76 표 열경화성 수지의 종류 및 성질

수지의 종류	성질	용도 예
석탄산수지, 페놀수지	전기절연성, 내산성, 내수성, 내열성 모두 양호. 내알칼리성은 약하다.	전기절연재료, 기계 부품, 식기, 내산기구, 주물용 셀주형.
요소수지, 유리아수지	무색투명, 착색자유, 페놀수지의 성질과 아주 비슷하다. 내수성은 조금 약하다.	버튼, 캡, 식기, 접착제, 캐비닛.
멜라민수지	요소수지와 비슷하다. 경도, 강도 크고 내수성, 내약품성, 전기절연성 양호.	화장판, 식기, 직물, 종이의 수지가공, 전기 부품.
불포화수지, 폴리에스테르수지	전기절연성, 내열성, 내약품성 양호. 저압성형이 가능. 유리섬유를 보강재로 한 것은 인성이 크다.	강화플라스틱으로서 건축재, 차량, 자동차, 내열도료, 구조재, 창틀, 의자에 이용된다. 주형품.
규소수지 (실리콘)	고온, 저온에 잘 견딘다. 전기절연성, 내습성, 내유성, 내열성이 크다. 발수성(물을 튀긴다) 양호.	전기절연물, 내열, 내한그리스, 발수제, 이형제, 소포제.
에폭시수지	금속에 대한 접착성이 크고, 내약품성이 양호.	금속도료, 금속접착제.
푸란수지	내약품성, 특히 내알칼리성이 우수하다. 고무, 목재, 유리, 도기, 벽돌 등의 접착성이 좋다.	접착제, 금속도료.
알키드수지	도료로서의 접착성, 내후성이 좋고 광택이 좋다.	외장도료, 유연제.
폴리우레탄수지	성형성, 절연저항이 크고, 내아크성도 우수하다. 매우 탄력이 풍부하고, 강인하며 내마모성이 있다.	래커접착제, 스폰지, 방한재료, 벨트, 성형재료, 절연튜브.

5·77 표 열가소성 수지의 종류의 성질

수지명의 종류	성질	용도 예
염화비닐	강도가 크다. 전기절연성, 내산성, 내알칼리성, 내수성이 매우 좋다. 가공성, 착색성도 좋다.	필름, 시트, 건축재, 레인코트, 수도배관, 완구, 전기절연물
염화비닐리덴	염화비닐보다 내약품성이 크고, 난연성.	텐트, 방충망, 어망, 직물, 내약품용 성형품
초산비닐	무색투명, 접착성이 크고, 각종 용제에 가용.	도료, 접착제, 비닐론원료
스티롤수지	무색투명, 전기절연성, 내수성, 내약품성이 크다.	식기, 완구, 부엌용 일용품, 잡화
폴리아미드수지 (나일론)	강인하고 내마모성이 크다.	합성섬유, 전선피막, 의료기구, 기어 등의 내마모용품.
폴리에틸렌수지	물보다 가볍다 유연하고 전기절연성, 내수성, 내약품성이 양호.	포장필름, 전선피막, 병, 용기
아크릴수지	투명도가 크고, 화학적으로 안정. 가공성, 접착성이 양호.	항공기, 차량의 유기유리, 건축재, 조명기구재료
불소수지	저온, 고온에서 전기절연성, 내약품성이 양호. 강도가 매우 크다.	고도의 전기절연재료, 패킹, 라이닝, 내약품물
섬유계 플라스틱스	투명성, 가요성, 가공성이 양호.	난연성 셀룰로이드
폴리프로필렌	폴리에틸렌와 매우 비슷하다. 투명도가 크고, 내약품성, 가공성이 우수.	필름 기타 포장재료 등

5·78 표 천연고무와 합성고무의 종류

종류				화학 구조	특성 및 용도 예
범용 고무	천연고무		NR	폴리이소프렌	각 성질의 밸런스가 잡혀 있다.
	합성 고무	이소프렌고무	IR	폴리이소프렌	천연고무에 가장 가까운 합성고무로 안정되어 있다.
		부타디엔고무	BR	폴리부타디엔	내마모성이 좋고 매우 높은 반발탄성을 갖는다.
		스티렌부타디엔고무	SBR	부타디엔·스틸렌공중합체	천연고무보다 내마모성, 내노화성이 우수하다.
특수 고무		부틸고무*	IIR	이소부틸렌·이소프렌 공중합체	기체의 투과성이 작고, 내후성, 충격흡수성이 우수하다.
		에틸렌·프로필렌 고무*	EPOM	에틸렌·프로필렌공중합체	내후성, 내오존성, 내열성이 우수한 옥외용 고무.
		클로로프렌고무	CR	폴리클로로프렌	내후성, 내오존성이 특히 우수하고, 평균적인 성질을 갖는다.
		클로로술폰화폴리에틸렌고무	CSM	클로로술폰화폴리에틸렌	내후성, 내오존성, 내화학약품성이 우수하다.
		니트릴고무	NBR	부타디엔·아크릴로니트릴 공중합체	내유성, 내마모성, 내열성이 우수하다.
		아크릴고무	ACM	아크릴산에스테르·아크릴로니트릴공중합체	고온에서 내유성이 우수하다.
		우레탄고무	U	폴리우레탄	내마모성, 인열강도가 크고 내유성, 내한성이 우수하다.
		실리콘고무	MQ	폴리실록산	내열성, 내한성, 전기절연성이 우수하다.
		불소고무	FKM	불화프로필렌·불화비닐리덴 공중합체	최고의 내열성, 내약품성을 갖는다.

[주] *범용 고무로서 분류되는 경우가 있다.

3. 목재

목재는 특히 목형용으로서 중요한데, 차량, 그 외의 기계류 부재 혹은 수송용 포장 등에도 사용된다. 5·79 표~5·80 표는 주요 목재의 강도를 나타낸 것이다.

천연으로 생산하는 목재는 성질이 균일하지 않고, 또한 마디, 균열, 휨 등의 결함을 가지고 있는 것이 있으므로 합판 또는 집성재로서 이러한 결함을 제거하고 사용되는 경우가 많다.

합판은 얇게 깍아낸 표면판과 심재 및 안쪽판을 서로 직각으로 겹쳐 접착한 것으로, 일반 목재에 비해 팽창, 수축이 작고 방수, 방부성도 크다.

합판에는 여러 가지 종류의 것이 있는데, 구조용으로서 구조용 합판이 있다. 판면의 품질에 따라 1급과 2급으로 나뉘고, 또한 중첩의 접착 정도에 따라 특류와 1류가 있다. 두께는 일반적으로는 5, 6, 9, 12, 18 및 24mm 등이고, 크기는 910×1820, 910×2130, 1220×2440mm 등의 각 종류가 있다. 또한 집성재는 원목판 또는 소각재(라미나라고 한다)를 섬유 방향이 서로 평행하게 되도록 접착 일체로 한 재료로, 각재 및 평각재 등의 구조용 외에 각종 조작재도 만들어지고 있다.

4. 시멘트·콘크리트

(1) 시멘트 현재 사용되고 있는 시멘트를 분류하면, 다음의 5·81 표과 같이 된다.

5·82 표는 주요한 시멘트의 성질 및 용도를 나타낸 것이다. 또한 5·83 표는 시멘트의 품질을 나타낸 것이다.

(2) 콘크리트 콘크리트는 시멘트·골재·물을 적당한 비율로 혼합, 반죽해서 만든다. 이 혼합 비

5·79 표 일본산 목재의 강도 (단위 N/mm^2)

수종	기건 비중	압축 강도	인장 강도	전단 강도	굽힘 강도
삼목	0.39	39	44	5	56
노송나무	0.46	51	56	7	79
젓나무	0.43	44	50	6	62
화백나무	0.33	33	27	5	46
솔송나무	0.52	54	57	8	73
소나무	0.53	51	56	8	72
곰솔	0.54	43	51	7	69
만년송	0.43	37	54	7	59
섬잣나무	0.47	31	54	7	62
가문비나무	0.41	45	48	6	58

5·80 표 외국산 목재의 강도

수종	비중	함수량 (%)	굽힘강도 (N/mm^2)	압축강도 (N/mm^2)
미송	0.48	15	74	45
미국삼나무	0.42	14	73	47
젓나무	0.37	15	54	30
노송나무	0.53	16	90	47
솔송나무	0.51	16	76	45
백라완	0.49	15	76	43
적라완	0.58	19	85	40
티크	0.50	21	78	33

5·81 표 주요 시멘트의 분류

5·82 표 주요 시멘트의 성질 및 용도

종류	성질	용도
보통 포틀랜드 시멘트	소성 후 다른 물질을 혼입하지 않은 것이 특징. 회녹색.	알루미나 시멘트 등일반적인 콘크리트 공사 등 용도가 넓다.
조강 포틀랜드 시멘트	단기 강도가 크다(알루미나 시멘트보다는 떨어진다). 한냉에 의한 강도 감소가 적다.	도로공사, 단기간의 공사.
고로 시멘트	강도는 초기에 작고 장기적으로 커진다. 응력은 완결. 화학저항성이 크고, 내마모성이 크다.	하수, 해수에 접하는 부분에 이용한다.
실리카 시멘트	건조수축이 크고, 동해를 받기 쉽다.	—

5·83 표 시멘트의 품질 (JIS R 5210~5214)

종류	응결		압축강도 (N/mm^2)				수화열 (J/g)	
	시발 (min)	종결 (h)	1일	3일	7일	28일	7일	28일
보통 포틀랜드 시멘트	60 이상	10 이하	—	12.5 이상	22.5 이상	42.5 이상	—	—
조강 포틀랜드 시멘트	45 이상	10 이하	10.0 이상	20.0 이상	32.5 이상	47.5 이상	—	—
중용열 포틀랜드 시멘트	60 이상	10 이하	—	7.5 이상	15.0 이상	32.5 이상	290 이하	340 이하
고로 시멘트 (B종)	60 이상	10 이하	—	10.0 이상	17.5 이상	42.5 이상	—	—
실리카 시멘트 (B종)	60 이상	10 이하	—	10.0 이상	17.5 이상	37.5 이상	—	—
플라이애시 시멘트 (B종)	60 이상	10 이하	—	10.0 이상	17.5 이상	37.5 이상	—	—
에코 시멘트 (보통)	60 이상	10 이하	—	12.5 이상	22.5 이상	42.5 이상	—	—

5·84 표 콘크리트의 배합(용적비)와 용도

시멘트 : 모래 : 자갈	특징·용도
1 : 1 : 2	압축강도·수밀성이 크다.
1 : 1 : 3	전자보다 압축강도가 작다.
1 : 2 : 4	표준 배합, 철근 콘크리트의 경우 등 일반적으로 이용된다.
1 : 2 : 5	기계 기초·교대·교각, 보통의 바닥 등에 이용된다.
1 : 3 : 6	그다지 큰 하중이 걸리지 않는 곳에 이용된다.
1 : 4 : 8	자중만을 받는 곳에 이용된다.

5·85 표 콘크리트의 허용력도

구별	장기 하중 시			단기 하중
	압축강도* (N/mm^2)	인장·전단강도 (N/mm^2)	부착강도 (N/mm^2)	
보통 콘크리트	6 ~ 9	압축의 1/10	0.7	각 강도는 장기의 2배.
경량 콘크리트	6 ~ 9	압축의 1/10	0.6	각 강도는 장기의 2배.

[주] *설계 기준 강도를 18~36N/mm²로 했다.

율(5·84 표 참조)이 강도·내구성 및 워커빌리티(콘크리트를 다져넣을 때의 유동성 정도)를 크게 좌우하므로 사용 목적에 따른 배합비를 선택해야 한다.

5·85 표에 콘크리트의 허용력도를 나타냈다.

그리고 시멘트와 물의 비율은 콘크리트 강도이론의 근본이며, 수량의 시멘트에 대한 중량비로 나타내고, 물·시멘트비(물:시멘트, W/C), 혹은 시멘트·물비(시멘트:물, C/W)로 나타낸다.

5. 세라믹스

세라믹스(ceramics)은 점토를 고온에서 구워 굳혀서 만들어진 비금속·무기 재료이다.

그 중에서도 파인세라믹스는 특히 뛰어난 기능을 갖게 한 것으로, 그 원료에 따라 알루미나·지르코니아·질화규소·탄화규소 세라믹스 등이 있다. 초경·고강도로 내식성·내열성이 뛰어나 많은 공업 제품에 이용되고 있다.

6. 도료

도료는 금속, 목재의 내부식용으로서 널리 이용되고, 다음과 같은 종류가 있다.

- 도료
  - 페인트
    - 유성 페인트
    - 수성 페인트
    - 에나멜 페인트
  - 바니시
    - 유성 바니시(니스)
    - 주정 바니시(래커)
  - 옻칠(천연 바니시)

(1) **페인트** 페인트는 안료를 건조유로 반죽하고, 이를 휘발성 용제로 희석해서 사용한다. 여러 가지 색깔이 만들어져 도료로 가장 많이 이용된다.

(2) **바니시** 바니시는 투명하기 때문에 방부성, 방열성은 페인트보다 나쁘다. 그러나 장식적 효과가 크기 때문에 주로 목재용 도료에 많이 이용되고 있다.

(3) **도료용 오일** 안료를 반죽하는 것으로서는 아마인유, 동유, 마유, 콩기름, 생선기름 등이 이용된다. 도료를 희석시키고 바르기 쉽게 하는 용제 및 건조제로서는 타펜타인, 벤젠, 벤졸, 알코올 등이 있다.

7. 접착제

접착제는 종전에는 아교, 각종 풀과 같이 주로 종이, 천, 목재 등의 접착에 사용되고 있었는데, 이들은 모두 내수성, 내후성이 부족하기 때문에 실내 사용에 한정되어 있었다.

그러나 최근 합성수지의 발전에 따라 접착력이 크며 내수성, 내열성, 내약품성 등이 높은 우수한 것이 잇달아 만들어지고, 그 사용 범위도 목구조재의 설치, 목재와 콘크리트, 금속과 콘크리트, 금속과 금속 등의 접착도 쉽게 가능해졌다. 5·86 표에 접착 강도의 예를 나타냈다. 또한 5·87 표에 주요한 접착제의 종류와 그 성질 및 용도를 나타냈다.

5·86 표 에폭시 수지의 접착강도

재료		전단강도 (N/mm²)
동	같은 종류 끼리	16
알루미늄		16 ~ 31
아연		9 ~ 11
놋쇠		17 ~ 20
주철		19
강		27
유리		4에서 유리 파단
나무와 알루미늄		12에서 나무부 파단

5·87 표 주요한 접착제의 종류와 성질·용도

계열	종류	성질·용도
열경화성 수지계	에폭시 수지	2액성, 강력, 내수성, 전기절연성이 우수하며, 만능형 접착제.
	이소시아네이트계	금속끼리, 고무와 다른 고체, 폴리염화비닐과 고무나 피혁 등의 접착용.
	페놀 수지	내수성이 좋고 목구조재, 목재와 금속, 플라스틱과 금속의 접착용.
	요소 수지	주로 합판제조용.
	크실렌 수지	내후성, 내약품성, 전기절연성, 내수성, 내열성이 우수하다.
	불포화 폴리에스테르계	접착력은 에폭시계보다 약간 떨어지지만, 플라스틱 접착에 우수하다.
열가소성 수지계	폴리유산비닐	가구 조립, 슬라이스드 베니어, 제본, 일반가정용.
	폴리비닐아세탈계	종이, 직물, 셀로판의 풀칠용.
	시아노아크릴레이트	이른바 순간접착제, 내유성, 내약품성, 내열성이 우수하다.
합성고무	니트릴고무계	브레이크 슈, 브레이크 라이닝용, 제화용.
	클로로프렌계	금속, 고무, 비닐 레자 등의 접착용.
	스틸렌, 부타지엔계	고무와 섬유의 접착용.

8. 복합 재료

복합 재료는 보통 2종류 이상의 단일 재료(모재와 강화재)를 조합해 단체보다 뛰어난 특성을 갖게 한 재료를 말하며, 모재(매트릭스)의 종류에 따라 5·88 표와 같이 분류된다.

5·88 표 모재의 종류에 따른 복합 재료의 분류

플라스틱기 복합 재료 (PMC, FRP)
금속기 복합 재료 (MMC, FRM)
세라믹스기 복합 재료 (CMC, FRC)
금속간화합물기 복합 재료 (IMC)
유리기 복합 재료 (FRG)
탄소섬유강화탄소 복합 재료 (C/C composite)

9. 기능성 재료

기능성 재료는 재료가 가진 물성에 새로운 기능을 추가해, 완전히 새로운 특수한 기능을 갖게 한 재료를 말하며, 5·89 표와 같은 종류가 있다.

5·89 표 기능성 재료의 종류

금속간화합물 (intermetallic compound)
형상기억합금 (shape memory alloy)
아몰퍼스합금 (amorphous alloy)
수소흡장합금 (hydrogen storage alloy, metal hydride)
제진합금 (high damping alloy)
초소성합금 (super?plasticity alloy)
초전도 재료 (superconducting material)
자성 재료 (magnetic material)

제6장

기계 설계 제도자에게 필요한 공작 지식

6장. 기계 설계 제도자에게 필요한 공작 지식

6 · 1 기계 설계 제작의 공정

일반적으로 기계를 제작하는 경우에는 6·1 그림과 같은 제작 공정을 거치는 것이 보통이다. 즉, 설계 제도자가 작성한 제작 도면을 따라 목형, 주조, 단조, 다듬질, 기계, 기타 공장에서는 각종 분업적 작업을 진행하고, 마지막으로 조립, 검사의 공정을 거쳐 제품이 완성된다.

설계도 — 예비 설계도 / 결정 설계도

제작도 — 조립도 / 부분조립도 / 부품도 / 상세도 / 기타

분업적 작업 — 목형 공장 / 주조 공장 / 단조 공장 / 제관 공장, 판금 공장 / 열처리 공장 / 다듬질, 조립

검사

포장 및 발송

6·1 그림 설계에서 제품의 완성까지

이와 같이 도면은 시종일관 제작을 위한 안내역을 맡아 중요한 역할을 하기 때문에 도면은 정확하고 명료함을 제일로 하고, 또한 언뜻 봐도 누구나 쉽게 이해할 수 있는 생산의 합리화에 입각한 것이어야 한다. 따라서 설계 제도자가 이러한 요구를 만족시킬 수 있는 좋은 제작도를 작성하기 위해서는 우선 제품의 제작 공정과 제작자의 입장을 잘 인식해 둘 필요가 있으므로, 다음에 그들에 대해 개략적으로 설명하기로 한다.

6 · 2 주조

주물은 용융 금속을 형에 흘러 넣어 성형하는 것인데, 그 형을 주형이라고 한다. 주형은 모형을 기초로 만들어진다. 모형은 재료에 따라 목형, 금형, 수지형 등이 있다. 목형은 가공 및 취급이 용이하고, 다른 것에 비해 저렴해서 자주 이용되고 있다. 반면, 금형은 고가이긴 하지만, 치수 정도가 높고 주물 표면, 내구성, 장기보존에 이점이 있어 금속 외에 플라스틱 제품 등의 대량 생산에 널리 이용되며, 또한 주조 이외에 프레스나 단조 가공 등에도 이용되고 있다.

1. 목형과 주조

주형은 기본적으로 모래를 이용해 만들어진다. 이 주형의 원형이 되는 것이 목형이다. 목형의 재료는 주로 소나무, 벚나무, 삼나무, 노송나무, 후박나무 등으로, 목형의 종류는 다음과 같이 분류할 수 있다.

(1) 현형 이것은 필요한 주물과 거의 동일한 형태의 주형을 만드는 데 이용된다.

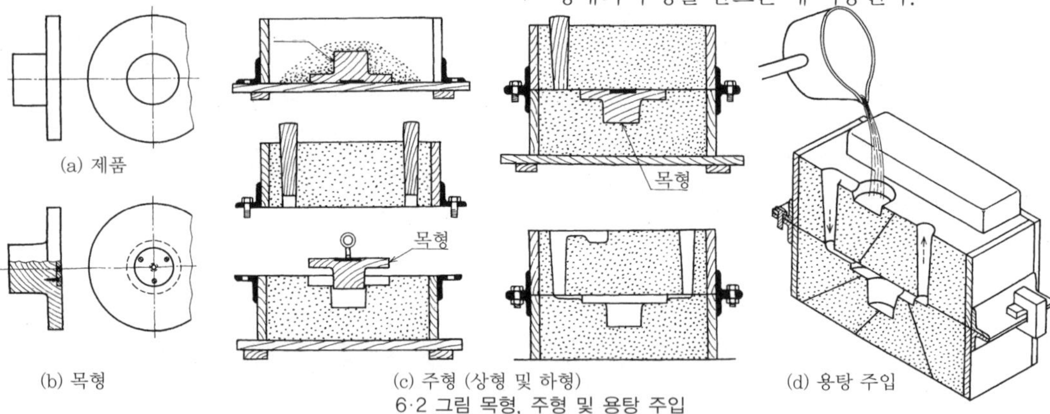

(a) 제품

(b) 목형

(c) 주형 (상형 및 하형)

(d) 용탕 주입

6·2 그림 목형, 주형 및 용탕 주입

(i) **단체목형** 간단한 제품을 만들 때 이용되는 단체(1개)의 목형이다(6·3 그림).

(ii) **분할목형** 주형 제작을 쉽게 하기 위해 몇 개의 부분으로 나눈 목형을 말한다(6·4 그림).

(iii) **조립목형** 복잡한 형상의 주형을 만드는 경우, 분할목형으로는 불가능할 때, 그것에 더 작은 부분을 설치한 목형을 말한다(6·5 그림).

(2) **부분목형** 형태가 복잡하지 않고 대형이며, 또한 동일한 형태 부분으로 분할할 수 있을 때에는 목형 제작의 수고를 없애기 위해 그 일부만 만들어 그것을 반복 이용해 완전한 주형을 만드는 경우의 목형을 말한다(6·6 그림).

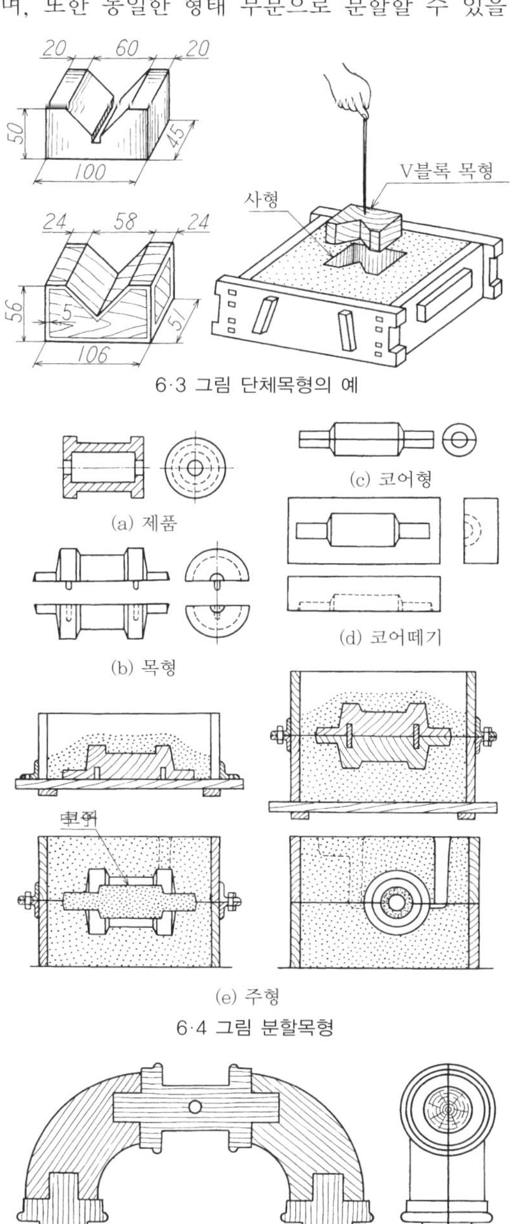

6·3 그림 단체목형의 예

6·4 그림 분할목형

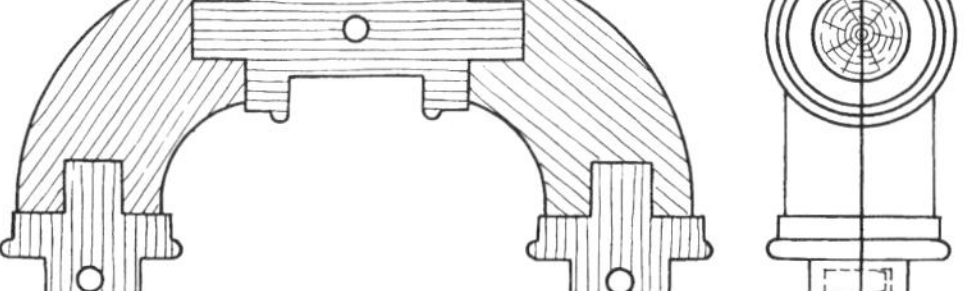
6·5 그림 조립목형

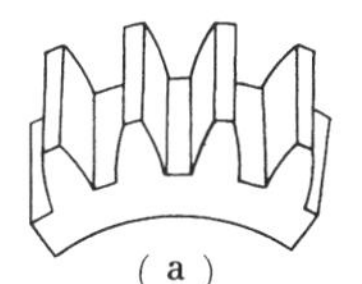

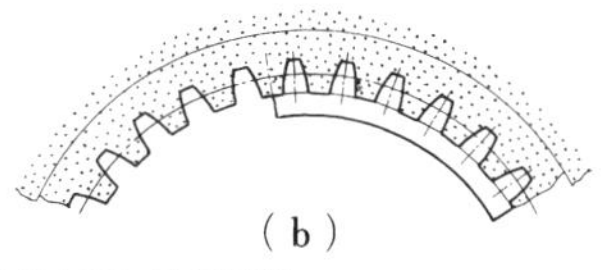

6·6 그림 부분목형

(3) **회전목형** 모래 속에 직사각형으로 자른 판자를 넣고, 그 한 변을 축으로 회전하면 원통형의 공동이 생긴다. 회전목형은 이 원리에 의해 만들어지는 목형으로, 원형 주형을 만드는 경우에 사용되며, 판자 조각의 형태로부터 성형된다(6·7 그림).

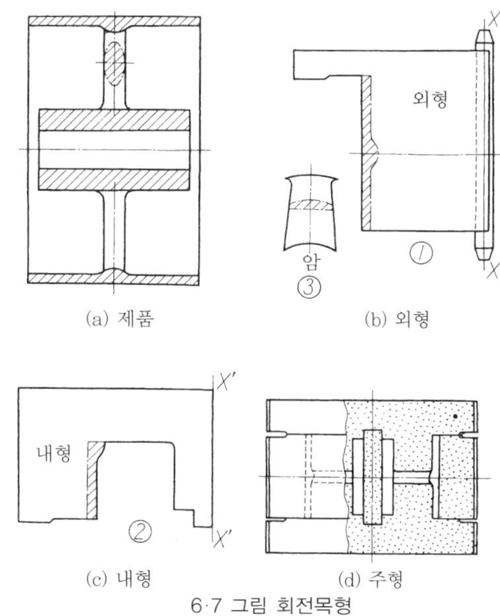

6·7 그림 회전목형

(4) **골조목형** 대형으로 그 제작 개수가 적은 것은 수고를 덜기 위해, 그 뼈대만 목형을 만들고 주형 제작할 때에 보완해서 필요한 주형을 얻는다. 이 경우의 목형을 골조 목형이라고 한다(6·8 그림).

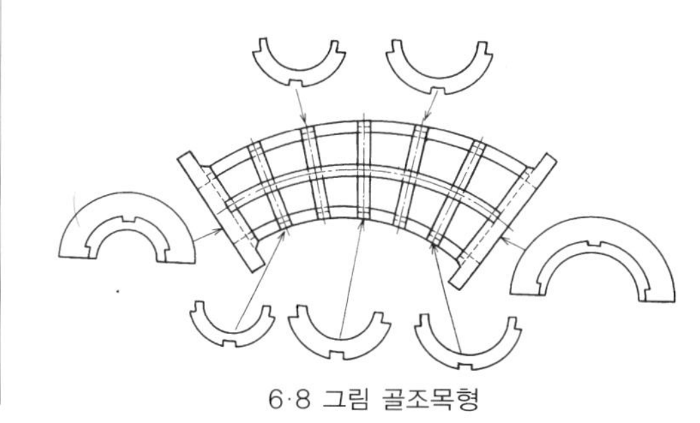
6·8 그림 골조목형

(5) 코어목형 중공 부분을 갖는 주물을 만드는 경우에는 그 중공 부분과 동일한 형태의 주형을 주체에 설치, 주조 시 용융 금속이 그 부분에 흘러 들어가지 않도록 삽입해 둘 필요가 있다. 이 중공 부분을 만들기 위해서 이용되는 주형을 코어라고 하며, 그 코어를 만드는 목형을 코어목형 또는 코어떼기라고 한다. 6·9 그림 (b)는 코어용 목형이다. 또한 (c) 그림은 그 코어의 사용 예를 나타낸 것이다.

또한, 코어가 주체에 설치되도록 지지하는 것을 코어프린트라고 부르고 있다.

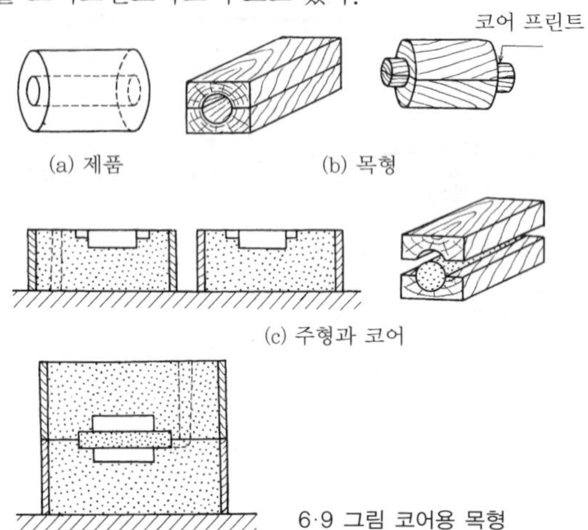

6·9 그림 코어용 목형

(6) 고르개목형(긁기형) 파이프와 같은 것을 주물로 만드는 경우에는 반원형의 2개의 형을 상하로 조립, 그것에 코어를 삽입하면 된다. 이 경우, 이 반원형의 주형은 그 단면에 동일한 판자를 이용해 모래를 밀어내면 쉽게 만들 수 있다. 이러한 목적으로 이용되는 목형을 고르개목형이라고 한다. 6·10 그림에 그 예를 나타냈다.

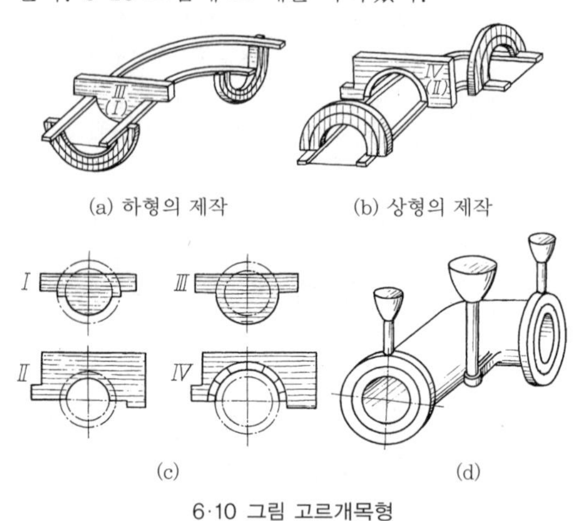

6·10 그림 고르개목형

2. 수축여유와 주물자

용융 금속은 냉각되어 응고될 때에 수축하기 때문에 주형의 크기는 필요한 주조품의 치수보다 약간 더 클 필요가 있는데, 이 수축 치수를 수축여유라고 한다.

목형 제작에서는 이 수축여유를 고려한 특별한 스케일을 이용하고 있는데, 이를 주물자(또는 신장척)이라고 한다. 수축여유의 비율은 금속에 따라 다른 것으로, 6·1 표는 주요 금속의 수축률, 6·2 표는 주물자의 신연을 각각 나타낸 것이다.

6·1 표 금속과 수축률

금속명	수축률	금속명	수축률
벨 메탈	$\frac{1}{65}$	납	$\frac{1}{92}$
놋쇠	$\frac{1}{65}$	주강	$\frac{1}{50}$
청동	$\frac{1}{63}$	강	$\frac{1}{64}$
주철	$\frac{1}{96}$	주석	$\frac{1}{128}$
포금	$\frac{1}{134}$	아연	$\frac{1}{62}$

6·2 표 주물자의 신연

금속명	1m 금속에 대한 주물자의 신연(mm)
주철	5 ~ 10
주강	15 ~ 20
포금	12 ~ 13
놋쇠	14 ~ 15
아연	20 ~ 24
동	17
납	20
알루미늄합금	8 ~ 13
마그네슘	12

3. 빼기구배

목형을 주물사에서 빼낼 때, 빼내는 방향으로 6 · 11 그림과 같이 약간 경사를 만들어 두면 주형을 부수지 않고 빼낼 수 있다. 이 경사를 빼기구배라고 하며, 대체로 1m당 6~10mm의 경사로 한다.

단, 빼기구배를 붙이면 주형 제작은 쉬워지지만, 주물의 중량이 늘어 기계공작이 번거로워지기 때문에 가급적 작게 해야 한다.

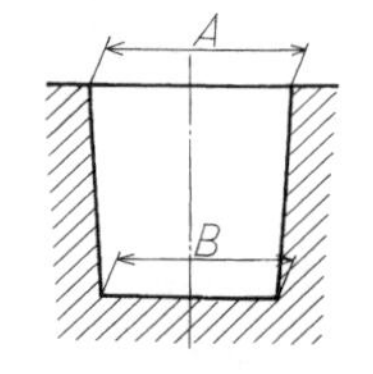

6·11 그림 빼기구배 (A>B)

4. 다듬질여유

주물의 일부분 혹은 전면을 기계 다듬질할 필요가 있는 경우에는 그 면에 깎아낼 여분의 살을 붙여 두어야 한다. 이것을 다듬질여유라고 하며, 이 다듬질여유를 취하는 법에 따라 제품의 양호, 불량 혹은 작업 능률에 미치는 영향이 크기 때문에 충분한 고려가 필요하다.

6·3 표는 주요 재료에 대한 다듬질여유를 나타낸 것이다.

6·3 표 각 재질에 대한 다듬질여유 (단위 mm)

종류	150 이하	300 이하	600 이하	1000 이하	1000 이상
주철	3	4	5	6	특별히 정한다
주강	5	7	9	11	〃
가단주철	2	3	4	5	〃
청동	2	3	4	5	〃
알루미늄	2	3	4	5	〃

5. 주조법의 종류와 특성 및 코스트

6·4 표는 각종 주조법의 종류와 그 특성 및 생산 코스트의 관계를 나타낸 것이다. 이러한 주조법 외에 최근 많이 사용되게 된 금형 주조법이 있다.

결함이 없는 경제적인 주조품을 설계하기 위해서는 사용 조건이나 주조 특성을 살린 설계일 것, 적정한 재료의 선정 및 형상의 설계를 할 것, 싱크홀, 균열 등의 결함이 없는 주물을 얻을 수 있을 것 등을 충분히 고려할 필요가 있다.

6. 목형용 목재와 주물 질량

목형용 목재로는 여러 가지가 있지만, 주로 다음 것들이 사용된다.

(1) **노송나무** 이것은 가공하기 쉽고 강도도 상당하며, 변형도 적다. 단, 값이 비싼 것이 단점이다.

(2) **삼나무** 이것은 가공하기 쉽고 저렴하지만, 변형이 생기기 쉬우므로 정밀 목형에는 적합하지 않다. 주로 대형의 것에 이용된다.

(3) **후박나무**

이것은 조직이 치밀하고 강도가 높기 때문에 정밀 부분의 목형에 적합하다.

(4) **소나무** 소나무, 섬잣나무는 모두 가공, 변형, 가격의 점에서 우수하며, 일반기계의 목형용 재로서 많이 이용된다.

또한 6·5 표는 목형과 주물 부품의 질량 환산 계수를 나타낸 것으로, 동 표의 목형 재질과 목형 질량에서 각종 재질의 주물 제품 질량을 구할 수 있다. 예를 들면, 섬잣나무를 이용한 모형 질량 10kg일 때라면, 회주철 주물의 질량은 10×16kg이 된다. 코어를 이용할 때는 모래로 만든 코어의 질량에 주철일 때는 4, 청동에는 4.65, 알루미늄에는 1.4를 곱해, 앞의 제품 질량에서 감한다.

6·4 표 주조법의 종류와 특성 및 코스트

주조 방법	사형 주조	셸 몰드 주조	퍼마넨트 몰드 주조	플라스틱 몰드 주조	인베스트먼트 주조	다이캐스트
재질	광범위, 철, 비철, 경금속	광범위, 저탄소강을 제외하고 왼쪽과 동일	제한 있음, 황동, 청동, 알루미늄, 회주철	협범위, 황동, 청동, 알루미늄 양호	광범위, 주조, 기계가공이 곤란한 것도 포함한다	협범위, 주석, 알루미늄, 황동, 마그네슘
표면의 상태	빈약	양호	양호	양호	우수	양호
최대 치수	큰 치수에 적합하다	1500mm 이하, 작은 것에 적합하다	알루미늄에서는 50kg이 실용 한계	7 kg 까지	1kg 이하의 것에 적합하다	알루미늄 35kg, 주석 100kg까지
최소 치수 (t는 두께)	단면 3t가 실제적으로 최소	단면 1.6t	단면 2.5t	단면 0.8t	단면 0.8t	단면 0.8t
치수공차 (20mm마다)	0.8 ~ 1.6	0.25 ~ 1	알루미늄에서는 1.6	2.25~0.13	0.13	0.03
원재료비	저~중 금속에 의한다	저~중	중	중 비금속만	고 특수하고 고가인 금속에 적합하다	중
공구 및 형의 코스트	저	저~중	특히 비철합금 중	중	저~중 사용 모델에 의한다	고 다른 주조 방법보다 고가
최적 로트	몇 개에서 다량까지	복잡함에 따라 몇 개에서 다량까지	몇 1000개일 때 최적	100~2000개가 최적	비교적 소량이 최적	1000개부터 수 1000개
다듬질 가공비	청정, 버 제거, 기계가공이 필요	저	저	저 거의 기계가공이 불필요	저 기계가공이 일반적으로 불필요	트리밍 이외는 거의 불필요

6·5 표 모형에 의한 주물 제품의 질량

모형 재료	목형에서 주물 제품 질량 환산계수				
	회주철	알루미늄	강	아연	황동
섬잣나무	16.00	5.70	19.60	15.00	19.00
마호가니	12.00	4.50	14.70	11.50	14.00
회주철	1.00	0.35	1.22	0.95	1.17
벚나무	10.50	3.80	13.00	10.00	12.50
알루미늄	2.85	1.00	3.44	2.70	3.30

7. 주조품에 관한 주의사항

(1) 냉각의 완화 주물을 주조할 때는 냉각에 의한 수축률을 고려해야 한다. 주조 시에는 동일물이라도 박육 부분이 먼저 식고, 후육 부분이 나중에 식는다. 그래서 맨처음의 냉각부가 잘 식지 않는 후육 부분으로 끌리기 때문에 후육 부분과 박육 부분이 접하는 곳에서는 가급적 크게 라운딩을 해서 냉각의 급격한 불균등을 완화해야 한다.

예를 들면 벨트풀리의 팔(암) 등은 외주가 매우 후육인 것과 외경이 큰 것이 있는데, 이러한 경우 팔을 직선상으로 하면 팔이 외주에 강하게 끌릴 우려가 있으므로 이와 같은 때에는 보통 구부린 팔로 한다(6·12 그림). 또한 주물에 블로홀이 생기는 경우가 있다. 그것은 용융 금속이 동시에 냉각되지 않고 표면에서 응고되므로 가스가 방출되지 않아 이 때문에 블로홀이 생기는 것이다. 이 블로홀을 막기 위해서는 전체가 균일하게 냉각되도록 해야 한다. 그러기 위해 벨트풀리의 경우는 보통 팔을 단면이 타원형이 되도록 만든다. 또한 플라이휠 등에서 외주부는 팔보다 살이 두꺼우므로, 따라서 팔의 단면을 H형이나 십자형 등으로 하고 외주부와 팔 부분의 냉각 속도가 균일하게 되도록 하는 것이 좋다 (6·13 그림).

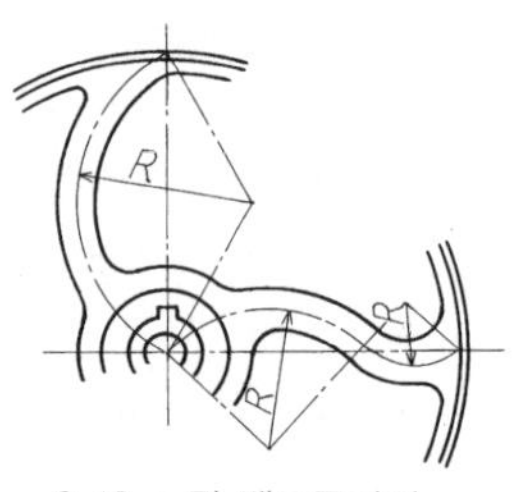

6·12 그림 벨트풀리의 팔과 외주

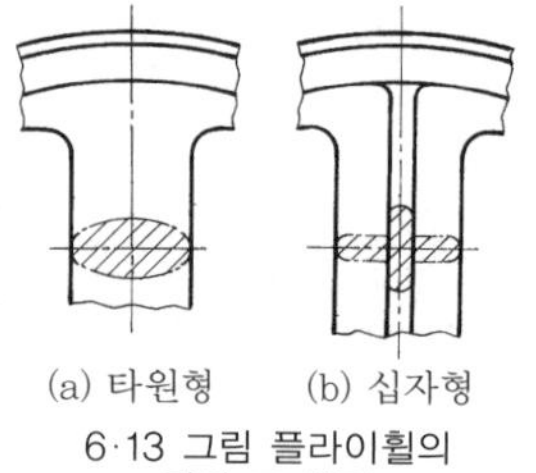

6·13 그림 플라이휠의 팔과 그 단면

(2) 주물의 두께 주물은 일반적으로 그 성질이 무르기 때문에 너무 얇은 것이나 가는 것은 제품으로서 위험성이 있다. 또한 주형의 좁은 부분에 탕을 흘리면, 전체에 유입되기 전에 종종 끝단이 응고하거나, 탕의 유입 조절로 그 좁은 부분을 파괴하기 때문에 목적하는 주물 제품을 얻을 수 없는 경우도 있다. 그렇기 때문에 주물 제품은 3mm 이상으로 할 필요가 있다. 6·6 표는 주물 두께의 표준을 나타낸 것이다.

6·6 표 주물의 두께 (단위 mm)

재질	간단한 것			보통의 것			복잡한 것		
	소형	중형	대형	소형	중형	대형	소형	중형	대형
주철	4	6	7	5	6	8	5	8	10
주강	5	6	8	6	8	9	6	8	10
청동	3	5	7	3	6	8	5	6	8
경합금	2	5	8	2	5	8	4	6	8

[비고] 간단한 것 … (예를 들면 콕 등)
보통의 것 … (예를 들면 플랜지 밸브)
복잡한 것 … (예를 들면 실린더)
소형 … 10tf 이하,
중형 … 10~50tf 미만,
대형 … 50tf 이상

(3) 모퉁이의 라운딩 생주물의 모퉁이 부분은 그 제품에 따라 적절하게 둥글게 해야 한다. 그 이유는 6·14 그림의 (a)에 나타냈듯이 모퉁이에 라운딩을 하지 않으면, 점선처럼 분자가 줄지어 약해진다. 따라서 동 그림 (b)처럼 라운딩해 강하게 한다. 또한 이렇게 하면, 잘못해서 인체가 닿았을 때 상해가 적다. 더구나 림 접촉 부분의 라운딩 반경의 크기는 일반적으로 다음 식으로 표현된다(6·15 그림).

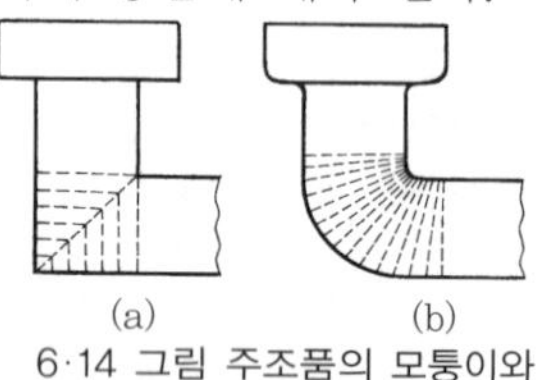

6·14 그림 주조품의 모퉁이와 그 부분의 분자

$$R = \frac{A+B}{4} \quad \text{(주철)}$$

$$R = \frac{A+B}{2} \quad \text{(주강)}$$

또한 모재가 매우 두꺼운 경우는 R은 위의 식의 2/3 또는 1/2 정도라도 괜찮다.

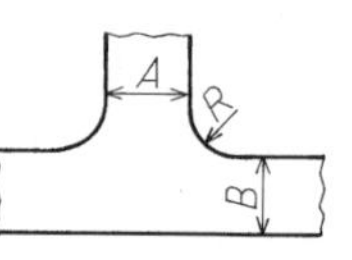

6·15 그림 림 접촉 부분의 R

(4) 모래빼기 내부에 공동이 있는 제품을 주조하는 경우는 6·16 그림과 같이 모래를 공동부에 채워서 만든다. 주조 후에는 B의 구멍에서 A의 모래를 흩트려서 꺼내는데, 쓸모없게 된 B의 구멍은 나사 플러

6·16 그림 내부가 공동인 주물

그(마개)로 채운다. 만약 그 나사 머리가 방해가 될 때에는 머리를 잘라 버리면 된다.

(5) 주물 각부의 허용 살두께 변화 및 최소 라운딩 6·7 표에 주물 각부의 살두께 변화부의 허용한도, 모서리 라운딩의 최소값을 나타냈다.

6·7 표 허용 살두께 변화 및 최소 라운딩 계산식

형상		계산식
살두께 변화부		$t < T \leqq \frac{3}{2}t$ $R = \frac{T}{2}$
		$\frac{3}{2}t < T \leqq 3t$ $R = \frac{T}{2}$, $L = 4(T-t)$
L자·V자 교차부		$t \leqq T \leqq 3t$ $R_1 = \frac{T+t}{2}$, $R_2 = T+t$
		$t \leqq T \leqq \frac{3}{2}t$ $R = \frac{T}{3}$
		$\frac{3}{2}t < T \leqq 3t$ $R = \frac{T}{3}$, $L = 4(T-t)$ $a = T-t$
T자 교차부		$t \leqq T \leqq \frac{3}{2}t$ $R = \frac{T}{3}$
		$\frac{3}{2}t < T \leqq 3t$ $R = \frac{T}{3}$, $L = 2(T-t)$ $a = \frac{1}{2}(T-t)$
		$t \leqq T \leqq \frac{3}{2}t$ $R = \frac{T}{3}$
		$\frac{3}{2}t < T \leqq 3t$ $R = \frac{T}{3}$, $L = 2(T-t)$ $a = \frac{1}{4}(T-t)$

단, T … 두꺼운 부분의 살두께, t … 얇은 부분의 살두께, L … 빼기구배의 길이, a … 빼기구배부의 높이, R … 모서리의 라운딩, R_1(내측), R_2(외측)

6.3 단조

1. 단조가공에 대해서

단조는 불다듬질이라고도 불리며, 가공 재료를 재결정온도 이상의 고온으로 가열해 단조공구 또는 단조기계에 의해 필요한 형태로 가공하는 것이다. 이와 같이 단조는 가열 상태에서 가공하기 때문에 재료의 전연성이 매우 크고 가공에 필요한 작업도 극히 적으며, 또한 타격을 받음으로써 재료의 성질도 한층 향상되는 장점이 있다.

(1) 단조의 변형 단조는 압축 공정의 연속에 의해 이루어지므로 그 변형도 압축 방향의 치수 감소 및 그것에 직각인 방향의 치수 증대가 되어 나타난다. 즉 재료에 힘을 가하면, 그 주위로 확산되어 나타난다.

그러나 이 경우, 재료와 공구의 접촉면에는 마찰이 존재하기 때문에 그 부분의 변형은 영향을 받지 않고 6·17 그림에 나타낸 변형을 받는다.

(a) 원기둥

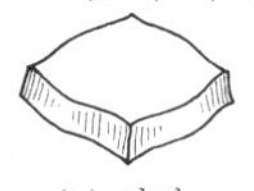
(b) 사각

(c) 직사각형

6·17 그림 단조에 의한 변형

(2) 단련 효과 위에서 말한 바와 같이 단조 작업에서는 재료의 변형과 동시에, 단련에 의해 조대 결정을 파괴하고, 그 성질을 향상시키는 것이 목적이기 때문에 재료의 내부까지 충분히 압축력이 작용하도록 하는 것이 중요하다.

이와 같이 단련에 의해서 얻어진 효과를 단련효과라고 하며, 또한 단조에 의해 단면적 4의 것을 1까지 줄였다고 하면 이 경우의 단조비는 4라고 한다.

2. 단조 기계

(1) 단조 기계의 종류 단조용 기계로서 가장 중요한 것은 해머 및 프레스이다. 해머에는 드롭해머, 공기 해머, 증기 해머 등이 있는데, 모두 램의 낙하 에너지를 타격에 이용하는 기계로, 해머의 능력은 낙하부 중량에 따라 1톤, 3/4톤 등과 같이 표현된다.

또한 단조 프레스에는 수압 프레스, 유압 프레스가 있는데, 모두 실린더, 램을 가진 프레스 본체, 펌프, 축세기 등의 압액 공급장치 및 조작장치로 구성되어 있다. 이러한 프레스는 램에 작용하는 전체 액압(톤)으로 그 능력을 나타낸다.

(2) 단조 기계의 능력 단조가공에는 재료의 크기에 적합한 용량을 가진 단조 기계를 선택할 필요가 있으며, 이것이 적당하지 않으면 기계에 무리가 가거나 가공이 곤란해지기도 한다.

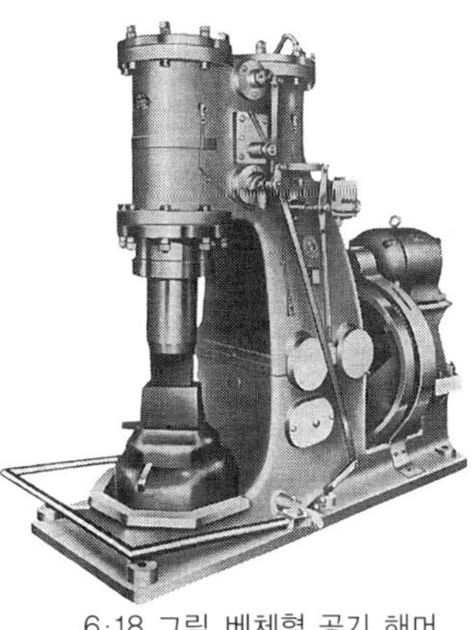
6·18 그림 베체형 공기 해머

6·8표는 단조 재료의 크기에 대한 단조 기계 능력의 표준을 나타낸 것이다.

6·8 표 단조 기계의 능력

증기 해머 (tf)	½	¾	1	2	3	4	5	10	20
수압기 (tf)	100	150	200	300	400	500	600	1000	1500
가공할 수 있는 둥근봉의 최대 직경 (mm)	130	150	200	250	300	360	400	610	910

3. 단조용 재료와 단조 온도

(1) 단조용 재료 단조용 재료로서는 열간에서 현저하게 가소성을 가지는 것, 즉 강철, 청동, 황동, 알루미늄합금 등이 주를 이루고 있으며, 그 중에서도 강철이 그 대부분을 차지한다.

(2) 단조용 재료와 단조 온도 단조 시에 가장 중요한 것은 재료의 가열 온도로, 적절한 온도에서 또한 가공이 적정하게 이루어지면, 단조품은 2~5배 정도 강도를 증가시킬 수 있다.

다음의 6·9 표는 단조용 금속 재료의 단조 시작 온도(최고 온도)와 단조 중지 온도(최저 온도)를 나타낸다.

(3) 재료 떼기 단조 작업에서 필요한 만큼의 소재를 출고시키기 위해서는 미리 재료의 중량을 결정해 두어야 한다.

(i) 제품의 중량 이것은 보통 제작도에서 체적을 구하고, 그것에 비중을 곱해 산출한다. 형 단조품의 경우에는 형에 납을 주입, 그 중량에서 제품 중량을 산출할 수 있다.

(ii) 스케일에 의한 손실 재료는 가열로에서 고온에 노출되기 때문에 스케일(산화물)을 만들어 내고, 그 만큼의 중량이 줄어든다. 따라서 이 감량분 만큼 미리 계산에 넣어 두어야 하는데, 이것은 재료의 표면적 및 가열 시간에 따라 다르다. 그러나 일반적으로는 6·10 표와 같이 어림잡아 두면 좋다.

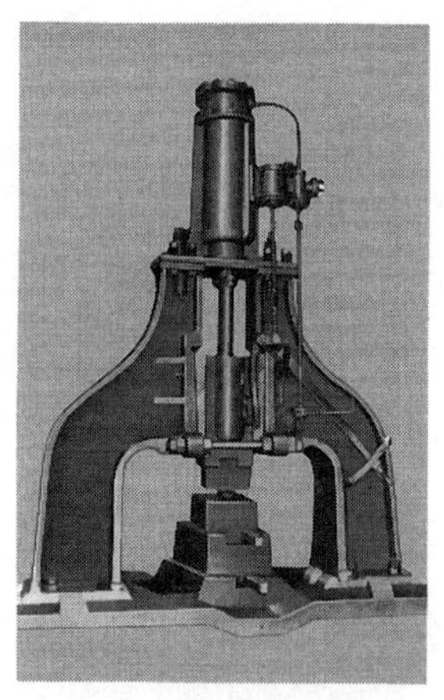

6·19 그림 증기 해머

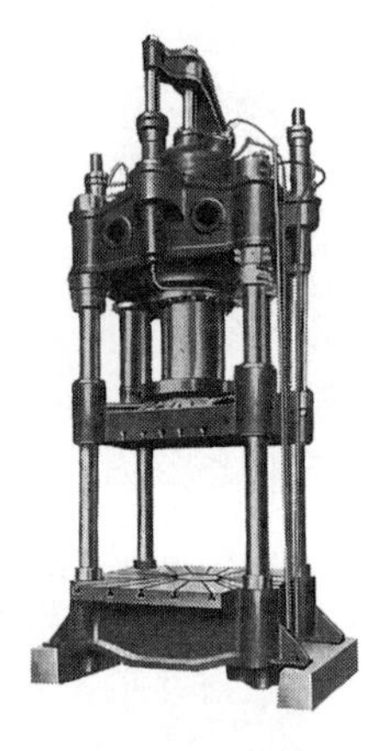

6·20 그림 수압 프레스

6·9 표 재질에 따른 단조 온도

재료	최고 온도 (℃)	최저 온도 (℃)	적요
보통 단강	1200	750	
고장력강	1200	850	
고탄소강	1150	900	
니켈강	1200	850	
고속도강	1200	1000	
네이벌청동	800	650	
망간청동	750 850	500 700	1.5% Mn 이하 4% Mn 이하
니켈청동	850 950	550 800	2% Ni 이하 15% Ni 이하
알루미늄청동	850	600	
인청동	800	650	

6·10 표 스케일에 의한 감량

제품의 질량 (kg)	감량 (%)
4.5 이하	7.5
4.5~11	6
11 이상	5

(iii) 버 질량 형단조에서는 형의 이음매에 버가 발생하므로 그 분량에 대해서도 어림잡아 둘 필요가 있다. 이것은 제품의 형상, 질량에 따라 현저하게 다른데, 6·11 표는 버의 최대 두께를 나타낸 것이다.

6·11 표 버의 최대 두께

제품의 질량 (kg)	버의 두께 (mm)	
	열간 버 제거	냉간 버 제거
0~2.3	3.2	1.6
2.3~4.5	4.0	2.4
4.5~6.8	5.0	3.2
6.8~11.5	5.5	4.0
11.5~22.7	6.4	4.8
22.7~45.5	8.0	6.5

4. 단조 작업

(1) 자유단조 이것은 대형 혹은 불규칙한 형상의 단조품을 만드는 경우나 형단조를 하기 전의 소재(황지라고 한다)를 만드는 경우, 혹은 아주 소량의 생산을 하는 경우에 이용되는 것으로, 정, 세트 해머, 탭 등의 간단한 공구를 이용해 작업을 한다. 여기에는 신연, 절취, 단붙임, 벤딩, 펀칭 등의 작업이 있다. 6·21 그림은 자유단조의 예를, 또한 6·22 그림은 자유단조용 공구의 예를 나타낸다.

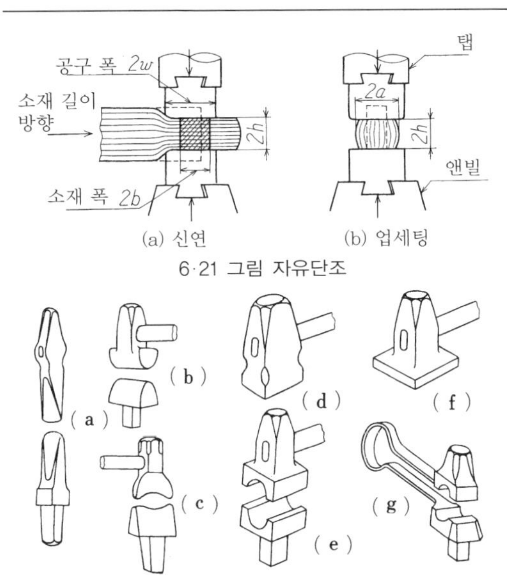

6·21 그림 자유단조

6·22 그림 자유단조용 공구

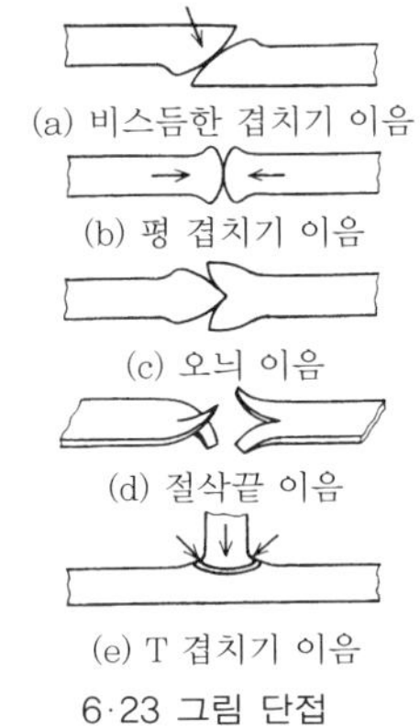

6·23 그림 단접

(2) **단접 작업** 단접이란 주로 연강을 가열해, 타격에 의해 접합하는 방법이다.

(i) **단접의 조건** 단접을 하기 위해서는 고온으로 가열하는 것, 강한 타격을 가하는 것, 접합부가 깨끗해야 하는 것이 필요하다. 단접 온도는 1300~1400℃ 정도로, 일반적으로 단접제를 이용해 접합면을 깨끗하게 한다.

(ii) **단접제** 단접되는 재료는 고온으로 가열되기 때문에 산화철 기타의 화합물이 생기기 쉽고, 또한 이들이 개재되면 단접 부분의 밀착을 매우 나쁘게 한다.

이러한 산화막을 완전하게 제거하기 위해서는 용제로서 일반적으로 규산 혹은 붕사가 이용되고, 또한 산화제로서 망간 혹은 인이 이용된다.

(iii) **단접 방법** 단접 방법에는 6·23 그림과 같은 것이 있다. 어떤 경우에나 이음 접합부는 굵게 중고로 하고, 또한 타격에 의해 버의 배출을 용이한 상태로 하는 것이 좋다.

(3) **형단조** 형단조에서는 제품의 형상에 따라 형조한 상형과 하형을 이용해 상형을 해머에, 하형을 앤빌에 장착하고, 그 사이에 빨갛게 달군 소재를 두어 상형을 낙하시켜 단조를 한다.

형단조 제품은 단조품으로서의 특징을 가지며, 또한 표면이 깨끗하고 정확하게 마무리되기 때문

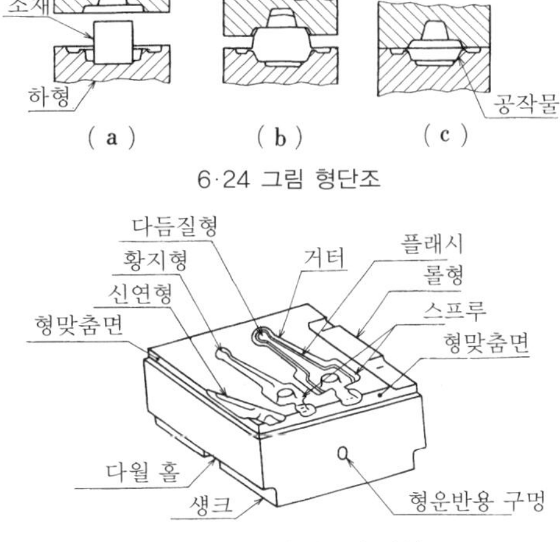

6·24 그림 형단조

6·25 단조형 각부의 명칭

에 매우 우수한 제품이 얻을 수 있다. 단조형에는 1번 타격으로 필요한 형상으로 마무리하는 것과 2번 타격 또는 3번 타격을 해서 마무리하는 것이 있다.

주조형에 이용되는 재질은 일반적으로는 탄소공구강, 합금공구강 등으로, 모두 열처리를 하여 표면경화를 실시한다.

형은 표면에 동도금을 실시하고, 이것에 제품 평면도를 그려 형조각기계를 이용해 새긴다. 형조각에는 제품의 수축률과 빼기구배를 예상해 두어야 한다.

수축률은 제품의 재질, 가공 온도 등에 따라 다르지만, 일반적으로 냉간 트리밍을 하는 것은 1/65 정도, 열간 트리밍을 하는 대형의 것은 1/100 정도를 예상해 두면 된다.

또한 빼기구배는 6·26 그림과 같이 최소 3°로 하고, 깊이가 약간 깊은 것은 7°, 또한 환상 제품의 내측과 같은 것은 10° 이상을 주도록 한다.

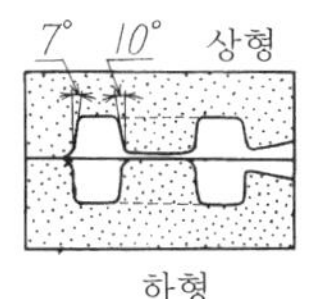

6·26 그림 형의 빼기구배

(4) **업세팅 단조** 이것도 일종의 형단조인데 일반적으로 직경이 작은 축을 축방향으로 찌그러뜨려 다양한 형상의 제품을 얻은 가공법으로, 재료

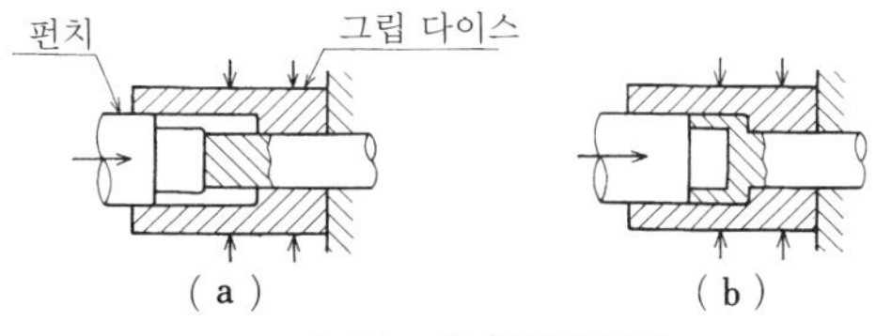

6·27 그림 업세팅 단조

의 낭비가 적고 다량 생산에 적합하며 또한 작업이 비교적 조용해서 널리 이루어지고 있다.

업세팅 단조를 하는 경우, 업세팅부의 길이가 재료 지름의 2배를 넘으면, 재료가 좌굴을 일으키기 쉬우므로 이러한 경우에는 공정을 2회 이상으로 나눠 단조를 해야 한다.

6·12 표는 업세팅 단조의 업세팅 길이 및 체적과 업세팅 공정 수의 관계를 나타낸 것이다.

6·12 표 업세팅 길이 및 체적과 업세팅 공정 수
(d…재료의 직경)

업세팅 길이 (l)	업세팅부 체적 (V)	업세팅 공정 수
2.3 d 이하	1.80 d^3 이하	1
(2.3~4.5) d	(1.80~3.53) d^3	2
(4.5~8) d	(3.53~6.28) d^3	3
8 d 이상	6.28 d^3 이상	3 이상

6.4 압연, 와이어 드로잉, 압출, 제관

1. 압연

금속 소재를 고온 또는 상온에서 회전하는 롤러 사이를 통과시켜, 레일재, 판재 등을 성형하는 것을 말한다. 압연에 의해 물품을 만드는 경우는 프레스나 해머, 또는 단조에 의해 만드는 경우보다도 작업이 빠르고 생산비도 저렴하다. 압연의 방식은 사용하는 압연기에 따라 여러 가지로 다르다. 6·13 표는 압연기의 형식을 나타낸 것이다.

또한 판재용 압연 롤은 간단한 원주형인데, 레일과 같은 조재 압연용 롤은 필요한 형상을 주는 형(이것을 구멍형이라고 한다)을 이용한다.

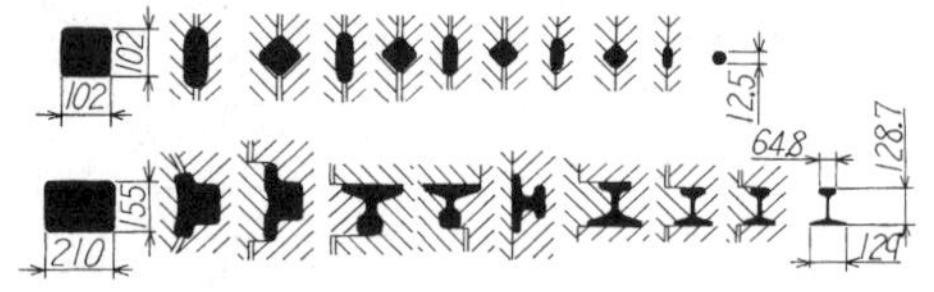

6·28 그림 조재 압연용 롤

2. 와이어 드로잉

6·29 그림과 같이 다이스의 구멍을 통과시켜 소선재를 빼내어 필요한 지름의 선을 얻는 것을 와이어 드로잉이라고 한다. 선을 필요한 지름으로 만들기까지는 여러 번의 와이어 드로잉을 하는데, 와이어 드로잉의 횟수를 반복할 때마다 경화하기 때문에 어닐링을 실

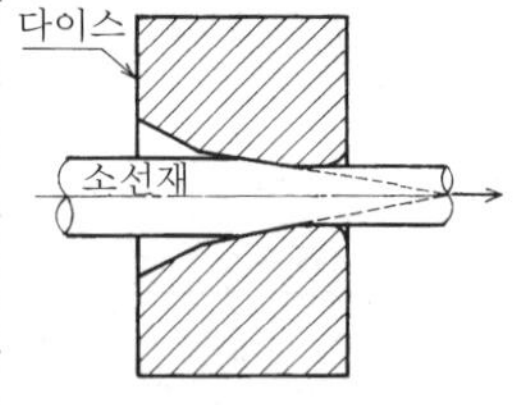

6·29 그림 와이어 드로잉

6·13 표 압연기의 형식

형식명	구조	적요
이중식		박판, 소형재 압연용 및 냉간 압연용에 사용한다. 압연공장의 한 구성 부분으로서 이용한다.
역전 이중식		분괴, 대형, 후판, 중판의 압연용
복이중식		소형 압연용
연속식		소강편, 시트 바, 압연용 및 소형 띠강 공장의 한 구성 부분으로서 이용한다.
삼중식		분괴, 대형, 중형, 소형, 후판, 중판, 압연용 및 냉간 압연용으로서 사용한다.
다수식		주로 강판, 띠철 냉간 압연용
유니버설식		평강, 판용 강편 및 특수형물용

시한다. 단 연화만을 목적으로 할 때는 600℃까지 가열하면 되지만, 보통 5번선에서 15번선 정도까지는 어닐링을 하지 않고 작업한다. 이것보다 가늘게 할 때는 900℃ 정도로 가열한다. 연강선의 어닐링은 A_{cm}선(5장 5.1절 3항 참조) 바로 아래에서 한다. 또한 경강선은 솔바이트 조직으로서 빼낸다. 더구나 드로잉 방법에는 단식과 연속식이 있다. 전자는 1개의 다이스로 빼내고, 후자는 여러 개의 다이스를 준비해서 연속적으로 빼내는 것이다.

3. 압출

와이어 드로잉과는 반대로 소재를 6·30 그림과 같이 다이스를 통과시켜 압출, 필요한 형태로 성형하는 것을 압출이라고 하며, 그림 (a)의 직접법과 그림 (b)와 같은 간접법이 있다.

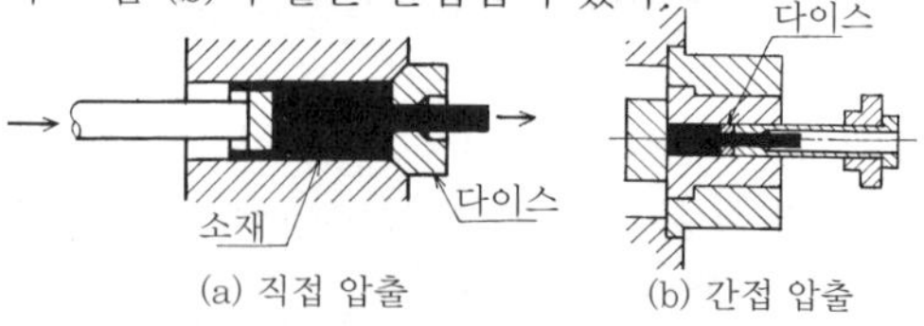

(a) 직접 압출 (b) 간접 압출

6·30 그림 압출

압출된 제품은 다듬질가공을 하지 않고 그대로 제품이 되고, 또한 간단한 정형 작업을 더하기만 하면 된다.

4. 제관

관은 이음매 없는 관과 용접(혹은 단접)관으로 크게 나뉜다. 이음매 없는 관의 제작에는 몇 가지 종류가 있는데, 압연기에 의한 만네스만법도 많이 이용되고 있다.

이 방법은 6·31 그림과 같이 소재를 특수 롤 사이에 끼우고 롤을 화살표 방향으로 회전시키면, 소재의 외면과 내부의 유동 차이에 의해 내부에 중공을 만드는 것을 이용한 것으로, 이 중공부에 심봉을 두어 중공 조관을 얻는다.

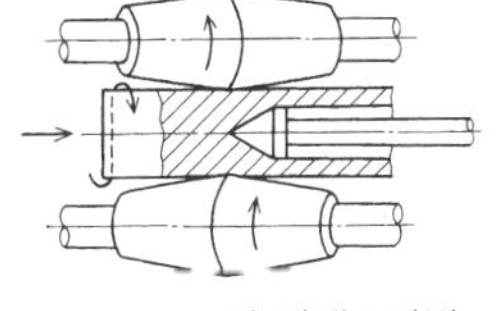

6·31 그림 만네스만법

이외에 유진 세쥴레법(Ugine-Sejournet process)이라고 해서 빌릿과 컨테이너 및 다이스 사이에 유리질의 윤활제로 피막을 만들고, 다이스나 컨테이너를 손상하지 않고 표면 상태가 양호한 제관을 만드는 방법이 있다.

이상의 방법에 의해 얻은 조관은 다시 압연 혹은 드로잉에 의해 필요한 관을 만든다. 드로잉관은 앞에서 말한 만네스만법 등에 의해 얻은 중공 조관을 6·32 그림과 같이 빼내어 만든다.

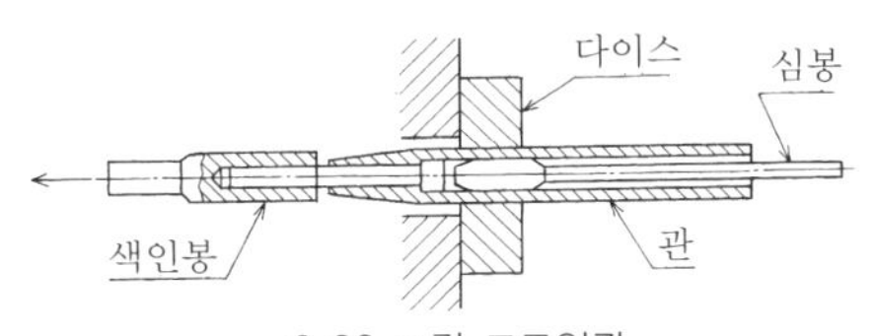

6·32 그림 드로잉관

이외에 전기저항 용접에 의한 전봉강관이 있는데, 이것은 띠강 또는 강판을 원통 모양으로 성형하고 이음매를 저항 용접해서 연속적으로 제조한 것이다. 일반적으로 소경, 중경의 것은 길이 방향으로 직선 모양으로 이음매가 설정되는데, 대경의 것은 띠강을 스파이럴 모양으로 굽혀 양면에서 용접해 완성한다.

6·5 판금 공작

1. 판금 프레스 공작

주로 얇은 금속판 등을 이용해 필요한 형상의 제품을 공작하는 것을 판금 공작이라고 하며, 판금공장에서 이루어진다. 판금 공작은 넓은 의미에서는 간단한 수공구, 인력에 의한 기계를 사용해 하는 경우도 포함되는데, 중요한 것은 일반적으로 프레스 가공, 즉 형을 이용해 기계적으로 판금을 필요한 형태로 만들어 내는 작업이다.

이 프레스 가공은 특히 그 중요성이 증가하고 있으며, 응용의 범위가 확대되고 있다.

(1) 프레스 기계의 종류 주요한 기계로서는 다음과 같은 것이 있다.

(i) 크랭크 프레스

6·33 그림과 같은 크랭크기구에 의해 플라이휠의 회전운동을 직선운동으로 변화시켜 램을 직동시키는 것으로, 가장 널리 사용된다. 크랭크축 대신에 편심축을 사용한 익센 프레스도 있다.

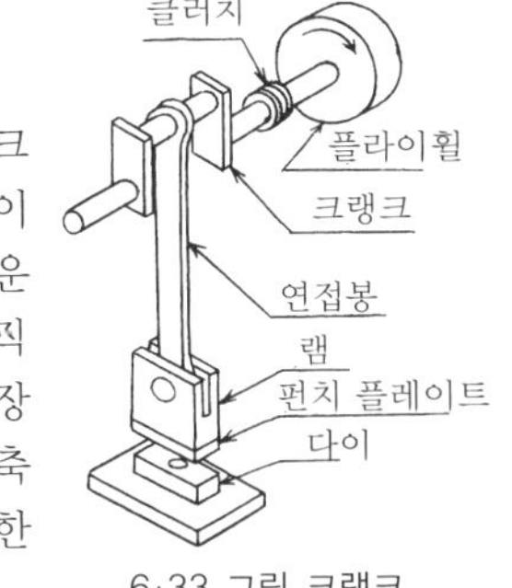

6·33 그림 크랭크 프레스의 원리

(ii) 캠식 복동 프레스 이것은 6·34 그림과 같이 펀치 슬라이드는 크랭크축에 의해 상하시키는데, 그 양측에 그림과 같은 캠을 설정하고 이것에 의해 주름 억제 슬라이드를 작동시켜 재료를 밀어 붙이게 한 것으로, 비교적 소형의 드로이 가공, 디프 드로잉 가공 등에 가장 적합하다. 6·36 그림에 캠식 복동 프레스를 나타냈다.

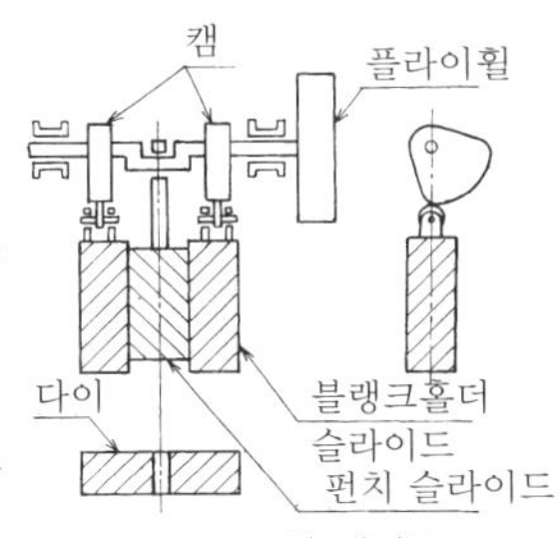

6·34 그림 캠기구

6·35 그림 크랭크 프레스

6·36 그림 캠식 복동 프레스

(iii) 토글 복동 프레스 이것은 블랭크홀더 슬라이드에 6·37 그림에 나타낸 토글기구를 이용한 것으로, 이 기구에 의하면 하사점 부근에서 압연 속도가 매우 작아지기 때문에 크랭크 프레스

6장

와 비교해 큰 힘을 지속해서 낼 수 있어, 디프 드로잉, 스탬핑에 가장 적합하다.

그 외에 수압 또는 액압으로 작동하는 액압 프레스도 사용된다. 이것은 일반적으로 소형인 대신에 강력하고, 가압성형, 벤딩, 드로잉, 절단, 블랭킹 등 넓은 분야에 걸쳐 사용되고 있다.

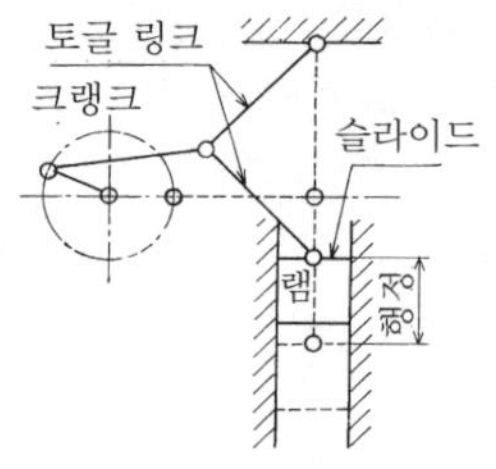

6·37 그림 토글기구

(2) 프레스용 형 프레스용 형은 일반적으로 펀치(수놈형)와 다이스(암놈형)이 한 세트가 되며, 펀치가 상하해서 다이스에 꼭 맞도록 하고 그 중간에 재료를 끼워서 가공한다. 작업에는 벤딩, 스탬핑, 블랭킹, 드로잉 혹은 이들의 조합에 의한 것이 있다. 형은 각각의 사용에 따라 만들어진다.

6·38 그림에 이들의 프레스 형을 나타냈다. 동 그림 (a)의 블랭킹형이란 펀치와 다이스를 가지고 판을 필요한 형태로 구멍을 뚫는 것, (b)의 벤딩형이란 어떤 형상의 판을 필요한 형태로 굽히는 것을 말한다.

또한 지금을 공기 모양 혹은 바닥이 있는 원통 등으로 성형하는 것을 드로잉이라고 하고, 이 형을 드로잉형이라고 한다[동 그림 (c)].

벤딩형의 일종으로 롤형이라고 해서 판을 형태를 따라 굽히면서 마는 것이 있다[동 그림 (d)].

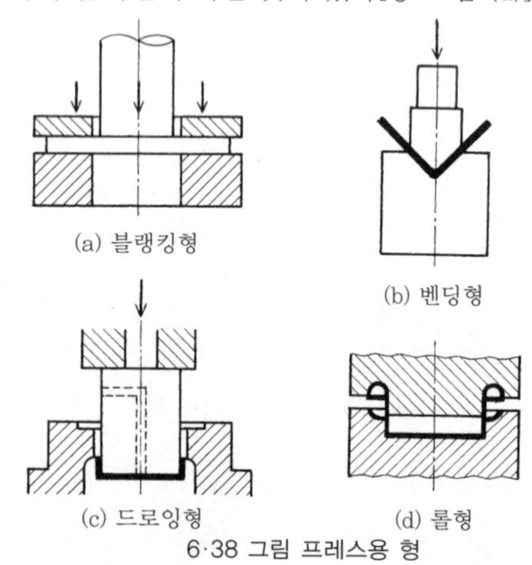
(a) 블랭킹형 (b) 벤딩형 (c) 드로잉형 (d) 롤형

6·38 그림 프레스용 형

2. 프레스 가공 상의 주의

① 프레스 가공으로 제작하는 제품에는 날카로운 귀퉁이를 붙여서는 안 된다. 날카로운 귀퉁이를 붙이면, 형재의 마모가 빠르고 또한 공작물의 구석에 집중 응력이 발생해 그 부분을 약하게 한다. 6·14 표는 프레스형의 구석 및 귀퉁이의 라운딩 값을 나타낸 것이다.

6·14 표 구석 및 모퉁이의 라운딩 값 (JIS B 0702)

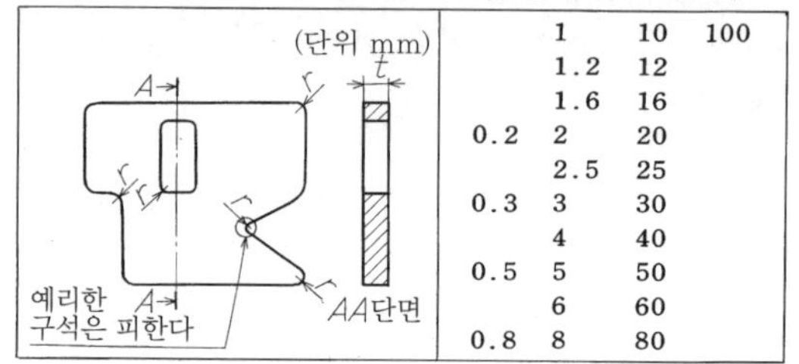

	1	10	100
	1.2	12	
	1.6	16	
0.2	2	20	
	2.5	25	
0.3	3	30	
	4	40	
0.5	5	50	
	6	60	
0.8	8	80	

② 제품에 뚫는 구멍의 지름은 판두께 이상으로 하고, 또한 구멍의 위치는 너무 접근시켜서는 안 된다.

또한 6·39 그림에 나타냈듯이 구멍뚫기 가공을 실시한 후에 벤딩 가공을 하는 경우에는 구멍의 바깥쪽 가장자리에서 판두께의 1.5배 이상 떨어진 위치에서 굽혀야 한다.

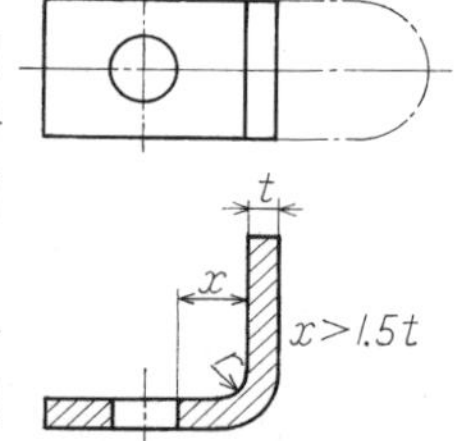

6·39 그림 나중에 벤딩 가공을 하는 경우의 구멍 위치

③ 재료를 절단했을 때는 형에 횡추력이 작용하기 때문에 주의할 필요가 있다.

④ 재료를 절삭하는 방법에 따라 재료의 손실, 절약은 매우 커진다. 따라서 형상이나 절삭법을 잘 고려하는 것이 필요하다.

6·40 그림은 재료 절삭법의 예를 나타낸 것인데, 동 그림 (a)와 같은 형상을 한 것은, 동 그림 (b)와 같은 형상의 것으로 바꾸서 재료 절삭을 하는 편이 재료를 절약할 수 있어 유리하다.

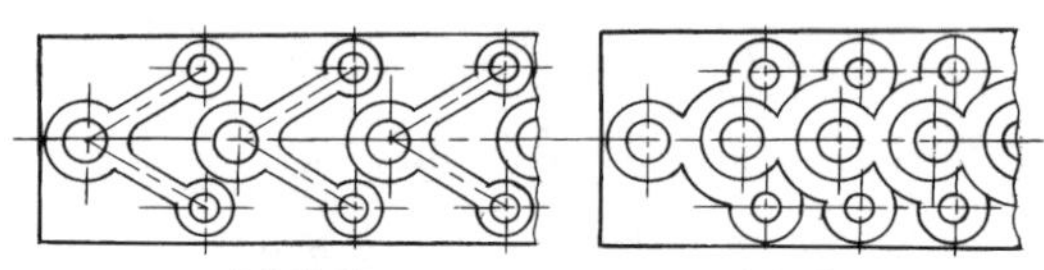
(a) 불량 (b) 양호

6·40 그림 설계 변경에 의한 재료의 절약

⑤ 일반적인 프레스 기계로 절곡가공을 하는 경우의 최소 벤딩 반경을 6·15 표에 나타냈다.

6·15 표 최소 벤딩 반경

	재질	R (최소)
	극연강	(0.3~1.0) t
	연강, 황동, 동	(1.0~2.0) t
	탄소강	3.0 t
	알루미늄합금	(2.0~3.0) t

⑥ 디프 드로잉 가공에서 펀치의 외경(=제품의 내경) d_1과 소재의 외경 D_0의 비 d_1/D_0를 드로잉

률이라고 하고, 드로잉 가공 정도를 나타내는 기준으로 하고 있다. 이 드로잉률이 작을수록 제품의 직경에 비해 높이가 있는 물품이 드로잉되는데, 이것이 어떤 일정한 한도를 넘으면 재료가 파단되어 가공을 할 수 없게 된다. 이 가공을 할 수 있는 최소 드로잉률을 한계드로잉률이라고 하고, 재질, 열처리 조건, 판두께, 가공법 등에 따라 각각 다르지만 6·16 표에 디프 드로잉용 재료의 한계드로잉률을 나타냈다. 단, 이들 값은 주름 억제의 유무에도 관계가 있기 때문에 주름 억제가 없는 경우는 가급적 크게 잡고, 주름 억제가 있는 경우라도 작은 값을 잡아서는 안 된다.

6·16 표 실용 한계드로잉률

재료	디프 드로잉 d_1/D_0	재드로잉 (직경 감소율) %
디프 드로잉 강판	0.55～0.60	0.75～0.80
스테인린스 강판	0.50～0.55	0.80～0.85
도금 강판	0.58～0.65	0.88
동판	0.55～0.60	0.85
황동판	0.50～0.55	0.75～0.80
아연판	0.65～0.70	0.85～0.90
알루미늄판	0.53～0.60	0.80
두랄루민판	0.55～0.60	0.90

6·6 기계가공

주조, 단조 기타 공장에서 만들어진 소재는 기계 공장에서 가공되고 다듬질된다. 기계가공을 하는 기계를 공작기계라고 한다.

공작기계를 크게 나누면, 각종 가공을 동일한 기계로 할 수 있는 만능 공작기계, 한정된 가공만을 하는 단능 기계, 단 한 종류만의 공작에 사용되는 전용 기계, 1개 제품의 몇 가지 공작부 혹은 전체 공작을 하나의 기계로 하는 유닛 공작기계 등으로 나뉜다.

다음에 주요한 기계가공에 대해 서술한다.

1. 선반가공

선반은 가장 기본적인 공작기계로, 가공 능률을 생각하지 않으면 대부분의 가공을 할 수 있다. 6·41 그림은 표준형 기어식 선반을 나타낸 것이다. 선반의 크기는 6·42 그림에 나타낸 부분에 의해 표현된다. 선반은 바이트(날붙이)를 고정해 공작물을 회전시켜 가공하는 것으로, 6·43 그림 및 6·44 그림은 선반공작용 각종 바이트의 명칭과 공작 부분을 나타낸 것이다.

또한 6·43 그림에 나타냈듯이 공작물의 양 끝단을 센터로 지지해 가공하는 경우를 센터 작업이라고 부르며, 6·44 그림에 나타냈듯이 척으로 물어 절삭하는 경우를 척 작업이라고 한다.

또한 6·45 그림은 선반에 의해 할 수 있는 여러 가지 작업의 예를 나타낸 것이다.

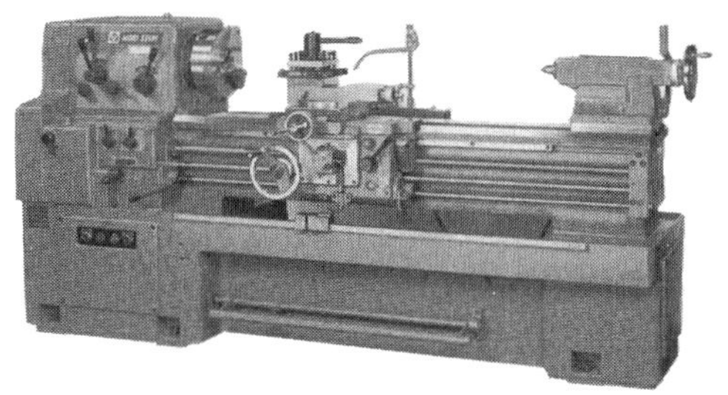
6·41 그림 표준형 기어식 선반

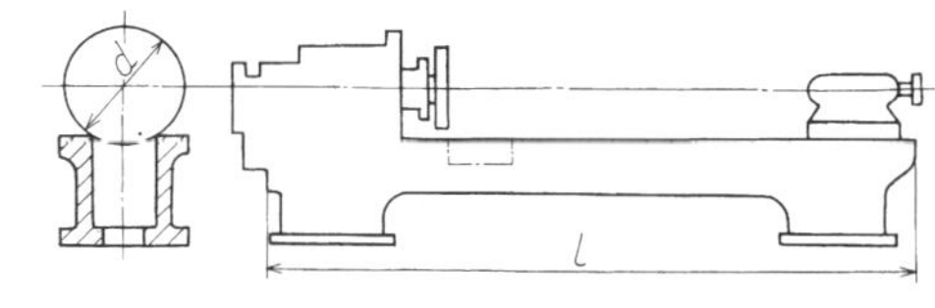

6·42 그림 선반의 크기

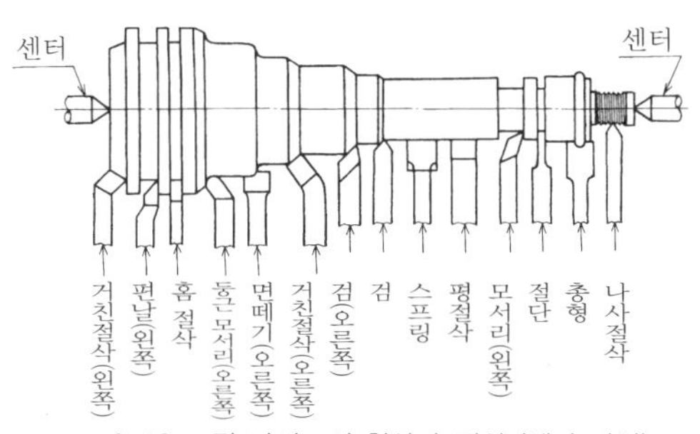

6·43 그림 바이트의 형상과 절삭 (센터 작업)

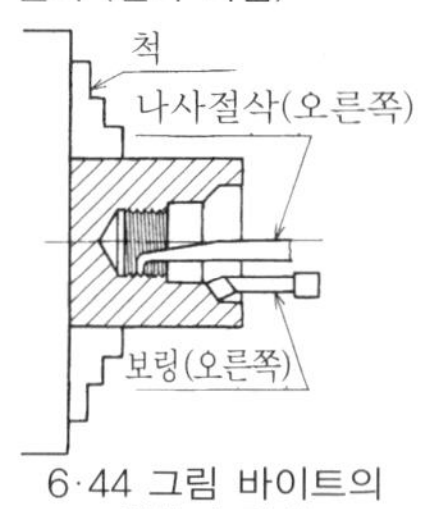

6·44 그림 바이트의 형상과 절삭 (척 작업)

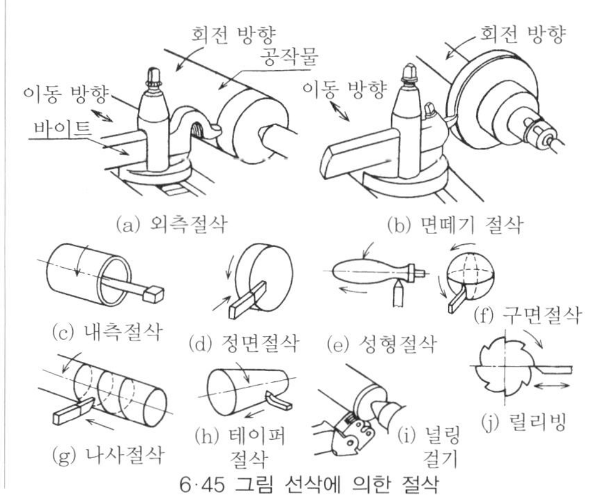

6·45 그림 선삭에 의한 절삭

6장

(a) 정면 선반

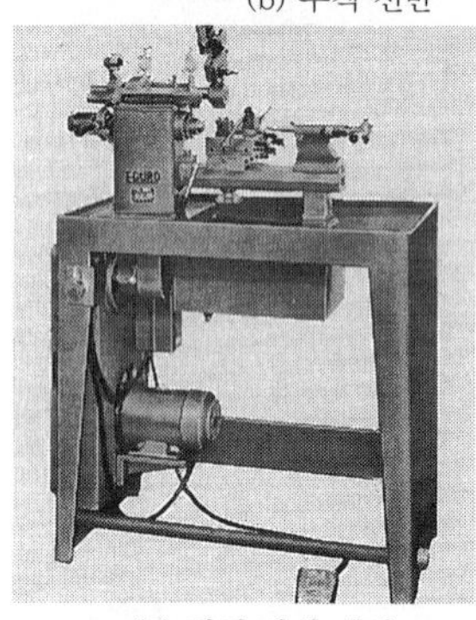

(b) 수직 선반

(c) 터릿 선반

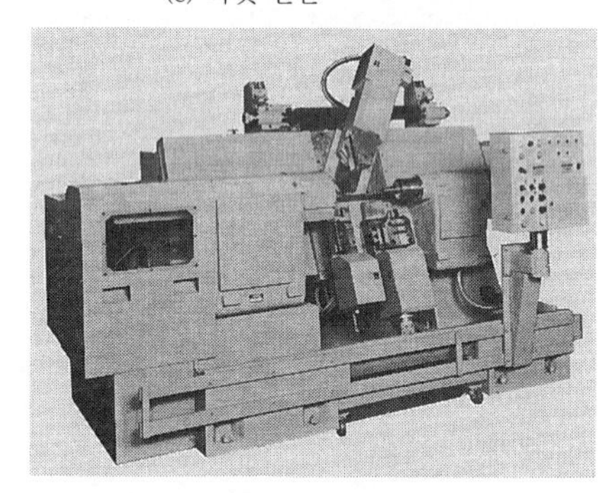

(d) 정밀 탁상 선반

(e) 자동 모방 선반

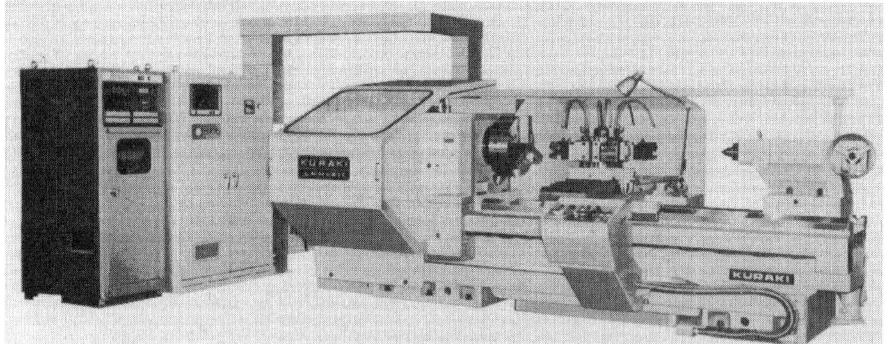

(f) 수치제어 선반

6·46 그림 선반의 종류

선반의 종류에는 여러 가지가 있는데(6·46 그림), 일반용으로서 각종 가공에 사용되는 보통 선반, 길이에 비교해 직경이 큰 것, 특히 정면 절삭에 사용하는 정면 선반, 여러 곳의 가공에서 하나하나 바이트를 교체하는 수고를 없앤 터릿 선반, 소형 가공용으로 정밀한 것에 사용하는 탁상 선반, 특수가공을 능률적으로 하는 선반, 예를 들면 모방 선반, 다축 선반 등의 특수 선반, 재료의 이송, 가공위치의 고정이나 바이트의 움직임 등을 자동화한 자동 선반 등이 있다.

2. 드릴머신 작업

드릴머신은 6·47 그림에 나타냈듯이 주축에 드릴(송곳)을 장착해 회전시키고, 하강운동을 주어 공작물에 구멍뚫기 혹은 다듬질가공을 한다.

6·48 그림은 드릴머신에 의한 가공 예를 나타낸 것이다.

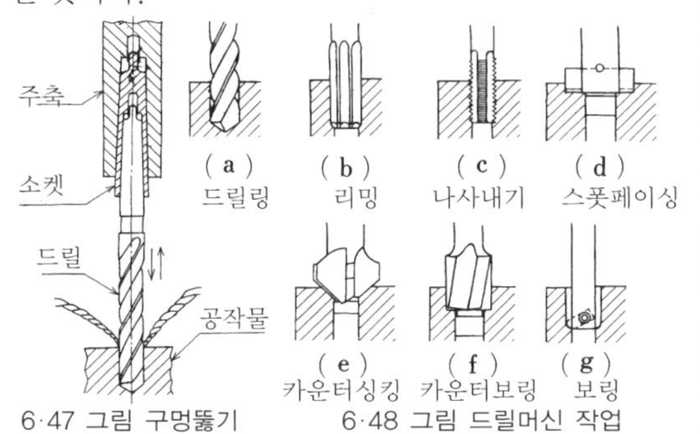

6·47 그림 구멍뚫기 6·48 그림 드릴머신 작업

일반적인 드릴머신으로서는 직립 드릴머신(6·49 그림), 축이 이동할 수 있는 대형 가공의 레이디얼 드릴머신(6·50 그림), 일련의 구멍뚫기 가공을 연속적으로 할 수 있게 한 병축 드릴머신(6·51 그림), 주축머리에 여러 개의 축을 설정해 한 번에 여러 개의 구멍뚫기를 하는 다축 드릴머신(6·52 그림) 등이 있다.

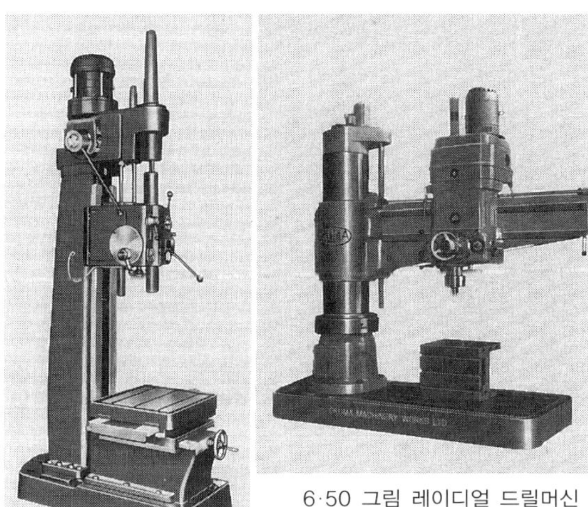

6·49 그림 직립 드릴머신

6·50 그림 레이디얼 드릴머신

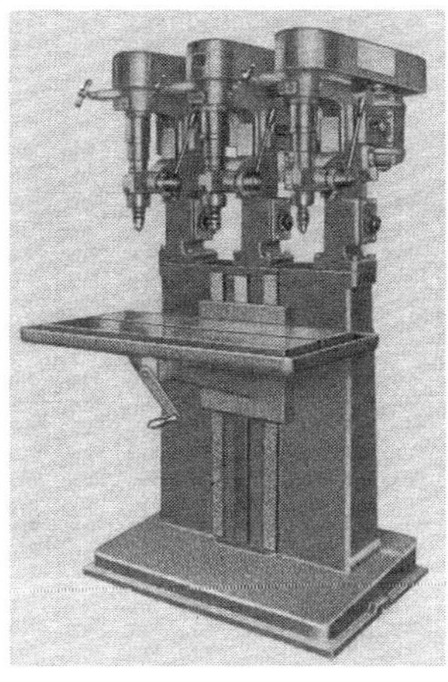

6·51 병축 드릴머신

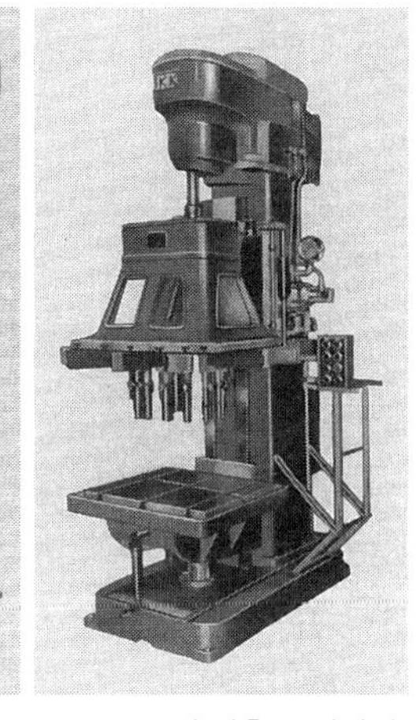

6·52 그림 다축 드릴머신

6·53 그림에 드릴 각부의 명칭을 나타냈다.

드릴(송곳)에는 여러 가지가 있는데, 일반적으로 널리 이용되는 것은 6·54 그림에 나타낸 트위스트 드릴로, 이것에는 스트레이트 섕크 드릴과 테이퍼 섕크 드릴이 있으며, 각각 JIS B 4301, 4302로 각 형상과 치수가 정해져 있다.

스트레이트 섕크는 척으로 물어 주축에 고정하고, 테이퍼 섕크는 테이퍼 소켓에 삽입해 주축에 고정한다.

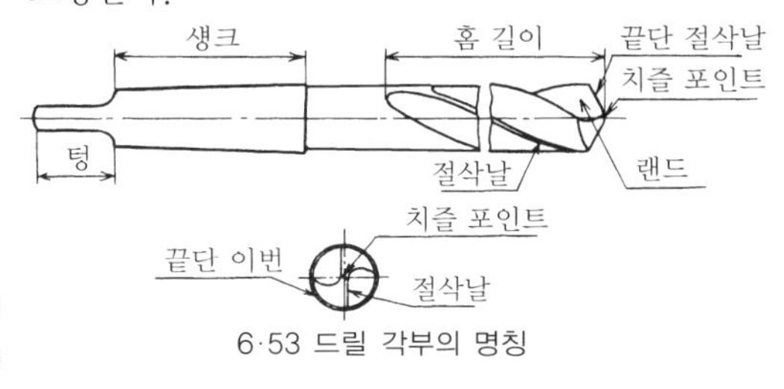

6·53 드릴 각부의 명칭

(a) 스트레이트 섕크

(b) 테이퍼 섕크

6·54 그림 트위스트 드릴

특수한 것으로서는 깊은 구멍뚫기용 오일홈 드릴 [6·55 그림 (a)], 센터 구멍용 센터홈 드릴 [6·55 그림 (b)], 알루미늄이나 동합금 등의 부드러운 재료에 구멍뚫기하는 직날홈 드릴 [6·55 그림 (b)] 등이 있다.

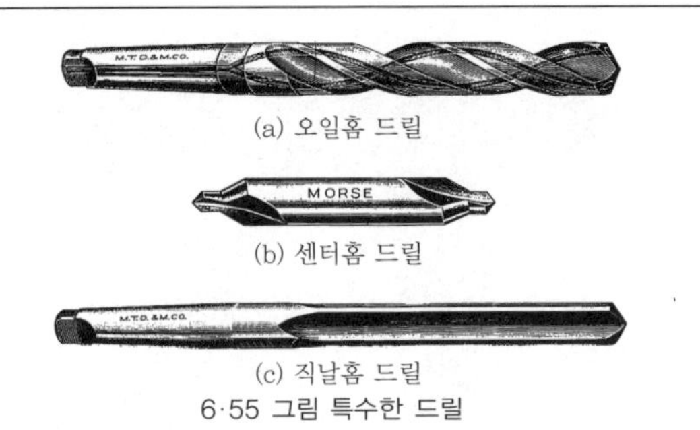

(a) 오일홈 드릴

(b) 센터홈 드릴

(c) 직날홈 드릴

6·55 그림 특수한 드릴

구멍 내면 다듬질은 리머(6·56 그림)을 이용해 한다. 리머도 JIS에 정해져 있으며, 평행과 테이퍼의 2종류가 있다.

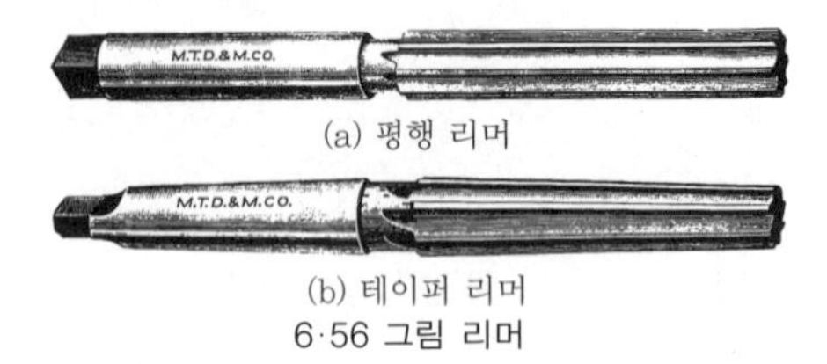

(a) 평행 리머

(b) 테이퍼 리머

6·56 그림 리머

3. 밀링

평면, 원주, 홈, 특수 곡면, 캠, 기어 등의 광범위에 걸친 가공을 밀링커터라고 불리는 날붙이를 사용해 능률적으로 하는 기계를 밀링머신이라고 한다. 일반적으로 사용되고 있는 것에는 6·57 그림과 같이 밀링커터가 수평한 축에 장착되어 회전, 공작물에 여러 가지 이송을 주어 가공하는 수

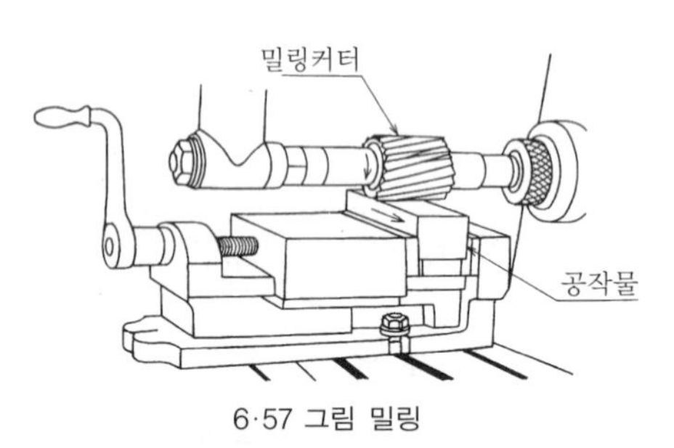

6·57 그림 밀링

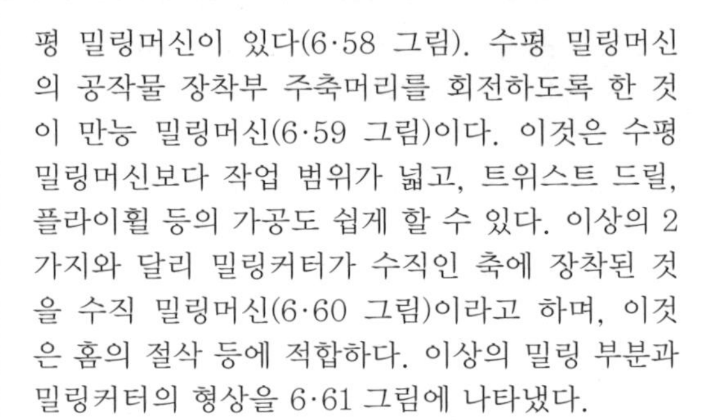

평 밀링머신이 있다(6·58 그림). 수평 밀링머신의 공작물 장착부 주축머리를 회전하도록 한 것이 만능 밀링머신(6·59 그림)이다. 이것은 수평 밀링머신보다 작업 범위가 넓고, 트위스트 드릴, 플라이휠 등의 가공도 쉽게 할 수 있다. 이상의 2가지와 달리 밀링커터가 수직인 축에 장착된 것을 수직 밀링머신(6·60 그림)이라고 하며, 이것은 홈의 절삭 등에 적합하다. 이상의 밀링 부분과 밀링커터의 형상을 6·61 그림에 나타냈다.

동 그림 (1)은 평면 밀링커터를 나타낸다. 진동을 적게 하기 위해 비틀림날로 되어 있다. 또한 날에는 보통 날과 거친 날의 2종류가 있고, 주로 평면 절삭에 이용한다.

동 그림 (2)의 측면 밀링커터는 측면 절삭에 널리 이용된다. 날에는 보통 날, 거친 날, 스태커드 투스의 3종류가 있다. 또한 동 그림 (2)의 (c)는 측면 밀링커터를 조합해 일종의 성형 밀링커터로 만든 것으로, 조합 밀링커터라고 부른다.

동 그림 (3)은 정면 밀링커터를 나타낸다. 주로 넓은 평면을 절삭하는데 사용하고, 큰 지름의 것은 심은날이 이용된다.

동 그림 (4)는 메탈 톱을 나타낸다. 보통 날과 거친 날의 2종류가 있으며, 주로 깊게 절단할 때에 이용한다.

동 그림 (5)는 곡선 밀링커터를 나타낸다. 이것은 어느 것이나 날의 면을 반경 방향으로 갈아 연삭에 의해 변형하지 않게 되어 있다.

동 그림 (6)은 각날 밀링커터로, 그림과 같이 편각, 부등각, 등각의 3종류가 있다.

동 그림 (7)은 바닥날 밀링커터로, 주로 끝단면 및 홈 등의 절삭에 이용한다.

또한 동 그림 (8)은 T홈 밀링커터, (9)는 키 홈 밀링커터를 각각 나타낸 것이다.

6·58 그림 수평 밀링머신

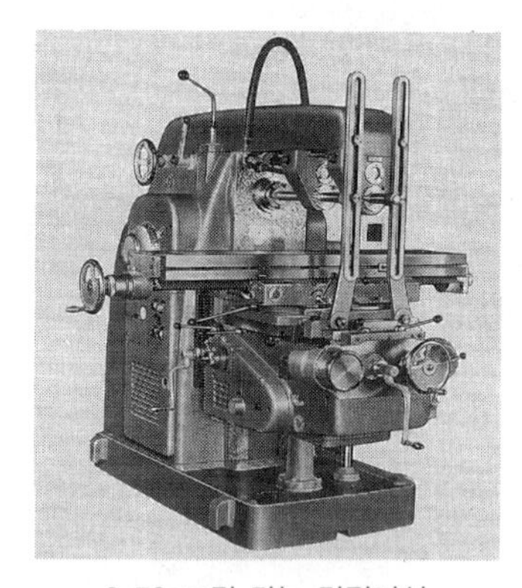

6·59 그림 만능 밀링머신

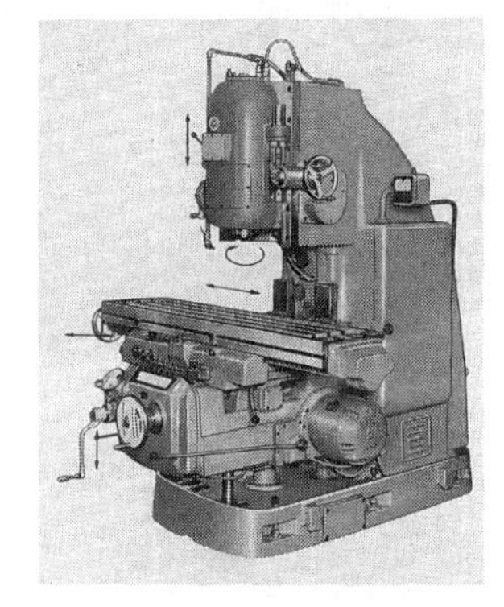

6·60 그림 수직 밀링머신

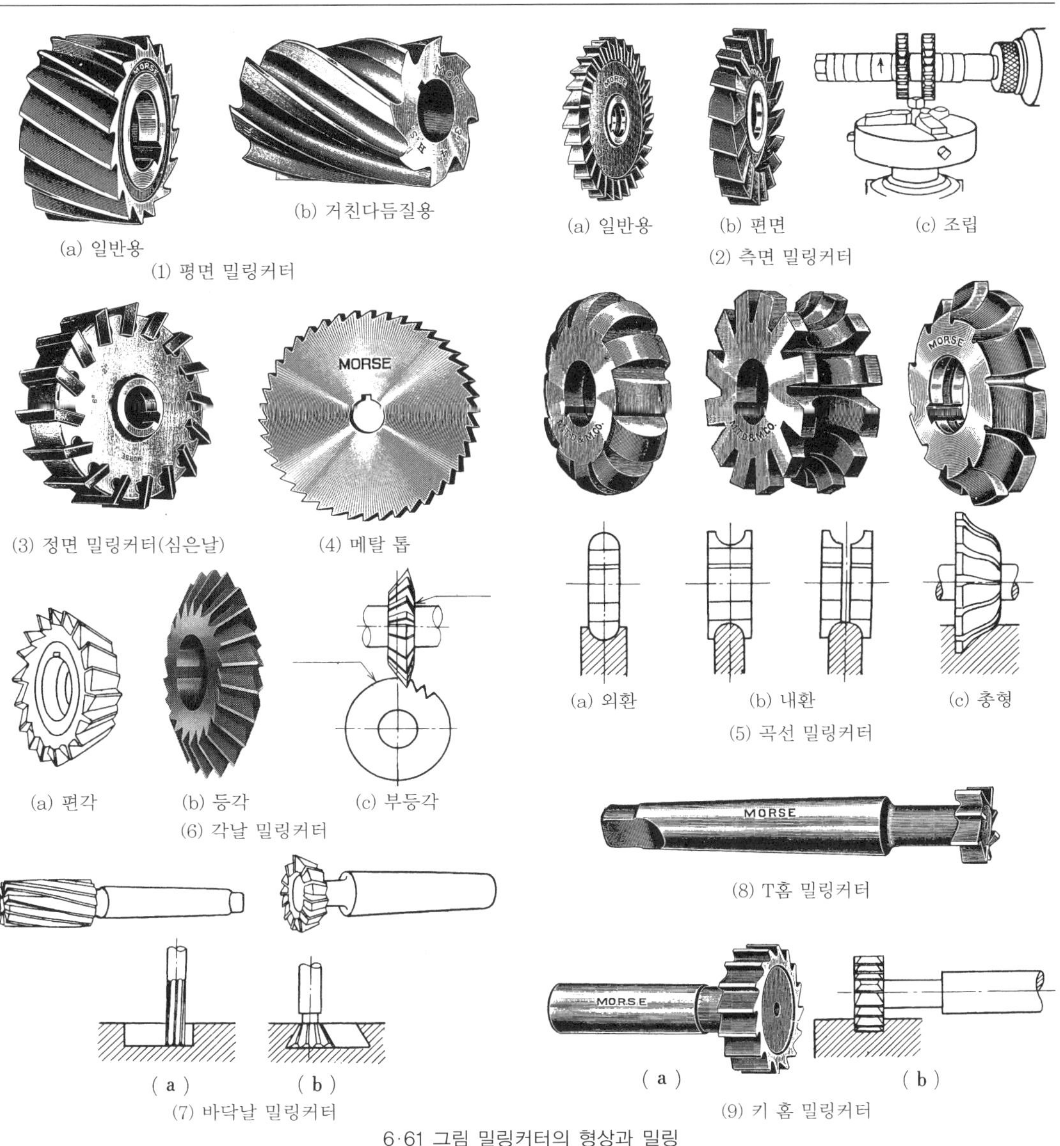

6·61 그림 밀링커터의 형상과 밀링

4. 평면 절삭 작업

평면 절삭은 앞에서 말한 밀링머신으로도 할 수 있지만, 보다 능률적으로 작업을 하기 위해 형삭기, 입삭기, 평삭기 등이 이용된다. 형삭기는 바이트가 전후로 왕복운동을 하고, 이송장치로서는 주로 베드의 수평 이송을 사용한다. 6·62 그림은 형삭기 작업 예를 나타낸 것으로, 비교적 소형의 가공용에 적합하다. 입삭기는 형삭기의 램 부분(바이트 장착부)가 상하운동을 하는 기구로, 테이블의 이송장치는 전후좌우 외에 회전 이송도 가능하고 또한 램을 경사시키거나 이것에 전후좌우 이송도 할 수 있게 되어 된 것도 있어 각구멍이나 내면 각종 홈 절삭에 적합하다.

평삭기는 외팔 보형과 양틀형(문형)이 있는데, 외팔 보형은 양틀형에 비해 재료의 장착이나 크기가 상당히 자유롭다.

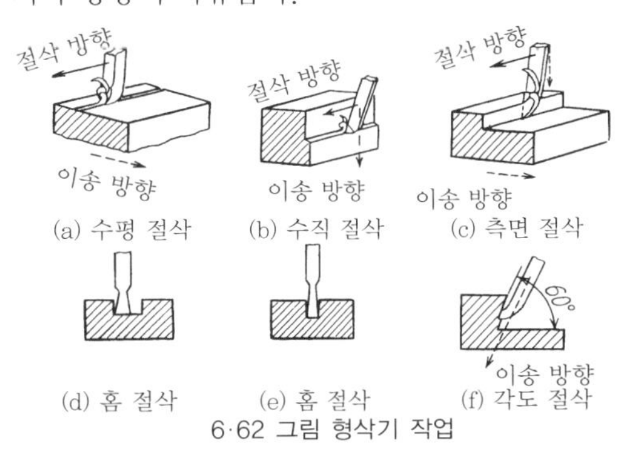

6·62 그림 형삭기 작업

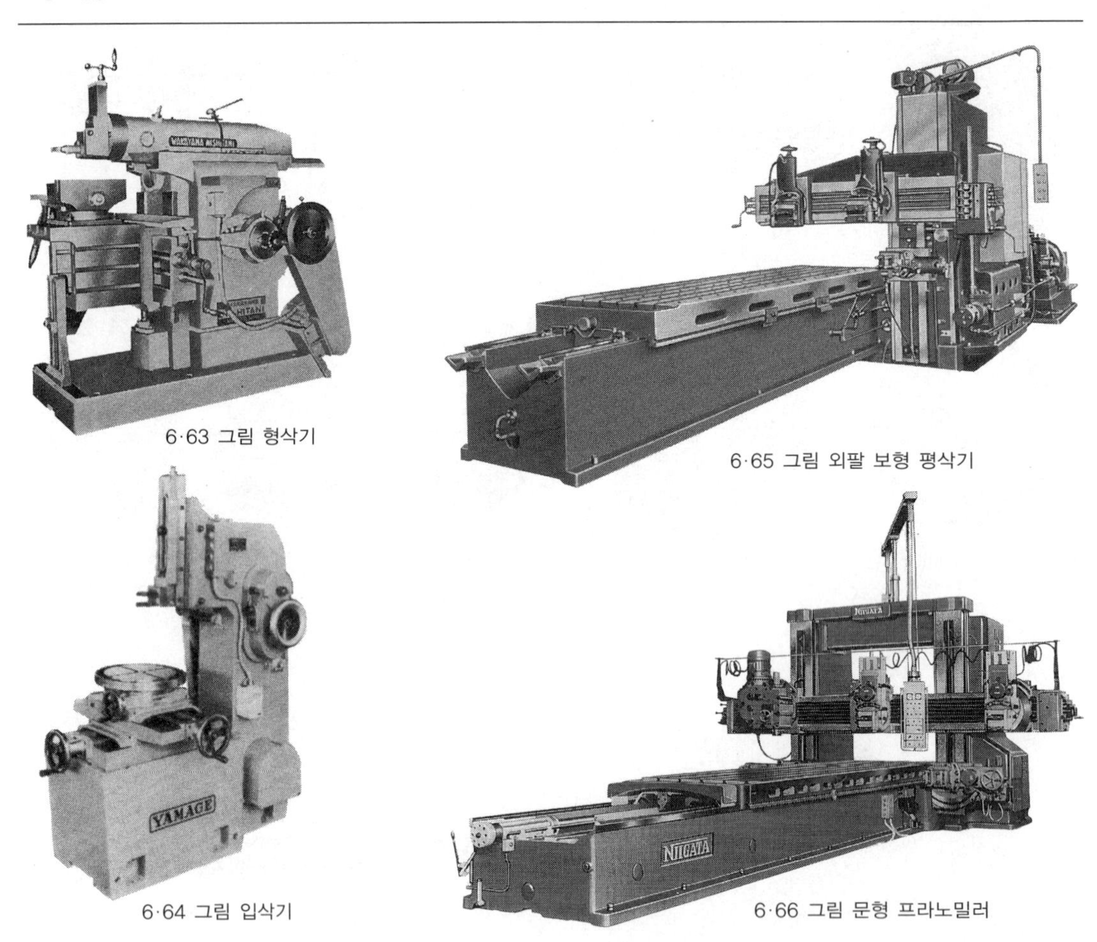

6·63 그림 형삭기

6·65 그림 외팔 보형 평삭기

6·64 그림 입삭기

6·66 그림 문형 프라노밀러

평삭기는 공작물 장착대가 왕복운동을 하므로 대형 가공에 사용되고, 이송장치로서는 바이트의 수평 이송을 사용한다.

6·63~그림 6·65 그림은 각각 형삭기, 입삭기, 평삭기를 나타낸 것이다.

또한 평삭기에 밀링커터 헤드를 장착한 것을 프라노밀러라고 하며, 평삭가공, 밀링, 드릴링, 탭핑 등 다양한 가공을 1대의 기계로 할 수 있게 되어 있다. 6·66 그림에 프라노밀러를 나타냈다.

5. 보링가공

드릴 및 관통에 의해 뚫은 구멍은 반드시 소정의 치수, 정도를 가지고 있지는 않다. 이와 같은 구멍을 키워서 소정의 치수로 가공하는 것을 보링이라고 하며, 이 작업에 이용하는 기계를 보링머신이라고 한다. 보링머신의 주된 목적은 구멍의 중심위치와 치수를 정확하게 다듬질하는 것에 있다.보링머신은 보링을 주체로 한 기계인데, 그 외에 드릴링, 밀링, 리머 관통, 바깥 둘레 절삭 등도 할 수 있다.

(a)
(b)
(c)
(d)

6·67 그림 보링 바

보링머신은 6·67 그림에 나타낸 보링 바에 바이트를 장착, 공작물을 회전시키지 않고 보링 바를 회전시켜 공작물에 이송운동을 주던가, 혹은 공작물은 완전히 고정하고 보링 바에만 회전운동 및 이송운동을 주게 되어 있다. 따라서 회전시키는 것이 곤란한 형상의 공작물이나 대형 공작물 등의 절삭에 이용된다.

보링머신은 그 구조와 성능 상 다음과 같이 크게 나뉜다. ① 수평 보링머신(테이블형, 바닥형, 플레이너형), ② 수직형 보링머신, ③ 정밀 보링머신(수직형, 수평형), ④ 지그보링머신(문형, 칼럼형). 6·68 그림은 수평 보링머신을 나타낸 것이다. 또한 6·69 그림은 문형 지그보링머신을 나타낸 것이다.

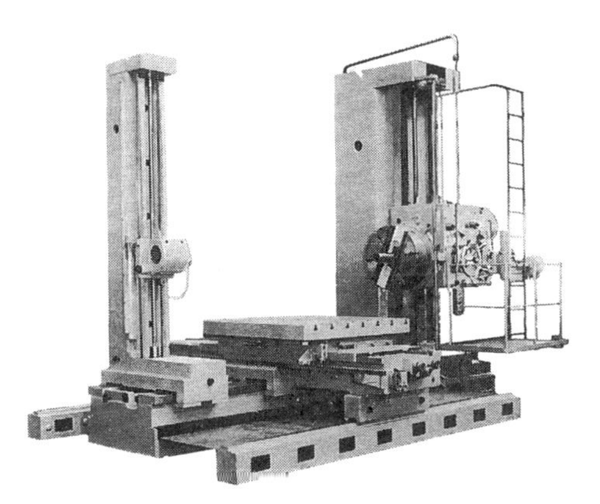

6·68 그림 수평 보링머신

6·69 그림 문형 지그보링머신

6. 연삭가공

연삭가공이란 고속 회전을 하고 있는 연삭 숫돌 표면의 숫돌입자에 의해 공작물을 약간씩 절삭해 가는 가공법으로, 이 가공에 이용되는 기계를 연삭머신이라고 한다.

숫돌입자는 매우 단단한 광물질의 것이기 때문에 보통의 금속은 물론, 담금질강이나 초경합금 등 보통의 절삭 작업으로는 가공이 곤란한 것의 가공도 가능하다. 또한 숫돌입자는 미세하고 무른 유리질의 본드로 결합되어 있으므로 절삭 면적이 작고, 따라서 연삭면이 절삭공구에 의한 절삭면에 비해 훨씬 양호하고 치수 정도도 좋다. 6·70 그림에 숫돌에 의한 절삭의 상태를 나타냈다.

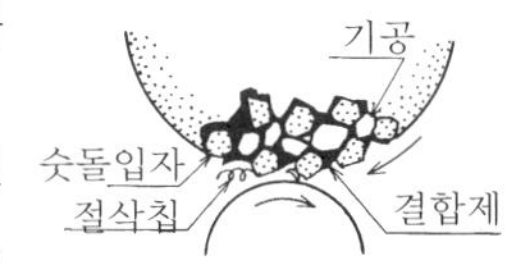

6·70 그림 숫돌에 의한 절삭 상태

연삭머신에는 원통연삭머신, 내면연삭머신, 평면연삭머신, 만능연삭머신, 무심원통연삭머신, 무심내면연삭머신, 그 외에 매우 많은 종류가 있다. 이들 연삭머신은 모두 숫돌을 고속 회전시켜 재료를 정밀 가공하므로 진동 등을 방지하기 위해 구조나 구동 방식에 충분한 주의를 기울이며, 구조는 튼튼하고 구동은 이음매 없는 벨트 전동이나 유압 운전에 의해 이루어진다. 6·71 그림 및 6·72 그림은 원통연삭머신 및 평면연삭머신을 나타낸 것이다. 또한 6·73 그림~6·78 그림은 각종 연삭가공의 예를 나타낸 것이다.

6·71 그림 원통연삭머신

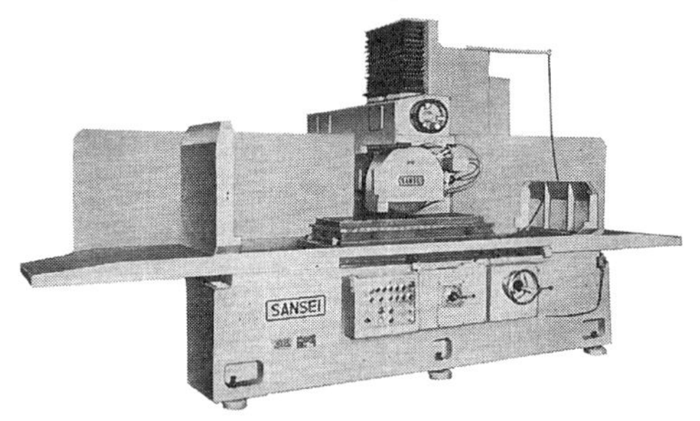

6·72 그림 평면연삭머신

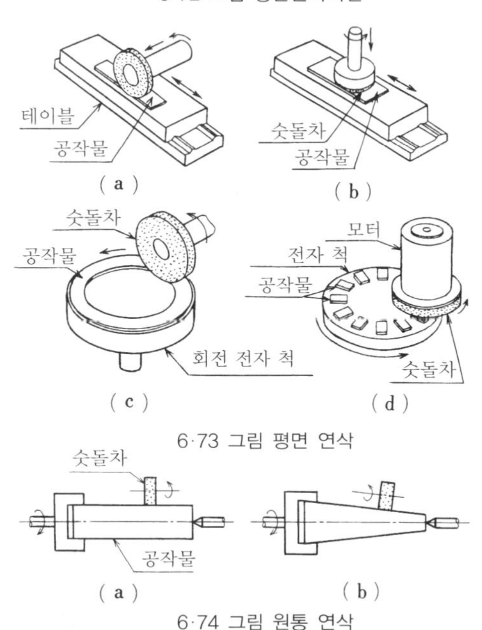

6·73 그림 평면 연삭

6·74 그림 원통 연삭

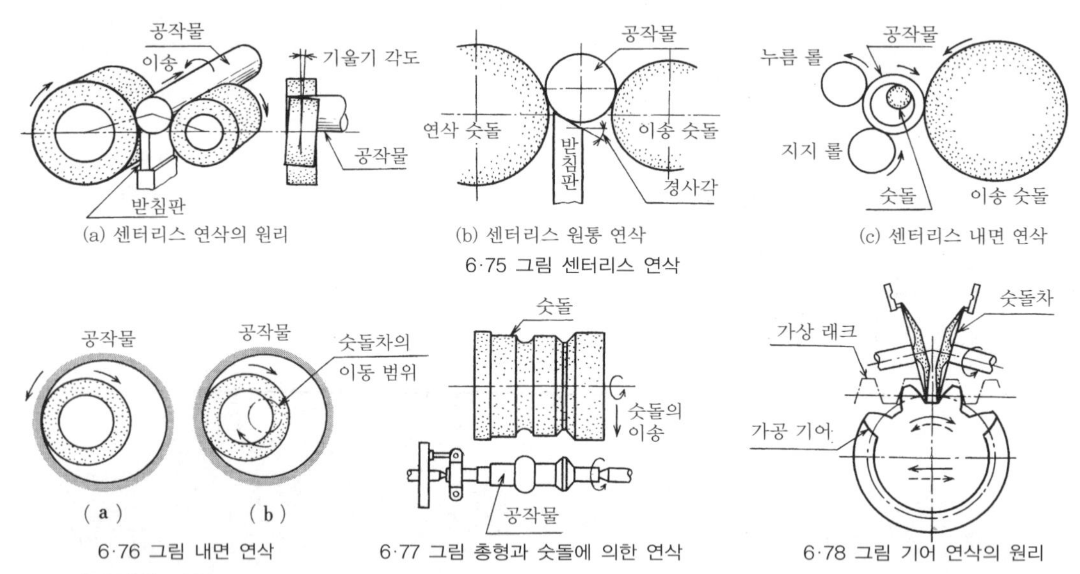

(a) 센터리스 연삭의 원리 (b) 센터리스 원통 연삭 (c) 센터리스 내면 연삭

6·75 그림 센터리스 연삭

(a) (b)

6·76 그림 내면 연삭

6·77 그림 총형과 숫돌에 의한 연삭

6·78 그림 기어 연삭의 원리

7. 기어절삭 가공

기어의 절삭법에는 크게 나누어 창성 기어절삭법과 성형 기어절삭법의 2가지 방법이 있다.

창성 기어절삭법이란 인벌류트 곡선의 원리를 이용해 래크 모양 혹은 피니언 모양의 커터(혹은 호브)로 공구와 소재의 관계운동에 의해 인벌류트 치형을 새기는 것으로, 이것에 이용하는 공구는 모듈 및 압력각이 동일하면 어떠한 이 수의 기어라도 정확하게 가공할 수 있다는 큰 특징을 가지고 있기 때문에 현재는 대부분의 기어가 창성 기어절삭법에 의해 가공되고 있다. 이것에 대해 성형 기어절삭법이란 기어의 이 홈에 동등한 윤곽의 절삭날을 가진 밀링커터(기어절삭 밀링커터라고 한다)에 의해 공구의 곡선을 그대로 치형으로 옮기는 방법으로, 이 방법은 하나의 밀링커터에 의해 기어절삭할 수 있는 기어의 이 수는 매우 한정되어 있으므로 최근에는 대부분 사용되고 있지 않다. 따라서 이하에서는 창성 기어절삭법에 대해서만 서술하기로 한다.

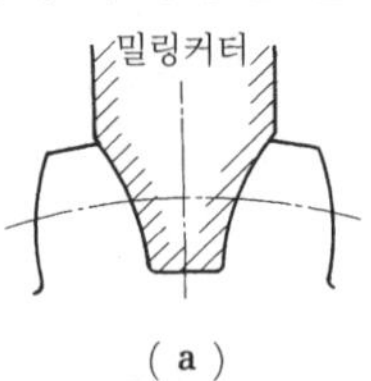

(a)

(b)

6·79 그림 밀링 커터에 의한 성형 기어절삭

창성 기어절삭법에 사용되는 기어절삭머신의 기구는 밀링머신이나 형삭기 등의 기구를 응용한 것 혹은 특수기구의 것이 있는데, 절삭용 날붙이로부터 구별하면 그 가공법은

① 6·80 그림과 같은 피니언 모양 날붙이(피니언 커터)에 의한 것.

② 6·81 그림과 같은 래크 모양 날붙이(래크 커터)에 의한 것.

③ 6·82 그림과 같은 나사 모양 호브라고 불리는 날붙이에 의한 것.

으로 크게 나눌 수 있다.

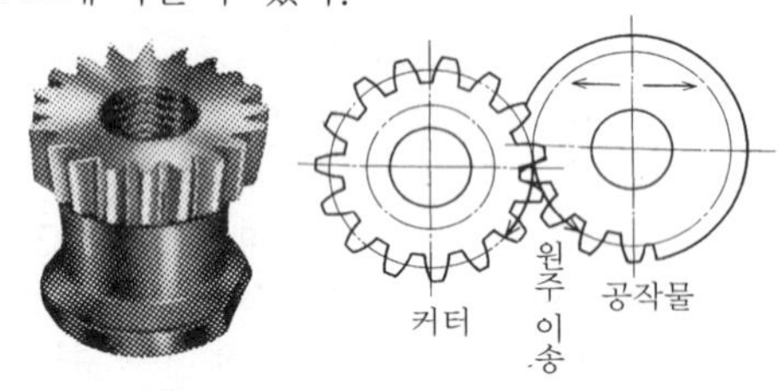

6·80 그림 피니언 커터와 가공법

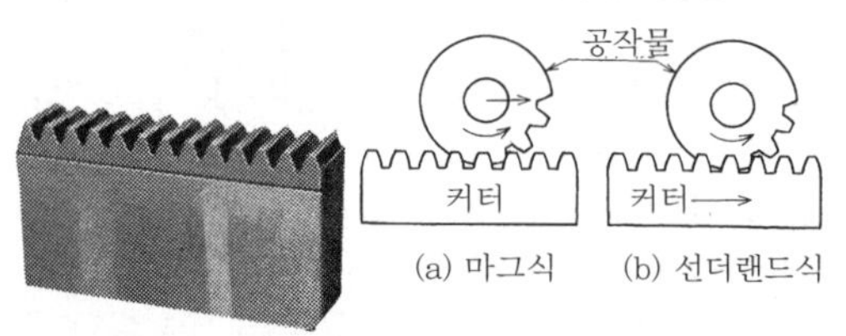

6·81 그림 래크 커터와 가공법

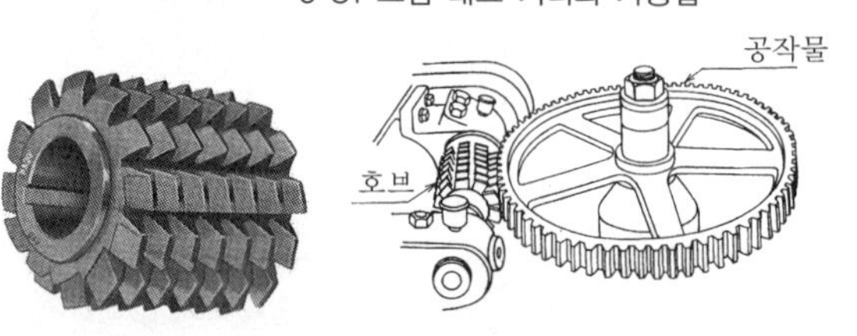

6·82 그림 호브와 가공법

6·83 그림은 기어형삭기를 나타낸다. 이것은 피니언 커터 혹은 래크 커터를 이용해 한쌍의 기어가 맞물리는 것과 동일한 원리에 의해 커터와 소재가 모두 정확한 회전을 하면서 커터의 상하 왕복운동에 의해 치형을 창성하는 것이다. 절삭할 수 있는 기어는 외접의 평, 헬리컬 기어, 내접의 평, 헬리컬 기어 및 래크 등으로 그 가공 범위는 상당히 넓다. 또한 6·84 그림은 호빙머신을 나타낸다. 이것은 기준 래크의 형상을 준 나사 모양의 호브를 회전시키고, 기어 소재도 동일하게 이송을 주면서 절삭을 하는 것이다.

이외에 스파이럴 베벨기어, 하이포이드 기어쌍 등에는 각각의 전용 기어절삭반이 사용된다.

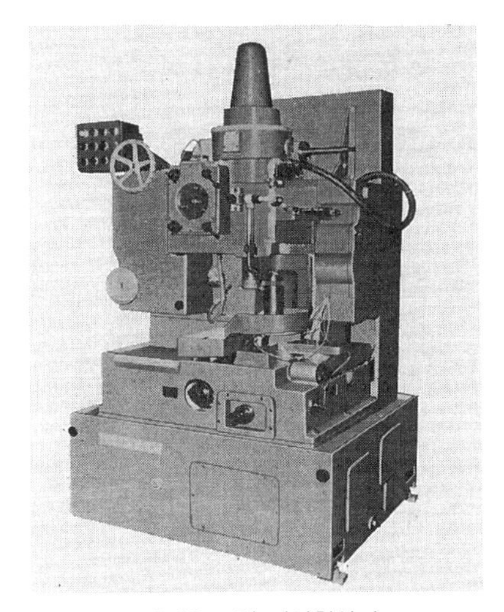

6·83 그림 기어형삭기

6·84 그림 호빙머신

8. 브로치 가공

보통 브로칭이라고 하는 가공이다. 공작물에 미리 뚫어 놓은 둥근 구멍에 브로치라고 부르는 특수한 날붙이를 통과시켜 6·85 그림에 나타낸 여러 가지 형상의 구멍을 얻은 공법이다.

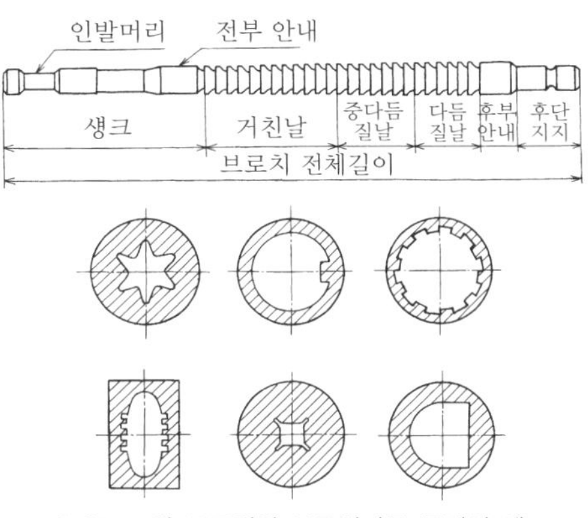

6·85 그림 브로치와 브로치가공 구멍의 예

6·86 그림 수직형 다축 브로치머신에 의한 가공

이 가공을 하는 기계를 브로치머신이라고 하는데, 수직형과 수평형이 있으며 또한 브로치를 빼낼 때에 공작물을 절삭하는 인발형과 압입할 때에 절삭하는 압출형이 있다. 6·86 그림은 수직형 다축 브로치머신을 나타낸다.

9. 랩, 호닝, 초다듬질

정확하고 정밀한 다듬질면을 얻기 위해서는 랩, 호닝 및 초다듬질(슈퍼 피니싱)의 정밀 공작법에 의존한다.

(1) 랩 다듬질 이것은 6·87 그림과 같이 랩제와 랩을 이용해 공작물의 연마맞춤을 해, 연삭 다듬질보다 정도가 높은 다듬질면을 얻는 것이다. 이 작업은 손으로 다듬질하기도 하지만, 대량 생산의 경우에는 6·88 그림에 나타낸 랩머신을 이용해 이루어진다.

(2) 호닝 가공 이것은 보링 또는 연삭한 구멍의 내면에 높은 정도의 다듬질면을 필요로 하는 경우에 한다. 6·89 그림과 같이 3~6개의 연삭

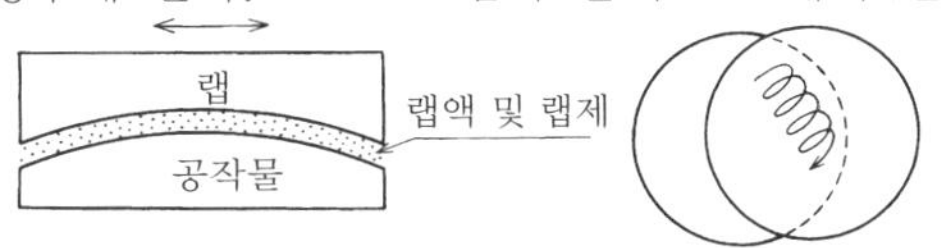

6·87 그림 랩가공

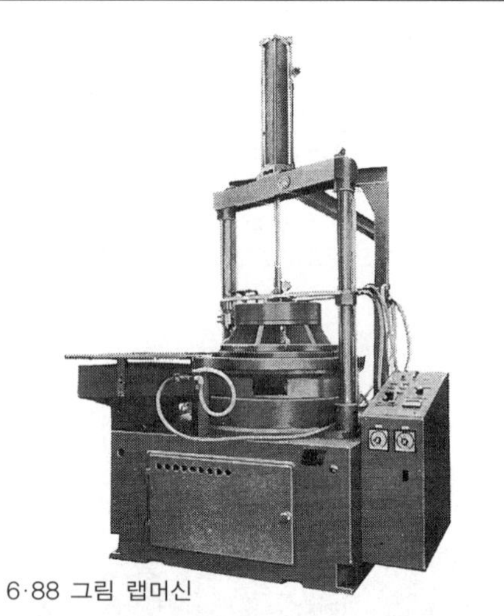
6·88 그림 랩머신

숫돌을 조립해 각 숫돌을 스프링으로 가공면에 밀어 붙여 회전과 왕복운동을 주어 가공면을 연마한다. 6·90 그림은 이 작업을 다량 생산하는 호닝머신을 나타낸 것이다. 또한 호닝의 다듬질여유를 6·17 표에 나타냈다.

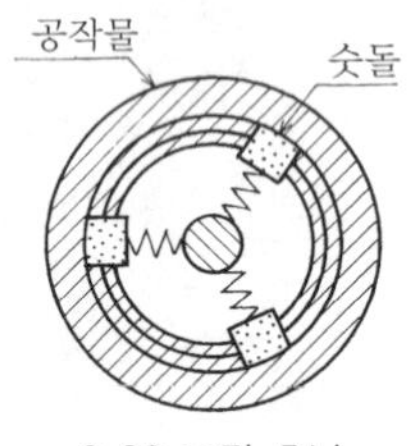

6·89 그림 호닝

(3) **슈퍼피니싱** 이것은 매끄럽고 매우 정도가 높은 다듬질면을 필요로 하는 경우에 한다. 6·91 그림과 같이 9mm 이하의 매우 짧은 숫돌을 1분에 200~500회 정도 회전시키면서 진행시키고, 동시에 가공품에 진동을 주어 숫돌과 가공품 사이의 물결 모양 연마맞춤에 의해 다듬질면을 얻는 것으로, 10 수초 사이에 다듬질된다. 6·92 그림은 슈퍼피니싱 머신을 나타낸 것이다.

6·17 표 호닝 다듬질여유 (단위 mm)

공작물의 내경	강	주철
25~150	0.008~0.04	0.02~0.1
150~300	0.04~0.05	0.1~0.17
300~500	0.05~0.06	0.17~0.2

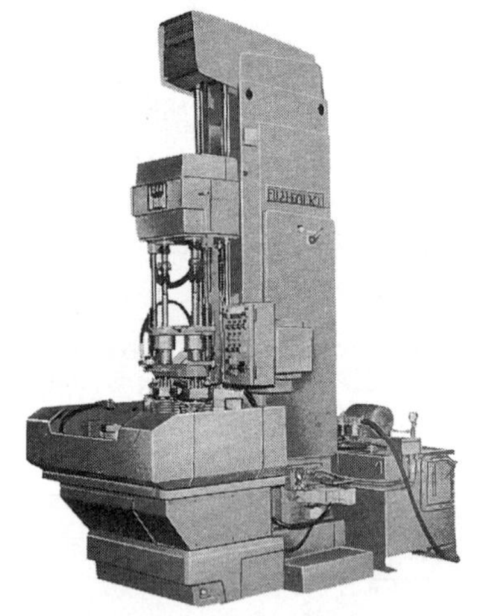
6·90 그림 호닝머신

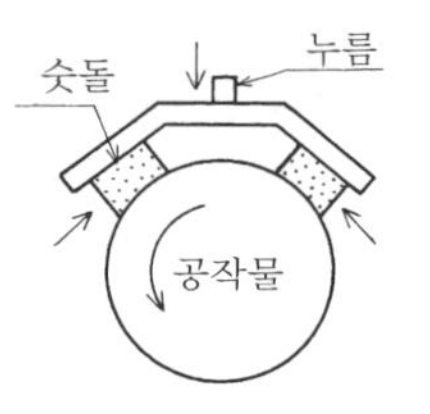

6·91 그림 슈퍼피니싱

6·92 그림 전용 슈퍼피니싱 머신

10. 방전가공

방전가공법은 공작물과 전극 사이에 방전을 일으켜, 이 방전 작용에 의해 공작물의 표면가공, 구멍뚫기, 절단 등을 하는 가공법이다. 이 가공법은 초경합금과 같은 매우 단단한 금속이나 비금속이라도 쉽게 가공할 수 있는 특징을 가지고 있다. 또한 가공할 때에 기계적인 외력이 가해지지 않으므로 공작물이 변형될 위험이 없다. 그러나 반면 다듬질면이 경면이 되지 않고, 치수 정도가

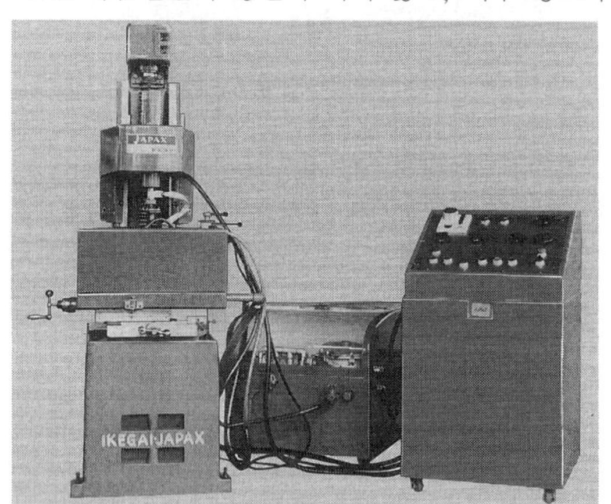

6·93 그림 방전가공기

다소 낮은 단점이 있다. 6·93 그림에 방전가공장치의 한 예를 나타냈다.

11. 나사의 전조

작은나사나 볼트 등의 나사(수나사)는 일반적으로 나사 전조에 의해 만들어져 있다. 이것은 6·94 그림에 나타냈듯이 외주가 나사 모양인 2개 다이스 사이에 나사 소재를 끼우고, 다이스에 압력을 가하면서 소재를 회전시켜 나사산을 붙인다. 이와 같이 해서 만들어진 나사를 전조나사라고 한다. 전조나사는 절삭나사에 비해 소성변형을 받고 있기 때문에 강도가 크고 정도도 높으며, 더구나 제작이 매우 고능률이므로 널리 이용되고 있다. 또한 로울러 외에 평다이스도 사용되고 있다.

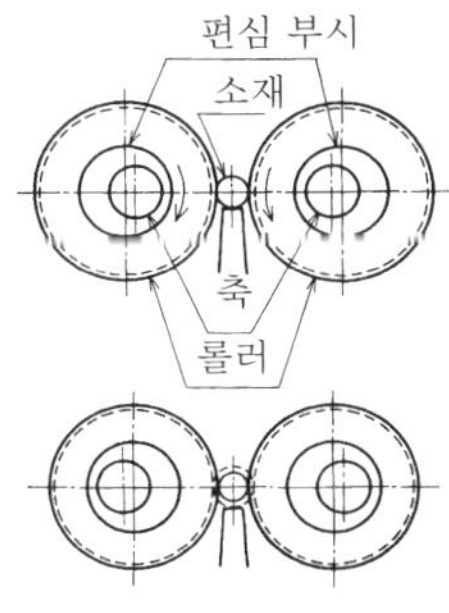

6·94 그림 나사의 전조

6·7 수치제어 공작기계

1. 수치제어에 대해서

수치제어란 수치 데이터를 주어 동작을 제어하는 것인데, 공작기계에서는 주로 천공 테이프(천공기에 의해 수치를 부호화해 얻은 지령 테이프)의 지령에 의해 공작기계를 조작하는 자동 제어 방식의 일종으로, 보통 NC(Numerical Control의 약자)라고 부른다. 그 후 테이프를 사용하지 않고 컴퓨터 내장에 의해 직접 수치를 입력해 제어하는 CNC(단순히 NC라고도 불린다)로 변했다.

2. 수치제어 공작기계

수치제어 공작기계(NC 공작기계)는 원리적으로는 보통의 공작기계 이송 구동기구를 개량, 이것과 NC 장치를 조합한 것으로 생각해도 된다. 그러나 최근에는 머시닝센터라고 하는 NC 가공용으로 새롭게 설계된 공작기계가 만들어져 있다.

3. 수치제어계

수치제어계는 6·95 그림에 나타냈듯이 도면을 기초로 지령 테이프로 주어진 정보를 지령 펄스 열로 변환하는 정보처리 회로와 지령 펄스 열에 따라 동작하는 서보기구로 구성되어 있다. 이 서보기구의 출력단자는 공작기계의 테이블이나 새들, 공구 위치를 구동하도록 연결되어 있다.

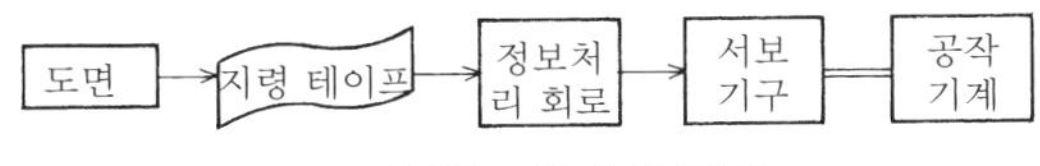

6·95 그림 수지제어계

NC 공작기계는 제어 기능 상 다음의 세 가지로 크게 나뉜다.

① 위치결정 제어
② 위치결정 직선 절삭 제어
③ 연속 윤곽 제어

(1) 위치결정 제어 위치결정 제어는 드릴가공을 하는 볼머신이나 보링가공을 하는 보링머신 작업 등에 이용되고, 공작물에 대한 절삭공구의 좌표 상 위치 또는 이동량을 제어하는 것으로, 공구가 어떤 점에서 다음 점으로 움직이고 있을 때는 가공은 이루어지지 않는다.

(2) 위치결정 직선 절삭 제어 위치결정 제어에 직선 절삭 제어를 조합한 것으로, 예를 들면 위치결정 제어의 공작기계에 직선 절삭에 의한 밀링 능력을 부가한 것이다. 이것은 제어를 일시에 1축에 대해서만 하고, 또한 지정한 이송 속도로 공구를 이동시킬 수 있다.

(3) 연속 윤곽 제어 공구가 이동하는 통로를 연속적으로 제어하는 것이다. 예를 들면 밀링머신에 의한 캠, 금형 등의 가공에 이용된다. 따라서 그 통로는 직선뿐만 아니라 복잡한 곡선의 경우도 많다. 이 때는 위치결정 제어의 경우와 달리 공구 통로를 지정하는 지령 테이프의 작성이 복잡해지므로 아무래도 전자계산기를 이용해야 한다.

4. 수치제어 공작기계의 종류 및 제어축

수치제어(NC) 공작기계에는 NC 선반, NC 볼머신, NC 밀링머신 등 여러 가지 것이 있다. 6·96 그림은 각종 NC 공작기계의 모형과 제어축에 대해 나타낸 것이다. 또한 6·97 그림은 NC 선반의 외관 예를 나타낸다.

이외에 최근 매우 발달한 것에 머시닝센터(6·98 그림)이라고 불리는 수치제어 공작기계가 있다. 이것은 여러 개의 공구를 자동적으로 확실하게 교환할 수 있는 자동 공구 교환 기능을 갖춘 다축 제어가 가능한 고도의 수치제어 공작기계로, 밀링, 드릴가공, 보링가공, 리머가공, 태핑 등의 가공을 필요로 하는 부품을 1대의 기계로 자동적으로 확실하게 가공하는 것이다. 6·99 그림에 머시닝센터의 제어 동작 모델을 나타냈다.

5. 지령 테이프

지령 테이프는 폭 1인치의 종이테이프로 8채널(8구멍)의 것이다. 지령 테이프에는 공작기계 각 축의 변위량뿐만 아니라 시퀀스 번호, 이송 속도, 주축 회전수, 공구의 지정, 기타가 코드화되어 기억된다.

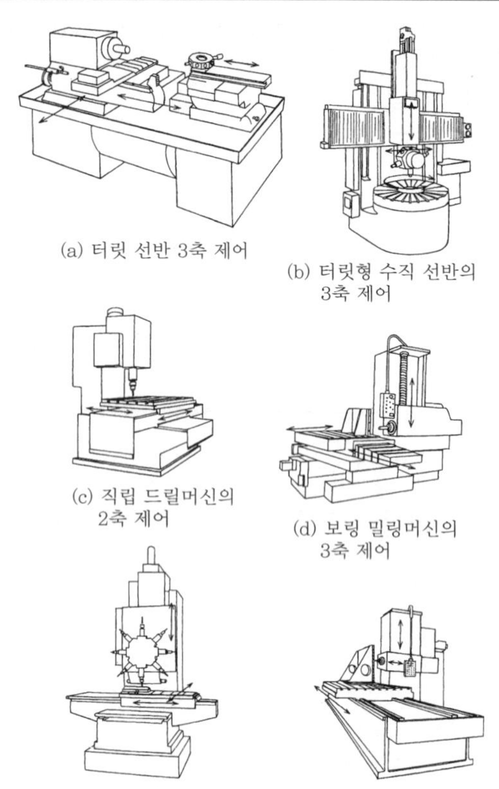

(a) 터릿 선반 3축 제어

(b) 터릿형 수직 선반의 3축 제어

(c) 직립 드릴머신의 2축 제어

(d) 보링 밀링머신의 3축 제어

(e) 터릿형 드릴머신의 3축 제어

(f) 수평 밀링머신의 3축 제어

6·96 그림 NC 공작기계의 제어계

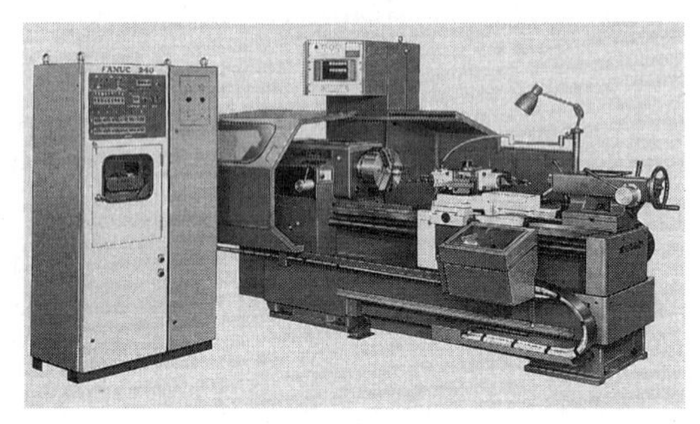

6·97 그림 NC 선반

코드화에는 EIA(미국전기협회)와 ISO(국제표준화기구)의 규격이 있으며, 당초에는 EIA 코드

6·98 그림 머시닝센터

가 많이 이용되고 있었는데 그 후 ISO 코드로 바뀌었다.

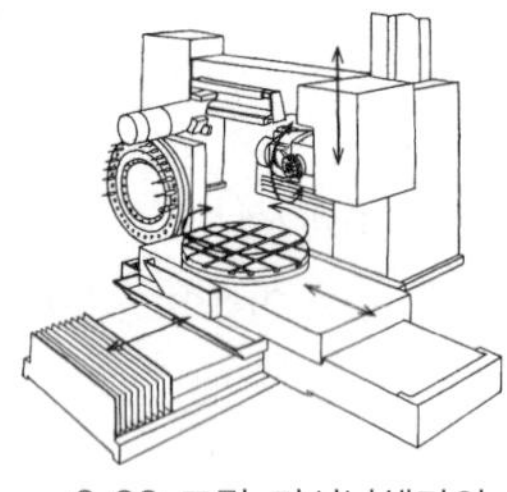

6·99 그림 머시닝센터의 5축 제어

지령 테이프 상에 NC 기계 정보를 천공하는 형식을 테이프 포맷이라고 하며, 지령 테이프에는 다음의 순서로 단어가 들어가 1블록을 구성한다.

① 시퀀스 번호 (N) … 블록 최초의 단어로, 그 블록이 몇 번째의 것인지를 나타낸다.

② 준비 기능 (G 기능) … 그 블록에서 NC 장치의 어떤 기능의 준비를 지정한다. 예를 들면 나사 절삭, 제어축의 선택 등.

③ 수치어 … 공작기계 각 축의 변위량을 지정하는 수치.

④ 이송 속도 (F 기능) … 공작물에 대한 공구의 상응 이송 속도를 지정한다.

⑤ 주축 회전수 (S 기능) … 주축의 회전수를 지정한다.

⑥ 공구 선택 기능 (T 기능) … 공구 교환에서 공구를 지정한다.

⑦ 보조 기능 (M 기능) … 블록의 마지막에

6·101 그림 기계의 좌표축과 운동의 기호 예

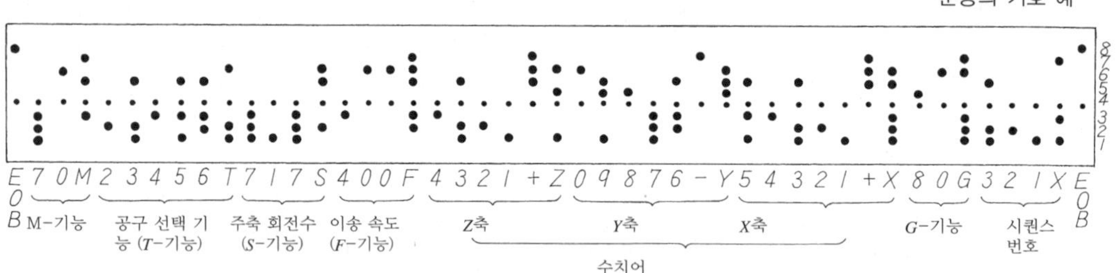

6·100 그림 지령 테이프

오는 단어로, 기계의 각종 보조 기능, 예를 들면 절삭유의 온·오프나 주축 회전의 온·오프 등을 지정한다. 6·100 그림에 지령 테이프의 한 예를 나타냈다. 그림 중의 EOB는 End of Block 즉 1 블록의 끝을 의미한다. 6·101 그림은 NC 공작기계의 좌표축과 운동의 기호 예를 나타낸 것이다.

6·8 기계가공에 관한 주의사항

1. 절삭 다듬질여유

절삭 다듬질여유란 공작물을 소정의 형상, 치수 및 다듬질 면조도로 경제적으로 다듬질 절삭할 수 있게 그 전가공에서 공작물에 남겨 두는 여육의 치수로, JIS에서는 치수공차의 등급이 원칙적으로 IT8(16장 16·2 표 참조) 이상인 최종 절삭 다듬질여유에 대해, 6·18 표에 나타냈듯이 규정하고 있다.

2. 릴리프

(1) 날붙이의 릴리프 기계가공에서는 물품의 구석 부분은 다듬질하기 어려우므로 보통은 6·102 그림과 같이 구석에 릴리프를 만들어 절삭한다.

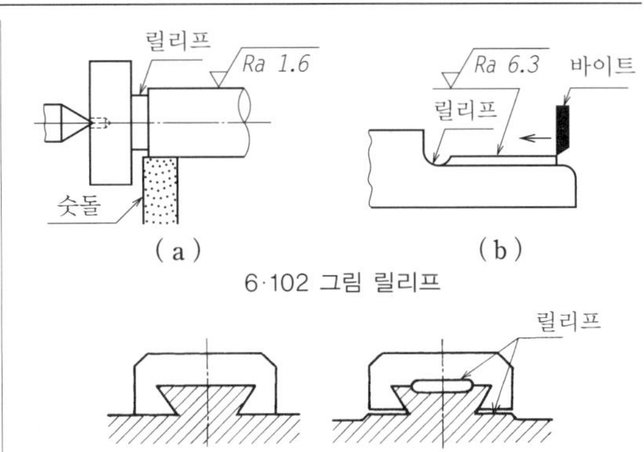

(a) (b)
6·102 그림 릴리프

(2) 공작물 맞춤면의 릴리프 6·103 그림에 나타냈듯이 2개의 부품을 조합하는 공작물에서는 그 접촉면을 동 그림 (a)와 같이 하면, 정확하게

릴리프
(a) 불량 (b) 양호
6·103 그림 끼워맞춤 부분의 릴리프

다듬질할 수 없으므로 일반적으로는 동 그림 (b)와 같은 릴리프를 만들어 다듬질한다.

3. 구멍뚫기

(1) 경사구멍 뚫는법 경사된 구멍은 6·104 그림의 (a)와 같이 뚫으면, 실제적으로는 매우 번거롭기 때문에 반드시 (b)와 같이 미리 모서리를 만들어 평면을 만들고, 여기서부터 뚫게 하면 된다.

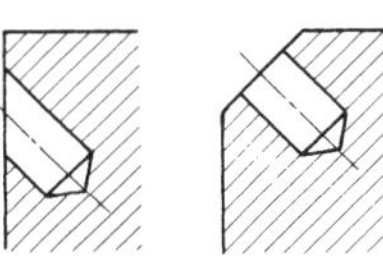
(a) 불량 (b) 양호
6·104 그림 경사구멍의 뚫는법

6·18 표 절삭 다듬질여유 (JIS B 0712) KS B 0433

가공 방법	다듬질여유 (mm)	다듬질여유에 영향을 미치는 사항
선삭	0.1 ~ 0.5 (직경에 대해)	① 끝단면 및 내면 절삭에서는 다듬질여유를 작게 한다. ② 다듬질에 헤일 바이트를 사용하는 경우, 특히 0.05~0.15mm로 한다. ③ 다듬질에 다이아몬드 바이트를 사용하는 경우는 특히 0.05~0.2mm로 한다.
보링	0.05 ~ 0.4 (직경에 대해)	① 보링 바가 외팔 보인 경우는 절삭저항에 의해 휘는 경우가 있으므로 다듬질여유는 작게 한다. ② 양 끝단 지지의 경우는 ①의 경우보다 크게 할 수 있다. ③ 양날을 사용하는 경우에는 0.1~0.15mm로 한다.
밀링	0.1 ~ 0.3	① 다듬질에 엔드밀을 사용하는 경우는 0.05mm로 하는 경우도 있다. ② 상향 절삭의 경우는 절삭 시작 시에 절삭날이 위쪽으로 미끄러져 소정의 절입을 얻을 수 없는 경우가 있으므로 주의를 필요로 한다. ③ 정면 밀링커터 절삭의 경우는 다듬질여유를 크게 한다.
평삭	0.2 ~ 0.5	다듬질에 평검 바이트를 사용하는 경우는 특히 0.03~0.1mm로 한다.
형삭	0.1 ~ 0.25	다듬질에 평검 바이트를 사용하는 경우는 특히 0.03~0.05mm로 한다.
입삭	0.1 ~ 0.2	다듬질에 평검 바이트를 사용하는 경우는 특히 0.05~0.1mm로 한다.
리머 다듬질	다듬질 구멍 지름 (mm): 초과 / 이하 — 다듬질 여유 (직경에 대해) — / 10 — 0.1~0.5 10 / 20 — 0.2~0.7 20 / — — 0.2~1.0	① 양호한 다듬질면 및 정도를 얻기 위해서는 작은 다듬질여유로 절삭하는 것이 바람직하다. ② 주철 및 절삭칩 빠짐이 좋은 경금속인 경우의 다듬질여유는 강의 경우보다 크게 할 수 있다. ③ 다수의 홈 절삭이나 기초 리머에 의한 전가공을 실시함으로써 다듬질여유는 왼쪽 표의 수치의 약 1/2 정도로 할 수 있다. ④ 직경에 비해 길이가 큰 구멍의 경우는 다듬질여유는 크게 잡는다.

6·19 표 각종 가공법에 의해 얻은 조도의 범위

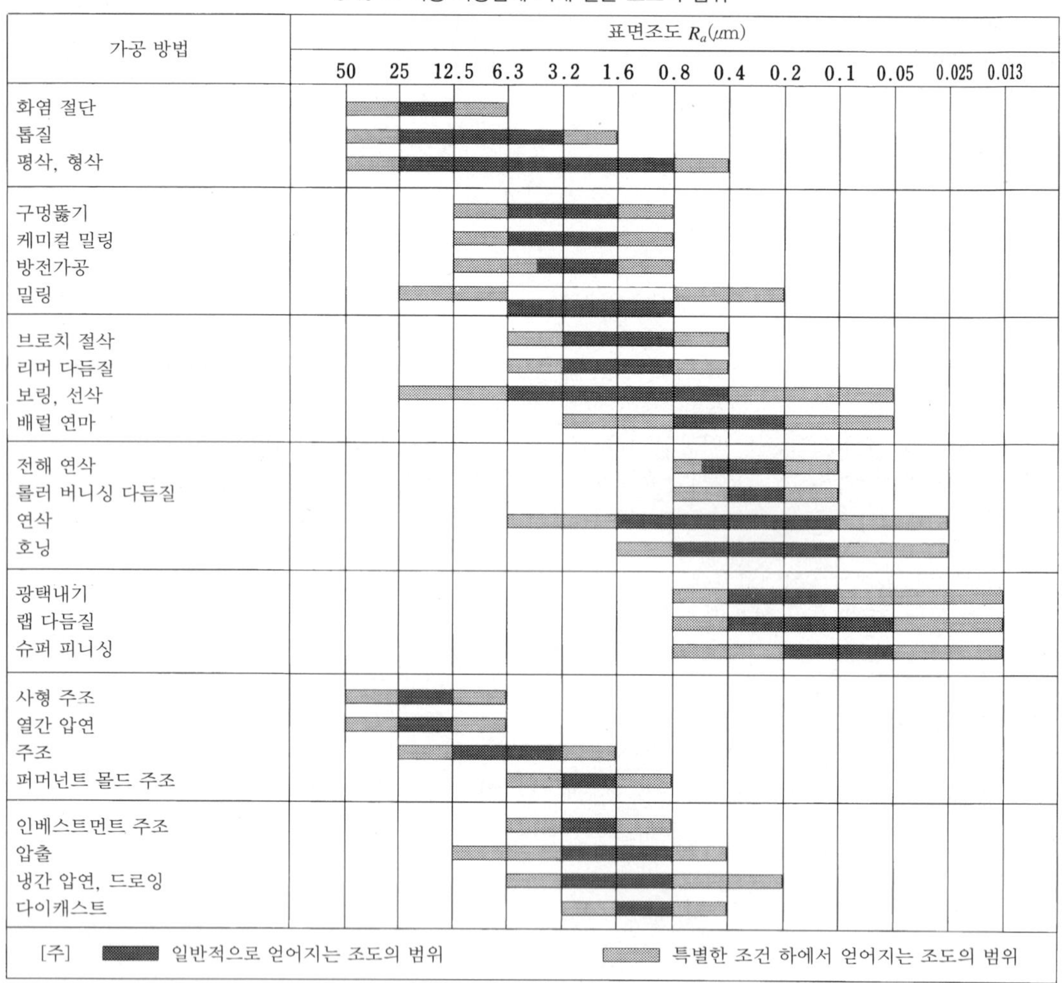

가공 방법
표면조도 R_a(μm)
50 25 12.5 6.3 3.2 1.6 0.8 0.4 0.2 0.1 0.05 0.025 0.013
화염 절단
톱질
평삭, 형삭
구멍뚫기
케미컬 밀링
방전가공
밀링
브로치 절삭
리머 다듬질
보링, 선삭
배럴 연마
전해 연삭
롤러 버니싱 다듬질
연삭
호닝
광택내기
랩 다듬질
슈퍼 피니싱
사형 주조
열간 압연
주조
퍼머넌트 몰드 주조
인베스트먼트 주조
압출
냉간 압연, 드로잉
다이캐스트
[주] 일반적으로 얻어지는 조도의 범위 특별한 조건 하에서 얻어지는 조도의 범위

(2) 측벽에 가까운 부분의 구멍 뚫는법

물품의 측벽 근처에 구멍을 뚫는 경우에는 6·105 그림 (a)와 같이 하면, 드릴이 구부러져 릴리프하는 경우가 있기 때문에 동 그림 (b)와 같이 어느 정도 떨어진 위치에서 구멍뚫기를 하는 것이 좋다.

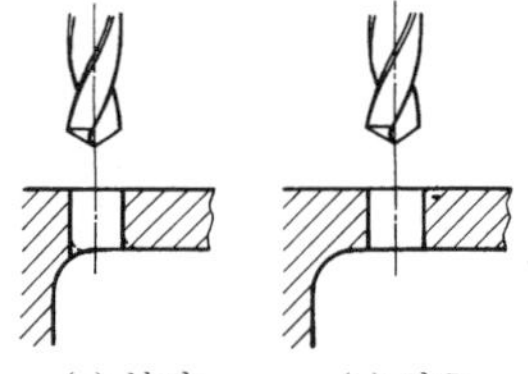

6·105 그림 측벽에 가까운 구멍 뚫는법

4. 다듬질 횟수와 다듬질면의 절약

6·106 그림과 같은 부품의 경우, 만약 각 자리의 높이가 동 그림 (a)에 나타냈듯이 일정하지 않으면 각 자리의 면은 한번에 다듬질할 수 없어 번거로워진다. 그래서 보통은 동 그림 (b)에 나타냈듯이 각 자리는 동일한 높이로 하고, 다듬질 횟수를 절약한다.

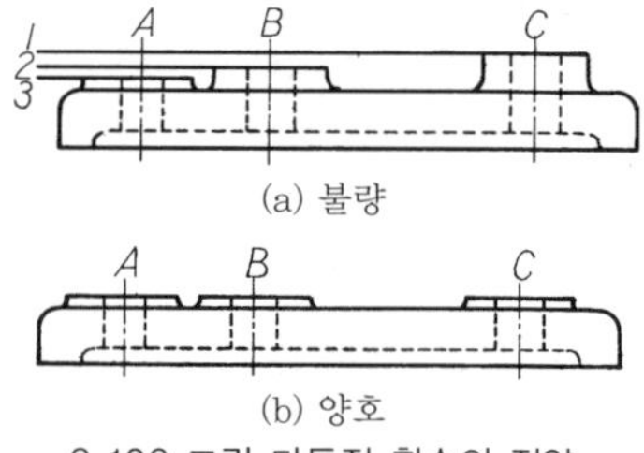

6·106 그림 다듬질 횟수의 절약

상당히 긴 베어링면 등은 그 면이 충분히 지탱할 수 있을 정도의 면을 양 끝단에 남기고, 그 외는 움푹 들어가게 해서 절삭하지 않아도 되도록 한다. 이와 같이 하면 다듬질면 공작을 절약할 수 있다(6·107 그림).

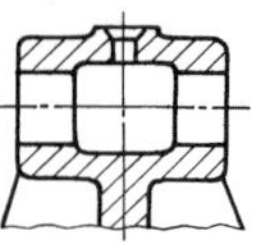
6·107 그림 다듬질면의 절약

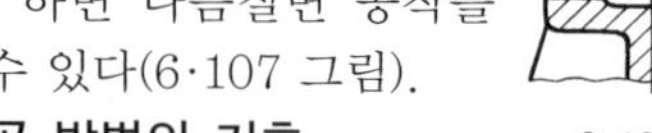
5. 가공 방법의 기호

6·20 표는 JIS(B 0122)에서 정한 가공 방법의 기호로부터 주요한 것을 발췌한 것이다.

6·20 표 가공 방법 기호 (JIS B 0122) KS B 0107

분류		가공방법	기호	참고
주조 C Casting		사형 주조	CS	Sand Mold Casting
		금형 주조	CM	Metal Mold Casting
		정밀 주조	CP	Precision Casting
		다이캐스트	CD	Die Casting
		원심 주조	CCR	Centrifugal Casting
소성가공 P * Plastic Working	단조 F Forging	자유단조	FF	Free Forging
		형단조	FD	Dies Forging
	프레스 가공 P Press Working	전단 (절단)	PS	Shearing
		프레스 빼기	PP	Punching
		벤딩	PB	Bending
		프레스 드로잉(드로잉)	PD	Drawing
		포밍	PF	Forming
				이 칸의 기호는 다른 가공 방법 기호와 헷갈리지 않을 때는 첫 번째 기호를 생략해도 된다.
	전조 RL Rolling	나사 전조	RLTH	Thread Rolling
		기어 전조	RLT	Gear Rolling (Toothed Wheel Rolling)
		스플라인 전조	RLSP	Spline Rolling
		세레이션 전조	RLSR	Seration Rolling
		널링 전조	RLK	Knurling
		버니싱 다듬질	RLB	Burnishing
기계가공 M * Machining	절삭 C * Cutting	선삭	L	Turning (Lathe Turning)
		외환절삭	L	
		테이퍼 절삭	LTP	Taper Turning
		면절삭	LFC	Facing
		나사절삭	LTH	Thread Cutting
		구멍뚫기 (드릴링)	D	Drilling
		리머 다듬질	DR	Reaming
		탭 내기	DT	Tapping
		보링	B	Boring
		밀링	M	Milling
		평면 밀링	MP	Plain Milling
		정면 밀링	MFC	Face Milling
		측면 밀링	MSD	Side Milling
		평삭	P	Planing
		형삭	SH	Shaping
		입삭	SL	Slotting
		브로치 절삭	BR	Broaching
		소잉	SW	Sawing
		기어절삭	TC	Gear Cutting (Toothed Wheel Cutting)
	연삭 G Grinding	원통 연삭	GE	External Cylindrical Grinding
		내면 연삭	GI	Internal Grinding
		평면 연삭	GS	Surface Grinding
		센터리스 연삭	GCL	Centreless Grinding
		래핑	GL	Lapping
		호닝	GH	Honing
		슈퍼 피니싱	GSP	Super Finishing
	특수가공 SP Special Processing	방전가공	SPED	Electric Discharge Machining
		전해가공	SPEC	Electro-Chemical Machining
		초음파가공	SPU	Ultrasonic Machining
		전자빔가공	SPEB	Electron Beam Machining
		레이저가공	SPLB	Laser Beam Machining
손다듬질 F Finishing (Hand)		줄 다듬질	FF	Filing
		리머 다듬질	FR	Reaming
		스크레이퍼 다듬질	FS	Scraping
용접 W Welding		아크용접	WA	Arc Welding
		저항용접	WR	Resistance Welding
		가스용접	WG	Gas Welding
		경납땜	WB	Brazing
		납땜	WS	Soldering

(다음 페이지에 계속)

분류	가공방법	기호	참고	
열처리 H Heat Treatment	불림 어닐링 담금질 템퍼링 시효 침탄 질화	HNR HA HQ HT HG HC HNT	Normalizing Annealing Quenching Tempering Ageing Carburizing Nitriding	이 칸의 기호는 다른 가공 방법 기호와 헷갈리지 않을 때는 첫 번째 기호를 생략해도 된다.
[주] * 이 기호는 단독으로 사용하는 경우 외에는 원칙적으로 생략한다.				

6. 보통 공차

도면에 기입되는 치수에는 예를 들면 축의 직경에 ϕ50의 지정이 있었다고 해도, 이것을 매우 정확하게 50.000…와 같이 다듬질할 수 없기 때문에 반드시 그 허용할 수 있는 범위, 즉 치수허용차를 지정하는 것이 바람직하다고 할 수 있다.

그런데 이 치수허용차에는 끼워맞춤과 같이 기계적인 것과 공작 정도와 같이 단순히 제작적인 것이 있으며, 이들 양자가 가지는 의미는 전혀 다르므로 주의해야 한다.

특히 후자의 경우에는 치수허용차가 적극적인 의미를 갖지 않으므로 자칫하면 기입되지 않거나, 기입되어 있어도 필요 이상으로 엄격해지거나 혹은 반대로 느슨해지거나 하기 쉬우므로 JIS에서는 이와 같은 경우의 기준으로서 JIS B 0403~0416으로 각 가공법마다의 보통 공차를 규정하고 있다. 이들은 사양서, 도면 등에서 기능상 특별한 정도가 요구되지 않는 치수에 대해서 허용차를 각각 기입하지 않고 일괄해서 지정하는 경우에 이용하는 것이다.

6·21 표 모떼기 부분의 길이 치수
(모서리의 라운딩 및 모서리의 모떼기 치수)에 대한 허용차
(JIS B 0405) (단위 mm)

공차 등급		기준 치수의 구분		
기호	설명	0.5[1] 이상 3 이하	3을 넘고 6 이하	6을 넘는 것
		허용차		
f	정급	±0.2	±0.5	±1
m	중급	±0.2	±0.5	±1
c	조급	±0.4	±1	±2
v	극조급	±0.4	±1	±2

[주] [1] 0.5mm 미만의 기준 치수에 대해서는 그 기준 치수에 이어서 허용차를 각각 지시한다.

6·22 표 모떼기 부분을 제외한 길이 치수에 대한 허용차 (JIS B 0405) (단위 mm)

공차 등급		기준 치수의 구분							
기호	설명	0.5[1] 이상 3 이하	3을 넘고 6 이하	6을 넘고 30 이하	30을 넘고 120 이하	120을 넘고 400 이하	400을 넘고 1000 이하	1000을 넘고 2000 이하	2000을 넘고 4000 이하
		허용차							
f	정급	±0.05	±0.05	±0.1	±0.15	±0.2	±0.3	±0.5	–
m	중급	±0.1	±0.1	±0.2	±0.3	±0.5	±0.8	±1.2	±2
c	조급	±0.2	±0.3	±0.5	±0.8	±1.2	±2	±3	±4
v	극조급	–	±0.5	±1	±1.5	±2.5	±4	±6	±8

[주] [1] 0.5mm 미만의 기준 치수에 대해서는 그 기준 치수에 이어서 허용차를 각각 지시한다.

6·23 표 각도 치수의 허용차 (JIS B 0405)

공차 등급		대상으로 하는 각도의 짧은 쪽 변의 길이(단위 mm)의 구분				
기호	설명	10 이하	10을 넘고 50 이하	50을 넘고 120 이하	120을 넘고 400 이하	400을 넘는 것
f	정급	±1°	±30′	±20′	±10′	± 5′
m	중급	±1°	±30′	±20′	±10′	± 5′
c	조급	±1°30′	±1°	±30′	±15′	±10′
v	극조급	±3°	±2°	±1°	±30′	±20′

제7장

기하화법

7장. 기하화법

기하화법이란 기하학의 이론에 기초해 여러 가지 도형을 그리는 방법을 말한다. 이것은 평면도형을 그리는 경우와 입체도형을 그리는 방법으로 크게 나뉘며, 전자를 평면기하화법, 후자를 투영화법이라고 한다.

7·1 평면 기하화법 (평면도학)

1. 변 또는 원호의 2등분법 (7·1 그림)

주어진 변을 $\overline{AB}$로 한다. A 및 B를 중심으로 해서 $\overline{AB}$의 1/2보다 큰 반경의 원호를 그리고, 그 교점 C, D를 구해 C, D를 직선으로 연결하면 $\overline{AB}$를 2등분한다. 이것은 $\overline{AB}$가 원호인 경우에도 마찬가지이다.

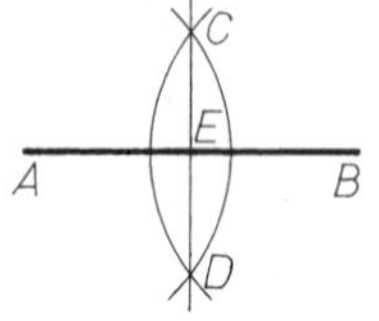

7·1 그림 변의 2등분

2. 직선 상의 정점에 수직선을 만드는 방법 (7·2 그림)

P점을 직선 $\overline{XY}$ 상의 정점으로 한다. P를 중심으로 해서 임의의 반경으로 원을 그리고, 직선과의 교점을 A, B로 한다. A, B를 중심으로 해서 $\overline{AB}$의 1/2보다 큰 반경으로 원호를 그리고, 그 교점을 C로 해서 C, P를 직선으로 연결하면 $\overline{CP}$는 $\overline{XY}$에 수직이다.

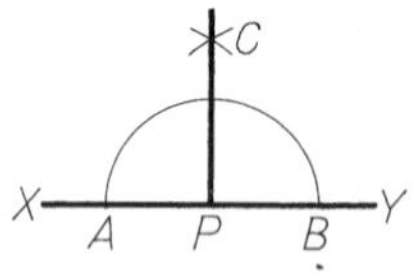

7·2 그림 직선 상의 정점에 수직선을 만드는 방법

3. 직선 외의 정점에서 직선으로 수직선을 만드는 방법 (7·3 그림)

직선을 $\overline{XY}$로 하고, 직선 외의 정점을 P로 한다. P를 중심으로 해서 임의의 반경으로 AB를 자르고, 그 교점을 A, B로 한다. A, B를 중심으로 해서 $\overline{AB}$의 1/2보다 큰 반경으로 원호를 그리고, 그 교점 C를 구해 C와 P를 직선으로 연결하고 $\overline{AB}$와의 교점을 E라고 하면, $\overline{PE}$는 구하는 수직선이 된다.

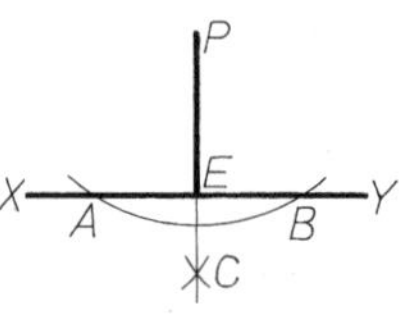

7·3 그림 정점에서 직선 상에 수직선을 만드는 방법

4. 직선의 한쪽 끝에 수직선을 만드는 방법 (7·4 그림)

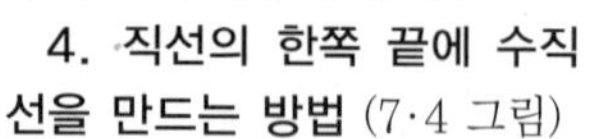

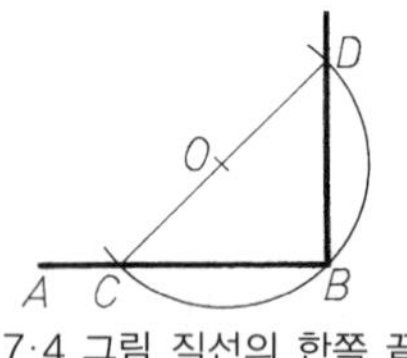

7·4 그림 직선의 한쪽 끝에 수직선을 만드는 방법

직선 $\overline{AB}$의 한쪽 끝 B에 수직선을 만들려면, 우선 B를 지나 임의의 점 O를 중심으로 하는 원호를 그리고 $\overline{AB}$와의 교점 C를 구한다. 다음으로 C, O를 연결한 직선의 연장과 원호의 교점 D를 구해, B, D를 직선으로 연결하면 $\overline{BD}$는 구하는 수직선이 된다.

5. 각의 2등분법 (7·5 그림)

$\angle AOB$를 2등분하려면, 우선 정점 O를 중심으로 해서 임의의 원호를 그리고 $\overline{OA}$, $\overline{OB}$의 교점을 A, B로 한다. 다음으로 A, B를 중심으로 해서 동일한 반경으로 원호를 그리고, 그 교점 C와 O를 연결하면 $\overline{OC}$는 ∠AOB를 2등분한다.

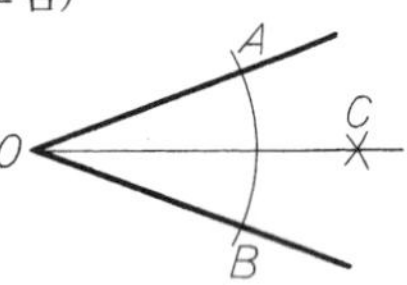

7·5 그림 각의 2등분법

6. 직각의 3등분법 (7 · 6 그림)

직각 AOB를 3등분하려면, 우선 O를 중심으로 임의의 원호를 그리고 $\overline{AO}$, $\overline{BO}$의 교점, A, B를 구하고, $\overline{AO}$(또는 $\overline{OB}$)의 반경으로 A, B를 중심으로 한 원호를 그려 교점 C, D를 구하면 $\overline{OC}$, $\overline{CD}$는 직각을 3등분한다.

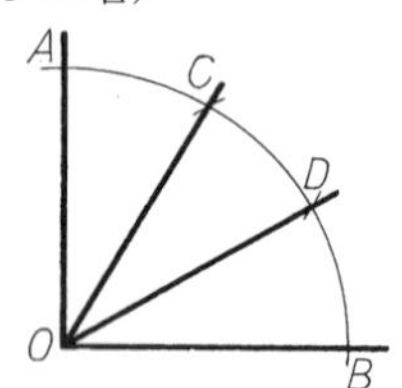

7·6 그림 직각의 3등분법

7. 정점을 지나 정직선에 평행선을 그리는 방법 (7·7 그림)

정직선을 $\overline{AB}$, 정점을 P로 한다. P를 중심으로 임의의 반경으로 원호 CQ를 그리고, $\overline{AB}$와의 교점을 C로 한다. 또한 C를 중심으로 해서 동일한 반경으로 원호를 그리고, $\overline{AB}$와의 교점을 D로 한다. 다음으로 PD를 반경으로 해서 C를 중심으로 원호를 그리고, 원호 CQ와의 교점 Q를 구해 P, Q를 직선으로 연결하면 $\overline{PQ}$는 구하는 평행선이다.

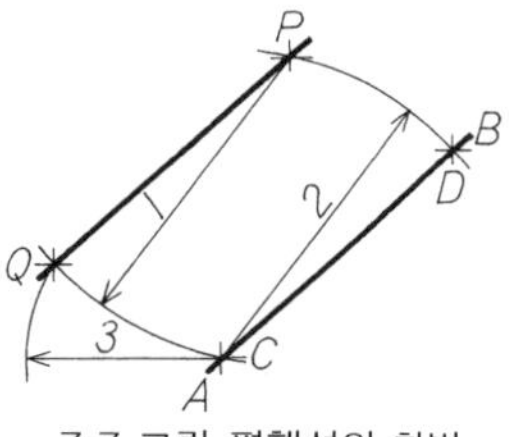

7·7 그림 평행선의 화법

8. 정직선에 정거리의 평행선을 그리는 방법 (7·8 그림)

정직선을 AB, 주어진 거리를 d로 한다. $\overline{AB}$ 상에 임의의 한 점 C를 중심으로 해서 d를 반경으로 원호를 그리고, 마찬가지로 C와 적당히 떨어진 $\overline{AB}$ 상의 별도의 점 D를 중심으로 해서 d를 반경으로 원호를 그린다. 다음으로 이 두 원호의 공통 접선을 그리면, 구하는 평행선이다.

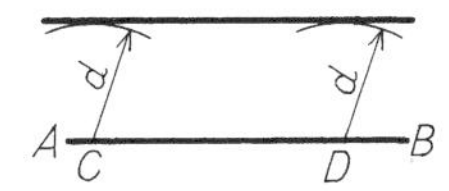

7·8 그림 일정 간격의 평행선을 그리는 방법

9. 정직선의 등분법 (7·9 그림)

정직선 $\overline{AB}$을 등분(그림 예는 4등분)하려면, A, B 점 중 하나에서 $\overline{AB}$와 임의의 각이 되는 직선 AE를 그리고, $\overline{AE}$를 임의의 길이로 4등분해 그 점을 1, 2, 3, 4로 하고 마지막의 4와 B를 직선으로 연결한다. 다음으로 $\overline{B4}$에 평행하고 1, 2, 3을 지나는 평행선을 그리고, $\overline{AB}$와의 교점을 3', 2', 1'로 하면 이들 점은 $\overline{AB}$를 4등분한다.

7·9 그림 정직선의 등분법

10. 원의 중심을 구하는 방법 (7·10 그림)

임의의 빗변 AB를 잡고 두 개의 삼각자에 의해 A, B에 수직선을 세우고 원과의 교점을 C, D로 한다. 다음으로 C와 B, A와 D를 직선으로 연결하여, 그 교점을 O로 하면, O는 구하는 중심이 된다.

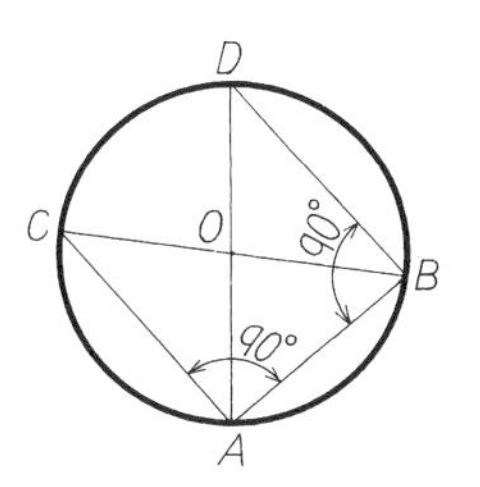

7·10 그림 원의 중심을 구하는 방법

11. 2정점을 지나, 주어진 반경의 원을 그리는 방법 (7·11 그림)

2정점을 P, Q로 하고, 주어진 반경을 r로 한다. P, Q를 중심으로 해서 r을 반경으로 원호를 그리고, 그 교점 O를 구하면 O는 구하는 중심이다.

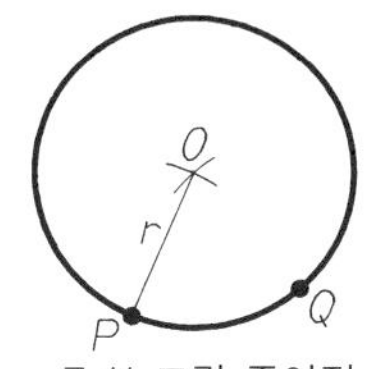

7·11 그림 주어진 반경으로 2정점을 지나는 원을 그리는 방법

12. 3정점을 지나는 원의 화법 (7·12 그림)

우선, 주어진 3정점 P, Q, R을 그림과 같이 직선으로 연결한다. 다음으로 $\overline{PQ}$ 및 $\overline{QR}$의 수직 2등분선을 그리고, 그 교점을 0으로 하면 0은 구하는 원의 중심이다.

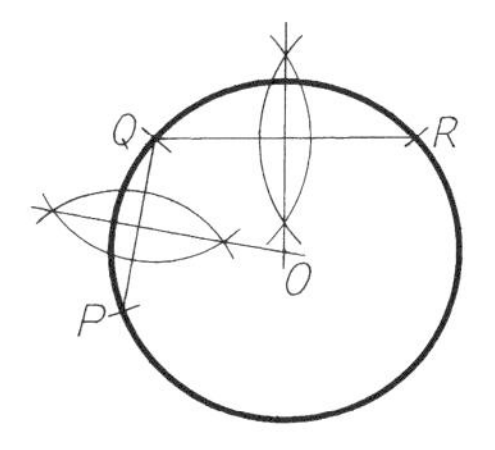

7·12 그림 3정점을 지나는 원의 화법

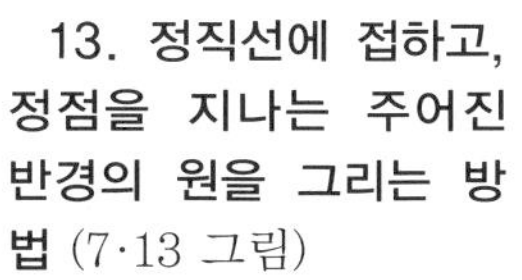

13. 정직선에 접하고, 정점을 지나는 주어진 반경의 원을 그리는 방법 (7·13 그림)

정직선을 AB, 정점을 P, 주어진 반경을 r로 한다. 평행선의 화법에 의해 $\overline{AB}$에서 r의 거리에 평행선 $\overline{CD}$를 긋는다. 다음으로 P를 중심으로 해서 반경 r로 원호를 그리고, $\overline{CD}$와의 교점을 0으로 하면 0이 구하는 원의 중심이 된다.

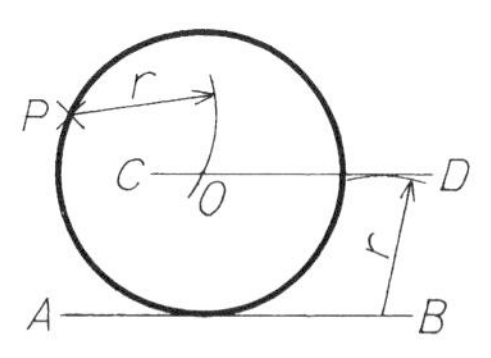

7·13 그림 주어진 반경으로, 정직선에 접하고 정점을 지나는 원을 그리는 방법

14. 직선 상의 정점에 접하고, 직선 외의 정점을 지나는 원을 그리는 방법 (7·14 그림)

직선 $\overline{AB}$ 상의 정점을 P, 직선 외의 정점을 S로 한다. 우선 P와 S를 직선으로 연결하고, 다음으로 $\overline{PS}$의 수직 2등분선 $\overline{CD}$를 그린다. 다음으로 P에서 $\overline{AB}$에 수직선을 만들고, $\overline{PS}$의 2등분선과의 교점을 0으로 하면 0은 구하는 원의 중심점이 된다.

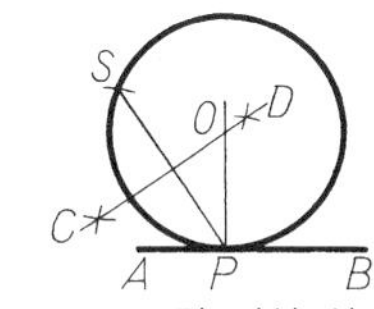

7·14 그림 직선 상의 정점에 접하고, 직선 외의 정점을 지나는 원의 화법

15. 직각을 만드는 두 직선에 접하는 주어진 반경의 원호를 그리는 방법 (7·15 그림)

주어진 두 직선 AB, AC의 교점 A를 중심으로 주어진 반경 r로 원을 그리고, $\overline{AB}$, $\overline{AC}$와의 교점을 T_1, T_2로 한다. 다음으로 T_1, T_2를 중심으로 반경 r로 원호를 그리고, 그 교점을 0으로 하면 0은 구하는 원호의 중심이다.

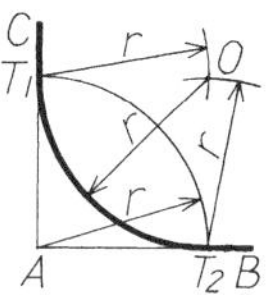

7·15 그림 주어진 반경으로 직교하는 2직선에 접하는 원호를 그리는 방법

16. 임의의 각을 만드는 두 직선에 접하는 원호의 화법 (7·16 그림)

두 직선 AB, CD에서 각각 r의 거리에 평행선을 긋고, 그 교점을 0으로 한다. 다음으로 0에서 $\overline{AB}$, $\overline{CD}$에 수직선을 그리고, 그 접점을 T_1, T_2로

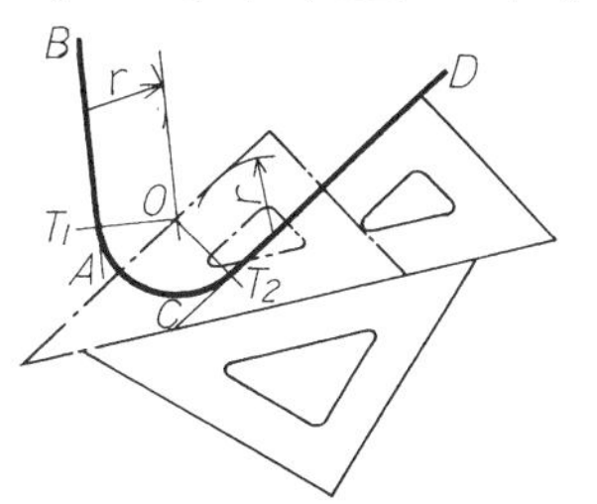

7·16 그림 임의의 각을 만드는 2직선에 접하는 원호를 그리는 방법

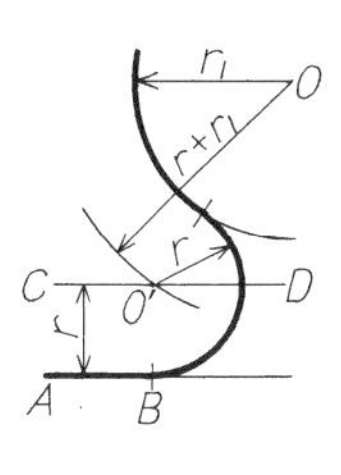

7·17 그림 주어진 반경으로 정원호, 정직선에 접하는 원호를 그리는 방법

7장

하면 T_1 및 T_2는 구하는 원호의 접점이 된다. 따라서 0을 중심으로 해서 r로 원호를 그리면 된다.

17. 정직선과 정원호에 접하고, 주어진 반경의 원호를 그리는 방법 (7·17 그림)

정직선 $\overline{AB}$에서 주어진 반경 r거리에 평행선 CD를 그린다. 다음으로 0을 중심으로 해서 $r+r_1$의 반경으로 원호를 그리고, $\overline{CD}$와의 교점을 0′로 하면 0′는 구하는 원호의 중심이 된다. 따라서 0′을 중심으로 해서 주어진 반경 r로 원호를 그리면 된다.

18. 주어진 두 원에 접하는 반경 R의 원호를 그리는 방법 (7·18 그림)

(1) 주어진 두 원의 중심이 구하는 원호의 외측에 있을 때 : 주어진 하나의 원의 중심 P를 중심으로 해서 $R+r_2$의 반경으로 원호를 그리고, 또한 주어진 다른 한쪽 원의 중심 0를 중심으로 해서 $R+r_1$의 반경으로 원호를 그려 그 교점을 Q로 하면 Q는 구하는 원호의 중심이다.

(2) 주어진 두 원의 중심이 구하는 원호의 내측에 있을 때: 주어진 하나의 원의 중심 P를 중심으로 해서 반경 $R-r_1$으로 원호를 그리고, 마찬가지로 0을 중심으로 해서 반경 $R-r_2$로 원호를 그려 그 교점을 Q로 하면 Q는 구하는 원호의 중심이다.

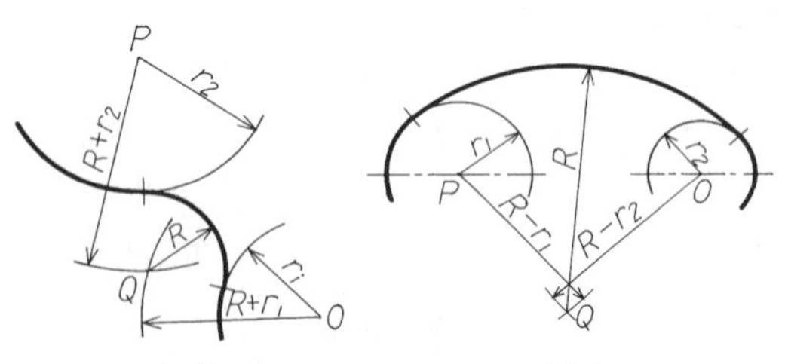

7·18 그림 주어진 반경으로 2원에 접하는 원호를 그리는 방법

19. 주어진 두 직선을에 접하고, 동시에 분할선 상의 정점 P에 접하는 역방향의 곡선을 그리는 방법 (7·19 그림)

직선 EF에 의해 E 및 F로 잘리는 직선 $\overline{AB}$, $\overline{CD}$가 주어지고, 또한 분할선 상의 정점 P가 주어져 있기 때문에 우선 EP를 반경으로 해서 E를 중심으로 원호를 그려 $\overline{CD}$와의 교점을 G로 한다. 다음으로 P에서 수직선 JH를 그리고, 또한 G에서 수직선 GH를 그려 그 교점 H를 구한다. 동일하게 해서 J를 구하면, H와 J는 구하는 곡선의 중심이다.

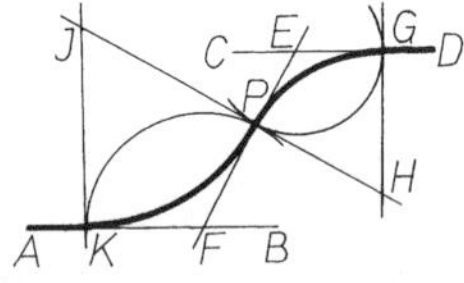

7·19 그림 2직선에 접하는 역방향의 곡선

20. 주어진 원호 길이의 근사 직선을 그리는 방법 (7·20 그림)

주어진 원호 $\widehat{AB}$의 한쪽 끝 A를 접점으로 해서 $\widehat{AB}$와의 접선 $\overline{AC}$를 그린다, 다음으로 A, B를 직선으로 연결해 그 연장 상에 A에서 $1/2\overline{AB}$에 동일한 점 D를 잡고, D를 중심으로 해서 $\overline{DB}$를 반경으로 원호를 그려 $\overline{AC}$와의 교점을 C로 한다. 이 경우, $\overline{AC}$와 $\widehat{AB}$는 그 길이가 거의 동일하다.

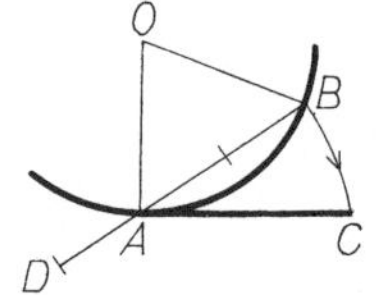

7·20 그림 원호 길이의 근사 직선을 그리는 방법

21. 정직선과 동일한 길이(근사값)을 주어진 원호 상에 잡는 화법(7·21 그림)

주어진 원호 $\widehat{AD}$에 접선 $\overline{AB}$를 그리고, 이것을 주어진 길이로 잡는다. 다음으로 $\overline{AB}$의 1/4과 동일하게 C점을 잡고 C를 중심으로 CB를 반경으로 해서 원호를 그려 원호 $\widehat{AD}$와의 교점을 D로 하면 $\widehat{AD}$는 구하는 길이이다.

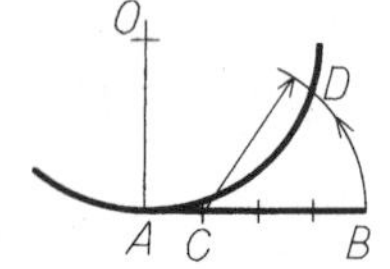

7·21 그림 직선의 길이와 동일한 원호를 그리는 방법

22. 원에 내접하는 정오각형의 화법 (7·22 그림)

반경 OB의 2등분점 C를 구해 원의 중심 0에서 $\overline{AB}$와의 수직선을 그리고, 원과의 교점 P를 구한다. 다음으로 C를 중심으로 해서 CP를 반경으로 원호를 그려 $\overline{AB}$와의 교점을 D로 한다. P를 중심으로 해서 $\overline{PD}$를 반경으로 원호를 그리고, 원과의 교점을 E로 하면 $\overline{PE}$는 구하는 정오각형의 한 변이다.

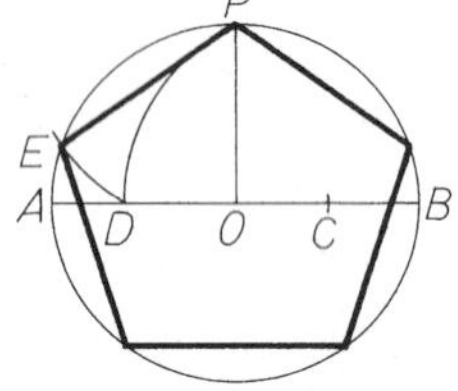

7·22 그림 원에 내접하는 정오각형의 화법

23. 원에 내접 또는 외접하는 정육각형의 화법 (7·23 그림)

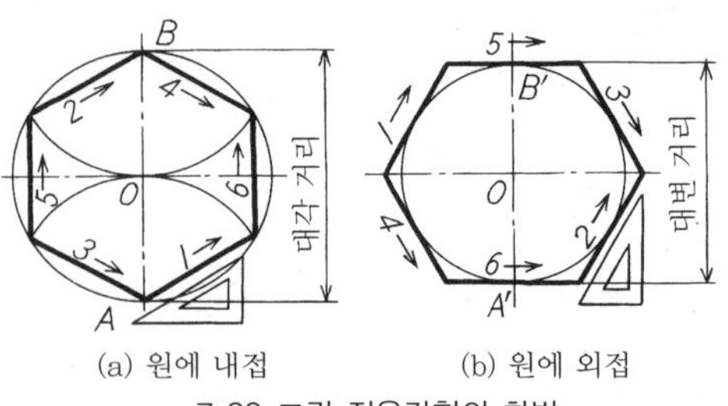

7·23 그림 정육각형의 화법

원 0에 직경 $\overline{AB}$를 그리고, 원의 반지름 길이로 원을 차례로 잘라서 얻은 점을 차례로 연결하면 정육각형을 얻을 수 있다. 또한 대변 거리가 주어진 경우에는 $\overline{A'B'}$를 직경으로 하는 원을 그려, 동 그림 (b)에 나타냈듯이 60°와 30°의 삼각자를 사용해 정육각형을 만들 수 있다.

24. 정사각형에 내접하는 정팔각형의 화법(7·24 그림)

정사각형 $ABCD$에 대각선 $\overline{AC}$, $\overline{BD}$를 그려 교점을 0으로 한다. OA를 반경으로 해서 정사각형의 각 정점에서 원호를 그려 얻은 1, 2, … 8의 각 점을 차례로 연결하면, 정팔각형을 얻을 수 있다. 또한 원에 내접하는 정팔각형은 동 그림 (b)와 같이 서로 45°로 교차하는 직경을 그으면 그릴 수 있다.

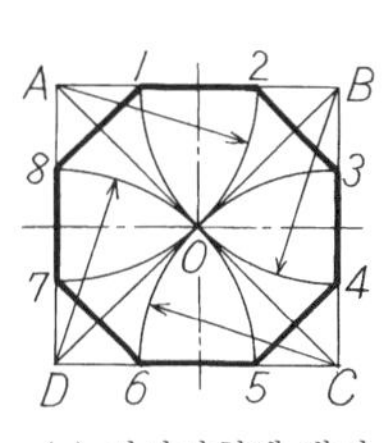

(a) 정사각형에 내접　　(b) 원에 내접

7·24 그림 정팔각형의 화법

25. 한 변이 주어지고 정다각형을 그리는 방법(그림 예는 칠각형) (7·25 그림)

주어진 한 변을 $\overline{AB}$로 한다. A를 중심으로 해서 AB를 반경으로 반원을 그리고, 그 반원주를 7등분한다. A와 2를 연결하고, 다음으로 2를 중심으로 반경 AB의 원호를 그려 $\overline{A3}$의 연장과의 교점을 F로 하고 F와 2를 연결한다. 동일하게 해서 E, D, C를 구하고, 이들 점을 연결하면 구하는 정칠각형이 된다.

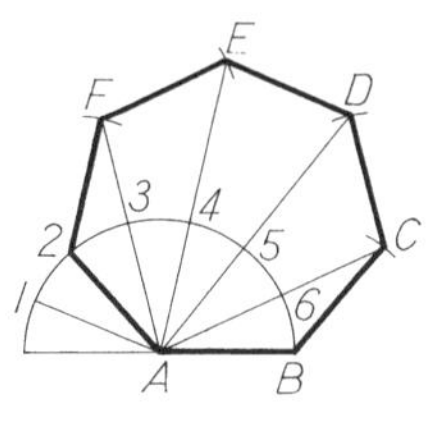

7·25 그림 한 변이 주어지고 정다각형을 그리는 방법

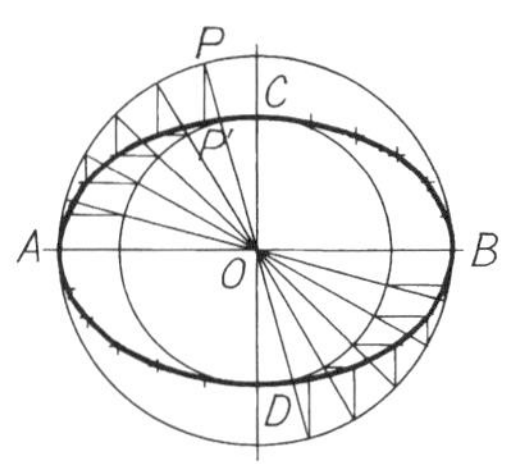

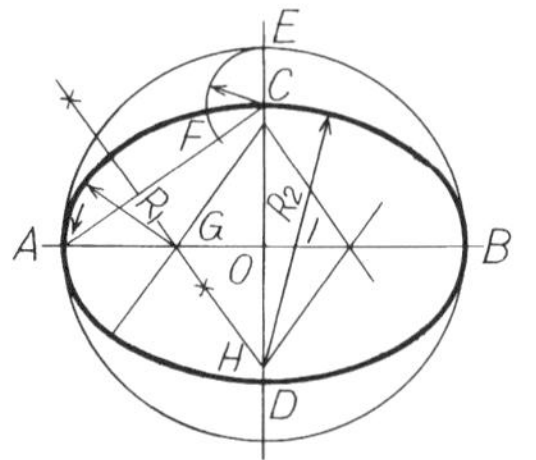

(a) 2축을 알고 타원을 그린다　　(b) 근사 화법

7·26 그림 타원의 화법

26. 타원의 화법(7·26 그림)

두 축 $\overline{AB}$, $\overline{CD}$를 직경으로 하는 두 개의 동심원을 그리고, 이 두 개의 원주를 임의의 수로 분할한다. 한편 크고 작은 두 원주 상의 각 분점에서 각각 $\overline{AB}$, $\overline{CD}$에 평행선을 그리고, 그 교점을 구해 그들의 각 교점을 운형자로 연결하면 타원이 된다. 또한 동 그림 (b)는 타원의 근사화법을 나타낸 것이다. 최근에는 각종 원정규자가 시판되고 있기 때문에 이것을 사용하면 간단하게 예쁜 타원을 그릴 수 있다.

27. 포물선의 화법(7·27 그림)

A를 정점, $\overline{AB}$를 축, P를 포물선 상의 주어진 한 점으로 한다. P에서 $\overline{AB}$에 수직선 PB를 그리고, $\overline{AB}$ 및 $\overline{PB}$를 두 변으로 하는 직사각형 $ABPQ$를 만들어 $\overline{AQ}$, $\overline{PQ}$를 임의의 동일한 수로 등분(예를 들면 6등분), 등분점을 각각 1, 2, 3, 4, 5 및 1′, 2′, 3′, 4′, 5′로 한다. 다음으로 1′, 2′, 3′, 4′, 5′를 직선으로 A와 연결하고, 1, 2, 3, 4, 5에서 $\overline{AB}$에 평행하게 그은 직선과의 교점을 각각 a, b, c, d, …로 한다. 이들의 교점 A, a, b, c, …P를 운형자로 연결하면 포물선의 절반이 만들어진다.

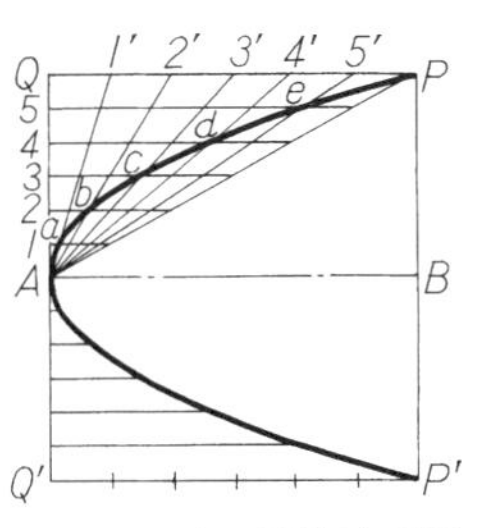

7·27 그림 포물선의 화법

28. 등변쌍곡선의 화법(7·28 그림)

$\overline{OA}$, $\overline{OB}$를 점근선, P를 곡선 상의 한 점으로 해서 그림과 같이 $\overline{PC}$, $\overline{PD}$를 긋는다. PC 상에 임의의 점 1, 2, 3, ‥‥을 잡는다. 이들 점을 지나가 $\overline{OA}$와의 평행선을 긋는다. 또한 1, 2, 3…의 점과 0를 연결한다. 이들 선과 $\overline{DP}$와의 교점에서 1, 2, 3…을 지나가는 $\overline{OA}$와의 평행선에 수직선을 내려 그 교점을 구하면, 그 점은 곡선 상의 점이 되고 그들을 연결하면 등변쌍곡선을 얻을 수 있다.

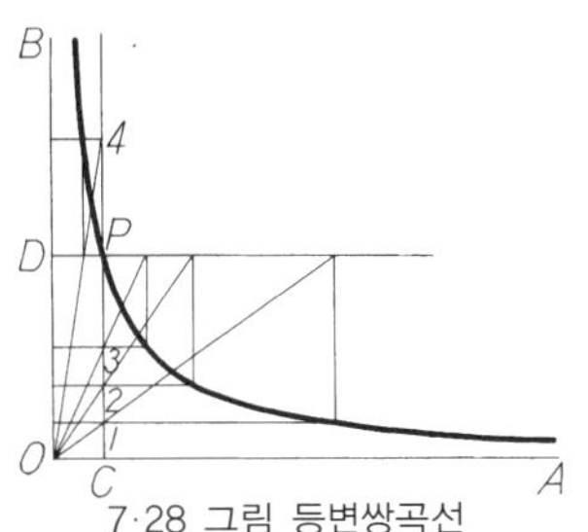

7·28 그림 등변쌍곡선

29. 사이클로이드 곡선의 화법(7·29 그림)

우선, 구르는 원의 원주를 임의의 수로 등분한다. 원주에 동일한 길이로 접선 AB를 긋는다. 다음으로 구르는 원의 중심선 CD를 긋는다. $\overline{CD}$를 구르는 원의 등분 수와 동일하게 등분한다. 이들

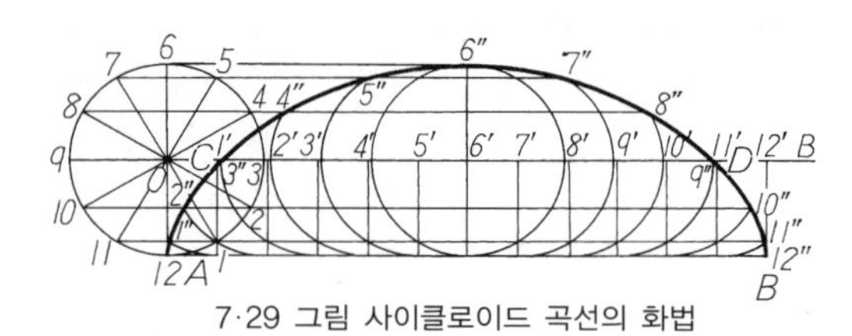

7·29 그림 사이클로이드 곡선의 화법

등분점을 중심으로 구르는 원과 동일한 원을 그린다. 다음으로 맨 처음의 구르는 원 상의 등분점에서 $\overline{AB}$에 평행선을 긋고, 그것과 대응하는 원의 교점을 구해 이들 점을 연결하면 사이클로이드 곡선을 얻는다.

30. 인벌류트 곡선의 화법(7·30 그림)

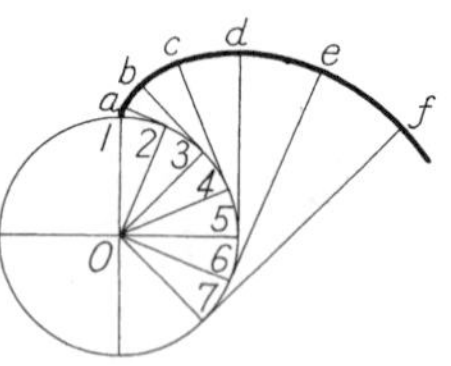

7·30 그림 인벌류트 곡선의 화법

그림과 같이 원주를 임의로 분할하고 그들 점에 접선을 긋는다. 이 접선의 접점에서 각각의 원호 길이에 동등하게 접점을 잡으면 a, b, c,···의 점은 구하는 것이 된다. 이 인벌류트 곡선은 기어의 치형 곡선으로 이용되고 있다.

31. 정현 곡선 (사인 커브)의 화법(7·31 그림)

정원 0의 원주를 임의의 수로 등분(그림에서는 12등분)해 1, 2···12로 하고, 이들 각 점에서 정원의 직경 $\overline{AB}$에 평행한 선 $\overline{JK}$,···$\overline{EH}$를 긋고, 또한 $\overline{JK}$의 길이를 파장의 길이와 동일하게 잡는다. 다음으로 $\overline{JK}$를 정원의 분할 수와 동일한 수 1′, 2′,···12′로 나눠 각각의 점에서 $\overline{JK}$에 수직선을 그리고, 각각의 평행선 교점 1″, 2″···12″를 부드럽게 연결하면 정현 곡선을 얻을 수 있다.

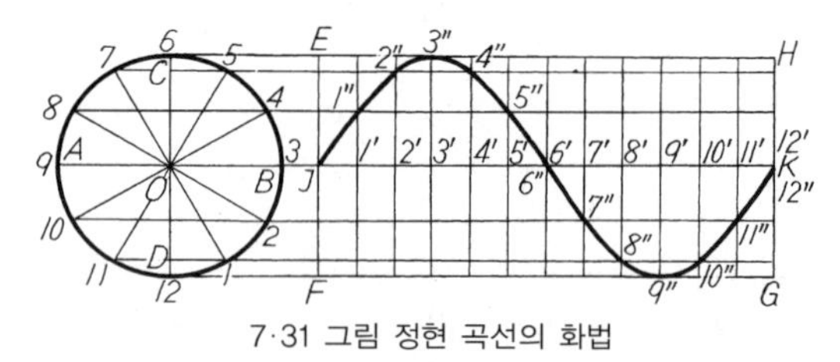

7·31 그림 정현 곡선의 화법

7·2 투영화법(입체도학)

평평한 벽면 앞에 물체를 놓고 물체의 후방에서 광선을 비추면, 벽면 상에 물체의 이미지를 얻을 수 있다. 투영화법은 이 원리를 응용해 물체의 위치, 형상, 크기 등을 일정한 방법에 의해 1평면 상에 나타내는 화법이다. 이 경우, 벽면에 상당하는 것을 투영면이라고 한다.

이 투영화법은 투영 방법, 물체와 투영면의 관계에 따라 다음의 종류가 있다.

- 투영화법
  - 정투영화법
    - 정시화법
    - 등각화법
    - 부등각화법
  - 경사투영화법
  - 투시화법

1. 정투영화법

정투영화법이란 투영면에 수직인 평행광선을 물체에 비춰 물체의 투영도를 얻는 화법으로, 물체를 배치하는 방법에 따라 정시화법, 등각화법 및 부등각화법이 있다.

(1) 정시화법 7·32 그림은 정시화법의 원리를 나타낸 것이다. 지금 그림에 나타냈듯이 투영하는 물체의 세로, 가로, 높이의 방향을 나타내는 $\overline{ox}$, $\overline{oy}$, $\overline{oz}$의 세 주축은 서로 직각으로 교차되어 있다고 하면, 정시화법에서는 투영면에 대해 $\overline{ox}$, $\overline{oz}$의 두 축은 평행, $\overline{oy}$는 직각으로 하고 또한 $\overline{ox}$ 축을 수평으로 해서 투영면에 수직인 평행광선에 의해 투영하는 화법이다.

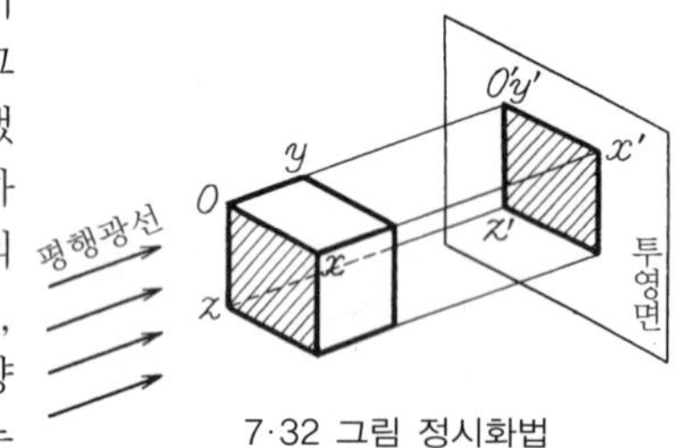

7·32 그림 정시화법

(2) 등각화법과 부등각화법 7·33 그림은 등각화법을 나타낸 것이다. 3축 $\overline{OX}$, $\overline{OY}$, $\overline{OZ}$의 투영이 서로 120° 씩 동일한 각도가 되도록 배치하고, α, β의 두 경사는 30°의 기울기를 가지고 투영되는 화법이다.

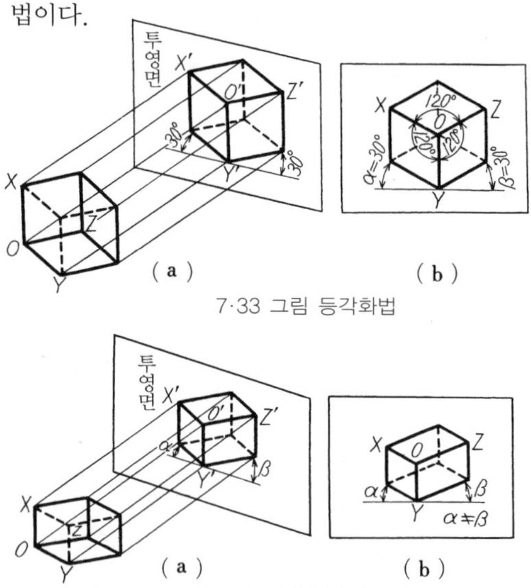

7·33 그림 등각화법

7·34 그림 부등각화법

또한 7·34 그림은 부등각화법을 나타낸 것이다. 이것은 등각화법인 경우의 α, β의 각이 다르게 투영되는 화법으로, 3축 $\overline{OX}$, $\overline{OY}$, $\overline{OZ}$의 길이는 일치하지 않는다.

2. 경사투영화법과 투시화법

경사투영화법은 7·35 그림에 나타냈듯이 물체의 화면에 대한 관계 위치는 정시화법과 동일하지만, 측면을 α의 각도만큼 기울여 그리는 화법이다.

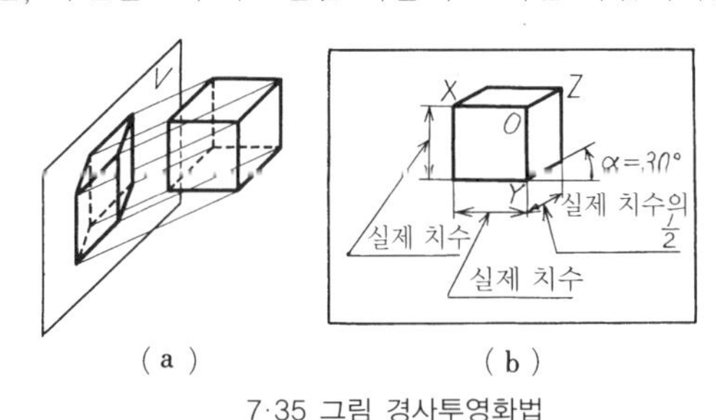

7·35 그림 경사투영화법

투시화법은 7·36 그림에 나타냈듯이 시점 S와 물품의 각 점을 연결해 방사상 투영선에 의해 물체의 도형을 그리는 방법으로, 시점에 가까운 부분일수록 크게 나타나는 화법이다.

이 중에서 가장 많이 사용되는 것은 정시화법이다.

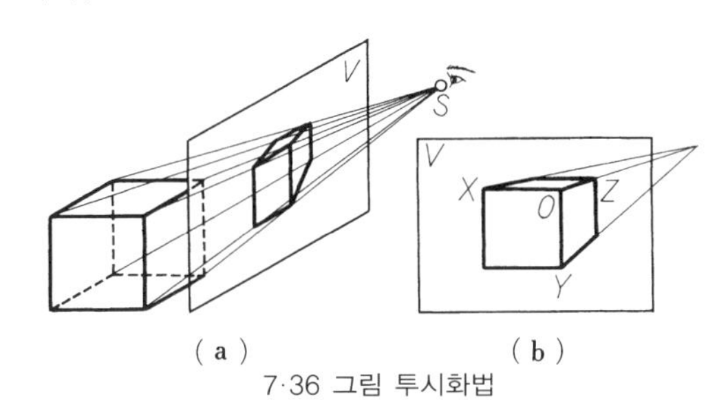

7·36 그림 투시화법

3. 정면도, 평면도, 측면도

앞에서 말한 각 투영화법은 물체의 한 면만 투영한 것이다. 그러면 물체의 전반을 알 수 없다. 따라서 그 전반을 알려면 7·37 그림과 같이 두 투영면 H, P를 더 준비해, 물체의 측면과 수평면을 투영시킬 필요가 있다. 바꿔 말하면 투영면 H, P, V의 세 투영면이 필요하다. 이 세 투영면은 각각

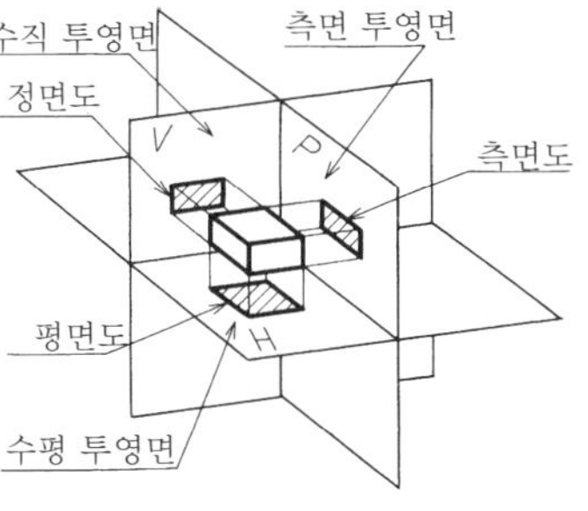

7·37 그림 정면도, 평면도, 측면도

H를 수평 투영면, P를 측면 투영면, V를 수직 투영면이라고 한다. 또한, 한편 H에 투영된 투영도를 평면도(단, 수평 투영면에 물체의 아래쪽을 투영한 경우의 평면도를 하면도라고 한다), P에 투영된 투영도를 측면도, F에 투영된 투영도를 정면도라고 한다.

4. 선과 면의 투영

선 혹은 면이 투영면에 경사되어 있는 경우, 그 투영된 것은 실제 길이, 실제 모양, 혹은 실제 각도(직선과 투영면이 이루는 각을 실제 각도, 투영과 기본선이 이루는 각을 투영각이라고 한다)를 나타내지 않는다. 따라서 이 경우 그 실제 길이, 실제 모양을 알기 위해서는 그 직선 혹은 면을 평화면 혹은 입화면에 평행하게 될 때까지 회전시켜 구하면 된다. 7·38 그림은 그 예를 나타낸다.

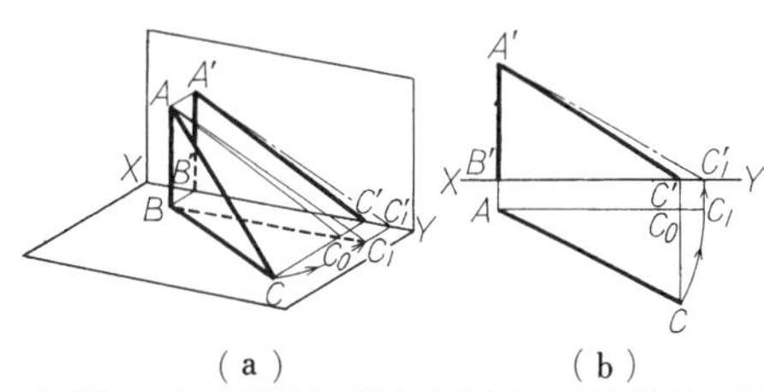

7·38 그림 투영면에 대해 경사되는 선과 면의 투영

5. 입체의 투영

입체의 투영은 면 및 선의 투영으로 이루어지기 때문에 입체에 포함되는 면 혹은 선이 투영면에 대해 경사될 때에는 앞에서 말한 면, 선의 투영인 경우와 마찬가지로 그 실제 모양을 나타내지 않기 때문에 실제 모양을 구할 때에는 앞에서 말한 경우와 마찬가지로 투영도를 구하던가, 혹은 그 면에 평행한 특별한 투영면을 설정해 거기에 투영하면 경사면의 실제 모양을 얻을 수 있다. 이라한 면을 보조 투영면이라고 하며, 7·39 그림은 그것을 나타낸 것이다.

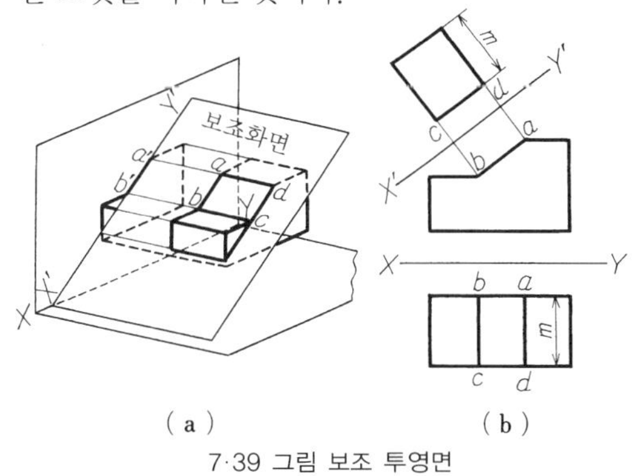

7·39 그림 보조 투영면

6. 입체의 단면

평면으로 입체를 자른 단면의 투영과 실제 모양을 그려 나타낸 도형을 단면도라고 한다. 7·40 그림은 원뿔을 *ST* 평면으로 자른 단면의 실제 모양의 투영을 구한 예이다.

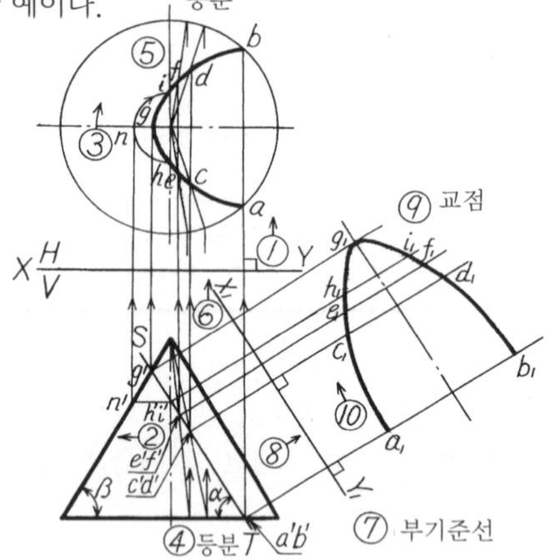

7·40 그림 원뿔의 단면

7. 상관체의 투영

2개 이상의 입체가 서로 교차하는 것을 상관체라고 하며, 상관하는 이들 입체의 표면과 표면의 교접선을 상관선이라고 한다. 상관체의 투영에서는 이 상관선을 구하는 것이 필요하다. 7·41 그림은 사각기둥과 사각기둥의 상관체 투영도를 나타낸다. 또한 7·42 그림은 2개의 원주 상관체의 투영도를 나타낸다. 이들 그림으로 알 수 있듯이 일반적으로 평면으로 이루어지는 입체의 상관선은 직선이 되고, 곡면에 의한 입체의 상관선은 곡선이 된다.

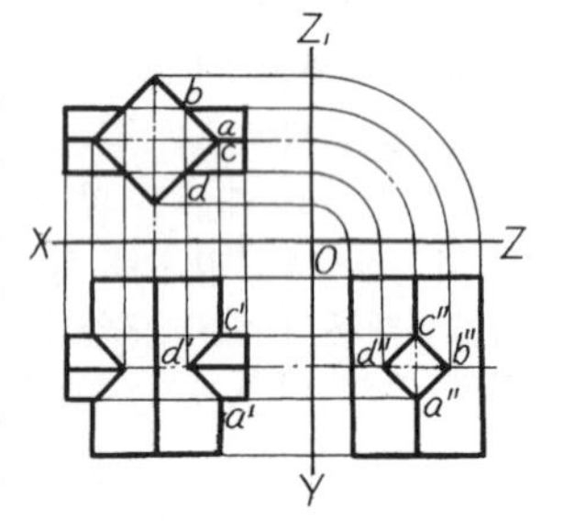

7·41 그림 사각기둥의 상관체

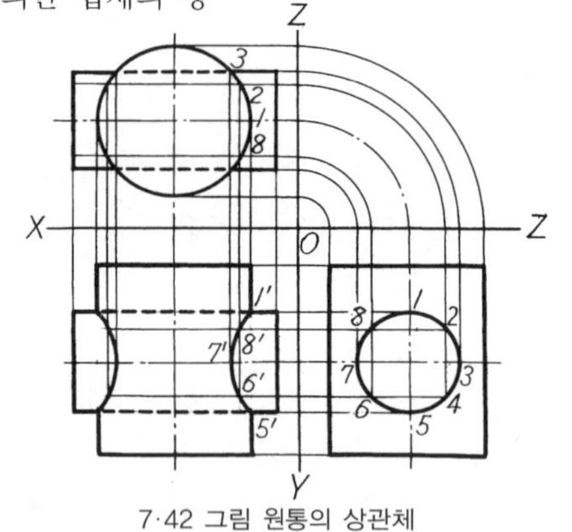

7·42 그림 원통의 상관체

8. 입체의 전개도

입체의 표면을 1평면 상에 펼쳐 놓은 도형을 그 입체의 전개도라고 한다. 전개도는 투영도를 기초로 해서 그리며, 상관체의 경우에는 상관선을 구해 두는 것이 필요하다. 또한 전개도는 물품의 실제 길이로 그리는 것이기 때문에 투영도에서 실제 길이로 나타나 있지 않은 것은 실제 길이를 구해 두는 것이 필요하다. 이하에 전개도의 예를 나타낸다 (7·43 그림~7·52 그림). 또한 입체의 전개는 거의 다음과 같은 세 가지 방법을 이용해 완성된다. ① 7·43 그림과 같이 입체의 투영도에서 평행선을 끌어내어 전개도를 구하는 방법. ②7·47 그림과 같이 입체를 우선 부채형으로 전개해, 필요한 전개도를 구하는 방법. ③7·50 그림과 같이 입체를 적당한 수의 삼각형으로 분할해 전개도를 구하는 방법의 세 가지이다. 7·43 그림에서 7·52 그림까지 들은 것은 이들 세 가지 방법에 의한 대표적인 그림 예인데, 다른 입체도 세 가지 방법 중 어느 하나 혹은 그 조합에 의해 구해진다. 또한 그림 예 중의 화살표는 전개의 순서를 나타낸 것이다.

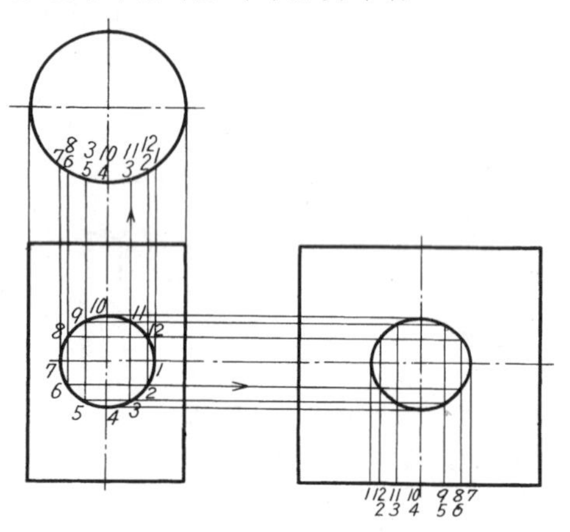

7·43 그림 관통한 구멍이 있는 원통의 전개

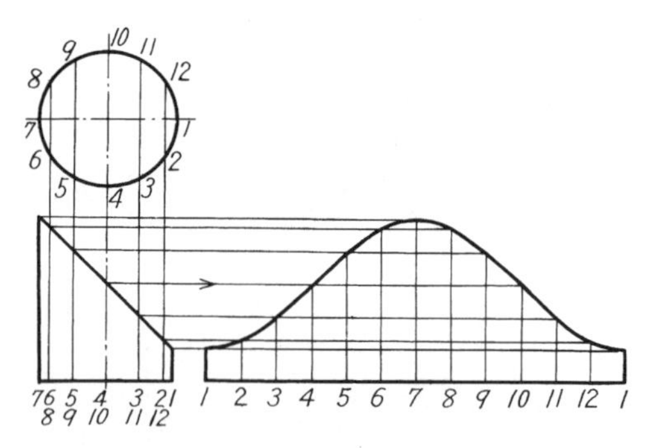

7·44 그림 비스듬히 절단한 원통의 전개

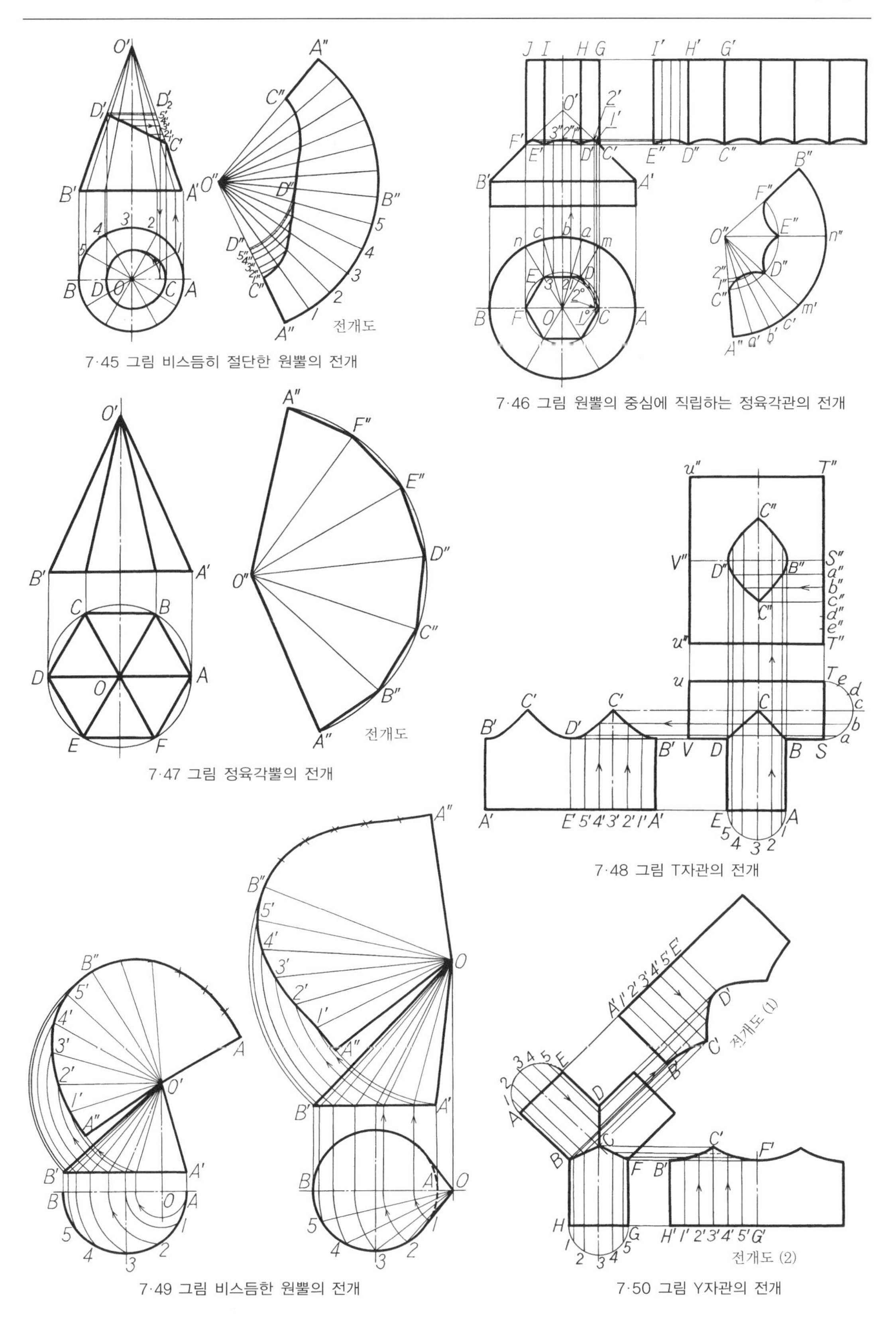

7·45 그림 비스듬히 절단한 원뿔의 전개

7·46 그림 원뿔의 중심에 직립하는 정육각관의 전개

7·47 그림 정육각뿔의 전개

7·48 그림 T자관의 전개

7·49 그림 비스듬한 원뿔의 전개

7·50 그림 Y자관의 전개

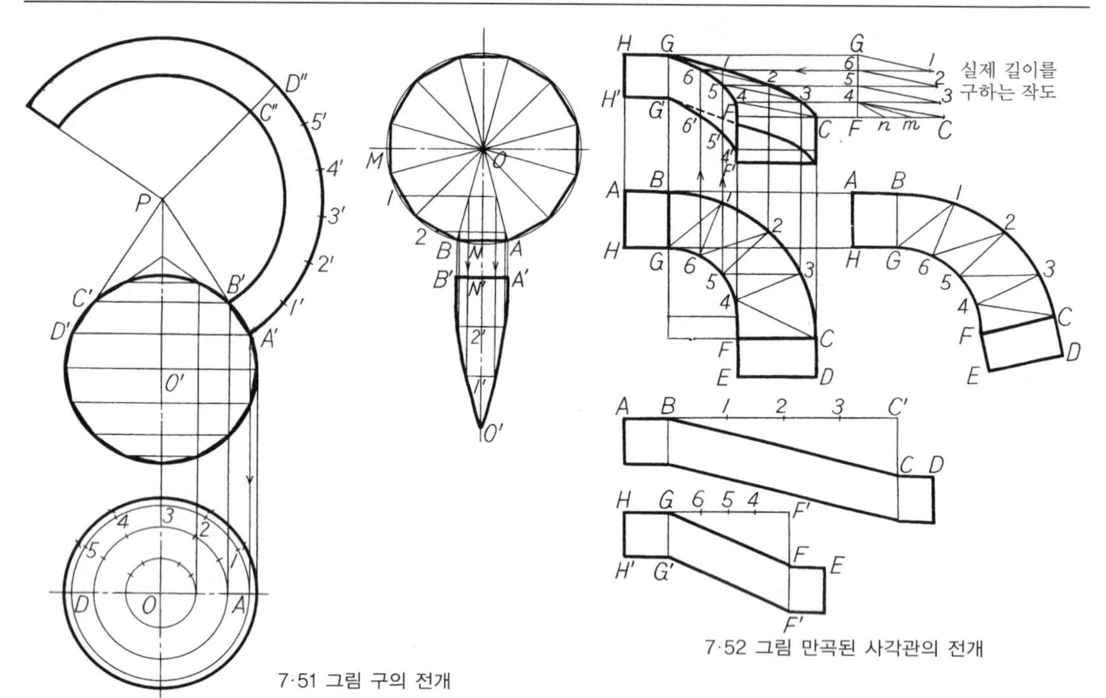

7·51 그림 구의 전개

7·52 그림 만곡된 사각관의 전개

9. 캠의 선도

캠은 회전운동을 하는 일종의 판상장치로, 일반적으로 굴곡된 주변을 가지며 대부분 원동자로서 작용하고, 그 곡연에 접촉하는 종동자에 주기적인 운동을 하게 하는 것이다.

7·53 그림은 각종 캠을 나타낸 것이다. 즉, 캠의 운동에 의해 (a), (c), (d)에서는 종동자가 상하운동, (e), (f)에서는 왕복운동, (b)에서는 진자운동을 하는 것이다.

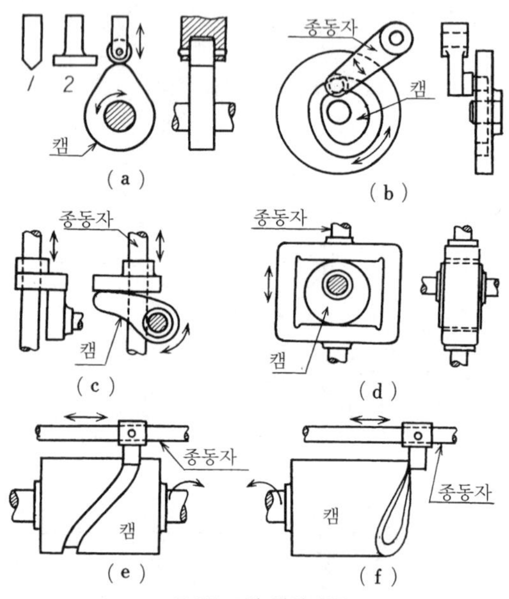

7·53 그림 캠의 종류

이 중에서도 가장 널리 이용되고 있는 것은 (a)의 판캠이다.

10. 캠선도 및 캠의 화법

캠의 운동은 캠선도에 의해 나타낸다. 이 캠선도는 캠의 회전과 그것에 동반하는 종동자의 운동의 관계를 나타낸 것으로, 일반적으로 가로축에 캠의 회전각을 잡고 세로축에 종동자의 상승 혹은 하강의 높이를 잡는다. 캠의 화법은 이 캠선도를 기본으로 하는 것이다.

7·54 그림은 판캠의 캠선도를 나타낸 것이다. 이 캠선도는 캠이 처음 위치에서 180° 인 곳에서 급격하게 낙하하고, 다음으로 360° 까지는 등속으로 하강해 가는 것을 나타내고 있다.

또한 7·55 그림은 7·54 그림인 경우의 캠의 화법을 나타낸 것이다. 이것을 그리는 경우에는 우선 AC를 반경으로 해 C를 중심으로 원을 그리고, 그 반원주를 그림에 나타냈듯이 6등분해 이들의 등분점을 각각 a', b', c', d', e', f'로 한다. 이들 점과 중심 C를 연결해 그것을 연장해 둔다.

다음으로 그림에 나타냈듯이 AB를 캠선도에 나타낸 종동자의 상승 부분 높이와 동일하게 잡고, AB를 직경으로 하는 반원을 그린다. 이 반원주를 앞과 동일하게 6등분해, 이들 점에서 $\overline{AB}$에 수직선을 내리고 그 교점을 1, 2, 3, 4, 5로 한다.

다음으로 C를 중심으로 $C1$, $C2$, $C3$, …를 반경으로 해서 원호를 그리고, 그림에 나타냈듯이 1′, 2′, 3′…를 구한다. 이들 점을 연결하면, 상승 부분에 필요한 캠의 외형을 얻는다.

또한 180°의 점에서 B의 낙하 높이는 7·54 그림에 나타낸 캠선도로부터 알 수 있듯이 B3으로 얻어진다.

180°에서 360°까지의 등속 하강 부분의 화법은 $A3$를 6등분해서 앞과 동일한 방법으로 그려서 구하면 된다.

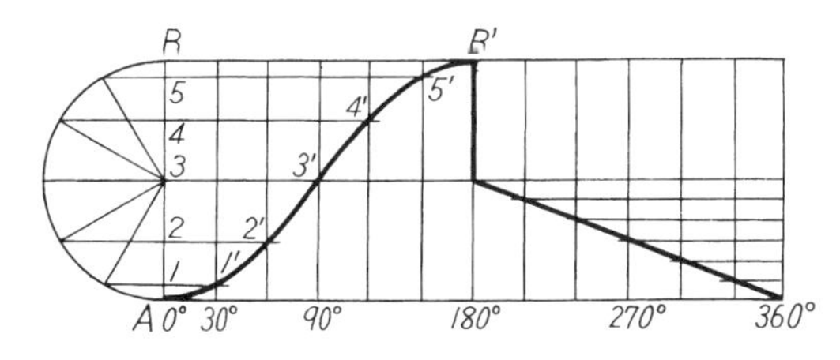

7·54 그림 캠선도

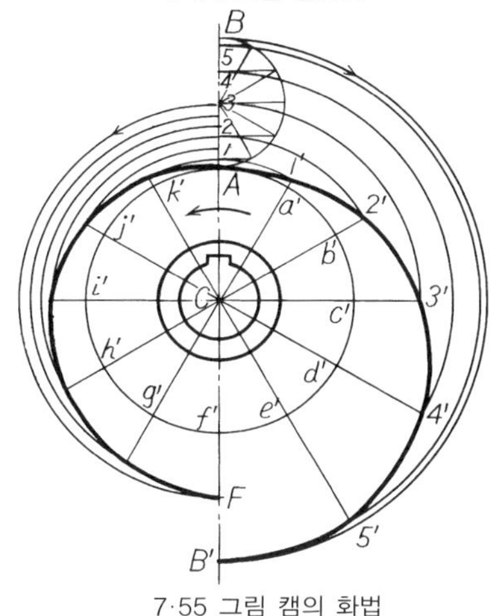

7·55 그림 캠의 화법

7·56 그림은 종동자에 나이프 에지를 이용한 등속도 캠의 화법을 나타낸 것이다. 이것을 그리는 경우에는 우선 $A0$를 반경으로 원을 그리고, 그 4분의 1원주를 그림에 나타냈듯이 6등분해 이들 등분점을 각각 a', b', c', d', e'로 한다. 이들 점과 중심 0을 연결해 그것을 연장해 둔다. 다음으로 최대 리프트 L을 B의 점에서 0B의 연장선상에 잡아 C로 하고, L을 6등분한다. 각각을 1, 2, 3, 4, 5로 한다.

다음으로 0을 중심으로 01, 02, 03 …을 반경으로 원호를 그리고, 그림에 나타냈듯이 1′, 2′, 3′…를 구한다. 이들 점을 연결하면, 상승 부분에 필요한 캠의 외형을 얻는다.

또한 다음의 4분의 1원주도 앞과 동일한 방법으로 그려서 구한다.

이상과 같이 얻어진 캠의 도형은 종동자가 나이프 에지인 등속도 캠으로, 캠이 90도 회전하는 동안에 최대 리프트 L를 얻을 수 있고, 다음의 90도 회전으로 등속으로 원래의 위치로 돌아간다.

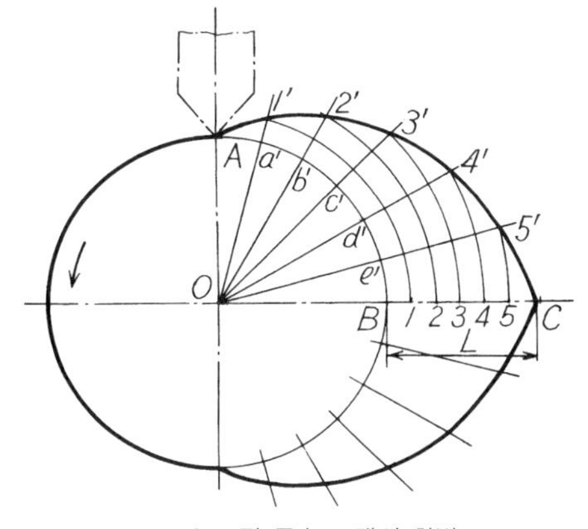

7·56 그림 등속도 캠의 화법

제8장

체결용 기계 요소의 설계

8장. 체결용 기계 요소의 설계

어떤 기계가 설계되기 위해서는 기계의 사용 목적→그 목적을 만족시키는 기구→그들 기구에 사용되는 각 부분의 재료와 그 강도의 결정→실제로 공작에 대해 생기는 문제, 예를 들면 경제적인 면이나 공작 방법 면 등의 고려와 각 부분의 치수 결정→제작도(흔히 공작도라고 한다)의 작성이라는 과정을 거친다. 일반적으로 기계 설계는 모든 기계에 공통적인 요소로 되어 있는 기어, 나사 부품, 전동장치 등을 연구해 모든 기계의 설계 기초로 하는 것이다. 또한 이러한 공통이면서 한편으로 중요한 요소가 되는 부품에 대해서는 다량 생산을 위해 그 실용품의 규격 통일이 이루어지고 있으며, 설계에 의한 계획 치수는 그것에 가장 가까운 규격품을 사용하는 것이 필요하게 된다. 일본에서는 말할 필요도 없이 당연히 JIS에 의해 규정되어 있다. 이하 이 책에서는 8~15장에 주요한 기계 요소에 대해 설명한다.

8 · 1 나사

1. 나사에 대해서

(1) 나사 각부의 명칭

8·1 그림과 같이 삼각형 abc가 원통 주위를 감쌀 때, 사선 ac가 만드는 곡선을 나선(helix)이라고 한다. 이 나선을 따라 삼각형, 사각형 등의 단면을 가진 홈을 만들면, 원통의 곡면에는 산과 골로 이루어지는 입체가 생긴다. 이것을 나사(screw)라고 한다. 이 나사의 나선을 만드는 삼각형 abc의 $\angle cab=\theta$를 리드각이라고 하며, 나선이 원통을 한 바퀴 돌아 축방향으로 이동하는 거리 L을 그 나사의 리드라고 한다.

삼각형 abc에서는 리드의 거리만큼 이동했을 때, 정확히 바닥변 ab가 원주를 한번 감기 때문에 원통의 직경을 D로 하면,

$$ab = \pi D$$

이다. 또한 나사는 1회전했을 때 1리드 이동하기 때문에 리드각 θ, 원통의 직경 D, 리드 L의 사이에는 다음의 관계가 성립된다.

$$\tan\theta = \frac{L}{\pi D}$$

이웃한 나사산의 중심에서 중심까지의 거리를 피치라고 한다. 1리드 사이에 1줄의 나선이 있는 것을 한줄나사라고 하고, 2줄, 3줄이 있는 것을 각각 두줄나사, 세줄나사라고 한다. 이렇게 나사의 줄 수가 2개 이상인 것을 다줄나사라고 하며, 이 경우의 리드는 피치의 줄 수배가 된다(8·2 그림). 또한 나사의 감는 법에 따라 8·3 그림 (a)와 같이 오른쪽으로 올라가는 것을 오른나사, 동 그림 (b)와 같이 왼쪽으로 올라가는 것을 왼나사라고 한다.

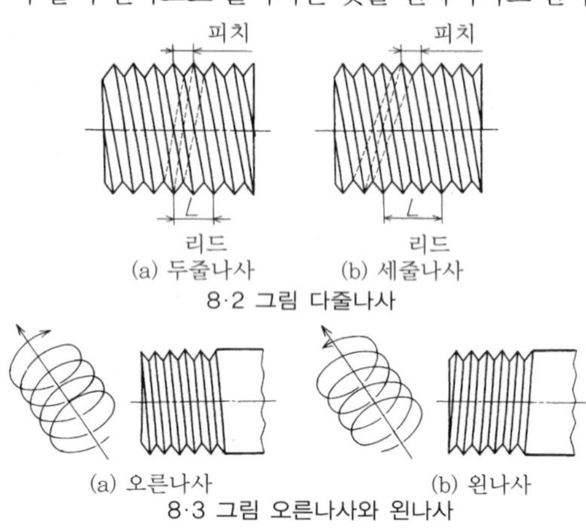

(a) 두줄나사 (b) 세줄나사

8·2 그림 다줄나사

(a) 오른나사 (b) 왼나사

8·3 그림 오른나사와 왼나사

(2) 수나사와 암나사

나사가 원통의 표면에 생기는 것을 수나사[8·4 그림 (a)]라고 하는데, 이 나사는 원통 모양의 구멍 내면에도 똑같이 만들 수 있으며 이를 암나사[8·4 그림 (b)]라고 한다. 수나사와 암나사의 나선, 직경이 완전히 일치했을 때에 이 1쌍의 나사는 서로 들어맞는다.

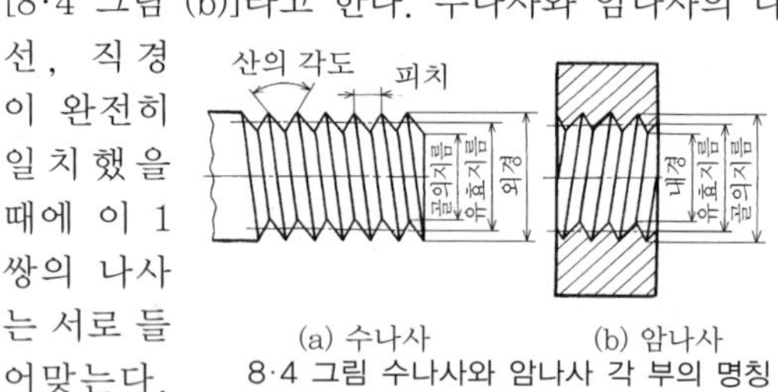

(a) 수나사 (b) 암나사

8·4 그림 수나사와 암나사 각 부의 명칭

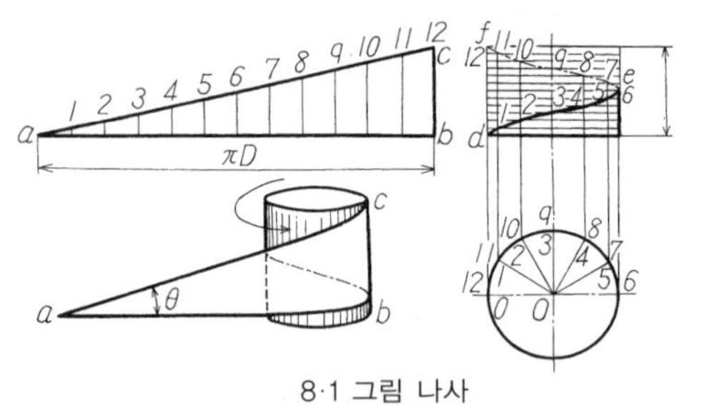

8·1 그림 나사

나사는 이러한 1쌍의 수나사와 암나사의 조합에 의해 사용되는 것이다.

(3) 나사의 용도 나사는 다음과 같은 목적으로 사용된다.

(i) 고착용 별도의 두 물체를 죄거나, 혹은 필요에 따라 체결을 푸는 작용을 한다.

[예] 볼트, 너트 (8·5 그림)

(ii) 2부분의 거리 가감용 두 부분 간의 거리를 세밀하게 가감하는 작용을 한다.

[예] 마이크로 미터 (8·6 그림)

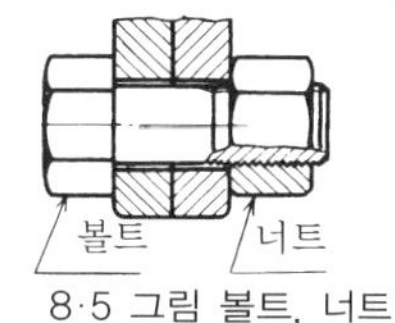

8·5 그림 볼트, 너트

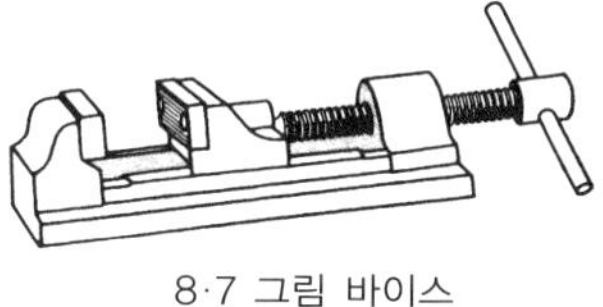

8·6 그림 마이크로 미터

(iii) 운동 또는 동력전달용 부품에 운동을 주어 이동시키거나 동력을 전달하는 작용을 한다.

8·7 그림 바이스

[예] 바이스(8·7 그림), 공작기계 이송장치

2. 나사의 종류와 그 특징

8 · 8 그림은 각종 기본 나사를 나타낸 것이다. 이하 이들 나사에 대해 설명한다.

(1) 삼각나사

나사의 단면이 삼각형이고 주로 고착용으로 사용되며 제작이 용이하다. 이 삼각나사에는 JIS 규격에서 미터계의 일반용 미터나사('보통', '가는눈')(8·1 표~8·3 표) 및 인치계 유니파이 보통 나사(8·4 표), 유니파이 가는눈 나사(8·7 표)가 규정되어 있다. 기존의 미터 보통 나사 및 미터 가는눈 나사는 '일반용 미터나사'로서 하나로 묶였지만, 이 책에서는 기존의 관례에 따라 구분하여 취급한다.

여기서 가는눈 나사란 기준 산형은 보통 나사와 동일한데, 직경(호칭시름)에 대한 피치의 비율이 작은 것을 말한다.

또한 규격에서는 특수한 삼각나사로서 미니어처 나사(8·8 표), 자전거용 나사(8·9 표), 재봉틀용 나사(8·10 표)를 규정하고 있다. 이들은 모두 산의 각도는 60°로, 각각 세밀한 부분(직경 1.4~0.3mm까지), 자전거, 재봉틀의 전용 나사로서 사용된다.

(2) 사각나사 나사산의 단면이 정사각형을 하고 있다. 이것은 프레스와 같이 힘을 필요로 하는 데 사용되며, 주로 동력전달용으로 이용된다. 일반적으로 사각나사는 셀러스 보통 사각나사가 이용되는 경우가 많다(8·11 표).

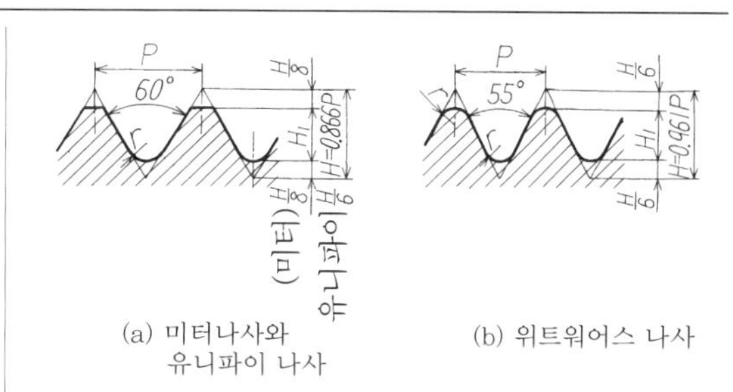

(a) 미터나사와 유니파이 나사 (b) 위트워어스 나사

(1) 삼각나사

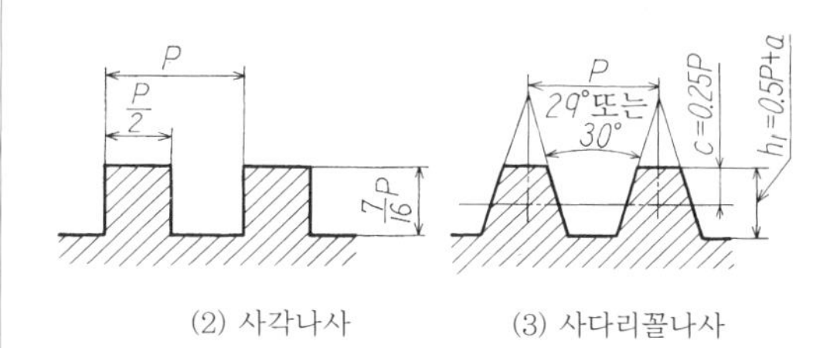

(2) 사각나사 (3) 사다리꼴나사

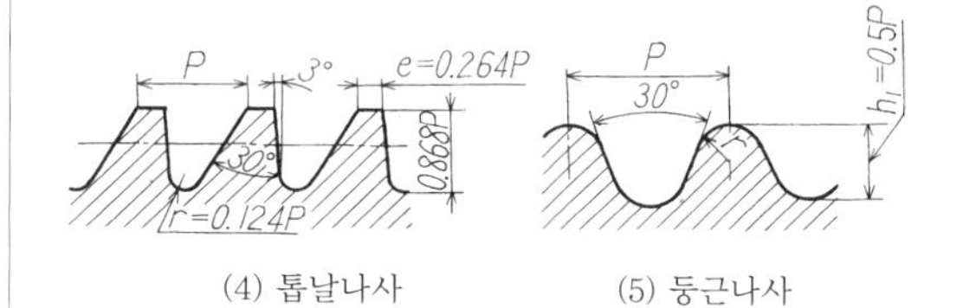

(4) 톱날나사 (5) 둥근나사

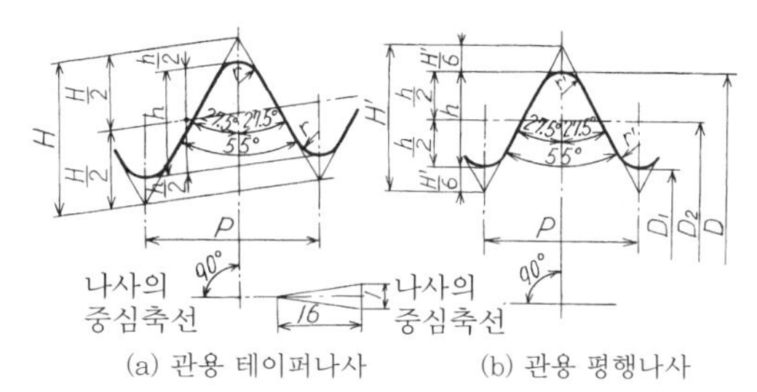

(a) 관용 테이퍼나사 (b) 관용 평행나사

(6) 관용 나사

8·8 그림 각종 기본 나사

(3) 사다리꼴나사 나사산의 단면이 사다리꼴로 되어 있는 것으로, JIS에서는 미터 사다리꼴 나사를 규정하고 있다(8·12 표). 이 나사는 선반 등의 리드스크류 등에 이용되는 것이다.

(4) 톱날나사 이 나사는 사각나사와 삼각나사를 조합한 것으로, 한 방향 하중만의 동력용 나사로서 이용된다.

(5) 둥근나사 이 나사는 산꼭대기와 골짜기의 라운딩이 매우 큰 것이 특징으로, 나사산이 파손

될 우려가 없는 전구 꼭지의 나사와 같이 박판 원통에서 제조해 만드는 경우에 이용한다.

(6) **관용 나사** 이것은 관, 관용 부품, 유체기기 등을 접속할 때에 이용하는 나사로, 평행나사와 테이퍼나사가 있으며 관의 기계적 결합을 주목적으로 할 때에는 평행나사를 이용하고, 나사부의 내밀성을 주목적으로 할 때에는 테이퍼나사를 이용한다. 8·15 표~8·17 표는 이들 형상 및 치수를 나타낸 것이다. 또한 관용 나사의 호칭은 처음에는 가스관의 호칭(내경의 인치 치수)으로 불렸지만, 기술의 발전으로 살두께를 얇게 할 수 있게 되어 외경은 나사를 자르는 관계 상 바꿀 수 없고 내경이 점점 커져 현재는 양자의 관계가 줄어들었다.

KS B 0201

8·1 표 일반용 미터나사 '보통'의 기준 치수와 피치의 선택 (JIS B 0205-1~4)　(단위 mm)

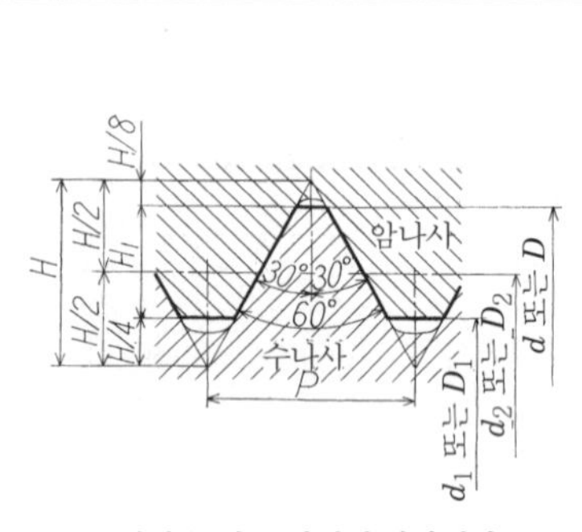

굵은 실선은 기준 산형의 나타낸다.

$$H = \frac{\sqrt{3}}{2} P = 0.866025P$$

$$H_1 = \frac{5}{8} H = 0.541266P$$

$$d_2 = d - 0.649519P$$

$$d_1 = d - 1.082532P$$

$$D = d,\ D_2 = d_2,\ D_1 = d_1$$

[주] (1) 순위는 1을 우선적으로, 필요에 따라 2, 3의 순으로 선택한다. 그리고 순위 1, 2, 3은 ISO 261에 규정되어 있는 ISO 미터나사 호칭지름의 선택 기준에 일치한다.

(2) 굵은 글자의 피치는 호칭지름 1~64mm의 범위에서 나사부품용으로서 선택한 사이즈로, 일반 공업용으로서 추천한다.

[비고] 이 규격은 일반적으로 이용하는 미터나사 '보통'에 대해 규정한다.

'보통', '가는눈'(8·2 표, 8·3 표) 등의 용어는 기존의 관례를 따르기 위해 사용하는데, 이들 용어에서 품질의 개념을 연상해서는 안 된다.

'보통' 피치가 실제로 유통하고 있는 최대의 미터계 피치이다.

나사의 호칭		피치[(2)]	접촉 높이	암나사 골의 지름	암나사 유효지름	암나사 내경
나사의 호칭	순위[(1)]	P	H_1	D	D_2	D_1
				수나사 외경 d	수나사 유효지름 d_2	수나사 골의 지름 d_1
M 1	1	**0.25**	0.135	1.000	0.838	0.729
M 1.1	2	0.25	0.135	1.100	0.938	0.829
M 1.2	1	**0.25**	0.135	1.200	1.038	0.929
M 1.4	2	**0.3**	0.162	1.400	1.205	1.075
M 1.6	1	**0.35**	0.189	1.600	1.373	1.221
M 1.8	2	**0.35**	0.189	1.800	1.573	1.421
M 2	1	**0.4**	0.217	2.000	1.740	1.567
M 2.2	2	0.45	0.244	2.200	1.908	1.713
M 2.5	1	**0.45**	0.244	2.500	2.208	2.013
M 3×0.5	1	**0.5**	0.271	3.000	2.675	2.459
M 3.5	2	**0.6**	0.325	3.500	3.110	2.850
M 4×0.7	1	**0.7**	0.379	4.000	3.545	3.242
M 4.5	2	0.75	0.406	4.500	4.013	3.688
M 5×0.8	1	**0.8**	0.433	5.000	4.480	4.134
M 6	1	**1**	0.541	6.000	5.350	4.917
M 7	2	**1**	0.541	7.000	6.350	5.917
M 8	1	**1.25**	0.677	8.000	7.188	6.647
M 9	3	1.25	0.677	9.000	8.188	7.647
M 10	1	**1.5**	0.812	10.000	9.026	8.376
M 11	3	1.5	0.812	11.000	10.026	9.376
M 12	1	**1.75**	0.947	12.000	10.863	10.106
M 14	2	**2**	1.083	14.000	12.701	11.835
M 16	1	**2**	1.083	16.000	14.701	13.835
M 18	2	**2.5**	1.353	18.000	16.376	15.294
M 20	1	**2.5**	1.353	20.000	18.376	17.294
M 22	2	**2.5**	1.353	22.000	20.376	19.294
M 24	1	**3**	1.624	24.000	22.051	20.752
M 27	2	**3**	1.624	27.000	25.051	23.752
M 30	1	**3.5**	1.894	30.000	27.727	26.211
M 33	2	**3.5**	1.894	33.000	30.727	29.211
M 36	1	**4**	2.165	36.000	33.402	31.670
M 39	2	**4**	2.165	39.000	36.402	34.670
M 42	1	**4.5**	2.436	42.000	39.077	37.129
M 45	2	**4.5**	2.436	45.000	42.077	40.129
M 48	1	**5**	2.706	48.000	44.752	42.587
M 52	2	**5**	2.706	52.000	48.752	46.587
M 56	1	**5.5**	2.977	56.000	52.428	50.046
M 60	2	**5.5**	2.977	60.000	56.428	54.046
M 64	1	**6**	3.248	64.000	60.103	57.505
M 68	2	6	3.248	68.000	64.103	61.505

KS B 0204

8·2 표 일반용 미터나사 '가는눈' 피치의 선택 (JIS B 0205-2)

(단위 mm)

호칭지름	순위[1]	피치[2]			
1	1	0.2			
1.1	2	0.2			
1.2	1	0.2			
1.4	2	0.2			
1.6	1	0.2			
1.8	2	0.2			
2	1	0.25			
2.2	2	0.25			
2.5	1	0.35			
3	1	0.35			
3.5	2	0.35			
4	1	0.5			
4.5	2	0.5			
5	1	0.5			
5.5	3	0.5			
6	1	0.75			
7	2	0.75			
8	1	**1**		0.75	
9	3	1		0.75	
10	1	**1.25**		**1**	0.75
11	3	1		0.75	
12	1	**1.5**		**1.25**	1
14	2	**1.5**		1.25[3]	1
15	3	1.5		1	
16	1	**1.5**		1	
17	3	1.5		1	
18	2	**2**		**1.5**	1
20	1	**2**		**1.5**	1
22	2	**2**		**1.5**	1
24	1	**2**		1.5	1
25	3	2		1.5	1
26	3	1.5			
27	2	**2**		1.5	1
28	3	2		1.5	1
30	1	(3)	**2**	1.5	1
32	3	2		1.5	

호칭지름	순위[1]	피치[2]				
33	2			(3)	**2**	1.5
35[4]	3					1.5
36	1			**3**	2	1.5
38	3					1.5
39	2			**3**	2	1.5
40	3			3	2	1.5
42	1		4	3	2	1.5
45	2		4	**3**	2	1.5
48	1		4	**3**	2	1.5
50	3			3	2	1.5
52	2		**4**	3	2	1.5
55	3		4	3	2	1.5
56	1		**4**	3	2	1.5
58	3		4	3	2	1.5
60	2		**4**	3	2	1.5
62	3		4	3	2	1.5
64	1		**4**	3	2	1.5
65	3		4	3	2	1.5
68	2		4	3	2	1.5
70	3	6	4	3	2	1.5
72	1	6	4	3	2	1.5
75	3		4	3	2	1.5
76	2	6	4	3	2	1.5
78	3				2	
80	1	6	4	3	2	1.5
82	3				2	
85	2	6	4	3	2	
90	1	6	4	3	2	
95	2	6	4	3	2	
100	1	6	4	3	2	
105	2	6	4	3	2	
110	1	6	4	3	2	
115	2	6	4	3	2	
120	2	6	4	3	2	
125	1	6	4	3	2	
130	2	6	4	3	2	

호칭지름	순위[1]	피치[2]			
135	3	6	4	3	2
140	1	6	4	3	2
145	3	6	4	3	2
150	2	6	4	3	2
155	3	6	4	3	
160	1	6	4	3	
165	3	6	4	3	
170	2	6	4	3	
175	3	6	4	3	
180	1	6	4	3	
185	3	6	4	3	
190	2	6	4	3	
195	3	6	4	3	
200	1	6	4	3	
205	3	6	4	3	
210	2	6	4	3	
215	3	6	4	3	
220	1	6	4	3	
225	3	6	4	3	
230	3	6	4	3	
235	3	6	4	3	
240	2	6	4	3	
245	3	6	4	3	
250	1	6	4	3	
255	3	6	4		
260	2	6	4		
265	3	6	4		
270	3	6	4		
275	3	6	4		
280	1	6	4		
285	3	6	4		
290	3	6	4		
295	3	6	4		
300	2	6	4		

[주] (1) 순위는 1에서 우선적으로 선택한다. 이것은 ISO 미터나사 호칭지름의 선택 기준에 일치한다.
(2) 굵은 글씨의 피치는 일반 공업용으로서 권장하는 사이즈이다(8·3표의 [주](1) 참조).
(3) 호칭지름 14mm, 피치 1.25mm의 나사는 내연기관용 점화 플러그의 나사에 한해 이용한다.
(4) 호칭지름 35mm의 나사는 구름 베어링을 고정하는 나사에 한해 이용한다.

[비고] 1. 괄호를 붙인 피치는 가급적 이용하지 않는다.
2. 위의 표에 나타낸 나사보다 피치가 작은 나사가 필요한 경우에 대해서는 8·3 표 [비고]의 2를 참조할 것.

8·3 표 일반용 미터나사 '가는눈'의 기준 치수 (JIS B 0205-1~4) (단위 mm)

KS B 0204

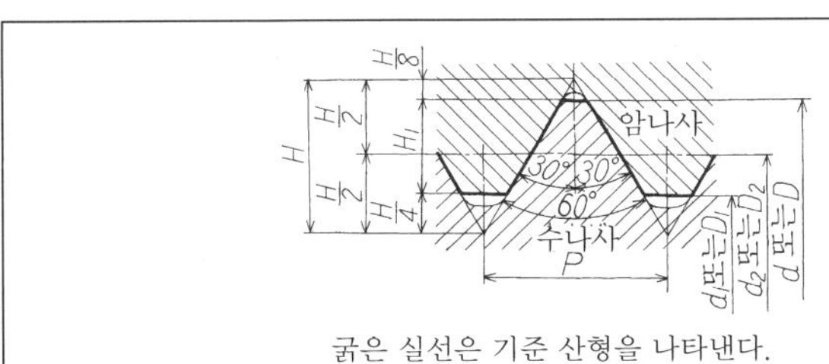

굵은 실선은 기준 산형을 나타낸다.

$$H = \frac{\sqrt{3}}{2}P = 0.866025P$$

$$H_1 = \frac{5}{8}H = 0.541266P$$

$$d_2 = d - 0.649519P$$

$$d_1 = d - 1.082532P$$

$$D = d,\ D_2 = d_2,\ D_1 = d_1$$

(다음 페이지에 계속)

나사의 호칭	피치 P [1]	접촉 높이 H_1	암나사		
			골 지름 D	유효지름 D_2	내경 D_1
			수나사		
			외경 d	유효지름 d_2	골 지름 d_1
M1 ×0.2	0.2	0.108	1.000	0.870	0.783
M1.1×0.2	0.2	0.108	1.100	0.970	0.883
M1.2×0.2	0.2	0.108	1.200	1.070	0.983
M1.4×0.2	0.2	0.108	1.400	1.270	1.183
M1.6×0.2	0.2	0.108	1.600	1.470	1.383
M1.8×0.2	0.2	0.108	1.800	1.670	1.583
M2 ×0.25	0.25	0.135	2.000	1.838	1.729
M2.2×0.25	0.25	0.135	2.200	2.038	1.929
M2.5×0.35	0.35	0.189	2.500	2.273	2.121
M3 ×0.35	0.35	0.189	3.000	2.773	2.621
M3.5×0.35	0.35	0.189	3.500	3.273	3.121
M4 ×0.5	0.5	0.271	4.000	3.675	3.459
M4.5×0.5	0.5	0.271	4.500	4.175	3.959
M5 ×0.5	0.5	0.271	5.000	4.675	4.459
M5.5×0.5	0.5	0.271	5.500	5.175	4.959
M6 ×0.75	0.75	0.406	6.000	5.513	5.188
M7 ×0.75	0.75	0.406	7.000	6.513	6.188
M8 ×1	**1**	0.541	8.000	7.350	6.917
M8 ×0.75	0.75	0.406	8.000	7.513	7.188
M9 ×1	1	0.541	9.000	8.350	7.917
M9 ×0.75	0.75	0.406	9.000	8.513	8.188
M10×1.25	**1.25**	0.677	10.000	9.188	8.647
M10×1	**1**	0.541	10.000	9.350	8.917
M10×0.75	0.75	0.406	10.000	9.513	9.188
M11×1	1	0.541	11.000	10.350	9.917
M11×0.75	0.75	0.406	11.000	10.513	10.188
M12×1.5	**1.5**	0.812	12.000	11.026	10.376
M12×1.25	**1.25**	0.677	12.000	11.188	10.647
M12×1	1	0.541	12.000	11.350	10.917
M14×1.5	**1.5**	0.812	14.000	13.026	12.376
M14×1.25	1.25[2]	0.677	14.000	13.188	12.647
M14×1	1	0.541	14.000	13.350	12.917
M15×1.5	1.5	0.812	15.000	14.026	13.376
M15×1	1	0.541	15.000	14.350	13.917
M16×1.5	**1.5**	0.812	16.000	15.026	14.376
M16×1	1	0.541	16.000	15.350	14.917
M17×1.5	1.5	0.812	17.000	16.026	15.376
M17×1	1	0.541	17.000	16.350	15.917
M18×2	**2**	1.083	18.000	16.701	15.835
M18×1.5	**1.5**	0.812	18.000	17.026	16.376
M18×1	1	0.541	18.000	17.350	16.917
M20×2	**2**	1.083	20.000	18.701	17.835
M20×1.5	**1.5**	0.812	20.000	19.026	18.376
M20×1	1	0.541	20.000	19.350	18.917
M22×2	**2**	1.083	22.000	20.701	19.835
M22×1.5	**1.5**	0.812	22.000	21.026	20.376
M22×1	1	0.541	22.000	21.350	20.917
M24×2	**2**	1.083	24.000	22.701	21.835
M24×1.5	1.5	0.812	24.000	23.026	22.376
M24×1	1	0.541	24.000	23.350	22.917
M25×2	2	1.083	25.000	23.701	22.835
M25×1.5	1.5	0.812	25.000	24.026	23.376
M25×1	1	0.541	25.000	24.350	23.917
M26×1.5	1.5	0.812	26.000	25.026	24.376
M27×2	**2**	1.083	27.000	25.701	24.835
M27×1.5	1.5	0.812	27.000	26.026	25.376
M27×1	1	0.541	27.000	26.350	25.917
M28×2	2	1.083	28.000	26.701	25.835
M28×1.5	1.5	0.812	28.000	27.026	26.376
M28×1	1	0.541	28.000	27.350	26.917
M30×3	(3)	1.624	30.000	28.051	26.752
M30×2	**2**	1.083	30.000	28.701	27.835
M30×1.5	1.5	0.812	30.000	29.026	28.376
M30×1	1	0.541	30.000	29.350	28.917
M32×2	2	1.083	32.000	30.701	29.835
M32×1.5	1.5	0.812	32.000	31.026	30.376
M33×3	(3)	1.624	33.000	31.051	29.752
M33×2	2	1.083	33.000	31.701	30.835
M33×1.5	1.5	0.812	33.000	32.026	31.376
M35×1.5 [3]	1.5	0.812	35.000	34.026	33.376
M36×3	**3**	1.624	36.000	34.051	32.752
M36×2	2	1.083	36.000	34.701	33.835
M36×1.5	1.5	0.812	36.000	35.026	34.376
M38×1.5	1.5	0.812	38.000	37.026	36.376
M39×3	**3**	1.624	39.000	37.051	35.752
M39×2	2	1.083	39.000	37.701	36.835
M39×1.5	1.5	0.812	39.000	38.026	37.376
M40×3	3	1.624	40.000	38.051	36.752
M40×2	2	1.083	40.000	38.701	37.835
M40×1.5	1.5	0.812	40.000	39.026	38.376
M42×4	4	2.165	42.000	39.402	37.670
M42×3	**3**	1.624	42.000	40.051	38.752
M42×2	2	1.083	42.000	40.701	39.835
M42×1.5	1.5	0.812	42.000	41.026	40.376
M45×4	4	2.165	45.000	42.402	40.670
M45×3	**3**	1.624	45.000	43.051	41.752
M45×2	2	1.083	45.000	43.071	42.835
M45×1.5	1.5	0.812	45.000	44.026	43.376
M48×4	4	2.165	48.000	45.402	43.670
M48×3	**3**	1.624	48.000	46.051	44.752
M48×2	2	1.083	48.000	46.701	45.835
M48×1.5	1.5	0.812	48.000	47.026	46.376
M50×3	3	1.624	50.000	48.051	46.752
M50×2	2	1.083	50.000	48.701	47.835
M50×1.5	1.5	0.812	50.000	49.026	48.376
M52×4	**4**	2.165	52.000	49.402	47.670
M52×3	3	1.624	52.000	50.051	48.752
M52×2	2	1.083	52.000	50.701	49.835
M52×1.5	1.5	0.812	52.000	51.026	50.376
M55×4	4	2.165	55.000	52.402	50.670
M55×3	3	1.624	55.000	53.051	51.752
M55×2	2	1.083	55.000	53.701	52.835
M55×1.5	1.5	0.812	55.000	54.026	53.376
M56×4	**4**	2.165	56.000	53.402	51.670
M56×3	3	1.624	56.000	54.051	52.752
M56×2	2	1.083	56.000	54.701	53.835
M56×1.5	1.5	0.812	56.000	55.026	54.376
M58×4	4	2.165	58.000	55.402	53.670
M58×3	3	1.624	58.000	56.051	54.752
M58×2	2	1.083	58.000	56.701	55.835
M58×1.5	1.5	0.812	58.000	57.026	56.376

(다음 페이지에 계속)

나사의 호칭	피치 P (1)	접촉 높이 H_1	암나사		
			골 지름 D	유효지름 D_2	내경 D_1
			수나사		
			외경 d	유효지름 d_2	골 지름 d_1
M60×4	4	2.165	60.000	57.402	55.670
M60×3	3	1.624	60.000	58.051	56.752
M60×2	2	1.083	60.000	58.701	57.835
M60×1.5	1.5	0.812	60.000	59.026	58.376
M62×4	4	2.165	62.000	59.402	57.670
M62×3	3	1.624	62.000	60.051	58.752
M62×2	2	1.083	62.000	60.701	59.835
M62×1.5	1.5	0.812	62.000	61.026	60.376
M64×4	4	2.165	64.000	61.402	59.670
M64×3	3	1.624	64.000	62.051	60.752
M64×2	2	1.083	64.000	62.701	61.835
M64×1.5	1.5	0.812	64.000	63.026	62.376
M65×4	4	2.165	65.000	62.402	60.670
M65×3	3	1.624	65.000	63.051	61.752
M65×2	2	1.083	65.000	63.701	62.835
M65×1.5	1.5	0.812	65.000	64.026	63.376
M68×4	4	2.165	68.000	65.402	63.670
M68×3	3	1.624	68.000	66.051	64.752
M68×2	2	1.083	68.000	66.701	65.835
M68×1.5	1.5	0.812	68.000	67.026	66.376
M70×6	6	3.248	70.000	66.103	63.505
M70×4	4	2.165	70.000	67.402	65.670
M70×3	3	1.624	70.000	68.051	66.752
M70×2	2	1.083	70.000	68.701	67.835
M70×1.5	1.5	0.812	70.000	69.026	68.376
M72×6	6	3.248	72.000	68.103	65.505
M72×4	4	2.165	72.000	69.402	67.670
M72×3	3	1.624	72.000	70.051	68.752
M72×2	2	1.083	72.000	70.701	69.835
M72×1.5	1.5	0.812	72.000	71.026	70.376
M75×4	4	2.165	75.000	72.402	70.670
M75×3	3	1.624	75.000	73.051	71.752
M75×2	2	1.083	75.000	73.701	72.835
M75×1.5	1.5	0.812	75.000	74.026	73.376
M76×6	6	3.248	76.000	72.103	69.505
M76×4	4	2.165	76.000	73.402	71.670
M76×3	3	1.624	76.000	74.051	72.752
M76×2	2	1.083	76.000	74.701	73.835
M76×1.5	1.5	0.812	76.000	75.026	74.376
M78×2	2	1.083	78.000	76.701	75.835
M80×6	6	3.248	80.000	76.103	73.505
M80×4	4	2.165	80.000	77.402	75.670
M80×3	3	1.624	80.000	78.051	76.752
M80×2	2	1.083	80.000	78.701	77.835
M80×1.5	1.5	0.812	80.000	79.026	78.376
M82×2	2	1.083	82.000	80.701	79.835
M85×6	6	3.248	85.000	81.103	78.505
M85×4	4	2.165	85.000	82.402	80.670
M85×3	3	1.624	85.000	83.051	81.752
M85×2	2	1.083	85.000	83.701	82.835
M90×6	6	3.248	90.000	86.103	83.505
M90×4	4	2.165	90.000	87.402	85.670
M90×3	3	1.624	90.000	88.051	86.752
M90×2	2	1.083	90.000	88.701	87.835
M95×6	6	3.248	95.000	91.103	88.505
M95×4	4	2.165	95.000	92.402	90.670
M95×3	3	1.624	95.000	93.051	91.752
M95×2	2	1.083	95.000	93.701	92.835

나사의 호칭	피치 P	접촉 높이 H_1	암나사		
			골 지름 D	유효지름 D_2	내경 D_1
			수나사		
			외경 d	유효지름 d_2	골 지름 d_1
M100×6	6	3.248	100.000	96.103	93.505
M100×4	4	2.165	100.000	97.402	95.670
M100×3	3	1.624	100.000	98.051	96.752
M100×2	2	1.083	100.000	98.701	97.835
M105×6	6	3.248	105.000	101.103	98.505
M105×4	4	2.165	105.000	102.402	100.670
M105×3	3	1.624	105.000	103.051	101.752
M105×2	2	1.083	105.000	103.701	102.835
M110×6	6	3.248	110.000	106.103	103.505
M110×4	4	2.165	110.000	107.402	105.670
M110×3	3	1.624	110.000	108.051	106.752
M110×2	2	1.083	110.000	108.701	107.835
M115×6	6	3.248	115.000	111.103	108.505
M115×4	4	2.165	115.000	112.402	110.670
M115×3	3	1.624	115.000	113.051	111.752
M115×2	2	1.083	115.000	113.701	112.835
M120×6	6	3.248	120.000	116.103	113.505
M120×4	4	2.165	120.000	117.402	115.670
M120×3	3	1.624	120.000	118.051	116.752
M120×2	2	1.083	120.000	118.701	117.835
M125×8	8	4.330	125.000	119.804	116.340
M125×6	6	3.248	125.000	121.103	118.505
M125×4	4	2.165	125.000	122.402	120.670
M125×3	3	1.624	125.000	123.051	121.752
M125×2	2	1.083	125.000	123.701	122.835
M130×8	8	4.330	130.000	124.804	121.340
M130×6	6	3.248	130.000	126.103	123.505
M130×4	4	2.165	130.000	127.402	125.670
M130×3	3	1.624	130.000	128.051	126.752
M130×2	2	1.083	130.000	128.701	127.835
M135×6	6	3.248	135.000	131.103	128.505
M135×4	4	2.165	135.000	132.402	130.670
M135×3	3	1.624	135.000	133.051	131.752
M135×2	2	1.083	135.000	133.701	132.835
M140×8	8	4.330	140.000	134.804	131.340
M140×6	6	3.248	140.000	136.103	133.505
M140×4	4	2.165	140.000	137.402	135.670
M140×3	3	1.624	140.000	138.051	136.752
M140×2	2	1.083	140.000	138.701	137.835
M145×6	6	3.248	145.000	141.103	138.505
M145×4	4	2.165	145.000	142.402	140.670
M145×3	3	1.624	145.000	143.051	141.752
M145×2	2	1.083	145.000	143.701	142.835
M150×8	8	4.330	150.000	144.804	141.340
M150×6	6	3.248	150.000	146.103	143.505
M150×4	4	2.165	150.000	147.402	145.670
M150×3	3	1.624	150.000	148.051	146.752
M150×2	2	1.083	150.000	148.701	147.835
M155×6	6	3.248	155.000	151.103	148.505
M155×4	4	2.165	155.000	152.402	150.670
M155×3	3	1.624	155.000	153.051	151.752
M160×8	8	4.330	160.000	154.804	151.340
M160×6	6	3.248	160.000	156.103	153.505
M160×4	4	2.165	160.000	157.402	155.670
M160×3	3	1.624	160.000	158.051	156.752
M165×6	6	3.248	165.000	161.103	158.505
M165×4	4	2.165	165.000	162.402	160.670
M165×3	3	1.624	165.000	163.051	161.752

(다음 페이지에 계속)

나사의 호칭	피치 P	접촉 높이 H_1	암나사 골 지름 D	암나사 유효지름 D_2	암나사 내경 D_1
			수나사 외경 d	수나사 유효지름 d_2	수나사 골 지름 d_1
M170×8	8	4.330	170.000	164.804	161.340
M170×6	6	3.248	170.000	166.103	163.505
M170×4	4	2.165	170.000	167.402	165.670
M170×3	3	1.624	170.000	168.051	166.752
M175×6	6	3.248	175.000	171.103	168.505
M175×4	4	2.165	175.000	172.402	170.670
M175×3	3	1.624	175.000	173.051	171.752
M180×8	8	4.330	180.000	174.804	171.340
M180×6	6	3.248	180.000	176.103	173.505
M180×4	4	2.165	180.000	177.402	175.670
M180×3	3	1.624	180.000	178.051	176.752
M185×6	6	3.248	185.000	181.103	178.505
M185×4	4	2.165	185.000	182.402	180.670
M185×3	3	1.624	185.000	183.051	181.752
M190×8	8	4.330	190.000	184.804	181.340
M190×6	6	3.248	190.000	186.103	183.505
M190×4	4	2.165	190.000	187.402	185.670
M190×3	3	1.624	190.000	188.051	186.752
M195×6	6	3.248	195.000	191.103	188.505
M195×4	4	2.165	195.000	192.402	190.670
M195×3	3	1.624	195.000	193.051	191.752
M200×8	8	4.330	200.000	194.804	191.340
M200×6	6	3.248	200.000	196.103	193.505
M200×4	4	2.165	200.000	197.402	195.670
M200×3	3	1.624	200.000	198.051	196.752
M205×6	6	3.248	205.000	201.103	198.505
M205×4	4	2.165	205.000	202.402	200.670
M205×3	3	1.624	205.000	203.051	201.752
M210×8	8	4.330	210.000	204.804	201.340
M210×6	6	3.248	210.000	206.103	203.505
M210×4	4	2.165	210.000	207.402	205.670
M210×3	3	1.624	210.000	208.051	206.752
M215×6	6	3.248	215.000	211.103	208.505
M215×4	4	2.165	215.000	212.402	210.670
M215×3	3	1.624	215.000	213.051	211.752
M220×8	8	4.330	220.000	214.804	211.340
M220×6	6	3.248	220.000	216.103	213.505
M220×4	4	2.165	220.000	217.402	215.670
M220×3	3	1.624	220.000	218.051	216.752
M225×6	6	3.248	225.000	221.103	218.505
M225×4	4	2.165	225.000	222.402	220.670
M225×3	3	1.624	225.000	223.051	221.752

나사의 호칭	피치 P	접촉 높이 H_1	암나사 골 지름 D	암나사 유효지름 D_2	암나사 내경 D_1
			수나사 외경 d	수나사 유효지름 d_2	수나사 골 지름 d_1
M230×8	8	4.330	230.000	224.804	221.340
M230×6	6	3.248	230.000	226.103	223.505
M230×4	4	2.165	230.000	227.402	225.670
M230×3	3	1.624	230.000	228.051	226.752
M235×6	6	3.248	235.000	231.103	228.505
M235×4	4	2.165	235.000	232.402	230.670
M235×3	3	1.624	235.000	233.051	231.752
M240×8	8	4.330	240.000	234.804	231.340
M240×6	6	3.248	240.000	236.103	233.505
M240×4	4	2.165	240.000	237.402	235.670
M240×3	3	1.624	240.000	238.051	236.752
M245×6	6	3.248	245.000	241.103	238.505
M245×4	4	2.165	245.000	242.402	240.670
M245×3	3	1.624	245.000	243.051	241.752
M250×8	8	4.330	250.000	244.804	241.340
M250×6	6	3.248	250.000	246.103	243.505
M250×4	4	2.165	250.000	247.402	245.670
M250×3	3	1.624	250.000	248.051	246.752
M255×6	6	3.248	255.000	251.103	248.505
M255×4	4	2.165	255.000	252.402	250.670
M260×8	8	4.330	260.000	254.804	251.340
M260×6	6	3.248	260.000	256.103	253.505
M260×4	4	2.165	260.000	257.402	255.670
M265×6	6	3.248	265.000	261.103	258.505
M265×4	4	2.165	265.000	262.402	260.670
M270×8	8	4.330	270.000	264.804	261.340
M270×6	6	3.248	270.000	266.103	263.505
M270×4	4	2.165	270.000	267.402	265.670
M275×6	6	3.248	275.000	271.103	268.505
M275×4	4	2.165	275.000	272.402	270.670
M280×8	8	4.330	280.000	274.804	271.340
M280×6	6	3.248	280.000	276.103	273.505
M280×4	4	2.165	280.000	277.402	275.670
M285×6	6	3.248	285.000	281.103	278.505
M285×4	4	2.165	285.000	282.402	280.670
M290×8	8	4.330	290.000	284.804	281.340
M290×6	6	3.248	290.000	286.103	283.505
M290×4	4	2.165	290.000	287.402	285.670
M295×6	6	3.248	295.000	291.103	288.505
M295×4	4	2.165	295.000	292.402	290.670
M300×8	8	4.330	300.000	294.804	291.340
M300×6	6	3.248	300.000	296.103	293.505
M300×4	4	2.165	300.000	297.402	295.670

[주] (1) 굵은 글씨의 피치는 호칭지름 1~64mm의 범위에서 나사 부품용으로서 선택한 사이즈로, 일반 공업용으로서 권장한다.
(2) 호칭지름 14mm, 피치 1.25mm의 나사는 내연기관용 점화 플러그의 나사에 한해 이용한다.
(3) 호칭지름 35mm의 나사는 구름 베어링을 고정하는 나사에 한해 이용한다.

[비고] 1. 괄호를 붙인 피치는 가급적 이용하지 않는다.
2. 위의 표에 나타낸 나사보다 피치가 작은 나사가 필요한 경우에는 다음의 피치 중에서 선택한다.
3 2 1.5 1 0.75 0.5 0.35 0.25 0.2mm
또한, 아래의 표에 나타낸 것보다 큰 호칭지름에는 일반적으로 지시한 피치를 이용하지 않는 것이 좋다.

피치(mm)	0.5	0.75	1	1.5	2	3
최대 호칭지름(mm)	22	33	80	150	200	300

KS B 0203

8·4 표 유니파이 보통 나사 (JIS B 0206)

(단위 mm)

굵은 실선은 기준 산형을 나타낸다.

$P = \dfrac{25.4}{n}$,

$H = \dfrac{0.866025}{n} \times 25.4$,

$H_1 = \dfrac{0.541266}{n} \times 25.4$,

$d = (d) \times 25.4$,

$d_2 = \left(d - \dfrac{0.649519}{n}\right) \times 25.4$,

$d_1 = \left(d - \dfrac{1.082532}{n}\right) \times 25.4$,

$D = d$, $D_2 = d_2$, $D_1 = d_1$

[주] *순위는 1을 우선적으로, 필요에 따라 2를 선택한다.

[비고] ISO 263에 규정되어 있는 ISO 인치나사의 보통 계열의 나사에 일치한다.

나사의 호칭	순위*	나사산 수 (25.4 mm 마다) n	피치 P (참고)	접촉 높이 H_1	암나사 골 지름 D / 수나사 외경 d	암나사 유효지름 D_2 / 수나사 유효지름 d_2	암나사 내경 D_1 / 수나사 골 지름 d_1
No. 1−64UNC	2	64	0.3969	0.215	1.854	1.598	1.425
No. 2−56UNC	1	56	0.4536	0.246	2.184	1.890	1.694
No. 3−48UNC	2	48	0.5292	0.286	2.515	2.172	1.941
No. 4−40UNC	1	40	0.6350	0.344	2.845	2.433	2.156
No. 5−40UNC	1	40	0.6350	0.344	3.175	2.764	2.487
No. 6−32UNC	1	32	0.7938	0.430	3.505	2.990	2.647
No. 8−32UNC	1	32	0.7938	0.430	4.166	3.650	3.307
No. 10−24UNC	1	24	1.0583	0.573	4.826	4.138	3.680
No. 12−24UNC	2	24	1.0583	0.573	5.486	4.798	4.341
1/4−20UNC	1	20	1.2700	0.687	6.350	5.524	4.976
5/16−18UNC	1	18	1.4111	0.764	7.938	7.021	6.411
3/8−16UNC	1	16	1.5875	0.859	9.525	8.494	7.805
7/16−14UNC	1	14	1.8143	0.982	11.112	9.934	9.149
1/2−13UNC	1	13	1.9538	1.058	12.700	11.430	10.584
9/16−12UNC	1	12	2.1167	1.146	14.288	12.913	11.996
5/8−11UNC	1	11	2.3091	1.250	15.875	14.376	13.376
3/4−10UNC	1	10	2.5400	1.375	19.050	17.399	16.299
7/8− 9UNC	1	9	2.8222	1.528	22.225	20.391	19.169
1 − 8 UNC	1	8	3.1750	1.719	25.400	23.338	21.963
1 1/8− 7 UNC	1	7	3.6286	1.964	28.575	26.218	24.648
1 1/4− 7 UNC	1	7	3.6286	1.964	31.750	29.393	27.823
1 3/8− 6 UNC	1	6	4.2333	2.291	34.925	32.174	30.343
1 1/2− 6 UNC	1	6	4.2333	2.291	38.100	35.349	33.518
1 3/4− 5 UNC	1	5	5.0800	2.750	44.450	41.151	38.951
2 − 4 1/2UNC	1	4 1/2	5.6444	3.055	50.800	47.135	44.689
2 1/4− 4 1/2UNC	1	4 1/2	5.6444	3.055	57.150	53.485	51.039
2 1/2− 4 UNC	1	4	6.3500	3.437	63.500	59.375	56.627
2 3/4− 4 UNC	1	4	6.3500	3.437	69.850	65.725	62.977
3 − 4 UNC	1	4	6.3500	3.437	76.200	72.075	69.327
3 1/4− 4 UNC	1	4	6.3500	3.437	82.550	78.425	75.677
3 1/2− 4 UNC	1	4	6.3500	3.437	88.900	84.775	82.027
3 3/4− 4 UNC	1	4	6.3500	3.437	95.250	91.125	88.377
4 − 4 UNC	1	4	6.3500	3.437	101.600	97.475	94.727

8·5 표 위트워어스 보통 나사 [참고] (단위 mm)

KS B 0203(폐지)

굵은 실선은 기준 산형을 나타낸다.

나사의 호칭	나사산 수 (25.4 mm 마다) n	피치 P	수나사의 나사산 높이 H_1	수나사의 골 라운딩 r	암나사 골 지름 D / 수나사 외경 d	암나사 골 지름 D_2 / 수나사 유효지름 d_2	암나사 내경 D_1 / 수나사 골 지름 d_1
(W 1/4)	20	1.2700	0.813	0.174	6.350	5.537	4.724
(W 5/16)	18	1.4111	0.904	0.194	7.938	7.034	6.130
W 3/8	16	1.5875	1.016	0.218	9.525	8.509	7.493
W 7/16	14	1.8143	1.162	0.249	11.112	9.950	8.788
W 1/2	12	2.1167	1.355	0.291	12.700	11.345	9.990
(W 9/16)	12	2.1167	1.355	0.291	14.288	12.933	11.578
W 5/8	11	2.3091	1.479	0.317	15.875	14.396	12.917
W 3/4	10	2.5400	1.626	0.349	19.050	17.424	15.798
W 7/8	9	2.8222	1.807	0.387	22.225	20.418	18.611
W 1	8	3.1750	2.033	0.436	25.400	23.367	21.334

(다음 페이지에 계속)

$P=\frac{25.4}{n}$,
$H=0.9605P$,
$H_1=0.6403P$
$d_2=d-H_1$, $D=d$,
$d_1=d-2H_1$, $D_2=d_2$,
$r=0.1373P$, $D_1=d_1$,
$D_1'=d_1+2\times0.0769H$

[주] JIS B 0206
(1968년 폐지)

나사의 호칭	나사산수 (25.4 mm 마다) n	피치 P	수나사의 나사 산 높이 H_1	수나사의 골 라운딩 r	암나사 골 지름 D	암나사 유효지름 D_2	암나사 내경 D_1
					수나사 외경 d	수나사 유효지름 d_2	수나사 골 지름 d_1
W 1⅛	7	3.6286	2.323	0.498	28.575	26.252	23.929
W 1¼	7	3.6286	2.323	0.498	31.750	29.427	27.104
W 1⅜	6	4.2333	2.711	0.581	34.925	32.214	29.503
W 1½	6	4.2333	2.711	0.581	38.100	35.389	32.678
W 1⅝	5	5.0800	3.253	0.697	41.275	38.022	34.769
W 1¾	5	5.0800	3.253	0.697	44.450	41.197	37.944
W 1⅞	4½	5.6444	3.614	0.775	47.625	44.011	40.397
W 2	4½	5.6444	3.614	0.775	50.800	47.186	43.572
W 2¼	4	6.3500	4.066	0.872	57.150	53.084	49.018
W 2½	4	6.3500	4.066	0.872	63.500	59.434	55.368
W 2¾	3½	7.2571	4.647	0.996	69.850	65.203	60.556
W 3	3½	7.2571	4.647	0.996	76.200	71.553	66.906
W 3¼	3¼	7.8154	5.004	1.073	82.550	77.546	72.542
W 3½	3¼	7.8154	5.004	1.073	88.900	83.896	78.892
W 3¾	3	8.4667	5.421	1.162	95.250	89.829	84.408
W 4	3	8.4667	5.421	1.162	101.600	96.179	90.758
(W 4¼)	2⅞	8.8348	5.657	1.213	107.950	102.293	96.636
W 4½	2⅞	8.8348	5.657	1.213	114.300	108.643	102.986
(W 4¾)	2¾	9.2364	5.914	1.268	120.650	114.736	108.822
W 5	2¾	9.2364	5.914	1.268	127.000	121.086	115.172
(W 5¼)	2⅝	9.6762	6.196	1.329	133.350	127.154	120.958
W 5½	2⅝	9.6762	6.196	1.329	139.700	133.504	127.308
(W 5¾)	2½	10.1600	6.505	1.395	146.050	139.545	133.040
W 6	2½	10.1600	6.505	1.395	152.400	145.895	139.390

8·6 표 위트워어스 보통 나사에서 미터나사로의 전환 대응표

위트워어스 보통 나사			미터나사					
			1란 (권장)			2란		
나사의 호칭	외경 (mm)	유효단면적 (mm²)	나사의 호칭	유효단면적 (mm²)	유효 단면적 비	나사의 호칭	유효단면적 (mm²)	유효 단면적 비
W ¼	6.35	20.0	M 6	19.1	0.95	—	—	—
W 5/16	7.94	33.1	M 8	34.9	1.05	—	—	—
W ⅜	9.53	49.1	M 10	55.6	1.13	—	—	—
W 7/16	11.11	67.4	M 12	80.9	1.20	—	—	—
W ½	12.7	87.4	M 12	80.9	0.93	M 14	111	1.27
W ⅝	15.88	144	M 16	152	1.05	—	—	—
W ¾	19.05	213	M 20	238	1.11	M 18	186	0.87
W ⅞	22.23	295	M 24	342	1.16	M 22	295	1.00
W 1	25.4	387	M 24	342	0.88	M 27	448	1.16
W 1⅛	28.58	488	M 30	546	1.12	M 27	448	0.92
W 1¼	31.75	620	M 30	546	0.88	M 33	677	1.09
W 1⅜	34.93	739	M 36	797	1.08	M 33	677	0.92
W 1½	38.1	900	M 36	797	0.89	M 39	954	1.06
W 1⅝	41.28	1028	M 42	1096	1.07	—	—	—
W 1¾	44.45	1216	M 42	1096	0.90	M 45	1279	1.05
W 1⅞	47.63	1384	M 48	1442	1.04	—	—	—
W 2	50.8	1601	M 48	1442	0.90	M 52	1767	1.10
W 2¼	57.15	2027	M 56	2042	1.01	—	—	—
W 2½	63.5	2565	M 64	2691	1.05	—	—	—
W 2¾	69.85	3078	M 72×6	3477	1.13	M 68	3071	1.00
W 3	76.2	3734	M 80×6	4363	1.17	M 76×6	3907	1.05

[비고] 1란을 우선적으로 선택하고, 필요한 경우에 한해 2란에서 선택한다.

KS B 0206

8·7 표 유니파이 가는눈 나사 (JIS B 0208)

(단위 mm)

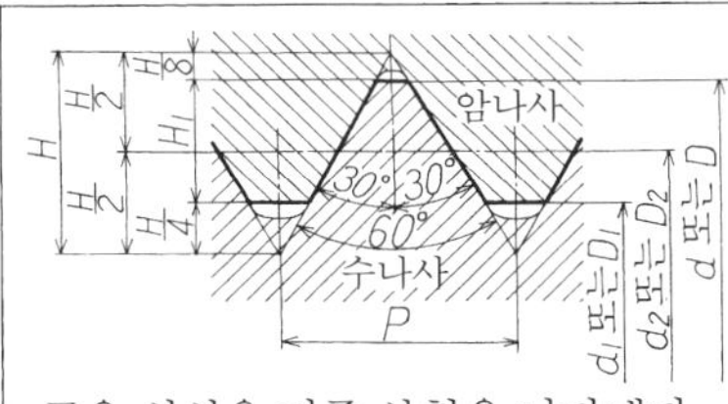

굵은 실선은 기준 산형을 나타낸다.

$P=\frac{25.4}{n}$, $H=\frac{0.866025}{n}\times 25.4$, $d=(d)\times 25.4$, $D=d$

$H_1=\frac{0.541266}{n}\times 25.4$, $d_2=\left(d-\frac{0.649519}{n}\right)\times 25.4$, $D_2=d_2$

$d_1=\left(d-\frac{1.082532}{n}\right)\times 25.4$, $D_1=d_1$

[주] *순위는 1을 우선적으로, 필요에 따라 2를 선택한다.

나사의 호칭	순위*	나사 산 수 (25.4mm 마다) n	피치 P (참고)	접촉 높이 H_1	암나사		
					골 지름 D	유효지름 D_2	내경 D_1
					수나사		
					내경 d	유효지름 d_2	골 지름 d_1
No. 0−80 UNF	1	80	0.3175	0.172	1.524	1.318	1.181
No. 1−72 UNF	2	72	0.3528	0.191	1.854	1.626	1.473
No. 2−64 UNF	1	64	0.3969	0.215	2.184	1.928	1.755
No. 3−56 UNF	2	56	0.4536	0.246	2.515	2.220	2.024
No. 4−48 UNF	1	48	0.5292	0.286	2.845	2.502	2.271
No. 5−44 UNF	1	44	0.5773	0.312	3.175	2.799	2.550
No. 6−40 UNF	1	40	0.6350	0.344	3.505	3.094	2.817
No. 8−36 UNF	1	36	0.7056	0.382	4.166	3.708	3.401
No. 10−32 UNF	1	32	0.7938	0.430	4.826	4.310	3.967
No. 12−28 UNF	2	28	0.9071	0.491	5.486	4.897	4.503
1/4−28 UNF	1	28	0.9071	0.491	6.350	5.761	5.367
5/16−24 UNF	1	24	1.0583	0.573	7.938	7.249	6.792
3/8−24 UNF	1	24	1.0583	0.573	9.525	8.837	8.379
7/16−20 UNF	1	20	1.2700	0.687	11.112	10.287	9.738
1/2−20 UNF	1	20	1.2700	0.687	12.700	11.874	11.326
9/16−18 UNF	1	18	1.4111	0.764	14.288	13.371	12.761
5/8−18 UNF	1	18	1.4111	0.764	15.875	14.958	14.348
3/4−16 UNF	1	16	1.5875	0.859	19.050	18.019	17.330
7/8−14 UNF	1	14	1.8143	0.982	22.225	21.046	20.262
1−12 UNF	1	12	2.1167	1.146	25.400	24.026	23.109
1 1/8−12 UNF	1	12	2.1167	1.146	28.575	27.201	26.284
1 1/4−12 UNF	1	12	2.1167	1.146	31.750	30.376	29.459
1 3/8−12 UNF	1	12	2.1167	1.146	34.925	33.551	32.634
1 1/2−12 UNF	1	12	2.1167	1.146	38.100	36.726	35.809

8·8 표 미니어처 나사 (JIS B 0201)

KS B 0228(폐지) (단위 mm)

굵은 실선은 기준 산형을 나타낸다.

$H=0.866025P$, $H_1=0.48P$

$d_2=d-0.649519P$

$d_1=d-0.96P$

$D=d$, $D_2=d_2$, $D_1=d_1$

[주] *순위는 1을 우선적으로, 필요에 따라 2를 선택한다.

나사의 호칭	순위*	피치 P	접촉 높이 H_1	암나사		
				골 지름 D	유효지름 D_2	내경 D_1
				수나사		
				외경 d	유효지름 d_2	골 지름 d_1
S 0.3	1	0.08	0.0384	0.300	0.248	0.223
S 0.35	2	0.09	0.0432	0.350	0.292	0.264
S 0.4	1	0.1	0.0480	0.400	0.335	0.304
S 0.45	2	0.1	0.0480	0.450	0.385	0.354
S 0.5	1	0.125	0.0600	0.500	0.419	0.380
S 0.55	2	0.125	0.0600	0.550	0.469	0.430
S 0.6	1	0.15	0.0720	0.600	0.503	0.456
S 0.7	2	0.175	0.0840	0.700	0.586	0.532
S 0.8	1	0.2	0.0960	0.800	0.670	0.608
S 0.9	2	0.225	0.1080	0.900	0.754	0.684
S 1	1	0.25	0.1200	1.000	0.838	0.760
S 1.1	2	0.25	0.1200	1.100	0.938	0.860
S 1.2	1	0.25	0.1200	1.200	1.038	0.960
S 1.4	2	0.3	0.1440	1.400	1.205	1.112

8·9 표 자전거용 나사 (JIS B 0225) KS B 0224(폐지)

(a) 일반용 (단위 mm)

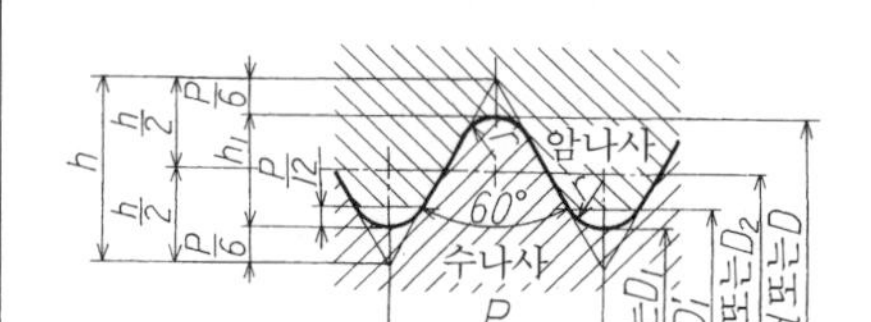

굵은 실선은 기준 산형을 나타낸다.

$$P=\frac{25.4}{n}$$
$$h=0.8660P$$
$$h_1=0.5327P$$
$$d=D$$
$$d_1=d-2h_1$$
$$d_2=d-h_1$$
$$D_1=d_1$$
$$D_2=d_2$$
$$D_1'=d_1+2\times\frac{P}{12}$$
$$r=\frac{P}{6}$$

호칭	나사산수 (25.4 mm 마다) n	피치 P	수나사의 나사산 높이 h_1	골의 라운딩 r	수나사			암나사			용도 예 (참고)
					외경 d	유효지름 d_2	골 지름 d_1	골 지름 D	유효지름 D_2	내경(1) D_1'	
BC 5/16	26	0.977	0.52	0.16	7.94	7.42	6.90	7.94	7.42	7.06	전 허브축
BC 3/8	26	0.977	0.52	0.16	9.53	9.01	8.49	9.53	9.01	8.65	전 허브축
BC 7/16	26	0.977	0.52	0.16	11.11	10.59	10.07	11.11	10.59	10.23	중하용 후 허브축
BC 1/2	20	1.270	0.68	0.21	12.70	12.02	11.34	12.70	12.02	11.55	페달축, 기어 크랭크 (좌우)
BC 9/16	20	1.270	0.68	0.21	14.29	13.61	12.93	14.29	13.61	13.14	
BC 5/8	20	1.270	0.68	0.21	15.88	15.20	14.52	15.88	15.20	14.73	리어커용 허브축
BC 11/16	24	1.058	0.56	0.18	17.46	16.90	16.34	17.46	16.90	16.48	행거 (왼쪽)
BC 3/4	30	0.847	0.45	0.14	19.05	18.60	18.15	19.05	18.60	18.29	행거
BC 31/32	30	0.847	0.45	0.14	24.61	24.16	23.71	24.61	24.16	23.85	전 포크축
BC 1	24	1.058	0.56	0.18	25.40	24.84	24.28	25.40	24.84	24.46	전 포크축
BC 1.29	24	1.058	0.56	0.18	32.77	32.21	31.65	32.77	32.21	31.83	후 허브축 고정나사
BC 1.37	24	1.058	0.56	0.18	34.80	34.24	33.68	34.80	34.24	33.86	후 허브, 핸드 브레이크통, 소 기어
BC 1 7/16	24	1.058	0.56	0.18	36.51	35.95	35.39	36.51	35.95	35.57	행거
(BC 1.45)	24	1.058	0.56	0.18	36.83	36.27	35.71	36.83	36.27	35.89	행거
BC 1 9/16	24	1.058	0.56	0.18	39.69	39.13	38.57	39.69	39.13	38.75	프리휠, 코어

(b) 스포크용 (단위 mm)

호칭(2)	나사산수 (25.4 mm 마다) n	피치 P	수나사의 나사산 높이 h_1	골의 라운딩 r	수나사			암나사			용도 예 (참고)	스포크의 번수 (참고)
					외경 d	유효지름 d_2	골 지름 d_1	골 지름 D	유효지름 D_2	내경(1) D_1'		
BC1.8	56	0.454	0.24	0.08	2.06	1.82	1.58	2.06	1.82	1.66	경쾌차용	# 15
BC2	56	0.454	0.24	0.08	2.27	2.03	1.79	2.27	2.03	1.87	실용차용	# 14
BC2.3	56	0.454	0.24	0.08	2.57	2.33	2.09	2.57	2.33	2.17		# 13
BC2.6	56	0.454	0.24	0.08	2.87	2.63	2.39	2.87	2.63	2.47	리어커용 및 중하용	# 12
BC2.9	44	0.577	0.31	0.10	3.24	2.93	2.62	3.24	2.93	2.72		# 11
BC3.2	40	0.635	0.34	0.11	3.57	3.23	2.89	3.57	3.23	3.00		# 10
BC3.5	40	0.635	0.34	0.11	3.87	3.53	3.19	3.87	3.53	3.30		# 9
BC4	32	0.794	0.42	0.13	4.45	4.03	3.61	4.45	4.03	3.74		# 8

[주] (1) 암나사 내경의 최소 치수 D_1'를 나타낸 것으로, 암나사 내경의 치수차에 대한 기준 치수로서는 암나사 내경 D_1을 사용한다. 그 수치는 수나사 골의 지름 d_1과 일치한다.

(2) 스포크용 나사의 호칭지름은 스포크선의 지름에 의한다.

[비고] 1. 수나사의 산꼭대기와 암나사의 골짜기 사이에는 약간의 틈새를 설정하는 것을 원칙으로 한다.

2. 괄호를 붙인 호칭지름은 가급적 사용하지 않는 것으로 한다.

KS B 0225(폐지)

8·10 표 재봉틀용 나사 (JIS B 0226, 2001년 폐지)

(단위 mm)

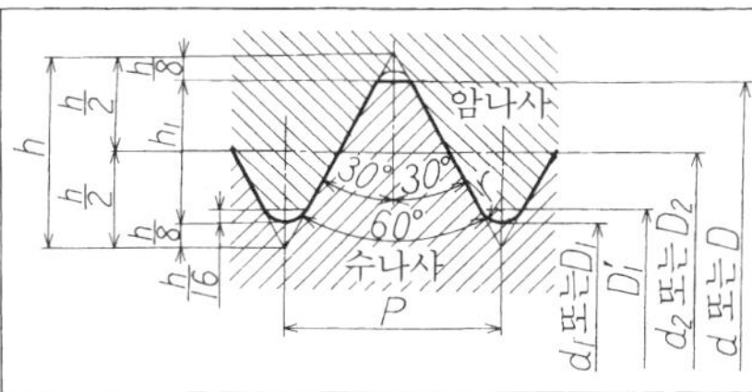

$P=\dfrac{25.4}{n}$, $h_1=0.6495P$, $d_1=d-2h_1$, $D=d$

$h=0.8660P$, $r=0.1083P$, $D_1'=d_1+2\times\dfrac{h}{16}$, $D_2=d_2$

$d_2=d-h_1$ $D_1=d_1$

굵은 실선은 기준 산형을 나타낸다.

호칭	나사 산 수 (25.4mm 마다) n	피치 P	수나사의 나사 산 높이 h_1	수나사의 골 라운딩 r	수나사			암나사		
					외경 d	유효지름 d_2	골 지름 d_1	골 지름 D	유효지름 D_2	내경 D_1'
SM 1/16	80	0.3175	0.206	0.034	1.588	1.382	1.176	1.588	1.382	1.210
SM 5/64	64	0.3060	0.258	0.043	1.984	1.726	1.468	1.984	1.726	1.511
SM 3/32	100	0.2540	0.165	0.028	2.381	2.216	2.051	2.381	2.216	2.079
SM 3/32	56	0.4536	0.295	0.049	2.381	2.086	1.791	2.381	2.086	1.840
(SM 1/8)	48	0.5292	0.344	0.057	3.175	2.831	2.487	3.175	2.831	2.544
SM 1/8	44	0.5773	0.375	0.062	3.175	2.800	2.425	3.175	2.800	2.487
SM 1/8	40	0.6350	0.412	0.069	3.175	2.763	2.351	3.175	2.763	2.420
SM 9/64	40	0.6350	0.412	0.069	3.572	3.160	2. 48	3.572	3.160	2.817
SM 11/64	40	0.6350	0.412	0.069	4.366	3.954	3. 42	4.366	3.954	3.611
(SM 11/64)	32	0.7938	0.516	0.086	4.366	3.850	3.334	4.366	3.850	3.420
(SM 3/16)	40	0.6350	0.412	0.069	4.762	4.350	3.938	4.762	4.350	4.007
SM 3/16	32	0.7938	0.516	0.086	4.762	4.246	3.730	4.762	4.246	3.816
SM 3/16	28	0.9071	0.589	0.098	4.762	4.173	3.584	4.762	4.173	3.682
(SM 3/16)	24	1.0583	0.687	0.115	4.762	4.075	3.388	4.762	4.075	3.502
(SM 13/64)	32	0.7938	0.516	0.086	5.159	4.643	4.127	5.159	4.643	4.213
SM 7/32	32	0.7938	0.516	0.086	5.556	5.040	4.524	5.556	5.040	4.610
SM 15/64	28	0.9071	0.589	0.098	5.953	5.364	4.775	5.953	5.364	4.873
SM 1/4	40	0.6350	0.412	0.069	6.350	5.938	5.526	6.350	5.938	5.595
SM 1/4	28	0.9071	0.589	0.098	6.350	5.761	5.172	6.350	5.761	5.270
SM 1/4	24	1.0583	0.687	0.115	6.350	5.663	4.976	6.350	5.663	5.090
SM 9/32	28	0.9071	0.589	0.098	7.144	6.555	5.966	7.144	6.555	6.064
SM 9/32	20	1.2700	0.825	0.138	7.144	6.319	5.494	7.144	6.319	5.631
SM 5/16	28	0.9071	0.589	0.098	7.938	7.349	6.760	7.938	7.349	6.858
SM 5/16	24	1.0583	0.687	0.115	7.938	7.251	6.564	7.938	7.251	6.678
SM 5/16	18	1.4111	0.916	0.153	7.938	7.022	6.104	7.938	7.022	6.259
(SM 11/32)	28	0.9071	0.589	0.098	8.731	8.142	7.553	8.731	8.142	7.651
SM 3/8	28	0.9071	0.589	0.098	9.525	8.936	8.347	9.525	8.936	8.445
SM 3/8	18	1.4111	0.916	0.153	9.525	8.609	7.693	9.525	8.609	7.846
SM 7/16	28	0.9071	0.589	0.098	11.112	10.523	9.934	11.112	10.523	10.032
SM 7/16	16	1.5875	1.031	0.172	11.112	10.081	9.050	11.112	10.081	9.222
SM 1/2	28	0.9071	0.589	0.098	12.700	12.111	11.522	12.700	12.111	11.620
SM 1/2	20	1.2700	0.825	0.138	12.700	11.875	11.050	12.700	11.875	11.188
SM 1/2	12	2.1167	1.375	0.229	12.700	11.325	9.950	12.700	11.325	10.179
SM 9/16	20	1.2700	0.825	0.138	14.288	13.463	12.638	14.288	13.463	12.775
SM1 3/16	24	1.0583	0.687	0.115	30.162	29.475	28.788	30.162	29.475	28.902

8·11 표 셀러스 보통 사각나사

(단위 mm)

호칭지름	d	d_1	N	호칭지름	d	d_1	N	호칭지름	d	d_1	N
10	10	7.2	9	36	36	30.4	4.5	90	90	81.5	3
12	12	8.8	8	40	40	33.6	4	95	95	85	2.5
14	14	10.8	8	44	44	37.6	4	100	100	90	2.5
16	16	12.4	7	48	48	41.6	4	110	110	100	2.5
18	18	14.4	7	52	52	45.6	4	120	120	110	2.5
20	20	15.8	6	56	56	48.7	3.5	130	130	120	2.5
22	22	17.8	6	60	60	52.7	3.5	140	140	128	2
24	24	19.8	6	65	65	57.7	3.5	150	150	138	2
26	26	20.9	5	70	70	62.7	3.5	160	160	148	2
28	28	22.9	5	75	75	66.5	3	170	170	158	2
30	30	24.9	5	80	80	71.5	3	180	180	165	$1\frac{2}{3}$
32	32	26.4	4.5	85	85	76.5	3	190	190	175	$1\frac{2}{3}$

[주] 표 중 N은 25.4mm에 대한 나사의 산 수이다.

8장

KS B 0229

8·12 표 미터 사다리꼴나사 (JIS B 0216-3)

(단위 mm)

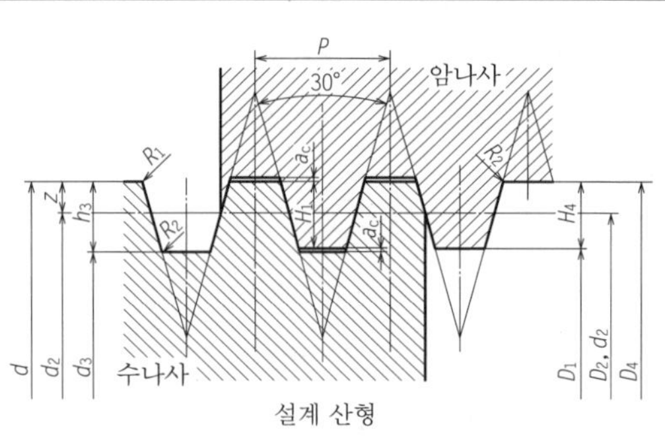

설계 산형

계산식

$H_1 = 0.5P$

$H_4 = H_1 + a_c = 0.5P + a_c$

$h_3 = H_1 + a_c = 0.5P + a_c$

$z = 0.25P = H_1/2$

$D_1 = d - 2H_1 = d - P$

$D_4 = d + 2a_c$

$d_3 = d - 2h_3$

$d_2 = D_2 = d - 2z = d - 0.5P$

R_1 최대 $= 0.5a_c$

R_2 최대 $= a_c$

여기에

a_c : 암나사 또는 수나사의 골짜기 틈새

H_1 : (기준의) 접촉 높이

H_4 : 암나사의 나사 산 높이

h_3 : 수나사의 나사 산 높이

(이들의 수치는 규격표 참조)

설계 산형은 기준 산형에 대해 암나사 또는 수나사의 골짜기 틈새를 고려해 규정한 것이다.

호칭지름 D, d 호칭지름	순위	피치 p	유효지름 $d_2 = D_2$	암나사의 골 지름 D_4	수나사의 골 지름 d_3	암나사의 내경 D_1
8	1	**1.5**	7.250	8.300	6.200	6.500
9	2	1.5	8.250	9.300	7.200	7.500
9		**2**	8.000	9.500	6.500	7.000
10	1	1.5	9.250	10.300	8.200	8.500
10		**2**	9.000	10.500	7.500	8.000
11	2	**2**	10.000	11.500	8.500	9.000
11		3	9.500	11.500	7.500	8.000
12	1	2	11.000	12.500	9.500	10.000
12		**3**	10.500	12.500	8.500	9.000
14	2	2	13.000	14.500	11.500	12.000
14		**3**	12.500	14.500	10.500	11.000
16	1	2	15.000	16.500	13.500	14.000
16		**4**	14.000	16.500	11.500	12.000
18	2	2	17.000	18.500	15.500	16.000
18		**4**	16.000	18.500	13.500	14.000
20	1	2	19.000	20.500	17.500	18.000
20		**4**	18.000	20.500	15.500	16.000
22	2	3	20.500	22.500	18.500	19.000
22		**5**	19.500	22.500	16.500	17.000
22		8	18.000	23.000	13.000	14.000
24	1	3	22.500	24.500	20.500	21.000
24		**5**	21.500	24.500	18.500	19.000
24		8	20.000	25.000	15.000	16.000
26	2	3	24.500	26.500	22.500	23.000
26		**5**	23.500	26.500	20.500	21.000
26		8	22.000	27.000	17.000	18.000
28	1	3	26.500	28.500	24.500	25.000
28		**5**	25.500	28.500	22.500	23.000
28		8	24.000	29.000	19.000	20.000
30	2	3	28.500	30.500	26.500	27.000
30		**6**	27.000	31.000	23.000	24.000
30		10	25.000	31.000	19.000	20.000
32	1	3	30.500	32.500	28.500	29.000
32		**6**	29.000	33.000	25.000	26.000
32		10	27.000	33.000	21.000	22.000
34	2	3	32.500	34.500	30.500	31.000
34		**6**	31.000	35.000	27.000	28.000
34		10	29.000	35.000	23.000	24.000
36	1	3	34.500	36.500	32.500	33.000
36		**6**	33.000	37.000	29.000	30.000
36		10	31.000	37.000	25.000	26.000
38	2	3	36.500	38.500	34.500	35.000
38		**7**	34.500	39.000	30.000	31.000
38		10	33.000	39.000	27.000	28.000
40	1	3	38.500	40.500	36.500	37.000
40		**7**	36.500	41.000	32.000	33.000
40		10	35.000	41.000	29.000	30.000
42	2	3	40.500	42.500	38.500	39.000
42		**7**	38.500	43.000	34.000	35.000
42		10	37.000	43.000	31.000	32.000
44	1	3	42.500	44.500	40.500	41.000
44		**7**	40.500	45.000	36.000	37.000
44		12	38.000	45.000	31.000	32.000
46	2	3	44.500	46.500	42.500	43.000
46		**8**	42.000	47.000	37.000	38.000
46		12	40.000	47.000	33.000	34.000
48	1	3	46.500	48.500	44.500	45.000
48		**8**	44.000	49.000	39.000	40.000
48		12	42.000	49.000	35.000	36.000
50	2	3	48.500	50.500	46.500	47.000
50		**8**	46.000	51.000	41.000	42.000
50		12	44.000	51.000	37.000	38.000
52	1	3	50.500	52.500	48.500	49.000
52		**8**	48.000	53.000	43.000	44.000
52		12	46.000	53.000	39.000	40.000
55	2	3	53.500	55.500	51.500	52.000
55		**9**	50.500	56.000	45.000	46.000
55		14	48.000	57.000	39.000	41.000
60	1	3	58.500	60.500	56.500	57.000
60		**9**	55.500	61.000	50.000	51.000
60		14	53.000	62.000	44.000	46.000
65	2	4	63.000	65.500	60.500	61.000
65		**10**	60.000	66.000	54.000	55.000
65		16	57.000	67.000	47.000	49.000
70	1	4	68.000	70.500	65.500	66.000
70		**10**	65.000	71.000	59.000	60.000
70		16	62.000	72.000	52.000	54.000
75	2	4	73.000	75.500	70.500	71.000
75		**10**	70.000	76.000	64.000	65.000
75		16	67.000	77.000	57.000	59.000
80	1	4	78.000	80.500	75.500	76.000
80		**10**	75.000	81.000	69.000	70.000
80		16	72.000	82.000	62.000	64.000

(다음 페이지에 계속)

호칭지름 D, d		피치 p	유효지름 $d_2=D_2$	암나사의 골 지름 D_4	수나사의 골 지름 d_3	암나사의 내경 D_1	호칭지름 D, d		피치 p	유효지름 $d_2=D_2$	암나사의 골 지름 D_4	수나사의 골 지름 d_3	암나사의 내경 D_1
호칭지름	순위						호칭지름	순위					
85	2	4	83.000	85.500	80.500	81.000	170	2	6	167.000	171.000	163.000	164.000
85		**12**	79.000	86.000	72.000	73.000	170		**16**	162.000	172.000	152.000	154.000
85		18	76.000	87.000	65.000	67.000	170		28	156.000	172.000	140.000	142.000
90	1	4	88.000	90.500	85.500	86.000	175		8	171.000	176.000	166.000	167.000
90		**12**	84.000	91.000	77.000	78.000	175		**16**	167.000	177.000	157.000	159.000
90		18	81.000	92.000	70.000	72.000	175		28	161.000	177.000	145.000	147.000
95	2	4	93.000	95.500	90.500	91.000	180	1	8	176.000	181.000	171.000	172.000
95		**12**	89.000	96.000	82.000	83.000	180		**18**	171.000	182.000	160.000	162.000
95		18	86.000	97.000	75.000	77.000	180		28	166.000	182.000	150.000	152.000
100	1	4	98.000	100.500	95.500	96.000	185		8	181.000	186.000	176.000	177.000
100		**12**	94.000	101.000	87.000	88.000	185		**18**	176.000	187.000	165.000	167.000
100		20	90.000	102.000	78.000	80.000	185		32	169.000	187.000	151.000	153.000
105		4	103.000	105.500	100.500	101.000	190	2	8	186.000	191.000	181.000	182.000
105		**12**	99.000	106.000	92.000	93.000	190		**18**	181.000	192.000	170.000	172.000
105		20	95.000	107.000	83.000	85.000	190		32	174.000	192.000	156.000	158.000
110	2	4	108.000	110.500	105.500	106.000	195		8	191.000	196.000	186.000	187.000
110		**12**	104.000	111.000	97.000	98.000	195		**18**	186.000	197.000	175.000	177.000
110		20	100.000	112.000	88.000	90.000	195		32	179.000	197.000	161.000	163.000
115		6	112.000	116.000	108.000	109.000	200	1	8	196.000	201.000	191.000	192.000
115		**14**	108.000	117.000	99.000	101.000	200		**18**	191.000	202.000	180.000	182.000
115		22	104.000	117.000	91.000	93.000	200		32	184.000	202.000	166.000	168.000
120	1	6	117.000	121.000	113.000	114.000	210	2	8	206.000	211.000	201.000	202.000
120		**14**	113.000	122.000	104.000	106.000	210		**20**	200.000	212.000	188.000	190.000
120		22	109.000	122.000	96.000	98.000	210		36	192.000	212.000	172.000	174.000
125		6	122.000	126.000	118.000	119.000	220	1	8	216.000	221.000	211.000	212.000
125		**14**	118.000	127.000	109.000	111.000	220		**20**	210.000	222.000	198.000	200.000
125		22	114.000	127.000	101.000	103.000	220		36	202.000	222.000	182.000	184.000
130	2	6	127.000	131.000	123.000	124.000	230	2	8	226.000	231.000	221.000	222.000
130		**14**	123.000	132.000	114.000	116.000	230		**20**	220.000	232.000	208.000	210.000
130		22	119.000	132.000	106.000	108.000	230		36	212.000	232.000	192.000	194.000
135		6	132.000	136.000	128.000	129.000	240	1	8	236.000	241.000	231.000	232.000
135		**14**	128.000	137.000	119.000	121.000	240		**22**	229.000	242.000	216.000	218.000
135		24	123.000	137.000	109.000	111.000	240		36	222.000	242.000	202.000	204.000
140	1	6	137.000	141.000	133.000	134.000	250	2	12	244.000	251.000	237.000	238.000
140		**14**	133.000	142.000	124.000	126.000	250		**22**	239.000	252.000	226.000	228.000
140		24	128.000	142.000	114.000	116.000	250		40	230.000	252.000	208.000	210.000
145		6	142.000	146.000	138.000	139.000	260	1	12	254.000	261.000	247.000	248.000
145		**14**	138.000	147.000	129.000	131.000	260		**22**	249.000	262.000	236.000	238.000
145		24	133.000	147.000	119.000	121.000	260		40	240.000	262.000	218.000	220.000
150	2	6	147.000	151.000	143.000	144.000	270	2	12	264.000	271.000	257.000	258.000
150		**16**	142.000	152.000	132.000	134.000	270		**24**	258.000	272.000	244.000	246.000
150		24	138.000	152.000	124.000	126.000	270		40	250.000	272.000	228.000	230.000
155		6	152.000	156.000	148.000	149.000	280	1	12	274.000	281.000	267.000	268.000
155		**16**	147.000	157.000	137.000	139.000	280		**24**	268.000	282.000	254.000	256.000
155		24	143.000	157.000	129.000	131.000	280		40	260.000	282.000	238.000	240.000
160	1	6	157.000	161.000	153.000	154.000	290	2	12	284.000	291.000	277.000	278.000
160		**16**	152.000	162.000	142.000	144.000	290		**24**	278.000	292.000	264.000	266.000
160		28	146.000	162.000	130.000	132.000	290		44	268.000	292.000	244.000	246.000
165		6	162.000	166.000	158.000	159.000	300	1	12	294.000	301.000	287.000	288.000
165		**16**	157.000	167.000	147.000	149.000	300		**24**	288.000	302.000	274.000	276.000
165		28	151.000	167.000	135.000	137.000	300		44	278.000	302.000	254.000	256.000

[주] 1. 암나사의 내경 D_1은 기준 산형의 수나사 골 지름 d_1과 동일하다.
2. 호칭지름은 '순위'에 따라 우선적으로 선택한다.
3. 조합하는 피치는 '피치' 란의 굵은 글씨의 것을 우선한다.
4. 나사의 호칭법은 문자 'Tr'에 이어, 호칭지름의 값과 피치 값을 '×'로 구분해 mm의 단위로 나타낸다.
[예] Tr8×1.5 (한줄나사의 경우)

8장

8·12 표 30도 사다리꼴나사 (구 JIS B 0216 부록) KS B 0227(폐지)

(a) 30도 사다리꼴나사의 나사 산 기본 치수

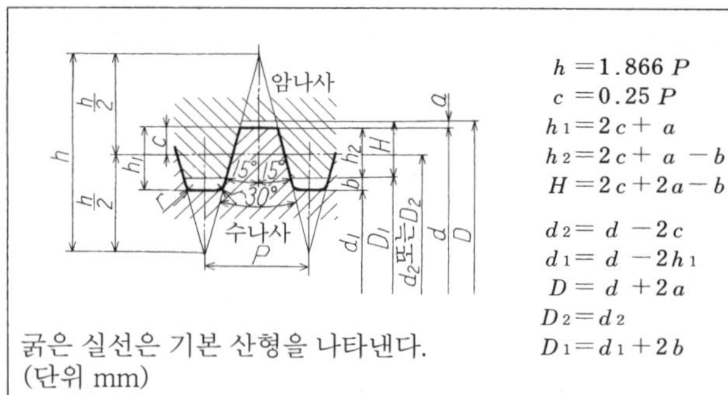

$h = 1.866P$
$c = 0.25P$
$h_1 = 2c + a$
$h_2 = 2c + a - b$
$H = 2c + 2a - b$
$d_2 = d - 2c$
$d_1 = d - 2h_1$
$D = d + 2a$
$D_2 = d_2$
$D_1 = d_1 + 2b$

굵은 실선은 기본 산형을 나타낸다.
(단위 mm)

피치 P	틈새 a	틈새 b	c	접촉 높이 h_2	수나사의 나사 산 높이 h_1	암나사의 나사 산 높이 H	수나사의 골 구석의 라운딩 r
2	0.25	0.50	0.50	0.75	1.25	1.00	0.25
3	0.25	0.50	0.75	1.25	1.75	1.50	0.25
4	0.25	0.50	1.00	1.75	2.25	2.00	0.25
5	0.25	0.75	1.25	2.00	2.75	2.25	0.25
6	0.25	0.75	1.50	2.50	3.25	2.75	0.25
8	0.25	0.75	2.00	3.50	4.25	3.75	0.25
10	0.25	0.75	2.50	4.50	5.25	4.75	0.25
12	0.25	0.75	3.00	5.50	6.25	5.75	0.25
16	0.50	1.50	4.00	7.00	8.50	7.50	0.50
20	0.50	1.50	5.00	9.00	10.50	9.50	0.50
24	0.50	1.50	6.00	11.00	12.50	11.50	0.50

(b) 30도 사다리꼴나사의 피치 계열 (단위 mm)

호칭	피치 P	호칭	피치 P	호칭	피치 P
TM 10	2	TM 55	8	(TM135)	16
TM 12	2	(TM 58)	8	TM140	16
TM 14	3	(TM 60)	8	(TM145)	16
TM 16	3	TM 62	10	(TM150)	16
TM 18	4	(TM 65)	10	(TM155)	16
TM 20	4	(TM 68)	10	TM160	16
TM 22	5	TM 70	10	(TM165)	16
(TM 24)	5	(TM 72)	10	(TM170)	16
TM 25	5	(TM 75)	10	(TM175)	16
(TM 26)	5	(TM 78)	10	TM180	20
TM 28	5	TM 80	10	(TM185)	20
(TM 30)	6	(TM 82)	10	(TM190)	20
TM 32	6	(TM 85)	12	(TM195)	20
(TM 34)	6	(TM 88)	12	TM200	20
TM 36	6	TM 90	12	(TM210)	20
(TM 38)	6	(TM 92)	12	TM220	20
TM 40	6	(TM 95)	12	(TM230)	20
(TM 42)	6	(TM 98)	12	(TM240)	24
(TM 44)	8	TM100	12	TM250	24
TM 45	8	(TM105)	12	(TM260)	24
(TM 46)	8	TM110	12	(TM270)	24
(TM 48)	8	(TM120)	16	TM280	24
TM 50	8	TM125	16	(TM290)	24
(TM 52)	8	(TM130)	16	(TM300)	24

[비고] 괄호가 있는 것은 가급적 이용하지 않는다.

8·14 표 29도 사다리꼴나사 (JIS B 0222, 1996년 폐지) KS B 0226

(a) 29도 사다리꼴나사의 기본 치수

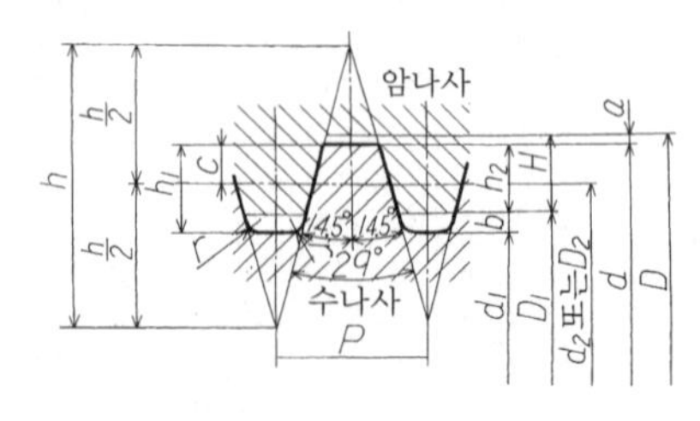

$h = 1.9334P$
$c \fallingdotseq 0.25P$
$h_1 = 2c + a$
$h_2 = 2c + a - b$
$H = 2c + 2a - b$
$d_2 = d - 2c$
$d_1 = d - 2h_1$
$D = d + 2a$
$D_2 = d_2$
$D_1 = d_1 + 2b$

굵은 실선은 기본 산형을 나타낸다.

(단위 mm)

산 수 (25.4 mm 마다)	피치 P	틈새 a	틈새 b	c	접촉 높이 h_2	수나사의 나사 산 높이 h_1	암나사의 나사 산 높이 H	수나사의 골 구석의 라운딩 r
12	2.1167	0.25	0.50	0.50	0.75	1.25	1.00	0.25
10	2.5400	0.25	0.50	0.60	0.95	1.45	1.20	0.25
8	3.1750	0.25	0.50	0.75	1.25	1.75	1.50	0.25
6	4.2333	0.25	0.50	1.00	1.75	2.25	2.00	0.25
5	5.0800	0.25	0.75	1.25	2.00	2.75	2.25	0.25
4	6.3500	0.25	0.75	1.50	2.50	3.25	2.75	0.25
3½	7.2571	0.25	0.75	1.75	3.00	3.75	3.25	0.25
3	8.4667	0.25	0.75	2.00	3.50	4.25	3.75	0.25
2½	10.1600	0.25	0.75	2.50	4.50	5.25	4.75	0.25
2	12.7000	0.25	0.75	3.00	5.50	6.25	5.75	0.25

(b) 29도 사다리꼴나사의 산 수 계열 (단위 mm)

호칭	산 수 (25.4 mm 마다) n	호칭	산 수 (25.4 mm 마다) n
TW 10	12	TW 52	3
TW 12	10	TW 55	3
TW 14	8	TW 58	3
TW 16	8	TW 60	3
TW 18	6	TW 62	3
TW 20	6	TW 65	2½
TW 22	5	TW 68	2½
TW 24	5	TW 70	2½
TW 26	5	TW 72	2½
TW 28	5	TW 75	2½
TW 30	4	TW 78	2½
TW 32	4	TW 80	2½
TW 34	4	TW 82	2½
TW 36	4	TW 85	2
TW 38	3½	TW 88	2
TW 40	3½	TW 90	2
TW 42	3½	TW 92	2
TW 44	3½	TW 95	2
TW 46	3	TW 98	2
TW 48	3	TW 100	2
TW 50	3		

KS B 0221
(단위 mm)

8·15 표 관용 평행나사 (JIS B 0202)

굵은 실선은 기준 산형을 나타낸다.

$P=\frac{25.4}{n}$

$H=0.960491P$

$h=0.640327P$

$r=0.137329P$

$d_2=d-h$

$d_1=d-2h$

$D_2=d_2$

$D_1=d_1$

나사의 호칭	나사 산 수 (25.4 mm 마다) n	피치 P (참고)	나사 산 높이 h	산의 꼭대기 및 골의 라운딩 r	수나사 외경 d	수나사 유효지름 d_2	수나사 골 지름 d_1
					암나사 골 지름 D	암나사 유효지름 D_2	암나사 내경 D_1
G 1/16	28	0.9071	0.581	0.12	7.723	7.142	6.561
G 1/8	28	0.9071	0.581	0.12	9.728	9.147	8.566
G 1/4	19	1.3368	0.856	0.18	13.157	12.301	11.445
G 3/8	19	1.3368	0.856	0.18	16.662	15.806	14.950
G 1/2	14	1.8143	1.162	0.25	20.955	19.793	18.631
G 5/8	14	1.8143	1.162	0.25	22.911	21.749	20.587
G 3/4	14	1.8143	1.162	0.25	26.441	25.279	24.117
G 7/8	14	1.8143	1.162	0.25	30.201	29.039	27.877
G 1	11	2.3091	1.479	0.32	33.249	31.770	30.291
G 1 1/8	11	2.3091	1.479	0.32	37.897	36.418	34.939
G 1 1/4	11	2.3091	1.479	0.32	41.910	40.431	38.952
G 1 1/2	11	2.3091	1.479	0.32	47.803	46.324	44.845
G 1 3/4	11	2.3091	1.479	0.32	53.746	52.267	50.788
G 2	11	2.3091	1.479	0.32	59.614	58.135	56.656
G 2 1/4	11	2.3091	1.479	0.32	65.710	64.231	62.752
G 2 1/2	11	2.3091	1.479	0.32	75.184	73.705	72.226
G 2 3/4	11	2.3091	1.479	0.32	81.534	80.055	78.576
G 3	11	2.3091	1.479	0.32	87.884	86.405	84.926
G 3 1/2	11	2.3091	1.479	0.32	100.330	98.851	97.372
G 4	11	2.3091	1.479	0.32	113.030	111.551	110.072
G 4 1/2	11	2.3091	1.479	0.32	125.730	124.251	122.772
G 5	11	2.3091	1.479	0.32	138.430	136.951	135.472
G 5 1/2	11	2.3091	1.479	0.32	151.130	149.651	148.172
G 6	11	2.3091	1.479	0.32	163.830	162.351	160.872
PF 7	11	2.3091	1.479	0.32	189.230	187.751	186.272
PF 8	11	2.3091	1.479	0.32	214.630	213.151	211.672
PF 9	11	2.3091	1.479	0.32	240.030	238.551	237.072
PF 10	11	2.3091	1.479	0.32	265.430	263.951	262.472
PF 12	11	2.3091	1.479	0.32	316.230	314.751	313.272

[비고] 1. 표 중의 관용 평행나사를 나타내는 기호 G 또는 PF는 필요에 따라 생략해도 된다.
2. PF 7~PF 12의 나사는 규격 본문이 아니라 부록에 의해 규정된 것으로, 장래 폐지될 예정이다.

KS B 0222
(단위 mm)

8·16 표 관용 테이퍼 나사 (JIS B 0203)

테이퍼 수나사 및 테이퍼 암나사에 대해 적용하는 기준 산형.

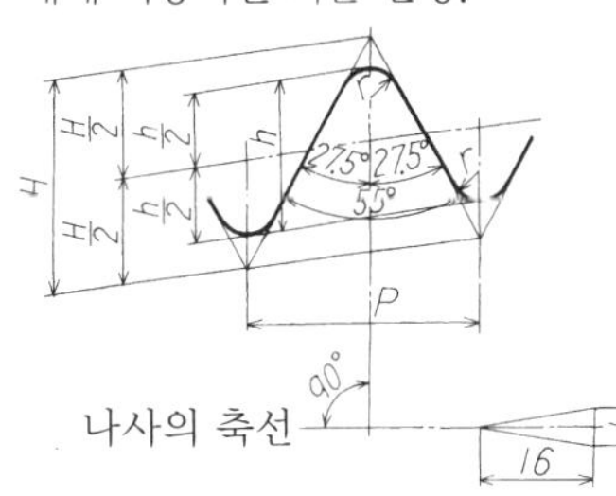

굵은 실선은 기준 산형을 나타낸다.

$P=\frac{25.4}{n}$ $h=0.640327P$

$H=0.960237P$ $r=0.137278P$

평행 암나사에 대해 작용하는 기준 산형.

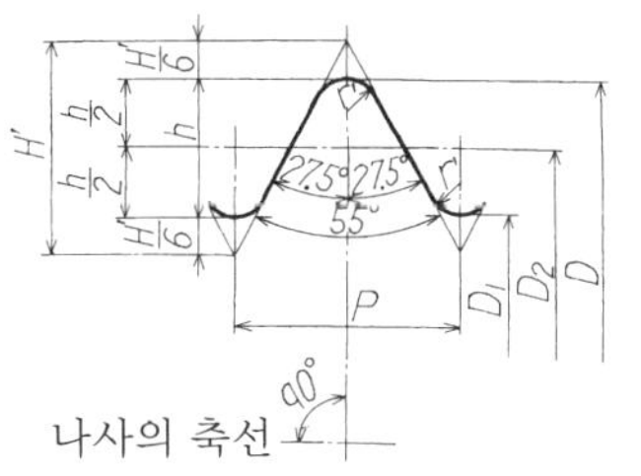

굵은 실선은 기준 산형을 나타낸다.

$P=\frac{25.4}{n}$ $h=0.640327P$

$H'=0.960491P$ $r'=0.137329P$

테이퍼 수나사와 테이퍼 암나사 또는 평행 암나사와의 끼워맞춤.

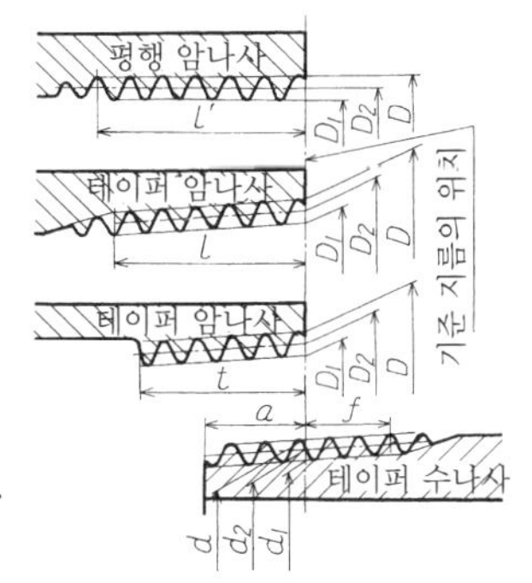

(다음 페이지에 계속)

나사의 호칭	나사 산				기준 지름			기준 지름의 위치			평행 암나사의 D, D_2 및 D_1의 허용차 ±	유효 나사부의 길이 (최소)				배관용 탄소강 강관의 치수 (참고)	
	나사산 산 수 (25.4 mm 마다) n	피치 P (참고)	산의 높이 h	라운딩 r 또는 r'	수나사			수나사		암나사		수나사	암나사				
					외경 d	유효지름 d_2	골 지름 d_1	관 끝단에서		관 끝단부		기준 지름의 위치에서 큰 지름 측을 향해 f	불완전 나사부가 있는 경우		불완전 나사부가 없는 경우		
					암나사								테이퍼 암나사	평행 암나사	테이퍼 암나사, 평행 암나사		
					골 지름 D	유효지름 D_2	내경 D_1	기준의 길이 a	축선 방향의 허용차 $\pm b$	축선 방향의 허용차 $\pm c$			기준 지름의 위치에서 작은 지름 측을 향해 l	관 또는 관커플링 끝단에서 l' (참고)	기준 지름 또는 관·관커플링 끝단에서 t	외경	두께
R 1/16	28	0.9071	0.581	0.12	7.723	7.142	6.561	3.97	0.91	1.13	0.071	2.5	6.2	7.4	4.4	—	—
R 1/8	28	0.9071	0.581	0.12	9.728	9.147	8.566	3.97	0.91	1.13	0.071	2.5	6.2	7.4	4.4	10.5	2.0
R 1/4	19	1.3368	0.856	0.18	13.157	12.301	11.445	6.01	1.34	1.67	0.104	3.7	9.4	11.0	6.7	13.8	2.3
R 3/8	19	1.3368	0.856	0.18	16.662	15.806	14.950	6.35	1.34	1.67	0.104	3.7	9.7	11.4	7.0	17.3	2.3
R 1/2	14	1.8143	1.162	0.25	20.955	19.793	18.631	8.16	1.81	2.27	0.142	5.0	12.7	15.0	9.1	21.7	2.8
R 3/4	14	1.8143	1.162	0.25	26.441	25.279	24.117	9.53	1.81	2.27	0.142	5.0	14.1	16.3	10.2	27.2	2.8
R 1	11	2.3091	1.479	0.32	33.249	31.770	30.291	10.39	2.31	2.89	0.181	6.4	16.2	19.1	11.6	34	3.2
R 1 1/4	11	2.3091	1.479	0.32	41.910	40.431	38.952	12.70	2.31	2.89	0.181	6.4	18.5	21.4	13.4	42.7	3.5
R 1 1/2	11	2.3091	1.479	0.32	47.803	46.324	44.845	12.70	2.31	2.89	0.181	6.4	18.5	21.4	13.4	48.6	3.5
R 2	11	2.3091	1.479	0.32	59.614	58.135	56.656	15.88	2.31	2.89	0.181	7.5	22.8	25.7	16.9	60.5	3.8
R 2 1/2	11	2.3091	1.479	0.32	75.184	73.705	72.226	17.46	3.46	3.46	0.216	9.2	26.7	30.1	18.6	76.3	4.2
R 3	11	2.3091	1.479	0.32	87.884	86.405	84.926	20.64	3.46	3.46	0.216	9.2	29.8	33.3	21.1	89.1	4.2
R 4	11	2.3091	1.479	0.32	113.030	111.551	110.072	25.40	3.46	3.46	0.216	10.4	35.8	39.3	25.9	114.3	4.5
R 5	11	2.3091	1.479	0.32	138.430	136.951	135.472	28.58	3.46	3.46	0.216	11.5	40.1	43.5	29.3	139.8	4.5
R 6	11	2.3091	1.479	0.32	163.830	162.351	160.872	28.58	3.46	3.46	0.216	11.5	40.1	43.5	29.3	165.2	5.0
PT 7	11	2.3091	1.479	0.32	189.230	187.751	186.272	34.93	5.08	5.08	0.318	14.0	48.9	54.0	35.1	190.7	5.3
PT 8	11	2.3091	1.479	0.32	214.630	213.151	211.672	38.10	5.08	5.08	0.318	14.0	52.1	57.2	37.6	216.3	5.8
PT 9	11	2.3091	1.479	0.32	240.030	238.551	237.072	38.10	5.08	5.08	0.318	14.0	52.1	57.2	37.6	241.8	6.2
PT 10	11	2.3091	1.479	0.32	265.430	263.951	262.472	41.28	5.08	5.08	0.318	14.0	55.2	60.3	40.1	267.4	6.6
PT 12	11	2.3091	1.479	0.32	316.230	314.751	313.272	41.28	6.35	6.35	0.397	17.5	58.7	65.1	41.9	318.5	6.9

[비고] 1. 표 중의 관용 테이퍼 나사를 나타내는 기호 R 또는 RT는 필요에 따라 생략해도 된다. 또한 테이퍼 수나사에 끼우는 평행나사를 나타내는 기호가 필요한 경우에는 R에 대해서는 Rp를, PT에 대해서는 PS를 이용한다.

2. 나사 산은 중심축선에 직각으로 하고, 피치는 중심축선을 따라 측정한다.

3. 유효 나사부의 길이란 완전한 나사 산이 잘린 나사부의 길이로, 마지막의 몇 산만은 그 꼭대기에 관 또는 관커플링의 면이 남아 있어도 관 또는 관커플링의 끝단에 모떼기가 되어 있어도 이 부분을 유효 나사부의 길이에 포함시킨다.

4. a, f 또는 t가 이 표의 수치를 따르기 어려운 경우에는 다른 정하는 부품의 규격에 따른다.

5. PT 7~PT 12의 나사는 규격 본문이 아니라 부록에 규정된 것으로, 장래 폐지될 예정이다.

8·17 표 전선관 나사 (JIS C 8305 부록) KS B 0223(폐지)

(a) 두꺼운 강 전선관 나사 (단위 mm)

굵은 실선은 기준 산형을 나타낸다.

$P=\frac{25.4}{n}$ $H=0.960491P$ $H_1=0.560286P$

$d_2=d-0.640327P$

$d_1=d-1.120572P$

$D=d$

$D_2=d_2$

$D_1=d_1$

나사의 호칭	적용하는 관의 호칭	나사 산 수 (25.4 mm 마다) n	피치 P (참고)	접촉 높이 H_1	수나사 외경 d / 암나사 골 지름 D	수나사 유효지름 d_2 / 암나사 유효지름 D_2	수나사 골 지름 d_1 / 암나사 내경 D_1
CTG 16	16	14	1.8143	1.017	20.955	19.793	18.922
CTG 22	22	14	1.8143	1.017	26.441	25.279	24.408
CTG 28	28	11	2.3091	1.294	33.249	31.770	30.661
CTG 36	36	11	2.3091	1.294	41.910	40.431	39.322
CTG 42	42	11	2.3091	1.294	47.803	46.324	45.215
CTG 54	54	11	2.3091	1.294	59.614	58.135	57.026
CTG 70	70	11	2.3091	1.294	75.184	73.705	72.596
CTG 82	82	11	2.3091	1.294	87.884	86.405	85.296
CTG 92	92	11	2.3091	1.294	100.330	98.851	97.742
CTG 104	104	11	2.3091	1.294	113.030	111.551	110.442

(b) 얇은 강 전선관 나사 (단위 mm)

굵은 실선은 기준 산형을 나타낸다.

$P=\frac{25.4}{n}$ $D=d$

$D_2=d_2$

$H=0.59588P$ $D_1=d_1$

$H_1=0.43851P$

$H_2=0.09778P$

$d_2=d-0.47670P$

$d_1=d-0.87703P$

나사의 호칭	적용하는 관의 호칭	나사 산 수 (25.4 mm 마다) n	피치 P (참고)	접촉 높이 H_1	수나사 외경 d / 암나사 골 지름 D	수나사 유효지름 d_2 / 암나사 유효지름 D_2	수나사 골 지름 d_1 / 암나사 내경 D_1
CTC 19	19	16	1.5875	0.696	19.100	18.343	17.708
CTC 25	25	16	1.5875	0.696	25.400	24.643	24.008
CTC 31	31	16	1.5875	0.696	31.800	31.043	30.408
CTC 39	39	16	1.5875	0.696	38.100	37.343	36.708
CTC 51	51	16	1.5875	0.696	50.800	50.043	49.408
CTC 63	63	16	1.5875	0.696	63.500	62.743	62.108
CTC 75	75	16	1.5875	0.696	76.200	75.443	74.808

8·2 나사 부품

1. 육각 볼트·너트

나사가 실제로 가장 빈번히 이용되는 것은 8·9 그림에 나타낸 볼트, 너트이며, 여기에는 여러 가지 종류, 형상의 것이 있는데, 볼트 머리부 및 너트가 육각으로 만들어진 것이 가장 많고 이를 육각 볼트, 육각 너트라고 부른다. 볼트를 사용 목적으로 구분하면, 다음과 같다.

(1) 관통 볼트 8·10 그림과 같이 두개 또는 그 이상의 부품에 각각 구멍을 뚫어, 볼트를 넣고 너트로 그들 부품을 조인다.

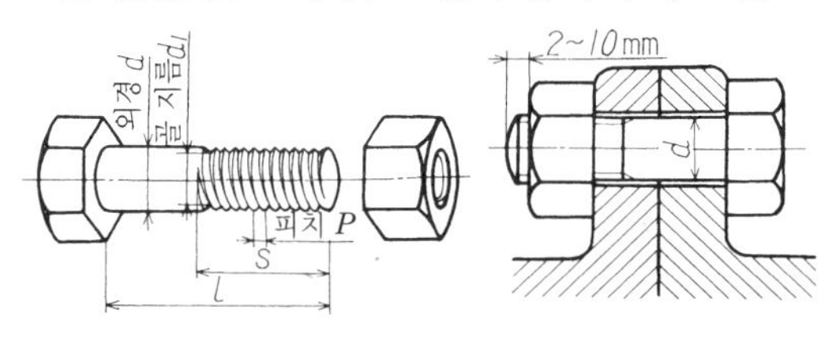

8·9 그림 볼트와 너트　　8·10 그림 관통 볼트

(2) 탭 볼트 부품의 한쪽에 암나사를 깎아 두고, 이것에 다른 부품을 끼워 비틀어 넣어 죄는 것이다[8·11 그림 (a)].

(3) 스터드 볼트 막대의 양 끝에 나사를 깎아 그 한쪽 끝을 기계기구의 주체에 반영구적으로 비틀어 넣고, 부품을 너트로 죄어 고정시킬 때에 이용하는 것이다[8·11 그림 (b)].

끼워 넣는 측과 너트 측을 구별하기 위해 너트 측은 반드시 둥근 끝으로 하는 것으로 되어 있다.

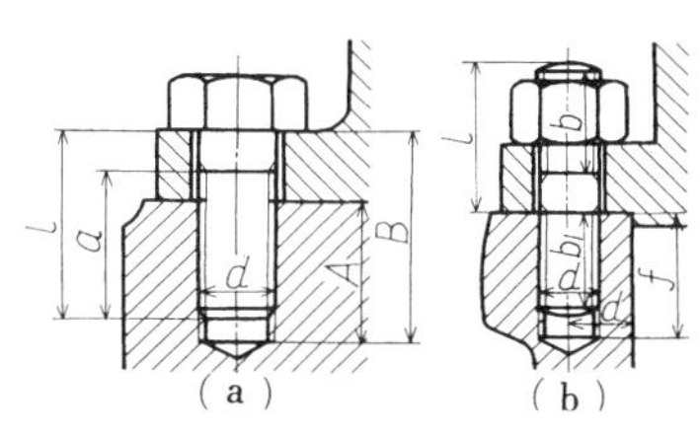

8·11 그림 탭 볼트(a)와 스터드 볼트(b)

8장

2. 육각 볼트·너트의 새로운 규격

나사 부품, 특히 육각 볼트 및 육각 너트는 호환성 부품 중 가장 중요한 것이기 때문에 그 표준화는 매우 일찍부터 이루어져 왔다.

일본에서 육각 볼트와 육각 너트의 규격은 1961년에 제정된 이후, 몇 번의 개정이 이루어졌는데, ISO 나사의 도입, 위트나사의 폐지 등을 제외하고는 대폭적인 개정은 이루어지지 않았다.

그런데 1979년 ISO에서는 앞의 JIS 규격과는 상당히 양식을 다르게 한 이들의 규격을 제정했기 때문에 JIS에서도 ISO와의 정합을 도모하기 위해 1985년에 규격의 개정이 이루어졌다. 이 규격은 단순히 개정하는 것 이상으로, 완전히 새로운 구상으로 만들어졌기 때문에 기존 규격과의 대응은 매우 불충분했다. 그러나 기존 규격의 것도 널리 사용되고 있으며, 새로운 규격으로 급격하게 이행하는 것은 곤란하기 때문에 규격 본체는 ISO에 기초하는 것을 규정하고, 기존의 것도 그대로의 형태로 부록으로 옮겨 남기고 있다.

현재의 JIS 규격은 2014년에 개정된 것으로, 2011년 개정의 ISO에 기초하고 있다.

또한 이 개정에서 규격으로 규정한 치수 및 제품 사양 이외의 요구가 있는 경우의 선택 기준이 제시되어(JIS B 0205-4, B 0209-1 등), 이 기준에 따라 여러 가지 사이즈 및 강도 구분의 육각 볼트·너트를 제작할 수 있게 됐다.

(1) 육각 볼트

(i) 육각 볼트의 종류 육각 볼트는 그 형상으로부터 8·12 그림에 나타냈듯이 호칭지름 육각 볼트·유효지름 육각 볼트, 전나사 육각 볼트의 3 종류로 구분된다.

(a) 호칭지름 육각 볼트 볼트의 축부가 나사부와 원통부로 이루어져 있으며, 원통부의 지름이 거의 호칭지름과 같은 것이다.

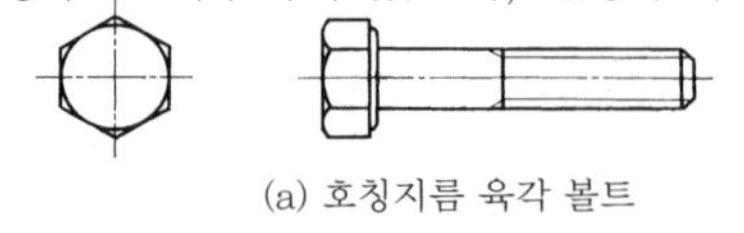

(a) 호칭지름 육각 볼트

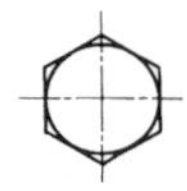
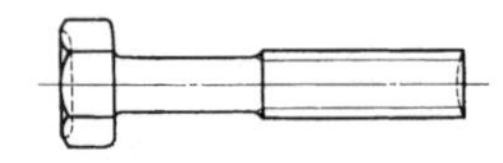

(b) 유효지름 육각 볼트

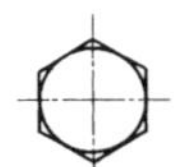
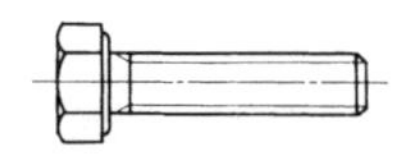

(c) 전나사 육각 볼트

8·12 그림 새로운 육각 볼트의 종류

(b) 유효지름 육각 볼트 위와 동일하지만, 원통부의 지름이 거의 유효지름과 같은 것이다.

(c) 전나사 육각 볼트 볼트의 축부 전체가 나사부이고, 원통부가 없는 것이다.

(ii) 육각 볼트의 부품 등급 육각 볼트에는 그 정도에 따라, 부품 등급 A, B 및 C의 3등급으로 규정되어 있다. 이것은 JIS B 1021(체결용 부품의 공차)에 의한 것인데, 특히 육각 볼트에서는 그 치수(나사의 호칭 d, 호칭길이 l)에 따라 그 구분이 되어 있다.

즉 부품 등급 A는 나사의 호칭이 M1.6~24이고, 더구나 호칭길이가 10d 또는 150mm 이하인 것을 대상으로 하고 있으며, 부품 등급 B는 나사의 호칭이 M27~64인 것 및 그 이하라도 호칭길이가 10d 또는 150mm 중 하나를 넘는 것을 대상으로 하고 있다. 8·18 표에 이들의 관계를 나타냈다. 또한 부품 등급 C는 M5~64의 것을 대상으로 하고 있다(가는눈 나사에는 없다).

8·18 표 부품 등급 A 및 B의 치수 구분

나사의 호칭 d		M1.6 ~ 24 의 것[(1)]	M27 ~ 64 의 것 [(2)]
나사 길이의 호칭 l	$10d$ 또는 150mm 이하의 것	부품 등급 A의 영역	부품 등급 B의 영역
	$10d$ 또는 150mm 의 어느 것인가를 넘는 것	부품 등급 B의 영역	

[주] (1) 가는눈 나사의 경우는 M8~24.
(2) 유효지름 육각 볼트의 경우는 등급 B만으로 M3~20.

8·19 표에 부품 등급에 대한 공차의 수준을 나타냈다. 또한 이 표 중 괄호로 나타낸 것은 표면조도를 산술 평균 조도에 의해 나타낸 것이다.

8·19 표 부품 등급에 대한 공차

부품 등급	공차의 수준	
	축부 및 좌면의 정도	기타 형체의 정도
A	정밀(6.3a)	정밀(6.3a)
B	정밀(6.3a)	거칠음(12.5a)
C	거칠음(12.5a)	거칠음(12.5a)

[비고] 괄호 내는 표면조도를 나타낸다.

(iii) 육각 볼트의 강도 구분

8·20 표에 육각 볼트의 종류 및 그 부품 등급에 대한 강도 구분을 나타냈다.

8·20 표 육각 볼트(보통 나사)의 강도 구분

재질	볼트의 종류	부품 등급	나사의 호칭 d	강도 구분
강	호칭지름 볼트 전나사 볼트	A · B	$d < 3$ * $3 \leqq d \leqq 39$ (1) $d > 39$ *	※ 5.6, 8.8, 9.8, 10.9 ※
	호칭지름 볼트 전나사 볼트	C	$d \leqq 39$ $d > 39$	4.6, 4.8 ※
	유효지름 볼트	B	모든 사이즈	5.8, 6.8, 8.8
스테인리스강	호칭지름 볼트 전나사 볼트	A · B	$d \leqq 24$ * $24 < d \leqq 39$ * $d > 39$ *	A2-70, A4-70 A2-50, A4-50 ※
	유효지름 볼트	B	모든 사이즈	A2-70
비철금속	호칭지름 볼트 전나사 볼트	A · B	모든 사이즈 *	JIS B 1057
	유효지름 볼트	B	위와 같음	

[주] ※ 표시는 거래 당사자 간의 협정에 의한다.
*가는눈 나사의 경우도 이것에 준한다. 단, (1)에서 dD≦39…5.6, 8.8, 10.9로 한다.

이 강도 구분의 수치는 예를 들면 8.8의 첫 번째 숫자 8은 호칭 인장강도(N/mm²)의 100분의 1을 나타내며, 2번째 숫자 8은 호칭 하항복점(N/mm²) 또는 0.2% 내력(N/mm²)이 호칭 인장강도의 80%임을 보여주고 있다.

또한 스테인리스강제 육각 볼트는 이 강도 구분 대신에 성상 구분이 이루어지고 있으며, 규격에서는 볼트에 A2-70, A4-50 등의 것을 사용하게 된다. 이 A2, A4는 강종 구분(A는 오스테나이트계)이며, 50, 70은 강도 구분(50…연질, 70…냉간가공, 80…냉간강가공)을 나타낸다.

또한 비철금속제 육각 볼트의 기계적 성질은 거래 당사자 간의 협정에 의한 것으로 되어 있다.

(iv) 육각 볼트의 형상 및 치수

8·22 표~8·31 표에 각 육각 볼트의 형상 및 치수를 나타냈다(부품 등급 C는 생략했다).

(2) 육각 너트

(i) **육각 너트의 종류** 육각 너트는 그 호칭높이에 따라, 육각 너트 및 육각 낮은 너트의 2종류로 구분한다.

(a) **육각 너트** 나사의 호칭(D)에 대한 너트의 호칭 높이가 0.8D 이상인 것.

(b) **육각 낮은 너트** 너트의 호칭높이가 0.8D 미만인 것.

(ii) **육각 너트의 형식에 의한 분류** 규격에서는 부품 등급[(iv)항 참조] A 및 B인 것에 대해서는 너트의 높이 차이에 따라, 스타일 1 및 스타일 2로 분류하고 있다.

이 중 스타일 2의 높이는 스타일 1의 것보다 약 10% 높게 되어 있다.

이러한 스타일 1 및 스타일 2가 너트에 도입된 이유는 동일한 강도 수준에 있는 볼트와 너트를 조합해 항복점 체결을 했을 때 스타일 2를 사용하면 그것을 견딜 수 있다는 점 외에도, 어떤 강도 구분의 너트에 대해 스타일 1을 이용한 것은 열처리를 필요로 하지만 스타일 2를 이용하면 그럴 필요가 없다는 경제성도 고려됐기 때문이다 (8-37페이지에 계속).

8·21 표 육각 너트(보통 나사)의 강도 구분

너트의 종류	부품 등급	재료	나사의 호칭 D	강도 구분
육각 너트 -스타일 1	A · B	강	$D < 5$ $5 \leqq D \leqq 39$ $D \leqq 39$ (1) $D \leqq 16$ (1) $D > 39$ *	※ 6, 8, 10 6, 8 10 ※
		스테인리스강	$D \leqq 24$ * $24 < D \leqq 39$ * $D > 39$ *	A2-70, A4-70 A2-50*, A4-50 A4-70 (1) ※
		비철금속	모든 사이즈 *	JIS B 1057
육각 너트 -스타일 2	A · B	강	모든 사이즈 $D \leqq 16$ (1) $D \leqq 36$ (1)	8, 9, 10, 12 8, 12 10
육각 너트 -C	C	강	$5 < D \leqq 39$ $D > 39$	5 ※
육각 낮은 너트-양 모떼기	A · B	강	$D < 5$ $5 \leqq D \leqq 39$ $D \leqq 39$ (1) $D > 39$ *	※ 04, 05 04, 05 ※
		스테인리스강	$D \leqq 24$ * $24 < D \leqq 39$ * $D > 39$ *	A2-035, A4-035 A2-025, A4-025 ※
		비철금속	모든 사이즈*	JIS B 1057 에 의한다
육각 낮은 너트-모떼기 없음	B	강 (St)	모든 사이즈	110HV30 이상
		비철금속		JIS B 1057 에 의한다

[주] ※ 표시는 거래 당사자 간의 협정에 의한다.
*가는눈 나사의 경우도 이것에 준한다.
(1) 가는눈 나사의 경우만.

8장

KS B 1002

8·22 표 호칭지름 육각 볼트-보통 나사, 부품 등급 A 및 B-(제1 선택)의 형상·치수 (JIS B 1180) (단위 mm)

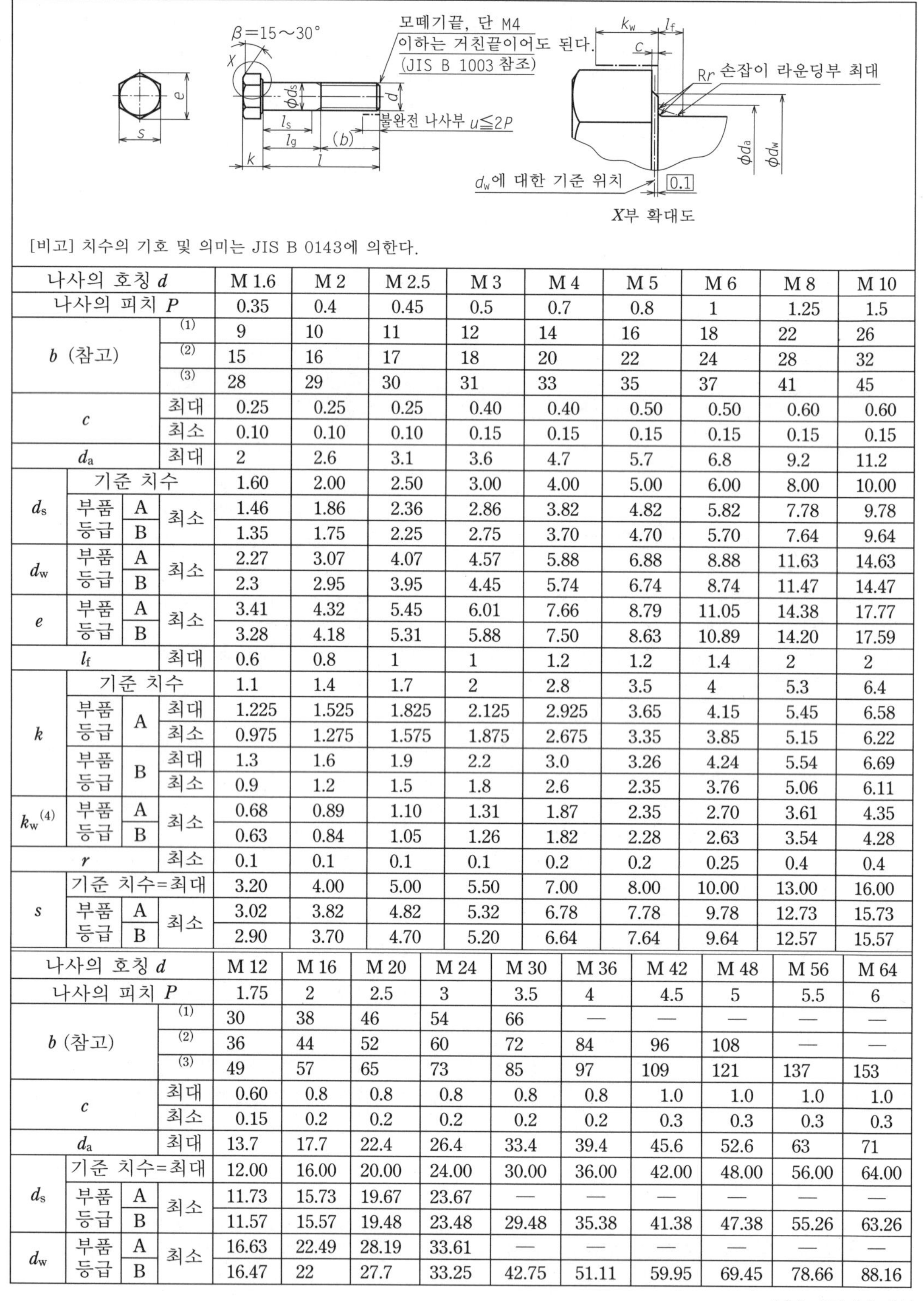

[비고] 치수의 기호 및 의미는 JIS B 0143에 의한다.

나사의 호칭 d			M 1.6	M 2	M 2.5	M 3	M 4	M 5	M 6	M 8	M 10
나사의 피치 P			0.35	0.4	0.45	0.5	0.7	0.8	1	1.25	1.5
b (참고)		(1)	9	10	11	12	14	16	18	22	26
		(2)	15	16	17	18	20	22	24	28	32
		(3)	28	29	30	31	33	35	37	41	45
c		최대	0.25	0.25	0.25	0.40	0.40	0.50	0.50	0.60	0.60
		최소	0.10	0.10	0.10	0.15	0.15	0.15	0.15	0.15	0.15
d_a		최대	2	2.6	3.1	3.6	4.7	5.7	6.8	9.2	11.2
d_s	기준 치수		1.60	2.00	2.50	3.00	4.00	5.00	6.00	8.00	10.00
	부품 등급 A	최소	1.46	1.86	2.36	2.86	3.82	4.82	5.82	7.78	9.78
	부품 등급 B	최소	1.35	1.75	2.25	2.75	3.70	4.70	5.70	7.64	9.64
d_w	부품 등급 A	최소	2.27	3.07	4.07	4.57	5.88	6.88	8.88	11.63	14.63
	부품 등급 B	최소	2.3	2.95	3.95	4.45	5.74	6.74	8.74	11.47	14.47
e	부품 등급 A	최소	3.41	4.32	5.45	6.01	7.66	8.79	11.05	14.38	17.77
	부품 등급 B	최소	3.28	4.18	5.31	5.88	7.50	8.63	10.89	14.20	17.59
l_f		최대	0.6	0.8	1	1	1.2	1.2	1.4	2	2
k	기준 치수		1.1	1.4	1.7	2	2.8	3.5	4	5.3	6.4
	부품 등급 A	최대	1.225	1.525	1.825	2.125	2.925	3.65	4.15	5.45	6.58
	부품 등급 A	최소	0.975	1.275	1.575	1.875	2.675	3.35	3.85	5.15	6.22
	부품 등급 B	최대	1.3	1.6	1.9	2.2	3.0	3.26	4.24	5.54	6.69
	부품 등급 B	최소	0.9	1.2	1.5	1.8	2.6	2.35	3.76	5.06	6.11
k_w (4)	부품 등급 A	최소	0.68	0.89	1.10	1.31	1.87	2.35	2.70	3.61	4.35
	부품 등급 B	최소	0.63	0.84	1.05	1.26	1.82	2.28	2.63	3.54	4.28
r		최소	0.1	0.1	0.1	0.1	0.2	0.2	0.25	0.4	0.4
s	기준 치수=최대		3.20	4.00	5.00	5.50	7.00	8.00	10.00	13.00	16.00
	부품 등급 A	최소	3.02	3.82	4.82	5.32	6.78	7.78	9.78	12.73	15.73
	부품 등급 B	최소	2.90	3.70	4.70	5.20	6.64	7.64	9.64	12.57	15.57

나사의 호칭 d			M 12	M 16	M 20	M 24	M 30	M 36	M 42	M 48	M 56	M 64
나사의 피치 P			1.75	2	2.5	3	3.5	4	4.5	5	5.5	6
b (참고)		(1)	30	38	46	54	66	—	—	—	—	—
		(2)	36	44	52	60	72	84	96	108	—	—
		(3)	49	57	65	73	85	97	109	121	137	153
c		최대	0.60	0.8	0.8	0.8	0.8	0.8	1.0	1.0	1.0	1.0
		최소	0.15	0.2	0.2	0.2	0.2	0.2	0.3	0.3	0.3	0.3
d_a		최대	13.7	17.7	22.4	26.4	33.4	39.4	45.6	52.6	63	71
d_s	기준 치수=최대		12.00	16.00	20.00	24.00	30.00	36.00	42.00	48.00	56.00	64.00
	부품 등급 A	최소	11.73	15.73	19.67	23.67	—	—	—	—	—	—
	부품 등급 B	최소	11.57	15.57	19.48	23.48	29.48	35.38	41.38	47.38	55.26	63.26
d_w	부품 등급 A	최소	16.63	22.49	28.19	33.61	—	—	—	—	—	—
	부품 등급 B	최소	16.47	22	27.7	33.25	42.75	51.11	59.95	69.45	78.66	88.16

(다음 페이지에 계속)

나사의 호칭 *d*				M 12	M 16	M 20	M 24	M 30	M 36	M 42	M 48	M 56	M 64
e	부품 등급	A	최소	20.03	26.75	33.53	39.98	—	—	—	—	—	—
		B		19.85	26.17	32.95	39.55	50.85	60.79	71.3	82.6	93.56	104.86
l_f			최대	3	3	4	4	6	6	8	10	12	13
k	기준 치수			7.5	10	12.5	15	18.7	22.5	26	30	35	40
	부품 등급	A	최대	7.68	10.18	12.715	15.215	—	—	—	—	—	—
			최소	7.32	9.82	12.285	14.785	—	—	—	—	—	—
	부품 등급	B	최대	7.79	10.29	12.85	15.35	19.12	22.92	26.42	30.42	35.5	40.5
			최소	7.21	9.71	12.15	14.65	18.28	22.08	25.58	29.58	34.5	39.5
k_w (4)	부품 등급	A	최소	5.12	6.87	8.6	10.35	—	—	—	—	—	—
		B		5.05	6.8	8.51	10.26	12.8	15.46	17.91	20.71	24.15	27.65
r			최소	0.6	0.6	0.8	0.8	1	1	1.2	1.6	2	2
s	기준 치수=최대			18.00	24.00	30.00	36.00	46	55.0	65.0	75.0	85.0	95.0
	부품 등급	A	최소	17.73	23.67	29.67	35.38	—	—	—	—	—	—
		B		17.57	23.16	29.16	35.00	45	53.8	63.1	73.1	82.8	92.8

[주] (1) $l_{nom} \leqq 125mm$에 대해서. (2) $125mm < l_{nom} \leqq 200m$에 대해서. (3) $l_{nom} > 200mm$에 대해서.
(4) $k_{w,min}=0.7k_{min}$
또한, 권장하는 호칭길이는 8·30 표에 의한다.

8장

8·23 표 호칭지름 육각 볼트-보통 나사, 부품 등급 A 및 B-(제2 선택)의 형상·치수 (JIS B 1180) KS B 1002

(단위 mm)

나사의 호칭 *d*				M 3.5	M 14	M 18	M 22	M 27	M 33	M 39	M 45	M 52	M 60
나사의 피치 *P*				0.6	2	2.5	2.5	3	3.5	4	4.5	5	5.5
b (참고)			(1)	13	34	42	50	60	—	—	—	—	—
			(2)	19	40	48	56	66	78	90	102	116	—
			(3)	32	53	61	69	79	91	103	115	129	145
c			최대	0.40	0.60	0.8	0.8	0.8	0.8	1.0	1.0	1.0	1.0
			최소	0.15	0.15	0.2	0.2	0.2	0.2	0.3	0.3	0.3	0.3
d_a			최대	4.1	15.7	20.2	24.4	30.4	36.4	42.4	48.6	56.6	67
d_s	기준 치수=최대			3.50	14.00	18.00	22.00	27.00	33.00	39.00	45.00	52.00	60.00
	부품 등급	A	최소	3.32	13.73	17.73	21.67	—	—	—	—	—	—
		B		3.20	13.57	17.57	21.48	26.48	32.38	38.38	44.38	51.26	59.26
d_w	부품 등급	A	최소	5.07	19.64	25.34	31.71	—	—	—	—	—	—
		B		4.95	19.15	24.85	31.35	38	46.55	55.86	64.7	74.2	83.41
e	부품 등급	A	최소	6.58	23.36	30.14	37.72	—	—	—	—	—	—
		B		6.44	22.78	29.56	37.29	45.2	55.37	66.44	76.95	88.25	99.21
l_f			최대	1	3	3	4	6	6	6	8	10	12
k	기준 치수			2.4	8.8	11.5	14	17	21	25	28	33	38
	부품 등급	A	최대	2.525	8.98	11.715	14.215	—	—	—	—	—	—
			최소	2.275	8.62	11.285	13.785	—	—	—	—	—	—
	부품 등급	B	최대	2.6	9.09	11.85	14.35	17.35	21.42	25.42	28.42	33.5	38.5
			최소	2.2	8.51	11.15	13.65	16.65	20.58	24.58	27.58	32.5	37.5
k_w (4)	부품 등급	A	최소	1.59	6.03	7.9	9.65	—	—	—	—	—	—
		B		1.54	5.96	7.81	9.56	11.66	14.41	17.21	19.31	22.75	26.25
r			최소	0.1	0.6	0.6	0.8	1	1	1	1.2	1.6	2
s	기준 치수=최대			6.00	21.00	27.00	34.00	41	50	60.0	70.0	80.0	90.0
	부품 등급	A	최소	5.82	20.67	26.67	33.38	—	—	—	—	—	—
		B		5.70	20.16	26.16	33.00	40	49	58.8	68.1	78.1	87.8

[주] 형상은 8·22 표에 의한다. (1) $l_{nom} \leqq 125mm$에 대해서. (2) $125mm < l_{nom} \leqq 200m$에 대해서.
(3) $l_{nom} > 200mm$에 대해서. (4) $k_{w,min}=0.7k_{min}$
또한, 권장하는 호칭길이는 8·31 표에 의한다.

8·24 표 호칭지름 육각 볼트-가는눈 나사, 부품 등급 A 및 B-(제1 선택)의 형상·치수 (JIS B 1180)

(단위 mm)

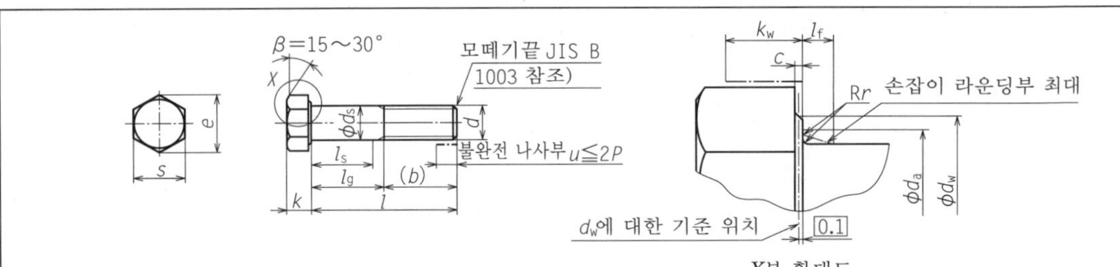

[비고] $^*d_s$는 $l_{s,\min}$의 값이 지정된 경우에 적용한다. 또한 치수의 기호 및 의미는 JIS B 0143에 의한다.

나사의 호칭 $d \times P$			M 8 ×1	M 10 ×1	M 12 ×1.5	M 16 ×1.5	M 20 ×1.5	M 24 ×2	M 30 ×2	M 36 ×3	M 42 ×3	M 48 ×3	M 56 ×4	M 64 ×4
b (참고)		(1)	22	26	30	38	46	54	66	—	—	—	—	—
		(2)	28	32	36	44	52	60	72	84	96	108	—	—
		(3)	41	45	49	57	65	73	85	97	109	121	137	153
c		최대	0.60	0.60	0.60	0.8	0.8	0.8	0.8	0.8	1.0	1.0	1.0	1.0
		최소	0.15	0.15	0.15	0.2	0.2	0.2	0.2	0.2	0.3	0.3	0.3	0.3
d_a		최대	9.2	11.2	13.7	17.7	22.4	26.4	33.4	39.4	45.6	52.6	63	71
d_s	기준 치수=최대		8.00	10.00	12.00	16.00	20.00	24.00	30.00	36.00	42.00	48.00	56.00	64.00
	부품 등급 A	최소	7.78	9.78	11.73	15.73	19.67	23.67	—	—	—	—	—	—
	부품 등급 B	최소	7.64	9.64	11.57	15.57	19.48	23.48	29.48	35.38	41.38	47.38	55.26	63.26
d_w	부품 등급 A	최소	11.63	14.63	16.63	22.49	28.19	33.61	—	—	—	—	—	—
	부품 등급 B	최소	11.47	14.47	16.47	22	27.7	33.25	42.75	51.11	59.95	69.45	78.66	88.16
e	부품 등급 A	최소	14.38	17.77	20.03	26.75	33.53	39.98	—	—	—	—	—	—
	부품 등급 B	최소	14.2	17.59	19.85	26.17	32.95	39.55	50.85	60.79	71.3	82.6	93.56	104.86
l_f		최대	2	2	3	3	4	4	6	6	8	10	12	13
k	기준 치수		5.3	6.4	7.5	10	12.5	15	18.7	22.5	26	30	35	40
	부품 등급 A	최대	5.45	6.58	7.68	10.18	12.715	15.215	—	—	—	—	—	—
		최소	5.15	6.22	7.32	9.82	12.285	14.785	—	—	—	—	—	—
	부품 등급 B	최대	5.54	6.69	7.79	10.29	12.85	15.35	19.12	22.92	26.42	30.42	35.5	40.5
		최소	5.06	6.11	7.21	9.71	12.15	14.65	18.28	22.08	25.58	29.58	34.5	39.5
k_w(4)	부품 등급 A	최소	3.61	4.35	5.12	6.87	8.6	10.35	—	—	—	—	—	—
	부품 등급 B	최소	3.54	4.28	5.05	6.8	8.51	10.26	12.8	15.46	17.91	20.71	24.15	27.65
r		최소	0.4	0.4	0.6	0.6	0.8	0.8	1	1	1.2	1.6	2	2
s	기준 치수=최대		13.00	16.00	18.00	24.00	30.00	36.00	46	55.0	65.0	75.0	85.0	95.0
	부품 등급 A	최소	12.73	15.73	17.73	23.67	29.67	35.38	—	—	—	—	—	—
	부품 등급 B	최소	12.57	15.57	17.57	23.16	29.16	35	45	53.8	63.1	73.1	82.8	92.8

[주] (1) $l_{nom} \leq 125\text{mm}$에 대해서. (2) $125\text{mm} < l_{nom} \leq 200\text{m}$에 대해서. (3) $l_{nom} > 200\text{mm}$에 대해서.
(4) $k_{w,\min} = 0.7 k_{\min}$
또한, 권장하는 호칭길이는 8·30 표에 의한다.

8·25 표 호칭지름 육각 볼트-가는눈 나사, 부품 등급 A 및 B-(제2 선택)의 형상·치수 (JIS B 1180)

(단위 mm)

나사의 호칭 $d \times P$		M 10 ×1.25	M 12 ×1.25	M 14 ×1.5	M 18 ×1.5	M 20 ×2	M 22 ×1.5	M 27 ×2	M 33 ×2	M 39 ×3	M 45 ×3	M 52 ×4	M 60 ×4
b (참고)	(1)	26	30	34	42	46	50	60	—	—	—	—	—
	(2)	32	36	40	48	52	56	66	78	90	102	116	—
	(3)	45	49	57	61	65	69	79	91	103	115	129	145

(다음 페이지에 계속)

나사의 호칭 $d \times P$				M 10 ×1.25	M 12 ×1.25	M 14 ×1.5	M 18 ×1.5	M 20 ×2	M 22 ×1.5	M 27 ×2	M 33 ×2	M 39 ×3	M 45 ×3	M 52 ×4	M 60 ×4
c			최대	0.60	0.60	0.60	0.8	0.8	0.8	0.8	0.8	1.0	1.0	1.0	1.0
			최소	0.15	0.15	0.15	0.2	0.2	0.2	0.2	0.2	0.3	0.3	0.3	0.3
d_a			최대	11.2	13.7	15.7	20.2	22.4	24.4	30.4	36.4	42.4	48.6	56.6	67
d_s	기준 치수			10.00	12.00	14.00	18.00	20.00	22.00	27.00	33.00	39.00	45.00	52.00	60.00
	부품 등급	A	최소	9.78	11.73	13.73	17.73	19.67	21.67	—	—	—	—	—	—
		B		9.64	11.57	13.54	17.57	19.48	21.48	26.48	32.38	38.38	44.38	51.26	59.26
d_w	부품 등급	A	최소	14.63	16.63	19.64	25.34	28.19	31.71	—	—	—	—	—	—
		B		14.47	16.47	19.15	24.85	27.7	31.35	38	46.55	55.86	64.7	74.2	83.41
e	부품 등급	A	최소	17.77	20.03	23.36	30.14	33.53	37.72	—	—	—	—	—	—
		B		17.59	19.85	22.78	29.56	32.95	37.29	45.2	55.37	66.44	76.95	88.25	99.21
l_f			최대	2	3	3	3	4	4	6	6	6	8	10	12
k	기준 치수			6.4	7.5	8.8	11.5	12.5	14	17	21	25	28	33	38
	부품 등급	A	최대	6.58	7.68	8.98	11.715	12.715	14.215	—	—	—	—	—	—
			최소	6.22	7.32	8.62	11.285	12.285	13.785	—	—	—	—	—	—
	부품 등급	B	최대	6.69	7.79	9.09	11.85	12.85	14.35	17.35	21.42	25.42	28.42	33.5	38.5
			최소	6.11	7.21	8.51	11.15	12.15	13.65	16.65	20.58	24.58	27.58	32.5	37.5
k_w (4)	부품 등급	A	최소	4.35	5.12	6.03	7.9	8.6	9.65	—	—	—	—	—	—
		B	최소	4.28	5.05	5.96	7.81	8.51	9.56	11.66	14.41	17.21	19.31	22.75	26.25
r			최소	0.4	0.6	0.6	0.6	0.8	0.8	1	1	1	1.2	1.6	2
s	기준 치수=최대			16.00	18.00	21.00	27.00	30.00	34.00	41	50	60.0	70.0	80.0	90.0
	부품 등급	A	최소	15.73	17.73	20.67	26.67	29.67	33.38	—	—	—	—	—	—
		B		15.57	17.57	20.16	26.16	29.16	33.00	40	49	58.8	68.1	78.1	87.8

[주] 형상은 표 8·24 표에 의한다. (1) $l_{nom} \leqq 125$mm에 대해서. (2) 125mm$<l_{nom} \leqq 200$m에 대해서.
(3) $l_{nom}>200$mm에 대해서. (4) $k_{w,min}=0.7k_{min}$
또한, 권장하는 호칭길이는 8·31 표에 의한다.

8·26 표 전나사 육각 볼트–보통 나사, 부품 등급 A 및 B–(제1 선택)의 형상·치수 (JIS B 1180)

(단위 mm)

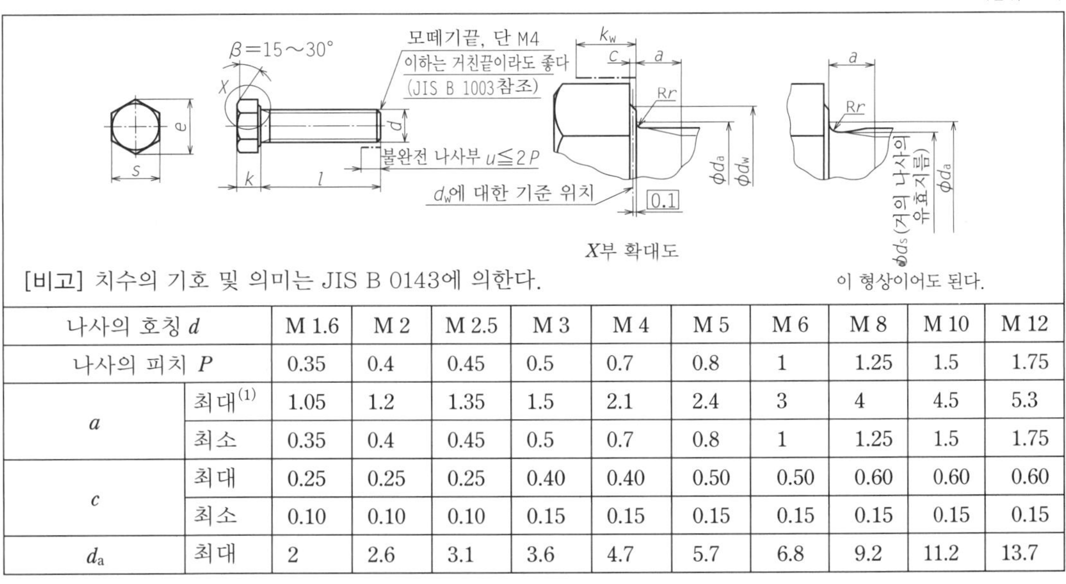

[비고] 치수의 기호 및 의미는 JIS B 0143에 의한다.

나사의 호칭 d		M 1.6	M 2	M 2.5	M 3	M 4	M 5	M 6	M 8	M 10	M 12
나사의 피치 P		0.35	0.4	0.45	0.5	0.7	0.8	1	1.25	1.5	1.75
a	최대(1)	1.05	1.2	1.35	1.5	2.1	2.4	3	4	4.5	5.3
	최소	0.35	0.4	0.45	0.5	0.7	0.8	1	1.25	1.5	1.75
c	최대	0.25	0.25	0.25	0.40	0.40	0.50	0.50	0.60	0.60	0.60
	최소	0.10	0.10	0.10	0.15	0.15	0.15	0.15	0.15	0.15	0.15
d_a	최대	2	2.6	3.1	3.6	4.7	5.7	6.8	9.2	11.2	13.7

(다음 페이지에 계속)

나사의 호칭 d				M 1.6	M 2	M 2.5	M 3	M 4	M 5	M 6	M 8	M 10	M12
나사의 피치 P				0.35	0.4	0.45	0.5	0.7	0.8	1	1.25	1.5	1.75
d_w	부품 등급	A	최소	2.27	3.07	4.07	4.57	5.88	6.88	8.88	11.63	14.63	16.63
		B		2.30	2.95	3.95	4.45	5.74	6.74	8.74	11.47	14.47	16.47
e	부품 등급	A	최소	3.41	4.32	5.45	6.01	7.66	8.79	11.05	14.38	17.77	20.03
		B		3.28	4.18	5.31	5.88	7.50	8.63	10.89	14.20	17.59	19.85
k	기준 치수			1.1	1.4	1.7	2	2.8	3.5	4	5.3	6.4	7.5
	부품 등급	A	최대	1.225	1.525	1.825	2.125	2.925	3.65	4.15	5.45	6.58	7.68
			최소	0.975	1.275	1.575	1.875	2.675	3.35	3.85	5.15	6.22	7.32
	부품 등급	B	최대	1.3	1.6	1.9	2.2	3.0	3.74	4.24	5.54	6.69	7.79
			최소	0.9	1.2	1.5	1.8	2.6	3.26	3.76	5.06	6.11	7.21
k_w (2)	부품 등급	A	최소	0.68	0.89	1.10	1.31	1.87	2.35	2.70	3.61	4.35	5.12
		B		0.63	0.84	1.05	1.26	1.82	2.28	2.63	3.54	4.28	5.05
r			최소	0.1	0.1	0.1	0.1	0.2	0.2	0.25	0.4	0.4	0.6
s	기준 치수=최대			3.20	4.00	5.00	5.50	7.00	8.00	10.00	13.00	16.00	18.00
	부품 등급	A	최소	3.02	3.82	4.82	5.32	6.78	7.78	9.78	12.73	15.73	17.73
		B		2.90	3.70	4.70	5.20	6.64	7.64	9.64	12.57	15.57	17.57

나사의 호칭 d				M 16	M 20	M 24	M 30	M 36	M 42	M 48	M 56	M 64
나사의 피치 P				2	2.5	3	3.5	4	4.5	5	5.5	6
a			최대 (1)	6	7.5	9	10.5	12	13.5	15	16.5	18
			최소	2	2.5	3	3.5	4	4.5	5	5.5	6
c			최대	0.8	0.8	0.8	0.8	0.8	1.0	1.0	1.0	1.0
			최소	0.2	0.2	0.2	0.2	0.2	0.3	0.3	0.3	0.3
d_a			최대	17.7	22.4	26.4	33.4	39.4	45.6	52.6	63	71
d_w	부품 등급	A	최소	22.49	28.19	33.61	—	—	—	—	—	—
		B		22	27.7	33.25	42.75	51.11	59.95	69.45	78.66	88.16
e	부품 등급	A	최소	26.75	33.53	39.98	—	—	—	—	—	—
		B		26.17	32.95	39.55	50.85	60.79	71.3	82.6	93.56	104.86
k	기준 치수			10	12.5	15	18.7	22.5	26	30	35	40
	부품 등급	A	최대	10.18	12.715	15.215	—	—	—	—	—	—
			최소	9.82	12.285	14.785	—	—	—	—	—	—
	부품 등급	B	최대	10.29	12.85	15.35	19.12	22.92	26.42	30.42	35.5	40.5
			최소	9.71	12.15	14.65	18.28	22.08	25.58	29.58	34.5	39.5
k_w (2)	부품 등급	A	최소	6.87	8.6	10.35	—	—	—	—	—	—
		B		6.8	8.51	10.26	12.8	15.46	17.91	20.71	24.15	27.65
r			최소	0.6	0.8	0.8	1	1	1.2	1.6	2	2
s	기준 치수=최대			24.00	30.00	36.00	46	55.0	65.0	75.0	85.0	95.0
	부품 등급	A	최소	23.67	29.67	35.38	—	—	—	—	—	—
		B		23.16	29.16	35.00	45	53.8	63.1	73.1	82.8	92.8

[주] (1) a 최대의 값은 JIS B 1006의 보통 계열에 의한다. (2) $k_{w,\min}=0.7k_{\min}$
또한, 권장하는 호칭길이는 8·30 표에 의한다.

8·27 표 전나사 육각 볼트–보통 나사, 부품 등급 A 및 B–(제2 선택)의 형상·치수 (JIS B 1180)

(단위 mm)

나사의 호칭 d				M 3.5	M 14	M 18	M 22	M 27	M 33	M 39	M 45	M 52	M 60
나사의 피치 P				0.6	2	2.5	2.5	3	3.5	4	4.5	5	5.5
a			최대[(1)]	1.8	6	7.5	7.5	9	10.5	12	13.5	15	16.5
			최소	0.6	2	2.5	2.5	3	3.5	4	4.5	5	5.5
c			최대	0.40	0.60	0.8	0.8	0.8	0.8	1.0	1.0	1.0	1.0
			최소	0.15	0.15	0.2	0.2	0.2	0.2	0.3	0.3	0.3	0.3
d_a			최대	4.1	15.7	20.2	24.4	30.4	36.4	42.4	48.6	56.6	67
d_w	부품 등급	A	최소	5.07	19.64	25.34	31.71	—	—	—	—	—	—
		B		4.95	19.15	24.85	31.35	38	46.55	55.86	64.7	74.2	83.41
e	부품 등급	A	최소	6.58	23.36	30.14	37.72	—					
		B		6.44	22.78	29.56	37.29	45.2	55.37	66.44	76.95	88.25	99.21
k	기준 치수			2.4	8.8	11.5	14	17	21	25	28	33	38
	부품 등급	A	최대	2.525	8.98	11.715	14.215	—	—	—	—	—	—
			최소	2.275	8.62	11.285	13.785	—	—	—	—	—	—
	부품 등급	B	최대	2.6	9.09	11.85	14.35	17.35	21.42	25.42	28.42	33.5	38.5
			최소	2.2	8.51	11.15	13.65	16.65	20.58	24.58	27.58	32.5	37.5
k_w[(2)]	부품 등급	A	최소	1.59	6.03	7.9	9.65	—	—	—	—	—	—
		B		1.54	5.96	7.81	9.56	11.66	14.41	17.21	19.31	22.75	26.25
r				0.1	0.6	0.6	0.8	1	1	1	1.2	1.6	2
s	기준 치수=최대			6.00	21.00	27.00	34.00	41	50	60.0	70.0	80.0	90.0
	부품 등급	A	최소	5.82	20.67	26.67	33.38	—	—	—	—	—	—
		B		5.70	20.16	26.16	33.00	40	49	58.8	68.1	78.1	87.8

[주] 형상은 8·26 표에 의한다. [(1)] a 최대의 값은 JIS B 1006의 보통 계열에 의한다. [(2)] $k_{w,min}=0.7k_{min}$
또한, 권장하는 호칭길이는 8·31 표에 의한다.

8·28 표 전나사 육각 볼트–가는눈 나사, 부품 등급 A 및 B–(제1 선택)의 형상·치수 (JIS B 1180)

(단위 mm)

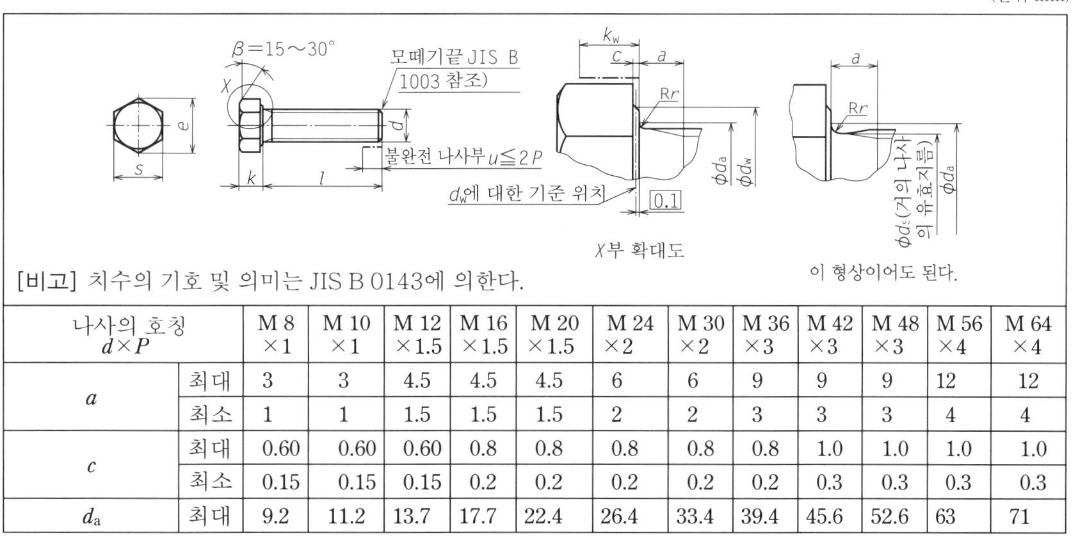

[비고] 치수의 기호 및 의미는 JIS B 0143에 의한다.

나사의 호칭 $d \times P$		M 8 ×1	M 10 ×1	M 12 ×1.5	M 16 ×1.5	M 20 ×1.5	M 24 ×2	M 30 ×2	M 36 ×3	M 42 ×3	M 48 ×3	M 56 ×4	M 64 ×4
a	최대	3	3	4.5	4.5	4.5	6	6	9	9	9	12	12
	최소	1	1	1.5	1.5	1.5	2	2	3	3	3	4	4
c	최대	0.60	0.60	0.60	0.8	0.8	0.8	0.8	0.8	1.0	1.0	1.0	1.0
	최소	0.15	0.15	0.15	0.2	0.2	0.2	0.2	0.2	0.3	0.3	0.3	0.3
d_a	최대	9.2	11.2	13.7	17.7	22.4	26.4	33.4	39.4	45.6	52.6	63	71

(다음 페이지에 계속)

나사의 호칭 $d \times P$				M 8 ×1	M 10 ×1	M 12 ×1.5	M 16 ×1.5	M 20 ×1.5	M 24 ×2	M 30 ×2	M 36 ×3	M 42 ×3	M 48 ×3	M 56 ×4	M 64 ×4
d_w	부품 등급	A	최소	11.63	14.63	16.63	22.49	28.19	33.61	—	—	—	—	—	—
		B		11.47	14.47	16.47	22	27.7	33.25	42.75	51.11	59.95	69.45	78.66	88.16
e	부품 등급	A	최소	14.38	17.77	20.03	26.75	33.53	39.98	—	—	—	—	—	—
		B		14.20	17.59	19.85	26.17	32.95	39.55	50.85	60.79	71.3	82.6	93.56	104.86
k	기준 치수			5.3	6.4	7.5	10	12.5	15	18.7	22.5	26	30	35	40
	부품 등급	A	최대	5.45	6.58	7.68	10.18	12.715	15.215	—	—	—	—	—	—
			최소	5.15	6.22	7.32	9.82	12.285	14.785	—	—	—	—	—	—
	부품 등급	B	최대	5.54	6.69	7.79	10.29	12.85	15.35	19.12	22.92	26.42	30.42	35.5	40.5
			최소	5.06	6.11	7.21	9.71	12.15	14.65	18.28	22.08	25.58	29.58	34.5	39.5
k_w (1)	부품 등급	A	최소	3.61	4.35	5.12	6.87	8.6	10.35	—	—	—	—	—	—
		B		3.54	4.28	5.05	6.8	8.51	10.26	12.8	15.46	17.91	20.71	24.15	27.65
r			최소	0.4	0.4	0.6	0.6	0.8	0.8	1	1	1.2	1.6	2	2
s	기준 치수=최대			13.00	16.00	18.00	24.00	30.00	36.00	46	55.0	65.0	75.0	85.0	95.0
	부품 등급	A	최소	12.73	15.73	17.73	23.67	29.67	35.38	—	—	—	—	—	—
		B		12.57	15.57	17.57	23.16	29.16	35.00	45	53.8	63.1	73.1	82.8	92.8

[주] (1) $k_{w,min}=0.7k_{min}$
또한, 권장하는 호칭길이는 8·30 표에 의한다.

8·29 표 전나사 육각 볼트-가는눈 나사, 부품 등급 A 및 B-(제2 선택)의 형상·치수 (JIS B 1180)

(단위 mm)

나사의 호칭 $d \times P$				M 10 ×1.25	M 12 ×1.25	M 14 ×1.5	M 18 ×1.5	M 20 ×2	M 22 ×1.5	M 27 ×2	M 33 ×2	M 39 ×3	M 45 ×3	M 52 ×4	M 60 ×4
a			최대	4	4	4.5	4.5	6	4.5	6	6	9	9	12	12
			최소	1.25	1.25	1.5	1.5	2	1.5	2	2	3	3	4	4
c			최대	0.60	0.60	0.60	0.8	0.8	0.8	0.8	0.8	1.0	1.0	1.0	1.0
			최소	0.15	0.15	0.15	0.2	0.2	0.2	0.2	0.2	0.3	0.3	0.3	0.3
d_a			최대	11.2	13.7	15.7	20.2	22.4	24.4	30.4	36.4	42.4	48.6	56.6	67
d_w	부품 등급	A	최소	14.63	16.63	19.64	25.34	28.19	31.71	—	—	—	—	—	—
		B		14.47	16.47	19.15	24.85	27.7	31.35	38	46.55	55.86	64.7	74.2	83.41
e	부품 등급	A	최소	17.77	20.03	23.36	30.14	33.53	37.72	—	—	—	—	—	—
		B		17.59	19.85	22.78	29.56	32.95	37.29	45.2	55.37	66.44	76.95	88.25	99.21
k	기준 치수			6.4	7.5	8.8	11.5	12.5	14.00	17	21	25	28	33	38
	부품 등급	A	최대	6.58	7.68	8.98	11.715	12.715	14.215	—	—	—	—	—	—
			최소	6.22	7.32	8.62	11.285	12.285	13.785	—	—	—	—	—	—
	부품 등급	B	최대	6.69	7.79	9.09	11.85	12.85	14.35	17.35	21.42	25.42	28.42	33.5	38.5
			최소	6.11	7.21	8.51	11.15	12.15	13.65	16.65	20.58	24.58	27.58	32.5	37.5
k_w (1)	부품 등급	A	최소	4.35	5.12	6.03	7.9	8.6	9.65	—	—	—	—	—	—
		B		4.28	5.05	5.96	7.81	8.51	9.56	11.66	14.41	17.21	19.31	22.75	26.25
r			최대	0.4	0.6	0.6	0.6	0.8	0.8	1	1	1	1.2	1.6	2
s	기준 치수=최대			16.00	18.00	21.00	27.00	30.00	34.00	41	50	60.0	70.0	80.0	90.0
	부품 등급	A	최소	15.73	17.73	20.67	26.67	29.67	33.38	—	—	—	—	—	—
		B		15.57	17.57	20.16	26.16	29.16	33.00	40	49	58.8	68.1	78.1	87.8

[주] 형상은 8·28 표에 의한다. (1) $k_{w,min}=0.7k_{min}$
또한, 권장하는 호칭길이는 8·31 표에 의한다.

8·30 표 호칭지름 육각 볼트·전나사 육각 볼트의 권장 호칭길이(제1 선택) (JIS B 1180으로부터 작성)

(단위 mm)

호칭길이 l	M1.6	M2	M2.5	M3	M4	M5	M6	M8	M10	M12	M16	M20	M24	M30	M36	M42	M48	M56	M64
2	△																		
3	△																		
4	△	△																	
5	△	△	△																
6	△	△	△	△															
8	△	△	△	△	△														
10	△	△	△	△	△	△													
12	□	△	△	△	△	△	△												
16	□	□	□	△	△	△	△	△											
20		□	□	□	△	△	△	△	△										
25			□	□	□	□	△	△	△	△									
30				□	□	□	□	△	△	△	△								
35					□	□	□	△	△	△	△								
40					□	□	□	□	△	△	△	△	△	△	△				
45						□	□	□	□	△	△	△	△	△	△				
50						□	□	□	□	□	△	△	△	△	△				
55							□	□	□	□	△	△	△	△	△				
60							□	□	□	□	△	△	△	△	△				
65								□	□	□	□	△	△	△	△				
70								□	□	□	□	△	△	△	△				
80								□	□	□	□	□	△	△	△	△			
90									□	□	□	□	□**	△	△	△			
100									□	□	□	□	□	△	△	△	△		
110										□	□	□	□	□**	△	△	△	△	
120										□	□	□	□	□	△	△	△	△	△
130											□	□	□	□	△	△	△	△	△
140											□	□	□	□	□	△	△	△	△
150											□	□	□	□	□	△	△	△	△
160											□	□	□	□	□	□	△	△	△
180											△	□	□	□	□	□	□**	△	△
200											△	□	□	□	□	□	□	△	△
220													○	○	○	□*	□*	□*	△
240													○	○	○	□*	□*	□*	△
260														○	○	□*	□*	□*	□*
280														○	○	□*	□*	□*	□*
300														○	○	□*	□*	□*	□*
320															○	□*	□*	□*	□*
340															○	□*	□*	□*	□*
360															○	□*	□*	□*	□*
380																□*	□*	□*	□*
400																□*	□*	□*	□*
420																□*	□*	□*	□*
440																○	□*	□*	□*
460																	□*	□*	□*
480																	□*	□*	□*
500																		□*	□*

[주] 호칭지름 육각 볼트에서 호칭길이가 본 표 권장보다 짧은 구역에 있는 것은 전나사 육각 볼트의 경우에 준한다.

[비고]
○ 호칭지름 육각 볼트의 경우.
△ 전나사 육각 볼트의 경우.
□ 위의 (○와 △) 양쪽의 경우.
단 (굵은 실선 테두리) 내는 보통 나사만.
(점선 테두리) 내는 가는눈 나사만.
*전나사 육각 볼트의 경우는 가는눈 나사만.
**호칭지름 육각 볼트의 경우는 보통 나사만.
—·— 선보다 위의 것은 부품 등급 A, 동 선보다 아래의 것은 부품 등급 B.

8·31 표 호칭지름 육각 볼트·전나사 육각 볼트의 권장 호칭길이(제2 선택) (JIS B 1180으로부터 작성)

(단위 mm)

호칭길이 l	M3.5	M10	M12	M14	M18	M20	M22	M27	M33	M39	M45	M52	M60
8	△												
10	△												
12	△												
16	△												
20	□	△											
25	□	△	△										
30	□	△	△	△									
35	□	△	△	△	△								
40	(1)	△	△	△	△	△							
45		□	△	△	△	△	△						
50		□	□	△	△	△	△						
55		□	□	△	△	△	△	△					
60		□	□	□	△	△	△	△					
65		□	□	□	△	△	△	△	△				
70		□	□	□	□	△	△	△	△				
80		□	□	□	□	□	△	△	△	△			
90		□	□	□	□	□	□	△	△	△	△		
100		□	□	□	□	□	□	□**	△	△	△	△	
110			□	□	□	□	□	□	△	△	△	△	
120			□	□	□	□	□	□	△	△	△	△	△
130				□	□	□	□	□	□	△	△	△	△
140				□	□	□	□	□	□	△	△	△	△
150					□	□	□	□	□	□	△	△	△
160					□	□	□	□	□	□	△	△	△
180					□	□	□	□	□	□	□	△	△
200					△	□	□	□	□	□	□	□	△
220							□*	□*	□*	□*	□*	□*	△
240								□*	□*	□*	□*	□*	□*
260								□*	□*	□*	□*	□*	□*
280									□*	□*	□*	□*	□*
300									□*	□*	□*	□*	□*
320									□*	□*	□*	□*	□*
340									△	□*	□*	□*	□*
360									△	□*	□*	□*	□*
380										□*	□*	□*	□*
400											□*	□*	□*
420											□*	□*	□*
440											□*	□*	□*
460												□*	□*
480												□*	□*
500												△	□*

[주] 호칭지름 육각 볼트에서 호칭길이가 본 표 권장보다 짧은 구역에 있는 것은 전나사 육각 볼트의 경우에 준한다.

[비고]
○ 호칭지름 육각 볼트의 경우.
△ 전나사 육각 볼트의 경우.
□ 위의 (○와 △) 양쪽의 경우.
단 (실선 테두리) 내는 보통 나사만.
(점선 테두리) 내는 가는눈 나사만.
*전나사 육각 볼트의 경우는 가는눈 나사만.
**호칭지름 육각 볼트의 경우는 보통 나사만.
—·— 선(전나사 육각 볼트의 경우는 (1) 표시의 위치)보다 위의 것은 부품 등급 A, 동 선보다 아래의 것은 부품 등급 B.

8·32 표 유효지름 육각 볼트–보통 나사, 부품 등급 B–의 형상·치수 (JIS B 1180) (단위 mm)

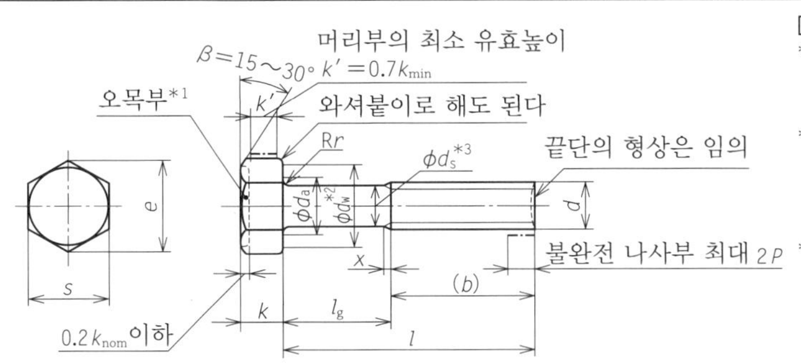

[비고]

*1 오목부의 유무 및 그 형상은 사용자로부터 특별히 지정이 없는 한 제조업자의 임의로 한다.

*2 2면폭<21mm의 경우 : $d_{w,min}=s_{,min}$–IT 16
2면폭≧21mm의 경우 : $d_{w,min}=0.95s_{,min}$

*3 원통부의 지름 d_s는 거의 나사의 유효지름으로 한다. 단, 좌면에서 $0.5d$까지의 범위는 나사의 호칭지름까지 허용한다.

나사의 호칭 *d*		M 3	M 4	M 5	M 6	M 8	M 10	M 12	(M 14)[3]	M 16	M 20
나사의 피치 *P*		0.5	0.7	0.8	1	1.25	1.5	1.75	2	2	2.5
b (참고)	(1)	12	14	16	18	22	26	30	34	38	46
	(2)	—	—	—	—	28	32	36	40	44	52
d_a	최대	3.6	4.7	5.7	6.8	9.2	11.2	13.7	15.7	17.7	22.4
d_s	(약)	2.6	3.5	4.4	5.3	7.1	8.9	10.7	12.5	14.5	18.2
d_w	최소	4.4	5.7	6.7	8.7	11.4	14.4	16.4	19.2	22	27.7
e	최소	5.98	7.50	8.63	10.89	14.20	17.59	19.85	22.78	26.17	32.95
k	기준 치수	2	2.8	3.5	4	5.3	6.4	7.5	8.8	10	12.5
	최소	1.80	2.60	3.26	3.76	5.06	6.11	7.21	8.51	9.71	12.15
	최대	2.20	3.00	3.74	4.24	5.54	6.69	7.79	9.09	10.29	12.85
k'	최소	1.3	1.8	2.3	2.6	3.5	4.3	5.1	6	6.8	8.5
r	최소	0.1	0.2	0.2	0.25	0.4	0.4	0.6	0.6	0.6	0.8
s	최대	5.5	7	8	10	13	16	18	21	24	30
	최소	5.20	6.64	7.64	9.64	12.57	15.57	17.57	20.16	23.16	29.16
x	최대	1.25	1.75	2	2.5	3.2	3.8	4.3	5	5	6.3
l	20	○	○								
	25	○	○	○	○						
	30	○	○	○	○	○					
	35		○	○	○	○					
	40		○	○	○	○	○				
	45			○	○	○	○	○			
	50			○	○	○	○	○	○		
	55				○	○	○	○	○	○	
	60				○	○	○	○	○	○	
	65					○	○	○	○	○	○
	70					○	○	○	○	○	○
	80					○	○	○	○	○	○
	90						○	○	○	○	○
	100						○	○	○	○	○
	110							○	○	○	○
	120							○	○	○	○
	130								○	○	○
	140								○	○	○
	150									○	○

[주] (1) l_{nom}≦125mm에 대해서. (2) 125mm<l_{nom}≦200m에 대해서. (3) 괄호를 붙인 것은 가급적 이용하지 않는다.
또한, 권장하는 호칭길이는 굵은선의 틀 내의 것으로 한다.

KS B 1012

8·33 표 육각 너트-스타일 1-보통 나사(제1 선택)의 형상·치수 (JIS B 1181) (단위 mm)

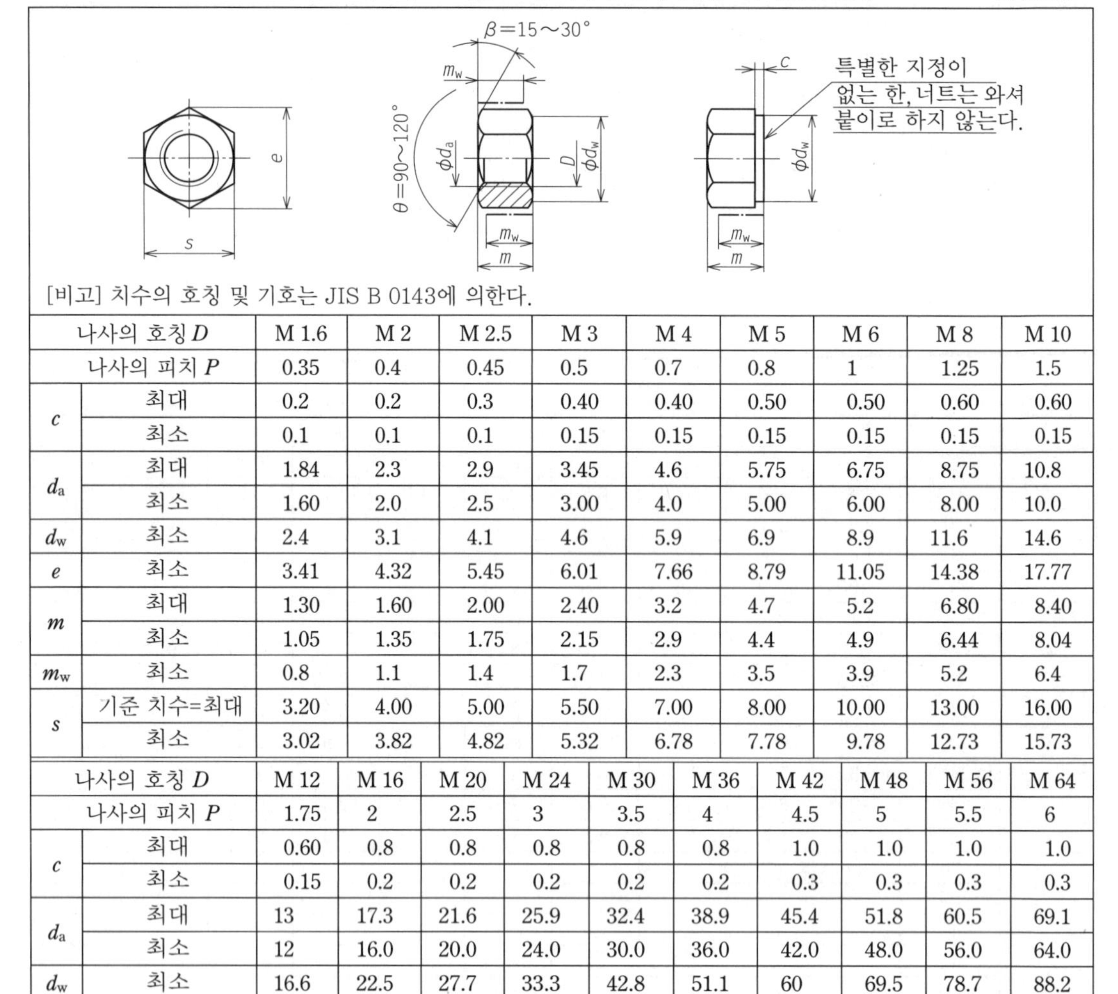

[비고] 치수의 호칭 및 기호는 JIS B 0143에 의한다.

나사의 호칭 D		M 1.6	M 2	M 2.5	M 3	M 4	M 5	M 6	M 8	M 10
나사의 피치 P		0.35	0.4	0.45	0.5	0.7	0.8	1	1.25	1.5
c	최대	0.2	0.2	0.3	0.40	0.40	0.50	0.50	0.60	0.60
	최소	0.1	0.1	0.1	0.15	0.15	0.15	0.15	0.15	0.15
d_a	최대	1.84	2.3	2.9	3.45	4.6	5.75	6.75	8.75	10.8
	최소	1.60	2.0	2.5	3.00	4.0	5.00	6.00	8.00	10.0
d_w	최소	2.4	3.1	4.1	4.6	5.9	6.9	8.9	11.6	14.6
e	최소	3.41	4.32	5.45	6.01	7.66	8.79	11.05	14.38	17.77
m	최대	1.30	1.60	2.00	2.40	3.2	4.7	5.2	6.80	8.40
	최소	1.05	1.35	1.75	2.15	2.9	4.4	4.9	6.44	8.04
m_w	최소	0.8	1.1	1.4	1.7	2.3	3.5	3.9	5.2	6.4
s	기준 치수=최대	3.20	4.00	5.00	5.50	7.00	8.00	10.00	13.00	16.00
	최소	3.02	3.82	4.82	5.32	6.78	7.78	9.78	12.73	15.73

나사의 호칭 D		M 12	M 16	M 20	M 24	M 30	M 36	M 42	M 48	M 56	M 64
나사의 피치 P		1.75	2	2.5	3	3.5	4	4.5	5	5.5	6
c	최대	0.60	0.8	0.8	0.8	0.8	0.8	1.0	1.0	1.0	1.0
	최소	0.15	0.2	0.2	0.2	0.2	0.2	0.3	0.3	0.3	0.3
d_a	최대	13	17.3	21.6	25.9	32.4	38.9	45.4	51.8	60.5	69.1
	최소	12	16.0	20.0	24.0	30.0	36.0	42.0	48.0	56.0	64.0
d_w	최소	16.6	22.5	27.7	33.3	42.8	51.1	60	69.5	78.7	88.2
e	최소	20.03	26.75	32.95	39.55	50.85	60.79	71.3	82.6	93.56	104.86
m	최대	10.80	14.8	18.0	21.5	25.6	31.0	34.0	38.0	45.0	51.0
	최소	10.37	14.1	16.9	20.2	24.3	29.4	32.4	36.4	43.4	49.1
m_w	최소	8.3	11.3	13.5	16.2	19.4	23.5	25.9	29.1	34.7	39.3
s	기준 치수=최대	18.00	24.00	30.00	36	46	55.0	65.0	75.0	85.0	95.0
	최소	17.73	23.67	29.16	35	45	53.8	63.1	73.1	82.8	92.8

8·34 표 육각 너트-스타일 1-보통 나사(제2 선택)의 형상·치수 (JIS B 1181) (단위 mm)

나사의 호칭 D		M 3.5	M 14	M 18	M 22	M 27	M 33	M 39	M 45	M 52	M 60
나사의 피치 P		0.6	2	2.5	2.5	3	3.5	4	4.5	5	5.5
c	최대	0.40	0.60	0.8	0.8	0.8	0.8	1.0	1.0	1.0	1.0
	최소	0.15	0.15	0.2	0.2	0.2	0.2	0.3	0.3	0.3	0.3
d_a	최대	4.0	15.1	19.5	23.7	29.1	35.6	42.1	48.6	56.2	64.8
	최소	3.5	14.0	18.0	22.0	27.0	33.0	39.0	45.0	52.0	60.0
d_w	최소	5	19.6	24.9	31.4	38	46.6	55.9	64.7	74.2	83.4
e	최소	6.58	23.36	29.56	37.29	45.2	55.37	66.44	76.95	88.25	99.21

(다음 페이지에 계속)

나사의 호칭 D		M 3.5	M 14	M 18	M 22	M 27	M 33	M 39	M 45	M 52	M 60
나사의 피치 P		0.6	2	2.5	2.5	3	3.5	4	4.5	5	5.5
m	최대	2.80	12.8	15.8	19.4	23.8	28.7	33.4	36.0	42.0	48.0
	최소	2.55	12.1	15.1	18.1	22.5	27.4	31.8	34.4	40.4	46.4
m_w	최소	2	9.7	12.1	14.5	18	21.9	25.4	27.5	32.3	37.1
s	기준 치수=최대	6.00	21.00	27.00	34	41	50	60.0	70.0	80.0	90.0
	최소	5.82	20.67	26.16	33	40	49	58.8	68.1	78.1	87.8

[주] 형상은 8·33표에 의한다.

8·35 표 육각 너트-스타일 1-가는눈 나사(제1 선택)의 형상·치수 (JIS B 1181) (단위 mm)

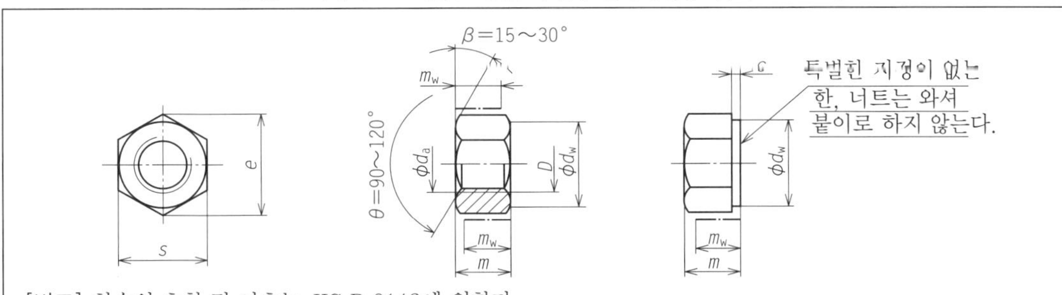

[비고] 치수의 호칭 및 기호는 JIS B 0143에 의한다.

나사의 호칭 $D \times P$		M 8 ×1	M 10 ×1	M 12 ×1.5	M 16 ×1.5	M 20 ×1.5	M 24 ×2	M 30 ×2	M 36 ×2	M 42 ×3	M 48 ×3	M 56 ×4	M 64 ×4
c	최대	0.60	0.60	0.60	0.8	0.8	0.8	0.8	0.8	1.0	1.0	1.0	1.0
	최소	0.15	0.15	0.15	0.2	0.2	0.2	0.2	0.2	0.3	0.3	0.3	0.3
d_a	최대	8.75	10.8	13	17.3	21.6	25.9	32.4	38.9	45.4	51.8	60.5	69.1
	최소	8.00	10.0	12	16.0	20.0	24.0	30.0	36.0	42.0	48.0	56.0	64.0
d_w	최소	11.63	14.63	16.63	22.49	27.7	33.25	42.75	51.11	59.95	69.45	78.66	88.16
e	최소	14.38	17.77	20.03	26.75	32.95	39.55	50.85	60.79	71.3	82.6	93.56	104.86
m	최대	6.80	8.40	10.80	14.8	18.0	21.5	25.6	31.0	34.0	38.0	45.0	51.0
	최소	6.44	8.04	10.37	14.1	16.9	20.2	24.3	29.4	32.4	36.4	43.4	49.1
m_w	최소	5.15	6.43	8.3	11.28	13.52	16.16	19.44	23.52	25.92	29.12	34.72	39.28
s	기준 치수=최대	13.00	16.00	18.00	24.00	30.00	36	46	55.0	65.0	75.0	85.0	95.0
	최소	12.73	15.73	17.73	23.67	29.16	35	45	53.8	63.1	73.1	82.8	92.8

8·36 표 육각 너트-스타일 1-가는눈 나사(제2 선택)의 형상·치수 (JIS B 1181) (단위 mm)

나사의 호칭 $D \times P$		M 10 ×1.25	M 12 ×1.25	M 14 ×1.5	M 18 ×1.5	M 20 ×2	M 22 ×1.5	M 27 ×2	M 33 ×2	M 39 ×3	M 45 ×3	M 52 ×4	M 60 ×4
c	최대	0.60	0.60	0.60	0.8	0.8	0.8	0.8	0.8	1.0	1.0	1.0	1.0
	최소	0.15	0.15	0.15	0.2	0.2	0.2	0.2	0.2	0.3	0.3	0.3	0.3
d_a	최대	10.8	13	15.1	19.5	21.6	23.7	29.1	35.6	42.1	48.6	56.2	64.8
	최소	10.0	12	14.0	18.0	20.0	22.0	27.0	33.0	39.0	45.0	52.0	60.0
d_w	최소	14.63	16.63	19.64	24.85	27.7	31.35	38	46.55	55.86	64.7	74.2	83.41
e	최소	17.77	20.03	23.36	29.56	32.95	37.29	45.2	55.37	66.44	76.95	88.25	99.21
m	최대	8.40	10.80	12.8	15.8	18.0	19.4	23.8	28.7	33.4	36.0	42.0	48.0
	최소	8.04	10.37	12.1	15.1	16.9	18.1	22.5	27.4	31.8	34.4	40.4	46.4
m_w	최소	6.43	8.3	9.68	12.08	13.52	14.48	18	21.92	25.44	27.52	32.32	37.12
s	기준 치수=최대	16.00	18.00	21.00	27.00	30.00	34	41	50	60.0	70.0	80.0	90.0
	최소	15.73	17.73	20.67	26.16	29.16	33	40	49	58.8	68.1	78.1	87.8

[주] 형상은 8·35 표에 의한다.

8·37 표 육각 너트-스타일 2-보통 나사의 형상·치수 (JIS B 1181) (단위 mm)

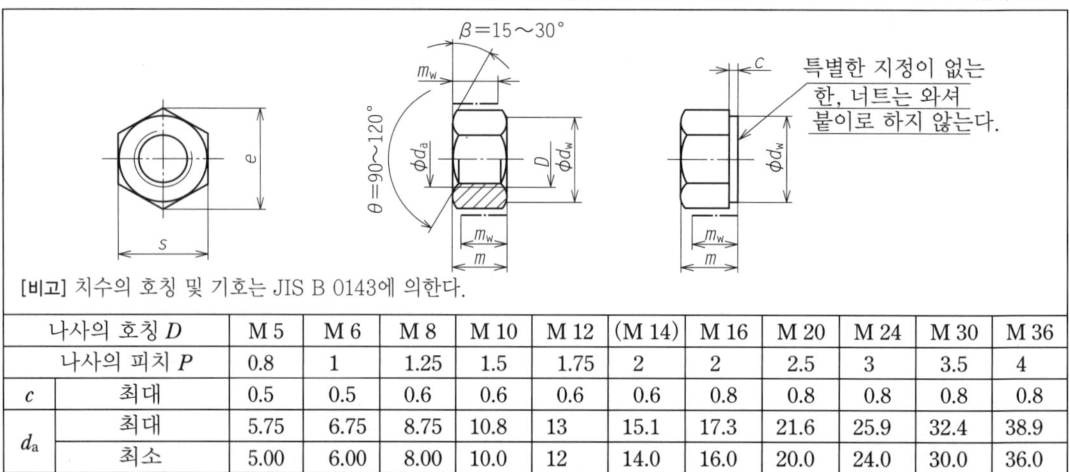

[비고] 치수의 호칭 및 기호는 JIS B 0143에 의한다.

나사의 호칭 D		M 5	M 6	M 8	M 10	M 12	(M 14)	M 16	M 20	M 24	M 30	M 36
나사의 피치 P		0.8	1	1.25	1.5	1.75	2	2	2.5	3	3.5	4
c	최대	0.5	0.5	0.6	0.6	0.6	0.6	0.8	0.8	0.8	0.8	0.8
d_a	최대	5.75	6.75	8.75	10.8	13	15.1	17.3	21.6	25.9	32.4	38.9
	최소	5.00	6.00	8.00	10.0	12	14.0	16.0	20.0	24.0	30.0	36.0
d_w	최소	6.9	8.9	11.6	14.6	16.6	19.6	22.5	27.7	33.2	42.7	51.1
e	최소	8.79	11.05	14.38	17.77	20.03	23.36	26.75	32.95	39.55	50.85	60.79
m	최대	5.1	5.7	7.5	9.3	12.00	14.1	16.4	20.3	23.9	28.6	34.7
	최소	4.8	5.4	7.14	8.94	11.57	13.4	15.7	19.0	22.6	27.3	33.1
m_w	최소	3.84	4.32	5.71	7.15	9.26	10.7	12.6	15.2	18.1	21.8	26.5
s	기준 치수=최대	8.00	10.00	13.00	16.00	18.00	21.00	24.00	30.00	36	46	55.0
	최소	7.78	9.78	12.73	15.73	17.73	20.67	23.67	29.16	35	45	53.8

[주] 나사의 호칭에 괄호를 붙인 것은 가급적 이용하지 않는다.

8·38 표 육각 너트-스타일 2-가는눈 나사의 형상·치수 (JIS B 1181) (단위 mm)

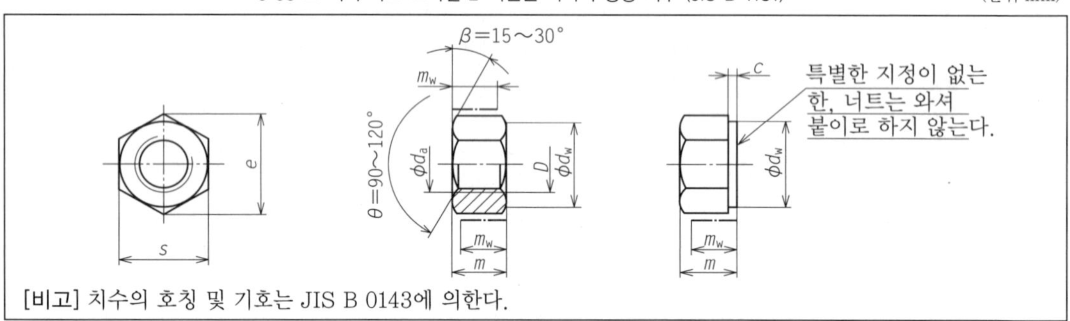

[비고] 치수의 호칭 및 기호는 JIS B 0143에 의한다.

(a) 제1 선택의 경우

나사의 호칭 $D \times P$		M 8×1	M 10×1	M 12×1.5	M 16×1.5	M 20×1.5	M 24×2	M 30×2	M 36×3
c	최대	0.60	0.60	0.60	0.8	0.8	0.8	0.8	0.8
	최소	0.15	0.15	0.15	0.2	0.2	0.2	0.2	0.2
d_a	최대	8.75	10.8	13	17.3	21.6	25.9	32.4	38.9
	최소	8.00	10.0	12	16.0	20.0	24.0	30.0	36.0
d_w	최소	11.63	14.63	16.63	22.49	27.7	33.25	42.75	51.11
e	최소	14.38	17.77	20.03	26.75	32.95	39.55	50.85	60.79
m	최대	7.50	9.30	12.00	16.4	20.3	23.9	28.6	34.7
	최소	7.14	8.94	11.57	15.7	19.0	22.6	27.3	33.1
m_w	최소	5.71	7.15	9.26	12.56	15.2	18.08	21.84	26.48
s	기준 치수=최대	13.00	16.00	18.00	24.00	30.00	36	46	55.0
	최소	12.73	15.73	17.73	23.67	29.16	35	45	53.8

(다음 페이지에 계속)

(b) 제2 선택의 경우

나사의 호칭 $D \times P$		M 10×1.25	M 12×1.25	M 14×1.5	M 18×1.5	M 20×2	M 22×1.5	M 27×2	M 33×2
c	최대	0.60	0.60	0.60	0.8	0.8	0.8	0.8	0.8
	최소	0.15	0.15	0.15	0.2	0.2	0.2	0.2	0.2
d_a	최대	10.8	12	15.1	19.5	21.6	23.7	29.1	35.6
	최소	10.0	13	14.0	18.0	20.0	22.0	27.0	33.0
d_w	최소	14.63	16.63	19.64	24.85	27.7	31.35	38	46.55
e	최소	17.77	20.03	23.36	29.56	32.95	37.29	45.2	55.37
m	최대	9.30	12.00	14.1	17.6	20.3	21.8	26.7	32.5
	최소	8.94	11.57	13.4	16.9	19.0	20.5	25.4	30.9
m_w	최소	7.15	9.26	10.72	13.52	15.2	16.4	20.32	24.72
s	기준 치수=최대	16.00	18.00	21.00	27.00	30.00	34	41	50
	최소	15.73	17.73	20.67	26.16	29.16	33	40	49

8·39 표 육각 너트-양 모떼기-보통 나사의 형상·치수 (JIS B 1181) (단위 mm)

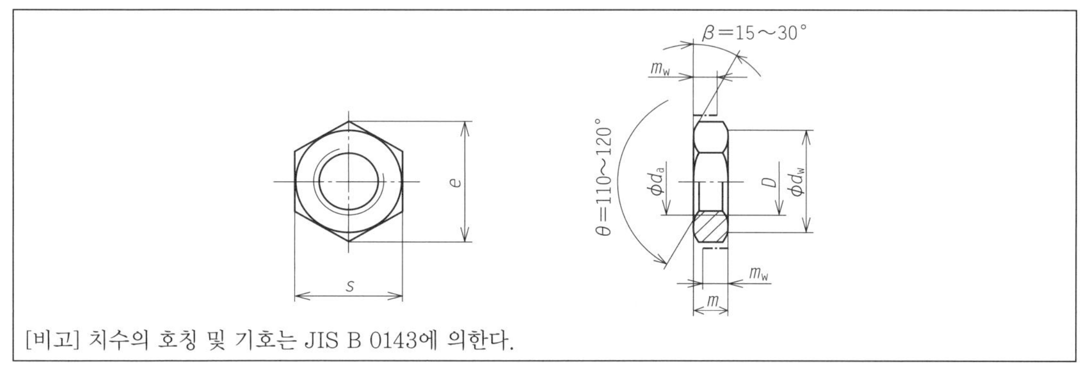

[비고] 치수의 호칭 및 기호는 JIS B 0143에 의한다.

(a) 제1 선택의 경우

나사의 호칭 D		M 1.6	M 2	M 2.5	M 3	M 4	M 5	M 6	M 8	M 10	M 12
나사의 피치 P		0.35	0.4	0.45	0.5	0.7	0.8	1	1.25	1.5	1.75
d_a	최대	1.84	2.3	2.9	3.45	4.6	5.75	6.75	8.75	10.8	13
	최소	1.60	2.0	2.5	3.00	4.0	5.00	6.00	8.00	10.0	12
d_w	최소	2.4	3.1	4.1	4.6	5.9	6.9	8.9	11.6	14.6	16.6
e	최소	3.41	4.32	5.45	6.01	7.66	8.79	11.05	14.38	17.77	20.03
m	최대	1.00	1.20	1.60	1.80	2.20	2.70	3.2	4.0	5.0	6.0
	최소	0.75	0.95	1.35	1.55	1.95	2.45	2.9	3.7	4.7	5.7
m_w	최소	0.6	0.8	1.1	1.2	1.6	2	2.3	3	3.8	4.6
s	기준 치수=최대	3.20	4.00	5.00	5.50	7.00	8.00	10.00	13.00	16.00	18.00
	최소	3.02	3.82	4.82	5.32	6.78	7.78	9.78	12.73	15.73	17.73

나사의 호칭 D		M 16	M 20	M 24	M 30	M 36	M 42	M 48	M 56	M 64
나사의 피치 P		2	2.5	3	3.5	4	4.5	5	5.5	6
d_a	최대	17.3	21.6	25.9	32.4	38.9	45.4	51.8	60.5	69.1
	최소	16.0	20.0	24.0	30.0	36.0	42.0	48.0	56.0	64.0
d_w	최소	22.5	27.7	33.2	42.8	51.1	60	69.5	78.7	88.2
e	최소	26.75	32.95	39.55	50.85	60.79	71.3	82.6	93.56	104.86
m	최대	8.00	10.0	12.0	15.0	18.0	21.0	24.0	28.0	32.0
	최소	7.42	9.1	10.9	13.9	16.9	19.7	22.7	26.7	30.4
m_w	최소	5.9	7.3	8.7	11.1	13.5	15.8	18.2	21.4	24.3
s	기준 치수=최대	24.00	30.00	36	46	55.0	65.0	75.0	85.0	95.0
	최소	23.67	29.16	35	45	53.8	63.1	73.1	82.8	92.8

(다음 페이지에 계속)

(b) 제2 선택의 경우

나사의 호칭D		M 3.5	M 14	M 18	M 22	M 27	M 33	M 39	M 45	M 52	M 60
나사의 피치 P		0.6	2	2.5	2.5	3	3.5	4	4.5	5	5.5
d_a	최대	4.0	15.1	19.5	23.7	29.1	35.6	42.1	48.6	56.2	64.8
	최소	3.5	14.0	18.0	22.0	27.0	33.0	39.0	45.0	52.0	60.0
d_w	최소	5.1	19.6	24.9	31.4	38	46.6	55.9	64.7	74.2	83.4
e	최소	6.58	23.36	29.56	37.29	45.2	55.37	66.44	76.95	88.25	99.21
m	최대	2.00	7.00	9.00	11.0	13.5	16.5	19.5	22.5	26.0	30.0
	최소	1.75	6.42	8.42	9.9	12.4	15.4	18.2	21.2	24.7	28.7
m_w	최소	1.4	5.1	6.7	7.9	9.9	12.3	14.6	17	19.8	23
s	기준 치수=최대	6.00	21.00	27.00	34	41	50	60.0	70.0	80.0	90.0
	최소	5.82	20.67	26.16	33	40	49	58.8	68.1	78.1	87.8

8·40 표 육각 너트-양 모떼기-가는눈 나사의 형상·치수 (JIS B 1181) (단위 mm)

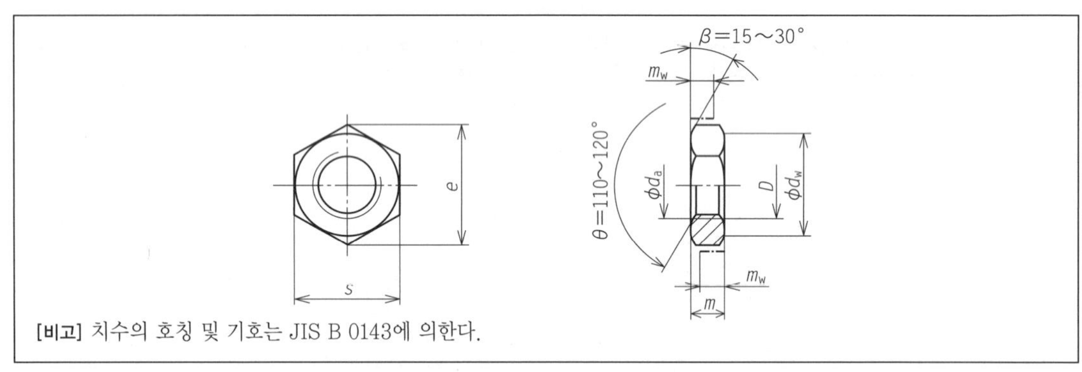

[비고] 치수의 호칭 및 기호는 JIS B 0143에 의한다.

(a) 제1 선택의 경우

나사의 호칭 $D \times P$		M 8 ×1	M 10 ×1	M 12 ×1.5	M 16 ×1.5	M 20 ×1.5	M 24 ×2	M 30 ×2	M 36 ×3	M 42 ×3	M 48 ×3	M 56 ×4	M 64 ×4
d_a	최대	8.75	10.8	13	17.3	21.6	25.9	32.4	38.9	45.4	51.8	60.5	69.1
	최소	8.00	10.0	12	16.0	20.0	24.0	30.0	36.0	42.0	48.0	56.0	64.0
d_w	최소	11.63	14.63	16.63	22.49	27.7	33.25	42.75	51.11	59.95	69.45	78.66	88.16
e	최소	14.38	17.77	20.03	26.75	32.95	39.55	50.85	60.79	71.3	82.6	93.56	104.86
m	최소	4.0	5.0	6.0	8.00	10.0	12.0	15.0	18.0	21.0	24.0	28.0	32.0
	최소	3.7	4.7	5.7	7.42	9.1	10.9	13.9	16.9	19.7	22.7	26.7	30.4
m_w	최소	2.96	3.76	4.56	5.94	7.28	8.72	11.12	13.52	15.76	18.16	21.36	24.32
s	기준 치수=최대	13.00	16.00	18.00	24.00	30.00	36	46	55.0	65.0	75.0	85.0	95.0
	최대	12.73	15.73	17.73	23.67	29.16	35	45	53.8	63.1	73.1	82.8	92.8

(b) 제2 선택의 경우

나사의 호칭 $D \times P$		M 10 ×1.25	M 12 ×1.25	M 14 ×1.5	M 18 ×1.5	M 20 ×2	M 22 ×1.5	M 27 ×2	M 33 ×2	M 39 ×3	M 45 ×3	M 52 ×4	M 60 ×4
d_a	최대	10.8	13	15.1	19.5	21.6	23.7	29.1	35.6	42.1	48.6	56.2	64.8
	최소	10.0	12	14.0	18.0	20.0	22.0	27.0	33.0	39.0	45.0	52.0	60.0
d_w	최소	14.63	16.63	19.64	24.85	27.7	31.35	38	46.55	55.86	64.7	74.2	83.41
e	최소	17.77	20.03	23.36	29.56	32.95	37.29	45.2	55.37	66.44	76.95	88.25	99.21
m	최대	5.0	6.0	7.00	9.00	10.0	11.0	13.5	16.5	19.5	22.5	26.0	30.0
	최소	4.7	5.7	6.42	8.42	9.1	9.9	12.4	15.4	18.2	21.2	24.7	28.7
m_w	최소	3.76	4.56	5.14	6.74	7.28	7.92	9.92	12.32	14.56	16.96	19.76	22.96
s	기준 치수=최대	16.00	18.00	21.00	27.00	30.00	34	41	50	60.0	70.0	80.0	90.0
	최소	15.73	17.73	20.67	26.16	29.16	33	40	49	58.8	68.1	78.1	87.8

8·41 표 수나사 부품의 보증 하중 시험력(보통 나사의 경우) (JIS B 1051) (단위 N)

나사의 호칭 d	유효 단면적 $A_{s,\,nom}$ (mm^2)	강도 구분								
		4.6	4.8	5.6	5.8	6.8	8.8	9.8	10.9	12.9/12.9
		보증 하중 시험력 $F_p = A_{s,\,nom} \times S_{p,\,nom}$ (보증 하중응력)								
M 3	5.03	1130	1560	1410	1910	2210	2920	3270	4180	4880
M 3.5	6.78	1530	2100	1900	2580	2980	3940	4410	5630	6580
M 4	8.78	1980	2720	2460	3340	3860	5100	5710	7290	8520
M 5	14.2	3200	4400	3980	5400	6250	8230	9230	11800	13800
M 6	20.1	4520	6230	5630	7640	8840	11600	13100	16700	19500
M 7	28.9	6500	8960	8090	11000	12700	16800	18800	24000	28000
M 8	36.6	8240	11400	10200	13900	16100	21200	23800	30400	35500
M 10	58.0	13000	18000	16200	22000	25500	33700	37700	48100	56300
M 12	84.3	19000	26100	23600	32000	37100	48900*	54800	70000	81800
M 14	115	25900	35600	32200	43700	50600	66700*	74800	95500	112000
M 16	157	35300	48700	44000	59700	69100	91000*	102000	130000	152000
M 18	192	43200	59500	53800	73000	84500	115000	—	159000	186000
M 20	245	55100	76000	68600	93100	108000	147000	—	203000	238000
M 22	303	68200	93900	84800	115000	133000	182000	—	252000	294000
M 24	353	79400	109000	98800	134000	155000	212000	—	293000	342000
M 27	459	103000	142000	128000	174000	202000	275000	—	381000	445000
M 30	561	126000	174000	157000	213000	247000	337000	—	466000	544000
M 33	694	156000	215000	194000	264000	305000	416000	—	570000	673000
M 36	817	184000	253000	229000	310000	359000	490000	—	678000	792000
M 39	976	220000	303000	273000	371000	429000	586000	—	810000	947000

[주] *강구조용 볼트의 경우에는 이들 값을 다음과 같이 치환한다.
48900 N → 50700 N, 66700 N → 68800 N, 91000 N → 94500 N

(iii) **육각 낮은 너트의 형식에 의한 분류** 육각 낮은 너트는 스타일에 따른 구분은 없고, 모떼기의 유무에 따른 구분이 이루어지고 있다.

(iv) **육각 너트의 부품 등급** 육각 너트에 대해서도 육각 볼트의 경우와 마찬가지로, 그 정도 및 치수에 따라 부품 등급 A, B 및 C가 규정되어 있다. 육각 너트는 나사의 호칭 M16 이하인 것을 부품 등급 A, M18 또는 M20 이상인 것을 부품 등급 B로 하고 있다. 또한 부품 등급 C는 M5~64인 것을 대상으로 하고 있다.

(v) **육각 너트의 강도 구분** 8.21 표는 육각 너트의 강도 구분을 나타낸 것이다.

표 중의 강도 구분 수치는, 육각 낮은 너트(양면떼기)의 04, 05인 경우에는 그 호칭 보증 하중응력(N/mm^2)이 각각 400, 500인 것을 나타낸다. 또한 육각 낮은 너트 모떼기의 기계적 성질은 비커스 경도(HV)에서 110HV30 이상으로 하는 것으로 정해져 있다.

(vi) **육각 너트의 형상 및 치수**

8.32 표~8.40 표에 육각 너트의 형상 및 치수를 나타냈다(모떼기 없는 것 및 부품 등급 C는 생략했다).

(3) **볼트의 보증 하중 및 이것에 조합하는 너트** 육각 볼트의 기존 규격에서는 각 볼트의 강도 구분마다 그 최소 인장하중 및 최대 인장하중을 정하고 있었는데, JIS 개정에 의해 나사 부품의 기계적 성질은 각각 독립된 규격이 되고 한편으로 최대 인장하중은 삭제되어 그 최소값은 기존의 수치보다 약간 높아졌다.

또한 보증 하중응력(8.41 표 참조)도 응력비는 신·구 규격 모두 동일한데, 항복점(또는 내력)의 값이 바뀌었기 때문에 대부분의 강도 구분에서 높아졌다.

8·42 표 보통 높이 너트(스타일 1) 및 높은 너트(스타일 2)와 수나사 부품의 강도 구분의 조합 (JIS B 1052-2)

너트의 강도 구분	조합해 이용할 수 있는 수나사 부품의 최대 강도 구분
5	5.8
6	6.8
8	8.8
9	9.8
10	10.9
12	12.9/12.9

[주] 낮은 강도 구분의 너트를 보다 높은 강도 구분의 너트로 바꿔도 된다.

이 보증 하중응력은 볼트 그 자체의 탄성한계 응력에 해당하는 것이며, 항복점(또는 내력)의 최소값에 응력비를 곱한 값으로 되어 있다. 이 응력비는 파단 후의 신연이 20%대인 것은 0.94, 10%대인 것은 0.91(강도 구분 6.8은 예외), 10% 미만인 것은 0.88로 되어 있다.

8·41 표는 수나사 부품 보증 하중(미터 보통 나사의 경우)을 나타낸 것이다.

KS B 1037

8·43 표 스터드 볼트의 형상·치수 (JIS B 1173)

(단위 mm)

스터드 측 / 너트 측

[주]
x 및 u(불완전 나사부의 길이)≦2P
t : 진직도

나사의 골 지름 이하로 한다

호칭지름 d		4	5	6	8	10	12	(14)	16	(18)	20
피치 P	보통 나사	0.7	0.8	1	1.25	1.5	1.75	2	2	2.5	2.5
	가는눈 나사					1.25	1.25	1.5	1.5	1.5	1.5
d_s (1)		4	5	6	8	10	12	14	16	18	20
b (2)	$l \leq 125$	14	16	18	22	26	30	34	38	42	46
	$l > 125$	—	—	—	—	—	—	—	—	48	52
b_m (2)	1종	—	—	—	—	12	15	18	20	22	25
	2종	6	7	8	11	15	18	21	24	27	30
	3종	8	10	12	16	20	24	28	32	36	40
r_e (약)		5.6	7	8.4	11	14	17	20	22	25	28
호칭길이 l		12 ~ (16) ~ 40	12 ~ (18) ~ 45	12 ~ (20) ~ 50	16 ~ (25) ~ 55	20 ~ (30) ~ 100	22 ~ (35) ~ 100	25 ~ (40) ~ 100	32 ~ (45) ~ 100	32 ~ (50) ~ 160	35 ~ (50) ~ 160

[비고] 1. (1) 최대(기준 치수), (2) 최소 (기준 치수)를 나타낸다. b_m의 종류별은 주문자가 지정한다.

2. 호칭지름에 괄호를 붙인 것은 가급적 이용하지 않는다.

3. 나사의 호칭에 대해 권장하는 호칭길이(l)은 위의 표 범위로 다음의 값 중에서 선택해 이용한다.
12, 14, 16, 18, 20, 22, 25, 28, 30, 32, 35, 38, 40, 45, 50, 55, 60, 65, 70, 80, 90, 100, 110, 120, 140, 160
단, 괄호 내의 값 이하의 것은 호칭길이(l)이 짧기 때문에 규정의 나사부 길이를 확보할 수 없으므로, 너트 측 나사부 길이를 위의 표 b의 최소값보다 작게 해도 좋은데, 아래 표에 나타낸 $d+2P$(d는 나사의 호칭지름, P는 피치로, 보통의 값을 이용한다)의 값보다 작아져서는 안 된다. 또한 이들의 원통부 길이는 아래 표의 l_a 이상을 원칙으로 한다.

나사의 호칭지름 d (mm)	4	5	6	8	10	12	14	16	18	20
$d+2P$	5.4	6.6	8	10.5	13	14	18	20	23	25
l_a	1		2		2.5		3		4	

4. 스터드 측의 나사 끝은 모떼기끝, 너트 측의 나사 끝은 둥근끝으로 한다.

[제품의 호칭법] 볼트의 호칭법은 규격 번호 또는 규격 명칭, 나사의 호칭지름×l, 기계적 성질의 강도 구분, 스터드 측의 피치 계열, bm의 종류별, 너트 측의 피치 계열 및 지정 사항에 의한다. 또한 너트 측 나사의 등급을 특별히 필요로 하는 경우는 너트 측 피치 계열 뒤에 덧붙인다.

[예]

규격 번호 또는 규격 명칭	호칭지름 ×l	강도 구분	스터드 측의 피치 계열	b_m의 종류별	너트 측의 피치 계열	지정 사항
JIS B 1173	4×20	4.8	보통	2종	보통	
스터드 볼트	12×60	8.8	보통	2종	가는눈	A2K

또한 이들 볼트에 조합되는 너트는 8·42 표에 나타낸 강도 구분의 것을 이용하면, 볼트 또는 나사의 보증 하중까지 조일 수 있다.

지금까지는 볼트와 너트를 조합해 사용하는 경우, 사용 시의 볼트 축력은 볼트의 항복 축력의 80% 이하에 그치는 경우가 많았는데, 최근 들어 볼트 축력을 항복 축력에 가까운 값으로 잡아 볼트의 강도를 충분히 활용하는 설계법이 많아지고, 더구나 그 영역을 넘는 소성역 설계법까지 이루어지게 되었으므로 개정에 의해 이러한 소성역 체결에도 이용할 수 있는 너트의 강도가 규정되어 있다.

3. 스터드 볼트

8·43 표에 스터드 볼트의 형상·치수를 나타냈다. 또한 끼워 넣는 측의 길이는 넣어지는 재질에 따라 3가지가 정해져 있으며, 다음과 같이 이용한다.

1종…연강 또는 청동 등
2종…주철 등
3종…알루미늄합금 등

4. 기타의 나사 부품

이외에도 나사 부품은 종류가 매우 많지만, 이하에서는 그 중에서 주요한 것에 대해 설명한다.

(1) 사각 볼트·너트

머리부가 사각형을 한 볼트·너트를 각각 사각 볼트, 사각 너트라고 한다. 육각 볼트·너트에 비해 다소 외관이 떨어지므로 주로 눈에 띄지 않는 부분의 체결에 이용되는 경우가 많다. 8·44 표~8.45 표는 JIS에 정해진 사각 볼트·너트를 나타낸 것인데, 이외에 주로 목재부의 체결에 이용하는 대형 사각 볼트도 규정되어 있다.

KS B 1004

8·44 표 사각 볼트 상·중·보통 (JIS B 1182)

(단위 mm)

나사의 호칭 d	피치 P	d_s				k				s				e	d'_k	r	d_a	z
		기준치수	허용차 상	허용차 중	허용차 보통	기준치수	허용차 상	허용차 중	허용차 보통	기준치수	허용차 상	허용차 중	허용차 보통	약	약	최소	최대	약
M 3	0.5	3	0 −0.1	/	/	2	±0.1	/	/	5.5	0 −0.2	/	/	7.8	5.3	0.1	3.6	0.6
M 4	0.7	4				2.8				7				9.9	6.8	0.2	4.7	0.8
M 5	0.8	5				3.5	±0.15			8				11.3	7.8	0.2	5.7	0.9
M 6	1	6		0 −0.2	+0.6 −0.15	4		±0.25	±0.6	10		0 −0.6	0 −0.6	14.1	9.8	0.25	6.8	1
M 8	1.25	8	0 −0.15		+0.7 −0.2	5.5				13	0 −0.25	0 −0.7	0 −0.7	18.4	12.5	0.4	9.2	1.2
M 10	1.5	10				7	±0.2	±0.3	±0.8	17				24	16.5	0.4	11.2	1.5
M 12	1.75	12	0 −0.2	0 −0.25	+0.9 −0.2	8				19	0 −0.35	0 −0.8	0 −0.8	26.9	18	0.6	14.2	2
(M 14)	2	14				9				22				31.1	21	0.6	16.2	2
M 16	2	16				10		±0.35	±0.9	24				33.9	23	0.6	18.2	2
(M 18)	2.5	18				12				27				38.2	26	0.6	20.2	2.5
M 20	2.5	20		0 −0.35	+0.95 −0.35	13				30				42.4	29	0.8	22.4	2.5
(M 22)	2.5	22				14				32	0 −0.4	0 −1	0 −1	45.3	31	0.8	24.4	2.5
M 24	3	24				15				36				50.9	34	0.8	26.4	3

[비고] 1. 다듬질 정도 '상'은 M3~M24, '중', '보통'은 M6~M24의 것으로 한다. 나사의 호칭에 괄호를 붙인 것은 가급적 이용하지 않는다.
2. 호칭길이(l), 나사부 길이(b) 및 불완전 나사부의 길이(x)는 해당 규격의 첨부 3을 참조할 것.
3. 나사 끝은 특히 지정하지 않는 한, 나사의 호칭 M6 이하(중·보통에서는 M6의 것)는 거친끝, 그것을 넘는 것은 모떼기끝 또는 둥근끝으로 하고, 그 중 어느 것인가를 주문자가 지정한다.
4. 전조나사의 경우는 M6 이하의 것은 특별히 지정하지 않는 한 ds를 거의 나사의 유효지름으로 한다. 또한 M6을 넘는 것은 지정에 따라 ds를 거의 나사의 유효지름으로 할 수 있다.

KS B 1013

8·45 표 사각 너트 (JIS B 1163) (단위 mm)

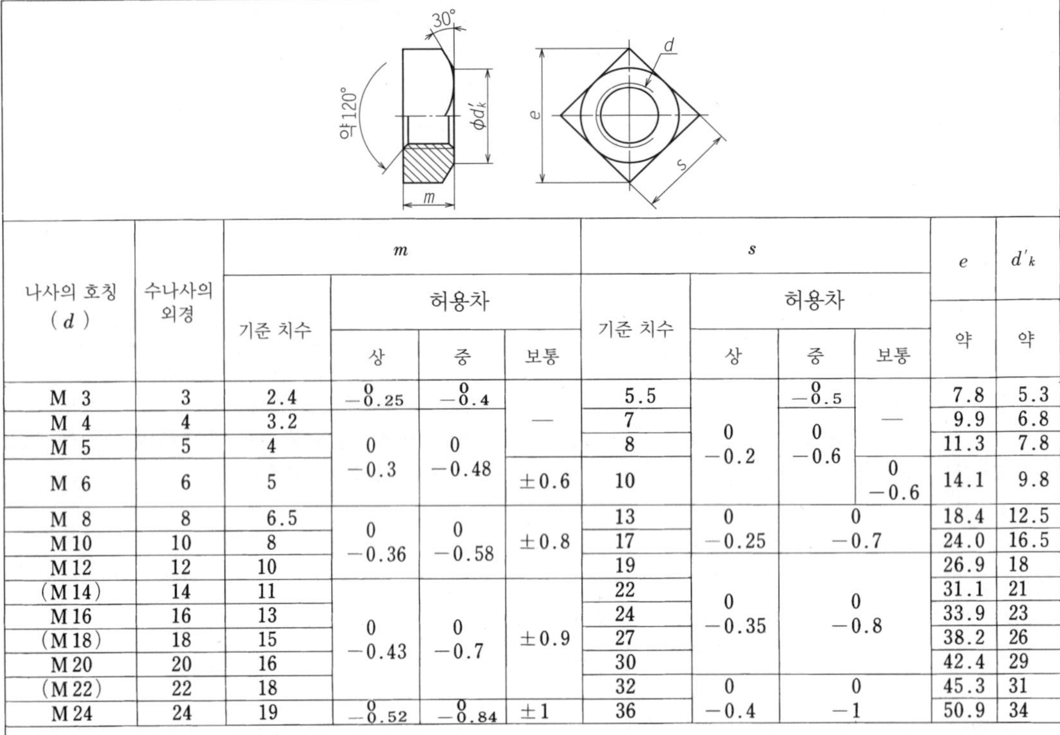

나사의 호칭 (*d*)	수나사의 외경	*m*				*s*				*e*	*d'ₖ*
		기준 치수	허용차			기준 치수	허용차			약	약
			상	중	보통		상	중	보통		
M 3	3	2.4	$^{0}_{-0.25}$	$^{0}_{-0.4}$	—	5.5	$^{0}_{-0.2}$	$^{0}_{-0.5}$	—	7.8	5.3
M 4	4	3.2	$^{0}_{-0.3}$	$^{0}_{-0.48}$		7		$^{0}_{-0.6}$		9.9	6.8
M 5	5	4				8				11.3	7.8
M 6	6	5			±0.6	10			$^{0}_{-0.6}$	14.1	9.8
M 8	8	6.5	$^{0}_{-0.36}$	$^{0}_{-0.58}$	±0.8	13	$^{0}_{-0.25}$	$^{0}_{-0.7}$		18.4	12.5
M 10	10	8				17				24.0	16.5
M 12	12	10				19	$^{0}_{-0.35}$	$^{0}_{-0.8}$		26.9	18
(M 14)	14	11	$^{0}_{-0.43}$	$^{0}_{-0.7}$	±0.9	22				31.1	21
M 16	16	13				24				33.9	23
(M 18)	18	15				27				38.2	26
M 20	20	16				30				42.4	29
(M 22)	22	18				32	$^{0}_{-0.4}$	$^{0}_{-1}$		45.3	31
M 24	24	19	$^{0}_{-0.52}$	$^{0}_{-0.84}$	±1	36				50.9	34

[비고] 1. 나사의 호칭에 괄호가 붙은 것은 가급적 이용하지 않는다.
2. 나사부의 구멍 모떼기는 그 직경이 암나사의 골 지름보다 약간 큰 정도로 한다. 단, 주문자의 지정에 따라 나사의 등급 7H의 너트는 이 구멍 모떼기를 생략해도 된다.
3. 나사의 호칭 M10 이하의 너트는 특별히 지정하지 않는 한, 사각부의 모떼기는 생략해도 된다.
4. 특별히 필요가 있는 경우는 지정에 따라 높이(m)를 수나사 외경의 치수로 잡는 경우가 있다.

(2) 고정나사 나사 볼트의 머리와 끝단을 8·13 그림에 나타낸 여러 가지 형상으로 하고, 기계 부품의 회전이나 마찰을 방지해 키의 대용으로 이용하거나, 또는 작은 부품의 고착용으로 이용하는 나사를 고정나사라고 한다.

JIS에서는 홈붙이 고정나사(JIS B 1117), 사각 고정나사(JIS B 1118), 육각구멍붙이 고정나사 (JIS B 1177) 등에 대해서 규정하고 있다. 8·46 표~8·47 표에 그들의 규격을 나타냈다.

또한 8·48 표는 JIS에 규정된 나사 끝의 형상 및 치수를 나타낸 것이다.

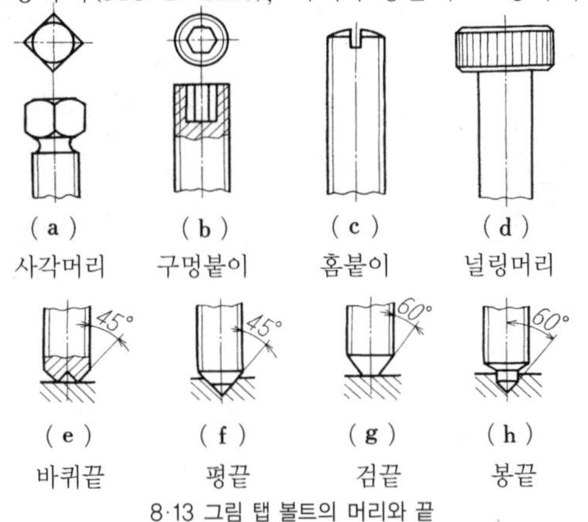

8·13 그림 탭 볼트의 머리와 끝

(3) 작은나사 작은나사는 작은 볼트 대신에 이용되는 것으로, M1~M8의 소경인 것이 많고 또한 머리부의 형상도 여러 가지 것이 있는데, 체결하기 위해 홈 또는 십자구멍이 설정되어 있으며, 그 형상으로부터 각각 마이너스 나사와 플러스 나사로도 불린다. JIS에서는 홈붙이 작은나사(JIS B 1101), 십자구멍붙이 작은나사(JIS B 1111)에 의해 그 형상, 치수를 규정하고 있다. 8·49 표~8·55 표는 그들의 규격을 나타낸다.

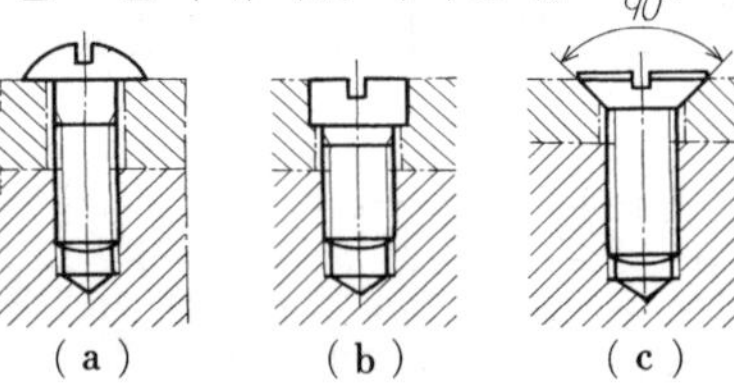

8·14 그림 작은나사

KS B 1025

8·46 표 홈붙이 고정나사 (JIS B 1117) (단위 mm)

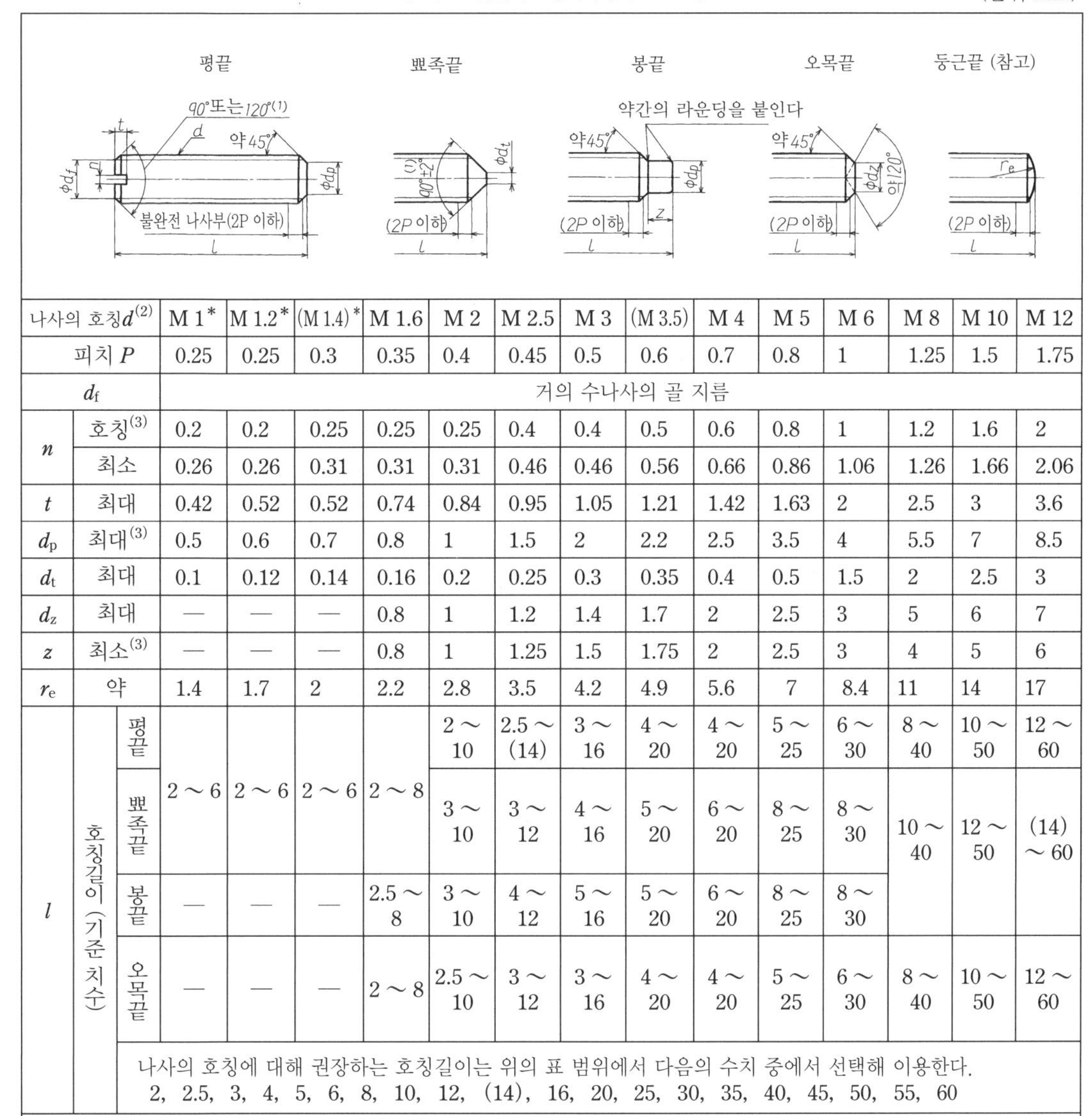

나사의 호칭 d(2)		M 1*	M 1.2*	(M 1.4)*	M 1.6	M 2	M 2.5	M 3	(M 3.5)	M 4	M 5	M 6	M 8	M 10	M 12
피치 P		0.25	0.25	0.3	0.35	0.4	0.45	0.5	0.6	0.7	0.8	1	1.25	1.5	1.75
d_f		거의 수나사의 골 지름													
n	호칭(3)	0.2	0.2	0.25	0.25	0.25	0.4	0.4	0.5	0.6	0.8	1	1.2	1.6	2
	최소	0.26	0.26	0.31	0.31	0.31	0.46	0.46	0.56	0.66	0.86	1.06	1.26	1.66	2.06
t	최대	0.42	0.52	0.52	0.74	0.84	0.95	1.05	1.21	1.42	1.63	2	2.5	3	3.6
d_p	최대(3)	0.5	0.6	0.7	0.8	1	1.5	2	2.2	2.5	3.5	4	5.5	7	8.5
d_t	최대	0.1	0.12	0.14	0.16	0.2	0.25	0.3	0.35	0.4	0.5	1.5	2	2.5	3
d_z	최대	—	—	—	0.8	1	1.2	1.4	1.7	2	2.5	3	5	6	7
z	최소(3)	—	—	—	0.8	1	1.25	1.5	1.75	2	2.5	3	4	5	6
r_e	약	1.4	1.7	2	2.2	2.8	3.5	4.2	4.9	5.6	7	8.4	11	14	17
l 호칭길이 (기준 치수)	평끝	2～6	2～6	2～6	2～8	2～10	2.5～(14)	3～16	4～20	4～20	5～25	6～30	8～40	10～50	12～60
	뾰족끝					3～10	3～12	4～16	5～20	6～20	8～25	8～30	10～40	12～50	(14)～60
	봉끝	—	—	—	2.5～8	3～10	4～12	5～16	5～20	6～20	8～25	8～30			
	오목끝	—	—	—	2～8	2.5～10	3～12	3～16	4～20	4～20	5～25	6～30	8～40	10～50	12～60
	나사의 호칭에 대해 권장하는 호칭길이는 위의 표 범위에서 다음의 수치 중에서 선택해 이용한다. 2, 2.5, 3, 4, 5, 6, 8, 10, 12, (14), 16, 20, 25, 30, 35, 40, 45, 50, 55, 60														

[주] (1) 120°는 l 치수의 극히 짧은 것에만 적용한다.
(2) *를 붙인 호칭의 것은 봉끝·오목끝에는 적용하지 않는다.
(3) 기준 치수로서 이용한다.

[비고] 1. 괄호를 붙인 것은 가급적 이용하지 않는다.
2. 호칭 M1, M1.4 및 둥근끝 고정나사는 ISO 규격에는 없다.

[제품의 호칭법] 고정나사의 호칭법은 규격 번호 또는 규격 명칭, 종류, 나사의 호칭(d)×호칭길이(l), 기계적 성질의 강도 구분(스테인리스 고정나사의 경우는 성상 구분), 재료 및 지정 사항에 의한다. 또한 나사의 등급을 나타낼 필요가 있는 경우는 l 뒤에 그것을 나타낸다.

[예]

규격 번호 또는 규격 명칭	종류	$d \times l$	강도 구분	재료	지정 사항
JIS B 1117	뾰족끝	M 6×12	−22 H		A 2 K
홈붙이 고정나사	봉끝	M 8×20	−A1-50		
홈붙이 고정나사	평끝	M 10×25		S 12 C (침탄)	

KS B 1028

8·47 표 육각구멍붙이 고정나사 (JIS B 1177)

(단위 mm)

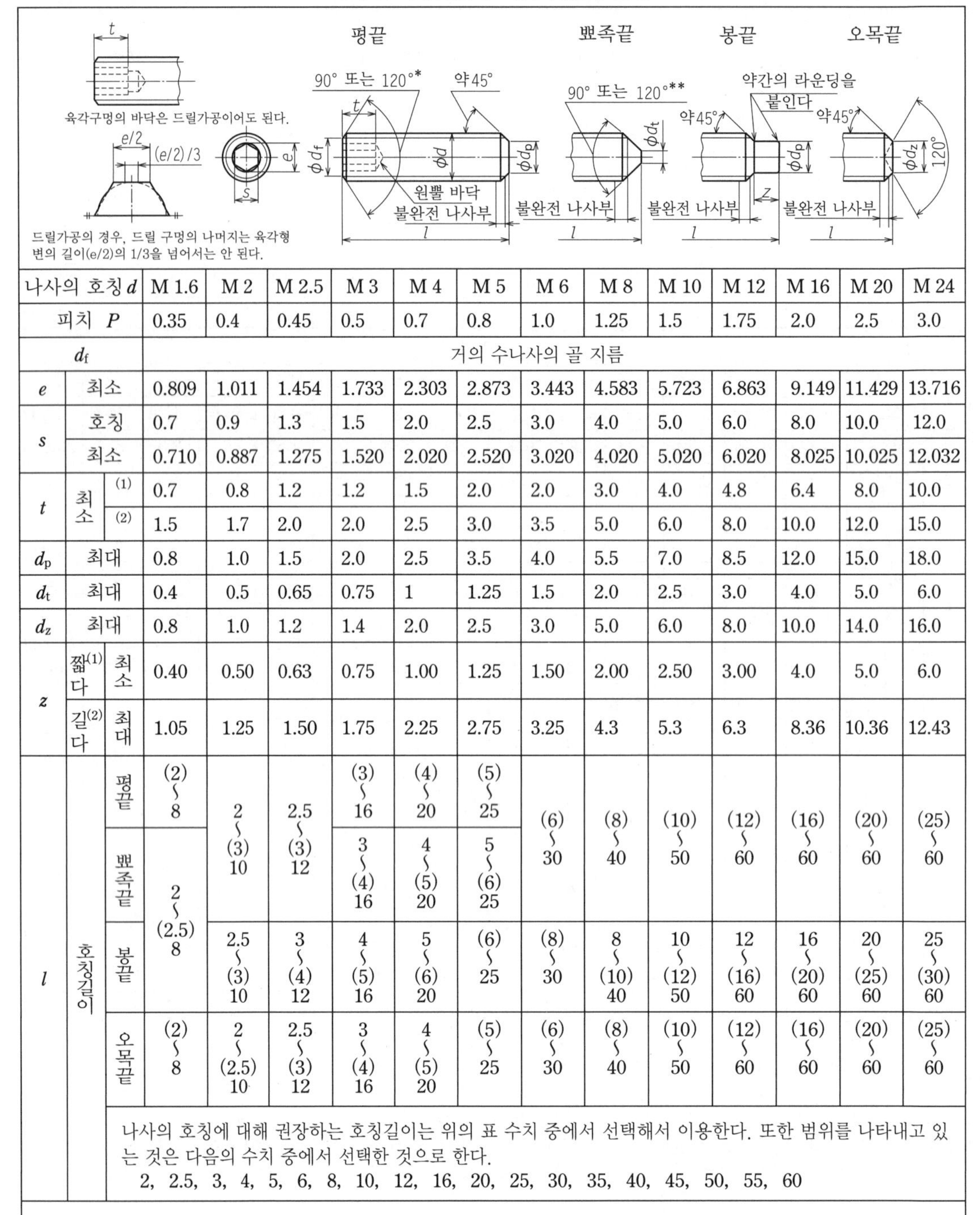

나사의 호칭 d			M 1.6	M 2	M 2.5	M 3	M 4	M 5	M 6	M 8	M 10	M 12	M 16	M 20	M 24
피치 P			0.35	0.4	0.45	0.5	0.7	0.8	1.0	1.25	1.5	1.75	2.0	2.5	3.0
d_f			거의 수나사의 골 지름												
e	최소		0.809	1.011	1.454	1.733	2.303	2.873	3.443	4.583	5.723	6.863	9.149	11.429	13.716
s	호칭		0.7	0.9	1.3	1.5	2.0	2.5	3.0	4.0	5.0	6.0	8.0	10.0	12.0
	최소		0.710	0.887	1.275	1.520	2.020	2.520	3.020	4.020	5.020	6.020	8.025	10.025	12.032
t	최소	(1)	0.7	0.8	1.2	1.2	1.5	2.0	2.0	3.0	4.0	4.8	6.4	8.0	10.0
		(2)	1.5	1.7	2.0	2.0	2.5	3.0	3.5	5.0	6.0	8.0	10.0	12.0	15.0
d_p	최대		0.8	1.0	1.5	2.0	2.5	3.5	4.0	5.5	7.0	8.5	12.0	15.0	18.0
d_t	최대		0.4	0.5	0.65	0.75	1	1.25	1.5	2.0	2.5	3.0	4.0	5.0	6.0
d_z	최대		0.8	1.0	1.2	1.4	2.0	2.5	3.0	5.0	6.0	8.0	10.0	14.0	16.0
z	짧다(1)	최소	0.40	0.50	0.63	0.75	1.00	1.25	1.50	2.00	2.50	3.00	4.0	5.0	6.0
	길다(2)	최대	1.05	1.25	1.50	1.75	2.25	2.75	3.25	4.3	5.3	6.3	8.36	10.36	12.43
l	호칭길이	평끝	(2)~8	2~(3)10	2.5~(3)12	(3)~16	(4)~20	(5)~25	(6)~30	(8)~40	(10)~50	(12)~60	(16)~60	(20)~60	(25)~60
		뾰족끝	2~(2.5)8			3~(4)16	4~(5)20	5~(6)25							
		봉끝		2.5~(3)10	3~(4)12	4~(5)16	5~(6)20	(6)~25	(8)~30	8~(10)40	10~(12)50	12~(16)60	16~(20)60	20~(25)60	25~(30)60
		오목끝	(2)~8	2~(2.5)10	2.5~(3)12	3~(4)16	4~(5)20	(5)~25	(6)~30	(8)~40	(10)~50	(12)~60	(16)~60	(20)~60	(25)~60
		나사의 호칭에 대해 권장하는 호칭길이는 위의 표 수치 중에서 선택해서 이용한다. 또한 범위를 나타내고 있는 것은 다음의 수치 중에서 선택한 것으로 한다. 2, 2.5, 3, 4, 5, 6, 8, 10, 12, 16, 20, 25, 30, 35, 40, 45, 50, 55, 60													

[주] * 호칭길이(l)이 표에 나타낸 ( ) 내의 수치 이하의 것은 120°의 모떼기로 한다.

** 이 원뿔 각도는 수나사의 골 지름보다 작은 직경의 끝단부에 적용, 호칭길이가 ( ) 내의 수치 이하의 것은 120°, ( ) 내의 수치를 넘는 것은 90°로 한다.

(1) t(최소) 및 z(봉끝의 경우)의 값은 호칭길이가 ( ) 내의 수치 이하인 나사에 적용한다.

(2) (1)과 동일하게 호칭길이가 ( ) 내의 수치를 넘는 나사에 적용한다.

[제품의 호칭법] 8·46 표의 홈붙이 고정나사에 준한다.

8·48 표 수나사 부품의 호칭길이에 나사 끝의 치수를 포함하는 경우의 나사 끝의 형상·치수 (JIS B 1003)

(단위 mm)

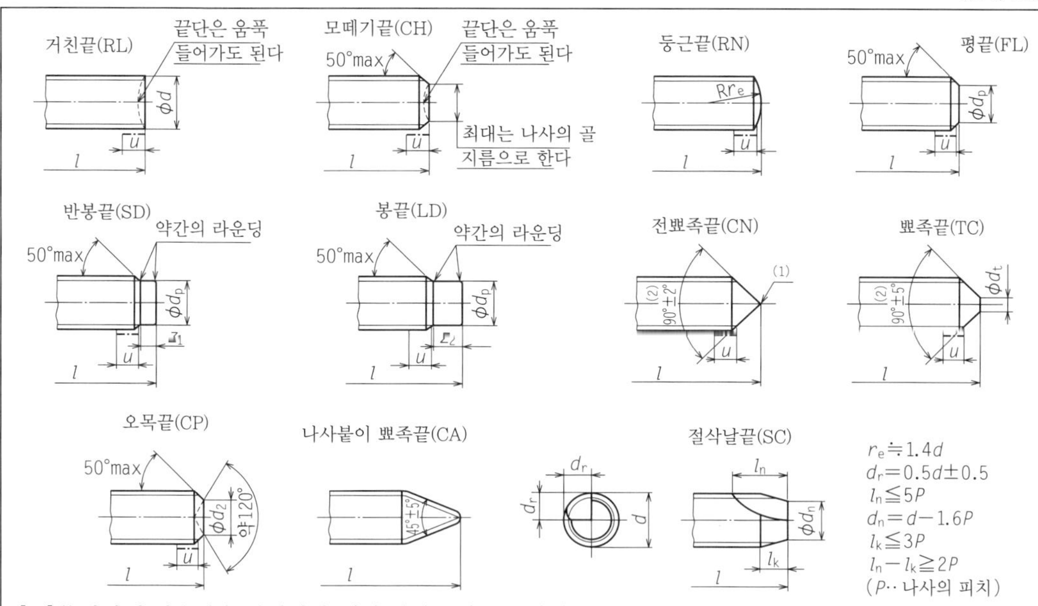

[주] [1] 약간의 라운딩을 붙이거나 해서 날카롭게 뾰족하지 않게 한다.
[2] 호칭길이(l)이 짧은 것에 대해서는 120±2° 해도 된다.
또한 불완전 나사부의 길이 $u ≦ 2P$로 한다.

나사의 호칭지름 d	d_p 허용차 h 14 [4]	d_t [3] 허용차 h 16	d_z 허용차 h 14	z_1 허용차 $^{+IT\,14}_{0}$ [5]	z_2 허용차 $^{+IT\,14}_{0}$ [5]	나사의 호칭지름 d	d_p 허용차 h 14 [4]	d_t [3] 허용차 h 16	d_z 허용차 h 14	z_1 허용차 $^{+IT\,14}_{0}$ [5]	z_2 허용차 $^{+IT\,14}_{0}$ [5]
1.6	0.8	—	0.8	0.4	0.8	14	10	4	8.5	3.5	7
1.8	0.9	—	0.9	0.45	0.9	16	12	4	10	4	8
2	1	—	1	0.5	1	18	13	5	11	4.5	9
2.2	1.2	—	1.1	0.55	1.1	20	15	5	14	5	10
2.5	1.5	—	1.2	0.63	1.25	22	17	6	15	5.5	11
3	2	—	1.4	0.75	1.5	24	18	6	16	6	12
3.5	2.2	—	1.7	0.88	1.75	27	21	8	—	6.7	13.5
4	2.5	—	2	1	2	30	23	8	—	7.5	15
4.5	3	—	2.2	1.12	2.25	33	26	10	—	8.2	16.5
5	3.5	—	2.5	1.25	2.5	36	28	10	—	9	18
6	4	1.5	3	1.5	3	39	30	12	—	9.7	19.5
7	5	2	4	1.75	3.5	42	32	12	—	10.5	21
8	5.5	2	5	2	4	45	35	14	—	11.2	22.5
10	7	2.5	6	2.5	5	48	38	14	—	12	24
12	8.5	3	8	3	6	52	42	16	—	13	26

[주] [3] 나사의 호칭지름이 5mm 이하의 호칭에 대해서는 나사 끝의 끝단은 평평하지 않고, 약간 라운딩이 있어도 된다.
[4] 1mm 이하의 기준 치수에 대한 허용차는 h 13을 적용한다.
[5] 1mm 이하의 기준 치수에 대한 허용차는 $^{+IT\,13}_{0}$을 적용한다.

8장

8·49 표 홈붙이 작은나사 (JIS B 1101)

(a) 홈붙이 납작머리 작은나사

KS B 1021

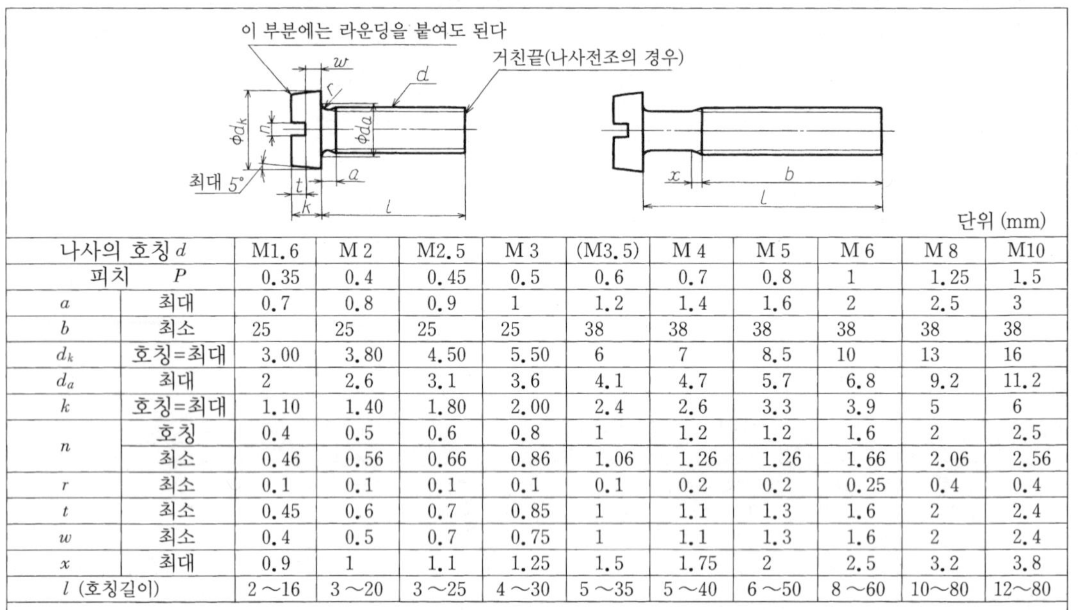

단위 (mm)

나사의 호칭 d		M1.6	M 2	M2.5	M 3	(M3.5)	M 4	M 5	M 6	M 8	M10
피치 P		0.35	0.4	0.45	0.5	0.6	0.7	0.8	1	1.25	1.5
a	최대	0.7	0.8	0.9	1	1.2	1.4	1.6	2	2.5	3
b	최소	25	25	25	25	38	38	38	38	38	38
d_k	호칭=최대	3.00	3.80	4.50	5.50	6	7	8.5	10	13	16
d_a	최대	2	2.6	3.1	3.6	4.1	4.7	5.7	6.8	9.2	11.2
k	호칭=최대	1.10	1.40	1.80	2.00	2.4	2.6	3.3	3.9	5	6
n	호칭	0.4	0.5	0.6	0.8	1	1.2	1.2	1.6	2	2.5
	최소	0.46	0.56	0.66	0.86	1.06	1.26	1.26	1.66	2.06	2.56
r	최소	0.1	0.1	0.1	0.1	0.1	0.2	0.2	0.25	0.4	0.4
t	최소	0.45	0.6	0.7	0.85	1	1.1	1.3	1.6	2	2.4
w	최소	0.4	0.5	0.7	0.75	1	1.1	1.3	1.6	2	2.4
x	최대	0.9	1	1.1	1.25	1.5	1.75	2	2.5	3.2	3.8
l (호칭길이)		2 ~16	3 ~20	3 ~25	4 ~30	5 ~35	5 ~40	6 ~50	8 ~60	10~80	12~80

[비고] 1. 나사의 호칭에 괄호가 붙은 것은 가급적 이용하지 않는다.
2. 나사의 호칭에 대해 권장하는 호칭길이(l)은 위의 표 범위에서 다음의 값 중에서 선택해 이용한다. 단, 괄호를 붙인 것은 가급적 이용하지 않는다.
2, 3, 4, 5, 6, 8, 10, 12, 14, 16, 20, 25, 30, 35, 40, 45, 50, (55), 60, (65), 70, (75), 80
3. 나사가 없는 부분(원통부)의 지름은 일반적으로 거의 나사의 유효지름으로 하는데, 거의 나사의 호칭지름으로 해도 된다. 단, 그 직경은 나사 외경의 최대값보다 작아서는 안 된다.
4. 나사 끝의 형상은 나사전조의 경우는 거친끝, 나사절삭의 경우는 모떼기끝으로 하고, 기타 나사 끝을 필요로 하는 경우는 주문자가 지정한다.

(b) 홈붙이 냄비 작은나사

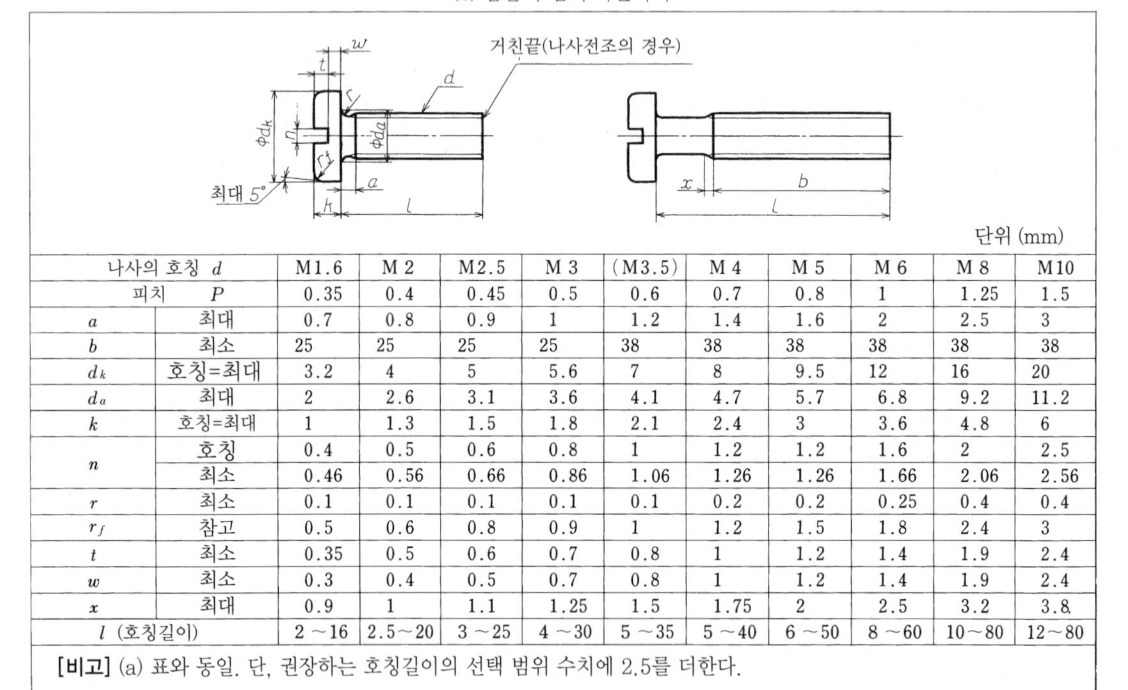

단위 (mm)

나사의 호칭 d		M1.6	M 2	M2.5	M 3	(M3.5)	M 4	M 5	M 6	M 8	M10
피치 P		0.35	0.4	0.45	0.5	0.6	0.7	0.8	1	1.25	1.5
a	최대	0.7	0.8	0.9	1	1.2	1.4	1.6	2	2.5	3
b	최소	25	25	25	25	38	38	38	38	38	38
d_k	호칭=최대	3.2	4	5	5.6	7	8	9.5	12	16	20
d_a	최대	2	2.6	3.1	3.6	4.1	4.7	5.7	6.8	9.2	11.2
k	호칭=최대	1	1.3	1.5	1.8	2.1	2.4	3	3.6	4.8	6
n	호칭	0.4	0.5	0.6	0.8	1	1.2	1.2	1.6	2	2.5
	최소	0.46	0.56	0.66	0.86	1.06	1.26	1.26	1.66	2.06	2.56
r	최소	0.1	0.1	0.1	0.1	0.1	0.2	0.2	0.25	0.4	0.4
r_f	참고	0.5	0.6	0.8	0.9	1	1.2	1.5	1.8	2.4	3
t	최소	0.35	0.5	0.6	0.7	0.8	1	1.2	1.4	1.9	2.4
w	최소	0.3	0.4	0.5	0.7	0.8	1	1.2	1.4	1.9	2.4
x	최대	0.9	1	1.1	1.25	1.5	1.75	2	2.5	3.2	3.8
l (호칭길이)		2 ~16	2.5~20	3 ~25	4 ~30	5 ~35	5 ~40	6 ~50	8 ~60	10~80	12~80

[비고] (a) 표와 동일. 단, 권장하는 호칭길이의 선택 범위 수치에 2.5를 더한다.

(c) 홈붙이 접시 작은나사

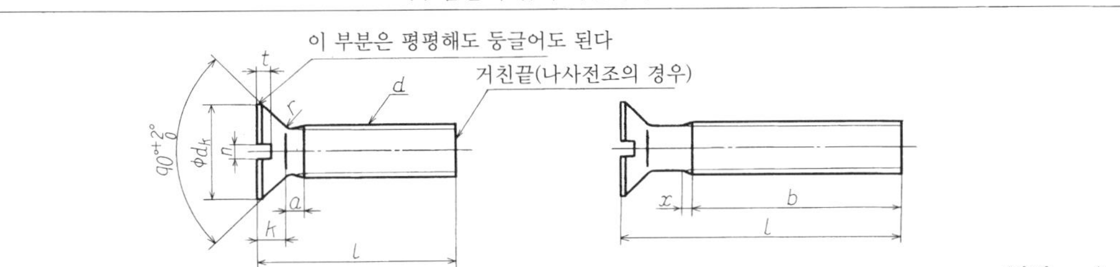

[비고] (a) 표와 동일. (단위 mm)

나사의 호칭 d		M1.6	M 2	M2.5	M 3	(M3.5)	M 4	M 5	M 6	M 8	M10
피치 P		0.35	0.4	0.45	0.5	0.6	0.7	0.8	1	1.25	1.5
a	최대	0.7	0.8	0.9	1	1.2	1.4	1.6	2	2.5	3
b	최소	25	25	25	25	38	38	38	38	38	38
d_k	최대	3	3.8	4.7	5.5	7.3	8.4	9.3	11.3	15.8	18.3
k	최대	1	1.2	1.5	1.65	2.35	2.7	2.7	3.3	4.65	5
n	호칭	0.4	0.5	0.6	0.8	1	1.2	1.2	1.6	2	2.5
	최소	0.46	0.56	0.66	0.86	1.06	1.26	1.26	1.66	2.06	2.56
r	최대	0.4	0.5	0.6	0.8	0.9	1	1.3	1.5	2	2.5
t	최소	0.32	0.4	0.5	0.6	0.9	1	1.1	1.2	1.8	2
x	최대	0.9	1	1.1	1.25	1.5	1.75	2	2.5	3.2	3.8
l (호칭길이)		2.5~16	3~20	4~25	5~30	6~35	6~40	8~50	8~60	10~80	12~80

(d) 홈붙이 둥근접시 작은나사

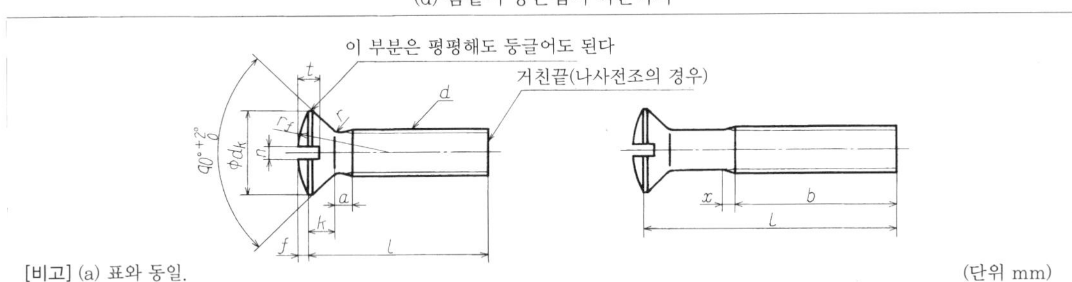

[비고] (a) 표와 동일. (단위 mm)

나사의 호칭 d		M1.6	M 2	M2.5	M 3	(M3.5)	M 4	M 5	M 6	M 8	M10
피치 P		0.35	0.4	0.45	0.5	0.6	0.7	0.8	1	1.25	1.5
a	최대	0.7	0.8	0.9	1	1.2	1.4	1.6	2	2.5	3
b	최소	25	25	25	25	38	38	38	38	38	38
d_k	최대	3	3.8	4.7	5.5	7.3	8.4	9.3	11.3	15.8	18.3
f	약	0.4	0.5	0.6	0.7	0.8	1	1.2	1.4	2	2.3
k	최대	1	1.2	1.5	1.65	2.35	2.7	2.7	3.3	4.65	5
n	호칭	0.4	0.5	0.6	0.8	1	1.2	1.2	1.6	2	2.5
	최소	0.46	0.56	0.66	0.86	1.06	1.26	1.26	1.66	2.06	2.56
r	최대	0.4	0.5	0.6	0.8	0.9	1	1.3	1.5	2	2.5
r_f	약	3	4	5	6	8.5	9.5	9.5	12	16.5	19.5
t	최소	0.64	0.8	1	1.2	1.4	1.6	2	2.4	3.2	3.8
x	최대	0.9	1	1.1	1.25	1.5	1.75	2	2.5	3.2	3.8
l (호칭길이)		2.5~16	3~20	4~25	5~30	6~35	6~40	8~50	8~60	10~80	12~80

(e) 제품의 호칭법

작은나사의 호칭법은 규격 번호(생략도 가능), 작은나사의 종류, 부품 등급, 나사의 호칭(d)×호칭길이(l), 기계적 성질의 강도 구분 기호(스테인리스 작은나사의 경우는 강종 구분·강도 구분의 기호, 비철금속 작은나사의 경우는 재질 구분의 기호) 및 지정 사항(필요에 따라)에 의한다.

[예] 강 작은나사의 경우 **JIS B 1101** 홈붙이 냄비 작은나사 − A − M3×12 − 4.8 − A2K
스테인리스 작은나사의 경우 홈붙이 접시 작은나사 − A − M5×16 − A2-50
비철금속 작은나사의 경우 홈붙이 둥근접시 작은나사 − A − M6×20 − CU2 − 평끝

규격 번호	작은나사의 종류	부품 등급	$d \times l$	강도 구분 기호	지정 사항

8·50 표 십자구멍붙이 작은나사 (JIS B 1111)

(a) 십자구멍붙이 냄비 작은나사

KS B 1021

(단위 mm)

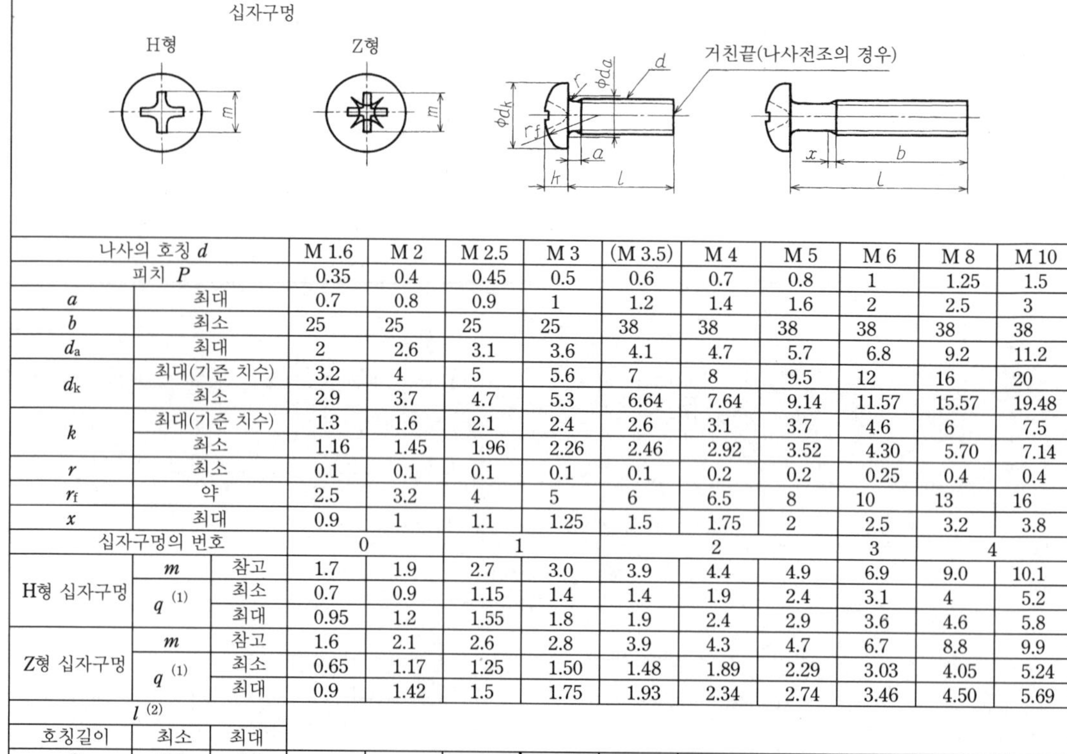

나사의 호칭 *d*			M 1.6	M 2	M 2.5	M 3	(M 3.5)	M 4	M 5	M 6	M 8	M 10
피치 *P*			0.35	0.4	0.45	0.5	0.6	0.7	0.8	1	1.25	1.5
a	최대		0.7	0.8	0.9	1	1.2	1.4	1.6	2	2.5	3
b	최소		25	25	25	25	38	38	38	38	38	38
d_a	최대		2	2.6	3.1	3.6	4.1	4.7	5.7	6.8	9.2	11.2
d_k	최대(기준 치수)		3.2	4	5	5.6	7	8	9.5	12	16	20
	최소		2.9	3.7	4.7	5.3	6.64	7.64	9.14	11.57	15.57	19.48
k	최대(기준 치수)		1.3	1.6	2.1	2.4	2.6	3.1	3.7	4.6	6	7.5
	최소		1.16	1.45	1.96	2.26	2.46	2.92	3.52	4.30	5.70	7.14
r	최소		0.1	0.1	0.1	0.1	0.1	0.2	0.2	0.25	0.4	0.4
r_f	약		2.5	3.2	4	5	6	6.5	8	10	13	16
x	최대		0.9	1	1.1	1.25	1.5	1.75	2	2.5	3.2	3.8
십자구멍의 번호			0		1		2			3	4	
H형 십자구멍	*m*	참고	1.7	1.9	2.7	3.0	3.9	4.4	4.9	6.9	9.0	10.1
	q (1)	최소	0.7	0.9	1.15	1.4	1.4	1.9	2.4	3.1	4	5.2
		최대	0.95	1.2	1.55	1.8	1.9	2.4	2.9	3.6	4.6	5.8
Z형 십자구멍	*m*	참고	1.6	2.1	2.6	2.8	3.9	4.3	4.7	6.7	8.8	9.9
	q (1)	최소	0.65	1.17	1.25	1.50	1.48	1.89	2.29	3.03	4.05	5.24
		최대	0.9	1.42	1.5	1.75	1.93	2.34	2.74	3.46	4.50	5.69
l (2)												
호칭길이	최소	최대										
3	2.8	3.2										
4	3.76	4.3										
5	4.76	5.3										
6	5.76	6.3										
8	7.76	8.3										
10	9.71	10.3										
12	11.65	12.4										
(14)	13.65	14.4										
16	15.65	16.4										
20	19.58	20.4										
25	24.58	25.4										
30	29.58	30.4										
35	34.5	35.5										
40	39.5	40.5										
45	44.5	45.5										
50	49.5	50.5										
(55)	54.05	56										
60	59.05	61				접시 작은나사(강도 구분 4.8용)의 경우						

[주] (1) q는 십자구멍의 게이지 묻힘 깊이를 나타낸다.

(2) 나사의 호칭에 대해 권장하는 호칭길이(l)은 굵은선 틀 내로 하고, 점선(냄비 작은나사의 경우) 또는 가는 1점 쇄선(접시 작은나사, 둥근접시 작은나사의 경우)의 위치보다 짧은 호칭길이인 것은 전나사로 한다. 이 경우 $b=l-a$ [냄비 작은나사 이외는 $b=l-(k+a)$]로 한다. 또한 l에 괄호를 붙인 것은 가급적 이용하지 않는다.

[비고] 1. 나사의 호칭에 괄호가 붙은 것은 가급적 이용하지 않는다.

2. 나사가 없는 부분(원통부)의 지름은 일반적으로 거의 나사의 유효지름으로 하는데, 거의 나사의 호칭지름으로 해도 된다. 단, 그 직경은 나사 외경의 최대값보다 작아야 한다.

3. 나사 끝의 형상은 나사전조의 경우는 거친끝, 나사절삭의 경우는 모떼기끝으로 하고, 기타의 나사 끝을 필요로 하는 경우는 주문자가 지정한다. 단, 나사 끝의 형상·치수는 원칙적으로 JIS B 1003(나사 끝의 형상·치수)에 의한다.

(b) 십자구멍붙이 접시 작은나사 (단위 mm)

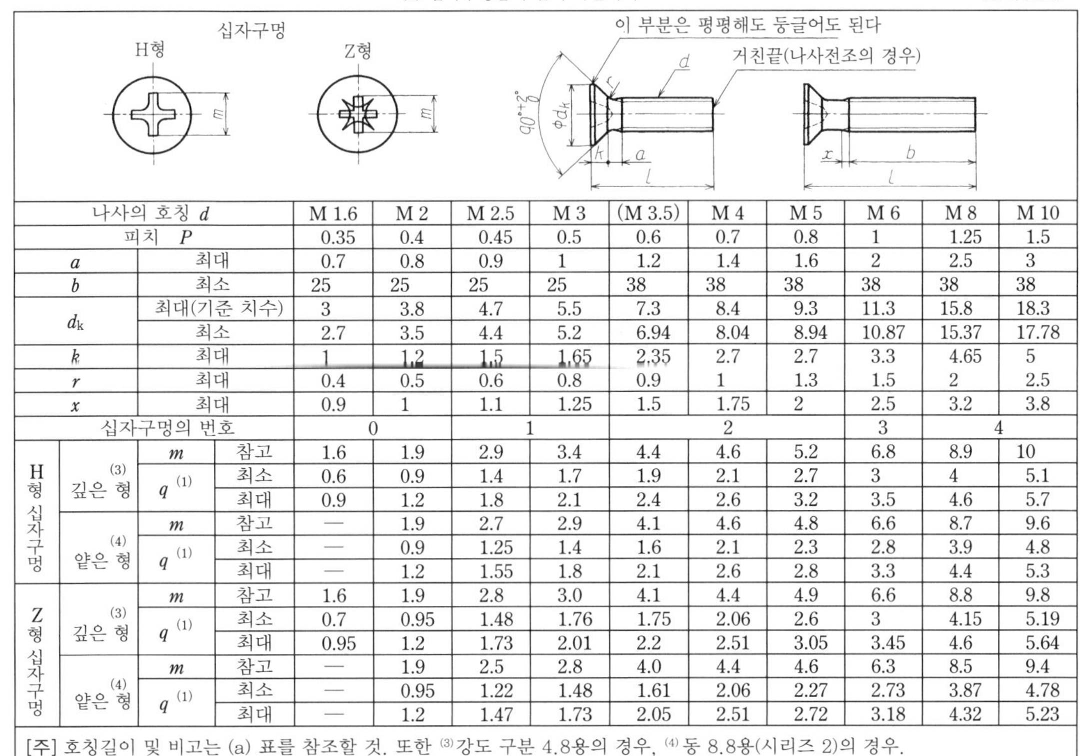

나사의 호칭 d			M 1.6	M 2	M 2.5	M 3	(M 3.5)	M 4	M 5	M 6	M 8	M 10
피치 P			0.35	0.4	0.45	0.5	0.6	0.7	0.8	1	1.25	1.5
a	최대		0.7	0.8	0.9	1	1.2	1.4	1.6	2	2.5	3
b	최소		25	25	25	25	38	38	38	38	38	38
d_k	최대(기준 치수)		3	3.8	4.7	5.5	7.3	8.4	9.3	11.3	15.8	18.3
	최소		2.7	3.5	4.4	5.2	6.94	8.04	8.94	10.87	15.37	17.78
k	최대		1	1.2	1.5	1.65	2.35	2.7	2.7	3.3	4.65	5
r	최대		0.4	0.5	0.6	0.8	0.9	1	1.3	1.5	2	2.5
x	최대		0.9	1	1.1	1.25	1.5	1.75	2	2.5	3.2	3.8
십자구멍의 번호			0		1		2			3	4	
H형 십자구멍	깊은 형[3]	m 참고	1.6	1.9	2.9	3.4	4.4	4.6	5.2	6.8	8.9	10
		q[1] 최소	0.6	0.9	1.4	1.7	1.9	2.1	2.7	3	4	5.1
		q[1] 최대	0.9	1.2	1.8	2.1	2.4	2.6	3.2	3.5	4.6	5.7
	얕은 형[4]	m 참고	—	1.9	2.7	2.9	4.1	4.6	4.8	6.6	8.7	9.6
		q[1] 최소	—	0.9	1.25	1.4	1.6	2.1	2.3	2.8	3.9	4.8
		q[1] 최대	—	1.2	1.55	1.8	2.1	2.6	2.8	3.3	4.4	5.3
Z형 십자구멍	깊은 형[3]	m 참고	1.6	1.9	2.8	3.0	4.1	4.4	4.9	6.6	8.8	9.8
		q[1] 최소	0.7	0.95	1.48	1.76	1.75	2.06	2.6	3	4.15	5.19
		q[1] 최대	0.95	1.2	1.73	2.01	2.2	2.51	3.05	3.45	4.6	5.64
	얕은 형[4]	m 참고	—	1.9	2.5	2.8	4.0	4.4	4.6	6.3	8.5	9.4
		q[1] 최소	—	0.95	1.22	1.48	1.61	2.06	2.27	2.73	3.87	4.78
		q[1] 최대	—	1.2	1.47	1.73	2.05	2.51	2.72	3.18	4.32	5.23

[주] 호칭길이 및 비고는 (a) 표를 참조할 것. 또한 [3]강도 구분 4.8용의 경우, [4]동 8.8용(시리즈 2)의 경우.

(c) 십자구멍붙이 둥근접시 작은나사 (단위 mm)

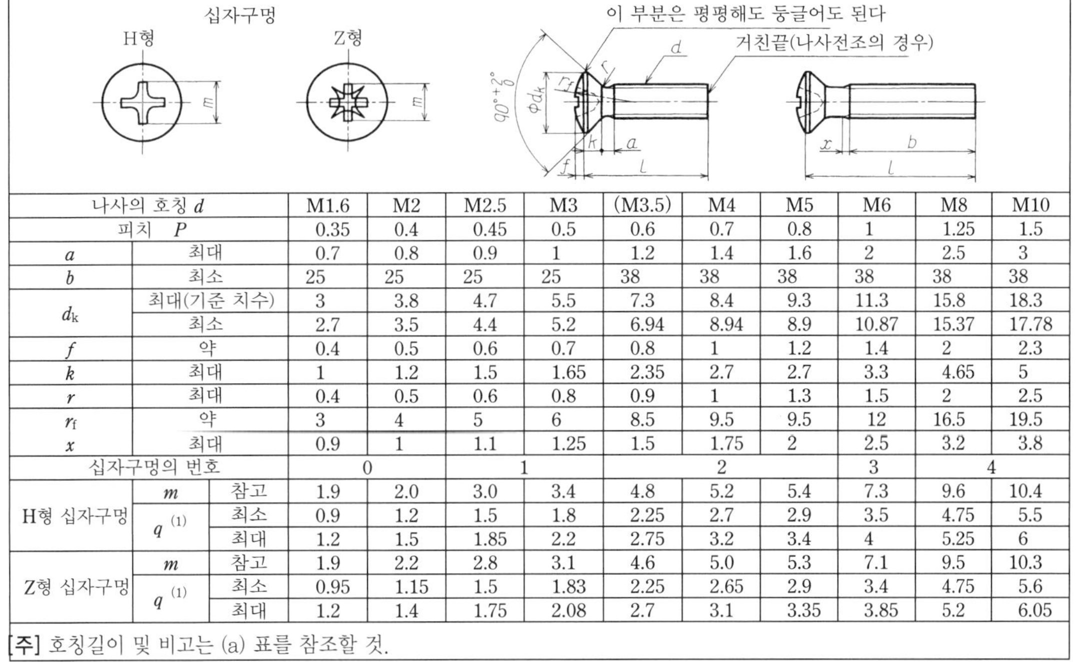

나사의 호칭 d			M1.6	M2	M2.5	M3	(M3.5)	M4	M5	M6	M8	M10
피치 P			0.35	0.4	0.45	0.5	0.6	0.7	0.8	1	1.25	1.5
a	최대		0.7	0.8	0.9	1	1.2	1.4	1.6	2	2.5	3
b	최소		25	25	25	25	38	38	38	38	38	38
d_k	최대(기준 치수)		3	3.8	4.7	5.5	7.3	8.4	9.3	11.3	15.8	18.3
	최소		2.7	3.5	4.4	5.2	6.94	8.94	8.9	10.87	15.37	17.78
f	약		0.4	0.5	0.6	0.7	0.8	1	1.2	1.4	2	2.3
k	최대		1	1.2	1.5	1.65	2.35	2.7	2.7	3.3	4.65	5
r	최대		0.4	0.5	0.6	0.8	0.9	1	1.3	1.5	2	2.5
r_f	약		3	4	5	6	8.5	9.5	9.5	12	16.5	19.5
x	최대		0.9	1	1.1	1.25	1.5	1.75	2	2.5	3.2	3.8
십자구멍의 번호			0		1		2			3	4	
H형 십자구멍	m	참고	1.9	2.0	3.0	3.4	4.8	5.2	5.4	7.3	9.6	10.4
	q[1]	최소	0.9	1.2	1.5	1.8	2.25	2.7	2.9	3.5	4.75	5.5
		최대	1.2	1.5	1.85	2.2	2.75	3.2	3.4	4	5.25	6
Z형 십자구멍	m	참고	1.9	2.2	2.8	3.1	4.6	5.0	5.3	7.1	9.5	10.3
	q[1]	최소	0.95	1.15	1.5	1.83	2.25	2.65	2.9	3.4	4.75	5.6
		최대	1.2	1.4	1.75	2.08	2.7	3.1	3.35	3.85	5.2	6.05

[주] 호칭길이 및 비고는 (a) 표를 참조할 것.

(d) 제품의 호칭 방법

8·53 표 (p.8-50) 참조

8장

8·51 표 ISO를 따르지 않는 홈붙이 작은나사 (JIS 1101 부록)

(단위 mm)

나사의 호칭 d	피치 P	n	냄비 작은나사						접시 작은나사				둥근접시 작은나사						트러스 작은나사				
형상			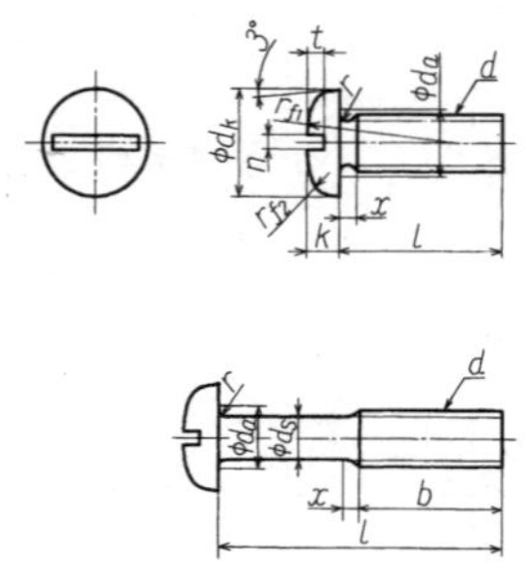						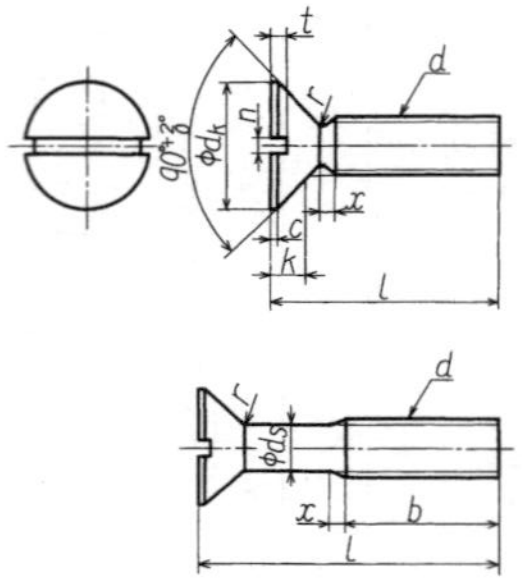				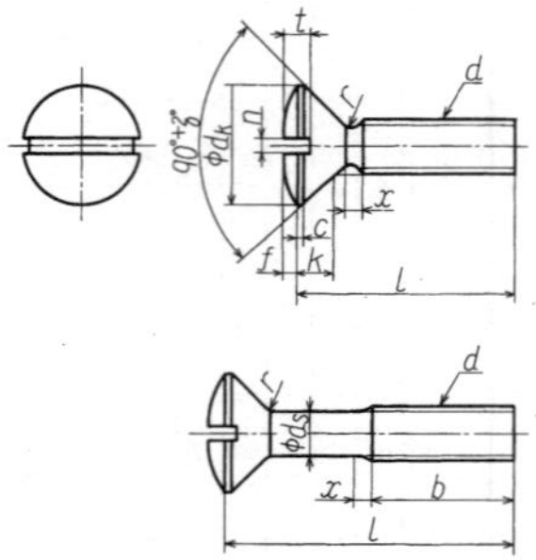						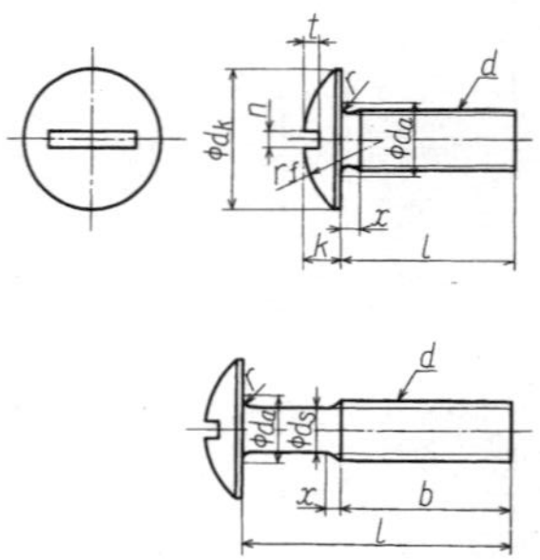				
			d_k	k	r_{f1} 약	r_{f2} 약	t	r 최소	d_k	k	c 약	t	d_k	k	c 약	f 약	$k+f$	t	d_k	k	r_f 약	t	r 최소
M 1	0.25	0.32	2	0.65	3	0.3	0.3	0.1	2	0.6	0.1	0.25	2	0.6	0.1	0.2	0.8	0.35	—	—	—	—	—
M 1.2	0.25	0.32	2.3	0.8	3.5	0.4	0.4	0.1	2.4	0.7	0.1	0.3	2.4	0.7	0.1	0.3	1	0.45	—	—	—	—	—
(M 1.4)	0.3	0.32	2.6	0.9	3.7	0.5	0.5	0.1	2.8	0.85	0.15	0.3	2.8	0.85	0.15	0.3	1.15	0.5	—	—	—	—	—
* M 1.6	0.35	0.4	3	1	4	0.5	0.55	0.1	3.2	0.95	0.15	0.35	3.2	0.95	0.15	0.35	1.3	0.55	—	—	—	—	—
** (M 1.7)	0.35	0.4	3.2	1.1	4.2	0.6	0.6	0.1	3.4	1	0.15	0.4	3.4	1	0.15	0.4	1.4	0.6	—	—	—	—	—
* M 2	0.4	0.6	3.5	1.3	4.5	0.7	0.7	0.1	4	1.2	0.2	0.5	4	1.2	0.2	0.4	1.6	0.7	4.5	1.2	3	0.6	0.1
(M 2.2)	0.45	0.6	4	1.5	5	0.8	0.8	0.1	4.4	1.3	0.2	0.5	4.4	1.3	0.2	0.5	1.8	0.8	5	1.3	3.2	0.65	0.1
** (M 2.3)	0.4	0.6	4	1.5	5	0.8	0.8	0.1	4.6	1.35	0.2	0.5	4.6	1.35	0.2	0.5	1.85	0.8	5.2	1.4	3.4	0.7	0.1
* M 2.5	0.45	0.8	4.5	1.7	6	0.9	0.9	0.1	5	1.45	0.2	0.6	5	1.45	0.2	0.55	2	0.9	5.7	1.5	3.7	0.75	0.1
** (M 2.6)	0.45	0.8	4.5	1.7	6	0.9	0.9	0.1	5.2	1.5	0.2	0.6	5.2	1.5	0.2	0.6	2.1	0.9	5.9	1.6	3.9	0.8	0.1
* M 3	0.5	0.8	5.5	2	7	1.1	1.1	0.1	6	1.75	0.25	0.7	6	1.75	0.25	0.7	2.45	1.1	6.9	1.9	4.6	0.95	0.1
* (M 3.5)	0.6	1	6	2.3	8	1.3	1.25	0.1	7	2	0.25	0.8	7	2	0.25	0.8	2.8	1.2	8.1	2.2	5.4	1.1	0.1
* M 4	0.7	1	7	2.6	9	1.5	1.4	0.2	8	2.3	0.3	0.9	8	2.3	0.3	0.9	3.2	1.4	9.4	2.5	6.1	1.25	0.2
(M 4.5)	0.75	1	8	2.9	11	1.7	1.6	0.2	9	2.55	0.3	1	9	2.55	0.3	1	3.55	1.5	10.6	2.8	6.9	1.4	0.2
* M 5	0.8	1.2	9	3.3	12	1.9	1.8	0.2	10	2.8	0.3	1.1	10	2.8	0.3	1.2	4	1.7	11.8	3.1	7.7	1.6	0.2
* M 6	1	1.2	10.5	3.9	14	2.3	2.1	0.25	12	3.4	0.4	1.4	12	3.4	0.4	1.4	4.8	2.1	14	3.7	9.1	1.9	0.25
* M 8	1.25	1.6	14	5.2	18	3	2.8	0.4	16	4.4	0.4	1.8	16	4.4	0.4	1.8	6.2	2.7	17.8	4.8	11.7	2.4	0.4

(다음 페이지에 계속)

나사의 호칭	피치	n	바인드 작은나사						둥근 작은나사						평 작은나사				둥근 평 작은나사					
형상																								
d	P		d_k	k 약	f	$k+f$	t	r 최소	d_k	k	r_1 약	r_2 약	t	r 최소	d_k	k	t	r 최소	d_k	k	f 약	$k+f$	t	r 최소
M 1	0.25	0.32	—	—	—	—	—	—	2	0.8	1.2	0.7	0.45	0.1	2	0.65	0.3	0.1	2	0.55	0.2	0.75	0.4	0.1
M 1.2	0.25	0.32	—	—	—	—	—	—	2.3	0.9	1.4	0.8	0.5	0.1	2.3	0.8	0.4	0.1	2.3	0.65	0.25	0.9	0.5	0.1
(M 1.4)	0.3	0.32	—	—	—	—	—	—	2.6	1	1.6	0.9	0.6	0.1	2.6	0.9	0.5	0.1	2.6	0.7	0.3	1	0.55	0.1
M 1.6	0.35	0.4	—	—	—	—	—	—	3	1.1	1.8	1	0.65	0.1	3	1	0.55	0.1	3	0.8	0.35	1.15	0.65	0.1
**(M 1.7)	0.35	0.4	—	—	—	—	—	—	3.2	1.2	1.9	1.1	0.7	0.1	3.2	1.1	0.6	0.1	3.2	0.85	0.4	1.25	0.7	0.1
M 2	0.4	0.6	4.3	0.85	0.35	1.2	0.65	0.1	3.5	1.3	2.1	1.2	0.8	0.1	3.5	1.3	0.7	0.1	3.5	1	0.45	1.45	0.8	0.1
(M 2.2)	0.45	0.6	4.7	0.9	0.4	1.3	0.7	0.1	4	1.5	2.4	1.3	0.9	0.1	4	1.5	0.8	0.1	4	1.15	0.5	1.65	0.9	0.1
**(M 2.3)	0.4	0.6	4.9	1	0.4	1.4	0.7	0.1	4	1.5	2.4	1.3	0.9	0.1	4	1.5	0.8	0.1	4	1.15	0.5	1.65	0.9	0.1
M 2.5	0.45	0.8	5.3	1	0.5	1.5	0.8	0.1	4.5	1.7	2.7	1.5	1	0.1	4.5	1.7	0.9	0.1	4.5	1.3	0.6	1.9	1	0.1
**(M 2.6)	0.45	0.8	5.5	1.1	0.5	1.6	0.85	0.1	4.5	1.7	2.7	1.5	1	0.1	4.5	1.7	0.9	0.1	4.5	1.3	0.6	1.9	1	0.1
M 3	0.5	0.8	6.3	1.3	0.6	1.9	1	0.1	5.5	2	3.3	1.8	1.2	0.1	5.5	2	1.1	0.1	5.5	1.5	0.7	2.2	1.2	0.1
(M 3.5)	0.6	1	7.3	1.5	0.7	2.2	1.15	0.1	6	2.3	3.6	2	1.4	0.1	6	2.3	1.25	0.1	6	1.75	0.8	2.55	1.4	0.1
M 4	0.7	1	8.3	1.7	0.8	2.5	1.3	0.2	7	2.6	4.2	2.3	1.6	0.2	7	2.6	1.4	0.2	7	1.9	1	2.9	1.55	0.2
(M 4.5)	0.75	1	9.3	1.9	0.9	2.8	1.5	0.2	8	3	4.8	2.7	1.9	0.2	8	2.9	1.6	0.2	8	2.1	1.1	3.2	1.7	0.2
M 5	0.8	1.2	10.3	2.1	1	3.1	1.7	0.2	9	3.4	5.4	3	2.1	0.2	9	3.3	1.8	0.2	9	2.4	1.2	3.6	1.9	0.2
M 6	1	1.2	12.4	2.4	1.3	3.7	2	0.25	10.5	4	6.3	3.5	2.5	0.25	10.5	3.9	2.1	0.25	10.5	2.8	1.5	4.3	2.3	0.25
M 8	1.25	1.6	16.4	3.1	1.7	4.8	2.8	0.4	14	5.4	8.4	4.6	3.3	0.4	14	5.2	2.8	0.4	14	3.7	2	5.7	3	0.4

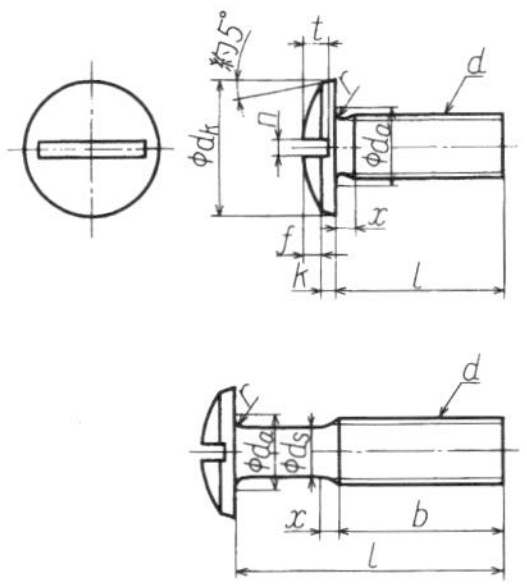

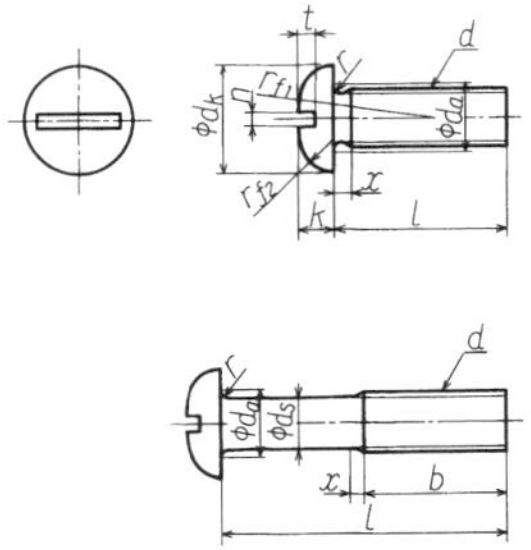

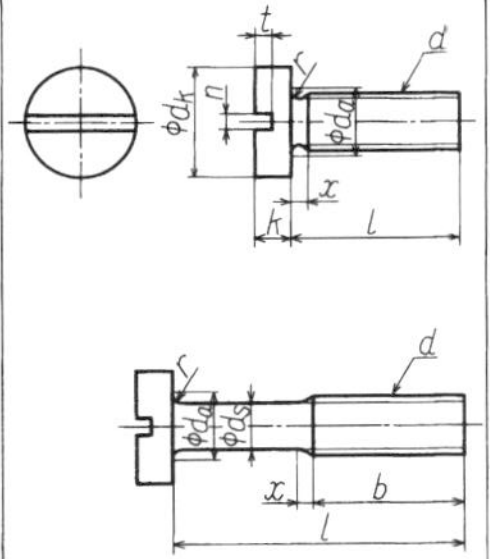

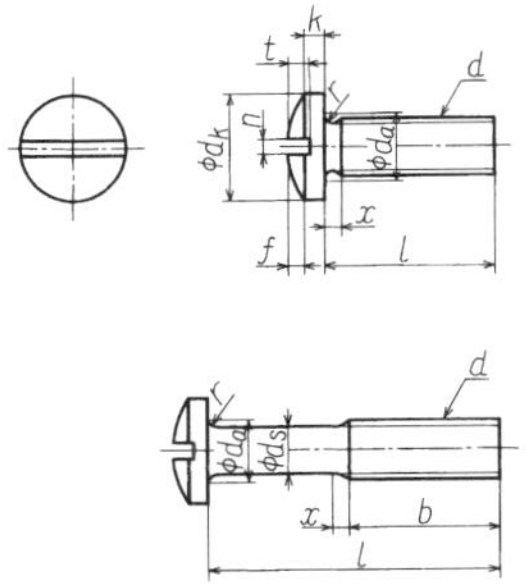

[주] * 냄비 작은나사, 접시 작은나사, 둥근접시 작은나사의 경우(강도 구분 8.8을 제외)는 국제성 확보를 위해 본체의 규격을 따르는 것이 좋다. **1996년 폐지.

8·52 표 ISO를 따르지 않는 홈붙이 작은나사의 l 및 b (JIS B 1101 부록) (단위 mm)

나사의 호칭	M 1	M1.2	M1.4	M1.6	M1.7	M 2	M2.2	M2.3	M2.5	M2.6	M 3	M3.5	M 4	M4.5	M 5	M 6	M 8
b	6	6	8	8	8	8	10	10	12	12	12	14	16	20	20	25	30
l	3* 4 5 6 8 10	3* 4 5 6 8 10 12	3* 4 5 6 8 10 12 14	3* 4* 5 6 8 10 12 14 16	4* 5 6 8 10 12 14 16 20	4* 5 6 8 10 12 14 16 20	4* 5* 6 8 10 12 14 16 20	5* 6 8 10 12 14 16 20 25 30	5* 6 8 10 12 14 16 20 25 30	5* 6 8 10 12 14 16 20 25 30	5* 6 8 10 12 14 16 20 25 30 35 40	5* 6* 8 10 12 14 16 20 25 30 35 40	6* 8 10 12 14 16 20 25 30 35 40 45 50	6* 8* 10 12 14 16 20 25 30 35 40 45 50	8* 10 12 14 16 20 25 30 35 40 45 50	8* 10* 12 14 16 20 25 30 35 40 45 50 55 60	10* 12* 14 16 20 25 30 35 40 45 50 55 60

[비고] l은 각 작은나사의 호칭에 대해 권장하는 길이를 나타낸 것으로, * 표시를 붙인 것은 접시 작은나사 및 둥근접시 작은나사에는 적용하지 않는다. 또한 길이 l은 필요에 따라 위의 표 이외의 것을 사용할 수 있다.

작은나사에서도 앞에서 말한 육각 볼트·너트의 경우와 마찬가지로, 1987년부터 ISO와의 정합이 도모되어 새롭게 규격이 탄생했다. 8·49 표, 8·50 표는 이들 규격을 나타낸 것이다.

그런데 기존의 규격에 의한 제품도 널리 사용되고 있기 때문에 급격하게 새로운 규격으로 전면 이행하는 것은 매우 곤란하다. 따라서 이 경우에도 규격 본체는 ISO에 기초하는 것을 규정, 기존의 것도 대부분 그대로의 형태로 부록으로 옮겨 'ISO에 기초하지 않는 작은나사'로서 남겨 두고, 또한 '장래에 폐지한다'로 해서 시기에 대해서도 언급하고 있지 않다.

8·51 표~8·55 표에 이들을 나타냈다.

8·53 표 십자구멍붙이 작은나사의 제품 호칭법 (JIS B 1111)

작은나사의 호칭법은 규격 번호(생략도 가능), 작은나사의 종류, 부품 등급, 나사의 호칭(d)×호칭길이(l), 기계적 성질의 강도 구분의 기호(스테인리스 작은나사의 경우는 성상 구분의 기호, 비철금속 작은나사의 경우는 재료 구분의 기호), 십자구멍의 종류(*1…시리즈 번호로 깊은 형) 및 지정 사항(필요에 따라)에 의한다.

[예] 강 작은나사의 경우	**JIS B 1111**	십자구멍붙이 냄비 작은나사 –	A –	M5×20 –	4.8 –	H –	A2K
비철금속 작은나사의 경우		십자구멍붙이 접시 작은나사 –	A –	M5×20 –	CU2 –	H1* –	평끝
스테인리스 작은나사의 경우		십자구멍붙이 둥근접시 작은나사 –	A –	M5×20 –	A2-70 –	Z	
	‖ 규격 번호	‖ 작은나사의 종류	‖ 부품 등급	‖ *d*×*l*	‖ 강도 구분 기호	‖ 십자구멍의 종류	‖ 지정 사항

8·54 표 ISO를 따르지 않는 십자구멍붙이 작은나사의 l 및 b (JIS B 1111 부록) (단위 mm)

나사의 호칭	M 2	M 2.2	M 2.3	M 2.5	M 2.6	M 3	M 3.5	M 4	M 4.5	M 5	M 6	M 8
b	8	10	10	12	12	12	14	16	20	20	25	30
l	4* 5 6 8 10 12 14 16 20	4* 5* 6 8 10 12 14 16 20	5* 6 8 10 12 14 16 20 25 30	5* 6 8 10 12 14 16 20 25 30	5* 6 8 10 12 14 16 20 25 30	5* 6 8 10 12 14 16 20 25 30 35 40	5* 6* 8 10 12 14 16 20 25 30 35 40	6* 8 10 12 14 16 20 25 30 35 40 45 50	6* 8* 10 12 14 16 20 25 30 35 40 45 50	8* 10 12 14 16 20 25 30 35 40 45 50	8* 10* 12 14 16 20 25 30 35 40 45 50 55 60	10* 12* 14 16 20 25 30 35 40 45 50 55 60

[비고] l은 각 작은나사의 호칭에 대해 권장하는 길이 l을 나타낸 것으로, * 표시를 붙인 것은 접시 작은나사 및 둥근접시 작은나사에는 적용하지 않는다. 또한 길이 l은 필요에 따라 위의 표 이외의 것을 사용할 수 있다.

8·55 표 ISO를 따르지 않는 십자구멍붙이 작은나사 (JIS B 1111 부록) (단위 mm)

형상

나사의 호칭 d	피치 P	냄비 작은나사							접시 작은나사					둥근접시 작은나사						
		십가구멍의 번호	d_k	k	r_{f1} 약	r_{f2} 약	m 최대	r 최소	십자구멍의 번호	d_k	k	c 약	m 최대	십사구멍의 번호	d_k	k	c 약	f 약	$k+f$	m 최대
*M 2	0.4	1	3.5	1.3	4.5	0.6	2.2	0.1	1	4	1.2	0.2	2.2	1	4	1.2	0.2	0.4	1.6	2.4
(M 2.2)	0.45	1	4	1.5	5	0.7	2.4	0.1	1	4.4	1.3	0.2	2.4	1	4.4	1.3	0.2	0.5	1.8	2.7
**(M 2.3)	0.4	1	4	1.5	5	0.7	2.4	0.1	1	4.6	1.35	0.2	2.4	1	4.6	1.35	0.2	0.5	1.85	2.7
*M 2.5	0.45	1	4.5	1.7	6	0.8	2.6	0.1	1	5	1.45	0.2	2.6	1	5	1.45	0.2	0.55	2	2.9
**(M 2.6)	0.45	1	4.5	1.7	6	0.8	2.6	0.1	1	5.2	1.5	0.2	2.6	1	5.2	1.5	0.2	0.6	2.1	2.9
*M 3	0.5	2	5.5	2	7	1.0	3.5	0.1	2	6	1.75	0.25	3.5	2	6	1.75	0.25	0.7	2.45	3.7
*(M 3.5)	0.6	2	6	2.3	8	1.1	3.8	0.1	2	7	2	0.25	4.0	2	7	2	0.25	0.8	2.8	4.2
*M 4	0.7	2	7	2.6	9	1.3	4.1	0.2	2	8	2.3	0.3	4.4	2	8	2.3	0.3	0.9	3.2	4.6
(M 4.5)	0.75	2	8	2.9	11	1.5	4.5	0.2	2	9	2.55	0.3	4.8	2	9	2.55	0.3	1	3.55	5.0
*M 5	0.8	2	9	3.3	12	1.6	4.8	0.2	2	10	2.8	0.3	5.0	2	10	2.8	0.3	1.2	4	5.2
*M 6	1	3	10.5	3.9	14	1.9	6.2	0.25	3	12	3.4	0.4	6.6	3	12	3.4	0.4	1.4	4.8	6.8
*M 8	1.25	3	14	5.2	18	2.6	7.7	0.4	3	16	4.4	0.4	8.3	3	16	4.4	0.4	1.8	6.2	8.5

형상

나사의 호칭 d	피치 P	트러스 작은나사						바인드 작은나사							둥근 작은나사						
		십자구멍의 번호	d_k	k	r_f 약	m 최대	r 약	십자구멍의 번호	d_k	k 약	f	$k+f$	m 최대	r 최소	십자구멍의 번호	d_k	k	r_{f1} 약	r_{f2} 약	m 최대	r 최소
M 2	0.4	1	4.5	1.2	3	2.2	0.1	1	4.3	0.85	0.35	1.2	2.2	0.1	1	3.5	1.3	2.1	1.2	2.1	0.1
(M 2.2)	0.45	1	5	1.3	3.2	2.3	0.1	1	4.7	0.9	0.4	1.3	2.3	0.1	1	4	1.5	2.4	1.3	2.3	0.1
**(M 2.3)	0.4	1	5.2	1.4	3.4	2.4	0.1	1	4.9	1	0.4	1.4	2.4	0.1	1	4	1.5	2.4	1.3	2.3	0.1
M 2.5	0.45	1	5.7	1.5	3.7	2.5	0.1	1	5.3	1	0.5	1.5	2.5	0.1	1	4.5	1.7	2.7	1.5	2.5	0.1
**(M 2.6)	0.45	1	5.9	1.6	3.9	2.6	0.1	1	5.5	1.1	0.5	1.6	2.6	0.1	1	4.5	1.7	2.7	1.5	2.5	0.1
M 3×0.5	0.5	1	6.9	1.9	4.6	2.9	0.1	2	6.3	1.3	0.6	1.9	3.6	0.1	2	5.5	2	3.3	1.8	3.4	0.1
(M 3.5)	0.6	2	8.1	2.2	5.4	3.9	0.1	2	7.3	1.5	0.7	2.2	3.9	0.1	2	6	2.3	3.6	2	3.7	0.1
M 4×0.7	0.7	2	9.4	2.5	6.1	4.2	0.2	2	8.3	1.7	0.8	2.5	4.2	0.2	2	7	2.6	4.2	2.3	4.0	0.2
(M 4.5)	0.75	2	10.6	2.8	6.9	4.6	0.2	2	9.3	1.9	0.9	2.8	4.6	0.2	2	8	3	4.8	2.7	4.4	0.2
M 5×0.8	0.8	2	11.8	3.1	7.7	4.9	0.2	2	10.3	2.1	1	3.1	4.9	0.2	2	9	3.4	5.4	3	4.7	0.2
M 6	1	3	14	3.7	9.1	6.2	0.25	3	12.4	2.4	1.3	3.7	6.2	0.25	3	10.5	4	6.3	3.5	6.1	0.25
M 8	1.25	3	17.8	4.8	11.7	7.7	0.4	3	16.4	3.1	1.7	4.8	7.7	0.4	3	14	5.4	8.4	4.6	7.6	0.4

[주] *, ** 8·51 표와 동일.

8장

(4) 나무나사, 태핑나사 나무나사는 8·15 그림에 나타냈듯이 끝이 송곳과 탭의 역할을 하고, 목재에 직접 비틀어 넣을 때 사용한다. 머리는 둥근, 둥근접시, 접시의 3종류가 있으며, 각각 홈붙이, 십자구멍붙이의 것이 있다. 8·56 표에 JIS에 의한 각종 나무나사의 각부 치수를 나타냈다.

8·56 표 홈붙이 나무나사 (JIS B 1135)

(a) 홈붙이 나무나사

(단위 mm)

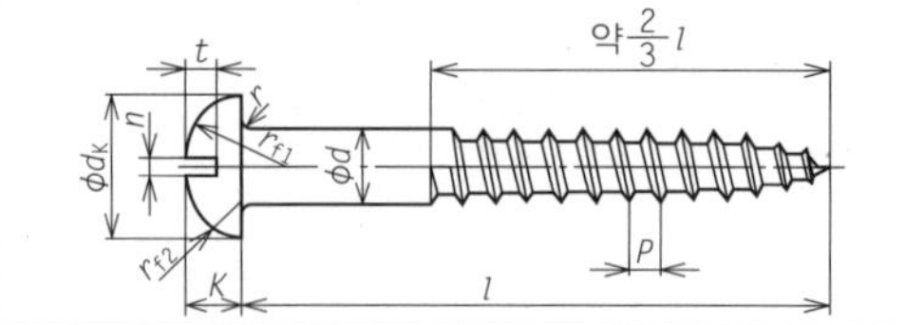

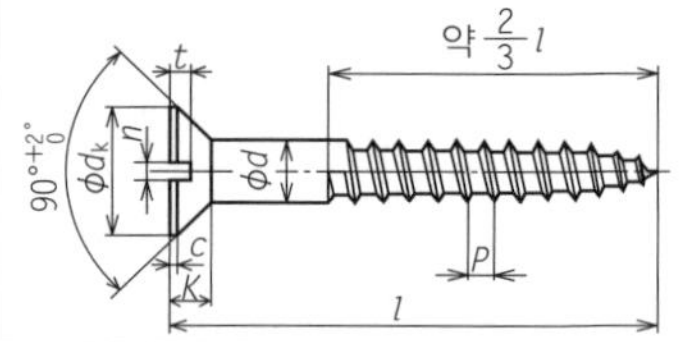

형상			홈붙이 둥근 나무나사							홈붙이 접시 나무나사				
호칭지름	d	P 약	d_K	K	r_{f1} 약	r_{f2} 약	n	t	r 최대	d_K	K	c 약	n	t
1.6	1.6	0.8	3	1.3	1.6	1.1	0.4	0.8	0.1	3.2	0.95	0.15	0.4	0.4
1.8	1.8	0.9	3.3	1.4	1.8	1.2	0.6	0.9		3.6	1.05	0.15	0.6	0.5
2.1	2.1	1	3.9	1.6	2.3	1.4	0.6	1		4.2	1.25	0.2	0.6	0.5
2.4	2.4	1.1	4.4	1.8	2.6	1.5	0.7	1.1		4.8	1.4	0.2	0.7	0.6
2.7	2.7	1.2	5	2	3	1.7	0.8	1.2	0.2	5.4	1.55	0.2	0.8	0.7
3.1	3.1	1.3	5.7	2.3	3.4	1.9	0.9	1.4		6.2	1.8	0.25	0.9	0.8
3.5	3.5	1.4	6.5	2.5	4	2.1	1	1.6		7	2	0.25	1	0.9
3.8	3.8	1.6	7	2.7	4.4	2.3	1	1.7		7.6	2.15	0.25	1	0.9
4.1	4.1	1.8	7.6	2.9	4.8	2.4	1.2	1.8	0.3	8.2	2.35	0.3	1.2	1
4.5	4.5	1.9	8.3	3.1	5.2	2.6	1.2	1.9		9	2.55	0.3	1.2	1.1
4.8	4.8	2.1	8.9	3.3	5.7	2.8	1.3	2		9.6	2.7	0.3	1.3	1.2
5.1	5.1	2.2	9.4	3.5	6	2.9	1.4	2.2		10.2	2.85	0.3	1.4	1.2
5.5	5.5	2.4	10.2	3.8	6.5	3.2	1.4	2.4		11	3.05	0.3	1.4	1.3
5.8	5.8	2.6	10.7	4	6.9	3.3	1.6	2.5		11.6	3.2	0.3	1.6	1.4
6.2	6.2	2.7	11.5	4.2	7.4	3.5	1.6	2.6		12.4	3.5	0.4	1.6	1.5
6.8	6.8	3.1	12.6	4.6	8.2	3.8	1.6	2.8		13.6	3.8	0.4	1.6	1.6
7.5	7.5	3.3	13.9	5	9.1	4.2	1.8	3.1	0.4	15	4.15	0.4	1.8	1.8
8	8	3.3	14.8	5.3	9.7	4.4	1.8	3.3		16	4.4	0.4	1.8	1.9
9.5	9.5	3.8	17.6	6.3	11.6	5.2	2	3.9		19	5.15	0.4	2	2.2

(b) 십자구멍붙이 나무나사 (JIS B 1112)

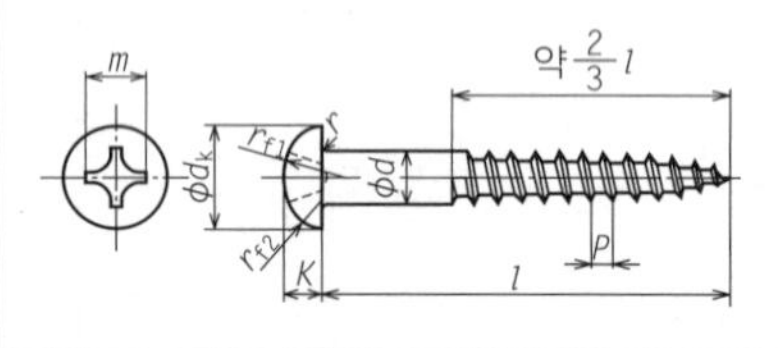

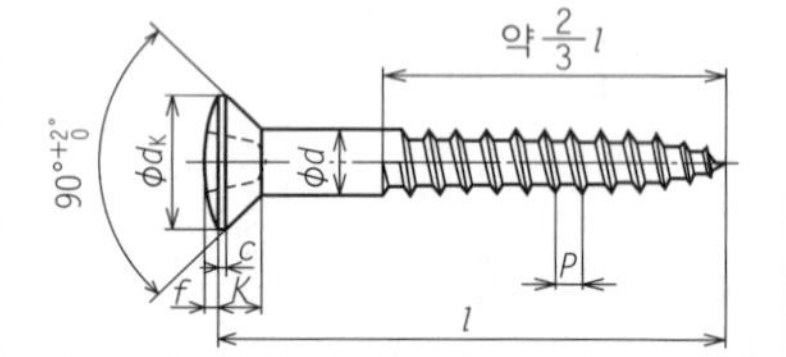

형상				십자구멍붙이 둥근 나무나사						십자구멍붙이 접시 나무나사					
호칭지름	십자구멍의 번호	d	P 약	ϕd_K	K	r_{f1} 약	r_{f2} 약	m 최대	r 최대	ϕd_K	k	c 약	f 약	$k+f$	m 최대
2.1	1	2.1	1	3.9	1.6	2.3	1.4	2.5	0.1	4.2	1.25	0.2	0.5	1.75	2.7
2.4		2.4	1.1	4.4	1.8	2.6	1.5	2.7		4.8	1.4	0.2	0.6	2	2.9
2.7		2.7	1.2	5	2	3	1.7	2.9	0.2	5.4	1.55	0.2	0.7	2.25	3.1
3.1	2	3.1	1.3	5.7	2.3	3.4	1.9	3.7		6.2	1.8	0.25	0.8	2.6	3.9
3.5		3.5	1.4	6.5	2.5	4	2.1	3.9		7	2	0.25	0.8	2.8	4.3
3.8		3.8	1.6	7	2.7	4.4	2.3	4.1		7.6	2.15	0.25	0.9	3.05	4.6
4.1		4.1	1.8	7.6	2.9	4.8	2.4	4.3	0.3	8.2	2.35	0.3	1	3.35	4.9
4.5		4.5	1.9	8.3	3.1	5.2	2.6	4.5		9	2.55	0.3	1.1	3.65	5.3
4.8		4.8	2.1	8.9	3.3	5.7	2.8	4.7		9.6	2.7	0.3	1.1	3.8	5.5
5.1	3	5.1	2.2	9.4	3.5	6	2.9	5.9		10.2	2.85	0.3	1.2	4.05	6.5
5.5		5.5	2.4	10.2	3.8	6.5	3.2	6.1		11	3.05	0.3	1.3	4.35	6.8
5.8		5.8	2.6	10.7	4	6.9	3.3	6.3		11.6	3.2	0.3	1.4	4.6	7.1
6.2		6.2	2.7	11.5	4.2	7.4	3.5	6.6		12.4	3.5	0.4	1.4	4.9	7.4
6.8		6.8	3.1	12.6	4.6	8.2	3.8	6.9		13.6	3.8	0.4	1.6	5.4	7.9
7.5	4	7.5	3.3	13.9	5	9.1	4.2	8.4	0.4	15	4.15	0.4	1.8	5.95	9.2
8		8	3.3	14.8	5.3	9.7	4.4	8.7		16	4.4	0.4	1.8	6.2	9.5
9.5		9.5	3.8	17.6	6.3	11.6	5.2	9.7		19	5.15	0.4	2.3	7.45	10.5

또한 8·57 표에 나무나사의 길이 l의 치수를 나타냈다. 그리고 JIS에서 규정하는 홈붙이 태핑나사를 8·58 표에 나타냈다. 이 나사는 기초구멍에 나사내기를 하지 않고 비틀어 넣어 사용한다. 즉 탭가공을 하면서 사용하므로 이 이름이 있다. 이 홈붙이 태핑나사에는 머리부의 형상에 따라 냄비, 접시, 둥근접시의 3종류가 있으며, 나사부의 형상으로 C형, F형이 있고 이들을 각각 조합한 것이 규정되어 있다. 또한 태핑나사는 이외에 십자구멍붙이 태핑나사(JIS B 1122), 육각 태핑나사(JISB 1123)도 규정되어 있다.

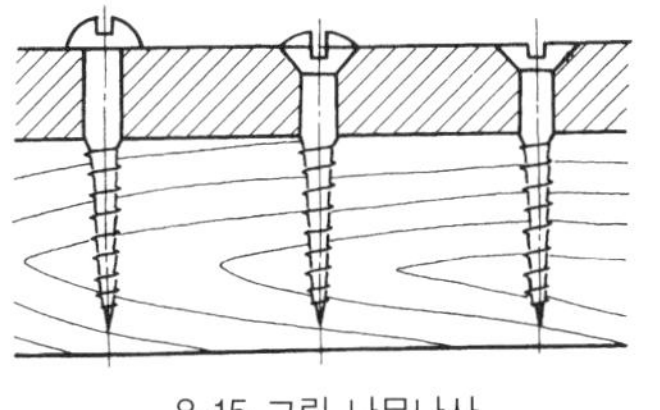
8·15 그림 나무나사

(5) 특수한 형태의 볼트, 너트 볼트, 너트는 그 사용 목적에 따라 여러 가지 형태의 것이 이용된다. 이하에서는 JIS에 규정된 몇 가지를 설명하다

(i) 육각구멍붙이 볼트 이것은 8·59 표에서 나타냈듯이 볼트 머리부를 스폿페이싱 구멍에 묻히

8·57 표 홈붙이 나무나사 및 십자구멍붙이 나무나사의 l (JIS B 1112, 1135)

(단위 mm)

호칭지름	1.6*	1.8*	2.1	2.4	2.7	3.1	3.5	3.8	4.1	4.5	4.8	5.1	5.5	5.8	6.2	6.8	7.5	8	9.5
길이 l	6.3 10	6.3 10 13	6.3 10 13	6.3 10 13 16 20	10 13 16 20	10 13 16 20 (22) 25	13 16 20 (22) 25 32 (38) 40	13 16 20 (22) 25 32 (38) 40	16 20 (22) 25 32 (38) 40 45 50	16 20 (22) 25 32 (38) 40 45 50 56 63	20 (22) 25 32 (38) 40 45 50 56 63 70	20 (22) 25 32 (38) 40 45 50 56 63 70	20 (22) 25 32 (38) 40 45 50 56 63 70 (75) 80	(22) 25 32 (38) 40 45 50 56 63 70 (75) 80	25 32 (38) 40 45 50 56 63 70 (75) 80	25 32 (38) 40 45 50 56 63 70 (75) 80 90 100	25 32 (38) 40 45 50 56 63 70 (75) 80 90 100	32 (38) 40 45 50 56 63 70 (75) 80 90 100	32 (38) 40 45 50 56 63 70 (75) 80 90 100

[비고] 1. 길이 l에 괄호를 붙인 것은 가급적 이용하지 않는다.
2. * 표시를 붙인 호칭지름의 것은 십자구멍붙이 나무나사에는 없다.

8·58 표 홈붙이 태핑나사 (JIS B 1115)

(단위 mm)

냄비 태핑나사 C형

이 부분은 평평해도 둥글어도 된다.

둥근접시 태핑나사 C형

위의 양 나사 F형

		나사의 호칭	ST2.2	ST2.9	ST3.5	ST4.2	ST4.8	ST5.5	ST6.3	ST8	ST9.5
	피치 P		0.8	1.1	1.3	1.4	1.6	1.8	1.8	2.1	2.1
냄비 태핑나사	a	최대	0.8	1.1	1.3	1.4	1.6	1.8	1.8	2.1	2.1
	d_a	최대	2.8	3.5	4.1	4.9	5.5	6.3	7.1	9.2	10.7
	d_k	최대	4	5.6	7	8	9.5	11	12	16	20
		최소	3.7	5.3	6.6	7.6	9.1	10.6	11.6	15.6	19.5
	k	최대	1.3	1.8	2.1	2.4	3	3.2	3.6	4.8	6
		최소	1.1	1.6	1.9	2.2	2.7	2.9	3.3	4.5	5.7
	n	호칭	0.5	0.8	1	1.2	1.2	1.6	1.6	2	2.5
		최소	0.56	0.86	1.06	1.26	1.26	1.66	1.66	2.06	2.56
	r	최소	0.1	0.1	0.1	0.2	0.2	0.25	0.25	0.4	0.4
	r_f	참고	0.6	0.8	1	1.2	1.5	1.6	1.8	2.4	3
	t	최소	0.5	0.7	0.8	1	1.2	1.3	1.4	1.9	2.4
	w	최소	0.5	0.7	0.8	0.9	1.2	1.3	1.4	1.9	2.4
	y (참고)	C형의 경우	2	2.6	3.2	3.7	4.3	5	6	7.5	8
		F형의 경우	1.6	2.1	2.5	2.8	3.2	3.6	3.6	4.2	4.2
둥근접시 태핑나사	d_k	최대	3.8	5.5	7.3	8.4	9.3	10.3	11.3	15.8	18.3
		최소	3.5	5.2	6.9	8	8.9	9.9	10.9	15.4	17.8
	f	약	0.5	0.7	0.8	1	1.2	1.3	1.4	2	2.3
	k	최대	1.1	1.7	2.35	2.6	2.8	3	3.15	4.65	5.25
	r	최대	0.8	1.2	1.4	1.6	2	2.2	2.4	3.2	4
	r_f	약	4	6	8.5	9.5	9.5	11	12	16.5	19.5
	t	최소	0.8	1.2	1.4	1.6	2	2.2	2.4	3.2	3.8
		최대	1	1.45	1.7	1.9	2.4	2.6	2.8	3.7	4.4

[주] 둥근접시 태핑나사에 없는 항목은 냄비 태핑나사와 동일. a, y는 불완전 나사부.

8장

도록 한 것으로, 머리부가 방해가 되어 곤란한 경우에 사용된다. 이 볼트는 머리부에 보통 널링이 실시되어 도중까지는 손가락으로 집어 설치하게 되어 있다.

KS B 1003

8·59 표 육각구멍붙이 볼트 (JIS B 1176)

(단위 mm)

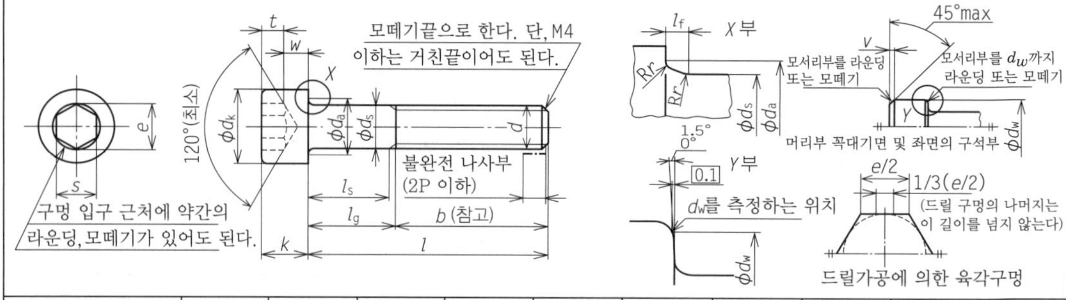

나사의 호칭 d		M1.6	M2	M2.5	M3	M4	M5	M6	M8	M10	M12
나사의 피치 P		0.35	0.4	0.45	0.5	0.7	0.8	1	1.25	1.5	1.75
b (1)	참고	15	16	17	18	20	22	24	28	32	36
d_k	최대 (2)	3.00	3.80	4.50	5.50	7.00	8.50	10.00	13.00	16.00	18.00
	최대 (3)	3.14	3.98	4.68	5.68	7.22	8.72	10.22	13.27	16.27	18.27
d_a	최대	2	2.6	3.1	3.6	4.7	5.7	6.8	9.2	11.2	13.7
d_s	최대	1.60	2.00	2.50	3.00	4.00	5.00	6.00	8.00	10.00	12.00
e (4)	최소	1.733	1.733	2.303	2.873	3.443	4.583	5.723	6.863	9.149	11.429
l_f	최대	0.34	0.51	0.51	0.51	0.6	0.6	0.68	1.02	1.02	1.45
k	최대	1.60	2.00	2.50	3.00	4.00	5.00	6.0	8.00	10.00	12.00
r	최소	0.1	0.1	0.1	0.1	0.2	0.2	0.25	0.4	0.4	0.6
s	호칭	1.5	1.5	2	2.5	3	4	5	6	8	10
	최대	1.58	1.58	2.08	2.58	3.08	4.095	5.14	6.14	8.175	10.175
t	최소	0.7	1	1.1	1.3	2	2.5	3	4	5	6
v	최대	0.16	0.2	0.25	0.3	0.4	0.5	0.6	0.8	1	1.2
d_w	최소	2.72	3.48	4.18	5.07	6.53	8.03	9.38	12.33	15.33	17.23
w	최소	0.55	0.55	0.85	1.15	1.4	1.9	2.3	3.3	4	4.8
호칭 길이 l (5)		2.5 ~ (16) 16	3 ~ (16) 20	4 ~ (20) 25	5 ~ (20) 30	6 ~ (25) 40	8 ~ (25) 50	10 ~ (30) 60	12 ~ (35) 80	16 ~ (40) 100	20 ~ (50) 120
나사의 호칭 d		(M14)	M16	M20	M24	M30	M36	M42	M48	M56	M64
나사의 피치 P		2	2	2.5	3	3.5	4	4.5	5	5.5	6
b (1)	참고	40	44	52	60	72	84	96	108	124	140
d_k	최대 (2)	21.00	24.00	30.00	36.00	45.00	54.00	63.00	72.00	84.00	96.00
	최대 (3)	21.33	24.33	30.33	36.39	45.39	54.46	63.46	72.46	84.54	96.54
d_a	최대	15.7	17.7	22.4	26.4	33.4	39.4	45.6	52.6	63	71
d_s	최대	14.00	16.00	20.00	24.00	30.00	36.00	42.00	48.00	56.00	64.00
e (4)	최소	13.716	15.996	19.437	21.734	25.154	30.854	36.571	41.131	46.831	52.531
l_f	최대	1.45	1.45	2.04	2.04	2.89	2.89	3.06	3.91	5.95	5.95
k	최대	14.00	16.00	20.00	24.00	30.00	36.00	42.00	48.00	56.00	64.00
r	최소	0.6	0.6	0.8	0.8	1	1	1.2	1.6	2	2
s	호칭	12	14	17	19	22	27	32	36	41	46
	최대	12.212	14.212	17.23	19.275	22.275	27.275	32.33	36.33	41.33	46.33
t	최소	7	8	10	12	15.5	19	24	28	34	38
v	최대	1.4	1.6	2	2.4	3	3.6	4.2	4.8	5.6	6.4
d_w	최소	20.17	23.17	28.87	34.81	43.61	52.54	61.34	70.34	82.26	94.26
w	최소	5.8	6.8	8.6	10.4	13.1	15.3	16.3	17.5	19	22
호칭 길이 l (5)		25 ~ (55) 140	25 ~ (60) 160	30 ~ (70) 200	40 ~ (80) 200	45 ~ (100) 200	55 ~ (110) 200	60 ~ (130) 300	70 ~ (150) 300	80 ~ (160) 300	90 ~ (180) 300

[주] 본 표는 보통 나사의 경우를 나타낸다(M14는 가급적 이용하지 않는다). 가는눈 나사($d \times P$)는 M8×1, M10×1, M12×1.5, M16×1.5, M20×1.5, M24×2, M30×2, M36×3, M42×3, M48×3, M56×4, M64×4가 정해지고, 이들의 치수는 보통 나사의 동일한 호칭(d)인 것과 같다(단, 호칭길이 l_{nom}으로, M10×1인 경우의 l=16mm는 없다).

(1) 호칭길이에서 ( ) 안의 수치를 넘는 것에 적용한다. 여기에서 $l_{g,max}=l_{nom}-b$, $l_{s,min}=l_{g,max}-5P$

(2) 널링이 없는 머리부에 적용한다. (3) 널링이 있는 머리부에 적용한다.

(4) $e_{min}=1.14s_{min}$

(5) 호칭길이에서 ( ) 안의 수치 이하인 것은 전나사의 경우로, u≦3P로 한다.

또한, 나사 호칭에 대해서 일반적으로 유통하고 있는 호칭길이는 표에 나타낸 범위에서 다음의 값에서 선택한다.

2.5, 3, 4, 5, 6, 8, 10, 12, 16, 20, 25, 30, 35, 40, 45, 50, 55, 60, 65, 70, 80, 90, 100, 110, 120, 130, 140, 150, 160, 180, 200, 220, 240, 260, 280, 300

(ii) **아이 볼트·너트** 무게 있는 기계 등을 끌어 올릴 때, 이들을 장착해 두고 밧줄을 통하기 쉽게 하는 것이다(8·60 표, 8·61 표).

(iii) **나비 볼트·너트** 나비형 부분을 손가락으로 집어 돌리기 때문에 스패너 등을 이용하지 않고 체결, 탈착을 할 수 있다(8·62 표~8·64 표).

(iv) **접시 볼트** 이것도 머리부가 나와 있어서는 곤란할 경우에 사용된다(8·65 표).

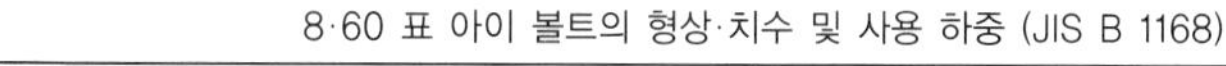

8·60 표 아이 볼트의 형상·치수 및 사용 하중 (JIS B 1168)

KS B 1033
(단위 mm)

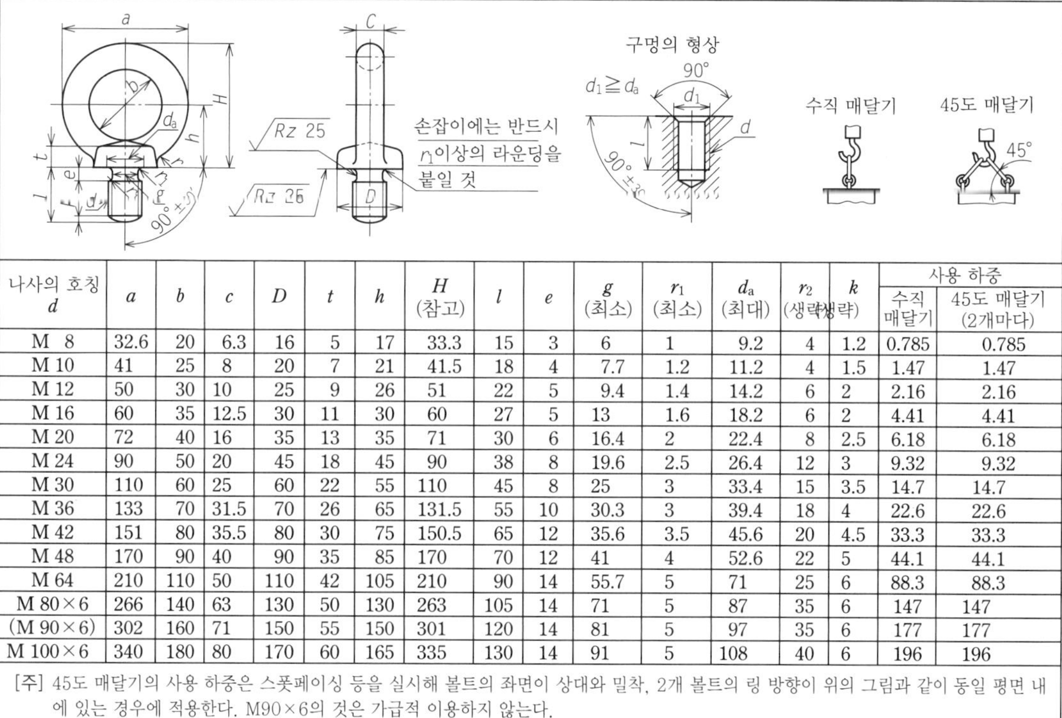

나사의 호칭 d	a	b	c	D	t	h	H (참고)	l	e	g (최소)	r_1 (최소)	d_a (최대)	r_2 (생략)	k (생략)	사용 하중 수직 매달기	사용 하중 45도 매달기 (2개마다)
M 8	32.6	20	6.3	16	5	17	33.3	15	3	6	1	9.2	4	1.2	0.785	0.785
M 10	41	25	8	20	7	21	41.5	18	4	7.7	1.2	11.2	4	1.5	1.47	1.47
M 12	50	30	10	25	9	26	51	22	5	9.4	1.4	14.2	6	2	2.16	2.16
M 16	60	35	12.5	30	11	30	60	27	5	13	1.6	18.2	6	2	4.41	4.41
M 20	72	40	16	35	13	35	71	30	6	16.4	2	22.4	8	2.5	6.18	6.18
M 24	90	50	20	45	18	45	90	38	8	19.6	2.5	26.4	12	3	9.32	9.32
M 30	110	60	25	60	22	55	110	45	8	25	3	33.4	15	3.5	14.7	14.7
M 36	133	70	31.5	70	26	65	131.5	55	10	30.3	3	39.4	18	4	22.6	22.6
M 42	151	80	35.5	80	30	75	150.5	65	12	35.6	3.5	45.6	20	4.5	33.3	33.3
M 48	170	90	40	90	35	85	170	70	12	41	4	52.6	22	5	44.1	44.1
M 64	210	110	50	110	42	105	210	90	14	55.7	5	71	25	6	88.3	88.3
M 80×6	266	140	63	130	50	130	263	105	14	71	5	87	35	6	147	147
(M 90×6)	302	160	71	150	55	150	301	120	14	81	5	97	35	6	177	177
M 100×6	340	180	80	170	60	165	335	130	14	91	5	108	40	6	196	196

[주] 45도 매달기의 사용 하중은 스폿페이싱 등을 실시해 볼트의 좌면이 상대와 밀착, 2개 볼트의 링 방향이 위의 그림과 같이 동일 평면 내에 있는 경우에 적용한다. M90×6의 것은 가급적 이용하지 않는다.

8·61 표 아이 너트의 형상·치수 및 사용 하중 (JIS B 1169)

KS B 1034
(단위 mm)

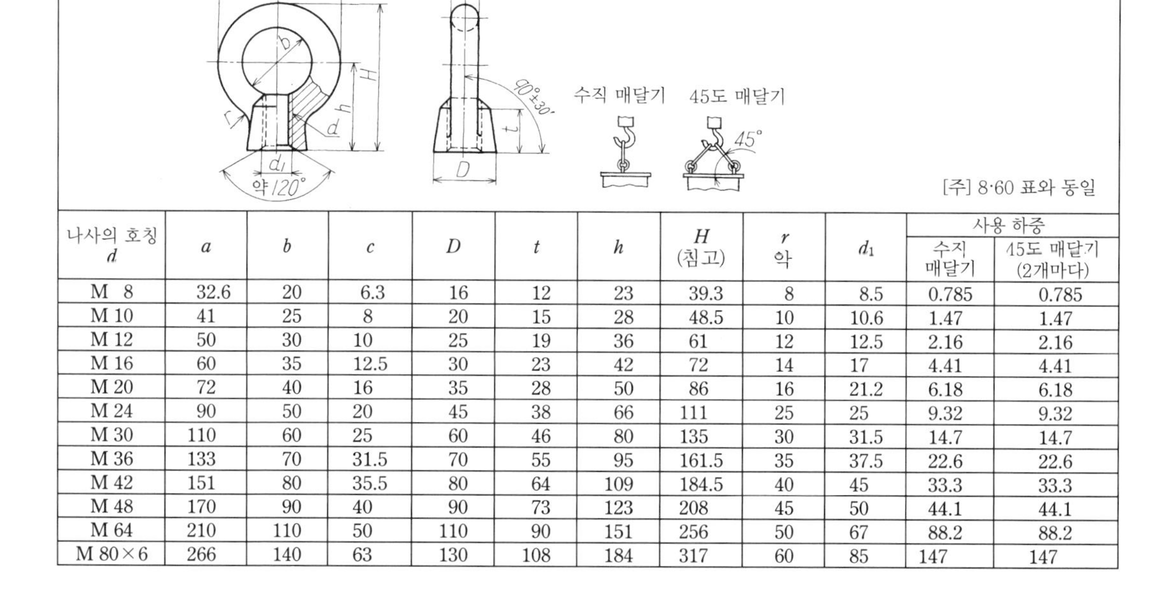

[주] 8·60 표와 동일

나사의 호칭 d	a	b	c	D	t	h	H (참고)	r 약	d_1	사용 하중 수직 매달기	사용 하중 45도 매달기 (2개마다)
M 8	32.6	20	6.3	16	12	23	39.3	8	8.5	0.785	0.785
M 10	41	25	8	20	15	28	48.5	10	10.6	1.47	1.47
M 12	50	30	10	25	19	36	61	12	12.5	2.16	2.16
M 16	60	35	12.5	30	23	42	72	14	17	4.41	4.41
M 20	72	40	16	35	28	50	86	16	21.2	6.18	6.18
M 24	90	50	20	45	38	66	111	25	25	9.32	9.32
M 30	110	60	25	60	46	80	135	30	31.5	14.7	14.7
M 36	133	70	31.5	70	55	95	161.5	35	37.5	22.6	22.6
M 42	151	80	35.5	80	64	109	184.5	40	45	33.3	33.3
M 48	170	90	40	90	73	123	208	45	50	44.1	44.1
M 64	210	110	50	110	90	151	256	50	67	88.2	88.2
M 80×6	266	140	63	130	108	184	317	60	85	147	147

KS B 1005

8·62 표 나비 볼트 (JIS B 1184) (단위 mm)

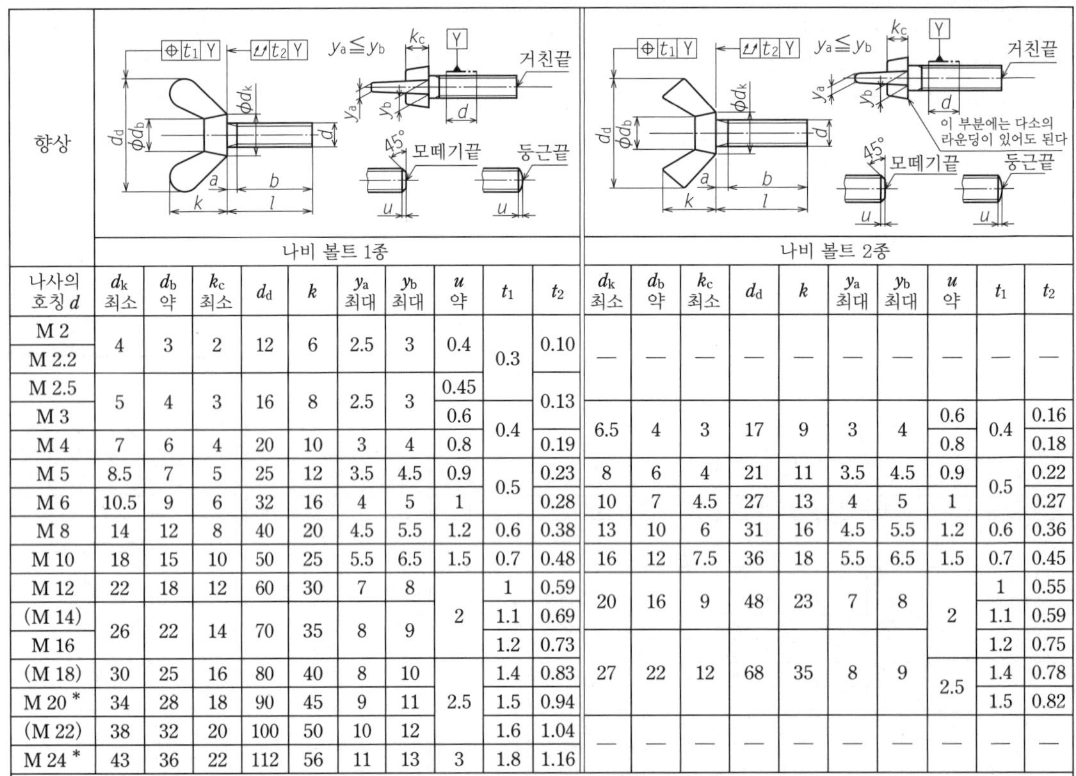

나사의 호칭 d	1종 d_k 최소	1종 d_b 약	1종 k_c 최소	1종 d_d	1종 k	1종 y_a 최대	1종 y_b 최대	1종 u 약	1종 t_1	1종 t_2	2종 d_k 최소	2종 d_b 약	2종 k_c 최소	2종 d_d	2종 k	2종 y_a 최대	2종 y_b 최대	2종 u 약	2종 t_1	2종 t_2
M 2	4	3	2	12	6	2.5	3	0.4	0.3	0.10	—	—	—	—	—	—	—	—	—	—
M 2.2																				
M 2.5	5	4	3	16	8	2.5	3	0.45		0.13										
M 3								0.6	0.4		6.5	4	3	17	9	3	4	0.6	0.4	0.16
M 4	7	6	4	20	10	3	4	0.8		0.19								0.8		0.18
M 5	8.5	7	5	25	12	3.5	4.5	0.9	0.5	0.23	8	6	4	21	11	3.5	4.5	0.9	0.5	0.22
M 6	10.5	9	6	32	16	4	5	1		0.28	10	7	4.5	27	13	4	5	1		0.27
M 8	14	12	8	40	20	4.5	5.5	1.2	0.6	0.38	13	10	6	31	16	4.5	5.5	1.2	0.6	0.36
M 10	18	15	10	50	25	5.5	6.5	1.5	0.7	0.48	16	12	7.5	36	18	5.5	6.5	1.5	0.7	0.45
M 12	22	18	12	60	30	7	8	2	1	0.59	20	16	9	48	23	7	8	2	1	0.55
(M 14)	26	22	14	70	35	8	9		1.1	0.69									1.1	0.59
M 16									1.2	0.73	27	22	12	68	35	8	9		1.2	0.75
(M 18)	30	25	16	80	40	8	10	2.5	1.4	0.83								2.5	1.4	0.78
M 20 *	34	28	18	90	45	9	11		1.5	0.94									1.5	0.82
(M 22)	38	32	20	100	50	10	12		1.6	1.04	—	—	—	—	—	—	—	—	—	—
M 24 *	43	36	22	112	56	11	13	3	1.8	1.16										

[비고] 나비 볼트 3종은 생략. 괄호 또는 * 표시를 붙인 것은 가급적 이용하지 않는다.

[제품의 호칭법] 볼트의 호칭법은 규격 번호 또는 규격 명칭, 종류, 등급, 나사의 호칭(d)×호칭길이(l), 보증 토크의 구분, 재료 및 지정 사항에 의한다.

[예]

JIS B 1184	1종(대형)	M 8×50	– A	SS 400	아연도금
‖	‖	‖	‖	‖	‖
규격 번호 또는 규격 명칭	종류	$d \times l$	보증 토크의 구분	재료	지정 사항

KS B 1005

8·63 표 나비 볼트의 l, b 및 a (JIS B 1184) (단위 mm)

나사의 호칭 d	M 2	M 2.2 (M 2.3)	M 2.5 (M2.6)	M 3	M 4	M 5	M 6	M 8	M 10	M 12	(M 14)	M 16	(M 18)	M 20	(M 22)	M 24
호칭 길이 l	5	5	5	5	6	8	8	12	14	(18)	20	(22)	25	30	30	35
	6	6	6	6	8	10	10	14	16	20	(22)	25	30	35	35	40
	8	8	8	8	10	12	12	16	(18)	(22)	25	30	35	40	40	45
	10	10	10	10	12	14	14	(18)	20	25	30	35	40	45	45	50
	12	12	12	12	14	16	16	20	(22)	30	35	40	45	50	50	55
	14	14	14	14	16	(18)	(18)	(22)	25	35	40	45	50	55	55	60
	16	16	16	16	(18)	20	20	25	30	40	45	50	55	60	60	65
	(18)	(18)	(18)	(18)	20	(22)	(22)	30	35	45	50	55	60	65	65	70
	20	20	20	20	(22)	25	25	35	40	50	55	60	65	70	70	80
	(22)	(22)	(22)	(22)	25	30	30	40	45	55	60	65	70	80	80	90
	25	25	25	25	30	35	35	45	50	60	65	70	80	90	90	100
	30	30	30	30	35	40	40	50	55	65	70	80	90	100	100	110
				35	40	45	45	55	60	70	80	90	100	110	110	120
				40		50	50	60	65	80	90	100	110	120	120	130
							55	65	70	90	100	110	120	130	130	140
							60	70	80	100	110	120	130	140	140	150
								80	90		120		140	150	150	
									100				150			

[비고] 1. 괄호를 붙인 l은 가급적 이용하지 않는다.
2. b는 나사부 길이로 지정이 없는 한 전나사로 하고, 이 경우의 불완전 나사부 길이(a)는 약 3산으로 한다.
3. 필요에 따라 이 표 이외의 l 및 b를 지정할 수 있다.

KS B 1014
(단위 mm)

8·64 표 나비 너트 (JIS B 1185)

형상: 나비 너트 1종, 나비 너트 2종 (약120°, $y_a \leqq y_b$)

나사의 호칭 d	나비 너트 1종									나비 너트 2종								
	d_k 최소	d_b 약	k_c 최소	d_d	k	y_a 최대	y_b 최대	t_1 최대	t_2 최대	d_k 최소	d_b 약	k_c 최소	d_d	k	y_a 최대	y_b 최대	t_1 최대	t_2 최대
M 2	4	3	2	12	6	2.5	3	0.3	0.11	—	—	—	—	—	—	—	—	—
M 2.2																		
M 2.5	5	4	3	16	8	2.5	3		0.13									
M 3								0.4		6.5	4	3	17	9	3	4	0.4	0.18
M 4	7	6	4	20	10	3	4		0.19									
M 5	8.5	7	5	25	12	3.5	4.5	0.5	0.23	8	6	4	21	11	3.5	4.5	0.5	0.22
M 6	10.5	9	6	32	16	4	5		0.29	10	7	4.5	27	13	4	5		0.27
M 8	14	12	8	40	20	4.5	5.5	0.6	0.39	13	10	6	31	16	4.5	5.5	0.6	0.36
M 10	18	15	10	50	25	5.5	6.5	0.7	0.50	16	12	7.5	36	18	5.5	6.5	0.7	0.44
M 12	22	18	12	60	30	7	8	1	0.61	20	16	9	48	23	7	8	1	0.55
(M 14)	26	22	14	70	35	8	9	1.1	0.72								1.1	
M 16								1.2		27	22	12	68	35	8	9	1.2	0.75
(M 18)	30	25	16	80	40	8	10	1.4	0.83								1.4	
M 20 *	34	28	18	90	45	9	11	1.5	0.94								1.5	
(M 22)	38	32	20	100	50	10	12	1.6	1.06	—	—	—	—	—	—	—	—	—
M 24 *	43	36	22	112	56	11	13	1.8	1.20									

[비고] 나비 너트 3종, 4종은 생략. 나사의 호칭에 괄호 또는 * 표시를 붙인 것은 가급적 이용하지 않는다.
[제품의 호칭법] 너트의 호칭법은 규격 번호 또는 규격 명칭, 종류, 나사의 호칭, 기타 지정 사항에 의한다.

[예]

JIS B 1185 나비 너트	1종(대형 3종 고형	M8 M5	-A	FCMW34-04 강판	아연도금
규격 번호 또는 규격 명칭	종류	d	보증 토크의 구분	재료	지정 사항

KS B 1017
(단위 mm)

8·65 표 접시 볼트(홈붙이 접시 볼트·상) (JIS B 1179)

(형상: 평끝, 둥근끝)

나사의 호칭 d		d_s	d_k	d'_k (참고)	k (최대)	c (약)	θ	n	t	z (약)	l
보통	가는눈										
M 10	M 10×1.25	10	20	21	5.5	0.5	$90°{}^{+2°}_{0}$	2	2.5	1.5	16 ～ (32) 100
M 12	M 12×1.25	12	24	25	6.5	0.5		2	2.5	2	18 ～ (40) 140
(M 14) *	(M 14×1.5)	14	27	28	7	0.5		3	3.5	2	20 ～ (45) 140
M 16	M 16×1.5	16	30	31	7.5	0.5		3	3.5	2	25 ～ (45) 140
(M 18) *	(M 18×1.5)	18	33	34	8	0.5		3	3.5	2.5	25 ～ (55) 200
M 20	M 20×1.5	20	36	37	8.5	0.5		4	4.5	2.5	28 ～ (55) 200
(M 22) *	(M 22×1.5)	22	36	37.2	13.2	1	$60°{}^{+2°}_{0}$	4	5	2.5	32 ～ (70) 200
M 24	M 24×2	24	39	40.2	14	1		4	5	3	35 ～ (75) 200
M 30	M 30×2	30	48	49.2	16.6	1		5	6	3.5	45 ～ (90) 240
M 36	M 36×3	36	57	58.2	19.2	1		6	7	4	50 ～ (105) 240

[비고] * 표시의 것은 가급적 사용하지 않는다. 또한 l의 치수는 상한, 하한만(상세한 것은 8·59 표 참조)을 나타냈는데, ( ) 안의 수치 이하인 것은 전나사이다.

KS B 1015

8·66 표 홈붙이 육각 너트 (JIS B 1170)

(단위 mm)

1종 2종 3종 4종

나사의 호칭 d		고형						저형						s	e	d_{w1}	d_e	n	d_{w2}	c	홈의 수	(참고)
보통	가는눈	형상의 구분		m	w	m_1 약		형상의 구분		m	w	m_1 약			약	약	약		최소	약		분할 핀의 치수
M4	—	1종 및 3종	—	5	3.2	—		—	—	—	—	—		7	8.1	6.8	—	1.2	—	—	6	1×12
(M4.5)	—	1종 및 3종	—	6	4	—		—	—	—	—	—		8	9.2	7.8	—	1.2	—	—	6	1×12
M5	—	1종 및 3종	—	6	4	—		—	—	—	—	—		8	9.2	7.8	—	1.4	7.2	0.4	6	1.2×12
M6	—	1종 및 3종	—	7.5	5	—		—	—	—	—	—		10	11.5	9.8	—	2	9.0	0.4	6	1.6×16
(M7)	—	1종 및 3종	—	8	5.5	—		—	—	—	—	—		11	12.7	10.8	—	2	10	0.4	6	1.6×16
M8	M 8×1	1종 및 3종	—	9.5	6.5	—		—	—	—	—	—		13	15	12.5	—	2.5	11.7	0.4	6	2×18
M10	M10×1.25	1종 및 3종	—	12	8	—		1종 및 3종	—	8	4.5	—		17	19.6	16.5	—	2.8	15.8	0.4	6	2.5×25
M12	M12×1.25	1종 및 3종	2종 및 4종	15	10	10		1종 및 3종	—	10	6	—		19	21.9	18	17	3.5	17.6	0.6	6	3.2×25
(M14)	(M14×1.5)	1종 및 3종	2종 및 4종	16	11	11		1종 및 3종	2종 및 4종	11	7	7		22	25.4	21	19	3.5	20.4	0.6	6	3.2×28
M16	M16×1.5	1종 및 3종	2종 및 4종	19	13	13		1종 및 3종	2종 및 4종	13	8	8		24	27.7	23	22	4.5	22.3	0.6	6	4×32
(M18)	(M18×1.5)	1종 및 3종	2종 및 4종	21	15	15		1종 및 3종	2종 및 4종	13	8	8		27	31.2	26	25	4.5	25.6	0.6	6	4×36
M20	M20×1.5	1종 및 3종	2종 및 4종	22	16	16		1종 및 3종	2종 및 4종	13	8	8		30	34.6	29	28	4.5	28.5	0.6	6	4×40
(M22)	(M22×1.5)	1종 및 3종	2종 및 4종	26	18	18		1종 및 3종	2종 및 4종	13	8	8		32	37	31	30	5.5	30.4	0.6	6	5×40
M24	M24×2	1종 및 3종	2종 및 4종	27	19	19		1종 및 3종	2종 및 4종	14	9	9		36	41.6	34	34	5.5	34.2	0.6	6	5×45
(M27)	(M27×2)	1종 및 3종	2종 및 4종	30	22	22		1종 및 3종	2종 및 4종	16	10	10		41	47.3	39	38	5.5	—	—	6	5×50
M30	M30×2	1종 및 3종	2종 및 4종	33	24	24		1종 및 3종	2종 및 4종	18	11	11		46	53.1	44	42	7	—	—	6	6.3×56
(M33)	(M33×2)	1종 및 3종	2종 및 4종	35	26	26		1종 및 3종	2종 및 4종	20	13	13		50	57.7	48	46	7	—	—	6	6.3×63
M36	M36×3	1종 및 3종	2종 및 4종	38	29	29		1종 및 3종	2종 및 4종	21	14	14		55	63.5	53	50	7	—	—	6	6.3×71
(M39)	(M39×3)	1종 및 3종	2종 및 4종	40	31	31		1종 및 3종	2종 및 4종	23	15	15		60	69.3	57	55	7	—	—	6	6.3×71
M42	—	—	2종 및 4종	46	34	34		—	2종 및 4종	25	16	16		65	75	62	58	9	—	—	8	8×71
(M45)	—	—	2종 및 4종	48	36	36		—	2종 및 4종	27	18	18		70	80.8	67	62	9	—	—	8	8×80
M48	—	—	2종 및 4종	50	38	38		—	2종 및 4종	29	20	20		75	86.5	72	65	9	—	—	8	8×80
(M52)	—	—	2종 및 4종	54	42	42		—	2종 및 4종	31	21	21		80	92.4	77	70	9	—	—	8	8×90
M56	—	—	2종 및 4종	57	45	45		—	2종 및 4종	34	23	23		85	98.1	82	75	9	—	—	8	8×90
(M60)	—	—	2종 및 4종	63	48	48		—	2종 및 4종	36	23	23		90	104	87	80	11	—	—	8	10×100
M64	—	—	2종 및 4종	66	51	51		—	2종 및 4종	38	25	25		95	110	92	85	11	—	—	8	10×100
(M68)	—	—	2종 및 4종	69	54	54		—	2종 및 4종	40	27	27		100	115	97	90	11	—	—	8	10×112
—	M72×6	—	2종 및 4종	73	58	58		—	2종 및 4종	42	28	28		105	121	102	95	11	—	—	10	10×125
—	(M76×6)	—	2종 및 4종	76	61	61		—	2종 및 4종	46	32	32		110	127	107	100	11	—	—	10	10×125
—	M80×6	—	2종 및 4종	79	64	64		—	2종 및 4종	48	34	34		115	133	112	105	11	—	—	10	10×140
—	(M85×6)	—	2종 및 4종	88	68	68		—	2종 및 4종	50	34	34		120	139	116	110	14	—	—	10	13×140
—	M90×6	—	2종 및 4종	92	72	72		—	2종 및 4종	54	38	38		130	150	126	120	14	—	—	10	13×140
—	(M95×6)	—	2종 및 4종	96	76	76		—	2종 및 4종	57	41	41		135	156	131	125	14	—	—	10	13×160
—	M100×6	—	2종 및 4종	100	80	80		—	2종 및 4종	60	44	44		145	167	141	135	14	—	—	10	13×160

[비고] 나사의 호칭에 괄호를 붙인 것은 가급적 이용하지 않는다.

[제품의 호칭법] 너트의 호칭법은 규격 번호, 종류, 형상의 구별, 형식, 다듬질 정도, 나사의 호칭, 나사의 등급, 기계적 성질의 강도 구분, 재료 및 지정 사항에 의한다. 단, 호칭지름 39mm 이하의 강 너트의 고형은 재료를, 또한 스테인리스 너트, 저형의 강 너트 및 호칭지름 42mm 이상의 고형 강 너트는 강도 구분은 제외한다.

[예]

JIS B 1170	홈붙이 육각 너트	2종	고형	상	M16	— 6H	— 5	
	소형 홈붙이 육각 너트	1종	저형	상	M 8	— 2		SUS 305
‖	‖	‖	‖	‖	‖	‖	‖	‖
(규격 번호)	(종류)	(형상의 구별)	(형식)	(다듬질 정도)	(나사의 호칭)	(나사의 등급)	(강도 구분)	(재료)

8·67 표 소형 홈붙이 육각 너트 (JIS B 1170)

나사의 호칭 d 보통	나사의 호칭 d 가는눈	고형 형상의 구분		고형 m	고형 w	고형 m_1 약	저형 형상의 구분		저형 m	저형 w	저형 m_1 약	s	e 약	d_{w1} 약	d_e 약	n	d_{w2} 최소	c 약	홈의 수	(참고) 분할 핀의 치수
M8	M8×1	1종 및 3종	—	9.5	6.5	—	1종 및 3종	—	8	4.5	—	12	13.9	11.5	—	2.5	10.8	0.4	6	2×18
M10	M10×1.25		—	12	8	—		—	8	4.5	—	14	16.2	13.5	—	2.8	12.6		6	2.5×20
M12	M12×1.25		2종 및 4종	15	10	10		—	10	6	—	17	19.6	16.5	16	3.5	15.8	0.6	6	3.2×25
(M14)	(M14×1.5)			16	11	11		2종 및 4종	11	7	7	19	21.9	18	17	3.5	17.6		6	3.2×25
M16	M16×1.5			19	13	13			13	8	8	22	25.4	21	19	4.5	20.4		6	4×28
(M18)	(M18×1.5)			21	15	15			13	8	8	24	27.7	23	22	4.5	22.3		6	4×32
M20	M20×1.5			22	16	16			13	8	8	27	31.2	26	25	4.5	25.6		6	4×36
(M22)	(M22×1.5)			26	18	18			13	8	8	30	34.6	29	28	5.5	28.5		6	5×40
M24	M24×2			27	19	19			14	9	9	32	37	31	30	5.5	30.4		6	5×45

[주] 그림, 비고 및 제품의 호칭법은 8·66 표와 동일.

(v) **홈붙이 육각 너트** 사용 중 너트가 느슨해지지 않도록 너트에 홈을 설치하고 이것에 분할 핀을 꽂아 고정하도록 한 것으로, 8·66 표, 8·67 표에 이 너트의 규격을 나타냈다.

(vi) **T 홈 볼트, 너트** 공작기계의 테이블에 공작물을 설치하는 경우 등에 테이블의 T 홈에 이 볼트나 너트의 머리부를 꽂아서 사용한다. 8·68 표, 8·69 표에 그 JIS 규격을 나타냈다.

(vii) **와셔 삽입 육각 볼트** 최근에는 볼트나 작은나사의 나사부는 대부분 전조가공을 하기 때문에 미리 필요한 와셔를 끼워 넣고 그 뒤에 나사 전조를 하면, 나사산의 상승 때문에 와셔가 탈락하지 않고 하나하나 와셔를 끼워서 체결하는 수고도 없어진다. JIS에서는 와셔 삽입 육각 볼트 (JIS B1187), 와셔 삽입 십자구멍붙이 작은나사 (JIS B1188) 등을 규정하고 있다.

8·68 표 T 홈 볼트 (JIS B 1166) **KS B 1038(폐지)**

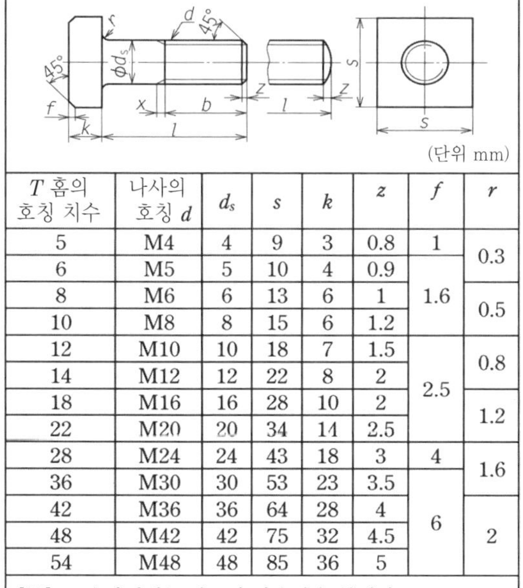

(단위 mm)

T 홈의 호칭 치수	나사의 호칭 d	d_s	s	k	z	f	r
5	M4	4	9	3	0.8	1	0.3
6	M5	5	10	4	0.9	1.6	
8	M6	6	13	6	1		0.5
10	M8	8	15	6	1.2		
12	M10	10	18	7	1.5	2.5	0.8
14	M12	12	22	8	2		
18	M16	16	28	10	2		1.2
22	M20	20	34	14	2.5		
28	M24	24	43	18	3	4	1.6
36	M30	30	53	23	3.5	6	
42	M36	36	64	28	4		2
48	M42	42	75	32	4.5		
54	M48	48	85	36	5		

[주] 1. 손잡이에는 반드시 라운딩을 붙인다.
2. 호칭길이(l), 나사부길이(b) 및 불완전 나사부의 길이(x)는 8·70 표에 의한다.
3. 머리부의 모서리부에는 약 0.1mm의 모떼기를 실시한다.

8·69 표 T 홈 너트 (JIS B 1167) **KS B 1039**

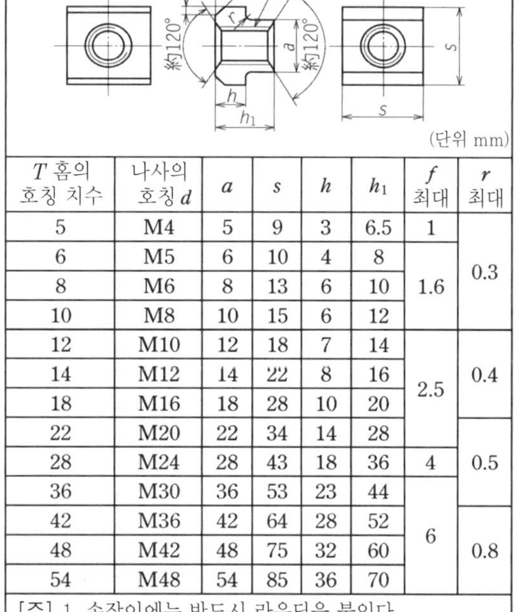

(단위 mm)

T 홈의 호칭 치수	나사의 호칭 d	a	s	h	h_1	f 최대	r 최대
5	M4	5	9	3	6.5	1	0.3
6	M5	6	10	4	8	1.6	
8	M6	8	13	6	10		
10	M8	10	15	6	12		
12	M10	12	18	7	14	2.5	0.4
14	M12	14	22	8	16		
18	M16	18	28	10	20		
22	M20	22	34	14	28		0.5
28	M24	28	43	18	36	4	
36	M30	36	53	23	44	6	
42	M36	42	64	28	52		0.8
48	M42	48	75	32	60		
54	M48	54	85	36	70		

[주] 1. 손잡이에는 반드시 라운딩을 붙인다.
2. 너트의 모서리부에는 약 0.1mm의 모떼기를 실시한다.

8·70 표 T 홈 볼트의 l과 s (JIS B 1166) (단위 mm)

나사의 호칭		M 4	M 5	M 6	M 8	M10	M12	(M14)	M16	(M18)	M20	(M22)	M24	(M27)	M30	M36	M42	M48
		나사부길이 (b)																
호칭길이 l	20	10	10															
	25	15	15	15	15	15												
	32	15	15	15	20	20	20	20										
	40	18	18	18	25	25	25	25										
	50	18	18	18	25	25	25	25	25	25	25							
	65			20	25	30	30	30	30	30	30	30	30					
	80				30	30	30	30	30	30	40	40	40					
	100					40	40	40	40	40	40	50	50	60	60			
	125						45	45	50	50	50	50	50	60	60	70	80	
	160						60	60	60	60	60	70	70	70	70	70	80	90
	200							80	80	80	80	80	80	80	80	80	80	100
	250								100	100	100	100	100	100	100	100	100	100
	320										125	125	125	125	125	125	125	125
	400										160	160	160	160	160	160	160	160
	500											200	200	200	200	200	200	200

[주] 불완전 나사부의 길이(x)는 약 2산으로 한다.

8·16 그림은 와셔 삽입 육각 볼트의 1예를 나타낸 것이다.

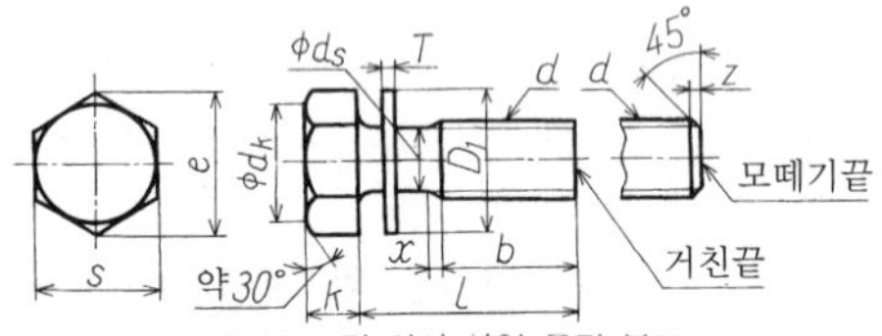

8·16 그림 와셔 삽입 육각 볼트

(viii) **플랜지붙이 육각 볼트, 너트** 볼트나 너트의 육각부를 스웨이징 단조(6장 참조)로 성형하는 경우, 와셔 부분도 함께 성형해 만든 것으로, JIS에서는 M5~M16 크기의 것을 규정하고 있다(JIS B 1189, 1190). 8·17 그림, 8·18 그림은 이들의 1예를 나타낸 것이다.

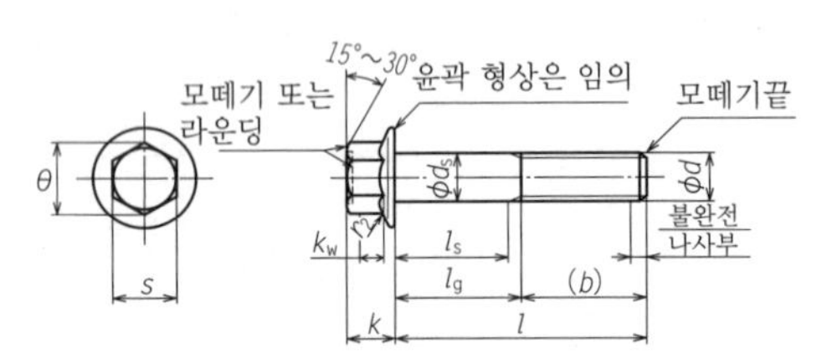

8·17 그림 플랜지붙이 육각 볼트
(호칭지름 볼트 ; 표준형)

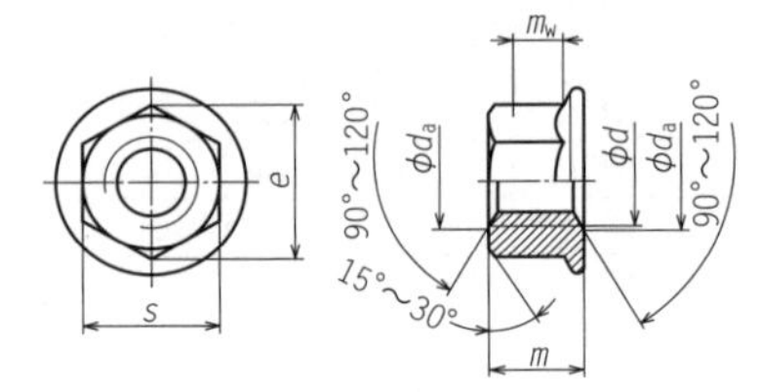

8·18 그림 플랜지붙이 육각 너트

(ix) **기초 볼트** 기계 등의 주체를 고정하는 경우, 끼워 넣는 볼트의 한 끝단을 여러 가지 형태로 가공해 콘크리트 기초 속에 영구적으로 고정할 때에 이용한다. 형상은 사용 장소에 따라 여러 가지 것이 이용된다.

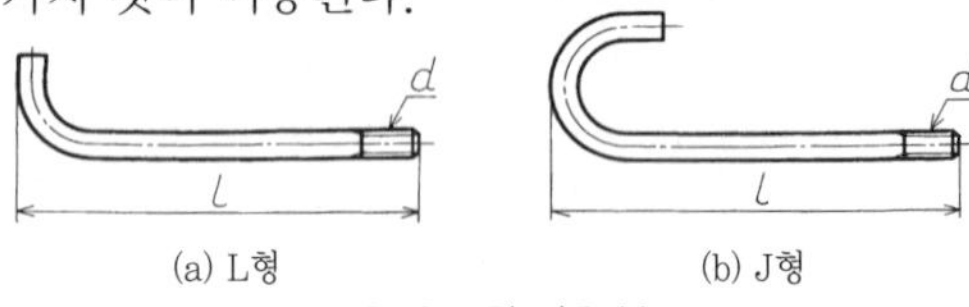

(a) L형 (b) J형

8·19 그림 기초 볼트

(X) **둥근 너트** 이것은 외형이 둥근 형태로, 외주에 홈을 새긴 것 혹은 상면 또는 외주에 2~4개의 구멍을 뚫은 것이 있다.

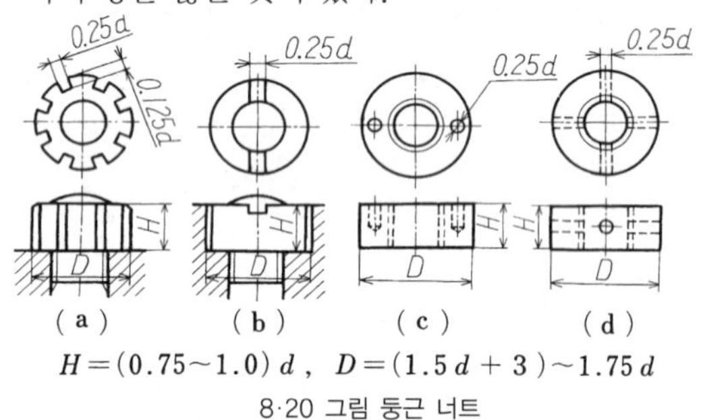

$H=(0.75\sim1.0)d$, $D=(1.5d+3)\sim1.75d$

8·20 그림 둥근 너트

5. 체결용 부품의 공차

앞에서 말했듯이 나사 부품은 제조 시에 당연히 공차가 설정된다. 8·71 표는 JIS에서 제정하고 있는 일반용 미터나사를 가진 볼트, 나사, 스터드 볼트 및 너트의 공차를 나타낸 것으로, 부품을 그 정도와 조도에 따라 A, B 및 C의 3부품 등급으로 나눠 각각에 대해 공차를 규정하고 있다. 여기서 부품 등급은 제품의 품질 수준에 관계하는 동시에 공차의 크기에도 관계하고, 부품 등급 A는 B보다, B는 C보다 대체로 엄격하게 되어 있다. 정교기기용 나사부품에 적용하는 F급에 대해서는 규정에서 삭제됐다. 또한 이 책에서는 태핑나사의 공차에 대해서는 생략했다.

8·71 표 체결용 부품의 공차 (JIS B 1021)

(a) 볼트, 나사 및 스터드 볼트의 치수공차

1. 공차의 수준

항목 및 형체	부품 등급에 대한 공차		
	A	B	C
축부 및 좌면	정밀(close)	정밀(close)	정밀(wide)
그 이외의 형체	정밀(close)	거칠음(wide)	거칠음(wide)

2. 수나사

항목 및 형체	부품 등급에 대한 공차		
	A	B	C
	6g	6g	8g 강도 구분 8.8 이상에 대해서는 6g으로 한다.

[요점] 특정 부품 및 피막을 실시하는 부품의 나사산에 대해서는 다른 공차역 클래스를 각각의 부품 규격으로 규정하는 경우가 있다.

3. 체결부의 형체

(1) 외측 형체

항목 및 형체	부품 등급에 대한 공차		
	A	B	C
① 2면폭	허용차		
	$s \leqq 30$ ··· h13 $s > 30$ ··· h14	$s \leqq 18$ ··· h14 $18 < s \leqq 60$ ··· h15 $60 < s \leqq 180$ ··· h16 $s > 180$ ··· h17	

육각 볼트 사각 볼트

항목 및 형체		부품 등급에 대한 공차 (A, B, C)
② 대각 거리	육각 볼트	$e_{min} = 1.13s_{min}$ 단, 플랜지붙이 볼트 및 나사, 및 트리밍을 하지 않은 냉간가공에 의한 것의 머리부에는 다음의 값을 적용한다. $e_{min} = 1.12s_{min}$
	사각 볼트	$e_{min} = 1.3s_{min}$

육각 볼트 사각 볼트

항목 및 형체	부품 등급에 대한 공차		
	A	B	C
③ 머리부의 높이	js 14	js 15	허용차 $k < 10$ ··· js 16 $k \geqq 10$ ··· js 17

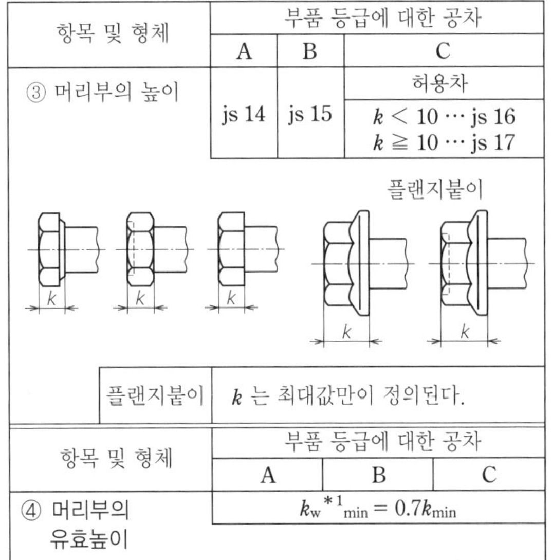

플랜지붙이	k 는 최대값만이 정의된다.

항목 및 형체	부품 등급에 대한 공차 (A, B, C)
④ 머리부의 유효높이	$k_{w}{}^{*1}{}_{min} = 0.7k_{min}$

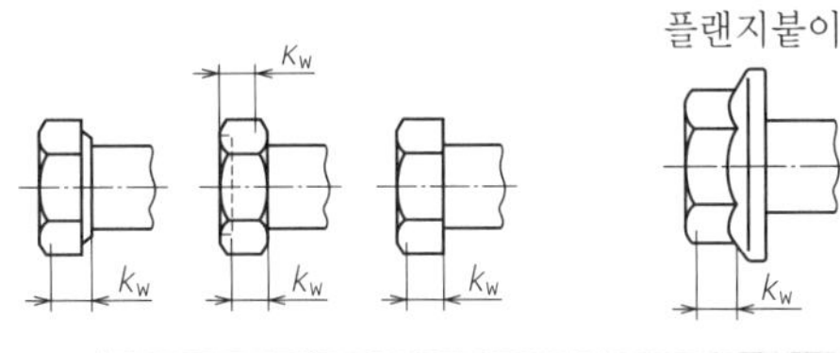

플랜지붙이:

$$k_{w\,min}{}^{*2} = 0.7\left[(k_{max} - \mathrm{IT15}) - \left(x + \frac{d_{w\,min} - e_{min}}{2}\tan\delta_{max}\right)\right]$$

x는 $c_{min} \times 1.25$ 또는 $c_{min} + 0.4$ 중 큰 쪽, δ는 플랜지 상면의 각도로 한다.

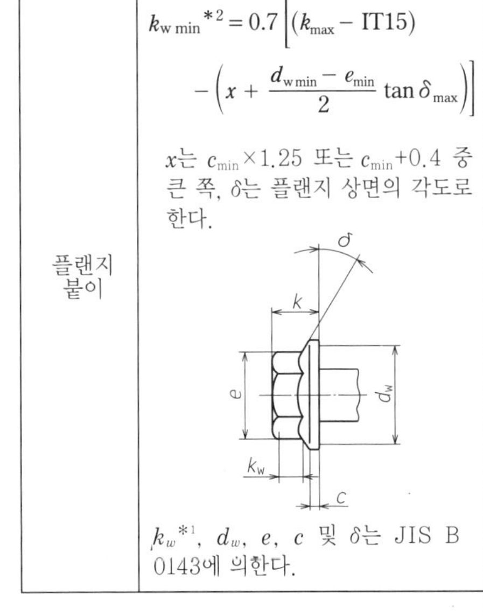

$k_w{}^{*1}$, d_w, e, c 및 δ는 JIS B 0143에 의한다.

[요점] • k_w는 e_{min}을 만족시키는 범위의 높이로, 해당하는 부품 규격으로 규정되는 모떼기부, 좌면부 또는 라운딩 부분을 제외한 것으로 한다.
• k_{wmin}의 식은 그림에 나타낸 부품에만 적용한다.

[주] *1 기호 k_w를 이전에 이용하고 있던 k' 대신에 이용한다.
*2 게이지 검사에 관해서는 부품 규격의 부록 A를 참조한다.

(오른쪽 단에 계속)

(다음 페이지에 계속)

(2) 내측 형체

항목 및 형체	부품 등급에 대한 공차
	A
① 육각구멍	$e_{min} = 1.14s_{min}$

s	허용차	s	허용차	s	허용차
0.7	EF8	2.5	D11	8	E12
0.9	JS9	3		10	
1.3	K9	4	E11	12	
1.5	D11	5	E12	14	
2		6		> 14	D12

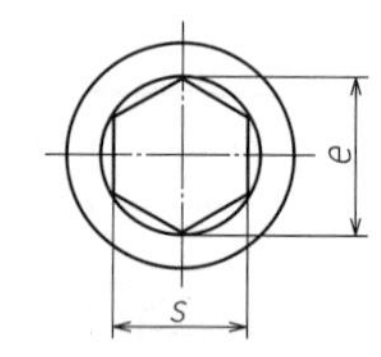

항목 및 형체	부품 등급에 대한 공차					
	A					
② 홈	n	허용차	n	허용차	n	허용차
	≦ 1	+0.20 +0.06	1 >, ≦ 3	+0.31 +0.06	3 >, ≦ 6	+0.37 +0.07

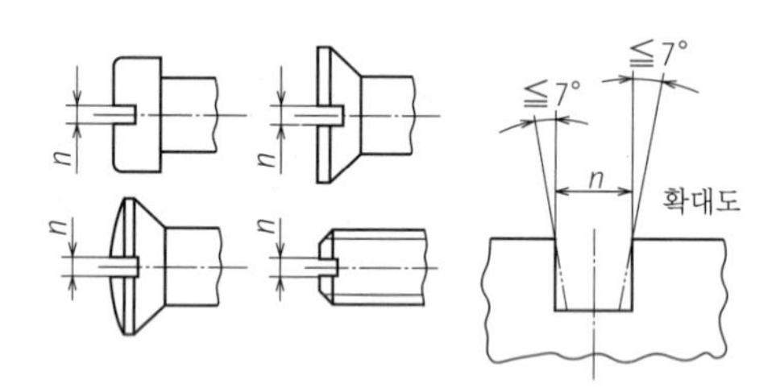

[요점] 공차역은 다음에 의한다.
$n≦1$에 대해서 C13
$n>1$에 대해서 C14

항목 및 형체	부품 등급에 대한 공차
	A
③ 육각구멍 및 홈의 깊이	육각구멍 및 일자 홈의 깊이는 최소값만이 부품 규격으로 규정되어 있다. 이것은 최소의 벽 두께 W에 의해 제한된다.

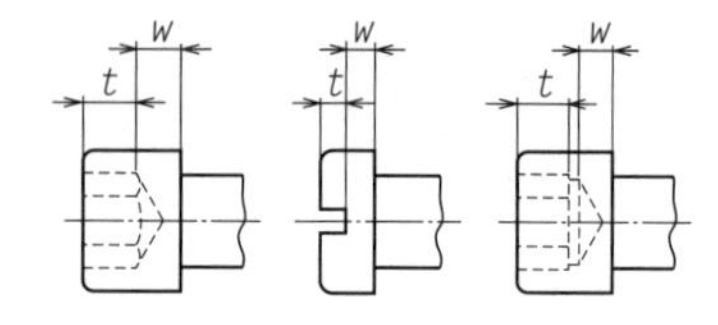

[요점] 현재, 일반적으로 적용할 수 있는 공차는 규정되어 있지 않다.

(오른쪽 단에 계속)

항목 및 형체	부품 등급에 대한 공차		
	A	B	C
④ 십자구멍	게이지 묻힘 깊이 이외의 모든 치수에 대해서는 JIS B 1012에 의한다. 게이지 묻힘 깊이에 대해서는 해당하는 부품 규격에 의한다.		
⑤ 헥사로뷸러구멍	게이지 묻힘 깊이 이외의 모든 치수에 대해서는 JIS B 1015에 의한다. 게이지 묻힘 깊이에 대해서는 해당하는 부품 규격에 의한다.		

4. 기타의 형체

(1) 머리부의 직경

항목 및 형체	부품 등급에 대한 공차
	A
①	h13 *

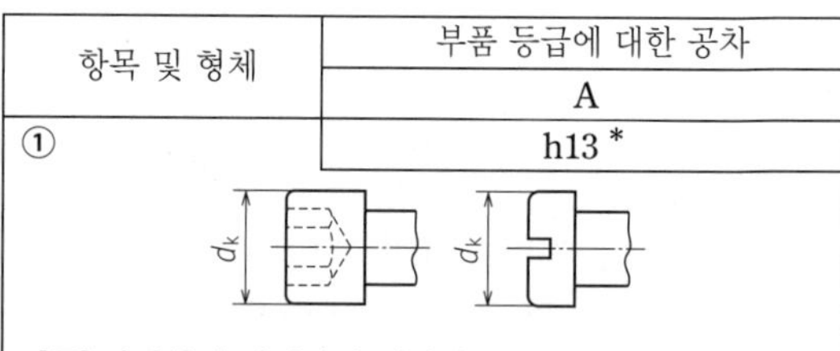

[주] 널링붙이 머리부에 대해서는 ±IT13으로 한다.

항목 및 형체	부품 등급에 대한 공차
	A
②	h14

[요점] 접시머리의 나사에 대해서는 JIS B 1013 또는 JIS B 1194에 의해 머리부의 직경과 높이를 종합적으로 검사한다.

(2) 머리부의 높이 (육각머리를 제외한다)

항목 및 형체	부품 등급에 대한 공차
	A
①	≦ M5···h13 > M5···h14

항목 및 형체	부품 등급에 대한 공차		
	A	B	C
②	접시머리 나사에 대한 k는 부품 규격에서 최대값만이 정의된다.		

[요점] 접시머리 나사에 대해서는 JIS B 1013 또는 JIS B 1194에 의해 머리부의 직경과 높이를 종합적으로 검사한다.

(다음 페이지에 계속)

(3) 좌면의 지름 및 자리의 높이

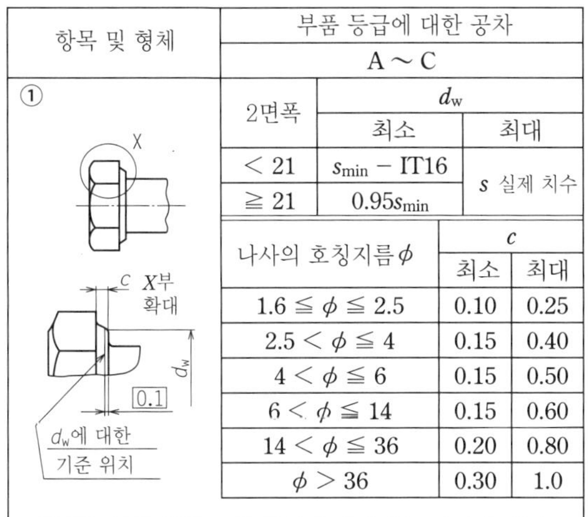

항목 및 형체	부품 등급에 대한 공차		
	A ~ C		
①	2면폭	d_w 최소	d_w 최대
	< 21	s_{min} − IT16	s 실제 치수
	≧ 21	$0.95s_{min}$	
	나사의 호칭지름 ϕ	c 최소	c 최대
	1.6 ≦ ϕ ≦ 2.5	0.10	0.25
	2.5 < ϕ ≦ 4	0.15	0.40
	4 < ϕ ≦ 6	0.15	0.50
	6 < ϕ ≦ 14	0.15	0.60
	14 < ϕ ≦ 36	0.20	0.80
	ϕ > 36	0.30	1.0

[요점] 부품 등급 C의 부품에 대해서는 자리가 없어도 된다.

항목 및 형체	부품 등급에 대한 공차		
	A	B	C
②	d_w는 부품 규격에서 최소값만이 정의된다		

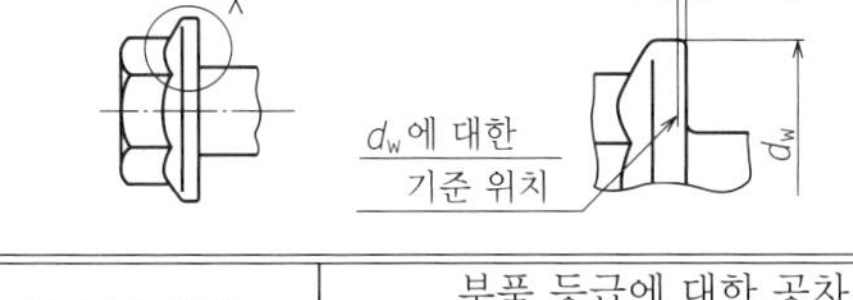

항목 및 형체	부품 등급에 대한 공차	
	A	
③	나사의 호칭지름	d_w
	초과 / 이하	최소
	— / 2.5	$d_{k\,min}$ − 0.14
	2.5 / 5	$d_{k\,min}$ − 0.25
	5 / 10	$d_{k\,min}$ − 0.4
	10 / 16	$d_{k\,min}$ − 0.5
	16 / 24	$d_{k\,min}$ − 0.8
	24 / 36	$d_{k\,min}$ − 1
	36 / —	$d_{k\,min}$ − 1.2

X 부 확대, d_k, d_w, d_w에 대한 기준 위치, 0.1

항목 및 형체	부품 등급에 대한 공차		
	A	B	C
④	릴리프 홈이 없는 부품에 대한 d_a는 JIS B 1005에 의한다.		

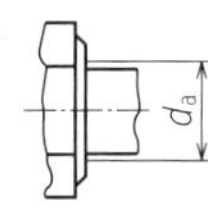

[요점] 릴리프 홈붙이 부품에 대한 d_a는 해당하는 부품 규격을 참조.

(오른쪽 단에 계속)

(4) 길이

항목 및 형체	부품 등급에 대한 공차		
	A	B	C
	js15	js17	l ≦ 150···js17 l > 150···±IT17

(5) 나사부길이

항목 및 형체	부품 등급에 대한 공차		
	A	B	C
① 볼트	$b\,^{+2P}_{0}$	$b\,^{+2P}_{0}$	$b\,^{+2P}_{0}$
② 양나사 볼트 (타이 로드)	$b\,^{+2P}_{0}$	$b\,^{+2P}_{0}$	$b\,^{+2P}_{0}$
③ 스터드 볼트	$b\,^{+2P}_{0}$ $b_m$js16	$b\,^{+2P}_{0}$ $b_m$js17	$b\,^{+2P}_{0}$ $b_m$js17

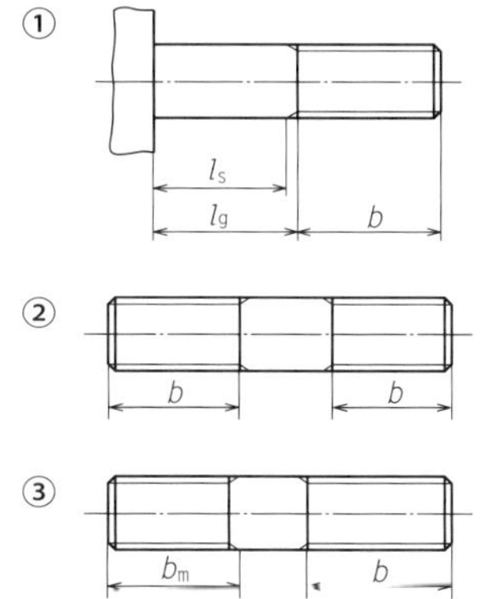

[요점] • P는 나사의 피치.
• l_s는 나사가 없는 원통부의 최소 길이.
• l_g는 나사가 없는 원통부(나사의 절단끝부를 포함)의 최대 길이로, 최소의 체결길이(clamping length)
• 치수 b에 관한 +2P라는 허용차는 l_s 및 l_g가 부품 규격으로 규정되어 있지 않은 경우에만 적용.
• b_m은 스터드 볼트의 스터드 측의 길이.

(다음 페이지에 계속)

8장

(6) 원통부 지름

항목 및 형체	부품 등급에 대한 공차		
	A	B	C
	h13 *	h14 *	±IT15 *
	원통부 지름≒나사의 유효지름		

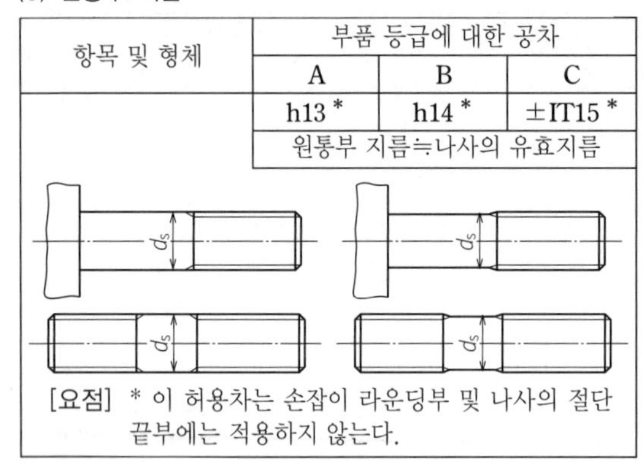

[요점] * 이 허용차는 손잡이 라운딩부 및 나사의 절단 끝부에는 적용하지 않는다.

(b) 볼트, 나사 및 스터드 볼트의 기하공차

1. 체결부의 형체

(1) 형상

① 외측 형체

② 내측 형체

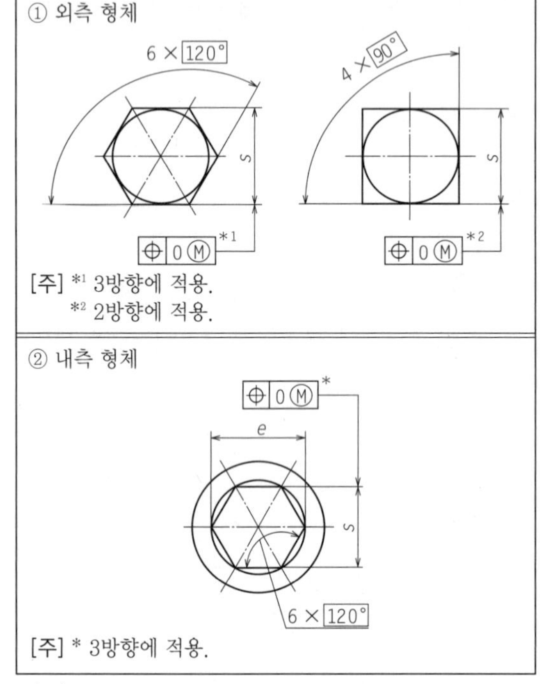

[주] *1 3방향에 적용.
*2 2방향에 적용.

[주] * 3방향에 적용.

(2) 위치도 공차

항목 및 형체	부품 등급에 대한 공차 t			t의 기준이 되는 치수
	A	B	C	
①	2 IT13	2 IT14	2 IT15	s

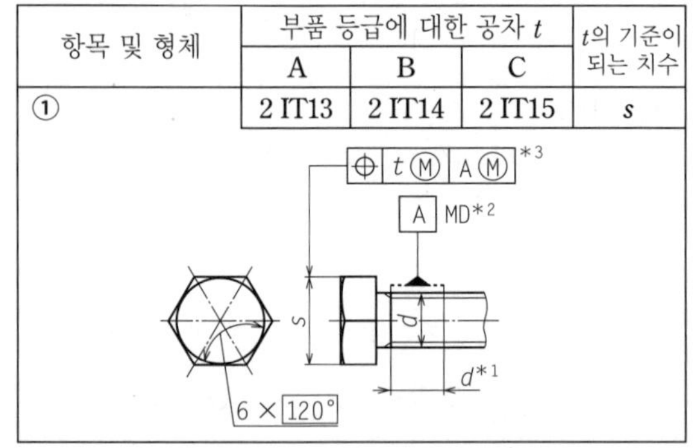

(오른쪽 단에 계속)

[요점]

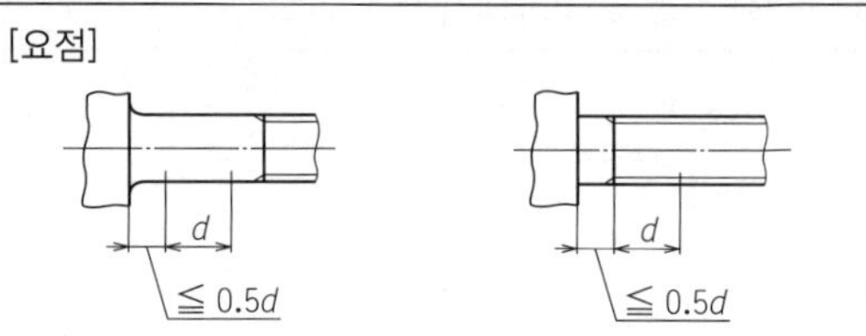

[주] *1 데이텀 A는 가급적 머리부 좌면 근방으로 잡고, 좌면에서의 거리는 0.5d 이하로 한다. 또한 모두 원통부에 있던가, 모두 나사부에 있게 해서 나사의 절삭끝부 및 손잡이 라운딩부를 포함시키지 않는다.
*2 MD는 공차가 나사의 외경 원통의 축선에 대해 주어진다는 것을 의미한다(JIS B 0021 참조)
* 3 3방향으로 적용.

항목 및 형체	부품 등급에 대한 공차 t			t의 기준이 되는 치수
	A	B	C	
②	2 IT13	2 IT14	—	s

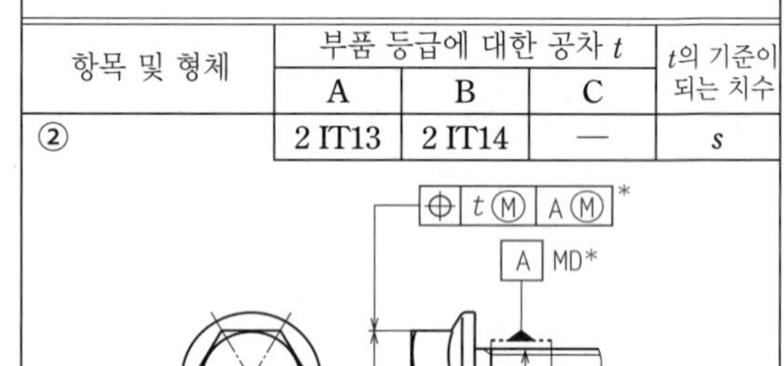

[주] *①항의 [주] 참조.

항목 및 형체	부품 등급에 대한 공차 t			t의 기준이 되는 치수
	A	B	C	
③	2 IT13	—	—	d

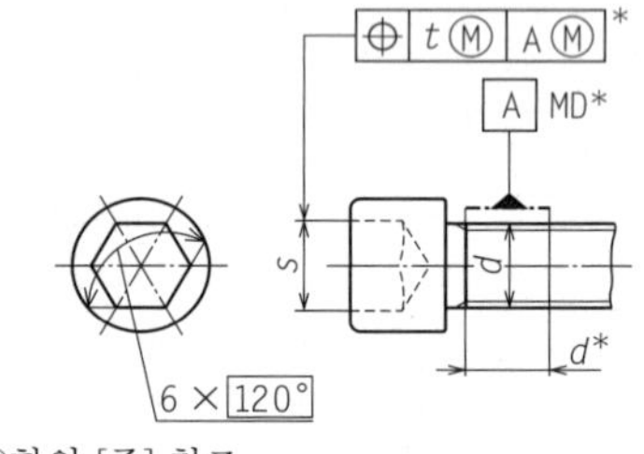

[주] *①항의 [주] 참조.

항목 및 형체	부품 등급에 대한 공차 t			t의 기준이 되는 치수
	A	B	C	
④	2 IT13	—	—	d

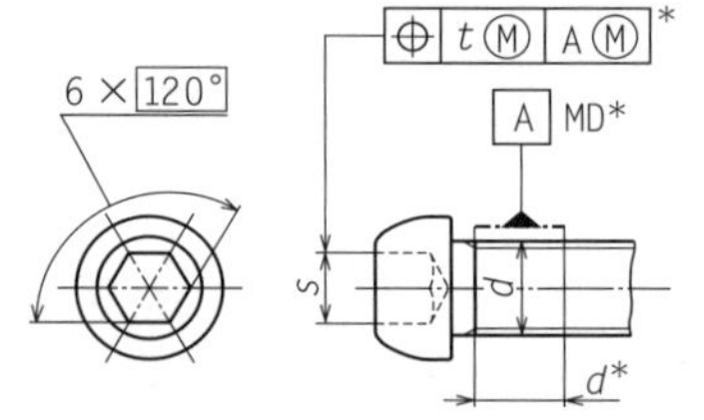

[주] *①항의 [주] 참조.

(다음 페이지에 계속)

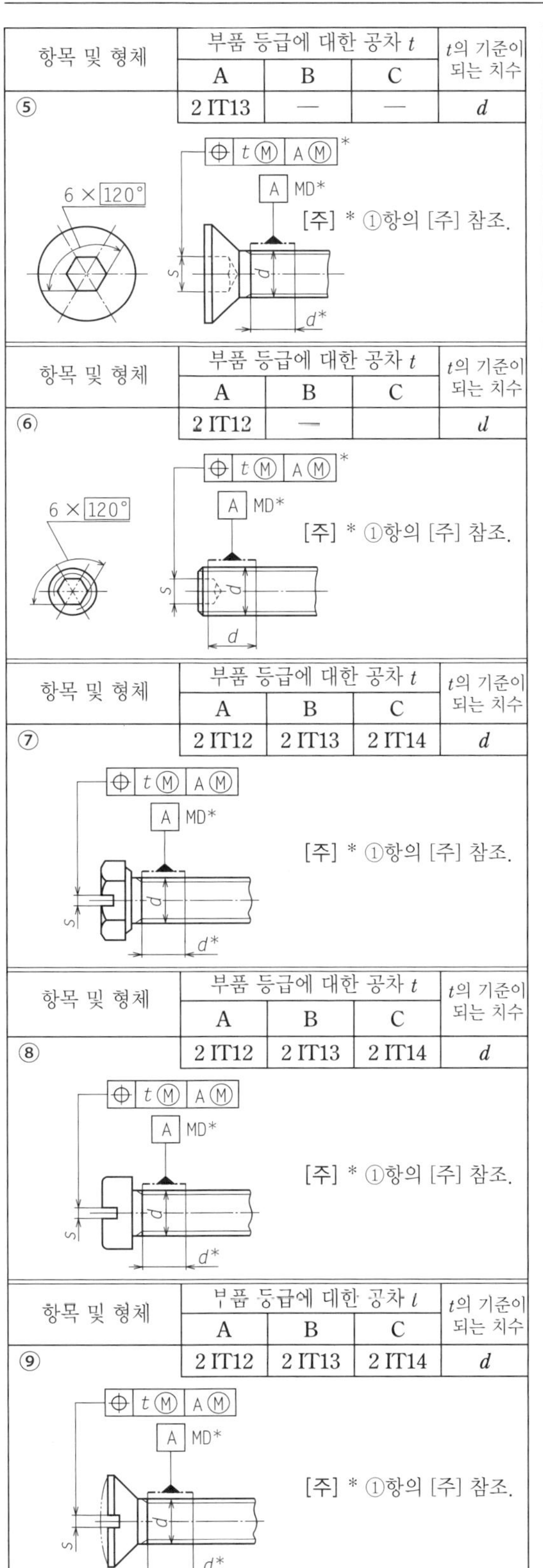

항목 및 형체	부품 등급에 대한 공차 t			t의 기준이 되는 치수
	A	B	C	
⑤	2 IT13	—	—	d

[주] * ①항의 [주] 참조.

항목 및 형체	부품 등급에 대한 공차 t			t의 기준이 되는 치수
	A	B	C	
⑥	2 IT12	—		d

[주] * ①항의 [주] 참조.

항목 및 형체	부품 등급에 대한 공차 t			t의 기준이 되는 치수
	A	B	C	
⑦	2 IT12	2 IT13	2 IT14	d

[주] * ①항의 [주] 참조.

항목 및 형체	부품 등급에 대한 공차 t			t의 기준이 되는 치수
	A	B	C	
⑧	2 IT12	2 IT13	2 IT14	d

[주] * ①항의 [주] 참조.

항목 및 형체	부품 등급에 대한 공차 t			t의 기준이 되는 치수
	A	B	C	
⑨	2 IT12	2 IT13	2 IT14	d

[주] * ①항의 [주] 참조.

(오른쪽 단에 계속)

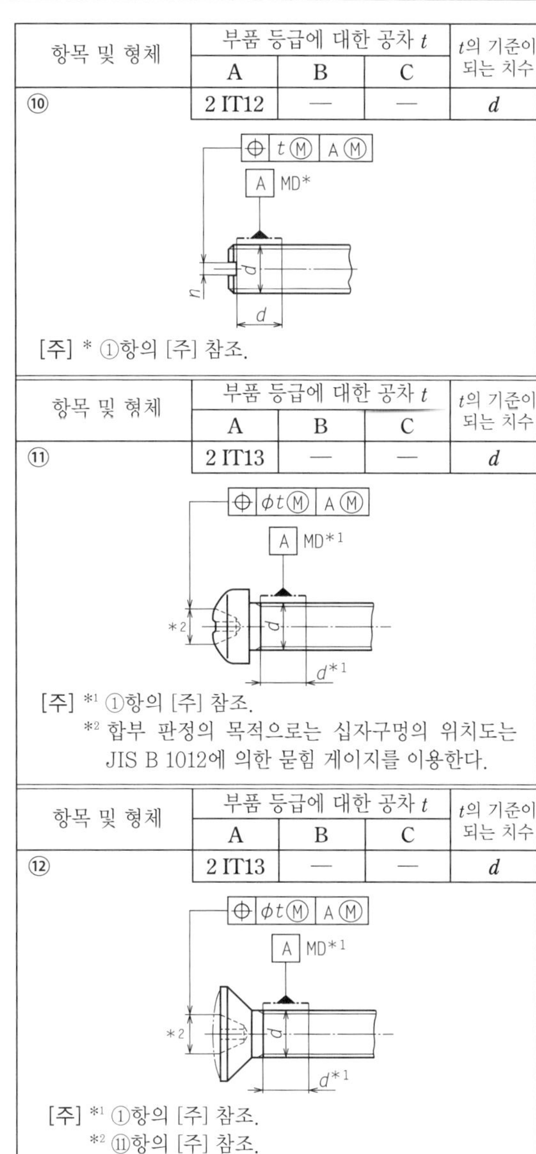

항목 및 형체	부품 등급에 대한 공차 t			t의 기준이 되는 치수
	A	B	C	
⑩	2 IT12	—	—	d

[주] * ①항의 [주] 참조.

항목 및 형체	부품 등급에 대한 공차 t			t의 기준이 되는 치수
	A	B	C	
⑪	2 IT13	—	—	d

[주] *1 ①항의 [주] 참조.
*2 합부 판정의 목적으로는 십자구멍의 위치도는 JIS B 1012에 의한 물힘 게이지를 이용한다.

항목 및 형체	부품 등급에 대한 공차 t			t의 기준이 되는 치수
	A	B	C	
⑫	2 IT13	—	—	d

[주] *1 ①항의 [주] 참조.
*2 ⑪항의 [주] 참조.

2. 기타의 형체

(1) 위치도 공차 및 원주 진동 공차

항목 및 형체	부품 등급에 대한 공차 t			t의 기준이 되는 치수
	A	B	C	
①	2 IT13	2 IT14	2 IT15	d_k

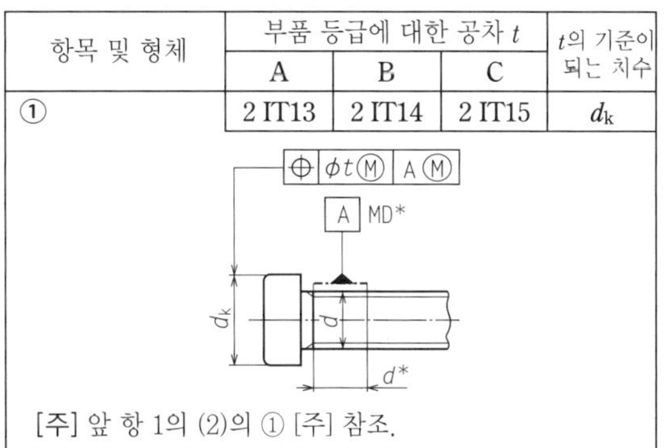

[주] 앞 항 1의 (2)의 ① [주] 참조.

(다음 페이지에 계속)

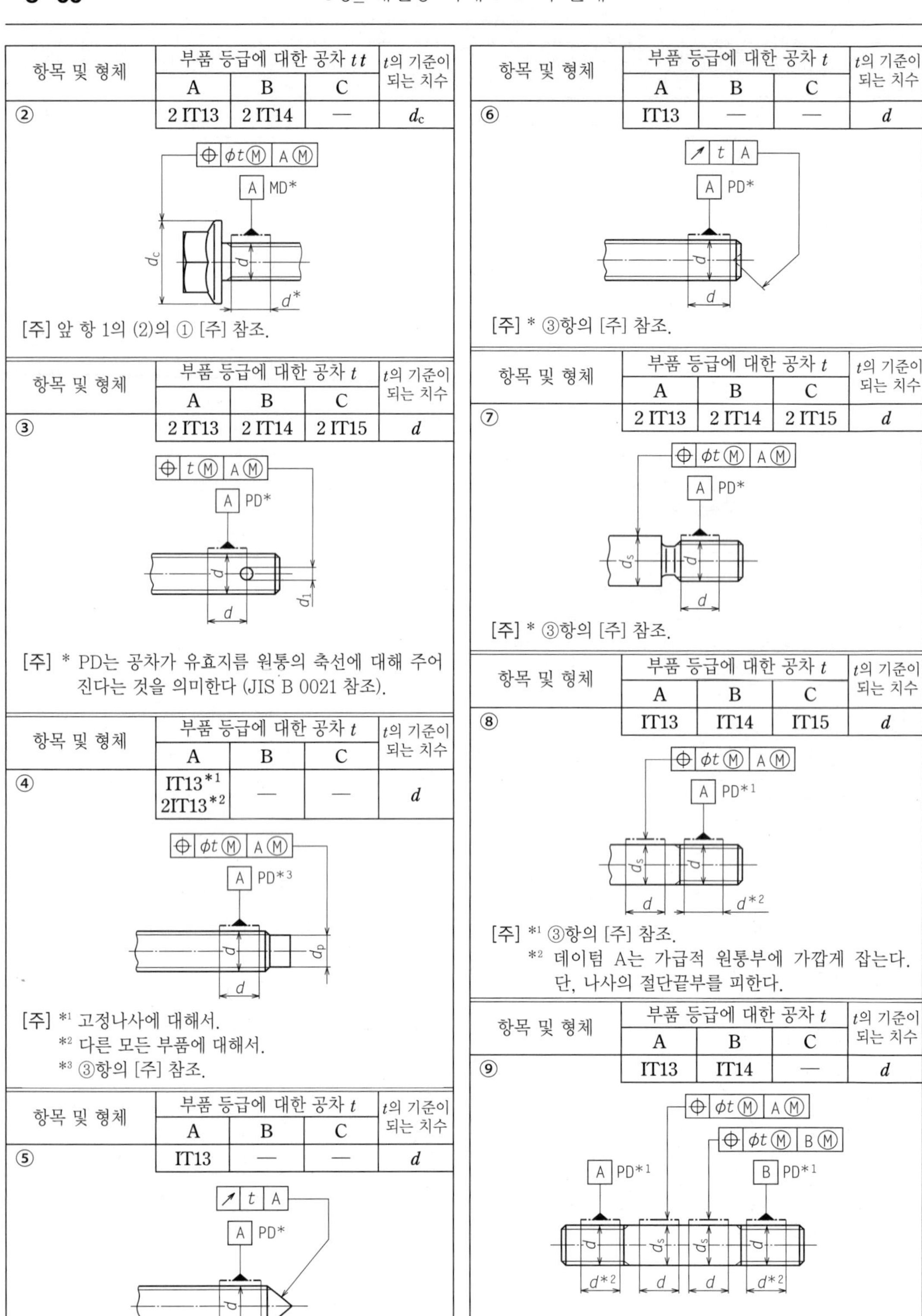

항목 및 형체	부품 등급에 대한 공차 t			t의 기준이 되는 치수
	A	B	C	
②	2 IT13	2 IT14	—	d_c

[주] 앞 항 1의 (2)의 ① [주] 참조.

항목 및 형체	부품 등급에 대한 공차 t			t의 기준이 되는 치수
	A	B	C	
③	2 IT13	2 IT14	2 IT15	d

[주] * PD는 공차가 유효지름 원통의 축선에 대해 주어진다는 것을 의미한다 (JIS B 0021 참조).

항목 및 형체	부품 등급에 대한 공차 t			t의 기준이 되는 치수
	A	B	C	
④	IT13*1 2IT13*2	—	—	d

[주] *1 고정나사에 대해서.
*2 다른 모든 부품에 대해서.
*3 ③항의 [주] 참조.

항목 및 형체	부품 등급에 대한 공차 t			t의 기준이 되는 치수
	A	B	C	
⑤	IT13	—	—	d

[주] * ③항의 [주] 참조.

(오른쪽 단에 계속)

항목 및 형체	부품 등급에 대한 공차 t			t의 기준이 되는 치수
	A	B	C	
⑥	IT13	—	—	d

[주] * ③항의 [주] 참조.

항목 및 형체	부품 등급에 대한 공차 t			t의 기준이 되는 치수
	A	B	C	
⑦	2 IT13	2 IT14	2 IT15	d

[주] * ③항의 [주] 참조.

항목 및 형체	부품 등급에 대한 공차 t			t의 기준이 되는 치수
	A	B	C	
⑧	IT13	IT14	IT15	d

[주] *1 ③항의 [주] 참조.
*2 데이텀 A는 가급적 원통부에 가깝게 잡는다. 단, 나사의 절단끝부를 피한다.

항목 및 형체	부품 등급에 대한 공차 t			t의 기준이 되는 치수
	A	B	C	
⑨	IT13	IT14	—	d

[주] *1 ③항의 [주] 참조.
*2 데이텀 A는 가급적 원통부에 가깝게 잡는다. 단, 나사의 절단끝부를 피한다.

(다음 페이지에 계속)

(2) 진직도

항목 및 형체	부품 등급에 대한 공차 t			t 의 기준이 되는 치수
	A	B	C	
	a)		b)	

① ②

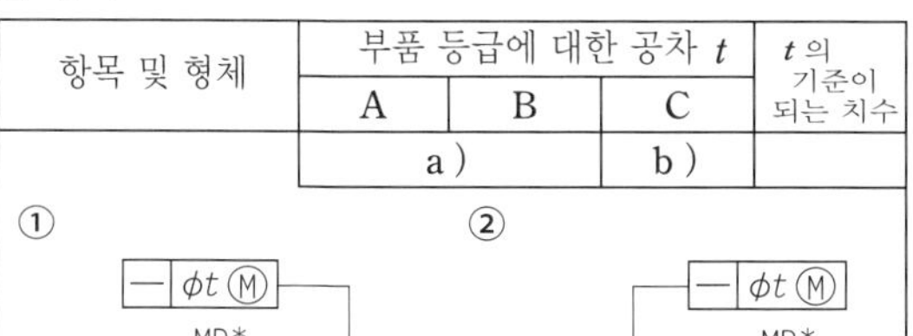

a) $d \leqq 8 \cdots t = 0.002l + 0.05$
  $d > 8 \cdots t = 0.0025l + 0.05$
b) $d \leqq 8 \cdots t = 2(0.002l + 0.05)$
  $d > 8 \cdots t = 2(0.0025l + 0.05)$
[주] * 앞 항 1의 (2)의 ① [주] 참조.

항목 및 형체	부품 등급에 대한 공차 t			t 의 기준이 되는 치수
	A	B	C	
	a)		—	

③

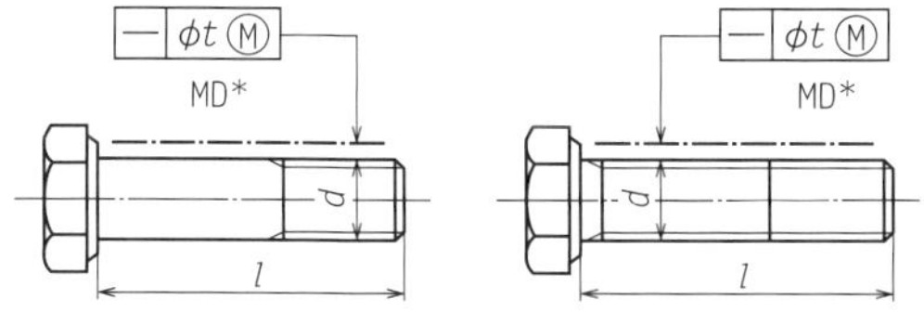

a) $d \leqq 8 \cdots t = 0.002l + 0.05$
  $d > 8 \cdots t = 0.0025l + 0.05$
[주] * 앞 항 1의 (2)의 ① [주] 참조.

항목 및 형체	부품 등급에 대한 공차 t			t 의 기준이 되는 치수
	A	B	C	
			a)	

④

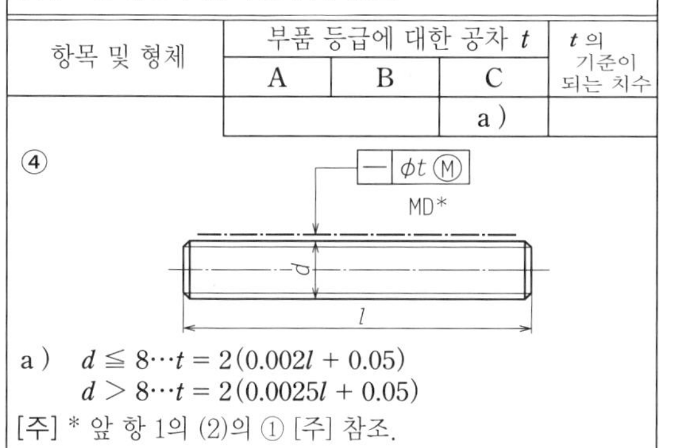

a) $d \leqq 8 \cdots t = 2(0.002l + 0.05)$
  $d > 8 \cdots t = 2(0.0025l + 0.05)$
[주] * 앞 항 1의 (2)의 ① [주] 참조.

(3) 전진동

항목 및 형체	부품 등급에 대한 공차 t A	B	C	t 의 기준이 되는 치수 d
①	0.04		—	1.6
				2
	0.08			2.5
				3
				3.5
				4
	0.15		0.3	5
				6
② ③ ④ ⑤ ⑥	0.15		0.3	7
	0.17		0.34	8
	0.21		0.42	10
	0.25		0.50	12
	0.29		0.58	14
	0.34		0.68	16
	0.38		0.76	18
	0.42		0.84	20
	0.46		0.92	22
	0.50		1.00	24
	0.57		1.14	27
	0.63		1.26	30
	0.69		1.38	33
	0.76		1.52	36
	0.82		1.64	39
	0.44		0.88	42
	0.47		0.94	45
	0.50		1	48
	0.55		1.1	52

(오른쪽 단에 계속)

② ③ ④

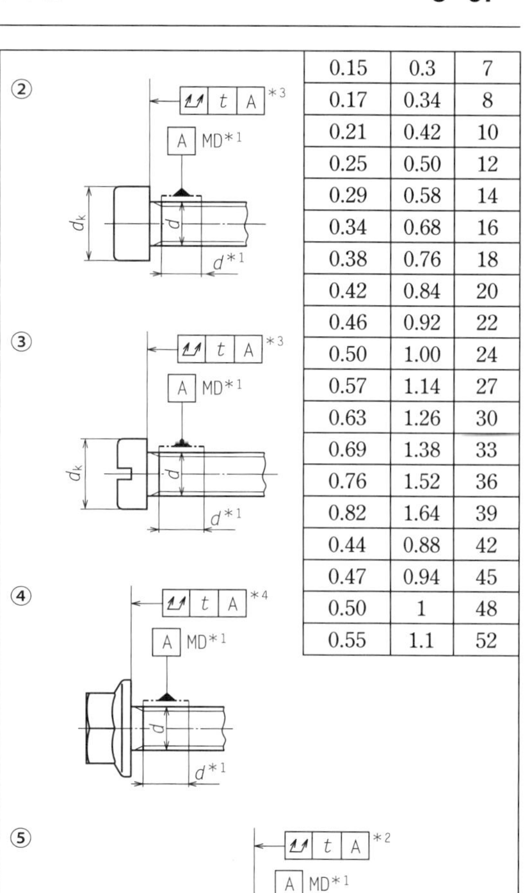

⑤

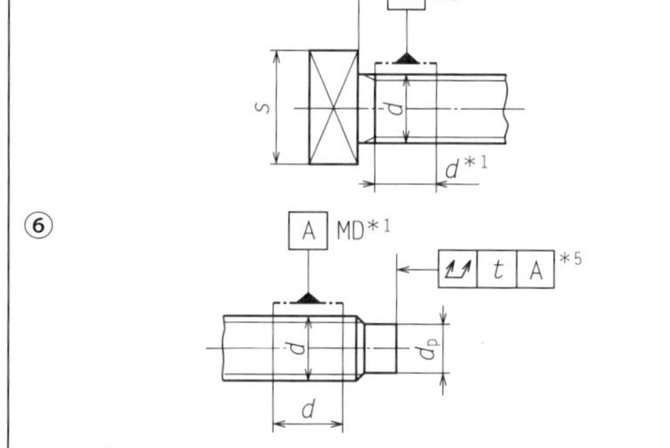

⑥

[주] *1 앞 항 1의 (2)의 ① [주] 참조.
  *2 직경 0.8s의 원 내에 대해서 적용.
  *3 직경 $0.8d_k$의 원 내에 대해서 적용.
  *4 반경방향의 직선 상의 최고점을 연결한 선.
  *5 직경 0.8dp의 원 내에 대해서 적용.

[요점] • 부품 등급 A, B에 대한 공차 t는 다음 식에 의한다.
  $\leqq$M39$\cdots t = 1.2d \cdot \tan 1°$
  $>$M39$\cdots t = 1.2d \cdot \tan 0.5°$
• 부품 등급 C에 대한 공차 t는 등급 A 및 B에 대한 공차의 2배로 한다.
• 플랜지붙이 볼트의 경우에는 F형 좌면 및 U형 좌면에 적용한다.
• ⑥은 봉끝에만 적용한 것이고, 파일럿 끝에 대해서는 아니다.

(다음 페이지에 계속)

8장

(4) 좌면 형상에서의 편차

항목 및 형체	부품 등급에 대한 공차 t			t의 기준이 되는 치수
	A	B	C	
	$0.005d$			d

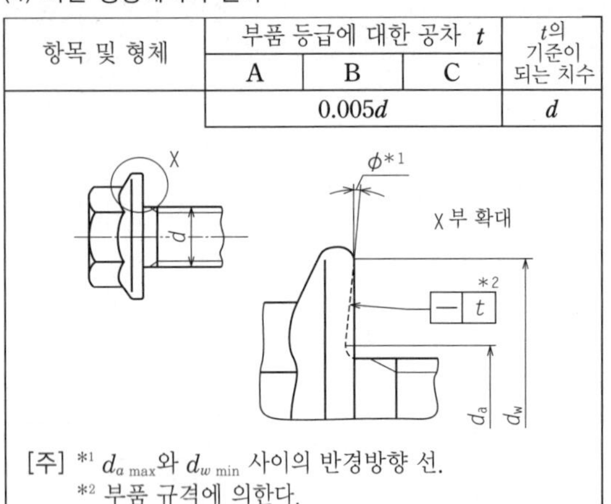

[주] *1 $d_{a\,max}$와 $d_{w\,min}$ 사이의 반경방향 선.
*2 부품 규격에 의한다.

(c) 너트의 치수공차

1. 공차의 수준

항목 및 형체	부품 등급에 대한 공차		
	A	B	C
좌면	정밀(close)	정밀(close)	거칠음(wide)
그 이외의 형체	정밀(close)	거칠음(wide)	거칠음(wide)

2. 암나사

항목 및 형체	부품 등급에 대한 공차		
	A	B	C
	6H	6H	7H

①

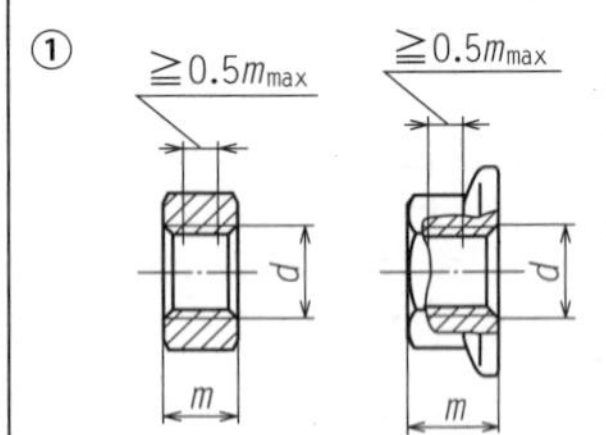

$m \geqq 0.8d$의 높이 너트는 적어도 $0.5m_{max}$의 범위로, 암나사 내경이 규정된 공차역 내에 있어야 한다(≧M3의 사이즈에 대해서만).

②

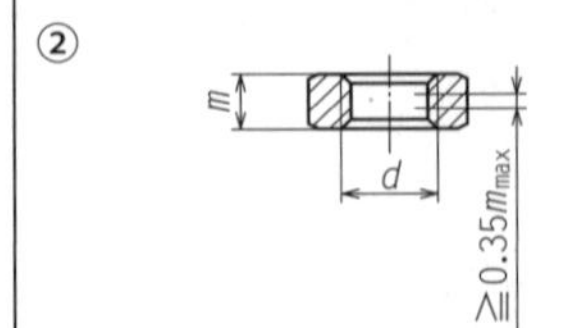

$0.5d \leqq m < 0.8d$의 높이 너트는 적어도 $0.35\ m_{max}$의 범위로, 암나사 내경이 규정된 공차역 내에 있어야 한다.

③

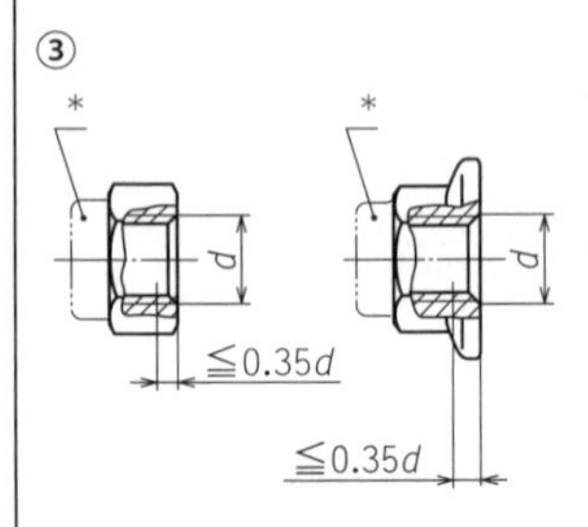

프리베일링 토크형 너트는 프리베일링 토크 발생부를 포함하지 않는 측의 단면에서 $0.35d$ 이하의 높이 범위로, 암나사 내경이 규정된 공차역을 넘어도 된다.

[주] *외형은 프리베일링 토크형 너트의 형상에 따라 다르다.

(오른쪽 단에 계속)

[요점] (①~③)
특정 부품 및 피막을 실시하는 부품의 나사산에 대해서는 다른 공차역 클래스를 각각의 부품 규격으로 규정하는 경우가 있다.

3. 체결부의 형체

항목 및 형체	부품 등급에 대한 공차			
	A		B	C
	허용차			
2면폭	$s \leqq 30$ … h13 $s > 30$ … h14	$s \leqq 18$ … h14 $18 < s \leqq 60$ … h15 $60 < s \leqq 180$ … h16 $s > 180$ … h17		

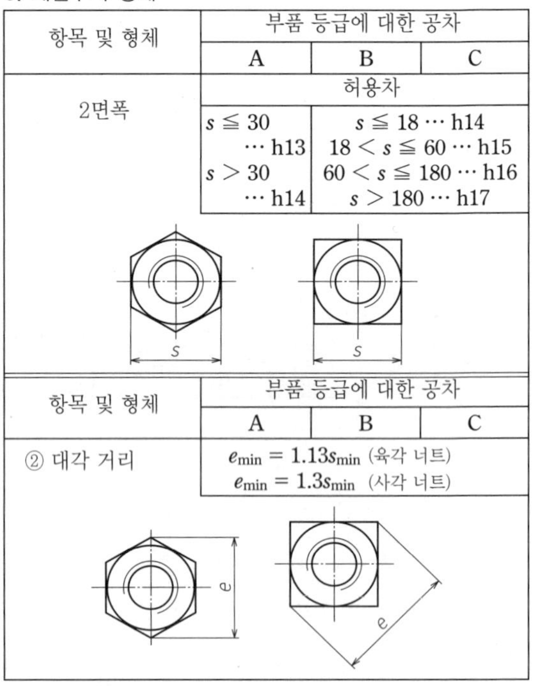

항목 및 형체	부품 등급에 대한 공차		
	A	B	C
② 대각 거리	$e_{min} = 1.13s_{min}$ (육각 너트) $e_{min} = 1.3s_{min}$ (사각 너트)		

4. 기타의 형체

(1) 너트의 높이

항목 및 형체	부품 등급에 대한 공차		
	A	B	C
	$d \leqq 12$ mm…h14 $12 < d \leqq 18$ mm…h15 $d > 18$ mm…h16		h17

[요점] 홈붙이 너트에 관해서는 (5) 항을 참조.

(2) 프리베일링 토크형 너트의 높이

항목 및 형체	부품 등급에 대한 공차		
	A	B	C
	h 의 치수공차는 부품 규격에 의한다.		

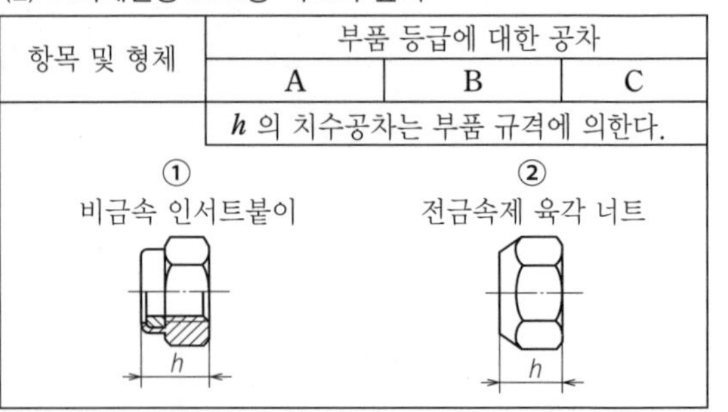

(다음 페이지에 계속)

(3) 너트의 유효높이

항목 및 형체	부품 등급에 대한 공차		
	A	B	C
①	$m_w{}^{*1}{}_{min} = 0.8m_{min}$		

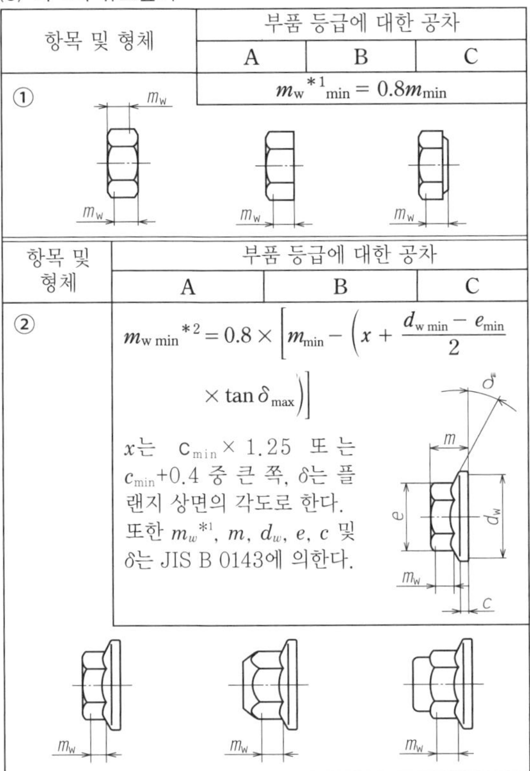

항목 및 형체	부품 등급에 대한 공차		
	A	B	C
②	$m_{w\,min}{}^{*2} = 0.8 \times \left[m_{min} - \left(x + \frac{d_{w\,min} - e_{min}}{2} \times \tan\delta_{max}\right)\right]$ x는 $c_{min} \times 1.25$ 또는 $c_{min}+0.4$ 중 큰 쪽, δ는 플랜지 상면의 각도로 한다. 또한 $m_w{}^{*1}$, m, d_w, e, c 및 δ는 JIS B 0143에 의한다.		

[주] (① 및 ②)

*1 기호 m_w를 이전에 이용하고 있던 m' 대신에 이용한다.

*2 게이지 검사에 관해서는 부품 규격의 부록 A를 참조한다.

[요점] (① 및 ②)

- m_w는 e_{min}을 만족시키는 범위의 높이로, 해당하는 부품 규격으로 규정되는 모떼기부, 좌면부 또는 라운딩 부분을 제외한 것으로 한다.
- $m_{w\,min}$의 식은 그림에 나타낸 부분에만 적용한다.

(4) 좌면의 지름 및 자리의 높이

항목 및 형체	부품 등급에 대한 공차 A ~ C		
①	2면폭	d_w 최소	d_w 최대
	< 21	s_{min}−IT16	s 실제 치수
	≧ 21	$0.95s_{min}$	s 실제 치수
	나사의 호칭지름 ϕ	c 최소	c 최대
	$1.6 \leqq \phi \leqq 2.5$	0.10	0.25
	$2.5 < \phi \leqq 4$	0.15	0.40
	$4 < \phi \leqq 6$	0.15	0.50
	$6 < \phi \leqq 14$	0.15	0.60
	$14 < \phi \leqq 36$	0.2	0.8
	$\phi > 36$	0.3	1.0

(오른쪽 단에 계속)

[주] * d_w에 대한 기준 위치.

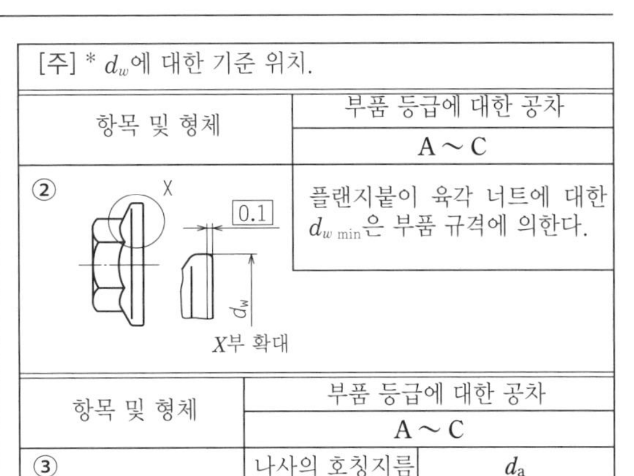

항목 및 형체	부품 등급에 대한 공차 A ~ C
②	플랜지붙이 육각 너트에 대한 $d_{w\,min}$은 부품 규격에 의한다.

항목 및 형체	부품 등급에 대한 공차 A ~ C		
③	나사의 호칭지름 ϕ	d_a 최소	d_a 최대
	$\phi \leqq 5$	d	$1.15d$
	$5 < \phi \leqq 8$	d	$d+0.75$
	$\phi > 8$	d	$1.08d$
	$\alpha = 90° \sim 120°$		

[요점] (①~③)

대칭 부품의 경우에는 요구 사항은 양측에 적용한다.

(5) 특별한 부품

항목 및 형체		부품 등급에 대한 공차 A	B	C
홈붙이 너트	d_e	h14	h15	h16
	m	h14	h15	h17
	n	H14	H14	H15
	w	h14	h15	h17

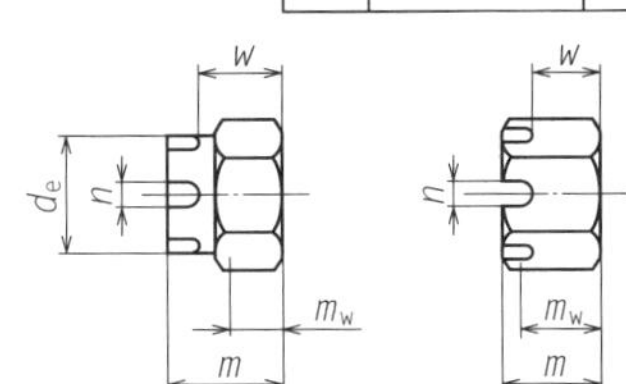

m_w : 스타일 1의 육각 너트에 대한 m_w의 값을 참조한다 (JIS B 1181 참조).

(d) 너트의 기하공차

1. 체결부의 형체

(1) 형상

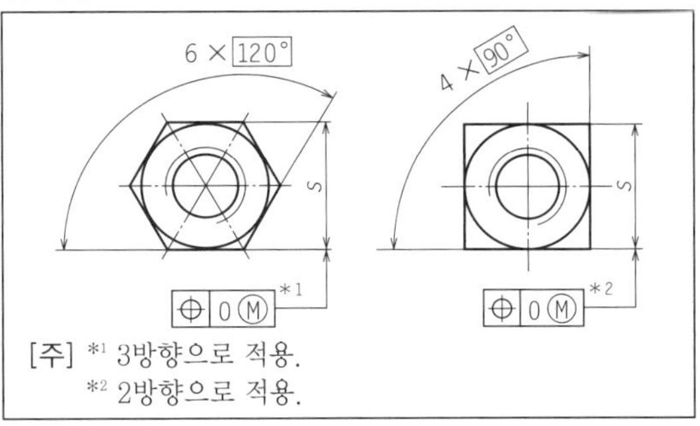

[주] *1 3방향으로 적용.

*2 2방향으로 적용.

(다음 페이지에 계속)

(2) 위치도

항목 및 형체	부품 등급에 대한 공차 t			t의 기준이 되는 치수
	A	B	C	
①	2 IT13	2 IT14	2 IT15	s
②	2 IT13	2 IT14	—	s
③	2 IT13	2 IT14	2 IT15	s

① 6 × 120°

② 6 × 120°

③ 6 × 90°

[주] *1 3방향으로 적용.
*2 2방향으로 적용.

2. 기타의 형체

(1) 위치도

항목 및 형체	부품 등급에 대한 공차 t			t의 기준이 되는 치수
	A	B	C	
①	2 IT14	2 IT15	—	d_c
②	2 IT13	2 IT14	2 IT15	d
③	2 IT13	2 IT14	—	d_k

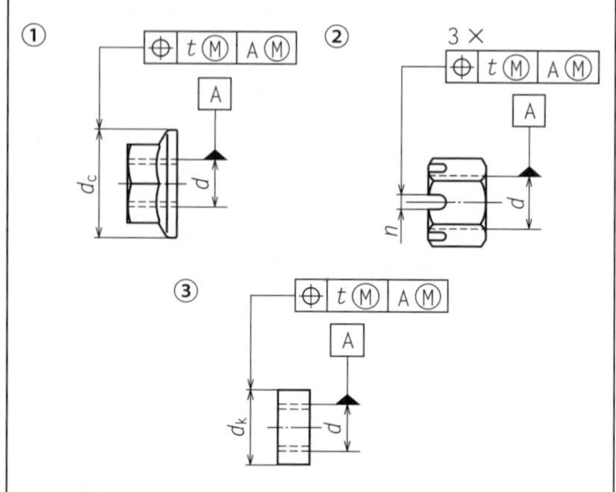

(2) 전진동

항목 및 형체	부품 등급에 대한 공차 t			t의 기준이 되는 치수
	A	B	C	
①	0.04		—	1.6
				2
	0.08			2.5
				3
				3.5
				4
②	0.15		0.3	5
				6
				7
	0.17		0.34	8
	0.21		0.42	10
	0.25		0.50	12
	0.29		0.58	14
③	0.34		0.68	16
	0.38		0.76	18
	0.42		0.84	20
	0.46		0.92	22
	0.50		1	24
	0.57		1.14	27
④	0.63		1.26	30
	0.69		1.38	33
	0.76		1.52	36
	0.82		1.64	39
	0.44		0.88	42
	0.47		0.94	45
	0.50		1	48
	0.55		1.1	52

[주] *1 직경 0.8s의 원 내에 대해서 적용.
*2 직경 0.8dk의 원 내에 대해서 적용.
*3 반경방향의 직선 상의 최고점을 연결한 선.

[요점] 대칭 부품의 경우에는 전진동의 요구 사항은 양측의 좌면에 적용한다.

(3) 좌면 형상에서의 편차

항목 및 형체	부품 등급에 대한 공차 t		
	A	B	C
	$0.005d$		

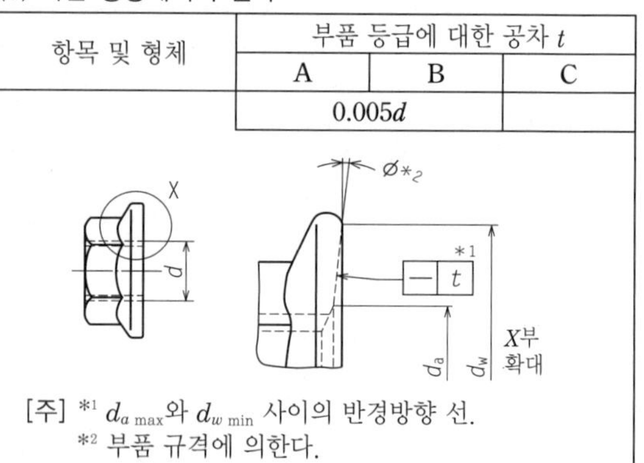

[주] *1 $d_{a\,max}$와 $d_{w\,min}$ 사이의 반경방향 선.
*2 부품 규격에 의한다.

(오른쪽 단에 계속)

6. 스패너, 드라이버

스패너는 볼트나 너트를 죄거나 푸는 데 사용되는 것으로, 다음에 나타낸 종류가 있다.

(1) 보통 스패너 8·21 그림 (a)는 육각 볼트, 사각 볼트용의 편구 스패너, 동 그림 (b)는 양구 스패너로 보통 많이 이용되고 있다. JIS 규격에서는 그 형상, 표준 치수를 8·72 표와 같이 정하고 있다.

이외에 육각 볼트, 너트 및 사각 볼트, 너트용 스패너로서 8·22 그림과 같은 것이 있으며, 이것은 공작기계의 공구대 등에서 이용되고 있다.

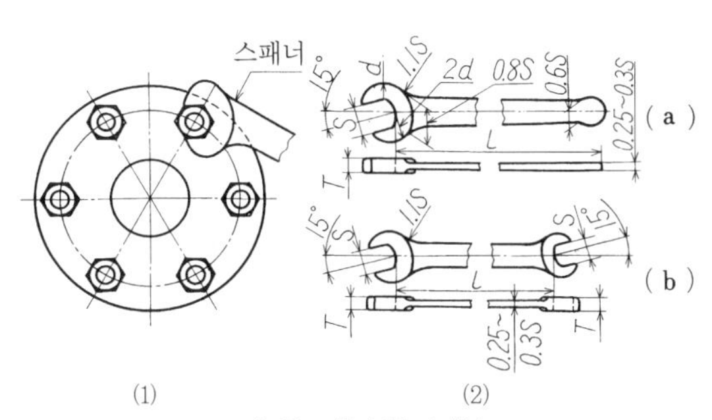

8·21 그림 보통 스패너

(2) 박스 스패너 볼트의 머리, 너트가 둥근 구멍 속에 묻혀 있는 곳 등에 이용되는 스패너이다 (8·23 그림).

(3) 스터드 볼트 드라이버 8·24 그림은 스터드 볼트 드라이버를 나타낸 것이다.

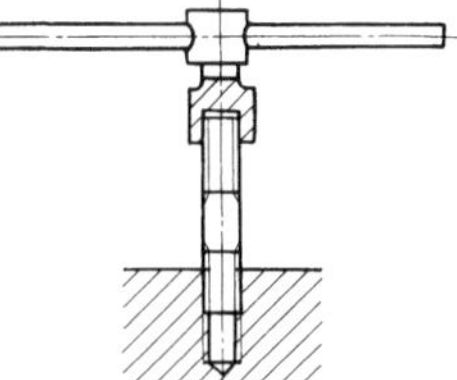
8·24 그림 스터드 볼트 드라이버

(4) 드라이버 일반용 손잡이붙이 드라이버는 JIS에서 8·74 표와 같이 정해져 있다. 제품은 비틀림 모멘트의 대소에 따라 강력급과 보통급으로 구별되는데, 형상, 치수는 동일하다. 또한 JIS B 4633에서는 십자 드라이버에 대해서 규정하고 있다. 이것은 끝단부의 단면이 십자구멍붙이로 만들어졌으며, 십자구멍붙이 작은나사 등에 이용된다(8·25 그림).

(5) 육각봉 스패너 이것은 육각구멍붙이 볼트나 육각구멍붙이 작은나사의 육각구멍에 꽂아서 사용하는 것이다(8·73 표).

(6) 둥근 너트 드라이버 8·26 그림은 둥근 너트 드라이버를 나타낸 것이다.

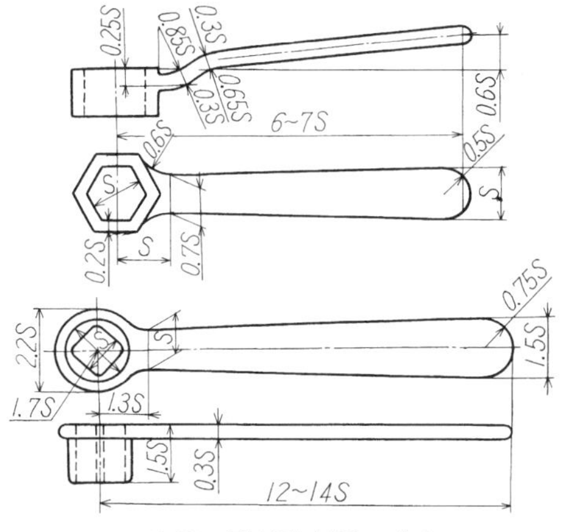

8·22 그림 공작기계용 스패너

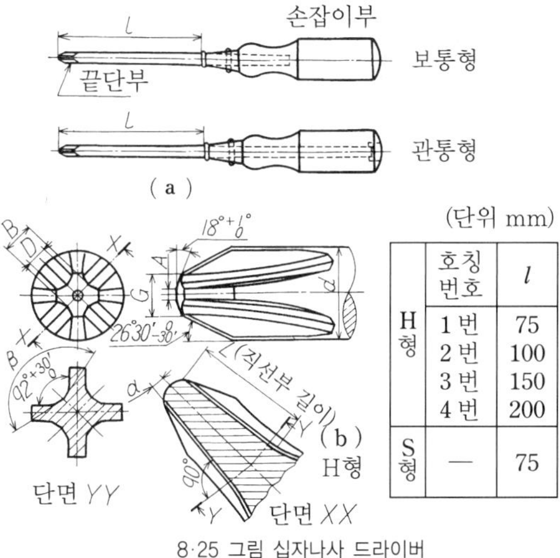

	호칭 번호	l
H형	1번	75
	2번	100
	3번	150
	4번	200
S형	—	75

8·25 그림 십자나사 드라이버

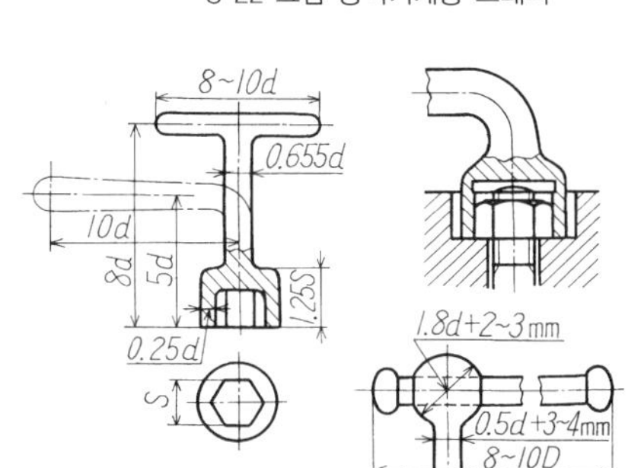

8·23 그림 박스 스패너

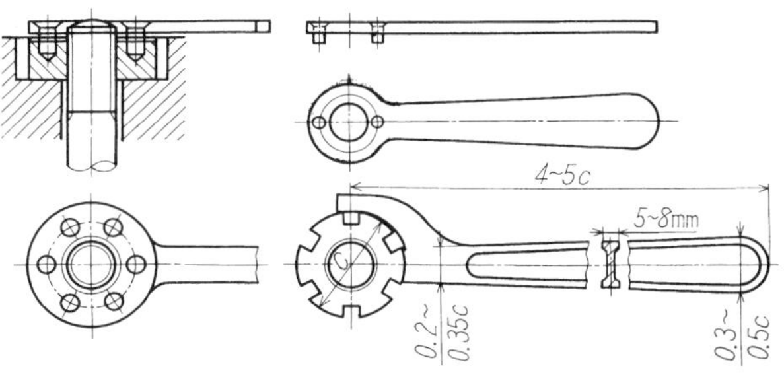

8·26 그림 둥근 너트 드라이버

8장

8·72 표 스패너 (JIS B 4630)

KS B 3005

(단위 mm)

(a) 종류와 등급

머리부의 형상	입의 수	등급과 기호
둥근형	편구, 양구	보통급 N, 강력급 H
창형	편구, 양구	S

(b) 둥근형 편구 스패너

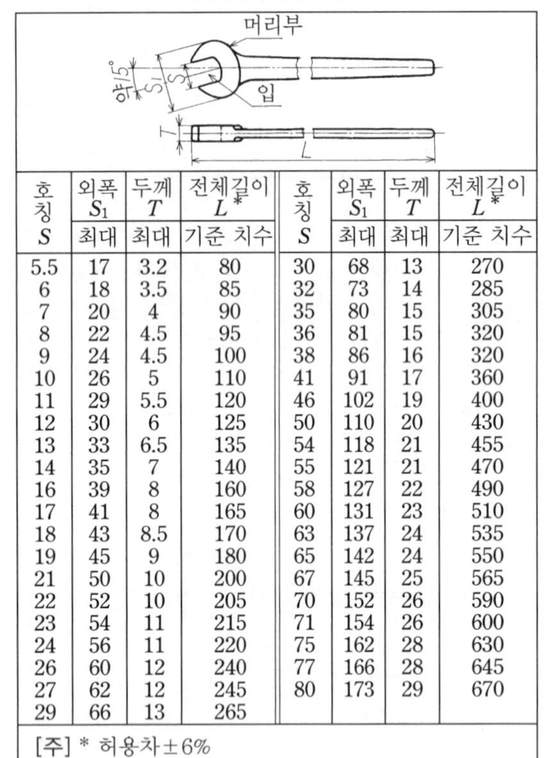

호칭 S	외폭 S_1 최대	두께 T 최대	전체길이 L^* 기준 치수	호칭 S	외폭 S_1 최대	두께 T 최대	전체길이 L^* 기준 치수
5.5	17	3.2	80	30	68	13	270
6	18	3.5	85	32	73	14	285
7	20	4	90	35	80	15	305
8	22	4.5	95	36	81	15	320
9	24	4.5	100	38	86	16	320
10	26	5	110	41	91	17	360
11	29	5.5	120	46	102	19	400
12	30	6	125	50	110	20	430
13	33	6.5	135	54	118	21	455
14	35	7	140	55	121	21	470
16	39	8	160	58	127	22	490
17	41	8	165	60	131	23	510
18	43	8.5	170	63	137	24	535
19	45	9	180	65	142	24	550
21	50	10	200	67	145	25	565
22	52	10	205	70	152	26	590
23	54	11	215	71	154	26	600
24	56	11	220	75	162	28	630
26	60	12	240	77	166	28	645
27	62	12	245	80	173	29	670
29	66	13	265				

[주] * 허용차±6%

(c) 둥근형 양구 스패너

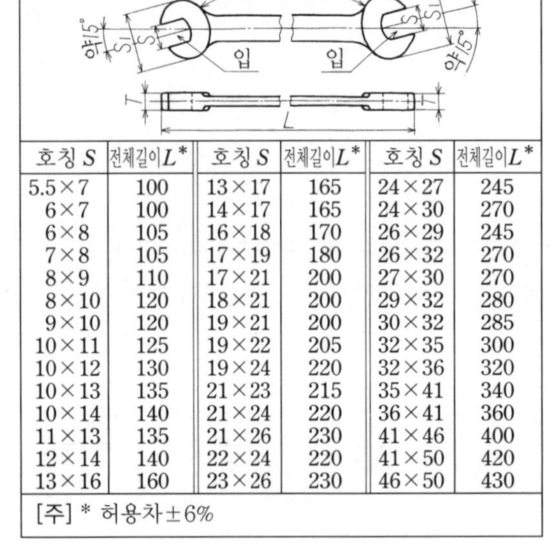

호칭 S	전체길이 L^*	호칭 S	전체길이 L^*	호칭 S	전체길이 L^*
5.5×7	100	13×17	165	24×27	245
6×7	100	14×17	165	24×30	270
6×8	105	16×18	170	26×29	245
7×8	105	17×19	180	26×32	270
8×9	110	17×21	200	27×30	270
8×10	120	18×21	200	29×32	280
9×10	120	19×21	200	30×32	285
10×11	125	19×22	205	32×35	300
10×12	130	19×24	220	32×36	320
10×13	135	21×23	215	35×41	340
10×14	140	21×24	220	36×41	360
11×13	135	21×26	230	41×46	400
12×14	140	22×24	220	41×50	420
13×16	160	23×26	230	46×50	430

[주] * 허용차±6%

(d) 창형 편구 스패너

호칭 S	외폭 S_1 최대	입의 깊이 F 최소	두께 T 최대	전체길이 L^* 기준 치수	호칭 S	외폭 S_1 최대	입의 깊이 F 최소	두께 T 최대	전체길이 L^* 기준 치수
5.5	13	6	2.4	80	17	37	18.5	8	165
6	14	6.5	2.8	85	18	39	19.5	8	170
7	16	7.5	3.2	90	19	41	20.5	8.5	180
8	18	8.5	4	95	21	45.5	23	9	200
9	20	9.5	4.5	100	22	47.5	24	9.5	205
10	22	11	5	110	23	49.5	25	10	215
11	24	12	5.5	120	24	51.5	26	10	220
12	26.5	13	6	125	26	56	28.5	11	240
13	28.5	14	6.5	135	27	58	29.5	11	245
14	30.5	15	7	140	29	62	31.5	12	265
16	35	17.5	7.5	160	30	64	33	12	270

[주] * 허용차±6%

(e) 창형 양구 스패너

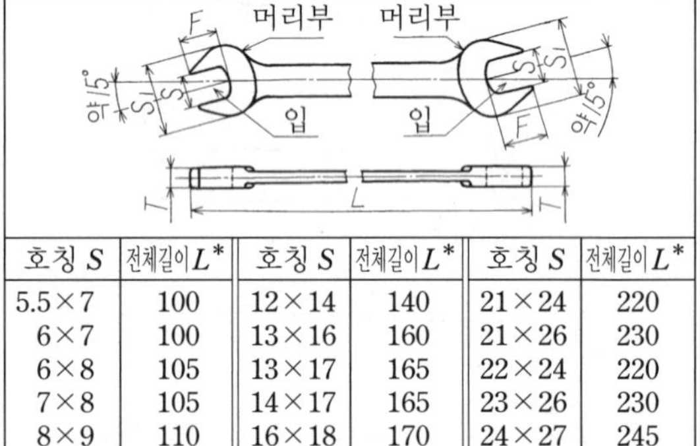

호칭 S	전체길이 L^*	호칭 S	전체길이 L^*	호칭 S	전체길이 L^*
5.5×7	100	12×14	140	21×24	220
6×7	100	13×16	160	21×26	230
6×8	105	13×17	165	22×24	220
7×8	105	14×17	165	23×26	230
8×9	110	16×18	170	24×27	245
8×10	120	17×19	180	24×30	270
9×10	120	17×21	200	26×29	245
10×11	125	18×21	200	26×32	270
10×12	130	19×21	200	27×30	270
10×13	135	19×22	205	29×32	280
10×14	140	19×24	220	30×32	285
11×13	135	21×23	215		

[주] * 허용차±6%

[비고] 양구 스패너의 S, S_1, F 및 T는 각각의 편구 스패너 호칭의 그들 치수를 참조할 것.

[제품의 호칭법] 스패너의 호칭법은 규격 번호 또는 규격 명칭, 종류, 등급 및 호칭에 의한다.

[예] JIS B 4630 둥근형 양구 스패너 강력급 8×10

스패너 창형 편구 스패너 12

8·73 표 육각봉 스패너 (JIS B 4648) KS B 3013(폐지)

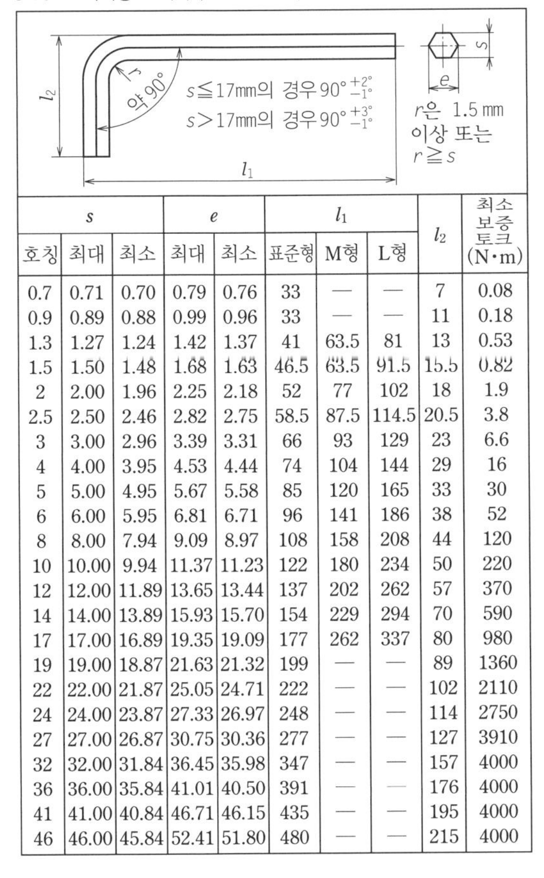

s			e		l_1			l_2	최소 보증 토크 (N·m)
호칭	최대	최소	최대	최소	표준형	M형	L형		
0.7	0.71	0.70	0.79	0.76	33	—	—	7	0.08
0.9	0.89	0.88	0.99	0.96	33	—	—	11	0.18
1.3	1.27	1.24	1.42	1.37	41	63.5	81	13	0.53
1.5	1.50	1.48	1.68	1.63	46.5	63.5	91.5	15.5	0.82
2	2.00	1.96	2.25	2.18	52	77	102	18	1.9
2.5	2.50	2.46	2.82	2.75	58.5	87.5	114.5	20.5	3.8
3	3.00	2.96	3.39	3.31	66	93	129	23	6.6
4	4.00	3.95	4.53	4.44	74	104	144	29	16
5	5.00	4.95	5.67	5.58	85	120	165	33	30
6	6.00	5.95	6.81	6.71	96	141	186	38	52
8	8.00	7.94	9.09	8.97	108	158	208	44	120
10	10.00	9.94	11.37	11.23	122	180	234	50	220
12	12.00	11.89	13.65	13.44	137	202	262	57	370
14	14.00	13.89	15.93	15.70	154	229	294	70	590
17	17.00	16.89	19.35	19.09	177	262	337	80	980
19	19.00	18.87	21.63	21.32	199	—	—	89	1360
22	22.00	21.87	25.05	24.71	222	—	—	102	2110
24	24.00	23.87	27.33	26.97	248	—	—	114	2750
27	27.00	26.87	30.75	30.36	277	—	—	127	3910
32	32.00	31.84	36.45	35.98	347	—	—	157	4000
36	36.00	35.84	41.01	40.50	391	—	—	176	4000
41	41.00	40.84	46.71	46.15	435	—	—	195	4000
46	46.00	45.84	52.41	51.80	480	—	—	215	4000

KS B 3011

8·74 표 나사 드라이버 (홈붙이 나사용) (JIS B 4609)

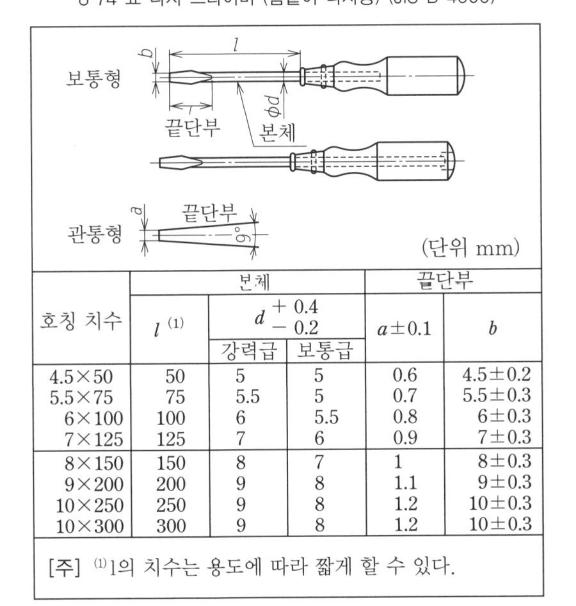

호칭 치수	본체			끝단부	
	l (1)	d $^{+0.4}_{-0.2}$		a±0.1	b
		강력급	보통급		
4.5×50	50	5	5	0.6	4.5±0.2
5.5×75	75	5.5	5	0.7	5.5±0.3
6×100	100	6	5.5	0.8	6±0.3
7×125	125	7	6	0.9	7±0.3
8×150	150	8	7	1	8±0.3
9×200	200	9	8	1.1	9±0.3
10×250	250	9	8	1.2	10±0.3
10×300	300	9	8	1.2	10±0.3

[주] (1) l의 치수는 용도에 따라 짧게 할 수 있다.

8·75 표 수동 토크 렌치 (플레이트형) (JIS B 4650 : 2008년 폐지) KS B 3027 (단위 mm)

호칭	사용할 수 있는 토크 범위 (N·m)	치수			
		l (최소)	L (최대)	H (최대)	B (최대)
23 N	3 ~ 23	33	300	42	22
45 N	5 ~ 45	36	350	47	24
90 N	10 ~ 90	40	400	54	26
130 N	20 ~ 130	42	450	58	28
180 N	30 ~ 180	45	500	60	32
280 N	50 ~ 280	48	600	65	36
420 N	70 ~ 420	48	850	65	47
560 N	100 ~ 560	56	960	67	49
700 N	100 ~ 700	56	1200	67	52
850 N	150 ~ 850	60	1400	68	58
1000 N	200 ~ 1000	60	1600	68	62

7. 와셔

볼트나 너트를 사용할 때 체결 부품의 표면이 평활하지 않을 때나, 헐거움 방지 등의 목적을 위해 8·27 그림에 나타낸 와셔가 이용된다. 와셔에는 여러 가지 형태의 것이 있으며, 이들을 단독으로 이용하는 경우 외에 2종류 혹은 그 이상을 조합해 이용하는 경우도 있다.

8·77 표~8·80 표는 이들 와셔의 JIS 규격, 8·76 표는 강제 및 스테인리스제의 등근형 평와셔의 종류를 나타낸 것이다.

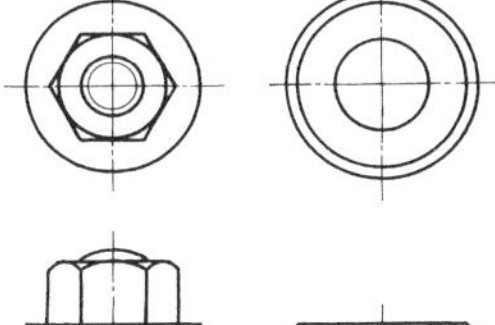

그림 8·28 평와셔

8·76 표 평와셔이 종류 (JIS B 1256)

종류	부품 등급	경도 구분 (HV)	적용 나사 호칭지름 (mm)	비고
소형	A	200, 300	1.6 ~ 36	적용되는 체결 부품은 일반용 볼트, 작은나사 및 너트로, 평와셔의 종류마다 적용에 바람직한 부품의 강도 구분, 재종, 부품 등급 등이 예시되어 있다.
보통	A	200, 300	1.6 ~ 64	
	C	100		
보통 모떼기	A	200, 300	5 ~ 64	
대형	A	200, 300	3 ~ 36	
	C	100		
특대형	C	100	5 ~ 36	

8장

8·77 표 평와셔 (JIS B 1256)

(a) 소형-부품 등급 A의 형상·치수 KS B 1326

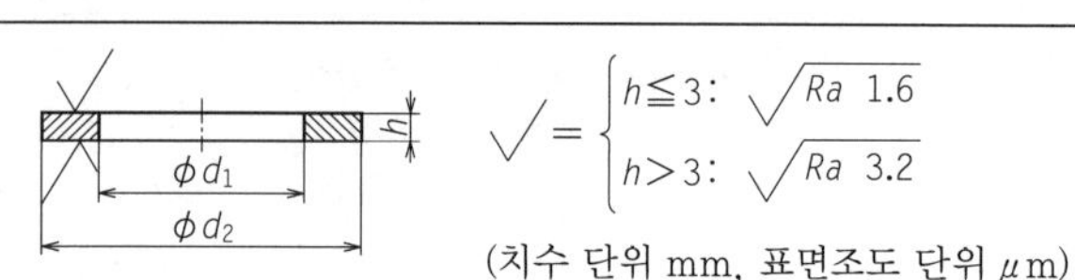

(치수 단위 mm, 표면조도 단위 μm)

호칭지름 (나사의 호칭지름 *d*)		내경 d_1 기준 치수 (최소)	내경 d_1 최대	외경 d_2 기준 치수 (최대)	외경 d_2 최소	두께 *h* 기준 치수	두께 *h* 최대	두께 *h* 최소
제1 선택	1.6	1.7	1.84	3.5	3.2	0.3	0.35	0.25
	2	2.2	2.34	4.5	4.2	0.3	0.35	0.25
	2.5	2.7	2.84	5	4.7	0.5	0.55	0.45
	3	3.2	3.38	6	5.7	0.5	0.55	0.45
	4	4.3	4.48	8	7.64	0.5	0.55	0.45
	5	5.3	5.48	9	8.64	1	1.1	0.9
	6	6.4	6.62	11	10.57	1.6	1.8	1.4
	8	8.4	8.62	15	14.57	1.6	1.8	1.4
	10	10.5	10.77	18	17.57	1.6	1.8	1.4
	12	13	13.27	20	19.48	2	2.2	1.8
	16	17	17.27	28	27.48	2.5	2.7	2.3
	20	21	21.33	34	33.38	3	3.3	2.7
	24	25	25.33	39	38.38	4	4.3	3.7
	30	31	31.39	50	49.38	4	4.3	3.7
	36	37	37.62	60	58.8	5	5.6	4.4
제2 선택	3.5	3.70	3.88	7.00	6.64	0.5	0.55	0.45
	14	15.00	15.27	24.00	23.48	2.5	2.7	2.3
	18	19.00	19.33	30.00	29.48	3	3.3	2.7
	22	23.00	23.33	37.00	36.38	3	3.3	2.7
	27	28.00	28.33	44.00	43.38	4	4.3	3.7
	33	34.00	34.62	56.0	54.8	5	5.6	4.4

(b) 보통형-부품 등급 A의 형상·치수

φd1, φd2, h

$\surd = \begin{cases} h \leqq 3 & : \sqrt{Ra\ 1.6} \\ 3 < h \leqq 6 & : \sqrt{Ra\ 3.2} \\ h > 6 & : \sqrt{Ra\ 6.3} \end{cases}$

(치수 단위 mm, 표면조도 단위 μm)

호칭지름 (나사의 호칭지름 *d*)		내경 d_1 기준 치수 (최소)	내경 d_1 최대	외경 d_2 기준 치수 (최대)	외경 d_2 최소	두께 *h* 기준 치수	두께 *h* 최대	두께 *h* 최소
제1 선택	1.6	1.7	1.84	4	3.7	0.3	0.35	0.25
	2	2.2	2.34	5	4.7	0.3	0.35	0.25
	2.5	2.7	2.84	6	5.7	0.5	0.55	0.45
	3	3.2	3.38	7	6.64	0.5	0.55	0.45
	4	4.3	4.48	9	8.64	0.8	0.9	0.7
	5	5.3	5.48	10	9.64	1	1.1	0.9
	6	6.4	6.62	12	11.57	1.6	1.8	1.4
	8	8.4	8.62	16	15.57	1.6	1.8	1.4
	10	10.5	10.77	20	19.48	2	2.2	1.8
	12	13	13.27	24	23.48	2.5	2.7	2.3
	16	17	17.27	30	29.48	3	3.3	2.7
	20	21	21.33	37	36.38	3	3.3	2.7
	24	25	25.33	44	43.38	4	4.3	3.7
	30	31	31.39	56	55.26	4	4.3	3.7
	36	37	37.62	66	64.8	5	5.6	4.4
	42	45.00	45.62	78.0	76.8	8	9	7
	48	52.00	52.74	92.0	90.6	8	9	7
	56	62.00	62.74	105.0	103.6	10	11	9
	64	70.00	70.74	115.0	113.6	10	11	9

[주] 제2 선택 (호칭지름 3.5, 14, 18, 22, 27, 33, 39, 45, 52, 60)은 생략.

8·78 표 스프링 와셔 (JIS B 1251) KS B 1324

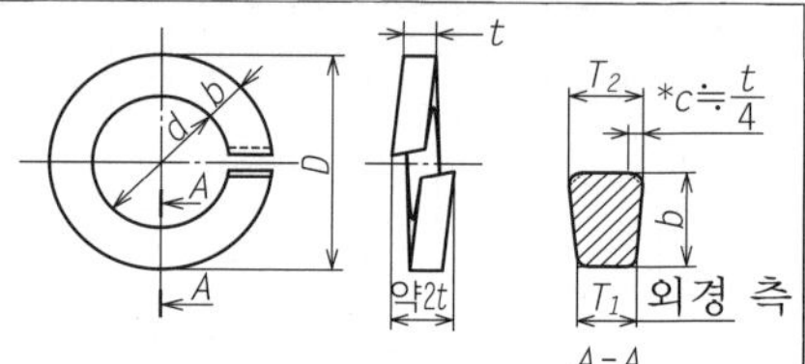

[주] *모떼기 또는 라운딩

(단위 mm)

호칭	내경 *d*	단면 치수 (최소) 일반용 폭 *b*× 두께 *t*	단면 치수 (최소) 중하중용 폭 *b*× 두께 *t*	외경 *D* (최대) 일반용	외경 *D* (최대) 중하중용
2	2.1	0.9×0.5		4.4	
2.5	2.6	1.0×0.6		5.2	
3	3.1	1.1×0.7		5.9	
(3.5)	3.6	1.2×0.8	—	6.6	—
4	4.1	1.4×1.0		7.6	
(4.5)	4.6	1.5×1.2		8.3	
5	5.1	1.7×1.3		9.2	
6	6.1	2.7×1.5	2.7×1.9	12.2	12.2
(7)	7.1	2.8×1.6	2.8×2.0	13.4	13.4
8	8.2	3.2×2.0	3.3×2.5	15.4	15.6
10	10.2	3.7×2.5	3.9×3.0	18.4	18.8
12	12.2	4.2×3.0	4.4×3.6	21.5	21.9
(14)	14.2	4.7×3.5	4.8×4.2	24.5	24.7
16	16.2	5.2×4.0	5.3×4.8	28.0	28.2
(18)	18.2	5.7×4.6	5.9×5.4	31.0	31.4
20	20.2	6.1×5.1	6.4×6.0	33.8	34.4
(22)	22.5	6.8×5.6	7.1×6.8	37.7	38.3
24	24.5	7.1×5.9	7.6×7.2	40.3	41.3
(27)	27.5	7.9×6.8	8.6×8.3	45.3	46.7
30	30.5	8.7×7.5		49.9	
(33)	33.5	9.5×8.2	—	54.7	—
36	36.5	10.2×9.0		59.1	
(39)	39.5	10.7×9.5		63.1	

[주] $t=\frac{T_1+T_2}{2}$, 이 경우 T_2-T_1은 0.064b 이내여야 한다.

[비고] 호칭에 괄호를 붙인 것은 가급적 이용하지 않는다.

KS B 1325

8·79 표 이붙이 와셔 (JIS B 1251)

(단위 mm)

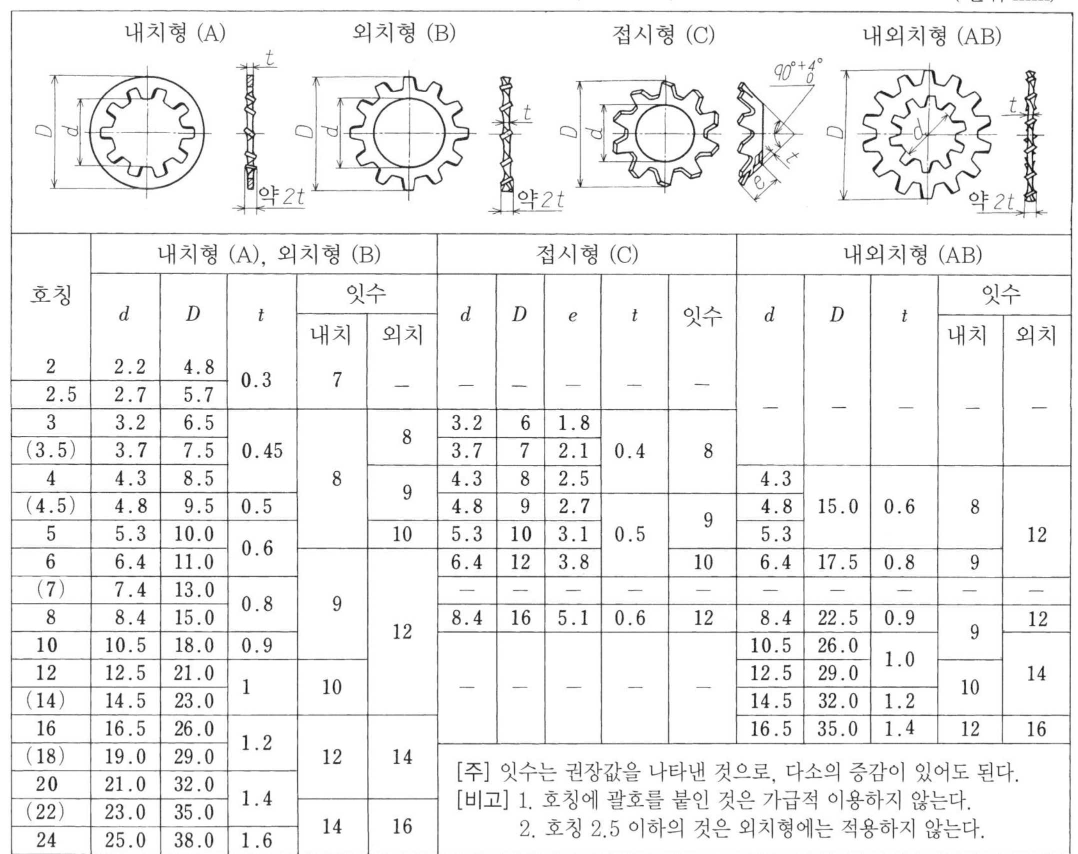

호칭	내치형 (A), 외치형 (B)					접시형 (C)					내외치형 (AB)				
	d	D	t	잇수 내치	잇수 외치	d	D	e	t	잇수	d	D	t	잇수 내치	잇수 외치
2	2.2	4.8	0.3	7	—	—	—	—	—	—	—	—	—	—	—
2.5	2.7	5.7													
3	3.2	6.5	0.45	8	8	3.2	6	1.8	0.4	8					
(3.5)	3.7	7.5				3.7	7	2.1							
4	4.3	8.5			9	4.3	8	2.5			4.3	15.0	0.6	8	12
(4.5)	4.8	9.5	0.5			4.8	9	2.7	0.5	9	4.8				
5	5.3	10.0	0.6		10	5.3	10	3.1			5.3				
6	6.4	11.0		9	12	6.4	12	3.8		10	6.4	17.5	0.8	9	
(7)	7.4	13.0	0.8			—	—	—	—	—	—	—	—	—	—
8	8.4	15.0				8.4	16	5.1	0.6	12	8.4	22.5	0.9	9	12
10	10.5	18.0	0.9			—	—	—	—	—	10.5	26.0	1.0		14
12	12.5	21.0	1	10							12.5	29.0		10	
(14)	14.5	23.0									14.5	32.0	1.2		
16	16.5	26.0	1.2	12	14						16.5	35.0	1.4	12	16
(18)	19.0	29.0													
20	21.0	32.0	1.4												
(22)	23.0	35.0		14	16										
24	25.0	38.0	1.6												

[주] 잇수는 권장값을 나타낸 것으로, 다소의 증감이 있어도 된다.

[비고] 1. 호칭에 괄호를 붙인 것은 가급적 이용하지 않는다.

2. 호칭 2.5 이하의 것은 외치형에는 적용하지 않는다.

KS B 1329

8·80 표 접시스프링 와셔 (JIS B 1251)

(단위 mm)

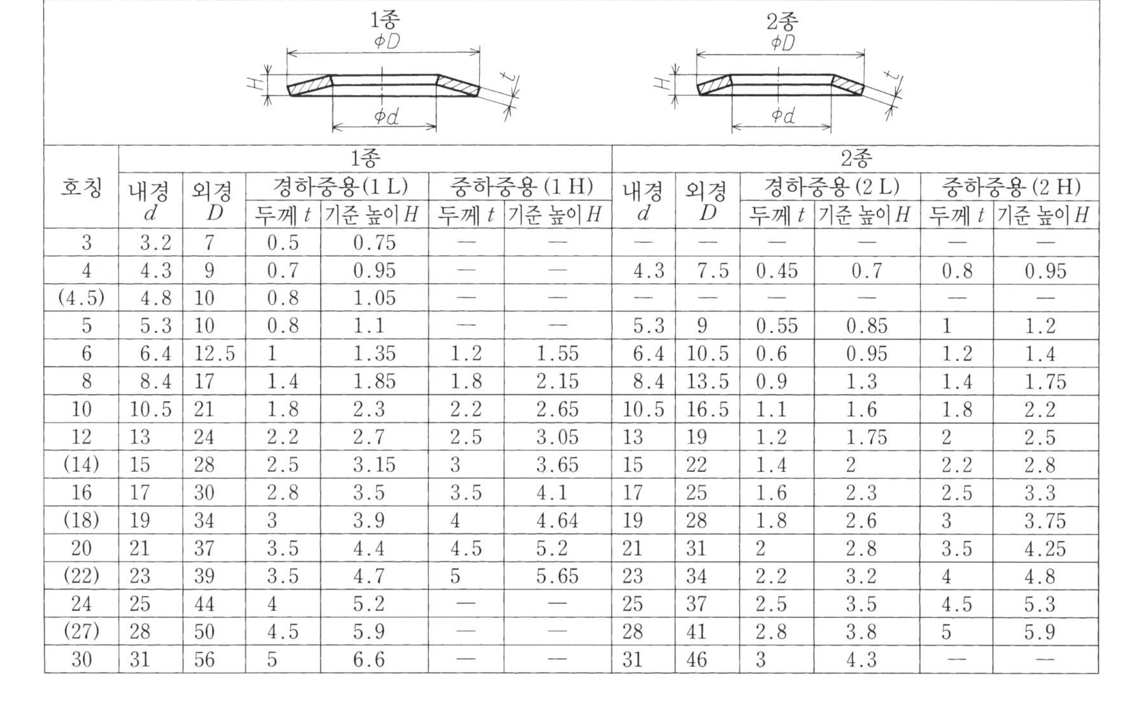

호칭	1종 내경 d	1종 외경 D	경하중용 (1 L) 두께 t	경하중용 (1 L) 기준 높이 H	중하중용 (1 H) 두께 t	중하중용 (1 H) 기준 높이 H	2종 내경 d	2종 외경 D	경하중용 (2 L) 두께 t	경하중용 (2 L) 기준 높이 H	중하중용 (2 H) 두께 t	중하중용 (2 H) 기준 높이 H
3	3.2	7	0.5	0.75	—	—	—	—	—	—	—	—
4	4.3	9	0.7	0.95	—	—	4.3	7.5	0.45	0.7	0.8	0.95
(4.5)	4.8	10	0.8	1.05	—	—	—	—	—	—	—	—
5	5.3	10	0.8	1.1	—	—	5.3	9	0.55	0.85	1	1.2
6	6.4	12.5	1	1.35	1.2	1.55	6.4	10.5	0.6	0.95	1.2	1.4
8	8.4	17	1.4	1.85	1.8	2.15	8.4	13.5	0.9	1.3	1.4	1.75
10	10.5	21	1.8	2.3	2.2	2.65	10.5	16.5	1.1	1.6	1.8	2.2
12	13	24	2.2	2.7	2.5	3.05	13	19	1.2	1.75	2	2.5
(14)	15	28	2.5	3.15	3	3.65	15	22	1.4	2	2.2	2.8
16	17	30	2.8	3.5	3.5	4.1	17	25	1.6	2.3	2.5	3.3
(18)	19	34	3	3.9	4	4.64	19	28	1.8	2.6	3	3.75
20	21	37	3.5	4.4	4.5	5.2	21	31	2	2.8	3.5	4.25
(22)	23	39	3.5	4.7	5	5.65	23	34	2.2	3.2	4	4.8
24	25	44	4	5.2	—	—	25	37	2.5	3.5	4.5	5.3
(27)	28	50	4.5	5.9	—	—	28	41	2.8	3.8	5	5.9
30	31	56	5	6.6	—	—	31	46	3	4.3	—	—

8. 나사의 헐거움 방지

나사는 진동 등으로 인해 점차 헐거워질 수 있으므로 헐거움 방지를 사용한다. 헐거움 방지로서는 일반적으로 다음과 같은 것이 있다.

(1) 너트를 사용하는 것 8·28 그림은 두개의 너트를 겹쳐 너트의 헐거움을 방지하는 방법을 나타낸 것이다. 이 경우 아래의 너트를 고정 너트(로크 너트)라고 하고, 이것은 하중을 받지 않기 때문에 위의 너트보다 얇아도 된다. 동 그림 (b)는 동일한 너트를 2개 사용한 것이다. 이 경우는 위의 너트가 체결 압력을 견뎌야 하므로 핀을 이용한 것을 나타낸 것이다(핀에 대해서는 8·4절을 참조).

또한 보통 고정 너트에는 JIS 육각 너트의 낮은 너트를 사용하는 것이 좋다.

또한 동 그림 (c)는 작은나사에 고정 너트를 사용한 예이다.

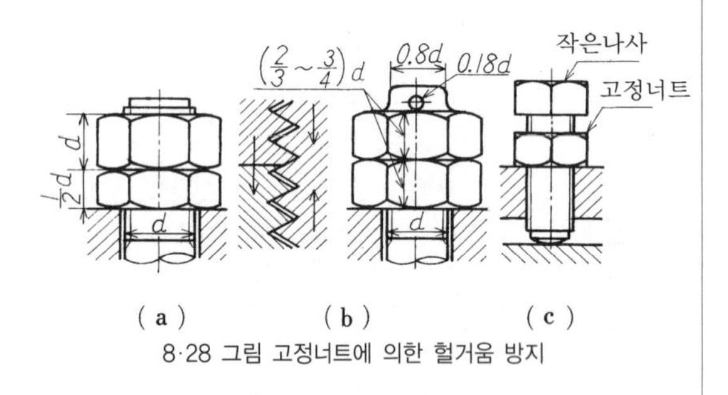

8·28 그림 고정너트에 의한 헐거움 방지

(2) 핀을 넣는 방법 8·29 표 (a)는 볼트의 생크에 구멍을 뚫고 이것에 핀(분할 핀, 평행 핀, 테이퍼 핀 등)을 넣어 너트의 헐거움을 확실히 방지하는 경우, 동 그림 (b)는 볼트의 생크와 너트를 통해 구멍을 뚫고 이것에 핀을 넣은 것이다. 동 그림 (c)는 홈붙이 너트를 이용한 예로, 구멍의 위치 조절은 너트의 머리에 홈이 붙어 있으므로 이것과 구멍을 맞추면 된다.

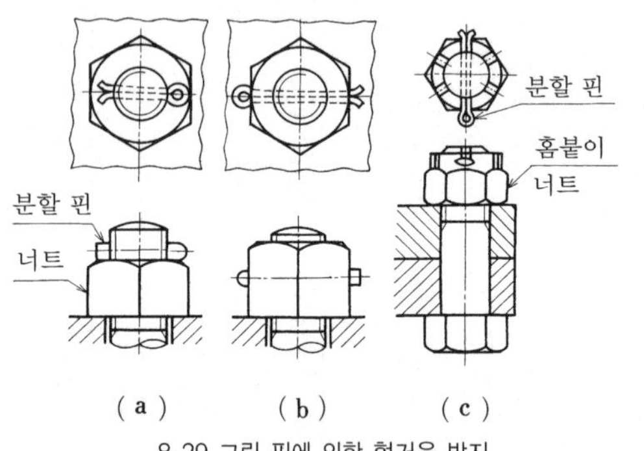

8·29 그림 핀에 의한 헐거움 방지

(3) 작은나사에 의한 방법 8·30 그림에 작은나사에 의한 여러 가지 헐거움 방지 방법을 나타냈다. 그림과 같이 너트의 일부에 작은나사를 끼워 체결하는 방법, 너트에 접해서 작은나사를 붙이는 방법 혹은 너트와 볼트의 접촉부에 작은나사를 이용한 방법, 기타 여러 가지 방법이 있다.

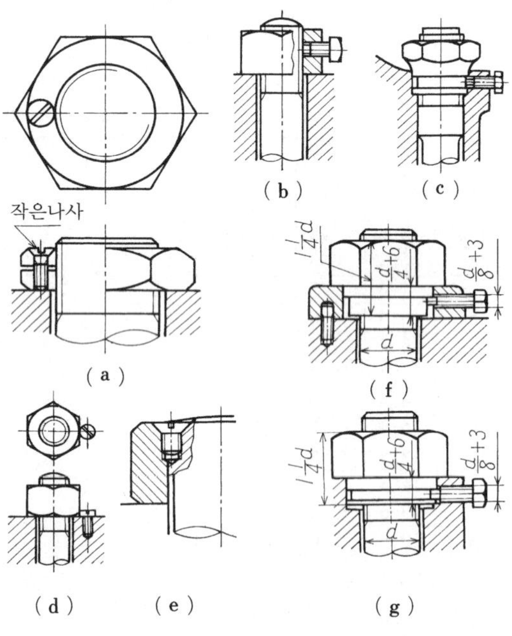

8·30 그림 작은나사에 의한 헐거움 방지 (단위 mm)

(4) 와셔에 의한 방법 헐거움 방지에 이용하는 와셔로서는 앞에서 말한 스프링 와셔, 이붙이 와셔, 접시스프링 와셔 외에 여러 가지 것이 있다.

8·31 그림은 혀붙이 와셔에 의한 것을 나타낸 것으로, 와셔의 혀부 및 원주의 일부를 구부려서 너트를 고정한다. 또한 8·32 그림은 각각 특수한 와셔에 의한 헐거움 방지 구조를 나타낸 것이다.

이외에 고무, 플라스틱 등의 비금속제 와셔를 사용하는 경우도 있다.

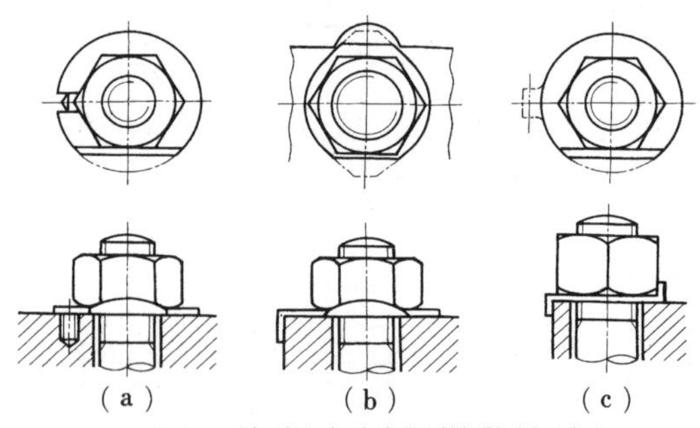

8·31 그림 혀붙이 와셔에 의한 헐거움 방지

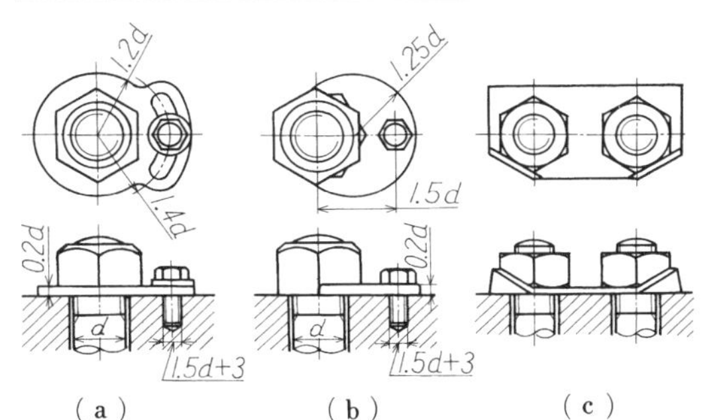

(a) (b) (c)
8·32 그림 특수 와셔에 의한 헐거움 방지 (단위 mm)

(5) 기타의 방법 8·33 그림에 철사, 기타의 방법을 이용한 헐거움 방지를 나타냈나.

또한 나사부를 분해할 필요가 전혀 없는 경우에는 접착제를 도포해 체결하던가, 8·33 그림 (c)에 나타냈듯이 나사의 머리부 그 외를 펀치로 찍어 나사산을 고정해 두면 된다.

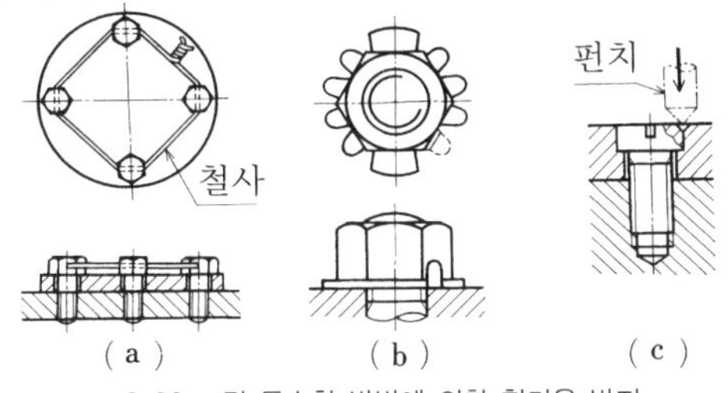

(a) (b) (c)
8·33 그림 특수한 방법에 의한 헐거움 방지

9. 나사의 크기 계산

(1) 인장력만을 받는 경우

삼각나사 볼트가 축방향의 인장력만을 받아, 나사의 골짜기에서 절단되는 경우

W…축방향의 하중(N),

d…나사의 외경(mm),

σ_t…나사재의 허용 인장응력(N/mm^2),

d_1…나사의 골지름(mm)

로 하면, 골의 단면에서 다음 식이 성립된다.

$$\sigma_t = \frac{W}{\frac{\pi}{4}d_1^2} \qquad (1)$$

혹은

$$W = \frac{\pi}{4}d_1^2\sigma_t \qquad (2)$$

위의 식에서 σ_t은 나사의 재질에 의해 결정된다. W는 사용 장소에서 가해지는 최대 하중을 취하는데, 이 하중의 조건에 따라 σ_t의 값이 달라진다. 이상의 W 및 σ_t가 정해지면, 나사의 골지름 d1이 구해진다. 그러나 나사는 보통 외경 d로 불리므로 d_1을 d로 나타내기 위해서는 (2) 식을

$$W = \frac{\pi}{4}\left(\frac{d_1}{d}\right)^2 d^2\sigma_t \qquad (3)$$

으로 바꿔 $\left(\frac{d_1}{d}\right)^2$의 값을 8·81 표와 같이 구해 두고, 그것을 대입하면 d를 구할 수 있다.

8·81 표 (단위 mm)

나사의 호칭	M12	M16	M20	M24	M30	M42
$\left(\frac{d_1}{d}\right)^2$	0.70	0.75	0.75	0.76	0.76	0.78

8·61 표에 의해 $\left(\frac{d_1}{d}\right)^2$의 값은 나사의 크기에 따라 다르다는 것을 알 수 있는데, 그 최소값은 미터나사의 경우 0.70이 되고, (3) 식에 대입하면

$$W = \frac{\pi}{4}\left(\frac{d_1}{d}\right)^2 d^2\sigma_t = \frac{\pi}{4}\times 0.70d^2\sigma_t \fallingdotseq 0.5d^2\sigma_t \qquad (4)$$

가 된다. 나사재를 연강, 하중을 동하중으로 하면, 4.2 표에서 동하중 W의 σ_t=60~100N/mm^{2}를 얻는데, 안전을 생각해 60N/m^{2}을 취하고 (4) 식에서

$$W = 30d^2,\ d = \sqrt{\frac{W}{30}} \qquad (5)$$

가 되어, 하중 W가 결정되면 d를 구할 수 있다.

[예제 1] 연강재를 이용해 하중 50kN을 지지하기 위한 볼트의 크기를 구하자.

(5) 식에 W=50kN=50000N을 대입하면

$$d = \sqrt{\frac{50000}{30}} = 100\times\frac{\sqrt{5}}{\sqrt{30}}$$

제곱근의 표(20·3 표)에서 분모, 분자의 값을 알면

$$d = 100\times\frac{2.236}{5.477} = 40.8$$

JIS 규격표(미터나사)에서 외경 d가 40.8mm에 가장 가까운 값을 취하면 d=42mm이다.

(2) 인장력과 비틀림 모멘트를 받는 경우

삼각나사 볼트가 축방향으로 힘을 받아 회전하는 경우에는 나사는 축방향의 인장력과 비틀림 모멘트를 받는다.

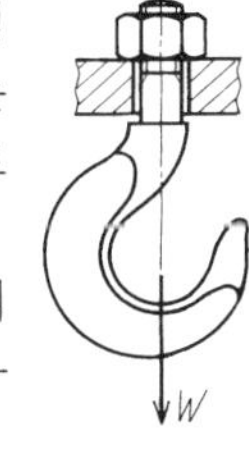

8·34 그림

이 경우의 계산에는, 허용응력의 75%의 값을 이용해 (4) 식을 적용한다. 즉

$$W = 0.5d^2\sigma_t$$

에서 연강재의 경우

$\sigma_t = 60\times 0.75 = 45$ N/mm^{2}를 대입하고,

$W = 0.5\times 45\times d^2 = 22.5d^2$

을 사용한다.

(3) 나사산의 수 나사산의 수는 나사산의 굽

힘, 전단 및 나사산의 접촉면압력을 고려해 결정한다.

그러나 나사산의 접촉면압력을 고려해 계산한 산 수가 가장 많으므로 이것을 안전한 값으로 채용한다.

W : 축방향 하중(N0, q : 접촉면압력 (N/mm²),

n : 나사산의 수, d : 외경(mm), d_1 : 골지름(mm)
으로 하면

$$q = \frac{W}{n\frac{\pi}{4}(d^2-d_1{}^2)} = \frac{W}{n\frac{\pi}{4}d^2\left\{1-\left(\frac{d_1}{d}\right)^2\right\}} \qquad (6)$$

8·81 표에서 $\left(\frac{d_1}{d}\right)^2=0.70$을 대입하면

$$q \fallingdotseq \frac{W}{0.2nd^2} \quad \text{혹은} \quad q \fallingdotseq \frac{10W}{2nd^2} \qquad (7)$$

접촉면압력 q는 8·82 표의 값을 이용한다.

8·82 표 나사의 접촉면압력

볼트	너트	체결용 나사 q (N/mm²)	이동용 나사 q (N/mm²)
연강	연강 혹은 청동	30	10
경강	〃 〃	40	13
경강	경강 혹은 청동	40	13
주철	주철 혹은 청동	15	5

[예제 2] 120kN의 물품을 수직으로 끌어올리는 데 이용하는 아이 볼트의 설계를 하자.

볼트재로서 연강을 이용하면 (5) 식을 사용해 [예제 1]과 동일하게

$$d = \sqrt{\frac{120000}{30}} \fallingdotseq 63\text{mm}$$

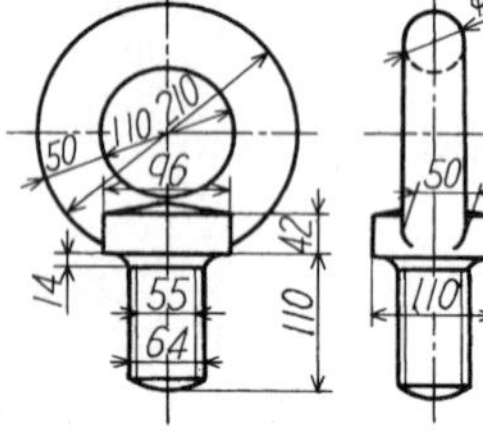

8·35 그림

JIS 규격표(미터나사)에서 외경 d=64mm

이 볼트의 나사 깊이 H=1.5d로 하기 때문에 d=64mm를 대입해

미터의 경우 H=1.5×64=96mm
이다.

[예제 3] 하중 8kN을 지지하는 연강제 체결 볼트의 외경 및 너트의 높이를 구하자.

(5) 식에 W=8kN=8000N을 대입하면

$$d=\sqrt{\frac{W}{30}}=\sqrt{\frac{8000}{30}} \fallingdotseq 16.3\text{mm}$$

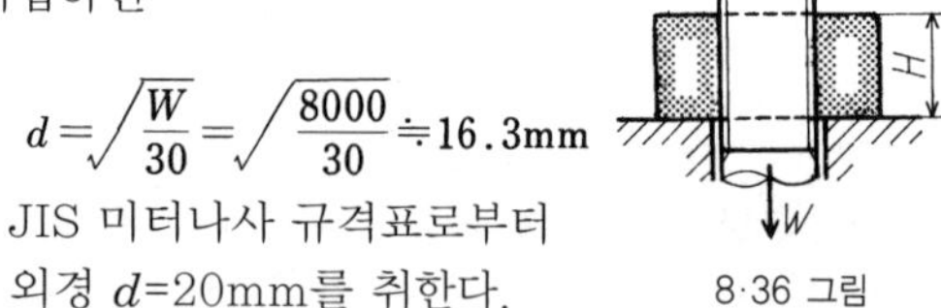

8·36 그림

JIS 미터나사 규격표로부터 외경 d=20mm를 취한다.

(7) 식에 W=8000N, d=20mm, 연강제 체결 볼트, 너트의 q=30N/mm²를 각각 대입하면

$$q = \frac{10W}{2nd^2} \text{에서 } n = \frac{10W}{2qd^2} = \frac{10\times8000}{2\times30\times20^2} \fallingdotseq 3.3$$

이 나사산 수 n과 피치 P의 곱은 나사부의 길이가 되는 것이기 때문에, 또한 H=nP에 의해 구할 수 있다.

규격에 의하면, d=20mm일 때 P=2.5mm이기 때문에 H=3.3×2.5=8.3mm가 된다.

(4) 고정용, 봉합용 볼트 고정용 혹은 봉합용 삼각나사 볼트의 골지름과 하중의 관계는 다음의 경험식에서 도출된다.

$$d_1 = c\sqrt{W}+5\text{mm} \qquad (8)$$

(8) 식에 의한 허용 안전하중 값의 한 예를 나타내면, 8·84 표와 같다.

8·83 표 c의 값

c=0.04	리벳재, 유연 패킹	공작이 우수한 경우
c=0.045	우수한 볼트재, 유연 패킹	공작이 양호한 경우
c=0.055	우수한 볼트재	공작이 나쁜 경우

8·84 표 c와 허용 안전하중의 값

나사의 호칭	W (N)		
	c=0.04	c=0.045	c=0.055
M10	343	274.4	186
M12	1499	1166.2	793
M16	3567	2832.2	1920
M20	6536	5145	3449
M24	10192	8045	5409
M30	20041	15836	10593
M36	34329	27067	18120
M42	50842	40150	26891
M48	72882	57545	38533
M56	116237	91855	61475
M64	149655	118227	79115
M72×6	174802	138023	92404
M80×6	213640	168814	112974

[예제 4] 나사 잭의 핸들을 돌려 하중 W=30kN을 밀어 올릴 때에 나사봉(연강제)에 생기는 응력과, 너트의 높이 및 핸들의 지름을 구하자.

단, 사각나사의 외경 d=40mm, 피치 P=10mm,

나사의 마찰계수 μ=0.15, 핸들의 길이 l=500mm로 하고, 너트의 재료는 황동으로 한다.

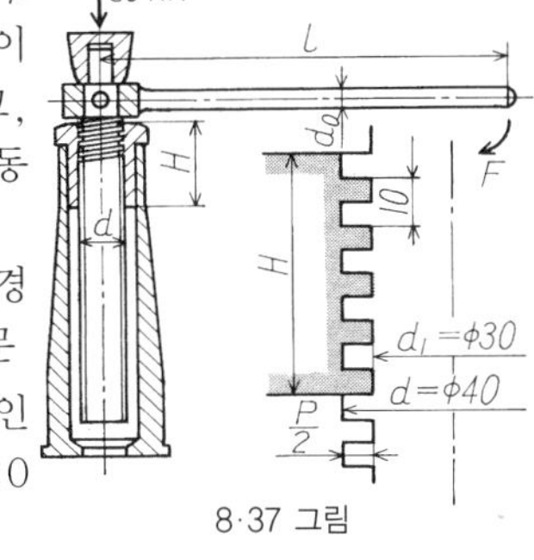

8·37 그림

나사의 평균 반경 $d_e=\frac{d+d_1}{2}$이기 때문에 외경 d=40mm인 경우의 내경 d_1=30mm에서

$$d_e=\frac{40+30}{2}=35\text{mm}$$

이다.

하중 W를 받아 회전시킬 때의 모멘트 M은 다음 식으로 주어진다.

$$M=W\frac{d_e}{2}\times\frac{P+\mu\pi d_e}{\pi d_e-\mu P}\ \text{N/mm}^2 \quad (9)$$

$$W=30000\text{kN},\ P=10\text{mm},\ \mu=0.15$$

이기 때문에

$$M=30000\times\frac{35}{2}\left(\frac{10+0.15\times\pi\times35}{\pi\times35-0.15\times10}\right)\fallingdotseq128\times10^3\text{N·mm}$$

이 모멘트에 의해 나사봉에 생기는 비틀림응력 τ은

$$\tau=\frac{M}{\frac{\pi}{16}d_1^3}\ \text{N/mm}^2 \quad (10)$$

이다. (9) 식에서 구한 모멘트를 (10) 식에 대입하면

$$\tau=\frac{128\times10^3}{\frac{\pi}{16}\times30^3}=24.2\text{N/mm}^2$$

이 된다. 나사봉이 압축만을 받는 것으로 생각해 압축응력 σ_c는

$$\sigma_c=\frac{W(\text{하중})}{\frac{\pi}{4}d_1^2(\text{단면적})}\ \text{N/mm}^2\text{에서}$$

$$\sigma_c=\frac{30000}{\frac{\pi}{4}\times30^2}\fallingdotseq42.5\text{N/mm}^2$$

여기에서 압축응력과 비틀림 모멘트가 동시에 작용하는 경우의 해당 압축응력 σ에 관해, 바흐씨가 도출한 식에 의하면

$$\sigma=0.35\sigma_c+0.65\sqrt{\sigma_c^2+4(a_0\tau)^2} \quad (11)$$

$$\text{단,}\quad a_0=\frac{\sigma_{ca}}{1.3\tau_a}$$

σ_{ca}…허용 압축응력, τ_a…허용 비틀림응력

(11) 식을 적용해 σ를 구하면, 연강재에서는 정하중에서 σ_{ca}=90~120N/mm², τ_a=60~100N/mm²이기 때문에 σ_{ca}=90N/mm², τ_a=60N/mm²를 취하면 우선 α_0은

$$a_0=\frac{\sigma_{ca}}{1.3\tau_a}=\frac{90}{1.3\times60}=1.15$$

$$\sigma=0.35\times42.5+0.65\sqrt{42.5^2+4(1.15\times24.2)^2}$$
$$=60.4\text{N/mm}^2$$

따라서 발생 응력=60.4N/mm².

다음으로 너트의 높이 H를 구한다.

허용 접촉압력을 q로 하면

$$W=\frac{\pi}{4}d_1^2\sigma_c=\frac{\pi}{4}(d^2-d_1^2)nq \quad (12)$$

나사의 유효 산 수를 n으로 하면 $H=nP$

이것을 (12) 식에 대입하면

$$W=\frac{\pi}{4}(d^2-d_1^2)\frac{H}{P}q$$

$$H=\frac{4WP}{\pi(d^2-d_1^2)q} \quad (13)$$

(13) 식에 W=30000N, P=10mm, d=40mm, d_1=30mm를 대입하고, 또한 q≦10N으로 해야 하기 때문에(8·82 표 참조) q=8.5N/mm²로 해서 대입 계산하면

$$H=\frac{4\times30000\times10}{\pi(40^2-30^2)\times8.5}=64\text{mm}$$

다음으로 핸들을 돌리는 힘을 F로 하면

$$F=\frac{M}{l} \quad (14)$$

(14) 식에 M=128×10³N/mm², l=500mm를 대입 계산하면

$$F=\frac{128\times10^3}{500}=256\text{N}$$

또한 허용 벤딩응력을 σ_b로 하면, 균형의 조건으로부터

$$M=Fl=\frac{\pi}{32}d_0^3\sigma_b$$

여기에서 핸들의 직경을 구하면

$$d_0=\sqrt[3]{\frac{32M}{\pi\sigma_b}} \quad (15)$$

또한, σ_b는 연강재로 정하중의 경우는 90N/mm²~120N/mm²이기 때문에 σ_b=100N/mm²로 하면, (15) 식은

$$d_0=\sqrt[3]{\frac{32M}{\pi\sigma_b}}=\sqrt[3]{\frac{32\times128\times10^3}{\pi\times100}}\fallingdotseq24\text{mm}$$

즉, 핸들의 직경은 24mm이다.

[예제 5] 8·38 표와 같은 베어링의 서포트 암을 3개의 외경 20mm의 연강제 볼트로 벽에 설치하고 있는 경우, 그 안전하중을 구하자.

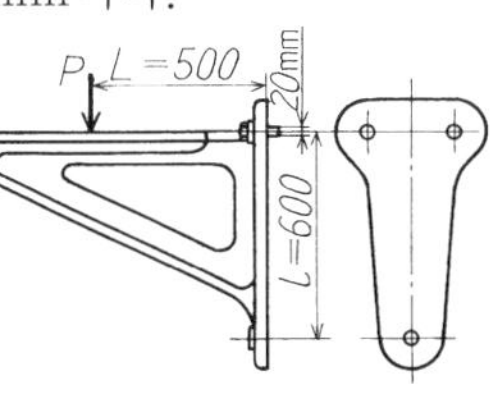

8·38 그림

8장

연강의 허용 인장응력은 동하중의 경우에는 54~70N/mm²인데, 거의 그 중간의 값을 잡아 60N/mm²로 한다.

하중 P, 하중이 가해지고 있는 위치에서 지점까지의 거리를 L, 작용 모멘트를 M_1으로 하면, 작용 모멘트와 저항 모멘트는 동일하기 때문에

$$M_1 = PL \qquad (16)$$

이 경우 아래의 나사부는 고정되고, 주로 상부의 2개 나사가 인장을 받는다고 생각하면, 나사 1개로 지지할 수 있는 힘 Q는

$$Q = A\sigma_{ta}\ \mathrm{N}$$

단, σ_{ta}는 허용 인장응력, A는 나사부의 단면적이다.

따라서 최대 저항 모멘트 M_2는 상하의 나사 간격을 l로 하면

$$M_2 = 2Ql \qquad (17)$$

이다. 또한 M_1=M_2이기 때문에 (16), (17) 식에서

$$PL = 2Ql$$

$$P = \frac{2Ql}{L} = \frac{2A\sigma_{ta}l}{L}$$

이 된다. 이것에 σ_{ta}=60 N/mm², l =600 mm, L=500mm, 또한 8·1 표에서 A=234.9mm²의 수치를 구해 각각 대입 계산하면

$$P = \frac{2\times234.9\times60\times600}{500} = 33.8\times10^3\ \mathrm{N}$$

따라서 안전하중은 약 30kN이다.

[예제 6] 나사 볼트로 기계 부품을 체결하는 경우, 스패너로 너트를 과하게 비틀면, 기계 부품이 부서지지 않을 때 볼트는 파괴된다.

또한 체결력이 큰 경우에는 너트의 좌면에 생기는 마찰저항을 생략할 수 없다.

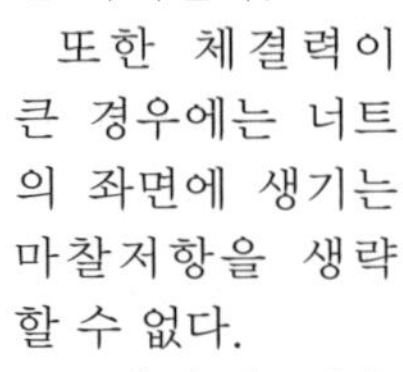

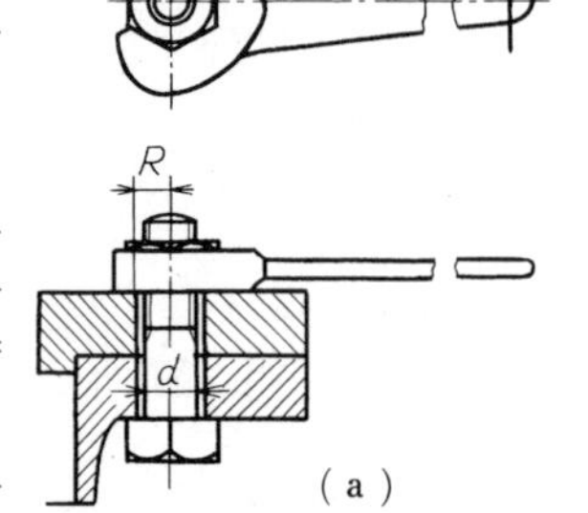

(a)

스패너에 힘을 가해 체결하는 힘을 Q로 하면, 나사산의 모멘트 M_1 및 좌면의 모멘트 M_2는 다음 식과 같이 된다.

$$M_1 = Qr\tan(\alpha+\rho) \qquad (18)$$

$$M_2 = QR\tan\rho \qquad (19)$$

단, r은 나사의 평균 반경= $\frac{\text{외경+골지름}}{4}$ mm,

ρ는 마찰각, α는 나사의 리드각, R는 8·39 표 (a)에 나타낸 부분의 거리이다. 일반적으로 ρ=5°~10°, R는 골지름을 $d_1$mm로 하면 $R=\frac{1.5}{2}d_1$ mm이다. 스패너를 돌리는 모멘트 M은

$$M = PL \qquad (20)$$

또한 M=M_1+M_2이기 때문 (18), (19) 식에서

$$M = Q\{r\tan(\alpha+\rho) + R\tan\rho\} \qquad (21)$$

이 된다. (20), (21) 식에서

$$Q = \frac{PL}{\{r\tan(\alpha+\rho) + R\tan\rho\}} \qquad (22)$$

또한 볼트에 생기는 인장응력 σ_t 및 비틀림응력 τ는

$$\sigma_t = \frac{Q}{\frac{\pi}{4}d_1^2} \qquad (23)$$

$$\tau = \frac{Qr\tan(\alpha+\rho)}{\frac{\pi}{16}d_1^3} \qquad (24)$$

이 인장응력과 비틀림응력의 상당 응력 σ1은, 바흐씨의 다음 식에서 구할 수 있다.

$$\sigma_1 = 0.35\sigma_t + 0.65\sqrt{\sigma_t^2 + 4(a_0\tau)^2} \qquad (25)$$

단, $a_0 = \frac{\sigma_a}{1.3\tau_a}$, σ_a··· 허용 인장(또는 압축) 응력, τ_a···허용 전단응력.

여기서 P=150N, L=15d로서 여러 가지 직경의 미터나사에 대해, σ_1, σ_t, τ의 값을 계산해 그래프로 하면 8·39 표 (b)에 나타낸 것처럼 된다. 이 그림으로부터 알 수 있듯이 스패너의 길이를 볼트의 지름 크기에 비례해 길게 하고 그 끝단에 일정한 힘을 가해 너트를 돌릴 때, 그 좌면의 마찰이 반경 R의 곳에 집중하고 있다고 생각하면 볼트에 생기는 상당 응력은 볼트의 직경이 큰 것일수록 작아진다.

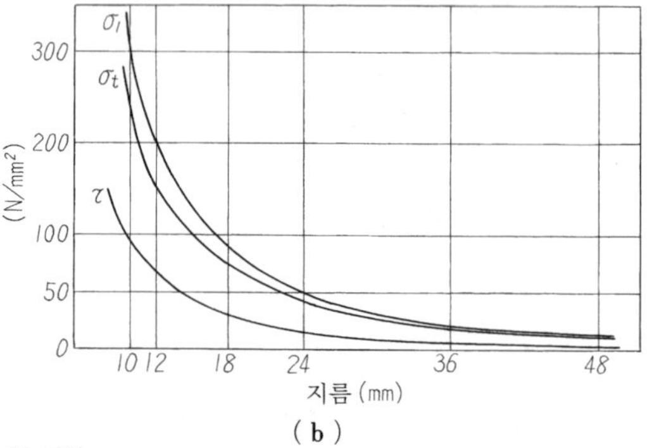

(b)

8·39 그림

즉, 체결력을 필요로 하는 곳에는 작은 볼트는 이용하지 않도록 하는 것이다.

10. 나사 기초구멍 지름

앞에서 말한 나사 중 삼각나사의 암나사에서 가장 일반적으로 이용되는 가공 방법은 우선 적당한 직경의 드릴로 기초구멍을 뚫어 여기에 탭을 넣어 마무리하는 방식이다.

이 경우 기초구멍이 너무 크면 암나사의 골이 얕아지고 나사 강도가 감소하고, 반대로 너무 작으면 탭 가공이 매우 어려워지므로 적당한 치수의 기초구멍을 뚫어야 한다.

JIS에서는 이 나사 기초구멍에 대해, 다음과 같은 사항을 규정하고 있다.

(1) (나사의)접촉률 나사산 규격에서는 각각에 대해 접촉 높이 H1(8·40 표 참조)가 정해져 있는데, 이것을 기준으로 다음 식에서 얻은 값을 접촉률(%)이라고 한다.

$$\text{접촉률} = \frac{\text{수나사의 외경 기준 치수} - \text{기초구멍 지름}}{2 \times \text{기준의 접촉 높이}} \times 100$$

즉 8·40 그림으로부터 알 수 있듯이 기초구멍이 규격으로 정해진 암나사 내경에 동일하게 뚫린 경우는 접촉률은 100%가 되고, 피치선까지 구멍을 뚫은 경우에는 접촉률은 60이 되게 된다.

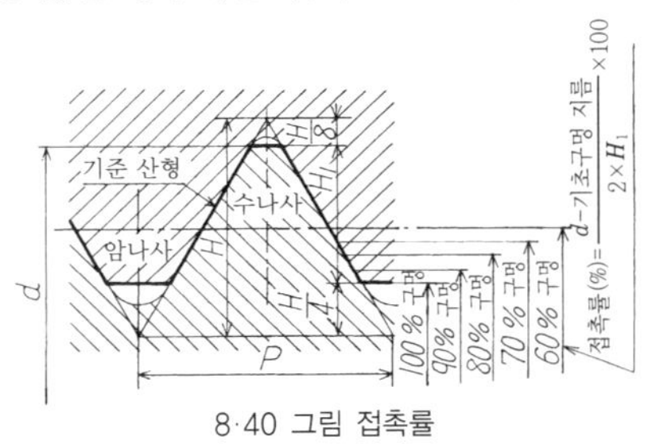

8·40 그림 접촉률

규격에서는 이 접촉률에 의해 기초구멍 지름의 계열을 8·85 표와 같은 9종류로 분류, 각각에 대한 기초구멍 지름을 나타내고 있다.

8·85 표 기초구멍 지름의 계열

접촉률 (%)	100	95	90	85	80	75	70	65	60
기초구멍 지름의 계열	100	95	90	85	80	75	70	65	60

(2) 기초구멍 지름을 구하는 방식

나사 기초구멍을 구하려면 다음 식을 따른다.

$$\text{기초구멍 지름} = d - 2 \times H_1 \left(\frac{\text{접촉률}}{100} \right)$$

8·87 표는 미터 보통 나사인 경우의 기초구멍을 나타낸 것이다. 미터 가는눈 나사, 유니파이 보통 나사, 유니파이 가는눈 나사의 수치는 생략되어 있는데, 각각 규격의 H_1 치수에 의해 위의 식을 이용해 간단히 구할 수 있다.

(3) 나사 기초구멍 지름의 선택법

나사 기초구멍 지름을 선택하는 경우의 일반적인 주의에 대해 서술하면, 다음과 같다.

① 태핑 작업에서 기초구멍 지름의 대소는 나사 절삭공구의 수명, 작업의 난이, 다듬질 암나사의 정도 기타 큰 영향을 미치므로 그 기초구멍 지름은 암나사 내경 허용한계 치수 내에서 가급적 큰 치수를 취하도록 한다.

② 비교적 부드러운 재료에 태핑을 하는 경우에는 암나사 내경이 기초구멍 지름보다 조금 작아진다.

③ 나사의 끼워맞춤 길이가 길거나, 혹은 사용 재료에 따라서는 암나사의 나사산 강도가 볼트의 파단강도보다 큰 경우에는 태핑을 쉽게 하기 위해 기초구멍을 크게 하는 편이 유리하다.

④ 반대로 끼워맞춤 길이가 짧고 나사의 체결 토크가 부족한 경우에는 태핑이 아주 곤란하지 않은 정도로 기초구멍 지름을 작게 한다.

⑤ 드릴에 의한 구멍뚫기에서는 구멍 지름은 여러 가지 조건에서 드릴의 직경보다 길어지는 것이 보통이기 때문에 이 점도 충분히 고려해 두는 것이 필요하다.

또한 나사의 기초구멍 지름은 나사의 등급에 관계하는 것이지만, 6H 정도의 나사에서는 앞에서 말한 구멍가공 시의 확대량을 예상해, 다음 식에 의해 기초구멍 지름을 구해도 된다.

$$D = d - P$$

단, D…기초구멍 지름, d…나사의 외경 기준 치수, P…나사의 피치

이 식에 의하면 기초구멍 지름은 암나사의 내경 기준 치수보다 0.08253P 만큼 커지게 되고, 따라서 가공여유는 암나사의 내경에 대한 위의 치수 허용차에서 0.08253P를 뺀 만큼 예상된다.

8·86 표는 이 식에 의해 구한 기초구멍 지름의 예를 나타낸 것이다.

8·86 표 기초구멍 지름의 예 (단위 mm)

나사의 호칭	피치 (P)	$d-P$	드릴 지름
M 10	1.5	8.5	8.5
M 12	1.75	10.25	10.2
M 16	2.	14	14
M 20	2.5	17.5	17.5
M 24	3	21	21
M 30	3.5	26.5	26.5
M 36	4	32	32

8·87 표 기초구멍(미터 보통 나사) (JIS B 1004) (단위 mm)

나사				기초구멍 지름[2]								암나사 내경[3] (참고)			
나사의 호칭	나사의 호칭 지름 d	피치 P	기준 접촉 높이 H_1 [1]	계열								최소 허용 치수	최대 허용 치수		
				100	95	90	85	80	75	70	65		4H(M1.4 이하) 5H(M1.6 이상)	5H(M1.4 이하) 6H(M1.6 이상)	7H
M1	1	0.25	0.135	0.73	0.74	0.76	0.77	0.78	0.80	0.81	0.82	0.729	0.774	0.785	—
M1.1	1.1	0.25	0.135	0.83	0.84	0.86	0.87	0.88	0.90	0.91	0.92	0.829	0.874	0.885	—
M1.2	1.2	0.25	0.135	0.93	0.94	0.96	0.97	0.98	1.00	1.01	1.02	0.929	0.974	0.985	—
M1.4	1.4	0.3	0.162	1.08	1.09	1.11	1.12	1.14	1.16	1.17	1.19	1.075	1.128	1.142	—
M1.6	1.6	0.35	0.189	1.22	1.24	1.26	1.28	1.30	1.32	1.33	1.35	1.221	1.301	1.321	—
M1.8	1.8	0.35	0.189	1.42	1.44	1.46	1.48	1.50	1.52	1.53	1.55	1.421	1.501	1.521	—
M2	2	0.4	0.217	1.57	1.59	1.61	1.63	1.65	1.68	1.70	1.72	1.567	1.657	1.679	—
M2.2	2.2	0.45	0.244	1.71	1.74	1.76	1.79	1.81	1.83	1.86	1.88	1.713	1.813	1.838	—
M2.5	2.5	0.45	0.244	2.01	2.04	2.06	2.09	2.11	2.13	2.16	2.18	2.013	2.113	2.138	—
M3×0.5	3	0.5	0.271	2.46	2.49	2.51	2.54	2.57	2.59	2.62	2.65	2.459	2.571	2.599	2.639
M3.5	3.5	0.6	0.325	2.85	2.88	2.92	2.95	2.98	3.01	3.05	3.08	2.850	2.975	3.010	3.050
M4×0.7	4	0.7	0.379	3.24	3.28	3.32	3.36	3.39	3.43	3.47	3.51	3.242	3.382	3.422	3.466
M4.5	4.5	0.75	0.406	3.69	3.73	3.77	3.81	3.85	3.89	3.93	3.97	3.688	3.838	3.878	3.924
M5×0.8	5	0.8	0.433	4.13	4.18	4.22	4.26	4.31	4.35	4.39	4.44	4.134	4.294	4.334	4.384
M6	6	1	0.541	4.92	4.97	5.03	5.08	5.13	5.19	5.24	5.30	4.917	5.107	5.153	5.217
M7	7	1	0.541	5.92	5.97	6.03	6.08	6.13	6.19	6.24	6.30	5.917	6.107	6.153	6.217
M8	8	1.25	0.677	6.65	6.71	6.78	6.85	6.92	6.99	7.05	7.12	6.647	6.859	6.912	6.982
M9	9	1.25	0.677	7.65	7.71	7.78	7.85	7.92	7.99	8.05	8.12	7.647	7.859	7.912	7.982
M10	10	1.5	0.812	8.38	8.46	8.54	8.62	8.70	8.78	8.86	8.94	8.376	8.612	8.676	8.751
M11	11	1.5	0.812	9.38	9.46	9.54	9.62	9.70	9.78	9.86	9.94	9.376	9.612	9.676	9.751
M12	12	1.75	0.947	10.1	10.2	10.3	10.4	10.5	10.6	10.7	10.8	10.106	10.371	10.441	10.531
M14	14	2	1.083	11.8	11.9	12.1	12.2	12.3	12.4	12.5	12.6	11.835	12.135	12.210	12.310
M16	16	2	1.083	13.8	13.9	14.1	14.2	14.3	14.4	14.5	14.6	13.835	14.135	14.210	14.310
M18	18	2.5	1.353	15.3	15.4	15.6	15.7	15.8	16.0	16.1	16.2	15.294	15.649	15.744	15.854
M20	20	2.5	1.353	17.3	17.4	17.6	17.7	17.8	18.0	18.1	18.2	17.294	17.649	17.744	17.854
M22	22	2.5	1.353	19.3	19.4	19.6	19.7	19.8	20.0	20.1	20.2	19.294	19.649	19.744	19.854
M24	24	3	1.624	20.8	20.9	21.1	21.2	21.4	21.6	21.7	21.9	20.752	21.152	21.252	21.382
M27	27	3	1.624	23.8	23.9	24.1	24.2	24.4	24.6	24.7	24.9	23.752	24.152	24.252	24.382
M30	30	3.5	1.894	26.2	26.4	26.6	26.8	27.0	27.2	27.3	27.5	26.211	26.661	26.771	26.921
M33	33	3.5	1.894	29.2	29.4	29.6	29.8	30.0	30.2	30.3	30.5	29.211	29.661	29.771	29.921
M36	36	4	2.165	31.7	31.9	32.1	32.3	32.5	32.8	33.0	33.2	31.670	32.145	32.270	32.420
M39	39	4	2.165	34.7	34.9	35.1	35.3	35.5	35.8	36.0	36.2	34.670	35.145	35.270	35.420
M42	42	4.5	2.436	37.1	37.4	37.6	37.9	38.1	38.3	38.6	38.8	37.129	37.659	37.799	37.979
M45	45	4.5	2.436	40.1	40.4	40.6	40.9	41.1	41.3	41.6	41.8	40.129	40.659	40.799	40.979
M48	48	5	2.706	42.6	42.9	43.1	43.4	43.7	43.9	44.2	44.5	42.587	43.147	43.297	43.487
M52	52	5	2.706	46.6	46.9	47.1	47.4	47.7	47.9	48.2	48.5	46.587	47.147	47.297	47.487
M56	56	5.5	2.977	50.0	50.3	50.6	50.9	51.2	51.5	51.8	52.1	50.046	50.646	50.796	50.996
M60	60	5.5	2.977	54.0	54.3	54.6	54.9	55.2	55.5	55.8	56.1	54.046	54.646	54.796	54.996
M64	64	6	3.248	57.5	57.8	58.2	58.5	58.8	59.1	59.5	59.8	57.505	58.135	58.305	58.505
M68	68	6	3.248	61.5	61.8	62.2	62.5	62.8	63.1	63.5	63.8	61.505	62.135	62.305	62.505

[주] (1) $H_1 = 0.541266P$

(2) 기초구멍 지름 = $d-2\times H_1\left(\frac{\text{접촉률}}{100}\right)$

(3) 암나사 내경의 허용한계 치수는 JIS B 0209-1, 3 (일반용 미터나사-공차-제1부, 제3부)의 규정에 의한다.

[비고] —·—선, ---- 선 및 —— 선으로부터 왼쪽 측에서 굵은 선까지의 것은 각각 JIS B 0209-3으로 규정하는 4H(M1.4 이하) 또는 5H(M1.6 이상), 5H(M2.4 이하) 또는 6H(M1.6 이상) 및 7H의 암나사 내경의 허용한계 치수 내에 있는 것을 나타낸다.

8·3 키

키는 8·41 그림에 나타냈듯이 기어나 벨트풀리 등을 회전축에 끼웠을 때, 이들 양자를 고정하기 위해 이용되는 것으로, 여러 가지 종류가 있는데 JIS에서는 평 키, 경사 키, 반달 및 이들에 대응하는 키 홈에 대해서 규정하고 있다.

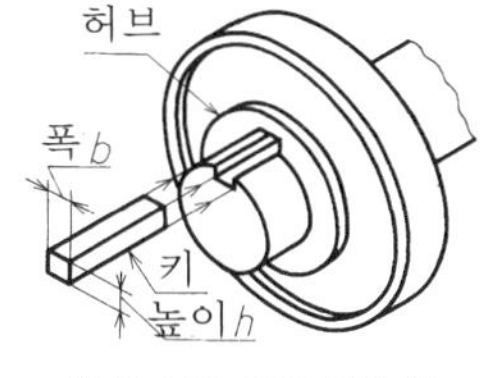

8·41 그림 키의 사용 예

다음에 이들 키 및 특수한 경우에 사용되는 각종 키에 대해 설명한다.

1. 키의 종류

JIS에 규정된 키에는 그 형상에 따라 평행 키(나사용 구멍붙이, 나사용 구멍 없음), 경사 키(머리 없음, 머리붙이) 및 반달 키(둥근바닥, 평바닥)의 6종류의 것이 정해져 있다.

(1) 평행 키 축과 허브에 공통의 키 홈을 만들어 이것에 끼워 넣는 것으로, 8·42 그림에 나타냈듯이 나사용 구멍이 없는 것과 나사용 구멍붙이의 것이 있다. 8·88 표는 JIS에 규정된 평행 키 및 이것에 이용되는 키 홈의 형상 및 치수를 나타낸 것이다.

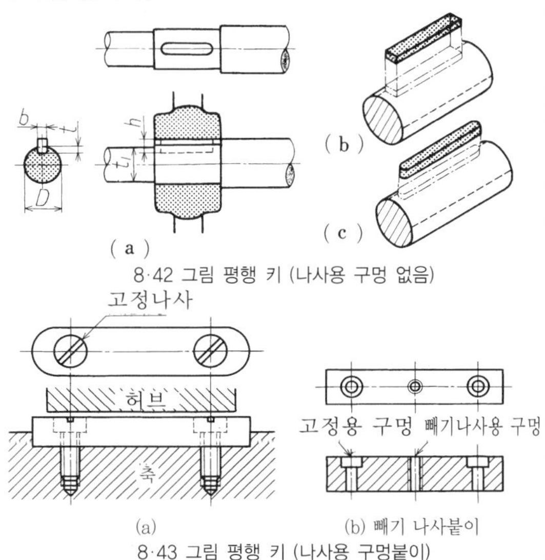

8·42 그림 평행 키 (나사용 구멍 없음)

8·43 그림 평행 키 (나사용 구멍붙이)

또한 8·88 표 (b) 중에서 키 홈의 치수 허용차에 의해 활동형, 보통형 및 안장형으로 구분되어 있는데, 활동형은 축 상을 허브가 축방향으로 움직일 때에 이용되는 것으로, 이전에는 미끄럼 키나 페더 키 등으로 불리고 있었다. 이 경우, 키는 보통 고정나사로 축에 고정한다. 그리고 표 중의 그림에 나타냈듯이 고정나사용 구멍 외에, 키를 빼내는 경우를 위해 빼기나사용 나사 구멍을 뚫어 두는 것이 좋다.

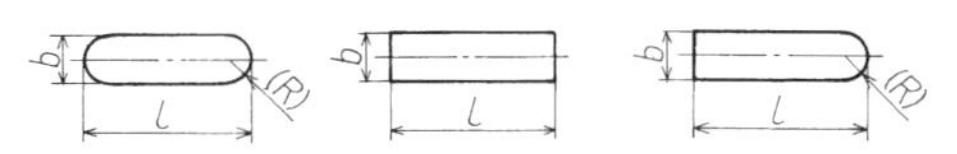

(a) 양환형(기호 A) (b) 양각형(기호 B) (c) 편환형(기호 C)

8·44 그림 키의 끝단부

또한 보통형은 미리 키를 축의 키 홈에 끼워 두고(헐거운 끼워맞춤) 허브를 끼워 넣는 것으로, 이전에는 보통급이라고 불리고 있었다.

다음으로 안장형은 미리 키를 축의 키 홈에 단단하게 끼워 두고(중간 끼워맞춤) 허브를 끼워 넣는 것으로, 이전에는 정밀급이라고 불리고 있었다. 또한 8·44 그림은 평행 키의 끝부의 형상과 기호를 나타낸 것이다. 이 중 둥근형의 끝부는 큰 모떼기로 해도 되며, 지정이 없는 경우에는 양각형으로 한다.

(2) 경사 키 이것은 경사를 붙인 키를 이용해 키를 넣어 고정하는 키이며, 여기에는 8·45 그림에 나타냈듯이 머리 없는 것과 머리붙이의 것이 있다.

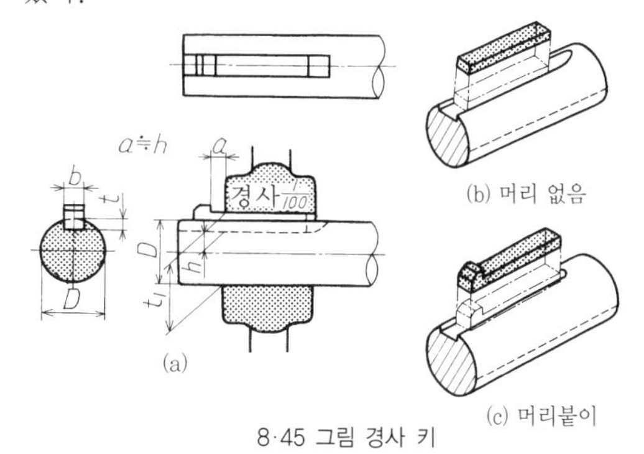

8·45 그림 경사 키

8·89 표는 경사 키 및 이것에 사용하는 키 홈의 형상 및 치수를 나타낸 것이다.

경사 키는 일반적으로 키의 측에만 경사를 붙이고 허브에는 경사를 붙이고 있지 않은데, 키를 넣을 때에 허브의 중심과 축심이 편심하는 경우가 있으므로 중요한 기계 부분에 사용할 경우에는 허브 측에도 경사를 붙이는 것이 좋다.

(3) 반달 키 이것은 8·46 그림에 나타냈듯이 그 측면이 반달형의 키로, 우드러프 키로도 불린다. 키 및 키 홈의 공작은 용이하지만, 홈이 깊어지는 것이 결점이다. 그러나 키의 경사를 방지할 수 있어 공작기계나 자동차 등 소회전력 전달용

8장

8·88 표 평행 키 및 키 홈 (JIS B 1301)

KS B 1311

(a) 평행 키의 형상 및 치수

(단위 mm)

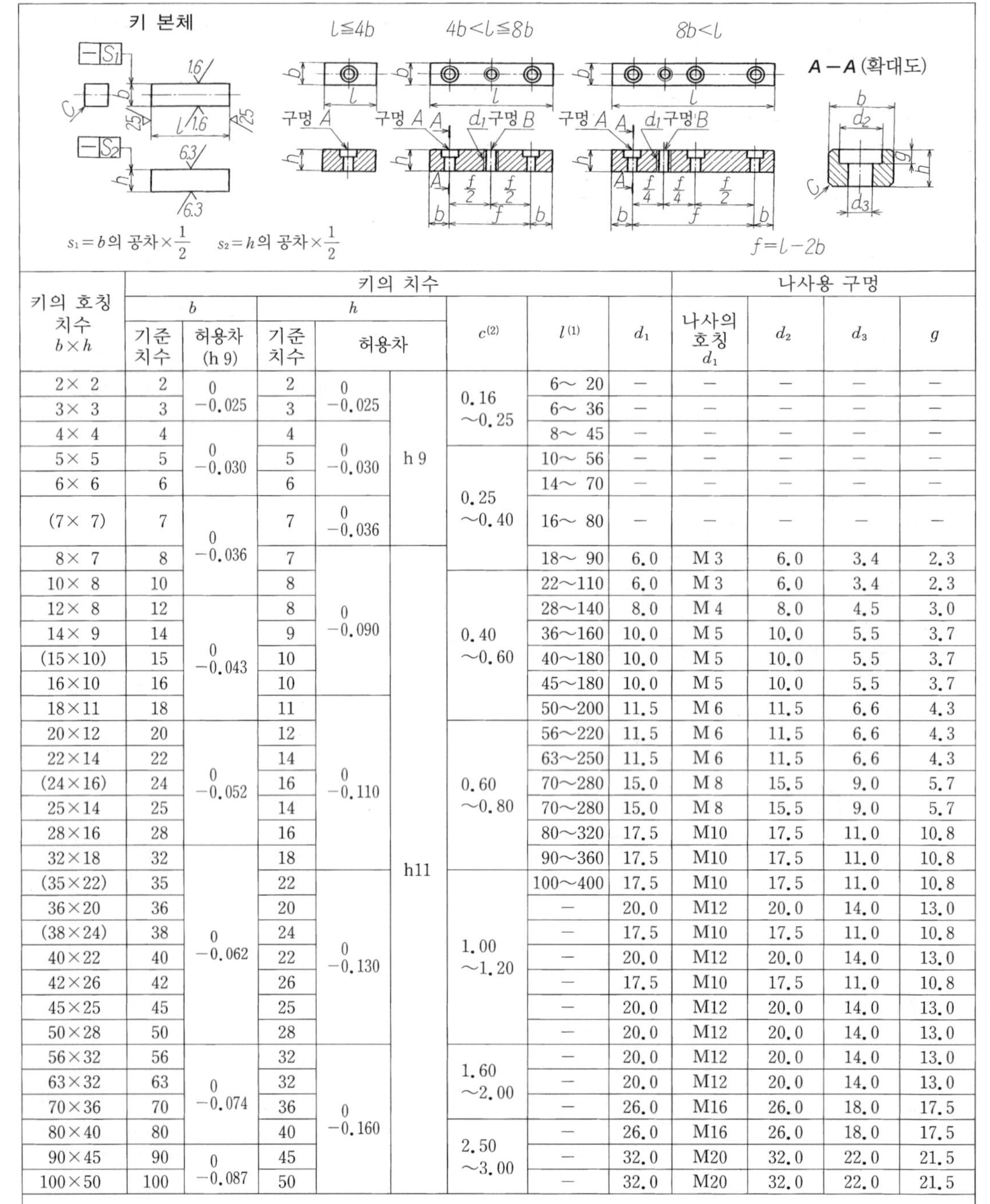

키의 호칭 치수 $b\times h$	키의 치수 b 기준 치수	b 허용차 (h 9)	h 기준 치수	h 허용차		c[(2)]	l[(1)]	d_1	나사용 구멍 나사의 호칭 d_1	d_2	d_3	g
2× 2	2	0 −0.025	2	0 −0.025	h 9	0.16 ∼0.25	6∼ 20	—	—	—	—	—
3× 3	3		3				6∼ 36	—	—	—	—	—
4× 4	4	0 −0.030	4	0 −0.030			8∼ 45	—	—	—	—	—
5× 5	5		5			0.25 ∼0.40	10∼ 56	—	—	—	—	—
6× 6	6		6				14∼ 70	—	—	—	—	—
(7× 7)	7	0 −0.036	7	0 −0.036			16∼ 80	—	—	—	—	—
8× 7	8		7	0 −0.090	h11		18∼ 90	6.0	M 3	6.0	3.4	2.3
10× 8	10		8			0.40 ∼0.60	22∼110	6.0	M 3	6.0	3.4	2.3
12× 8	12	0 −0.043	8				28∼140	8.0	M 4	8.0	4.5	3.0
14× 9	14		9				36∼160	10.0	M 5	10.0	5.5	3.7
(15×10)	15		10				40∼180	10.0	M 5	10.0	5.5	3.7
16×10	16		10				45∼180	10.0	M 5	10.0	5.5	3.7
18×11	18		11	0 −0.110			50∼200	11.5	M 6	11.5	6.6	4.3
20×12	20	0 −0.052	12			0.60 ∼0.80	56∼220	11.5	M 6	11.5	6.6	4.3
22×14	22		14				63∼250	11.5	M 6	11.5	6.6	4.3
(24×16)	24		16				70∼280	15.0	M 8	15.5	9.0	5.7
25×14	25		14				70∼280	15.0	M 8	15.5	9.0	5.7
28×16	28		16				80∼320	17.5	M10	17.5	11.0	10.8
32×18	32	0 −0.062	18				90∼360	17.5	M10	17.5	11.0	10.8
(35×22)	35		22	0 −0.130		1.00 ∼1.20	100∼400	17.5	M10	17.5	11.0	10.8
36×20	36		20				—	20.0	M12	20.0	14.0	13.0
(38×24)	38		24				—	17.5	M10	17.5	11.0	10.8
40×22	40		22				—	20.0	M12	20.0	14.0	13.0
42×26	42		26				—	17.5	M10	17.5	11.0	10.8
45×25	45		25				—	20.0	M12	20.0	14.0	13.0
50×28	50		28				—	20.0	M12	20.0	14.0	13.0
56×32	56	0 −0.074	32	0 −0.160		1.60 ∼2.00	—	20.0	M12	20.0	14.0	13.0
63×32	63		32				—	20.0	M12	20.0	14.0	13.0
70×36	70		36				—	26.0	M16	26.0	18.0	17.5
80×40	80		40			2.50 ∼3.00	—	26.0	M16	26.0	18.0	17.5
90×45	90	0 −0.087	45				—	32.0	M20	32.0	22.0	21.5
100×50	100		50				—	32.0	M20	32.0	22.0	21.5

[주] (1) l은 표의 범위 내로, 다음 중에서 선택한다.
또한 l의 치수 허용차는 원칙적으로 h12로 한다.
6, 8, 10, 12, 14, 16, 18, 20, 22, 25, 28, 32, 36, 40, 45, 50, 56, 63, 70, 80, 90, 100, 110, 125, 140, 160, 180, 200, 220, 250, 280, 320, 360, 400

(2) 45° 모떼기 (c) 대신에 라운딩(r)이어도 된다.

[비고] 괄호를 붙인 호칭 치수의 것은 대응 국제 규격에는 규정되어 있지 않으므로 새로운 설계에는 사용하지 않는다.

(다음 페이지에 계속)

(b) 평행 키용 키 홈의 형상 및 치수 (단위 mm)

키 홈의 단면

키의 호칭 치수 $b \times h$	b_1 및 b_2의 기준 치수	활동형 b_1 허용차 (H9)	활동형 b_2 허용차 (D10)	보통형 b_1 허용차 (N9)	보통형 b_2 허용차 (Js9)	조임형 b_1 및 b_2 허용차 (P9)	r_1 및 r_2	t_1의 기준 치수	t_2의 기준 치수	t_1 및 t_2의 허용차	참고 적응하는 축지름[1] d
2× 2	2	+0.025 0	+0.060 +0.020	−0.004 −0.029	±0.0125	−0.006 −0.031	0.08 ∼ 0.16	1.2	1.0	+0.1 0	6∼ 8
3× 3	3							1.8	1.4		8∼ 10
4× 4	4	+0.030 0	+0.078 +0.030	0 −0.030	±0.0150	−0.012 −0.042		2.5	1.8		10∼ 12
5× 5	5						0.16 ∼ 0.25	3.0	2.3		12∼ 17
6× 6	6							3.5	2.8		17∼ 22
(7× 7)	7	+0.036 0	+0.098 +0.040	0 −0.036	±0.0180	−0.015 −0.051		4.0	3.3	+0.2 0	20∼ 25
8× 7	8							4.0	3.3		22∼ 30
10× 8	10						0.25 ∼ 0.40	5.0	3.3		30∼ 38
12× 8	12	+0.043 0	+0.120 +0.050	0 −0.043	±0.0215	−0.018 −0.061		5.0	3.3		38∼ 44
14× 9	14							5.5	3.8		44∼ 50
(15×10)	15							5.0	5.3		50∼ 55
16×10	16							6.0	4.3		50∼ 58
18×11	18							7.0	4.4		58∼ 65
20×12	20	+0.052 0	+0.149 +0.065	0 −0.052	±0.0260	−0.022 −0.074	0.40 ∼ 0.60	7.5	4.9		65∼ 75
22×14	22							9.0	5.4		75∼ 85
(24×16)	24							8.0	8.4		80∼ 90
25×14	25							9.0	5.4		85∼ 95
28×16	28							10.0	6.4		95∼110
32×18	32	+0.062 0	+0.180 +0.080	0 −0.062	±0.0310	−0.026 −0.088		11.0	7.4		110∼130
(35×22)	35						0.70 ∼ 1.00	11.0	11.4	+0.3 0	125∼140
36×20	36							12.0	8.4		130∼150
(38×24)	38							12.0	12.4		140∼160
40×22	40							13.0	9.4		150∼170
(42×26)	42							13.0	13.4		160∼180
45×25	45							15.0	10.4		170∼200
50×28	50							17.0	11.4		200∼230
56×32	56	+0.074 0	+0.220 +0.100	0 −0.074	±0.0370	−0.032 −0.106	1.20 ∼ 1.60	20.0	12.4		230∼260
63×32	63							20.0	12.4		260∼290
70×36	70							22.0	14.4		290∼330
80×40	80						2.00 ∼ 2.50	25.0	15.4		330∼380
90×45	90	+0.087 0	+0.260 +0.120	0 −0.087	±0.0435	−0.037 −0.0124		28.0	17.4		380∼440
100×50	100							31.0	19.5		440∼500

[주] [1] 적응하는 축지름은 키의 강도에 대응하는 토크에서 구할 수 있는 것이며, 일반 용도의 기준으로서 나타낸다. 키의 크기가 전달하는 토크에 대해 적절한 경우에는 적응하는 축지름보다 굵은 축을 이용해도 된다. 이 경우에는 키의 측면이 축 및 허브에 균등하게 닿도록 t_1 및 t_2를 수정하는 것이 좋다. 적응하는 축지름보다 가는 축에는 이용하지 않는 편이 좋다.

[비고] 괄호를 붙인 호칭 치수의 것은 대응 국제 규격에는 규정되어 있지 않으므로 새로운 설계에는 사용하지 않는다.

8·89 표 경사 키 및 키 홈 (JIS B 1301)

KS B ISO 2492

(a) 경사 키의 형상 및 치수

(단위 mm)

머리 없는 경사 키 (기호 T)

머리 있는 경사 키 (기호 TG)

경사 $\frac{1}{100} \pm \frac{1}{1000}$

A－A(확대도)

$s_1 = b$의 공차×$\frac{1}{2}$

$s_2 = h$의 공차×$\frac{1}{2}$

$h_2 = h,\ f = h,\ e \fallingdotseq b$

키의 호칭 치수 $b \times h$	키 본체							
	b		h			h_1	c (2)	l (1)
	기준 치수	허용차 (h9)	기준 치수	허용차				
2× 2	2	0 −0.025	2	0 −0.025	h9	−	0.16 ∫ 0.25	6 ~ 30
3× 3	3		3			−		6 ~ 36
4× 4	4	0 −0.030	4	0 −0.030		7		8 ~ 45
5× 5	5		5			8	0.25 ∫ 0.40	10~ 56
6× 6	6		6			10		14~ 70
(7× 7)	7	0 −0.036	7.2	0 −0.036		10		16~ 80
8× 7	8		7	0 −0.090	h11	11		18~ 90
10× 8	10		8			12	0.40 ∫ 0.60	22~110
12× 8	12	0 −0.043	8			12		28~140
14× 9	14	0 −0.043	9			14	0.40 ∫ 0.60	36~160
(15×10)	15		10.2	0 −0.070	h10	15		40~180
16×10	16		10	0 −0.090	h11	16		45~180
18×11	18		11	0 −0.110		18		50~200
20×12	20	0 −0.052	12			20	0.60 ∫ 0.80	56~220
22×14	22		14			22		63~250
(24×16)	24		16.2	0 −0.070	h10	24		70~280
25×14	25		14	0 −0.110	h11	22		70~280
28×16	28		16			25		80~320
32×18	32	0 −0.062	18			28		90~360
(35×22)	35		22.3	0 −0.084	h10	32	1.00~1.20	100~400
36×20	36	0 −0.062	20	0 −0.130	h11	32	1.00 ∫ 1.20	−
(38×24)	38		24.3	0 −0.084	h10	36		−
40×22	40		22	0 −0.130	h11	36		−
(42×26)	42		26.3	0 −0.084	h10	40		−
45×25	45		25	0 −0.130	h11	40		−
50×28	50		28			45		−
56×32	56	0 −0.074	32	0 −0.160		50	1.60 ∫ 2.00	−
63×32	63		32			50		−
70×36	70		36			56		−
80×40	80		40			63	2.50 ∫ 3.00	−
90×45	90	0 −0.087	45			70		−
100×50	100		50			80		−

[주] 및 [비고]는 8·88 표 (a)와 동일하다.

(b) 경사 키용 키 홈의 형상 및 치수

(단위 mm)

키 홈의 단면

A－A

키의 호칭 치수 $b \times h$	b_1 및 b_2		r_1 및 r_2	t_1의 기준 치수	t_2의 기준 치수	t_1 및 t_2의 허용차	참고 (5) 적응하는 축지름 d
	기준 치수	허용차 (D10)					
2× 2	2	+0.060 +0.020	0.08 ∫ 0.16	1.2	0.5	+0.05 0	6~ 8
3× 3	3			1.8	0.9		8~ 10
4× 4	4	+0.078 +0.030		2.5	1.2	+0.1 0	10~ 12
5× 5	5		0.16 ∫ 0.25	3.0	1.7		12~ 17
6× 6	6			3.5	2.2		17~ 22
(7× 7)	7	+0.098 +0.040		4.0	3.0		20~ 25
8× 7	8			4.0	2.4	+0.2 0	22~ 30
10× 8	10		0.25 ∫ 0.40	5.0	2.4		30~ 38
12× 8	12	+0.120 +0.050		5.0	2.4		38~ 44
14× 9	14			5.5	2.9		44~ 50
(15×10)	15			5.0	5.0	+0.1 0	50~ 55
16×10	16			6.0	3.4	+0.2 0	50~ 58
18×11	18		0.25~0.40	7.0	3.4	+0.2 0	58~ 65
20×12	20	+0.149 +0.065	0.40 ∫ 0.60	7.5	3.9		65~ 75
22×14	22			9.0	4.4		75~ 85
(24×16)	24			8.0	8.0	+0.1 0	80~ 90
25×14	25			9.0	4.4	+0.2 0	85~ 95
28×16	28			10.0	5.4		95~110
32×18	32	+0.180 +0.080		11.0	6.4		110~130
(35×22)	35		0.70 ∫ 1.00	11.0	11.0	+0.15 0	125~140
36×20	36			12.0	7.1	+0.3 0	130~150
(38×24)	38			12.0	12.0	+0.15 0	140~160
40×22	40			13.0	8.1	+0.3 0	150~170
(42×26)	42			13.0	13.0	+0.15 0	160~180
45×25	45			15.0	9.1	+0.3 0	170~200
50×28	50			17.0	10.1		200~230
56×32	56	+0.220 +0.100	1.20 ∫ 1.60	20.0	11.1		230~260
63×32	63			20.0	11.1		260~290
70×36	70			22.0	13.1		290~330
80×40	80		2.00 ∫ 2.50	25.0	14.1		330~380
90×45	90	+0.260 +0.120		28.0	16.1		380~440
100×50	100			31.0	18.1		440~500

[비고] 괄호를 붙인 호칭 치수의 것은 대응 국제 규격에는 규정되어 있지 않으므로 새로운 설계에는 사용하지 않는다.

8·90 표 반달 키, 키 홈 및 적응하는 축지름(JIS B 1301) KS B 1312

(a) 반달 키의 형상 및 치수 (단위 mm)

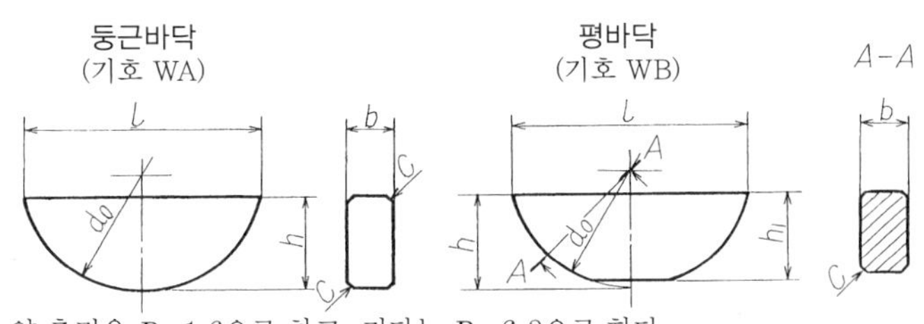

[비고] 표면조도는 양 측면은 *Ra* 1.6으로 하고, 기타는 *Ra* 6.3으로 한다.

키의 호칭 치수 $b \times d_0$	키의 치수									참고
	b		d_0		h		h_1		c (2)	l (계산값)
	기준 치수	허용차 (h9)	기준 치수	허용차	기준 치수	허용차 (h11)	기준 치수	허용차		
1× 4	1	0 / −0.025	4	0 / −0.120	1.4	0 / −0.060	1.1	±0.1	0.16 ~ 0.25	—
1.5× 7	1.5		7	0 / −0.150	2.6		2.1			—
2× 7	2		7		2.6		2.1			—
2×10			10		3.7	0 / −0.075	3.0			—
2.5×10	2.5		10		3.7		3.0			9.6
(3×10)	3		10	0 / −0.1	3.7		3.55			9.6
3×13			13	0 / −0.180	5.0		4.0	±0.2		12.6
3×16			16		6.5	0 / −0.090	5.2			15.7
(4×13)	4	0 / −0.030	13	0 / −0.1	5.0	0 / −0.075	4.75			12.6
4×16			16	0 / −0.180	6.5	0 / −0.090	5.2		0.25 ~ 0.40	15.7
4×19			19	0 / −0.210	7.5		6.0			18.5
5×16	5		16	0 / −0.180	6.5		5.2			15.7
5×19			19	0 / −0.210	7.5		6.0			18.5
5×22			22		9.0		7.2			21.6
6×22	6		22		9.0		7.2			21.6
6×25			25		10.0		8.0			24.4
(6×28)			28	0 / −0.2	11.0	0 / −0.110	10.6			27.3
(6×32)			32		13.0		12.5			31.4
(7×22)	7	0 / −0.036	22	0 / −0.1	9.0	0 / −0.090	8.5			21.6
(7×25)			25	0 / −0.2	10.0		9.5			24.4
(7×28)			28		11.0	0 / −0.110	10.6			27.3
(7×32)			32		13.0		12.5			31.4
(7×38)			38		15.0		14.0			37.1
(7×45)			45		16.0		15.0			43.0
(8×25)	8		25		10.0	0 / −0.090	9.5			24.4
8×28			28	0 / −0.210	11.0	0 / −0.110	8.8		0.40~0.60	27.3
(8×32)			32	0 / −0.2	13.0		12.5		0.25~0.40	31.4
(8×38)			38		15.0		14.0			37.1
10×32	10		32	0 / −0.250	13.0		10.4		0.40 ~ 0.60	31.4
(10×45)			45	0 / −0.2	16.0		15.0			43.0
(10×55)			55		17.0		16.0			50.8
(10×65)			65		19.0	0 / −0.130	18.0	±0.3		59.0
(12×65)	12	0 / −0.043	65		19.0		18.0			59.0
(12×80)			80		24.0		22.4			73.3

[비고] 괄호를 붙인 호칭 치수인 것은 대응 국제 규격에는 규정되어 있지 않으므로 새로운 설계에는 사용하지 않는다.

(b) 반달 키용 키 홈의 형상 및 치수 (단위 mm)

(원뿔축의 경우)

키의 호칭 치수 $b \times d_0$	b_1 및 b_2의 기준 치수	보통형 b_1 허용차 (N9)	보통형 b_2 허용차 (Js9)	조임형 b_1 및 b_2 허용차 (P9)	t_1 기준 치수	t_1 허용차	t_2 기준 치수	t_2 허용차	r_1 및 r_2	d_1 기준 치수	d_1 허용차
1× 4	1	$^{0.004}_{-0.029}$	±0.012	$^{-0.006}_{-0.031}$	1.0	$^{+0.1}_{0}$	0.6	$^{+0.1}_{0}$	0.08 ～ 0.16	4	$^{+0.1}_{0}$
1.5× 7	1.5				2.0		0.8			7	
2× 7	2				1.8		1.0			7	
2×10					2.9					10	$^{+0.2}_{0}$
2.5×10	2.5				2.7		1.2			10	
(3×10)	3				2.5		1.4			10	
3×13					3.8	$^{+0.2}_{0}$				13	
3×16					5.3					16	
(4×13)	4	$^{0}_{-0.030}$	±0.015	$^{-0.012}_{-0.042}$	3.5	$^{+0.1}_{0}$	1.7			13	
4×16					5.0	$^{+0.2}_{0}$	1.8		0.16 ～ 0.25	16	
4×19					6.0					19	$^{+0.3}_{0}$
5×16	5				4.5		2.3			16	$^{+0.2}_{0}$
5×19					5.5					19	$^{+0.3}_{0}$
5×22					7.0	$^{+0.3}_{0}$				22	
6×22	6				6.5		2.8	$^{+0.2}_{0}$		22	
6×25					7.5					25	
(6×28)					8.6	$^{+0.1}_{0}$	2.6	$^{+0.1}_{0}$		28	
(6×32)					10.6					32	
(7×22)	7	$^{0}_{-0.036}$	±0.018	$^{-0.015}_{-0.051}$	6.4		2.8			22	
(7×25)					7.4					25	
(7×28)					8.4					28	
(7×32)					10.4					32	
(7×38)					12.4					38	
(7×45)					13.4					45	
(8×25)	8				7.2		3.0			25	
8×28					8.0	$^{+0.3}_{0}$	3.3	$^{+0.2}_{0}$	0.25～0.40	28	
(8×32)					10.2	$^{+0.1}_{0}$	3.0	$^{+0.1}_{0}$	0.16～0.25	32	
(8×38)					12.2					38	
10×32	10				10.0	$^{+0.3}_{0}$	3.3	$^{+0.2}_{0}$	0.25 ～ 0.40	32	
(10×45)					12.8	$^{+0.1}_{0}$	3.4	$^{+0.1}_{0}$		45	
(10×55)					13.8					55	
(10×65)					15.8					65	$^{+0.5}_{0}$
(12×65)	12	$^{0}_{-0.043}$	±0.022	$^{-0.018}_{-0.061}$	15.2		4.0			65	
(12×80)					20.2					80	

[비고] 1. 괄호를 붙인 호칭 치수의 것은 대응 국제 규격에는 규정되어 있지 않으므로 새로운 설계에는 사용하지 않는다.
2. 적응하는 축지름에 대해서는 (c) 표를 참조.

(c) 반달 키에 적응하는 축지름 (단위 mm)

키의 호칭 치수	계열 1	계열 2	계열 3	전단 단면적 (㎟)	키의 호칭 치수	계열 1	계열 2	계열 3	전단 단면적 (㎟)
1× 4	3～4	3～4	—	—	(6×32)	—	—	24～34	180
1.5× 7	4～5	4～6	—	—	(7×22)	—	—	20～29	139
2× 7	5～6	6～8	—	—	(7×25)	—	—	22～32	159
2×10	6～7	8～10	—	—	(7×28)	—	—	24～34	179
2.5×10	7～8	10～12	7～12	21	(7×32)	—	—	26～37	209
(3×10)	—	—	8～14	26	(7×38)	—	—	29～41	249
3×13	8～10	12～15	9～16	35	(7×45)	—	—	31～45	288
3×16	10～12	15～18	11～18	45	(8×25)	—	—	24～34	181
(4×13)	—	—	11～18	46	8×28	28～32	40～—	26～37	203
4×16	12～14	18～20	12～20	57	(8×32)	—	—	28～40	239
4×19	14～16	20～22	14～22	70	(8×38)	—	—	30～44	283
5×16	16～18	22～25	14～22	72	10×32	32～38	—	31～46	295
5×19	18～20	25～28	15～24	86	(10×45)	—	—	38～54	406
5×22	20～22	28～32	17～26	102	(10×55)	—	—	42～60	477
6×22	22～25	32～36	19～28	121	(10×65)	—	—	46～65	558
6×25	25～28	36～40	20～30	141	(12×65)	—	—	50～73	660
(6×28)	—	—	22～32	155	(12×80)	—	—	58～82	834

[비고] 1. 괄호를 붙인 호칭 치수의 것은 대응 국제 규격에는 규정되어 있지 않으므로 새로운 설계에는 사용하지 않는다.
2. 계열 1 및 계열 2는 대응하는 국제 규격으로 규정된 축지름으로, 다음에 의한다.
계열 1 : 키에 의해 토크를 전달하는 결합에 적응한다.
계열 2 : 키에 의해 위치결정을 하는 경우, 예를 들면 축과 허브가 '억지끼워맞춤'으로 끼워져 키에 의해 토크를 전달하지 않는 경우에 적응한다.
3. 계열 3은 위의 표에 나타낸 전단 단면적 키의 전단강도에 대응한다. 이 전단 단면적은 키가 키 홈에 완전히 묻혀 있을 때의 전단을 받는 부분의 계산값이다.

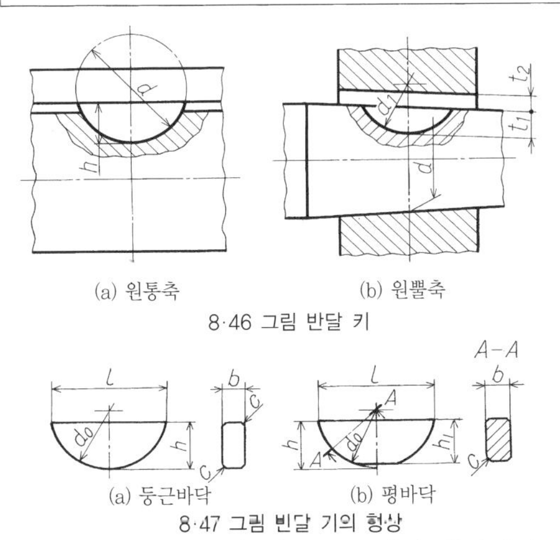

(a) 원통축 (b) 원뿔축

8·46 그림 반달 키

(a) 둥근바닥 (b) 평바닥

8·47 그림 반달 키의 형상

으로 이용되는 경우가 많고, 그 외에 대경에서도 테이퍼 축(배의 추진기 축 등)에 이용된다.

반달 키에는 둥근바닥의 것과 평바닥의 것이 있는데, 일반적으로 둥근바닥은 선반에 의한 절삭가공, 평바닥은 프레스에 의한 블랭킹 가공에 의한다.

8·90 표에 반달 키 및 반달 키용 키 홈의 형상 및 치수를 나타냈다. 이 키 홈에서도 그 치수 허용차에 따라 보통형과 안장형이 규정되어 있다

또한 8·90 표 (c)는 반달 키에 적응하는 축지름을 나타낸 것인데, 키가 토크를 전달하는지 여부에 따라 계열 1 및 계열 2로 나뉘고, 더구나 계열 3은 표에 나타낸 전단 단면적 키의 전단강도에 대응하고 있으므로 계산에 의해 필요한 치수를 선택하면 된다.

(4) 평 키 이것은 8·48 그림에 나타냈듯이 축의 일부를 키의 폭만큼 평형하게 절삭하고 그것에 끼워 넣는 것으로, 경하중의 경우에 이용된다.

8·48 그림 평 키

(5) 사각 키 키의 단면이 8·49 그림에 나타냈듯이 정사각형인 것으로 대하중에 적합한데, 홈이 깊어지는 것이 결점이다.

(6) 둥근 키 8·50 그림과 같이 테이퍼 핀을 넣어 키의 역할을 시키는 것이다.

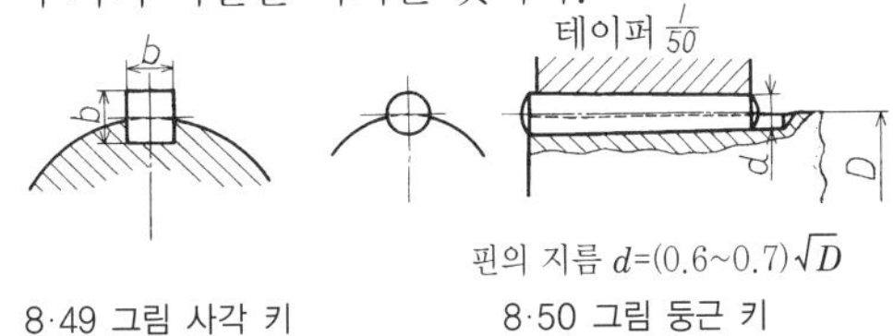

8·49 그림 사각 키 8·50 그림 둥근 키

2. 키의 계산

(1) 키의 선정 키의 크기는 축지름에 대해 경험적으로 다음의 식을 이용해 구할 수 있다.

$h = 0.125\,d + 1.5\text{mm}$

$b = 2\,h$

단, d…축지름(mm),

h…키의 높이(mm),

b…키의 폭(mm)

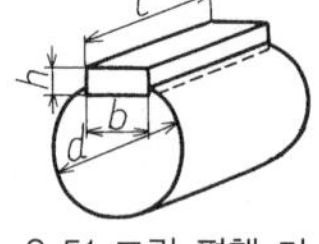

8·51 그림 평행 키

일반적으로 축지름에 적응하는 키의 치수는 8·88 표, 8·90 표에 의해 구할 수 있다. 또한 키의 길이를 l, 축지름을 d(8·51 그림)로 하면

$l \geq 1.3d$

이다.

또한 키의 재료는 보통 축 재료보다 약간 단단한 것을 이용한다.

(2) 키의 강도 8·52 그림에 나타냈듯이 축과 보스에 키를 끼워 맞춰 비틀림 모멘트에 의해 동력을 전달하는 경우, 키는 전단력과 키 홈 측면의 압축력을 받는다.

이 경우 키의 저항 모멘트는 축이 가지는 비틀림 모멘트보다 크게 하지 않아도 된다.

d…축지름(mm),

l…키의 유효길이(mm),

h…키의 높이(mm), b…키의 폭(mm),

τ_s…키에 생기는 전단응력(N/mm²),

σ_c…키에 생기는 압축응력(N/mm²)

τ…축에 생기는 비틀림 전단응력(N/mm²)

으로 하면

(ⅰ) 키의 전단을 생각했을 때

키의 전단저항$=bl\tau_s$

축심에 대한 전단저항에 의한 모멘트 M_1은

$$M_1 = bl\tau_s\frac{d}{2}$$

(a) 전단

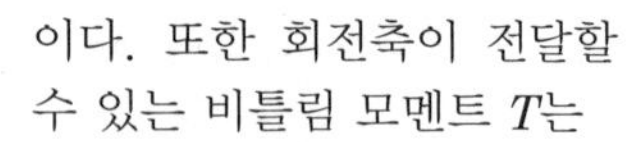

이다. 또한 회전축이 전달할 수 있는 비틀림 모멘트 T는

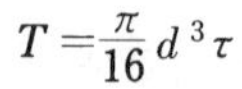

$$T = \frac{\pi}{16}d^3\tau$$

(b) 압축

이것을 전단저항에 의한 모멘트 M_1과 동일하게 두면, 중실축에서

$$bl\tau_s\frac{d}{2} = \frac{\pi}{16}d^3\tau$$

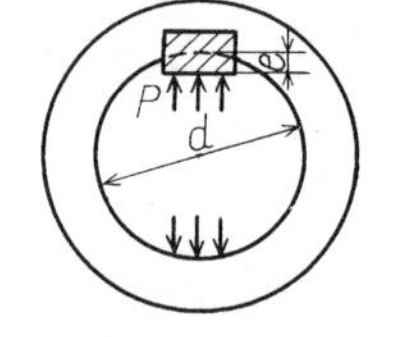

(c)

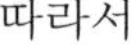

따라서

$$b = \frac{\pi}{8} \times \frac{\tau}{\tau_s} \times \frac{d^2}{l}$$

8·52 그림 키가 받는 힘

으로 좋은 것이 된다.

키 홈의 깊이 $e = \frac{\pi}{8} \times \frac{\tau_d}{p} \times \frac{d^2}{l}$

τ_d…키의 허용 비틀림응력(N/mm²)

단, 이 경우의 ρ는 키 홈에서의 키와 회전축의 압축력(N/mm²)이며, 일반적으로 ρ의 값은 회전축이 작은 지름인 경우는 80N/mm², 큰 지름인 경우는 100N/mm²이고 고속도인 것은 $\frac{1}{2}$ 정도로 좋다.

(ⅱ) 키의 압축을 생각했을 때

키의 압축저항$=\frac{h}{2}l\sigma_c$

축심에 대한 압축저항에 의한 모멘트 M_2는

$$M_2 = l\frac{h}{2}\sigma_c\frac{d}{2} = \frac{lh\sigma_c d}{4}$$

키의 전단과 압축의 저항을 같게 하려면

$$h = 2b\frac{\tau_s}{\sigma_c}$$

따라서 키의 치수가 규격 또는 경험식으로부터 정해진 경우에는 각 치수를 앞에서 말한 식에 대입하여 M_1 및 M_2의 값을 계산하고, 이것이 축이 전달하고자 하는 비틀림 모멘트 T보다 큰지 작은지를 조사해 두어야 한다. M_1 및 M_2가 T보다 크다면, 그 키는 안전한 것이 된다.

8·4 핀

1. 핀의 종류

핀은 결합 혹은 코터 조인트 등의 결합 보조, 볼트, 너트 등의 헐거움 방지 등에 사용된다.

이것은 평행 핀, 테이퍼 핀, 분할 테이퍼 핀 및 분할 핀이 있다. 핀을 구멍을 넣을 때는 공기 릴리프를 핀에 붙이면 좋다.

작은 힘을 받는 것, 헐거움 방지 등에는 분할 핀을 이용하고, 때로는 핀의 전단을 고려할 필요가 있다.

8·91 표는 테이퍼 핀, 8·92 표는 분할 테이퍼 핀, 8·93 표는 평행 핀, 8·94 표는 분할 핀의 형상과 표준 치수를 나타낸 것이다.

그리고 이들 규격은 ISO에 준거해 제정된 것인데, 참고로 8·95 표에 기존의 ISO에 따르지 않는 핀의 형상·치수를 나타냈다.

또한 8·96 표에 스프링 핀을 나타냈다. 이것은 박판을 원통 모양으로 감아 열처리를 실시한 것으로, 구멍에 설치했을 때 그 스프링 작용에 의해 구멍의 내벽 면에 밀착해 높은 보존력을 발휘하는 핀이다.

8·91 표 테이퍼 핀의 형상과 치수 (JIS B 1352) KS B 1322(폐지) (단위 mm)

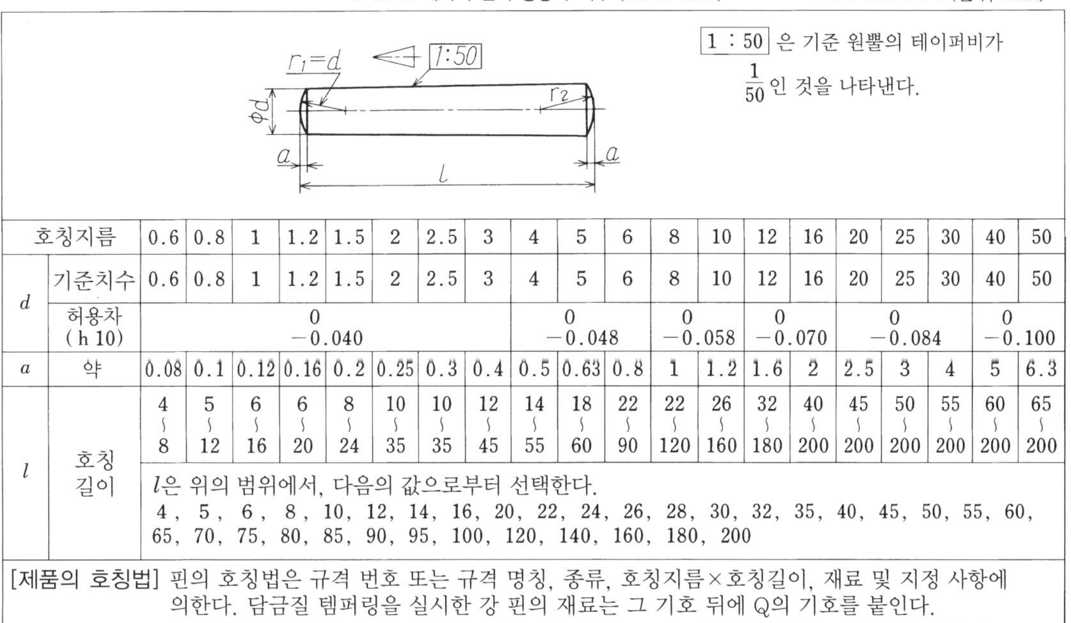

1 : 50 은 기준 원뿔의 테이퍼비가 $\frac{1}{50}$ 인 것을 나타낸다.

	호칭지름	0.6	0.8	1	1.2	1.5	2	2.5	3	4	5	6	8	10	12	16	20	25	30	40	50
d	기준치수	0.6	0.8	1	1.2	1.5	2	2.5	3	4	5	6	8	10	12	16	20	25	30	40	50
	허용차 (h 10)	0 −0.040								0 −0.048			0 −0.058		0 −0.070		0 −0.084			0 −0.100	
a	약	0.08	0.1	0.12	0.16	0.2	0.25	0.3	0.4	0.5	0.63	0.8	1	1.2	1.6	2	2.5	3	4	5	6.3
l	호칭 길이	4 ~ 8	5 ~ 12	6 ~ 16	6 ~ 20	8 ~ 24	10 ~ 35	10 ~ 35	12 ~ 45	14 ~ 55	18 ~ 60	22 ~ 90	22 ~ 120	26 ~ 160	32 ~ 180	40 ~ 200	45 ~ 200	50 ~ 200	55 ~ 200	60 ~ 200	65 ~ 200
		l은 위의 범위에서, 다음의 값으로부터 선택한다. 4, 5, 6, 8, 10, 12, 14, 16, 20, 22, 24, 26, 28, 30, 32, 35, 40, 45, 50, 55, 60, 65, 70, 75, 80, 85, 90, 95, 100, 120, 140, 160, 180, 200																			

[제품의 호칭법] 핀의 호칭법은 규격 번호 또는 규격 명칭, 종류, 호칭지름×호칭길이, 재료 및 지정 사항에 의한다. 담금질 템퍼링을 실시한 강 핀의 재료는 그 기호 뒤에 Q의 기호를 붙인다.

예 : JIS B 1352 A 6 ×30 S 45 C − Q φ 6 f 8

테이퍼 핀 B 종 6 ×30 St 인산염 피막

(규격 번호 또는 규격의 명칭) = (종류) (A…연삭품 B…선삭품) = (호칭지름×호칭길이) = (재료 담금질 템퍼링의 표시를 포함한다.) = (지정 사항)

8·92 표 끝분할 테이퍼 핀의 형상과 치수 (JIS B 1353) KS B 1323 (단위 mm)

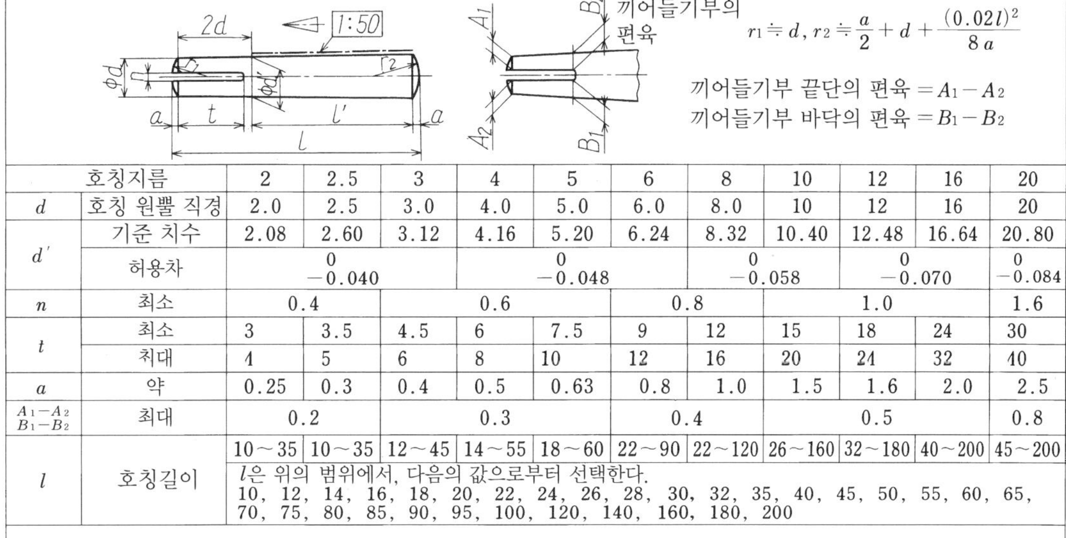

$r_1 \fallingdotseq d,\ r_2 \fallingdotseq \frac{a}{2} + d + \frac{(0.02l)^2}{8a}$

끼어들기부 끝단의 편육 $= A_1 - A_2$

끼어들기부 바닥의 편육 $= B_1 - B_2$

	호칭지름	2	2.5	3	4	5	6	8	10	12	16	20
d	호칭 원뿔 직경	2.0	2.5	3.0	4.0	5.0	6.0	8.0	10	12	16	20
d'	기준 치수	2.08	2.60	3.12	4.16	5.20	6.24	8.32	10.40	12.48	16.64	20.80
	허용차	0 −0.040			0 −0.048			0 −0.058		0 −0.070		0 −0.084
n	최소	0.4		0.6			0.8		1.0			1.6
t	최소	3	3.5	4.5	6	7.5	9	12	15	18	24	30
	최대	4	5	6	8	10	12	16	20	24	32	40
a	약	0.25	0.3	0.4	0.5	0.63	0.8	1.0	1.5	1.6	2.0	2.5
A_1-A_2 B_1-B_2	최대	0.2		0.3			0.4		0.5			0.8
l	호칭길이	10~35	10~35	12~45	14~55	18~60	22~90	22~120	26~160	32~180	40~200	45~200
		l은 위의 범위에서, 다음의 값으로부터 선택한다. 10, 12, 14, 16, 18, 20, 22, 24, 26, 28, 30, 32, 35, 40, 45, 50, 55, 60, 65, 70, 75, 80, 85, 90, 95, 100, 120, 140, 160, 180, 200										

[제품의 호칭법] 핀의 호칭법은 규격 번호는 규격의 명칭, 호칭지름×호칭길이, 재료 및 지정 사항에 의한다.

예 : JIS B 1353 6 ×70 St

끝분할 테이퍼 핀 10×80 SUS 303 끼어들기 깊이25

(규격 번호 또는 규격의 명칭) = (호칭지름×호칭길이) = (재료) = (지정 사항)

8장

KS B ISO 2338
(단위 mm)

8·93 표 평행 핀의 형상과 치수 (JIS B 1354)

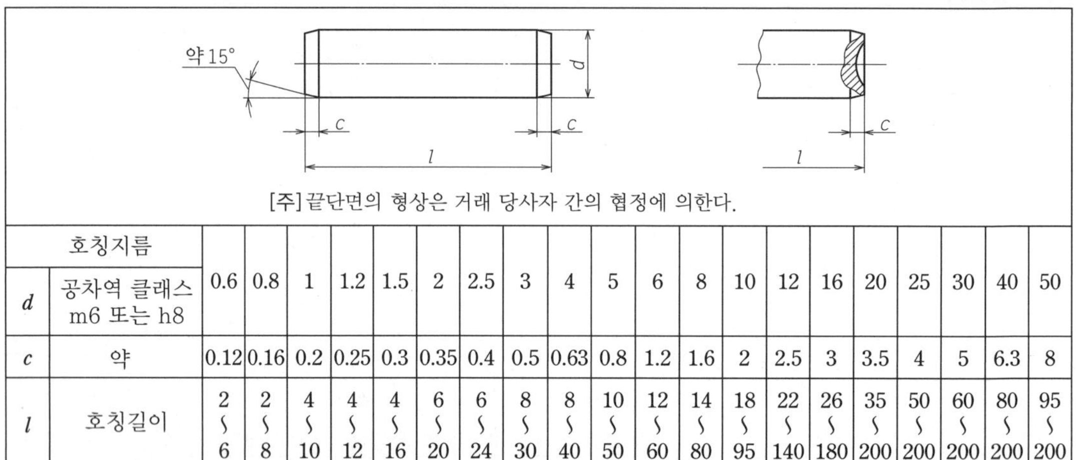

[주]끝단면의 형상은 거래 당사자 간의 협정에 의한다.

	호칭지름	0.6	0.8	1	1.2	1.5	2	2.5	3	4	5	6	8	10	12	16	20	25	30	40	50
d	공차역 클래스 m6 또는 h8																				
c	약	0.12	0.16	0.2	0.25	0.3	0.35	0.4	0.5	0.63	0.8	1.2	1.6	2	2.5	3	3.5	4	5	6.3	8
l	호칭길이	2 ∫ 6	2 ∫ 8	4 ∫ 10	4 ∫ 12	4 ∫ 16	6 ∫ 20	6 ∫ 24	8 ∫ 30	8 ∫ 40	10 ∫ 50	12 ∫ 60	14 ∫ 80	18 ∫ 95	22 ∫ 140	26 ∫ 180	35 ∫ 200	50 ∫ 200	60 ∫ 200	80 ∫ 200	95 ∫ 200

[비고] 1. d의 공차역 클래스 m6 및 h8은 JIS B 0401-2에 의한다.
또한 거래 당사자 간의 협정에 의해 다른 공차역 클래스를 이용할 수 있다.
2. 핀의 호칭지름에 대해 권장하는 호칭길이(l)는 위의 표 범위에서 다음의 수치로부터 선택해 이용한다.
2, 3, 4, 5, 6, 8, 10, 12, 14, 16, 18, 20, 22, 24, 26, 28, 30, 32, 35, 40, 45, 50,
55, 60, 65, 70, 75, 80, 85, 90, 95, 100, 120, 140, 160, 180, 200
또한 200mm를 넘는 호칭길이는 20mm 간격으로 한다.

KS B ISO 1234
(단위 mm)

8·94 표 분할 핀의 형상과 치수 (JIS B 1351)

b l a a d c (뾰족끝) (평끝)

		0.6	0.8	1	1.2	1.6	2	2.5	3.2	4	5	6.3	8	10	13	16	20
호칭지름		0.6	0.8	1	1.2	1.6	2	2.5	3.2	4	5	6.3	8	10	13	16	20
d	기준 치수	0.5	0.7	0.9	1	1.4	1.8	2.3	2.9	3.7	4.6	5.9	7.5	9.5	12.4	15.4	19.3
	허용차	0 −0.1						0 −0.2							0 −0.3		
c	기준 치수	1	1.4	1.8	2	2.8	3.6	4.6	5.8	7.4	9.2	11.8	15	19	24.8	30.8	38.6
	허용차	0 −0.1	0 −0.2		0 −0.3	0 −0.4		0 −0.6	0 −0.7	0 −0.9	0 −1.2	0 −1.5	0 −1.9	0 −2.4	0 −3.1	0 −3.8	0 −4.8
b	약	2	2.4	3	3	3.2	4	5	6.4	8	10	12.6	16	20	26	32	40
a	약 (최대)	1.6	1.6	1.6	2.5	2.5	2.5	2.5	3.2	4	4	4	4	6.3	6.3	6.3	6.3
적용하는 볼트 및 핀의 지름 볼트	초과	—	2.5	3.5	4.5	5.5	7	9	11	14	20	27	39	56	80	120	170
	이하	2.5	3.5	4.5	5.5	7	9	11	14	20	27	39	56	80	120	170	—
클레비스 핀	초과	—	2	3	4	5	6	8	9	12	17	23	29	44	69	110	160
	이하	2	3	4	5	6	8	9	12	17	23	29	44	69	110	160	—
핀 구멍지름	(참고)	0.6	0.8	1	1.2	1.6	2	2.5	3.2	4	5	6.3	8	10	13	16	20
l		4 ∫ 12	5 ∫ 16	6 ∫ 20	8 ∫ 25	8 ∫ 32	10 ∫ 40	12 ∫ 50	14 ∫ 63	18 ∫ 80	22 ∫ 100	32 ∫ 125	40 ∫ 160	45 ∫ 200	71 ∫ 250	112 ∫ 280	160 ∫ 280
	위의 l은 다음의 값에서 선택한다. 4, 5, 6, 8, 10, 12, 14, 16, 18, 20, 22, 25, 28, 32, 36, 40, 45, 50, 56, 63, 71, 80, 90, 100, 112, 125, 140, 160, 180, 200, 224, 250, 280																
l의 치수차	25 이하±0.5, 25 초과 56 이하±0.8, 56 초과 125 이하±1.2, 125를 초과하는 것 ±2																

[비고] 1. 호칭지름은 핀 구멍의 지름에 의한다.
2. d는 끝단에서 $l/2$ 사이의 값으로 한다.
3. 끝단의 형상은 뾰족끝이어도 평끝이어도 된다. 그 중 어느 것인가를 필요로 하는 경우는 지정한다.

8·95 표 ISO에 의하지 않는 테이퍼 핀 및 끝분할 테이퍼 핀의 형상과 치수

(a) 테이퍼 핀 (JIS B 1352 부록) (단위 mm)

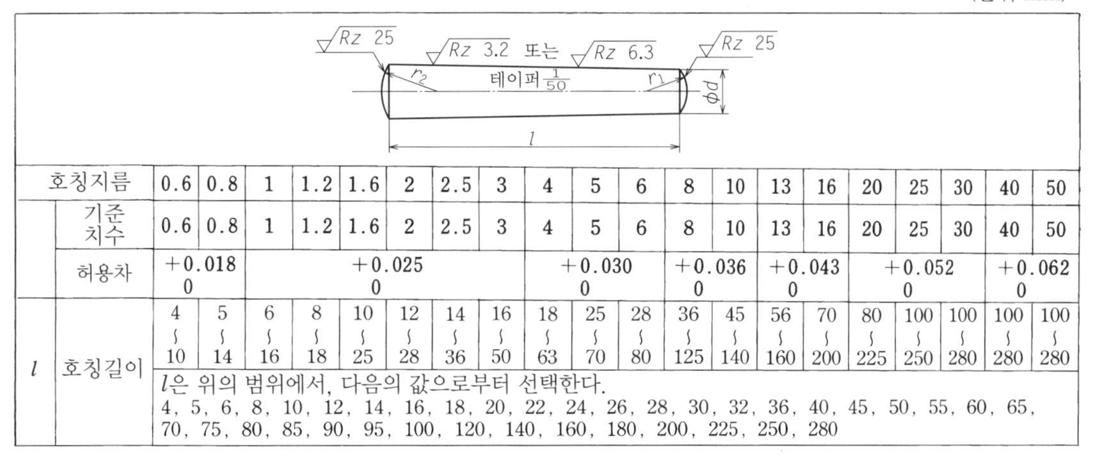

호칭지름		0.6	0.8	1	1.2	1.6	2	2.5	3	4	5	6	8	10	13	16	20	25	30	40	50
	기준 치수	0.6	0.8	1	1.2	1.6	2	2.5	3	4	5	6	8	10	13	16	20	25	30	40	50
	허용차	+0.018 0		+0.025 0						+0.030 0			+0.036 0		+0.043 0		+0.052 0			+0.062 0	
l	호칭길이	4~10	5~14	6~16	8~18	10~25	12~28	14~36	16~50	18~63	25~70	28~80	36~125	45~140	56~160	70~200	80~225	100~250	100~280	100~280	100~280
		l은 위의 범위에서, 다음의 값으로부터 선택한다. 4, 5, 6, 8, 10, 12, 14, 16, 18, 20, 22, 24, 26, 28, 30, 32, 36, 40, 45, 50, 55, 60, 65, 70, 75, 80, 85, 90, 95, 100, 120, 140, 160, 180, 200, 225, 250, 280																			

(b) 끝분할 테이퍼 핀 (JIS B 1353 부록) (단위 mm)

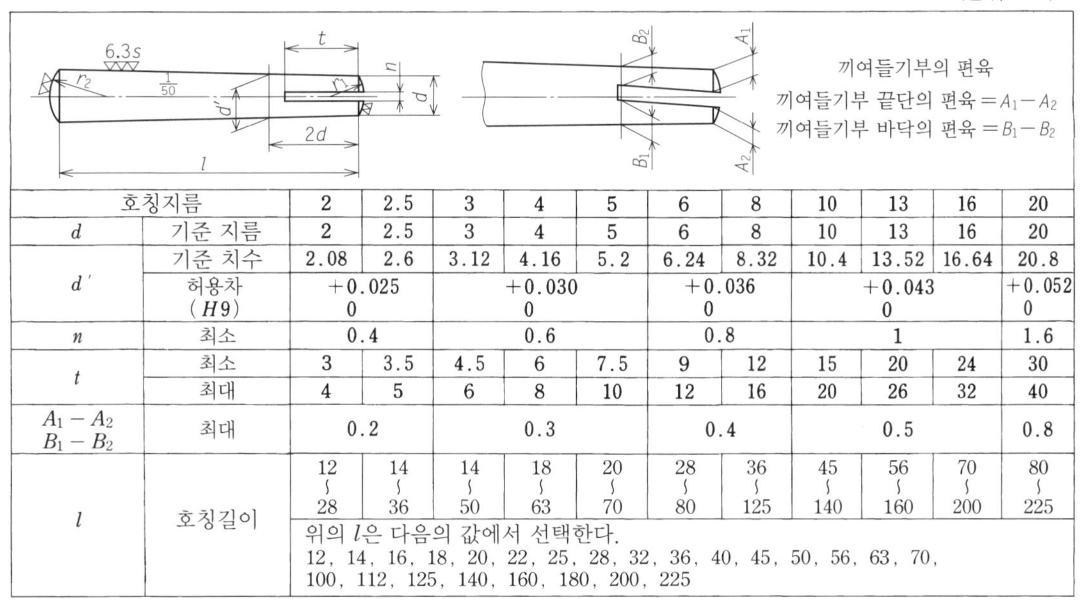

호칭지름		2	2.5	3	4	5	6	8	10	13	16	20
d	기준 지름	2	2.5	3	4	5	6	8	10	13	16	20
d'	기준 치수	2.08	2.6	3.12	4.16	5.2	6.24	8.32	10.4	13.52	16.64	20.8
	허용차 ($H9$)	+0.025 0		+0.030 0			+0.036 0		+0.043 0			+0.052 0
n	최소	0.4		0.6			0.8		1			1.6
t	최소	3	3.5	4.5	6	7.5	9	12	15	20	24	30
	최대	4	5	6	8	10	12	16	20	26	32	40
$A_1 - A_2$ $B_1 - B_2$	최대	0.2		0.3			0.4		0.5			0.8
l	호칭길이	12~28	14~36	14~50	18~63	20~70	28~80	36~125	45~140	56~160	70~200	80~225
		위의 l은 다음의 값에서 선택한다. 12, 14, 16, 18, 20, 22, 25, 28, 32, 36, 40, 45, 50, 56, 63, 70, 100, 112, 125, 140, 160, 180, 200, 225										

그리고 이 스프링 핀은 일반적으로 앞에서 말한 솔리드 핀보다 기계적 성질이 우수하고, 더구나 중공이기 때문에 경량이며 또한 스프링 작용을 이용해 고정하기 때문에 솔리드 핀일 때와 같이 리머 구멍으로 할 필요가 없고 드릴 구멍 혹은 펀치 구멍에도 사용할 수 있는 등 많은 장점을 가지고 있기 때문에 최근에는 널리 사용되고 있다.

2. 핀의 강도

핀 조인트의 핀 지름 d(mm)는 다음 식에 의해 구하면 된다.

$$d = \sqrt{\frac{W}{mp}}, \quad W = dbp, \ b = md$$

단, W…하중(N), b…핀의 링크와의 접촉길이(mm), p…회전 부분에 이용되는 핀의 투영면의 면압력(N/mm²), m…계수로 보통의 핀 조인트에서는 약 1.5.

또한 핀의 전단 및 굽힘에 대한 강도의 검산은 다음 식에 의하면 된다.

전단의 강도 $W = 2 \times \frac{\pi}{4} d^2 \tau$

굽힘의 강도 $\frac{Wl}{4} = \frac{\pi}{16} d^3 \sigma \ (l = md)$

단, τ…전단응력(N/mm²),

σ…굽힘응력(N/mm²)

KS B 1339

8·96 표 홈붙이 스프링 핀의 형상 및 치수 (JIS B 2808)

(단위 mm)

[비고] 1. d_1의 최대는 스프링 핀의 원주 상의 최대값으로 하고, d_1의 최소는 D_1, D_2 및 D_3의 3군데의 평균값으로 한다.
2. 경하중용 스프링 핀의 '전단강도' 란의 상단은 ISO 13337의 값(참고), 하단은 JIS의 값을 나타낸다.
3. L은 L란의 범위에서 다음의 값에서 선택한다.
4, 5, 6, 8, 10, 12, 14, 16, 18, 20, 22, 24, 26, 28, 30, 32, 35, 40, 45, 50, 55, 60, 65, 70, 75, 80, 85, 90, 95, 100, 120, 140, 160, 180, 200.
200mm를 넘는 호칭길이는 거래 당사자 간의 협정에 의한다.

(a) 중하중용 스프링 핀

호칭지름		1	1.5	2	2.5	3	3.5	4	4.5	5	6	8	10	12	13	14	16	18	20	21	25	28	30	32	35	38	40	45	50
설치 전 d_1	최대	1.3	1.8	2.4	2.9	3.5	4.0	4.6	5.1	5.6	6.7	8.8	10.8	12.8	13.8	14.8	16.8	18.9	20.9	21.9	25.9	28.9	30.9	32.9	35.9	38.9	40.9	45.9	50.9
	최소	1.2	1.7	2.3	2.8	3.3	3.8	4.4	4.9	5.4	6.4	8.5	10.5	12.5	13.5	14.5	16.5	18.5	20.5	21.5	25.5	28.5	30.5	32.5	35.5	38.5	40.5	45.5	50.5
설치 전 d_2(참고)		0.8	1.1	1.5	1.8	2.1	2.3	2.8	2.9	3.4	4	5.5	6.5	7.5	8.5	8.5	10.5	11.5	12.5	13.5	15.5	17.5	18.5	20.5	21.5	23.5	25.5	28.5	31.5
모떼기의 양 a	최대	0.35	0.45	0.55	0.6	0.7	0.8	0.85	1.0	1.1	1.4	2.0	2.4	2.4	2.4	2.4	2.4	2.4	3.4	3.4	3.4	3.4	3.4	3.6	3.6	4.6	4.6	4.6	4.6
	최소	0.15	0.25	0.35	0.4	0.5	0.6	0.65	0.8	0.9	1.2	1.6	2.0	2.0	2.0	2.0	2.0	2.0	3.0	3.0	3.0	3.0	3.0	3.0	3.0	4.0	4.0	4.0	4.0
두께 s		0.2	0.3	0.4	0.5	0.6	0.75	0.8	1	1	1.2	1.5	2	2.5	2.5	3	3	3.5	4	4	5	5.5	6	6	7	7.5	7.5	8.5	9.5
전단강도 최소값(kN)		0.7	1.58	2.82	4.38	6.32	9.06	11.24	15.36	17.54	26.04	42.76	70.16	104.1	115.1	144.7	171	222.5	280.6	298.2	438.5	542.6	631.4	684	859	1003	1068	1360	1685
권장하는 호칭길이 L		4 ~ 20	4 ~ 20	4 ~ 30	4 ~ 30	4 ~ 40	4 ~ 40	4 ~ 50	5 ~ 50	5 ~ 80	10 ~ 100	10 ~ 120	10 ~ 160	10 ~ 180	10 ~ 180	10 ~ 200	10 ~ 200	10 ~ 200	10 ~ 200	14 ~ 200	14 ~ 200	14 ~ 200	14 ~ 200	20 ~ 200	20 ~ 200	20 ~ 200	20 ~ 200	20 ~ 200	20 ~ 200
		L의 값은 위의 '비고'란 참조.																											

(b) 경하중용 스프링 핀

호칭지름		2	2.5	3	3.5	4	4.5	5	6	8	10	12	13	14	16	18	20	21	25	28	30	35	40	45	50
설치 전 d_1	최대	2.4	2.9	3.5	4.0	4.6	5.1	5.6	6.7	8.8	10.8	12.8	13.8	14.8	16.8	18.9	20.9	21.9	25.9	28.9	30.9	35.9	40.9	45.9	50.9
	최소	2.3	2.8	3.3	3.8	4.4	4.9	5.4	6.4	8.5	10.5	12.5	13.5	14.5	16.5	18.5	20.5	21.5	25.5	28.5	30.5	35.5	40.5	45.5	50.5
	최대	2.25	2.75	3.25	—	4.4	—	5.4	6.4	—	—	—	—	—	—	—	—	—	—	—	—	—	—	—	—
	최소	2.15	2.65	3.15	—	4.2	—	5.2	6.2	—	—	—	—	—	—	—	—	—	—	—	—	—	—	—	—
설치 전 d_2(참고)		1.9	2.3	2.7	3.1	3.4	3.9	4.4	4.9	7	8.5	10.5	11	11.5	13.5	15	16.5	17.5	21.5	23.5	25.5	28.5	32.5	37.5	40.5
모떼기의 지름 d_3	최대	1.9	2.4	2.9	—	3.9	—	4.8	5.8	—	—	—	—	—	—	—	—	—	—	—	—	—	—	—	—
모떼기의 양 a	최대	0.4	0.45	0.45	0.5	0.7	0.7	0.7	0.9	1.8	2.4	2.4	2.4	2.4	2.4	2.4	2.4	2.4	3.4	3.4	3.4	3.6	4.6	4.6	4.6
	최소	0.2	0.25	0.25	0.3	0.5	0.5	0.5	0.7	1.5	2.0	2.0	2.0	2.0	2.0	2.0	2.0	2.0	3.0	3.0	3.0	3.0	4.0	4.0	4.0
두께 s		0.2	0.25	0.3	0.35	0.5	0.5	0.5	0.75	0.75	1	1	1.2	1.5	1.5	1.7	2	2	2	2.5	2.5	3.5	4	4	5
전단강도 최소값(kN)		1.5	2.4	3.5	4.6	8	8.8	10.4	18	24	40	48	66	84	98	126	158	168	202	280	302	490	634	720	1000
		1.55	2.42	3.49	—	6.21	—	9.7	14	—	—														
권장하는 호칭길이 L		4 ~ 30	4 ~ 30	4 ~ 40	4 ~ 40	4 ~ 50	5 ~ 50	5 ~ 80	10 ~ 100	10 ~ 120	10 ~ 180	10 ~ 180	10 ~ 200	10 ~ 200	10 ~ 200	10 ~ 200	10 ~ 200	14 ~ 200	14 ~ 200	14 ~ 200	14 ~ 200	18 ~ 200	18 ~ 200	18 ~ 200	18 ~ 200
		L의 값은 위의 '비고'란 참조.																							

3. 팔꿈치 조인트(너클 조인트)

이것은 8·53 그림에 나타냈듯이 2개의 봉의 둥근구멍에 1개의 연결 핀을 넣어 조인트로 한 것으로, 일종의 코터 조인트인데 연결 핀을 중심으로 봉을 팔처럼 흔들어 움직일 수 있는 점이 보통의 코터 조인트와 다르다. 이것은 구조물의 인장 봉 등에 이용된다.

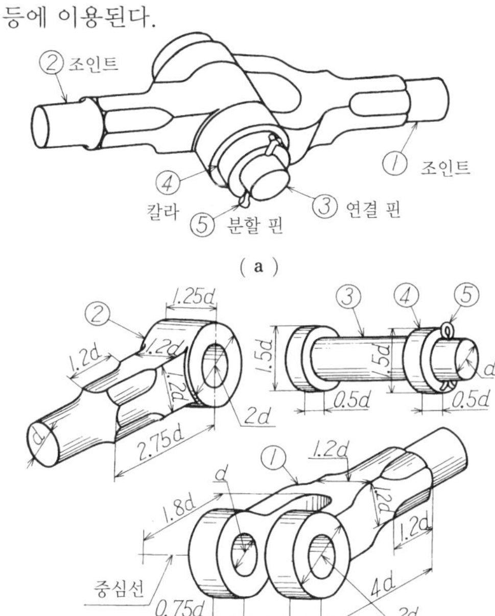

8·53 그림 팔꿈치 조인트

8.5 코터 및 코터 조인트

1. 코터

코터는 8·54 그림에 나타냈듯이 두 가지의 기계 부품을 연결하는 조인트용 혹은 위치, 압력 조정용으로 이용하는 것으로, 한쪽 경사와 양쪽 경사의 두 가지가 있는데, 보통은 한쪽 경사의 것이 이용된다. 8·55 그림은 이들 코터를 나타낸 것이다.

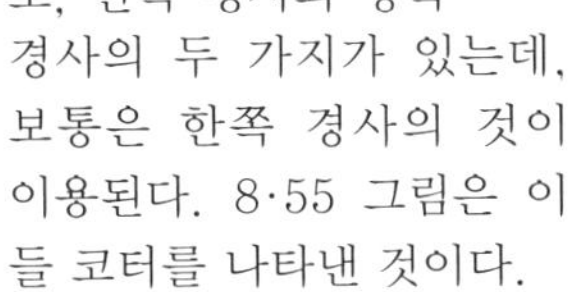

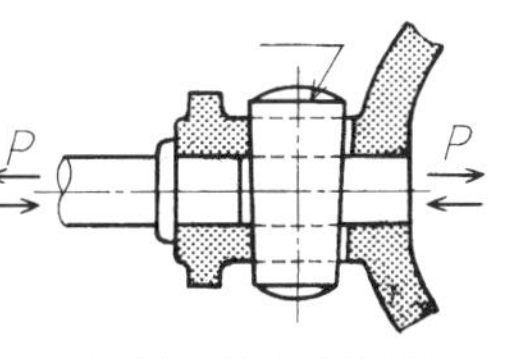

8·54 그림 코터 조인트

코터의 경사는 분리를 하지 않는 것은 작은 것으로 한다. 이 경우는 분리가 곤란해진다. 반대로 경사가 크면 코터는 미끄러져 자연적으로 헐거워지는데, 박아 넣음으로써 그 체결 정도를 조절할 수 있다. 일반적으로 조인트용 코터의 경사는 1/25 정도가 실제로 많이 이용되고 있다. 또한 조정용으로서 코터는 헐거움 방지(볼트, 너트)를 함께 이용하고 있다.

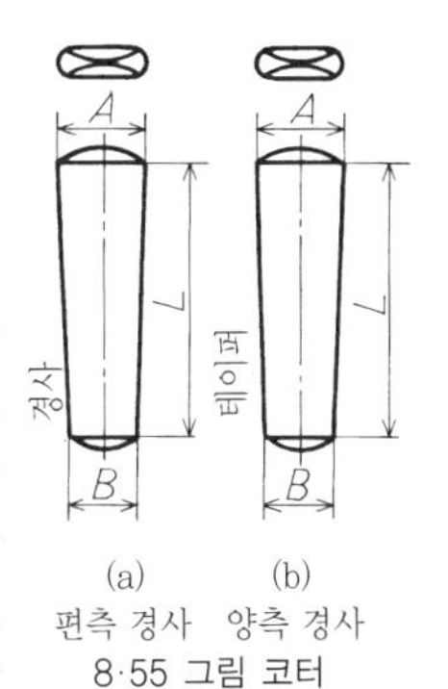

8·55 그림 코터

2. 코터 조인트

코터에 의해 결합되는 조인트를 코터 조인트라고 하는데, 이것은 왕복 운동기관의 연결봉이나 볼반의 끼워 넣는 부분 등에 이용되고 있다. 다음으로 일반적으로 사용되고 있는 것의 형상과 치수 비율을 나타낸다. 8·56 그림은 코터를 1개 이용한 코터 조인트이고, 8·57 그림은 코터 2개를 이용한 경우의 예를 나타낸 것이다.

3. 코터의 계산

(1) 코터의 경사각 코터는 한쪽 경사의 것과 양쪽 경사의 것이 있는데, 일반적으로는 제작이 용이하기 때문에 한쪽 경사가 이용된다. 경사각 α는 일반적으로 가끔 떼어내는 것은 큰 각(약 5°

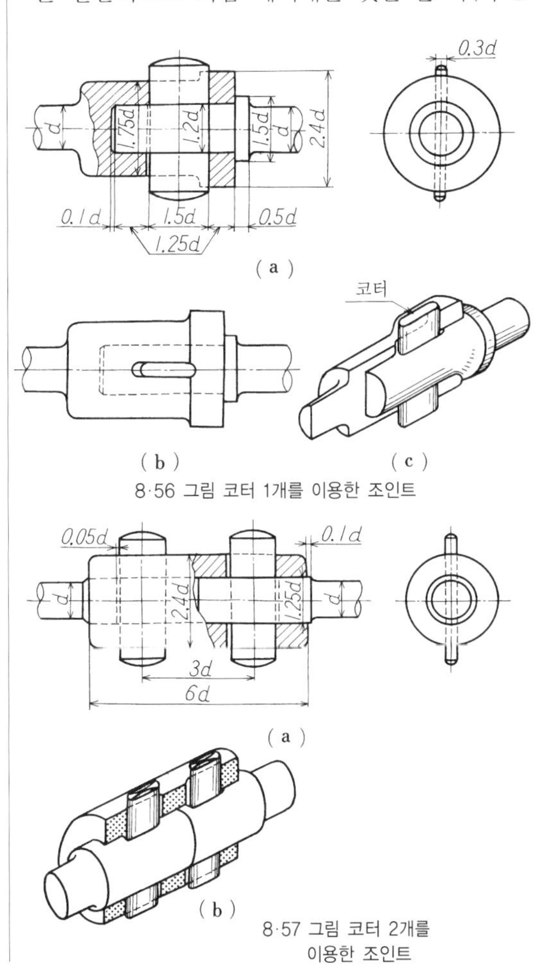

8·56 그림 코터 1개를 이용한 조인트

8·57 그림 코터 2개를 이용한 조인트

8장

~11°), 거의 떼어내지 않는 것은 작은 각(1°~3°)으로 한다. 따라서 일반적으로 $\tan\alpha$는 $\frac{1}{20}$~$\frac{1}{40}$으로 잡을 수 있다.

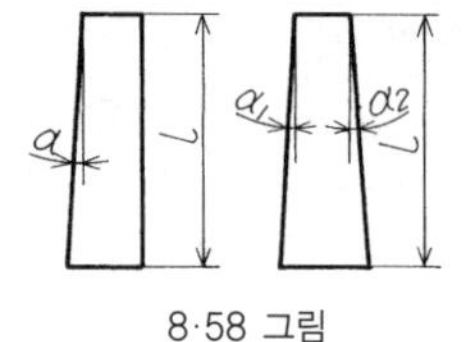
8·58 그림

조정용 커터는 $\tan\alpha$를 $\frac{1}{5}$~$\frac{1}{15}$로 잡는다. 이 경우는 빠져나가는 것을 방지하기 위해 고정 핀을 이용하고, $\frac{1}{5}$~$\frac{1}{10}$의 경사에서는 볼트, 너트를 이용한다. 그리고 진동이 있는 경우에도 동일하다.

(2) 코터 조인트의 강도 8·59 그림 (a)에 나타낸 코터 조인트 강도는 다음 식에 의해 나타낼 수 있다.

봉 자체의 떼어지는 강도 P_1은 [8·59 그림 (b)]

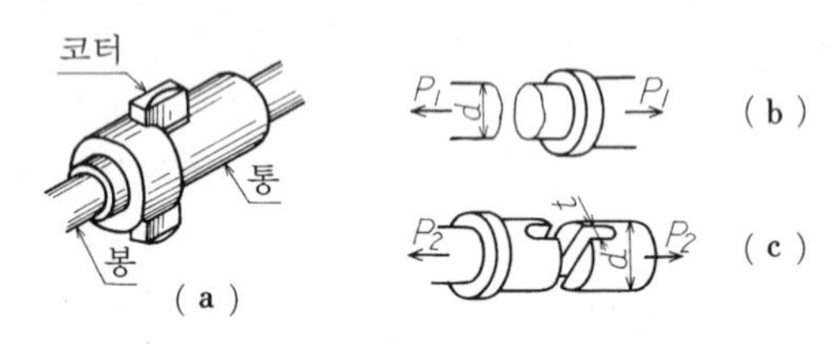

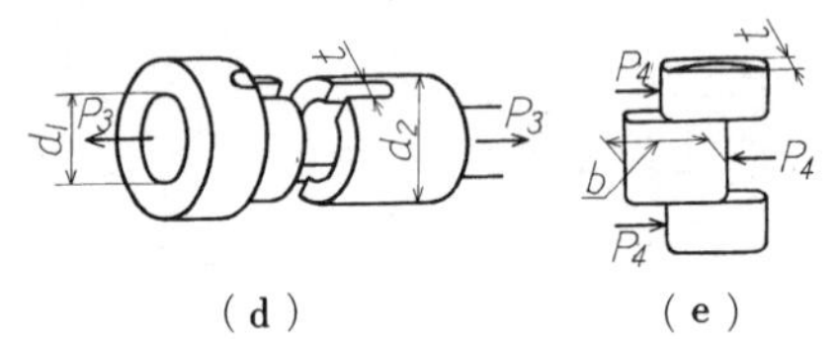

8·59 그림 코터 조인트의 파괴 형식

$$P_1=\frac{\pi}{4}d^2\sigma_t$$

단 d…봉의 굵기(mm),
σ_t…인장응력(N/mm^2)

코터 구멍의 봉 강도 P_2는 [8·59 그림 (c)]

$$P_2=\left(\frac{\pi}{4}d^2-dt\right)\sigma_t$$

통이 코터 구멍의 곳에서 떼어지는 경우의 소켓 강도 P_3은 [8·59 그림 (d)]

$$P_3=\left\{\frac{\pi}{4}(d_2{}^2-d_1{}^2)-(d_2-d_1)t\right\}\sigma_t$$

코터가 전단될 때, 2군데에서 전단력을 견딜 수 있는 강도 P_4 [8·59 그림 (e)]

$$P_4=2bt\tau_s$$

단, τ_s…전단응력(N/mm^2)

이상 P_1~P_4 중에서 최소의 하중이 가해진 경우에 조인트는 그 각 부의 형식에 따라 파괴된다.

각 부의 치수는 경험 치수(8·56 그림 참조)에 의해 정해지기 때문에 위의 식에 각각의 경험 치수의 값을 대입해 P_2~P_4의 값을 계산하고, 그 값이 P_1보다 큰지의 여부를 조사해 둬야 한다.

(3) 코터의 크기 코터의 크기는 코터와 축의 접촉압력, 굽힘응력, 전단응력 등에 대해 안전하도록 정해야 한다.

8·60 그림에 나타낸 연결된 봉이 원형 단면인 경우의 계산식은

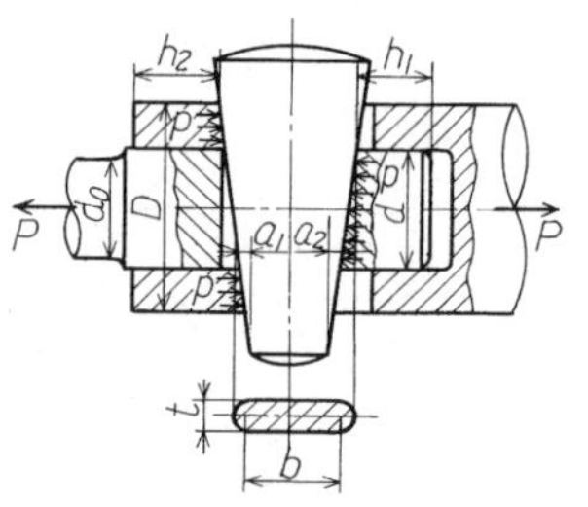
8·60 그림 코터의 치수

$$\text{접촉면 압력}\quad p=\frac{P}{td},\quad p'=\frac{P}{t(D-a)}$$

단 p, p'…일반적으로 80(N),
D…소켓의 외경(mm),
d…봉의 지름(mm), P…봉에 가해지는 하중(N).

코터의 치수 및 d 등은 보통 다음의 비율로 한다.

$$t=\left(\frac{1}{3}\sim\frac{1}{4}\right)d,\quad d=\frac{4}{3}d_0$$

또한 코터에 작용하는 굽힘 모멘트는

$$\frac{PD}{8}=\frac{tb^2\sigma_b}{6}$$

의 관계식에서 다음 식을 얻을 수 있다.

$$b=\sqrt{\frac{3PD}{4t\sigma_b}}\ \text{(mm)}$$

단 σ_b…허용 굽힘응력(N/mm^2)

그리고 이 경우의 h_1 및 h_2는

$$h_1,\ h_2=\left(\frac{1}{2}\sim\frac{2}{3}\right)b\ \text{(mm)}$$

으로 한다.

8·6 스냅 링

스냅 링이란 축 또는 구멍에 새긴 홈에 스냅 링의 스프링 작용을 이용해 스냅 링을 약간 확대(축의 경우) 혹은 축소(구멍의 경우)해서 끼워 넣고, 그 축 또는 구멍에 맞물린 상대 쪽을 고정하는 것으로, JIS에서는 그 형상에 따라 C형 편심 스냅 링, C형 동심 스냅 링, E형 스냅 링 및 그립 스냅 링을 규정하고 있다. 단, E형 스냅 링과 그립 스냅 링은 축용뿐이다. 8·97 표~8·99 표에 이들 규격을 표시해 둔다.

8·97 표 스냅 링 (JIS B 2804) KS B 1336

(a) C형 축용 편심 스냅 링 (단위 mm)

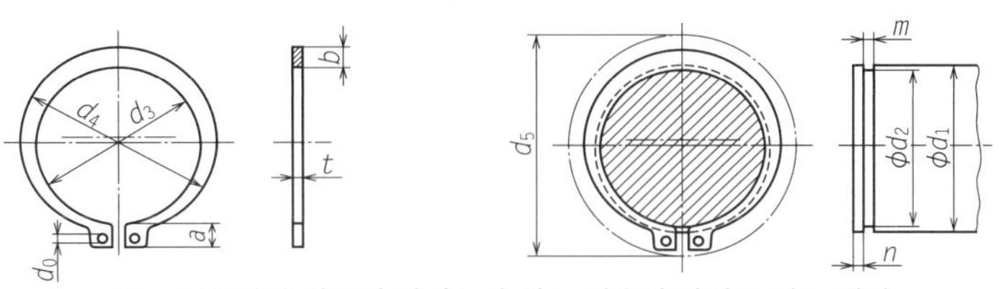

d_5는 스냅 링의 외부에 간섭물이 있는 경우의 간섭물 최소 내경

호칭[1]		스냅 링					적용하는 축 (참고)				
1	2	d_3	t	b 약	a 약	d_0 치수	d_5	d_1	d_2	m	n 치수
10		9.3	1	1.6	3	1.2	17	10	9.6	1.15	1.5
	11	10.2		1.8	3.1		18	11	10.5		
12		11.1		1.8	3.2	1.5	19	12	11.5		
14		12.9		2	3.4	1.7	22	14	13.4		
15		13.8		2.1	3.5		23	15	14.3		
16		14.7		2.2	3.6		24	16	15.2		
17		15.7		2.2	3.7		25	17	16.2		
18		16.5	1.2	2.6	3.8		26	18	17	1.35	
	19	17.5		2.7	3.8	2	27	19	18		
20		18.5		2.7	3.9		28	20	19		
22		20.5		2.7	4.1		31	22	21		
	24	22.2		3.1	4.2		33	24	22.9		
25		23.2		3.1	4.3		34	25	239		
	26	24.2		3.1	4.4		35	26	24.9		
28		25.9	1.5 (1.6)[2]	3.1	4.6		38	28	26.6	1.65 (1.75)[2]	
30		27.9		3.5	4.8		40	30	28.6		
32		29.6		3.5	5	2.5	43	32	30.3		
35		32.2		4	5.4		46	35	33		
	36	33.2	1.75 (1.8)[2]	4	5.4		47	36	34	1.90 (1.95)[2]	2
	38	35.2		4.5	5.6		50	38	36		
40		37		4.5	5.8		53	40	38		
	42	38.5		4.5	6.2		55	42	39.5		
45		41.5		4.8	6.3		58	45	42.5		
	48	44.5		4.8	6.5		62	48	45.5		
50		45.8	2	5	6.7		64	50	47	2.2	
55		50.8		5	7		70	55	52		
	56	51.8		5	7		71	56	53		
60		55.8		5.5	7.2		75	60	57		
65		60.8	2.5	6.4	7.4		81	65	62	2.7	2.5
70		65.5		6.4	7.8		86	70	67		
75		70.5		7	7.9		92	75	72		
80		74.5		7.4	8.2		97	80	76.5		
85		79.5	3	8	8.4	3	103	85	81.5	3.2	3
90		84.5		8	8.7		108	90	86.5		
95		89.5		8.6	9.1		114	95	91.5		
100		94.5		9	9.5		119	100	96.5		
	105	98	4	9.5	9.8		125	105	101	4.2	4
100		103		9.5	10		131	110	106		
120		113		10.3	10.9		143	120	116		

[주] [1] 호칭은 1란의 것을 우선하고, 필요에 따라 2란의 순서로 한다.
[2] 거래 당사자 간의 협정에 의해, t 1.6 및 1.8로 해도 된다. 단, 이 때 m은 각각 1.75 및 1.95로 한다.

8장

(b) C형 구멍용 편심 스냅 링 (단위 mm)

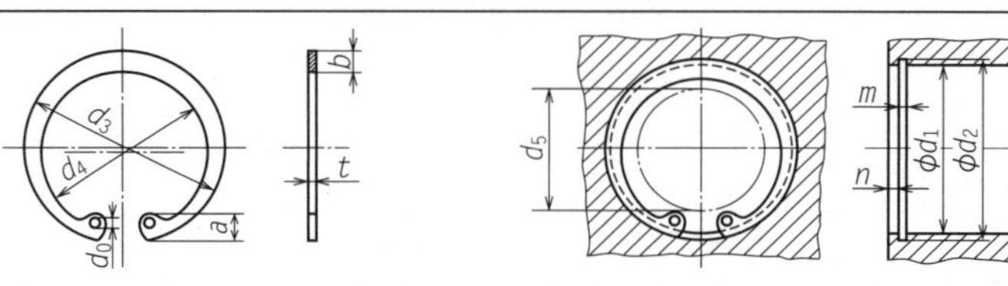

$d_4 = d_3 - (1.4 \sim 1.5)b$, d_5는 스냅 링의 내부에 간섭물이 있는 경우의 간섭물 최대 외경

호칭[1]		스냅 링					적용하는 구멍 (참고)				
1	2	d_3	t	b 약	a 약	d_0 최소	d_5	d_1	d_2	m	n 최소
10		10.7	1	1.8	3.1	1.2	3	10	10.4	1.15	1.5
11		11.8		1.8	3.2		4	11	11.4		
12		13		1.8	3.3	1.5	5	12	12.5		
	13	14.1		1.8	3.5		6	13	13.6		
14		15.1		2	3.6	1.7	7	14	14.6		
	15	16.2		2	3.6		8	15	15.7		
16		17.3		2	3.7		8	16	16.8		
	17	18.3		2	3.8		9	17	17.8		
18		19.5		2.5	4		10	18	19		
19		20.5		2.5	4	2	11	19	20		
20		21.5		2.5	4		12	20	21		
22		23.5		2.5	4.1		13	22	23		
	24	25.9	1.2	2.5	4.3		15	24	25.2	1.35	
25		26.9		3	4.4		16	25	26.2		
	26	27.9		3	4.6		16	26	27.2		
28		30.1		3	4.6		18	28	29.4		
30		32.1		3	4.7		20	30	31.4		
32		34.4		3.5	5.2	2.5	21	32	33.7		
35		37.8	1.5 (1.6)[2]	3.5	5.2		24	35	37	1.65 (1.75)[2]	2
	36	38.8		3.5	5.2		25	36	38		
37		39.8		3.5	5.2		26	37	39		
	38	40.8		4	5.3		27	38	40		
40		43.5	1.75 (1.8)[2]	4	5.7		28	40	42.5	1.90 (1.95)[2]	
42		45.5		4	5.8		30	42	44.5		
45		48.5		4.5	5.9		33	45	47.5		
47		50.5		4.5	6.1		34	47	49.5		
	48	51.5		4.5	6.2		35	48	50.5		
50		54.2	2	4.5	6.5		37	50	53	2.2	
52		56.2		5.1	6.5		39	52	55		
55		59.2		5.1	6.5		41	55	58		
	56	60.2		5.1	6.6		42	56	59		
60		64.2		5.5	6.8		46	60	63		
62		66.2		5.5	6.9		48	62	65		
	63	67.2		5.5	6.9		49	63	66		
	65	69.2	2.5	5.5	7		50	65	68	2.7	2.5
68		72.5		6	7.4		53	68	71		
	70	74.5		6	7.4		55	70	73		
72		76.5		6.6	7.4		57	72	75		
75		79.5		6.6	7.8		60	75	78		
80		85.5		7	8		64	80	83.5		
85		90.5	3	7	8	3	69	85	88.5	3.2	3
90		95.5		7.6	8.3		73	90	93.5		
95		100.5		8	8.5		77	95	98.5		
100		105.5		8.3	8.8		82	100	103.5		

(다음 페이지에 계속)

호칭[1]		스냅 링					적용하는 구멍 (참고)				
1	2	d_3	t	b 약	a 약	d_0 최소	d_5	d_1	d_2	m	n 최소
	105	112	4	8.9	9.1	3	86	105	109	4.2	4
110		117		8.9	10.2		89	110	114		
	112	119		8.9	10.2		90	112	116		
	115	122		9.5	10.2		94	115	119		
120		127		9.5	10.7		98	120	124		
125		132		10	10.7	3.5	103	125	129		

[주] (1) 호칭은 1란의 것을 우선하고, 필요에 따라 2란의 순서로 한다.
(2) 거래 당사자 간의 협정에 의해, t1.6 및 1.8로 해도 된다. 단, 이 때 m은 각각 1.75 및 1.95로 한다.

(c) C형 축용 동심 스냅 링

KS B 1338
(단위 mm)

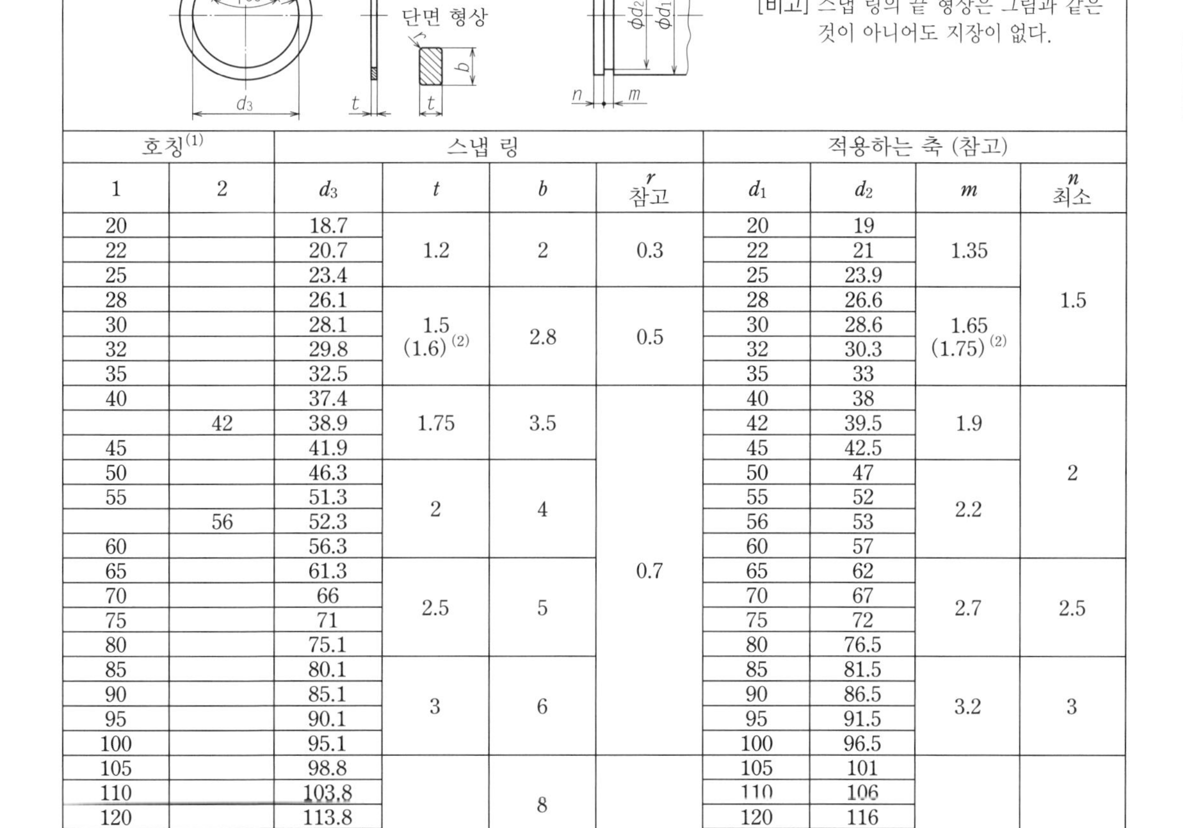

[비고] 스냅 링의 끝 형상은 그림과 같은 것이 아니어도 지장이 없다.

호칭[1]		스냅 링				적용하는 축 (참고)			
1	2	d_3	t	b	r 참고	d_1	d_2	m	n 최소
20		18.7	1.2	2	0.3	20	19	1.35	1.5
22		20.7				22	21		
25		23.4				25	23.9		
28		26.1	1.5 (1.6)[2]	2.8	0.5	28	26.6	1.65 (1.75)[2]	
30		28.1				30	28.6		
32		29.8				32	30.3		
35		32.5				35	33		
40		37.4	1.75	3.5	0.7	40	38	1.9	2
	42	38.9				42	39.5		
45		41.9				45	42.5		
50		46.3	2	4		50	47	2.2	
55		51.3				55	52		
	56	52.3				56	53		
60		56.3				60	57		
65		61.3	2.5	5		65	62	2.7	2.5
70		66				70	67		
75		71				75	72		
80		75.1				80	76.5		
85		80.1	3	6		85	81.5	3.2	3
90		85.1				90	86.5		
95		90.1				95	91.5		
100		95.1				100	96.5		
105		98.8	4	8	1.2	105	101	4.2	4
110		103.8				110	106		
120		113.8				120	116		
	125	118.7				125	121		
130		123.7		10		130	126		
140		133.7				140	136		
150		142.7				150	145		
160		151.7				160	155		
170		161.2				170	165		
180		171.2				180	175		
190		181.1				190	185		
200		191.1				200	195		

[주] (1) 호칭은 1란의 것을 우선하고, 필요에 따라 2란의 순서로 한다.
(2) 거래 당사자 간의 협정에 의해, t1.6으로 해도 된다. 단, 이 때 m은 각각 1.75로 한다.

8장

(d) C형 구멍용 동심 스냅 링 (단위 mm)

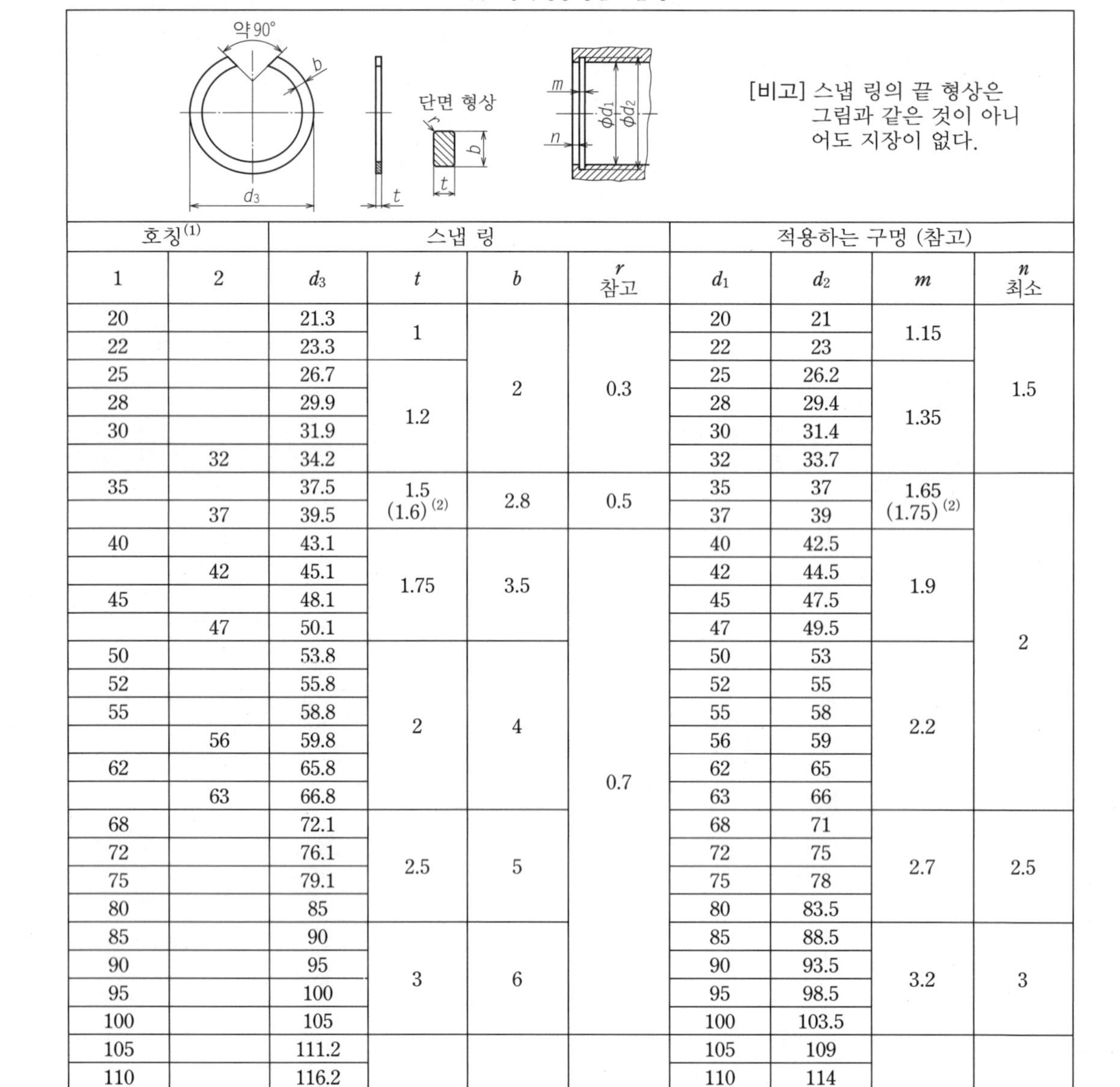

호칭[1]		스냅 링				적용하는 구멍 (참고)			
1	2	d_3	t	b	r 참고	d_1	d_2	m	n 최소
20		21.3	1	2	0.3	20	21	1.15	1.5
22		23.3				22	23		
25		26.7	1.2			25	26.2	1.35	
28		29.9				28	29.4		
30		31.9				30	31.4		
	32	34.2				32	33.7		
35		37.5	1.5 (1.6)[2]	2.8	0.5	35	37	1.65 (1.75)[2]	2
	37	39.5				37	39		
40		43.1	1.75	3.5	0.7	40	42.5	1.9	
	42	45.1				42	44.5		
45		48.1				45	47.5		
	47	50.1				47	49.5		
50		53.8	2	4		50	53	2.2	
52		55.8				52	55		
55		58.8				55	58		
	56	59.8				56	59		
62		65.8				62	65		
	63	66.8				63	66		
68		72.1	2.5	5		68	71	2.7	2.5
72		76.1				72	75		
75		79.1				75	78		
80		85				80	83.5		
85		90	3	6		85	88.5	3.2	3
90		95				90	93.5		
95		100				95	98.5		
100		105				100	103.5		
105		111.2	4	8	1.2	105	109	4.2	4
110		116.2				110	114		
115		121.2				115	119		
120		126.3				120	124		
125		131.5				125	129		
130		136.5		10		130	134		
140		146.5				140	144		
150		157.5				150	155		
160		167.7				160	165		
170		178.2				170	175		
180		188.2				180	185		
190		198.2				190	195		
200		208.2				200	205		

[주] [1] 호칭은 1란의 것을 우선하고, 필요에 따라 2란의 순서로 한다.
[2] 거래 당사자 간의 협정에 의해, t1.6으로 해도 된다. 단, 이 때 m은 각각 1.75로 한다.

KS B 1337

(e) E형 스냅 링

(단위 mm)

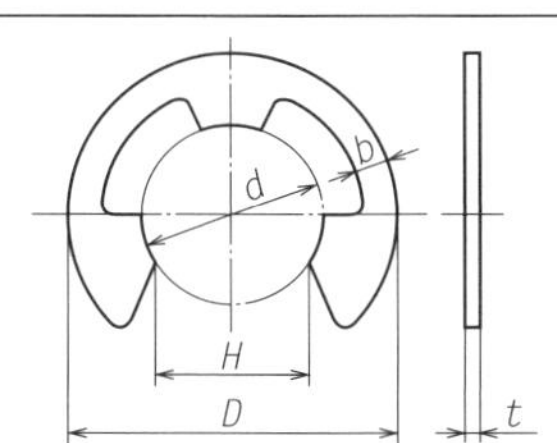

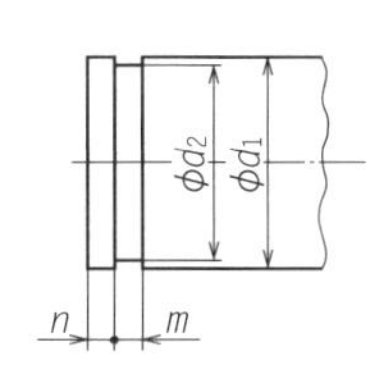

[주] (1) d의 측정에는 원통형의 게이지를 이용한다.
(2) 거래 당사자 간의 협정에 의해 t1.6으로 해도 된다. 단, 이 때 m은 1.75로 한다.

호칭	스냅 링					적용하는 축 (참고)				
	d (1)	D	H	t	b 약	d_1의 구분 초과	d_1의 구분 이하	d_2	m	n 최소
0.8	0.8	2	0.7	0.2	0.3	1	1.4	0.82	0.3	0.4
1.2	1.2	3	1	0.3	0.4	1.4	2	1.23	0.4	0.6
1.5	1.5	4	1.3	0.4	0.6	2	2.5	1.53		0.8
2	2	5	1.7	0.4	0.7	2.5	3.2	2.05	0.5	
2.5	2.5	6	2.1	0.4	0.8	3.2	4	2.55		1
3	3	7	2.6	0.6	0.9	4	5	3.05		
4	4	9	3.5	0.6	1.1	5	7	4.05	0.7	
5	5	11	4.3	0.6	1.2	6	8	5.05		1.2
6	6	12	5.2	0.8	1.4	7	9	6.05		
7	7	14	6.1	0.8	1.6	8	11	7.10		1.5
8	8	16	6.9	0.8	1.8	9	12	8.10	0.9	1.8
9	9	18	7.8	0.8	2.0	10	14	9.10		
10	10	20	8.7	1.0	2.2	11	15	10.15		2
12	12	23	10.4	1.0	2.4	13	18	12.15	1.15	2.5
15	15	29	13.0	1.5	2.8	16	24	15.15	1.65	3
19	19	37	16.5	(1.6) (2)	4.0	20	31	19.15	(1.75) (2)	3.5
24	24	44	20.8	2.0	5.0	25	38	24.15	2.2	4

(f) 그립 스냅 링

(단위 mm)

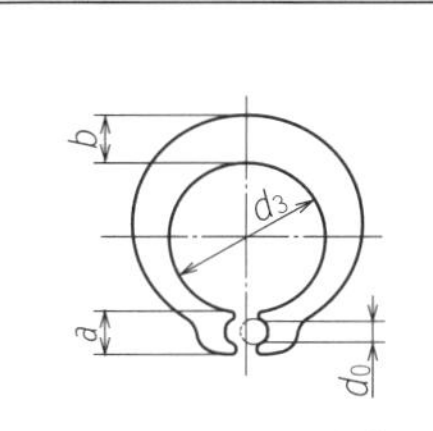

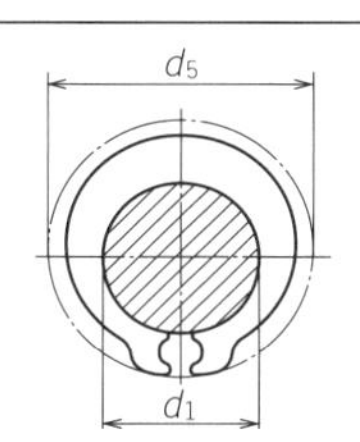

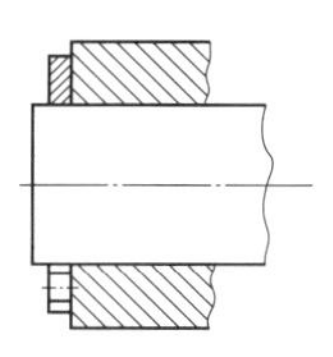

d_5는 축에 끼울 때의 외주 최대지름

호칭	스냅 링						축방향 하중 (최소) (N)	적용하는 축 (참고) d_1
	d_3	t	b 약	a 약	d_0 최소	d_5 참고		
2	1.9		1	1.9		6	29.4	2
2.5	2.35	0.6	1.2		0.9	6.5	35.3	2.5
3	2.85		1.4	2.1		7.4	44.1	3
4	3.8	0.8	1.8	2.7	1.2	9.6	58.8	4
5	4.75		2.2	2.9	1.3	11	76.5	5
6	5.7		2.4	3.2		12.6	100.0	6
7	6.7	1	2.7	3.4	1.4	14	105.9	7
8	7.7		3	3.5		15.2	117.7	8
9	8.65	1.2	3.3	4.7	1.6	18.6	135.3	9
10	9.65		3.5			19.6	147.1	10

제9장

축, 커플링 및 클러치의 설계

9장. 축, 커플링 및 클러치의 설계

9·1 축

축은 동력 혹은 운동을 전하는 회전 부분으로 사용된다. 보통 샤프트라고 불리지만, 차축과 같이 주로 굽힘하중을 받는 것을 액슬이라고 부르는 경우가 있다. 또한 선반의 주축과 같이 짧은 축은 스핀들이라고 불린다.

축은 전동축으로 대표되듯이 중실환축과 중공환축으로 나누어지고, 또한 형태로부터 직축과 곡축(크랭크 샤프트)로 나누어진다.

1. 축에 관한 JIS 규격

9·1 표~9·3 표는 축의 치수에 대해 규정된 JIS 규격을 나타낸 것이다.

KS B 0406

9·1 표 축의 직경 (JIS B 0901)

(단위 mm)

축지름	(참고) 축지름 수치의 표준					축지름	(참고) 축지름 수치의 표준					축지름	(참고) 축지름 수치의 표준					축지름	(참고) 축지름 수치의 표준				
	표준 수(1) R 5	표준 수(1) R 10	표준 수(1) R 20	(2) 원통 축단	(3) 구름 베어링		표준 수(1) R 5	표준 수(1) R 10	표준 수(1) R 20	(2) 원통 축단	(3) 구름 베어링		표준 수(1) R 5	표준 수(1) R 10	표준 수(1) R 20	(2) 원통 축단	(3) 구름 베어링		표준 수(1) R 5	표준 수(1) R 10	표준 수(1) R 20	(2) 원통 축단	(3) 구름 베어링
4	○	○	○		○	22				○	○	71			○	○		240				○	○
4.5			○			22.4			○			75				○	○	250	○	○	○	○	
5		○	○		○	24				○		80		○	○	○	○	260				○	○
5.6			○			25	○	○	○	○	○	85				○	○	280			○	○	○
6				○	○	28			○	○	○	90			○	○	○	300				○	○
6.3	○	○	○			30				○	○	95				○	○	315		○	○		
7				○	○	31.5		○	○			100	○	○	○	○	○	320				○	○
7.1			○			32				○	○	105					○	340				○	○
8		○	○	○	○	35				○	○	110				○	○	355			○		
9			○	○	○	35.5			○			112			○			360				○	○
10	○	○	○	○	○	38				○		120				○	○	380				○	○
11				○		40	○	○	○	○	○	125		○	○	○		400	○	○	○	○	○
11.2			○			42				○		130				○	○	420				○	○
12				○	○	45			○	○	○	140			○	○	○	440				○	○
12.5		○	○			48				○		150				○	○	450			○	○	
14			○	○		50		○	○	○	○	160	○	○	○	○	○	460				○	○
15					○	55				○	○	170				○	○	480				○	○
16	○	○	○	○		56			○	○		180			○	○	○	500		○	○	○	○
17					○	60				○	○	190				○	○	530				○	○
18			○	○		63	○	○	○	○		200		○	○	○	○	560			○	○	○
19				○		65				○	○	220				○	○	600				○	○
20		○	○	○	○	70				○	○	224			○			630	○	○	○	○	○

[주] (1) JIS Z 8601 (표준 수)에 의한다.
(2) JIS B 0903 (원통 축단)의 축단 직경에 의한다.
(3) JIS B 1512 (구름 베어링의 주요 치수)의 베어링 내경에 의한다.
[비고] 표 중의 ○ 표시는 축지름 수치의 표준을 나타낸다. 예를 들면, 축지름 4.5는 표준 수 R20에 의한 것을 나타낸다.

9·2 표 원통 축단 (JIS B 0903)

KS B 0701(폐지)
(단위 mm)

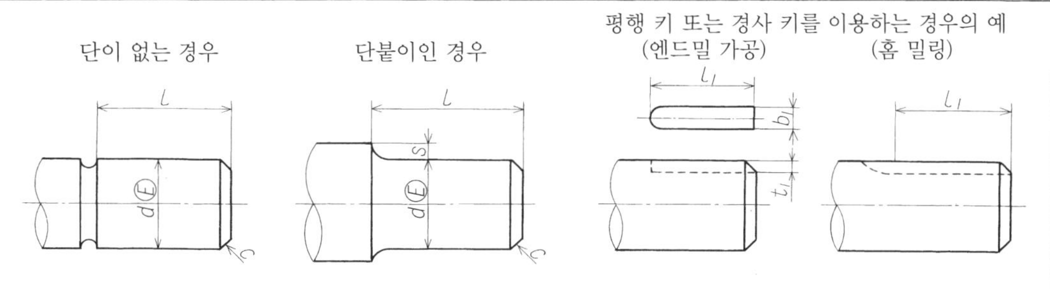

축단의 직경 d	축단의 길이 l 단축단	장축단	(참고) 끝단부의 모떼기 c	키 홈 b_1	t_1	l_1(참고) 단축단용	장축단용	키의 호칭치수 $b \times h$
6	—	16	0.5	—	—	—	—	—
7	—	16	0.5	—	—	—	—	—
8	—	20	0.5	—	—	—	—	—
9	—	20	0.5	—	—	—	—	—
10	20	23	0.5	3	1.8	—	20	3 × 3
11	20	23	0.5	4	2.5	—	20	4 × 4
12	25	30	0.5	4	2.5	—	20	4 × 4
14	25	30	0.5	5	3.0	—	25	5 × 5
16	28	40	0.5	5	3.0	25	36	5 × 5
18	28	40	0.5	6	3.5	25	36	6 × 6
19	28	40	0.5	6	3.5	25	36	6 × 6
20	36	50	0.5	6	3.5	32	45	6 × 6
22	36	50	0.5	6	3.5	32	45	6 × 6
24	36	50	0.5	8	4.0	32	45	8 × 7
25	42	60	0.5	8	4.0	36	50	8 × 7
28	42	60	1	8	4.0	36	50	8 × 7
30	58	80	1	8	4.0	50	70	8 × 7
32	58	80	1	10	5.0	50	70	10× 8
35	58	80	1	10	5.0	50	70	10× 8
38	58	80	1	10	5.0	50	70	10× 8
40	82	110	1	12	5.0	70	90	12× 8
42	82	110	1	12	5.0	70	90	12× 8
45	82	110	1	14	5.5	70	90	14× 9
48	82	110	1	14	5.5	70	90	14× 9
50	82	110	1	14	5.5	70	90	14× 9
55	82	110	1	16	6.0	70	90	16×10
56	82	110	1	16	6.0	70	90	16×10
60	105	140	1	18	7.0	90	110	18×11
63	105	140	1	18	7.0	90	110	18×11
65	105	140	1	18	7.0	90	110	18×11
70	105	140	1	20	7.5	90	110	20×12
71	105	140	1	20	7.5	90	110	20×12
75	105	140	1	20	7.5	90	110	20×12
80	130	170	1	22	9.0	110	140	22×14
85	130	170	1	22	9.0	110	140	22×14
90	130	170	1	25	9.0	110	140	25×14

축단의 직경 d	축단의 실이 l 단축단	장축단	(참고) 끝단부의 모떼기 c	키 홈 b_1	t_1	l_1(참고) 단축단용	장축단용	키의 호칭치수 $b \times h$
95	130	170	1	25	9.0	110	140	25×14
100	165	210	1	28	10.0	140	180	28×16
110	165	210	2	28	10.0	140	180	28×16
120	165	210	2	32	11.0	140	180	32×18
125	165	210	2	32	11.0	140	180	32×18
130	200	250	2	32	11.0	180	220	32×18
140	200	250	2	36	12.0	180	220	36×20
150	200	250	2	36	12.0	180	220	36×20
160	240	300	2	40	13.0	220	250	40×22
170	240	300	2	40	13.0	220	250	40×22
180	240	300	2	45	15.0	220	250	45×25
190	280	350	2	45	15.0	250	280	45×25
200	280	350	2	45	15.0	250	280	45×25
220	280	350	2	50	17.0	250	280	50×28
240	330	410	2	56	20.0	280	360	56×32
250	330	410	2	56	20.0	280	360	56×32
260	330	410	3	56	20.0	280	360	56×32
280	380	470	3	63	20.0	320	400	63×32
300	380	470	3	70	22.0	320	400	70×36
320	380	470	3	70	22.0	320	400	70×36
340	450	550	3	80	25.0	400	—	80×40
360	450	550	3	80	25.0	400	—	80×40
380	450	550	3	80	25.0	400	—	80×40
400	540	650	3	90	28.0	—	—	90×45
420	540	650	3	90	28.0	—	—	90×45
440	540	650	3	90	28.0	—	—	90×45
450	540	650	3	100	31.0	—	—	100×50
460	540	650	3	100	31.0	—	—	100×50
480	540	650	3	100	31.0	—	—	100×50
500	540	650	3	100	31.0	—	—	100×50
530	680	800	3	—	—	—	—	—
560	680	800	3	—	—	—	—	—
600	680	800	3	—	—	—	—	—
630	680	800	3	—	—	—	—	—

[비고] 1. b_1, t_1, b 및 h의 치수 허용차는 JIS B 1301에 의한다.
2. l의 치수 허용차는 JIS B 0405의 m으로 한다.
3. 참고로 나타낸 l_1의 치수 허용차는 JIS B 0405의 m에 의한 것이 좋다.

[참고] d의 치수 허용차는 JIS B 0401-1의 수치에서 선택하는 것이 좋다.

KS B 3244(폐지)

9·3 표 테이퍼비 1:10 원뿔 축단 (JIS B 0904)

(단위 mm)

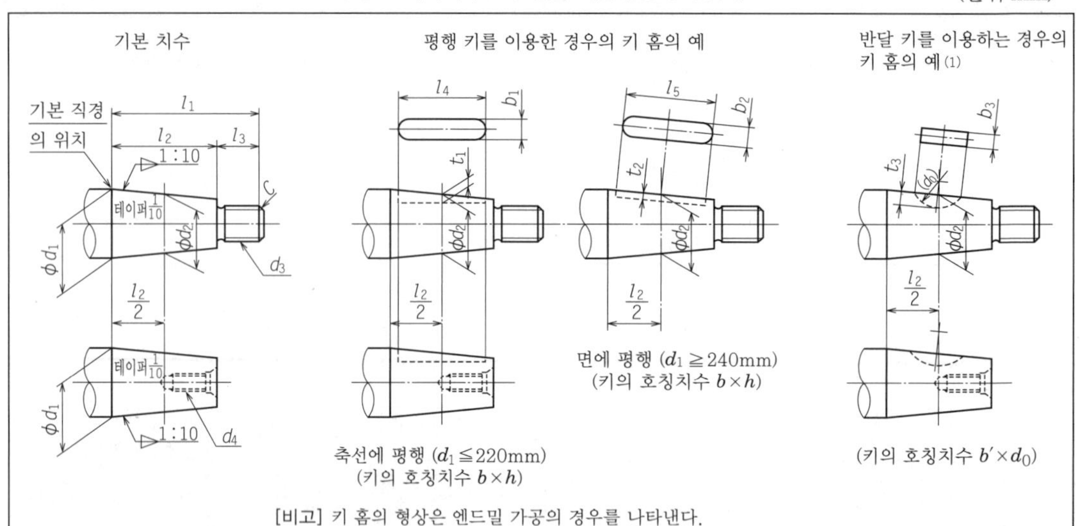

[비고] 키 홈의 형상은 엔드밀 가공의 경우를 나타낸다.

축단의 기본 직경 d_1	단축단			장축단			나사			키 및 키 홈									
							수나사		암나사	평행 키							반달 키 (1)		
										키 홈		키의 호칭 치수	단축단		장축단		키 홈		키의 호칭 치수
	l_1	l_2	l_3	l_1	l_2	l_3	나사의 호칭 d_3	면떼기 c *	나사의 호칭 d_4	b_1 또는 b_2	t_1 또는 t_2	$b \times h$	d_2	l_4 또는 l_5 *	d_2	l_4 또는 l_5 *	b_3	t_3	$b' \times d_0$
6	—	—	—	16	10	6	M 4	0.8	—	—	—	—	—	—	5.5	—	—	—	—
7	—	—	—	16	10	6	M 4	0.8	—	—	—	—	—	—	6.5	—	—	—	—
8	—	—	—	20	12	8	M 6	1	—	—	—	—	—	—	7.4	—	2.5	2.5	2.5×10
9	—	—	—	20	12	8	M 6	1	—	—	—	—	—	—	8.4	—	2.5	2.5	2.5×10
10	—	—	—	23	15	8	M 6	1	—	—	—	—	—	—	9.25	—	2.5	2.5	2.5×10
11	—	—	—	23	15	8	M 6	1	—	2	1.2	2×2	—	—	10.25	12	2.5	2.5	2.5×10
12	—	—	—	30	18	12	M 8×1	1	M 4×0.7	2	1.2	2×2	—	—	11.1	16	3	2.5	3×10
14	—	—	—	30	18	12	M 8×1	1	M 4×0.7	3	1.8	3×3	—	—	13.1	16	4	3.5	4×13
16	28	16	12	40	28	12	M 10×1.25	1.2	M 4×0.7	3	1.8	3×3	15.2	14	14.6	25	4	3.5	4×13
18	28	16	12	40	28	12	M 10×1.25	1.2	M 5×0.8	4	2.5	4×4	17.2	14	16.6	25	5	4.5	5×16
19	28	16	12	40	28	12	M 10×1.25	1.2	M 5×0.8	4	2.5	4×4	18.2	14	17.6	25	5	4.5	5×16
20	36	22	14	50	36	14	M 12×1.25	1.2	M 6	4	2.5	4×4	18.9	20	18.2	32	5	4.5	5×16
22	36	22	14	50	36	14	M 12×1.25	1.2	M 6	4	2.5	4×4	20.9	20	20.2	32	5	7	5×22
24	36	22	14	50	36	14	M 12×1.25	1.2	M 6	5	3	5×5	22.9	20	22.2	32	5	7	5×22
25	42	24	18	60	42	18	M 16×1.5	1.5	M 8	5	3	5×5	23.8	22	22.9	36	5	7	5×22
28	42	24	18	60	42	18	M 16×1.5	1.5	M 8	5	3	5×5	26.8	22	25.9	36	6	8.6	6×28
30	58	36	22	80	58	22	M 20×1.5	1.5	M 10	5	3	5×5	28.2	32	27.1	50	6	8.6	6×28
32	58	36	22	80	58	22	M 20×1.5	1.5	M 10	6	3.5	6×6	30.2	32	29.1	50	6	8.6	6×28
35	58	36	22	80	58	22	M 20×1.5	1.5	M 10	6	3.5	6×6	33.2	32	32.1	50	8	10.2	8×32
38	58	36	22	80	58	22	M 24×2	2	M 12	6	3.5	6×6	36.2	32	35.1	50	8	10.2	8×32
40	82	54	28	110	82	28	M 24×2	2	M 12	10	5	10×8	37.3	50	35.9	70	8	10.2	8×32
42	82	54	28	110	82	28	M 24×2	2	M 12	10	5	10×8	39.3	50	37.9	70	8	12.2	8×38
45	82	54	28	110	82	28	M 30×2	2	M 16	12	5	12×8	42.3	50	40.9	70	8	12.2	8×38
48	82	54	28	110	82	28	M 30×2	2	M 16	12	5	12×8	45.3	50	43.9	70	10	12.8	10×45
50	82	54	28	110	82	28	M 36×3	3	M 16	12	5	12×8	47.3	50	45.9	70	10	12.8	10×45
55	82	54	28	110	82	28	M 36×3	3	M 20	14	5.5	14×9	52.3	50	50.9	70	10	12.8	10×45
56	82	54	28	110	82	28	M 36×3	3	M 20	14	5.5	14×9	53.3	50	51.9	70	10	12.8	10×45

(다음 페이지에 계속)

축단의 기본 직경 d_1	단축단			장축단			나사			키 및 키 홈								
							수나사		암나사	평행 키							반달 키[1]		
	l_1	l_2	l_3	l_1	l_2	l_3	나사의 호칭 d_3	면떼기 c *	나사의 호칭 d_4	키 홈 b_1 또는 b_2	키 홈 t_1 또는 t_2	키의 호칭 치수 $b\times h$	단축단 d_2	단축단 l_4 l_5 *	장축단 d_2	장축단 l_4 l_5 *	키 홈 b_3	키 홈 t_3	키의 호칭 치수 $b'\times d_0$
60	105	70	35	140	105	35	M 42×3	3	M 20	16	6	16×10	56.5	63	54.75	100	10	12.8	10×45
63	105	70	35	140	105	35	M 42×3	3	M 20	16	6	16×10	59.5	63	57.75	100	12	15.2	12×65
65	105	70	35	140	105	35	M 42×3	3	M 20	16	6	16×10	61.5	63	59.75	100	12	15.2	12×65
70	105	70	35	140	105	35	M 48×3	3	M 24	18	7	18×11	66.5	63	64.75	100	12	15.2	12×65
71	105	70	35	140	105	35	M 48×3	3	M 24	18	7	18×11	57.5	63	65.75	100	12	15.2	12×65
75	105	70	35	140	105	35	M 48×3	3	M 24	18	7	18×11	71.5	63	69.75	100	12	20.2	12×80
80	130	90	40	170	130	40	M 56×4	4	M 30	20	7.5	20×12	75.5	80	73.5	110	12	20.2	12×80
85	130	90	40	170	130	40	M 56×4	4	M 30	20	7.5	20×12	80.5	80	78.5	110	12	20.2	12×80
90	130	90	40	170	130	40	M 64×4	4	M 30	22	9	22×14	85.5	80	83.5	110	—	—	—
95	130	90	40	170	130	40	M 64×4	4	M 36	22	9	22×14	90.5	80	88.5	110	—	—	—
100	165	120	45	210	165	45	M 72×4	4	M 36	25	9	25×14	94	110	91.75	140	—	—	—
110	165	120	45	210	165	45	M 80×4	4	M 42	25	9	25×14	104	110	101.75	140	—	—	—
120	165	120	45	210	165	45	M 90×4	4	M 42	28	10	28×16	114	110	111.75	140	—	—	—
125	165	120	45	210	165	45	M 90×4	4	M 48	28	10	28×16	119	110	116.75	140	—	—	—
130	200	150	50	250	200	50	M 100×4	4	—	28	10	28×16	122.5	125	120	180	—	—	—
140	200	150	50	250	200	50	M 100×4	4	—	32	11	32×18	132.5	125	130	180	—	—	—
150	200	150	50	250	200	50	M 110×4	4	—	32	11	32×18	142.5	125	140	180	—	—	—
160	240	180	60	300	240	60	M 125×4	4	—	36	12	36×20	151	160	148	220	—	—	—
170	240	180	60	300	240	60	M 125×4	4	—	36	12	36×20	161	160	158	220	—	—	—
180	240	180	60	300	240	60	M 140×6	6	—	40	13	40×22	171	160	168	220	—	—	—
190	280	210	70	350	280	70	M 140×6	6	—	40	13	40×22	179.5	180	176	250	—	—	—
200	280	210	70	350	280	70	M 160×6	6	—	40	13	40×22	189.5	180	186	250	—	—	—
220	280	210	70	350	280	70	M 160×6	6	—	45	15	45×25	209.5	180	206	250	—	—	—
240	—	—	—	410	330	80	M 180×6	6	—	50	17	50×28	—	—	223.5	280	—	—	—
250	—	—	—	410	330	80	M 180×6	6	—	50	17	50×28	—	—	233.5	280	—	—	—
260	—	—	—	410	330	80	M 200×6	6	—	50	17	50×28	—	—	243.5	280	—	—	—
280	—	—	—	470	380	90	M 220×6	6	—	56	20	56×32	—	—	261	320	—	—	—
300	—	—	—	470	380	90	M 220×6	6	—	63	20	63×32	—	—	281	320	—	—	—
320	—	—	—	470	380	90	M 250×6	6	—	63	20	63×32	—	—	301	320	—	—	—
340	—	—	—	550	450	100	M 280×6	6	—	70	22	70×36	—	—	317.5	400	—	—	—
360	—	—	—	550	450	100	M 280×6	6	—	70	22	70×36	—	—	337.5	400	—	—	—
380	—	—	—	550	450	100	M 300×6	6	—	70	22	70×36	—	—	357.5	400	—	—	—
400	—	—	—	650	540	110	M 320×6	6	—	80	25	80×40	—	—	373	—	—	—	—
420	—	—	—	650	540	110	M 320×6	6	—	80	25	80×40	—	—	393	—	—	—	—
440	—	—	—	650	540	110	M 350×6	6	—	80	25	80×40	—	—	413	—	—	—	—
450	—	—	—	650	540	110	M 350×6	6	—	90	28	90×45	—	—	423	—	—	—	—
460	—	—	—	650	540	110	M 380×6	6	—	90	28	90×45	—	—	433	—	—	—	—
480	—	—	—	650	540	110	M 380×6	6	—	90	28	90×45	—	—	453	—	—	—	—
500	—	—	—	650	540	110	M 420×6	6	—	90	28	90×45	—	—	473	—	—	—	—
530	—	—	—	800	680	120	M 420×6	6	—	100	31	100×50	—	—	496	—	—	—	—
560	—	—	—	800	680	120	M 450×6	6	—	100	31	100×50	—	—	526	—	—	—	—
600	—	—	—	800	680	120	M 500×6	6	—	100	31	100×50	—	—	566	—	—	—	—
630	—	—	—	800	680	120	M 550×6	6	—	100	31	100×50	—	—	596	—	—	—	—

[비고] 1. 수나사의 호칭 M4 및 M6은 JIS B 0205-4에 의한다.
2. 암나사의 호칭 M4 이상 M 48 이하에 대해서는 JIS B 0205-4에 의한다.
3. 평행 키를 이용하는 경우에는 JIS B 1301에 의한다.
4. 축단의 길이(l_2)의 보통 공차는 JIS B 0405의 m에 의한다.
5. 나사부의 길이(l_3)의 보통 공차는 JIS B 0405의 m에 의한다.

[주] *참고값
[1] 반달 키는 2001년 JIS 개정과 함께 삭제됐다.

9장

2. 축에 걸리는 강도의 계산

(1) 굽힘 모멘트가 작용하는 축 굽힘 모멘트를 받는 축은 축의 지지 방법, 외력의 종류는 다르지만, 일반적으로는 가혹한 조건에서 양끝 자유 지지로 생각하면 된다.

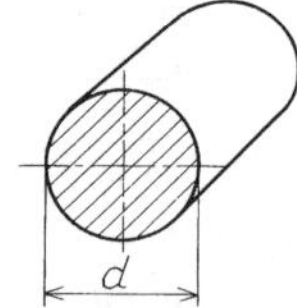

(a) 중실환축

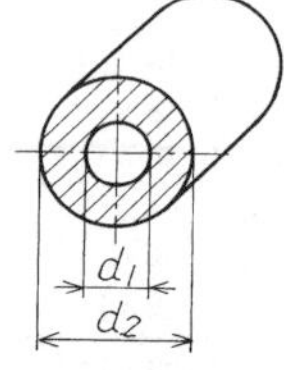

(b) 중공환축

9·1 그림 축

M…축에 작용하는 굽힘 모멘트 (N·mm)

d…중실축의 직경(mm)

d_1…중공환축의 내경(mm)

d_2…중공환축의 외경(mm)

σ_b…축의 허용 굽힘응력 (N/mm²)으로 하면,

$$M = Z\sigma_b$$

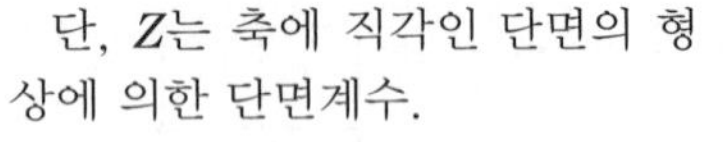

단, Z는 축에 직각인 단면의 형상에 의한 단면계수.

(i) 중실환축의 경우

$$Z = \frac{\pi}{32}d^3, \quad M = \frac{\pi}{32}d^3\sigma_b = \frac{d^3}{10.2}\sigma_b$$

$$d = \sqrt[3]{\frac{10.2M}{\sigma_b}} = 2.17\sqrt[3]{\frac{M}{\sigma_b}}$$

(ii) 중공환축의 경우

$$Z = \frac{\pi}{32}\left(\frac{d_2^4 - d_1^4}{d_2}\right) = \frac{\pi}{32}d_2^3(1 - n^4)$$

$$M = \frac{\pi}{32}\left(\frac{d_2^4 - d_1^4}{d_2}\right)\sigma_b = \frac{(d_2^4 - d_1^4)}{10.2d_2}\sigma_b$$

$$= \frac{d_2^3}{10.2}(1 - n^4)\sigma_b$$

$$d_2 = \sqrt[3]{\frac{32M}{\pi(1-n^4)\sigma_b}} = 2.17\sqrt[3]{\frac{M}{(1-n^4)\sigma_b}}$$

($\frac{d_1}{d_2} = n$으로 둔다)

또한 축의 표면에 작용하는 응력은 인장과 압축이 교대로 최대가 되고, 그것이 재료의 파괴(피로)의 원인이 되기도 하므로 허용 굽힘응력의 값은 낮게 잡는다.

(2) 비틀림 모멘트가 작용하는 축

T…축에 작용하는 비틀림 모멘트(N·mm)

t…축의 허용 비틀림(전단) 응력(N/mm²)

비틀림 모멘트의 경우도 굽힘 모멘트와 동일하게 Z_a를 비틀림의 극단면계수로 하면,

(i) 중실환축의 경우

$$Z_a = \frac{\pi}{16}d^3, \quad T = \frac{\pi}{16}d^3\tau = \frac{d^3}{5.1}\tau$$

$$d = \sqrt[3]{\frac{5.1T}{\tau}} = 1.72\sqrt[3]{\frac{T}{\tau}}$$

(ii) 중공환축의 경우

$$Z_a = \frac{\pi(d_2^4 - d_1^4)}{16d_2}$$

$$T = \frac{\pi}{16}\left(\frac{d_2^4 - d_1^4}{d_2}\right)\tau = \frac{(d_2^4 - d_1^4)}{5.1d_2}\tau$$

$$= \frac{d_2^3}{5.1}(1 - n^4)\tau$$

$$d_2 = \sqrt[3]{\frac{16T}{\pi(1 - n^4)\tau}} = \sqrt[3]{\frac{5.1T}{(1 - n^4)\tau}}$$

$$= 1.72\sqrt[3]{\frac{T}{(1 - n^4)\tau}}$$

($\frac{d_1}{d_2} = n$으로 둔다)

또한, 중실환축과 중공환축이 강도가 동일하다고 생각하면,

$$\frac{d_2}{d} = \sqrt[3]{\frac{1}{1 - n^4}}$$

이 된다. 따라서 중공환축 쪽이 중실환축보다 외경이 약간 커지는 것만으로, 중량은 적어도 좋게 된다. 이 점에서는 중공환축 쪽이 우수하지만, 제작비가 많아지므로 경량화의 목적 이외로는 이용되지 않는다.

다음으로 H…전달동력(kW), N…축의 매분 회전수(rpm)로 하면, 비틀림 모멘트 T(N·mm)는,

$$T = 9550\frac{H}{N} \times 10^3 \quad (\text{N·mm})$$

따라서,

(i) 중실환축 $d = \sqrt[3]{\frac{487 \times 10^5}{\tau}\frac{H}{N}}$

$$= 365\sqrt[3]{\frac{H}{\tau N}}$$

(ii) 중공환축 $d_2 = \sqrt[3]{\frac{487 \times 10^5}{(1 - n^4)\tau}\frac{H}{N}}$

$$= 365\sqrt[3]{\frac{H}{(1 - n^4)\tau N}}$$

일반적으로 허용 비틀림 응력 r의 값은 축을 사용하는 조건 및 재료에 의해 결정되지만, 축에는 다른 외력도 가해지므로 비틀림 모멘트만의 계산으로 축지름이 정해지는 것은 아니다. 또한 사용하는 기계는 기동 시나 정지 시 혹은 회전의 부정 등으로 평균 토크보다 큰 토크가 작용하므로 허용 비틀림 응력 τ의 값은 낮게 잡을 필요가 있다.

한편, 비틀림이 있는 각도 이상이 되면 여러 가지 불량이 생기게 되기 때문에 축에는 일정한 강도와 강성이 필요하다. 바흐씨는 비틀림각을 축의 길이 1m당 1/4°로 한정하고 있다.

θ…비틀림각 (도), G…횡탄성계수 (N/mm²)

l…축의 길이 (mm), α…축의 비틀림각 (rad)

이라고 하면,

$$\alpha = \frac{32Tl}{\pi Gd^4} = 10.2\frac{Tl}{Gd^4}, \quad \theta = \frac{180}{\pi}\alpha = 583.6\frac{Tl}{Gd^4}$$

연강(C0.12~0.20%)에서는 $G=79\times10^3\text{N/mm}^2$, 축의 비틀림각은 l=1000mm에 대해 $\theta=\frac{1^\circ}{4}$을 적당으로 하므로 전달동력을 HkW로 하고

$$T=9550\frac{H}{N}\times10^3$$

을 위의 식에 대입하면

$$d\fallingdotseq128\sqrt[4]{\frac{H}{N}}$$

이 된다. 또한 비틀림각의 제한의 예로서 일반 축에서는

$$l=20\,d \text{ 에 대해} \quad \theta\leqq1^\circ$$

$$l=1000\text{ mm 에 대해} \quad \theta\leqq\frac{1^\circ}{4}$$

가 있다.

(3) 비틀림과 굽힘 모멘트가 동시에 걸리는 축

비틀림 모멘트 T와 굽힘 모멘트 M이 동시에 작용하는 경우, 양자는 짝이 된 모멘트로서 발생한다. 그렇기 때문에 해당 비틀림 모멘트 T_e, 혹은 해당 굽힘 모멘트 M_e를 이용해 계산, 그 값이 큰 쪽을 구하는 축지름으로 한다. T_e 및 M_e는 다음 식에 의해 구할 수 있다.

최대 주응력설(Rankine)의 식에 의하면

$$M_e=\frac{1}{2}(M+\sqrt{M^2+T^2})=\frac{d^3}{10.2}\sigma_b$$

최대 전단응력설(Guest)의 식에 의하면

$$T_e=\sqrt{(M^2+T^2)}=\frac{d^3}{5.1}\tau$$

일반적으로 축 재료의 인장강도는 비교적 낮고 연성 재료의 경우에는 최대 전단응력설로 계산되며, 주철 등과 같이 무른 재료(취성 재료)의 경우는 최대 주응력설에 의해 계산된다.

(i) 중실환축의 경우

연성 재료 $$\tau=\frac{16}{\pi d^3}\sqrt{M^2+T^2}$$

$$d=\sqrt[3]{\frac{5.1}{\tau}\sqrt{M^2+T^2}}$$

취성 재료 $$\sigma_b=\frac{16}{\pi d^3}(M+\sqrt{M^2+T^2})$$

$$d=\sqrt[3]{\frac{5.1}{\sigma_b}(M+\sqrt{M^2+T^2})}$$

(ii) 중공환축의 경우

연성 재료 $$\tau=\frac{16}{\pi(1-n^4)d_2^3}\sqrt{M^2+T^2}$$

$$d_2=\sqrt[3]{\frac{5.1}{(1-n^4)\tau}\sqrt{M^2+T^2}}$$

취성 재료

$$\sigma_b=\frac{16}{\pi(1-n^4)d_2^3}(M+\sqrt{M^2+T^2})$$

$$d_2=\sqrt[3]{\frac{5.1}{(1-n^4)\sigma_b}(M+\sqrt{M^2+T^2})}$$

(4) 응력 집중과 결손 효과

단붙이 축이나 나사부 등과 같이 단면이 급격하게 변화하고 있는 부분(결손부)을 갖는 축에서는 그 주변에는 보통 계산된 인장응력이나 굽힘응력보다 훨씬 큰 응력이 발생한다. 이 현상을 응력 집중이라고 한다.

단순히 인장하중을 단면적으로 나누거나, 굽힘 모멘트를 단면계수로 나누거나 해서 구해진 굽힘응력과 같은 외견의 응력을 σ_n으로 하고, 응력 집중에 의한 최대 응력을 σ_{max}로 할 때

$$\alpha_k=\frac{\sigma_{max}}{\sigma_n}$$

의 α_k를 응력 집중계수 혹은 형상계수라고 하며, 응력 집중의 정도를 나타낸다.

이 α_k의 값은 결손의 형상이나 하중 방법이 기하학적으로 상이하면, 대상물체의 대소나 재질에 관계없이 일정한 값이 된다.

또한 결손의 단면 변화가 급격할수록 이 값은 커지므로 단붙이 축 기타, 형상이 변화하는 결손부에는 충분한 라운딩을 설정해야 한다.

이 α_k의 값은 일반적인 결손에 대해서는 실험적으로 구해져 있으므로 그것을 이용하면 된다. 9·2 그림~9·4 그림에 α_k 값의 예를 나타냈다.

위에서 말했듯이 부품에 결손이 있을 때에는 응력 집중이 생기고, 부품의 피로한도가 저하한다.

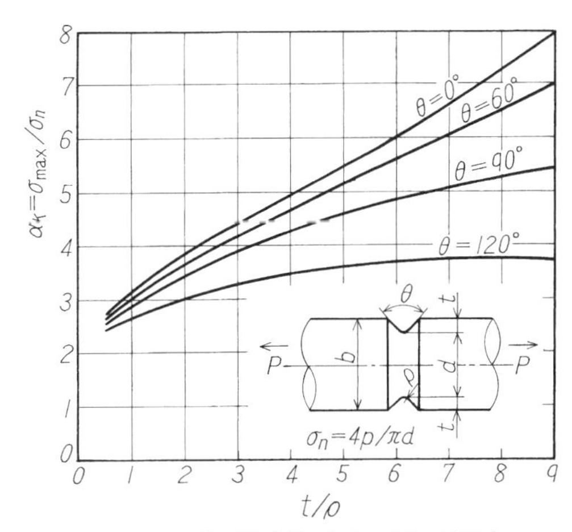

9·2 그림 V형 홈을 가지고 있는 둥근축 인장의 형상계수

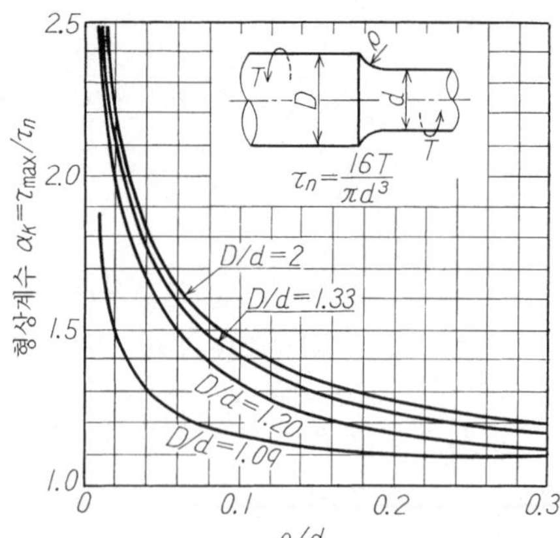

9·3 그림 단붙이 둥근축의 비틀림의 형상계수

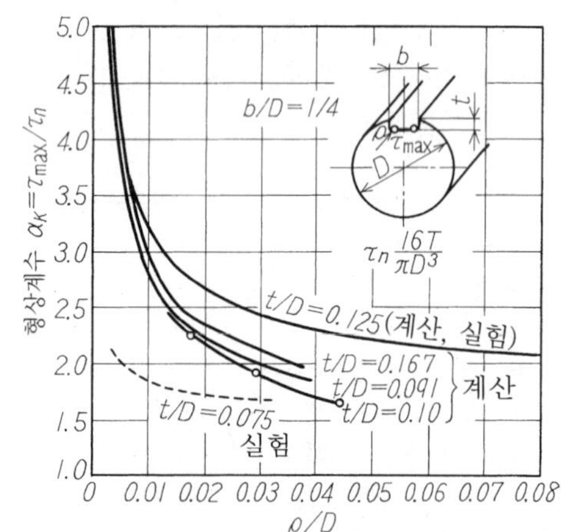

9·4 그림 키 홈을 가지고 있는 둥근축의 형상계수

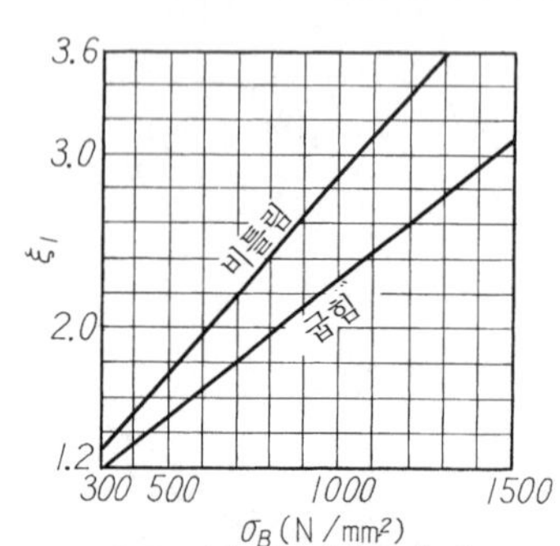

9·5 그림 단붙이 둥근축의 ξ_1

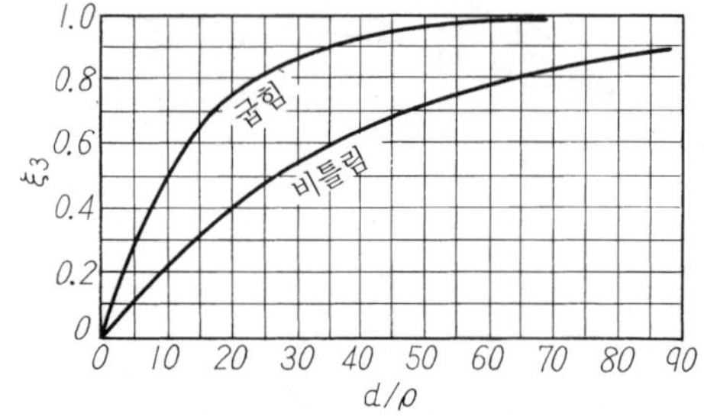

9·7 그림 단붙이 둥근축의 ξ_3

$$\beta_k=\frac{\text{결손이 없는 경우의 피로한도}}{\text{결손이 있는 경우의 피로한도}}$$

로 하고, β_k를 결손계수라고 한다.

9·5 그림~9·8 그림은 단붙이 둥근축의 결손계수를 나타낸 것이다. 이 구하는 법은 재료의 인장강도 및 각부의 치수비에 의해 ξ_1~ξ_4의 수치를 각각의 도표에서 읽어내 그 값을

$\beta_k=1+\xi_1\cdot\xi_2\cdot\xi_3\cdot\xi_4$

에 대입해서 계산하면 된다.

앞에서 말한 형상계수 α_k가 재료의 성질과는 관계없이 치수비만으로 정해지는 것에 대해, 결손계수 β_k는 치수비 외에 치수 자체와 재료의 성질이 관계하게 되므로 일반적으로는 $\alpha_k>\beta_k$가 된다. 따라서 설계에서 만약 형상계수 α_k를 이용해 피로강도라고 판정한다고 하면, 일반적으로는 너무 안전한 경우가 많고 재료가 비경제적이 된다. 따라서 이와 같은 경우에는 결손계수 β_k를 이용해 계산을 할 수 있으면 된다.

[예제 1] 매분 1400회전해서 3.7kW를 전달하는 키 홈을 갖는 축지름을 구해라. 또한 축의 재료는 S40C로 하고, 단순한 나사 비틀림 모멘트만을 받는 것으로 한다. 또한 묻힘 키의 재료는 S45CD이고, 허용 전단응력 30N/mm²로 한다.

[해] 축의 회전수 N=1400rpm, 전달동력 H=3.7kW이기 때문에 전달 토크 T(축에 걸리는 비틀림 모멘트)는

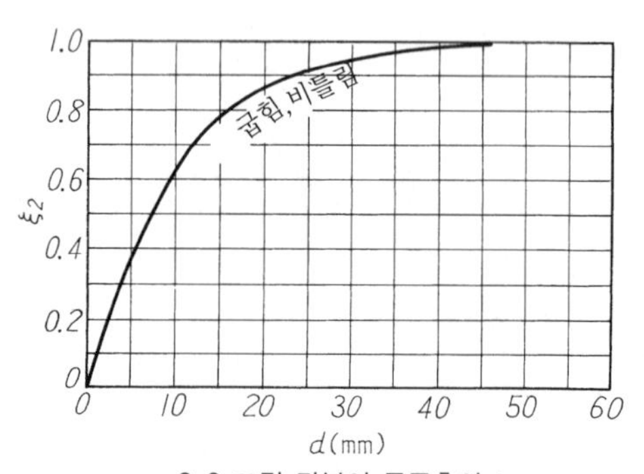

9·6 그림 단붙이 둥근축의 ξ_2

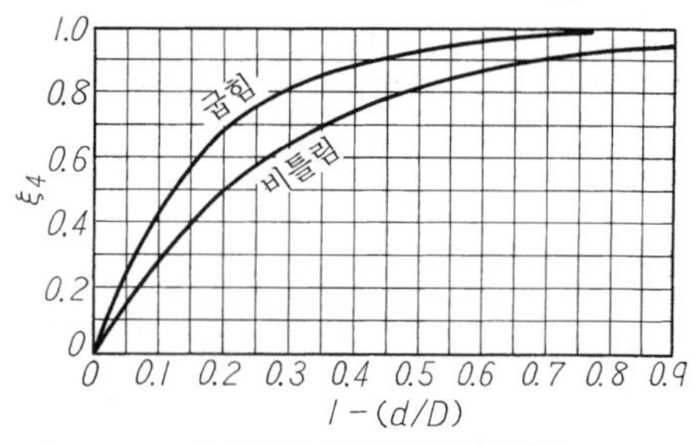

9·8 그림 단붙이 둥근축의 ξ_4

$$T = 9550 \times \frac{H}{N} \times 10^3$$
$$= 9550 \times \frac{3.7}{1400} \times 10^3 = 25240 (\text{N·mm})$$

따라서 축지름 d는

$$d = \sqrt[3]{\frac{16T}{\pi \tau_{wa}}} = \sqrt[3]{\frac{16 \times 25240}{\pi \times 30}}$$
$$= \sqrt[3]{4284.8} = 16.24 (\text{mm})$$

안전도를 예측해 축지름 d=20mm로 결정한다.JIS B 1301 키 및 키 홈의 규격에 의하면 적응하는 축지름 17을 넘고 22이하일 때, 키 홈의 깊이는 3.5mm이다. 다음으로 키 홈에 의한 응력 집중을 생각해 본다. 9·4 그림을 바탕으로 결정한 축지름 20mm의 적합성을 검토한다. 키 홈의 폭 b=6, ρ=0.2로 한다.

$$\tau_n = \frac{16T}{\pi d^3} = \frac{16 \times 25240}{\pi \times 20^3} \fallingdotseq 16 (\text{N/mm}^2)$$

여기서,

$$\frac{b}{d} = \frac{6}{20} = 0.3, \quad \frac{t}{d} = \frac{3.5}{20} = 0.175, \quad \frac{\rho}{d} \fallingdotseq \frac{0.26}{20} = 0.013$$

9·4 그림에서 $\alpha_k \fallingdotseq 2.62$

따라서,

$$\tau_{max} = \alpha_k \cdot \tau_n = 2.62 \times 16 \fallingdotseq 42 (\text{N/mm}^2)$$

이것으로부터 안전도를 예측해 결정한 축지름은 적정한 수치라고 할 수 있다.

[예제 2] 9·9 그림의 치수일 때의 결손계수 β_k를 9·5 그림~9·8 그림을 기초로 구해라.

또한 축 재료의 인장강도는 550N/mm²로 한다.

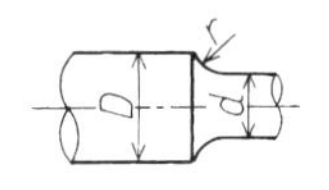

D=25, d=22
r=1.5
(단위 mm)
9·9 그림

[해]

9·5 그림에 의해 $\xi_1 \fallingdotseq 1.60$

9·6 그림에 의해 $\xi_2 \fallingdotseq 0.90$

9·7 그림에 의해 $\xi_3 \fallingdotseq 0.65$

9·8 그림에 의해 $\xi_4 \fallingdotseq 0.45$

따라서 9·9 그림의 결손계수는

$$\beta_k = 1 + \xi_1 \cdot \xi_2 \cdot \xi_3 \cdot \xi_4$$
$$= 1 + 1.60 \times 0.90 \times 0.65 \times 0.45$$
$$\fallingdotseq 1.42$$

3. 베어링 간 거리

베어링 간 거리는 길수록 경제적이지만, 가로 하중에 의한 경사와 휨을 발생시키기 때문에 일정한 한도를 가질 필요가 있다. 그 거리는 하중의 크기에 따라 다른데, 전동축의 직경과 다음과 같은 관계가 있다. 단, 9·10 그림과 같이 축에 많은 베어링이 필요한 경우로 하고, 축의 직경을 d로 한다.

보통 하중을 받는 경우, 자중만의 축에서는

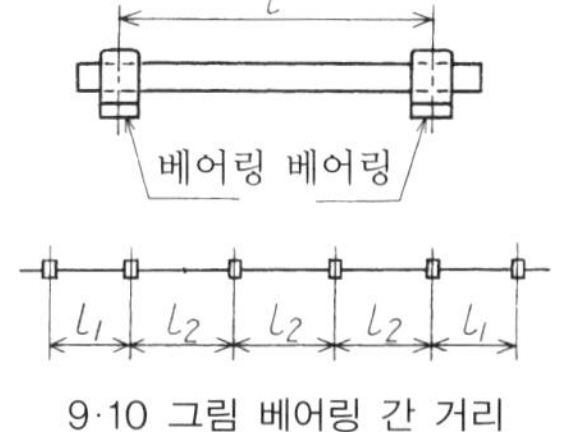

9·10 그림 베어링 간 거리

$$l = l_1 = 100\sqrt{d}$$
$$l_2 = 125\sqrt{d}$$

상당히 많은 풀리, 기어 등을 붙이는 축에서는

$$l \leqq 50\sqrt[3]{d^2}$$

또한 언윈씨에 의하면, 베어링 간 거리 L은

$$L = K\sqrt{d^3} (\text{mm})$$

단, 축 자중만의 경우 $K = 2.85 \sim 3.79$,
2~3개의 기어 등을 갖는 경우 $K = 2.53 \sim 2.78$,
스피닝, 기타 제조 공장의 경우 $K = 2.02 \sim 2.28$

4. 크랭크축

(1) 크랭크축의 형식 크랭크축은 왕복운동을 회전운동으로 바꾸는 경우, 혹은 그 반대의 경우에 이용하는 것으로,지지 방식에서 중앙 형식과 캔틸레버식이 있다. 또한 제작 상에서 구분하면, 일체단조식과 각부를 조립하도록 한 조립식으로 나누어진다. 전자는 소형의 경우, 후자는 대형인 경우나 크랭크 핀에 롤링 베어링을 설치할 때 등에 사용된다.

9·11 그림 크랭크축 (자동차 기관용)

또한 크랭크의 수로 구분하면, 단일 크랭크식과 다수 크랭크식으로 나누어진다. 크랭크를 2개 이상 갖는 다수 크랭크식에서 축방향으로 보아 크랭크 암이 이루는 각을 크랭크 각도라고 하고, 회전 평형 조건에서 이 각도를 결정해야 한다(2 크랭크에서는 180°, 3크랭크에서는 120° 등).

(2) 크랭크축의 강도 크랭크축 강도의 검토는 진정한 응력 상태를 아는 것은 어려우므로 정적인 강도를 검토해서 실제 유사 크랭크와 비교해 유추할 수밖에 없다.

즉, 다수 크랭크에서도 9·12 그림과 같이 주 베어링 간을 빼내고 다른 것과 분리해 단순 지지 보라고 생각, 힘이 크랭크 평면 내에 작용하는 것으로 해 응력을 정한다.

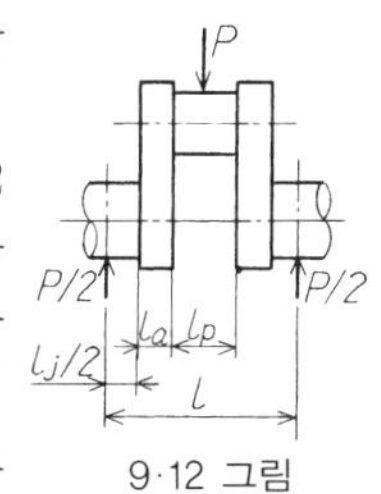

9·12 그림

예를 들면 동 그림에서 핀의 굽힘 모멘트 $M_1=Pl/4$, 팔의 굽힘 모멘트 $M_2=(l_j+l_a)\times P/4$, 베어링부의 굽힘 모멘트 $M_3=ljP/4$가 되고, 각각 단면계수 Z_1, Z_2, Z_3로 하면 굽힘응력

σ_{b1}, σ_{b2}, σ_{b3}과 $\dfrac{M}{Z}$에 의해 구할 수 있다.

9·13 그림에서 P…핀 상에 작용하는 최대력(N), d…핀 직경(mm), l…핀 길이(mm)로 하고, P는 핀의 중앙에 집중적으로 작용하는 것으로 하면 캔틸레버 방식의 경우, 굽힘응력 σ와 전단응력 τ는 각각

$$\sigma=\frac{32}{\pi d^3}\cdot\frac{Pl}{2}$$

$$\tau=\frac{4P}{\pi d^3}$$

이다.

중앙식의 경우는 핀의 양끝이 팔에 고정된 보로 생각하면,

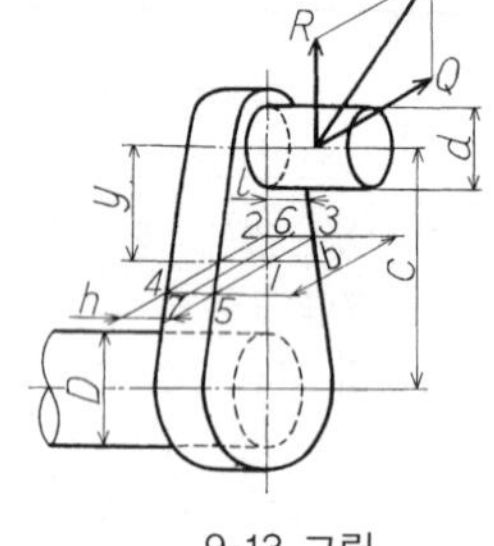

9·13 그림

$$\sigma=\frac{32}{\pi d^3}\cdot\frac{Pl}{8}$$

$$\tau=\frac{2P}{\pi d^2}$$

이 된다. 또 최대 전단응력 τ_{max}는

$$\tau_{max}=\frac{1}{2}\sqrt{\sigma^2+4\tau^2}$$

다음으로 크랭크 암의 강도를 생각한다. 크랭크 암의 폭 b, 두께 h로 하고, 9·13 그림에 나타냈듯이 P를 크랭크면에 직각인 힘 Q와 면 내의 힘 R로 나누면, 크랭크 암에 작용하는 단순 인장 응력 σ 및 굽힘에 의한 응력 σ_b는

$$\sigma=\frac{R}{bh}$$

$$\sigma_b=\frac{6Rl_1}{bh^2}\cdots(3-5\text{면})$$

$$\sigma_{b1}=\frac{6Qy}{hb^2}\cdots(4-5\text{면})$$

또한 단순 전단응력 τ 및 비틀림에 의한 전단응력 τ_1은

$$\tau=\frac{Q}{bh}\qquad \tau_t=\frac{9Ql_1}{2hb^2}\cdots(6-7\text{면})$$

따라서 이 크랭크 암에 생기는 합성 직각응력 σ_{res}는

$$\sigma_{res}=\sigma+\sigma_b=\frac{R}{bh}+\frac{6Rl_1}{bh^2}$$

일반적으로는 $h<b$이기 때문에 $\sigma_b>\sigma_{b1}$로, σ_{b1}에 대한 합성응력은 생각하지 않아도 된다.

또 합성접선응력 τ_{res}는

$$\tau_{res}=\tau+\tau_t=\frac{Q}{bh}+\frac{9Ql_1}{2hb^2}$$

따라서 최대 전단응력은

$$\tau_{max}=\frac{1}{2}\sqrt{\sigma_{res}^2+4\tau_{res}^2}$$

이 된다. 중앙식의 경우는 각각의 힘을 1/2로 하면 된다.

마지막으로 주축의 강도를 검토한다. 이 경우도 간단히 하기 위해 다음과 같이 생각한다.

주축에 작용하는 굽힘 모멘트 $M=Rl_1$이기 때문에, 굽힘응력 σ_b는

$$\sigma_b=\frac{32Rl_1}{\pi D^3}$$

비틀림 모멘트 $T=QC$이기 때문에, 전단응력 τ는

$$\tau=\frac{16QC}{\pi D^3}$$

또한 최대 전단응력 τ_{max}는

$$\tau_{max}=\frac{1}{2}\sqrt{\sigma_b^2+4\tau^2}$$

이 τ_{max}를 허용 응력 이내에 들어가도록 설계하면 된다.

5. 축의 위험 회전수

일반적으로 축의 중심이 그 중심선 상에 오도록 축을 조작하는 것은 어렵고, 약간의 편심을 갖는다. 이러한 축이 고속 회전하면, 편심에 의해 원심력을 일으키고 그 결과 휨이 생긴다. 속도가 있는 점에 도달하면 원심력이 축의 강성저항력에 부딪쳐, 그것에 의해 생기는 휨은 편심을 강하게 하고 결국 축의 파괴에 이른다. 이 축이 파괴에 이르는 속도를 위험 속도라고 한다.

9·14 그림에 나타낸 질량 M인 회전 원판을 가진 탄성축에서 원판의 편심을 e, 축의 휨을 y로 하면, 이 때 원판에 작용하는 원심력 F는

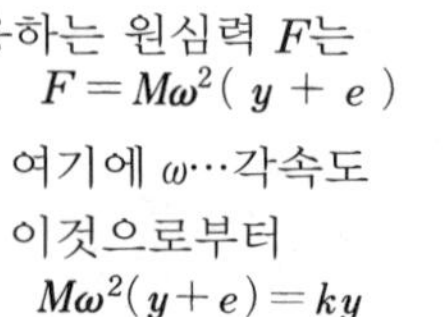

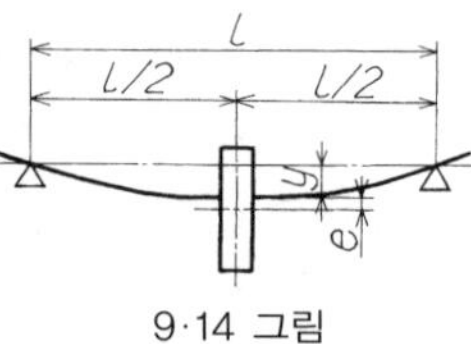

9·14 그림

$$F=M\omega^2(y+e)$$

여기에 ω…각속도

이것으로부터

$$M\omega^2(y+e)=ky$$

여기에 k…상수

$$\therefore\quad y=\frac{M\omega^2 e}{k-M\omega^2}=\frac{e}{\dfrac{k}{M\omega^2}-1}$$

$e\fallingdotseq 0$, $k=M\omega^2$ 일 때, $y=\infty$

가 되기 때문에 위험 각속도 ω_c는

9·4 표 위험 회전수

축의 종류	위험 회전수 Nc	축의 종류	위험 회전수 Nc	축의 종류	위험 회전수 Nc
	$Nc=\frac{30}{\pi}\sqrt{\frac{3000gEI}{Wl_1^2 l}}$		$Nc=\frac{30}{\pi}\sqrt{\frac{3000gEIl}{Wl_1^2 l_2^2}}$		$Nc=\frac{30}{\pi}\sqrt{\frac{3000gEIl^3}{Wl_1^3 l_2^3}}$
	$Nc=\frac{30}{\pi}\sqrt{\frac{3000gEI}{Wl^3}}$		$Nc=\frac{30}{\pi}\sqrt{\frac{6000gEI}{Wl_1^2(3l-4l_1)}}$		$Nc=\frac{30}{\pi}\sqrt{\frac{502000gEI}{Wl^3}}$
	$Nc=\frac{30}{\pi}\sqrt{\frac{12400gEI}{Wl^3}}$		$Nc=\frac{30}{\pi}\sqrt{\frac{98000gEI}{Wl^3}}$		$Nc=\frac{30}{\pi}\sqrt{\frac{12000gEIl^3}{Wl_1^3 l_2^2(3l+l_2)}}$

[주] E…축 재료의 종탄성계수 (N/mm²), I…축 단면 2차 모멘트 (mm⁴), W…하중 (N), g…중력의 가속도 9.8 (m/s²)

$$\omega_c=\sqrt{\frac{k}{M}}$$

g를 중력의 가속도로 하면, 원판의 자중 W는 $W=Mg$, W에 의한 휨을 y_0로 하면

$$W=ky_0$$

$$\omega_c=\sqrt{\frac{g}{y_0}}$$

ω_c를 위험 회전수 N_c로 고치면

$$N_c=\frac{60\omega_c}{2\pi}=\frac{30}{\pi}\sqrt{\frac{g}{y_0}}\ \text{(rpm)}$$

휨 y_0는 보의 휨으로서 구해지는데, 축의 하중점·지지 조건에 따라 달라진다. 이들 조건이 다른 경우의 위험 회전수 9·4 표에 나타냈다.

9·2 커플링

2축을 연결하는 부품을 커플링이라고 하며, 한 쪽에서 다른 쪽으로 회전을 전하는 역할을 한다. 커플링에는 2축을 완전히 고정 연결하는 고정 커플링, 2축 간에 어느 정도의 휨을 허용하는 휨 커플링 및 2축이 경사진 경우에 사용되는 유니버설 커플링이 있다.

1. 고정 커플링

2축의 접합 관계가 일직선인 경우에 이용하는 것으로, 이것에는 다음과 같은 종류의 것이 있다.

(1) 플랜지 커플링 고정 커플링으로 가장 널리 이용되는 것으로, 양축 끝단에 플랜지를 키로 고정하고 양 플랜지를 4~6개의 볼트로 고정한다. 따라서 토크는 볼트의 전단응력에 의해 전달되기 때문에 일반적으로 리머 볼트를 사용하고 있다. 9·5 표 및 9·6 표에 JIS에 규정된 플랜지형 고정 축커플링을 나타낸다. 또한 각부의 치수 공차는 커플링 축 구멍은 H7, 동일하게 외경은 g7, 끼움부는 H7/g7, 볼트와 볼트 구멍은 H7/h7로 한다.

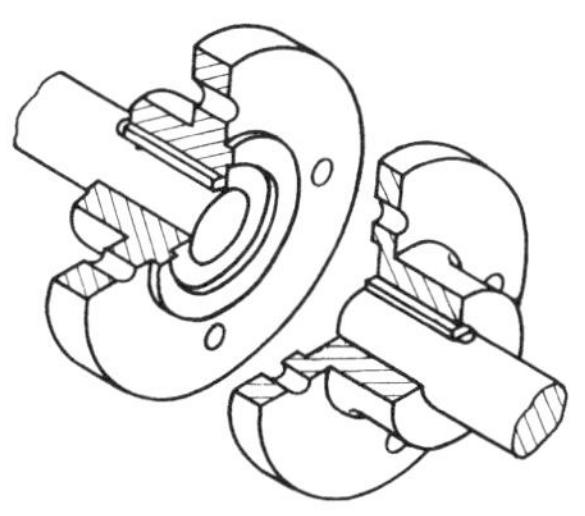

9·15 그림 플랜지 커플링

(2) 통형 반중첩 커플링 이 커플링은 9·16 그림과 같이 축 끝을 절반씩 깍아내고 그 면을 경사로 해서 중첩, 공통 키로 죄어 비틀림과 인장에 저항할 수 있게 한 것이다.

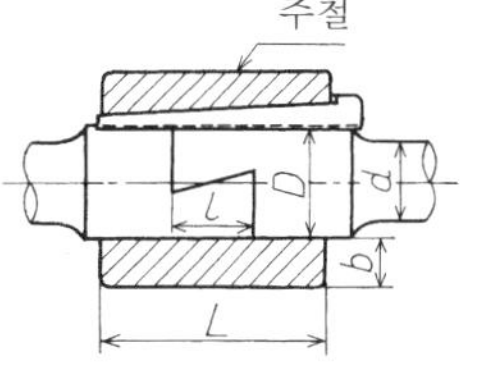

9·16 그림 통형 반중첩 커플링

$D=(1.0\sim1.25)d$,

$L=(2\sim3)d$, $b=0.5d$,

$l=(1.0\sim1.2)d$, 경사$=1:2$

(3) 마찰 통형 커플링 이것은 외주를 원뿔로 다듬질한 주철제 분할통으로 축을 안고 2개의 강철 고리로 죄도록 한 것인데, 진동 작용이 있는 축, 지름이 약 150mm 이상이 되는 축에는 사용하지 않는다. 9·17 그림은 이 커플링을 나타낸 것인데, 그 치수 비율은 다음과 같다.

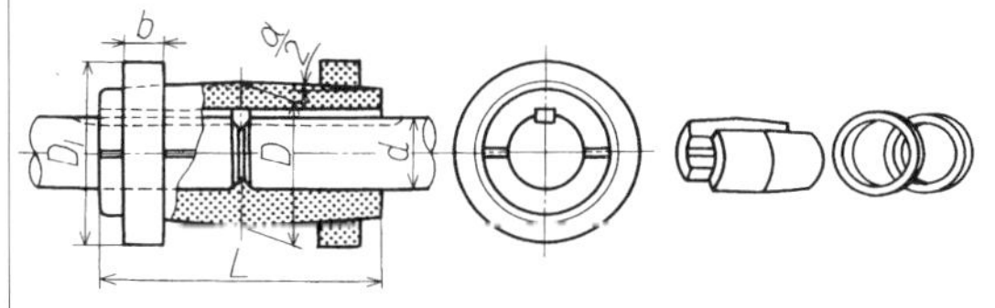

9·17 그림 마찰 통형 커플링

$L=3.3d$, $D_1=2.5d$ } 대형축 $L=4d$, $D_1=3.7d$ } 소형축

$$D=2d,\ b=d,\ \tan\frac{\alpha}{2}=\frac{1}{20}\sim\frac{1}{30}$$

(4) 셀러스식 원뿔 커플링 이것은 9·18에 나타냈듯이 2중의 통으로 축을 안고 내통을 외통 원뿔 내면에 대해 3개의 볼트로 죄도록 한 것이다.

9·5 표 플랜지형 고정 커플링 (JIS B 1451) KS B 1551

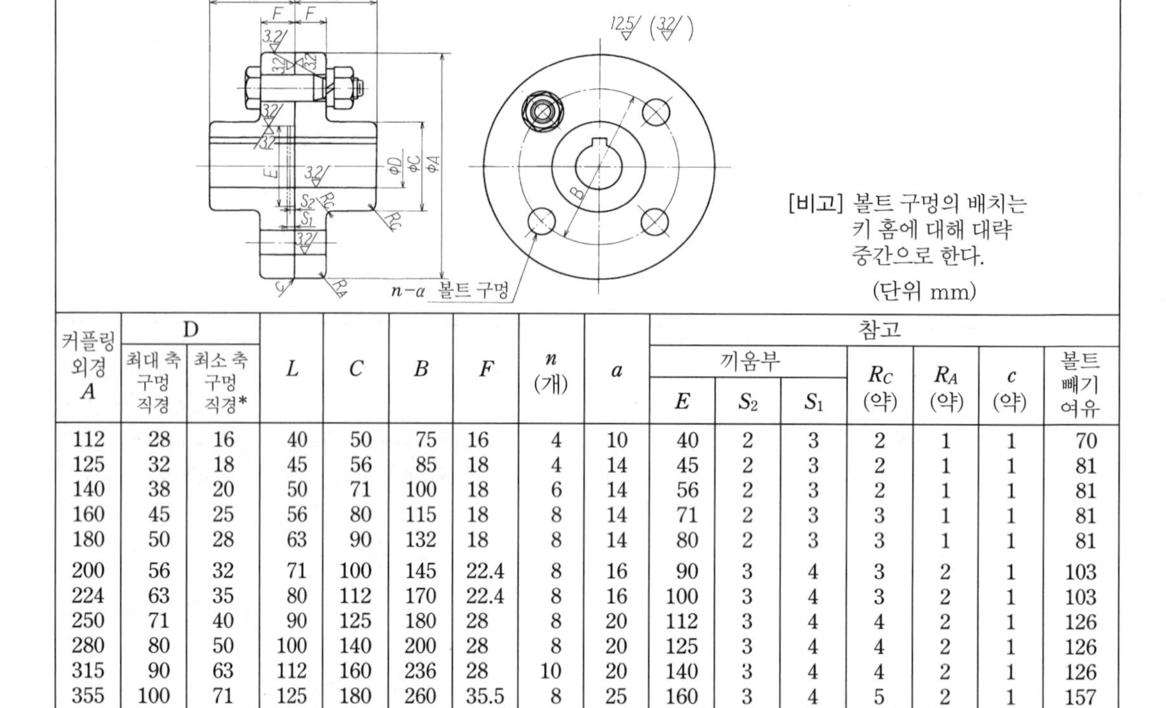

[비고] 볼트 구멍의 배치는 키 홈에 대해 대략 중간으로 한다.

(단위 mm)

커플링 외경 A	D		L	C	B	F	n (개)	a	참고						
	최대 축 구멍 직경	최소 축 구멍 직경*							끼움부			R_C (약)	R_A (약)	c (약)	볼트 빼기 여유
									E	S_2	S_1				
112	28	16	40	50	75	16	4	10	40	2	3	2	1	1	70
125	32	18	45	56	85	18	4	14	45	2	3	2	1	1	81
140	38	20	50	71	100	18	6	14	56	2	3	2	1	1	81
160	45	25	56	80	115	18	8	14	71	2	3	3	1	1	81
180	50	28	63	90	132	18	8	14	80	2	3	3	1	1	81
200	56	32	71	100	145	22.4	8	16	90	3	4	3	2	1	103
224	63	35	80	112	170	22.4	8	16	100	3	4	3	2	1	103
250	71	40	90	125	180	28	8	20	112	3	4	4	2	1	126
280	80	50	100	140	200	28	8	20	125	3	4	4	2	1	126
315	90	63	112	160	236	28	10	20	140	3	4	4	2	1	126
355	100	71	125	180	260	35.5	8	25	160	3	4	5	2	1	157

[비고] 1. 볼트 빼기여유는 축단에서의 치수를 나타낸다 (이음 볼트 착탈용)
2. 커플링을 축에서 빼기 쉽게 하기 위한 나사 구멍은 적당히 설치해도 지장 없다.
*참고값

9·6 표 플랜지형 고정 커플링용 이음 볼트 (JIS B 1451)

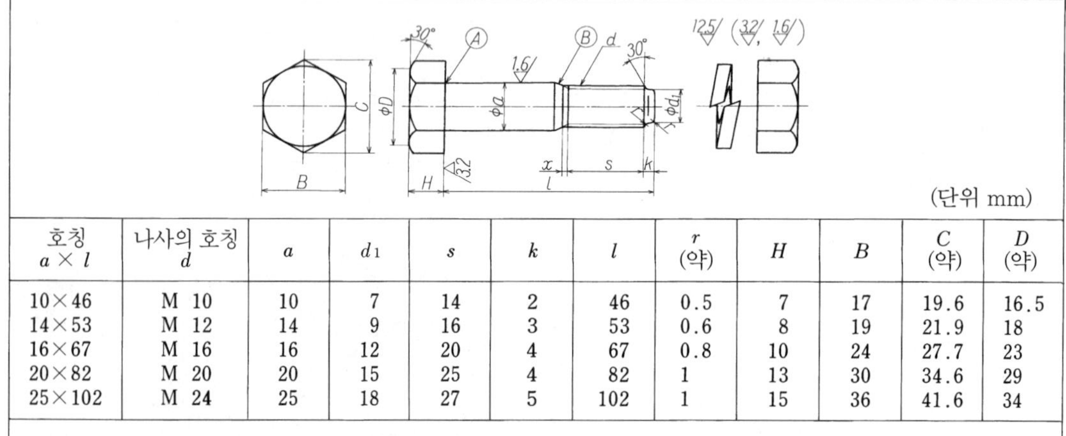

(단위 mm)

호칭 a × l	나사의 호칭 d	a	d_1	s	k	l	r (약)	H	B	C (약)	D (약)
10×46	M 10	10	7	14	2	46	0.5	7	17	19.6	16.5
14×53	M 12	14	9	16	3	53	0.6	8	19	21.9	18
16×67	M 16	16	12	20	4	67	0.8	10	24	27.7	23
20×82	M 20	20	15	25	4	82	1	13	30	34.6	29
25×102	M 24	25	18	27	5	102	1	15	36	41.6	34

[비고] 1. 육각너트는 JIS B 1181의 스타일 1(부품 등급 A)의 것으로, 강도 구분은 6, 나사 정도는 6H로 한다.
2. 스프링 와셔는 JIS B 1251의 2호 S에 의한다.
3. 2면폭의 치수는 JIS B 1002에 의하고 있다. 그 치수허용차는 2종에 의한다.
4. 나사 끝의 형상, 치수는 JIS B 1003의 반막대기 끝에 의하고 있다.
5. 나사부의 정도는 JIS B 0209의 6g에 의한다.
6. Ⓐ부에는 연삭용 릴리프를 실시해도 된다. Ⓑ부는 테이퍼여도 단붙이여도 된다.
7. x는 불완전 나사부여도 나사절삭용 릴리프여도 된다. 단, 불완전 나사부일 때는 그 길이를 약 2산으로 한다.

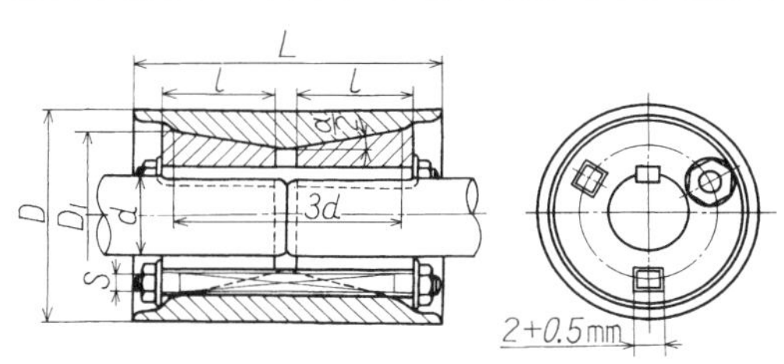

9·18 그림 셀러스식 원뿔 커플링

이 커플링 각부의 치수 비율은 다음과 같다.

$L = 3.3d \sim 4d$, $D = 2.5d + 1.5\text{mm}$

$D_1 = 2d + 10\text{mm}$, $l = 1.5d$

$$\tan\frac{\alpha}{2} = \frac{1}{6.5} \sim \frac{1}{10}$$

(5) 통형 커플링 2축 끝을 맞대어 접합 부분을 통형의 보스로 감합하고, 그 양끝에서 키를 박아 넣어 고정해 회전을 전달하는 것으로, 대부분 작은 축에 이용된다(9·19 그림).

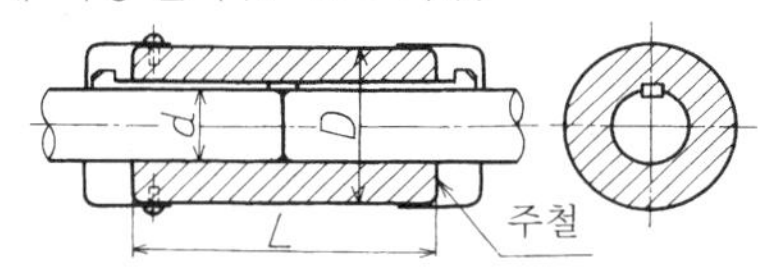

9·19 그림 통형 커플링

안전장치로서 키 머리를 덮는 판금제 등의 덮개를 작은 나사로 장착, 위험을 방지하게 한다.

$L = (3 \sim 4)d$

$D = 1.8d + 20\text{mm}$

단, d…축지름

(6) 합성 상자형 커플링 (클램프 커플링) 이 커플링은 두 개로 분할한 주철 또는 주강제 원통으로 축을 감싸고, 공통 키를 두어 볼트로 죄게 한 커플링이다(9·20 그림). 체결 볼트 수는 한쪽 측에 대해, 소형 축에는 2개, 대형 축에는 3~4개로 한다. 또한 축지름의 최대는 약 200mm로 한다. 축 사이는 조금 열고 비틀림 모멘트를 많이 받지 않을 때는 키를 이용하지 않아도 된다. 키를 이용할 때는 평행 키를 이용해 머리가 돌출되지 않게 한다. 9·21 그림은 외측을 박판 통으로 덮은 것으로 그 치수는

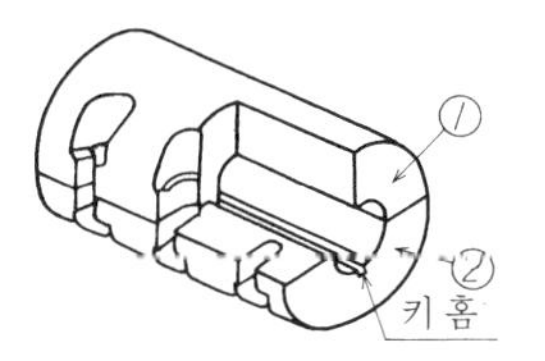

9·20 그림 합성 상자형 커플링

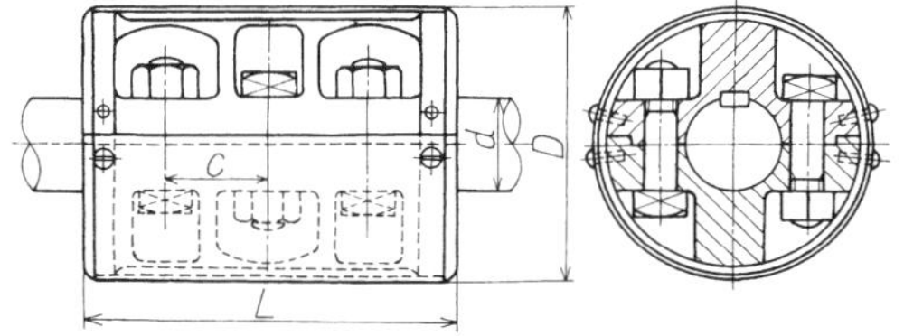

9·21 그림 박판 통으로 덮은 합성 상자형 커플링

$L = (3.5 \sim 5.2)d$

$D = (2 \sim 4)d$

2. 휨 커플링

이것은 중간에 가죽 · 고무 등을 사용해 접합하는 것으로, 양축의 중심선이 올바르게 일치하기 어려울 때, 때로는 계수를 진동의 완충물로서 또는 전기의 절연물 등을 겸용시키는 경우에 사용하는 커플링으로, 다음에 말하는 여러 가지 종류가 있다.

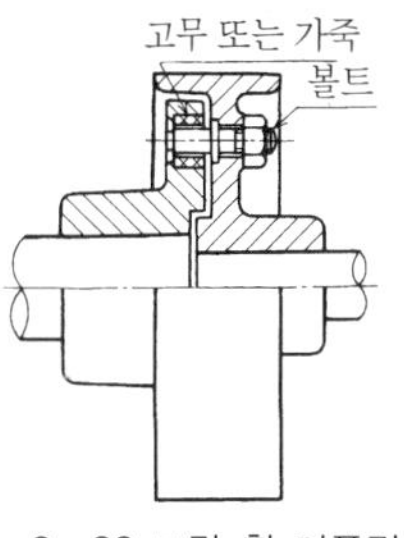

9 · 22 그림 휨 커플링

(1) 플랜지형 휨 커플링 이것은 커플링 볼트에 고무 부시를 통해 커플링을 죄는 형식의 플랜지 커플링으로, 휨 커플링이라고 해도 축심의 오차를 그다지 많이 허용하는 구조의 것이 아니라, 고정 커플링보다 약간 오차에 대한 허용치가 크다는 정도이므로 결합하는 양 축의 심내기는 가능한 한 정확하게 진행하도록 해야 한다.

9·8 표 및 9·9 표에 JIS에 규정된 플랜지형 휨 커플링을 나타냈다. 또한 9·7 표는 이 휨 커플링의 최고 회전수 및 원주 속도의 일단의 기준을 나타낸 것이다.

9·7 표 휨 커플링의 최고 회전수 및 주속도

커플링 외경 A (mm)	최고 회전수 및 주속도					
	FC 200		SC 410		S25C 또는 SF 440	
	rpm	m/s	rpm	m/s	rpm	m/s
90	4000	18.9	5500	26.0	6000	28.4
100	4000	21.0	5500	28.7	6000	31.5
112	4000	23.5	5500	32.3	6000	35.2
125	4000	26.4	5500	36.0	6000	39.2
140	4000	29.3	5500	40.2	6000	44.0
160	4000	33.5	5500	46.0	6000	50.3
180	3500	33.4	4750	45.2	5250	50.3
200	3200	33.3	4300	45.0	4800	50.0
224	2850	33.4	3850	45.0	4300	50.4
250	2550	33.4	3500	45.1	3800	49.8
280	2300	33.6	3100	45.2	3450	50.3
315	2050	33.6	2750	45.2	3050	50.0
355	1800	33.5	2450	45.2	2700	50.3
400	1600	33.6	2150	45.2	2400	50.5
450	1400	33.0	1900	44.8	2150	50.7
560	1150	33.8	1550	44.5	1700	50.0
630	1000	33.0	1350	44.5	1500	49.5

9·8 표 플랜지형 휨 커플링 (JIS B 1452) KS B 1552

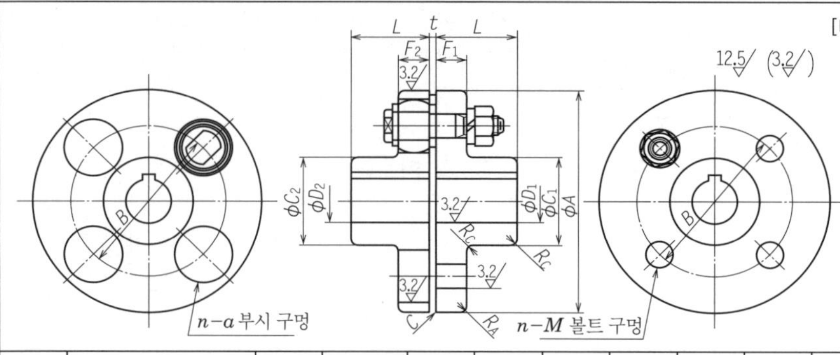

[비고] 1. 볼트 구멍의 배치는 키 홈에 대해 대략 중간으로 한다.
2. 볼트 빼기여유는 축단에서의 치수를 나타낸다.
3. 커플링을 축에서 빼기 쉽게 하기 위한 나사 구멍은 적당히 설정해도 지장 없다.

(단위 mm)

커플링 외경 A	D 최대 축 구멍 직경 D_1	D 최대 축 구멍 직경 D_2	D 최소 축 구멍 직경*	L	C C_1	C C_2	B	F_1	F_2	n (1) (개)	a	M	t (2)	참고 R_C (약)	참고 R_A (약)	참고 볼트 빼기여유
90	20		—	28	35.5		60	14	14	4	8	19	3	2	1	50
100	25		—	35.5	42.5		67	16	16	4	10	23	3	2	1	56
112	28		16	40	50		75	16	16	4	10	23	3	2	1	56
125	32	28	18	45	56	50	85	18	18	4	14	32	3	2	1	64
140	38	35	20	50	71	63	100	18	18	6	14	32	3	2	1	64
160	45		25	56	80		115	18	18	8	14	32	3	3	1	64
180	50		28	63	90		132	18	18	8	14	32	3	3	1	64
200	56		32	71	100		145	22.4	22.4	8	20	41	4	3	2	85
224	63		35	80	112		170	22.4	22.4	8	20	41	4	3	2	85
250	71		40	90	125		180	28	28	8	25	51	4	4	2	100
280	80		50	100	140		200	28	40	8	28	57	4	4	2	116
315	90		63	112	160		236	28	40	10	28	57	4	4	2	116
355	100		71	125	180		260	35.5	56	8	35.5	72	5	5	2	150
400	110		80	125	200		300	35.5	56	10	35.5	72	5	5	2	150
450	125		90	140	224		355	35.5	56	12	35.5	72	5	5	2	150
560	140		100	160	250		450	35.5	56	14	35.5	72	5	6	2	150
630	160		110	180	280		530	35.5	56	18	35.5	72	5	6	2	150

[비고] (1) n은 부시 구멍 또는 볼트 구멍의 수를 말한다.
(2) t는 조립했을 때의 커플링 본체의 틈새로, 이음 볼트의 와셔 두께에 상당한다.
*참고값

9·9 표 플랜지형 휨 커플링용 이음 볼트 (JIS B 1452)

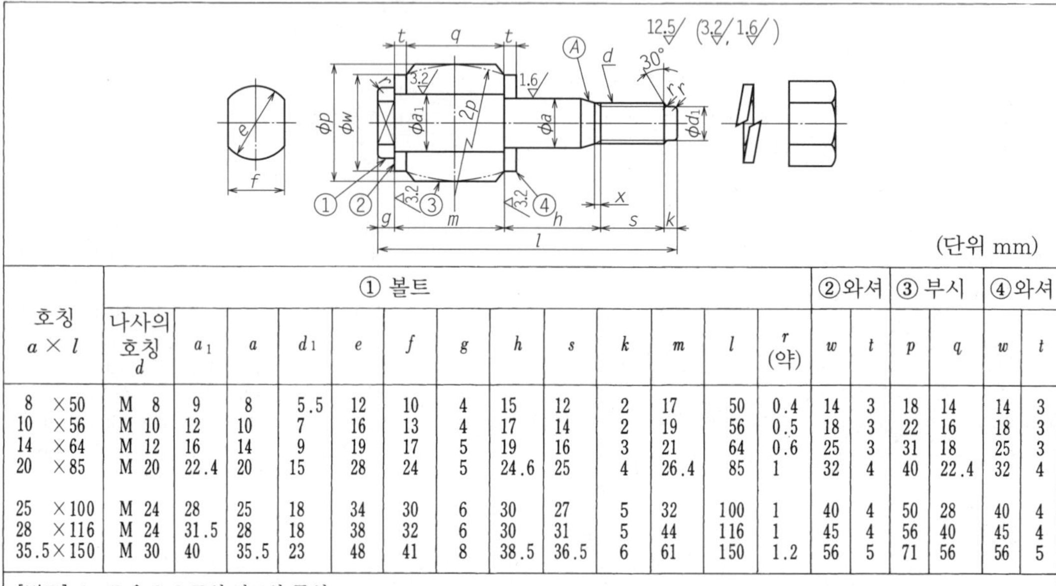

(단위 mm)

호칭 a × l	① 볼트 나사의 호칭 d	a_1	a	d_1	e	f	g	h	s	k	m	l	r (약)	②와셔 w	②와셔 t	③ 부시 p	③ 부시 q	④와셔 w	④와셔 t
8 ×50	M 8	9	8	5.5	12	10	4	15	12	2	17	50	0.4	14	3	18	14	14	3
10 ×56	M 10	12	10	7	16	13	4	17	14	2	19	56	0.5	18	3	22	16	18	3
14 ×64	M 12	16	14	9	19	17	5	19	16	3	21	64	0.6	25	3	31	18	25	3
20 ×85	M 20	22.4	20	15	28	24	5	24.6	25	4	26.4	85	1	32	4	40	22.4	32	4
25 ×100	M 24	28	25	18	34	30	6	30	27	5	32	100	1	40	4	50	28	40	4
28 ×116	M 24	31.5	28	18	38	32	6	30	31	5	44	116	1	45	4	56	40	45	4
35.5×150	M 30	40	35.5	23	48	41	8	38.5	36.5	6	61	150	1.2	56	5	71	56	56	5

[비고] 1.~7.은 9·6 표의 비고와 동일.
8. 부시는 원통형이어도 구형이어도 된다. 원통형의 경우에는 외주의 양단부에 모떼기를 실시해도 된다.
9. 부시는 금속 라이너를 갖은 것이어도 된다.

(2) 기어형 커플링 이것은 외통에는 내접 기어를, 내통에는 크라우닝을 실시한 외접 기어를 만들어 톱니면의 접촉에 따라 토크를 전달하는 것으로, 외통 중심선에 대한 내통의 중심선이 1.5°까지 기울어질 수 있는 구조로 되어 있으며, 또한 톱니면 접촉이기 때문에 운전 중 양축 끝단부 거리가 ±25% 변동해도 이상 없이 회전을 전달할 수 있는 특징을 가지고 있다.

기어형 축커플링에는 여러 가지의 것이 있는데, 9·10 표에 그 한 예로서 양병형의 치수, 형상을 나타냈다. 또한 9·11 표는 이 커플링의 허용 전달 토그 및 허용 회진수를 나타낸 것이나.

KS B 1553

9·10 표 기어형 커플링 (JIS B 1453) (양병형 SS)

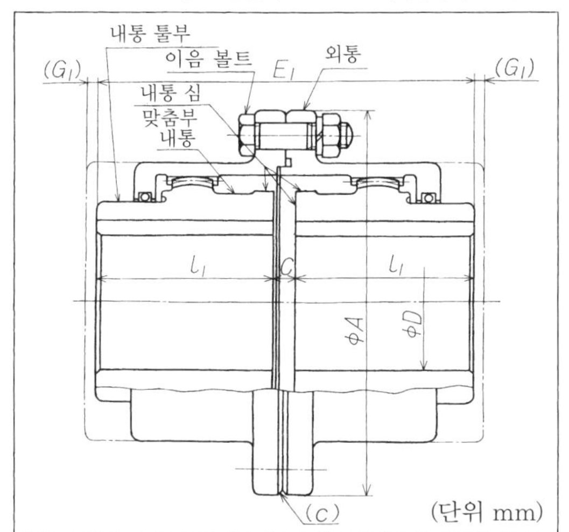

커플링 호칭 외경 A	D 최대 축 구멍 직경	D 최소 축 구멍 직경	l_1	C	E_1	참고 G_1	참고 c (약)
100	25	16	40	8	88	18	1
112	32	20	45	8	98	18	1
125	40	25	50	8	108	18	1
140	50	32	63	8	134	22	1
160	63	40	80	10	170	22	1
180	71	45	90	10	190	28	1
200	80	50	100	10	210	28	1
224	90	56	112	12	236	28	1
250	100	63	125	12	262	32	1
280	125	80	140	14	294	32	1
315	140	90	160	14	334	32	1
355	160	110	180	16	376	40	1
400	180	125	200	16	416	40	1

[비고] 1. 커플링을 축에서 빼기 쉽게 하기 위한 나사 구멍은 적당히 설정해도 지장 없다.
2. 그림은 구조의 한 예를 나타낸다.
3. G_1은 심맞춤을 위해 외통을 어긋나게 하는데 필요한 최소 치수를 나타낸다.

9·11 표 기어형 커플링의 허용 전달 토크 및 허용 회전수

커플링 호칭 외경 A (mm)	최대 축 구멍 직경 D (mm)	허용 전달 토크 T (N·m)	축의 전단 응력 τ (N/mm²)	허용 회전수 N (rpm)	커플링 외경의 원주 속도 v (m/s)
100	25	196	63.9	4000	20.9
112	32	392	61.0	4000	23.5
125	40	784	62.5	4000	26.2
140	50	1225	50.0	4000	29.3
160	63	1764	36.0	4000	33.5
180	71	2450	35.0	4000	37.7
200	80	3479	35.0	3750	40.0
224	90	4900	34.5	3350	40.0
250	100	6958	35.5	3000	40.0
280	125	10980	29.0	2650	40.0
315	140	15680	29.5	2360	40.0
355	160	24500	30.5	2120	40.0
400	180	34790	30.5	1900	40.0

[주] (1) 회전수 N=100rpm, 경사각 α=0°일 때의 값.
(2) 경사각 α=1.5°일 때의 값. 단, 전달 토크는 충분히 작은 것으로 한다.

9장

(3) 고무 커플링 고무 커플링은 고무의 전단변형, 압축변형 등에 의해 동력을 전달하는 것으로, 비교적 간단한 구조로 축심의 오차, 진동, 충격 등을 흡수할 수 있고 또한 윤활이 불필요하며 운전 중 소음을 발생하지 않는 것, 2축의 전기 절연이 가능한 것 등 여러 가지 장점을 갖추고 있으므

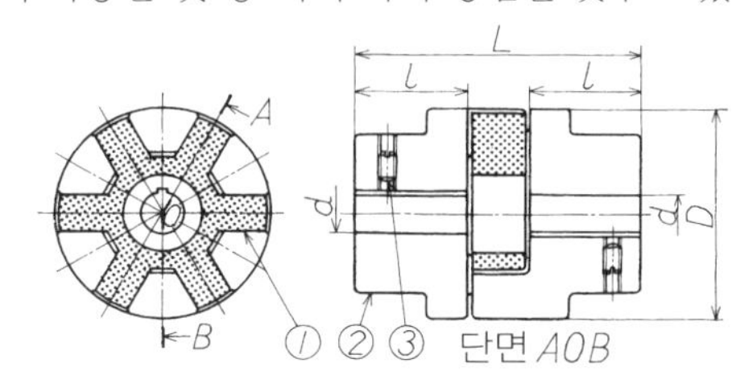

① 고무부 ② 플랜지 ③ 고정나사

(a)

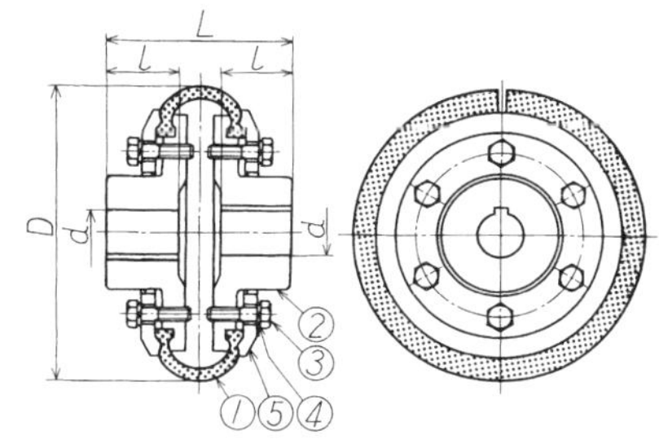

① 고무부 ② 플랜지 ③ 볼트
④ 스프링 와셔 ⑤ 압력 링

(b)

9·23 그림 고무 커플링

KS B 1555

9·12 표 고무 커플링 (JIS B 1455) (단위 mm)

호칭	상용 토크 T (N·m)	축 구멍 d 최대 직경	축 구멍 d 최소 직경	축 구멍 길이 l	전체 길이 L				외경(최대) D	
10	10	16	—	25	56	63	71	80	63	100
20	20	20	12	31.5	71	80	90	100	80	125
40	40	25	16	40	90	100	112	125	100	160
80	80	32	20	50	112	125	140	160	125	200
160	160	40	25	56	140	160	180	200	160	250
315	315	50	32	63	160	180	200	224	200	315
630	630	63	40	80	200	224	250	280	250	400
1250	1250	80	50	100	250	280	315	355	315	500
2500	2500	100	63	125	315	355	400	450	400	630
5000	5000	125	80	140	355	400	450	500	500	800
7100	7100	140	90	160	400	450	500	560	560	900
10000	10000	160	100	180	450	500	560	630	630	1000
14000	14000	180	110	200	500	560	630	710	710	1120
20000	20000	200	125	224	560	630	710	800	800	1250

치수를 설명하기 위한 그림으로, 실제 구조를 나타낸 것은 아니다.

[비고] 호칭에 괄호를 붙인 치수의 것은 가급적 사용하지 않는다.
[주] 전체 길이 L 및 외경 D는 그 중에서 선택하면 된다.

로 기계, 자동차, 선박, 철도 차량 등에 널리 사용되고 있다.

또한 이 고무 축커플링에는 여러 가지 형상의 것이 시판되고 있기 때문에 JIS에서는 형상에 관한 호환성 치수와 성능면에 대해서만 규정하고 있으며, 9·12 표에 그 규격을 나타냈다.

(4) 롤러 체인 커플링 이것은 마주한 한 쌍의 스프로킷에 1개의 2열 롤러 체인을 감은 구조의 축커플링으로, 힘이 걸리는 점이 외주 근처에 있으며 또한 힘은 많은 톱니에 의해 분담되므로 동일한 전달 토크에 대해 소형 경량으로 할 수 있다는 특징을 가지고 있다.

롤러 체인 축커플링은 축심 간의 오차 허용차는 그다지 크지 않고, 편심(평행 오차)은 사용 체인 피치의 2%, 편각(각도 오차)는 1°까지 허용할 수 있다고 경험적으로 듣고 있는데(다만 고속의 경우에는 모두 그 2분의 1). 일반적으로는 축심 간의 오차가 클수록, 또한 고속이 될수록 각부의 마모가 촉진되므로 휨 축커플링이면서 양축의 심내기는 가급적 정확하게 하는 것이 필요하다.

9·14 표는 JIS에 규정된 롤러 체인 축커플링을 나타낸다. 또한 9·13 표는 그 전달 토크, 축 응력 및 허용 회전 속도를 나타낸 것이다.

(5) 올덤 커플링 이것은 양축이 평행하고, 약간 떨어져 있는 경우에 사용한다. 9·24 그림은 이 커플링을 나타낸 것인데, 각부의 치수는 다음과 같다.

9·13 표 롤러 체인 커플링의 전달 토크, 축응력 및 허용 회전 속도

호칭	허용 전달 토크 T (Nf·m)	최대 축 구멍 직경의 축응력 τ (Nf/mm^2)	허용 회전 속도 n (rpm) 케이스 없음	허용 회전 속도 n (rpm) 케이스붙이
4012	78.4	36.75	1250	4500
4014	109.76	24.5	1000	4000
4016	156.8	24.5	1000	4000
5014	219.52	24.5	800	3550
5016	274.4	22.05	800	3150
5018	347.9	19.6	630	2800
6018	617.4	16.2	630	2500
6022	882	12.25	500	2240
8018	1372	13.72	400	2000
8022	2195.2	10.98	400	1800
10020	3479	12.25	315	1600
12018	4900	12.25	250	1400
12022	6958	12.25	250	1250
16018	10976	13.72	200	1120
16022	17640	10.98	200	1000

[주] (1) 커플링의 회전 속도 및 축심 간의 오차에 의해 정해지는 수정계수를 곱해서 사용한다.

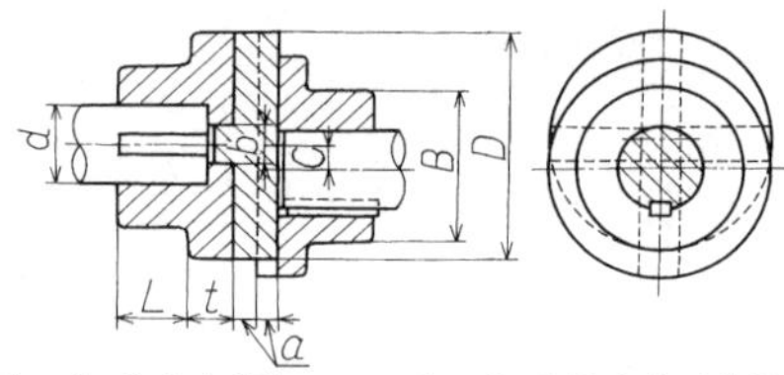

$B = 1.8d + 25\text{mm}$, $d = 0.4D + 0.15C$
$F = 3d + C$, $a = 0.25D + 0.1C$
$L = 0.75D + 13\text{mm}$, $t = 0.6D + 0.25C$

9·24 그림 올덤 커플링

9·14 표 롤러 체인 커플링 (JIS B 1456) KS B 1556

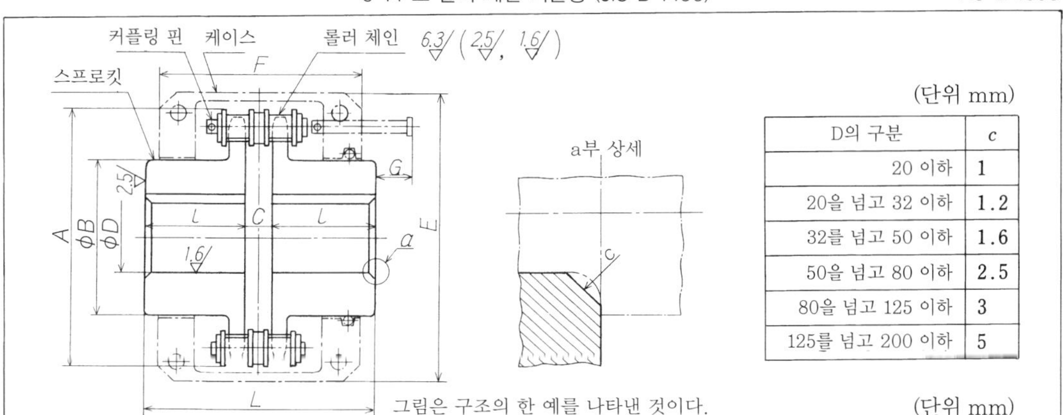

(단위 mm)

D의 구분	c
20 이하	1
20을 넘고 32 이하	1.2
32를 넘고 50 이하	1.6
50을 넘고 80 이하	2.5
80을 넘고 125 이하	3
125를 넘고 200 이하	5

(단위 mm)

호칭 (1)	D 최대 축 구멍 직경	D 최소 축 구멍 직경	B (최소)	l	참고 A	C	L	G	E (최대)	F (최대)
4012	22	—	34	36	61.2	7.4	79.4	10	75	75
4014	28	—	42	36	69.2		79.4	10	85	75
4016	32	16	48	40	77.2		87.4	6	95	85
5014	35	16	53	45	86.5	9.7	99.7	12	106	95
5016	40	18	56	45	96.5		99.7	12	112	95
5018	45	18	63	45	106.6		99.7	12	125	95
6018	56	22	80	56	127.9	11.5	123.5	15	150	118
6022	71	28	100	56	152.0		123.5	15	180	118
8018	80	32	112	63	170.5	15.2	141.2	30	200	132
8022	100	40	140	71	202.7		157.2	22	236	150
10020	110	45	160	80	233.2	18.8	178.8	30	280	170
12018	125	50	170	90	255.7	22.7	202.7	50	315	190
12022	140	56	200	100	304.0		222.7	40	375	212
16018	160	63	224	112	340.9	30.1	254.1	68	425	250
16022	200	80	280	140	405.3		310.1	40	475	300

[비고] 스프로킷을 축에서 빼기 쉽게 하기 위한 나사 구멍은 적당히 설정해도 지장 없다.
[주] (1) 호칭은 사용 롤러 체인의 호칭번호(위 2자리 또는 위 3자리)와 스프로킷의 잇수(아래 2자리)를 조합한다.

3. 유니버설 커플링

축이 어떤 각도로 교차하는 경우에 회전을 전달하는 경우에는 자재 커플링이 사용된다. 9·25 그림은 2축이 동일한 평면 내에 있는 경우에 일반적으로 이용되는 훅 유니버설 커플링을 나타낸다. 이런 종류의 유니버설 커플링은 축의 경사각에 따라 양축의 회전 속도비에 차이가 생긴다. 즉, 한 쪽의 축이 항상 일정한 회전을 해도 다른 쪽의 축은 일정한 회전을 하지 않는다. 9·15 표는 양축의 각도에 따른 각속도의 변화율을 나타낸 것이다. 이와 같은 속도비의 변동을 방지하기 위해서는 9·26 그림과 같이 양축 사이에 중간축을 삽입하고, 양축과의 교차각 α를 동일하게 해주면 된다. 또한 α는 너무 크지 않는 것이 바람직하며, 30° 이상에서 사용할 수 없으므로 이 경우에는 다른 방법을 따라야 한다.

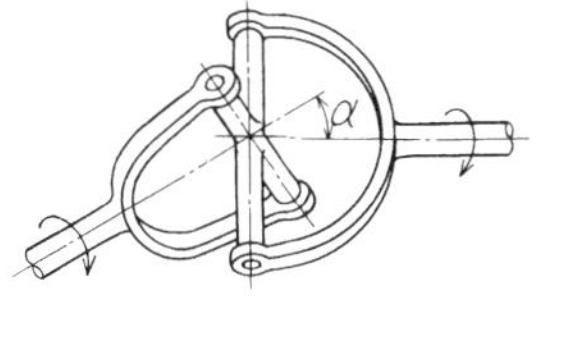

9·15 표 양축의 교차각과 각속비의 변화

α	6°	8°	10°	12°	14°	16°	18°	20°	24°	28°	30°
변화율	1.1	2	3	4.4	6	7.9	10	12.4	18	25	28.9

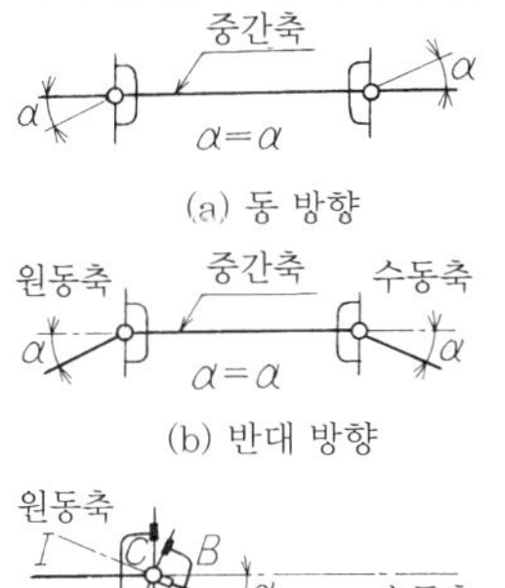

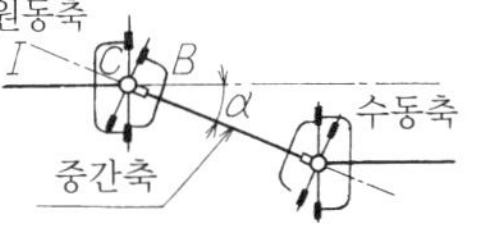

9·26 그림 중간축

9·16 표 팽이형 유니버설 커플링 (JIS B 1454)

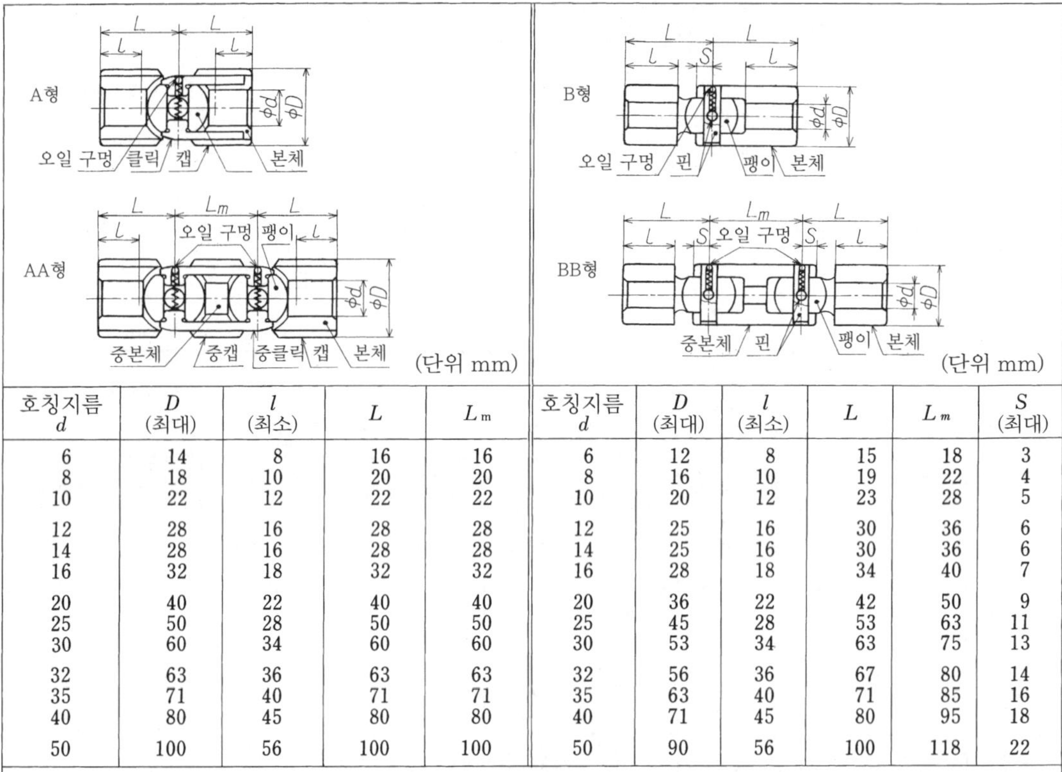

(단위 mm) (단위 mm)

호칭지름 d	D (최대)	l (최소)	L	L_m	호칭지름 d	D (최대)	l (최소)	L	L_m	S (최대)
6	14	8	16	16	6	12	8	15	18	3
8	18	10	20	20	8	16	10	19	22	4
10	22	12	22	22	10	20	12	23	28	5
12	28	16	28	28	12	25	16	30	36	6
14	28	16	28	28	14	25	16	30	36	6
16	32	18	32	32	16	28	18	34	40	7
20	40	22	40	40	20	36	22	42	50	9
25	50	28	50	50	25	45	28	53	63	11
30	60	34	60	60	30	53	34	63	75	13
32	63	36	63	63	32	56	36	67	80	14
35	71	40	71	71	35	63	40	71	85	16
40	80	45	80	80	40	71	45	80	95	18
50	100	56	100	100	50	90	56	100	118	22

[비고] 1. 호칭지름에 괄호가 붙은 치수의 것은 가급적 사용하지 않는다.
2. 축 구멍 d의 치수허용차는 JIS B 0401-2(치수공차 및 끼워맞춤 방식-제2부-)의 H7에 의한다. 또한 L, L_m은 기준 치수만을 나타낸다.
3. l은 축이 꼭맞는 길이를 나타낸다.
4. 그림은 구조의 한 예를 나타낸다.

9·17 표 팽이형 유니버설 커플링의 허용 전달 토크 및 최고 회전수 (절곡각 10°)
[표 중 (1)은 허용 전달 토크 T(N·m)을, (2)는 축의 전단응력 τ(N/mm²)을 나타낸다.]

호칭지름 d (mm)	A형								B형								최고 회전수 N (rpm)
	100 rpm		200 rpm		500 rpm		1000 rpm		100 rpm		200 rpm		500 rpm		1000 rpm		
	(1)	(2)	(1)	(2)	(1)	(2)	(1)	(2)	(1)	(2)	(1)	(2)	(1)	(2)	(1)	(2)	
6	3.92	93.1	3.92	93.1	3.14	73.5	2.45	58.8	4.9	115.6	4.9	115.6	3.92	93.1	3.14	73.5	3500
8	7.84	78.4	6.17	61.74	4.9	49	3.92	39.2	9.8	98	7.84	78.4	6.17	61.74	4.9	49	3500
10	15.68	78.4	12.25	61.74	9.8	49	6.17	31.36	19.6	98	15.68	78.4	12.25	61.74	9.8	49	2800
12	30.87	93.1	19.6	58.8	12.25	35.28	9.8	29.4	39.2	115.6	24.5	73.5	19.6	58.8	15.68	47.04	2240
14	30.87	54.88	19.6	35.28	12.25	22.54	9.8	17.64	39.2	69.58	24.5	44.1	19.6	35.28	15.68	27.44	2000
16	49	61.74	30.87	39.2	19.6	24.5	12.25	15.68	61.74	78.4	49	61.74	39.2	49	24.5	31.36	1800
20	78.4	49	61.74	39.2	30.87	19.6	19.6	12.74	122.5	78.4	78.4	49	61.74	39.2	39.2	24.5	1430
25	137.2	44.1	98	31.36	49	15.68	30.87	9.8	196	61.74	122.5	39.2	98	31.36	61.74	19.6	1120
30	196	37.24	137.2	26.46	69.58	12.74	39.2	7.84	274.4	51.94	196	37.24	137.2	26.46	88.2	16.66	950
32	219.5	34.3	156.8	24.5	78.4	12.74	49	7.84	308.7	49	245	39.2	156.8	24.5	98	15.68	900
35	274.4	32.34	176.4	20.58	88.2	10.78	—	—	392	47.04	274.4	32.34	137.2	16.66	—	—	800
40	392	31.36	245	19.6	12.25	9.8	—	—	617.4	49	392	31.36	196	15.68	—	—	710
50	617.4	34.3	392	15.68	196	7.84	—	—	245	49	784	31.36	392	15.68	—	—	560

9·3 클러치

2축 사이에 설치해 회전을 전달하거나 중단하거나 할 때에 이용하는 기계 요소를 클러치라고 한다.

클러치는 그 구조에 따라 맞물림 클러치, 마찰 클러치, 유체 클러치, 전자 클러치 등이 있다.

1. 맞물림 클러치

서로 맞물리는 톱니를 설치, 이것을 맞물리게 하거나 풀거나 해서 회전을 단속되는 클러치로서 보통 한쪽 클러치는 축에 고정되고, 다른 쪽은 축상을 활주해 물리거나 물린 것을 풀거나 한다. 클러치의 활주는 페더 키 혹은 스플라인에 의해 이루어지는 것이 보통이다. 9·18 표에 일반적인 물림 클러치의 형상 및 각부의 치수를 나타냈다.

9·18 표 맞물림 클러치 (단위 mm)

d	D	a	b	c	e	f	g	클릭 수
40	100	20	40	20	16	30	72	3
50	125	23	50	25	18	32	86	3
60	150	25	60	30	20	34	110	4
70	175	35	70	35	22	36	114	4
80	200	35	80	40	24	38	128	4
90	225	45	90	45	26	40	142	5
100	250	45	100	50	28	42	156	5
110	275	50	110	55	30	44	170	6
120	300	55	120	60	32	46	186	6

또한 일반적으로 클러치의 탈착장치는 클러치의 한쪽을 좌우로 움직이는 기구를 가진 클러치 요크를 사용한다. 9·27 그림은 그 예를 나타낸다. 이것은 청동의 미끄러지는 고리를 끼우고, 요크의 한쪽 끝이 포크 모양으로 되어 있다.

또한 9·28 그림은 일반적으로 많이 이용되고 있는 클러치의 클릭 형상을 나타낸 것인데, 동 그림 (a)에서는 회전은 어느 방향에서나 전달되지만 (b)에서는 한쪽으로만 전달되며, 역방향의 회전에 대해서는 프리 휠링기구가 되어 역전을 방지한다. 9·19 표는 각종 클릭의 형태와 그 적용 예를 나타낸 것이다.

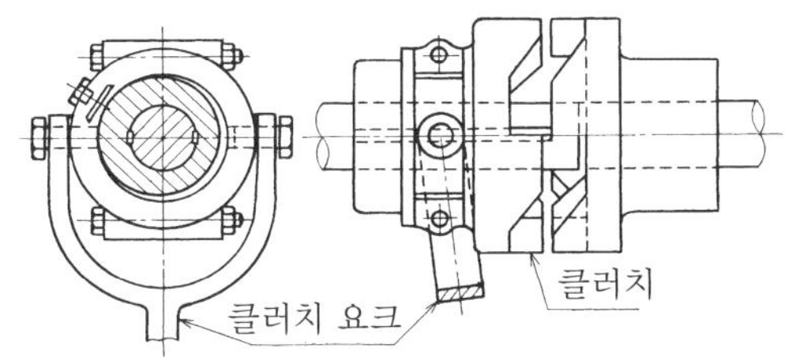

9·27 그림 클러치의 착탈장치

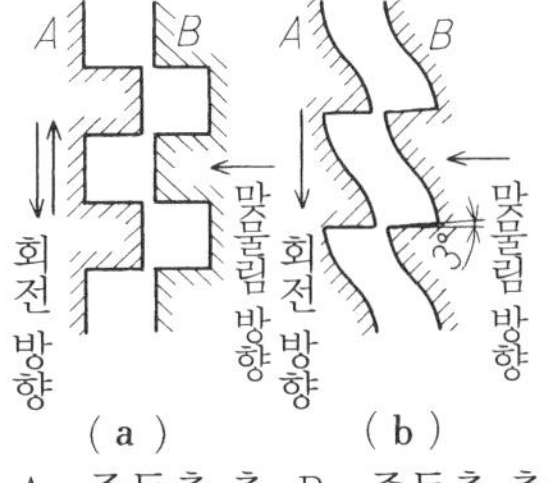

9·28 그림 클릭의 형상

9·19 표 각종 클릭의 형상과 적용

종류별	형상	적용
삼각형		착탈 정지·운전 중 어느 경우에나 가능. 회전 방향이 변화하는 곳에 이용한다.
(하중이 작은 것 비교적 소형인 기계용 클러치)		회전 방향이 일정한 곳에 이용한다.
사각형 (강력한 하중의 것)		맞물림은 정지일 때, 차단은 정지·운전 중, 어느 경우에나 가능. 회전 방향이 변화하는 곳에 이용한다.
톱형		전자보다 탈착이 자유롭고 회전 방향이 변화하는 곳에 이용한다.
(하중이 큰 것)		주로 회전 방향이 일정한 부분에 이용한다.

2. 마찰 클러치

이것은 회전동축에 다른 쪽의 종동축을 회전 타격 없이 연결할 수 있는 클러치로, 처음에는 양 접촉면은 약간 활주하지만 마찰력에 의해 서서히 종동축은 가속되어 마침내 양축은 하나가 되어 회전한다. 또한 접촉면의 형식에는 원뿔 및 원통 등이 있고, 9·29 그림과 같은 것이 있다.

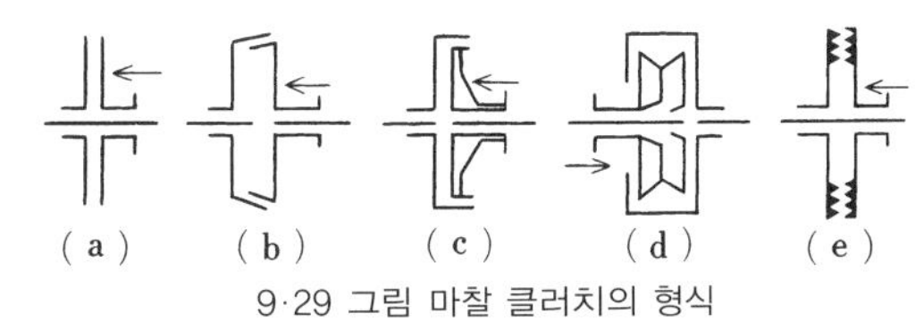

9·29 그림 마찰 클러치의 형식

(1) **원판 클러치** 9·30 그림은 원판 클러치를 나타낸 것이다. 원판 A는 한쪽의 축 끝에 고정되어 있는데, 다른 쪽의 원판 B는 축 끝을 좌우로 미끄러질 수 있게 설치되어 있으며 클러치 레버 E로 원판 A에 밀어붙이게 되어 있다. 원판을 서로 누르는 힘 P(N)[단, 이 경우 지름 D(mm)의 원주 상에 집중되어 작용하는 것으로 한다.], 마찰계수 μ(9·20 표 참조)로 하면, A, B 간의 마찰력 크기는 μP이다. 이 경우의 축심에 대한 모멘트 T는,

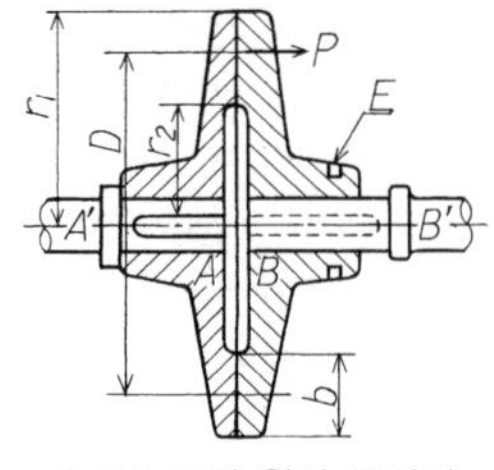

9·30 그림 원판 클러치

$$T = \mu P \frac{D}{2}$$

이다.

9·20 표 마찰계수 μ의 값

재질	상태	μ
가죽과 주철	약간 기름기가 있는 경우에는 작은 값, 급유하지 않은 경우에는 큰 쪽의 값을 취한다.	0.20~0.25
주철과 주철 또는 청동		0.15~0.20
금속과 코르크	기름기가 있을 때	0.32
금속과 코르크	건조되어 있을 때	0.35
금속과 금속		0.15

이 마찰력에 의한 모멘트가 축의 전동력에 의해 생기는 비틀림 모멘트보다 크면, 한쪽 축에서 다른 쪽의 축으로 회전을 전달할 수 있다. 마찰면 상의 단위응력을 q(N/mm^2)로 하면

$$P = \pi D(r_2 - r_1)q = \pi D b q$$

단, r_1 및 r_2…접촉면의 안 및 밖의 반경(mm), b…마찰면의 폭(mm)(9.30 표 참조)

또한 원판 클러치에 의해 전달되는 동력 H(kW)는

$$H = \frac{TN \times 2\pi}{102 \times 60 \times 1000} \doteqdot \frac{\mu PDN}{974000 \times 2}$$

$$= \frac{\mu \pi D^2 bqN}{1948000} \doteqdot \frac{\mu q D^2 bN}{620000}$$

단, N…1분간의 회전수(rpm).

그러나 한쌍의 원판(접촉마찰면이 1개인 경우.)만으로는 필요한 동력을 전달할 수가 없을 때는 9·31 그림에 나타낸 다판식 클러치(원판의 수가 2개 이상.)를 사용하면 된다. 이 방식은 이동편 B를 누르면 C, D 간의 마찰로 양축이 연결된다. 또한 원판은 청동과 강판을 번갈아 두고, 연결하지 않을 때의 마찰을 줄이기 위해 급유하므로 일반적으로 μ=0.085~0.009 정도로 하고 q=0.05~0.10(N/mm^2)로 한다.

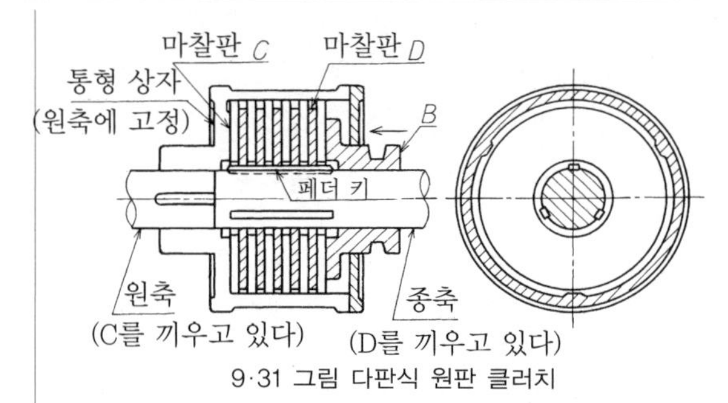

9·31 그림 다판식 원판 클러치

9·21 표 및 9·22 표는 JIS에 규정된 습식 기계 다판 클러치 및 습식 유압 다판 클러치의 기본 치수를 나타낸 것이다.

(2) **원뿔 마찰 클러치** 원뿔면의 마찰에 의해 운동을 단속하는 것으로, 마찰면에는 가죽 · 석면 등 마찰계수가 큰 것을 이용하는 경우가 있다.

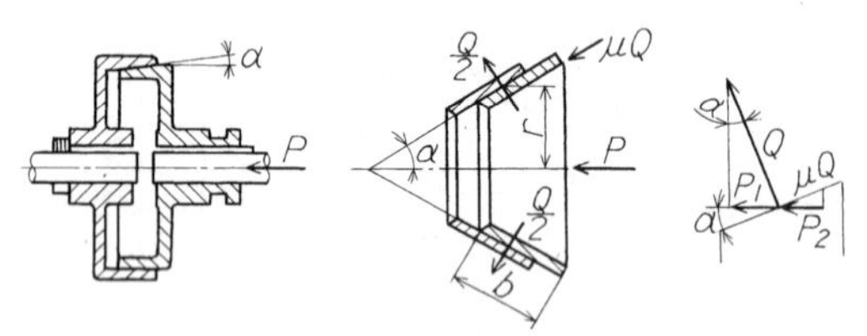

9·32 그림 원뿔 마찰 클러치에 작용하는 힘

9·32 그림에 나타낸 원뿔 마찰 클러치에서 오른쪽의 원뿔 플랜지를 왼쪽으로 움직이고 이것을 왼쪽의 원뿔 플랜지에 밀어 넣으면, 원뿔 표면에 압력이 발생한다. 이 압력에 의한 마찰로 동력이 전해진다. 이 경우에 축 상의 비틀림 모멘트 T(N·mm)는 다음과 같아야 한다.

$$T \leqq Q\mu r \quad \text{또는} \quad Q = 2\pi rbq$$

단, Q…원뿔 표면 상에 작용하는 전압력(N),
r…원뿔의 평균 반경(mm),
b…원뿔 접촉면의 폭(mm),
q…원뿔 접촉면 간의 단위직압력(N/mm^2, 9·23 표 참조)

또한 원뿔 꼭지각의 절반 α에 대해 클러치를 접촉시키기 위해 필요한 축방향의 힘 P(N)는

$$P = P_1 + P_2 = Q\sin\alpha + \mu Q\cos\alpha$$
$$= Q(\sin\alpha + \mu\cos\alpha)(\text{N})$$

KS B 4080

9·21 표 습식 기계 다판 클러치 (JIS B 1401, 1999년 폐지)

호칭번호 10-40 이하　　호칭번호 20-45 이상 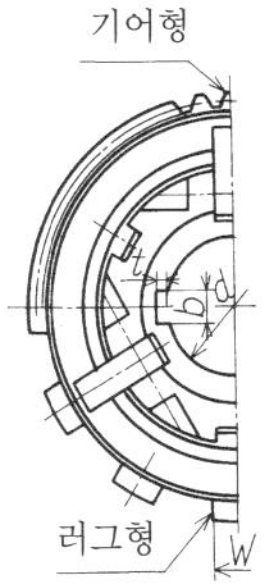　　단식 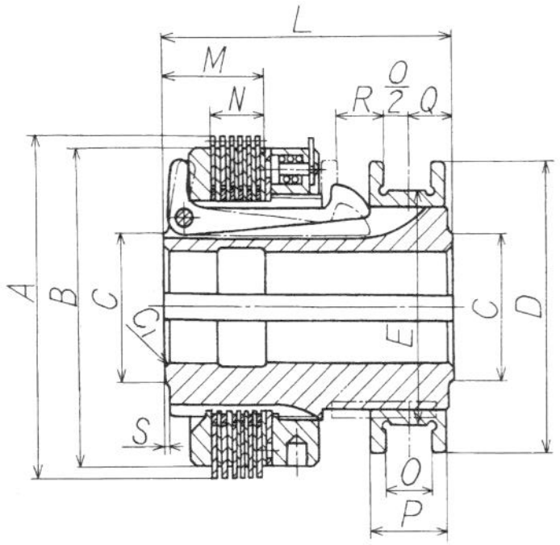　　복식

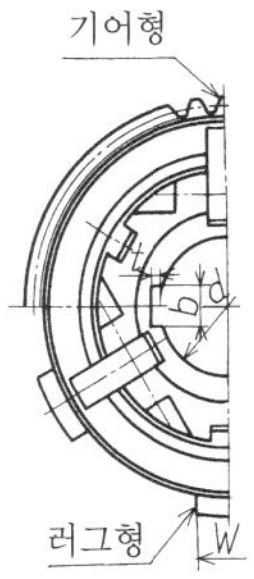

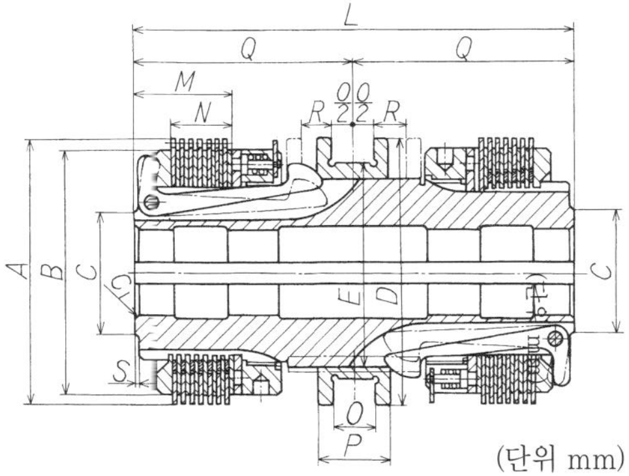

(단위 mm)

호칭번호	d	b	t	C_1	A 러그	A 기어	B	C	D	E	L 단식	L 복식	M	N (개방시)	O	P	Q 단식	Q 콕식	R	S	러그 W	러그 수	기어 잇수
1.2-18	18	5	2	1	63	62.7	56	28	63	50	63	106	24	13.5	10	18	10	53	8	1	11.7	6	40
1.2-20	20																						
2.5-22.4	22.4	7	3	1	78	79.6	71	37.5	78	63	80	134	27.5	16.5	12.5	24	13	67	10.5	1	15.5	6	38
2.5-25	25																						
5-28	28	7	3	1	98	99.6	90	45	100	80	100	168	37	22.5	16	28	16	84	12	1	17.5	6	48
5-31.5	31.5	10	3.5																				
10-35.5	35.5	10	3.5	1	124	124.5	112	56	125	100	112	190	39	23	20	32	17	95	16	1	19.5	6	48
10-40	40																						
20-45	45	12	3.5	1	152	152.4	140	63	138	110	132	226	50.4	29	22.4	36	19	113	18	1	15.5	12	49
20-50	50																						
40-56	56	15	5	1.6	196	195.37	180	80	170	136	160	276	63.5	37.5	25	42	22	138	23	1	19.5	12	54
40-63	63	18	6																				
80-71	71	20	6	1.6	240	241.36	224	100	200	165	170	300	69	40	25	48	25	150	26	1	25.5	12	58
80-80	80																						

[주] 호칭번호에는 단식 러그형에는 SL, 복식 러그형에는 DL, 단식 기어형에는 ST, 복식 기어형에는 DT의 기호를 각각 앞에 붙인다.

9장

9·22 표 습식 유압 다판 클러치 (JIS B 1402, 1999년 폐지)

KS B 4081
(단위 mm)

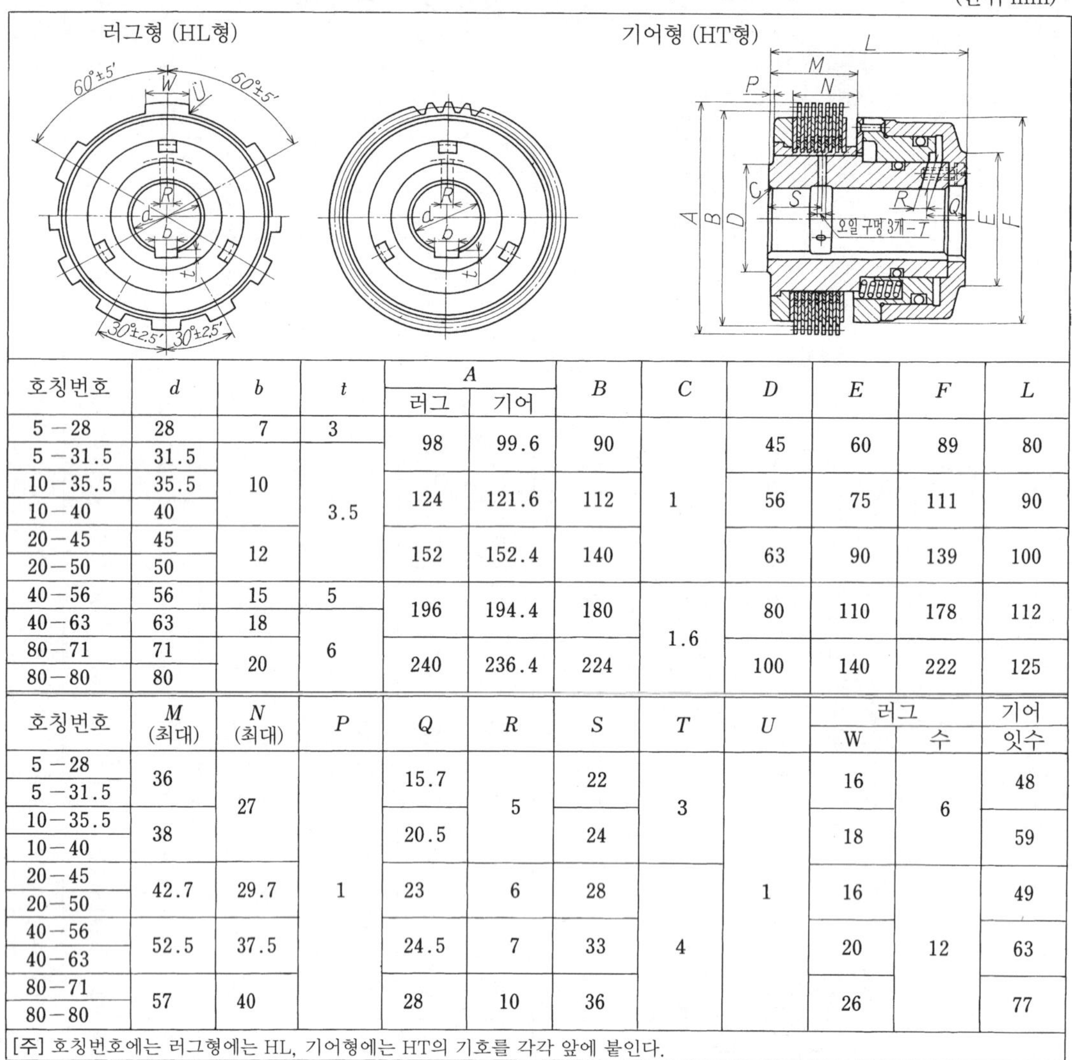

호칭번호	d	b	t	A 러그	A 기어	B	C	D	E	F	L
5－28	28	7	3	98	99.6	90	1	45	60	89	80
5－31.5	31.5	10	3.5								
10－35.5	35.5			124	121.6	112		56	75	111	90
10－40	40										
20－45	45	12		152	152.4	140		63	90	139	100
20－50	50										
40－56	56	15	5	196	194.4	180	1.6	80	110	178	112
40－63	63	18	6								
80－71	71	20		240	236.4	224		100	140	222	125
80－80	80										

호칭번호	M (최대)	N (최대)	P	Q	R	S	T	U	러그 W	러그 수	기어 잇수
5－28	36		1	15.7	5	22	3	1	16	6	48
5－31.5		27									
10－35.5	38			20.5		24			18		59
10－40											
20－45	42.7	29.7		23	6	28	4		16	12	49
20－50											
40－56	52.5	37.5		24.5	7	33			20		63
40－63											
80－71	57	40		28	10	36			26		77
80－80											

[주] 호칭번호에는 러그형에는 HL, 기어형에는 HT의 기호를 각각 앞에 붙인다.

$$\therefore \quad P \geqq \frac{T}{\mu r}(\sin\alpha + \mu\cos\alpha)$$

다음으로 접촉을 풀기 위해 축방향에 가하는 힘 P' (N) 및 한 번 클러치를 접속시킨 경우의 동력 P'는 진동 이외를 고려하지 않는다고 하면

$$P' = \frac{T}{\mu r}(\sin\alpha - \mu\cos\alpha)$$

만큼의 힘으로 된다. 또한

$$T = 974000\,\frac{H}{N} = \frac{P\mu r}{(\sin\alpha + \mu\cos\alpha)}$$

$$\therefore \quad P = \frac{974000\,H(\sin\alpha + \mu\cos\alpha)}{N\mu r}$$

이 된다.

9·23 표 μ, α 및 q의 값

마찰면	μ	α	q (N/mm²)
가죽과 금속 (기름기가 있을 때)	0.2	10° ~13°	0.05~0.08
석면(아스베스토) 직물과 금속 (기름기가 조금 있을 때)	0.3	11° ~14.5°	0.05~0.08
금속과 금속에 코일을 끼워 넣은 것 (〃)	0.25	8° ~12°	—
주철과 주철 (〃)	0.02 이하	8° ~11°	0.28~0.35

[주] $\tan\alpha > \mu$ 로 한다.

제10장

베어링의 설계

10장. 베어링의 설계

하중을 받으면서 회전하는 축을 지지하는 기계 부품을 베어링이라고 하며, 축이 베어링으로 지지되는 부분을 저널(축경)이라고 한다. 저널과 베어링 사이에 마찰을 발생시키므로 많은 동력의 손실을 동반한다. 따라서 베어링에는 특히 마찰 감소 방식을 고려할 필요가 있다. 물론 축이 받는 하중을 베어링도 받기 때문에 충분한 강도를 갖는 것이 필요하다.

10·1 베어링의 종류

베어링은 접촉의 상태 및 하중의 작용 상태에 따라 다음과 같이 분류할 수 있다.

1. 미끄럼 베어링

축과 베어링이 미끄럼 접촉을 하는 것. 평베어링이라고도 하며, 하중을 받는 방식에 따라

(1) 레이디얼 베어링 하중이 축심에 직각으로 걸리는 축에 대해 사용하는 것.

(2) 스러스트 베어링 하중이 중심에 평행하게 걸리는 축에 대해 이용한 것으로, 이 베어링에는 수직 베어링(흔히 피봇 베어링이라고 한다)와 칼라 베어링이 있다.

2. 구름 베어링

축과 베어링 사이에 볼 또는 롤러를 넣어 구름 접촉으로 한 것. 전자는 볼 베어링, 후자는 롤러 베어링이라고 한다. 구름 베어링에도 하중을 받는 방식에 따라 레이디얼 베어링, 스러스트 베어링, 기타의 것이 있다.

10·2 미끄럼 베어링

1. 레이디얼 베어링

(1) 단체 베어링 레이디얼 하중을 받는 미끄럼 베어링 중에 가장 간단한 것은 10·1 그림 (1)과 같이 베어링만을 별도로 하고, 볼트에 의해 적당한 곳에 설치하도록 한 것이 있다. 동 그림 (2)는 그것에 부시를 끼우도록 한 것으로, 부시는 축의 회전을 매끄럽게 하고 또한 마모됐을 때에 몇 번이고 교체를 쉽게 할 수 있도록 끼워 넣는다. 이와 같은 베어링을 흔히 단체 베어링이라고 한다.

(2) 분할 베어링 이상과 같은 단체 베어링은 축을 넣을 때에 옆에서 밀어 넣기 때문에 매우 불편하므로 그 결점을 없애기 위해서는 10·2 그림

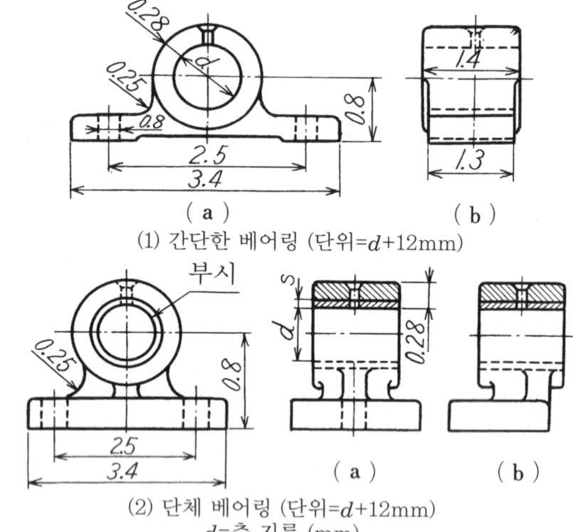

(1) 간단한 베어링 (단위=d+12mm)

(2) 단체 베어링 (단위=d+12mm)
d=축 지름 (mm)
s=0.05d+5mm~0.07d+5mm

10·1 그림 간단한 베어링의 치수

과 같이 구멍 부분을 상하(위를 베어링 덮개, 아래를 베어링대라고 한다)로 2분하고, 축을 베어링대에 넣은 후 덮개를 해 볼트로 체결하게 한다. 이 경우에 끼워 넣는 부시도 또한 상하로 2분한 것을 사용하는 경우가 있다.

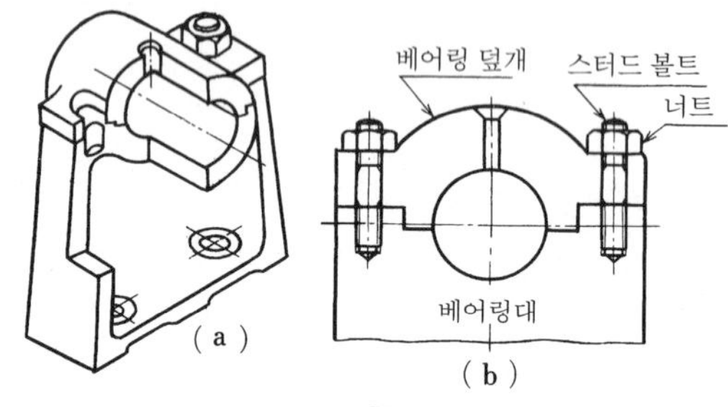

10·2 분할 베어링

(3) 오일 링 베어링 이것도 분할 베어링인데, 10·1 표의 그림에 나타냈듯이 베어링 본체의 하부에 오일조를 설치하고 축에 오일 링을 끼우고 있으며, 축의 회전에 의해 링이 오일을 운반해 자동적으로 급유하도록 한 베어링이다.

(4) 미그럼 베어링용 부시 일반적으로 부시와 저널은 다른 재질로 하는 것이 좋다.

저널은 보통 강이기 때문에 부시는 강 이외의 것으로 저널보다 항상 부드러운 재료이고, 또한 마모에 견딜 수 있으며 상당한 강도가 있는 재료를 필요로 한다.

10·1 표 오일 링식 고정 베어링의 치수 예

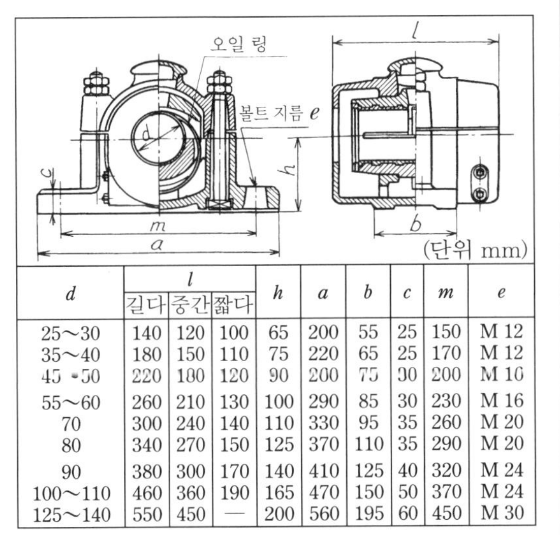

d	l			h	a	b	c	m	e
	길다	중간	짧다						
25~30	140	120	100	65	200	55	25	150	M 12
35~40	180	150	110	75	220	65	25	170	M 12
45~50	220	180	120	90	200	75	30	200	M 16
55~60	260	210	130	100	290	85	30	230	M 16
70	300	240	140	110	330	95	35	260	M 20
80	340	270	150	125	370	110	35	290	M 20
90	380	300	170	140	410	125	40	320	M 24
100~110	460	360	190	165	470	150	50	370	M 24
125~140	550	450	—	200	560	195	60	450	M 30

보통 많이 이용되고 있는 것은 주철, 청동, 화이트메탈 등이다. JIS에서는 슬라이딩 베어링용 부시로서 10·2 표와 같이 규정하고 있다. 표 중의 1종은 베어링 합금 주물에 의해 만들어진 것, 2종은 부시에 베어링 합금을 붙인 것, 3종은 베어링 합금을 감은 것 및 4종은 강판에 부시로서 베어링 합금을 붙여 감은 것이다.

더욱이 부시는 내경 다듬질 완료한 것을 F, 내경 다듬질값붙이의 것을 S의 기호로 나타낸다. 부시 종류 1종 및 2종에서는 부시 F의 내경 치수 허용값은 E 6, 동 외경의 내경에 대한 동축도는 IT 8로 정해져 있다. 또한 부시 3종 및 4종에서도 공차의 치수값이 나타나 있다. 또한 최근 주로 소형 기기 등에 소결 함유 베어링이 널리 사용되고 있다. 이것은 표면 다공성으로 18% 이상의 기름을 포함하기 때문에 급유의 필요가 없고, 더구나 분말야금 제품이기 때문에 자유로운 화학 성분의 것을 만들 수 있어 많이 보급됐다(JIS B 1581에 규정됐는데, 1995년에 폐지됐다).

2. 스러스드 베어링

(1) 수직 베어링 (피봇 베어링) 이것은 수직축의 바닥부를 지지하는 베어링으로, 저널이 축 끝에 있어 종추력에 저항시키는 것이기 때문에 외력이 축의 중심선과 동일한 방향으로 작용하는 것이다.

표면 소결 강판

d

납판

주철

10·3 그림 간단한 수직 베어링

수직 베어링의 아래 끝은 평평하거나 또는 접시 모양으로 만들고, 청동 또는 강제의 원판으로 받도록 되어 있다. 10·3 그림은 간단한 구조의 것으로, 베어링금은 강제로 하고, 그 아래 끝에 납판을 넣은 것이다. 10·4 그림은 아래 끝이 구면으로, 베어링을 2개로 분할해 착탈이 편리하게 한 것이다. 또한 이들 수직 베어링의 마찰계수는 0.020~0.005이다.

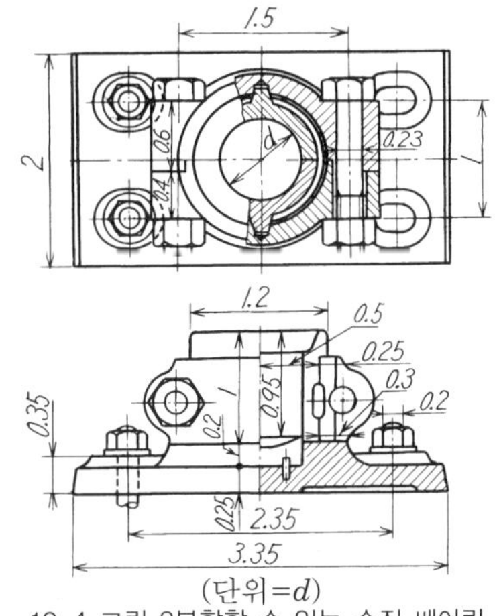

10·4 그림 2분할할 수 있는 수직 베어링

(2) 미첼 베어링 10·5 그림은 선박용 스러스트 베어링으로서 널리 이용되는 미첼 베어링이다. 동 그림 (b)에 나타냈듯이 횡추력을 받는 면을 여러 개의 부채형 조각으로 분할, 그 각각이 매우 조금만 동요할 수 있게 되어 있기 때문에 저널과 베어링 사이에 윤활유가 들어가기 쉽고, 오일이 균일하게 공급되어 윤활 상태가 매우 좋다.

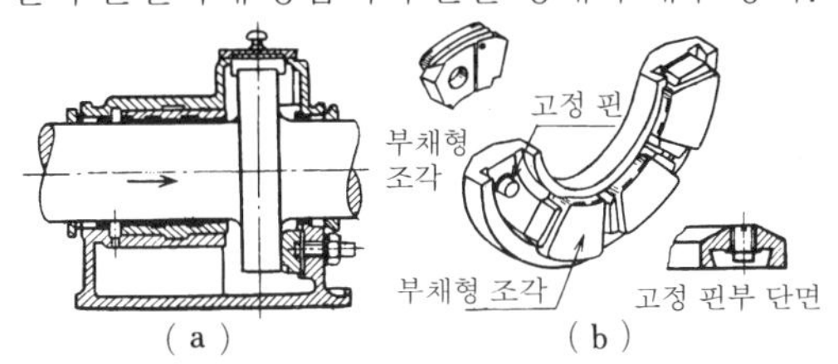

10·5 그림 미첼 베어링

(3) 칼라 베어링 이것은 축에 여러 개의 칼라를 붙이고, 이것과 동일한 모양의 홈을 붙여 안을 수 있게 한 베어링이다.

선박의 프로펠러 축, 수차, 소용돌이 펌프의 축 등은 추력을 받으면서 회전하므로 10·6 그림에 나타낸 칼라 베어링을 이용해 칼라의 측면에서 추력을 지탱하게 한다. 베어링의 재질은 작은 것은 황동제, 큰 것은 주철이나 주동으로 만들고, 내면에는 보통 화이트메탈을 캐스팅하고 있다.

이 칼라 베어링은 보통의 수평 베어링에 비해 윤활유가 균등하게 미치기 어렵기 때문에 마찰열이 생기기 쉬우므로 허용 베어링압력은 작게 잡아 보통의 것은 0.45N/mm²까지, 큰 것이라도 0.7N/mm² 정도에 그친다. 또한 마찰계수는 μ=0.038~0.054 정도이다.

3. 미끄럼 베어링의 치수 계산

베어링의 설계에서는 허용 베어링압력을 가정해 단면계수를 구하고, 그것에 적합한 단면의 형

10·2 표 미끄럼 베어링용 부시 (JIS B 1582) KS B ISO 4379 (단위 mm)

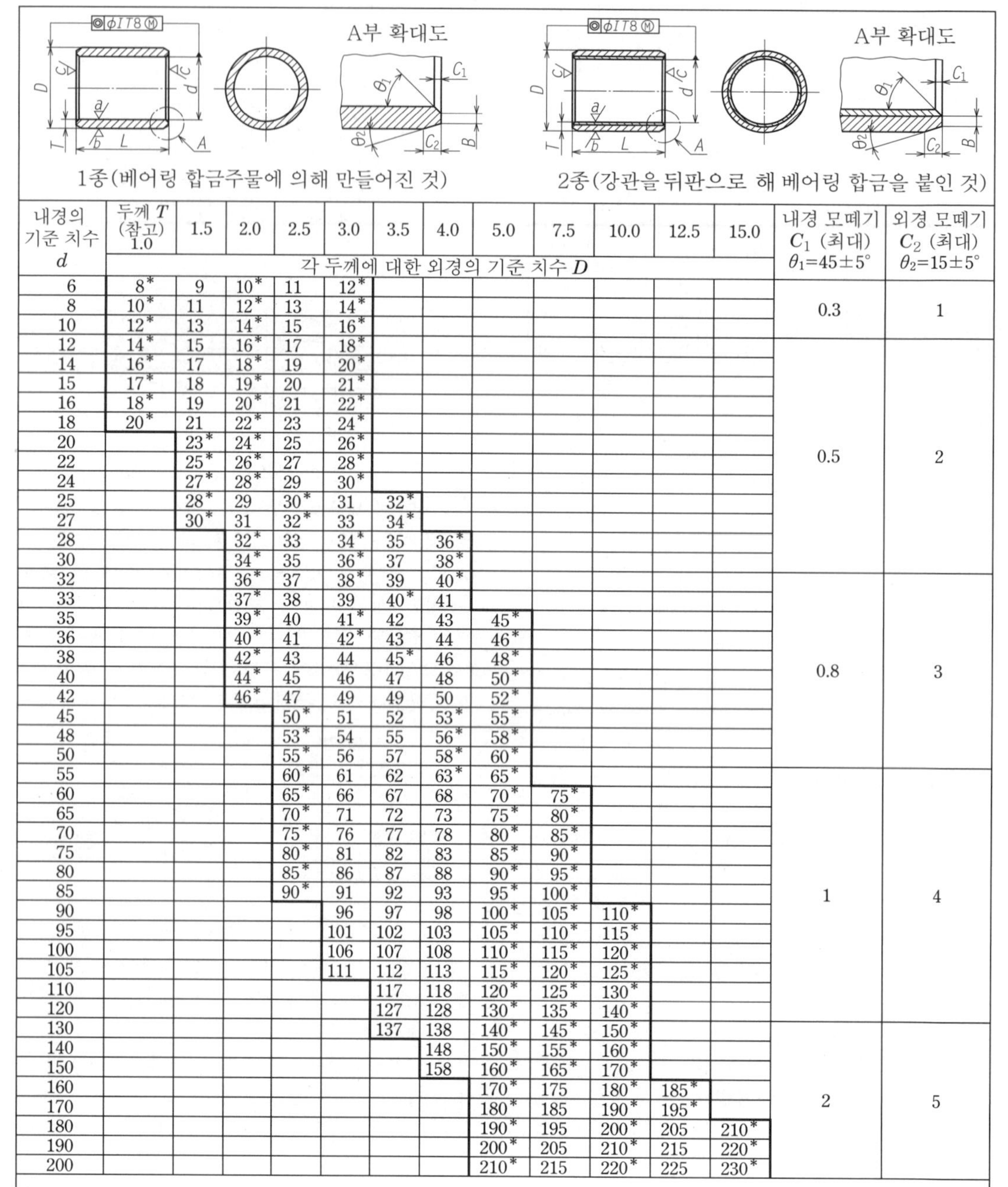

내경의 기준 치수 d	두께 T (참고) 1.0	1.5	2.0	2.5	3.0	3.5	4.0	5.0	7.5	10.0	12.5	15.0	내경 모떼기 C_1 (최대) $\theta_1=45\pm5°$	외경 모떼기 C_2 (최대) $\theta_2=15\pm5°$
	각 두께에 대한 외경의 기준 치수 D													
6	8*	9	10*	11	12*								0.3	1
8	10*	11	12*	13	14*									
10	12*	13	14*	15	16*									
12	14*	15	16*	17	18*								0.5	2
14	16*	17	18*	19	20*									
15	17*	18	19*	20	21*									
16	18*	19	20*	21	22*									
18	20*	21	22*	23	24*									
20		23*	24*	25	26*									
22		25*	26*	27	28*									
24		27*	28*	29	30*									
25		28*	29	30*	31	32*								
27		30*	31	32*	33	34*								
28			32*	33	34*	35	36*							
30			34*	35	36*	37	38*							
32			36*	37	38*	39	40*						0.8	3
33			37*	38	39	40*	41							
35			39*	40	41*	42	43	45*						
36			40*	41	42*	43	44	46*						
38			42*	43	44	45*	46	48*						
40			44*	45	46	47	48	50*						
42			46*	47	49	49	50	52*						
45				50*	51	52	53*	55*						
48				53*	54	55	56*	58*						
50				55*	56	57	58*	60*						
55				60*	61	62	63*	65*					1	4
60				65*	66	67	68	70*	75*					
65				70*	71	72	73	75*	80*					
70				75*	76	77	78	80*	85*					
75				80*	81	82	83	85*	90*					
80				85*	86	87	88	90*	95*					
85				90*	91	92	93	95*	100*					
90					96	97	98	100*	105*	110*				
95					101	102	103	105*	110*	115*				
100					106	107	108	110*	115*	120*				
105					111	112	113	115*	120*	125*				
110						117	118	120*	125*	130*				
120						127	128	130*	135*	140*				
130						137	138	140*	145*	150*			2	5
140							148	150*	155*	160*				
150							158	160*	165*	170*				
160								170*	175	180*	185*			
170								180*	185	190*	195*			
180								190*	195	200*	205	210*		
190								200*	205	210*	215	220*		
200								210*	215	220*	225	230*		

[비고] 1. 내경 다듬질 완료품(부시 F)의 내경 허용차, 동 외경의 내경에 대한 동축도는 생략했다.
2. * 표시가 붙은 외경의 기준 치수는 ISO 4379와 일치한다.
3. 내경의 기준 치수 18mm 이하의 치수는 부시 2종에는 적용하지 않는다.
4. B 치수는 0.3mm 이상 또는 두께 T의 1/4 이상으로 한다.
5. 외경 모떼기는 거래 당사자 간의 협정에 의해 θ_2를 45±5°로 해 내경 모떼기와 동일한 치수로 할 수 있다.
6. 내경 다듬질값붙이 부시(부시 S)의 내경 허용차 및 동축도는 거래 당사자 간의 협정에 의한다.

(다음 페이지에 계속)

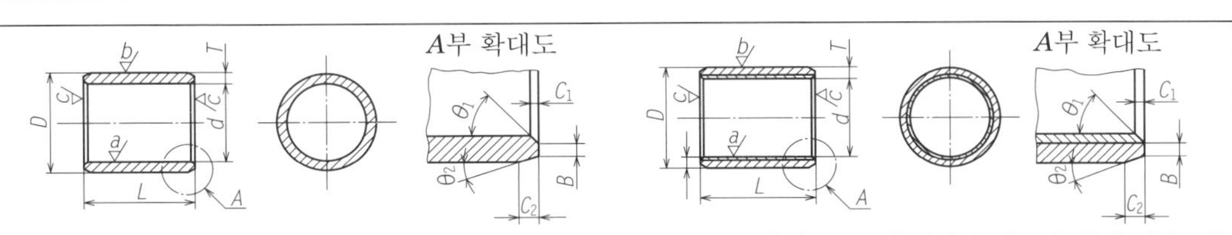

3종(베어링 합금판을 감은 것)　　4종(강판을 뒤판으로 해 베어링 합금을 붙여 감은 것)

3종

외경의 기준 치수 D	호칭두께 T 0.75	1	1.5	2	2.5	3	3.5	4	5
	각 기준 두께에 대한 내경의 치수 d (참고)								
6	4.5	4							
7	5.5	5							
8	6.5	6							
9	7.5	7							
10	8.5	8							
11	9.5	9							
12	10.5	10							
13	11.5	11							
14	12.5	12							
15		13	12						
16		14	13						
17		15	14						
18		16	15						
19		17	16						
20		18	17						
21		19	18						
22		20	19						
23		21	20						
24		22	21						
25		23	22						
26			23	22					
27			24	23					
28			25	24					
30			27	26					
32			29	28					
34			31	30					
36			33	32					
38			35	34					
39			36	35					

외경의 기준 치수 D	외경 모떼기 C_2 $\theta_2=20\pm5°$ 최소	최대	내경 모떼기(참고) C_1 $\theta_1=45\pm5°$
10 ～ 30	0.4	1.0	0.5
26 ～ 80	—	—	0.7
32 ～ 80	0.8	1.6	—
85 ～ 150	1.0	2.5	1.0

4종

외경의 기준 치수 D	호칭두께 T 1.5	2	2.5	3	3.5	4	5
	각 기준 두께에 대한 내경의 치수 d (참고)						
40	37	36					
42	39	38					
44	41	40					
45	42	41	40				
48	45	44	43				
50	47	46	45				
53	50	49	48				
55		51	50	49			
56		52	51	50			
57		53	52	51			
60		56	55	54			
63		59	58	57			
65		61	60	59			
67		63	62	61			
70		66	65	64			
71		67	66	65			
75		71	70	69			
80		76	75	74			
85			80	79	78		
90			85	84	83		
95			90	89	88		
100			95	94	93		
105			100	99	98		
110			105	104	103		
115			110	109	108		
120			115	114	113		
125			120	119	118		
130				124	123	122	120
140				134	133	132	130
150				144	143	142	140

[비고] 1. 호칭두께(mm)의 0.75, 1, 1.5, 2, 2.5, 3, 3.5 및 4는 ISO 3547과 일치한다.
2. 호칭길이 0.75mm의 부시 및 외경의 기준 치수 10mm 미만 부시의 모떼기는 하지 않는데, 유해한 버가 있어서는 안 된다.
3. 위의 표에서는 외경의 공차 및 내경 다듬질 완료품(부시 F) 두께의 공차는 생략했다.
4. 내경 다듬질값붙이 부시(부시 S) 두께의 공차는 거래 당사자 간의 협정에 의한다.

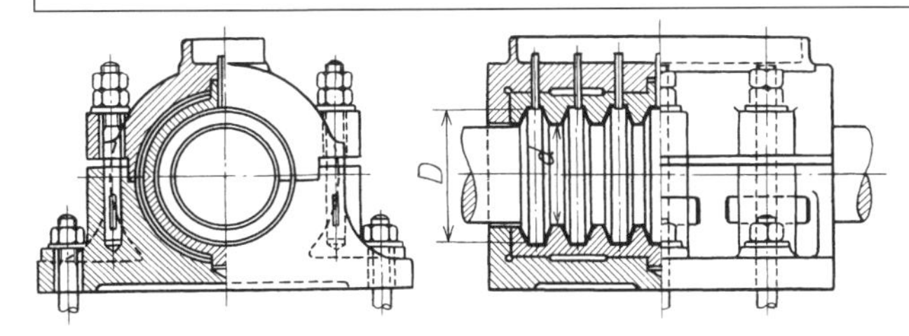

10·6 그림 칼라 베어링

상을 결정하던가, 단면을 가정해 응력을 구하고 그 강도를 보게 한다.

(1) 레이디얼 베어링 10·7 그림에서

베어링압 면적 $A = dl$,

하중 $P = pdl$

로 하면

$$p = P/dl$$

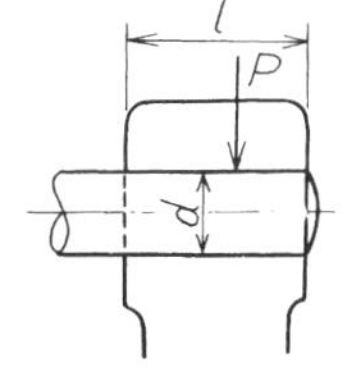

10·7 그림 레이디얼 베어링의 계산

단, d…저널의 축지름(mm), l…베어링면 유효길이(mm), p…허용 베어링압력(N/mm²)

이 경우 베어링 설계의 기초가 되는 것은 허용 베어링압력으로, 10·3 표에 그 설계값을 나타냈다.

10·3 표 베어링 재료와 형상에 따른 허용 베어링압력

접면 재료 저널	베어링	허용 베어링압력 p (N/mm²)
담금질연마강	강	15
강	주철	2.5 ～ 3
강	청동	9
강	화이트메탈	6
담금질연마강	청동	8
담금질연마강	화이트메탈	9
연강	청동	5
연강	화이트메탈	4
주철	주철	1

(2) 스러스트 베어링

(i) 축 끝에서 추력을 받는 수직 베어링의 경우(10·8 그림).

베어링압 면적 $A=\frac{\pi}{4}d^2$

하중 $P=\frac{\pi}{4}d^2p$

으로 하면

허용 베어링압력

$$p=\frac{P}{\frac{\pi}{4}d^2}$$

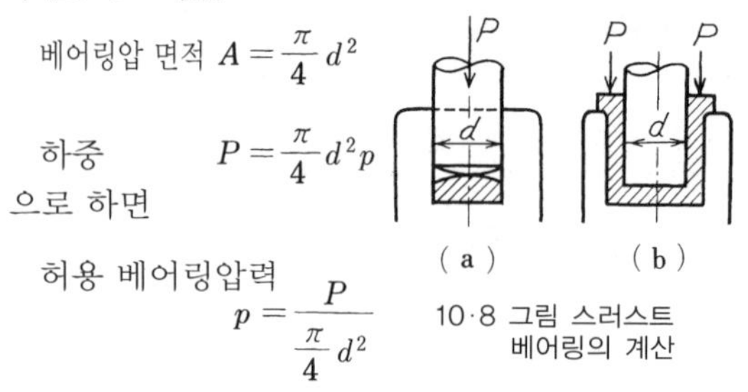

10·8 그림 스러스트 베어링의 계산

보통의 경우

$$p=1.5\sim2.0\ \text{N/mm}^2$$

마찰열을 고려할 때는

$$pv=1.5\sim2.0\ \text{N/mm}^2\cdot\text{m/sec}$$

으로 제한한다.

(ii) 축에 여러 개의 칼라를 만들고, 그 칼라면에 추력을 받는 칼라 베어링의 경우(10·9 그림).

베어링압 면적 $A=\frac{\pi}{4}(d_2^2-d_1^2)$

칼라 수를 n으로 하면

하중 $P=\frac{\pi}{4}(d_2^2-d_1^2)np$

$$p=\frac{P}{\frac{\pi}{4}(d_2^2-d_1^2)n}$$

단, p는 수직 베어링의 경우 거의 절반으로 제한한다.

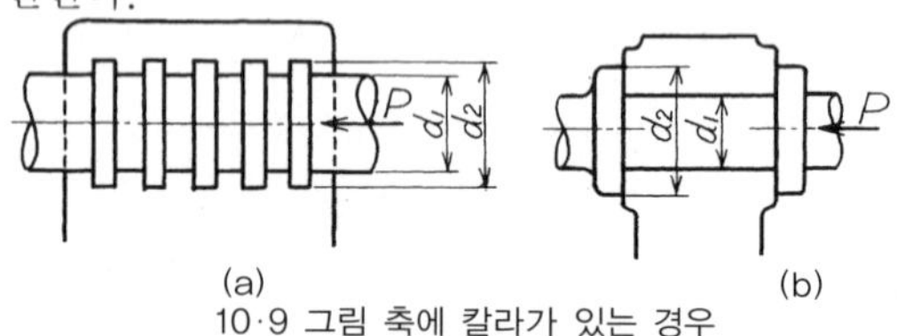

10·9 그림 축에 칼라가 있는 경우

10·4 표 pv의 허용값 (단위 N/mm²·m/sec)

기관차 차축	6.5
내연기관의 화이트메탈 베어링	≧3
선박용 베어링	3~4
화이트메탈을 캐스팅한 크랭크축 베어링	5
전동축 베어링	1~2
왕복기관의 크랭크 핀	5~7

4. 미끄럼 베어링 각부의 강도

베어링의 주요 부분(베어링 덮개, 베어링대 및 체결 볼트)의 강도에 대해서 다음에 설명한다. 베어링 덮개는 10·10 그림과 같이 만곡되어 있는데, 보로서 생각해 계산한다.

하중이 수직 방향으로 작용하는 경우, 그 최대 굽힘 모멘트 M은 중앙의 단면에 생기고

$$M=\frac{P}{2}\left(\frac{a}{2}-\frac{d}{4}\right)=\frac{(b-d_0)h_1^2}{6}\sigma_b$$

단, σ_b를 25N/mm²로 하는데, 만약 저널의 압력이 교대로 변화하지 않을 때에는 σ_b=40N/mm²까지 지장 없다.

또한 베어링대는 10·11 그림과 같이 하중 및 바닥판의 압력을 받는 것으로서, 그 만곡 작용을 생각했을 때의 최대 굽힘 모멘트 M은

$$M=\frac{P}{2}\left(\frac{l-d}{4}\right)=\frac{bh_2^2}{6}\sigma_b$$

이 된다.

또한 바닥판의 두께 h_2는 가장 나쁜 조건일 때는 $\frac{P}{2}$가 볼트 중심에서 $\frac{3}{4}d_2$(d_2=바닥판에 설치하는 볼트의 지름) 만큼 바깥 측으로 작용하는 것으로 한다.

즉 파괴면을 x로 하면

$$\frac{P}{2}x=\frac{bh_2^2}{6}\sigma_b$$

에서 구하면 된다.

다음으로 체결 볼트 d_1은 축지름이 150mm 이하라면, 보통 2개, 그 이상일 때에는 4개로 한다. 이 경우의 체결 볼트의 지름 d_1은

볼트 2개의 경우 $d_1=\sqrt{\frac{2P}{\pi\sigma_t}}$

볼트 4개의 경우 $d_1=\sqrt{\frac{P}{\pi\sigma_t}}$

가 된다. 단 σ_t는 볼트 재료의 허용 인장응력이다.

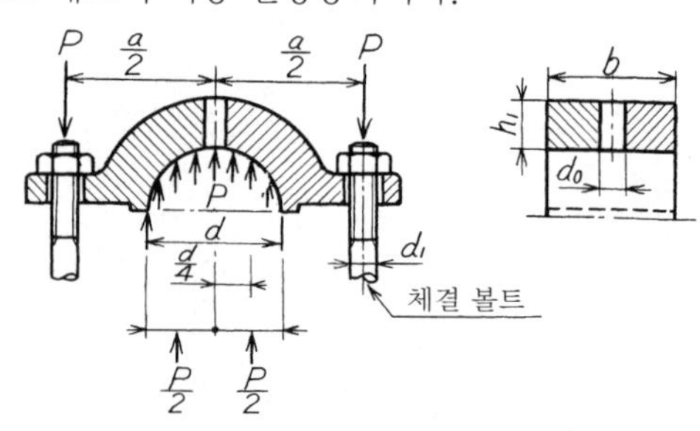

10·10 그림 베어링 덮개의 강도

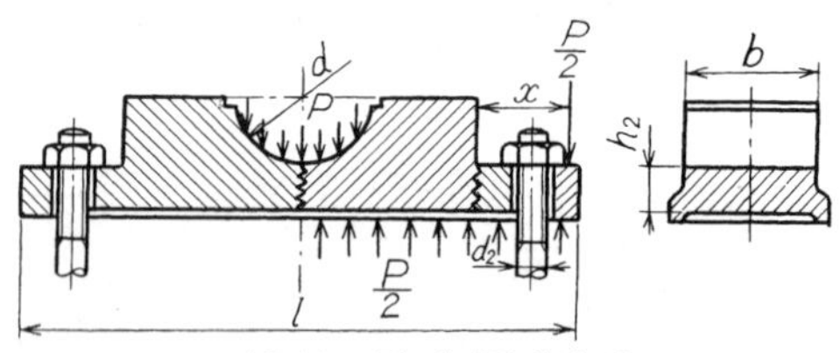

10·11 그림 베어링대의 강도

10·3 구름 베어링

1. 구름 베어링의 종류

구름 베어링에는 이미 말했듯이 볼 베어링 및 롤러 베어링이 있으며, 또한 하중을 받는 방식에 따라 10·13 그림에 나타낸 레이디얼 베어링(축심에 직각의 하중을 받는다)과 스러스트 베어링(축심 방향으로 하중을 받는다)이 있다. 이들 베어링은 면에서 접촉하는 보통의 슬라이딩 베어링(10·2 참조)에 비해 미끄럼 마찰은 거의 없고 대부분이 회전 마찰로, 마찰 일은 미끄럼 베어링의 15% 이하에 지나지 않기 때문에 기계의 효율을 크게 향상시킬 수 있으므로 기계 회전 부분의 대부분의 곳에 사용되고 있다.

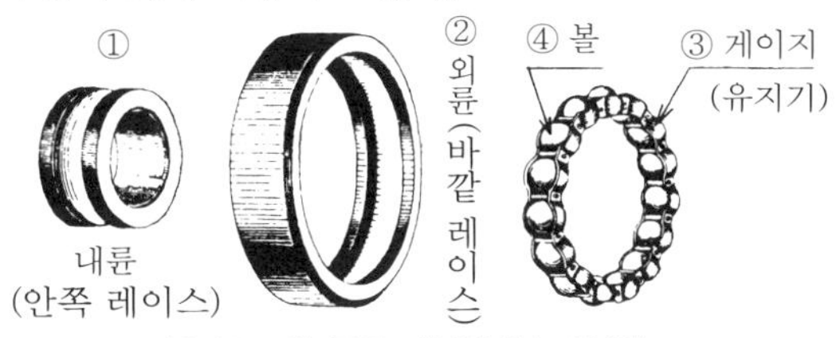

10·12 그림 구름 베어링 (볼 베어링)

이들 구름 베어링은 모두 그림에 나타냈듯이 궤도륜(내륜 및 외륜), 전동체(볼 또는 롤러) 및 유지기에 의해 구성되어 있다. 전동체에는 볼, 원통 롤러 외에 원뿔 롤러, 통 모양 롤러 및 니들 모양 롤러 등이 사용된다.

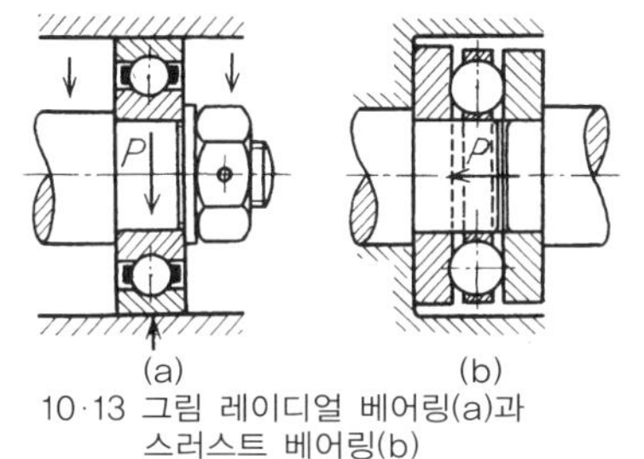

10·13 그림 레이디얼 베어링(a)과 스러스트 베어링(b)

또한 레이디얼 베어링은 형식에 따라 다소의 차이는 있지만, 어느 정도의 스러스트 하중을 감당할 수 있는 것에 반해, 스러스트 베어링 쪽은 특수한 것을 제외하고 거의 레이디얼 하중은 감당할 수 없다.

이 외에 전동체의 열 수에 따라 단열, 복열, 4열 등이 있으며, 내륜, 외륜의 어느 한쪽을 분리할 수 있는가의 여부에 따라 분리형, 비분리형이 있다. 또한 스러스트 베어링은 한방향 스러스트 하중을 받는 단식, 양방향의 스러스트 하중을 받는 복식이 있다.

10·14 그림은 주된 구름 베어링의 종류를 들은 것이다. 다음에 이들 구름 베어링에 대해 설명한다.

(1) 깊은 홈 볼 베어링 구름 베어링 중 가장 대표적인 것으로, 궤도는 내륜, 외륜 모두 원호 모양의 깊은 홈으로 되어 있으므로 이 이름이 붙었으며 레이디얼 하중, 양방향 스러스트 하중 혹은 그 합성 하중을 부하할 수 있다. 구조가 간단하기 때문에 정도가 높으며, 고속 회전용으로서 가장 적합하다.

또한 이 베어링에는 보통 형상인 것(개방형) 외에 윤활제가 새거나 외부에서 이물이 침입하는 것을 방지하기 위해 고무 실을 외륜에 설치한 것(실형) 및 강판제 실드판을 장착한 것(실드형)이 있으며, 모두 한쪽 측에 설치한 것 및 양쪽 측에 설치한 것이 있다.

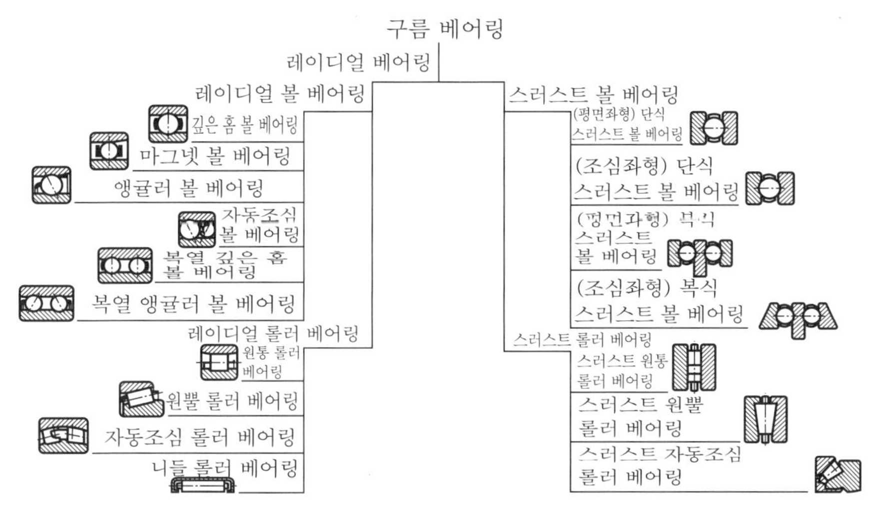

10·14 그림 주된 구름 베어링 종류 일람

(2) **앵귤러 볼 베어링** 이것은 볼과 내·외륜의 접촉점을 연결하는 직선이 레이디얼 방향에 대해 일정한 각도를 가지고 있기 때문에 이 이름이 붙었으며, 그 각도를 접촉각이라고 한다. 구조 상 레이디얼 하중 외에 한방향 스러스트 하중을 받는 경우에 적합하며, 접촉각이 클수록 스러스트 부하 능력은 증가한다. 또한 깊은 홈형보다 볼 수를 많게 할 수 있으므로 부하 능력도 비교적 크다. 접촉각은 30°의 것이 표준으로, 이 외에 20°, 40° 혹은 그 이상의 것도 만들어져 있다.

(3) **자동조심 볼 베어링** 이 베어링은 외륜 궤도면이 구면을 이루고, 그 중심이 베어링 중심과 일치하고 있기 때문에 자동조심성이 있어 축과 베어링 상자의 공작이나 설치 시에 생기는 축심의 오차를 조절할 수 있고, 무리한 힘이 생기지 않는다. 그러나 스러스트 부하 능력은 그다지 높지 않다.

(4) **원통 롤러 베어링** 전동체에 원통 모양의 롤러를 이용한 베어링으로, 볼 베어링의 점 접촉에 대해 이 베어링에서는 선 접촉을 하기 때문에 레이디얼 부하 능력은 훨씬 커서 중하중, 고속 회전에 적합하다. 이 베어링에는 롤러는 내륜 혹은 외륜(또는 그 양쪽)에 설정된 칼라에 의해 안내되는데, 칼라가 내륜 또는 외륜에만 있는 형상의 것은 스러스트 하중을 전혀 받지 않으므로 자유측 베어링으로서 적합하다.

(5) **바늘 모양 롤러 베어링** 이것은 롤러 지름 5mm 이하의 바늘 모양 롤러를 여러 개 넣은 것으로, 일반적으로 유지기는 없고 내·외륜이 있는 것과 내륜이 없고 축에 직접 붙이는 것이 있다.

바늘 모양 롤러 베어링은 다른 베어링보다 폭이 넓고 내경에 비해 외경이 작으며, 부하 능력도 크기 때문에 기계의 소형화, 경량화를 도모할 수 있으므로 최근 매우 많이 사용되고 있다.

(6) **원뿔 롤러 베어링** 전동체로서 원뿔 모양의 롤러를 이용하고 있다. 내륜, 외륜 및 롤러의 원뿔 정점이 1점에 모이고, 롤러는 내륜의 칼라에 의해 안내된다. 따라서 레이디얼 부하와 한방향 스러스트 하중의 합성 하중에 대해 큰 부하 능력을 갖는다. 그러나 순 레이디얼 하중이 작용하는 경우에는 축방향의 분력이 생기므로 보통 2개 상대해 이용된다.

(7) **자동조심 롤러 베어링** 이것은 자동조심 볼 베어링과 마찬가지로 외륜의 궤도면이 베어링의 중심과 일치한 점을 중심으로 한 구면으로 되어 있고, 전동체는 통 모양의 롤러를 이용한 것으로 보통 복열로 되어 있다. 성질은 자동조심 볼 베어링과 동일한데, 레이디얼 부하 능력이 크고 또한 양방향의 스러스트 하중에도 견딜 수 있으므로 중하중 및 충격을 받는 경우 등에 적합하다.

(8) **스러스트 볼 베어링** 이 베어링은 궤도륜은 와셔 모양으로, 축에 설치되는 것을 내륜, 하우징에 설치되는 것을 외륜이라고 한다. 이것에는 단식과 복식이 있으며, 단식은 외륜과 내륜 사이에 볼을 넣어 사용하고 한방향 스러스트 하중을 받을 때에만 이용되어 고속 회전에는 적합하지 않다. 복식의 것은 축에 설치하는 중앙륜과 2개의 외륜 사이에 각각 볼이 있고, 양방향의 스러스트 하중을 받을 수 있다. 단식·복식 모두 외륜의 좌는 평면의 것(평면좌형)과 구면의 것(조심좌형)이 있으며, 구면의 것은 조심 와셔를 붙여 사용하던가 혹은 하우징을 구면으로 해 자동조심성을 부여하고 있다.

(9) **스러스트 자동조심 롤러 베어링** 이 베어링은 단열로, 접촉각이 매우 크게 만들어져 있다. 스러스트 부하 능력이 크고, 또한 어느 정도의 레이디얼 하중과의 합성 하중도 받을 수 있다.

이 베어링은 그리스 윤활은 할 수 없고, 오로지 오일 윤활로 하므로 주의해야 한다.

2. 구름 베어링의 주요 치수

보통 구름 베어링은 전문 메이커의 제품을 그대로 사용하므로 사용 시에 직접 필요한 치수는 호칭 베어링 내경·호칭 베어링 외경·호칭 베어링 폭 또는 호칭 높이 및 모떼기 치수로, 이들 이외의 상세한 것은 일반적인 경우 필요하지 않다. 따라서 JIS에서는 JIS B 1512-1~6에 구름 베어링의 주요 치수로서 이들을 규정하고 있다.

JIS에 의한 구름 베어링의 치수는 호칭 베어링 내경을 기준으로 해, 이것에 대해 여러 가지 외경 및 폭(또는 높이)를 조합해 다음과 같은 각 계열을 이용해 나타내는 것으로 하고 있다.

(1) **직경 계열** 동일한 내경의 구름 베어링은 외경이 클수록 중하중을 견딘다. 직경 계열이란 호칭 베어링 내경에 대한 호칭 베어링 외경의 크기 계열을 나타내는 것으로, 규격에서는 동일한 베어링 내경에 대해 단계적으로 여러 종류의 베어링 외경을 정하고 있다. 이것에는 7, 8, 9, 0, 1, 2, 3 및 4의 8종류가 있으며, 이 순서로 외경이 커진다.

(2) **폭 계열 또는 높이 계열** 동일한 내경, 동일한 외경의 베어링은 폭(레이디얼 베어링의 경우) 또는 높이(스러스트 베어링의 경우)가 클수록 중하중을 견딜 수 있다. 폭 계열·높이 계열은 동일한 호칭 베어링 내경·호칭 베어링 외경에 대해 호칭

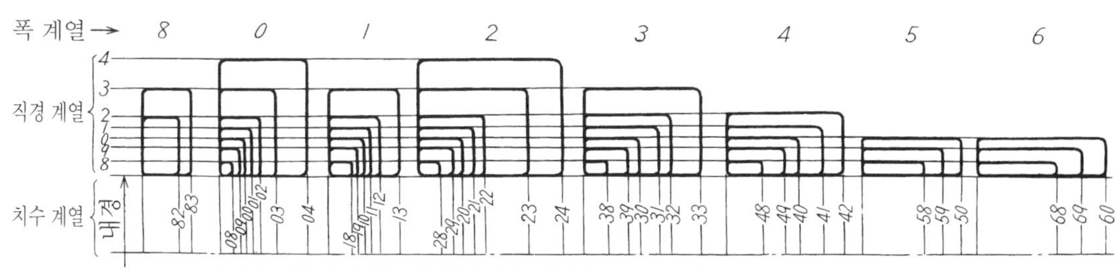

10·15 그림 레이디얼 베어링의 치수 계열의 도시 표시 (JIS B 1512 : 1986 해설도)

베어링 폭 또는 호칭 베어링 높이의 계열을 나타내는 것으로, 단계적으로 여러 종류의 폭 또는 높이를 정하고 있다. 이것에는 8, 0, 1, 2, 3, 4, 5, 6의 8종류가 있으며, 이 순서로 폭 또는 높이가 커진다.

(3) 치수 계열 앞에서 말한 호칭 베어링 폭(또는 호칭 높이) 기호와 직경 기호를 조합한 것을 치수 계열이라고 하며, 동일한 호칭 베어링 내경에 대한 폭 또는 높이와 호칭 베어링 지름과의 계열을 나타내고, 이들 계열을 나타내는 숫자를 이 순서로 조합해 2자리의 숫자로 나타내는 것으로 하고 있다. 10·15 그림에 이들 조합을 나타냈다. 그림으로부터 알 수 있듯이, 예를 들면 폭 계열이 8이고 직경 계열이 2인 경우, 치수 계열은 82로 나타낸다. 원뿔 롤러 베어링의 경우 치수 계열은 이들 계열과 각도 계열과의 조합으로 나타낸다. 각도 계열은 호칭 접촉각의 범위를 나타내는 것으로, 1자의 아라비아 숫자로 나타낸다.

(4) 베어링의 주요 치수 JIS에서는 앞에서 말한 직경 계열마다 치수 계열을 나누어, 호칭 베어링 내경에 대해 10·16 그림에 나타낸 호칭 베어링 외경, 호칭 베어링 폭 또는 호칭 높이 및 모떼기

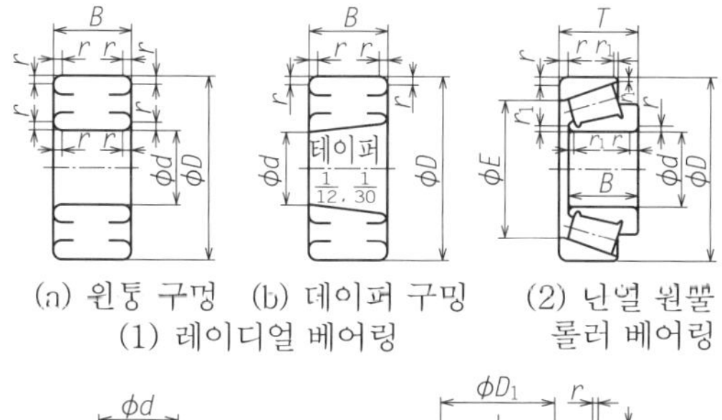

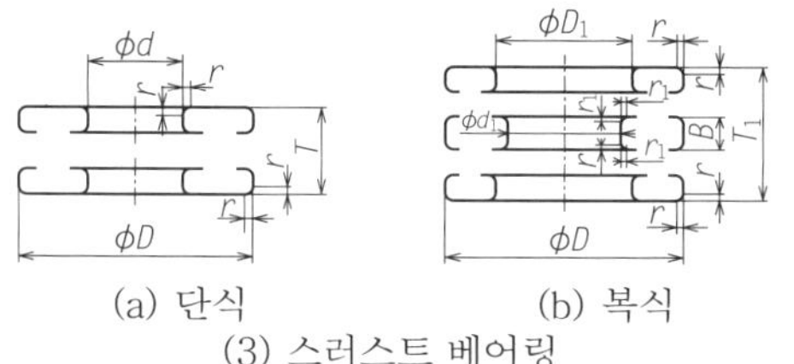

10·16 그림 구름 베어링의 주요 치수

치수를 정하고 있다(10·14 표~10·24 표를 참조).

3. 구름 베어링의 호칭번호

앞에서 말했듯이 구름 베어링은 매우 종류가 많으므로 JIS에서는 그 호칭번호를 다음과 같이 정하고 있다.

호칭번호는 기본 번호와 보조 번호로 이루어지고, 원칙적으로 10·5 표와 같이 배열한다.

10·5 표 호칭번호의 배열 (JIS B 1513)

기본 번호			보조 기호					
베어링 계열 기호	내경 번호	접촉각 기호	보조 기호	실 또는 실드	궤도륜 형상	베어링의 조합	내부 틈새	정도 등급

[비고] 1. 베어링 계열 기호는 형식 기호 및 치수 계열 기호(폭 또는 높이 계열 기호 및 직경 계열 기호)로 이루어진다.
2. 보조 기호는 거래 당사자 간의 협정에 의해, 기본 번호의 앞뒤에 붙일 수 있다.

이들 번호 및 기호의 내용을 다음에 나타냈다.

(1) 베어링 계열 기호 베어링의 각 형식에 따라 형식 기호가 정해져 있으며, 이것과 치수 계열을 조합시킨 것을 베어링 계열 기호라고 한다. 10·6 표에는 일반적으로 사용되는 베어링 계열 기호를 나타냈다. 베어링 계열 기호 213은 본래 203이 되어야 하는데, 관용적으로 213으로 한다(10 · 7 표 참조).

(2) 내경 번호 이것은 호칭 베어링 내경을 나타내는 것으로, 10·8 표 및 10·9 표에 나타냈듯이

① 호칭 베어링 내경 20mm 이상 500mm 미만까지는 그 수치를 5로 나눈 값(2자리)으로 나타낸다.

② 이것보다 작은 것은 17mm, 15mm, 12mm, 10mm는 각각 03, 02, 01, 00으로 나타낸다.

③ 또한 소경의 것(9mm 이하)은 호칭 베어링 내경 치수 값을 그대로 내경 번호로 한다.

④ 0.6mm, 1.5mm, 2.5mm, 22mm, 28mm, 32mm의 것 및 500mm 이상의 것은 그 호칭 베어링 내경 치수를 나타내는 숫자 앞에 사선을 붙여 /0.6, /22, /32, /560 등과 같이 나타낸다.

10·6 표 일반적으로 이용되는 구름 베어링의 종류와 계열 기호 (JIS B 1513) KS B 2012

베어링 형식	단면 약도	형식 기호	치수 계열	베어링 계열 기호
깊은 홈 볼 베어링 / 단열 인서트 홈 없는 비분리형	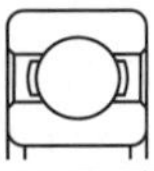	6	17 18 19 10	67 68 69 60
앵귤러 볼 베어링 / 단열 비분리형		7	19 10 02	79 70 72
자동 조심 볼 베어링 / 복열 비분리형 외륜 궤도구면	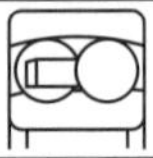	1	02 03 22	12 13 22
원통 롤러 베어링 (단열) / 외륜 양 칼라붙이 / 내륜 칼라 없음	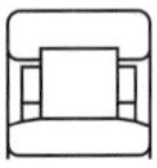	NU	10 02 22 03	NU 10 NU 2 NU 22 NU 3
원통 롤러 베어링 (단열) / 외륜 양 칼라붙이 / 내륜 편 칼라붙이(1)	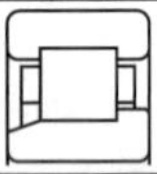	NJ	02 22 03	NJ 2 NJ 22 NJ 3
원통 롤러 베어링 (단열) / 외륜 양 칼라붙이 / 내륜 편 칼라붙이(1)	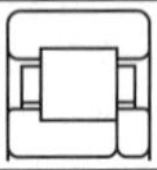	NUP	02 22 03	NUP 2 NUP 22 NUP 3
원통 롤러 베어링 (단열) / 외륜 양 칼라붙이 / 내륜 편 칼라붙이(1)	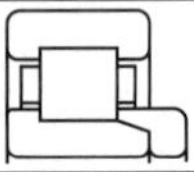	NH	02 22 03	NH 2 NH 22 NH 3
원통 롤러 베어링 (단열) / 외륜 칼라 없음 / 내륜 양 칼라붙이	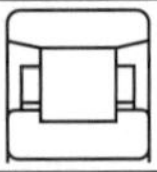	N	10 02 22	N 10 N 2 N 22
원통 롤러 베어링 (단열) / 외륜 편 칼라붙이 / 내륜 양 칼라붙이	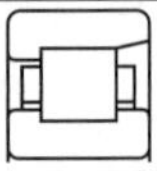	NF	10 02 22	NF 10 NF 2 NF 22
원통 롤러 베어링 (복열) / 외륜 양 칼라붙이 / 내륜 칼라 없음	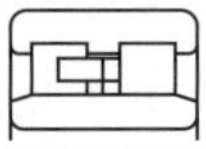	NNU	49	NNU 49
원통 롤러 베어링 (복열) / 외륜 칼라 없음 / 내륜 양 칼라붙이	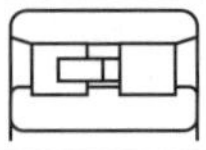	NN	30	NN 30
바늘 모양 롤러 베어링 / 외륜 양 칼라붙이 / 단열 내륜붙이	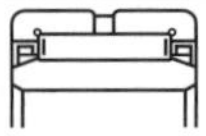	NA	48 49 59	NA 48 NA 49 NA 59
바늘 모양 롤러 베어링 / 외륜 양 칼라붙이 / 단열 내륜 없음	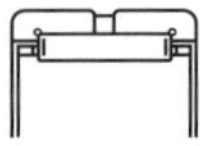	RNA	—	RNA 48(2) RNA 49(2) RNA 59(2)
원뿔 롤러 베어링 / 단열 분리형		3	29 20 30 31	329 320 330 331
자동조심 롤러 베어링 / 복열 비분리형 외륜 궤도구면	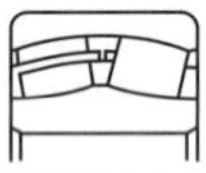	2	39 30 40 41	239 230 240 241
스러스트 볼 베어링 / 단식 평면좌형 분리형	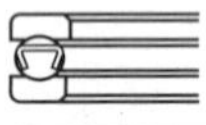	5	11 12 13	511 512 513
스러스트 볼 베어링 / 복식 평면좌형 분리형	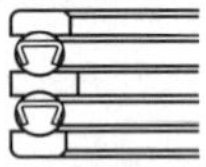	5	22 23 24	522 523 524
자동조심 스러스트 롤러 베어링 / 단식 평면좌형 분리형 하우징 궤도반 궤도 구면	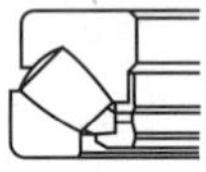	2	92 93 94	292 293 294

[주] 위 표의 계열 기호는 일부 생략(상세한 것은 10·7 표 참조). (1)NUP는 내륜 칼라링붙이, NH는 L형 칼라링붙이.
(2)베어링 계열 NA 48 등의 베어링에서 내륜을 제외한 서브 유닛의 계열 기호.

10·7 표 일반적으로 이용되는 구름 베어링 계열 기호 일람

베어링 형식	형식 기호 \ 치수 계열	17	18	19	29	49	59	69	10	30	40	11	41	92	12	32	93	13	23	94	14
			48		39				20			31		02	22		03			04	24
깊은 홈 볼 베어링	6	67	68	69					60					62			63			64	
앵귤러 볼 베어링	7			79					70					72			73			74	
자동조심 볼 베어링	1													12	22		13		23		
원통 롤러 베어링	NU								NU10					NU2	NU22		NU3		NU23	NU4	
	NJ													NJ2	NJ22		NJ3		NJ23	NJ4	
	NUP													NUP 2	NUP 22		NUP 3		NUP 23	NUP 4	
	NH													NH2	NH22		NH3		NH23	NH4	
	N								N10					N2	N22		N3		N23	N4	
	NF								NF10					NF2	NF22		NF3		NF23	NF4	
	NNU					NNU 49															
	NN									NN30											
니들 롤러 베어링	NA		NA48			NA49	NA59	NA69													
	RNA		RNA 48			RNA 49	RNA 59	RNA 69	(RNA : 10·6표의 [주] 참조)												
원뿔 롤러 베어링	3				329				320	330		331		302	322 322C	332	303 303D	313	323 323C		
자동조심 롤러 베어링	2				239					230	240	231	241		222	232	213		223		
스러스트 볼 베어링	5											511			512 522			513	523		514 524
스러스트 자동조심 롤러 베어링	2													292			293			294	

10·8 표 내경 번호 (JIS B 1513)

호칭 베어링 내경 (mm)	내경 번호	호칭 베어링 내경 (mm)	내경 번호	호칭 베어링 내경 (mm)	내경 번호	호칭 베어링 내경 (mm)	내경 번호	호칭 베어링 내경 (mm)	내경 번호	호칭 베어링 내경 (mm)	내경 번호
0.6	/0.6*	17	03	75	15	190	38	480	96	1120	/1120
1	1	20	04	80	16	200	40	500	/500	1180	/1180
1.5	/1.5*	22	/22	85	17	220	44	530	/530	1250	/1250
2	2	25	05	90	18	240	48	560	/560	1320	/1320
2.5	/2.5*	28	/28	95	19	260	52	600	/600	1400	/1400
3	3	30	06	100	20	280	56	630	/630	1500	/1500
4	4	32	/32	105	21	300	60	670	/670	1600	/1600
5	5	35	07	110	22	320	64	710	/710	1700	/1700
6	6	40	08	120	24	340	68	750	/750	1800	/1800
7	7	45	09	130	26	360	72	800	/800	1900	/1900
8	8	50	10	140	28	380	76	850	/850	2000	/2000
9	9	55	11	150	30	400	80	900	/900	2120	/2120
10	00	60	12	160	32	420	84	950	/950	2240	/2240
12	01	65	13	170	34	440	88	1000	/1000	2360	/2360
15	02	70	14	180	36	460	92	1060	/1060	2500	/2500

[주] 복식 평면좌형 스러스트 볼 베어링의 내경 번호는 동일한 직경 계열에서 동일한 호칭 외경을 갖는 단식인 것의 내경 번호와 동일하게 한다. * 다른 기호를 이용할 수 있다.

10·9 표 내경 번호의 표시법

베어링 내경 d (mm)	내경 번호의 표시법	예
0.6	/0.6	68/1.5 (1.5: 내경 d=1.5mm, 68: 베어링 계열 기호)
1.5	/1.5	
2.5	/2.5	
1 ~ 9 (1자리의 정수)	mm 단위의 내경 치수를 1자리의 숫자로 나타낸다.	69 5 (5: 내경 d=5mm, 69: 베어링 계열 기호)
10	00	62 01 (01: 내경 d=12mm, 62: 베어링 계열 기호)
12	01	
15	02	
17	03	
22	/22	63/28 (28: 내경 d=28mm, 63: 베어링 계열 기호)
28	/28	
32	/32	
20 ~ 480 (5의 배수)	mm 단위 내경 치수의 1/5의 숫자로 나타낸다.	232 24 (24: 내경 d=120mm, 232: 베어링 계열 기호)
500 이상	/의 뒤에 mm 단위의 내경 치수를 숫자로 나타낸다.	231/710 (710: 내경 d=710mm, 231: 베어링 계열 기호)

(3) 접촉각 단열 앵귤러 볼 베어링은 10·10 표에 나타냈듯이 호칭 접촉각이 22°를 넘고 32° 이하인 경우는 A, 이것보다 작은 것은 C, 큰 것은 B로 나타낸다. 또한 원뿔 롤러 베어링의 경우 호칭 접촉각의 크기에 따라 C, D로 나타낸다.

더구나 A의 기호는 생략해도 된다.

이 접촉각은 메이커에 따라 그 값 및 기호가 다르므로 주의하기 바란다.

(4) 보조 기호 이것에는 10·11 표에 나타낸 기호가 정해져 있다.

(5) 호칭번호의 예 호칭번호의 예를 나타내면, 다음의 10·12 표와 같다.

10·10 표 접촉각 기호 (JIS B 1513)

베어링 형식	호칭 접촉각	접촉각 기호
단열 앵귤러 볼 베어링	10°를 넘고 22° 이하	C
	22°를 넘고 32° 이하	A (1)
	32°를 넘고 45° 이하	B
원뿔 롤러 베어링	17°을 넘고 24° 이하	C
	24°를 넘고 32° 이하	D

[주] (1) A는 생략할 수 있다.

10·11 표 보조 기호 (JIS B 1513)

사양	내용		기호
내부 치수	주요 치수 및 서브 유닛의 치수가 ISO 355에 일치하는 것		J3 (1)
실/실드	양 실붙이		UU (1)
	편 실붙이		U (1)
	양 실드붙이		ZZ (1)
	편 실드붙이		Z (1)
궤도륜 형상	내륜 원통 구멍		없음
	플랜지붙이		F (1)
	내륜 테이퍼 구멍 (기준 테이퍼비)	1/12	K
		1/30	K30
	링 홈붙이		N
	스냅링붙이		NR

사양	구분	기호
베어링의 조합	뒷면 조합	DB
	정면 조합	DF
	병렬 조합	DT
레이디얼 내부 틈새	C2틈새	C2
	CN	CN (2)
	C3틈새	C3
	C4틈새	C4
	C5틈새	C5
정도 등급	0급	
	6X급	P6X
	6급	P6
	5급	P5
	4급	P4
	2급	P2

(1) 다른 기호도 가능.
(2) 생략 가능.

10·12 표 구름 베어링의 호칭번호 예 (참고 ; JIS B 1513)

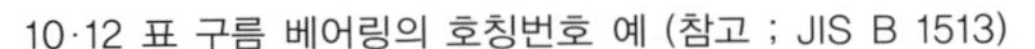

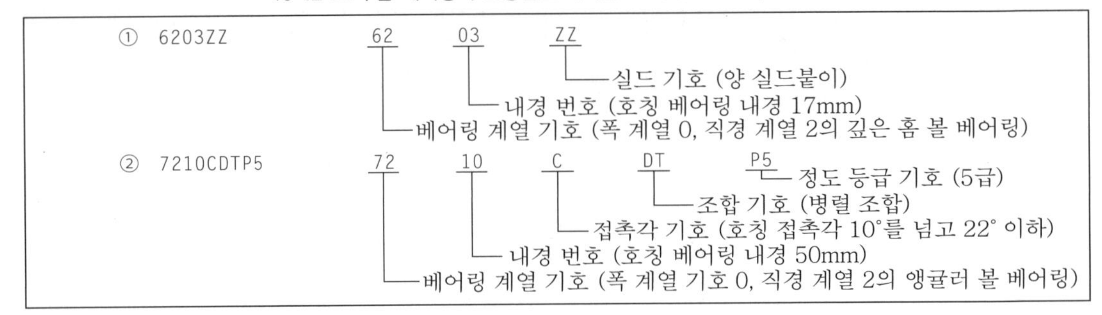

4. 구름 베어링의 정도

베어링의 정도에는 베어링 내경·외경, 축, 폭부동 등의 치수 정도 및 레이디얼 진동, 앵귤러 진동, 수평 진동, 외주면 전도 등의 회전 정도에 의해 각각의 등급에 따라 허용차 혹은 허용값이 정해져 있다. JIS에서는 이러한 정도에 따라 등급 0급, 6급, 5급, 4급 및 2급의 5등급으로 나누고 있으며, 이 순서로 정도가 높아진다.

일반 용도로서는 0급으로 대부분 충분한 정도를 얻을 수 있다. 5급, 4급, 2급의 것은 공작기계의 주축, 계기 기타 정밀기기류 혹은 고속 회전의 경우에 이용된다. 6급의 것은 이들의 중간적인 사용 조건의 경우에 이용된다.

10·13 표 베어링 형식과 정도 등급 (JIS)

베어링 형식	정도 등급 (거칠다→정밀하다)				
깊은 홈 볼 베어링	0급	6급	5급	4급	2급
앵귤러 볼 베어링	0급	6급	5급	4급	2급
자동조심 볼 베어링	0급	—	—	—	—
원통 롤러 베어링	0급	6급	5급	4급	2급
원뿔 롤러 베어링	0급	6X급*	5급	4급	—
자동조심 롤러 베어링	0급	—	—	—	—
평면좌형 스러스트 볼 베어링	0급	6급	5급	4급	—
스러스트 자동조심 롤러 베어링	0급	—	—	—	—
니들 롤러 베어링	0급	—	—	—	—

[주] *기존의 6급은 부록 (참고)를 참조.

5. 구름 베어링의 호칭번호와 치수

앞에서 서술했듯이 JIS에서는 구름 베어링의 호칭번호에 대해 상세하게 정하고 있는데, 10·14 표~10·24 표에 베어링의 종류 및 호칭번호 및 주요 부분의 치수를 나타냈다.

이들 치수는 JIS B 1512-1~6에 규정된 치수 중 치수 계열이 각 표에 들어져 있는 것으로, 일반적으로 이용하는 베어링의 치수 범위에서 정해져 있다.

이들 표의 사용에는 다음의 것에 주의한다 [참고로 나타낸 기본 정격하중은 메이커의 카탈로그(NTN사)에 의한다].

(1) 깊은 홈 볼 베어링 단열로 깊은 홈 볼 베어링에 대해 JIS에 규정되어 있다. 이 책에서는 표중 호칭번호는 기본형(개방형)만 나타냈는데, '기타'의 란에는 밀폐 형식을 나타내고 ○는 실드, ◎는 실 및 실드 등을 베어링에 설치할 수 있는 것을 나타냈다. 이들을 나타낼 때에는 기본형의 호칭번호 뒤에 10·11 표에 나타낸 보조 번호 U, Z를 이용해 양 실 UU, 편 실 U, 양 실드 ZZ, 편 실드 Z 등의 기호를 부기해 나타내면 된다(10·12 표 ① 참조).

이들 기호는 메이커에 따라 다른 것을 사용하고 있을 때가 있으므로 주의한다. 또한 그 값의 베어링에 대해서도 공통되는데, JIS에 정해져 있어도 제조되지 않는 치수의 것은 생략되어 있다.

(2) 앵귤러 볼 베어링 호칭 접촉각에 대해서는 10·15 표에 나타냈다. 이것도 메이커에 따라 각도 및 기호가 상이한 경우가 있으므로 주의하기 바란다. 이 표에 들은 것은 NSK사의 카탈로그에서 A=30°, B=40°, C=50°의 경우를 나타내고 있다.

(3) 원통 롤러 베어링 칼라의 장소 및 유무에 따라 NU, NJ, N, NF 등의 형식(단열)이 있으며, 또한 N 및 NU에는 원통 구멍 외에 테이퍼 구멍의 것(복열)도 규정되어 있다. 모두 호칭번호 앞에 이들 기호를 붙이고, 또한 테이퍼 구멍의 경우는 뒤에 K의 기호를 붙여 나타낸다.

(4) 원뿔 롤러 베어링 베어링 계열 303에는 일반적인 것보다 호칭 접촉각이 큰 것도 규정되어 있으며, 이것을 나타내기 위해서는 호칭번호 뒤에 D의 기호를 부기해 나타낸다.

KS B 2023
(단위 mm)

10·14 표 깊은 홈 볼 베어링의 호칭번호 및 치수 (JIS B 1521)

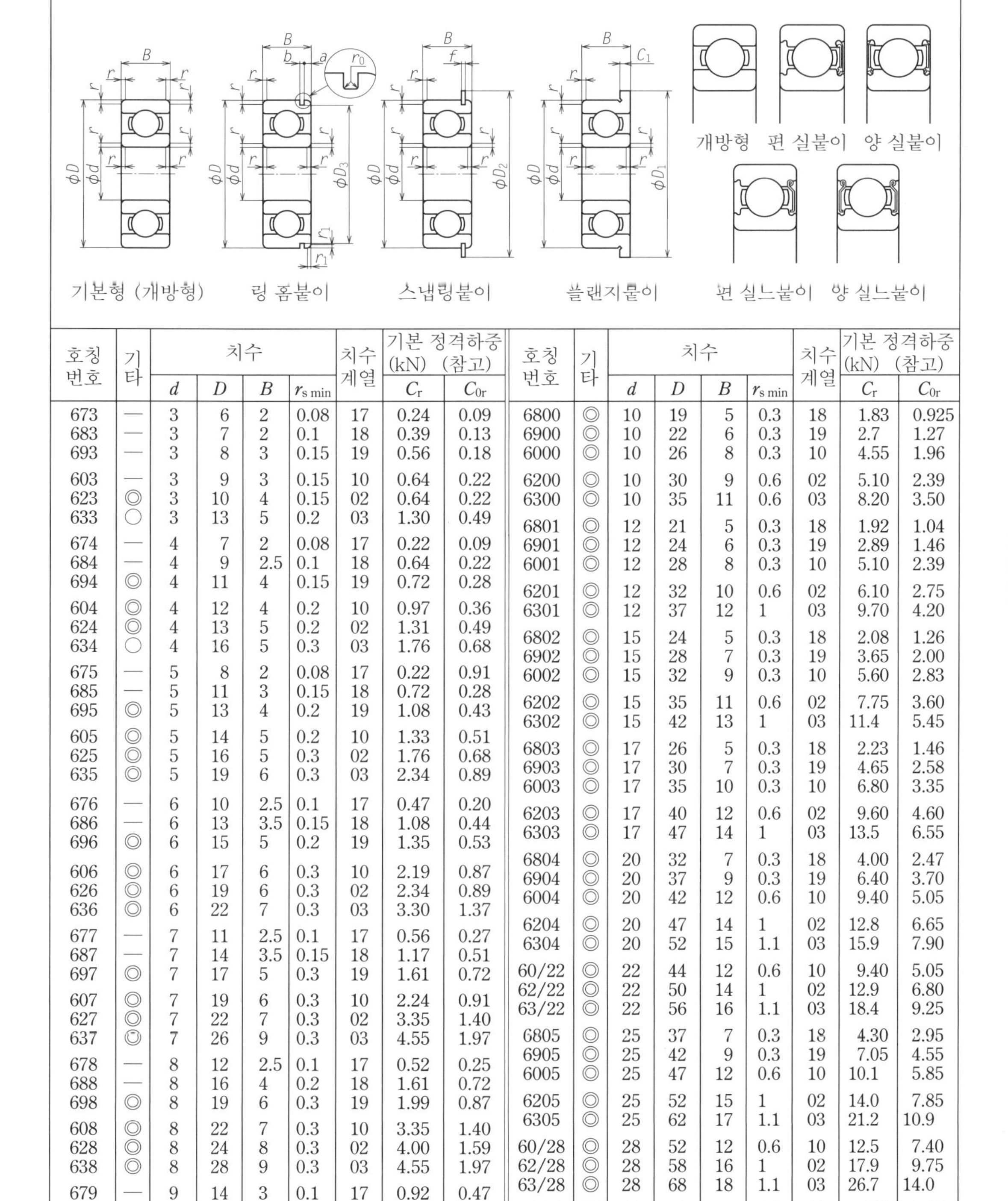

호칭번호	기타	치수 d	D	B	$r_{s\,min}$	치수계열	기본 정격하중 (kN) (참고) C_r	C_{0r}
673	—	3	6	2	0.08	17	0.24	0.09
683	—	3	7	2	0.1	18	0.39	0.13
693	—	3	8	3	0.15	19	0.56	0.18
603	—	3	9	3	0.15	10	0.64	0.22
623	◎	3	10	4	0.15	02	0.64	0.22
633	○	3	13	5	0.2	03	1.30	0.49
674	—	4	7	2	0.08	17	0.22	0.09
684	—	4	9	2.5	0.1	18	0.64	0.22
694	◎	4	11	4	0.15	19	0.72	0.28
604	◎	4	12	4	0.2	10	0.97	0.36
624	◎	4	13	5	0.2	02	1.31	0.49
634	○	4	16	5	0.3	03	1.76	0.68
675	—	5	8	2	0.08	17	0.22	0.91
685	—	5	11	3	0.15	18	0.72	0.28
695	◎	5	13	4	0.2	19	1.08	0.43
605	◎	5	14	5	0.2	10	1.33	0.51
625	◎	5	16	5	0.3	02	1.76	0.68
635	◎	5	19	6	0.3	03	2.34	0.89
676	—	6	10	2.5	0.1	17	0.47	0.20
686	—	6	13	3.5	0.15	18	1.08	0.44
696	◎	6	15	5	0.2	19	1.35	0.53
606	◎	6	17	6	0.3	10	2.19	0.87
626	◎	6	19	6	0.3	02	2.34	0.89
636	◎	6	22	7	0.3	03	3.30	1.37
677	—	7	11	2.5	0.1	17	0.56	0.27
687	—	7	14	3.5	0.15	18	1.17	0.51
697	◎	7	17	5	0.3	19	1.61	0.72
607	◎	7	19	6	0.3	10	2.24	0.91
627	◎	7	22	7	0.3	02	3.35	1.40
637	◎	7	26	9	0.3	03	4.55	1.97
678	—	8	12	2.5	0.1	17	0.52	0.25
688	—	8	16	4	0.2	18	1.61	0.72
698	◎	8	19	6	0.3	19	1.99	0.87
608	◎	8	22	7	0.3	10	3.35	1.40
628	◎	8	24	8	0.3	02	4.00	1.59
638	◎	8	28	9	0.3	03	4.55	1.97
679	—	9	14	3	0.1	17	0.92	0.47
689	—	9	17	4	0.2	18	1.72	0.82
699	◎	9	20	6	0.3	19	2.48	1.09
609	◎	9	24	7	0.3	10	3.40	1.45
629	◎	9	26	8	0.3	02	4.55	1.96
639	○	9	30	10	0.6	03	5.10	2.39

호칭번호	기타	치수 d	D	B	$r_{s\,min}$	치수계열	기본 정격하중 (kN) (참고) C_r	C_{0r}
6800	◎	10	19	5	0.3	18	1.83	0.925
6900	◎	10	22	6	0.3	19	2.7	1.27
6000	◎	10	26	8	0.3	10	4.55	1.96
6200	◎	10	30	9	0.6	02	5.10	2.39
6300	◎	10	35	11	0.6	03	8.20	3.50
6801	◎	12	21	5	0.3	18	1.92	1.04
6901	◎	12	24	6	0.3	19	2.89	1.46
6001	◎	12	28	8	0.3	10	5.10	2.39
6201	◎	12	32	10	0.6	02	6.10	2.75
6301	◎	12	37	12	1	03	9.70	4.20
6802	◎	15	24	5	0.3	18	2.08	1.26
6902	◎	15	28	7	0.3	19	3.65	2.00
6002	◎	15	32	9	0.3	10	5.60	2.83
6202	◎	15	35	11	0.6	02	7.75	3.60
6302	◎	15	42	13	1	03	11.4	5.45
6803	◎	17	26	5	0.3	18	2.23	1.46
6903	◎	17	30	7	0.3	19	4.65	2.58
6003	◎	17	35	10	0.3	10	6.80	3.35
6203	◎	17	40	12	0.6	02	9.60	4.60
6303	◎	17	47	14	1	03	13.5	6.55
6804	◎	20	32	7	0.3	18	4.00	2.47
6904	◎	20	37	9	0.3	19	6.40	3.70
6004	◎	20	42	12	0.6	10	9.40	5.05
6204	◎	20	47	14	1	02	12.8	6.65
6304	◎	20	52	15	1.1	03	15.9	7.90
60/22	◎	22	44	12	0.6	10	9.40	5.05
62/22	◎	22	50	14	1	02	12.9	6.80
63/22	◎	22	56	16	1.1	03	18.4	9.25
6805	◎	25	37	7	0.3	18	4.30	2.95
6905	◎	25	42	9	0.3	19	7.05	4.55
6005	◎	25	47	12	0.6	10	10.1	5.85
6205	◎	25	52	15	1	02	14.0	7.85
6305	◎	25	62	17	1.1	03	21.2	10.9
60/28	◎	28	52	12	0.6	10	12.5	7.40
62/28	◎	28	58	16	1	02	17.9	9.75
63/28	◎	28	68	18	1.1	03	26.7	14.0
6806	◎	30	42	7	0.3	18	4.70	3.65
6906	◎	30	47	9	0.3	19	7.25	5.00
6006	◎	30	55	13	1	10	13.2	8.3
6206	◎	30	62	16	1	02	19.5	11.3
6306	◎	30	72	19	1.1	03	26.7	15.0

(다음 페이지에 계속)

호칭번호	기타	치수				치수계열	기본 정격하중 (kN) (참고)	
		d	D	B	$r_{s\,min}$		C_r	C_{0r}
60/32	◎	32	58	13	1	10	11.8	8.05
62/32	◎	32	65	17	1	02	20.7	11.6
63/32	◎	32	75	20	1.1	03	29.8	16.9
6807	◎	35	47	7	0.3	18	4.90	4.05
6907	◎	35	55	10	0.6	19	9.55	6.85
6007	◎	35	62	14	1	10	16.0	10.3
6207	◎	35	72	17	1.1	02	25.7	15.3
6307	◎	35	80	21	1.5	03	33.5	19.1
6808	◎	40	52	7	0.3	18	5.10	4.40
6908	◎	40	62	12	0.6	19	12.2	8.90
6008	◎	40	68	15	1	10	16.8	11.5
6208	◎	40	80	18	1.1	02	29.1	17.8
6308	◎	40	90	23	1.5	03	40.5	24.0
6809	◎	45	58	7	0.3	18	5.35	4.95
6909	◎	45	68	12	0.6	19	13.1	10.4
6009	◎	45	75	16	1	10	21.0	15.1
6209	◎	45	85	19	1.1	02	32.5	20.4
6309	◎	45	100	25	1.5	03	53.0	32.0
6810	◎	50	65	7	0.3	18	6.60	6.10
6910	◎	50	72	12	0.6	19	13.4	11.2
6010	◎	50	80	16	1	10	21.8	16.6
6210	◎	50	90	20	1.1	02	35.0	23.2
6310	◎	50	110	27	2	03	62.0	38.5
6811	◎	55	72	9	0.3	18	8.80	8.10
6911	◎	55	80	13	1	19	16.0	13.3
6011	◎	55	90	18	1.1	10	28.3	21.2
6211	◎	55	100	21	1.5	02	43.5	29.2
6311	◎	55	120	29	2	03	71.5	45.0
6812	◎	60	78	10	0.3	18	11.5	10.6
6912	◎	60	85	13	1	19	16.4	14.3
6012	◎	60	95	18	1.1	10	29.5	23.2
6212	◎	60	110	22	1.5	02	52.5	36.0
6312	◎	60	130	31	2.1	03	82.0	52.0
6813	◎	65	85	10	0.6	18	11.6	11.0
6913	◎	65	90	13	1	19	17.4	16.1
6013	◎	65	100	18	1.1	10	30.5	25.2
6213	◎	65	120	23	1.5	02	57.5	40.0
6313	◎	65	140	33	2.1	03	92.5	60.0
6814	◎	70	90	10	0.6	18	12.1	11.9
6914	◎	70	100	16	1	19	23.7	21.2
6014	◎	70	110	20	1.1	10	38.0	31.0
6214	◎	70	125	24	1.5	02	62.0	44.0
6314	◎	70	150	35	2.1	03	104	68.0
6815	◎	75	95	10	0.6	18	12.5	12.9
6915	◎	75	105	16	1	19	24.4	22.6
6015	◎	75	115	20	1.1	10	39.5	33.5
6215	◎	75	130	25	1.5	02	66.0	49.5
6315	◎	75	160	37	2.1	03	113	77.0
6816	◎	80	100	10	0.6	18	12.7	13.3
6916	◎	80	110	16	1	19	24.9	24.0
6016	◎	80	125	22	1.1	10	47.5	40.0
6216	◎	80	140	26	2	02	72.5	53.0
6316	◎	80	170	39	2.1	03	123	86.5
6817	◎	85	110	13	1	18	18.7	19.0
6917	◎	85	120	18	1.1	19	32.0	29.6
6017	◎	85	130	22	1.1	10	49.5	43.0
6217	◎	85	150	28	2	02	83.5	64.0
6317	◎	85	180	41	3	03	133	97.0
6818	◎	90	115	13	1	18	19.0	19.7
6918	◎	90	125	18	1.1	19	33.0	31.5
6018	◎	90	140	24	1.5	10	58.0	49.5
6218	◎	90	160	30	2	02	96.0	71.5
6318	◎	90	190	43	3	03	143	107
6819	◎	95	120	13	1	18	19.3	20.5
6919	◎	95	130	18	1.1	19	33.5	33.5
6019	◎	95	145	24	1.5	10	60.5	54.0
6219	◎	95	170	32	2.1	02	109	82.0
6319	◎	95	200	45	3	03	153	119
6820	◎	100	125	13	1	18	19.6	21.2
6920	◎	100	140	20	1.1	19	41.0	39.5
6020	◎	100	150	24	1.5	10	60.0	54.0
6220	◎	100	180	34	2.1	02	122	93.0
6320	◎	100	215	47	3	03	173	141
6821	◎	105	130	13	1	18	19.8	22.0
6921	◎	105	145	20	1.1	19	42.5	42.0
6021	◎	105	160	26	2	10	72.5	65.5
6221	◎	105	190	36	2.1	02	133	105
6321	◎	105	225	49	3	03	184	153
6822	◎	110	140	16	1	18	24.9	28.2
6922	◎	110	150	20	1.1	19	43.5	44.5
6022	◎	110	170	28	2	10	82.0	73.0
6222	◎	110	200	38	2.1	02	144	117
6322	◎	110	240	50	3	03	205	179
6824	◎	120	150	16	1	18	28.9	33.0
6924	◎	120	165	22	1.1	19	53.0	54.0
6024	◎	120	180	28	2	10	85.0	79.5
6224	◎	120	215	40	2.1	02	155	131
6324	◎	120	260	55	3	03	207	185
6826	◎	130	165	18	1.1	18	37.0	41.0
6926	◎	130	180	24	1.5	19	65.0	67.5
6026	◎	130	200	33	2	10	106	101
6226	◎	130	230	40	3	02	167	146
6326	○	130	280	58	4	03	229	214
6828	◎	140	175	18	1.1	18	38.5	44.5
6928	○	140	190	24	1.5	19	66.5	71.5
6028	◎	140	210	33	2	10	110	109
6228	◎	140	250	42	3	02	166	150
6328	○	140	300	62	4	03	253	246
6830	◎	150	190	20	1.1	18	47.5	55.0
6930	◎	150	210	28	2	19	85.0	90.5
6030	◎	150	225	35	2.1	10	126	126
6230	○	150	270	45	3	02	176	168
6330	—	150	320	65	4	03	274	284
6832	◎	160	200	20	1.1	18	48.5	57.0
6932	△	160	220	28	2	19	87.0	96.0
6032	◎	160	240	38	2.1	10	143	144
6232	◎	160	290	48	3	02	185	186
6332	—	160	340	68	4	03	278	286
6834	◎	170	215	22	1.1	18	60.0	70.5
6934	—	170	230	28	2	19	86.0	95.5
6034	○	170	260	42	2.1	10	168	172
6234	○	170	310	52	4	02	212	223
6334	—	170	360	72	4	03	325	355

(다음 페이지에 계속)

호칭번호	기타	치수 d	D	B	$r_{s\,min}$	치수계열	기본 정격하중 (kN) (참고) C_r	C_{0r}
6836	◎	180	225	22	1.1	18	60.5	73.0
6936	—	180	250	33	2	19	110	119
6036	○	180	280	46	2.1	10	189	199
6236	—	180	320	52	4	02	227	241
6336	—	180	380	75	4	03	355	405
6838	○	190	240	24	1.5	18	73.0	88.0
6938	—	190	260	33	2	19	113	127
6038	○	190	290	46	2.1	10	197	215
6238	—	190	340	55	4	02	255	281
6338	—	190	400	78	5	03	355	415
6840	—	200	250	24	1.5	18	74.0	91.5
6940	○	200	280	38	2.1	19	157	168
6040	—	200	310	51	2.1	10	218	243
6240	○	200	360	58	4	02	269	310
6340	—	200	420	80	5	03	410	500
6844	—	220	270	24	1.5	18	76.5	98.0
6944	—	220	300	38	2.1	19	160	180
6044	○	220	340	56	3	10	241	289
6244	—	220	400	65	4	02	297	365
6344	—	220	460	88	5	03	410	520
6848	—	240	300	28	2	18	85.0	112
6948	—	240	320	38	2.1	19	170	203
6048	—	240	360	56	3	10	249	310
6248	—	240	440	72	4	02	340	430
6348	—	240	500	95	5	03	470	625

호칭번호	기타	치수 d	D	B	$r_{s\,min}$	치수계열	기본 정격하중 (kN) (참고) C_r	C_{0r}
6852	—	260	320	28	2	18	87.0	120
6952	—	260	360	46	2.1	19	222	280
6052	—	260	400	65	4	10	291	375
6252	—	260	480	80	5	02	400	540
6352	—	260	540	102	6	03	505	710
6856	—	280	350	33	2	18	137	177
6956	—	280	380	46	2.1	19	227	299
6056	—	280	420	65	4	10	325	420
6256	—	280	500	80	5	02	400	550
6356	—	280	580	108	6	03	570	840
6860	—	300	380	38	2.1	18	162	210
6960	—	300	420	56	3	19	276	375
6060	—	300	460	74	4	10	355	480
6260	—	300	540	85	5	02	465	670
6864	—	320	400	38	2.1	18	168	228
6964	—	320	440	56	3	19	285	405
6064	—	320	480	74	4	10	370	530
6264	—	320	580	92	5	02	530	805
6068	—	340	520	82	5	10	420	610
6072	—	360	540	82	5	10	440	670
6076	—	380	560	82	5	10	455	725
6080	—	400	600	90	5	10	510	825
6084	—	420	620	90	5	10	530	895
6088	—	440	650	94	6	10	550	965
6092	—	460	680	100	6	10	605	1080
6096	—	480	700	100	6	10	605	1090
60/500	—	500	720	100	6	10	630	1170

[주] 1. 호칭번호 5자리인 16001~16064의 것은 본 표에는 게재하지 않았다.
2. 본 표~10·23 표에서 r_s min, r_{1s} min은 각각 r, r_1의 최소 실측 치수를 나타낸다.

[비고] '기타' 의 칸은 밀봉 형식을 참고로서 나타내며, 베어링에 다음의 것을 설치할 수 있는 것을 나타낸다.
○…실드, ◎…실 및 실드, △…실

10장

10·15 표 앵귤러 볼 베어링의 호칭번호 및 치수 (JIS B 1522)

KS B 2024
(단위 mm)

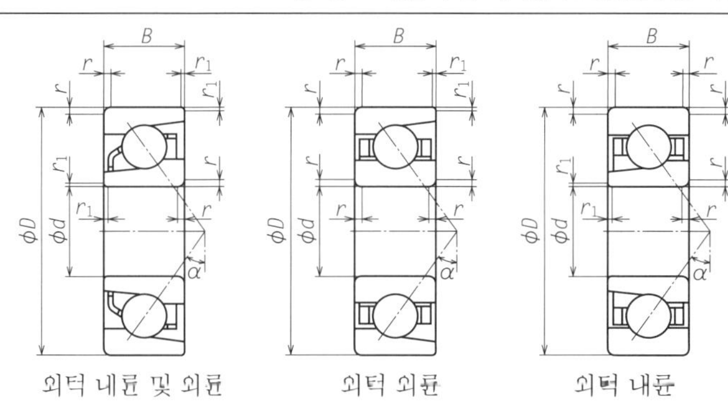

외턱 내륜 및 외륜　　외턱 외륜　　외턱 내륜

[주] (1) 호칭번호에는 22° <α≦32° 일 때 기호 A, 32° <α≦45° 일 때 기호 B, 10° <α≦22° 일 때 기호 C를 호칭번호 뒤에 각각 붙여 나타낸다. 단, * 표시의 것에는 B의 규정은 없다. 또한 기호 A는 생략할 수 있다.
(2) 호칭 접촉각이 A=30° (괄호 내는 25° 일 때), B=40°, C=15° 인 경우를 나타낸다.

호칭번호[1]	치수 d	D	B	$r_{s\,min}$	$r_{1s\,min}$ (참고)	치수 계열	기본 정격하중 (kN)[2] (참고) A C_r	A C_{0r}	B C_r	B C_{0r}	C C_r	C C_{0r}
7900*	10	22	6	0.3	0.15	19	(2.88)	(1.45)	—	—	3.0	1.52
7000	10	26	8	0.3	0.15	10	5.35	2.60	—	—	5.3	2.49
7200	10	30	9	0.6	0.3	02	5.4	2.71	5.0	2.5	5.4	2.61
7300	10	35	11	0.6	0.3	03	9.3	4.3	8.75	4.05	—	—
7901*	12	24	6	0.3	0.15	19	(3.2)	(1.77)	—	—	3.35	1.86
7001	12	28	8	0.3	0.15	10	5.8	2.98	—	—	5.8	2.9
7201	12	32	10	0.6	0.3	02	8.0	4.05	7.45	3.75	7.9	3.85
7301	12	37	12	1	0.6	03	9.45	4.5	8.85	4.2	—	—

(다음 페이지에 계속)

호칭번호[1]	치수					치수 계열	기본 정격하중 (kN)[2] (참고)					
	d	D	B	$r_{s\,min}$	$r_{1s\,min}$ (참고)		A		B		C	
							C_r	C_{0r}	C_r	C_{0r}	C_r	C_{0r}
7902 *	15	28	7	0.3	0.15	19	(4.55)	(2.53)	—	—	4.75	2.64
7002	15	32	9	0.3	0.15	10	6.1	3.45	—	—	6.25	3.4
7202	15	35	11	0.6	0.3	02	8.65	4.65	7.95	4.3	8.65	4.55
7302	15	42	13	1	0.6	03	13.4	7.1	12.5	6.6	—	—
7903 *	17	30	7	0.3	0.15	19	(4.75)	(2.8)	—	—	5.0	2.94
7003	17	35	10	0.3	0.15	10	6.4	3.8	—	—	6.6	3.8
7203	17	40	12	0.6	0.3	02	10.8	6.0	9.95	5.5	10.9	5.85
7303	17	47	14	1	0.6	03	15.9	8.65	14.8	8.0	—	—
7904 *	20	37	9	0.3	0.15	19	(6.6)	(4.05)	—	—	6.95	4.25
7004	20	42	12	0.6	0.3	10	10.8	6.6	—	—	11.1	6.55
7204	20	47	14	1	0.6	02	14.5	8.3	13.3	7.65	14.6	8.05
7304	20	52	15	1.1	0.6	03	18.7	10.4	17.3	9.65	—	—
7905 *	25	42	9	0.3	0.15	19	(7.45)	(5.15)	—	—	7.85	5.4
7005	25	47	12	0.6	0.3	10	11.3	7.4	—	—	11.7	7.4
7205	25	52	15	1	0.6	02	16.2	10.3	14.8	9.4	16.6	10.2
7305	25	62	17	1.1	0.6	03	26.4	15.8	24.4	14.6	—	—
7906 *	30	47	9	0.3	0.15	19	(7.85)	(5.95)	—	—	8.3	6.25
7006	30	55	13	1	0.6	10	14.5	10.1	—	—	15.1	10.3
7206	30	62	16	1	0.6	02	22.5	14.8	20.5	13.5	23.0	14.7
7306	30	72	19	1.1	0.6	03	33.5	20.9	31.0	19.3	—	—
7907 *	35	55	10	0.6	0.3	19	(11.4)	(8.7)	—	—	12.1	9.15
7007	35	62	14	1	0.6	10	18.3	13.4	—	—	19.1	13.7
7207	35	72	17	1.1	0.6	02	29.7	20.1	27.1	18.4	30.5	19.9
7307	35	80	21	1.5	1	03	40.0	26.3	36.5	24.2	—	—
7908 *	40	62	12	0.6	0.3	19	(14.3)	(11.2)	—	—	15.1	11.7
7008	40	68	15	1	0.6	10	19.5	15.4	—	—	20.6	15.9
7208	40	80	18	1.1	0.6	02	35.5	25.1	32.0	23.0	36.5	25.2
7308	40	90	23	1.5	1	03	49.0	33.0	45.0	30.5	—	—
7909 *	45	68	12	0.6	0.3	19	(15.1)	(12.7)	—	—	16.0	13.4
7009	45	75	16	1	0.6	10	23.1	18.7	—	—	24.4	19.3
7209	45	85	19	1.1	0.6	02	39.5	28.7	36.0	26.2	41.0	28.8
7309	45	100	25	1.5	1	03	63.5	43.5	58.5	40.0	—	—
7910 *	50	72	12	0.6	0.3	19	(15.9)	(14.2)	—	—	16.9	15.0
7010	50	80	16	1	0.6	10	24.5	21.1	—	—	26.0	21.9
7210	50	90	20	1.1	0.6	02	41.5	31.5	37.5	28.6	43.0	31.5
7310	50	110	27	2	1	03	74.0	52.0	68.0	48.0	—	—
7911 *	55	80	13	1	0.6	19	(18.1)	(16.8)	—	—	19.1	17.7
7011	55	90	18	1.1	0.6	10	32.5	27.7	—	—	34.0	28.6
7211	55	100	21	1.5	1	02	51.0	39.5	46.5	36.0	53.0	40.0
7311	55	120	29	2	1	03	86.0	61.5	79.0	56.5	—	—
7912 *	60	85	13	1	0.6	19	(18.3)	(17.7)	—	—	19.4	18.7
7012	60	95	18	1.1	0.6	10	33.0	29.5	—	—	35.0	30.5
7212	60	110	22	1.5	1	02	62.0	48.5	56.0	44.5	64.0	49.0
7312	60	130	31	2.1	1.1	03	98.0	71.5	90.0	65.5	—	—
7913 *	65	90	13	1	0.6	19	(19.1)	(19.4)	—	—	20.2	20.5
7013	65	100	18	1.1	0.6	10	35.0	33.0	—	—	37.0	34.5
7213	65	120	23	1.5	1	02	70.5	58.0	63.5	52.5	73.0	58.5
7313	65	140	33	2.1	1.1	03	111	82.0	102	75.5	—	—
7914 *	70	100	16	1	0.6	19	(26.5)	(26.3)	—	—	28.1	27.8
7014	70	110	20	1.1	0.6	10	44.0	41.5	—	—	47.0	43.0
7214	70	125	24	1.5	1	02	76.5	63.5	69.0	58.0	79.5	64.5
7314	70	150	35	2.1	1.1	03	125	93.5	114	86.0	—	—
7915 *	75	105	16	1	0.6	19	(26.9)	(27.7)	—	—	28.6	29.3
7015	75	115	20	1.1	0.6	10	45.0	43.5	—	—	48.0	45.5
7215	75	130	25	1.5	1	02	76.0	64.5	68.5	58.5	83.0	70.0
7315	75	160	37	2.1	1.1	03	136	106	125	97.5	—	—
7916 *	80	110	16	1	0.6	19	(27.3)	(29.0)	—	—	29.0	30.5
7016	80	125	22	1.1	0.6	10	55.0	53.0	—	—	58.5	55.5
7216	80	140	26	2	1	02	89.0	76.0	80.5	69.5	93.0	77.5
7316	80	170	39	2.1	1.1	03	147	119	135	109	—	—

(다음 페이지에 계속)

호칭번호[1]	치수					치수 계열	기본 정격하중 (kN)[2] (참고)					
							A		B		C	
	d	D	B	$r_{s\,min}$	$r_{1s\,min}$ (참고)		C_r	C_{0r}	C_r	C_{0r}	C_r	C_{0r}
7917*	85	120	18	1.1	0.6	19	(36.5)	(38.5)	—	—	39.0	40.5
7017	85	130	22	1.1	0.6	10	56.5	56.0	—	—	60.0	58.5
7217	85	150	28	2	1	02	103	89.0	93.0	81.0	107	90.5
7317	85	180	41	3	1.1	03	159	133	146	122	—	—
7918*	90	125	18	1.1	0.6	19	(39.5)	(43.5)	—	—	41.5	46.0
7018	90	140	24	1.5	1	10	67.5	66.5	—	—	71.5	69.0
7218	90	160	30	2	1	02	118	103	107	94.0	123	105
7318	90	190	43	3	1.1	03	171	147	156	135	—	—
7919*	95	130	18	1.1	0.6	19	(40.0)	(45.5)	—	—	42.5	48.0
7019	95	145	24	1.5	1	10	67.0	67.0	—	—	73.5	73.0
7219	95	170	32	2.1	1.1	02	128	111	116	101	133	112
7319	95	200	45	3	1.1	03	183	162	167	149		
7920*	100	140	20	1.1	0.6	19	(47.5)	(51.5)	—	—	50.0	54.0
7020	100	150	24	1.5	1	10	68.5	70.5	—	—	75.5	77.0
7220	100	180	24	2.1	1.1	02	144	126	130	114	149	127
7320	100	215	47	3	1.1	03	207	193	190	178	—	—
7921*	105	145	20	1.1	0.6	19	(48.0)	(54.0)	—	—	51.0	57.0
7021	105	160	26	2	1	10	80.0	81.5	—	—	88.0	89.5
7221	105	190	36	2.1	1.1	02	157	142	142	129	162	143
7321	105	225	49	3	1.1	03	208	193	191	177	—	—
7922*	110	150	20	1.1	0.6	19	(49.0)	(56.0)	—	—	52.0	59.5
7022	110	170	28	2	1	10	96.5	95.5	—	—	106	104
7222	110	200	38	2.1	1.1	02	170	158	154	144	176	160
7322	110	240	50	3	1.1	03	220	215	201	197	—	—
7924*	120	165	22	1.1	0.6	19	(67.5)	(17.0)	—	—	72.0	81.0
7024	120	180	28	2	1	10	102	107	—	—	—	—
7224	120	215	40	2.1	1.1	02	183	177	165	162	—	—
7324	120	260	55	3	1.1	03	246	252	225	231	—	—
7926*	130	180	24	1.5	1	19	(74.0)	(86.0)	—	—	78.5	91.0
7026	130	200	33	2	1	10	117	125	—	—	—	—
7226	130	230	40	3	1.1	02	189	193	171	175	—	—
7326	130	280	58	4	1.5	03	273	293	250	268	—	—
7928*	140	190	24	1.5	1	19	(75.0)	(90.0)	—	—	79.5	95.5
7028	140	210	33	2	1	10	120	133	—	—	—	—
7228	140	250	42	3	1.1	02	218	234	197	213	—	—
7328	140	300	62	4	1.5	03	300	335	275	310	—	—
7930*	150	210	28	2	1	19	(96.5)	(115)	—	—	102	122
7030	150	225	35	2.1	1.1	10	137	154	—	—	—	—
7230	150	270	45	3	1.1	02	248	280	225	254	—	—
7330	150	320	65	4	1.5	03	315	370	289	340	—	—
7932*	160	220	28	2	1	19	—	—	—	—	106	133
7032	160	240	38	2.1	1.1	10	155	176	—	—	—	—
7232	160	290	48	3	1.1	02	263	305	238	279	—	—
7332	160	340	68	4	1.5	03	345	420	315	385	—	—
7934*	170	230	28	2	1	19	—	—	—	—	113	148
7034	170	260	42	2.1	1.1	10	186	214	—	—	—	—
7234	170	310	52	4	1.5	02	295	360	266	325	—	—
7334	170	360	72	4	1.5	03	390	485	355	445	—	—
7936*	180	250	33	2	1	19	—	—	—	—	145	184
7036	180	280	46	2.1	1.1	10	207	252	—	—	—	—
7236	180	320	52	4	1.5	02	305	385	276	350	—	—
7336	180	380	75	4	1.5	03	410	535	375	490	—	—
7938*	190	260	33	2	1	19	—	—	—	—	147	192
7038	190	290	46	2.1	1.1	10	224	280	—	—	—	—
7238	190	340	55	4	1.5	02	315	410	284	375	—	—
7338	190	400	78	5	2	03	450	600	410	550	—	—
7940*	200	280	38	2.1	1.1	19	—	—	—	—	189	244
7040	200	310	51	2.1	1.1	10	240	310	—	—	—	—
7240	200	360	58	4	1.5	02	335	450	305	410	—	—
7340	200	420	80	5	2	03	475	660	430	600	—	—

KS B 2025(폐지)

10·16 표 자동조심 볼 베어링의 호칭번호 및 치수 (JIS B 1523)

(단위 mm)

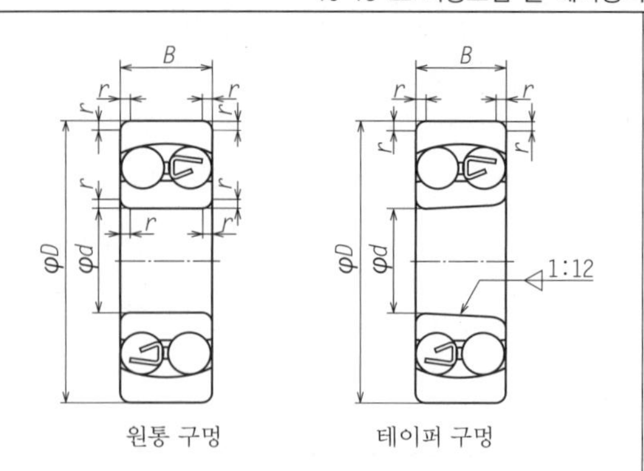

원통 구멍 　　　　 테이퍼 구멍

[주] 호칭번호는 원통 구멍과 테이퍼 구멍인 것을 나타낸다. 단, 테이퍼 구멍의 경우는 호칭번호에 * 표시가 붙은 것으로 한정한다. 이 경우, 호칭번호 뒤에 기호 K를 붙여 나타낸다(예 : 1204 K).

호칭번호	치수				치수계열	기본 정격하중 (kN) (참고)	
	d	D	B	$r_{s\,min}$		C_r	C_{0r}
1200	10	30	9	0.6	02	5.55	1.19
2200	10	30	14	0.6	22	7.45	1.59
1300	10	35	11	0.6	03	7.35	1.62
2300	10	35	17	0.6	23	9.2	2.01
1201	12	32	10	0.6	02	5.7	1.27
2201	12	32	14	0.6	22	7.75	1.73
1301	12	37	12	1	03	9.65	2.16
2301	12	37	17	1	23	12.1	2.73
1202	15	35	11	0.6	02	7.6	1.75
2202	15	35	14	0.6	22	7.8	1.85
1302	15	42	13	1	03	9.7	2.29
2302	15	42	17	1	23	12.3	2.91
1203	17	40	12	0.6	02	8.0	2.01
2203	17	40	16	0.6	22	9.95	2.42
1303	17	47	14	1	03	12.7	3.2
2303	17	47	19	1	23	14.7	3.55
1204*	20	47	14	1	02	10.0	2.61
2204*	20	47	18	1	22	12.8	3.3
1304*	20	52	15	1.1	03	12.6	3.35
2304*	20	52	21	1.1	23	18.5	4.70
1205*	25	52	15	1	02	12.2	3.30
2205*	25	52	18	1	22	12.4	3.45
1305*	25	62	17	1.1	03	18.2	5.0
2305*	25	62	24	1.1	23	24.9	6.6
1206*	30	62	16	1	02	15.8	4.65
2206*	30	62	20	1	22	15.3	4.55
1306*	30	72	19	1.1	03	21.4	6.3
2306*	30	72	27	1.1	23	32.0	8.75
1207*	35	72	17	1.1	02	15.9	5.1
2207*	35	72	23	1.1	22	21.7	6.6
1307*	35	80	21	1.5	03	25.3	7.85
2307*	35	80	31	1.5	23	40.0	11.3
1208*	40	80	18	1.1	02	19.3	6.5
2208*	40	80	23	1.1	22	22.4	7.35
1308*	40	90	23	1.5	03	29.8	9.7
2308*	40	90	33	1.5	23	45.5	13.5
1209*	45	85	19	1.1	02	22.0	7.35
2209*	45	85	23	1.1	22	23.3	8.15
1309*	45	100	25	1.5	03	38.5	12.7
2309*	45	100	36	1.5	23	55.0	16.7
1210*	50	90	20	1.1	02	22.8	8.10
2210*	50	90	23	1.1	22	23.3	8.45
1310*	50	110	27	2	03	43.5	14.1
2310*	50	110	40	2	23	65.0	20.2
1211*	55	100	21	1.5	02	26.9	10.0
2211*	55	100	25	1.5	22	26.7	9.9
1311*	55	120	29	2	03	51.5	17.9
2311*	55	120	43	2	23	76.5	24.0
1212*	60	110	22	1.5	02	30.5	11.5
2212*	60	110	28	1.5	22	34.0	12.6
1312*	60	130	31	2.1	03	57.5	20.8
2312*	60	130	46	2.1	23	88.5	28.3
1213*	65	120	23	1.5	02	31.0	12.5
2213*	65	120	31	1.5	22	43.5	16.4
1313*	65	140	33	2.1	03	62.5	22.9
2313*	65	140	48	2.1	23	97.0	32.5
1214	70	125	24	1.5	02	35.0	13.8
2214	70	125	31	1.5	22	44.0	17.1
1314	70	150	35	2.1	03	75.0	27.7
2314	70	150	51	2.1	23	111	37.5
1215*	75	130	25	1.5	02	39.0	15.7
2215*	75	130	31	1.5	22	44.5	17.8
1315*	75	160	37	2.1	03	80.0	30.0
2315*	75	160	55	2.1	23	125	43.0
1216*	80	140	26	2	02	40.0	17.0
2216*	80	140	33	2	22	49.0	19.9
1316*	80	170	39	2.1	03	89.0	33.0
2316*	80	170	58	2.1	23	130	45.0
1217*	85	150	28	2	02	49.5	20.8
2217*	85	150	36	2	22	58.5	23.6
1317*	85	180	41	3	03	98.5	38.0
2317*	85	180	60	3	23	142	51.5
1218*	90	160	30	2	02	57.5	23.5
2218*	90	160	40	2	22	70.5	28.7
1318*	90	190	43	3	03	117	44.5
2318*	90	190	64	3	23	154	57.5
1219*	95	170	32	2.1	02	64.0	27.1
2219*	95	170	43	2.1	22	84.0	34.5
1319*	95	200	45	3	03	129	51.0
2319*	95	200	67	3	23	161	64.5
1220*	100	180	34	2.1	02	69.5	29.7
2220*	100	180	46	2.1	22	94.5	38.5
1320*	100	215	47	3	03	140	57.5
2320*	100	215	73	3	23	187	79.0
1221	105	190	36	2.1	02	75.0	32.5
2221	105	190	50	2.1	22	109	45.0
1321	105	225	49	3	03	154	64.5
2321	105	225	77	3	23	200	87.0
1222*	110	200	38	2.1	02	87.0	38.5
2222*	110	200	53	2.1	22	122	51.5
1322*	110	240	50	3	03	161	72.0
2322*	110	240	80	3	23	211	94.5

KS B 2022(폐지)

10·17 표 평면좌형 스러스트 볼 베어링의 호칭번호 및 치수 (JIS B 1532)

(단위 mm)

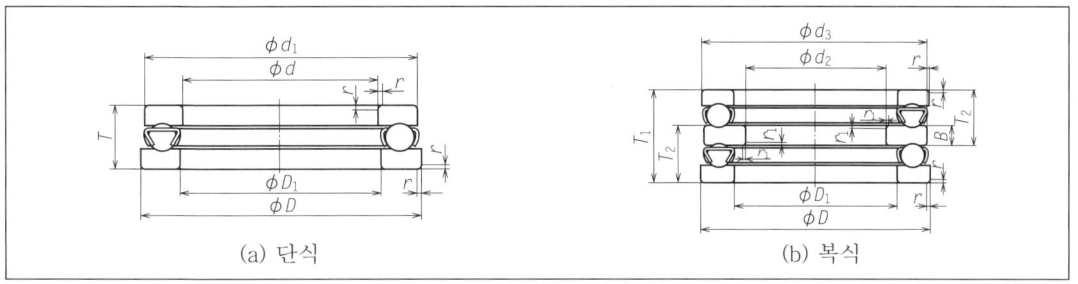

(a) 단식 (b) 복식

(a) 단식의 경우

호칭 번호	치수 d	치수 D	치수 T	치수 $d_{1s\,max}$	치수 $D_{1s\,min}$	치수 $r_{s\,min}$	치수 계열	기본 정격 하중 (kN) (참고) C_a	기본 정격 하중 (kN) (참고) C_{0a}
51100	10	24	9	24	11	0.3	11	10.1	14.0
51200	10	26	11	26	12	0.6	12	12.8	17.1
51101	12	26	9	26	13	0.3	11	10.4	15.4
51201	12	28	11	28	14	0.6	12	13.3	19.0
51102	15	28	9	28	16	0.3	11	10.6	16.8
51202	15	32	12	32	17	0.6	12	16.7	24.8
51103	17	30	9	30	18	0.3	11	11.4	19.5
51203	17	35	12	35	19	0.6	12	17.3	27.3
51104	20	35	10	35	21	0.3	11	15.1	26.6
51204	20	40	14	40	22	0.6	12	22.5	37.5
51105	25	42	11	42	26	0.6	11	19.7	37.0
51205	25	47	15	47	27	0.6	12	28.0	50.5
51305	25	52	18	52	27	1	13	36.0	61.5
51405	25	60	24	60	27	1	14	56.0	89.5
51106	30	47	11	47	32	0.6	11	20.6	42.0
51206	30	52	16	52	32	0.6	12	29.5	58.0
51306	30	60	21	60	32	1	13	43.0	78.5
51406	30	70	28	70	32	1	14	73.0	126
51107	35	52	12	52	37	0.6	11	22.1	49.5
51207	35	62	18	62	37	1	12	39.5	78.0
51307	35	68	24	68	37	1	13	56.0	105
51407	35	80	32	80	37	1.1	14	87.5	155
51108	40	60	13	60	42	0.6	11	27.1	63.0
51208	40	68	19	68	42	1	12	47.5	98.5
51308	40	78	26	78	42	1	13	70.0	135
51408	40	90	36	90	42	1.1	14	103	188
51109	45	65	14	65	47	0.6	11	28.1	69.0
51209	45	73	20	73	47	1	12	48.0	105
51309	45	85	28	85	47	1	13	80.5	163
51409	45	100	39	100	47	1.1	14	128	246
51110	50	70	14	70	52	0.6	11	29.0	75.5
51210	50	78	22	78	52	1	12	49.0	111
51310	50	95	31	95	52	1.1	13	97.5	202
51410	50	110	43	110	52	1.5	14	147	288
51111	55	78	16	78	57	0.6	11	35.0	93.0
51211	55	90	25	90	57	1	12	70.0	159
51311	55	105	35	105	57	1.1	13	115	244
51411	55	120	48	120	57	1.5	14	181	350
51112	60	85	17	85	62	1	11	41.5	113
51212	60	95	26	95	62	1	12	71.5	169
51312	60	110	35	110	62	1.1	13	119	263
51412	60	130	51	130	62	1.5	14	202	395

호칭 번호	치수 d	치수 D	치수 T	치수 $d_{1s\,max}$	치수 $D_{1s\,min}$	치수 $r_{s\,min}$	치수 계열	기본 정격 하중 (kN) (참고) C_a	기본 정격 하중 (kN) (참고) C_{0a}
51113	65	90	18	90	67	1	11	42.0	117
51213	65	100	27	100	67	1	12	75.5	189
51313	65	115	36	115	67	1.1	13	123	282
51413	65	140	56	140	68	2	14	234	495
51114	70	95	18	95	72	1	11	43.5	127
51214	70	105	27	105	72	1	12	74.0	189
51314	70	125	40	125	72	1.1	13	137	315
51414	70	150	60	150	73	2	14	252	555
51115	75	100	19	100	77	1	11	43.5	131
51215	75	110	27	110	77	1	12	78.0	209
51315	75	135	44	135	77	1.5	13	159	365
51415	75	160	65	160	78	2	14	254	560
51116	80	105	19	105	82	1	11	45.0	141
51216	80	115	28	115	82	1	12	79.0	218
51316	80	140	44	140	82	1.5	13	164	395
51416	80	170	68	170	83	2.1	14	272	620
51117	85	110	19	110	87	1	11	46.5	150
51217	85	125	31	125	88	1	12	96.0	264
51317	85	150	49	150	88	1.5	13	207	490
51417	85	180	72	177	88	2.1	14	310	755
51118	90	120	22	120	92	1	11	60.0	190
51218	90	135	35	135	93	1.1	12	114	310
51318	90	155	50	155	93	1.5	13	214	525
51418	90	190	77	187	93	2.1	14	330	825
51120	100	135	25	135	102	1	11	86.0	268
51220	100	150	38	150	103	1.1	12	135	375
51320	100	170	55	170	103	1.5	13	239	595
51420	100	210	85	205	103	3	14	370	985
51122	110	145	25	145	112	1	11	88.0	288
51222	110	160	38	160	113	1.1	12	136	395
51322	110	190	63	187	113	2	13	282	755
51422	110	230	95	225	113	3	14	415	1150
51124	120	155	25	155	122	1	11	90.0	310
51224	120	170	39	170	123	1.1	12	141	430
51324	120	210	70	205	123	2.1	13	330	930
51424	120	250	102	245	123	4	14	480	1400
51126	130	170	30	170	132	1	11	105	350
51226	130	190	45	187	133	1.5	12	183	550
51326	130	225	75	220	134	2.1	13	350	1030
51426	130	270	110	265	134	4	14	525	1590

(다음 페이지에 계속)

호칭번호	치수						치수계열	기본 정격하중 (kN) (참고)	
	d	D	T	$d_{1s\,max}$	$D_{1s\,min}$	$r_{s\,min}$		C_a	C_{0a}
51128	140	180	31	178	142	1	11	107	375
51228	140	200	46	197	143	1.5	12	186	575
51328	140	240	80	235	144	2.1	13	370	1130
51428	140	280	112	275	144	4	14	550	1750
51130	150	190	31	188	152	1	11	110	400
51230	150	215	50	212	153	1.5	12	238	735
51330	150	250	80	245	154	2.1	13	380	1200
51430	150	300	120	295	154	4	14	620	2010
51132	160	200	31	198	162	1	11	113	425
51232	160	225	51	222	163	1.5	12	249	805
51332	160	270	87	265	164	3	13	475	157
51432	160	320	130	315	164	5	14	650	2210
51134	170	215	34	213	172	1.1	11	135	510
51234	170	240	55	237	173	1.5	12	280	915
51334	170	280	87	275	174	3	13	465	1570
51434	170	340	135	335	174	5	14	715	2480
51136	180	225	34	222	183	1.1	11	136	530
51236	180	250	56	247	183	1.5	12	284	955
51336	180	300	95	295	184	3	13	480	1680
51436	180	360	140	355	184	5	14	750	2730
51138	190	240	37	237	193	1.1	11	172	655
51238	190	270	62	267	194	2	12	320	1110
51338	190	320	105	315	195	4	13	550	1960
51438	190	380	150	375	195	5	14	—	—
51140	200	250	37	247	203	1.1	11	173	675
51240	200	280	62	277	204	2	12	315	1110
51340	200	340	110	335	205	4	13	600	2220
51440	200	400	155	395	205	5	14	—	—
51144	220	270	37	267	223	1.1	11	179	740
51244	220	300	63	297	224	2	12	325	1210
51444	220	420	160	415	225	6	14	—	—
51148	240	300	45	297	243	1.5	11	229	935
51248	240	340	78	335	244	2.1	12	420	1650
51448	240	440	160	435	245	6	14	—	—
51152	260	320	45	317	263	1.5	11	233	990
51252	260	360	79	355	264	2.1	12	435	1800
51452	260	480	175	475	265	6	14	—	—
51156	280	350	53	347	283	1.5	11	315	1310
51256	280	380	80	375	284	2.1	12	450	1950
51456	280	520	190	515	285	6	14	—	—
51160	300	380	62	376	304	2	11	360	1560
51260	300	420	95	415	304	3	12	540	2410
51460	300	540	190	535	305	6	14	—	—
51164	320	400	63	396	324	2	11	365	1660
51264	320	440	95	435	325	3	12	585	2680
51464	320	580	205	575	325	7.5	14	—	—
51168	340	420	64	416	344	2	11	375	1760
51268	340	460	96	455	345	3	12	595	2800
51468	340	620	220	615	345	7.5	14	—	—
51172	360	440	65	436	364	2	11	385	1860
51272	360	500	110	495	365	4	12	705	3500
51472	360	640	220	635	365	7.5	14	—	—

(b) 복식의 경우

호칭번호	치수									치수계열	기본 정격하중(kN) (참고)	
	d_2	D	T_1	T_2 참고	B	$d_{3s\,max}$	$D_{1s\,min}$	$r_{s\,min}$	$r_{1s\,min}$		C_a	C_{0a}
52202	10	32	22	13.5	5	32	17	0.6	0.3	22	16.7	24.8
52204	15	40	26	16	6	40	22	0.6	0.3	22	22.5	37.5
52405	15	60	45	28	11	60	27	1	0.6	24	56.0	89.5
52205	20	47	28	17.5	7	47	27	0.6	0.3	22	28.0	50.5
52305	20	52	34	21	8	52	27	1	0.3	23	36.0	61.5
52406	20	70	52	32	12	70	32	1	0.6	24	73.0	126
52206	25	52	29	18	7	52	32	0.6	0.3	22	29.5	58.0
52306	25	60	38	23.5	9	60	32	1	0.3	23	43.0	78.5
52407	25	80	59	36.5	14	80	37	1.1	0.6	24	87.5	155
52207	30	62	34	21	8	62	37	1	0.3	22	39.5	78.0
52208	30	68	36	22.5	9	68	42	1	0.6	22	47.5	98.5
52307	30	68	44	27	10	68	37	1	0.3	23	56.0	105
52308	30	78	49	30.5	12	78	42	1	0.6	23	70.0	135
52408	30	90	65	40	15	90	42	1.1	0.6	24	103	188
52209	35	73	37	23	9	73	47	1	0.6	22	48.0	105
52309	35	85	52	32	12	85	47	1	0.6	23	80.5	163
52409	35	100	72	44.5	17	100	47	1.1	0.6	24	128	246
52210	40	78	39	24	9	78	52	1	0.6	22	49.0	111
52310	40	95	58	36	14	95	52	1.1	0.6	23	97.5	202
52410	40	110	78	48	18	110	52	1.5	0.6	24	147	288
52211	45	90	45	27.5	10	90	57	1	0.6	22	70.0	159
52311	45	105	64	39.5	15	105	57	1.1	0.6	23	115	244
52411	45	120	87	53.5	20	120	57	1.5	0.6	24	181	350

(다음 페이지에 계속)

호칭번호	치수									치수 계열	기본 정격하중(kN) (참고)	
	d_2	D	T_1	T_2 (참고)	B	$d_{3s\,max}$	$D_{1s\,min}$	$r_{s\,min}$	$r_{1s\,min}$		C_a	C_{0a}
52212	50	95	46	28	10	95	62	1	0.6	22	71.5	169
52312	50	110	64	39.5	15	110	62	1.1	0.6	23	119	263
52412	50	130	93	57	21	130	62	1.5	0.6	24	202	395
52413	50	140	101	62	23	140	68	2	1	24	234	495
52213	55	100	47	28.5	10	100	67	1	0.6	22	75.5	189
52214	55	105	47	28.5	10	105	72	1	1	22	74.0	189
52313	55	115	65	40	15	115	67	1.1	0.6	23	123	282
52314	55	125	72	44	16	125	72	1.1	1	23	137	315
52414	55	150	107	65.5	24	150	73	2	1	24	252	555
52215	60	110	47	28.5	10	110	77	1	1	22	78.0	209
52315	60	135	79	48.5	18	135	77	1.5	1	23	159	365
52415	60	160	115	70.5	26	160	78	2	1	24	254	560
52216	65	115	48	29	10	115	82	1	1	22	79.0	218
52316	65	140	79	48.5	18	140	82	1.5	1	23	164	395
52416	65	170	120	73.5	27	170	83	2.1	1	24	272	620
52417	65	180	128	78.5	29	179.5	88	2.1	1.1	24	310	755
52217	70	125	55	33.5	12	125	88	1	1	22	96.0	264
52317	70	150	87	53	19	150	88	1.5	1	23	207	490
52418	70	190	135	82.5	30	189.5	93	2.1	1.1	24	330	825
52218	75	135	62	38	14	135	93	1.1	1	22	114	310
52318	75	155	88	53.5	19	155	93	1.5	1	23	214	525
52420	80	210	150	91.5	33	209.5	103	3	1.1	24	370	985
52220	85	150	67	41	15	150	103	1.1	1	22	135	375
52320	85	170	97	59	21	170	103	1.5	1	23	239	595
52422	90	230	166	101.5	37	229	113	3	1.1	24	415	1150
52222	95	160	67	41	15	160	113	1.1	1	22	136	395
52322	95	190	110	67	24	189.5	113	2	1	23	282	755
52424	95	250	177	108.5	40	249	123	4	1.5	24	515	1540
52224	100	170	68	41.5	15	170	123	1.1	1.1	22	141	430
52324	100	210	123	75	27	209.5	123	2.1	1.1	23	330	930
52426	100	270	192	117	42	269	134	4	2	24	525	1590
52226	110	190	80	49	18	189.5	133	1.5	1.1	22	183	550
52326	110	225	130	80	30	224	134	2.1	1.1	23	350	1030
52428	110	280	196	120	44	279	144	4	2	24	550	1750
52228	120	200	81	49.5	18	199.5	143	1.5	1.1	22	186	575
52328	120	240	140	85.5	31	239	144	2.1	1.1	23	370	1130
52430	120	300	209	127.5	46	299	154	4	2	24	620	2010
52230	130	215	89	54.5	20	214.5	153	1.5	1.1	22	238	735
52330	130	250	140	85.5	31	249	154	2.1	1.1	23	380	1200
52432	130	320	226	138	50	319	164	5	2	24	650	2210
52434	135	340	236	143	50	339	174	5	2.1	24	715	2480
52232	140	225	90	55	20	224.5	163	1.5	1.1	22	249	805
52332	140	270	153	93	33	269	164	3	1.1	23	475	1570
52436	140	360	245	148.5	52	359	184	5	3	24	750	2730
52234	150	240	97	59	21	239.5	173	1.5	1.1	22	280	915
52236	150	250	98	59.5	21	249	183	1.5	2	22	284	955
52334	150	280	153	93	33	279	174	3	1.1	23	465	1570
52336	150	300	165	101	37	299	184	3	2	23	480	1680
52238	160	270	109	66.5	24	269	194	2	2	22	320	1110
52338	160	320	183	111.5	40	319	195	4	2	23	550	1960
52240	170	280	109	66.5	24	279	204	2	2	22	315	1110
52340	170	340	192	117	42	339	205	4	2	23	600	2220
52244	190	300	110	67	24	299	224	2	2	22	325	1210

KS B 2026

10·18 표 원통 롤러 베어링(단열)의 호칭번호 및 치수 (JIS B 1533)

(단위 mm)

NU형 NJ형 NUP형 N형 NF형

호칭번호		치수 d	D	B	$r_{s\,min}$	$r_{1s\,min}$ (참고)	F_w	E_w	치수 계열	기본 정격하중 (kN) (참고) C_r	C_{0r}
204	①	20	47	14	1	0.6	27	40	02	15.4	12.7
204E	②	20	47	14	1	0.6	26.5	—	02	25.7	22.6
2204	②	20	47	18	1	0.6	27	—	22	20.7	18.4
2204E	②	20	47	18	1	0.6	26.5	—	22	30.5	28.3
304	①	20	52	15	1.1	0.6	28.5	44.5	03	21.4	17.3
304E	②	20	52	15	1.1	0.6	27.5	—	03	31.5	26.9
2304	②	20	52	21	1.1	0.6	28.5	—	23	30.5	27.2
2304E	②	20	52	21	1.1	0.6	27.5	—	23	42.0	39.0
1005	③	25	47	12	0.6	0.3	30.5	—	10	15.1	14.1
205	①	25	52	15	1	0.6	32	45	02	17.7	15.7
205E	②	25	52	15	1	0.6	31.5	—	02	29.3	27.7
2205	②	25	52	18	1	0.6	32	—	22	—	—
2205E	②	25	52	18	1	0.6	31.5	—	22	35.0	34.5
305	①	25	62	17	1.1	1.1	35	53	03	29.3	25.2
305E	②	25	62	17	1.1	1.1	34	—	03	41.5	37.5
2305	②	25	62	24	1.1	1.1	35	—	23	—	—
2305E	②	25	62	24	1.1	1.1	34	—	23	57.0	56.0
1006	③	30	55	13	1	0.6	36.5	—	10	19.7	19.6
206	①	30	62	16	1	0.6	38.5	53.5	02	24.9	23.3
206E	②	30	62	16	1	0.6	37.5	—	02	39.0	37.5
2206	②	30	62	20	1	0.6	38.5	—	22	—	—
2206E	②	30	62	20	1	0.6	37.5	—	22	49.0	50.0
306	①	30	72	19	1.1	1.1	42	62	03	38.5	35.0
306E	②	30	72	19	1.1	1.1	40.5	—	03	53.0	50.0

호칭번호		치수 d	D	B	$r_{s\,min}$	$r_{1s\,min}$ (참고)	F_w	E_w	치수 계열	기본 정격하중 (kN) (참고) C_r	C_{0r}
2306	②	30	72	27	1.1	1.1	42	—	23	—	—
2306E	②	30	72	27	1.1	1.1	40.5	—	23	74.5	77.5
1007	③	35	62	14	1	0.6	42	—	10	22.6	23.2
207	①	35	72	17	1.1	0.6	43.8	61.8	02	35.5	34.0
207E	②	35	72	17	1.1	0.6	44	—	02	50.5	50.0
2207	②	35	72	23	1.1	0.6	43.8	—	22	—	—
2207E	②	35	72	23	1.1	0.6	44	—	22	61.5	65.0
307	①	35	80	21	1.5	1.1	46.2	68.2	03	49.5	47.0
307E	②	35	80	21	1.5	1.1	46.2	—	03	71.0	71.0
2307	②	35	80	31	1.5	1.1	46.2	—	23	—	—
2307E	②	35	80	31	1.5	1.1	46.2	—	23	99.0	109
1008	③	40	68	15	1	0.6	47	—	10	27.3	29.0
208	①	40	80	18	1.1	1.1	50	70	02	43.5	43.0
208E	②	40	80	18	1.1	1.1	49.5	—	02	55.5	55.5
2208	②	40	80	23	1.1	1.1	50	—	22	58.0	62.0
2208E	②	40	80	23	1.1	1.1	49.5	—	22	72.5	77.5
308	①	40	90	23	1.5	1.5	53.5	77.5	03	58.5	57.0
308E	②	40	90	23	1.5	1.5	52	—	03	83.0	81.5
2308	②	40	90	33	1.5	1.5	53.5	—	23	82.5	88.0
2308E	②	40	90	33	1.5	1.5	52	—	23	114	122
1009	③	45	75	16	1	0.6	52.5	—	10	31.0	34.0
209	①	45	85	19	1.1	1.1	55	75	02	46.0	47.0
209E	②	45	85	19	1.1	1.1	54.5	—	02	63.0	66.5
2209	②	45	85	23	1.1	1.1	55	—	22	61.5	68.0

(다음 페이지에 계속)

호칭번호		치수 d	D	B	$r_{s\,min}$	$r_{1s\,min}$ (참고)	F_w	E_w	치수 계열	기본 정격하중 (kN) (참고) C_r	C_{0r}
2209E	②	45	85	23	1.1	1.1	54.5	—	22	76.0	84.5
309	①	45	100	25	1.5	1.5	58.5	86.5	03	74.0	71.0
309E	②	45	100	25	1.5	1.5	58.5	—	03	97.5	98.5
2309	②	45	100	36	1.5	1.5	58.5	—	23	99.0	104
2309E	②	45	100	36	1.5	1.5	58.5	—	23	137	153
1010	③	50	80	16	1	0.6	57.5	—	10	32.0	36.0
210	①	50	90	20	1.1	1.1	60.4	80.4	02	48.0	51.0
210E	②	50	90	20	1.1	1.1	59.5	—	02	66.0	72.0
2210	②	50	90	23	1.1	1.1	60.4	—	22	64.0	73.5
2210E	②	50	90	23	1.1	1.1	59.5	—	22	79.5	91.5
310	①	50	110	27	2	2	65	95	03	87.0	86.0
310E	②	50	110	27	2	2	65	—	03	110	113
2310	②	50	110	40	2	2	65	—	23	121	131
2310E	②	50	110	40	2	2	65	—	23	163	187
1011	③	55	90	18	1.1	1	64.5	—	10	37.5	44.0
211	①	55	100	21	1.5	1.1	66.5	88.5	02	58.0	62.5
211E	②	55	100	21	1.5	1.1	66	—	02	82.5	93.0
2211	②	55	100	25	1.5	1.1	66.5	—	22	75.5	87.0
2211E	②	55	100	25	1.5	1.1	66	—	22	97.0	114
311	①	55	120	29	2	2	70.5	104.5	03	111	111
311E	②	55	120	29	2	2	70.5	—	03	137	143
2311	②	55	120	43	2	2	70.5	—	23	148	162
2311E	②	55	120	43	2	2	70.5	—	23	201	233
1012	③	60	95	18	1.1	1	69.5	—	10	40.0	48.5
212	①	60	110	22	1.5	1.5	73.5	97.5	02	68.5	75.0
212E	②	60	110	22	1.5	1.5	72	—	02	97.5	107
2212	②	60	110	28	1.5	1.5	73.5	—	22	96.0	116
2212E	②	60	110	28	1.5	1.5	72	—	22	131	157
312	①	60	130	31	2.1	2.1	77	113	03	124	126
312E	②	60	130	31	2.1	2.1	77	—	03	150	157
2312	②	60	130	46	2.1	2.1	77	—	23	169	188
2312E	②	60	130	46	2.1	2.1	77	—	23	222	262
1013	③	65	100	18	1.1	1	74.5	—	10	41.0	51.0
213	①	65	120	23	1.5	1.5	79.6	105.6	02	84.0	94.5
213E	②	65	120	23	1.5	1.5	78.5	—	02	108	119
2213	②	65	120	31	1.5	1.5	79.6	—	22	120	149
2213E	②	65	120	31	1.5	1.5	78.5	—	22	149	181
313	①	65	140	33	2.1	2.1	83.5	121.5	03	135	139
313E	②	65	140	33	2.1	2.1	82.5	—	03	181	191
2313	②	65	140	48	2.1	2.1	83.5	—	23	188	212

호칭번호		치수 d	D	B	$r_{s\,min}$	$r_{1s\,min}$ (참고)	F_w	E_w	치수 계열	기본 정격하중 (kN) (참고) C_r	C_{0r}
2313E	②	65	140	48	2.1	2.1	82.5	—	23	248	287
1014	③	70	110	20	1.1	1	80	—	10	58.5	70.5
214	①	70	125	24	1.5	1.5	84.5	110.5	02	83.5	95.0
214E	②	70	125	24	1.5	1.5	83.5	—	02	119	137
2214	②	70	125	31	1.5	1.5	84.5	—	22	119	151
2214E	②	70	125	31	1.5	1.5	83.5	—	22	156	194
314	①	70	150	35	2.1	2.1	90	130	03	158	168
314E	②	70	150	35	2.1	2.1	89	—	03	205	222
2314	②	70	150	51	2.1	2.1	90	—	23	223	262
2314E	②	70	150	51	2.1	2.1	89	—	23	274	325
1015	③	75	115	20	1.1	1	85	—	10	60.0	74.5
215	①	75	130	25	1.5	1.5	88.5	116.5	02	96.5	111
215E	②	75	130	25	1.5	1.5	88.5	—	02	130	156
2215	②	75	130	31	1.5	1.5	88.5	—	22	130	162
2215E	②	75	130	31	1.5	1.5	88.5	—	22	162	207
315	①	75	160	37	2.1	2.1	95.5	139.5	03	190	205
315E	②	75	160	37	2.1	2.1	95	—	03	240	263
2315	②	75	160	55	2.1	2.1	95.5	—	23	258	300
2315E	②	75	160	55	2.1	2.1	95	—	23	330	395
1016	③	80	125	22	1.1	1	91.5	—	10	72.5	90.5
216	①	80	140	26	2	2	95.3	125.3	02	106	122
216E	②	80	140	26	2	2	95.3	—	02	139	167
2216	②	80	140	33	2	2	95.3	—	22	147	186
2216E	②	80	140	33	2	2	95.3	—	22	186	243
316	①	80	170	39	2.1	2.1	103	147	03	190	207
316E	②	80	170	39	2.1	2.1	101	—	03	256	282
2316	②	80	170	58	2.1	2.1	103	—	23	274	330
2316E	②	80	170	58	2.1	2.1	101	—	23	355	430
1017	③	85	130	22	1.1	1	96.5	—	10	74.5	95.5
217	①	85	150	28	2	2	101.8	133.8	02	120	140
217E	②	85	150	28	2	2	100.5	—	02	167	199
2217	②	85	150	36	2	2	101.8	—	22	170	218
2217E	②	85	150	36	2	2	100.5	—	22	217	279
317	①	85	180	41	3	3	108	156	03	212	228
317E	②	85	180	41	3	3	108	—	03	291	330
2317	②	85	180	60	3	3	108	—	23	315	380
2317E	②	85	180	60	3	3	108	—	23	395	485
1018	③	90	140	24	1.5	1.1	103	—	10	88.0	114
218	①	90	160	30	2	2	107	143	02	152	178
218E	②	90	160	30	2	2	107	—	02	182	217

(다음 페이지에 계속)

호칭번호		치수 d	D	B	$r_{s\,min}$	$r_{1s\,min}$ (참고)	F_w	E_w	치수계열	기본 정격하중 (kN) (참고) C_r	C_{0r}
2218	②	90	160	40	2	2	107	—	22	197	248
2218E	②	90	160	40	2	2	107	—	22	242	315
318	①	90	190	43	3	3	115	165	03	240	265
318E	②	90	190	43	3	3	113.5	—	03	315	355
2318	②	90	190	64	3	3	115	—	23	325	395
2318E	②	90	190	64	3	3	113.5	—	23	435	535
1019	③	95	145	24	1.5	1.1	108	—	10	90.5	120
219	①	95	170	32	2.1	2.1	113.5	151.5	02	166	195
219E	②	95	170	32	2.1	2.1	112.5	—	02	220	265
2219	②	95	170	43	2.1	2.1	113.5	—	22	230	298
2219E	②	95	170	43	2.1	2.1	112.5	—	22	286	370
319	①	95	200	45	3	3	121.5	173.5	03	259	285
319E	②	95	200	45	3	3	121.5	—	03	335	385
2319	②	95	200	67	3	3	121.5	—	23	370	460
2319E	②	95	200	67	3	3	121.5	—	23	460	585
1020	③	100	150	24	1.5	1.1	113	—	10	93.0	126
220	①	100	180	34	2.1	2.1	120	160	02	183	217
220E	②	100	180	34	2.1	2.1	119	—	02	249	305
2220	②	100	180	46	2.1	2.1	120	—	22	258	340
2220E	②	100	180	46	2.1	2.1	119	—	22	335	445
320	①	100	215	47	3	3	129.5	185.5	03	299	335
320E	②	100	215	47	3	3	127.5	—	03	380	425
2320	②	100	215	73	3	3	129.5	—	23	410	505
2320E	②	100	215	73	3	3	127.5	—	23	570	715
1021	③	105	160	26	2	1.1	119.5	—	10	105	142
221	①	105	190	36	2.1	2.1	126.8	168.8	02	201	241
2221	②	105	190	50	2.1	2.1	126.8	—	22	—	—
321	①	105	225	49	3	3	135	195	03	320	360
2321	②	105	225	77	3	3	135	—	23	—	—
1022	③	110	170	28	2	1.1	125	—	10	131	174
222	①	110	200	38	2.1	2.1	132.5	178.5	02	240	290
222E	②	110	200	38	2.1	2.1	132.5	—	02	293	365
2222	②	110	200	53	2.1	2.1	132.5	—	22	320	415
2222E	②	110	200	53	2.1	2.1	132.5	—	22	385	515
322	①	110	240	50	3	3	143	207	03	360	400
322E	②	110	240	50	3	3	143	—	03	450	525
2322	②	110	240	80	3	3	143	—	23	605	790
2322E	②	110	240	80	3	3	143	—	23	675	880
1024	③	120	180	28	2	1.1	135	—	10	139	191
224	①	120	215	40	2.1	2.1	143.5	191.5	02	260	320

호칭번호		치수 d	D	B	$r_{s\,min}$	$r_{1s\,min}$ (참고)	F_w	E_w	치수계열	기본 정격하중 (kN) (참고) C_r	C_{0r}
224E	②	120	215	40	2.1	2.1	143.5	—	02	335	420
2224	②	120	215	58	2.1	2.1	143.5	—	22	350	460
2224E	②	120	215	58	2.1	2.1	143.5	—	22	450	620
324	①	120	260	55	3	3	154	226	03	450	510
324E	②	120	260	55	3	3	154	—	03	530	610
2324	②	120	260	86	3	3	154	—	23	710	920
2324E	②	120	260	86	3	3	154	—	23	795	1030
1026	③	130	200	33	2	1.1	148	—	10	172	238
226	①	130	230	40	3	3	156	204	02	270	340
226E	②	130	230	40	3	3	153.5	—	02	365	455
2226	②	130	230	64	3	3	156	—	22	380	530
2226E	②	130	230	64	3	3	153.5	—	22	530	735
326	①	130	280	58	4	4	167	243	03	560	665
326E	②	130	280	58	4	4	167	—	03	615	735
2326	②	130	280	93	4	4	167	—	23	840	1130
2326E	②	130	280	93	4	4	167	—	23	920	1230
1028	③	140	210	33	2	1.1	158	—	10	176	250
228	①	140	250	42	3	3	169	221	02	310	400
228E	②	140	250	42	3	3	169	—	02	395	515
2228	②	140	250	68	3	3	169	—	22	445	635
2228E	②	140	250	68	3	3	169	—	22	575	835
328	①	140	300	62	4	4	180	260	03	615	745
328E	②	140	300	62	4	4	180	—	03	665	795
2328	②	140	300	102	4	4	180	—	23	920	1250
2328E	②	140	300	102	4	4	180	—	23	1020	1380
1030	③	150	225	35	2.1	1.5	169.5	—	10	202	294
230	①	150	270	45	3	3	182	238	02	345	435
230E	②	150	270	45	3	3	182	—	02	450	595
2230	②	150	270	73	3	3	182	—	22	500	710
2230E	②	150	270	73	3	3	182	—	22	660	980
330	①	150	320	65	4	4	193	277	03	665	805
330E	②	150	320	65	4	4	193	—	03	760	920
2330	②	150	320	108	4	4	193	—	23	1020	1400
2330E	②	150	320	108	4	4	193	—	23	1160	1600
1032	③	160	240	38	2.1	1.5	180	—	10	238	340
232	①	160	290	48	3	3	195	255	02	430	570
232E	②	160	290	48	3	3	195	—	02	500	665
2232	②	160	290	80	3	3	195	—	22	630	940
2232E	②	160	290	80	3	3	193	—	22	810	1190
332	①	160	340	68	4	4	208	292	03	700	875

(다음 페이지에 계속)

호칭번호		d	D	B	$r_{s\,min}$	$r_{1s\,min}$ (참고)	F_w	E_w	치수계열	기본 정격하중 (kN) (참고) C_r	C_{0r}
332E	②	160	340	68	4	4	204	—	03	860	1050
2332	②	160	340	114	4	4	208	—	23	1070	1520
2332E	②	160	340	114	4	4	204	—	23	1310	1820
1034	③	170	260	42	2.1	2.1	193	—	10	278	400
234	①	170	310	52	4	4	208	272	02	475	635
234E	②	170	310	52	4	4	207	—	02	605	800
2234	②	170	310	86	4	4	208	—	22	715	1080
2234E	②	170	310	86	4	4	205	—	22	965	1410
334	①	170	360	72	4	4	220	310	03	795	1010
2334	②	170	360	120	4	4	220	—	23	1220	1750
1036	③	180	280	46	2.1	2.1	205	—	10	340	485
236	①	180	320	52	4	4	218	282	02	495	675
236E	②	180	320	52	4	4	217	—	02	625	850
2236	②	180	320	86	4	4	218	—	22	745	1140
2236E	②	180	320	86	4	4	215	—	22	1010	1510
336	①	180	380	75	4	4	232	328	03	905	1150
2336	②	180	380	126	4	4	232	—	23	1380	1990
1038	③	190	290	46	2.1	2.1	215	—	10	350	510
238	①	190	340	55	4	4	231	299	02	555	770
238E	②	190	340	55	4	4	230	—	02	695	955
2238	②	190	340	92	4	4	231	—	22	830	1290
2238E	②	190	340	92	4	4	228	—	22	1100	1670
338	①	190	400	78	5	5	245	345	03	975	1260
2338	②	190	400	132	5	5	245	—	23	1520	2220
1040	③	200	310	51	2.1	2.1	229	—	10	390	580
240	①	200	360	58	4	4	244	316	02	620	865
240E	②	200	360	58	4	4	243	—	02	765	1060
2240	②	200	360	98	4	4	244	—	22	925	1440
2240E	②	200	360	98	4	4	241	—	22	1220	1870
340	①	200	420	80	5	5	260	360	03	975	1270
2340	②	200	420	138	5	5	260	—	23	1510	2240
1044	③	220	340	56	3	3	250	—	10	500	750
244	①	220	400	65	4	4	270	350	02	760	1080
2244	②	220	400	108	4	4	270	—	22	1140	1810
344	①	220	460	88	5	5	284	396	03	1190	1570
2344	②	220	460	145	5	5	284	—	23	1780	2620
1048	③	240	360	56	3	3	270	—	10	530	820
248	①	240	440	72	4	4	295	385	02	935	1340
2248	②	240	440	120	4	4	295	—	22	1440	2320
348	①	240	500	95	5	5	310	430	03	1430	1950
2348	②	240	500	155	5	5	310	—	23	2100	3200
1052	③	260	400	65	4	4	296	—	10	645	1000
252	①	260	480	80	5	5	320	420	02	1150	1660
2252	②	260	480	130	5	5	320	—	22	1780	2930
352	①	260	540	102	6	6	336	464	03	1620	2230
2352	②	260	540	165	6	6	336	—	23	2340	3600
1056	③	280	420	65	4	4	316	—	10	660	1050
256	①	280	500	80	5	5	340	440	02	1190	1760
2256	②	280	500	130	5	5	340	—	22	1840	3100
356	①	280	580	108	6	6	362	498	03	1820	2540
2356	②	280	580	175	6	6	362	—	23	2700	4250
1060	③	300	460	74	4	4	340	—	10	855	1340
260	①	300	540	85	5	5	364	476	02	1400	2070
2260	②	300	540	140	5	5	364	—	22	2180	3650
1064	③	320	480	74	4	4	360	—	10	875	1410
264	①	320	580	92	5	5	390	510	02	1600	2390
2264	②	320	580	150	5	5	390	—	22	2550	4350
1068	③	340	520	82	5	5	385	—	10	1050	1670
1072	③	360	540	82	5	5	405	—	10	1080	1750
1076	③	380	560	82	5	5	425	—	10	1100	1840
1080	③	400	600	90	5	5	450	—	10	1320	2190
1084	③	420	620	90	5	5	470	—	10	1350	2290
1088	③	440	650	94	6	6	493	—	10	1430	2430
1092	③	460	680	100	6	6	516	—	10	1540	2630
1096	③	480	700	100	6	6	536	—	10	1580	2750
10/500	③	500	720	100	6	6	556	—	10	1610	2870

[주] 1. 호칭번호는 표 중의 원숫자에 따라, 다음에 나타내는 각 형식의 기호를 호칭번호 앞에 붙여 나타낸다
(예 : 2204 E→NU 2204 E).
①…모든 형식(NU형, NJ형, NUP형, N형, NF형)의 규정이 있다(N형 및 NF형의 규정이 있는 것은 여기만).
②…NU형, NJ형, NUP형의 규정이 있다.
③…NU형의 규정이 있다.
2. 기본 번호가 동일하고 호칭번호에 E가 붙은 베어링과 붙지 않은 베어링은 롤러의 치수 및 (또는) 개수가 다르다. 또한 기호 E에는 다른 기호를 이용할 수 있다.

10장

KS B 2026
(단위 mm)

10·19 표 원통 롤러 베어링(복열)의 호칭번호 및 치수 (JIS B 1533)

NN형 (원통 구멍) NN형 (테이퍼 형) NNU형 (원통 구멍) NNU형 (테이퍼형)

호칭번호 NN형 NNU형	d	D	B	$r_{s\,min}$	$r_{1s\,min}$ (참고)	F_w (참고)	E_w	치수 계열	기본 정격하중 (kN) (참고) C_r	C_{0r}
NN 3005	25	47	16	0.6	0.6	—	41.3	30	25.8	30.0
NN 3006	30	55	19	1	1	—	48.5	30	31.0	37.0
NN 3007	35	62	20	1	1	—	55	30	38.0	47.5
NN 3008	40	68	21	1	1	—	61	30	43.5	55.5
NN 3009	45	75	23	1	1	—	67.5	30	52.0	68.5
NN 3010	50	80	23	1	1	—	72.5	30	53.0	72.5
NN 3011	55	90	26	1.1	1.1	—	81	30	69.5	96.5
NN 3012	60	95	26	1.1	1.1	—	86.1	30	71.0	102
NN 3013	65	100	26	1.1	1.1	—	91	30	75.0	111
NN 3014	70	110	30	1.1	1.1	—	100	30	94.5	143
NN 3015	75	115	30	1.1	1.1	—	105	30	96.5	149
NN 3016	80	125	34	1.1	1.1	—	113	30	116	179
NN 3017	85	130	34	1.1	1.1	—	118	30	122	194
NN 3018	90	140	37	1.5	1.5	—	127	30	143	228
NN 3019	95	145	37	1.5	1.5	—	132	30	146	238
NNU 4920	100	140	40	1.1	1.1	113	—	49	131	260
NN 3020	100	150	37	1.5	1.5	—	137	30	153	256
NNU 4921	105	145	40	1.1	1.1	118	—	49	133	268
NN 3021	105	160	41	2	2	—	146	30	198	320
NNU 4922	110	150	40	1.1	1.1	123	—	49	137	284
NN 3022	110	170	45	2	2	—	155	30	229	375
NNU 4924	120	165	45	1.1	1.1	134.5	—	49	183	360
NN 3024	120	180	46	2	2	—	165	30	233	390
NNU 4926	130	180	50	1.5	1.5	146	—	49	220	440
NN 3026	130	200	52	2	2	—	182	30	284	475
NNU 4928	140	190	50	1.5	1.5	156	—	49	227	470
NN 3028	140	210	53	2	2	—	192	30	298	515
NNU 4930	150	210	60	2	2	168.5	—	49	345	690
NN 3030	150	225	56	2.1	2.1	—	206	30	335	585
NNU 4932	160	220	60	2	2	178.5	—	49	355	740
NN 3032	160	240	60	2.1	2.1	—	219	30	375	660
NNU 4934	170	230	60	2	2	188.5	—	49	360	765
NN 3034	170	260	67	2.1	2.1	—	236	30	440	775
NNU 4936	180	250	69	2	2	202	—	49	460	965
NN 3036	180	280	74	2.1	2.1	—	255	30	565	995
NNU 4938	190	260	69	2	2	212	—	49	475	1030
NN 3038	190	290	75	2.1	2.1	—	265	30	580	1040
NNU 4940	200	280	80	2.1	2.1	225	—	49	555	1180
NN 3040	200	310	82	2.1	2.1	—	282	30	655	1170
NNU 4944	220	300	80	2.1	2.1	245	—	49	585	1300
NN 3044	220	340	90	3	3	—	310	30	815	1480
NNU 4948	240	320	80	2.1	2.1	265	—	49	610	1410
NN 3048	240	360	92	3	3	—	330	30	855	1600
NNU 4952	260	360	100	2.1	2.1	292	—	49	900	2070
NN 3052	260	400	104	4	4	—	364	30	1060	1990
NNU 4956	280	380	100	2.1	2.1	312	—	49	925	2200
NN 3056	280	420	106	4	4	—	384	30	1080	2080
NNU 4960	300	420	118	3	3	339	—	49	1200	2800
NN 3060	300	460	118	4	4	—	418	30	1330	2560
NNU 4964	320	440	118	3	3	359	—	49	1240	2970
NN 3064	320	480	121	4	4	—	438	30	1350	2670
NNU 4968	340	460	118	3	3	379	—	49	1270	3150
NN 3068	340	520	133	5	5	—	473	30	1620	3200
NNU 4972	360	480	118	3	3	399	—	49	1270	3250
NN 3072	360	540	134	5	5	—	493	30	1650	3300
NNU 4976	380	520	140	4	4	426	—	49	1630	4050
NN 3076	380	560	135	5	5	—	512	30	1690	3450
NNU 4980	400	540	140	4	4	446	—	49	1690	4300
NNU 4984	420	560	140	4	4	466	—	49	1740	4500
NNU 4988	440	600	160	4	4	490	—	49	2150	5550
NNU 4992	460	620	160	4	4	510	—	49	2220	5850
NNU 4996	480	650	170	5	5	534	—	49	2280	5900
NNU 49/500	500	670	170	5	5	554	—	49	2360	6200

[주] 호칭번호는 원통 구멍과 테이퍼 구멍의 것을 나타낸다. 또한 테이퍼 구멍의 경우는 호칭번호 뒤에 기호 K를 붙여 나타낸다(예 : NN 3005 K)

KS B 2027

10·20 표 원뿔 롤러 베어링의 호칭번호 및 치수 (JIS B 1534)

(단위 mm)

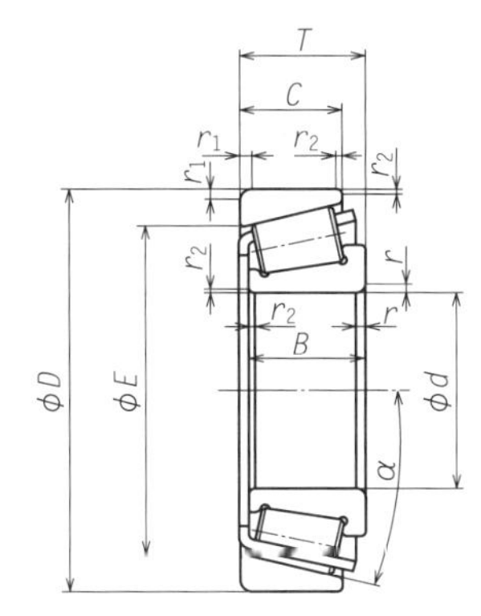

[비고] [1] 호칭번호의 표시는 JIS의 것을 우선한다. 또한 본 표에서는 호칭번호의 항목은 기존의 것만 게재했다.
[2] 호칭번호 중의 J3은 주요 치수 및 서브 유닛의 치수가 JIS B 1512-3에 의한 것을 나타낸다. 또한 J3에는 다른 기호를 이용할 수 있다.
[3] ISO 10317을 참조.

호칭번호		치수										기본 정격하중 (kN) (참고)	
JIS [2]	ISO [3]	d	D	T	B	C	$r_{s\,min}$	$r_{1s\,min}$	$r_{2s\,min}$ (참고)	α	E	C_r	C_{0r}
30302J3	T2FB015	15	42	14.25	13	11	1	1	0.3	10°45′29″	33.272	23.2	20.8
30203J3	T2DB017	17	40	13.25	12	11	1	1	0.3	12°57′10″	31.408	20.5	20.3
32203J3	T2DD017	17	40	17.25	16	14	1	1	0.3	11°45′	31.170	27.3	28.3
30303J3	T2FB017	17	47	15.25	14	12	1	1	0.3	10°45′29″	37.420	28.9	26.3
32303J3	T2FD017	17	47	20.25	19	16	1	1	0.3	10°45′29″	36.090	37.5	36.5
32004J3	T3CC020	20	42	15	15	12	0.6	0.6	0.15	14°	32.781	24.9	27.9
30204J3	T2DB020	20	47	15.25	14	12	1	1	0.3	12°57′10″	37.304	28.2	28.7
32204J3	T2DD020	20	47	19.25	18	15	1	1	0.3	12°28′	35.810	36.5	39.5
30304J3	T2FB020	20	52	16.25	15	13	1.5	1.5	0.6	11°18′36″	41.318	35.0	33.5
32304J3	T2FD020	20	52	22.25	21	18	1.5	1.5	0.6	11°18′36″	39.518	46.5	48.5
320/22J3	T3CC022	22	44	15	15	11.5	0.6	0.6	0.15	14°50′	34.708	27.0	31.5
32005J3	T4CC025	25	47	15	15	11.5	0.6	0.6	0.15	16°	37.393	27.8	33.5
30205J3	T3CC025	25	52	16.25	15	13	1	1	0.3	14°02′10″	41.135	31.5	34.0
32205J3	T2CD025	25	52	19.25	18	16	1	1	0.3	13°30′	41.331	42.0	47.0
30305J3	T2FB025	25	62	18.25	17	15	1.5	1.5	0.6	11°18′36″	50.637	48.5	47.5
30305DJ3	T7FB025	25	62	18.25	17	13	1.5	1.5	0.6	28°48′39″	44.130	40.5	43.5
32305J3	T2FD025	25	62	25.25	24	20	1.5	1.5	0.6	11°18′36″	48.637	61.5	64.5
320/28J3	T4CC028	28	52	16	16	12	1	1	0.3	16°	41.991	33.0	40.5
32006J3	T4CC030	30	55	17	17	13	1	1	0.3	16°	44.438	37.5	46.0
30206J3	T3DB030	30	62	17.25	16	14	1	1	0.3	14°02′10″	49.990	43.5	48.0
32206J3	T3DC030	30	62	21.25	20	17	1	1	0.3	14°02′10″	48.982	54.5	64.0
30306J3	T2FB030	30	72	20.75	19	16	1.5	1.5	0.6	11°51′35″	58.287	60.0	61.0
30306DJ3	T7FB030	30	72	20.75	19	14	1.5	1.5	0.6	28°48′39″	51.771	48.5	51.5
32306J3	T2FD030	30	72	28.75	27	23	1.5	1.5	0.6	11°51′35″	55.767	81.0	90.0
320/32J3	T4CC032	32	58	17	17	13	1	1	0.3	16°50′	46.708	37.0	46.5
302/32J3	T3DB032	32	65	18.25	17	15	1	1	0.3	14°	52.500	48.5	54.0
32007J3	T4CC035	35	62	18	18	14	1	1	0.3	16°50′	50.510	41.5	52.5
30207J3	T3DB035	35	72	18.25	17	15	1.5	1.5	0.6	14°02′10″	58.844	55.5	61.5
32207J3	T3DC035	35	72	24.25	23	19	1.5	1.5	0.6	14°02′10″	57.087	72.5	87.0
30307J3	T2FB035	35	80	22.75	21	18	2	1.5	0.6	11°51′35″	65.769	75.0	77.0
30307DJ3	T7FB035	35	80	22.75	21	15	2	1.5	0.6	28°48′39″	58.861	63.5	70.0
32307J3	T2FE035	35	80	32.75	31	25	2	1.5	0.6	11°51′35″	62.829	101	115
32008J3	T3CD040	40	68	19	19	14.5	1	1	0.3	14°10′	56.897	50.0	65.5
30208J3	T3DB040	40	80	19.75	18	16	1.5	1.5	0.6	14°02′10″	65.730	61.0	67.0
32208J3	T3DC040	40	80	24.75	23	19	1.5	1.5	0.6	14°02′10″	64.715	79.5	93.5
30308J3	T2FB040	40	90	25.25	23	20	2	1.5	0.6	12°57′10″	72.703	91.5	102
30308DJ3	T7FB040	40	90	25.25	23	17	2	1.5	0.6	28°48′39″	66.984	77.0	85.5
32308J3	T2FD040	40	90	35.25	33	27	2	1.5	0.6	12°57′10″	69.253	122	150
32009J3	T3CC045	45	75	20	20	15.5	1	1	0.3	14°40′	63.248	57.5	76.5
30209J3	T3DB045	45	85	20.75	19	16	1.5	1.5	0.6	15°06′34″	70.440	67.5	78.5
32209J3	T3DC045	45	85	24.75	23	19	1.5	1.5	0.6	15°06′34″	69.610	82.0	100

(다음 페이지에 계속)

호칭번호(1)		치수										기본 정격하중 (kN) (참고)	
JIS (2)	ISO (3)	d	D	T	B	C	$r_{s\,min}$	$r_{1s\,min}$	$r_{2s\,min}$ (참고)	α	E	C_r	C_{0r}
30309J3	T2FB045	45	100	27.25	25	22	2	1.5	0.6	12°57′10″	81.780	111	126
30309DJ3	T7FB045	45	100	27.25	25	18	2	1.5	0.6	28°48′39″	75.107	96.0	109
32309J3	T2FD045	45	100	38.25	36	30	2	1.5	0.6	12°57′10″	78.330	154	191
32010J3	T3CC050	50	80	20	20	15.5	1	1	0.3	15°45′	67.841	62.5	88.0
30210J3	T3DB050	50	90	21.75	20	17	1.5	1.5	0.6	15°38′32″	75.078	77.0	93.0
32210J3	T3DC050	50	90	24.75	23	19	1.5	1.5	0.6	15°38′32″	74.226	87.5	109
30310J3	T2FB050	50	110	29.25	27	23	2.5	2	0.6	12°57′10″	90.633	133	152
30310DJ3	T7FB050	50	110	29.25	27	19	2.5	2	0.6	28°48′39″	82.747	113	130
32310J3	T2FD050	50	110	42.25	40	33	2.5	2	0.6	12°57′10″	86.263	184	232
32011J3	T3CC055	55	90	23	23	17.5	1.5	1.5	0.6	15°10′	76.505	80.5	118
30211J3	T3DB055	55	100	22.75	21	18	2	1.5	0.6	15°06′34″	84.197	93.0	111
32211J3	T3DC055	55	100	26.75	25	21	2	1.5	0.6	15°06′34″	82.837	108	134
30311J3	T2FB055	55	120	31.5	29	25	2.5	2	0.6	12°57′10″	99.146	155	179
30311DJ3	T7FB055	55	120	31.5	29	21	2.5	2	0.6	28°48′39″	89.563	132	154
32311J3	T2FD055	55	120	45.5	43	35	2.5	2	0.6	12°57′10″	94.316	215	275
32012J3	T4CC060	60	95	23	23	17.5	1.5	1.5	0.6	16°	80.634	82.0	123
30212J3	T3EB060	60	110	23.75	22	19	2	1.5	0.6	15°06′34″	91.876	105	125
32212J3	T3EC060	60	110	29.75	28	24	2	1.5	0.6	15°06′34″	90.236	130	164
30312J3	T2FB060	60	130	33.5	31	26	3	2.5	1	12°57′10″	107.769	180	210
30312DJ3	T7FB060	60	130	33.5	31	22	3	2.5	1	28°48′39″	98.236	150	176
32312J3	T2FD060	60	130	48.5	46	37	3	2.5	1	12°57′10″	102.939	244	315
32013J3	T4CC065	65	100	23	23	17.5	1.5	1.5	0.6	17°	85.567	83.0	128
30213J3	T3EB065	65	120	24.75	23	20	2	1.5	0.6	15°06′34″	101.934	123	148
32213J3	T3EC065	65	120	32.75	31	27	2	1.5	0.6	15°06′34″	99.484	159	206
30313J3	T2GB065	65	140	36	33	28	3	2.5	1	12°57′10″	116.846	203	238
30313DJ3	T7GB065	65	140	36	33	23	3	2.5	1	28°48′39″	106.359	173	204
32313J3	T2GD065	65	140	51	48	39	3	2.5	1	12°57′10″	111.786	273	350
32014J3	T4CC070	70	110	25	25	19	1.5	1.5	0.6	16°10′	93.633	105	160
30214J3	T3EB070	70	125	26.25	24	21	2	1.5	0.6	15°38′32″	105.748	131	162
32214J3	T3EC070	70	125	33.25	31	27	2	1.5	0.6	15°38′32″	103.765	166	220
30314J3	T2GB070	70	150	38	35	30	3	2.5	1	12°57′10″	125.244	230	272
30314DJ3	T7GB070	70	150	38	35	25	3	2.5	1	28°48′39″	113.449	193	229
32314J3	T2GD070	70	150	54	51	42	3	2.5	1	12°57′10″	119.724	310	405
32015J3	T4CC075	75	115	25	25	19	1.5	1.5	0.6	17°	98.358	106	167
30215J3	T4DB075	75	130	27.25	25	22	2	1.5	0.6	16°10′20″	110.408	139	175
32215J3	T4DC075	75	130	33.25	31	27	2	1.5	0.6	16°10′20″	108.932	168	224
30315J3	T2GB075	75	160	40	37	31	3	2.5	1	12°57′10″	134.097	255	305
30315DJ3	T7GB075	75	160	40	37	26	3	2.5	1	28°48′39″	122.122	215	256
32315J3	T2GD075	75	160	58	55	45	3	2.5	1	12°57′10″	127.887	355	470
32016J3	T3CC080	80	125	29	29	22	1.5	1.5	0.6	15°45′	107.334	139	216
30216J3	T3EB080	80	140	28.25	26	22	2.5	2	0.6	15°38′32″	119.169	160	200
32216J3	T3EC080	80	140	35.25	33	28	2.5	2	0.6	15°38′32″	117.466	199	265
30316J3	T2GB080	80	170	42.5	39	33	3	2.5	1	12°57′10″	143.174	291	350
30316DJ3	T7GB080	80	170	42.5	39	27	3	2.5	1	28°48′39″	129.213	236	283
32316J3	T2GD080	80	170	61.5	58	48	3	2.5	1	12°57′10″	136.504	395	525
32017J3	T4CC085	85	130	29	29	22	1.5	1.5	0.6	16°25′	111.788	142	224
30217J3	T3EB085	85	150	30.5	28	24	2.5	2	0.6	15°38′32″	126.685	183	232
32217J3	T3EC085	85	150	38.5	36	30	2.5	2	0.6	15°38′32″	124.970	224	300
30317J3	T2GB085	85	180	44.5	41	34	4	3	1	12°57′10″	150.433	305	365
30317DJ3	T7GB085	85	180	44.5	41	28	4	3	1	28°48′39″	137.403	247	293
32317J3	T2GD085	85	180	63.5	60	49	4	3	1	12°57′10″	144.223	405	525
32018J3	T3CC090	90	140	32	32	24	2	1.5	0.6	15°45′	119.948	168	270
30218J3	T3FB090	90	160	32.5	30	26	2.5	2	0.6	15°38′32″	134.901	208	267
32218J3	T3FC090	90	160	42.5	40	34	2.5	2	0.6	15°38′32″	132.615	262	360
30318J3	T2GB090	90	190	46.5	43	36	4	3	1	12°57′10″	159.061	335	405
30318DJ3	T7GB090	90	190	46.5	43	30	4	3	1	28°48′39″	145.527	270	320
32318J3	T2GD090	90	190	67.5	64	53	4	3	1	12°57′10″	151.701	450	595
32019J3	T4CC095	95	145	32	32	24	2	1.5	0.6	16°25′	124.927	171	280
30219J3	T3FB095	95	170	34.5	32	27	3	2.5	1	15°38′32″	143.385	226	290

(다음 페이지에 계속)

호칭번호		치수										기본 정격하중 (kN) (참고)	
JIS [2]	ISO [3]	d	D	T	B	C	$r_{s\,min}$	$r_{1s\,min}$	$r_{2s\,min}$ (참고)	α	E	C_r	C_{0r}
32219J3	T3FC095	95	170	45.5	43	37	3	2.5	1	15°38′32″	140.259	299	415
30319J3	T2GB095	95	200	49.5	45	38	4	3	1	12°57′10″	165.861	365	445
30319DJ3	T7GB095	95	200	49.5	45	32	4	3	1	28°48′39″	151.584	296	355
32319J3	T2GD095	95	200	71.5	67	55	4	3	1	12°57′10″	160.318	505	670
32020J3	T4CC100	100	150	32	32	24	2	1.5	0.6	17°	129.269	170	281
30220J3	T3FB100	100	180	37	34	29	3	2.5	1	15°38′32″	151.310	258	335
32220J3	T3FC100	100	180	49	46	39	3	2.5	1	15°38′32″	148.184	330	465
30320J3	T2GB100	100	215	51.5	47	39	4	3	1	12°57′10″	178.578	410	500
32320J3	T2GD100	100	215	77.5	73	60	4	3	1	12°57′10″	171.650	570	770
32021J3	T4DC105	105	160	35	35	26	2.5	2	0.6	16°30′	137.685	201	335
30221J3	T3FB105	105	190	39	36	30	3	2.5	1	15°38′32″	159.795	287	380
32221J3	T3FC105	105	190	53	50	43	3	2.5	1	15°38′32″	155.269	380	540
30321J3	T2GB105	105	225	53.5	49	41	4	3	1	12°57′10″	186.752	435	530
32321J3	T2GD105	105	225	81.5	77	63	4	3	1	12°57′10″	179.359	610	825
32022J3	T4DC110	110	170	38	38	29	2.5	2	0.6	16°	146.290	236	390
30222J3	T3FB110	110	200	41	38	32	3	2.5	1	15°38′32″	168.548	325	435
32222J3	T3FC110	110	200	56	53	46	3	2.5	1	15°38′32″	164.022	420	605
30322J3	T2GB110	110	240	54.5	50	42	4	3	1	12°57′10″	199.925	480	590
32322J3	T2GD110	110	240	84.5	80	65	4	3	1	12°57′10″	192.071	705	970
32024J3	T4DC120	120	180	38	38	29	2.5	2	0.6	17°	155.239	245	420
30224J3	T4FB120	120	215	43.5	40	34	3	2.5	1	16°10′20″	181.257	345	470
32224J3	T4FD120	120	215	61.5	58	50	3	2.5	1	16°10′20″	174.825	460	680
30324J3	T2GB120	120	260	59.5	55	46	4	3	1	12°57′10″	214.892	560	695
32324J3	T2GD120	120	260	90.5	86	69	4	3	1	12°57′10″	207.039	815	1130
32026J3	T4EC130	130	200	45	45	34	2.5	2	0.6	16°10′	172.043	320	545
30226J3	T4FB130	130	230	43.75	40	34	4	3	1	16°10′20″	196.420	375	505
32226J3	T4FD130	130	230	67.75	64	54	4	3	1	16°10′20″	187.088	530	815
30326J3	T2GB130	130	280	63.75	58	49	5	4	1.5	12°57′10″	232.028	650	830
32028J3	T4DC140	140	210	45	45	34	2.5	2	0.6	17°	180.720	330	580
30228J3	T4FB140	140	250	45.75	42	36	4	3	1	16°10′20″	212.270	420	570
32228J3	T4FD140	140	250	71.75	68	58	4	3	1	16°10′20″	204.046	610	920
30328J3	T2GB140	140	300	67.75	62	53	5	4	1.5	12°57′10″	247.910	735	950
32030J3	T4EC150	150	225	48	48	36	3	2.5	1	17°	193.674	370	655
30230J3	T4GB150	150	270	49	45	38	4	3	1	16°10′20″	227.408	450	605
32230J3	T4GD150	150	270	77	73	60	4	3	1	16°10′20″	219.157	700	1070
30330J3	T2GB150	150	320	72	65	55	5	4	1.5	12°57′10″	265.955	825	1070
32032J3	T4EC160	160	240	51	51	38	3	2.5	1	17°	207.209	435	790
30232J3	T4GB160	160	290	52	48	40	4	3	1	16°10′20″	244.958	525	720
32232J3	T4GD160	160	290	84	80	67	4	3	1	16°10′20″	234.942	890	1420
30332J3	T2GB160	160	340	75	68	58	5	4	1.5	12°57′10″	282.751	915	1200
32034J3	T4EC170	170	260	57	57	43	3	2.5	1	16°30′	223.031	500	895
30234J3	T4GB170	170	310	57	52	43	5	4	1.5	16°10′20″	262.483	610	845
32234J3	T4GD170	170	310	91	86	71	5	4	1.5	16°10′20″	251.873	1000	1600
30334J3	T2GB170	170	360	80	72	62	5	4	1.5	12°57′10″	299.991	1010	1320
32036J3	T3FD180	180	280	64	64	48	3	2.5	1	15°45′	239.898	645	1170
30236J3	T4GB180	180	320	57	52	43	5	4	1.5	16°41′57″	270.928	630	890
32236J3	T4GD180	180	320	91	86	71	5	4	1.5	16°41′57″	259.938	1030	1690
32038J3	T4FD190	190	290	64	64	48	3	2.5	1	16°25′	249.853	655	1210
30238J3	T4GB190	190	340	60	55	46	5	4	1.5	16°10′20″	291.083	715	1000
32238J3	T4GD190	190	340	97	92	75	5	4	1.5	16°10′20″	279.024	1150	1850
32040J3	T4FD200	200	310	70	70	53	3	2.5	1	16°	266.039	800	1470
30240J3	T4GB200	200	360	64	58	48	5	4	1.5	16°10′20″	307.196	785	1110
32240J3	T3GD200	200	360	104	98	82	5	4	1.5	15°10′	294.880	1320	2130
32044J3	T4FD220	220	340	76	76	57	4	3	1	16°	292.464	920	1690
32048J3	T4FD240	240	360	76	76	57	4	3	1	17°	310.356	930	1760
32052J3	T4FC260	260	400	87	87	65	5	4	1.5	16°10′	344.432	1200	2270
32056J3	T4FC280	280	420	87	87	65	5	4	1.5	17°	361.811	1220	2350
32060J3	T4GD300	300	460	100	100	74	5	4	1.5	16°10′	395.676	1490	2830
32064J3	T4GD320	320	480	100	100	74	5	4	1.5	17°	415.640	1520	2940

(다음 페이지에 계속)

KS B 2028

10·21 표 자동조심 롤러 베어링의 호칭번호와 치수 (JIS B 1535)

(단위 mm)

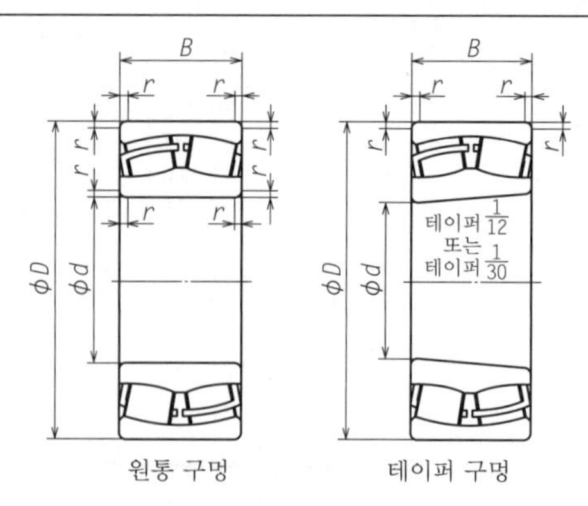

[주] 호칭번호는 원통 구멍과 테이퍼 구멍의 것을 나타낸다. 단, 테이퍼 구멍의 경우는 호칭번호 뒤에 기호 K(* 표시의 것은 K30)를 붙여 나타낸다. 그리고 K 또는 K30은 각각 내륜 테이퍼 구멍의 기준 테이퍼비가 1/12 또는 1/30인 것을 나타낸다.
본 표에는 기존의 호칭번호 항목만 게재했다.

호칭번호	치수				치수계열	기본 정격하중 (kN) (참고)	
	d	D	B	$r_{s\,min}$		C_r	C_{0r}
22205	25	52	18	1	22	36.5	36.0
21305	25	62	17	1.1	03	43.0	40.5
22206	30	62	20	1	22	49.0	49.0
21306	30	72	19	1.1	03	55.0	54.0
22207	35	72	23	1.1	22	69.5	71.0
21307	35	80	21	1.5	03	71.5	76.0
22208	40	80	23	1.1	22	79	88.5
21308	40	90	23	1.5	03	88	90
22308	40	90	33	1.5	23	121	128
22209	45	85	23	1.1	22	82.5	95
21309	45	100	25	1.5	03	102	106
22309	45	100	36	1.5	23	148	167
22210	50	90	23	1.1	22	86	102
21310	50	110	27	2	03	118	127
22310	50	110	40	2	23	186	212
22211	55	100	25	1.5	22	93.5	110
21311	55	120	29	2	03	145	163
22311	55	120	43	2	23	204	234
22212	60	110	28	1.5	22	115	147
21312	60	130	31	2.1	03	167	191
22312	60	130	46	2.1	23	238	273
22213	65	120	31	1.5	22	143	179
21313	65	140	33	2.1	03	194	228
22313	65	140	48	2.1	23	265	320
22214	70	125	31	1.5	22	154	201
21314	70	150	35	2.1	03	220	262
22314	70	150	51	2.1	23	325	380
22215	75	130	31	1.5	22	166	223
21315	75	160	37	2.1	03	239	287
22315	75	160	55	2.1	23	330	410
22216	80	140	33	2	22	179	239
21316	80	170	39	2.1	03	260	315
22316	80	170	58	2.1	23	385	470
22217	85	150	36	2	22	206	272
21317	85	180	41	3	03	289	355
22317	85	180	60	3	23	415	510
22218	90	160	40	2	22	256	345
23218	90	160	52.4	2	32	315	455
21318	90	190	43	3	03	320	400
22318	90	190	64	3	23	480	590
22219	95	170	43	2.1	22	294	390
23219	95	170	56.6	2.1	32	—	—
21319	95	200	45	3	03	335	420
22319	95	200	67	3	23	500	615
23120	100	165	52	2	31	310	470
22220	100	180	46	2.1	22	315	415
23220	100	180	60.3	2.1	32	405	580
21320	100	215	47	3	03	370	465
22320	100	215	73	3	23	605	755
23022	110	170	45	2	30	282	455
23122	110	180	56	2	31	370	580
24122*	110	180	69	2	41	450	755
22222	110	200	53	2.1	22	410	570
23222	110	200	69.8	2.1	32	515	760
21322	110	240	50	3	03	495	615
22322	110	240	80	3	23	745	930
23024	120	180	46	2	30	296	495
24024*	120	180	60	2	40	390	670
23124	120	200	62	2	31	455	705
24124*	120	200	80	2	41	575	945
22224	120	215	58	2.1	22	485	700
23224	120	215	76	2.1	32	585	880
22324	120	260	86	3	23	880	1120
23026	130	200	52	2	30	375	620
24026*	130	200	69	2	40	505	895
23126	130	210	64	2	31	495	795
24126*	130	210	80	2	41	585	995
22226	130	230	64	3	22	570	790
23226	130	230	80	3	32	685	1060
22326	130	280	93	4	23	1000	1290
23028	140	210	53	2	30	405	690
24028*	140	210	69	2	40	510	945
23128	140	225	68	2.1	31	540	895
24128*	140	225	85	2.1	41	670	1150
22228	140	250	68	3	22	685	975
23228	140	250	88	3	32	805	1270
22328	140	300	102	4	23	1130	1460
23030	150	225	56	2.1	30	445	775
24030*	150	225	75	2.1	40	585	1060
23130	150	250	80	2.1	31	730	1190
24130*	150	250	100	2.1	41	885	1520
22230	150	270	73	3	22	775	1160
23230	150	270	96	3	32	935	1460
22330	150	320	108	4	23	1270	1750
23032	160	240	60	2.1	30	505	885
24032*	160	240	80	2.1	40	650	1200
23132	160	270	86	2.1	31	840	1370
24132*	160	270	109	2.1	41	1040	1780
22232	160	290	80	3	22	870	1290
23232	160	290	104	3	32	1050	1660
22332	160	340	114	4	23	1410	1990

(다음 페이지에 계속)

호칭 번호	치수				치수 계열	기본 정격하중 (kN) (참고)	
	d	D	B	$r_{s\,min}$		C_r	C_{0r}
23034	170	260	67	2.1	30	630	1080
24034*	170	260	90	2.1	40	800	1470
23134	170	280	88	2.1	31	885	1490
24134*	170	280	109	2.1	41	1080	1880
22234	170	310	86	4	22	1000	1520
23234	170	310	110	4	32	1180	1960
22334	170	360	120	4	23	1540	2180
23936	180	250	52	2	39	440	835
23036	180	280	74	2.1	30	740	1290
24036*	180	280	100	2.1	40	965	1770
23136	180	300	96	3	31	1030	1730
24136*	180	300	118	3	41	1250	2210
22236	180	320	86	4	22	1040	1610
23236	180	320	112	4	32	1230	2000
22336	180	380	126	4	23	1740	2560
23938	190	260	52	2	39	460	890
23038	190	290	75	2.1	30	755	1350
24038*	190	290	100	2.1	40	995	1850
23138	190	320	104	3	31	1190	2020
24138*	190	320	128	3	41	1420	2480
22238	190	340	92	4	22	1160	1810
23238	190	340	120	4	32	1400	2330
22338	190	400	132	5	23	1870	2790
23940	200	280	60	2.1	39	545	1100
23040	200	310	82	2.1	30	915	1620
24040*	200	310	109	2.1	40	1160	2140
23140	200	340	112	3	31	1350	2270
24140*	200	340	140	3	41	1630	2900
22240	200	360	98	4	22	1310	2010
23240	200	360	128	4	32	1610	2640
22340	200	420	138	5	23	2040	3050
23944	220	300	60	2.1	39	565	1170
23044	220	340	90	3	30	1060	1920
24044*	220	340	118	3	40	1350	2570
23144	220	370	120	4	31	1540	2670
24144*	220	370	150	4	41	1880	3400
22244	220	400	108	4	22	1580	2460
23244	220	400	144	4	32	2010	3350
22344	220	460	145	5	23	2350	3500
23948	240	320	60	2.1	39	565	1190
23048	240	360	92	3	30	1130	2140
24048*	240	360	118	3	40	1410	2770
23148	240	400	128	4	31	1730	3050
24148*	240	400	160	4	41	2110	3800
22248	240	440	120	4	22	1940	3100
23248	240	440	160	4	32	2430	4100
22348	240	500	155	5	23	2720	4100
23952	260	360	75	2.1	39	760	1580
23052	260	400	104	4	30	1420	2620
24052*	260	400	140	4	40	1830	3550
23152	260	440	144	4	31	2140	3850
24152*	260	440	180	4	41	2510	4600
22252	260	480	130	5	22	2230	3600
23252	260	480	174	5	32	2760	4700
22352	260	540	165	6	23	3100	4750
23956	280	380	75	2.1	39	830	1750
23056	280	420	106	4	30	1510	2920
24056*	280	420	140	4	40	1950	3950
23156	280	460	146	5	31	2300	4250

호칭 번호	치수				치수 계열	기본 정격하중 (kN) (참고)	
	d	D	B	$r_{s\,min}$		C_r	C_{0r}
24156*	280	460	180	5	41	2730	5200
22256	280	500	130	5	22	2310	3800
23256	280	500	176	5	32	2930	5150
22356	280	580	175	6	23	3500	5350
23960	300	420	90	3	39	1110	2320
23060	300	460	118	4	30	1890	3550
24060*	300	460	160	4	40	2450	4950
23160	300	500	160	5	31	2750	5000
24160*	300	500	200	5	41	3300	6400
22260	300	540	140	5	22	2670	4350
23260	300	540	192	5	32	3450	6000
23964	320	440	90	3	39	1140	2460
23064	320	480	121	4	30	1960	3850
24064*	320	480	160	4	40	2510	5200
23164	320	540	176	5	31	3100	5800
22264	320	580	150	5	22	3100	5050
23264	320	580	208	5	32	4000	7050
23968	340	460	90	3	39	1220	2650
23068	340	520	133	5	30	2310	4550
24068*	340	520	180	5	40	3000	6200
23168	340	580	190	5	31	3600	6600
23268	340	620	224	6	32	4450	8000
23972	360	480	90	3	39	1320	2930
23072	360	540	134	5	30	2370	4700
23172	360	600	192	5	31	3750	7050
23272	360	650	232	6	32	4850	8700
23976	380	520	106	4	39	1560	3550
23076	380	560	135	5	30	2510	5150
23176	380	620	194	5	31	3900	7500
23276	380	680	240	6	32	5200	9650
23980	400	540	106	4	39	1580	3650
23080	400	600	148	5	30	2980	6050
23180	400	650	200	6	31	4200	8050
23280	400	720	256	6	32	5850	10600
23984	420	560	106	4	39	1630	3850
23084	420	620	150	5	30	3100	6400
23184	420	700	224	6	31	5200	9950
23284	420	760	272	7.5	32	6550	12000
23988	440	600	118	4	39	2030	4700
23088	440	650	157	6	30	3300	6850
23188	440	720	226	6	31	5200	10100
23288	440	790	280	7.5	32	6900	12800
23992	460	620	118	4	39	2100	4950
23092	460	680	163	6	30	3600	7450
23192	460	760	240	7.5	31	5700	11400
23292	460	830	296	7.5	32	7750	14500
23996	480	650	128	5	39	2330	5500
23096	480	700	165	6	30	3650	7700
23196	480	790	248	7.5	31	6200	12300
23296	480	870	310	7.5	32	8300	15500
239/500	500	670	128	5	39	2370	5600
230/500	500	720	167	6	30	3850	8300
231/500	500	830	264	7.5	31	6950	13700
232/500	500	920	336	7.5	32	9400	17800
239/530	530	710	136	5	39	2640	6450
239/560	560	750	140	5	39	2830	6700
239/600	600	800	150	5	39	3150	7800

KS B 2029

10·22 표 니들 롤러 베어링(치수 계열 49)*의 주요 치수 (JIS B 1536-1)

(단위 mm)

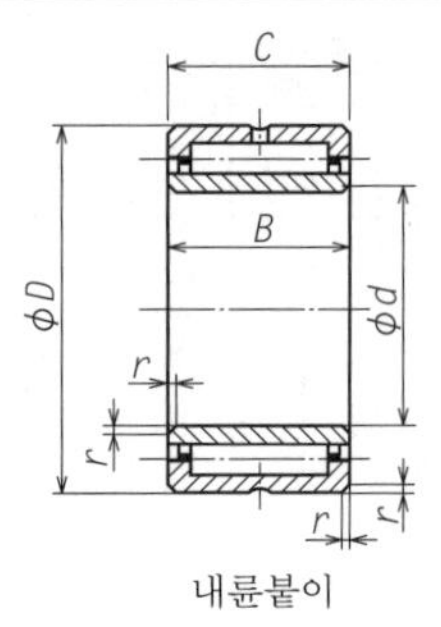

내륜붙이

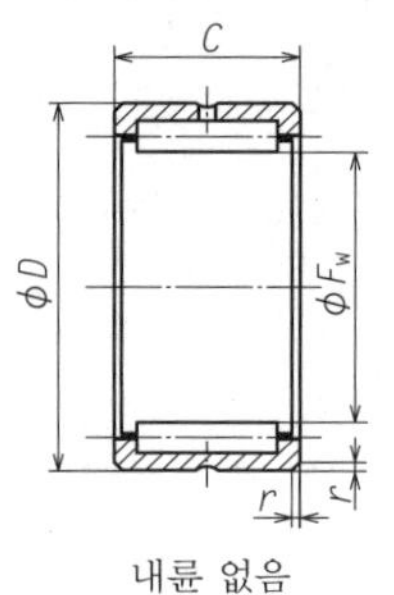

내륜 없음

[비고] 내륜붙이 및 내륜 없는 베어링에는 유지기붙이 또는 유지기 없음, 단열 또는 복열 및 외륜 오일 홈·오일 구멍붙이 또는 외륜 오일 홈·오일 구멍 없음이 있다.

[주] * 구 명칭은 솔리드형 니들 롤러 베어링.

내륜붙이 및 내륜 없는 베어링					기본 번호[(2)]		기본 정격하중 kN (참고)	
d	F_w	D	B, C	$r_{s\,min}$ [(1)]	내륜붙이 베어링	내륜 없는 베어링	C_r	C_{0r}
5	7	13	10	0.15	NA 495	RNA 495	2.67	2.35
6	8	15	10	0.15	NA 496	RNA 496	3.15	3.0
7	9	17	10	0.15	NA 497	RNA 497	3.6	3.65
8	10	19	11	0.2	NA 498	RNA 498	4.3	3.95
9	12	20	11	0.3	NA 499	RNA 499	4.85	4.9
10	14	22	13	0.3	NA 4900	RNA 4900	8.6	9.2
12	16	24	13	0.3	NA 4901	RNA 4901	9.55	10.9
15	20	28	13	0.3	NA 4902	RNA 4902	10.3	12.8
17	22	30	13	0.3	NA 4903	RNA 4903	11.2	14.6
20	25	37	17	0.3	NA 4904	RNA 4904	21.3	25.5
22	28	39	17	0.3	NA 49/22	RNA 49/22	23.2	29.3
25	30	42	17	0.3	NA 4905	RNA 4905	24.0	31.5
28	32	45	17	0.3	NA 49/28	RNA 49/28	24.8	33.5
30	35	47	17	0.3	NA 4906	RNA 4906	25.5	35.5
32	40	52	20	0.6	NA 49/32	RNA 49/32	31.5	47.5
35	42	55	20	0.6	NA 4907	RNA 4907	32.0	50.0
40	48	62	22	0.6	NA 4908	RNA 4908	43.5	66.5
45	52	68	22	0.6	NA 4909	RNA 4909	46.0	73.0
50	58	72	22	0.6	NA 4910	RNA 4910	48.0	80.0
55	63	80	25	1	NA 4911	RNA 4911	58.5	99.5
60	68	85	25	1	NA 4912	RNA 4912	61.5	108
65	72	90	25	1	NA 4913	RNA 4913	62.5	112
70	80	100	30	1	NA 4914	RNA 4914	85.5	156
75	85	105	30	1	NA 4915	RNA 4915	87.0	162
80	90	110	30	1	NA 4916	RNA 4916	90.5	174
85	100	120	35	1.1	NA 4917	RNA 4917	112	237
90	105	125	35	1.1	NA 4918	RNA 4918	116	252
95	110	130	35	1.1	NA 4919	RNA 4919	118	260
100	115	140	40	1.1	NA 4920	RNA 4920	127	260
110	125	150	40	1.1	NA 4922	RNA 4922	131	279
120	135	165	45	1.1	NA 4924	RNA 4924	180	380
130	150	180	50	1.5	NA 4926	RNA 4926	202	455
140	160	190	50	1.5	NA 4928	RNA 4928	209	485

[주] (1) 모떼기 치수의 최대값은 JIS B 1514-3에 의한다.

(2) 유지기 없는 베어링에는 기본 번호 뒤에 보조 기호 V를 붙인다.

KS B 2042(폐지)

10·23 표 스러스트 자동조심 롤러 베어링의 호칭번호 및 치수

(단위 mm)

호칭번호	치수				치수계열	기본 정격하중 (kN) (참고)	
	d	D	T	$r_{s\,min}$		C_a	C_{0a}
29412	60	130	42	1.5	94	283	805
29413	65	140	45	2	94	330	945
29414	70	150	48	2	94	365	1040
29415	75	160	51	2	94	415	1190
29416	80	170	54	2.1	94	460	1380
29317	85	150	39	1.5	93	265	820
29417	85	180	58	2.1	94	490	1480
29318	90	155	39	1.5	93	285	915
29418	90	190	60	2.1	94	545	1680
29320	100	170	42	1.5	93	345	1160
29420	100	210	67	3	94	685	2130
29322	110	190	48	2	93	445	1500
29422	110	230	73	3	94	845	2620
29324	120	210	54	2.1	93	535	1770
29424	120	250	78	4	94	975	3050
29326	130	225	58	2.1	93	615	2100
29426	130	270	85	4	94	1080	3550
29328	140	240	60	2.1	93	685	2360
29428	140	280	85	4	94	1110	3750
29230	150	215	39	1.5	92	340	1340
29330	150	250	60	2.1	93	675	2390
29430	150	300	90	4	94	1280	4350
29232	160	225	39	1.5	92	360	1460
29332	160	270	67	3	93	820	2860
29432	160	320	95	5	94	1500	5150
29234	170	240	42	1.5	92	425	1770
29334	170	280	67	3	93	855	3050
29434	170	340	103	5	94	1660	5750
29236	180	250	42	1.5	92	450	1920
29336	180	300	73	3	93	995	3600
29436	180	360	109	5	94	1840	6200
29238	190	270	48	2	92	530	2230
29338	190	320	78	4	93	1150	4250
29438	190	380	115	5	94	2010	6800
29240	200	280	48	2	92	535	2300
29340	200	340	85	4	93	1280	4600
29440	200	400	122	5	94	2230	7650
29244	220	300	48	2	92	555	2480
29344	220	360	85	4	93	1390	5200
29444	220	420	122	6	94	2300	8100
29248	240	340	60	2.1	92	825	3600
29348	240	380	85	4	93	1380	5250
29448	240	440	122	6	94	2400	8700
29252	260	360	60	2.1	92	870	3950
29352	260	420	95	5	93	1710	6800
29452	260	480	132	6	94	2740	10000
29256	280	380	60	2.1	92	875	4050
29356	280	440	95	5	93	1800	7250
29456	280	520	145	6	94	3350	12400
29260	300	420	73	3	92	1190	5350
29360	300	480	109	5	93	2140	8250
29460	300	540	145	6	94	3450	13200
29264	320	440	73	3	92	1260	5800
29364	320	500	109	5	93	2220	8800
29464	320	580	155	7.5	94	3700	14200
29268	340	460	73	3	92	1240	5800
29368	340	540	122	5	93	2650	10700
29468	340	620	170	7.5	94	4400	17500
29272	360	500	85	4	92	1510	7050
29372	360	560	122	5	93	2710	11100
29472	360	640	170	7.5	94	4500	18500
29276	380	520	85	4	92	1590	7650
29376	380	600	132	6	93	3200	13300
29476	380	670	175	7.5	94	4900	19700
29280	400	540	85	4	92	1620	7950
29380	400	620	132	6	93	3400	14500
29480	400	710	185	7.5	94	5450	22100
29284	420	580	95	5	92	2100	10400
29384	420	650	140	6	93	3600	15500
29484	420	730	185	7.5	94	5500	22800
29288	440	600	95	5	92	2150	10900
29388	440	680	145	6	93	3800	16400
29488	440	780	206	9.5	94	6400	26200
29292	460	620	95	5	92	2150	11000
29392	460	710	150	6	93	4200	18500
29492	460	800	206	9.5	94	6600	27900
29296	480	650	103	5	92	2400	12000
29396	480	730	150	6	93	4200	18700
29496	480	850	224	9.5	94	7500	31500
292/500	500	670	103	5	92	2540	13000
293/500	500	750	150	6	93	4300	19300
294/500	500	870	224	9.5	94	7850	33000

10·24 표 마그넷 볼 베어링의 호칭번호 및 치수
(JIS B 1538) KS B 2030(폐지) (단위 mm)

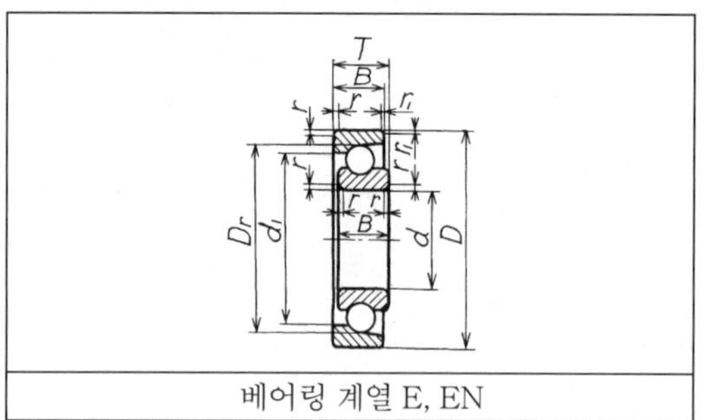

베어링 계열 E, EN

호칭번호	d	D	B	T	r	r_1
3	3	16	5	5	0.3	0.2
4	4	16	5	5	0.3	0.2
5	5	16	5	5	0.3	0.2
6	6	21	7	7	0.5	0.3
7	7	22	7	7	0.5	0.3
8	8	24	7	7	0.5	0.3
9	9	28	8	8	0.5	0.3
10	10	28	8	8	0.5	0.3
11	11	32	7	7	0.5	0.3
12	12	32	7	7	0.5	0.3
13	13	30	7	7	0.5	0.3
14	14	35	8	8	0.5	0.3
15	15	35	8	8	0.5	0.3
16	16	38	10	10	0.7	0.4
17	17	44	11	11	1.0	0.6
18	18	40	9	9	0.7	0.4
19	19	40	9	9	0.7	0.4
20	20	47	12	12	1.5	1.0

[주] 1998년 폐지.

6. 구름 베어링의 설치 관계 치수

(1) 구름 베어링의 설치 방법

구름 베어링을 축에 설치하는 경우에는 보통 10·17 그림과 같이 축을 단붙이해서 어깨를 붙이고 이것에 내륜을 정확하게 끼운 후, 로크너트 및 와셔를 이용해 충분히 죄고 와셔의 클릭을 로크너트의 노치에 맞춰 절곡해 고정하는데, 이 외에 스냅 링을 이용해 고정하는 방법, 어댑터 슬리브를 이용하는 방법 등 여러 가지 방법이 이용된다(10·18 그림).

또한 축의 강도 점에서 단붙이부 구석의 라운딩을 크게 취하는 경우 혹은 축의 어깨가 낮은 경우에는 동 그림 (d)와 같이 축의 어깨와 내륜 사이에 스페이서를 넣어 충분히 접촉하게 한다.

10·25 표는 구름 베어링용 로크너트를 나타낸 것이다. 호칭번호 AN(또는 ANL) 40 이하, HN 42(또는 HNL41) 이상의 것은 10·26 표에 나타낸 와셔를 이용하고, 호칭번호 AN(또는 ANL)

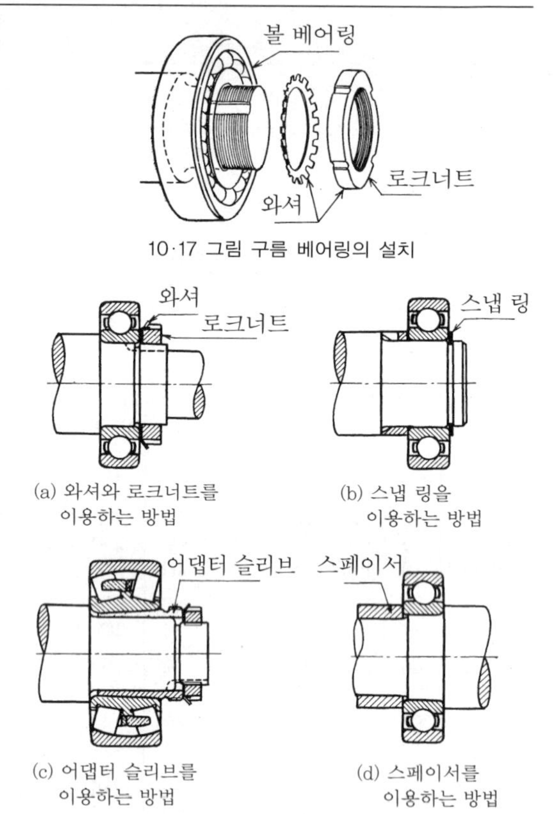

10·17 그림 구름 베어링의 설치

10·18 그림 구름 베어링 설치 치수

44 이상인 것은 10·27 표에 나타낸 스냅 링을 이용해 로크너트의 나사 구멍에 작은나사에 의해 체결해 고정한다.

또한 테이퍼붙이 구름 베어링은 테이퍼 축으로 해 이것을 설치하는 경우도 있는데, 일반적으로 구름 베어링용 어댑터 착탈 슬리브를 이용해 설치한다. 어댑터는 구름 베어링용 어댑터 슬리브, 구름 베어링용 로크너트 및 와셔(또는 스냅 링)를 조합한 것이다. 10·28 표에 어댑터 및 착탈 슬리브와 적합한 베어링의 관계를 나타냈다. 또한 10·29 표는 각 계열의 어댑터 치수를 나타낸 것이다. 어댑터 호칭번호는 어댑터의 계열 번호(H 30, H 31 등) 및 사용하는 베어링의 내경 번호(10·8 표 참조)로 이루어진다. 또한 어댑터 슬리브에는 분할 폭이 넓은 광분할형과 좁은 협분할형이 있는데, 협분할형의 것으로 X형 와셔를 사용하는 경우는 앞에서 말한 호칭번호 뒤에 기호 X를 붙인다.

또한 10·31 표는 주로 전동축 등에 사용하는 플러머블록 베어링 상자를 나타낸 것으로, 어댑터붙이 구름 베어링이 이용된다.

KS B 2024

10·25 표 구름 베어링용 로크너트 (JIS B 1554)

(단위 mm)

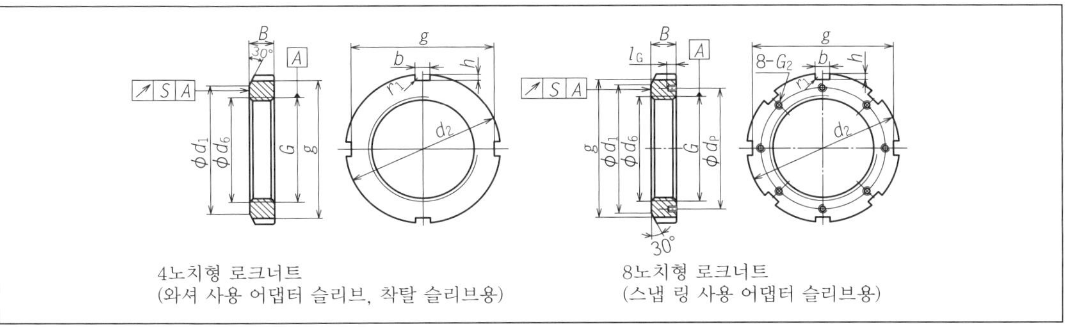

(a) 4노치형 로크너트 (계열 AN, HN)

호칭번호	G	d	d_1	d_2	B	b	h	(참고) d_6	(참고) g	(참고) r_1(최대)
AN 00	M 10×0.75	10	13.5	18	4	3	2	10.5	14	0.4
AN 01	M 12×1	12	17	22	4	3	2	12.5	18	0.4
AN 02	M 15×1	15	21	25	5	4	2	15.5	21	0.4
AN 03	M 17×1	17	24	28	5	4	2	17.5	24	0.4
AN 04	M 20×1	20	26	32	6	4	2	20.5	28	0.4
AN/22	M 22×1	22	28	34	6	4	2	22.5	30	0.4
AN 05	M 25×1.5	25	32	38	7	5	2	25.8	34	0.4
AN/28	M 28×1.5	28	36	42	7	5	2	28.8	38	0.4
AN 06	M 30×1.5	30	38	45	7	5	2	30.8	41	0.4
AN/32	M 32×1.5	32	40	48	8	5	2	32.8	44	0.4
AN 07	M 35×1.5	35	44	52	8	5	2	35.8	48	0.4
AN 08	M 40×1.5	40	50	58	9	6	2.5	40.8	53	0.5
AN 09	M 45×1.5	45	56	65	10	6	2.5	45.8	60	0.5
AN 10	M 50×1.5	50	61	70	11	6	2.5	50.8	65	0.5
AN 11	M 55×2	55	67	75	11	7	3	56	69	0.5
AN 12	M 60×2	60	73	80	11	7	3	61	74	0.5
AN 13	M 65×2	65	79	85	12	7	3	66	79	0.5
AN 14	M 70×2	70	85	92	12	8	3.5	71	85	0.5
AN 15	M 75×2	75	90	98	13	8	3.5	76	91	0.5
AN 16	M 80×2	80	95	105	15	8	3.5	81	98	0.6
AN 17	M 85×2	85	102	110	16	8	3.5	86	103	0.6
AN 18	M 90×2	90	108	120	16	10	4	91	112	0.6
AN 19	M 95×2	95	113	125	17	10	4	96	117	0.6
AN 20	M 100×2	100	120	130	18	10	4	101	122	0.6
AN 21	M 105×2	105	126	140	18	12	5	106	130	0.7
AN 22	M 110×2	110	133	145	19	12	5	111	135	0.7
AN 23	M 115×2	115	137	150	19	12	5	116	140	0.7
AN 24	M 120×2	120	138	155	20	12	5	121	145	0.7
AN 25	M 125×2	125	148	160	21	12	5	126	150	0.7
AN 26	M 130×2	130	149	165	21	12	5	131	155	0.7
AN 27	M 135×2	135	160	175	22	14	6	136	163	0.7
AN 28	M 140×2	140	160	180	22	14	6	141	168	0.7
AN 29	M 145×2	145	171	190	24	14	6	146	178	0.7
AN 30	M 150×2	150	171	195	24	14	6	151	183	0.7
AN 31	M 155×3	155	182	200	25	16	7	156.5	186	0.7
AN 32	M 160×3	160	182	210	25	16	7	161.5	196	0.7
AN 33	M 165×3	165	193	210	26	16	7	166.5	196	0.7
AN 34	M 170×3	170	193	220	26	16	7	171.5	206	0.7
AN 36	M 180×3	180	203	230	27	18	8	181.5	214	0.7
AN 38	M 190×3	190	214	240	28	18	8	191.5	224	0.7
AN 40	M 200×3	200	226	250	29	18	8	201.5	234	0.7
HN 42	Tr 210×4	210	238	270	30	20	10	212	250	0.8
HN 44	Tr 220×4	220	250	280	32	20	10	222	260	0.8
HN 46	Tr 230×4	230	260	290	34	20	10	232	270	0.8
HN 48	Tr 240×4	240	270	300	34	20	10	242	280	0.8

(다음 페이지에 계속)

호칭번호	G	d	d_1	d_2	B	b	h	(참고)		
								d_6	g	r_1(최대)
HN 50	Tr 250×4	250	290	320	36	20	10	252	300	0.8
HN 52	Tr 260×4	260	300	330	36	24	12	262	306	0.8
HN 56	Tr 280×4	280	320	350	38	24	12	282	326	0.8
HN 58	Tr 290×4	290	330	370	40	24	12	292	346	0.8
HN 60	Tr 300×4	300	340	380	40	24	12	302	356	0.8
HN 62	Tr 310×5	310	350	390	42	24	12	312.5	366	0.8
HN 64	Tr 320×5	320	360	400	42	24	12	322.5	376	0.8
HN 66	Tr 330×5	330	380	420	52	28	15	332.5	390	1
HN 68	Tr 340×5	340	400	440	55	28	15	342.5	410	1
HN 70	Tr 350×5	350	410	450	55	28	15	352.5	420	1
HN 72	Tr 360×5	360	420	460	58	28	15	362.5	430	1
HN 74	Tr 370×5	370	430	470	58	28	15	372.5	440	1
HN 76	Tr 380×5	380	450	490	60	32	18	382.5	454	1
HN 80	Tr 400×5	400	470	520	62	32	18	402.5	484	1
HN 84	Tr 420×5	420	490	540	70	32	18	422.5	504	1
HN 88	Tr 440×5	440	510	560	70	36	20	442.5	520	1
HN 92	Tr 460×5	460	540	580	75	36	20	462.5	540	1
HN 96	Tr 480×5	480	560	620	75	36	20	482.5	580	1
HN 100	Tr 500×5	500	580	630	80	40	23	502.5	584	1
HN 102	Tr 510×6	510	590	650	80	40	23	513	604	1
HN 106	Tr 530×6	530	610	670	80	40	23	533	624	1
HN 110	Tr 550×6	550	640	700	80	40	23	553	654	1

(b) 4노치형 로크너트 (계열 ANL, HNL)

호칭번호	G	d	d_1	d_2	B	b	h	(참고)		
								d_6	g	r_1(최대)
ANL 24	M 120×2	120	133	145	20	12	5	121	135	0.7
ANL 24B*	M 120×2	120	135	145	20	12	5	121	135	0.7
ANL 26	M 130×2	130	143	155	21	12	5	131	145	0.7
ANL 26B*	M 130×2	130	145	155	21	12	5	131	145	0.7
ANL 28	M 140×2	140	151	165	22	14	6	141	153	0.7
ANL 28B*	M 140×2	140	155	165	22	12	5	141	153	0.7
ANL 30	M 150×2	150	164	180	24	14	6	151	168	0.7
ANL 30B*	M 150×2	150	170	180	24	14	5	151	168	0.7
ANL 32	M 160×3	160	174	190	25	16	7	161.5	176	0.7
ANL 32B*	M 160×3	160	180	190	25	14	5	161.5	176	0.7
ANL 34	M 170×3	170	184	200	26	16	7	171.5	186	0.7
ANL 34B*	M 170×3	170	190	200	26	16	5	171.5	186	0.7
ANL 36	M 180×3	180	192	210	27	18	8	181.5	194	0.7
ANL 36B*	M 180×3	180	200	210	27	16	5	181.5	194	0.7
ANL 38	M 190×3	190	202	220	28	18	8	191.5	204	0.7
ANL 38B*	M 190×3	190	210	220	28	16	5	191.5	204	0.7
ANL 40	M 200×3	200	218	240	29	18	8	201.5	224	0.7
ANL 40B*	M 200×3	200	222	240	29	18	8	201.5	224	0.7
HNL 41	Tr 205×4	205	232	250	30	18	8	207	234	0.8
HNL 43	Tr 215×4	215	242	260	30	20	9	217	242	0.8
HNL 44	Tr 220×4	220	242	260	30	20	9	222	242	0.8
HNL 47	Tr 235×4	235	262	280	34	20	9	237	262	0.8
HNL 48	Tr 240×4	240	270	290	34	20	10	242	270	0.8
HNL 52	Tr 260×4	260	290	310	34	20	10	262	290	0.8
HNL 56	Tr 280×4	280	310	330	38	24	10	282	310	0.8
HNL 60	Tr 300×4	300	336	360	42	24	12	302	336	0.8
HNL 64	Tr 320×5	320	356	380	42	24	12	322.5	356	1
HNL 68	Tr 340×5	340	376	400	45	24	12	342.5	376	1
HNL 69	Tr 345×5	345	384	410	45	28	13	347.5	384	1
HNL 72	Tr 360×5	360	394	420	45	28	13	362.5	394	1
HNL 73	Tr 365×5	365	404	430	48	28	13	367.5	404	1
HNL 76	Tr 380×5	380	422	450	48	28	14	382.5	422	1
HNL 77	Tr 385×5	385	422	450	48	28	14	387.5	422	1
HNL 80	Tr 400×5	400	442	470	52	28	14	402.5	442	1
HNL 82	Tr 410×5	410	452	480	52	32	14	412.5	452	1

(다음 페이지에 계속)

호칭번호	G	d	d_1	d_2	B	b	h	(참고)		
								d_6	g	r_1(최대)
HNL 84	Tr 420×5	420	462	490	52	32	14	422.5	462	1
HNL 86	Tr 430×5	430	472	500	52	32	14	432.5	472	1
HNL 88	Tr 440×5	440	490	520	60	32	15	442.5	490	1
HNL 90	Tr 450×5	450	490	520	60	32	15	452.5	490	1
HNL 92	Tr 460×5	460	510	540	60	32	15	462.5	510	1
HNL 94	Tr 470×5	470	510	540	60	32	15	472.5	510	1
HNL 96	Tr 480×5	480	530	560	60	36	15	482.5	530	1
HNL 98	Tr 490×5	490	550	580	60	36	15	492.5	550	1
HNL 100	Tr 500×5	500	550	580	68	36	15	502.5	550	1
HNL 104	Tr 520×6	520	570	600	68	36	15	523	570	1
HNL 106	Tr 530×6	530	590	630	68	40	20	533	590	1
HNL 108	Tr 540×6	540	590	630	68	40	20	543	590	1

(c) 8노치형 로크너트 (계열 AN)

호칭번호	G	d	d_1	d_2	B	b	h	(참고)					
								d_6	g	r_1 (최대)	l_G	G_2	d_p
AN 44	Tr 220×4	220	250	280	32	20	10	222	260	0.8	15	M 8	238
AN 48	Tr 240×4	240	270	300	34	20	10	242	280	0.8	15	M 8	258
AN 52	Tr 260×4	260	300	330	36	24	12	262	306	0.8	18	M 10	281
AN 56	Tr 280×4	280	320	350	38	24	12	282	326	0.8	18	M 10	301
AN 60	Tr 300×4	300	340	380	40	24	12	302	356	0.8	18	M 10	326
AN 64	Tr 320×5	320	360	400	42	24	12	322.5	376	0.8	18	M 10	345
AN 68	Tr 340×5	340	400	440	55	28	15	342.5	410	1	21	M 12	372
AN 72	Tr 360×5	360	420	460	58	28	15	362.5	430	1	21	M 12	392
AN 76	Tr 380×5	380	450	490	60	32	18	382.5	454	1	21	M 12	414
AN 76B*	Tr 380×5	380	440	490	60	32	18	382.5	454	1	21	M 12	414
AN 80	Tr 400×5	400	470	520	62	32	18	402.5	484	1	27	M 16	439
AN 80B*	Tr 400×5	400	460	520	62	32	18	402.5	484	1	27	M 16	439
AN 84	Tr 420×5	420	490	540	70	32	18	422.5	504	1	27	M 16	459
AN 88	Tr 440×5	440	510	560	70	36	20	442.5	520	1	27	M 16	477
AN 92	Tr 460×5	460	540	580	75	36	20	462.5	540	1	27	M 16	497
AN 96	Tr 480×5	480	560	620	75	36	20	482.5	580	1	27	M 16	527
AN 100	Tr 500×5	500	580	630	80	40	23	502.5	584	1	27	M 16	539

(d) 8노치형 로크너트(계열 ANL)

호칭번호	G	d	d_1	d_2	B	b	h	(참고)					
								d_6	g	r_1 (최대)	l_G	G_2	d_p
ANL 44	Tr 220×4	220	242	260	30	20	9	222	242	0.8	12	M 6	229
ANL 48	Tr 240×4	240	270	290	34	20	10	242	270	0.8	15	M 8	253
ANL 52	Tr 260×4	260	290	310	34	20	10	262	290	0.8	15	M 8	273
ANL 56	Tr 280×4	280	310	330	38	24	10	282	310	0.8	15	M 8	293
ANL 60	Tr 300×4	300	336	360	42	24	12	302	336	0.8	15	M 8	316
ANL 64	Tr 320×5	320	356	380	42	24	12	322.5	356	0.8	15	M 8	335
ANL 68	Tr 340×5	340	376	400	45	24	12	342.5	376	1	15	M 8	355
ANL 72	Tr 360×5	360	394	420	45	28	13	362.5	394	1	15	M 8	374
ANL 76	Tr 380×5	380	422	450	48	28	14	382.5	422	1	18	M 10	398
ANL 80	Tr 400×5	400	442	470	52	28	14	402.5	442	1	18	M 10	418
ANL 84	Tr 420×5	420	462	490	52	32	14	422.5	462	1	18	M 10	438
ANL 88	Tr 440×5	440	490	520	60	32	15	442.5	490	1	21	M 12	462
ANL 92	Tr 460×5	460	510	540	60	32	15	462.5	510	1	21	M 12	482
ANL 96	Tr 480×5	480	530	560	60	36	15	482.5	530	1	21	M 12	502
ANL 100	Tr 500×5	500	550	580	68	36	15	502.5	550	1	21	M 12	522

[주] * 기존 JIS에 없지만, 대응 국제 규격에 규정되어 있는 것을 나타낸다. 또한 본 표에서는 호칭번호가 큰 것은 일부 생략했다.

KS B 2004

10·26 표 구름 베어링용 와셔 (JIS B 1554)

(단위 mm)

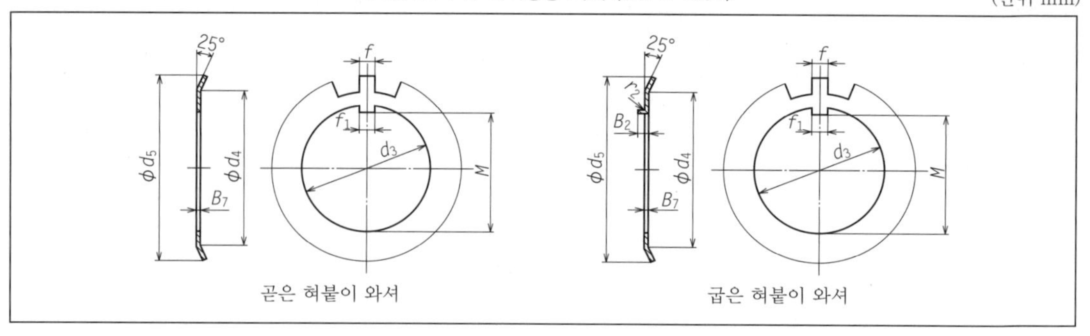

(a) 계열 AW

호칭번호		AW-X, AW-A, AW-B								AW-A	AW-B	AW-A	AW-B
곧은 혀 (X) [1]	굽은 혀 (A, B) [1]	d_3	d_4	d_5 ≒	f_1	M	f [3]	B_7 ≒	N [4] (최소)	B_2		r_2 (참고)	
AW 00		10	13.5	21	3	8.5	3	1	9	—	3	—	1
AW 01		12	17	25	3	10.5	3	1	11	—	3	—	1
AW 02		15	21	28	4	13.5	4	1	11	3.5	4	1	1
AW 03		17	24	32	4	15.5	4	1	11	3.5	4	1	1
AW 04		20	26	36	4	18.5	4	1	11	3.5	4	1	1
AW /22		22	28	38	4	20.5	4	1	11	3.5	4	1	1
AW 05		25	32	42	5	23	5	1.25	13	3.75	4	1	1
AW /28		28	36	46	5	26	5	1.25	13	3.75	4	1	1
AW 06		30	38	49	5	27.5	5	1.25	13	3.75	4	1	1
AW /32		32	40	52	5	29.5	5	1.25	13	3.75	4	1	1
AW 07		35	44	57	6	32.5	5	1.25	13	3.75	4	1	1
AW 08		40	50	62	6	37.5	6	1.25	13	3.75	5	1	1
AW 09		45	56	69	6	42.5	6	1.25	13	3.75	5	1	1
AW 10		50	61	74	6	47.5	6	1.25	13	3.75	5	1	1
AW 11		55	67	81	8	52.5	7	1.5	17	5.5	5	1	1
AW 12		60	73	86	8	57.5	7	1.5	17	5.5	6	1.2	1.2
AW 13		65	79	92	8	62.5	7	1.5	17	5.5	6	1.2	1.2
AW 14		70	85	98	8	66.5	8	1.5	17	5.5	6	1.2	1.2
AW 15		75	90	104	8	71.5	8	1.5	17	5.5	6	1.2	1.2
AW 16		80	95	112	10	76.5	8	1.8	17	5.8	6	1.2	1.2
AW 17		85	102	119	10	81.5	8	1.8	17	5.8	8	1.2	1.2
AW 18		90	108	126	10	86.5	10	1.8	17	5.8	8	1.2	1.2
AW 19		95	113	133	10	91.5	10	1.8	17	5.8	8	1.2	1.2
AW 20		100	120	142	12	96.5	10	1.8	17	7.8	8	1.2	1.2
AW 21		105	126	145	12	100.5	12	1.8	17	7.8	10	1.2	1.2
AW 22		110	133	154	12	105.5	12	1.8	17	7.8	10	1.2	1.2
AW 23		115	137	159	12	110.5	12	2	17	8	10	1.5	1.5
AW 24		120	138	164	14	115	12	2	17	8	10	1.5	1.5
AW 25		125	148	170	14	120	12	2	17	8	10	1.5	1.5
AW 26		130	149	175	14	125	12	2	17	8	10	1.5	1.5
AW 27		135	160	185	14	130	14	2	17	8	10	1.5	1.5
AW 28		140	160	192	16	135	14	2	17	10	—	1.5	—
AW 29		145	171	202	16	140	14	2	17	10	—	1.5	—
AW 30		150	171	205	16	145	14	2	17	10	—	1.5	—
AW 31		155	182	212	16	147.5	16	2.5	19	10.5	12	1.5	1.5
AW 32		160	182	217	18	154	16	2.5	19	10.5	12	1.5	1.5
AW 33		165	193	222	18	157.5	16	2.5	19	10.5	12	1.5	1.5
AW 34		170	193	232	18	164	16	2.5	19	10.5	12	1.5	1.5
AW 36		180	203	242	20	174	18	2.5	19	10.5	12	1.5	1.5
AW 38		190	214	252	20	184	18	2.5	19	10.5	12	1.5	1.5
AW 40		200	226	262	20	194	18	2.5	19	10.5	12	1.5	1.5

(다음 페이지에 계속)

(b) 계열 AWL

호칭번호	AWL-X, AWL-Y, AWL-A				AWL -X	AWL -Y	AWL -A	AWL -X	AWL -Y	AWL -A	AWL -X	AWL -Y	AWL -A	AWL -X	AWL -Y	AWL -A	AWL -A	AWL -A
곧은 혀 (X, Y)[2] / 굽은 혀 (A)[2]	d_3	f_1	M	B_7 ≒	d_4			d_5 ≒			f[3]			N[4] (최소)			B_2	r_2 (참고)
AWL 24	120	14	115	2	133	135	133	155	151	155	12	12	12	19	17	19	8	1.5
AWL 26	130	14	125	2	143	145	143	165	161	165	12	12	12	19	17	19	8	1.5
AWL 28	140	16	135	2	151	155	151	175	171	175	14	12	14	19	17	19	10	1.5
AWL 30	150	16	145	2	164	170	164	190	188	190	14	14	14	19	17	19	10	1.5
AWL 32	160	18	154	2.5	174	180	174	200	199	200	16	14	16	19	19	19	10.5	1.5
AWL 34	170	18	164	2.5	184	190	184	210	211	210	16	16	16	19	19	19	10.5	1.5
AWL 36	180	20	174	2.5	192	200	192	220	221	220	18	16	18	19	19	19	10.5	1.5
AWL 38	190	20	184	2.5	202	210	202	230	231	230	18	16	18	19	19	19	10.5	1.5
AWL 40	200	20	194	2.5	218	222	218	250	248	250	18	18	18	19	19	19	10.5	1.5

[주] [1] 호칭번호는 곧은 혀의 경우는 번호 뒤에 기호 X, 굽은 혀의 경우는 A 또는 B를 붙여 나타낸다.
X, A : 기존의 일본 국내 사양, Y : 대응 국제 규격에 일치하는 사양 (기존 JIS에는 없다),
B : Y와 동일한 사양으로, A형에 대해서 주로 굽은 혀 길이 B_2가 다른 것.
또한 기호 A의 경우는 생략해도 되는 것으로 되어 있다.
[2] 위와 동일하게 곧은 혀의 경우는 번호 뒤에 X 또는 Y, 굽은 혀의 경우는 기호 A를 붙여 나타낸다.
그 외의 것은 위와 동일.
[3] f는 로크너트의 노치 폭 b보다 작아야 한다.
[4] N은 와셔의 잇수로, 로크너트의 노치 수에 맞춰 홀수 개가 바람직하다.
본 표에서는 계열 AW의 호칭번호가 큰 것은 일부 생략했다.

KS B 2004

10·27 표 구름 베어링용 스냅 링 (JIS B 1554)

(단위 mm)

스냅 링

(a) 계열 AL

호칭번호	s ≒	s_1[1]	h_1	d_6	e	l[2] ≒	G_2	L_3
AL 44	4	20	12	9	22.5	16	M 8	30.5
AL 52	4	24	12	12	25.5	20	M 10	33.5
AL 60	4	24	12	12	30.5	20	M 10	38.5
AL 64	5	24	15	12	31	20	M 10	41
AL 68	5	28	15	14	38	25	M 12	48
AL 76	5	32	15	14	40	25	M 12	50
AL 80	5	32	15	18	45	30	M 16	55
AL 88	5	36	15	18	43	30	M 16	53
AL 96	5	36	15	18	53	30	M 16	63
AL 100	5	40	15	18	45	30	M 16	55

(b) 계열 ALL

호칭번호	s ≒	s_1[1]	h_1	d_6	e	l[2] ≒	G_2	L_3
ALL 44	4	20	12	7	13.5	12	M 6	21.5
ALL 48	4	20	12	9	17.5	16	M 8	25.5
ALL 56	4	24	12	9	17.5	16	M 8	25.5
ALL 60	4	24	12	9	20.5	16	M 8	28.5
ALL 64	5	24	15	9	21	16	M 8	31
ALL 72	5	28	15	9	20	16	M 8	30
ALL 76	5	28	15	12	24	20	M 10	34
ALL 84	5	32	15	12	24	20	M 10	34
ALL 88	5	32	15	14	28	25	M 12	38
ALL 96	5	36	15	14	28	25	M 12	38

[주] [1] b_1은 로크너트의 노치 폭 b보다 작아야 한다.
[2] 이 스냅 링에 사용하는 볼트의 나사 길이는 표시된 치수를 권장한다.

10·28 표 어댑터 및 착탈 슬리브와 적합한 베어링 (JIS B 1552 부록서)

(a) 어댑터와 적합한 베어링

어댑터 계열		H 30	H 31		H 2	H 32	H 3		H 23		H 39
적합한 베어링의 치수 계열		30	31	22	02	32	22	03	32	23	39
베어링 내경 번호의 범위		24 ～ /500	20 ～ /500	24 ～ 64	02 ～ 22	60 ～ /500	02 ～ 22	02 ～ 22	18 ～ 56	02 ～ 56	36K ～ /600
적합한 베어링	자동 조심 볼 베어링	—	—	—	1202K ～ 1222K	—	2202K ～ 2222K	1302K ～ 1322K	—	2302K ～ 2322K	—
	자동조심 롤러 베어링	23023K ～ 230/500K	23120K ～ 231/500K	22224K ～ 22264K	—	23260K ～ 232/500K	22205K ～ 22222K	21305K ～ 21322K	23218K ～ 23256K	22308K ～ 22356K	23936K ～ 239/600K

(b) 착탈 슬리브와 적합한 베어링

착탈 슬리브 계열		AH 30	AH 31		AH 2	AH 22	AH 32	
적합한 베어링의 치수 계열		30	31	22	02	22	32	
베어링 내경 번호의 범위		24～/500	22～/500	22～34	08～22	36～64	18～40	60～/500
적합한 베어링	자동조심 볼 베어링	—	—	2222K	1208K ～ 1222K	—	—	—
	자동조심 롤러 베어링	23024K ～ 230/500K	23122K ～ 231/500K	22222K ～ 22234K	—	22236K ～ 22264K	23218K ～ 23240K	23260K ～ 232/500K
착탈 슬리브 계열		AH 3		AH 23		AH 39	AH 240	AH 241
적합한 베어링의 치수 계열		03	22	23	32	39	40	41
베어링 내경 번호의 범위		08～22	08～20	08～22	44～56	36～/600	26～68	22～56
적합한 베어링	자동조심 볼 베어링	1308K ～ 1322K	2208K ～ 2220K	2308K ～ 2322K	—	—	—	—
	자동조심 롤러 베어링	21308K ～ 21322K	22208K ～ 22220K	22308K ～ 22356K	23244K ～ 23256K	23936K ～ 239/600	24026K30 ～ 24068K30	24122K30 ～ 24156K30

10·29 표 구름 베어링용 어댑터 (JIS B 1552) **KS B 2044(폐지)** (단위 mm)

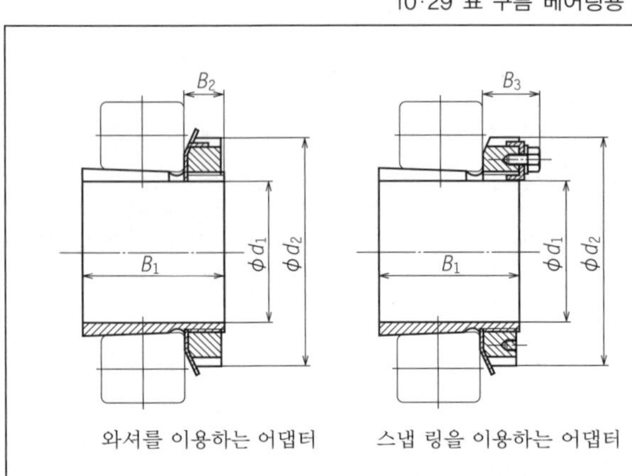

[주] 1. 본 표에서는 축지름이 큰 것은 생략했다.
2. 호칭번호의 기호 X에 대해서는 협분할형의 것으로, X형 와셔를 사용하는 경우에 붙인다.
3. *호칭번호의 기호 X가 없는 것의 수치를 나타낸다.

(다음 페이지에 계속)

어댑터 계열 H 30

호칭번호	d_1	B_2	B_3	d_2	B_1
H 3024 X	110	22	—	145	72
H 3026 X	115	23	—	155	80
H 3028 X	125	24	—	165	82
H 3030 X	135	26	—	180	87
H 3032 X	140	28	—	190	93
H 3034 X	150	29	—	200	101
H 3036 X	160	30	—	210	109
H 3038 X	170	31	—	220	112
H 3040 X	180	32	—	240	120
H 3044	200	—	41	260	126
H 3048	220	—	46	290	133
H 3052	240	—	46	310	145
H 3056	260	—	50	330	152
H 3060	280	—	54	360	168
H 3064	300	—	55	380	171
H 3068	320	—	58	400	187
H 3072	340	—	58	420	188
H 3076	360	—	62	450	193
H 3080	380	—	66	470	210
H 3084	400	—	66	490	212
H 3088	410	—	77	520	228
H 3092	430	—	77	540	234
H 3096	450	—	77	560	237
H 30/500	470	—	85	580	247

어댑터 계열 H 31

호칭번호	d_1	B_2	B_3	d_2	B_1
H 3120 X	90	20	—	130	76
H 3121 X	95	20	—	140	80
H 3122 X	100	21	—	145	81
H 3124 X	110	22	—	155	88
H 3126 X	115	23	—	165	92
H 3128 X	125	24	—	180	97
H 3130 X	135	26	—	195	111
H 3132 X	140	28	—	210	119
H 3134 X	150	29	—	220	122
H 3136 X	160	30	—	230	131
H 3138 X	170	31	—	240	141
H 3140 X	180	32	—	250	150
H 3144 X	200	35	44*	280	158*, 161
H 3148 X	220	37	46*	300	169*, 172
H 3152 X	240	39	49*	330	187*, 190
H 3156 X	260	41	51*	350	192*, 195
H 3160	280	—	53	380	208
H 3164	300	—	56	400	226
H 3168	320	—	72	440	254
H 3172	340	—	75	460	259
H 3176	360	—	77	490	264
H 3180	380	—	82	520	272
H 3184	400	—	90	540	304
H 3188	410	—	90	560	307
H 3192	430	—	95	580	326
H 3196	450	—	95	620	335
H 31/500	470	—	100	630	356

어댑터 계열 H 2

호칭번호	d_1	B_2	d_2	B_1
H 202 X	12	6	25	19
H 203 X	14	6	28	20
H 204 X	17	7	32	24
H 205 X	20	8	38	26
H 206 X	25	8	45	27
H 207 X	30	9	52	29
H 208 X	35	10	58	31
H 209 X	40	11	65	33
H 210 X	45	12	70	35
H 211 X	50	12	75	37
H 212 X	55	13	80	38
H 213 X	60	14	85	40
H 214 X	60	14	92	41
H 215 X	65	15	98	43
H 216 X	70	17	105	46
H 217 X	75	18	110	50
H 218 X	80	18	120	52
H 219 X	85	19	125	55
H 220 X	90	20	130	58
H 221 X	95	20	140	60
H 222 X	100	21	145	63

어댑터 계열 H 3

호칭번호	d_1	B_2	d_2	B_1
H 302 X	12	6	25	22
H 303 X	14	6	28	24
H 304 X	17	7	32	28
H 305 X	20	8	38	29
H 306 X	25	8	45	31
H 307 X	30	9	52	35
H 308 X	35	10	58	36
H 309 X	40	11	65	39
H 310 X	45	12	70	42
H 311 X	50	12	75	45
H 312 X	55	13	80	47
H 313 X	60	14	85	50
H 314 X	60	14	92	52
H 315 X	65	15	98	55
H 316 X	70	17	105	59
H 317 X	75	18	110	63
H 318 X	80	18	120	65
H 319 X	85	19	125	68
H 320 X	90	20	130	71
H 321 X	95	20	140	74
H 322 X	100	21	145	77

(다음 페이지에 계속)

어댑터 계열 H 23					
호칭번호	d_1	B_2	B_3	d_2	B_1
H 2302 X	12	6	—	25	25
H 2303 X	14	6	—	28	27
H 2304 X	17	7	—	32	31
H 2305 X	20	8	—	38	35
H 2306 X	25	8	—	45	38
H 2307 X	30	9	—	52	43
H 2308 X	35	10	—	58	46
H 2309 X	40	11	—	65	50
H 2310 X	45	12	—	70	55
H 2311 X	50	12	—	75	59
H 2312 X	55	13	—	80	62
H 2313 X	60	14	—	85	65
H 2314 X	60	14	—	92	68
H 2315 X	65	15	—	98	73
H 2316 X	70	17	—	105	78
H 2317 X	75	18	—	110	82
H 2318 X	80	18	—	120	86
H 2319 X	85	19	—	125	90
H 2320 X	90	20	—	130	97
H 2321 X	95	20	—	140	101
H 2322 X	100	21	—	145	105
H 2324 X	110	22	—	155	112
H 2326 X	115	23	—	165	121
H 2328 X	125	24	—	180	131
H 2330 X	135	26	—	195	139
H 2332 X	140	28	—	210	147
H 2334 X	150	29	—	220	154
H 2336 X	160	30	—	230	161
H 2338 X	170	31	—	240	169
H 2340 X	180	32	—	250	176
H 2344 X	200	35	44*	280	183*, 186
H 2348 X	220	37	46*	300	196*, 199
H 2352 X	240	39	49*	330	208*, 211
H 2356 X	260	41	51*	350	221*, 224

KS B 2048(폐지)

10·30 표 구름 베어링용 착탈 슬리브 (JIS B 1552)

(단위 mm)

[주] 호칭번호는 착탈 슬리브를 나타내는 기호 AH와 동일한 치수 계열을 나타내는 기호 30, 31, …241로 이루어진다.
호칭번호 뒤의 기호 Y는 대응 국제 규격의 나사 외경 치수가 변경된 것을 나타낸다(X는 기존의 것).

착탈 슬리브 계열 AH 30						
호칭번호	G	d_1	B_1	B_4	d_{T1}	B_G
AH 3032	M 170×3	150	77	82	165.25	19
AH 3034	M 180×3	160	85	90	175.83	20
AH 3036	M 190×3	170	92	98	186.08	25
AHY 3038	M 200×3	180	96	102	196.50	24
AH 3038	Tr 205×4	180	96	102	196.50	24
AHY 3040	Tr 210×4	190	102	108	206.92	25
AH 3040	Tr 215×4	190	102	108	206.92	25
AHY 3044	Tr 230×4	200	111	117	227.58	26
AH 3044	Tr 235×4	200	111	117	227.58	26
AH 3048	Tr 260×4	220	116	123	248.00	27
AH 3052	Tr 280×4	240	128	135	268.83	29
AH 3056	Tr 300×4	260	131	139	289.08	30
AH 3060	Tr 320×5	280	145	153	310.08	32
AHY 3064	Tr 340×5	300	149	157	330.33	33
AH 3064	Tr 345×5	300	149	157	330.33	33
AHY 3068	Tr 360×5	320	162	171	351.42	34
AH 3068	Tr 365×5	320	162	171	351.42	34
AHY 3072	Tr 380×5	340	167	176	371.67	36
AH 3072	Tr 385×5	340	167	176	371.67	36
AHY 3076	Tr 400×5	360	170	180	391.92	37
AH 3076	Tr 410×5	360	170	180	391.92	37
AHY 3080	Tr 420×5	380	183	193	412.83	39
AH 3080	Tr 430×5	380	183	193	412.83	39
AHY 3084	Tr 440×5	400	186	196	433.00	40
AH 3084	Tr 450×5	400	186	196	433.00	40
AHY 3088	Tr 460×5	420	194	205	453.67	41
AHY 3092	Tr 480×5	440	202	213	474.17	43
AHX 3096	Tr 520×5	460	205	217	494.42	44
AHY 30/500	Tr 530×6	480	209	221	514.58	46

착탈 슬리브 계열 AH 31						
호칭번호	G	d_1	B_1	B_4	d_{T1}	B_G
AH 3120	M 110×2	95	64	68	104.50	14
AH 3121	M 115×2	100	68	72	109.83	14
AH 3132	M 180×3	150	103	108	167.42	19
AH 3134	M 190×3	160	104	109	177.50	19
AHY 3136	M 190×3	170	116	122	188.33	22
AH 3136	M 200×3	170	116	122	188.33	22
AHY 3138	M 200×3	180	125	131	198.75	26
AH 3138	Tr 210×4	180	125	131	198.75	26
AH 3140	Tr 220×4	190	134	140	209.42	27
AH 3144	Tr 240×4	200	145	151	230.17	29
AH 3148	Tr 260×4	220	154	161	250.83	31

(다음 페이지에 계속)

호칭번호	G	d_1	B_1	B_4	d_{T1}	B_G
AHY 3152	Tr 280×4	240	172	179	272.25	32
AH 3152	Tr 290×4	240	172	179	272.25	32
AHY 3156	Tr 300×4	260	175	183	292.42	34
AH 3156	Tr 310×5	260	175	183	292.42	34
AHY 3160	Tr 320×5	280	192	200	313.67	36
AH 3160	Tr 330×5	280	192	200	313.67	36
AHY 3164	Tr 340×5	300	209	217	335.00	37
AH 3164	Tr 350×5	300	209	217	335.00	37
AHY 3168	Tr 360×5	320	225	234	356.25	39
AH 3168	Tr 370×5	320	225	234	356.25	39
AHY 3172	Tr 380×5	340	229	238	376.42	41
AH 3172	Tr 400×5	340	229	238	376.42	41
AHY 3176	Tr 400×5	360	232	242	396.67	42
AH 3176	Tr 420×5	360	232	242	396.67	42
AHY 3180	Tr 420×5	380	240	250	417.17	44
AH 3180	Tr 440×5	380	240	250	417.17	44
AHY 3184	Tr 440×5	400	266	276	439.17	46
AH 3184	Tr 460×5	400	266	276	439.17	46
AHY 3188	Tr 460×5	420	270	281	459.42	48
AHY 3192	Tr 480×5	440	285	296	480.58	49
AHY 3196	Tr 500×5	460	295	307	501.33	51
AHY 31/500	Tr 530×6	480	313	325	522.67	53

착탈 슬리브 계열 AH 32

호칭번호	G	d_1	B_1	B_4	d_{T1}	B_G
AH 3219	M 105×2	90	67	71	99.75	14
AH 3221	M 115×2	100	78	82	110.67	14
AHY 3222	M 120×2	105	82	86	116.00	14
AHY 3224	M 130×2	115	90	94	126.50	16
AHY 3226	M 140×2	125	98	102	137.00	18
AHY 3228	M 150×2	135	104	109	147.58	18
AHY 3230	M 160×3	145	114	119	158.25	20
AHY 3232	M 170×3	150	124	130	168.92	23
AH 3232	M 180×3	150	124	130	168.92	23
AHY 3234	M 180×3	160	134	140	179.42	27
AH 3234	M 190×3	160	134	140	179.42	27
AHY 3236	M 190×3	170	140	146	189.92	27
AH 3236	M 200×3	170	140	146	189.92	27
AHY 3238	M 200×3	180	145	152	200.08	31
AH 3238	Tr 210×4	180	145	152	200.08	31
AH 3240	Tr 220×4	190	153	160	210.75	31
AH 3244	Tr 240×4	200	181	189	233.00	33
AH 3248	Tr 260×4	220	189	197	253.50	35
AH 3252	Tr 280×4	240	205	213	274.75	36
AH 3256	Tr 300×4	260	212	220	295.17	38
AHY 3260	Tr 320×5	280	228	236	316.33	40
AH 3260	Tr 330×5	280	228	236	316.33	40
AHY 3264	Tr 340×5	300	246	254	337.67	42
AH 3264	Tr 350×5	300	246	254	337.67	42
AHY 3268	Tr 360×5	320	264	273	359.08	44
AH 3268	Tr 370×5	320	264	273	359.08	44
AHY 3272	Tr 380×5	340	274	283	379.75	46
AH 3272	Tr 400×5	340	274	283	379.75	46
AHY 3276	Tr 400×5	360	284	294	400.50	48
AH 3276	Tr 420×5	360	284	294	400.50	48
AHY 3280	Tr 420×5	380	302	312	421.83	50
AH 3280	Tr 440×5	380	302	312	421.83	50
AHY 3284	Tr 440×5	400	321	331	443.25	52
AH 3284	Tr 460×5	400	321	331	443.25	52
AHY 3288	Tr 460×5	420	330	341	463.92	54
AHY 3292	Tr 480×5	440	349	360	485.33	56
AHY 3296	Tr 500×5	460	364	376	506.50	58
AHY 32/500	Tr 530×6	480	393	405	528.75	60

착탈 슬리브 계열 AH 3

호칭번호	G	d_1	B_1	B_4	d_{T1}	B_G
AH 308	M 45×1.5	35	29	32	41.92	9
AH 309	M 50×1.5	40	31	34	47.08	9
AHY 313	M 70×2	60	42	45	67.83	11
AH 313	M 75×2	60	42	45	67.83	11
AHY 314	M 75×2	65	43	47	73.00	11
AH 314	M 80×2	65	43	47	73.00	11
AHY 315	M 80×2	70	45	49	78.17	11
AH 315	M 85×2	70	45	49	78.17	11
AH 316	M 90×2	75	48	52	83.42	11
AHX 322	M 120×2	105	63	67	114.33	15
AHX 324	M 130×2	115	69	73	124.75	16
AHX 326	M 140×2	125	74	78	135.08	17
AHX 328	M 150×2	135	77	82	145.42	17
AHY 330	M 160×3	145	83	88	155.83	18
AHX 330	M 165×3	145	83	88	155.83	18
AHY 332	M 170×3	150	88	93	166.17	19
AH 332	M 180×3	150	88	93	166.17	19
AHY 334	M 180×3	160	93	98	176.50	20
AH 334	M 190×3	160	93	98	176.50	20

착탈 슬리브 계열 AH 23

호칭번호	G	d_1	B_1	B_4	d_{T1}	B_G
AH 2308	M 45×1.5	35	40	43	42.75	10
AH 2309	M 50×1.5	40	44	47	48.00	11
AHY 2313	M 70×2	60	61	64	69.08	15
AH 2313	M 75×2	60	61	64	69.08	15
AHY 2314	M 75×2	65	64	68	74.42	15
AHY 2315	M 80×2	70	68	72	79.75	15
AH 2321	M 115×2	100	94	98	111.58	19
AHY 2322	M 120×2	105	98	102	116.92	19
AHY 2324	M 130×2	115	105	109	127.42	20
AHY 2326	M 140×2	125	115	119	138.08	22
AHY 2328	M 150×2	135	125	130	148.92	23
AHY 2330	M 160×3	145	135	140	159.42	27
AHY 2332	M 170×3	150	140	146	169.92	27
AH 2332	M 180×3	150	140	146	169.92	27
AHY 2334	M 180×3	160	146	152	180.42	27
AH 2334	M 190×3	160	146	152	180.42	27
AHY 2336	M 190×3	170	154	160	190.92	29
AH 2336	M 200×3	170	154	160	190.92	29
AHY 2338	M 200×3	180	160	167	201.25	32
AH 2338	Tr 210×4	180	160	167	201.25	32
AH 2340	Tr 220×4	190	170	177	211.75	36
AH 2344	Tr 240×4	200	181	189	232.75	36
AH 2348	Tr 260×4	220	189	197	253.42	36
AH 2352	Tr 290×4	240	205	213	274.75	36
AH 2356	Tr 310×5	260	212	220	295.33	36

10·31 표 구름 베어링용 플러머 블록 베어링 하우징 (JIS B 1551 발췌)

KS B ISO 113
(단위 mm)

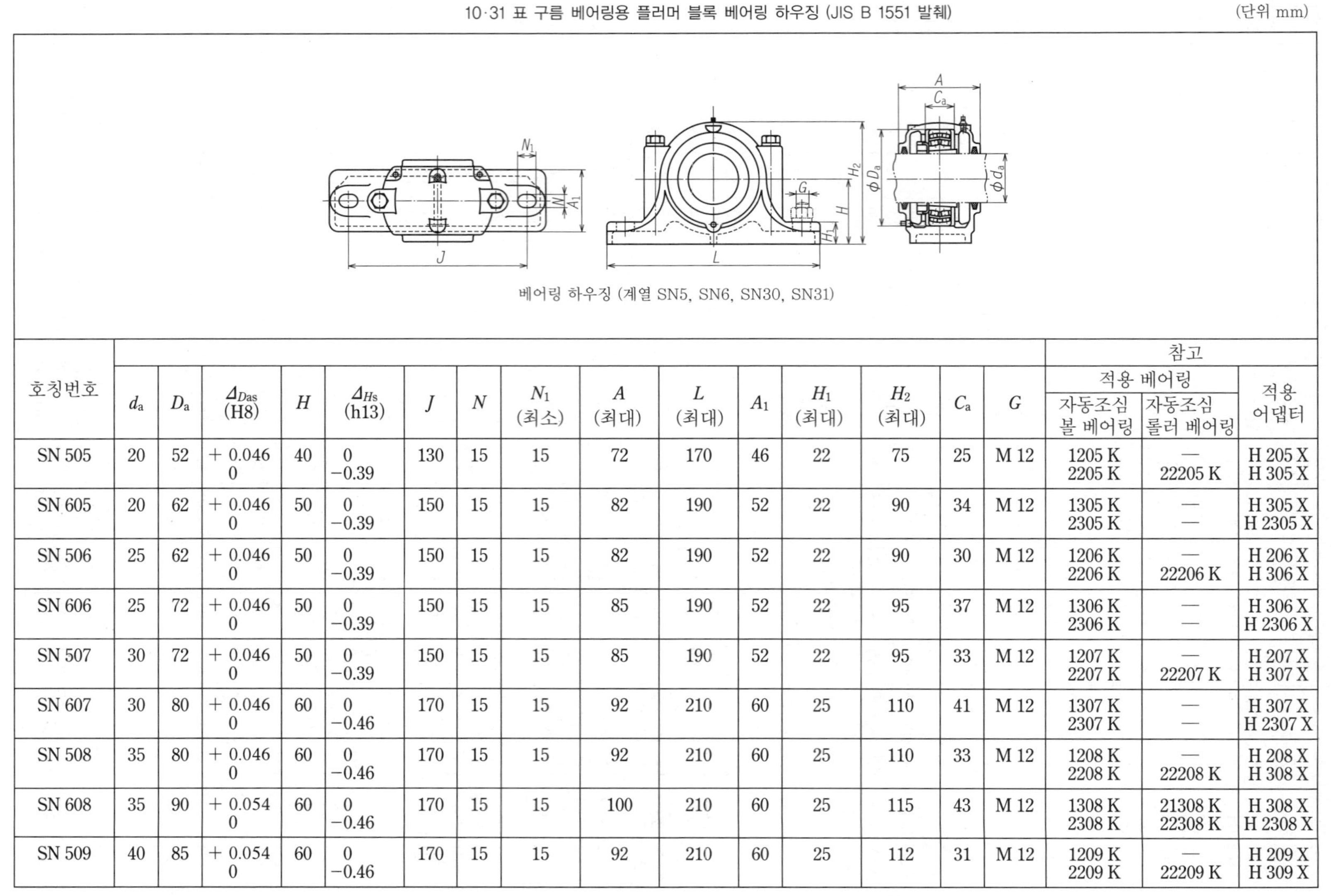

베어링 하우징 (계열 SN5, SN6, SN30, SN31)

호칭번호	d_a	D_a	Δ_{Das} (H8)	H	Δ_{Hs} (h13)	J	N	N_1 (최소)	A (최대)	L (최대)	A_1	H_1 (최대)	H_2 (최대)	C_a	G	참고: 적용 베어링 자동조심 볼 베어링	참고: 적용 베어링 자동조심 롤러 베어링	참고: 적용 어댑터
SN 505	20	52	+ 0.046 0	40	0 −0.39	130	15	15	72	170	46	22	75	25	M 12	1205 K 2205 K	— 22205 K	H 205 X H 305 X
SN 605	20	62	+ 0.046 0	50	0 −0.39	150	15	15	82	190	52	22	90	34	M 12	1305 K 2305 K	— —	H 305 X H 2305 X
SN 506	25	62	+ 0.046 0	50	0 −0.39	150	15	15	82	190	52	22	90	30	M 12	1206 K 2206 K	— 22206 K	H 206 X H 306 X
SN 606	25	72	+ 0.046 0	50	0 −0.39	150	15	15	85	190	52	22	95	37	M 12	1306 K 2306 K	— —	H 306 X H 2306 X
SN 507	30	72	+ 0.046 0	50	0 −0.39	150	15	15	85	190	52	22	95	33	M 12	1207 K 2207 K	— 22207 K	H 207 X H 307 X
SN 607	30	80	+ 0.046 0	60	0 −0.46	170	15	15	92	210	60	25	110	41	M 12	1307 K 2307 K	— —	H 307 X H 2307 X
SN 508	35	80	+ 0.046 0	60	0 −0.46	170	15	15	92	210	60	25	110	33	M 12	1208 K 2208 K	— 22208 K	H 208 X H 308 X
SN 608	35	90	+ 0.054 0	60	0 −0.46	170	15	15	100	210	60	25	115	43	M 12	1308 K 2308 K	21308 K 22308 K	H 308 X H 2308 X
SN 509	40	85	+ 0.054 0	60	0 −0.46	170	15	15	92	210	60	25	112	31	M 12	1209 K 2209 K	— 22209 K	H 209 X H 309 X

(다음 페이지에 계속)

호칭번호	치수 및 허용차															참고		
																적용 베어링		적용 어댑터
	d_a	D_a	Δ_{Das} (H8)	H	Δ_{Hs} (h13)	J	N	N_1 (최소)	A (최대)	L (최대)	A_1	H_1 (최대)	H_2 (최대)	C_a	G	자동조심 볼 베어링	자동조심 롤러 베어링	
SN 609	40	100	+ 0.054 0	70	0 −0.46	210	18	18	105	270	70	28	130	46	M 16	1309 K 2309 K	21309 K 22309 K	H 309 X H 2309 X
SN 510	45	90	+ 0.054 0	60	0 −0.46	170	15	15	100	210	60	25	115	33	M 12	1210 K 2210 K	— 22210 K	H 210 X H 310 X
SN 610	45	110	+ 0.054 0	70	0 −0.46	210	18	18	115	270	70	30	135	50	M 16	1310 K 2310 K	21310 K 22310 K	H 310 X H 2310 X
SN 511	50	100	+ 0.054 0	70	0 −0.46	210	18	18	105	270	70	28	130	33	M 16	1211 K 2211 K	— 22211 K	H 211 X H 311 X
SN 611	50	120	+ 0.054 0	80	0 −0.46	230	18	18	120	290	80	30	150	53	M 16	1311 K 2311 K	21311 K 22311 K	H 311 X H 2311 X
SN 512	55	110	+ 0.054 0	70	0 −0.46	210	18	18	115	270	70	30	135	38	M 16	1212 K 2212 K	— 22212 K	H 212 X H 312 X
SN 612	55	130	+ 0.063 0	80	0 −0.46	230	18	18	125	290	80	30	155	56	M 16	1312 K 2312 K	21312 K 22312 K	H 312 X H 2312 X
SN 513	60	120	+ 0.054 0	80	0 −0.46	230	18	18	120	290	80	30	150	43	M 16	1213 K 2213 K	— 22213 K	H 213 X H 313 X
SN 613	60	140	+ 0.063 0	95	0 −0.54	260	22	22	135	330	90	32	175	58	M 20	1313 K 2313 K	21313 K 22313 K	H 313 X H 2313 X
SN 514	60	125	+ 0.063 0	80	0 −0.46	230	18	18	120	290	80	30	155	44	M 16	—	22214 K	H 314 X
SN 614	60	150	+ 0.063 0	95	0 −0.54	260	22	22	140	330	90	32	185	61	M 20	—	21314 K 22314 K	H 314 X H 2314 X
SN 515	65	130	+ 0.063 0	80	0 −0.46	230	18	18	125	290	80	30	155	41	M 16	1215 K 2215 K	— 22215 K	H 215 X H 315 X
SN 615	65	160	+ 0.063 0	100	0 −0.54	290	22	22	145	360	100	35	195	65	M 20	1315 K 2315 K	21315 K 22315 K	H 315 X H 2315 X
SN 516	70	140	+ 0.063 0	95	0 −0.54	260	22	22	135	330	90	32	175	43	M 20	1216 K 2216 K	— 22216 K	H 216 X H 316 X
SN 616	70	170	+ 0.063 0	112	0 −0.54	290	22	22	150	360	100	35	212	68	M 20	1316 K 2316 K	21316 K 22316 K	H 316 X H 2316 X
SN 517	75	150	+ 0.063 0	95	0 −0.54	260	22	22	140	330	90	32	185	46	M 20	1217 K 2217 K	— 22217 K	H 217 X H 317 X

(다음 페이지에 계속)

호칭번호	치수 및 허용차															참고		
	d_a	D_a	Δ_{Das} (H8)	H	Δ_{Hs} (h13)	J	N	N_1 (최소)	A (최대)	L (최대)	A_1	H_1 (최대)	H_2 (최대)	C_a	G	적용 베어링		적용 어댑터
																자동조심 볼 베어링	자동조심 롤러 베어링	
SN 617	75	180	+ 0.063 0	112	0 −0.54	320	26	26	165	400	110	40	223	70	M 24	1317 K 2317 K	21317 K 22317 K	H 317 X H 2317 X
SN 518	80	160	+ 0.063 0	100	0 −0.54	290	22	22	145	360	100	35	195	62.4	M 20	1218 K 2218 K —	— 22218 K 23218 K	H 218 X H 318 X H 2318 X
SN 618	80	190	+ 0.072 0	112	0 −0.54	320	26	26	160	400	110	40	230	74	M 24	1318 K 2318 K	— 22318 K	H 318 X H 2318 X
SN 519	85	170	+ 0.063 0	112	0 −0.54	290	22	22	150	360	100	35	210	53	M 20	1219 K 2219 K	— 22219 K	H 219 X H 319 X
SN 619	85	200	+ 0.072 0	125	0 −0.63	350	26	26	177	420	120	45	250	77	M 24	1319 K 2319 K	— 22319 K	H 319 X H 2319 X
SN 520	90	180	+ 0.063 0	112	0 −0.54	320	26	26	165	400	110	40	223	70.3	M 24	1220 K 2220 K —	— 22220 K 23220 K	H 220 X H 320 X H 2320 X
SN 620	90	215	+ 0.072 0	140	0 −0.63	350	26	26	187	420	120	45	270	83	M 24	1320 K 2320 K	— 22320 K	H 320 X H 2320 X
SN 3122	100	180	+ 0.063 0	112	0 −0.54	320	26	26	165	400	110	40	223	66	M 24	—	23122 K	H 3122 X
SN 522	100	200	+ 0.072 0	125	0 −0.63	350	26	26	177	420	120	45	250	80	M 24	1222 K 2222 K —	— 22222 K 23222 K	H 222 X H 322 X H 2322 X
SN 622	100	240	+ 0.072 0	150	0 −0.63	390	28	28	190	460	130	50	300	90	M 24	1322 K 2322 K	— 22322 K	H 322 X H 2322 X
SN 3024	110	180	+ 0.063 0	112	0 −0.54	320	26	26	165	400	110	40	223	56	M 24	—	23024 K	H 3024 X
SN 3124	110	200	+ 0.072 0	125	0 −0.63	350	26	26	177	420	120	45	250	72	M 24	—	23124 K	H 3124 X
SN 524	110	215	+ 0.072 0	140	0 −0.63	350	26	26	187	420	120	45	270	76	M 24	— —	22224 K 23224 K	H 3124 X H 2324 X
SN 624	110	260	+ 0.081 0	160	0 −0.63	450	33	33	205	540	160	60	320	96	M 30	—	22324 K	H 2324 X
SN 3026	115	200	+ 0.072 0	125	0 −0.63	350	26	26	177	420	120	45	250	62	M 24	—	23026 K	H 3026 X

(다음 페이지에 계속)

호칭번호	치수 및 허용차															참고		
	d_a	D_a	Δ_{Das} (H8)	H	Δ_{Hs} (h13)	J	N	N_1 (최소)	A (최대)	L (최대)	A_1	H_1 (최대)	H_2 (최대)	C_a	G	적용 베어링: 자동조심 볼 베어링	적용 베어링: 자동조심 롤러 베어링	적용 어댑터
SN 3126	115	210	+ 0.072 / 0	140	0 / −0.63	350	26	26	177	420	120	45	270	74	M 24	—	23126 K	H 3126 X
SN 526	115	230	+ 0.072 / 0	150	0 / −0.63	380	28	28	192	450	130	50	290	90	M 24	— —	22226X 23226 K	H 3126 X H 2326 X
SN 626	115	280	+ 0.081 / 0	170	0 / −0.63	470	33	33	215	560	160	60	340	103	M 30	—	22326 K	H 2326 X
SN 3028	125	210	+ 0.072 / 0	140	0 / −0.63	350	26	26	177	420	120	45	270	63	M 24	—	23028 K	H 3028 X
SN 3128	125	225	+ 0.072 / 0	150	0 / −0.63	380	28	28	180	445	130	50	290	78	M 24	—	23128 K	H 3128 X
SN 528	125	250	+ 0.072 / 0	150	0 / −0.63	420	33	33	207	510	150	50	305	98	M 30	— —	22228 K 23228 K	H 3128 X H 2328 X
SN 628	125	300	+ 0.081 / 0	180	0 / −0.63	520	35	35	235	630	170	65	365	112	M 30	—	22328 K	H 2328 X
SN 3030	135	225	+ 0.072 / 0	150	0 / −0.63	380	28	28	180	445	130	50	290	66	M 24	—	23030 K	H 3030 X
SN 3130	135	250	+ 0.072 / 0	150	0 / −0.63	420	33	33	200	500	150	50	305	90	M 30	—	23130 K	H 3130 X
SN 530	135	270	+ 0.081 / 0	160	0 / −0.63	450	33	33	224	540	160	60	325	106	M 30	— —	22230 K 23230 K	H 3130 X H 2330 X
SN 630	135	320	+ 0.089 / 0	190	0 / −0.72	560	35	35	245	680	180	65	385	118	M 30	—	22330 K	H 2330 X
SN 3032	140	240	+ 0.072 / 0	150	0 / −0.63	390	28	28	190	450	130	50	300	70	M 24	—	23032 K	H 3032 X
SN 3132	140	270	+ 0.081 / 0	160	0 / −0.63	450	33	33	224	540	160	60	325	96	M 30	—	23132 K	H 3132 X
SN 532	140	290	+ 0.081 / 0	170	0 / −0.63	470	33	33	237	560	160	60	345	114	M 30	— —	22232 K 23232 K	H 3132 X H 2332 X
SN 632	140	340	+ 0.089 / 0	200	0 / −0.72	580	42	42	255	710	190	70	405	124	M 36	—	22332 K	H 2332 X

[주] 본 표에서는 일반적으로 자주 사용되는 것을 게재했다.

(2) 구석 라운딩 반경 및 어깨 높이 축 및 하우징의 구석 라운딩 반경은 구름 베어링의 궤도륜 모퉁이에 설정된, 모떼기 치수의 최소값(10·33 표~10·34 표 참조)보다 작은 값으로 하지 않으면 간섭을 발생시켜 베어링을 정확하게 설치할 수 없으므로 JIS에서는 그 최대값을 10·32 표와 같이 정하고 있다.

또한 레이디얼 베어링의 경우, 축 및 하우징의 어깨 높이 h는 궤도륜의 측면에 충분히 접촉시키고, 또한 착탈 공구 등이 닿을 수 있는 높이로 해야 한다. 이 높이의 최소값을 동 표에 나타냈다. 단 모떼기 치수의 호칭 치수가 작은 실드 깊은 홈 볼 베어링 등에서는 궤도륜의 측면 높이기 낮기 때문에 어깨 높이를 그 최소값보다 너무 크게 잡을 수 없으므로 주의해야 한다.

10·32 표 축 및 하우징 구석의 라운딩 반경 및 레이디얼 베어링에 대한 축 및 하우징 어깨의 높이 (JIS B 1566)

(단위 mm)

하우징 / 베어링 / 축 / $r_{s\,min}$ / $r_{as\,max}$ / h / ϕd_a / ϕD_a

[주] (1) 큰 액시얼 하중이 걸리는 경우에는 이 값보다 큰 어깨의 높이가 필요하다.
(2) 액시얼 하중이 작은 경우에 이용한다. 이들 값은 원뿔 롤러 베어링, 액시얼 볼 베어링 및 자동조심 롤러 베어링에는 적당하지 않다.

$r_{s\,min}$	$r_{as\,max}$	일반적인 경우 (1)	특별한 경우 (2)
		h (최소)	
0.1	0.1	0.4	
0.15	0.15	0.6	
0.2	0.2	0.8	
0.3	0.3	1.25	1
0.6	0.6	2.25	2
1	1	2.75	2.5
1.1	1	3.5	3.25
1.5	1.5	4.25	4
2	2	5	4.5
2.1	2	6	5.5
2.5	2	6	5.5
3	2.5	7	6.5
4	3	9	8
5	4	11	10
6	5	14	12
7.5	6	18	16
9.5	8	22	20

스러스트 베어링의 경우에는 어깨의 직경은 어깨가 궤도륜 측면의 중앙 이상이 되도록 해야 한다. 그 최소값 또는 최대값을 10·33 표 및 10·34 표에 나타냈다.

(3) 원통 롤러 베어링 및 니들 롤러 베어링의 설치 관계 치수 원통 롤러 베어링 및 니들 롤러 베어링은 내륜과 외륜을 분리할 수 있으므로 하우징과 외륜을 축과 내륜에서 뺄 수 있도록 할 필요가 있다.

10·35 표~10·36 표는 그렇게 하기 위한 설치 관계 치수를 나타낸 것이다.

(4) 원뿔 롤러 베어링의 설치 관계 치수 원뿔 롤러 베어링의 유지기는 외륜의 측면에서 튀어나와 있으므로 이것과의 접촉을 피하기 위해, 혹은 궤도륜 측면과의 관계를 위해 축과 하우징의 설치 관계 치수는 10·37 표에 나타낸 범위로 해야 한다.

(5) 어댑터붙이 레이디얼 베어링의 설치 관계 치수 어댑터붙이 레이디얼 베어링은 베어링을 축방향으로 정확하게 고정, 또는 어댑터를 쉽게 착탈할 수 있게 너트 측 및 너트의 반대측 치수를 10·38 표에 나타낸 것처럼 할 필요가 있다.

10·19 그림은 어댑터붙이 레이디얼 베어링을 정위치에 고정하는 경우에 스페이서를 사용한 예를 나타낸 것이며, 또한 10·20 그림은 어댑터를 착탈할 때에 공구를 사용한 예를 나타낸 것이다.

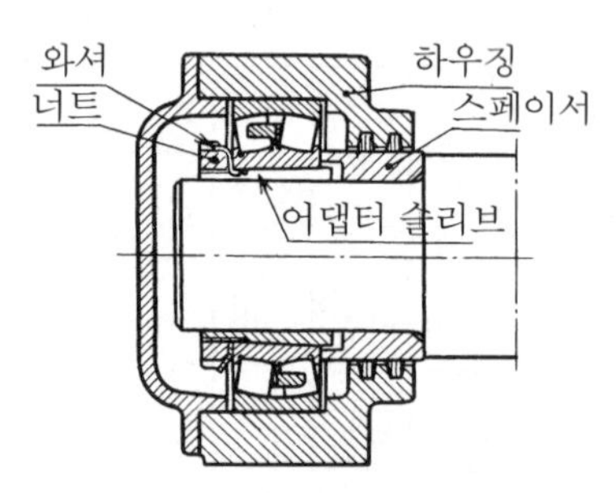

10·19 그림 스페이서를 사용한 예

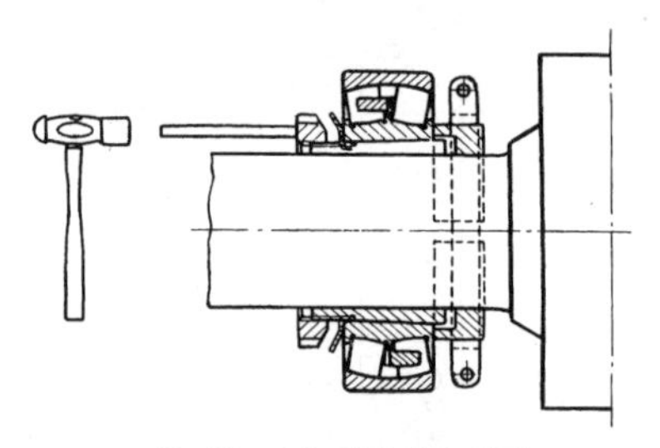

10·20 그림 어댑터의 착탈

10·33 표 평면좌형 스러스트 볼 베어링에 대한 축 및 하우징의 어깨 직경 (JIS B 1566) (단위 mm)

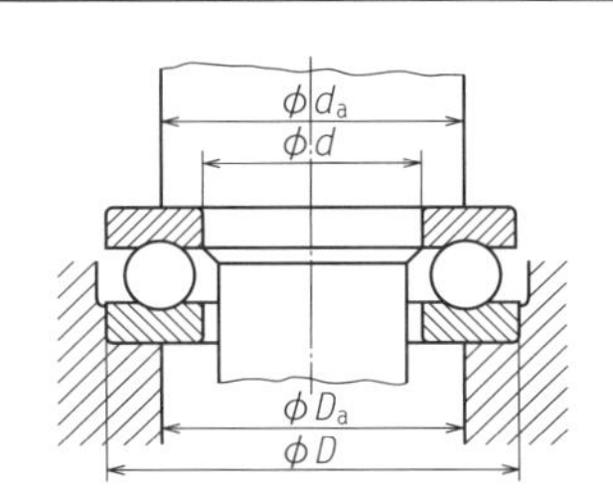

베어링 내경 d	베어링 계열 511			베어링 계열 512			베어링 계열 513			베어링 계열 514		
	D	d_a (최소)	D_a (최대)	D	d_a (최소)	D_a (최대)	D	d_a (최소)	D_a (최대)	D	d_a (최소)	D_a (최대)
10	24	18	16	26	20	16	—	—	—	—	—	—
12	26	20	18	28	22	18	—	—	—	—	—	—
15	28	23	20	32	25	22	—	—	—	—	—	—
17	30	25	22	35	28	24	—	—	—	—	—	—
20	35	29	26	40	32	28	—	—	—	—	—	—
25	42	35	32	47	38	34	52	41	36	60	46	39
30	47	40	37	52	43	39	60	48	42	70	54	46
35	52	45	42	62	51	46	68	55	48	80	62	53
40	60	52	48	68	57	51	78	63	55	90	70	60
45	65	57	53	73	62	56	85	69	61	100	78	67
50	70	62	58	78	67	61	95	77	68	110	86	74
55	78	69	64	90	76	69	105	85	75	120	94	81
60	85	75	70	95	81	74	110	90	80	130	102	88
65	90	80	75	100	86	79	115	95	85	140	110	95
70	95	85	80	105	91	84	125	103	92	150	118	102
75	100	90	85	110	96	89	135	111	99	160	125	110
80	105	95	90	115	101	94	140	116	104	170	133	117
85	110	100	95	125	109	101	150	124	111	180	141	124
90	120	108	102	135	117	108	155	129	116	190	149	131
100	135	121	114	150	130	120	170	142	128	210	165	145
110	145	131	124	160	140	130	190	158	142	230	181	159
120	155	141	134	170	150	140	210	173	157	250	196	174
130	170	154	146	190	166	154	225	186	169	270	212	188
140	180	164	156	200	176	164	240	199	181	280	222	198
150	190	174	166	215	189	176	250	209	191	300	238	212
160	200	184	176	225	199	186	270	225	205	—	—	—
170	215	197	188	240	212	198	280	235	215	—	—	—
180	225	207	198	250	222	208	300	251	229	—	—	—
190	240	220	210	270	238	222	320	266	244	—	—	—
200	250	230	220	280	248	232	340	282	258	—	—	—
220	270	250	240	300	268	252	—	—	—	—	—	—
240	300	276	264	340	299	281	—	—	—	—	—	—
260	320	296	284	360	319	301	—	—	—	—	—	—
280	350	322	308	380	339	321	—	—	—	—	—	—
300	380	348	332	420	371	349	—	—	—	—	—	—
320	400	368	352	440	391	369	—	—	—	—	—	—
340	420	388	372	460	411	389	—	—	—	—	—	—
360	440	408	392	500	442	418	—	—	—	—	—	—

10·34 표 스러스트 자동조심 롤러 베어링에 대한 축 및 하우징 어깨의 직경 (JIS B 1566) (단위 mm)

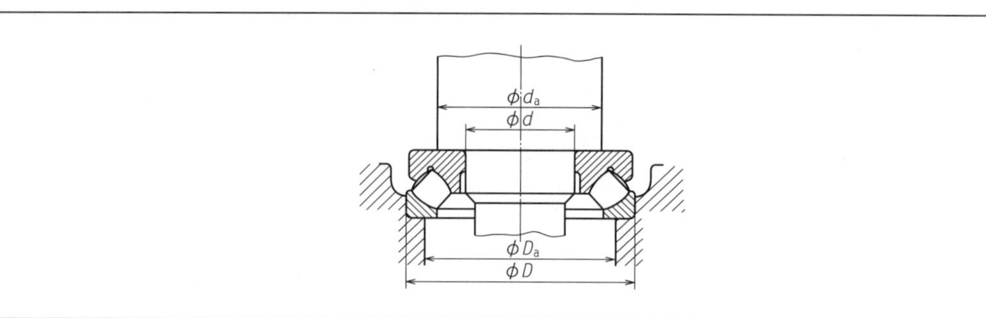

베어링 내경 d	베어링 계열 292			베어링 계열 293			베어링 계열 294		
	D	d_a* (최소)	D_a (최대)	D	d_a* (최소)	D_a (최대)	D	d_a* (최소)	D_a (최대)
60	—	—	—	—	—	—	130	90	108
65	—	—	—	—	—	—	140	100	115
70	—	—	—	—	—	—	150	105	125
75	—	—	—	—	—	—	160	115	132
80	—	—	—	—	—	—	170	120	140
85	—	—	—	150	115	135	180	130	150
90	—	—	—	155	120	140	190	135	157
100	—	—	—	170	130	150	210	150	175
110	—	—	—	190	145	165	230	165	190
120	—	—	—	210	160	180	250	180	205
130	—	—	—	225	170	195	270	195	225
140	—	—	—	240	185	205	280	205	235
150	—	—	—	250	195	215	300	220	250
160	—	—	—	270	210	235	320	230	265
170	—	—	—	280	220	245	340	245	285
180	—	—	—	300	235	260	360	260	300
190	—	—	—	320	250	275	380	275	320
200	280	235	255	340	265	295	400	290	335
220	300	260	275	360	285	315	420	310	355
240	340	285	305	380	300	330	440	330	375
260	360	305	325	420	330	365	480	360	405
280	380	325	345	440	350	390	520	390	440
300	420	355	380	480	380	420	540	410	460
320	440	375	400	500	400	440	580	435	495
340	460	395	420	540	430	470	620	465	530
360	500	420	455	560	450	495	640	485	550
380	520	440	475	600	480	525	670	510	575
400	540	460	490	620	500	550	710	540	610
420	580	490	525	650	525	575	730	560	630
440	600	510	545	680	550	600	780	595	670
460	620	530	570	710	575	630	800	615	690
480	650	555	595	730	595	650	850	645	730
500	670	575	615	750	615	670	870	670	750

[주] * 하중이 걸리는 경우는 내륜의 칼라를 충분히 지지한다.

10·35 표 니들 롤러 베어링 (치수 계열 48, 49)*의 설치 관계 치수 (JIS B 1566) (단위 mm)

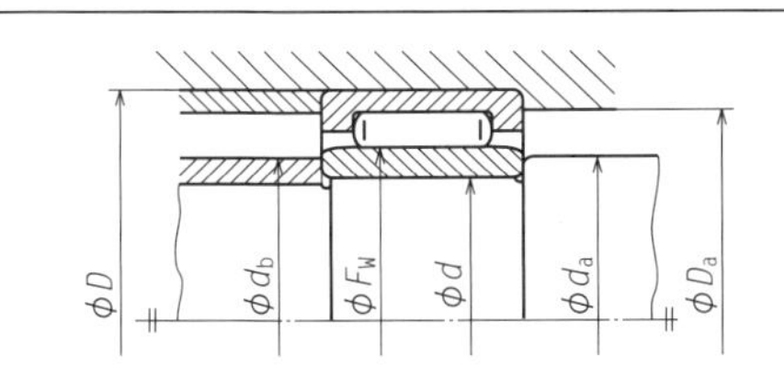

[비고] 레이디얼 베어링을 설치하는 축의 어깨 직경 d_a의 최소값은 그 베어링의 호칭 베어링 내경 d에 어깨 높이(h)의 2배를 더한 값으로 한다. 어깨 높이는 그 베어링 내륜의 최소 허용 모떼기 치수(r_s min)에 대응한 10·32 표에 의한다.

[주] * 구 명칭은 솔리드형 니들 롤러 베어링.

베어링 계열 NA 48				베어링 계열 NA 49							
베어링 내경 d	D	F_w	d_b (최대)	베어링 내경 d	D	F_w	d_b (최대)	베어링 내경 d	D	F_w	d_b (최대)
—	—	—	—	15	28	20	19	60	85	68	66
—	—	—	—	17	30	22	21	65	90	72	70
—	—	—	—	20	37	25	24	70	100	80	78
110	140	120	118	22	39	28	27	75	105	85	83
120	150	130	128	25	42	30	29	80	110	90	88
130	165	145	143	28	45	32	31	85	120	100	98
140	175	155	153	30	47	35	34	90	125	105	103
150	190	165	163	32	52	40	39	95	130	110	108
160	200	175	173	35	55	42	41	100	140	115	113
170	215	185	183	40	62	48	47	110	150	125	123
180	225	195	193	45	68	52	51	120	165	135	133
190	240	210	203	50	72	58	57	130	180	150	148
200	250	220	218	55	80	63	61	140	190	160	158

10·36 표 원통 롤러 베어링의 설치 관계 치수 (JIS B 1566) (단위 mm)

NU형 NJ형 N형 NF형 NN형

베어링 내경 d	베어링 계열 NU 10, NN 30						베어링 계열 NU 2, NU 22, NJ 2, NJ 22, N 2, NF 2						
	D	NU			NN		D	NU, NJ		NU	NJ	N, NF	
		F_w	d_b (최대)	d_c (최소)	E_w	D_b (최소)		F_w	d_b (최대)	d_c (최소)	d_d (최소)	E_w	D_b (최소)
20	—	—	—	—	—	—	47	27	26	29	32	40	42
25	47	30.5	30	32	41.3	—	52	32	31	34	37	45	47
30	55	36.5	35	38	48.5	49	62	38.5	37	40	44	53.5	56
35	62	42	41	44	55	56	72	43.8	43	46	50	61.8	64
40	68	47	46	49	61	62	80	50	49	52	56	70	72
45	75	52.5	52	54	67.5	69	85	55	54	57	61	75	77
50	80	57.5	57	59	72.5	74	90	60.4	58	62	67	80.4	83
55	90	64.5	63	66	81	82	100	66.5	65	68	73	88.5	91
60	95	69.5	68	71	86.1	87	110	73.5	71	75	80	97.5	100
65	100	74.5	73	76	91	92	120	79.6	77	81	87	105.6	108
70	110	80	78	82	100	101	125	84.5	82	86	92	110.5	114
75	115	85	83	87	105	106	130	88.5	87	90	96	116.5	120
80	125	91.5	90	94	113	114	140	95.3	94	97	104	125.3	128
85	130	96.5	95	99	118	119	150	101.8	99	104	110	133.8	137
90	140	103	101	106	127	129	160	107	105	109	116	143	146

(다음 페이지에 계속)

베어링 내경 d	베어링 계열 NU 10, NN 30						베어링 계열 NU 2, NU 22, NJ 2, NJ 22, N 2, NF 2						
	D	NU			NN		D	NU, NJ		NU	NJ	N, NF	
		F_w	d_b (최대)	d_c (최소)	E_w	D_b (최소)		F_w	d_b (최대)	d_c (최소)	d_d (최소)	E_w	D_b (최소)
95	145	108	106	111	132	134	170	113.5	111	116	123	151.5	155
100	150	113	111	116	137	139	180	120	117	122	130	160	164
105	160	119.5	118	122	146	148	190	126.8	124	129	137	168.8	173
110	170	125	124	128	155	157	200	132.5	130	135	144	178.5	182
120	180	135	134	138	165	167	215	143.5	141	146	156	191.5	196
130	200	148	146	151	182	183	230	156	151	158	168	204	208
140	210	158	156	161	192	194	250	169	166	171	182	221	225
150	225	169.5	167	173	206	208	270	182	179	184	196	238	242
160	240	180	178	184	219	221	290	195	192	197	210	255	261
170	260	193	190	197	236	238	310	208	204	211	223	272	278
180	280	205	203	209	255	257	320	218	214	221	233	282	288
190	290	215	213	219	265	267	340	231	227	234	247	299	305
200	310	229	226	233	282	285	360	244	240	247	261	316	323
220	340	250	248	254	310	313	400	270	266	273	289	350	357
240	360	270	268	275	330	333	440	295	293	298	316	385	392
260	400	296	292	300	364	367	480	320	318	323	343	420	428

베어링 내경 d	베어링 계열 NU 3, NU 23, NJ 3, NJ 23, N 3, NF 3							베어링 계열 NU 4, NJ 4				
	D	NU, NJ				N, NF		D	NU, NJ			
		F_w	d_b (최대)	d_c (최소)	d_d (최소)	E_w	D_b (최소)		F_w	d_b (최대)	d_c (최소)	d_d (최소)
20	52	28.5	27	30	33	44.5	47	—	—	—	—	—
25	62	35	33	37	40	53	55	—	—	—	—	—
30	72	42	40	44	48	62	64	90	45	44	47	52
35	80	46.2	45	48	53	68.2	71	100	53	52	55	61
40	90	53.5	51	55	60	77.5	80	110	58	57	60	67
45	100	58.5	57	60	66	86.5	89	120	64.5	63	66	74
50	110	65	63	67	73	95	98	130	70.8	69	73	81
55	120	70.5	69	72	80	104.5	107	140	77.2	76	79	87
60	130	77	75	79	86	113	116	150	83	82	85	94
65	140	83.5	81	85	93	121.5	125	160	89.3	88	91	100
70	150	90	87	92	100	130	134	180	100	99	102	112
75	160	95.5	93	97	106	139.5	143	190	104.5	103	107	118
80	170	103	99	105	114	147	151	200	110	109	112	124
85	180	108	106	110	119	156	160	210	113	111	115	128
90	190	115	111	117	127	165	169	225	123.5	122	125	139
95	200	121.5	119	124	134	173.5	178	240	133.5	132	136	149
100	215	129.5	125	132	143	185.5	190	250	139	137	141	156
105	225	135	132	137	149	195	199	260	144.5	143	147	162
110	240	143	140	145	158	207	211	280	155	153	157	173
120	260	154	151	156	171	226	230	310	170	168	172	190
130	280	167	164	169	184	243	247	340	185	183	187	208
140	300	180	176	182	198	260	266	360	198	195	200	222
150	320	193	190	195	213	277	283	380	213	210	216	237
160	340	208	200	211	228	292	298	—	—	—	—	—
170	360	220	216	223	241	310	316	—	—	—	—	—
180	380	232	227	235	255	328	335	—	—	—	—	—
190	400	245	240	248	268	345	352	—	—	—	—	—
200	420	260	254	263	283	360	367	—	—	—	—	—

[비고] da의 최소값 및 Da의 최대값은 10·35 표의 비고에 의한다.

10·37 표 원뿔 롤러 베어링의 설치 관계 치수 (JIS B 1566) (단위 mm)

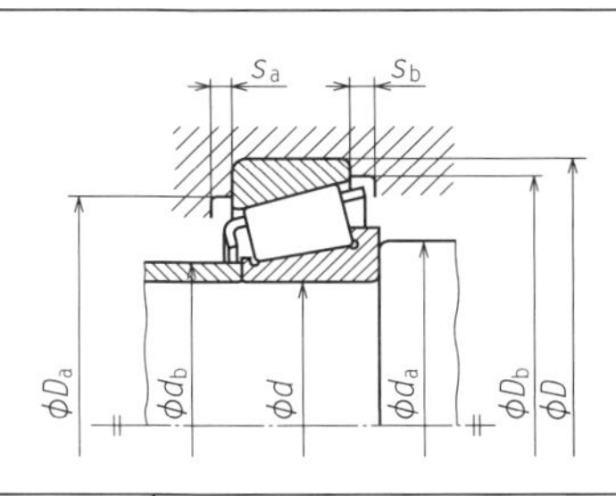

[주] * 이것보다 큰 값을 최소값으로 할 수 있다. 또한 d_a의 최소값 및 D_a의 최대값은 10·35 표의 비고에 의한다.

d	D	베어링 계열 302					베어링 계열 322				
		d_b (최대)	D_a (최소)	D_b (최소)	S_a (최소)	S_b (최소)	d_b (최대)	D_a (최소)	D_b (최소)	S_a (최소)	S_b (최소)
17	40	23	34	37	2	2	—	—	—	—	—
20	47	26	40	44	2	3	—	—	—	—	—
25	52	31	44	48	2	3	—	—	—	—	—
30	62	37	53	57	2	3	37	52	58	2	4
35	72	44	62	67	3	3	43	61	67	3	5
40	80	49	69	75	3	3.5	48	68	75	3	5.5
45	85	54	74	80	3	4.5	53	73	81	3	5.5
50	90	58	79	85	3	4.5	58	78	85	3	5.5
55	100	64	88	94	4	4.5	63	87	95	4	5.5
60	110	70	96	103	4	4.5	69	95	104	4	5.5
65	120	77	106	113	4	4.5	75	104	115	4	5.5
70	125	81	110	118	4	5	80	108	119	4	6
75	130	85	115	124	4	5	85	114	125	4	6
80	140	91	124	132	4	6	90	122	134	4	7
85	150	97	132	141	5	6.5	96	130	142	5	8.5
90	160	103	140	150	5	6.5	102	138	152	5	8.5
95	170	110	149	159	5	7.5	108	145	161	5	8.5
100	180	116	157	168	5	8	114	154	171	5	10
105	190	122	165	178	6	9	119	161	180	6	10
110	200	129	174	188	6	9	126	170	190	6	10
120	215	140	187	203	6	9.5	136	181	204	6*	11.5
130	230	152	203	218	7	9.5	—	—	—	—	—
140	250	163	219	237	7*	9.5	—	—	—	—	—
150	270	175	234	255	7*	11	—	—	—	—	—

d	D	베어링 계열 303					베어링 계열 303 D					베어링 계열 323				
		d_b (최대)	D_a (최소)	D_b (최소)	S_a (최소)	S_b (최소)	d_b (최대)	D_a (최소)	D_b (최소)	S_a (최소)	S_b (최소)	d_b (최대)	D_a (최소)	D_b (최소)	S_a (최소)	S_b (최소)
15	42	22	36	38	2	3	—	—	—	—	—	—	—	—	—	—
17	47	24	40	42	3	3	—	—	—	—	—	—	—	—	—	—
20	52	28	44	47	3	3	—	—	—	—	—	27	43	47	3	4
25	62	34	54	57	3	3	33	47	58.5	3	5	32	52	57	3	5
30	72	40	62	66	3	4.5	39	55	68	3	6.5	38	59	66	3	5.5
35	80	45	70	74	3	4.5	44	62	76.5	3	7.5	43	66	74	3	7.5
40	90	52	77	82	3	5	50	71	86.5	3	8	50	73	82	3	8
45	100	59	86	93	3	5	56	79	96	3	9	56	82	93	3	8
50	110	65	95	102	3	6	62	87	105	3	10	62	90	102	3	9
55	120	71	104	111	4	6.5	68	94	113	4	10.5	68	99	111	4	10.5
60	130	77	112	120	4	7.5	73	103	124	4	11.5	74	107	120	4	11.5
65	140	83	122	130	4	8	79	111	133	4	13	80	117	130	4	12

(다음 페이지에 계속)

d	D	베어링 계열 303					베어링 계열 303 D					베어링 계열 323				
		d_b (최대)	D_a (최소)	D_b (최소)	S_a (최소)	S_b (최소)	d_b (최대)	D_a (최소)	D_b (최소)	S_a (최소)	S_b (최소)	d_b (최대)	D_a (최소)	D_b (최소)	S_a (최소)	S_b (최소)
70	150	89	130	140	4	8	84	118	142	4	13	86	125	140	4	12
75	160	95	139	149	4	9	—	—	—	—	—	91	133	149	4	13
80	170	102	148	159	4	9.5	—	—	—	—	—	98	142	159	4	13.5
85	180	107	156	167	5	10.5	—	—	—	—	—	102	150	167	5	14.5
90	190	113	165	177	5	10.5	—	—	—	—	—	108	157	177	5	14.5
95	200	118	172	186	5*	11.5	—	—	—	—	—	113	166	186	5	16.5
100	215	127	184	200	5*	12.5	—	—	—	—	—	121	177	200	5*	17.5
105	225	132	193	209	6*	12.5	—	—	—	—	—	128	185	209	6*	18.5
110	240	141	206	222	6*	12.5	—	—	—	—	—	135	198	222	6*	19.5
120	260	152	221	239	6*	13.5	—	—	—	—	—	145	213	239	6*	21.5

10·38 표 어댑터붙이 레이디얼 베어링의 설치 관계 치수 (JIS B 1566) (단위 mm)

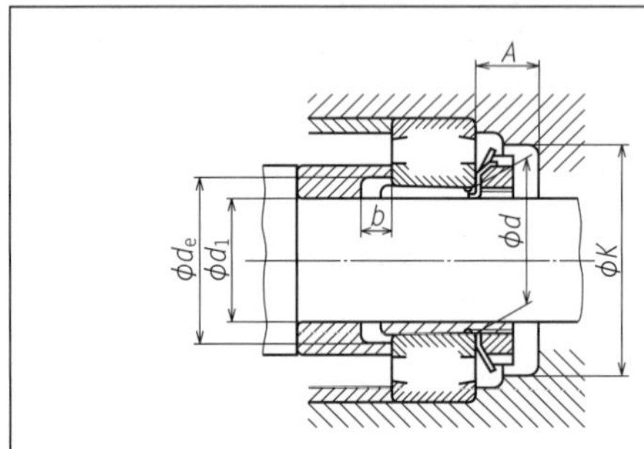

[주] H2, H3, … ; 어댑터 계열을 나타낸다.

축지름 d_1	베어링 내경 d	A (최소)	K (최소)	H 2		H 3			H 23		
				d_e (최소)	b(최소) 치수 계열 02	d_e (최소)	b (최소) 치수 계열 22	b (최소) 치수 계열 03	d_e (최소)	b (최소) 치수 계열 32	b (최소) 치수 계열 23
17	20	—	—	23	5	24	5	8	24	—	5
20	25	15	45	28	5	29	5	6	29	—	5
25	30	15	50	33	5	34	5	6	35	—	5
30	35	17	58	38	5	39	5	7	40	—	5
35	40	17	65	44	5	44	5	5	45	—	5
40	45	17	72	49	5	49	8	5	50	—	5
45	50	19	76	53	5	54	10	5	56	—	5
50	55	19	85	60	6	60	11	6	61	—	6
55	60	20	90	64	5	65	9	5	66	—	5
60	65	21	96	70	5	70	8	5	72	—	5
65	75	23	110	80	5	80	12	5	82	—	5
70	80	25	120	85	5	86	12	5	87	—	5
75	85	27	128	90	6	91	12	6	94	—	6
80	90	28	139	95	6	96	10	6	99	18	6
85	95	29	145	101	7	102	9	7	105	18	7
90	100	30	150	106	7	107	8	7	110	19	7
100	110	32	170	116	7	117	6	9	121	17	7
110	120	33	180	—	—	—	—	—	131	17	7
115	130	34	190	—	—	—	—	—	142	21	8
125	140	36	205	—	—	—	—	—	152	22	8
135	150	37	220	—	—	—	—	—	163	20	8

(다음 페이지에 계속)

축지름 d_1	베어링 내경 d	A (최소)	K (최소)	H 2		H 3			H 23		
				d_e (최소)	b(최소) 치수 계열	d_e (최소)	b (최소) 치수 계열		d_e (최소)	b (최소) 치수 계열	
					02		22	03		32	23
140	160	39	230	—	—	—	—	—	174	18	8
150	170	40	250	—	—	—	—	—	185	18	8
160	180	41	260	—	—	—	—	—	195	22	8
170	190	43	270	—	—	—	—	—	206	21	9
180	200	46	280	—	—	—	—	—	216	20	10
200	220	—	—	—	—	—	—	—	236	11	10
220	240	—	—	—	—	—	—	—	257	6	11
240	260	—	—	—	—	—	—	—	278	2	11
260	280	—	—	—	—	—	—	—	299	11	12

축지름 d_1	베어링 내경 d	A (최소)	K (최소)	H 30				H 31				H 32	
				d_e (최소)	b (최소) 치수 계열			d_e (최소)	b (최소) 치수 계열			d_e (최소)	b(최소)
					30	02	03		31	22	03		32
100	110	32	170	—	—	—	—	117	7	—	—	—	—
110	120	33	180	127	7	13	—	128	7	11	14	—	—
115	130	34	190	137	8	20	—	138	8	8	14	—	—
125	140	36	205	147	8	19	—	149	8	8	14	—	—
135	150	37	220	158	8	19	—	160	8	15	23	—	—
140	160	39	230	168	8	20	—	170	8	14	26	—	—
150	170	40	250	179	8	23	—	180	8	10	24	—	—
160	180	41	260	189	8	30	—	191	8	18	29	—	—
170	190	43	270	199	9	30	—	202	9	21	35	—	—
180	200	46	280	210	10	34	—	212	10	24	42	—	—
200	220	—	—	231	12	37	14	233	10	22	—	—	—
220	240	—	—	251	11	31	8	254	11	19	—	—	—
240	260	—	—	272	13	37	15	276	11	25	—	—	—
260	280	—	—	292	12	38	10	296	12	28	—	—	—
280	300	—	—	313	12	45	—	317	12	32	—	321	12
300	320	—	—	334	13	42	—	339	13	39	—	343	13
320	340	—	—	355	14	—	—	360	14	—	—	364	14
340	360	—	—	375	14	—	—	380	14	—	—	385	14
360	380	—	—	396	15	—	—	401	15	—	—	405	15
380	400	—	—	417	15	—	—	421	15	—	—	427	15
400	420	—	—	437	16	—	—	443	16	—	—	448	16
410	440	—	—	458	17	—	—	464	17	—	—	469	17
430	460	—	—	478	17	—	—	485	17	—	—	491	17
450	480	—	—	499	18		—	505	18	—	—	512	18
470	500	—	—	519	18	—	—	527	18	—	—	534	18

7. 구름 베어링의 끼워맞춤

구름 베어링의 베어링 내경과 축 및 베어링 외경과 하우징의 끼워맞춤에 있어, 일반용으로서 권장할 수 있는 끼워맞춤 종류를 10·39 표~10·40 표에 나타냈다(끼워맞춤에 대해서는 16장 참조). 또한 하중의 종류에 따른 끼워맞춤의 원칙적인 사항은 다음과 같다.

(1) 레이디얼 베어링 레이디얼 베어링이 내륜 회전하중(내·외륜의 회전 여하에 관계없이 하중 방향에 대해 상대적으로 외륜이 정지하고, 내륜이 회전하는 경우의 레이디얼 하중)을 받는 경우, 베어링 내경과 축의 끼워맞춤은 억지끼워맞춤으

로 해야 하며, 하중이 클수록 큰 체결값을 부여하는 것이 좋다.

또한 외륜 회전하중(내륜 회전하중의 반대인 경우의 레이디얼 하중)을 받는 경우는 베어링 내경과 축의 끼워맞춤은 헐거운 끼워맞춤으로 하고, 베어링 외경과 하우징은 억지끼워맞춤으로 한다.

더구나 방향 부정하중(하중 방향에 대해 상대적으로 내·외륜이 정지하지 않는 경우의 레이디얼 하중)의 경우에는 내륜, 외륜 모두 헐거운 끼워맞춤은 피하는 것이 좋다.

(2) 스러스트 베어링 스러스트 베어링의 베어링 내경과 축의 끼워맞춤은 중간끼워맞춤 또는 억지끼워맞춤으로 한다.

중심 스러스트 하중(베어링의 중심축을 통해 작용하는 하중)을 받는 경우는 외륜의 궤도가 내륜을 따라 스스로 조정할 수 있게 베어링 외경과 하우징 사이에는 틈새를 둔다.

또한 레이디얼 베어링과 합성 하중을 받는 경우에는 앞에서 말한 (1)과 동일하게 원칙을 따라야 한다.

(3) 끼워맞춤의 선택 및 수치 0급, 6X급 및 6급의 롤링 베어링과 축 및 하우징의 끼워맞춤의 일반 원칙을 10·41 표~10·44 표에 나타냈다.

이 표에서 경하중은 $P<0.06C$, 보통 하중은 $P=0.06\sim0.12C$, 중하중은 $P>0.12C$의 경우를 말한다(단, P…동등가하중, C…기본 동정격하중, p.10~16 참조). 또한 끼워맞춤의 수치를 10·45 표~10·48 표에 나타냈다.

10·39 표 레이디얼 베어링(원통 구멍)의 끼워맞춤 (JIS B 1566)

(a) 레이디얼 베어링의 내륜에 대한 끼워맞춤

베어링의 등급	내륜 회전하중 또는 방향 부정하중							내륜 정지하중		
	축의 공차역 클래스									
0급, 6X급, 6급	r6	p6	n6	m6, m5	k6, k5	js6, js5	h5	h6, h5	g6, g5	f6
5급	—	—	—	m5	k4	js4	h4	h5	—	—
끼워맞춤	억지끼워맞춤					중간 끼워맞춤				헐거운 끼워맞춤

(b) 레이디얼 베어링의 외륜에 대한 끼워맞춤 베어링의 등급

베어링의 등급	외륜 정지하중				방향 부정하중 또는 외륜 회전하중				
	구멍의 공차역 클래스								
0급, 6X급, 6급	G7	H7, H6	JS7, JS6	—	JS7, JS6	K7, K6	M7, M6	N7, N6	P7
5급	—	H5	JS5	K5	—	K5	M5	—	—
끼워맞춤	억지끼워맞춤		중간 끼워맞춤						헐거운 끼워맞춤

10·40 표 스러스트 베어링(원통 구멍)의 끼워맞춤 (JIS B 1566)

(a) 스러스트 베어링의 내륜에 대한 끼워맞춤 베어링의 등급

베어링의 등급	중심 액시얼 하중 (스러스트 베어링 전반)		합성하중 (스러스트 자동조심 롤러 베어링의 경우)			
			내륜 회전하중 또는 방향 부정하중			내륜 정지하중
	축의 공차역 클래스					
0급, 6급	js6	h6	n6	m6	k6	js6
끼워맞춤	중간 끼워맞춤		억지끼워맞춤			헐거운 끼워맞춤

(b) 스러스트 베어링의 외륜에 대한 끼워맞춤 베어링의 등급

베어링의 등급	중심 액시얼 하중 (스러스트 베어링 전반)		합성하중 (스러스트 자동조심 롤러 베어링의 경우)				
			외륜 정지하중 또는 방향 부정하중			외륜 회전하중	
	축의 공차역 클래스						
0급, 6급		H8	G7	H7	JS7	K7	M7
끼워맞춤	헐거운 끼워맞춤				중간 끼워맞춤		

10·41 표 구름 베어링 축의 허용차 (JIS B 1566)
레이디얼 베어링(0급, 6X급, 6급)에 대해 상용하는 축의 공차역 클래스.

조건		볼 베어링		원통 롤러 베어링 원뿔 롤러 베어링		자동조심 롤러 베어링		축의 공차역 클래스	비고
		축지름 (mm)							
		초과	이하	초과	이하	초과	이하		
원통 구멍 베어링 (0급, 6X급, 6급)									
내륜 회전 하중 또는 방향 부정 하중	경하중 (1) 또는 변동하중	—	18	—	—	—	—	h 5	정밀을 필요로 하는 경우 js6, k6, m6 대신에 js5, k5, m5를 이용한다.
		18	100	—	40	—	—	js 6	
		100	200	40	140	—	—	k 6	
		—	—	140	200	—	—	m 6	
	보통 하중 (1)	—	18	—	—	—	—	js 5	단열의 앵귤러 볼 베어링 및 원뿔 롤러 베어링의 경우, 끼워맞춤에 의한 내부 틈새의 변화를 생각할 필요가 없으므로 k5, m5 대신에 k6, m6을 이용할 수 있다.
		18	100	—	40	—	40	k 5	
		100	140	40	100	40	65	m 5	
		140	200	100	140	65	100	m 6	
		200	280	140	200	100	140	n 6	
		—	—	200	400	140	280	p 6	
		—	—	—	—	280	500	r 6	
	중간하중 (1) 또는 충격하중	—	—	50	140	50	100	n 6	보통 틈새의 베어링보다 큰 내부 틈새의 베어링을 필요로 한다.
		—	—	140	200	100	140	p 6	
		—	—	200	—	140	200	r 6	
내륜 회전 하중	내륜이 축 위를 쉽게 움직일 필요가 있다.	전 축지름						g 6	정밀을 필요로 하는 경우, g5를 이용한다. 큰 베어링에서는 쉽게 이동할 수 있게 f6이어도 된다.
	내륜이 축 위를 쉽게 움직일 필요가 없다.	전 축지름						h 6	정밀을 필요로 하는 경우 h5를 이용한다.
중심 액시얼 하중		전 축지름						js 6	—
테이퍼 구멍 베어링(0급) (어댑터붙이 또는 착탈 슬리브붙이)									
전 하중		전 축지름						h9/IT5(2)	전도축 등에서는 h10/IT7(2)로 해도 된다.

[주] (1) 경하중, 보통 하중 및 중하중은 동등가 레이디얼 하중이 사용되는 베어링의 기본 동 레이디얼 정격하중의 각각 6% 이하, 6%를 넘고 12% 이하 및 12%를 넘는 하중을 말한다.
(2) IT 5 및 IT 7은 축의 진원도 공차, 원통도 공차 등의 값을 나타낸다.
[비고] 이 표는 강제의 중실 축에 적용한다.

10·42 표 레이디얼 베어링(0급, 6X급, 6급)에 대해 상용하는 하우징 구멍의 공차역 클래스 (JIS B 1566)

조건				하우징 구멍의 공차역 클래스	비고
하우징	하중의 종류 등		외륜의 액시얼 방향의 이동(2)		
일체 하우징 또는 2개 분할 하우징	외륜 정지 하중	모든 종류의 하중	쉽게 이동할 수 있다.	H 7	대형 베어링 또는 외륜과 하우징의 온도차가 큰 경우, G7이어도 된다.
		경하중(1) 또는 보통 하중(1)	쉽게 이동할 수 있다.	H 8	—
		축과 내륜이 고온이 된다.	쉽게 이동할 수 있다.	G 7	대형 베어링 또는 외륜과 하우징의 온도차가 큰 경우, F7이어도 된다.

(다음 페이지에 계속)

조건				하우징 구멍의 공차역 클래스	비고
하우징	하중의 종류 등		외륜의 액시얼 방향의 이동(2)		
일체 하우징	외륜 정지 하중	경하중 또는 보통 하중으로 정밀 회전을 필요로 한다.	원칙적으로 이동할 수 없다.	K 6	주로 롤러 베어링에 적용한다.
			이동할 수 있다.	JS 6	주로 볼 베어링에 적용한다.
		정숙한 운전을 필요로 한다.	쉽게 이동할 수 있다.	H 6	—
	방향 부정 하중	경하중 또는 보통 하중	보통 이동할 수 있다.	JS 7	정밀을 필요로 하는 경우, JS7, K7 대신에 JS6, K6을 이용한다.
		보통 하중 또는 중하중(1)	원칙적으로 이동할 수 없다.	K 7	
		큰 충격하중	이동할 수 없다.	M 7	—
	외륜 회전 하중	경하중 또는 변동하중	이동할 수 없다.	M 7	—
		보통 하중 또는 중하중	이동할 수 없다.	N 7	주로 볼 베어링에 적용한다.
		박육 하우징으로 중하중 또는 큰 충격하중	이동할 수 없다.	P 7	주로 롤러 베어링에 적용한다.

[주] (1) 10·41 표의 주(1)에 의한다.
(2) 비분리 베어링에 대해 외륜이 액시얼 방향으로 이동할 수 있는지, 없는지의 구별을 나타낸다.
[비고] 1. 이 표는 주철제 하우징 또는 강제 하우징에 적용한다.
2. 중심 액시얼 하중만이 베어링에 걸리는 경우, 외륜에 레이디얼 방향의 틈새를 주는 공차역 클래스를 선정한다.

10·43 표 스러스트 베어링(0급, 6급)에 대해 상용하는 축의 공차역 클래스 (JIS B 1566)

조건		축지름 (mm)		축의 공차역 클래스	비고
		초과	이하		
중심 액시얼 하중 (스러스트 베어링 전반)		전 축지름		js 6	h6도 이용된다.
합성하중 (스러스트 자동조심 롤러 베어링)	내륜 정지하중	전 축지름		js 6	—
	내륜 회전하중 또는 방향 부정하중	—	200	k 6	k6, m6, n6 대신에 각각 js6, k6, m6도 이용된다.
		200	400	m 6	
		400	—	n 6	

10·44 표 스러스트 베어링(0급, 6급)에 대해 상용하는 하우징 구멍의 공차역 클래스 (JIS B 1566)

조건		하우징 구멍의 공차역 클래스	비고
중심 액시얼 하중 (스러스트 베어링 전반)		—	외륜에 레이디얼 방향의 틈새를 주도록 적절한 공차역 클래스를 선정한다.
		H 8	스러스트 볼 베어링으로 정도를 필요로 하는 경우.
합성하중 (스러스트 자동 조심 롤러 베어링)	외륜 정지하중	H 7	—
	방향 부정 하중 또는 외륜 회전하중	K 7	보통의 사용 조건인 경우.
		M 7	비교적 레이디얼 하중이 큰 경우.

10·45 표 레이디얼 베어링(원뿔 롤러 베어링을 제외) (0급)의 내륜과 축의 끼워맞춤에 관한 수치 (JIS B 1566)

(단위 μm)

호칭 베어링 내경 및 축의 호칭 직경 (mm)		베어링의 평면 내 평균 내경의 허용차		축의 공차역 클래스																											
				f 6		g 5		g 6		h 5		h 6		js5		js6		k 5		k 6		m5		m6		n6		p6		r6	
				틈새		틈새	체결여유	틈새	체결여유	틈새	체결여유	틈새	체결여유	틈새	체결여유	틈새	체결여유	체결여유		체결여유		체결여유		체결여유		체결여유		체결여유		체결여유	
초과	이하	상	하	최대	최소	최대		최대		최대		최대		최대		최대		최소	최대	최소	최대	최소	최대	최소	최대	최소	최대	최소	최대	최소	최대
3	6	0	−8	18	2	9	4	12	4	5	8	8	8	—	—	—	—	—	—	—	—	—	—	—	—	—	—	—	—	—	—
6	10	0	−8	22	5	11	3	14	3	6	8	9	8	3	11	4.5	12.5	—	—	—	—	—	—	—	—	—	—	—	—	—	—
10	18	0	−8	27	8	14	2	17	2	8	8	11	8	4	12	5.5	13.5	—	—	—	—	—	—	—	—	—	—	—	—	—	—
18	30	0	−10	33	10	16	3	20	3	9	10	13	10	4.5	14.5	6.5	16.5	2	21	2	25	—	—	—	—	—	—	—	—	—	—
30	50	0	−12	41	13	20	3	25	3	11	12	16	12	5.5	17.5	8	20	2	25	2	30	9	32	9	37	—	—	—	—	—	—
50	80	0	−15	49	15	23	5	29	5	13	15	19	15	6.5	21.5	9.5	24.5	2	30	2	36	11	39	11	45	20	54	—	—	—	—
80	120	0	−20	58	16	27	8	34	8	15	20	22	20	7.5	27.5	11	31	3	38	3	45	13	48	13	55	23	65	37	79	—	—
120	140	0	−25	68	18	32	11	39	11	18	25	25	25	9	34	12.5	37.5	3	46	3	53	15	58	15	65	27	77	43	93	63	113
140	160	0	−25	68	18	32	11	39	11	18	25	25	25	9	34	12.5	37.5	3	46	3	53	15	58	15	65	27	77	43	93	65	115
160	180	0	−25	68	18	32	11	39	11	18	25	25	25	9	34	12.5	37.5	3	46	3	53	15	58	15	65	27	77	43	93	68	118
180	200	0	−30	79	20	35	15	44	15	20	30	29	30	10	40	14.5	44.5	4	54	4	63	17	67	17	76	31	90	50	109	77	136
200	225	0	−30	79	20	35	15	44	15	20	30	29	30	10	40	14.5	44.5	4	54	4	63	17	67	17	76	31	90	50	109	80	139
225	250	0	−30	79	20	35	15	44	15	20	30	29	30	10	40	14.5	44.5	4	54	4	63	17	67	17	76	31	90	50	109	84	143
250	280	0	−35	88	21	40	18	49	18	23	35	32	35	11.5	46.5	16	51	4	62	4	71	20	78	20	87	34	101	56	123	94	161
280	315	0	−35	88	21	40	18	49	18	23	35	32	35	11.5	46.5	16	51	4	62	4	71	20	78	20	87	34	101	56	123	98	165
315	355	0	−40	98	22	43	22	54	22	25	40	36	40	12.5	52.5	18	58	4	69	4	80	21	86	21	97	37	113	62	138	108	184
355	400	0	−40	98	22	43	22	54	22	25	40	36	40	12.5	52.5	18	58	4	69	4	80	21	86	21	97	37	113	62	138	114	190
400	450	0	−45	108	23	47	25	60	25	27	45	40	45	13.5	58.5	20	65	5	77	5	90	23	95	23	108	40	125	68	153	126	211
450	500	0	−45	108	23	47	25	60	25	27	45	40	45	13.5	58.5	20	65	5	77	5	90	23	95	23	108	40	125	68	153	132	217

10·46 표 레이디얼 베어링(원뿔 롤러 베어링을 제외) (0급)의 외륜과 하우징 구멍의 끼워맞춤에 관한 수치 (JIS B 1566)

(단위 μm)

호칭 베어링 외경 및 축의 호칭 직경 (mm)		베어링의 평면 내 평균 외경의 허용차		구멍의 공차역 클래스																							
				G7		H6		H7		JS6		JS7		K6		K7		M6		M7		N6		N7		P7	
				틈새		틈새		틈새		틈새	체결여유	틈새	체결여유	틈새	체결여유	틈새	체결여유	틈새	체결여유	틈새	체결여유	틈새	체결여유	틈새	체결여유	체결여유	
초과	이하	상	하	최대	최소	최대	최소	최대	최소	최대		최대		최대		최대		최대		최대		최대		최대		최소	최대
6	10	0	−8	28	5	17	0	23	0	12.5	4.5	15	7	10	7	13	10	5	12	8	15	1	16	4	19	1	24
10	18	0	−8	32	6	19	0	26	0	13.5	5.5	17	9	10	9	14	12	4	15	8	18	1	20	3	23	3	29
18	30	0	−9	37	7	22	0	30	0	15.5	6.5	19	10	11	11	15	15	5	17	9	21	2	24	2	28	5	35
30	50	0	−11	45	9	27	0	36	0	19	8	23	12	14	13	18	18	7	20	11	25	1	28	3	33	6	42
50	80	0	−13	53	10	32	0	43	0	22.5	9.5	28	15	17	15	22	21	8	24	13	30	1	33	4	39	8	51
80	120	0	−15	62	12	37	0	50	0	26	11	32	17	19	18	25	25	9	28	15	35	1	38	5	45	9	59
120	150	0	−18	72	14	43	0	58	0	30.5	12.5	38	20	22	21	30	28	10	33	18	40	2	45	6	52	10	68
150	180	0	−25	79	14	50	0	65	0	37.5	12.5	45	20	29	21	37	28	17	33	25	40	5	45	13	52	3	68
180	250	0	−30	91	15	59	0	76	0	44.5	14.5	53	23	35	24	43	33	22	37	30	46	8	51	16	60	3	79
250	315	0	−35	104	17	67	0	87	0	51	16	61	26	40	27	51	36	26	41	35	52	10	57	21	66	1	88
315	400	0	−40	115	18	76	0	97	0	58	18	68	28	47	29	57	40	30	46	40	57	14	62	24	73	1	98
400	500	0	−45	128	20	85	0	108	0	65	20	76	31	53	32	63	45	35	50	45	63	18	67	28	80	0	108

10장

10·47 표 레이디얼 베어링(원뿔 롤러 베어링을 제외) (6급)의 내륜과 축의 끼워맞춤에 관한 수치 (JIS B 1566) (단위 μm)

호칭 베어링 내경 및 축의 호칭 직경 (mm)		베어링의 평면 내 평균 내경의 허용차		축의 공차역 클래스																											
				f 6		g 5		g 6		h 5		h 6		js 5		js 6		k 5		k 6		m 5		m 6		n 6		p 6		r 6	
				틈새		틈새	체결여유	틈새	체결여유	틈새	체결여유	틈새	체결여유	틈새	체결여유	틈새	체결여유	체결여유		체결여유		체결여유		체결여유		체결여유		체결여유		체결여유	
초과	이하	상	하	최대	최소	최대		최대		최대		최대		최대		최대		최소	최대	최소	최대	최소	최대	최소	최대	최소	최대	최소	최대	최소	최대
3	6	0	−7	18	3	9	3	12	3	5	7	8	7	—	—	—	—	—	—	—	—	—	—	—	—	—	—	—	—	—	—
6	10	0	−7	22	5	11	2	14	2	6	7	9	7	3	10	4.5	11.5	—	—	—	—	—	—	—	—	—	—	—	—	—	—
10	18	0	−7	27	7	14	1	17	1	8	7	11	7	4	11	5.5	12.5	—	—	—	—	—	—	—	—	—	—	—	—	—	—
18	30	0	−8	33	12	16	1	20	1	9	8	13	8	4.5	12.5	6.5	14.5	2	19	2	23	—	—	—	—	—	—	—	—	—	—
30	50	0	−10	41	15	20	1	25	1	11	10	16	10	5.5	15.5	8	18	2	23	2	28	9	30	9	35	—	—	—	—	—	—
50	80	0	−12	49	18	23	2	29	2	13	12	19	12	6.5	18.5	9.5	21.5	2	27	2	33	11	36	11	42	20	51	—	—	—	—
80	120	0	−15	58	21	27	3	34	3	15	15	22	15	7.5	22.5	11	26	3	33	3	40	13	43	13	50	23	60	37	74	—	—
120	140	0	−18	68	25	32	4	39	4	18	18	25	18	9	27	12.5	30.5	3	39	3	46	15	51	15	58	27	70	43	86	63	106
140	160	0	−18	68	25	32	4	39	4	18	18	25	18	9	27	12.5	30.5	3	39	3	46	15	51	15	58	27	70	43	86	65	108
160	180	0	−18	68	25	32	4	39	4	18	18	25	18	9	27	12.5	30.5	3	39	3	46	15	51	15	58	27	70	43	86	68	111
180	200	0	−22	79	28	35	7	44	7	20	22	29	22	10	32	14.5	36.5	4	46	4	55	17	59	17	68	31	82	50	101	77	128
200	225	0	−22	79	28	35	7	44	7	20	22	29	22	10	32	14.5	36.5	4	46	4	55	17	59	17	68	31	82	50	101	80	131
225	250	0	−22	79	28	35	7	44	7	20	22	29	22	10	32	14.5	36.5	4	46	4	55	17	59	17	68	31	82	50	101	84	135
250	280	0	−25	88	31	40	8	49	8	23	25	32	25	11.5	36.5	16	41	4	52	4	61	20	68	20	77	34	91	56	113	94	151
280	315	0	−25	88	31	40	8	49	8	23	25	32	25	11.5	36.5	16	41	4	52	4	61	20	68	20	77	34	91	56	113	98	155

10·48 표 레이디얼 베어링(원뿔 롤러 베어링을 제외) (6급)의 외륜과 하우징 구멍의 끼워맞춤에 관한 수치 (JIS B 1566) (단위 μm)

호칭 베어링 외경 및 축의 호칭 직경 (mm)		베어링의 평면 내 평균 외경의 허용차		구멍의 공차역 클래스																							
				G7		H6		H7		JS6		JS7		K6		K7		M6		M7		N6		N7		P7	
				틈새		틈새		틈새		틈새		틈새	체결여유	틈새	체결여유	틈새	체결여유	틈새	체결여유	틈새	체결여유	체결여유		틈새	체결여유	체결여유	
초과	이하	상	하	최대	최소	최대	최소	최대	최소	최대	최소	최대		최대		최대		최대		최대		최소	최대	최대		최소	최대
6	10	0	−7	27	5	16	0	22	0	11.5	4.5	14	7	9	7	12	10	4	12	7	15	0	16	3	19	2	24
10	18	0	−7	31	6	18	0	25	0	12.5	5.5	16	9	9	9	13	12	3	15	7	18	2	20	2	23	4	29
18	30	0	−8	36	7	21	0	29	0	14.5	6.5	18	10	10	11	14	15	4	17	8	21	3	24	1	28	6	35
30	50	0	−9	43	9	25	0	34	0	17	8	21	12	12	13	16	18	5	20	9	25	3	28	1	33	8	42
50	80	0	−11	51	10	30	0	41	0	20.5	9.5	26	15	15	15	20	21	6	24	11	30	3	33	2	39	10	51
80	120	0	−13	60	12	35	0	48	0	24	11	30	17	17	18	23	25	7	28	13	35	3	38	3	45	11	59
120	150	0	−15	69	14	40	0	55	0	27.5	12.5	35	20	19	21	27	28	7	33	15	40	5	45	3	52	13	68
150	180	0	−18	72	14	43	0	58	0	30.5	12.5	38	20	22	21	30	28	10	33	18	40	2	45	6	52	10	68
180	250	0	−20	81	15	49	0	66	0	34.5	14.5	43	23	25	24	33	33	12	37	20	46	2	51	6	60	13	79
250	315	0	−25	94	17	57	0	77	0	41	16	51	26	30	27	41	36	16	41	25	52	0	57	11	66	11	88
315	400	0	−28	103	18	64	0	85	0	46	18	56	28	35	29	45	40	18	46	28	57	2	62	12	73	13	98
400	500	0	−33	116	20	73	0	96	0	53	20	64	31	41	32	51	45	23	50	33	63	6	67	16	80	12	108

8. 기본 정격하중과 수명

베어링은 정상의 조건에서 사용되어도 일정 시기가 오면, 롤링면에 플레이킹(박리)가 생겨 사용할 수 없게 된다. 또한 설치가 적정하지 않았거나, 보수가 불완전한 경우 등에는 이상의 마모나 버닝 등을 발생시키는 경우가 있다.

베어링의 수명은 정상의 사용 조건에서 베어링을 운전했을 때, 궤도륜 혹은 전동체 중 어느 것인가에 롤링 피로에 의해 재료에 플레이킹이 발생하기까지 회전한 총 회전수로서 정의되어 있다(따라서 일정한 회전 속도의 경우에는 수명은 시간으로 나타낼 수 있다). 한 무리의 동일한 베어링을 동일한 조건에서 운전해도 수명은 상당히 편차가 있으므로 베어링의 수명을 생각할 때는 전체 베어링의 평균 수명을 취하는 것보다 사용 베어링의 대부분이 보증되는 수명을 생각하는 편이 실용적이다. 이를 위해 JIS에서는 다음에 설명하는 정격 수명, 기본 동정격하중 및 그 계산 방법에 대해 규정하고 있다.

(1) 정격 수명 정격 수명은 한 무리의 동일한 베어링을 동일한 조건으로 각각 운전했을 때, 그 90%의 베어링이 롤링 피로에 의한 재료의 손상을 일으키지 않고 회전할 수 있는 총 회전수라고 정의되어 있다. 따라서 일정한 회전 속도의 경우에는 수명은 시간으로 표현해도 된다.

이 정격 수명은 베어링 전체 평균 수명의 약 5분의 1에 상당한다고 한다.

(2) 기본 동정격하중 기본 동정격하중은 그 베어링에 100만 회전의 정격 수명을 보증하는 일정 하중인데, JIS에는 다음과 같이 정의되어 있다. '레이디얼 베어링은 내륜을 회전시키고 외륜을 정지시킨 조건에서, 스러스트 베어링은 한편의 궤도륜을 회전시키고 다른 궤도륜을 정지시킨 조건에서 한 무리의 동일한 베어링을 각각 운전했을 때 정격 수명이 100만회가 되는 방향과 크기가 변동하지 않는 하중'.

또한 이 기본 동정격하중은 레이디얼 베어링에서는 레이디얼 하중을 취하고, 스러스트 베어링에서는 중심축 상에 작용하는 스러스트 하중을 취한다. 또한 단열 앵귤러 베어링은 내륜과 외륜의 상대적인 변위가 레이디얼 방향만이 되는 하중의 레이디얼 분력을 취하게 되어 있다. JIS에는 롤링 베어링의 기본 동정격하중의 계산 방법에 대해 JIS B 1518에 의해 정해져 있는데, 상당히 복잡한 계산이 되므로 일반적으로는 메이커의 카탈로그에 기재된 수치를 이용하고 있다. 이 수치에 대해서는 이 책 10·14 표~10·23 표에 참고를 위해 들고 있으므로 참조하기 바란다.

(3) 동등가하중 앞에서 말한 기본 동정격하중은 레이디얼 하중 혹은 스러스트 하중이 단독으로 작용하고 있는 경우의 값인데, 실제로는 이들 양자가 동시에 걸리고 있는 경우가 많다. 따라서 이와 같은 경우에는 실제로 받고 있는 하중과 동일한 영향을 베어링의 수명에 주는 가상의 레이디얼 하중 혹은 스러스트 하중을 생각해 계산을 하는 것이다. 이와 같은 가상의 하중을 동등가하중이라고 하며, JIS에는 다음과 같이 정의되어 있다. '방향과 크기가 변동하지 않는 하중으로, 실제 하중 및 회전의 조건일 때와 동일한 수명을 부여하는 하중.' 레이디얼 베어링 또는 스러스트 베어링에 대해 각각 하중을 취하는 방식은 앞에서 말한 기본 동정격하중의 경우와 동일하다.

(4) 정격 수명의 계산식 일반적으로 베어링의 정격 수명, 기본 동정격하중 및 동등가하중 사이에는 다음과 같은 관계가 있다.

$$L = \left(\frac{C}{P}\right)^{p} \qquad (1)$$

단, L…정격 수명(단위 10^6회전), C…기본 동정격하중(N)[(2)식 참조], P…동등가하중(N)[(6) 식 참조], p=3(볼 베어링의 경우), p=10/3(롤러 베어링의 경우).

앞에서 말한 정격 수명 100만 회전(10^6회전)은 33.3rpm에서는 500시간의 운전에 상당하므로 ($33.3 \times 60 \times 500 \fallingdotseq 10^6$rev), 회전수와 수명 시간의 기준으로서 33.3rpm과 500시간을 취하는 것이 보통이다.

정격 수명을 총 회전수로 나타내는 것은 수명을 주행 킬로 수 등으로 나타낼 때에 편리하며, 시간으로 나타내는 것은 속도가 변동하지 않는 경우 등에 편리하다.

롤링 베어링의 수명 계산식[(1) 식]에 이용하는 기본 동정격하중 C는 다음의 식을 이용해 구하면 된다.

$$C = \frac{f_h}{f_n} \cdot P \quad \text{(N)} \qquad (2)$$

단, f_h…수명계수[(4)식 참조],
f_n…속도계수[(5)식 참조],
P …동등가하중(N)[(6)식 참조].

$$L_h = 500 f_h{}^{p} \qquad (3)$$

$$f_h = \left(\frac{L_h}{500}\right)^{\frac{1}{p}} \qquad (4)$$

10장

$$f_n = \left(\frac{33.3}{n}\right)^{1/p} \qquad (5)$$

$$P_r = X \cdot F_r + YF_a \qquad (6)$$

$$P_a = X \cdot F_r + YF_a \qquad (7)$$

단, L_h…수명 시간(h), n…베어링의 매분 회전수, P_r…레이디얼 베어링의 동등가하중(N), P_a…스러스트 베어링의 동등가하중(N), X…레이디얼 계수, Y…스러스트 계수, F_r…레이디얼 하중(N), F_a…스러스트 하중(N).

앞에서 말한 X 및 Y의 값을 10·50 표에 나타냈다. 동 표 (a) 및 (b)에서 표에 나타내지 않은 F_a/C_{or}, iF_a/C_{or}, F_a/iZD_w^2, F_a/ZD_w^2 또는 α에 대한 X, Y 및 e의 값은 비례보간에 의해 구하는 것으로 되어 있다([예제 2]).

단, i…전동체의 열 수, Z…전동체의 수, D_w…볼의 직경. 또한 볼 베어링 및 롤러 베어링의 매분 회전수 n에 대한 f_n의 값 및 L_h에 대한 f_n의 값은 10·21 그림에 나타낸 스케일에 의해 구할 수 있다. 10·49 표는 베어링의 용도별 수명계수 및 계산 수명을 나타낸 것이다.

(5) 기본 정정격하중 베어링에는 앞에서 말한 수명 외에 정지 시에 하중이 가해졌을 때, 전동체나 궤도륜에 생기는 국부적인 영구 변형이 문제가 되는 경우가 있다.

이 영구 변형은 어느 정도를 넘으면, 그 이후의 운전에 지장을 가져오게 되기 때문에 JIS에서는

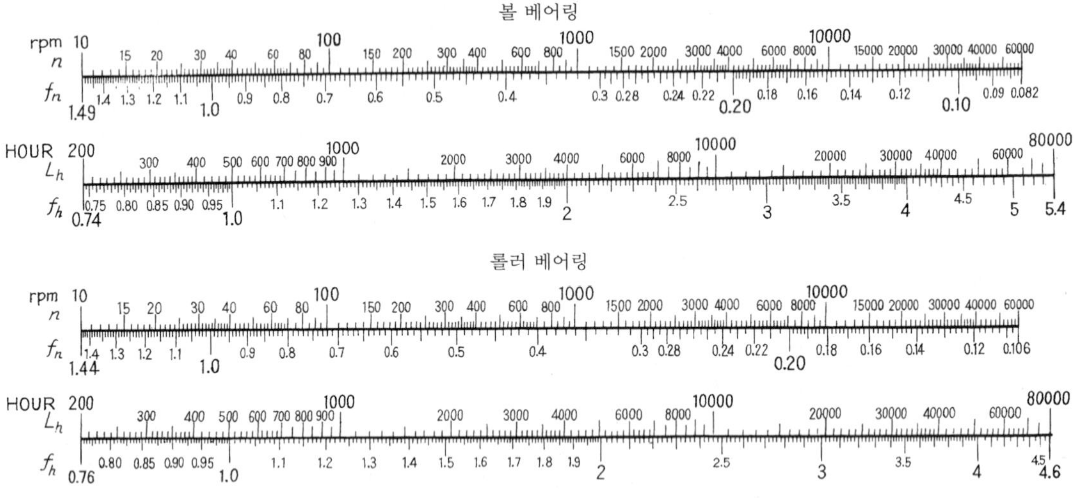

10·21 그림 볼 베어링과 롤러 베어링의 경우의 매분 회전수 n에 대한 f_n의 값 및 L_h에 대한 f_h의 값.

10·49 표 용도별 수명계수 및 계산 수명

사용 기계	수명계수 f_h	수명 시간 L_h (상단:볼 베어링, 하단:롤러 베어링)
상시 회전이 필요 없는 기구장치. 예를 들면 도어 개폐장치, 자동차의 방향지시기 등.	1	500 500
단시간 또는 간격적으로 사용되는 기계로, 만일의 사고에 의해 운전이 정지해도 비교적 큰 영향을 주지 않는 것. 예를 들면 핸드툴, 기계공장의 중량물 권상장치, 일반 수동기계, 농업기계, 주조공장 크레인, 재료 자동이송장치, 가전기구 등.	2 ~2.5	4000~ 8000 5000~ 10000
연속적으로 운전되지 않지만 운전 시에는 충분하게 확실성이 필요한 기계. 예를 들면 발전소의 보조기계, 흐름작업의 컨베이어 장치, 엘리베이터, 일반 하역크레인, 사용 횟수가 적은 공작기계 등.	2.5~3	8000~ 14000 10000~ 20000
1일 8시간 운전되지만 항시 풀로 운전되지 않는 기계. 예를 들면 공장전동기, 일반 기어장치 등.	3 ~3.5	14000~ 20000 20000~ 30000
1일 8시간 풀로 운전되는 기계. 예를 들면 기계공장의 일반 기계, 상시 운전 크레인, 송풍기 등.	3.5~4	20000~ 30000 30000~ 50000
24시간 연속 운전 기계 예를 들면 세퍼레이터, 컴프레서, 펌프, 메인 샤프트, 압연기, 테이블 롤러, 컨베이어 롤러, 광산 권상기, 공장전동기 등.	4.5~5	50000~ 60000 80000~100000
24시간 연속 운전, 사고에 의한 정지를 절대로 허용하지 않는 기계. 예를 들면 셀룰로오스 제조기계, 제지기계, 발전소, 광산 배수펌프, 시가지 수도설비 등	6 ~7	100000~200000 200000~300000

10·50 표 계수 X 및 Y의 값 (JIS B 1518)

(a) 레이디얼 볼 베어링의 경우.

베어링의 형식	α	액시얼 하중비		단열 베어링 $F_a/F_r \leqq e$ X	Y	단열 베어링 $F_a/F_r > e$ X	Y	복열 베어링 $F_a/F_r \leqq e$ X	Y	복열 베어링 $F_a/F_r > e$ X	Y	e	
깊은 홈 볼 베어링		$\frac{F_a}{C_{0r}}$	$\frac{F_a}{iZD_w^2}$										
		0.014	0.172	1	0	0.56	2.30	1	0	0.56	2.30	0.19	
		0.028	0.345				1.99				1.99	0.22	
		0.056	0.689				1.71				1.71	0.26	
		0.084	1.03				1.55				1.55	0.28	
		0.11	1.38				1.45				1.45	0.30	
		0.17	2.07				1.31				1.31	0.34	
		0.28	3.45				1.15				1.15	0.38	
		0.42	5.17				1.04				1.04	0.42	
		0.56	6.89				1.00				1.00	0.44	
앵귤러 볼 베어링	α	$\frac{iF_a}{C_{0r}}$	$\frac{F_a}{ZD_w^2}$									단열	복열
	5°	0.014	0.172	1	0	0.56	2.30	1	2.78	0.78	3.74	0.19	0.23
		0.028	0.345				1.99		2.40		3.23	0.22	0.26
		0.056	0.689				1.71		2.07		2.78	0.26	0.30
		0.085	1.03				1.55		1.87		2.52	0.28	0.34
		0.11	1.38				1.45		1.75		2.36	0.30	0.36
		0.17	2.07				1.31		1.58		2.13	0.34	0.40
		0.28	3.45				1.15		1.39		1.87	0.38	0.45
		0.42	5.17				1.04		1.26		1.69	0.42	0.50
		0.56	6.89				1.00		1.21		1.63	0.44	0.52
	10°	0.014	0.172	1	0	0.46	1.88	1	2.18	0.75	3.06	0.29	
		0.029	0.345				1.71		1.98		2.78	0.32	
		0.057	0.689				1.52		1.76		2.47	0.36	
		0.086	1.03				1.41		1.63		2.29	0.38	
		0.11	1.38				1.34		1.55		2.18	0.40	
		0.17	2.07				1.23		1.42		2.00	0.44	
		0.29	3.45				1.10		1.27		1.79	0.49	
		0.43	5.17				1.01		1.17		1.64	0.54	
		0.57	6.89				1.00		1.16		1.63	0.54	
	15°	0.015	0.172	1	0	0.44	1.47	1	1.65	0.72	2.39	0.38	
		0.029	0.345				1.40		1.57		2.28	0.40	
		0.058	0.689				1.30		1.46		2.11	0.43	
		0.087	1.03				1.23		1.38		2.00	0.46	
		0.12	1.38				1.19		1.34		1.93	0.47	
		0.17	2.07				1.12		1.26		1.82	0.50	
		0.29	3.45				1.02		1.14		1.66	0.55	
		0.44	5.17				1.00		1.12		1.63	0.56	
		0.58	6.89				1.00		1.12		1.63	0.56	
	20°	—	—	1	0	0.43	1.00	1	1.09	0.70	1.63	0.57	
	25°	—	—			0.41	0.87		0.92	0.67	1.41	0.68	
	30°	—	—			0.39	0.76		0.78	0.63	1.24	0.80	
	35°	—	—			0.37	0.66		0.66	0.60	1.07	0.95	
	40°	—	—			0.35	0.57		0.55	0.57	0.93	1.14	
	45°	—	—			0.33	0.50		0.47	0.54	0.81	1.34	
자동조심 볼 베어링				1	0	0.40	0.4cotα	1	0.42cotα	0.65	0.65cotα	1.5tanα	
마그넷 볼 베어링				0	0	0.5	2.5	—	—	—	—	0.2	

(b) 스러스트 볼 베어링의 경우

α	단식 베어링(1) $F_a/F_r > e$ X	Y	복식 베어링 $F_a/F_r \leqq e$ X	Y	복식 베어링 $F_a/F_r > e$ X	Y	e
45°	0.66	1	1.18	0.59	0.66	1	1.25
50°	0.73		1.37	0.57	0.73		1.49
55°	0.81		1.60	0.56	0.81		1.79
60°	0.92		1.90	0.55	0.92		2.17
65°	1.06		2.30	0.54	1.06		2.68
70°	1.28		2.90	0.53	1.28		3.43
75°	1.66		3.89	0.52	1.66		4.67
80°	2.43		5.86	0.52	2.43		7.09
85°	4.80		11.75	0.51	4.80		14.29

[주] (1) $F_a/F_r \leqq e$인 경우의 단식 베어링의 사용은 적당하지 않다.

(c) 스러스트 롤러 베어링의 경우

베어링 형식	$F_a/F_r \leqq e$ X	Y	$F_a/F_r > e$ X	Y	e
단식, α≒90°	—(1)	—(1)	tan α	1	1.5tanα
복식, α≒90°	1.5tanα	0.67	tan α	1	1.5tanα

[주] (1) $F_a/F_r \leqq e$인 경우의 단식 베어링의 사용은 적당하지 않다.

(d) 레이디얼 롤러 베어링의 경우

베어링 형식	$F_a/F_r \leqq e$ X	Y	$F_a/F_r > e$ X	Y	e
단열, α≒0°	1	0	0.4	0.4cotα	1.5tanα
복열, α≒0°	1	0.45cotα	0.67	0.67cotα	1.5tanα

그 한도로서 최대 응력을 받는 접촉부의 전동체와 궤도륜의 영구 변형량의 합이 전동체 직경의 0.0001배가 되는 하중을 기본 정정격하중으로 정하고, 그 계산 방법을 규정하고 있다.

기본 정정격하중의 하중 방향을 취하는 방식도 앞에서 말한 기본 동정격하중의 경우와 동일하다. 또한 레이디얼 하중, 스러스트 하중이 동시에 걸리는 베어링에서는 실제로 받고 있는 하중과 동일한 영향을 베어링에 미치는 가상의 하중을 생각, 이것을 정등가하중이라고 한다. 이 경우의 하중 방향을 취하는 방식도 앞에서 말한 것과 동일하다. 이 기본 정정격하중도 일반적으로 메이커의 카탈로그에 게재된 수치를 이용하고 있다. 이 책 10·14 표~10·23 표에 참고로 들었으므로 참조하기 바란다.

롤링 베어링의 기본 정정격하중 C_{or}의 개수는 다음의 식에 의해 구할 수 있다.

$$C_{0r}=f_s \cdot P_0 \quad \text{(N)} \tag{8}$$

여기서 f_s…정하중비(10·52 표에 의한다), P_o(또는 P_{oa})…정등가하중(N)[(9), (10)식 참조].

$$P_0=X_0 \cdot F_r + Y_0 \cdot F_a \quad (\text{단, } P_0>F_a)$$

…레이디얼 베어링의 경우. (9)

$$P_{0a}=F_a \times 2.3\,F_r \cdot \tan\alpha$$

…스러스트 베어링의 경우 (10)

여기에 X_o…정레이디얼 계수, Y_o…정스러스트 계수, F_r…레이디얼 또는 스러스트 하중(N).

X_o 및 Y_o의 값을 10·51 표에 나타냈다. 또한 정하중비는 일반적으로 10·52 표에 나타낸 값을 취하면 되는데, 큰 충격하중이나 진동하중 등을 받는 경우에는 동 표의 1.5~2배를 취하면 된다.

10·51 표 계수 X_0 및 Y_0의 값 (JIS B 1519 발췌)

베어링의 형식		단열 베어링		복열 베어링	
		X_0	Y_0	X_0	Y_0
깊은 홈 볼 베어링		0.6	0.5	0.6	0.5
앵귤러 볼 베어링	$\alpha=15°$	0.5	0.46	1	0.92
	20°	0.5	0.42	1	0.84
	25°	0.5	0.38	1	0.76
	30°	0.5	0.33	1	0.66
	35°	0.5	0.29	1	0.58
	40°	0.5	0.26	1	0.52
	45°	0.5	0.22	1	0.44
자동조심 볼 베어링 $\alpha \neq 0°$		0.5	0.22 $\cot\alpha$	1	0.44 $\cot\alpha$

10·52 표 일반적으로 취하는 f_s의 값

회전 조건	하중	f_s의 하한
회전하는 베어링	보통 하중	1 ~ 2
	충격하중	2 ~ 3
항상은 회전하지 않는 베어링 (때때로 요동한다)	충격하중	0.5
	충격하중 불균등한 하중 분포	1 ~1.5

[예제 1] 깊은 홈 볼 베어링(단열·편 실드) 6010에서 회전수 750rpm으로 레이디얼 하중 2kN을 받는 경우의 수명 시간을 구하자.

[해] 이 경우, 하중은 레이디얼 하중만으로 하면, 등가 레이디얼 하중 P_r은

$$P_r=F_r=2\ \text{(kN)}$$

6010의 기본 동정격하중 C_r은 10·14 표에서 21.8kN이다. 따라서 회전수 750rpm에 대한 볼 베어링의 속도계수는 10·21 그림의 스케일에서 f_n=0.35이기 때문에 수명계수 fh는 (2) 식에서

$$f_h=f_n \cdot \frac{C_r}{P_r}=0.35\times\frac{21.8}{2}=3.8$$

이 수명계수에 대한 수명 시간은 10·21 그림의 스케일에서 약 27000시간에 상당한다.

[예제 2] 앞의 문제에서 스러스트 하중 930N이 작용한다고 하면, 이 볼 베어링의 수명은 얼마나 될까.

[해] 10·14 표에서 6010의 기본 정정격하중 C_{or}=16.6kN, 따라서 10·50 표에서

$$\frac{F_a}{C_{0r}}=\frac{930}{16600}=0.056,\ \text{또는}\ \frac{F_a}{F_r}=0.465$$

이 0.465는 동 표의 F_a/C_{or}=0.056에 대한 e의 값 0.26보다 크기 때문에 동 표 오른쪽 칸의 계수 X=0.56, Y=1.71를 얻는다. 따라서 (7) 식에서 동등가하중 P_r은

$$P_r=XF_r+YF_a=0.56\times2000+1.71\times930$$
$$=2710\text{N}$$

(2) 식의 P를 이 P_r로 교체해 f_h의 값을 산출하면

$$f_h=0.35\times\frac{21800}{2710}=2.82$$

따라서 10·21 그림의 스케일에서, 11000시간을 얻는다.

[예제 3] 베어링 계열 60의 단열 깊은 홈 볼 베어링을 이용해 1430rpm으로 레이디얼 하중 1500N, 액시얼 하중 530N를 받게 하고, 8000시간 이상의 수명을 필요로 할 때의 호칭번호를 선정하자.

[해] 액시얼 하중이 가해지므로 10·50 표의 e를 구한다.

$$\frac{F_a}{F_r}=\frac{530}{1500}=0.35$$

단, 이 표의 X 및 Y의 값은 왼쪽 칸의 액시얼 하중비 F_a/C_{or}에 의해 정해지므로 C_{or}이 미지인 경우에는 앞에서 말한 F_a/F_r의 값에서 이것보다

작은 e의 값에 대한 F_a/C_{or}값을 가정해 $X=0.56$, $Y=1.31$로 한다. 이것에 의해 동등가 레이디얼 하중 P_r은 (6)식에 의해

$$P_r=XF_r+YF_a=0.56\times1500+1.31\times530$$
$$=1534(\text{N})$$

10·21 그림에서 10000시간에 대한 수명계수 $f_h=2.7$ 및 1430rpm에 대한 속도계수 $f_n=0.29$를 얻는다.

기본 동정격하중 C_r은 (2)식에서

$$C_r=\frac{f_h}{f_n}\cdot P_r=\frac{2.7}{0.29}\times1534=14282(\text{N})$$

따라서 10·14 표에서 호칭번호 6007(축 구멍 지름 35)를 선정한다.

다음으로 이 호칭번호에 대한 수명을 체크해 보자. 동 베어링의 C_{or}은 표에서 10.3kN이다. 액시얼 하중비는

$$\frac{F_a}{C_{0r}}=\frac{530}{10300}=0.051$$

F_a/F_r값은 0.36이므로 10·50 표에서 $F_a/F_r>e$로부터 $X=0.56$은 구할 수 있는데, Y는 $F_a/C_{or}=0.051$이므로 표 중에 나타낸 값인 0.056 및 0.028에서 비례보간에 의해 다음과 같이 해서 구한다.

$$Y=1.99+\frac{1.71-1.99}{0.056-0.028}\times(0.051-0.028)$$
$$=1.76$$

이것으로부터 동등하 레이디얼 하중 P_r은

$$P_r=XFr+YF_a=0.56\times1500+1.76\times530$$
$$=1733(\text{N})$$

6007의 C_r은 10·14 표에서 16.0kN이기 때문에 (2)식에 의해

$$f_h=f_n\cdot\frac{C_r}{P_r}=0.29\times\frac{16000}{1772}=2.62$$

10·21 그림의 스케일에 의해 $f_h=2.62$의 수명을 구하면 약 9500시간이 되어, 문의를 만족시킨다. 만약, 수명이 과부족한 경우에는 호칭번호를 상하로 변경해 계산을 반복하면 된다.

10·4 윤활

1. 윤활에 대해

베어링은 정확하게 설치하는 것, 적정한 윤활을 하는 것이 그 기능을 충분히 발휘시키는데 가장 중요한 것이다. 윤활의 주된 효과를 들면, 다음과 같다.

① 마찰 및 마모의 감소
② 마찰열의 전달 및 발산
③ 녹 방지
④ 이물의 혼입 방지

2. 윤활제

일반적으로 이용되는 윤활제로서는 그리스 및 윤활유가 있는데, 각각 여러 가지 종류의 것이 있으므로 그 윤활 부위에 적당한 것을 선정하는 것이 필요하다.

10·53 표에 그리스 윤활과 오일 윤활의 비교를 나타냈다.

10·53 표 그리스 윤활과 오일 윤활의 비교

항목	그리스	오일
회전수	저, 중속용	모든 속도
윤활제의 교체	약간 번거로움	간단
윤활제의 수명	비교적 짧다	길다
밀봉장치	간단	주의를 요한다
냉각 효과	나쁘다	좋다
윤활 성능	좋다	매우 좋다
먼지 여과	곤란	용이
유막의 완충성	약간 떨어진다	좋다

(1) 그리스 그리스는 기본유(광유 또는 합성유)에 증점제(금속비누 등)을 더해 혼합해서 만든 끈적한 상태의 윤활제이다.

또한 10·54 표에 일반적으로 이용되는 그리스의 종류와 그 성능을 나타냈다.

(2) 윤활유 롤링 베어링용 윤활유를 선택하는 경우에 가장 중요한 것은 적정한 점도의 것을 선택하는 것인데, 일반적인 사용 조건으로는 운전온도에서 적어도 다음의 점도 이상의 것을 선택할 필요가 있다.

볼 베어링, 원통 롤러 베어링…$13\times10^{-6}\text{m}^2/\text{s}$
원뿔 롤러 베어링, 자동조심 롤러 베어링
…$20\times10^{-6}\text{m}^2/\text{s}$

단, 필요 이상의 점도인 것을 사용하면, 온도 상승이나 토크 증대를 발생시킬 위험이 있기 때문에 주의해야 한다. 일반적으로 베어링이 클수록 또는 하중이 클수록 고점도, 회전수가 높을수록 저점도로 한다.

10·55 표에 유욕 윤활 혹은 순환 급유인 경우의 윤활유 선정 지침을 참고를 위해 나타냈다.

3. 윤활법

(1) 그리스 윤활법 그리스 윤활은 점도가 높기 때문에 밀봉장치가 간단하며, 또한 한번 채우면 반년에서 2년 정도는 보급할 필요도 없으므로 널리 이용되고 있다.

그리스 윤활을 하는 경우의 하우징 내폭은 베어링 폭의 1.5~2배로 하는 것이 보통이고, 이 공

10·54 표 각종 그리스의 일반적 성능

명칭(통칭) / 증점제 / 기본유 / 성능	리튬 그리스			나트륨 그리스 (화이버 그리스)	칼슘 그리스 (컵 그리스)	혼합기 그리스	콤플렉스 그리스	비비누기 그리스 (논솝 그리스)
증점제	Li 비누			Na 비누	Ca 비누	Na+Ca 비누 Li+Ca 비누 등	Ca 콤플렉스 Al 콤플렉스 등	실리카겔 벤톤 내열성 유기화합물
기본유	광유	다이에스테르유 (다이에스테르 그리스)	실리콘유 (실리콘 그리스)	광유	광유	광유	광유	광유
사용 온도 범위 (℃)	−20∼100	−50∼100	−50∼150	−20∼100	−10∼50	−10∼80	−20∼100	0∼150
사용 속도 범위 (dmn)	∼30×10⁴	∼30×10⁴	∼20×10⁴	∼30×10⁴	∼15×10⁴	∼30×10⁴	∼30×10⁴	∼15×10⁴
기계적 안정성	양호	양호	양호	양호	떨어짐	양호	양호	양호
내압성	중간	중간	약함	강함~중간	강함~약함	강함	강함	중간~약함
내수성	양호	양호	양호	떨어짐	양호	Na 들이는 떨어진다	양호	양호
특징과 용도	용도가 가장 넓은 각종 구름 베어링용	저온특성, 마찰특성이 우수하다. 계기용 소형 베어링 소형 모터용 베어링	주로 고온용, 고속, 고하중 조건이나 미끄럼 부분이 많은 베어링에는 사용할 수 없다.	극압성, 기계적 안전성이 큼	고온 고하중 용으로는 사용할 수 없다. 고점도유에 극압첨가제가 들어간 극압 그리스도 있다.	롤러 베어링이나 대형 볼 베어링에서 상당히 고속까지 사용할 수 있다.	극압성, 기계적 안전성이 큼	고온 부분의 윤활, 내산, 내알칼리성.

간의 40~60%의 그리스를 충전하는 것이 적당하다. 저속 회전의 경우에는 그리스를 많이 채워도 지장은 없지만, 중속 이상에서는 많이 채우면 발열·변질·누유 등의 원인이 되기 때문에 주의해야 한다.

그리스는 일정 기간 사용하면, 열화하므로 교환하는 것이 필요해진다.

그리스 교환 기간의 대략적이 기준은 운전 시간으로 나타내면, 다음의 식과 같다.

볼 베어링 $$t_f = \frac{105\times10^6}{kn\sqrt{d}} - 6d \qquad (11)$$

원통 롤러 베어링 $$t_f = \frac{52\times10^6}{kn\sqrt{d}} - 3d \qquad (12)$$

자동조심 롤러 베어링, 원뿔 롤러 베어링 $$t_f = \frac{27\times10^6}{kn\sqrt{d}} - 2d \qquad (13)$$

여기에 t_f…그리스의 평균 교환 시간 (h)
n…회전수 (rpm)
d…베어링 내경 (mm)
k=0.85…직경 계열 2
=1.0…직경 계열 3
=1.2…직경 계열 4

이들 식은 먼지나 수분 등의 유해물질이 비교적 잘 혼입하지 않는 경우를 대상으로 한 것으로, 그들의 악영향이 생각되는 경우에는 교환 시간을 좀 더 단축해야 한다.

(2) 오일 윤활법 이것에는 다음과 같은 여러 가지 방법이 있다.

(i) 유욕급유법 베어링이 오일면 아래로 일부 담가져 윤활을 하는 것으로, 일반적으로 정지 시에 최하위의 전동체 중심 부근에 오일면이 있게 한다. 이 경우 10·22 그림에 나타낸 오일 게이지를 설치, 항상 오일면을 점검할 수 있게 하는 것이 바람직하다.

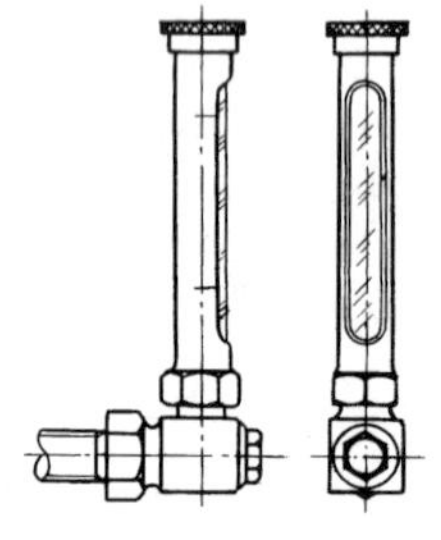
10·22 그림 오일 게이지

(ii) 비말급유법 기어나 임펠러 등에서 오일을 뿌려서 급유하는 것으로, 상당히 고속 회전에까지 이용할 수 있다.

(iii) 순환급유법 이것은 강제급유법이라고도 하며, 오일 펌프를 이용해 강제적으로 오일을 순환시키는 것으로, 급유계통 중에 필터나 쿨러를 넣을 수 있으므로 고속 회전의 경우에 적합하다.

또한 초고속의 경우에는 1개 내지 여러 개의 노즐에서 일정한 압력으로 오일을 분사하는 제트

10·55 표 윤활유 선택의 지침

베어링의 운전 온도	d_n값*	보통 하중	중하중 또는 충격하중	베어링
−30℃~0℃	한계 회전 수까지	2호, 특2호 냉동기유 (150)	—	전 종류
0℃~60℃	15000까지	2호 다이나모유(110) 2호 터빈유(140)	3호 터빈유(180) 250, 350 디젤유	동상
	75000 〃	3호 스핀들유(150) 1호 터빈유(90) 2호 다이나모유(110)	2호 다이나모유(110), 2호, 3호 터빈유(140, 180)	동상
	150000 〃	3호 스핀들유(150)	1호 터빈유(90)	스러스트 볼 베어링을 제외
	300000 〃	특1호, 2호 스핀들유(백, 60)	3호 스핀들유(150)	단열 레이디얼 볼 베어링과 원통 롤러 베어링
	450000 〃	특1호, 2호 스핀들유(백, 60)	특1호, 2호 스핀들유(백, 60)	
60℃~100℃	15000 〃	250, 350 디젤유	450, B450 디젤유, 1호 실린더유(90)	전 종류
	75000 〃	3호, 특3호 터빈유(180) 250 디젤유	250, 350, B350 디젤유	동상
	150000 〃	2호, 3호, 특2호, 특3호, 터빈유(140, 180)	3호, 특3호 터빈유(180) 250 디젤유	스러스트 볼 베어링을 제외
	300000 〃	1호, 특1호 터빈유(90) 2호 다이나모유(110)	2호 다이나모유(110), 2호, 3호, 특2호, 특3호 터빈유(140, 180)	단열 레이디얼 볼 베어링과 원통 롤러 베어링
	450000 〃	3호 스핀들유(150), 1호, 특1호 터빈유(90)	1호, 특1호 터빈유(90), 2호 다이나모유(110)	
100℃~150℃	한계 회전 수까지	B450, B700 디젤유 1호, 2호 실린더유(90, 120)		전 종류
150℃ 이상		3호 실린더유(과열) B700 디젤유	(특히 온도가 높은 경우는 산화 방지 기타의 첨가제를 필요로 한다.)	동상
0℃~60℃		2호 다이나모유(110) 2호, 3호 터빈유(140, 180)		자동조심 롤러 베어링
60℃~100℃		3호, 특3호 터빈유(180) 250, 350, B350, B450 디젤유		

[주] * d_n값이란 d(베어링 내경 mm)×n(회전수 rpm)의 값이다.
[비고] 괄호 내는 구 명칭[숫자는 레드우드(초)의 점도]를 나타낸다.

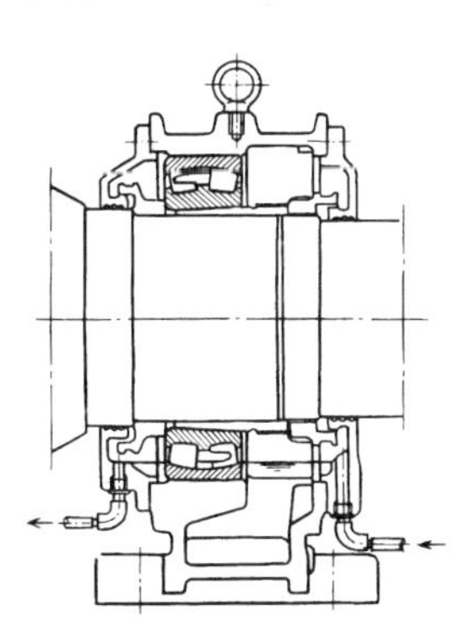
10·23 그림 순환급유법

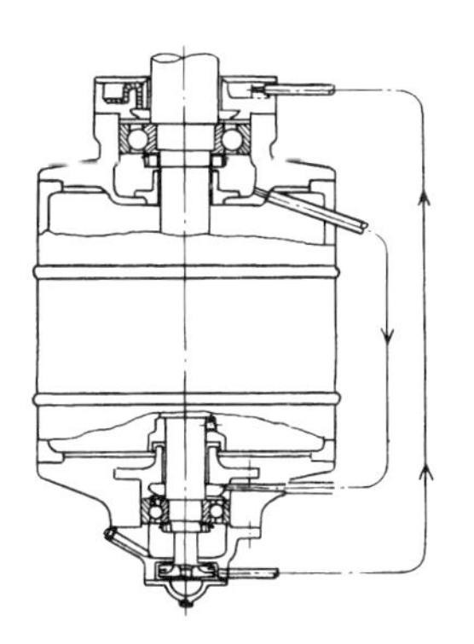
10·24 그림 순환급유법

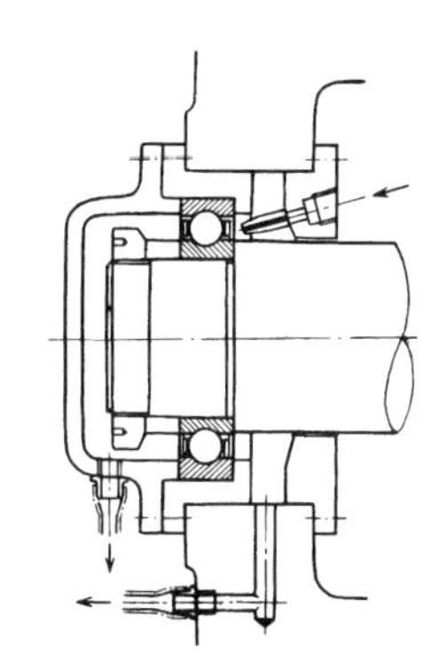
10·25 그림 제트 급유법

급유라고 하는 방법이 이용된다. 10·23 그림 ~10·25 그림에 순환급유법 및 제트 급유법의 예를 나타냈다.

4. 허용 속도 한계

베어링의 형식 기타의 것을 모두 고려해, 그 베어링을 가장 안전하고 또한 장시간에 걸쳐 운전할 수 있는 한계의 회전수라는 것을 생각할 수 있다. 이 회전수, 즉 한계 회전수는 경험적인 값으로 베어링의 사용 조건에 따라서는 변할 수 있는 것이지만, 윤활 방법의 선정 등에 있어 하나의 기준으로 할 수 있다. 한계 회전수를 구하는 법으로서는 dn값(d…베어링 내경 mm, n…회전수 rpm)이 잘 알려져 있으며, 동일한 치수 계열의 동일한 형식의 베어링이라면 dn=일정하다는 관계가 있는데, 치수 계열이 다르면 오히려 d_mn=일정(d_m…베어링의 피치 원지름 mm)이라는 관계가 성립한다. 그러나 매우 작은 베어링이나 큰 베어링 등에서는 경험적으로 d_mn값을 낮게 잡을 필요가 있으며, 베어링 하중도 관계가 없지 않으므로 다음의 식에 의해 보정해서 이용하고 있다.

레이디얼 베어링 $$n_0=\frac{f_1 \cdot f_2 \cdot A}{d_m} \qquad (14)$$

스러스트 베어링 $$n_0=\frac{f_1' \cdot A}{\sqrt{D \cdot H}} \qquad (15)$$

여기서 n_0…허용 회전수 (rpm)

d_m…베어링의 피치 원지름≒(내경+외경)×1/2 (mm)

f_1, f_1'…치수계수 (10·26 그림, 10·27 그림)

A…상수 (10·56 표)

D…베어링 외경 (mm)

H…베어링 높이 (mm)

f_2…하중계수 (10·57 표)

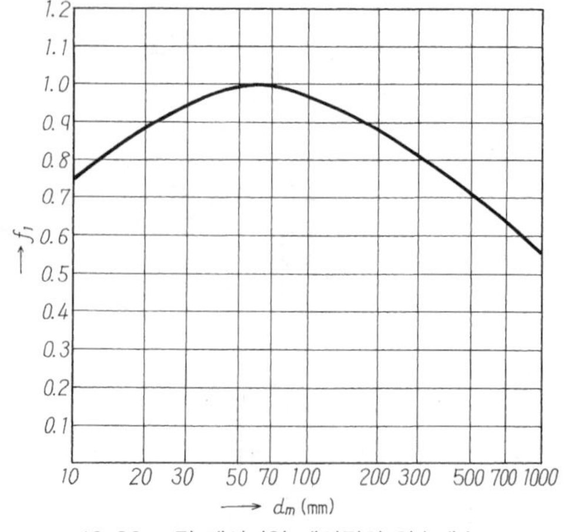

10·26 그림 레이디얼 베어링의 치수계수

단, 가장 많이 사용되는 직경 계열 2 혹은 3의 내경 20~200mm 정도의 레이디얼 베어링으로, 하중이 비교적 작은 경우(C/P>15의 경우)에는 f_1 및 f_2를 각각 간단하게 1로 해도 된다.

10·56 표 허용 회전수를 구하는 상수 A

베어링 형식	그리스[(1)]	오일[(2)]
깊은 홈 볼 베어링	320000	500000
앵귤러 볼 베어링 (α=15°)[(3)]	320000	500000
앵귤러 볼 베어링 (α=40°)[(3)]	280000	400000
복열 앵귤러 볼 베어링	180000	320000
자동조심 볼 베어링	250000	350000
원통 롤러 베어링	280000	450000
니들 롤러 베어링(유지기붙이)	250000	400000
원뿔 롤러 베어링[(3)]	180000	300000
자동조심 롤러 베어링	150000	280000
스러스트 볼 베어링	80000	120000
스러스트 자동조심 롤러 베어링	———	150000

[주] (1) 그리스 윤활에 대해서는 1000~1200시간을 그리스 수명의 기준으로 하고 있다.
(2) 오일 윤활은 보통의 유욕윤활을 나타낸다.
(3) 앵귤러 볼 베어링, 원뿔 롤러 베어링 등의 조합 베어링은 위의 표 값의 85%를 취한다.

10·57 표 하중계수

f_n[(1)] \ d_m(mm)	100	200	300	500	700	1000
1.5	0.9	0.85	0.75	0.6	0.45	0.3
2	0.95	0.9	0.8	0.7	0.6	0.45
3	1	0.95	0.9	0.85	0.8	0.7
4	1	1	1	0.95	0.9	0.85
5	1	1	1	1	1	1

[주] (1) f_n(수명계수)에 대해서는 (4) 식 및 10·50 표를 참조할 것.

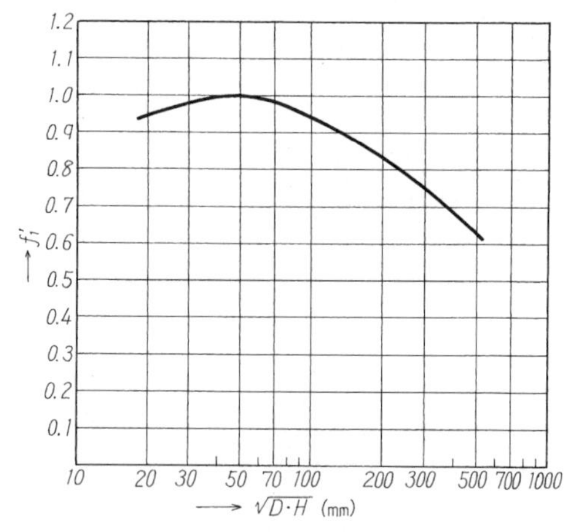

10·27 그림 스러스트 베어링의 치수계수

제11장

전동용 기계 요소의 설계

11장. 전동용 기계 요소의 설계

11·1 기어

기어는 확실한 전동을 얻기 위해 11·1 그림과 같이 전동차 주위에 치형을 붙인 것으로, 다음과 같은 특징이 있다.

① 회전을 확실하게 전달할 수 있지만, 단 2축 간의 거리가 비교적 짧을 때에 사용된다.

② 기어의 잇수를 바꿈으로써 회전비를 쉽게 바꿀 수 있고, 그 회전비는 시종 일정하다.

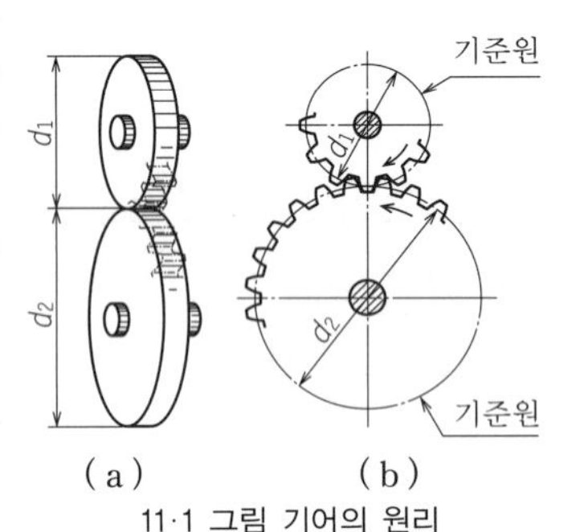

11·1 그림 기어의 원리

③ 내구도가 크다

④ 맞물리는 기어의 2축이 평행하지 않아도 회전을 확실하게 전달할 수 있다[단, 이 경우는 베벨기어, 나사기어, 웜기어 쌍 등을 이용한다].

또한 기타 여러 가지 특징을 가지고 있으며, 기어는 전동장치나 변속장치에 널리 이용되고 있다.

1. 치형 곡선

기어의 치형은 인벌류트 곡선과 사이클로이드 곡선의 2개를 기본으로 만들어지고 있는데, 일반적으로는 인벌류트가 사용된다.

(1) 인벌류트 치형 인벌류트 치형은 인벌류트 곡선에 의해 만들어진 치형으로, 곡선이 비교적 간단하고 기어의 중심 거리가 다소 바뀌어도 정확한 맞물림을 하고, 정확한 치형을 만들기 쉽다.

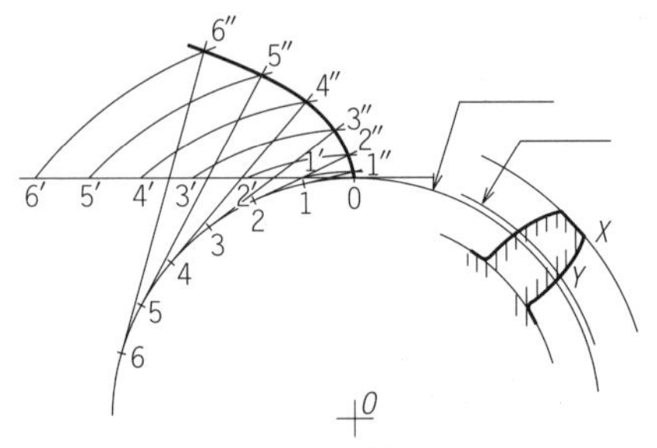

11·2 그림 인벌류트 치형

인벌류트 곡선이란 원형으로 감은 실을 풀어갈 때에 실 끝이 그리는 곡선(7장 기하화법 참조)으로, 소용돌이선이 된다. 인벌류트 치형은 이 곡선을 기어의 맞물림 부분으로 한 것이다(11·2 그림).

(2) 사이클로이드 치형 사이클로이드 치형은 인벌류트 치형보다 톱니의 간섭이 적지만, 제작이 번거롭기 때문에 현재는 거의 사용되지 않는다. 이 치형을 만드는 사이클로이드 곡선은 기본선 상을 구르는 원형의 원주 상의 정점이 만드는 곡선이며, 사이클로이드 치형은 이 곡선을 그 맞물림 부분으로 한 것이다 (11·3 그림).

현재는 인벌류트 치형이 많이 이용되기 때문에 일반적으로 단순히 치형이라고 하면, 인벌류트 치형을 말한다.

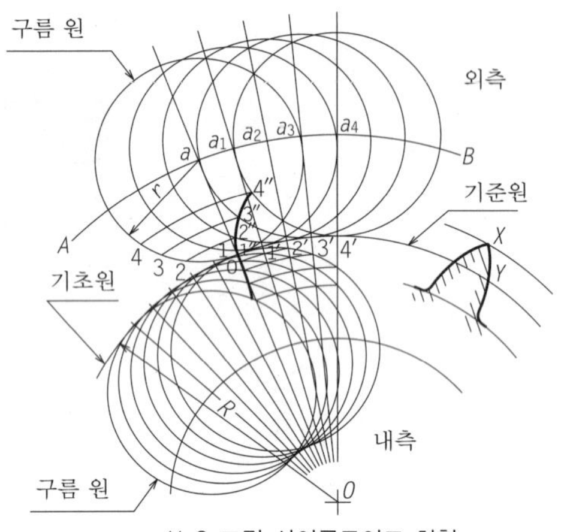

11·3 그림 사이클로이드 치형

2. 기어의 종류

기어에는 그 형상과 맞물리는 기어축의 관계에 따라, 다음과 같은 종류가 있다.

(1) 평기어(스퍼 기어) 이것은 11·4 그림과 같은 기어이다. 즉, 원주면 상에 축과 평행한 직선 톱니를 새긴 것이다. 이 기어는 회전을 전할 수 있는 축이 평행한 경우, 동 그림 (a)와 같이 일반적으로 소기어가 대기어에 외접하는 외기어와 동 그림 (b)와 같이 내접하는 내기어가 있다. 또한 회전운동을 직선운동으로 바꾸는 경우에는 동 그림 (c)와 같이 직경이 무한대인 평기어, 즉 래크

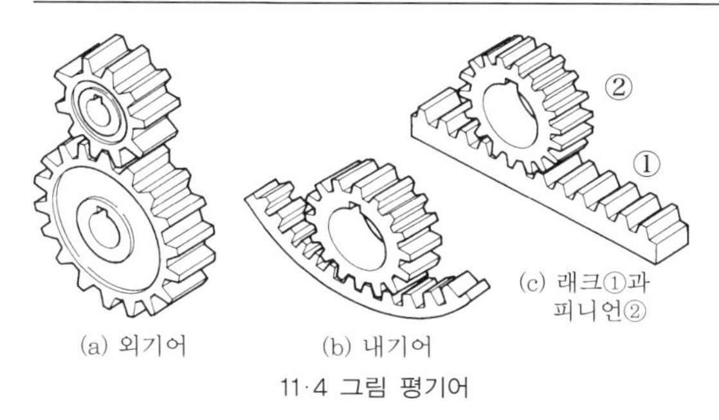

(a) 외기어　(b) 내기어　(c) 래크①과 피니언②

11·4 그림 평기어

와 소기어가 맞물린다.

일반적으로 대기어를 기어, 소기어를 피니언이라고 한다.

(2) 헬리컬 기어 이 기어는 11·5 그림에 나타냈듯이 평기어의 톱니를 원통면의 나선을 따라 새긴 것이다. 즉 이 기어의 톱니의 축선에 대해 일정 각도로 비스듬히 새겨져 있다. 이 기어에 의해 동력을 전달하는 경우 2축의 관계는 평기어와 동일하지만, 헬리컬 기어는 동시에 맞물리는 잇수를 늘려서 한 톱니의 맞물림에서 다음 톱니로 옮겨갈 때 덜컹거리는 경향을 없앨 수도 있기 때문에 고속 회전에 견딜 수 있다.

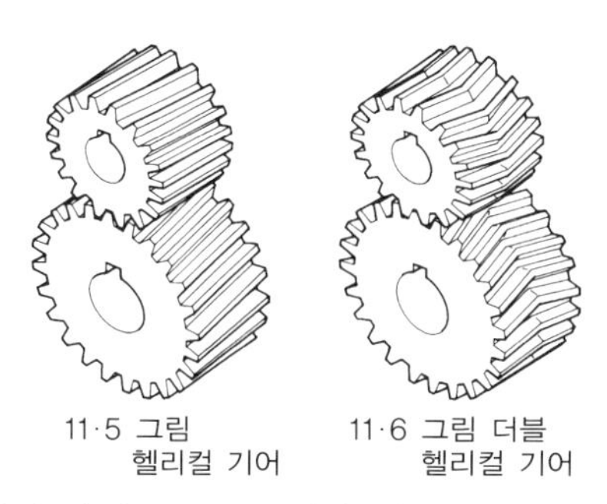

11·5 그림 헬리컬 기어　11·6 그림 더블 헬리컬 기어

그러나 단점으로는 톱니가 비틀어져 있기 때문에 회전을 전달할 때 축 방향으로 추력을 발생시키고, 그렇기 때문에 베어링의 구조가 까다롭다. 이 단점을 방지하려면 11·6 그림에 나타낸 비틀림 방향이 반대인 서로 같은 경사를 붙인 2개의 헬리컬 기어를 조합한 기어로 한다. 이것을 더블 헬리컬 기어라고 한다.

(3) 베벨 기어 이것은 원뿔면 상에 방사상으로 톱니를 새긴 기어로, 마치 우산을 펼친 것 같은 형상을 하고 있기 때문에 이렇게 불린다.

베벨 기어는 회전을 전달하는 축과 전달받는 축이 평행이 아니라, 일정 각도(보통은 90°인 경우가 많다)을 갖는 경우의 동력 전달에 사용되는 것이다. 11·7 그림은 베벨 기어를 나타낸 것이다. 동 그림 (a)는 직선 베벨 기어로 이축선의 축이

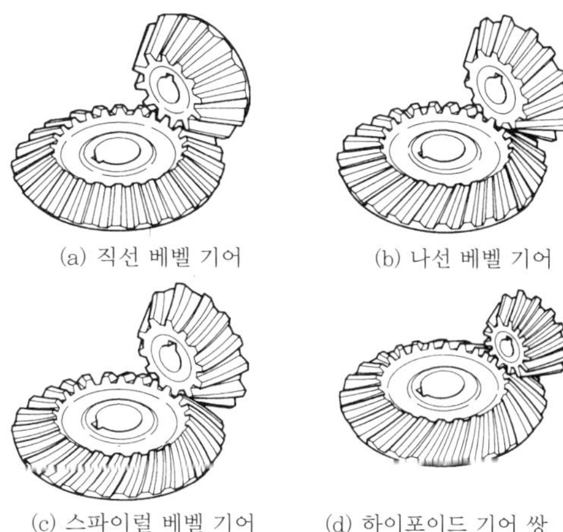

(a) 직선 베벨 기어　(b) 나선 베벨 기어

(c) 스파이럴 베벨 기어　(d) 하이포이드 기어 쌍

11·7 베벨 기어

방사상이고, 동 그림 (b)는 경사된 나선 베벨 기어, 동 그림 (c)는 스파이럴 베벨 기어라고 해서 톱니의 비틀림선 형상이 원호의 일부를 이루고 있는 것으로, 직선 베벨 기어에 비해 고속으로 조용한 전동이 가능한 장점이 있다. 또한 동 그림 (d)에 나타냈듯이 하이포이드 기어 쌍이라고 해서 2축이 동일한 평면 상에서 교차하지 않는 베벨 기어도 있다.

(4) 나사 기어 이 기어는 헬리컬 기어와 동일한 형태인데, 11·8 그림에 나타냈듯이 맞물린 기어의 두 축이 서로 일정한 각도를 만들고 있는 점에서 다르다. 이 각도의 차이로 인해 치형의 비틀림도 달라지지만, 실제로는 이 각도는 90°인 경우가 많다.

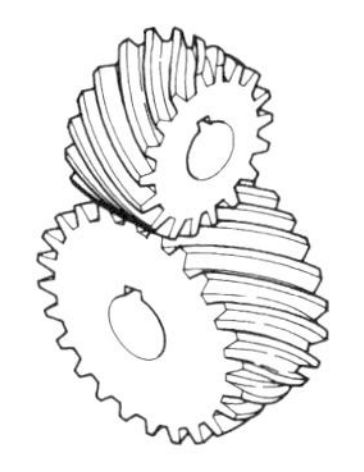

11·8 그림 나사 기어

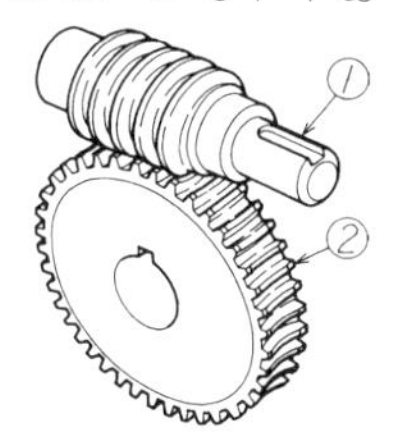

11·9 그림 웜①과 웜 휠 ② (웜 기어 쌍)

(5) 웜과 웜 휠 웜과 웜 휠은 11·9 그림에 나타냈듯이 두 축이 직각으로 서로 교차하지 않는 것으로, 일종의 나사 기어로 볼 수 있다. 웜(애벌레의 뜻)는 사다리꼴 나사 모양이며, 보통 나사와 마찬가지로 2줄, 3줄 등으로 잘리는 경우가 있다. 이것과 맞물리는 잇수가 많은 대기어는 웜 휠이라고 한다. 이 경우 동력은 반드시 웜에서 웜 휠로 전달되고, 반대로 웜 쪽으로 회전을 전달하는 것은 불가능하다. 이러한 특징 때문에 웜과 웜 휠은 감속장치에 사용된다.

11장

웜과 웜 휠의 조합을 웜 기어 쌍이라고 부른다. 웜 기어 쌍은 다른 기어에 비해 회전 중 소음이 적고 또한 감속비를 매우 크게 취할 수 있는 반면, 이면의 마찰이 크기 때문에 재질이나 경도를 서로 바꾸거나 윤활유, 윤활 방법을 충분히 유의해 발열, 마모를 방지하는 것이 필요하다.

3. 치형 각부의 명칭

11·10 그림은 기어의 치형 각부를 나타낸 것이다. 치형 각부의 주요한 명칭을 설명하면, 다음과 같다.

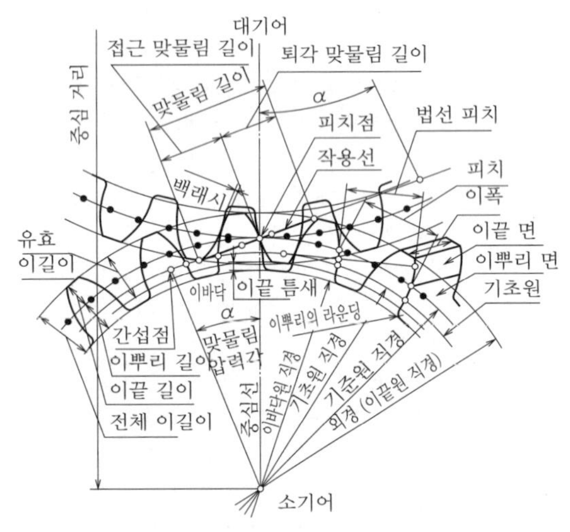

11·10 그림 치형 각부의 명칭

① **피치** 서로 이웃하는 톱니가 대응하는 부분 간의 거리. 기준원 상에서 측정한 피치를 원 피치(정면 피치)라고 한다.

② **기준원** 축에 직각인 평면과 피치면이 교차하게 만드는 원.

③ **피치면** 1세트의 기어에서 서로 굴림 접촉을 하는 곡면을 생각할 때, 이 곡면을 피치면이라고 한다. 피치면이 원통일 때는 피치 원통이라고 하고, 원뿔일 때는 피치 원뿔이라고 한다.

④ **기준 피치** 톱니 크기의 기준이 되는 피치를 특히 기준 피치라고 하며, 표준 래크의 피치와 같다.

⑤ **이끝원** 톱니의 끝을 연결하는 원으로, 이 직경을 기어의 외경이라고 한다.

⑥ **이바닥원** 이바닥을 연결하는 원.

⑦ **기초원** 인벌류트 톱니가 만들어지는 기초가 되는 원.

⑧ **피치점** 한쌍의 기어에서 맞물림 피치원의 접점.

⑨ **전체 이길이** 이끝의 길이에 이뿌리의 길이를 더한 톱니 전체의 높이

⑩ **이끝 길이 (어덴덤)** 피치원에서 이끝원까지의 거리

⑪ **이뿌리 길이 (디덴덤)** 피치원에서 이바닥원까지의 거리

⑫ **유효 이길이** 한쌍의 기어에서 이끝 길이의 합

⑬ **이두께** 톱니의 두께. 측정 방법에 따라 원호 이두께, 현 이두께, 걸치기 이두께, 캘리퍼 이두께가 있다.

⑭ **이홈 폭** 피치원 상에서 측정한 톱니의 틈새

⑮ **이끝 틈새** 기어의 이끝원에서 그것과 맞물리는 기어의 이바닥원까지의 거리

⑯ **백래시** 한쌍의 기어를 맞물리게 했을 때의 이면 간의 간격

⑰ **이폭** 톱니의 축 단면 내의 길이

⑱ **작용선** 한쌍의 인벌류트 기어의 접촉점 궤적. 피치점을 지나 두 기초원의 접선이 된다.

⑲ **압력각** 작용선과 피치원의 접선이 이루는 각

⑳ **맞물림 압력각** 한쌍의 맞물리고 있는 기어의 맞물림 피치원 상의 압력각

㉑ **공구 압력각** 인벌류트 기어를 만드는 래크형 공구의 압력각. 이 기준 래크의 압력각이 기준 압력각

㉒ **맞물림 길이** 맞물려 있는 기어의 접촉점 궤적 중 실제로 맞물림이 이루어지는 부분의 길이를 말하며, 맞물림 길이 중 맞물림이 시작된 후 피치점에 이르기까지의 길이를 접근 맞물림 길이, 피치점에서 맞물림이 끝나기까지의 길이를 퇴각 맞물림 길이라고 한다.

4. 기어 기호

기어는 앞에서와 같이 여러 가지 용어가 이용되는데, 계산 및 그 외에 이용하는 기하학적 데이터의 기호로서 JIS에서는 다음의 11·1 표 및 11·2 표에 나타낸 기어 기호를 규정하고 있다.

11·1 표는 주 기호를 나타낸 것으로, 동 표 (a)는 1개의 기초적인 문자와 그 의미이다. 또한 동 표 (b)~(e)는 부가적인 첨자를 나타낸 것으로, 이들 문자를 필요에 따라 주 기호에 부가함으로써 그 용어에 특별한 조건을 갖게 하는 것이다.

11·2 표는 11·1 표에 나타낸 주 기호와 주 첨자, 숫자·약호 첨자를 이용한 기어 기호의 예를 나타낸 것이다.

11·1 표 기어 기호−기하학적 데이터의 기호 (JIS B 0121)

KS B ISO 701

(a) 주 기호

기호	의미	기호	의미
a	중심 거리	s	이두께
b	이폭	u	잇수비
c	이끝 틈새	W	걸치기 이두께 치수
d	직경 또는 기준원 직경	x	전위계수
e	이홈의 폭	y	중심 거리 수정계수
g	맞물림 길이	z	잇수
h	이길이 (전체 이길이, 이끝 길이, 이뿌리 길이)	α	압력각
		β	비틀림각, 굽힘각
i	전체 속도비	γ	리드각
j	백래시	δ	원뿔각
M	오버핀 또는 오버볼 치수	ε	정면 또는 중첩 맞물림률
m	모듈	η	이홈 폭 반각
p	피치 또는 리드	θ	베벨기어의 이 각 (이끝각, 이뿌리각)
q	웜의 직경비	ρ	곡률 반경
R	원뿔 거리	Σ	축각
r	반경	Ψ	이두께 반각

(b) 주 첨자

첨자	참조 항목	첨자	참조 항목
a	이끝	r	반경 방향
b	기초	t	축직각, 정면
e	바깥	u	유용
f	이바닥	w	맞물림
i	안쪽	x	축 방향
k	원주의 일부 (걸치기 이두께, 부분 누적 피치 오차)	y	임의점
		z	리드
m	평균, 중앙	α	치형 방향
n	직선각	β	잇줄 방향
P	기준 래크 치형	γ	전체 맞물림

(c) 약호 첨자

첨자	참조 항목	첨자	참조 항목
act	실제	min	최소
max	최대	pr	프러튜버런스

(d) 숫자 첨자

첨자	참조 항목	첨자	참조 항목
0	공구	3	모기어 (마스터 기어)
1	소기어	4, 5, ...	기타 기어
2	대기어		

(e) 첨자의 순서

순서	첨자	참조 항목	순서	첨자	참조 항목
1	a, b, m, f	원통 또는 원뿔	4	n, r, t, x	평면 또는 방향
2	e, i	바깥, 안쪽	5	max, min	약호
3	pr	프러튜버런스	6	0, 1, 2, 3, ...	기어 등의 구별

11·2 표 기어 기호의 예 (JIS B 0121)

순서	첨자 참조 항목	순서	첨자 참조 항목
u	잇수비	d_{w2}	대기어의 (맞물림) 피치원 직경
m_n	이직각 모듈	R_2	대기어의 원뿔 거리
α_{wt}	정면 맞물림 압력각	Ψ_{bn1}	소기어의 기초원 상 이직각 이두께 반각
d_1	소기어의 기준원 직경		

5. 압력각

11·11 그림에서 서로 맞물리는 치형이 있고 원동측에서 종동측으로 힘을 전하고 있을 때, 이 힘의 방향은 두 기초원의 공통 접선 상에 있다. 그리고 맞물림이 끝난 이끝이 어긋날 때까지, 그 맞물림점은 이 접선 상을 이동한다. 이 B_1B_2선을 작용선이라고 하며, 그림의 α를 압력각이라고 한다.

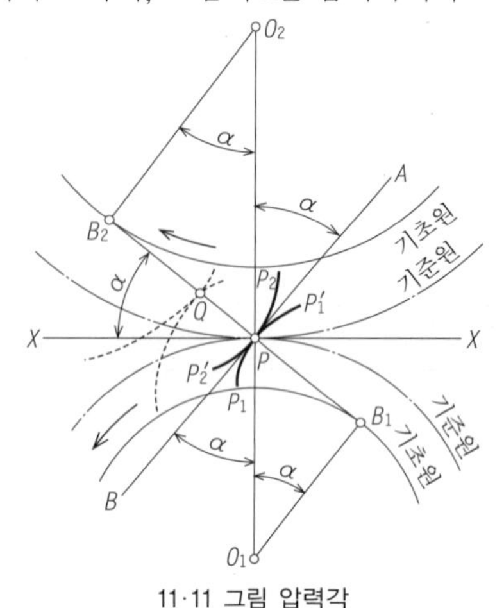

11·11 그림 압력각

JIS에서는 기준원 상의 압력각으로서 20°를 규정하고 있다. 또한 이전에는 14.5°도 규정되어 있었는데 이것은 기어의 소음이 적다는 이점이 있는 반면, 톱니가 가늘어지고 강도 상 떨어지므로 최근에는 대부분 20°의 것이 이용되고 있다.

6. 인벌류트 함수

기어의 계산에는 종종 인벌류트 함수가 이용되므로 이것에 대해 간단히 설명해 둔다.

11·12 그림에서 인벌류트 곡선 PP' 상의 임의의 1점 P'에서 이 곡선에 접선 AB를 긋고, 또한 P'에서 원 O에 접선 B'을 그으면 인벌류트 곡선의 성질로부터

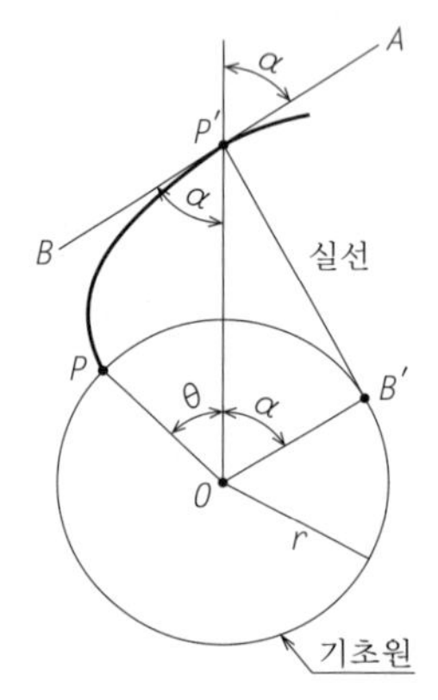

11·12 그림 인벌류트 삼각법

$$\overline{P'B'} = \widehat{PB'} = r(\theta + \alpha) \quad \text{(rad)}$$

$$\overline{P'B'} = r \tan \alpha$$

$$\therefore \quad r(\theta + \alpha) = r \tan \alpha$$

$$\therefore \quad \theta = \tan \alpha - \alpha \quad \text{(rad)}$$

즉, θ는 α의 함수이다. 바꿔 말하면, 인벌류트 곡선 상의 임의의 1점 P'의 압력각 α를 알 수 있으면 β를 구할 수 있다. 이 β를 α의 인벌류트 함수라고 하며

$$\theta = \text{inv}\ \alpha$$

으로 나타낸다.

7. 맞물림률

작용선에 대해서는 앞에서 말했지만, 실제 기어에서 맞물림이 이루어지는 범위는 11·13 그림에 나타냈듯이 양쪽 기어의 이끝원이 작용선과 교차하는 K_1~K_2 범위(길이 g_a의 범위)이며, 이것을 맞물림 길이라고 한다. 이 맞물림 길이 g_a을 법선 피치 p_b로 나눈 값을 맞물림률(ε)이라고 하며, 다음의 식으로 표시된다.

$$\varepsilon = \frac{g_a}{p_b}$$

$$= \frac{\sqrt{r_{a1}^2 - r_{b1}^2} + \sqrt{r_{a2}^2 - r_{b2}^2} - a \cdot \sin \alpha}{\pi m \cos \alpha}$$

단, ε…맞물림률, P_b…법선 피치,
r_{a1}, r_{a2}…소, 대기어의 이끝원 반경,
r_{b1}, r_{b2}…소, 대기어의 기초원 반경,
a…두 기어의 중심 거리

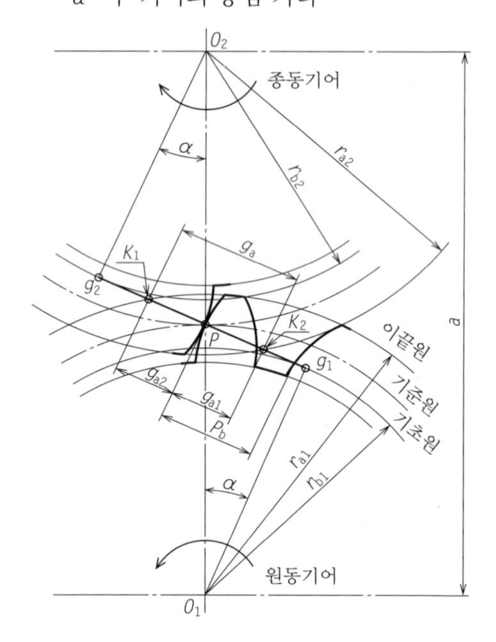

11·13 그림 맞물림 길이

예를 들면, ε=1.5이면 맞물림 길이의 시작과 끝에서 $0.5P_b$의 사이는 톱니가 2세트만 맞물리고, 피치점에 가까운 나머지 부분에서는 1세트의 톱니가 맞물리고 있는 것을 나타낸다. 기어는 항상 적어도 1세트의 톱니가 맞물리고 있어야 하기 때문

에 ε=1은 최소한이고, 보통은 ε=1.5~2로 취하는 것이 바람직하다. 또한, 헬리컬 기어로 해 비틀림각을 크게 하면, 맞물림률을 더 증가시킬 수 있다.

8. 톱니의 간섭과 최소 잇수

인벌류트 기어는 잇수가 적어지면, 한쪽 이끝이 상대 기어의 이뿌리에 닿아 회전할 수 없게 된다. 이것을 톱니의 간섭이라고 부른다.

앞의 11·13 그림에서 두 개의 치형과 접촉점은 항상 g_1g_2선 상이 되어야 하며, 또한 그 맞물림은 g1g2의 범위가 되어야 한다. 즉 소기어의 이끝원은 O_1g_2를 반경으로 하는 원을 넘지 않도록, 대기어의 이끝원은 O_2g_1를 반경으로 하는 원을 넘지 않도록 해야 한다. 만약 맞물림점이 g_1g_2의 범위를 벗어났을 때는 인벌류트 곡선은 기초원의 내부에 존재하지 않기 때문에 톱니의 맞물림은 바랄 수 없게 된다. 이 g_1g_2를 간섭점이라고 한다.

만약 래크 공구에서 이러한 맞물림을 하면, 11·14 그림과 같이 기어의 이뿌리는 파이고 톱니의 강도, 맞물림 길이, 유효한 이면을 감소시켜 기어로서 바람직하지 않게 된다. 이것을 언더컷이라고 한다. 기어의 간섭을 발생시키는 한계 잇수 z_b는 이론적으로

$$z_b = \frac{2}{\sin^2\alpha_0}$$

단, α_0…공구 압력각

으로 나타낸다. 따라서 압력각 14.5°에서는 32개, 20°에서는 17개 이하는 간섭을 일으키게 된다. 그러나 실제로는 약간의 언더컷은 지장이 없으므로 표준 기어는 실용 상 14.5°에서 26개, 20°에서 14개까지 괜찮다고 한다.

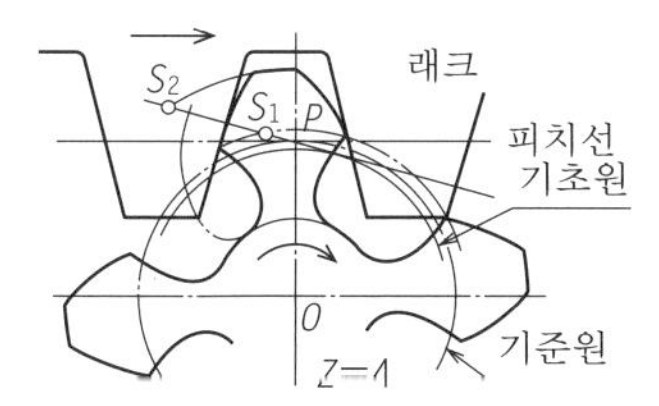

11·14 그림 톱니의 언더컷

9. 치형의 크기를 나타내는 기준 치수

기어 치형의 크기를 나타내는 방법에는 다음의 3종류가 있다.

(1) **모듈 (기호…m)** 모듈은 미터제 기어의 톱니 크기를 나타내는 것으로, 기준원의 직경 d(mm)을 잇수 z로 나눈 수치의 것이다. m의 값이 클수록 톱니도 크다.

즉

$$m = \frac{\text{직경 (mm)}}{\text{잇수}} = \frac{d}{z}$$

또한, 기어의 이끝원 직경을 d_a로 하면

$$m = \frac{d_a}{z+2}$$

이 된다.

(2) **다이애머트럴 피치 (기호…P)** 이것은 인치제 기어의 톱니 크기를 나타내는 것으로, 잇수 z를 기준원 직경 d(in)으로 나눈 수치이다. 즉 다이애머트럴 피치 값은 직경 25.4mm(1인치)당 잇수를 말하며, 모듈의 경우와 반대로 P의 값이 작을수록 톱니는 크다.

$$P = \frac{\text{잇수}}{\text{직경(in)}} = \frac{z}{d} \quad \text{(무명수)}$$

또한 기어의 외경을 d_a로 하면

$$P = \frac{z+2}{d_a}$$

이 된다.

(3) **정면 피치 (기호…p)**

정면 피치는 서로 이웃하는 두 개의 치형이 대응하는 부분 간의 거리를 기준원의 원호를 따라 측정한 길이이다. 즉, 기준원의 원주를 잇수로 나눈 수치를 말한다.

d…기준원의 직경, z…잇수, r…원주율,

11·3 표 모듈 표준값 (단위 mm)

(a) 1mm 이상의 모듈

I	II	I	II
1 1.25 1.5 2 2.5 3 4 5 6	1.125 1.375 1.75 2.25 2.75 3.5 4.5 5.5 (6.5) * 7	8 10 12 16 20 25 32 40 50	9 11 14 18 22 28 36 45

* 가급적 피한다.

(b) 1mm 미만의 모듈

I	II
0.1 0.2 0.3 0.4 0.5 0.6 0.8	0.15 0.25 0.35 0.45 0.55 0.7 0.75 0.9

[비고] I를 우선적으로, 필요에 따라 II의 순으로 선택한다.

d_a…기어의 외경으로 하면

$$p=\frac{\text{기준원의 원주}}{\text{잇수}}=\frac{\pi d}{z}(\text{mm 또는 in})$$

$$p=\frac{\pi d_a}{z+2}$$

이 정면 피치는 주조 기어 이외에는 사용되지 않는다.

JIS B 1701-2는 모듈을 기준으로 하도록 규정하고 있다. 11·3 표는 JIS로 정해져 있는 표준 모듈을 나타낸 것이다. 또한 11·4 표는 모듈, 다이애머트럴 피치 및 정면 피치의 관계를 나타낸 것이다.

11·4 표 모듈, 다이애머트럴 피치, 정면 피치의 관계

종류와 기호	m을 기준	P를 기준	p를 기준
모듈 m	$\frac{d}{z}$	$\frac{25.4}{p}$	$\frac{p}{\pi}$
다이애머트럴 피치 P	$\frac{25.4}{m}$	$\frac{z}{d}$	$\frac{\pi}{p}$
정면 피치 p	πm	$\frac{\pi}{P}$	$\frac{\pi d}{z}$

10. 인벌류트 기어의 기준 치형

인벌류트 곡선은 직경이 무한대가 되면 직선이 되고, 이 경우 치형은 직선 치형이 된다. 래크의 치형은 이것에 상당한다.

11·15 그림은 JIS B 1701-1로 정해진 압력각 20°의 인벌류트 기어 치형으로, 래크 치형으로 나타낸 것이며 기준 래크라고 부른다. 이것은 모듈 m에 의해 치형의 치수가 정해진 것이다.

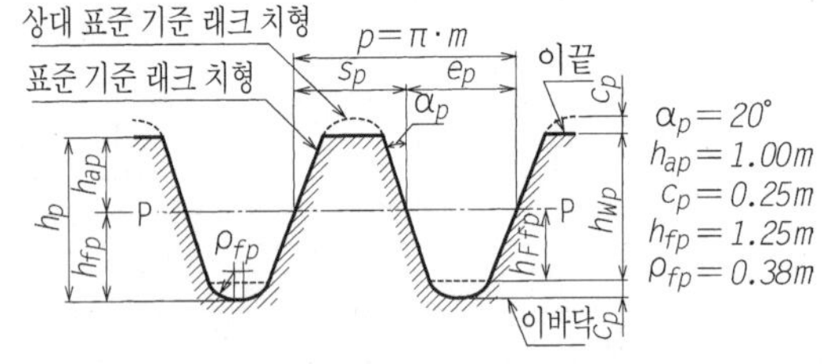

11·15 그림 표준 기준 래크 치형

또한, 그림에서 치형의 경사각은 압력각에 상당한다. 이 기준 래크의 압력각을 기준 압력각이라고 한다.

이와 같이 규격에서는 래크의 경우만을 나타내고 있지만, 이 래크의 치형을 기준으로 생각하면 평기어, 헬리컬기어 각각의 치형을 알 수 있다. 즉, 이 압력각과 높이의 치수 비율을 적용하면 되는 것이다.

또한 이끝 틈새 c는 JIS에서는 표준 기준 래크로서 0.25m(모듈의 0.25배)로 하고 있다. 이끝 틈새의 값을 크게 함으로써 공구의 이끝 라운딩을 크게 취할 수 있으며, 따라서 기어 이뿌리의 집중 응력을 완화할 수 있다는 이점이 있다. 일반 기어는 0.25m가 적당한데, 소형 기어, 연삭 및 셰이빙 치형 등에 대해서는 이 값보다 크게 하는 것이 좋다.

단, 기어 한쌍의 전위계수 합이 큰 경우에는 이 값보다 작게 하는 경우가 있다.

11. 표준기어와 전위기어

앞에서 말한 기준 래크의 윤곽을 래크형 공구에 부여해 11·16 그림과 같이 이상적으로 굴림 접촉시키면, 표준기어가 창출된다.

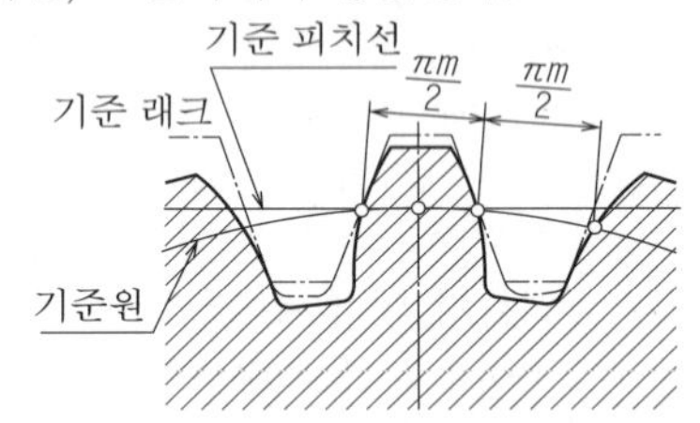

11·16 그림 표준 기어

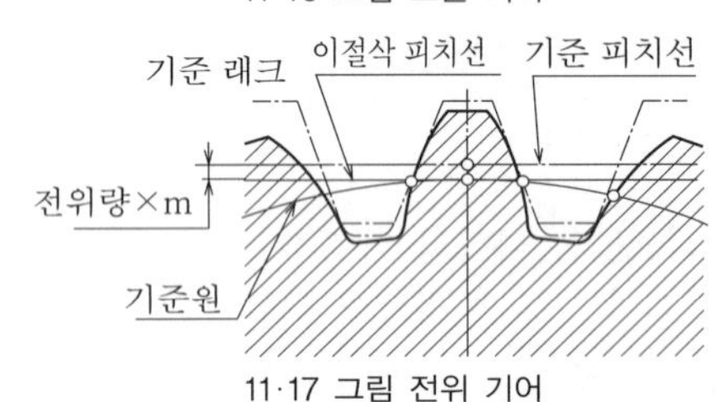

11·17 그림 전위 기어

이러한 기어절삭에서 래크의 기준 피치선을 11·17 그림과 같이 기어절삭 피치선에서 밖으로 xm, 즉 모듈 x배 만큼 어긋나게 기어절삭을 한 경우 공구를 전위했다고 하며, xm을 전위량, x를 전위계수, 그것에 의해 만들어진 기어를 전위 기어라고 한다. 이 전위가 피치원에서 외측으로 잡혔을 때를 플러스 전위, 내측으로 잡혔을 때를 마이너스 전위라고 한다.

11·18 그림은 전위량 0인 경우와 플러스 전위시킨 경우의 치형을 나타낸다. 전위 기어는 공구를 전위하지 않는 경우보다 이홈은 좁아지고

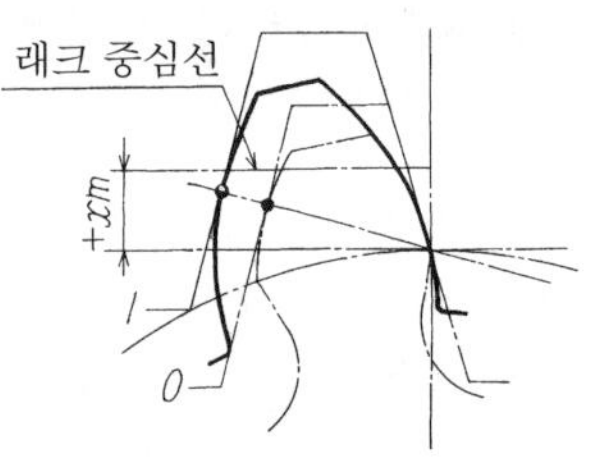

11·18 그림 전위한 치형

톱니의 두께가 커진다. 단, 이 경우에도 인벌류트 곡선의 성질은 변하지 않는다.

이 전위는 톱니의 간섭을 방지해 이의 강도를 더하고, 또한 미끄러짐률을 작게 하기 위해 하는 것이므로 잇수가 적은 기어에서도 톱니의 두께를 크게 하고 상대 기어의 이끝 길이를 짧게 한다.

12. 축직각 방식과 이직각 방식

헬리컬 기어 및 웜 등은 11·19 그림에 나타냈듯이 축에 직각인 단면 상에서 모듈이나 압력각을 정하는 방식과, 잇줄에 직각인 단면 상에서 모듈이나 압력각을 정하는 방식의 두 가지가 있으며, 전자를 축직각 방식이라고 하고 후자를 이직각 방식이라고 한다.

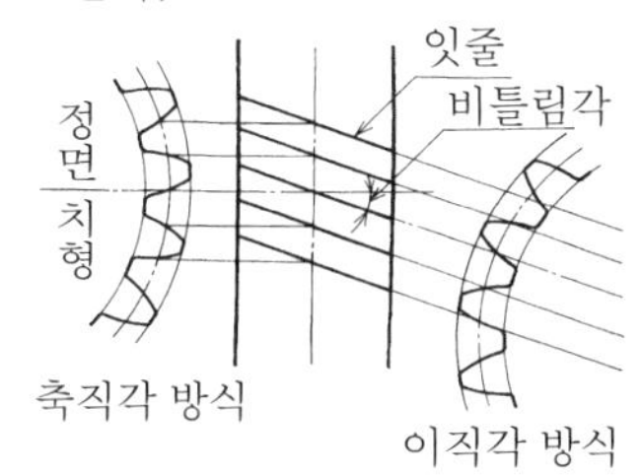

11·19 그림 축직각 방식과 이직각 방식

일반적으로는 이직각 방식에 의한 것이 많으며, 이직각 모듈을 노멀 모듈라고도 부르고 있다.

11·5 표는 JIS에 정해져 있는 인벌류트 평기어와 헬리컬 기어의 치수를 나타낸 것인데, 이직각 모듈 m_n과 정면 모듈 m_t의 사이 및 이직각 압력각 α_n과 정면 압력각 α_t 사이에는 다음의 관계가 있다.

$$m_t = \frac{m_n}{\cos\beta},\quad m_n = m_t\cos\beta$$

$$\tan\alpha_t = \frac{\tan\alpha_n}{\cos\beta},\quad \tan\alpha_n = \tan\alpha_t\cos\beta$$

단, β…기준 피치원통 상의 비틀림각

13. 기어의 회전비

기어의 회전비는 맞물리는 각 기어의 피치원 직경에 반비례한다.

(1) 평기어의 회전비 맞물리는 한쌍의 기어에서 A를 원동차, N을 종동차를 나타내는 것으로 하고

d…피치원 직경, i…회전비 (속도전달비),

z…잇수, n…회전수 (rpm)

로 하면,

$$\text{평기어 } i = \frac{n_N}{n_A} = \frac{d_A}{d_N} = \frac{z_A}{z_N}$$

…1단걸이 기어장치 [11·20 그림 (a)]

$$\text{평기어 } i = \frac{n_N}{n_A} = \frac{\text{각 원동차 잇수의 곱}}{\text{각 종동차 잇수의 곱}}$$

…2단걸이 기어장치 [11·20 그림 (b)]

또한 A 기어와 N 기어의 회전 방향은 중간축수가 0 또는 짝수일 때는 반대 방향, 홀수일 때는 같은 방향이다.

평기어의 속도비는 저속도의 경우 $\frac{1}{7}$(더블 헬리

11·5 표 인벌류트 평기어 및 헬리컬 기어의 치수 (구 JIS B 1701)

항목	평기어		헬리컬 기어			
			이직각 방식		축직각 방식	
	표준	전위	표준	전위	표준	전위
모듈	m		m_n		m_t	
기준 압력각	$\alpha=20°$		$\alpha_n=20°$		$\alpha_t=20°$	
기준 피치원 직경	zm		$zm_n/\cos\beta$		zm_t	
전체 이길이 (1) (2)	$h\geqq 2.25m$		$h\geqq 2.25m_n$		$h\geqq 2.25m_t$	
전위량	0	xm	0	xm_n	0	xm_t
이끝 길이 (1) (2)	m	$(1+x)m$	m_n	$(1+x)m_n$	m_t	$(1+x)m_t$
정면 원호 이두께(3)	$\frac{\pi m}{2}$	$\left(\frac{\pi}{2}\pm 2x\tan\alpha\right)m$	$\frac{\pi m_n}{2\cos\beta}$	$\left(\frac{\pi}{2}+2x\tan\alpha_n\right)\frac{m_n}{2\cos\beta}$	$\frac{\pi m_t}{2}$	$\left(\frac{\pi}{2}\pm 2x\tan\alpha_t\right)m_t$

[주] (1) 외기어끼리의 맞물림에만 적용한다.
(2) 1쌍 기어의 전위계수 합이 큰 경우에는 이 값보다 작게 하는 경우가 있다.
(3) 복호가 플러스인 경우는 외기어에 적용하고, 마이너스인 경우는 내기어에 적용한다.
[비고] z는 잇수, β는 기준 피치 원통 비틀림각을 나타낸다.

11장

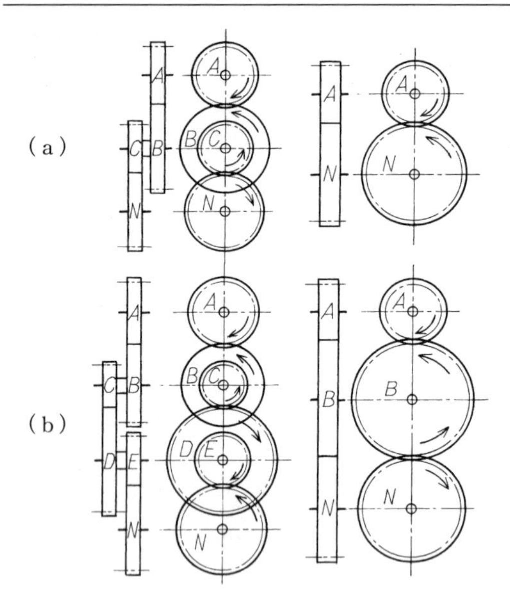

11·20 그림 평기어의 회전비

컬 기어는 $\frac{1}{12}$), 고속도일 때는 $\frac{1}{5}$(더블 헬리컬 기어는 $\frac{1}{8}$)을 한계로 한다.

(2) 베벨 기어의 회전비

$$i = \frac{n_a}{n_b} = \frac{d_b}{d_a} = \frac{z_b}{z_a} = \frac{\sin\delta_b}{\sin\delta_a}$$

단, n_a, n_b…대, 소기어의 회전수,
d_a, d_b…대, 소기어의 피치원 직경,
z_a, z_b…대, 소기어의 잇수,
δ_a, δ_b…대, 소기어의 피치원뿔각
(11·21 그림)

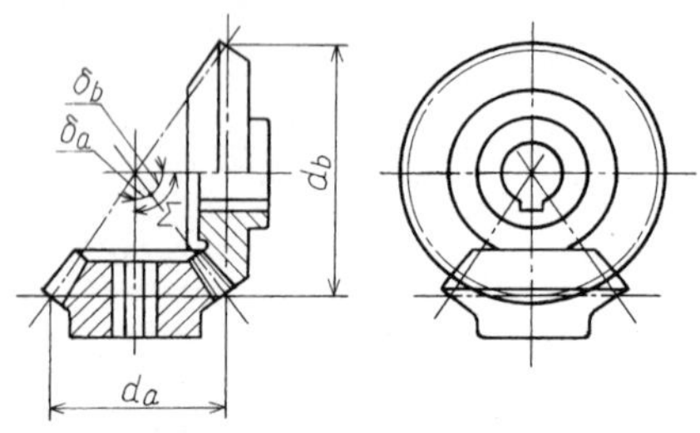
11·21 그림 베벨 기어의 회전비

한 세트의 속도비는 저속도인 경우는 $\frac{1}{5}$, 고속도일 때는 $\frac{1}{5}$가 보통이고 또한 2축 사이에 포함되는 각 $\Sigma=\delta_a+\delta_b$이며, 일반적으로는 직각(90°)인 것이 가장 많이 이용되고 있다.

이 경우

$$\tan\delta_a = \frac{z_a}{z_b}, \quad \tan\delta_b = \frac{z_b}{z_a}$$

(3) 나사 기어의 회전비

$$i = \frac{z_a}{z_b} = \frac{n_b}{n_a} = \frac{d_a\cos\beta_a}{d_b\cos\beta_b}$$

단, z…기어의 잇수, n…기어의 회전수 첨기호, a…원동차, b…종동차

두 축이 만드는 각 Σ는 접촉 위치가 AB 방향이라고 하면, 11·22 그림에 나타낸 I, II 기어에서

(a)의 경우 $\Sigma=\beta_a+\beta_b$

(b)의 경우 $\Sigma=\beta_a-\beta_b$

단, β…나선각

회전비는 잇수에 반비례하고 직경의 대소에만 비례하지 않으며, 이의 비틀림각 β_a, β_b의 값을 다르게 함으로써 속비를 바꿀 수도 있다. 또한 직경도 다양하게 변경할 수 있다. 그리고 11·23 그림, 11·24 그림은 헬리컬 기어 및 나사 기어의 회전 방향과 축 방향의 추력을 나타낸 것이다.

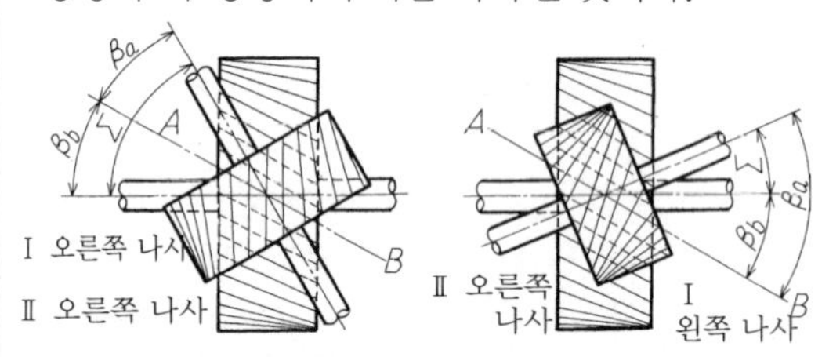

11·22 그림 나사 기어의 회전비

11·23 그림 헬리컬 기어의 회전 방향과 추력

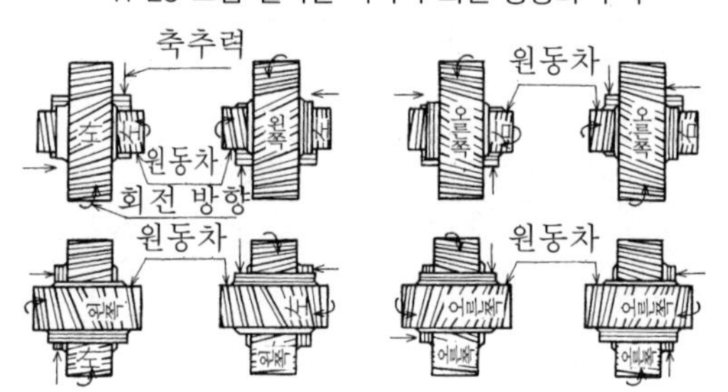

11·24 그림 나사 기어의 회전 방향과 추력

(4) 웜 기어 쌍의 회전비

$$i = \frac{n_a}{n_b} = \frac{z_b}{z_a} = \frac{p_z}{\pi d}$$

단, n_a…웜의 회전수(rpm),

n_b…웜 휠의 회전수(rpm),

z_a…웜의 줄수,

z_b…웜 휠의 잇수,

d…웜 휠의 피치원 직경,

p_z…웜의 리드

일반적으로 웜과 웜 기어의 회전비는 1 : 10~1 : 20 정도가 널리 사용되고 있는데, 드물게는 1:30 정도인 것도 사용되고 있다.

14. 기어 각부의 치수 계산

(1) 표준 평기어의 계산 11·6 표에 표준 평기어의 계산 공식을 나타냈다. 주어진 제원에서 차례로 구해 가면 되는데, 적어도 중심 거리, 잇수비 및 모듈은 처음에 결정할 필요가 있다.

표준 기어에서는 기준원 직경은 모듈 잇수(정수)배이기 때문에 중심 거리는 매우 제한된다. 중심 거리를 맞추기 위해 모듈을 당초의 예정보다 너무 동떨어진 값으로 하면, 톱니의 강도가 부족하거나, 잇수가 너무 많아 가공비가 늘어나거나 하므로 이와 같은 경우에는 전위 기어 혹은 헬리컬 기어로 하는 것이 좋다.

11·6 표 표준 평기어의 계산 공식

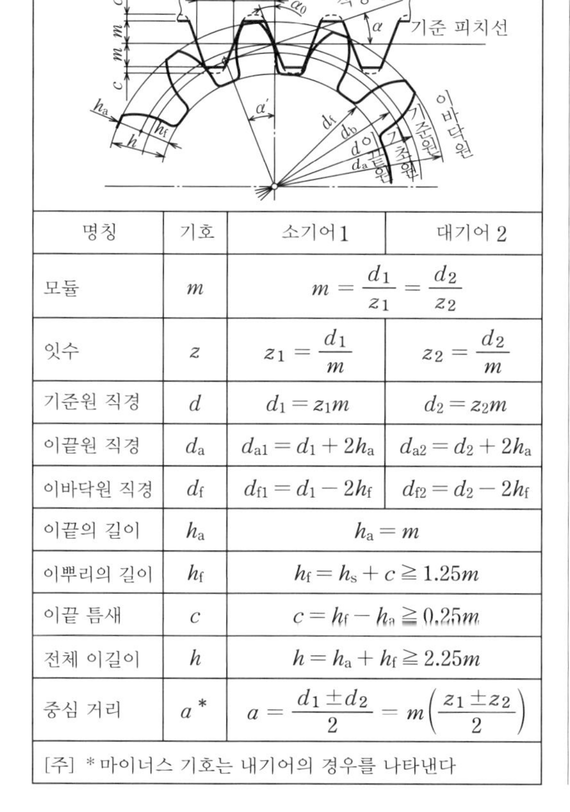

명칭	기호	소기어1	대기어 2
모듈	m	$m=\dfrac{d_1}{z_1}=\dfrac{d_2}{z_2}$	
잇수	z	$z_1=\dfrac{d_1}{m}$	$z_2=\dfrac{d_2}{m}$
기준원 직경	d	$d_1=z_1m$	$d_2=z_2m$
이끝원 직경	d_a	$d_{a1}=d_1+2h_a$	$d_{a2}=d_2+2h_a$
이바닥원 직경	d_f	$d_{f1}=d_1-2h_f$	$d_{f2}=d_2-2h_f$
이끝의 길이	h_a	$h_a=m$	
이뿌리의 길이	h_f	$h_f=h_s+c\geqq 1.25m$	
이끝 틈새	c	$c=h_f-h_a\geqq 0.25m$	
전체 이길이	h	$h=h_a+h_f\geqq 2.25m$	
중심 거리	a^*	$a=\dfrac{d_1\pm d_2}{2}=m\left(\dfrac{z_1\pm z_2}{2}\right)$	

[주] *마이너스 기호는 내기어의 경우를 나타낸다

[예제 1] 2축 사이의 중심 거리가 180mm이고, 1:4의 회전비가 되는 표준 평기어를 계산해라. 단 모듈은 4~6의 범위에서 선택한다.

[해] 제의에 의해

$$\frac{d_1}{d_2}=\frac{1}{4},\quad a=180$$

$\therefore\quad d_1=72,\ d_2=288$

JIS에 정해진 4~6 범위의 표준 모듈은 4, 4.5, 5.5, 5 및 6인데, 이 중에서 5 및 5.5는 잇수에 불완전한 것이 있어 채용할 수 없다. 따라서 4, 4.5, 6으로 해서 각각의 잇수를 계산하면 다음과 같이 된다.

$m=4$의 경우 $z_1=18,\ z_2=72$

$m=4.5$의 경우 $z_1=16,\ z_2=64$

$m=6$의 경우 $z_1=12,\ z_2=48$

이 모든 경우가 제의를 만족시키지만, m=6에서는 $z_1=12$이기 때문에 표준 기어는 절하를 초래할 우려가 있다.

또한 4.5는 제2 계열이기 때문에 가급적 이용하지 않는다고 하면, 남는 $m=4$가 본 예제의 해가 된다. 따라서 11·6 표에 의해 계산하면, 다음과 같은 결과를 얻을 수 있다.

11·7 표 [예제 1]의 해 (단위 mm)

명칭	소기어 1	대기어 2
기준원 직경	$d_1=72$	$d_2=288$
잇수	$z_1=18$	$z_2=72$
이끝원 직경	$d_{a1}=80$	$d_{a2}=296$
이바닥원 직경	$d_{f1}=62$	$d_{f2}=278$
이끝의 길이	$h_a=4$	
이뿌리의 길이	$h_f=5$	
이끝 틈새	$c=1$	
전체 이길이	$h=9$	

(2) 전위 평기어의 계산 전위 기어에 대해서는 이미 언급했지만, 전위 기어의 가장 큰 특징은 ① 중심 거리를 자유롭게 바꿀 수 있는 것, ② 언더컷을 방지하는 것, ③ 톱니의 강도를 증대할 수 있는 것이다.

(i) 중심 거리를 바꾸는 경우 법선 백래시가 모듈에 비해 작다고 가정하면

$$\text{inv}\,\alpha' = 2\tan\alpha_0\left(\frac{x_1+x_2}{z_1+z_2}\right)+\text{inv}\,\alpha_0$$

$$a=\left(\frac{z_1+z_2}{2}+y\right)m$$

단, α'…맞물림 압력각, α_0…공구 압력각, x_1, x_2…소, 대기어의 전위계수, z_1, z_2…소, 대기어의 잇수, a…중심 거리(mm), m…모듈(mm), y…중심 거리 수정계수

$$y=\frac{z_1+z_2}{2}\left(\frac{\cos\alpha_0}{\cos\alpha'}-1\right)$$

소, 대 각각의 기어 외경 d_{a1}, d_{a2}는

$$d_{a1}=\{z_1+2+2(y-x_2)\}m$$

$$d_{a2}=\{z_2+2+2(y-x_1)\}m$$

이끝 틈새를 c, 전체 이길이를 h로 하면

$$h=\{2+c+y-(x_1+x_2)\}m$$

이렇게 해서 전위계수를 구하는데, $x=x_1+x_2$라는 두 기어의 전위계수 합으로서 부여되는 것에 주목해 이것을 두 기어에 적절하게 배분하면 된다. 일반적으로 잇수가 많은 기어는 전위에 의한 직접적인 이점은 없기 때문에 보통 전위시키지 않지만, 소기어에 플러스 전위를 실시한 경우에 앞에서 말한 바와 같이 중심 거리가 증가하므로 중심 거리를 표준 기어의 경우와 동일하게 유지할 필요가 있는 경우에는 대기어를 동일한 전위량만큼 마이너스 전위로 한다.

$$x=x_1+(-x_2)=0$$

단, $x_1=x_2$

11·8 표에 전위 평기어의 계산식을 나타냈다.

(ii) **절하 방지의 경우** 절하를 방지하기 위해 전위 기어로 하는 경우에는 압력각 20℃의 경우, 전위계수 x는

$$x=\frac{17-x}{17}$$

에서 구하면 된다. 또한 잇수가 적을 때에 크게 플러스 전위로 하면, 이끝이 뾰족해져 버리므로

11·8 표 전위 평기어의 계산 공식

명칭	기호	소기어 1	대기어 2
맞물림 압력각	α'	$\text{inv}\,\alpha' = 2\tan\alpha_0\left(\frac{x_1+x_2}{z_1+z_2}\right)+\text{inv}\,\alpha_0$	
중심 거리 수정계수	y	$y=\frac{z_1+z_2}{2}\left(\frac{\cos\alpha_0}{\cos\alpha'}-1\right)$	
중심 거리	a	$a=\left(\frac{z_1+z_2}{2}+y\right)m$	
기초원 직경	d_b	$d_{b1}=d_{01}\cos\alpha_0$	$d_{b2}=d_{02}\cos\alpha_0$
맞물림 피치원 직경	d'	$d'_1=2a\left(\frac{z_1}{z_1+z_2}\right)$	$d'_2=2a\left(\frac{z_2}{z_1+z_2}\right)$
기준원 직경	d	$d_1=z_1m$	$d_2=z_2m$
이끝의 길이	h_a	$h_{a1}=(1+x_1)m$	$h_{a2}=(1+x_2)m$
이끝원 직경	d_a	$d_{a1}=\{z_1+2(1+x_1)\}m$	$d_{a2}=\{z_2+2(1+x_2)\}m$
공구 절입 깊이 (전체 이길이)	h	$h=2m+c$	
이바닥원 직경	d_f	$d_{f1}=d_{a1}-2h$	$d_{f2}=d_{a2}-2h$
이끝 틈새	c	$c_1=a-\left(\frac{d_{a2}+d_{f1}}{2}\right)$	$c_2=a-\left(\frac{d_{a1}+d_{f2}}{2}\right)$

주의해야 한다.

[예제 2] 모듈 $m=4$, 잇수 $z_1=20$, $z_2=30$, $x_1=+0.2$, $x_2=0$의 기어에서 중심 거리를 구하라. 단, 압력각 $\alpha_0=20°$로 한다.

[해] ① 맞물림 압력각(α')의 계산

$$\operatorname{inv}\alpha' = 2\tan\alpha_0\left(\frac{x_1+x_2}{z_1+z_2}\right)+\operatorname{inv}\alpha_0$$
$$= 2\tan 20°\left(\frac{0.2+0}{20+30}\right)+\operatorname{inv} 20°$$
$$= 2\times 0.36397\times\frac{0.2}{50}+0.014904$$
$$= 0.0178157$$

$\therefore\ \alpha' = 21°11'$

② 중심 거리 수정계수(y)의 계산

$$y=\frac{z_1+z_2}{2}\times\left(\frac{\cos\alpha_0}{\cos\alpha'}-1\right)$$
$$=\frac{20+30}{2}\times\left(\frac{\cos 20°}{\cos 20°11'}-1\right)$$
$$=0.194751$$

③ 중심 거리(a)의 계산

$$a=\left(\frac{z_1+z_2}{2}+y\right)m$$
$$=\left(\frac{20+30}{2}+0.194751\right)\times 4$$
$$\fallingdotseq 100.78$$ … [답]

[예제 3] 모듈 $m=4$, 잇수 $z_1=20$(전위), $z_2=30$(표준)의 조합에서, 중심 거리를 100.4mm로 하고 싶다. 전위계수를 구하라.

[해] ① 중심 거리 수정계수 (y)의 계산

$$y=\frac{a}{m}-\frac{z_1+z_2}{2}=\frac{100.4}{4}-\frac{20+30}{2}=0.1$$

② 맞물림 압력각(α')의 계산 (다른 공식에 의한다)

$$\cos\alpha'=\frac{\cos\alpha}{\dfrac{2y}{z_1+z_2}+1}=\frac{\cos 20°}{\dfrac{2\times 0.1}{20+30}+1}$$
$$=0.935949$$

$\therefore\ \alpha' = 20°37'$

③ 전위계수(x_1)의 계산

$$x_1+x_2=(z_1+z_2)\times\left(\frac{\operatorname{inv}\alpha'-\operatorname{inv}\alpha_0}{2\tan\alpha}\right)$$
$$=(20+30)\times\left(\frac{0.016379-0.014904}{2\times\tan 20°}\right)$$
$$\fallingdotseq 0.101$$

$x_2=0$이기 때문에 이것이 구하는 답이다.

(3) 표준 헬리컬 기어의 계산 헬리컬 기어는 앞에서 말했듯이 이직각 방식과 축직각 방식이 있는데, 보통 이직각 방식이 이용된다. 그 이유는 이직각 방식에서는 기어절삭 공구(래크 커터, 피니언 커터 등)의 모듈이 그대로 이직각 모듈이 된다. 즉, 평기어를 절삭할 때와 동일한 기어절삭 공구를 비틀림각만 기울여서 기어절삭하기 때문에 모듈이나 압력각은 공구의 것과 동일한 값이 된다.

그런데 축직각 모듈을 표준 모듈로 하면, 이미 말했듯이

$$m_n = m_t\cos\beta$$

이 되므로 표준 모듈의 공구는 기어절삭을 할 수 없어 특수한 공구를 준비해야 되기 때문이다.

11·9 표는 표준 헬리컬 기어의 계산 공식을 나타낸 것이다. 비틀림각 β가 붙여져 있기 때문에 많은 공식에 $\cos\beta$가 나타나는데, 평기어의 경우는 $\beta=0$이기 때문에 $\cos 0°=1$이 되고 헬리컬 기어와 평기어에서는 계산 상은 그만큼의 차이에 지나지 않는 것에 유의하기 바란다.

또한 기준원 직경은 β에 비례해 커지기 때문에 동일한 잇수, 동일한 모듈의 기어에서도 β를 바꿈으로써 중심 거리를 변화시킬 수 있다. 이 예를 [예제 4]에 나타냈다.

또한 상당 평기어 잇수이라는 것은 11·25 그림에 나타냈듯이 이직각 단면을 생각했을 때, 피치점 부근의 맞물림은 ρ를 반경으로 하는 평기어에 근사하고 있다. 따라서 그 때의 근사 평기어의 잇수를 구하고, 헬리컬 기어를 평기어로 바꿔 놓아 여러 가지 계산을 하는 것이다. 그리고 이 근사 평기어의 잇수를 상당 평기어 잇수(z_v로 나타낸다)라고 부르며, 여러 가지 계산 팩터로 하는 것이다. [예제 4] 및 [예제 6]에 그 예를 나타냈다.

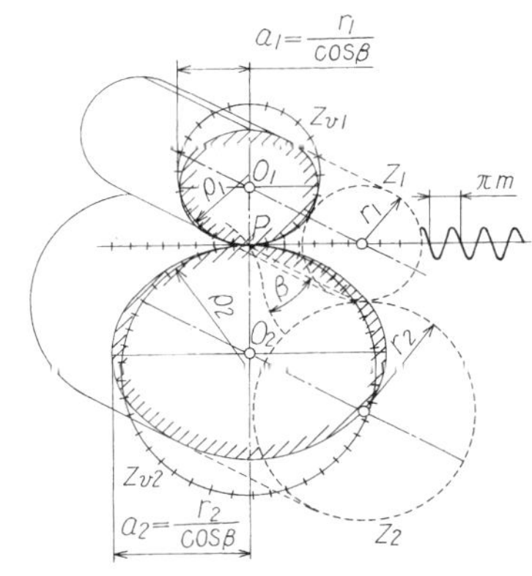

11·25 그림 상당 평기어

11·9 표 표준 헬리컬 기어의 계산 공식

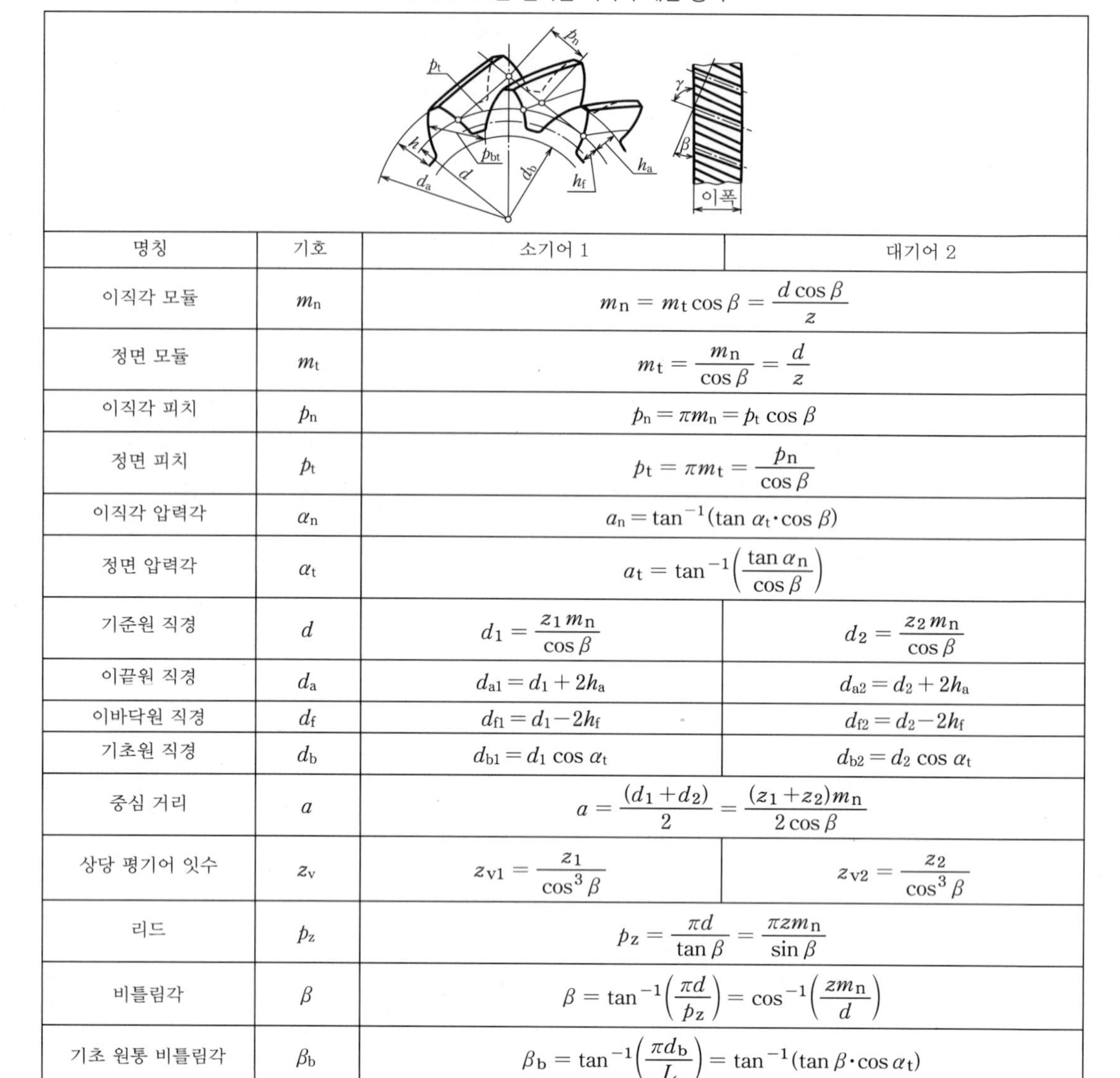

명칭	기호	소기어 1	대기어 2
이직각 모듈	m_n	$m_n = m_t \cos\beta = \dfrac{d\cos\beta}{z}$	
정면 모듈	m_t	$m_t = \dfrac{m_n}{\cos\beta} = \dfrac{d}{z}$	
이직각 피치	p_n	$p_n = \pi m_n = p_t \cos\beta$	
정면 피치	p_t	$p_t = \pi m_t = \dfrac{p_n}{\cos\beta}$	
이직각 압력각	α_n	$\alpha_n = \tan^{-1}(\tan\alpha_t \cdot \cos\beta)$	
정면 압력각	α_t	$\alpha_t = \tan^{-1}\left(\dfrac{\tan\alpha_n}{\cos\beta}\right)$	
기준원 직경	d	$d_1 = \dfrac{z_1 m_n}{\cos\beta}$	$d_2 = \dfrac{z_2 m_n}{\cos\beta}$
이끝원 직경	d_a	$d_{a1} = d_1 + 2h_a$	$d_{a2} = d_2 + 2h_a$
이바닥원 직경	d_f	$d_{f1} = d_1 - 2h_f$	$d_{f2} = d_2 - 2h_f$
기초원 직경	d_b	$d_{b1} = d_1 \cos\alpha_t$	$d_{b2} = d_2 \cos\alpha_t$
중심 거리	a	$a = \dfrac{(d_1 + d_2)}{2} = \dfrac{(z_1 + z_2)m_n}{2\cos\beta}$	
상당 평기어 잇수	z_v	$z_{v1} = \dfrac{z_1}{\cos^3\beta}$	$z_{v2} = \dfrac{z_2}{\cos^3\beta}$
리드	p_z	$p_z = \dfrac{\pi d}{\tan\beta} = \dfrac{\pi z m_n}{\sin\beta}$	
비틀림각	β	$\beta = \tan^{-1}\left(\dfrac{\pi d}{p_z}\right) = \cos^{-1}\left(\dfrac{z m_n}{d}\right)$	
기초 원통 비틀림각	β_b	$\beta_b = \tan^{-1}\left(\dfrac{\pi d_b}{L}\right) = \tan^{-1}(\tan\beta \cdot \cos\alpha_t)$	
이끝의 길이	h_a	$h = m_n$	
이뿌리의 길이	h_f	$h_f = 1.25 m_n$	
전체 이길이	h	$h = h_a + h_f = 2.25 m_n$	

[예제 4] 중심 거리 a=116mm, 잇수 z_1=22, z_2=32의 표준은 헬리컬 기어의 비틀림각 β, 기준원 직경 d_1과 d_2 및 상당 평기어 잇수 z_{v1}과 z_{v2}를 구하라.

단, 이직각 모듈 m_n=4로 한다.

[해] ① 먼저 비틀림각을 구한다. 11·9 표에서

$$a = \frac{(z_1 + z_2)m_n}{2\cos\beta}$$ 을 변형해서

$$\cos\beta = \frac{(z_1 + z_2)m_n}{2a} = \frac{(22+32)\times 4}{2\times 116}$$

$$= 0.9310344$$

$\therefore \ \beta = 21°24'$

② 다음으로 기준원을 구한다.

$$d_1 = \frac{z_1 m_n}{\cos\beta} = \frac{22\times 4}{0.9310344} = 94.52$$

마찬가지로 해서

$d_2 = 137.48$

이 해를 $a=\frac{(d_1+d_2)}{2}$ 에 대입해 보면

$$a=\frac{94.52+137.48}{2}=116$$

따라서 $\beta=21°24'$ 에 의해 얻어진 중심 거리는 제의를 만족시킨다.

③ 상당 평기어 잇수의 계산

$$z_{v1}=\frac{z_1}{\cos^3\beta}=\frac{22}{\cos^3 21°24'}=27.258097$$

마찬가지로 $z_{v2}=39.64814$

(4) 전위 헬리컬 기어의 계산

전위 헬리컬 기어에서도 앞에서 말한 전위 평기어와 거의 동일하게 계산을 할 수 있다. 11·10 표에 전위 헬리컬 기어의 계산 공식을 나타냈다.

[예제 5] 이직각 모듈 5, 잇수 $z_1=25$, $z_2=50$, 비틀림각 $\beta=15°$, 전위계수 $x_1=0.25$, $x_2=0$의 전위 헬리컬 기어의 중심 거리를 구하라.

단, 공구 압력각 $\alpha_0=20°$로 한다.

[해] ① 축직각 맞물림 압력각(α')의 계산

우선 정면 압력각 α_t을 계산한다.

$$\alpha_t=\tan^{-1}\left(\frac{\tan\alpha_n}{\cos\beta}\right)=\tan^{-1}\left(\frac{\tan 20°}{\cos 15°}\right)$$

$$=\tan^{-1}\left(\frac{0.36397}{0.96593}\right)=\tan^{-1}0.37681$$

$$=20°39'$$

$$\text{inv}\,\alpha'=2\tan\alpha_0\left(\frac{x_1+x_2}{z_1+z_2}\right)+\text{inv}\,\alpha_t$$

$$=2\tan 20°\left(\frac{0.25+0}{25+50}\right)+\text{inv}\,20°39'$$

$$=0.72794\left(\frac{0.25}{75}\right)+0.0164610$$

$$=0.018887$$

$$\therefore\ \alpha'=21°35'$$

② 중심 거리 수정계수(y)의 계산

$$y=\frac{z_1+z_2}{2\cos\beta}\times\left(\frac{\cos\alpha_t}{\cos\alpha'}-1\right)$$

$$=\frac{25+50}{2\cos 15°}\times\left(\frac{\cos 20°39'}{\cos 21°35'}-1\right)$$

$$=\frac{75}{1.9319}\left(\frac{0.93575}{0.92988}-1\right)$$

$$=0.2467$$

③ 중심 거리(a)의 계산

$$a=\left(\frac{z_1+z_2}{2\cos\beta}+y\right)m_n$$

$$=\left(\frac{25+50}{2\cos 15°}+0.2451\right)\times 5$$

$$=\left(\frac{75}{1.9319}+0.2451\right)\times 5$$

$$=195.339$$

… [답] 195.33 mm

[예제 6] 모듈 $m_n=2$, 공구 압력각 $\alpha_0=20°$, $z_1=12$, $z_2=25$, 비틀림각 $\beta=22°$. 이와 같은 제원을 가지고 있는 절하 없는 헬리컬 기어를 계산하라.

[해] ① 상당 평기어 잇수의 계산

$$z_{v1}=\frac{12}{\cos^3 22°}=15.06,$$

$$z_{v2}=\frac{25}{\cos^3 22°}=31.36$$

11·10 표 전위 헬리컬 기어의 계산 공식

명칭	기호	소기어 1	대기어 2
축직각 맞물림 압력각	α'	$\text{inv}\,\alpha'=2\tan\alpha_0\left(\frac{x_1+x_2}{z_1+z_2}\right)+\text{inv}\,\alpha_t$ *	
중심 거리 수정계수	y	$y=\frac{z_1+z_2}{2\cos\beta}\left(\frac{\cos\alpha_t}{\cos\alpha'}-1\right)$	
중심 거리	a	$a=\left(\frac{z_1+z_2}{2\cos\beta}+y\right)m_n$	
맞물림 피치원 직경	d'	$d'_1=2a\left(\frac{z_1}{z_1+z_2}\right)$	$d'_2=2a\left(\frac{z_2}{z_1+z_2}\right)$
이끝원 직경	d_a	$d_{a1}=\left\{\frac{z_1}{\cos\beta}+2+2(y-x_2)\right\}m_n$	$d_{a2}=\left\{\frac{z_2}{\cos\beta}+2+2(y-x_1)\right\}m_n$
기초원 직경	d_b	$d_{b1}=\frac{z_1 m_n\cos\alpha_t}{\cos\beta}$	$d_{b2}=\frac{z_2 m_n\cos\alpha_t}{\cos\beta}$
공구의 절입 깊이	h	$h=(2+y-x_1-x_2)m_n+c$	

[주] * inv α' …인벌류트 함수를 나타내며, inv $\alpha'=\tan(\alpha'-\alpha)$

11장

② 절하 없는 전위계수의 계산

$$x_1 = 1 - \frac{15.06}{17} = 0.114$$

여기서, x_2의 전위계수는 0으로 한다.

③ 축직각 맞물림 압력각

α_t은 예제 5를 모방해 계산함으로써 21° 26′ 을 얻는다.

$$\text{inv}\,\alpha' = 0.72794 \times \frac{0.114}{37} + 0.018485$$
$$= 0.0207278$$

$\therefore\ \alpha' = 22°14'$

④ 중심 거리 수정계수

$$y = \frac{12+25}{2\cos 22°} \times \left(\frac{\cos 21°26'}{\cos 22°14'} - 1\right)$$
$$\fallingdotseq 0.112$$

⑤ 중심 거리

$$a = \left(\frac{12+25}{2\cos 22°} + 0.135\right) \times 2$$
$$\fallingdotseq 40.18 \text{ (mm)}$$

11·11 표 표준 직선 베벨 기어의 계산 공식

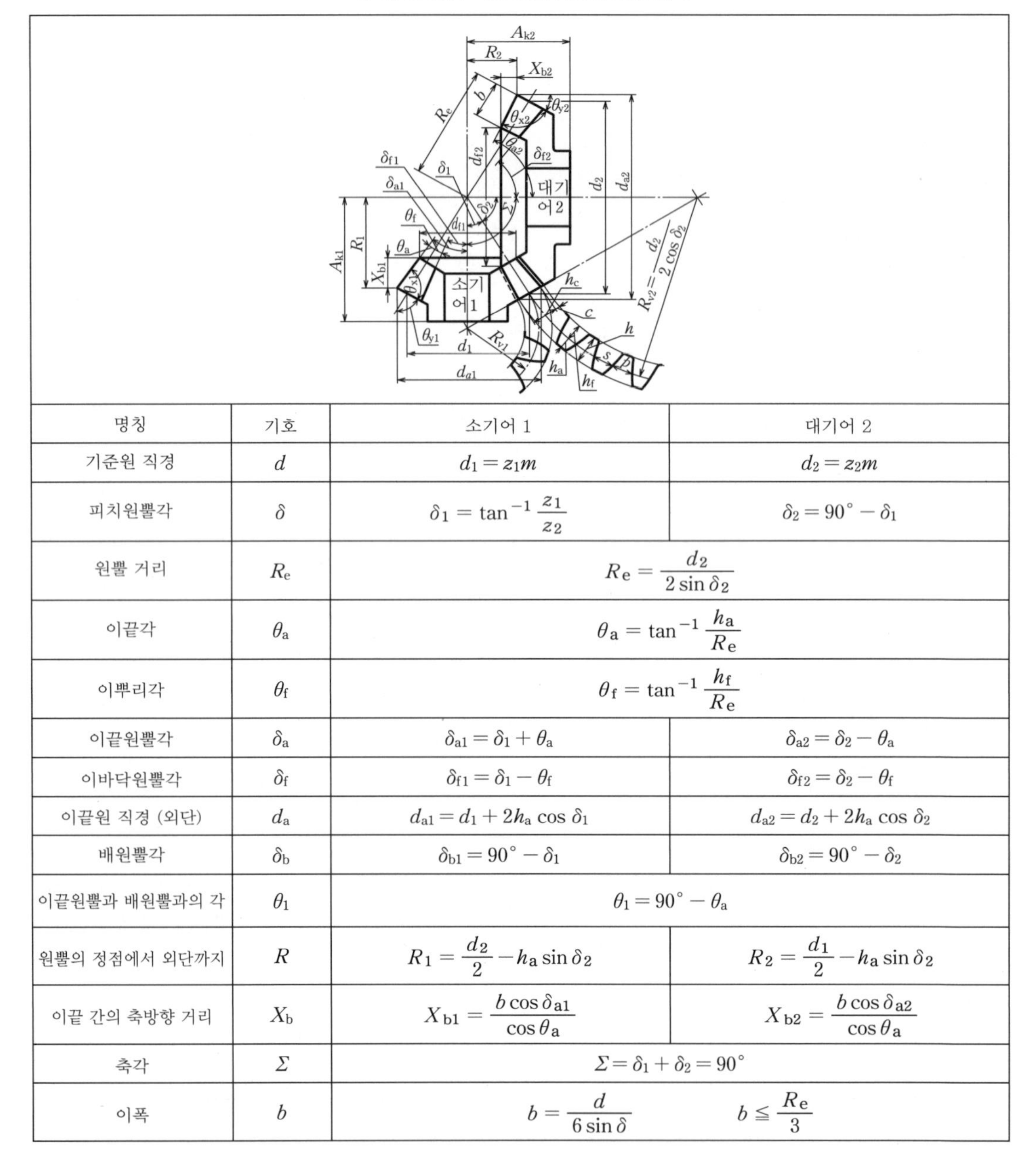

명칭	기호	소기어 1	대기어 2
기준원 직경	d	$d_1 = z_1 m$	$d_2 = z_2 m$
피치원뿔각	δ	$\delta_1 = \tan^{-1}\frac{z_1}{z_2}$	$\delta_2 = 90° - \delta_1$
원뿔 거리	R_e	$R_e = \frac{d_2}{2\sin\delta_2}$	
이끝각	θ_a	$\theta_a = \tan^{-1}\frac{h_a}{R_e}$	
이뿌리각	θ_f	$\theta_f = \tan^{-1}\frac{h_f}{R_e}$	
이끝원뿔각	δ_a	$\delta_{a1} = \delta_1 + \theta_a$	$\delta_{a2} = \delta_2 - \theta_a$
이바닥원뿔각	δ_f	$\delta_{f1} = \delta_1 - \theta_f$	$\delta_{f2} = \delta_2 - \theta_f$
이끝원 직경 (외단)	d_a	$d_{a1} = d_1 + 2h_a\cos\delta_1$	$d_{a2} = d_2 + 2h_a\cos\delta_2$
배원뿔각	δ_b	$\delta_{b1} = 90° - \delta_1$	$\delta_{b2} = 90° - \delta_2$
이끝원뿔과 배원뿔과의 각	θ_1	$\theta_1 = 90° - \theta_a$	
원뿔의 정점에서 외단까지	R	$R_1 = \frac{d_2}{2} - h_a\sin\delta_2$	$R_2 = \frac{d_1}{2} - h_a\sin\delta_2$
이끝 간의 축방향 거리	X_b	$X_{b1} = \frac{b\cos\delta_{a1}}{\cos\theta_a}$	$X_{b2} = \frac{b\cos\delta_{a2}}{\cos\theta_a}$
축각	Σ	$\Sigma = \delta_1 + \delta_2 = 90°$	
이폭	b	$b = \frac{d}{6\sin\delta}$　　$b \leqq \frac{R_e}{3}$	

11·12 표 표준 나사 기어의 계산 공식

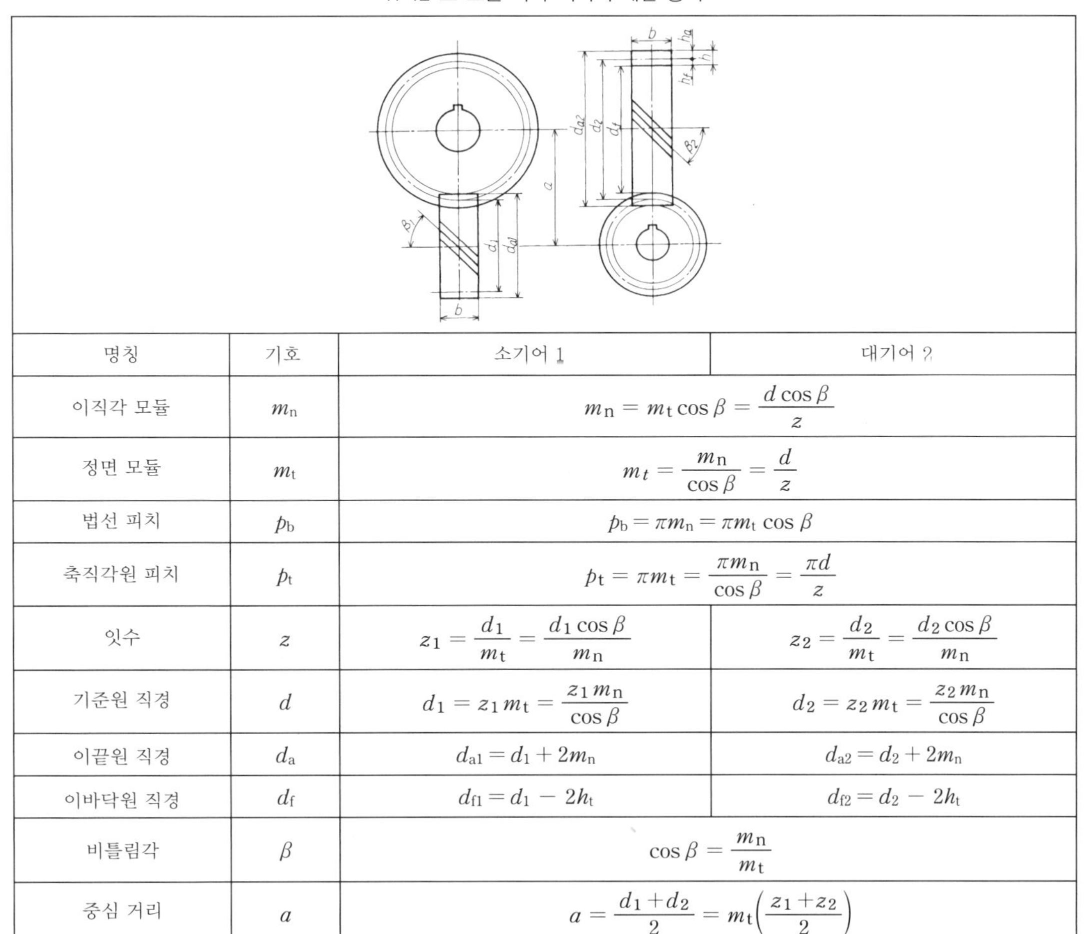

명칭	기호	소기어 1	대기어 2
이직각 모듈	m_n	$m_n = m_t \cos\beta = \dfrac{d\cos\beta}{z}$	
정면 모듈	m_t	$m_t = \dfrac{m_n}{\cos\beta} = \dfrac{d}{z}$	
법선 피치	p_b	$p_b = \pi m_n = \pi m_t \cos\beta$	
축직각원 피치	p_t	$p_t = \pi m_t = \dfrac{\pi m_n}{\cos\beta} = \dfrac{\pi d}{z}$	
잇수	z	$z_1 = \dfrac{d_1}{m_t} = \dfrac{d_1\cos\beta}{m_n}$	$z_2 = \dfrac{d_2}{m_t} = \dfrac{d_2\cos\beta}{m_n}$
기준원 직경	d	$d_1 = z_1 m_t = \dfrac{z_1 m_n}{\cos\beta}$	$d_2 = z_2 m_t = \dfrac{z_2 m_n}{\cos\beta}$
이끝원 직경	d_a	$d_{a1} = d_1 + 2m_n$	$d_{a2} = d_2 + 2m_n$
이바닥원 직경	d_f	$d_{f1} = d_1 - 2h_t$	$d_{f2} = d_2 - 2h_t$
비틀림각	β	$\cos\beta = \dfrac{m_n}{m_t}$	
중심 거리	a	$a = \dfrac{d_1+d_2}{2} = m_t\left(\dfrac{z_1+z_2}{2}\right)$	

⑥ 이끝원 직경 d_{a1}, d_{a2}

$$d_{a1} = \left\{\frac{12}{\cos 22^\circ} + 2 + 2(0.112 - 0)\right\} \times 2$$

$$≒ 30.33 \ (\text{mm})$$

$$d_{a2} = \left\{\frac{25}{\cos 22^\circ} + 2 + 2(0.112 - 0.114)\right\} \times 2$$

$$≒ 57.92 \ (\text{mm})$$

⑦ 기초원 지경 d_{b1}, d_{b2}

$$d_{b1} = \frac{12 \times 2 \times 0.9308}{0.9272} ≒ 24.10 \ (\text{mm})$$

$$d_{b2} = \frac{25 \times 2 \times 0.9308}{0.9272} ≒ 50.2 \ (\text{mm})$$

(5) 직선 베벨 기어, 나사 기어, 웜 기어 쌍의 계산 공식 11·11 표~11·13 표에 이들 기어의 계산 공식을 나타냈다.

15. 기어 톱니의 강도

기어 톱니의 강도 계산에서는 굽힘강도와 이면강도 양면에서 검토하는 것이 일반적인데, 이 외에 고속 기어 등 엄격한 조건 하의 기어는 윤활유막 파단에 의해 생기는 스코어링 강도에 대해서도 검토되는 경우가 있다.

이하에서는 굽힘강도와 이면강도의 계산 방법에 대해 설명한다.

(1) 기초가 되는 환산식 기어 톱니의 강도 계산에서 정면의 기준원 상의 접선력 F_t(N), 전력 P(kW) 및 토크 T(N·m) 사이에는 다음의 관계가 있다.

$$F_t = \frac{2000\,T_{1,2}}{d_{1,2}} = \frac{1.91 \times 10^7 P}{d_{1,2} \cdot n_{1,2}} = \frac{1000P}{v} \quad (1)$$

$$T_{1,2} = \frac{F_t \cdot d_{1,2}}{2000} = \frac{9550P}{n_{1,2}} \quad (2)$$

$$P = \frac{F_t \cdot v}{1000} = \frac{T_{1,2} \cdot n_{1,2}}{9550} \quad (3)$$

여기에 v…맞물림 피치원 상의 주속도 (m/s)

11장

11·13 표 표준 웜 기어 쌍의 계산 공식

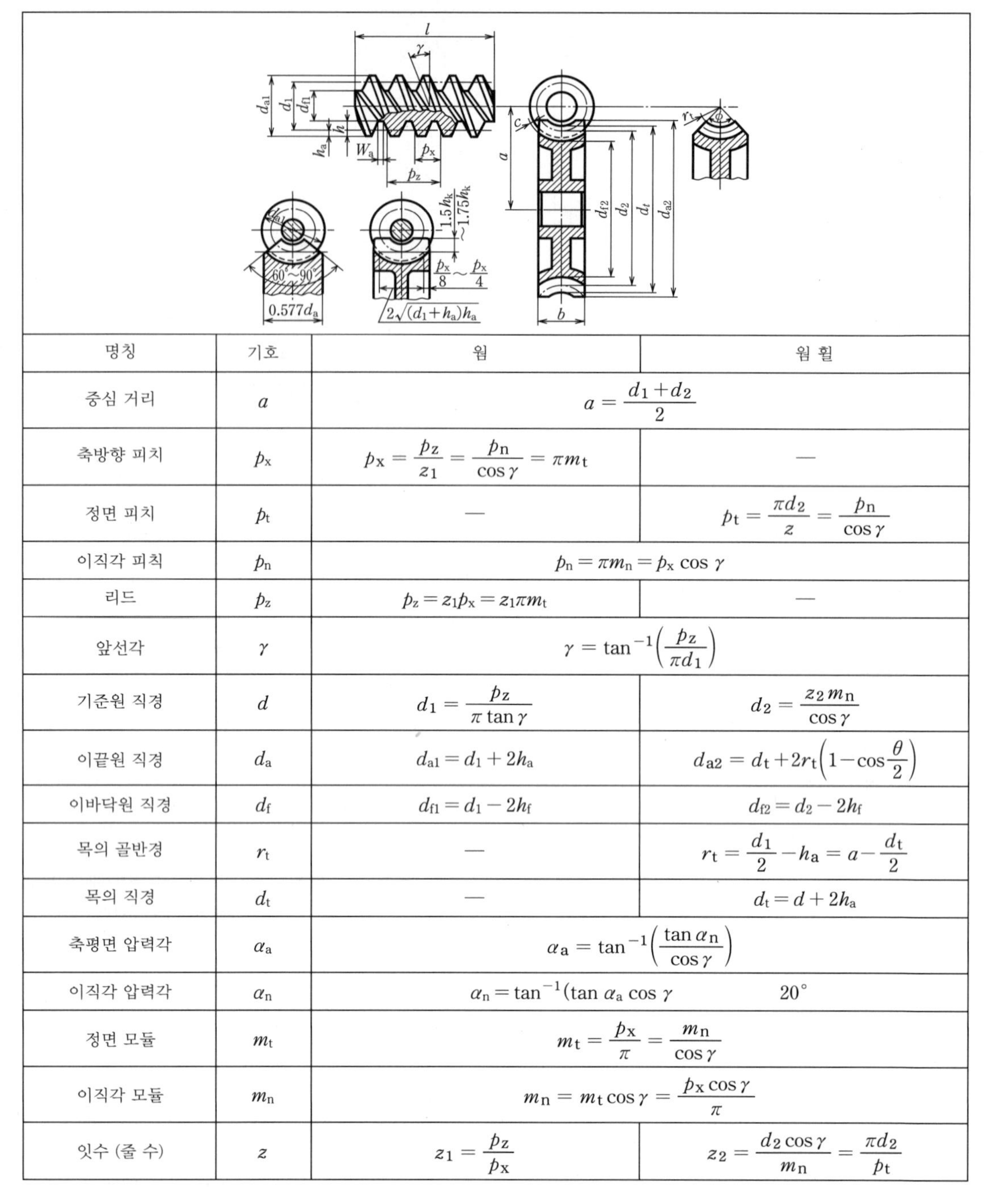

명칭	기호	웜	웜 휠
중심 거리	a	$a=\dfrac{d_1+d_2}{2}$	
축방향 피치	p_x	$p_x=\dfrac{p_z}{z_1}=\dfrac{p_n}{\cos\gamma}=\pi m_t$	—
정면 피치	p_t	—	$p_t=\dfrac{\pi d_2}{z}=\dfrac{p_n}{\cos\gamma}$
이직각 피치	p_n	$p_n=\pi m_n=p_x\cos\gamma$	
리드	p_z	$p_z=z_1 p_x=z_1\pi m_t$	—
앞선각	γ	$\gamma=\tan^{-1}\left(\dfrac{p_z}{\pi d_1}\right)$	
기준원 직경	d	$d_1=\dfrac{p_z}{\pi\tan\gamma}$	$d_2=\dfrac{z_2 m_n}{\cos\gamma}$
이끝원 직경	d_a	$d_{a1}=d_1+2h_a$	$d_{a2}=d_t+2r_t\left(1-\cos\dfrac{\theta}{2}\right)$
이바닥원 직경	d_f	$d_{f1}=d_1-2h_f$	$d_{f2}=d_2-2h_f$
목의 골반경	r_t	—	$r_t=\dfrac{d_1}{2}-h_a=a-\dfrac{d_t}{2}$
목의 직경	d_t	—	$d_t=d+2h_a$
축평면 압력각	α_a	$\alpha_a=\tan^{-1}\left(\dfrac{\tan\alpha_n}{\cos\gamma}\right)$	
이직각 압력각	α_n	$\alpha_n=\tan^{-1}(\tan\alpha_a\cos\gamma$ 20°	
정면 모듈	m_t	$m_t=\dfrac{p_x}{\pi}=\dfrac{m_n}{\cos\gamma}$	
이직각 모듈	m_n	$m_n=m_t\cos\gamma=\dfrac{p_x\cos\gamma}{\pi}$	
잇수 (줄 수)	z	$z_1=\dfrac{p_z}{p_x}$	$z_2=\dfrac{d_2\cos\gamma}{m_n}=\dfrac{\pi d_2}{p_t}$

$$v=\frac{d_{1,2}\cdot n_{1,2}}{1.91\times10^4} \tag{4}$$

$d_{1,2}$…소, 대기어의 기준원 직경 (mm)

$n_{1,2}$…소, 대기어의 회전수 (rpm)

(2) 평기어 및 헬리컬 기어의 굽힘강도 계산식

굽힘강도를 만족하기 위해서는 호칭 접선력 Ft에서 기어 톱니의 이뿌리 필릿부에 발생하는 이뿌리 굽힘응력 σ_F을 구하고, 이것이 허용 이뿌리 굽힘응력 σ_{FP}과 같거나 혹은 그 이하인 것을 확인해야 한다.

$$\sigma_F \leqq \sigma_{FP} \tag{5}$$

$$\sigma_F=\sigma_{FO}\cdot K_A\cdot K_V\cdot K_{F\beta}\cdot K_{F\alpha} \tag{6}$$

$$\sigma_{FO} = \frac{F_t}{b \cdot m_n} Y_{FS} \cdot Y_\varepsilon \cdot Y_\beta \qquad (7)$$

$$\sigma_{FP} = \frac{2\sigma_{Flim} \cdot Y_N}{S_{FM}} \cdot Y_R \cdot Y_X \qquad (8)$$

또한 이 계산 방법은 호퍼의 30° 접선법이라고 하고, 11·26 그림에 나타냈듯이 치형 중심선과 30°를 이루는 직선과 이뿌리 필릿 곡선의 접점을 연결하는 단면을 굽히는 것에 의한 위험 단면으로 하고, 이 위험 단면의 이두께 SFN과 그 중점에서 이끝의 하중 작용선까지의 거리 h_{Fa}을 구해 기어의 톱니를 일종의 캔틸레버로 생각해 굽힘강도를 구하는 방법이다. 위에서 들은 계산식에는 많은 계수가 이용되고 있다. 11·14 표에 그 일람을 나타냈다. 이하, 이들 계수에 대해 설명한다.

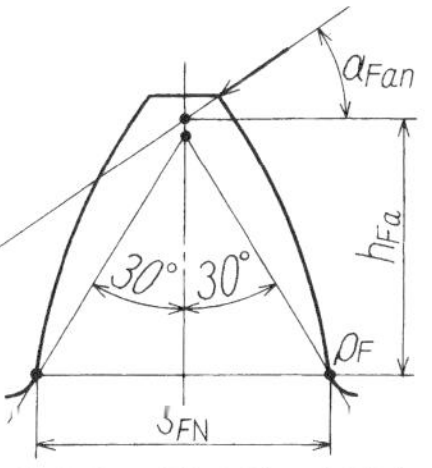

11·26 그림 30° 접선법

① **복합 치형 계수** Y_{FS} 이것은 1개의 이끝에 있는 1점에 하중이 걸렸을 때, 이뿌리 부분의 톱니 형상이 거기에서 발생하는 응력에 어떻게 영향을 미치는지를 나타내는 계수로, 11·27 그림에 의해 구한다.

11·14 표 톱니의 굽힘강도 계산식의 각종 계수 일람

기호	명칭	본문 번호
Y_{FS}	복합 치형계수	①
Y_ε	맞물림률 계수	②
Y_β	비틀림각 계수	③
Y_N	수명계수	⑧
Y_X	치수계수	⑨
Y_R	표면 상태계수	⑩
K_A	사용 계수	④
K_V	동하중계수	⑤
$K_{F\beta}$	잇줄 하중 분포계수	⑥
$K_{F\alpha}$	정면 하중 분포계수	⑦
S_{FM}	재료에 대한 안전율	⑪
σ_{Flim}	재료의 피로한도	⑫

② **맞물림률 계수** Y_ε 이것은 이끝에 가해지는 하중에 의해 발생하는 이뿌리 응력을 바깥의 최악 하중점, 즉 1쌍의 맞물림 범위의 가장 외측에 있는 점에 하중에 가해질 때의 이뿌리 응력으로 변환하기 위한 계수이다. 맞물림률 계수 Y_ε는 정면 맞물림률 ε_α의 역수로서 구한다.

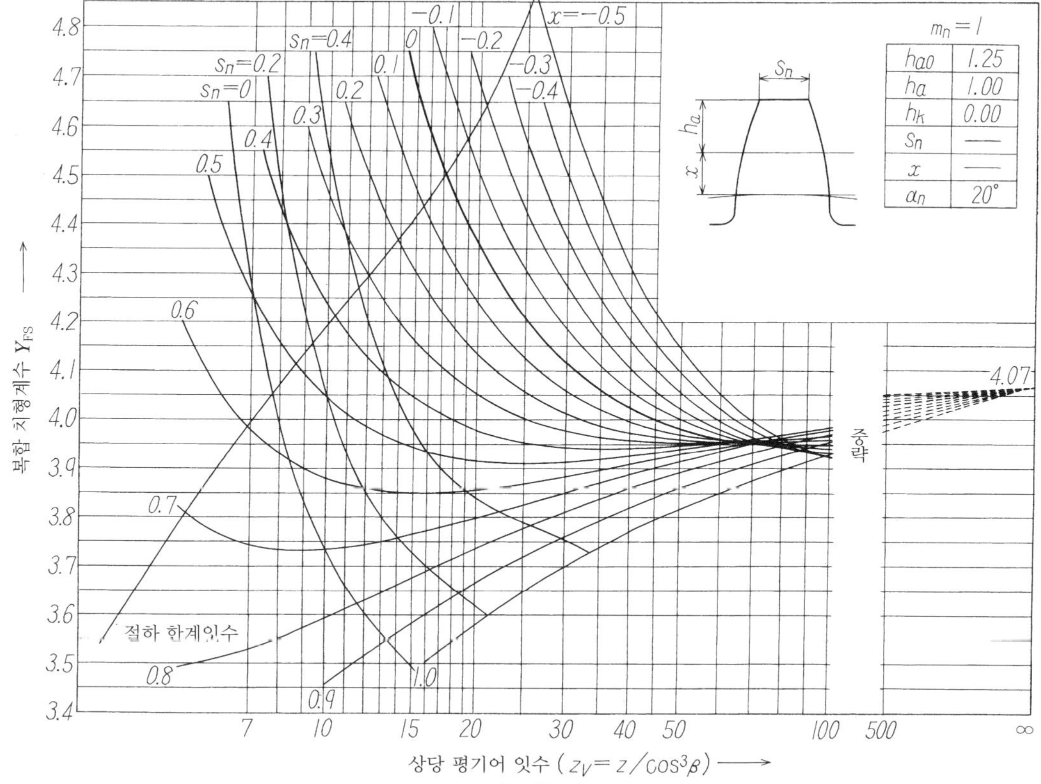

11·27 그림 복합 치형계수

11·15 표 표준 평기어의 정면 맞물림률 ε_α

z_{v2} \ z_{v1}	17	18	19	20	21	22	24	25	26	28	30	32	34	36	38	40	42	45	48	50	52	55
17	1.515																					
18	1.522	1.530																				
19	1.529	1.537	1.544																			
20	1.536	1.543	1.550	1.557																		
21	1.542	1.549	1.556	1.563	1.569																	
22	1.548	1.555	1.562	1.569	1.575	1.581																
24	1.558	1.566	1.573	1.579	1.586	1.591	1.602															
25	1.563	1.571	1.578	1.584	1.590	1.596	1.607	1.612														
26	1.568	1.575	1.582	1.589	1.595	1.601	1.611	1.616	1.621													
28	1.576	1.584	1.591	1.597	1.604	1.609	1.620	1.625	1.629	1.638												
30	1.584	1.592	1.599	1.605	1.611	1.617	1.628	1.633	1.637	1.646	1.654											
32	1.591	1.599	1.606	1.612	1.618	1.624	1.635	1.640	1.644	1.653	1.661	1.668										
34	1.598	1.605	1.612	1.619	1.625	1.631	1.641	1.646	1.651	1.659	1.667	1.674	1.681									
36	1.604	1.611	1.618	1.625	1.631	1.637	1.647	1.652	1.657	1.665	1.673	1.680	1.687	1.692								
38	1.609	1.617	1.624	1.630	1.636	1.642	1.653	1.658	1.662	1.671	1.678	1.686	1.692	1.698	1.703							
40	1.614	1.622	1.629	1.635	1.641	1.647	1.658	1.663	1.667	1.676	1.684	1.691	1.697	1.703	1.708	1.714						
42	1.619	1.626	1.633	1.640	1.646	1.652	1.662	1.667	1.672	1.680	1.688	1.695	1.702	1.708	1.713	1.718	1.723					
45	1.625	1.633	1.640	1.646	1.652	1.658	1.669	1.674	1.678	1.687	1.695	1.702	1.708	1.714	1.720	1.725	1.729	1.736				
48	1.631	1.639	1.646	1.652	1.658	1.664	1.675	1.680	1.684	1.693	1.701	1.708	1.714	1.720	1.725	1.731	1.735	1.742	1.748			
50	1.635	1.642	1.649	1.656	1.662	1.668	1.678	1.683	1.688	1.696	1.704	1.711	1.718	1.724	1.729	1.734	1.739	1.745	1.751	1.755		
52	1.638	1.646	1.653	1.659	1.665	1.671	1.682	1.687	1.691	1.700	1.707	1.715	1.721	1.727	1.732	1.737	1.742	1.749	1.754	1.758	1.761	
55	1.643	1.650	1.657	1.664	1.670	1.676	1.686	1.691	1.696	1.704	1.712	1.719	1.726	1.732	1.737	1.742	1.747	1.753	1.759	1.763	1.766	1.771

평기어 $$\varepsilon_\alpha = \frac{\sqrt{r_{a1}^2 - r_{b1}^2} + \sqrt{r_{a2}^2 - r_{b2}^2} - a \cdot \sin\alpha_w}{\pi\, m \cos\alpha} \quad (9)$$

헬리컬 기어 $$\varepsilon_\alpha = \frac{\sqrt{r_{a1}^2 - r_{b1}^2} + \sqrt{r_{a2}^2 - r_{b2}^2} - a \cdot \sin\alpha_{wt}}{\pi\, m_t \cos\alpha_t} \quad (10)$$

$$Y_\varepsilon = \frac{1}{\varepsilon_\alpha} \quad (11)$$

11·15 표에 기준 압력각 20°의 표준 평기어의 정면 맞물림률 ε_α을 나타냈다. 또한, 헬리컬기어의 정면 맞물림률 $\varepsilon_{\alpha n}$은 상당 평기어 잇수 z_{v1}과 z_{v2}에 의해 11·15 표 및 식 (12)에서 구한다.

$$\cos^2\beta_b = 1 - \sin^2\beta \cdot \cos^2\alpha_n \quad (12)$$

[예제] $z_1=22$, $z_2=32$, $\beta=21°24'$의 헬리컬 기어 ε_α을 구한다.

[해] 우선 11·9 표에서 상당 평기어 잇수 z_v를 구하라([예제 4]로부터 $z_{v1} ≒ 27.26$, $z_{v2}=39.65$). 11·15 표에서 이것에 가까운 잇수로서

26과 38에서는 $\varepsilon_\alpha=1.662$ ┐ 차이 0.005
26과 40에서는 $\varepsilon_\alpha=1.667$ ┘┐ 차이 0.009
28과 40에서는 $\varepsilon_\alpha=1.676$ ┘

로부터 비례분배에 의해 구한다.

$$a = 0.005 \times \frac{39.65-38}{40-38} = 0.004125$$

$$b = 0.009 \times \frac{27.26-26}{28-26} = 0.00567$$

26과 38의 $\varepsilon_\alpha=1.662=c$로 하면

$$a+b+c = 1.671795$$

식 (12)로부터

$$\cos^2\beta_b = 1 - \sin^2\beta \cdot \cos^2\alpha_n = 0.88244$$

따라서 ε_α는

$$\varepsilon_\alpha = 1.671795 \times 0.88244 ≒ 1.475$$

③ 비틀림각 계수 Y_β 이 계수는 상당 평기어의 1개의 톱니를 나타내고 있는 캔틸레버의 1점에 하중이 가해진 것으로서 계산된 응력을 헬리컬기어 1개를 나타내는 경사된 접촉선을 갖는 캔틸레버의 응력으로 환산하기 위한 계수로, 다음 식에 의해 구한다.

$$Y_\beta = 1 - \varepsilon_\beta \frac{\beta}{120} \quad (13)$$

$$\varepsilon_\beta = \frac{b \cdot \sin\beta}{\pi \cdot m_n} \quad (14)$$

여기서 ε_β는 중복 맞물림률이며, $\varepsilon_\beta > 1$의 경우는 $\varepsilon_\beta=1$로 한다.

④ 사용 계수 K_A 이것은 기어의 톱니에 가해지는 외력의 불균일성을 고려하기 위한 계수로, 주로 구동기, 원동기 및 축커플링 등의 외적 요인에 의한 것인데 11·16 표에 의해 구하면 된다.

또한 원동기에서 플렉시블 커플링, 클러치, 감

11·16 표 사용 계수 K_A

구동기계		피동기계의 운전특성			
운전특성	구동기계의 예	균일하중	중정도 충격	상당한 충격	심한 충격
균일하중	전동기, 증기터빈, 가스터빈 등	1.00	1.25	1.50	1.75
경도 충격	증기터빈, 가스터빈, 유압모터, 전동기 등	1.10	1.35	1.60	1.85
중정도 충격	다기통 내연기관	1.25	1.50	1.75	2.0
심한 충격	단기통 내연기관	1.50	1.70	2.0	≧2.25

11·17 표 동하중계수 K_V

정도 등급 (JIS B 1702)		맞물림 피치원 상의 주속(m/s)						
치형								
비수정	수정	1이하	1 초과 3 이하	3 초과 5 이하	5 초과 8 이하	8 초과 12 이하	12 초과 18 이하	18 초과 25 이하
	1	—	—	1.0	1.0	1.1	1.2	1.3
1	2	—	1.0	1.05	1.1	1.2	1.3	1.5
2	3	1.0	1.1	1.15	1.2	1.3	1.5	—
3	4	1.0	1.2	1.3	1.4	1.5	—	—
4		1.0	1.3	1.4	1.5	—	—	—
5		1.1	1.4	1.5	—	—	—	—
6		1.2	1.5	—	—	—	—	—

11·18 표 정면 하중 분포계수 $K_{F\alpha}$

하중($F_t \cdot K_A/b$)	≥100N/mm								<100N/mm
정도 등급 (JIS B 1702)	5	6	7	8	9	10	11	12	5……12
평기어 (표면경화)	1.0	1.0	1.1	1.2	$\frac{1}{Y\varepsilon}$와 1.2 중 큰 쪽				
헬리컬 기어 (표면경화)	1.0	1.1	1.2	1.4	$\frac{\varepsilon_a}{\cos^2\beta_b}$와 1.4 중 큰 쪽				
평기어 (표면경화하지 않음)	1.0	1.0	1.0	1.1	1.2	$\frac{1}{Y\varepsilon}$와 1.2 중 큰 쪽			
헬리컬 기어 (표면경화하지 않음)	1.0	1.0	1.1	1.2	1.4	$\frac{\varepsilon_a}{\cos^2\beta_b}$와 1.4 중 큰 쪽			

속장치 등을 통해 기어에 동력이 전달되는 경우에는 K_A의 값은 위의 표보다 한 단계 낮은 값을 이용해도 된다.

⑤ **동하중계수 K_V** 이것은 기어의 오차가 원인으로 톱니의 맞물림에 의한 동적 하중을 구하기 위한 계수이다. 11·17 표에 그 예를 나타냈다.

⑥ **잇줄 하중 분포계수 $K_{F\beta}$** 이것은 부하에 의한 기어의 탄성변형 및 기타에 의해 생기는 접촉에 의해 이폭 방향의 하중 분포에 대한 굽힘하중의 증대량을 구하기 위한 계수이다.

이 값을 구하기 위해서는 다소 복잡한 계산을 필요로 하므로 그 설명은 생략하지만, 특히 부하 운전 중의 접촉을 없애는 동시에 양호한 톱니 접촉이 확보되어 있을 때에는 $K_{F\beta}=1$로 하고, 일반적으로 1~2 정도의 값을 취한다.

⑦ **정면 하중 분포계수 $K_{F\alpha}$** 이것은 맞물려 있는 몇 쌍의 톱니 사이의 하중 분포에 대해 톱니의 정도와 균일화 영향을 구하기 위한 계수이며, 11·18 표에 의해 구하면 된다.

⑧ **수명계수 Y_N** 톱니의 맞물림에 의한 응력이 가해지는 횟수가 피로수명에 대응하는 횟수보다 적은 수의 경우에는 허용 이뿌리 응력 σ_{FP}을 크게 취할 수 있다. 그 증가분을 구하는 계수를 수명계수라고 하며, 11·28 그림에 의해 구하면 된다.

⑨ **치수계수 Y_X** 톱니의 모듈이 커질수록 톱니의 굽힘 피로한도는 저하한다. 이 저하의 크기를 구하는 것이 톱니의 치수계수로, 11·29 그림에 의해 구할 수 있다.

⑩ **표면 상태계수 Y_R** 이것은 주로 이뿌리 필릿부의 표면 조도가 이뿌리 굽힘강도에 영향을 미치는 것을 고려하는 계수로, 11·30 그림에 의해 구하면 된다.

⑪ **재료에 대한 안전율 S_{FM}** 이것은 예측할 수 없는 사태에서 안전성을 고려하는 계수로, 11·19 표~11·21 표에 나타낸 철강 재료의 σ_{Flim}값은 손상 확률이 1%인 경우를 나타내고 있으며, 이 경우의 안전율은 1.0이다.

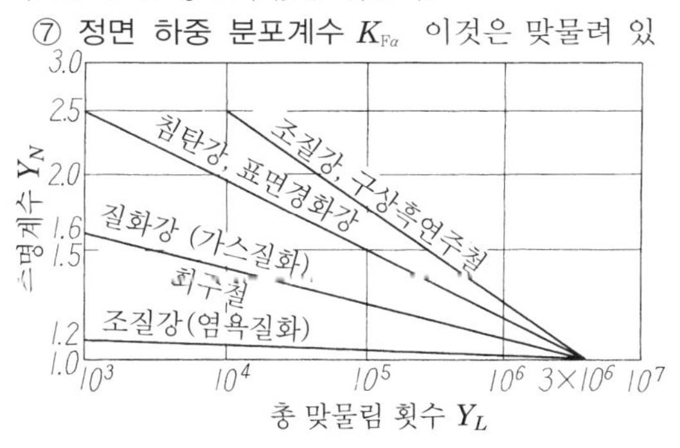

11·28 그림 수명계수 Y_N

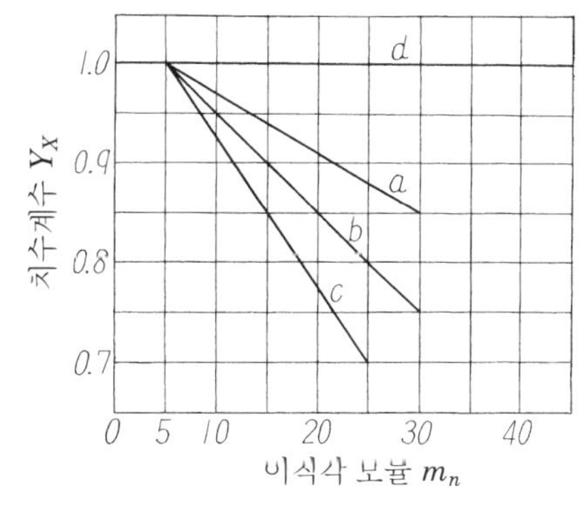

11·29 그림 치수계수 Y_X

11장

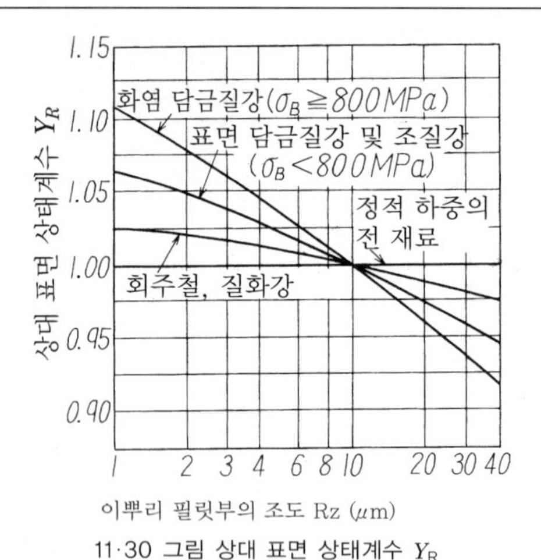

11·30 그림 상대 표면 상태계수 Y_R

기어의 손상은 내적 및 외적의 다양한 요인에 의해 생기므로 일정한 값을 결정하는 것은 어렵지만, 적어도 1.2 이상으로 하고 신뢰성을 필요로 할 때에는 4 정도까지 더 높게 잡는다.

⑫ **재료의 피로한도** σ_{Flim} 식 (8)에 이용하는 재료의 피로한도 값을 11·19 표~11·21 표에 나타냈다. 이 값은 톱니의 총 맞물림 횟수 N_L이 3×10^6을 넘어도 이뿌리 필릿부에 크랙 혹은 0.2%의 영구 변형을 일으키지 않는 응력값으로, 재료의 편진동 인장 피로한도를 응력 집중계수 1.4로 나눈 값이다.

하중 방향이 양방향으로, 좌우 양 치면이 균등하거나 또는 이것에 가까운 정도로 부하를 받는

11·19 표 주철, 주강 및 스테인리스강 기어의 σ_{Flim}

	재료	경도 HB	항복점 MPa	인장강도 MPa	σ_{Flim} MPa
회주철	FC 200			196~245	41.2
	FC 250			245~294	51.4
	FC 300			294~343	61.8
구상흑연주철	FCD 400	121~201		392 이상	85.0
	FCD 450	143~217		441 이상	100
	FCD 500	170~241		490 이상	113
	FCD 600	192~269		588 이상	121
	FCD 700	229~302		685 이상	132
	FCD 800	248~352		785 이상	139
주강	SC 360		117 이상	363 이상	71.2
	SC 410		206 이상	412 이상	82.4
	SC 450		226 이상	451 이상	90.6
	SC 480		245 이상	481 이상	97.5
	SCC 3A	143 이상	265 이상	520 이상	108
	SCC 3B	183 이상	373 이상	618 이상	122
	SCMn 3A	170 이상	373 이상	637 이상	128
	SCMn 3B	197 이상	490 이상	683 이상	137
스테인리스강	SUS 304	187 이하	206 이상 (내력)	520 이상	103

11·20 표 표면경화하지 않는 기어의 σ_{Flim}

재료 (화살표는 참고)		경도 HB	경도 HV	인장강도 하한 MPa (참고)	σ_{Flim} MPa
기계구조용 탄소강 불림	S25C, S35C, S43C, S48C, S53C, S58C	120	126	412	135
		130	136	447	145
		140	147	475	155
		150	157	508	165
		160	167	536	173
		170	178	570	180
		180	189	604	186
		190	200	635	191
		200	210	670	196
		210	221	699	201
		220	230	735	206
		230	242	769	211
		240	252	796	216
		250	263	832	221
기계구조용 탄소강 담금질 템퍼링	S35C, S43C, S48C, S53C, S58C	160	167	536	178
		170	178	570	190
		180	189	604	198
		190	200	635	206
		200	210	670	216
		210	221	699	226
		220	231	735	230
		230	242	769	235
		240	252	796	240
		250	263	832	245
		260	273	868	250
		270	285	905	255
		280	295	935	255
		290	306	968	260
기계구조용 합금강 담금질 템퍼링	SMn443, SNC836, SCM435, SCM440, SNCM439	230	242	769	255
		240	252	796	264
		250	263	832	274
		260	273	868	283
		270	285	905	293
		280	295	935	302
		290	306	968	312
		300	316	995	321
		310	327	1026	331
		320	337	1060	340
		330	349	1092	350
		340	359	1129	359
		350	370	1170	369

11·21 표 고주파 담금질 기어의 σ_{Flim}

	재료 (화살표는 참고)	고주파 담금질 전의 열처리 조건	심부 경도 HB	심부 경도 HV	치면 경도 HV	σ_{Flim} MPa
이바닥까지 완전히 담금질된 경우 (그 이외는 오른쪽에 기재한 값의 75%)	S48C, S43C	불림	160	167	550 이상	206
			180	189	〃	206
			220	231	〃	211
			240	252	〃	216
	S48C, S43C	담금질 템퍼링	200	210	550 이상	226
			210	221	〃	230
			220	231	〃	235
			230	242	〃	240
			240	252	〃	245
			250	263	〃	245
	SMn443H, SCM440H, SCM435H, SNC836, SNCM439	담금질 템퍼링	240	252	550 이상	275
			250	263	〃	284
			260	273	〃	294
			270	285	〃	304
			280	295	〃	314
			290	306	〃	324
			300	316	〃	333
			310	327	〃	343
			320	337	〃	353

기어에 대해서는 σ_{Flim}는 표에 나타낸 값의 2/3로 한다. 또한 경도는 이뿌리 중심부의 경도로 한다.

(3) 평기어 및 헬리컬 기어의 치면강도 계산식

평기어 및 헬리컬 기어에서는 치면은 선접촉을 하므로 이 접촉에 의한 응력이 기어 재료의 허용 한도를 초과하면, 피칭 등의 치면 손상을 일으킨다.

그래서 접촉점의 치면을 그들의 곡률 반경을 각각 반경으로 하는 2원통으로 대체, 그 점에 발생하는 헤르츠 응력 σ_H을 구해 그것이 대·소기어의 허용 헤르츠 응력 σ_{HP}과 같거나 혹은 그 이하인 것을 확인해야 한다.

$$\sigma_H \leqq \sigma_{HP} \tag{15}$$

$$\sigma_H = \sigma_{HO}\sqrt{K_A \cdot K_V \cdot K_{H\alpha} \cdot K_{H\beta}}$$

$$\sigma_{HO} = Z_H \cdot Z_C \cdot Z_E \cdot Z_\epsilon \sqrt{\frac{F_t}{d_1 \cdot b_H}\frac{u+1}{u}} \tag{16}$$

$$\sigma_{HP} = \frac{\sigma_{Hlim} \cdot Z_N}{S_{Hmin}} Z_L \cdot Z_V \cdot Z_R \cdot Z_W \tag{17}$$

단, d_1…소기어의 기준원 직경,
b_H…유효 이폭, u…잇수비

11·22 표에 이들 계산식의 각종 계수의 일람을 나타냈다. 이하, 이들 계수에 대해 설명한다.

① **영역계수 Z_H** 이것은 맞물림 피치점에서 치면의 곡률에 대응하는 접선응력의 영향을 고려하고, 또한 기준원 상의 접선력을 맞물림 피치원 상의 치면 법선력으로 전환하기 위한 계수로, 11·31 그림에 의해 구하면 된다. 또한 평기어에서는 β=0°로 한다.

② **최악 하중점계수 Z_C** 이것은 맞물림 피치점의 헤르츠 응력을 소·대기어의 최악 하중점(기어 한쌍의 맞물림 작용선 상에서 1세트 맞물림의 내측 점)의 헤르츠 응력으로 전환하기 위한 계수로, 잇수비 u_n에 의해 11·32 그림에서 구할 수 있다.

11·22 표 치면강도 계산식의 각종 계수 일람

기호	명칭	본문 번호
Z_H	영역계수	①
Z_C	최악 하중점계수	②
Z_E	재료 정수계수	③
Z_ε	맞물림률 계수	④
Z_L	윤활유 계수	⑤
Z_V	윤활 속도계수	⑥
Z_R	치면 조도계수	⑦
Z_W	경도비 계수	⑧
Z_N	수명계수	⑨
K_A	사용 계수	⑩
K_V	동하중계수	⑪
$K_{H\beta}$	잇줄 하중 분포계수	⑫
$K_{H\alpha}$	정면 하중 분포계수	⑬
S_{Hmin}	재료에 대한 안전율	⑭

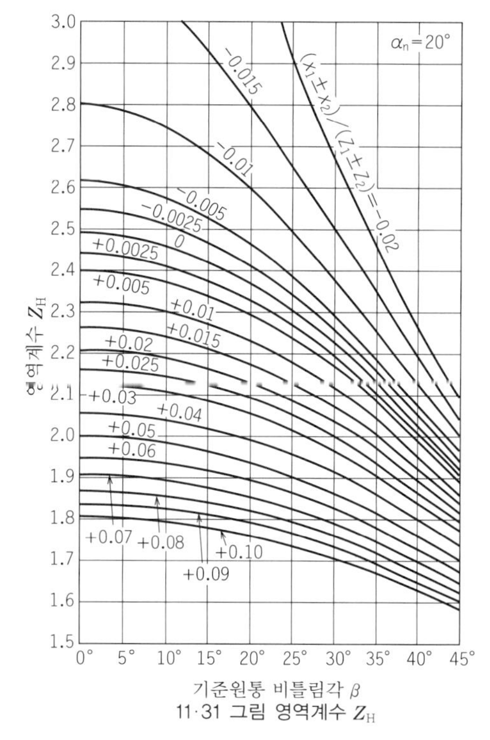

11·31 그림 영역계수 Z_H

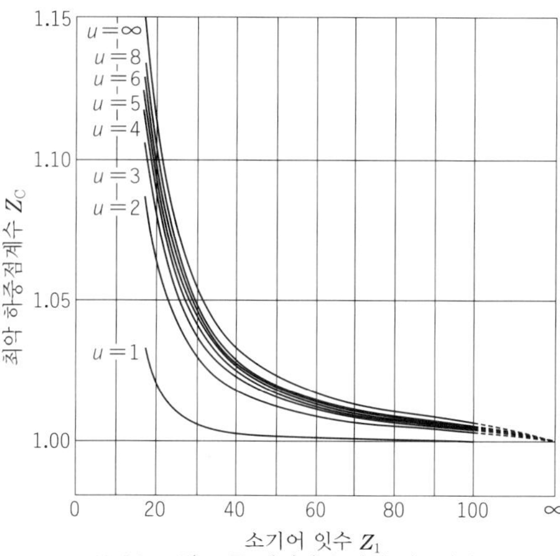

11·32 그림 표준 평기어의 최악 하중점계수 Z_C

③ **재료 상수계수 Z_E** 이것은 접촉응력에 미치는 재료의 종탄성계수 E와 포아송비 υ의 영향을 고려하는 계수로, 11·23 표에 의해 구한다.

④ **맞물림률 계수 Z_ε** 이것은 접촉응력에 미치는 접촉선 길이의 영향을 고려하는 계수로, 11·33 그림에 의해 구하면 된다.

11·23 표 재료 상수계수 Z_E (재료 조합의 예)

기어			상대 기어			재료 상수계수 ($\sqrt{MPa}$)
재료	종탄성계수 (MPa)	포아송비	재료	종탄성계수 (MPa)	포아송비	
강(*)	206000	0.3	강(*)	206000	0.3	189.8
			주강	202000		188.9
			구상흑연주철	173000		181.4
			회주철	118000		162.0
주강	202000	0.3	주강	202000	0.3	188.0
			구상흑연주철	173000		180.5
			회주철	118000		161.5
구상흑연 주철	173000	0.3	구상흑연주철	173000	0.3	173.9
			회주철	118000		156.6
회주철	118000	0.3	회주철	118000	0.3	143.7

(*) 탄소강, 합금강, 질화강 및 스테인리스강으로 한다.

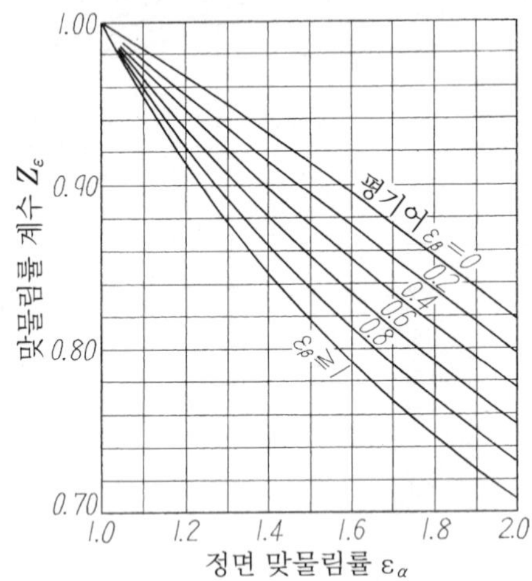

11·33 그림 맞물림률 계수 Z_ε

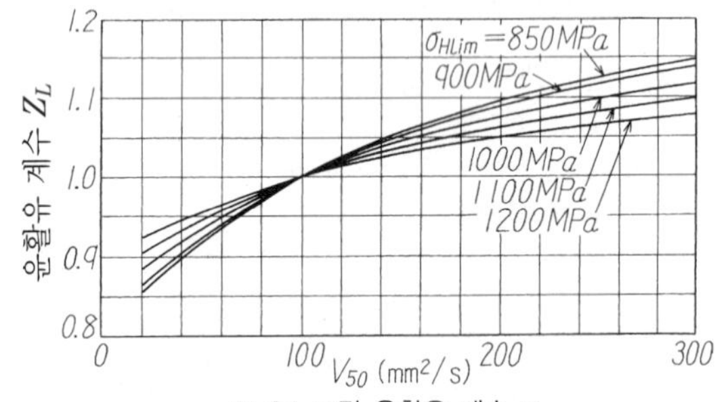

11·34 그림 윤활유 계수 Z_L

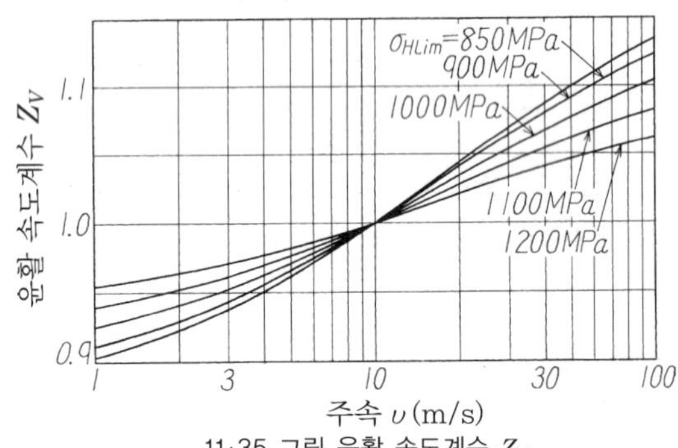

11·35 그림 윤활 속도계수 Z_V

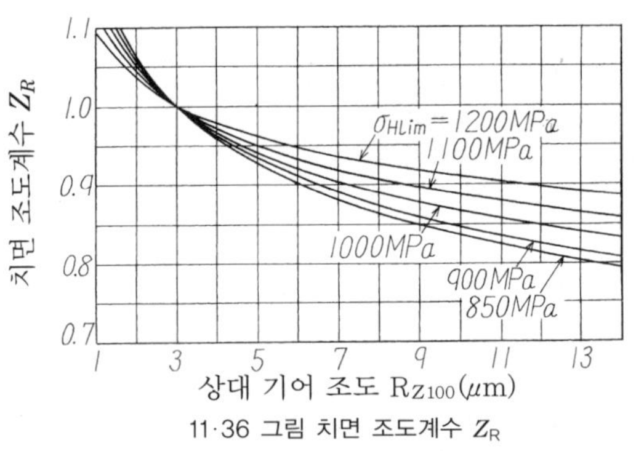

11·36 그림 치면 조도계수 Z_R

⑤ **윤활유 계수 Z_L** 이것은 윤활유의 동점도가 허용 헤르츠 응력 σ_{HP}에 미치는 영향을 고려하는 계수로, 11·34 그림에 의해 구한다.

⑥ **윤활 속도계수 Z_V** 이것은 맞물리는 치면 사이의 접선 방향 속도가 허용 헤르츠 응력 σ_{HP}에 미치는 영향을 고려하는 계수로, 11·35 그림에 의해 구한다.

⑦ **치면 조도계수 Z_R** 서로 맞물리는 치면이 균일해진 후의 조도가 허용 헤르츠 응력 σ_{HP}에 미치는 영향을 고려하는 계수로, 11·36 그림에 의해 구한다.

⑧ **경도비 계수 Z_W** 이것은 소기어의 재료가 표면경화강이고 조도 R_z=6μm 이상으로 치면 연삭되며, 대기어는 치면 경화되지 않는 강의 경우에 대기어의 허용 헤르츠 응력 σ_{HP2}이 증가하는 것을 고려하는 계수로, 11·37 그림에 의해 구한다.

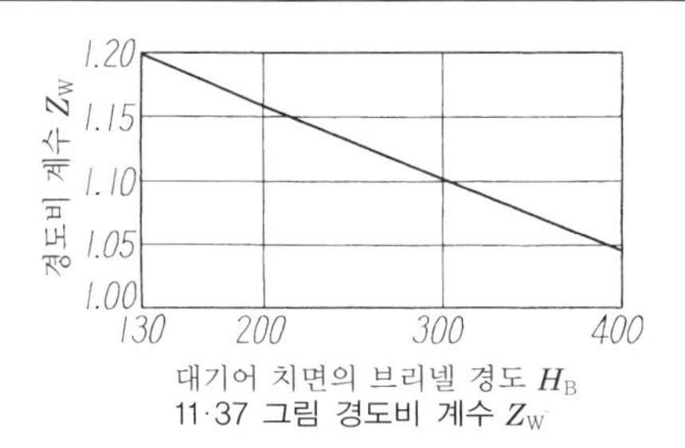

11·37 그림 경도비 계수 Z_W

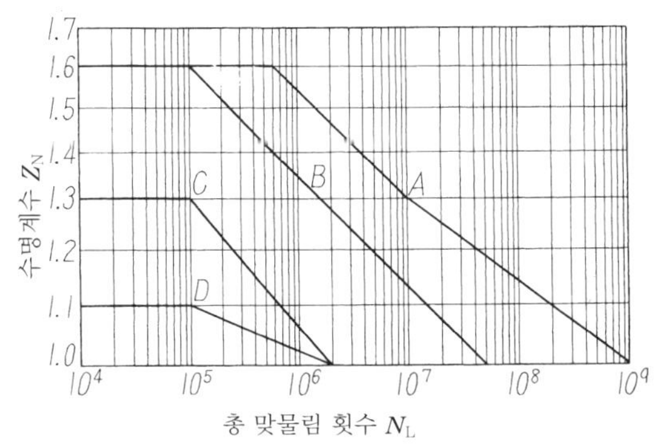

곡선 A…조질강, 구상흑연주철 및 보통의 표면경화강, 경도의 피칭 발생을 허용하는 경우.
곡선 B…곡선 A에서 피칭을 전혀 허용하지 않는 경우.
곡선 C…조질강을 가스질화한 경우, 질화강을 가스질화한 경우, 회주철.
곡선 D…조질강을 염욕질화한 경우.

11·38 그림 수명계수 Z_N

⑨ **수명계수 Z_N** 설계 시점에서 기어의 총 맞물림 횟수가 피로수명의 총 맞물림 횟수보다 적은 경우의 영향을 고려하는 계수이다.

⑩ **사용 계수 K_A** (앞의 ④ 참조)

⑪ **동하중계수 K_V** (앞의 ⑤ 참조)

⑫ **잇줄 하중 분포계수 K_{Hb}** (앞의 ⑥ 참조)

⑬ **정면 하중 분포계수 K_{Ha}** (앞의 ⑦ 참조, 단 표 중 Y_ε를 Z_ε으로 바꿔 읽는다)

⑭ **재료에 대한 안전율 S_{Hmin}** (앞의 ⑪ 참조, 단 σ_{Hlim}의 값은 11·24 표~11·25 표를 참조)

⑮ **재료의 치면 피로한도 σ_{Hlim}** 재료의 치면 피로한도는 재료의 조성, 재료의 제조 이력 및 기어 재료로서의 열처리 관리 등에 따라 변화하는데, 일반적으로 11·24 표~11·26 표에 의해 구하면 된다.

표 중의 경도는 기어의 피치점 부근의 경도를 말하나, 기어의 원주 방향 및 이폭 방향에서 측정된 경도 중의 최소값을 이용한다.

또한, 피치점 부근의 경도를 측정할 수 없는 경우에는 이끝면과 이바닥면의 경도 평균값을 이용하면 된다.

11·24 표 주철, 주강 및 스테인리스강 기어의 σ_{Hlim}

재료		경도 (HB)	항복점 (MPa)	인장강도 (MPa)	σ_{Hlim} (MPa)
회주철	FC 200			196~245	330
	FC 250			245~294	345
	FC 300			294~343	365
구상흑연주철	FCD 400	121~201		392 이상	405
	FCD 450	143~217		441 이상	435
	FCD 500	170~241		490 이상	465
	FCD 600	192~269		588 이상	490
	FCD 700	229~302		685 이상	540
	FCD 800	248~352		785 이상	560
주강	SC 360		117 이상	363 이상	335
	SC 410		206 이상	412 이상	345
	SC 450		226 이상	451 이상	355
	SC 480		245 이상	481 이상	365
	SCC 3A	143 이상	265 이상	520 이상	390
	SCC 3B	183 이상	373 이상	618 이상	435
	SCMn3A	170 이상	373 이상	637 이상	420
	SCMn3B	197 이상	490 이상	683 이상	450
스테인리스강	SUS304	187 이하	260 이상 (내력)	520 이상	405

11·25 표 표면경화하지 않는 기어의 σ_{Hlim}

재료(화살표는 참고)		경도 HB	경도 HV	인장강도 하한 MPa (참고)	σ_{Hlim} (MPa)
기계구조용 탄소강 불림	S25C, S35C, S43C, S48C, S53C, S58C	120	126	382	405
		130	136	412	415
		140	147	441	430
		150	157	471	440
		160	167	500	455
		170	178	539	465
		180	189	569	480
		190	200	598	490
		200	210	628	505
		210	221	667	515
		220	231	696	530
		230	242	726	540
		240	253	755	555
		250	263	794	565
기계구조용 탄소강 담금질 템퍼링	S35C, S43C, S48C, S53C, S58C	160	167	500	500
		170	178	539	515
		180	189	569	530
		190	200	598	545
		200	210	628	560
		210	221	667	575
		220	231	696	590
		230	242	726	600
		240	252	755	615
		250	263	794	630
		260	273	824	640
		270	284	853	655
		280	295	883	670
		290	305	912	685
기계구조용 합금강 담금질 템퍼링	SMn443, SNCM836, SCM435, SCM440, SNCM439	220	231	696	685
		230	242	726	700
		240	252	755	715
		250	263	794	730
		260	273	824	745
		270	284	853	760
		280	295	883	775
		290	305	912	795
		300	316	951	810
		310	327	981	825
		320	337	1010	840
		330	347	1040	855
		340	358	1079	870
		350	369	1108	885
		360	380	1147	900

11장

11·26 표 고주파 담금질 기어의 σ_{Hlim}

재료		고주파 담금질 전의 열처리 조건	치면 경도 HV (담금질 후)	σ_{Hlim} MPa
기계구조용탄소강	S43C S48C	불림	420	750
			440	785
			460	805
			480	835
			500	855
			520	885
			540	900
			560	915
			580	930
			600 이상	940
		담금질 템퍼링	500	940
			520	970
			540	990
			560	1010
			580	1030
			600	1045
			620	1055
			640	1065
			660	1070
			680 이상	1075
기계구조용합금강	SMn443H SCM435H SCM440H SNCM439 SNC836	담금질 템퍼링	500	1070
			520	1100
			540	1130
			560	1150
			580	1170
			600	1190
			624	1210
			640	1220
			660	1230
			680 이상	1240

16. 이두께의 측정

(1) 치형 캘리퍼에 의한 방법 이것은 11·39 그림 (a)에 나타냈듯이 치형 캘리퍼를 이용해 캘리퍼의 수직측 조를 동 그림 (b) h_j(이것을 캘리퍼 이길이라고 한다)으로 조정해, 기준원 상의 현 이두께를 측정하고 이것을 계산식에 의한 이론값과 비교해 그 오차를 구하는 방법이다.

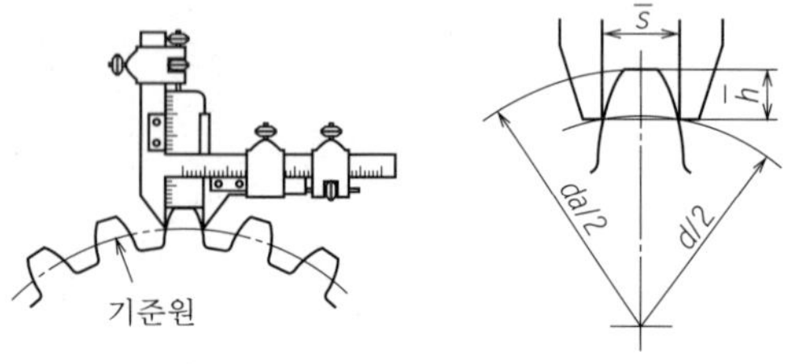

(a) 이두께의 측정 (b) 치형

11·39 그림 기어 캘리퍼에 의한 이두께 측정

동 그림 (b)에서 전위계수 x의 평기어의 캘리퍼 이길이 h_j는 다음의 식에 의해 구한다.

$$\overline{h} = \frac{mz}{2}\left[1-\cos\frac{\pi}{2z}+\frac{2x\tan\alpha}{z}\right]+\frac{d_k-d_0}{2} \tag{18}$$

단, $\overline{h}$…캘리퍼 이길이, m…모듈, z…잇수, α…압력각, x…전위계수, d_k…이끝원 직경, d_0…기준원 직경

한편, 현 이두께(s_j)의 이론값은 다음 식에 의해 구한다.

$$\overline{s} = mz\sin\left(\frac{\pi}{2z}+\frac{2z\tan\alpha}{z}\right) \tag{19}$$

단, $\overline{s}$…현 이두께, m…모듈, z…잇수, α…압력각

(2) 걸치기 이두께 측정법 이것은 이두께 마이크로미터를 이용해 몇 개의 톱니에 걸쳐 그 폭(이것을 걸치기 이두께라고 한다)을 측정하는 방법으로, 측정작업은 공작 기어를 기계에 장착한 채로 할 수 있으므로 매우 편리하다.

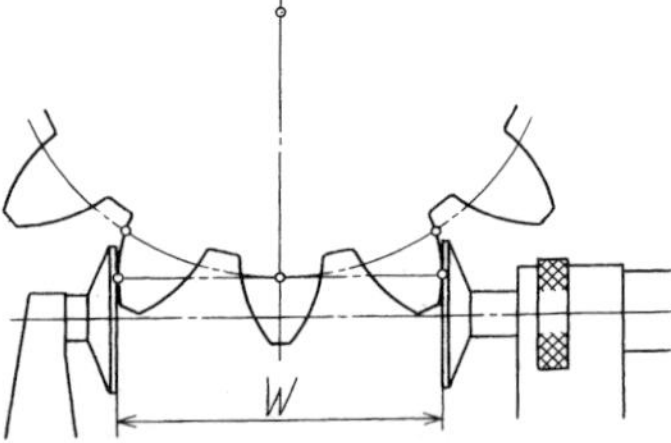

11·40 그림 걸치기 이두께의 측정

걸치기 잇수와 걸치기 이두께의 계산값은 다음 식으로 구한다.

① 평기어의 경우

걸치기 잇수 $$z_m = z\frac{\alpha_0}{180}+0.5 \tag{20}$$

걸치기 이두께 $$W = m\cos\alpha_0[z\,\mathrm{inv}\,\alpha_0 + \pi(z_m-0.5)]+2xm\sin\alpha_0 \tag{21}$$

② 헬리컬 기어의 경우

걸치기 잇수 $$z_m = z\left(\frac{\alpha_s}{180°}+\frac{\tan\alpha_s\tan^2\beta_g}{\pi}\right)+0.5 \tag{22}$$

걸치기 이두께 $$W = m_n\cos\alpha_n[z\,\mathrm{inv}\,\alpha_s + \pi(z_m-0.5)]+2x_n m_n\sin\alpha_n \tag{23}$$

단, m_n…이직각 모듈, α_n…이직각 압력각,
α_s…축직각 압력각, z…잇수,
β_g…기초원통 비틀림각,
x_n…이직각 전위계수

또한, 측정 시에는 이두께 및 기타 많은 피치 오차가 들어오기 때문에 그 영향을 피하기 위해 다양한 위치에서 측정을 해서 그 평균을 취하도록 한다.

이 외에 측정 개수가 많은 경우에는 한계 게이지를 이용해 측정하는 것이 효율적이다.

(3) 오버핀법 이것은 11·41 그림에 나타냈듯이 적당한 직경의 핀 또는 구슬을 넣고, 그 외측 거리를 마이크로미터로 측정해 계산값과 비교하는 방법이다.

11·41 그림의 d_m 값(오버핀 지름)은 다음 식을 이용해 구한다.

$$d_m = z_m + d \text{ (잇수가 짝수인 경우)} \tag{24}$$

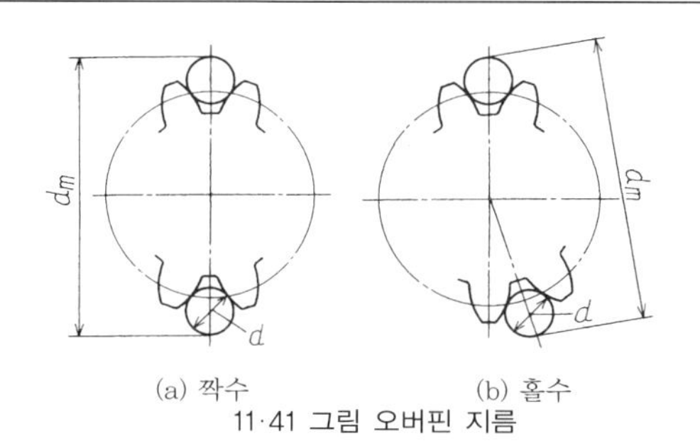

(a) 짝수 (b) 홀수

11·41 그림 오버핀 지름

$$d_m = zm\cos\left(\frac{90°}{z}\right) + d_0 \text{ (잇수가 홀수인 경우)} \tag{25}$$

단, z…잇수, m…모듈,
d…핀 또는 볼의 직경

오버핀법에서는 오버핀 지름이 기어의 이끝원 직경보다 작거나, 또는 핀이나 구슬이 이바닥에 닿아서는 측정할 수 없기 때문에 이와 같은 것이 없도록 적당한 지름의 핀 또는 구슬을 선택할 필요가 있으며, 보통 기준원 상에서 이면에 접하는 크기의 것이 권장되고 있다. 11·27 표는 모듈 (m)=1인 경우의 기준원에서 접하는 볼 또는 핀의 직경을 나타낸 것이다.

모듈 1 이외의 경우는 표의 수치에 모듈의 값을 곱하면 된다.

단, 전위계수(x)가 크고 기준원 상에서 치면에 접하는 것이 부적당한 경우에는 $(z+2x)m$를 직경으로 하는 원과 치형의 교점에서 접하는 오버핀 지름의 것이 사용된다. 11·42 그림은 이와 같은 볼 또는 핀의 직경을 구하는 선의 그림을 나타낸 것이다.

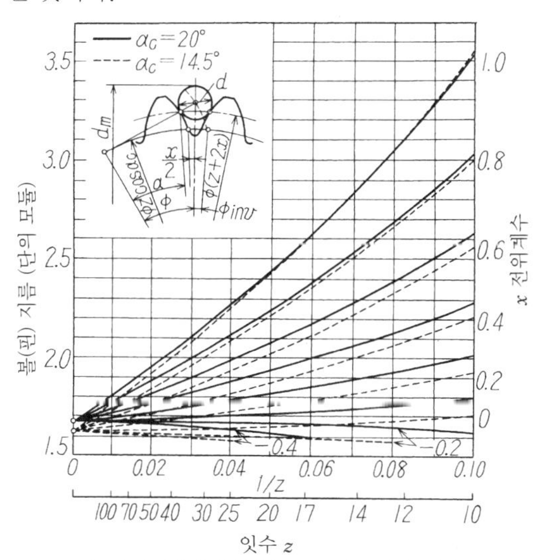

11·42 그림 오버핀법에 사용하는 볼 또는 핀의 직경

11·27 표 볼 또는 핀의 직경 (단위 mm)

잇수	직경	잇수	직경	잇수	직경
5	1.961	11	1.776	20	1.724
6	1.896	12	1.766	24	1.715
7	1.854	13	1.757	30	1.706
8	1.826	14	1.750	50	1.692
9	1.805	15	1.744	75	1.685
10	1.789	17	1.735	100	1.681

17. 기어 각부의 구조와 치수 비율

기어는 톱니, 림(륜주), 암, 허브(보스)의 4부분으로 되어 있다. 톱니에 관해서는 앞에서 다루었기 때문에 이하에서는 림 및 그 외에 대해 설명한다. 11·43 그림은 일반적으로 사용되는 기어 각부의 구조와 그 치수 비율의 예를 나타낸 것이다. 단, p는 정면 피치를 나타내고, 이것을 단위로 한 것이다.

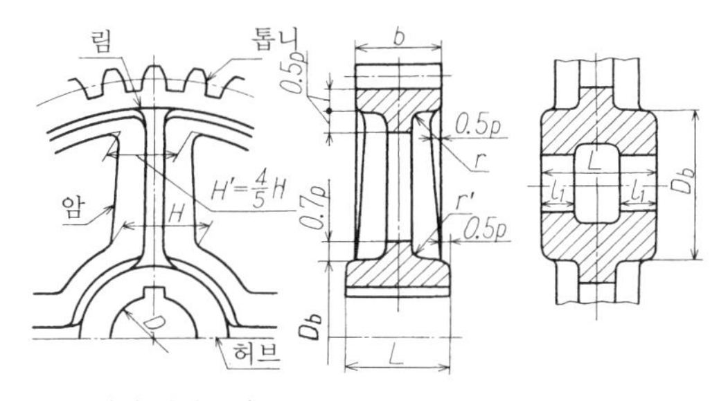

p…정면 피치, H'…0.8H, H…2.5p (타원형의 경우), H…3.2p (I형, H형의 경우)

11·43 그림 기어 각부의 명칭과 치수 비율

일반적으로 소기어는 그 전체를 이폭과 동일한 두께로 하고, 암은 원판 모양으로 한다.

암의 단면 형상은 경하중인 것은 11·44 그림 (a)와 같이 타원형으로 하고, 중하중의 것은 동 그림 (b)와 같은 T형이나 동 그림 (c)와 같은 십자형을 사용하며, 특히 중하중의 것에는 H형을 사용하는 경우가 있다. 단, 베벨 기어는 T형이 많이 사용되고 있다.

또한 11·43 그림에 나타낸 림과 허브의 r과 r′

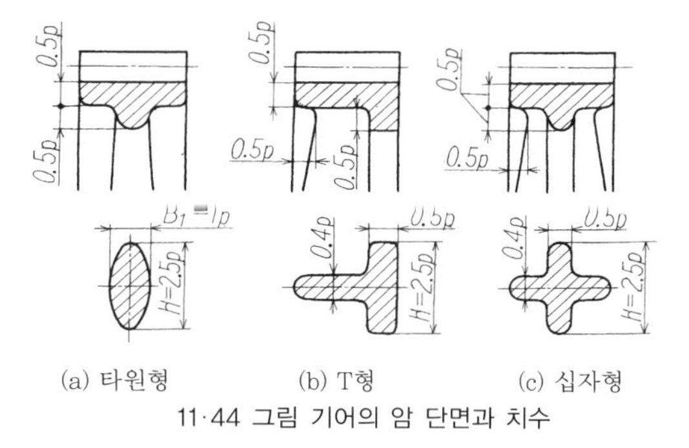

(a) 타원형 (b) T형 (c) 십자형

11·44 그림 기어의 암 단면과 치수

은 경사를 붙이는 경우가 많지만, 그 경사의 비율은 1:40에서 1:60으로 하는 것이 보통이다. 이것은 주조 시에 목형의 빼기를 잘하기 위해 붙여지는 경사이다. 11·28 표는 허브의 치수를 나타낸 것이다.

11·28 표 허브의 치수

재료	직경 D_b	길이 L	l_1 (폭 넓은 허브)
주철, 부드러운 재료	$2D$	$(1.2\sim1.5)D \geqq b + 0.025D$	$(0.4\sim0.5)D$
주강, 강	$1.5D + 5$ mm		

또한 JIS에서는 일반적으로 이용하는 평기어, 헬리컬기어 및 원통 웜기어 쌍에 대해 그 형상 및 각부의 치수를 규정하고 있으므로(JIS B 1721~1723, 모두 상세 치수는 생략) 참고로 기재한다.

평기어는 모듈 1.5, 2, 2.5, 3, 4, 5 및 6mm의 표준 평기어 대해 11·29 ① 표에 나타낸 종류의 것이 규정되어 있다. 이 표에서 보통 폭이란 이폭이 모듈의 약 6배, 광폭이란 이 폭이 모듈의 약 10배로 되어 있다.

또한 11·29 ② 표는 일반용 헬리컬 기어를 나타낸 것으로, 형상의 종류는 평기어의 경우와 동일하지만, 모듈(이직각)은 1.5, 2, 2.5, 3 및 4mm의 5종류가 있으며 또한 비틀림각은 다음의 3종류로 되어 있다.

11° 21′ 54″, 15° 56′ 33″, 19° 22′ 12″

헬리컬 기어는 보통 폭은 모듈의 약 12배, 중폭, 광폭은 각각 마찬가지로 약 15배, 20배로 되어 있다.

또한 11·29 ③ 표는 원통 웜 기어 쌍의 치수를 나타낸 것이다.

11·29 ① 표 일반용 평기어의 형상 및 치수 (JIS B 1721 : 1999년 폐지) KS B 1414

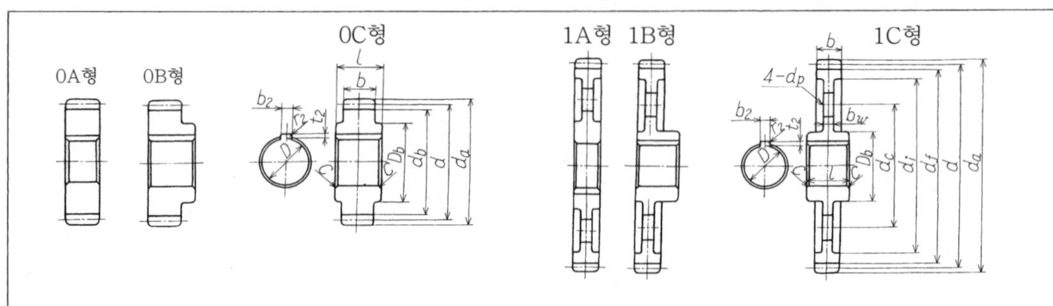

z…잇수, d…피치원 직경, d_a…이끝원 직경, d_f…이바닥원 직경, b…이폭, D…구멍 지름, C…면떼기, d_h…허브 외경, l…허브 길이, b_2, t_2, r_2…키 홈, d_i…림 내경, b_w…웹 두께, d_p…빼기구멍 직경, d_c…빼기구멍 중심 직경

(a) 이폭

잇수	이폭(mm)									
32 이상	10	12	16	20	25	32	36	40	50	60
30 이하	12	14	18	22	28	35	40	45	55	65

(b) 잇수

14	15	16	17	18	19	20	21	22	24	25	26	28	30	32	34	36
38	40	42	45	48	50	52	55	58	60	65	70	75	80	90	100	

(c) 잇수 범위

종류	이폭	모듈 (mm)						
		1.5	2	2.5	3	4	5	6
0 A	보통 폭 광폭	20~50 20~50	16~45 18~45	15~45 18~45	15~36 18~36	14~30 16~30	14~30 14~30	14~30 14~30
0 B, 0 C	보통 폭 광폭	25~50 25~50	19~45 20~45	18~45 20~45	17~36 20~36	17~30 18~30	16~30 16~30	16~30 16~30
1 A	보통 폭 광폭	— —	48~60 48~80	48~60 48~60	38~60 38~60	32~55 32~55	32~48 32~48	32~48 32~48
1 B, 1 C	보통 폭 광폭	52~60 52~80	48~60 48~100	48~60 48~80	38~60 38~100	32~55 32~100	32~48 32~80	32~48 32~65

11·29 ② 표 일반용 헬리컬 기어의 형상 및 치수 (JIS B 1722 : 1999년 폐지) KS B 1415

(a) 이폭

잇수	이폭 (mm)										
32 이상	18	24	30	32	36	38	40	45	50	60	80
30 이하	20	26	33	35	39	42	45	50	55	65	85

(b) 잇수

16	17	18	19	20	21	22	24	25	26	28	30	32	34
36	38	40	42	45	48	50	55	60	65	70	80	90	100

(c) 잇수 범위

종류	이폭	모듈 (mm)				
		1.5	2	2.5	3	4
0 A	보통 폭 중폭 광폭	18~50 20~50 22~50	18~45 17~48 22~50	17~45 19~45 20~45	16~36 18~42 19~45	16~30 17~38 18~45
0 B, 0 C	보통 폭	20~50	19~45	19~45	18~36	16~30
1 A	보통 폭 중폭 광폭	— — —	48~80 50~100 55~100	48~60 48~60 48~80	38~60 45~80 48~90	32~55 40~70 48~70
1 B, 1 C	보통 폭	55~80	48~100	48~80	38~90	32~70

[비고] 형상은 11·9 ①의 표 중 그림과 동일하다.

11·29 ③ 표 원통 웜 기어 쌍의 치수 (JIS B 1723) KS B 1416

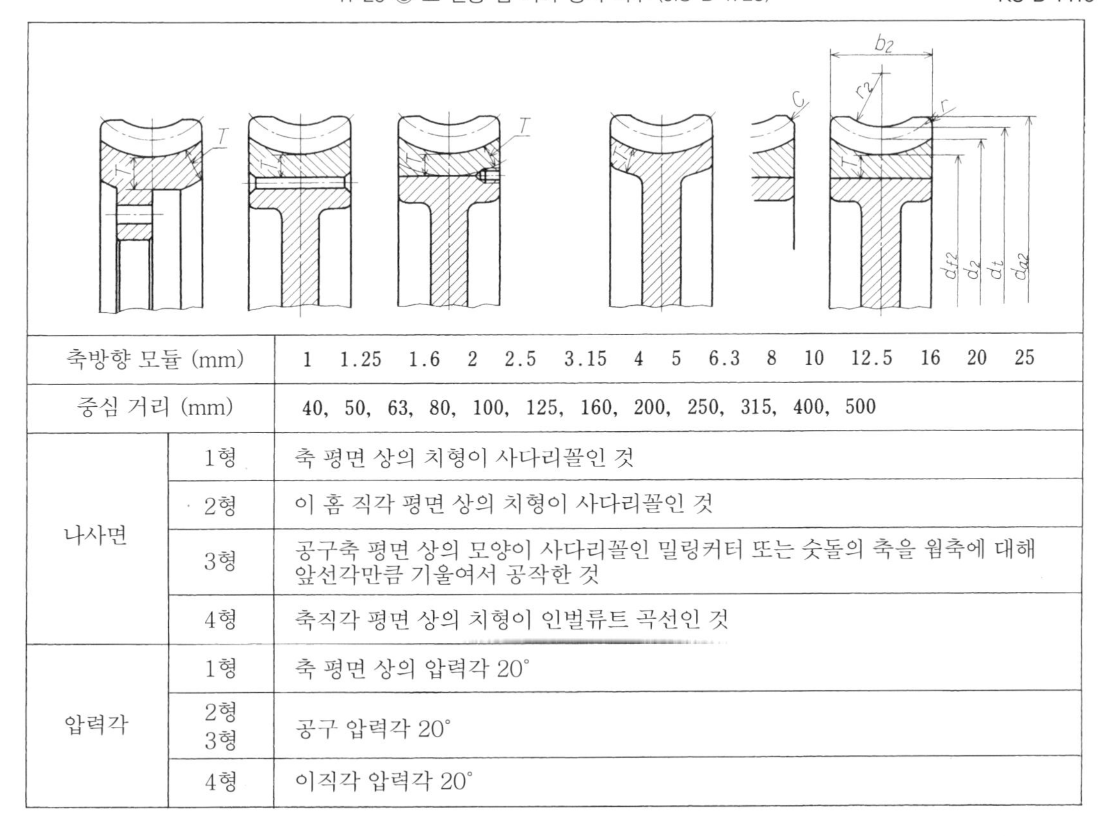

축방향 모듈 (mm)		1 1.25 1.6 2 2.5 3.15 4 5 6.3 8 10 12.5 16 20 25
중심 거리 (mm)		40, 50, 63, 80, 100, 125, 160, 200, 250, 315, 400, 500
나사면	1형	축 평면 상의 치형이 사다리꼴인 것
	2형	이 홈 직각 평면 상의 치형이 사다리꼴인 것
	3형	공구축 평면 상의 모양이 사다리꼴인 밀링커터 또는 숫돌의 축을 웜축에 대해 앞선각만큼 기울여서 공작한 것
	4형	축직각 평면 상의 치형이 인벌류트 곡선인 것
압력각	1형	축 평면 상의 압력각 20°
	2형 3형	공구 압력각 20°
	4형	이직각 압력각 20°

11·2 스플라인과 세레이션

스플라인 및 세레이션은 11·45 그림에 나타냈듯이 축 및 허브에 각각 몇 개(6~60개)의 키 및 키홈을 직접 절삭한 것으로, 축 자체에 몇 개의 치형이 있기 때문에 키보다 훨씬 큰 토크를 전달할 수 있다. 일반적으로 축 및 허브가 활동하면서 동력 전달을 하는 경우를 스플라인이라고 하며, 축과 허브를 고착하는 경우를 세레이션이라고 한다.

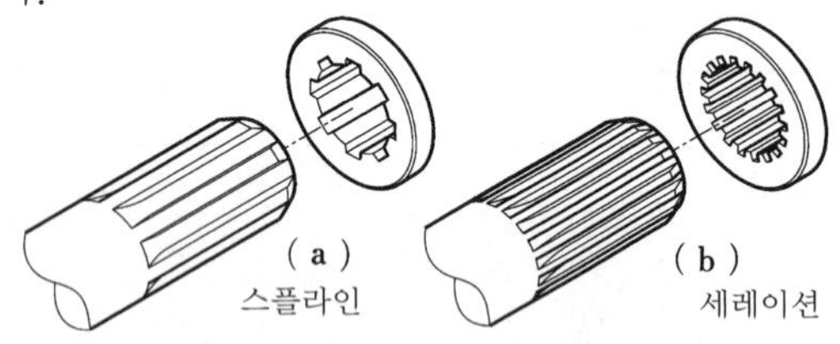

11·45 그림 스플라인과 세레이션

JIS에서는 이들에 대해 각형 스플라인(JIS B 1601), 인벌류트 세레이션(JIS B 1602 : 1999년 폐지) 및 인벌류트 스플라인(JIS B 1603)을 정하고 있으므로 이하에 이들에 대해 설명한다.

1. 각형 스플라인

각형 스플라인은 서로 평행하며 또한 모든 면이 중심축에 평행한 각형의 이면을 갖는 스플라인으로, 축과 허브가 서로 활동할 수 있고 또한 강력한 동력 전달이 가능하므로 일반 기계, 특히 공작기계, 자동차 등에 널리 사용되고 있다.

(1) ISO 준거의 각형 스플라인 일본에서는 자동차용 평행 톱니를 대상으로 한 스플라인 대해 전쟁 중에 임시 JES에서 규격이 제정되어 있었는데, 전쟁 후가 되어 일반 기계에도 적용되는 스플라인이 JIS B 1601로서 제정되어 몇 번의 개정을 거쳐 오늘에 이르렀다(p.11-33에 계속)

11·30 표 각형 스플라인의 기준 치수 (JIS B 1601) KS B 2006

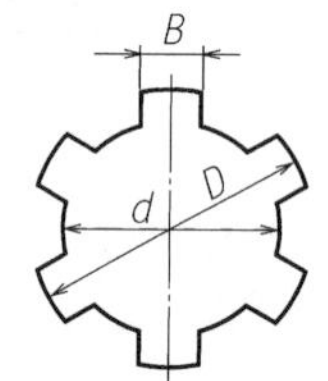

[호칭법] 스플라인 구멍 또는 스플라인 축의 호칭법은 스플라인의 홈 수 N, 소경 d 및 대경 D를 순서대로 나타내며, 이들 3개의 숫자를 기호 '×'로 나눈다.
예 : 구멍(또는 축) 6×23×26

d (mm)	경하중용				중하중용			
	호칭법	N	D (mm)	B (mm)	호칭법	N	D (mm)	B (mm)
11	—	—	—	—	6×11×14	6	14	3
13	—	—	—	—	6×13×16	6	16	3.5
16	—	—	—	—	6×16×20	6	20	4
18	—	—	—	—	6×18×22	6	22	5
21	—	—	—	—	6×21×25	6	25	5
23	6×23×26	6	26	6	6×23×28	6	28	6
26	6×26×30	6	30	6	6×26×32	6	32	6
28	6×28×32	6	32	7	6×28×34	6	34	7
32	8×32×36	8	36	6	8×32×38	8	38	6
36	8×36×40	8	40	7	8×36×42	8	42	7
42	8×42×46	8	46	8	8×42×48	8	48	8
46	8×46×50	8	50	9	8×46×54	8	54	9
52	8×52×58	8	58	10	8×52×60	8	60	10
56	8×56×62	8	62	10	8×56×65	8	65	10
62	8×62×68	8	68	12	8×62×72	8	72	12
72	10×72×78	10	78	12	10×72×82	10	82	12
82	10×82×88	10	88	12	10×82×92	10	92	12
92	10×92×98	10	98	14	10×92×102	10	102	14
102	10×102×108	10	108	16	10×102×112	10	112	16
112	10×112×120	10	120	18	10×112×125	10	125	18

11·31 표 각형 스플라인의 공차 (JIS B 1601)

(a) 구멍 및 축의 치수공차

KS B 2006

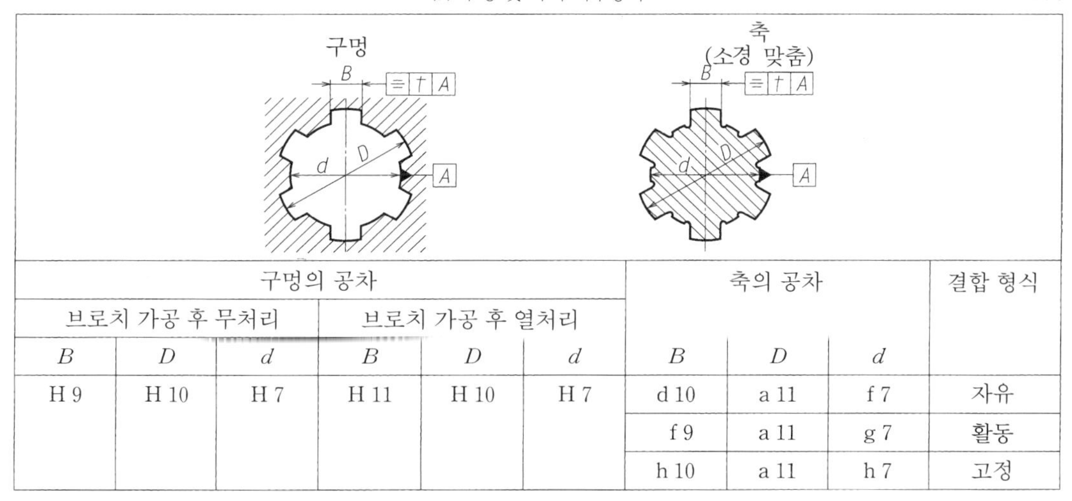

구멍의 공차						축의 공차			결합 형식
브로치 가공 후 무처리			브로치 가공 후 열처리						
B	*D*	*d*	*B*	*D*	*d*	*B*	*D*	*d*	
H 9	H 10	H 7	H 11	H 10	H 7	d 10	a 11	f 7	자유
						f 9	a 11	g 7	활동
						h 10	a 11	h 7	고정

(b) 대칭도 공차 (단위 mm)

스플라인 폭 *B*	3	3.5, 4, 5, 6	7, 8, 9, 10	12, 14, 16, 18
대칭도 공차 *t*	0.010 (IT 7)	0.012 (IT 7)	0.015 (IT 7)	0.018 (IT 7)

11·32 표 구 JIS에 의한 J형 각형 스플라인 (JIS B 1601 부록)

(a) 기준 치수

(단위 mm)

형식	1형						2형					
홈 수	6		8		10		6		8		10	
호칭지름 *d*	대경 *D*	폭 *B*	대경 *D*	폭 *B*	대경 *D*	폭 *B*	대경 *D*	폭 *B*	대경 *D*	폭 *B*	대경 *D*	폭 *B*
11	—	—	—	—	—	—	**14**	**3**	—	—	—	—
13	—	—	—	—	—	—	**16**	**3.5**	—	—	—	—
16	—	—	—	—	—	—	**20**	**4**	—	—	—	—
18	—	—	—	—	—	—	**22**	**5**	—	—	—	—
21	—	—	—	—	—	—	**25**	**5**	—	—	—	—
23	**26**	**6**	—	—	—	—	**28**	**6**	—	—	—	—
26	**30**	**6**	—	—	—	—	**32**	**6**	—	—	—	—
28	**32**	**7**	—	—	—	—	**34**	**7**	—	—	—	—
32	36	8	**36**	**6**	—	—	38	8	**38**	**6**	—	—
36	40	8	**40**	**7**	—	—	42	8	**42**	**7**	—	—
42	46	10	**46**	**8**	—	—	48	10	**48**	**8**	—	—
46	50	12	**50**	**9**	—	—	54	12	**54**	**9**	—	—
52	58	14	**58**	**10**	—	—	60	14	**60**	**10**	—	—
56	62	14	**62**	**10**	—	—	65	14	**65**	**10**	—	—
62	68	16	**68**	**12**	—	—	72	16	**72**	**12**	—	—

(다음 페이지에 계속)

형식	1형						2형					
홈 수	6		8		10		6		8		10	
호칭지름 d	대경 D	폭 B	대경 D	폭 B	대경 D	폭 B	대경 D	폭 B	대경 D	폭 B	대경 D	폭 B
72	78	18	—	—	**78**	**12**	82	18	—	—	**82**	**12**
82	88	20	—	—	**88**	**12**	92	20	—	—	**92**	**12**
92	98	22	—	—	**98**	**14**	102	22	—	—	**102**	**14**
102	—	—	—	—	**108**	**16**	—	—	—	—	**112**	**16**
112	—	—	—	—	**120**	**18**	—	—	—	—	**125**	**18**

[비고] 굵은 글자로 나타낸 치수는 본체에서 정해진 것과 일치한다. 단, 이 부록에 정하는 치수공차가 다른 것에 유의해야 한다.

(b) 상세 치수

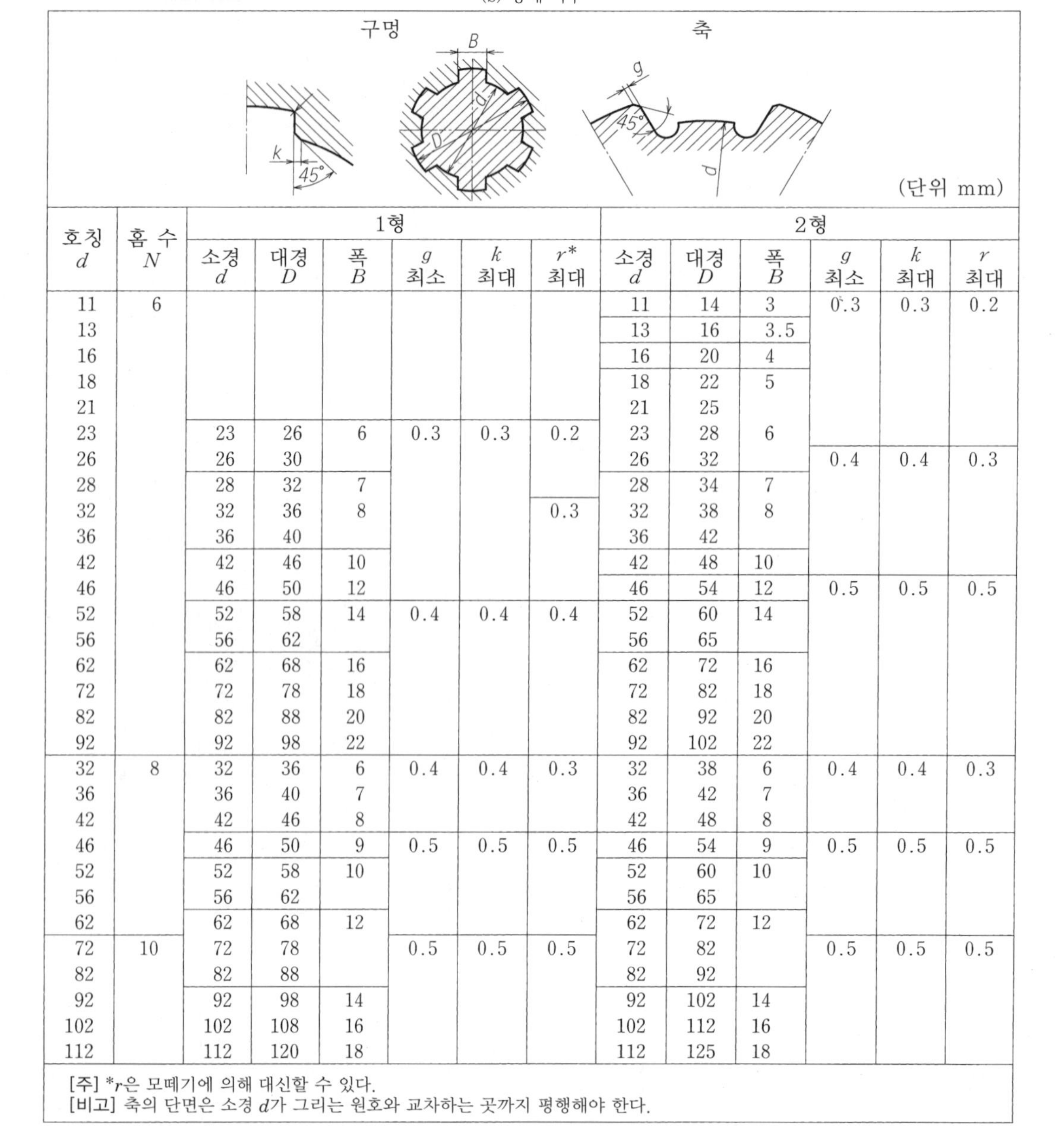

(단위 mm)

호칭 d	홈 수 N	1형 소경 d	1형 대경 D	1형 폭 B	1형 g 최소	1형 k 최대	1형 r* 최대	2형 소경 d	2형 대경 D	2형 폭 B	2형 g 최소	2형 k 최대	2형 r 최대
11	6							11	14	3	0.3	0.3	0.2
13								13	16	3.5			
16								16	20	4			
18								18	22	5			
21								21	25				
23		23	26	6	0.3	0.3	0.2	23	28	6			
26		26	30					26	32		0.4	0.4	0.3
28		28	32	7				28	34	7			
32		32	36	8			0.3	32	38	8			
36		36	40					36	42				
42		42	46	10				42	48	10			
46		46	50	12				46	54	12	0.5	0.5	0.5
52		52	58	14	0.4	0.4	0.4	52	60	14			
56		56	62					56	65				
62		62	68	16				62	72	16			
72		72	78	18				72	82	18			
82		82	88	20				82	92	20			
92		92	98	22				92	102	22			
32	8	32	36	6	0.4	0.4	0.3	32	38	6	0.4	0.4	0.3
36		36	40	7				36	42	7			
42		42	46	8				42	48	8			
46		46	50	9	0.5	0.5	0.5	46	54	9	0.5	0.5	0.5
52		52	58	10				52	60	10			
56		56	62					56	65				
62		62	68	12				62	72	12			
72	10	72	78		0.5	0.5	0.5	72	82		0.5	0.5	0.5
82		82	88					82	92				
92		92	98	14				92	102	14			
102		102	108	16				102	112	16			
112		112	120	18				112	125	18			

[주] *r은 모떼기에 의해 대신할 수 있다.
[비고] 축의 단면은 소경 d가 그리는 원호와 교차하는 곳까지 평행해야 한다.

(c) 치수 공차 및 끼워맞춤

		폭 B		소경 d	대경 D	비고
		구멍 측을 담금질하지 않는다	구멍 측을 담금질한다			끼워맞춤 선정의 기준
구멍	활동 및 고정	D 9	F 10	H 7	H 11	—
축	활동의 경우	f 9	d 9	e 8	a 11	끼워맞춤 길이가 긴(끼워맞춤 길이가 소경의 약 2배 이상) 일반의 경우 정밀한 끼워맞춤을 필요로 하지 않는 경우
		h 8	e 8	f 7		일반의 경우 끼워맞춤 길이가 긴(끼워맞춤 길이가 소경의 약 2배 이상) 정밀을 필요로 하는 경우
		js 7(1) 또는 k7(2)	f 7	g 6		특히 정밀한 끼워맞춤을 필요로 하는 경우
	고정의 경우	n 7	h 7	js 7	a 11	일반의 경우
		p 6	h 6	js 6		정밀을 필요로 하는 경우
		s 6	js 6	k 6		
		s6(1) 또는 u6(2)	s6(1) 또는 u6(2)	m 6		특히 강고하게 고정하는 경우
		u 6	m 6	n 6		떼어내지 않는 경우

[주] (1) 폭 6mm 이하의 것에 적용한다.
(2) 폭 6mm 초과의 것에 적용한다.
[비고] 1. 끼워맞춤은 JIS B 0401(치수공차 및 끼워맞춤)에 의한다.
2. 폭 B 및 소경 d에 대한 치수 허용차는 서로 관련이 있으므로 끼워맞춤 기호는 동일한 행에 기재한 가운데서 선택해야 한다. 예를 들면 소경에 대해 f_7을 선택했을 때, 담금질하지 않는 구멍에 대한 폭으로는 h_8을 선택한다.

그런데 국제규격 ISO에서는 이것과는 약간 다르지만 가장 합리적이라고 하는 각형 스플라인 규격이 제정되었기 때문에 일본에서도 구 JIS을 개정해 1996년에 국제규격에 일치하는 새로운 JIS B 1601을 제정하기에 이르렀다.

이 새로운 규격은 11·30 표에 나타냈듯이 소경(축에서는 이바닥원 직경, 구멍에서는 이끝원 직경)에 의한 중심맞춤을 하는 원통축에 이용하는 경하중용 및 중하중용의 각형 스플라인을 정하고 있으며, 그 홈 수에 따라 6, 8, 10의 3종류로 하고 있다.

또한 11·31 표는 이러한 스플라인의 구멍과 축의 치수 공차 및 대칭도 공차를 나타낸 것이다.

(2) 구 JIS에 의한 각형 스플라인 (J형 각형 스플라인) 일본의 산업계에서는 넓은 범위에서 구 JIS에 의한 각형 스플라인이 사용되어 왔다. 게다가 실용되고 있는 기본 치수의 범위와 치수공차 및 끼워맞춤 기준이 ISO의 규정을 상당히 초과하고 있으며, 양자 간에 호환성이 없기 때문에 구 JIS의 존속이 강하게 요구됨에 따라 1996년 개정 이후 부록에 J형 각형 스플라인으로서 존속시키게 됐다. 단, 이 부록은 국제규격에 일치하고 있지 않기 때문에 새로운 설계에는 가급적 규격 본체를 적용하는 것이 좋다고 되어 있다. 11·32 표 (a)는 J형 각형 스플라인의 기준 치수를 나타낸 것으로, 표 중 굵은 글자로 나타낸 치수가 새로운 규격으로 정해진 것과 일치하고, 그 외는 구 규격을 나타낸 것이다. 또한 11·32 표 (b), (c)는 그 상세한 치수 및 치수공차 및 끼워맞춤을 나타낸 것이다.

2. 인벌류트 세레이션

이것은 인벌류트 곡선을 톱니의 측면에 갖는 세레이션으로, 축과 구멍을 단단히 결합하는 경우에 이용하는 것이다. 인벌류트 치형이기 때문에 축은 기어와 마찬가지로 창성 기어절삭이 가능하고, 또한 소기어가 축이고 대기어가 구멍인 것 및 이끝원 직경을 대경이라고 부르고 이바닥원 직경을 소경이라고 부르는 것이 다를 뿐이므로 이들 용어의 의미는 기어의 항을 참조하기 바란다.

11·33 표 인벌류트 세레이션 구성의 기본 요소 (JIS B 1602 : 1999년 폐지)

구분	기본 요소
모듈 m(mm)	0.5, 0.75, 1.0, 1.5, 2.0, 2.5
잇수 z	10개에서 60개까지의 각 잇수
압력각 α_0	기준 피치원 상의 압력각 45도
유효 이길이 h_k+h_{k1}	0.8 m
전이량	0.1 m

(1) **구성의 기본 요소** 인벌류트 세레이션 구성의 기본 요소는 11·33 표와 같이 정해져 있다.

(2) **톱니의 기본 형상** 11·46 그림은 톱니의 기본 형상을 표시하는 기준 래크를 나타낸 것으로, 이 경우 세레이션의 기준원은 기준 래크의 기어 절삭 피치선에 접한다.

(3) **각부의 명칭, 기호 및 기본식** 11·34 표는 인벌류트 세레이션의 각부 명칭, 기호 및 각부 치수를 산출하기 위한 기본식을 나타낸 것이다.

또한 JIS에서는 앞에서 말한 것 외에 주로 자동차의 기구, 특히 동력 전달을 하는 축과 구멍의 결합에 이용하는 인벌류트 스플라인(JIS B 1603)를 규정하고 있다.

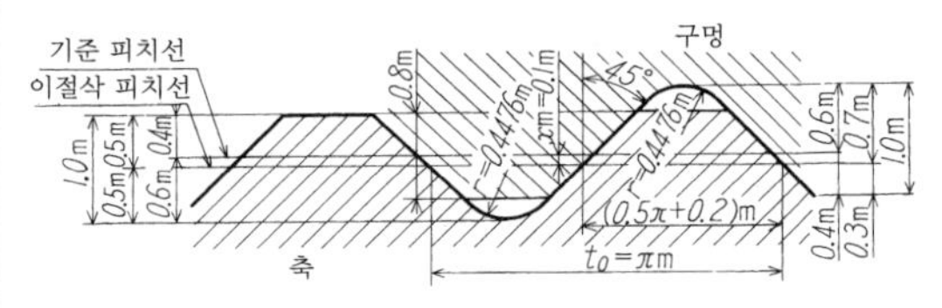

11·46 그림 톱니의 기본 형상

11·34 표 인벌류트 세레이션의 각부 명칭, 기호 및 기본식 (JIS B 1602 : 1999년 폐지) KS B 2007

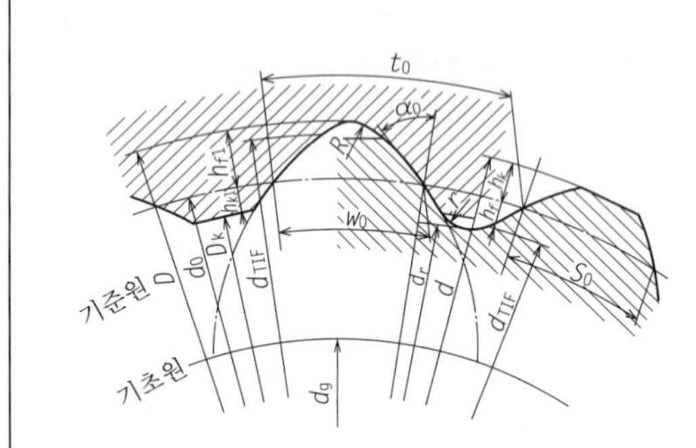

[호칭법] 인벌류트 세레이션의 구멍 및 축의 호칭법은 호칭지름, 잇수 및 모듈에 의한다.

[예] 인벌류트 세레이션 축 37×36×1
인벌류트 세레이션 구멍 37×36×1

명칭		기호	기본식
호칭폭		d	$d=(z+0.8+2x)m=(z+1)m$
기준 피치		t_0	$t_0=\pi m$
기초원 직경		d_g	$d_g=d_0\cos\alpha_0$
기준원 직경		d_0	$d_0=zm$
구멍	대경	D	$D=(z+1.4)m=d+0.4m$
	소경	D_k	$D_k=(z-0.6)m=d-1.6m$
	인벌류트 한계 직경	D_{TIF}	$D_{TIF}=(z+1.1)m$
	이끝 길이	h_{k1}	$h_{k1}=(0.4-x)m=0.3m$
	이뿌리 길이	h_{f1}	$h_{f1}=(0.6+x)m=0.7m$
	기준원 상의 이홈의 폭 (호)	w_0	$w_0=\left(\frac{\pi}{2}+2x\tan\alpha_0\right)m=(0.5\pi+0.2)m$
축	대경	d	$d=(z+0.8+2x)m=(z+1)m$
	소경	d_r	$d_r=(z-1)m=d-2m$
	인벌류트 한계 직경	d_{TIF}	$d_{TIF}=(z+0.7)m$
	이끝 길이	h_k	$h_k=(0.4+x)m=0.5m$
	이뿌리 길이	h_f	$h_f=(0.6-x)m=0.5m$
	기준원 상 이홈의 폭 (호)	S_0	$S_0=\left(\frac{\pi}{2}+2x\tan\alpha_0\right)m=(0.5\pi+0.2)m$

11·3 롤러 체인 전동

체인(사슬)을 스프로킷 휠(사슬 톱니바퀴)에 걸쳐 동력을 전달하는 장치를 체인 전동(사슬 전동) 장치라고 한다.

체인에는 여러 가지 종류가 있는데, 가장 일반적으로 이용되는 것은 롤러 체인으로, 롤러와 스프로킷은 구름 접촉을 하기 때문에 전동 효율이 좋고 신연과 미끄러짐 손실이 적으므로 널리 이용되고 있다 .

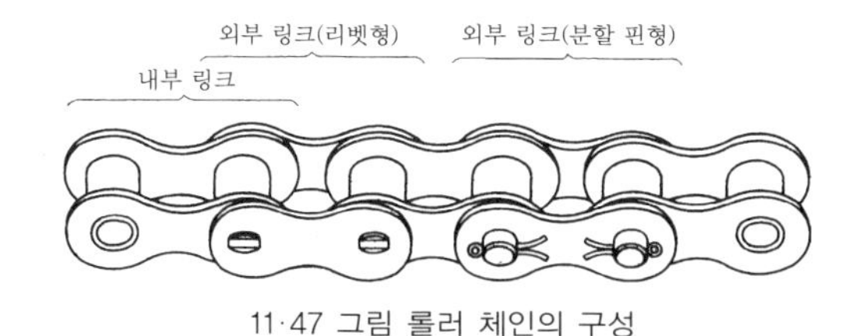

11·47 그림 롤러 체인의 구성

11·35 표 링크의 종류와 각부의 명칭

명칭		약도
외부 링크	1열 외부 링크	외부 플레이트, 핀
	다열 외부 링크 (2열의 경우)	외부 플레이트, 중간 플레이트, 핀
내부 링크		내부 플레이트, 롤러, 부시
오프셋 링크		오프셋 플레이트, 오프셋 핀, 롤러, 부시, 분할 핀, 오프셋 플레이트
커플링 링크	분할 핀형 커플링 링크	외부 플레이트, 커플링 핀, 커플링 플레이트, 분할 핀
	클립형 커플링 링크	커플링 핀, 외부 플레이트, 클립, 커플링 플레이트

1. 롤러 체인

(1) 롤러 체인의 구성 일반 동력 전달용 롤러 체인에 대해서는 JIS B 1801에서 규정되어 있다. 즉, 롤러 체인은 11·47 그림에 나타냈듯이 외부 링크 및 내부 링크를 조합한 것으로, 커플링에는 11·35 표에 나타낸 커플링 링크 또는 오프셋 링크를 사용한다.

(2) 롤러 체인의 호칭번호 롤러 체인에는 11·36 표에 나타냈듯이 피치의 대소 외에 호칭번호의 부여 방법에 따라 A계 및 B계가 있으며, 또한 A계는 3종류로 구분되어 있다.

A계 체인은 기존부터 일본에서 사용되고 있던 치수 크기, 인장강도(ISO와 동일)의 것, A계 H급은 인장강도는 동일하고 링크 폭 등 치수 크기를 더 크게 한 것, 2014년 개정으로 추가된 A계 HE급은 인장강도, 치수 크기 모두 크게 한 것이다.

또한 B계는 ISO 규정에 따른 것으로, 주로 EU(유럽연합, European Union) 국가에서 사용되고 있다.

이들 롤러 체인의 호칭번호는 피치를 기반으로 붙여져 있다. 즉, A계 체인은 피치를 3.175mm (=1/8인치)로 나눈 수치로, 0(롤러가 있는 것), 5(롤러가 없는 것; 부시 체인), 또는 1(경량용)을

11·36 표 롤러 체인의 호칭번호 (JIS B 1801) KS B 1407

피치 (기준 치수) mm	호칭번호				체인의 형식
	A계 체인	A계 H급 체인	A계 HE급 체인	B계 체인	
6.35	25	—	—	—	부시 체인⁽¹⁾
9.525	35	—	—	—	
8.00	—	—	—	05 B	롤러 체인
9.525	—	—	—	06 B	
12.70	—	—	—	081⁽²⁾	
12.70	—	—	—	083⁽²⁾	
12.70	—	—	—	084⁽²⁾	
12.70	41⁽²⁾	—	—	—	
12.70	40	—	—	08 B	
15.875	50	—	—	10 B	
19.05	60	60H	60HE	12 B	
25.40	80	80H	80HE	16 B	
31.75	100	100H	100HE	20 B	
38.10	120	120H	120HE	24 B	
44.45	140	140H	140HE	28 B	
50.80	160	160H	160HE	32 B	
57.15	180	180H	180HE	—	
63.50	200	200H	200HE	40 B	
76.20	240	240H	240HE	48 B	
88.90	—	—	—	56 B	
101.60	—	—	—	64 B	
114.30	—	—	—	72 B	

[주] ⁽¹⁾롤러가 없는 체인. ⁽²⁾1열만으로 한다.

붙여 나타낸다.

B계 체인의 경우는 피치를 1.5875mm(=1/16인치)로 나눈 수치에 각각 A와 B를 붙여 나타내고 있다. 단, 081, 083 및 084는 특수 계열에서 제외이다. 또한, 본서에서는 페이지 관계 상 및 그 사용 범위가 한정되어 있기 때문에 B계에 대해서는 설명을 생략했다.

〔예〕 ① A계 체인 호칭번호 60은 피치가 19.05 mm(19.05mm÷3.175mm=6)으로, 롤러가 있는 것을 나타낸다.

② 마찬가지로 호칭번호 35은 피치가 9.525 mm (9.525mm÷3.175mm=3)으로, 롤러가 없는 것을

KS B 1407

11·37 표 전동용 롤러 체인의 치수 (JIS B 1801)

(단위 mm)

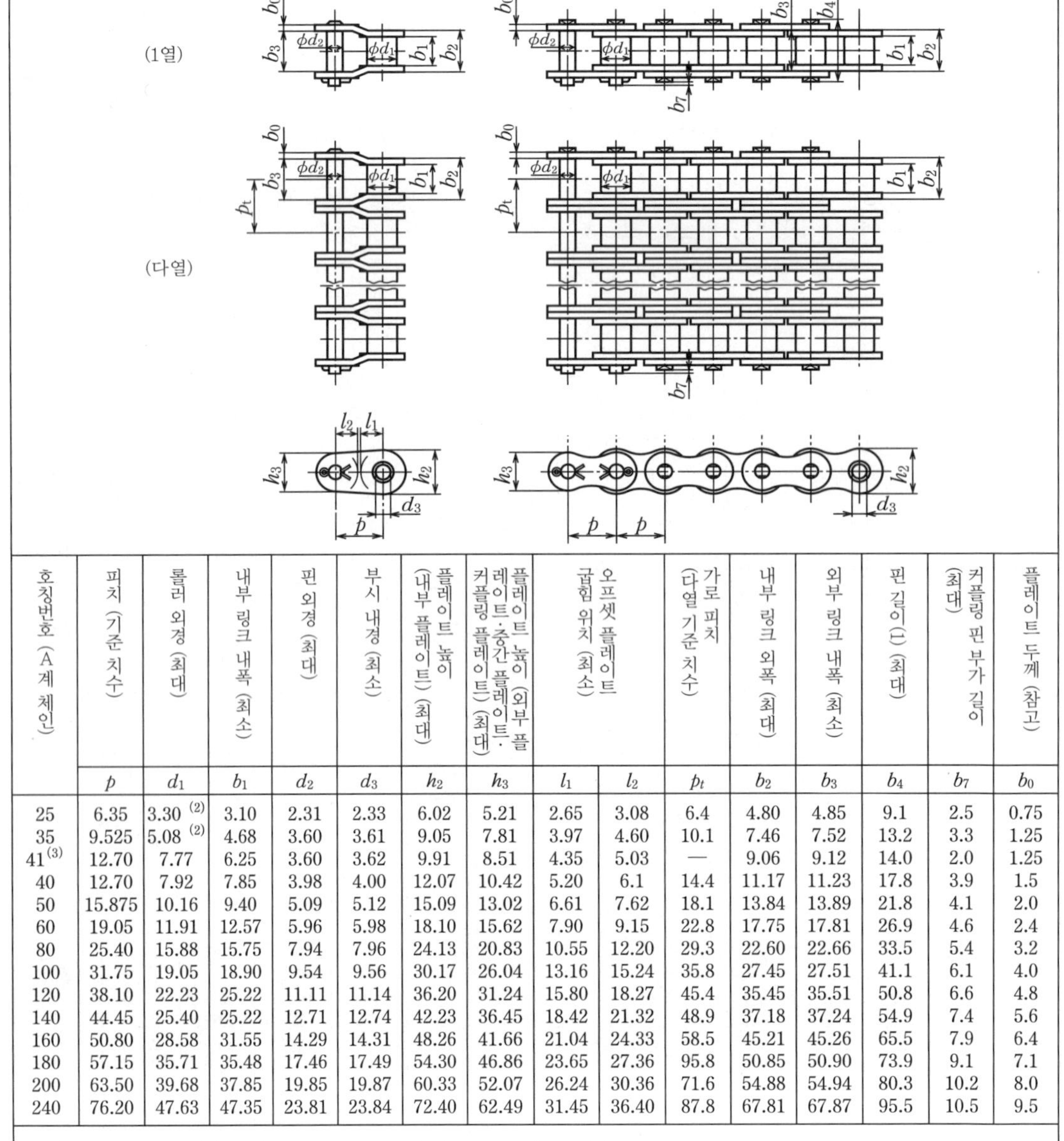

호칭번호 (A계 체인)	피치 (기준 치수)	롤러 외경 (최대)	내부 링크 내폭 (최소)	핀 외경 (최대)	부시 내경 (최소)	플레이트 높이 (내부 플레이트) (최대)	플레이트 높이 (외부 플레이트·중간 플레이트·커플링 플레이트) (최대)	오프셋 플레이트 굽힘 위치 (최소)		가로 피치 (다열 기준 치수)	내부 링크 외폭 (최대)	외부 링크 내폭 (최소)	핀 길이(1) (최대)	커플링 핀 부가 길이 (최대)	플레이트 두께 (참고)
	p	d_1	b_1	d_2	d_3	h_2	h_3	l_1	l_2	p_t	b_2	b_3	b_4	b_7	b_0
25	6.35	3.30 (2)	3.10	2.31	2.33	6.02	5.21	2.65	3.08	6.4	4.80	4.85	9.1	2.5	0.75
35	9.525	5.08 (2)	4.68	3.60	3.61	9.05	7.81	3.97	4.60	10.1	7.46	7.52	13.2	3.3	1.25
41(3)	12.70	7.77	6.25	3.60	3.62	9.91	8.51	4.35	5.03	—	9.06	9.12	14.0	2.0	1.25
40	12.70	7.92	7.85	3.98	4.00	12.07	10.42	5.20	6.1	14.4	11.17	11.23	17.8	3.9	1.5
50	15.875	10.16	9.40	5.09	5.12	15.09	13.02	6.61	7.62	18.1	13.84	13.89	21.8	4.1	2.0
60	19.05	11.91	12.57	5.96	5.98	18.10	15.62	7.90	9.15	22.8	17.75	17.81	26.9	4.6	2.4
80	25.40	15.88	15.75	7.94	7.96	24.13	20.83	10.55	12.20	29.3	22.60	22.66	33.5	5.4	3.2
100	31.75	19.05	18.90	9.54	9.56	30.17	26.04	13.16	15.24	35.8	27.45	27.51	41.1	6.1	4.0
120	38.10	22.23	25.22	11.11	11.14	36.20	31.24	15.80	18.27	45.4	35.45	35.51	50.8	6.6	4.8
140	44.45	25.40	25.22	12.71	12.74	42.23	36.45	18.42	21.32	48.9	37.18	37.24	54.9	7.4	5.6
160	50.80	28.58	31.55	14.29	14.31	48.26	41.66	21.04	24.33	58.5	45.21	45.26	65.5	7.9	6.4
180	57.15	35.71	35.48	17.46	17.49	54.30	46.86	23.65	27.36	95.8	50.85	50.90	73.9	9.1	7.1
200	63.50	39.68	37.85	19.85	19.87	60.33	52.07	26.24	30.36	71.6	54.88	54.94	80.3	10.2	8.0
240	76.20	47.63	47.35	23.81	23.84	72.40	62.49	31.45	36.40	87.8	67.81	67.87	95.5	10.5	9.5

[주] (1) 다열 체인인 경우의 핀 길이는 $b_4+p_1\times$(체인 열 수 −1)로 계산한다.
(2) 이 경우의 d_1은 부시 외경을 나타낸다.
(3) 호칭번호 41은 1열만으로 한다.
또한 측정 장력 및 최소 인장강도에 대해서는 11·41 표에 들었다.

나타낸다.

③ 호칭번호 41은 피치가 12.70mm(12.70mm ÷3.175mm=4)로, 경량형을 나타낸다.

④ 마찬가지로 호칭번호 80-2는 피치가 25.40mm로, 2열의 롤러 체인을 나타낸다.

(3) 롤러 체인의 형상 및 치수 11·37 표는 JIS에 정해진 롤러 체인의 형상 및 치수를 나타낸 것이다.

(4) 체인 길이 계산 체인 길이 계산은 다음과 같이 하면 된다.

① 양 스프로킷의 축간 거리와 잇수가 정해져 있는 경우.

$$N=\frac{n_1+n_2}{2}+2C+\frac{\left(\frac{n_1-n_2}{2\pi}\right)^2}{C} \qquad (1)$$

단, N…체인의 길이를 링크 수로 나타낸 것,
n_1…대 스프로킷의 잇수,
n_2…소 스프로킷의 잇수,
C…축간 거리를 링크 수로 나타낸 것

위 식에 의해 구해진 N 값의 끝 수(소수점 이하의 수)는 예를 들면 조금이라도 반올림해서 1링크로 센다. 또한 링크 수가 홀수가 된 경우는 오프셋 링크를 사용해야 하므로 가급적 스프로킷의 잇수나 축간 거리를 변경해 짝수의 링크 수가 되도록 하는 것이 좋다.

② 체인의 링크 수와 잇수가 정해져 있는 경우.

$$C=\frac{1}{8}\left\{2N-n_1-n_2+\sqrt{(2N-n_1-n_2)^2-\frac{8}{\pi^2}(n_1-n_2)^2}\right\} \qquad (2)$$

2. 스프로킷

롤러 체인은 11·48 그림에 나타낸 롤러 체인용 스프로킷에 걸어 이용한다.

스프로킷은 하중을 몇 개의 톱니로 분담하고 또한 체인과의 맞물림은 굴림 접촉이기 때문에 그 재질은 기어의 경우만큼 잘 검토하지 않아도 되는데, 단 전동 조건에 따라서는 톱니부에 표면 경화를 실시할 필요가 있으므로 주의를 필요로 한다. 이것은 다음과 같은 경우에 고려하면 된다.

① 잇수 24 이내의 소기어로 고속 회전일 때
② 속비가 4 : 1 이상인 경우의 작은 스프로킷
③ 저속 대하중으로 사용할 때
④ 톱니를 마모시키는 환경에서 사용할 때

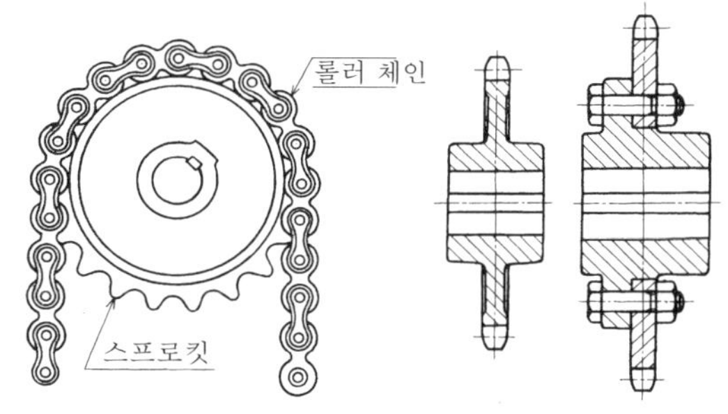

11·48 그림 스프로킷

(1) 스프로킷의 기준 치수 JIS로 정해진 스프로킷의 기준 치수를 11·38 표에 나타냈다. 또한 11·39 표는 이 기준 치수의 계산에 이용하는 단위 피치(피치 1)의 롤러 체인용 스프로킷의 수를 표로 나타낸 것으로, 이 표에 의해 얻어진 단위

11·38 표 스프로킷의 기준 치수 (JIS B 1801 부록)
(단위 mm)

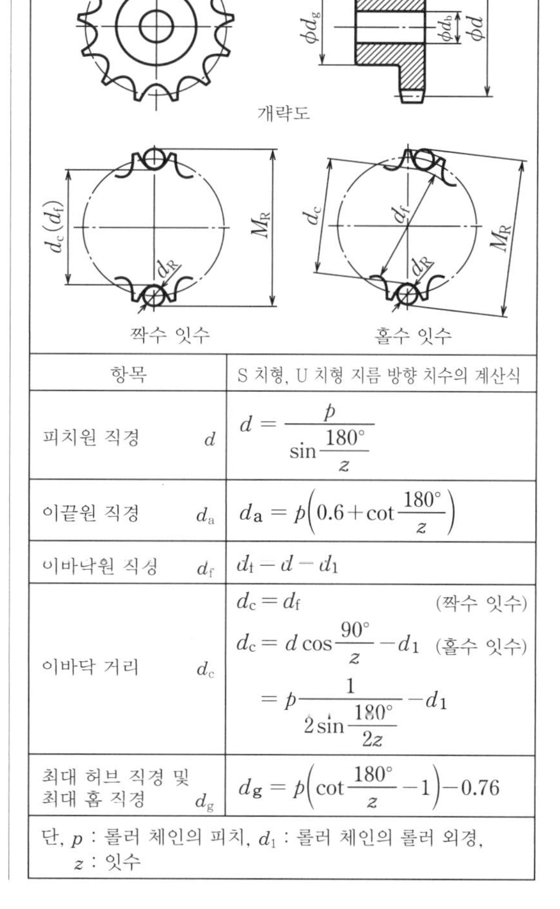

항목	S 치형, U 치형 지름 방향 치수의 계산식
피치원 직경 d	$d=\dfrac{p}{\sin\dfrac{180°}{z}}$
이끝원 직경 d_a	$d_a=p\left(0.6+\cot\dfrac{180°}{z}\right)$
이바닥원 직경 d_f	$d_f=d-d_1$
이바닥 거리 d_c	$d_c=d_f$ (짝수 잇수) $d_c=d\cos\dfrac{90°}{z}-d_1$ (홀수 잇수) $=p\dfrac{1}{2\sin\dfrac{180°}{2z}}-d_1$
최대 허브 직경 및 최대 홈 직경 d_g	$d_g=p\left(\cot\dfrac{180°}{z}-1\right)-0.76$

단, p : 롤러 체인의 피치, d_1 : 롤러 체인의 롤러 외경,
z : 잇수

11장

11·39 표 단위 피치(p=1mm)의 피치원 직경

잇수 z	단위 피치의 피치원 직경 d (mm)	잇수 z	단위 피치의 피치원 직경 d (mm)	잇수 z	단위 피치의 피치원 직경 d (mm)	잇수 z	단위 피치의 피치원 직경 d (mm)	잇수 z	단위 피치의 피치원 직경 d (mm)
9	2.9238	38	12.1096	67	21.3346	96	30.5632	125	39.7929
10	3.2361	39	12.4275	68	21.6528	97	30.8815	126	40.1112
11	3.5494	40	12.7455	69	21.971	98	31.1997	127	40.4295
12	3.8637	41	13.0635	70	22.2892	99	31.518	128	40.4748
13	4.1786	42	13.3815	71	22.6074	100	31.8362	129	41.066
14	4.494	43	13.6995	72	22.9256	101	32.1545	130	41.3843
15	4.8097	44	14.0176	73	23.2438	102	32.4727	131	41.7026
16	5.1258	45	14.3356	74	23.562	103	32.791	132	42.0209
17	5.4422	46	14.6537	75	23.8802	104	33.1093	133	42.3391
18	5.7588	47	14.4917	76	24.1985	105	33.4275	134	42.6574
19	6.0755	48	15.2898	77	24.5167	106	33.7458	135	42.9757
20	6.3925	49	15.6079	78	24.8349	107	34.064	136	43.294
21	6.7095	50	15.926	79	25.1531	108	34.3823	137	43.6123
22	7.0266	51	16.2441	80	25.4713	109	34.7006	138	43.9306
23	7.3439	52	16.5622	81	25.7896	110	35.0188	139	44.2488
24	7.6613	53	16.8803	82	26.1078	111	35.3371	140	44.5671
25	7.9787	54	17.1984	83	26.426	112	35.6554	141	44.8854
26	8.2962	55	17.5166	84	26.7443	113	35.9737	142	45.2037
27	8.6138	56	17.8347	85	27.0625	114	36.2919	143	45.522
28	8.9314	57	18.1529	86	27.3807	115	36.6102	144	45.8403
29	9.2491	58	18.471	87	27.699	116	36.9285	145	46.1585
30	9.5668	59	18.7892	88	28.0172	117	37.2467	146	46.4768
31	9.8845	60	19.1073	89	28.3355	118	37.565	147	46.7951
32	10.2023	61	19.4255	90	28.6537	119	37.8833	148	47.1134
33	10.5201	62	19.7437	91	28.9719	120	38.2016	149	47.4317
34	10.838	63	20.0619	92	29.2902	121	38.5198	150	47.75
35	11.1558	64	20.38	93	29.6084	122	38.8381		
36	11.4737	65	20.6982	94	29.9267	123	39.1564		
37	11.7916	66	21.0164	95	30.2449	124	39.4746		

11·40 표 가로 치형의 계산식 (단위 mm)

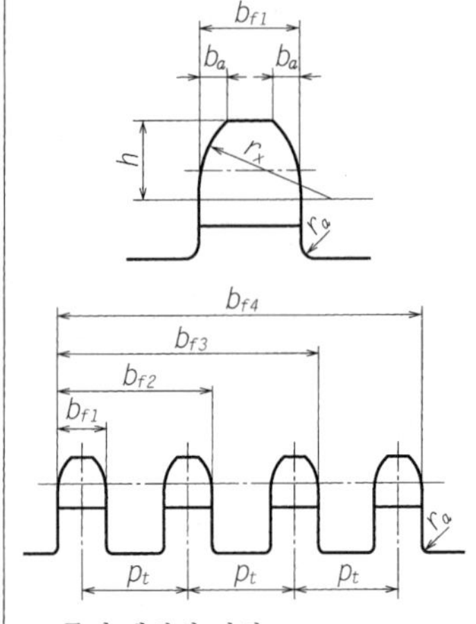

p : 롤러 체인의 피치
n : 롤러 체인의 열 수
p_t : 다열 롤러 체인의 가로 피치
b_1 : 롤러 체인 내부 링크 내폭의 최소값

항목	계산식		
이폭 b_{f1} (최대)	피치 12.7mm 이하의 경우	1열	$b_{f1}=0.93b_1$
		2, 3열	$b_{f1}=0.91b_1$
		4열 이상	$b_{f1}=0.89b_1$ (참고)
	피치 12.7mm를 넘는 경우	1열	$b_{f1}=0.95b_1$
		2, 3열	$b_{f1}=0.93b_1$
		4열 이상	$b_{f1}=0.91b_1$ (참고)
전체 이폭 b_{fn}	b_{f1}, b_{f2}, $b_{f3}\cdots$, $b_{fn}=p_t(n-1)+b_{f1}$		
모떼기 폭 b_a (약)	롤러 체인 호칭번호 085 및 41의 경우 $b_a=0.06p$ 기타 체인의 경우 $b_a=0.13p$		
모떼기 깊이 h (참고)	$h=0.5p$		
모떼기 반경 r_x[(1)] (최소)	$r_x=p$		
라운딩 r_a[(2)] (최대)	$r_a=0.04p$		

[주] (1) 일반적으로 모떼기 반경은 위의 식에 나타낸 최소값을 이용하는데, 이 값 이상, 무한대(원호는 직선이 된다)가 되어도 된다.
(2) 라운딩(최대)은 허브 직경 및 홈 직경의 최대값을 이용할 때의 값이다.

피치의 피치원 직경의 수치에 사용하는 체인의 피치(mm, 예를 들면 호칭번호 40의 체인인 경우에는 12.70mm)를 곱하면 구하는 스프로킷의 피치원 직경을 얻을 수 있다.

(2) 스프로킷의 치형 스프로킷의 치형에는 기어의 치형과 같은 일정한 곡선이 존재하지 않으므로 여러 가지 치형이 고려되고 있다. 또한 용도에 따라서는 더 여러 가지의 고려가 더해지는 경우가 있다. 그러나 JIS에서는 11·49 그림에 나타낸 S치형, U치형 및 ISO 치형의 3종류를 정하고 있으므로 이 중에서 선택하게 되는데, 일반적으로는 S치형이 많이 생산되고 있는 것 같다.

U치형은 S치형에 피치원 방향으로 틈새 U를 부가해 톱니의 두께를 그만큼 얇게 한 치형이며, 그 외는 모두 S치형의 경우와 동일하다.

ISO 치형은 1997년에 채용된 치형으로, ISO의 규정을 그대로 도입한 것이다.

또한 11·40 표는 스프로킷의 가로 치형의 형상

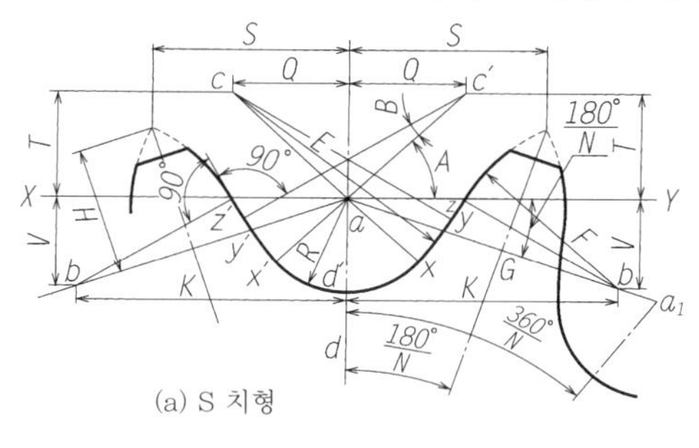

(a) S 치형

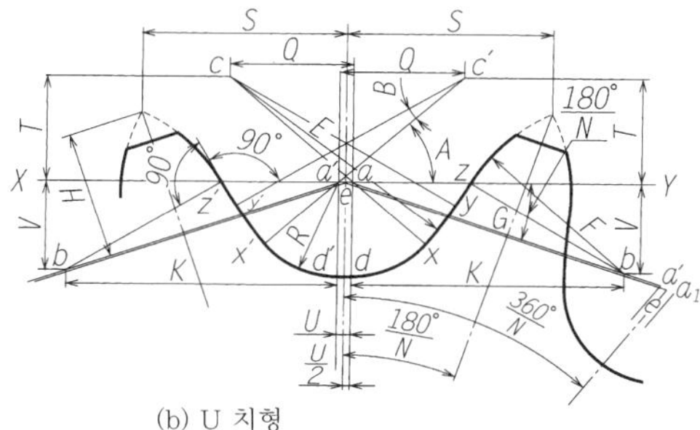

(b) U 치형

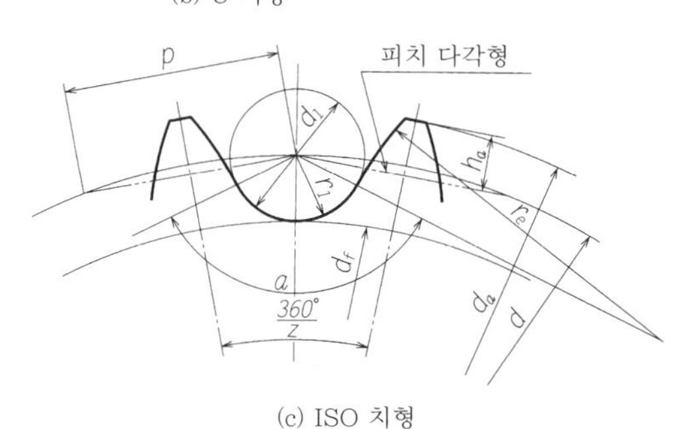

(c) ISO 치형

11·49 그림 스프로킷의 치형

(축을 포함하는 평면으로 절단했을 때의 톱니 단면 형상) 및 치수를 나타낸 것이다.

더구나 스프로킷은 롤러 체인과 마찬가지로 전문 메이커의 제품을 구입해 축구멍만 가공해 사용하는 경우가 많고, 일반적으로 사용되고 있는 스프로킷의 형식은 11·50 그림에 나타낸 것이 있다.

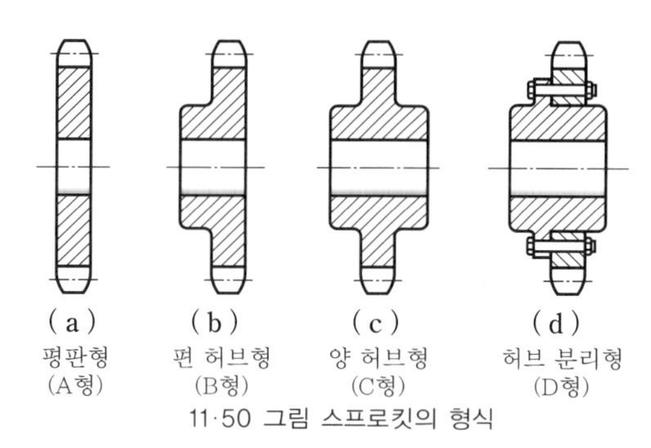

11·50 그림 스프로킷의 형식

잇수는 10~70개 정도인데, 너무 적으면 운전이 원활하지 않기 때문에 일반적으로는 17개 이상으로 하고, 가급적 홀수로 하면 좋은 능률을 얻을 수 있다. 회전비는 최대 1:7, 보통은 1:5 정도의 것이 좋다. 이 경우에 양 축의 거리는 롤러 체인 피치 P의 40~50배를 이상적으로 하고, 최소 거리는 피치의 30배, 최대 거리는 피치의 80배 길이이다. 효율은 96~98%이다.

3. 롤러 체인의 선정

롤러 체인의 선정에 있어서는 체인의 속도 및 체인에 걸리는 작용하중을 구해 두어야 하는데, 이것은 다음 식에 의한다.

$$V=\frac{pNn}{1000} \quad (\text{m/min}) \qquad (3)$$

$$f=\frac{60\,\text{kW}}{V} \quad (\text{kN}) \qquad (4)$$

단, V…체인 속도, p…체인의 피치(mm), N…스프로킷의 잇수, n…스프로킷의 매분 회전수, f…체인에 걸리는 작용하중(kN), kW…전동하는 동력(kW)×사용 계수 k_1(11·42 표)

또한 11·41 표는 A계 및 A계 H급 롤러 체인의 최소 인장강도를 나타낸 것이다.

롤러 체인에 걸리는 하중은 일반적인 동력 전달의 경우, 반복하중에 의한 피로강도를 피하기 위해 파단하중보다 작은 하중이어야 하므로 계산에는 동 표의 피로한도의 값을 이용한다.

(1) 일반적인 경우의 선정법 롤러 체인의 선정에 대해서는 일반적으로 다음과 같이 한다.

11·41 표 롤러 체인(A계, A계 H급)의 측정 장력, 최소 인장강도 및 피로한도 (JIS B 1801)

호칭번호	측정 장력 (N)	최소 인장강도 (kN)						피로한도 (참고값) (KN)
		A계 체인			A계 H급 체인			
		1열	2열	3열	1열	2열	3열	
25	50	3.5	7.0	10.5	—	—	—	0.48
35	70	7.9	15.8	23.7	—	—	—	1.1
41	80	6.7	—	—	—	—	—	0.96
40	120	13.9	27.8	41.7	—	—	—	1.9
50	200	21.8	43.6	65.4	—	—	—	3.0
60	280	31.3	6.26	93.9	31.3	6.26	93.9	4.3
80	500	55.6	111.2	166.8	55.6	111.2	166.8	7.6
100	780	87.0	174.0	261.0	87.0	174.0	261.0	11
120	1110	125.0	250.0	375.0	125.0	250.0	375.0	16
140	1510	170.0	340.0	510.0	170.0	340.0	510.0	21
160	2000	223.0	446.0	669.0	223.0	446.0	669.0	27
180	2670	281.0	562.0	843.0	281.0	562.0	843.0	32
200	3110	347.0	694.0	1041.0	347.0	694.0	1041.0	40
240	4450	500.0	1000.0	1500.0	500.0	1000.0	1500.0	57

우선 전동하는 동력(kW)에 전동하려고 하는 기계 및 원동기의 종류에 따른 사용 계수(11·42 표)를 곱해서 얻어진 보정 kW(세로축)의 값 및 사용 회전수(가로축)에 의해 11·51 그림으로부터 체인의 호칭번호와 스프로킷의 잇수를 구할 수 있다. 이 경우, 소요 전동 능력을 갖는 최소 피치의 체인을 선택하게 하면, 비교적 조용하고 보다 원활한 회전을 얻을 수 있다. 만약 단열의 체인으로 능력이 부족할 때에는 다열 체인을 사용한다. 이 때 체인의 각 열에 걸리는 하중은 정확하게 균등하지 않으므로 그 전동 능력은 단열인 경우에 비해 열의 몇 배가 되지는 않으며, 11·43 표에 나타낸 다열계수를 곱해서 구한다.

[예제 1] 1160rpm의 전동기에 의해 3.5kW의 컴프레서를 전동하고 싶다. 사용 롤러 체인을 선정해라.

[해] 우선 11·42 표에서 사용 계수는 1.4이기 때문에 보정 kW는 3.5×1.4=4.9, 따라서 11·51 그림에서 호칭번호 50, 작은 스프로킷 잇수 13T를 얻을 수 있다. 11·36 표에서 호칭번호 50의 체인 피치는 15.875이기 때문에 체인 속도는 (3) 식에서

$$V=\frac{pNn}{1000}=\frac{15.875\times 13\times 1160}{1000}$$
$$\fallingdotseq 239.4 \quad (\text{m/min})$$

또한 체인에 걸리는 작용하중은 (4)식에서

$$f=\frac{60\,\text{kW}}{V}=\frac{60\times 4.9}{239.4}=1.23 \quad (\text{kN})$$

11·41 표에서 호칭번호 50의 피로한도는 3.0kN이기 때문에 안전율을 구해 보면

3.0 ÷ 1.23 = 2.44

보통 안전율은 2~5 정도 취하면 되므로 이 체인을 선정하면 된다.

(2) 저속 전동인 경우의 선정법 체인이 매분 50m 이하의 저속으로 전동을 하는 경우에는 앞에서 말한 일반의 경우보다 작은 능력으로 충분하며, 보통 체인의 최대 허용하중 한계까지 최대 작용하중을 취할 수 있고 다음의 식으로 구하면 된다.

$$F\geqq f\cdot k_1\cdot k_2 \quad (\text{kN}) \qquad (5)$$

11·42 표 사용 계수 k_1

사용 기계[1]		전동기 또는 터빈	내연기관 유체기구 있음	내연기관 유체기구 없음
A	평활한 전동	1.0	1.1	1.3
B	중 정도의 충격을 동반하는 전동	1.4	1.5	1.7
C	큰 충격을 동반하는 전동	1.8	1.9	2.1

[주] [1] 사용 기계의 예를 나타내면, 다음과 같이 된다.
A…부하 변동이 적은 벨트 컨베이어, 체인 컨베이어, 원심 펌프, 원심 블로어, 일반 섬유기계, 부하 변동이 적은 일반기계
B…원심압축기, 선박용 추진기, 다소 부하 변동이 있는 컨베이어, 자동 로, 건조기, 분쇄기, 일반 공작기계, 컴프레서, 일반 토건기계, 일반 제지기계
C…프레스, 크래셔, 토목광산기계, 진동기계, 석유착정기, 고무 믹서, 롤, 롤갱, 역전 혹은 충격하중이 걸리는 일반기계

11·43 표 다열 계수

체인의 열 수	2	3	4	5	6
다열 계수	1.7	2.5	3.3	3.9	4.6

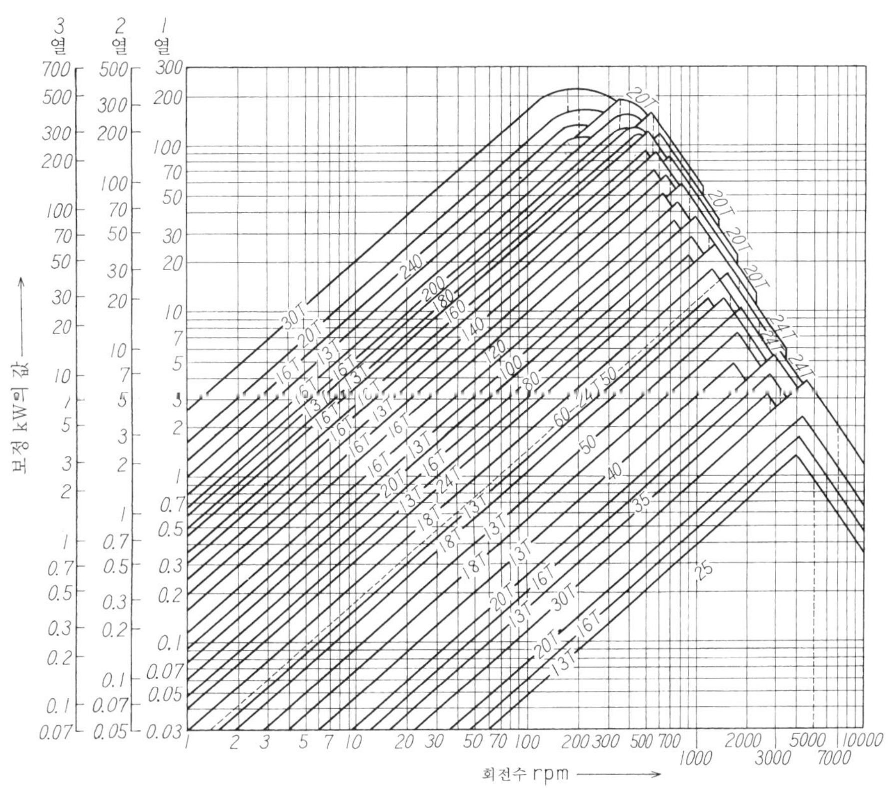

11·51 그림 롤러 체인의 선정도

단, F…체인의 피로한도(kN, 11·41 표),

f…체인에 걸리는 작용하중[kN, (4)식 참조], k_1…사용 계수(11·42 표), k_2…속도계수(11·44 표)

11·44 표 속도계수 k_2

롤러 체인의 속도 (m/min)	0 ~ 15	15 ~ 30	30 ~ 50
속도계수 k_2	1.0	1.2	1.4

(3) 특수한 경우의 선정법 급격한 기동, 정지, 브레이크 제동, 역전 제동이 이루어지는 경우에는 정격 토크에 의한 경우의 몇 배에 달하는 충격하중이 작용할 수 있으므로 다음 식에 따라 체인의 최대 허용하중을 구해야 한다.

$$F \geq f \cdot k_1 \cdot k_2 \ \text{(kN)} \qquad (6)$$

단, F…체인의 피로한도(kN, 11·41 표),

f_r…원동기의 기동 토크에 의해 계산한 체인에 걸리는 작용하중(kN), k_2…속도계수(11·44 표), k_3…충격계수(11·52 그림)

4. 롤러 체인의 윤활

롤러 체인의 내구성은 핀과 부시의 마모 정도

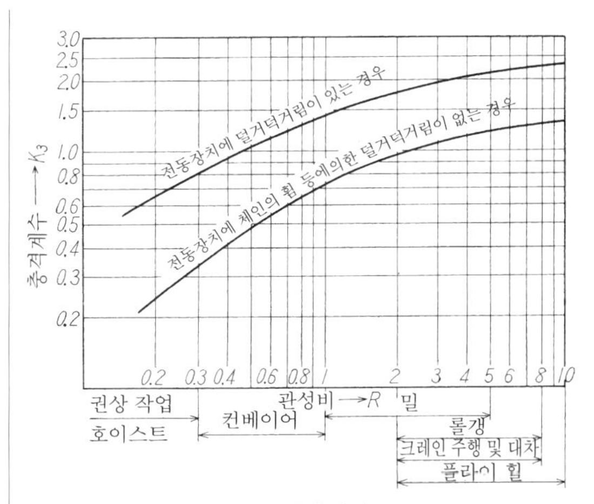

11·52 그림 충격계수 k_3

에 따라 큰 영향을 받으므로 적정한 급유를 잊어서는 안 된다. 급유는 핀과 부시 사이에 기름이 잘 돌도록 외부 플레이트와 내부 플레이트 사이에 하도록 한다.

일반적으로는 사용 온도가 0~40℃ 정도인 경우, SAE30 정도인 점도의 양질 윤활유를 사용하면 된다.

11·4 벨트 전동

2개의 풀리(벨트 풀리) 사이에 바퀴 모양으로 된 벨트를 건너질러 전동하는 방법을 벨트 전동이라고 한다. 이것에 이용되는 벨트에는 V 벨트, 세폭 V 벨트, 이붙이 벨트, 평 벨트 등이 있다.

1. V 벨트 전동

V 벨트는 11·53 그림에 나타낸 사다리꼴 단면을 갖는 고무 로프이며, 이음새가 없는 환상으로 제조되고 이것을 V형 홈을 가진 2개의 V 풀리 사이에 걸쳐 전동을 하는 것이다.

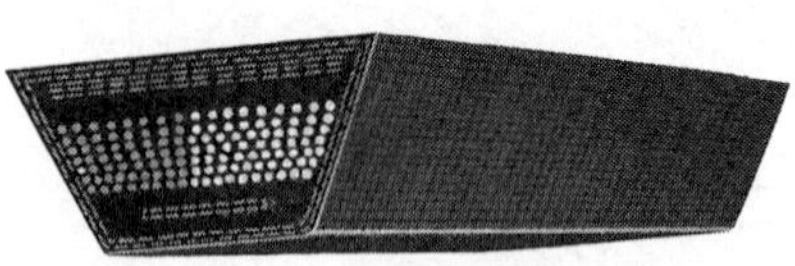

11·53 그림 V 벨트

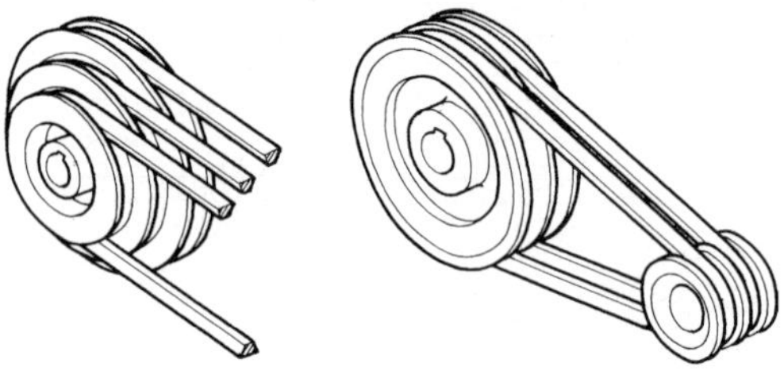

11·54 그림 V 벨트와 V 풀리

V 벨트는 우수한 면포, 면사 및 양질이 배합 고무에 의해 압축 가황해 만들어지며, 그 구조에 의해 11·55 그림과 같은 타입으로 나뉜다.

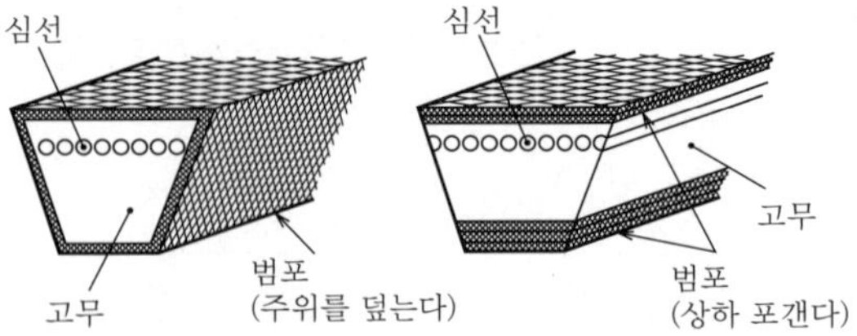

(a) 랩 타입　　(b) 로 에지 타입

11·55 그림 V 벨트의 구조 (JIS K 6323)

JIS에서는 표준형의 V 벨트로서 일반용 V 벨트(JIS K 6323)과 일반용보다 폭이 좁은 세폭 V 벨트(JIS K 6368)을 규정하고 있다 (모두 자동차용 V 벨트를 제외). 여기서는 일반용 V 벨트, 다음으로는 세폭 V 벨트에 대해 설명한다.

① 비교적 작은 장력으로 큰 전동이 가능하다.

② V 풀리의 홈에 딱 들어가 쐐기 작용에 의해 전동이 이루어지기 때문에 미끄러짐이 적다.

③ 충격이 적고 회전이 조용하다.

④ 필요에 따라 V 벨트의 개수를 늘릴 수 있다.

(1) V 벨트의 종류 및 성능 이 일반용 V 벨트는 일반적으로 사용되는 범용 벨트로, JIS에서는 11·45 표에 나타냈듯이 M형, A형, B형, C형 및 D형의 5종을 규정하고 있다.

KS B 1400

11·45 표 V 벨트의 종류와 치수 (JIS K 6323)

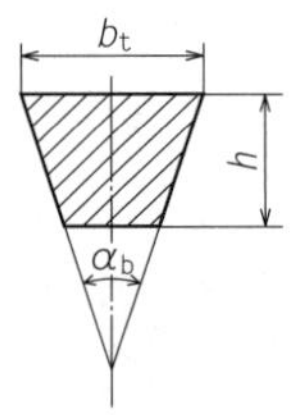

종류	b_t (mm)	h (mm)	α_b (도)
M	10.0	5.5	40
A	12.5	9.0	40
B	16.5	11.0	40
C	22.0	14.0	40
D	31.5	19.0	40

형상은 동 표의 그림에 나타냈듯이 좌우 대칭의 사다리꼴으로, 사다리꼴 각은 모두 40° 이다.

또한 V 벨트의 종류에 따른 성능은 JIS에서는 11·46 표와 같이 정하고 있다.

11·46 표 V 벨트의 인장강도, 굴곡강도 (JIS K 6323)

KS B 1400

시험 항목	종류	M	A	B	C	D
인장시험	1개당 인장강도 (kN)	1.2 이상	2.4 이상	3.5 이상	5.9 이상	10.8 이상
	신연 * (%)	7 이하	7 이하	7 이하	8 이하	8 이하

시험 항목	종류	A	B	
굴곡피로시험	굴곡 횟수	10^7 이상	10^7 이상	[주] *규격에 정하는 일정 조건으로, 다음의 힘(kN)을 가해 측정한 것.
	24시간 후 풀리의 축간 거리 변화율 (%)	2 이하	2 이하	M…0.8, A…1.4, B…2.4, C…3.9, D…7.8 kN

(2) V 벨트의 길이 11·47 표에 JIS에 규정된 V 벨트의 호칭번호 및 길이를 나타냈다. 호칭번호는 길이를 인치(1″=25.4mm)로 나타낸 수로 불린다.

(3) V 풀리 V 벨트를 거는 벨트 풀리는 일반적으로 V 풀리라고 부르며, 보통 주철제인데 M형~C형에는 강판제의 것이 사용되기도 한다.

이 풀리에는 벨트에 적합한 홈이 만들어져 있으며, 홈의 각도는 풀리 지름에 따라 다르다. 이것은 V 벨트의 각도는 40° 이지만, 굽히면 하부가

11·47 표 V 벨트의 길이 및 그 허용차 (JIS K 6323)

KS B 1400

호칭번호	길이	형식					허용차
20	508	M	A	—	—	—	+ 8 −16
21	533	M	A				
22	559	M	A				
23	584	M	A				
24	610	M	A	—	—	—	+ 9 −18
25	635	M	A				
26	660	M	A				
27	686	M	A				
28	711	M	A				
29	737	M	A				
30	762	M	A	B	—	—	+10 −20
31	787	M	A	B			
32	813	M	A	B			
33	838	M	A	B			
34	864	M	A	B			
35	889	M	A	B			
36	914	M	A	B	—	—	+11 −22
37	940	M	A	B	—		
38	965	M	A	B	—		
39	991	M	A	B	—		
40	1016	M	A	B	—		
41	1041	M	A	B	—		
42	1067	M	A	B	—		
43	1092	M	A	B	—		
44	1118	M	A	B	—		
45	1143	M	A	B	C		
46	1168	M	A	B	—		
47	1194	M	A	B	—		
48	1219	M	A	B	C	—	+12 −24
49	1245	M	A	B	—		
50	1270	M	A	B	C		
51	1295	—	A	B	—		
52	1321	—	A	B	C		
53	1346	—	A	B	—		
54	1372	—	A	B	C		
55	1397	—	A	B	C		
56	1422	—	A	B	—		
57	1448	—	A	B	—		
58	1473	—	A	B	C		
59	1499	—	A	B	—		
60	1524	—	A	B	C		
61	1549	—	A	B	—		
62	1575	—	A	B	C		
63	1600	—	A	B	—		
64	1626	—	A	B	—	—	+12 −24
65	1651		A	B	C		
66	1676		A	B	—		
67	1702		A	B	—		
68	1727		A	B	C		
69	1753		A	B	—		
70	1778		A	B	C		
71	1803		A	B	—		
72	1829		A	B	C		
73	1854		A	B	—		
74	1880	—	A	B	—	—	+13 −26
75	1905		A	B	C		
76	1930		A	B	—		
77	1956		A	B	—		
78	1981		A	B	C		
79	2007		A	B	—		
80	2032	—	A	B	C	—	+13 −26
81	2057		A	B	—		
82	2083		A	B	C		
83	2108		A	B	—		
84	2134		A	B	—		
85	2159		A	B	C		
86	2184		A	B	—		
87	2210		A	B	—		
88	2235		A	B	C		
89	2261		A	B	—		
90	2286		A	B	C		
91	2311		A	B	—		
92	2337		A	B	C		
93	2362		A	B	—		
94	2388		A	B	—		
95	2413	—	A	B	C	—	+14 −28
96	2438		A	B	—	—	
97	2464		A	B	—	—	
98	2489		A	B	C	—	
99	2515		A	B	—	—	
100	2540		A	B	C	D	
102	2591		A	B	C	—	
105	2667		A	B	C	D	
108	2743		A	B	C	—	
110	2794	—	A	B	C	D	+15 −30
112	2845		A	B	C	—	
115	2921		A	B	C	D	
118	2997		A	B	C	—	
120	3048	—	A	B	C	D	+16 −32
122	3099		A	B	C	—	
125	3175		A	B	C	D	
128	3251	—	A	B	C	—	+17 −34
130	3302		A	B	C	D	
132	3353		—	B	C	—	
135	3429		A	B	C	D	
138	3505		—	B	C	—	
140	3556	—	A	B	C	D	+18 −36
142	3607		—	—	C	—	
145	3683		A	B	C	D	
148	3759		—	—	C	—	
150	3810	—	A	B	C	D	+19 −38
155	3937		A	B	C	D	
160	4064	—	A	B	C	D	+20 −40
165	4191		—	B	C	D	
170	4318	—	A	B	C	D	+22 −45
180	4572		A	B	C	D	
190	4826		—	B	C	D	
200	5080	—	—	B	C	D	+25 −50
210	5334			B	C	D	
220	5588			—	C	D	
230	5842			—	C	D	
240	6096	—	—	—	C	D	+27 −55
250	6350				C	D	
260	6604				—	D	
270	6858	—	—	—	—	D	+30 −60
280	7112					D	
300	7620	—	—	—	—	D	+35 −70
310	7874					D	
330	8382					D	

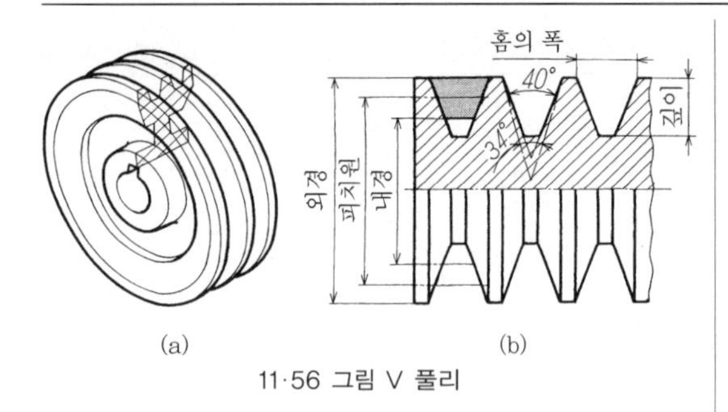

11·56 그림 V 풀리

부풀기 때문에 풀리 지름이 작은 것일수록 홈의 각도를 작게 하는 것이다. 11·48 표에 V 풀리 홈부의 형상 및 치수를 나타냈다.

또한 홈의 폭은 11·56 그림과 같이 벨트가 정확히 가득 들어가도록 하고, 홈의 바닥은 벨트를 넣었을 때 6~10mm 정도의 틈새가 생기도록 해 둔다. 또한 홈과 홈의 거리는 벨트의 폭 b_t보다 3~6mm 정도 크게 해야 한다.

더구나 A형, B형, C형의 V 벨트를 이용하는 주철제 V 풀리에 대해서는 11·57 그림에 나타낸 1형~5형의 형상, 치수가 규정되어 있다.

또한 11·49 표는 이 규격에 정해진 호칭지름을 나타낸 것이다. 이것은 11·57 그림에 나타낸 피치원 d_m의 기준 치수로, 회전비 등의 계산에도 이것을 이용하게 되어 있다.

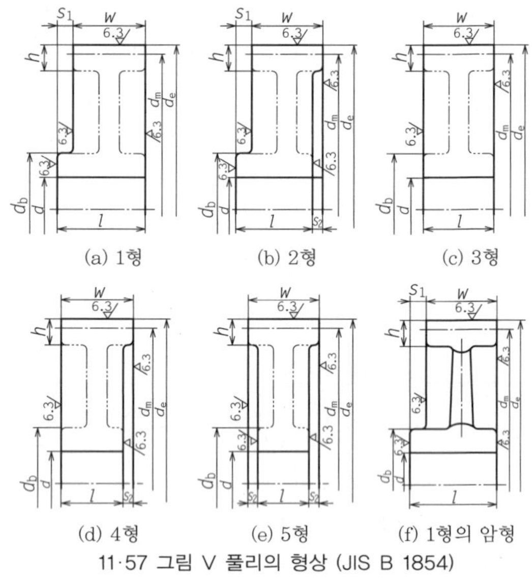

11·57 그림 V 풀리의 형상 (JIS B 1854)

[주] (a)~(e) 그림은 평판형을 나타낸다. 그 외에 각각에 암형이 있다.

11·48 표 V 풀리 홈부의 형상 및 치수 (JIS B 1854) KS B 1400 (단위 mm)

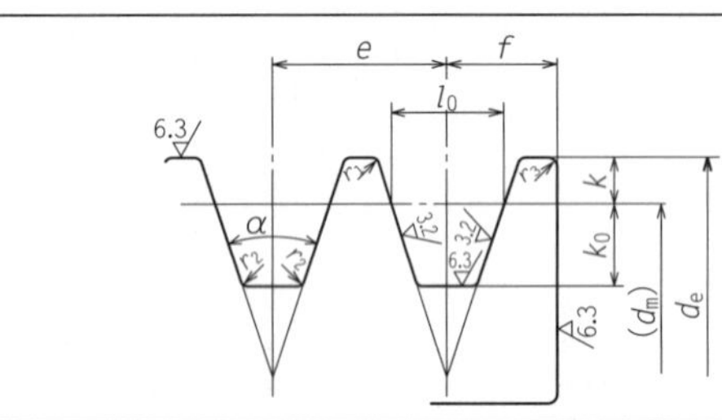

[주] (1) M형은 원칙으로서 1개 걸이로 한다.
(2) 그림 중의 직경 d_m를 말하며, 벨트 길이의 측정, 회전비 기준 등의 계산에도 이것을 이용하고 홈의 기준 폭이 l_0를 갖는 곳의 직경이다.

V 벨트의 종류	호칭지름(2)	α(°)	l_0	k	k_0	e	f	r_1	r_2	r_3	(참고) V 벨트의 두께
M	50 이상 71 이하 71 초과 90 이하 90 초과	34 36 38	8.0	2.7	6.3	— (1)	9.5	0.2 ~ 0.5	0.5 ~ 1.0	1 ~ 2	5.5
A	71 이상 100 이하 100 초과 125 이하 125 초과	34 36 38	9.2	4.5	8.0	15.0	10.0	0.2 ~ 0.5	0.5 ~ 1.0	1 ~ 2	9
B	125 이상 160 이하 160 초과 200 이하 200 초과	34 36 38	12.5	5.5	9.5	19.0	12.5	0.2 ~ 0.5	0.5 ~ 1.0	1 ~ 2	11
C	200 이상 250 이하 250 초과 315 이하 315 초과	34 36 38	16.9	7.0	12.0	25.5	17.0	0.2 ~ 0.5	1.0 ~ 1.6	2 ~ 3	14
D	355 이상 450 이하 450 초과	36 38	24.6	9.5	15.5	37.0	24.0	0.2 ~ 0.5	1.6 ~ 2.0	3 ~ 4	19
E	500 이상 630 이하 630 초과	36 38	28.7	12.7	19.3	44.5	29.0	0.2 ~ 0.5	1.6 ~ 2.0	4 ~ 5	24

11·49 표 V 풀리의 호칭지름 (단위 mm)

A형	B형	C형	A형	B형	C형
75	125	200	200	450	710
80	132	212	224	500	800
85	140	224	250	560	900
90	150	236	280	630	
95	160	250	300	710	
100	170	265	315	800	
106	180	280	355	900	
112	200	300	400		
118	224	315	450		
125	250	355	500		
132	280	400	560		
140	300	450	630		
150	315	500	710		
160	355	560			
180	400	630			

(4) 일반용 V 벨트의 계산 V 벨트를 사용하는데 있어서는 다음의 절차에 따라 계산을 진행해 가면 된다.

(i) 설계 동력의 계산 먼저 설계 동력을 계산한다. 설계 동력은 부하 동력과 부하 보정계수에 의해서도 구하지만, 여기에 부하 동력은 원동기의 정격 동력 혹은 종동기의 실제 부하를 말한다.

$$P_d = P_N \times K_0 \quad (1)$$

단, P_d…설계 동력(kW), P_N…부하 동력(kW),
K_0…부하 보정계수(11·50 표)

또한 11·50 표의 사용 기계는 일례를 나타낸 것이며, 이외의 것에 대해서는 이것을 참고로 계수를 결정하면 된다.

또한 아이들러를 사용하는 경우에는 이 표의 값에 다음의 11·51 표에 나타낸 보정계수 K_i를 더할 필요가 있다.

(ii) V 벨트 종류 선정 벨트 모양의 선정은 설계 동력과 작은 V 풀리의 회전수에 따라 11·58 그림에서 선택한다. 이 경우, 만약 2종류의 경계

11·50 표 V 벨트 사용 기계 예와 부하 보정계수 K_0

사용 기계 (1)		원동기					
		최대 출력이 정격의 300% 이하인 것			최대 출력이 정격의 300%를 넘는 것		
		교류 모터(표준 모터, 동기 모터) 직류 모터 (분권) 2실린더 이상의 엔진			특수 모터 (고토크) 직류 모터 (직권) 단실린더 엔진, 라인 샤프트 또는 클러치에 의한 운전		
		운전 시간 (2)			운전 시간 (2)		
		I	II	III	I	II	III
A	매우 평활한 전동	1.0	1.1	1.2	1.1	1.2	1.3
B	거의 평활한 전동	1.1	1.2	1.3	1.2	1.3	1.4
C	다소의 충격을 동반하는 전동	1.2	1.3	1.4	1.4	1.5	1.6
D	상당한 충격을 동반하는 전동	1.3	1.4	1.5	1.5	1.6	1.8

[주] (1) 사용 기계의 예를 나타내면, 다음과 같다.
A…교반기(유체), 송풍기(7.5kW 이하), 원심펌프, 원심 압축기, 경하중용 컨베이어 등.
B…벨트 컨베이어(모래, 곡물), 반죽기, 송풍기(7.5kW 이상), 발전기, 라인 샤프트, 대형 세탁기, 공작기계, 펀치, 프레스, 전단기, 인쇄기계, 회전펌프, 회전·진동 체 등
C…버킷 엘리베이터, 여자기, 왕복압축기, 버킷 컨베이어, 스크류 컨베이어, 해머 밀, 제지용 밀·비터, 피스톤 펌프, 루츠 블로어, 분쇄기, 목공기계, 섬유기계 등
D…크래셔, 밀(볼, 로드), 호이스트, 고무가공기(롤, 캘린더, 압출기) 등
(2) Ⅰ…단속 사용 (1일 3~5시간)
Ⅱ…보통 사용 (1일 8~10시간)
Ⅲ…연속 사용 (1일 16~24시간)
[비고] 시동·정지의 횟수가 많은 경우, 보수 점검을 쉽게 할 수 없는 경우, 분진 등이 많고 마찰을 일으키기 쉬운 경우, 열이 있는 곳에서 사용하는 경우 및 유류, 물 등이 부착하는 경우에는 위의 표에 나타낸 값에 0.2를 더한다.

11·51 표 아이들러 사용에 의한 보정계수 K_i

아이들러의 설치 조건		K_i
V 벨트의 느슨해지는 측에서	V 벨트의 내측에서 거는 경우	0
	V 벨트의 외측에서 거는 경우	0.1
V 벨트의 당기는 측에서	V 벨트의 내측에서 거는 경우	0.1
	V 벨트의 외측에서 거는 경우	0.2

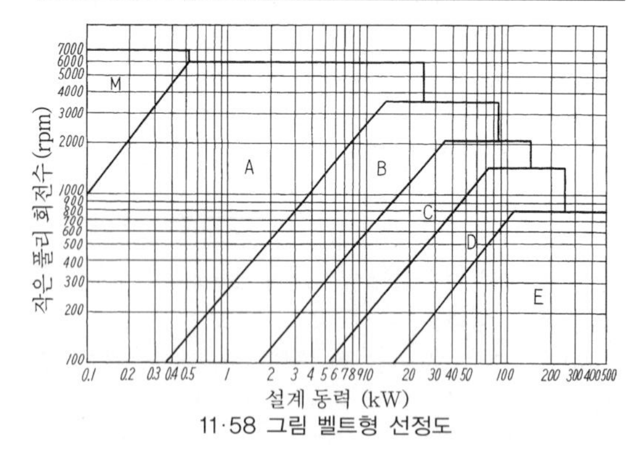

11·58 그림 벨트형 선정도

선에 가까워졌을 때는 2종류의 벨트에 대해 계산해 경제적인 쪽을 선택하도록 한다.

(iii) V 풀리의 지름 너무 작은 지름의 V 풀리는 사용 벨트의 수명이 짧아지므로 작은 V 풀리의 지름은 가급적 11·52 표에 나타낸 최소 지름보다 크게 하는 것이 바람직하다.

11·52 표 V 풀리의 최소 지름 (단위 mm)

형태	M	A	B	C	D
V 벨트 풀리의 최소 지름*	50	75	125	230	330

[주] *M형에서는 외경으로, A~D형에서는 호칭지름으로 나타낸다.

또한 큰 V 풀리의 호칭지름은 다음 식에 의해 구할 수 있다.

$$D_p = \frac{n_1}{n_2} d_p \qquad (2)$$

단, D_p, d_p…큰, 작은 V 풀리의 호칭지름(mm),
n_2, n_1…큰, 작은 V 풀리의 회전수(rpm)

(iv) V 벨트의 길이 V 벨트의 길이는 다음 식에 의해 계산하고, 이것에 가장 가까운 것을 11·47 표 중에서 선택하면 된다.

$$L = 2C + 1.57\,(D_p + d_p) + \frac{(D_p - d_p)^2}{4C} \qquad (3)$$

단, L…V 벨트의 길이(mm),
C…축간 거리(설계 당초)(mm),
D_p, d_p…큰, 작은 V 풀리의 호칭지름(mm)

(v) 축간 거리 위의 식에 사용된 축간 거리는 가정의 것이므로 결정한 V 벨트 길이로부터 다음 식에 의해 축간 거리 C를 산출한다.

$$C = \frac{B + \sqrt{B^2 - 2\,(D_p - d_p)^2}}{4} \qquad (4)$$

단, D_p, d_p…전출, $B = L - 1.57(D_p + d_p)$(mm),
L…V 벨트의 길이(mm)

(vi) V 벨트 전동 용량 V 벨트의 전동 용량은 기준 전동 용량에 회전비에 의한 부가 전동 용량을 더한 것으로, 다음 식에 의해 구할 수 있다. 여기에 기준 전동 용량이란 기준 길이의 V 벨트(11·56 표에서 V 벨트 길이의 보정계수가 1.00인 V 벨트를 말한다)로, 접촉각 φ가 180°일 때의 V 벨트 전동 용량이다.

$$P = d_p \cdot n\left[C_1\,(d_p \cdot n)^{-0.09} - \frac{C_2}{d_p} - C_3\,(d_p \cdot n)^2\right] + C_2 \cdot n\left(1 - \frac{1}{K_r}\right) \qquad (5)$$

단, P…V 벨트 1개당 전동 용량(kW),
d_p…작은 V 풀리의 호칭지름(mm),
n…작은 V 풀리 회전수×10^{-3}(rpm),
C_1, C_2, C_3…상수(11·53 표),
K_r…회전비에 의한 보정계수(11·54 표)

또한 11·58 표~11·63 표는 각 형식의 V 벨트에서 작은 V 풀리의 회전수(모터의 정격 회전수를 취한다) 및 호칭지름에 대한 기준 전동 용량 및 부가 전동 용량을 나타낸 것이다.

11·53 표 상수 C_1, C_2, C_3의 값

종류	C_1	C_2	C_3
M	8.5016×10^{-3}	1.7332×10^{-1}	6.3533×10^{-9}
A	3.1149×10^{-2}	1.0399	1.1108×10^{-8}
B	5.4974×10^{-2}	2.7266	1.9120×10^{-8}
C	1.0205×10^{-1}	7.5815	3.3961×10^{-8}
D	2.1805×10^{-1}	2.6894×10	6.9287×10^{-8}
E	3.1892×10^{-1}	5.1372×10	9.9837×10^{-8}

11·54 표 회전비에 의한 보정계수 K_r의 값

회전비	K_r	회전비	K_r
1.00～1.01	1.0000	1.19～1.24	1.0719
1.02～1.04	1.0136	1.25～1.34	1.0875
1.05～1.08	1.0276	1.35～1.51	1.1036
1.09～1.12	1.0419	1.52～1.99	1.1202
1.13～1.18	1.0567	2.0이상	1.1373

(vii) V 벨트의 접촉각 앞에서는 V 벨트의 접촉각이 180°일 때의 계산식이므로, 그 이외의 각도일 때는 그 각도에 따라 기준 전동 용량을 보정해야 한다.

V 벨트의 접촉각 φ는 다음 식에 의해 구할 수 있다.

$$\varphi = 180° \pm 2\sin^{-1}\frac{D_p - d_p}{2C} \qquad (6)$$

또한 위 식에서 +는 큰 V 풀리의 경우, −는 작은 V 풀리의 경우로 한다.

11·55 표는 $\frac{D_p - d_p}{C}$ 에 의한 접촉각 φ 및 접촉각 보정계수 K_φ을 나타낸 것이다.

11·55 표 작은 풀리 접촉각에 의한 보정계수 K_φ

$\frac{D_p - d_p}{C}$	작은 풀리 접촉각 φ (°)	K_φ
0.00	180	1.00
0.10	174	0.99
0.20	169	0.98
0.30	163	0.96
0.40	157	0.94
0.50	151	0.93
0.60	145	0.91
0.70	139	0.89
0.80	133	0.87
0.90	127	0.85
1.00	120	0.82
1.10	113	0.79
1.20	106	0.77
1.30	99	0.74
1.40	91	0.70
1.50	83	0.66

(viii) V 벨트의 사용 개수 사용하는 V 벨트의 개수는 다음 식에 의해 구하면 된다.

단, 소수점 이하는 올림을 한다.

$$Z = \frac{P_d}{P_c} \qquad (7)$$

단, Z…V 벨트의 사용 개수,

P_d…설계 동력(kW),

P_c…V 벨트 1개당 보정 전동 용량(kW)

예를 들면 P_d=5.5, P_c=2.21의 경우에는

$$Z = \frac{5.5}{2.21} \fallingdotseq 2.5$$

이 되고, 이 경우의 소수점 이하는 올림을 해 V 벨트의 사용 개수는 3개로 하는 것이다.

(ix) 축간 거리의 조정 여유 V 벨트는 설치 시에는 축간 거리를 안쪽으로 어긋나게 할 필요가 있고, 또한 운전할 때는 V 벨트의 신연 여유를 고려해 바깥쪽으로 조정할 필요가 있다.

11·57 표는 축간 거리의 최소 조정 여유(조정 범위)를 나타낸 것으로, 설계 시에는 이 표에 나타낸 값 이상으로 축간 거리를 조정할 수 있도록 해 두어야 한다.

11·56 표 V 벨트 길이에 의한 보정계수 K_L

호칭번호	종류 M	A	B	C	D
20 ~ 25	0.92	0.80	0.78		
26 ~ 30	0.94	0.81	0.79		
31 ~ 34	0.99	0.84	0.80		
35 ~ 37	0.98	0.87	0.81		
38 ~ 41	1.00*	0.88	0.83		
42 ~ 45	1.02	0.90	0.85	0.78	
46 ~ 45	1.04	0.92	0.87	0.79	
51 ~ 54		0.94	0.89	0.80	
55 ~ 59		0.96	0.90	0.81	
60 ~ 67		0.98	0.92	0.82	
68 ~ 74		1.00*	0.95	0.85	
75 ~ 79		1.02	0.97	0.87	
80 ~ 84		1.04	0.98	0.89	
85 ~ 89		1.05	0.99	0.90	
90 ~ 95		1.06	1.00*	0.91	
96 ~ 104		1.08	1.02	0.92	0.83
105 ~ 111		1.10	1.04	0.94	0.84
112 ~ 119		1.11	1.05	0.95	0.85
120 ~ 127		1.13	1.07	0.97	0.86
128 ~ 144		1.14	1.08	0.98	0.87
145 ~ 154		1.15	1.11	1.00*	0.90
155 ~ 169		1.16	1.13	1.02	0.92
170 ~ 179		1.17	1.15	1.04	0.93
180 ~ 194		1.18	1.16	1.05	0.94
195 ~ 209			1.18	1.07	0.96
210 ~ 239			1.19	1.08	0.98
240 ~ 269				1.11	1.00*
270 ~ 299				1.14	1.03
300 ~ 329					1.05
330 ~ 359					1.07
360 ~ 389					1.09

[주] * 1.00의 V 벨트는 기준 길이의 V 벨트를 나타낸다.

11·57 표 최소 조정 여유 (단위 mm)

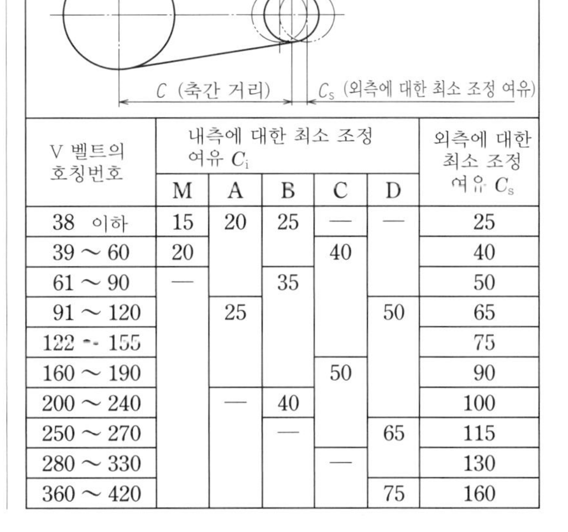

V 벨트의 호칭번호	내측에 대한 최소 조정 여유 C_i M	A	B	C	D	외측에 대한 최소 조정 여유 C_s
38 이하	15	20	25	—	—	25
39 ~ 60	20			40		40
61 ~ 90	—		35			50
91 ~ 120		25			50	65
122 ~ 155						75
160 ~ 190				50		90
200 ~ 240		—	40			100
250 ~ 270			—		65	115
280 ~ 330				—		130
360 ~ 420					75	160

11·58 표 V 벨트 M형의 기준 전동 용량 (kW)

소 풀리 회전수 (rpm)	소 풀리 호칭지름 (mm)												
	40	42	45	47	50	53	56	60	63	67	71	75	80
725	0.06	0.07	0.08	0.09	0.10	0.11	0.12	0.14	0.15	0.16	0.18	0.20	0.22
870	0.06	0.08	0.09	0.10	0.11	0.13	0.14	0.16	0.17	0.19	0.21	0.23	0.25
950	0.07	0.08	0.09	0.11	0.12	0.14	0.15	0.17	0.19	0.21	0.23	0.25	0.27
1160	0.08	0.09	0.11	0.12	0.14	0.16	0.18	0.20	0.22	0.24	0.27	0.29	0.32
1425	0.09	0.11	0.13	0.14	0.16	0.19	0.21	0.24	0.26	0.29	0.31	0.34	0.38
1750	0.10	0.12	0.15	0.17	0.19	0.22	0.24	0.28	0.30	0.34	0.37	0.40	0.44
2850	0.13	0.16	0.20	0.23	0.26	0.30	0.34	0.39	0.43	0.47	0.52	0.57	0.62
3450	0.14	0.18	0.22	0.25	0.29	0.34	0.38	0.43	0.48	0.53	0.58	0.63	0.68

소 풀리 회전수 (rpm)	회전비에 의한 부가 전동 용량									
	1.00 ~ 1.01	1.02 ~ 1.04	1.05 ~ 1.08	1.09 ~ 1.12	1.13 ~ 1.18	1.19 ~ 1.24	1.25 ~ 1.34	1.35 ~ 1.51	1.52 ~ 1.99	2.00
725	0.00	0.00	0.00	0.01	0.01	0.01	0.01	0.01	0.01	0.02
870	0.00	0.00	0.00	0.01	0.01	0.01	0.01	0.01	0.02	0.02
950	0.00	0.00	0.00	0.01	0.01	0.01	0.01	0.02	0.02	0.02
1160	0.00	0.00	0.01	0.01	0.01	0.01	0.02	0.02	0.02	0.02
1425	0.00	0.00	0.01	0.01	0.01	0.02	0.02	0.02	0.03	0.03
1750	0.00	0.00	0.01	0.01	0.02	0.02	0.02	0.03	0.03	0.04
2850	0.00	0.01	0.01	0.02	0.03	0.03	0.04	0.05	0.05	0.06
3450	0.00	0.01	0.02	0.02	0.03	0.04	0.05	0.06	0.06	0.07

11·59 표 V 벨트 A형의 기준 전동 용량 (kW)

소 풀리 회전수 (rpm)	소 풀리 호칭지름 (mm)												
	67	71	75	80	85	90	95	100	106	112	118	125	132
725	0.31	0.37	0.43	0.50	0.57	0.64	0.71	0.78	0.86	0.94	1.02	1.12	1.21
870	0.35	0.42	0.49	0.57	0.65	0.74	0.82	0.90	1.00	1.09	1.19	1.30	1.41
950	0.37	0.45	0.52	0.61	0.70	0.79	0.88	0.97	1.07	1.18	1.28	1.40	1.52
1160	0.42	0.51	0.60	0.71	0.81	0.92	1.03	1.13	1.26	1.38	1.50	1.65	1.79
1425	0.48	0.59	0.69	0.82	0.95	1.08	1.20	1.33	1.48	1.62	1.77	1.94	2.10
1750	0.54	0.67	0.79	0.94	1.10	1.25	1.40	1.55	1.72	1.89	2.06	2.26	2.45
2850	0.67	0.85	1.04	1.26	1.48	1.70	1.91	2.12	2.36	2.59	2.82	3.07	3.32
3450	0.69	0.90	1.11	1.36	1.61	1.85	2.08	2.31	2.57	2.81	3.05	3.30	3.54

소 풀리 회전수 (rpm)	회전비에 의한 부가 전동 용량									
	1.00 ~ 1.01	1.02 ~ 1.04	1.05 ~ 1.08	1.09 ~ 1.12	1.13 ~ 1.18	1.19 ~ 1.24	1.25 ~ 1.34	1.35 ~ 1.51	1.52 ~ 1.99	2.00 이상
725	0.00	0.01	0.02	0.03	0.04	0.05	0.06	0.07	0.08	0.09
870	0.00	0.01	0.02	0.04	0.05	0.06	0.07	0.08	0.10	0.11
950	0.00	0.01	0.03	0.04	0.05	0.07	0.08	0.09	0.11	0.12
1160	0.00	0.02	0.03	0.05	0.06	0.08	0.10	0.11	0.13	0.15
1425	0.00	0.02	0.04	0.06	0.08	0.10	0.12	0.14	0.16	0.18
1750	0.00	0.02	0.05	0.07	0.10	0.12	0.15	0.17	0.20	0.22
2850	0.00	0.04	0.08	0.12	0.16	0.20	0.24	0.28	0.32	0.36
3450	0.00	0.05	0.10	0.14	0.19	0.24	0.29	0.34	0.38	0.43

11·60 표 V 벨트 B형의 기준 전동 용량 (kW)

소 풀리 회전수 (rpm)	소 풀리 호칭지름 (mm)												
	118	125	132	140	155	160	170	180	190	200	212	224	236
725	1.16	1.33	1.50	1.68	2.03	2.15	2.38	2.61	2.83	3.06	3.32	3.59	3.85
870	1.33	1.52	1.72	1.94	2.35	2.48	2.75	3.02	3.28	3.54	3.85	4.15	4.45
950	1.41	1.62	1.83	2.07	2.51	2.66	2.95	3.23	3.51	3.79	4.12	4.45	4.77
1160	1.62	1.87	2.12	2.40	2.92	3.09	3.43	3.76	4.09	4.41	4.79	5.16	5.53
1425	1.85	2.15	2.44	2.77	3.38	3.58	3.97	4.35	4.73	5.09	5.52	5.94	6.34
1750	2.09	2.43	2.77	3.16	3.85	4.08	4.52	4.95	5.36	5.77	6.23	6.67	7.08
2850	2.45	2.91	3.34	3.81	4.62	4.86	5.32	5.73	6.09	6.39			
3450	2.33	2.79	3.22	3.66	4.37	4.57							

소 풀리 회전수 (rpm)	회전비에 의한 부가 전동 용량									
	1.00 ~ 1.01	1.02 ~ 1.04	1.05 ~ 1.08	1.09 ~ 1.12	1.13 ~ 1.18	1.19 ~ 1.24	1.25 ~ 1.34	1.35 ~ 1.51	1.52 ~ 1.99	2.00 이상
725	0.00	0.03	0.05	0.08	0.11	0.13	0.16	0.19	0.21	0.24
870	0.00	0.03	0.06	0.10	0.13	0.16	0.19	0.22	0.25	0.29
950	0.00	0.03	0.07	0.10	0.14	0.17	0.21	0.24	0.28	0.31
1160	0.00	0.04	0.08	0.13	0.17	0.21	0.25	0.25	0.34	0.38
1425	0.00	0.05	0.10	0.16	0.21	0.26	0.31	0.36	0.42	0.47
1750	0.00	0.06	0.13	0.19	0.26	0.32	0.38	0.45	0.51	0.58
2850	0.00	0.10	0.21	0.31	0.42	0.52	0.63	0.73	0.83	0.94
3450	0.00	0.13	0.25	0.38	0.50	0.63	0.76	0.88	1.01	1.14

11·61 표 V 벨트 C형의 기준 전동 용량 (kW)

소 풀리 회전수 (rpm)	소 풀리 호칭지름 (mm)												
	180	190	200	212	224	236	250	265	280	300	315	335	355
575	2.56	2.90	3.25	3.65	4.06	4.46	4.92	5.41	5.90	6.54	7.02	7.64	8.26
690	2.92	3.32	3.72	4.19	4.66	5.13	5.67	6.24	6.80	7.54	8.09	8.80	9.51
725	3.02	3.44	3.85	4.35	4.84	5.33	5.88	6.48	7.06	7.83	8.39	9.14	9.86
870	3.41	3.90	4.39	4.96	5.53	6.09	6.73	7.41	8.07	8.94	9.58	10.41	11.22
950	3.61	4.14	4.66	5.27	5.88	6.47	7.16	7.88	8.58	9.50	10.17	11.04	11.88
1160	4.07	4.68	5.28	5.99	6.69	7.37	8.14	8.95	9.74	10.75	11.47	12.40	13.28
1425	4.51	5.21	5.90	6.70	7.48	8.23	9.09	9.96	10.79	11.83	12.56	13.46	14.28
1750	4.83	5.60	6.36	7.23	8.06	8.85	9.72	10.58	11.37	12.31	12.92		

소 풀리 회전수 (rpm)	회전비에 의한 부가 전동 용량									
	1.00 ~ 1.01	1.02 ~ 1.04	1.05 ~ 1.08	1.09 ~ 1.12	1.13 ~ 1.18	1.19 ~ 1.24	1.25 ~ 1.34	1.35 ~ 1.51	1.52 ~ 1.99	2.00 이상
575	0.00	0.06	0.12	0.18	0.23	0.29	0.35	0.41	0.47	0.53
600	0.00	0.07	0.14	0.21	0.28	0.35	0.42	0.49	0.56	0.63
725	0.00	0.07	0.15	0.22	0.29	0.37	0.44	0.52	0.59	0.66
870	0.00	0.09	0.18	0.27	0.35	0.44	0.53	0.62	0.71	0.80
950	0.00	0.10	0.19	0.29	0.39	0.48	0.58	0.68	0.77	0.87
1160	0.00	0.12	0.24	0.35	0.47	0.59	0.71	0.83	0.94	1.06
1425	0.00	0.14	0.29	0.43	0.58	0.72	0.87	1.01	1.16	1.30
1750	0.00	0.18	0.36	0.53	0.71	0.89	1.07	1.25	1.42	1.60

11·62 표 V 벨트 D형의 기준 전동 용량 (kW)

소 풀리 회전수 (rpm)	소 풀리 호칭지름 (mm)												
	300	315	335	355	375	400	425	450	475	500	530	560	600
485	7.01	7.89	9.07	10.22	11.37	12.78	14.17	15.55	16.90	18.23	19.79	21.33	23.33
575	7.84	8.86	10.20	11.52	12.83	14.43	16.01	17.56	19.07	20.55	22.29	23.98	26.15
690	8.76	9.93	11.47	12.98	14.46	16.28	18.04	19.76	21.44	23.06	24.94	26.74	29.01
725	9.01	10.22	11.81	13.37	14.90	16.77	18.59	20.35	22.06	23.71	25.61	27.42	29.70
870	9.86	11.23	13.02	14.76	16.45	18.49	20.45	22.33	24.11	25.80	27.70	29.45	31.56
950	10.21	11.66	13.53	15.34	17.10	19.20	21.19	23.08	24.85	26.50	28.32	29.96	31.83
1160	10.69	12.27	14.28	16.19	18.00	20.10	22.02	23.76	25.29				

소 풀리 회전수 (rpm)	회전비에 의한 부가 전동 용량									
	1.00 ~ 1.01	1.02 ~ 1.04	1.05 ~ 1.08	1.09 ~ 1.12	1.13 ~ 1.18	1.19 ~ 1.24	1.25 ~ 1.34	1.35 ~ 1.51	1.52 ~ 1.99	2.00 이상
485	0.00	0.18	0.35	0.52	0.70	0.87	1.05	1.22	1.40	1.57
575	0.00	0.21	0.42	0.62	0.83	1.04	1.24	1.45	1.66	1.87
690	0.00	0.25	0.50	0.75	1.00	1.24	1.49	1.74	1.99	2.24
725	0.00	0.26	0.52	0.78	1.05	1.31	1.57	1.83	2.09	2.35
870	0.00	0.31	0.63	0.94	1.26	1.57	1.88	2.20	2.51	2.82
950	0.00	0.34	0.69	1.03	1.37	1.71	2.06	2.40	2.74	3.08
1160	0.00	0.42	0.84	1.25	1.67	2.09	2.51	2.93	3.35	3.77

11·63 표 V 벨트 E형의 기준 전동 용량 (kW)

소 풀리 회전수 (rpm)	소 풀리 호칭지름 (mm)													
	40	42	45	47	50	53	56	60	63	67	71	75	80	85
485	16.91	18.89	20.84	23.14	25.39	28.32	30.46	33.24	35.92	38.52	41.62	44.56	47.33	49.93
575	18.78	21.00	23.17	25.72	28.20	31.39	33.69	36.65	39.46	42.12	45.23	48.08	50.67	52.98
690	20.65	23.10	25.48	28.24	30.89	34.23	36.60	39.56	42.28	44.76	47.50			
725	21.09	23.60	26.02	28.82	31.49	34.84	37.19	40.09	42.73	45.08				
870	22.27	24.90	27.39	30.19	32.78	35.90	37.96							
950	22.43	25.05	27.49	30.18	32.60	35.40								
1160	21.00	23.28												

소 풀리 회전수 (rpm)	회전비에 의한 부가 전동 용량									
	1.00 ~ 1.01	1.02 ~ 1.04	1.05 ~ 1.08	1.09 ~ 1.12	1.13 ~ 1.18	1.19 ~ 1.24	1.25 ~ 1.34	1.35 ~ 1.51	1.52 ~ 1.99	2.00 이상
485	0.00	0.33	0.67	1.00	1.34	1.67	2.00	2.34	2.67	3.01
575	0.00	0.40	0.79	1.19	1.58	1.98	2.38	2.77	3.17	3.57
690	0.00	0.48	0.95	1.43	1.90	2.38	2.85	3.33	3.80	4.28
725	0.00	0.50	1.00	1.50	2.00	2.50	3.00	3.50	4.00	4.50
870	0.00	0.60	1.20	1.80	2.40	3.00	3.60	4.20	4.80	5.40
950	0.00	0.65	1.31	1.96	2.62	3.27	3.93	4.58	5.24	5.89
1160	0.00	0.80	1.60	2.40	3.20	4.00	4.79	5.59	6.39	7.19

[예제 1] V 벨트로 운전되고 있는 압축기가 있다. 모터는 10kW, 회전수 1750rpm이다. 압축기의 V 풀리의 회전수 250rpm, 축간 거리 약 800mm, 사용 시간 24시간/일로서, 벨트의 모양, 길이, 개수와 대소 V 풀리의 지름을 결정하라.

[해]

① 설계 동력의 계산

11·50 표에서 압축기의 보정계수 K_0는 1.4가 된다.

(1)식에 의해 설계 동력은

$$P_d = 10 \times 1.4 = 14 \text{ (kW)}$$

② V 벨트의 모양

11·58 그림에서 V 벨트의 모양을 B형으로 한다.

③ V 풀리의 지름

11·49 표에서 모터 측의 V 풀리의 호칭지름을 125mm로 한다. 압축기 측의 V 풀리는 (2)식에 의해

$$D_p = \frac{1750}{250} \times 125 = 875 \text{ (mm)}$$

따라서 작은 V 풀리의 외경은 136mm, 큰 V 풀리 외경은 886mm가 된다.

④ V 벨트의 길이

V 벨트의 길이 L은 (3)식에 의해

$$L = 2 \times 800 + 1.57(875 + 125) + \frac{(875 - 125)^2}{4 \times 800} \fallingdotseq 3345.8 \text{(mm)}$$

따라서 11·47 표에서 L=3353mm로 호칭번호 132로 한다.

⑤ 축간 거리

결정한 V 벨트 길이에서 가정값의 축간 거리 C는 (4)식에 의해

$$B = 3353 - 1.57(875 + 125) = 1783$$

$$C = \frac{1783 + \sqrt{1783^2 - 2(875 - 125)^2}}{4} = 804.05 \text{(mm)}$$

따라서, 축간 거리는 804mm로 한다.

⑥ V 벨트 전동 용량

V 벨트 1개당의 기준 전동 용량 P는 11·60 표에서 P=2.43+0.58=3.01kW로 한다.

⑦ V 벨트의 접촉각

11·55 표에서 V 벨트의 접촉각 φ는 127도, 보정계수 K_φ는 0.85가 된다. 또한, 벨트 길이에 따른 보정계수 K_L은 11·56 표로부터 1.08이 된다.

이상으로부터 V 벨트 1개당의 보정 전동 용량은 P_c는

$$P_c = P \times K_\varphi \times K_L = 3.01 \times 0.85 \times 1.08 \fallingdotseq 2.76 \text{ (kW)}$$

⑧ V 벨트의 사용 개수

V 벨트의 사용 개수 Z는 (7)식으로부터

$$Z = \frac{14}{2.76} = 5.07$$

따라서, 사용 개수 6개로 한다.

⑨ 축간 거리의 조정 여유

축간 거리의 최소 조정 여유는 11·57 표에서 호칭번호 132, B형으로 하면, 내부에 대한 최소 조정 여유 C_i=35mm, 외부에 대한 최소 조정 여유 C_s=75mm가 된다.

2. 세폭 V 벨트 전동

(1) 세폭 V 벨트의 특징 이 V 벨트는 앞에서 말한 표준형 V 벨트보다 폭이 좁고 두께가 크기 때문에 일반공업용 전동 벨트로서 급격히 그 수요가 늘어난 것이다. 폭이 좁은 때문에 소형화할 수 있으며, 또한 수명도 약 2배 이상으로 많은 장점을 가지고 있다.

더구나 이 세폭 V 벨트는 표준형과 구별하기 위해 그 호칭번호는 길이를 1인치(1″=25.4mm)로 나타낸 숫자를 10배한 수로 불리므로 주의하기 바란다.

(2) 세폭 V 벨트의 종류 이것에는 그 단면 치수에 따라 11·64 표에 나타냈듯이 3V, 5V, 8V의 3종류가 정해져 있다.

11·64 표 세폭 V 벨트의 종류 (JIS K 6368)

종류	b_t (mm)	h (mm)	α_b (도)
3V	9.5	8.0	40
5V	16.0	13.5	40
8V	25.5	23.0	40

(3) 세폭 V 벨트의 길이 11·65 표는 세폭 V 벨트의 호칭번호 및 유효 둘레길이를 나타낸 것이다.

또한 V 벨트의 길이는 11·59 그림에 나타냈듯이 길이 측정용 V 풀리를 사용했을 때의 외주를

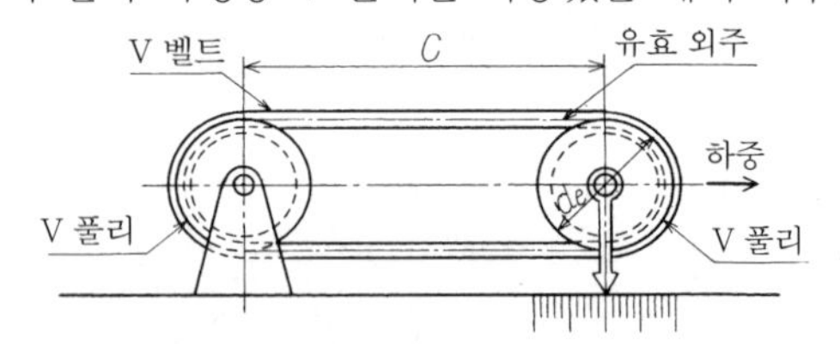

11·59 그림 유효 둘레길이의 측정법

11·65 표 세폭 V 벨트의 호칭번호와 유효 둘레길이
(JIS K 6368)(단위 mm)

호칭 번호	길이 3V	길이 5V	길이 8V	호칭 번호	길이 3V	길이 5V	길이 8V
250	635	—	—	1180	2997	2997	2997
265	673	—	—	1250	3175	3175	3175
280	711	—	—	1320	3353	3353	3353
300	762	—	—	1400	3556	3556	3556
315	800	—	—	1500	—	3810	3810
335	851	—	—	1600	—	4064	4064
355	902	—	—	1700	—	4318	4318
375	953	—	—	1800	—	4572	4572
400	1016	—	—	1900	—	4826	4826
425	1080	—	—	2000	—	5080	5080
450	1143	—	—	2120	—	5385	5385
475	1207	—	—	2240	—	5690	5690
500	1270	1270	—	2360	—	5994	5994
530	1346	1346	—	2500	—	6350	6350
560	1422	1422	—	2650	—	6731	6731
600	1524	1524	—	2800	—	7112	7112
630	1600	1600	—	3000	—	7620	7620
670	1702	1702	—	3150	—	8001	8001
710	1803	1803	—	3350	—	8509	8509
750	1905	1905	—	3550	—	9017	9017
800	2032	2032	—	3750	—	—	9525
850	2159	2159	—	4000	—	—	10160
900	2286	2286	—	4250	—	—	10795
950	2413	2413	—	4500	—	—	11430
1000	2540	2540	2540	4750	—	—	12065
1060	2692	2692	2692	5000	—	—	12700
1120	2845	2845	2845				

연결하는 길이이며, 세폭 V 벨트는 V 풀리의 홈에 전부는 들어가지 않고 약간 비어져 나와 사용된다.

(4) 세폭 V 풀리 11·66 표에 세폭 V 풀리의 홈부 형상을 나타냈다. 이 V 풀리는 큰 직경의 것은 홈의 각도를 V 벨트의 사다리꼴 각보다 크게 잡을 수 있다.

또한 11·67 표는 세폭 V 풀리의 호칭외경 및 직경을 나타낸 것이다.

11·67 표 세폭 V 풀리의 호칭외경과 직경
(JIS B 1855) (단위 mm)

3V 호칭 외경 (d_e)	3V 직경 (d_m)	5V 호칭 외경 (d_e)	5V 직경 (d_m)	8V 호칭 외경 (d_e)	8V 직경 (d_m)
67	65.8	180	177.4	315	310
71	69.8	190	187.4	335	330
75	73.8	200	197.4	355	350
80	78.8	212	209.4	375	370
90	88.8	224	221.4	400	395
100	98.8	236	233.4	425	420
112	110.8	250	247.4	450	445
125	123.8	280	277.4	475	470
140	138.8	315	312.4	500	495
160	158.8	355	352.4	560	555
180	178.8	400	397.4	630	625
200	198.8	450	447.4	710	705
250	248.8	500	497.4	800	795
315	313.8	630	627.4	1000	995
400	398.8	800	797.4	1250	1245
500	498.8	1000	997.4	1600	1595
630	628.8	—	—	—	—

(5) 세폭 V 벨트의 계산 세폭 V 벨트의 계산 방법은 대부분 앞의 표준 V 벨트의 경우와 동일하며, 단지 몇 가지 공식 및 데이터가 다를 뿐이다. 따라서 여기서는 계산 방법의 설명은 생략하고, 예제를 통해 그 절차를 나타내기로 하는데 세폭 V 벨트에 특유한 공식 및 데이터는 그때마다 들어 둔다.

11·66 표 세폭 V 풀리의 홈부 형상·치수 (JIS B 1855) (단위 mm)

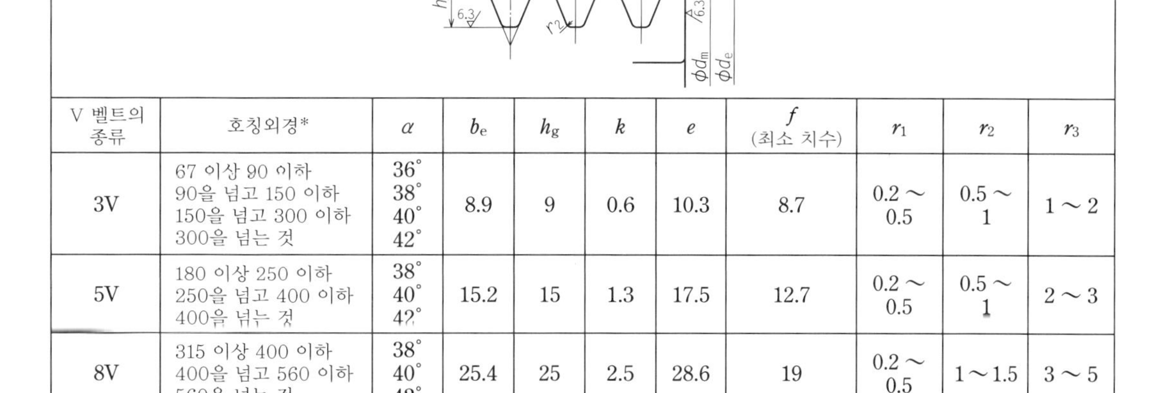

V 벨트의 종류	호칭외경*	α	b_e	h_g	k	e	f (최소 치수)	r_1	r_2	r_3
3V	67 이상 90 이하 90을 넘고 150 이하 150을 넘고 300 이하 300을 넘는 것	36° 38° 40° 42°	8.9	9	0.6	10.3	8.7	0.2 ~ 0.5	0.5 ~ 1	1 ~ 2
5V	180 이상 250 이하 250을 넘고 400 이하 400을 넘는 것	38° 40° 42°	15.2	15	1.3	17.5	12.7	0.2 ~ 0.5	0.5 ~ 1	2 ~ 3
8V	315 이상 400 이하 400을 넘고 560 이하 560을 넘는 것	38° 40° 42°	25.4	25	2.5	28.6	19	0.2 ~ 0.5	1 ~ 1.5	3 ~ 5

[주] 홈의 폭 b_e가 표 중의 값이 되는 곳의 직경 d_e로, 일반적으로 외경과 동일하다. 또한 벨트 길이의 측정, 회전비 기준 등의 계산에는 직경 d_m을 이용한다.

11장

[예제 2] 출력 30kW, 회전수 1450rpm의 모터에 의해 300회전을 내는 공작기계를 운전하고 싶다. 모터와 공작기계의 축간 거리 약 1,200mm로서, 세폭 V 벨트의 종류와 유효 둘레길이 및 개수와 V 풀리의 호칭외경을 결정하라.

[해] 모든 계산은 다음의 번호 순서로 진행한다.

① 설계 동력

설계 동력은 부하 동력과 부하 보정계수로부터 다음 식에 의해 산출한다. 또한 부하 동력은 원동기의 정격 동력 또는 종동기의 실제 부하를 말한다.

$$P_d = P_r \times K_0 \quad (8)$$

단, P_d…설계 동력(kW),
P_r…부하 동력(kW),
K_0…부하 보정계수(11·50 표 참조)

제의에 의해

$$P_d = 30 \times 1.3 = 39 \ \text{(kW)}$$

② V 벨트 종류의 결정

V 벨트의 종류는 부하 동력과 작은 V 풀리의 회전수에 따라 11·60 그림으로부터 결정한다. 이때, 만약 2종류의 경계선 가까이가 된 경우는 2종류의 벨트에 대해 계산해 경제적인 쪽을 선택하는 것이 좋다. 11·60 그림에서 5V형으로 한다.

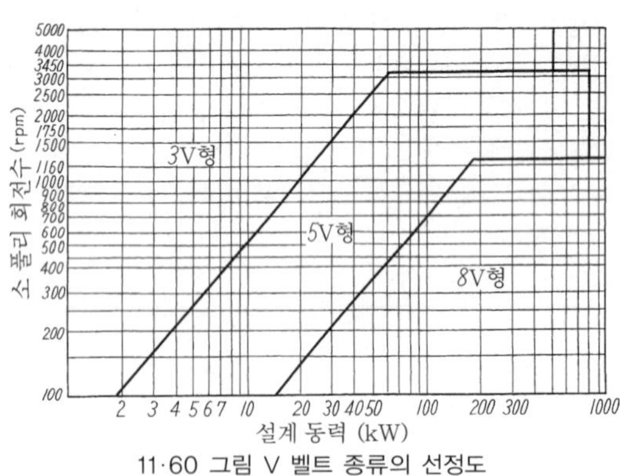

11·60 그림 V 벨트 종류의 선정도

③ 원동기 측의 풀리 지름

너무 작은 풀리 직경을 사용하면, 벨트의 수명이 저하된다. 그래서 11·67 표에서 호칭외경 d_e는 212mm, 직경 d_m은 209.4 mm로 한다.

또한 11·68 표는 최소 풀리 외경을 나타낸 것이다.

④ 종동기 측의 풀리 지름

종동기 측의 풀리 지름은 다음 식에 의해 구할

11·68 표 최소 풀리 외경 (단위 mm)

형태	3 V	5 V	8 V
최소 풀리 외경	70	180	300

수 있는데, 계산값에 근사한 호칭외경과 직경을 선정하는 것이 바람직하다.

$$D_p = \frac{n_1}{n_2} d_p \quad (9)$$

단, d_p…원동기 측 풀리 직경(mm),
D_p…종동기 측 풀리 직경(mm),
n_1…원동측 회전수(rpm),
n_2…종동측 회전수(rpm)

제의에 의해

$$D_p = \frac{1450}{300} \times 209.4 \fallingdotseq 1012$$

따라서 11·67 표로부터 직경 D_p는 997.4mm, 호칭외경 D_e는 1000mm로 한다.

또한 회전비는 다음 식으로부터 구할 수 있다.

$$\text{회전비} = \frac{\text{대 V 풀리의 직경}}{\text{소 V 풀리의 직경}} = \frac{997.4}{209.4} = 4.76$$

⑤ V 벨트 길이의 결정

V 벨트의 길이는 다음 식에 의해 산출하고, 이것에 가까운 것을 11·65 표에서 선택하면 된다.

$$L = 2C + 1.57(D_e + d_e) + \frac{(D_e - d_e)^2}{4C} \quad (10)$$

단, L…V 벨트의 길이,
C…축간 거리(설계 당초),
D_e…대 V 풀리의 유효 직경(mm),
d_e…소 V 풀리의 유효 직경(mm)

제의에 의해

$$L = 2 \times 1200 + 1.57(1000 + 212) + \frac{(1000 - 212)^2}{4 \times 1200}$$

$$= 4432.2 \ \text{(mm)}$$

11·65 표에서 V 벨트의 길이 L은 4318mm로 호칭번호 1700로 결정한다.

⑥ V 벨트의 기준 전동 용량 및 전동 용량의 계산

V 벨트의 기준 전동 용량이란 기준 길이의 V 벨트(11·75 표에 나타낸 길이의 보정계수가가 1.00인 V 벨트를 말한다)로, 11·61 그림에 나타낸 접촉각 φ이 180도일 때의 V 벨트의 전동 용량을 말한다.

V 벨트 전동 용량은 기준 전동 용량에 회전비에 의한 부가 전동 용량을 더한 것으로, 다음 식으로 계산하면 된다. 또한 작은 V 풀리의 유효 직경과 회전 속도(모터의 정격 회전 속도를 취한다)에 대한 기준 전동 용량 및 회전비에 의한 부가 전동 용량을 11·71 표~11·73 표에 나타냈다.

3V : $P = d_m \cdot n \left[6.2624 \times 10^{-5} - \dfrac{1.5331 \times 10^{-3}}{d_m} - 9.8814 \times 10^{-18} (d_m \cdot n)^2 - 5.5904 \times 10^{-6} (\log d_m + \log n) \right] + K_r \cdot n$ (11)

5V : $P = d_m \cdot n \left[1.8045 \times 10^{-4} - \dfrac{8.6789 \times 10^{-3}}{d_p} - 3.0208 \times 10^{-17} (d_m \cdot n)^2 - 1.5705 \times 10^{-5} (\log d_m + \log n) \right] + K_r \cdot n$ (12)

8V : $P = d_m \cdot n \left[4.8510 \times 10^{-4} - \dfrac{4.4129 \times 10^{-2}}{d_m} - 8.2692 \times 10^{-17} (d_m \cdot n)^2 - 4.1103 \times 10^{-5} (\log d_m + \log n) \right] + K_r \cdot n$ (13)

단, P…벨트 1개당 전동 용량(kW),
d_m…소 V 풀리 기준 직경(mm)(11·66 표 [주] 참조),
n…소 V 풀리 회전 속도(min^{-1}),
K_r…회전비에 의한 보정계수(11·69 표)

11·69 표 상수 C_1, C_2, C_3, C_4의 값과 회전비에 의한 보정계수 K_r의 값

상수	종류	C_1	C_2
	3V	6.2624×10^{-5}	1.5331×10^{-3}
	5V	1.8045×10^{-4}	8.6789×10^{-3}
	8V	4.8510×10^{-4}	4.4129×10^{-2}
	종류	C_3	C_4
	3V	9.8814×10^{-18}	5.5904×10^{-6}
	5V	3.0208×10^{-17}	1.5705×10^{-5}
	8V	8.2692×10^{-17}	4.1103×10^{-5}

회전비에 의한 보정계수	회전비	K_r	회전비	K_r
	1.00 ～ 1.01	1.0000	1.27 ～ 1.38	1.0805
	1.02 ～ 1.05	1.0096	1.39 ～ 1.57	1.0956
	1.06 ～ 1.11	1.0266	1.58 ～ 1.94	1.1089
	1.12 ～ 1.18	1.0473	1.95 ～ 3.38	1.1198
	1.19 ～ 1.26	1.0655	3.39	1.1278

11·72 표에서 기준 전동 용량은 15.02, 회전비에 의한 부가 전동 용량 1.40을 얻는다.

$$P_r = 15.02 + 1.40 = 16.42 \text{ (kW)}$$

⑦ 축간 거리

축간 거리 C는 다음 식으로 산출하고, 가정값을 변경하면 된다. 또한 축간 거리의 최소 조정 여유는 11·70 표에서 구하면 된다.

$$C = \frac{B + \sqrt{B^2 - 2(D_e - d_e)^2}}{4} \quad (14)$$

단, C…축간 거리(mm),
D_e…대 V 풀리의 유효 직경(mm),
d_e…소 V 풀리의 유효 직경(mm),

11·70 표 축간 거리의 최소 조정 여유

(단위 mm)

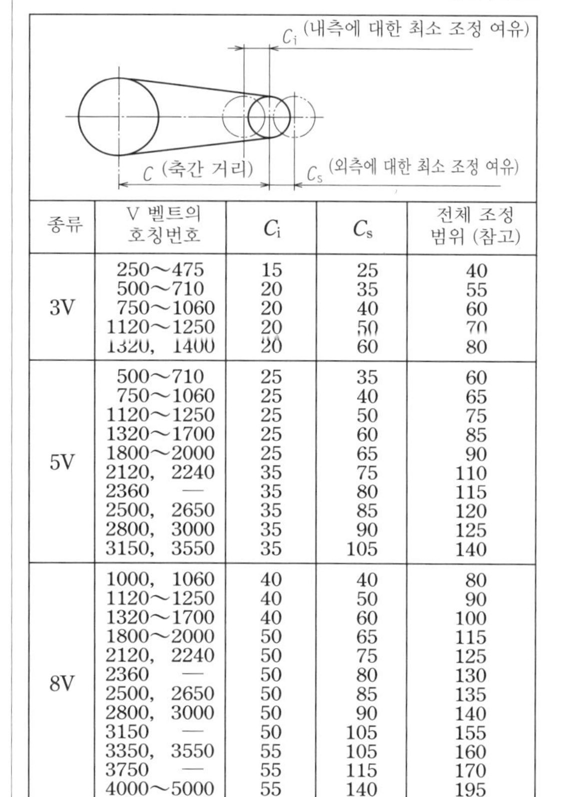

종류	V 벨트의 호칭번호	C_i	C_s	전체 조정 범위 (참고)
3V	250～475	15	25	40
	500～710	20	35	55
	750～1060	20	40	60
	1120～1250	20	50	70
	1320, 1400	20	60	80
5V	500～710	25	35	60
	750～1060	25	40	65
	1120～1250	25	50	75
	1320～1700	25	60	85
	1800～2000	25	65	90
	2120, 2240	35	75	110
	2360 —	35	80	115
	2500, 2650	35	85	120
	2800, 3000	35	90	125
	3150, 3550	35	105	140
8V	1000, 1060	40	40	80
	1120～1250	40	50	90
	1320～1700	40	60	100
	1800～2000	50	65	115
	2120, 2240	50	75	125
	2360 —	50	80	130
	2500, 2650	50	85	135
	2800, 3000	50	90	140
	3150 —	50	105	155
	3350, 3550	55	105	160
	3750 —	55	115	170
	4000～5000	55	140	195

B … $L - 1.57(D_e + d_e)$ (mm),
L … V 벨트의 길이 mm)

제의에 의해 $B = 4318 - 1.57(1000 + 212) ≒ 2415$

$$C = \frac{2415 + \sqrt{2415^2 - 2(1000 - 212)^2}}{4}$$

$$≒ 1139 \text{ (mm)}$$

따라서 축간 거리 1139(mm)가 되고, 11·70 표에서 V 벨트의 호칭번호 1700은 축간 거리의 최소 조정 여유가 $C_i = 25$(mm), $C_s = 60$(mm)이 된다.

⑧ V 벨트의 접촉각, 접촉각 보정계수

11·61 그림에 나타낸 V 벨트의 접촉각 φ는 다음의 식에 의해 산출할 수 있는데, 11·74 표에 나타낸 접촉각 보정계수에 의해 접촉각 φ과 접촉각 보정계수 K_φ를 구해도 된다.

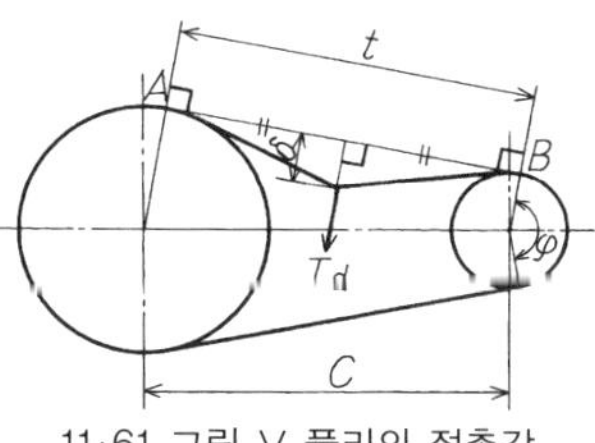

11·61 그림 V 풀리의 접촉각

$$\varphi = 180° \pm 2\sin^{-1}\frac{D_e - d_e}{2C} \quad (15)$$

11장

11·71 표 세폭 V 벨트 3V의 기준 전동 용량 (kW)

소 V 풀리 회전 속도 (min^{-1})	소 풀리의 유효 직경 (mm)														
	67	71	75	80	90	100	112	125	140	150	160	180	200	250	315
690	0.60	0.70	0.79	0.91	1.14	1.37	1.64	1.93	2.26	2.48	2.70	3.14	3.57	4.62	5.94
725	0.63	0.73	0.82	0.95	1.19	1.43	1.71	2.02	2.37	2.60	2.83	3.28	3.73	4.83	6.21
870	0.73	0.84	0.96	1.10	1.39	1.67	2.01	2.37	2.78	3.05	3.32	3.86	4.38	5.67	7.27
950	0.78	0.91	1.03	1.19	1.50	1.80	2.17	2.56	3.00	3.30	3.59	4.17	4.73	6.11	7.83
1160	0.91	1.07	1.22	1.40	1.77	2.14	2.58	3.05	3.58	3.93	4.27	4.96	5.63	7.25	9.22
1425	1.07	1.26	1.44	1.66	2.11	2.55	3.08	3.63	4.27	4.69	5.10	5.91	6.70	8.58	10.81
1750	1.26	1.47	1.69	1.96	2.50	3.03	3.66	4.32	5.07	5.57	6.05	7.00	7.91	10.04	12.45
2850	1.78	2.12	2.45	2.86	3.67	4.47	5.39	6.35	7.41	8.09	8.75	9.98	11.09		
3450	2.01	2.41	2.80	3.28	4.22	5.12	6.17	7.24	8.41	9.13	9.82	11.05			

소 V 풀리 회전 속도 (min^{-1})	회전비에 의한 부가 전동 용량 (kW)									
	1.00 ~ 1.01	1.02 ~ 1.05	1.06 ~ 1.11	1.12 ~ 1.18	1.19 ~ 1.26	1.27 ~ 1.38	1.39 ~ 1.57	1.58 ~ 1.94	1.95 ~ 3.38	3.39 이상
690	0.00	0.01	0.03	0.05	0.07	0.08	0.09	0.10	0.11	0.12
725	0.00	0.01	0.03	0.05	0.07	0.08	0.10	0.11	0.12	0.13
870	0.00	0.01	0.03	0.06	0.08	0.10	0.12	0.13	0.14	0.15
950	0.00	0.01	0.04	0.07	0.09	0.11	0.13	0.14	0.16	0.17
1160	0.00	0.02	0.05	0.08	0.11	0.13	0.16	0.17	0.19	0.20
1425	0.00	0.02	0.06	0.10	0.13	0.16	0.19	0.21	0.23	0.25
1750	0.00	0.03	0.07	0.12	0.16	0.20	0.23	0.26	0.29	0.30
2850	0.00	0.04	0.11	0.20	0.27	0.33	0.38	0.43	0.47	0.50
3450	0.00	0.05	0.14	0.24	0.33	0.39	0.46	0.52	0.57	0.60

11·72 표 세폭 V 벨트 5V의 기준 전동 용량 (kW)

소 V 풀리 회전 속도 (min^{-1})	소 풀리의 유효 직경 (mm)											
	180	190	200	212	224	236	250	280	315	355	400	450
575	5.36	5.90	6.44	7.08	7.71	8.35	9.08	10.64	12.43	14.44	16.65	19.06
690	6.26	6.90	7.53	8.29	9.03	9.78	10.64	12.46	14.55	16.89	19.45	22.21
725	6.53	7.20	7.86	8.64	9.43	10.20	11.10	13.00	15.18	17.61	20.27	23.13
870	7.61	8.39	9.17	10.09	11.01	11.91	12.96	15.17	17.69	20.49	23.52	26.73
950	8.19	9.03	9.87	10.86	11.85	12.82	13.95	16.32	19.01	21.99	25.19	28.56
1160	9.63	10.63	11.62	12.79	13.95	15.09	16.41	19.16	22.25	25.61	29.16	32.78
1425	11.31	12.49	13.65	15.02	16.37	17.70	19.21	22.35	25.81	29.47	33.17	36.73
1750	13.15	14.52	15.86	17.43	18.97	20.46	22.16	25.60	29.26	32.93		
2850	17.31	19.00	20.60	22.40	24.06							

소 V 풀리 회전 속도 (min^{-1})	회전비에 의한 부가 전동 용량 (kW)									
	1.00 ~ 1.01	1.02 ~ 1.05	1.06 ~ 1.11	1.12 ~ 1.18	1.19 ~ 1.26	1.27 ~ 1.38	1.39 ~ 1.57	1.58 ~ 1.94	1.95 ~ 3.38	3.39 이상
575	0.00	0.05	0.13	0.23	0.31	0.37	0.44	0.49	0.53	0.57
690	0.00	0.06	0.16	0.27	0.37	0.45	0.52	0.59	0.64	0.68
725	0.00	0.06	0.16	0.28	0.39	0.47	0.55	0.62	0.67	0.71
870	0.00	0.07	0.20	0.34	0.46	0.56	0.66	0.74	0.81	0.86
950	0.00	0.08	0.21	0.37	0.51	0.61	0.72	0.81	0.88	0.93
1160	0.00	0.10	0.26	0.45	0.62	0.75	0.88	0.99	1.08	1.14
1425	0.00	0.12	0.32	0.56	0.76	0.92	1.08	1.21	1.32	1.40
1750	0.00	0.14	0.39	0.69	0.93	1.13	1.33	1.49	1.62	1.72
2850	0.00	0.24	0.64	1.12	1.52	1.84	2.16	2.43	2.65	2.80

11·73 표 세폭 V 벨트 8V의 기준 전동 용량 (kW)

소 V 풀리 회전 속도 (min^{-1})	소 풀리의 유효 직경 (mm)											
	315	335	355	375	400	425	450	475	500	560	630	710
485	19.26	21.66	24.05	26.42	29.35	32.26	35.14	38.00	40.82	47.48	55.04	63.39
575	22.15	24.94	27.71	30.44	33.83	37.18	40.49	43.76	46.98	54.55	63.06	72.33
690	25.64	28.89	32.11	35.28	39.20	43.06	46.86	50.59	54.26	62.80	72.24	82.30
725	26.66	30.04	33.38	36.68	40.75	44.75	48.69	52.55	56.34	65.12	74.78	84.98
870	30.61	34.52	38.35	42.13	46.76	51.28	55.70	60.00	64.18	73.73	83.90	94.15
950	32.63	36.79	40.87	44.87	49.76	54.52	59.15	63.63	67.96	77.72	87.89	
1160	37.29	42.03	46.63	51.11	56.51	61.69	66.63	71.33	75.78	85.34		
1425	41.78	47.00	51.99	56.76	62.38	67.60	72.41					
1750	44.87	50.23	55.20	59.77								

소 V 풀리 회전 속도 (min^{-1})	회전비에 의한 부가 전동 용량 (kW)									
	1.00 ~ 1.01	1.02 ~ 1.05	1.06 ~ 1.11	1.12 ~ 1.18	1.19 ~ 1.26	1.27 ~ 1.38	1.39 ~ 1.57	1.58 ~ 1.94	1.95 ~ 3.38	3.39 이상
485	0.00	0.20	0.55	0.97	1.32	1.59	1.87	2.10	2.29	2.43
575	0.00	0.24	0.66	1.15	1.56	1.89	2.21	2.49	2.71	2.88
690	0.00	0.29	0.79	1.38	1.87	2.27	2.66	2.99	3.26	3.45
725	0.00	0.30	0.83	1.44	1.97	2.38	2.79	3.14	3.42	3.63
870	0.00	0.37	0.99	1.73	2.36	2.86	3.35	3.77	4.11	4.35
950	0.00	0.40	1.09	1.89	2.58	3.12	3.66	4.12	4.49	4.75
1160	0.00	0.49	1.33	2.31	3.15	3.81	4.47	5.03	5.48	5.80
1425	0.00	0.60	1.63	2.84	3.87	4.68	5.49	6.18	6.73	7.13
1750	0.00	0.73	2.00	3.49	4.75	5.75	6.74	7.58	8.26	8.75

단, D_e…대 V 풀리의 유효 직경(mm),
d_e…소 V 풀리의 유효 직경(mm),
C…축간 거리(mm)

또한 +는 대 V 풀리의 접촉각을 구하는 경우이고, −는 소 V 풀리의 접촉각을 구하는 경우이다. 11·74 표로부터 소 V 풀리 측의 접촉각 φ는 139°, 접촉각 보정계수 K_φ는 0.89가 된다.

11·74 표 접촉각 보정계수 K_φ

$\dfrac{D_e - d_e}{C}$	소 V 풀리 측의 접촉각 φ(°)	K_φ
0.00	180	1.00
0.10	174	0.99
0.20	169	0.97
0.30	163	0.96
0.40	157	0.94
0.50	151	0.93
0.60	145	0.91
0.70	139	0.89
0.80	133	0.87
0.90	127	0.85
1.00	120	0.82
1.10	113	0.80
1.20	106	0.77
1.30	99	0.73
1.40	91	0.70
1.50	83	0.65

⑨ V 벨트의 보정 전동 용량

V 벨트의 보정 전동 용량은 다음 식으로 산출할 수 있다.

$$P_c = P \times K_L \times K\varphi \tag{16}$$

단, P_c…보정 전동 용량(kW),
P…V 벨트 1개당 전동 용량(kW),
K_L…길이 보정계수(11·75 표 참조),
K_φ…접촉각 보정계수
(11·74 표 참조)

제의에 의해

$$P_c = 16.42 \times 1.05 \times 0.89 \fallingdotseq 15.4 \text{ (kW)}$$

⑩ V 벨트의 사용 개수

V 벨트의 사용 개수는 다음 식으로 구할 수 있다. 단, 소수점 이하는 올림을 한다.

$$Z = \frac{P_d}{P_c} \tag{17}$$

단, Z…V 벨트의 사용 개수,
P_d…설계 동력(kW),
P_c…V 벨트 1개당 보정 전동 용량
(kW)

제의에 의해

$$Z = \frac{39}{15.4} = 2.54$$

따라서 3개로 한다.

11·75 표 길이 보정계수 K_L

호칭 번호	K_L 3V	K_L 5V	K_L 8V	호칭 번호	K_L 3V	K_L 5V	K_L 8V
250	0.83	—	—	1180	1.12	0.99	0.89
265	0.84	—	—	1250	1.13	1.00	0.90
280	0.85	—	—	1320	1.14	1.01	0.91
300	0.86	—	—	1400	1.15	1.02	0.92
315	0.87	—	—	1500	—	1.03	0.93
335	0.88	—	—	1600	—	1.04	0.94
355	0.89	—	—	1700	—	1.05	0.94
375	0.90	—	—	1800	—	1.06	0.95
400	0.92	—	—	1900	—	1.07	0.96
425	0.93	—	—	2000	—	1.08	0.97
450	0.94	—	—	2120	—	1.09	0.98
475	0.95	—	—	2240	—	1.09	0.98
500	0.96	0.85	—	2360	—	1.10	0.99
530	0.97	0.86	—	2500	—	1.11	1.00
560	0.98	0.87	—	2650	—	1.12	1.01
600	0.99	0.88	—	2800	—	1.13	1.02
630	1.00	0.89	—	3000	—	1.14	1.03
670	1.01	0.90	—	3150	—	1.15	1.03
710	1.02	0.91	—	3350	—	1.16	1.04
750	1.03	0.92	—	3550	—	1.17	1.05
800	1.04	0.93	—	3750	—	—	1.06
850	1.06	0.94	—	4000	—	—	1.07
900	1.07	0.95	—	4250	—	—	1.08
950	1.08	0.96	—	4500	—	—	1.09
1000	1.09	0.96	0.87	4750	—	—	1.09
1060	1.10	0.97	0.88	5000	—	—	1.10
1120	1.11	0.98	0.88				

3. 이붙이 벨트 전동

최근 기계의 고속화, 자동화, 경량화 등의 성능 향상이 매우 현저해지고, 전동기구에도 그들의 요망에 부응해 여러 가지 것이 개발되어 왔다. 이하에서 설명하는 이붙이 벨트 전동기구도 그 하나이다.

이붙이 벨트란 타이밍 벨트라고도 불리며, 11·62 그림에 나타냈듯이 평 벨트 안쪽에 사다리꼴 각 40°(일부 형식은 50°)의 돌기를 동일한 피치로 설치한 것으로, 벨트 풀리 쪽도 이것에 맞물리도록 인벌류트 치형이 새겨져 있다. 따라서 벨트와 벨트 풀리가 맞물림으로써 전동이 이루어지므로 슬립이나 속도 변화가 없고 형상이 콤팩트해 경량이며, 매우 조용한 구동을 얻을 수 있는 등 여러 가지 장점을 가지고 있기 때문에 널리 사용되어 왔다.

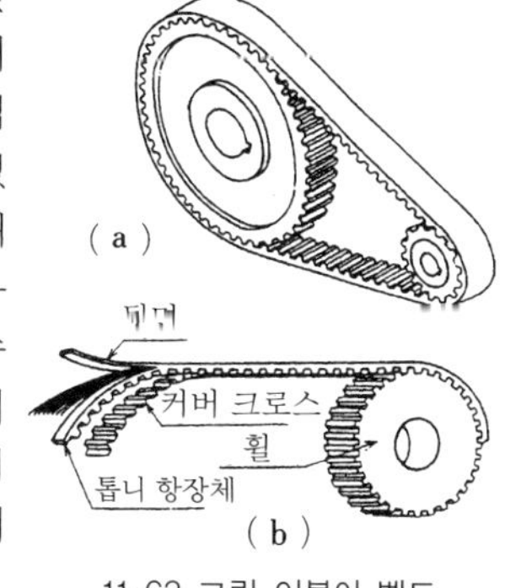

11·62 그림 이붙이 벨트

11장

JIS에서는 일반용으로서 JIS K 6372 일반용 이붙이 벨트 및 JIS B 1856 이붙이 풀리를 규정하고 있다. 이들은 ISO 규격대로 인치 표시가 되어 있는데, 이미 시판품도 출시되어 있으며 미터 표시는 보류됐다.

(1) 이붙이 벨트

(i) 이붙이 벨트 구조 이붙이 벨트는 11·62 그림에 나타냈듯이 유리 섬유를 꼬아 합친 항장체를 몇 개 늘어놓고 고분자 재료로 이것을 감싸는 동시에 톱니를 일체 성형시키고, 또한 벨트 마찰 부분을 나일론 원단으로 덮어 만들어진 것으로, V 벨트와 마찬가지로 이음매가 없고 바퀴 모양으로 제조되고 있다.

(ii) 이붙이 벨트의 종류 이붙이 벨트에는 피치

11·76 표 일반용 이붙이 벨트의 종류

피치	형식 명칭
5.08 mm(1/5″)	XL (extra light)
9.525mm(3/8″)	L (light)
12.70 mm(1/2″)	H (heavy)
22.225mm(7/8″)	XH (extra heavy)
31.75 mm(1 1/4″)	XXH (double extra heavy)

11·77 표 일반용 이붙이 벨트의 호칭폭과 벨트 폭

종류	벨트 호칭폭	벨트 폭 (mm)	벨트 폭 (in)	종류	벨트 호칭폭	벨트 폭 (mm)	벨트 폭 (in)
XL	025	6.4	1/4	H	200	50.8	2
	031	7.9	5/16		300	76.2	3
	037	9.5	3/8	XH	200	50.8	2
L	050	12.7	1/2		300	76.2	3
	075	19.1	3/4		400	101.6	4
	100	25.4	1	XXH	200	50.8	2
H	075	19.1	3/4		300	76.2	3
	100	25.4	1		400	101.6	4
	150	38.1	1 1/2		500	127.0	5

11·78 표 일반적으로 시판되고 있는 이붙이 벨트의 호칭폭과 벨트 폭

벨트 형식	XL 호칭	XL 피치 (mm)	L 호칭	L 피치 (mm)	H 호칭	H 피치 (mm)	XH 호칭	XH 피치 (mm)	XXH 호칭	XXH 피치 (mm)
	XL	5.08	L	9.525	H	12.7	XH	22.225	XXH	31.75
벨트 폭		벨트 폭 (mm)	호칭	벨트 폭 (mm)	호칭	벨트 폭 (mm)	호칭	벨트 폭 (mm)	호칭	벨트 폭 (mm)
	025	6.4	050	12.7	075	19.1	200	50.8	200	50.8
	031	7.9	075	19.1	100	25.4	300	76.2	300	76.2
	037	9.5	100	25.4	150	38.1	400	101.6	400	101.6
					200	50.8			500	127.0
					300	76.2				

벨트 길이	XL 호칭	벨트 길이 (mm)	잇수	L 호칭	벨트 길이 (mm)	잇수	H 호칭	벨트 길이 (mm)	잇수	XH 호칭	벨트 길이 (mm)	잇수	XXH 호칭	벨트 길이 (mm)	잇수
	60	152.4	30	124	314.3	33	240	609.6	48	507	1289.1	58	700	1778.0	56
	70	177.8	35	150	381.0	40	270	685.8	54	560	1422.4	64	800	2032.0	64
	80	203.2	40	187	476.3	50	300	762.0	60	630	1600.2	72	900	2286.0	72
	90	228.6	45	210	533.4	56	330	838.2	66	700	1778.0	80	1000	2540.0	80
	100	254.0	50	225	571.5	60	360	914.4	72	770	1955.8	88	1200	3048.0	96
	110	279.4	55	240	609.6	64	390	990.6	78	840	2133.6	96	1400	3556.0	112
	120	304.8	60	255	647.7	68	420	1066.8	84	980	2489.2	112	1600	4064.0	128
	130	330.2	65	270	685.8	72	450	1143.0	90	1120	2844.8	128	1800	4572.0	144
	140	355.6	70	285	723.9	76	480	1219.2	96	1264	3200.4	144			
	150	381.0	75	300	762.0	80	510	1295.4	102	1400	3556.0	160			
	160	406.4	80	322	819.2	86	540	1371.6	108	1540	3911.6	176			
	170	431.8	85	345	876.3	92	570	1447.8	114	1750	4445.0	200			
	180	457.2	90	367	933.5	98	600	1524.0	120						
	190	482.6	95	390	990.6	104	630	1600.2	126						
	200	508.0	100	420	1066.8	112	660	1676.4	132						
	210	533.4	105	450	1143.0	120	700	1778.0	140						
	220	558.8	110	480	1219.2	128	750	1905.0	150						
	230	584.2	115	510	1295.4	136	800	2032.0	160						
	240	609.6	120	540	1371.6	144	850	2159.0	170						
	250	635.0	125	600	1524.0	160	900	2286.0	180						
	260	660.4	130				1000	2540.0	200						

에 따라 11·76 표에 나타낸 5가지 종류가 있다.

또한 벨트의 길이는 피치선을 따라 측정한 길이로 하고, 세폭 V 벨트의 경우와 마찬가지로 그 길이를 나타내는 인치 치수의 100배의 번호로 불리며 벨트 폭도 동일하게 인치 치수의 100배로 불린다(단, 메이커에 따라서는 벨트 길이는 잇수로 나타내고 있는 곳도 있다).

11·77 표는 벨트 호칭폭의 일람을 나타낸 것이다. 또한 11·78 표는 일반적으로 시판되고 있는 표준형 이붙이 벨트의 형식, 벨트 폭, 벨트 길이를 나타낸 것이다.

(2) 이붙이 벨트용 풀리 이붙이 벨트용 풀리는 일반적으로 이붙이 벨트와 세트로서 메이커의 표준품을 구입 사용하는 것이 보통이다.

또한 이붙이 벨트는 항장체에 꼬임이 되어 있는 관계로, 풀리의 정렬이 정확해도 운전 중에 약간이지만 한쪽으로 치우치는 경향을 나타내므로 한 세트의 풀리 중 적어도 1개는 플랜지붙이로 하는 것이 필요하다.

플랜지는 11·63 그림 (a)에 나타냈듯이 일반적으로 잇수가 적은 풀리의 양쪽 측에 붙이는데, 동 그림 (b)와 같이 양쪽 풀리의 한쪽 측만 대칭의 측면에 설치할 수 있으며, 또한 아이들러를 사용할 때에는 동 그림 (c)와 같이 아이들러의 양면에 설치해도 된다.

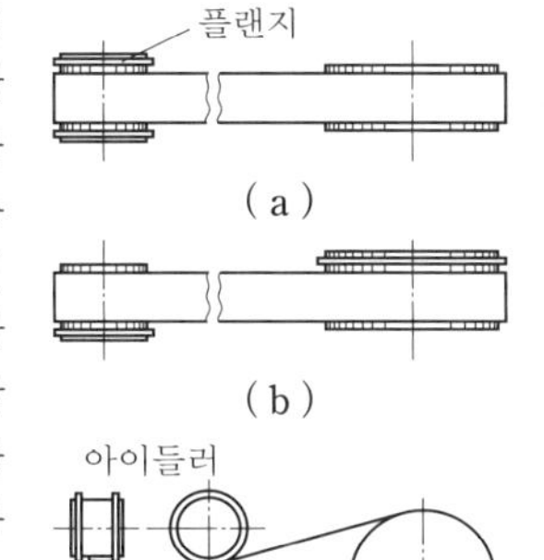

11·63 그림 플랜지의 설치

또한, 풀리 각부의 치수는 11·79 표에 나타낸 식에 의해 구한다.

(3) 이붙이 벨트의 계산

(i) 설계 동력의 계산 설계 동력은 다음 식에 의해 구한다.

$$P_d = P_m \times (K_0 + K_i + K_s)$$

단, P_d…설계 동력(kW),
P_m…전동 동력(kW),
K_0…부하 보정계수(11·80 표),
K_i…아이들러 사용에 의한 보정계수(11·81 표),
K_s…증속에 의한 보정계수(11·82 표)

또한 11·80 표의 사용 기계는 일례를 나타낸 것으로, 그 외의 것에 대해서는 이것을 참고로 계

11·79 표 풀리 각부의 치수 (단위 mm)

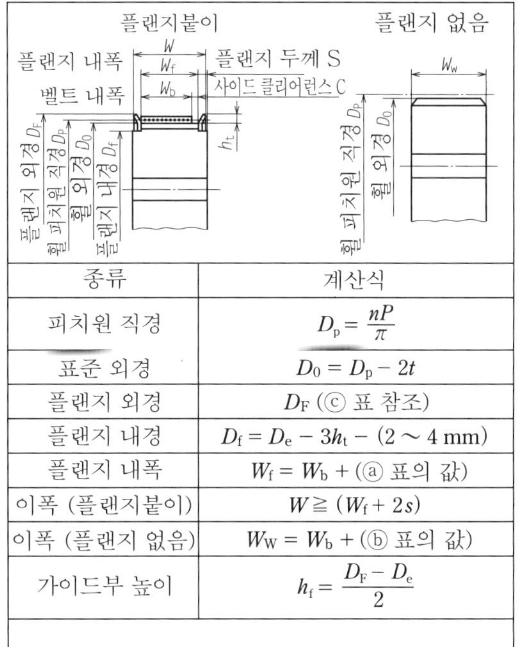

종류	계산식
피치원 직경	$D_p = \dfrac{nP}{\pi}$
표준 외경	$D_0 = D_p - 2t$
플랜지 외경	D_F (ⓒ 표 참조)
플랜지 내경	$D_f = D_e - 3h_t - (2 \sim 4\text{ mm})$
플랜지 내폭	$W_f = W_b +$ (ⓐ 표의 값)
이폭 (플랜지붙이)	$W \geqq (W_f + 2s)$
이폭 (플랜지 없음)	$W_W = W_b +$ (ⓑ 표의 값)
가이드부 높이	$h_f = \dfrac{D_F - D_e}{2}$

단, P…벨트 피치 (mm), n…풀리 잇수,
h_t…휠 이길이 (mm, ⓓ 표), W_b…벨트 폭 (mm),
s…플랜지 두께 (mm),
t…피치 라인 깊이 (mm, ⓓ 표)

ⓐ 플랜지 내폭 (W_f)

벨트 형식	벨트 폭에 더하는 치수
XL, L	2
H	3
XH	6
XXH	10

ⓑ 플랜지가 없는 경우의 휠 폭 ($W/_w$)

휠 간의 축간 거리	벨트 폭에 더하는 치수	
	XL, L, H	XH, XXH
250 이하	4.8	
250을 넘고 500 이하	6.4	12
500을 넘고 750 이하	8.0	15
750을 넘고 1000 이하	9.6	18
1000을 넘고 1250 이하	12.7	22

ⓒ 플랜지 외경 (D_F), 플랜지 두께 (s)

벨트 형식	플랜지 외경 (D_F)	플랜지 두께 (s)
XL	D_0 + 6.4 이상	1.5 이상
L	D_0 + 6.4 이상	2.0 이상
H	D_0 + 6.4 이상	2.5 이상
XH	D_0 + 16.4 이상	4.0 이상
XXH	D_0 + 21.7 이상	5.4 이상

ⓓ 휠 이길이 (h_t), 피치 라인 깊이 (t)

벨트 형식	XL	L	H	XH	XXH
휠 이길이 (h_t)	1.40	2.13	2.59	6.88	10.29
피치 라인 깊이(t)	0.25	0.38	0.69	1.40	1.52

11·80 표 사용 기계와 부하 보정계수 K_0

사용 기계[1]		원동기					
		최대 출력이 정격의 300% 이하인 것			최대 출력이 정격의 300%를 넘는 것		
		교류 모터(표준 모터, 동기 모터) 직류 모터(분권) 2실린더 이상의 엔진			특수 모터(고토크) 직류 모터(직권) 단실린더 엔진 라인 샤프트 또는 클러치에 의한 운전		
		운전 시간[2]			운전 시간[2]		
		I	II	III	I	II	III
A	매우 평활한 전동	1.0	1.2	1.4	1.2	1.4	1.6
		1.2	1.4	1.6	1.4	1.6	1.8
		1.3	1.5	1.7	1.5	1.7	1.9
B	거의 평활한 전동	1.4	1.6	1.8	1.6	1.8	2.0
C	약간 충격을 동반하는 전동	1.5	1.7	1.9	1.7	1.9	2.1
D	다소의 충격을 동반하는 전동	1.6	1.8	2.0	1.8	2.0	2.2
E	상당한 충격을 동반하는 전동	1.7	1.9	2.1	1.9	2.1	2.3
F	큰 충격을 동반하는 전동	1.8	2.0	2.2	2.	2.2	2.4

[주] [1] 사용 기계의 예를 나타내면, 다음과 같다.
A…① 전시기구, 영사기, 계측기기, 의료기기, ②청소기, 미싱, 사무기, 목공선반, 띠 톱기계, ③경하중용 벨트 컨베이어, 보올링기, 체 등
B…액체교반기, 볼반, 선반, 나사절삭반, 둥근 톱기계, 평삭반, 세탁기, 제지기계(펄퍼를 제외), 인쇄기계 등
C…교반기(시멘트, 점성체), 벨트 컨베이어(광석, 석탄, 모래), 연삭기, 형삭기, 보링머신, 밀링머신, 컴프레서(원심식), 진동 체, 섬유기계(정경기, 와인더), 회전압축기, 컴프레서(리시프로케이팅식) 등
D…컨베이어(에이프런, 팬, 버킷, 엘리베이터), 추출펌프, 세탁기, 팬, 블로어(원심, 흡인, 배기), 발전기, 여자기, 호이스트, 엘리베이터, 고무가공기(캘린더, 롤, 압출기), 섬유기계(직기, 정방기, 연사기, 관권기) 등
E…원심분리기, 컨베이어(플라이트, 스크류), 해머 밀, 제지기계(펄퍼 비터) 등
F…요업기계(벽돌, 점토반죽기), 광산용 프로펠러, 강제송풍기 등
[2] 운전 시간
Ⅰ…단속 사용 (1일 3~5시간)
Ⅱ…보통 사용 (1일 8~10시간)
Ⅲ…연속 사용 (1일 16~24시간)

수를 결정하면 된다. 또한 아이들러를 사용하는 경우에는 11·81 표의 값을, 증속 전동의 경우는 11·82 표의 값을 부하 보정계수에 더해야 한다.

11·81 표 아이들러 사용에 의한 보정계수 K_i

아이들러의 설치 조건		K_i
벨트의 느슨해지는 측에서	벨트의 내측에서 아이들러를 사용하는 경우	0.0
	벨트의 외측에서 아이들러를 사용하는 경우	0.1
벨트의 당기는 측에서	벨트의 내측에서 아이들러를 사용하는 경우	0.1
	벨트의 외측에서 아이들러를 사용하는 경우	0.2

11·82 표 증속에 의한 보정계수 K_s

증속비	K_s
1.00을 넘고 1.24 이하	0.0
1.24를 넘고 1.74 이하	0.1
1.74를 넘고 2.49 이하	0.2
2.49를 넘고 3.49 이하	0.3
3.49를 넘는 것	0.4

(ii) 벨트 종류의 선정 벨트 모양의 선정은 설계 동력과 작은 풀리의 회전수에 따라 11·64 그림에서 선택한다. 이 경우에 만약 2종류의 경계선에 가까워졌을 때에는 2종류의 벨트에 대해 계

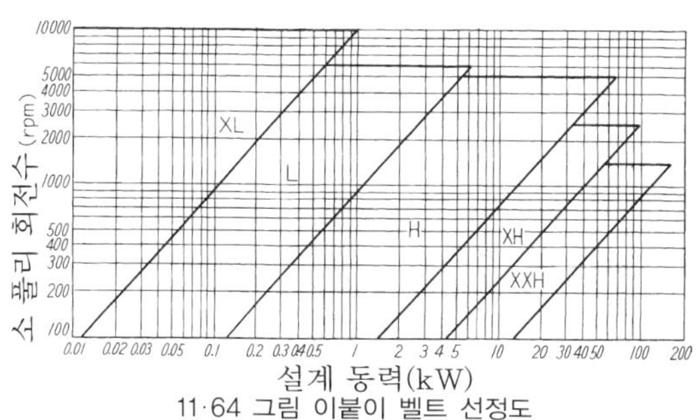

11·64 그림 이붙이 벨트 선정도

산해 경제적인 쪽을 선택하는 것이 좋다.

(iii) 풀리의 잇수 너무 작은 지름의 풀리는 사용 벨트의 수명이 짧아지므로, 작은 풀리의 잇수는 가급적 11·83 표에 나타낸 이상의 것을 선택하는 것이 바람직하다.

11·83 표 풀리 최소 허용 잇수

소 풀리 회전수 (rpm)	벨트 종류				
	XL	L	H	XH	XXH
900 이하	10	12	14	22	22
900을 넘고 1200 이하	10	12	16	24	24
1200을 넘고 1800 이하	12	14	18	26	26
1800을 넘고 3600 이하	12	16	20	30	—
3600을 넘고 4800 이하	15	18	22	—	—

또한, 큰 풀리의 잇수는 다음 식에 의해 구할 수 있다.

$$z_2 = \frac{n_1}{n_2} z_1 \qquad (19)$$

단, z_2, z_1…대, 소 풀리의 잇수,

n_2, n_1…대, 소 풀리의 회전수(rpm)

(iv) 벨트의 길이 벨트의 길이는 다음 식에 의해 계산하고, 이것에 가까운 것을 11·78 표에서 선택한다.

$$L = 2C + 1.57\left(D_p + d_p\right) + \frac{\left(D_p - d_p\right)}{4C} \qquad (20)$$

단, L…벨트의 길이(mm), C…축간 거리(mm), D_p, d_p…대, 소 풀리의 피치원 직경(mm, 11·79 표)

(4) 축간 거리 위의 식에 사용한 축간 거리는 가정의 것이므로, 결정한 벨트의 길이에서 다음 식에 의해 축간 거리를 산출한다.

$$C = \frac{B + \sqrt{B^2 - 2\left(D_p - d_p\right)^2}}{4} \qquad (21)$$

단, $B = L - 1.57(D_p + d_p)$

(5) 벨트의 전동 용량 이붙이 벨트는 단위 폭(25.4mm)당 전동 용량으로 나타내며 기준 전동 용량에 맞물림 보정계수를 곱한 것인데, 여기에 기준 전동 용량이란 단위 폭(25.4mm)의 벨트가 6 이상의 맞물림 잇수로 전동할 수 있는 용량을 말한다. 또한 맞물림 보정계수란 맞물림 잇수가 6 미만인 작은 풀리의 경우 벨트 톱니의 전단강도를 보강하기 위해 곱하는 계수로, 11·85 표에 나타냈다. 벨트의 기준 전동 용량은 다음 식에 의해 구한다.

$$P_{rs} = 0.5135 \times 10^{-6} \times d_p \times n\,(T_a - T_c) \qquad (22)$$

$$T_c = \frac{wV^2}{g} \quad \left(V = \frac{d_p \times n}{19100}\right) \qquad (23)$$

단, P_{rs}…벨트 단위 폭당 기준 전동 용량(kW),

d_p…작은 풀리의 피치원 직경(mm),

n…작은 풀리의 회전수(rpm),

T_a…벨트 단위 폭당 허용장력(N, 11·84 표), T_c…벨트 25.4mm 폭의 원심력(N),

ω…벨트 단위 폭당 단위 중량(N/m, 11·84 표), V…벨트 속도(m/sec)

따라서 단위 폭당 벨트 전동 용량은 다음과 같이 된다.

$$P_{re} = P_{rs} \times K_m$$

단, P_{rs}…앞에서 나옴,

P_{re}…단위 폭당 전동 용량(kW),

K_m…맞물림 보정계수(11·85 표)

(6) 벨트 폭의 결정 벨트 폭은 다음 식에 의해 폭계수를 구하고, 11·65 그림에서 벨트 호칭폭을 구하면 된다.

$$K_w = \frac{P_{rd}}{P_{rs} \times K_m} \qquad (25)$$

단, K_w…폭계수

(7) 축간 거리의 조정 여유 이붙이 벨트에서도 V 벨트와 마찬가지로 벨트의 설치 및 장력의 조정을 위해 축간 거리를 조정할 수 있게 해 두는

11·84 표 벨트 단위 폭당 허용장력 T_a 및 단위 중량 ω

벨트 형식	T_a (kN)	w (N/m)
XL	0.182	0.67
L	0.244	0.94
H	0.622	1.30
XH	0.85	3.06
XXH	1.04	3.94

11·85 표 맞물림에 의한 보정계수 K_m

소 풀리의 벨트 맞물림 잇수	K_m
6 이상	1.0
5	0.8
4	0.6
3	0.4
2	0.2

11장

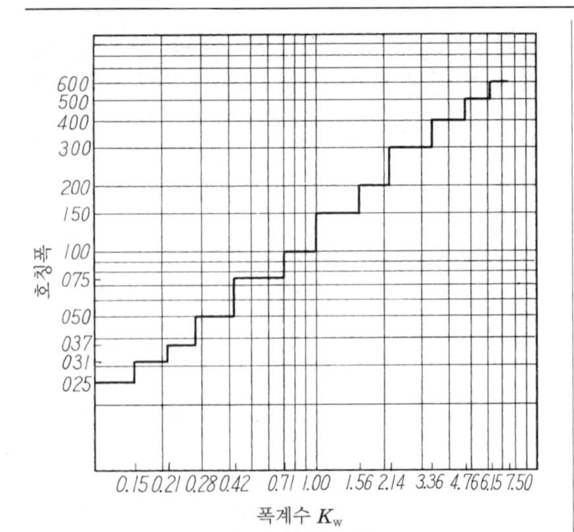

11·65 그림 벨트 폭

11·86 표 축간 거리 조정 여유 (단위 mm)

내측에 대한 조정 여유

C (축간 거리)

외측에 대한 조정 여유

벨트 호칭길이	벨트 길이	외측 조정 여유 C_i
60 ～ 200	152.40 ～ 508.00	3
210 ～ 390	533.40 ～ 990.60	5
420 ～ 800	1066.80 ～ 2032.00	10
840 ～ 1200	2133.60 ～ 3048.00	15
1250 ～ 1800	3175.00 ～ 4572.00	25

내측 조정 여유 C_s	종류	XL	L	H	XH	XXH
	조정 범위	5	10	15	40	50

것이 필요하다. 11·86 표는 최소 조정 여유를 나타낸 것이다.

[예제 3] 한 기계가 1일 12시간 가동하고 있다. 이 기계의 회전수는 750rpm이다. 모터의 정격전력 200W 4극, 회전수 1500rpm, 부하 변동의 정도는 중 정도로 했을 때의 이붙이 벨트 모양, 벨트 길이, 벨트 폭을 계산하라. 또한, 축간 거리는 220mm로 가정한다.

[해]

① 설계 동력의 계산

11·80 표에서 부하특성에 의한 보정계수 K_0는 1.4가 된다. 따라서 설계 동력 P_d는 (18)식에 의해

$$P_d = 200 \times 1.4 = 280\ \text{W}$$

② 벨트의 모양

11·64 그림에서 벨트의 모양은 L형이 된다.

③ 풀리의 잇수

작은 풀리의 잇수는 11·83 표에서 $z_1=14$가 된다. 또한 큰 풀리의 잇수 z_2는 (19)식에 의해

$$z_2 = \frac{1500}{750} \times 14 = 28$$

또한, 대소 풀리의 표준 외경과 피치 지름은 11·79 표에서 각각 다음과 같이 결정할 수 있다.

큰 풀리의 외경 $D_0=84.13$(mm)

큰 풀리의 피치원 직경 $D_p=84.89$(mm)

작은 풀리의 외경 $d_0=41.69$(mm)

작은 풀리의 피치원 직경 $d_p=42.45$(mm)

④ 벨트의 길이

벨트의 길이 L은 (20)식에 의해

$$L=2\times220+1.57(84.89+42.45)+\frac{(84.89-42.45)^2}{4\times220}$$

$$=641.97\ \text{(mm)}$$

따라서 11·78 표에서 이붙이 벨트의 길이 L은 647.7mm이 되고, 호칭번호는 255이 된다.

⑤ 축간 거리

벨트의 길이를 구할 수 있으므로 여기서 축간 거리 C를 결정한다. (21)식에 의해

$$B=647.7-1.57(84.89+42.45)$$

$$=447.78$$

따라서

$$C=\frac{447.78+\sqrt{447.78^2-2(84.89-42.45)^2}}{4}$$

$$\fallingdotseq 223\ \text{(mm)}$$

⑥ 벨트의 단위 폭당 전동 용량

우선 벨트 속도를 구한다.

$$V=\frac{d_p\times n}{19100}=\frac{42.45\times1500}{19100}$$

$$\fallingdotseq 3.33\ \text{(m/s)}$$

다음으로 T_c는 (23)식으로부터

$$T_c=\frac{wV^2}{g}=\frac{0.94\times3.33^2}{9.8}$$

$$=1.06\ \text{(N)}$$

따라서 P_n는 (22)식으로부터

$$P_{rs}=0.5135\times10^{-6}\times d_p\times n(T_a-T_c)$$

$$=0.5135\times10^{-6}\times42.45\times1500\times(0.24\times10^3-1.06)\fallingdotseq 7.8\ \text{(kW)}$$

⑦ 벨트의 폭

(25)식에 의해 벨트의 폭계수 K_w는

$$K_w=\frac{280}{7.8\times10^3\times1.0}$$

$$\fallingdotseq 0.036$$

따라서, 필요한 벨트 폭은 11·65 그림에서 호칭폭 025(폭 6.35mm)가 된다.

⑧ 축간 거리의 조정 여유

11·86 표에서 축간 거리 조정 여유는 다음과 같이 된다.

내측 최소 조정 여유 $C_i = 5$(mm)

외측 최소 조정 여유 $C_s = 5$(mm)

4. 평벨트 전동

2개의 평풀리에 띠 모양의 벨트를 감아 걸고, 평풀리와 벨트 사이의 마찰에 의해 동력을 전하는 것을 평벨트 전동장치라고 하며, 2축 간의 거리가 크고 정확한 속비를 필요로 하지 않는 경우에 이용한다. 일반적으로는 2축이 평행할 경우에 이용하는데, 평행하지 않은 경우에도 사용은 가능하다.

(1) 벨트 거는법 벨트 거는법에는 다음의 2방식이 있다.

(a) 평행 걸이(가사 걸이)로서 2축을 같은 방향으로 회전시키는 방법 [11·66 그림 (a)].

(b) 십자 걸이(어깨띠 걸이)로서 2축을 반대 방향으로 회전시키는 방법 [11·66 그림 (b)].

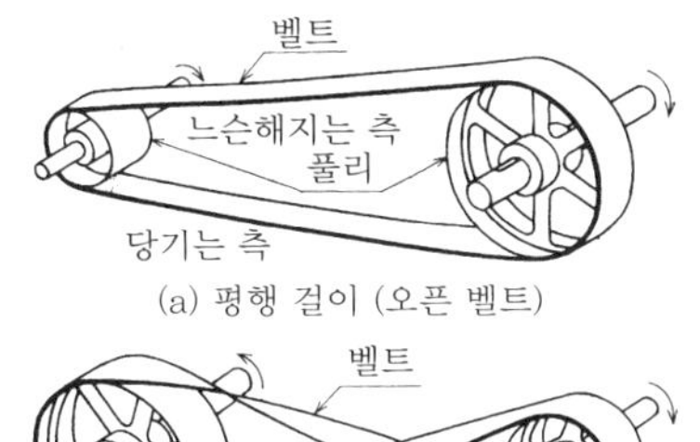

(a) 평행 걸이 (오픈 벨트)

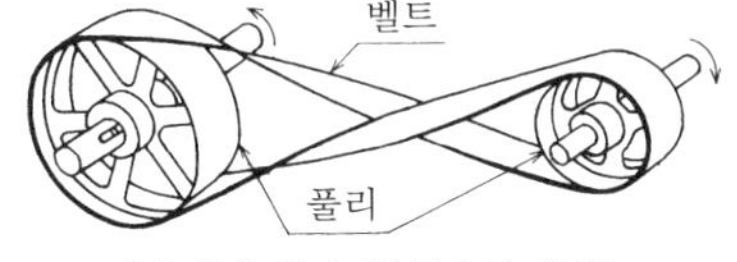

(b) 십자 걸이 (클로즈드 벨트)

11·66 그림 평벨트와 평풀리

전자의 수평 2축의 가사 걸이에서는 11·66 그림 (a)와 같이 아래쪽 벨트를 당기는 측 T_1(원동력 측)과 위쪽 벨트를 푸는 측 T_2로서 접촉각 α를 크게 해 마찰력을 늘리고 미끄러짐을 적게 한다. 11·66 그림 (b)의 어깨띠 걸이에서는 당기는 측과 푸는 측은 어느 쪽으로 해도 지장이 없다. 또한 벨트의 속도가 너무 빠르면, 파도를 치거나 평풀리에서 벨트가 떨어지거나 한다. 보통 벨트의 속도는 20m/sec 정도로 한다.

이 외에 2축의 간격이 가깝거나 또는 벨트 풀리 지름의 비율이 매우 커질(1:5 이상) 때는 벨트의 미끄러짐이 발생하기 쉽기 때문에 이러한 경우, 접촉각을 증가시켜 미끄러짐을 줄이기 위해 장력풀리(아이들러)를 이용한다. 11·67 그림은 그 예를 나타낸 것이다.

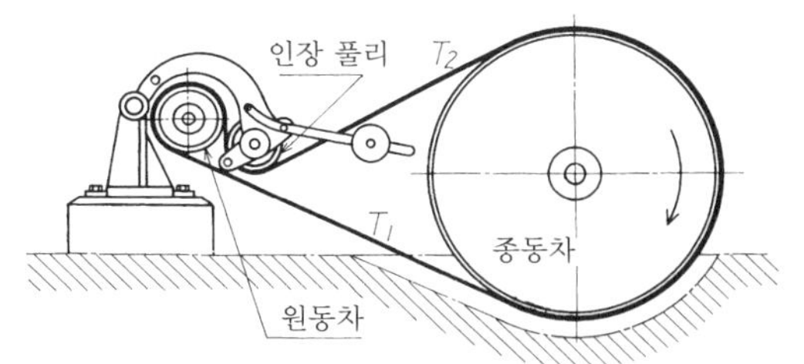

11·67 그림 인장 풀리 (아이들러)

(2) 벨트 벨트의 재료로는 가죽, 면직물, 고무, 철강 등이 있다. 가죽 벨트는 소가죽을 무두질한 것으로 제조되며, 1장 가죽의 두께는 4~5mm로 만약 그것보다 두꺼운 것이 필요하면 2~3장을 겹쳐서 사용한다.

또한 즈크를 봉합해 만든 면직물(벨트의 강도 360~520kgf/cm²) 및 이것에 고무를 침투시킨 고무 벨트 등이 사용되고 있다. 또한 얇은 강판으로 만든 철강 벨트 등이 있다.

11·87 표, 11·88 표는 공업용 평가죽 벨트, 공업용 둥근가죽 벨트의 표준 치수와 강도를 나타낸 것이다. 또한 11·89 표 (a), (b)는 평고무 벨트의 표준 폭과 강도를 각각 나타낸 것이다.

11·87 표 공업용 평가죽 벨트 (JIS K 6501 : 1995년 폐지)

(a) 강도와 신연

종별	인장강도 (N/mm²)	신연 (%) (19.6N/mm²일 때)
1급품	24.5 이상	16 이하
2급품	19.6 이상	20 이하
[주] 재질은 우량의 소가죽 또는 물소가죽을 이용한다.		

(b) 표준 치수 (단위 mm)

단벨트		2개 맞춤 벨트		3개 맞춤 벨트	
폭	두께	폭	두께	폭	두께
25	3 이상	51	6 이상	203	10 이상
32	3 이상	63	6 이상	229	10 이상
38	3 이상	76	6 이상	254	10 이상
44	3 이상	89	6 이상	279	10 이상
51	4 이상	102	6 이상	305	10 이상
57	4 이상	114	6 이상	330	10 이상
63	4 이상	127	7 이상	336	10 이상
70	4 이상	140	7 이상	381	10 이상
76	4 이상	152	7 이상	406	10 이상
83	4 이상	165	7 이상	432	10 이상
89	4 이상	178	7 이상	457	10 이상
95	4 이상	191	8 이상	483	10 이상
102	5 이상	203	8 이상	508	10 이상
114	5 이상	229	8 이상	559	10 이상
127	5 이상	254	8 이상	610	10 이상
140	5 이상	279	8 이상	660	10 이상
152	5 이상	305	8 이상	711	10 이상
				762	10 이상

11·88 표 공업용 둥근가죽 벨트
(JIS K 6502 ; 1995년 폐지)

인장강도 (N/mm²)		24.5 이상
신연 (%) (19.6N/mm²일 때)		1.6 이하
직경	6 mm, 8 mm, 10 mm, 12 mm, 15 mm	
[주] 재질은 우량의 소가죽 또는 물소가죽을 이용한다.		

11·89 표 평고무 벨트 (JIS K 6321 ; 1995년 폐지)
(a) 직물 층 수와 폭

직물 층 수	3	4	5	6	7	8
폭 (mm)	25	50	125	150	200	250
	30	63	—	175	250	300
	38	75	—	—	—	—
	50	90	—	—	—	—
	63	100	—	—	—	—
	75	—	—	—	—	—

(b) 평고무 벨트의 강도

항목 \ 종류	1종	2종	3종
인장강도 (N) (직물 층 1개, 폭 10mm에 대해)	540 이상	490 이상	440이상
신연 (%)	20 이하	20 이하	20이하
박리하중 (N) (폭 25mm에 대해)	70 이상	60 이상	60이상

(3) 평풀리 평풀리는 11·68 그림에 나타냈듯이 림(윤주), 암(팔), 허브의 3부분으로 구성되고, 일체형과 분리형이 있다. 주로 주철제의 것을 이용하는데, 강력하고 고속도(30m/s) 이상의 것에는 강철의 것을 이용한다.

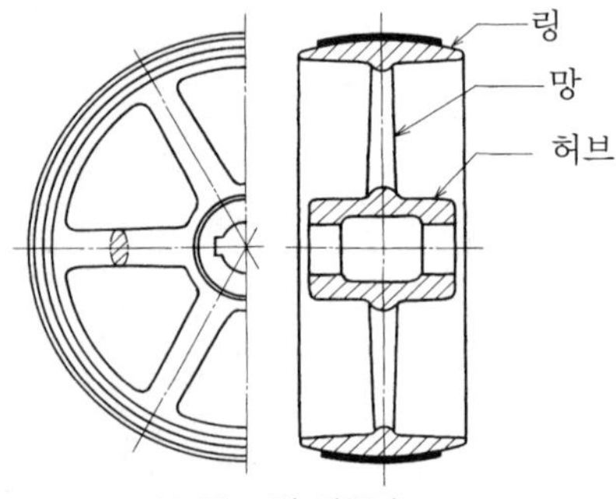

11·68 그림 평풀리

평풀리의 폭을 B(mm)로 하면

$$B = 1.1b + 10\text{mm}$$

단, b…벨트의 폭(mm)로 하고, 어깨띠 걸이의 경우는 10~20% 크게 한다.

이 B의 표준 치수는 규격에 의해 11·90 표와 같이 나타내고 있다.

림의 두께 S(mm)는

$$S = 0.005D + 2\text{mm}$$

단, $S > 3\text{mm}$

라운딩의 높이 치수 W(mm)는

$$W = \left(\frac{1}{4} \sim \frac{1}{3}\right)\sqrt{B}$$

주요 치수 중 평풀리의 지름 D, 폭 B 및 림의 라운딩 높이 치수(중고 치수;크라운이라고 한다)는 11·90 표에 나타낸 대로이다. 중고로 하면 벨트가 벗어나지 않는다.

KS B 1402(폐지)
11·90 표 평풀리 (JIS B 1852) (단위 mm)
(a) 평풀리의 호칭폭과 호칭지름

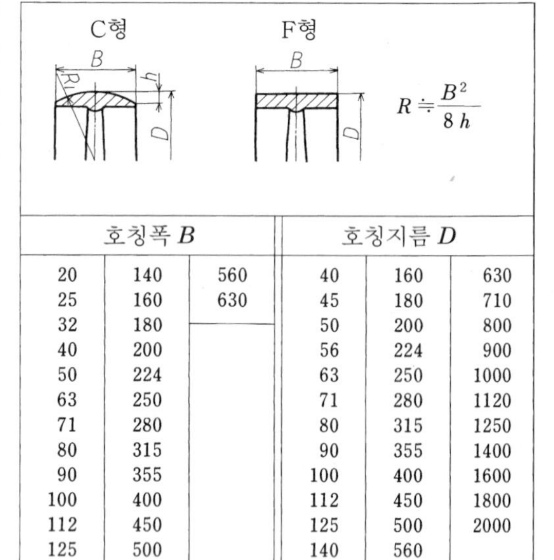

호칭폭 B			호칭지름 D		
20	140	560	40	160	630
25	160	630	45	180	710
32	180		50	200	800
40	200		56	224	900
50	224		63	250	1000
63	250		71	280	1120
71	280		80	315	1250
80	315		90	355	1400
90	355		100	400	1600
100	400		112	450	1800
112	450		125	500	2000
125	500		140	560	

(b) 크라운의 높이 (호칭지름 40~355mm)

호칭지름 (D)	크라운 (h)	호칭지름 (D)	크라운 (h)
40~112	0.3	200, 224	0.6
125, 140	0.4	250, 280	0.8
160, 180	0.5	315, 355	1.0

암의 수 n은

$$n = \left(\frac{1}{7} \sim \frac{1}{8}\right)\sqrt{D}\,(\text{mm})$$

으로 보통 4개(500mm 이하)~6개(500mm 이상)이다.

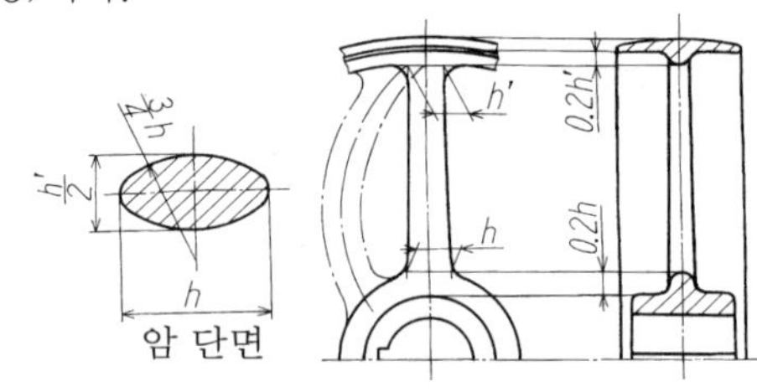

11·69 그림 암의 형상

암의 단면은 일반적으로 타원으로 한다. 11·69 그림은 그 치수 비율을 나타낸 것이다.

또한 암의 뿌리부분 크기 h(mm)는 다음 식으로 구한다.

$$h = \sqrt[3]{\frac{BD}{1.6n}}, \quad h' = (0.75 \sim 0.8)h$$

단, n…암의 수, D…벨트의 지름(mm),
B…벨트의 폭(mm)

암은 보통 쭉 곧거나 또는 굽힘 암(일점 쇄선)이 사용된다. 주조 후 냉각에 의한 수축 때문에 파괴될 우려가 있는 경우는 굽힘 암을 이용하는 것이 좋다.

또한, 허브의 두께 e와 폭 l′(11·70 그림)은 일반적으로는

$$e = \frac{d}{3} + 5(\text{mm})$$

l' =B(폭 B가 클 때는 $1.2d \sim 1.5d$)

단 $B > 1.5d$일 때는 $l' = 0.7B$로 하고, 유동 바퀴의 경우는 l' =2d로 한다.

긴 허브에는 11·70 그림 (c)와 같이 빈자리를 만든다.

11·91 표는 소형 3상 유도 전동기용 평풀리의 치수를 나타낸 것이다.

11·91 표 평풀리의 치수 (구 JIS C 4210)

정격출력 (kW)		평풀리 치수 (mm)	
4극	6극	지름 *PD*	폭 *PW*
0.2	—	50	38
0.4	—	75	65
0.75	0.4	75	65
1.5	0.75	100	75
2.2	1.5	125	75
3.7	2.2	140	100
5.5	3.7	140	125
7.5	5.5	180	125
11	7.5	180	150
15	11	230	150

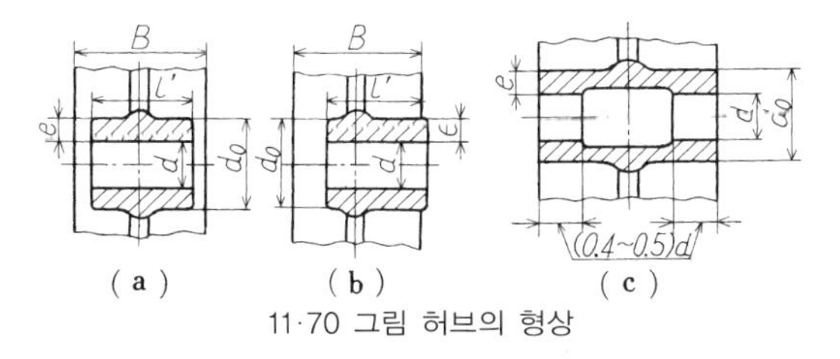

11·70 그림 허브의 형상

(4) 원뿔 풀리 공작기계에서는 절삭 속도의 관계에서 일정 속도의 원동축에서 여러 가지로 회전비를 변환해 피동축을 회전할 필요가 있다. 이 경우의 벨트 풀리에는 원뿔 풀리를 사용하고 있다.

원뿔 풀리는 보통 3~4단(단수만큼 변속할 수 있다)으로 만들어 각 단 모두 동일한 길이의 벨트가 걸리게 하고, 또한 보통은 각 단의 속도 변화는 등비급수가 되도록 원동차와 종동차를 동일한 형태로 한다. 다음으로 원뿔 풀리의 계산에 대해 설명한다.

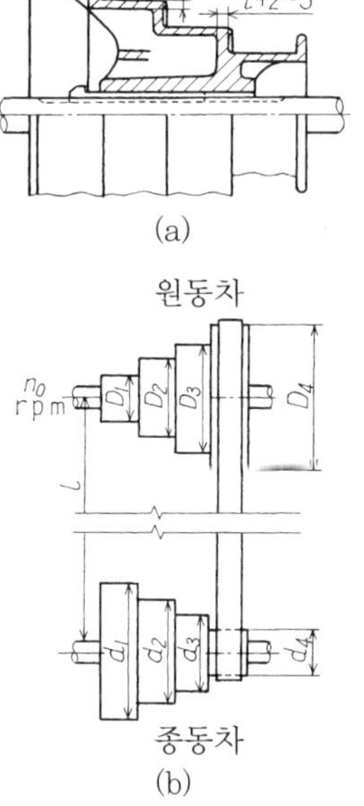

11·71 그림 원뿔 풀리

원뿔 풀리의 공비= ϕ로 하면, 원동축의 일정 회전수 n_o는

$$n_0 = \sqrt{n_1, n_x}$$
$$n_2 = n_1\phi$$
$$n_3 = n_2\phi = n_1\phi^2$$
$$n_x = n_1\phi^{x-1}$$
$$\phi = \sqrt[x-1]{\frac{n_x}{n_1}}$$

단, n_1, n_2, … n_x=종동축의 각종 회전수가 된다. 보통 ϕ=1.25~2이다.

원동축의 회전수 n_0는

$$n_0 = n_1\sqrt{\phi^{x-1}} = n_1\sqrt{\frac{n_x}{n_1}}$$

(5) 벨트 이동장치 공작기계 등과 같이 동력을 전달하거나 중지하거나 하는 것이 필요한 것은 클러치 외에 11·72 그림에 나타냈듯이 고정 바퀴와 비역 바퀴(흔히 유동 바퀴라고 한다)를 사용한다. 유동 바퀴의 림은 11·72 그림에 나타냈듯이 다소 작게 만들고, 운전 정지 중 벨트의 장력을 느슨하게 하는 동시에 베어링의 압력을 줄이게 한다. 또한 11·72 그림은 벨트 당기기를 나타낸 것으로, 이 경우 벨트 당기기는 벨트의 진입 측에 설정해야 한다.

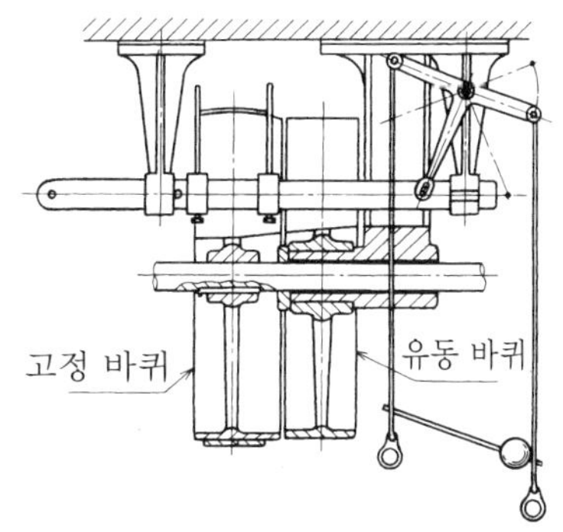

11·72 그림 벨트 이동장치 (벨트 당기기)

11장

11·5 와이어 로프 전동

와이어 로프를 이용해 하는 전동을 와이어 로프 전동이라고 한다. 와이어 로프에 의한 전동은 상당히 장거리인 경우에도 가능하므로 크레인, 엘리베이터, 로프웨이 기타 하역기계의 전동 용으로서 널리 사용되고 있다.

1. 와이어 로프

와이어 로프는 강철의 가는 선(이것을 소선이라고 한다)을 꼬아 합쳐서 스트랜드를 만들고, 또한 그 중심에 마 혹은 폴리프로필렌 등의 합성섬유로 만들어진 코어를 넣어 꼬아 합쳐서 만들어지는데, 스트랜드의 중심에도 코어를 넣는 경우도 있다.

와이어 로프의 특징은 다음과 같다.

① 탄성이 높고 유연성이 뛰어나 시브에 의한 감기 되감기, 힘의 방향 전환 등이 쉽다.

② 고장력이며, 더구나 자중이 작기 때문에 고속 운전 시의 관성이 적다.

③ 신뢰성 높은 제품을 얻을 수 있으며, 또한 유지 점검도 쉽다.

(1) 와이어 로프의 구성 와이어 로프에는 소선과 코어의 구성에 따라 여러 가지 종류가 있는데, 11·93 표는 JIS에 규정된 구성에 의한 구분을 나타낸 것으로, 24종류의 것이 규정되어 있다.

(2) 와이어 로프의 꼬는법 로프의 꼬는법에는 11·73 그림에 나타냈듯이 로프와 스트랜드를 반대 방향으로 꼬아 합친 보통 꼬임과 동일 방향으로 꼬아 합친 랭 꼬임이 있고, 또한 로프의 꼬임 방향에 따라 Z 꼬임과 S 꼬임이 있는데, 원칙적으로 Z 꼬임으로 하기로 한다.

(3) 와이어 로프의 종류 와이어 로프에는 사용하는 소선의 인장강도에 따라 11·92 표에 나타낸 E종, G종, A종, B종, T종의 5 종류가 있다. G종은 도금한 것만을 나타내고 있다.

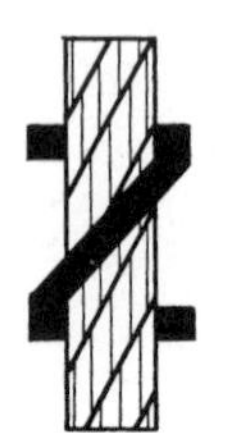

보통 Z 꼬임　보통 S 꼬임　랭 Z 꼬임　랭 S 꼬임

11·73 그림 와이어 로프의 꼬는법

(4) 스트랜드의 꼬는법 스트랜드의 꼬는법에는 스트랜드의 각층 소선이 점접촉을 하고 있는 것과 선접촉을 하고 있는 것이 있으며, 전자를 교차 꼬임, 후자를 평행 꼬임이라고 한다. 또한 후자에는 각층 소선의 조합에 의해 실형, 워링턴형, 필러형, 워링턴 실형, 세미 실형 등의 종류가 있다(11·93 표 참조).

11·92 표 종별에 따른 구분

종별	공칭 인장강도[(2)] (N/mm^2)	적요[(3)]
E종[(1)]	1320	무도금 및 도금
G종	1470	도금
A종	1620	무도금 및 도금
B종	1770	무도금 및 도금
T종	1910	무도금

[주] (1) 내층 소선의 공칭 인장강도보다 최외층 소선의 공칭 인장강도가 낮은 듀얼 텐사일 로프이다.
(2) 11·96 표~11·105 표에 나타낸 로프 파단력의 산출 기초로 하는 소선의 인장강도를 나타낸다(N/mm^2=MPa).
(3) 여기에서 도금은 도금 후에 냉간가공을 한 것을 포함한다.

(5) 각 구분에 의한 조합 와이어 로프에는 구성, 꼬는법, 소선의 각 구분에 따라 11·94 표에 나타낸 조합의 것이 있다.

(6) 로프 지름의 측정법 와이어 로프의 지름은 11·74과 같이 버니어캘리퍼스를 이용해 외접원의 직경(2군데 이상의 평균)으로 측정하게 되어 있다.

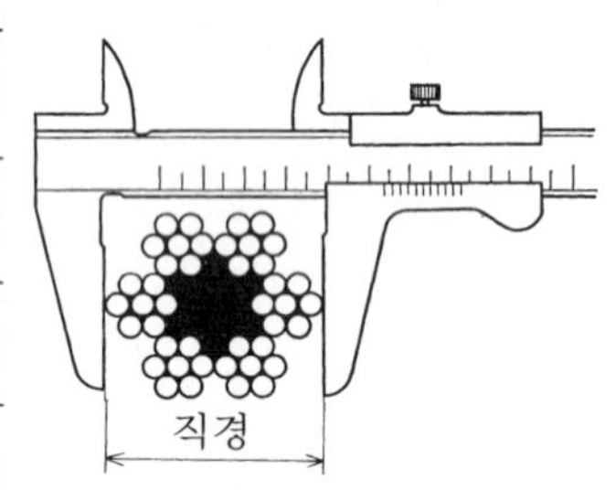

11·74 그림 직경의 측정법

(7) 와이어 로프의 파단력과 질량 와이어 로프의 파단력은 '소선의 집합(총합) 파단력×꼬임 효율'로 나타낸다. 꼬임 효율은 주로 로프의 구성, 꼬임의 길이, 소선의 인장강도 기타의 여러 가지 요인으로 변하는데, 11·96 표~11·105 표에 JIS에 규정된 파단력(이 값 이상을 필요로 한다) 및 단위 길이의 질량을 나타냈다.

(8) 보증 파단력과 안전율 JIS에 파단력으로서 표시되어 있는 수치는 로프의 최저 보증의 파단력을 나타낸 것이다. 파단력은 로프의 구성, 꼬는법의 길이 등에 따라 달라지는데, 대체로 소선의 집합 파단력의 총합보다 8%~18% 정도 감소시키면 된다.

11·93 표 와이어 로프의 구성 및 단면 (JIS G 3525)

호칭	7선 6꼬임	12선 6꼬임	19선 6꼬임	24선 6꼬임	30선 6꼬임	37선 6꼬임
구성기호	6 × 7	6 × 12	6 × 19	6 × 24	6 × 30	6 × 37
단면	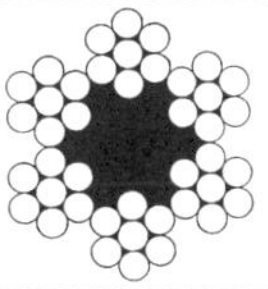	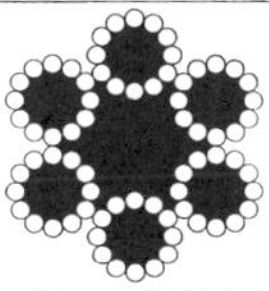	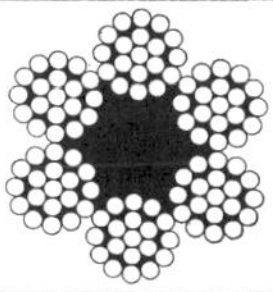		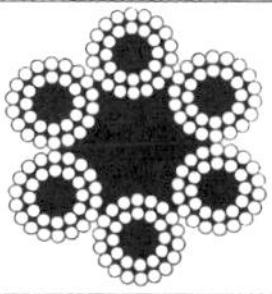	
호칭	61선 6꼬임*	실형 19선 6꼬임	실형 19선 6꼬임 로프 코어	워링턴형 19선 6꼬임	워링턴형 19선 6꼬임 로프 코어	필러형 25선 6꼬임
구성기호	6 × 61	6 × S (19)	IWRC 6 × S (19)	6 × W (19)	IWRC 6 × W (19)	6 × Fi (25)
단면	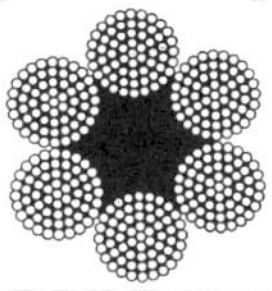	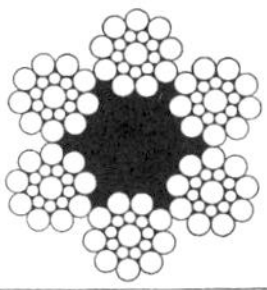	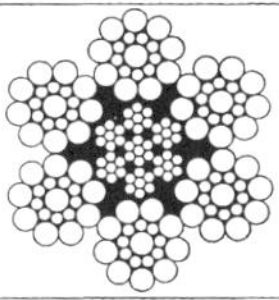	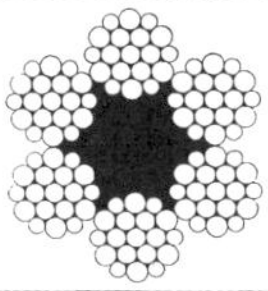		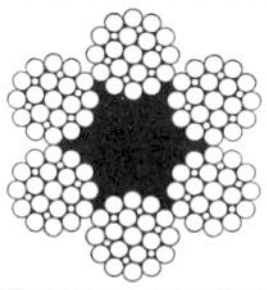
호칭	필러형 25선 6꼬임 로프 코어	워링턴 실형 26선 6꼬임	워링턴 실형 26선 6꼬임 로프 코어	필러형 29선 6꼬임	필러형 29선 6꼬임 로프 코어	워링턴 실현 31선 6꼬임
구성기호	IWRC 6 × Fi (25)	6 × WS (26)	IWRC 6 × WS (26)	6 × Fi (29)	IWRC 6 × Fi (29)	6 × WS (31)
단면	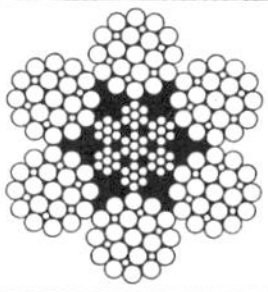	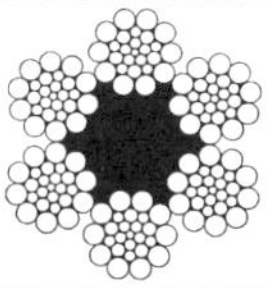	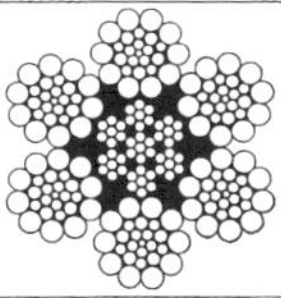	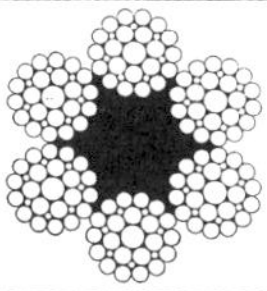		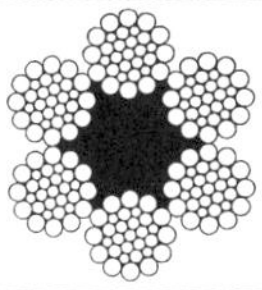
호칭	워링턴 실형 31선 6꼬임 로프 코어	워링턴 실현 36선 6꼬임	워링턴 실형 36선 6꼬임 로프 코어	워링턴 실형 41선 6꼬임	워링턴형 41선 6꼬임 로프 코어	세미 실형 37선 6꼬임
구성기호	IWRC 6 × WS (31)	6 × WS (36)	IWRC 6 × WS (36)	6 × WS (41)	IWRC 6 × WS (41)	6 × SeS (37)
단면	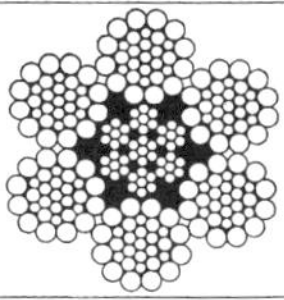	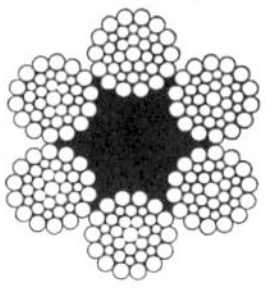		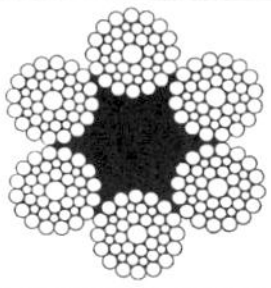		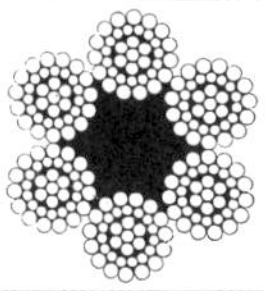
호칭	세미 실형 37선 6꼬임 코어*	실형 19선 8꼬임	워링턴 실형 19선 8꼬임	필러형 25선 8꼬임	헤라클레스형 7선 18꼬임*	헤라클레스형 7선 19꼬임
구성기호	IWRC 6 × SeS (37)	8 × S (19)	8 × W (19)	8 × Fi (25)	18 × 7	19 × 7
단면		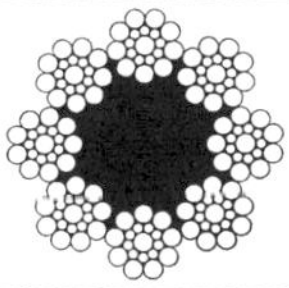	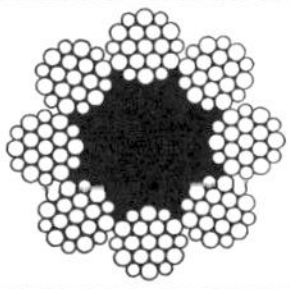	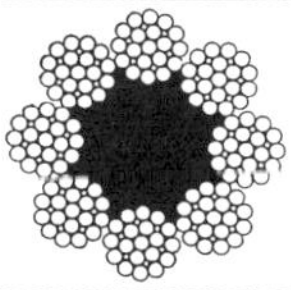	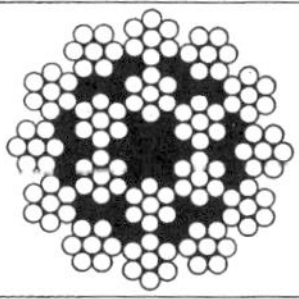	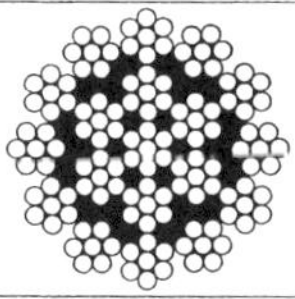
호칭	나플렉스형 7선 34꼬임*	나플렉스형 7선 35꼬임*	플랫형 둥근선 삼각심 7선 6꼬임	플랫형 둥근선 삼각심 24선 6꼬임*		
구성기호	34 × 7	35 × 7	6 × F [(3 × 2 + 3) + 7]	6 × F [(3 × 2 + 3) + 12 + 12]		
단면	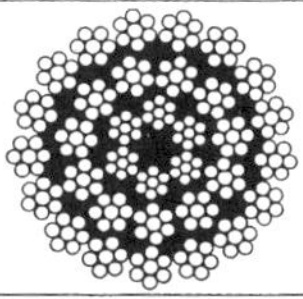	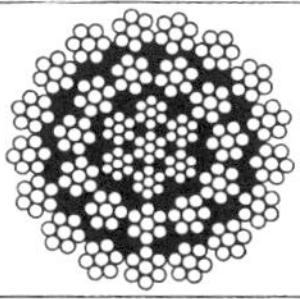	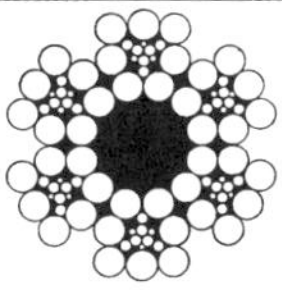	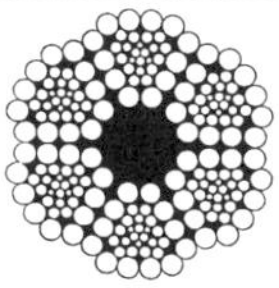		

[주] *1998년의 개정으로 폐지된 것을 나타낸다.

11·94 표 와이어 로프의 각 구분에 의한 조합 (JIS G 3525)

스트랜드			심의 종류	구성 기호	도금의 유무							
					무도금				도금			
층 수	꼬는법	개수			E종	A종	B종	T종	E종	G종	A종	B종
단층	교차 꼬임	6	섬유 심	6×7		○				○		
				6×19		○				○		
				6×24		○				○		
				6×37		○				○		
	평행 꼬임	6	섬유 심	6×S (19)	○	○	○	○	○		○	○
				6×W (19)	○	○	○	○	○		○	○
				6×Fi (25)	○	○	○	○	○		○	○
				6×WS (26)			○	○				○
				6×Fi (29)			○	○				○
				6×WS (31)			○	○				○
				6×WS (36)			○	○				○
				6×WS (41)			○	○				○
			로프 심	IWRC 6×S (19)			○	○				○
				IWRC 6×W (19)			○	○				○
				IWRC 6×Fi (25)			○	○				○
				IWRC 6×WS (26)			○	○				○
				IWRC 6×Fi (29)			○	○				○
				IWRC 6×WS (31)			○	○				○
				IWRC 6×WS (36)			○	○				○
				IWRC 6×WS (41)			○	○				○
		8	섬유 심	8×S (19)	○	○	○	○	○		○	
				8×W (19)	○	○	○	○	○		○	
				8×Fi (25)	○	○	○	○	○		○	
다층	교차 꼬임	18	스트랜드 심	19×7							○	

[비고] 이 규격에서는 ○ 표시의 조합을 적용한다.

또한 안전율은 로프가 받는 최대 하중과 로프의 파단력 비율로, 그 사용법의 완급, 중요도에 따라 정한다.

11·95 표는 순장력에 대해서만 생각한 경우의 크레인용 와이어 로프의 안전율을 참고를 위해 나타낸 것이다.

11·95 표 크레인용 로프의 안전율

하중 상태	사용 빈도	안전율	용도 예
임의 전 하중으로 사용하는 경우가 적다	소 보통	6～6.5	후크붙이 각종 크레인의 권상, 지브, 캔틸레버 등
전 하중으로 사용하는 경우가 적다. 항상 전 하중 운전	대 보통	6.5～7	후크붙이 부두 크레인, 제철제강 작업용 크레인의 권상
항상 전 하중 운전	대	7～8	그라브버킷붙이 크레인, 마그넷붙이 크레인의 권상
로프가 화염에 노출되는 하중의 변화가 급격한 경우	—	8～10	래들 크레인, 강괴 크레인, 단조 크레인 등의 권상
천정 크레인의 경우	—	10 이상	운전실, 운전대가 하물과 함께 승강하는 경우
		4 이상	매달아 올리는 것이 아니라 마찰에 저항해 가로 당기기하는 횡행, 주행, 선회
케이블 크레인의 경우		2.7 이상	케이블 크레인의 레일 로프 즉 메인 로프
		4 이상	구조물의 항장체로서 사용하는 고정줄, 케이블 크레인의 메인 로프 테이크업

11·96 표 6×7 로프의 파단력

공칭 지름 (mm)	파단력 (최소값) (kN)		(참고) 개산 단위 질량 (kg/m)
	도금	무도금	
	G종(1)	A종(2)	
6	19.0	21.4	0.134
8	33.8	38.1	0.237
9	42.8	48.2	0.300
10	52.8	59.5	0.371
12	76.0	85.6	0.534
14	103	117	0.727
16	135	152	0.950
18	171	193	1.20
20	211	238	1.48
22	256	[illegible]	1.80
24	304	343	2.14
26	357	402	2.51
28	414	466	2.91
30	475	535	3.34
32	541	609	3.80

[주] (1) 보통 꼬임, (2) 랭 꼬임, (3) 보통 꼬임, 랭 꼬임의 것을 나타낸다(이하 11·105 표까지 동일)

11·97 표 6×19 로프의 파단력

공칭 지름 (mm)	파단력 (최소값) (kN)		(참고) 개산 단위 질량 (kg/m)
	도금	무도금	
	G종(1)	A종(1)	
6	18.1	19.4	0.131
8	32.1	34.6	0.233
9	40.7	43.8	0.295
10	50.2	54.0	0.364
12	72.3	77.8	0.524
14	98.4	106	0.713
16	128	138	0.932
18	163	175	1.18
20	201	216	1.46
22	243	261	1.76
24	289	311	2.10
26	339	365	2.46
28	393	424	2.85

11·98 표 6×24 로프의 파단력

공칭 지름 (mm)	파단력 (최소값) (kN)		(참고) 개산 단위 질량 (kg/m)
	도금	무도금	
	G종(1)	A종(1)	
6	16.5	17.7	0.120
8	29.3	31.6	0.212
9	37.1	39.9	0.269
10	45.8	49.3	0.332
12	65.9	71.0	0.478
14	89.7	96.6	0.651
16	117	126	0.850
18	148	160	1.08

(다음 단에 계속)

공칭 지름 (mm)	파단력 (최소값) (kN)		(참고) 개산 단위 질량 (kg/m)
	도금	무도금	
	G종(1)	A종(1)	
20	183	197	1.33
22	222	239	1.61
24	264	284	1.91
26	309	333	2.24
28	359	387	2.60
30	412	444	2.99
32	469	505	3.40
36	593	639	4.30
40	732	789	5.31

11·99 표 6×37 로프의 파단력

공칭 지름 (mm)	파단력 (최소값) (kN)		(참고) 개산 단위 질량 (kg/m)
	도금	무도금	
	G종(1)	A종(1)	
6	17.8	19.1	0.129
8	31.6	34.0	0.230
9	40.0	43.0	0.291
10	49.4	53.1	0.359
12	71.1	76.5	0.517
14	96.7	104	0.704
16	126	136	0.920
18	160	172	1.16
20	197	212	1.44
22	239	257	1.74
24	284	306	2.07
26	334	359	2.43
28	387	416	2.82
30	444	478	3.23
32	505	544	3.68
36	640	688	4.66
40	790	850	5.75
44	956	1030	6.96
48	1140	1220	8.28
52	1330	1440	9.72
56	1550	1670	11.3
60	1780	1910	12.9

11·100 표 6×S(19), 6×W(19), 6×Fi(25) 및 6×WS(26) 로프의 파단력

공칭 지름 (mm)	파단력 (최소값) (kN)				(참고) 개산 단위 질량 (kg/m)
	무도금·도금			무도금	
	E종(1)	A종(3)	B종(3)	T종(3)	
4	—	—	9.29	9.77	0.0617
5	—	—	14.5	15.3	0.0965
6	16.1	19.6	20.9	22.0	0.139
6.3	17.7	21.6	23.0	24.2	0.153
8	28.6	34.9	37.2	39.1	0.247
9	36.2	44.1	47.0	49.5	0.312
10	44.7	54.5	58.1	61.1	0.386
11.2	56.1	68.3	72.8	76.6	0.484

(다음 페이지에 계속)

공칭 지름 (mm)	파단력 (최소값) (kN)				(참고) 개산 단위 질량 (kg/m)
	무도금·도금			무도금	
	E종[1]	A종[3]	B종[3]	T종[3]	
12	64.4	78.5	83.6	88.0	0.556
12.5	69.9	85.1	90.7	95.4	0.603
14	87.7	107	114	120	0.756
16	115	139	149	156	0.988
18	145	176	188	198	1.25
20	179	218	232	244	1.54
22.4	224	273	291	306	1.94
25	280	340	363	382	2.41
28	—	—	455	479	3.02
30	—	—	523	550	3.47
31.5	—	—	576	606	3.83
33.5	—	—	652	685	4.33
35.5	—	—	732	770	4.86
37.5	—	—	816	859	5.43
40	—	—	929	977	6.17

[비고]
6×S(19)…E·A종은 공칭 지름 6~25mm, B·T종은 동 6mm 이상으로 한다.
6×W(19)…E·A종은 공칭 지름 6~25mm, B·T종은 동 4mm 이상으로 한다.
6×Fi(25)…E·A종은 공칭 지름 6~25mm, B·T종은 동 8mm 이상으로 한다.
6×WS(26)…B·T종만으로, 공칭 지름 8mm 이상으로 한다.

11·101 표 IWRC 6×S(19), IWRC 6×W(19), IWRC 6×Fi(25) 및 IWRC 6×WS(26) 로프의 파단력

공칭 지름 (mm)	파단력 (최소값) (kN)		(참고) 개산 단위 질량 (kg/m)
	무도금·도금	무도금	
	B종[3]	T종[3]	
10	66.2	69.5	0.430
11.2	83.0	87.2	0.539
12.5	103	109	0.672
14	130	136	0.843
16	169	178	1.10
18	214	225	1.39
20	265	278	1.72
22.4	332	349	2.16
25	414	435	2.69
28	519	545	3.37
30	596	626	3.87
31.5	657	690	4.27
33.5	743	780	4.83
35.5	834	876	5.42
37.5	931	978	6.05
40	1060	1110	6.88

11·102 표 6×Fi(29), 6×WS(31), 6×WS(36) 및 6×WS(41) 로프의 파단력

공칭 지름 (mm)	파단력 (최소값) (kN)		(참고) 개산 단위 질량 (kg/m)
	무도금·도금	무도금	
	B종[3]	T종[3]	
8	37.9	39.9	0.253
9	48.0	50.4	0.321
10	59.2	62.3	0.396
11.2	74.3	78.1	0.496
12.5	92.5	97.3	0.618
14	116	122	0.776
16	152	159	1.01
18	192	202	1.28
20	237	249	1.58
22.4	297	312	1.99
25	370	389	2.47
28	464	488	3.10
30	533	560	3.56
31.5	588	618	3.93
33.5	665	699	4.44
35.5	746	785	4.99
37.5	833	876	5.57
40	948	996	6.33
42.5	1070	1120	7.15
45	1200	1260	8.01
47.5	1340	1400	8.93
50	1480	1560	9.90
53	1660	1750	11.1
56	1860	1950	12.4
60	2130	2240	14.2

[비고] 6×Fi(29)의 공칭 지름은 8mm 이상, 6×WS(31) 및 6×WS(36)의 공칭 지름은 20mm 이상, 6×WS(41)의 공칭 지름은 30mm 이상으로 한다.

11·103 표 IWRC 6×Fi(29), IWRC 6×WS(31), IWRC 6×WS(36) 및 IWRC 6×WS(41) 로프의 파단력

공칭 지름 (mm)	파단력 (최소값) (kN)		(참고) 개산 단위 질량 (kg/m)
	무도금·도금	무도금	
	B종[3]	T종[3]	
10	67.7	71.1	0.440
11.2	84.9	89.2	0.552
12.5	106	111	0.688
14	133	139	0.863
16	173	182	1.13
18	219	230	1.43
20	271	284	1.76
22.4	340	357	2.21
25	423	444	2.75
28	531	558	3.45
30	609	640	3.96
31.5	672	706	4.37

(다음 페이지에 계속)

공칭 지름 (mm)	파단력 (최소값) (kN)		(참고) 개산 단위 질량 (kg/m)
	무도금·도금	무도금	
	B종(3)	T종(3)	
33.5	760	798	4.94
35.5	853	896	5.55
37.5	952	1000	6.19
40	1080	1140	7.04
42.5	1220	1280	7.95
45	1370	1440	8.91
47.5	1530	1600	9.93
50	1690	1780	11.0
53	1900	2000	12.4
56	2120	2230	13.8
60	2440	2560	15.8

[비고] IWRC 6×Fi(29)의 공칭 지름은 10mm 이상, IWRC 6×WS(31) 및 IWRC 6×WS(36)의 공칭 지름은 20mm 이상, IWRC 6×WS(41)의 공칭 지름은 30mm 이상으로 한다.

11·104 표 8×S(19), 8×W(19) 및 8×Fi(25) 로프의 파단력

공칭 지름 (mm)	파단력 (최소값) (kN)				(참고) 개산 단위 질량 (kg/m)
	무도금·도금		무도금		
	E종(3)	A종(3)	B종(3)	T종(3)	
8	26.0	30.8	32.8	34.5	0.220
10	40.6	48.1	51.3	53.9	0.343
11.2	51.0	60.3	64.3	67.6	0.430
12	58.5	69.2	73.8	77.7	0.494
12.5	63.5	75.1	80.1	84.3	0.536
14	79.6	94.3	100	106	0.672
16	104	123	131	138	0.878
18	132	156	166	175	1.11
20	162	192	205	216	1.37
22.4	204	241	257	271	1.72
25	254	301	320	337	2.14

11·105 표 19×7 로프의 파단력

공칭 지름 (mm)	파단력 (최소값) (kN)	(참고) 개산 단위 질량 (kg/m)
	도금	
	A종(1)	
12	84.7	0.612
14	115	0.833
16	151	1.09
18	191	1.38
20	235	1.70
22	285	2.06

2. 시브 및 드럼(감는 원통)

(1) 시브 시브(로프 바퀴)의 홈 바닥은 로프가 균일하게 되도록 둥근 바닥이 좋고, 그 반경은 로프 반경보다 약간 크게 하는 것이 좋다. 홈의 열림각은 30°~60°로 한다. 11·106 표는 시브의 홈

11·106 표 시브의 홈부 치수 (JIS B 8807)

(단위 mm)

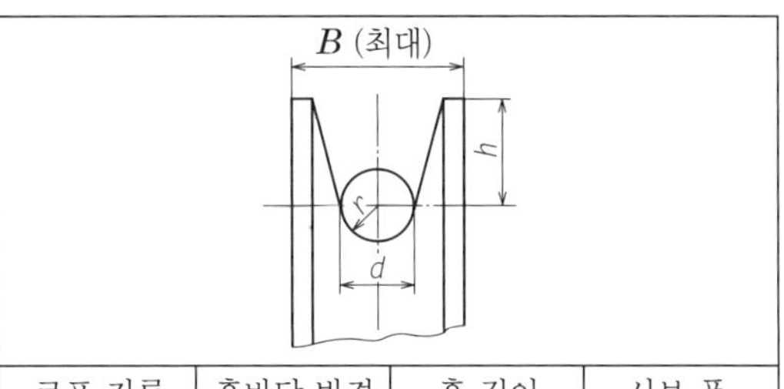

로프 지름 d	홈바닥 반경 r	홈 깊이 h	시브 폭 B(최대)
5	2.8	7.5	17
6	3.35	9	19
6.3	3.55	9.5	20
8	4.5	12.5	25
9	5	14	28
10	5.6	15	31.5
11.2	6	17	35.5
12	6.7	18	35.5
12.5	6.7	19	35.5
14	7.5	21.2	40
16	9	25	45
18	10	28	50
20	11.2	30	56
22	11.8	33.5	63
22.4	12.5	35.5	63
24	13.2	37.5	71
25	14	37.5	71
26	14	40	75
28	15	42.5	80
30	17	45	90
31.5	17	47.5	90
32	18	50	90
33.5	18	53	100
(34)	19	53	100
35.5	19	56	100
36	20	56	100
37.5	21.2	60	112
(38)	21.2	60	112
40	22.4	60	112
42.5	23.6	67	118
45	25	71	125

[비고] 괄호 안의 로프 지름은 JIS에는 없는 치수를 나타낸다.

치수를 나타낸 것이다.

(2) 드럼 11·107 표는 와이어 로프를 권상용으로 하는 경우의 드럼 치수를 나타낸 것이다. 드럼은 보통 주철제인데, 때로는 강제 혹은 강판제인 경우도 있다.

드럼의 외주는 11·107 표 중의 그림과 같이 와이어 로프가 끼이는 홈을 설정하는 것이 좋다.

(3) 시브 및 드럼의 직경 와이어 로프가 시브(로프 바퀴)와 드럼에 의해 구부러지거나 늘려지거나 하면, 로프 구성 소선은 굴곡피로 및 소선 상호의 마찰에 의한 손모를 발생시키고 이것에

11·107 표 드럼의 홈부 치수 (단위 mm)

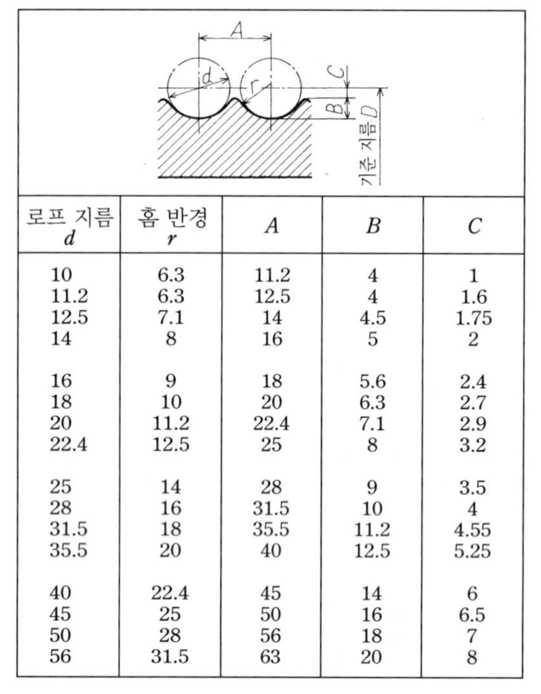

로프 지름 d	홈 반경 r	A	B	C
10	6.3	11.2	4	1
11.2	6.3	12.5	4	1.6
12.5	7.1	14	4.5	1.75
14	8	16	5	2
16	9	18	5.6	2.4
18	10	20	6.3	2.7
20	11.2	22.4	7.1	2.9
22.4	12.5	25	8	3.2
25	14	28	9	3.5
28	16	31.5	10	4
31.5	18	35.5	11.2	4.55
35.5	20	40	12.5	5.25
40	22.4	45	14	6
45	25	50	16	6.5
50	28	56	18	7
56	31.5	63	20	8

의해 단선된다. 이것은 드럼 및 시브의 지름이 작을수록 굴신피로가 심하고, 또한 로프의 모양을 무너트려 하중의 불균형에 기초한 소선 상호의 마찰 등에 의해 로프의 수명을 단축시킨다. 따라서 수명을 높이기 위해서는 드럼 및 시브는 대경의 것이 바람직하고, 그 지름은 소선 지름의 1000배 이상을 이상으로 하며 부득이한 경우에도 500배 정도 이상이 필요하다. 소선 지름의 배율을, 로프의 지름으로 환산하면 11·108 표에 나타낸 대로이다.

11·108 표 드럼 및 시브의 환산 지름

로프의 구조 (JIS G 3525)	소선 지름의 100배일 때	소선 지름의 500배일 때
6×7 (1호)	로프 지름의 111배	로프 지름의 56배
6×19 (3호)	로프 지름의 67배	로프 지름의 34배
6×24 (4호)	로프 지름의 56배	로프 지름의 28배
6×37 (6호)	로프 지름의 48배	로프 지름의 24배

또한 11·109 표는 각종 시브의 로프 지름 d에 대한 시브 지름 D의 값을 나타낸 것이다.

(4) 로프의 편각 로프의 편각이란 11·75 그림과 같이 시브 및 드럼의 중심을 연결하는 선과, 시브의 중심선과 드럼의 외측을 연결하는 선에 의해 생기는 각도이다. 이 각도가 홈 없는 드럼에서는 1.5° 이내, 홈 있는 드럼에서는 4° 이내라면

11·109 표 D/d의 값

적용 조건	D/d
균형 시브와 같이 운전 중 회전하지 않는 시브	16
가동률이 낮고 로프의 손모는 문제없지만, 특히 작은 지름이 바람직한 경우	20
일반적인 크레인용 시브	25
로프 트롤리식 크레인의 시브로, 굽힘 횟수가 많은 경우 효율을 좋게 하고 수명을 늘리고 싶은 것	31.5
케이블 크레인의 시브와 같이 시브의 직경이 다소 커져도 좋지만, 로프의 수명을 주로 고려하는 경우	40

로프가 매끄럽게 운행하는데, 그보다 많으면 드럼 끝단에 근접했을 때 로프가 겹치기 때문에 주의해야 한다.

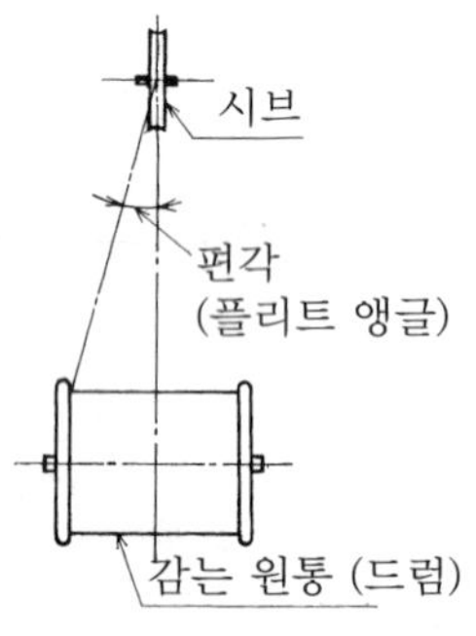

11·75 그림 편각

(5) 걸낚시 로프에 생기는 하중계수 걸낚시 로프에 생기는 하중력은 동일한 중량의 것을 달아도 낚시줄의 각도에 따라 다르다. 11·76 그림 및 11·110 표는 이것을 나타낸 것이다.

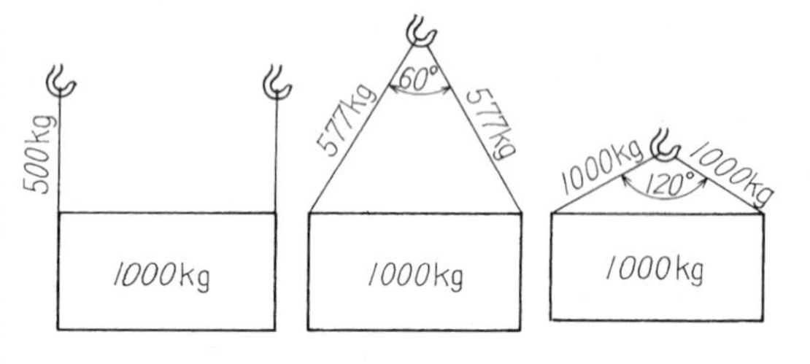

(a) 0° 일 때 (b) 60° 일 때 (c) 120° 일 때

11·76 그림 걸낚시의 각도에 따른 하중의 변화

11·110 표 걸낚시의 각도와 하중계수

걸낚시의 각도	하중계수	걸낚시의 각도	하중계수	걸낚시의 각도	하중계수
0	500	60	577	130	1183
10	502	70	610	140	1462
20	508	80	653	150	1932
30	518	90	707	160	2880
40	532	100	778	170	5734
45	541	110	872	180	∞
50	552	120	1000	—	—

3. 로프용 설치 브래킷

로프를 사용할 때, 그 끝단부는 보통 11·77 그

림과 같은 방법으로 고정한 후 이용한다.

이 로프 고정에 이용되고 있는 설치 브래킷은 와이어 그립 및 딤블과 섀클인데, 이들에 대해서는 JIS에 정해져 있었다.

11·111 표, 11·112 표는 로프용 딤블 형상과 치수를 나타낸 것으로, 11·113 표, 11·114 표는 섀클의 종류와 형상, 섀클의 지름에 의한 사용 하중을 나타낸 것이다.

또한 11·115 표는 JIS에 규정된 와이어 그립의 형상 및 치수 예를, 11·116 표에는 그들의 인장하중 내력값을, 11·78 그림에는 사용 방법을 각각 나타냈다.

11·77 그림 로프 고정

11·111 표 와이어 로프용 딤블 A형 (JIS B 2802 : 1989년 폐지) (단위 mm)

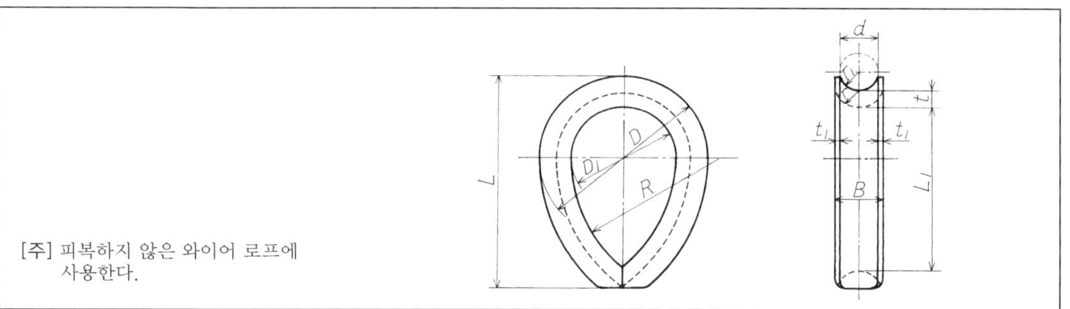

호칭	B	D	D_1 (최소)	L	L_1 (최소)	R	r	r_1	t	t_1	적용하는 와이어 로프의 지름 d	(참고) 계산 질량 (kg)
6	9	32	16	45	29	32	4.5	3.5	6	1	6.3	0.02
8	10	41	22	59	40	44	5	4.5	7	1	8	0.04
9	11	45	25	65	45	50	5.5	5	7	1	9	0.06
10	13	50	28	72	51	56	6.5	5.5	7	1.5	10	0.07
12	16	60	34	86	62	68	8	6.5	8	1.5	12.5	0.08
14	17	66	38	96	69	76	8.5	7.5	9	1.5	14	0.09
16	20	76	44	110	80	88	10	9	10	2	16	0.15
18	22	80	48	118	87	96	11	10	10	2	18	0.18
20	24	91	54	134	98	108	12	11	12	2	20	0.3
22	28	102	60	149	110	120	14	12	13	2.5	22.4	0.45
(24)	29	110	65	162	119	130	14.5	13	14	2.5	(24)	0.58
26	31	118	70	172	128	140	15.5	14	14	2.5	25 (26)	0.73
28	33	129	75	186	137	150	16.5	15	16	2.5	28	0.86
30	35	135	80	198	146	160	17.5	16.5	17	2.5	30	1.0
32	38	144	85	210	155	170	19	17.5	18	3	31.5 (32)	1.19
34	40	155	90	224	164	180	20	18.5	20	3	33.5 (34)	1.34
36	42	160	95	235	174	190	21	19.5	20	3	35.5 (36)	1.56
38	44	171	100	249	183	200	22	20.5	22	3	37.5	1.75
40	46	180	105	262	191	210	23	21.5	23	3	40	1.95
42	51	189	110	277	200	220	25.5	22.5	24	4	42.5	2.45
45	53	200	115	290	210	230	26.5	24	26	4	45	2.95
48	56	214	125	312	228	250	28	26	27	4	47.5	3.96
50	58	224	130	322	242	260	29	27	28	4	50	4.47
53	63	240	135	345	246	270	31.5	28	32	5	53	5.33
56	66	248	142	358	258	284	33	29.5	32	5	56	6.77
60	70	274	155	396	282	310	35	32.5	38	5	60	9.04
63	73	281	160	406	291	320	36.5	33.5	38	5	63	9.44

[비고] 1. 호칭 및 적용하는 와이어 로프의 지름에 괄호를 붙인 것은 가급적 이용하지 않는다.
2. 끝단부의 이음매는 지정이 있는 경우에는 용접한다.

11·112 표 와이어 로프용 딤블 B형 (JIS B 2802 : 1989년 폐지) (단위 mm)

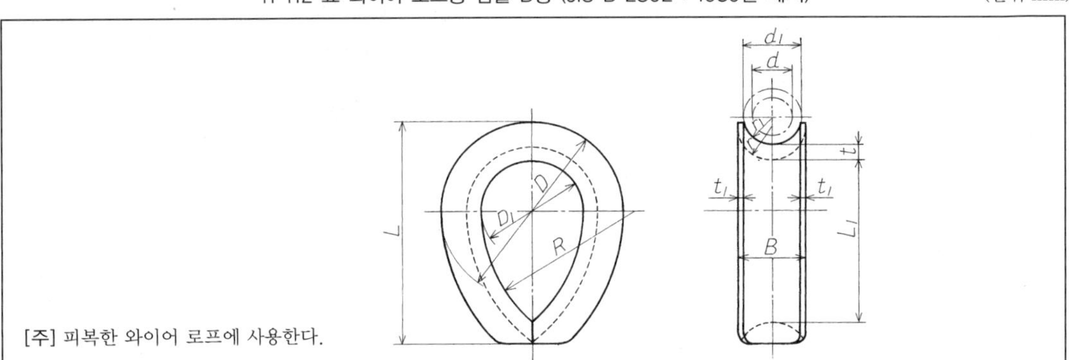

[주] 피복한 와이어 로프에 사용한다.

호칭	B	D	D_1 (최소)	L	L_1 (최소)	R	r	r_1	t	t_1	적용하는 와이어 로프의 지름 d	참고		
												피복용 꼬임의 지름	와이어 로프의 피복부 지름 d_1	계산 질량 (kg)
6	15	41	20	55	36	40	7.5	6.5	6	1	6.3	3	11	0.06
8	16	44	22	61	40	44	8	7.5	7	1	8	3	13	0.07
9	17	50	25	67	45	50	8.5	8	7	1	9	3	14	0.08
10	19	54	28	74	51	56	9.5	8.5	7	1.5	10	3	15	0.09
12	22	64	34	89	62	68	11	9.5	8	1.5	12.5	3	17	0.15
14	23	69	38	97	69	75	11.5	10.5	9	1.5	14	3	19	0.21
16	28	81	44	113	80	88	14	13	10	2	16	4	23	0.36
18	30	86	48	121	87	96	15	14	10	2	18	4	25	0.54
20	32	99	54	137	98	108	16	15	12	2	20	4	27	0.68
22	36	113	60	155	110	120	18	16	13	2.5	22.4	4	29	0.90
(24)	37	117	65	166	119	130	18.5	17	14	2.5	(24)	4	31	1.00
26	39	128	70	176	128	140	19.5	18	14	2.5	25 (26)	4	33	1.35
28	41	135	75	190	137	154	20.5	19	16	2.5	28	4	35	1.55
30	43	144	80	200	146	160	21.5	20.5	17	2.5	30	4	37	1.79
32	50	153	85	214	155	170	25	23.5	18	3	31.5 (32)	6	38	2.55
34	52	165	90	230	164	180	26	24.5	20	3	33.5 (34)	6	42	3.52
36	54	174	95	241	174	190	27	25.5	20	3	35.5 (36)	6	44	4.10
38	56	183	100	257	183	200	28	26.5	22	3	37.5	6	46	4.85
40	58	190	105	266	191	210	29	27.5	23	3	40	6	48	5.64
42	63	202	110	280	200	220	31.5	28.5	24	4	42.5	6	50	6.30
45	65	212	115	298	210	235	32.5	30	26	4	45	6	52	7.15
48	68	229	125	316	228	250	34	32	27	4	47.5	6	58	8.60
50	70	241	130	335	243	264	35	33	28	4	50	6	60	9.05
53	75	251	135	350	246	270	37.5	34	32	5	53	6	62	10.65
56	78	264	142	368	258	284	39	35.5	32	5	56	6	65	12.50
60	82	287	155	401	282	310	41	38.5	38	5	60	6	70	15.94
63	85	298	160	415	291	320	42.5	39.5	38	5	63	6	72	17.30

[비고] 1. 호칭 및 적용하는 와이어 로프의 지름에 괄호를 붙인 것은 가급적 이용하지 않는다.
2. 끝단부의 이음매는 지정이 있었던 경우에는 용접한다.

11·113 표 섀클의 종류 (JIS B 2801) KS B 1333

BA BB BC BD

SA SB SC SD

[주] *표시의 것은 분할 핀 사용

종류	섀클 본체의 기호	볼트 또는 핀		형식 기호	호칭지름의 범위 (mm)	볼트 또는 핀의 고정법
		형상	기호			
바우 섀클	B	평머리 핀	A	BA	34~90	둥근 마개*
		육각 볼트	B	BB	10~90	너트*
		아이볼트	C	BC	6~40	나사 고정
		아이볼트	D	BD	6~20	나사 고정
스트레이트 섀클	S	평머리 핀	A	SA	34~90	둥근 마개*
		육각 볼트	B	SB	10~90	너트*
		아이볼트	C	SC	6~40	나사 고정
		아이볼트	D	SD	10~58	나사 고정

1·114 표 BA, BB, BC, SA, SB, BC 섀클의 본체 (JIS B 2802 : 1989년 폐지) (단위 mm)

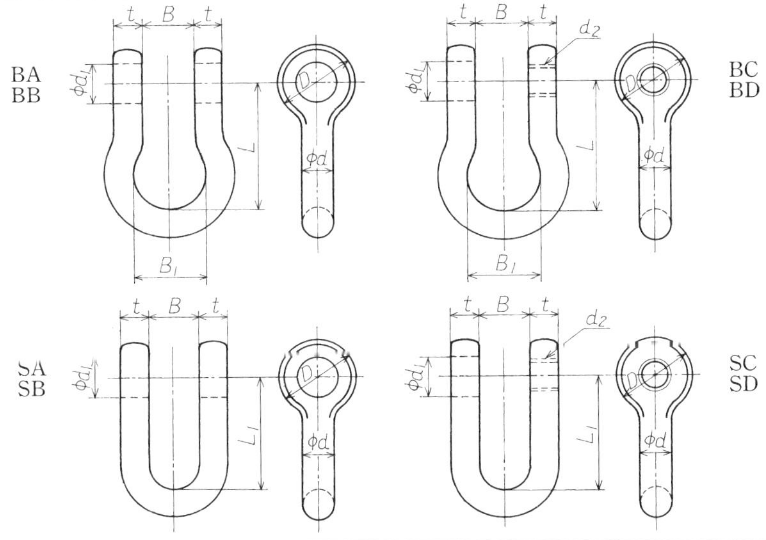

섀클의 호칭	t	d		B	B_1	D	d_1	d_2 나사의 호칭	L	L_1	사용 하중* (단위 t)							
	BA BB BC SA SB SC	BA BB BC	SA SB SC	BA BB BC SA SB SC	BA BB BC	BA BB BC SA SB SC BD	BA BB BC SA SB SC		BA BB BC	SA SB SC	바우 섀클				스트레이트 섀클			
											BA	BB	BC	BD	SA	SB	SC	SD
6	6	8	6	11	20	17	9	M8	36	24	—	—	0.2	0.15	—	—	0.2	—
8	8	10	8	14	25	21	11	M10	45	32	—	—	0.315	0.315	—	—	0.315	—
10	10	12	10	17	30	25	13	M12	54	40	—	—	(0.6)	0.5	—	—	(0.6)	0.4
12	12	14	12	20	35	32	16	M14	63	48	—	—	1	(0.7)	—	—	1	0.63
14	14	16	14	24	40	36	18	M16	72	56	—	—	1.25	(0.9)	—	—	1.25	0.8
16	16	18	16	26	45	40	20	M18	80	64	—	—	1.6	(1.2)	—	—	1.6	1
18	18	21	18	29	53	45	22	M20	95	72	—	—	2	(1.3)	—	—	2	—
20	20	23	20	31	58	50	25	M24	104	80	—	2.5	2.5	1.8	—	2.5	2.5	1.6
22	22	26	22	34	65	55	27	M24	117	88	—	3.15	3.15	—	—	3.15	3.15	2
24	24	28	24	39	70	62	31	M30	126	96	—	(3.6)	(3.6)	—	—	(3.6)	(3.6)	2.5
26	26	30	26	41	75	66	33	M30	135	104	—	4	4	—	—	4	4	3.15
28	28	32	28	43	80	70	35	M33	144	112	—	(4.8)	(4.8)	—	—	(4.8)	(4.8)	(3.5)
30	30	34	30	45	85	75	37	M36	153	120	—	5	5	—	—	5	5	4
32	32	37	32	48	93	80	39	M36	167	128	—	6.3	6.3	—	—	6.3	6.3	—
34	34	39	34	50	98	85	41	M39	176	136	(7)	(7)	(7)	—	(7)	(7)	(7)	5
36	36	42	36	54	105	90	43	M42	190	144	8	8	8	—	8	8	8	—
38	38	44	38	57	110	95	47	M45	198	152	(9)	(9)	(9)	—	(9)	(9)	(9)	6.3
40	40	47	40	60	118	100	49	M48	212	160	10	10	10	—	10	10	10	(7)
42	42	49	42	63	123	105	53	M48	220	168	(11)	(11)	—	—	(11)	(11)	—	8
44	44	51	44	66	128	110	56	M48	230	176	12.5	12.5	—	—	12.5	12.5	—	—
46	46	53	46	68	133	115	58	M48	240	184	(13)	(13)	—	—	(13)	(13)	—	—
48	48	55	48	72	138	120	60	M56	248	192	14	14	—	—	14	14	—	10
50	50	57	50	75	143	125	62	M56	257	200	16	16	—	—	16	16	—	—
55	55	62	55	83	155	138	67	M64	280	220	18	18	—	—	18	18	—	—
60	60	69	60	90	178	150	72	M64	310	240	20	20	—	—	20	20	—	—
65	65	75	65	98	188	164	79	M72×6	338	260	25	25	—	—	25	25	—	—
70	70	81	70	105	202	178	85	M80×6	360	280	31.5	31.5	—	—	31.5	31.5	—	—
75	75	87	75	112	218	192	92	M80×6	387	300	(35)	(35)	—	—	(35)	(35)	—	—
80	80	93	80	120	232	206	98	M90×6	414	320	40	40	—	—	40	40	—	—
85	85	99	85	128	248	220	104	M90×6	440	340	45	45	—	—	45	45	—	—
90	90	104	90	135	260	232	110	M100×6	473	360	50	50	—	—	50	50	—	—

[비고] 괄호가 붙어 있지 않은 수치는 JIS Z 8601에 규정하는 표준 수에 의한다. *등급 M의 경우를 나타낸다.

11·115 표 와이어 그립 (JIS B 2809) (단위 mm)

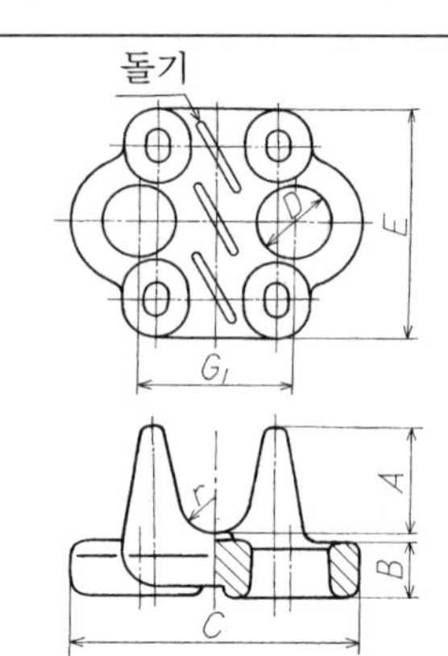

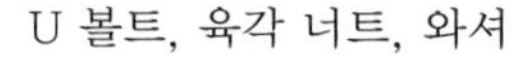

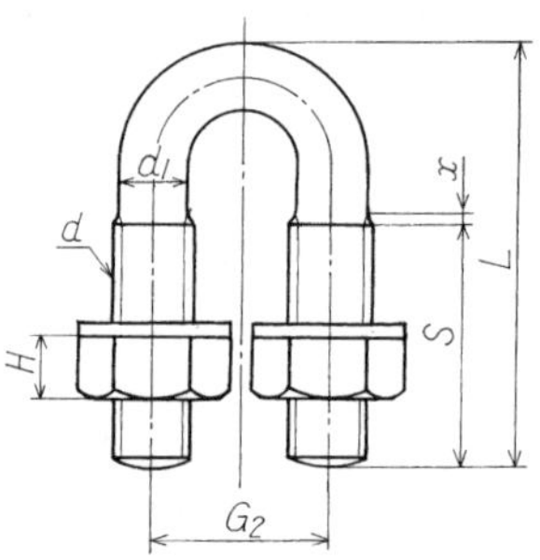

[비고] 1. 나사가 없는 부분의 지름 d_1의 값은 일반적으로 거의 나사의 유효지름과 동등하게 취한다.
2. x는 불완전 나사부의 길이로, 약 2산으로 한다.

[주] 너트는 JIS B 1181에 규정하는 육각 너트 C 또는 이것과 동등하게 해 육각 너트 C의 너트를 이용하는 경우는 JIS B 1256에 규정하는 와셔의 보통형을 병용한다.

종류	본체							U 볼트			
	A	B	C	D	E	G_1	r	(d)	G_2	L	S
F 8	12	6	36	10	31	18	4.5	M 8	18	40	20
F 10	15	7	45	12	35	22	5.5	M 10	22	50	28
F 12	18	8	51	14.5	39	26	6.5	M 12	26	60	35
F 14	21	9	53	14.5	45	28	7.5	M 12	28	65	40
F 16	24	10	60	16.5	48	32	8.5	M 14	32	75	45
F 18	25	11	62	16.5	53	34	9.5	M 14	34	80	50
F 20 ~ 22	31	12	78	21.5	62	44	12	M 18	44	100	60
F 24 ~ 25	34	13	86	23.5	68	48	13.5	M 20	48	110	65
F 26 ~ 28	39	14	94	25.5	75	54	15	M 22	54	120	70
F 30 ~ 32	42	15	98	25.5	79	58	17	M 22	58	130	75
F 33 ~ 38	49	16	120	31.5	93	70	20	M 27	70	150	85
F 40 ~ 45	53	19	136	34.5	100	80	24.5	M 30	80	175	95
F 47 ~ 50	60	21	150	37.5	115	89	27	M 33	89	195	100

11·116 표 와이어 그립의 인장하중 내력값 (JIS B 2809)

종류	유지하중 (kN)	체결 토크 및 재체결 토크 (N·m)	재체결을 할 때의 인장력 (kN)
F 8	8.5	17	6
F 10	14	30	9
F 12	20	45	12.5
F 14	28	67	18
F 16	36	106	23
F 18	43	106	30
F 20 ~ 22	60	250	45
F 24 ~ 25	63	335	53
F 26 ~ 28	85	425	71
F 30 ~ 32	106	425	95
F 33 ~ 38	150	630	132
F 40 ~ 45	200	850	180
F 47 ~ 50	250	1250	224

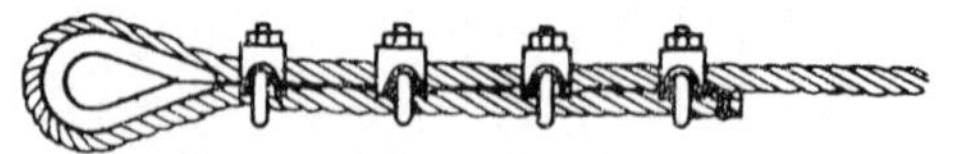

(a) 올바른 방법

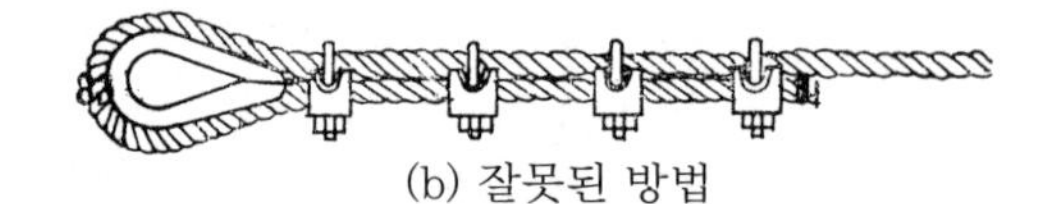

(b) 잘못된 방법

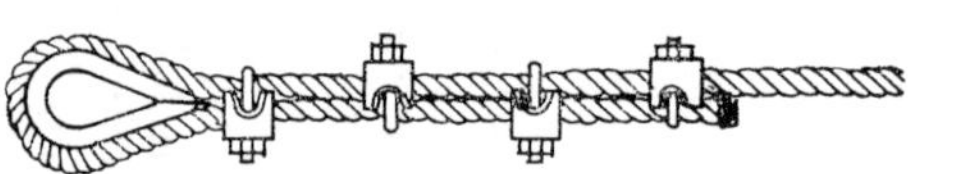

(c) 잘못된 방법

11·78 그림 와이어 그립의 사용 방법

4. 후크

후크는 용도에 따라 다양한 모양이 있는데, 보통 사용하고 있는 것은 섕크 후크 및 아이 후크이다. 11·117 표에 JIS에 규정된 편 후크를 나타냈다. 후크는 그 형상, 번호, 등급에 따라 동 표 (a)의 것이 있다.

후크는 동 표 (b)에 규정된 사용 하중 이하에서 사용하는 것으로 하고, 동 표에 정하는 프루프 로드를 더한 상태에서 이상이 있어서는 안 된다.

11·117 표 후크 (JIS B 2803) KS B 1335

(a) 후크의 종류

후크 번호	등급				
	4	5	6	8	10
1	○	○	○	○	○
2	○	○	○	○	○
3	○	○	○	○	○
4	○	○	○	○	○
5	○	○	○	○	○
6	○	○	○	○	○
7	○	○	○	○	○
8	○	○	○	○	○
9	○	○	○	○	○
10	○	○	○	○	○
11	○	○	○	○	○
12	○	○	○	○	○
13	○	○	○	○	○
14	○	○	○	○	○
15	○	○	○	○	○
16	○	○	○	○	○
17	○	○	○	○	○
18	○	○	○	○	○
19	○	○	○	○	○
20	○	○	○	○	○
21	○	○	○	○	○
22	○	○	○	○	○
23	○	○	○	○	○
24	○	○	○	○	○
25	○	○	○	○	○
26	○	○	○	○	—
27	○	○	○	—	—
28	○	○	—	—	—
29	○	—	—	—	—

[비고] 생크 후크는 굵은선까지의 범위 내로 하고, 아이 후크는 점선에서 굵은선까지의 범위 내로 한다.

(b) 후크의 사용 하중 및 프루프 로드

후크 번호	사용 하중 (이하) (단위 t)					프루프 로드 (단위 kN)				
	4	5	6	8	10	4	5	6	8	10
1	0.1	0.13	0.16	0.2	0.25	2	2.6	3.2	4	5
2	0.13	0.16	0.2	0.25	0.32	2.6	3.2	4	5	6.3
3	0.16	0.2	0.25	0.32	0.4	3.2	4	5	6.3	8
4	0.2	0.25	0.32	0.4	0.5	4	5	6.3	8	10
5	0.25	0.32	0.4	0.5	0.63	5	6.3	8	10	12.5
6	0.32	0.4	0.5	0.63	0.8	6.3	8	10	12.5	16
7	0.4	0.5	0.63	0.8	1	8	10	12.5	16	20
8	0.5	0.63	0.8	1	1.25	10	12.5	16	20	25
9	0.63	0.8	1	1.25	1.6	12.5	16	20	25	31.5
10	0.8	1	1.25	1.6	2	16	20	25	31.5	40
11	1	1.25	1.6	2	2.5	20	25	31.5	40	50
12	1.25	1.6	2	2.5	3.2	25	31.5	40	50	63
13	1.6	2	2.5	3.2	4	31.5	40	50	63	80
14	2	2.5	3.2	4	5	40	50	63	80	100
15	2.5	3.2	4	5	6.3	50	63	80	100	125
16	3.2	4	5	6.3	8	63	80	100	125	160
17	4	5	6.3	8	10	80	100	125	160	200
18	5	6.3	8	10	12.5	100	125	160	200	250
19	6	8	10	12.5	16	125	160	200	250	315
20	8	10	12.5	16	20	160	200	250	315	400
21	10	12.5	16	20	25	200	250	315	400	500
22	12.5	16	20	25	31.5	250	315	400	500	630
23	16	20	25	31.5	40	315	400	500	630	800
24	20	25	31.5	40	50	400	500	630	800	1000
25	25	31.5	40	50	63	500	630	800	1000	1250
26	31.5	40	50	63	—	630	800	1000	1250	—
27	40	50	63	—	—	800	1000	1250	—	—
28	50	63	—	—	—	1000	1250	—	—	—
29	63	—	—	—	—	1250	—	—	—	—

(c) 후크의 주요 치수

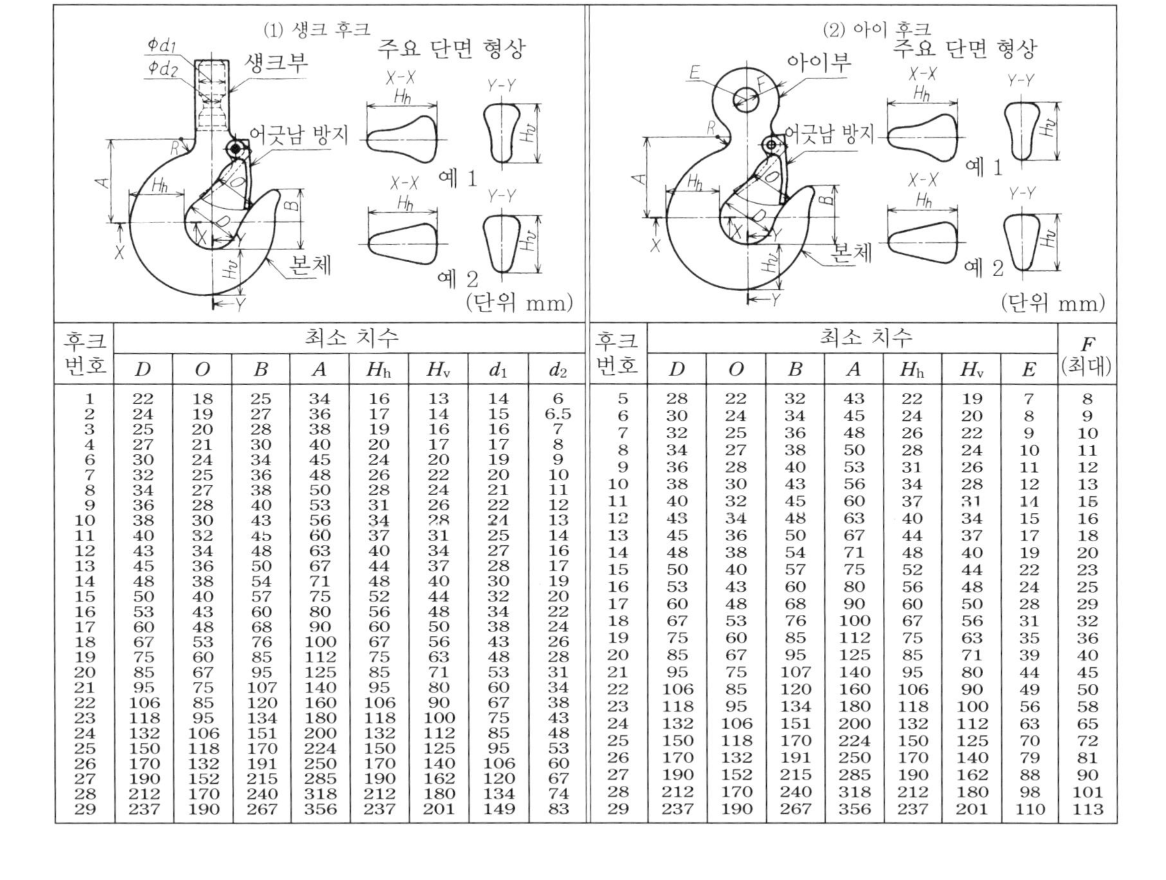

(1) 생크 후크

후크 번호	최소 치수							
	D	O	B	A	H_h	H_v	d_1	d_2
1	22	18	25	34	16	13	14	6
2	24	19	27	36	17	14	15	6.5
3	25	20	28	38	19	16	16	7
4	27	21	30	40	20	17	17	8
6	30	24	34	45	24	20	19	9
7	32	25	36	48	26	22	20	10
8	34	27	38	50	28	24	21	11
9	36	28	40	53	31	26	22	12
10	38	30	43	56	34	28	24	13
11	40	32	45	60	37	31	25	14
12	43	34	48	63	40	34	27	16
13	45	36	50	67	44	37	28	17
14	48	38	54	71	48	40	30	19
15	50	40	57	75	52	44	32	20
16	53	43	60	80	56	48	34	22
17	60	48	68	90	60	50	38	24
18	67	53	76	100	67	56	43	26
19	75	60	85	112	75	63	48	28
20	85	67	95	125	85	71	53	31
21	95	75	107	140	95	80	60	34
22	106	85	120	160	106	90	67	38
23	118	95	134	180	118	100	75	43
24	132	106	151	200	132	112	85	48
25	150	118	170	224	150	125	95	53
26	170	132	191	250	170	140	106	60
27	190	152	215	285	190	162	120	67
28	212	170	240	318	212	180	134	74
29	237	190	267	356	237	201	149	83

(2) 아이 후크

후크 번호	최소 치수							F (최대)
	D	O	B	A	H_h	H_v	E	
5	28	22	32	43	22	19	7	8
6	30	24	34	45	24	20	8	9
7	32	25	36	48	26	22	9	10
8	34	27	38	50	28	24	10	11
9	36	28	40	53	31	26	11	12
10	38	30	43	56	34	28	12	13
11	40	32	45	60	37	31	14	15
12	43	34	48	63	40	34	15	16
13	45	36	50	67	44	37	17	18
14	48	38	54	71	48	40	19	20
15	50	40	57	75	52	44	22	23
16	53	43	60	80	56	48	24	25
17	60	48	68	90	60	50	28	29
18	67	53	76	100	67	56	31	32
19	75	60	85	112	75	63	35	36
20	85	67	95	125	85	71	39	40
21	95	75	107	140	95	80	44	45
22	106	85	120	160	106	90	49	50
23	118	95	134	180	118	100	56	58
24	132	106	151	200	132	112	63	65
25	150	118	170	224	150	125	70	72
26	170	132	191	250	170	140	79	81
27	190	152	215	285	190	162	88	90
28	212	170	240	318	212	180	98	101
29	237	190	267	356	237	201	110	113

제12장

완충 및 제동용 기계 요소의 설계

12장. 완충 및 제동용 기계 요소의 설계

12·1 스프링

스프링은 탄성이 큰 재료를 특별한 형상 또는 구조로 만들어 에너지를 흡수하거나 축적하거나 할 목적으로 사용하는 것으로, 그 사용 부위에 따라 코일 스프링, 판 스프링, 나사선형 스프링, 토션 바, 스태빌라이저, 접시 스프링, 고정 링 등 다양한 형태의 것이 이용된다.

1. 스프링 재료

스프링 재료로서는 탄성만 크면 무엇이든 사용할 수 있지만, 그 중에서 가장 일반적인 것은 스프링강(SUP)이며, 기타 사용 목적에 따라 경강선(SW), 피아노선(SWP) 등이 사용된다. 12·1 표는 스프링의 주요 용도별 자재 적용 예를 나타낸 것이다.

2. 스프링의 종류

(1) 코일 스프링 이것은 봉재를 나선 모양으로 감은 것으로, 12·1 그림과 같은 압축 코일 스프링, 인장 코일 스프링 및 비틀림 코일 스프링으로

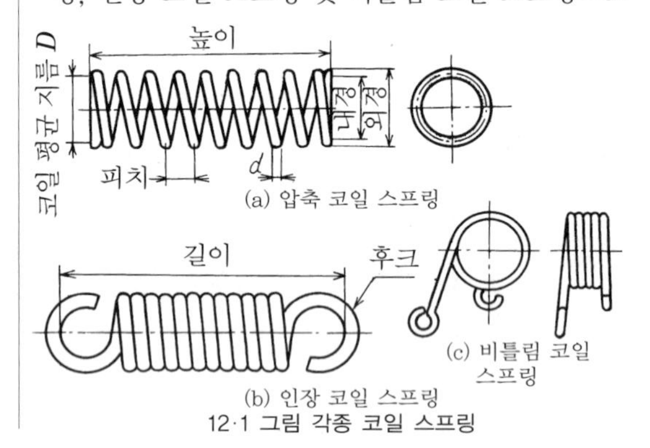

12·1 그림 각종 코일 스프링

12·1 표 스프링에 이용하는 재료 KS B 2400

종류	규격 번호	기호	용도 (참고)						비고
			범용	도전	비자	내열	내식	내피로	
스프링강 강재	JIS G 4801	SUP 6	○					○	주로 열간 성형 스프링에 이용한다
		SUP 7	○					○	
		SUP 9	○					○	
		SUP 9 A	○					○	
		SUP 10	○					○	
		SUP 11 A	○					○	
		SUP 12	○					○	
		SUP 13	○					○	
경강선	JIS G 3521	SW-B, SW-C	○						주로 냉간 성형 스프링에 이용한다
피아노선	JIS G 3522	SWP	○					○	
스프링용 탄소강 오일 템퍼선	JIS G 3560	SWO, SWOSM	○						
밸브 스프링용 탄소강 오일 템퍼선	JIS G 3561	SWO-V						○	
밸브 스프링용 CrV강 오일 템퍼선	JIS G 3561	SWOCV-V				○		○	
밸브 스프링용 SiCr강 오일 템퍼선	JIS G 3561	SWOSC-V				○		○	
스프링용 SiCr강 오일 템퍼선	JIS G 3560	SWOSC-B	○			○			
스프링용 스테인리스강선	JIS G 4314	SUS 302	○			○	○		
		SUS 304, 304 N1	○			○	○		
		SUS 316	○			○	○		
		SUS 631 J1	○			○	○		
황동선	JIS H 3260	C 2600 W		○	○		○		
		C 2700 W		○	○		○		
		C 2800 W		○	○		○		
양백선	JIS H 3270	C 7521 W		○	○		○		
		C 7541 W		○	○		○		
		C 7701 W		○	○		○		
인청동선		C 5102 W		○	○		○		
		C 5191 W		○	○		○		
		C 5212 W		○	○		○		
베릴륨동선		C 1720 W		○	○		○		

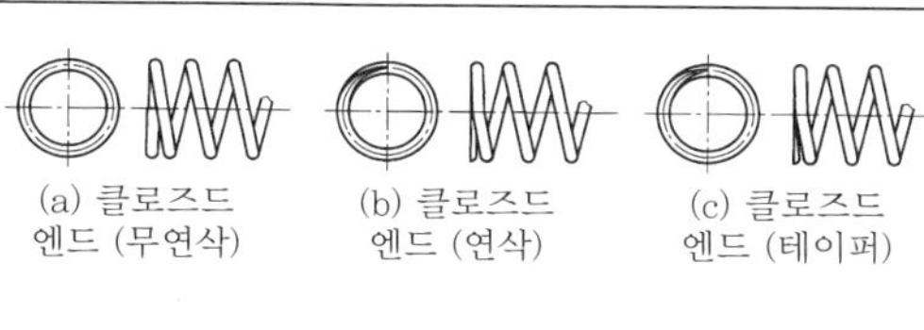
(a) 클로즈드 엔드 (무연삭) (b) 클로즈드 엔드 (연삭) (c) 클로즈드 엔드 (테이퍼)

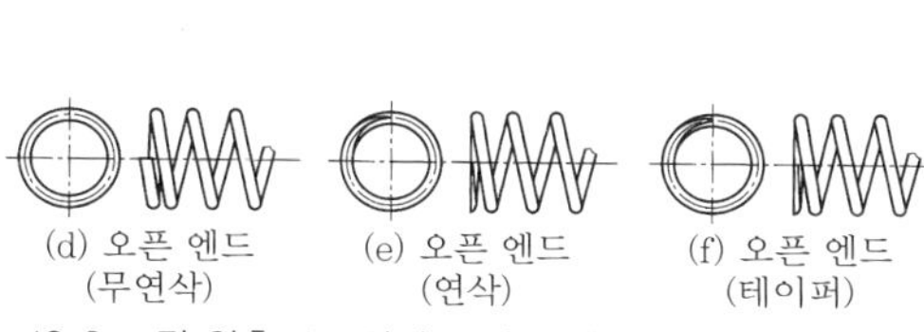
(d) 오픈 엔드 (무연삭) (e) 오픈 엔드 (연삭) (f) 오픈 엔드 (테이퍼)

12·2 그림 압축 스프링의 주된 코일 끝단부(좌)의 형상

크게 나눌 수 있다.

코일 스프링에 사용되는 소재의 단면 형상은 보통 원형이지만, 때로는 정사각형 또는 직사각형의 것을 사용하기도 한다.

(i) 압축 코일 스프링 압축 코일 스프링에서는 그 끝단부는 보통 평평하게 마무리한다.

끝단부를 만드는 법은 12 · 2 그림과 같이 한다. 스프링의 감는 축이 만곡하는 것을 피하는 경우는 1 1/2 감기, 다소 만곡해도 괜찮은 것은 3/4 감기, 보통은 1감기이다.

이 끝단 부분에서는 소재인 봉이 일부분 서로 접촉하므로 스프링의 권선수를 고려할 때는 이 접촉점에서 세어 끝단 부분은 제외한다. 이 권선수를 유효 코일수라고 한다. 스프링의 계산에는 유효 코일수를 사용한다.

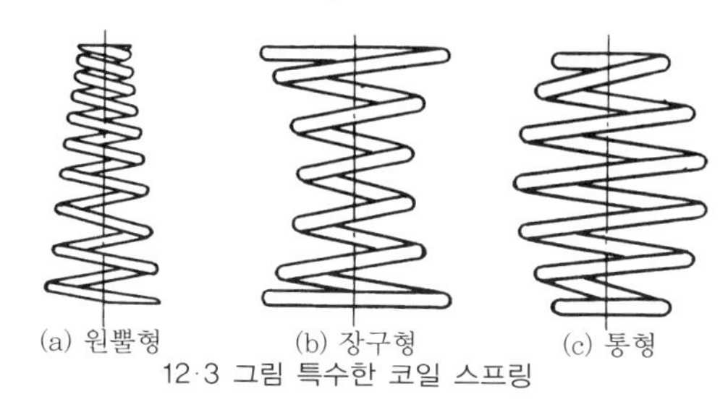
(a) 원뿔형 (b) 장구형 (c) 통형

12·3 그림 특수한 코일 스프링

압축 코일 스프링은 그 코일 부분의 형상에 따라 원통 코일 스프링 외에, 원뿔형 코일 스프링, 장구형 코일 스프링 및 통형 코일 스프링이 있다(12 · 3 그림).

(ii) 인장 코일 스프링 인상 코일 스프링의 끝단에는 보통 12 · 1 그림 (b)와 같이 후크를 내는데, 그 형식은 여러 가지가 있다. 대표적인 예를 12 · 4 그림에 나타냈다.

(iii) 비틀림 코일 스프링 이것은 12 · 1 그림 (c)와 같이 코일 중심선 주위에 비틀림 모멘트를 받은 스프링이다.

(2) 나선형 스프링 이것은 12 · 5 그림과 같이 나선 모양으로 감긴 스프링으로, 스프링 소재는 박강판, 띠강을 이용한다. 시계의 태엽 등에 사용되는 것으로, 코일 스프링에서는 비틀림 응력이 작용하지만 이것에는 굽힘응력이 작용한다.

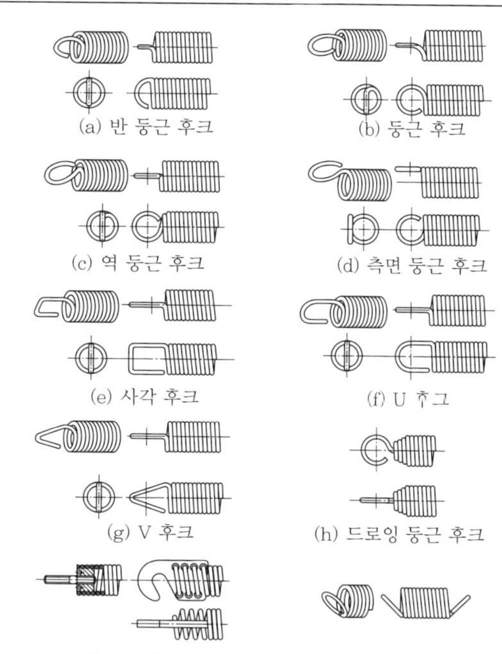
(a) 반 둥근 후크 (b) 둥근 후크
(c) 역 둥근 후크 (d) 측면 둥근 후크
(e) 사각 후크 (f) U 후그
(g) V 후크 (h) 드로잉 둥근 후크
(i) 나사 후크 (j) 경사 둥근 후크

12·4 그림 인장 스프링의 후크 형상

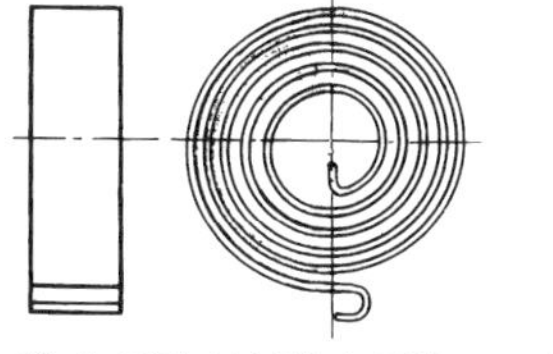
12·5 그림 나선형 스프링

12·6 그림 벌류트 스프링

(3) 벌류트 스프링 벌류트 스프링은 띠강을 감아 만들어지는 것인데, 12 · 6 그림에 이 스프링의 대표적인 것을 나타냈다.

(4) 판 스프링 판 스프링은 스프링 와셔 등과 같이 단일 판으로 이용되는 것과 12 · 7과 같이 여러 개의 스프링판을 겹쳐서 만드는 겹판 스프링이 있다.

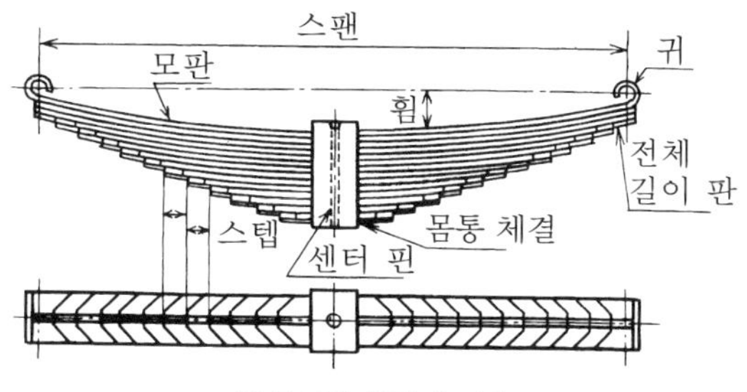

12·7 그림 겹판 스프링

겹판 스프링은 철도나 자동차 등의 차량에 완충용으로서 사용된다.

3. 압축, 인장 코일 스프링의 계산

12·8 그림과 같이 압축 코일 스프링에 축방향의 힘 P가 작용하는 것으로 한다. 이 때 스프링 소선의 단면에 $M=PR$이라는 스프링의 모멘트와 압축력 P가 작용한다. 여기에서

① 통상 사용되는 스프링의 피치각은 10° 이하이므로 굽힘 모멘트와 압축력의 영향은 거의 무시할 수 있다.

② 스프링 지수가 크다(c≧4)면, 전단력의 영향도 비틀림 모멘트의 그것에 비해 그다지 크지 않다.

③ 1감기당 휨각이 작다.

등의 가정을 두면, 스프링은 비틀림 모멘트 PR만을 받게 된다. 따라서 비틀림 응력 τ_0은 다음의 식과 같이 된다.

12·8 그림 코일 스프링의 계산

$$\tau_0 = \frac{8PD}{\pi d^3} \qquad (1)$$

단, τ_0…비틀림 응력(N/mm²), P…스프링에 걸리는 하중(N), D…코일 평균 지름(mm), d…소선 지름(mm)

(1) 비틀림 수정 응력 이 (1)식은 재료의 전체 둘레에 일정한 비틀림 응력이 생기는 경우에 대해서 고려한 것인데 실제의 스프링으로는 코일의 굽힘률과 전단력이 영향을 미치고 코일의 내측 응력 쪽이 외측의 응력보다 커진다.

이 영향을 고려해 일반적으로 와알에 의한 다음의 수정식이 이용된다.

$$\tau_{max} = \frac{8PD}{\pi d^3}\left(\frac{4c-1}{4c-4} + \frac{0.615}{c}\right) \qquad (2)$$

단, $c=\dfrac{D}{d}$ (스프링 지수)

위의 식에서 c를 스프링 지수라고 하며, 이 값이 너무 커도 너무 작아도 스프링 제조 상 및 검사 상의 점에서 바람직하지 않고 코일 감기 공정이 어려워진다.

일반적으로는 이 값을 4에서 10사이로 선택하는 것이 좋다. (2)식의 괄호 안의 수정계수를 x로 두면, x의 값은 12·9 그림에서 구할 수 있다.

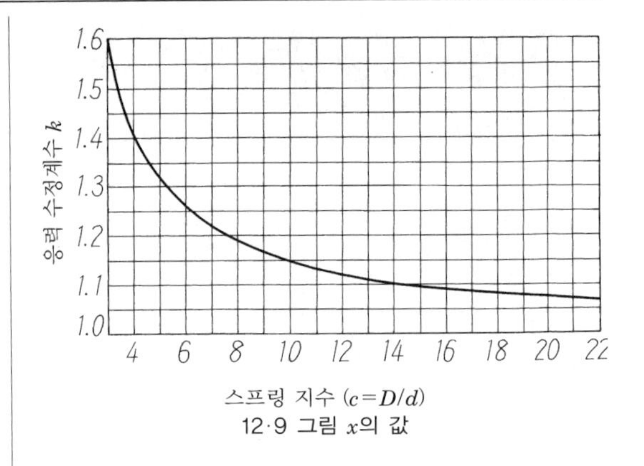

스프링 지수 ($c=D/d$)
12·9 그림 x의 값

(2) 휨 코일의 휨 δ는 보통 비틀림 효과만을 생각해

$$\delta = \frac{8N_a D^3 P}{Gd^4} \qquad (3)$$

단, δ…스프링의 휨(mm), G…횡탄성계수(N/mm²), N_a…유효 코일수, D…코일 평균 지름(mm), d…소선 지름(mm)

위의 식에서 횡탄성계수 G의 값은 스프링 재료에 의해 다음의 12·2 표에 나타낸 값을 사용하면 된다.

12·2 표 횡탄성계수 G의 값 (단위 N/mm²)

재료	기호	G의 값
스프링강 강재 경강선 피아노선 오일 템퍼선	SUP SW SWP SWO	7.85×10^4
스프링용 스테인리스강선	SUS 302 SUS 304 SUS 304 NI SUS 316	6.85×10^4
	SUS 631 J1	7.35×10^4
황동선 양백선	BsW NSWS	3.90×10^4
인청동선	PBW	4.20×10^4
베릴륨동선	BeCuV	4.40×10^4

또한 유효 코일수 N_a는 통상 자유 코일수 N_f와 동일하게 잡는데, 압축 스프링의 경우에는 코일 양 끝단 부분의 각각의 좌권수를 고려해 다음과 같이 계산한다. 단, N_t는 총권수이다.

(a) 코일 양 끝단이 다음의 자유 코일에 접하고 있을 때 [12·2 그림 (b), (c)].

$$N_a = N_t - 2 \qquad (4)$$

(b) 코일 끝단이 다음의 코일에 접하고 있지 않아 연삭부의 길이가 3/4 감기인 것(12·2 그림 (e)].

$$N_a = N_t - 1.5 \qquad (5)$$

이 유효 코일수는 일반적으로 3 이상으로 잡는다.

(3) 코일 스프링의 선 지름과 유효 코일수를 구하는 법 하중, 휨, 코일 평균 지름 및 비틀림 응력을 주고, 선 지름과 유효 코일수를 구하려면, 다음의 (6)식~(8)식 및 12·11 그림을 이용하면 된다(예제 참조).

$$k\,c^3 = \tau\frac{\pi D^2}{8P} \qquad (6)$$

$$N_a = \frac{GD\delta}{8c^4P} \qquad (7)$$

$$d = \frac{D}{c} \qquad (8)$$

[예제 1] 하중 $P=2500$N, 스프링의 휨 $\delta=26$mm, 코일 평균 지름 $D=55$mm, 비틀림 응력 $\tau=490$N/mm^{2}으로 하고, 그 선 지름과 유효 코일수를 구해라.

단, 재료를 스프링강(SUP4)으로 한다.

[해] (6)식에서

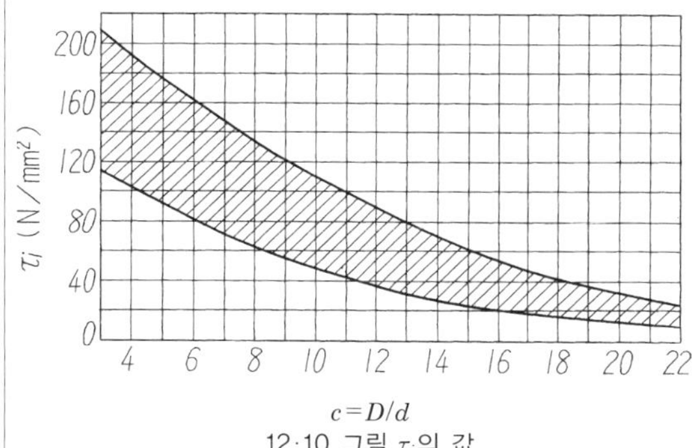

12·10 그림 τ_i의 값

$$k\,c^3 = \tau\frac{\pi D^2}{8P} = \frac{490\times3.14\times55^2}{8\times2500} = 232.7$$

12·11 그림에서 $kc^3=232.7$의 눈금을 위로 올려 왼쪽 곡선과의 교점을 오른쪽으로 가고, 또한 오른쪽 곡선과의 교점을 아래로 내려 c의 눈금을 읽으면 $c=5.67$을 얻을 수 있다.

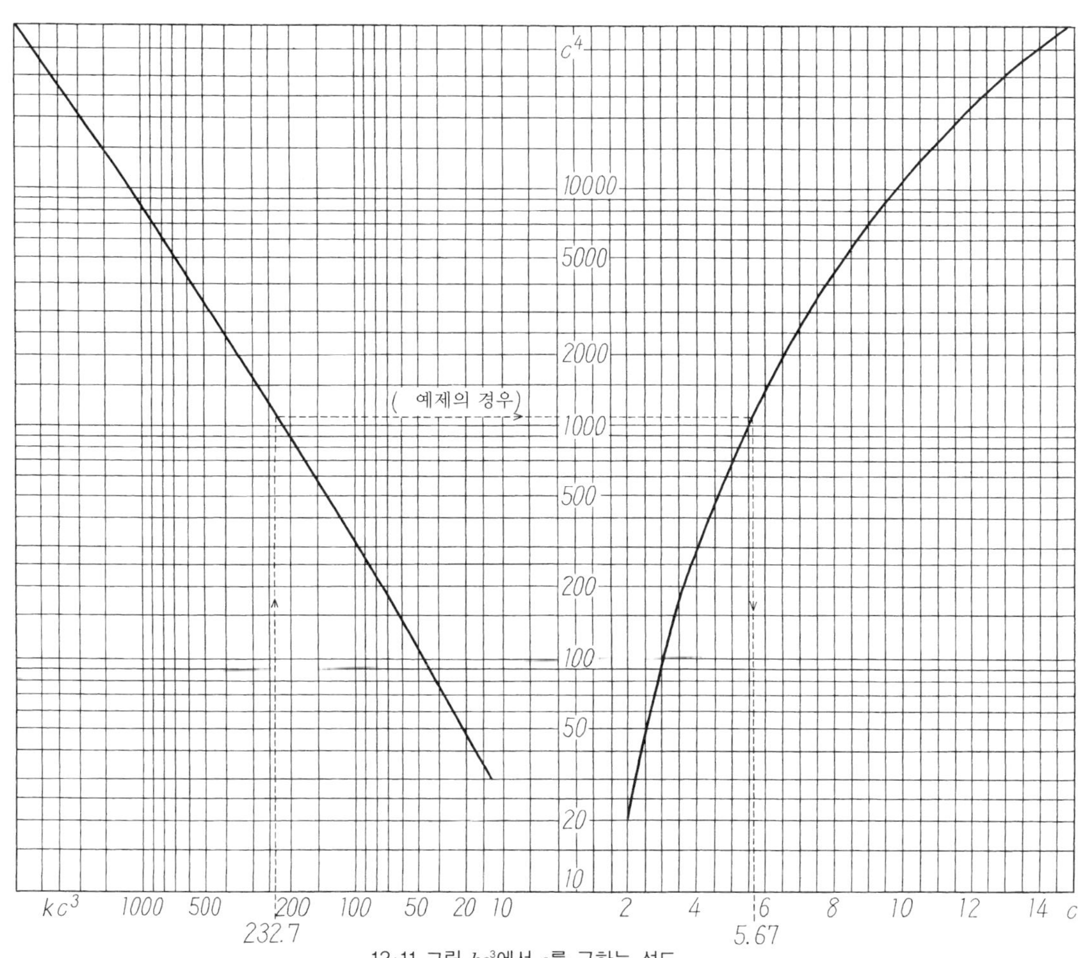

12·11 그림 kc^3에서 c를 구하는 선도

(8)식에서

$$d = \frac{D}{c} = \frac{55}{5.67} = 9.7$$

따라서 d는 9.75mm에 가장 가까운 10mm로 한다. d=10mm로서 다시 c을 구하면

$$c = \frac{D}{d} = \frac{55}{10} = 5.5$$

또한, 스프링강의 횡탄성계수는 12·2 표로부터 G=7.85×104N/mm², 따라서 N_a는 (7)식에서

$$N_a = \frac{GD\delta}{8c^4 P} = \frac{7.85 \times 10^4 \times 55 \times 26}{8 \times 5.5^4 \times 2500} = 6.13$$

(4) 인장 스프링의 초기장력 인장 스프링은 일반적으로 밀착 감기로 성형되므로 냉간 성형 인장 스프링에서는 성형 후 스프링의 축선방향 탄성변형이 방해되어 무하중시에 코일을 서로 밀착시키려고 하는 힘이 생긴다. 이것이 초기장력이라고 불리는 것이다.

초기장력은 다음의 식으로 구할 수 있다.

$$P_i = \frac{\pi d^3}{8D} \tau_i \quad (9)$$

단, P_i…초기장력(N), D…코일 평균 지름(mm), d…재료의 직경(mm), τ_i…초기장력에 의한 비틀림 응력(N/mm²)

강 스프링의 경우, τi의 값은 원칙으로서 12·10 그림에 나타낸 범위 내에서 잡는 것이 좋다.

(5) 밀착 높이 압축 스프링의 경우, 밀착 높이는 응력과 휨이 최대가 되는 점이기 때문에 매우 중요한 의미가 있는데, 코일 끝단부나 피치의 약간의 부동이 영향을 미쳐 완전히 밀착시키는 것은 매우 어렵다. 따라서 실제 계산대로는 되기 어렵기 때문에 일반적으로 다음의 간략한 식을 이용해 구하고 있다.

$$H_s = (N_t - 1)d + x \quad (10)$$

단, H_s…밀착 높이(mm), N_t…총권수, d…재료의 직경(mm), x…코일 양 끝단의 두께 합(mm)

(6) 서징 엔진의 밸프 스프링과 같이 빠른 반복하중을 받는 스프링에서는 그 반복 속도가 스프링의 고유진동수에 가까워지면, 격렬한 공진을 일으켜 스프링 파손의 원인이 된다. 이러한 공진 현상을 서징이라고 한다. 따라서 이 서징을 피하려면 스프링의 고유진동수를 캠의 최대 회전수의 8배 정도 이상으로 잡는 것이 바람직하다고 되어 있다.

스프링의 고유진동수 f는 다음 식에 의해 구하면 된다.

$$f = a \frac{22.36d}{\pi N_a D^2} \sqrt{\frac{G}{m}} \quad (11)$$

단, $a = \frac{i}{2}$ (양 끝단 자유 또는 고정의 경우)

$a = \frac{2i-1}{4}$ (한 끝단 고정이고 다른 끝단 자유의 경우)

$i = 1,\ 2,\ 3,\ \cdots$

m=단위 체적당 질량 (kg/mm³)

(7) 스프링 특성 스프링 특성의 지정을 하는 경우에는 지정 높이 시의 하중(또는 지정 하중 시의 높이)는 그때의 휨이 시험 하중 시 휨의 20~80% 사이에 있도록 정한다.

또한 스프링 상수는 시험 하중 시 휨의 30~70%사이의 2개의 하중 점에서 하중의 차이와 휨의 차이에 의해 정한다.

(8) 스프링의 치수 및 스프링 특성의 허용차 12·3 표는 스프링의 치수 및 스프링 특성의 허용차를 나타낸 것이다.

(9) 설계 응력 취하는 법

(i) 정하중을 받는 스프링 이 경우의 설계 응력은 앞에서 말한 (1)식에 의해 구하면 된다. 또한 허용 비틀림 응력은 압축 스프링의 경우 12·12 그림에 나타낸 대로이고, 밀착 응력은 이 값을 넘지 않는 것이 바람직하다. 시험 하중 시의 응력은 허용 비틀림 응력을 넘어서는 안 된다. 또한 상용 응력을 생각할 때에는 그 최대값을 그림에 나타낸 값의 80% 이하로 하는 것이 좋다.

또한 인장 스프링의 경우는 허용 비틀림 응력은 냉간 성형 스프링에서는 동 그림에 나타낸 값의 80% 이하, 열간 성형 스프링에서는 동 67% 이하로 하고, 상용 응력을 생각할 때는 최대값을 각각 그 값의 80%(따라서 12·12 그림에 나타낸 값의 각각 64%, 53.6%) 이하로 하는 것이 좋다.

(ii) 동하중을 받는 스프링 이 경우의 스프링 응력은 앞에서 말한 정하중의 응력보다 낮게 잡아야 한다. 또한 반복하중을 받는 경우에는 응력의 값은 다음의 식에 의해 계산하고, 스프링 사용 시의 하한 응력과 상한 응력의 관계, 반복 횟수, 표면 상태 등의 피로강도에 미치는 모든 인자 등을 고려해 적당한 값을 선택한다.

$$\tau = x\tau_0 \quad (12)$$

단, τ…비틀림 수정 응력(N/mm²), x…응력 수정계수(12·9 그림 참조), τ_0…비틀림 응력[N/mm²…(1)식]

4. 비틀림 코일 스프링의 계산 비틀림 코일 스프링은 12·13 그림에 나타냈듯이 그 축선의

12·3 표 스프링의 치수 및 스프링 특성의 허용차 (JIS B 2704 부록 : 2000)

<table>
<tr><th colspan="2">항목</th><th>열간 성형 코일 스프링 (부록 1)</th><th>냉간 성형 압축 코일 스프링 (부록 2)</th><th>냉간 성형 인장 코일 스프링 (부록 3)</th></tr>
<tr><td colspan="2">자유 높이 또는 자유 길이의 허용차</td><td>스프링 특성의 지정이 있는 경우의 자유 높이는 참고값으로 하고, 스프링 특성의 지정이 없는 경우의 자유 높이 허용차는 자유 높이±2%로 한다.</td><td colspan="2">스프링 특성의 지정이 있는 경우는 참고값으로 하고, 없는 경우는 다음의 두 조건의 수치 절대값이 큰 쪽을 만족시키는 것으로 한다.
<table>
<tr><th>D/d</th><th>1급</th><th>2급</th><th>3급</th></tr>
<tr><td>4 이상 8 이하</td><td>±1.0%, ±0.2 mm</td><td>±2.0%, ±0.5 mm</td><td>±3.0%, ±0.7mm</td></tr>
<tr><td>8 초과 15 이하</td><td>±1.5%, ±0.5 mm</td><td>±3.0%, ±0.7 mm</td><td>±4.0%, ±0.8 mm</td></tr>
<tr><td>15 초과 22 이하</td><td>±2.0%, ±0.6 mm</td><td>±4.0%, ±0.8 mm</td><td>±6.0%, ±1.0 mm</td></tr>
</table></td></tr>
<tr><td colspan="2">코일 직경의 허용차(1)</td><td>코일 내경 또는 외경을 규정하고, 다음 두 조건의 수치 절대값이 큰 쪽을 만족시키는 것으로 한다.
<table>
<tr><th>자유 높이 mm</th><th>허용차</th></tr>
<tr><td>250 이하</td><td>코일 평균 지름의 ±1%, ±1.5mm</td></tr>
<tr><td>250 초과 500 이하</td><td>코일 평균 지름의 ±1.5%, ±1.5mm</td></tr>
<tr><td>500 초과</td><td>협정에 의한다</td></tr>
</table></td><td colspan="2">코일 내경 또는 외경의 어느 쪽인가(부록 3에서는 외경)를 규정, 그 수치는 다음에 의한다.
<table>
<tr><th>D/d</th><th>1급</th><th>2급</th><th>3급</th></tr>
<tr><td>4 이상 8 이하</td><td>±1.0%, ±0.15 mm</td><td>±1.5%, ±0.20 mm</td><td>±2.5%, ±0.40 mm</td></tr>
<tr><td>8 초과 15 이하</td><td>±1.5%, ±0.20 mm</td><td>±2.0%, ±0.30 mm</td><td>±3.0%, ±0.50 mm</td></tr>
<tr><td>15 초과 22 이하</td><td>±2.0%, ±0.30 mm</td><td>±3.0%, ±0.50 mm</td><td>±4.0%, ±0.70 mm</td></tr>
</table></td></tr>
<tr><td colspan="2">총권수의 허용차</td><td colspan="3">스프링 특성의 지정이 있는 경우는 총권수는 참고값으로 하고, 스프링 특성의 지정이 없는 경우는 압축 스프링에 대해서는 ±1/4 감기, 인장 스프링에 대해서는 후크의 대향각(부록 3에서는 중심어긋남, 쓰러짐, 튀어나옴도)의 허용차를 포함해 협정에 의한다.</td></tr>
<tr><td colspan="2">코일 외면의 기울기 허용차</td><td colspan="2">e
H_f
H_f…자유 높이
무하중의 상태에서 각 끝단면에 각각 직각의 축에 대한 코일 외측면 기울기(e)를 측정하고, 다음에 의한다(H_f…자유 높이)
<table>
<tr><th>코일</th><th>1급</th><th>2급</th><th>3급*</th></tr>
<tr><td>외면의 기울기 e</td><td>$0.02H_f$ (1.15°)</td><td>$0.05H_f$ (2.9°)</td><td>$0.08H_f$ (4.6°)</td></tr>
</table>
*부록 1에는 없다</td><td>—</td></tr>
<tr><td colspan="2">피치의 부동 허용차</td><td colspan="2">등 피치의 압축 스프링에서는 전체 휨의 80%를 압축한 경우, 양 끝단부를 제외하고 코일이 접해서는 안 된다.</td><td>—</td></tr>
<tr><td colspan="2">밀착 높이의 허용차</td><td colspan="2">스프링의 밀착 높이는 원칙적으로 지정하지 않는다. 단, 양 끝단면을 약 3/4 감기 연삭한 스프링으로, 특히 밀착 높이를 필요로 할 때는 다음 식에서 구한 값을 최대값으로서 지정한다.
$H_s = N_t \times d_{max}$ 단, H_s…밀착 높이, N_t…총권수, d_{max}…재료의 직경 최대값</td><td>—</td></tr>
<tr><td rowspan="3">스프링 특성(2)</td><td>지정 높이 시 (또는 지정 길이 시)의 하중 허용차</td><td>±[1.5mm+지정 높이까지의 계획 휨(mm)의 3%]×스프링 상수(N) 또는
$$\pm\frac{[1.5\,\text{mm} + \tau\,(\text{mm}) \times 0.03]}{\tau\,(\text{mm})} \times 100\%$$
단, τ …지정 높이까지의 계획 휨</td><td><table>
<tr><th>유효 코일수</th><th>1급</th><th>2급</th><th>3급</th></tr>
<tr><td>3 초과 10 이하</td><td>±5%</td><td>±10%</td><td>±15%</td></tr>
<tr><td>10을 초과</td><td>±4%</td><td>±8%</td><td>±12%</td></tr>
</table></td><td>유효 코일수가 5감기를 넘는 경우±{초기장력×α+(지정 길이 시의 하중−초기장력)×β}
<table>
<tr><th>등급</th><th>1급</th><th>2급</th><th>3급</th></tr>
<tr><td>α</td><td>0.10</td><td>0.15</td><td>0.20</td></tr>
<tr><td>β (1)
β (2)</td><td>0.05
0.04</td><td>0.10
0.08</td><td>0.15
0.12</td></tr>
<tr><td colspan="4">(1) 유효 코일수 3~10
(2) 10을 넘는다</td></tr>
</table></td></tr>
<tr><td>지정 하중 시의 길이 허용차</td><td>±[1.5mm+지정 하중 시까지의 계획 휨(mm)의 3%] (mm)</td><td>—</td><td>—</td></tr>
<tr><td>스프링 상수의 허용차</td><td>±10%
특별히 정도를 필요로 하는 스프링에는 ±5%까지 지정할 수 있다.</td><td colspan="2"><table>
<tr><th>유효 코일수</th><th>1급</th><th>2급</th><th>3급</th></tr>
<tr><td>3 초과 10 이하</td><td>±5%</td><td>±10%</td><td>±15%</td></tr>
<tr><td>10 초과</td><td>±4%</td><td>±8%</td><td>±12%</td></tr>
</table></td></tr>
<tr><td colspan="5">[주] (1) 이 허용차는 필요가 있는 경우는 허용차의 범위에서 한쪽 측으로 잡을 수 있다.
(2) 스프링 특성의 허용차는 열간 성형 압축 스프링에서는 자유 높이가 (i)900mm 이하, (ii)스프링 상수 4~15, (iii)종횡비 0.8~4, (iv)유효 코일수 3 이상, (v)피치 0.5D 이하의 조건을 갖춘 스프링에 적용한다.</td></tr>
</table>

12장

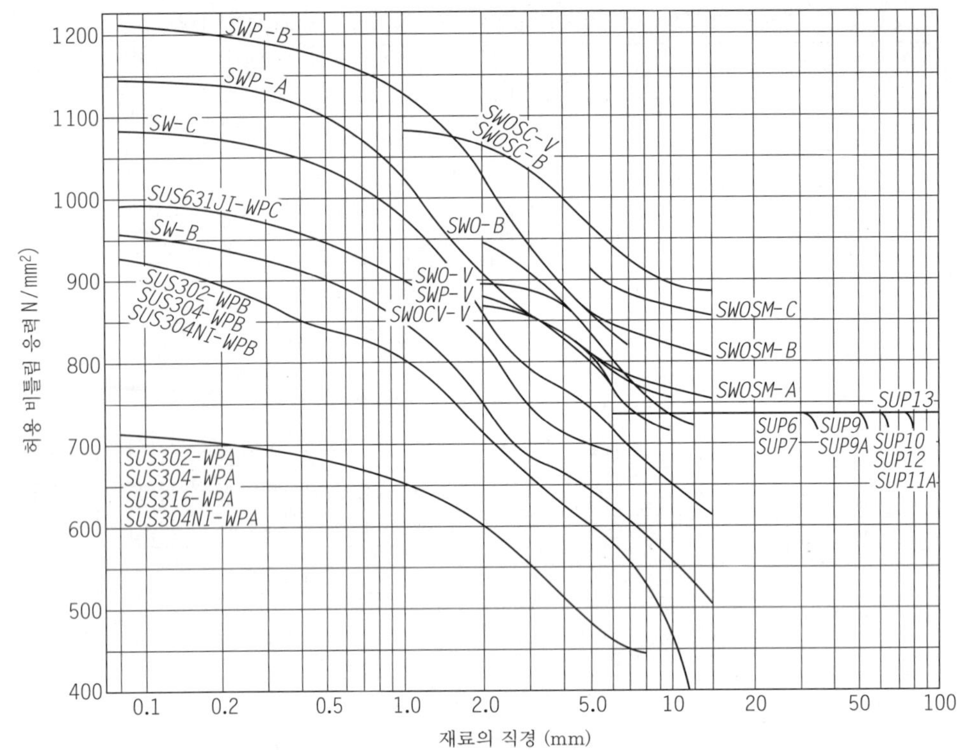

12·12 그림 압축 스프링의 허용 비틀림 응력

주변에 비틀림 하중을 받는 스프링으로, 그 때 생기는 응력은 굽힘응력이다.

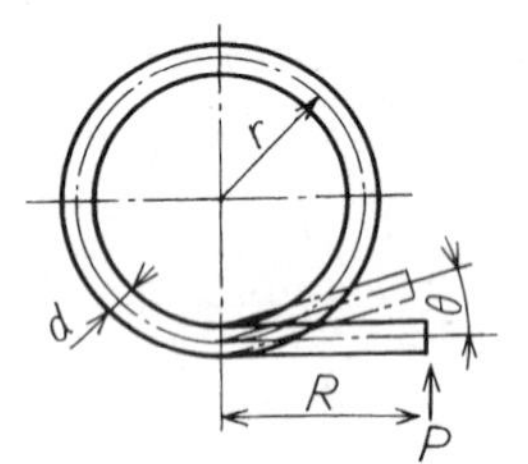

12·13 그림 비틀림 코일 스프링이 받는 하중

비틀림 코일 스프링에서는 일반적으로 권선수가 3 이상으로, 코일의 내측에 안내봉이 있고 스프링의 한쪽 팔은 안내봉과 동심의 회전체에 설치되어 스프링을 감는 방향으로 부하를 거는 것이 표준이다. 반대로 스프링을 되감는 방향으로 부하를 거는 것도 있는데, 이것은 특별한 경우에 속하므로 나중에 설명하도록 별도의 계산을 따라야 한다.

또한 비틀림 코일 스프링에는 12·16 그림에 나타냈듯이 계산에 있어 팔 길이를 고려하지 않아

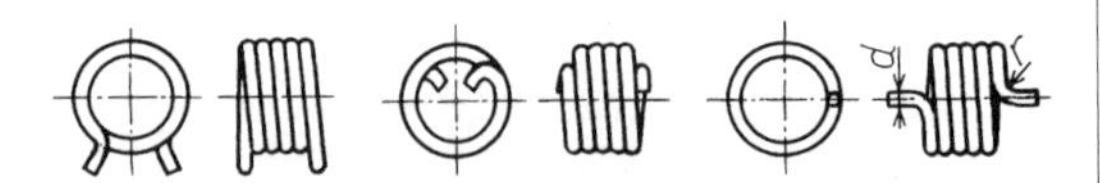
(a) 쇼트 후크 (b) 힌지 (c) 직선 세우기

12·14 그림 팔의 길이가 짧은 경우

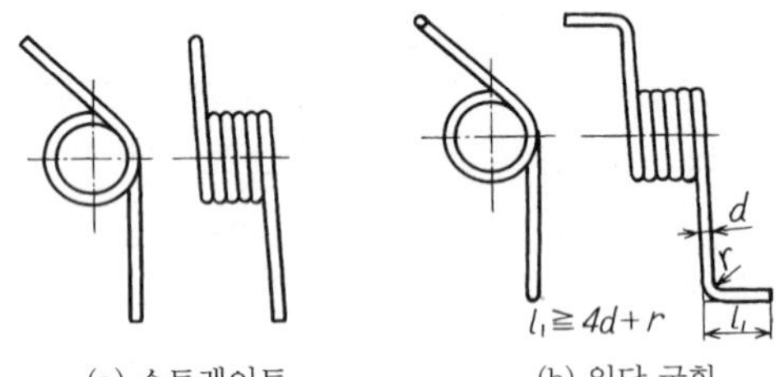

(a) 스트레이트 (b) 일단 굽힘

12·15 그림 팔의 길이가 긴 경우

도 되는 경우와 12·17 그림에 나타냈듯이 팔 길이를 고려해야 하는 경우가 있다.

(1) 스프링의 설계에 이용하는 기본식 위에서 말한 표준적인 비틀림 코일 스프링의 기본식은 다음과 같다.

(i) 팔의 길이를 고려하지 않아도 되는 경우

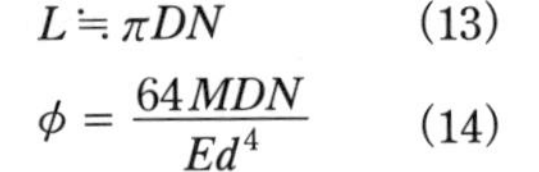

$$L \fallingdotseq \pi DN \tag{13}$$

$$\phi = \frac{64MDN}{Ed^4} \tag{14}$$

$$k_T = \frac{Ed^4}{64DN} \tag{15}$$

$$\sigma = \frac{Ed\phi}{2\pi DN} \tag{16}$$

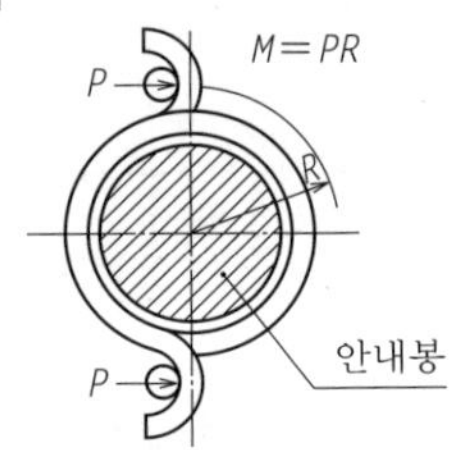

12·16 그림 팔의 길이를 고려하지 않아도 되는 경우

단, L…스프링의 유효부 전개 길이(mm), D…코일 평균 지름(mm), N…권선수, ϕ…스프링의 비틀림각(rad), E…종탄성계수(N/mm², 12·4 표), d…스프링 소선 지름(mm), M…스프링에 작용하는 비틀림 모멘트(N·mm), k_r…스프링 상수(N·mm/rad), σ…굽힘응력(N/mm²)

12·4 표 주요 재료의 종탄성 계수 (E)

재료		E의 값(N/mm²)
경강선		206×10^3
피아노선		206×10^3
오일템퍼선		206×10^3
스프링용 스테인리스강선	SUS 302	186×10^3
	SUS 304	
	SUS 304 NI	
	SUS 316	
	SUS 631 J1	196×10^3
황동선		98×10^3
양백선		108×10^3
인청동선		98×10^3
베릴륨동선		127×10^3

위의 식은 스프링의 비틀림각을 라디안(rad)으로 나타낸 것인데, 이것을 각도수(°)로 나타내면 다음과 같이 된다.

$$\phi_d = \frac{64MDN}{Ed^4}\cdot\frac{180}{\pi} \fallingdotseq \frac{3667MDN}{Ed^4} \quad (17)$$

$$k_{Td} = \frac{Ed^4}{64DN}\cdot\frac{\pi}{180} \fallingdotseq \frac{Ed^4}{3667DN} \quad (18)$$

$$\sigma = \frac{Ed\phi_d}{360DN} \quad (19)$$

단, ϕ_d…스프링의 비틀림각(°), k_{Td}…스프링 상수(N·mm/deg)

(ii) 팔의 길이를 고려할 필요가 있는 경우 이 경우의 스프링 설계식은 다음과 같다.

$$L \fallingdotseq \pi DN + \frac{1}{3}(a_1+a_2) \quad (20)$$

$$\phi = \frac{64M}{E\pi d^4}\left[\pi DN + \frac{1}{3}(a_1+a_2)\right] \quad (21)$$

$$k_T = \frac{E\pi d^4}{64\left[\pi DN + 1/3(a_1+a_2)\right]} \quad (22)$$

단, a_1, a_2…팔의 길이(mm)

또한, 식 (21), (22)를 각도수로 나타내면

$$\phi_d \fallingdotseq \frac{3667MDN}{Ed^4} + \frac{389M}{Ed^4}(a_1+a_2) \quad (23)$$

$$k_{Td} \fallingdotseq \frac{Ed^4}{3667DN + 389(a_1+a_2)} \quad (24)$$

또한, 위의 식은 팔의 길이(a_1, a_2)를 외팔 보로 생각한 근사값인데, 팔의 길이를 고려하는지의 여부는

$(a_1 + a_2) \geqq 0.09 \times \pi DN$

일 때 고려하는 것을 일단 기준으로 하면 된다.

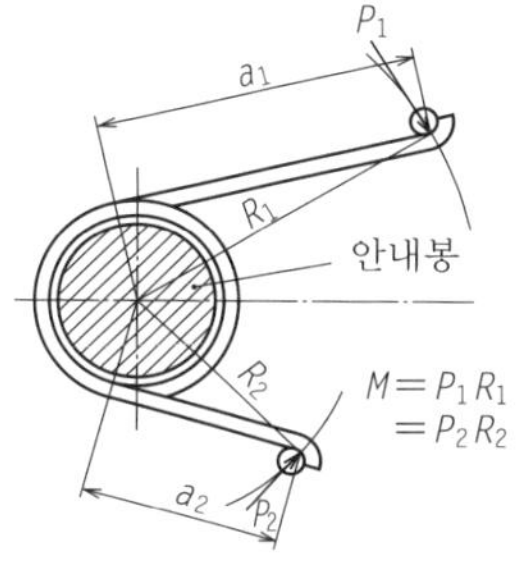

12·17 그림 팔의 길이를 고려할 필요가 있는 경우

(iii) 안내봉의 직경 스프링을 감는 방향으로 비틀면, 코일의 직경이 감소하므로 안내봉의 직경(D_s)는 최대 사용 시 코일 내경($D_i - \Delta D$)의 약 90%로 잡는 것이 바람직하다.

$$\Delta D = \frac{\phi_{max}D}{2\pi N} = \frac{\phi_{d\,max}}{360N}D \quad (25)$$

$$D_s = 0.9(D_i - \Delta D) \quad (26)$$

단, ϕ_{max}, ϕ_{dmax}…최대 비틀림각

(iv) 끝단 끝단의 팔은 가급적 단순한 형상으로 하고, 굽힘 반경은 가급적 크게 한다. 예를 들면 직선 세우기형의 경우에는 설계 조건에 따라서는 고응력이 되는 경우가 있으므로 굽힘 반경(r)은 선 지름(d)보다 큰 것이 바람직하다.

(2) 스프링을 되감는 방향으로 사용하는 경우 이 경우, 코일의 내측에 생기는 최대 인장응력(σmax)은 다음 식에 의해 구한다.

$$\sigma_{max} = \frac{32(R + D/2)P\chi_b}{\pi d^3} \quad (27)$$

단, σ_{max}…최대 인장응력(N/mm²), R…하중 작용반경(mm), P…스프링에 걸리는 하중(N), χ_b…굽힘응력 수정계수(12·19 그림)

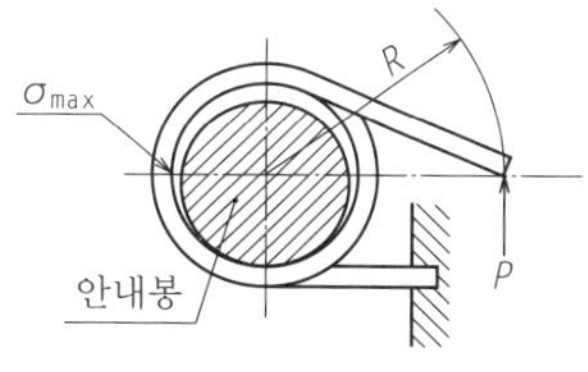

12·18 그림 되감는 경우

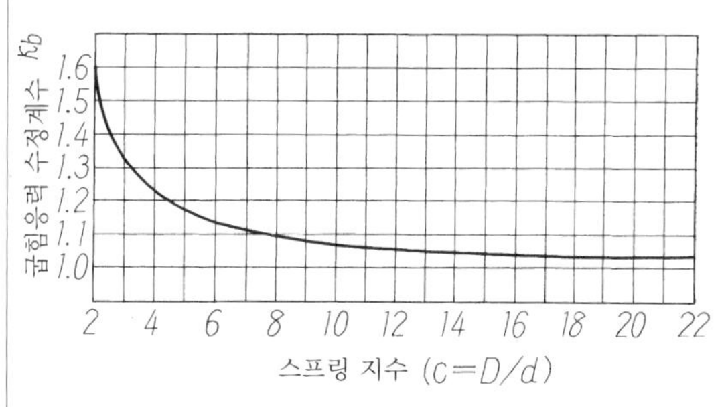

12·19 그림 굽힘응력 수정계수

12장

[예제 2] 12·20 그림에 나타냈듯이 경강선 재료에서 선 지름 10mm, 코일 평균 지름 50mm, 유효 코일수 12의 비틀림 코일 스프링을 설계했다.

이 스프링의 비틀림각과 굽힘응력을 구해라. 또한 되감는 방향으로 부하를 발생시켰다고 가정한 경우의 코일 내측에 생기는 최대 인장응력을 구해라.

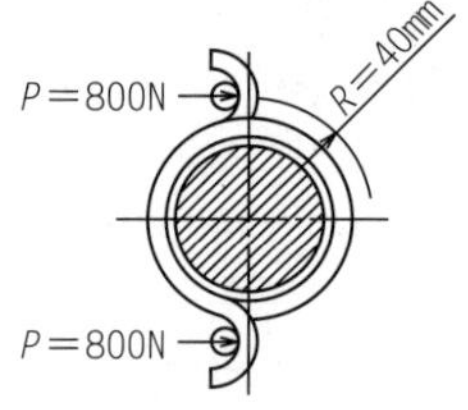

12·20 그림

[해] 우선 처음으로 팔의 길이를 고려할 필요가 있는지의 여부를 결정한다.

$(a_1+a_2) \geqq 0.09 \times \pi DN$

$(50+50)=0.09\times 3.14\times 50\times 12$

$100 \leqq 169.6$

따라서 팔의 길이는 고려하지 않아도 된다.

① 스프링 유효부 전개 길이

식 (13)에서

$L \fallingdotseq \pi DN = \pi \times 50\times 12 \fallingdotseq 1885(\mathrm{mm})$

② 스프링의 비틀림각

비틀림각 ϕ를 각도수로 나타내면 식 (17)에서

$$\phi_d = \frac{64MDN}{Ed^4}\cdot\frac{180}{\pi} \fallingdotseq \frac{3667MDN}{Ed^4}$$

$$=\frac{3667\times 32000\times 50\times 12}{206\times 10^3\times 10^4}=34.18^\circ$$

여기서 $M=PR$, 따라서

$M=800\times 40=32000(\mathrm{N\cdot mm})$

③ 스프링 상수 k_{Td} 식 (18)에서

$$k_{Td}=\frac{Ed^4}{64DN}\cdot\frac{\pi}{180} \fallingdotseq \frac{Ed^4}{3667DN}$$

$$=\frac{206\times 10^3\times 10^4}{3667\times 50\times 12} \fallingdotseq 936.3(\mathrm{N\cdot mm/deg})$$

④ 굽힘응력 σ은 식 (19)에서

$$\sigma=\frac{Ed\phi_d}{360DN}=\frac{206\times 10^3\times 34.18\times 10}{360\times 50\times 12}$$

$=326(\mathrm{N/mm^2})$

또한, 최대 인장응력은 식 (27)에서

$$\sigma_{\max}=\frac{32(R+D/2)P\chi_b}{\pi d^3}$$

$$=\frac{32(40+50\div 2)800\times 1.18}{\pi\times 10^3}$$

$=625(\mathrm{N/mm^2})$

단, χ_b는

$$\chi_b=\frac{4c^2-c-1}{4c(c-1)}$$

$$=\frac{4\times 5^2-5-1}{4\times 5(5-1)}=1.18$$

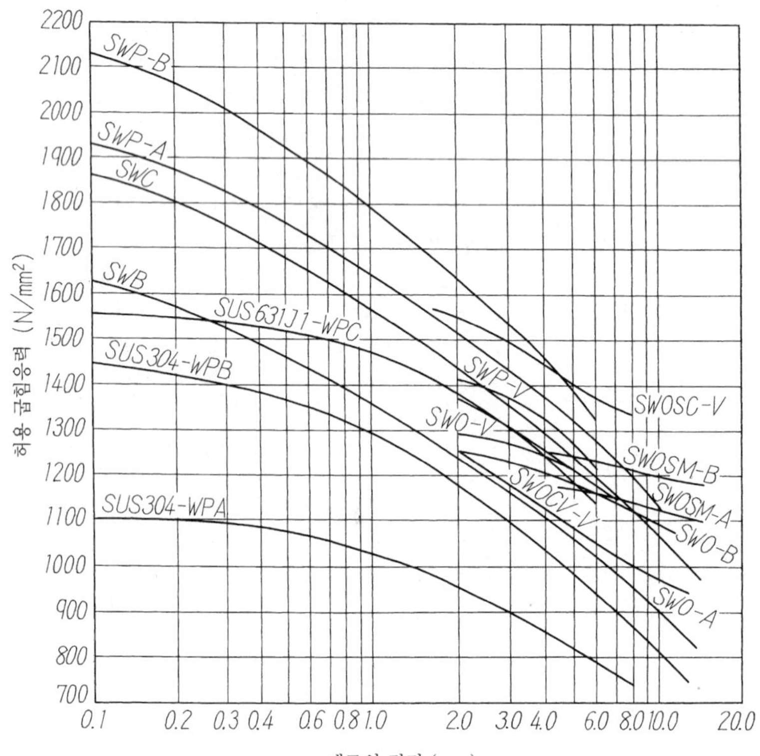

12·21 그림 스프링의 허용 굽힘응력

(3) 설계 응력 취하는 법

일반적으로 스프링은 응력을 높게 잡으면, 그 2승에 비례해 소형 경량으로 할 수 있다. 또한 탄성계수가 다른 재료로 바꾼 경우, 만약 응력을 동일한 값으로 잡을 수 있는 재료라면 탄성계수가 작을수록 그 값에 비례해 소형으로 할 수 있다.

따라서 스프링의 설계에서는 재료의 선택법이 매우 중요한데, 또한 동시에 요구되는 수명이 보장되는 적정한 응력을 설계 상 선택해야 한다.

설계된 스프링이 요구되는 수명을 만족시키는지의 여부를 검토하는 방법에 대

해서 다음에 설명한다.

(i) **정하중을 받는 스프링**

정하중이란 스프링의 사용 상태에서 하중 변동이 거의 없는 것, 혹은 반복하중이 있어도 스프링의 수명을 통해 대체로 1만 회 이하의 것을 말한다. 정하중을 받는 스프링의 허용 굽힘응력을 12·21 그림에 나타냈다. 이 그림은 각 강선에 대해 그 규격에 나타낸 인장강도의 하한에 항복비고 긴구하는 계수를 곱하고, 그 값을 매끄러운 곡선으로 연결하고 있다.

이 그림의 사용에 있어 주의해야 할 것은 이 그래프 상의 값은 일반적인 경우이며, 약간의 주저앉음도 문제가 된다. 예를 들면 토크를 규제하는 클러치의 스프링 등에서는 이 응력을 좀 더 낮게 잡아야 하는 경우가 있다.

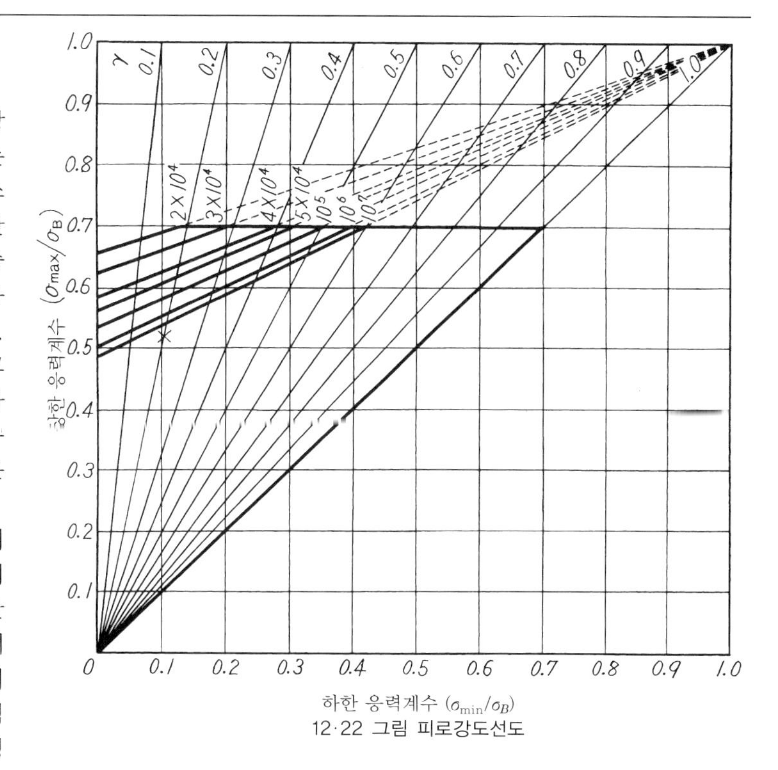

12·22 그림 피로강도선도

(ii) **반복하중을 받는 스프링** 스프링에 반복하중이 걸리는 경우의 허용 굽힘응력은 스프링 사용 시의 하한 응력과 상한 응력의 관계, 반복 횟수, 선의 표면 상태 등 피로강도에 미치는 모든 인자를 고려해 적당한 값을 선택해야 하는데, 일반적으로는 다음의 12·22 그림을 이용해 통상의 분위기에서 반복하중을 받는 스프링 수명을 추정할 수 있다. 단, 이 경우의 스프링 재료는 피아노선, 밸브 스프링용 오일 템퍼선, 스프링용 스테인리스 강선 등 내피로성이 뛰어난 재료를 사용했을 때라고 여겨지므로 경강선, 스프링용 오일 템퍼선 등의 경우는 그대로 사용하지 않는 것이 좋다. 또한 그림 중 r은 상한 응력과 하한 응력의 비율

$$\gamma = \frac{\sigma_{min}}{\sigma_{max}} = \frac{M_{min}}{M_{max}} = \frac{\phi_{d\,min}}{\phi_{d\,max}}$$

이다.

[예제 3] 스프링 재료 SW-C을 사용해 $d=1.0$mm, $D=9.0$mm, $N=4$, 끝단의 형상은 쇼트훅의 스프링에 $M_{max}=100$N·mm, $M_{min}=20$N·mm가, 스프링을 감는 방향으로 작용하고 10^5회를 사용하고 싶다. 이 스프링의 수명을 검토해라.

[해]

$$\sigma_{max} = \frac{32M_{max}}{\pi d^3} = \frac{32\times100}{\pi\times1.0^3} = 1019\text{N/mm}^2$$

상한 응력계수는

$$\frac{\sigma_{max}}{\sigma_B} = \frac{1019\text{N/mm}^2}{1960\text{N/mm}^2} \fallingdotseq 0.52$$

여기에 σ_B는 재료의 인장강도(N/mm²)에서

$\sigma_B = 1960\text{N/mm}^2$는 규격값의 최소값

$$\gamma = \frac{M_{min}}{M_{max}} = \frac{20}{100} = 0.2$$

이 되고, 12·22 그림 ×표시의 점을 얻는다. 이 점은 10^7회 선의 근처에 있으므로 이 스프링은 10^5회의 사용 수명은 보증이 판명됐다.

5. 겹판 스프링의 계산

겹판 스프링은 자동차나 철도차량 등의 현가용으로서 사용되는 것으로, 일반적으로 직사각형 단면에서 두께가 길이에 비해 작은 강판을 여러 장 겹쳐서 만들어진다. 보통은 12·7 그림과 같이 좌우 대칭이기 때문에 강도를 검토하기 위해서는 그 절반에 대해 생각하면, 12·23 그림과 같은 외팔보로서 취급할 수 있다. 판이 일정한 강도가 되기 위해서는 동 그림 (a)와 같이 삼각판으로 하면 되는데, 그렇게 하면 폭이 넓어

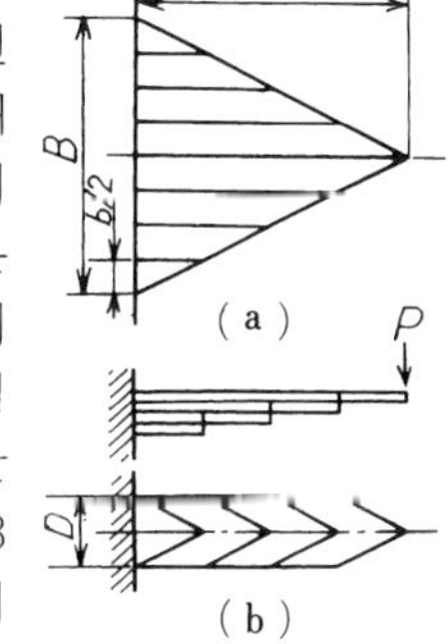

12·23 그림 판 스프링

지므로 동 그림 (b)와 같이 삼각판을 분할해 겹쳐도 동일한 효과를 얻을 수 있다. 이것이 겹판 스프링이다. 스프링의 설계에 이용하는 기본식에는 위와 같은 삼각판(또는 사다리꼴판)의 개념을 바탕으로 한 전개법에 의한 것과, 스프링판에서 인접하는 스프링판으로의 힘 전달이 판의 끝단만으로 이루어진다는 가정에 기초한 판단법에 의한 것이 있다. 전개법은 계산식이 간략하기 때문에 스프링판 구성의 결정 등의 개략 설계에 이용되며, 또한 이것에 의한 응력은 각 스프링판의 대푯값으로서 강도의 추정에 이용되고 있다. 또한 판단법은 계산의 방법이 약간 복잡하지만, 이것에 의한 스프링 상수의 계산값이 실측값에 잘 합치하고 또한 각 스프링판에 생기는 응력 분포를 계산할 수 있으므로 상세 설계에 이용된다.

(1) 전개법 전개법에 의한 스프링 설계의 기본식을 나타냈다. 또한 여기에는 12·24 그림과 같이 계단 모양으로 전개하는 경우와, 12·25 그림과 같이 사다리꼴 모양으로 전개하는 경우가 있다.

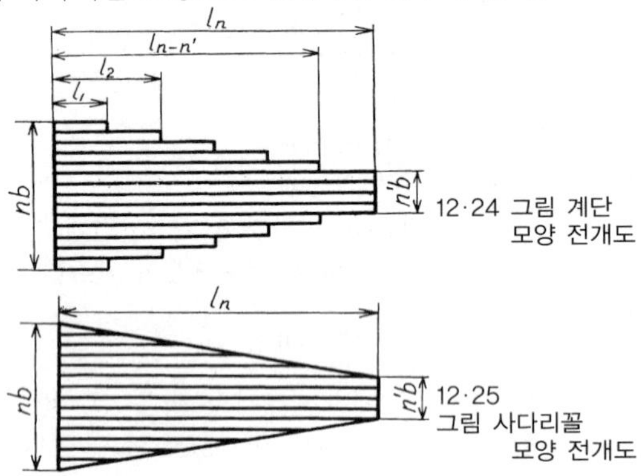

12·24 그림 계단 모양 전개도

12·25 그림 사다리꼴 모양 전개도

(i) 계단 모양 전개인 경우의 기본식

$$k = \frac{1}{K_S}\frac{6EI_n}{l_n^3} \tag{28}$$

$$K_S = I_n\left[\frac{1}{\sum_{i=1}^{n} I_i} + \sum_{i=1}^{n-n'}\frac{I_i(1-\lambda_i)^3}{\left(\sum_{j=1}^{n} I_j\right)\left(\sum_{j=i+1}^{n} I_j\right)}\right] \tag{29}$$

$$\sigma_i = \frac{t_i l_n}{2\sum_{j=1}^{n} I_j}P \tag{30}$$

단, k…스프링 상수 2P/δ(N/mm), E…종탄성계수 206×10^3(N/mm²), I…단면 이차 모멘트 (mm⁴), l…스팬의 1/2, λ^i…l_i/l_n, σ…굽힘응력 (N/mm²), t…판두께(mm), P…스프링에 작용하는 수직하중의 1/2(N)

또한 위의 기호 중 첨자 j 또는 i가 붙는 것은, 최단의 스프링판에서 세어 j번째 또는 i번째의 스프링판에 관한 것이다. 또한 첨자 n을 붙여 나타낸 기호는 모판에 관한 것이다.

[예제 4] 12·24 그림에 나타낸 겹판 스프링의 계단 모양 전개도가 다음과 같은 치수일 때, 이 스프링의 스프링 상수와 굽힘응력을 구해라.

스프링판의 총수 $n=6$, 전체 길이 판의 수 $n'=2$, 판폭 $b=50$mm, 판두께 $t=4$mm, 스팬 $l_1=100$mm, 스팬 $l_2=180$mm, 스팬 $l_3=270$mm, 스팬 $l_4=320$mm, 스팬 $l_5=l_6=410$mm

여기에서 스팬 l_1, l_2…l_6은 실제 치수의 반이다. 또한 종탄성계수 $E=206\times10^3$N/mm², 1장의 판의 단면 2차 모멘트 $I=50\times4^3/12=267$mm⁴로 한다.

[해] 식 (28), (29)를 바탕으로 각각의 i를 구한다.

$i=1$일 때

$$K_1 = I_2\left[\frac{1}{267\times6} + \sum_{i=1}^{2}\frac{267\left(1-\frac{100}{410}\right)^3}{(267\times6)\times(267\times5)}\right]$$

$$=267[6.24\times10^{-4}+2\times(5.39\times10^{-5})]$$

$$=0.20$$

$i=2$ 일 때

$$K_2 = 267\left[6.24\times10^{-4}+2\frac{267\left(1-\frac{180}{410}\right)^3}{(267\times5)\times(267\times4)}\right]$$

$$=0.18$$

이하 동일하게 해서 $i=3$일 때 $K_3=0.17$, $i=4$일 때 $K_4=0.17$, $i=5$일 때 $K_5=0.17$.

따라서

$$K_{1\sim5} = \frac{(0.20+0.18+0.17+0.17+0.17)}{5}$$

$$=0.178$$

$$\therefore k = \frac{6\times206\times10^3\times267}{410^3}\times\frac{1}{0.178}=26.9$$

$$=26.9\,(\text{N/mm})$$

또한, 가해지는 하중을 $2P$로 하면, 식 (30)에서

$$\sigma_i = \frac{t_i l_n}{2\sum_{i=1}^{n} I_j}P = \frac{4\times410}{2\times(267\times7)}P$$

$$=0.512P \ \ (\text{N/mm}^2)$$

(ii) 사다리꼴 모양 전개인 경우의 기본식

$$k = \frac{1}{K_T}\frac{6nEI}{l_n^3} \tag{31}$$

$$K_T = \frac{3}{(1-\eta)^3}\left[\frac{1}{2} - 2\eta + \eta^2\left(\frac{3}{2} - \log_e\eta\right)\right]$$

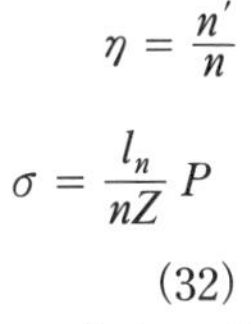

$$\eta = \frac{n'}{n}$$

$$\sigma = \frac{l_n}{nZ} P \quad (32)$$

식 (31)에서 K_T의 값은 12·26 그림에서 읽어낼 수 있다.

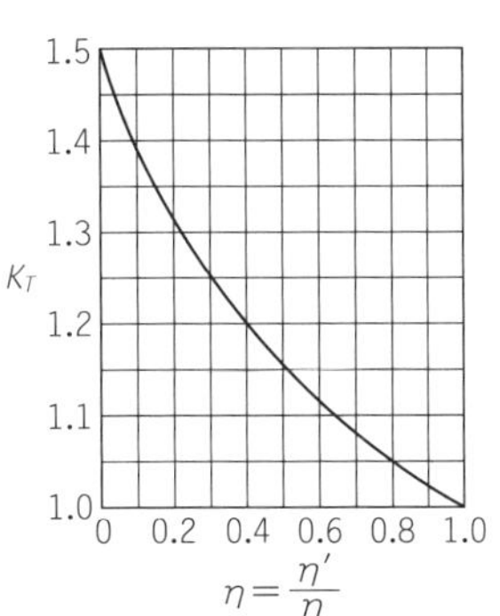

12·26 그림 사다리꼴 모델의 형상계수

(2) **판단법** 판단법에 의한 스프링 설계의 기본식을 다음에 나타냈다.

짧은 쪽에서 i번째 리프(스프링판)의 개선에 대해 판단 형상계수 K_i(12·27 그림에서 읽어내도 좋다)는

$$K_i = \frac{3\beta_i^2}{(\xi_i - \beta_i)^3} \log_e \frac{\xi_i}{\beta_i} + \frac{3(\xi_i - 3\beta_i)}{2(\xi_i - \beta_i)^2} - 1 \quad (33)$$

단, 리프 끝단의 상대 폭 $\beta_i = b_i'/b_i$, 상대 두께 $\xi_i = t_i'/t_i$ (12·28 그림 참조).

여기에서 계수 η_i를 식 (34)와 같이 정의한다.

$$\eta_i = B_i - \alpha_{i-1} C_{i-1}$$

식 중에 α_{i-1}은 i−1번째 리프 끝단의 작용력과 i번째 리프 끝단 작용력의 비율로, 식 (35), (36)에 한다.

$$\alpha_{i-1} = \frac{A_{i-1}}{D_{i-1}} \varphi_{i-1} \quad (35)$$

$$D_{i-1} = \varphi_{i-1} + \eta_{i-1} \quad (36)$$

여기에 $A_{i-1} = \frac{3 - \mu_{i-1}}{2\mu_{i-1}}$

$$B_i = 1 + (1 - \mu_{i-1})^3 K_i$$

$$C_{i-2} = \frac{(3 - \mu_{i-1})}{2} \mu^2_{i-1}$$

$$\varphi_{i-1} = \frac{I_{i-1}}{I_i}$$

또한 μ는 힘의 입력 위치에서 $\mu_{i-1} = l_{i-1}/l_i$이다. 스프링 상수 k는 식 (37)에 의한다.

$$k = \frac{1}{\eta_n} \frac{6EI_n}{l_n^3} \quad (37)$$

따라서 i번째 리프에서 중앙부의 응력 σ_{io}는 식 (38)에, i−1번째 리프와의 접촉점 응력 σ_{ic}는 식 (39)에 의한다.

$$\sigma_{io} = (1 - \alpha_{i-1}\mu_{i-1}) \prod_{i=1}^{n-1} \alpha_i = \frac{Pl_1}{Z_i} \quad (38)$$

$$\sigma_{ic} = (1 - \mu_{i-1}) \prod_{i=1}^{n-1} \alpha_i = \frac{Pl_1}{Z_i} \quad (39)$$

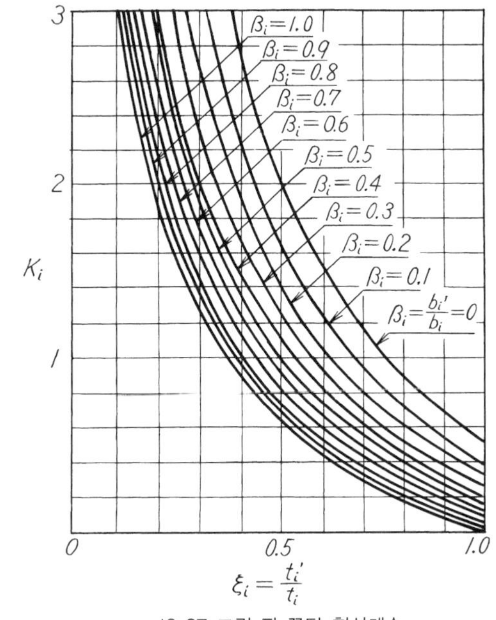

12·27 그림 판 끝단 형상계수

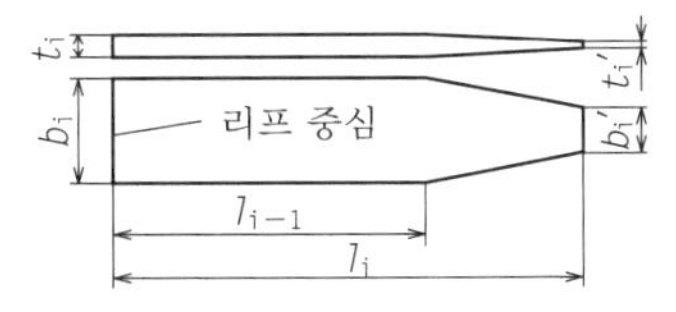

12·28 그림 스프링 판 끝단부의 판폭 및 판두께

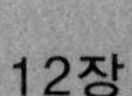

파단법에 의한 스프링 상수 및 응력 산출은 다음과 같은 절차에 의해 하면 된다.

① 스프링 제원을 결정한다. 이것에 의해 φ_{i-1}, A_{i-1}, B_i, C_{i-1}의 값을 정한다. $\alpha_0 = 0$은 분명하다.

② 식 (34)에서 η_1을 구할 수 있다.

③ η_1을 식 (36)에 넣으면 D_1를 구할 수 있다.

④ D_1를 식 (35)에 넣으면 α_1을 구할 수 있다.

⑤ α_1을 다시 식 (34)에 넣으면 η_2를 구할 수 있다.

⑥ 이하, 동일한 계산을 반복해 마지막으로 η_n을 구할 수 있다.

⑦ η_n을 식 (37)에 넣으면, 스프링 상수를 얻을 수 있다.

⑧ 이상의 계산 도중에 얻어진 α_1을 식 (38), (39)에 넣으면, 응력을 얻을 수 있다.

6. 토션바의 계산

토션바란 보통 원형 단면의 봉 모양 스프링으로, 비틀림력에 의해 스프링 작용을 시키며 자동차, 철도차량 등의 현가장치 등에 사용되고 있다.

(1) 토션바의 형상 형상은 보통 12·29 그림과 같고, 양 끝단의 손잡이부는 육각형의 것 및 세레이션(11장 참조)이 잘린 것이 있다.

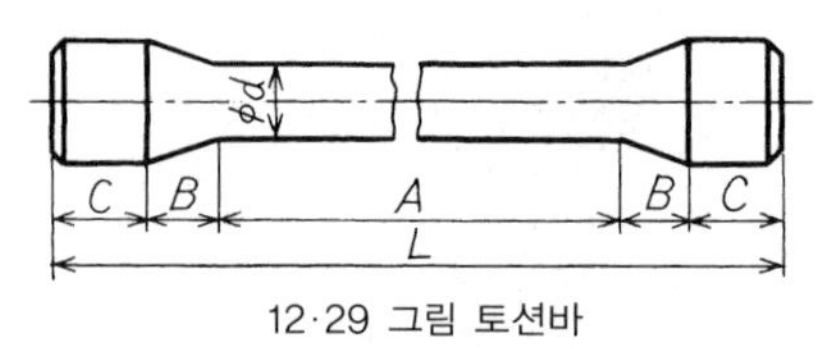

12·29 그림 토션바

12·5 표 및 12·6 표는 JIS B 2705(1998년 폐지)에 정해진 손잡이부의 치수를 나타낸 것이다.

12·5 표 이면폭 B의 기본 치수

(단위 mm)

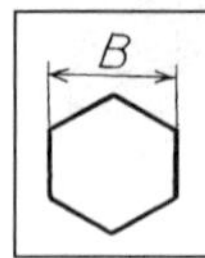	20, 22, 24, 26, 28, 30, 33, 36, 39, 42, 46, 50

12·6 표 손잡이부가 세레이션인 경우

모듈	압력각	잇수	손잡이부의 대경 (mm)
0.75	45°	25	19.50
0.75	45°	28	21.75
0.75	45°	31	24.00
0.75	45°	34	26.25
0.75	45°	37	28.50
0.75	45°	40	30.75
0.75	45°	43	33.00
0.75	45°	46	35.25
0.75	45°	49	37.50
1.00	45°	38	39.00
1.00	45°	40	41.00
1.00	45°	43	44.00
1.00	45°	46	47.00
1.00	45°	49	50.00

(2) 스프링의 특성 바의 스프링 특성은 스프링이 사용 중 예상되는 최대 토크의 10~17% 사이의 스프링 상수로 지정하도록 되어 있으며, 다음의 식으로 산출하면 된다.

$$k = \frac{T_2 - T_1}{\theta_2 - \theta_1} \qquad (40)$$

$$T = \frac{\pi d^3}{16}\tau \qquad (41)$$

여기에서 k…스프링 상수(N·mm/rad), T…최대 토크(N·mm), T_2…T의 70%에 상당하는 토크(N·mm), T_1…기준 토크, T의 10%에 상당하는 토크(N·mm), θ_2…T_2 시의 비틀림각(°), θ_1…T_1 시의 비틀림각(°), d…바의 직경(mm), τ…바의 표면응력(850N/mm^{2}로 정해져 있다).

7. 접시 스프링

접시 스프링은 접시 스프링 와셔와 거의 동일한 목적으로 이용되는 것으로, JIS B 2706에서 규정되어 있다.

이것에는 경하중용(기호 L)과 중하중용(기호 H)의 2종류가 정해져 있으며, 12·7 표는 그 JIS 규격을 나타낸 것이다. 또한 접시 스프링은 필요에 따라 여러 개 조합해 이용되는데, 이 경우의 조합에는 병렬 조합(동일한 방향으로 겹친다)과 직렬 조합(등과 등, 배와 배를 겹친다)이 있다.

12·7 표 접시 스프링 (JIS B 2706) **KS B 2404** (단위 mm)

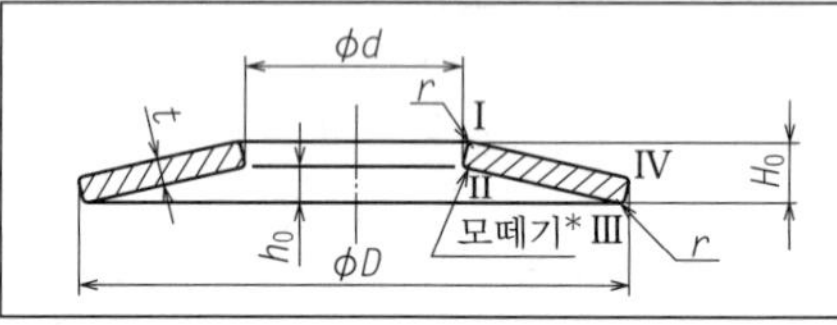

*모서리부 Ⅱ의 모떼기량은 구석부 Ⅰ 및 Ⅲ의 r 이상으로 한다.

(a) 경하중용 접시 스프링 (L)

호칭	그루브	치수: 외경 D	내경 d	두께 t	자유 높이 H_0	전체 휨 h_o	모떼기 r (참고)	하중 특성: 하중(참고) P $\delta=0.5h_o$ (N)	하중 P $H_t=H_o-0.75h_o$ (N)	응력 σ_I $H_t=H_o-0.75h_o$ (N/mm^2)	응력 σ_{II}
8	1	8	4.2	0.3	0.55	0.25	0.1	97	128	−2322	1312
10		10	5.2	0.4	0.7	0.3	0.1	166	223	−2299	1281
12.5		12.5	6.2	0.5	0.85	0.35	0.1	226	308	−2093	1114
14		14	7.2	0.5	0.9	0.4	0.1	220	292	−1990	1101
16		16	8.2	0.6	1.05	0.45	0.1	316	426	−2016	1109
18		18	9.2	0.7	1.2	0.5	0.1	431	586	−2035	1114
20		20	10.2	0.8	1.35	0.55	0.1	564	772	−2050	1118
22.5		22.5	11.2	0.8	1.45	0.65	0.1	548	727	−2006	1079
25		25	12.2	0.9	1.6	0.7	0.1	660	883	−1940	1023
28		28	14.2	1	1.8	0.8	0.1	851	1132	−1986	1086
31.5	2	31.5	16.3	1.2	2.1	0.9	0.1	1289	1738	−2083	1156
35.5		35.5	18.3	1.2	2.2	1	0.1	1168	1541	−1881	1045
40		40	20.4	1.6	2.75	1.15	0.2	2392	3249	−2170	1186
45		45	22.4	1.8	3.1	1.3	0.2	2991	4058	−2179	1165
50		50	25.4	2	3.4	1.4	0.2	3578	4881	−2097	1140
56		56	28.5	2	3.6	1.6	0.2	3410	4537	−1987	1090
63		63	31	2.5	4.25	1.75	0.3	5422	7397	−2059	1088
71		71	36	2.5	4.5	2	0.3	5188	6903	−1931	1055
80		80	41	3	5.3	2.3	0.3	8023	10770	−2074	1142
90		90	46	3.5	6	2.5	0.3	10630	14460	−2035	1114
100		100	51	3.5	6.3	2.8	0.3	10010	13310	−1909	1049
112		112	57	4	7.2	3.2	0.5	13720	18250	−1987	1090
125		125	64	5	8.5	3.5	0.5	22480	30660	−2099	1149
140		140	72	5	9	4	0.5	21460	28550	−1990	1101
160		160	82	6	10.5	4.5	0.5	31030	41810	−2016	1109
180		180	92	6	11.1	5.1	0.5	29050	38150	−1875	1035
200	3	200	102	8	13.6	5.6	1	57760	78790	−2098	1145
225		225	112	8	14.5	6.5	1	54790	72680	−2006	1079
250		250	127	10	17	7	1	89450	122000	−2097	1140

(다음 페이지에 계속)

(b) 중하중용 접시 스프링 (H)

호칭	그루브	치수						하중 특성			
		외경 D	내경 d	두께 t	자유 높이 H_0	전체 휨 h_o	모떼기 r (참고)	하중 (참고) P $\delta=0.5h_o$ (N)	하중 P $H_t=H_o-0.75h_o$ (N)	응력 σ_I $H_t=H_o-0.75h_o$ (N/mm²)	응력 σ_{II} $H_t=H_o-0.75h_o$ (N/mm²)
8		8	4.2	0.4	0.6	0.2	0.1	160	228	−2162	1218
10		10	5.2	0.5	0.75	0.25	0.1	244	347	−2159	1218
12.5		12.5	6.2	0.7	1	0.3	0.1	480	693	−2240	1382
14	1	14	7.2	0.8	1.1	0.3	0.1	573	834	−1997	1308
16		16	8.2	0.9	1.25	0.35	0.1	725	1053	−2019	1301
18		18	9.2	1	1.4	0.4	0.1	895	1298	−2035	1295
20		20	10.2	1.1	1.55	0.45	0.1	1083	1569	−2048	1290
22.5		22.5	11.2	1.2	1.7	0.5	0.1	1215	1757	−1965	1229
25		25	12.2	1.6	2.15	0.55	0.2	2541	3716	−2257	1538
28		28	14.2	1.6	2.25	0.65	0.2	2479	3592	−2192	1385
31.5		31.5	16.3	1.8	2.5	0.7	0.2	3014	4380	−2086	1343
35.5		35.5	18.3	2	2.8	0.8	0.2	3705	5374	−2095	1332
40		40	20.4	2.2	3.1	0.9	0.2	4333	6275	−2048	1290
45		45	22.4	2.5	3.5	1	0.3	5540	8036	−2031	1296
50	2	50	25.4	3	4.1	1.1	0.3	8526	12430	−2142	1418
56		56	28.5	3	4.3	1.3	0.3	8162	11770	−2080	1274
63		63	31	3.5	4.9	1.4	0.3	10660	15460	−2030	1296
71		71	36	4	5.6	1.6	0.5	14790	21450	−2091	1332
80		80	41	5	6.7	1.7	0.5	23850	34900	−2130	1453
90		90	46	5	7	2	0.5	22380	32460	−2035	1295
100		100	51	6	8.2	2.2	0.5	33980	49540	−2143	1418
112		112	57	6	8.5	2.5	0.5	31060	44930	−1985	1239
125		125	64	8	10.6	2.6	1	61620	90370	−2120	1471
140		140	72	8	11.2	3.2	1	61490	89190	−2155	1370
160		160	82	10	13.5	3.5	1	98430	143900	−2203	1486
180	3	180	92	10	14	4	1	89520	129800	−2035	1295
200		200	102	12	16.2	4.2	1	129200	188800	−2030	1369
225		225	112	12	17	5	1	121500	175700	−1965	1229
250		250	127	14	19.6	5.6	1.5	178100	258300	−2067	1316

12·2 쇼크 업소버

1. 쇼크 업소버에 대해서

자동차 등의 완충용으로서는 코일 스프링, 겹판 스프링, 토션바 등 이외에 진동 흡수용으로서 쇼크 업소버가 이용된다.

도로의 요철 등에 의해 생긴 진동은 스프링에 의해 완충되지만, 스프링에서는 공진 작용에 의해 진동이 언제까지나 계속되려고 하기 때문에 쇼크 업소버를 병용해, 롤링이나 피칭을 흡수시켜 승차감을 향상시키는 것이다.

12·30 그림은 쇼크 업소버의 효과를 나타낸 것이다.

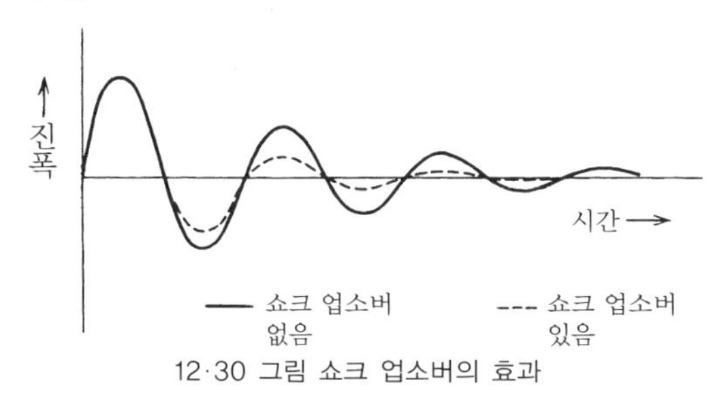

12·30 그림 쇼크 업소버의 효과

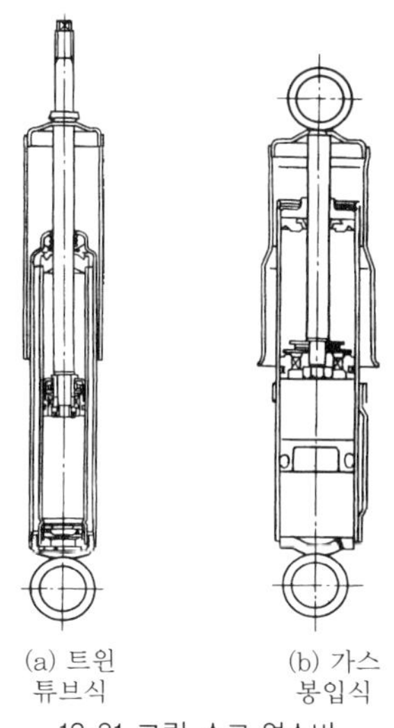

12·31 그림 쇼크 업소버

2. 쇼크 업소버의 종류와 구조

일반적으로 이용되고 있는 쇼크 업소버는 트윈 튜브식으로도 불리는 것으로, 12·31 그림 (a)에 나타냈듯이 이중으로 된 실린더의 내부에 오일을 채우고, 피스톤에 설치된 작은 구멍에서 오일을 밀어내려고 할 때에 생기는 저항에 의해 스프링의 운동을 방해하게 되어 있다. 또한 이 식의 쇼크 업소버에는 신연 행정에만 감쇠력이 작용하고, 수축 행정에서는 감쇠력이 0인 이른바 편기능형과 양 행정에 감쇠력이 작용하는 양기능형이 있다.

또한 최근에는 12·31 그림 (b)에 나타냈듯이 짧은 원통의 실린더에 고압질소 가스와 오일을 봉입하고, 이들을 프리 피스톤으로 분리한 가스 봉입식 쇼크 업소버가 사용되고 있다. 이것은 이중 실린더식과 달리, 오일과 가스가 완전히 분리되어 있기 때문에 에어레이션(기름과 가스의 혼합)과 캐비테이션(진공 발생)이 생길 우려가 없고, 미진동이나 저속역에서도 항상 정상적인 감쇠 성능을 발휘한다는 장점을 가지고 있다. 이 쇼크 업소버는 발명자의 이름을 따서 데칼본식이라고도 부른다.

또한 쇼크 업소버는 아니지만 짧은 원통으로 이것과 매우 비슷한 구조의 가스 스프링이라는 것이 있고, 이것은 12·32 그림에 나타냈듯이 실린더 내부에 피스톤 로드와 일체로 축방향으로 섭동하는 피스톤이 설치되어 있으며, 이 피스톤

12·8 표 통형 쇼크 업소버 (JASO C 602-1)　　(단위 mm)

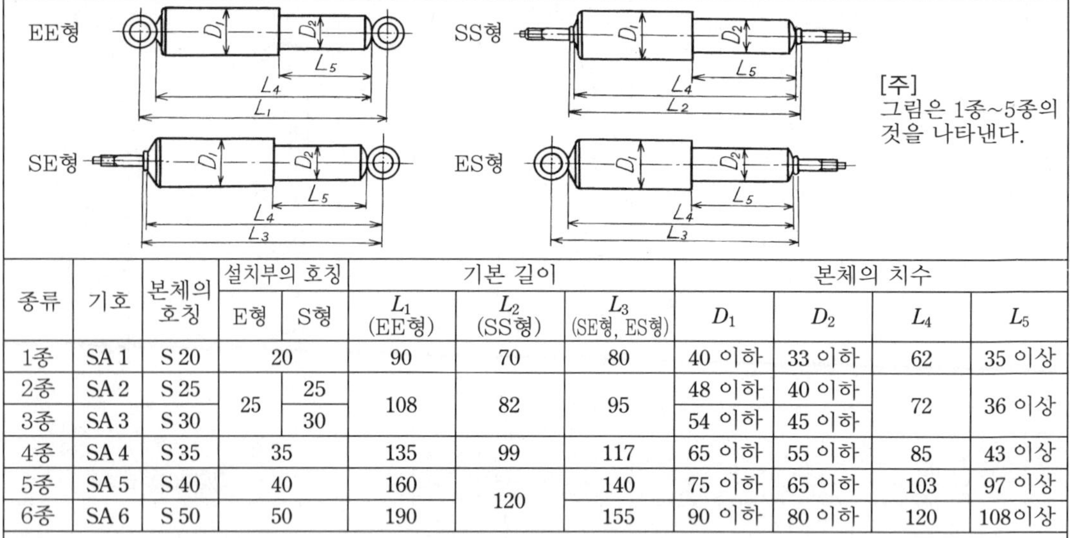

종류	기호	본체의 호칭	설치부의 호칭		기본 길이			본체의 치수			
			E형	S형	L_1 (EE형)	L_2 (SS형)	L_3 (SE형, ES형)	D_1	D_2	L_4	L_5
1종	SA 1	S 20	20		90	70	80	40 이하	33 이하	62	35 이상
2종	SA 2	S 25	25	25	108	82	95	48 이하	40 이하	72	36 이상
3종	SA 3	S 30		30				54 이하	45 이하		
4종	SA 4	S 35	35		135	99	117	65 이하	55 이하	85	43 이상
5종	SA 5	S 40	40		160	120	140	75 이하	65 이하	103	97 이상
6종	SA 6	S 50	50		190		155	90 이하	80 이하	120	108이상

[비고] 1. 본 표는 표준형 쇼크 업소버의 1종~6종의 것을 들었다.
2. 쇼크 업소버는 더스트 커버가 없는 것이어도 된다.
3. 본체의 호칭은 일반적으로 실린더 내경 치수 앞에 부호를 붙여 표시한다.

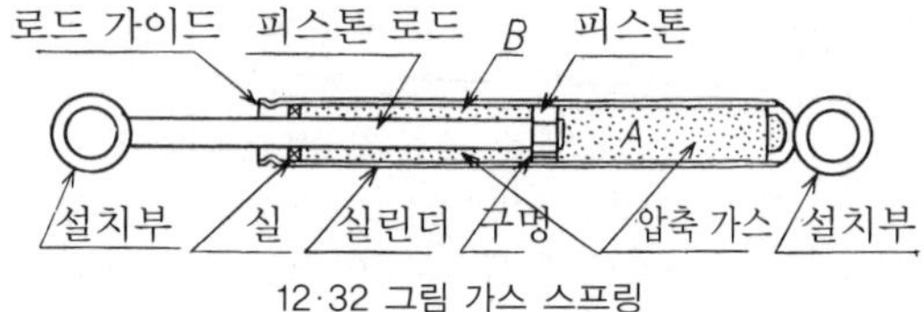

12·32 그림 가스 스프링

에 의해 나누어진 A실과 B실에는 압축 가스가 충전되어 이 가스의 압력을 스프링으로서 이용하는 것이다.

이 가스 스프링은 구조가 간단하고 취급이 쉽기 때문에 자동차나 건축의 창개폐용, 가구나 자전거의 완충용, 책상이나 의자의 높이 조절용 등으로 널리 이용되고 있다.

3. 쇼크 업소버의 규격

12·8 표는 자동차 규격에 의한 원통 쇼크 업소버(JASO C 602-1)를 나타낸 것이다. 표 중 E형은 아이형을, S형은 스터드형을 나타낸다.

또한, 쇼크 업소버는 차량용뿐만 아니라 각종 산업용 기계 등에도 완충용 및 방진용으로서 널리 사용되고 있는데, 이들에 대해서는 각각 전문 메이커의 카탈로그를 참조하기 바란다.

12·3 브레이크

브레이크 장치는 물체 간의 마찰저항을 이용해 운전 중 기계의 속도를 늦추거나 혹은 정지시키는 것으로, 용도에 따라 차량용 브레이크와 일반 기계용 브레이크로 크게 나눌 수 있다. 그 형식에는 여러 가지가 있으며, 일정한 분류는 없지만 그 중에서도 일반적으로 이용되고 있는 것으로서는 블록 브레이크, 띠 브레이크 및 원판 브레이크 등의 기계식 마찰 브레이크가 있다.

1. 브레이크 재료

브레이크 재료는 마찰계수, 마찰 속도, 접촉 압력, 열의 방열, 열에 대한 내구력, 마찰·교체 가격 등을 고려해 선택한다.

브레이크 바퀴의 마찰면은 위 마무리 쪽이 마찰계수(μ)의 값이 높아진다. 마모를 방지하기 위해 마찰면에 소량의 미끄러짐제를 부여하는 경우가 있는데, 재료에 따라 μ의 값이 매우 낮아지는 것이 있기 때문에 주의를 요한다. 각 브레이크 재료의 μ 값과 허용응력 P의 값은 12·9 표와 같이 된다. 단, 브레이크 바퀴의 재료는 주철 또는 주강으로 한다.

12·9 표 블록 및 띠 브레이크의 마찰계수 μ

마찰 재료		마찰계수 μ 건조	마찰계수 μ 적정 윤활	허용응력 P(N/cm^2)
블록 브레이크	강철	0.18 ~ 0.20	0.1 ~ 0.15	≦100
	탄력 직물	0.5 ~ 0.6	0.20 ~ 0.30	25 ~ 35
띠 브레이크	강철띠	0.15 ~ 0.20	0.10 ~ 0.15	—
	나무, 가죽, 탄력 직물	0.3 ~ 0.5	0.2 ~ 0.3	—

2. 열소산 관계의 여러 계산

브레이크의 제동력 f는 다음 식으로 구할 수 있다.

$$f = Pv = \mu pAv$$

단, P…전 제동압력(N), v…주속도(m/sec), μ…마찰계수, p…제동압력의 강도(N/mm²), A…마찰 면적(mm²)

또한 브레이크의 마찰일은 열로 바뀌기 때문에 이 방열을 생각해 사용 목적에 따라 마찰 면적의 단위 면적에서 흡수되는 일을 가급적 제한하는 것이 필요하다. 따라서

제동 용량(제동 면적 1mm²당 흡수하는 매초의 일)$=\mu pv$

의 값은 자연 냉각식 브레이크에서는

사용 정도가 심한 것(일이 무거운 것)으로

$$\mu pv = 0.6\text{N}\cdot\text{m/mm}^2\cdot\text{sec}$$

사용 정도가 가벼운 것의 $\mu pv = 1\text{N}\cdot\text{m/mm}^2\cdot\text{sec}$

냉각, 윤활이 완전하고 사용 정도가 가벼워 $v=$ 40~50m/sec에 이르는 것은, 다음과 같이 한다.

$$\mu pv \leqq 3\text{N}\cdot\text{m/mm}^2\cdot\text{sec}$$

3. 베개 브레이크(블록 브레이크)

이것은 12·33 그림에 나타냈듯이 브레이크 바퀴의 원주에 1개 또는 2개의 베개(블록)를 밀어 넣어 제동하는 것으로, 여기에는 단식 블록 브레이크, 복식 블록 브레이크가 있으며, 주로 하상기 등에 많이 이용된다.

다음에 이들의 계산식에 대해 설명한다.

(1) 단식 블록 브레이크 12·33 그림(a)에 나타낸 단식 블록 브레이크의 경우는

F…레버 끝단에 가해지는 힘(N),

P…브레이크 바퀴에 작용하는 접선력(N),

μ…띠와 바퀴 사이의 마찰계수

로 하면

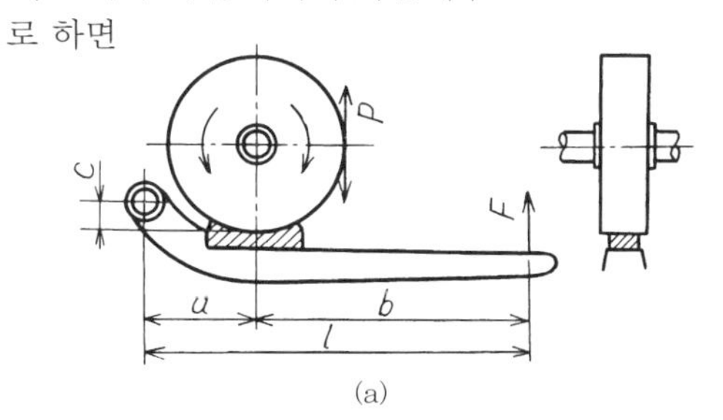

(a)

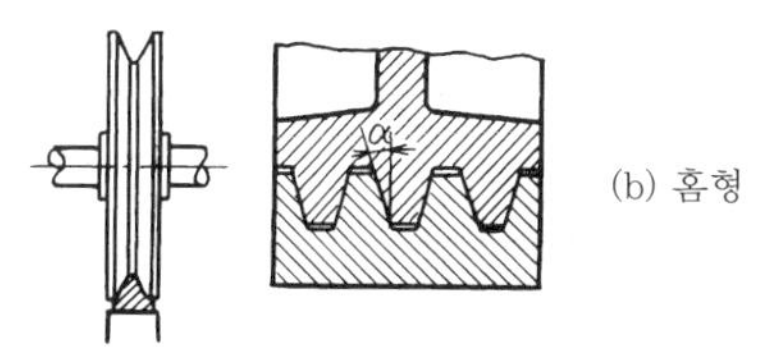

(b) 홈형

12·33 그림 단식 블록 브레이크

오른쪽 회전으로

$$F = \frac{\frac{Pb}{\mu} + Pc}{a+b} = \frac{Pb}{a+b}\left(\frac{1}{\mu} + \frac{c}{b}\right) = \frac{Pb}{l}\left(\frac{1}{\mu} + \frac{c}{b}\right)$$

왼쪽 회전으로

$$F = \frac{\frac{Pb}{\mu} - Pc}{a+b} = \frac{Pb}{a+b}\left(\frac{1}{\mu} - \frac{c}{b}\right) = \frac{Pb}{l}\left(\frac{1}{\mu} - \frac{c}{b}\right)$$

동 그림 (b)에 나타냈듯이 브레이크 바퀴와 블록이 홈 모양으로 되어 있을 때는 위의 식 중 μ를 $\frac{\mu}{\sin\alpha + \mu\cos\alpha}$과 치환한다. 이 경우의 α는 홈 열림각의 1/2이다.

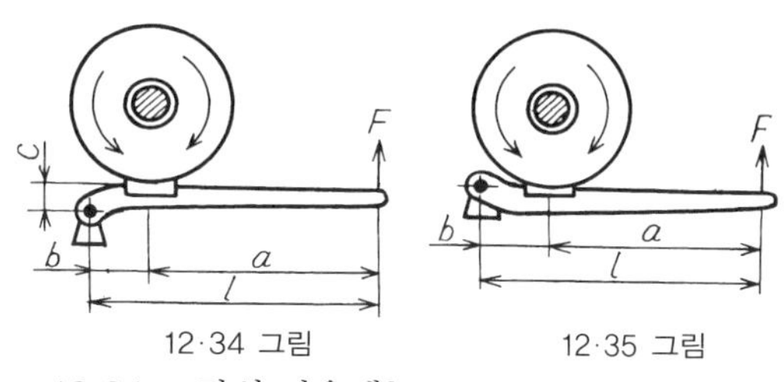

12·34 그림 12·35 그림

12.34 그림의 경우에는

오른쪽 회전에서

$$F = \frac{\frac{Pb}{\mu} - Pc}{a+b} = \frac{Pb}{a+b}\left(\frac{1}{\mu} - \frac{c}{b}\right) = \frac{Pb}{l}\left(\frac{1}{\mu} - \frac{c}{b}\right)$$

왼쪽 회전에서

$$F = \frac{\frac{Pb}{\mu} + Pc}{a+b} = \frac{Pb}{a+b}\left(\frac{1}{\mu} + \frac{c}{b}\right) = \frac{Pb}{l}\left(\frac{1}{\mu} + \frac{c}{b}\right)$$

12·35 그림에서는 좌우 어느 쪽의 회전에서나

$$F = P\frac{b}{a+b} \times \frac{1}{\mu} = \frac{Pb}{a+b}\left(\frac{1}{\mu}\right) = \frac{Pb}{l}\left(\frac{1}{\mu}\right)$$

이 단식 블록 브레이크에서 브레이크 레버의 a : b는 1 : 3~1 : 6을 보통으로 하고, 최대 1 : 10까시로 한다. 또한 브레이크 바퀴와 블록의 틈새(느슨하게 했을 때)는 일반적으로 2~3mm 정도로 한다.

(2) 복식 블록 브레이크 12·36 그림은 복식 블록 브레이크(2개 블록 브레이크)를 나타낸 것으로, 이 형식은 광산용 기계(기중기, 전동 권양기 등)에 널리 이용되고, 단식 블록 브레이크와 같이 베어링의 한쪽에만 압력을 부여하는 경우가 없기 때문에 큰 제동력을 필요로 하는 곳에 사용된다(각 브레이크 블록은 1/2의 제동을 맡고 있다). 또한 브레이크의 압력 F(N)은 기계력을 가지고

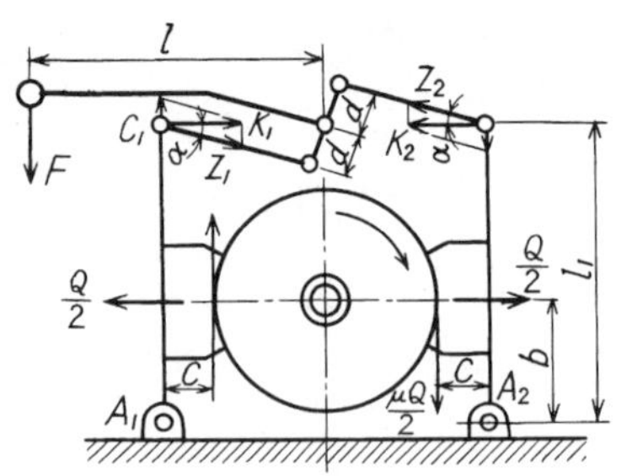

12·36 그림 복식 블록 브레이크 (2개 블록 브레이크)

가한다. 단식 블록 브레이크와 동일한 부호를 이용하면 12·36 그림에서

$$Q=\frac{P}{\mu} \quad Z_1=\frac{K_1}{\cos\alpha} \quad Z_2=\frac{K_2}{\cos\alpha}$$

$$K_1=\frac{\frac{1}{2}Q(b+\mu c)}{l_1} \quad K_2=\frac{\frac{1}{2}Q(b-\mu c)}{l_1}$$

$$F=\frac{Z_1 d+Z_2 d}{l}=Q\frac{bd}{l_1 l}\frac{1}{\cos\alpha}$$

4. 띠 브레이크 (밴드 브레이크)

이것은 12·37 그림에 나타냈듯이 브레이크 바퀴에 강철띠 또는 강철띠에 마찰 재료(나무조각, 가죽, 탄력 직물 등)을 붙인 것에 장력을 주어 제동하는 것이다.

12·38 그림의 띠 브레이크에서 브레이크 바퀴의 회전이 오른쪽 회전인 경우는

A 부분의 띠에 작용하는 인장력 T_1는

$$T_1=P\frac{1}{e^{\mu\theta}-1}\ (\mathrm{N})$$

B 부분의 띠에 작용하는 인장력 T_2는

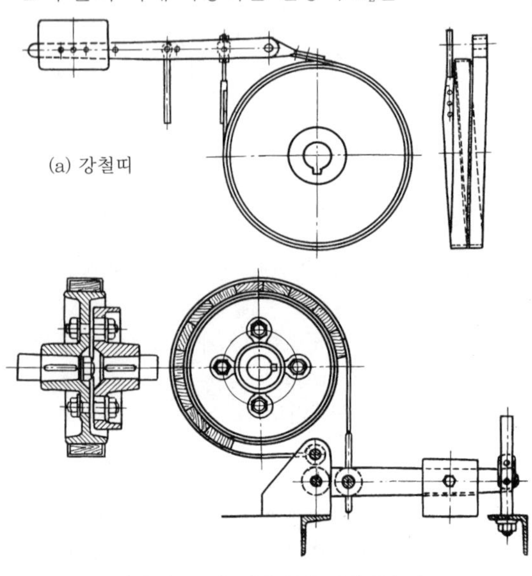
(a) 강철띠

(b) 띠에 나무조각, 가죽 등을 안대기한 것

12·37 그림 띠 브레이크 (밴드 브레이크)

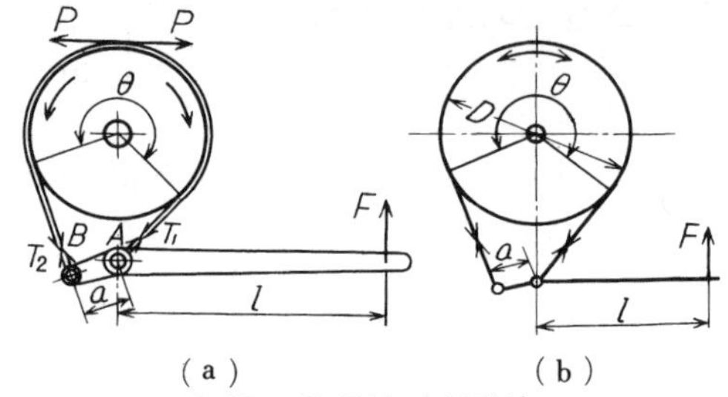

(a) (b)

12·38 그림 단식 띠 브레이크

$$T_2=P\frac{e^{\mu\theta}}{e^{\mu\theta}-1}\ (\mathrm{N})$$

단, P…브레이크 바퀴의 림에 작용하는 접선력(N), μ…띠와 바퀴 사이의 마찰계수, e…자연 대수의 바닥=2.71828, θ…띠가 브레이크 바퀴에 감겨 있는 각도(접촉각, 라디안), b, l…레버의 각 길이(cm), F…레버 끝단에 가해지는 힘(N)

위의 식 중의 $e^{\mu\theta}$의 값은 로그에 의해서 산출한다. 즉 $(\mu\times\theta)$의 값을 구한 후에 e의 로그를 곱해 그 값을 계산하고, 이 로그의 진수를 구하면 된다. 예를 들면 접촉각…240도, 마찰계수 μ…0.2로 하면

$$\theta=\frac{240}{180}\times\pi=4.19\,(\mathrm{rad})$$

$$\therefore\quad e^{\mu\theta}=2.71828^{0.2\times4.18}=2.71828^{0.836}=2.31$$

그러나 $e^{\mu\theta}$의 계산은 복잡하기 때문에 만약을 위해 이 값은 12·10 표에 정리해 두었다.

레버 끝단에 가해지는 힘 F는

오른쪽 회전에서 (시계와 동일한 방향)

$$F=\frac{aT_2}{l}=\frac{Pa}{l}\left(\frac{e^{\mu\theta}}{e^{\mu\theta}-1}\right)$$

왼쪽 회전에서 (시계와 반대방향)

$$F=\frac{aT_1}{l}=\frac{Pa}{l}\left(\frac{1}{e^{\mu\theta}-1}\right)$$

12·39 그림에 나타낸 단식 띠 브레이크의 경우

오른쪽 회전에서 $F=\frac{aT_1}{l}=\frac{Pa}{l}\left(\frac{1}{e^{\mu\theta}-1}\right)$

왼쪽 회전에서 $F=\frac{aT_2}{2l}=\frac{Pa}{l}\left(\frac{e^{\mu\theta}}{e^{\mu\theta}-1}\right)$

12·40 그림의 차동식 띠 브레이크의 경우

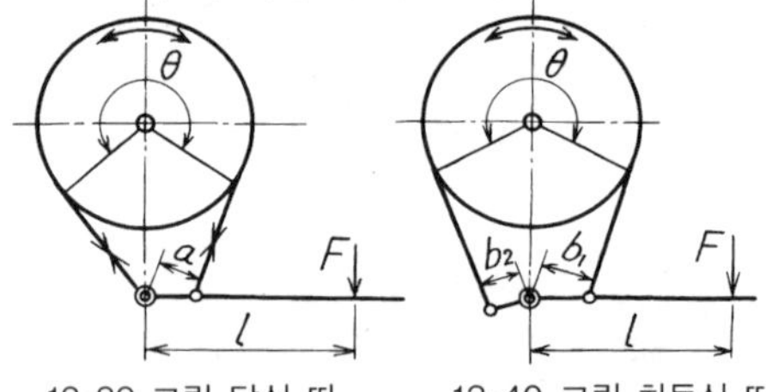

12·39 그림 단식 띠 브레이크

12·40 그림 차동식 띠 브레이크 (1)

12·10 표 $e^{\mu\theta}$의 값

μ	$\theta°$ 및 θ (rad)									
	90° $\frac{1}{2}\pi$	120° $\frac{2}{3}\pi$	150° $\frac{5}{6}\pi$	180° π	210° $\frac{7}{6}\pi$	240° $\frac{4}{3}\pi$	270° $\frac{3}{2}\pi$	300° $\frac{5}{3}\pi$	330° $\frac{11}{6}\pi$	360° 2π
0.1	1.17	1.23	1.30	1.37	1.44	1.52	1.60	1.69	1.78	1.87
0.18	1.33	1.46	1.60	1.76	1.93	2.13	2.33	2.57	2.82	3.10
0.2	1.37	1.52	1.69	1.87	2.08	2.31	2.57	2.85	3.16	3.51
0.25	1.48	1.69	1.93	2.19	2.50	2.85	3.25	3.71	4.22	4.81
0.3	1.60	1.87	2.43	2.57	3.00	3.51	4.12	4.82	5.63	6.58
0.4	1.87	2.31	2.85	3.51	4.32	5.34	6.59	8.13	9.98	12.33
0.5	2.19	2.84	3.71	4.81	6.23	8.08	10.59	13.74	17.71	23.14

오른쪽 회전에서 $$F=\frac{b_2T_2-b_1T_1}{l}=\frac{P}{l}\left(\frac{b_2e^{\mu\theta}-b_1}{e^{\mu\theta}-1}\right)$$

왼쪽 회전에서 $$F=\frac{b_2T_1-b_1T_2}{l}=\frac{P}{l}\left(\frac{b_2-b_1e^{\mu\theta}}{e^{\mu\theta}-1}\right)$$

만약 $b_2 \leqq b_1e^{\mu\theta}$이라면, 힘 F는 영이나 음수로 띠 브레이크는 자연적으로 작용한다.

12·41 그림에 나타낸 차동 띠 브레이크의 경우

오른쪽 회전에서 $$F=\frac{b_2T_2+b_1T_1}{l}=\frac{P}{l}\left(\frac{b_2e^{\mu\theta}+b_1}{e^{\mu\theta}-1}\right)$$

왼쪽 회전에서 $$F=\frac{b_1T_2+b_2T_1}{l}=\frac{P}{l}\left(\frac{b_1e^{\mu\theta}+b_2}{e^{\mu\theta}-1}\right)$$

$b_2=b_1$의 경우는

$$F=\frac{Pb_1}{l}\left(\frac{e^{\mu\theta}+1}{e^{\mu\theta}-1}\right)$$

이 되므로 이 경우는 좌우 어느 쪽의 회전방향에서도 F의 값은 동일해진다.

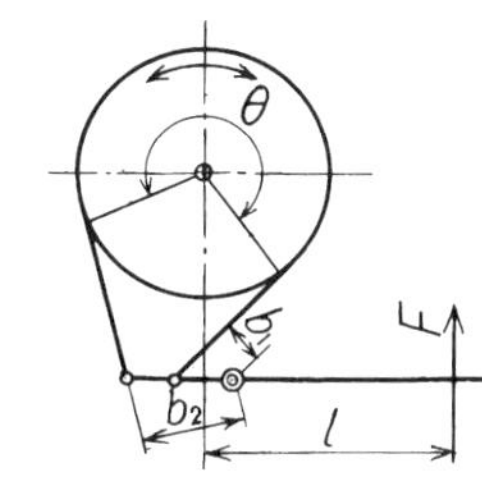

12·41 그림 차동식 띠 브레이크 (2)

5. 띠와 브레이크 바퀴의 치수 및 설치법

브레이크 바퀴는 일반적으로 주철 또는 주강을 이용하고 있다. 12·11 표는 띠 및 브레이크 바퀴의 치수를 나타낸 것이다.

또한 브레이크에서 띠 또는 블록에 나뭇조각, 가죽 등을 붙인 경우의 안대기 설치에는 12·42

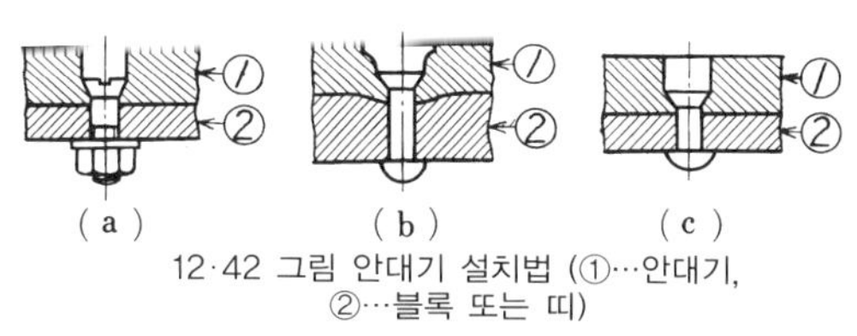

(a) (b) (c)

12·42 그림 안대기 설치법 (①…안대기, ②…블록 또는 띠)

그림에 나타냈듯이 볼트 혹은 동, 알루미늄의 리벳을 사용해 머리가 돌출되지 않도록 주의한다. 배열은 안대기 폭에 의해 2~3줄의 지그재그로 하면 된다. 띠 끝단 설치 방법으로는 12·43 그림에 나타낸 것이 널리 이용되고 있다.

12·11 표 띠, 브레이크 바퀴 및 안대기의 치수 예

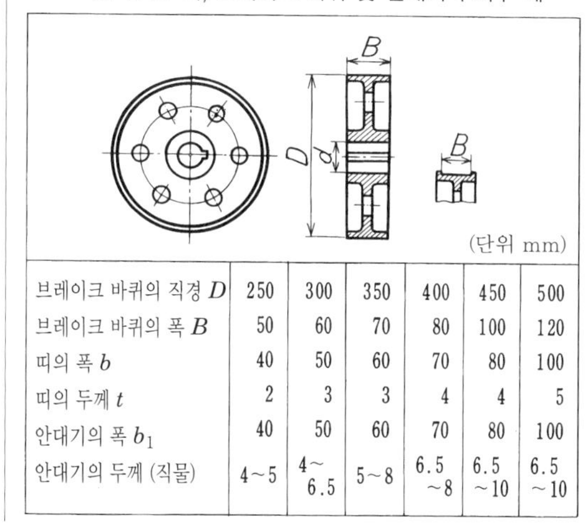

(단위 mm)

브레이크 바퀴의 직경 D	250	300	350	400	450	500
브레이크 바퀴의 폭 B	50	60	70	80	100	120
띠의 폭 b	40	50	60	70	80	100
띠의 두께 t	2	3	3	4	4	5
안대기의 폭 b_1	40	50	60	70	80	100
안대기의 두께 (직물)	4~5	4~6.5	5~8	6.5~8	6.5~10	6.5~10

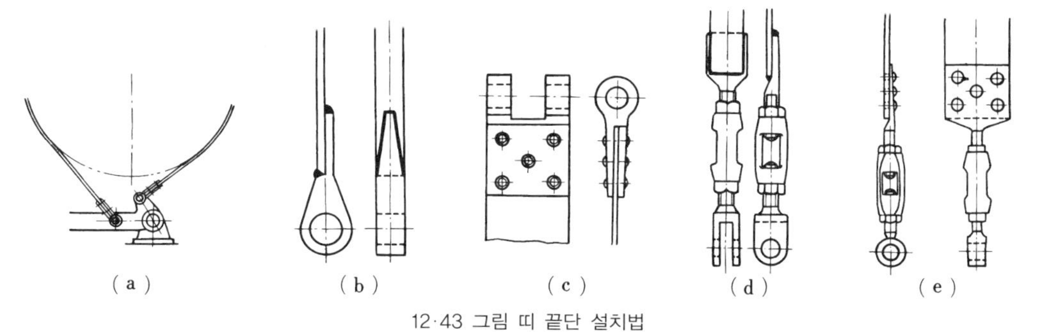
(a) (b) (c) (d) (e)

12·43 그림 띠 끝단 설치법

6. 디스크 브레이크(원판 브레이크)

디스크 브레이크의 기본 원리는 12·44 그림에 나타냈듯이 회전하는 원판(디스크)를 양측에서 패드라고 하는 마찰재를 밀어 붙여 브레이크력을 발생시키는 것이다. 오늘날에는 신뢰성이 높은 이유로 많은 차량이나 산업기계에 사용되고 있다.

(1) 디스크 브레이크의 종류

디스크 브레이크는 클러치형과 스폿형의 2종류로 크게 나누어진다.

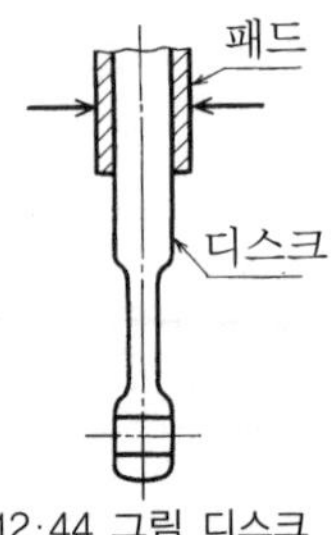

12·44 그림 디스크 브레이크의 기본 원리

클러치형은 디스크의 전면에 마찰 패드가 섭동하는 형식으로, 다판 클러치형으로서 전동기, 항공기 등에 이용되고 있다.

이것에 대해 스폿형은 마찰 패드가 회전하는 디스크 섭동면의 일부분만 덮고 있는 형식으로, 최근에는 주류를 점하며 모든 승용차에 이 스폿형 디스크 브레이크가 설치되어 있다. 스폿형은 실린더의 유지 방법 등에 따라 많은 종류가 있는데, 대표적인 것으로서 캘리퍼부가 고정되어 있는 픽스드 캘리퍼형과 캘리퍼 또는 플레이트가 서포트 상을 움직이는 플로팅 캘리퍼형이 있다.

(i) 픽스드 캘리퍼형(12·45 그림) 실린더부가 디스크의 양측에 유지되어 있으며, 패드는 피스톤에 의해 디스크에 밀어 넣어진다. 이 브레이크는 섭동부가 피스톤, 패드만으로, 안정성 및 캘리퍼의 강성을 높게 잡을 수 있다. 그러나 가공 정도가 높은 피스톤, 실린더가 여러 개 있고, 더구나 좌우의 실린더 설치에 고정도가 필요하기 때문에 코스트가 높아지기 쉽다.

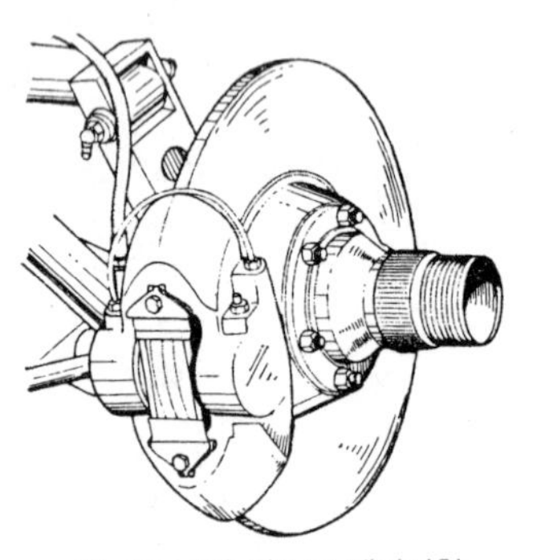
12·45 그림 픽스드 캘리퍼형

(ii) 플로팅 캘리퍼형(12·46 그림) 실린더부가 디스크의 한쪽 측에 있고 1개의 패드를 디스크에 압착, 다른 패드는 반작용에 의해 캘리퍼가 섭동해 패드를 디스크에 밀어 넣는다. 이 형식은 입력이 1군데로 끝나며, 실린더부의 냉각이 좋고 실린더 및 피스톤을 반감시킬 수 있기 때문에 코스트적으로 유리하다.

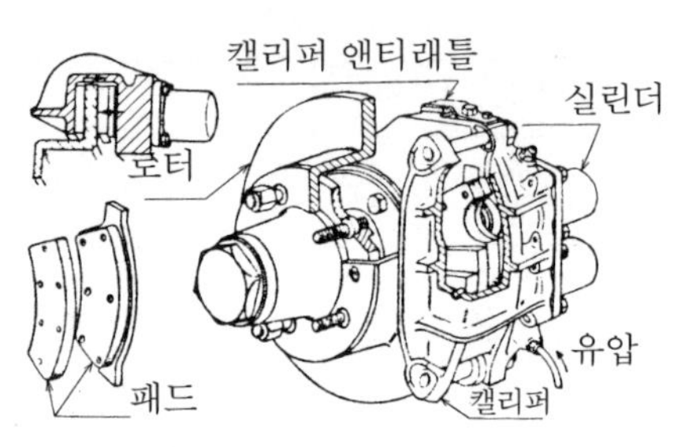

12·46 그림 플로팅 캘리퍼형

최근에는 이 형식이 디스크 브레이크의 대표적인 기구로 되어 있다.

(2) 디스크 브레이크의 특징

ⓐ 자기 서보성이 없기 때문에 브레이크력이 마찰계수 변화의 영향을 받는 경우가 적으므로 브레이크의 안정성이 좋다.

ⓑ 섭동면의 디스크가 노출되어 있으며, 열의 방열성이 좋다.

ⓒ 항상 좌우 브레이크력의 균형이 유지되며, 넥 부분 진동의 걱정은 없다.

ⓓ 마찰 패드가 직사각형이기 때문에 내열성이 우수한 재료를 제조하는 것이 용이하다.

ⓔ 패드와 로터 간의 틈새는 일반적으로는 0.02~0.3 정도이지만, 자동조정장치를 쉽게 설치할 수 있기 때문에 필요한 클리어런스를 확보할 수 있다.

(3) 디스크 브레이크의 문제점

ⓐ 녹의 위험성이 높다.

ⓑ 저속도, 저답력의 효과가 나쁘고, 또한 브레이크 노이즈가 생기기 쉽다.

ⓒ 1회 제동에 필요한 브레이크의 유량이 많다.

(4) 디스크 브레이크의 제동 토크 계산 디스크 브레이크는 자기 서보 작용이 없으므로, 이 경우의 제동 토크는 다음 식으로 구할 수 있다.

$$T=2\cdot\mu\cdot A\cdot P\cdot R$$

단, T…제동 토크(N·m), μ…마찰계수(특수한 것을 제외하고, 0.3~0.4), A…실린더 유효 면적(cm^2), P…브레이크 작동액압(N/cm^2), R…유효 반경(m)

또한 유효 반경 R은 패드의 형상, 설치 위치에 따라 증감하므로, 디스크의 회전 중심에서 실린더 중심까지의 거리로서 계산해도 실용 상 충분한 정도를 얻을 수 있다.

제13장

리벳 이음, 용접 이음의 설계

13장. 리벳 이음, 용접 이음의 설계

13·1 리벳 및 리벳 이음

리벳을 이용해 체결한 이음을 리벳 이음이라고 하며, 기계 부품, 압력 용기, 철골 구조물, 교량, 조선 등에 널리 사용되고 있다. 최근에는 용접 기술이 매우 발달해 앞에서 말한 분야에도 많이 사용되고 있지만, 공작이 용이하고 체결이 확실하기 때문에 기계 접합의 하나로서 용접이나 접착 접합과 함께 현재에도 이용되고 있다.

1. 리벳

리벳은 그 제조 방법에 따라 냉간으로 머리부를 성형한 냉간 성형 리벳(호칭지름 1~22mm)과 열간으로 머리부를 성형한 열간 성형 리벳(호칭지름 10~44mm)가 있다.

또한 이외에 비교적 소경의 것으로, 축 끝단에 블라인드 홀이 있는 세미 튜블러 리벳이 있으며, 금속만이 아니라 플라스틱, 피혁, 캔버스 등에도 이용할 수 있어 최근 많이 사용되고 있다.

13·1 그림은 세미 튜블러 리벳에 의한 체결 상태를 나타낸 것으로, 전용 리벳 세터를 사용해 리벳 체결을 한다.

13·1 표 냉간 성형 리벳 (JIS B 1213) KS B 1101

(a) 둥근머리 리벳 (단위 mm)

호칭지름 (1)	1란	3		4		5	6	8	10	12			16			20	
	2란		3.5		4.5							14		18			22
	3란										13				19		
축지름 (d)		3	3.5	4	4.5	5	6	8	10	12	13	14	16	18	19	20	22
머리부 직경(d_k)		5.7	6.7	7.2	8.1	9	10	13.3	16	19	21	22	26	29	30	32	35
머리부 높이(K)		2.1	2.5	2.8	3.2	3.5	4.2	5.6	7	8	9	10	11	12.5	13.5	14	15.5
바디의 라운딩(r)		0.15	0.18	0.2	0.23	0.25	0.3	0.4	0.5	0.6	0.65	0.7	0.8	0.9	0.95	1.0	1.1
구멍의 지름 (d_1)		3.2	3.7	4.2	4.7	5.3	6.3	8.4	10.6	12.8	13.8	15	17	19.5	20.5	21.5	23.5
길이(l)(2)		3~20	4~22	4~24	5~26	5~30	6~36	8~40	10~50	12~60	14~65	14~70	18~80	20~90	22~100	24~110	28~120

[주] (1) 1란을 우선적으로, 필요에 따라 2란, 3란의 순으로 선택한다.
(2) 길이 l은 위의 표에 나타낸 범위 내에서 13·2 표에 든 치수 중에서 선택한다.

(b) 소형 둥근머리 리벳 (그림은 위의 표와 동일)

호칭지름 (1)	1란	1	1.2		1.6		2		2.5		3		4	5
	2란			1.4								3.5		
	3란					1.7		2.3		2.6				
축지름 (d)		1	1.2	1.4	1.6	1.7	2	2.3	2.5	2.6	3	3.5	4	5
머리부 직경(d_k)		1.8	2.2	2.5	3		3.5	4	4.5		5.2	6.2	7	8.8
머리부 높이(K)		0.6	0.7	0.8	1		1.2	1.4	1.6		1.8	2.1	2.4	3
바디의 라운딩(r)		0.05	0.06	0.07	0.09		0.1	0.12	0.13		0.15	0.18	0.2	0.25
구멍의 지름 (d_1)		1.1	1.3	1.5	1.7	1.8	2.1	2.4	2.7	2.8	3.2	3.7	4.2	5.3
길이(l)(2)		1~10	1.5~10	1.5~12	2~14	2~14	2~14	2.5~16	3~20	3~20	3~20	4~22	4~24	5~30

[주] (1)(2) (a) 표와 동일

(c) 접시머리 리벳

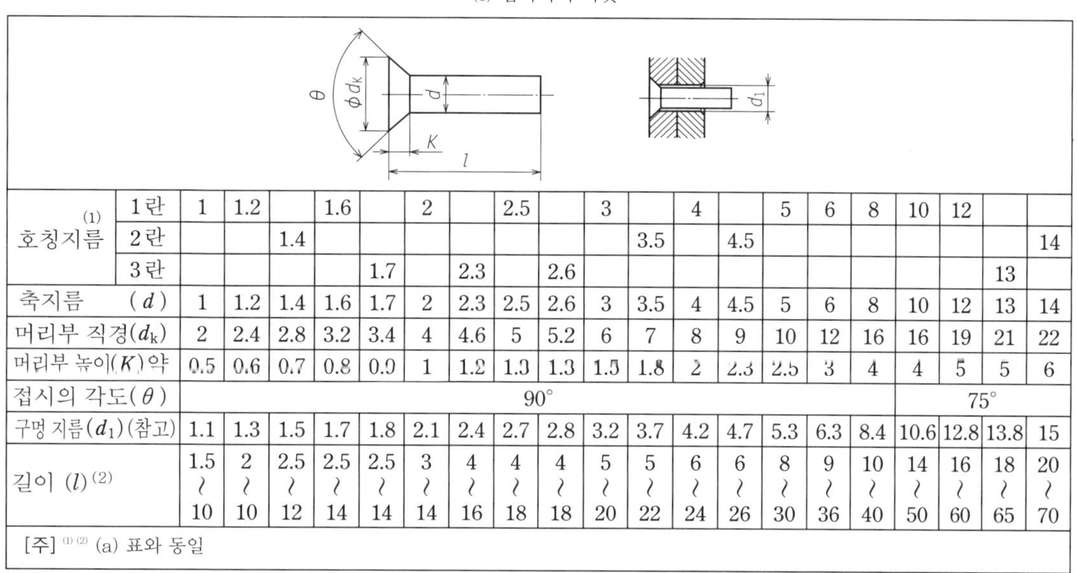

호칭지름[1]	1란	1	1.2		1.6		2		2.5		3		4		5	6	8	10	12		
	2란			1.4								3.5		4.5							14
	3란					1.7		2.3		2.6										13	
축지름 (d)		1	1.2	1.4	1.6	1.7	2	2.3	2.5	2.6	3	3.5	4	4.5	5	6	8	10	12	13	14
머리부 직경(d_k)		2	2.4	2.8	3.2	3.4	4	4.6	5	5.2	6	7	8	9	10	12	16	16	19	21	22
머리부 높이(K)약		0.5	0.6	0.7	0.8	0.9	1	1.2	1.3	1.3	1.5	1.8	2	2.3	2.5	3	4	4	5	5	6
접시의 각도(θ)		90°																75°			
구멍 지름(d_1)(참고)		1.1	1.3	1.5	1.7	1.8	2.1	2.4	2.7	2.8	3.2	3.7	4.2	4.7	5.3	6.3	8.4	10.6	12.8	13.8	15
길이 (l)[2]		1.5~10	2~10	2.5~12	2.5~14	2.5~14	3~14	4~16	4~18	4~18	5~20	5~22	6~24	6~26	8~30	9~36	10~40	14~50	16~60	18~65	20~70

[주] [1][2] (a) 표와 동일

(d) 얇은 납작머리 리벳

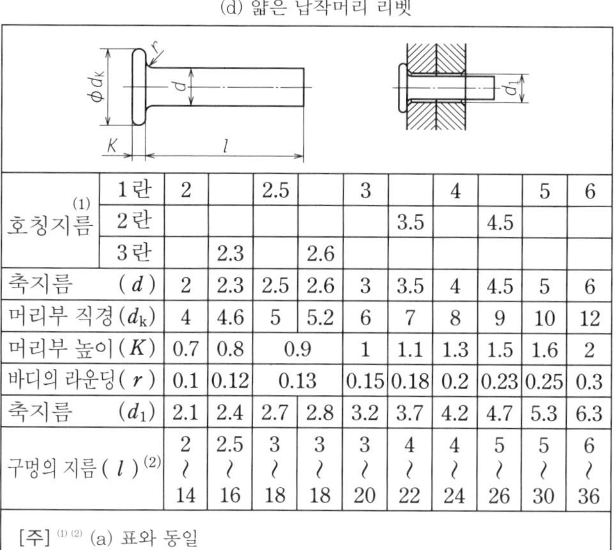

호칭지름[1]	1란	2		2.5		3		4		5	6
	2란						3.5		4.5		
	3란		2.3		2.6						
축지름 (d)		2	2.3	2.5	2.6	3	3.5	4	4.5	5	6
머리부 직경(d_k)		4	4.6	5	5.2	6	7	8	9	10	12
머리부 높이(K)		0.7	0.8	0.9		1	1.1	1.3	1.5	1.6	2
바디의 라운딩(r)		0.1	0.12	0.13		0.15	0.18	0.2	0.23	0.25	0.3
축지름 (d_1)		2.1	2.4	2.7	2.8	3.2	3.7	4.2	4.7	5.3	6.3
구멍의 지름 (l)[2]		2~14	2.5~16	3~18	3~18	3~20	4~22	4~24	5~26	5~30	6~36

[주] [1][2] (a) 표와 동일

(e) 냄비 머리 리벳

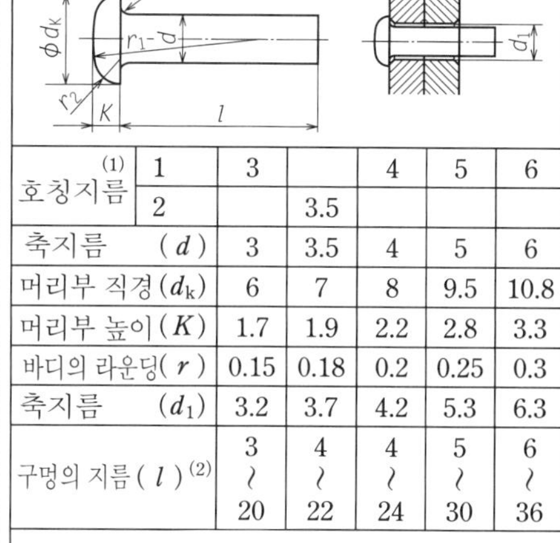

호칭지름[1]	1	3		4	5	6
	2		3.5			
축지름 (d)		3	3.5	4	5	6
머리부 직경(d_k)		6	7	8	9.5	10.8
머리부 높이(K)		1.7	1.9	2.2	2.8	3.3
바디의 라운딩(r)		0.15	0.18	0.2	0.25	0.3
축지름 (d_1)		3.2	3.7	4.2	5.3	6.3
구멍의 지름 (l)[2]		3~20	4~22	4~24	5~30	6~36

[주] [1] 1란을 우선적으로, 필요에 따라 2란을 선택한다.
[2] (a) 표와 동일

13장

13·2 표 냉간 성형 리벳의 길이 (l) (JIS B 1213) (단위 mm)

1, 1.5, 2, 2.5, 3, 4, 5, 6, 7, 8, 9, 10, 11, 12, 13, 14, 15, 16, 18, 20, 22, 24, 26, 28, 30, 32, 34, 36, 38, 40, 42, 45, 48, 50, 52, 58, 60, 62, 65, 68, 70, 72, 75, 80, 85, 90, 95, 100, 105, 110, 115, 120

13·1 표~13·6 표는 JIS에 정해진 이들 리벳의 형상 및 치수를 나타낸 것이다.

또한 리벳 재료로는 냉간 성형 리벳 및 세미 튜블러 리벳은 강, 황동, 동 및 알루미늄이 이용되고, 열간 성형 리벳은 리벳용 둥근강(JIS G 3104)를 이용하도록 규격으로 정하고 있다(SV 330, SV 400).

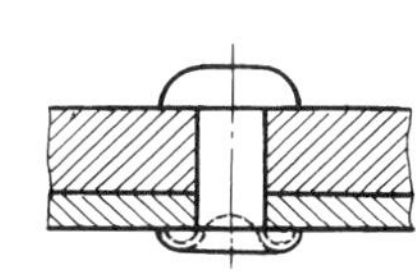

13·1 그림 세미 튜블러 리벳에 의한 체결

13·3 표 열간 성형 리벳 (JIS B 1214) KS B 1102

(a) 둥근머리 리벳 (일반용) (단위 mm)

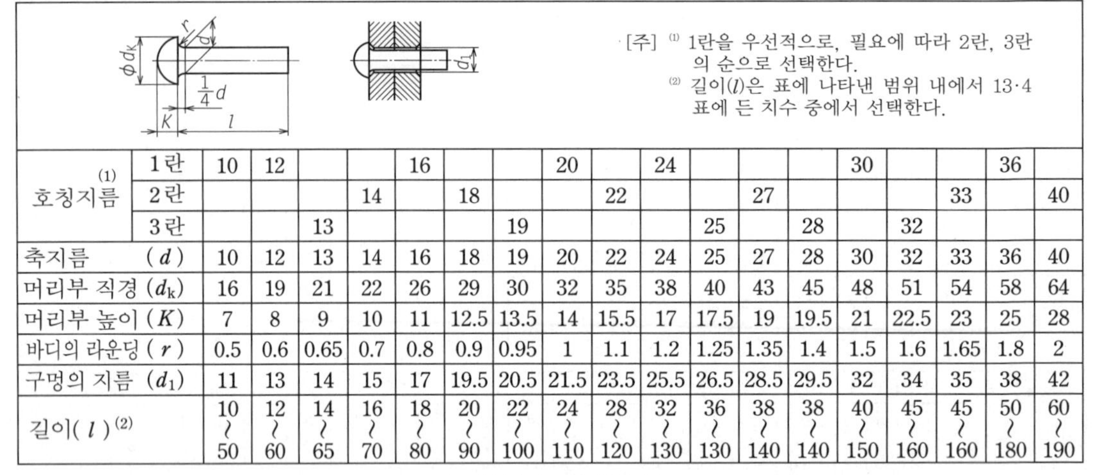

[주] (1) 1란을 우선적으로, 필요에 따라 2란, 3란의 순으로 선택한다.
(2) 길이(l)은 표에 나타낸 범위 내에서 13·4 표에 든 치수 중에서 선택한다.

구분																		
호칭지름(1) 1란	10	12			16			20		24				30			36	
호칭지름(1) 2란				14		18			22			27				33		40
호칭지름(1) 3란			13				19				25		28		32			
축지름 (d)	10	12	13	14	16	18	19	20	22	24	25	27	28	30	32	33	36	40
머리부 직경 (d_k)	16	19	21	22	26	29	30	32	35	38	40	43	45	48	51	54	58	64
머리부 높이 (K)	7	8	9	10	11	12.5	13.5	14	15.5	17	17.5	19	19.5	21	22.5	23	25	28
바디의 라운딩 (r)	0.5	0.6	0.65	0.7	0.8	0.9	0.95	1	1.1	1.2	1.25	1.35	1.4	1.5	1.6	1.65	1.8	2
구멍의 지름 (d_1)	11	13	14	15	17	19.5	20.5	21.5	23.5	25.5	26.5	28.5	29.5	32	34	35	38	42
길이(l)(2)	10~50	12~60	14~65	16~70	18~80	20~90	22~100	24~110	28~120	32~130	36~130	38~140	38~140	40~150	45~160	45~160	50~180	60~190

(b) 접시머리 리벳 (일반용)

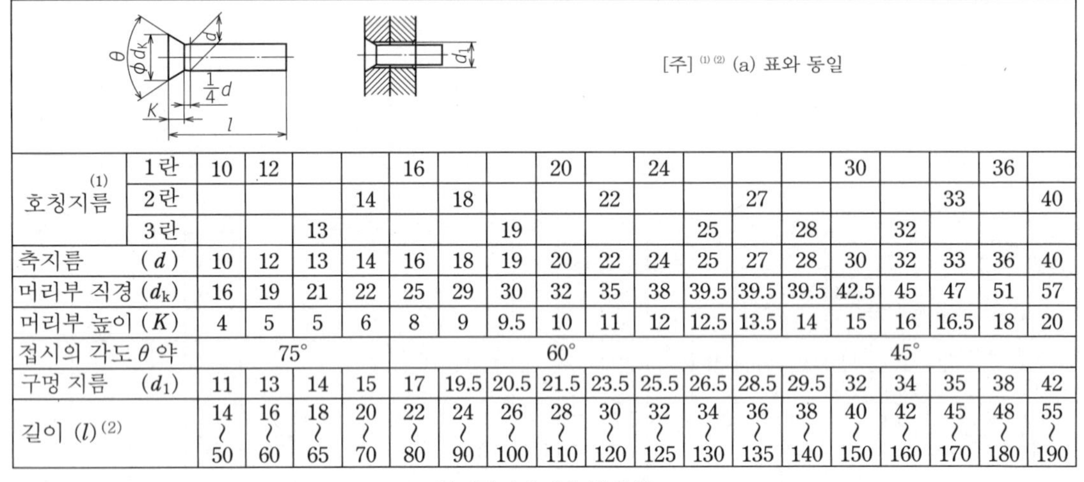

[주] (1)(2) (a) 표와 동일

구분																		
호칭지름(1) 1란	10	12			16			20		24				30			36	
호칭지름(1) 2란				14		18			22			27				33		40
호칭지름(1) 3란			13				19				25		28		32			
축지름 (d)	10	12	13	14	16	18	19	20	22	24	25	27	28	30	32	33	36	40
머리부 직경 (d_k)	16	19	21	22	25	29	30	32	35	38	39.5	39.5	39.5	42.5	45	47	51	57
머리부 높이 (K)	4	5	5	6	8	9	9.5	10	11	12	12.5	13.5	14	15	16	16.5	18	20
접시의 각도 θ 약	75°				60°							45°						
구멍 지름 (d_1)	11	13	14	15	17	19.5	20.5	21.5	23.5	25.5	26.5	28.5	29.5	32	34	35	38	42
길이 (l)(2)	14~50	16~60	18~65	20~70	22~80	24~90	26~100	28~110	30~120	32~125	34~130	36~135	38~140	40~150	42~160	45~170	48~180	55~190

(c) 납작머리 리벳 (일반용)

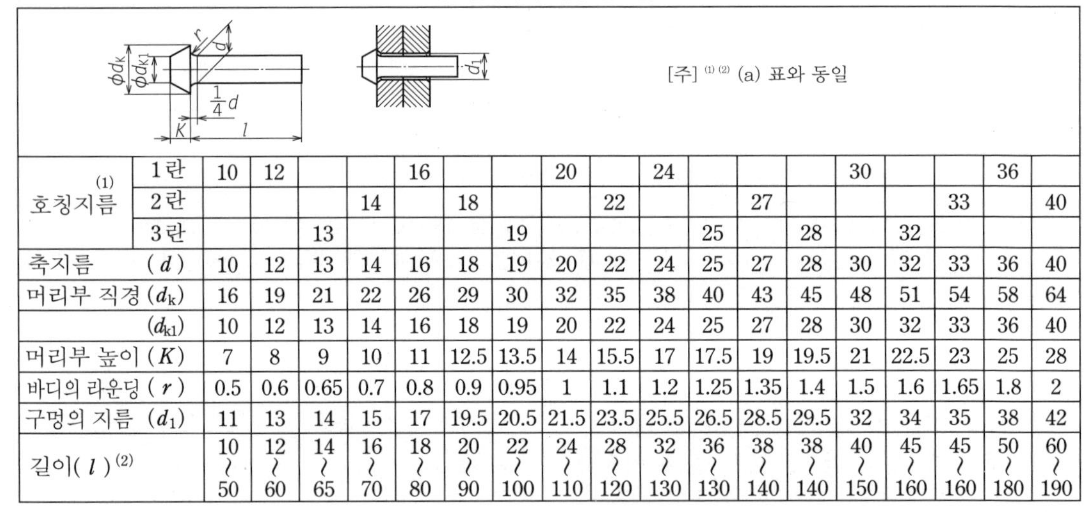

[주] (1)(2) (a) 표와 동일

구분																		
호칭지름(1) 1란	10	12			16			20		24				30			36	
호칭지름(1) 2란				14		18			22			27				33		40
호칭지름(1) 3란			13				19				25		28		32			
축지름 (d)	10	12	13	14	16	18	19	20	22	24	25	27	28	30	32	33	36	40
머리부 직경 (d_k)	16	19	21	22	26	29	30	32	35	38	40	43	45	48	51	54	58	64
(d_{k1})	10	12	13	14	16	18	19	20	22	24	25	27	28	30	32	33	36	40
머리부 높이 (K)	7	8	9	10	11	12.5	13.5	14	15.5	17	17.5	19	19.5	21	22.5	23	25	28
바디의 라운딩 (r)	0.5	0.6	0.65	0.7	0.8	0.9	0.95	1	1.1	1.2	1.25	1.35	1.4	1.5	1.6	1.65	1.8	2
구멍의 지름 (d_1)	11	13	14	15	17	19.5	20.5	21.5	23.5	25.5	26.5	28.5	29.5	32	34	35	38	42
길이(l)(2)	10~50	12~60	14~65	16~70	18~80	20~90	22~100	24~110	28~120	32~130	36~130	38~140	38~140	40~150	45~160	45~160	50~180	60~190

(d) 둥근 접시머리 리벳 (일반용)

[주] (1)(2) (a) 표와 동일

호칭지름(1)																			
호칭지름(1)	1란	10	12			16			20		24				30			36	
	2란				14		18			22			27				33		40
	3란			13				19				25		28		32			
축지름 (d)		10	12	13	14	16	18	19	20	22	24	25	27	28	30	32	33	36	40
머리부 직경 (d_k)		16	19	21	22	25	29	30	32	35	38	39.5	39.5	39.5	42.5	45	47	51	57
머리부 높이 (K)		4	5	5	6	8	9	9.5	10	11	12	12.5	13.5	14	15	16	16.5	18	20
f		1.5	2	2	2	2.5	2.5	3	3	3.5	3.5	4	4	4	4.5	5	5	5.5	6
접시의 각도(θ)약		75°				60°							45°						
구멍의 지름 (d_1)		11	13	14	15	17	19.5	20.5	21.5	23.5	25.5	26.5	28.5	29.5	32	34	35	38	42
길이 (l)(2)		10~50	12~60	14~65	16~70	18~80	20~90	22~100	24~110	28~120	32~130	36~130	38~140	38~140	40~150	45~160	45~160	50~180	60~190

(e) 보일러용 둥근머리 리벳

[주] (1)(2) (a) 표와 동일

호칭지름(1)																				
호칭지름(1)	1란	10	12			16			20		24				30			36		
	2란				14		18			22			27				33		40	44
	3란			13				19				25		28		32				
축지름 (d)		10	12	13	14	16	18	19	20	22	24	25	27	28	30	32	33	36	40	44
머리부 직경 (d_k)		17	20	22	24	27	30	32	34	37	41	42	46	48	51	54	56	61	68	75
머리부 높이 (K)		7	8	9	10	11	12.5	13.5	14	15.5	17	17.5	19	19.5	21	22.5	23	25	28	31
바디의 라운딩(r)약		1	1	1.5	1.5	1.5	2	2	2	2	2.5	2.5	2.5	3	3	3	3.5	3.5	4	4.5
구멍의 지름 (d_1)		10.8	12.8	13.8	14.8	16.8	19.2	20.2	21.2	23.2	25.2	26.2	28.2	29.2	31.6	33.6	34.6	37.6	41.6	45.6
길이 (l)(2)		10~50	12~60	14~65	16~70	18~80	20~90	22~100	24~110	28~120	32~130	36~130	38~140	38~140	40~150	45~160	45~160	50~180	60~190	70~200

(f) 보일러용 둥근 접시머리 리벳

[주] (1)(2) (a) 표와 동일

호칭지름(1)																				
호칭지름(1)	1란	10	12			16			20		24				30			36		
	2란				14		18			22			27				33		40	44
	3란			13				19				25		28		32				
축지름 (d)		10	12	13	14	16	18	19	20	22	24	25	27	28	30	32	33	36	40	44
머리부 직경 (d_k)		15.5	18	21	22	25	29	30	32	35	38	39.5	39.5	39.5	42.5	45	47	51	57	62
머리부 높이 (K)		3.5	5	5	6	8	9	9.5	10	11	12	12.5	13.5	14	15	16	16.5	18	20	22
f		1.5	2	2	2	2.5	2.5	3	3	3.5	3.5	4	4	4	4.5	5	5	5.5	6	7
c 약		0				1.5				2										
접시의 각도(θ)약		75°				60°							45°							
구멍의 지름 (d_1)		10.8	12.8	13.8	14.8	16.8	19.2	20.2	21.2	23.2	25.2	26.2	28.2	29.2	31.6	33.6	34.6	37.6	41.6	45.6
길이 (l)(2)		10~50	12~60	14~65	16~70	18~80	20~90	22~100	24~110	28~120	32~130	36~130	38~140	38~140	40~150	45~160	45~160	50~180	60~190	70~200

(g) 선박용 둥근 접시머리 리벳

[주] (1) (2) (a) 표와 동일

호칭지름 (1)	1란	10	12			16			20		24				30			36	
	2란				14		18			22			27				33		40
	3란			13				19				25		28		32			
축지름 (d)		10	12	13	14	16	18	19	20	22	24	25	27	28	30	32	33	36	40
머리부 직경(ϕd_k)		16	19	21	22	25.5	29	29.5	32	35	38	38	43	43	45	47.5	50	54	61
머리부 높이(K)		5.5	6.5	7.5	8	9	10.5	12	13	15	17	18	20	21	22.5	24	26	28	32
f		1.5	2	2	2	2	2	3	3	3	3	3	3	3	3	3	3	3	3
접시의 각도(θ)약		56°					48°				40°				36°				
구멍의 지름(d_1)		11	13	14	15	17	19.5	20.5	21.5	23.5	25.5	26.5	28.5	29.5	32	34	35	38	42
길이(l) (2)		12 ~ 50	14 ~ 58	16 ~ 65	18 ~ 72	20 ~ 80	22 ~ 90	24 ~ 100	26 ~ 110	30 ~ 120	34 ~ 125	36 ~ 130	38 ~ 140	38 ~ 140	40 ~ 150	45 ~ 160	48 ~ 170	50 ~ 180	60 ~ 190

13·4 표 열간 성형 리벳의 길이 (l) (JIS B 1214)　　(단위 mm)

10, 12, 14, 16, 18, 20, 22, 24, 26, 28, 30, 32, 34, 36, 38, 40, 42, 45, 48, 50, 52, 55, 58, 60, 62, 65, 68, 70, 72, 75, 80, 85, 90, 95, 100, 105, 110, 115, 120, 125, 130, 135, 140, 145, 150, 155, 160, 165, 170, 175, 180, 185, 190, 195, 200

13·5 표 세미 튜블러 리벳 (JIS B 1215)　　KS B 1103

(a) 얇은 둥근머리 리벳

(단위 mm)

호칭지름	1.2	1.6	2	2.5	3	4	5	6	8
d	1.2	1.6	2	2.5	3	4	5	6	8
D	2.2	3	3.7	4.6	5.4	7.2	9	10.5	13.5
H	0.3	0.4	0.6	0.9	1.1	1.4	1.8	2.1	2.8
A	0.8	1.1	1.3	1.7	2.1	2.8	3.5	4.2	5.6
B	1.1	1.4	1.8	2.3	2.7	3.6	4.5	5.4	7.2
r	0.06	0.08	0.1	0.2		0.3		0.4	

[비고] 길이(l)은 13·6 표에 따른다.

(b) 트러스 리벳

(단위 mm)

호칭지름	1.2	1.6	2	2.5	3	4	5	6	8
d	1.2	1.6	2	2.5	3	4	5	6	8
D	2.7	3.6	4.5	5.6	6.6	8.8	11	13	17
H	0.5	0.7	1	1.3	1.4	1.8	2.4	2.8	3.8
A	0.8	1.1	1.3	1.7	2.1	2.8	3.5	4.2	5.6
B	1.1	1.4	1.8	2.3	2.7	3.6	4.5	5.4	7.2
r	0.06	0.08	0.1	0.2	0.3		0.4	0.5	0.6

[비고] 길이(l)은 13·6 표에 따른다.

(c) 납작머리 리벳

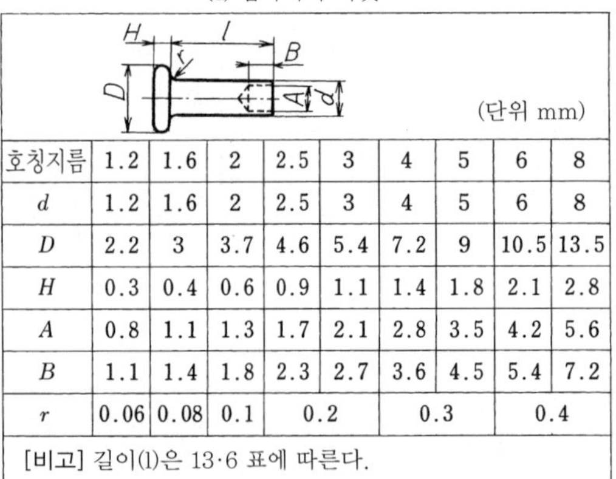

(단위 mm)

호칭지름	1.2	1.6	2	2.5	3	4	5	6	8
d	1.2	1.6	2	2.5	3	4	5	6	8
D	2.2	3	3.7	4.6	5.4	7.2	9	10.5	13.5
H	0.3	0.4	0.6	0.9	1.1	1.4	1.8	2.1	2.8
A	0.8	1.1	1.3	1.7	2.1	2.8	3.5	4.2	5.6
B	1.1	1.4	1.8	2.3	2.7	3.6	4.5	5.4	7.2
r	0.06	0.08	0.1	0.2		0.3		0.4	

[비고] 길이(l)은 13·6 표에 따른다.

(d) 접시머리 리벳

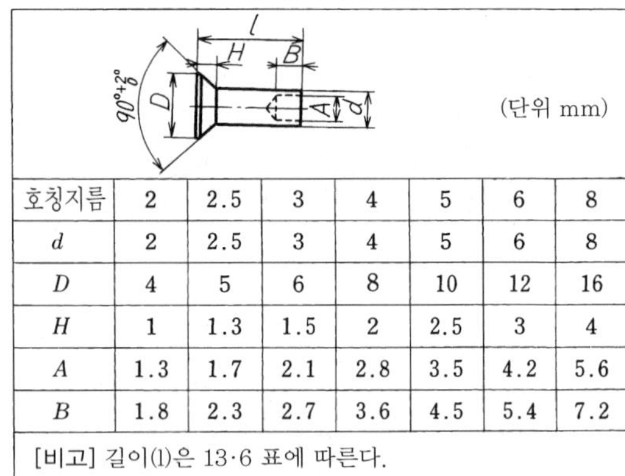

(단위 mm)

호칭지름	2	2.5	3	4	5	6	8
d	2	2.5	3	4	5	6	8
D	4	5	6	8	10	12	16
H	1	1.3	1.5	2	2.5	3	4
A	1.3	1.7	2.1	2.8	3.5	4.2	5.6
B	1.8	2.3	2.7	3.6	4.5	5.4	7.2

[비고] 길이(l)은 13·6 표에 따른다.

(e) 둥근머리 리벳

호칭지름	1.2	1.6	2	2.5	3	4	5	6	8
d	1.2	1.6	2	2.5	3	4	5	6	8
D	2.2	3	3.7	4.6	5.4	7.2	9	10.5	13.5
H	0.7	1	1.2	1.5	1.8	2.4	3	3.6	4.8
A	0.8	1.1	1.3	1.7	2.1	2.8	3.5	4.2	5.6
B	1.1	1.4	1.8	2.3	2.7	3.6	4.5	5.4	7.2
r	0.06	0.08	0.1	0.2		0.3		0.4	

[비고] 길이(l)은 13·6 표에 따른다.

13·6 표 세미 튜블러 리벳의 길이 (l) (JIS B 1215) KS B 1103 (단위 mm)

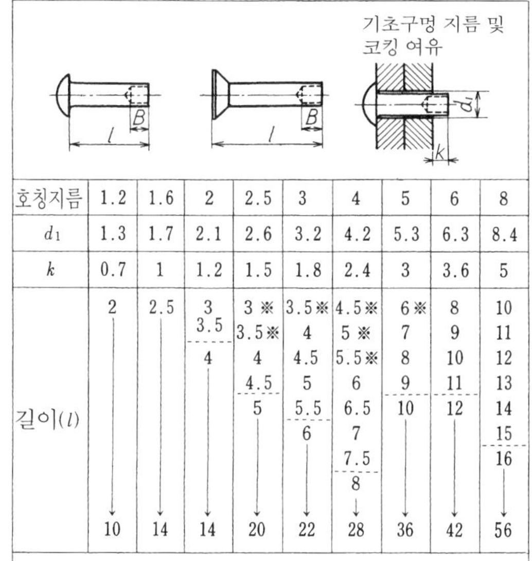

호칭지름	1.2	1.6	2	2.5	3	4	5	6	8
d_1	1.3	1.7	2.1	2.6	3.2	4.2	5.3	6.3	8.4
k	0.7	1	1.2	1.5	1.8	2.4	3	3.6	5
길이(l)	2	2.5	3	3 ※	3.5※	4.5※	6※	8	10
			3.5	3.5※	4	5 ※	7	9	11
			4	4	4.5	5.5※	8	10	12
				4.5	5	6	9	11	13
				5	5.5	6.5	10	12	14
					6	7			15
						7.5			16
						8			
	↓	↓	↓	↓	↓	↓	↓	↓	↓
	10	14	14	20	22	28	36	42	56

[비고] 1. 점선으로 구분한 부분은 접시 리벳의 최소 길이를 나타낸다.
2. 길이(l)의 단계는 호칭지름 1.2~4까지는 0.5mm 간격, 5~8까지는 1mm 간격으로 한다.
[주] ※ 표시를 붙인 것은 B의 기준 치수를 0.8d로 할 수 있다. 단, d는 리벳의 호칭지름.

2. 리벳 이음

리벳 이음은 강판, 강재 등을 2개 또는 그 이상 겹쳐 리벳에 의해 반영구적으로 접합하는 경우에 이용한다.

13·2 그림과 같이 우선 머리와 자루로 이루어져 있는 리벳을 가열해 리벳 구멍에 끼워넣고, 다른 끝단을 리벳 해머로 두드려 체결 머리를 만든다. 또한 기밀 유지를 위해서는 동 그림 (b)에 나타냈듯이 코킹 공구를 사용해 리벳 체결하는 판의 끝단을 코킹해 1/3~1/4의 경사를 붙인다. 이

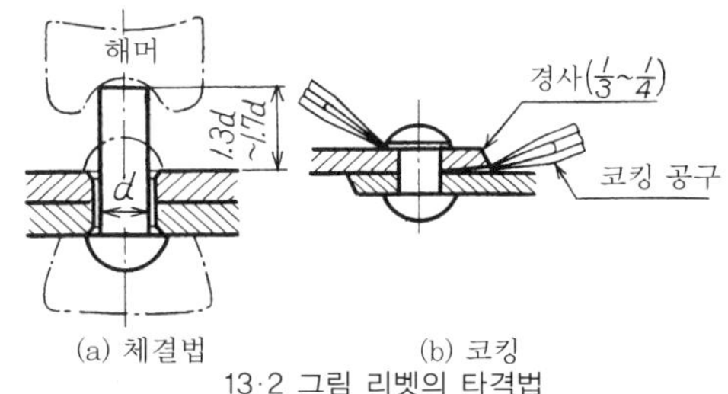

(a) 체결법 (b) 코킹

13·2 그림 리벳의 타격법

것을 코킹이라고 한다. 이 코킹은 판의 끝단에 대해 하는 것만이 아니라, 리벳 머리에 대해서도 하는 것이다.

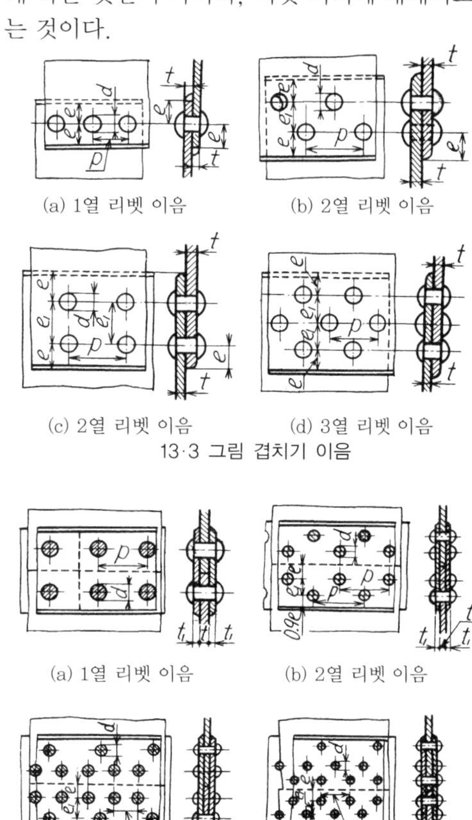

(a) 1열 리벳 이음 (b) 2열 리벳 이음

(c) 2열 리벳 이음 (d) 3열 리벳 이음

13·3 그림 겹치기 이음

(a) 1열 리벳 이음 (b) 2열 리벳 이음

(c) 2열 리벳 이음 (d) 3열 리벳 이음

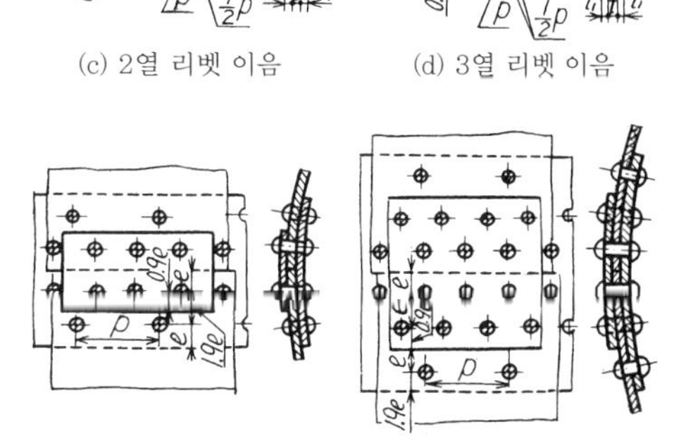

(e) 2열 리벳 이음 (f) 3열 리벳 이음

13·4 그림 맞대기 이음

13장

13·7 표 캔용 각종 리벳 이음에 관한 치수 비율 (바흐씨) (Rotscher에 의한다)

이음의 종류	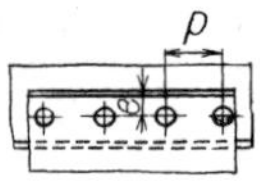	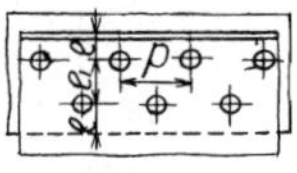	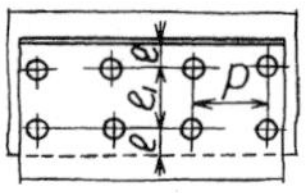	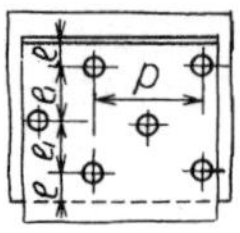	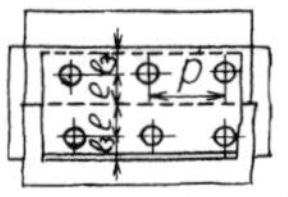
리벳의 열	1	2	2	3	1
이음의 폭 1cm당 장력 $W = \frac{DP}{2}$ (kgf) *	500	390 ~ 950	390 ~ 1000	700 ~ 1350	350 ~ 850
이음의 효율 η	0.58	0.69	0.67	0.74	0.68
리벳의 구멍 지름 d (cm)	$\sqrt{5t} - 0.4$	$\sqrt{5t} - 0.4$	$\sqrt{5t} - 0.4$	$\sqrt{5t} - 0.4$	$\sqrt{5t} - 0.5$
피치 p (cm)	$2d + 0.8$	$2.6d + 1.5$	$2.6d + 1$	$3d + 2.2$	$2.6d + 1$
e (cm)	$1.5d$	$1.5d$	$1.5d$	$1.5d$	$1.5d$
e_1 (cm)	—	$0.6p$	$0.8p$	$0.5p$	—
e_2 (cm)	—	—	—	—	—
e_3 (cm)	—	—	—	—	$1.35d$
덧판 t_1 (cm)	—	—	—	—	$0.6 \sim 0.7t$
안전율 x (손 타격 리벳)	4.75	4.75	4.75	4.75	4.25
안전율 x (기계 타격 리벳)	4.5	4.5	4.5	4.5	4.0

이음의 종류	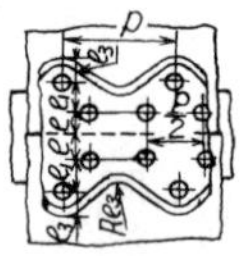	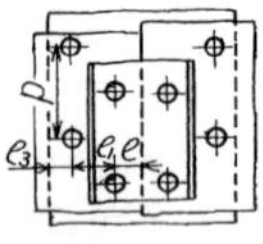	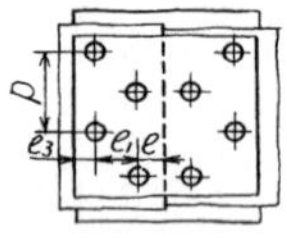	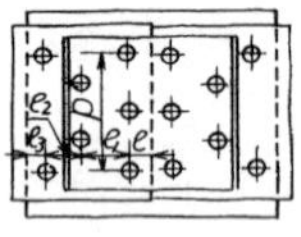	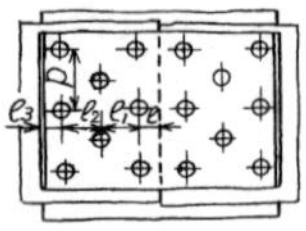
리벳의 열	1½	1½	2	2½	3
이음의 폭 1cm당 장력 $W = \frac{DP}{2}$ (kgf) *	850 ~ 1600	850 ~ 1600	650 ~ 1350	1300 ~ 2300	1100 ~ 2400
이음의 효율 η	0.82	0.82	0.76	0.85	0.81
리벳의 구멍 지름 d (cm)	$\sqrt{5t} - 0.5$	$\sqrt{5t} - 0.6$	$\sqrt{5t} - 0.6$	$\sqrt{5t} - 0.7$	$\sqrt{5t} - 0.7$
피치 p (cm)	$5d + 1.5$	$5d + 1.5$	$3.5d + 1.5$	$6d + 2$	$3d + 1$
e (cm)	$1.5d$	$1.5d$	$1.5d$	$1.5d$	$1.5d$
e_1 (cm)	$0.4p$	$0.4p$	$0.5p$	$0.38p$	$0.6p$
e_2 (cm)	—	—	—	$0.3e$	—
e_3 (cm)	$1.5d$	$1.5d$	$1.35d$	$1.5d$	$1.5d$
덧판 t_1 (cm)	$0.8t$	$0.8t$	$0.6 \sim 0.7t$	$0.8t$	$0.8t$
안전율 x (손 타격 리벳)	4.25	4.35	4.25	4.25	4.25
안전율 x (기계 타격 리벳)	4.0	4.1	4.0	4.0	4.0

[주] 위의 표에서 D…캔의 내경(cm), P…증기 내 압력 (kgf/cm²) (*1kgf≒9.8N), t…판의 두께 (cm)

리벳 이음에는 13·3 그림 및 13·4 그림에 나타냈듯이 겹치기 이음과 맞대기 이음이 있으며, 또한 리벳의 열 수에 따라 1열 리벳 이음, 2열 리벳 이음 및 3열 리벳 이음이 있다. 또한 리벳의 배열 방법에도 병렬형, 지그재그형, 기타의 것이 있다.

3. 리벳 이음의 실례

다음으로 캔 몸통 등으로, 직사각형 이음과 원주 이음이 교차하는 장소의 리벳 타격에 대해 설명한다.

겹치기 이음에 의한 이음법은 13·5 (a), (b)와 같이 한쪽의 동판 끝을 타격해 늘리고, 끝단을 얇게 해 이것을 동 그림 (d)와 같이 동판 사이에 끼우도록 한다. 13·6 그림은 이렇게 만들어진 교차 부근의 이음을 나타낸 것이다.

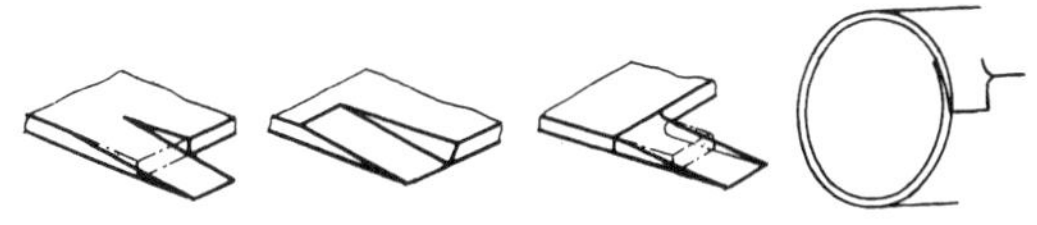

13·5 그림 겹치기 이음에 의한 캔 몸통의 이음법

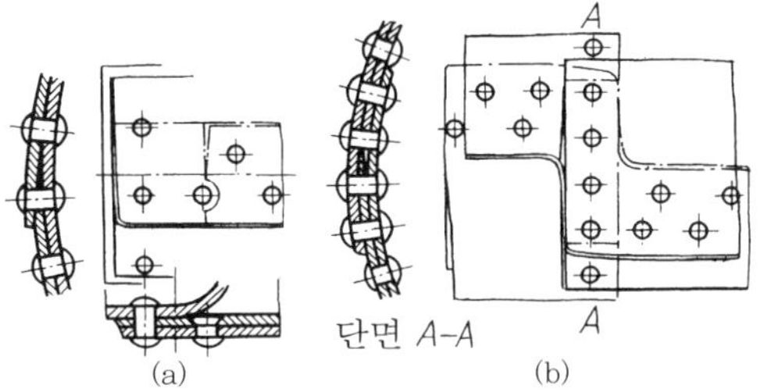

13·6 그림 겹치기 이음을 이용한 캔 몸통

또한 겹쳐진 경우의 피치는 13·7 그림에 나타냈듯이 해머로 타격할 수 있게 (d+5+겹침)mm 이상으로 해두지 않으면, 외쪽 리벳을 타격할 수 없게 된다.

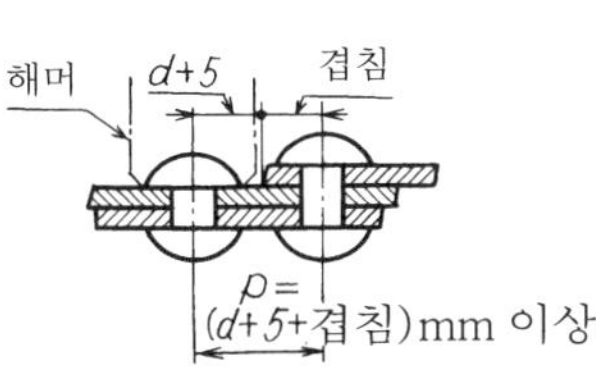

13·7 그림 겹쳐진 리벳의 피치

일반적으로 많이 이용되고 있는 캔 및 압력용기는 13·8 그림에 나타낸 원통형의 것이다.

원통부는 원통 이음과 직사각형 이음에 의해 만들어지고, 이 양 끝에 경판을 붙인 것이다. 다음으로 각부의 치수 비율에 대해 서술한다.

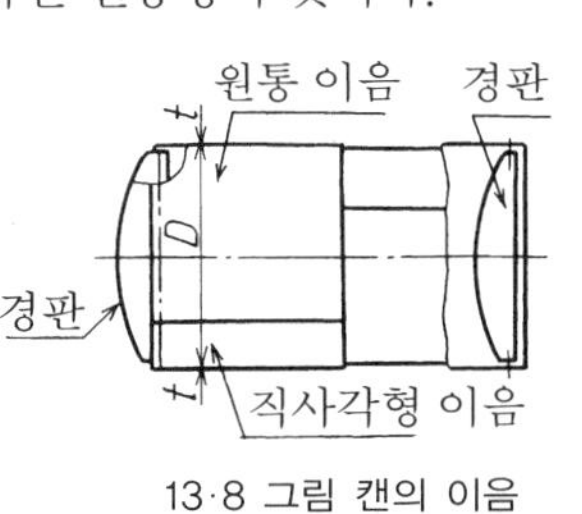

13·8 그림 캔의 이음

4. 판의 두께

① 캔 판의 두께 t(mm)는 다음 식으로부터 구할 수 있다.

$$t=\frac{DPx}{200\,\sigma_t\eta}+1$$

단, t…캔 판의 두께 (mm)

D…캔의 내경 (mm)

P…증기 내 압력 (N/mm^2)

σ_t…판의 인장강도 (N/mm^2)

η…리벳 이음 효율

x…안전율

② 원통 양 끝의 경판 t_2(mm)는 다음 식으로부터 구한다.

$$t_2=\frac{1}{98}\left\{D_1-r\left(1+\frac{2r}{D_1}\right)\right\}\sqrt{P}\ \cdots\ \text{평면 경판}$$

$$t_2=\frac{PR}{2\sigma_s}\cdots\text{바깥쪽으로 부풀리는 둥근 접시형 경판}$$

단, D_1…경판 외주 만곡 가장자리 내경 (mm)

r…동 만곡부의 구석 내 반경 (mm)

R…둥근 접시형 경판의 구 내 반경 (mm)

σ_s…판의 허용 인장강도 (N/mm^2)

(강판일 때는 50~70)

③ 액체 및 가스 용기로서 이용되는 세로형 원통조의 두께 t(mm)는 다음 식에서 구할 수 있다.

$$t=\frac{DP}{2\,\sigma_s\,\eta}+c$$

단, D…조의 내경 (mm)

P_a…조의 가장 깊은 곳의 압력 (N/mm^2)

η…이음의 효율 (13·7 표 참조)

σ_s…판의 허용 인장강도 (N/mm^2)

c…판의 부식 및 외력에 의한 패임 등에 대비하기 위한 값으로, 4mm 정도로 한다.

또한 13·7 표는 바흐씨에 의한 캔용 각종 리벳 이음에 관한 치수 비율을 나타낸 것이다.

5. 구조용 리벳 이음

철도 차량, 기중기, 일반 구조물 등에 응용되는 구조용 리벳 이음은 13·9 그림에 나타냈듯이 강판, 평강, 각종 형강 기타를 조합해, 리벳으로 체결해서 만든다.

설계에 있어 피치는 캔과 같이 제한을 받는 경우도 적고 비교적 자유로운데, 제작하기 쉽게 하는 것과 모든 리벳에 힘이 등분되게 한다. 또한 판의 강도를 해하지 않도록 주의해야 한다. 리벳의 직경 d는 다음 식에 의해 구하면 된다.

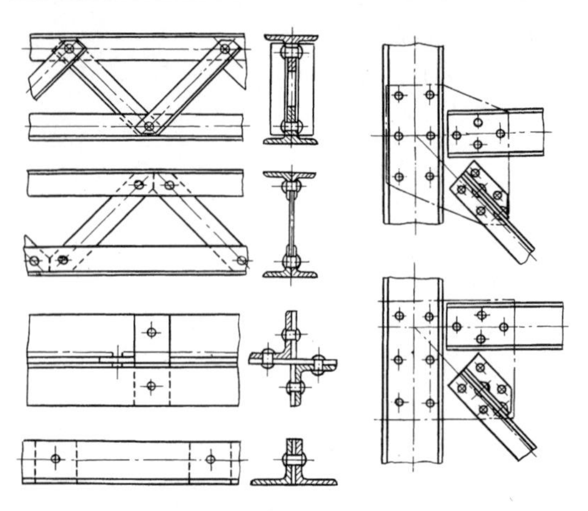

13·9 그림 구조용 리벳 이음의 예

$$d=\sqrt{50t}-2\text{mm}$$

단, t…강판, 형강 등의 두께 (mm)

또한 형강의 리벳 이음을 하는 경우의 구멍 위치에 대해서는 13·8 표와 같이 하면 된다. 또한 리벳 열이 2열이 될 때(형강의 폭 100mm 이상의 것)는 비스듬히 측정한 피치는 3d 이상으로 한다.

13·8 표 산형강의 리벳 배치

(단위 mm)

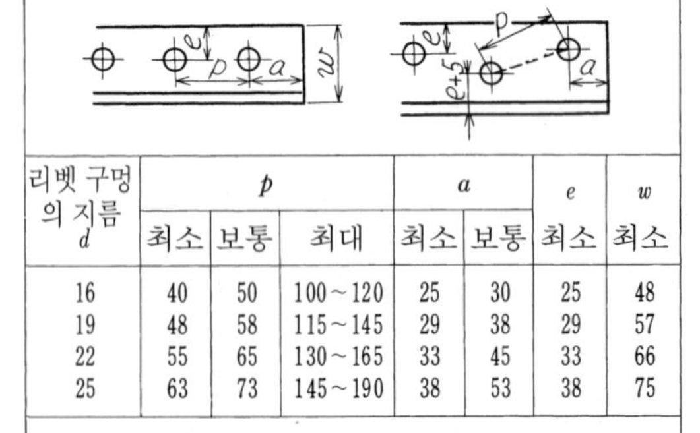

리벳 구멍의 지름 d	p			a		e	w
	최소	보통	최대	최소	보통	최소	최소
16	40	50	100~120	25	30	25	48
19	48	58	115~145	29	38	29	57
22	55	65	130~165	33	45	33	66
25	63	73	145~190	38	53	38	75

[비고] 1. 2열 리벳은 $w \geqq 100$mm의 경우에 이용한다. 또한 최소 w=305d.
2. 지그재그 타격 리벳의 구멍 위치와 리벳의 거리는 13·9 표를 참조.
3. 형강에 대한 지그재그 타격 리벳의 구멍 배치에 대해서는 13·10 표를 참조.

6. 리벳 이음의 강도

리벳 이음은 인장력을 받지만, 그 파괴는 다음의 경우를 생각할 수 있다.

(1) 리벳이 전단되는 경우 [13·10 그림 (a)] 리벳의 전단에 대한 저항력 P_1(N)은 다음 식으로 주어진다.

$$P_1=\frac{\pi}{4}d^2\tau_s$$

13·9 표 지그재그 타격 리벳의 게이지와 리벳의 거리

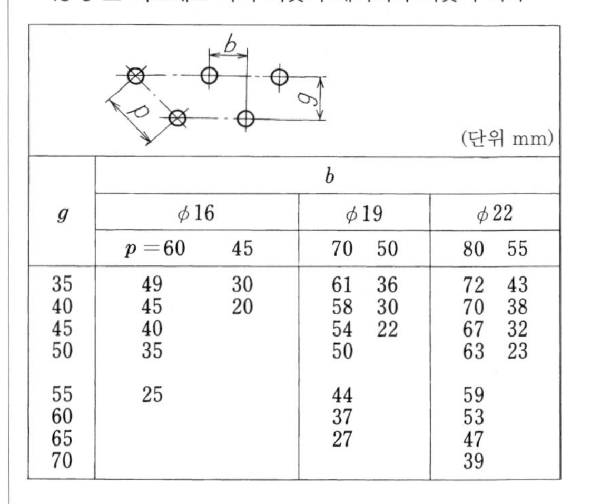

(단위 mm)

g	b					
	ϕ16		ϕ19		ϕ22	
	p=60	45	70	50	80	55
35	49	30	61	36	72	43
40	45	20	58	30	70	38
45	40		54	22	67	32
50	35		50		63	23
55	25		44		59	
60			37		53	
65			27		47	
70					39	

13·10 표 형강에 대한 지그재그 타격의 배치 및 리벳과 수직면의 거리

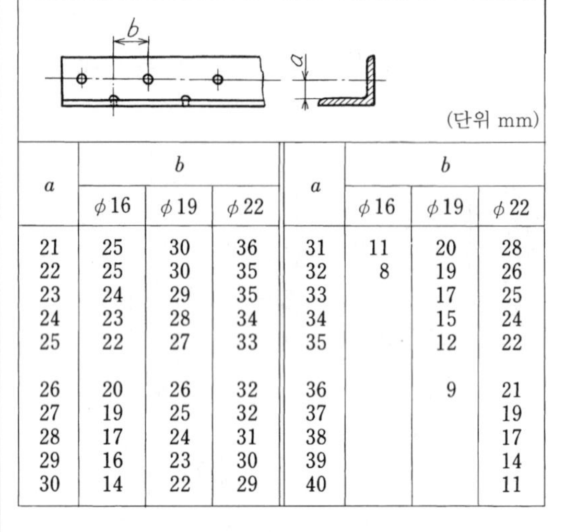

(단위 mm)

a	b			a	b		
	ϕ16	ϕ19	ϕ22		ϕ16	ϕ19	ϕ22
21	25	30	36	31	11	20	28
22	25	30	35	32	8	19	26
23	24	29	35	33		17	25
24	23	28	34	34		15	24
25	22	27	33	35		12	22
26	20	26	32	36		9	21
27	19	25	32	37			19
28	17	24	31	38			17
29	16	23	30	39			14
30	14	22	29	40			11

단, d…리벳 구멍의 지름 (mm)

τ_s…리벳의 전단강도 (N/mm²)

(2) 리벳 구멍 간의 판이 전단되는 경우 [13·10 그림 (b)] 리벳의 피치 길이에 대한 허용 인장력 P_2(N)은 다음 식으로 주어진다.

$$P_2=(p-d)t\sigma_t$$

단, p…리벳의 최대 피치 (mm)

d…리벳 구멍의 지름 (mm)

t…판의 두께 (mm)

σ_t…판의 인장강도 (N/mm²)

(3) 리벳 앞의 판 부분이 갈라지는 경우 [13·10 그림 (c)] 판이 리벳에 눌려 리벳 앞의 부분이 굽힘력에 의해 파괴되는 것에 대한 저항력 P_3(N)은 다음 식으로 주어진다.

(a)

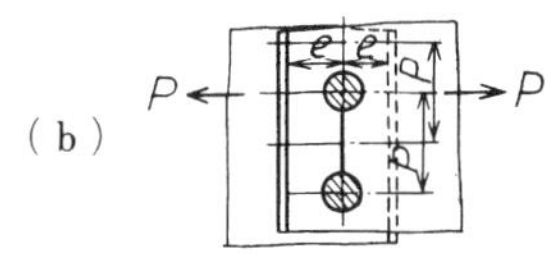

(b)

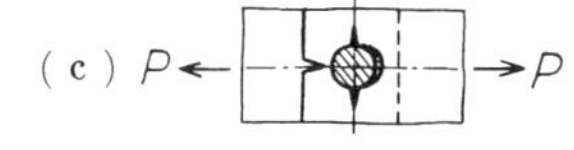

(c)

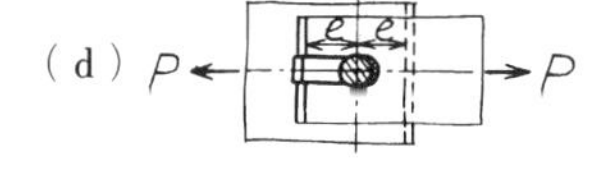

(d) P ← e e → P

(e) P ← → P

13·10 그림 리벳 이음의 파괴

$$P_3 = \frac{\frac{4}{3}\left(e - \frac{d}{2}\right)^2 t\sigma_b}{d}$$

단, d…리벳 구멍의 지름 (mm)

t…판 두께 (mm)

σ_b…판의 굽힘강도 (N/mm²)

e…리벳 구멍의 중심에서 판 끝까지의 길이 (mm)

또한 일반적으로 $e=1.5d$로 하기 때문에 이것을 위의 식에 대입하면, 다음 식이 얻어진다.

$$P_3' = \frac{4}{3} d t \sigma_b$$

(4) 판이 전단되는 경우 [13·10 그림 (d)]

판이 전단 파괴되는 경우의 저항력 P_4(N)은 다음 식으로 주어진다.

$$P_4 = 2et\tau_s'$$

단, e, t…(3)의 경우와 동일, τ_s'…판의 전단강도 (N/mm²)

또한 (3)과 동일하게 $e=1.5d$로 해 대입하면 다음 식을 얻는다.

$$P_4' = 3dt\tau_s'$$

(5) 리벳 혹은 판이 압축 파괴되는 경우 [13·10 그림 (e)] 압축력에 의해 파괴되는 것에 대한 저항력 P_5(N)은 다음 식으로 주어진다.

$$P_5 = td\sigma_c$$

단, t, d…판의 두께 (mm)와 리벳 구멍의 지름 (mm), σ_c…판의 압축강도 (N/mm²)

(6) 리벳 이음의 계산 예 하중 50kN의 인장력을 전달하는 리벳 이음을 설계하기 위해서는 다음과 같이 산출한다 (13·11 그림 참조).

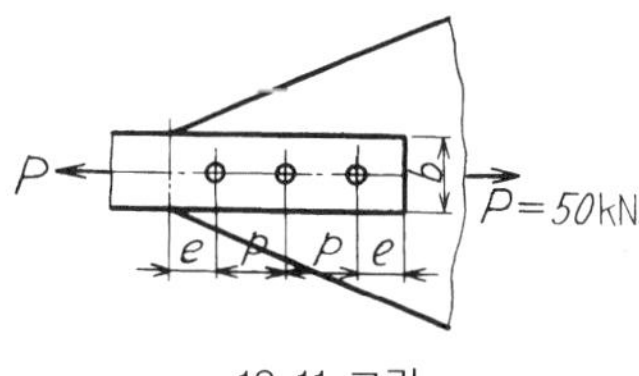

13·11 그림

단, 판의 두께 10mm, 리벳의 허용 전단응력 τ_s $=3/4\sigma_s$로 한다(σ_s는 판의 허용 인장응력이다).

판의 재료로서 연강을 이용하면, 그 허용 인장응력 $\sigma_s=90\sim150$N/mm²(정하중)인데, 안전을 생각해 $\sigma_s=90$N/mm²로 한다.

(i) 판의 폭

판의 단면적을 A(mm²), 판의 폭을 b(mm), 두께를 t(mm)로 하면

$$A=(b-d)t \quad (1) \qquad 또는 \quad A=\frac{P}{\sigma_s} \quad (2)$$

$P=50\text{kN}=50000\text{N}$, $\sigma_s=90$N/mm²를 (2)식에 대입하면

$$A=\frac{50000}{90}=560$$

$t=10$mm이기 때문에 (1)식은

$$560=10(b-d) \qquad \therefore b=56+d \qquad (3)$$

(ii) 리벳의 지름 리벳의 지름 d(mm)에 대해서는 경험식에 의해

$$d=\sqrt{50t}-4$$

단, t는 판두께이다.

위의 식에 $t=10$mm를 대입하면

$$d=\sqrt{50\times10}-4=22.4-4\fallingdotseq20\text{mm}$$

(3)식에 d의 값을 대입하면

$$b=56+d=56+20=76\text{mm}$$

(iii) 리벳의 수 리벳의 수를 i로 하면, 다음 식이 주어진다.

$$P=i\frac{\pi}{4}d^2\tau_s, \quad \tau_s=\frac{3}{4}\sigma_s \qquad (4)$$

$$\therefore \tau_s=\frac{3}{4}\times90=67.5\text{N/mm}^2$$

이 된다.

$P=50000$N, $d=20$mm, $\tau_s=67.5$를 (4)식에 대입해 전환하면

$$i=\frac{P}{\frac{\pi}{4}d^2\tau_s}=\frac{50000}{\frac{\pi}{4}\times20^2\times67.5}$$

$$\fallingdotseq 2.36$$

그러므로 3개로 한다.

(iv) 리벳 이음 리벳 이음의 치수에 대해서는 경험에 의한 다음 식이 있다.

$$e=2d$$

$$p=3d$$

따라서 $d=20$mm로 하면

$$e=2d=2\times20=40\text{mm}$$

$$p=3d=3\times20=60\text{mm}$$

[예제 1] 두께 20mm의 강판을 SV330의 리벳으로 체결한 보일러 직사각형 이음용 2열 리벳 양측 덧판 맞대기 이음을 설계해라.

[해] 각 열의 피치가 동일한 경우로 하면, 13·7 표로부터

13장

$d = \sqrt{50t} - 6 = 25.6(\text{mm})$

인데, 리벳 표준 직경의 28mm를 취해 리벳 지름 $d=28$mm로 한다.

$p = 3.5d + 15 = 3.5 \times 28 + 15 = 113(\text{mm})$

$e = 1.5d = 1.5 \times 28 = 42(\text{mm})$

$e_1 = 0.5p = 0.5 \times 113 = 56.5(\text{mm})$

$\tau_s = 280\text{N/mm}^2$, $\sigma_t = 400\text{N/mm}^2$로 하면, 리벳 이음의 모재에 대한 효율 η_1은

$$\eta_1 = \frac{(p-d)}{p} = \frac{(113-28)}{113} = 0.752 = 75.2\%$$

또한, 리벳 효율 η_2는

$$\eta_2 = \frac{2 \times 1.8 \cdot \pi \cdot d^2 \cdot \tau_s}{4 \cdot p \cdot t \cdot \sigma_t} = \frac{2 \times 1.8 \times 3.14 \times 28^2 \times 280}{4 \times 113 \times 20 \times 400} = 0.687 = 69\%$$

[예제 2] 판두께 10mm, $D=2$m, 양측 덧판 2열 리벳 맞대기 이음, 리벳 지름 16mm, η_1과 η_2를 거의 동등하게 되도록 피치 p를 정하기로 하고, 보일러의 사용 증기압력을 구해라. 단, 리벳의 허용 전단응력 $\tau_{ws}=70\text{N/mm}^2$, 판의 허용 인장응력 $\sigma_s=120\text{N/mm}^2$로 한다.

[해] 각 열의 피치가 동일한 경우를 생각한다.

$$\eta_1 = \frac{(p-d)}{p}, \quad \eta_2 = \frac{2 \times 1.8 \pi d^2 \tau_{ws}}{4pt\sigma_s}$$

$\eta_1 = \eta_2$로 하면

$$1 - \frac{d}{p} = \frac{2 \times 1.8 \pi d^2 \tau_{ws}}{4pt\sigma_s}$$

$$\therefore \quad p = d + \frac{0.9\pi d^2 \tau_{ws}}{t\sigma_s}$$

위의 식에 $d=16$mm, $t=10$mm, $\sigma_s=120\text{N/mm}^2$, $\sigma ws=70\text{N/mm}^2$를 대입하면

$$p = 16 + \frac{0.9 \times 3.14 \times 16^2 \times 70}{10 \times 120} = 16 + 42.2 \fallingdotseq 59(\text{mm})$$

$$\therefore \eta_1 = \frac{p-d}{p} = \frac{59-16}{59} = 0.728 = 72.8\%$$

$$P_2 = (p-d)t\sigma_s = (59-16) \times 10 \times 120 = 51600(\text{N})$$

$$\sigma_c = \frac{P_2}{2td} = \frac{51600}{2 \times 10 \times 16} = 161.3(\text{N/mm}^2)$$

이것에 의해 사용 증기압력 P는

$$P = \frac{(t-1) \times 200\sigma_s \eta_1}{2000} = \frac{(10-1) \times 200 \times 120 \times 0.728}{2000} \fallingdotseq 79(\text{N/mm}^2)$$

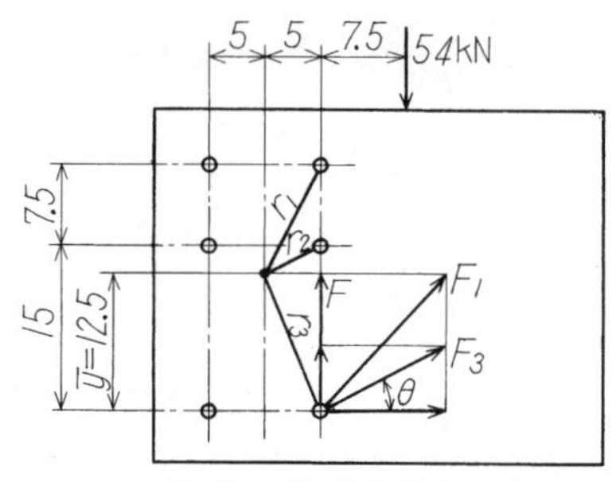

13·12 그림 예제 3의 그림

[예제 3] 13·12 그림과 같은 54kN의 편심하중을 받는 리벳 이음의 리벳에 생기는 최대 응력을 구해라. 단, 리벳 지름은 22mm로 한다.

[해] 리벳에 대한 직접력 F는

$$F = \frac{54000}{6} = 9000(\text{N/mm}^2)$$

$$\bar{y} = \frac{2 \times 22.5 + 2 \times 15}{6} = \frac{75}{6} = 12.5$$

$$\tan\theta = \frac{5}{12.5} = 0.4 \qquad \therefore \theta = 21°50''$$

$r_1^2 = 10^2 + 5^2 = 125$

$r_2^2 = 2.5^2 + 5^2 = 31.25$

$r_3^2 = 12.5^2 + 5^2 = 181.25$

$\therefore r_3 = 13.5$

따라서 회전 모멘트는

$54000 \times 12.5 = K(2 \times 125 + 2 \times 31.25 + 2 \times 181.25)$ (K는 비례상수)

$$\therefore K = \frac{54000 \times 12.5}{675} = 1000$$

이것으로부터 최대력은

$F_3 = 1000 \times 13.5 = 13500(\text{N})$

F_3의 분력을 각각 x, y로 하면,

$$\sin\theta = \frac{x}{13500}$$

$x = 13500 \times 0.372 = 5022$

$$\cos\theta = \frac{y}{13500}$$

$y = 13500 \times 0.928 = 12528$

이것으로부터 합성력 F_r은

$$F_r = \sqrt{(x+F)^2 + y^2} = \sqrt{(5022+900)^2 + 12528^2} = 13857 \ (\text{N})$$

전단 면적 $A = \frac{\pi}{4} \times 22^2 = \frac{\pi}{4} \times 484 = 380.13 \fallingdotseq 380(\text{mm}^2)$

그러므로 전단응력 τ_s는

$$\tau_s = \frac{13857}{380} = 36.5 \fallingdotseq 37(\text{N/mm}^2)$$

13·2 용접 이음

용접이란 금속을 여러 가지 열원에 의해 국부적으로 용해시켜 접합하는 방법으로, 가장 널리 사용되고 있는 것은 전기용접이다. 이것에는 아크용접과 전기저항용접이 있다.

아크용접은 13·13 그림에 나타냈듯이 접합 금속과 금속 전극 사이에 아크를 발생시켜 용접봉을 가열시키거나, 전극 금속의 용융에 의해 용착 금속이 형성되는 것이다.

전기저항용접은 전기 저항열을 가지고 용해부를 가열해 압착시키는 방법이다.

13·14 그림에 맞대기용접, 스폿용접(점용접) 및 심용접의 원리를 나타냈다.

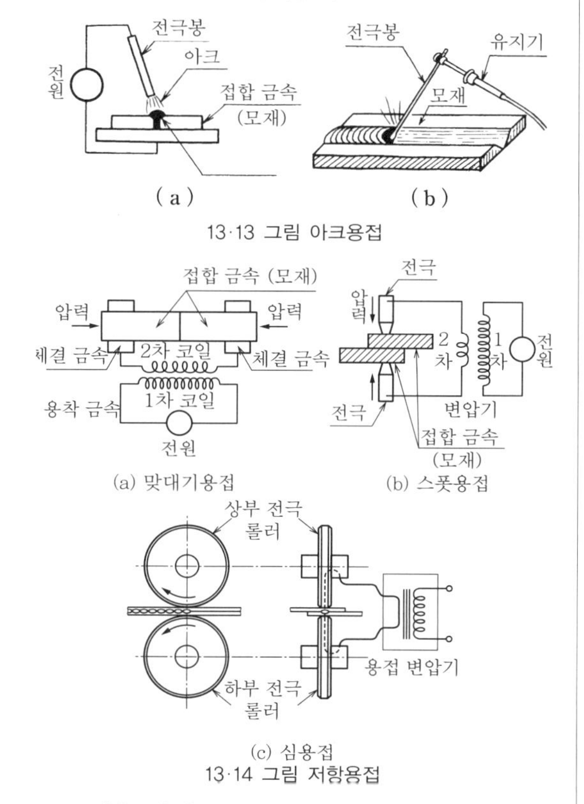

13·14 그림 저항용접

1. 이음 및 용접의 종류

일반적으로 이용되는 용접 이음에는 13·15 그림에 나타낸 종류가 있다.

(1) 모재 조합부의 형상 용접되는 금속을 모재라고 한다. 용접 이음에서 이 모재의 끝을 여러 가지 모양으로 다듬질하고, 13·16 그림과 같이 I형, V형, X형, U형, H형, 평날형, 편날형, 양날형, 플러그형 등 여러 가지로 조합한다.

또한 용접한 표면 형상에는 다음의 종류가 있다(13·17 그림).

(a) 맞대기 이음

(b) 덮개판 이음

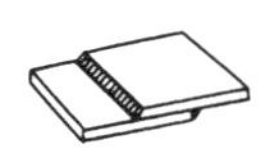
(c) 겹치기 이음

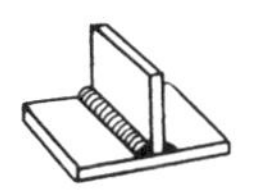
(d) T 이음

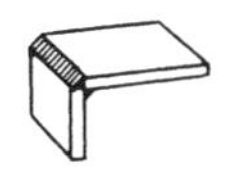
(e) 모서리 이음

(f) 변두리 이음

13·15 그림 용접 이음의 종류

(a) I형

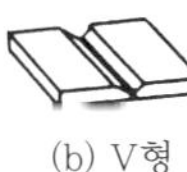
(b) V형

(c) X형

(d) U형

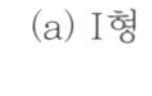
(e) H형

(f) 평날형

(g) 편날형

(h) 양날형

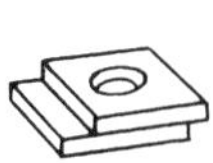
(i) 플러그형

13·16 모재의 접합 양식

볼록…용접 표면이 볼록한 모양으로 되어 있는 것.

평…용접 표면이 평면으로 되어 있는 것.

오목…용접 표면이 오목하게 들어가 있는 것.

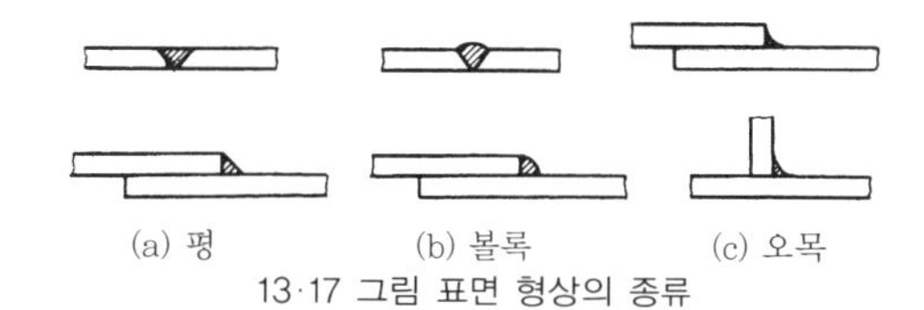

13·17 그림 표면 형상의 종류

이 중에서 오목용접은 그다지 강도를 필요로 하지 않는 것에 이용된다.

(2) 용접 양식의 종류 용접 양식에는 모재의 조합법에 따라 분류하면, 13·18 그림에 나타냈듯이 맞대기용접, 패딩용접, 가장자리(변두리)용접,

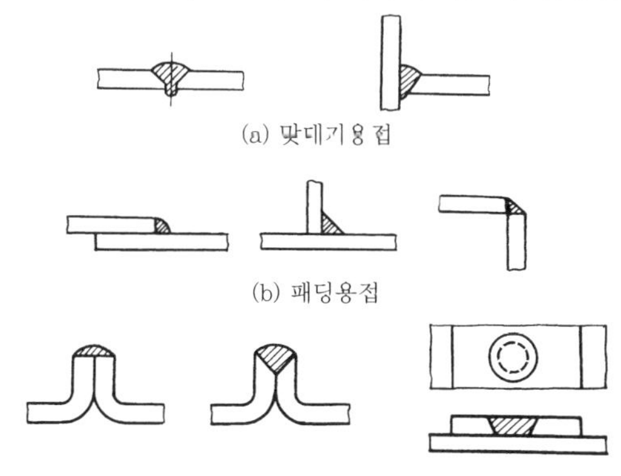

13·18 그림 용접 양식의 종류

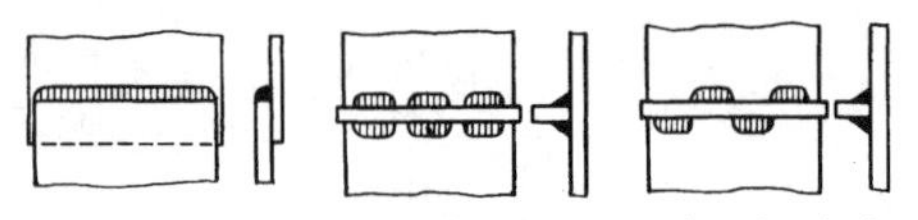

13·19 그림 연속용접과 단속용접

플러그용접의 4가지 종류가 있다.

또한 13·19 그림 (1)과 같이 용접선을 따라 끊김 없이 용접하는 것을 연속용접, 또한 (2)와 같이 끊어서 하는 것을 단속용접이라고 부른다. 단, 후자는 병렬용접과 지그재그용접의 2종류가 있다.

2. 용접 이음의 강도 계산

(1) 맞대기 이음의 경우 13·20 그림에서 h를 목두께, a를 덧살이라고 한다. 단, 덧살은 안전을 살펴 강도 상은 생각에 넣지 않는 것으로 하면, 이 경우의 인장응력 σ는

$$\sigma = \frac{P}{hl}$$

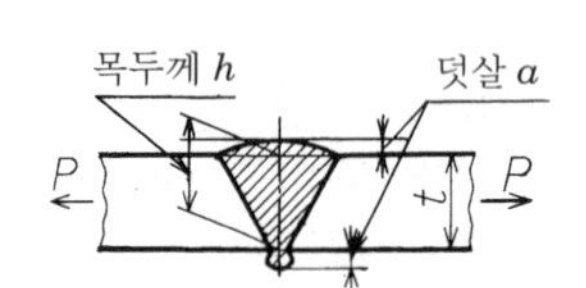

13·20 그림 목두께와 덧살

단, l…용접 길이

또한 13·21 그림과 같이 모재의 판두께가 다를 때는 안전을 살펴 얇은 쪽의 목두께를 잡아 계산한다.

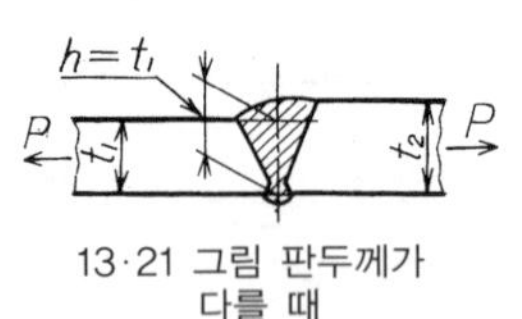

13·21 그림 판두께가 다를 때

또한 13·22 그림과 같이 불용착 부분이 있는 경우에는 목두께는 $h_a = h_1 + h_2$를 이용해 동일하게 계산하는데, 강도 상 중요한 부분에는 이와 같은 이음은 이용하지 않는 것이 좋다.

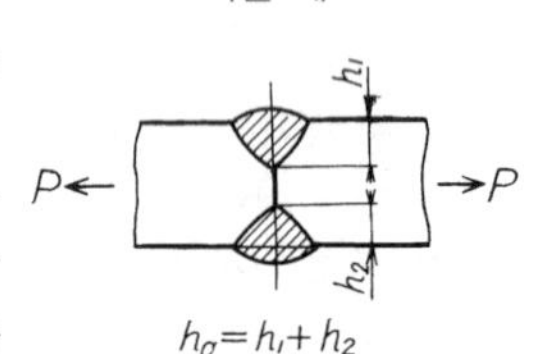

13·22 그림 불용착 부분이 있는 경우

(2) 패딩 이음의 경우

패딩 이음에서는 13·23 그림에서

$$h_t = (0.7 \sim 0.3)\,h = 0.4\,h \quad \text{[동 그림 (a)]}$$

$$h_t = h\cos 45° = 0.7\,h \quad \text{[동 그림 (b)]}$$

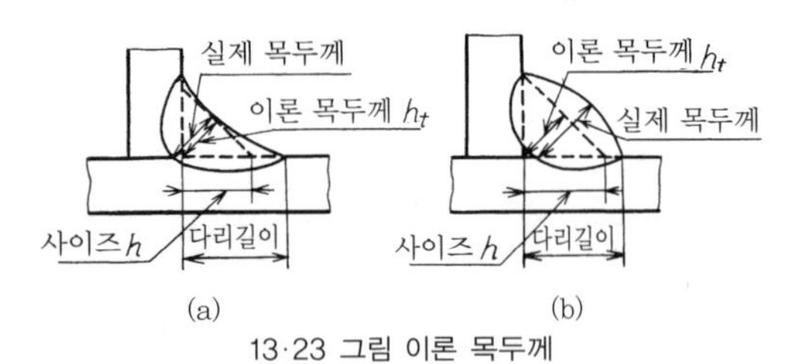

13·23 그림 이론 목두께

h_t를 이론의 목두께라고 하고, 이것을 응력 계산의 기초로 한다. 동 그림에서 인장, 전단의 각 응력은 각각

$$\sigma = \frac{P}{h_t l}, \qquad \tau = \frac{P}{h_t l}$$

따라서 최대 응력 τ_{max}는 다음 식에 의해 구할 수 있다.

$$\tau_{max} = \frac{1}{2}\sigma + \sqrt{\frac{1}{4}\sigma^2 + \tau^2} = 1.618\sigma$$

$$= 1.618\frac{P}{h_t l}$$

13·11 표는 일본기계학회에 의한 연강 용접 이음의 허용응력을 나타낸 것이다. 또한 13·12 표는 각종 용접 이음의 계산 공식을 나타낸 것이다.

설계 강도는 작업법, 용접봉 종류, 작업자 기능 등의 조건에 따라 설계자가 정하는 값인데, 보통 모재 강도의 70~85%로 잡는 것이 적당하다고 알려져 있다.

13·11 표 연강 용접 이음의 허용응력

하중		설계 강도 (N/mm²)	안전율	허용응력 (N/mm²)
정하중	인장	280 ~ 340	3.3 ~ 4.0 (3.0)	70 ~ 100 (90 ~ 120)
	압축	300 ~ 350	3.0 ~ 4.0 (3.0)	75 ~ 120 (90 ~ 120)
	전단	210 ~ 280	3.3 ~ 4.0 (3.0)	50 ~ 85 (72 ~ 100)
동하중 아올리기 매달	인장 또는 압축	280 ~ 340 또는 300 ~ 350	6.0 ~ 8.0 (5.0)	35 ~ 60 (54 ~ 70)
	전단	210 ~ 280	6.0 ~ 8.0 (4.5 ~ 5.0)	25 ~ 45 (43 ~ 56)
진동하중	인장 또는 압축	280 ~ 340 또는 300 ~ 350	9.5 ~ 13.0 (8 ~ 12)	20 ~ 35 (48 ~ 60)
	전단	210 ~ 280	9.5 ~ 13.0 (8 ~ 12)	15 ~ 30 (36 ~ 48)

[비고] 1. 괄호 안은 연강(모재)에 대해 채용하는 설계값을 참고로 병기한 것이다.
2. 패딩용접에 대해서는 본 표 중의 허용응력에 이음 효율 80%를 곱하는 것으로 한다.

또한 13·13 표는 V형 맞대기 이음의 강도를 100%로 하고, 각종 용접 이음의 강도 비교를 나타낸 것이다.

3. 용접 이음의 설계

판의 두께에 의해 이음의 형태를 선정하므로 13·14 표 및 13·15 표에 용접 이음의 표준 치수를 나타내 둔다. 판이 두꺼운 경우(판두께 16mm 이상)은 V형에서는 용적을 늘리기 때문에 변형이 생기고, 모재가 휘는 경향이 커지는 것과 바닥 부

13·12 표 용접 이음의 계산 공식 일람표 (C.H.Jennings에 의한다)

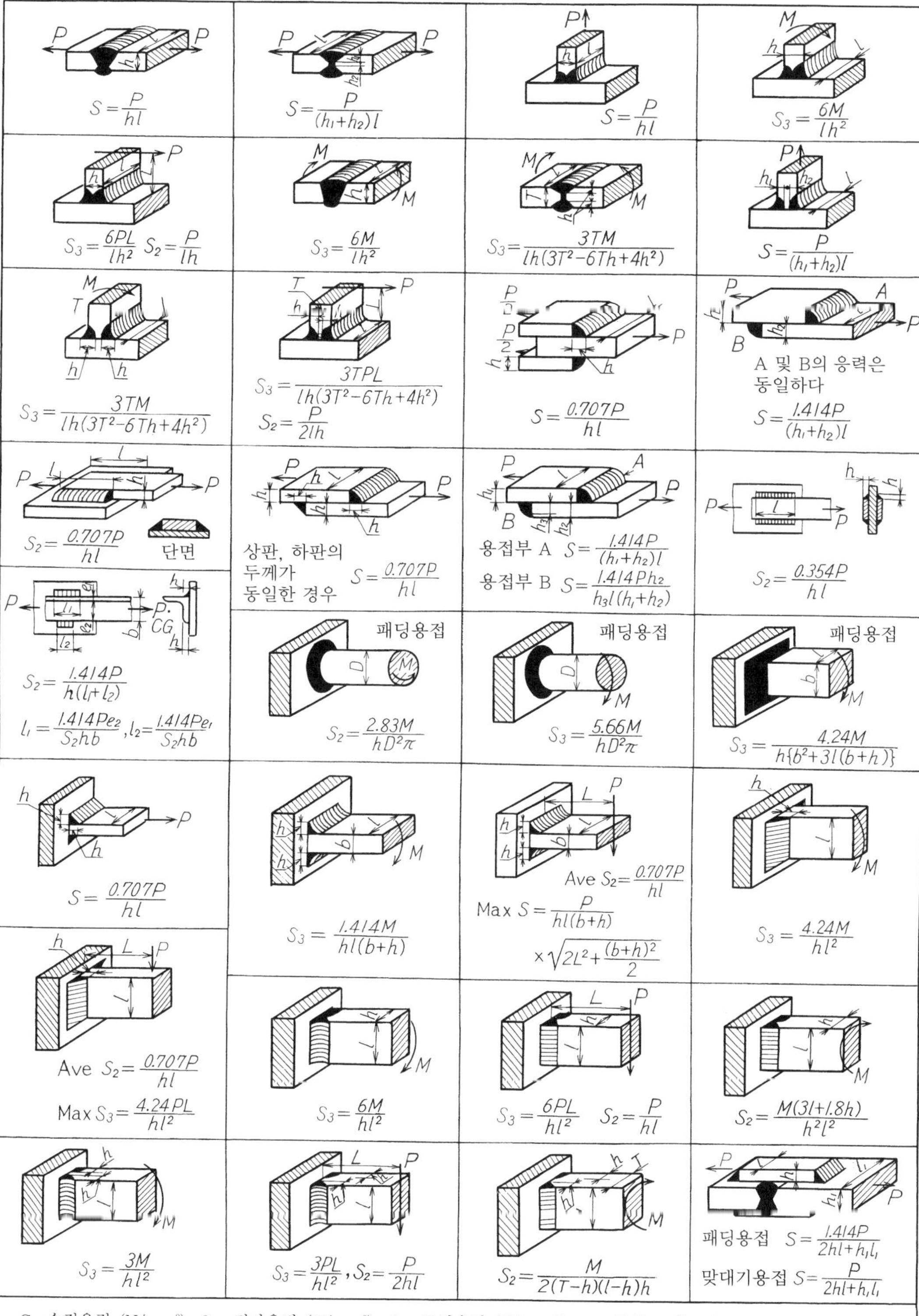

S···수직응력 (N/mm²), S_2···전단응력 (N/mm²), S_3···굽힘응력 (N/mm2), M···굽힘 모멘트 (N-mm), P···하중 (N), L···하중까지의 거리 (mm), h···용접 치수 (mm), l···용접 길이[mm(Ave···평균, Max···최대)]

13장

13·13 표 각종 용접 이음의 강도 비교

이음의 종류	효율	이음의 종류	효율
	% 100		% 120
	50		133
	50		135
	60		120
	100		160
	120		80

분의 용입이 불충분하기 쉬우므로 X형이나 H형, U형 등을 이용한다. H형 및 U형은 용입이 좋은 것과, 그루브 부분의 용적도 그다지 크지 않아 변형 등의 발생도 적으므로 고온 고압 캔 등의 중요한 것에 사용하는데, 한편 모재의 끝을 다듬질하는 가공비가 비싸진다.

또한 13·16 표는 저항용접, 스폿용접이 가능한 금속의 조합을 나타낸 것이다.

[예제 4] 13·24 그림에서 h=10mm의 앞면 패딩용접이 용접선에 직각 방향으로 80kN의 힘으로 끌려갈 때, 용접부에 생기는 응력을 구해라. 단, 용접 길이=200mm로 한다.

13·14 표 맞대기 이음의 표준 치수

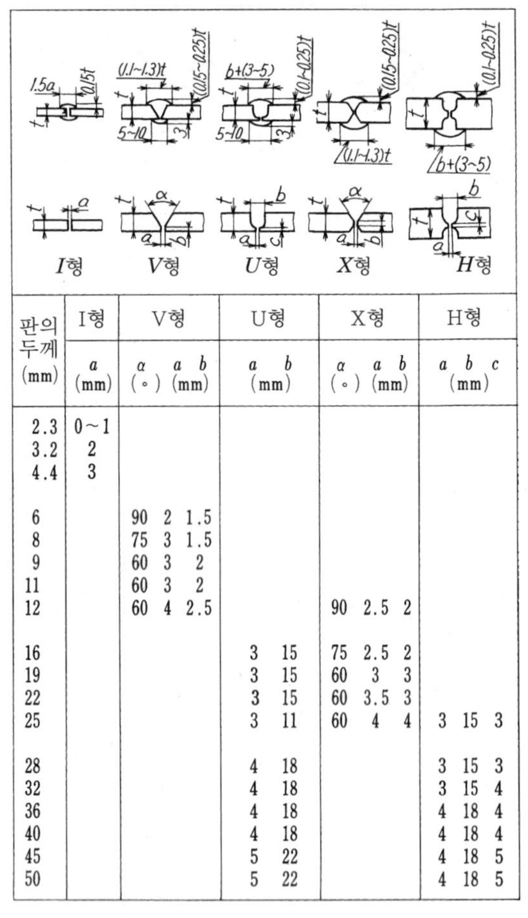

판의 두께 (mm)	I형 a (mm)	V형 α (°)	V형 a (mm)	V형 b (mm)	U형 a (mm)	U형 b (mm)	X형 α (°)	X형 a (mm)	X형 b (mm)	H형 a (mm)	H형 b (mm)	H형 c (mm)
2.3	0~1											
3.2	2											
4.4	3											
6		90	2	1.5								
8		75	3	1.5								
9		60	3	2								
11		60	3	2								
12		60	4	2.5			90	2.5	2			
16					3	15	75	2.5	2			
19					3	15	60	3	3			
22					3	15	60	3.5	3			
25					3	11	60	4	4	3	15	3
28					4	18				3	15	3
32					4	18				3	15	4
36					4	18				4	18	4
40					4	18				4	18	4
45					5	22				4	18	5
50					5	22				4	18	5

13·15 표 패딩 이음의 표준 치수

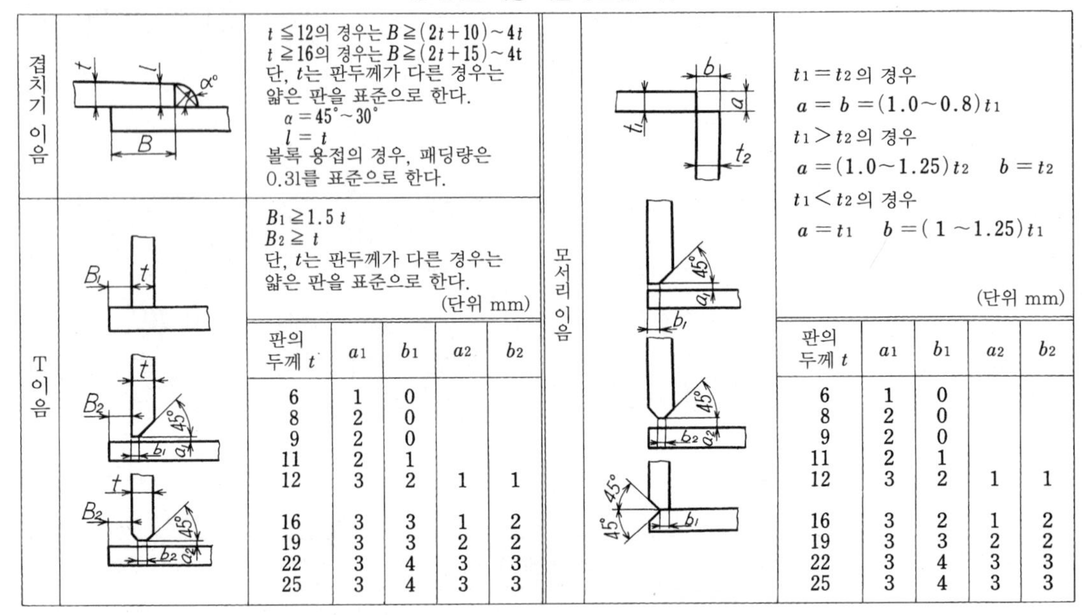

겹치기 이음

$t \leqq 12$의 경우는 $B \geqq (2t+10) \sim 4t$
$t \geqq 16$의 경우는 $B \geqq (2t+15) \sim 4t$
단, t는 판두께가 다른 경우는 얇은 판을 표준으로 한다.
$\alpha = 45° \sim 30°$
$l = t$
볼록 용접의 경우, 패딩량은 0.3l를 표준으로 한다.

T 이음

$B_1 \geqq 1.5\,t$
$B_2 \geqq t$
단, t는 판두께가 다른 경우는 얇은 판을 표준으로 한다.
(단위 mm)

판의 두께 t	a_1	b_1	a_2	b_2
6	1	0		
8	2	0		
9	2	0		
11	2	1		
12	3	2	1	1
16	3	3	1	2
19	3	3	2	2
22	3	4	3	3
25	3	4	3	3

모서리 이음

$t_1 = t_2$의 경우
$a = b = (1.0 \sim 0.8)t_1$
$t_1 > t_2$의 경우
$a = (1.0 \sim 1.25)t_2 \quad b = t_2$
$t_1 < t_2$의 경우
$a = t_1 \quad b = (1 \sim 1.25)t_1$
(단위 mm)

판의 두께 t	a_1	b_1	a_2	b_2
6	1	0		
8	2	0		
9	2	0		
11	2	1		
12	3	2	1	1
16	3	2	1	2
19	3	3	2	2
22	3	4	3	3
25	3	4	3	3

13·16 표 저항용접, 스폿용접이 가능한 금속의 조합

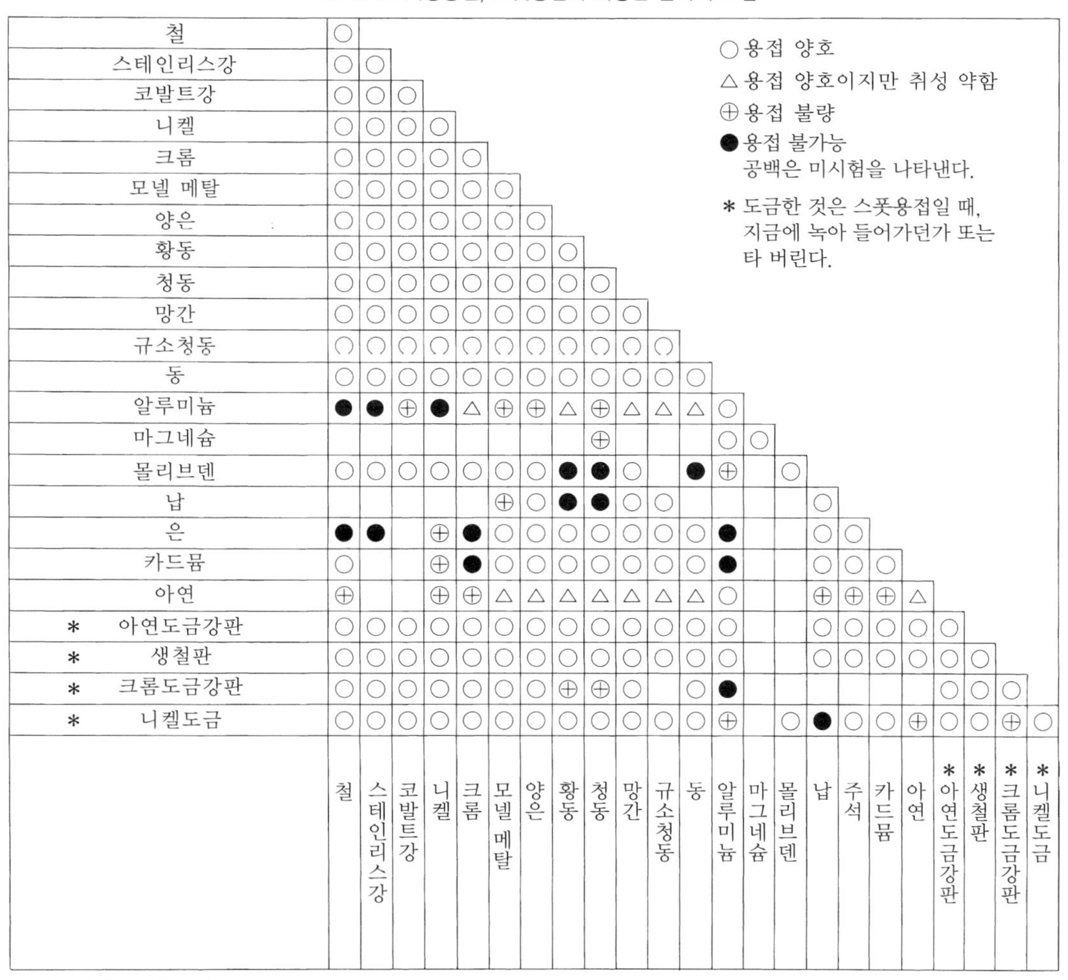

	철	스테인리스강	코발트강	니켈	크롬	모넬 메탈	양은	황동	청동	망간	규소청동	동	알루미늄	마그네슘	몰리브덴	납	주석	카드뮴	아연	*아연도금강판	*생철판	*크롬도금강판	*니켈도금
철	○																						
스테인리스강	○	○																					
코발트강	○	○	○																				
니켈	○	○	○	○																			
크롬	○	○	○	○	○																		
모넬 메탈	○	○	○	○	○	○																	
양은	○	○	○	○	○	○	○																
황동	○	○	○	○	○	○	○	○															
청동	○	○	○	○	○	○	○	○	○														
망간	○	○	○	○	○	○	○	○	○	○													
규소청동	○	○	○	○	○	○	○	○	○	○	○												
동	○	○	○	○	○	○	○	○	○	○	○	○											
알루미늄	●	●	⊕	●	△	⊕	⊕	△	⊕	△	△	△	○										
마그네슘									⊕				○	○									
몰리브덴	○	○	○	○	○	○	○	●	●	○		●	⊕		○								
납						⊕	○	●	●	○	○					○							
은	●	●		⊕	●	○	○	○	○	○	○	○	●			○	○						
카드뮴	○			⊕	●	○	○	○	○	○	○	○	●			○	○	○					
아연	⊕			⊕	⊕	△	△	△	△	△	△	△	○			⊕	⊕	⊕	△				
* 아연도금강판	○	○	○	○	○	○	○	○	○	○	○	○	○			○	○	○	○	○			
* 생철판	○	○	○	○	○	○	○	○	○	○	○	○	○			○	○	○	○	○	○		
* 크롬도금강판	○	○	○	○	○	○	○	⊕	⊕	○		○	●							○	○	○	
* 니켈도금	○	○	○	○	○	○	○	○	○	○	○	○	⊕		○	●	○	○	⊕	○	○	⊕	○

○ 용접 양호
△ 용접 양호이지만 취성 약함
⊕ 용접 불량
● 용접 불가능
공백은 미시험을 나타낸다.
* 도금한 것은 스폿용접일 때, 지금에 녹아 들어가던가 또는 타 버린다.

[해] 최대 전단응력 τ_{max}는

$$\tau_{max} = \frac{1.618 \times P}{hl}$$

$$\therefore \tau_{max} = \frac{1.618 \times 80000}{10 \times 200} = 64.72\ (\mathrm{N/mm^2})$$

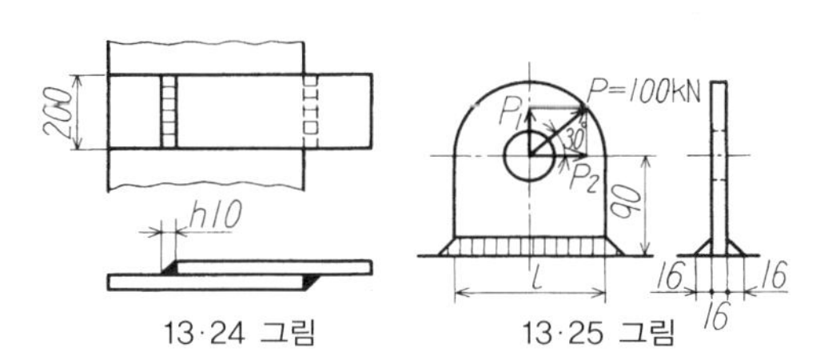

13·24 그림　　13·25 그림

[예제 5] 13·25 그림과 같은 낚시 기구에 위 방향으로 30° 비스듬하게 100kN의 하중이 걸리는 것으로 하고, 이 때의 l의 적당한 치수를 구해라. 단, 낚시 기구는 16mm 두께의 강판으로 만들어져 있다.

[해]
수직력 $P_1 = P\sin 30° = 100000 \times 0.5$
$= 50000\,(\mathrm{N})$

수평력 $P_2 = P\cos 30° = 100000 \times \dfrac{\sqrt{3}}{2}$
$= 86600\ (\mathrm{N})$

굽힘 모멘트 M은

$$M = 86600 \times 90 = 7794000\ (\mathrm{N \cdot mm})$$

용접 유효면적 A는 용접 길이를 l로 하면

$$A = 2h(l + 2h + 16)\cos 45°$$

$h = 16\mathrm{mm}$이기 때문에

$$A = 2 \times 11.3(l + 48) = (22.6l + 1085)(\mathrm{mm^2})$$

인장응력 σ_t는

$$\sigma_t = \frac{50000}{22.6l + 1085}\ (\mathrm{N/mm^2})$$

다음으로 굽힘응력 σ_b는 13·12 표에서

$$\sigma_b = \frac{4.24M}{h\{l^2 + 3t(l+h)\}}$$

13장

$$= \frac{4.24 \times 7794000}{16 \times [l^2 + 3 \times 16(l+16)]}$$

$$\fallingdotseq \frac{2070000}{l(l+48)+768} \ (\mathrm{N/mm^2})$$

합성응력 $\sigma = \sigma_t + \sigma_b$이기 때문에 l의 값을 넣어, σ_t, σ_b 및 σ를 계산해 보면, 13·17 표와 같이 된다.

13·17 표

l	170	180	190	200
σ_t	10.15	9.7	9.3	8.9
σ_b	54.7	49.5	45.0	41.1
σ	64.9	59.2	54.3	50.0

13·11 표에서 허용응력을 65N/mm²로 하고 이음 효율 80%를 곱하면, 이 경우의 허용응력 σ_a는

$$\sigma_a = 65 \times 0.8 = 52 \ (\mathrm{N/mm^2})$$

이기 때문에

l=200mm로 한다.

[예제 6] 허용 인장강도 80N/mm², 두께 20mm의 강판을 용접 길이 300mm, 용접 효율 80%로 맞대기용접을 하기 위해서는 목두께를 얼마로 하면 좋을까. 단, 용접부의 허용응력을 60N/mm²로 한다.

[해] t=20mm, l=300mm, 허용 인장강도 =80N/mm²

이기 때문에

하중 $P = 80 \times 20 \times 300 = 480000$(N)

또한 용접부의 허용하중은 P의 80%이기 때문에 허용하중=480000×0.8=384000(N)

$$\sigma = \frac{P}{hl} \text{에서}$$

$$h = \frac{P}{\sigma_l} = \frac{384000}{60 \times 300} \fallingdotseq 21.33 \ (\mathrm{mm})$$

따라서 h=22mm로 한다.

제14장

배관 및 밀봉장치의 설계

14장. 배관 및 밀봉장치의 설계

물, 수증기, 가스, 기름 등 일반적으로 유체를 보내기 위해 관(파이프)를 이용한다. 관의 이음을 관이음이라고 하고, 유체의 유량을 관 내에서 바꾸기 위해 밸브가 이용된다. 관은 재질적으로 금속관과 비금속관으로 나누어지며, 비금속관에는 고무관, 비닐관, 흄관, 토관 등 여러 가지가 있는데, 본 장에서는 주로 금속관 및 그것에 관련된 이음, 밸브에 대해 그 개요를 서술한다. 또한 관은 무게에 비해 단면 2차 모멘트가 크기 때문에 구조용으로도 이용된다(4장 참조).

14·1 관

1. 관의 종류

관에는 주철관, 강관, 납관, 동관, 알루미늄관, 합금관 기타의 것이 있다.

주철관은 주로 수도, 가스, 배수 등의 지하 매설관으로서 널리 이용된다.

강관은 수도, 가스, 보일러용, 유정용, 화학공업용으로서 가장 널리 이용된다. 일반적으로는 이음매가 없는 드로잉 강관으로, 이것을 이음매 없는 강관이라고 한다. 이것에 대해 띠강을 감아 용접으로 연결한 것을 용접 강관이라고 한다.

동관은 냉각기, 급유관 등 기타 화학공업용으로서 이용되는데, 고온에서 강도가 작기 때문에 압력 0.8MPa 정도 이하, 유체 온도 300℃ 이하에서 사용된다. 황동관도 동관과 거의 비슷해 복수기 기타에 이용된다. 납관에는 순납관과 합금납관이 있으며, 자유롭게 굽힐 수 있고 더구나 내산성이 크기 때문에 산성 액체, 수도용 등에 이용된다. 알루미늄관은 동관에 대해 열과 전기 전도도가 높고, 순도가 높은 것은 내식성도 좋다.

2. 관의 선정

주철관은 주로 수도, 가스, 배수 등의 지하 조건에 적합한 것을 선택하는데, 앞에서 말한 관류

14·1 표 배관용 강관의 종류

JIS 번호	명칭	기호	적용
G 3429	고압 가스용기용 이음매 없는 강관	STH	강제 고압 가스용기의 제조용
G 3439	유정용 이음매 없는 강관 (1996년 폐지)	STO	유정의 굴착 및 채유용
G 3442	수배관용 아연도금 강관	SGPW	수도용, 급수용 이외의 수배관(공조, 소화, 배수 등)용
G 3447	스테인리스강 새니터리관	TBS	낙농, 식품공업용
G 3452	배관용 탄소강 강관	SGP	사용 압력이 비교적 낮은 증기, 물, 기름, 가스 및 공기 등의 배관용
G 3454	압력배관용 탄소강 강관	STPG	350°C 이하에서 사용하는 압력배관용
G 3455	고압배관용 탄소강 강관	STS	350°C 이하에서 사용 압력이 높은 배관용
G 3456	고온배관용 탄소강 강관	STPT	350°C 를 넘는 온도에서 사용하는 배관용
G 3457	배관용 아크용접 탄소강 강관	STPY	사용 압력이 비교적 낮은 증기, 물, 기름, 가스 및 공기 등의 배관용
G 3458	배관용 합금강 강관	STPA	주로 고온도의 배관용
G 3459	배관용 스테인리스강 강관	TP	내식용, 저온용 및 고온용의 배관용
G 3460	저온배관용 강관	STPL	빙점 이하의 특히 낮은 온도의 배관용
G 3461	보일러·열교환기용 탄소강 강관	STB	관의 내외에서 열을 주고받기 위해 사용
G 3462	보일러·열교환기용 합금강 강관	STBA	위와 같음
G 3463	보일러·열교환기용 스테인리스강 강관	TB	위와 같음
G 3464	저온 열교환기용 강관	STBL	빙점 이하의 특히 낮은 온도에서 관의 내외에서 열을 주고받기 위해 사용
G 3465	시추용 이음매 없는 강관	STM	시추용 케이싱튜브 등에 사용
G 5526	덕타일 주철관	D	압력 하 또는 무압력 하에서 물의 운송 등에 사용

14·2 표 배관용 비철금속관의 종류

JIS 번호	명칭	기호	적용
H 3300	동 및 동합금의 이음매 없는 관	C××T, TS	전신가공한 단면 둥근형 관
H 3320	동 및 동합금의 용접관	C××TW, TWS	고주파 유도가열 용접한 관
H 4080	알루미늄 및 알루미늄합금 이음매 없는 관	A××TE, TD, TES, TDS	압출가공·드로잉가공한 관
H 4090	알루미늄 및 알루미늄합금 용접관	A××TW, TWS	고주파 유도가열 용접한 관 및 불활성가스 아크용접법 등으로 용접한 관
H 4202	마그네슘합금 이음매 없는 관	MT×, B, C	압출에 의해 제조한 관
H 4311	일반공업용 납 및 납합금관	PbT, TPbT	압출 제조한 일반 공업용 관
H 4552	니켈 및 니켈합금 이음매 없는 관	Ni, NiCu××	빌릿 등을 전신가공한 단면 원형의 관
H 4630	티탄 및 티탄합금의 이음매 없는 관	TTP××H, C	열교환기 이외에 사용하는 단면 원형의 내식용 관
H 4631	티탄 및 티탄합금의 열교환기용 관	TTH××C, W	관의 내외에서 열을 주고받기 위해 사용하는 단면 원형의 내식용 관

에 대해서는 JIS에는 14·1 표, 14·2 표에 나타낸 규격이 있다.

그리고 14·3 표는 JIS에 규정된 배관용 강관(일반적으로 가스관이라고 불린다)의 치수 등을, 또한 14·4 표는 압력배관용 탄소강 강관의 치수 및 질량을 참고를 위해 나타낸 것이다.

14·3 표 배관용 탄소강 강관의 치수와 그 허용차, 단위 질량 (JIS G 3452) KS D 3507

호칭지름[1]		외경 (mm)	외경의 허용차 (mm)		두께 (mm)	두께의 허용차	소켓을 포함하지 않는 단위 질량 (kg/m)
A	B		테이퍼 나사 관	그 이외의 관			
6	⅛	10.5	±0.5	±0.5	2.0	+ 규정하지 않는다 − 12.5%	0.419
8	¼	13.8	±0.5	±0.5	2.3		0.652
10	⅜	17.3	±0.5	±0.5	2.3		0.851
15	½	21.7	±0.5	±0.5	2.8		1.31
20	¾	27.2	±0.5	±0.5	2.8		1.68
25	1	34.0	±0.5	±0.5	3.2		2.43
32	1¼	42.7	±0.5	±0.5	3.5		3.38
40	1½	48.6	±0.5	±0.5	3.5		3.89
50	2	60.5	±0.5	±0.6	3.8		5.31
65	2½	76.3	±0.7	±0.8	4.2		7.47
80	3	89.1	±0.8	±0.9	4.2		8.79
90	3½	101.6	±0.8	±1.0	4.2		10.1
100	4	114.3	±0.8	±1.1	4.5		12.2
125	5	139.8	±0.8	±1.4	4.5		15.0
150	6	165.2	±0.8	±1.6	5.0		19.8
175	7	190.7	±0.9	±1.6	5.3		24.2
200	8	216.3	±1.0	±1.7	5.8		30.1
225	9	241.8	±1.2	±1.9	6.2		36.0
250	10	267.4	±1.3	±2.1	6.6		42.4
300	12	318.5	±1.5	±2.5	6.9		53.0
350	14	355.6	—	±2.8 [2]	7.9		67.7
400	16	406.4	—	±3.3 [2]	7.9		77.6
450	18	457.2	—	±3.7 [2]	7.9		87.5
500	20	508.0	—	±4.1 [2]	7.9		97.4

[비고] [1] 호칭지름은 A 및 B의 둘 중 하나를 이용한다. A에 의한 경우에는 A, B에 의한 경우에는 B의 부호를, 각각의 숫자 뒤에 붙여 구분한다.
[2] 호칭지름 350A 이상인 관의 외경 허용차는 둘레 길이 측정으로도 된다. 이 경우의 허용차는 ±0.5%로 하고, 소수점 이하 1자리로 반올림한 값으로 한다.

이 관은 사용 압력이 비교적 낮은 증기, 물, 기름, 가스, 공기 등의 배관에 이용하는 것으로, 아연도금을 실시한 흰색 관과 아연도금을 실시하지 않은 검은 관이 있다.

그리고 관은 그 시설 장소의 안전 증가 및 취급 편의를 위해 배관에 식별 표시를 하는 경우가 있다. 이 배관 식별 방법에 대해서는 JIS Z 9102에 규정되어 있는데 여기에는 식별 색에 의한 방법, 식별 기호에 의한 방법이 있으며, 전자는 관 내의 물질을 상세하게 식별할 필요가 없는 경우에 이용되고 관에 링 모양 또는 직사각형 형상으로 도색된다. 또한 후자는 문자, 화학 기호, 약호 등에 의해, 식별 색의 위에 흰색 또는 검은색으로 표시하게 되어 있다.

14·4 표 압력배관용 탄소강 강관의 치수 및 단위 질량 (JIS G 3454) KS D 3562

호칭지름		외경 (mm)	호칭두께											
			스케줄 10		스케줄 20		스케줄 30		스케줄 40		스케줄 60		스케줄 80	
A	B		두께 (mm)	단위 질량 (kg/m)	두께 (mm)	단위 질량 (kg/m)	두께 (mm)	단위 질량 (kg/m)	두께 (mm)	단위 질량 (kg/m)	두께 (mm)	단위 질량 (kg/m)	두께 (mm)	단위 질량 (kg/m)
6	1/8	10.5	—	—	—	—	—	—	1.7	0.369	2.2	0.450	2.4	0.479
8	1/4	13.8	—	—	—	—	—	—	2.2	0.629	2.4	0.675	3.0	0.799
10	3/8	17.3	—	—	—	—	—	—	2.3	0.851	2.8	1.00	3.2	1.11
15	1/2	21.7	—	—	—	—	—	—	2.8	1.31	3.2	1.46	3.7	1.64
20	3/4	27.2	—	—	—	—	—	—	2.9	1.74	3.4	2 00	3.9	2.24
25	1	34.0	—	—	—	—	—	—	3.4	2.57	3.9	2.89	4.5	3.27
32	1 1/4	42.7	—	—	—	—	—	—	3.6	3.47	4.5	4.24	4.9	4.57
40	1 1/2	48.6	—	—	—	—	—	—	3.7	4.10	4.5	4.89	5.1	5.47
50	2	60.5	—	—	3.2	4.52	—	—	3.9	5.44	4.9	6.72	5.5	7.46
65	2 1/2	76.3	—	—	4.5	7.97	—	—	5.2	9.12	6.0	10.4	7.0	12.0
80	3	89.1	—	—	4.5	9.39	—	—	5.5	11.3	6.6	13.4	7.6	15.3
90	3 1/2	101.6	—	—	4.5	10.8	—	—	5.7	13.5	7.0	16.3	8.1	18.7
100	4	114.3	—	—	4.9	13.2	—	—	6.0	16.0	7.1	18.8	8.6	22.4
125	5	139.8	—	—	5.1	16.9	—	—	6.6	21.7	8.1	26.3	9.5	30.5
150	6	165.2	—	—	5.5	21.7	—	—	7.1	27.7	9.3	35.8	11.0	41.8
200	8	216.3	—	—	6.4	33.1	7.0	36.1	8.2	42.1	10.3	52.3	12.7	63.8
250	10	267.4	—	—	6.4	41.2	7.8	49.9	9.3	59.2	12.7	79.8	15.1	93.9
300	12	318.5	—	—	6.4	49.3	8.4	64.2	10.3	78.3	14.3	107	17.4	129
350	14	355.6	6.4	55.1	7.9	67.7	9.5	81.1	11.1	94.3	15.1	127	19.0	158
400	16	406.4	6.4	63.1	7.9	77.6	9.5	93.0	12.7	123	16.7	160	21.4	203
450	18	457.2	6.4	71.1	7.9	87.5	11.1	122	14.3	156	19.0	205	23.8	254
500	20	508.0	6.4	79.2	9.5	117	12.7	155	15.1	184	20.6	248	26.2	311
550	22	558.8	6.4	87.2	9.5	129	12.7	171	15.9	213	—	—	—	—
600	24	609.6	6.4	95.2	9.5	141	14.3	210	—	—	—	—	—	—
650	26	660.4	7.9	127	12.7	203	—	—	—	—	—	—	—	—

[비고] 1. 관의 호칭법은 호칭지름 및 호칭두께(스케줄 번호 : Sch)에 의한다. 단, 호칭지름은 A 및 B의 둘 중 하나를 이용하고, A에 의한 경우에는 A, B에 의한 경우에는 B의 부호를 각각의 숫자 뒤에 붙여 구분한다.

2. 질량의 수치는 1cm³의 강을 7.85g으로 하고, 다음 식에 의해 계산해 JIS Z 8401에 의해 유효숫자 3자리로 반올림한다.

$W=0.02466t(D-t)$

여기에서 W : 관의 단위 질량 (kg/m), t : 관의 두께 (mm), D : 관의 외경 (mm)

3. 굵은 틀 내의 치수는 범용품을 나타낸다.

14·2 관의 강도

액체를 보낼 때의 유량으로부터 내경이 정해진다. 14·1 그림과 같이 관 내를 흐르는 유체의 속도 분포는 관의 중앙에서 빠르고 관벽 근처에서는 느려지는데, 유체는 관 내를 일정한 속도로 흐르는 것으로 하고 평균 속도를 v_m(m/s), 관의 내경을 D(mm), 단위 시간의 유량을 Q(m³/sec)로 하면

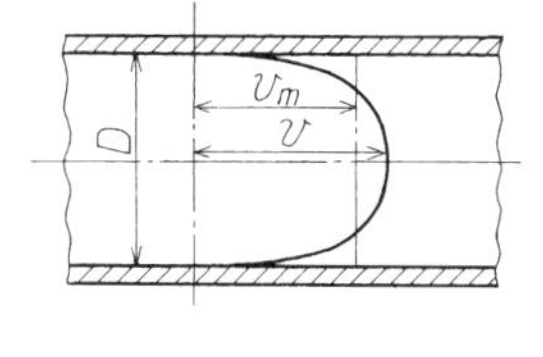

$$Q=\frac{\pi}{4}\left(\frac{D}{1000}\right)^2 v_m$$

$$D=1128\sqrt{\frac{Q}{v_m}}$$

이기 때문에 Q와 v_m이 주어지면, 내경 D가 정해진다. v_m이 크면 관 지름은 작아지는데, 손실 수두가 증가해 에너지 손실이 커지므로 적당한 v_m의 값을 정할 필요가 있다. 14·5 표에 각종 용도의 평균 속도 v_m의 값을 나타냈다.

다음으로 관의 살두께 t(mm)는 내압을 받는 얇은 원통으로서 생각해 정하면 좋은데, 관의 이음매나 부식을 고려해 다음의 수정식을 이용한다.

$$t=\frac{p\cdot D}{200\eta\cdot\sigma_a}+C$$

단, D…관의 내경(mm), p…단위 면적당 내압(N/cm²), σ_a…허용응력(N/mm²), η…이음매 효율, C…부식, 마모에 대한 정수(mm)

σ_a, η, C의 값을 14·6 표에 나타냈다.

14·5 표 관 내 유속의 기준 (일본기계학회편 기계설계에서)

유체	용도	평균 속도 v_m (m/s)
물	상수도 (장거리)	0.5~0.7
	상수도 (중거리)	~1
	상수도 (근거리) 지름 3~15mm	~0.5
	상수도 (근거리) 지름 ~30mm	~1
	상수도 (근거리) 지름 <100mm	~2
	수력원동소 도수관	2~5
	소방용 호스	6~10
	저수두 원심 펌프 흡입토출관	1~2
	고수두 원심 펌프 흡입토출관	2~4
	왕복 펌프 흡입관 (장관)	0.7 이하
	왕복 펌프 흡입관 (단관)	1
	왕복 펌프 토출관 (장관)	1
	왕복 펌프 토출관 (단관)	2
	난방 탕관	0.1~3
공기	저압공기관	10~15
	고압공기관	20~25
	소형 가스석유기관 흡입관	15~20
	대형 가스석유기관 흡입관	20~25
	소형 디젤기관 흡입관	14~20
	대형 디젤기관 흡입관	20~30
가스	석탄가스관	2~6
증기	포화증기관	12~40
	과열증기관	40~80

14·6 표 내압을 받는 얇은 관의 허용응력 등 (일본기계학회편 기계설계에서) (참고)

재질		이음매 효율 η		인장강도 (N/mm²)	허용응력 σ_a (N/mm²)	C (mm)	
주철	보통	—		—	25	$t\leq 55$	$6\left(1-\frac{pD}{27500}\right)$
	고급				40	$t>55$	0
주강		—		450	60	$t\leq 55$	$6\left(1-\frac{pD}{66000}\right)$
						$t>55$	0
강		이음매 없는 관	1.00	340~450	80	1	
		단접관	0.80				
		리벳 이음관	0.57~0.63	450~550	100		
동		—		200~250	20	$D\leq 100$	1.5
						$100<D\leq 125$	0
납	순	—		12.5	2.5	0~3	
	1~3%Sb			—	5.0		
염화비닐		—		50~60	—	—	

14·3 관이음

관을 연결하는 방법에는 용접이나 납땜에 의한 영구체결법과 이음을 이용하는 분리가 가능한 체결법이 있다. 전자는 유체가 새지 않고 중량이나 설비비 등을 절약할 수 있는데, 관로가 고장 났을 때 등에 그 수리가 불편하기 때문에 중요한 곳은 역시 분리가 가능한 체결로 해 두어야 한다.

관이음으로서는 나사식 이음, 용접 이음, 플랜지 이음(관 플랜지), 신축 이음 등이 있다.

1. 나사식 관이음

이것에는 재료에 따라 가단주철제의 것과 강관제의 것이 있으며, 모두 JIS에 규정되어 있다.

(1) 나사식 가단주철제 관이음 이것은 물, 기름, 증기, 공기, 가스 등의 일반 배관을 하는 경우의 이음으로서 사용하는 것으로, 14·2 그림에 나타낸 종류의 것이 있다. 일반적으로 양 끝에는 암나사를 가공하고, 이것에 수나사를 절삭한 관을 접속하는데, 이음끼리를 연결하는 경우에는 암수 이음이나 니플 등을 사용하면 된다. 나사는 JIS B 0203 관용 테이퍼 나사(본서 8장을 참조)로 하고, 이음의 크기를 나타내는 호칭은 이 나사의 호칭에 기초해 부른다. 그리고 지름이 다른 이음의 크기를 나타내는 호칭은 다음과 같다.

(i) 2개의 구경을 가진 경우 지름이 큰 것을

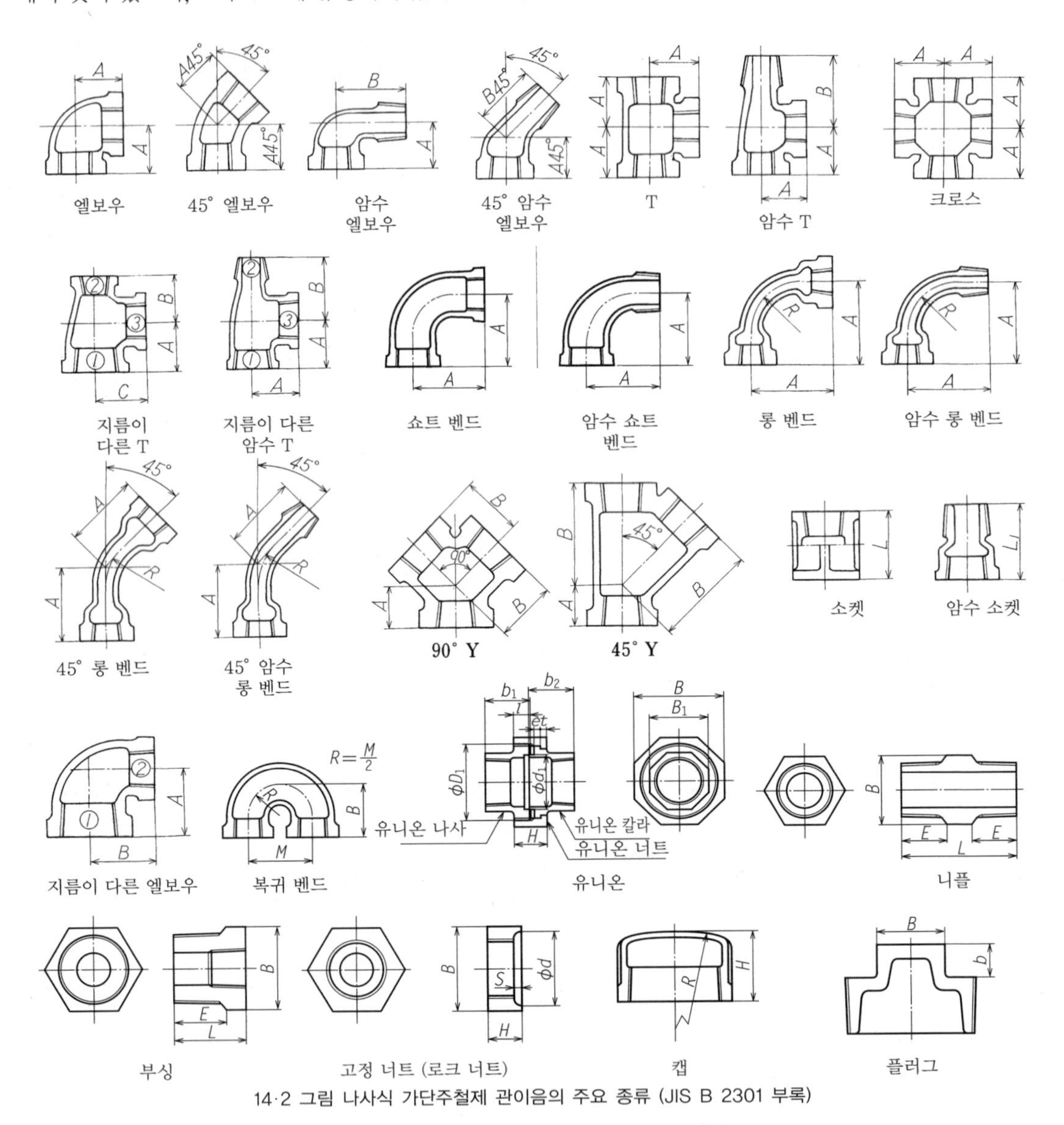

14·2 그림 나사식 가단주철제 관이음의 주요 종류 (JIS B 2301 부록)

KS B 1531

14·7 표 나사식 가단주철제 관이음의 끝단부 (JIS B 2301*) (단위 mm)

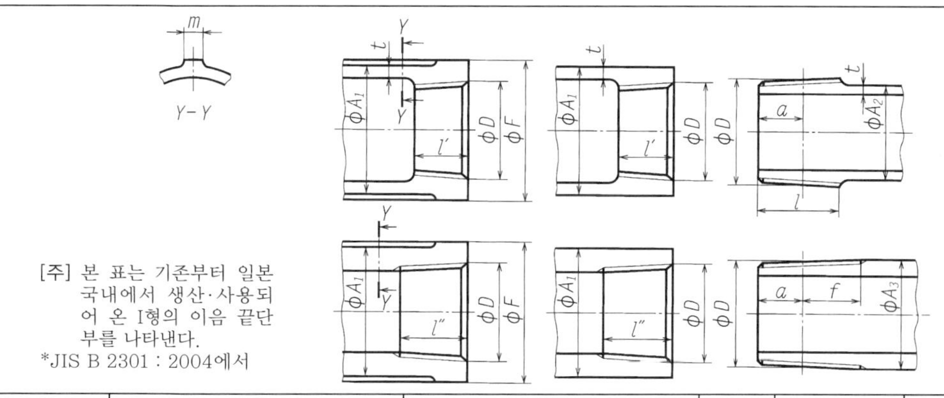

[주] 본 표는 기존부터 일본 국내에서 생산·사용되어 온 I형의 이음 끝단부를 나타낸다.
*JIS B 2301 : 2004에서

이음 크기의 호칭	나사부: 나사의 기준 지름 D	나사부: 나사산 수 (25.4mm 마다)	나사부: 암나사부의 길이 l' (참고)	외경 (참고): 수나사부의 길이 l (참고)	외경 (참고): 암나사 측 A_1	외경 (참고): 수나사 측 A_2	두께 t (참고)	밴드: 외경 F (참고)	밴드: 폭 h	리브 (참고): 폭 m	리브 (참고): 수 소켓 캡
⅛	9.728	28	6	8	15	9	2	18	5	3	2
¼	13.157	19	8	11	19	12	2.5	22	5	3	2
⅜	16.662	19	9	12	23	14	2.5	26	5	3	2
½	20.955	14	11	15	27	18	2.5	30	6	4	2
¾	26.441	14	13	17	33	24	3	36	6	4	2
1	33.249	11	15	19	41	30	3	44	7	5	2
1¼	41.910	11	17	22	50	39	3.5	53	8	5	2
1½	47.803	11	18	22	56	44	3.5	60	9	5	2
2	59.614	11	20	26	69	56	4	73	11	5	2
2½	75.184	11	23	30	86	72	4.5	91	12	6	2
3	87.884	11	25	34	99	84	5	105	13	7	2
3½	100.330	11	26	35	113	97	5.5	119	14	8	2
4	113.030	11	28	40	127	110	6	133	16	8	4
5	138.430	11	30	44	154	136	6.5	161	18	8	4
6	163.830	11	33	44	182	160	7.5	189	20	8	4

[비고] 1. 암나사부의 길이 l′의 최소값은 JIS B 0203에 따른다. 암나사의 끝에는 불완전 나사부가 있어도 된다. 불완전 나사부가 있는 경우의 테이퍼 암나사의 유효 나사부의 길이 l' (최소)는 JIS B 0203에 따른다.
2. 그림 중의 a는 JIS B 0203에 나타낸 수나사 관 끝단에서의 기준 지름 위치를 나타낸다. 암나사의 끝에는 불완전 나사부가 있어도 된다. 그 경우의 기준 지름의 위치를 넘는 유효 나사부의 길이 f(최소)는 JIS B 0203에 따른다.
3. 두께 t는 도금 또는 코팅을 실시하기 전의 것으로 한다.

①, 작은 것을 ②로 하는 순서로 부른다.

[예] 지름이 다른 엘보우 1×3/8

(ii) **3개의 구경을 가진 경우** 동일 또는 평행한 중심선 상에 있는 지름이 큰 것을 ①, 작은 것을 ②, 나머지 것을 ③으로 하는 순서로 부른다. 단, 지름이 다른 90°Y의 경우에는 지름이 큰 것을 ①, 작은 것을 ② 및 ③으로 한다.

[예] 지름이 다른 T 3/4×3/4×1/4

(iii) **4개의 구경을 가진 경우** 최대 지름을 ①, 이것과 동일 또는 평행한 중심선 상에 있는 것을 ②, 나머지 2개 중 지름이 큰 것을 ③, 작은 것을 ④로 하는 순서로 부른다.

[예] 지름이 다른 크로스 3/4×3/4×1/2×1/2

그리고 14·7 표는 나사식 가단주철제 관이음의 끝부분 형상을 나타낸 것이다.

(2) **나사식 강관제 관이음** 이것은 배관용 탄소강 강관(SGP)를 이용해 만들어진 관이음으로, 가단주철제와 동일한 경우에 이용된다.

종류는 강관제이기 때문에 그다지 많지 않고, 14·3 그림에 나타낸 소켓, 니플이 있다. 나사는 JIS B 0203 관용 테이퍼 나사가 새겨져 있으며, 이음의 호칭은 이 나사의 호칭에 기초해 부른다.

2. 용접식 관이음

접속한 관을 다시 떼어낼 필요가 없는 경우 또는 압력배관, 고압배관, 고온배관, 저온배관, 합금강 배관 혹은 스테인리스강 배관 등의 특수 배

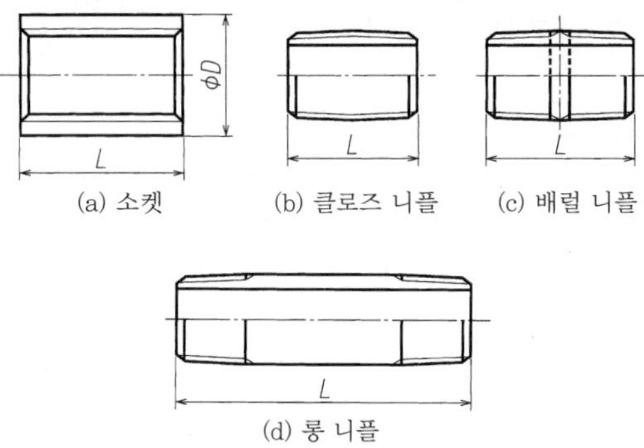

14·3 그림 나사식 강관제 관이음 (JIS B 2302)

관을 하는 경우에는 용접식 영구 관이음이 이용되는데, 이것에는 맞대기 용접식 관이음 및 삽입 용접식 관이음이 있다.

(1) 맞대기 용접식 관이음 JIS에서는 일반 배관용 강제 맞대기 용접식 관이음(JIS B 2311), 배관용 강제 맞대기 용접식 관이음(JIS B 2312) 및 배관용 강판제 맞대기 용접식 관이음(JIS B 2313)을 규정하고 있다.

14·4 그림은 일반 배관용 강제 맞대기 용접식 관이음의 형상을 나타낸 것이다.

이 관이음이 적용되는 배관은 앞에서 말한 나사식 관이음의 경우와 동일하며, 사용 압력이 비교적 낮은 일반 배관으로 한정된다.

14·5 그림은 이 이음 끝부분의 베벨 형상, 치수를 나타낸 것인데, 두께의 기준 치수가 4mm 미만인 경우는 플레인 엔드로 한다. 또한 14·8 표는 이 관이음의 외경, 내경 및 두께를 나타낸 것이다.

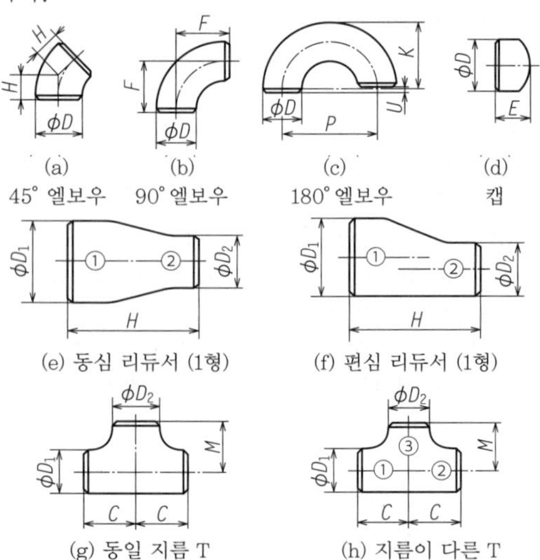

14·4 그림 일반 배관용 강제 맞대기 용접식 관이음 (JIS B 2311)

그리고 특수 배관용 관이음에서도 치수, 형상은 거의 이것과 동일하게 규정되어 있는데, 재료는 그 접속하는 강관과 동일하던가 혹은 그것에 상당하는 강재를 사용하게 되어 있으며, 이 경우 두께는 사용하는 관의 스케줄 번호에 적합한 두께로 한다.

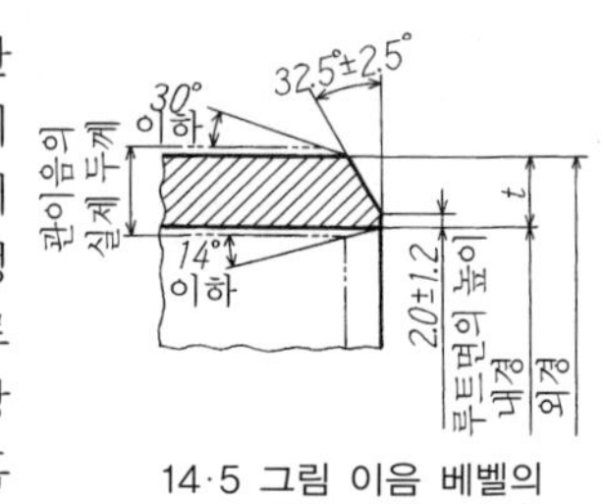

14·5 그림 이음 베벨의 형상 (단위 mm)

14·8 표 일반 배관용 강제 맞대기 용접식 관이음의 외경, 내경 및 두께 (FSGP) (JIS B 2311)
(단위 mm) KS B 1541(폐지)

지름의 호칭		외경	내경	두께
A	B			
15	½	21.7	16.1	2.8
20	¾	27.2	21.6	2.8
25	1	34	27.6	3.2
32	1 ¼	42.7	35.7	3.5
40	1 ½	48.6	41.6	3.5
50	2	60.5	52.9	3.8
65	2 ½	76.3	67.9	4.2
80	3	89.1	80.7	4.2
90	3 ½	101.6	93.2	4.2
100	4	114.3	105.3	4.5
125	5	139.8	130.8	4.5
150	6	165.2	155.2	5
200	8	216.3	204.7	5.8
250	10	267.4	254.2	6.6
300	12	318.5	304.7	6.9
350	14	355.6	339.8	7.9
400	16	406.4	390.6	7.9
450	18	457.2	441.4	7.9
500	20	508	492.2	7.9

(2) 삽입 용접식 관이음 이것도 특수 배관에 이용되는 것으로, 배관에 이용하는 강관과 동일한 재료 혹은 그것에 상당하는 재료로부터 일반적으로 스탬핑 단조에 의해 만들어지며, 절삭가공에 의해 다듬질된다. JIS에서는 배관용 강제 삽입 용접식 관이음으로서, JIS B 2316에 규정되어 있다(14·6 그림).

3. 관 플랜지

(1) 관 플랜지의 종류 플랜지를 이용해 관을 접속하는 경우의 플랜지를 관 플랜지라고 한다.

관 플랜지에는 14·7 그림에 나타냈듯이 관과 일체로 된 것, 관과 플랜지를 별로도 만들어 슬립온(삽입) 용접한 것 및 동일하게 맞대기 용접한

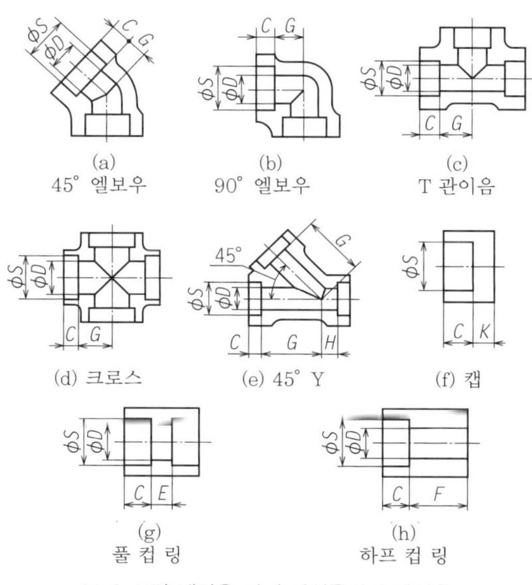

14·6 그림 배관용 강제 삽입용접식 관이음

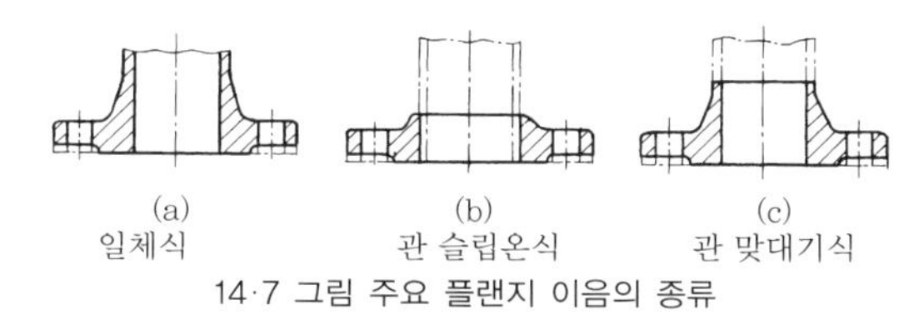

14·7 그림 주요 플랜지 이음의 종류

것 등이 있다.

종류(형식)이 대폭으로 늘어나서 이들을 14·10 그림(p.14-14~p.14-15)에 정리해서 나타냈다. 일체식은 주로 주조관에 이용되고, 용접식은 강관 혹은 주철관에 이용된다.

또한 관 플랜지를 이용해 관을 접속하는 경우, 기밀을 완전하게 하기 위해 그 사이에 개스킷을 삽입하는데, 이 개스킷 자리의 형상에 따라 14·8 그림(14·19 표 참조)에 나타냈듯이 전면자리, 평면자리, 끼워맞춤형, 홈형 등의 종류가 있다.

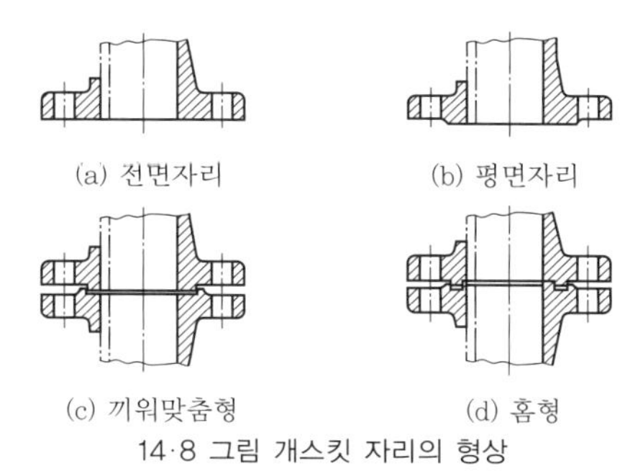

14·8 그림 개스킷 자리의 형상

(2) 관 플랜지의 압력-온도 기준 관 플랜지는 그 사용 재료 및 유체의 온도에 따라 각각 최고 사용 압력이 정해져 있다(JIS B 2220, 2239). 14·9 표~14·12 표는 이들을 나타낸 것인데, 최고 사용 압력은 온도에만 의존하는 '압력-온도 기준'으로 변경되고, 동일한 호칭 압력 및 동일 재료 그룹 번호 내에서 동 기준으로 구분이 설정되어(I~III) 플랜지의 종류, 호칭지름 각각에 특정 구분이 적용되게 됐다.

이것에 의해 이들 표를 참조해 정확한 사용을 기하는 것이 필요해진다.

최고 사용 압력은 나중에 설명할 플랜지형 밸브 및 플랜지붙이 이음의 경우에도 이 규격이 준용되고 있으며, 표에 나타낸 호칭압력은 플랜지, 밸브 등에 공통된 호칭압력으로서 이용된다.

(3) 관 플랜지의 치수 JIS에서는 증기, 공기, 가스, 물, 기름 등의 배관에 사용하는 철강제 관 플랜지에 대해 새로운 개정에 의한 종류의 대폭적인 증가와 함께 강제 관 플랜지(JIS B 2220)과 주철제 관 플랜지(JIS B 2239)의 두 가지로 크게 나누어 정리했으며, 또한 관 플랜지의 치수는 기존의 기준 치수에서 제품의 치수 표로 대체됐다.

강제 및 주철제 관 플랜지의 치수는 공통 부분도 많기 때문에 이 책에서는 이들을 정리해 나타냈다.

14·13 표~14·18 표는 이들을 호칭압력 5K, 10K, 16K, …63K마다 나타낸 것이다.

그리고 허브의 치수는 제작에 있어 필요하지만, 여기에서는 생략했다.

또한 14·19 표는 관 플랜지의 개스킷 좌 치수를 나타낸 것이다. 개스킷에 대해서는 JIS B 2404에 규정되어 있다.

(4) 플랜지의 계산 14·9 그림에서 플랜지가 W(N)의 외력으로 굽힘 작용을 받는다고 생각하면 $Wl = \frac{\pi D_0 h^2}{6} \sigma_b$ 의 관계식에서 플랜지 두께 h(mm)는 다음 식이 된다.

단, $h = \sqrt{\frac{6Wl}{\pi D_0 \sigma_b}}$

$$W = \frac{\pi D_m^2}{4} p,$$

D_0…관 외경(mm), l…구멍의 중심에서 플랜지 밑까지의 거리(mm),

σ_b…플랜지 재료의 허용 굽힘응력(N/mm²),

D_m…개스킷의 평균 직경(mm),

p…관의 내압(N/mm²)

14·9 그림 플랜지의 계산

14장

14·9 표 강제 관 플랜지의 압력-온도 기준 (JIS B 2220)

(단위 MPa)

호칭 압력	재료 그룹 번호 규정 재료	구분	최고 사용 압력 유체의 온도(℃) T_L~120	220	300	350	400	425
5K	001, 002, 003a	I	0.7	0.6	0.5	—	—	—
		II	0.5	0.5	0.5	—	—	—
		III	0.5	—	—	—	—	—
	021a, 021b, 022a, 022b	I	0.7	0.6	0.5	—	—	—
		II	0.5	0.5	0.5	—	—	—
		III	0.5	—	—	—	—	—
	023a, 023b	I	0.7	0.6	0.5	—	—	—
		II	0.5	0.5	0.5	—	—	—
		III	0.5	—	—	—	—	—
10K	001, 002, 003a	I	1.4	1.2	1.0	—	—	—
		II	1.0	1.0	1.0	—	—	—
		III	1.0	—	—	—	—	—
	021a, 021b, 022a, 022b	I	1.4	1.2	1.0	—	—	—
		II	1.0	1.0	0.9	—	—	—
		III	1.0	—	—	—	—	—
	023a, 023b	I	1.4	1.2	1.0	—	—	—
		II	1.0	0.9	0.8	—	—	—
		III	1.0	—	—	—	—	—
16K	002, 003a	I	2.7	2.5	2.3	2.1	1.8*	1.6*
		II	1.6	1.6	1.6	—	—	—
		III	1.6	—	—	—	—	—
	021a, 021b, 022a, 022b	I	2.7	2.5	2.3	2.1	1.8	1.6
		II	1.6	1.6	1.6	1.6	1.5	1.5
		III	1.6	—	—	—	—	—
	023a, 023b	I	2.7	2.5	2.3	2.1	1.8	1.6
		II	1.6	1.6	1.5	1.4	1.3	1.3
		III	1.6	—	—	—	—	—
20K	002, 003a	I	3.4	3.1	2.9	2.6	2.3*	2.0*
		II	2.0	2.0	2.0	—	—	—

호칭 압력	재료 그룹 번호 규정 재료	구분	최고 사용 압력 유체의 온도(℃) T_L~120	220	300	350	400	425	450	475	490	500	510
20K	021a, 021b, 022a, 022b	I	3.4	3.1	2.9	2.6	2.3	2.0	—	—	—	—	—
		II	2.0	2.0	2.0	2.0	1.9	1.9	—	—	—	—	—
		III	2.0	—	—	—	—	—	—	—	—	—	—
	023a, 023b	I	3.4	3.1	2.9	2.6	2.3	2.0	—	—	—	—	—
		II	2.0	2.0	1.9	1.7	1.7	1.7	—	—	—	—	—
		III	2.0	—	—	—	—	—	—	—	—	—	—
30K	002, 003a	I	5.1	4.6	4.3	3.9	3.4*	3.0*	—	—	—	—	—
	013a	I	5.1	4.6	4.3	3.9	3.8	3.6	3.4	3.0	—	—	—
	015a	I	5.1	4.6	4.3	3.9	3.8	3.6	3.4	3.2	3.0	—	—
	021a, 021b, 022a, 022b	I	5.1	4.6	4.3	3.9	3.8	3.6	3.4	3.2	3.0	—	—
		II	3.9	3.6	3.4	3.0	2.5	2.3	2.3	2.3	2.3	—	—
	023a, 023b	I	5.1	4.6	4.3	3.9	3.8	3.6	3.4	—	—	—	—
		II	3.5	3.0	2.9	2.6	2.1	2.0	2.0	—	—	—	—
40K	002, 003a	I	6.8	6.2	5.7	5.2	4.6*	4.0*	—	—	—	—	—
	013a	I	6.8	6.2	5.7	5.2	5.1	4.8	4.5	4.0			
	015a	I	6.8	6.2	5.7	5.2	5.1	4.8	4.5	4.2	4.0	3.8	3.6
		II	6.8	6.2	5.7	5.2	5.1	4.8	4.5	4.2	4.0	3.1	2.7
	021a, 021b, 022a, 022b	I	6.8	6.2	5.7	5.2	5.1	4.8	4.5	4.2	4.0	3.8	3.6
		II	5.2	4.8	4.5	4.1	3.4	3.1	3.1	3.1	3.1	3.0	3.0
	023a, 023b	I	6.8	6.2	5.7	5.2	5.1	4.8	4.5	—	—	—	—
		II	4.9	4.0	3.9	3.5	2.9	2.7	2.7	—	—	—	—
63K	002, 003a	I	10.7	9.7	9.0	8.1	7.2*	6.3*	—	—	—	—	—
	013a	I	10.7	9.7	9.0	8.1	8.0	7.6	7.1	6.3	—	—	—
	015a	I	10.7	9.7	9.0	8.1	8.0	7.6	7.1	6.6	6.3	5.9	5.6
		II	10.7	9.7	9.0	8.1	8.0	7.6	7.1	6.6	6.3	4.6	4.0
	021a, 021b, 022a, 022b	I	10.7	9.7	9.0	8.1	8.0	7.6	7.1	6.6	6.3	5.9	5.6
		II	8.1	7.1	6.7	6.2	5.1	4.7	4.6	4.6	4.6	4.5	4.5
	023a, 023b	I	10.7	9.7	9.0	8.1	7.2	6.6	6.4	—	—	—	—
		II	7.4	6.0	5.8	5.2	4.3	4.0	4.0	—	—	—	—

[주] 1. 본 표의 재료 그룹 번호란에서는 '참고 재료'는 생략했다. 또한 * 표시의 재료 그룹 002의 JIS G 5101 SC 480에는 적용하지 않는다.
2. 재료 그룹 번호란의 규정 재료는 14·11 표를 참조.
3. 구분 Ⅱ는 구분 Ⅰ의 압력-온도 기준에 대해 제한을 가한 것, 구분 Ⅲ는 구분 Ⅱ에 대해 더욱 제한을 가한 것으로, 각각의 플랜지 종류 및 호칭지름에 따라 14·12 표에 나타냈듯이 적용한다.
4. T_L은 상온 이하의 최저 사용 온도이고, 상온보다 낮은 최저 사용 온도에 대해서는 주고받는 당사자 간의 협정에 따른다.
5. 표에 나타낸 온도의 중간 온도에서 최고 사용 압력은 비례보간법에 의해 구한다.

14·10 표 주철제 관 플랜지의 압력-온도 기준 (JIB 2239) (단위 MPa)

호칭압력	재료 그룹 기호	최고 사용 압력 유체의 온도 (℃) −10～120	220	300
5K	G2, G3	0.7	0.5	—
	D1, M1, M2	0.7	0.6	0.5
10K	G2, G3	1.4	1.0	—
	D1, M1, M2	1.4	1.2	1.0
10K 얇은형	G2, D1, M1, M2	0.7	—	—

호칭압력	재료 그룹 기호	최고 사용 압력 유체의 온도 (℃) −10～120	220	300	350
16K	G2, G3	2.2	1.6	—	—
	D1, M1, M2	2.2	2.0	1.8	1.6
20K	G3, M1	2.8	2.0	—	—
	D1, M2	2.8	2.5	2.3	2.0

[비고] 1. 재료 그룹 기호는 14·11 표를 참조.
2. 표에 나타낸 온도의 중간 온도에서 최고 사용 압력은 비례보간법에 의해 구한다.

14·11 표 재료 그룹 기호 일람 (JIS B 2220, 2239)

(a) 강제 관 플랜지

재료 그룹 번호	재료 기호 압연재	단조재	주조재	비고
001	SS 400 S 20 C	SF 390A SFVC 1	SC 410 SCPH 1	탄소강
002	S 25 C	SF 440A	SC 480	
003a	—	SFVC 2A	SCPH 2	
013a	—	SFVA F1	SCPH 11	저합금강
015a	—	SFVA F11A	SCPH 21	
021a	SUS 304[1]	SUS F304	SCS 13A	스테인리스강
021b	—	—	SCS 19A	
022a	SUS 316[1]	SUS F316	SCS 14A	
022b	—	—	SCS 16A	
023a	SUS 304L[1]	SUS F304L	—	
023b	SUS 316L[1]	SUS F316L	—	

(b) 주철제 관 플랜지

재료 그룹 번호	재료 기호	인장강도 최소 (N/mm^2)	신연 최소 (%)	0.2% 내력 최소 (N/mm^2)	비고
G1[2]	—	(145)	—	—	회주철
G2	FC 200	200	—	—	
	—	214	—	—	
G3	FC 250	250	—	—	
D1	FCD-S[3]	415	18	276	구상흑연주철
	FCD 350	350	22	220	
	FCD 400	400	15	250	
	FCD 450	450	10	280	
D2[2]	—	(400)	(5)	(300)	
	—	(600)	(3)	(370)	
M1	FCMB 27-05	270	5	165	흑심가단주철
	—	300	6	190	
M2	—	340	10	220	
	FCMB 35-10 FCMB 35-10S[3]	350	10	200	

[주] [1] 열간 압연 스테인리스강과 냉간 압연 스테인리스강이 있다.
[2] 재료 그룹 기호 G1, D2는 재료 그룹의 구성을 나타내기 때문에 참고로서 나타낸다. ( )에 나타낸 기계적 성질의 수치는 해당하는 규격에 기초하는 것.
[3] 적용 법규에 따라 재료 규격으로 규정하는 충격값을 만족시킬 필요가 있는 경우 이외에는 충격값을 고려하지 않아도 된다.

[비고] 1. JIS G 3101의 SS 400, JIS G 3201의 SF 390A 및 SF 440A는 탄소 함유량 0.35% 이하의 것으로 한다.
2. JIS G 4051의 S 20 C 및 S 25 C는 JIS G 0303에 따라 검사를 하고, S 20 C는 인장강도가 $400N/mm^2$ 이상, S 25 C는 동 $440N/mm^2$ 이상으로 한다.

14·12 표 강제 관 플랜지의 호칭지름 및 압력-온도 기준의 적용 (JIS B 2220)

(a) 호칭압력 5K

재료 그룹 번호		001, 002, 003a								021a, 021b, 022a, 022b							023a, 023b						
플랜지의 종류		SOP	SOH	SW	LJ	TR	WN	IT	BL	SOP	SOH	SW	TR	WN	IT	BL	SOP	SOH	SW	TR	WN	IT	BL
호칭지름 A	10	I	—	I	—	I	I	I	I	I	—	I	I	I	I	I	I	—	I	I	I	I	I
	15	I	—	I	I	I	I	I	I	I	—	I	I	I	I	I	I	—	I	I	I	I	I
	20	I	—	I	I	I	I	I	I	I	—	I	I	I	I	I	I	—	I	I	I	I	I
	25	I	—	I	I	I	I	I	I	I	—	I	I	I	I	I	I	—	I	I	I	I	I
	32	I	—	I	I	I	I	I	I	I	—	I	I	I	I	I	I	—	I	I	I	I	I
	40	I	—	I	I	I	I	I	I	I	—	I	I	I	I	I	I	—	I	I	I	I	I
	50	I	—	I	I	I	I	I	I	I	—	I	I	I	I	I	I	—	I	I	I	I	I
	65	I	—	I	I	I	I	I	I	I	—	I	I	I	I	I	I	—	I	I	I	I	I
	80	I	—	I	I	I	I	I	I	I	—	I	I	I	I	I	I	—	I	I	I	I	I
	90	I	—	—	I	—	I	I	I	I	—	—	—	I	I	I	I	—	—	—	I	I	I
	100	I	—	—	I	I	I	I	I	I	—	—	I	I	I	I	I	—	—	I	I	I	I
	125	I	—	—	I	I	I	I	I	I	—	—	I	I	I	I	I	—	—	I	I	I	I
	150	I	—	—	I	I	I	I	I	I	—	—	I	I	I	I	I	—	—	I	I	I	I
	175	I	—	—	—	—	I	I	I	I	—	—	—	I	I	I	I	—	—	—	I	I	I
	200	I	—	—	I	—	I	I	I	I	—	—	—	I	I	I	I	—	—	—	I	I	I
	225	I	—	—	—	—	I	I	I	I	—	—	—	I	I	I	I	—	—	—	I	I	I
	250	I	—	—	I	—	I	I	I	I	—	—	—	I	I	I	I	—	—	—	I	I	I
	300	I	—	—	I	—	I	I	I	I	—	—	—	I	I	I	I	—	—	—	I	I	I
	350	I	—	—	I	—	I	I	I	I	—	—	—	I	I	I	I	—	—	—	I	I	I
	400	I	—	—	I	—	I	I	I	I	—	—	—	I	I	I	I	—	—	—	I	I	I
	450	I	I	—	I	—	I	I	I	I	I	—	—	I	I	I	I	I	—	—	I	I	I
	500	I	I	—	I	—	I	I	I	I	I	—	—	I	I	I	I	I	—	—	I	I	II
	550	I	I	—	I	—	I	I	I	I	I	—	—	I	I	I	I	I	—	—	I	I	III
	600	I	I	—	I	—	I	I	II	I	I	—	—	I	I	II	I	I	—	—	I	I	III
	650	I	I	—	—	—	I	I	II	I	I	—	—	I	I	II	I	I	—	—	I	I	III
	700	I	I	—	—	—	I	I	II	I	I	—	—	I	I	II	I	I	—	—	I	I	III
	750	I	I	—	—	—	I	I	II	I	I	—	—	I	I	II	I	I	—	—	I	I	III
	800	I	I	—	—	—	I	I	II	I	I	—	—	I	I	II	I	I	—	—	I	I	III
	850	I	I	—	—	—	I	I	II	I	I	—	—	I	I	II	I	I	—	—	I	I	III
	900	I	I	—	—	—	I	I	II	I	I	—	—	I	I	III	I	I	—	—	I	I	III
	1000	I	I	—	—	—	I	I	II	I	I	—	—	I	I	III	I	I	—	—	I	I	III
	1100	I	I	—	—	—	I	I	II	I	I	—	—	I	I	III	I	I	—	—	I	I	III
	1200	I	I	—	—	—	I	I	II	I	I	—	—	I	I	III	I	I	—	—	I	I	III
	1350	I	I	—	—	—	I	I	II	I	I	—	—	I	I	III	II	II	—	—	I	I	III
	1500	I	I	—	—	—	I	I	II	I	I	—	—	I	I	III	II	II	—	—	I	I	III

(b) 호칭압력 10K

재료 그룹 번호		001, 002, 003a								021a, 021b, 022a, 022b							023a, 023b						
플랜지의 종류		SOP	SOH	SW	LJ	TR	WN	IT	BL	SOP	SOH	SW	TR	WN	IT	BL	SOP	SOH	SW	TR	WN	IT	BL
호칭지름 A	10	I	—	I	—	I	I	I	I	I	—	I	I	I	I	I	I	—	I	I	I	I	I
	15	I	—	I	I	I	I	I	I	I	—	I	I	I	I	I	I	—	I	I	I	I	I
	20	I	—	I	I	I	I	I	I	I	—	I	I	I	I	I	I	—	I	I	I	I	I
	25	I	—	I	I	I	I	I	I	I	—	I	I	I	I	I	I	—	I	I	I	I	I
	32	I	—	I	I	I	I	I	I	I	—	I	I	I	I	I	I	—	I	I	I	I	I
	40	I	—	I	I	I	I	I	I	I	—	I	I	I	I	I	I	—	I	I	I	I	I
	50	I	—	I	I	I	I	I	I	I	—	I	I	I	I	I	I	—	I	I	I	I	I
	65	I	—	I	I	I	I	I	I	I	—	I	I	I	I	I	I	—	I	I	I	I	I
	80	I	—	I	I	I	I	I	I	I	—	I	I	I	I	I	I	—	I	I	I	I	I
	90	I	—	—	I	—	I	I	I	I	—	—	—	I	I	I	I	—	—	—	I	I	I
	100	I	—	—	I	I	I	I	I	I	—	—	I	I	I	I	I	—	—	I	I	I	I
	125	I	—	—	I	I	I	I	I	I	—	—	I	I	I	I	I	—	—	I	I	I	I
	150	I	—	—	I	I	I	I	I	I	—	—	I	I	I	I	I	—	—	I	I	I	I
	175	I	—	—	—	—	I	I	I	I	—	—	—	I	I	I	I	—	—	—	I	I	I
	200	I	—	—	I	—	I	I	I	I	—	—	—	I	I	I	I	—	—	—	I	I	I
	225	I	—	—	—	—	I	I	I	I	—	—	—	I	I	I	I	—	—	—	I	I	I
	250	I	I	—	I	—	I	I	I	I	I	—	—	I	I	I	I	I	—	—	I	I	I
	300	I	I	—	I	—	I	I	I	I	I	—	—	I	I	I	I	I	—	—	I	I	I
	350	I	I	—	I	—	I	I	I	I	I	—	—	I	I	I	I	I	—	—	I	I	I
	400	I	I	—	I	—	I	I	I	I	I	—	—	I	I	I	I	I	—	—	I	I	II
	450	I	I	—	I	—	I	I	I	I	I	—	—	I	I	I	I	I	—	—	I	I	II

(다음 페이지에 계속)

재료 그룹 번호	001, 002, 003a								021a, 021b, 022a, 022b							023a, 023b						
플랜지의 종류	SOP	SOH	SW	LJ	TR	WN	IT	BL	SOP	SOH	SW	TR	WN	IT	BL	SOP	SOH	SW	TR	WN	IT	BL
호칭 지름 A 500	I	I	—	I	—	I	I	II	I	I	—	—	I	I	II	I	I	—	—	I	I	III
550	I	I	—	I	—	I	I	II	I	I	—	—	I	I	II	I	I	—	—	I	I	III
600	I	I	—	I	—	I	I	II	I	I	—	—	I	I	II	II	II	—	—	I	I	III
650	I	I	—	—	—	I	I	II	I	I	—	—	I	I	II	II	II	—	—	I	I	III
700	I	I	—	—	—	I	I	II	I	I	—	—	I	I	II	II	II	—	—	I	I	III
750	I	I	—	—	—	I	I	II	I	I	—	—	I	I	II	II	II	—	—	I	I	III
800	I	I	—	—	—	I	I	II	II	II	—	—	I	I	III	II	II	—	—	I	I	III
850	I	I	—	—	—	I	I	II	II	II	—	—	I	I	III	II	II	—	—	II	II	III
900	I	I	—	—	—	I	I	II	II	II	—	—	I	I	III	II	II	—	—	II	II	III
1000	I	I	—	—	—	I	I	II	II	II	—	—	I	I	III	II	II	—	—	II	II	III
1100	II	I	—	—	—	I	I	II	II	II	—	—	I	I	III	II	II	—	—	II	II	III
1200	II	I	—	—	—	I	I	II	II	II	—	—	I	I	III	III	II	—	—	II	II	III
1350	II	I	—	—	—	I	I	II	II	II	—	—	I	I	III	III	II	—	—	II	II	III
1500	II	I	—	—	—	I	I	II	II	II	—	—	I	I	III	III	II	—	—	II	II	III

(c) 호칭압력 16K

재료 그룹 번호	002, 003a							021a, 021b, 022a, 022b						023a, 023b					
플랜지의 종류	SOH	SW	LJ	TR	WN	IT	BL	SOH	SW	TR	WN	IT	BL	SOH	SW	TR	WN	IT	BL
호칭 지름 A 10	I	I	—	I	I	I	I	I	I	I	I	I	I	I	I	I	I	I	I
15	I	I	I	I	I	I	I	I	I	I	I	I	I	I	I	I	I	I	I
20	I	I	I	I	I	I	I	I	I	I	I	I	I	I	I	I	I	I	I
25	I	I	I	I	I	I	I	I	I	I	I	I	I	I	I	I	I	I	I
32	I	I	I	I	I	I	I	I	I	I	I	I	I	I	I	I	I	I	I
40	I	I	I	I	I	I	I	I	I	I	I	I	I	I	I	I	I	I	I
50	I	I	I	I	I	I	I	I	I	I	I	I	I	I	I	I	I	I	I
65	I	I	I	I	I	I	I	I	I	I	I	I	I	I	I	I	I	I	I
80	I	I	I	I	I	I	I	I	I	I	I	I	I	I	I	I	I	I	I
90	I	—	I	—	I	I	I	I	—	—	I	I	I	I	—	—	I	I	I
100	I	—	I	I	I	I	I	I	—	I	I	I	I	I	—	I	I	I	I
125	I	—	I	I	I	I	I	I	—	I	I	I	I	I	—	I	I	I	I
150	I	—	I	I	I	I	I	I	—	I	I	I	I	I	—	I	I	I	I
200	I	—	I	—	I	I	I	I	—	—	I	I	I	I	—	—	I	I	I
250	I	—	I	—	I	I	I	I	—	—	I	I	II	II	—	—	II	II	II
300	I	—	I	—	I	I	I	I	—	—	I	I	II	II	—	—	II	II	II
350	I	—	I	—	I	I	I	I	—	—	I	I	II	II	—	—	II	II	II
400	I	—	I	—	I	I	I	I	—	—	I	I	II	II	—	—	II	II	II
450	I	—	I	—	I	I	I	II	—	—	I	I	II	II	—	—	II	II	III
500	I	—	I	—	I	I	II	II	—	—	I	I	III	II	—	—	II	II	III
550	I	—	I	—	I	I	II	II	—	—	I	I	III	II	—	—	II	II	III
600	I	—	I	—	I	I	II	II	—	—	I	I	III	II	—	—	II	II	III

(d) 호칭압력 20K

재료 그룹 번호	002, 003a							021a, 021b, 022a, 022b						023a, 023b					
플랜지의 종류	SOH	SW	LJ	TR	WN	IT	BL	SOH	SW	TR	WN	IT	BL	SOH	SW	TR	WN	IT	BL
호칭 지름 A 10	I	I	—	I	I	I	I	I	I	I	I	I	I	I	I	I	I	I	I
15	I	I	I	I	I	I	I	I	I	I	I	I	I	I	I	I	I	I	I
20	I	I	I	I	I	I	I	I	I	I	I	I	I	I	I	I	I	I	I
25	I	I	I	I	I	I	I	I	I	I	I	I	I	I	I	I	I	I	I
32	I	I	I	I	I	I	I	I	I	I	I	I	I	I	I	I	I	I	I
40	I	I	I	I	I	I	I	I	I	I	I	I	I	I	I	I	I	I	I
50	I	I	I	I	I	I	I	I	I	I	I	I	I	I	I	I	I	I	I
65	I	I	I	I	I	I	I	I	I	I	I	I	I	I	I	I	I	I	I
80	I	I	I	I	I	I	I	I	I	I	I	I	I	I	I	I	I	I	I
90	I	—	I	—	I	I	I	I	—	—	I	I	I	I	—	—	I	I	I
100	I	—	I	I	I	I	I	I	—	I	I	I	I	I	—	I	I	I	I
125	I	—	I	I	I	I	I	I	—	I	I	I	I	I	—	I	I	I	I
150	I	—	I	I	I	I	I	I	—	I	I	I	I	II	—	I	I	I	II
200	I	—	I	—	I	I	I	I	—	—	I	I	I	II	—	—	I	I	II
250	I	—	I	—	I	I	I	II	—	—	I	I	II	II	—	—	I	I	II
300	I	—	I	—	I	I	I	II	—	—	I	I	II	II	—	—	I	I	III
350	I	—	I	—	I	I	I	II	—	—	I	I	II	II	—	—	I	I	III
400	I	—	I	—	I	I	I	II	—	—	I	I	II	II	—	—	I	I	III

(다음 페이지에 계속)

14장

재료 그룹 번호		002, 003a							021a, 021b, 022a, 022b						023a, 023b					
플랜지의 종류		SOH	SW	LJ	TR	WN	IT	BL	SOH	SW	TR	WN	IT	BL	SOH	SW	TR	WN	IT	BL
호칭 지름 A	450	I	—	I	—	I	I	II	II	—	—	I	I	II	II	—	—	I	I	III
	500	I	—	I	—	I	I	II	II	—	—	I	I	III	II	—	—	I	I	III
	550	I	—	I	—	I	I	II	II	—	—	I	I	III	II	—	—	I	I	III
	600	I	—	I	—	I	I	II	II	—	—	I	I	III	II	—	—	I	I	III

(e) 호칭압력 30K

재료 그룹 번호		002, 003a				013a				015a				021a, 021b, 022a, 022b				023a, 023b			
플랜지의 종류		SOH	WN	IT	BL	SOH	WN	IT	BL	SOH	WN	IT	BL	SOH	WN	IT	BL	SOH	WN	IT	BL
호칭 지름 A	10	I	—	—	I	I	—	—	I	I	—	—	I	I	—	—	I	I	—	—	I
	15	I	I	I	I	I	I	I	I	I	I	I	I	I	I	I	I	I	I	I	I
	20	I	I	I	I	I	I	I	I	I	I	I	I	I	I	I	I	I	I	I	I
	25	I	I	I	I	I	I	I	I	I	I	I	I	I	I	I	I	I	I	I	I
	32	I	I	I	I	I	I	I	I	I	I	I	I	I	I	I	I	I	I	I	I
	40	I	I	I	I	I	I	I	I	I	I	I	I	I	I	I	I	I	I	I	II
	50	I	I	I	I	I	I	I	I	I	I	I	I	I	I	I	II	I	I	I	II
	65	I	I	I	I	I	I	I	I	I	I	I	I	I	I	I	II	I	I	I	II
	80	I	I	I	I	I	I	I	I	I	I	I	I	I	I	I	II	I	I	I	II
	90	I	I	I	I	I	I	I	I	I	I	I	I	I	I	I	II	I	I	I	II
	100	I	I	I	I	I	I	I	I	I	I	I	I	I	I	I	II	I	I	I	II
	125	I	I	I	I	I	I	I	I	I	I	I	I	I	I	I	II	I	I	I	II
	150	I	I	I	I	I	I	I	I	I	I	I	I	I	I	I	II	II	I	I	II
	200	I	I	I	I	I	I	I	I	I	I	I	I	II	I	I	II	II	I	I	II
	250	I	I	I	I	I	I	I	I	I	I	I	I	II	I	I	II	II	I	I	II
	300	I	I	I	II	I	I	I	I	I	I	I	I	II	I	I	II	II	I	I	III
	350	I	I	I	II	I	I	I	II	I	I	I	I	II	I	I	III	II	I	I	III
	400	I	I	I	II	I	I	I	II	I	I	I	II	II	I	I	III	II	I	I	III

[비고] 1. 본 표에서는 호칭압력 40K 및 63K는 생략했다.
2. 재료 그룹 번호란의 기호는 14·11 표를 참조.
3. 플랜지의 종류는 14·10 그림을 참조.
4. 압력-온도 기준의 기호 Ⅰ~Ⅲ에 대해서는 14·9 표의 비고 3.을 참조.
5. 호칭압력 10K 얇은 형의 호칭지름은 당 규격으로 정해져 있다.

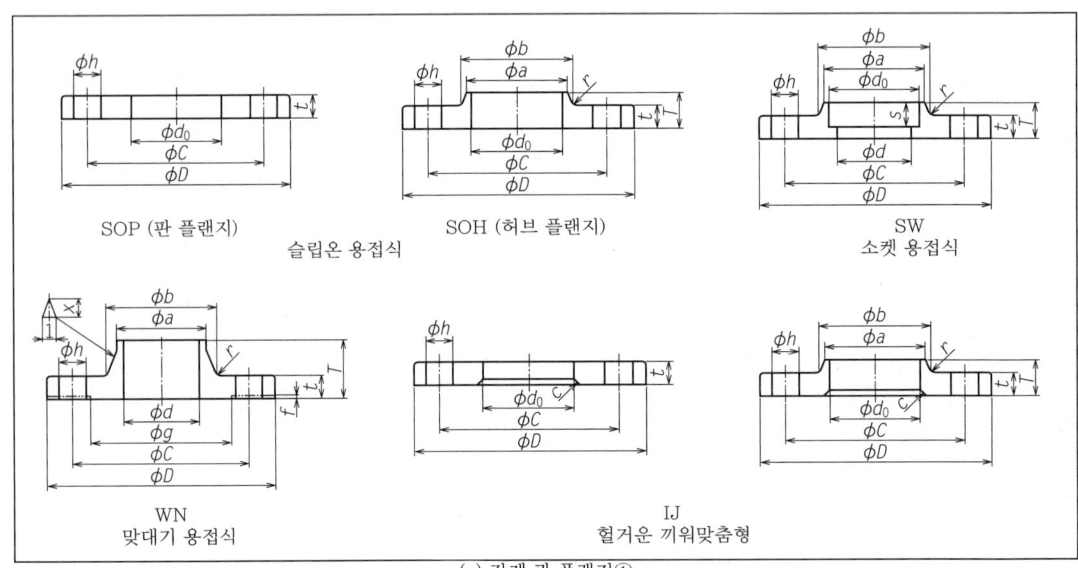

(a) 강제 관 플랜지①

14·10 그림 강제 및 주철제 관 플랜지의 종류와 호칭법

(다음 페이지에 계속)

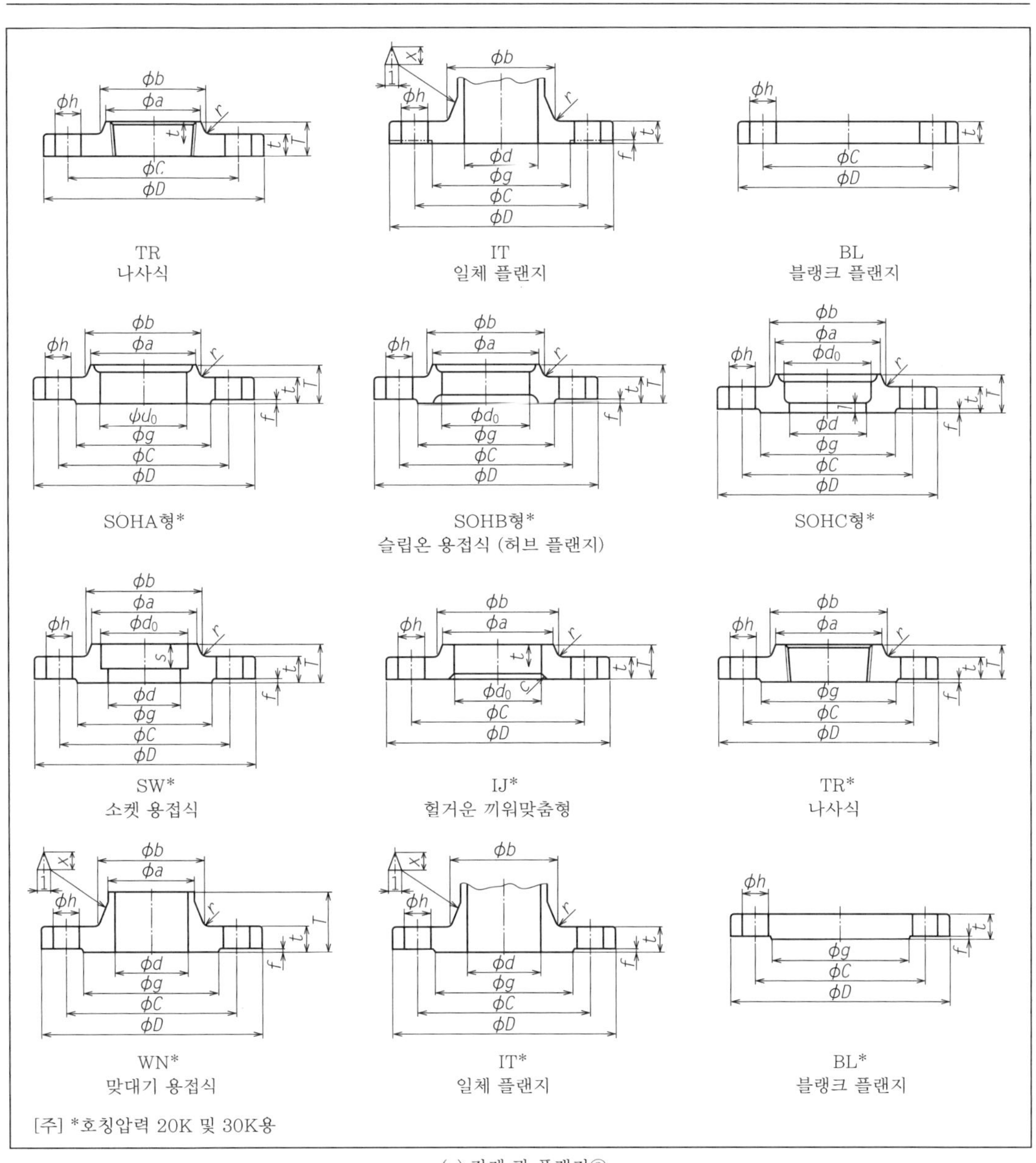

(a) 강제 관 플랜지②

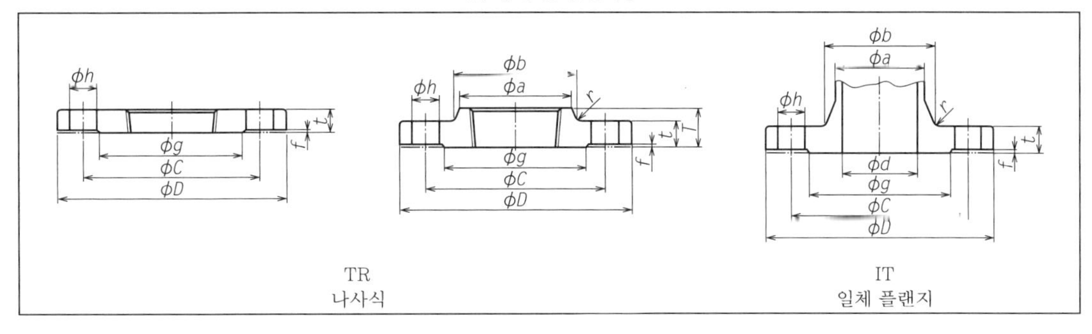

(b) 주철제 관 플랜지

14·10 그림 강제 및 주철제 관 플랜지의 종류와 호칭법

14·13 표 강제·주철제 호칭압력 5K 플랜지의 치수 (JIS B 2220, 2239) (단위 mm)

- 플랜지의 형상 및 기호는 14·10 그림을 참조.
- 형식별 호칭지름의 범위는 다음과 같다(동 그림 참조).
  - 강제 관 플랜지의 경우 SOP … 10A ~ 1500A, SOH … 450A ~ 1500A, SW … 10A ~ 80A, LJ(왼쪽 그림) … 15A ~ 400A, LJ(오른쪽 그림) … 450A ~ 600A, TR … 10A ~ 150A, WN … 10A ~ 1500A, IT … 10A ~ 1500A, BL … 10A ~ 1500A
  - 주철제 관 플랜지의 경우 TR … 15A ~ 150A, IT … 10A ~ 600A

호칭지름	접합 치수: 플랜지의 외경 D	볼트 구멍 중심원의 지름 C	볼트 구멍의 지름 h	볼트의 개수	볼트의 나사 호칭	내경 d_0		d[2]	(참고) d	소켓의 깊이 S	나사의 호칭	평면자리 지름 g	높이 f	플랜지의 두께 t						플랜지의 전체길이 T		
강[1]	SOP, SOH, SW, LJ, TR, WN, IT, BL					SOP, SOH, SW	LJ	SW, WN	IT	SW	TR	WN, IT		BL	BL	—				SOH, SW, LJ, TR	WN	—
주철[1]	TR, IT					—	—	—	IT	—	TR	TR, IT		IT D1, M2	—	TR G2	TR D1	TR M1	IT G2, G3	—		TR G2, D1, M1
10	75	55	12	4	M 10	17.8	—	12.7	10	10	Rc⅜[3]	39	1	9	9	—	—	—	12	13	24	—
15	80	60	12	4	M 10	22.2	23.4	16.1	15	10	Rc½	44	1	9	9	12	9	9	12	13	25	13
20	85	65	12	4	M 10	27.7	28.9	21.6	20	13	Rc¾	49	1	10	10	14	10	10	14	15	28	15
25	95	75	12	4	M 10	34.5	35.6	27.6	25	13	Rc1	59	1	10	10	14	10	10	14	17	30	17
32	115	90	15	4	M 12	43.2	44.3	35.7	32	13	Rc1¼	70	2	12	12	16	12	13	16	19	33	19
40	120	95	15	4	M 12	49.1	50.4	41.6	40	13	Rc1½	75	2	12	12	16	12	13	16	20	34	20
50	130	105	15	4	M 12	61.1	62.7	52.9	50	16	Rc2	85	2	14	14	16	14	15	16	24	36	24
65	155	130	15	4	M 12	77.1	78.7	67.9	65	16	Rc2½	110	2	14	14	18	14	15	18	27	39	27
80	180	145	19	4	M 16	90.0	91.6	80.7	80	16	Rc3	121	2	14	14	18	14	15	18	30	41	30
90	190	155	19	4	M 16	102.6	104.1	93.2	90	—	—	131	2	14	14	—	—	—	—	—	41	—
100	200	165	19	8	M 16	115.4	116.9	105.3	100	—	Rc4	141	2	16	16	20	16	17	20	36	41	36
125	235	200	19	8	M 16	141.2	143.0	130.8	125	—	Rc5	176	2	16	16	20	16	18	20	40	43	40
150	265	230	19	8	M 16	166.6	168.4	155.2	150	—	Rc6	206	2	18	18	22	18	20	22	40	49	40
175	300	260	23	8	M 20	192.1	—	180.1	175	—	—	232	2	18	18	—	—	—	—	—	49	—
200	320	280	23	8	M 20	218.0	219.5	204.7	200	—	—	252	2	20	20	—	—	—	24	—	53	—
225	345	305	23	12	M 20	243.7	—	229.4	225	—	—	277	2	20	20	—	—	—	—	—	54	—
250	385	345	23	12	M 20	269.5	271.7	254.2	250	—	—	317	2	22	22	—	—	—	26	—	61	—
300	430	390	23	12	M 20	321.0	322.8	304.7	300	—	—	360	3	22	22	—	—	—	28	—	62	—
350	480	435	25	12	M 22	358.1	360.2	339.8	340	—	—	403	3	24	24	—	—	—	30	—	73	—
400	540	495	25	16	M 22	409	411.2	390.6	400	—	—	463	3	24	24	—	—	—	30	—	76	—
450	605	555	25	16	M 22	460	462.3	441.4	450	—	—	523	3	24	24	—	—	—	30	40	79	—
500	655	605	25	20	M 22	511	514.4	492.2	500	—	—	573	3	24	24	—	—	—	32	40	79	—
550	720	665	27	20	M 24	562	565.2	543.0	550	—	—	630	3	26	26	—	—	—	32	42	81	—
600	770	715	27	20	M 24	613	616.0	593.8	600	—	—	680	3	26	26	—	—	—	32	44	81	—
650	825	770	27	24	M 24	664	—	644.6	650	—	—	735	3	26	28	—	—	—	—	48	85	—
700	875	820	27	24	M 24	715	—	695.4	700	—	—	785	3	26	30	—	—	—	—	48	94	—
750	945	880	33	24	M 30	766	—	746.2	750	—	—	840	3	28	32	—	—	—	—	52	100	—
800	995	930	33	24	M 30	817	—	797.0	800	—	—	890	3	28	34	—	—	—	—	52	100	—
850	1045	980	33	24	M 30	868	—	847.8	850	—	—	940	3	28	36	—	—	—	—	54	108	—
900	1095	1030	33	24	M 30	919	—	898.6	900	—	—	990	3	30	36	—	—	—	—	56	108	—
1000	1195	1130	33	28	M 30	1021	—	1000.2	1000	—	—	1090	3	32	40	—	—	—	—	60	116	—
1100	1305	1240	33	28	M 30	1122	—	1098.6	1100	—	—	1200	3	32	44	—	—	—	—	71	136	—
1200	1420	1350	33	32	M 30	1224	—	1200.2	1200	—	—	1305	3	34	48	—	—	—	—	77	155	—
1350	1575	1505	33	32	M 30	1376	—	1346.2	1350	—	—	1460	3	34	54	—	—	—	—	80	164	—
1500	1730	1660	33	36	M 30	1529	—	1498.6	1500	—	—	1615	3	36	58	—	—	—	—	86	172	—

[주] 1. 주철제 관 플랜지의 경우는 위의 표에서 점선보다 위쪽의 범위로, 호칭지름 90, 175, 225의 것을 제외한다.
2. [1] 강…강제 관 플랜지의 경우, 주철…주철제 관 플랜지의 경우, [2] 접합하는 강관의 내경에 따라 조정한다. [3] 주철제 관 플랜지의 경우는 없다.

114·14 표 강제·주철제 호칭압력 10K 플랜지의 치수 (JIS B 2220, 2239) (단위 mm)

- 플랜지의 형상 및 기호는 14·10 그림을 참조.
- 형식별 호칭지름의 범위는 다음과 같다(동 그림 참조).
  - 강제 관 플랜지의 경우 SOP … 10A ~ 1500A, SOH … 250A ~ 1500A, SW … 10A ~ 80A, LJ(왼쪽 그림) … 15A ~ 200A, LJ(오른쪽 그림) … 250A ~ 600A, TR … 10A ~ 150A, WN … 10A ~ 1500A, IT … 10A ~ 1500A, BL … 10A ~ 1500A
  - 주철제 관 플랜지의 경우 TR … 15A ~ 150A, IT … 10A ~ 1500A

호칭지름 A	접합 치수: 플랜지의 외경 D	볼트 구멍 중심원의 지름 C	볼트 구멍의 지름 h	볼트의 개수	볼트의 나사 호칭	내경 d_0		내경 d [2]	내경 (참고) d	소켓의 깊이 S	나사의 호칭	평면자리 지름 g	평면자리 높이 f	플랜지의 두께 t						플랜지의 전체길이 T		
강[1]	SOP, SOH, SW, LJ, TR, WN, IT, BL					SOP, SOH, SW	LJ	SW, WN	IT	SW	TR	WN, IT	WN, IT	BL	BL	—				SOH, SW, LJ, TR	WN	—
주철[1]	TR, IT					—			IT	—	TR	TR, IT	TR, IT	IT D1, M2	—	TR G2	TR D1	TR M1	IT G2, G3	—		TR G2[4], D1, M1
10	90	65	15	4	M 12	17.8	—	12.7	10	10	Rc⅜[3]	46	1	12	12	—	—	—	14	16	29	—
15	95	70	15	4	M 12	22.2	23.4	16.1	15	10	Rc½	51	1	12	12	16	12	12	16	16	31	13
20	100	75	15	4	M 12	27.7	28.9	21.6	20	13	Rc¾	56	1	14	14	18	14	14	18	20	32	15
25	125	90	19	4	M 16	34.5	35.6	27.6	25	13	Rc1	67	1	14	14	18	14	15	18	20	36	17
32	135	100	19	4	M 16	43.2	44.3	35.7	32	13	Rc1¼	76	2	16	16	20	16	18	20	22	38	19
40	140	105	19	4	M 16	49.1	50.4	41.6	40	13	Rc1½	81	2	16	16	20	16	18	20	24	38	20
50	155	120	19	4	M 16	61.1	62.7	52.9	50	16	Rc2	96	2	16	16	20	16	18	20	24	40	24
65	175	140	19	4	M 16	77.1	78.7	67.9	65	16	Rc2½	116	2	18	18	22	18	20	22	27	44	27
80	185	150	19	8	M 16	90.0	91.6	80.7	80	16	Rc3	126	2	18	18	22	18	20	22	30	45	30
90	195	160	19	8	M 16	102.6	104.1	93.2	90	—	—	136	2	18	18	—	—	—	—	—	45	—
100	210	175	19	8	M 16	115.4	116.9	105.3	100	—	Rc4	151	2	18	18	24	18	20	24	36	45	36
125	250	210	23	8	M 20	141.2	143.0	130.8	125	—	Rc5	182	2	20	20	24	20	22	24	40	47	40
150	280	240	23	8	M 20	166.6	168.4	155.2	150	—	Rc6	212	2	22	22	26	22	24	26	40	53	40
175	305	265	23	12	M 20	192.1	—	180.1	175	—	—	237	2	22	22	—	—	—	—	—	55	—
200	330	290	23	12	M 20	218.0	219.5	204.7	200	—	—	262	2	22	22	—	—	—	26	—	58	—
225	350	310	23	12	M 20	243.7	—	229.4	225	—	—	282	2	22	22	—	—	—	—	—	58	—
250	400	355	25	12	M 22	269.5	271.7	254.2	250	—	—	324	2	24	24	—	—	—	30	36	65	—
300	445	400	25	16	M 22	321.0	322.8	304.7	300	—	—	368	3	24	24	—	—	—	32	38	68	—
350	490	445	25	16	M 22	358.1	360.2	339.8	340	—	—	413	3	26	26	—	—	—	34	42	79	—
400	560	510	27	16	M 24	409	411.2	390.6	400	—	—	475	3	28	28	—	—	—	36	44	85	—
450	620	565	27	20	M 24	460	462.3	441.4	450	—	—	530	3	30	30	—	—	—	38	48	90	—
500	675	620	27	20	M 24	511	514.4	492.2	500	—	—	585	3	30	30	—	—	—	40	48	99	—
550	745	680	33	20	M 30	562	565.2	543.0	550	—	—	640	3	32	34	—	—	—	42	52	111	—
600	795	730	33	24	M 30	613	616.0	593.8	600	—	—	690	3	32	36	—	—	—	44	52	112	—
650	845	780	33	24	M 30	664	—	644.6	650	—	—	740	3	34	38	—	—	—	46	56	116	—
700	905	840	33	24	M 30	715	—	695.4	700	—	—	800	3	34	40	—	—	—	48	58	132	—
750	970	900	33	24	M 30	766	—	746.2	750	—	—	855	3	36	44	—	—	—	50	62	139	—
800	1020	950	33	28	M 30	817	—	797.0	800	—	—	905	3	36	46	—	—	—	52	64	139	—
850	1070	1000	33	28	M 30	868	—	847.8	850	—	—	955	3	36	48	—	—	—	52	66	139	—
900	1120	1050	33	28	M 30	919	—	898.6	900	—	—	1005	3	38	50	—	—	—	54	70	140	—
1000	1235	1160	39	28	M 36	1021	—	1000.2	1000	—	—	1110	3	40	56	—	—	—	58	74	151	—
1100	1345	1270	39	28	M 36	1122	—	1098.6	1100	—	—	1220	3	42	62	—	—	—	62	95	170	—
1200	1465	1380	39	32	M 36	1224	—	1200.2	1200	—	—	1325	3	44	66	—	—	—	66	101	182	—
1350	1630	1540	45	36	M 42	1376	—	1346.2	1350	—	—	1480	3	48	74	—	—	—	70	110	200	—
1500	1795	1700	45	40	M 42	1529	—	1498.6	1500	—	—	1635	3	50	82	—	—	—	74	123	218	—

[주] 1. 주철제 관 플랜지의 경우는 호칭지름 90A, 175A, 225A의 것을 제외한다.
2. [1] 강…강제 관 플랜지의 경우, 주철…주철제 관 플랜지의 경우, [2] 접합하는 강관의 내경에 따라 조정한다. [3] 주철제 관 플랜지의 경우는 없다.
[4] 플랜지의 전체길이로, G2의 경우는 호칭지름 A10~A40의 것은 없다.

14·15 표 강제·주철제 호칭압력 10K 얇은 형 플랜지의 치수 (JIS B 2220, 2239)　(단위 mm)

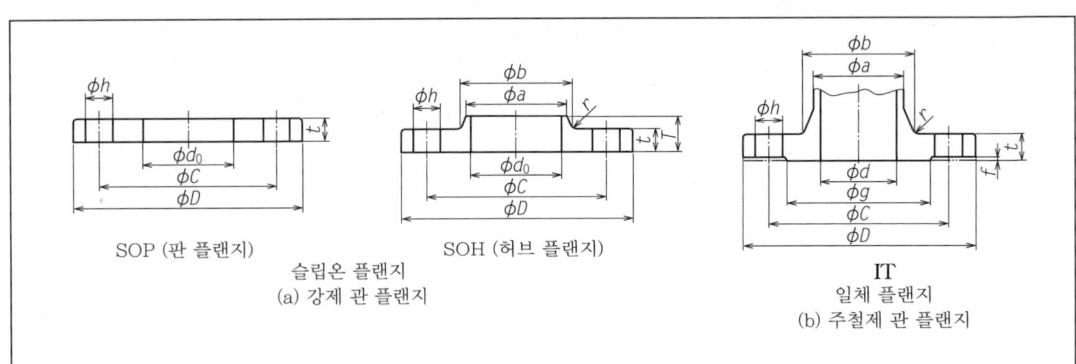

SOP (판 플랜지)　SOH (허브 플랜지)
슬립온 플랜지
(a) 강제 관 플랜지

IT
일체 플랜지
(b) 주철제 관 플랜지

• 형식별 호칭지름의 범위는 다음과 같다.
강제 관 플랜지　SOP … 10A ～ 350A,　SOH … 400A
주철제 관 플랜지　IT … 10A ～ 400A

호칭 지름		접합 치수					내경[2]	평면자리		플랜지의 두께		플랜지의 전체길이
		플랜지의 외경 D	볼트 구멍 중심원의 지름 C	볼트 구멍의 지름 h	볼트의 개수	볼트의 나사 호칭	d_0	지름 g	높이 f	t		T
A	강[1]	SOP, SOH					SOP, SOH	—		SOP, SOH	—	SOH
	주철[1]	IT					—	—		IT D1, M2	IT G2, G3	—
10		90	65	12	4	M 10	17.8	46	1	9	12	—
15		95	70	12	4	M 10	22.2	51	1	9	12	—
20		100	75	12	4	M 10	27.7	56	1	10	14	—
25		125	90	15	4	M 12	34.5	67	1	12	16	—
32		135	100	15	4	M 12	43.2	76	2	12	18	—
40		140	105	15	4	M 12	49.1	81	2	12	18	—
50		155	120	15	4	M 12	61.1	96	2	14	18	—
65		175	140	15	4	M 12	77.1	116	2	14	18	—
80		185	150	15	8	M 12	90.0	126	2	14	18	—
90		195	160	15	8	M 12	102.6	—	—	14	—	—
100		210	175	15	8	M 12	115.4	151	2	16	20	—
125		250	210	19	8	M 16	141.2	182	2	18	22	—
150		280	240	19	8	M 16	166.6	212	2	18	22	—
175		305	265	19	12	M 16	192.1	—	—	20	—	—
200		330	290	19	12	M 16	218.0	262	2	20	24	—
225		350	310	19	12	M 16	243.7	—	—	20	—	—
250		400	355	23	12	M 20	269.5	324	2	22	26	—
300		445	400	23	16	M 20	321.0	368	3	22	28	—
350		490	445	23	16	M 20	358.1	413	3	24	28	—
400		560	510	25	16	M 22	409	475	3	24	30	36

[주] 1. 주철제 관 플랜지의 경우는 호칭지름 90A, 175A, 225A의 것을 제외한다.
2. [1] 강…강제 관 플랜지의 경우, 주철…주철제 관 플랜지의 경우.
[2] 주철제 관 플랜지 경우의 내경 (d)는 호칭지름 A와 동일하다(참고).

14·16 표 강제·주철제 호칭압력 16K 플랜지의 치수 (JIS B 2220, 2239)

(단위 mm)

- 플랜지의 형상 및 기호는 14·10 그림을 참조.
- 형식별 호칭지름의 범위는 다음과 같다(동 그림 참조).

강제 관 플랜지의 경우 SOH … 10A ~ 600A, SW … 10A ~ 80A, LJ(오른쪽 그림) … 15A ~ 600A TR … 10A ~ 150A WN … 10A ~ 600A, IT … 10A ~ 600A, BL … 10A ~ 600A

주철제 관 플랜지의 경우 TR … 25A ~ 150A, IT … 10A ~ 600A 단, 호칭지름 90A를 제외한다.

호칭지름	접합 치수					내경				소켓의 깊이	나사의 호칭	평면자리		플랜지의 두께				플랜지의 전체길이				
	플랜지의 외경 *D*	볼트 구멍 중심원의 지름 *C*	볼트 구멍의 지름 *h*	볼트의 개수	볼트의 나사 호칭	d_0		d [2]	(참고) *d*	*S*		지름 *g*	높이 *f*	*t*				*T*				
A 강[1]	SOH, SW, LJ, TR, WN, IT, BL					SOH, SW	LJ	SW, WN	IT	SW	TR	WN, IT		SOH, SW, LJ, TR, WN, IT, BL	—			SOH, SW, LJ	TR	WN	—	
A 주철[1]	TR, IT					—			IT	—	TR	TR, IT		IT D1, M2	TR G2, D1	TR M1	IT G2, G3	—			TR G2	TR D1, M1
10	90	65	15	4	M 12	17.8	—	12.7	10	10	Rc⅜ [3]	46	1	12	—	—	14	16	16	31	—	—
15	95	70	15	4	M 12	22.2	23.4	16.1	15	10	Rc½ [3]	51	1	12	—	—	16	16	16	32	—	—
20	100	75	15	4	M 12	27.7	28.9	21.4	20	13	Rc¾ [3]	56	1	14	—	—	18	20	20	34	—	—
25	125	90	19	4	M 16	34.5	35.6	27.2	25	13	Rc1	67	1	14	—	18	18	20	20	36	—	19
32	135	100	19	4	M 16	43.2	44.3	35.5	32	13	Rc1¼	76	2	16	—	20	20	22	22	39	—	21
40	140	105	19	4	M 16	49.1	50.4	41.2	40	13	Rc1½	81	2	16	—	20	20	24	24	39	—	23
50	155	120	19	8	M 16	61.1	62.7	52.7	50	16	Rc2	96	2	16	—	20	20	24	24	40	—	26
65	175	140	19	8	M 16	77.1	78.7	65.9	65	16	Rc2½	116	2	18	—	22	22	26	27	46	—	29
80	200	160	23	8	M 20	90.0	91.6	78.1	80	16	Rc3	132	2	20	—	24	24	28	30	49	—	32
90	210	170	23	8	M 20	102.6	104.1	90.2	90	—	—	145	2	20	—	—	—	30	—	50	—	—
100	225	185	23	8	M 20	115.4	116.9	102.3	100	—	Rc4	160	2	22	—	26	26	34	36	56	—	38
125	270	225	25	8	M 22	141.2	143.0	126.6	125	—	Rc5	195	2	22	—	26	26	34	40	60	—	42
150	305	260	25	12	M 22	166.6	168.4	151.0	150	—	Rc6	230	2	24	—	28	28	38	40	69	—	42
200	350	305	25	12	M 22	218.0	219.5	199.9	200	—	—	275	2	26	—	—	30	40	—	73	—	—
250	430	380	27	12	M 24	269.5	271.7	248.8	250	—	—	345	2	28	—	—	34	44	—	81	—	—
300	480	430	27	16	M 24	321.0	322.8	297.9	300	—	—	395	3	30	—	—	36	48	—	88	—	—
350	540	480	33	16	M 30×3	358.1	360.2	333.4	335	—	—	440	3	34	—	—	38	52	—	104	—	—
400	605	540	33	16	M 30×3	409	411.2	381.0	380	—	—	495	3	38	—	—	42	60	—	115	—	—
450	675	605	33	20	M 30×3	460	462.3	431.8	430	—	—	560	3	40	—	—	46	64	—	126	—	—
500	730	660	33	20	M 30×3	511	514.4	482.6	480	—	—	615	3	42	—	—	50	68	—	128	—	—
550	795	720	39	20	M 36×3	562	565.2	533.4	530	—	—	670	3	44	—	—	54	70	—	135	—	—
600	845	770	39	24	M 36×3	613	616.0	584.2	580	—	—	720	3	46	—	—	58	74	—	141	—	—

[주] [1] 강…강제 관 플랜지의 경우, 주철…주철제 관 플랜지의 경우.
[2] 접합하는 강관의 내경에 따라 조정한다. [3] 주철제 관 플랜지의 경우는 없다.

14장

14·17 표 강제·주철제 호칭압력 20K 플랜지의 치수 (JIS B 2220, 2239)

(단위 mm)

- 플랜지의 형상 및 기호는 14·10 그림을 참조.
- 형식별 호칭지름의 범위는 다음과 같다(동 그림 참조).
  강제 관 플랜지의 경우 SOH A형…10A~600A, SOH B형…10A~50A, SOH C형…65A~600A, SW…10A~80A, LJ(오른쪽 그림)…15A~600A,
  TR…10A~150A, WN…10A~600A, IT…10A~600A, BL…10A~600A
  주철제 관 플랜지의 경우 TR…40A~125A, IT…10A~600A. 단, 호칭지름 90A를 제외한다.

호칭지름	접합 치수					내경				소켓의 깊이	나사의 호칭	평면자리		플랜지의 두께						플랜지의 전체길이		
	플랜지의 외경 D	볼트 구멍 중심원의 지름 C	볼트 구멍의 지름 h	볼트의 개수	볼트의 나사 호칭	d_0		d [2]	(참고) d	S		지름 g	높이 f	t						T		
강[1]	SOH, SW, LJ, TR, WN, IT, BL					SOH, SW	LJ	SOH, SW, WN	IT	SW	TR	SOH, SW, TR, WN, IT, BL		BL 이외	BL	—				SOH, SW, LJ, TR	WN	—
A 주철[1]	TR, IT					—			IT	—	TR	TR, IT		—		TR		IT		—		TR
																G3, M1	D1	G3	D1, M2			G3, D1, M1
10	90	65	15	4	M 12	17.8	—	12.7	10	10	Rc⅜[3]	46	1	14	14	—	—	16	14	20	33	—
15	95	70	15	4	M 12	22.2	23.4	16.1	15	10	Rc½[3]	51	1	14	14	—	—	16	14	20	34	—
20	100	75	15	4	M 12	27.7	28.9	21.4	20	13	Rc¾[3]	56	1	16	16	—	—	18	16	22	36	—
25	125	90	19	4	M 16	34.5	35.6	27.2	25	13	Rc1[3]	67	1	16	16	—	—	20	16	24	38	—
32	135	100	19	4	M 16	43.2	44.3	35.5	32	13	Rc1¼[3]	76	2	18	18	—	—	20	18	26	41	—
40	140	105	19	4	M 16	49.1	50.4	41.2	40	13	Rc1½	81	2	18	18	22	18	22	18	26	41	26
50	155	120	19	8	M 16	61.1	62.7	52.7	50	16	Rc2	96	2	18	18	22	18	22	18	26	42	27
65	175	140	19	8	M 16	77.1	78.7	65.9	65	16	Rc2½	116	2	20	20	24	20	24	20	30	48	31
80	200	160	23	8	M 20	90.0	91.6	78.1	80	16	Rc3	132	2	22	22	26	22	26	22	34	51	34
90	210	170	23	8	M 20	102.6	104.1	90.2	90	—	—	145	2	24	24	—	—	—	—	36	54	—
100	225	185	23	8	M 20	115.4	116.9	102.3	100	—	Rc4	160	2	24	24	28	24	28	24	36	58	40
125	270	225	25	8	M 22	141.2	143.0	126.6	125	—	Rc5	195	2	26	26	30	26	30	26	40	64	44
150	305	260	25	12	M 22	166.6	168.4	151.0	150	—	Rc6[3]	230	2	28	28	—	—	32	28	42	73	—
200	350	305	25	12	M 22	218.0	219.5	199.9	200	—	—	275	2	30	30	—	—	34	30	46	77	—
250	430	380	27	12	M 24	269.5	271.7	248.8	250	—	—	345	2	34	34	—	—	38	34	52	87	—
300	480	430	27	16	M 24	321.0	322.8	297.9	300	—	—	395	3	36	36	—	—	40	36	56	94	—
350	540	480	33	16	M 30×3	358.1	360.2	333.4	335	—	—	440	3	40	40	—	—	44	40	62	110	—
400	605	540	33	16	M 30×3	409	411.2	381.0	380	—	—	495	3	46	46	—	—	50	46	70	123	—
450	675	605	33	20	M 30×3	460	462.3	431.8	430	—	—	560	3	48	48	—	—	54	48	78	134	—
500	730	660	33	20	M 30×3	511	514.4	482.6	480	—	—	615	3	50	50	—	—	58	50	84	136	—
550	795	720	39	20	M 36×3	562	565.2	533.4	530	—	—	670	3	52	52	—	—	62	52	90	143	—
600	845	770	39	24	M 36×3	613	616.0	584.2	580	—	—	720	3	54	56	—	—	66	54	96	149	—

[주] [1] 강…강제 관 플랜지의 경우, 주철…주철제 관 플랜지의 경우.
[2] 접합하는 강관의 내경에 따라 조정한다. [3] 주철제 관 플랜지의 경우는 없다.

14·18 표 강제 호칭압력 30K, 40K 및 63K 플랜지의 치수 (JIS B 2220)

(단위 mm)

SOH WN IT BL

• 형식별 호칭지름의 범위는 다음과 같다(14·10 그림 참조).
호칭압력 30K의 경우 SOH A형…10A~400A, SOH B형…10A~50A, SOH C형…65A~400A, WN…15A~400A, IT…15A~400A, BL…10A~400A
호칭압력 40K, 63K의 경우 WN, BL…15A~400A

호칭지름 A	접합 치수														내경			평면자리			플랜지의 두께 t			플랜지의 전체길이 T			
	플랜지의 외경 D			볼트 구멍 중심원의 지름 C			볼트 구멍의 지름 h			볼트의 개수	볼트의 나사 호칭				d_0	d*		지름 g		높이 f							
	30K … SOH, WN, IT, BL 40K·63K … WN, BL														SOH	SOH, WN	WN	30K … SOH, WN, IT, BL 40K·63K … WN, BL						SOH	WN		
	30K	40K	63K	30K	40K	63K	30K	40K	63K	공통	30K	40K	63K		30K	30K	63K	30K	40K		30K	40K	63K	30K	30K	40K	63K
10	110	—	—	75	—	—	19	—	—	4	M 16	—	—		17.8	—	—	52	—	1	16	—	—	24	—	—	—
15	115	115	120	80	80	85	19	19	19	4	M 16	M 16	M 16		22.2	16.1	14.3	55	55	1	18	20	23	26	45	48	57
20	120	120	135	85	85	95	19	19	23	4	M 16	M 16	M 20		27.7	21.4	19.4	60	60	1	18	20	25	28	45	48	57
25	130	130	140	95	95	100	19	19	23	4	M 16	M 16	M 20		34.5	27.2	25.0	70	70	1	20	22	27	30	48	53	61
32	140	140	150	105	105	110	19	19	23	4	M 16	M 16	M 20		43.2	35.5	32.9	80	80	2	22	24	30	32	52	54	61
40	160	160	175	120	120	130	23	23	25	4	M 20	M 20	M 22		49.1	41.2	38.4	90	90	2	22	24	32	34	54	59	73
50	165	165	185	130	130	145	19	19	23	8	M 16	M 16	M 20		61.1	52.7	49.5	105	105	2	22	26	34	36	57	65	82
65	200	200	220	160	160	175	23	23	25	8	M 20	M 20	M 22		77.1	65.9	62.3	130	130	2	26	30	38	40	69	78	101
80	210	210	230	170	170	185	23	23	25	8	M 20	M 20	M 22		90.0	78.1	73.9	140	140	2	28	32	40	44	73	78	103
90	230	230	255	185	185	205	25	25	27	8	M 22	M 22	M 24		102.6	90.2	85.4	150	150	2	30	34	42	46	74	79	103
100	240	250	270	195	205	220	25	25	27	8	M 22	M 22	M 24		115.4	102.3	97.1	160	165	2	32	36	44	48	76	85	107
125	275	300	325	230	250	265	25	27	33	8	M 22	M 24	M 30×3		141.2	126.6	120.8	195	200	2	36	40	50	54	86	108	127
150	325	355	365	275	295	305	27	33	33	12	M 24	M 30×3	M 30×3		166.6	151.0	143.2	235	240	2	38	44	54	58	95	117	152
200	370	405	425	320	345	360	27	33	33	12	M 24	M 30×3	M 30×3		218.0	199.9	190.9	280	290	2	42	50	60	64	102	130	159
250	450	475	500	390	410	430	33	33	39	12	M 30×3	M 30×3	M 36×3		269.5	248.8	237.2	345	355	2	48	56	68	72	118	152	189
300	515	540	560	450	470	485	33	39	39	16	M 30×3	M 36×3	M 36×3		321.0	297.9	283.7	405	410	3	52	60	77	78	127	153	199
350	560	585	615	495	515	530	33	39	45	16	M 30×3	M 36×3	M 42×3		358.1	333.4	317.6	450	455	3	54	64	81	84	134	168	202
400	630	645	680	560	570	590	39	39	45	16	M 36×3	M 36×3	M 42×3		409	381.0	363.6	510	515	3	60	70	89	92	149	168	212

[주] *접합하는 강관의 내경에 따라 조정한다.

14장

14·19 표 개스킷 자리의 형상과 치수 (JIS B 2220) KS B 1519

(a) 전면자리, 평면자리 (단위 mm)

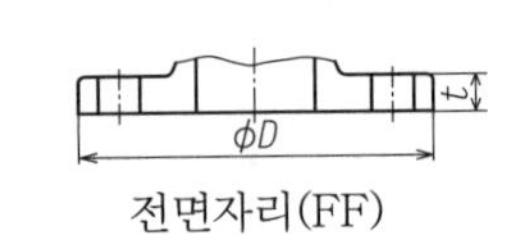

전면자리(FF)

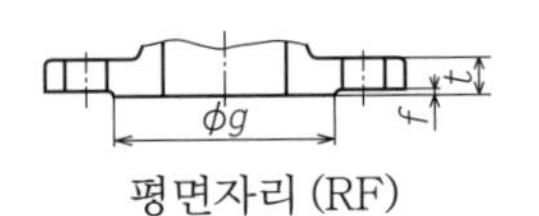

평면자리 (RF)

( )안은 호칭법

호칭 지름 A	평면자리(RF)									
	호칭압력									
	5K		10K		16K, 20K		30K		40K, 63K	
	g	f	g	f	g	f	g	f	g	f
10	39	1	46	1	46	1	52	1	52	1
15	44	1	51	1	51	1	55	1	55	1
20	49	1	56	1	56	1	60	1	60	1
25	59	1	67	1	67	1	70	1	70	1
32	70	2	76	2	76	2	80	2	80	2
40	75	2	81	2	81	2	90	2	90	2
50	85	2	96	2	96	2	105	2	105	2
65	110	2	116	2	116	2	130	2	130	2
80	121	2	126	2	132	2	140	2	140	2
90	131	2	136	2	145	2	150	2	150	2
100	141	2	151	2	160	2	160	2	165	2
125	176	2	182	2	195	2	195	2	200	2
150	206	2	212	2	230	2	235	2	240	2
175	232	2	237	2	—	—	—	—	—	—
200	252	2	262	2	275	2	280	2	290	2
225	277	2	282	2	—	—	—	—	—	—
250	317	2	324	2	345	2	345	2	355	2
300	360	3	368	3	395	3	405	3	410	3
350	403	3	413	3	440	3	450	3	455	3
400	463	3	475	3	495	3	510	3	515	3
450	523	3	530	3	560	3	—	—	—	—
500	573	3	585	3	615	3	—	3	—	—
550	630	3	640	3	670	3	—	3	—	—
600	680	3	690	3	720	3	—	3	—	—
650	735	3	740	3	—	—	—	—	—	—
700	785	3	800	3	—	—	—	—	—	—
750	840	3	855	3	—	—	—	—	—	—
800	890	3	905	3	—	—	—	—	—	—
850	940	3	955	3	—	—	—	—	—	—
900	990	3	1005	3	—	—	—	—	—	—
1000	1090	3	1110	3	—	—	—	—	—	—
1100	1200	3	1220	3	—	—	—	—	—	—
1200	1305	3	1325	3	—	—	—	—	—	—
1350	1460	3	1480	3	—	—	—	—	—	—
1500	1615	3	1635	3	—	—	—	—	—	—

[주] 주철제 관 플랜지의 경우는 종류로서는 전면자리(FF)와 평면자리(RF)만이 규정되어 있다.

[비고] 1. 전면자리(FF)의 D 치수는 14·13 표~14·16 표의 플랜지 외경 D에 의한다.

2. 플랜지의 두께 t는 14·13 표~14·18 표에 의한다.

(b) 끼워맞춤형, 홈형

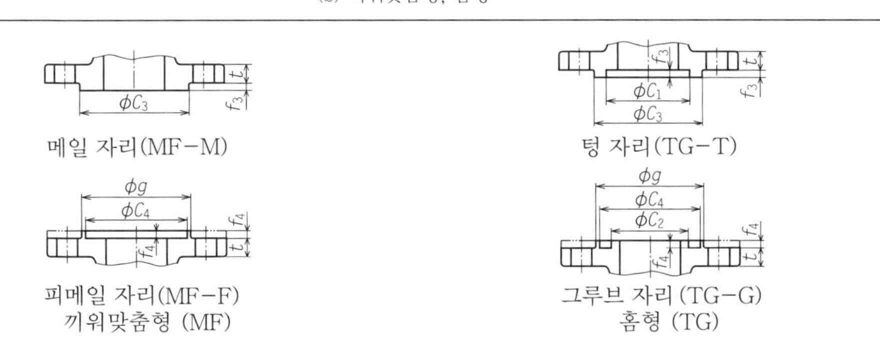

( ) 안은 호칭법

호칭 지름 A	끼워맞춤형 (MF) (1)				홈형 (TG) (1)					
	메일 자리		피메일 자리 (2)		텅 자리			그루브 자리 (2)		
	C_3	f_3	C_4	f_4	C_1	C_3	f_3	C_2	C_4	f_4
10	38	6	39	5	28	38	6	27	39	5
15	42	6	43	5	32	42	6	31	43	5
20	50	6	51	5	38	50	6	37	51	5
25	60	6	61	5	45	60	6	44	61	5
32	70	6	71	5	55	70	6	54	71	5
40	75	6	76	5	60	75	6	59	76	5
50	90	6	91	5	70	90	6	69	91	5
65	110	6	111	5	90	110	6	89	111	5
80	120	6	121	5	100	120	6	99	121	5
90	130	6	131	5	110	130	6	109	131	5
100	145	6	146	5	125	145	6	124	146	5
125	175	6	176	5	150	175	6	149	176	5
150	215(212)	6	216(213)	5	190(187)	215(212)	6	189(186)	216(213)	5
175	—	—	—	—	—	—	—	—	—	—
200	260	6	261	5	230	260	6	229	261	5
225	—	—	—	—	—	—	—	—	—	—
250	325	6	326	5	295	325	6	294	326	5
300	375(370)	6	376(371)	5	340	375(370)	6	339	376(371)	5
350	415	6	416	5	380	415	6	379	416	5
400	475	6	476	5	440	475	6	439	476	5
450	523	6	524	5	483	523	6	482	524	5
500	575	6	576	5	535	575	6	534	576	5
550	625	6	626	5	585	625	6	584	626	5
600	675	6	676	5	635	675	6	634	676	5
650	727	6	728	5	682	727	6	681	728	5
700	777	6	778	5	732	777	6	731	778	5
750	832	6	833	5	787	832	6	786	833	5
800	882	6	883	5	837	882	6	836	883	5
850	934	6	935	5	889	934	6	888	935	5
900	987	6	988	5	937	987	6	936	988	5
1000	1092	6	1094	5	1042	1092	6	1040	1094	5
1100	1192	6	1194	5	1142	1192	6	1140	1194	5
1200	1292	6	1294	5	1237	1292	6	1235	1294	5
1350	1442	6	1444	5	1387	1442	6	1385	1444	5
1500	1592	6	1594	5	1537	1592	6	1535	1594	5

[비고] 플랜지의 두께 t 및 전체길이 T는 14·13 표~14·18 표에 의한다.

[주] (1) 끼워맞춤형 및 홈형은 호칭압력 5K 및 10K의 박형 플랜지에는 적용하지 않는다.

(2) 피메일 자리 및 그루브 자리의 g 치수는 평면자리의 g 치수에 의한다. 단, 호칭압력 10K에 대해서는 그림의 상상선으로 나타낸 형상으로 한다.

또한 ( ) 안의 치수는 호칭압력 10K의 플랜지에 한해 적용한다.

4. 수전 이음

수전 이음은 관 끝을 넣는 턱과 받는 턱으로 하고, 이것을 끼워넣어 접속하는 것이다. 14·11 그림은 이것을 나타낸 것이다.

이 이음은 볼트를 사용하지 않는 것과 가요성을 가지고 있으므로 수도용 주철관에 이용되고 있다.

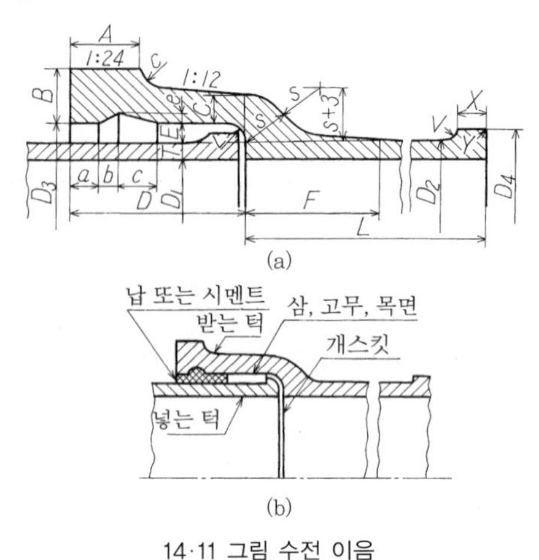

14·11 그림 수전 이음

5. 신축 이음

이 이음은 사용하는 관의 연장이 상당히 길어져 온도의 변화에 의한 관의 신축을 고려하지 않으면 안 될 때에 사용한다. 보통은 14·12 그림과 같이 신축 굽힘관이나 신축 파형관 및 신축 미끄럼관이 이용된다. 즉, 관의 신축을 이들 이음에 의해 조절할 수 있게 하는 것이다.

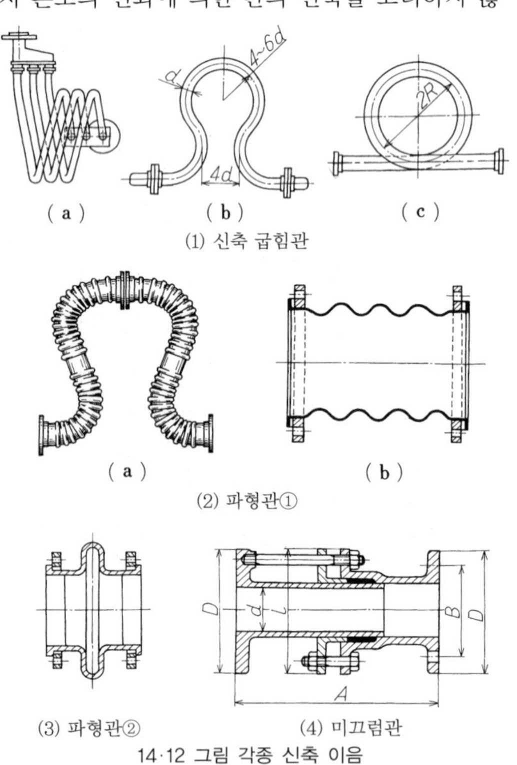

14·12 그림 각종 신축 이음

14·13 그림은 관 보강장치의 일례를 나타낸 것이다. 관 보강장치는 지관이 나오는 곳 또는 밸브 근처에 하는 것을 원칙으로 하고, 관로 상황, 밸브 및 이음 상태에 따라 약간의 신축을 고려해 적당하게(일반적으로 4m 정도의 간격으로 되어 있다) 고정하지 않으면 안 된다. 또한 설치 장소에 따라 다양한 형태의 것이 있다.

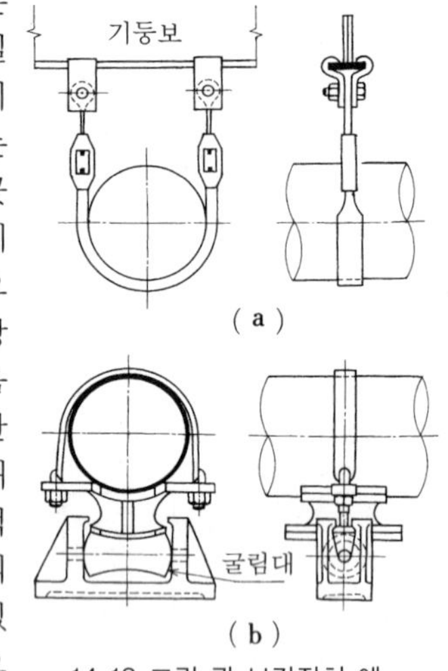

14·13 그림 관 보강장치 예

14·13 그림은 관의 신축, 진동에 대응해 이동할 수 있는 것으로, 14·14 그림 (1)은 관을 고정하는 것을 나타낸 것이다. 또한 이 그림 (2)는 관의 보강 위치를 나타낸 것이다.

그리고 관 내의 흐르는 유체에 따라 다음의 같은 착색을 실시하고 있다.

증기(적색), 물(녹색), 공기(청색), 기름(갈색), 가스(회색), 산(주황색), 잿물(연보라색), 타르(흑색).

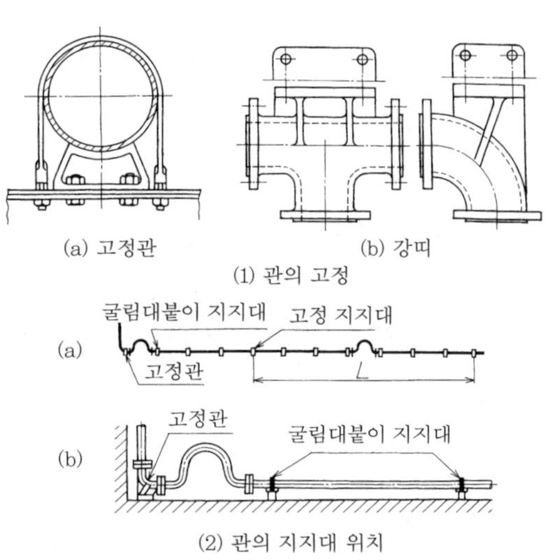

14·14 그림 관의 고정과 지지대의 위치

14·4 밸브

밸브는 관 중의 유체 흐름을 차단하거나 또는 조절하기 위해 이용된다. 그 종류로서는 스톱밸브, 슬루스 밸브, 체크 밸브, 콕 등이 있다.

1. 스톱 밸브

스톱 밸브는 그 밸브 상자 형태에 따라 글로브 밸브와 앵글 밸브가 있다. 글로브 밸브는 유체의 흐름이 일정한 방향인 것으로, 밸브류 중 가장 많이 사용되고 있다. 앵글 밸브는 흐름의 방향이 직각(90°)로 변하는 것이다. 어느 쪽이든 이음은 관에 따라 나사식 또는 플랜지 이음으로 한다.

(1) 스톱 밸브의 규격 14·21 표 및 14·23 표에 JIS에 의한 글로브 밸브 및 앵글 밸브의 형상과 각부 치수를 나타냈다.

(2) 스톱 밸브의 주요 부분 계산

(ⅰ) 밸브의 리프트 14·15 그림 (a)에 나타낸 l을, 밸브가 올라가는 유효높이(리프트, mm)로 하면

$$l=\frac{d}{4}\cdots \text{ (평면자리의 경우)}$$

단, d…밸브의 구경(mm)

동 그림 (b)와 같은 원뿔자리의 경우도 평면자리와 거의 동일하게 잡는다. 기타 동 그림 (c)의 구면자리, 동 그림 (d)의 식입자리 등의 밸브자리가 있다.

(ⅱ) 밸브자리의 폭 14·15 그림 (a)에서 b를 밸브자리의 폭(mm)으로 하면

$$\frac{\pi}{4}d_2{}^2p=\pi d_m b p_b$$

의 관계식에서 b를 구할 수 있다.

단, p…밸브의 상측에 작용하는 유체의 압력(MPa), d_m…밸브자리의 평균 직경(mm), p_b…밸브와 밸브자리 간의 허용 최대 면압력(MPa) (14·20 표).

(ⅲ) 밸브 케이스의 직경과 두께 밸브 케이스의 직경을 D(mm), 밸브의 직경을 d_2(mm)로 하면

$$\frac{\pi}{4}(D^2-d_2{}^2)=\frac{\pi}{4}d^2$$

에서 밸브 케이스의 직경을 구할 수 있다.

즉,

$d_2 \fallingdotseq d$로 간주하면 $D \fallingdotseq 1.4d$가 된다.

또한 밸브 케이스의 두께 t(mm)는

$$t=\frac{PD}{3\sigma_t}+(2\sim 6)\,\text{mm}$$

단, σ_t…재료의 허용 인장응력(N/mm²)

(ⅳ) 밸브 봉에 가하는 힘 밸브의 하측에서 유체 압력이 작용할 때, 밸브를 닫으려고 하는 경우, 밸브 봉에 가해지는 힘, 즉 닫히는 힘 P(N)은

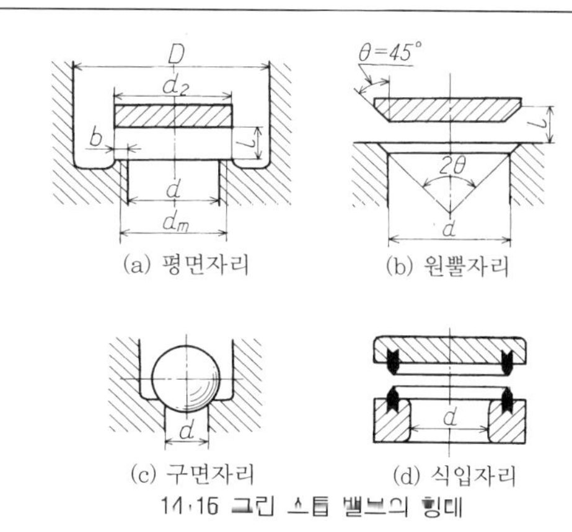

(a) 평면자리 (b) 원뿔자리 (c) 구면자리 (d) 식입자리

14·15 그림 스톱 밸브의 형태

14·20 표 p_b에 대한 허용값

재질	p_b (N/mm²)*	재질	p_b (N/mm²)*
고무 또는 가죽	1.5 ~ 5	인청동	25
주철	8	니켈	30
청동	10	황동	15

* 1 N/mm² = 1 MPa

$$P=\frac{\pi}{4}d^2p+\pi d b p_b'$$

단, 위의 식에서 p_b'는 밸브를 누르는 압력으로, 보통은 5~8MPa로 잡는다.

위의 식의 P를 얻기 위해 핸들에 가해야 하는 모멘트 M은

$$M=P\frac{d_e}{2}\tan(\alpha+\rho)=FR\ (\text{N·mm})$$

단, d_e…밸브 봉 나사부의 평균 직경(mm), F…핸들에 가하는 힘(N), R…핸들의 반경(cm), α…나사의 경사각, ρ…나사의 마찰각이 된다. 또한 이 경우

2R≦100mm일 때 F=30~100N

2R≧500mm일 때 F=300~500N

정도로 잡는다.

2. 슬루스 밸브

이것은 스톱 밸브와 함께 널리 이용되는 대구경용 밸브이다. 이 밸브의 특징으로서는 완전히 열렸을 때 흐름의 저항이 다른 밸브에 비해 적고, 더구나 압력 강하도 적다. 또한 고압의 경우에도 기밀을 유지할 수 있다. 그러나 드로잉 밸브(반개하는 경우)로서 사용하는 경우는 밸브판의 뒷면에 거센 소용돌이를 일으키기 때문에 피해야 한다. 그리고 구조 상 높이가 높아지는 결점이 있다.

JIS B 2011 및 JIS B 2031에서, 청동 및 회주철제의 슬루스 밸브에 대해 형상·치수가 규정되어 있다. 이것에 적용되는 호칭압력은 5K 및

10K의 것이다(14·21~22 표 및 14·24 표).

그리고 선박용 슬루스 밸브로서는 JIS F 7363~7369에 규정되어 있는데, 그 호칭압력은 5K, 10K 및 16K로 이것에 적용할 수 있는 형상 치수가 정해져 있다.

3. 체크 밸브

이 밸브는 일단 보낸 물을 역류하지 않게 하기 위해 이용된다. JIS B 2011에는 청동 호칭압력 10K 나사식 리프트 체크 밸브 및 스윙 체크 밸브(14·21 표), JIS B 2031에는 회주철 호칭압력 10K 스윙 체크 밸브(14·25 표)가 각각 규정되어 있다.

기타로서는 14·16 그림에 나타낸 드로잉 밸브에 이용되는 나비형 밸브가 있다. 이것은 원판의 회전에 의해 관 내의 유체 흐름을 가감하는 것이다.

14·21 표 청동 밸브의 구조·형상과 주요 치수 (JIS B 2011) (단위 mm)

(a) 밸브의 구조·형상

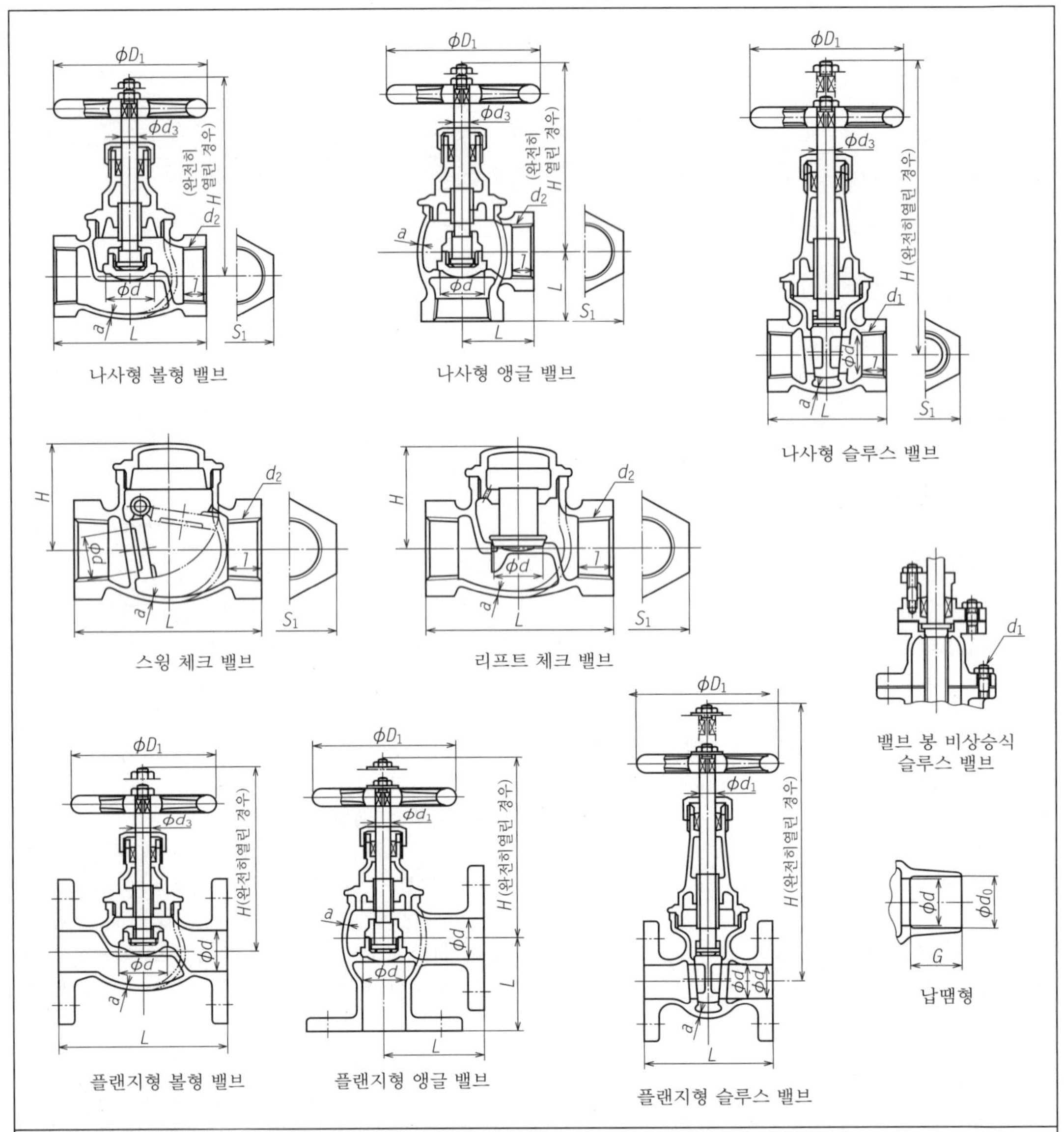

[주] 여기에 나타낸 밸브의 그림은 치수를 나타내기 위해 구조·형상의 일례를 게재한 것으로, 이들 이외의 구조·형상을 규제하는 것은 아니다.

(다음 페이지에 계속)

(b) 밸브의 주요 치수

호칭지름		구경 및 밸브 자리 구경 d	면간 치수 mm										밸브 케이스 살두께 a (최소) mm			캡 볼트 (참고)			
			나사형							플랜지형			볼형 밸브·슬루스 밸브	슬루스 밸브	기타 밸브	슬루스 밸브 5K, 10K		볼형 밸브·앵글 밸브 10K	
			볼형 밸브	슬루스 밸브	볼형 밸브	슬루스 밸브	앵글 밸브	리프트 체크 밸브	스윙 체크 밸브	볼형 밸브	슬루스 밸브	앵글 밸브							
A	B		5K	5K	10K	10K	10K	10K	10K	10K	10K	10K	5K	10K	10K	d_1	수	d_1	수
8	(¼)	10	—	—	50	—	28	—	—	—	—	—	—	—	2.5	—	—	—	—
10	(⅜)	12	—	—	55	—	30	55	55	—	—	—	—	—	2.5	—	—	—	—
15	(½)	15	60	50	65	55	32	65	65	85	—	62	2	3	3	—	—	—	—
20	(¾)	20	70	60	80	65	40	80	80	95	—	65	2.5	3	3	—	—	—	—
25	(1)	25	80	65	90	70	45	90	90	110	100	80	2.5	3.5	3	—	—	—	—
32	(1¼)	32	100	75	105	80	55	105	105	130	110	85	3	3.5	3.5	—	—	—	—
40	(1½)	40	110	85	120	90	60	120	120	150	125	90	3.5	4	4	—	—	—	—
50	(2)	50	135	95	140	100	70	140	140	180	140	100	4	4.5	4.5	—	—	—	—
65	(2½)	65	160	115	180	120	90	—	—	210	170	—	4.5	5.5	5.5	M 12	6	—	—
80	(3)	80	190	130	200	140	100	—	—	240	190	—	5	6	6	M 12	8	M 12	8
100	(4)	100	—	—	260	—	125	—	—	280	—	—	—	—	7	—	—	M 16	8

호칭지름		접속 나사			납땜형 접속부			밸브 봉 지름 d_3 (최소)		전개 높이 H (참고)							핸들 지름 D_1 (참고)	
		호칭 d_2	유효 나사 길이 l	이면폭 S_1	d_0		G			볼형 밸브	슬루스 밸브	볼형 밸브	슬루스 밸브	앵글 밸브	리프트 체크 밸브	스윙 체크 밸브		
A	B				(최대)	(최소)	(최소)	5K	10K	5K	5K	10K	10K	10K	10K	10K	5K	10K
8	(¼)	Rc¼	8	21	—	—	—	—	8.5	—	—	90	—	90	—	—	—	50
10	(⅜)	Rc⅜	10	24	—	—	—	—	8.5	—	—	95	—	100	35	40	—	63
15	(½)	Rc½	12	29	16.03	15.93	12.7	8.5	8.5	90	145	110	150	105	40	45	63	63
20	(¾)	Rc¾	14	35	22.38	22.28	19.1	8.5	10	105	165	125	175	130	55	50	63	80
25	(1)	Rc1	16	44	28.75	28.65	23.1	10	11	120	190	140	205	145	60	60	80	100
32	(1¼)	Rc1¼	18	54	35.10	35.00	24.6	11	13	135	225	170	245	175	70	70	100	125
40	(1½)	Rc1½	19	60	41.48	41.35	27.7	11	13	145	255	180	275	190	75	80	100	125
50	(2)	Rc2	21	74	54.18	54.05	34.0	13	15	175	305	205	325	225	90	95	125	140
65	(2½)	Rc2½	24	90	—	—	—	15	16	200	400 (240)	240	430 (260)	265	—	—	140	180
80	(3)	Rc3	26	105	—	—	—	16	18	230	460 (280)	275	490 (295)	275	—	—	180	200
100	(4)	Rc4	30	135	—	—	—	—	22	—	—	340	—	340	—	—	—	250

[비고] 1. 면 간 치수 L은 납땜형에 적용하지 않는다.
2. d_2는 JIS B 0203에 의한다.
3. 슬루스 밸브의 전개 높이의 ( )는 밸브 봉 비상승식의 경우를 나타낸다.

14장

14·22 표 회주철 호칭압력 5K 바깥나사 슬루스 밸브 (JIS B 2301) (단위 mm)

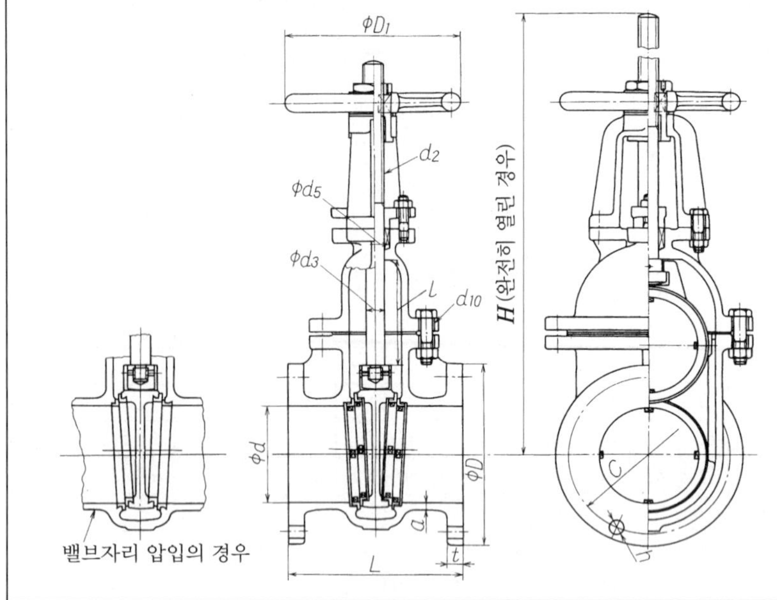

[비고]
1. 면 간 치수의 계열 번호는 2 (JIS B 2002에 의한다).
2. 플랜지는 JIS B 2220, 2239(강제 및 주철제 관 플랜지)의 규정에 의한다.
3. 플랜지의 볼트 구멍은 중심선을 나누기로 한다.
4. d_2는 JIS B 0216-3(미터 사다리꼴 나사)의 규정에 의한다. 단, 구 JIS B 0222 (29도 사다리꼴 나사)의 경우는 새로운 설계에는 사용하지 않는다.

호칭지름	구경 d	면간치수 L	플랜지 외경 D	플랜지 볼트 구멍 중심원 지름 C	플랜지 볼트 구멍 수	플랜지 볼트 구멍 지름 h	플랜지 볼트 나사의 호칭	플랜지 두께 t	H (참고)	l (참고)	D_1 (참고)	살두께 (최소) a	캡 볼트 (참고) d_{10} 나사의 호칭×개수	밸브 봉 지름 (패킹 접촉부) (최소) d_3	밸브 봉 지름 (패킹 접촉부) d_2 나사의 호칭	d_5 (참고)
50	50	160	130	105	4	15	M 12	16	340	55	160	6	M 12×6	18	Tr(TW)18	31
65	65	170	155	130	4	15	M 12	18	405	70	180	6	M 12×6	20	Tr(TW)20	33
80	80	180	180	145	4	19	M 16	18	465	86	180	6	M 12×6	20	Tr(TW)20	33
100	100	200	200	165	8	19	M 16	20	550	108	224	8	M 16×6	24	Tr(TW)24	37
125	125	220	235	200	8	19	M 16	20	650	137	224	9	M 16×8	24	Tr(TW)24	37
150	150	240	265	230	8	19	M 16	22	755	163	250	10	M 16×8	26	Tr(TW)26	39
200	200	260	320	280	8	23	M 20	24	955	214	280	12	M 16×12	28	Tr(TW)28	41
250	250	300	385	345	12	23	M 20	26	1160	265	355	15	M 20×12	32	Tr(TW)32	48

14·23 표 회주철 호칭압력 10K 볼형 밸브 및 앵글 밸브 (JIS B 2031) (단위 mm)

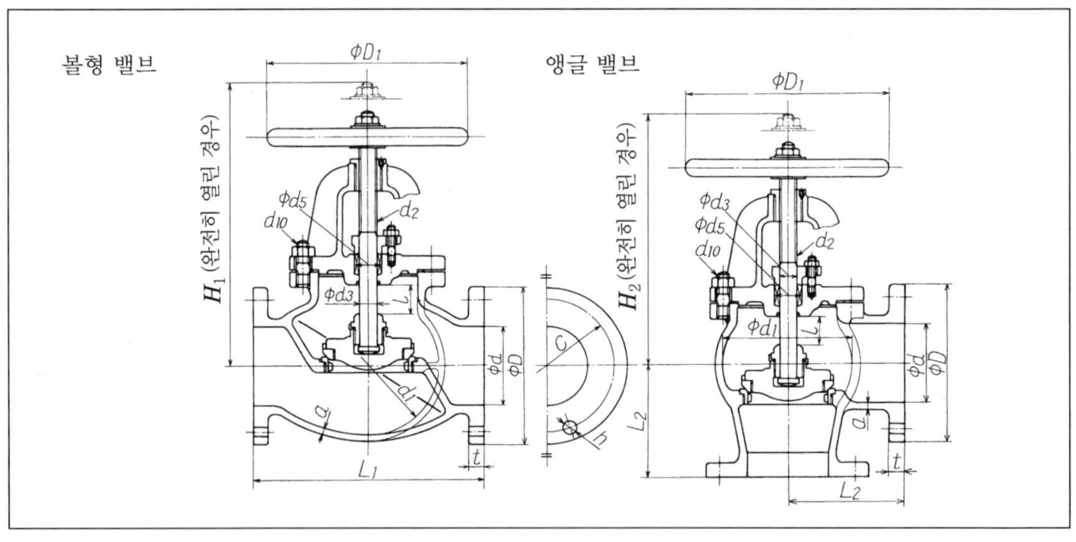

(다음 페이지에 계속)

호칭 지름	구경 d	면간 치수 L_1	면간 치수 L_2	플랜지 외경 D	볼트 구멍 중심원 지름 C	볼트 구멍 수	볼트 구멍 지름 h	볼트 나사의 호칭	두께 t	H_1 (참고)	H_2 (참고)	l (참고)	D_1 (참고)	살두께 (최소) a	d_1 (참고)	캡 볼트 (참고) d_{10} 나사의 호칭×개수	밸브 봉 지름 (패킹 접촉부) (최소) d_3	밸브 봉 지름 (패킹 접촉부) d_2 나사의 호칭	d_5 (참고)
40	40	190	100	140	105	4	19	M 16	20	250		17	160	7	95	M 12×6	18	Tr(TW)18	31
50	50	200	105	155	120	4	19	M 16	20	275		20	180	7	110	M 12×6	20	Tr(TW)20	33
65	65	220	115	175	140	4	19	M 16	22	310		26	200	8	130	M 12×6	20	Tr(TW)20	33
80	80	240	135	185	150	8	19	M 16	22	340		30	224	8	150	M 16×6	24	Tr(TW)24	37
100	100	290	155	210	175	8	19	M 16	24	390		38	280	10	175	M 16×8	26	Tr(TW)26	39
125	125	360	180	250	210	8	23	M 20	24	460		46	315	11	225	M 20×8	28	Tr(TW)28	41
150	150	410	205	280	240	8	23	M 20	26	515		58	355	13	270	M 20×8	32	Tr(TW)32	48
200	200	500	230	330	290	12	23	M 20	26	610		74	450	15	330	M 20×12	38	Tr(TW)38	57

[비고] 1. 면 간 치수의 계열 번호는 볼형 밸브 19(이외에 20이 있다), 앵글 밸브 37(JIS B 2002에 의한다).
2. 플랜지는 JIS B 2220, 2239의 규정에 의한다.
3. 플랜지의 볼트 구멍은 중심선을 나누기로 한다.
4. d_2는 JIS B 0216-3의 규정에 의한다. 단, 구 JIS B 0222의 경우는 새로운 설계에는 사용하지 않는다.
5. 밸브 케이스의 d_1 치수는 격벽을 둥근 격벽으로 한 경우의 것을 나타낸다.

14·24 표 회주철 호칭압력 10K 슬루스 밸브 (JIS B 2031)

(단위 mm)

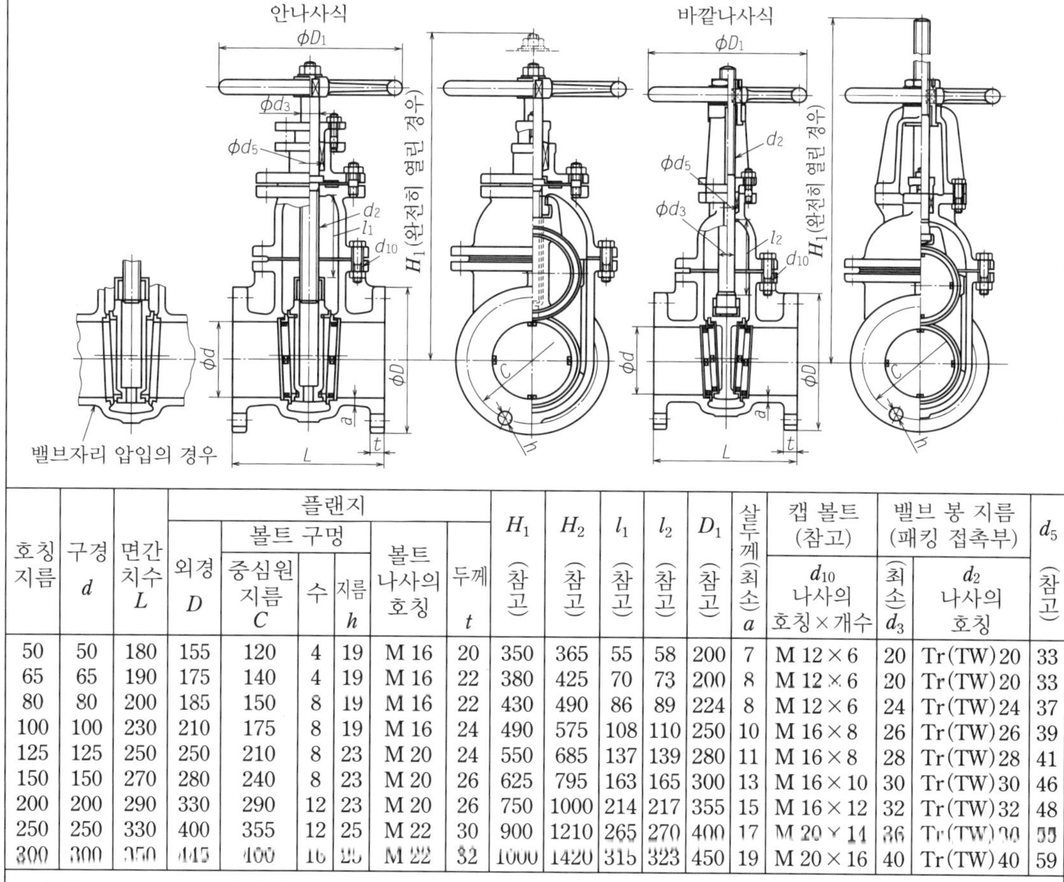

호칭 지름	구경 d	면간 치수 L	플랜지 외경 D	볼트 구멍 중심원 지름 C	볼트 구멍 수	볼트 구멍 지름 h	볼트 나사의 호칭	두께 t	H_1 (참고)	H_2 (참고)	l_1 (참고)	l_2 (참고)	D_1 (참고)	살두께 (최소) a	캡 볼트 (참고) d_{10} 나사의 호칭×개수	밸브 봉 지름 (패킹 접촉부) (최소) d_3	밸브 봉 지름 (패킹 접촉부) d_2 나사의 호칭	d_5 (참고)
50	50	180	155	120	4	19	M 16	20	350	365	55	58	200	7	M 12×6	20	Tr(TW)20	33
65	65	190	175	140	4	19	M 16	22	380	425	70	73	200	8	M 12×6	20	Tr(TW)20	33
80	80	200	185	150	8	19	M 16	22	430	490	86	89	224	8	M 12×6	24	Tr(TW)24	37
100	100	230	210	175	8	19	M 16	24	490	575	108	110	250	10	M 16×8	26	Tr(TW)26	39
125	125	250	250	210	8	23	M 20	24	550	685	137	139	280	11	M 16×8	28	Tr(TW)28	41
150	150	270	280	240	8	23	M 20	26	625	795	163	165	300	13	M 16×10	30	Tr(TW)30	46
200	200	290	330	290	12	23	M 20	26	750	1000	214	217	355	15	M 16×12	32	Tr(TW)32	48
250	250	330	400	355	12	25	M 22	30	900	1210	265	270	400	17	M 20×14	36	Tr(TW)36	55
300	300	350	445	400	16	25	M 22	32	1000	1420	315	323	450	19	M 20×16	40	Tr(TW)40	59

[비고] 1. 면 간 치수의 계열 번호는 5(이외에 6이 있다) (JIS B 2005에 의한다).
2. 플랜지는 JIS B 2220, 2239의 규정에 의한다.
3. 플랜지의 볼트 구멍은 중심선을 나누기로 한다.
4. d_2는 JIS B 0216-3의 규정에 의한다. 단, 구 JIS B 0222의 경우는 새로운 설계에는 사용하지 않는다.

14장

14·25 표 회주철 호칭압력 10K 스윙 체크 밸브 (JIS B 2031) (단위 mm)

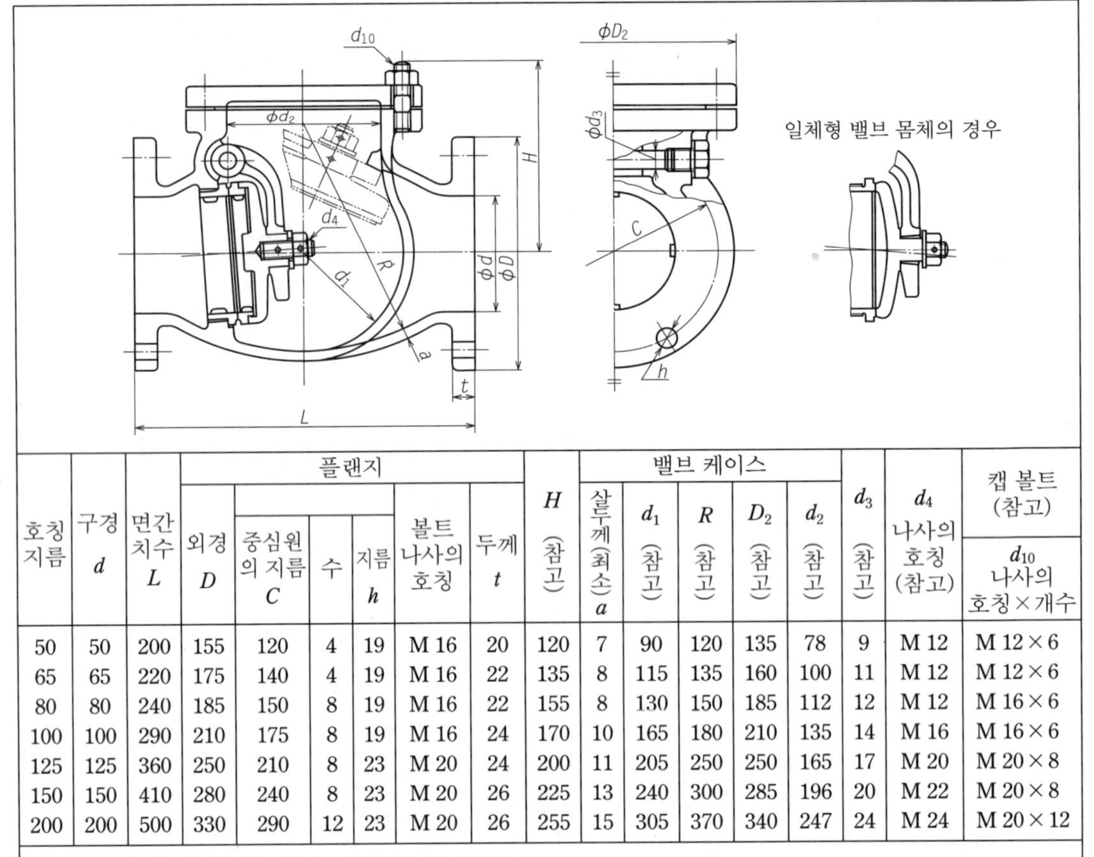

호칭 지름	구경 d	면간 치수 L	플랜지 외경 D	플랜지 중심원의 지름 C	플랜지 수	플랜지 지름 h	플랜지 볼트 나사의 호칭	플랜지 두께 t	H (참고)	밸브 케이스 살두께 (최소) a	밸브 케이스 d_1 (참고)	밸브 케이스 R (참고)	밸브 케이스 D_2 (참고)	밸브 케이스 d_2 (참고)	d_3 (참고)	d_4 나사의 호칭 (참고)	캡 볼트(참고) d_{10} 나사의 호칭×개수
50	50	200	155	120	4	19	M 16	20	120	7	90	120	135	78	9	M 12	M 12×6
65	65	220	175	140	4	19	M 16	22	135	8	115	135	160	100	11	M 12	M 12×6
80	80	240	185	150	8	19	M 16	22	155	8	130	150	185	112	12	M 12	M 16×6
100	100	290	210	175	8	19	M 16	24	170	10	165	180	210	135	14	M 16	M 16×6
125	125	360	250	210	8	23	M 20	24	200	11	205	250	250	165	17	M 20	M 20×8
150	150	410	280	240	8	23	M 20	26	225	13	240	300	285	196	20	M 22	M 20×8
200	200	500	330	290	12	23	M 20	26	255	15	305	370	340	247	24	M 24	M 20×12

[비고] 1. 면 간 치수의 계열 번호는 19(이외에 20이 있다) (JIS B 2002에 의한다).
2. 플랜지는 JIS B 2220, 2239의 규정에 의한다.
3. 플랜지의 볼트 구멍은 중심선을 나누기로 한다.

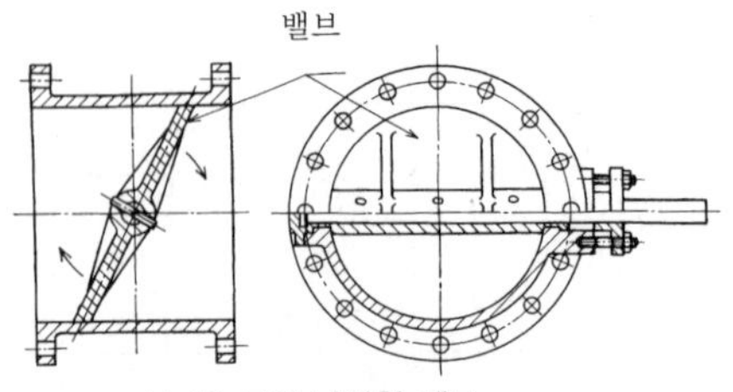

14·16 그림 나비형 밸브

그리고 안전 밸브라고 해서 관 내의 유체 압력이 일정 압력 이상이 될 때, 자동적으로 밸브에서 유체가 분출해 그 위험을 피하게 되어 있는 것 등이 있다.

4. 콕

(1) 콕 이것은 간단한 구조로 된 밸브의 일종으로, 원뿔 모양의 플러그를 회전해 개폐를 하는 것이다. 저압 소경용으로서 취급이 용이하고 조작을 신속하게 할 수 있으며, 전개일 때는 흐름 저항이 적어 널리 이용되고 있다. 단 고압 유체에는 부적당하다. 이 형상으로서 이방 콕, 삼방 콕 등이 있다(14·18 그림, 14·19 그림). 14·26 표 및 14·27 표는 JIS에 정해진(1999년 폐지) 청동 나사식 플러그 콕 및 동일하게 그랜드 콕을 나타낸 것이다.

(2) 콕 주요 부분의 계산 14·17 그림에서 b…플러그 입구의 폭(cm), h…플러그 입구의 높이(cm), d…관의 구경(cm)로 하면, 다음의 관계식을 얻을 수 있다.

$$bh=\frac{\pi d^2}{4},\quad h=2b \text{ 로 하면}$$

$$b=d\sqrt{\frac{\pi}{8}}=0.627d$$

위의 식에서

$$\frac{b}{\text{원주}}=\frac{0.627d}{\pi d}\fallingdotseq\frac{1}{5}$$

가 된다.

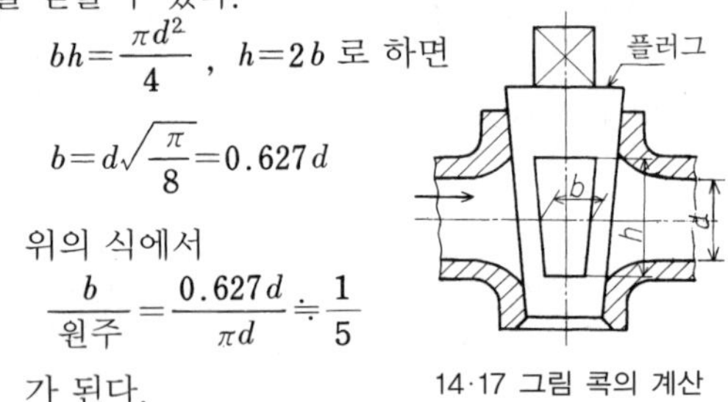

14·17 그림 콕의 계산

14·26 표 청동 나사식 플러그 콕 (JIS B 2191, 1999년 폐지) (단위 mm)

호칭지름		구경	면간 치수 L	d_1		본체					플러그				이면 폭	
A	B			나사의 호칭	유효 나사부의 길이 I	a	a_1	b	b_1 (참고)	R (참고)	a_2 (참고)	H (참고)	H_1 (참고)	h (참고)	s_1	s_2 (참고)
10	⅜	10	50	R_c ⅜	10	3.5	2.5	6.6	5.4	9	2.5	35	31	11	24	10
15	½	15	60	R_c ½	12	4	2.5	8.8	7.3	11	3	40	36	12	29	12
20	¾	20	75	R_c ¾	14	4.5	2.5	12	10	14	3.5	49	43	14	35	14
25	1	25	90	R_c 1	16	5	3	15.3	12.7	18	4.5	56	50	16	44	17
32	1¼	32	105	R_c 1¼	18	5.5	3.5	19.8	16.3	22.5	5.5	67	61	18	54	19
40	1½	40	120	R_c 1½	19	6	4	26	22	25	6	77	67	22	60	23
50	2	50	140	R_c 2	21	6.5	4.5	31.6	26.4	32	6.5	91	81	24	74	26

[비고] 1. 그림은 구조 및 형상의 일례를 나타낸 것으로, 특정 모델을 규정하는 것은 아니다.
2. d_1은 JIS B 0203 (관용 테이퍼 나사)에 의한다.
3. b, b_1 및 R의 치수는 통로의 면적을 규정하는 것으로, 통로의 면적은 이것과 동등 이상이면 된다.
4. (참고)는 참고 치수를 나타낸다.

14·27 표 청동 나사식 글랜드 콕 (JIS B 2191, 1999년 폐지) (단위 mm)

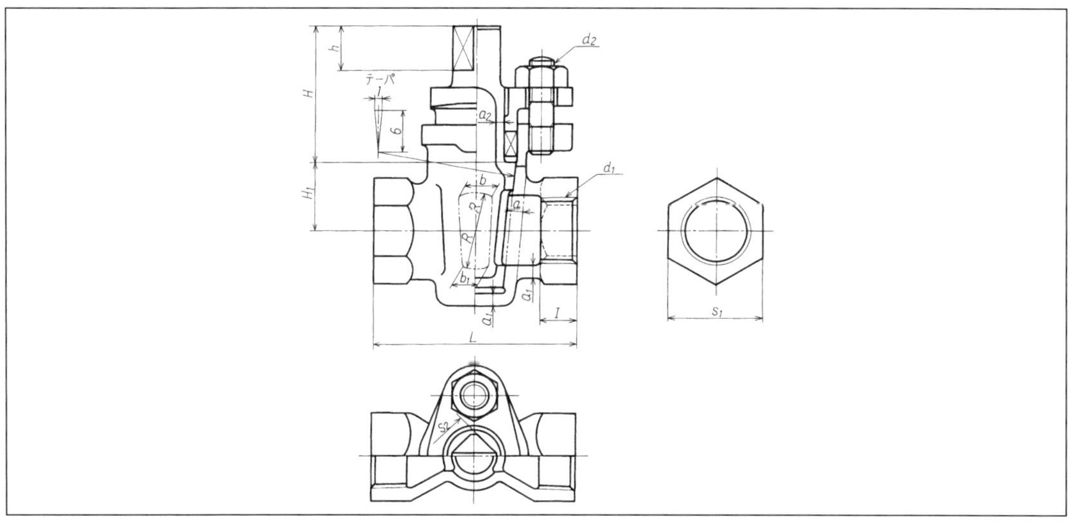

(다음 페이지에 계속)

호칭지름		구경	면간 치수 L	d_1		본체						플러그			이면폭		볼트
A	B			나사의 호칭	유효 나사부의 길이 I	a	a_1	H_1 (참고)	b (참고)	b_1 (참고)	R (참고)	a_2 (참고)	H (참고)	h (참고)	s_1	s_2 (참고)	d_2 (참고)
15	½	15	60	R_c ½	12	4	2.5	22	9.8	8.2	10	3	62	14	29	12	M 8
20	¾	20	75	R_c ¾	14	4.5	2.5	28	12.3	10	14	3.5	71	17	35	14	M 10
25	1	25	90	R_c 1	16	5	3	33	16.3	13.7	16	4.5	88	20	44	17	M 10
32	1¼	32	105	R_c 1¼	18	5.5	3.5	42	20.7	17.3	20.5	5.5	107	23	54	19	M 12
40	1½	40	120	R_c 1½	19	6	4	50	26.1	22	25	6	125	28	60	23	M 12
50	2	50	140	R_c 2	21	6.5	4.5	62	31.6	26.4	32	6.5	152	32	74	26	M 16

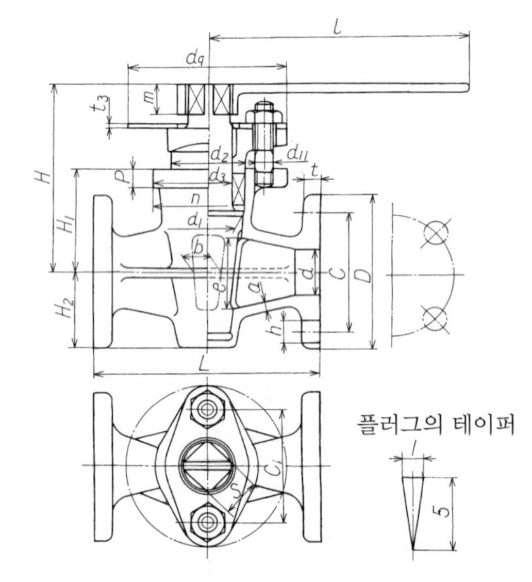

14·18 그림 선박용 청동 호칭압력 5K 플랜지형 이방 콕

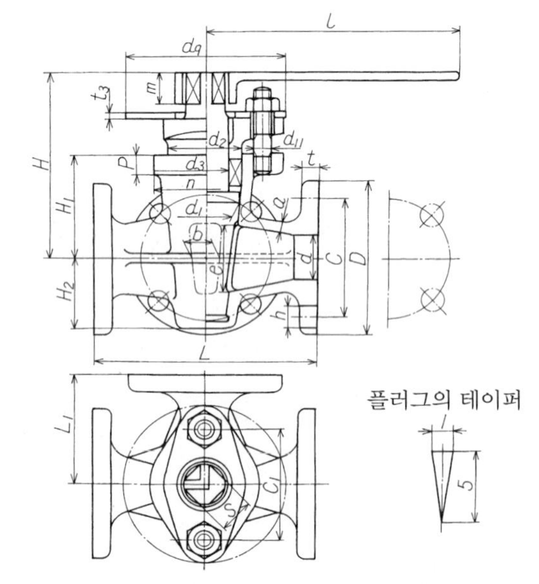

14·19 그림 선박용 청동 호칭압력 5K 플랜지형 삼방 콕

14·5 밀봉장치

밀봉장치는 실이라고 불리며, 유체의 누설, 또는 외부에서 이물질이 침입하는 것을 방지하기 위해 이용되는 것으로, 관이음 등의 고정용(정지용) 실을 개스킷이라고 부르고 피스톤이나 베어링 등의 실을 패킹이라고 부른다.

또한 틈새나 원심력을 이용해 밀봉하는 비접촉식과 직접 접촉하거나 혹은 경계 윤활을 통해 접촉하는 접촉식 및 이들을 조합한 방식의 것 등이 있다. 14·28 표에 밀봉장치의 분류를 나타냈다.

1. O링

O링이란 주로 합성고무를 원료로 14·30 표에 나타낸 단면 원형의 링 모양의 실로, 설치가 간단하고 또한 실성도 우수하므로 일반 기기의 유체 실로서 매우 널리 사용되고 있다.

14·28 표 밀봉장치의 분류

방식		장치
비접촉 방식	틈새를 이용하는 것	기름(그리스) 홈, 나사형 홈, 래비린드, 다열 금속핀, 기타
	원심력을 이용하는 것	슬링거(플링거), 기타
접촉 방식	주로 직접 접촉을 이용하는 것	실링(펠트, 피혁, 코르크, 고무, 플라스틱 등), O링, 피스톤링, 기타
	주로 유체 윤활, 경계 윤활을 이용하는 것	오일 실, 메커니컬 실
조합 방식		이상의 각 밀봉장치를 적절하게 조합한 것

14·29 표 O링의 종류 (JIS B 2401)

(a) 용도별 종류

KS B 2085

용도별 종류	용도의 기호	용도별 종류	용도의 기호
운동용 O링	P	ISO 일반공업용	F
고정용 O링	G		
진공 플랜지용 O링	V	ISO 정밀기기용	S

(b) 재료의 종류와 그 식별 기호

재료의 종류(1)	타입 A 듀로미터 경도(2)	재료의 종류를 나타내는 식별기호	비고	기존의 식별 (참고)
일반용 니트릴고무 [NBR]	A70	NBR-70-1	내광물유용	1종 A 또는 1A
	A90	NBR-90		1종 B 또는 1B
연료용 니트릴고무 [NBR]	A70	NBR-70-2	내가솔린용	2종 또는 2
수소화 니트릴고무 [HNBR]	A70	HNBR-70	내광물유·내열용	—
	A90	HNBR-90		
불소고무 [FKM]	A70	FKM-70	내열용	4종 D 또는 4D
	A90	FKM-90		—
에틸렌프로필렌고무 [EPDM]	A70	EPDM-70	내동식물유용 ·브레이크유용	3종 또는 3
	A90	EPDM-90		—
실리콘고무	A70	VMQ-70	내열·내한용	4종 C 또는 4C
아크릴고무	A70	ACM-70	내열	

[주] (1) [ ] 내의 약호는 JIS 6397을 참조.
(2) 타입 A 듀로미터 경도는 JIS K 6253-3에 의한다.

O링은 보통 단면 직사각형의 홈에 적당한 스퀴즈를 주어 압축 장착되며, 이것에 의한 고무 자체의 반발력 때문에 벽면에 압착해 실 작용을 하는 것이다.

(1) O링의 종류 O링은 용도 및 재료에 따라 14·29 표와 같이 나누어진다.

이 중 운동용이란 O링의 외경면 또는 내경면이 섭동 운동에 이용되는 것으로, 회전 운동용의 것은 대상이 되지 않는다.

운동용 O링은 스퀴즈가 너무 크면, 마찰이 커지고 마력 손실이 증가하는 외에 버닝, 파손 등의 위험도 커지므로 스퀴즈는 약 10% 전후로 비교적 적게 잡는다.

또한 고정용이란 정지 부분에 이용되는 것으로, 반경 방향으로 스퀴즈를 주는 경우(원통면 홈)와 측면 방향에서 스퀴즈를 주는 경우(평면 홈)가 있으며, 양쪽 다 스퀴즈는 20~30%로 잡고 있다.

(2) O링의 형상·치수 규격으로 정해진 O링은 14·30 표~14·32 표에 나타낸 것과 같다.

그리고 ISO 정밀 기기용, 진공 플랜지용은 특수한 것이기 때문에 본서에서는 생략한다.

O링의 굵기는 운동용의 것이 약간 굵게 되어 있는데, 고정용도 압력이 높은 경우에는 굵은 것을 이용하는 것이 좋다.

또한 사용 상 지장이 없는 경우에는 운동용 O링을 고정용으로, 또한 고정용 O링을 운동용으로 유용해도 지장은 없다. 특히 고정용 O링은 호칭번호 25 미만의 것이 없으므로 그 부분의 치수인 것이 필요한 경우에는 운동용의 것을 사용하면 된다.

(3) O링의 하우징 홈 O링은 스퀴즈가 실성 및 내구성에 크게 영향을 미치므로 O링을 설치하는 하우징의 홈부 설계에 있어서는 이것을 충분히 고려해야 한다.

14·20 그림에서 O링의 내경 및 단면 직경을 각각 d, W로 하고, O링의 내경측 및 외경측이 접하는 원통면의

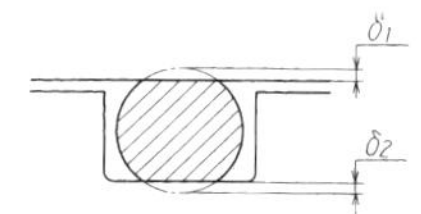

$\delta = (\delta_1 + \delta_2)$

14·20 그림 스퀴즈 δ

14·30 표 운동용 O링(P)의 내경, 굵기 및 허용차 (JIS B 2401-1) **KS B 2805** (단위 mm)

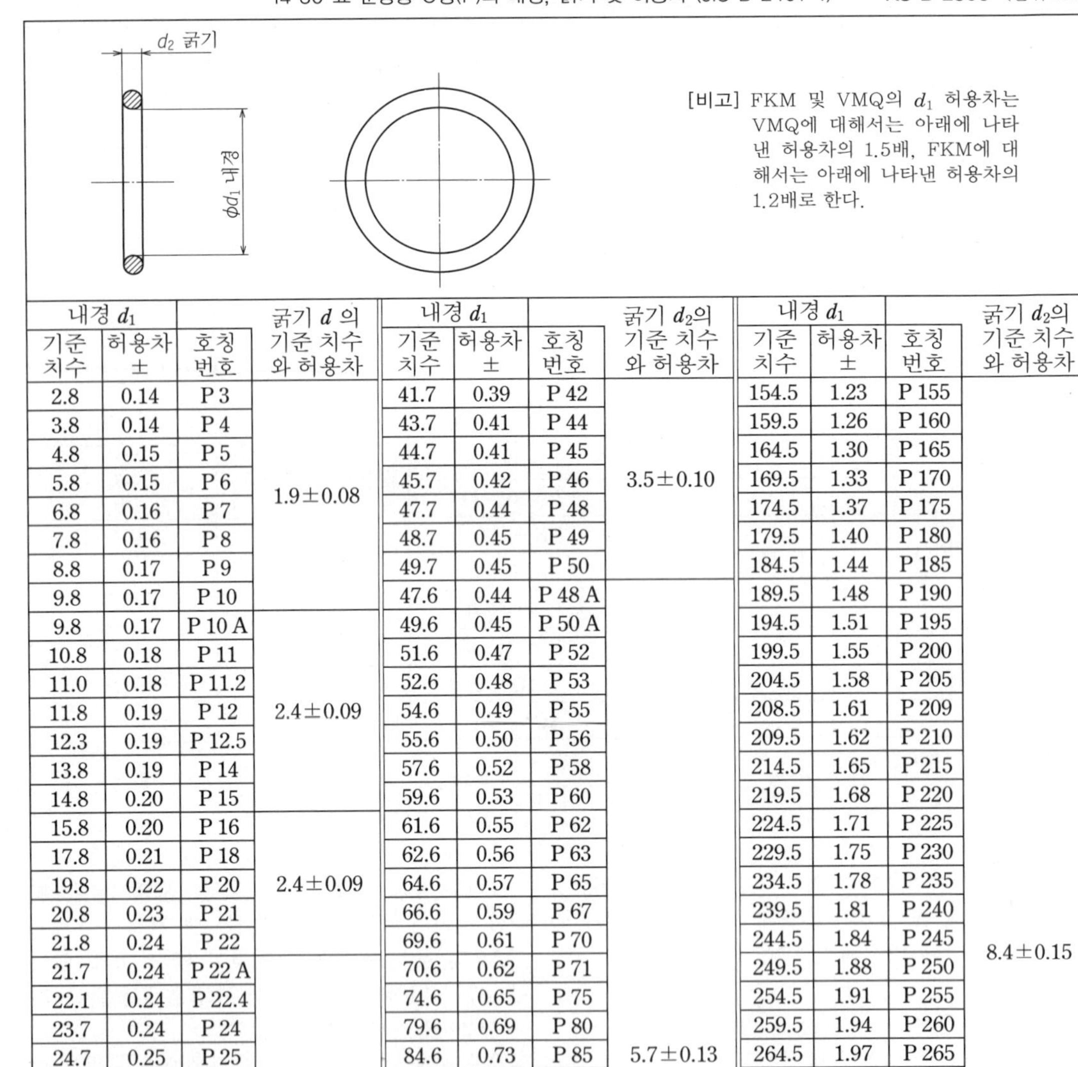

[비고] FKM 및 VMQ의 d_1 허용차는 VMQ에 대해서는 아래에 나타낸 허용차의 1.5배, FKM에 대해서는 아래에 나타낸 허용차의 1.2배로 한다.

내경 d_1 기준 치수	내경 d_1 허용차 ±	호칭 번호	굵기 d 의 기준 치수와 허용차	내경 d_1 기준 치수	내경 d_1 허용차 ±	호칭 번호	굵기 d_2의 기준 치수와 허용차	내경 d_1 기준 치수	내경 d_1 허용차 ±	호칭 번호	굵기 d_2의 기준 치수와 허용차
2.8	0.14	P 3	1.9±0.08	41.7	0.39	P 42	3.5±0.10	154.5	1.23	P 155	8.4±0.15
3.8	0.14	P 4		43.7	0.41	P 44		159.5	1.26	P 160	
4.8	0.15	P 5		44.7	0.41	P 45		164.5	1.30	P 165	
5.8	0.15	P 6		45.7	0.42	P 46		169.5	1.33	P 170	
6.8	0.16	P 7		47.7	0.44	P 48		174.5	1.37	P 175	
7.8	0.16	P 8		48.7	0.45	P 49		179.5	1.40	P 180	
8.8	0.17	P 9		49.7	0.45	P 50		184.5	1.44	P 185	
9.8	0.17	P 10		47.6	0.44	P 48 A	5.7±0.13	189.5	1.48	P 190	
9.8	0.17	P 10 A	2.4±0.09	49.6	0.45	P 50 A		194.5	1.51	P 195	
10.8	0.18	P 11		51.6	0.47	P 52		199.5	1.55	P 200	
11.0	0.18	P 11.2		52.6	0.48	P 53		204.5	1.58	P 205	
11.8	0.19	P 12		54.6	0.49	P 55		208.5	1.61	P 209	
12.3	0.19	P 12.5		55.6	0.50	P 56		209.5	1.62	P 210	
13.8	0.19	P 14		57.6	0.52	P 58		214.5	1.65	P 215	
14.8	0.20	P 15		59.6	0.53	P 60		219.5	1.68	P 220	
15.8	0.20	P 16	2.4±0.09	61.6	0.55	P 62		224.5	1.71	P 225	
17.8	0.21	P 18		62.6	0.56	P 63		229.5	1.75	P 230	
19.8	0.22	P 20		64.6	0.57	P 65		234.5	1.78	P 235	
20.8	0.23	P 21		66.6	0.59	P 67		239.5	1.81	P 240	
21.8	0.24	P 22		69.6	0.61	P 70		244.5	1.84	P 245	
21.7	0.24	P 22 A	3.5±0.10	70.6	0.62	P 71		249.5	1.88	P 250	
22.1	0.24	P 22.4		74.6	0.65	P 75		254.5	1.91	P 255	
23.7	0.24	P 24		79.6	0.69	P 80		259.5	1.94	P 260	
24.7	0.25	P 25		84.6	0.73	P 85		264.5	1.97	P 265	
25.2	0.25	P 25.5		89.6	0.77	P 90		269.5	2.01	P 270	
25.7	0.26	P 26		94.6	0.81	P 95		274.5	2.04	P 275	
27.7	0.28	P 28		99.6	0.84	P 100		279.5	2.07	P 280	
28.7	0.29	P 29		101.6	0.85	P 102		284.5	2.10	P 285	
29.2	0.29	P 29.5		104.6	0.87	P 105		289.5	2.14	P 290	
29.7	0.29	P 30		109.6	0.91	P 110		294.5	2.17	P 295	
30.7	0.30	P 31	3.5±0.10	111.6	0.92	P 112		299.5	2.20	P 300	
31.2	0.31	P 31.5		114.6	0.94	P 115		314.5	2.30	P 315	
31.7	0.31	P 32		119.6	0.98	P 120		319.5	2.33	P 320	
33.7	0.33	P 34		124.6	1.01	P 125		334.5	2.42	P 335	
34.7	0.34	P 35		129.6	1.05	P 130		339.5	2.45	P 340	
35.2	0.34	P 35.5		131.6	1.06	P 132		354.5	2.54	P 355	
35.7	0.34	P 36		134.6	1.09	P 135		359.5	2.57	P 360	
37.7	0.37	P 38		139.6	1.12	P 140		374.5	2.67	P 375	
38.7	0.37	P 39		144.6	1.16	P 145		384.5	2.73	P 385	
39.7	0.37	P 40		149.6	1.19	P 150		399.5	2.82	P 400	
40.7	0.38	P 41		149.5	1.19	P 150 A	8.4±0.15				

KS B 2805

14·31 표 고정용 O링(G)의 내경, 굵기 및 허용차 (JIS B 2401-1)

(단위 mm)

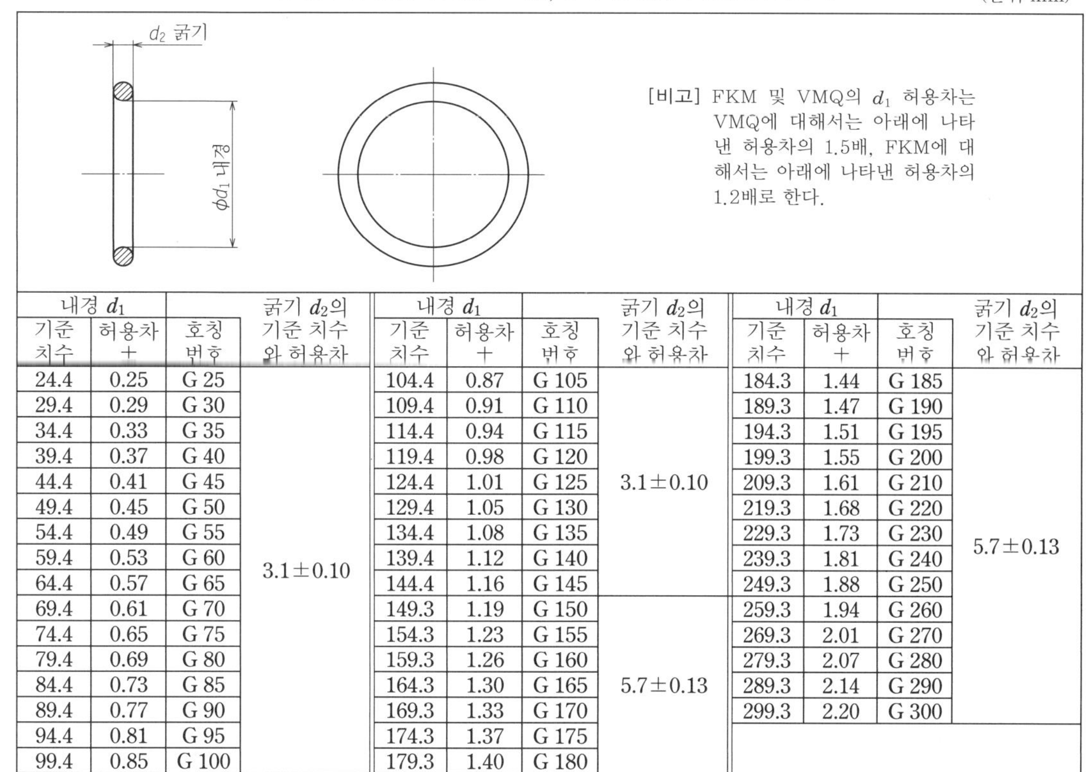

[비고] FKM 및 VMQ의 d_1 허용차는 VMQ에 대해서는 아래에 나타낸 허용차의 1.5배, FKM에 대해서는 아래에 나타낸 허용차의 1.2배로 한다.

내경 d_1		호칭 번호	굵기 d_2의 기준 치수와 허용차	내경 d_1		호칭 번호	굵기 d_2의 기준 치수와 허용차	내경 d_1		호칭 번호	굵기 d_2의 기준 치수와 허용차
기준 치수	허용차 +			기준 치수	허용차 +			기준 치수	허용차 +		
24.4	0.25	G 25	3.1±0.10	104.4	0.87	G 105	3.1±0.10	184.3	1.44	G 185	5.7±0.13
29.4	0.29	G 30		109.4	0.91	G 110		189.3	1.47	G 190	
34.4	0.33	G 35		114.4	0.94	G 115		194.3	1.51	G 195	
39.4	0.37	G 40		119.4	0.98	G 120		199.3	1.55	G 200	
44.4	0.41	G 45		124.4	1.01	G 125		209.3	1.61	G 210	
49.4	0.45	G 50		129.4	1.05	G 130		219.3	1.68	G 220	
54.4	0.49	G 55		134.4	1.08	G 135		229.3	1.73	G 230	
59.4	0.53	G 60		139.4	1.12	G 140		239.3	1.81	G 240	
64.4	0.57	G 65		144.4	1.16	G 145		249.3	1.88	G 250	
69.4	0.61	G 70		149.3	1.19	G 150	5.7±0.13	259.3	1.94	G 260	
74.4	0.65	G 75		154.3	1.23	G 155		269.3	2.01	G 270	
79.4	0.69	G 80		159.3	1.26	G 160		279.3	2.07	G 280	
84.4	0.73	G 85		164.3	1.30	G 165		289.3	2.14	G 290	
89.4	0.77	G 90		169.3	1.33	G 170		299.3	2.20	G 300	
94.4	0.81	G 95		174.3	1.37	G 175					
99.4	0.85	G 100		179.3	1.40	G 180					

14·32 표 ISO 일반공업용 O링의 내경, 굵기 및 허용차 (시리즈 G에 적용) (JIS B 2401)

(단위 mm)

내경 d_1		내경 d_2의 기준 치수와 허용차	내경 d_1		내경 d_2의 기준 치수와 허용차	내경 d_1		내경 d_2의 기준 치수와 허용차
기준 치수	허용차±		기준 치수	허용차±		기준 치수	허용차±	
1.8	0.13	1.8±0.08	8.75	0.18	1.8±0.08	22.4	0.28	1.8±0.08 2.65±0.09 3.55±0.1
2			9			23	0.29	
2.24			9.5			23.6		
2.5			9.75			24.3	0.30	
2.8			10	0.19		25		
3.15	0.14		10.6			25.8	0.31	
3.55			11.2	0.20		26.5		
3.75			11.6			27.3	0.32	
4			11.8			28		
4.5	0.15		12.1	0.21		29	0.33	
4.75			12.5			30	0.34	
4.87			12.8			31.5	0.35	2.65±0.09 3.55±0.1
5			13.2			32.5	0.36	
5.15			14	0.22		33.5		
5.3			14.5		1.8±0.08 2.65±0.09	34.5	0.37	
5.6	0.16		15			35.5	0.38	
6			15.5	0.23		36.5		
6.3			16			37.5	0.39	
6.7			17	0.24		38.7	0.40	
6.9			18	0.25		40	0.41	
7.1			19		1.8±0.08 2.65±0.09 3.55±0.1	41.2	0.42	2.65±0.09 3.55±0.1 5.3±0.13
7.5	0.17		20	0.26		42.5	0.43	
8			20.6	0.26		43.7	0.44	
8.5	0.18		21.2	0.27		45		

(다음 페이지에 계속)

14장

내경 d_1		내경 d_2 의 기준 치수와 허용차	내경 d_1		내경 d_2 의 기준 치수와 허용차	내경 d_1		내경 d_2 의 기준 치수와 허용차
기준 치수	허용차±		기준 치수	허용차±		기준 치수	허용차±	
46.2	0.45	2.65±0.09 3.55±0.1 5.3±0.13	165	1.26	3.55±0.1 5.3±0.13 7±0.15	360	2.52	5.3±0.13 7±0.15
47.5	0.46		167.5	1.28		365	2.56	
48.7	0.47		170	1.29		370	2.59	
50	0.48		172.5	1.31		375	2.62	
51.5	0.49		175	1.33		379	2.64	
53	0.50		177.5	1.34		383	2.67	
54.5	0.51		180	1.36		387	2.70	
56	0.52		182.5	1.38		391	2.72	
58	0.54		185	1.39		395	2.75	
60	0.55		187.5	1.41		400	2.78	
61.5	0.56		190	1.43		406	2.82	7±0.15
63	0.57		195	1.46		412	2.85	
65	0.58		200	1.49		418	2.89	
67	0.60		203	1.51	5.3±0.13 7±0.15	425	2.93	
69	0.61		206	1.53		429	2.96	
71	0.63		212	1.57		433	2.99	
73	0.64		218	1.61		437	3.01	
75	0.65		224	1.65		443	3.05	
77.5	0.67		227	1.67		450	3.09	
80	0.69		230	1.69		456	3.13	
82.5	0.71		236	1.73		462	3.17	
85	0.72		239	1.75		466	3.19	
87.5	0.74		243	1.77		470	3.22	
90	0.76		250	1.82		475	3.25	
92.5	0.77		254	1.84		479	3.28	
95	0.79		258	1.87		483	3.30	
97.5	0.81		261	1.89		487	3.33	
100	0.82		265	1.91		493	3.36	
103	0.85		268	1.92		500	3.41	
106	0.87		272	1.96		508	3.46	
109	0.89	3.55±0.1 5.3±0.13 7±0.15	276	1.98		515	3.50	
112	0.91		280	2.01		523	3.55	
115	0.93		283	2.03		530	3.60	
118	0.95		286	2.05		538	3.65	
122	0.97		290	2.08		545	3.69	
125	0.99		295	2.11		553	3.74	
128	1.01		300	2.14		560	3.78	
132	1.04		303	2.16		570	3.85	
136	1.07		307	2.19		580	3.91	
140	1.09		311	2.21		590	3.97	
142.5	1.11		315	2.24		600	4.03	
145	1.13		320	2.27		608	4.08	
147.5	1.14		325	2.30		615	4.12	
150	1.16		330	2.33		623	4.17	
152.5	1.18		335	2.36		630	4.22	
155	1.19		340	2.40		640	4.28	
157.5	1.21		345	2.43		650	4.34	
160	1.23		350	2.46		660	4.40	
162.5	1.24		355	2.49		670	4.47	

[비고] FKM 및 VMQ의 d_1 허용차는 VMQ에 대해서는 위에 나타낸 허용차의 1.5배, FKM에 대해서는 위에 나타낸 허용차의 1.2배로 한다.
*당 규격은 2012년의 개정에 의해 폐지됐다.

직경을 각각 d', D로 하면, 스퀴즈 δ는 다음 식으로 구할 수 있다.

$$\delta = W - \frac{D - d'}{2}$$

즉 스퀴즈 δ는 W, d' 및 D만으로 정해지는 양으로, O링의 내경, 외경에는 무관계이다.

이 스퀴즈의 크기는 JIS에서는 그 권장값으로서 운동용 및 고정용(원통면)은 최소 약 8%를 밀봉 기능 상의 필요값으로서 제한하고, 또한 고정용(평면)은 그 최고값을 재료의 영구 압축 변형의 한계에서 약 30%로 제한하는 것을 목표로 홈의 치수를 정하고 있다.

14·34 표는 JIS에 정해진 O링 굵기마다의 하우징 홈부의 치수를 나타낸 것이다.

(4) 백업 링 일반적으로 O링은 고압이 되면, 14·21 그림 (c)에 나타냈듯이 비어져 나오는 것이 생긴다. 이 비어져 나오는 정도는 O링의 단단함, 부품 간의 틈새, 압력 기타에 의해 정해지는 것인데, 14·22 그림에 나타낸 백업 링을 사용함으로써 방지할 수 있다.

백업 링에는 그 형태에 따라 스파이럴, 바이어스 컷 및 엔드리스의 3종류가 있는데, 장착에는 스파이럴, 바이어스 컷이 편리하다. 14·35 표는 4불화에틸렌수지제 백업 링의 치수를 나타낸 것이다. 또한 14·33 표는 백업 링 사용의 기준이 되는 부품 간의 틈새 2g의 값 및 사용 압력의 관계를 나타낸 것이다.

백업 링은 예를 들면 압력이 한쪽 면에서만 가해질 때에도 가급적 2개의 백업 링을, O링을 끼도록 설치하는 것이 바람직하다. 단, 공간의 제한이 있는 경우에는 1개의 백업 링을 저압측에 설치하도록 한다.

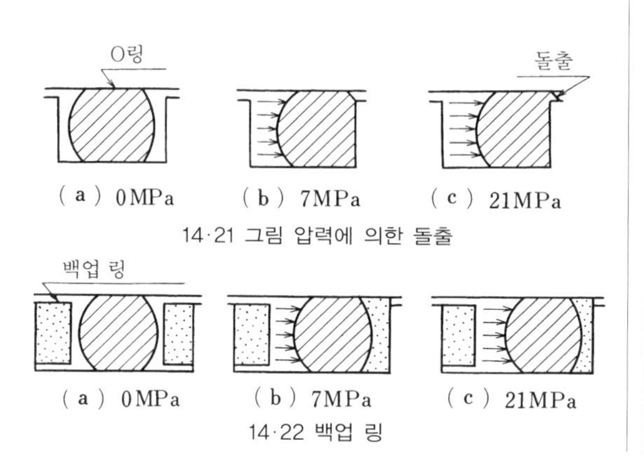

14·21 그림 압력에 의한 돌출

14·22 백업 링

14·33 표 백업 링을 사용하지 않은 경우의 직경 틈새(2g)의 최대값 (JIS B 2401-2 부록) KS B 2799

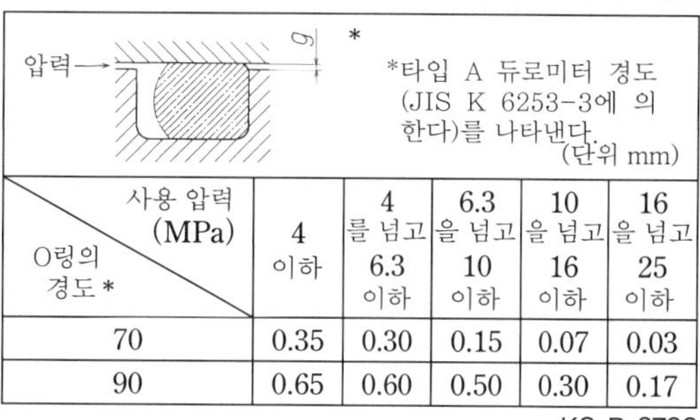

(단위 mm)

O링의 경도* \ 사용 압력 (MPa)	4 이하	4를 넘고 6.3 이하	6.3을 넘고 10 이하	10을 넘고 16 이하	16을 넘고 25 이하
70	0.35	0.30	0.15	0.07	0.03
90	0.65	0.60	0.50	0.30	0.17

14·34 표 O링의 하우징 홈부의 형상·치수 (JIS B 2401-2 부록) KS B 2799 (단위 mm)

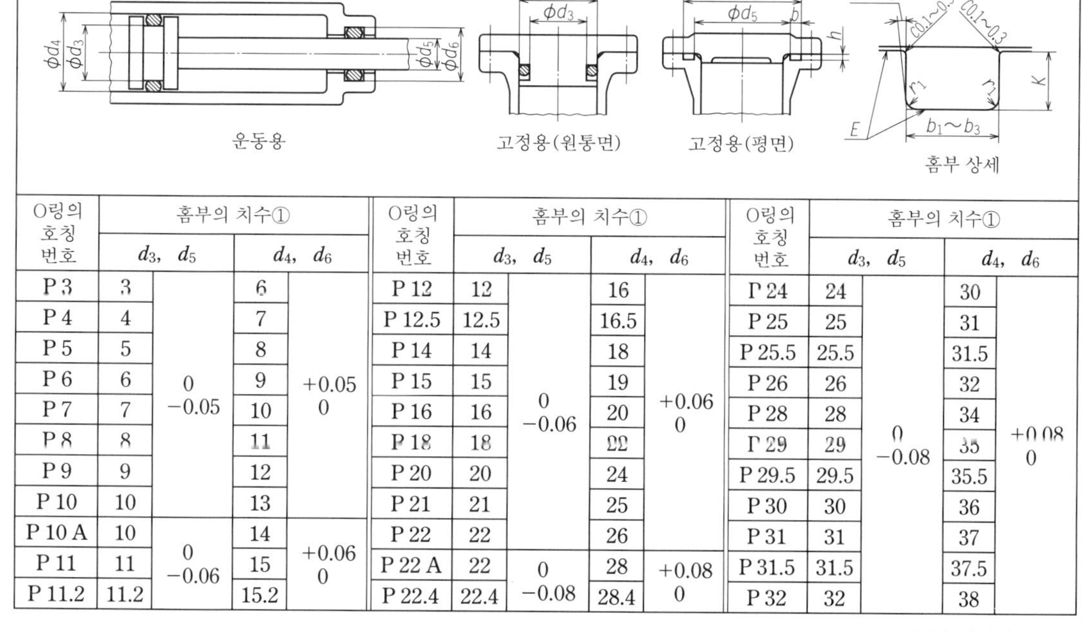

O링의 호칭 번호	홈부의 치수① d3, d5		홈부의 치수① d4, d6	
P 3	3	0 / −0.05	6	+0.05 / 0
P 4	4		7	
P 5	5		8	
P 6	6		9	
P 7	7		10	
P 8	8		11	
P 9	9		12	
P 10	10		13	
P 10 A	10	0 / −0.06	14	+0.06 / 0
P 11	11		15	
P 11.2	11.2		15.2	

O링의 호칭 번호	홈부의 치수① d3, d5		홈부의 치수① d4, d6	
P 12	12	0 / −0.06	16	+0.06 / 0
P 12.5	12.5		16.5	
P 14	14		18	
P 15	15		19	
P 16	16		20	
P 18	18		22	
P 20	20		24	
P 21	21		25	
P 22	22		26	
P 22 A	22	0 / −0.08	28	+0.08 / 0
P 22.4	22.4		28.4	

O링의 호칭 번호	홈부의 치수① d3, d5		홈부의 치수① d4, d6	
P 24	24	0 / −0.08	30	+0.08 / 0
P 25	25		31	
P 25.5	25.5		31.5	
P 26	26		32	
P 28	28		34	
P 29	29		35	
P 29.5	29.5		35.5	
P 30	30		36	
P 31	31		37	
P 31.5	31.5		37.5	
P 32	32		38	

(다음 페이지에 계속)

O링의 호칭 번호	홈부의 치수①			
	d_3, d_5		d_4, d_6	
P 34	34		40	
P 35	35		41	
P 35.5	35.5		41.5	
P 36	36		42	
P 38	38		44	
P 39	39		45	
P 40	40		46	
P 41	41	0 −0.08	47	+0.08 0
P 42	42		48	
P 44	44		50	
P 45	45		51	
P 46	46		52	
P 48	48		54	
P 49	49		55	
P 50	50		56	
P 48 A	48		58	
P 50 A	50		60	
P 52	52		62	
P 53	53		63	
P 55	55		65	
P 56	56		66	
P 58	58		68	
P 60	60	0 −0.10	70	+0.10 0
P 62	62		72	
P 63	63		73	
P 65	65		75	
P 67	67		77	
P 70	70		80	
P 71	71		81	
P 75	75		85	

O링의 호칭 번호	홈부의 치수①			
	d_3, d_5		d_4, d_6	
P 80	80		90	
P 85	85		95	
P 90	90		100	
P 95	95		105	
P 100	100		110	
P 102	102		112	
P 105	105		115	
P 110	110		120	
P 112	112		122	
P 115	115		125	
P 120	120		130	
P 125	125		135	
P 130	130		140	
P 132	132		142	
P 135	135	0 −0.10	145	+0.10 0
P 140	140		150	
P 145	145		155	
P 150	150		160	
P 150 A	150		165	
P 155	155		170	
P 160	160		175	
P 165	165		180	
P 170	170		185	
P 175	175		190	
P 180	180		195	
P 185	185		200	
P 190	190		205	
P 195	195		210	
P 200	200		215	
P 205	205		220	

O링의 호칭 번호	홈부의 치수①			
	d_3, d_5		d_4, d_6	
P 209	209		224	
P 210	210		225	
P 215	215		230	
P 220	220		235	
P 225	225		240	
P 230	230		245	
P 235	235		250	
P 240	240		255	
P 245	245		260	
P 250	250		265	
P 255	255		270	
P 260	260		275	
P 265	265		280	
P 270	270		285	
P 275	275	0 −0.10	290	+0.10 0
P 280	280		295	
P 285	285		300	
P 290	290		305	
P 295	295		310	
P 300	300		315	
P 315	315		330	
P 320	320		335	
P 335	335		350	
P 340	340		355	
P 355	355		370	
P 360	360		375	
P 375	375		390	
P 385	385		400	
P 400	400		415	

O링의 호칭 번호	홈부의 치수①			
	d_3, d_5		d_4, d_6	
G 25	25		30	
G 30	30		35	
G 35	35		40	
G 40	40		45	
G 45	45		50	
G 50	50		55	
G 55	55		60	
G 60	60	0 −0.10	65	+0.10 0
G 65	65		70	
G 70	70		75	
G 75	75		80	
G 80	80		85	
G 85	85		90	
G 90	90		95	
G 95	95		100	
G 100	100		105	

O링의 호칭 번호	홈부의 치수①			
	d_3, d_5		d_4, d_6	
G 105	105		110	
G 110	110		115	
G 115	115		120	
G 120	120		125	
G 125	125		130	
G 130	130		135	
G 135	135		140	
G 140	140	0 −0.10	145	+0.10 0
G 145	145		150	
G 150	150		160	
G 155	155		165	
G 160	160		170	
G 165	165		175	
G 170	170		180	
G 175	175		185	
G 180	180		190	

O링의 호칭 번호	홈부의 치수①			
	d_3, d_5		d_4, d_6	
G 185	185		195	
G 190	190		200	
G 195	195		205	
G 200	200		210	
G 210	210		220	
G 220	220		230	
G 230	230	0 −0.10	240	+0.10 0
G 240	240		250	
G 250	250		260	
G 260	260		270	
G 270	270		280	
G 280	280		290	
G 290	290		300	
G 300	300		310	

(다음 페이지에 계속)

O링의 호칭번호	홈부의 치수②						참고				
	b_1	b_2	b_3	h (±0.05)	r_1 (최대)	E* (최대)	O링의 실제 치수	스퀴즈			
	+0.25 / 0							(mm)		(%)	
	백업 링						굵기				
	없음	1개	2개					최대	최소	최대	최소
P 3 ∼ P 10	2.5	3.9	5.4	1.4	0.4	0.05	1.9±0.08	0.48	0.27	24.2	14.8
P 10 A ∼ P 22	3.2	4.4	6.0	1.8	0.4	0.05	2.4±0.09	0.49	0.25	19.7	10.8
P 22 A ∼ P 50	4.7	6.0	7.8	2.7	0.8	0.08	3.5±0.10	0.60	0.32	16.7	9.4
P 48 A ∼ P 150	7.5	9.0	11.5	4.6	0.8	0.10	5.7±0.13	0.83	0.47	14.2	8.4
P 150 A ∼ P 400	11.0	13.0	17.0	6.9	1.2	0.12	8.4±0.15	1.05	0.65	12.3	7.9
G 25 ∼ G 145	4.1	5.6	7.3	2.4	0.7	0.08	3.1±0.10	0.70	0.40	21.85	13.3
G 150 ∼ G 300	7.5	9.0	11.5	4.6	0.8	0.10	5.7±0.13	0.83	0.47	14.2	8.4

[주] 1. *E는 치수 K의 최대값과 최소값의 차이를 의미하고, 동축도의 2배로 되어 있다.
2. JIS B 2401-1의 P3~P400은 운동용, 고정용으로 사용하는데, G25~G300은 고정용으로만 사용하고 운동용으로는 사용하지 않는다. 단, P3~P400에서도 4종 C와 같은 기계적 강도가 작은 재료는 운동용으로 사용하지 않는 것이 바람직하다.

14·35 표 O링용 4불화에틸렌수지제 백업 링의 형상·치수 (JIS B 2401-4) (단위 mm)

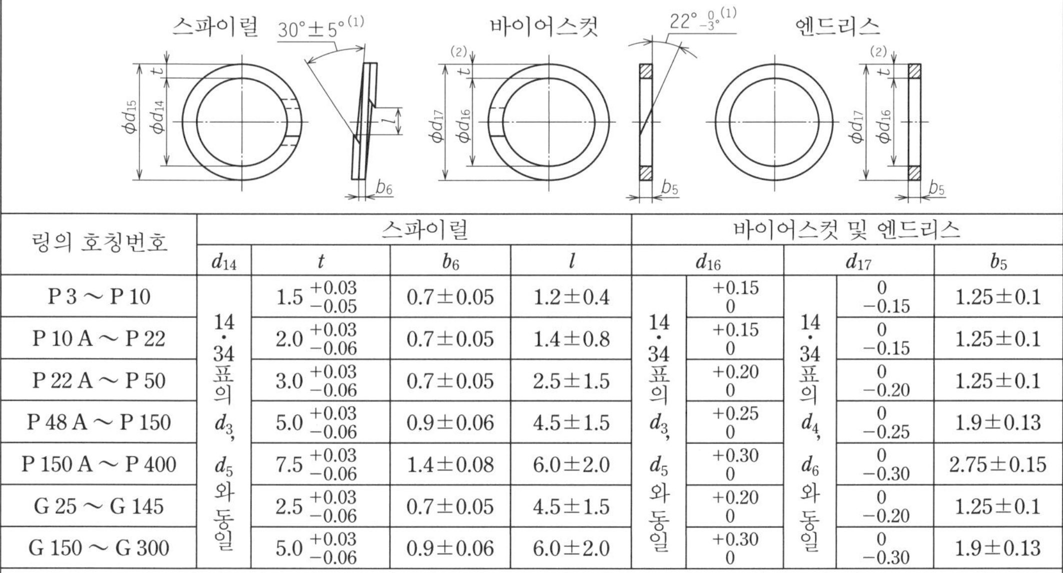

링의 호칭번호	스파이럴				바이어스컷 및 엔드리스				
	d_{14}	t	b_6	l	d_{16}		d_{17}		b_5
P 3 ∼ P 10	14·34 표의 d_3, d_5와 동일	1.5 $^{+0.03}_{-0.05}$	0.7±0.05	1.2±0.4	14·34 표의 d_3, d_5와 동일	$^{+0.15}_{0}$	14·34 표의 d_4, d_6와 동일	$^{0}_{-0.15}$	1.25±0.1
P 10 A ∼ P 22		2.0 $^{+0.03}_{-0.06}$	0.7±0.05	1.4±0.8		$^{+0.15}_{0}$		$^{0}_{-0.15}$	1.25±0.1
P 22 A ∼ P 50		3.0 $^{+0.03}_{-0.06}$	0.7±0.05	2.5±1.5		$^{+0.20}_{0}$		$^{0}_{-0.20}$	1.25±0.1
P 48 A ∼ P 150		5.0 $^{+0.03}_{-0.06}$	0.9±0.06	4.5±1.5		$^{+0.25}_{0}$		$^{0}_{-0.25}$	1.9±0.13
P 150 A ∼ P 400		7.5 $^{+0.03}_{-0.06}$	1.4±0.08	6.0±2.0		$^{+0.30}_{0}$		$^{0}_{-0.30}$	2.75±0.15
G 25 ∼ G 145		2.5 $^{+0.03}_{-0.06}$	0.7±0.05	4.5±1.5		$^{+0.20}_{0}$		$^{0}_{-0.20}$	1.25±0.1
G 150 ∼ G 300		5.0 $^{+0.03}_{-0.06}$	0.9±0.06	6.0±2.0		$^{+0.30}_{0}$		$^{0}_{-0.30}$	1.9±0.13

[주] (1) P3~P10의 컷 각도는 40 $^{0°}_{-5}$로 한다.
(2) 1개 내의 t의 최대값과 최소값 차이는 0.05mm를 넘지 않는다.

14·36 표 하우징과 O링 실부와의 접촉면 표면 성상 (JIS B 2401-2) (단위 mm)

기기의 부분	용도	압력이 걸리는 법		표면 성상	
				Ra	(참고) Rz
하우징의 측면 및 바닥면	고정용	맥동 없음	평면	3.2	12.5
			원통면	1.6	6.3
		맥동 있음		1.6	6.3
	운동용	백업 링을 사용하는 경우		1.6	6.3
		백업 링을 사용하지 않는 경우		0.8	3.2
O링 실부과의 접촉면	고정용	맥동 없음		1.6	6.3
		맥동 있음		0.8	3.2
	운동용	—		0.4	1.6
O링의 장착용 모떼기부	—	—		3.2	12.5

백업 링은 돌출되는 것이 문제가 되지 않는 저압의 경우에도 뜯김이나 비틀림 등의 손상을 방지해 O링의 수명을 길게 하는 효과가 있다.

(5) 하우징 홈부의 표면 성상, 모서리의 모떼기 홈부는 스퀴즈가 있기 때문에 표면 성상은 거칠어도 좋다고 생각하기 쉽지만, 누설의 원인이 되기 쉬우므로 14·36 표와 같이 하는 것으로 정해져 있다.

그리고 홈부 모떼기는 크게 돌출되는 것을 조장하게 되는데, 반대로 모서리가 날카롭거나 하면 O링을 손상하기 쉬우므로 0.1~0.2mm의 실 모떼기로 하고 있다.

(6) O링 설치 상의 주의 O링을 장착한 기기를 조립할 때에 O링을 손상하지 않도록 하기 위해 끝부분과 구멍에 모떼기를 실시하는 것이 좋은데, 그 값은 14·37 표에 따르는 것이 좋다.

14·37 표 O링의 굵기마다의 모떼기부 치수 (JIS B 2401-2) (단위 mm)

O링의 호칭번호	O링의 굵기	*Z* (최소)
P 3 ~ P 10	1.9±0.08	1.2
P 10 A ~ P 22	2.4±0.09	1.4
P 22 A ~ P 50	3.5±0.10	1.8
P 48 A ~ P 150	5.7±0.13	3.0
P 150 A ~ P 400	8.4±0.15	4.3
G 25 ~ G 145	3.1±0.10	1.7
G 150 ~ G 300	5.7±0.13	3.0

O링을 나사부를 끼고 장착할 때에는 14·23 그림에 나타낸 설치 지그를 이용한다.

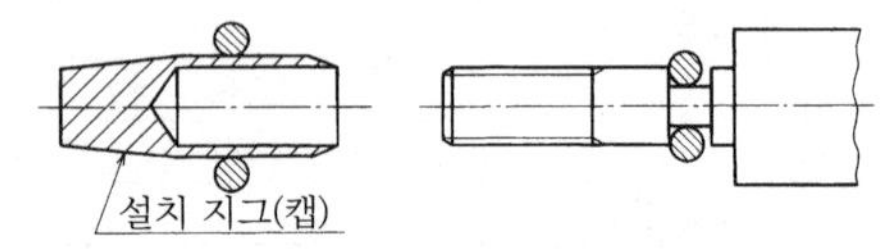

14·23 그림 나사부를 끼고 설치할 때

2. 오일 실

오일 실은 주로 회전축용 실로서, ① 구조가 간단, ② 작은 공간에 들어간다, ③ 온도, 회전 속도 등의 사용 조건이 매우 넓다, ④ 합성고무의 선택에 따라 대부분의 액체에 사용할 수 있는 등의 장점 때문에 널리 사용되고 있다.

(1) 오일 실의 구조 오일 실은 외주 끼워맞춤부, 뒤쪽부, 먼지제거장치부, 립부 및 실면부로 구성되며, JIS에서는 14·38 표에 나타낸 6타입을 정하고 있다. 이들에 이용되고 있는 기호의 의미는 다음과 같다.

S (single lip : 단일 립)
M (metal lip : 금속 외주)
A (assembly seal : 조립형)
G (grease seal : 그리스용 실)
D (double lip : 보호 립붙이)

14·38 표 오일 실의 종류 (JIS B 2402-1) KS B 2804

종류		기호	그림 예	분류
스프링 있는 오일 실	외주 고무 오일 실	S		타입 1
	외주 금속 오일 실	SM		타입 2
	조립형 외주 금속 오일 실	SA		타입 3
	외주 고무 보호 립붙이 오일 실	D		타입 4
	조립형 외주 금속 보호 립붙이 오일 실	DM		타입 5
	독립형 외주 금속 보호 립붙이 오일 실	DA		타입 6
스프링 없는 오일 실	외주 고무 오일 실	G		타입 1
	외주 금속 오일 실	GM		타입 2
	조립 오일 실	GA		타입 3

(2) 오일 실의 형상·치수 14·39 표에 JIS에 정해진 오일 실의 호칭 치수를 나타냈다.

14·39 표 오일 실의 호칭치수 (JIS B 2402-1) KS B 2804

(a) 스프링 있는 오일 실

(단위 mm)

S SM SA D DM DA

d_1	D	b	d_1	D	b	d_1	D	b	d_1	D	b
6	16, 22	7	30	52	8	85	110, 120	12	220	250	15
7	22		32	45, 47, 52		90	120		240	270	
8	22, 24		35	50, 52, 55		95	120		260	300	20
9	22		38	55, 58, 62		100	125		280	320	
10	22, 25		40	55, 62		110	140		300	340	
12	24, 25, 30		42	55, 62		120	150		320	360	
15	26, 30, 35		45	62, 65		130	160		340	380	
16	30		50	68, 72		140	170	15	360	400	
18	30, 35		55	72, 80		150	180		380	420	
20	35, 40		60	80, 85		160	190		400	440	
22	35, 40, 47		65	85, 90	10	170	200		450	500	25
25	40, 47, 52		70	90, 95		180	210		480	530	
28	40, 47, 52		75	95, 100		190	220				
30	42, 47		80	100, 110		200	230				

(b) 스프링 없는 오일 실 (참고) (JIS B 2402-1 부록)

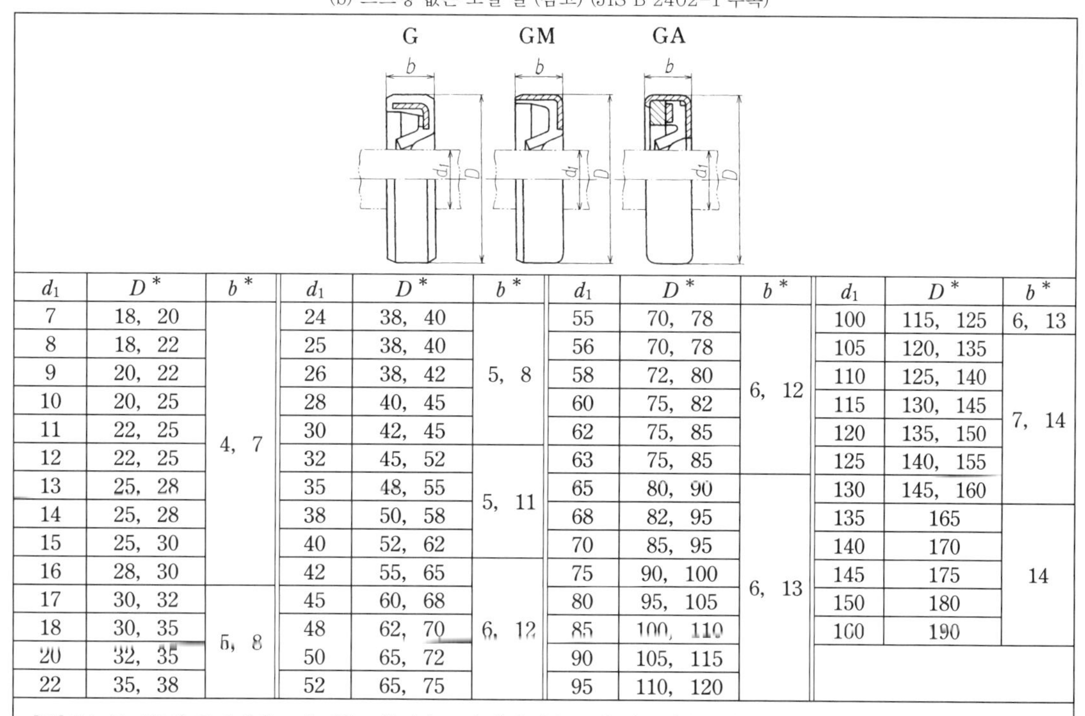
G GM GA

d_1	D *	b *	d_1	D *	b *	d_1	D *	b *	d_1	D *	b *
7	18, 20	4, 7	24	38, 40	5, 8	55	70, 78	6, 12	100	115, 125	6, 13
8	18, 22		25	38, 40		56	70, 78		105	120, 135	7, 14
9	20, 22		26	38, 42		58	72, 80		110	125, 140	
10	20, 25		28	40, 45		60	75, 82		115	130, 145	
11	22, 25		30	42, 45		62	75, 85		120	135, 150	
12	22, 25		32	45, 52	5, 11	63	75, 85		125	140, 155	
13	25, 28		35	48, 55		65	80, 90	6, 13	130	145, 160	
14	25, 28		38	50, 58		68	82, 95		135	165	14
15	25, 30		40	52, 62		70	85, 95		140	170	
16	28, 30		42	55, 65	6, 12	75	90, 100		145	175	
17	30, 32	5, 8	45	60, 68		80	95, 105		150	180	
18	30, 35		48	62, 70		85	100, 110		160	190	
20	32, 35		50	65, 72		90	105, 115				
22	35, 38		52	65, 75		95	110, 120				

[주] *d_1=7~130의 각 칸에서 D에 대한 b의 값은 D의 값이 작은 쪽일 때는 작은 쪽의 값을, D의 값이 클 때는 큰 쪽의 값을 취한다 (예 : d_1=7의 칸에서 D=18일 때 b=4, D=20일 때 b=7)

제15장

지그 및 고정구의 설계

15. 지그 및 고정구의 설계

15·1 지그

15·1 그림 (a)와 같은 여러 개의 구멍을 필요로 하는 플랜지를 많이 제작하는 경우, 1개씩 금긋기를 해서 구멍을 뚫고 또한 그 때마다 공작물을 움직여서는 그 제품의 제작 능률이 매우 나쁘다.

지그는 이와 같은 공작 상의 결점을 없애고, 다량 생산을 가능하게 하는 것이다. 동 그림 (b)는 플랜지의 구멍뚫기 지그로, 가장 간단한 구조의 지그인데 그 용도는 상당히 많아 널리 일반적으로 이용되고 있다. 이것을 동 그림 (c), (d)에 나타냈듯이 플랜지에 장착해 지그의 구멍뚫기 부시를 안내로 하고, 구멍뚫기 공구를 내리면 쉽게 필요한 구멍을 뚫을 수 있다. 이와 같이 지그는 구멍뚫기 작업 및 보링 작업 등에 많이 이용된다.

15·2 그림은 소형 구멍뚫기 지그를 나타낸 것인데, 공작물은 레버와 캠에 의해 지그로 체결되

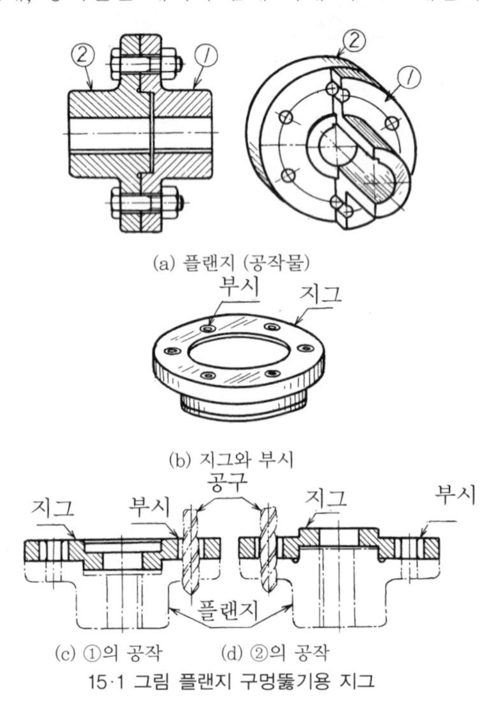

(a) 플랜지 (공작물)

(b) 지그와 부시

(c) ①의 공작 (d) ②의 공작

15·1 그림 플랜지 구멍뚫기용 지그

게 되어 있다. 또한 15·3 그림은 상자형 지그라고도 불리며, 공작물을 본체 안에 넣고 뚜껑을 닫아 분할 와셔 및 체결 나사에 의해 고정해 구멍뚫기를 하는 것이다.

또한 15·4 그림은 중형의 구멍뚫기 지그를 나타낸다. 지그판은 열쇠형 와셔 및 육각 볼트에 의해 고정되는데, 열쇠형 와셔에 대해서는 나중에 설명한다.

15·5 그림은 선반의 헤드 등의 구멍뚫기에 사용하는 대형 구멍뚫기 지그를 나타낸 것이다. 또한 15·6 그림은 보링 지그를 나타낸 것이다.

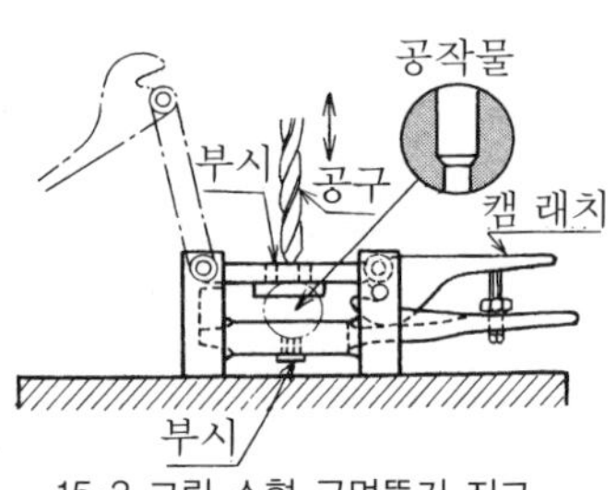

15·2 그림 소형 구멍뚫기 지그
(레버와 캠을 이용한 예)

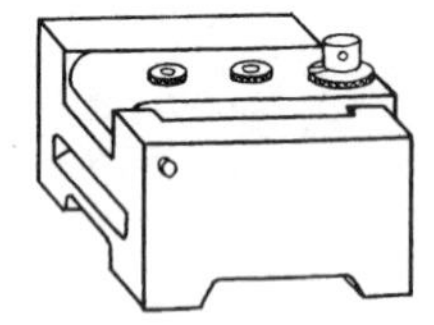

(a) 외관

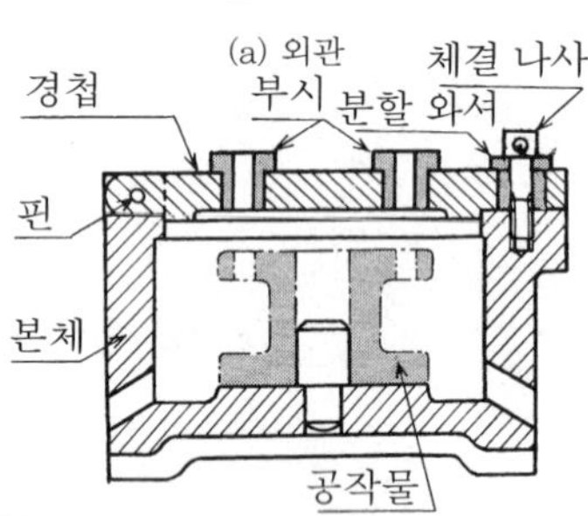

(b) 단면

15·3 그림 소형의 구멍뚫기 지그 (상자형 지그)

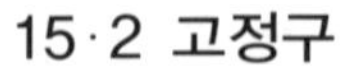

15·2 고정구

공작물에 가공을 실시할 때, 정확하게 고정하기 위한 고정구는 매우 수가 많은데, 간단한 것으로서는 15·7 그림과 같은 클램프와 T 볼트에 의한 것도 있다.

그러나 고정구를 사용하는 공작기계의 용도 상에서 보면, 15·8 그림에 나타낸 선반용 고정구,

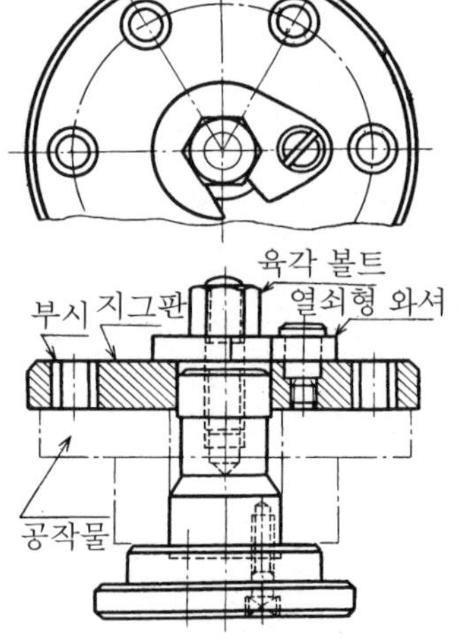

15·4 그림 중형의 구멍뚫기 지그

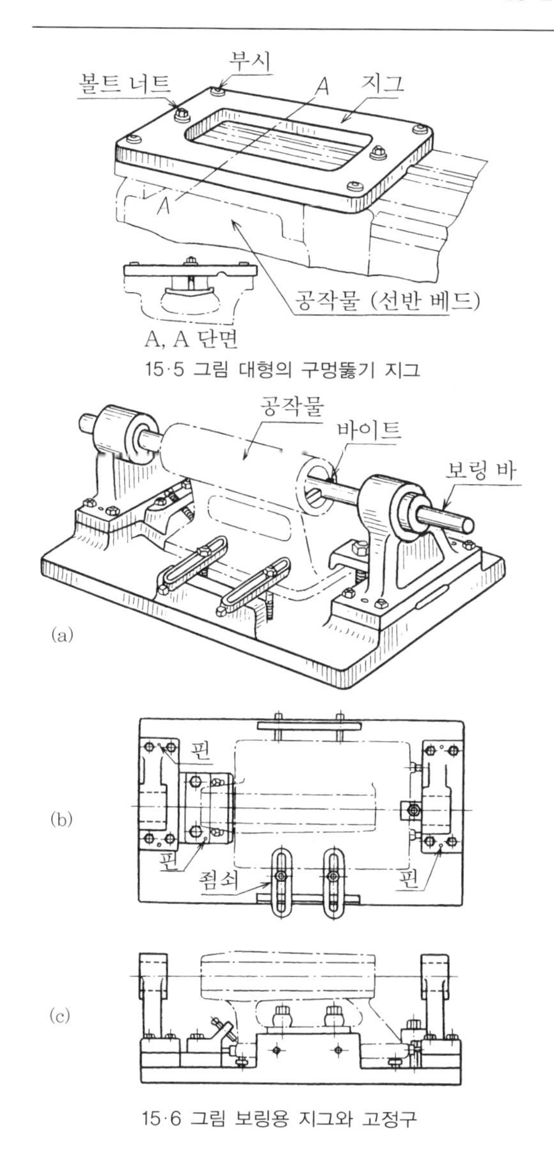

15·5 그림 대형의 구멍뚫기 지그

15·6 그림 보링용 지그와 고정구

15·9 그림에 나타낸 밀링머신용 고정구, 15·10 그림에 나타낸 평삭기용 고정구, 15·11 그림에 나타낸 형삭기용 고정구 등이 가장 많이 이용되고, 기타 연삭반, 특수 공작기계 등의 고정구도 각각 고안되어 사용되고 있다.

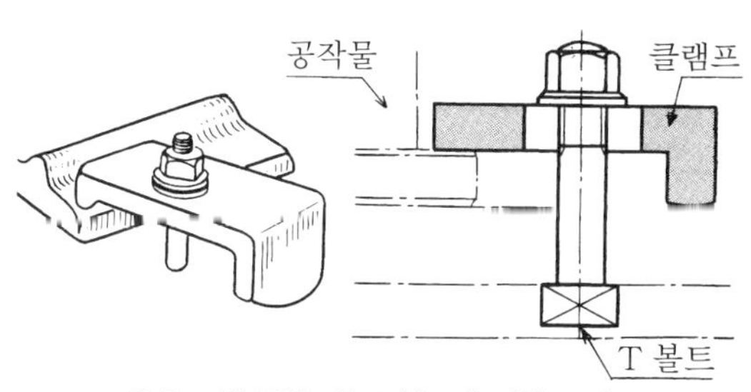

15·7 그림 클램프와 T 볼트에 의한 고정구

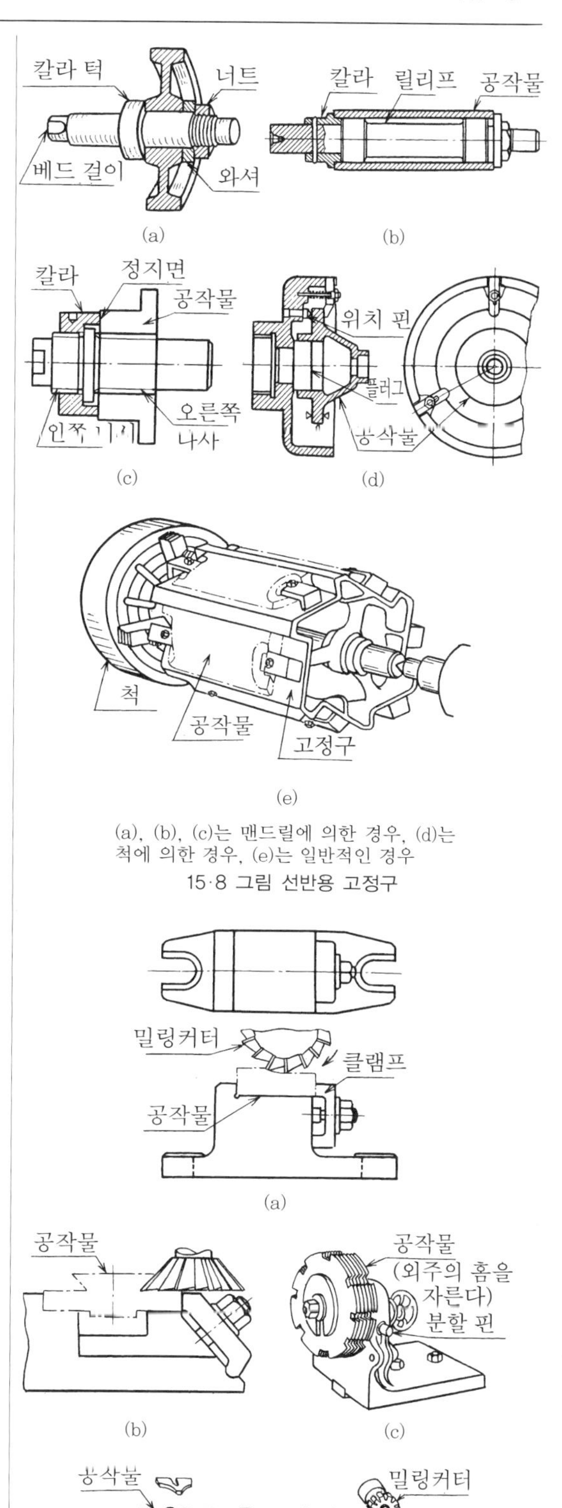

(a), (b), (c)는 맨드릴에 의한 경우, (d)는 척에 의한 경우, (e)는 일반적인 경우

15·8 그림 선반용 고정구

15·9 그림 밀링머신용 고정구

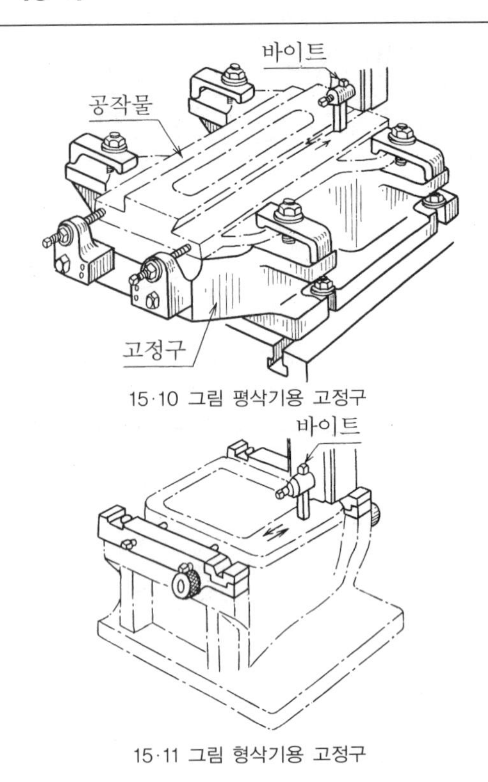

15·10 그림 평삭기용 고정구

15·11 그림 형삭기용 고정구

15·3 각종 지그, 고정구 부품의 규격

일반적으로 이용되는 각종 지그, 고정구의 부품에 대해서는 규격에 따라 표준 치수가 정해져 있다.

15·1 표~15·22 표는 이들의 사용법과 규격표를 나타낸 것이다.

1. 지그용 부시

지그에서 자주 이용되는 지그용 부시에 대해 규정되어 있는 것을 다음에 나타냈다.

(1) 고정 부시 고정 부시는 지그 본체에 압입해 고정시켜 사용하는 것이다. 부시를 빼거나 꽂을 필요가 없는 경우나, 비교적 소량 생산의 경우에 이용된다.

이것에는 15·12 그림에 나타냈듯이 칼라가 없는 것과 칼라가 있는 것이 있으며, 양쪽 다 외면의 하단에는 압입하기 쉽도록 얕은 면을 잡고, 내면의 상단에는 날붙이가 들어가기 쉽게 라운딩을 주고 있다. 지그 본체가 두꺼운 경우에는 칼라가 있는 것이, 또한 얇은 경우에는 칼라가 없는 것이 일반적으로 이용된다. 또한 칼라가 있는 것은 15·14 그림 (a)와 같이 부시의 상면을 위치결정으로 하고, 날붙이의 절입 깊이를 제한하는 경우에 이용된다.

15·1 표는 JIS에 정해진 지그용 고정 부시의

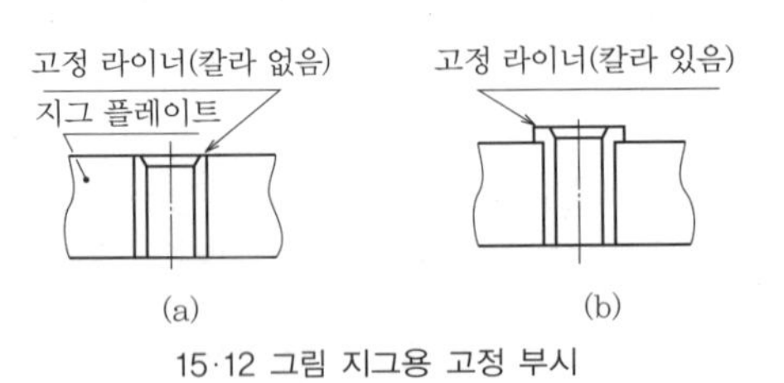

15·12 그림 지그용 고정 부시

지그
부시
공작물
(a)
지그
부시
공작물
(b)

15·13 그림 고정 부시(칼라 없음)의 사용 예

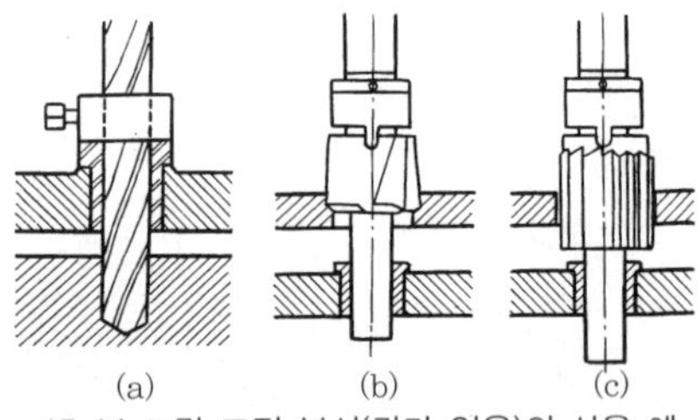

15·14 그림 고정 부시(칼라 있음)의 사용 예

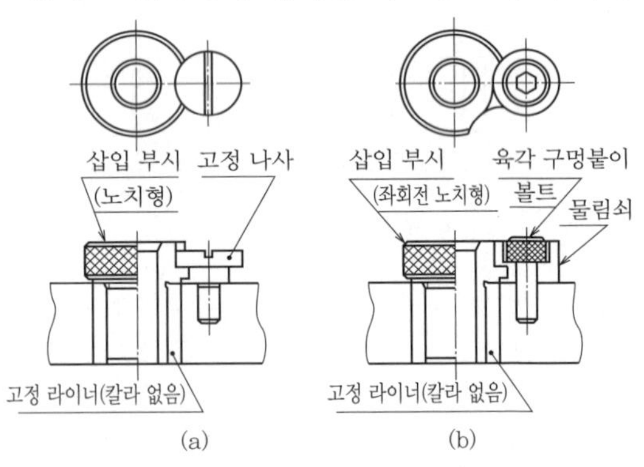

15·15 그림 삽입 부시의 예

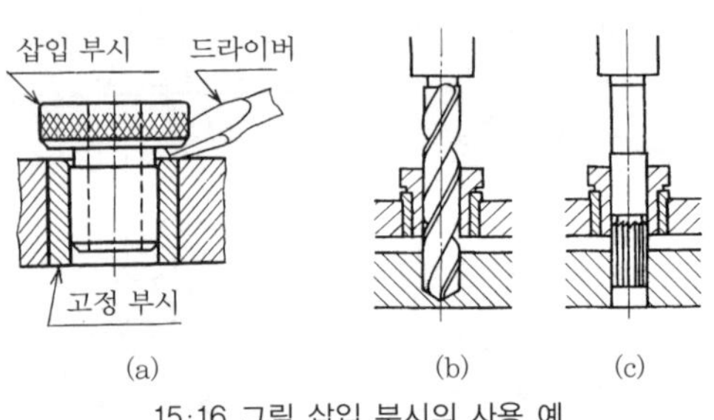

15·16 그림 삽입 부시의 사용 예

형상 및 치수를 나타낸 것이다.

(2) **삽입 부시** 이것은 흔히 빼내거나 집어넣을 수 있는 부시라고도 하며, 부시가 날붙이와 접촉해 마모한 경우에 교체해 사용할 수 있고, 또한 동일 중심에서 상하의 직경이 다른 구멍을 뚫는 경우에도 이용된다.

15·2 표는 JIS에 정해진 삽입 부시의 형상 및 치수를 나타낸 것이다. 표 중 그림에 나타냈듯이 둥근형 및 우회전 노치형, 좌회전 노치형 및 노치형의 종류가 있다.

이 중에 둥근형은 단순히 꽂은 채로 사용하는 것인데, 가공 중 공구에 끌려 회전하거나, 혹은 공구와 함께 상승하거나 할 위험이 있는 경우에는 필요에 따른 노치형을 이용해 15·15 그림에

15·1 표 지그용 고정 부시(JIS B 5201) KS B 1030 (단위 mm)

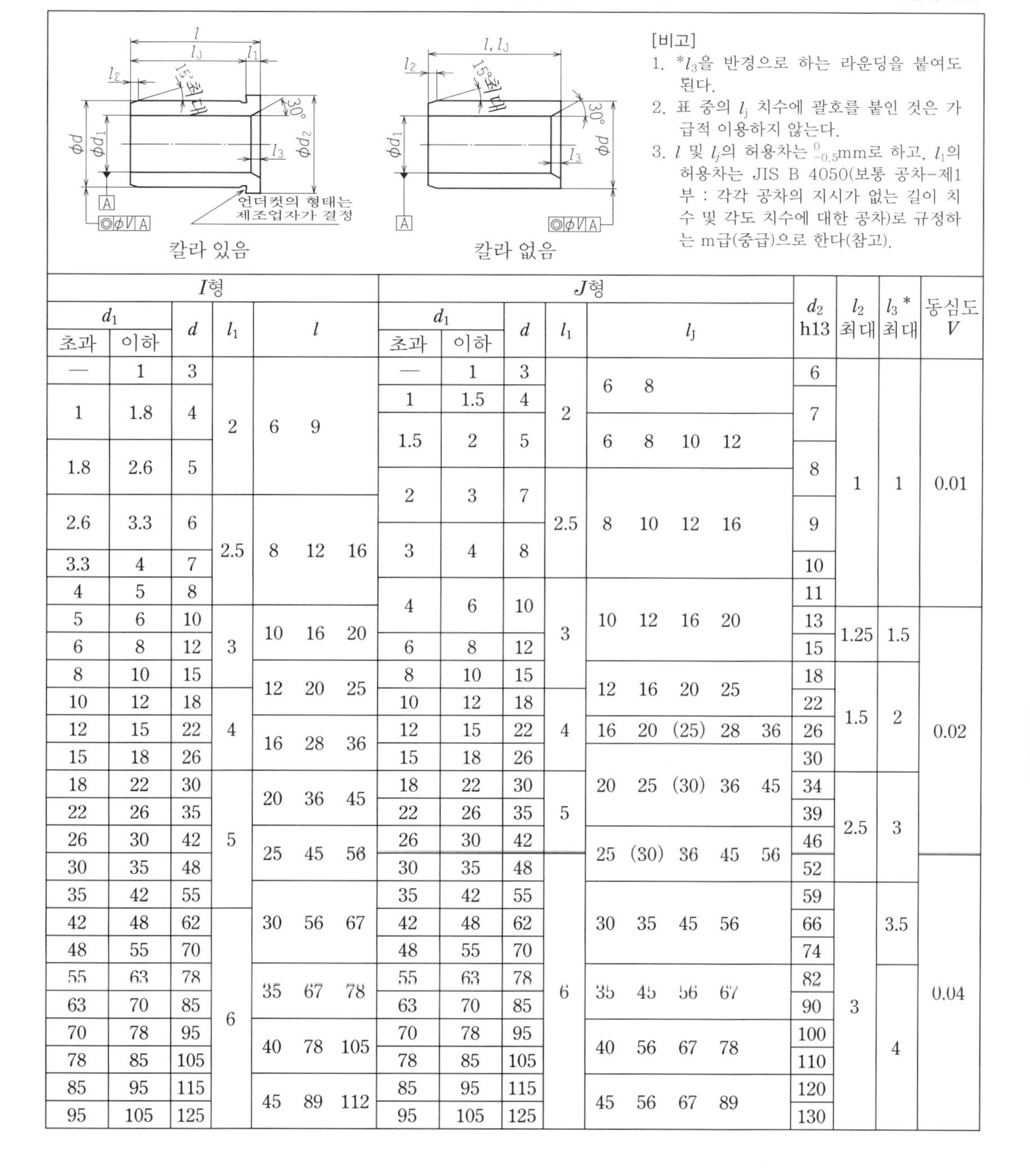

칼라 있음 칼라 없음

[비고]
1. $^*l_3$을 반경으로 하는 라운딩을 붙여도 된다.
2. 표 중의 l_j 치수에 괄호를 붙인 것은 가급적 이용하지 않는다.
3. l 및 l_j의 허용차는 ${}^{\ 0}_{-0.5}$mm로 하고, l_1의 허용차는 JIS B 4050(보통 공차-제1부 : 각각 공차의 지시가 없는 길이 치수 및 각도 치수에 대한 공차)로 규정하는 m급(중급)으로 한다(참고).

I형 d_1 초과	I형 d_1 이하	d	l_1	l	d_2 h13	l_2 최대	l_3* 최대	동심도 V
—	1	3	2	6 9	6	1	1	0.01
1	1.8	4			7			
1.8	2.6	5			8			
2.6	3.3	6	2.5	8 12 16	9			
3.3	4	7			10			
4	5	8			11			
5	6	10	3	10 16 20	13	1.25	1.5	0.02
6	8	12			15			
8	10	15		12 20 25	18	1.5	2	
10	12	18	4		22			
12	15	22		16 28 36	26			
15	18	26			30			
18	22	30	5	20 36 45	34	2.5	3	
22	26	35			39			
26	30	42		25 45 56	46			
30	35	48			52			0.04
35	42	55		30 56 67	59	3	3.5	
42	48	62	6		66			
48	55	70			74			
55	63	78		35 67 78	82		4	
63	70	85			90			
70	78	95		40 78 105	100			
78	85	105			110			
85	95	115		45 89 112	120			
95	105	125			130			

J형 d_1 초과	J형 d_1 이하	d	l_1	l_J
—	1	3	2	6 8
1	1.5	4		
1.5	2	5		6 8 10 12
2	3	7	2.5	8 10 12 16
3	4	8		
4	6	10	3	10 12 16 20
6	8	12		
8	10	15		12 16 20 25
10	12	18	4	
12	15	22		16 20 (25) 28 36
15	18	26		20 25 (30) 36 45
18	22	30	5	
22	26	35		
26	30	42		25 (30) 36 45 56
30	35	48	6	
35	42	55		30 35 45 56
42	48	62		
48	55	70		
55	63	78		35 45 56 67
63	70	85		
70	78	95		40 56 67 78
78	85	105		
85	95	115		45 56 67 89
95	105	125		

15·2 표 삽입 부시 (둥근형 및 노치형) (JIS B 5201) KS B 1030 (단위 mm)

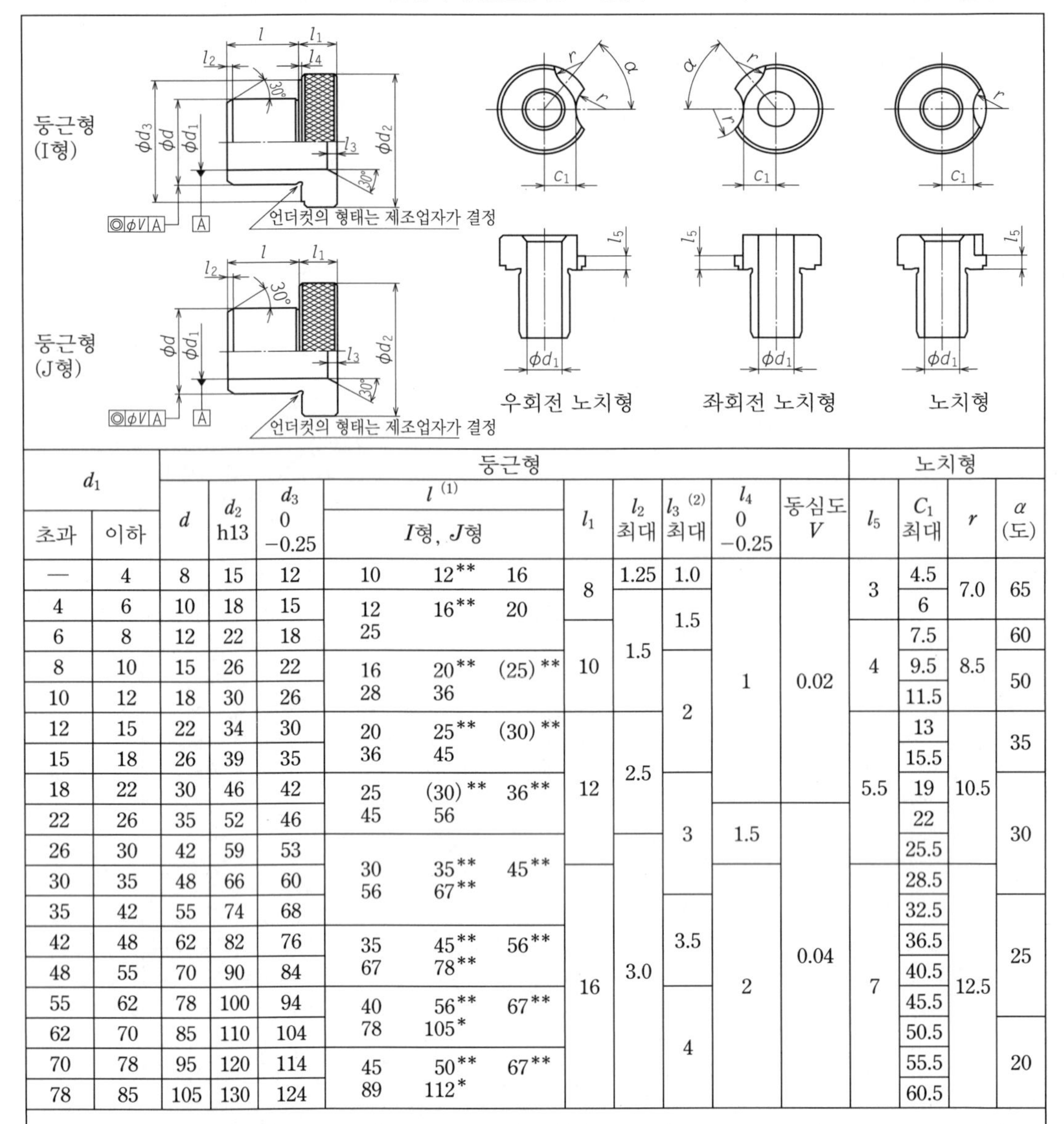

d_1 초과	d_1 이하	d	d_2 h13	d_3 0 −0.25	l [1] I형, J형	l_1	l_2 최대	l_3 [2] 최대	l_4 0 −0.25	동심도 V	l_5	C_1 최대	r	α (도)
—	4	8	15	12	10 12** 16	8	1.25	1.0	1	0.02	3	4.5	7.0	65
4	6	10	18	15	12 16** 20 25		1.5	1.5				6		
6	8	12	22	18		10					4	7.5	8.5	60
8	10	15	26	22	16 20** (25)** 28 36			2				9.5		50
10	12	18	30	26								11.5		
12	15	22	34	30	20 25** (30)** 36 45	12	2.5				5.5	13	10.5	35
15	18	26	39	35								15.5		
18	22	30	46	42	25 (30)** 36** 45 56			3				19		30
22	26	35	52	46					1.5	0.04		22		
26	30	42	59	53	30 35** 45** 56 67**		3.0					25.5		
30	35	48	66	60		16			2		7	28.5	12.5	
35	42	55	74	68				3.5				32.5		25
42	48	62	82	76	35 45** 56** 67 78**							36.5		
48	55	70	90	84								40.5		
55	62	78	100	94	40 56** 67** 78 105*			4				45.5		
62	70	85	110	104								50.5		20
70	78	95	120	114	45 50** 67** 89 112*							55.5		
78	85	105	130	124								60.5		

[비고] 1. [1] l의 값에 대해 * 표시는 I형의 경우만, ** 표시는 J형의 경우만, [2] l_3을 반경으로 하는 라운딩을 주어도 된다.
2. 표 중의 l 치수에 괄호가 붙은 것은 가급적 이용하지 않는다.
3. l의 허용차는 ${}^{0}_{-0.5}$mm로 하고, l_1의 허용차는 JIS B 0405로 규정하는 m급(중급)으로 한다(참고).
4. 노치형에서 규정되어 있지 않은 부분의 치수는 둥근형에 의한다.

나타냈듯이 고정 나사 또는 물림쇠 및 육각 구멍 붙이 볼트를 이용해 부시를 고정해서 하면 된다.

15·4 표 및 15·5 표는 JIS에 정해진 물림쇠 및 고정 나사의 형상 및 치수를 나타낸 것이다. 또한 삽입 부시는 구멍의 크기 및 중심 위치의 정도를 유지하기 위해 그림과 같은 고정 라이너를 이용한다. 15·3 표는 JIS에 정해진 고정 라이너의 형상 및 치수를 나타낸 것으로, 고정 부시와 마찬가지로 칼라가 있는 것과 칼라가 없는 것이 있다.

15·6 표는 삽입 부시를 고정하는 경우의 부시와 물림쇠, 또는 고정 나사와의 중심 거리를 나타낸 것이다.

15·3 표 고정 라이너 (JIS B 5201)

(단위 mm)

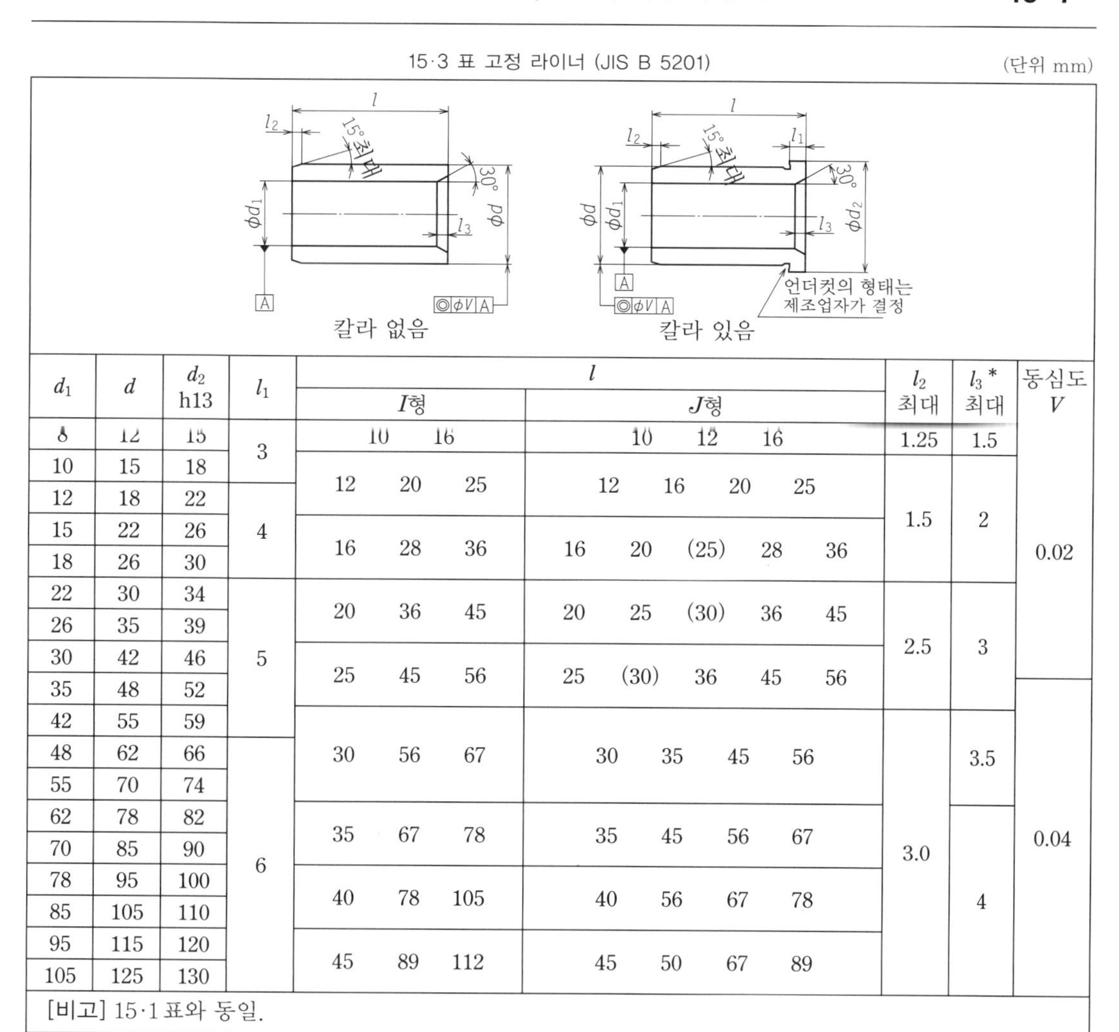

d_1	d	d_2 h13	l_1	l I형	l J형	l_2 최대	l_3* 최대	동심도 V
8	12	15	3	10 16	10 12 16	1.25	1.5	0.02
10	15	18		12 20 25	12 16 20 25	1.5	2	
12	18	22	4					
15	22	26		16 28 36	16 20 (25) 28 36			
18	26	30						
22	30	34	5	20 36 45	20 25 (30) 36 45	2.5	3	
26	35	39						
30	42	46		25 45 56	25 (30) 36 45 56			
35	48	52						
42	55	59		30 56 67	30 35 45 56	3.0	3.5	0.04
48	62	66	6					
55	70	74						
62	78	82		35 67 78	35 45 56 67		4	
70	85	90						
78	95	100		40 78 105	40 56 67 78			
85	105	110						
95	115	120		45 89 112	45 50 67 89			
105	125	130						

[비고] 15·1 표와 동일.

15·4 표 물림쇠 (JIS B 5201)

(단위 mm)

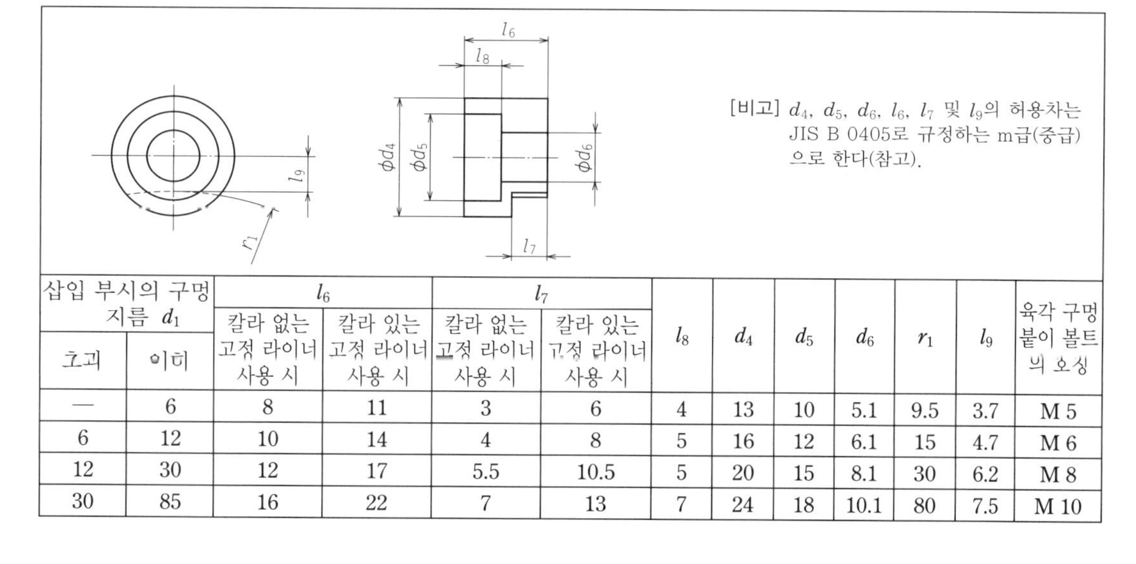

[비고] d_4, d_5, d_6, l_6, l_7 및 l_9의 허용차는 JIS B 0405로 규정하는 m급(중급)으로 한다(참고).

삽입 부시의 구멍 지름 d_1 초과	삽입 부시의 구멍 지름 d_1 이하	l_6 칼라 없는 고정 라이너 사용 시	l_6 칼라 있는 고정 라이너 사용 시	l_7 칼라 없는 고정 라이너 사용 시	l_7 칼라 있는 고정 라이너 사용 시	l_8	d_4	d_5	d_6	r_1	l_9	육각 구멍 붙이 볼트의 호칭
—	6	8	11	3	6	4	13	10	5.1	9.5	3.7	M 5
6	12	10	14	4	8	5	16	12	6.1	15	4.7	M 6
12	30	12	17	5.5	10.5	5	20	15	8.1	30	6.2	M 8
30	85	16	22	7	13	7	24	18	10.1	80	7.5	M 10

15·5 표 고정 나사 (JIS B 5201) (단위 mm)

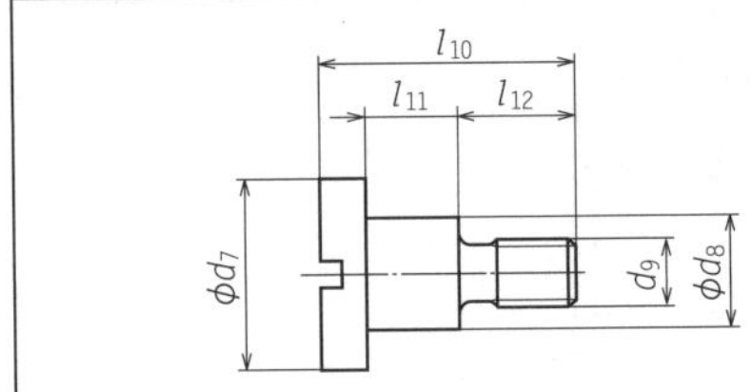

[비고] d_7, d_8 및 l_{10}의 허용차는 JIS B 0405 로 규정하는 m급(중급)으로 하고, 그 이외의 치수 허용차는 c급(거친급)으로 한다.

삽입 부시의 구멍 지름 d_1		l_{10}		l_{11}		l_{12}	d_7 최대	d_8	d_9
초과	이하	칼라 없는고정 라이너 사용 시	칼라 있는고정 라이너 사용 시	칼라 없는고정 라이너 사용 시	칼라 있는고정 라이너 사용 시				
—	6	15	18	3	6	9	13	7.5	M 5
6	12	18	22	4	8	10	16	9.5	M 6
12	30	22	27	5.5	10.5	11.5	20	12	M 8
30	85	32	38	7	13	18.5	24	15	M 10

또한 앞에서 말한 부시 및 라이너의 동심도 수치는 15·1 표~15·3 표에 나와 있다.

2. 지그·고정구용 위치결정 핀

지그 및 고정구에 있어 위치결정이라는 것은 매우 중요한 의미를 갖는다.

위치결정에는 공작물 또는 가공의 종류에 따라 다양한 방법이 이용되는데, 15·17 그림~15·19 그림에 나타냈듯이 V 홈을 이용하는 것, 3평면을 이용하는 것 및 핀을 이용해 하는 것이 일반적으로 많이 이용된다.

15·6 표 삽입 부시의 물림쇠 또는 고정 나사와의 중심거리 (JIS B 5201) (단위 mm)

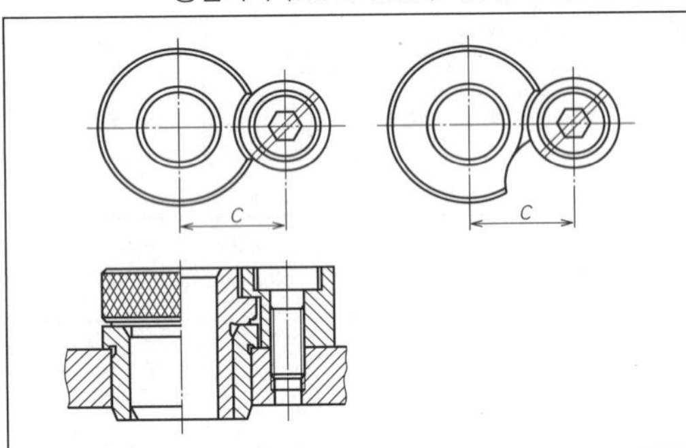

부시의 구멍 지름 d_1		C 최소	부시의 구멍 지름 d_1		C 최소
초과	이하		초과	이하	
—	4	11.5	26	30	36
4	6	13	30	35	41
6	8	16	35	42	45
8	10	18	42	48	49
10	12	20	48	55	53
12	15	23.5	55	62	58
15	18	26	62	70	63
18	22	29.5	70	78	68
22	26	32.5	78	85	73

JIS에 규정되어 있는 위치결정용 핀에 대해 이하에 설명한다.

규격으로 정해진 지그·고정구용 위치결정 핀에는 15·7 표, 15·8 표에 나타냈듯이, 둥근형·마름모꼴형·칼라가 있는 둥근형 및 칼라가 있는 마름모꼴형이 있으며, 이들 중에 칼라가 있는 것은 쓰러짐을 방지할 필요가 있는 경우에 사용한다.

어느 것이나 모두 핀의 원통부에 따라 위치결정을 하는 것인데, 핀 2개에 의해 위치결정을 하는 경우에는 15·20 그림과 같이 원칙적으로 둥근형과 마름모꼴형을 병용하는 것이 좋다.또한 핀의 동심도 공차의 값은 15·9 표에 나와 있다.

3. 지그·고정구용 클램프

지그 및 고정구에서 부시와 핀과 함께 가장 많

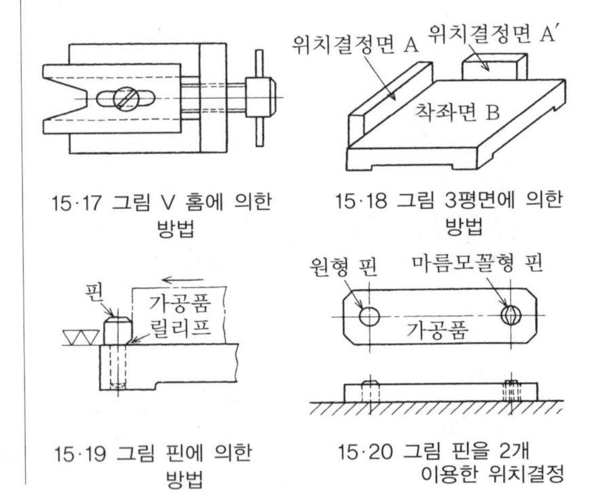

15·17 그림 V 홈에 의한 방법

15·18 그림 3평면에 의한 방법

15·19 그림 핀에 의한 방법

15·20 그림 핀을 2개 이용한 위치결정

15·7 표 지그 및 고정구용 위치결정 핀 KS B 1319
(둥근형, 마름모꼴형) (JIS B 5216 : 1999년 폐지)

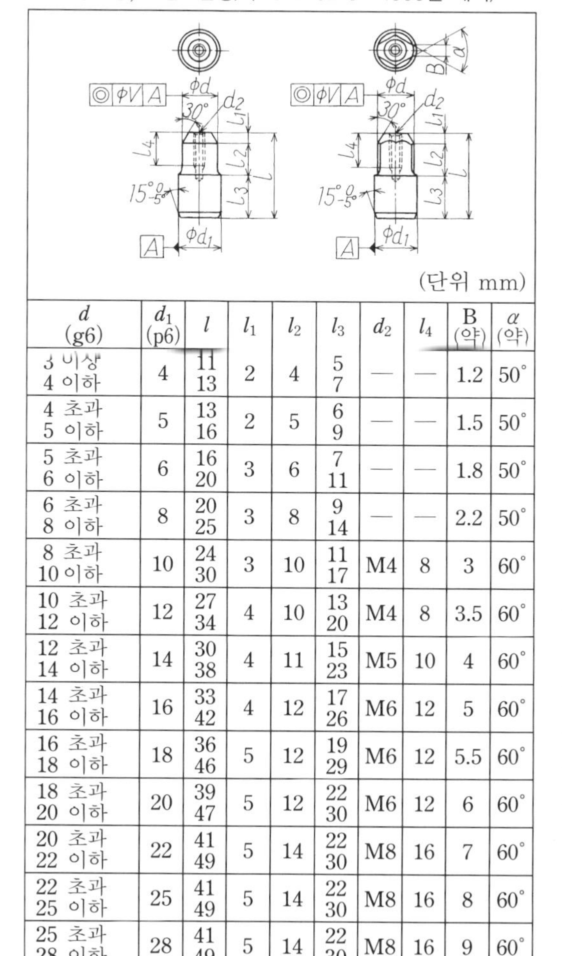

(단위 mm)

d (g6)	d_1 (p6)	l	l_1	l_2	l_3	d_2	l_4	B (약)	α (약)
3 이상 4 이하	4	11 13	2	4	5 7	—	—	1.2	50°
4 초과 5 이하	5	13 16	2	5	6 9	—	—	1.5	50°
5 초과 6 이하	6	16 20	3	6	7 11	—	—	1.8	50°
6 초과 8 이하	8	20 25	3	8	9 14	—	—	2.2	50°
8 초과 10 이하	10	24 30	3	10	11 17	M4	8	3	60°
10 초과 12 이하	12	27 34	4	10	13 20	M4	8	3.5	60°
12 초과 14 이하	14	30 38	4	11	15 23	M5	10	4	60°
14 초과 16 이하	16	33 42	4	12	17 26	M6	12	5	60°
16 초과 18 이하	18	36 46	5	12	19 29	M6	12	5.5	60°
18 초과 20 이하	20	39 47	5	12	22 30	M6	12	6	60°
20 초과 22 이하	22	41 49	5	14	22 30	M8	16	7	60°
22 초과 25 이하	25	41 49	5	14	22 30	M8	16	8	60°
25 초과 28 이하	28	41 49	5	14	22 30	M8	16	9	60°
28 초과 30 이하	30	41 49	5	14	22 30	M8	16	9	60°

15·9 표 위치결정 핀의 동심도
(JIS B 5216 : 1999년 폐지) (단위 mm)

d	동심도의 허용값
6 이하	0.005
6 초과 16 이하	0.008
16 초과 30 이하	0.010

이 이용되는 것에 클램프가 있다.

이것에는 그 사용 부위 및 기타에 의해 여러 가지가 있는데, 일반적인 것은 이전 JIS에 규정되어 있었으므로 이하에서는 이 구 규격에 의한 클램프에 대해 설명한다.

(1) 지그용 클램프 (평형) 15·21 그림은 평형 클램프의 일례를 나타낸 것이다. 머리부의 형상에 따라 사각형, 첨두형이, 체결부의 형상에 따라 1종, 2종, 3종이 있다(15·10 표 중 그림).

볼트가 통과하는 구멍은 클램프를 어긋나게 할 수 있게 타원 모양으로 하고 있는데, 이것도 경우에 따라서는 클램프를 어긋나게 하지 않고 회전해서 떼어낼 수 있게 해도 된다.

홈붙이형의 홈은 클램프를 체결할 때 너트 면의 마찰 때문에 클램프가 함께 돌아, 누르고 있는 공작물에서 벗어나는 경우가 있으므로 이것을 방지하기 위해 있다. 또한 회전을 방지하는 방법에

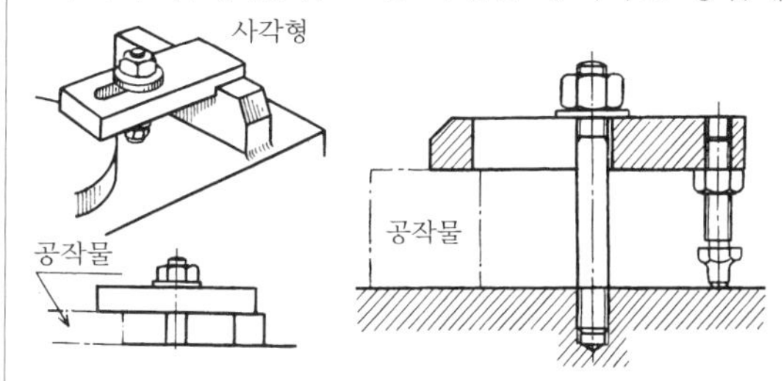

15·21 그림 평형 클램프의 예

15·8 표 지그 및 고정구용 위치결정 핀 (칼라붙이 둥근형, 칼라붙이 마름모꼴형) (JIS B 5216 : 1999년 폐지) KS B 1319

(단위 mm)

d (g6)	d_1 (h6)	D	l_1	l_2	l_3	l_4	d_2	a	B (약)	α (약)	l
4 이상 6 이하	12	16	3	8	12	10	M6	8	2	50°	3, 4, 8, 10, 14, 18
6을 넘고 10 이하	12	16	3	12.5	12	14	M6	8	3	50°	
10을 넘고 12 이하	12	18	4	12.5	14	15	M6	8	4	60°	4, 8, 10, 14, 18, 22.4
12를 넘고 16 이하	16	20	4	14	16	17	M8	10	4.5	60°	8, 10, 14, 18, 22.4, 28
16을 넘고 18 이하	16	25	4	14	16	17	M8	10	6	60°	
18을 넘고 20 이하	16	25	4	14	16	17	M8	10	6	60°	
20을 넘고 25 이하	20	30	5	14	16	18	M10	12	7.5	60°	
25를 넘고 30 이하	20	30.5	5	16	20	20	M10	12	9	60°	

15·10 표 지그용 클램프(평형, 홈붙이형) (JIS B 5227 : 1999년 폐지) (단위 mm)

1종 (사각형) (뽀족형) 2종 3종 홈붙이

호칭	d	L	a	b	e	h	f	i	j	k	m	d_1	체결 볼트의 호칭 (참고)
6	7	40 50 63	15 20 25	20	10	9	3	6	1.5	7	6	M6	M6
8	9.5	50 63 80	20 25 35	25	12	12	4	8	1.5	9			M8
10	12	63 80	22 32	32	15	16	5	10	2	12	8	M8	M10
		100	40			9			3	14			
12	14	63	28	32	14	19	6	12	3	14	10	M10	M12
		80 100 125	30 40 50	40	20								
16	19	80	35	40	18	19	7	16	3	14	11	M12	M16
		100 125 160	35 45 65	50	26	25			3.5	17			
20	23	100 125	45 55	50	22	25	9	20	3.5	17	13	M16	M20
		160 200 250	60 80 105	63	32	30			4	20			
24	27	125 160 200	50 60 80	63	36	30	10	24	4	20	15	M18	M24
		250 315	100 130	71	42	35			5	27			
27	30	125 160 200	50 60 80	71	36	30	11	26	4	20	16	M20	M27
		250 315	100 130	80	42	40			5	27			

[비고] 1. 지그용 클램프의 재료는 JIS G 3101 또는 사용 상 이것과 동등 이상의 것으로 한다.
2. 모떼기를 필요로 하는 경우의 모떼기 각도 θ의 값은 15~45° 로 한다.
3. 치수의 허용차는 JIS B 0405의 거친급으로 한다.

15·11 표 지그용 클램프(다리붙이형) (JIS B 5227 : 1999년 폐지) (단위 mm)

1종 (사각형) (뽀족형)

호칭	d	L	a	b	e	h	L_1	k	j	n				체결 볼트의 호칭 (참고)
6	7	40 50 63	15 20 25	20	10	9	7	7	1.5	5	10	15	20	M6
8	9.5	50 63 80	20 25 35	25	12	12	9	9	1.5	10	15	20	25	M8
10	12	63 80	22 32	32	15	16	12	12	2	15	20	25	30	M10
		100	40			19	14	14	3					
12	14	60	28	32	14	19	14	14	3	20	25	30	35	M12
		80 100 125	30 40 50	40	20									

(다음 페이지에 계속)

	호칭	d	L	a	b	e	h	L_1	k	j	n				체결 볼트의 호칭(참고)
2종	16	19	80	35	40	18	17	14	14	3	20	30	40	50	M16
			100 125 160	35 45 65	50	26	25	17	17	3.5					
3종	20	23	100 125	45 55	50	22	25	17	17	3.5	30	40	50	60	M20
			160 200 250	60 80 105	63	32	30	20	20	4					

[비고] 1. 모떼기를 필요로 하는 경우의 모떼기 각도 θ의 값은 15~45°로 한다.
2. 치수의 허용차는 JIS B 0405의 거친급으로 한다.

15·12 표 지그용 클램프(U자형) (JIS B 5227 : 1999년 폐지) (단위 mm)

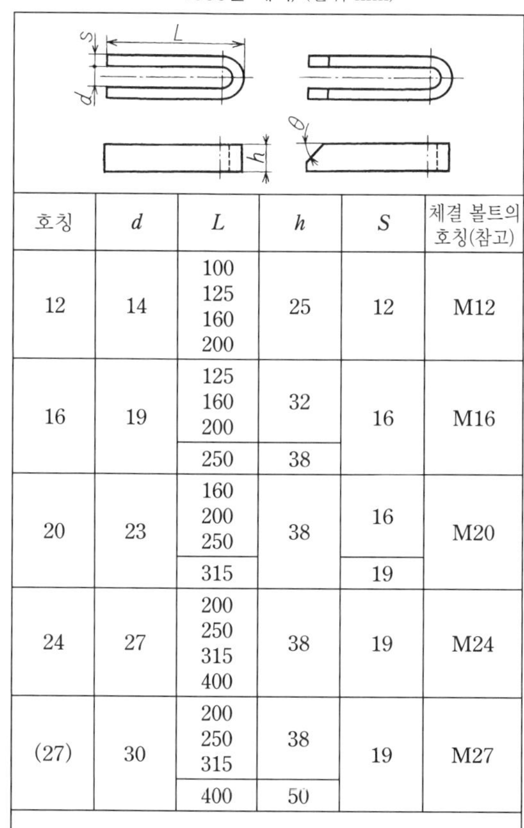

호칭	d	L	h	S	체결 볼트의 호칭(참고)
12	14	100 125 160 200	25	12	M12
16	19	125 160 200	32	16	M16
		250	38		
20	23	160 200 250	38	16	M20
		315		19	
24	27	200 250 315 400	38	19	M24
(27)	30	200 250 315	38	19	M27
		400	50		

[비고] 1. 모떼기를 필요로 하는 경우의 모떼기 각도 θ의 값은 15~45°로 한다.
2. 괄호를 붙인 호칭은 가급적 이용하지 않는다.

대해서는 공작물을 확실하게 누르고 클램프와 공작물이 닿아 있는 부위를 고려해, 15·21 그림과 같이 가공면을 누를 때는 이 면과 평평하게 체결한다.

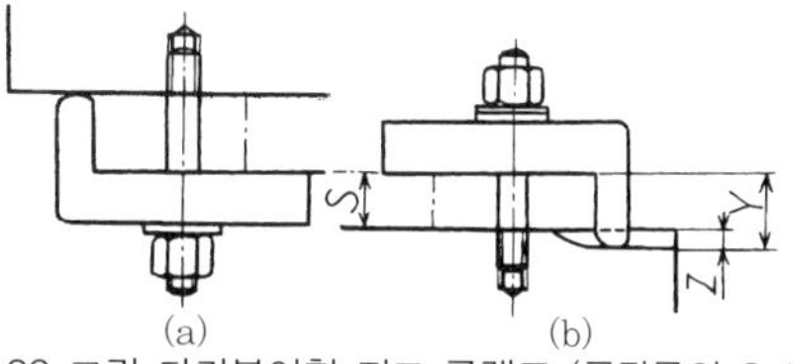

15·22 그림 다리붙이형 지그 클램프 (공작물의 S=Y−Z)

(2) 지그용 클램프 (다리붙이형) 이것은 15·22 그림에 나타냈듯이 평형과 거의 동일하지만 지지대가 있는 측에 다리가 있는 것으로, 이 다리의 끝단면에 R을 붙여 약간 기울여서 체결하는 경우에도 상태가 좋도록 해 둔다. 15·11 표는 이들 다리붙이형의 각부 치수에 대해 나타낸 것이다. 더구나 황삭의 경우에는 누르는 부위가 평평하지 않으므로 클램프가 가로로 기울어져도 좋도록 2중으로 R을 붙이고 있는 것을 이용한다.

또한 소재 등을 강력하게 체결하기 위해서는 맞대기면을 톱니 모양으로 해서 걸리도록 한다.

(3) 지그용 클램프 (U자형) 평형 및 다리붙이형은 비교적 소형, 중형의 지그에 이용되는 것인데, 대형 지그 체결용으로는 15·23 그림에 나타낸 U자형의 것이 사용된다. 15·12 표에 그 각 부의 표준 치수를 나타냈다.

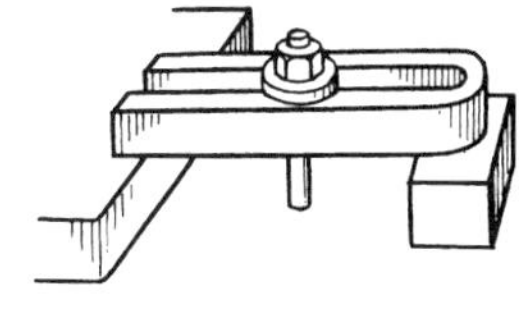

15·23 그림 U자형 클램프

(4) 클램프의 사용법 클램프를 사용하는 경우에는 15·24 그림에 나타낸 클램프 블록을 이용한다.

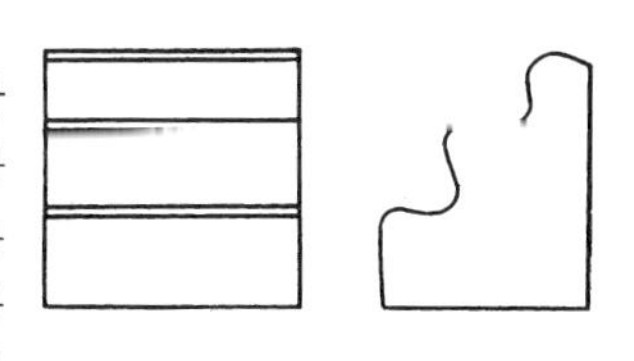

15·24 그림 지그용 단붙이 클램프 블록

15·13 표 지그용 구면 와셔 (JIS B 5211 : 1999년 폐지) (단위 mm)

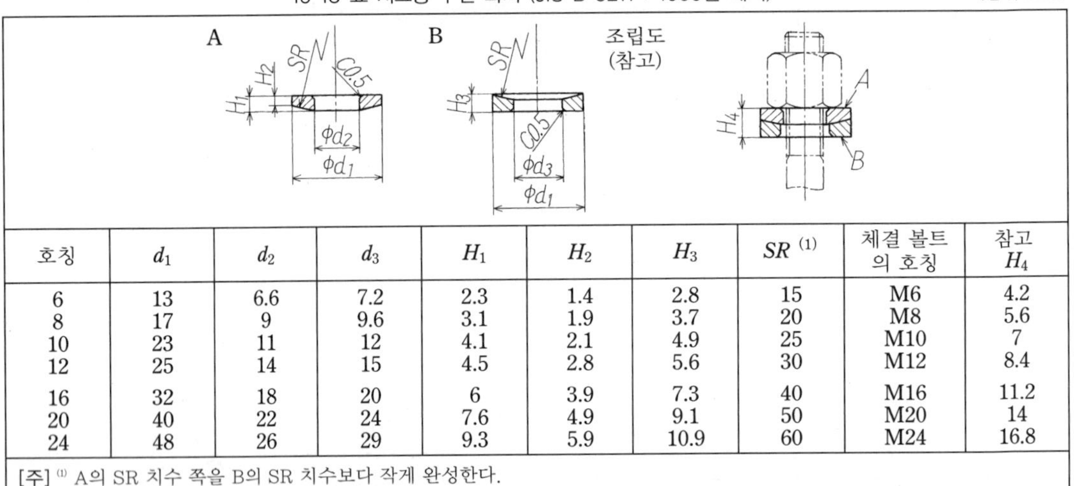

호칭	d_1	d_2	d_3	H_1	H_2	H_3	SR (1)	체결 볼트의 호칭	참고 H_4
6	13	6.6	7.2	2.3	1.4	2.8	15	M6	4.2
8	17	9	9.6	3.1	1.9	3.7	20	M8	5.6
10	23	11	12	4.1	2.1	4.9	25	M10	7
12	25	14	15	4.5	2.8	5.6	30	M12	8.4
16	32	18	20	6	3.9	7.3	40	M16	11.2
20	40	22	24	7.6	4.9	9.1	50	M20	14
24	48	26	29	9.3	5.9	10.9	60	M24	16.8

[주] (1) A의 SR 치수 쪽을 B의 SR 치수보다 작게 완성한다.

15·14 표 지그용 육각 너트 (JIS B 5226 : 1999년 폐지) (단위 mm)

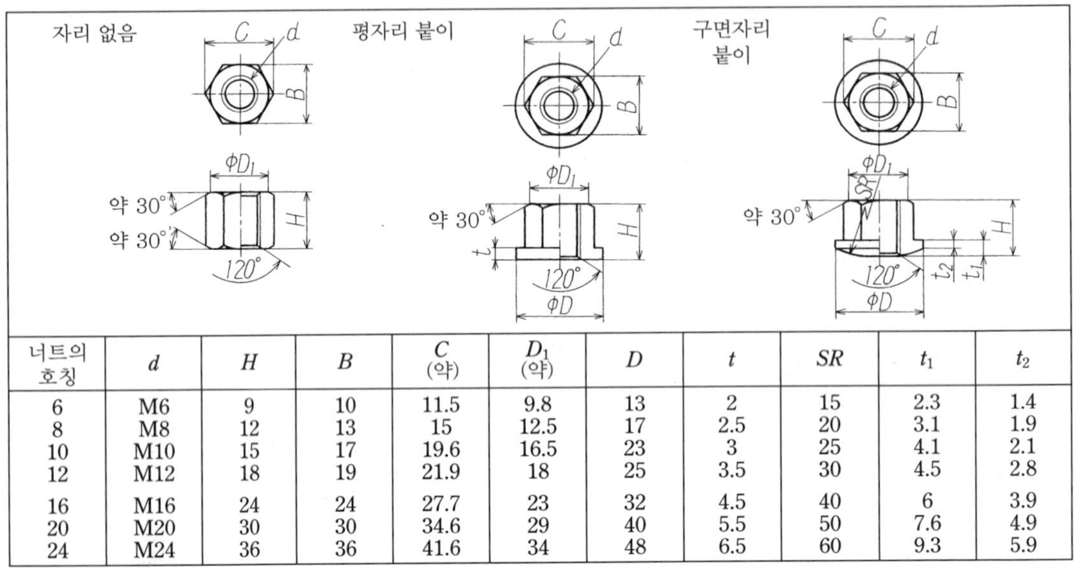

너트의 호칭	d	H	B	C (약)	D_1 (약)	D	t	SR	t_1	t_2
6	M6	9	10	11.5	9.8	13	2	15	2.3	1.4
8	M8	12	13	15	12.5	17	2.5	20	3.1	1.9
10	M10	15	17	19.6	16.5	23	3	25	4.1	2.1
12	M12	18	19	21.9	18	25	3.5	30	4.5	2.8
16	M16	24	24	27.7	23	32	4.5	40	6	3.9
20	M20	30	30	34.6	29	40	5.5	50	7.6	4.9
24	M24	36	36	41.6	34	48	6.5	60	9.3	5.9

KS B 1328(폐지)

15·15 표 지그용 분할 와셔 (JIS B 5211 : 1999년 폐지) (단위 mm)

호칭	d	t	D
6	6.4	6	20, 25
8	8.4	6	25
		8	30, 35, 40, 45
10	10.5	8	30, 35, 40, 45
		10	50, 60, 70
12	13	8	35, 40, 45
		10	50, 60, 70, 80
16	17	10	50, 60, 70, 80
		12	90, 100
20	21	10	70, 80
		12	90, 100
24	25	10	70, 80
		12	90, 100

[주] D의 치수는 널링 가공 전의 것으로 한다.

또한 높이에 부동이 생기지 않도록 15·25 그림과 같이 와셔를 이용해 스프링으로 항상 밀어올리도록 해두면 편리하다. 스프링이 없으면 클램프가 아래로 떨어지므로 공작물을 장착할 때에 그 때마다 손으로 이것을 들어 올려야 하기 때문에 생산 효율이 나빠진다. 15·26 그림은 특수한 클램프를 나타낸 것이다.

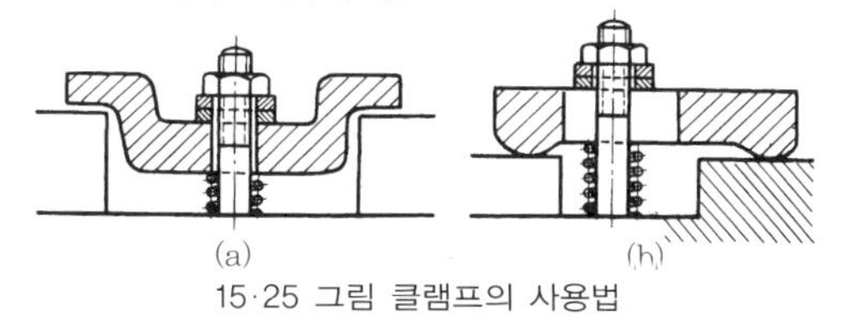

15·25 그림 클램프의 사용법

더구나 누르는 공작물의 높이가 부동인 경우는 클램프가 기울어져도 완전히 체결되도록 너트의 아래에 지그용 구면 와셔(5·13 표, 5·26 그림)을 넣으면 된다. 또한 체결 너트도 마모의 점을 고려해 지그용 육각 너트(5·14 표)를 이용하면 된다.

더구나 지그용 와셔로서 분할 와셔 및 열쇠형 와셔를 이용함으로써 체결, 탈착의 능률을 좋게 할 수 있다.

5·15 표, 5·16 표는 그 표준 치수를 나타낸 것이다.

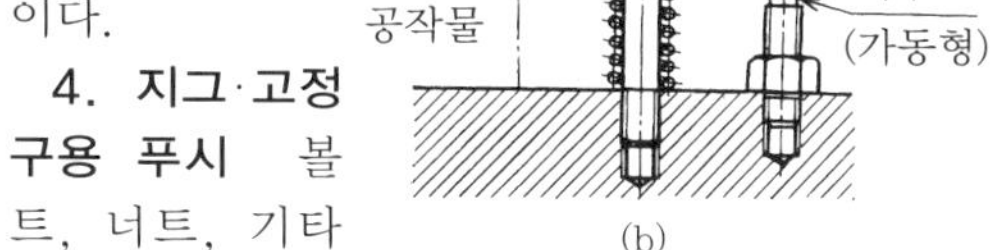

15·26 그림 특수한 클램프의 사용법

4. 지그·고정구용 푸시 볼트, 너트, 기타 공작물을 지그에 장착하는 방법으로서, 클램프를 이용하는 방법과 다른 하나는 푸시 볼트 및 너트 등을 이용해 고정하는 방법이 있다. 이들 부품에 대한 사용 예와 일반적으로 이용되고 있는 표준 치수 및 자리부 장착 치수의 각 표를 언급해 둔다(15·8 표~15·24 표).

5. 지그 제작의 구멍 위치

지그류와 같이 많은 구멍을 더구나 그 관계 위치를 정확하게 뚫어야 하는 경우, 이것을 하나하나 금긋기에 의해 중심내기 하지 않고, 지그 보링을 사용하면 정확하고 능률적으로 구멍뚫기가 가능하다. 이 지그 보링은 공작물을 장착한 테이블 및 주축류가 각각 직각 좌표의 축을 취하도록 되어 있으며, 이동기구의 나사는 충분한 정도를 가지고 마이크로미터 다이얼 및 버니어 캘리퍼스에 의해 0.005mm까지의 눈금을 읽을 수 있다.

15·16 표 지그용 열쇠형 와셔 (JIS B 5211 : 1999년 폐지)
KS B 1341(폐지) (단위 mm)

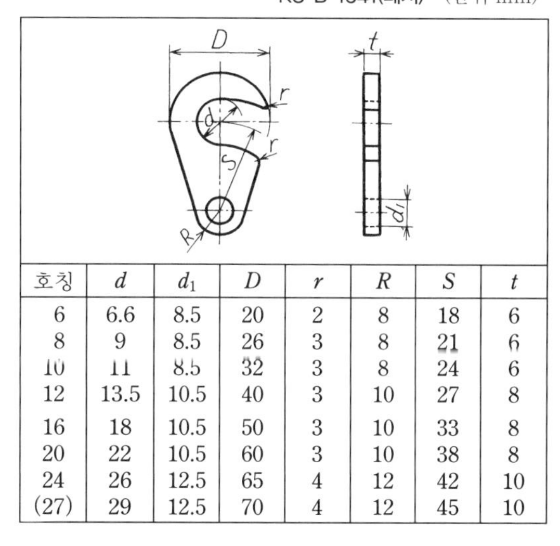

호칭	d	d_1	D	r	R	S	t
6	6.6	8.5	20	2	8	18	6
8	9	8.5	26	3	8	21	6
10	11	8.5	32	3	8	24	6
12	13.5	10.5	40	3	10	27	8
16	18	10.5	50	3	10	33	8
20	22	10.5	60	3	10	38	8
24	26	12.5	65	4	12	42	10
(27)	29	12.5	70	4	12	45	10

15·17 표 지그용 열쇠형 와셔에 사용하는 볼트
(JIS B 5211 : 1999년 폐지) (단위 mm)

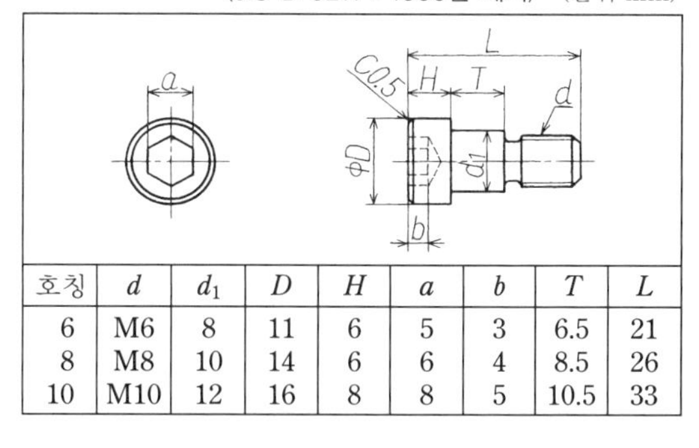

호칭	d	d_1	D	H	a	b	T	L
6	M6	8	11	6	5	3	6.5	21
8	M8	10	14	6	6	4	8.5	26
10	M10	12	16	8	8	5	10.5	33

15·18 표 지그용 T형 너트 (핸들 고정형)

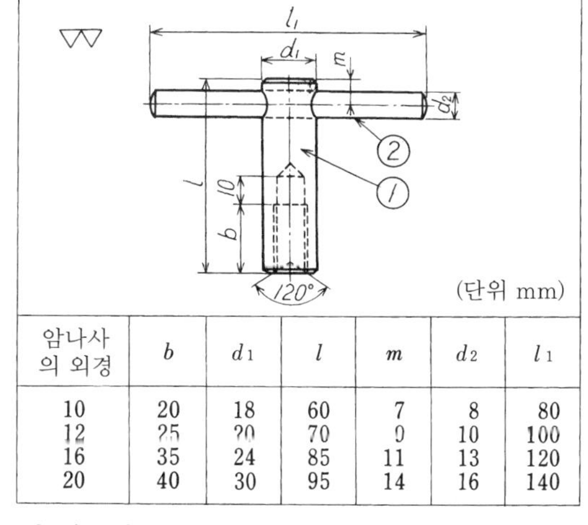

암나사의 외경	b	d_1	l	m	d_2	l_1
10	20	18	60	7	8	80
12	25	20	70	9	10	100
16	35	24	85	11	13	120
20	40	30	95	14	16	140

15장

15·19 표 지그용 T형 너트(핸들 가동형)

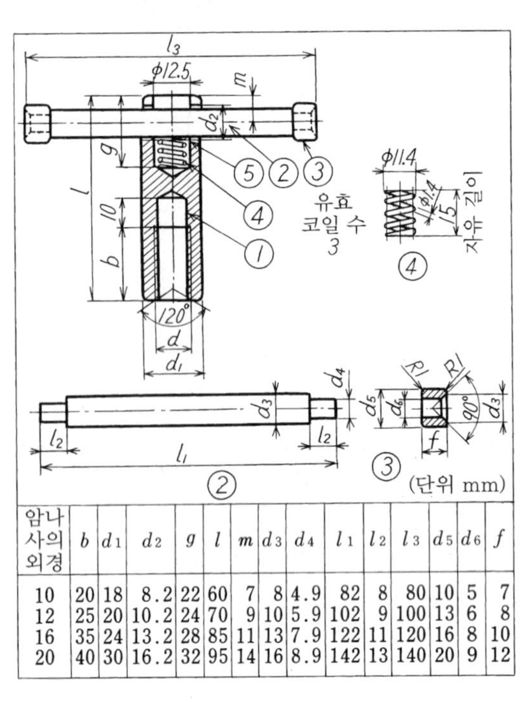

암나사의 외경	b	d_1	d_2	g	l	m	d_3	d_4	l_1	l_2	l_3	d_5	d_6	f
10	20	18	8.2	22	60	7	8	4.9	82	8	80	10	5	7
12	25	20	10.2	24	70	9	10	5.9	102	9	100	13	6	8
16	35	24	13.2	28	85	11	13	7.9	122	11	120	16	8	10
20	40	30	16.2	32	95	14	16	8.9	142	13	140	20	9	12

15·20 표 지그용 구 핸들

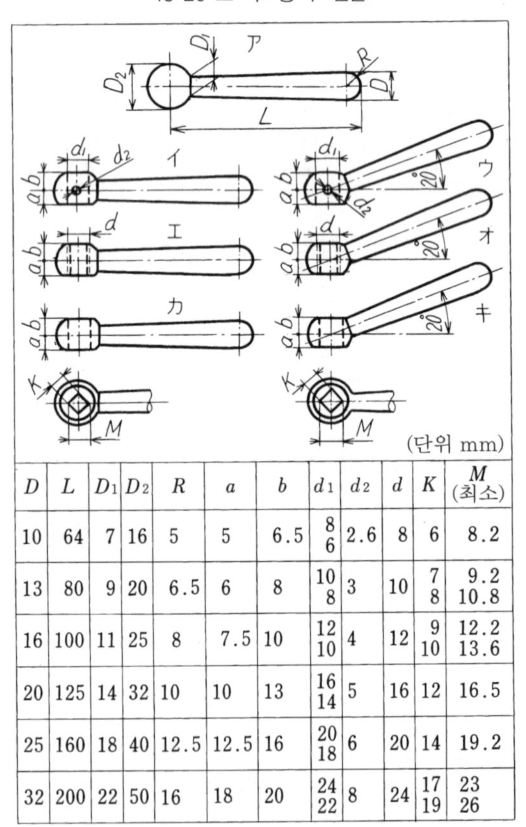

D	L	D_1	D_2	R	a	b	d_1	d_2	d	K	M (최소)
10	64	7	16	5	5	6.5	8 6	2.6	8	6	8.2
13	80	9	20	6.5	6	8	10 8	3	10	7 8	9.2 10.8
16	100	11	25	8	7.5	10	12 10	4	12	9 10	12.2 13.6
20	125	14	32	10	10	13	16 14	5	16	12	16.5
25	160	18	40	12.5	12.5	16	20 18	6	20	14	19.2
32	200	22	50	16	18	20	24 22	8	24	17 19	23 26

15·21 표 지그용 체결자

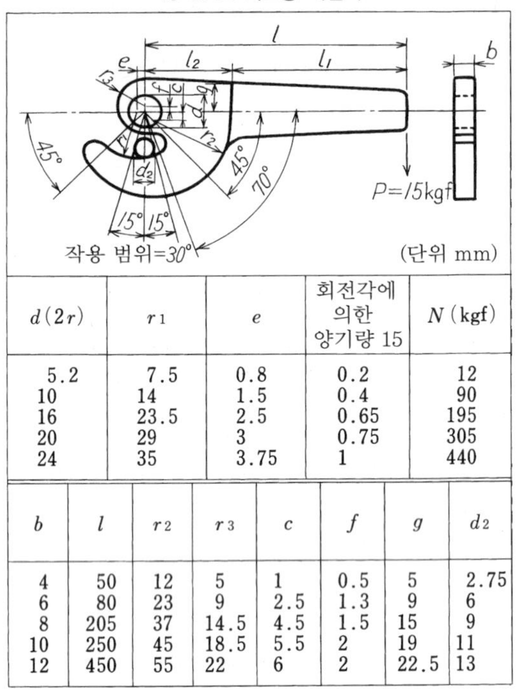

$d(2r)$	r_1	e	회전각에 의한 양기량 15	N (kgf)
5.2	7.5	0.8	0.2	12
10	14	1.5	0.4	90
16	23.5	2.5	0.65	195
20	29	3	0.75	305
24	35	3.75	1	440

b	l	r_2	r_3	c	f	g	d_2
4	50	12	5	1	0.5	5	2.75
6	80	23	9	2.5	1.3	9	6
8	205	37	14.5	4.5	1.5	15	9
10	250	45	18.5	5.5	2	19	11
12	450	55	22	6	2	22.5	13

15·22 표 지그용 체결 볼트

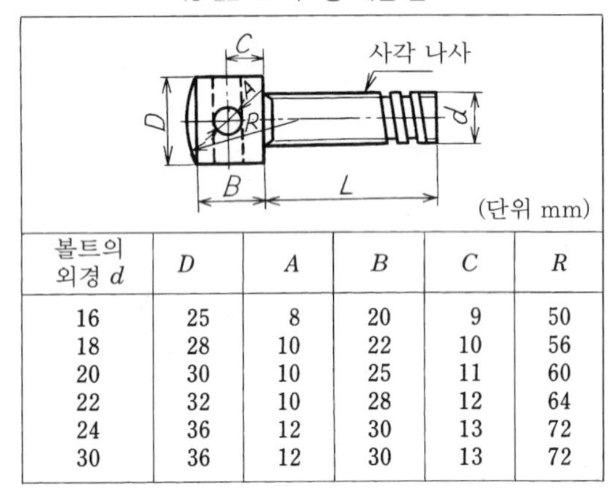

볼트의 외경 d	D	A	B	C	R
16	25	8	20	9	50
18	28	10	22	10	56
20	30	10	25	11	60
22	32	10	28	12	64
24	36	12	30	13	72
30	36	12	30	13	72

또한 위치측정용 현미경, 각도측정용 현미경, 센터펀치용 어태치먼트 등 부속품이 드릴축과 동일한 중심에 장착되어, 정확 신속하게 공작할 수 있게 되어 있다. 더구나 15·25 표는 지그 설계 제도에 필요한 치수 표준을, 15·26 표는 등분한 구멍의 치수 좌표를, 또한 15·27 표는 기계 부품에 뚫린 두 개 구멍의 중심거리 허용차를 나타낸 것이다.

6. 지그 설계의 요점

① 위치를 결정하기 위한 기준면을 결정한다.

② 공작물은 정확한 위치 이외에서는 장착하지 않도록 한다.

15·23 표 지그 체결자리부 치수

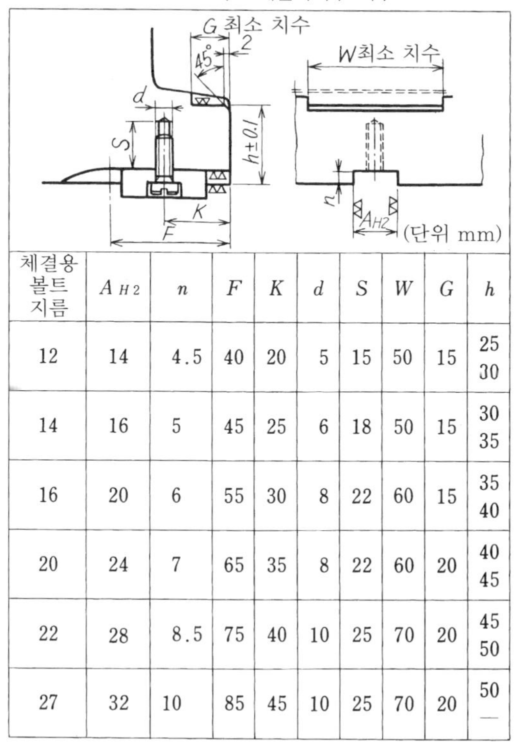

체결용 볼트 지름	A_{H2}	n	F	K	d	S	W	G	h
12	14	4.5	40	20	5	15	50	15	25 30
14	16	5	45	25	6	18	50	15	30 35
16	20	6	55	30	8	22	60	15	35 40
20	24	7	65	35	8	22	60	20	40 45
22	28	8.5	75	40	10	25	70	20	45 50
27	32	10	85	45	10	25	70	20	50 —

15·24 표 지그 장작자리부 치수

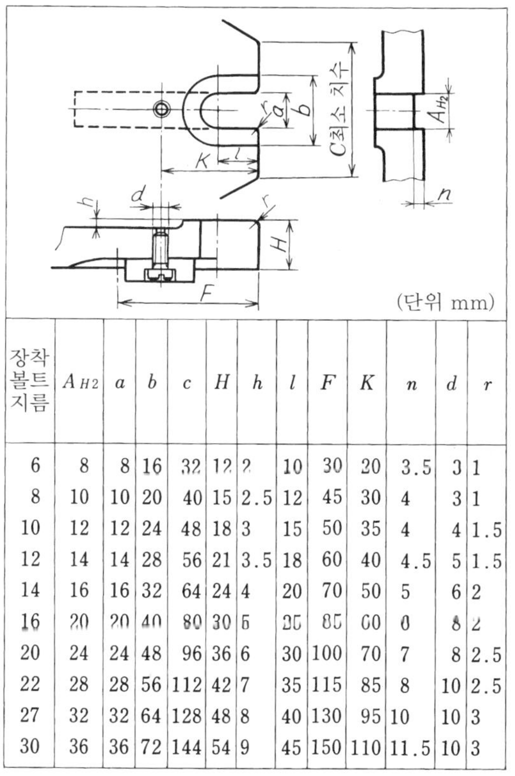

장착 볼트 지름	A_{H2}	a	b	c	H	h	l	F	K	n	d	r
6	8	8	16	32	12	2	10	30	20	3.5	3	1
8	10	10	20	40	15	2.5	12	45	30	4	3	1
10	12	12	24	48	18	3	15	50	35	4	4	1.5
12	14	14	28	56	21	3.5	18	60	40	4.5	5	1.5
14	16	16	32	64	24	4	20	70	50	5	6	2
16	20	20	40	80	30	5	25	85	60	6	8	2
20	24	24	48	96	36	6	30	100	70	7	8	2.5
22	28	28	56	112	42	7	35	115	85	8	10	2.5
27	32	32	64	128	48	8	40	130	95	10	10	3
30	36	36	72	144	54	9	45	150	110	11.5	10	3

③ 체결장치는 가급적 신속 체결장치로 한다.

④ 체결장치는 날붙이의 절삭 압력에 저항하는 가장 좋은 장소에 할 것.

⑤ 지그, 고정구의 체결장치는 가급적 별도로 하지 말고, 일체로 할 것.

⑥ 지그의 위치를 결정하는 핀은 공작물을 핀에 삽입 시, 작업자가 볼 수 있게 설계할 것.

⑦ 부품 수는 가급적 적게 설계한다.

⑧ 절삭칩의 배출구를 고려해 항상 청소하기 쉽게 할 것.

⑨ 각 모서리부에는 반드시 모떼기 혹은 라운딩을 줄 것.

⑩ 중량 및 정도에 대해 고려할 것. 특히 중량은 강성을 충분히 취하려고 하면 무거운 것이 되기 쉬우므로 주의해야 한다.

이상의 모든 점에 주의해 특수가공의 경우는 별도로 하고, 지그를 사용함으로써 제품의 능률을 높일 수 있다.

15·25 표 지그 설계 제도의 치수 표준

1. **센터 구멍** 선반, 밀링머신용 지그의 구멍은 다음의 5종류로 한다.
   D=12mm 이하 ±0.01mm
   D=16mm 이하 ±0.01mm
   D=20mm 이하 ±0.01mm
   D=25mm 이하 ±0.01mm
   (선반에는 가급적 이 구멍을 이용한다.)
   D=35mm 이하 ±0.01mm
   (밀링머신에는 가급적 이 구멍을 이용한다.)
2. **중심맞춤 구멍** 중심맞춤 구멍(중심맞춤 센터 및 리머 볼트용 구멍)의 중심거리에 대해서는 다음의 치수공차를 기입한다.

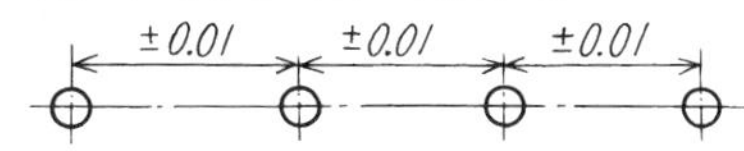

3. **볼트 구멍의 거리** 볼트 구멍, 스터드 구멍 등과 같이 축과 구멍에 0.5mm 이상의 틈새를 갖는 구멍의 중심거리에 대해서는 다음의 치수공차를 기입한다.

±0.05 ±0.05 ±0.05

4. **각도** 살빼기 구멍뚫기용 및 특히 정밀을 필요로 하지 않는 각도에는 다음의 치수공차를 기입한다. ±30′

15장

15·26 표 지그 보링 가공인 경우의 등분원 구멍의 좌표값

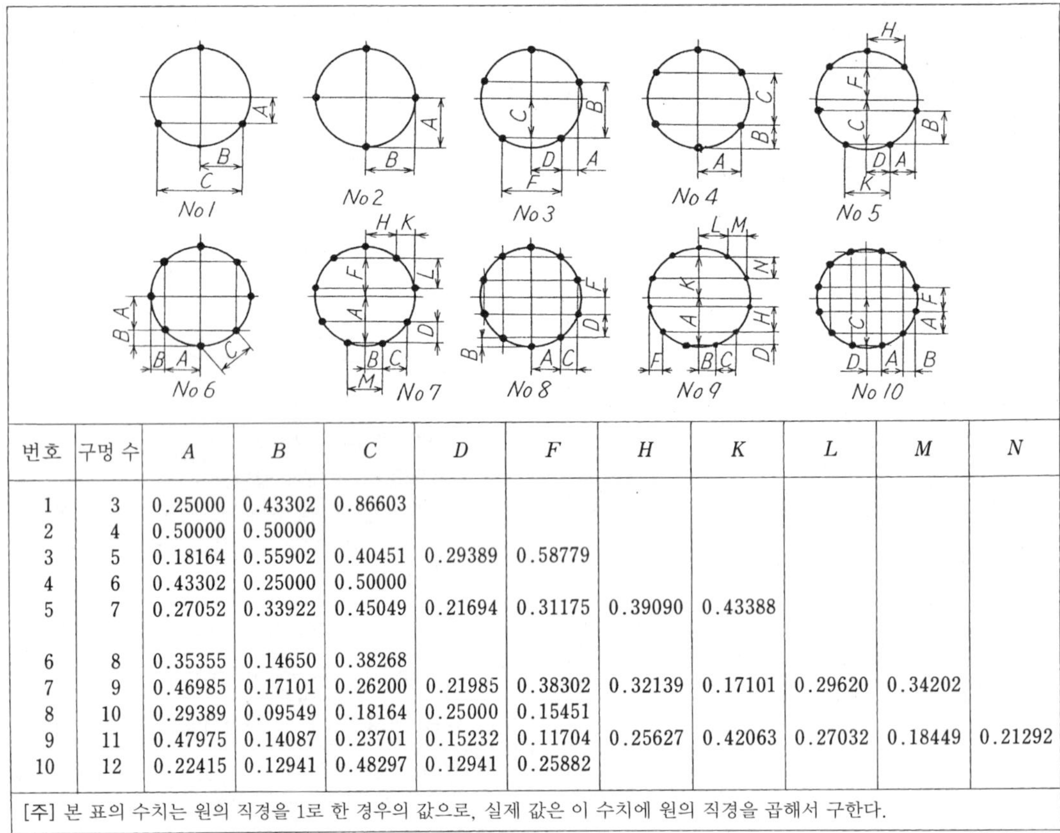

번호	구멍 수	*A*	*B*	*C*	*D*	*F*	*H*	*K*	*L*	*M*	*N*
1	3	0.25000	0.43302	0.86603							
2	4	0.50000	0.50000								
3	5	0.18164	0.55902	0.40451	0.29389	0.58779					
4	6	0.43302	0.25000	0.50000							
5	7	0.27052	0.33922	0.45049	0.21694	0.31175	0.39090	0.43388			
6	8	0.35355	0.14650	0.38268							
7	9	0.46985	0.17101	0.26200	0.21985	0.38302	0.32139	0.17101	0.29620	0.34202	
8	10	0.29389	0.09549	0.18164	0.25000	0.15451					
9	11	0.47975	0.14087	0.23701	0.15232	0.11704	0.25627	0.42063	0.27032	0.18449	0.21292
10	12	0.22415	0.12941	0.48297	0.12941	0.25882					

[주] 본 표의 수치는 원의 직경을 1로 한 경우의 값으로, 실제 값은 이 수치에 원의 직경을 곱해서 구한다.

KS B 0420

15·27 표 중심거리의 허용차 (JIS B 0613)

(단위 μm)

중심거리의 구분 (mm)		등급				
초과	이하	0급 (참고)	1급	2급	3급	4급 (mm)
—	3	± 2	± 3	± 7	± 20	± 0.05
3	6	± 3	± 4	± 9	± 24	± 0.06
6	10	± 3	± 5	± 11	± 29	± 0.08
10	18	± 4	± 6	± 14	± 35	± 0.09
18	30	± 5	± 7	± 17	± 42	± 0.11
30	50	± 6	± 8	± 20	± 50	± 0.13
50	80	± 7	± 10	± 23	± 60	± 0.15
80	120	± 8	± 11	± 27	± 70	± 0.18
120	180	± 9	± 13	± 32	± 80	± 0.2
180	250	± 10	± 15	± 36	± 93	± 0.23
250	315	± 12	± 16	± 41	± 105	± 0.26
315	400	± 13	± 18	± 45	± 115	± 0.29
400	500	± 14	± 20	± 49	± 125	± 0.32
500	630	—	± 22	± 55	± 140	± 0.35
630	800	—	± 25	± 63	± 160	± 0.4
800	1000	—	± 28	± 70	± 180	± 0.45
1000	1250	—	± 33	± 83	± 210	± 0.53
1250	1600	—	± 39	± 98	± 250	± 0.63
1600	2000	—	± 46	± 120	± 300	± 0.75
2000	2500	—	± 55	± 140	± 350	± 0.88
2500	3150	—	± 68	± 170	± 430	± 1.05

제16장

치수공차 및 끼워맞춤

16장. 치수공차 및 끼워맞춤

16·1 끼워맞춤에 대해서

1. 끼워맞춤 방식과 한계 게이지

기계의 부품 등에서는 둥근 축과 구멍을 끼워맞추고 있는 것이 매우 많다. 이와 같이 구멍과 축이 서로 끼워지는 관계를 끼워맞춤이라고 한다.

끼워맞춤은 둥근 축과 구멍 외에 키와 키 홈과 같은 평행 2평면의 형체인 경우에도 준용된다. 이 경우 축과 키와 같은 그 물건의 외측이 대상이 되는 것을 외측 형체라고 하고, 구멍이나 키 홈과 같이 내측이 되는 부분이 대상이 되는 것을 내측 형체라고 한다.

끼워맞춤 관계에 있는 축과 구멍은 축의 직경이 구멍의 직경보다 작은 경우에는 16·1 그림 (a)와 같이 틈새를 생기게 하고, 반대로 축의 직경이 구멍의 직경보다 크면 동 그림 (b)와 같이 죔새를 생기게 한다. 이 틈새 혹은 죔새의 대소에 따라 여러 가지 기능을 갖는 끼워맞춤을 얻을 수 있게 된다.

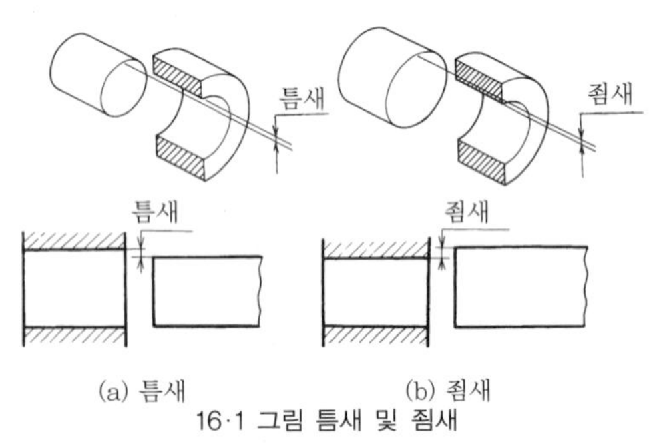

(a) 틈새 (b) 죔새
16·1 그림 틈새 및 죔새

그러나 이 틈새 혹은 죔새는 일반적으로 매우 작으며, 또한 이들이 기계의 성능 및 수명에 매우 큰 영향을 미치기 때문에 아주 정밀한 치수로 완성되어야 하는 것이 많은데, 공작 상으로는 정밀하게 동일 치수의 것을 만드는 것이 불가능하다.

따라서 이들 부품의 사용 목적에 따라 미리 실용 상 지장이 되지 않는 적당한 대·소 두 개의 한계가 되는 치수를 정해 두고, 그 치수 범위 내로 완성되는 것은 모두 합격으로 하기로 하면 대량 생산이 쉬워지고 호환성도 얻을 수 있다.

이러한 방식을 끼워맞춤 방식이라고 한다.

끼워맞춤 방식에서는 실제로 완성된 치수(실제 치수라고 한다)가 위의 두 가지 한계가 되는 치수(허용한계 치수라고 하며, 또한 큰 쪽을 최대 허용 치수, 작은 쪽을 최소 허용 치수라고 한다)의 범위 내에 있는지의 여부를 16·2 그림에 나타낸 한계 게이지에 의해 검사를 한다. 한계 게이지는 축 게이지와 구멍 게이지의 2종류가 있다.

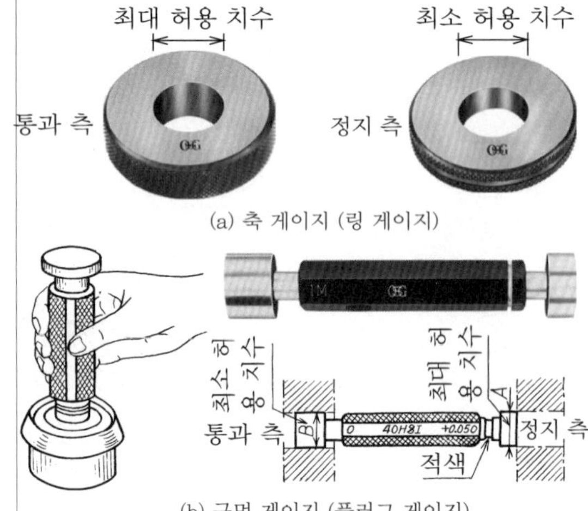

(a) 축 게이지 (링 게이지)
(b) 구멍 게이지 (플러그 게이지)
16·2 그림 한계 게이지

축 게이지의 경우는 통과 측이 최대 허용 치수, 정지 측이 최소 허용 치수로 되어 있기 때문에 축이 통과 측에 들어가고, 정지 측에서 들어가지 않으면 합격이 된다. 즉, 만약 통과 측을 축에 대어 보아 게이지가 통과하지 않고 멈춰 버렸다면 그 제품은 최대 허용 치수보다 크게 완성된 것을 나타내는 것으로, 그 제품은 불합격으로 하면 된다. 정지 측의 경우도 마찬가지로 게이지가 멈추지 않고 통과해 버렸다면, 그 제품은 최소 허용 치수보다 작게 완성된 것을 나타내게 된다.

구멍 게이지는 축 게이지와는 반대로, 통과 측이 최소 허용 치수, 정지 측이 최대 허용 치수로 되어 있기 때문에 구멍에 구멍 게이지를 댄 경우, 통과 측이 들어가고 정지 측이 들어가지 않으면 구멍의 치수공차 범위 내로 완성된 것이 된다.

더구나 한계 게이지의 통과 측 측정면은 마모를 방지하기 위해 정지 측보다 길게 만들어지고, 또한 정지 측은 적색으로 칠해 나타내게 되어 있다. 또한 그 크기, 종류 등에 대해서도 그 상세가 JIS에 규정되어 있다.

이와 같은 한계 게이지 방식은 끼워맞춤 부분만이 아니라 단독으로 사용되는 경우에도 적절하게 적용할 수 있다.

한계 게이지는 1785년 프랑스인 르 블랑(Le Blanc)에 의해 발명되고, 그 후 얼마 안 된 1798년 미국인 휘트니(Whitney)에 의해 실용화된 것인데, 기계기술 역사 상에서도 매우 우수한 발명의 하나라고 할 수 있다.

또한 끼워맞춤 방식은 그 후 집대성되어, 치수공차(최대 허용 치수와 최소 허용 치수의 차이. 단순히 공차라고 부르기도 한다)의 체계로서 표준화되기에 이르렀다. 일본에서도 JIS B 0401에서 기준 치수가 3150mm 이하의 치수공차 방식 및 끼워맞춤 방식에 대해 상세하게 규정되어 있으므로 이하에 이것에 대해 설명한다.

2. 끼워맞춤의 종류

끼워맞춤에는 구멍 및 축의 직경 대소에 따라 다음의 3가지 종류가 있다.

(1) 헐거운 끼워맞춤 구멍의 최소 허용 치수보다 축의 최대 허용 치수가 작은 경우(구멍과 축 사이에 틈새가 있다).

(2) 억지 끼워맞춤 구멍의 최대 허용 치수보다 축의 최소 허용 치수가 큰 경우(구멍과 축 사이에 죔새가 있다).

(3) 중간 끼워맞춤 구멍의 최소 허용 치수보다 축의 최대 허용 치수가 크고(양자가 동등한 경우도 포함), 또한 구멍의 최대 허용 치수보다 축의 최소 허용 치수가 작은 경우.

이들은 앞에서 말했듯이 구멍, 축의 어느 쪽에나 공차를 허용해 공작하는 것이기 때문에 실제 틈새 혹은 죔새는 16·3 그림에 나타낸 범위에 있다. 즉, 헐거운 끼워맞춤에서는 구멍의 최소 허용 치수와 축의 최대 허용 치수의 차이를 최소 틈새라고 하고, 구멍의 최대 허용 치수와 축의 최소 허용 치수의 차이를 최대 틈새라고 한다.

또한 억지 끼워맞춤에서는 축의 최대 허용 치수와 구멍의 최소 허용 치수의 차이를 최대 죔새라고 하고, 축의 최소 허용 치수와 구멍의 최대 허용 치수의 차이를 최소 죔새라고 한다.

그리고 중간 끼워맞춤에서는 구멍과 축의 실제 치수에 의해 죔새가 생기는 경우도 있고, 틈새가 생기는 경우도 있다. 중간 끼워맞춤은 주로 억지 끼워맞춤보다 작은 죔새를 필요로 하는 경우에

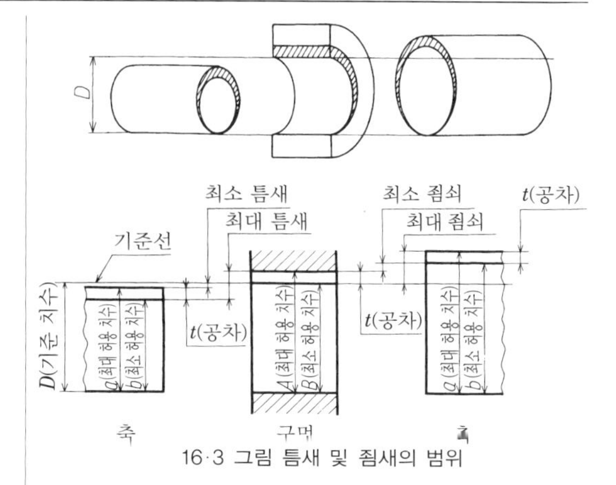

16·3 그림 틈새 및 죔새의 범위

이용하는 것이기 때문에 필요에 따라 선택 조합, 또는 조정을 하지 않으면, 원하는 기능을 확보할 수 없는 경우가 많다.

3. 구멍 기준식과 축 기준식

끼워맞춤 부분을 공작하는 경우에는 구멍이나 축의 어느 쪽인가 한편을 기준으로 하는 것이 보통으로, 전자를 구멍 기준식, 후자를 축 기준식이라고 부른다.

16·4 그림은 이들 양 기준식을 나타낸 것이다. 즉, (a)의 구멍 기준식은 구멍에 일정 공차를 정해 두고 이것에 대해 축 지름을 여러 가지로 변화시켜 각종 필요한 틈새 또는 죔새를 가지는 끼워맞춤을 규정하는 방식이고, (b)의 축 기준식은 구멍 기준식과는 반대로 축 지름에 일정 공차를 부여해 두고 이것에 대해 구멍 지름을 변화시켜 각종 필요한 끼워맞춤을 규정하는 방식이다.

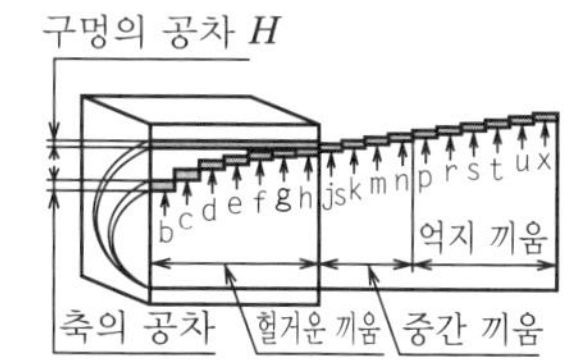

(a) 구멍 기준식

구멍의 공차
헐거운 끼움 중간 끼움 억지 끼움
B C D E F G H JS K M N P R S T U X
축의 공차 h
(b) 축 기준식
16·4 그림 양 기준식

이 경우, 구멍 기준식은 구멍의 최소 허용 치수를 기준 치수(구멍 또는 축의 지름 크기를 나타내는 치수)에 합치시키고, 축 기준식은 축의 최대 허용 치수를 기준 치수에 합치시킨다.

구멍 기준식과 축 기준식에는 각각 장단점이 있으므로 영국이 구멍 기준식만을 채용하고 있는 외에는 대부분의 국가에서 이 양 방식을 채용하고 있다. 단, 이 양 기준식의 어느 쪽으로 해도 지장

16장

이 없는 경우에는 구멍 기준식을 사용하는 편이 유리한 경우가 많다.

4. 끼워맞춤의 도시

끼워맞춤에서 기준 치수와 구멍, 축 각각의 허용한계 치수와의 관계를 그림으로 나타내면 16·5 그림과 같이 된다.

그림에서 기준선이란 기준 치수를 나타내는 것으로, 이 경우의 치소 허용차는 0이다. 따라서 이 기준선을 기초로 생각하면, 허용한계 치수는 기준 치수에 대한 최대 허용 치수와 최소 허용 치수와의 치수공차로 나타낼 수 있고, 전자(최대 허용 치수에서 기준 치수를 뺀 값)을 위의 치수 허용차라고 하며, 후자(최소 허용 치수에서 기준 치수를 뺀 값)을 아래의 치수 허용차라고 한다.

이들을 이하 그림에서는 다음의 기호로 나타낸다.

구멍의 위의 치수 허용차는 기호 ES*로 나타낸다.

구멍의 아래의 치수 허용차는 기호 EI*로 나타낸다.

축의 위의 치수 허용차는 기호 es로 나타낸다.

축의 아래의 치수 허용차는 기호 ei로 나타낸다.

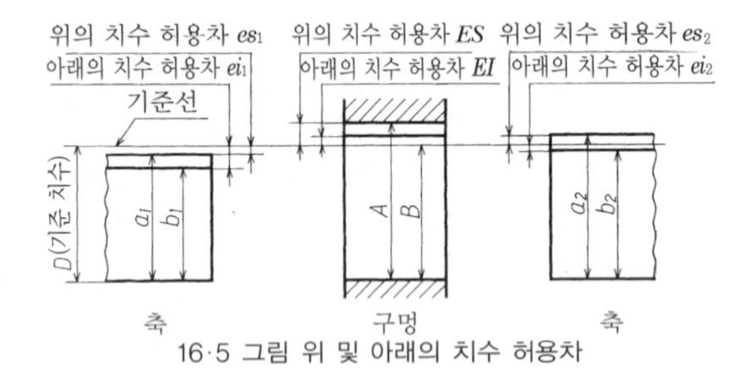

16·5 그림 위 및 아래의 치수 허용차

예를 들면 16·5 그림에서 기준 치수 50.00(이하 단위 mm)의 경우

최대 허용 치수

$a_1 = 49.975 \quad A = 50.025 \quad a_2 = 50.070$

최소 허용 치수

$b_1 = 49.959 \quad B = 50.000 \quad b_2 = 50.054$

라고 하면

위의 치수 허용차

$es_1 = -0.025 \quad ES = +0.025 \quad es_2 = +0.070$

아래의 치수 허용차

$ei_1 = -0.041 \quad EI = 0 \quad ei_2 = +0.054$

가 된다.

또한 16·5 그림 및 16·6 그림에서 위의 치수 허용차와 아래의 치수 허용차를 나타내는 2개의 선 사이에 끼이는 구역을 공차역이라고 한다.

*Ecart Superieur(프랑스)의 약자.
**Ecart Interieur(프랑스)의 약자.

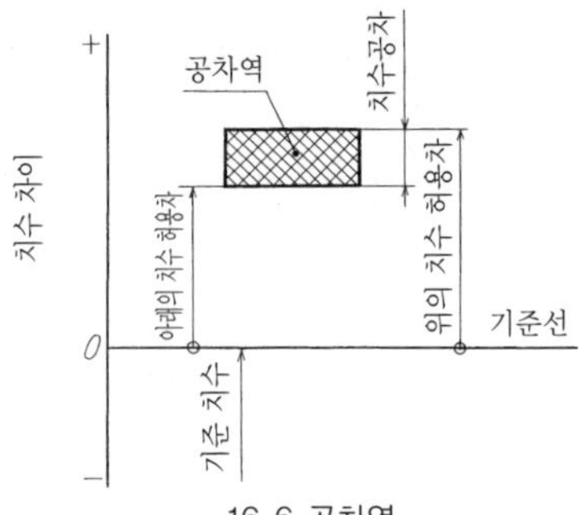

16·6 공차역

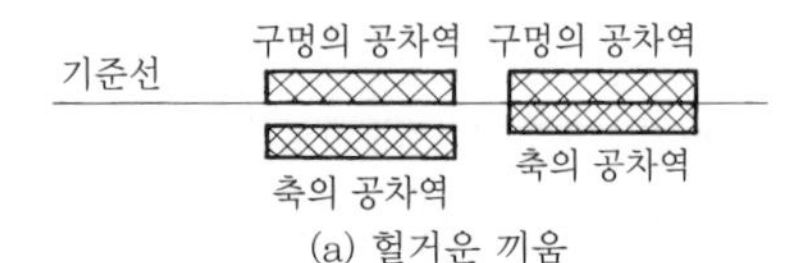

(a) 헐거운 끼움

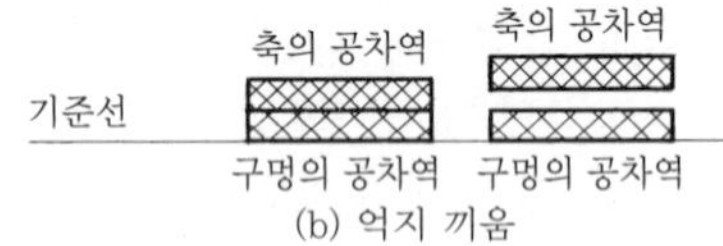

(b) 억지 끼움

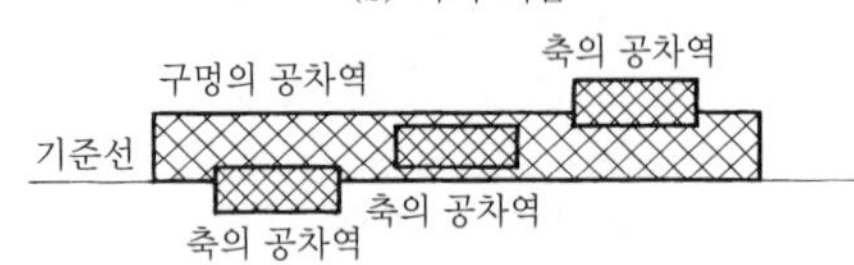

(c) 중간 끼움

16·7 공차역에 의한 끼워맞춤의 도시

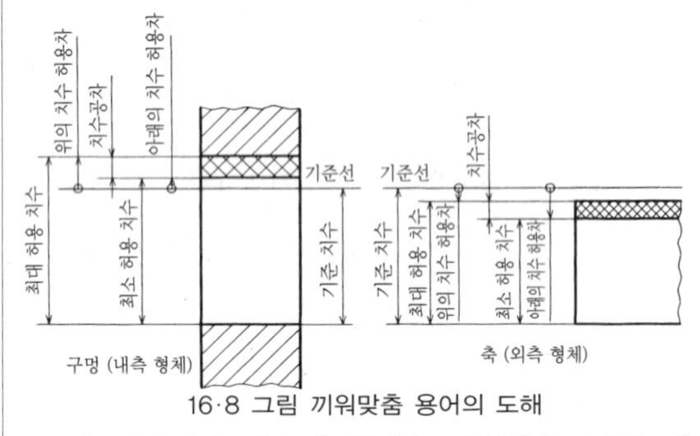

16·8 그림 끼워맞춤 용어의 도해

이 공차역을 이용해 헐거운 끼워맞춤, 억지 끼워맞춤 및 중간 끼워맞춤을 그림으로 나타내면, 16·7 그림과 같이 된다. 또한 16·8 그림은 앞에서 말한 끼워맞춤 용어를 그림으로 나타낸 것이다.

16·2 치수 허용차를 취하는 법

1. 기준 치수의 구분

축 지름이나 구멍 지름은 그 크기가 늘어남에 따라 마무리 정도가 떨어지므로 치수가 증가함에 따라 치수공차의 값은 크게 취할 필요가 있다.

그런데 치수공차의 값을 각 치수마다 구하는 것은 번거롭고 너무 세세하게 구분하는 것도 실용적이지 않기 때문에 규격에서는 16·1 표에 나

16·1 표 기준 치수의 구분 (단위 mm)

500 mm 이하의 기준 치수			
주요 구분		중간 구분(1)	
초과	이하	초과	이하
—	3	하위 구분 없음	
3	6		
6	10		
10	18	10	14
		14	18
18	30	18	24
		24	30
30	50	30	40
		40	50
50	80	50	65
		65	80
80	120	80	100
		100	120
120	180	120	140
		140	160
		160	180
180	250	180	200
		200	225
		225	250
250	315	250	280
		280	315
315	400	315	355
		355	400
400	500	400	450
		450	500

500 mm를 넘고 3150 mm 이하의 기준 치수			
주요 구분		중간 구분(2)	
초과	이하	초과	이하
500	630	500	560
		560	630
630	800	630	710
		710	800
800	1000	800	900
		900	1000
1000	1250	1000	1120
		1120	1250
1250	1600	1250	1400
		1400	1600
1600	2000	1600	1800
		1800	2000
2000	2500	2000	2240
		2240	2250
2500	3150	2500	2800
		2800	3150

[주] (1) 이들은 A~C 구멍 및 R~ZC 구멍 또는 a~c 축 및 r~zc축의 치수 허용차에 사용한다(16·3 표 및 16·4 표 참조)
(2) 이들은 R~U 구멍 및 r~u축의 치수 허용차에 사용한다(16·3 표 및 16·4 표 참조)

타냈듯이 이것을 구분하고, 또한 동일 구분에 속하는 치수에 대해서는 각 등급마다 동일 치수공차를 부여하도록 하고 있다(JIS B 0401-1 부록).

또한 죔새가 큰 억지 끼워맞춤 및 틈새가 큰 헐거운 끼워맞춤에서는, 이 표에 나타낸 '주요 구분'은 치수가 다음의 구분으로 이동할 때 끼워맞춤이 너무 급변하지 않도록 하나의 구분을 2~3개로 더 세분하는 '중간 구분'을 설정하고 있다.

2. 공차 등급

치수공차는 어떤 치수에 허용되는 치수의 편차 범위를 나타내는 것으로, 그 치수공차의 크기는 그 치수 정도를 나타내는 기준이라고 할 수 있다.

그런데 제품에는 목적에 따라 여러 가지 정도의 것이 있기 때문에 각각의 정도 수준에 따라 치수공차가 준비돼야 한다.

규격은 이와 같은 제품의 정도 수준에 따른 치수공차의 대소에 의해 01급, 0급, 1~18급의 20 공차 등급으로 나누고, 기호 IT(International Tolerance)에 이들의 등급을 나타내는 기호를 붙여 IT01, IT0, IT1~IT18과 같이 나타내는 것으로 하고 있다.

16·2 표는 이들 각 공차 등급마다 각 기준 치수의 구분에 대한, 기본 공차의 수치를 나타낸 것이다. 단, 위에서 IT01, IT0은 사용 빈도가 적기 때문에 규격 본체에는 포함하지 않고 부록에 나타냈기 때문에 동 표에서도 이들은 생략했다.

이 기본 공차를 기호 IT로 나타낼 때는 IT(이탤릭체)의 기호를 이용한다. 또한 IT14~IT18은 기준 치수 1mm 이하에는 적용하지 않는다.

3. 공차역의 위치 및 공차역 클래스

위와 같이 기본 공차의 수치는 각 공차 등급을 통해 동일하게 되어 있기 때문에 끼워맞춤에서 틈새 혹은 죔새를 결정하기 위해서는 그 공차역을 기준선에 대해 어느 위치에 두는지를 규정해야 한다.

이 공차역의 위치는 구멍의 경우에는 16·9 그림 (a)에 나타냈듯이 공차역의 하단, 즉 아래의 치수 허용차가 기준 치수에서 가장 멀리 떨어진 위치에 있는 것을 대문자 A로 정하고, 차례로 기준 축에 가까워짐에 따라 B, C, D~G로 정해 H

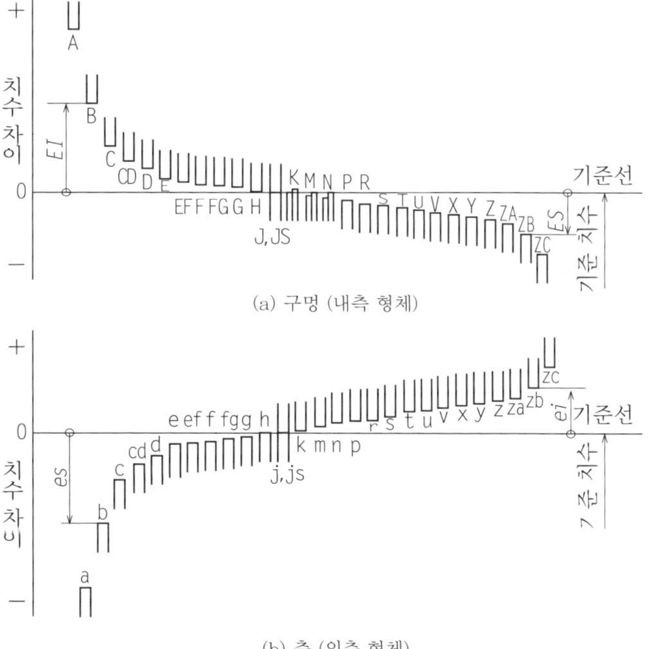

(a) 구멍 (내측 형체)

(b) 축 (외측 형체)

16·9 그림 공차역의 위치

16·2 표 3150mm까지의 기준 치수에 대한 공차 등급 IT의 수치 (JIS B 0401-2) KS B ISO 286-1

기준 치수 mm		공차 등급																	
		IT1 (1)	IT2 (1)	IT3 (1)	IT4 (1)	IT5 (1)	IT6	IT7	IT8	IT9	IT10	IT11	IT12	IT13	IT14 (2)	IT15 (2)	IT16 (2)	IT17 (2)	IT18 (2)
초과	이하	공차 (기본 공차)																	
		μm											mm						
—	3 (2)	0.8	1.2	2	3	4	6	10	14	25	40	60	0.1	0.14	0.25	0.4	0.6	1	1.4
3	6	1	1.5	2.5	4	5	8	12	18	30	48	75	0.12	0.18	0.3	0.48	0.75	1.2	1.8
6	10	1	1.5	2.5	4	6	9	15	22	36	58	90	0.15	0.22	0.36	0.58	0.9	1.5	2.2
10	18	1.2	2	3	5	8	11	18	27	43	70	110	0.18	0.27	0.43	0.7	1.1	1.8	2.7
18	30	1.5	2.5	4	6	9	13	21	33	52	84	130	0.21	0.33	0.52	0.84	1.3	2.1	3.3
30	50	1.5	2.5	4	7	11	16	25	39	62	100	160	0.25	0.39	0.62	1	1.6	2.5	3.9
50	80	2	3	5	8	13	19	30	46	74	120	190	0.3	0.46	0.74	1.2	1.9	3	4.6
80	120	2.5	4	6	10	15	22	35	54	87	140	220	0.35	0.54	0.87	1.4	2.2	3.5	5.4
120	180	3.5	5	8	12	18	25	40	63	100	160	250	0.4	0.63	1	1.6	2.5	4	6.3
180	250	4.5	7	10	14	20	29	46	72	115	185	290	0.46	0.72	1.15	1.85	2.9	4.6	7.2
250	315	6	8	12	16	23	32	52	81	130	210	320	0.52	0.81	1.3	2.1	3.2	5.2	8.1
315	400	7	9	13	18	25	36	57	89	140	230	360	0.57	0.89	1.4	2.3	3.6	5.7	8.9
400	500	8	10	15	20	27	40	63	97	155	250	400	0.63	0.97	1.55	2.5	4	6.3	9.7
500	630 (1)	9	11	16	22	32	44	70	110	175	280	440	0.7	1.1	1.75	2.8	4.4	7	11
630	800 (1)	10	13	18	25	36	50	80	125	200	320	500	0.8	1.25	2	3.2	5	8	12.5
800	1000 (1)	11	15	21	28	40	56	90	140	230	360	560	0.9	1.4	2.3	3.6	5.6	9	14
1000	1250 (1)	13	18	24	33	47	66	105	165	260	420	660	1.05	1.65	2.6	4.2	6.6	10.5	16.5
1250	1600 (1)	15	21	29	39	55	78	125	195	310	500	780	1.25	1.95	3.1	5	7.8	12.5	19.5
1600	2000 (1)	18	25	35	46	65	92	150	230	370	600	920	1.5	2.3	3.7	6	9.2	15	23
2000	2500 (1)	22	30	41	55	78	110	175	280	440	700	1100	1.75	2.8	4.4	7	11	17.5	28
2500	3150 (1)	26	36	50	68	96	135	210	330	540	860	1350	2.1	3.3	5.4	8.6	13.5	21	33

[주] (1) 500mm를 넘는 기준 치수에 대응하는 공차 등급 IT1~IT5의 수치는 시험적 사용을 위해 포함한다.
(2) 공차 등급 IT14~IT18은 1mm 이하의 기준 치수에 대해서는 사용하지 않는다.

에서 기준 축에 일치하는 것으로 한다.

다음으로 이번에는 공차역의 상단, 즉 위의 치수 허용차가 기준선에서 차례로 떨어짐에 따라 P, R, S~ZC로 정하고 있다.

동 그림에서 J, K, M 및 N은 이들의 중간에 위치하는 것으로 정하고 있다.

또한 축의 경우에는 동 그림 (b)에 나타냈듯이 구멍의 경우와 반대로 공차역의 상단, 즉 위의 치수 허용차가 기준 치수에서 가장 멀리 떨어진 위치에 있는 것에서 순서대로 소문자 a, b, c~g로 정하고, h에서 기준 축에 일치하는 것으로 한다. 이하 동일하게 해 j~zc가 정해지고 있다.

위에서 말한 공차역의 위치 기호에 공차 등급을 조합해 표시한 것을 공차역 클래스라고 부른다.

[예] 구멍의 경우 H7, 축의 경우 g6

또한 구멍 혹은 축의 기준 치수를 표시하기 위해서는 위의 공차역 클래스의 기호 앞에 그 수치(단위 mm)를 동일한 크기로 기입하면 된다.

[예] 32H7, 80js15

4. 기초가 되는 치수 허용차

치수공차란 앞에서 말했듯이 최대 허용 치수와 최소 허용 치수의 차이이며, 이것을 16·8 그림에 의해 바꿔 말하면, 위의 치수 허용차와 아래의 치수 허용차의 차이인 것이다. 따라서 위 또는 아래의 치수 허용차 중 어느 한쪽이 주어지면, 이것에 치수공차(16·2 표에 나타낸 기본 공차)를 가·감함으로써 다른 쪽의 치수 허용차를 구할 수 있다.

그렇기 때문에 규격에서는 이들 치수 허용차 중에서 기준 치수에 가까운 쪽의 치수 허용차를 기초가 되는 치수 허용차라고 이름 붙이고, 16·3 표 및 16·4 표에 나타냈듯이 구멍 및 축의 기초가 되는 치수 허용차의 수치를 정하고 있다.

축의 경우를 말하면 최대 허용 치수가 기준 치수보다 작은 축에서는 위의 치수 허용차가 기초가 되는 치수 허용차가 되고, 또한 최소 허용 치수가 기준 치수보다 큰 축에서는 아래의 치수 허용차가 기초가 되는 치수 허용차가 되는 것이다. 그리고 축의 경우에는 이 기초가 되는 치수 허용차는 16·4 표에서 볼 수 있듯이 j축, k축을 제외하고, 축의 종류마다 각 공차 등급을 통해 동일한 수치로 하고 있다. 단, 구멍의 기초가 되는 치수 허용차는 나중에 설명할 구멍 기준 끼워맞춤에서 축 기준 끼워맞춤으로 변환(p16-10 참조)할 때의 편의를 위해 다음과 같이 되어 있다.

16·3 표에서 볼 수 있듯이 구멍의 기초가 되는 치수 허용차는, 대부분은 축의 기초가 되는 치수 허용차와 절대값은 동일하고 그 부호를 바꾼 것으로 되어 있는데, K, M, N의 3~8급, P~ZC의 3~7급에서는 이것에 △의 값을 더한 수치를 사용하게 되어 있으므로 주의하기 바란다.

이 △란 그 등급의 IT 기본 공차의 수치에서 1급 위(등급 숫자는 아래)의 IT 기본 공차의 값을 뺀 것(△=ITn−ITn−1, n…등급)으로, 예를 들면 기준 치수의 구분 18mm를 넘고 30mm 이하의 P7에 대해서는 표에서 △=8이기 때문에 위의 치수 허용차 ES=−22+8=−14가 되는 것이다. 그리고 js 축, JS 구멍은 치수 허용차는 기본 공차의 2분의 1로 하고, 기준선의 양측에 대칭으로 나누기 때문에 기초가 되는 치수 허용차는 없다(16·10 그림 참조).

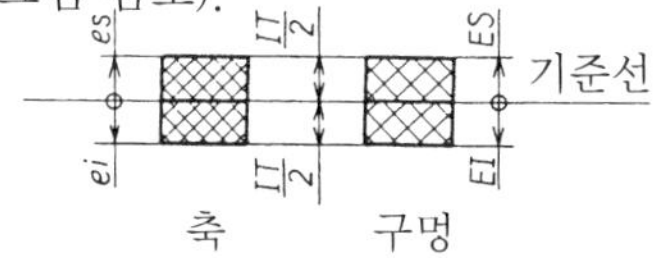

16·10 그림 JS 구멍 및 js 축의 치수 허용차

5. 치수 허용차의 수치 구하는 법

치수 허용차의 치수는 앞에서 말한 기초가 되는 치수 허용차(16·3 표 및 16·4 표)와 기본 공차의 수치(16·2 표)를 이용해 다음의 예와 같이 해서 구하면 된다.

(1) 50F7 구멍의 치수 허용차 구하는 법

기준 치수의 구분 30~50mm (16·1 표)
기본 공차 25μm (16·2 표)
기초가 되는 치수 허용차 +25μm (16·3 표)
아래의 치수 허용차=기초가 되는 치수 허용차
=+25μm
위의 치수 허용차=(기초가 되는 치수 허용차)
+(기본 공차)
=+25μm+25μm=50μm
최대 허용 치수=50.000+0.050=50.050mm
최소 허용 치수=50.000+0.025=50.025mm

(2) 36p6 축의 치수 허용차 구하는 법

기준 치수의 구분 30~50mm (16·1 표)
기본 공차 16μm (16·2 표)
기초가 되는 치수 허용차 +26μm (16·4 표)
아래의 치수 허용차=기초가 되는 치수 허용차
=26μm
위의 치수 허용차=(기초가 되는 치수 허용차)
+(기본 공차)
=+26+16=+42μm
최대 허용 치수=36.000+0.042=36.042mm
최소 허용 치수=36.000+0.026=36.026mm

(3) 25R6 구멍의 치수 허용차 구하는 법

기준 치수의 구분 18~30mm (16·1 표)
기본 공차 13μm (16·2 표)
기초가 되는 치수 허용차 −28μm+△μm
△의 값 4μm (16·3 표)
위의 치수 허용차=기초가 되는 치수 허용차
=−25μm+4μm=−24μm
아래의 치수 허용차=(기초가 되는 치수 허용차)
−(기본 공차)
=−24μm−13μm=−37μm
최대 허용 치수=25.000−0.024=24.976mm
최소 허용 치수=25.000−0.037=24.963mm

그리고 JIS에서는 지금까지 설명해 온 치수공차 및 끼워맞춤 방식의 치수를 결정하는 온도(표준 온도)는 20℃로 하고 있다.

16·3 끼워맞춤의 적용

1. 많이 이용되는 끼워맞춤

앞에서 말했듯이 구멍 및 축에는 많은 종류 및 등급의 것이 있고 이들은 필요에 따라 임의로 끼워맞추어도 되지만, 규정된 28종의 01급에서 18급까지의 각 등급의 구멍과 축을 순열적으로 조합해도 그 대부분은 실용 상 무의미하고, 어떤 일부의 조합이 끼워맞춤 기능의 파악 상에 효력을 발휘한다.

따라서 규격에서는 이들 여러 종류의 구멍과 축 가운데서 사용 빈도가 높다고 생각되는 종류와 등급을 선택, 그들을 구멍 기준, 축 기준마다 '많이 이용되는 끼워맞춤'으로서 정하고 있다. 16·6 표 및 16·7 표에 이것을 나타냈다. 또한 16·8~16·9 표는 많이 이용되는 끼워맞춤의 축 및 구멍의 치수 허용차를 나타낸 것이고, 16·10~16·11 표는 많이 이용되는 구멍 기준 및 축 기준 끼워맞춤 표를 나타낸 것이다.

그러나 이들 많이 이용되는 끼워맞춤에 이용되는 구멍, 축이 모든 회사, 공장의 규격으로서 채용돼야 하거나, 많이 이용되는 끼워맞춤 이외의 것은 사용하지 않는 편이 좋거나 하는 것을 의미하는 것은 아니고, 오히려 여러 종류, 여러 등급

16·3 표 구멍의 기초가 되는 치수

기준 치수 (mm)		모든 공차 등급												IT6	IT7	IT8	IT8 이하	IT8을 넘는 경우	IT8 이하	IT8을 넘는 경우
		기초가 되는 치수 허용차=아래의 치수 허용차 *EI*												기초가 되는 치수 허용차 =위의 치수 허용차 *ES*						
		공차역의 위치												공차역의 위치						
초과	이하	A (1)	B (1)	C	CD	D	E	EF	F	FG	G	H	JS (2)	J			K (5)		M (3) (5)	
—	3 (1) (3)	+270	+140	+60	+34	+20	+14	+10	+6	+4	+2	0	치수 허용차=±IT $n/2$ (n : IT의 번호)	+2	+4	+6	0	0	−2	−2
3	6	+270	+140	+70	+46	+30	+20	+14	+10	+6	+4	0		+5	+6	+10	−1 +Δ		−4 +Δ	−4
6	10	+280	+150	+80	+56	+40	+25	+18	+13	+8	+5	0		+5	+8	+12	−1 +Δ		−6 +Δ	−6
10	14	+290	+150	+95		+50	+32		+16		+6	0		+6	+10	+15	−1 +Δ		−7 +Δ	−7
14	18																			
18	24	+300	+160	+110		+65	+40		+20		+7	0		+8	+12	+20	−2 +Δ		−8 +Δ	−8
24	30																			
30	40	+310	+170	+120		+80	+50		+25		+9	0		+10	+14	+24	−2 +Δ		−9 +Δ	−9
40	50	+320	+180	+130																
50	65	+340	+190	+140		+100	+60		+30		+10	0		+13	+18	+28	−2 +Δ		−11 +Δ	−11
65	80	+360	+200	+150																
80	100	+380	+220	+170		+120	+72		+36		+12	0		+16	+22	+34	−3 +Δ		−13 +Δ	−13
100	120	+410	+240	+180																
120	140	+460	+260	+200		+145	+85		+43		+14	0		+18	+26	+41	−3 +Δ		−15 +Δ	−15
140	160	+520	+280	+210																
160	180	+580	+310	+230																
180	200	+660	+340	+240		+170	+100		+50		+15	0		+22	+30	+47	−4 +Δ		−17 +Δ	−17
200	225	+740	+380	+260																
225	250	+820	+420	+280																
250	280	+920	+480	+300		+190	+110		+56		+17	0		+25	+36	+55	−4 +Δ		(3) −20 +Δ	−20
280	315	+1050	+540	+330																
315	355	+1200	+600	+360		+210	+125		+62		+18	0		+29	+39	+60	−4 +Δ		−21 +Δ	−21
355	400	+1350	+680	+400																
400	450	+1500	+760	+440		+230	+135		+68		+20	0		+33	+43	+66	−5 +Δ		−23 +Δ	−23
450	500	+1650	+840	+480																
500	560					+260	+145		+76		+22	0							−26	
560	630																			
630	710					+290	+160		+80		+24	0							−30	
710	800																			
800	900					+320	+170		+86		+26	0							−34	
900	1000																			
1000	1120					+350	+195		+98		+28	0							−40	
1120	1250																			
1250	1400					+390	+220		+110		+30	0							−48	
1400	1600																			
1600	1800					+430	+240		+120		+32	0							−58	
1800	2000																			
2000	2240					+480	+260		+130		+34	0							−68	
2240	2500																			
2500	2800					+520	+290		+145		+38	0							−76	
2800	3150																			

[주] (1) 기초가 되는 치수 허용차 A, B는 1mm 이하의 기준 치수에 사용하지 않는다.
(2) 공차 등급이 JS7~JS11의 경우, IT의 번호 n이 홀수일 때는 바로 아래의 짝수로 반올림해도 된다. 따라서 그 결과 얻어지는 치수 허용차, 즉 ±IT n/2는 μm 단위의 정수로 나타낼 수 있다.
(3) 특수한 경우…250~315mm 범위의 공차역 클래스 M6의 경우, ES는 (−11μm 대신에) −9μm가 된다.
(4) IT8을 넘는 공차 등급에 대응하는 기초가 되는 치수 허용차 N을 1mm 이하의 기준 치수로 사용해서는 안 된다.

허용차의 수치 (JIS B 0401-1)

(단위 mm)

IT8 이하	IT8 초과의 경우	IT7 이하	공차 등급 IT7 초과의 경우												공차 등급					
기초가 되는 치수 허용차 =위의 치수 허용차 *ES*															IT3	IT4	IT5	IT6	IT7	IT8
공차역의 위치															Δ의 수치					
N (4)	(5)	P-ZC (4)	P	R	S	T	U	V	X	Y	Z	ZA	ZB	ZC						
−4	−4	IT7 초과의 공차 등급에 대해서는 △를 더한 값	−6	−10	−14		−18		−20		−26	−32	−40	−60	0	0	0	0	0	0
−8 +Δ	0		−12	−15	−19		−23		−28		−35	−42	−50	−80	1	1.5	1	3	4	6
−10 +Δ	0		−15	−19	−23		−28		−34		−42	−52	−67	−97	1	1.5	2	3	6	7
−12 +Δ	0		−18	−23	−28		−33		−40		−50	−64	−90	−130	1	2	3	3	7	9
								−39	−45		−60	−77	−108	−150						
−15 +Δ	0		−22	−28	−35		−41	−47	−54	−63	−73	−93	−136	−188	1.5	2	3	4	8	12
						−41	−48	−55	−64	−75	−88	−118	−160	−218						
−17 +Δ	0		−26	−34	−43	−48	−60	−68	−80	−94	−112	−148	−200	−274	1.5	3	4	5	9	14
						−54	−70	−81	−97	−114	−136	−180	−242	−325						
−20 +Δ	0		−32	−41	−53	−66	−87	−102	−122	−144	−172	−226	−300	−405	2	3	5	6	11	16
				−43	−59	−75	−102	−120	−146	−174	−210	−274	−360	−480						
−23 +Δ	0		−37	−51	−71	−91	−124	−146	−178	−214	−258	−335	−445	−585	2	4	5	7	13	19
				−54	−79	−104	−144	−172	−210	−254	−310	−400	−525	−690						
−27 +Δ	0		−43	−63	−92	−122	−170	−202	−248	−300	−365	−470	−620	−800	3	4	6	7	15	23
				−65	−100	−134	−190	−228	−280	−340	−415	−535	−700	−900						
				−68	−108	−146	−210	−252	−310	−380	−465	−600	−780	−1000						
−31 +Δ	0		−50	−77	−122	−166	−236	−284	−350	−425	−520	−670	−880	−1150	3	4	6	9	17	26
				−80	−130	−180	−258	−310	−385	−470	−575	−740	−960	−1250						
				−84	−140	−196	−284	−340	−425	−520	−640	−820	−1050	−1350						
−34 +Δ	0		−56	−94	−158	−218	−315	−385	−475	−580	−710	−920	−1200	−1550	4	4	7	9	20	29
				−98	−170	−240	−350	−425	−525	−650	−790	−1000	−1300	−1700						
−37 +Δ	0		−62	−108	−190	−268	−390	−475	−590	−730	−900	−1150	−1500	−1900	4	5	7	11	21	32
				−114	−208	−294	−435	−530	−660	−820	−1000	−1300	−1650	−2100						
−40 +Δ	0		−68	−126	−232	−330	−490	−595	−740	−920	−1100	−1450	−1850	−2400	5	5	7	13	23	34
				−132	−252	−360	−540	−660	−820	−1000	−1250	−1600	−2100	−2600						
−44			−78	−150	−280	−400	−600													
				−155	−310	−450	−660													
−50			−88	−175	−340	−500	−740													
				−185	−380	−560	−840													
−56			−100	−210	−430	−620	−940													
				−220	−470	−680	−1050													
−66			−120	−250	−520	−780	−1150													
				−260	−580	−840	−1300													
−78			−140	−300	−640	−960	−1450													
				−330	−720	−1050	−1600													
−92			−170	−370	−820	−1200	−1850													
				−400	−920	−1350	−2000													
−110			−195	−440	−1000	−1500	−2300													
				−460	−1100	−1650	−2500													
−135			−240	−550	−1250	−1900	−2900													
				580	1400	2100	3200													

(5) IT8 이하의 공차 등급에 대응하는 값 K, M, N 및 IT8 이하의 공차 등급에 대응하는 치수 허용차 P~ZC를 결정하기 위해서는 오른쪽 칸에서 △의 수치를 이용한다.
예 : 18~30mm 범위의 K7은 △=8μm, 즉 ES=−2+8=+6μm가 된다.
18~30mm 범위의 S6은 △=4μm, 즉 ES=−35+4=−31μm가 된다.

16장

16·4 표 축의 기초가 되는 치수

기준 치수 (mm)		모든 공차 등급												IT5, IT6	IT7	IT8	IT4 ~ IT7	IT3 이하, IT7초과의 경우
		기초가 되는 치수 허용차 =위의 치수 허용차 *es*												기초가 되는 치수 허용차 =위의 치수 허용차 *ei*				
		공차역의 위치												공차역의 위치				
초과	이하	a [1]	b [1]	c	cd	d	e	ef	f	fg	g	h	js [2]	j			k	
—	3 [1]	−270	−140	−60	−34	−20	−14	−10	−6	−4	−2	0	치수 허용차=±IT $n/2$ (n : IT의 번호)	−2	−4	−6	0	0
3	6	−270	−140	−70	−46	−30	−20	−14	−10	−6	−4	0		−2	−4		+1	0
6	10	−280	−150	−80	−56	−40	−25	−18	−13	−8	−5	0		−2	−5		+1	0
10	14	−290	−150	−95		−50	−32		−16		−6	0		−3	−6		+1	0
14	18																	
18	24	−300	−160	−110		−65	−40		−20		−7	0		−4	−8		+2	0
24	30																	
30	40	−310	−170	−120		−80	−50		−25		−9	0		−5	−10		+2	0
40	50	−320	−180	−130														
50	65	−340	−190	−140		−100	−60		−30		−10	0		−7	−12		+2	0
65	80	−360	−200	−150														
80	100	−380	−220	−170		−120	−72		−36		−12	0		−9	−15		+3	0
100	120	−410	−240	−180														
120	140	−460	−260	−200														
140	160	−520	−280	−210		−145	−85		−43		−14	0		−11	−18		+3	0
160	180	−580	−310	−230														
180	200	−660	−340	−240														
200	225	−740	−380	−260		−170	−100		−50		−15	0		−13	−21		+4	0
225	250	−820	−420	−280														
250	280	−920	−480	−300		−190	−110		−56		−17	0		−16	−26		+4	0
280	315	−1050	−540	−330														
315	355	−1200	−600	−360		−210	−125		−62		−18	0		−18	−28		+4	0
355	400	−1350	−680	−400														
400	450	−1500	−760	−440		−230	−135		−68		−20	0		−20	−32		+5	0
450	500	−1650	−840	−480														
500	560					−260	−145		−76		−22	0					0	0
560	630																	
630	710					−290	−160		−80		−24	0					0	0
710	800																	
800	900					−320	−170		−86		−26	0					0	0
900	1000																	
1000	1120					−350	−195		−98		−28	0					0	0
1120	1250																	
1250	1400					−390	−220		−110		−30	0					0	0
1400	1600																	
1600	1800					−430	−240		−120		−32	0					0	0
1800	2000																	
2000	2240					−480	−260		−130		−34	0					0	0
2240	2500																	
2500	2800					−520	−290		−145		−38	0					0	0
2800	3150																	

[주] [1] 기초가 되는 치수 허용차 a, b는 1mm 미만의 기준 치수에 사용하지 않는다.

의 구멍, 축 중에서 그 회사, 공장의 제품에 필요한 끼워맞춤을 선택해 회사, 공장 독자의 많이 이용되는 끼워맞춤을 정해야 한다. 16·5 표는 사내 규격 등에 이용되는 많이 이용되는 끼워맞춤의 적용 예를 나타낸다.

2. 구멍 기준에서 축 기준으로 변환

구멍 기준, 축 기준의 어느 쪽을 이용하는지는 제품의 구조, 소재의 형상, 게이지의 종류와 수량

허용차의 수치 (JIS B 0401-1) (단위 mm)

모든 공차 등급														기준 치수 (mm)	
기초가 되는 치수 허용차 =아래의 치수 허용차 *ei*															
공차역의 위치															
m	n	p	r	s	t	u	v	x	y	z	za	zb	zc	초과	이하
+2	+4	+6	+10	+14		+18		+20		+26	+32	+40	+60	—	3
+4	+8	+12	+15	+19		+23		+28		+35	+42	+50	+80	3	6
+6	+10	+15	+19	+23		+28		+34		+42	+52	+67	+97	6	10
+7	+12	+18	+23	+28		+33		+40		+50	+64	+90	+130	10	14
							+39	+45		+60	+77	+108	+150	14	18
+8	+15	+22	+28	+35		+41	+47	+54	+63	+73	+98	+136	+188	18	24
					+41	+48	+55	+64	+75	+88	+118	+160	+218	24	30
+9	+17	+26	+34	+43	+48	+60	+68	+80	+94	+112	+148	+200	+274	30	40
					+54	+70	+81	+97	+114	+136	+180	+242	+325	40	50
+11	+20	+32	+41	+53	+66	+87	+102	+122	+144	+172	+226	+300	+405	50	65
			+43	+59	+75	+102	+120	+146	+174	+210	+274	+360	+480	65	80
+13	+23	+37	+51	+71	+91	+124	+146	+178	+214	+258	+335	+445	+585	80	100
			+54	+79	+104	+144	+172	+210	+254	+310	+400	+525	+690	100	120
+15	+27	+43	+63	+92	+122	+170	+202	+248	+300	+365	+470	+620	+800	120	140
			+65	+100	+134	+190	+228	+280	+340	+415	+535	+700	+900	140	160
			+68	+108	+146	+210	+252	+310	+380	+465	+600	+780	+1000	160	180
+17	+31	+50	+77	+122	+166	+236	+284	+350	+425	+520	+670	+880	+1150	180	200
			+80	+130	+180	+258	+310	+385	+470	+575	+740	+960	+1250	200	225
			+84	+140	+196	+284	+340	+425	+520	+640	+820	+1050	+1350	225	250
+20	+34	+56	+94	+158	+218	+315	+385	+475	+580	+710	+920	+1200	+1550	250	280
			+98	+170	+240	+350	+425	+525	+650	+790	+1000	+1300	+1700	280	315
+21	+37	+62	+108	+190	+268	+390	+475	+590	+730	+900	+1150	+1500	+1900	315	355
			+114	+208	+294	+435	+530	+660	+820	+1000	+1300	+1650	+2100	355	400
+23	+40	+68	+126	+232	+330	+490	+595	+740	+920	+1100	+1450	+1850	+2400	400	450
			+132	+252	+360	+540	+660	+820	+1000	+1250	+1600	+2100	+2600	450	500
+26	+44	+78	+150	+280	+400	+600								500	560
			+155	+310	+450	+660								560	630
+30	+50	+88	+175	+340	+500	+740								630	710
			+185	+380	+560	+840								710	800
+34	+56	+100	+210	+430	+620	+940								800	900
			+220	+470	+680	+1050								900	1000
+40	+66	+120	+250	+520	+780	+1150								1000	1120
			+260	+580	+840	+1300								1120	1250
+48	+78	+140	+300	+640	+960	+1450								1250	1400
			+330	+720	+1050	+1600								1400	1600
+58	+92	+170	+370	+820	+1200	+1850								1600	1800
			+400	+920	+1350	+2000								1800	2000
+68	+110	+195	+440	+1000	+1500	+2300								2000	2240
			+460	+1100	+1650	+2500								2240	2500
+76	+135	+240	+550	+1250	+1900	+2900								2500	2800
			+580	+1400	+2100	+3200								2800	3150

(2) 공차 등급이 js7~js11의 경우, IT의 번호 n이 홀수일 때는 바로 아래의 짝수로 반올림해도 된다. 따라서 그 결과 얻어지는 치수 허용차, 즉 $\pm ITn/2$는 μm 단위의 정수로 나타낼 수 있다.

등 주로 경제적인 이유에 의해 정해진다. 예를 들면 동일한 축에 느슨한 끼워맞춤이나 단단한 끼워맞춤을 병렬로 몇 개 배열해야 하는 경우 등은, 구멍 기준으로 하면 축에 그들에 대응한 몇 개의 단을 붙여야 한다. 축 기준으로 하면 그럴 필요가 없으므로 유리하다.

16·5 표 끼워맞춤의 적용 예

끼워맞춤의 종류	끼워맞춤의 적용
H7/p6	일반용 압입 끼워맞춤. 필요에 따라 빼내 분해 가능.
H6/h6	정밀급 압입 끼워맞춤. 위치결정 정확, 조립 용이, 생산비 높다.
H7/g6	정밀급의 유격이 없는 움직임 혹은 위치결정 끼워맞춤.
H7/g7	저속 저널, 슬라이드 등. 유격이 없는 위치결정 움직임 끼워맞춤.
H8/f6	상급의 움직임 끼워맞춤.
H8/f7	윤활된 저널 베어링 등. 정상 상태에서 일반적으로 사용되는 움직임 끼워맞춤.
H9/e7	정확하게 윤활된 베어링의 상급의 느슨한 움직임 끼워맞춤.
H9/e9	일반용을 목적으로 하는 움직임 끼워맞춤, 폭의 끼워맞춤, 정지 끼워맞춤.
H10/d9	특히 느슨한 정지 또는 움직임 끼워맞춤. 틈새가 크고, 경제적 생산.

그러나 일반적으로 말해 축의 가공은 구멍의 가공보다 쉽기 때문에 앞에서 말한 특별한 이유가 없는 한, 구멍 기준의 쪽이 유리하다.

그러나 뭔가의 이유 때문에 어떤 구멍 기준 끼워맞춤을 축 기준 끼워맞춤으로 대체할 필요가 생겼을 때, 동일한 종류의 구멍과 축을 이용하고 또한 동일한 기능의 끼워맞춤을 얻을 수 있으면 편리하다. 규격에는 이것을 고려해 구멍의 기초가 되는 치수 허용차를 규정하고 있으므로 다음에 이것에 대해 설명한다. 일반적으로 구멍 기준 끼워맞춤을 축 기준 끼워맞춤으로 대체할 때에는 전자의 기준 구멍 대신에 1급 위의 기준 축을 이용하는 것이 보통이다. 예를 들면 H7/f6을 축 기준으로 할 때는 F7/h6으로 하고, 또한 H7/s6일 때는 S7/h6과 같이 하는 것이다.

(1) 헐거운 끼워맞춤의 경우 16·11 그림에 나타냈듯이 구멍 기준의 헐거운 끼워맞춤 H7/f6을 축 기준 F7/h6으로 대체했을 때의 끼워맞춤 상태를 보면, 최소 틈새는 각각 기준 구멍 또는 기준 축의 기초가 되는 치수 허용차(0)과, 상대의 축 또는 구멍의 기초가 되는 치수 허용차와의 차이(L)이다. 또한 최대 틈새는 (최소 틈새)+(구멍의 공차)+(축의 공차)=M_1이고, 양자의 어느 경우나 동일한 값으로 동일한 끼워맞춤이 얻어진다는 것을 알 수 있다. 이것은 IT 기본 공차의 값은 각 등급을 통해 동일한 값이고, 또한 헐거운 끼움인

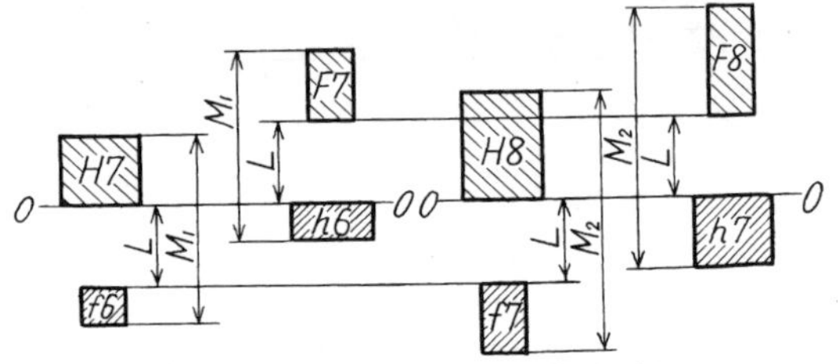

16·11 그림 헐거운 끼워맞춤의 경우

경우의 구멍, 축의 기초가 되는 치수 허용차는 플러스 마이너스 부호가 변할 뿐으로, 그 종류를 통해 동일하기 때문이다.

(2) 억지 끼워맞춤의 경우 16·12 그림에서 H6/s5를 S6/h5로 대체하는 경우일 때를 생각해 보자. 이 경우의 최소 죔새 L_1는 S축의 기초가 되는 치수 허용차 D에서 기초 구멍 H6의 위의 치수 허용차, 즉 IT6을 뺀 값이다.

이것을 S6/h5로 한 경우에는 s축의 기초가 되는 치수 허용차 D의 부호를 바꾼 −D를 S6의 기초가 되는 치수 허용차로 하면, h5는 H6보다 작으므로(IT 기본 공차의 값이 작다) 이 경우의 최소 죔새는 L_1보다 $\triangle_1$만큼 커진다(그림의 점선으로 나타낸 위치). 따라서 이것을 동일한 값으로 하기 위해서는 S6의 기초가 되는 치수 허용차를 IT6−IT5(기본 공차의 IT6 수치에서 IT5 수치를 뺀 값)만큼 기준 치수에 근접시켜야 한다(16·12 그림의 실선으로 나타낸 위치).

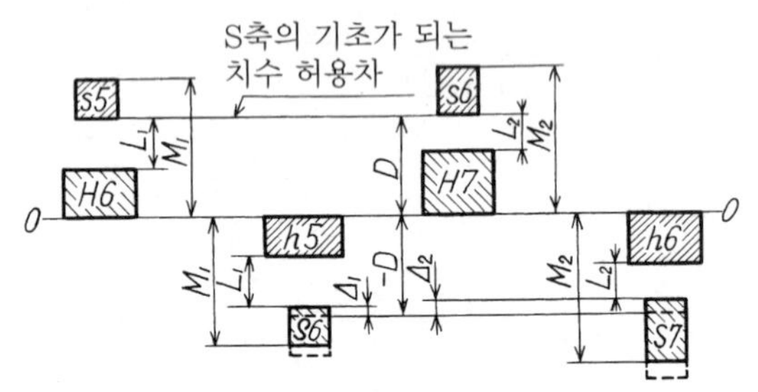

16·12 그림 억지 끼워맞춤의 경우

H7/s6을 S7/h6으로 대체하는 경우도 마찬가지로, S7의 기초가 되는 치수 허용차를 S6의 그것보다 △2=IT7−IT6만큼 기준 치수에 근접시켜 두는 것이 필요하다.

이와 같이 억지 끼움의 경우에는 구멍 기준에서 축 기준으로 변환할 때에는 등급에 의한 IT 기본 공차의 값 차이가 죔새에 영향을 미치므로 그 값 (△)만큼 기준 치수에 근접시켜야 한다.

앞에서 들은 16·3 표에 나타낸 △는 이 값을 나타낸 것이다.

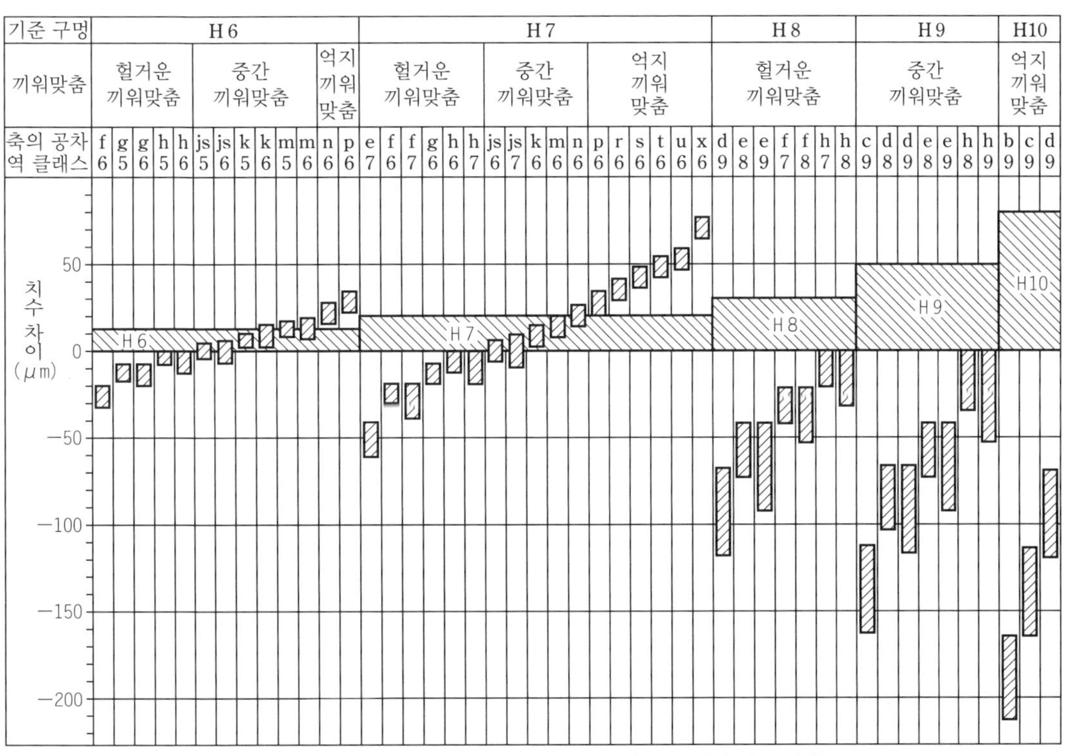

16·13 그림 많이 이용되는 구멍 기준 끼워맞춤의 공차역 상호 관계
(그림은 기준 치수 30mm의 경우를 나타낸다) (JIS B 0401 부록 : 1986)

16·6 표 많이 이용되는 구멍 기준 끼워맞춤 (JIS B 0401-1 부록)

기준 구멍	축의 공차역 클래스																
	헐거운 끼워맞춤							중간 끼워맞춤			억지 끼워맞춤						
H 6						g 5	h 5	js 5	k 5	m 5							
					f 6	g 6	h 6	js 6	k 6	m 6	n 6 *	p 6 *					
H 7					f 6	g 6	h 6	js 6	k 6	m 6	n 6 *	p 6 *	r 6 *	s 6	t 6	u 6	x 6
				e 7	f 7		h 7	js 7									
H 8					f 7		h 7										
				c 8	f 8		h 8										
			d 9	e 9													
H 9			d 8	e 8			h 8										
		c 9	d 9	e 9			h 9										
H 10	b 9	c 9	d 9														

* 이들의 끼워맞춤은 치수의 구분에 따라서는 예외가 생긴다.

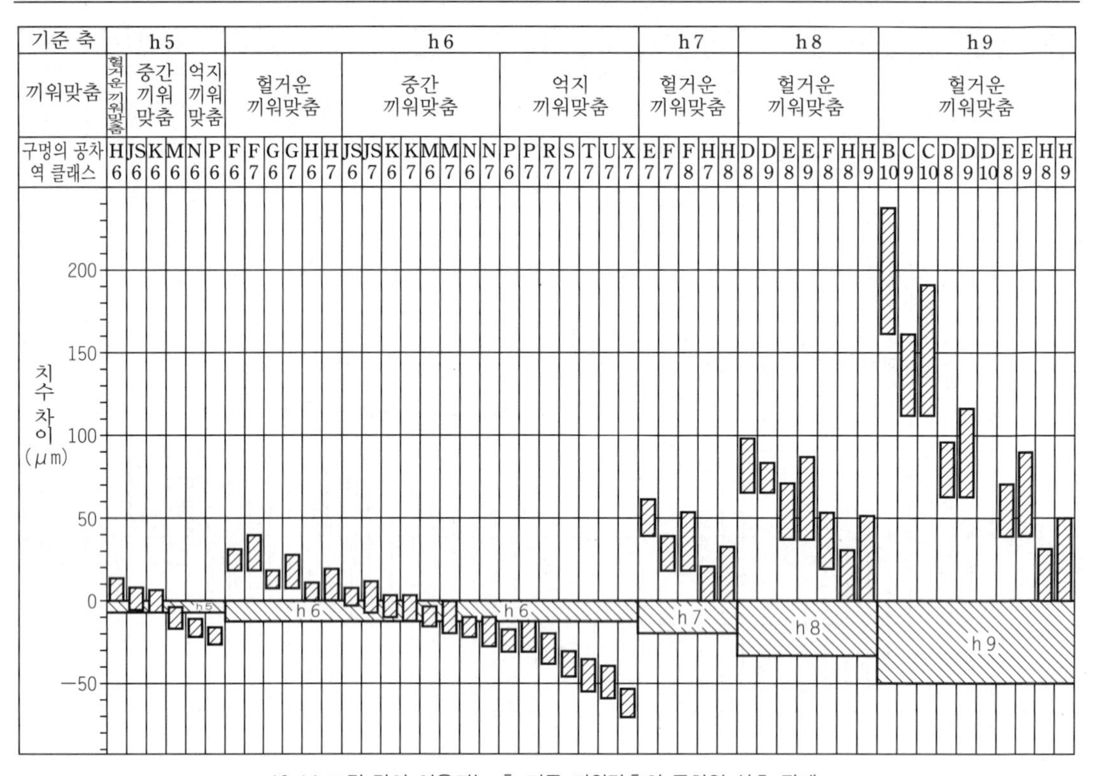

16·14 그림 많이 이용되는 축 기준 끼워맞춤의 공차역 상호 관계
(그림은 기준 치수 30mm의 경우를 나타낸다) (JIS B 0401 부록 : 1986)

16·7 표 많이 이용되는 축 기준 끼워맞춤 (JIS B 0401-1 부록)

기준 축	구멍의 공차역 클래스																
	헐거운 끼워맞춤							중간 끼워맞춤			억지 끼워맞춤						
h 5							H 6	JS6	K 6	M 6	N 6*	P 6					
h 6					F 6	G 6	H 6	JS6	K 6	M 6	N 6	P 6*					
					F 7	G 7	H 7	JS7	K 7	M 7	N 7	P 7*	R 7	S 7	T 7	U 7	X 7
h 7				E 7	F 7		H 7										
					F 8		H 8										
h 8			D 8	E 8	F 8		H 8										
			D 9	E 9			H 9										
h 9			D 8	E 8			H 8										
		C 9	D 9	E 9			H 9										
	B10	C10	D10														

* 이들의 끼워맞춤은 치수의 구분에 따라서는 예외가 생긴다.

16·8 표 많이 이용되는 끼워맞춤의 구멍에서 이용하는 치수 허용차 (JIS B 0401-2 발췌) (단위 μm)

기준 치수 (mm)		구멍의 공차역 클래스																			
		B10	C9	C10	D8	D9	D10	E7	E8	E9	F6	F7	F8	G6	G7	H5	H6	H7	H8	H9	H10
초과	이하	+	+	+	+	+	+	+	+	+	+	+	+	+	+	+	+	+	+	+	+
—	3	180 140	85 60	100	34	45 20	60	24	28 14	39	12	16 6	20	8 2	12	4	6	10 0	14	25	40
3	6	188 140	100 70	118	48	60 30	78	32	38 20	50	18	22 10	28	12 4	16	5	8	12 0	18	30	48
6	10	208 150	116 80	138	62	76 40	98	40	47 25	61	22	28 13	35	14 5	20	6	9	15 0	22	36	58
10	14	220 150	138 95	165	77	93 50	120	50	59 32	75	27	34 16	43	17 6	24	8	11	18 0	27	43	70
14	18																				
18	24	244 160	162 110	194	98	117 65	149	61	73 40	92	33	41 20	53	20 7	28	9	13	21 0	33	52	84
24	30																				
30	40	270 170	182 120	220	119	142 80	180	75	89 50	112	41	50 25	64	25 9	34	11	16	25 0	39	62	100
40	50	280 180	192 130	230																	
50	65	310 190	214 140	260	146	174 100	220	90	106 60	134	49	60 30	76	29 10	40	13	19	30 0	46	74	120
65	80	320 200	224 150	270																	
80	100	360 220	257 170	310	174	207 120	260	107	126 72	159	58	71 36	90	34 12	47	15	22	35 0	54	87	140
100	120	380 240	267 180	320																	
120	140	420 260	300 200	360	208	245 145	305	125	148 85	185	68	83 43	106	39 14	54	18	25	40 0	63	100	160
140	160	440 280	310 210	370																	
160	180	470 310	330 230	390																	
180	200	525 340	355 240	425	242	285 170	355	146	172 100	215	79	96 50	122	44 15	61	20	29	46 0	72	115	185
200	225	565 380	375 260	445																	
225	250	605 420	395 280	465																	
250	280	690 480	430 300	510	271	320 190	400	162	191 110	240	88	108 56	137	49 17	69	23	32	52 0	81	130	210
280	315	750 540	460 330	540																	
315	355	830 600	500 360	590	299	350 210	440	182	214 125	265	98	119 62	151	54 18	75	25	36	57 0	89	140	230
355	400	910 680	540 400	630																	
400	450	1010 760	595 440	690	327	385 230	480	198	232 135	290	108	131 68	165	60 20	83	27	40	63 0	97	155	250
450	500	1090 840	635 480	730																	

[비고] 1. 공차역 클래스 D~U에서 기준 치수가 500mm를 넘는 것은 생략했다.
2. 표 중의 각 단에서 위측의 수치는 위의 치수 허용차, 아래측의 수치는 아래의 치수 허용차를 나타낸다.

(다음 페이지에 계속)

기준 치수 (mm)		구멍의 공차역																	
		JS5	JS6	JS7	K5	K6	K7	M5	M6	M7	N6	N7	P6	P7	R7	S7	T7	U7	X7
초과	이하	±	±	±	+ −	+ −	+ −	−	−	−	−	−	−	−	−	−	−	−	−
—	3	2	3	5	0 4	0 6	0 10	2 6	2 8	2 12	4 10	4 14	6 12	6 16	10 20	14 24	—	18 28	20 30
3	6	2.5	4	6	0 5	2 6	3 9	3 8	1 9	0 12	5 13	4 16	9 17	8 20	11 23	15 27	—	19 31	24 36
6	10	3	4.5	7.5	1 5	2 7	5 10	4 10	3 12	0 15	7 16	4 19	12 21	9 24	13 28	17 32	—	22 37	28 43
10	14	4	5.5	9	2 6	2 9	6 12	4 12	4 15	0 18	9 20	5 23	15 26	11 29	16 34	21 39	—	26 44	33 51
14	18																		38 56
18	24	4.5	6.5	10.5	1 8	2 11	6 15	5 14	4 17	0 21	11 24	7 28	18 31	14 35	20 41	27 48	—	33 54	46 67
24	30																33 54	40 61	56 77
30	40	5.5	8	12.5	2 9	3 13	7 18	5 16	4 20	0 25	12 28	8 33	21 37	17 42	25 50	34 59	39 64	51 76	71 96
40	50																45 70	61 86	88 113
50	65	6.5	9.5	15	3 10	4 15	9 21	6 19	5 24	0 30	14 33	9 39	26 45	21 51	30 60	42 72	55 85	76 106	111 141
65	80														32 62	48 78	64 94	91 121	135 165
80	100	7.5	11	17.5	2 13	4 18	10 25	8 23	6 28	0 35	16 38	10 45	30 52	24 59	38 73	58 93	78 113	111 146	165 200
100	120														41 76	66 101	91 126	131 166	197 232
120	140	9	12.5	20	3 15	4 21	12 28	9 27	8 33	0 40	20 45	12 52	36 61	28 68	48 88	77 117	107 147	155 195	233 273
140	160														50 90	85 125	119 159	175 215	265 305
160	180														53 93	93 133	131 171	195 235	295 335
180	200	10	14.5	23	2 18	5 24	13 33	11 31	8 37	0 46	22 51	14 60	41 70	33 79	60 106	105 151	149 195	219 265	333 379
200	225														63 109	113 159	163 209	241 287	368 414
225	250														67 113	123 169	179 225	267 313	408 454
250	280	11.5	16	26	3 20	5 27	16 36	13 36	9 41	0 52	25 57	14 66	47 79	36 88	74 126	138 190	198 250	295 347	455 507
280	315														78 130	150 202	220 272	330 382	505 557
315	355	12.5	18	28.5	3 22	7 29	17 40	14 39	10 46	0 57	26 62	16 73	51 87	41 98	87 144	169 226	247 304	369 426	569 626
355	400														93 150	187 244	273 330	414 471	639 696
400	450	13.5	20	31.5	2 25	8 32	18 45	16 43	10 50	0 63	27 67	17 80	55 95	45 108	103 166	209 272	307 370	467 530	717 780
450	500														109 172	229 292	337 400	517 580	797 860

[비고] 1. 공차역 클래스 D~U에서 기준 치수가 500mm를 넘는 것은 생략했다.
2. 표 중의 각 단에서 위측의 수치는 위의 치수 허용차, 아래측의 수치는 아래의 치수 허용차를 나타낸다.

16·9 표 많이 이용되는 끼워맞춤의 축에서 이용하는 치수 허용차 (JIS B 0401-2 발췌) (단위 μm)

기준 치수 (mm)		축의 공차역 클래스																		
		b9	c9	d8	d9	e7	e8	e9	f6	f7	f8	g4	g5	g6	h4	h5	h6	h7	h8	h9
초과	이하	−	−	−	−	−	−	−	−	−	−	−	−	−	−	−	−	−	−	−
—	3	140	60	20		14			6			2			0					
		165	85	34	45	24	28	39	12	16	20	5	6	8	3	4	6	10	14	25
3	6	140	70	30		20			10			4			0					
		170	100	48	60	32	38	50	18	22	28	8	9	12	4	5	8	12	18	30
6	10	150	80	40		25			13			5			0					
		186	116	62	76	40	47	61	22	28	35	9	11	14	4	6	9	15	22	36
10	14	150	95	50		32			16			6			0					
14	18	193	138	77	93	50	59	75	27	34	43	11	14	17	5	8	11	18	27	43
18	24	160	110	65		40			20			7			0					
24	30	212	162	98	117	61	73	92	33	41	53	13	16	20	6	9	13	21	33	52
30	40	170	120	80		50			25			9			0					
		232	182	119	142	75	89	112	41	50	64	16	20	25	7	11	16	25	39	62
40	50	180	130																	
		242	192																	
50	65	190	140	100		60			30			10			0					
		264	214	146	174	90	106	134	49	60	76	18	23	29	8	13	19	30	46	74
65	80	200	150																	
		274	224																	
80	100	220	170	120		72			36			12			0					
		307	257	174	207	107	126	159	58	71	90	22	27	34	10	15	22	35	54	87
100	120	240	180																	
		327	267																	
120	140	260	200	145		85			43			14			0					
		360	300	208	245	125	148	185	68	83	106	26	32	39	12	18	25	40	63	100
140	160	280	210																	
		380	310																	
160	180	310	230																	
		410	330																	
180	200	340	240	170		100			50			15			0					
		455	355	242	285	146	172	215	79	96	122	29	35	44	14	20	29	46	72	115
200	225	380	260																	
		495	375																	
225	250	420	280																	
		535	395																	
250	280	480	300	190		110			56			17			0					
		610	430	271	320	162	191	240	88	108	137	33	40	49	16	23	32	52	81	130
280	315	540	330																	
		670	460																	
315	355	600	360	210		125			62			18			0					
		740	500	299	350	182	214	265	98	119	151	36	43	54	18	25	36	57	89	140
355	400	680	400																	
		820	540																	
400	450	760	440	230		135			68			20			0					
		915	595	327	385	198	232	290	108	131	165	40	47	60	20	27	40	63	97	155
450	500	840	480																	
		995	635																	

[비고] 1. 공차역 클래스 d~u(g, k, m의 각 4 및 5를 제외)에서 기준 치수가 500mm를 넘는 것은 생략했다.
2. 표 중의 각 단에서 위측의 수치는 위의 치수 허용차, 아래측의 수치는 아래의 치수 허용차를 나타낸다.

(다음 페이지에 계속)

기준 치수 (mm)		축의 공차역 클래스																
		js4	js5	js6	js7	k4	k5	k6	m4	m5	m6	n6	p6	r6	s6	t6	u6	x6
초과	이하	±	±	±	±	+	+	+	+	+	+	+	+	+	+	+	+	+
—	3	1.5	2	3	5	3	4 0	6	5	6 2	8	10 4	12 6	16 10	20 14	—	24 18	26 20
3	6	2	2.5	4	6	5	6 1	9	8	9 4	12	16 8	20 12	23 15	27 19	—	31 23	36 28
6	10	2	3	4.5	7.5	5	7 1	10	10	12 6	15	19 10	24 15	28 19	32 23	—	37 28	43 34
10	14	2.5	4	5.5	9	6	9 1	12	12	15 7	18	23 12	29 18	34 23	39 28	—	44 33	51 40
14	18																	56 45
18	24	3	4.5	6.5	10.5	8	11 2	15	14	17 8	21	28 15	35 22	41 28	48 35	—	54 41	67 54
24	30															54 41	61 48	77 64
30	40	3.5	5.5	8	12.5	9	13 2	18	16	20 9	25	33 17	42 26	50 34	59 43	64 48	76 60	96 80
40	50															70 54	86 70	113 97
50	65	4	6.5	9.5	15	10	15 2	21	19	24 11	30	39 20	51 32	60 41	72 53	85 66	106 87	141 122
65	80													62 43	78 59	94 75	121 102	165 146
80	100	5	7.5	11	17.5	13	18 3	25	23	28 13	35	45 23	59 37	73 51	93 71	113 91	146 124	200 178
100	120													76 54	101 79	126 104	166 144	232 210
120	140	6	9	12.5	20	15	21 3	28	27	33 15	40	52 27	68 43	88 63	117 92	147 122	195 170	273 248
140	160													90 65	125 100	159 134	215 190	305 280
160	180													93 68	133 108	171 146	235 210	335 310
180	200	7	10	14.5	23	18	24 4	33	31	37 17	46	60 31	79 50	106 77	151 122	195 166	265 236	379 350
200	225													109 80	159 130	209 180	287 258	414 385
225	250													113 84	169 140	225 196	313 284	454 425
250	280	8	11.5	16	26	20	27 4	36	36	43 20	52	66 34	88 56	126 94	190 158	250 218	347 315	507 475
280	315													130 98	202 170	272 240	382 350	557 525
315	355	9	12.5	18	28.5	22	29 4	40	39	46 21	57	73 37	98 62	144 108	226 190	304 268	426 390	626 590
355	400													150 114	244 208	330 294	471 435	696 660
400	450	10	13.5	20	31.5	25	32 5	45	43	50 23	63	80 40	108 68	166 126	272 232	370 330	530 490	780 740
450	500													172 132	292 252	400 360	580 540	860 820

[비고] 1. 공차역 클래스 d~u(g, k, m의 각 4 및 5를 제외)에서 기준 치수가 500mm를 넘는 것은 생략했다.
2. 표 중의 각 단에서 위측의 수치는 위의 치수 허용차, 아래측의 수치는 아래의 치수 허용차를 나타낸다.

16·10 표 많이 이용되는 구멍 기준 끼워맞춤에 관한 수치

(단위 μm)

기준 치수 (mm)		H5		기준 구멍 H5와 조합되는 축*										H6		기준 구멍 H6과 조합되는 축																					
		위의 치수 허용차	아래의 치수 허용차	g		h		js		k		m		위의 치수 허용차	아래의 치수 허용차	f		g			h			js				k			m			n		p	
				최대 틈새	최소 틈새	최대 틈새	최소 틈새	최대 틈새	최대 죔새	최대 틈새	최대 죔새	최대 틈새	최대 죔새			최대 틈새	최소 틈새	최대 틈새		최소 틈새	최대 틈새		최소 틈새	최대 틈새	최대 죔새	최대 틈새	최대 죔새	최대 틈새	최대 죔새		최대 틈새	최대 죔새		최소 죔새	최대 죔새	최소 죔새	최대 죔새
초과	이하	(+)		g4		h4		js4			k4		m4	(+)		f6		g5	g6		h5	h6		js5		js6			k5	k6		m5	m6		n6		p6
—	3	4		9	2	7		5.5	1.5	4	3	2	5	6		18	6	12	14	2	10	12		8	2	9	3	6	4	6	4	6	8	−2	10	0	12
3	6	5		13	4	9		7	2	5	5	1	8	8		26	10	17	20	4	13	16		10.5	2.5	12	4	7	6	9		9	12	0	16	4	20
6	10	6		15	5	10		8	2	5	5	0	10	9		31	13	20	23	5	15	18		12	3	13.5	4.5	8	7	10	3	12	15		19	6	24
10 14	14 18	8		19	6	13		10.5	2.5	7	6	1	12	11		38	16	25	28	6	19	22		15	4	16.5	5.5	10	9	12	4	15	18	1	23	7	29
18 24	24 30	9		22	7	15		12	3	7	8	1	14	13		46	20	29	33	7	22	26		17.5	4.5	19.5	6.5	11	11	15	5	17	21	2	28	9	35
30 40	40 50	11		27	9	18		14.5	3.5	9	9	2	16	16		57	25	36	41	9	27	32		21.5	5.5	24	8	14	13	18	7	20	25		33	10	42
50 65	65 80	13		31	10	21		17	4	11	10	2	19	19		68	30	42	48	10	32	38		25.5	6.5	28.5	9.5	17	15	21	8	24	30	1	39	13	51
80 100	100 120	15	0	37	12	25	0	20	5	12	13	2	23	22	0	80	36	49	56	12	37	44	0	29.5	7.5	33	11	19	18	25	9	28	35		45	15	59
120 140 160	140 160 180	18		44	14	30		24	6	15	15	3	27	25		93	43	57	64	14	43	50		34	9	37.5	12.5	22	21	28	10	33	40		52	18	68
180 200 225	200 225 250	20		49	15	34		27	7	16	18	3	31	29		108	50	64	73	15	49	58		39	10	43.5	14.5	25	24	33	12	37	46	2	60	21	79
250 280	280 315	23		56	17	39		31	8	19	20	3	36	32		120	56	72	81	17	55	64		43.5	11.5	48	16	28	27	36		43	52		66	24	88
315 355	355 400	25		61	18	43		34	9	21	22	4	39	36		134	62	79	90	18	61	72		48.5	12.5	54	18	32	29	40	15	46	57	1	73	26	98
400 450	450 500	27		67	20	47		37	10	22	25	4	43	40		148	68	87	100	20	67	80		53.5	13.5	60	20	35	32	45	17	50	63	0	80	28	108

[비고] 본 표는 JIS B 0401-1986에서 게재 (*동 규격에서는 폐지). 또한 최소 죔새가 마이너스 값인 것은 최대 틈새가 된다.

(다음 페이지에 계속)

16장

기준 치수 (mm)		H7		기준 구멍 H7과 조합되는 축																													
		위의 치수 허용차	아래의 치수 허용차	e		f			g		h			js				k		m		n		p		r		s		t		u	x
				최대 틈새	최소 틈새	최대 틈새		최소 틈새	최대 틈새	최소 틈새	최대 틈새		최소 틈새	최대 틈새	최대 죔새	최대 틈새	최대 죔새	최대 틈새	최대 죔새	최대 틈새	최대 죔새	최대 틈새	최대 죔새	최소 죔새	최대 죔새	최소 죔새	최대 죔새	최소 죔새	최대 죔새	최대 죔새	최대 죔새	최대 죔새	최대 죔새
초과	이하	(+)		e7		f6	f7		g6		h6	h7		js6		js7			k6		m6		n6		p6		r6		s6		t6		u6
—	3	10	0	34	14	22	26	6	18	2	16	20	0	13	3	15	5	10	6	8	8	6	10	−4	12	0	16	4	20	—	—	8	24
3	6	12		44	20	30	34	10	24	4	20	24		16	4	18	6	11	9		12	4	16	0	20	3	23	7	27	—	—	11	31
6	10	15		55	25	37	43	13	29	5	24	30		19.5	4.5	22.5	7.5	14	10	9	15	5	19		24	4	28	8	32	—	—	13	37
10	14	18		68	32	45	52	16	35	6	29	36		23.5	5.5	27	9	17	12	11	18	6	23		29	5	34	10	39	—	—	15	44
14	18																																
18	24	21		82	40	54	62	20	41	7	34	42		27.5	6.5	31.5	10.5	19	15	13	21	6	28	1	35	7	41	14	48	—	—	20	54
24	30																													20	54	27	61
30	40	25		100	50	66	75	25	50	9	41	50		33	8	37.5	12.5	23	18	16	25	8	33		42	9	50	18	59	23	64	35	76
40	50																													29	70	45	86
50	65	30		120	60	79	90	30	59	10	49	60		39.5	9.5	45	15	28	21	19	30	10	39	2	51	11	60	23	72	36	85	57	106
65	80																									13	62	29	78	45	94	72	121
80	100	35		142	72	93	106	36	69	12	57	70		46	11	52.5	17.5	32	25	22	35	12	45		59	16	73	36	93	56	113	89	146
100	120																									19	76	44	101	69	126	109	166
120	140	40		165	85	108	123	43	79	14	65	80		52.5	12.5	60	20	37	28	25	40	13	52	3	68	23	88	52	117	82	147	130	195
140	160																									25	90	60	125	94	159	150	215
160	180																									28	93	68	133	106	171	170	235
180	200	46		192	100	125	142	50	90	15	75	92		60.5	14.5	69	23	42	33	29	46	15	60	4	79	31	106	76	151	120	195	190	265
200	225																									34	109	84	159	134	209	212	287
225	250																									38	113	94	169	150	225	238	313
250	280	52		214	110	140	160	56	101	17	84	104		68	16	78	26	48	36	32	52	18	66		88	42	126	106	190	166	250	263	347
280	315																									46	130	118	202	188	272	298	382
315	355	57		239	125	155	176	62	111	18	93	114		75	18	85.5	28.5	53	40	36	57	20	73	5	98	51	144	133	226	211	304	333	426
355	400																									57	150	151	244	237	330	378	471
400	450	63		261	135	171	194	68	123	20	103	126		83	20	94.5	31.5	58	45	40	63	23	80		108	63	166	169	272	267	370	427	530
450	500																									69	172	189	292	297	400	477	580

기준 치수 (mm)		x 최대 죔새	x 최대 죔새 (x6)
—	3	10	26
3	6	16	36
6	10	19	43
10	14	22	51
14	18	27	56
18	24	33	67
24	30	43	77
30	40	55	96
40	50	72	113
50	65	92	141
65	80	116	165
80	100	143	200
100	120	175	232
120	140	208	273
140	160	240	305
160	180	270	335
180	200	304	379
200	225	339	414
225	250	379	454
250	280	423	507
280	315	473	557
315	355	533	626
355	400	603	696
400	450	677	780
450	500	757	860

[비고] 최소 죔새가 마이너스 값인 것은 최대 틈새가 된다.

(다음 페이지에 계속)

기준치수 (mm)		H8		기준 구멍 H8과 조합되는 축											H9		기준 구멍 H9와 조합되는 축											H10		기준 구멍 H10과 조합되는 축					
		위의 치수 허용차	아래의 치수 허용차	d		e			f			h			위의 치수 허용차	아래의 치수 허용차	c		d			e			h			위의 치수 허용차	아래의 치수 허용차	b		c		d	
				최대 틈새	최소 틈새	최대 틈새		최소 틈새	최대 틈새		최소 틈새	최대 틈새		최소 틈새			최대 틈새	최소 틈새	최대 틈새		최소 틈새	최대 틈새		최소 틈새	최대 틈새		최소 틈새			최대 틈새	최소 틈새	최대 틈새	최소 틈새	최대 틈새	최소 틈새
초과	이하	(+)		d9		e8	e9		f7	f8		h7	h8		(+)		c9		d8	d9		e8	e9		h8	h9		(+)		b9		c9		d9	
—	3	14	0	59	20	42	53	14	30	34	6	24	28	0	25	0	110	60	59	70	20	53	64	14	39	50	0	40	0	205	140	125	60	85	20
3	6	18		78	30	56	68	20	40	46	10	30	36		30		130	70	78	90	30	68	80	20	48	60		48		218	140	148	70	108	30
6	10	22		98	40	69	83	25	50	57	13	37	44		36		152	80	98	112	40	83	97	25	58	72		58		244	150	174	80	134	40
10 14	14 18	27		120	50	86	102	32	61	70	16	45	54		43		181	95	120	136	50	102	118	32	70	86		70		263	150	208	95	163	50
18 24	24 30	33		150	65	106	125	40	74	86	20	54	66		52		214	110	150	161	65	125	144	40	85	104		84		296	160	246	110	201	65
30 40	40 50	39		181	80	128	151	50	89	103	25	64	78		62		244 254	120 130	181	204	80	151	174	50	101	124		100		332 342	170 180	282 292	120 130	242	80
50 65	65 80	46		220	100	152	180	60	106	122	30	76	92		74		288 298	140 150	220	248	100	180	208	60	120	148		120		284 394	190 200	334 344	140 150	294	100
80 100	100 120	54		261	120	180	213	72	125	144	36	89	108		87		344 354	170 180	261	294	120	213	246	72	141	174		140		447 467	220 240	397 417	170 180	347	120
120 140 160	140 160 180	63		308	145	211	248	85	146	169	43	103	126		100		400 410 430	200 210 230	308	345	145	248	285	85	163	200		160		520 540 570	260 280 310	460 470 490	200 210 230	405	145
180 200 225	200 225 250	72		357	170	244	287	100	168	194	50	118	144		115		470 490 510	240 260 280	357	400	170	287	330	100	187	230		185		640 680 720	340 380 420	540 560 580	240 260 280	470	170
250 280	280 315	81		401	190	272	321	110	189	218	56	133	162		130		560 570	300 330	401	450	190	321	370	110	211	260		210		820 880	480 540	640 670	300 330	530	190
315 355	355 400	89		439	210	303	354	125	208	240	62	146	178		140		640 680	360 400	439	490	210	354	405	125	229	280		230		970 1050	600 680	730 770	360 400	580	210
400 450	450 500	97		482	230	329	387	135	228	262	68	160	194		155		750 790	440 480	482	540	230	387	445	135	252	310		250		1165 1245	760 840	845 885	440 480	635	230

16장

16·11 표 많이 이용되는 축 기준 끼워맞춤에 관한 수치

(단위 μm)

기준 치수 (mm)		h4		기준 축 h4와 조합되는 구멍*								h5		기준 축 h5와 조합되는 구멍												h6		기준 축 h6과 조합되는 구멍												
		위의 치수 허용차	아래의 치수 허용차	H		Js		K		M		위의 치수 허용차	아래의 치수 허용차	H		JS		K		M		N		P		위의 치수 허용차	아래의 치수 허용차	F			G			H			JS			
				최대 틈새	최소 틈새	최대 틈새	최대 죔새	최대 틈새	최대 죔새	최대 틈새	최대 죔새			최대 틈새	최대 죔새	최대 틈새	최대 죔새	최대 틈새	최대 죔새	최대 틈새	최대 죔새	최소 죔새	최대 죔새	최소 죔새	최대 죔새			최대 틈새		최소 틈새	최대 틈새		최소 틈새	최대 틈새		최대 죔새	최대 틈새	최대 죔새	최대 틈새	최대 죔새
초과	이하		(−)	H5		Js5		K5		M5			(−)	H6		JS6		K6		M6		N6		P6			(−)	F6	F7		G6	G7		H6	H7		JS6		JS7	
—	3		3	7		5	2	3	4	1	6		4	10		7	3	4	6	2	8	0	10	2	12		6	18	22	6	14	18	2	12	16		9	2	11	5
3	6		4	9		6.5	2.5	4	5	1	8		5	13		9	4	7		4	9		13	4	17		8	26	30	10	20	24	4	16	20		12	4	14	6
6	10			10		7	3	5	5	0	10		6	15		10.5	4.5	8	7	3	12	1	16	6	21		9	31	37	13	23	29	5	18	24		13.5	4.5	16	7
10	18		5	13		9	4	7	6	1	12		8	19		13.5	5.5	10	9	4	15		20	7	26		11	38	45	16	28	35	6	22	29		16.5	5.5	20	9
18	30		6	15		10.5	4.5		8	1	14		9	22		15.5	6.5	11	11	5	17	2	24	9	31		13	46	54	20	33	41	7	26	34		19.5	6.5	23	10
30	50		7	18		12.5	5.5	9	9	2	16		11	27		19	8	14	13	7	20		28	10	37		16	57	66	25	41	50	9	32	41		24	8	28	12
50	80	0	8	21	0	14.5	6.5	11	10	2	19	0	13	32	0	22.5	9.5	17	15	8	24	1	33	13	45	0	19	68	79	30	48	59	10	38	49	0	28.5	9.5	34	15
80	120		10	25		17.5	7.5	12	13	2	23		15	37		26	11	19	18	9	28		38	15	52		22	80	93	36	56	69	12	44	57		33	11	39	17
120	180		12	30		21	9	15	15	3	27		18	43		30.5	12.5	22	21	10	33		45	18	61		25	93	108	43	64	79	14	50	65		37.5	12.5	45	20
180	250		14	34		24	10	16	18	3	31		20	49		34.5	14.5	25	24	12	37	2	51	21	70		29	108	125	50	73	90	15	58	75		43.5	14.5	52	23
250	315		16	39		27.5	11.5	19	20	3	36		23	55		39	16	28	27	14	41		57	24	79		32	120	140	56	81	101	17	64	84		48	16	58	26
315	400		18	43		30.5	12.5	21	22	4	39		25	61		43	18	32	29	15	46	1	62	26	87		36	134	155	62	90	111	18	72	93		54	18	64	28
400	500		20	47		33.5	13.5	22	25	4	43		27	67		47	20	35	32	17	50	0	67	28	95		40	148	171	68	100	123	20	80	103		60	20	71	31

[비고] 본 표는 JIS B 0401-1986에서 게재 (*동 규격에서는 폐지).

(다음 페이지에 계속)

기준 치수 (mm)		h6		기준 축 h6과 조합되는 구멍																										h7		기준 축 h7과 조합되는 구멍							
		위의 치수 허용차	아래의 치수 허용차	K				M				N				P				R		S		T		U		X		위의 치수 허용차	아래의 치수 허용차	E		F			H		
				최대 틈새	최대 죔새	최대 틈새	최대 죔새	최대 틈새	최대 죔새	최대 틈새	최대 죔새	최대 틈새	최대 죔새	최대 틈새	최대 죔새	최대 죔새	최대 죔새	최대 죔새	최대 죔새	최대 죔새	최대 죔새	최대 죔새	최대 죔새	최대 죔새	최대 죔새	최대 죔새	최대 죔새	최대 죔새	최대 죔새			최대 틈새	최대 틈새	최대 틈새		최대 틈새	최대 틈새		최대 틈새
초과	이하		(−)	K6		K7		M6		M7		N6		N7		P6		P7		R7		S7		T7		U7		X7			(−)	E7		F7	F8		H7	H8	
—	3	0	6	6	6	6	10	4	8	4	12	2	10	2	14	0	12	0	16	4	20	8	24	—	—	12	28	14	30	0	10	34	14	26	30	6	20	24	0
3	6		8	10		11	9	7	9	8		3	13	4	16	1	17		20	3	23	7	27	—	—	11	31	16	36		12	44	20	34	40	10	24	30	
6	10		9	11	7	14	10	6	12	9	15	2	16	5	19	3	21		24	4	28	8	32	—	—	13	37	19	43		15	55	25	43	50	13	30	37	
10	14		11	13	9	17	12	7	15	11	18		20	6	23	4	26		29	5	34	10	39	—	—	15	44	22	51		18	68	32	52	61	16	36	45	
14	18																											27	56										
18	24		13	15	11	19	15	9	17	13	21		24		28	5	31	1	35	7	41	14	48	—	—	20	54	33	67		21	82	40	62	74	20	42	54	
24	30																							20	54	27	61	43	77										
30	40		16	19	13	23	18	12	20	16	25	4	28	8	33		37		42	9	50	18	59	23	64	35	76	55	96		25	100	50	75	89	25	50	64	
40	50																							29	70	45	86	72	113										
50	65		19	23	15	28	21	14	24	19	30	5	33	10	39	7	45	2	51	11	60	23	72	36	85	57	106	92	141		30	120	60	90	106	30	60	76	
65	80																			13	62	29	78	45	94	72	121	116	165										
80	100		22	26	18	32	25	16	28	22	35	6	38	12	45	8	52		59	16	73	36	93	56	113	89	146	143	200		35	142	72	106	125	36	70	89	
100	120																			19	76	44	101	69	126	109	166	175	232										
120	140		25	29	21	37	28	17	33	25	40	5	45	13	52	11	61	3	68	23	88	52	117	82	147	130	195	208	273		40	165	85	123	146	43	80	103	
140	160																			25	90	60	125	94	159	150	215	240	305										
160	180																			28	93	68	133	106	171	170	235	270	335										
180	200		29	34	24	42	33	21	37	29	46	7	51	15	60	12	70	4	79	31	106	76	151	120	195	190	265	304	379		46	192	100	142	168	50	92	118	
200	225																			34	109	84	159	134	209	212	287	339	414										
225	250																			38	113	94	169	150	225	238	313	379	454										
250	280		32	37	27	48	36	23	41	32	52		57	18	66	15	79		88	42	126	106	190	166	250	263	347	423	507		52	214	110	160	189	56	104	133	
280	315																			46	130	118	202	188	272	298	382	473	557										
315	355		36	43	29	53	40	26	46	36	57	10	62	20	73		87	5	98	51	144	133	226	211	304	333	426	533	626		57	239	125	176	208	62	114	146	
355	400																			57	150	151	244	237	330	378	471	603	696										
400	450		40	48	32	58	45	30	50	40	63	13	67	23	80		95		108	63	166	169	272	267	370	427	530	677	780		63	261	135	194	228	68	126	160	
450	500																			69	172	189	292	297	400	477	580	757	860										

(다음 페이지에 계속)

기준 치수 (mm)		h8		기준 축 h8과 조합되는 구멍											h9		기준 축 h9와 조합되는 구멍														
		위의 치수 허용차	아래의 치수 허용차 (−)	D			E			F		H			위의 치수 허용차	아래의 치수 허용차 (−)	B		C			D				E			H		
				최대 틈새		최소 틈새	최대 틈새		최소 틈새	최대 틈새	최소 틈새	최대 틈새		최소 틈새			최대 틈새	최소 틈새	최대 틈새		최소 틈새	최대 틈새			최소 틈새	최대 틈새		최소 틈새	최대 틈새		최소 틈새
초과	이하			D8	D9		E8	E9		F8		H8	H9				B10		C9	C10		D8	D9	D10		E8	E9		H8	H9	
—	3		14	48	59	20	42	53	14	34	6	28	39			25	205	140	110	125	60	59	70	85	20	53	64	14	39	50	
3	6		18	66	78	30	56	68	20	46	10	36	48			30	218	140	130	148	70	78	90	108	30	68	80	20	48	60	
6	10		22	84	98	40	69	83	25	57	13	44	58			36	244	150	152	174	80	98	112	134	40	83	97	25	58	72	
10 14	14 18		27	104	120	50	86	102	32	70	16	54	70			43	263	150	181	208	95	120	136	163	50	102	118	32	70	86	
18 24	24 30		33	131	150	65	106	125	40	86	20	66	85			52	296	160	214	246	110	150	169	201	65	125	144	40	85	104	
30 40	40 50		39	158	181	80	128	151	50	103	25	78	101			62	332 342	170 180	244 254	282 292	120 130	181	204	242	80	151	174	50	101	124	
50 65	65 80		46	192	220	100	152	180	60	122	30	92	120			74	384 394	190 200	288 298	334 344	140 150	220	248	294	100	180	208	60	120	148	
80 100	100 120	0	54	228	261	120	180	213	72	144	36	108	141	0	0	87	447 467	220 240	344 354	397 407	170 180	261	294	347	120	213	246	72	141	174	0
120 140 160	140 160 180		63	271	308	145	211	248	85	169	43	126	163			100	520 540 570	260 280 310	400 410 430	460 470 490	200 210 230	308	345	405	145	248	285	85	163	200	
180 200 225	200 225 250		72	314	357	170	244	287	100	194	50	144	187			115	640 680 720	340 380 420	470 490 510	540 560 580	240 260 280	357	400	470	170	287	330	100	187	230	
250 280	280 315		81	352	401	190	272	321	110	218	56	162	211			130	820 880	480 540	560 590	640 670	300 330	401	450	530	190	321	370	110	211	260	
315 355	355 400		89	388	439	210	303	354	125	240	62	178	229			140	970 1050	600 680	640 680	730 770	360 400	439	490	580	210	354	405	125	229	280	
400 450	450 500		97	424	482	230	329	387	135	262	68	194	252			155	1165 1245	760 840	750 790	845 885	440 480	482	540	635	230	387	445	135	252	310	

제17장

기계 제도

17장. 기계 제도

17·1 기계제도란

1. 제도법에 대해서

설계자에 의해 설계된 기계 또는 부품이 그 설계대로 만들어지고 조립되기 위해서는 설계자의 요구가 제작자에게 완전히 전해져야 한다. 이를 위해서는 일반적으로 도면이 이용되는데, 이 도면은 전체 생산 과정의 기초가 되는 것이기 때문에 설계자의 요구를 어떻게 하면 정확하고 명료하게 도면 상에 표현하는지가 매우 중요한 문제이다.

도면을 작성하는 것을 제도라고 하며, 제도 상의 여러 가지 규약, 방식을 제도 방식 또는 제도법이라고 부른다.

2. 제도 규격과 일본공업규격(JIS)의 성립

제도 방식은 능률적인 동시에 가급적 일반적으로 공통된 것이 바람직하다. 따라서 각국에서는 각각의 사정에 적합한 제도 규격을 제정하고 있다.

일본에서도 제도 방식에 대해 다음과 같은 국가 규격을 제정하고, 또한 몇 번의 개정을 해왔다.

(1) 제도(JES*[1] 제119호) 이 규격은 1929년에 착수되어 다음해인 1930년 12월 1일에 상공성 공업규격조사회 제9차 총회에서 결정됐으며, 1933년 9월 29일에 상공성 고시 제59호로 공포됐다.

(2) 제도(임시 JES*[2] 제428호) 이것은 JES 제119호를 주체로 하며, 독일 규격(DIN) 등을 참고로 1943년 7월 29일에 개정된 규격이다.

(3) 제도 통칙(JIS*[3] Z 8302) 종전 후 평화 산업으로 빠르게 전환한 일본 공업계에서 전쟁 전 및 전쟁 중의 규격은 모두 재검토됐으며, 제도 규격도 또한 과거의 임JES 제428호를 재검토하고, 아울러 미국, 영국, 스위스 등의 제 규격을 참고로 1952년 9월 22일에 제도 통칙(JIS Z 8302)이 제정되기에 이르렀다.

이 규격은 일본에서 처음으로 근대적 체계를 갖춘 제조 규격이었다고 할 수 있다.

(4) 각 부문별 제도 규격 위의 JIS 제도 통칙은 널리 일반 공업용 제도의 대강을 나타내는 것으로서 제정됐기 때문에 각 부문별 제도 방식에서 보면, 그 특수 사정에 의한 필요 사항이 부족한 것은 어쩔 수 없는 것이었다. 그래서 그 후, 이들 각 부문의 독자성을 보충하기 위해 1958년에 기계제도(JIS B 0001), 토목제도 통칙(JIS A 0101), 건축제도 통칙(JIS A 0150)이 각각 제정됐다.

또한 이들과는 별도로 기계제도에 매우 많이 나타나는 나사, 기어, 스프링, 롤링 베어링, 센터 구멍 등 특수한 부품, 부분에 관한 제도는 간략 도시법을 이용해 그리는 것을 정한 제도 규격이 각각 제정되기에 이르렀다.

(5) 제도 규격 국제화 급속한 기술 혁신과 함께 공업 기술에도 국제 교류가 활발해짐에 따라 국제표준화기구(ISO*[4])에서 국제적인 제도 규격이 제정됐다. 그렇기 때문에 1973년 일본의 기계제도규격(JIS B 0001)도 이 ISO의 제도 규격에 정합시키기 위해 대폭적인 개정이 실시됐다.

그러나 제도 통칙(JIS Z 8302) 쪽은 개정되지 않고 경과했으므로, 기계제도와는 차이가 두드러지고 국제성도 부족하기 때문에 이 통칙은 1984년 3월 폐지됐다.

(6) 새로운 제도 규격 기존보다 기계제도적 색채가 강했던 ISO의 제도 규격은 개정 작업이 진행되어 1983년 건축·토목의 제도 방식을 대폭으로 포함시킨 일반 공업에 범용성이 있는 규격이 제정됐다.

이와 함께 일본에서도 개정 ISO 제도 규격에 기초해 제도 규격의 체계 그 자체를 대폭으로 수정해, 기존의 제도 통칙과 같은 1개의 규격이 아니라 각 장을 각각 개별적인 독립 규격으로 한 제 규격이 1983년에 제정됐다.

또한 1999년에 이르러서는 17·1 표에 나타낸 규격의 대부분이 ISO에 완전히 정합되는 형태로 대폭적인 개정이 이루어졌다.

---

*[1] JES : Japanese Engineering Standard의 약어. 일본표준규격.

*[2] 임 JES : 임시 일본표준규격

*[3] JIS : Japanese Industrial Standards의 약어. 일본공업규격.

*[4] ISO : International Organization for Standardization의 약어.

17·1 표 JIS 제도 규격의 체계

규격 분류	규격 번호	규격 명칭
총칙	Z 8310	제도 총칙
용어	Z 8114	제도-제도 용어
① 기본적인 사항에 관한 규격	Z 8311	제도-제도 용지의 사이즈 및 도면의 양식
	Z 8312	제도-표시의 일반 원칙-선의 기본 원칙
	Z 8313-0 ~2, -5, -10	제도-문자-제0부~제2부, 제5부, 제10부
	Z 8314	제도-척도
	Z 8315-1 ~4	제도-투영법-제1부~제4부
② 일반 사항에 관한 규격	Z 8316	제도-도형 표시법의 원칙
	Z 8317-1	제도-치수 및 공차 기입 방법-제1부 : 일반 원칙
	Z 8318	제품의 기술 문서 정보(TPD)-길이 치수 및 각도 치수의 허용 한계의 지시 방법
	Z 8322	제도-표시의 일반 원칙
	B 0021	제품의 기하특성 사양(GPS)-기하공차 표시 방식-형상, 자세, 위치 및 흔들림 공차 표시 방식
	B 0022	기하공차를 위한 데이텀
	B 0023	제도-기하공차 표시 방식-최대 실체 공차 방식 및 최소 실체 공차 방식
	B 0024	제도-공차 표시 방식의 기본 원칙
	B 0025	제도-기하공차 표시 방식-위치도 공차 방식
	B 0026	제도-치수 및 공차의 표시 방식-비강성 부품
	B 0027	제도-윤곽 치수 및 공차 표시 방식
	B 0029	제도-자세 및 위치의 공차 표시 방식
	B 0031	제품의 기하특성 사양(GPS)-표면 성상의 도시 방법
	B 0601	제품의 기하특성 사양(GPS)-표면 성상 : 윤곽 곡선 방식
③ 부문별로 독자의 사항에 관한 규격	A 0101	토목제도
	A 0150	건축제도 통칙
	B 0001	기계제도
④ 특수한 부분, 부품에 관한 규격	B 0002-1 ~3	제도-나사 및 나사 부품-제1부~제3부
	B 0003	기어 제도
	B 0004	스프링 제도
	B 0005-1 ~2	제도-구름 베어링-제1부~제2부
	B 0006	제도-스플라인 및 세레이션의 표시법

(오른쪽 단에 계속)

규격 분류	규격 번호	규격 명칭
④ 특수한 부품, 부품에 관한 규격	B 0011-1 ~3	제도-배관의 간략 도시 방법-제1부~제3부
	B 0041	제도-센터구멍의 간략 도시 방법
	B 0051	제도-부품의 에지
⑤ 그림 기호에 관한 규격	Z 3021	용접 기호
	C 0617-1 ~13	전기용 그림기호-제1부~제13부
	C 0303	구내 전기설비의 배선용 그림 기호
	Z 8207	진공장치용 그림기호
	Z 8210	안내용 그림기호
⑥ CAD에 관한 규격	B 3401	CAD 용어
	B 3402	CAD 기계제조
	Z 8321	제도-표시의 일반 원칙-CAD에 이용하는 선

제도 규격 체계에서는 먼저 모든 제도 규격을 총괄하는 제도 총칙 및 제도 용어를 정하고, 그 아래에 17·1 표 ①~⑥에서 볼 수 있듯이 각 제 규격이 제정되어 있는 것이다.

(7) 기계 제도 규격의 재개정 앞에서와 같은 제도 규격의 제정과 함께 기계제도(JIS B 0001)는 새로운 규격과는 정합성이 결여된 부분이 많이 생긴 점과, 많은 제도 규격의 대조 수고를 생략하고 이것 하나로 기계·기구의 제도가 가능도록 하기 위해 2000년 3월에 개정이 이루어졌다.

3. JIS의 분류와 규격 번호

일본공업규격(JIS)은 17·2 표에 나타냈듯이 각각 각종 산업 부문별 부문 기호를 정하고, 개별 규격은 4자리 숫자로 표시된다. 예를 들면 '기계공업 부문의 육각볼트'는 'JIS B 1180'과 같이 나타낸다.

17·2 표 일본공업규격의 분류 (19부문)

부문 기호	부문명	부문 기호	부문명
A	토목 및 건축	L	섬유
B	일반 기계	M	광산
C	전자 기기 및 전기 기계	P	펄프 및 종이
		Q	관리 시스템
D	자동차	R	요업
E	철도	S	일용품
F	선박	T	의료안전용구
G	철강	W	항공
H	비철금속	X	정보처리
K	화학	Z	기타

4. 도면의 명칭

17·3 표는 JIS 제도 용어에 나타난 도면 명칭에 관한 용어이다. 이 가운데 기계 관계에 특히 필요한 것으로서는 제작도용 조립도, 부분 조립도, 부품도 등이 있다.

17·3 표 도면의 종류

(a) 용도에 따른 분류

용어	의미
계획도	설계의 의도, 계획을 나타낸 도면.
기본설계도	최종 결정을 위해 또는 당사자 간의 검토를 위한 기본으로서 사용하는 도면.
제작도	일반적으로 설계 데이터의 기초로서 확립되어 제조에 필요한 모든 정보를 나타내는 도면.
공정도	제조 공정 도중의 상태 또는 일련의 공정 전체를 나타내는 공정도.
(공작) 공정도	특정 제작 공정에서 가공해야 할 부분, 가공 방법, 가공 치수, 사용 공구 등을 나타내는 공정도.
검사도	검사에 필요한 사항을 기입한 공정도.
설치도	하나의 아이템의 대략적인 형상과 그것에 조합되는 구조 또는 관련된 아이템에 관련지어 설치하기 위해 필요한 정보를 나타낸 도면.
주문도	주문서와 함께 물품의 크기, 형태, 공차, 기술 정보 등 주문 내용을 나타내는 도면.
견적도	견적서와 함께 의뢰자에게 견적 내용을 나타내는 도면.
승인용도	주문서 등의 내용 승인을 구하기 위한 도면.
승인도	주문자 등이 내용을 승인한 도면.
설명도	구조·기능·성능 등을 설명하기 위한 도면.
기록도	부지, 구조, 구성조립품, 부재의 형태·재료·상태 등이 완성에 이르기까지의 상세를 기록하기 위한 도면.

(b) 표현 형식에 따른 분류

용어	의미
외관도	포장, 운송, 설치 조건을 결정할 때에 필요하게 되는 대상물의 외관 형상, 전체 치수, 질량을 나타내는 도면.
곡면선도	선체, 자동차의 차체 등 복잡한 곡면을 선군으로 표현한 도면.
그리드도	그리드(격자)를 기입해 관계 위치·모듈 치수 등을 판독할 수 있게 한 도면.
선도, 다이어그램	그림기호를 이용해 시스템의 구성 부분의 기능 및 그들의 관계를 나타내는 도면.
계통(선)도	급수·배수·전력 등의 계통을 나타내는 선도.
(플랜트) 공정도	화학공장 등에서 제품의 제조 과정의 기계 설비와 흐름의 상태(공정)을 나타내는 계통도.
(전기) 접속도	그림기호를 이용해 전기회로의 접속과 기능을 나타내는 계통도. [참고] 각 구성 부분의 형태, 크기, 위치 등을 고려하지 않고 도시한다.
배선도	장치 또는 그 구성 부품에서 배선의 실태를 나타내는 계통도. [참고] 각 구성 부품의 형태, 크기, 위치 등을 고려해 도시를 한다.
배관도	구조물, 장치에서 관의 접속·배치의 실태를 나타내는 계통도.
계장도	측정장치, 제어장치 등을 공업장치, 기계장치 등에 장비·접속한 상태를 나타내는 계통선도.
구조선도	기계, 교량 등의 골조를 나타내고, 구조 계산에 이용하는 선도.
운동선도	기계의 구성·기능을 나타내는 선도.
운동구조도	기계를 구성하는 요소를 나타내는 그림기호를 이용해, 기계의 구조를 도시하는 운동선도.
운동기능도	운동 기능을 나타내는 그림기호를 이용해, 기계의 기능을 도시하는 운동선도.
입체도	축측 투영, 경사 투영법 또는 투시 투영법에 의해 그린 그림의 총칭.
분해입체도	조립 부품의 회화적 표현. 보통은 축측 투영 또는 투시 투영을 한다. 각 부품은 동일한 척도로 그려지고 서로 똑바른 대향 위치를 점한다. 각 부품은 분리되어 순서에 따라 공통 축 상에 배치된다.

(오른쪽 단에 계속)

(c) 내용에 따른 분류

용어	의미
부품도	부품을 정의하는데 있어 필요한 모든 정보를 포함한, 이 이상 더 분해할 수 없는 단일 부품을 나타내는 도면.
소재도	기계 부품 등에서 주조, 단조 등 그대로의 기계가공 전의 상태를 나타내는 도면.
조립도	부품의 상대적인 위치 관계, 조립된 부품의 형상 등을 나타내는 도면.
총 조립도	완성품의 모든 부분 조립품과 부품을 나타낸 조립도.
부분 조립도	한정된 복수의 부품 또는 부품의 집합체만을 표현한 부분적인 구조를 나타내는 조립도.
컴포넌트도, 구조도	하나의 컴포넌트를 결정하기 위해 필요한 모든 정보를 포함하는 도면.
기초도	구조물의 기초를 나타내는 그림 또는 도면.
배치도	지역 내의 건물 위치, 기계 등의 설치 위치의 상세한 정보를 나타내는 도면.
전체 배치도	장소, 참조사항, 규모를 포함해 건조물의 배치를 나타내는 도면.
장치도	장치공업에서 각 장치의 배치, 제조 공정의 관계 등을 나타내는 도면.

17·2 제도 용지의 크기·도면의 양식

1. 제도 용지의 크기

제도 용지에는 원도용지, 복사용지, 마이크로 필름용 인화지 등이 있는데, 이것에는 백지인 것과 윤곽이나 표제란 등이 인쇄된 것이 있으며, 필요에 따라 몇 가지 크기의 것이 이용되고 있다.

제도 용지의 크기는 JIS Z 8311(제도 용지의 크기 및 도면 양식)에 규정되어 있다. 일반적으로는 17·4 표 (a)에 나타낸 A열 크기(제1 우선) 중에서 선택하게 되어 있으며, 원도에는 필요로 하는 명료함과 섬세함을 유지할 수 있는 최소 크기를 이용하는 것이 좋다. 단, 일련의 도면에서 용지를 준비하는 등 취급의 편의를 우선할 때는 예외도 있다.

또한 긴 물건을 제도하는 경우 등에는 반드시 대형의 용지를 이용할 필요는 없고, 17·4 표 (b) 및 (c)에 나타낸 연장 크기 중에서 선택해서 사용하면 된다.

동 표 (b)는 특히 긴 용지가 필요한 경우에 이용되는 특별 연장 크기(제2 우선)를 나타낸 것이며, 더 매우 큰 용지 또는 예외적으로 연장한 용지가 필요한 경우에는 동 표 (c)에 나타낸 예외 연장 크기(제3 우선)의 용지를 사용하면 된다.

이러한 연장 크기는 각각의 기초인 A열 판의 짧은 변을 정수배한 길이로 연장해 긴 변으로 함으로써 얻어진 것으로, 각각의 우선 순위에 따라 필요한 크기를 선택한다.

17·4 표 제도 용지의 크기 (단위 mm)

(a) A열 크기 (제1 우선)

호칭	치수 $a \times b$
A 0	841×1189
A 1	594× 841
A 2	420× 594
A 3	297× 420
A 4	210× 297

(b) 특별 연장 크기 (제2 우선)

호칭	치수 $a \times b$
A 3×3	420× 891
A 3×4	420×1189
A 4×3	297× 630
A 4×4	297× 841
A 4×5	297×1051

(c) 예외 연장 크기 (제3 우선)

호칭	치수 a×b	호칭	치수 a×b
A 0×2 *	1189×1682	A 3×5	420×1486
A 0×3	1189×2523 **	A 3×6	420×1783
A 1×3	841×1783	A 3×7	420×2080
A 1×4	841×2378 **	A 4×6	297×1261
A 2×3	594×1261	A 4×7	297×1471
A 2×4	594×1682	A 4×8	297×1682
A 2×5	594×2102	A 4×9	297×1892

[주] * 이 크기는 A열 A0의 2배와 동일하다.
** 이 크기는 취급 상의 이유로 권장할 수 없다.

참고로, 세로로 긴 물건의 경우에도 이것을 가로로 눕혀 가로로 긴 그림으로 그리는 것이 좋다.

2. 도면의 윤곽

제도 용지의 주변은 사용 중에 파손 등이 발생하기 쉽기 때문에 모든 크기의 도면에 윤곽을 설정해 두는 것이 필요하다.

윤곽에는 윤곽선을 긋고 이것을 명시하는 것이 좋다. 이 윤곽선은 최소 0.5mm 두께의 실선으로 그리면 된다.

이 윤곽의 폭은 17·5 표에 나타냈듯이 A0과 A1 크기에 대해 최소 20mm, A2, A3 및 A4 크기에 대해서는 최소 10mm인 것이 바람직하다고 되어 있다.

또한 도면을 철하는 경우의 값은 윤곽을 포함해 최소 폭 20mm로 하고, 일반적으로 도면의 좌측에 설치한다.

17·5 표 도면의 윤곽 폭 (단위 mm)

용지 크기	c (최소)	d (최소)	
		철하지 않는 경우	철하는 경우
A 0 A 1	20	20	20
A 2 A 3 A 4	10	10	

[비고] d 부분은 도면을 철하기 위해 접어 갤 때, 표제란의 좌측이 되는 측에 설정한다. A4를 가로로 두고 사용하는 경우에는 상측이 된다.

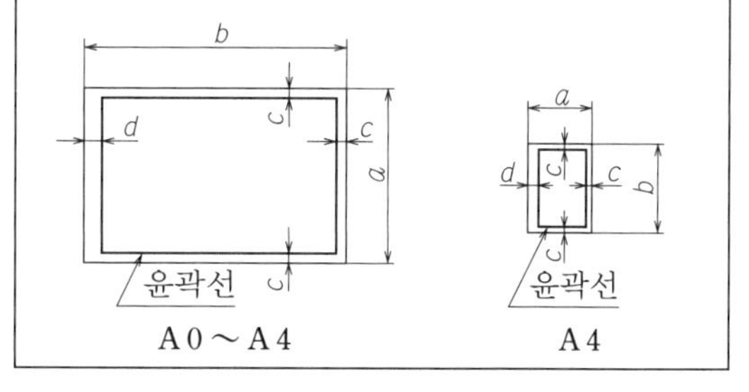

3. 표제란의 위치

도면에는 도면 번호, 도면명, 작성원 등 도면의 내용을 단적으로 표시하는 기입을 하기 위해 표제란을 설정하는데, 그 위치는 17·1 그림에 나타

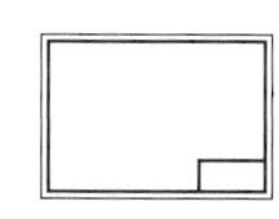

(a) 긴 변을 가로 방향으로 한 X형 용지

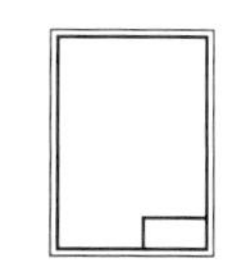

(b) 긴 변을 세로 방향으로 한 Y형 용지

17·1 그림 표제란의 위치

17장

낸 용지의 긴 변을 가로방향으로 한 X형, 또는 긴 변을 세로방향으로 한 Y형의 어느 쪽에서나 윤곽 내의 오른쪽 아래로 오게 하고, 그리고 표제란을 보는 방향은 도면의 방향과 일치하도록 하는 것이 좋다. 또한 표제란의 길이는 170mm 이하로 하는 것으로 정해져 있다. 단, 윤곽, 표제란 등이 인쇄 된 용지를 사용하는 경우에는 그 용지를 낭비하지 않기 위해 17·2 그림에 나타냈듯이 X형 용지를 세로로, 또한 Y형 용지를 가로로 사용해도 지장 없다.

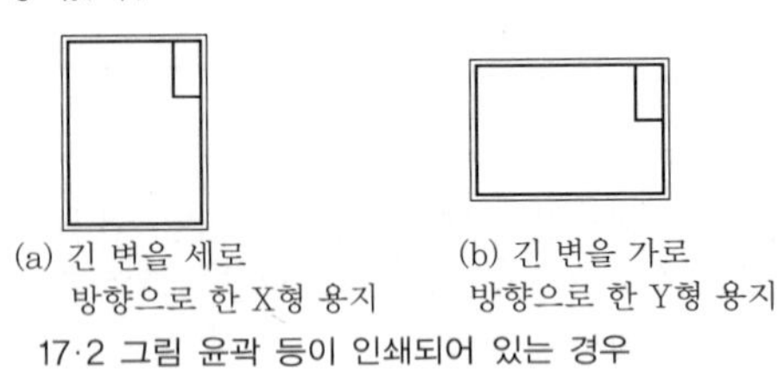

17·2 그림 윤곽 등이 인쇄되어 있는 경우

4. 중심 마크

중심 마크는 복사 또는 마이크로필름 촬영 시에 도면의 위치결정에 편리하기 위해 설정하는 것으로, 17·3 그림에 나타냈듯이 재단된 용지의 2개의 대칭축 양 끝단에 용지의 끝단에서 윤곽선의 안쪽 약 5mm 사이에, 최소 0.5mm 두께의 직선을 이용해 상하좌우에 합계 4개를 실시하게 되어 있다.

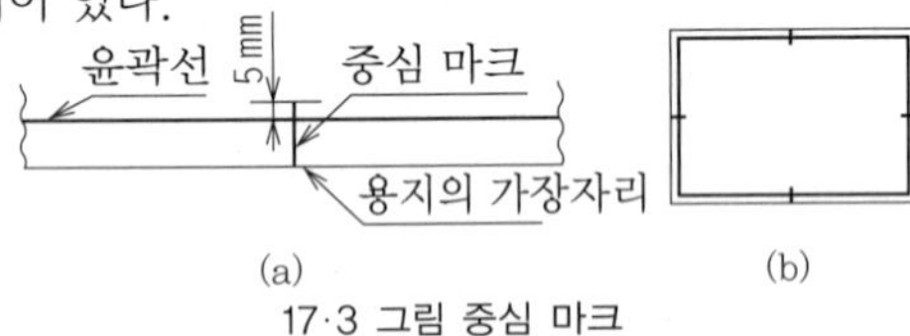

17·3 그림 중심 마크

5. 방향 마크

제도판 상의 제도 용지 방향을 표시하고 싶을 때는 17·4 그림에 나타낸 정삼각형의 방향 마크를 설정하면 좋다. 방향 마크는 동 그림 (b)와 같이 제도 용지의 하나의 긴 변쪽에 1개, 하나의 짧은 변쪽에 1개를 중심 마크에 일치시켜 윤곽선을 가로질러 두면 좋다. 이때 방향 마크 중 하나가 항상 제도자를 가리키게 해 둔다.

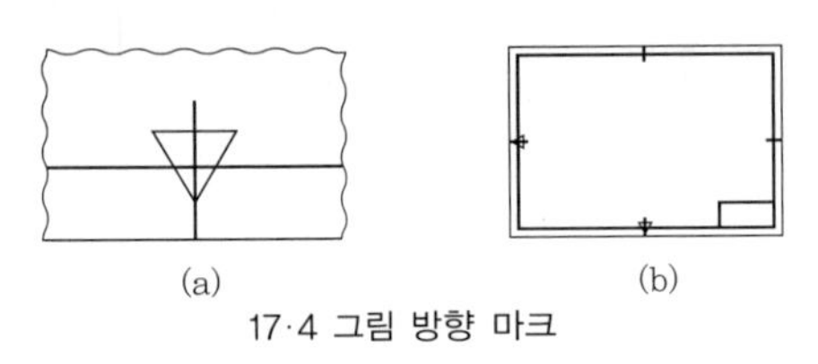

17·4 그림 방향 마크

6. 비교 눈금

비교 눈금은 도면을 축소, 확대했을 때 그 정도를 알기 위해 설정하는 것으로, 17·5 그림과 같이 두께 최소 0.5mm의 실선을 이용해 길이 최소 100mm, 폭 최소 5mm로 하고, 10mm 간격으로 눈금을 실시한 숫자의 기재가 없는 것이다.

이 비교 눈금은 윤곽 내에서 윤곽선에 가깝고, 가급적 그 중심을 중심 마크에 합치시켜 대칭으로 배치하면 된다.

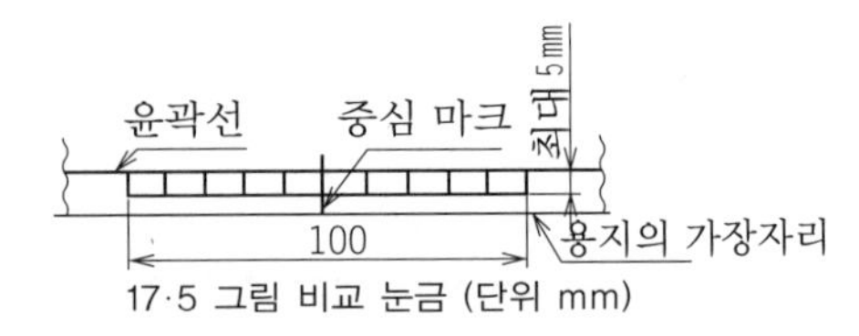

17·5 그림 비교 눈금 (단위 mm)

7. 격자 참조 방식

도면 중 특정 부분의 위치를 나타내는 경우에 편리하도록 17·6 그림에 나타냈듯이 윤곽선을 짝수 등분해 선을 긋고, 기호를 기입해 두는 것이 좋다. 기호는 도면의 정위치에서 왼쪽 구석으로부터 가로의 변을 따라 순서대로 1, 2, 3…의 숫자를, 또한 세로의 변을 따라 위에서 순서대로 A, B, C…의 라틴 문자의 대문자를 이용해 상하, 좌우의 상대하는 변에 동일한 기호를 기입해 둔다.

이러한 격자의 위치를 부르기 위해서는 가로 세로 기호의 조합에 의해, 예를 들면 B-2와 같이 부른다.

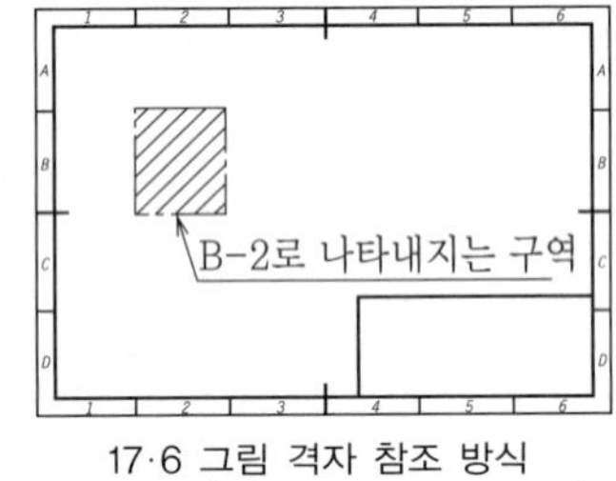

17·6 그림 격자 참조 방식

8. 재단 마크

복사도의 재단에 편리하게 원화에는 그 4구석에 17·7 그림과 같은 재단 마크를 설정해 둔다. 재단은 이 마크의 바깥쪽 가장자리를 기준으로 하는 것으로 하고, 얻어진 도면의 치수는 17·4 표의 치수에 적합한 것으로 한다.

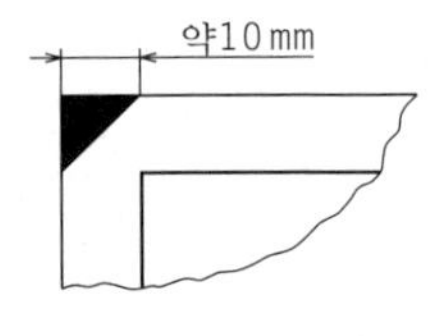

17·7 그림 재단 마크

9. 도면 접는 법

A0~A3 크기로 복사한 도면은 A4 크기로 접어서 보관되는 경우가 있는데, 도면을 접는 방법에 대해서는 JIS Z 8311의 부록에서 소개하고 있

으므로 그 중의 기본 접기를 17·8 그림에 나타냈다.

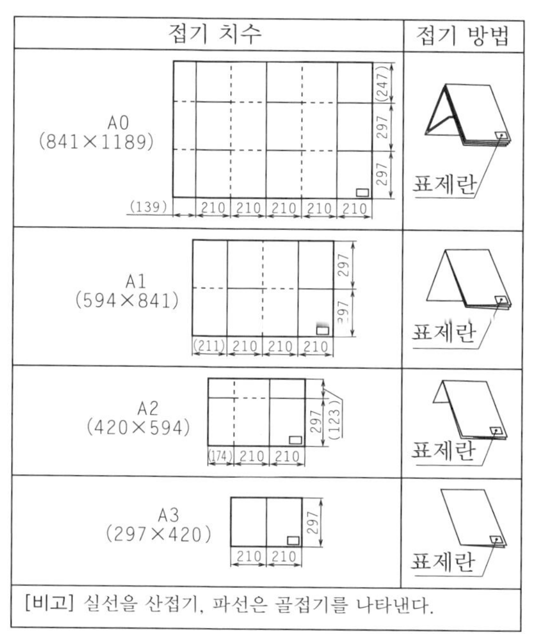

17·8 그림 기본 접기 (단위 mm)

17·3 척도, 선 및 문자

1. 척도

도면은 편의상 실물에 대해 다양한 크기로 그려지는데, 이 크기의 비율을 척도라고 하며 실물보다 축소해서 그려지는 경우를 축척, 실물과 같은 크기로 그려지는 경우 현척, 실물보다 확대해 그려지는 경우를 배척이라고 한다.

JIS 기계제도에서는 17·6 표에 나타낸 18종류의 척도를 권장하고 있다. 이러한 척도는 그려지는 물품의 복잡함이나 표현하는 목적에 따라 그려진 정보를 쉽게, 그리고 오류 없이 이해할 수 있는 크기의 척도를 선택해야 한다.

사용한 척도는 도면의 표제란에 명기해 두는 것이 필요하다. 동일한 도면에서 다른 척도를 사용했을 경우에는 수가 되는 척도만을 표제란에

17·6 표 척도 (JIS Z 8314)

종별	권장 척도		
배척	50 : 1	20 : 1	10 : 1
	5 : 1	2 : 1	
현척	1 : 1		
축척	1 : 2	1 : 5	1 : 10
	1 : 20	1 : 50	1 : 100
	1 : 200	1 : 500	1 : 1000
	1 : 2000	1 : 5000	1 : 10000

나타내고, 그 외의 척도는 관계된 부품의 대조 번호(예를 들면 ①) 또는 상세를 나타낸 도면(또는 단면도)의 대조 문자(예를 들면 A부) 가까이에 기입해 나타낸다.

도형이 치수에 비례하지 않는 경우는 오해를 피하기 위해 그 취지(예를 들면, '비례척이 아님')를 적절한 곳에 명기해 두는 것이 좋다.

주요 투영도 중의 상세 부분이 너무 작아 치수를 완전히 나타낼 수 없을 때는 그 부분을 주요 투영도 근처에 부분 확대도(또는 단면도)로 나타내면 된다. 또한 이와는 반대로 작은 물품은 큰 척도로 그린 경우에는 실제 크기를 나타내기 위해 참고로 현척의 그림을 그려 더하는 것이 좋다. 이 경우에는 현척의 그림은 간략화해서 물품의 윤곽만을 나타내도 된다.

2. 선

(1) 선의 종류 및 굵기 도면에 이용하는 선으로, 보통 이용되고 있는 선은 실선, 파선, 1점 쇄선 및 2점 쇄선의 4종류이다(17·9 그림).

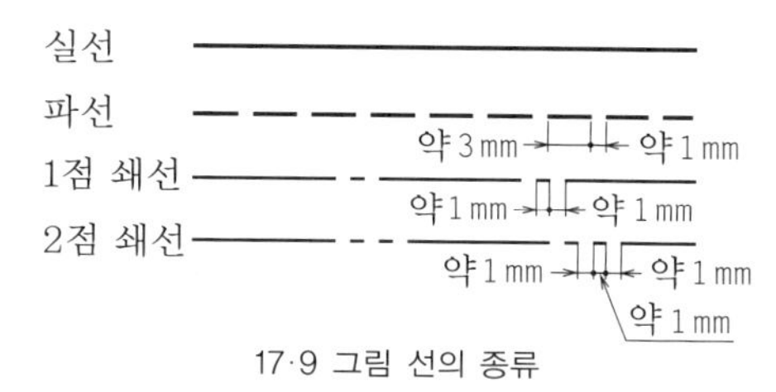

17·9 그림 선의 종류

JIS 기계제도에서는 이러한 선의 용도를 17·10 그림 및 17·7 표와 같이 정하고 있다. 선의 굵기는 도면이나 도형의 크기에 따라 적당한 것을 선택하면 되는데, 제도에 이용하는 선으로는 가는 선, 굵은 선 및 아주 굵은 선의 3종류가 있고, 일반적으로는 굵은 선을 2로 하면 가는 선은 1, 아주 굵은 선은 4의 비율의 두께로 하며, 또한 0.13, 0.18, 0.25, 0.35, 0.5, 0.7, 1, 1.4 및 2mm 두께 중에서 선택하는 것으로 정해져 있다.

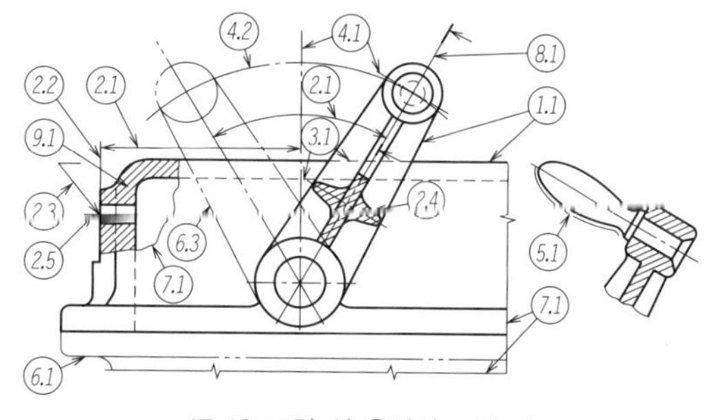

17·10 그림 선 용법의 그림 예

그리고 기존에는 숨은선은 굵은 선과 가는 선의 중간 굵기를 사용하고 있었는데, 중간 굵기는 숨은선에만 이용됐기 때문에 선의 굵기 종류를 줄이기 위해 2000년의 개정에서는 가는 선 또는 굵은 선 중 하나를 이용하는 것으로 변경됐다. 단, 동일한 도면 중에서 이들을 혼용해서는 안 된다. 또한 가상선은 예전에는 2점 쇄선(단 중간 굵기)을 사용했다. JIS B 0001 : 1973에 의해 1점 쇄선으로 변경됐는데, 1985년의 개정에 따라 다시 2점 쇄선이 부활했다.

17·7 표 선 종류 및 용도 KS A ISO 128-24

용도에 따른 명칭	선의 종류 *2		선의 용도	17·0 그림의 대조 번호
외형선	굵은 실선		대상물이 보이는 부분의 형상을 나타내는데 이용한다.	1.1
치수선	가는 실선		치수를 기입하는데 이용한다.	2.1
치수보조선			치수를 기입하기 위해 도형에서 끌어내는데 이용한다.	2.2
지시선			기술·기호 등을 나타내기 위해 인출하는데 이용한다.	2.3
회전단면선			도형 내에 그 부분의 절단면을 90도 회전해 나타내는데 이용한다.	2.4
중심선			도형에 중심선 ⓸.1 을 간략하게 나타내는데 이용한다.	2.5
수준면선			수면, 유면 등의 위치를 나타내는데 이용한다.	—
숨은선	가는 파선 또는 굵은 파선		대상물이 보이지 않는 부분의 형상을 나타내는데 이용한다.	3.1
중심선	가는 1점 쇄선		① 도형의 중심을 나타내는데 이용한다. ② 중심이 이동하는 중심 궤적을 나타내는데 이용한다.	4.1 4.2
기준선			특별히 위치결정의 근거인 것을 명시하는데 이용한다.	—
피치선			반복 도형의 피치를 잡는 기준을 나타내는데 이용한다.	
특수지정선	굵은 1점 쇄선		특수한 가공을 하는 부분 등 특별한 요구사항을 적용해야 할 범위를 나타내는데 이용한다.	5.1
가상선 *1	가는 2점 쇄선		① 인접 부분을 참고로 나타내는데 이용한다. ② 공구, 지그 등의 위치를 참고로 나타내는데 이용한다. ③ 가동 부분을 이동 중의 특정한 위치 또는 이동 한계 위치에서 나타내는데 이용한다. ④ 가공 전 또는 가공 후의 형상을 나타내는데 이용한다. ⑤ 도시된 단면의 앞에 있는 부분을 나타내는데 이용한다.	6.1 — 6.3 — —
중심선			단면의 중심을 이은 선을 나타내는데 이용한다.	—
파단선	불규칙한 파형의 가는 실선 또는 지그재그 선*3		대상물의 일부를 나눈 경계, 또는 일부를 제거한 경계를 나타내는데 이용한다.	7.1
절단선	가는 1점 쇄선으로, 끝단부 및 방향이 변하는 부분을 굵게 한 것*3 *3		단면도를 그리는 경우, 그 단면 위치를 대응하는 그림으로 나타내는데 이용한다.	8.1
해칭	가는 실선으로, 규칙적으로 늘어선 것		도형이 한정된 특정 부분을 다른 부분과 구별하는데 이용한다. 예를 들면 단면도의 절단면을 나타낸다.	9.1
특수한 용도의 선	가는 실선		① 외형선 및 숨은선의 연장을 나타내는데 이용한다. ② 평면인 것을 나타내는데 이용한다. ③ 위치를 명시 또는 명기하는데 이용한다.	—
	아주 굵은 실선		박육부의 단선 도시를 명시하는데 이용한다.	—

[주] *1 가상선은 투영법 상에서는 도형으로 나타낼 수 없지만, 편의 상 필요한 형상을 나타내는데 이용한다. 또한 기능 상·공작 상의 이해를 돕기 위해 도형을 보조적으로 나타내기 위해서도 이용한다.
*2 기타의 선 종류는 JIS Z 8312 또는 JIS Z 8321에 의한 것이 좋다.
*3 다른 용도와 혼용의 우려가 없을 때는 끝단부 및 방향이 변하는 부분을 굵게 할 필요는 없다.
[비고] 가는선, 굵은선 및 아주 굵은선 등의 선 굵기 비율은 1:2:4로 한다.

(2) 선의 우선 순위 도면에서 2종류 이상의 선이 동일한 장소에서 중복될 때는 다음의 순위에 따라서 우선하는 종류의 선으로 그리는 것으로 되어 있다(17·11 그림 참조).

① 외형선, ② 숨은선, ③ 절단선, ④ 중심(中心)선 ⑤ 중심(重心)선, ⑥ 치수보조선.

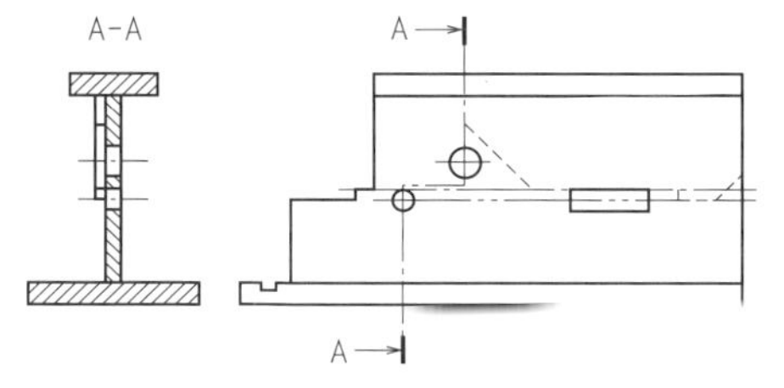

17·11 그림 선의 우선 순위

(3) 선 간의 간격 서로 상당히 근접해 그려진 선은 복사 혹은 복제일 때 헷갈리기 쉬워지므로 다음과 같은 선 간의 간격 이상으로 떼어서 그리는 것이 좋다.

① 평행선의 경우, 가장 두꺼운 선 두께의 2배 이상으로 하고, 선과 선의 간격은 0.7mm 이상으로 하는 것이 좋다.

② 밀집하는 교차선의 경우에는 그 선 사이의 최소 간격을 가장 굵은 선 두께의 3배 이상으로 한다[17·12 (a)].

③ 많은 선이 1점에 집중하는 경우에는 헷갈리기 쉽지 않는 한, 선 간의 최소 간격이 가장 굵은 선 굵기의 약 2배가 되는 위치에서 선을 멈추고, 점의 주위를 비우는 것이 좋다[17·12 그림 (b)].

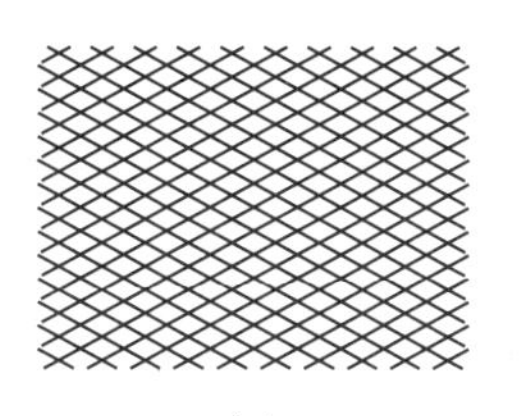

(a)

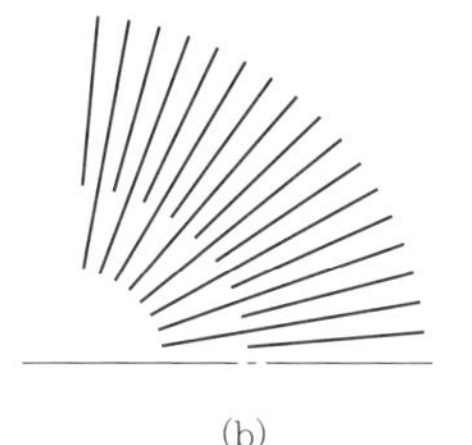

(b)

17·12 그림 선의 간격

(4) 선의 굵기 방향의 중심 선의 굵기 방향의 중심은 선의 이론상 그려야 할 위치 위에 있어야 하다(17·13 그림).

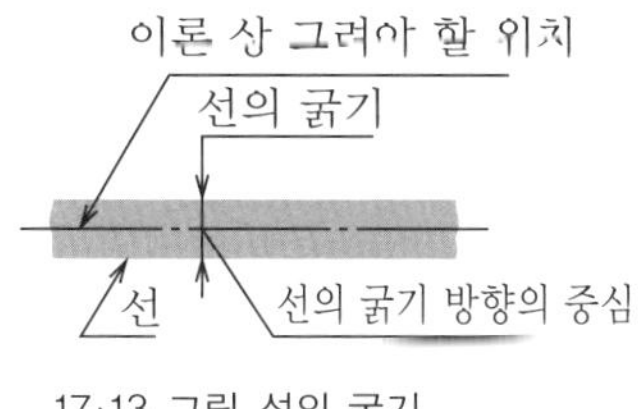

17·13 그림 선의 굵기 방향의 중심 위치

3. 문자

도면에 도형을 설명하기 위한 문자가 쓰여지는데, 문자는 정확하고 읽기 쉬우며 도형에 적합한 크기로 준비해 쓰는 것이 필요하다. 또한 도면을 마이크로필름화하는 경우에는 그것에 적합한 쓰기법을 해야 한다.

(1) 문자의 종류 및 크기 제도에 이용하는 문자는 JIS Z 8313(제도-문자)에 규정되어 있다. 이것에는 제0부 : 통칙, 제1부 : 로마자, 숫자 및 기호, 제2부 : 그리스문자, 제5부 : CAD용 문자, 숫자 및 기호, 제10부 : 히라가나명, 가타가나명 및 한자 등 5부가 정해져 있다.

(i) 한자 제도에 이용하는 한자는 상용 한자표에 의한 것이 좋다. 단, 16획 이상의 한자는 가급적 가나 쓰기로 한다 [17·14 (a)].

(ii) 가나 가나는 히라가나, 가타가나 중 하나를 이용하고, 일련의 도면에서는 혼용하지 않는다. 단, 외래어, 동·식물의 학술명 및 주의를 촉구하는 표기에 가타가나를 이용하는 것은 혼용으로 간주하지 않는다 [동 그림 (b)].

〔예〕 외래어 표기 : 버튼, 펌프
주의를 촉구하는 표기 : 도장의 도료, 덜그덕덜그덕 소리

(iii) 라틴문자, 숫자 및 기호 이들 서체에는 동 그림 (c)에 나타낸 A형 서체의 사체 문자, 또한 A형 서체의 직립체 문자 중 하나를 이용하고, 혼용하지 않는다.

문자 높이 10mm 斷面詳細矢側圖計
문자 높이 7mm 斷面詳細矢視側圖計
문자 높이 5mm 斷面詳細矢視側圖計

(a) 한자의 예

문자 높이 10mm アイウオカキクケ
문자 높이 7mm コサシスセソタチツ
문자 높이 5mm テトナニヌネノハヒ
문자 높이 3.5mm フヘホマミムメモヤ
문자 높이 10mm あいうおかきくけ
문자 높이 7mm こさしすせそたちつ
문자 높이 5mm てとなにぬねのはひ

(b) 가나의 예

문자 높이 10mm *1234567890*
문자 높이 5mm *1234567890*
문자 높이 7mm *ABCDEFGHIJKLMNOPQR*
STUVWXYZ
abcdefghijklmnopqrstuvwxyz

(c) 라틴문자 및 숫자 (A형 사체 문자)의 예

17·14 그림 문자의 크기, 종류 (32.5%로 축소함)

이 A형 서체는 문자의 선 굵기를, 문자 높이 h의 1/14로 한 것($d=h/14$)이다.

또한 규격에서는 그 외에 이것보다 굵은 서체($d=h/10$)의 B형 서체(사체 및 직립체)를 정하고 있지만, 이 책에서는 생략했다.

(iv) 문자 높이 이들 문자의 크기(높이)는 17·15 그림에 나타낸 기준 틀의 높이 h의 호칭에 의해 나타내고, 다음의 종류 중에서 선택한다. 단, 특별히 필요가 있는 경우에는 예외도 있다.

[한자]

호칭 3.5*, 5, 7 및 10mm의 4종류.

[히라가나 및 가타가나]

호칭 2.5*, 3.5, 5, 7 및 10mm의 5종류. 단, 다른 가나에 작게 첨부하는 요음이나 촉음 등은 이 비율에서 0.7로 하면 된다.

[라틴문자, 숫자 및 기호]

호칭 2.5*, 3.5, 5, 7 및 10mm의 5종류.

(v) 문자 간의 간격 문자 간의 간격 a는 문자 선 굵기의 2배 이상으로 하고, 2행 이상에 걸친 경우의 베이스 라인의 최소 피치 b는 이용하는 문자의 최대 호칭의 14/10로 한다(17·15 그림 참조).

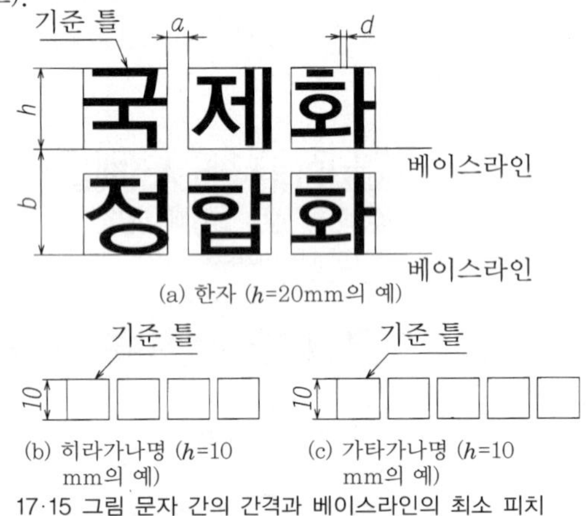

17·15 그림 문자 간의 간격과 베이스라인의 최소 피치 (32.5%로 축소함)

(2) 문장 표현 도면 중에 문장을 쓸 필요가 있는 경우에는 구어체를 이용해 왼쪽 가로쓰기로 한다. 또한 필요에 따라 띄어쓰기로 한다.

17·4 도형의 표시법

기계제도에서는 정투영화법이 이용되며, 또한 정투영화법 중에서도 정시화법이 주로 이용된다 (7장 참조).

1. 제1각법과 제3각법

H, V의 두 평면을 서로 직각으로 교차시키면 17·16 그림과 같이 공간이 4개로 분리된다. 이것을 그림과 같이 오른쪽 위에서 왼쪽 방향으로 제1각, 제2각, 제3각, 제4각이라고 이름붙이고, 또한 제1각 내에 물품을 두고 투영하는 경우를 제1각법이라고 하며, 이하 이에 준해 제2각법, 제3각법, 제4각법으로 각각 이름붙이고 있다.

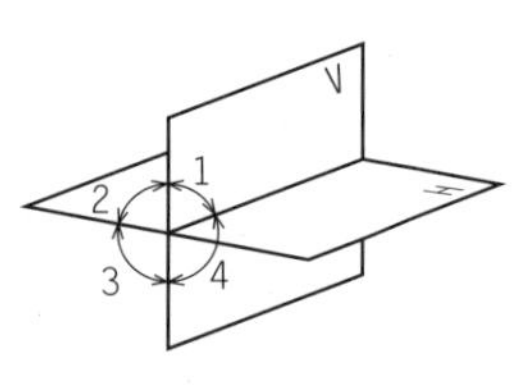

17·16 그림 4개의 2면각

이상에서 제2각법과 제4각법은 도면이 헷갈리기 쉽기 때문에 실제로는 사용되지 않고, 제1각법 및 제3각법이 현재 세계 각국에서 채용되고 있다.

물품의 형태가 복잡하고 V, H 2면만으로는 불명료한 경우에는 17·17 그림과 같이 P면을 설정, 물품의 우측 혹은 좌측의 투영도를 추가한다. 또한 이들 투영도를 그림에 나타냈듯이 각각 정면도, 평면도(단, 물품의 아래면을 투영한 경우는 하면도), 측면도(단 오른쪽에서 본 경우는 우측면도, 왼쪽에서 본 경우는 좌측면도)라고 부른다.

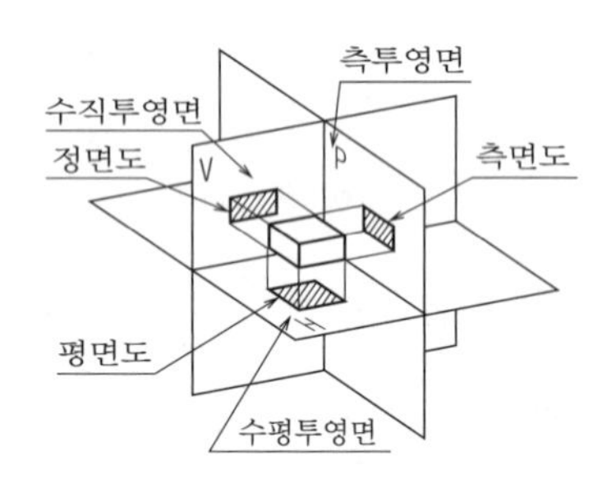

17·17 그림 정면도·평면도·측면도

17·18 그림은 제1각법과 제3각법의 비교를 나타낸 것이다. 그림에서 볼 수 있듯이 제1각법과 제3각법에서는 도면의 배치가 각각 반대가 된다.

제1각법은 위에서 본 그림이 아래로, 왼쪽에서 본 그림이 오른쪽에 놓이기 때문에 각각의 도형을 대조하는 경우에 매우 불편하지만, 제3각법에서는 그런 것이 없어 합리적이다.

따라서 기계제도 규격(JIS B 0001)에서는 '투영도는 제3각법에 의한다' 고 정하고 있다. 단, 후술하는 바와 같이 특별히 필요가 있는 경우에는 제1각법을 이용해도 좋다고 되어 있다.

* 어떤 종류의 복사 방식에서는 이 크기는 적당하지 않다. 특히 연필로 쓰는 경우에는 주의할 필요가 있다.

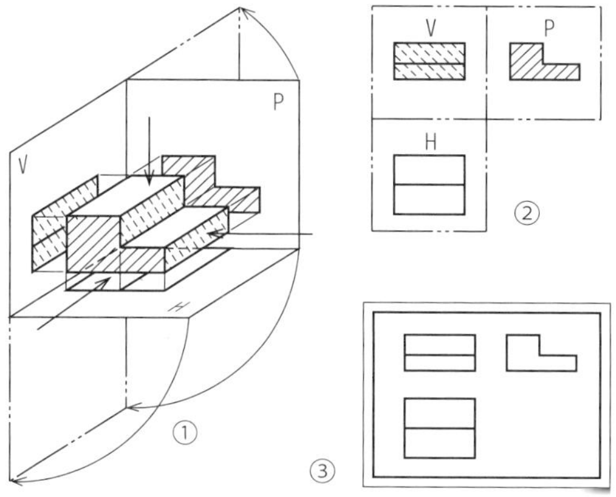

(a) 제1각법

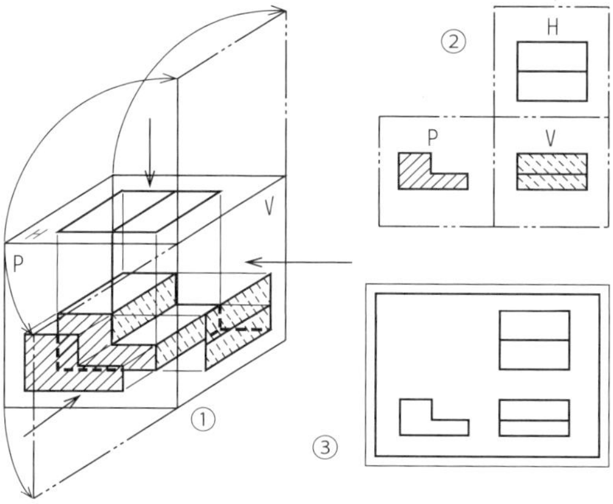

(b) 제3각법

17·18 그림 제1각법과 제3각법의 비교

(a) 제1각법 (b) 제3각법

17·19 그림 투영법을 나타내는 기호

17·19 그림은 투영법을 나타내는 기호를 나타낸 것이다. 도면에는 이용한 투영법을 이 기호에 따라 표제란 중 혹은 그 근처에 명기해 두게 되어 있다.

(1) 투영도의 명칭 각 투영도는 그것을 보는 방향에 따라 17·20 그림에 나타낸 명칭으로 불린다.

(2) 제3각법의 기준 배치 제3각법은 17·20 그림에 나타냈듯이 정면도 (a)를 기준으로 하고, 다른 투영도는 동 그림과 같이 배치한다.

(3) 제1각법의 기준 배치 제1각법은 17·20 그림에 나타냈듯이 정면도 (a)를 기준으로 하고, 다른 투영도는 동 그림과 같이 배치한다.

(4) 전개법 앞에서 말한 바와 같이 도면은 특별히 필요가 없는 한 제3각법을 이용해 그리는

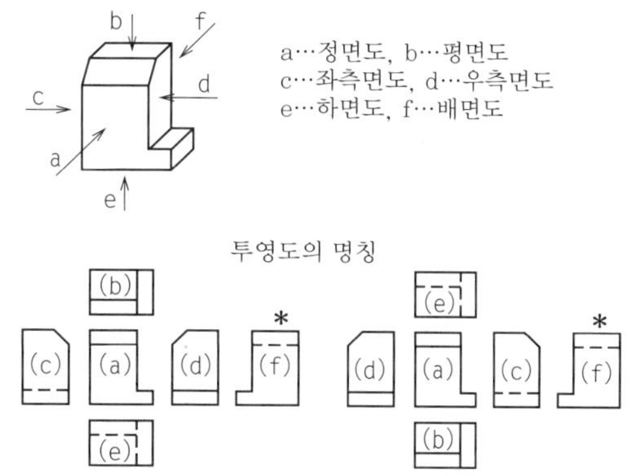

*배면도 (f)는 상황에 따라 좌측 또는 우측에 쓴다

17·20 그림 투영도의 명칭과 제3각법·제1각법의 기준 배치

것이 좋은데, 지면의 사정 등으로 투영도를 제3각법에 의해 바른 위치에 그릴 수 없는 경우, 또는 그림의 일부가 제3각법에 의한 위치에 그리면 오히려 도형이 이해하기 어렵게 되는 경우에는 제1각법 및 다음에 서술하는 전개법을 이용해도 좋다고 되어 있다.

전개법이란 제1각법 또는 제3각법과 같은 엄밀한 형식을 따르지 않는 투영법으로, 17·21 그림에 나타냈듯이 화살표 및 기호를 이용해 여러 가지 방향에서 본 투영도를 서로 관련 없는 임의의 위치에 배치할 수 있다.

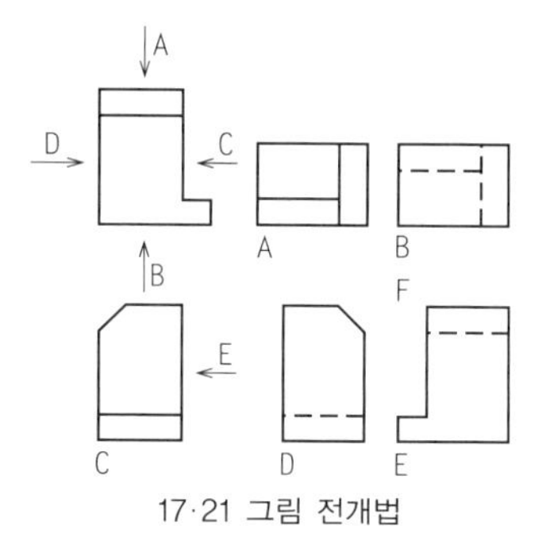

17·21 그림 전개법

이 방법에서는 정면도(주투영도라고도 한다) 이외의 각 투영도는 그 투영 방향을 나타내는 화살표 및 식별을 위한 문자를 이용해 그들의 상호관계를 지시하면 된다. 또한 이러한 문자는 대문자의 라틴문자를 이용해 투영 방향에 관계없이 모두 위쪽 방향으로, 관련된 투영도의 바로 아래나 바로 위의 어느 쪽인가에 명료하게 쓴다. 1장의 도면 내에서는 참조는 동일한 방법으로 배치한다. 이 방법에 의한 경우는 투영법을 나타내는 그림 기호는 필요 없다(17·22 그림).

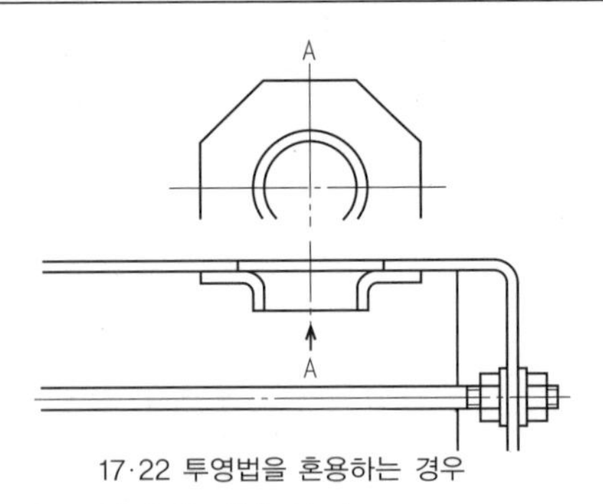

17·22 투영법을 혼용하는 경우

2. 작도 일반에 관한 주의

제도를 하는 경우에는 주 투영도 설정, 즉 물품의 어느 면을 정면도로 선택하는지가 매우 중요하다. 제도의 경우, 정면도란 물품을 가장 잘 나타내는 방향에서 포착한 대표적 투영도이며, 일상에 이용되는 정면이라는 개념과는 다른 경우도 있기 때문에 그 선택법은 어느 것이 그 물품의 대표적인 면인지를 고려한 위에 정하지 않으면 충분히 이해시키는 그림이 될 수 없다.

일반적으로 주 투영도는 조립도인 경우에는 그 기능을 대표하는 면을 선택하고, 또한 부품도의 경우에는 주된 가공 방법을 대표하는 면을 선택하는 것이 좋다.

또한 투영도의 수는 그림을 가급적 간단하게 최소한의 그림만으로 나타내고, 1개의 그림으로 나타낼 수 있는 것은 1개의 그림에 의해, 2개의 그림이 필요한 경우는 2개의 그림에 의해 나타내는데, 복잡한 것은 왼쪽 또는 오른쪽의 측면도, 평면도, 하면도 등을 필요에 따라 추가한다.

그리고 그림은 가급적 파선(숨은선)으로 나타내는 것을 피하고, 가능한 한 실선(보이는 선)으로 나타낼 수 있도록 배치한다. 17·23 그림은 그 예를 나타낸 것이다.

(a) 좌측면도 (불량)

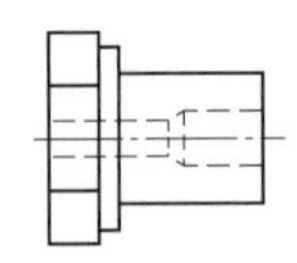

(b) 주투영도

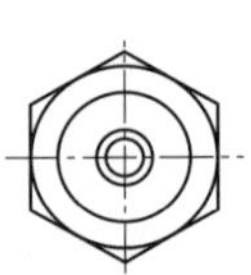

(c) 우측면도 (양호)

17·23 그림 그림을 파선으로 나타내는 것은 가급적 피한다

또한 도형은 그 물품의 가장 가공량이 많은 공정을 기준으로 해서 가급적 그 가공 시에 놓인 상태와 동일한 방향으로 그리는 것이 좋다. 예를 들면 둥근 절삭은 17·24(a), (b)와 같이 그 물품이 선반에 장착될 때와 마찬가지로, 그 중심선을 수평하게 하고 또한 작업의 중점이 오른쪽 방향으로

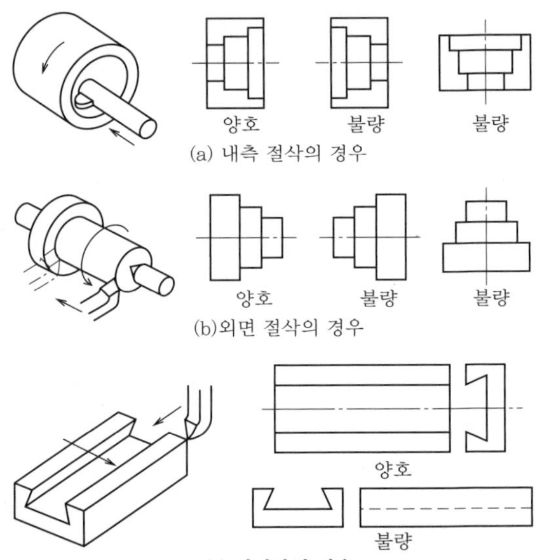

17·24 그림 가공 때의 상태를 고려한다

위치하도록 그리는 것이 좋다. 단, 평삭의 것은 동 그림 (c)와 같이 그 길이 방향을 수평하게 하고 또한 가공면이 그림의 표면이 되도록 그린다.

3. 특수 도시법

(1) 보조 투영도 경사면이 있는 물품은 그대로 투영한 것으로는 경사부의 실제 형태를 나타낼 수 없으므로 그 경사면에 평행한 보조가 되는 투영면을 설정하고, 이 면에 투영시켜 실제 형태를 나타내는데, 이러한 투영도를 보조 투영도라고 한다. 17·25 그림은 이 투영법을 나타낸 것이다.

(a) (b)

17·25 그림 보조 투영도

더구나 이 투영도에서는 경사부 이외의 부분까지 그리면, 오히려 그림이 이해하기 어렵게 되므로 경사부만의 부분 투영도 또는 국부 투영도(모두 후술)로 하는 것이 좋다.

또한 지면의 관계 등으로 보조 투영도를 경사면에 대향하는 위치에 배치할 수 없는 경우에는 17·26(a)에 나타냈듯이 화살표와 문자(라틴문자의 대문자)에 의해 나타내거나, 혹은 동 그림 (b)와 같이 접어 구부린 중심선에 의해 그 투영 관계를 표시해 두면 된다.

(2) 회전 투영도 어떤 각도를 이루는 팔이나 자동차의 암 등과 같이 투영면에 그 실제 모양을

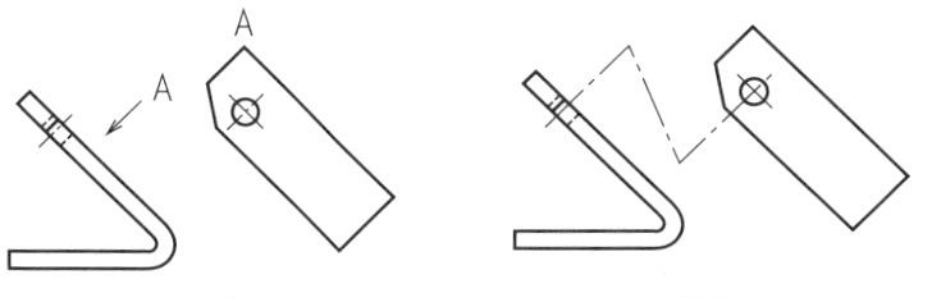

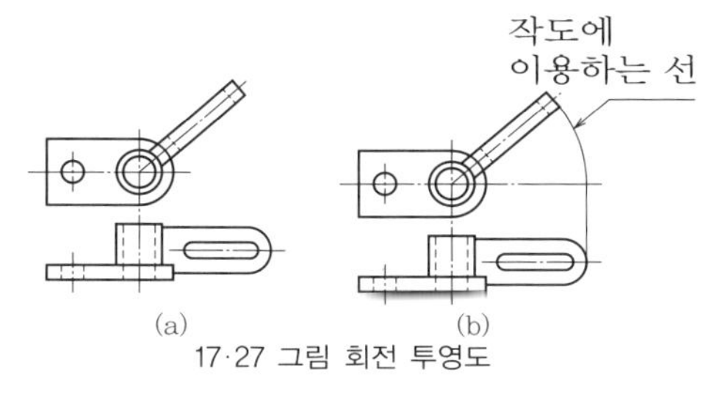

17·26 그림 바른 위치에 놓을 수 없는 경우의 보조 투영도

17·27 그림 회전 투영도

나타낼 수 없을 때는 17·27 그림에 나타냈듯이 그 부분을 일직선 상으로 회전해 그 실제 형태를 가지고 나타내는 것으로 하고 있다. 또한 잘못 볼 우려가 있는 경우에는 동 그림 (b)에 나타냈듯이 작도에 이용한 선을 남겨 두면 좋다.

(3) 부분 투영도 그림의 일부만 보이면 충분한 경우에는 17·28 그림과 같이 그 필요한 부분만 그려 두면 된다. 이것을 부분 투영도라고 한다. 이 경우에는 생략한 부분과의 경계를 파단선을 이용해 표시해 두는 것이 좋은데, 명확한 경우에는 이 파단선을 생략해도 된다.

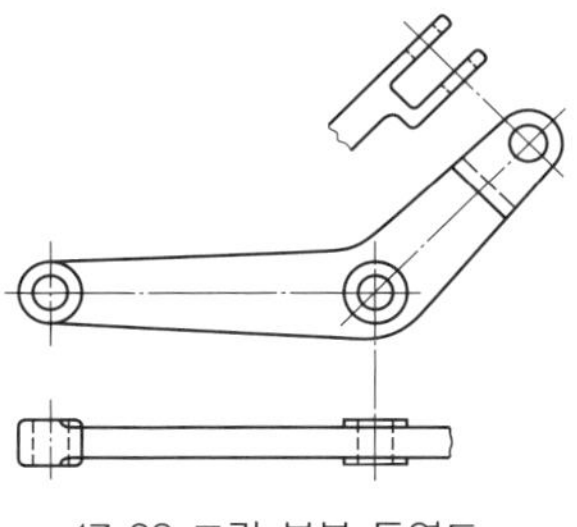
17·28 그림 부분 투영도

(4) 국부 투영도 물품의 구멍, 홈 등 한 국부만을 나타내어도 충분할 경우에는 17·29 그림과 같이 그 국부만의 국부 투영도로서 나타내면 된다. 이 경우 그 투영 관계를 나타내기 위해 원칙으로서 주가 되는 투영도에 중심선, 기준선, 치수 보조선 등으로 연결해 두게 되어 있다.

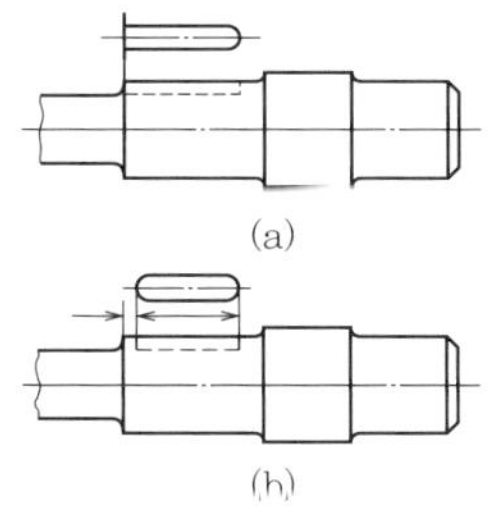

17·29 그림 국부 투영도

(5) 부분 확대도 특정 부분이 작기 때문에 그 부분의 상세한 도시나 치수 기입이 어려운 경우에는 17·30 그림에 나타냈듯이 그 부분을 가는 실선(일반적으로는 원)으로 둘러싸고, 또한 라틴 문자의 대문자로 표시하는 동시에, 그 해당 부분을 다른 적당한 곳에 적당한 척도로 확대해 그려 표시 문자 및 사용한 척도를 부기해 두면 된다.

단, 확대한 그림의 척도를 나타낼 필요가 없는 경우에는 척도 대신에 '확대도'라고 부기해 두면 된다.

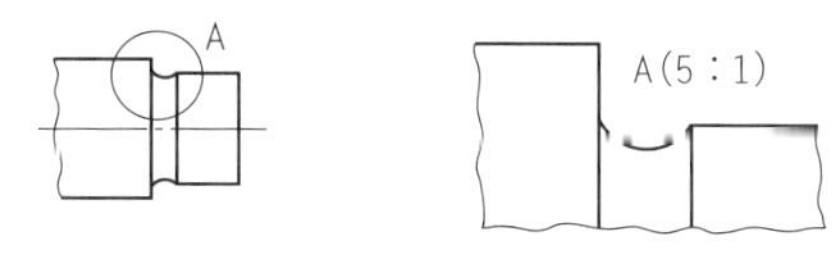

17·30 그림 부분 확대도

6) 가상도 이것은 17·31 그림 (a)~(d)에 나타낸 바와 같이 물품의 인접부나 물품의 운동 범위, 가공 변화 혹은 절단면의 앞쪽에 있는 부분, 또는 공구나 지그 등 본래라면 도형에는 나타나지 않지만, 참고로 표시해 둘 필요가 있는 것을 가상선(가는 2점 쇄선)에 의해 그려 나타낸 그림이다.

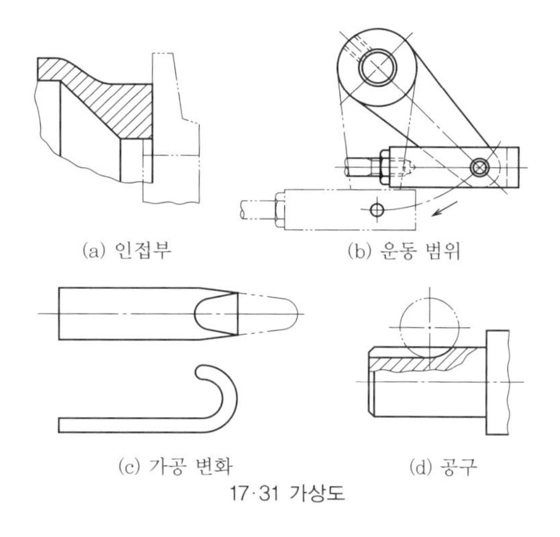

17·31 가상도

4. 단면도

물품 내부의 보이지 않는 형태를 그리는 경우, 보통 파선으로 나타내는데, 복잡한 것이 되면 파선의 수를 많이 사용하게 되어 매우 알기 어렵다. 그래서 이와 같은 경우에는 그 곳의 절단면 형상을 그림으로 나타내기로 하고 있다. 또한 한편, 외부에서 보이는 부분도 그 부분의 절단된 형태를 특별히 보여줄 필요가 있는 경우에는 동일한 방법으로 나타낸다. 이러한 목적으로 이용되는 것이 바로 단면도이다.

(1) **전체 단면도** 단면을 보여주기 위해 JIS 기계제도에서는 기본 중심선에서 절단한 면으로 나타내는 것을 보통으로 한다고 정하고 있다. 이것이 전체 단면도이다. 이 경우에는 절단선은 보이지 않아도 된다. 또한 17·32 그림은 단면을 해칭(사선)으로 나타낸 예이다. 해칭에 대해서는 나중에 설명한다.

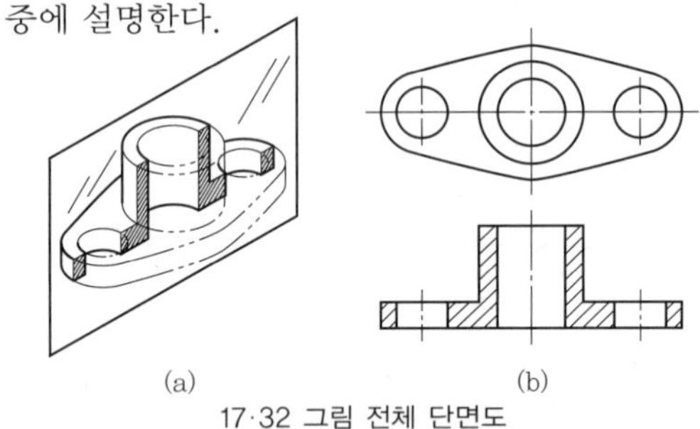
(a) (b)

17·32 그림 전체 단면도

그리고 필요한 경우에는 기본 중심선 아니라, 특정 부분을 잘 나타내도록 절단면을 설정하는 경우가 있는데, 이 경우에는 17·33 그림과 같이 절단선에 의해 절단 위치를 나타내야 한다.

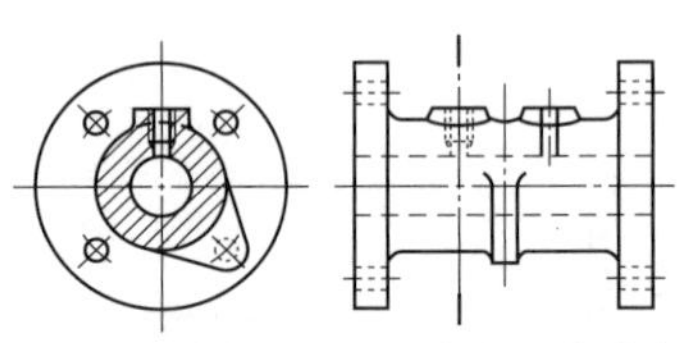
17·33 그림 기본 중심선이 아닌 곳의 단면도

(2) **한쪽 단면도** 대칭형의 물품에서는 대칭 중심선의 한쪽을 외형도로, 다른 한쪽을 단면도로 나타내는 경우가 있는데, 이것을 한쪽 단면도라고 한다(17·34 그림). 이것은 1개의 그림으로 외형과 단면을 나타낼 수 있다는 특징이 있지만, 간단한 도형으로는 그 의미가 그다지 없으므로 오히려 전체 단면도로 하는 것이 좋다.

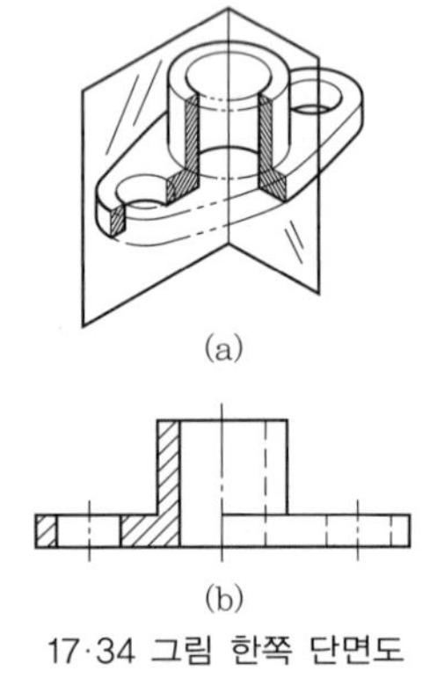
(a) (b)

17·34 그림 한쪽 단면도

(3) **부분 단면도** 외형도에서 필요로 하는 요소의 일부분만을 나눠서 단면으로 나타낼 수 있다(17·35 그림). 이 경우 나눈 경계 부분을 파단선(가는 프리핸드의 선)을 이용해 나타내 둔다.

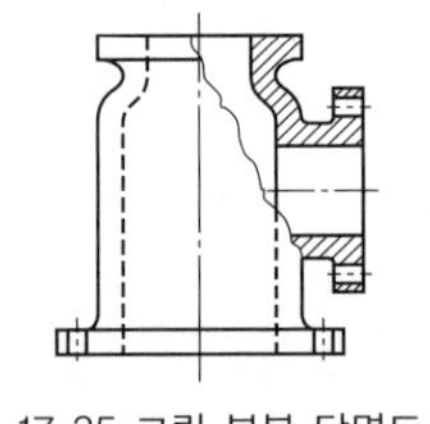
17·35 그림 부분 단면도

(4) **회전 도시 단면도** 핸들, 자동차 등의 암과 림, 리브, 훅, 축, 구조물의 부재 등의 단면은 다음 방법에 의해 90도 회전해 나타내면 된다.

① 절단 부위의 전후를 파단선에 의해 파단하고, 그 사이에 외형선을 이용해 그린다[17·36 그림 (a)].

② 도형 내의 절단 부위에 겹쳐서 가는 실선을 이용해 그린다[17·36 그림 (b)]. 또한 이 방법은 기존에는 가는 실선이 아니라 가상선을 이용해 그려지고 있었다.

③ 절단선의 연장 상에 외형선을 이용해 그린다[17·36 그림 (c)].

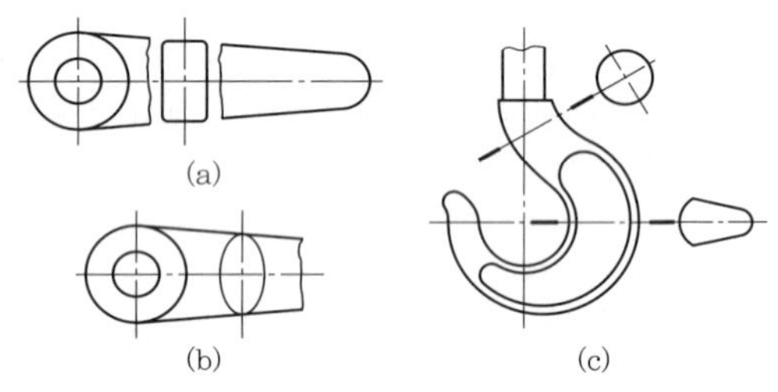
(a) (b) (c)

17·36 그림 회전 도시 단면도

(5) **조합에 의한 단면도** 복잡한 물품은 하나의 절단면만으로는 나타낼 수 없는 것이 많아, 몇 개의 절단면을 여러 가지로 조합한 절단이 이루어지고 있다. 다음에 그 주된 것을 나타냈는데, 필요한 경우에는 단면을 보는 방향을 나타내는 화살표나 문자기호를 붙여 두는 것이 좋다.

(i) **예각 단면도, 직각 단면도** 17·37 그림 및 17·38 그림은 일정 각도를 가진 절단면에 의해 절단한 단면도인데, 이 경우에는 AOA선이 수직의 중심선에 대해 각각 예각 및 직각으로 되어 있으므로 예각 단면도, 직각 단면도라고 한다. 이 경우 AOA선을 수직의 중심선 위치까지 회전해 단면을 나타내야 한다.

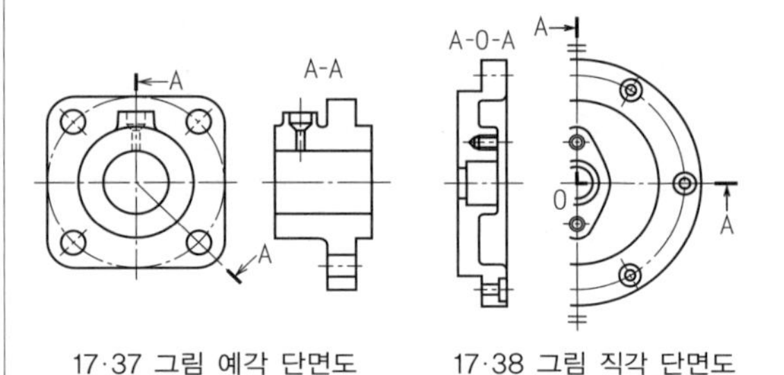

17·37 그림 예각 단면도 17·38 그림 직각 단면도

(ii) **계단 단면도** 17·39 그림 (a)와 같이 2개 이상의 평면을 계단 모양으로 조합한 합성면에

17·39 그림 계단 단면도

의해 물체를 절단하면, 동 그림 (b)와 같은 단면이 얻어진다. 이것을 계단 단면도라고 한다.

계단 단면도에서는 절단선은 가는 1점 쇄선으로 나타내고, 양 끝단 및 중요부는 굵게 해 눈에 띄기 쉽게 해 둔다. 또한 단면은 단면도에 요철이 없는 것으로 가정, 1평면으로 나타낸다.

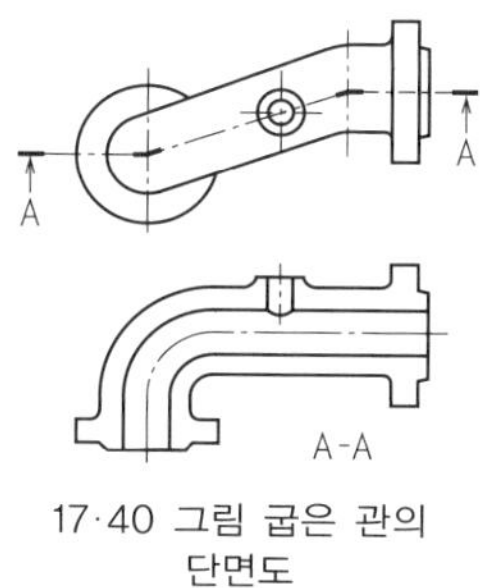

17·40 그림 굽은 관의 단면도

(iii) **구부러진 관 등의 단면도** 구부러진 관 등의 단면을 나타내려면 17·40 그림에 나타냈듯이 그 굽힘의 중심선을 따라 절단해 그대로 투영하면 되고, 일직선 상으로 전개할 필요는 없다.

(iv) **합성 단면도** 더욱 복잡한 것은 위와 같은 절단면을 더 여러 가지로 조합해 절단을 하고 있

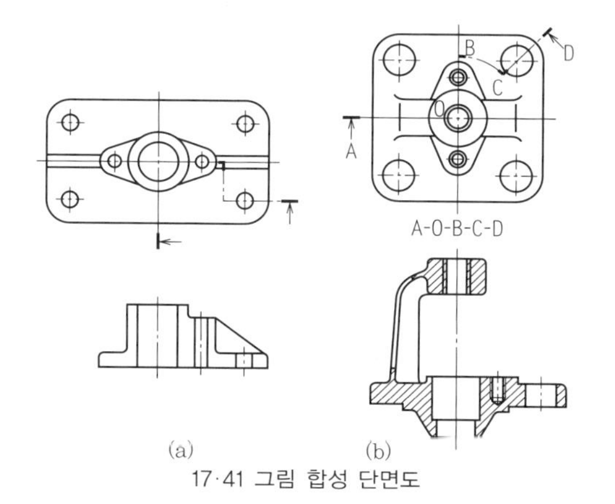

17·41 그림 합성 단면도

다. 17·41 그림은 그 예를 나타낸 것이다.

(6) **다수의 단면도에 의한 도시** 물품에 따라서는 몇 가지 단면도로 나눠 그려서 나타내는 쪽이 좋은 경우가 많고, 17·42 그림~17·44 그림에 나타냈듯이 필요에 따라 단면도의 수를 늘려도 지장 없다.

또한 일련의 단면도는 치수의 기입과 도면의 이해에 편리하도록 17·43 그림 및 17·44 그림과 같이 투영의 방향을 일정하게 해 그리는 것이 좋고, 이 경우 단면도는 그림과 같이 절단선의 연장 상 또는 주 중심선의 연장 상에 배치하는 것이 좋다. 또한 17·45 그림은 단면이 서서히 변화하는 물품의 예인데, 단면이 급변하는 부분이 있으면 그 부분의 절단선 간격은 좁게 잡는 것이 좋다.

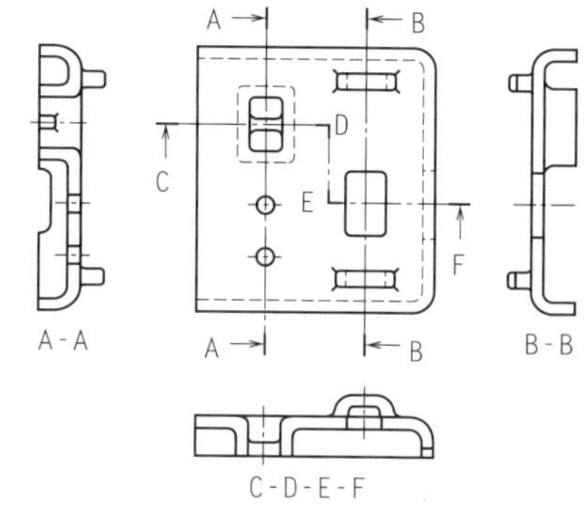

17·42 그림 여러 개의 단면도에 의한 도시 ①

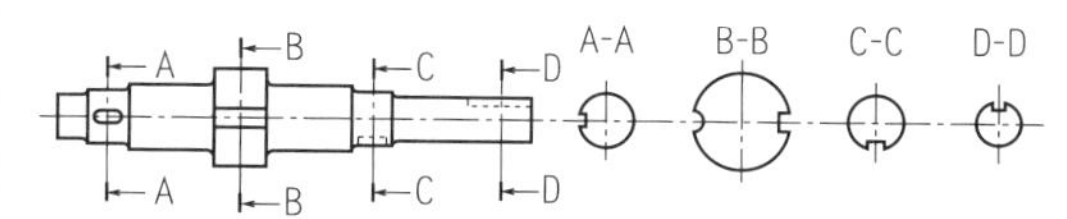

17·43 그림 여러 개의 단면도에 의한 도시 ②

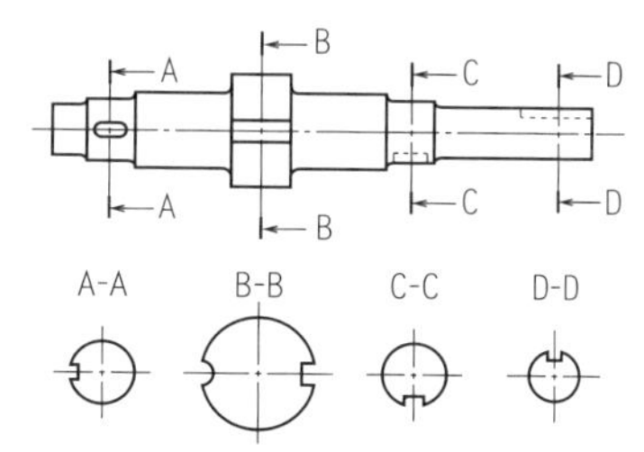

17·44 그림 여러 개의 단면도에 의한 도시 ③

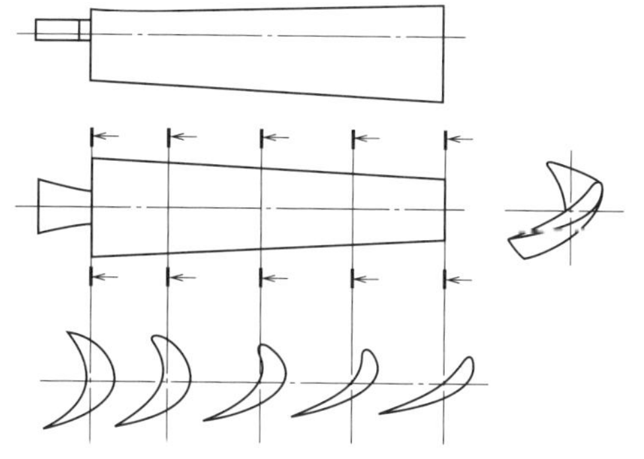
17·45 그림 단면이 서서히 변화하는 경우

(7) **절단하지 않는 것** 제작물에 따라서는 단면도로 나타내지 않는 쪽이 오히려 알기 쉬운 경우가 있다.

JIS 기계제도에서는 17·46 그림과 같이 축, 핀, 볼트, 리벳, 키, 코터, 리브, 자동차의 암, 기어의 이 등은 길이 방향으로는 보통 절단하지 않는 것으로 하고 있다.

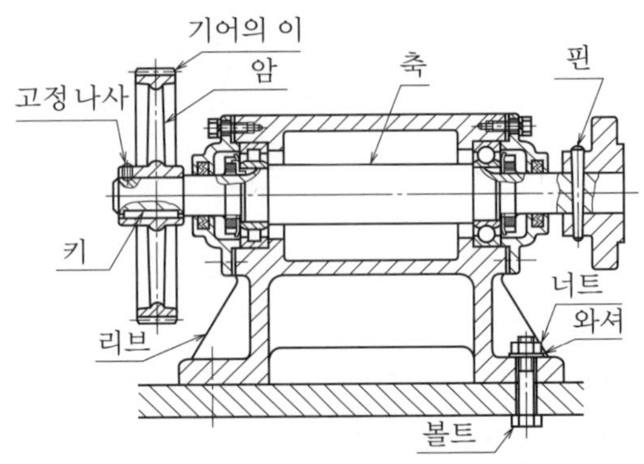

17·46 그림 절단하지 않는 것

(8) **해칭** 단면부에 해칭을 실시하면 단면부가 명료하게 표시되어 편리한데, 이것은 매우 수고스러우므로 특별히 필요한 경우 외에는 하지 않는 것이 좋다. 또한 스머징이라고 해서 트레이스의 경우에는 안쪽면에서 검정 또는 색연필로 엷게 도색하는 방법(17·47 그림)이 이용되고 있는데, JIS 제도 규격에서는 전자 복사에 대한 배려로 1999년부터 삭제됐다.

또한 해칭은 재질에 상관없이 주요한 중심선 또는 기준선에 대해 45도 경사를 갖는 가는 실선으로 그리게 되어 있다. 이 선의 간격은 도면의 대소에 따라 다소의 차이는 있지만, 보통 2~3mm가 적당하다고 되어 있다.

그 외에 해칭을 넣는 법에 대해 주의할 것은 다음과 같다.

① 두 개 이상의 부품이 서로 접하는 경우에는 해칭 선의 방향을 바꾸거나, 간격을 다르게 하거나, 또는 각도를 다르게 해 그린다. 그리고 이 경우 JIS 기계제도에서는 해칭의 각도는 45° 이외라도 좋은 것으로 되어 있다.

② 관과 같은 물품을 세로로 절단하면 그 절단면는 떨어지지만, 동일 부품이기 때문에 이 경우는 해칭 선을 동일 방향으로 그린다.

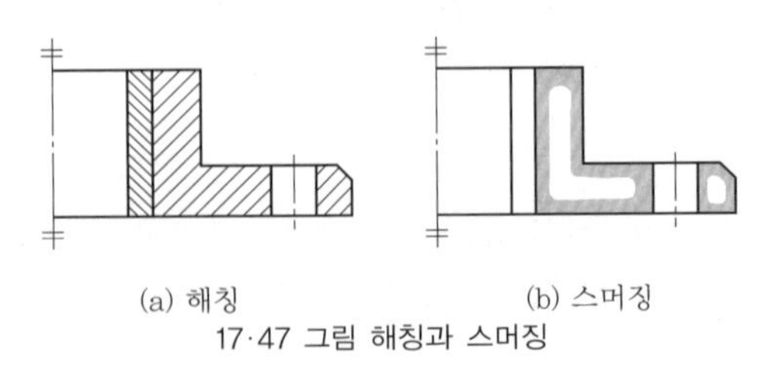

(a) 해칭 (b) 스머징

17·47 그림 해칭과 스머징

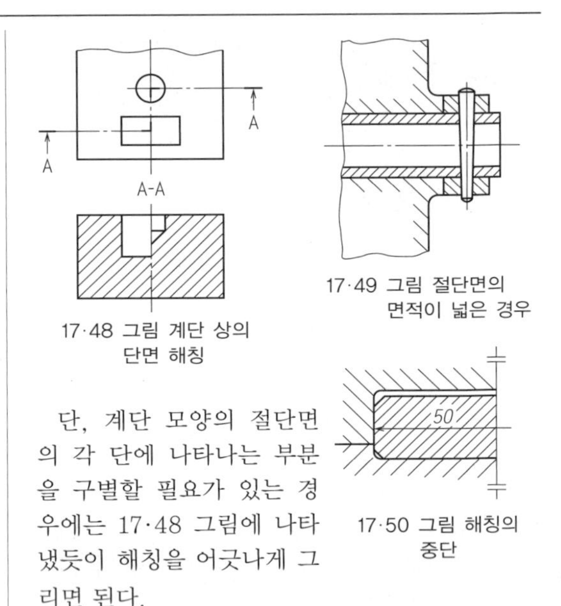

17·48 그림 계단 상의 단면 해칭

17·49 그림 절단면의 면적이 넓은 경우

17·50 그림 해칭의 중단

단, 계단 모양의 절단면의 각 단에 나타나는 부분을 구별할 필요가 있는 경우에는 17·48 그림에 나타냈듯이 해칭을 어긋나게 그리면 된다.

③ 절단면의 면적이 넓은 경우에는 전부에 해칭을 실시하지 않고, 17·49 그림에 나타냈듯이 그 외형선을 따라 적당한 범위에만 실시해 두는 것이 좋다.

④ 해칭을 하는 부분 중에 문자나 기호를 기입하는 경우에는 그 부분의 해칭은 중단한다(17·50 그림).

⑤ 단면도에 비금속 재료를 표시할 필요가 있는 경우는 17·51 그림에 의하거나, 해당 규격[예를 들면 JIS A 0150(건축제도 통칙) 등]의 표시 방법에 의한다. 이 경우에도 부품도에는 재질을 나타내는 문자를 별도로 기입한다.

이 방법은 단면(절단면) 외에 외관을 나타내는 경우에 이용되어도 좋다.

재료	표시
유리	
보온흡음재	
목재	
콘크리트	
액체	

17·51 그림 비금속 재료의 표시 방법

(9) **얇은 부분의 단면도** 개스킷, 박판, 형강 등 절단면이 얇은 것의 단면에서는 17·52 그림에 나타냈듯이 그 절단면을 전부 칠하거나[동 그림

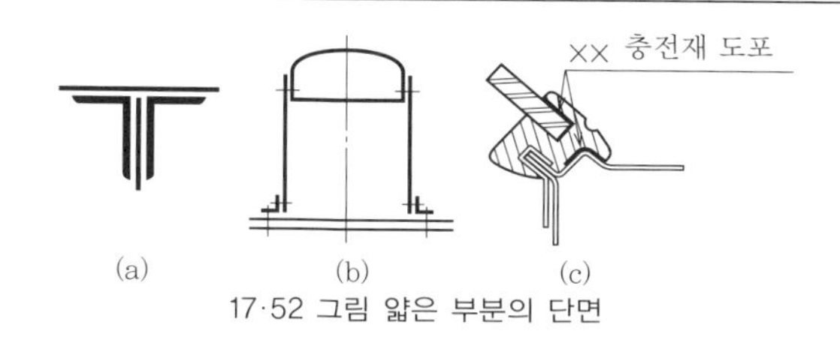

17·52 그림 얇은 부분의 단면

(a)], 실제 치수에 관계없이 1개의 아주 굵은 실선(외형선의 2배 굵기)로 나타낸다[동 그림 (b)].

또한 이러한 경우 절단면이 인접해 있을 때는 그들을 나타내는 도형 사이에 약간의 간격(일반적으로는 0.7mm 이상)을 둔다. 단, 동 그림 (c)와 같이 간격을 둘 필요가 없는 경우는 예외이다.

또한 동 그림 (c)는 충전재 도포 등의 작업 지시를 동일한 굵은선을 이용해 하는 방법의 예를 나타낸 것이다.

5. 도형의 생략

(1) 대칭 도형의 생략 상하 또는 좌우 대칭의 도형은 17·53 그림에 나타냈듯이 중심선의 한쪽 측만 그리고 다른 한쪽 측을 생략하는 경우가 있다.

이러한 경우에는 그림의 한쪽 측이 생략된 것을 나타내기 위해 동 그림 (a)와 같이 그 대칭 중심선의 양 끝단부에 짧은 2개의 평행 가는 선(이것을 대칭 도시 기호라고 한다)을 붙여 둬야 한다. 단, 동 그림 (b), (c)와 같이 대칭 중심선의 한쪽 측 도형을 대칭 중심선보다 조금 넘는 부분까지 그린 경우에는 이 대칭 도시 기호는 생략해도 좋은 것으로 되어 있다.

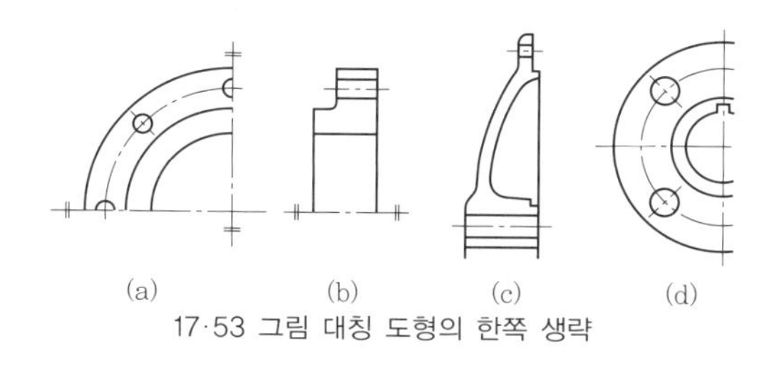

17·53 그림 대칭 도형의 한쪽 생략

(2) 반복 도형의 생략 동일한 종류의 볼트 구멍, 관 구멍, 스테이 구멍, 사다리의 스텝봉 등 동일한 형태의 것이 연속해서 여러 개 늘어서는 경우에는 17·54 그림에 나타냈듯이 그 양 끝단부 및 요소만을 실제 형태로 나타내고, 다른 것은 도형을 생략해 피치선과 중심선의 교점만으로 나타낼 수 있다. 단, 특정 교점에만 동일한 형태의 것이 늘어서는 경우에는 위와 동일하게 17·55 (a)에 나타냈듯이 양 끝단부 및 요소만을 실제 형태로 나타내며, 다른 것은 적당한 그림기호를 이용해 생략한 도형의 위치를 나타내고 그 그림기호의 의미를 알기 쉬운 위치에 주기해 두면 된다.

그리고 볼트 구멍 등의 경우에는 17·55 그림 (b)와 같이 실제 형태를 그리지 않고 모두 그림기호에 의해 나타내도 된다.

또한 반복 도형이 2종류 이상 있는 경우에는 17·55 그림 (c)와 같이 그 종류마다 다른 그림기호를 이용해 나타내면 된다.

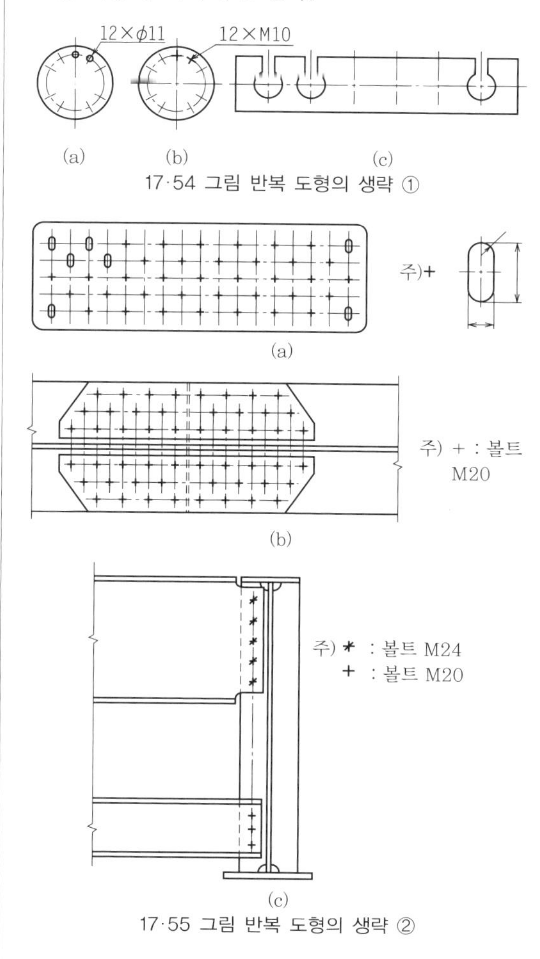

17·54 그림 반복 도형의 생략 ①

17·55 그림 반복 도형의 생략 ②

(3) 중간 부분의 생략 축, 막대기, 관, 형강과 같은 동일한 단면 형태의 것이나 랙, 공작기계의 모나사와 같이 동일한 형태가 규칙적으로 늘어서 있는 부분 등은 지면을 절약하기 위해 그 중간 부분을 잘라 단축해 나타낼 수 있다.

17·56 그림은 그 예를 나타낸 것이다. 이와 같이 잘라낸 끝단부는 파단선을 이용해 나타내 둬야 한다.

긴 테이퍼 부분 또는 구배 부분도 마찬가지로

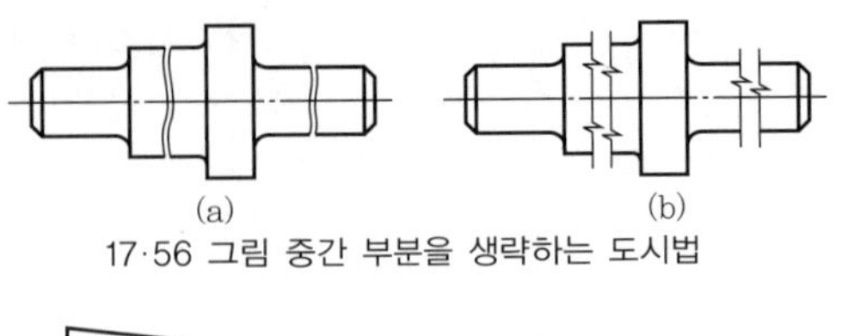

17·56 그림 중간 부분을 생략하는 도시법

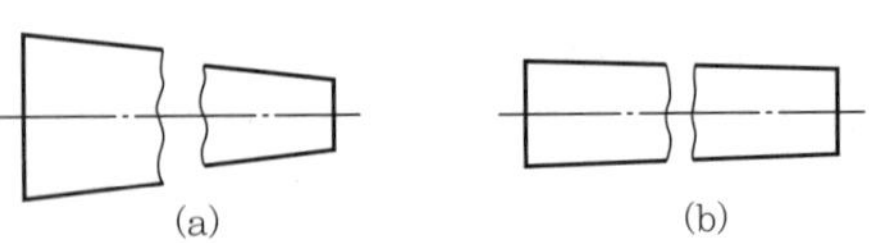

17·57 그림 테이퍼를 가진 것의 중간 부분 생략

중간 부분을 생략할 수 있는데(17·57 그림), 경사가 완만한 것인 경우에는 동 그림 (b)와 같이 실제 각도에 상관없이 양 끝단을 연결하는 각도로 일직선으로 나타내도 된다.

6. 특별한 도시 방법

(1) 전개도 판금 등을 구부려 만든 물품 등을 나타내는 경우에는 정면도에 실제 형태를 표시하고 별도로 전개한 그림을 그려 표시해 두는 것이 좋다(17·58 도). 이 경우 전개도의 위쪽 또는 아래쪽에, 그림과 같이 "전개도"라고 기입해 두는 것이 좋다.

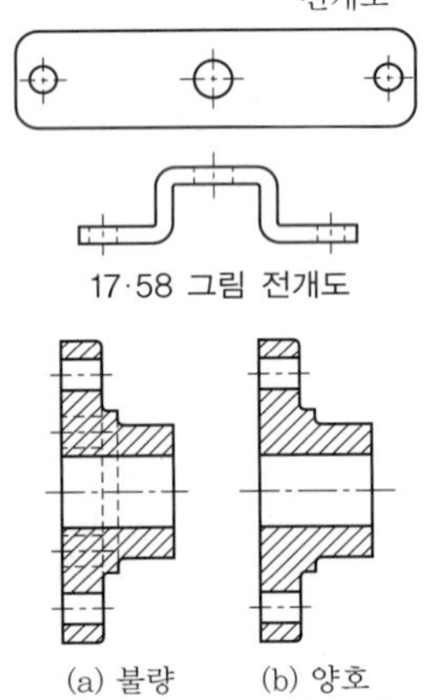

17·58 그림 전개도

17·59 그림 숨은선의 생략

(2) 간단 명료한 도시

(i) 숨은선의 생략 숨은선은 이해를 방해하지 않는 경우에는 이것을 생략하는 것이 좋다(17·59 그림).

(ii) 필요한 부분 이외의 생략 보충의 투영도로 그리는 경우, 보이는 부분을 전부 그리면 오히려 보기 힘든 그림이 되는 경우가 있다. 따라서 이와 같은 경우에는 17·60 그림 (c)와 같이 좌우 각각 반으로 나누고, 부분 투영도로서 표시하는 것이 좋다.

(iii) 일부에 특정 형태를 갖는 것의 도시 키 홈을 가진 보스 구멍, 벽에 구멍 또는 홈을 가진 관이나 실린더, 절개 부분을 가진 링 등 일부 특정 형태를 갖는 것은 가급적 그 부분이 그림의 위쪽에 나타나도록 그리는 것이 좋다(17·61 그림).

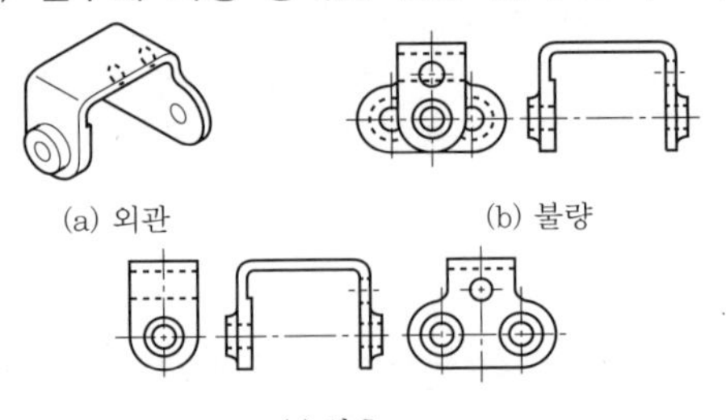

17·60 그림 부분 투영도로서 나타낸다

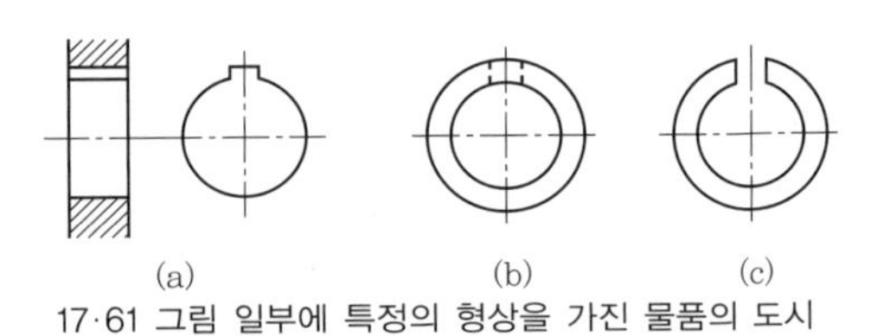

17·61 그림 일부에 특정의 형상을 가진 물품의 도시

(iv) 피치원 상의 구멍 등의 도시 플랜지의 볼트 구멍 등 피치원 상에 배치하는 구멍을 도시하는 경우에는 피치원을 둥글게 나타낼 수 없는 쪽의 투영도에서는 17·62 그림에 나타냈듯이 1개의 구멍만 회전 투영에 의해 그리고, 다른 쪽은 가는 1점 쇄선을 그려서 나타내 두면 된다.

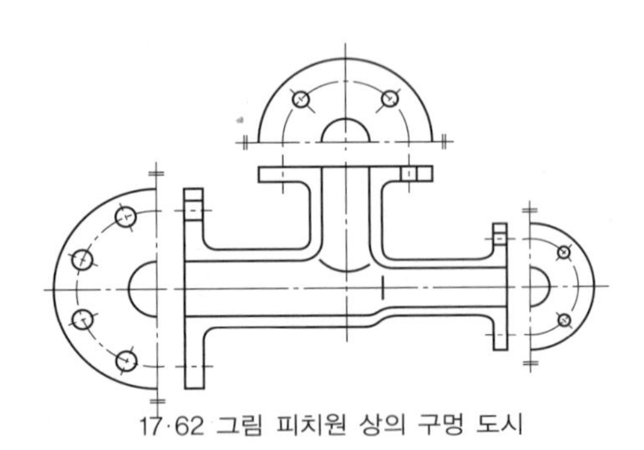
17·62 그림 피치원 상의 구멍 도시

(3) 2개 면의 공유부 표시

(i) 공유부에 라운딩이 있는 경우 2개의 면이 라운딩을 가지고 교차하는 경우, 대응하는 그림에 이 라운딩을 나타내기 위해서는 17·63 그림에 나타냈듯이 공유부에 라운딩이 없는 경우의 교선 위치에 굵은 실선으로 나타내고 있다. 그림 (a)와 같이 외형선에 연결하는 것이 보통인데, 동 그림 (b)와 같이 양 끝단에 간격을 설정해도 된다.

(ii) 리브를 나타내는 선 리브를 나타내는 선의 끝은 일반적으로 17·64 그림 (a)에 나타냈듯이 직선 그대로 고정해 두면 되는데, 리브 꼭대기부

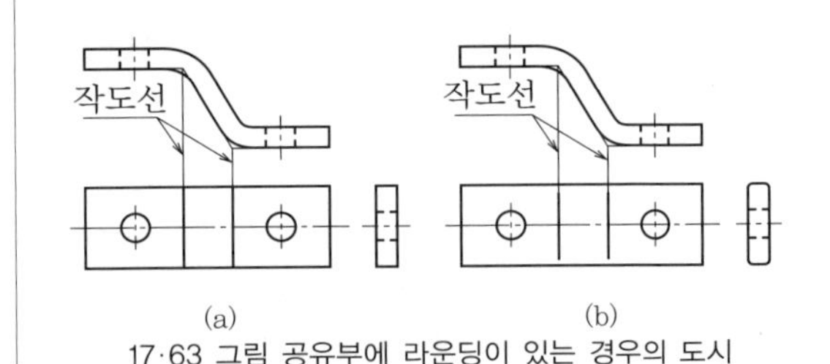

17·63 그림 공유부에 라운딩이 있는 경우의 도시

의 라운딩과 필렛의 라운딩 반경이 상당히 다른 경우에는 동 그림 (b) 또는 (c)에 나타냈듯이 그 끝을 안쪽 또는 바깥쪽으로 둥글게 구부려 고정해 두면 된다.

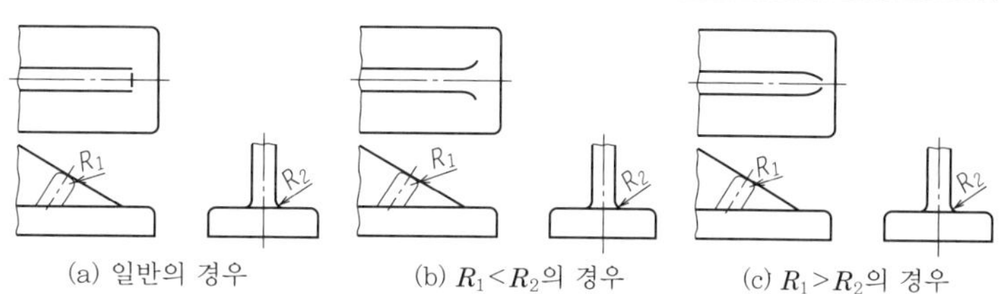

(a) 일반의 경우 (b) $R_1 < R_2$의 경우 (c) $R_1 > R_2$의 경우

17·64 그림 리브를 나타내는 선의 도시법

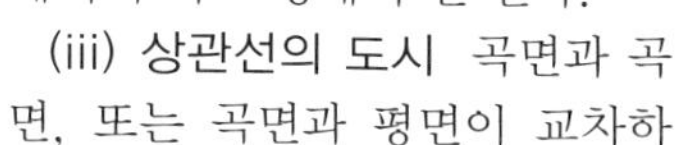

(iii) 상관선의 도시 곡면과 곡면, 또는 곡면과 평면이 교차하는 경우의 상관선은 17·65 그림에 나타냈듯이 이것을 간단한 직선 또는 원호로 근사적으로 표현할 수 있다.

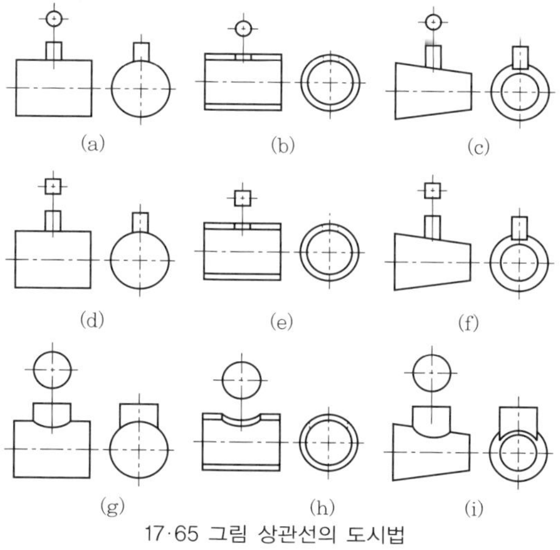
(a) (b) (c) (d) (e) (f) (g) (h) (i)

17·65 그림 상관선의 도시법

(4) 평면의 표시 물품이 있는 부분이 평면인 것을 나타내기 위해서는 17·66 그림과 같이 그 부분에 가는 실선으로 대각선을 그어 두면 좋다. 그리고 이 대각선은 물품이 보이지 않는 부분에서도 실선을 이용하게 되어 있다.

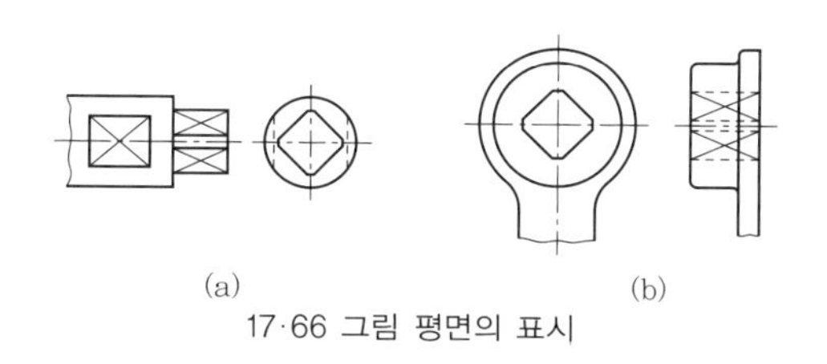
(a) (b)

17·66 그림 평면의 표시

(5) 특수한 가공 부분의 표시 물품의 일부분에만 열처리 그 외의 특수한 가공을 하는 경우에는 17·67 그림에 나타냈듯이 그 범위를 외형선에 평행하게 약간 떨어트려 굵은 1점 쇄선을 그어 나타내는 것으로 되어 있다.

또한 도형 중의 특정한 범위를 지시할 때에는 그 범위를 굵은 1점 쇄선로 둘러싸 두면 된다.

이들 어느 경우에나 모두 문자 그 외에 의해 특수한 가공에 관한 필요 사항을 명기해 둬야 한다.

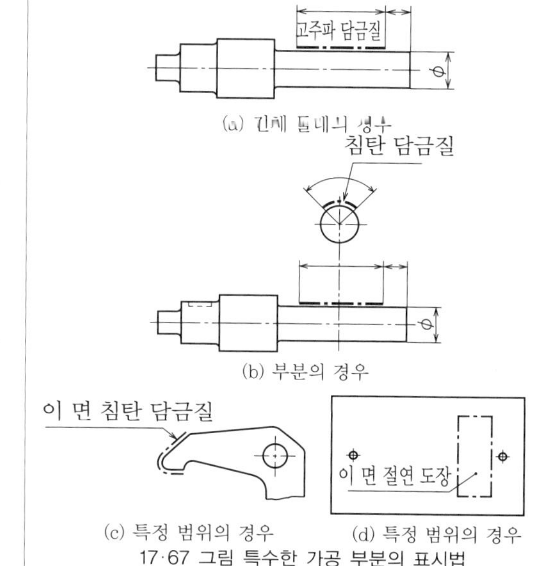

(a) 전체 둘레의 경우
(b) 부분의 경우
(c) 특정 범위의 경우 (d) 특정 범위의 경우

17·67 그림 특수한 가공 부분의 표시법

(6) 용접 부분의 표시법 용접 부품에서 그 용접 부분을 참고로 나타낼 필요가 있는 경우에는 17·68 그림과 같이 하면 된다.

동 그림에서 (b) 그림은 부재의 중첩 관계 및 용접의 종류와 크기를 나타내는 경우, (a) 그림은 부

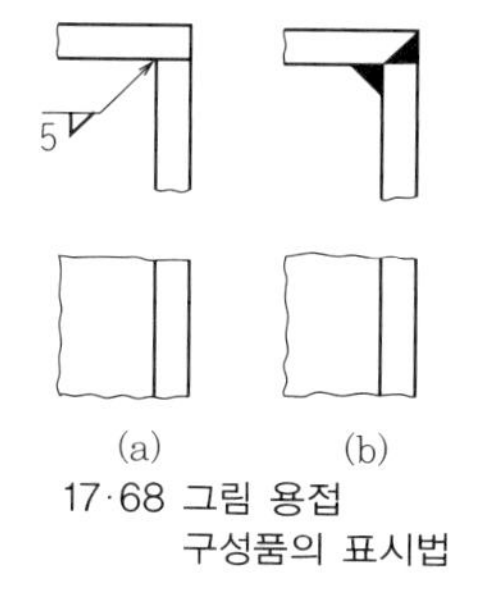

(a) (b)

17·68 그림 용접 구성품의 표시법

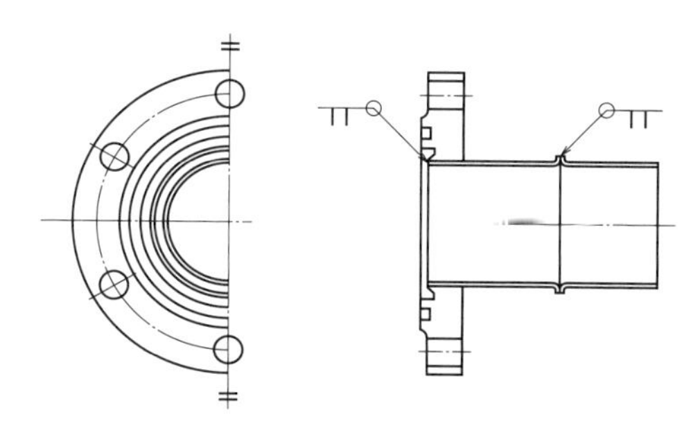

17·69 그림 강도를 늘린 박판 용접 구조 예

재의 중첩 관계를 나타내는 경우에 이용하는 것으로, 이들은 모두 용접 그 자체를 지시하는 것은 아니다.

박판 용접 구조체의 예를 17·69 그림에 나타냈다.

(7) 모양 등의 표시 널링 절삭한 부품, 철망, 바둑판 무늬 강판 등은 17·70 그림에 나타냈듯이 그 모양을 외형의 일부에 표시해 두는 것이 좋다.

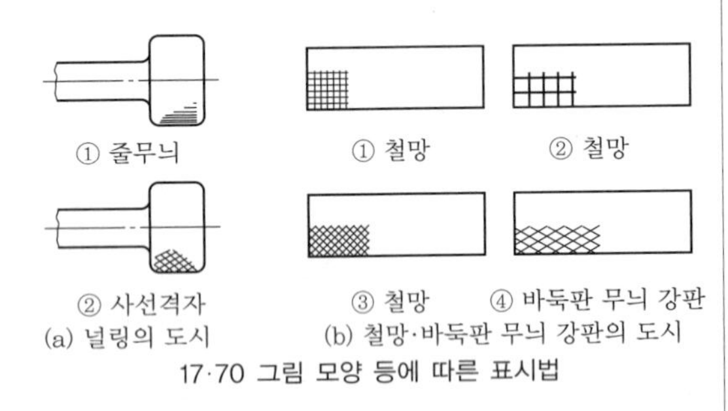

(a) 널링의 도시 (b) 철망·바둑판 무늬 강판의 도시

17·70 그림 모양 등에 따른 표시법

17·5 치수

도면 중에서 가장 중요한 것은 치수이다. 치수 기입에 대해 특별히 주의할 사항은 이하에 서술한다.

1. 도면에 기입되는 치수와 그 단위

① 도면에 기입되는 치수는 특별히 명시하지 않는 한, 완성품의 마무리 치수를 나타내는 것으로 되어 있다. 기입되는 치수는 도면의 척도에 관계없이 물품의 실물 치수로 한다.

② 일본에서는 도면에 기입하는 치수는 미터식으로, 그 단위는 밀리미터(mm)를 이용한다. 밀리미터의 경우는 그 단위 기호(mm)는 기입하지 않는다(예를 들면 15mm는 단순히 15로 한다). 단, 밀리미터 이외의 단위를 이용하는 경우에는 이것을 명시해야 한다.

그리고 밀리미터 이하의 숫자를 나타내기 위해서는 그 소수점은 아래의 점으로 하고, 숫자 사이를 적절하게 벌려 그 중간에 크게 쓴다.

치수 수치의 자리수가 많은 경우에도 쉼표는 붙이지 않는다.

〔예〕 123.25 12.00 2300

그리고 기존 이용되고 있던 μ(미크론, 0.001 mm)는 국제단위계 SI(Systéme International d' Unité의 약자)로 전환해, μm(마이크로미터)로 호칭이 개정됐다(1장 참조).

각도의 단위는 도를 이용하고, 필요에 따라 분, 초를 병용해도 된다. 도면에는 도°, 분′, 초″의 기호로 나타낸다. 예를 들면, 22.5°, 59°36′25″로 써서 나타낸다.

또한 각도의 치수값을 라디안 단위로 기입하는 경우에는 그 단위 기호 rad를 기입한다.

[예] 0.52rad 2πrad

2. 치수 기입의 일반 원칙

도면에 치수를 기입하는 경우에는 특별히 다음의 모든 점에 유의해, 가장 적절한 기입을 하는 것이 필요하다.

① 그 물품의 기능, 제작, 조립 등을 생각해, 필요하다고 생각되는 모든 치수를 명료하게 도면에 지시한다.

② 치수는 그 물품의 크기, 자세 및 위치를 가장 명확하게 표현하는데 필요하고 충분한 것을 기입한다.

③ 대상물의 기능 상 필요한 치수(기능 치수)는 반드시 기입한다[13항(p.17~31) 참조] .

④ 치수는 치수선, 치수 보조선, 치수 보조기호 등을 이용해 치수값에 의해 나타낸다.

⑤ 도면에 기입하는 치수는 특별히 명시하지 않는 한, 그 물품의 마무리 치수를 나타낸다.

⑥ 치수는 가급적 주 투영도에 집중해 기입한다.

⑦ 치수는 중복 기입을 피한다.

⑧ 치수는 가급적 계산해 구할 필요가 없도록 기입한다.

⑨ 치수는 필요에 따라 기준으로 하는 점, 선 또는 면을 기초로 해 기입한다.

⑩ 관련된 치수는 가급적 1곳에 정리해 기입한다.

⑪ 치수는 가급적 공정마다 배열을 나눠 기입한다.

⑫ 치수에는 필요에 따라 JIS Z 8318에 의한 치수의 허용한계를 지시한다.

⑬ 참고 치수에 대해서는 치수 수치에 괄호를 붙인다(위의 ③과 동일한 것을 참조).

또한 이들 중에 주요한 것은 14항에 자세하게 설명되어 있다.

3. 치수의 기입 방법

(1) 치수선, 치수보조선 도형에 치수를 기입하려면 17·71 그림 (a)와 같이 가는 실선에 의한 치수선 및 치수보조선을 이용해 하는 것이 원칙이다.

이 경우 치수선은 지시하는 길이 또는 각도를 측정하는 방향에 평행하게, 그리고 도형에서 적절히 떨어트려 그린다. 또한 치수보조선은 지시하는 치수의 끝단에서 치수선에 직각으로 그리고, 치수선을 약간 넘을 때(2~3mm 정도)까지 연장한다.

또한 도형을 떠오르게 보이기 위해 치수보조선

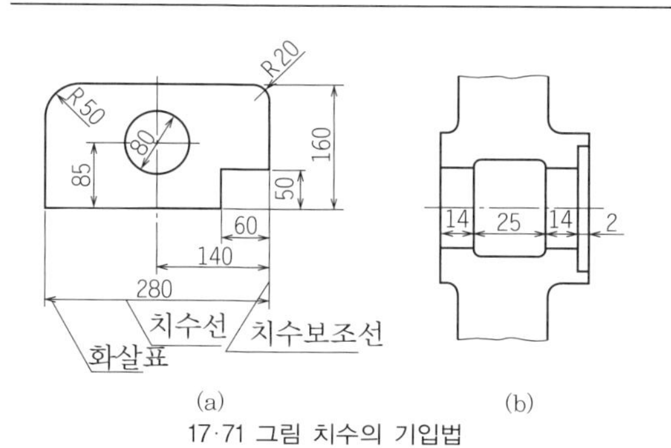

17·71 그림 치수의 기입법

을 도형에서 약간 떨어트려 끌어내도 된다.

단 치수보조선을 끌어내면, 그림이 헷갈리기 쉬워지는 경우에는 17·71 그림 (b)와 같이 그림 중에 직접 치수선을 그어도 된다. 또한, 테이퍼 부분의 치수 등으로 치수를 지시하는 점 또는 선을 특별히 명확하게 할 필요가 있을 때에는 17·73 그림과 같이 치수선에 대해 적당한 각도(가급적 60°가 좋다)를 가진 서로 평행한 치수보조선을 그어도 좋다고 되어 있다.

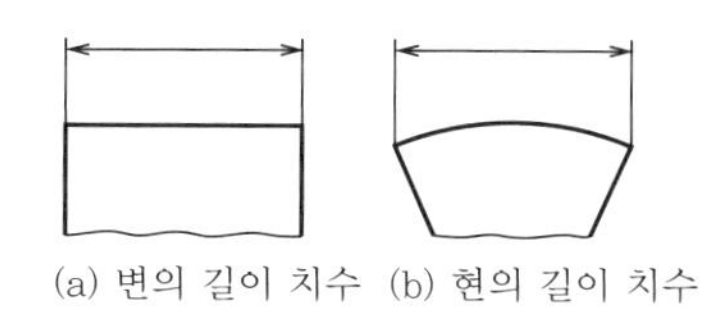

17·72 그림 변, 현, 호의 길이 및 각도 치수의 예

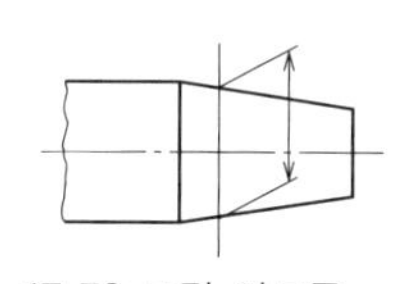
17·73 그림 각도를 가진 치수보조선의 기입법

각도 치수를 기입하는 치수선은 각도를 구성하는 두 변 또는 그 연장선(치수보조선)의 교점을 중심으로, 양쪽 변 또는 그 연장선 사이에 그린 원호로 나타낸다(17·74 그림).

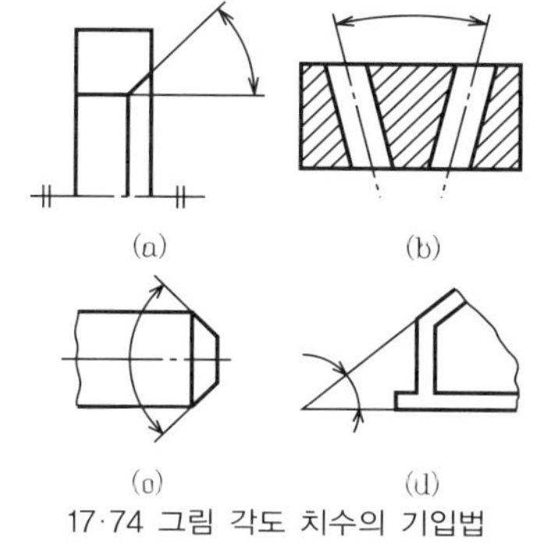

17·74 그림 각도 치수의 기입법

(2) **끝단 기호** 치수 및 각도를 기입하는 치수선의 끝에는 17·75 그림에 나타낸 끝단 기호 중 어느 하나를 붙여, 치수 및 각도의 한계를 나타내는 것으로 되어 있다.

끝단 기호는 그림과 같이 화살표, 검은 점 및 사선의 세 가지가 있는데, 일반적으로는 화살표를 사용하고, 검은 점 및 사선은 좁은 곳 등 특별히 필요가 있는 경우에만 사용 것이 좋다.

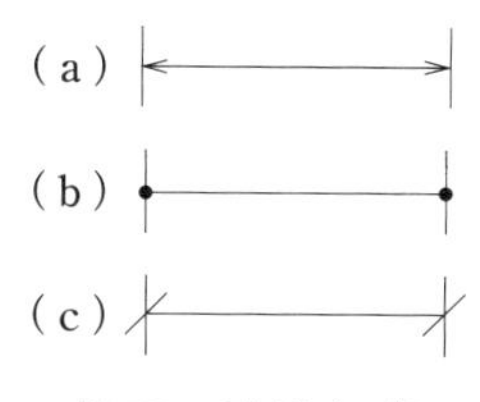

17·75 그림 끝단 기호

(3) **지시선** 좁은 곳의 치수는 그대로는 기입하기 어렵기 때문에 부분 확대도를 그려 기입하거나, 17·76 그림 (a)와 같이 지시선을 이용해 기입한다.

이 때 치수 수치는 지시선을 치수선에서 비스듬한 방향으로 끌어내서 그 끝단에 직접 기입한다[또한 선의 끝단을 수평으로 접어 구부리고, 그 상측에 기입해도 된다(JIS Z 8317-1)].

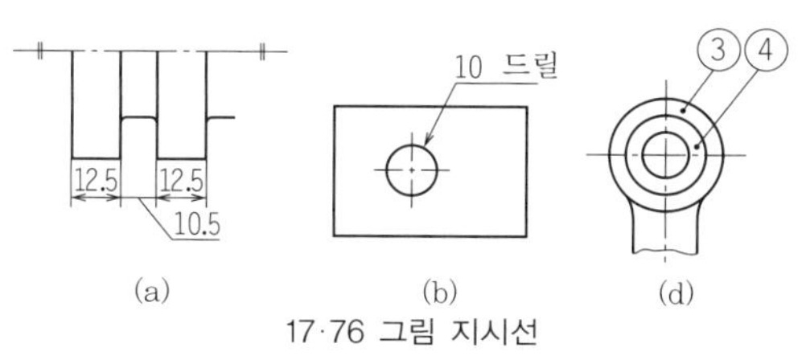

17·76 그림 지시선

이 경우 인출한 측에 화살표 등은 붙이지 않는다. 또한 지시선은 이와 같은 목적 외에 가공 방법, 주석, 대조 번호 등을 기입하기 위해서도 이용되는데, 그림 (b) 및 (c)에 나타냈듯이 지시선이 형상을 나타내는 선에서 나온 경우에는 화살표를, 형상을 나타내는 선의 내측에서 나온 경우에는 검은 동그라미를 붙이게 되어 있다.

4. 치수 수치의 기입법

(1) **일반 기입법** 치수선에 치수를 나타내는 수치를 기입하려면 일반적으로는 17·77 그림처럼 치수선을 중단하지 않고, 그대로 중앙의 상측으로 약간 떨어트려 기입하는 것으로 하고 있다.

또한 치수 수치의 방향은 수평 방향의 치수선에 대해서는 왼쪽 방향으로 쓰는데, 경사 방향의

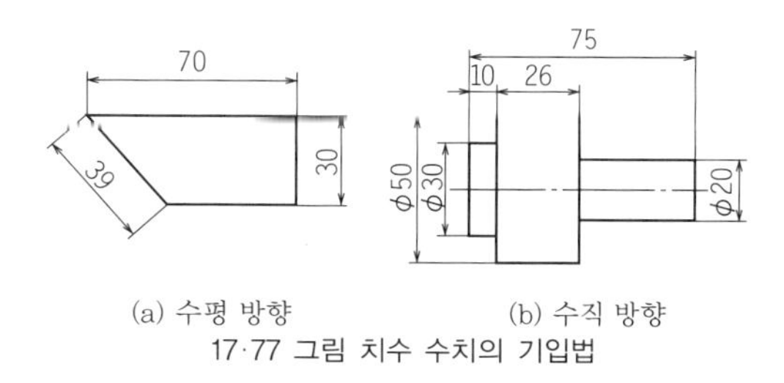

17·77 그림 치수 수치의 기입법

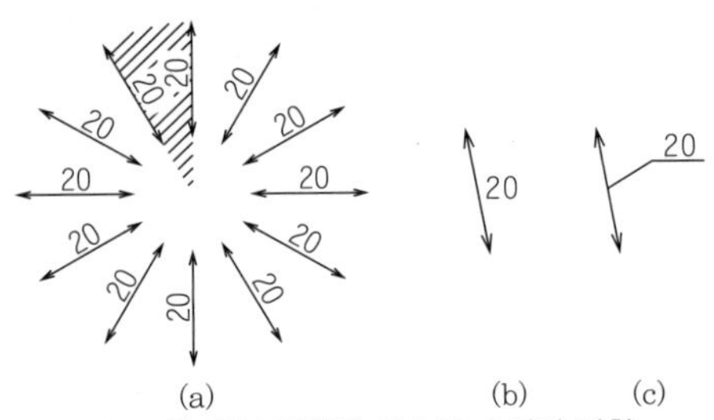

17·78 그림 경사 방향의 치수선 수치의 방향

치수선에 대해서도 이것에 준하면 된다[17·78 그림 (a)].

또한 수직선에 대해 왼쪽 위에서 오른쪽 아래를 향해 약 30° 이하의 각도를 이루는 방향 [동 그림의 해칭을 실시한 범위 (a)]에는 헷갈릴 우려가 있으므로 치수선의 기입을 피하거나 장소에 따라 헷갈리지 않도록 수치를 위쪽 방향으로 기입하면 된다[동 그림 (b), (c)].

각도의 치수 수치의 경우에도 17·79 그림 (a)와 같이 위에 준하지만, 동 그림 (b)와 같이 모두 위쪽 방향으로 써도 된다.

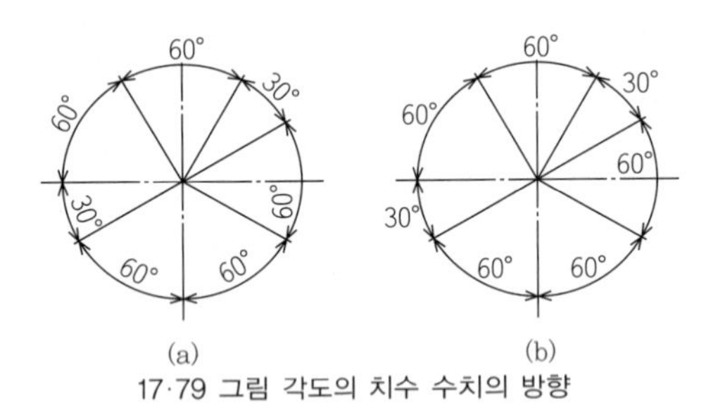

17·79 그림 각도의 치수 수치의 방향

(2) 좁은 곳의 기입법 좁아서 치수 수치를 기입할 여지가 없을 때는 17·80 그림에 나타냈듯이 치수선을 연장해 그 위쪽 측 또는 바깥 측에 기입해도 된다. 이 경우, 끝단 기호는 화살표 대신에 검은 점 또는 사선을 사용해도 된다.

또한 이러한 경우의 직경 등의 치수선은 화살을 바깥 측으로 향해도, 내측으로 향해도 되는 것으로 되어 있다.

5. 치수의 배치

(1) 직렬 치수 기입법 이것은 17·81 그림에 나타냈듯이 직렬로 이어진 개별 치수를 동일선 상에 기입하는 방법인데, 개별 치수에 주어지는 치수공차가 누적될 우려가 있으므로 정밀을 요구받지 않는 경우에만 사용하는 것이 좋다.

17·80 그림 좁은 공간에 치수를 기입하는 경우

17·81 그림 직렬 치수 기입법

(2) 병렬 치수 기입법 이것은 물품의 기능, 가공 상의 조건에 의해 치수의 기준부를 정하고, 개별 치수는 17·82 그림에 나타냈듯이 기준부에서 병렬로 각각의 치수선을 그어 기입하는 방식으로, 이 방법에 의하면 각각의 치수에는 독립적으로 치수공차를 줄 수 있으며 또한 다른 치수의 공차에 영향을 주지 않는다.

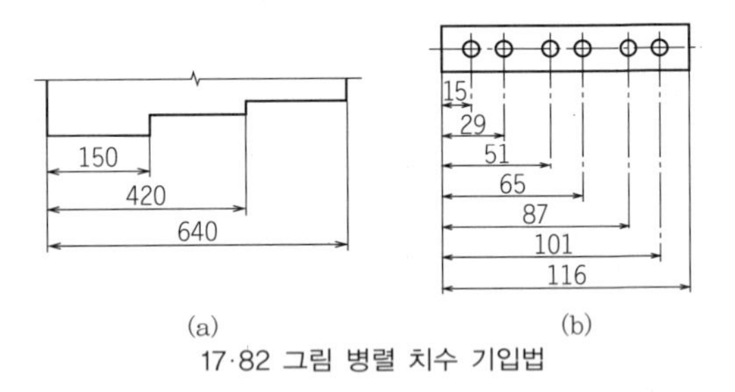

17·82 그림 병렬 치수 기입법

(3) 누진 치수 기입법 위의 병렬 치수 기입법은 많은 치수를 기입하는 경우 넓은 공간이 필요하므로 이것을 개선한 것이 누진 치수 기입법이다. 17·83 그림에 나타냈듯이 개별 치수를 1개의 치수선으로 나타내는 것으로, 치수의 기점 위치는 기점 기호(○)로 나타내고 치수선의 다른 끝은 화살표로 나타내며 치수 수치는 동 그림 (a)와 같이 치수보조선과 나란히 기입하거나, 동 그림 (b)와 같이 화살표 부근에 치수선 위쪽으로 쓰면 된다. 또한, 이 방법에 의한 경우는 화살표 이외의 끝단 기호를 이용해서는 안 된다.

또한, 이 기입법은 2개의 형체 사이만의 치수선에도 준용할 수 있다[동 그림 (d)].

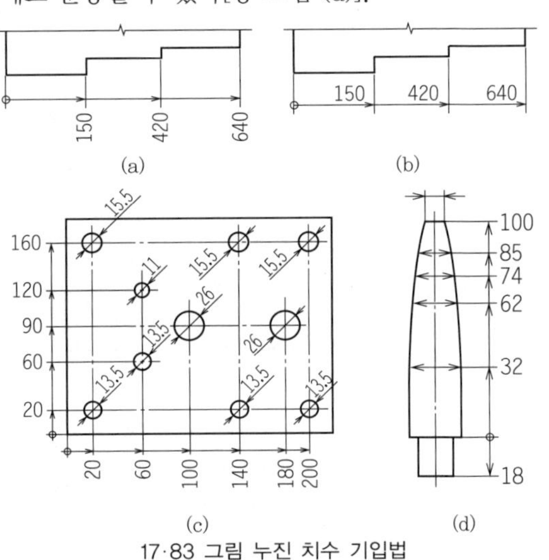

17·83 그림 누진 치수 기입법

(4) 좌표 치수 기입법

대부분의 구멍 위치와 그 크기 등은 17·84 그림에 나타냈듯이 좌표를 이용해 표로 나타내도 된다. 이 경우 기점은 (3)과 마찬가지로 기점 기호(○)로 나타내고, 기점에서의 거리 또는 각도를 표로 나타낸 것이다. 기점에는 예를 들면 기준 구멍, 물품의 한 구석 등 기능 또는 가공의 조건을 고려해 적절하게 선택하는 것이 필요하다.

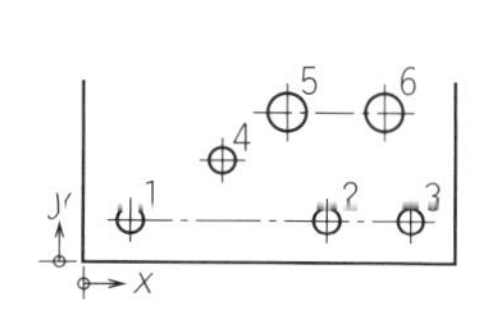

	x	y	φ
1	20	20	13.5
2	140	20	13.5
3	200	20	13.5
4	60	60	13.5
5	100	90	26
6	180	90	26

(a) 정좌표 치수 기입법의 예

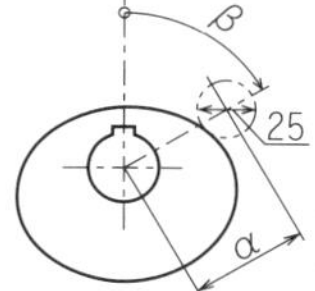

β	0°	20°	40°	60°	80°	100°	120°~210°
α	50	52.5	57	63.5	70	74.5	76
β	230°	260°	280°	300°	320°	340°	
α	75	70	65	59.5	55	52	

(b) 극좌표 치수 기입법의 예

17·84 그림 좌표 치수 기입법

6. 치수 보조 기호에 의한 기입법

치수 수치와 함께 여러 가지 기호를 병기함으로써 도형의 이해 및 도면 혹은 설명의 생략을 도모할 목적으로, 다음에 설명하는 치수 보조 기호가 이용된다(17·8 표).

17·8 표 치수 보조 기호의 종류

기호	의미	호칭법
φ	180°를 넘는 원호의 직경 또는 원의 직경	'동그라미' 또는 '파이'
Sφ	180°를 넘는 구의 원호 직경 또는 구의 직경	'에스동그라미' 또는 '에스파이'
□	정사각형의 변	'각'
R	반경	'알'
CR	컨트롤 반경	'씨알'
SR	구 반경	'에스알'
⌒	원호의 길이	'원호'
C	45°의 모떼기	'씨'
t	두께	'티'
⌴	스폿페이싱[*1] 깊은 스폿페이싱	'스폿페이싱' '깊은 스폿페이싱'
∨	접시 스폿페이싱	'접시 스폿페이싱'
↧	구멍 깊이	'구멍 깊이'

[주] [*1] 스폿페이싱은 흑피를 조금 삭제한 것도 포함한다.

(1) 직경의 기호 φ

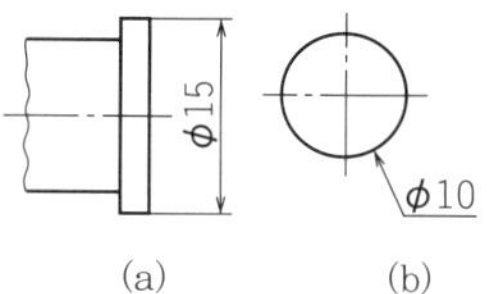

(a) (b)

17·85 그림 직경의 표시법

둥근 것의 직경은 φ(동그라미 또는 파이라고 읽는다) 기호를 치수 숫자 앞에 동일한 크기로 기입해 나타낸다(17·85 그림). 단, 그림이 둥글게 보여 직경인 것이 명백한 경우에는 17·86 그림에 나타냈듯이 φ의 기호는 기입하지 않아도 된다.

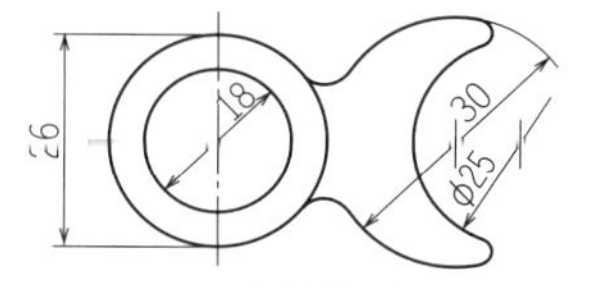

17·86 그림 원형의 일부가 없는 경우의 직경 표시법

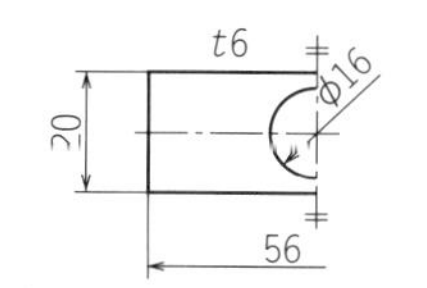

17·87 그림 중심선의 한쪽을 생략하는 경우의 직경 기입

또한 동 그림과 같이 원형의 일부가 결여된 도형이나, 17·87 그림과 같은 중심선의 한쪽 측만을 그린 도형은 치수선의 원형에 맞지 않는 측은 원의 중심을 넘어 적당히 연장하고 이 측에는 끝단 기호(화살표)를 붙이지 않는데, 이 경우 반경의 치수로 오해받지 않도록 치수 수치 앞에 φ의 기호를 붙여 두는 것이 좋다.

또한 17·88 그림과 같이 직경이 다른 원통이 연속하고 있는 경우에는 도형의 바깥측에 치수선을 그어, φ의 기호와 치수 수치를 기입하면 된다.

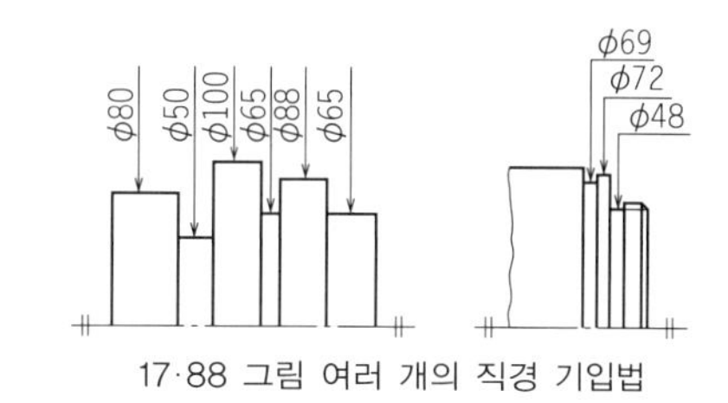

17·88 그림 여러 개의 직경 기입법

(2) 구면 기호 Sφ 및 SR

구의 직경 또는 반경의 치수는 17·89 그림과 같

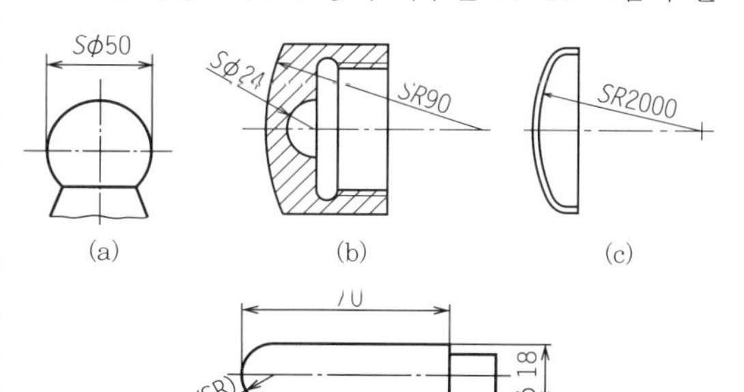

(a) (b) (c)

(d) 수치 없는 기호(SR)의 지시 예

17·89 그림 구면의 기호 Sφ 및 SR

이 그 치수 수치 앞에 동일한 크기로 구의 기호 *S* *ϕ*(에스 동그라미 또는 에스 파이라고 읽는다) 또는 *SR*(에스알이라고 읽는다)을 기입해 나타낸다(*S*는 sphere의 약어). 단, 구의 반경 치수가 다른 치수에서 나온 경우에는 반경을 나타내는 치수선과 수치 없는 기호(SR)를 지시한다[동 그림 (d)].

(3) 정사각형 기호 □ 물품의 부분 단면이 정사각형일 때, 그 형태를 그림에 나타내지 않고 정사각형임을 나타내려면, 그 변의 길이를 나타내는 치수 수치 앞에 그것과 동일한 크기로 정사각형 기호 □(각이라고 읽는다)를 기입하면 된다[17·90 그림 (b)].

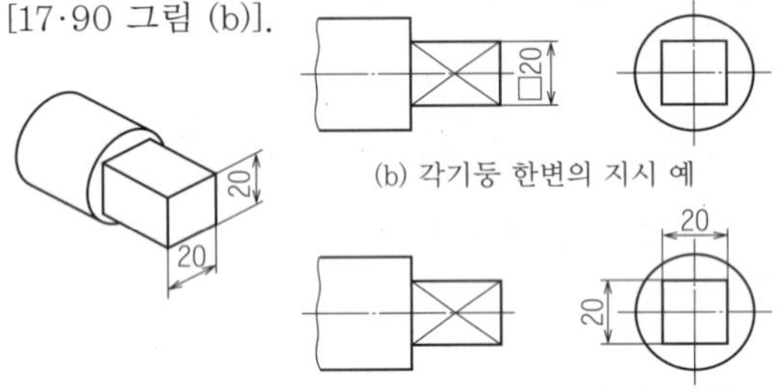

(a) 실체도 (b) 각기둥 한변의 지시 예 (c) 기호 □를 기입하지 않는 경우

17·90 그림 정사각형의 기호 □

또한, 이 기호는 그림이 정사각형으로 나타나 있는 경우에는 사용하지 않는 것이 좋다[동 그림 (c) 참조]

(4) 반경의 표시법 반경의 치수는 17·91 그림에 나타냈듯이 반경의 기호 *R*(알이라고 읽는다)을 치수 수치 앞에 이것과 동일한 크기로 기입해 나타낸다. 반경의 치수선은 원호의 측에만 끝단 기호(화살표)를 붙이고, 중심 측에는 붙이지 않는다(*R*은 radius의 약어). 그리고 반경을 나타내는 치수선을 원호의 중심까지 그리는 경우에는 *R*의 기호를 붙이지 않아도 된다. 또한, 원호가 작은 경우 등에는 17·92 그림과 같은 기입 방법을 이용해도 된다.

17·91 그림 반경의 기입법

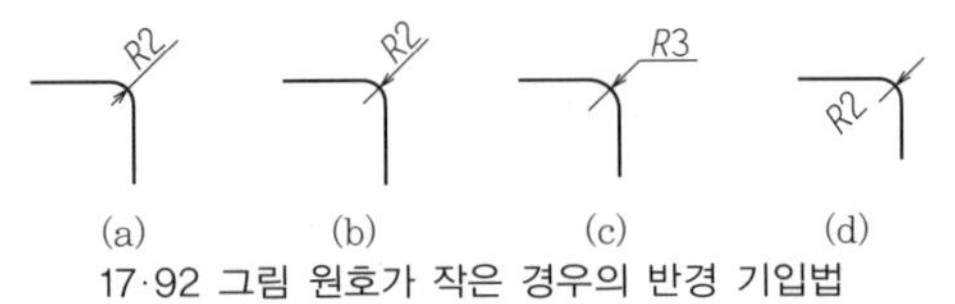

(a) (b) (c) (d)

17·92 그림 원호가 작은 경우의 반경 기입법

반경의 치수를 지시하기 위해 원호의 중심 위치를 나타낼 필요가 있는 경우에는, 십자 [17·93 그림 (a)] 또는 검은 점[17·102 그림 (a)]으로 그 위치를 나타낸다. 원호의 반경이 크고 그 중심의 위치를 나타내는 경우, 지면 절약을 위해 그 반경의 치수선을 접어 구부려 단축해서 나타내도 된다. 단, 이 경우 치수선의 화살표가 있는 부분은 정확한 중심 위치를 향하고 있어야 한다[17·93 그림 (a)]. 동일한 중심을 갖는 몇 개의 반경은 길이 치수와 마찬가지로, 누진 치수 기입법을 이용할 수 있다[동 그림 (b)].

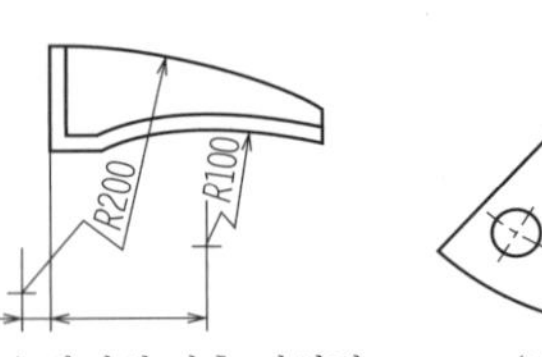

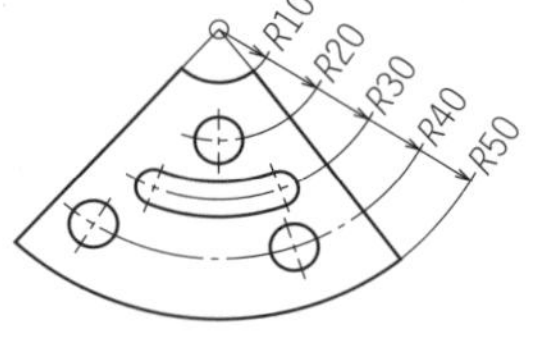

(a) 반경의 단축 기입법 (b) 반경의 누진 기입법

17·93 그림

실제 형태를 보이고 있지 않은 투영 도형에, 실제 반경 또는 전개한 상태의 반경을 지시하는 경우에는 17·94 그림과 같이 치수 수치 앞에 '실제 *R*' 또는 '전개 *R*'의 문자 기호를 기입해 두면 좋다.

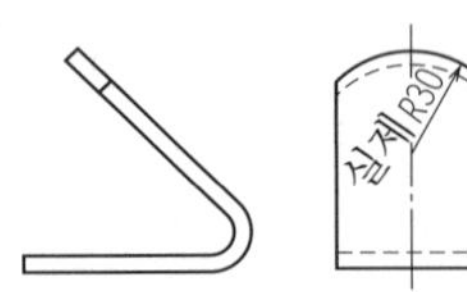

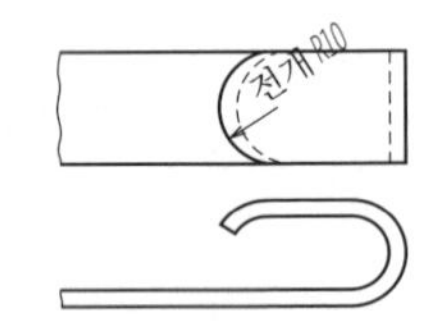

(a) 실제 R의 지시 (b) 전개 R의 지시

17·94 그림 실제 형태가 나타나 있지 않은 부분의 반경 기입법

반경의 치수가 다른 치수에서 나온 경우에는 반경을 나타내는 수치 없는 기호(*R*)에 의해 지시한다.

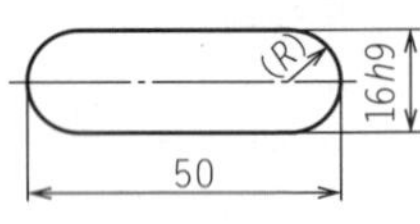

17·95 그림 반경인 것의 지시 예

(5) 컨트롤 반경 *CR* 직선부와 반경 곡선부의 접속부가 매끄럽게 연결되고, 최대 허용 반경과 최소 허용 반경 사이(2개의 곡면에 접하는 공차역)에 반경이 존재하도록 규제하는 반경을 컨트롤 반경 *CR*(시알이라고 읽는다)로 정하게 됐다(17·96 그림). 모서리(귀퉁이)의 라운딩, 구석의 라운딩 등에 컨트롤 반경을 요구하는 경우에는 반경 수치 앞에 기호 '*CR*'을 지시한다[동 그림 (b)]. 또한, *CR*은 control radius의 약어이다.

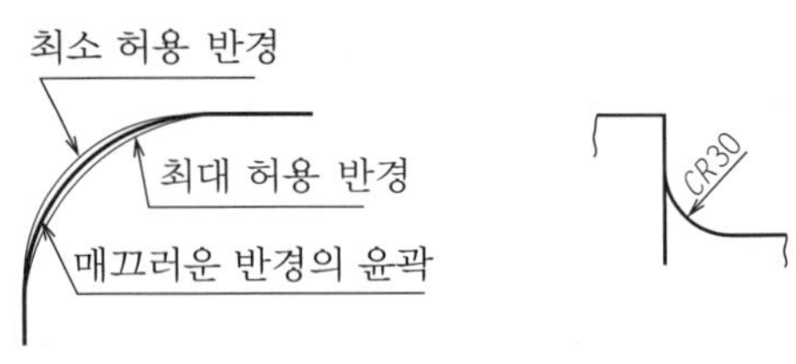

(a) (b) 지시 예

17·96 그림 컨트롤 반경

(6) 현과 원호 길이의 표시법

(i) 현의 길이 현의 길이는 원칙적으로 현에 직각으로 치수 보조선을 긋고, 이것에 17·97 그림 (a)에 나타냈듯이 현에 평행한 직선의 치수선을 이용해 나타내면 된다.

(ii) 원호의 길이 원호의 길이를 나타내기 위해서는 현에 직각인 치수 보조선을 긋고, 그림 (b)에 나타냈듯이 그 원호와 동심의 원호 치수선을 이용해 치수 수치 앞에(기존에는 '위에') 원호의 길이 기호 ⌒(원호라고 읽는다)를 붙이면 된다.

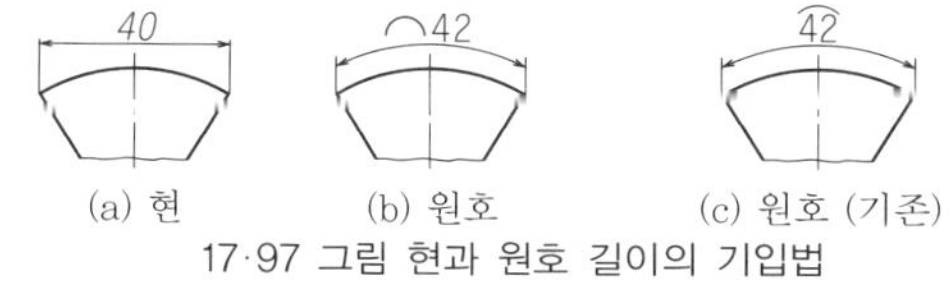

(a) 현 (b) 원호 (c) 원호 (기존)

17·97 그림 현과 원호 길이의 기입법

그리고 원호가 포함하는 각도가 큰 경우나, 몇 개나 연속해 원호의 치수를 기입할 때에는 현에 수직인 치수 보조선은 그리기 어려우므로 17·98 그림 (a)에 나타냈듯이 원호 중심에서 방사상으로 그린 치수 보조선을 이용해도 된다. 이 경우 2개 이상의 동심 원호 중의 어느 원호의 치수인지를 명시하려면 치수를 주는 원호에 화살표로 접하고, 치수선과의 접점에 흰 동그라미 또는 검은 동그라미를 붙인 인출선을 이용해 나타내면 된다. 또한 긴 원호 등은 동 그림 (c)와 같이, 원호 길이의 치수 수치 뒤에 원호의 반경을 괄호에 넣어 나타내 두면 좋다. 이 경우에는 원호의 치수 수치 위에 원호의 기호는 붙여서는 안 된다.

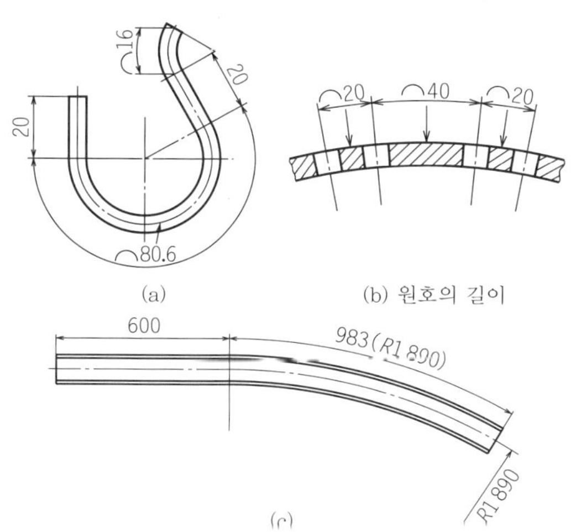

(a) (b) 원호의 길이 (c)

17·98 그림 큰 원호, 연속된 원호의 치수 기입법

(7) 모떼기의 기호 C 일반적으로 모떼기 각도는 45°인 경우가 많은데, 이 경우는 17·99 그림과 같이 모떼기 치수 수치×45°로 나타내거나, 또는

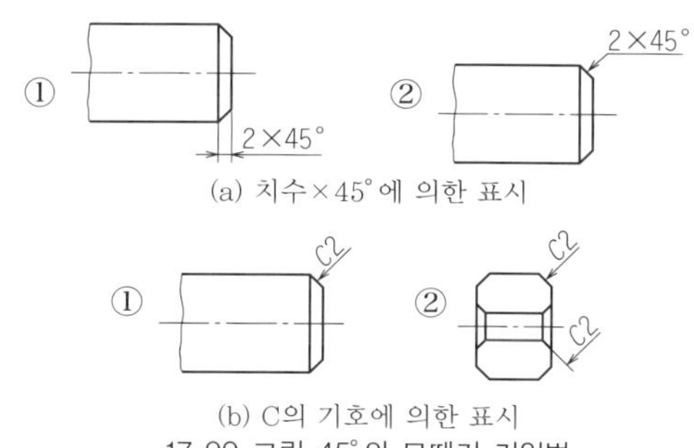

(a) 치수×45°에 의한 표시

(b) C의 기호에 의한 표시

17·99 그림 45°의 모떼기 기입법

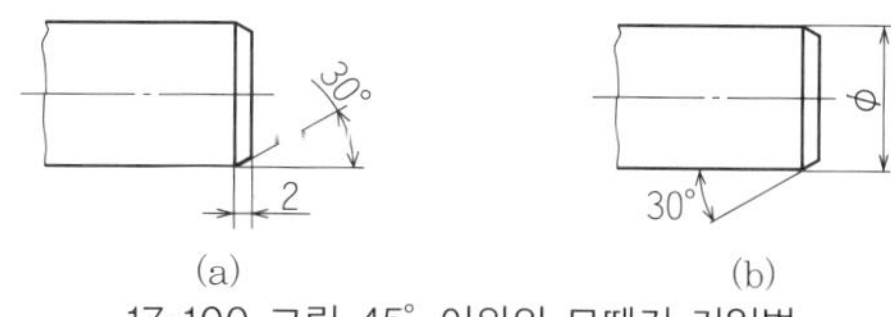

(a) (b)

17·100 그림 45° 이외의 모떼기 기입법

17·9 표 절삭가공에서 모떼기 C 및 라운딩 R의 값 (JIS B 0701) (단위 mm) KS B 0403

모서리의 모떼기	구석의 모떼기	모서리의 라운딩	구석의 라운딩
0.1	0.5	2.5 (2.4)	12
—	0.6	3 (3.2)	16
—	0.8	4	20
0.2	1.0	5	25
—	1.2	6	32
0.3	1.6	8	40
0.4	2.0	10	50

[비고] 괄호 안의 수치는 절삭공구 팁을 이용해, 구석의 라운딩을 가공하는 경우에만 사용해도 된다.

모떼기 기호 C(chamfer의 약자)를 치수 수치 앞에 이것과 동일한 크기로 기입해 나타내면 된다.

45° 이외의 모떼기인 경우에는 보통의 치수 기입법에 의해 17·100 그림과 같이 기입한다.

17·9 표는 JIS에 정해져 있는 모떼기 C 및 라운딩 R의 값을 나타낸 것이다.

(8) 판의 두께 기호 t 판의 두께를 그림을 이용하지 않고 나타내는 경우에는 17·101 그림과 같이 그 그림 중 또는 그림 부근에 두께를 나타내는 치수 수치 앞에, 그것과 동일한 크기로 두께 기호 t(티라고 읽는다)를 기입해 두면 된다(t는 thickness의 약어).

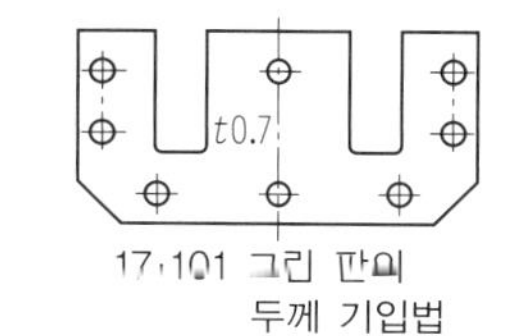

17·101 그림 판의 두께 기입법

(9) 곡선의 표시법 몇 개의 원호로 구성되는 곡선에서는 일반적으로 그들 원호의 반경과 그 중심, 또는 원호의 접선 위치를 17·102 그림 (a)

17장

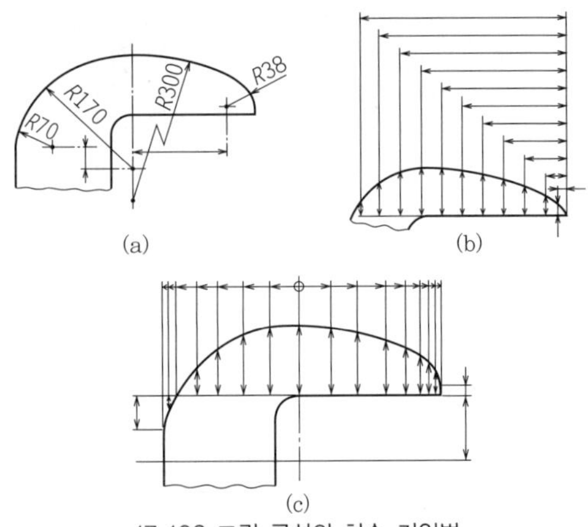

17·102 그림 곡선의 치수 기입법

의 예와 같이 나타내면 된다.

원호에 의하지 않는 곡선은 동 그림 (b)의 예와 같이 곡선 상의 임의 점의 좌표 치수로 나타내면 된다. 이 방법은 원호로 구성되는 곡선의 경우에도 이용해도 된다. 또한 동 그림 c는 누진 치수 기입법에 의한 방법을 나타낸 것이다.

7. 구멍의 표시법

(1) 가공 방법에 의한 구멍의 구별 구멍에는 드릴 구멍, 리머 구멍, 블랭킹 구멍, 캐스팅 구멍 등 여러 가지 뚫는 법이 있으므로 구멍의 치수는 그 가공 방법도 부기해 두는 것이 좋다. 이 경우에는 17·103 그림과 같이 원칙적으로 공구의 호칭 치수 또는 기준 치수를 나타내고, 그 후에 가공 방법의 구별을 약어를 이용해 기입하게 되어 있다(이 경우에 사용하는 약어에 대해서는 6·20 표를 참조).

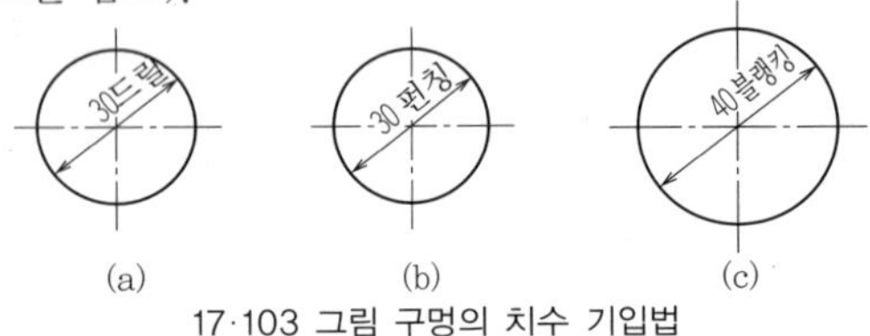

17·103 그림 구멍의 치수 기입법

단, 다음의 것은 간략 지시에 의할 수 있다.

생주물…주물 빼기, 프레스 블랭킹…블랭킹,
드릴링…드릴, 리머 다듬질…리머

구멍의 치수는 작은 구멍 등에서는 지시선을 이용해 기입하는 것이 좋고, 이 경우 구멍이 둥글게 나타나는 경우에는 구멍의 외주에서, 둥글게 나타나지 않는 경우에는 구멍의 중심선과 외형선의 교점에서 각각 지시선을 끄집어내고, 그 끝단을 수평으로 구부려 그 위에 기입하면 된다(17·104 그림 참조).

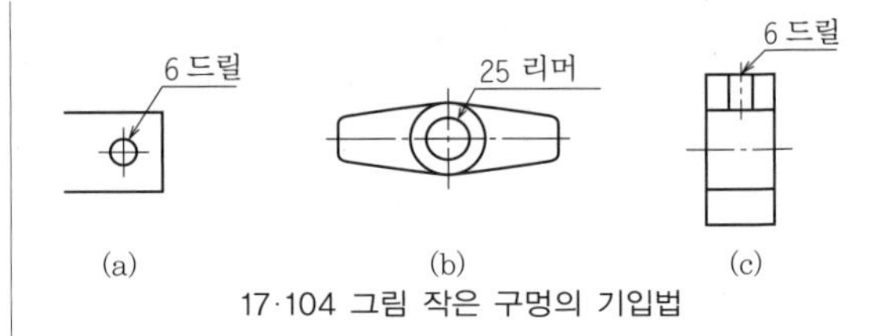

17·104 그림 작은 구멍의 기입법

(2) 구멍 깊이의 표시법 구멍 깊이를 지시할 때는 구멍의 직경을 나타내는 치수 다음에, 구멍의 깊이를 나타내는 기호 '↧'에 이어서 깊이의 수치를 기입하면 된다[17·105 그림 (a)]. 단, 관통 구멍일 때는 구멍의 깊이를 기입하지 않는다[동 그림 (b)]. 그리고 구멍의 깊이란 드릴 끝에서 창생되는 원뿔 부분, 리머 끝의 모떼기부에서 창생되는 부분 등을 포함하지 않는 원통 부의 깊이[동 그림 (c)의 H]를 말한다.

φ8↧15
(a)
φ8
(b) 관통 구멍
5드릴↧26
80°
H
(c)
(d) 경사진 구멍의 깊이

17·105 그림 구멍 깊이의 지시 예

또한, 경사진 구멍의 깊이는 구멍의 중심축선 상의 길이 치수로 나타낸다[동 그림 (d)].

(3) 스폿 페이싱의 표시법 스폿 페이싱이란 볼트·너트 등의 안정도를 좋게 하기 위해 구멍의 표면을 얕게 쳐내는 것이다. 또한 이러한 볼트나 너트의 머리를 표면에서 가라앉히고 싶은 경우에는 더 깊게 스폿 페이싱을 한다. 이것을 디프 스폿 페이싱이라고 한다. 볼트의 머리가 접시 머리일 때는 그것에 맞춘 원뿔 모양의 스폿 페이싱을 한다. 이것을 접시 스폿 페이싱이라고 한다.

이들 스폿 페이싱 부분의 치수를 기입하려면 17·8 표에 나타낸 치수 보조 기호를 사용해 17·106 그

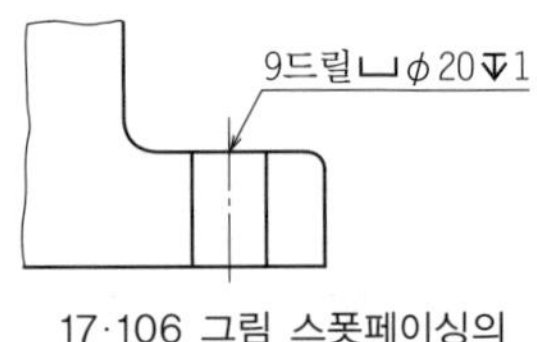

17·106 그림 스폿페이싱의 기입법

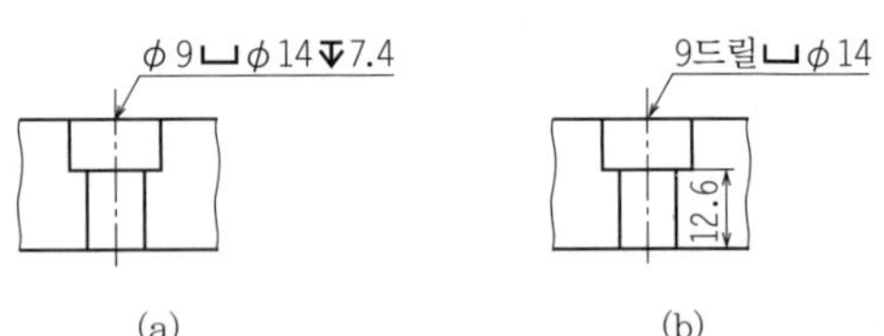

17·107 그림 깊은 스폿페이싱의 기입법

림에 나타냈듯이 스폿 페이싱을 붙이는 구멍의 직경을 치수 앞에 스폿 페이싱을 나타내는 기호 "⌴"에 이어서 스폿 페이싱의 수치를 기입하면 된다. 또한 관통 구멍이 아닐 때는 구멍 깊이 기호 ↧를 사용하고, 이어서 스폿 페이싱의 수치를 기입해 두면 된다(17·107 그림). 접시 스폿 페이싱의 경우도 마찬가지로 접시 스폿 페이싱을 나타내는 기호 '∨'에 이어서 접시 스폿 페이싱의 구멍 직경을 기입해 두면 된다(17·108 그림).

17·10 표는 JIS에 규정된 볼트 구멍 지름 및 스폿 페이싱 지름을 나타낸 것이다.

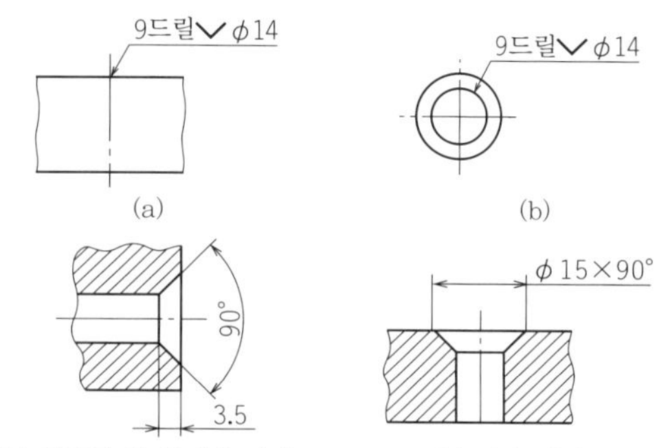

(c) 열림각 및 깊이의 지시　　(d) 간략 지시

17·108 그림 접시 스폿페이싱의 기입법

KS B ISO 273

17·10 표 볼트 구멍 지름 및 스폿페이싱 지름 (JIS B 1001)

(단위 mm)

나사의 호칭지름	볼트 구멍지름 d_h 1급	2급	3급	4급[1]	모떼기 e	스폿페이싱 지름 D'
1	1.1	1.2	1.3	—	0.2	3
1.2	1.3	1.4	1.5	—	0.2	4
1.4	1.5	1.6	1.8	—	0.2	4
1.6	1.7	1.8	2	—	0.2	5
※ 1.7	1.8	2	2.1	—	0.2	5
1.8	2.0	2.1	2.2	—	0.2	5
2	2.2	2.4	2.6	—	0.3	7
2.2	2.4	2.6	2.8	—	0.3	8
※ 2.3	2.5	2.7	2.9	—	0.3	8
2.5	2.7	2.9	3.1	—	0.3	8
※ 2.6	2.8	3	3.2	—	0.3	8
3	3.2	3.4	3.6	—	0.3	9
3.5	3.7	3.9	4.2	—	0.3	10
4	4.3	4.5	4.8	5.5	0.4	11
4.5	4.8	5	5.3	6	0.4	13
5	5.3	5.5	5.8	6.5	0.4	13
6	6.4	6.6	7	7.8	0.4	15
7	7.4	7.6	8	—	0.4	18
8	8.4	9	10	10	0.6	20
10	10.5	11	12	13	0.6	24
12	13	13.5	14.5	15	1.1	28
14	15	15.5	16.5	17	1.1	32
16	17	17.5	18.5	20	1.1	35
18	19	20	21	22	1.1	39
20	21	22	24	25	1.2	43
22	23	24	26	27	1.2	46
24	25	26	28	29	1.2	50
27	28	30	32	33	1.7	55

나사의 호칭지름	볼트 구멍지름 d_h 1급	2급	3급	4급[1]	모떼기 e	스폿페이싱 지름 D'
30	31	33	35	36	1.7	62
33	34	36	38	40	1.7	66
36	37	39	42	43	1.7	72
39	40	42	45	46	1.7	76
42	43	45	48	—	1.8	82
45	46	48	52	—	1.8	87
48	50	52	56	—	2.3	93
52	54	56	62	—	2.3	100
56	58	62	66	—	3.5	110
60	62	66	70	—	3.5	115
64	66	70	74	—	3.5	122
68	70	74	78	—	3.5	127
72	74	78	82	—	3.5	133
76	78	82	86	—	3.5	143
80	82	86	91	—	3.5	148
85	87	91	96	—	—	—
90	93	96	101	—	—	—
95	98	101	107	—	—	—
100	104	107	112	—	—	—
105	109	112	117	—	—	—
110	114	117	122	—	—	—
115	119	122	127	—	—	—
120	124	127	132	—	—	—
125	129	132	137	—	—	—
130	134	137	144	—	—	—
140	144	147	147	—	—	—
150	155	158	165	—	—	—
(참고) d_h의 허용차[2]	H 12	H 13	H 14	—	—	—

[주] [1] 4급은 주로 캐스팅 구멍에 적용한다.

[2] 치수허용차의 기호에 대한 수치는 JIS B 0401 (치수공차 및 끼워맞춤)에 의한다.

[비고] 1. 이 표에서 수치에 망점(　　)을 넣은 부분은 ISO 273에 규정되어 있지 않은 것이다.

2. 이 나사의 호칭지름에 ※ 표시를 붙인 것은 ISO 261에 규정되어 있지 않은 것이다.
3. 구멍의 모떼기는 필요에 따라 하고, 그 각도는 원칙적으로 90도로 한다.
4. 어떤 나사의 호칭지름에 대해, 이 표의 스폿페이싱 지름보다 작은 것 또는 큰 것을 필요로 하는 경우는 가급적 이 표의 스폿페이싱 지름 계열에서 수치를 선택하는 것이 좋다.
5. 스폿페이싱면은 구멍의 중심선에 대해 직각이 되도록 하고, 스폿페이싱의 깊이는 일반적으로 흑피를 없앨 수 있을 정도로 한다.

(4) 타원 구멍의 표시법 타원 구멍이나 홈 등은 라운딩의 반경이 다른 치수에 의해 자연적으로 결정될 때에는 17·109 그림 (a), (b)에 나타냈듯이 반경의 치수선을 그리고, 괄호에 넣은 반경의 기호를 기입하는 것만으로 치수 수치는 기입하지 않아도 된다. 또한 동 그림 (c)는 공구의 치수에 의해 나타낸 경우의 예이다.

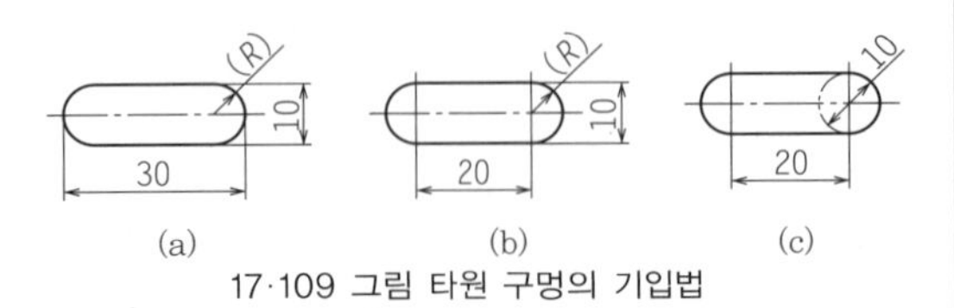

17·109 그림 타원 구멍의 기입법

(5) 일련의 동일 구멍의 치수 기입

일련의 동일 치수의 구멍 등에 치수를 기입하는 경우에는 17·110 그림에 나타냈듯이 그 구멍 1개에서 지시선을 끌어내, 우선 그 총수를 나타내는 숫자의 다음에 기호 '×'를 끼워서 구멍의 치수를 기입하면 된다. 위 그림에서 12×90(=1080)이라는 치수는 계산하면 이렇게 되는 것을 나타낸 것으로, 이 1080 및 그 아래의 1170은 이른바 참고 치수이기 때문에 괄호에 넣어 나타내는 것이 좋다. 그리고 이 방법은 구멍에 한하지 않고, 동일 형상의 것이 연속하는 경우의 치수 기입의 경우에도 이것에 준해 이용해도 된다.

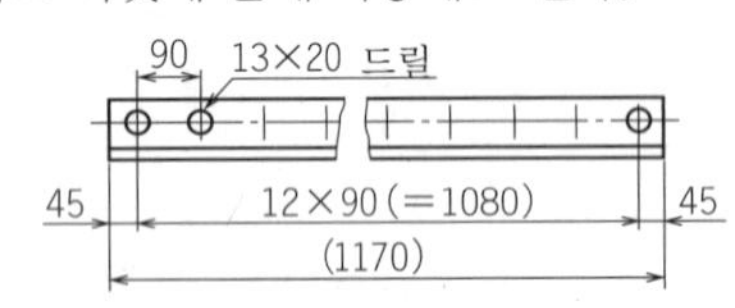

17·110 그림 연속하는 구멍의 치수 기입

8. 키 홈의 표시법

(1) 축 키 홈의 경우 축 키 홈에 치수를 기입하는 경우에는 17·111 그림에 나타냈듯이 키 홈의 폭, 깊이, 길이, 위치 및 끝단부를 나타내는 치수를 각각 기입해야 하는데, 이 경우 키 홈의 깊이는 일반적으로 키 홈과 반대측의 축지름면에서 키 홈 바닥까지의 치수로 나타내는 것이 보통인데, 특별히 필요가 있는 경우에는 17·112 그림에 나타냈듯이 키 홈의 중심면 상의 축지름면에서 키 홈 바닥까지의 치수 즉 절입 깊이로 나타내도 된다.

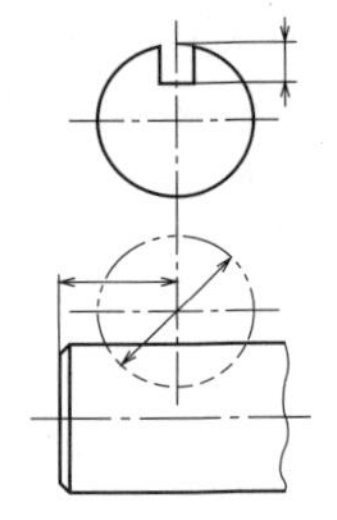

17·112 그림 절입 깊이로 기입하는 경우

또한 키 홈 끝단부를 밀링 등에 의해 절단하는 경우에는 17·111 그림 (c)와 같이 기준 위치에서 공구 중심까지의 거리 및 공구의 직경을 나타내 둬야 한다.

(2) 구멍 키의 홈의 경우 구멍 키 홈에 치수를 기입하려면 17·113 그림에 나타냈듯이 키 홈의 폭과 깊이를 기입하면 되고, 이 경우 키 홈의 깊이는 일반적으로 동 그림 (a)와 같이 키 홈과 반대측의 구멍지름면에서 키 홈 바닥까지의 치수로 나타내는 것이 보통인데, 특별히 필요가 있는 경우에는 동 그림 (b)와 같이 키 홈의 중심면에서 키 홈 바닥까지의 치수로 나타내도 된다.

또한 구배 키용의 허브 키 홈의 깊이는 동 그림 (c)에 나타냈듯이 키 홈의 깊은 측에서 나타내는 것으로 정해져 있다.

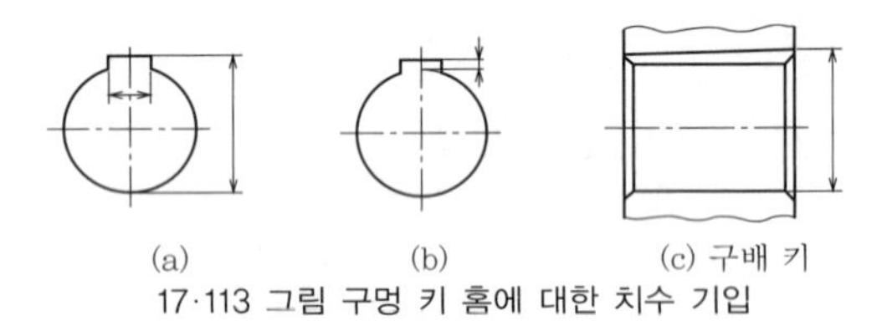

17·113 그림 구멍 키 홈에 대한 치수 기입

9. 구배와 테이퍼의 기입법

직선 또는 평면이 다른 기준이 되는 직선 또는 평면에 대해 경사되는 비율을 구배라고 한다[17·114 그림 (a)]. 또한 원뿔형의 핀과 같이 양면이 경사진 경우를 테이퍼라고 한다[동 그림 (b)].

구배의 기입에 대해서는 17·115 그림 (a) ①에 나타냈듯이 형체의 구배를 갖는 외형선에서 지시

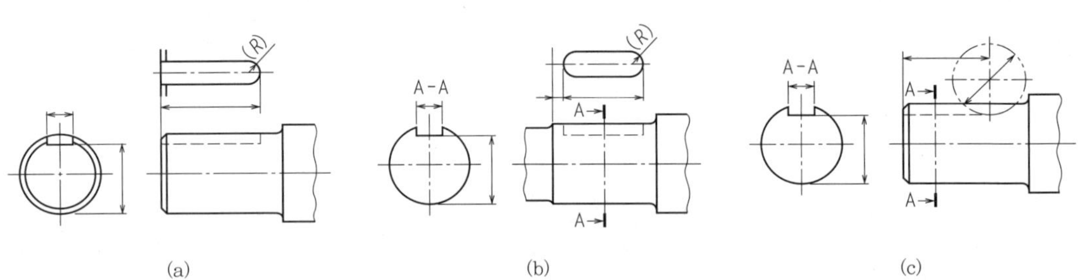

17·111 그림 축 키 홈에 대한 치수 기입

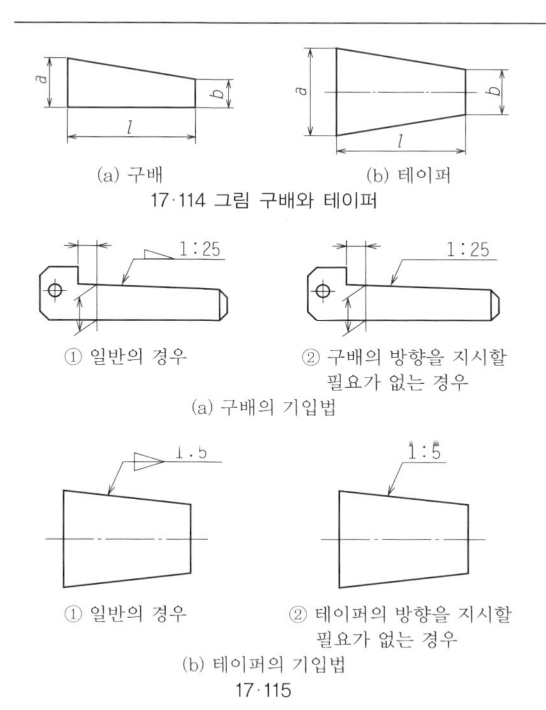

(a) 구배 (b) 테이퍼

17·114 그림 구배와 테이퍼

① 일반의 경우 ② 구배의 방향을 지시할 필요가 없는 경우

(a) 구배의 기입법

① 일반의 경우 ② 테이퍼의 방향을 지시할 필요가 없는 경우

(b) 테이퍼의 기입법

17·115

선을 끌어내 그 끝단을 수평으로 접어 구부리고, 그림에 나타냈듯이 구배 방향을 나타내는 그림기호를 구배의 방향과 일치시켜 그리고, 그 후에 구배의 값을 비율의 형태로 기입해 두면 된다.

단, 그림에서 분명하고, 구배 방향을 지시할 필요가 없는 경우에는 17·115 그림 (a) ②와 같이 그림 기호는 생략해도 된다.

또한 테이퍼의 경우도 마찬가지로 테이퍼를 갖는 형체에서 지시선을 끌어내고, 그 끝단을 수평으로 접어 구부려 그림에 나타낸 테이퍼의 방향을 표시하는 그림기호를 수평부의 상하에 걸쳐 기입, 그 후에 테이퍼의 값을 기입하면 된다. 테이퍼의 방향이 그림에서 분명할 때는 17·115 그림 (b) ②과 같이 그림기호는 생략해도 된다.

그리고 공작기계에서 끼워맞춤부를 테이퍼로 하고 있는 것이 많다. 이 경우에는 표준 테이퍼가 이용되고 있다. 일반적으로 이용되고 있는 표준 테이퍼는 모스 테이퍼, 브라운 샤프 테이퍼, 제이콥스 테이퍼 등이다.

17·11 표는 JIS의 모스 테이퍼 생크 및 소켓의 치수 비율을 나타낸 규격으로, 인치 치수를 밀리 치수로 환산한 것이다. 이러한 표준 테이퍼를 도면에 지정하는 경우에는 그 명칭과 번호를 17·116 그림과 같이 기입하면 된다. 그리고 제작도에는 작업 상의 편의를 도모해 테이퍼 값(예 '1:19.222')에 의해 지시해도 된다.

17·11 표 모스 테이퍼 (JIS B 4003)

[주] *테이퍼는 분수치를 기준으로 한다.

(단위 mm)

모스 테이퍼 번호	테이퍼 *		D	a	l_1 (최대)
0	$\frac{1}{19.212}$	0.05205	9.045	3	50
1	$\frac{1}{20.047}$	0.04988	12.065	3.5	53.5
2	$\frac{1}{20.020}$	0.04995	17.780	5	64
3	$\frac{1}{19.922}$	0.05020	23.825	5	81
4	$\frac{1}{19.254}$	0.05194	31.267	6.5	102.5
5	$\frac{1}{19.002}$	0.05263	44.399	6.5	129.5
6	$\frac{1}{19.180}$	0.05214	63.348	8	182

모스 테이퍼 No.3

17·116 그림 테이퍼 방식의 기입

10. 얇은 부분의 표시법

얇은 부분의 단면을 나타내려면 일반적으로 아주 굵은 실선으로 나타내면 되는데, 이것에 치수를 기입하는 경우에는 17·117 그림 (a)에 나타냈듯이 도형을 따라 짧은 가는 선을 그리고, 이것에 치수선의 끝단 기호(화살표)을 붙여서 나타내면 된다. 이 경우 치수는 가는 실선을 따르게 한 측까지의 치수를 의미하는 것이다.

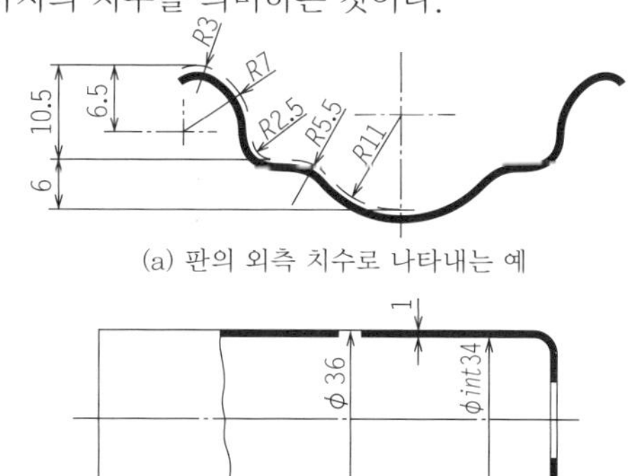

(a) 판의 외측 치수로 나타내는 예

(b) 'int'를 이용한 지시 예

17·117 그림 얇은 부분의 치수 기입법

이 밖에 동 그림 (b)에 나타냈듯이 내측을 나타내는 치수 수치 앞에 'int'의 문자를 부기해 나타내는 경우도 있다. 또한 제관품 등에서 볼 수 있듯이 치수가 서서히 변화(증가 또는 감소)되어 갈 때, 이 치수를 '서서히 변하는 치수'라고 한다. 치수가 변화해 가서 일정한 치수가 되도록 지시하기 위해서는 17·118 그림에 나타냈듯이 서서히 변하기 시작하는 점의 치수, 도중에 필요한 부분의 치수, 마지막 치수를 지시하고, '서서히 변하는 치수'라고 명기한다.

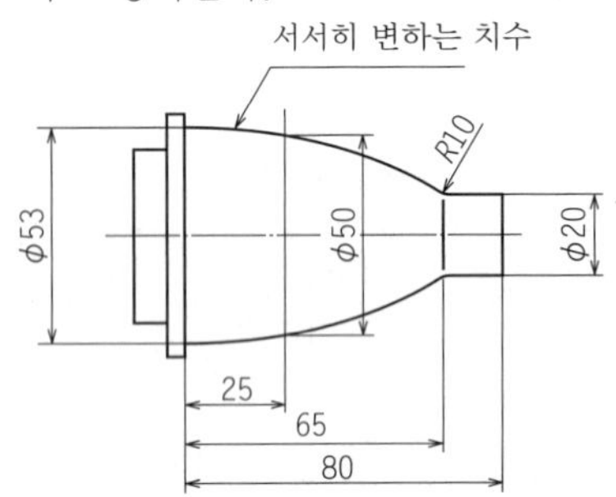

17·118 그림 서서히 변하는 치수의 기입법

11. 강 구조부 등 치수 표시

강 구조물 등의 강구조선도에서는 17·119 그림에 나타냈듯이 부재의 중심선의 교점(격점이라고 한다)을 굵은 실선으로 연결해 나타내는데, 이 경우에 치수를 기입하려면 그림에 나타낸 것처럼 그 치수를 부재를 표시하는 선을 따라 직접 기입하면 된다. 형강, 강관, 각강 등의 치수는 17·12 표에 나타낸 표시 방법에 의해 17·120 그림에 나타냈듯이 각각의 도형을 따라 기입하면 된다. 이 경우, 길이 치수는 필요가 없으면 기입하지 않아도 된다. 2장 맞추기의 경우에는 단면 형상 기호 앞에 '2-'이나 '2개×'의 문자를 기입한다.

그리고 부등변 산형강을 이용하는 경우에는 어느 쪽의 변이 그림에 나타나는지를 확실히 하기

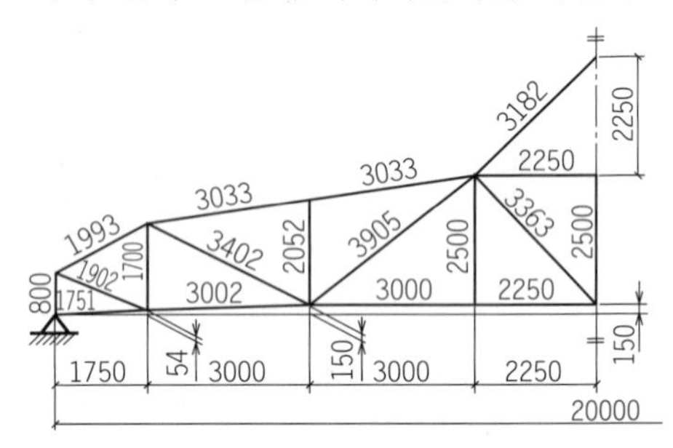

17·119 그림 강구조선도의 치수 기입

17·12 표 형강의 표시 방법

종류	단면 형상	표시 방법	종류	단면 형상	표시 방법	종류	단면 형상	표시 방법
등변 산형강		∟ $A\times B\times t\text{-}L$	T형강		T $B\times H\times t_1\times t_2\text{-}L$	모자 형강		⊓ $H\times A\times B\times t\text{-}L$
부등변 산형강		∟ $A\times B\times t\text{-}L$	H형강		H $H\times A\times t_1\times t_2\text{-}L$	환강 (보통)		$\phi A\text{-}L$
부등변 부등 두께 산형강		∟ $A\times B\times t_1\times t_2\text{-}L$	경홈형강		⊏ $H\times A\times B\times t\text{-}L$	강관		$\phi A\times t\text{-}L$
I형강		I $H\times B\times t\text{-}L$	경Z형강		⅂ $H\times A\times B\times t\text{-}L$	각강관		□ $A\times B\times t\text{-}L$
홈형강		⊏ $H\times B\times t_1\times t_2\text{-}L$	립홈형강		⊏ $H\times A\times C\times t\text{-}L$	각강		□ $A\text{-}L$
구평형강		J $A\times t\text{-}L$	립Z형강		⅂ $H\times A\times C\times t\text{-}L$	평강		▭ $B\times A\text{-}L$
[비고] L은 길이를 나타낸다.								

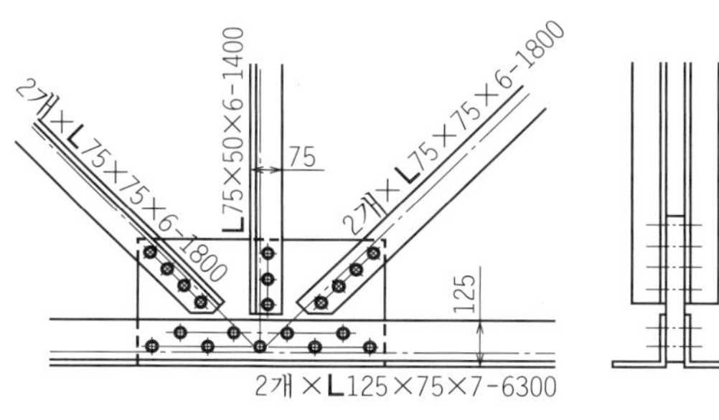

17·120 그림 형강의 치수 기입

위해 그림에 나타나 있는 변의 치수를 기입해 둬야 한다.

12. 치수 기입 상 특별히 유의해야 할 사항

치수의 기입에는 크기 치수와 위치 치수의 기입법이 있다. 크기 치수는 물품 크기를 나타내는 치수, 위치 치수는 물품과 물품의 상대 위치를 나타내는 치수로, 보통의 도면에는 이들 치수가 기입된다(17·121 그림).

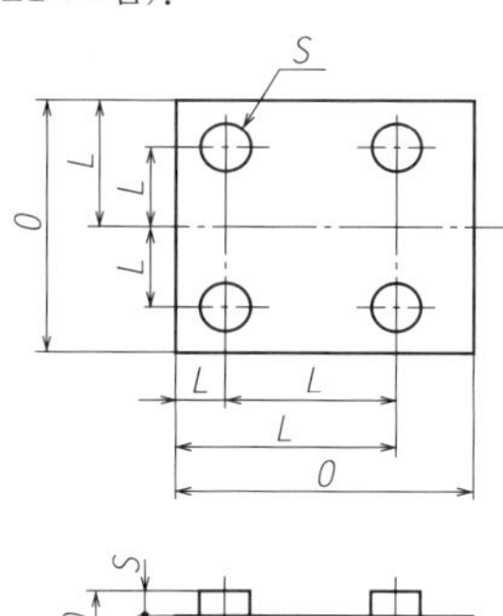

17·121 그림 크기 치수 (S)와 위치 치수 (L)

그리고 치수는 그 성질에 따라 17·122 그림에 나타냈듯이 기능 치수(functional dimension), 비기능 치수(non-functional dimension) 및 참고 치수(auxiliary dimension)의 세 가지로 나눌 수 있다.

기능 치수는 그것이 기능에 직접적으로 관계되는데, 비기능 치수는 공자 상 기타의 이유에 의해

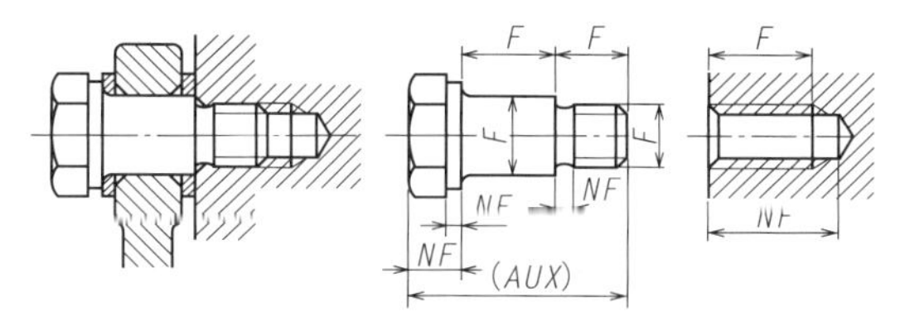

17·122 그림 기능 치수 (F)와 비기능 치수 (NF) 및 참고 치수 (AUX)

필요한 것이다.

그리고 참고 치수는 전체 길이 등 참고를 위해 기입하는 치수로, 그것을 나타내기 위해 괄호에 넣어 기입한다.

이들의 구별은 나중에 언급하는 치수허용차 지정 때에 중요한 의미를 갖게 되므로 치수 기입 시에 특별히 주의해야 한다.

(1) 치수는 정면도에 가급적 집중해 기입한다 정면도에 기입할 수 없는 경우는 다른 투영도(측면도, 평면도 등)에 기입한다. 이 경우, 17·123 그림에 나타냈듯이 정면도·좌측면도 등과 같이 서로 관련된 그림의 대조를 편리하게 하기 위해 치수를 중간에 기입한다.

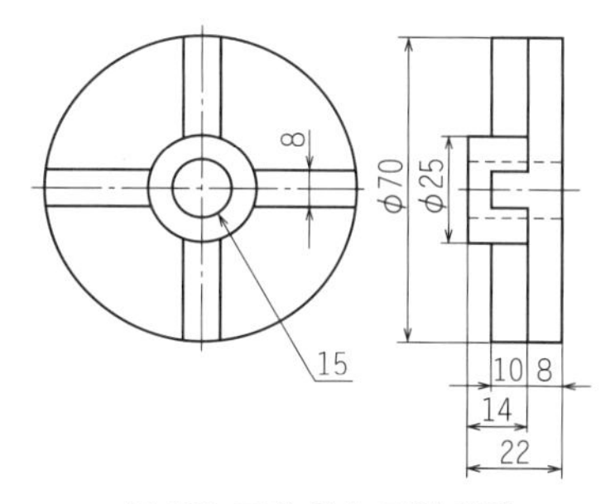

17·123 그림 치수 기입 부위

(2) 치수는 중복 기입을 피한다 치수는 중복을 피해 계산할 필요가 없도록 기입하다. 다만 특별한 이유가 있어 도면을 대조해 보기에 편리하도록 정면도나 측면도 등과 같은 관련성을 가진 도면이, 모두 더 이해하기 쉽게 되는 경우에는 어느 정도까지 중복 기입하는 경우가 있다.

이 경우에는 기호 등에 의해 중복 치수인 것을 나타내 두면, 나중에 도면 정정 등을 할 때 정정 누락을 방지할 수 있어 편리하다(17·124 그림).

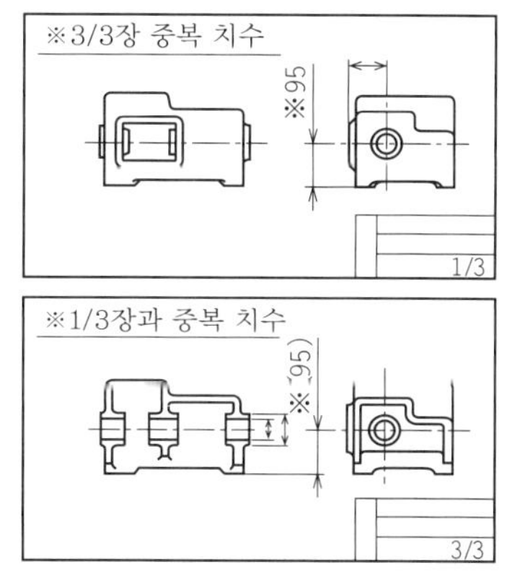

17·124 그림 중복 치수는 명기한다

(3) **불필요한 치수는 기입하지 않는다** 전체 치수를 기입하는 경우는 17·125 그림과 같이 각각의 부분 치수의 바깥측에 기입하고, 치수 중에서도 중요도가 적은 치수 C는 기입하지 않거나, 괄호를 붙여 기입한다.

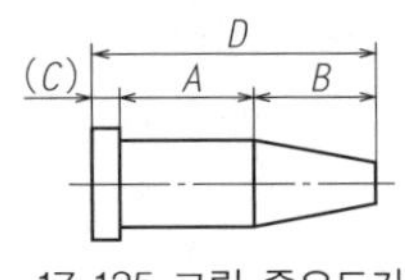

17·125 그림 중요도가 적은 치수 C의 기입법

17·126 그림은 각각에 치수허용차를 부여하고 있으며, 또한 전체길이를 참고 치수로 해 괄호를 붙여 나타낸 것이다. 또한 특별히 개별적인 치수의 전부 및 전체 치수에 대해 치수허용차를 기입할 필요가 있는 경우에는 개별적인 치수의 치수허용차와 전체 치수의 치수허용차 사이에 적당한 관계를 유지하게 하는 것이 필요하다.

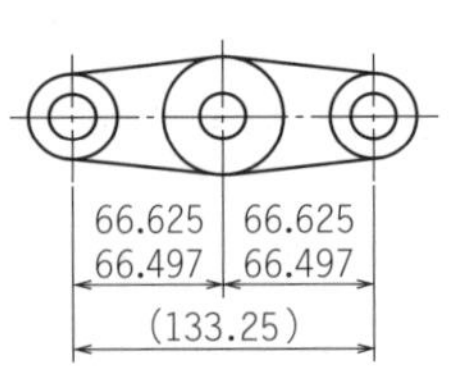

17·126 그림 개별적으로 치수허용차를 부여한 경우

(4) **치수에는 기준부를 준비해 기입한다** 제작이나 조립할 때, 기준으로 하는 부위(기준부)가 있으면, 우선 여기에서부터 치수를 기입하다. 이 기준부(면, 선, 점)은 설치하는 상대와의 관계로부터 정해지는 경우가 많다. 따라서 중심선, 고정면, 마무리면이 기준부가 된다. 17·127 그림은 기준부에 의한 치수 기입법을 나타낸 것이다.

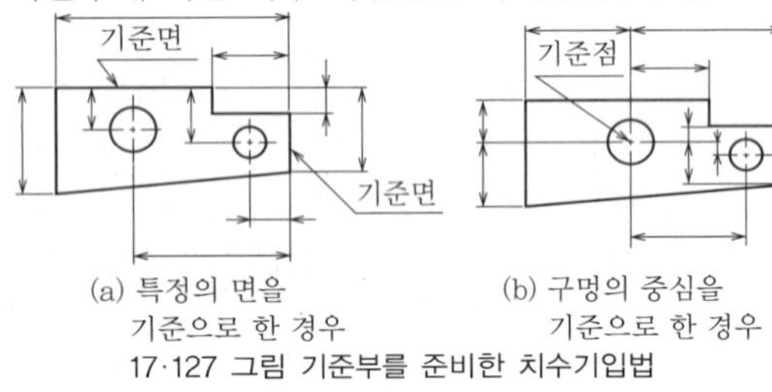

(a) 특정의 면을 기준으로 한 경우 (b) 구멍의 중심을 기준으로 한 경우

17·127 그림 기준부를 준비한 치수기입법

(5) **서로 관련되는 치수는 한 곳에 모아서 기입한다** 17·128 그림에 나타낸 플랜지에서는 구멍 뚫기만은 별도의 공정이 되므로, 구멍의 치수와 배치의 기입은 정면도에 하는 것보다 피치원이 그려진 측면도에 기입하는 편이 이해하기 쉽다.

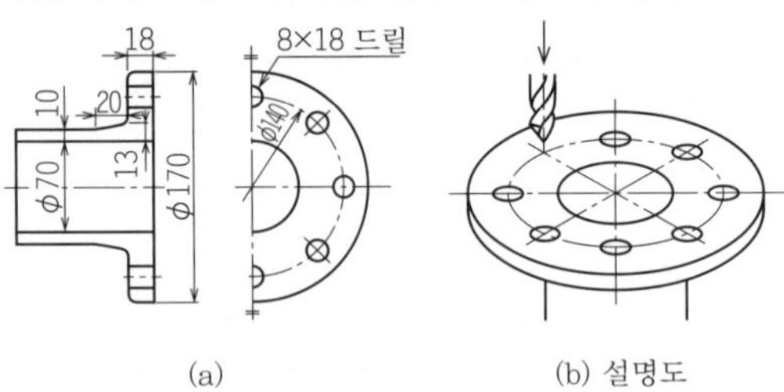

(a) (b) 설명도

17·128 그림 플랜지 구멍의 치수 기입

(6) **치수는 공정별로 기입한다** 치수는 가급적 공정별로 기입하는 편이 각종 작업자에게 편리하다. 단, 두 개 이상의 어느 쪽에나 필요한 치수는 마지막 공정에 포함해 기입한다(17·129 그림).

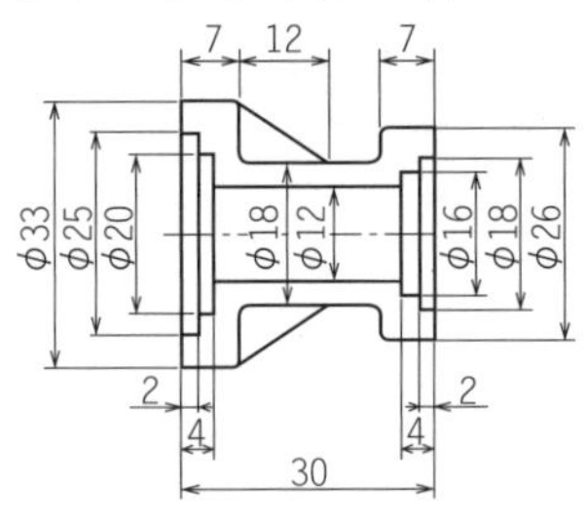

17·129 그림 공정별로 치수를 기입한다

13. 기타의 일반적 주의 사항

(1) **치수 기입의 위치** 치수 수치는 도면에 그린 선으로 분할되지 않는 위치를 선택해 기입하고, 선에 중복해서 써서는 안 된다(17·130 그림 참조). 단, 어쩔 수 없는 경우에는 동 그림 (b)와 같이 지시선을 이용해 기입한다

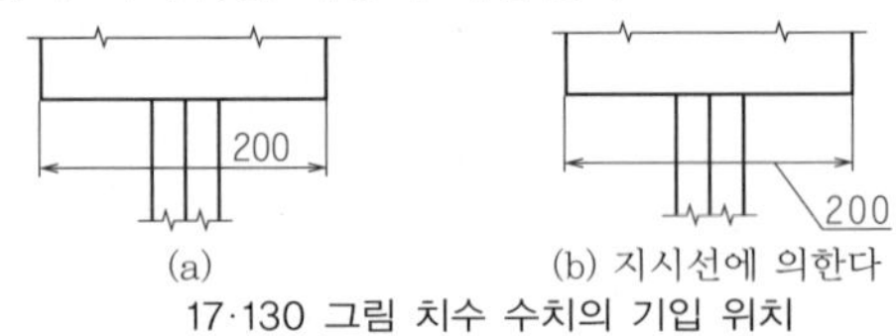

(a) (b) 지시선에 의한다

17·130 그림 치수 수치의 기입 위치

(2) **연속하는 치수선** 치수선이 인접해 연속하는 경우에는 17·131 그림 (a)에 나타냈듯이 일직선 상에 가지런히 기입하는 것이 좋고, 또한 관련된 부분의 치수도 동 그림 (b)와 같이 일직선 상에 기입하는 것이 좋다.

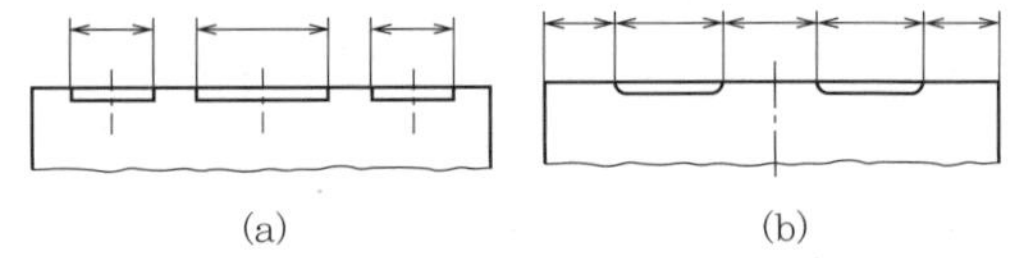
(a) (b)

17·131 그림 치수선은 일직선 상에 가지런히 한다

(3) **다수의 평행한 치수선** 다수의 치수선을 평행하게 그리는 경우에는 17·132 그림(a)와 같이 각 치수선은 가능한 한 동일한 간격으로 그리며,

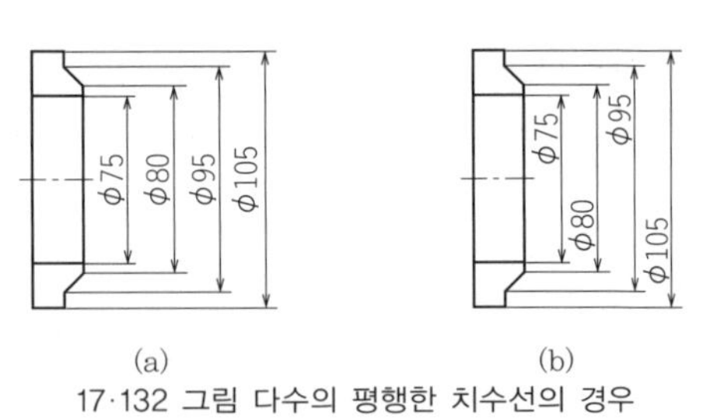

(a) (b)

17·132 그림 다수의 평행한 치수선의 경우

작은 치수를 안측에, 큰 치수를 바깥측으로 하고 또한 치수 수치도 가지런히 기입하는 것이 좋다.

단, 지면 사정으로 치수선 간격을 충분히 잡을 수 없을 경우에는 동 그림 (b)와 같이 치수 수치를 교대로 나누어 써도 된다.

(4) 긴 치수선의 경우 치수선이 길어서 그 중앙에 치수 수치를 기입하면 이해하기 힘든 경우에는, 어느 한쪽의 끝단 기호(화살표) 근처로 모아서 기입해도 된다(17·133 그림).

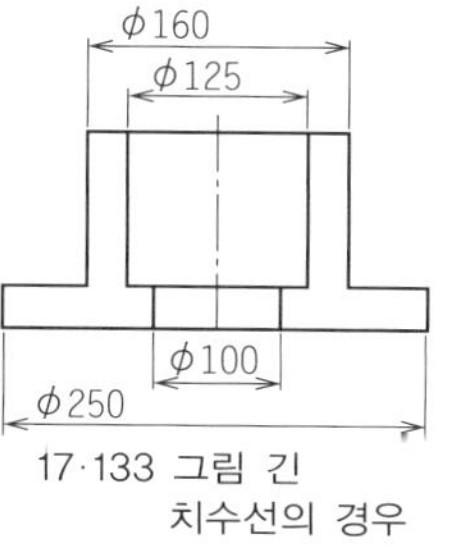

17·133 그림 긴 치수선의 경우

(5) 대칭 도형의 한쪽 측 생략의 경우 대칭 도형에서 대칭 중심선의 한쪽 측만 나타낸 그림에서는 치수선은 원칙적으로 그 중심선을 넘어 적당히 연장하고, 그 측에는 끝단 기호를 붙이지 않는다(17·134 그림). 단, 오해의 우려가 없는 경우에는 치수선은 중심선을 넘지 않아도 된다(17·135 그림).

대칭 도형에서 다수의 지름 치수를 기입하는 것은 치수 의 길이를 더 짧게 하고, 17·135 그림의 예와 같이 몇 단으로 나누어 기입해도 된다.

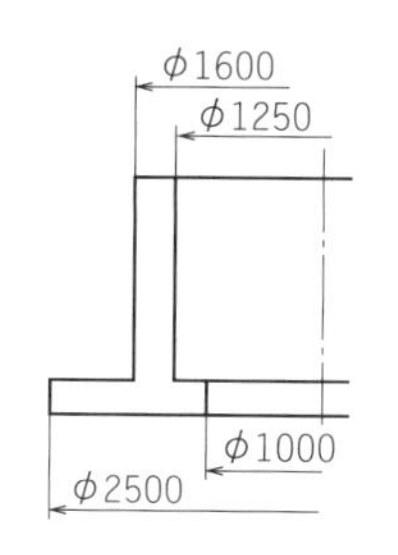

17·134 그림 한쪽 생략인 경우의 치수선

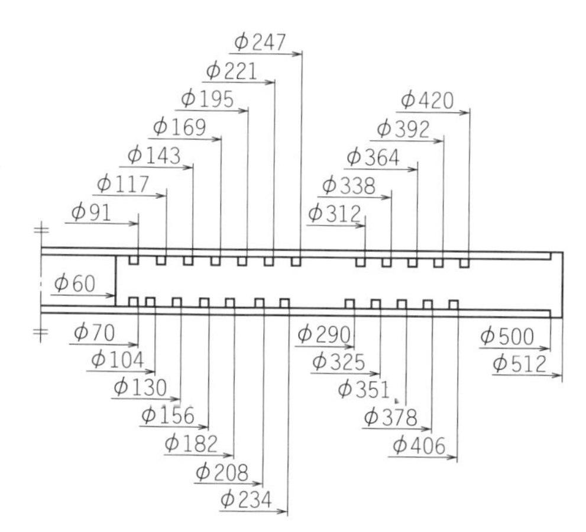

17·135 그림 다수의 반경은 몇 단으로 나누어 기입한다

(6) 기호 문자에 의한 경우 유사한 형상을 가진 물품을 몇 개 그림으로 나타내는 경우는 17·136 그림과 같이 1개의 도형에 기호 문자를 사용해 수치를 도형 부근에 별도로 표로 해서 나타낸다. 또한, 17·137 그림은 기호 문자에 의한 구멍의 직경 표시 예를 나타낸 것이다.

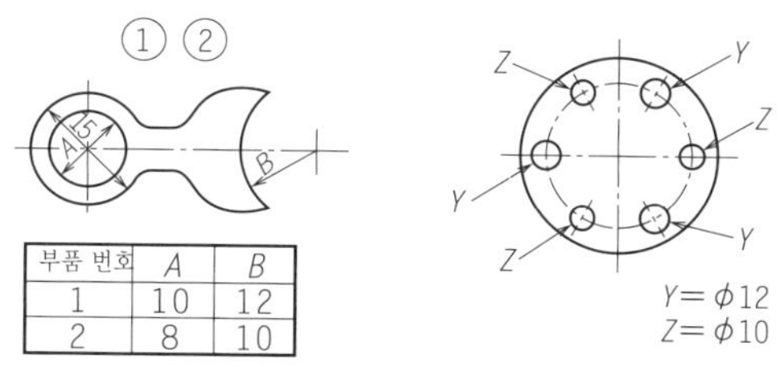

부품 번호	A	B
1	10	12
2	8	10

17·136 그림 기호 문자에 의한 치수 기입

17·137 그림 기호 문자에 의한 직경 기입

(7) 라운딩 또는 모떼기가 있는 부분의 기입법 서로 경사진 2개의 면 사이에 라운딩 또는 모떼기가 실시되어 있을 때, 2개의 면이 교차하는 위치를 나타내려면 17·138 그림과 같이 라운딩 또는 모떼기를 실시하기 이전의 형상(작도선)을, 가는 실선으로 나타내고 그 교점에서 치수보조선을 내면 된다. 그리고 이 경우, 교점을 명확하게 할 필요가 있는 경우에는 각각의 선을 서로 교차시키거나, 또는 교점에 검은 점을 붙인다[17·138 그림 (b), (c)].

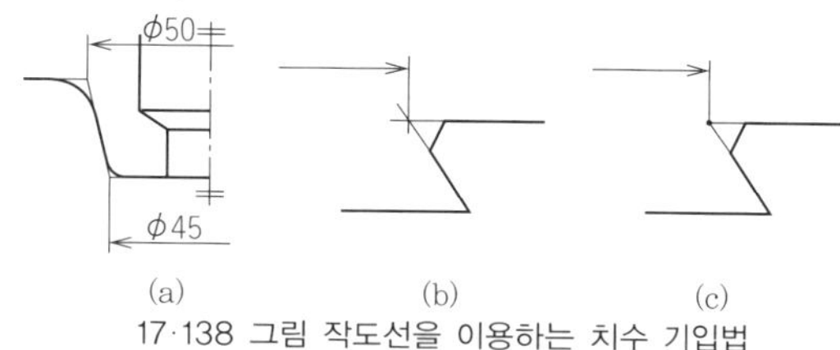

17·138 그림 작도선을 이용하는 치수 기입법

(8) 원호 부분의 치수 기입법 원호 부분의 치수는 원호가 180도까지는 원칙적으로 반경으로 나타내고, 그것을 넘는 경우에는 원칙으로서 직경으로 나타낸다(17·139 그림).

단, 원호가 180도 이내라도 가공 상 직경 치수를 필요로 하는 것에 대해서는 17·140 그림 및 17·141 그림에 나타냈듯이 직경의 치수로 기입해야 한다.

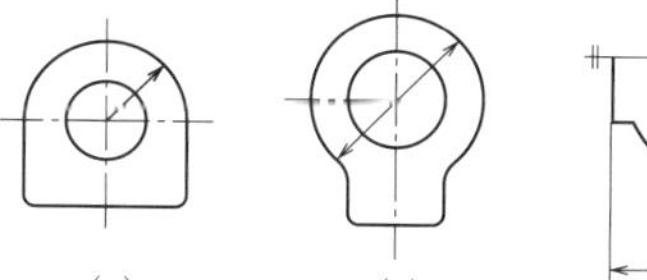

17·139 그림 원호 부분의 치수

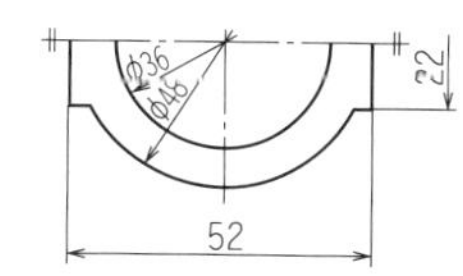

17·140 그림 직경의 치수법을 기입한다

(9) 키 홈이 있는 허브 구멍의 치수 키 홈이 단면에 나타나 있는 허브의 내경 치수를 기입하는 경우에는 17·142 그림에 나타냈듯이 키 홈 측에는 끝단 기호를 붙이지 않는다.

17장

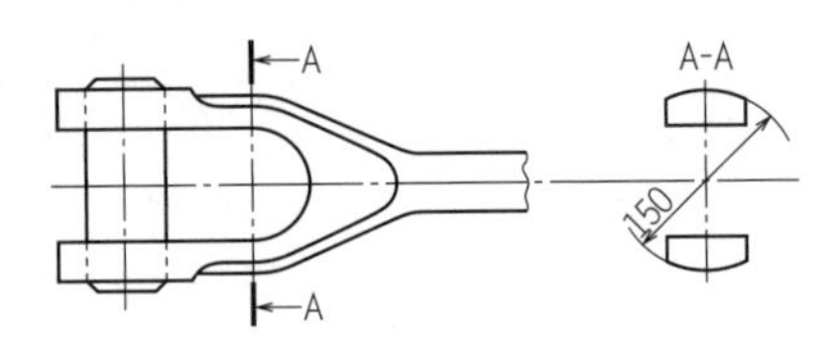

17·141 그림 직경 치수의 기입이 필요

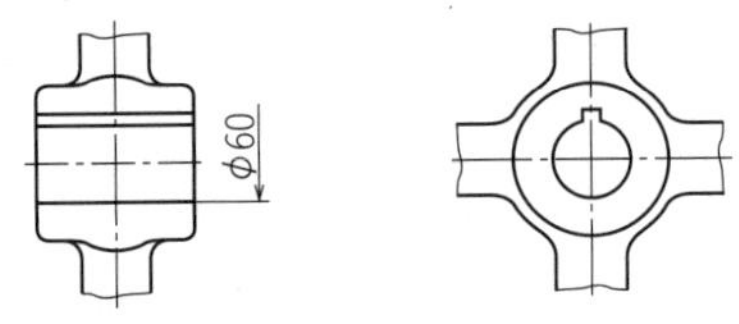

17·142 그림 키 홈이 있는 구멍의 치수

(10) 다른 치수에 의해 결정되는 반경 반경의 치수가 따로 지시하는 치수에 의해 자연스럽게 결정되는 경우에는 17·143 그림에 나타냈듯이 반경의 치수선과 반경의 기호로 원호인 것을 나타내고, 치수는 기입하지 않는다.

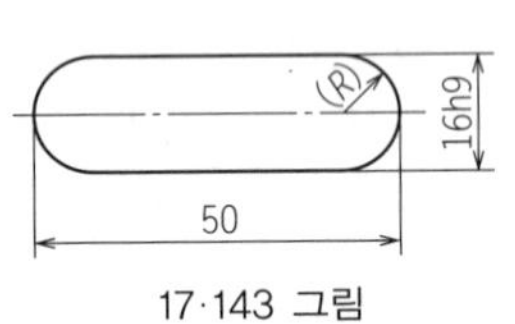

17·143 그림

(11) 동일 부분의 치수 T형관 이음, 밸브 케이스, 콕 등과 같이 1개의 물품에 완전히 동일한 치수의 부분이 2개 이상 있는 경우에는, 치수는 그 중 하나에만 기입하는 것이 좋다. 이 경우, 치수를 기입하지 않는 부분에는 17·144 그림에 나타냈듯이 가급적 동일한 치수인 것을 나타내는 주의를 기입해 두는 것이 좋다.

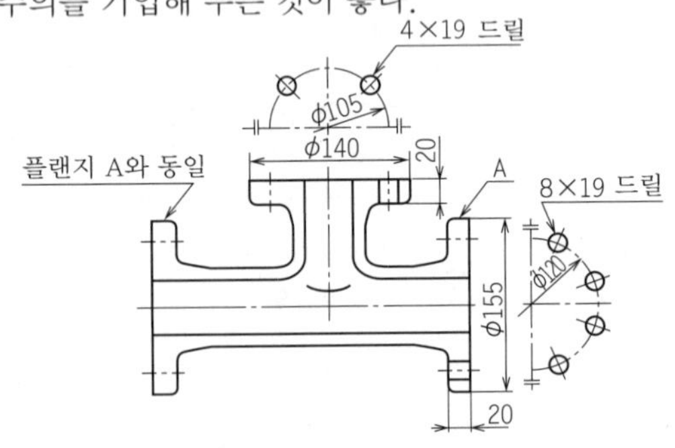

17·144 그림 동일 부분의 치수 기입

(12) 비비례 치수의 경우 도면 중 여러 가지 이유로 도형이 그 치수 수치에 비례하지 않는 경우가 있다. 17·145 그림과 같이 치수 수치와 도형이 비례하지 않는 것을 명기하기 위해서는 치수 수치의 아래에 굵은 실선을 그린다.

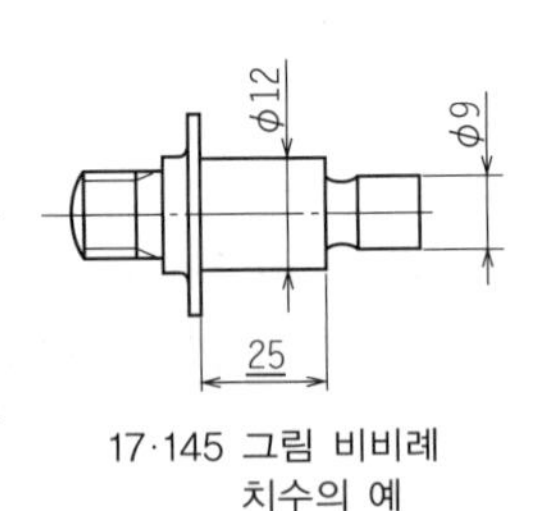

17·145 그림 비비례 치수의 예

단, 일부를 절단하거나 생략한 경우 등 특별히 치수가 일치하지 않는 것을 명시할 필요가 없는 경우에는 이 선은 그리지 않아도 된다.

17.6 나사 제도

나사에는 원통의 바깥측 면에 나선 모양의 홈을 만든 수나사와, 마찬가지로 둥근 구멍의 내면에 홈을 만든 암나사가 있다(8장 참조).

1. 나사 및 나사 부품의 제도 규격

위에서 말한 나사를 제도하는 경우, 모두 JIS B 0002(제도-나사 및 나사 부품)에 정해진 제도 규격을 바탕으로 하게 되어 있다.

구 규격인 JIS B 0002-1956(나사 제도)는 제정된 이래, 몇 차례의 개정을 거쳤을 뿐 오랫동안 사용되어 왔는데, 1998년 ISO에 기초해 대폭적으로 개정이 이루어지게 됐다. 이 규격은 제1부 : 통칙, 제2부 : 나사 인서트 및 제3부 : 간략 도시 방법의 3부로 나누어져 있는데, 제2부의 나사 인서트는 일본에서는 친숙하지 않은 것이므로 본 장에서는 설명을 생략한다.

나사의 도시는 앞에서 말한 규격의 제1부에서 실형 도시 및 통상 도시의 방법, 치수 기입 방법이 정해지고, 제3부에서 나사 및 너트, 소경의 나사 등의 간략 도시 방법이 정해져 있다.

2. 나사 및 나사 부품의 도시 방법

(1) 나사의 실형 도시 17·146 그림에 나타낸 나사를 실형에 가깝게 그리는 도시 방법은 간행물, 취급설명서 등에서 이용되는 경우가 있는데, 매우 수고가 들기 때문에 반드시 필요로 하는 경우에만 사용하는 것이 좋다. 이 경우에도 나사의 피치나 형상 등을 엄밀한 척도로 그릴 필요는 없고, 나선은 직선으로 나타내면 된다.

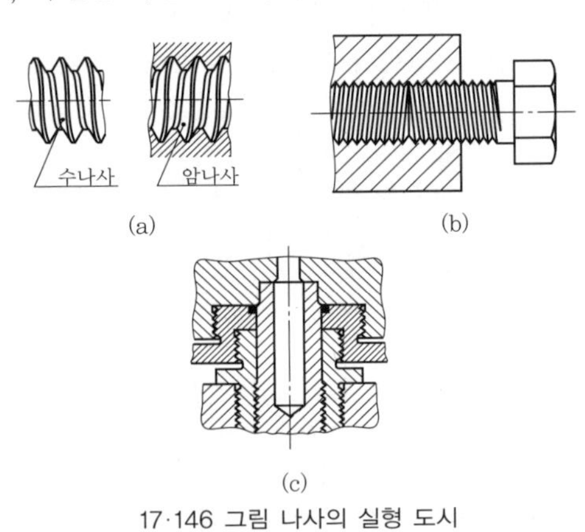

17·146 그림 나사의 실형 도시

(2) **나사의 통상 도시** 통상 이용되는 모든 종류의 제도에서는 다음에 설명하는 것과 같은 관례를 따른 단순한 도시 방법을 이용하면 된다.

(i) **나사의 외관 및 단면도** 이 경우의 선의 사용법은 다음과 같이 한다(17·147 그림, 17·148 그림).

나사의 산봉우리를 연결한 선(수나사의 외경선, 암나사의 내경선) … 굵은 실선.

나사의 골밑을 연결한 선(수나사, 암나사의 골짜기 지름선) … 가는 실선.

이 경우, 나사의 산봉우리와 골밑을 나타내는 선의 간격은 나사의 산 높이와 가급적 동일하게 하는 것이 좋다. 단, 이 간격은 굵은 선 굵기의 2배나, 0.7mm 중 어느 하나보다 크게 하는 것이 필요하다.

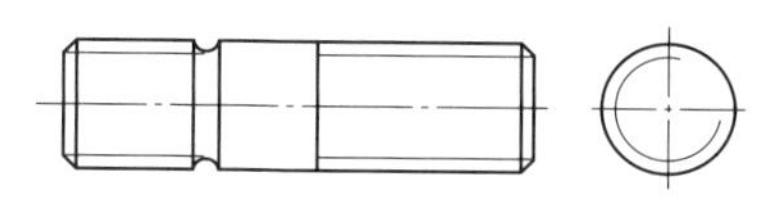

17·147 그림 나사의 통상 도시 (외형도)

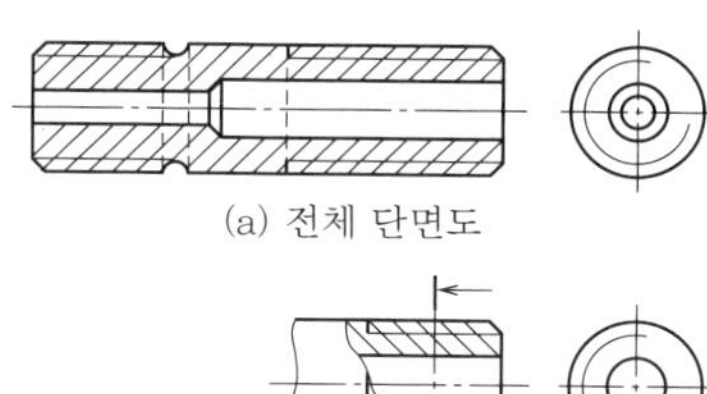

(a) 전체 단면도

(b) 부분 단면도

17·148 그림 나사의 통상 도시 (전체 단면도·부분 단면도)

(ii) **나사의 끝단면에서 본 그림** 나사의 끝단면에서 본 그림(둥글게 나타나는 쪽의 그림)에서, 나사의 골밑은 17·147 그림, 17·148 그림에 나타냈듯이 가는 선을 이용하고, 원주의 약 3/4 원의 일부로 나타낸다. 이 때 가급적 오른쪽 윗방향으로 4분원을 여는 것이 좋다. 이 경우, 모떼기 원을 나타내는 굵은 선은 생략하는 것으로 한다.

이 1/4의 열린 원 부분은 어쩔 수 없는 경우에는 다른 위치에 있어도 된다(17·149 그림 참조).

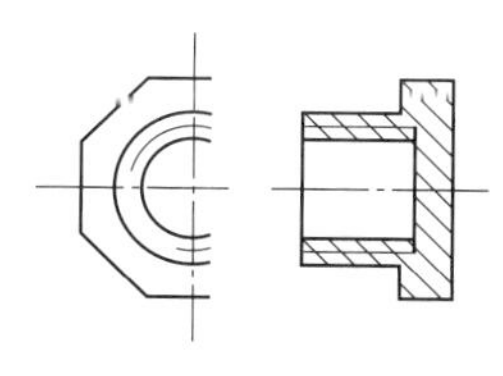

17·149 그림

이 1/4의 열린 원으로 나사의 골밑을 나타내는 방법은 1998년에 ISO에 기초해 개정된 것으로, 지금까지 일본에서는 17·150 그림에 나타냈듯이 전체 원으로 나타내고 있었다.

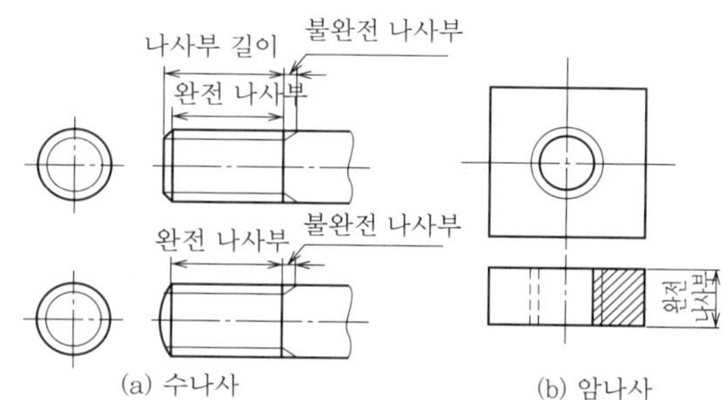

(a) 수나사 (b) 암나사

17·150 그림 구 규격에 의한 나사의 간략 도시법

(iii) **숨은 나사** 숨은 나사에서는 산봉우리 및 골밑은 17·151 그림에 나타냈듯이 모두 가는 파선으로 나타내면 된다.

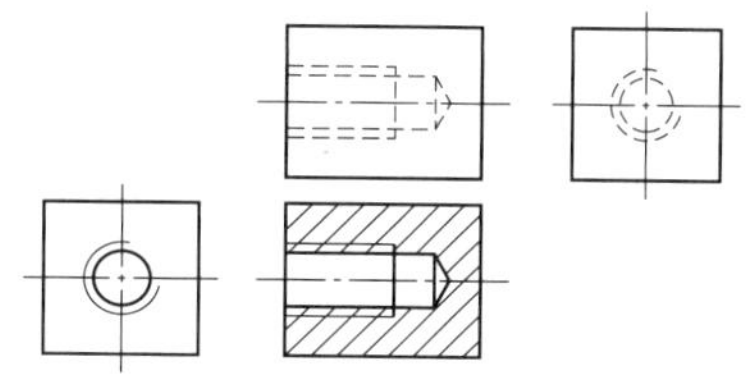

17·151 그림 숨은 나사

(iv)**나사 부품의 해칭** 단면도로 나타내는 나사 부품에서는, 해칭은 나사 산봉우리를 나타내는 선까지 연장해서 그린다(17·152 그림 참조).

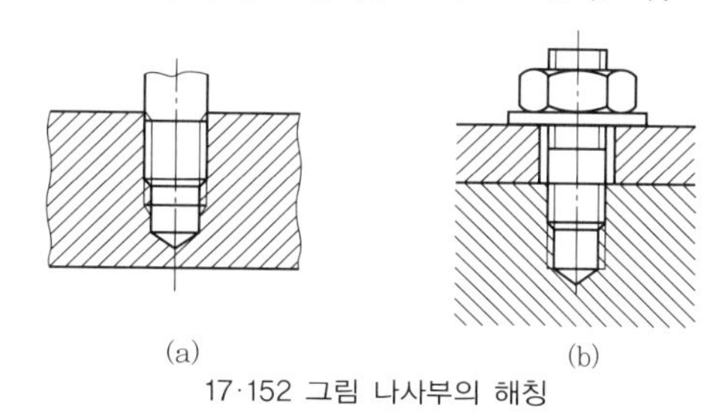

(a) (b)

17·152 그림 나사부의 해칭

(v) **나사부 길이의 경계** 나사 절삭된 나사부 길이의 경계는 그것이 보이는 경우에는, 굵은 실선으로 나타내 둔다. 만약 그것이 숨어 있는 경우에는 가는 파선을 이용하면 된다. 단, 17·148 그림 (b)와 같이 나사부를 부분 단면도에 의해 나타내는 경우에는 생략해도 된다.

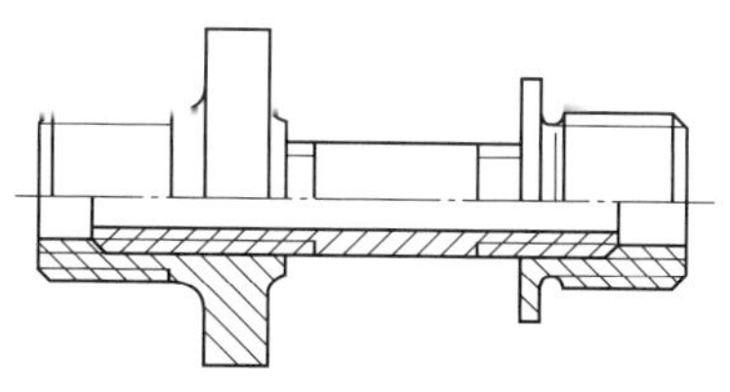

17·153 그림 나사부 길이의 경계

이들의 경계선은 17·153 그림에 나타냈듯이 수나사의 외경 또는 암나사의 골짜기 지름을 나타내는 선까지 그리고 멈춘다.

(vi) **불완전 나사부** 17·154 그림과 같이 나사부의 끝단을 넘은 나사산이 완전하지 않은 부분을 불완전 나사부라고 한다. 이 부분은 일반적으로는 나타내지 않아도 되는데, 기능상 필요한 경우(예를 들면 스터드 볼트는 나사 넣기가 가능한 곳까지 확실하게 끼우기 때문)라든지, 이 부분에 치수를 기입하는 경우에는 경사진 가는 실선으로 나타내 두면 된다.

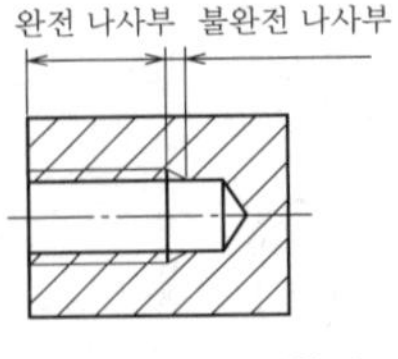

17·154 그림 불완전 나사부

(vii) **조립된 나사 부품** 나사 부품의 조립도에서는 17·155 그림에 나타냈듯이 수나사를 우선시키고, 암나사를 숨긴 상태로 나타낸 것으로 되어 있다.

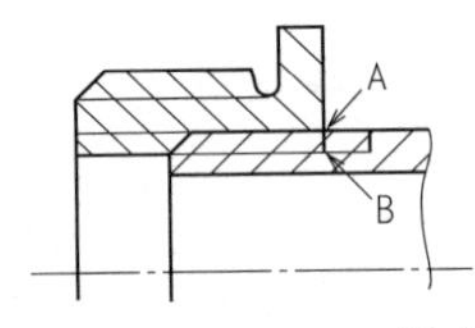

개정 전 : 직선 AB를 그린다
개정 후 : 직선 AB를 그리지 않는다

17·155 그림

또한, 1998년 개정 이전에는 17·155 그림에 나타냈듯이 암나사가 어디까지 되어 있는지를 나타내는 A-B의 선을 그리도록 정하고 있었는데, 이후에는 앞의 규정에 의해 이 선을 그리지 않게 되었으므로 주의하길 바란다.

(viii) **나사 치수 기입법** 나사의 호칭지름은 17·156 그림에 나타냈듯이 일본에서는 지금까지 수나사의 산봉우리 또는 암나사의 골밑을 나타내는 선에서 끄집어낸 인출선에 의해 기입하게 되어 있었는데, 1998년 개정으로 17·157 그림에 나타냈듯이 일반 치수와 동일하게 치수선 및 치수 보조선을 이용해 기입하게 됐다.

나사 길이 치수는 일반적으로 필요하지만, 멈춤구멍 깊이는 보통 생략해도 되는 경우가 많다. 이 멈춤구멍 깊이 표시의 필요성은 부품 자신 또는 나사가공에 사용하는 공구가 어떤 것인가에 따라 결정되므로 기입하지 않는 경우에는 나사 길이의 1.25배 정도 그려 두면 된다. 또한 17·158 그림, 17·159 그림에 나타냈듯이 간단한 표시로 깊이 지정을 해도 된다.

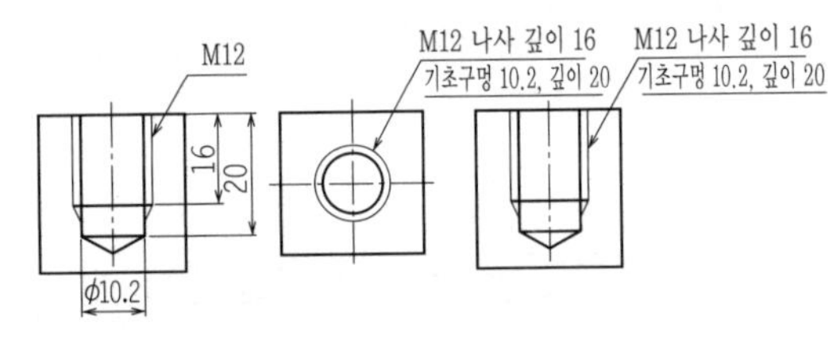

17·156 그림 구 규격의 나사 치수 기입법

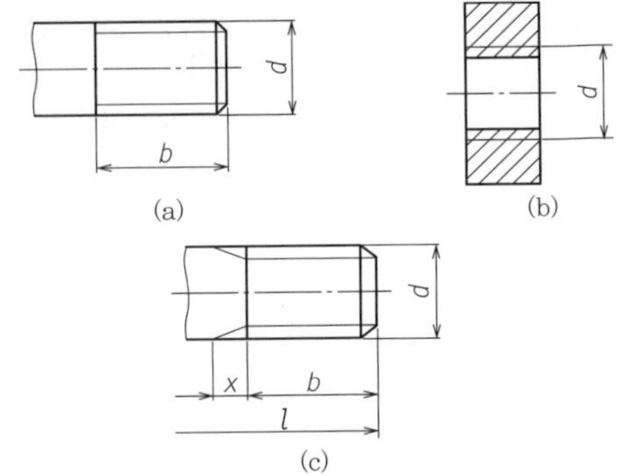

17·157 그림 나사의 치수 기입법

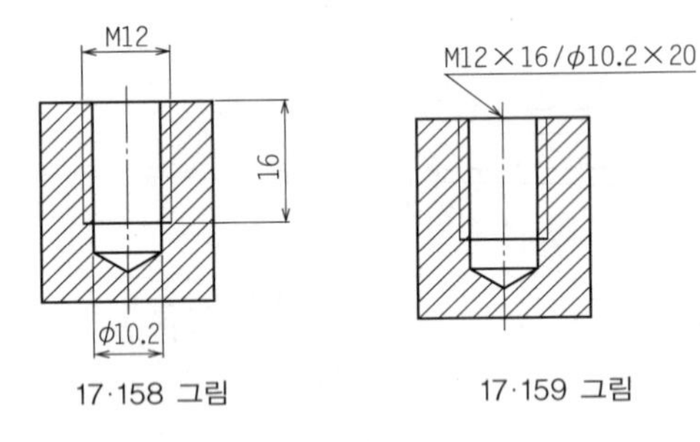

17·158 그림 17·159 그림

(3) 나사의 간략 도시

(i) **일반 간략 도시** 나사를 가장 간략하게 그림으로 나타내는 경우는 필요 최소한의 특징만 나타내고, 다음과 같은 부분은 그리지 않아도 된다.

[예] 너트 및 머리부 모떼기부의 모서리, 불완전 나사부, 나사 끝의 형상, 릴리프 홈.

(ii) **나사 및 너트** 나사의 머리 형상, 드라이버용 구멍 등의 형상, 또는 너트의 형상을 나타낸 경우에는 17·13 표에 나타낸 간략 도시의 예를 사용하고 이 그림에 나타내지 않은 특징의 조합도 사용해도 된다. 그리고 이 간략 도시의 경우에는 나사측 끝단면의 도시는 필요하지 않다.

(ii) **소경 나사** 다음과 같은 경우에는 17·160 그림에 나타낸 좀 더 간략화된 도시법을 이용해도 된다.

① 직경(도면 상의)이 6mm 이하.

② 규칙적으로 배열된 동일한 형상 및 치수의 구멍 또는 나사.

17·13 표 볼트·너트·작은 나사의 간략 도시 (JIS B 0002-3)

No.	명칭	간략 도시	No.	명칭	간략 도시
1	육각볼트		9	십자구멍 붙이 접시 작은 나사	
2	사각볼트		10	슬릿붙이 고정 나사	
3	육각구멍 붙이 볼트		11	슬릿붙이 나무나사 및 태핑 나사	
4	슬릿붙이 평 작은 나사 (접시머리 형상)		12	나비볼트	
5	십자구멍 붙이 평 작은 나사		13	육각너트	
6	슬릿붙이 둥근접시 작은 나사		14	홈붙이 육각너트	
7	십자구멍 붙이 둥근 접시 작은 나사		15	사각너트	
8	슬릿붙이 접시 작은 나사		16	나비너트	

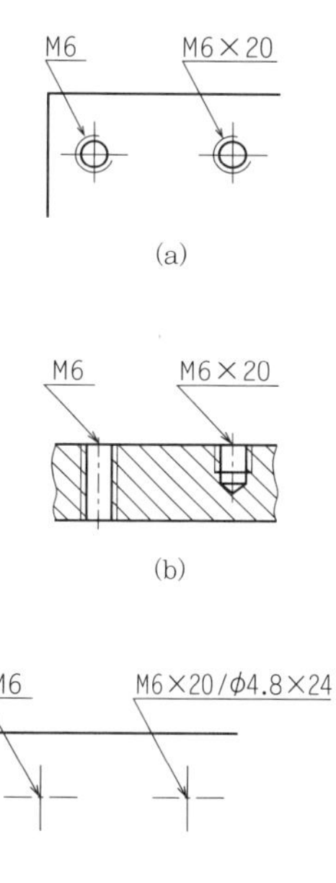

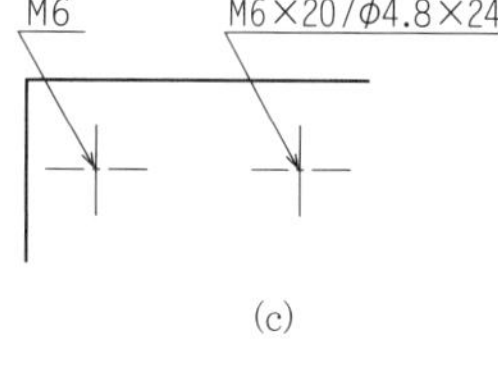

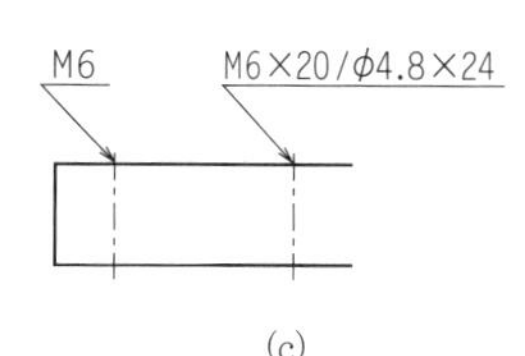

17·160 그림 나사의 간략화한 도시법

그림에서 볼 수 있듯이 지시선의 화살표는 구멍의 중심선을 가리키도록 끌어내야 한다.

3. 나사의 표시법

나사에는 여러 가지가 있으므로 그들을 나타내려면 JIS에 규정된 나사의 표시법(JIS B 0123)을 따르는 것으로 되어 있다. 17·14 표는 나사의 종류를 나타내는 기호 및 나사의 호칭 표시법의 예를 나타낸 것이다.

17·14 표 나사의 종류를 나타내는 기호 및 나사의 호칭 표시법의 예

구분	나사의 종류		나사의 종류를 나타내는 기호	나사의 호칭 표시법의 예	인용 규격
피치를 mm로 나타내는 나사	일반용 미터나사	보통 나사	M	M 10	JIS B 0209-1
		가는 나사		M 10×1	JIS B 0209-1
	미니어처 나사		S	S 0.5	JIS B 0201
	미터 사다리꼴 나사		Tr	Tr 12×2	JIS B 0216
피치를 산 수로 나타내는 나사	관용 테이퍼 나사	테이퍼 수나사	R	R 3/4	JIS B 0203
		테이퍼 암나사	Rc	Rc 3/4	
		평행 암나사	Rp	Rp 3/4	
	관용 평행 나사		G	G 5/8	JIS B 0202
	유니파이 보통 나사		UNC *1	1/2-13 UNC	JIS B 0206
	유니파이 가는 나사		UNF *2	No. 6-40 UNF	JIS B 0208

[주] *1 UNC…unified national coarse의 약어. *2 UNF…unified national fine의 약어.

(1) 나사 표시법의 항목 및 구성 나사의 표시법은 나사의 호칭, 나사의 등급 및 나사산의 감김 방향 등 각 항목에 대해 다음과 같이 구성하도록 되어 있다. 이하, 이들 항목들에 대해 설명한다.

나사의 호칭	—	나사의 등급	—	나사산의 감김 방향

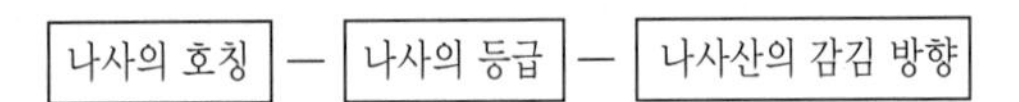

(2) 나사의 호칭 나사의 호칭은 나사의 종류를 나타내는 기호, 직경 또는 호칭지름을 표 숫자 및 피치 또는 25.4mm에 대한 나사산 수(이하, 산수라고 한다)를 이용해 다음의 어느 하나에 의해 나타내면 된다.

(i) 피치를 밀리미터로 나타내는 경우 예를 들면 미터나사 '보통 나사', 미터나사 '가는 나사' 및 미니어처 나사가 이것에 해당되고, 다음과 같이 나타낸다.

나사의 종류를 나타내는 기호	나사의 직경을 나타내는 기호	×	피치

미터나사 '보통 나사'의 경우에는 17·14 표에 따라 그 종류는 M의 기호이며, 호칭지름 10mm일 때에는 8·1 표에 따라 피치는 1.5mm이기 때문에 'M 10×1.5'로 해야 하는데, '보통 나사'와 같이 동일 호칭지름에 대해 피치가 단 1개만 규정되어 있는 나사에서는 피치는 생략하게 되어 있으므로 이 경우는 'M 10'으로 나타내면 된다. 미니어처 나사의 경우도 마찬가지이다.

그러나 미터나사 '가는 나사'에서는 8·5 표에서 볼 수 있듯이 동일 호칭지름에 대해 피치가 2종류 이상 규정되어 있는 것이 많으므로 반드시 피치도 나타내 두어야 한다. 이렇게 미터나사의 경우, 피치의 기입이 없는 것은 '보통 나사', 있는 것은 '가는 나사'라고 생각하면 된다.

(ii) 유니파이 나사의 경우 유니파이 보통 나사 및 유니파이 가는 나사의 경우에는 다음과 같이 나타내면 된다.

나사의 직경을 나타내는 숫자 또는 번호	—	산 수	나사의 종류를 나타내는 기호

유니파이 나사는 보통 나사의 기호는 UNC[*1], 가는 나사의 기호는 UNF[*2]로 구분해서 사용되고 있어 헷갈릴 우려가 없으므로 모두 산 수를 기입한다(*1, *2는 17·14 표 참조).

또한 유니파이 나사 중에 직경 1/4인치 미만의 소경 나사는 직경 치수 대신에 No.1~No.12의 번호로 부르는, 이른바 넘버 나사가 규정되어 있으며 각각 다음의 예와 같이 나타내게 되어 있다.

[예] No.8-32UNC, 3/8-16UNC,
No.0-80UNF, 5/16-24UNF

(iii) 유니파이 나사를 제외한 피치를 산 수로 나타내는 나사의 경우 각종 관용 나사 등이 이에 해당되며, 다음과 같이 해서 나타낸다.

나사의 종류를 나타내는 기호	나사의 직경을 나타내는 숫자	—	산수

단, 관용 나사는 모두 동일한 직경에 대해 산수가 단 1개만 규정되어 있으므로 일반적으로 산수는 생략해도 된다.

(3) 나사의 등급 나사에는 그 치수 허용차의 정밀 여부에 따라 17·15 표에 나타냈듯이 몇 가지 등급으로 나누어져 있으므로 필요한 경우에는 나사의 호칭 뒤에 하이픈을 넣고, 이들 기호를 부기하면 된다.

[예] M 20-6H, M 45×1.5-4h

17·15 표 권장하는 나사의 등급*

나사의 종류		나사의 등급 (정밀↔거침)
미터 나사	수나사	4h, 6g, 6f, 6e
	암나사	5H, 6H, 7H, 6G
유니파이 나사	수나사	3A, 2A, 1A
	암나사	3B, 2B, 1B
관용 평행 나사	수나사	A, B

[주] *미터 나사의 경우는 공차역 클래스를 말한다.

등급이 다른 수나사와 암나사의 조합인 경우에는 암나사의 등급을 먼저 적고, 왼쪽 아래 방향으로 사선을 넣어 수나사의 등급을 기입하면 된다.

[예] M 3.5-5H/6g

또한, 나사의 등급은 필요가 없을 때는 생략해도 된다.

(4) 나사의 줄 수 1리드(나사가 1회전해 진행한 거리) 사이에 1줄만 나선이 있는 나사를 1줄 나사라고 한다. 이것은 일반적으로 많이 사용되고 있는 나사이다. 이것에 대해 1리드 사이에 2줄 이상의 나선이 있는 나사를 다줄 나사라고 하고, 각각의 줄 수에 따라 2줄 나사, 3줄 나사 등으로

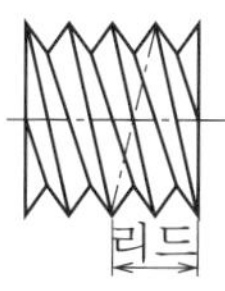
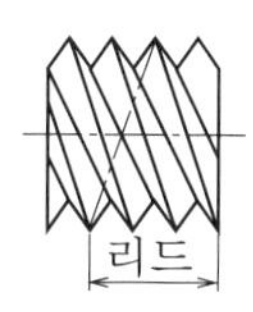

(a) 1줄 나사 (b) 2줄 나사 (c) 3줄 나사

17·161 그림 1줄 나사와 다줄 나사

부른다(17·161 그림).

이와 같이 다줄 나사에서는 리드는 피치의 줄 수배가 된다. 다줄 나사를 나타내려면 L(리드) 및 P(피치)의 문자를 이용해 다음과 같이 하면 된다.

(i) 다줄 미터나사의 경우

나사의 종류를 나타내는 기호	나사의 호칭지름을 나타내는 숫자	×L	리드	P	피치

(ii) 다줄 미터 사다리꼴 나사의 경우

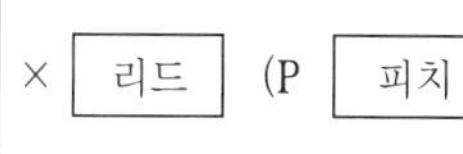

나사의 종류를 나타내는 기호	나사의 호칭지름을 나타내는 숫자	×	리드	(P	피치	)

[예] M 8×L 2.5 P 1.25 … 2줄 미터 보통나사 M 8리드 2.5피치 1.25

Tr 40×14 (P 7) … 2줄 미터 사다리꼴 나사 Tr 40리드 14피치 7

(5) 나사산의 감김 방향 나사는 홈이 오른쪽 방향으로 난 오른 나사가 대부분인데, 필요에 따라 홈이 반대 방향으로 난 왼 나사가 이용되는 경우가 있다.

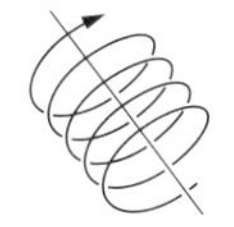
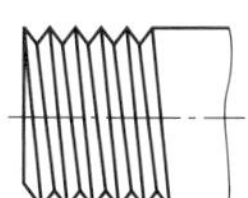
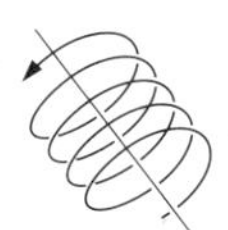
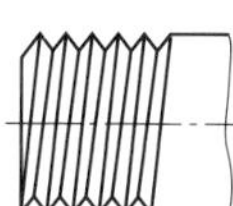

(a) 오른 나사 (b) 왼 나사

17·162 그림 나사산의 감김 방향

왼 나사를 나타내기 위해서는 LH(left hand의 약어)의 기호를 이용해 나사의 호칭에 추가하고, 다음의 예와 같이 반드시 나타내 둬야 한다. 오른 나사의 경우는 별도로 표시를 하지 않아도 되지만, 특별히 필요한 경우에는 RH(right hand의 약어) 기호를 이용하면 된다.

[예] M8−LH, M 14×1.5−LH

17·7 스프링 제도

1. 스프링의 종류

스프링에는 여러 가지가 있는데, 그 형상, 성질 등에 의해 분류하면, 코일 스프링, 겹판 스프링, 벌류트 스프링, 스파이럴 스프링 등이 있으며, 2007년 개정의 규격에서는 코일드 웨이브 스프링, 스태빌라이저, 스프링 핀 등의 예시 그림이 더해졌다.

2. 스프링의 도시법

다음에 이들 스프링에 대해 JIS B 0004 '스프링 제도'에 의한 간략 도시법을 설명한다.

(1) 코일 스프링 이것에는 둥근 막대를 감은 것과 사각의 네모난 막대를 감은 것이 있으며, 또한 힘을 받는 방향에 따라 다음의 것이 있다.

① 압축 코일 스프링

② 인장 코일 스프링

③ 비틀림 스프링

이들 코일 스프링의 제작도에는 17·163 그림에 나타낸 도시법이 이용된다.

즉, 이 경우의 도시법은 실제 형상에 가장 가깝고 일반 부품을 그려서 나타낼 때의 도시법과 동일하다. 또한 그 표시법에 대해서는 무하중 시의 상태로 그리는 것이 표준으로 되어 있으며, 치수 기입의 경우에는 하중을 명기해야 한다. 그리고 또한 하중과 높이(또는 길이) 혹은 힘을 나타낼 필요가 있는 경우에는 선도 또는 요목표(그림 안에 기입하기 어려운 사항은 일괄적으로 나타낸다)로 나타낸다. 이 경우에 그리는 선도는 편의상 17·163 그림 (1)의 (a) 또는 (b)에 나타냈듯이 직선으로 나타내도 된다. 이 선도를 나타낼 때의 하중과 높이(또는 길이) 혹은 힘을 나타내는 좌표축과의 관계는 스프링의 형상을 나타내는 선(굵은 실선)과 동일한 굵기의 선으로 그려서 나타낸다.

또한 코일 스프링의 코일 부분은 나선의 투영이 되고, 또한 자리에 근접한 부분은 피치 및 각도가 연속적으로 변화하는데 이를 간단히 직선으로 나타낸다. 위의 도시법은 가장 정성을 들인 것인데, 실제로는 앞에서 말한 양 끝단 이외의 동일 형상 부분을 17·164 그림에 나타냈듯이 상상선으로 생략 도시하고 있다. 이 도시법은 제작도 및 기타에 널리 이용된다.

다음에 나타낸 17·165 그림은 사내 규격으로 정해져 있는 스프링 또는 스프링 제작 전문 공장의 표준품을 주문하는 경우에 그려지는 도시법이다. 즉, 선도적인 간략도이며, 단순히 스프링의

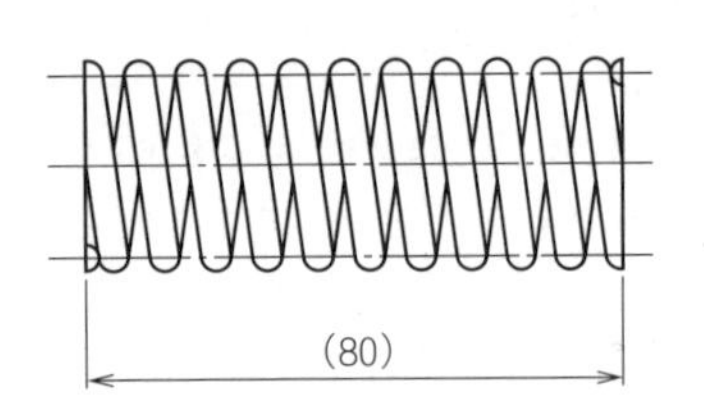

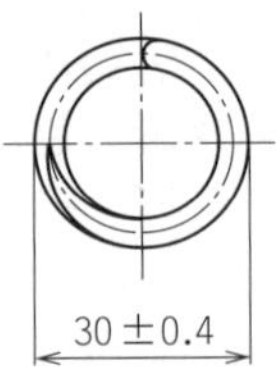

요목표

재료			SWOSC-V
재료의 직경		mm	4
코일 평균지름		mm	26
코일 외경		mm	30±0.4
총권수			11.5
좌권수			각 1
유효권수			9.5
감김 방향			오른쪽
자유 높이		mm	(80)
스프링 상수		N/mm	15.0
지정	높이	mm	70
	높이 시의 하중	N	150±10 %
	응력	N/mm²	191
최대 압축	높이	mm	55
	높이 시의 하중	N	375
	응력	N/mm²	477
밀착 높이		mm	(44)
끝단 두께		mm	(1)
코일 외측면의 기울기		mm	4이하
코일 끝단부의 형상			클로즈드 엔드 (연삭)
표면 처리	성형 후의 표면가공		쇼트피닝
	방청처리		방청유 도포

(a)

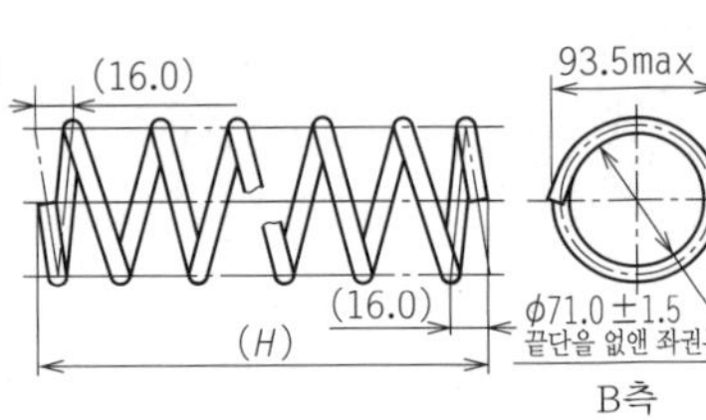

요목표

재료			SUP 9
재료의 직경		mm	9.0
코일 평균지름		mm	80
코일 내경		mm	71.0±1.5
총권수			(6.5)
좌권수			A측 : 0.75, B측 : 0.75
유효 권수			5.13
감김 방향			오른쪽
자유 높이		mm	(238.5)
스프링 상수		N/mm	24.5±5%
지정	높이	mm	152.5
	높이 시의 하중	N	2 113±123
	응력	N/mm²	687
최대 압축	높이	mm	95.5
	높이 시의 하중	N	3 510
	응력	N/mm²	1 142
밀착 높이		mm	(79.0)
코일 외측면의 기울기		mm	11.9 이하
경도		HBW	388 ~ 461
코일 끝단부의 형상		A측	떼어냄, 피치 엔드
		B측	떼어냄, 피치 엔드
표면 처리	재료의 표면처리		연삭
	성형 후의 표면가공		쇼트피닝
	방청처리		흑색 분체 도장

(b)

(1) 압축 코일 스프링

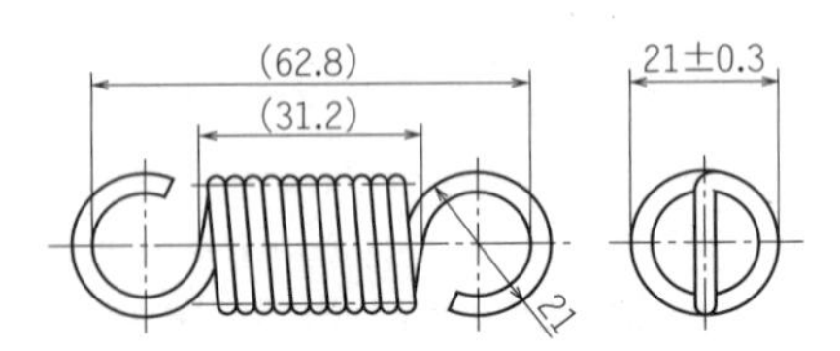

요목표

재료			SW-C
재료의 직경		mm	2.6
코일 평균지름		mm	18.4
코일 외경		mm	21±0.3
총권수			11.5
감김 방향			오른쪽
자유 높이		mm	(62.8)
스프링 상수		N/mm	6.26
초장력		N	(26.8)
하중		N	–
하중 시의 길이		mm	–
지정	길이	mm	86
	길이 시의 하중	N	172±10%
	응력	N/mm²	555
훅의 형상			둥근 훅
표면 처리	성형 후의 표면가공		–
	방청처리		방청유 도포

(2) 인장 코일 스프링

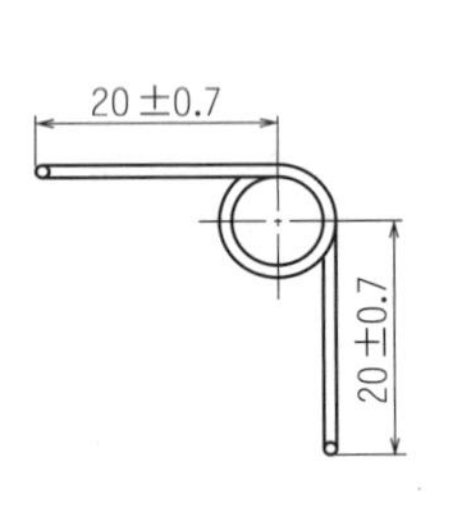

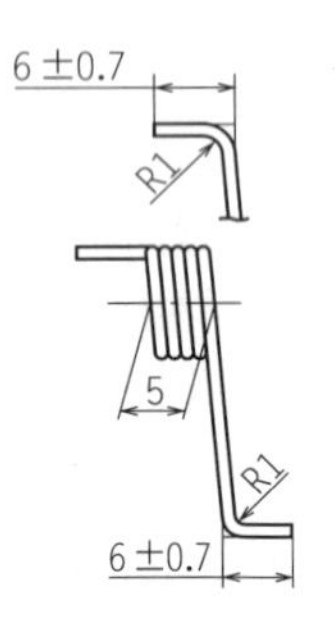

요목표

재료			SUS304-WPB
재료의 직경		mm	1
코일 평균지름		mm	9
코일 내경		mm	8±0.3
총권수			4.25
감김 방향			오른쪽
자유 높이		도	90±15
지정	비틀림각	도	–
	비틀림각 시의 토크	N·mm	–
	(참고)계획 비틀림각	도	–
안내봉의 직경		mm	6.8
사용 최대 토크 시의 응력		N/mm²	–
표면처리			–

(3) 비틀림 코일 스프링

17·163 그림 각종 코일 스프링 (제작도)

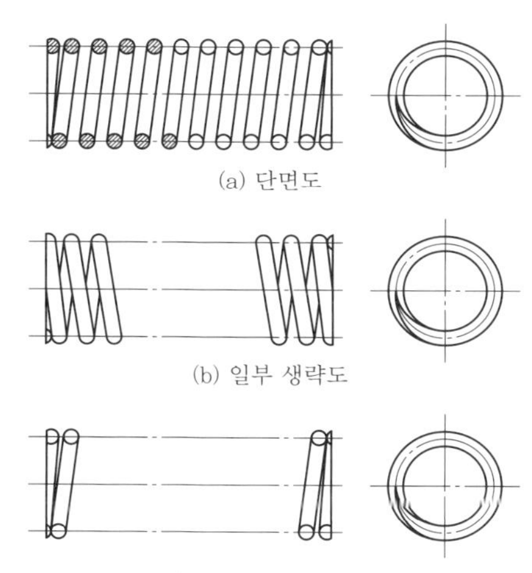
(a) 단면도

(b) 일부 생략도

(c) 일부 생략도 (b)의 단면도

17·164 그림 압축 코일 스프링의 각종 도시법

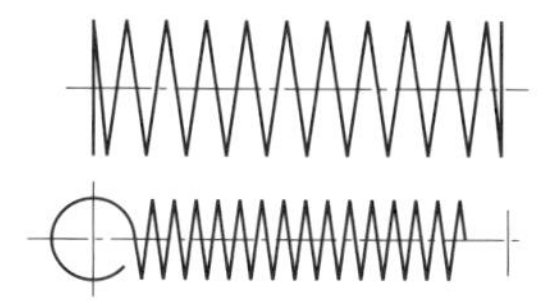
17·165 그림 한 개의 실선에 의한 도시

종류만 나타내면 된다. 이 경우, 스프링 재료의 중심선을 굵은 실선으로 그린다.

또한, 조립도, 설명도 등의 코일 스프링은 단면만 그려서 나타내도 된다. 17·166 그림은 그 도시 예를 나타낸 것이다.

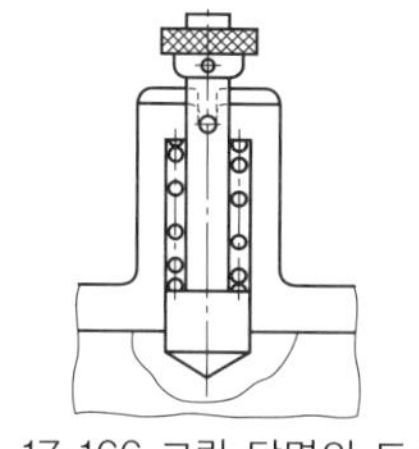
17·166 그림 단면의 도시

코일 스프링, 벌류트 스프링은 모두 오른쪽 감기의 것이 보통이기 때문에 왼쪽 감기 스프링이 필요한 경우에는 감김 방향을 명기했는데 (17·167 그림), 2007년 개정에 의해 이 항목은 삭제됐다. 단, 요목표에는 감김 방향은 기존대로 명기된다.

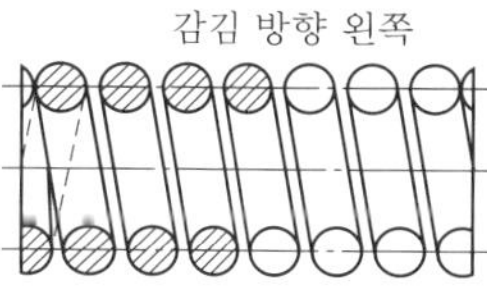

17·167 그림 왼쪽 감김 스프링

(2) 겹판 스프링

이것은 몇 장의 스프링판을 겹쳐서 만든 것으로, 자동차, 전차의 차체를 떠받치는 경우와 같이 막대한 하중을 받을 때에 사용된다. JIS B 2710-1~4에는 그 규격이 정해져 있다. 17·168 그림 및 17·169 그림은 겹판 스프링 및 테이퍼 리프 스프링 제작도에 이용되는 도시 예를 나타낸 것이다. 이들의 경우에는 볼트, 너트, 금구 등과 함께 조립된 상태로 그리는 것이 보통이고, 이들 부품의 상세도는 별도로 그려서 나타내는 것이 좋다. 또한 스프링판은 보통 규격화되어 있으므로 일반에는 조립된 상태로 그 전개 길이를 기입하는 것만으로 좋지만, 규격 외품 및 기타, 특별히 필요가 있는 경우에는 1장의 스프링판 그림을 그려서 나타내 둔다.

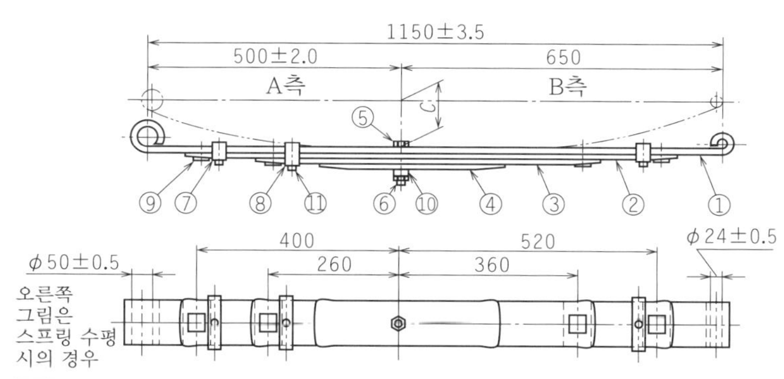

요목표

번호	부품 번호	명칭	개수
5		센터 볼트	1
6		너트, 센터 볼트	1
7		클립	2
8		클립	1
9		라이너	4
10		디스턴스 피스	1
11		리벳	3

스프링판 (JIS G 4801 B 타입 단면)								
번호	전개 길이(mm)			판두께 (mm)	판폭 (mm)	두께	경도 (HBW)	표면처리
	A측	B측	합계					
1	070	748	1424	6	60	SUP6	388 ~ 461	쇼트피닝 후 고농도 아연도료 도포
2	430	550	980					
3	310	390	700					
4	160	205	365					

스프링 상수(N/mm)	1556			
스프링 상수	하중 (N)	휨 C (mm)	스팬 (mm)	응력 (N/mm²)
무하중 시	0	112	—	0
지정 하중 시	2300	6±5	1152	451
시험 하중 시	160	—	—	1000

17·168 그림 겹판 스프링 (제작도 예)

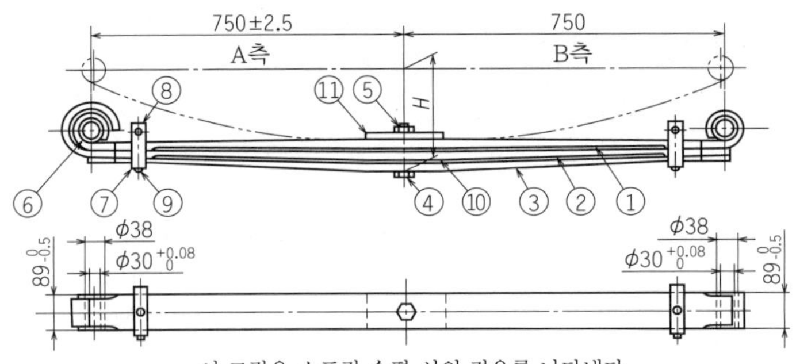

이 그림은 스프링 수평 시의 경우를 나타낸다.

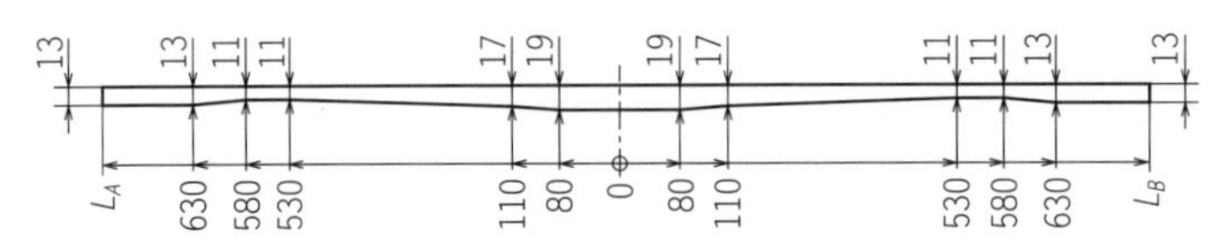

전개형상도

요목표

번호	스프링판 (JIS 4801 B타입 단면) 전개 길이 (mm) L_A (A측)	L_B (B측)	합계	판폭 (mm)	재료	경도 (HBW)	표면처리
1	916	916	1832	90	SUP9A	388 ~ 461	쇼트피닝 후 고농도 아연도료 도포
2	950	765	1715				
3	765	765	1530				

번호	부품 번호	명칭	개수
4		센터 볼트	1
5		너트, 센터 볼트	1
≈	≈	≈	≈
10		인터 리프	3
11		스페이서	1

항목	단체 시 (스프링 상수(N/mm) 250) 하중 (N)	높이 H (mm)	스팬 (mm)	응력 (N/mm²)	장착 시 (U 볼트 피치 110mm) (스프링 상수(N/mm) 265) 하중 (N)	높이 H (mm)	스팬 (mm)	응력 (N/mm²)
무하중 시	0	180	—	0	0	175	—	0
지정 하중 시	22000	92±6	1498	535	22000	92	1498	535
시험 하중 시	37010	32	—	900	37010	35	—	900

17·169 그림 테이퍼 리프 스프링 (제작도 예)

그리고 겹판 스프링에서는 코일 스프링의 경우와 달리, 그림을 그리기 쉽도록 스프링판이 수평인 상태로 그리는 것이 원칙이지만, 그림에서 볼 수 있듯이 거기에 무하중 시 상태의 일부를 상상선을 이용해 그려서 나타내 둔다. 또한 17·170 그림은 사내 규격으로 정해져 있는 스프링, 또는 전문 공장의 표준품을 주문하는 경우 등에 이용되는 선도적인 간략 도시법으로, 스프링 재료의 중심선만을 굵은 실선으로 그려 두면 된다.

(3) 벌류트 스프링 이것은 얇은 판을 소용돌이 모양으로 블랭킹하거나, 혹은 띠강을 감아서 만들어지는 것으로, 17·171 그림에 나타낸 벌류트 스프링은 이 스프링의 대표적인 것이다. 이것은 코일 스프링과 마찬가지로 무부하 시의 상태로 그리는 것이 표준으로 되어 있다. 벌류트 스프링에도 코일 스프링과 마찬가지로 오른쪽 감기와 왼쪽 감기가 있으며, 특별히 표기하지 않을 때는

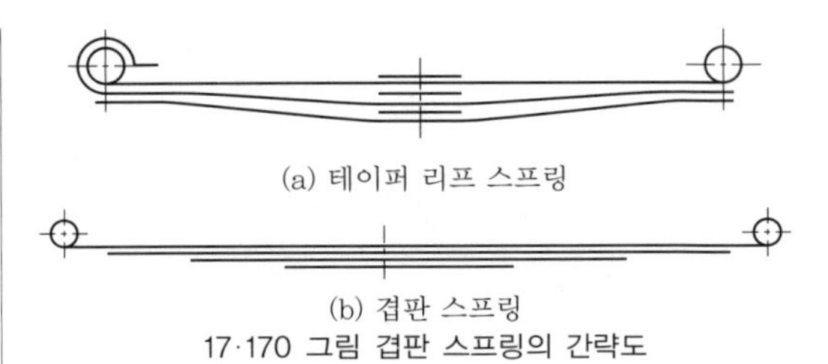

(a) 테이퍼 리프 스프링

(b) 겹판 스프링

17·170 그림 겹판 스프링의 간략도

오른쪽 감기를 의미하는데, 감김 방향은 요목표에 명기하는 것에 대해서는 코일 스프링의 경우와 동일하다. 그리고 이 스프링의 제작도에서는 17·172 그림과 같은 재료의 전개 형상을 나타낸 그림을 그려 두면 편리하다. 이 전개도에서는 지면을 절약하기 위해서 길이 방향의 축척을 적당히 크게 잡고, 줄여서 그리는 일이 자주 있다. 이 경우, 사용한 축척을 명시하든가 또는 치수 수치의 밑에 굵은 실선을 그어 도형이 치수 수치에 비례하지 않는 것을 나타내 두는 것이 좋다.

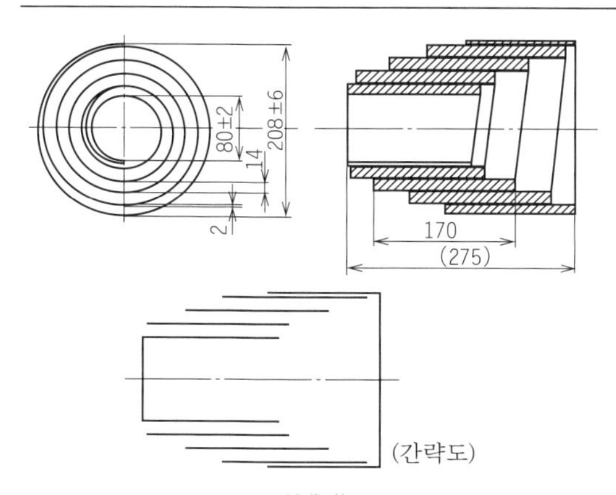

요목표

재료			SUP 9 또는 SUP 9A
판두께		mm	14
판폭		mm	170
내경		mm	80±2
외경		mm	208±6
총권수			4.5
좌권수			각 0.75
유효 권수			3
감김 방향			오른쪽
자유 높이		mm	(275)
스프링 상수(첫 접착까지)		N/mm	1 290
지정	하중	N	–
	하중 시의 높이	mm	–
	높이	mm	245
	높이 시의 하중	N	39 230±15%
	응력	N/mm²	390
최대 압축	하중	N	–
	하중 시의 높이	mm	–
	높이	mm	194
	높이 시의 하중	N	111 800
	응력	N/mm²	980
첫 접착 하중		N	85 710
경도		HBW	388 ~ 461
표면 처리	성형 후의 표면처리		쇼트피닝
	방청처리		흑색 에나멜 도장

17·171 그림 벌류트 스프링

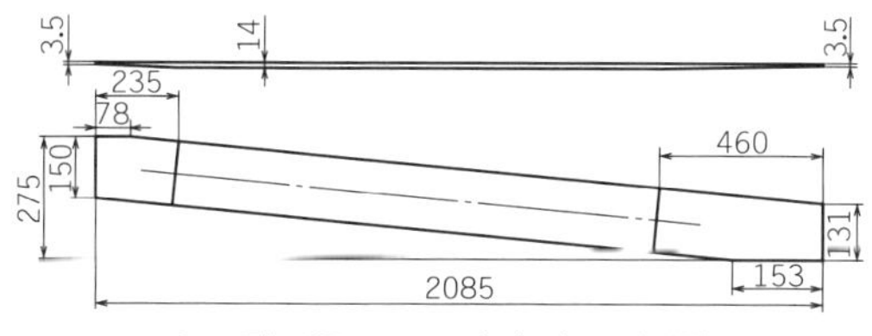

17·172 그림 벌류트 스프링의 재료 전개형상도

(4) **스파이럴 스프링** 이 스프링은 시계의 태엽 등에 이용되며, 힘을 저장해서 그 힘을 원동력으로서 이용하는 경우에 사용된다. 17·173 그림은 이 스프링의 제작도용 도시법, 17·174 그림은 조립도 등에 이용하는 생략 도시법을 나타낸다. 이 경우도 무부하 시의 상태로 그리는 것을 표준으로 한다.

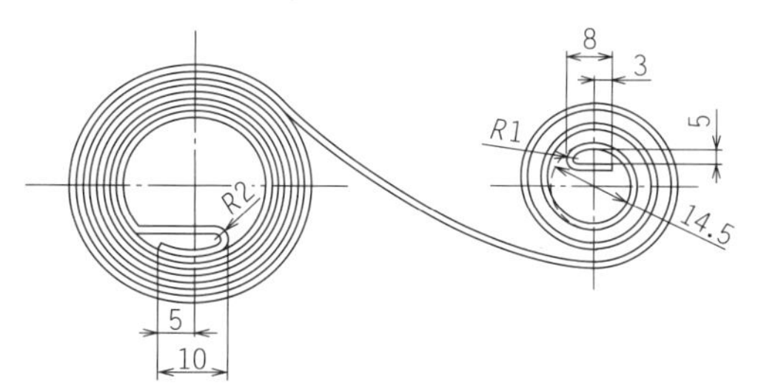

요목표

재료		SUS 301-CSP
판두께	mm	0.2
판폭	mm	7.0
전체길이	mm	4 000
경도	HV	490 이상
10회전 시의 되감기 토크	N·mm	69.6
10회전 시의 응력	N/mm²	1 486
권축 지름	mm	14
나선상자 내경	mm	50
표면처리		–

17·173 S자형 스파이럴 스프링

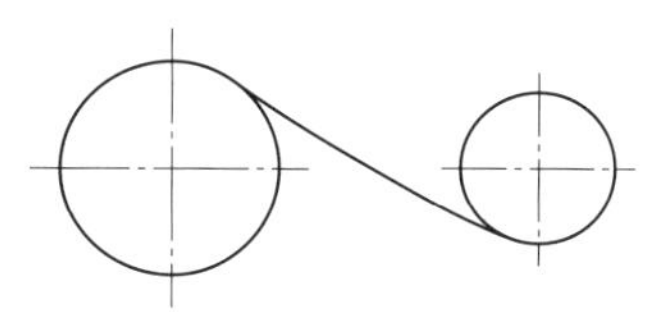

17·174 그림 S자형 스파이럴 스프링의 간략도

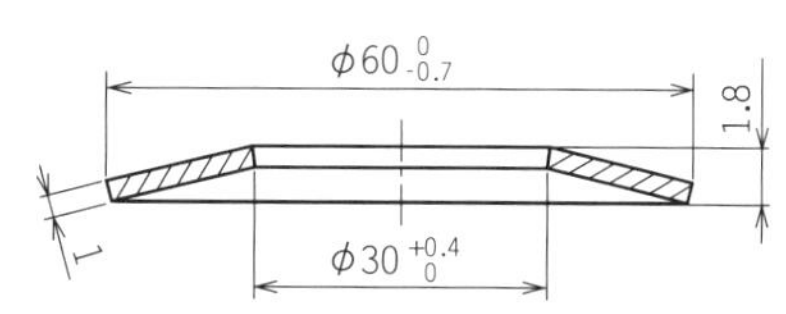

요목표

재료			SK85-CSP
내경		mm	$30^{+0.4}_{0}$
외경		mm	$60^{0}_{-0.7}$
판두께		mm	1
높이		mm	1.8
지정	휨	mm	1
	하중	N	766
	응력	N/mm²	1 100
최대 압축	휨	mm	1.4
	하중	N	752
	응력	N/mm²	1 410
경도		HV	400 ~ 800
표면 처리	성형 후의 표면가공		쇼트피닝
	방청처리		방청유 도포

17·175 그림 접시 스프링

(5) **접시 스프링** 접시 스프링은 바닥이 없는 접시와 같은 형태를 한 스프링으로, 와셔와 동일하게 사용되는 경우가 많다. 이 스프링의 도시에는 특별히 다른 점이 없으므로 설명은 생략한다(17·175 그림).

17·8 기어 제도

1. 기어의 도시법

JIS에 기초한 일반 기계에 사용되는 각종 기어의 도시법(JIS B 003)은 이하에 설명한다.

기어를 도시하려면 나사의 경우와 마찬가지로 이 형태를 생략해 나타내는 간략 도시법을 이용하게 되어 있다. 이 경우, 선의 사용법은 다음과 같이 한다(17·176 그림).

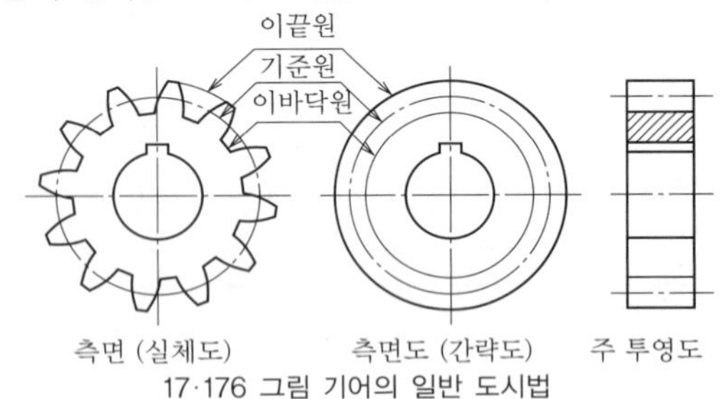

17·176 그림 기어의 일반 도시법

① **이끝원** 굵은 실선으로 나타낸다.

② **기준원(피치원)** 가는 1점 쇄선으로 나타낸다.

③ **이바닥원** 가는 실선으로 나타낸다.

④ **잇줄 방향** 보통 3개의 가는 실선으로 나타낸다.

단, 이바닥원은 생략해도 좋고, 특히 베벨기어 및 웜 휠의 측면도(기어축 방향에서 본 그림)에서는 생략하는 것이 보통이다. 또한 정면도 즉 주 투영도(기어축에 직각인 방향에서 본 그림)를 단면도로 나타낼 때에는 이바닥원을 나타내는 선은 외경선과 동일한 굵은 실선으로 나타내는 것에 주의하기 바란다. 이것은 단면도의 규칙으로, 기어의 이는 절단해 나타내서는 안 되기 때문이다.

17·177 그림은 맞물리고 있는 한 쌍의 평기어를 나타낸 것이다. 양 기어가 맞물리고 있는 부분의 이끝원은 양쪽 모두 굵은 실선으로 나타낸다. 그리고 필요가 있을 때는 맞물림부 부근만 이 형태를 그려서 나타내도 된다. 또한 주 투영도를 단면으로 나타낼 때는 맞물림부의 한쪽 이끝을 나타내는 선은 파선으로 해야 한다.

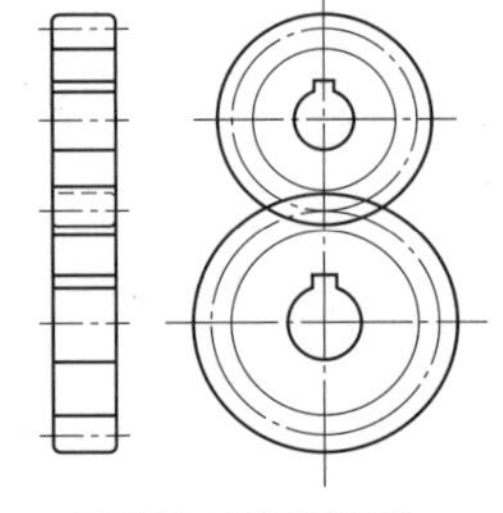
17·177 그림 맞물리는 1쌍의 평기어

2. 각종 기어의 제작도 예 요목표에 대해서

정도가 높은 기어를 제작하는 경우에는 보통의 기어 제작용 도면의 요목표보다 더 상세한 사항을 추가한다. 즉 기어 소재 제작용에는 그림을, 기어 절삭용에는 요목표를, 검사용에는 양쪽을 사용함으로써 필요한 정도를 가진 기어의 완성이 가능해지기 때문에 필요하고 또한 충분한 것으로 한다. 17·178 그림~17·189 그림 중의 표는 각종 기어에 대한 예를 나타낸 것이다. 그들의 요목표 중의 각 항목은 일반 제작도에도 반드시 기입하는 사항인데, * 표시를 붙인 것은 필요에 따라 기입한다. 요목표의 기입 사항 요령에 대해서는 17·178 그림의 평기어 예에 의해 이하에 설명한다. 기타의 기어에 대해서도 이것에 준한다. 그리고 요목표는 본래 도면의 오른쪽 측에 두는데, 지면 사정에 따라 제작도 아래 측에 두었으므로 유의하기 바란다.

(1) 기어 치형란 표준, 전위 등의 구별을 기입한다. 또한 기어의 치형 수정을 하는데, 공구의 치형 수정에 의존하지 않는 경우에는 '수정'이라고 기입하고, 수정 치형을 그림으로 나타낸다. 그리고 크라우닝 마무리로 할 때는 '크라우닝'으로 기입해 상세하게 도시한다.

(2)기준 랙의 치형란 표준 이, 낮은 이, 높은 이 등의 구별을 기입한다. 기준 랙의 치형을 수정하는 경우에는 앞에서와 같이 '수정'이라고 기입하고, 치형을 도시한다.

(3) 기준 랙의 모듈란 모듈의 표준값(JIS B 1701-2, 11·3 표 참조)에서 선택해 기입한다. 단 모듈 이외의 것, 예를 들면 다이애미트럴 피치의 경우에는 이 난을 변경해 다이애미트럴 피치로 한다.

(4) 기준 랙의 압력각란 항상 기준 압력각을 나타내는 것으로, 인벌류트 기어의 압력각(치형의 경사 각도)는 20°로 기입(11·5 표 참조)하고 맞물림 압력각은 비고란에 기입한다.

(5) 기준원 직경란 일반적으로 이 수×모듈의 수치를 기입한다. 단, 이 직각 방식의 헬리컬 기어에서는 (이 수×모듈)÷cos(비틀림각)의 수치를 기입한다. 그림에 기준원(기준 피치원) 직경의 치수를 기입할 때에는 측정 방법에 관계없이 계산 수치를 가급적 세세하게 기입하고, 치수 허용차는 기입하지 않는다.

(6) 이두께란 걸치기, 치형 캘리퍼스 및 핀 또는 볼 끼우기 등의 각종 이두께 측정법 중 이용되는 이두께 측정법에 의한 계측 표준 치수와 백래시를 포함한 치수 허용차를 기입한다.

(7) 가공 방법란 기어 절삭 공구·사용 기계 등을 지시하는데 필요할 때 기입한다.

또한, 더블 헬리컬 기어는 산형부의 종류를 기

입한다(17·182 그림).

(8) **정도란** 기어의 최종 정도를 기입한다. 기어의 정도 등급 및 검사 방법은 JIS B 1702-1~2 및 JIS B 1704에 규정되어 있다.

(9) **비고란** 앞에서 말한 각 항목란에 기입할 수 없는 것으로, 제작 상의 편의가 되는 사항을 기입한다. 예를 들면 기어 절삭이나 검사 시의 필요 사항, 즉 전위계수, 상대 기어의 전위 위치·잇수, 상대 기어와의 중심 거리, 백래시, 필요에 따라 재료·열처리·경도에 관한 사항 등이다.

3. 기어의 간략 도시법 (제작도 예)

이하에 각종 기어 부품도의 예를 나타낸다. 형상, 수치, 주기사항 등은 모두 예이며, 치수 기입을 생략한 것도 있는데, 실제 도면에서는 필요한 치수는 모두 기입해야 한다.

(1) **평기어** 17·178 그림의 표에서 이두께란에 나타낸 것은, 이두께 마이크로미터에 의한 걸치기 이두께(11·40 표 참조)의 치수 허용차를 걸치기 이 수와 함께 기입한 예인데, 이외에 오버 핀(또는 볼) 지름을 사용하는 경우도 있다.

(2) **헬리컬 기어** 17·179 그림의 표에서 비틀림 방향은 오른 나사에 대응할 때를 오른쪽 비틀림, 왼 나사에 대응할 때를 왼쪽 비틀림으로 정한다.

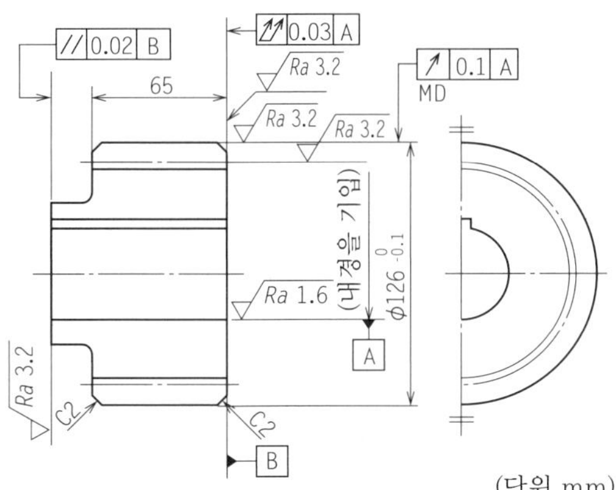

(단위 mm)

평기어				
기어 치형		전위	가공 방법	호브 절삭
기준 랙	치형	병치	정도	JIS B 1702-1 7급
	모듈	6		JIS B 1702-2 8급
	압력각	20°	비고	
잇수		18		상대 기어 잇수 50
기준원 직경		108		상대 기어 전위계수 0
전위량		3.16		중심 거리 207
전체 이높이		13.34		백래시 0.20 ~ 0.89
잇두께	걸치기 이두께	$47.96^{-0.08}_{-0.38}$ (걸치기 잇수=3)		재료 열처리 경도

17·178 그림 평기어 (기입 예)

잇줄 방향을 나타내는 선은 보통 3개의 가는 실선을 이용하고, 비틀림각은 그 가운데 중앙의 선에서 끌어내어 기입한다.

그리고 주 투영도를 단면으로 나타낼 때는 잇줄 방향은 지면에서 앞쪽 이의 잇줄 방향을, 3개의 가는 2점 쇄선(상상선)을 사용해 나타내는 것으로 정해져 있다. 이것은 지면의 뒤쪽 잇줄을 파선으로 나타내면 잇줄 방향이 반대가 되므로 잘못되기 쉬운 것을 방지하기 위해서이다.

17·180 그림에 내접 헬리컬 기어의 기입 예를 나타냈다.

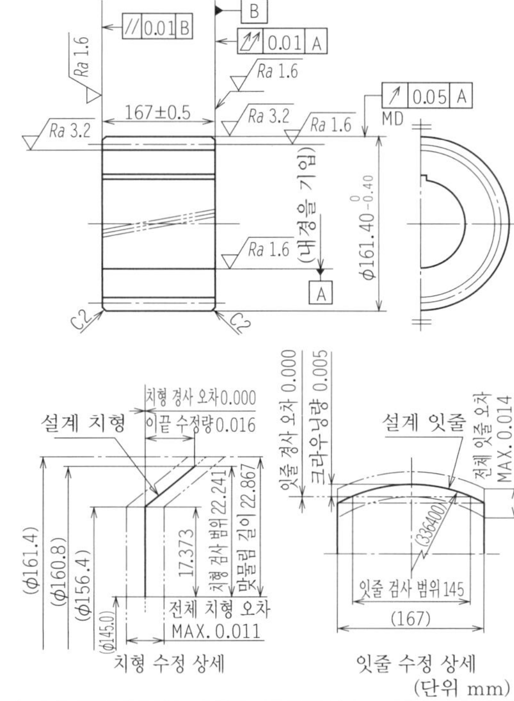

(단위 mm)

헬리컬 기어				
기어 치형		전위	잇두께 걸치기 이두께	$62.45^{-0.08}_{-0.18}$ (걸치기 잇수=5)
치형 기준 평면		이직각		
기준 랙	치형	병치	가공 방법	연삭 다듬질
	모듈	4.5	정도	JIS B 1702-1 5급
	압력각	20°		JIS B 1702-2 5급
잇수		32	비고	상대 기어 잇수 105 상대 기어 전위계수 0
비틀림각		18.0°		중심 거리 324.61 기준원 직경 141.409
비틀림방향		왼쪽		재료 SNCM 415
기준원 직경		151.411		열처리 침탄 담금질 경도 (표면) HRC 55 ~ 61
전체 이높이		10.13		유효 경화층 깊이 0.8 ~ 1.2 백래시 0.2 ~ 0.42
전위계수		0.11		치형 수정 및 크라우닝을 양쪽 치면에 실시한다.

17·179 그림 헬리컬 기어 (기입 예)

17장

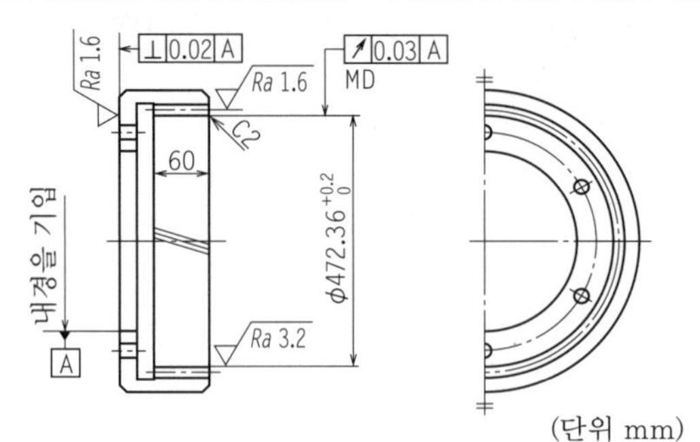

(단위 mm)

내접 헬리컬 기어			
기어 치형	표준	이두께 오버핀(볼) 치수	470.088 $^{+0.953}_{+0.582}$ (볼 지름=7.000)
치형 기준 평면	이직각		
기준랙 치형	병치	가공 방법	피니온 커터 절삭
기준랙 모듈	3	정도	JIS B 1702-1 8급
기준랙 압력각	20°		JIS B 1702-1 9급
잇수	104	비고	상대 기어 잇수 38
비틀림각	30°		상대 기어 전위계수 0
*리드	2613.805		중심 거리 152.420
비틀림 방향	도시		백래시 0.47 ~ 0.77
기준원 직경	480.355		재료 S 45 C
전체 이높이	9.00		열처리 담금질 템퍼링
전위계수	0		경도 HB 201 ~ 269

17·180 그림 내접 헬리컬 기어 (기입 예)

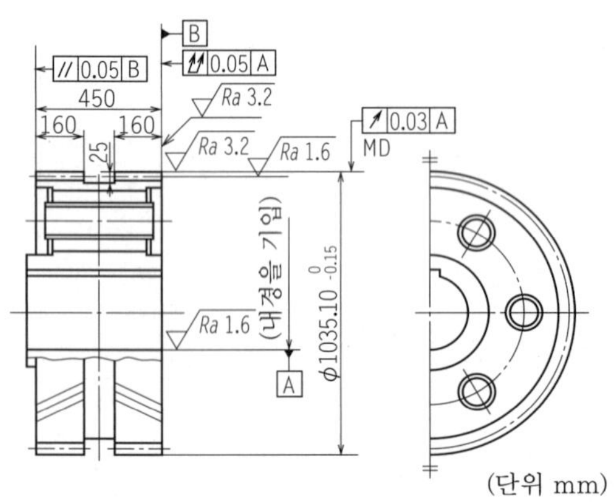

(단위 mm)

더블 헬리컬 기어			
기어 치형	표준	이두께 이직각 활줄이두께	15.71 $^{-0.15}_{-0.50}$
치형 기준 평면	이직각	이두께 활줄이 높이	10.05
기준랙 치형	병치	가공 방법	호브 절삭
기준랙 모듈	10	정도	JIS B 1702-1 8급
기준랙 압력각	20°		JIS B 1702-2 8급
잇수	92	비고	
비틀림각	25°		상대 기어 잇수 20
비틀림방향	도시		중심 거리 617.89
*리드	이두께		백래시 0.3 ~ 0.85
기준원 직경	1015.11		재료
전체 이높이	22.5		열처리
전위계수	0		경도

17·181 그림 더블 헬리컬 기어 (기입 예)

(3) 더블 헬리컬 기어 17·181 표에서 이두께란의 수치는 기어 캘리퍼 측정법에 의한 것이고, 활줄이두께 치수의 치수 허용차를 나타낸 것이다. 그 아래의 수치는 이끝 길이의 측정값이다. 산형부의 형상·치수에 대해서는 JIS에서 규정하고 있지 않기 때문에 17·182 그림에 나타낸 명칭을 가공 방법란에 기입하고, 그 형상을 도시해 둔다.

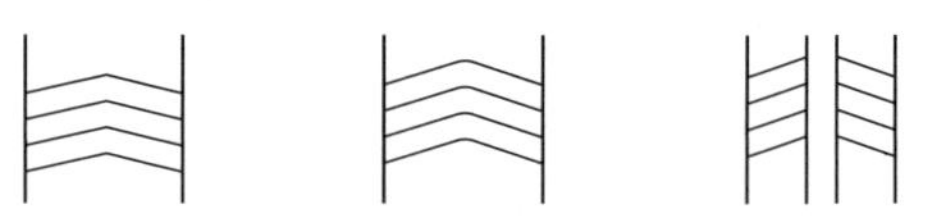

(a) 각 맞대기 (b) 둥근 맞대기 (c) 중간 홈 맞대기

17·182 그림 더블 헬리컬 기어의 산형부 형상과 명칭

(4) 나사 기어 나사 기어에서는 대기어와 소기어가 항상 한쌍이 되고, 상대 기어의 이 수를 바꾸어 맞물리는 일는 없으므로 도면에는 상대 기어의 필요 항목도 대조해 기입해 두는 것이 바람직하다.

이것은 나중에 설명할 베벨 기어(직선, 스파이럴) 및 하이포이드 기어 쌍에 대해서도 마찬가지이다.

17·183 그림은 나사 기어의 기입 예이다.

(5) 직선 베벨 기어 17·184 그림에서 괄호로 나타내져 있는 치수는 기어 절삭을 위해 직접 필

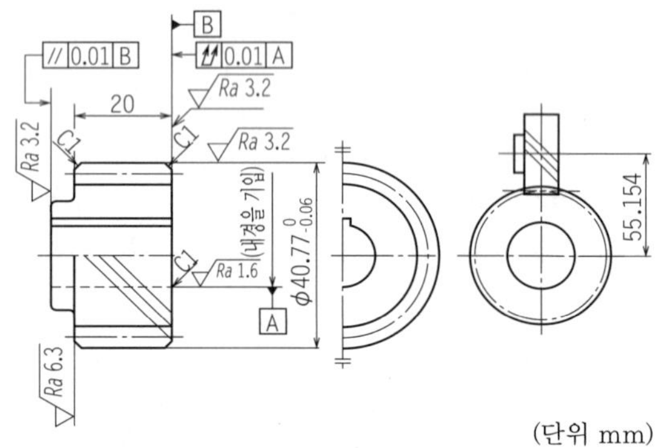

(단위 mm)

나사 기어						
구별	소기어	(대기어)	구별		소기어	(대기어)
기어 치형	표준		이두께	걸치기 이두께 (이직각)		
치형 기준 평면	이직각					
기준랙 치형	병치		이두께	활줄이두께 (이직각)		
기준랙 모듈	2					
기준랙 압력각	20°		이두께	오버핀(볼) 치수	41.13 $^{-0.12}_{-0.20}$ (볼 지름=3.4)	
잇수	13	(26)				
축각	90°		가공 방법		호브 절삭	
비틀림각	45°	(45°)	정도		JIS B 1702-1 8급	
비틀림 방향	오른쪽				JIS B 1702-2 7급	
기준원 직경	36.769	(73.539)	비고		백래시 0.11 ~ 0.4	

17·183 그림 나사 기어 (기입 예)

(단위 mm)

직선 베벨 기어						
구별	대기어	(소기어)	구별		대기어	(소기어)
모듈	6		이 두께	측정 위치	바깥끝단 이끝원부	
압력각	20°			활줄이두께	8.06 $^{-0.10}_{-0.15}$	
잇수	48	(27)		활줄이높이	4.14	
축각	90°		가공 방법		절삭	
기준원 직경	288	(162	정도		JIS B 1704 8급	
이 높이	13.13		비고	백래시 0.2 ~ 0.5 이맞음 JGMA 1002-01구분 B 재료 SCM 420 H 열처리 유효 경화층 깊이 0.9 ~ 1.4 경도 (표면) HRC 60±3		
이끝 높이	4.11					
이뿌리 높이	9.02					
바깥끝단 원뿔 거리	165.22					
기준 원뿔각	60°39′	(29°21′)				
이바닥 원뿔각	57°32′					
이끝 원뿔각	62°28′					

17·184 그림 직선 베벨 기어 (기입 예)

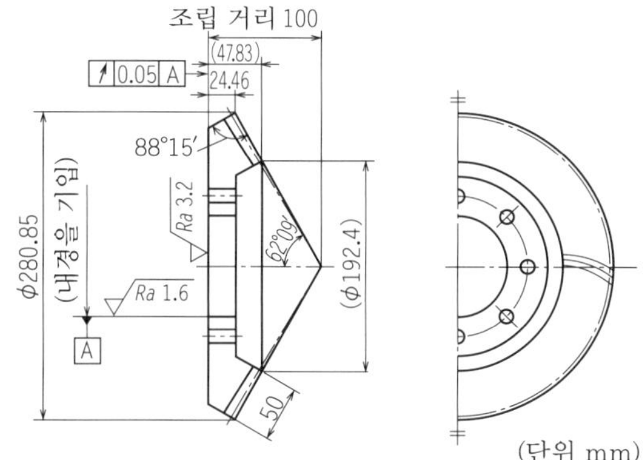

(단위 mm)

스파이럴 베벨 기어						
구별	대기어	(소기어)	구별		대기어	(소기어)
이 절삭 방법	스프레이드 블레이드법		바깥끝단 원뿔 거리		159.41	
커터 직경	304.8		기준 원뿔각		60°24′	(29°36′)
모듈	6.3		이바닥 원뿔각		57°27′	
압력각	20°		이끝 원뿔각		62°09′	
잇수	44	(25)	이 두께	측정 위치	바깥끝단 이끝원부	
축각	90°			원호 이두께	8.06	
비틀림각	35°		가공 방법		연삭	
비틀림방향	오른쪽		정도		JIS B 1704 6급	
기준원 직경	277.2		비고	백래시 0.18 ~ 0.23 재료 SCM 420 H 열처리 침탄담금질 템퍼링 유효 경화층 깊이 1.0 ~ 1.5 경도 (표면) HRC 60±3		
이높이	11.89					
이끝 높이	3.69					
이끝 높이	8.20					

17·186 그림 스파이럴 베벨 기어 (기입 예)

요하지 않지만, 계산 등의 편의를 생각해 기입한 참고 치수이다. 또한 베벨 기어의 이끝 및 이바닥 원뿔각의 선은 정점에 이를 때까지 그으면 선이 혼잡하므로, 그 도중에 적당하게 멈추면 그림이 보기 쉬워진다. 이외에 영국과 미국 등에서 적용되고 있는 것으로, 17·185 그림에 나타낸 이끝 및 이바닥 원뿔각의 정점이 피치 원뿔각의 정점과 일치하지 않는 평행 산봉우리 틈새식이라고 하는 치형이 있는데, 이것을 이용할 때에는 도면에 특별히 '평행 산봉우리 틈새'라고 명기해 둬야 한다.

(6) 스파이럴 베벨 기어, 하이포이드 기어쌍 스파이럴 베벨 기어, 하이포이드 기어쌍은 기어 절삭 방식이 복잡하고, 대, 소기어를 개별적으로 취급하는 것은 곤란하므로 항상 한쌍의 것으로서 취급되고 있다. 따라서 도면에서도 다른 기어와 같이 1장에 1개의 제품을 그리기보다는 1장의 그림에 양 기어를 나란히 나타내는 것이 바람직하다고 여겨지고 있다. 17·186 그림의 이 비틀림을 나타내는 선은 다른 기어와 마찬가지로, 보통 3개의 가는 실선(이 경우는 곡선)으로 나타낸다. 비틀림각은 이 폭 중앙에서의 잇줄선 접선과, 그 접점을 지나는 피치 원뿔 모선과 만드는 각으로 나타낸다. 그리고 이 폭 중앙 위치를 명확하게 판정하기 어려운 경우는 피치 원뿔의 정점에서의 거리로 나타내도 된다.

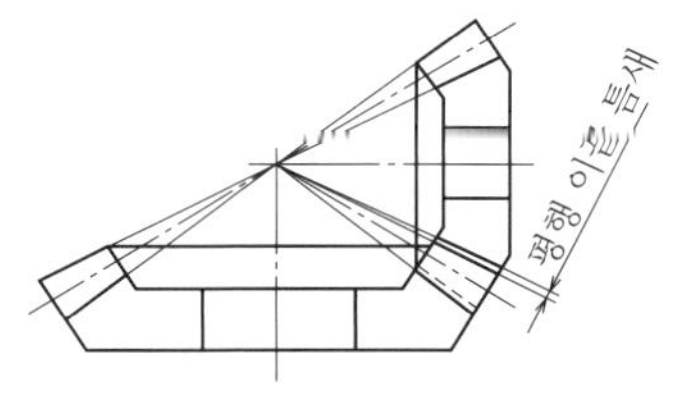

17·185 그림 평행 이끝 틈새

또한 비틀림 방향은 기어의 윗면에서 부아 시계 바늘이 도는 방향의 것을 오른쪽, 그것과 반대 방향의 것을 왼쪽으로 한다. 그림은 왼쪽 비틀림을 나타내고 있다. 따라서 이것과 맞물리는 소기어는 오른쪽 비틀림이다. 17·187 그림은 하이포이드 기어의 기입 예를 나타낸 것이다.

(7) 웜 17·188 그림에서 웜은 그 치형이 JIS B 1723(원통 웜 기어의 치수)의 치형으로 지정되었기 때문에 압력각의 기입은 필요없게 됐다. 이것은 다음 항의 웜 휠에 대해서도 마찬가지이다.

17장

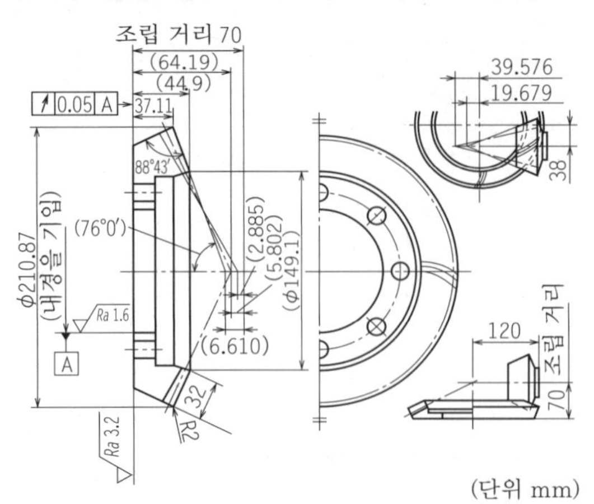

(단위 mm)

하이포이드 기어					
구별	대기어	(소기어)	구별	대기어	(소기어)
이 절삭 방법	성형 이 절삭법		기준 원뿔각	74°43′	
커터 직경	228.6		이바닥 원뿔각	68°25′	
모듈	5.12		이끝 원뿔각	76°0′	
압력각의 합	42.3°		이두께 측정 위치	바깥끝단 이끝원부에서 16	
잇수	41				
축각	90°		이두께 활줄이두께(이직각)	4.148	
비틀림각	26°25′	(50°0′)			
비틀림방향	오른쪽		활줄이높이	1.298	
오프셋량	38		가공 방법	래핑 다듬질	
오프셋방향	아래		정도	JIS B 1704 6급	
기준원 직경	210		비고	백래시 0.15~0.25 이맞음 JGMA 1002-01 구분 B 재료 SCM 420 H 열처리 침탄담금질 템퍼링 유효 경화층 깊이 0.8~1.3 경도 (표면) HRC 60±3	
이높이	10.886				
이끝 높이	1.655				
이뿌리 높이	9.231				
바깥끝단 원뿔 거리	108.85				

17·187 그림 하이포이드 기어 (기입 예)

(8) **웜 휠** 17·189 그림에서는 오른쪽 측면에서 이바닥원 및 목 직경원의 도시는 일반적으로 생략되고 있다. 동 그림과 다른 형상의 웜 휠도 이것에 준해서 도시 기입한다.

(9) **이두께 치수의 기입법** 17·190 그림 (a)는 걸치기 이두께 측정법에 의한 이두께 치수 기입법, 동 그림 (b)는 치형 캘리퍼 측정법에 의한 이두께 치수 기입법, 동 그림 (c)는 핀 또는 볼 끼우기 이두께 측정법에 의한 이두께 치수의 기입법 도시 예이다.

(10) **섹터 기어** 17·191 그림은 치형의 일부를 도시하는 경우의 예를 나타낸 것이다. 그림에 나타낸 섹터 기어 외에 랙, 타이밍 기어, 분할 기어 등은 반드시 이 도시법을 따라야 한다.

이 경우 이의 위치, 치수는 이의 산부 중심이

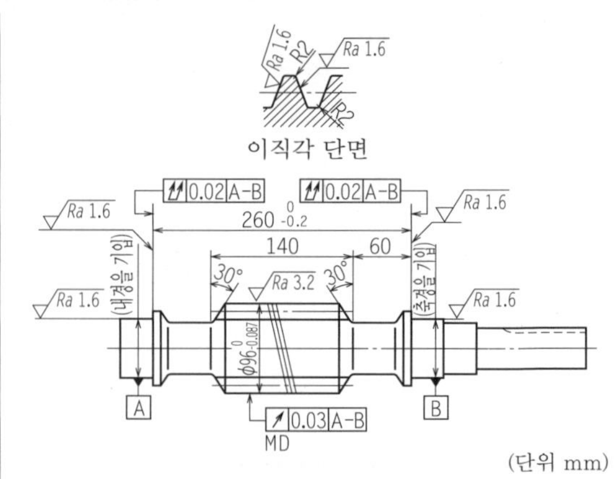

(단위 mm)

웜				
치형	K형	이두께	활줄이두께(이직각)	$12.32^{\ 0}_{-0.15}$
축방향 모듈	8		활줄이높이	8.018
줄 수	2		오버핀 치수 핀 지름	
비틀림방향	오른쪽	비고	백래시 0.21 ~ 0.35 중심 거리 200 이맞음 JGMA 1002-01구분 B 재료 S 48 C 열처리 치면 고주파담금질 경도 (표면) HRC 50 ~ 55	
기준원 직경	80			
직경계수	10.00			
앞선각	11°18′36″			
가공 방법	연삭			
*정도				

17·188 그림 웜 (기입 예)

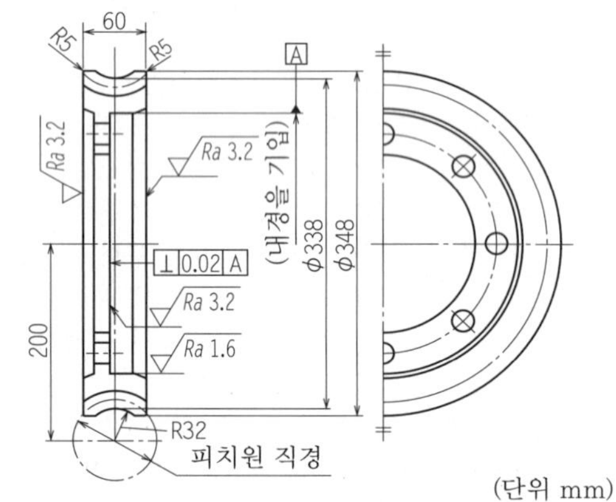

(단위 mm)

웜 휠					
상대 웜 치형		K형	이두께	(참고)	
축방향 모듈		8		활줄이두께(이직각)	13.12
잇수		40		활줄이높이	8.12
기준원 직경		320	상대웜	백래시 0.21 ~ 0.35 (피치 원주방향) 전위량 0 이맞음 JGMA 1002-01구분 B 재료 PBC 2 B	
상대웜	줄 수	2			
	비틀림방향	오른쪽			
	앞선각	11°18′36″			
가공 방법		호브 절삭			
*정도					

17·189 그림 웜 휠 (기입 예)

(a) 걸치기 이두께 (b) 원호 이두께 (c) 오버 핀(볼) 치수

17·190 그림 이두께의 상세 및 치수 측정 방법

아니라, 이 홈의 중심으로 나타내는 것이 공작 상 바람직하다.

17·192 그림의 랙의 경우는 이 수를 나타낼 때는 실제 이 수를 기입한다.

섹터 기어의 이 수는 전체 피치원 상에 이가 있는 것으로 할 때의 이 수(전주 이 수)를 기입하고, 부채꼴부에 실재하는 이 수(실제 이 수)를 괄호를 붙여 기입한다.

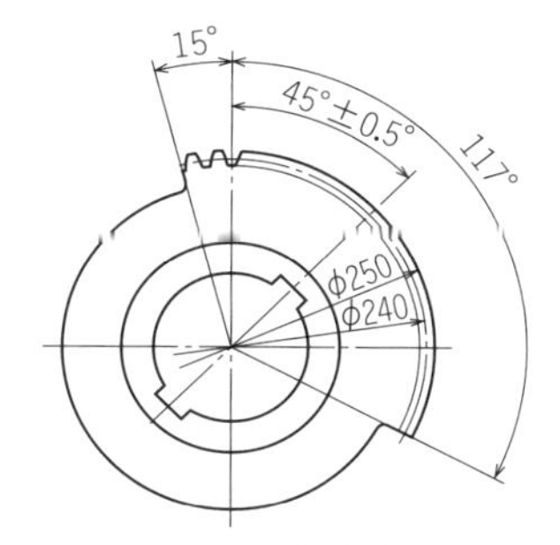

17·191 그림 섹터 기어

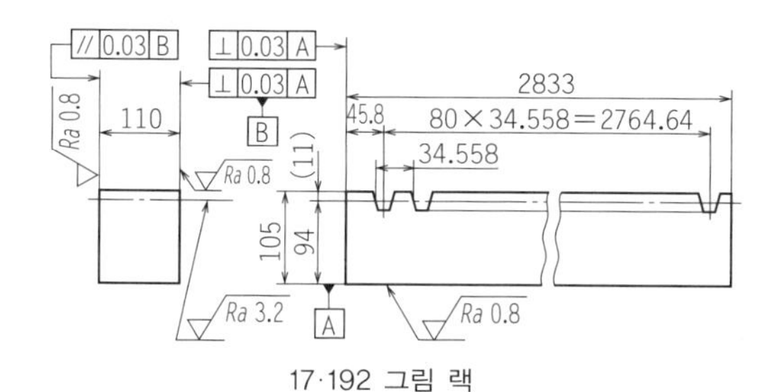

17·192 그림 랙

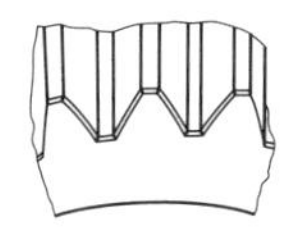
(a) 버 떼기

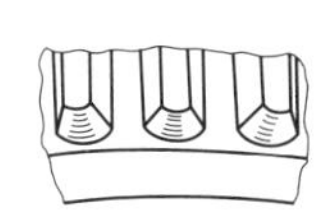
(b) 둥근형 모떼기

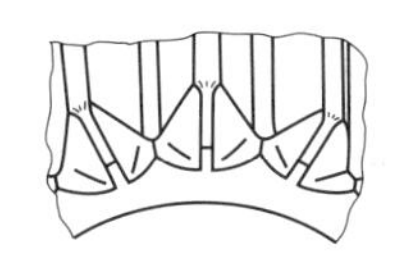
(c) 각형 모떼기

17·193 그림 이의 모떼기 종류

(11) 이의 모떼기

이의 모떼기(챔퍼링)에는 여러 가지 있는데, 17·193 그림은 그 종류를 나타낸 것이다.

17·194 그림은 가장 많이 사용되고 있는 각형 모떼기의 치수 기입 예이다.

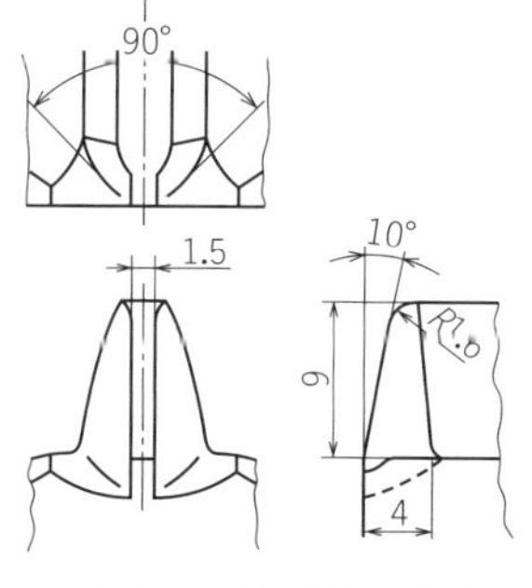

17·194 그림 이의 모떼기

4. 기어의 간략 도시법 (조립도)

이상은 제작도에 이용되는 것인데, 조립도 등에 이용되는 간략 도시법이 JIS에 규정되어 있으므로, 이하에 그것에 대해 설명한다.

17·195 그림은 맞물리는 평기어, 헬리컬 기어, 더블 헬리컬 기어의 주 투영도를 나타낸 간략 도시법이다. 이 경우, 이바닥선 및 맞물림부의 피치선을 생략해도 된다.

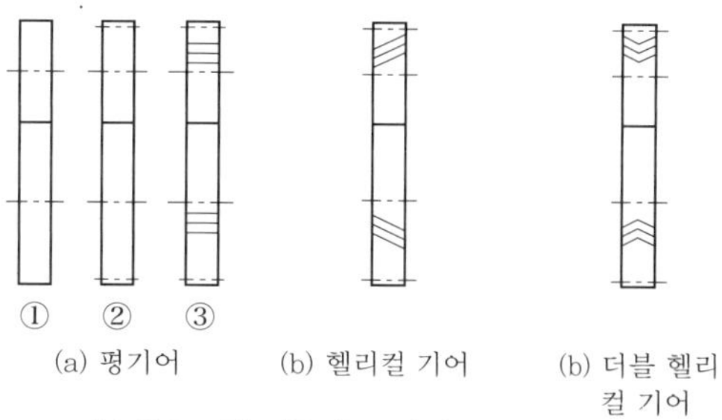

(a) 평기어 (b) 헬리컬 기어 (b) 더블 헬리컬 기어

17·195 그림 맞물리는 1쌍의 기어 간략 도시법

동 그림 (a)는 평기어의 일반적인 도시법인데, 특별히 평기어라는 것을 표시하고 싶을 때에는 오른쪽의 그림과 같이 가는 실선에 의한 3개의 평행선을 그린다. 헬리컬 기어, 더블 헬리컬 기어일 때에는 동 그림 (b), (c)와 같이 반드시 잇줄 방향을 나타내는 선(3개의 가는 실선)을 그려서 나타내야 한다. 이 경우 선의 경사각은 실제 이의 각도에 관계없이 적절한 각도로 그리면 된다.

17·196 그림은 일련의 기어가 맞물리고 있는 경우의 간략도이다. 이것은 조립도 등에서 이용된다. 이 경우, 주 투영도를 바르게 투영해 나타내면 이해하기 어려울 때는 동 그림 (a)와 같이 전개해, 중심 간의 실제 거리를 나타내는 위치에 고쳐서 나타낸다. 따라서 이 때는 기어 중심선의 위치는 측면도와 일치하지 않기 때문에 주의를 요한다.

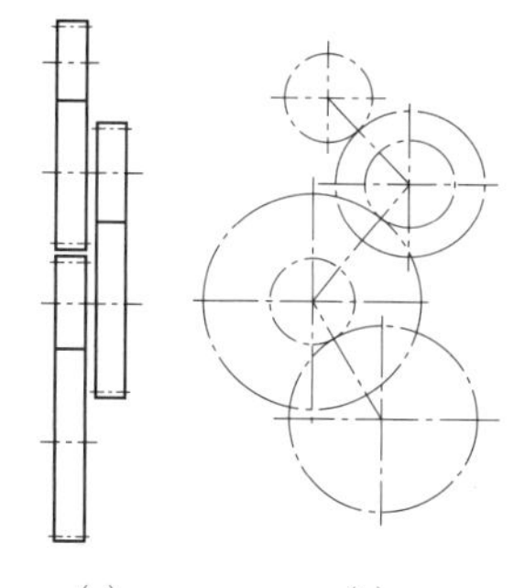
(a) (b)

17·196 그림 맞물리고 있는 기어의 도시 방법

17·197 그림은 맞물리고 있는 베벨 기어의 일반에 이용되고 있는 도시법을 나타낸 것이다.

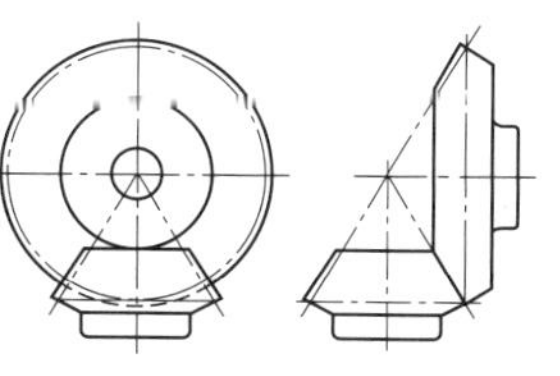
17·197 그림 베벨 기어의 간략도

17장

(a) (b)

17·198 그림 베벨 기어의 간략도

또한 17·198 그림 (a)는 조립도 등에 이용되는 간략도이며, 동 그림 (b)는 한층 간략하게 나타낼 경우에 이용하는 간략도이다.

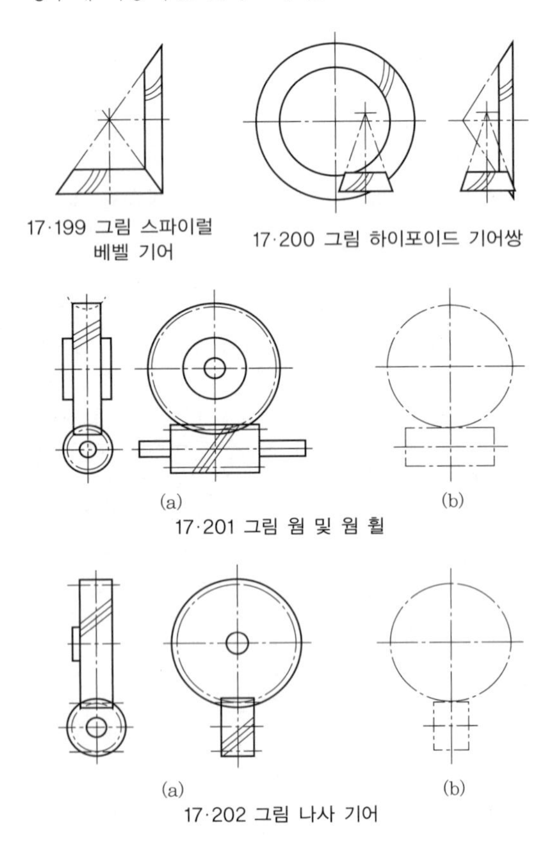

17·199 그림 스파이럴 베벨 기어

17·200 그림 하이포이드 기어쌍

(a) (b)

17·201 그림 웜 및 웜 휠

(a) (b)

17·202 그림 나사 기어

그리고 17·199 그림은 스파이럴 베벨 기어, 17·200 그림은 하이포이드 기어 쌍의 간략도를 나타낸 것이다. 17·201 그림은 웜과 웜 휠의 간략도를 나타낸 것이다. 이 경우의 피치원은 왼쪽 측면도의 만곡된 이 중앙부의 직경으로 표시된다. 17·202 그림은 나사 기어의 간략도를 나타낸 것이다.

17·9 구름 베어링 제도

1. 구름 베어링의 도시 방법

구름 베어링은 전문 메이커의 제품을 그대로 사용하므로 이것을 도시하려면 정확히 그 치수, 형상대로 그릴 필요는 없고, 정해진 간략 도식 방법에 의한다. JIS에는 제도-구름 베어링(JIS B 0005-1~2)에서, 제1부 : 기본 간략 도시 방법 및 제2부 : 개별 간략 도시 방법이 정해져 있으며, 간략의 정도에 따라 그 어느 쪽인가를 이용하게 되어 있다.

2. 기본 간략 도시 방법

일반적인 목적을 위해 구름 베어링을 도시하는 경우(예를 들면 베어링의 형상이나 하중특성 등을 정확히 나타낼 필요가 없는 경우)에는 17·203 그림과 같이 사각형으로 나타내며, 또한 그 사각형의 중앙에 직립한 십자를 그리고, 그것이 구름 베어링이라는 것을 나타내게 되어 있다. 이 십자는 외형선에 접해서는 안 된다.

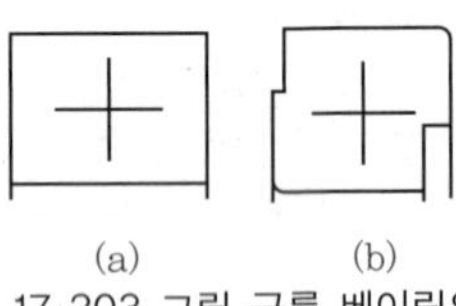

(a) (b)

17·203 그림 구름 베이링의 기본 간략 도시 방법

이들에 이용하는 선은 도면의 외형선으로서 이용되는 선과 동일한 굵기의 선으로 그리면 된다.

그리고 동 그림 (b)는 구름 베어링의 정확한 외형을 나타낼 필요가 있는 경우에 이용하는 도시법을 나타낸 것으로, 그 단면을 실제에 가까운 형상으로 나타내고, 마찬가지로 그 중앙에 직립된 십자를 그려 두면 된다.

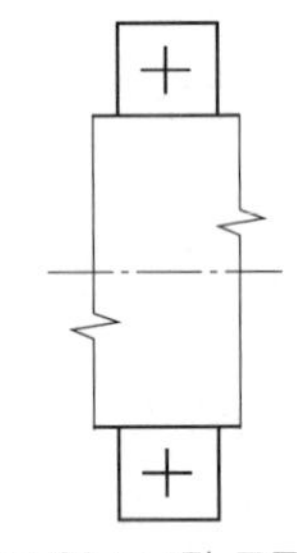

17·204 그림 구름 베어링의 양측을 그리는 경우

또한 17·204 그림은 베어링 중심축에 대해 베어링의 양측을 그리는 경우를 나타낸 것이다.

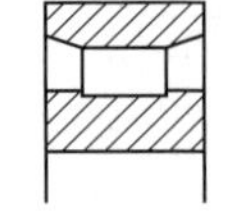

17·205 그림 구름 베어링의 해칭

베어링의 간략 도시 방법에서는 해칭은 하지 않는 편이 좋은데, 필요한 경우에는 17·205 그림과 같이 동일 방향의 해칭을 실시하면 된다.

3. 개별 간략 도시 방법

개별 간략 도시 방법은 전동체의 열 수나 편심 조절 유무 등 구름 베어링을 보다 상세하게 나타낼 필요가 있는 경우에 이용된다고 한다. 17·16 표는 베어링의 종류와 그 간략 도시 방법을 나타낸 것이다. 표의 간략 도시 방법에서 그림 요소의 의미는 다음과 같다.

(1) **긴 실선의 직선** 이 선은 편심 조절할 수 없는 전동체의 축선을 나타낸다.

17·16 표 구름 베어링의 개별 간략 도시 방법 (JIS B 0005-2)

a) 볼 베어링 및 롤러 베어링

간략 도시 방법	적용	
	볼 베어링	롤러 베어링
	그림 예 및 규격	그림 예 및 규격
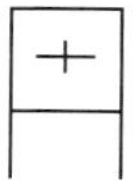	 단열 깊은홈 볼 베어링(JIS B 1512) 유닛용 볼 베어링 (JIS B 1558)	 단열 원통 롤러 베어링 (JIS B 1512)
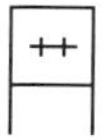	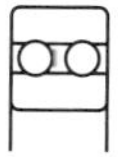 복열 깊은홈 볼 베어링 (JIS B 1512)	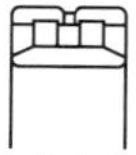 복열 원통 롤러 베어링 (JIS B 1512)
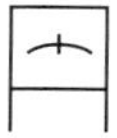	—	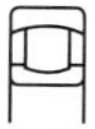 단열 자동조심 롤러 베어링(JIS B 1512)
	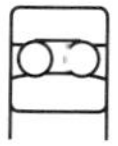 자동조심 볼 베어링 (JIS B 1512)	 자동조심 롤러 베어링 (JIS B 1512)
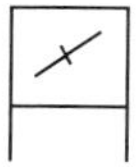	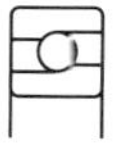 단열 앵귤러 볼 베어링 (JIS B 1512)	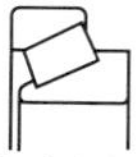 단열 원뿔 롤러 베어링 (JIS B 1512)

(b) 니들 롤러 베어링

간략 도시 방법	그림 예 및 관련 규격		
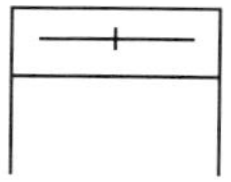	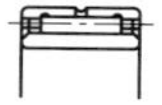 내륜붙이(또는 없는) 니들 롤링 베어링 (JIS B 1536-1)	 내륜 없는 셸형 니들 롤러 베어링 (JIS B 1536-2)	 레이디얼 유지기붙이 니들 롤러 (JIS B 1536-3)
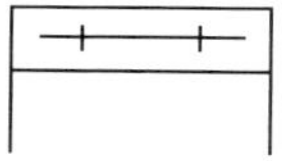	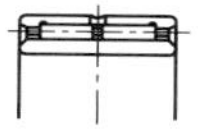 복열 내륜붙이(또는 없는) 니들 롤러 베어링	 내륜 없는 복열 셸형 니들 롤러 베어링	 복열 레이디얼 유지기붙이 니들 롤러

(c) 스러스트 베어링

간략 도시 방법	적용	
	볼 베어링	롤러 베어링
	그림 예 및 규격	그림 예 및 규격
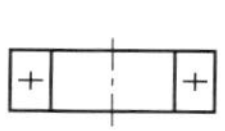	 단식 스러스트 볼 베어링 (JIS B 1512)	 단식 스러스트 롤러 베어링 스러스트 유지기붙이 니들 롤러 (JIS B 1512) 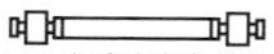스러스트 유지기붙이 원통 롤러
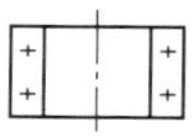	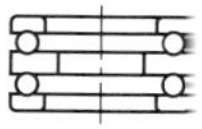 복식 스러스트 볼 베어링 (JIS B 1512)	—
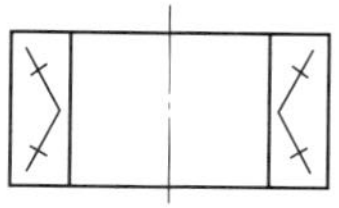	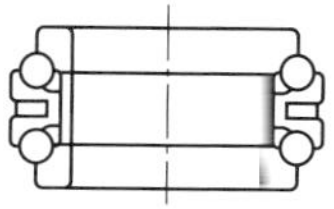 복식 스러스트 앵귤러 볼 베어링	—
	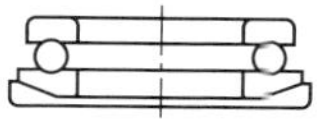 조심자리붙이 단식 스러스트 볼 베어링	—
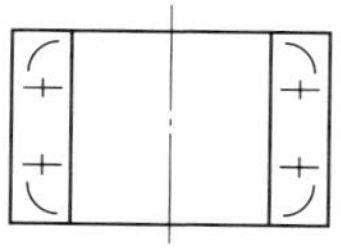	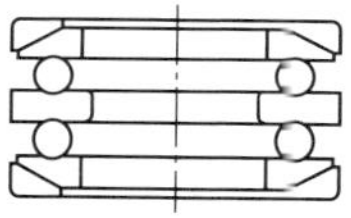 조심자리붙이 복식 스러스트 볼 베어링	—
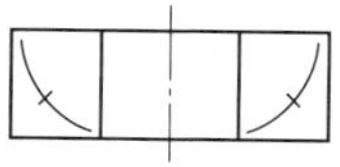	—	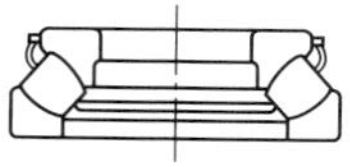 스러스트 자동조심 롤러 베어링 (JIS B 1512)

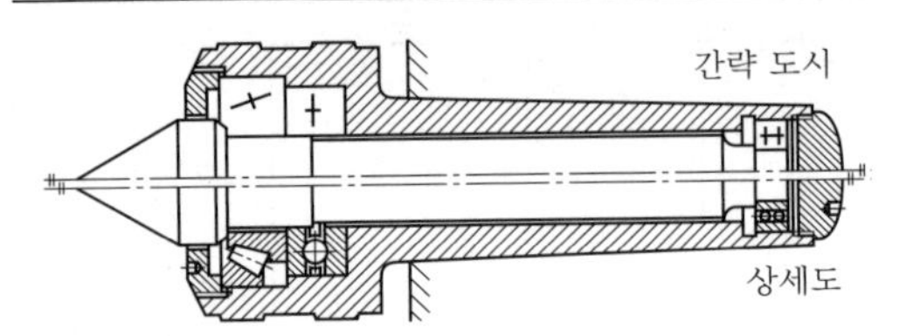

17·206 그림 베어링의 개별 간략 도시법의 사용 예

(2) **긴 실선의 원호** 이 선은 조심할 수 있는 전동체의 축선 또는 조심 바퀴·조심 와셔를 나타낸다.

(3) **짧은 실선의 직선** 이 선은 (1)의 긴 실선의 직선에 직교시키고, 전동체의 열 수 및 전동체의 위치를 나타낸다. 이 경우 선 종류는 기본 간략 도시 방법의 경우와 마찬가지로 외형선과 동일한 두께로 그리면 된다.

17·206 그림은 이 간략 도시를 이용한 그림 예를 나타낸 것으로, 참고를 위해 하반부는 그 단면을 실제에 가까운 형상으로 도시하고 있다.

4. 구 JIS에 의한 구름 베어링의 간략 도시법

위에서 말한 것은 ISO에 준거해 1998년에 개정된 간략 보시 방법을 나타낸 것인데, 1956년에 제정되어 지금까지 사용되고 있던 구 JIS에 의한 간략 도시법은 지금까지의 도면이나 문헌에 남아 있으므로 참고로 17·207 그림에 나타내 둔다.

17·208 그림에 구름 베어링의 호칭번호 및 등급 기호의 기입 방법을 나타냈다.

17·10 센터 구멍의 간략 도시 방법

1. 센터 구멍에 대해서

선반 등에서 선삭작업을 하는 경우, 가공물의 한 끝단 혹은 양 끝단을 17·209 그림 (a)와 같은 센터로 지지해서 하는 경우가 많은데, 이 센터를 삽입하기 위해 가공물에는 동 그림 (b)와 같은 센터 드릴을 이용해 센터 구멍을 뚫어 두어야 한다.

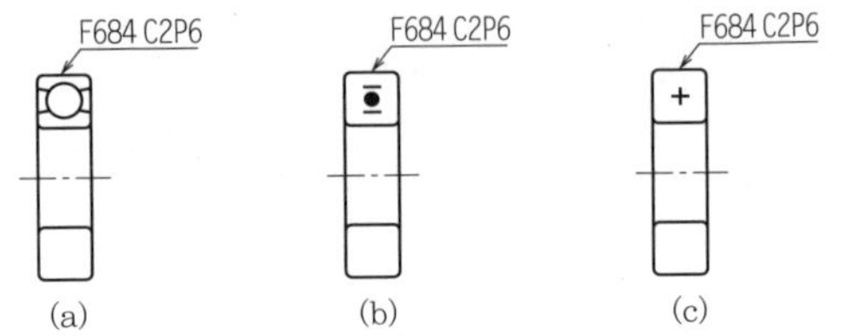

17·208 그림 호칭번호 및 등급 기호의 기입 방법

17·17 표 (a)는 JIS에 정해진 센터 구멍을 나타낸 것으로, R형, A형 및 B형의 것이 있는데, 가공도에 이들의 정확한 형상, 치수를 특별히 나타낼 필요가 없는 경우, JIS B 0041에서는 동 표 (b)에 나타낸 간략 도시 방법을 정하고 있다.

2. 센터 구멍의 간략 도시 방법

이 센터 구멍은 가공 상의 편의를 위해 뚫은 것으로, 완성품에 이 구멍을 남겨야 하는 경우, 남

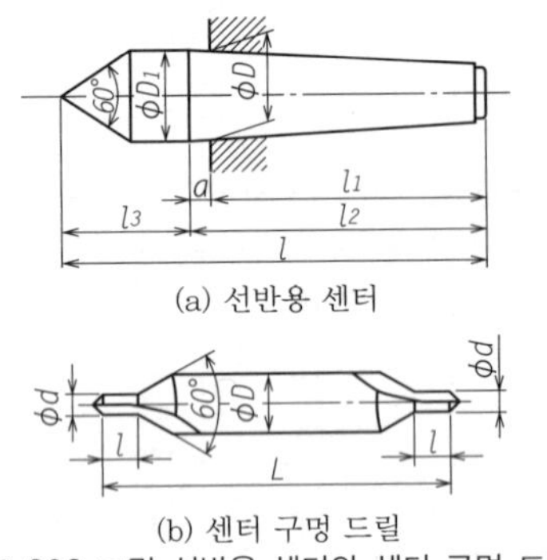

(a) 선반용 센터

(b) 센터 구멍 드릴

17·209 그림 선반용 센터와 센터 구멍 드릴

	구름 베어링	깊은 홈 볼 베어링	앵귤러 볼 베어링	자동조심 볼 베어링	원통 롤러 베어링 NJ	NU	NF	N	NN	니들 롤러 베어링 NA	RNA	원뿔 롤러 베어링	자동조심 롤러 베어링	평면자리 스러스트 볼 베어링 단식	복식	스러스트 자동조심 롤러 베어링
(1)	—	1·2	1·3	1·4	1·5	1·6	1·7	1·8	1·9	1·10	1·11	1·12	1·13	1·14	1·15	1·16
	—															
(2)	2·1	2·2	2·3	2·4	2·5	2·6	2·7	2·8	2·9	2·10	2·11	2·12	2·13	2·14	2·15	2·16
(3)	3·1	3·2	3·3	3·4	3·5	3·6	3·7	3·8	3·9	3·10	3·11	3·12	3·13	3·14	3·15	3·16

17·207 그림 구 JIS에 의한 구름 베어링의 간략 도시법

겨도 좋은 경우 및 남겨서는 안 되는 경우의 3가지가 있다. 그래서 표시와 같은 기호를 이용해 이들을 지시하는데, 그것에 이어서 다음과 같이 센터 구멍의 호칭법을 기입해 두는 것이 좋다.

17·17 표 센터 구멍

(a) JIS에 정해진 센터 구멍 (JIS B 1011) KS B 0410

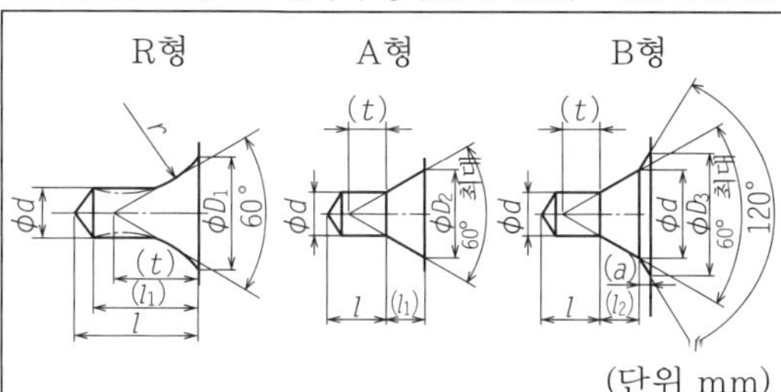

호칭 d	종류 (60도 센터 구멍)				
	R형	A형		B형	
	D_1	D_2	t	D_3	t
(0.5)	–	1.06	0.5	1.6	0.5
(0.63)	–	1.32	0.6	2	0.6
(0.8)	–	1.7	0.7	2.5	0.7
1	2.12	2.12	0.9	3.15	0.9
(1.25)	2.65	2.65	1.1	4	1.1
1.6	3.35	3.35	1.4	5	1.4
2	4.25	4.25	1.8	6.3	1.8
2.5	5.3	5.3	2.2	8	2.2
3.15	6.7	6.7	2.8	10	2.8
4	8.5	8.5	3.5	12.5	3.5
(5)	10.6	10.6	4.4	16	4.4
6.3	13.2	13.2	5.5	18	5.5
(8)	17	17	7.0	22.4	7.0
10	21.2	21.2	8.7	28	8.7

(b) 센터 구멍의 기호 및 호칭법의 도시 방법 (JIS B 0041) (단위 mm)

요구사항	기호	호칭법
센터 구멍을 최종 완성 부품에 남기는 경우		JIS B 0041-B2.5/8
센터 구멍을 최종 완성 부품에 남겨도 좋은 경우		JIS B 0041-B2.5/8
센터 구멍을 최종 완성 부품에 남겨야 하는 경우		JIS B 0041-B2.5/8

(c) 가공물의 직경과 센터 구멍의 호칭 (단위 mm)

가공물의 직경	호칭	가공물의 직경	호칭
3 ~ 4	0.5	50 ~ 60	4
4 ~ 6	0.8	60 ~ 120	5
6 ~ 10	1	120 ~ 200	6
10 ~ 15	1.5	200 ~ 350	8
15 ~ 25	2	350 ~ 500	10
20 ~ 35	2.5	500 ~ 650	12.5
25 ~ 60	3		

[예] JIS B 0041-B 2.5/8

JIS B 0041…이 규격의 규격 번호.

-B…센터 구멍 종류의 기호 (R, A 또는 B).

2.5/8…파일럿 구멍 지름 d, 스폿페이싱 구멍 지름 D(D_1~D_3), 두개의 수치(d 및 D)를 나란히 사선으로 구분한다.

단, 센터 구멍을 남겨도 좋은 경우는 무기호이므로 구멍의 중심 위치에서 인출선을 이용해 기입하면 된다.

17·17 표 (c)는 가공물의 직경에 대한 센터 구멍의 호칭을 나타낸 것이다.

17·11 용접 기호

1. 용접 대해서

최근에는 리베팅을 대신해 용접이 널리 이용되고 있다. 용접법에는 여러 가지가 있는데, 그 중에서 특히 발달한 것은 아크 용접법으로 최근 건축물, 증기보일러, 선박 등을 만드는 경우에 널리 채용되고 있다.

또한 용접에 의한 접합 양식의 종류도 다양한데 이러한 양식을 도면에 나타내기 위해서는 실제 형태대로 도시하는 경우와 용접 기호를 이용하는 경우가 있으며, 현재는 후자의 용접 기호에 의한 표시가 널리 이용되고 있다.

단, 고압 용기 등으로 법률(고압가스 단속법 등)의 적용을 받는 것에 있어서는 용접부의 실제 형태 및 치수를 상세도로 명확하게 나타내야 하는데, 이 경우에도 고압 부분 이외는 용접 기호를 이용해 도시해도 된다.

2. 용접의 특수한 용어

용접에는 특수한 용어가 이용되기 때문에 몇 가지 용어에 대해 설명한다.

① 용접에서는 그 모재의 끝단부를 여러 가지 형태로 가공하고, 그것을 나란히 놓아 생기는 공간 부분에 용착 금속을 흘려 넣어 접합한다(13·16 그림 참조). 이 때의 끝단부 형태를 그루브라고 하고, 그렇게 가공하는 것을 그루브를 둔다라고 한다. 또한 그 때 잘린 부분의 치수를 그루브 치수라고 한다. 그루브의 형상 및 치수는 이음매의 강도에 크게 영향을 미치므로 신중하게 결정된다.

② 그루브 용접에서 용접 표면에서 용접 밑면까지의 거리(17·210 그림 중의 s)를 용접 깊이라고 한다. 완전 용입 용접에서는 판두께와 동일하다〔동 그림 (a)〕.

③ 모재 사이의 최단 거리를 루트 간격이라고 한다[17·210 그림 (b)].

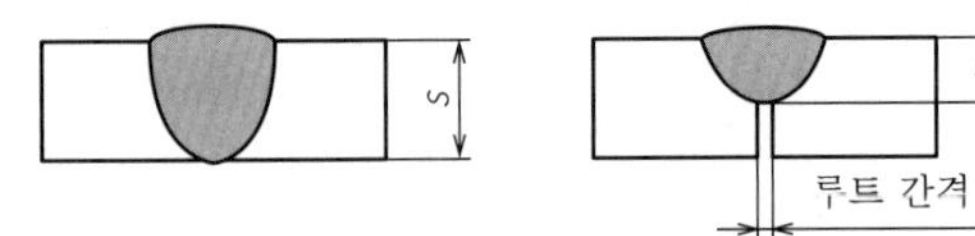

(a) 완전 용입 용접 (b) 부분 용입 용접

17·210 그림 용접 깊이

3. 용접의 종류와 용접 기호

17·18 표는 JIS Z 3021에 규정된 용접부 기호를 나타낸 것으로, 동 표 (a)는 기본 기호를 나타낸 것이다.

이와 같이 용접에서는 모재의 끝단면을 여러 가지 형태로 가공해 이것을 적당하게 조합하는데, 이 중에 X형, H형, K형, 양면 J형은 양면에서 각각 V형, U형, L형, J형의 그루브(홈)을 설정한 것으로 볼 수 있다.

17·18 표 용접부 기호 (기호란의 ……는 기준선을 나타낸다)

(a) 기본 기호 KS B 0052

명칭	기호	명칭	기호	명칭	기호
I형 그루브		ㄴ형 플레어 용접		키홀 용접	
V형 그루브		가장자리 용접		스폿 용접 프로젝션 용접	
ㄴ형 그루브		필릿 용접*			
J형 그루브		플러그 용접 슬롯 용접		심 용접	
U형 그루브		비드 용접		스카프 이음	
V형 플레어 용접		패딩 용접		스터드 용접	

[주] *지그재그 단속 필릿 용접의 경우는 보충 기호 또는를 이용해도 된다.

(b) 대칭적인 용접부의 조합 기호

명칭	기호	명칭	기호	명칭	기호
X형 그루브		양면 J형 그루브		X형 플레어 용접	
K형 그루브		H형 그루브		K형 플레어 용접	

(c) 보조 기호

명칭	기호	명칭		기호	명칭		기호
뒷면 비드 용접		표면 형상	평평한 다듬질		가공 방법	치핑	C
뒷면 막기*			볼록형 다듬질			그라인더	G
전체 둘레 용접			움푹 패인 다듬질			절삭	M
현장 용접			토우 다듬질			연마	P

[주] *뒷면 막기의 재료, 떼기 등을 지시할 때는 꼬리에 기재한다.

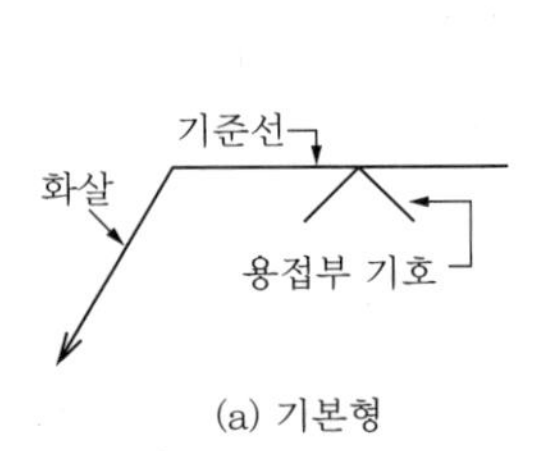

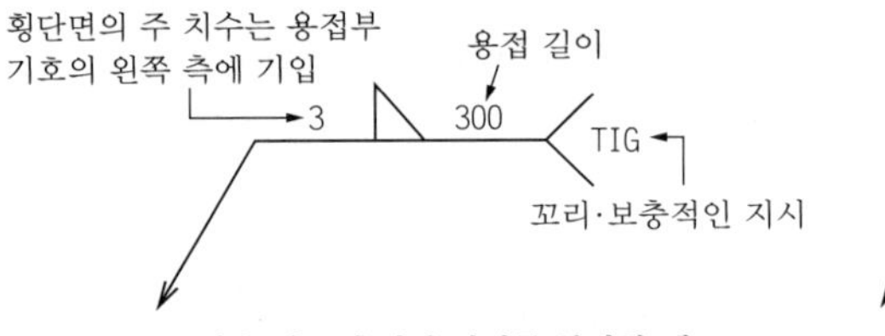

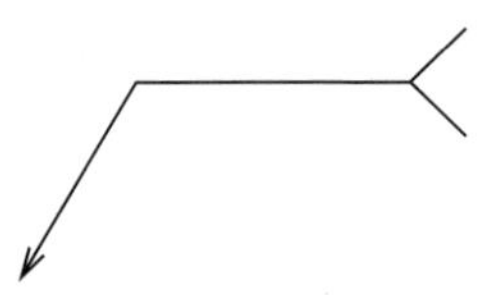

(a) 기본형

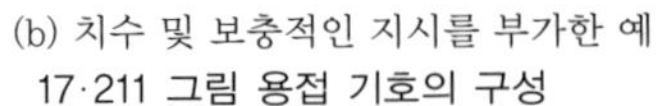

(b) 치수 및 보충적인 지시를 부가한 예

(c) 간이형

17·211 그림 용접 기호의 구성

또한 JIS에는 동 표 (c)와 같은 보조 기호가 정해져 있으며, 필요에 따라 앞에서 말한 기본 기호와 병기한다.

4. 용접 기호의 구성

다음으로 용접 기호의 구성과 지시에 대해 설명해 간다(17·211 그림).

① **화살** 화살은 기준선에 대해 가급적 60°의 직선으로 한다. 화살은 기준선의 어느 한 끝단에 붙여도 되며, 필요하다면 한 끝단에 2개 이상 붙여도 된다. 단, 기준선의 양 끝단에 붙일 수는 없다. 또한 동 그림 (c)의 간이형과 같이 용접 기호가 화살과 꼬리만으로, 용접부 기호 등이 나타나 있지 않을 때에는 이 이음매는 단지 단순히 용접 이음매인 것만을 나타내고 있다.

② **기준선** 용접부 기호는 기준선의 거의 중앙에 기입한다. 17·212 그림 (a)와 같이 용접하는 측이 화살 측 또는 앞쪽 측에 있을 때는 용접부 기호는 기준선의 아래쪽 측에 기입한다. 또한 동 그림 (b)와 같이 화살의 반대편 측 또는 맞은편 측에 있을 때는 기준선의 위쪽 측에 기입한다.

따라서 용접이 기준선의 양쪽 측에 이루어지는 것, 예를 들면 X형, K형, H형 등은 용접부 기호를 기준선의 상하 대칭으로 기입하면 된다. 동 그림 (c)는 스폿 용접의 예를 나타낸다(또한, 17·212 그림의 투영법은 제삼각법이다).

상하에서 다른 용접을 조합할 때는 17·213 그림과 같이 그들의 기호를 각각에 상하로 기입하면 된다. 또한, 이들의 용접부 기호 이외에 지시를 부가할 필요가 있는 경우에는 앞에서 말한 17·211 그림 (b)나 17·213 그림 (b)와 같이 기준선의 화살과 반대편 측의 끝단에 기준선에 대해 상하 45°의 각도로 열린 꼬리를 붙이고, 그 사이에 지시를 기입하면 된다.

그리고 기준선은 필요하면 수평에서 벗어나 기울여도 되는데, 수직에 가깝게 되면 기준선의 상하 관계가 애매하게 되므로 17·214 그림의 해칭으로 나타낸 범위에는 사용해서는 안 된다.

③ **그루브를 두는 면의 지정** ㄴ형과 J형 등과 같이 비대칭의 용접부에서는 그루브를 두는 쪽의 면을 지시해 둘 필요가 있다. 그 때는 17·215 그림 (a)와 같이 화살을 반드시 꺾은선으로 하고 화살의 끝을 그루브를 두는 면에 대어 그것을 나타낸다. 동 그림 (b)와 같이 그루브를 두는 면이 명확한 경우는 생략해도 되지만, 꺾은선으로 하지 않은 경우는 어느 면에 그루브를 두어도 되므로 기입에 주의한다.

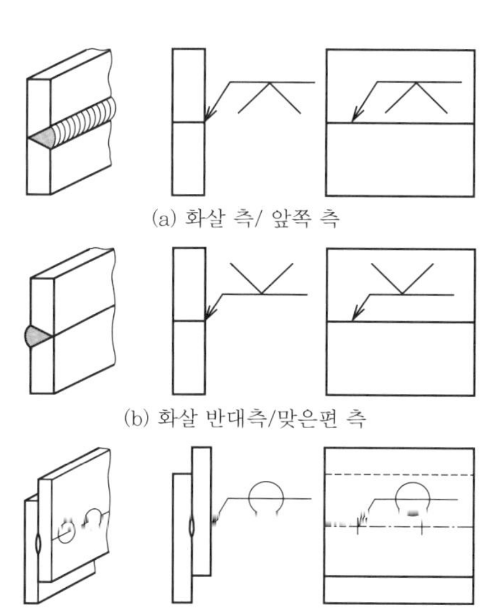

(a) 화살 측/ 앞쪽 측

(b) 화살 반대측/맞은편 측

(c) 용접부가 접촉면에 형성되는 경우

17·212 그림 기준선에 대한 용접부 기호의 위치

(a) ㄴ형 그루브 용접 및 필릿 용접

비드 용접 선행

(b) V형 그루부 용접 및 비드 용접

17·213 그림 조합 기호의 예

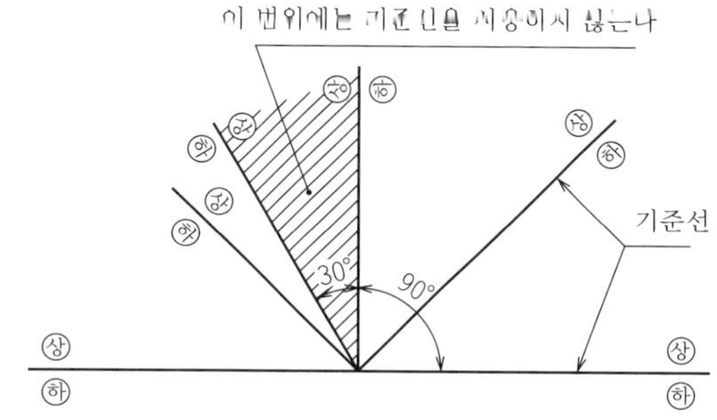

17·214 그림 기준선의 위치 및 상측·하측의 정의

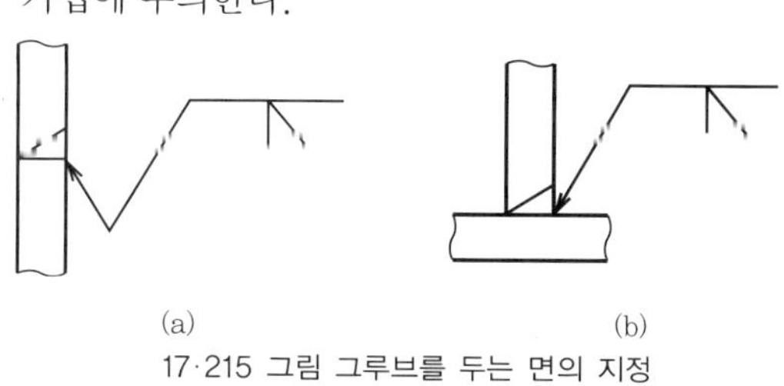

(a)

(b)

17·215 그림 그루브를 두는 면의 지정

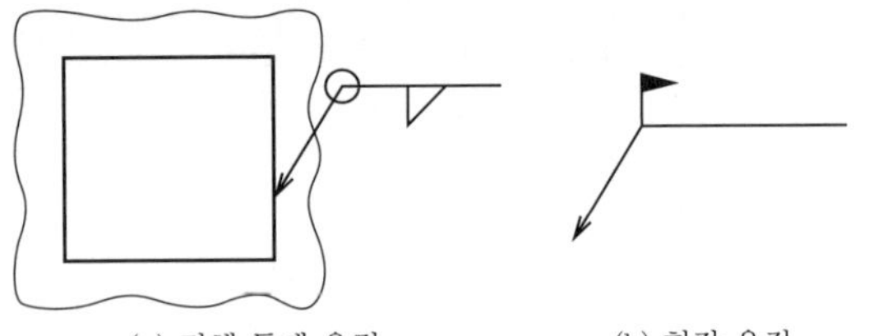

(a) 전체 둘레 용접 (b) 현장 용접

17·216 그림 전체 둘레 용접과 현장 용접

④ 전체 둘레 용접과 현장 용접 도시된 부분의 전체 둘레에 걸쳐 하는 것, 또한 동 그림 (b)와 같이 그 용접을 공사 현장에서 하는 것을 지시하는 것이다. 양쪽 모두 용접 기호를 화살과 기준선의 교점에 기입해 둔다.

5. 치수의 지시

17·217 그림은 용접 기호의 치수 기입 예를 나타낸 것이다. 동 그림 (a)의 그루브 용접의 단면 주요 치수는 '그루브 깊이' 및 '용접 깊이'이거나, 또는 그 중 하나로 나타낸다. 용접 깊이 12mm는 그루브 깊이 10mm에 이어 괄호에 넣어 (12)로 기입한다. 다음으로 Y 기호 중에 루트 간격 2mm를, 그리고 그 위에 그루브 각도 60°를 기입한다. 더 지시 사항이 있을 때는 꼬리를 붙이고 거기에 적절하게 기입하면 된다.

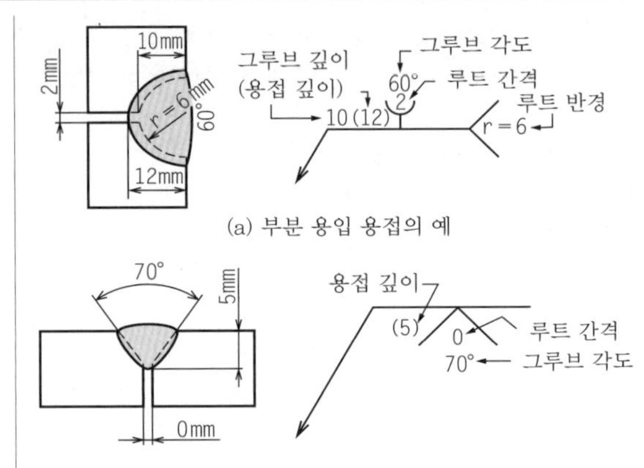

(a) 부분 용입 용접의 예

(b) 용입 깊이가 그루브 깊이와 동일한 예

17·217 그림 그루브 용접의 단면 치수

동 그림 (b)에서도 V형 그루브 기호 ∧의 중에 기입된 숫자 0은 루트 간격이 0mm를 나타내고 있으며, 그 아래의 숫자 70°는 그루브 각도 70°를 나타내고 있다. 또한, (5)는 용접 깊이를 나타내고 있다. I형 용접일 때는 그루브 깊이를, 완전 용입 용접일 때는 용접 깊이를 생략한다.

17·19 표는 주요 용접 종류의 용접 기호 사용 예를 나타낸 것이다.

17·19 표 용접 기호의 사용 예 (제삼각법)

용접부의 설명		실제 형상	기호 표시
I 형 그루브	루트 간격 2mm	2	2
I 형 그루브 레이저 용접	루트 간격 0.1~ 0.2mm		LBW 0.1~0.2
I 형 그루브 플래시 용접			플래시 용접 플래시 용접
I 형 그루브 마찰압접			마찰압접
서피스 이음매	토치 브레이징 접합 길이 4mm 틈새 0.25~ 0.75mm	4 0.25~0.75	TB 4 0.25~0.75
V형 그루브	뒷면 막기 금속 사용 루트 간격 5mm 그루브 각도 45° 표면 절삭다듬질	절삭다듬질 45° 12 5	12 5 45° M

(다음 페이지에 계속)

용접부의 설명		실제 형상	기호 표시
V형 그루브 부분 용입 용접	그루브 깊이 5mm 용입 깊이 5mm 그루브 각도 60° 루트 간격 0mm	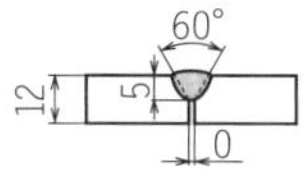	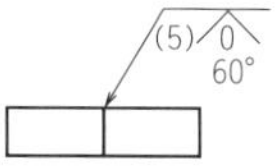
V형 그루브 뒷면 비드 용접	그루브 깊이 16mm 그루브 각도 60° 루트 간격 2mm	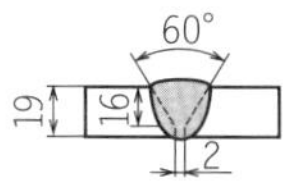	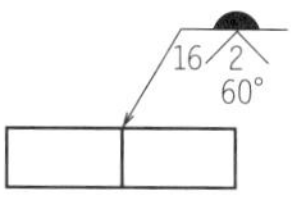
V형 그루브 뒷면 고르기 후 뒷면 비드		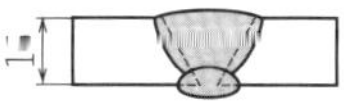	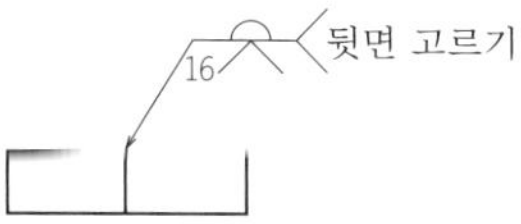
X형 그루브	그루브 깊이 화살 측 16mm 반대측 9mm 그루브 각도 화살 측 60 반대측 90° 루트 간격 3mm	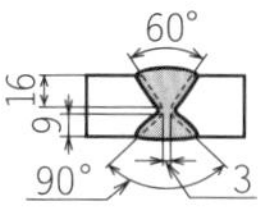	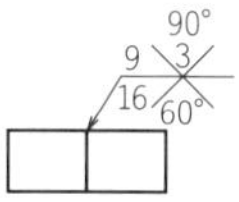
ㄴ형 그루브 부분 용입 용접	그루브 깊이 10mm 용입 깊이 10mm 그루브 각도 45° 루트 간격 0mm	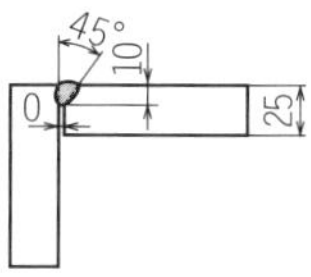	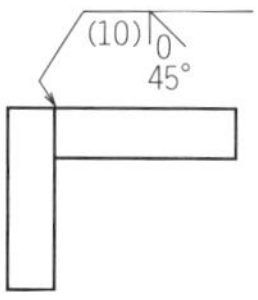
ㄴ형 그루브와 필릿의 조합	그루브 깊이 17mm 그루브 각도 35° 루트 간격 5mm 필릿 사이즈 7mm	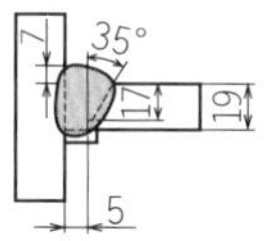	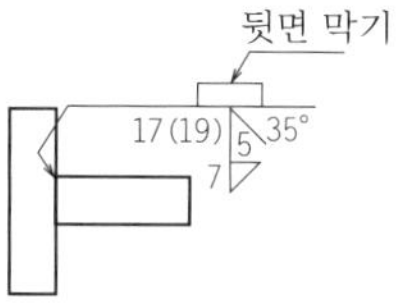
K형 그루브	그루브 깊이 10mm 그루브 각도 45° 루트 간격 2mm	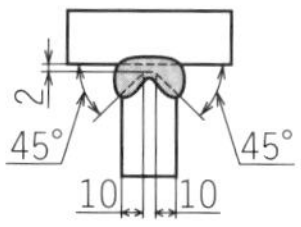	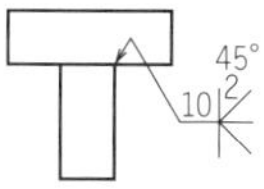
J형 그루브	그루브 깊이 28mm 그루브 각도 35° 루트 간격 2mm 루트 반경 12mm	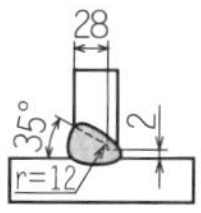	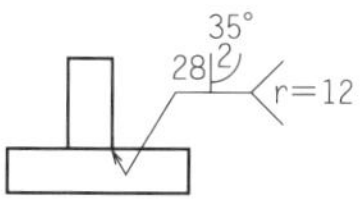
양면 J형 그루브	그루브 깊이 24mm 그루브 각도 35° 루트 간격 3mm 루트 반경 12mm	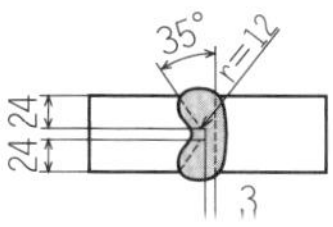	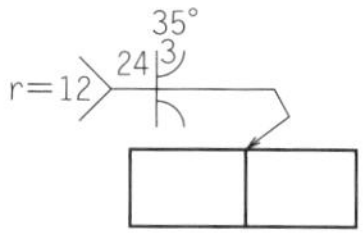
U형 그루브 완전 용입 용접	그루브 각도 25° 루트 간격 0mm 루트 반경 6mm	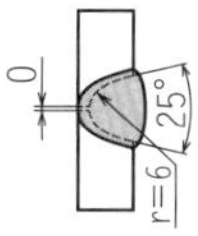	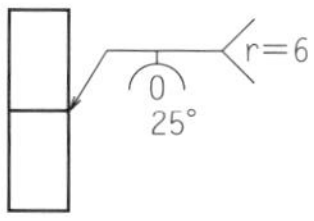

(다음 페이지에 계속)

17장

용접부의 설명		실제 형상	기호 표시
H형 그루브 부분 용입 용접	그루브 깊이 25mm 그르부 각도 25° 루트 간격 0mm 루트 반경 6mm	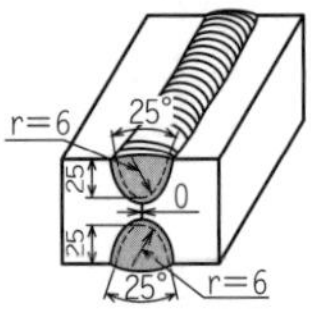	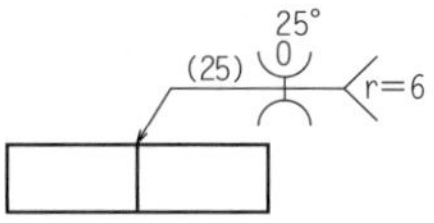
V형 플레어 용접		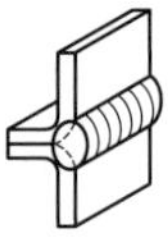	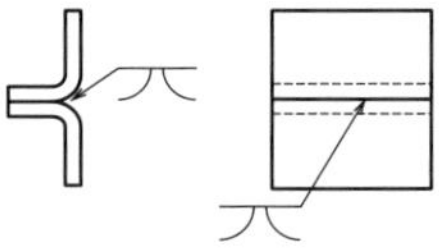
X형 플레어 용접		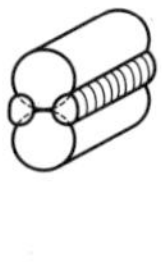	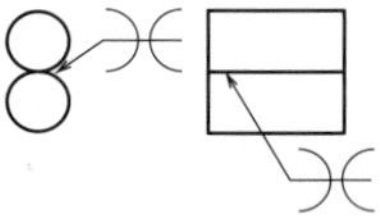
ㄴ형 플레어 용접		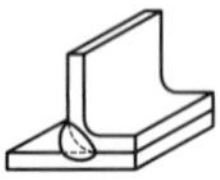	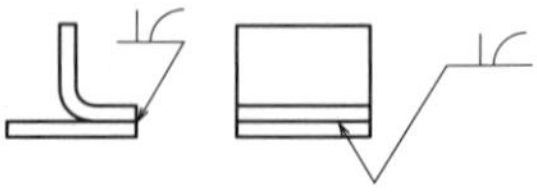
K형 플레어 용접		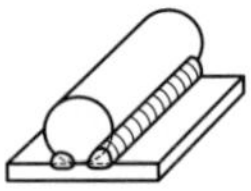	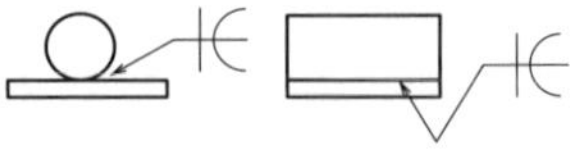
가장자리 용접	용착량 2mm 연마다듬질	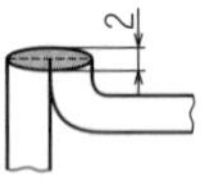	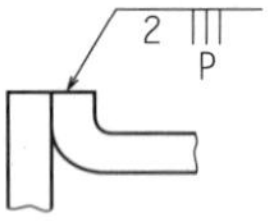
가장자리 용접 뒷면 비드 용접		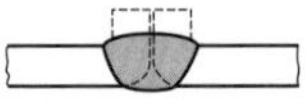	
필릿 용접	세로 판측 다리길이 6mm 가로 판측 다리길이 12mm	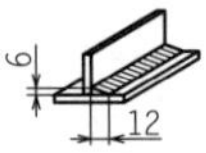	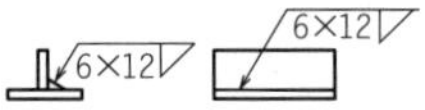
필릿 용접	화살 측 다리 9mm 반대측 다리 6mm	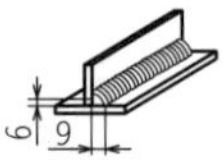	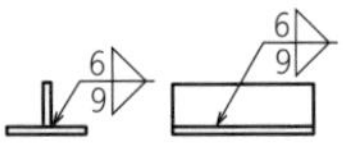
필릿 용접 병렬 용접	용접 길이 50mm 용접 수 3 피치 150mm	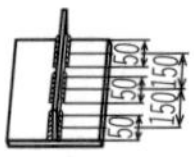	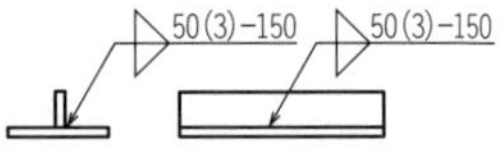
필릿 용접 지그재그 용접	화살 측의 다리길이 6mm 반대측 다리길이 9mm 용접 길이 50mm 화살 측 용접 수 2 반대측 용접 수 2 피치 300mm	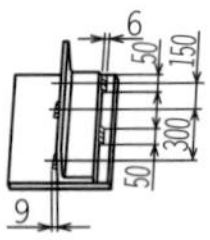	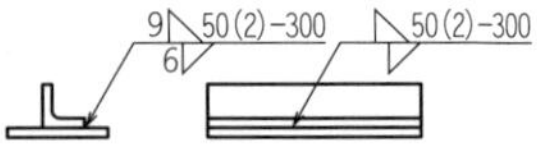

(다음 페이지에 계속)

용접부의 설명		실제 형상	기호 표시
플러그 용접	구멍 지름 22mm 용접 깊이 6mm 그루브 각도 60° 용접 수 4 피치 100mm	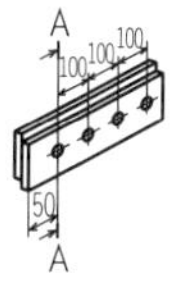	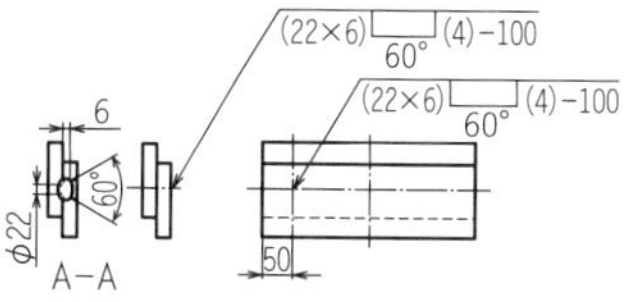
슬롯 용접	폭 22mm 용접 깊이 6mm 그루브 각도 0° 길이 50mm 용접 수 4 피치 150mm	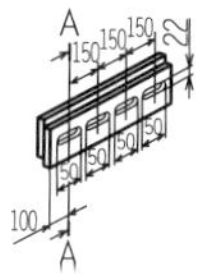	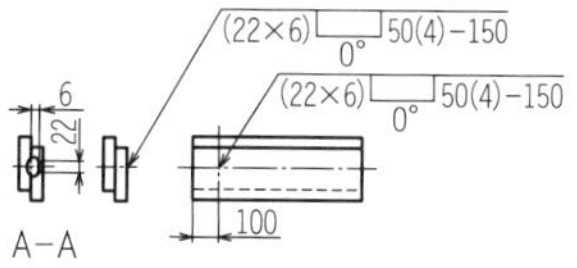
비드 용접 뒷면 고르기 후 가공		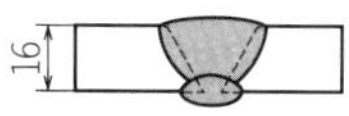	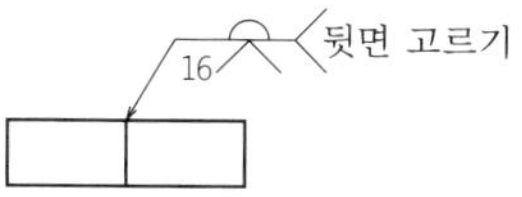
패딩 용접	패딩 두께 6mm 폭 50mm 길이 100mm	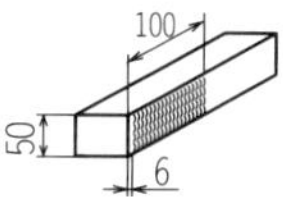	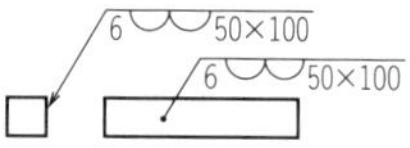
키홀 용접 중첩 이음매	틈새 0.0~0.2mm 용접 폭 1.0mm	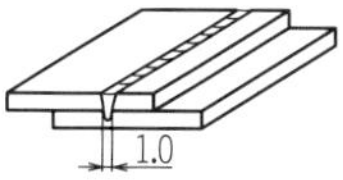	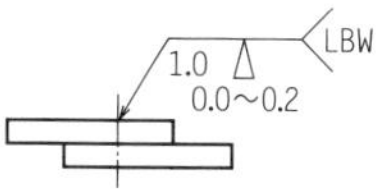
키홀 용접 T 이음매	용접 폭 1.5mm	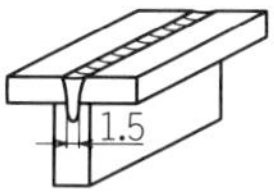	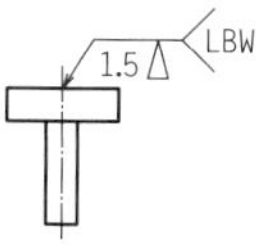
스폿 용접	너깃의 직경 6mm 용접 수 3 피치 30mm	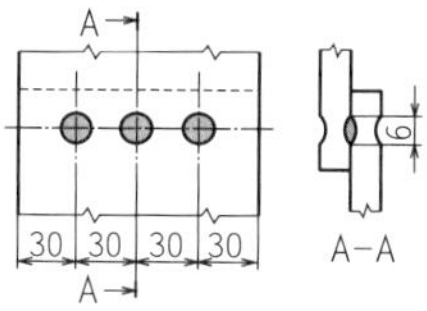	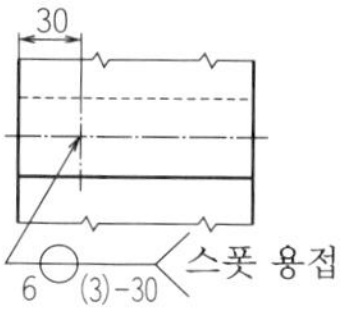
심 용접	너깃 폭 5mm	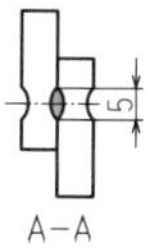	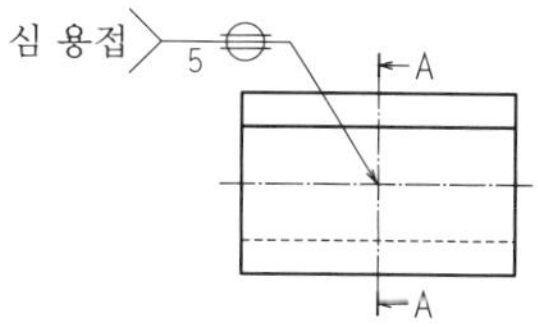
스카프 이음매	토치 브레이징 스카프의 각도 30° 틈새 1mm	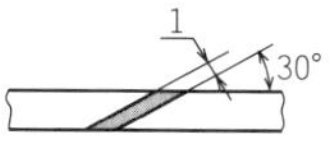	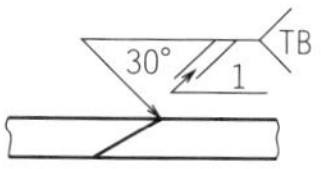
스터드 용접	50mm ø 의 스터드를 각 열 7개	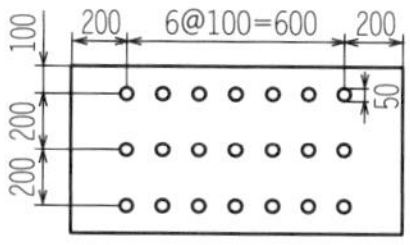	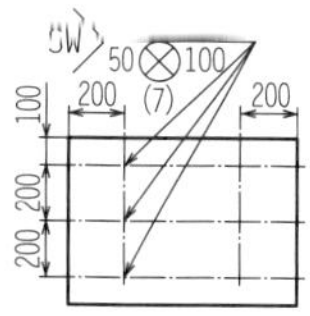

17·12 표면 성상의 도시 방법

1. 표면 성상에 대해서

(1) 표면 성상이란 기계 부품이나 구조 부재 등의 표면을 보면, 주조, 압연 등 그대로의 생지 부분과 공구 등으로 절삭된 부분이 있는 것을 알 수 있다. 이 경우 후자와 같이 절삭하는 가공을, 특히 제거가공이라고 한다.

그리고 제거가공 여부와 상관없이 그 표면에는 거친 면에서 매끈한 면이 되기까지 여러 가지 요철의 단계가 있는 것을 알 수 있다. 이 단계를 표면조도라고 한다. 또한 제품 표면에는 가공에 따라 여러 가지 줄무늬 모양이 나타나 있다. 이것을 줄무늬 방향이라고 부른다. 이러한 표면 감각의 기초가 되는 양을 총칭해 '표면 성상'이라고 부르게 되고, 기존의 '면 표면의 도시 방법'이 크게 개정되어 2003년에 '표면 성상의 도시 방법(JIS B 0031 : 2003)'으로서 규정됐다.

기존 JIS에 규정된 '면의 표면' 과 이번의 '표면 성상'과는 어떻게 다른지에 대해서는 전자가 '물건의 성질'이라는 의미가 옅었으며, 또한 그것이 표면 성상의 극히 일부분을 나타내는 것이라는 이유로 기술 용어로서 넓은 의미를 갖는 후자로 변경됐으며, 더구나 해석의 애매함을 최대한 배제하는 것을 의도한 규격으로 변모됐다.

새로운 규격의 특징을 한마디로 말하면, '표면 성상 파라미터의 비약적 확대' 라는 것이다 (17·218 그림 참조, 구 JIS에서는 파라미터는 6 종류뿐이었다).

단, 이들 중에 주체가 되는 것은 윤곽 곡선 파라미터이고, 모티프 파라미터 및 부하 곡선에 관련된 파라미터는 주로 윤활을 동반하는 섭동면을 대상으로 하는 것으로, 전자를 '보완하는 것이지 대체하는 것은 아니다' 라고 여겨지고 있으며, 그 기법이 복잡하기 때문에 설명은 생략한다.

(2) 윤곽 곡선·단면 곡선·조도 곡선·굴곡 곡선

표면조도 측정은 일반적으로 촉침식 표면조도 측정기를 이용해 한다.

측정면을 줄무늬 방향에 직각으로 촉침에 의해 덧그려서 얻은 윤곽 곡선에서, λs 윤곽 곡선 필터에 의해 거칠기 성분보다 짧은 파장 성분을 제거한 곡선을 단면 곡선이라고 한다.

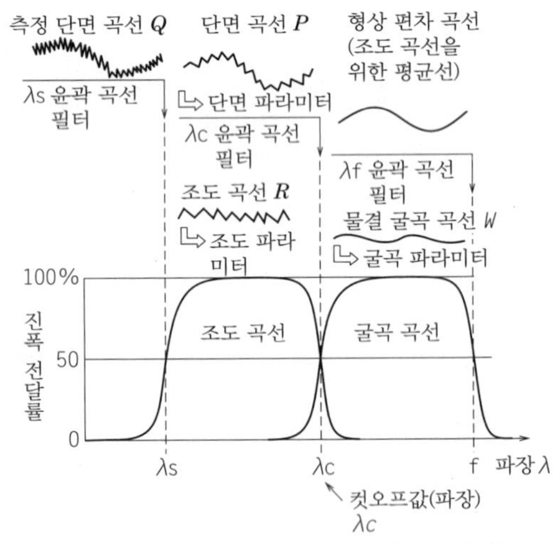

17·219 그림 단면 곡선·조도 곡선·굴곡 곡선

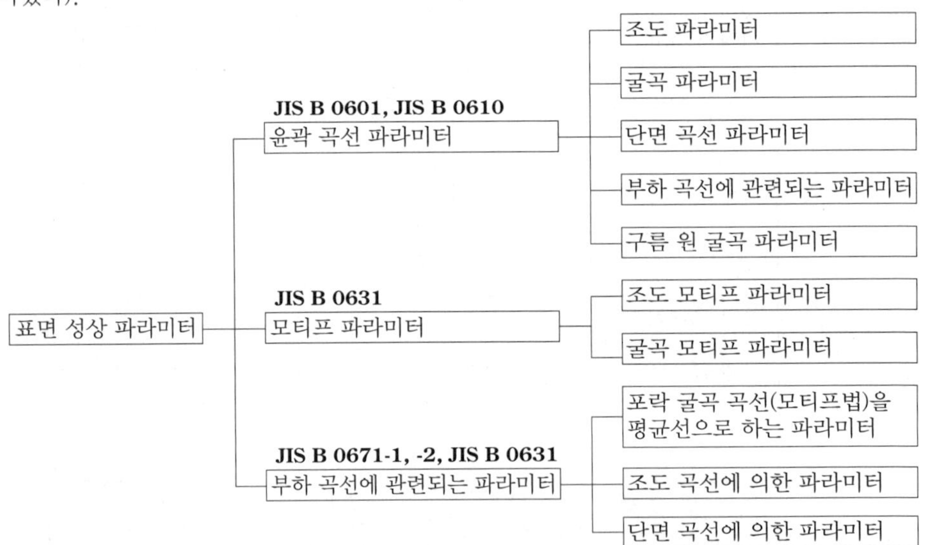

17·218 그림 표면 성상 파라미터의 관계

이 단면 곡선에는 세밀한 요철의 거칠기 성분과 더 큰 물결의 굴곡 성분을 함유하고 있으며, 양자를 분리하기 위해 λc 윤곽 곡선 필터, λf 윤곽 곡선 필터에 의해 제거한 것이 각각 조도 곡선 및 굴곡 곡선이다(17·219 그림).

이들의 곡선은 초심자는 이해하기 어려울 것으로 생각되지만, 모두 기계에 의해 디지털화되고 기록된다. 최근 개발된 하이브리드의 표면 성상 측정기는 그 윤곽 형상 해석 기능은 반경, 거리, 각도 등 다양한 치수 측정이 가능하고, 1회의 측정으로 모든 파라미터에 대응할 수 있는 기능을 가지고 있다.

그 조작의 한 예를 들면, 우선 대상물의 윤곽 곡선을 측정해서 액정 조작 화면에 표시시키고, 거기에 열거된 파라미터 중 필요한 것을 선택해 클릭하면 순식간에 그 수치가 계산되고 표시된다고 하는 것이다.

또한, 이러한 대형의 측정기가 아니어도 소형 가반식 측정기라도 열 몇 가지 종류의 파라미터에 대응할 수 있다고 알려져 있다.

(3) 윤곽 곡선 파라미터 17·20 표에 윤곽 곡선에서 계산된 각종 파라미터와 그 기호를 나타냈다.

표에 나타냈듯이 조도 파라미터는 기호 *R*을, 굴곡 파라미터는 기호 *W*를, 단면 곡선 파라미터는 기호 *P*를 각각 이용해 파라미터의 종류를 나타내는 사체의 소문자를 부기하게 되어 있다. 17·21 표에 그 의미 및 계산의 개념을 나타냈다.

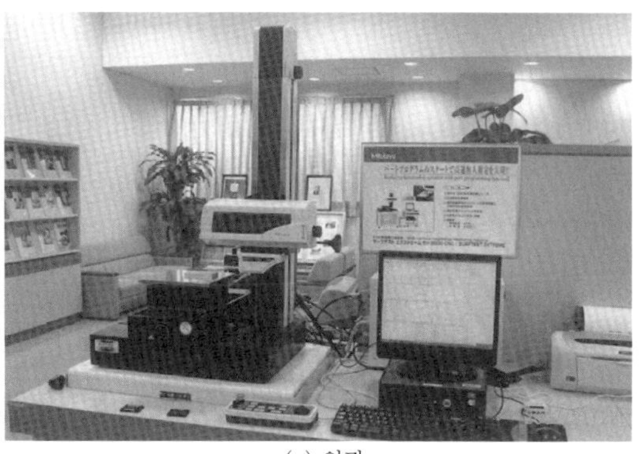

(a) 외관

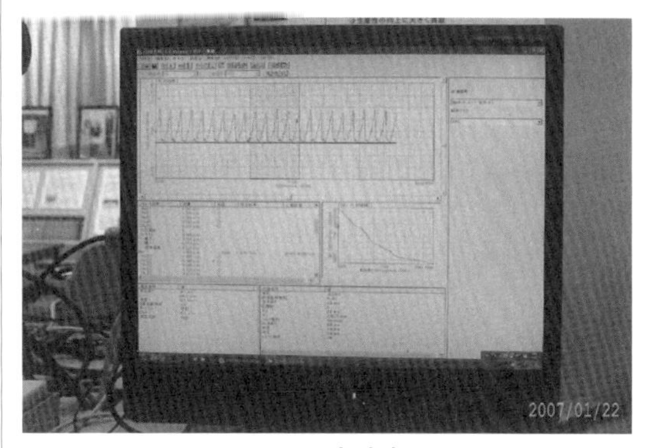

(b) 조작 화면

17·220 그림 최근의 하이브리드 표면 성상 측정기

17·221 그림 가반식 표면조도 측정기

17·20 표 각종 파라미터와 그 기호 (JIS B 0601)

(a) 조도 파라미터 기호

	높이 방향의 파라미터											가로 방향 파라미터	복합 파라미터	부하 곡선에 관련되는 파라미터		
	산 및 골						높이 방향 평균									
조도 파라미터	*Rp*	*Rv*	*Rz*	*Rc*	*Rt*	Rz_{JIS}	*Ra*	*Rq*	*Rsk*	*Rku*	Ra_{75}	*RSm*	*RΔq*	*Rmr*(*c*)	*Rδc*	*Rmr*

(b) 굴곡 파라미터 기호

	높이 방향의 파라미터											가로 방향 파라미터	복합 파라미터	부하 곡선에 관련되는 파라미터		
	산 및 골						높이 방향 평균									
굴곡 파라미터	*Wp*	*Wv*	*Wz*	*Wz*	*Wt*	W_{EM}	*Wa*	*Wq*	*Wsk*	*Wku*	W_{EA}	*WSm*	*WΔq*	*Wmr*(*c*)	*Wδc*	*Wmr*

(c) 단면 곡선 파라미터 기호

	높이 방향의 파라미터											가로 방향 파라미터	복합 파라미터	부하 곡선에 관련되는 파라미터		
	산 및 골						높이 방향 평균									
단면 곡선 파라미터	*Pp*	*Pv*	*Pz*	*Pc*	*Pt*	—	*Pa*	*Pq*	*Psk*	*Pku*	—	*PSm*	*PΔq*	*Pmr*(*c*)	*Pδc*	*Pmr*

17장

17·21 표 파라미터 기호와 그 의미

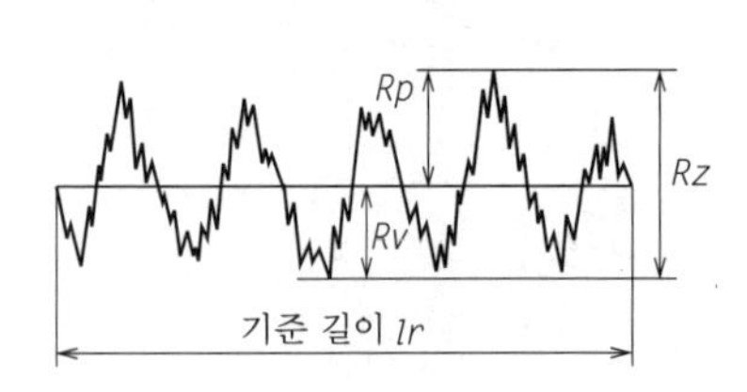 **최대 높이 조도 Rz** 기준 길이에서 윤곽 곡선 요소의 최대 산높이 Rp와 최대 골깊이 Rv의 합	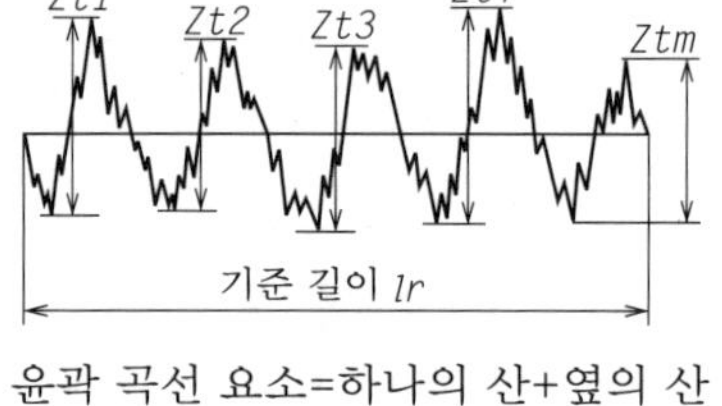 윤곽 곡선 요소=하나의 산+옆의 산 또는 하나의 골+옆의 골 **평균 높이 조도 Rc** 기준 길이에서 윤곽 곡선 요소의 높이 Zt의 평균
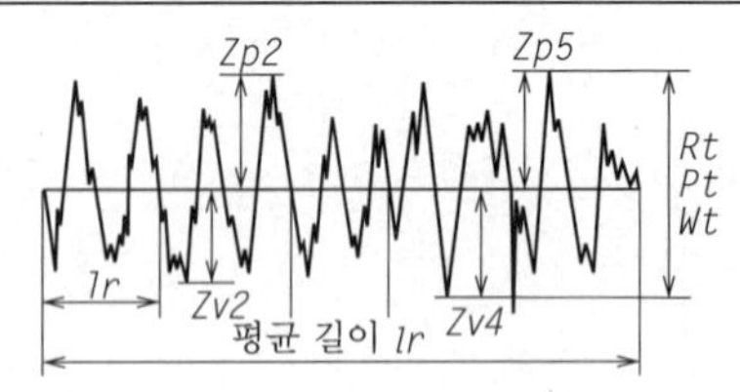 **최대 단면 높이 Rt** 평가 길이에서 윤곽 곡선의 Zp와 Zv의 최대 합	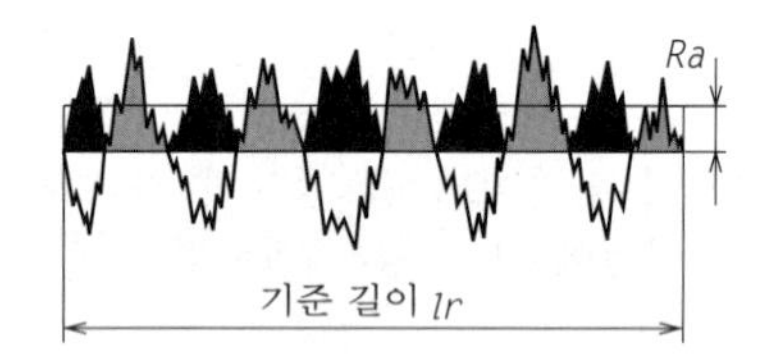 **산술 평균 조도 Ra** 기준 길이에서 $Z(x)$의 절대값 평균
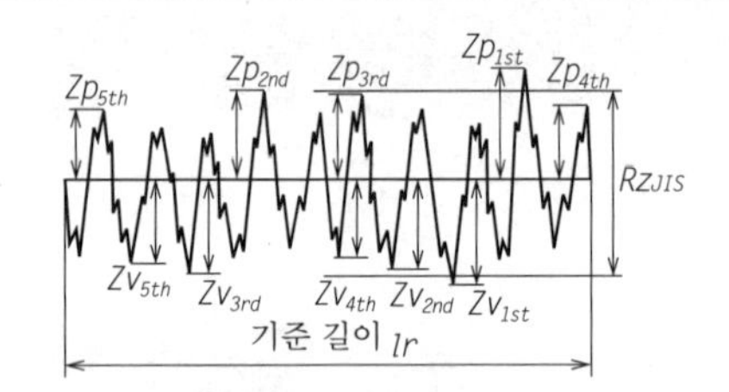 **10점 평균 조도 Rz_{JIS}** 조도 곡선에서 가장 높은 산꼭대기에서 5번째까지의 산높이 평균과 가장 깊은 골바닥에서 5번째까지의 골깊이 평균의 합	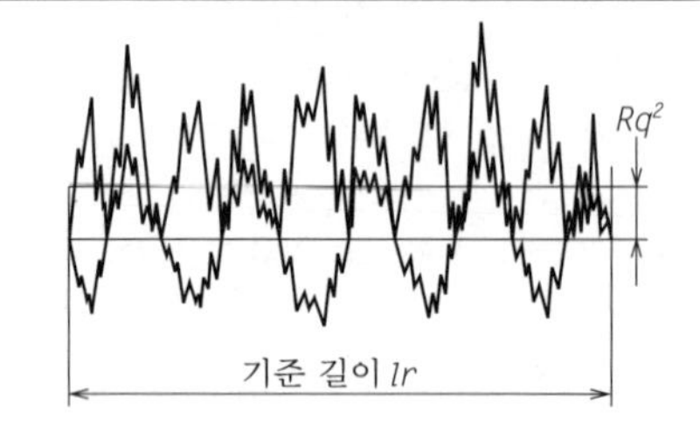 **제곱 평균 제곱근 조도 Rq** 기준 길이에서 $Z(x)$의 제곱 평균 제곱근
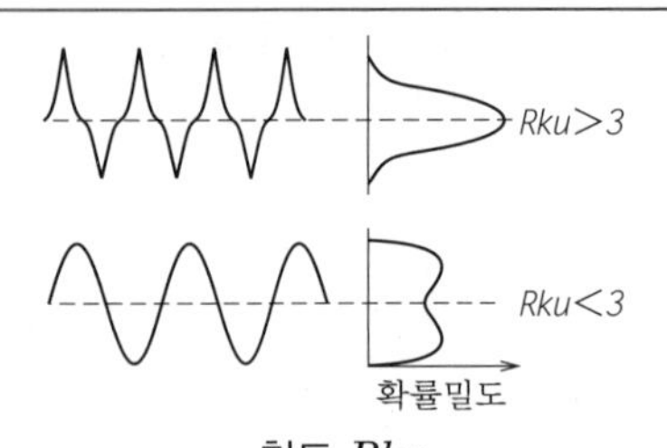 **첨도 Rku** 첨도(확률 밀도 함수의 높이 방향의 뾰족함 척도)	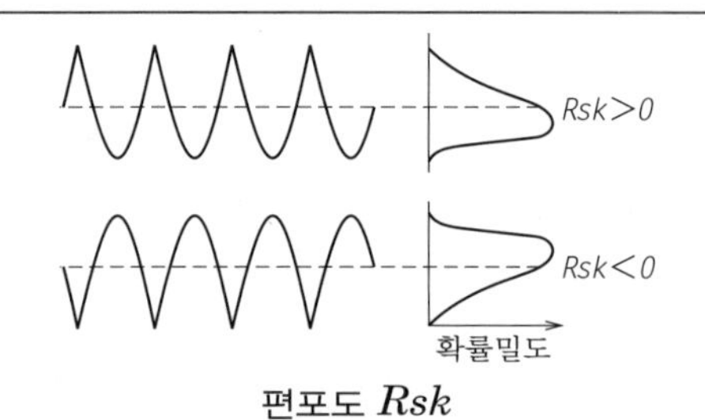 **편포도 Rsk** 편포도(높이 방향의 확률 밀도 함수의 비대칭성 척도)
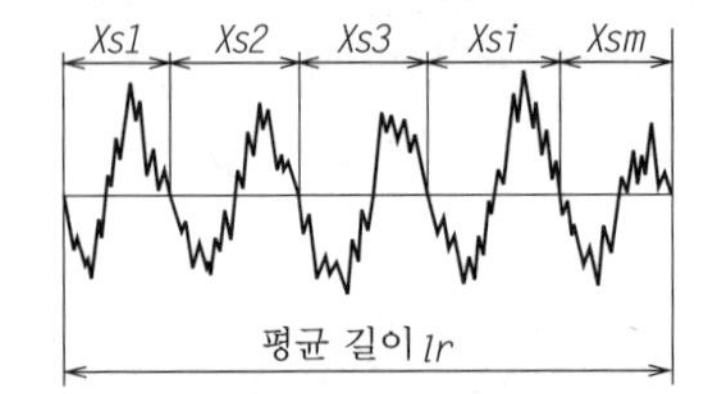 **평균 길이 RSm** 기준 길이에서 윤곽 곡선 요소의 길이 Xs의 평균	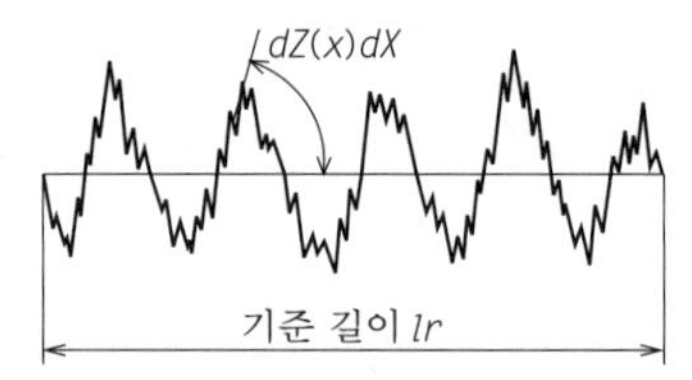 **제곱 평균 제곱근 경사 $R\Delta q$** 기준 길이에서 국부 경사 dz/dx의 제곱 평균 제곱근

단, 현재는 정보의 결정적인 부족에 의해 누구나 이러한 여러 종류의 파라미터를 구사할 수 있는 상황은 아니므로 어쩔 수 없이 표면조도 측정기의 기계에 맡기고 있다. 그래서 본서에서는 앞에서 말한 윤곽 곡선 파라미터 중에 산술 평균 조도*1, 최대 높이 조도*2, 열점 평균 조도*3 등의 파라미터에 대해 설명을 하기로 했다(각주 참조). 실제로 일반기계 부품의 가공 표면은 이들의 조도 파라미터로 지시하면 충분한 경우가 많다고 알려져 있다.

(4) 기타의 용어 해설

① **컷오프값** 위상 보상 고역 필터의 이득이 50%가 되는 주파수에 대응하는 파장.

② **기준 길이** 조도 곡선에서 컷오프값의 길이를 뺀 부분의 길이.

③ **평가 길이** 최대 단면 높이의 경우 등에서는 기준 길이로는 평가가 제대로 이루어지지 않으므로 하나 이상의 기준 길이를 포함하는 길이(일반적으로는 그 5배로 한다)를 취해, 이를 평가 길이라고 한다. 이 평가 길이에 포함되는 기준 길이의 수가 표준값인 5가 아닌 경우에는 기준 길이의 수를 파라미터 기호에 붙인다(예 : *Rp*3, *Rv*3, … 3은 기준 길이의 수).

④ **평균선** 단면 곡선의 빼기 부분에서 굴곡 곡선을 직선으로 대체한 선.

⑤ **빼기 부분** 조도 곡선에서 그 평균선의 방향으로 기준 길이만큼 뺀 부분.

⑥ **통과 대역** 표면 성상 평가 대상의 파장역으로, 저역(통과) 필터와 고역(통과) 필터의 조합으로 나타내다. [예] 0.88-0.8

⑦ **16% 룰** 파라미터의 측정값 중에 지시된 요구값을 넘는 수가 16% 이하이면, 이 표면은 요구값을 만족시키는 것으로 하는 룰로, 이것을 표준 룰로 한다.

⑧ **최대값 룰** 대상면 전역에서 구한 파라미터 중에 하나라도 지시된 요구값을 넘어서는 안 된다는 룰. 이 룰을 따를 때에는 파라미터 기호에 'max'를 붙여야 한다.

2. 표면 성상의 도시 방법

(1) 표면 성상의 도시 기호 표면 성상을 도시할 때는 그 대상이 되는 면에 17·222 그림에 나타낸 기호를 그 바깥 측에서 대어 나타내게 되어 있다.

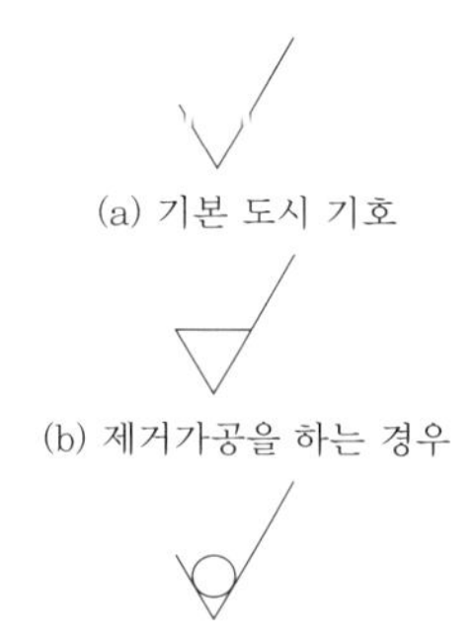

(a) 기본 도시 기호

(b) 제거가공을 하는 경우

(c) 제거가공을 하지 않는 경우

17·222 그림 표면 성상의 도시 기호

동 그림 (a)는 기본 도시 기호를 나타낸 것으로, 약 60° 기울어진 길이가 다른 2개의 직선으로 구성한다. 이 기호는 그 면의 제거가공 필요 여부가 상관없는 경우, 혹은 후술하는 간략 도시의 경우에 사용한다.

동 그림(b)은 대상면이 절삭가공 등과 같은 제거가공을 필요로 하는 경우에 기호의 짧은 쪽의 선에 가로선을 부가해 나타낸다.

또한 대상면이 제거가공을 해서는 안 되는 것을 나타내는 경우에는, 동 그림 (c)과 같이 기호에 내접하는 원을 부가해 나타낸다.

이들의 도시 기호에 표면 성상의 요구사항을 지시하려면, 기호의 긴 선 쪽으로 적당한 길이의 선을 긋고, 그 아래에 기입하게 되어 있다.

(2) 파라미터의 표준 수열 파라미터의 허용 한계값은 17·22 표 중에서, 특별히 우선적으로 이용하는 수치를 굵은 글자로 나타내고 있다.

(3) 표면 성상의 요구사항 지시 위치 표면 성상의 도시 기호의 요구사항을 지시하는 경우에는 각각 17·223 그림에 나타낸 위치에 기입하게 되어 있다.

이 경우 a의 위치에 기입해야 할 항목으로는 애매함이 없는 표면 성상의 모든 요구사항을 들어보면, 17·224 그림에 나타낸 a)~g)와 같이 되어 매우 번잡하다. 따라서 이들 항목 중에 그 표준

*1 이전 규격에서는 이 산술 평균 조도를 우대하기 위해 이 파라미터를 사용할 때는 *Ra*의 기호는 생략하고 단순히 거칠기값만 기입하면 된다고 되어 있었는데, 이번 개정에서 모든 파라미터 기호를 기입하도록 수정됐다.

*2 이전 규격에서는 *R*max나 *Ry*의 기호가 이용되고 있었는데, [illegible] 기 때문에 새로운 규격에서는 *Rz*로 변경됐다.

*3 기존의 10점 평균 조도는 *Rz*로 나타내고 있었는데, 이번 ISO에서 삭제됐다. 일본에서는 널리 보급되어 있는 파라미터이기 때문에 구 규격명에 *z*의 높이에 맞춘 첨자 *JIS*를 붙여 (z_{JIS}) 부록에 참고로 남기게 됐다.

17장

17·22 표 각종 파라미터의 표준 수열
(JIS B 0031 부록 1)

(a) *Ra*의 표준 수열 (단위 μm)

	0.012	0.125	1.25	**12.5**	125
	0.016	0.160	**1.60**	16.0	160
	0.020	**0.20**	2.0	20.0	**200**
	0.025	0.25	2.5	**25.0**	250
	0.032	0.32	**3.2**	32.0	320
	0.040	**0.40**	4.0	40.0	**400**
	0.050	0.50	5.0	**50.0**	
	0.063	0.63	**6.3**	63.0	
0.008	0.080	**0.80**	8.0	80.0	
0.010	**0.100**	1.00	10.0	**100.0**	

(b) *Rz* 및 Rz_{JIS}의 표준 수열 (단위 μm)

	0.125	1.25	**12.5**	125	1250
	0.160	**1.6**	16.0	160	**1600**
	0.20	2.0	20	**200**	
0.025	0.25	2.5	**25**	250	
0.032	0.32	**3.2**	32	320	
0.040	**0.40**	4.0	40	400	
0.050	0.50	5.0	**50**	500	
0.063	0.63	**6.3**	63	630	
0.080	**0.80**	8.0	80	**800**	
0.100	1.00	10.0	**100**	1000	

c
X a b f d

x : 중심선 평균 조도의 값
a : 중심선 평균 조도 이외의 조도값
b : 컷오프값 및 기준 길이
c : 가공 방법
d : 줄무늬 및 그 방향
f : 표면 굴곡 (JIS B 0610)

(a) 구 구격에서 지시 위치

c
e d a b

a : 통과 대역 또는 기준 길이, 파라미터와 그 값
b : 2개 이상의 파라미터가 요구됐을 때의 2개째 이상의 파라미터 지시
c : 가공 방법
d : 줄무늬 및 그 방향
e : 절삭값

(b) 신 규격에서 지시 위치

17·223 그림 표면 성상의 요구사항을 지시하는 위치

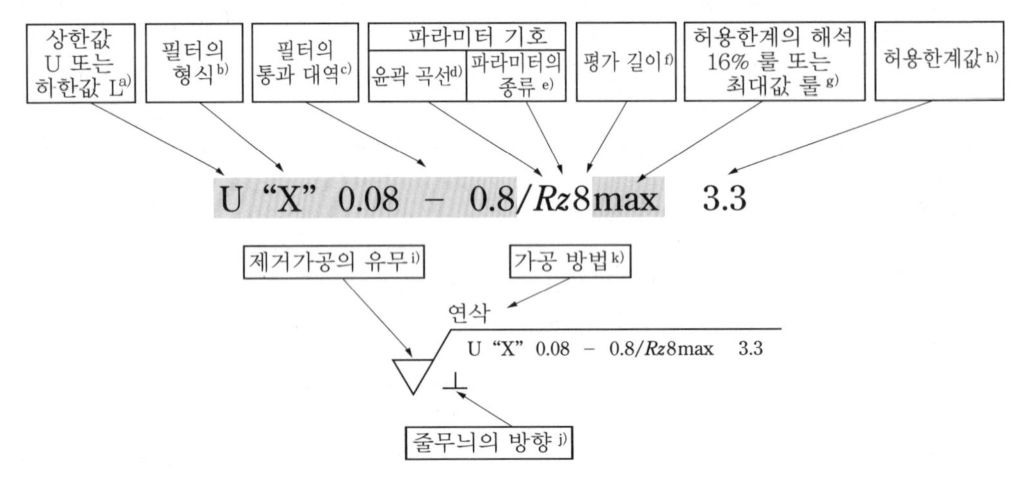

a) 파라미터 허용한계의 상한값(U) 또는 하한값(L)
b) 필터 형식 'X'
c) 통과 대역은 '저역 필터의 컷오프값-고역 필터의 컷오프값'과 같이 지시한다
d) *R*, *W* 또는 *P*의 윤곽 곡선
e) 표면 성상을 나타내는 파라미터의 종류
f) 기준 길이를 나타낸 평가 길이
g) 허용한계의 해석 ('16% 룰' 또는 '최대값 룰')
h) μm 단위의 허용한계값
i) 제거가공의 유무
j) 줄무늬의 방향
k) 가공 방법

17·224 그림 도면에 지시하는 표면 성상의 관리 항목

조건이 정해져 있는 것, 혹은 일반적으로는 생략해도 좋은 항목(그림의 망점을 넣은 부분)은 기입하지 않아도 된다.

단, 파라미터 기호와 허용 한계값과의 간격은 더블 스페이스(두 개의 반각 블랭크)로 해야 한다. 이것은 이 스페이스를 비우지 않으면, 평가 길이로 오해되기 때문이다(17·225 그림).

Ra 3.3
비운다

17·225 그림

17·23 표 줄무늬 방향의 기호

기호	=	⊥	X	M	C	R	P
의미	줄무늬 방향이 기호를 지시한 그림의 투영면에 평행	줄무늬 방향이 기호를 지시한 그림의 투영면에 직각	줄무늬 방향이 기호를 지시한 그림의 투영면에 비스듬하게 2방향으로 교차	줄무늬 방향이 여러 방향으로 교차	줄무늬 방향이 기호를 지시한 면의 중심에 대해 거의 동심원상	줄무늬 방향이 기호를 지시한 면의 중심에 대해 거의 방사상	줄무늬 방향이 입자 모양의 웅덩이, 무방향 또는 입자 모양의 돌기
설명도	=	⊥	X	M	C	R	P

참고를 위해 표면 성상의 요구사항을 지시한 도시 기호의 기입 예와 그 의미 및 해석은 17·24 표에 나타냈다(후술). 이들의 요구사항 중에 줄무늬 방향은 17·23 표에 나타낸 기호를 이용해 기입하게 되어 있다. 또한 가공 방법 기호에 대해서는 p.6-26을 참조하기 바란다.

(4) 표면 성상 도시 기호의 기입 방법

(i) 일반 사항 표면 성상의 도시 기호(이하, 도시 기호라고 한다)는 17·226 그림에 나타냈듯이 대상면에 접하도록 도면의 아래쪽 변 또는 오른쪽 변에서 읽을 수 있도록 기입한다. 이 경우, 도형의 아래쪽 측 및 오른쪽 측에는 그대로 기입할 수 없으므로 외형선에서 끄집어낸 지시선, 지시보조선(17·227 그림 참조)을 이용해 기입해야 한다. 그리고 대상면이 선이 아니라 면인 경우에는 17·228 그림 (a)와 같이 끝단 기호를 화살이 아니라 작은 검은 점을 이용하면 된다.

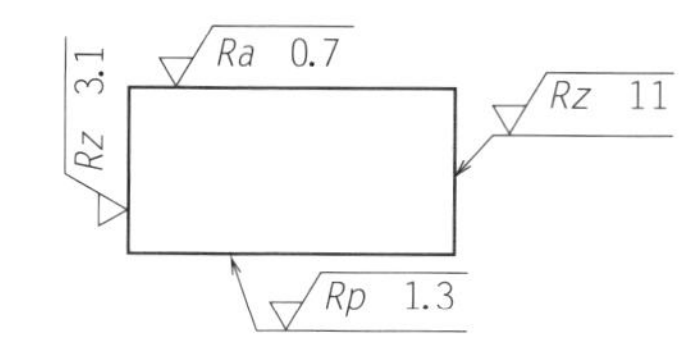

17·226 그림 표면 성상의 요구사항 방향

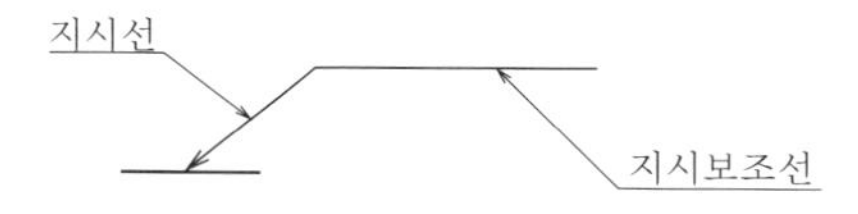

17·227 그림 지시선 및 지시보조선

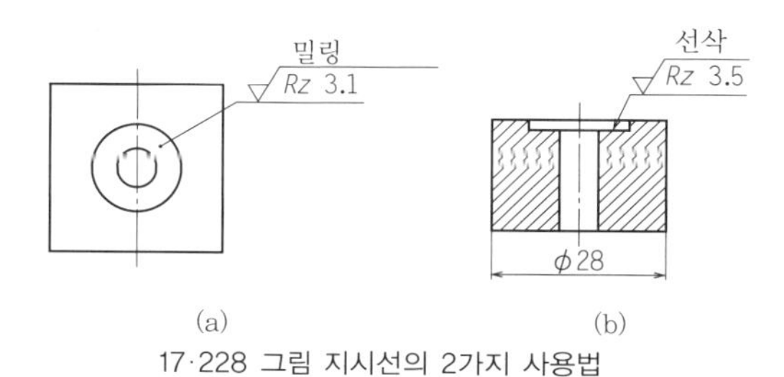

17·228 그림 지시선의 2가지 사용법

기존에는 산술 평균 조도의 사용을 우대하기 위해 17·229 그림에 나타냈듯이 도시 기호에 a의 문자를 기입하기만 하면 됐던 것이, 모든 파라미터 기호를 의무적으로 기입하게 됐다. 또한 비스듬한 방향으로 기입하는 경우의 동 그림 (b)과 같은 특례는 사용할 수 없게 됐다.

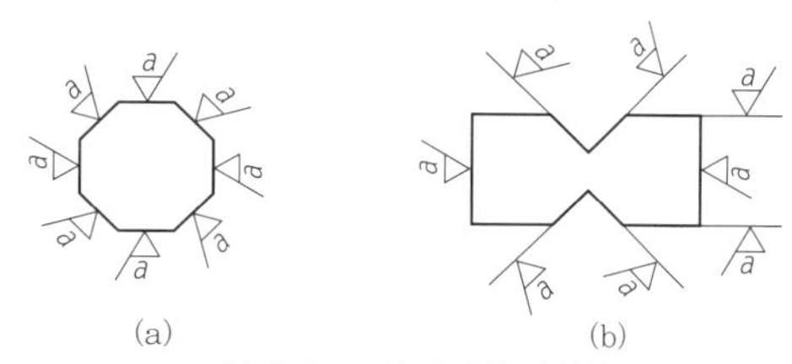

17·229 그림 금지된 기입법

(ii) 절삭값의 지시 일반적으로 절삭값은 동일한 도면에 후가공 상태가 지시되어 있는 경우에만 지시되고(그림 중 '3'이 절삭값), 주조품, 단조 등의 소형재 형상에 최종 형상(선삭 등)이 나타나 있는 도면에 이용한다.

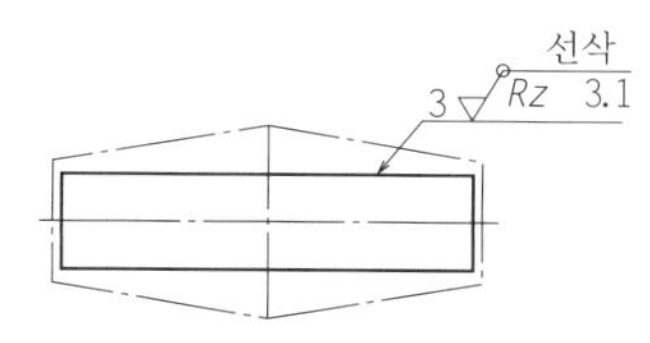

17·230 그림 절삭값의 지시

(ii) 동일 도시 기호를 근접한 2군데 이상에 지시하는 경우 동일 표면 성상의 2군데 이상의 면에 기입하는 경우에는 17·231 그림과 같이 화살표를 분기해서 기입하면 된다.

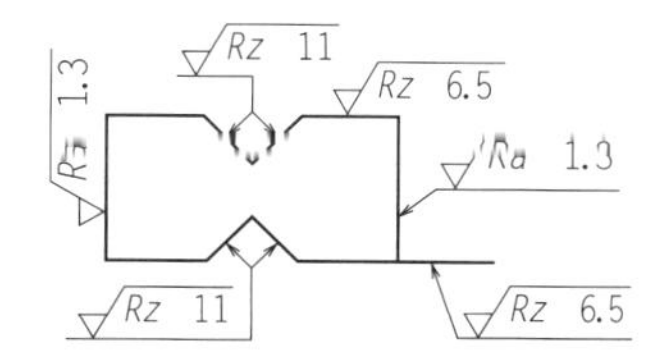

17·231 그림 표면을 나타내는 외형선 상에 지시한 표면 성상의 요구사항

17장

(iv) 치수보조선에 기입하는 경우 도시 기호는 치수보조선에 접하도록 기입해도 된다. 이 경우, 도형의 아래쪽 측 및 오른쪽 측의 치수에 대해서는 (i)와 동일하게 한다.

(v) 부품 둘레의 전체 둘레면에 동일한 도시 기호를 지시하는 경우 도면에 닫힌 외형선에 의해 표시된 부품 둘레의 전체 둘레면에 동일한 표면 성상이 요구되는 경우에는 17·232 그림 (a)와 같이 도시 기호 교점에 동그라미 기호를 붙이면 된다. 다만, 오해를 일으킬 수 있는 경우에는 각각의 표면에 지시를 해야 한다.

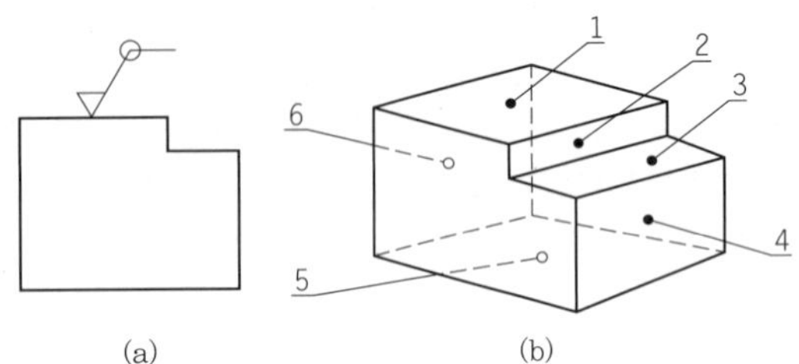

(a) (b)

[참고] 도형에 외형선에 의해 나타낸 전체 표면이란 부품의 3차원 표현 [(b) 그림]으로 나타내고 있는 6면이다(정면 및 후면을 제외한다).

17·232 그림 부품의 전체 둘레면에 대한 기입

(vi) 끼워맞춤 상태에 있는 치수선에 기입하는 경우 이 경우의 도시 기호는 구멍축 2개의 치수선 상에, 각각 치수를 나란히 기입하면 된다(17·233 그림).

(vii) 공차 기입 틀에 기입하는 경우 도시 기호는 17·234 그림과 같이 공차 기입 틀에 접해 기입할 수 있다.

(viii) 각기둥의 경우 각기둥의 각 면이 동일한 성상인 경우에는 1회의 지시로 좋지만, 각 면이 다를 경우에는 각 면에 대해 각각 지시해야 한다(17·235 그림 (b)].

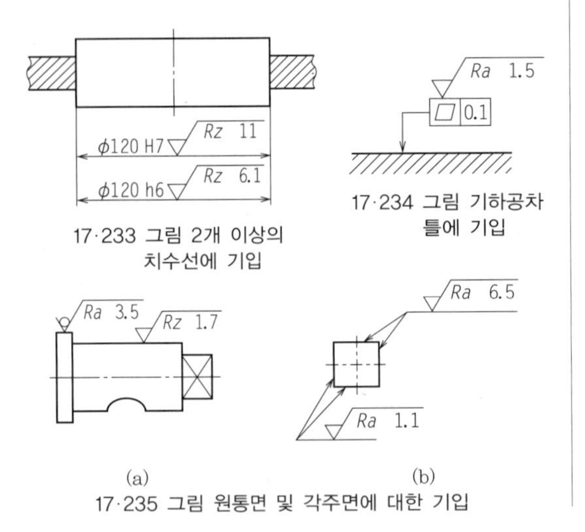

17·233 그림 2개 이상의 치수선에 기입

17·234 그림 기하공차 틀에 기입

(a) (b)

17·235 그림 원통면 및 각주면에 대한 기입

(5) 표면 성상 요구사항의 간략 도시

(i) 모든 면이 동일한 도시 기호인 경우 부품의 모든 면에 동일한 표면 성상이 요구되는 경우에는 각각의 기입을 하지 않고, 그 요구사항을 도면의 표제란 혹은 주투영도, 또는 부품 번호 옆에 1개만 눈에 띄도록 기입해 두면 된다[17·236 그림 (a)]

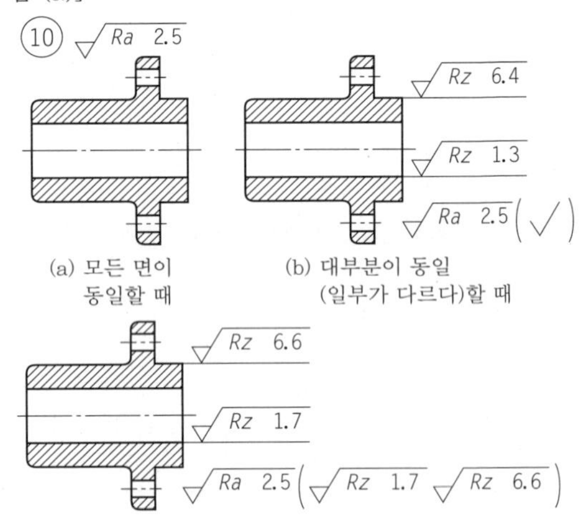

(a) 모든 면이 동일할 때

(b) 대부분이 동일 (일부가 다르다)할 때

(c) 일부 다른 표면 성상을 붙일 때

17·236 그림 모든 면 또는 대부분이 동일(일부가 다르다)한 표면 성상인 경우

(ii) 대부분이 똑같은 요구 사항이고, 일부분만 다른 경우 대부분의 요구사항을 앞에서 말한 것 같이 기입하고, 이것에 다른 요구사항이 있는 것을 나타내기 위해 아무것도 붙이지 않은 기본 도시 기호[17·236 그림 (b)] 또는 부분적으로 다른 표면 성상[동 그림 (c)]을 괄호로 둘러싸 부기해 두고, 공통이 아닌 기호를 그 해당하는 면 상에 기입한다.

(iii) 반복 지시 또는 한정된 스페이스에 지시하는 경우 이러한 경우에는 대상면에 문자가 있는 도시 기호(기호와 알파벳 소문자)를 기입하고, 그 의미를 그림의 알기 쉬운 장소에 기입해 두면 된다(17·237 그림).

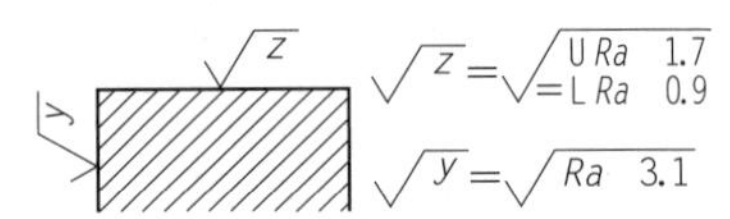

17·237 그림 한정된 스페이스에 대한 지시

3. 표면 성상 도시 기호의 기입 예와 도시 예

새로운 규격에 규정된 표면 성상의 요구사항을 지시한 그림 기호의 기입 예와 그 의미 및 해석을 17·24 표에, 도시 예를 17·25 표에 나타냈다.

17·24 표 표면 성상의 요구사항을 지시한 도시 기호 (JIS B 0031 부록)

도시 기호	의미 및 해석
Rz 0.5	제거가공을 하지 않는 표면, 한쪽 허용한계의 상한값, 표준 통과 대역, 조도 곡선, 최대 높이, 조도 0.5μm, 기준 길이 lr의 5배의 표준 평가 길이, '16% 룰' (표준)
Rzmax 0.3	제거가공면, 한쪽 허용한계의 상한값, 표준 통과 대역, 조도 곡선, 최대 높이, 조도 0.3μm, 기준 길이 lr의 5배의 표준 평가 길이, '최대값 룰'
0.008-0.8/Ra 3.1	제거 가공면, 한쪽 허용한계의 상한값, 통과 대역은 0.008–0.8mm, 조도 곡선, 산술 평균 조도 3.1μm, 기준 길이 lr의 5배의 표준 평가 길이, '16% 룰' (표준)
-0.8/Ra3 3.1	제거가공면, 한쪽 허용한계의 상한값, 통과 대역은 JIS B 0633에 의한 기준 길이 0.8mm(λs는 표준값 0.0025mm), 조도 곡선, 산술 평균 조도 3.1μm, 기준 길이 lr의 3배의 평가 길이, '16% 룰' (표준)
U Ramax 3.1 L Ra 0.9	제거가공을 하지 않은 표면, 양쪽 허용한계의 상한값 및 하한값, 표준 통과 대역, 조도 곡선, 상한값; 산술 평균 조도 3.1μm, 기준 길이 lr의 5배의 평가 길이(표준), '최대값 룰', 하한값; 산술 평균 조도 0.9μm, 기준 길이 lr의 5배의 표준 평가 길이, '16% 룰' (표준)
0.8-2.5/Wz3 10	제거가공면, 한쪽 허용한계의 상한값, 통과 대역은 0.8–2.5mm, 굴곡 곡선, 최대 높이 굴곡 10μm, 기준 길이 lw의 3배의 평가 길이, '16% 룰' (표준)
0.008-/Ptmax 25	제거가공면, 한쪽 허용한계의 상한값, 통과 대역은 조도 곡선, λs=0.008mm로 고역 필터 없음, 단면 곡선, 단면 곡선의 최대 단면 높이 25μm, 대상면의 길이에 동일한 표준 평가 길이, '최대값 룰'
0.0025-0.1//Rx 0.2	가공법에 상관없는 표면, 한쪽 허용한계의 상한값, 통과 대역은 λs=0.0025mm; A=0.1mm, 표준 평가 길이 3.2mm, 조도 모티프 파라미터 : 조도 모티프의 최대 깊이 0.2μm, '16% 룰' (표준)
/10/R 10	제거가공을 하지 않은 표면, 한쪽 허용한계의 상한값, 통과 대역은 λs=0.008mm(표준); A=0.5mm(표준), 평가 길이 10mm, 조도 모티프 파라미터 : 조도 모티프의 평균 깊이 10μm, '16% 룰' (표준)
W 1	제거가공면, 한쪽 허용한계의 상한값, 통과 대역은 A=0.5mm(표준); B=2.5mm(표준), 평가 길이 16mm(표준), 굴곡 모티브 파라미터 : 굴곡 모티브의 평균 깊이 1mm, '16% 룰' (표준)
-0.3/6/AR 0.09	가공법에 무관계한 표면, 한쪽 허용한계의 상한값, 통과 대역은 λs=0.008mm(표준); A=0.3mm, 평가 길이 6mm, 조도 모티프 파라미터 : 조도 모티프의 평균 길이 0.09mm, '16% 룰'(표준)

17·25 표 표면 성상의 도시 예 (JIS B 0031 부록)

	요구사항	도시 예
1	양쪽 허용한계의 표면 성상을 지시하는 경우의 지시 — 양쪽 허용한계 — 상한값 Ra=55μm — 하한값 Ra=6.2μm — 양자 모두 '16% 룰' (표준) — 통과 대역 0.008–4mm — 표준 평가 길이 (5×4mm=20mm) 줄무늬는 중심의 둘레에 거의 동심원상 — 가공 방법 : 밀링	밀링 U 0.008-4/Ra 55 C L 0.008-4/Ra 6.2 [참고] 원 국제 규격에서는, U 및 L을 명확하게 이해할 수 있는 이 예에서는 U 및 L을 생략해도 좋다고 되어 있지만 신속하게 판단할 수 있도록 기호 U 및 L을 붙였다.
2	1곳을 제외한 모든 표면의 표면 성상을 지시하는 경우의 지시 1곳을 제외한 모든 표면의 표면 성상 — 한쪽 허용한계의 상한값 — Rz=6.1μm — '16% 룰' (표준) — 표준 통과 대역 — 표준 평가 길이(5×λc) — 줄무늬 방향 : 요구 없음 — 가공 방법 : 제거가공 1곳의 다른 표면 성상 — 한쪽 허용한계의 상한값 — Ra=0.7μm — '16% 룰' (표준) — 표준 통과 대역 — 표준 평가 길이(5×λc) — 줄무늬 방향 : 요구 없음 — 가공 방법 : 제거가공	Rz 6.1 (√) Ra 0.7

(다음 페이지에 계속)

	요구사항	도시 예
3	2개의 한쪽 허용한계의 표면 성상을 지시하는 경우의 지시 - 2개의 한쪽 허용한계의 상한값 1) Ra=1.5μm 2) '16% 룰'(표준) 3) 표준 통과 대역 4) 표준 평가 길이(5×λc) 5) Rzmax=6.7μm 6) '최대값 룰' 7) 통과 대역?2.5mm(λs) 8) 표준 평가 길이(5×2.5mm) - 줄무늬 방향 : 거의 투영면에 직각 - 가공 방법 : 연삭	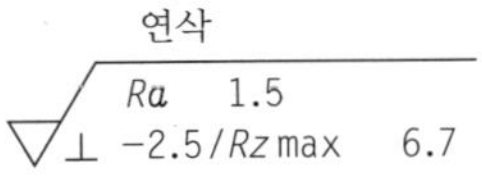 연삭 *Ra* 1.5 ⊥ -2.5/*Rz* max 6.7
4	닫힌 외형선 한 바퀴의 전체 표면의 표면 성상을 지시하는 경우의 지시 - 한쪽 허용한계의 상한값 - Rz=1μm - '16% 룰'(표준) - 표준 통과 대역 - 표준 평가 길이 (5×λc) - 줄무늬 방향 : 요구 없음 - 표면 처리 : 니켈 크롬도금 - 표면 성상의 요구사항을 닫힌 외형선 한 바퀴의 전체 표면에 적용	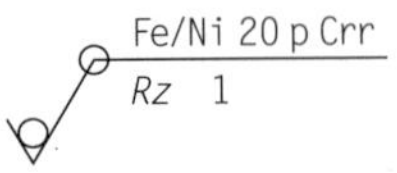 Fe/Ni 20 p Crr *Rz* 1
5	한쪽 허용한계 및 양측 허용한계의 표면 성상을 지시하는 경우의 지시 - 한쪽 허용한계의 상한값 및 양쪽 허용 한계값 1) 한쪽 허용한계의 Ra *Ra*=3.1μm 2) '16% 룰'(표준) 3) 표준 통과 대역-0.8mm (λs) 4) 표준 평가 길이(5×0.8=4mm) 1) 양쪽 허용한계 ***Rz*** 2) 상한값 ***Rz***=18μm 3) 하한값 ***Rz***=6.5μm 4) 양자의 통과 대역-2.5mm (λs) 5) 양자의 평가 길이 (5×2.5=12.5mm) 6) '16%룰'(표준) (명확하게 이해할 수 있는 경우에도 U 및 L을 지시하면 된다) — 표면 처리 : 니켈 크롬도금	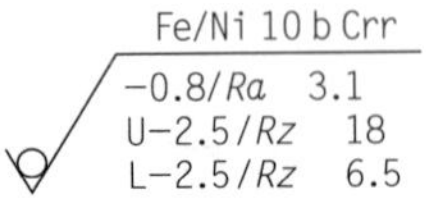 Fe/Ni 10 b Crr -0.8/*Ra* 3.1 U-2.5/*Rz* 18 L-2.5/*Rz* 6.5
6	동일한 치수선 상에 표면 성상의 요구사항과 치수를 지시하는 경우의 지시 키홈 측면의 표면 성상 - 한쪽 허용한계의 상한값 - ***Ra***=6.5μm - '16% 룰'(표준) - 표준 평가 길이(5×λc) - 표준 통과 대역 - 줄무늬 방향 : 요구 없음 - 가공 방법 : 제거가공 면떼기부의 표면 성상 - 한쪽 허용한계의 상한값 - ***Ra***=2.5μm - '16% 룰'(표준) - 표준 평가 길이(5×λc) - 표준 통과 대역 - 줄무늬 방향 : 요구 없음 - 가공 방법 : 제거가공	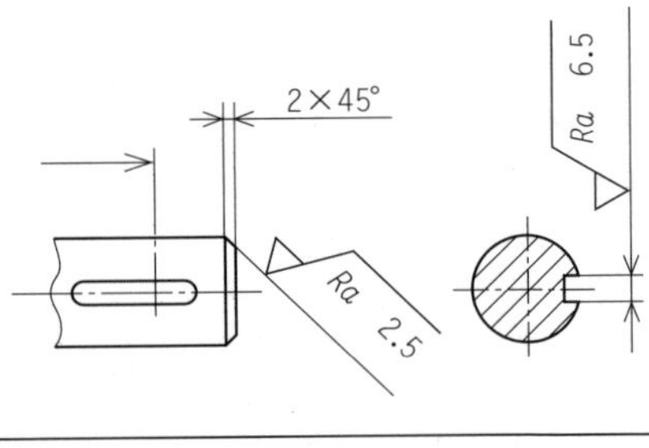 2×45° *Ra* 6.5 *Ra* 2.5
7	표면 성상과 치수를 지시하는 경우의 지시 - 치수선 상에 함께 지시 또는 - 관련되는 치수 보조선과 치수선으로 각각 나눠 지시 - 예시된 3개의 파라미터 요구사항 - 한쪽 허용한계의 상한값 - 각각 ***Ra***=1.5μm, ***Ra***=6.2μm, ***Rz***=50μm, - '16% 룰'(표준) - 표준 평가 길이 (5×λc) - 표준 통과 대역 - 줄무늬 방향 : 요구 없음 - 가공 방법 : 제거가공	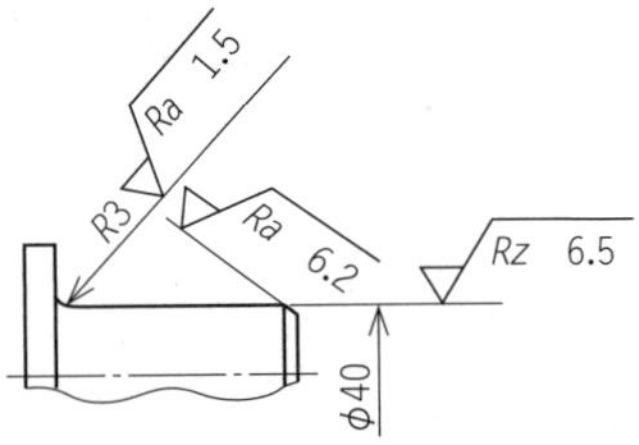 *Ra* 1.5 R3 *Ra* 6.2 *Rz* 6.5 φ40

(다음 페이지에 계속)

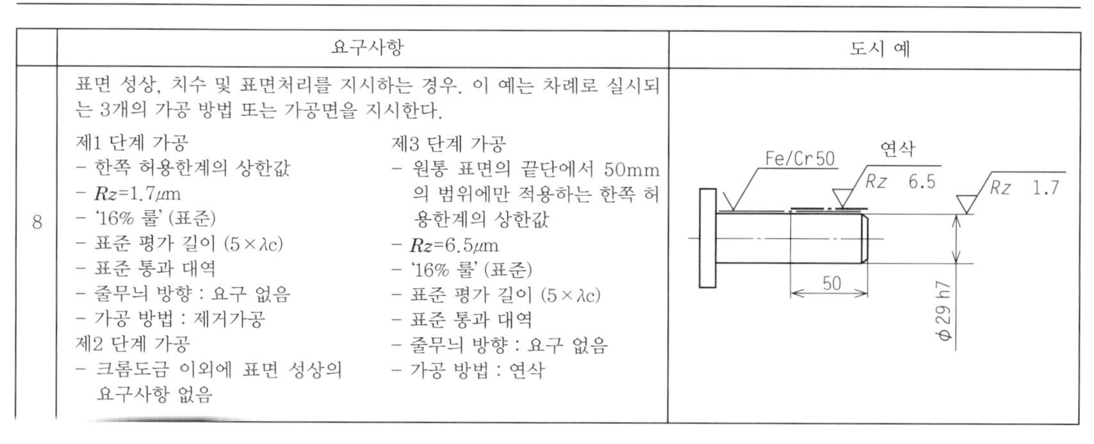

	요구사항		도시 예
8	표면 성상, 치수 및 표면처리를 지시하는 경우. 이 예는 차례로 실시되는 3개의 가공 방법 또는 가공면을 지시한다. 제1 단계 가공 – 한쪽 허용한계의 상한값 – Rz=1.7μm – '16% 룰'(표준) – 표준 평가 길이 (5×λc) – 표준 통과 대역 – 줄무늬 방향 : 요구 없음 – 가공 방법 : 제거가공 제2 단계 가공 – 크롬도금 이외에 표면 성상의 요구사항 없음	제3 단계 가공 – 원통 표면의 끝단에서 50mm의 범위에만 적용하는 한쪽 허용한계의 상한값 – Rz=6.5μm – '16% 룰'(표준) – 표준 평가 길이 (5×λc) – 표준 통과 대역 – 줄무늬 방향 : 요구 없음 – 가공 방법 : 연삭	Fe/Cr50 연삭 Rz 6.5 Rz 1.7 50 φ29 h7

4. 가공 기호에 의한 기입법

일본에서는 예전부터 17·238 그림에 나타낸 가공 기호에 의한 표면조도의 기입이 널리 이루어지고 있었으며, 현재도 이 기입법에 의한 오래된 도면이 많이 존재하고 있으므로 간단히 설명해 둔다. 이 가공 기호는 단독으로 사용해도 좋지만, 그 경우의 삼각 기호의 수와 표면조도의 수열 관계는 17·26 표에 나타낸 대로이다. 이것 외의

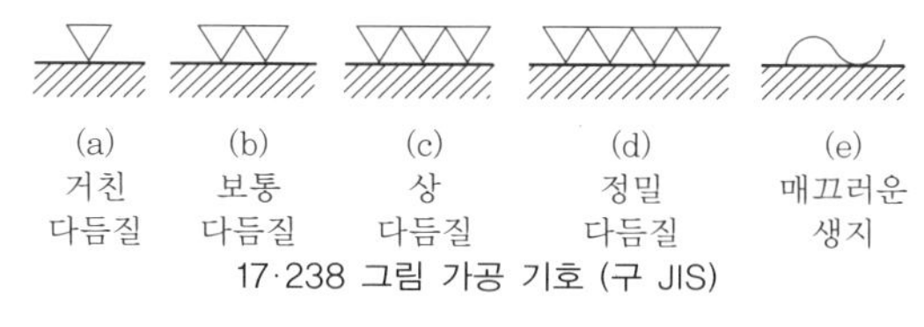

17·238 그림 가공 기호 (구 JIS)

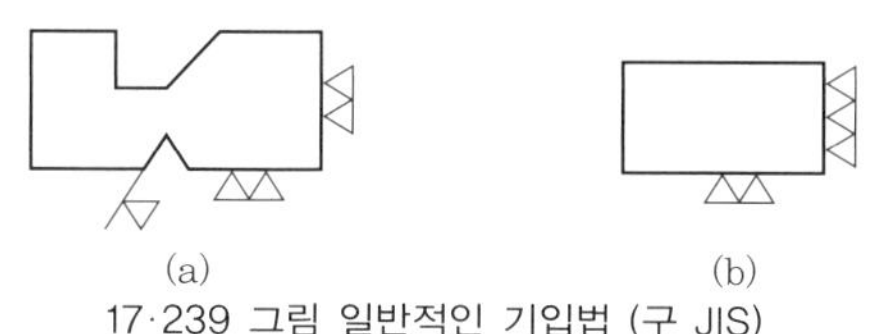

17·239 그림 일반적인 기입법 (구 JIS)

17·26 표 가공 기호의 표면조도 구분 (구 JIS)

가공기호	표면조도 구분값		
	Ra	Rz	Rz_{JIS}
▽▽▽▽	0.2	0.8	0.8
▽▽▽	1.6	6.3	6.3
▽▽	6.3	25	25
▽	25	100	100
～	특별히 규정하지 않는다		

[비고] 1. 표의 구분값 이외의 값을 특별히 지시할 필요가 있는 경우는 다듬질 기호에 그 값을 부기.
2. 지정하는 표면조도의 범위가 위 표의 다른 구분에 걸쳐 있으면, 삼각형의 수는 표면조도의 상한에 맞춘다.

값을 지정하는 경우에는 기호 위에 그 값을 부기하게 되어 있으므로 주의하기 바란다.

17·13 치수 공차 및 끼워맞춤의 표시법

1. 끼워맞춤 방식의 표시법

끼워맞춤 방식에 의한 구멍 및 축을 표시하려면, 16장에서 말한 공차역 클래스의 기호를 이용해 기준 치수의 오른쪽에 치수 수치와 동일한 크기로 기입한다.

17·240 그림은 그 기입법의 일례를 나타낸 것이다. 즉, (a)의 φ12g6에서 φ12는 이 축의 기준 치수를, g6은 구멍 기준식 끼워맞춤의 IT6축(헐거운 끼워맞춤)을 나타내고, 마찬가지로 (b)의 H7은 구멍 기준식 IT7의 기준 구멍을 나타낸다.

또한 필요가 있는 경우에는 이들의 표시 뒤에 치수 허용차를 나타내는 수치를 붙여도 된다[동 그림 (c)].

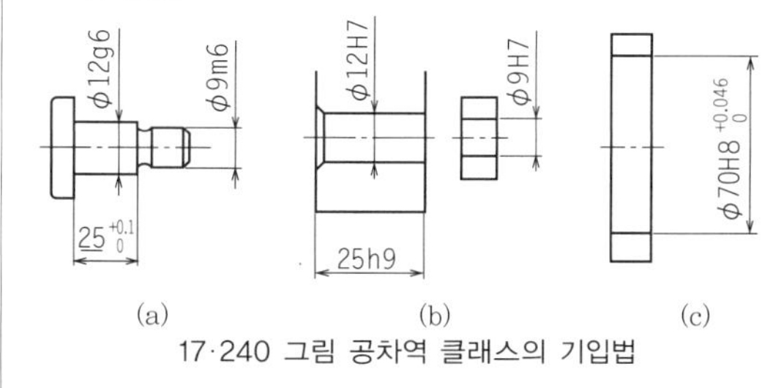

17·240 그림 공차역 클래스의 기입법

또한 동일한 기준 치수의 구멍 및 축의 조립 부품에 끼워맞춤의 종류 및 공차 등급을 병기하는 경우에는 구멍 기준식, 축 기준식에 상관없이 17·241 그림 (a)에 나타냈듯이 치수선 상에 사선으로 구분하거나 또는 치수선 상에서 각각의 구멍 및 축의 표시를 동 그림 (b)와 같이 기입한다.

구멍 또는 축의 전체 길이에 걸쳐 끼워 맞추는 것이 아닌 경우에는 가공면을 절약하기 위해 필요한 부분에만 치수 허용차를 주는 경우가 있다.

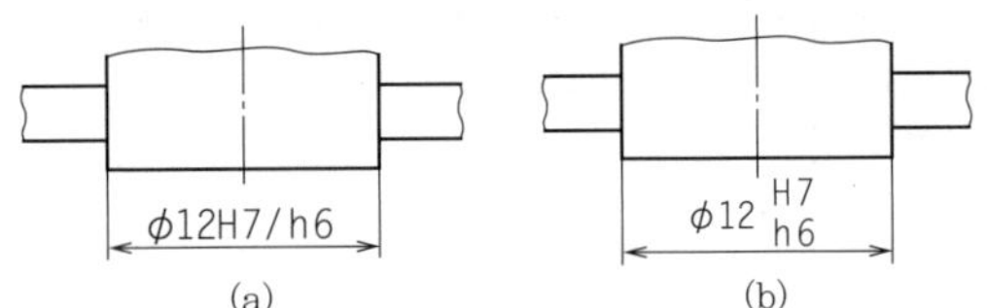

(a) (b)

17·241 그림 조립 부품에 기호를 함께 기입하는 경우

이러한 때에는 17·242 그림과 같이 외형선에서 조금 떨어져 그은 굵은 1점 쇄선에 의한 특수 가공을 나타내는 표시 방법을 이용하고, 그 끼워맞추는 부분의 범위를 지정하면 된다(17·67 표 참조).

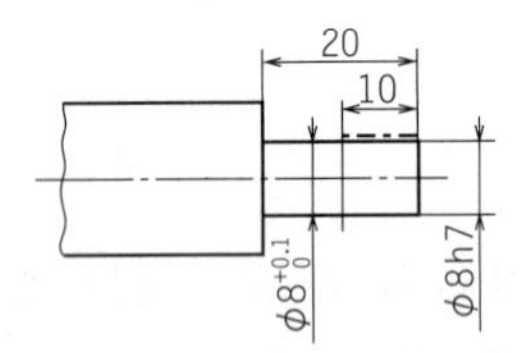

17·242 그림 끼워맞춤 부분의 범위 지정

2. 끼워맞춤 방식에 의하지 않는 경우의 치수 허용차 기입법

끼워맞춤 방식에 의하지 않는 경우의 치수 허용차는 기호 외에 수치를 이용해 기입한다. 이 경우의 기입법은 끼워맞춤 방식의 경우에 준해 기준 치수의 다음에 치수 허용차 수치를, 위의 치수 허용차를 위에, 아래의 치수 허용차를 아래에 나란히 기입한다. 치수 허용차가 영일 때는 0으로 기입한다(17·243 그림)*.

양쪽 공차 방식에서 위와 아래의 치수 허용차가 동일한 경우에는 17·244 그림과 같이 ±(플러스마이너스)의 기호를 이용해 치수 허용차의 수치를 하나로 해서 기입하다 그리고 공차의 기입은 필요에 따라 17·245 그림과 같이 허용한계 치수로 나타내도 된다. 이 경우, 최대 허용 치수는 위에, 최소 허용 치수는 아래에 기입한다.

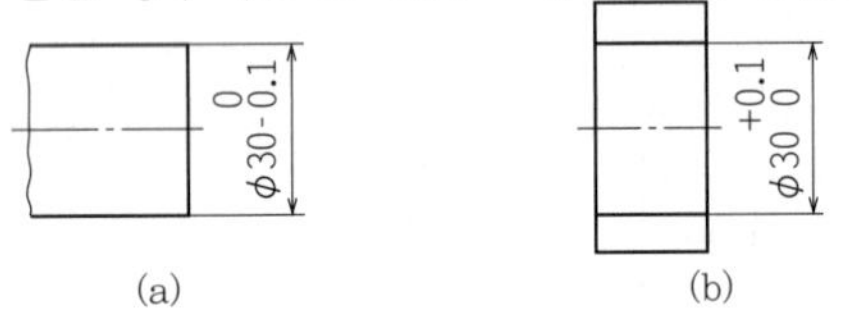

(a) (b)

17·243 그림 수치에 의한 치수 허용차 기입법

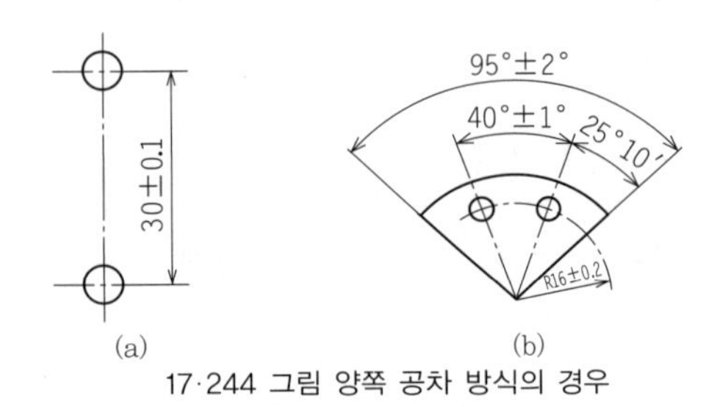

(a) (b)

17·244 그림 양쪽 공차 방식의 경우

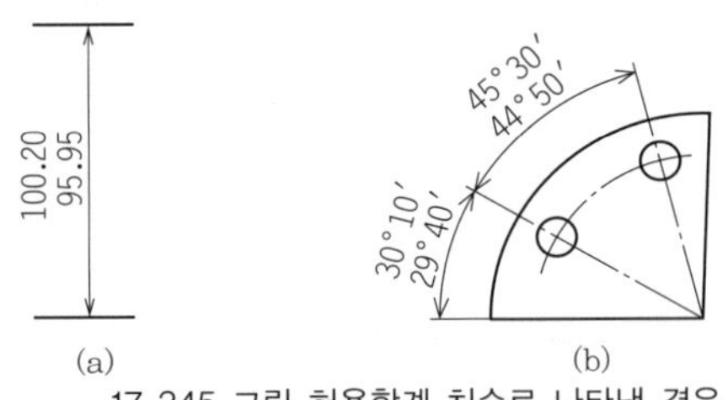

(a) (b)

17·245 그림 허용한계 치수로 나타낸 경우

조립 부품 등에서 동일한 기준 치수의 구멍 및 축에 대해 치수 허용차를 병기하는 경우에는 끼워맞춤 방식에 의한 기입법과 마찬가지로 구멍의 기준 치수 및 치수 허용차를 치수선 위에, 축의 기준 치수 및 치수 허용차를 치수선 아래에 갖추어 기입한다(17·246 그림). 이 경우, 구멍 및 축의 구분을 명료하게 나타내기 위해 각각의 표시 앞에 구멍 및 축의 문자를 기입한다[동 그림 (a)].

또한 동 그림 (b)과 같이 둥근 구멍 및 축이 아닌 끼워맞춤부에 대해 기입하는 경우에는 대조 번호를 이용해 각각의 관계를 분명하게 나타내도록 하면 된다.

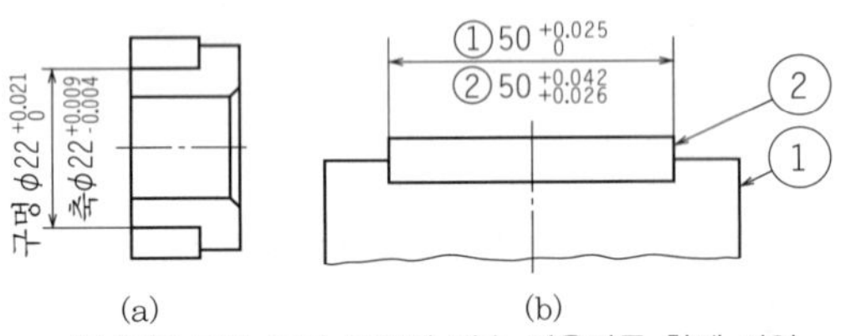

(a) (b)

17·246 그림 조립 부품에 치수 허용차를 함께 기입

그리고 나란히 있는 2개 이상의 길이 치수로 공차를 기입하는 경우에는 공차가 중복돼 영향을 미치게 되므로 기입 치수에 모순이 일어나지 않는 기입을 할 필요가 있다. 이러한 경우에는 중요도가 높은 치수(기능 치수)에서부터 공차를 기입해 가며, 중요도가 낮은 치수(비기능 치수 혹은 참고 치수)에는 치수를 기입하지 않거나 혹은 괄호에 넣어 기입하고, 이 부분에서 여파가 미치는 것을 분명하게 해 둔다[17·247 그림 (a), (b), (c)].

치수는 동 그림 (d)에 나타냈듯이 일반적으로 기준부를 설정해 기입되는 경우가 많으며, 또한 기준부는 설치하는 상대와의 관계로부터 정하는

*본 장의 다른 부위의 치수 허용차 수치 표시는 지면 관계 때문에 치수 수치보다 작게 표시하고 있다.

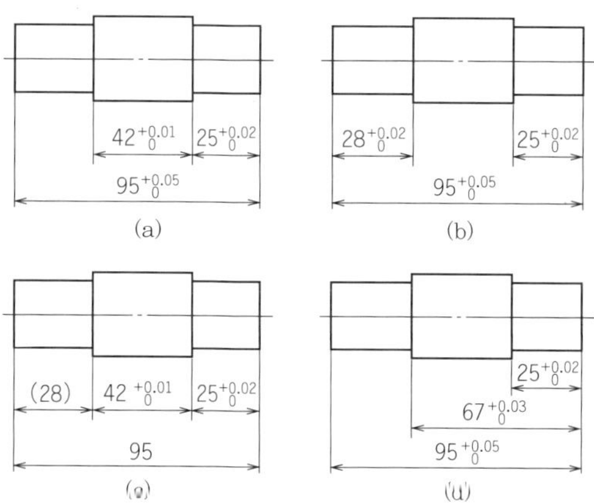

17·247 그림 공차의 중복을 피하는 치수 기입법

것인데, 기준부를 선택할 때에는 공차가 중복되어 나타나지 않도록 충분히 주의해야 한다. 동 그림은 물품의 오른쪽 끝단을 기준부로 해 치수 기입을 하는 경우의 예이다.

17·14 보통 공차

치수 허용차 중에는 앞에서 말한 끼워맞춤과 같이 기능적인 것과 공작 정도와 같이 단순히 제작적인 것이 있으며, 양쪽이 갖는 의미가 전혀 다르므로 주의해야 한다. 특히 후자의 경우는 끼워맞춤 등의 경우와 달리, 치수 허용차가 적극적인 의미를 가지지 않으므로 필요 이상으로 제작이나 검사가 엄격해지거나, 반대로 느슨해지거나 하기 쉽다. 따라서 JIS에서는 이와 같은 때의 기준으로서, JIS B 0405에 보통 공차를 규정하고 있다.

17·127 표는 JIS에 정해진 보통 공차 중에서 길이 치수에 대한 허용차를 나타낸 것이다. 이것은 도면이나 사양서 등에서 기능상 특별한 정도가 요구되지 않는 치수에 대해 허용차를 각각은 기입하지 않고 일괄적으로 지시하는 경우에 적용

17·27 표 보통 공차 (길이 치수에 대한 것 ; JIS B 0405)
(단위 mm)

등급(기호) / 치수의 구분	정밀급 (f)	중급 (m)	거친급 (c)	매우 거친급 (v)
0.5 이상 3 이하	±0.05	±0.1	±0.2	—
3 초과 6 이하	±0.05	±0.1	±0.2	±0.5
6 초과 30 이하	±0.1	±0.2	±0.5	±1
30 초과 120 이하	±0.15	±0.3	±0.8	±1.5
120 초과 400 이하	±0.2	±0.5	±1.2	±2.5
400 초과 1000 이하	±0.3	±0.8	±2	±4
1000 초과 2000 이하	±0.5	±1.2	±3	±6
2000 초과 4000 이하	—	±2	±4	±8

되는 것으로, 정밀급(f), 중급(m), 거친급(c) 및 매우 거친급(v)의 4등급이 정해져 있다. 이 외에 보통 공차는 각도 치수(동 규격) 및 기하 공차(JIS B 0419)에 대해서도 정해져 있다.

17·15 기하 공차의 도시 방법

최근 기계제품의 성능 향상을 기대하는 결과, 이것을 구성하는 각 부품에 요구되는 정도가 점점 더 높아지고 있다. 이것은 제품에 대해 고성능, 고신뢰성, 장수명이 요구되고 있는 것 외에, 기계 구조가 복잡해짐에 따라 부품 수가 증가해 왔기 때문에 조립에 있어 누적 오차를 최소한으로 하는 것, 호환성을 유지하는 것, 조립을 용이하게 하는 것 등이 요구되고 있는 것에 기인하고 있다.

또한 설계의 의도를 정확, 완전, 신속히 작업자가 이해할 수 있도록 전달하는 역할을 가지는 도면에 있어서는 그 정보는 가능한 한 수치나 기호로 나타내고, 전체 생산 과정 중에서 단일하지 않은 해석이 이루어지는 일이 없도록 강하게 요망되고 있다. 그래서 이러한 요구를 만족시키기 위해 기계 부품은 기존의 치수 정도나 표면조도뿐만 아니라 진직도, 진원도, 위치도 등 기하학적인 정도에 대해서도 엄격한 특성이 부과되기에 이르렀다.

기존에도 이러한 정도의 규격은 제정되어 있었지만, 주로 측정 방법에 의존해 그 수치가 주어진 것이었으며, 기하학적인 정도로서 통일된 사고에 의한 것은 아니었기 때문에 거의 실용화를 볼 수 없었다. 그러나 기하학적 정도는 호환성은 물론 경제 상으로도 중요한 많은 문제를 포함하고 있기 때문에 미국이나 영국에서는 이미 2차대전 때부터 진지하게 이것에 대응해 엄격한 이론적 근거를 배경으로, 그 도시 규격 체계를 창설하고 이것을 성문화해 왔다. 그 후 국제규격인 ISO에서도 동일한 규격이 제정되고, 이어 일본에서도 1972년에 JIS로서 도입됐으나 1998년에 ISO의 개정 규격에 기초해 대폭적인 개정이 더해졌다(17·11 표 참조).

이하, 이들의 규격에 대해 설명한다(최대 실체 공표 방식은 다음 절 17·16에서 다룬다).

1. 기하 공차 방식에 대해서

어떤 부품의 어떤 부분이 도면 상에 직선으로 표시되어 있는 경우, 공작자는 이 부분을 가급적 정확한 직선으로 완성하려고 노력한다. 또한 원으로 표시된 부분은 가급적 정확한 원형으로 완

성하려고 노력할 것이다.

그런데 인간이 만들어내는 이러한 물품의 부분 부분을 완전히 정확한 형상(기하학적으로 정확한 직선, 원, 평면 등등)으로 가공하는 것은 불가능하므로 어느 정도까지 정확하게 가공하면 좋은지, 반대로 말하면 어느 정도까지 어긋나면 허용되는지 등이 문제가 된다.

기하 공차 방식이란 이러한 문제에 완전한 기반을 부여하기 위해 고안된 것으로, 대상물의 형상이나 위치 등의 오류(이들을 총칭해 기하 편차라고 한다)에 명확한 정의를 내리고, 그 기하 편차의 허용값(기하 공차라고 한다) 표시 및 도시법에 대해 정한 것이다.

이 기하 공차 방식은 도면의 정보 해석에 일의성을 부여하고 또한 치수 공차의 누적을 배제할 수 있는 외에, 최대 실체 원리(MMP)의 채용과 함께 경제적으로도 큰 이점을 가지고 있다.

17·28 표에 JIS에 규정된 기하 공차의 종류와 그 기호를 나타냈다. 이들 14종류의 기하 공차는

17·28 표 기하 특성에 이용하는 기호

공차의 종류	특성	기호	데이텀 지시 필요 여부
형상 공차	진직도	—	불필요
	평면도	▱	불필요
	진원도	○	불필요
	원통도	⌭	불필요
	선의 윤곽도	⌒	불필요
	면의 윤곽도	⌓	불필요
자세 공차	평행도	//	필요
	직각도	⊥	필요
	경사도	∠	필요
	선의 윤곽도	⌒	필요
	면의 윤곽도	⌓	필요
위치 공차	위치도	⌖	필요·불필요
	동심도 (중심점에 대해)	◎	필요
	동축도 (축선에 대해)	◎	필요
	대칭도	⌯	필요
	선의 윤곽도	⌒	필요
	면의 윤곽도	⌓	필요
흔들림 공차	원주 흔들림	↗	필요
	전체 흔들림	⌰	필요

각각의 특징에 의해 형상 공차, 자세 공차, 위치 공차 및 흔들림 공차로 분류되며, 또한 관련 부분으로 규제되는지의 여부에 따라 단독 형체 및 관련 형체로 나누어져 있다.

또한 17·29 표에 기하 공차를 도시하는 경우에 이용되는 부가 기호를 나타냈다.

17·29 표 부가 기호

설명	기호
공차붙이 형체 지시	(지시선이 붙은 공차 기입 틀)
데이텀 지시	A (데이텀 삼각 기호)
데이텀 타깃	ϕ2 / A1
이론적으로 정확한 치수	50 (틀로 둘러쌈)
돌출 공차역	Ⓟ
최대 실체 공차 방식	Ⓜ
최소 실체 공차 방식	Ⓛ
자유 상태 (비강성 부품)	Ⓕ
전체 둘레 (윤곽도)	(원이 붙은 지시선)
포락의 조건	Ⓔ
공통 공차역	CZ
[참고] P, M, L, F, E 및 CZ 이외의 문자 기호는 한 예를 나타냈다.	

여기서 진직도란 직선 형체의 기하학적으로 정확한 직선으로부터 어긋난 크기를 말하며, 진직도 공차란 진직도에 부여된 허용차를 말하는 것으로, 이하 이것에 준하고 있다.

이 기하 공차 방식에서 주의해야 할 점은 형체(이 용어에 대해서는 후술한다)에 지정된 치수의 허용한계는 특별히 지시가 없는 한 기하 공차를 규제하는 것이 아니라는 것이다. 이것을 독립의 원칙이라고 부른다.

여기에 형체란 표면, 구멍, 홈, 나사산, 모떼기 부분 또는 윤곽과 같은 가공물의 특정 특성 부분으로, 이들 형체에는 현실에 존재하는 것(예를 들면 원통의 외측 표면), 또는 파생된 것(예를 들면 축선)이 있다.

또한 도면 상의 기하 공차 지시는 기능 상의 요구나 호환성 등에 기초해 반드시 필요한 곳에만 하고, 함부로 기입해서는 안 된다.

그리고 기하 공차의 지시는 어디까지나 대상물의 형상, 자세 및 위치의 편차 및 흔들림의 허용값에 대해 제시한 것으로, 생산 방식이나 측정 방법 또는 검사 방법에 대해서는 아무런 특정한 것을 한정하고 있지 않으므로 특정한 것을 한정할 필요가 있는 경우에는 별도로 이것을 지시해야 한다. 따라서 이것이 지시하고 있지 않은 경우에는 공차값 이내의 정도를 얻을 수 있다면 어떤 방법을 이용해도 좋다는 것이다.

2. 공차역에 대해서

앞에서 말한 기하 공차는 실제로는 그 형체가 하나 이상의 기하학적으로 완전한 직선 또는 표면에 의해서 규제되고, 공차(길이의 단위)가 지정된다. 이러한 허용 영역을 공차역이라고 하며, 17·30 표에 나타낸 종류가 있다.

이러한 공차역에 의해 규제되는 형체를 공차붙이 형체라고 부른다. 공차붙이 형체는 공차역 내에 들어 있기만 하면 어떤 형상 또는 자세라도 허용된다. 예를 들면 17·248 그림은 위치도의 원통 공차역 내에서 구멍의 축선이 여러 가지 상태에 있는 경우를 나타낸 것이다. 동 그림 (a)는 구멍의 축선이 진위치의 축선과 일치한 경우, (b)는 구멍의 축선이 왼쪽으로 어긋나 위치 변동량의 극한에 도달한 경우, 또한 (c)는 구멍의 축선이 공차역 내에서 극한까지 기울어진 경우를 나타내고 있는데, 이들 어느 경우에나 구멍의 축선은 공차역 내에 존재하므로 위치도의 요구를 충족시키게 된다.

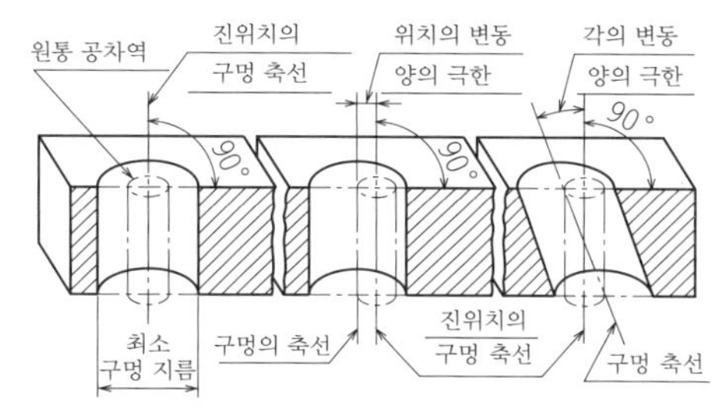

17·248 그림 위치도 공차역과 구멍 축선의 관계

3. 치수 허용차에 의한 공차역(도면 해석의 다양성에 대해서)

위와 같은 공차역에 의하지 않고 17·249 그림 (a)와 같이 치수 허용차로 지시된 도면이 있다고 하자.

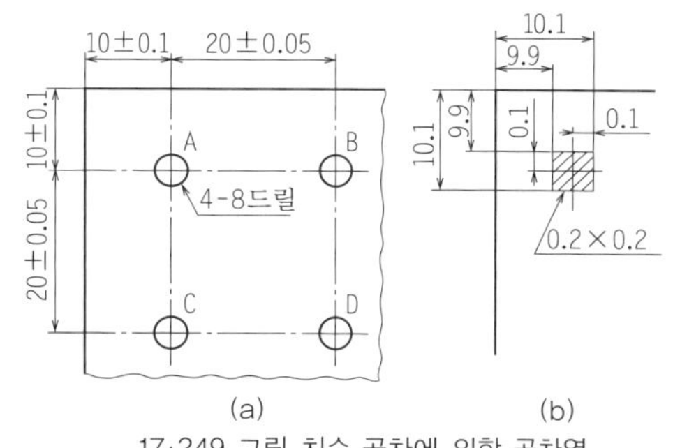

17·249 그림 치수 공차에 의한 공차역

17·30 표 공차역과 공차값

번호	공차역	공차값	적용하는 기하 공차의 예
(1)	원의 내부 영역	원의 직경	점의 위치도, 동심도
(2)	2개의 동심원 사이의 영역	동심원의 반경 차이	진원도
(3)	2개의 등간격 선 또는 평행 두 직선 사이의 영역	두 선 또는 두 직선의 간격	선의 윤곽도, 평행도
(4)	원통 내부의 영역	원통의 직경	진직도, 동축도
(5)	동축의 2개 원통 사이의 영역	동축 원통의 반경 차이	원통도
(6)	2개의 등간격 표면 또는 평행 두 평면 사이의 영역	두 면 또는 두 평면의 간격	면의 윤곽도, 평면도
(7)	구의 내부 영역	구의 직경	점의 위치도

(1) φt 진위치 (2) t (3) t (4) φt

(5) t (6) t (7) Sφt 진위치

이 도면에 의하면 4개 구멍의 중심 위치에 대한 해석은 매우 명료해, 의심을 품을 여지가 없는 것처럼 생각할 수 있는데, 조금 검토해 보면 여러 가지 해석이 성립되는 것을 알 수 있다. 단 구멍 A에 대해서는 그 중심의 변동 허용 영역(공차역)은 동 그림 (b)에 나타낸 0.2×0.2mm의 정사각형 면적 내에 있는 것을 요구하고 있다는 점에서는 일치하고 있지만, 다른 3개 구멍에 대해서는 치수 공차가 누적되어 서로 영향을 미치기 때문에 그렇게 단순하지 않다.

가령 구멍 A의 중심 위치가 17·250 그림 (a)의 점 P에 있었다고 하자. 이 경우, 앞 그림의 지시에 따라 점 P를 기준으로 수평 방향, 수직 방향으로 각각 최소 치수 19.95, 최대 치수 20.05를 취하고 오른쪽 아래의 구멍 D의 중심을 구하면, 그림과 같은 0.1×0.1 mm의 정사각형 면적이 그 공차역이 된다. 그런데 이번에는 동 그림 (b)와 같이 점 P를 기준으로 최소 치수 19.95를 취하고, 그 양쪽 측에 허용차 0.05씩 배분해 최대 치수 20.05를 취한 경우에는, 그림으로부터 알 수 있듯이 구멍 A 이외의 구멍 중심 공차역은 0.05×0.05mm의 정사각형이 되어 버린다. 이 두 가지 해석(이 중간을 생각하면 해석은 여러 가지 생각할 수 있다)의 어느 쪽이 옳은지, 17·249 그림의 지시로는 설명을 붙일 수 없다.

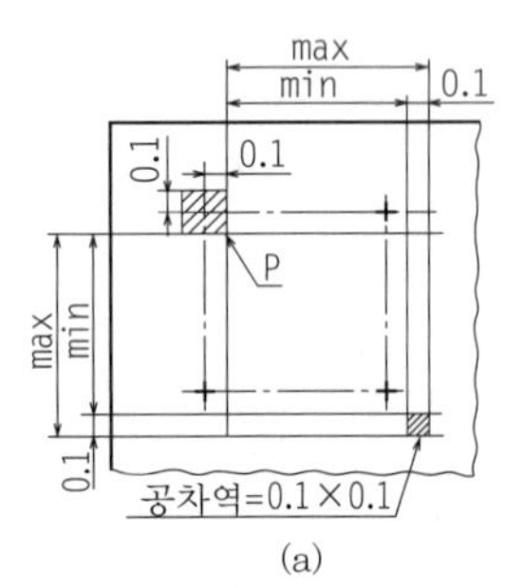

(a)

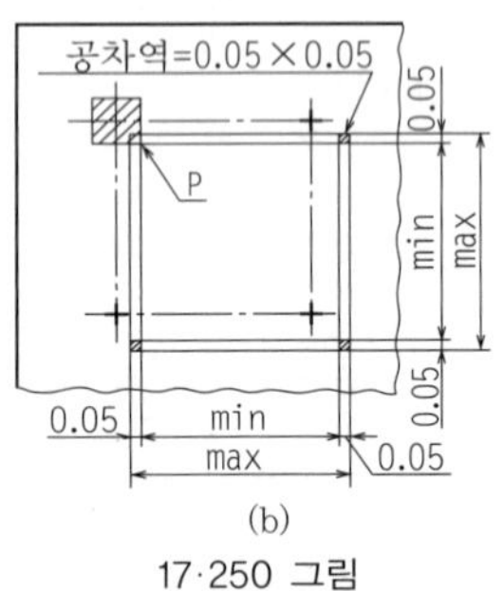

(b)

17·250 그림

4. 위치도에 의한 공차역

그런데 17·250 그림 (b)로 되돌아와서 공차역 0.2×0.2mm라는 것을 생각해 보자. 17·251 그림에 그것을 다시 나타냈다. 이 경우의 중심 위치의 최대 변화량은 그림에 나타낸 대각선 방향으로, 이 경우는 0.2×1.4, 즉 0.28이다. 만약 모든 방향으로 이 변동량을 허용하게 되면 동 그림 (b)와 같은 0.28을 직경으로 하는 원 내의 영역이 이 구멍의 중심 공차역이 되고, (a) 그림의 경우에 비해 면적으로 해서 57% 확대시킨 것이 된다. 공차역이 확대된다는 것은 그만큼 공작이 편하게 된다는 것이며, 더구나 그것이 기능 상 아무런 문제를 발생시키지 않는다는 것이 확인되어 있다.

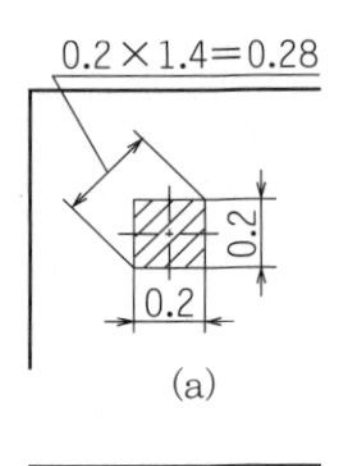

(a)

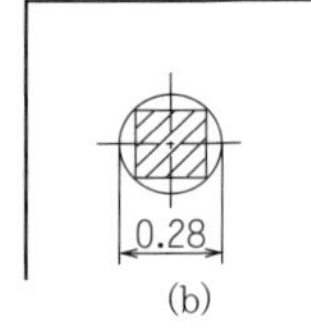

(b)

17·251 그림 공차역의 비교

이러한 원의 영역에 의한 위치도 지정에서는 이 원 내에 중심이 있기만 하면 모두 합격이기 때문에 구멍의 중심 위치를 나타내는 치수에는 공차를 줄 필요가 없다. 즉, 진정한 위치를 나타내는 치수(이론적으로 정확한 치수라고 한다)를 기입하면 된다. 따라서 이 치수에는 공차가 없기 때문에 당연히 공차의 누적은 있을 수 없다.

이와 같이 위치도를 이용해 지시한 경우에는 정도를 손상하지 않고 공차역을 57% 증가시키는 동시에, 도면의 해석에 완전한 일의성을 줄 수 있다는 것을 알 수 있다.

5. 공차역에 관한 일반 사항

이미 설명했듯이 기하공차 규제는 공차에 규제되는 형체가 포함돼야 할 공차역을 결정함으로써 이루어지는데, 다음과 같은 점에 주의할 필요가 있다.

① 공차역이 원통형 또는 원의 경우에는 공차값 앞에 기호 ϕ를 붙이고, 구의 경우에는 Sϕ를 붙여 나타낸다.

② 공차붙이 형체에는 기능 상 필요하기 때문에 2개 이상의 기하 공차를 지정하는 경우가 있다(예를 들면 진원도와 평행도 등). 또한 1개의 기하 공차를 지정하면, 자동적으로 다른 기하 편차가 규제되는 것도 있다. 예를 들면 평행도 공차를 지정한 경우, 대상물이 선이라면 진직도가, 면이라면 평면도가 동시에 규제되게 된다.

반대로 기하 공차에는 다른 종류의 기하 편차를 규제하지 않는 것도 있다. 예를 들면 진직도 공차는 평면도에는 규제가 미치지 않기 때문에 공차역을 선택할 때에는 충분한 주의가 필요하다.

③ 지정한 공차는 특별한 이유가 없는 경우에는 대상으로 하는 형체의 전역에 적용된다.

④ 공차붙이 형체는 공차역 내에 포함되어 있기만 하면 어떠한 형상 또는 자세라도 좋다. 단, 보충하는 주석이나 다른 엄격한 규제가 있을 때에는 그것에 따른다.

6. 데이텀 (JIS B 0022에서)

(1) 단독 형체와 관련 형체 17·28 표(p.17-72)에 나타낸 기하공차 중에 진직도 및 평면도 등의 공차는 그 선 또는 그 면이 단독으로 그 공차역 내에 들어 있으면 그것으로 좋으며, 다른 선 또는 면의 관련에서 규제되는 것은 없다. 이러한 단독으로 공차가 적용되는 형체를 단독 형체라고 한다.

그런데 평행도나 직각도 등의 공차는 2개 또는 그 이상의 부분과 서로 관련이 있으므로 무언가 기준이 되는 것을 생각하지 않으면, 그 공차역을 지시할 수 없다. 이와 같은 다른 기준부에 관련되어 공차가 적용되는 형체를 관련 형체라고 한다.

또한, 선과 면의 윤곽도 공차는 경우에 따라 단독 형체일 때와 관련 형체일 때가 있다.

(2) 데이텀, 데이텀 형체, 실용 데이텀 형체 관련 형체에서 그 공차역을 설정하기 위해 마련된 이론적으로 정확한 기하학적 기준을 데이텀이라고 한다.

이 데이텀에는 점, 직선, 축직선, 평면 및 중심평면 등이 선정되는데, 이들을 각각 데이텀 점, 데이텀 직선, 데이텀 축직선, 데이텀 평면 및 데이텀 중심평면으로 부르고 있다.

그런데 이들 데이텀은 가상의 것으로, 실제로는 물품의 선이나 면, 구멍의 중심 혹은 축선 등을 선택하는 것인데, 이들은 당연히 공작 오차를 동반하고 있으며 기하학적으로 정확한 형체라고는 할 수 없다. 그래서 이것을 데이텀을 맡기는 형체라는 의미에서 데이텀 형체라고 부른다.

한편 가공이나 검사 등에서는 데이텀 대용으로서 데이텀 형체에 접촉시켜 기준으로 하는 면, 예를 들면 정반, 베어링, 맨드릴 등을 이용하는데, 이것은 상당히 공작 오차가 있기 때문에 엄밀하게는 데이텀이라고는 할 수 없는 것이지만, 실제로 이용하는 데이텀이라는 의미에서 실용 데이텀 형체라고 한다. 17·252 그림은 이들을 나타낸 것이다.

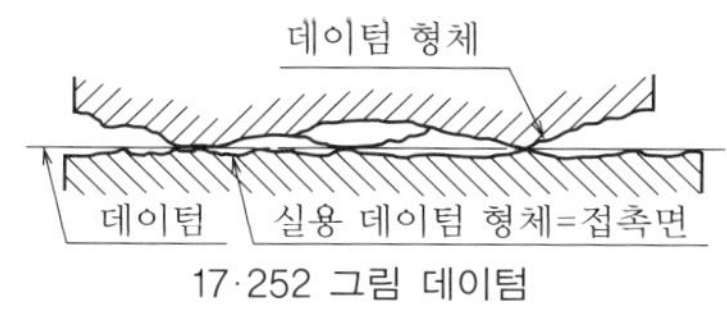

17·252 그림 데이텀

이 데이텀을 그림 중에 지시하는 방법에 대해서는 나중에 설명하는데(p.17-78), 일반적으로 17·29 표(p.17-72)에 나타낸 데이텀 기호를 나타내는 기호(데이텀 삼각 기호라고 한다)의 긴 변을 형체를 나타내는 선에 대고, 한편으로 직각의 정점에서 끌어낸 선의 끝단에 정사각형의 틀을 붙여 이것에 적당한 문자 기호를 이용해 지시하는 것으로 되어 있다.

(3) 데이텀계 관련 형체 중에서도 평행도나 직각도 등은 일반적으로 1개의 데이텀에 관련시켜 공차를 지시할 수 있지만, 필요에 따라 2개 혹은 3개의 데이텀을 설정하는 경우가 있으며, 이러한 데이텀의 그룹을 데이텀계라고 한다. 특히 위치도 공차의 경우에는 서로 직교하는 3개의 평면을 데이텀으로 지시하는 경우가 많으며, 이것을 3평면 데이텀계라고 한다. 이 경우 데이텀의 일의성을 고려해 데이텀의 우선 순위를 정하고 지시할 필요가 있으며, 이들 데이텀 평면은 그 우선 순위에 따라 각각 제1차 데이텀 평면, 제2차 및 제3차 데이텀 평면이라고 한다(17·253 그림).

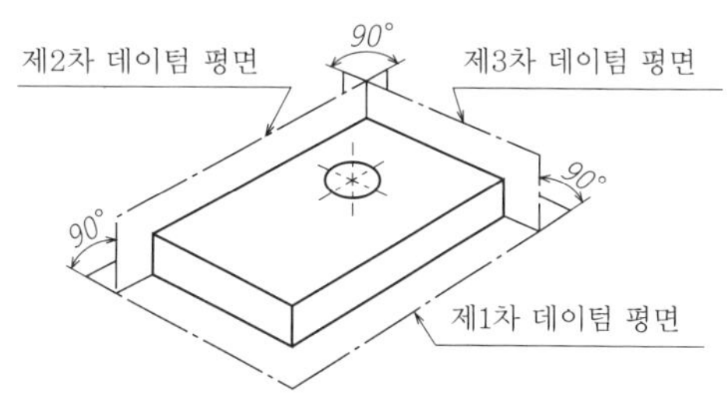

17·253 그림 세 평면 데이텀계

또한 이들 데이텀에 대응하는 실용 데이텀 형체는 각각 제1 실용 데이텀 평면, 제2 실용 데이텀 평면 및 제3 실용 데이텀 평면이라고 한다(17·254 그림).

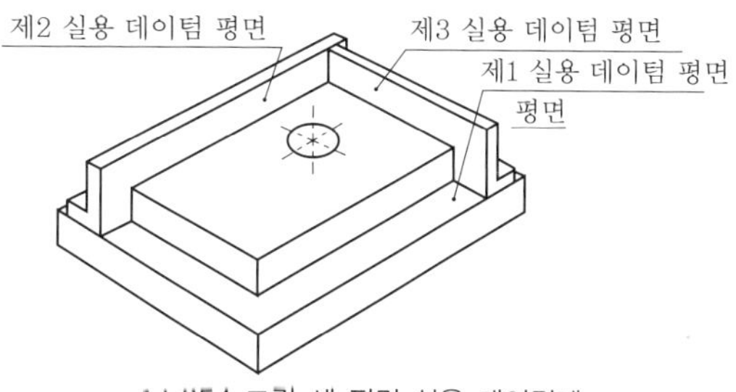

17·254 그림 세 평면 실용 데이텀계

(4) 데이텀 타깃 데이텀 형체가 면이고 또한 주물이나 단조품 등과 같이 부정형의 부품인 경우, 이 면을 데이텀 평면으로서 지정하면 가공이나 검사 등일 때의 측정에 큰 오차를 발생하거나, 반복성과 재현성이 나빠질 우려가 있으므로 이러한 경우에는 전면을 데이텀 평면으로 하지 않고, 그 면의 특성을 대표하는 점, 선 혹은 좁은 영역을 몇 개 지정해 이들에 의해 데이텀 평면을 설정

17장

하는 경우가 있다.

이와 같은 목적으로 지시된 점, 선 혹은 영역을 데이텀 타깃이라고 부른다.

(5) **데이텀 설정** 데이텀 형체로서 지정된 형체에는 어느 정도의 가공 오차를 피할 수 없기 때문에 이것을 그대로 데이텀으로서 생각 할 수는 없다. 따라서 가공, 측정, 검사를 하는 경우에는 다음과 같게 해서 데이텀 설정을 하는 것이다.

(i) **직선 또는 평면 데이텀** 직선 또는 평면을 데이텀으로서 지정한 경우, 데이텀 형체(즉 대상물)을 실용 데이텀 형체(이 경우는 일반적으로 정반을 사용한다)에 가급적 최대 간격이 작아지도록 두고 데이텀을 설정한다. 즉 정반의 상면을 데이텀 평면이라고 생각하는 것이다.

이 경우 대상물이 정반 위에서 안정되면 그대로 괜찮지만, 불안정한 경우에는 17·255 그림에 나타냈듯이 적당한 간격을 취해 고정구를 놓고 대상물을 안정시키는 것이다. 이 고정구는 선 데이텀 형체에서는 2개, 평면 데이텀 형체에서는 3개가 필요하다.

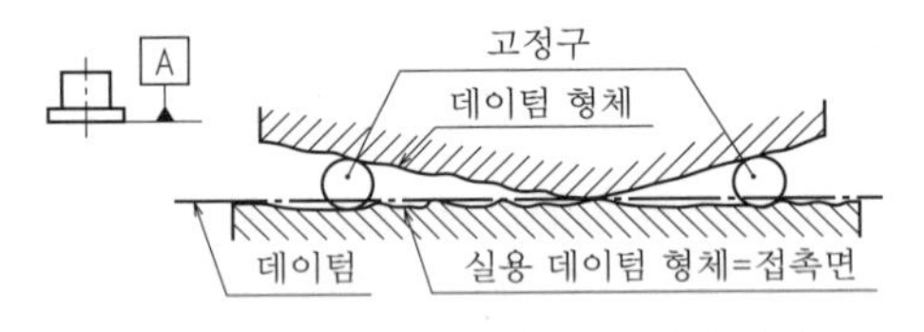

17·255 그림 직선 또는 평면의 데이텀 설정

(ii) **원통 축선 데이텀** 원통 구멍 또는 축의 축선을 데이텀으로서 지시한 경우, 이 데이텀은 구멍의 최대 내접 원통(이 경우는 일반적으로 맨드릴을 사용한다)의 축직선 또는 축의 최소 외접 원통(이 경우는 일반적으로 베어링을 사용한다)의 축직선을 데이텀으로서 설정한다.

이 경우 데이텀 형체가 실용 데이텀 형체에 대해 불안정한 경우에는 17·256 그림에 나타냈듯이 이 원통을 어느 방향으로 움직여도 이동량이 같아지는 자세로 설정하는 것이다.

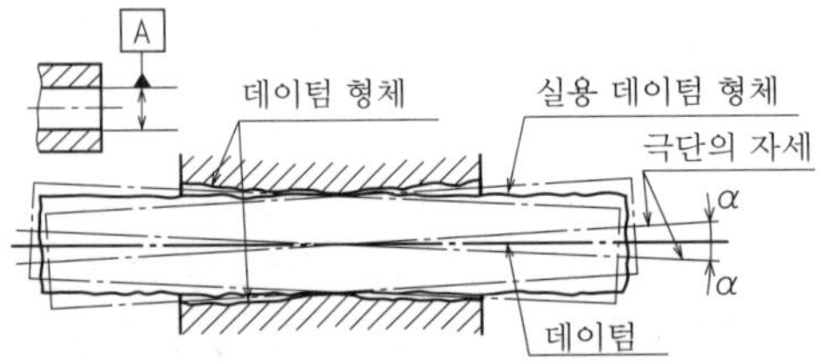

17·256 그림 원통 축선의 데이텀 설정

(iii) **공통 데이텀** 양쪽에 저널부를 가지고 있는 축과 같이 공통 축직선을 가진 대상물 또는 공통 중심평면을 가진 대상물의 데이텀은 각각의 데이텀 형체에 대해, 공통의 실용 데이텀 형체에 의해 데이텀을 설정한다. 17·257 그림은 실용 데이텀 형체인 2개의 최소 외접 동축 원통의 축직선에 의해 설정된 공통 축직선의 데이텀 예를 나타낸 것이다.

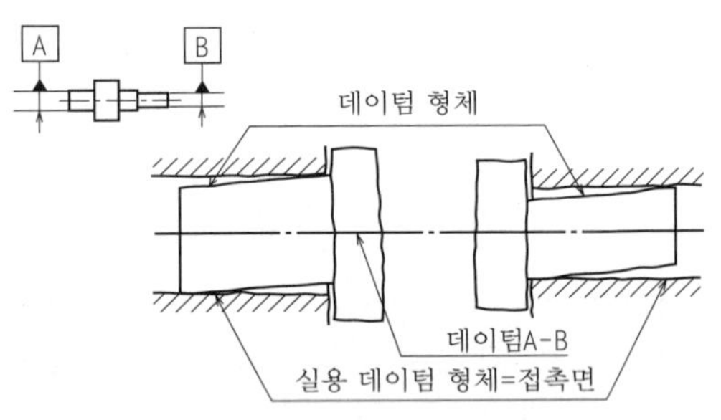

17·257 그림 공통 데이텀의 설정

(iv) **평면에 수직인 원통의 축선 데이텀** 이 경우, 17·258 그림에 나타낸 예와 같이 우선 데이텀 A는 데이텀 형체 A에 접하는 정반 등의 평평한 평면에 의해 설정한다. 다음으로 데이텀 B는 데이텀 A에 수직으로 데이텀 형체 B에 내접하는 최대 원통의 축직선에 의해 설정하는 것이다. 이 예에서는 데이텀 A가 제1차 데이텀, 데이텀 B가 제2차 데이텀이 된다.

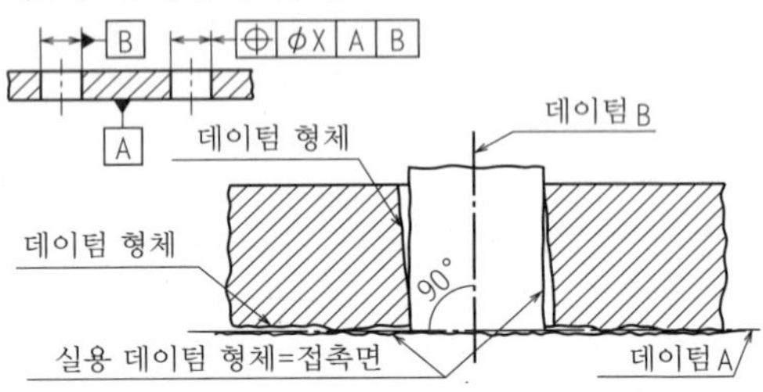

17·258 그림 평면에 수직인 원통 축선의 데이텀 설정

(6) 데이텀의 적용

앞에서 설명했듯이 데이텀 및 데이텀계는 관련 형체 사이에 기하학적 관계를 설정하기 위한 기준으로서 이용하는 것이므로 서로 관련된 데이텀 형체 및 실용 데이텀 형체의 정도에 대해서도 기능 상의 요구에 대해 충분한 것이어야 한다. 또한, 관련 형체에 대해 지정된 기하공차는 데이텀 형체 자체의 형상편차를 조금도 규제하지 않으므로 필요에 따라 데이텀 형체에 대해서도 데이텀 목적에 맞는 정도의 형상 공차를 지정해 두는 것이 바람직하다.

17·31 표에 데이텀 도시 방법 또는 그 지정한 데이텀의 데이텀 형체 및 실용 데이텀 형체에 의해 그 데이텀을 설정하는 방법의 예를 나타냈다.

17·31 표 데이텀의 설정 예 (JIS B 0022)

종류		데이텀 도시	데이텀 형체	데이텀 설정
점을 데이텀으로 하는 경우	구의 중심	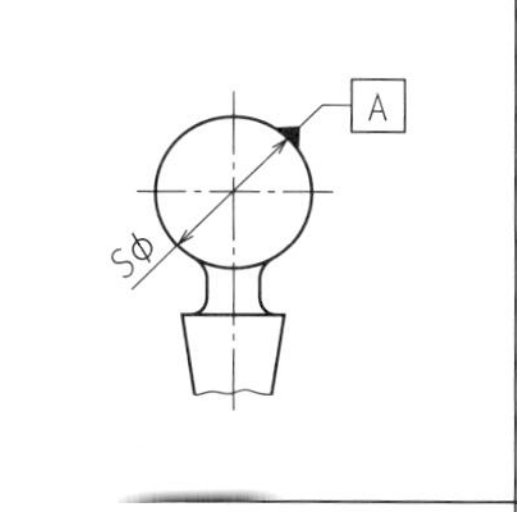 A Sφ	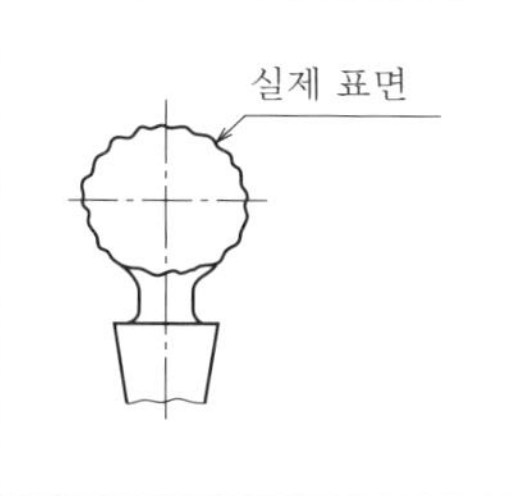 실제 표면	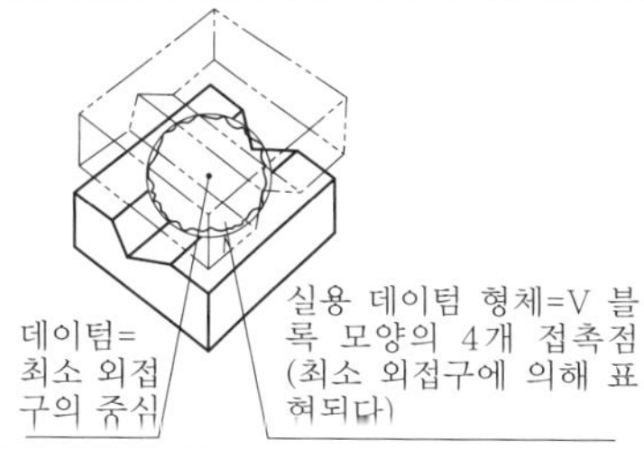 데이텀=최소 외접 구의 중심 실용 데이텀 형체=V 블록 모양의 4개 접촉점 (최소 외접구에 의해 표현되다)
	원의 중심	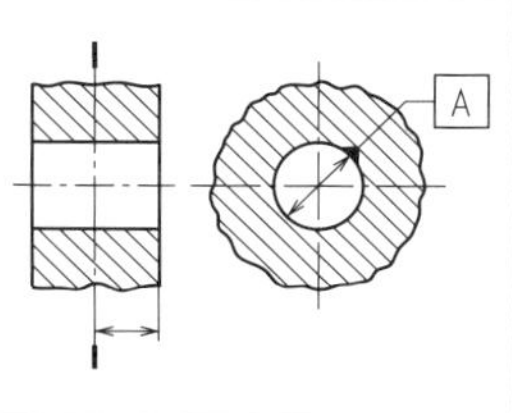 A	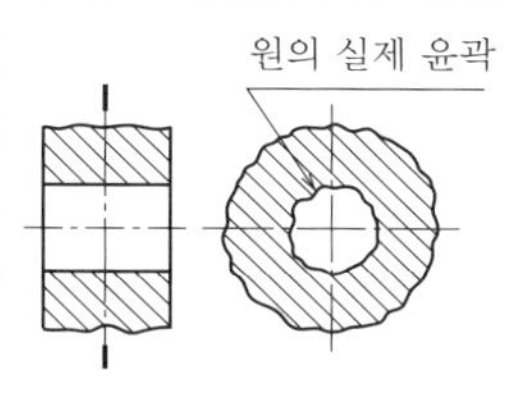 원의 실제 윤곽	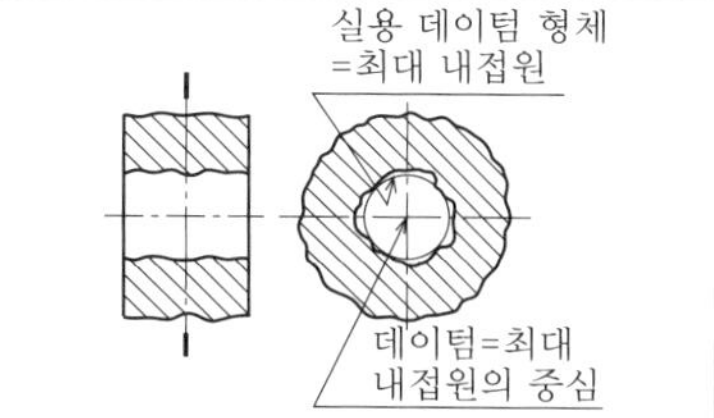 실용 데이텀 형체 =최대 내접원 데이텀=최대 내접원의 중심
	원의 중심	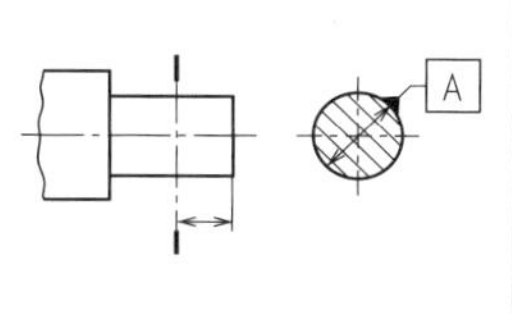 A	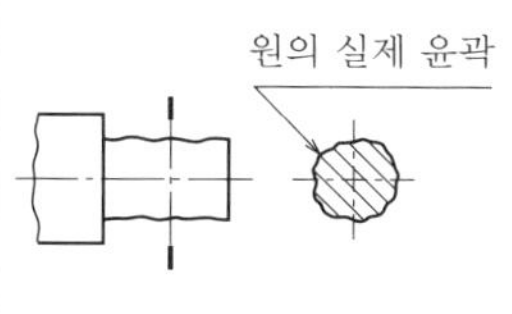 원의 실제 윤곽	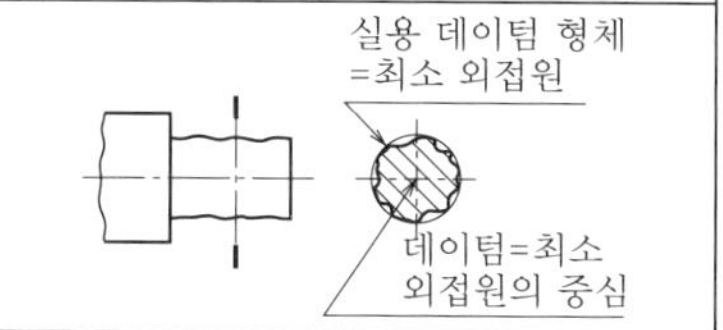 실용 데이텀 형체 =최소 외접원 데이텀=최소 외접원의 중심
선을 데이텀으로 하는 경우	구멍의 축선	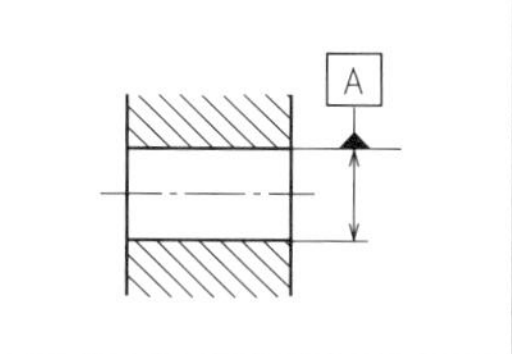 A	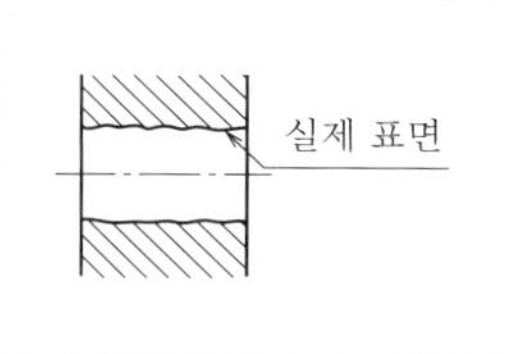 실제 표면	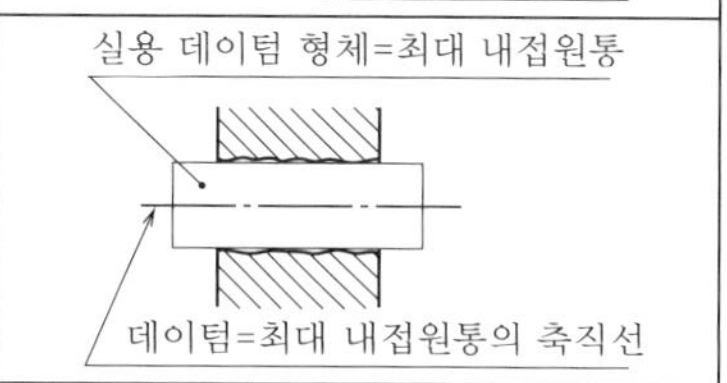 실용 데이텀 형체=최대 내접원통 데이텀=최대 내접원통의 축직선
	축의 축선	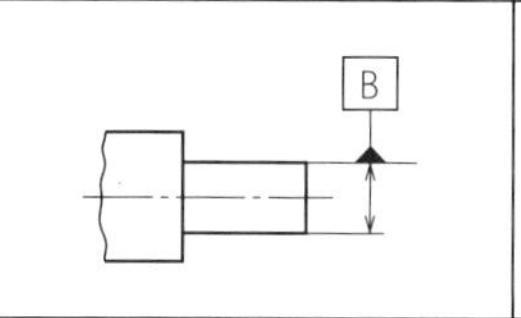 B	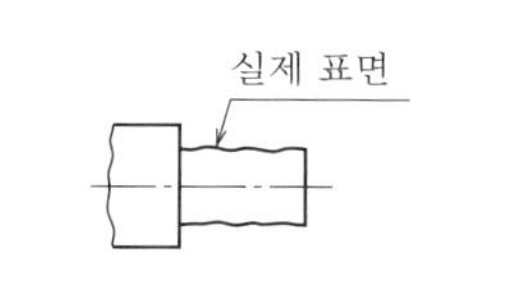 실제 표면	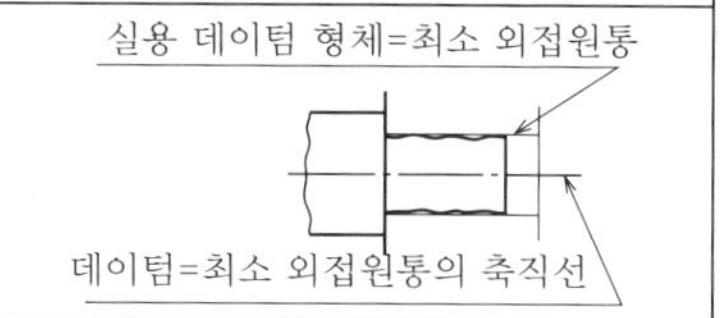 실용 데이텀 형체=최소 외접원통 데이텀=최소 외접원통의 축직선
평면을 데이텀으로 하는 경우	부품의 표면	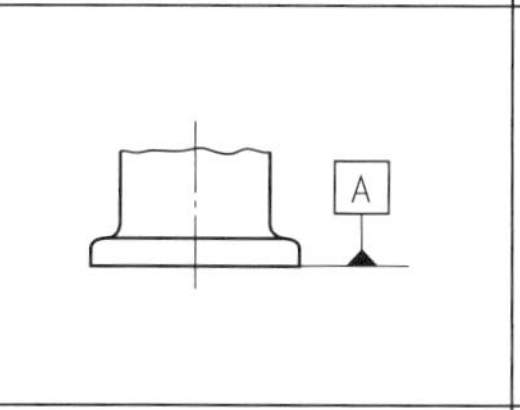 A	 실제 표면	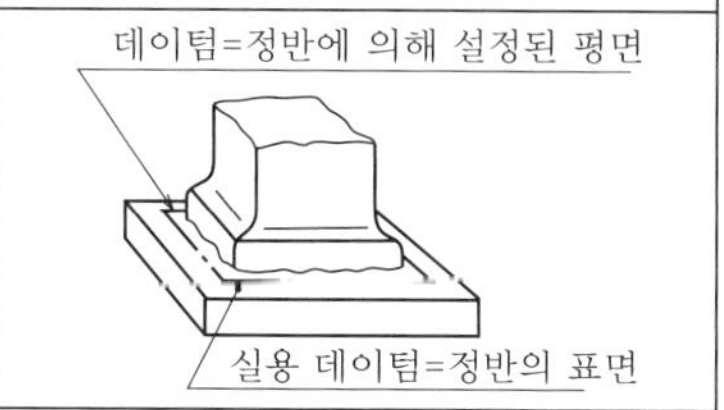 데이텀=정반에 의해 설정된 평면 실용 데이텀=정반의 표면
	부품의 2개 표면의 중심 평면	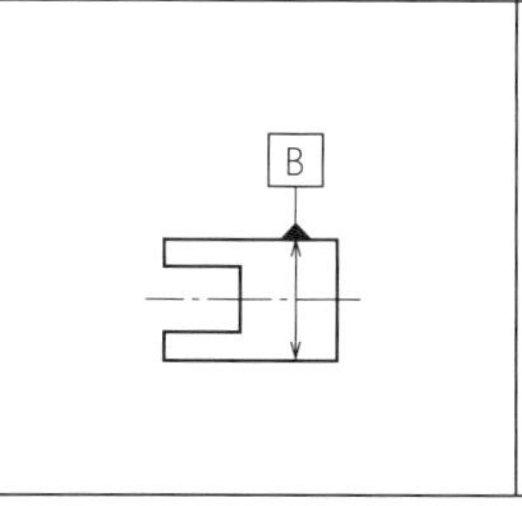 B	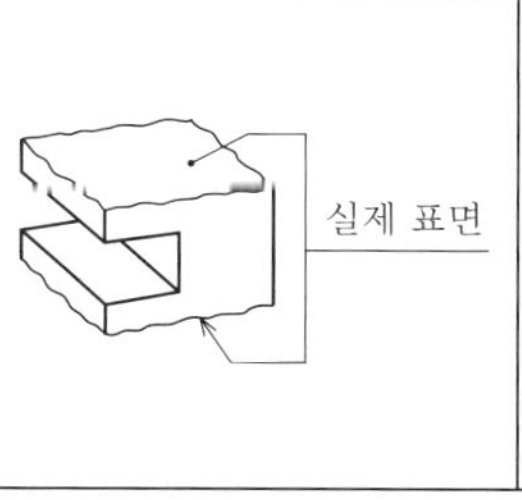 실제 표면	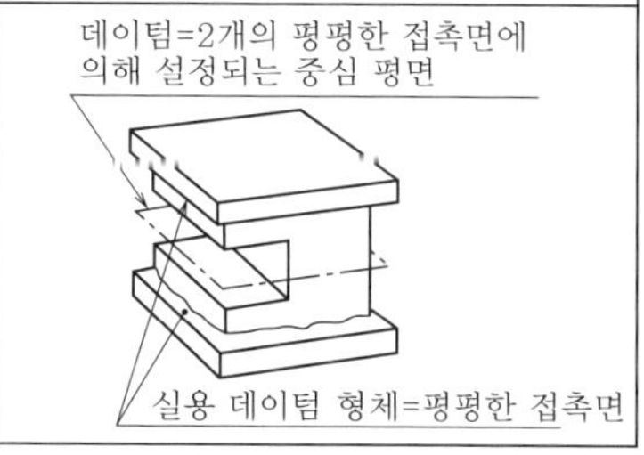 데이텀=2개의 평평한 접촉면에 의해 설정되는 중심 평면 실용 데이텀 형체=평평한 접촉면

7. 기하 공차의 도시법

(1) 공차 기입 틀 기하 공차를 그림 중에 지시할 때는 17·259 그림과 같은 직사각형의 틀을 이용해, 그 안에 도시의 예와 같이 공차의 종류를 나타내는 기호 및 공차값을 각각 구분해 기입해서 나타낸다. 또한 관련 형체에서 데이텀을 병시하는 경우에는 동 그림 (b), (c)와 같이 그 뒤에 알파벳 대문자를 이용해 그것을 나타내 두면 된다[데이텀의 도시법에 대해서는 오른쪽 단의 (3)항을 참조]. 또한 동일한 공차를 2개 이상의 형체에 적용하는 경우에는 동 그림 (d), (e)에 나타냈듯이 기호 '×'를 이용해 형체의 수를 공차 기입 틀의 위쪽 측에 기입해 두면 된다.

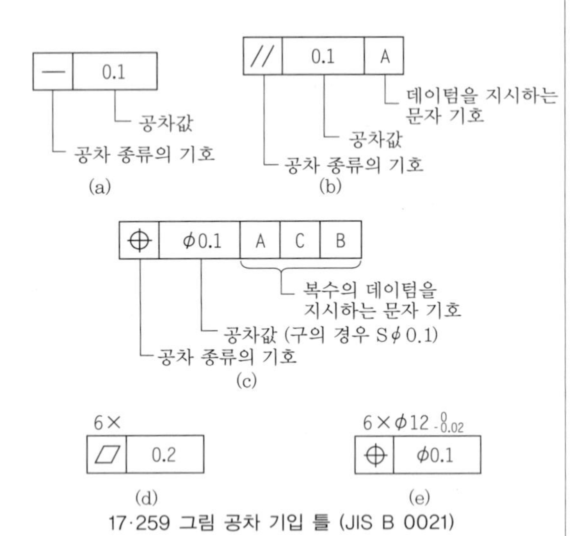

17·259 그림 공차 기입 틀 (JIS B 0021)

(2) 공차붙이 형체의 표시법 공차 기입 틀은 공차붙이 형체(공차역에 의해 규제되는 형체)에 대해 17·260~17·261 그림의 예에 나타냈듯이 그 틀의 오른쪽 측 또는 왼쪽 측에서 끌어낸 가는 실선에 의한 지시선을 수직으로 연결하고, 그 끝에 화살표를 붙여 나타낸다. 이 경우 화살을 붙이는 방법에 대해서는 다음의 점에 주의해야 한다.

① 선 또는 표면 자체에 공차를 지정하는 경우에는 형체의 외형선 상 또는 외형선의 연장 상에, 지시선의 화살표를 수직으로 붙인다. 이 경우에는 17·260 그림과 같이 치수선의 위치를 명확하게 피해 기입하게 되어 있다. 이것은 만약 지시선의 화살표를 치수선에 합치해서 그리면, 다음의 ②의 의미를 가지게 때문이다.

면으로서 나타나는 부분에 공차를 지시하는 경우에는 동 그림 (c)와 같이 그 표면에 검은 점을 붙이고 끌어낸 지시선에 붙여도 된다.

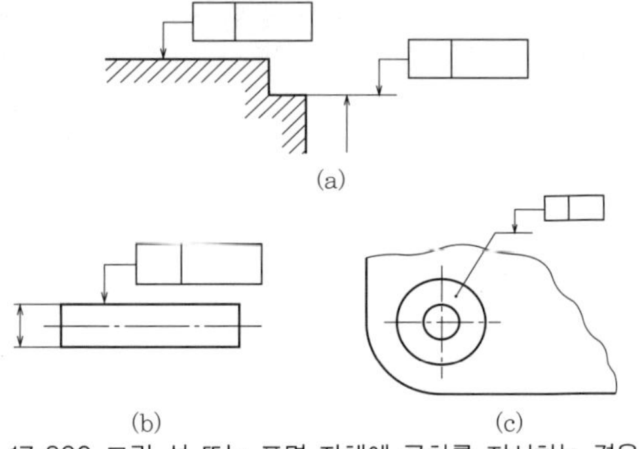

17·260 그림 선 또는 표면 자체에 공차를 지시하는 경우

② 치수가 부여된 형체의 축선 또는 중심면에 공차를 지정하는 경우에는 치수선의 연장선이 공차 기입 틀에서의 지시선이 되도록 한다(17·261 그림).

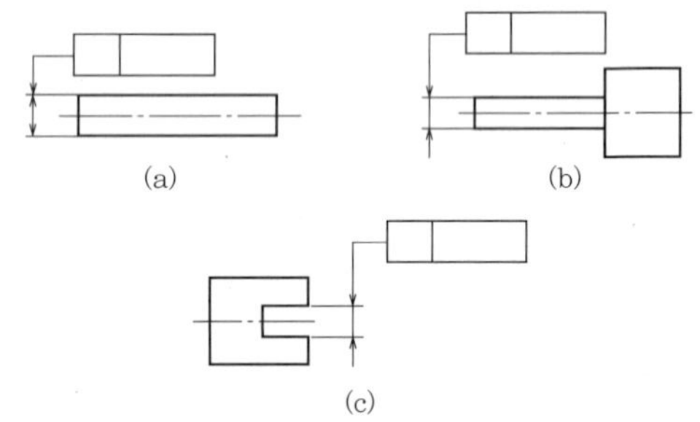

17·261 그림 축선 또는 중심면에 공차를 지시하는 경우

(3) 데이텀의 도시법 데이텀에 관련시켜 공차를 지정하는 경우, 17·262 그림에 나타냈듯이 데이텀에는 직각 이등변 삼각형의 색이 칠해진 기호(데이텀 삼각 기호라고 한다)를 붙이고, 그 정점에서 지시선을 내어 데이텀인 것을 나타내는 알파벳 대문자(데이텀 문자 기호라고 한다)를 정사각형의 틀로 둘러싸 표시한다.

그리고 데이텀 삼각 기호는 필요가 있으면 색이 칠해져 있지 않은 것을 이용해도 지장 없다.

A (a) A (b)

17·262 그림 데이텀 문자 기호

데이텀 삼각 기호의 기입에 있어 주의해야 할 것은 다음과 같다.

① 선 또는 면 자체가 데이텀 형체인 경우에는 형체의 외형선 상 또는 외형선의 연장 상에 데이텀 삼각 기호를 붙인다(17·263 그림). 이 경우, 데이텀 삼각 기호는 (a) 그림과 같이 치수선의 위치를 명확하게 피해 기입하게 되어 있다. 그 이유는 왼쪽 단의 (2)항에서 설명한 바와 같다.

② 치수가 주어진 형체의 축직선 또는 중심 평

(a) (b)

17·263 그림 선 또는 표면에 데이텀을 지시

면이 데이텀 형체인 경우에는 치수선의 연장선을 데이텀의 지시선으로서 이용해 나타낸다(17·264 그림). 이 경우, 치수선의 화살을 치수보조선 또는 외형선의 바깥 측에서 기입한 경우에는 그 한쪽의 화살표를 데이텀 삼각 기호로 대용한다.

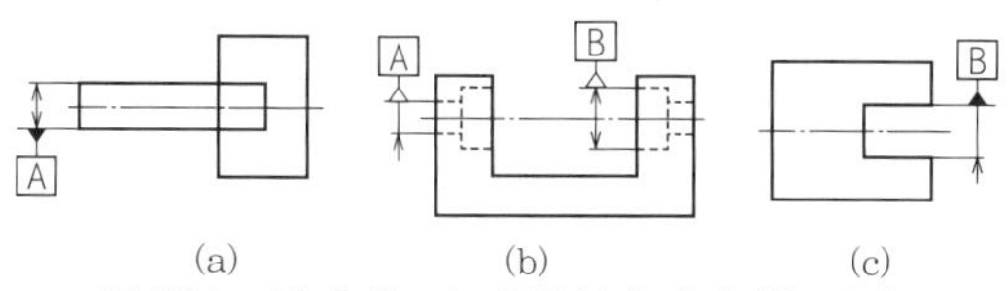

(a) (b) (c)

17·264 그림 축선 또는 중심선에 데이텀을 지시

③ 데이텀을 데이텀 형체의 한정된 부분에만 적용하는 경우에는 이 한정 부분을 굵은 1점 쇄선을 치수 지시에 의해 나타낸다(p.17-81의 17·277 그림 참조).

(4) 데이텀 문자 기호를 공차 기입 틀에 기입하는 방법

① 데이텀이 1개인 경우는 그 데이텀을 지시하는 하나의 문자 기호를 공차 기입 틀의 왼쪽에서 3번째 구획에 나타낸다[17·265 그림 (a)].

② 2개의 데이텀 형체에 의해 설정되는 공통의 데이텀은 데이텀을 지시하는 2개의 문자 기호를 하이픈으로 연결해서 나타낸다[동 그림 (b)].

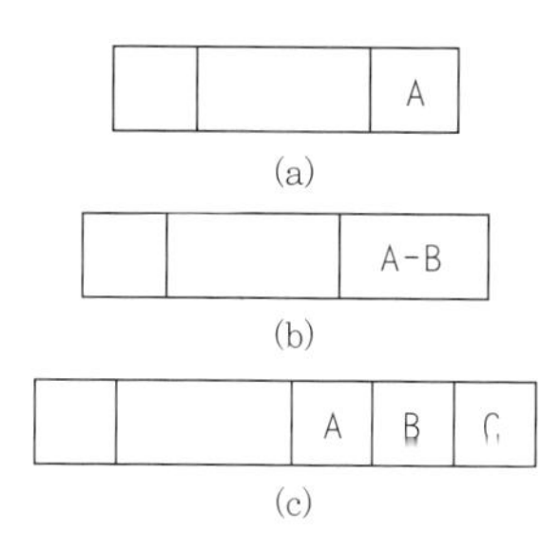

(a)

(b)

(c)

17·265 그림 데이텀 문자 기호의 기입법

③ 2개 이상의 데이텀이 있고, 그들의 데이텀에 우선 순위가 있을 때는 우선 순위가 높은 순으로 왼쪽에서 오른쪽으로, 문자 기호를 각각의 구획에 기입한다[동 그림 (c)].

이 경우의 우선 순위(17·266 그림)의 결정에 있어서는 17·267 그림에 나타냈듯이 공차에 큰 영향을 줄 수 있으므로 주의해야 한다.

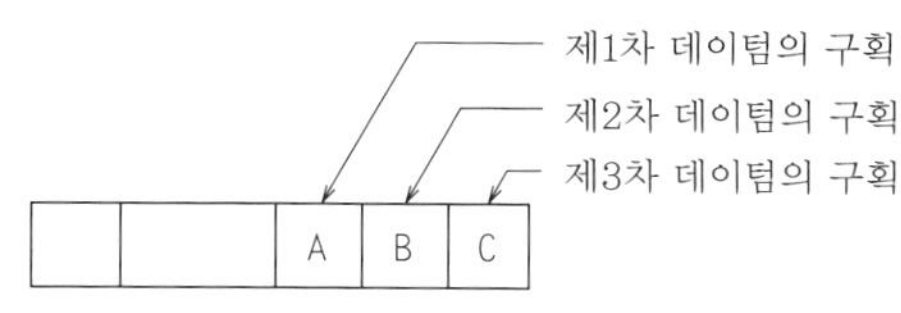

17·266 그림 데이텀의 우선 순위

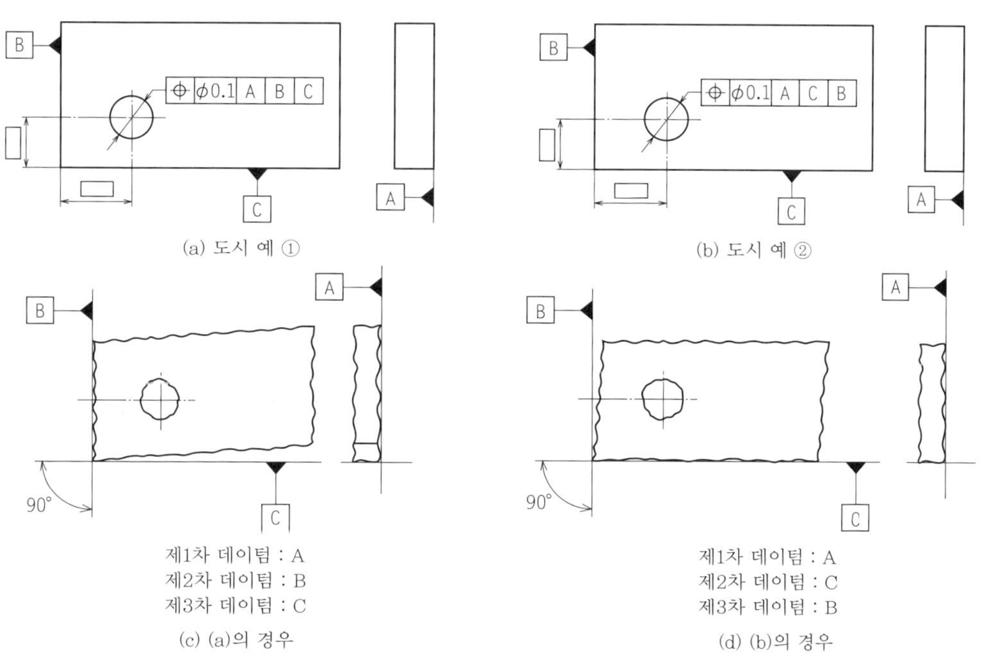

(a) 도시 예 ① (b) 도시 예 ②

(c) (a)의 경우 (d) (b)의 경우

17·267 그림 데이텀계 설정 상의 주의

17장

(5) 공차역

(i) 공차역을 형성하는 원칙 17·268 그림 및 17·269 그림은 평행도 공차의 도시 예와 그 공차역의 관계를 나타낸 것이다. 17·268 그림 (a)와 같이 ϕ의 기호가 붙은 공차값의 경우에는 공차역은 원 또는 원통의 내부에 존재하는 것으로서 취급하게 되어 있다. 즉, 이 예에서는 동 그림 (b)와 같이 직경 0.1의 원통 내부가 공차역인 것을 나타낸다.

또한 17·269 그림 (a)와 같이 공차값 앞에 ϕ가 기입되어 있지 않은 예에서는 이 축선의 공차역은 공차 기입 틀과 형체를 연결하는 지시선의 화살표 방향에 존재하는 것으로서 취급하게 되어 있다. 즉, 이 예에서는 동 그림 (b)와 같이 0.1의 간격을 갖는 평행한 수평 두 평면에 끼인 영역이 이 경우의 공차역이 된다. 따라서 만약 수직인 두 평면의 간격으로 공차역을 지정하려는 경우에는 지시선의 화살이 수평이 되도록 해서 형체에 붙여야 한다.

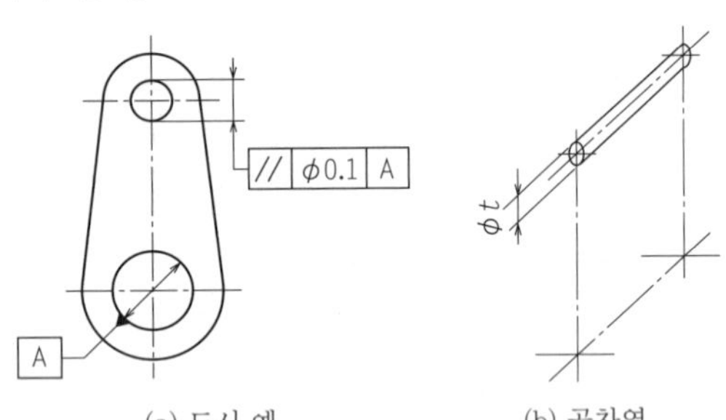

(a) 도시 예 (b) 공차역

17·268 그림 공차역은 원통의 내부에 존재한다

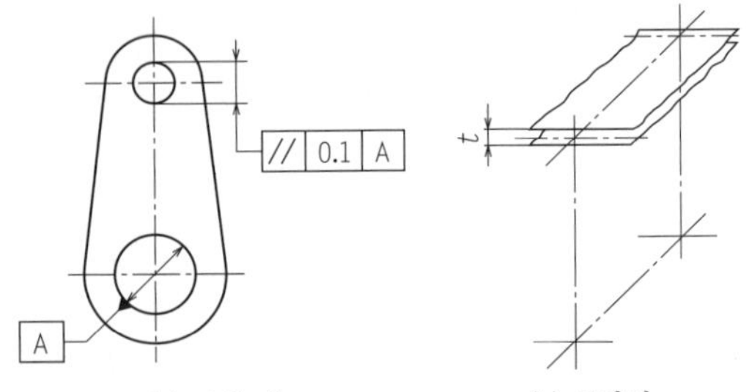

(a) 도시 예 (b) 공차역

17·269 그림 공차역은 지시선의 화살 방향에 존재한다

(ii) 공차역의 적용

① 공차역의 폭은 특별히 지정된 경우를 제외하고, 지정된 기하 형상으로 수직으로 적용한다(17·270 그림 참조).

② 2개의 공차를 지시한 경우에는 특별히 지시한 경우를 제외하고, 그들을 공차역이 서로 직각이 되도록 적용한다(17·271 그림 참조).

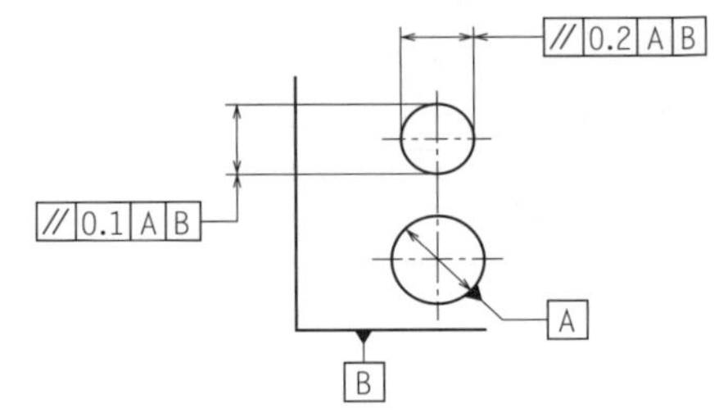

17·270 그림 공차역의 적용 ①

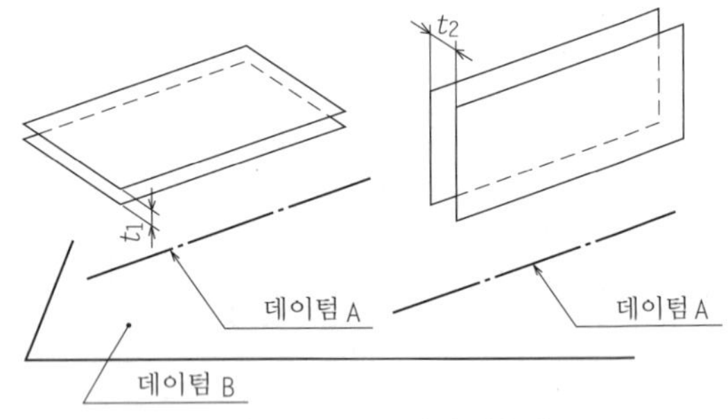

17·271 그림 공차역의 적용 ②

③ 몇 개 떨어진 형체에 대해 동일한 공차값을 지정하는 경우에는 개개의 형체에 각각 공차 기입 틀로 지정하는 대신에, 17·272 그림과 같이 공통의 공차 기입 틀을 설정하고 이것으로부터 끌어낸 지시선을 각각의 형체에 분기해 붙인다.

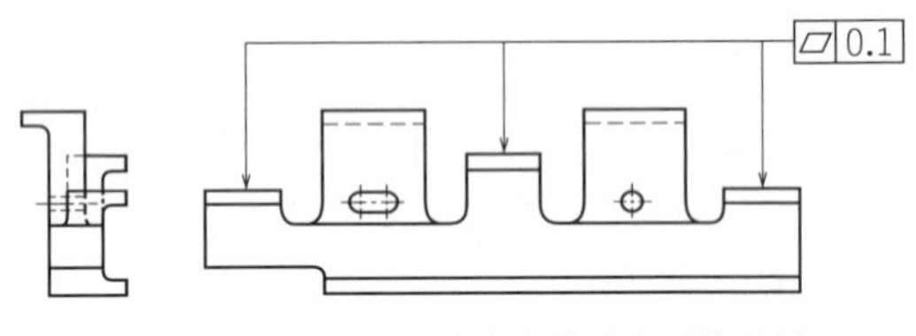

17·272 그림 몇 개 떨어진 형체에 대한 동일 공차값의 지정

④ 몇 개 떨어진 형체에 대해 하나의 공차역을 적용하는 경우에는 17·273 그림과 같이, 공차 기입 틀 안에 문자 기호 'CZ'을 기입해 두면 된다. CZ는 common zone의 약자이다.

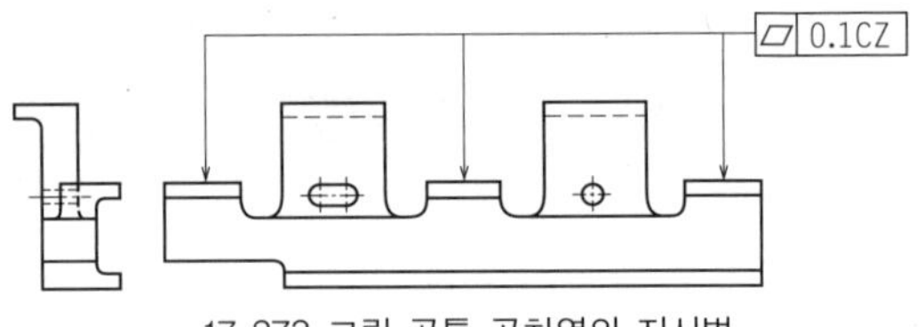

17·273 그림 공통 공차역의 지시법

(iii) 곡면 공차역의 폭 곡면에서 공차역(면의 윤곽도 또는 흔들림)의 폭은 원칙적으로 규제되

는 면에 대해 법선 방향으로 존재하는 것으로서 취급한다(17·274 그림). 단, 공차역을 면의 법선 방향이 아니라 특정의 방향으로 지시하려고 할 때에는 17·275 그림에 나타냈듯이 그 방향을 지정해 두어야 한다.

동 그림의 경우는 각도 α가 90°여도 지시해 두어야 한다.

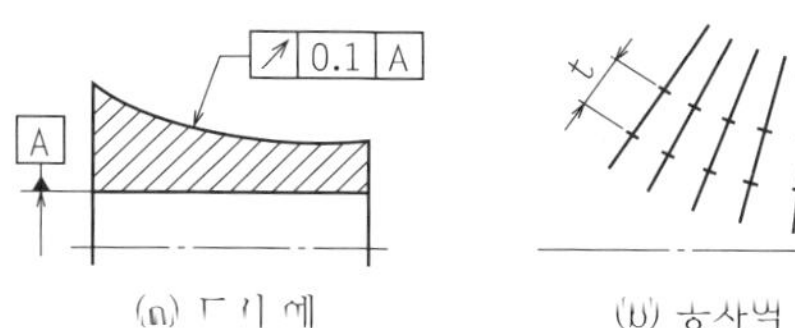

(a) 도시 예 (b) 공차역 방향

17·274 그림 공차역의 폭은 법선 방향에 존재한다

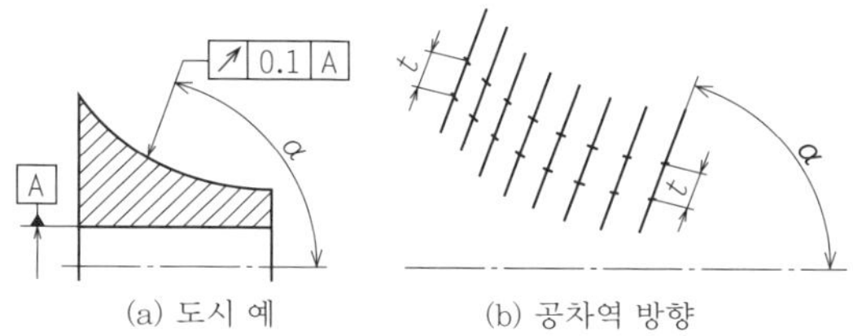

(a) 도시 예 (b) 공차역 방향

17·275 그림 공차역을 특정 방향으로 지정할 때

(6) 보충 사항의 지시 방법

① 윤곽도 특성을 단면 외형의 전체 또는 경계 표면 전체에 적용하는 경우에는 17·276 그림 (1)에 나타냈듯이 기호 '전체 둘레'를 이용해 나타낸다. 전체 둘레 기호는 가공물의 모든 표면에 적용하는 것이 아니라, 윤곽도 공차를 지시한 표면에만 적용한다.

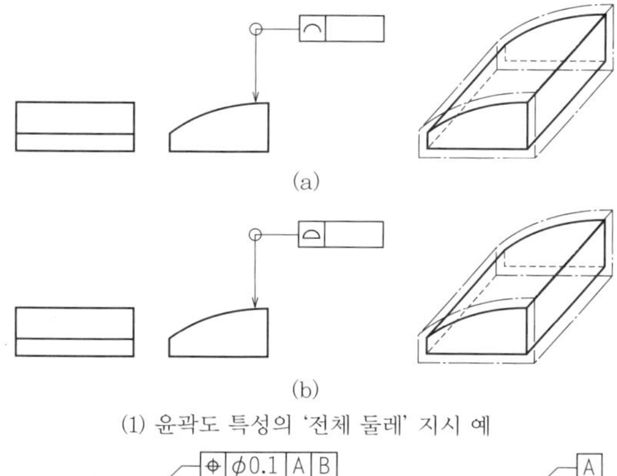

17·276 그림 보충 사항의 지시 방법

② 나사산에 대해 지시하는 기하공차 및 데이텀 참조는 예를 들면 17·276 그림 (2)에 나타냈듯이 나사(혹은 기어 등)의 외형을 나타내는 'MD'와 같은 특별한 지시가 없는 한, 피치 원통에서 도출되는 축선에 적용한다.

(7) 공차의 적용 한정

(i) 한정된 범위만의 공차 지시 선 또는 면이 있는 한정된 범위에만 공차를 적용하려고 하는 경우에는 선 또는 면을 따라 그린 굵은 1점 쇄선에 의해 그 한정하는 범위를 나타내 두면 된다(17·277 그림).

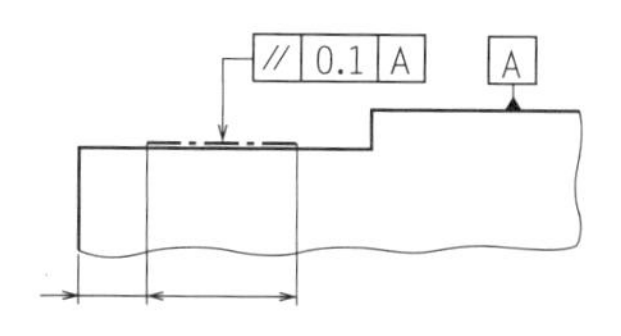

17·277 그림 공차의 적용 범위 한정

(ii) 한정된 길이에 공차를 지시하는 경우 형체의 어디에나 존재하는 한정된 길이에 동일한 특성의 공차를 적용하는 경우에는 이 한정된 길이의 수치는 공차값 뒤에 사선을 그어 기입해 두면 된다. 이 지시법은 17·278 그림에 나타냈듯이 형체의 전체에 대한 공차 기입 틀의 아래 측 구획에 직접 기입하게 되어 있다.

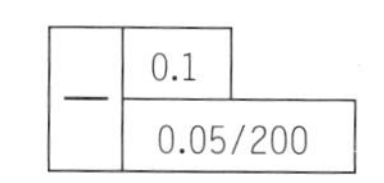

17·278 그림 한정된 지시

(iii) 여러 개의 공차 지시 1개의 형체에 대해 2개 이상의 공차를 지시할 필요가 있는 경우에는 17·279 그림에 나타냈듯이 공차 지시는 편의 상 1개의 공차 기입 틀의 아래 측에 공차 기입 틀을 붙여 나타내도 된다.

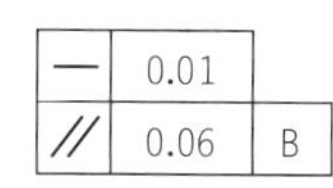

17·279 그림 복수의 공차 지시

(8) 이론적으로 정확한 치수 이미 17·250 그림(p.17-74)에서 설명했듯이 위치도를 치수 공차에 의해 지정하면, 공차 누적에 의해 그 해석에 의문이 생기는 경우가 있으므로 기하공차에 의해 위치도, 윤곽도 또는 경사도를 지정하는 경우에 그 공차붙이 형체의 위치를 나타내는 치수나 각도에는 치수 허용차를 주지 않는 것으로 하고 있다. 이러한 치수를 '이론적으로 정확한 치수'라고 하며, 이것을 나타내기 위해 17·280 그림과 같이 치수 수치를 틀로 둘러싸 [30], [60°]와 같이 나타내는 것으로 하고 있다.

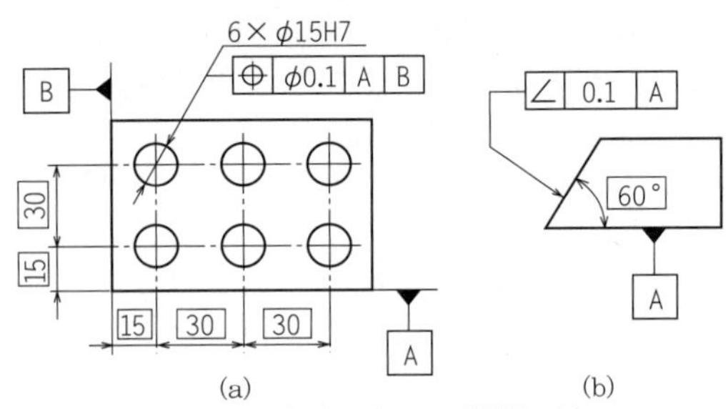

(a) (b)

17·280 그림 이론적으로 정확한 치수

따라서 만약 17·280 그림 (a)의 왼쪽 아래에 기입된 수평 방향, 수직 방향의 15라는 치수를 틀로 둘러싸지 않았다고 하면, 이 치수에는 보통 허용차가 적용되게 되며 데이텀 A, B가 의미를 이루지 못하고 6개의 구멍 전체는 보통 허용차만큼만 변동을 허용하게 된다. 이와 같이 이론적으로 정확한 치수라는 것은 그 자체가 치수 허용차를 갖지 않는 것임을 나타내고 있다.

(9) 돌출 공차역 기하공차를 이용해 지시된 형체의 공차역은 일반의 경우에는 지시선으로 지시된 형체 중에 형성되는 것인데, 경우에 따라서는 조립되는 상대 부품과의 관계로 형체 외부에 지정할 필요가 있는 때도 있다.

예를 들면 17·281 그림에 나타냈듯이 볼트로 2개의 부품을 결합하는 경우, 볼트 구멍의 공차역은 이 부품의 내부가 아니라, 볼트가 돌출되는 부분에 있어야 한다.

이와 같이 공차역을 그 형체 자체의 내부가 아니라 그 외부에 설치하는 경우를 '돌출 공차역'이라고 하며, 동 그림에 나타냈듯이 그 돌출부를 가는 2점 쇄선으로 나타내고 그 치수 수치 앞 및 공차값 뒤에 기호 Ⓟ를 기입해 두게 되어 있다. 이 P는 projected tolerance의 약자이다. 또한 이 돌출 공차역은 자세 공차 및 위치 공차에 적용할 수 있다.

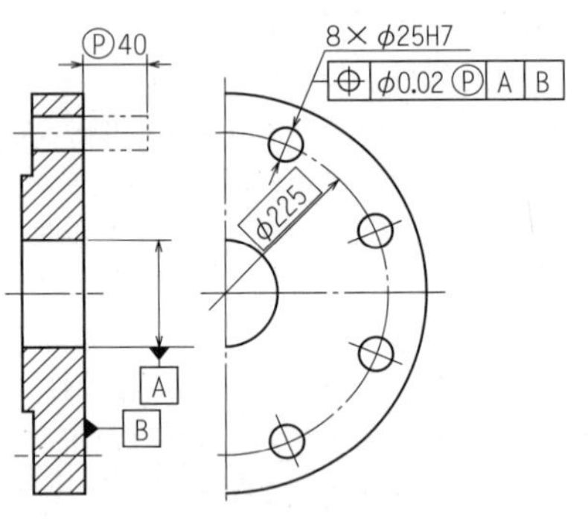

17·281 그림 돌출 공차역

(10) 최대 실체 공차 방식의 적용 치수 공차와 기하공차 사이의 상호 의존 관계를 최대 실체 상태를 기초로 부여하는 공차 방식을 '최대 실체 공차 방식'이라고 한다(자세한 내용은 p.17-97의 17·16 절을 참조하기 바란다).

기하 공차에 이 최대 실체 공차 방식을 적용하는 것을 지시하기 위해서는 기호 Ⓜ을 이용해 다음과 같이 나타낸다. 이 M은 maximum matelial condition의 약자이다.

① 공차붙이 형체에 적용하는 경우에는 공차값 뒤에 Ⓜ를 기입한다[17·282 그림 (1)의 (a)].

② 데이텀 형체에 적용하는 경우에는 데이텀을 나타내는 문자 기호 뒤에 Ⓜ를 기입한다[동 그림 (1)의 (b)].

③ 공차붙이 형체과 그 데이텀 형체의 양자에 적용하는 경우에는 공차값 뒤와 데이텀을 나타내는 문자 기호 뒤에 Ⓜ를 기입한다[동 그림 (1)의 (c)].

또한 17·282 그림 (2)에는 최소 실체 상태를 기초로 한 공차 방식인 최소 실체 공차 방식의 경우를 나타냈다.

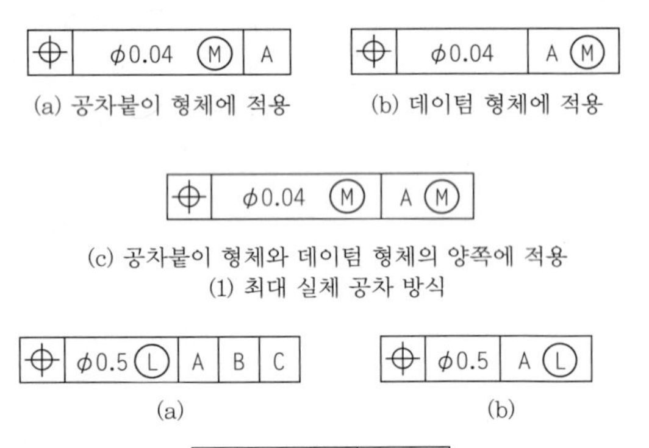

(a) 공차붙이 형체에 적용 (b) 데이텀 형체에 적용

(c) 공차붙이 형체와 데이텀 형체의 양쪽에 적용
(1) 최대 실체 공차 방식

(a) (b)

(c)
(2) 최소 실체 공차 방식

17·282 그림 최대 실체 공차 방식 및 최소 실체 공차 방식의 기입

8. 데이텀 타깃의 도시법

데이텀 타깃을 그림 중에 지시할 때에는 17·32 표에 나타낸 데이텀 타깃 기호를 이용하고, 또한 17·283 그림에 나타낸 가로선으로 나눈 원형의 틀(데이텀 타깃 기입 틀)을 이용해 나타내게 되어 있다.

17·32 표 데이텀 타깃 기호 (JIS B 0022)

용도		기호	비고
데이텀 타깃이 점일 때		×	굵은 실선의 × 표시
데이텀 타깃이 선일 때		×—×	2개의 × 표시를 가는 실선으로 연결한다
데이텀 타깃이 영역일 때	원의 경우		원칙적으로 가는 2점 쇄선으로 둘러싸고, 해칭을 실시한다. 단, 도시가 곤란한 경우에는 가는 2점 쇄선 대신에 가는 실선을 이용해도 된다.
	직사각형의 경우		

17·32 표에 나타냈듯이 데이텀이 점일 때는 굵은 실선의 × 표시로 하고, 선의 경우에는 2개의 × 표시를 가는 실선으로 묶어서 나타낸다.

또한 데이텀 타깃이 원형이나 직사각형 등의 영역인 경우에는 그 영역을 가는 2점 쇄선으로 둘러싸고, 해칭을 실시해 나타내게 되어 있다. 단, 가는 2점 쇄선에 의한 도시가 곤란한 경우에는 가는 실선을 이용해도 된다고 되어 있다.

한편, 데이텀 타깃 기입 틀의 하단에는 그 데이텀 타깃의 표식 기호를 A1, A2 또는 B1, B2와 같이 기입하고, 상단에는 타깃의 크기를 ϕ5 또는 10×20과 같이 기입한다(17·283 그림). 이 경우, 타깃의 크기가 틀 안에 다 쓸 수 없는 경우에는 틀의 바깥 측에 기입하고 지시선으로 틀과 연결하면 된다.

17·283 그림 데이텀 타깃 기입 틀

이 데이텀 타깃 기입 틀은 17·284 그림에 나타냈듯이 화살표를 붙인 지시선으로 데이텀 타깃 기호와 연결해 둔다.

데이텀 타깃은 보통 여러 개를 이용해 데이텀을 설정하기 때문에 일반적으로는 데이텀 타깃 A1, A2, A3에 의해 데이텀 A를 설정하고 B1, B2에 의해 데이텀 B를 설정하며, 또한 C1에 의해 데이텀 C를 설정하는 방법으로 3평면 데이텀계를 형성하고 있다.

9. 형체 그룹을 데이텀으로 할 때의 지시

데이텀에는 단일 선이나 평면의 형체뿐만 아니라, 여러 개의 구멍과 같은 형체 그룹도 데이텀으로서 이용할 수 있다. 17·285 그림은 8개 구멍의 실제 위치를 데이텀으로 해서 다른 6개 그룹을 규제하는 경우의 예를 나타낸 것이다.

이와 같이 형체 그룹을 다른 형체 또는 형체 그룹의 데이텀으로서 지정하는 경우에는 그림과 같이 공차 기입 틀에 데이텀 삼각 기호를 붙여 나타내 두면 된다.

(a) 점의 데이텀 타깃 (b) 영역의 데이텀 타깃

(c) 전체가 보이도록 도시한 선의 데이텀 타깃 (d) 측면의 가장자리에 도시한 선의 데이텀 타깃

17·284 그림 데이텀 타깃의 기입법

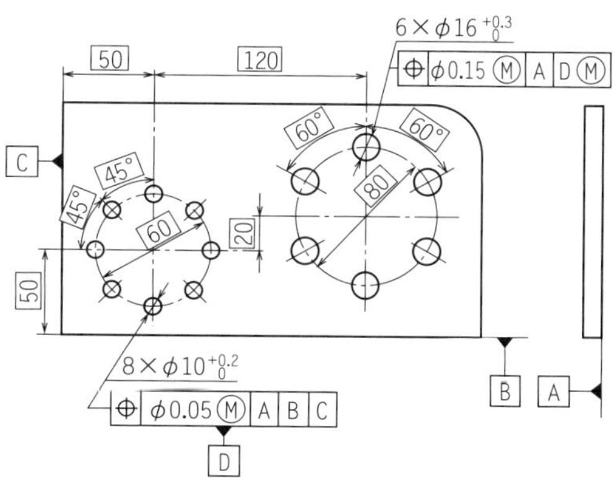

17·285 그림 형체 그룹을 데이텀으로 하는 경우

10. 기하 공차의 정의

17·33 표(p.17-84~p.17-96)은 여러 가지 기하공차의 상세한 정의 및 그들의 공차역을 나타낸다. 정의의 모든 그림은 지시한 정의에 관계하는 편차만을 나타낸다.

17·33 표 기하 공차의 정의 및 지시 방법과 설명 (JIS B 0021) (단위 mm)

기호	공차역의 정의	지시 방법 및 설명
	(1) 진직도 공차	
—	대상으로 하는 평면 내에서 공차역은 t만큼 떨어지고, 지정한 방향으로 평행 두 직선에 의해 규제된다. 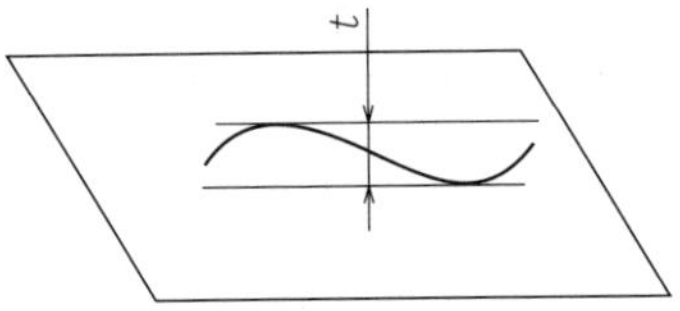	상측 표면 상에서 지시된 방향의 투영면에 평행한 임의의 실제 (재현한) 선은 0.1만큼 떨어진 평행 두 직선 사이에 있어야 한다. 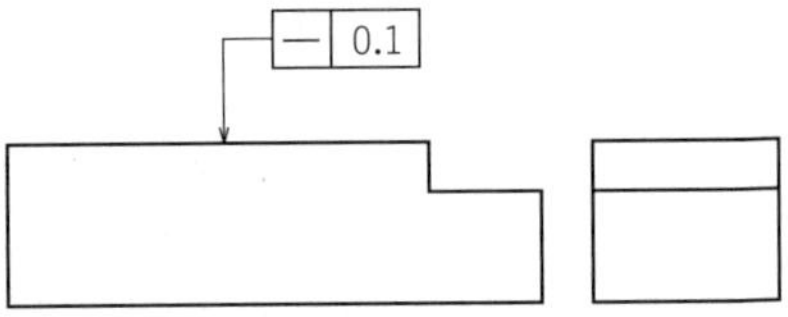
	공차역은 t만큼 떨어진 평행 두 평면에 의해 규제된다. [비고] 이 의미는 구 JIS B 0021과는 다르다. 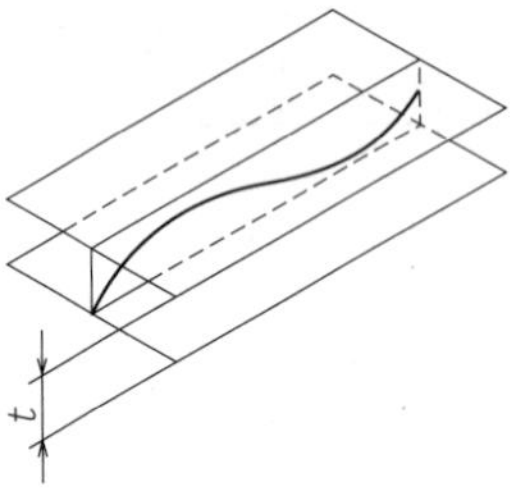	원통 표면 상의 임의의 실제 (재현한) 모선은 0.1만큼 떨어진 평행 두 직선 사이에 있어야 한다. [비고] 모선에 대한 정의는 표준화되어 있지 않다. 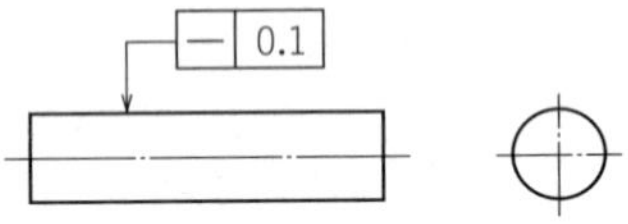
	공차값의 앞에 기호 ϕ를 붙이면, 공차역은 직경 t의 원통에 의해 규제된다. 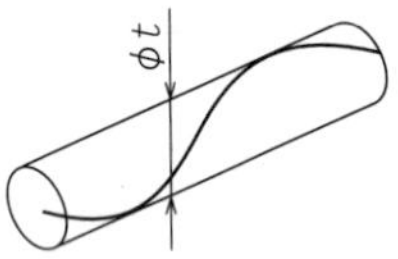	공차를 적용하는 원통의 실제 (재현한) 축선은 직경 0.08의 원통 공차역 중에 있어야 한다. 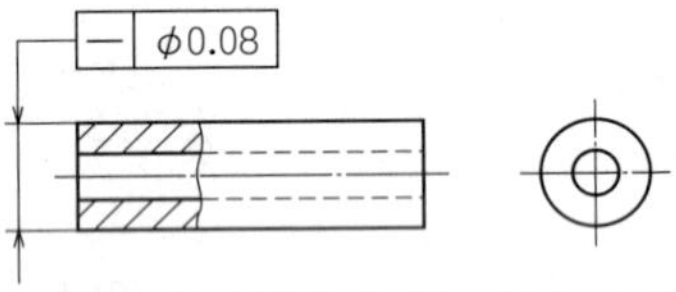
	(2) 평면도 공차	
▱	공차역은 거리 t만큼 떨어진 평행 두 평면에 의해 규제된다. 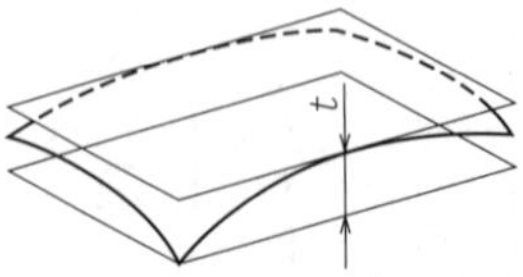	실제 (재현한) 표면은 0.08만큼 떨어진 평행 두 평면 사이에 있어야 한다. 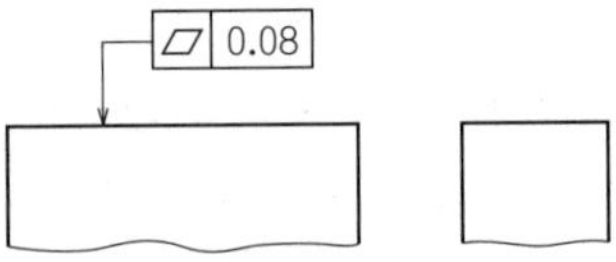
	(3) 진원도 공차	
○	대상으로 하는 횡단면에서 공차역은 동축의 두 원에 의해 규제된다. 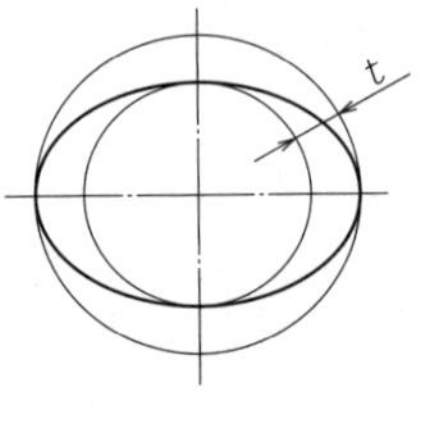	원통 및 원뿔 표면의 임의의 횡단면에서, 실제 (재현한) 반경 방향의 선은 반경 거리로 0.03만큼 떨어진 공통 평면 상의 동축의 두 원 사이에 있어야 한다. 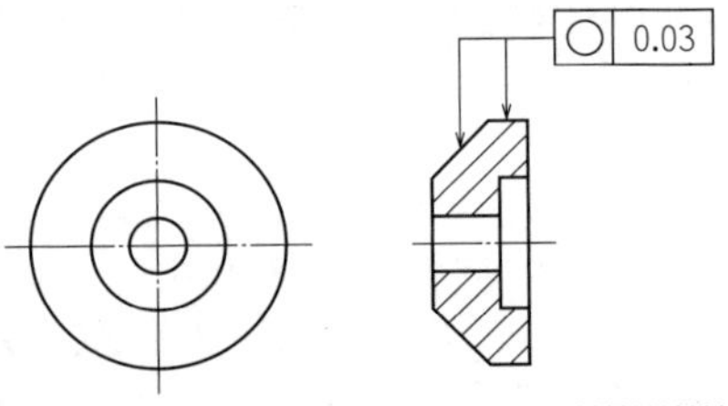

(다음 페이지에 계속)

기호	공차역의 정의	지시 방법 및 설명
○		원뿔 표면의 임의의 횡단면 내에서, 실제 (재현한) 반경 방향의 선은 반경 거리로 0.1만큼 떨어진 공통 평면상의 동축의 두 원 사이에 있어야 한다. [비고] 반경 방향의 선에 대한 정의는 표준화되어 있지 않다. 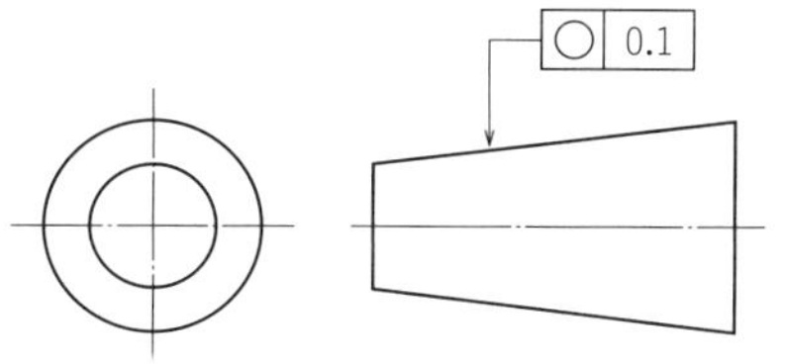 ○ 0.1
	(4) 원통도 공차	
⌭	공차역은 거리 t만큼 떨어진 동축의 두 원통에 의해 규제된다. 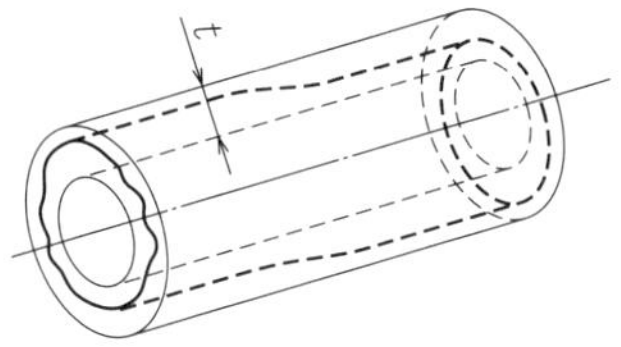 t	실제 (재현한) 원통 표면은 반경 거리로 0.1만큼 떨어진 동축의 두 원통 사이에 있어야 한다. 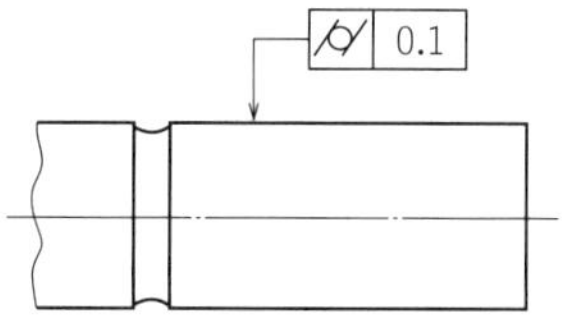 ⌭ 0.1
	(5) 데이텀에 관련되지 않은 선의 윤곽도 공차 (ISO 1660)	
⌒	공차역은 직경 t인 각 원의 두 포락선에 의해 규제되고, 그들의 원 중심은 이론적으로 정확한 기하학 형상을 갖는 선상에 위치한다. 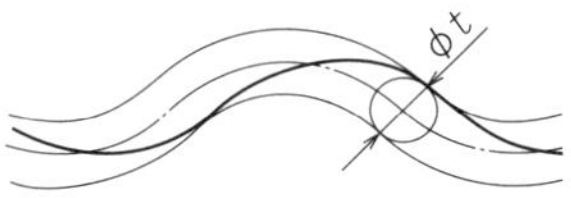 ϕt	지시된 방향의 투영면에 평행한 각 단면에서 실제 (재현한) 윤곽선은 직경 0.04의, 그리고 그들의 원 중심은 이상적인 기하학 형상을 갖는 선상에 위치하는 원의 두 포락선 사이에 있어야 한다. 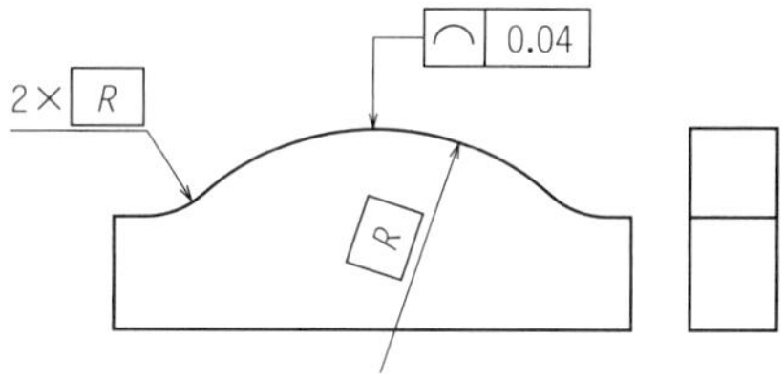 ⌒ 0.04 2× R R
	(6) 데이텀에 관련된 선의 윤곽선 공차 (ISO 1660)	
⌒	공차역은 직경 t인 각 원의 두 포락선에 의해 규제되고, 그들의 원 중심은 데이텀 평면 A 및 데이텀 평면 B에 관해 이론적으로 정확한 기하학 형상을 갖는 선상에 위치한다. 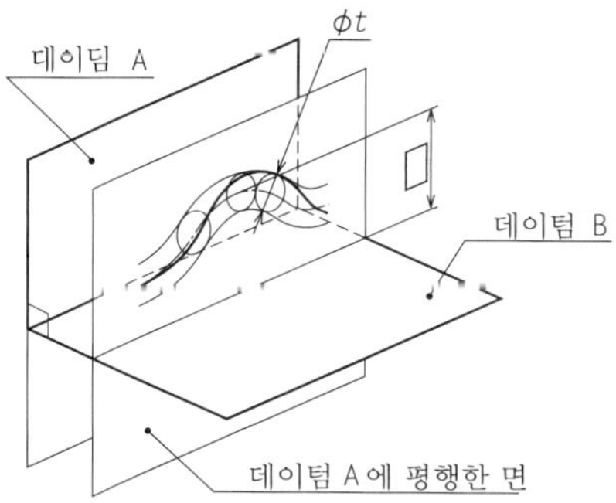 ϕt 데이텀 A 데이텀 B 데이텀 A에 평행한 면	지시된 방향의 투영면에 평행한 각 단면에서 실제 (재현한) 윤곽선은 직경 0.2의, 그리고 그들의 원 중심은 데이텀 평면 A 및 데이텀 평면 B에 관해 이론적인 기하학 윤곽을 갖는 선상에 위치하는 원의 두 포락선 사이에 있어야 한다. 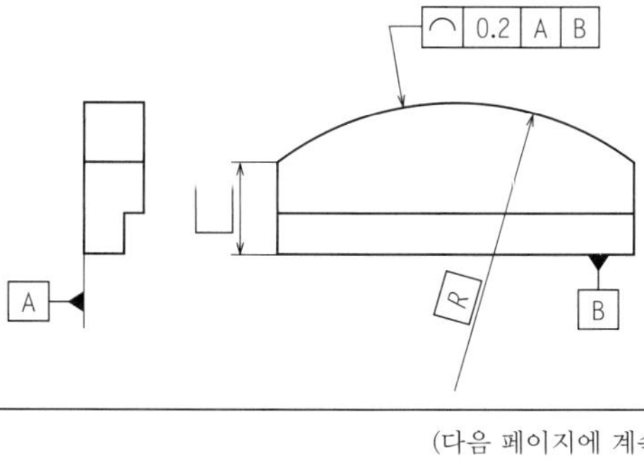 ⌒ 0.2 A B R A B

(다음 페이지에 계속)

기호	공차역의 정의	지시 방법 및 설명
	(7) 데이텀에 관련되지 않은 면의 윤곽도 공차 (ISO 1660)	
⌓	공차역은 직경 t인 각 구의 두 포락선에 의해 규제되고, 그들 구의 중심은 이론적으로 정확한 기하학 형상을 갖는 선상에 위치한다. 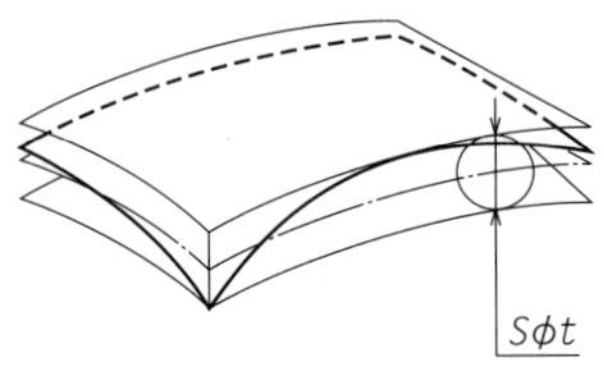 $S\phi t$	실제 (재현한) 표면은 직경 0.02의, 그들 구의 중심이 이론적으로 정확한 기하학 형상을 갖는 표면 상에 위치하는 각 구의 두 포락면 사이에 있어야 한다. 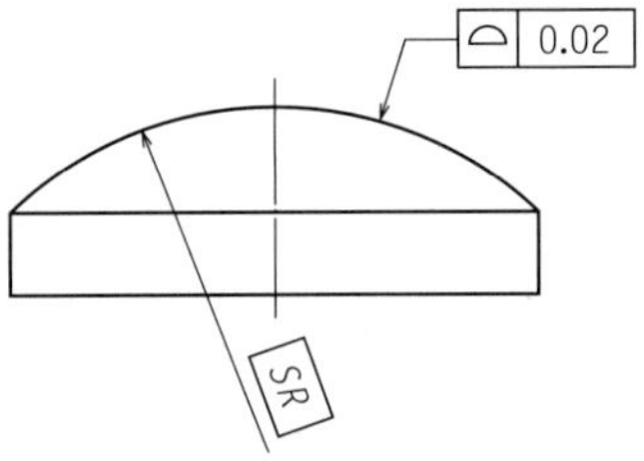 ⌓ 0.02 SR
	(8) 데이텀에 관련된 면의 윤곽도 공차 (ISO 1660)	
⌓	공차역은 직경 t인 각 구의 두 포락면에 의해 규제되고, 그들 구의 중심은 데이텀 평면 A에 관해 이론적으로 정확한 기하학 형상을 갖는 표면 상에 위치한다. 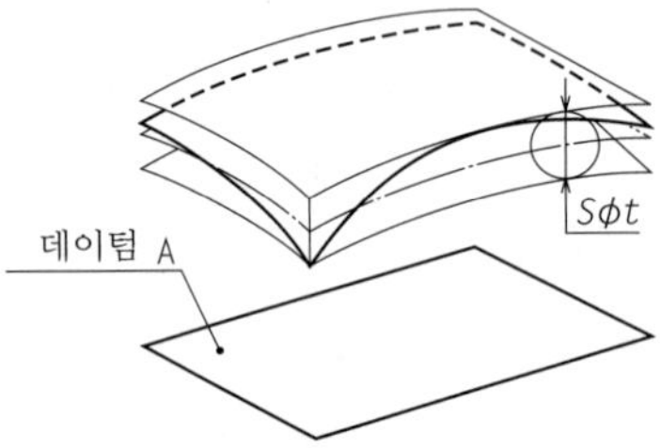 $S\phi t$ 데이텀 A	실제 (재현한) 표면은 직경 0.1의, 그들 구의 두 등간격의 포락면 사이에 있고, 그 구의 중심은 데이텀 평면 A에 관해 이론적인 기하학 형상을 갖는 표면 상에 위치한다. 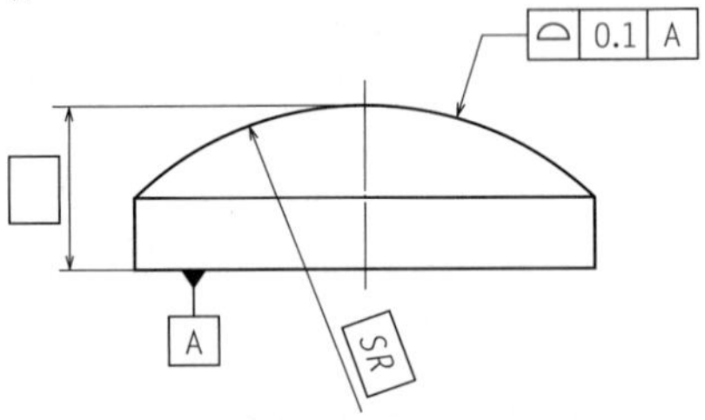 ⌓ 0.1 A A SR
	(9) 평행도 공차	
	① 데이텀 직선에 관련된 선의 평행도 공차	
//	공차역은 거리 t만큼 떨어진 평행 두 평면에 의해 규제된다. 그들 평면은 데이텀에 평행하고, 지시된 방향에 있다. 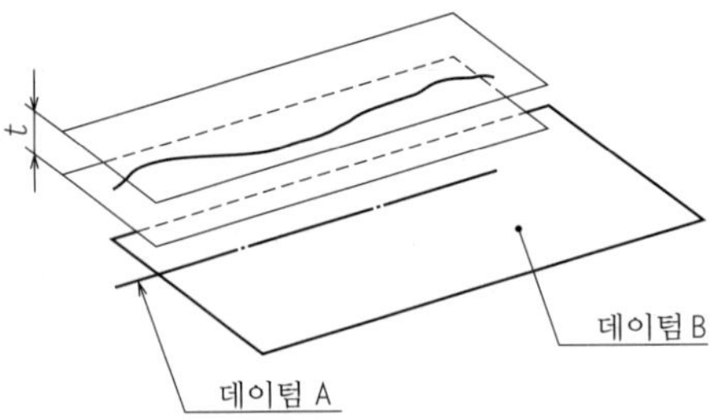 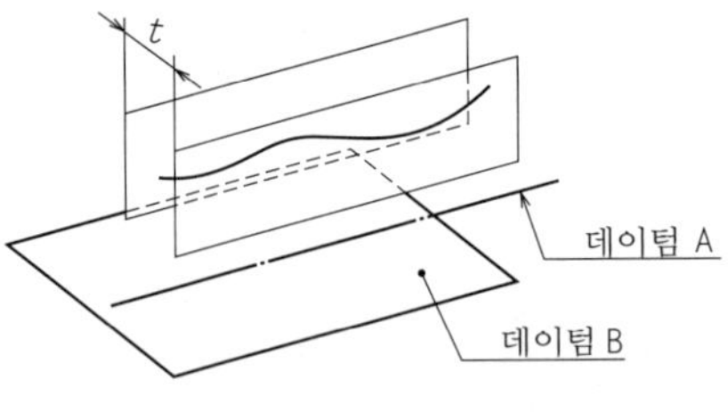 t 데이텀 B 데이텀 A t 데이텀 A 데이텀 B	실제 (재현한) 축선은 0.1만큼 떨어지고, 데이텀 축직선 A에 평행하며 지시된 방향에 있는 평행 두 평면 사이에 있어야 한다. 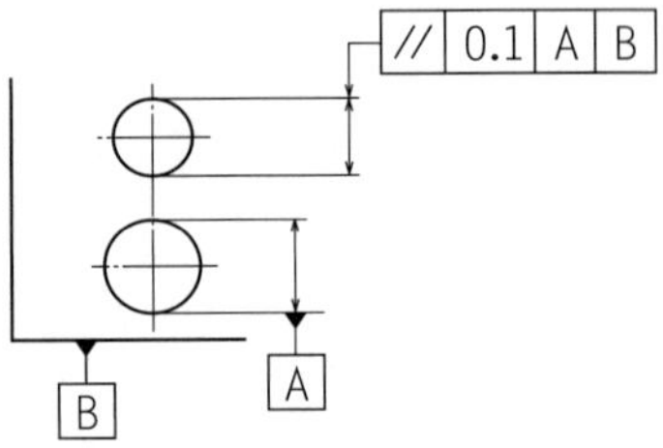 // 0.1 A B B A 실제 (재현한) 축선은 0.1만큼 떨어지고, 데이텀 축직선 A(데이텀 축선)에 평행하며 지시된 방향에 있는 평행 두 평면 사이에 있어야 한다. 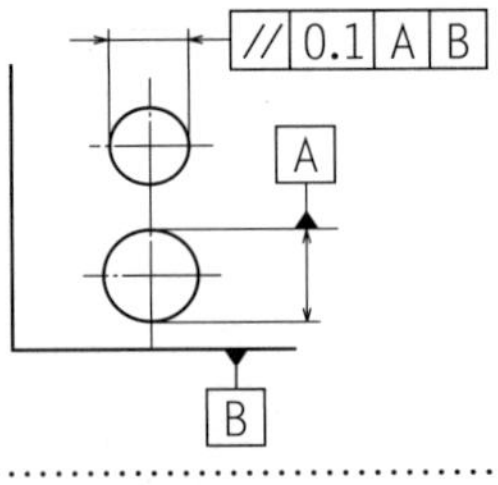 // 0.1 A B A B

(다음 페이지에 계속)

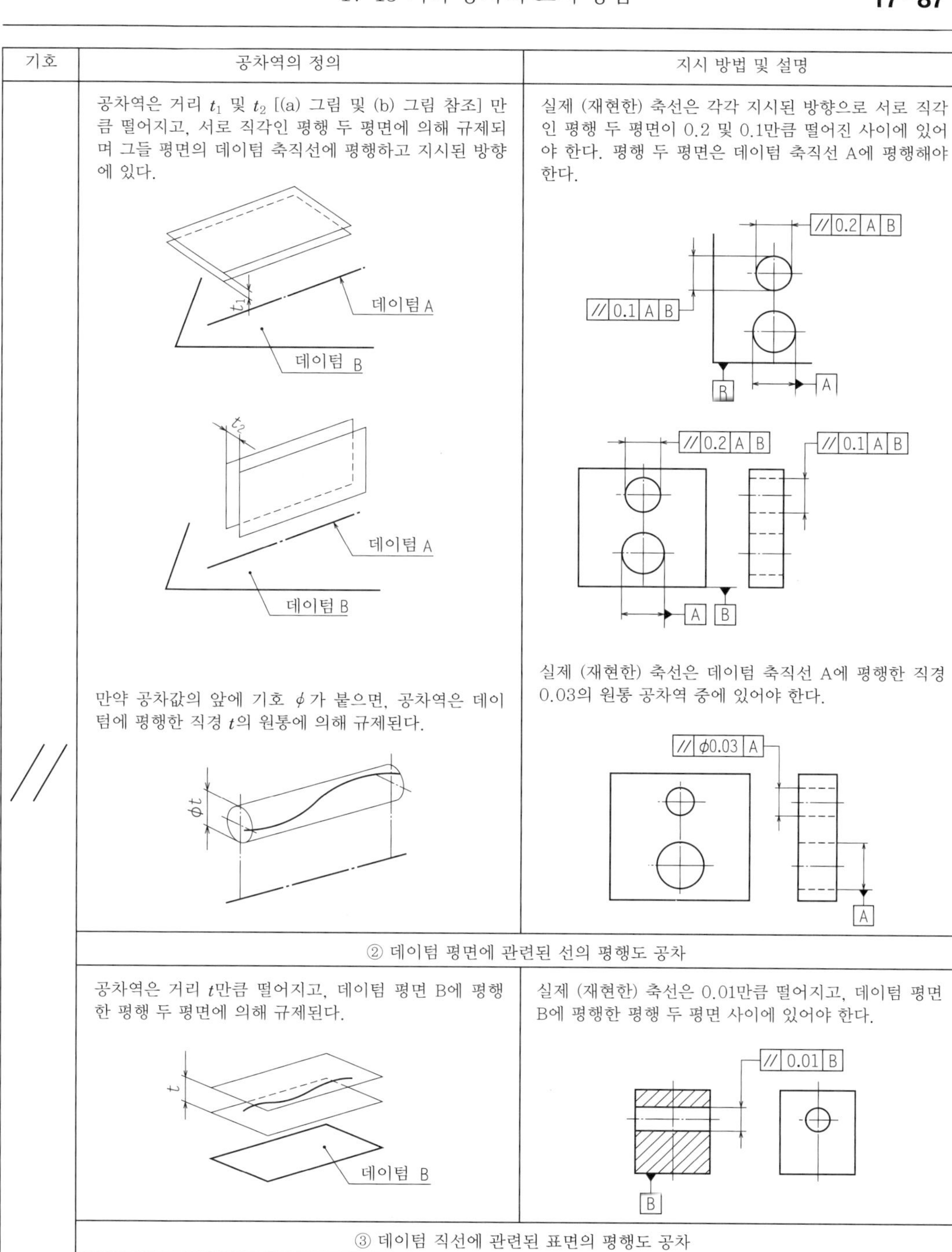

기호	공차역의 정의	지시 방법 및 설명
//	공차역은 거리 t_1 및 t_2 [(a) 그림 및 (b) 그림 참조] 만큼 떨어지고, 서로 직각인 평행 두 평면에 의해 규제되며 그들 평면의 데이텀 축직선에 평행하고 지시된 방향에 있다.	실제 (재현한) 축선은 각각 지시된 방향으로 서로 직각인 평행 두 평면이 0.2 및 0.1만큼 떨어진 사이에 있어야 한다. 평행 두 평면은 데이텀 축직선 A에 평행해야 한다.
	만약 공차값의 앞에 기호 ϕ가 붙으면, 공차역은 데이텀에 평행한 직경 t의 원통에 의해 규제된다.	실제 (재현한) 축선은 데이텀 축직선 A에 평행한 직경 0.03의 원통 공차역 중에 있어야 한다.
	② 데이텀 평면에 관련된 선의 평행도 공차	
	공차역은 거리 t만큼 떨어지고, 데이텀 평면 B에 평행한 평행 두 평면에 의해 규제된다.	실제 (재현한) 축선은 0.01만큼 떨어지고, 데이텀 평면 B에 평행한 평행 두 평면 사이에 있어야 한다.
	③ 데이텀 직선에 관련된 표면의 평행도 공차	
	공차역은 거리 t만큼 떨어지고, 데이텀 축직선에 평행한 평행 두 평면에 의해 규제된다.	실제 (재현한) 표면은 0.1만큼 떨어지고, 데이텀 축직선 C에 평행한 평행 두 평면 사이에 있어야 한다.

17장

(다음 페이지에 계속)

기호	공차역의 정의	지시 방법 및 설명
//	④ 데이텀 평면에 관련된 표면의 평행도 공차	
	공차역은 거리 t만큼 떨어지고, 데이텀 평면에 평행한 평행 두 평면에 의해 규제된다.	실제 (재현한) 표면은 0.01만큼 떨어지고, 데이텀 평면 D에 평행한 평행 두 평면 사이에 있어야 한다.
	⑤ 데이텀 평면에 관련된 선 요소의 평행도 공차	
	공차역은 거리 t만큼 떨어지고, 데이텀 평면 A에 평행하며 데이텀 평면 B에 직각인 평행 두 직선에 의해 제한된다.	실제 (재현한) 표면은 0.02만큼 떨어지고, 데이텀 평면 A에 평행하며 데이텀 평면 B에 직각인 평행 두 직선 사이에 있어야 한다.
⊥	(10) 직각도 공차	
	① 데이텀 축직선에 관련된 선의 직각도 공차	
	공차역은 거리 t만큼 떨어지고, 데이텀에 직각인 평행 두 평면에 의해 규제된다.	실제 (재현한) 축선은 0.06만큼 떨어지고, 데이텀 축직선 A에 직각인 평행 두 평면 사이에 있어야 한다.
	② 데이텀 평면에 관련된 선의 직각도 공차	
	공차역은 거리 t만큼 떨어지고, 평행 두 평면에 의해 규제된다. 이 평면은 데이텀에 직각이다.	원통의 실제 (재현한) 축선은 0.1만큼 떨어지고, 데이텀 평면 A에 직각인 평행 두 평면 사이에 있어야 한다.

(다음 페이지에 계속)

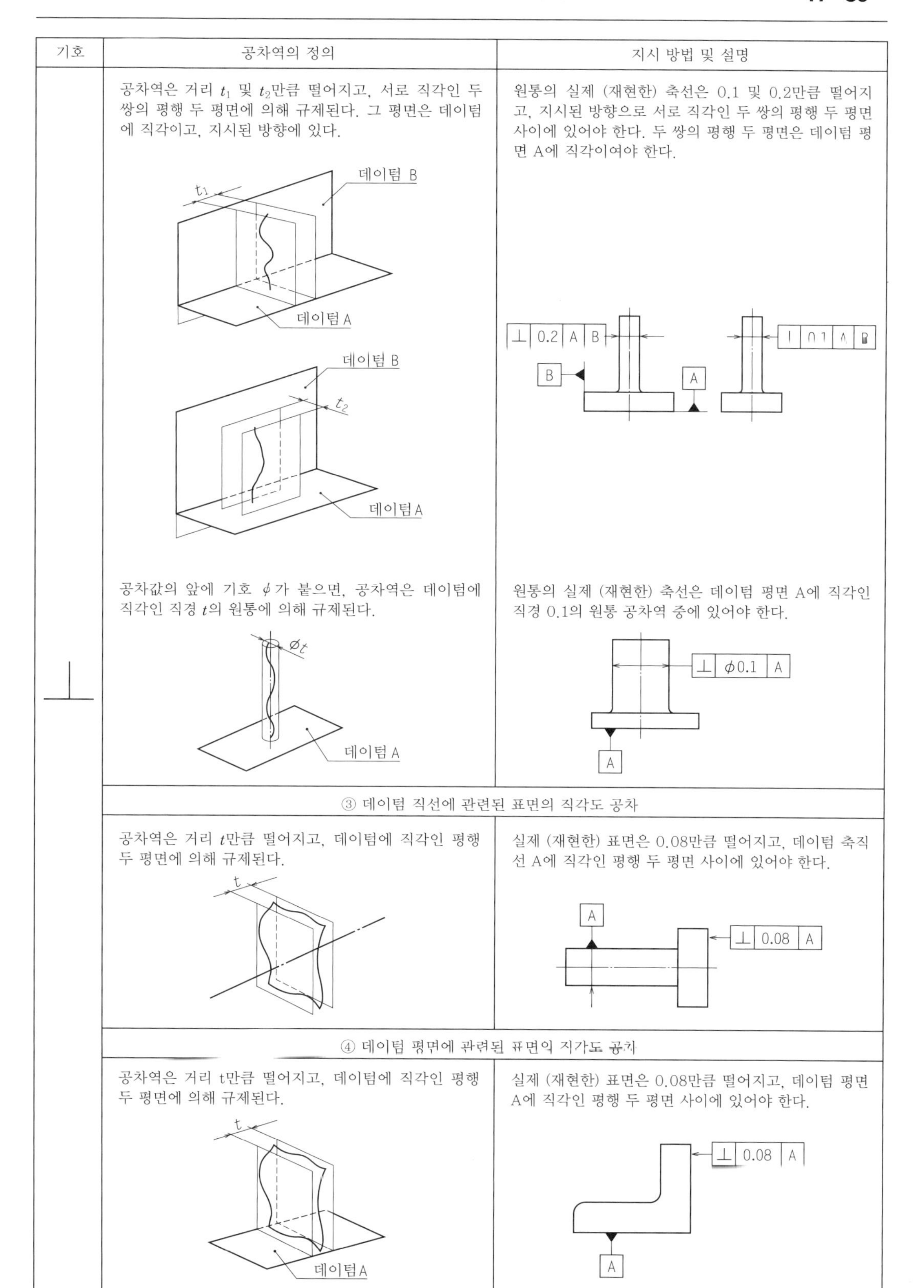

기호	공차역의 정의	지시 방법 및 설명
⊥	공차역은 거리 t_1 및 t_2만큼 떨어지고, 서로 직각인 두 쌍의 평행 두 평면에 의해 규제된다. 그 평면은 데이텀에 직각이고, 지시된 방향에 있다.	원통의 실제 (재현한) 축선은 0.1 및 0.2만큼 떨어지고, 지시된 방향으로 서로 직각인 두 쌍의 평행 두 평면 사이에 있어야 한다. 두 쌍의 평행 두 평면은 데이텀 평면 A에 직각이어야 한다.
	공차값의 앞에 기호 ϕ가 붙으면, 공차역은 데이텀에 직각인 직경 t의 원통에 의해 규제된다.	원통의 실제 (재현한) 축선은 데이텀 평면 A에 직각인 직경 0.1의 원통 공차역 중에 있어야 한다.
	③ 데이텀 직선에 관련된 표면의 직각도 공차	
	공차역은 거리 t만큼 떨어지고, 데이텀에 직각인 평행 두 평면에 의해 규제된다.	실제 (재현한) 표면은 0.08만큼 떨어지고, 데이텀 축직선 A에 직각인 평행 두 평면 사이에 있어야 한다.
	④ 데이텀 평면에 관련된 표면의 직각도 공차	
	공차역은 거리 t만큼 떨어지고, 데이텀에 직각인 평행 두 평면에 의해 규제된다.	실제 (재현한) 표면은 0.08만큼 떨어지고, 데이텀 평면 A에 직각인 평행 두 평면 사이에 있어야 한다.

(다음 페이지에 계속)

17장

<table>
<tr><th>기호</th><th>공차역의 정의</th><th>지시 방법 및 설명</th></tr>
<tr><td rowspan="6">∠</td><td colspan="2">(11) 경사도 공차</td></tr>
<tr><td colspan="2">① 데이텀 직선에 관련된 직선의 경사도 공차</td></tr>
<tr><td>ⓐ 동일 평면 내의 선 및 데이텀 직선
공차역은 거리 t만큼 떨어지고, 데이텀 직선에 대하여 지정된 각도로 경사진 평행 두 평면에 의해 제한된다.
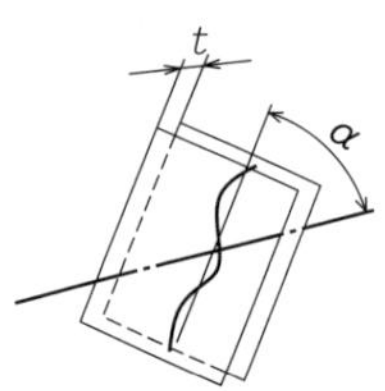</td><td>실제 (재현한) 축선은 데이텀 축직선 A-B에 대해 이론적으로 정확하게 60° 기울어지고, 0.08만큼 떨어진 평행 두 평면 사이에 있어야 한다.
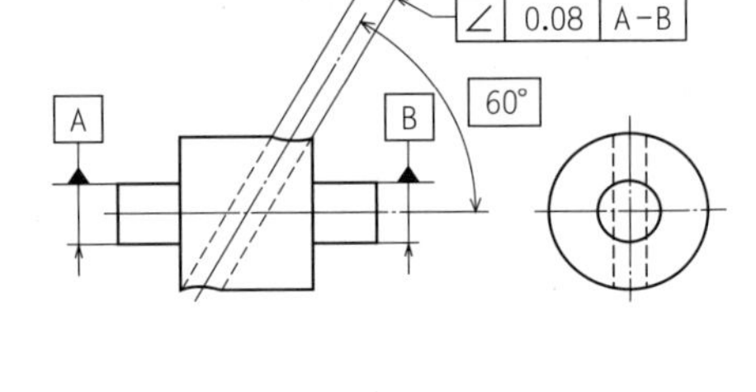</td></tr>
<tr><td>ⓑ 다른 평면 내의 선 및 데이텀 직선
공차역은 거리 t만큼 떨어지고, 데이텀에 대해 지시한 각도로 경사진 평행 두 평면에 의해 규제된다. 만약 대상으로 한 선 및 데이텀이 동일 평면 내에 없는 경우에는 공차역은 데이텀을 포함해 대상으로 한 선에 평행한 평면 상에 대상으로 한 선을 투영해 적용한다.
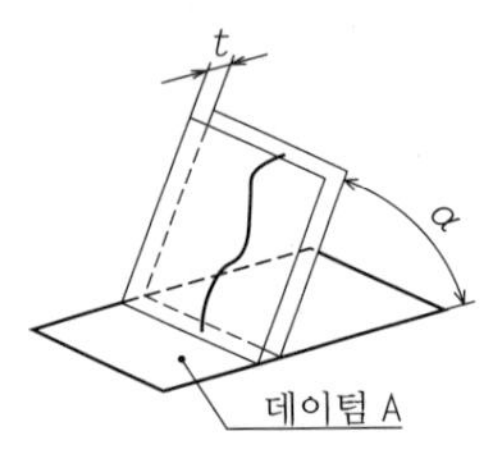</td><td>데이텀 축직선을 포함하는 한 평면 상에 투영한 실제 (재현한) 축선은 공통 데이텀 축직선 A-B에 대해 이론적으로 정확하게 60° 기울어지고, 0.08만큼 떨어진 평행 두 평면에 있어야 한다.
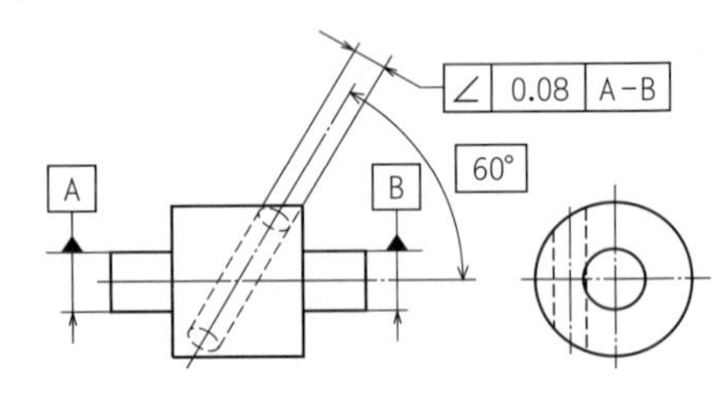</td></tr>
<tr><td colspan="2">② 데이텀 평면에 관련된 직선의 경사도 공차</td></tr>
<tr><td>공차역은 거리 t만큼 떨어지고, 데이텀에 대해 지정된 각도로 기울어진 평행 두 평면에 의해 규제된다.
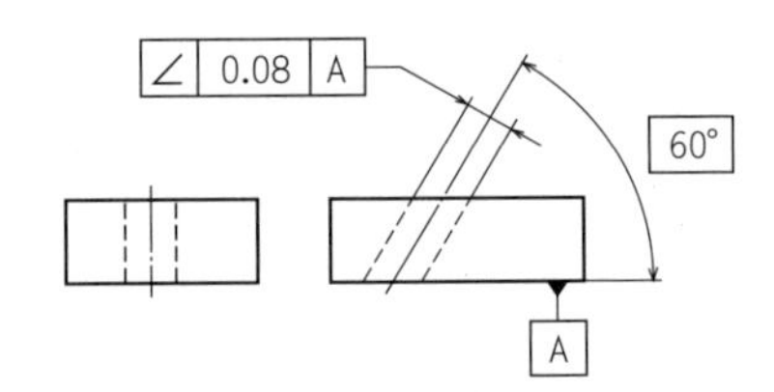
공차값에 기호 ϕ가 붙은 경우에는 공차역은 직경 t의 원통에 의해 규제된다. 원통 공차역은 하나의 데이텀에 평행하고, 데이텀 A에 대해 지정된 각도로 기울어져 있다.
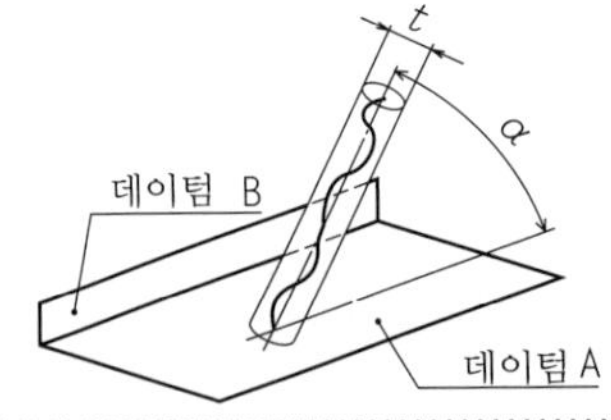</td><td>실제 (재현한) 축선은 서로 직각인 데이텀 A 및 데이텀 B에 직각이며, 데이텀 평면 A에 대해 이론적으로 정확하게 60° 기울어지고 0.08만큼 떨어진 평행 두 평면 사이에 있어야 한다.
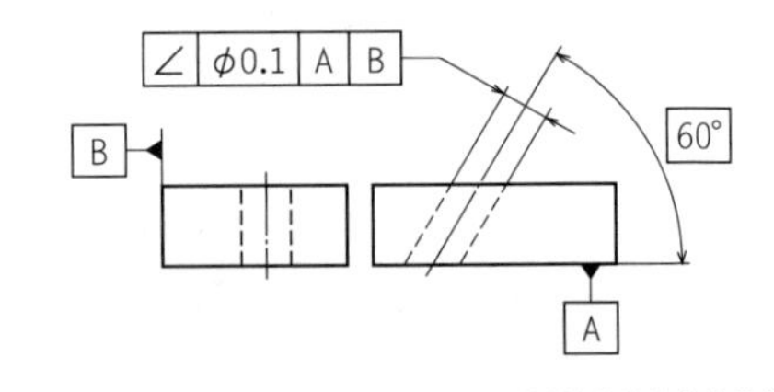
실제 (재현한) 축선은 데이텀 B에 대해 평행이고, 데이텀 평면 A에 대해 이론적으로 정확하게 60° 기울어진 직경 0.1의 원통 공차역 중에 있어야 한다.
</td></tr>
</table>

(다음 페이지에 계속)

기호	공차역의 정의	지시 방법 및 설명
	③ 데이텀 직선에 관련된 평면의 경사도 공차	
∠	공차역은 거리 t만큼 떨어지고, 데이텀에 대해 지정한 각도로 경사진 평행 두 평면에 의해 규제된다. 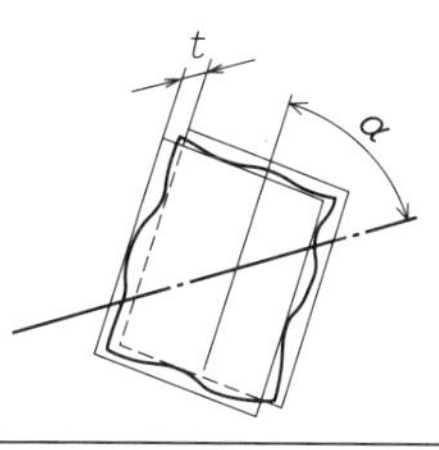 	실제 (재현한) 표면은 0.1만큼 떨어지고, 데이텀 축직선 A에 대해 이론적으로 정확하게 75° 기울어진 평행 두 평면 사이에 있어야 한다. 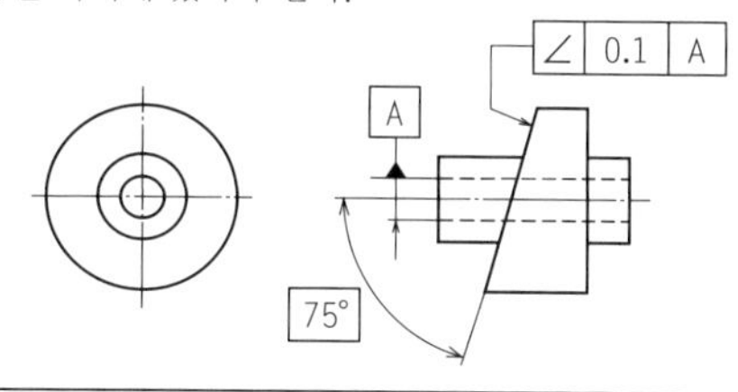
	④ 데이텀 평면에 관련된 평면의 경사도 공차	
	공차역은 거리 t만큼 떨어지고, 데이텀에 대해 지정된 각도로 기울어진 평행 두 평면에 의해 규제된다. 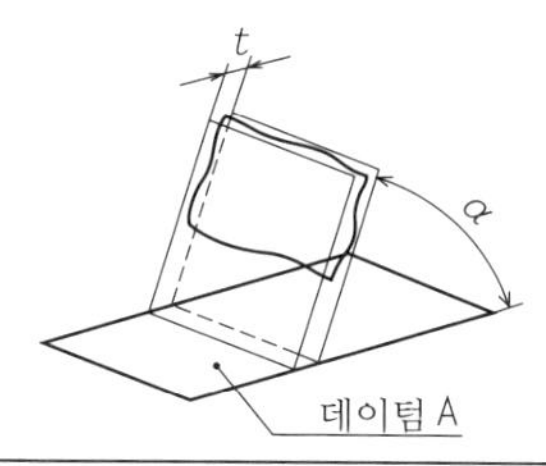 	실제 (재현한) 표면은 0.08만큼 떨어지고, 데이텀 평면 A에 대해 이론적으로 정확하게 40° 경사진 평행 두 평면 사이에 있어야 한다. 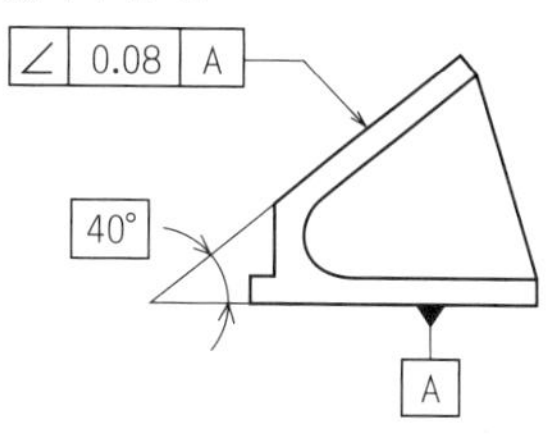
	(12) 위치도 공차	
	① 점의 위치도 공차	
⌖	공차값에 기호 Sϕ가 붙은 경우에는 그 공차역은 직경 t의 구에 의해 규제된다. 구형 공차역의 중심은 데이텀 A, B 및 C에 관해 이론적으로 정확한 치수에 의해 자리매김된다. 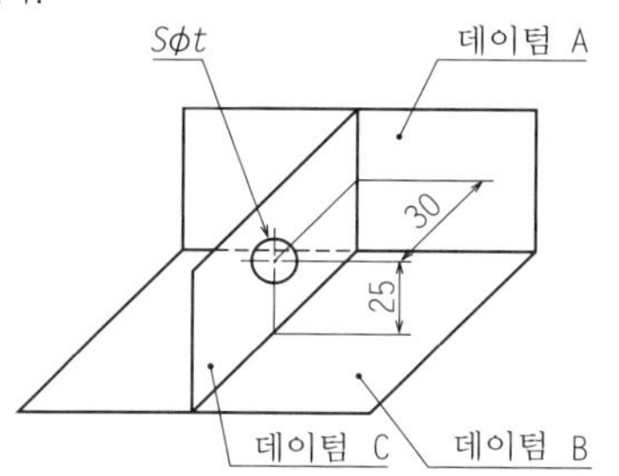 	구의 실제 (재현한) 중심은 직경 0.3의 구형 공차역 중에 있어야 한다. 그 구의 중심은 데이텀 평면 A, B 및 C에 관해 구의 이론적으로 정확한 위치에 일치해야 한다. 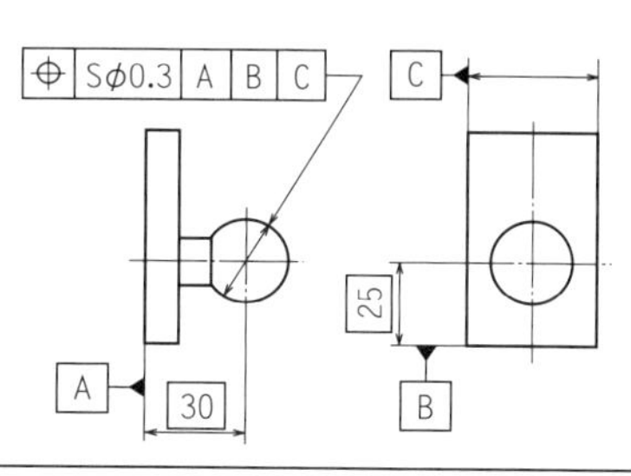
	② 선의 위치도 공차	
	공차역은 거리 t만큼 떨어지고, 중심선에 대칭인 평행 두 직선에 의해 규제된다. 그 중심선은 데이텀 A에 관해 이론적으로 정확한 치수에 의해 자리매김된다. 공차는 한 방향으로만 지시한다. 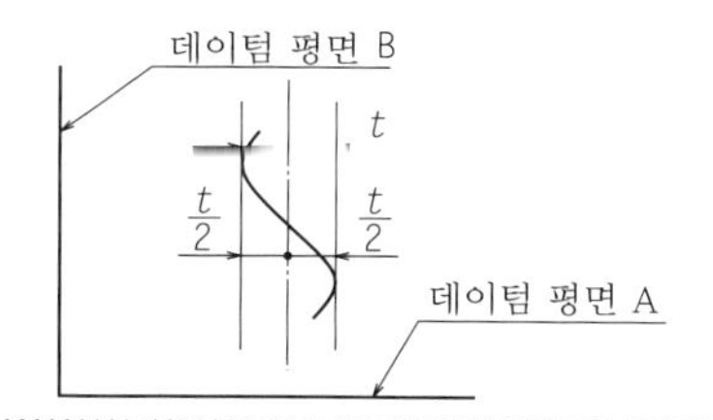 	각각의 실제 (재현한) 금긋기선은 0.1만큼 떨어지고, 데이텀 평면 A 및 B에 관해 대상으로 한 선의 이론적으로 정확한 위치에 대해 대칭에 놓인 평행 두 직선 사이에 있어야 한다. 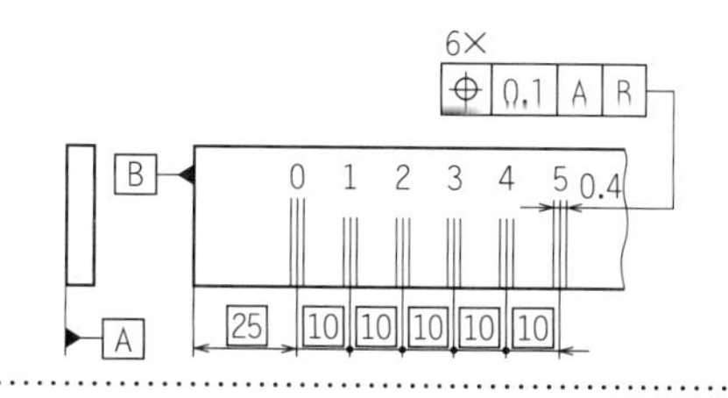

(다음 페이지에 계속)

17장

기호	공차역의 정의	지시 방법 및 설명
⊕	공차역은 각각 거리 t_1 및 t_2만큼 떨어지고, 그 축선에 관해 대칭인 2쌍의 평행 두 평면에 의해 규제된다. 그 축선은 각각 데이텀 A, B 및 C에 관해 이론적으로 정확한 치수에 의해 자리매김된다. 공차는 데이텀에 관해 서로 직각인 두 방향으로 지시된다.	각 구멍의 실제 (재현한) 축선은 수평 방향으로 0.05, 수직 방향으로 0.2만큼 떨어지고, 즉 지시한 방향으로 각각 직각인 각 2쌍의 평행 두 평면 사이에 있어야 한다. 평행 두 평면의 각 쌍은 데이텀계에 관해 올바른 위치에 놓이고, 데이텀 평면 C, A 및 B에 관해 대상으로 하는 구멍의 이론적으로 정확한 위치에 대해 대칭으로 놓인다.
	공차값에 기호 ϕ가 붙은 경우에는 공차역은 직경 t의 원통에 의해 규제된다. 그 축선은 데이텀 C, A 및 B에 관해 이론적으로 정확한 치수에 의해 자리매김된다.	실제 (재현한) 축선은 그 구멍의 축선이 데이텀 평면 C, A 및 B에 관해 이론적으로 정확한 위치에 있는 직경 0.08의 원통 공차역 중에 있어야 한다.

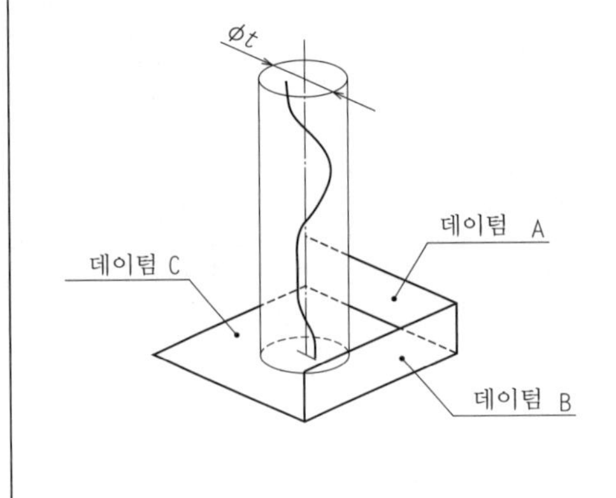

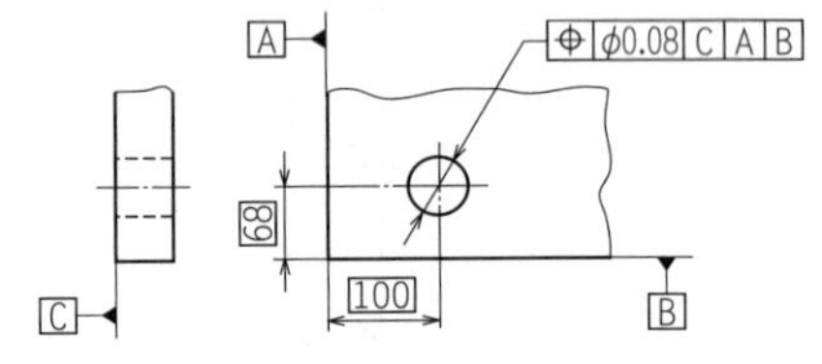

각 구멍의 실제 (재현한) 축선은 데이텀 평면 A, B 및 C에 관해 이론적으로 정확한 위치에 있는 0.1의 원통 공차역 중에 있어야 한다.

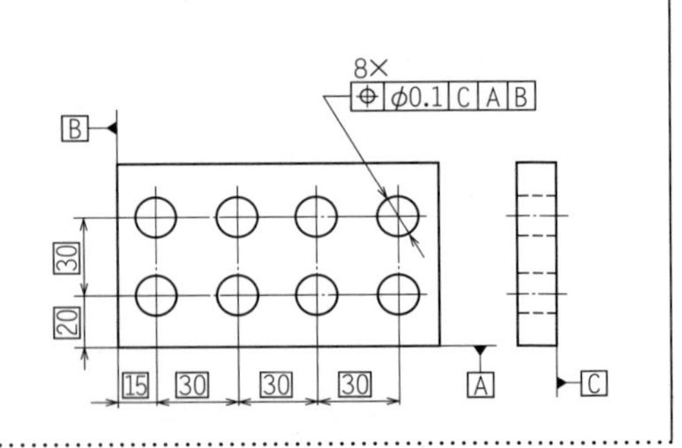

(다음 페이지에 계속)

기호	공차역의 정의	지시 방법 및 설명
	③ 평탄한 표면 또는 중심 평면의 위치도 공차	
⌖	공차역은 t만큼 떨어지고, 데이텀 A 및 데이텀 B에 관해 이론적으로 정확한 치수에 의해 자리매김된 이론적으로 정확한 위치에 대칭으로 놓인 평행 두 평면에 의해 규제된다. 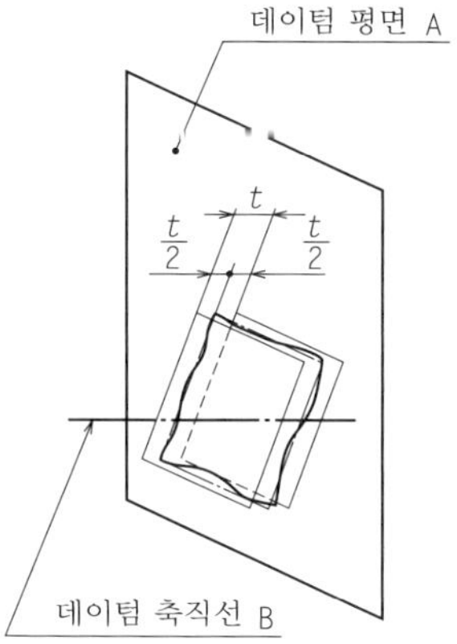 데이텀 평면 A $\frac{t}{2}$ t $\frac{t}{2}$ 데이텀 축직선 B	실제 (재현한) 표면은 0.05만큼 떨어지고, 데이텀 축직선 B 및 데이텀 평면 A에 관해 표면의 이론적으로 정확한 위치에 대해 대칭으로 놓인 평행 두 평면 사이에 있어야 한다. 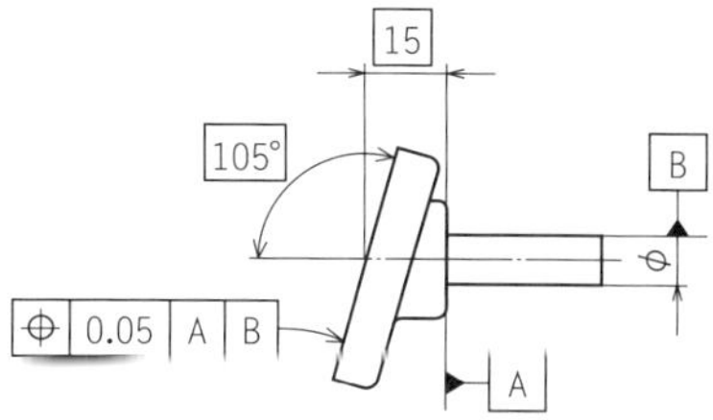 15 105° B ⌖ 0.05 A B A 실제 (재현한) 중심 평면은 0.05만큼 떨어지고, 데이텀 축직선 A에 대해 중심평면의 이론적으로 정확한 위치에 대해 대칭으로 놓인 평행 두 평면 사이에 있어야 한다. 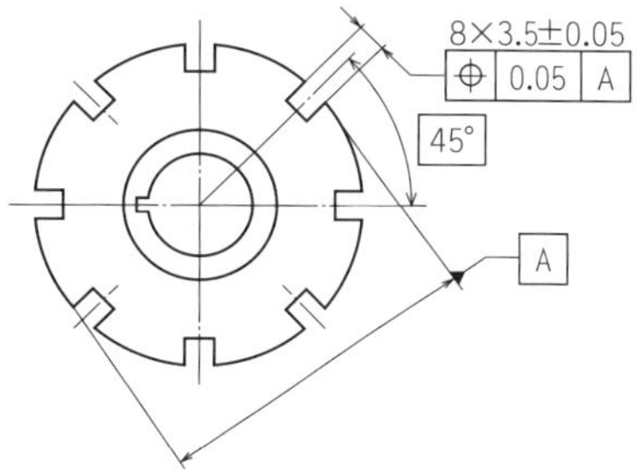 8×3.5±0.05 ⌖ 0.05 A 45° A
	(13) 동심도 공차 및 동축도 공차	
	① 점의 동심도 공차	
◎	공차값에 기호 ϕ가 붙은 경우에는 공차역은 직경 t의 원에 의해 규제된다. 원형 공차역의 중심은 데이텀 점 A와 일치한다. 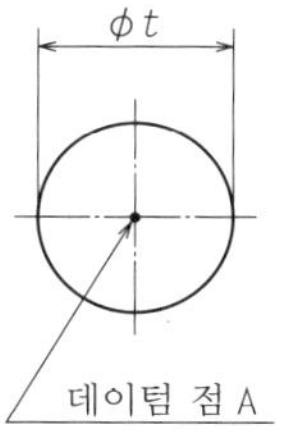 ϕt 데이텀 점 A	바깥측 원의 실제 (재현한) 중심은 데이텀 원 A에 동심의 직경 0.1의 원 중에 있어야 한 다. 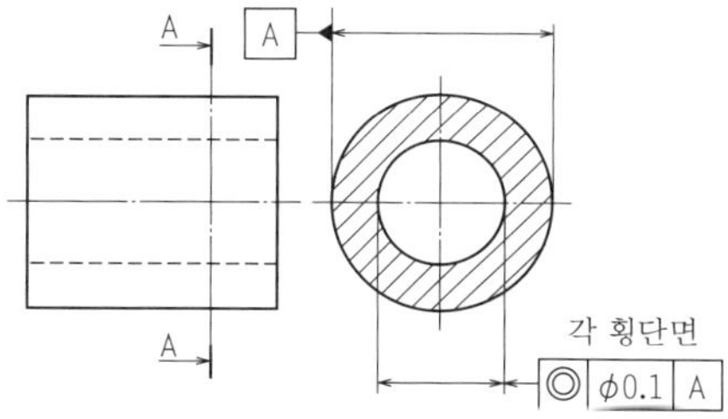 A A A 각 횡단면 ◎ ϕ0.1 A
	② 축선의 동축도 공차	
	공차값이 기호 ϕ가 붙은 경우에는 공차역은 직경 t의 원통에 의해 규제된다. 원통 공차역의 축선은 데이텀과 일치한다. 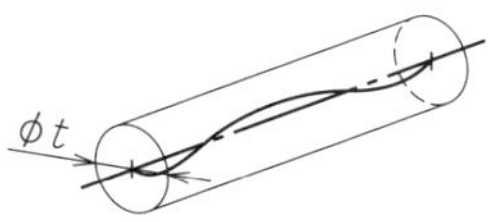 ϕt	안측 원통의 실제 (재현한) 축선은 공통 데이텀 축직선 A-B에 동축의 직경 0.08의 원통 공차역 중에 있어야 한다. 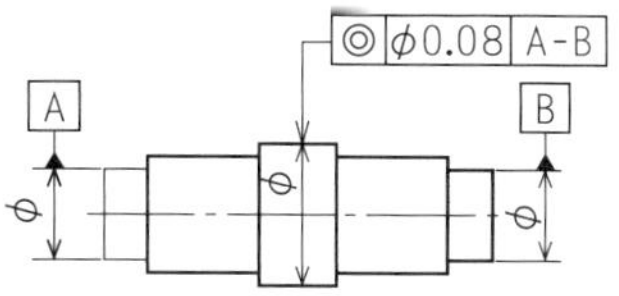 ◎ ϕ0.08 A-B A B

(다음 페이지에 계속)

기호	공차역의 정의	지시 방법 및 설명
	(14) 대칭도 공차	
	① 중심 평면의 대칭도 공차	
⌯	공차역은 t만큼 떨어지고, 데이텀에 관해 중심평면에 대칭인 평행 두 평면에 의해 규제된다. 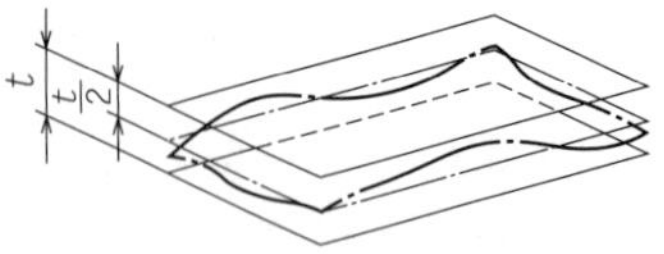 t, t/2	실제 (재현한) 중심 평면은 데이텀 중심 평면 A에 대칭인 0.08만큼 떨어진 평행 두 평면 사이에 있어야 한다. 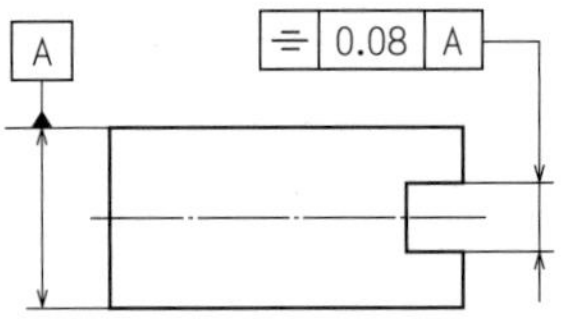 A ⌯ 0.08 A 실제 (재현한) 중심 표면은 공통 데이텀 중심 평면 A-B에 대칭이고, 0.08만큼 떨어진 평행 두 평면 사이에 있어야 한다. 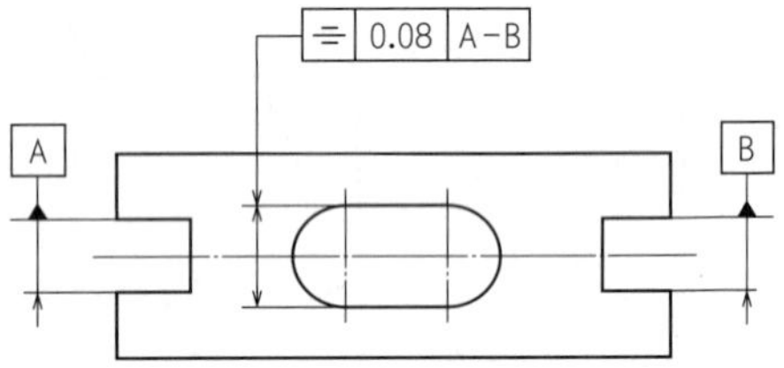 ⌯ 0.08 A-B, A, B
	(15) 원주 흔들림 공차	
	① 원주 흔들림 공차-반경 방향	
↗	공차역은 반경이 t만큼 떨어지고, 데이텀 축직선에 일치하는 동축의 두 원의 축선에 직각인 임의의 횡단면 내에 규제된다. 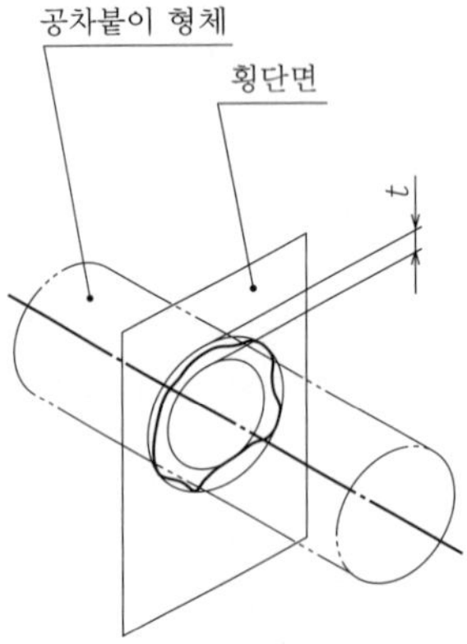 공차붙이 형체, 횡단면, t 보통 흔들림은 축의 주위로 완전 회전에 적용되는데, 1회전의 일부분에 적용하기 위해 규제할 수 있다.	회전 방향의 실제 (재현한) 원주 흔들림은 데이텀 축직선 A의 주위를, 그리고 데이텀 평면 B에 동시에 접촉시켜 회전하는 동안에 임의의 횡단면에서 0.1 이하여야 한다. 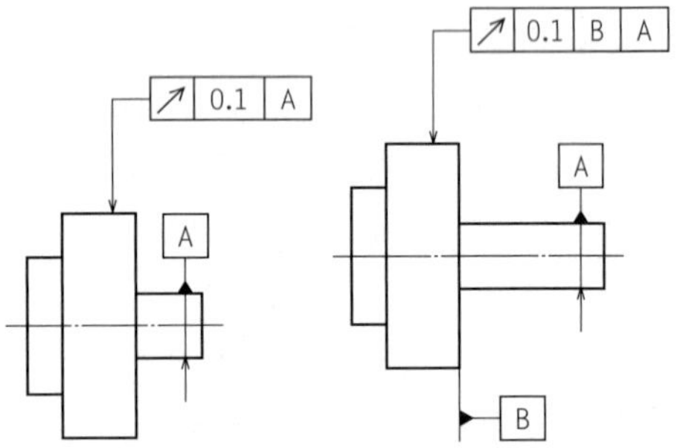 ↗ 0.1 A, A; ↗ 0.1 B A, A, B 실제 (재현한) 원주 흔들림은 공통 데이텀 축직선 A-B의 주위로 1회전시키는 동안에 임의의 횡단면에서 0.1 이하여야 한다. 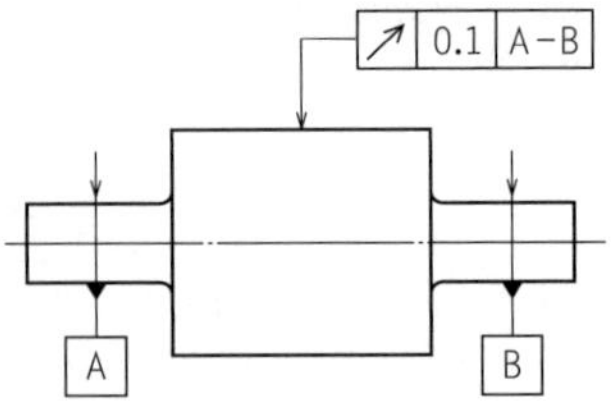 ↗ 0.1 A-B, A, B

(다음 페이지에 계속)

기호	공차역의 정의	지시 방법 및 설명
↗		회전 방향의 실제 (재현한) 원주 흔들림은 데이텀 축직선 A의 주위로 회전시키는 동안, 공차를 지시한 부분을 측정할 때에 임의의 횡단면에서 0.2 이하여야 한다. 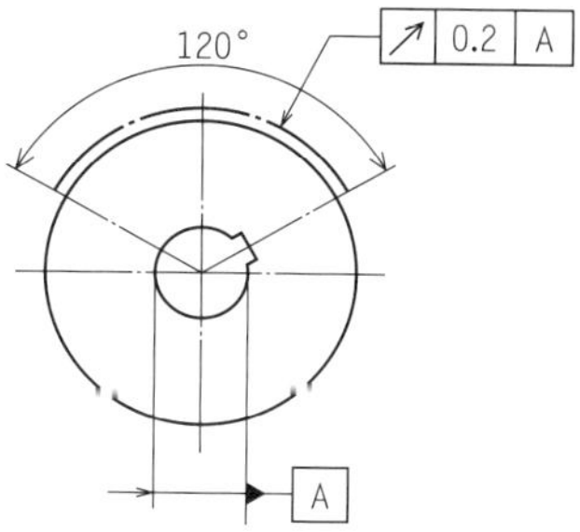 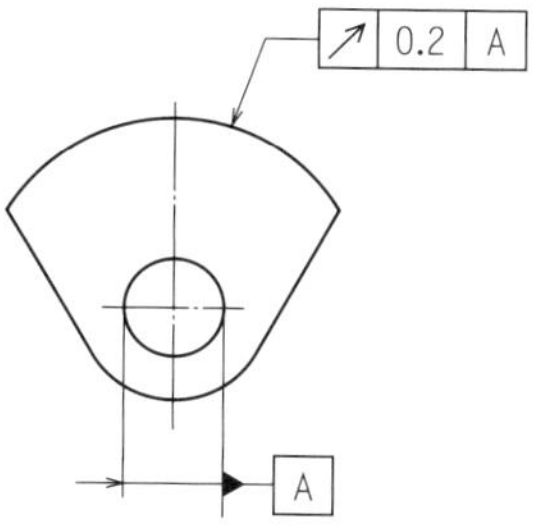
	② 원주 흔들림 공차–축방향	
	공차역은 그 축선이 데이텀에 일치하는 원통 단면 내에 있는 t만큼 떨어진 두 원에 의해 임의의 반경 방향 위치에서 규제된다. 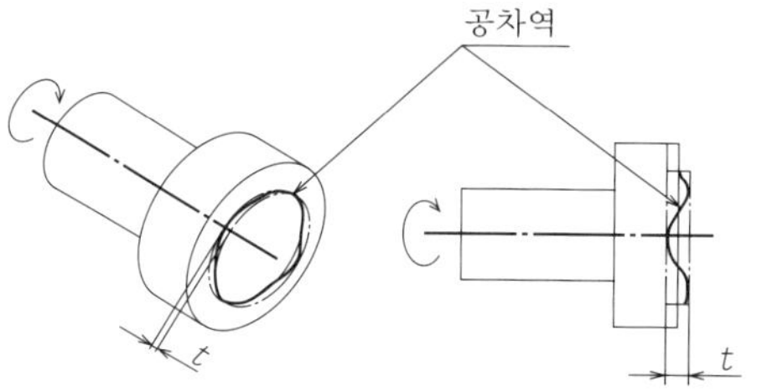	데이텀 축직선 D에 일치하는 원통축에서, 축방향의 실제 (재현한) 선은 0.1 떨어진 두 원 사이에 있어야 한다. 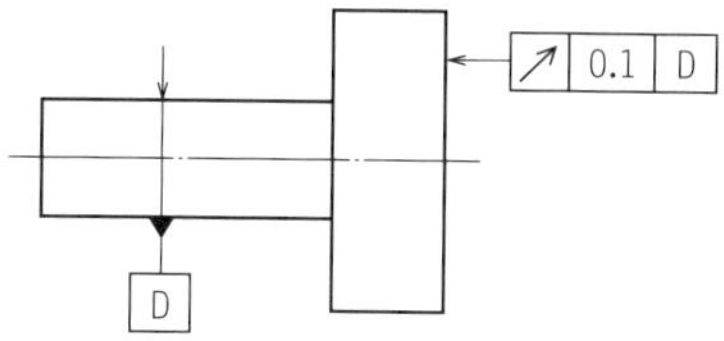
	③ 임의 방향의 원주 흔들림 공차	
	공차역은 t만큼 떨어지고, 그 축선이 데이텀에 일치하는 임의의 원뿔 단면의 두 원 중에 규제된다. 특별히 지시한 경우를 제외하고, 측정 방향은 표면의 형상에 수직이다. 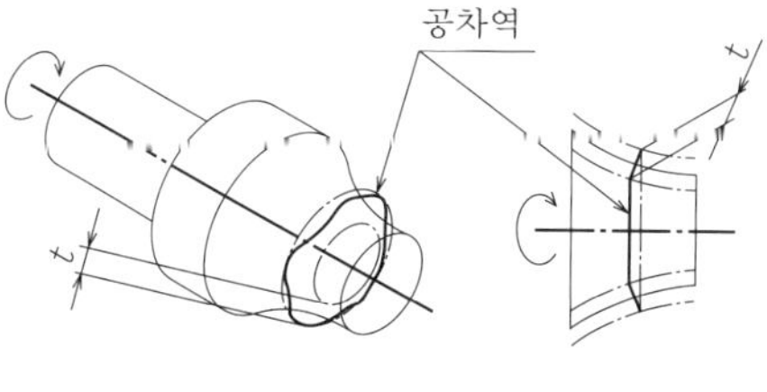	실제 (재현한) 흔들림은 데이텀 축직선 C의 주위로 1회전하는 동안에, 임의의 원뿔 단면 내에서 0.1 이하여야 한다. 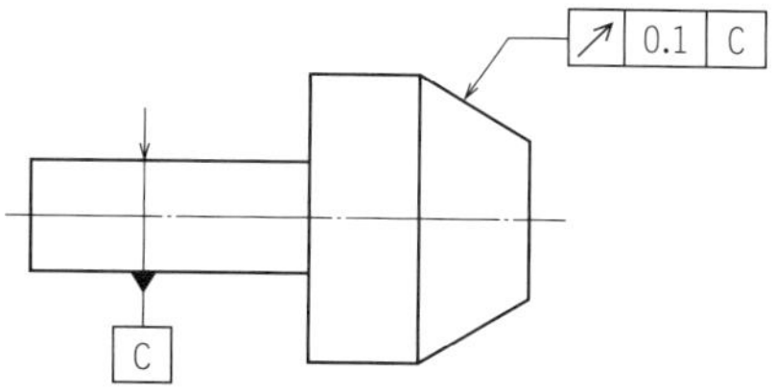

(다음 페이지에 계속)

기호	공차역의 정의	지시 방법 및 설명
↗		곡면의 실제 (재현한) 흔들림은 데이텀 축직선 C의 주위로 1회전하는 동안에, 원뿔의 임의 단면 내에서 0.1 이하여야 한다. 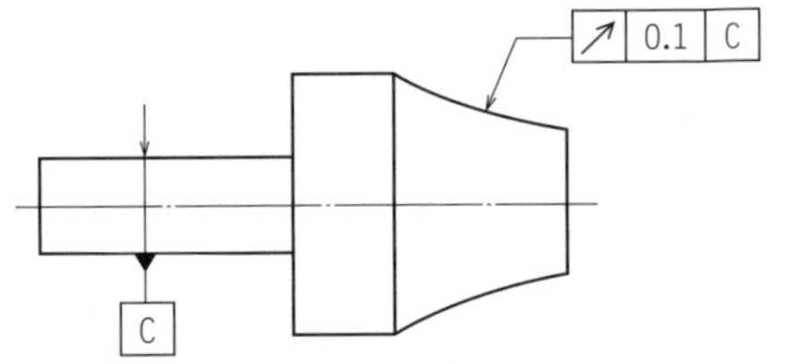 ↗ 0.1 C C
	④ 지정한 방향에 놓을 수 있는 원주 흔들림 공차	
	공차역은 t만큼 떨어지고 그 축선이 데이텀에 일치하는 두 원에 의해 지정된 각도의 임의의 측정 원뿔 내에서 규제된다. 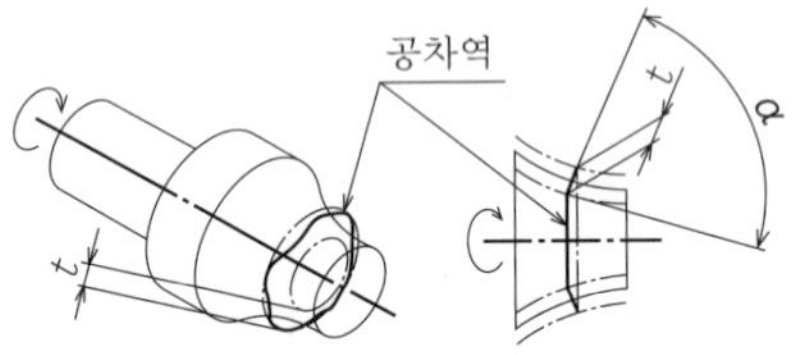 공차역 t t α	지정된 방향의 실제 (재현한) 원주 흔들림은 데이텀 축직선 C의 주위로 1회전하는 동안에 원뿔의 임의 단면 내에서 0.1 이하여야 한다. 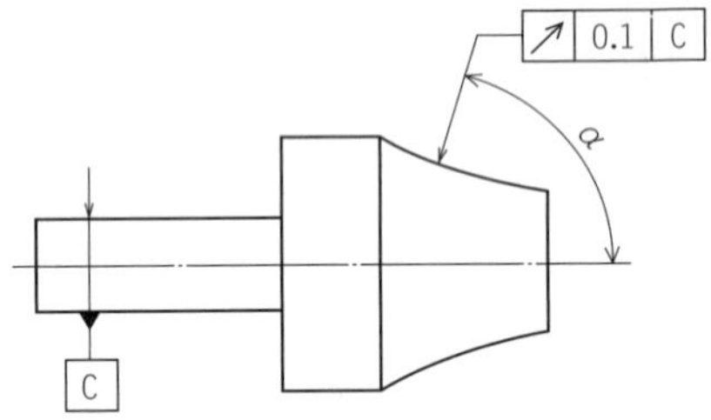 ↗ 0.1 C α C
⌰	(16) 전체 흔들림 공차	
	① 원주 방향의 전체 흔들림 공차	
	공차역은 t만큼 떨어지고, 그 축선은 데이텀에 일치한 두 동축 원통에 의해 규제된다. 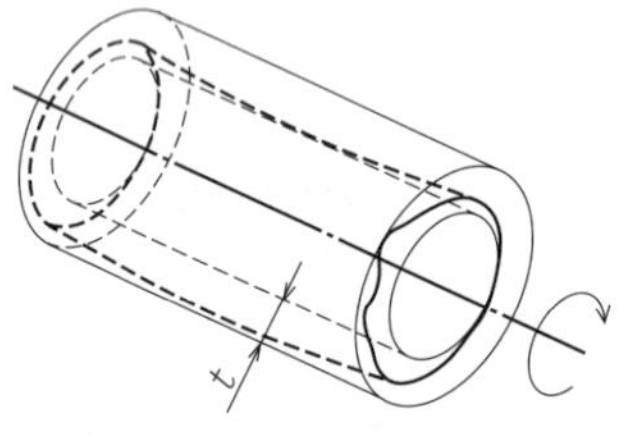 t	실제 (재현한) 표면은 0.1의 반지름 차이로, 그 축선이 공통 데이텀 축직선 A-B에 일치하는 동축의 두 원통 사이에 있어야 한다. 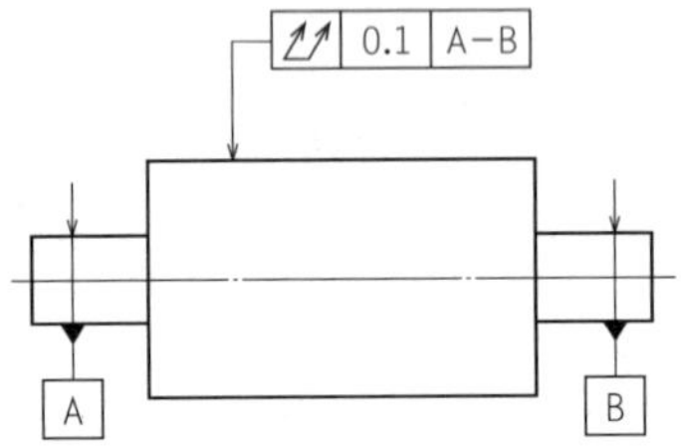 ⌰ 0.1 A-B A B
	② 축방향의 전체 흔들림 공차	
	공차역은 t만큼 떨어지고, 데이텀에 직각인 평행 두 평면에 의해 규제된다. 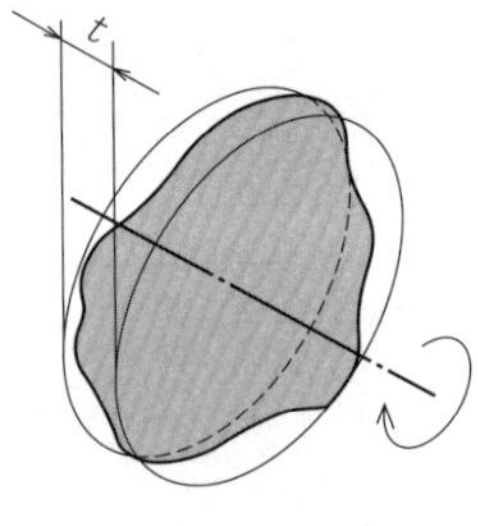 t	실제 (재현한) 표면은 0.1만큼 떨어지고, 데이텀 축직선 D에 직각인 평행 두 평면 사이에 있어야 한다. 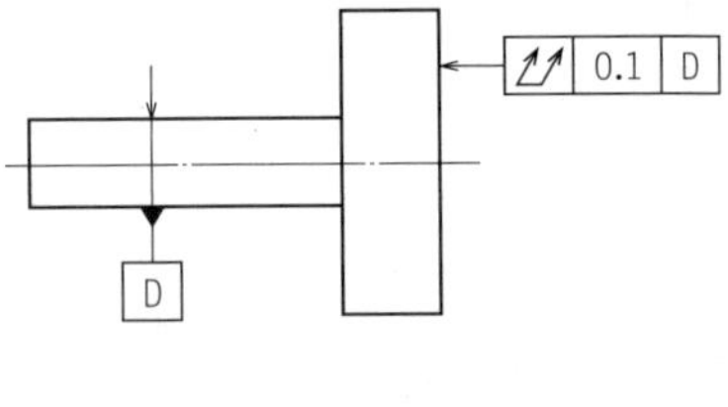 ⌰ 0.1 D D

17·16 최대 실체 공차 방식과 도시법

17·15에서 설명한 기하공차 방식의 가장 큰 장점은 최대 실체 원리(maximum material principle, 줄여서 MMP라고 부른다)의 적용에 있다는 것은 이미 설명했다. 이하에서는 최대 실체의 원리란 어떠한 것인지에 대해 설명한다.

1. 최대 실체에 대해서

물품의 형체는 크게 나눠 축 등과 같은 외측 형체와 구멍 등과 같은 내측 형체가 있다. 이러한 외측 형체, 내측 형체도 모두 치수 공차를 허용해 가공되기 때문에 그 물품이 가공된 실체의 상태, 바꿔 말하면 그 질량이 최대가 되는 것은 외측 형체는 최대 허용 치수일 때이고, 또한 내측 형체는 최소 허용 치수일 때이다.

이와 같이 허용되는 치수 허용차 중에서 실체의 상태가 최대일 때의 것을 최대 실체 상태(maximum material condition, 줄여서 MMC)라고 부르고 있다.

덧붙여서 이 반대의 상태, 즉 외측 형체는 최소 허용 치수, 내측 형체는 최대 허용 치수일 때를 최소 실체 상태(least material condition, 줄여서 LMC)라고 부른다.

그런데 호환성을 필요로 하는 조립(일반적으로 헐거운 끼워맞춤의 경우)을 하는 구멍과 축에서 그 어느 한쪽이 최대 실체 상태(MMC)로 가공되었을 때가 끼워맞춤의 조건이 가장 엄격한 때이며, 그 어느 한쪽 또는 양쪽 모두가 MMC에서 벗어남에 따라 끼워맞춤은 쉬워지고, 결국 양쪽 모두 최소 실체 상태(LMC)에 이르렀을 때 그 조건은 가장 느슨해진다.

즉 끼워맞춤(이 경우에는 헐거운 끼워맞춤)은 이러한 틈새의 변동이 허용되고 있지만, 이 허용되는 전체 변동량은 그 한편의 극한에서는 끼워맞춤의 간섭을 방지하고, 또한 반대의 극한에서는 필요 이상의 틈새를 방지하는 역할을 가지고 있는 것을 알 수 있다.

여기에서 중요한 것은 위의 끼워맞춤에서 그 조건이 최악의 경우인 MMC일 때에도 필요한 호환성이 보장되는 것은 아니기 때문에 MMC를 벗어나 LMC에 가까워짐에 따라 끼워맞춤으로 말하면 여유를 발생하게 되는데, 이 여유를 활용해 이것을 적당한 기하공차(예를 들면 위치도 공차)로 돌리면, 전체 공차의 변동량을 훨씬 크게 할 수 있다는 것이다.

2. 최대 실체의 원리 정의

앞에서 말한 것을 근거로 해서 그 정의을 하면, 다음과 같이 된다.

최대 실체의 원리란 '개개의 부품에 대해 대상으로 하고 있는 형체가 그 최대 실체 상태(MMC)에서 벗어나 있을 때는 치수 공차와 기하공차가 서로 의존하고, 거기에 추가적인 공차를 허용할 수 있다는 공차 방식의 원리' 이다.

즉, 형체에 대해 주어진 공차는 절대적인 것이 아니라 그 형체가 최대 실체로 가공된 경우에만 적용되는 최소한의 공차이다. 형체의 치수가 MMC에서 벗어난 경우(예를 들면 구멍에서는 커지고, 축에서는 작아진다)에는 그 벗어난 만큼만 처음 주어진 공차에 추가해 공차를 증대시키는 것을 인정한다는 것이다.

3. 최대 실체의 원리 설명

최대 실체의 원리는 위에서 말한 정의만으로는 이해하기 어렵다고 생각되므로 이하에서는 위치도 공차를 예로 들어 설명한다. 또한 위치도 공차는 최대 실체의 원리가 가장 널리 적용되고 있는 것이다.

(1) 치수 공차 및 위치 공차의 관계 치수 공차 및 위치 공차의 관계를 생각하기 위해 17·286 그림 (a)와 같은 4개 구멍 부품과 동 그림 (b)와 같은 이것에 서로 꼭 끼이는 4개의 고정 핀 부품을 예로 들어 보자.

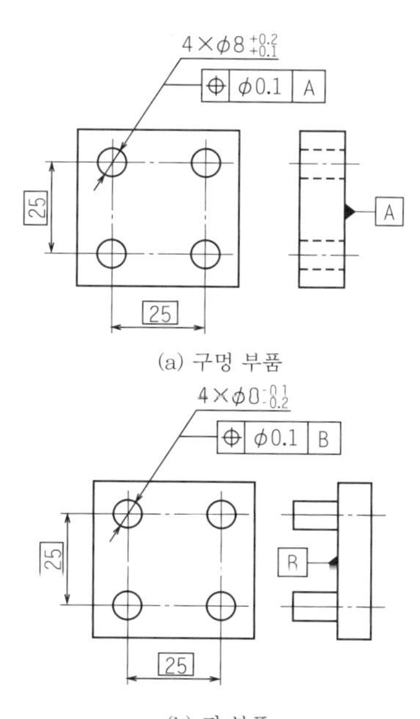

(a) 구멍 부품

(b) 핀 부품

17·286 그림 구멍 부품과 핀 부품

17장

(i) **구멍과 핀의 최대 실체 치수** 최대 실체 상태일 때의 치수를 최대 실체 치수(maximum material size, 줄여서 MMS)라고한다.

그런데 구멍은 $\phi 8^{+0.1}_{+0.2}$으로 나타나 있기 때문에 그 MMS는 최소 허용 치수일 때, 즉 8.1(mm)이다. 이에 대해 핀은 $\phi 8^{-0.1}_{-0.2}$으로 나타나 있기 때문에 그 MMS는 최대 허용 치수일 때, 즉 7.9(mm)이다. 따라서 구멍과 핀의 MMS 차이는 8.1−7.9=0.2(mm)이며, 이것은 이 끼워맞춤에서 최소 틈새이다.

이 최소 틈새는 구멍과 핀에 대한 위치도 공차로서 이용할 수 있다. 왜냐하면 구멍과 핀이 MMS로 가공된 경우에도 틈새는 최저 0.2는 보증되어 있기 때문에 그 만큼만 구멍 또는 핀의 중심 위치도가 어긋나도 그 끼워맞춤에 간섭은 일어나지 않기 때문이다. 이 위치도 공차는 구멍과 핀의 양쪽에 대한 것이기 때문에 합계해서 이 값이 되도록 배분하면 된다. 여기서는 구멍과 핀에 동일한 양씩, 0.1씩 할당하기로 한다. 즉 구멍과 핀의 위치도 공차는 ϕ0.1로, 그 중심 위치가 ϕ0.1의 원 내의 영역에 있으면 된다(17·287 그림).

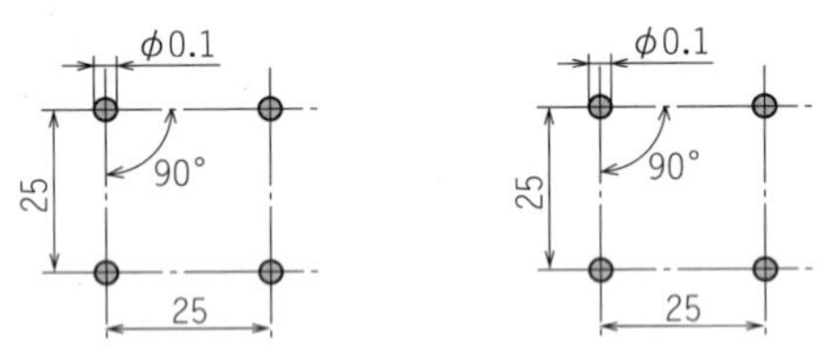

(a) 구멍의 경우 (b) 핀의 경우
17·287 그림 최대 실체 치수일 때의 공차역

17·288 그림에 그 모습을 나타냈다. 이 경우 구멍과 핀의 양쪽 모두가 최대 실체 치수(MMS)로 가공되어 있으며, 한편 (a) 그림에서는 구멍의 위치도가 공차역의 가장 내측에, 또한 핀의 그것은 마찬가지로 가장 외측에 있었다고 하자. 즉, 끼워맞춤에 대해 가장 조건이 나쁜 상태로 가공되어 있다는 것을 나타내고 있다. 그러나 이 경우에도 구멍과 핀의 극한 거리는 서로 상대의 영역을 침범하지 않아, 끼워맞춤은 간섭 없이 이루어지는 것으로 이해된다.

또한 동 그림 (b)는 위와 반대로, 구멍의 위치도는 공차역의 가장 외측에, 또한 핀의 그것은 마찬가지로 가장 내측에 있는 상태를 나타낸 것인데, 이 경우도 위와 마찬가지로 서로의 영역을 침범하고 있지 않기 때문에 끼워맞춤은 보증된다.

동 그림은 2개의 구멍과 핀의 관계를 180° 방향을 변경해 나타낸 것인데, 공차역이 원(따라서 그 극한의 위치는 원주 상에 있다)이기 때문에 180°에 한하지 않고, 360° 내의 어느 각도에서도 이것은 성립된다. 따라서 구멍과 핀의 개수는 2개로 한정되지 않고, 여러 개인 경우에도 위와 같은 조건이 충족되는 한 끼워맞춤이 보증된다. 17·289 그림에 4개의 구멍과 핀의 경우에 대한 예를 나타냈다.

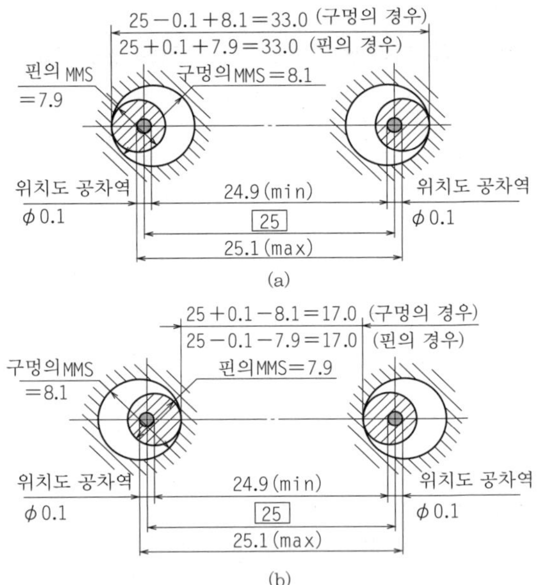

17·288 그림 최소 간격을 위치도 공차값으로 한다

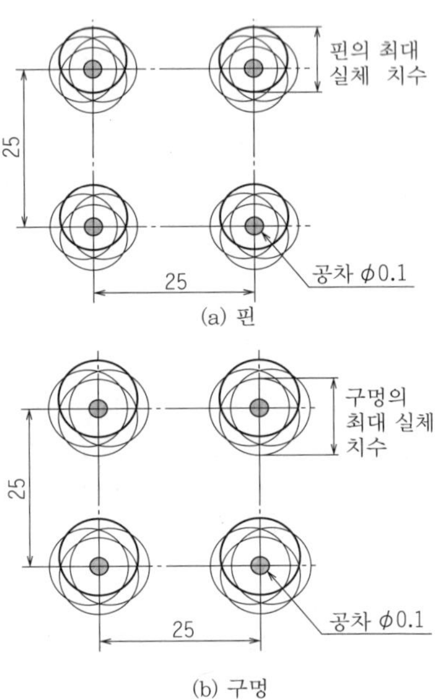

17·289 그림 4개의 핀과 구멍의 경우

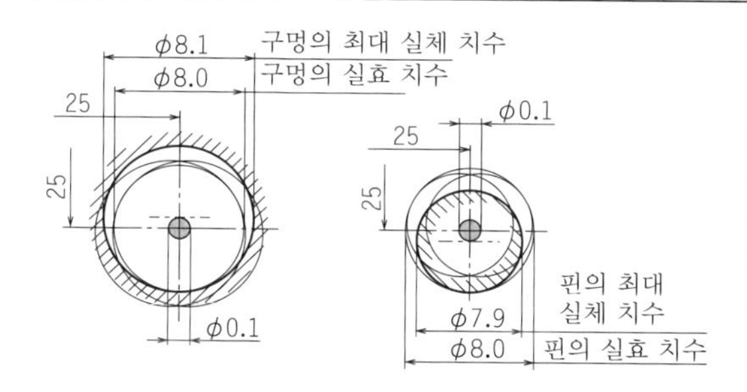

(a) 구멍의 실효 치수 (b) 핀의 실효 치수

17·290 그림 구멍과 핀의 실효 치수

(ii) 구멍과 핀의 실효 치수 17·290 그림은 위에서 말한 4개의 구멍과 핀 중 하나씩을 확대해 나타낸 것이다.

동 그림에서 구멍과 핀은 모두 MMS, 즉 8.1과 7.9으로 가공되어 있다.

이러한 구멍과 핀에서 위치도가 각각 최악의 상태가 되는 것은, 그들의 중심이 공차역 φ0.1의 원주 상에 있는 경우이다.

그러므로 17·290 그림에 나타냈듯이 φ0.1의 원주 상의 임의의 1점을 중심으로 각각의 최대 실체 치수를 직경으로 하는 원을 차례차례로 그려가면, 구멍은 동 그림 (a)에 나타낸 φ8.0의 내접 포락원이 얻어지고, 핀은 동 그림 (b)에 나타낸 φ8.0의 외접 포락원이 얻어진다.

이러한 포락원은 구멍과 핀이 취할 수 있는 표면의 모든 어긋남의 극한의 위치를 나타내는 것이다. 즉 구멍의 경우는 그 직경이 MMS 8.1을 넘지 않으며, 또한 위치도 공차역 φ0.1의 원 영역 내에 중심을 갖는 모든 구멍의 어떠한 표면도 이 내접 포락원(입체로 생각하면 포락원통)의 외측에 있고, 그 내측에 들어가지 않는다.

마찬가지로 핀의 경우에도 직경이 MMS 7.9를 넘지 않으며 또한 그 중심이 위치도 공차역 φ0.1 안에 있기만 하면, 핀의 어떠한 표면도 이 외접 포락원통의 내측에만 존재하고 그 외측으로 나오지 않는다.

이와 같이 위에서 말한 조건에 있는 어떠한 구멍과 핀도 서로 상대와의 사이에 확실한 구분을 짓고, 다른 편의 한계를 침범하지 않기 때문에 모든 경우에 호환성이 보증된다.

이와 같은 극한의 한계를 형성하는 상태를 실효 상태(virtual condition, 줄여서 VC)라고 한다. 위의 예에서 그 상태는 원통이기 때문에 이것을 실효 원통이라고 하며, 그 직경을 실효 치수(virtual size, 줄여서 VS)라고 한다.

실효 상태에는 원이나 원통 외에도 평행한 두 직선 또는 두 평면 등이 있으며, 이 경우의 실효 치수는 그 두 직선 또는 두 평면 사이의 거리가 된다.

실효 치수는 이와 같이 최악의 극한을 나타내는 치수이기 때문에 후술(p.17-106)과 같이 이것을 구체화해 기하공차용 검사 게이지로 할 수 있다. 즉, 이 실효 치수로 가공된 상대 부품(기능 게이지라고 한다)을 끼워 맞춰 보고, 간섭 없이 끼워맞춤이 이루어지면 그 물품은 합격하게 된다.

(iii) 동적 공차선도 위와 같은 것을 선도 상에 플롯하면, 17·291 그림을 얻을 수 있다.

동 그림에서 가로 축은 구멍 및 핀의 직경을 세로 축은 위치도 공차를 나타낸 것이다. 그림으로부터 알 수 있듯이 구멍은 직경이 8.1에서 8.2까지의 사이에서 변동하고, 위치도는 φ0에서 φ0.1까지의 사이에서 변동 할 수 있는 범위(공차역)이 해칭을 실시한 부분으로 표시되어 있다. 핀의 경우도 마찬가지이다.

이와 같은 선도를 동적 공차선도라고 한다. 즉, 구멍 및 핀 등의 형체 치수 및 위치도 공차가 그림의 공차역 이내에 있으면, 그 물품은 합격이고 외측에 있으면 불합격이라는 것이다.

동 그림에서 구멍 및 핀의 공차역에 외접하는 가는 선으로 표시된 직각 이등변 삼각형의 사선은 가로 축과의 교점 좌표에서 실효 치수를 나타내고 있다.

즉, 양쪽의 사선이 교차하 점 8.0이 이 경우의 구멍 및 핀의 각각의 실효 치수이다.

이와 같이 실효 치수란 그 형체의 최대 실체 치수와 그 형체의 기하공차의 종합 효과에 의해 생기는 한계 상태를 나타내는 치수이며, 실제로는 외측 형체는 최대 허용 치수에 자세 또는 위치 공차를 더한 치수가 되고, 내측 형체는 최소 허용 치수에서 자세 또는 위치 공차를 뺀 치수가 된다.

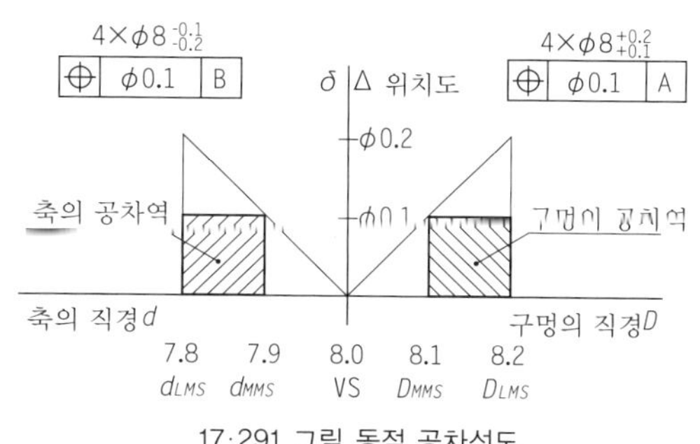

17·291 그림 동적 공차선도

17장

(2) 위치도 공차에 최대 실체의 원리를 적용하는 경우 앞에서 들은 17·287 그림(p.17-98)에서 만약 구멍 및 핀이 위와는 반대의 극한, 즉 최소 실체 치수(least material size, 줄여서 LMS라고 한다)로 가공됐을 때를 생각해 보자.

구멍의 최소 실체 치수(LMS)는 8.2이며, 핀의 그것은 7.8이기 때문에 그들의 차이, 즉 최대 틈새는 8.2-7.8=0.4이다. 이 0.4라는 틈새는 이미 설명한 최소 틈새의 경우와 마찬가지로 구멍과 핀의 위치도 공차로서 이용할 수 있다. 앞의 경우에서는 이용할 수 있는 위치도 공차가 0.2였기 때문에 이 경우는 구멍과 핀이 최대 실체 치수(MMS)에서 벗어난 만큼, 즉 0.2만큼 위치도 공차를 증가시켜 합계 0.4로서 사용할 수 있게 된다.

17·292 그림에 그 모양을 나타냈다. 즉 구멍 및 핀이 각각 LMS, 즉 8.2과 7.8로 가공된 경우에는 위치도 공차는 ϕ0.4(구멍과 핀 양쪽에 동일한 양씩 할당하면 그림과 같이 ϕ0.2)까지 증가해도 끼워맞춤에 간섭이 일어나지 않는다. 즉 이 경우에는 위치도에 추가 공차가 허용되며, 즉 최대 실체의 원리가 적용되는 것을 나타낸다.

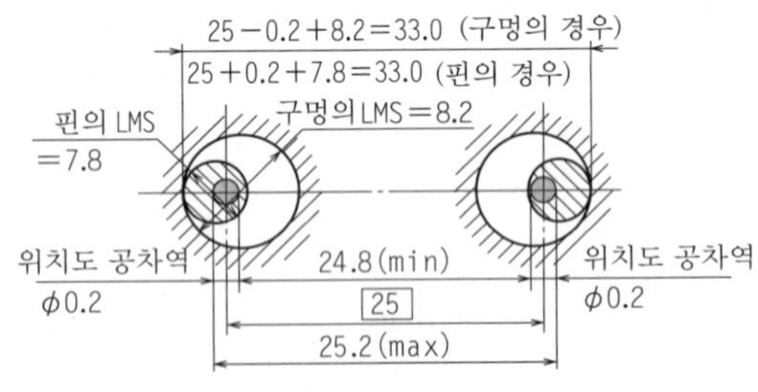

17·292 그림 최대 간격을 증대시킨 위치도 공차값으로 한다

17·293 그림은 최대 실체의 원리가 적용된 경우의 구멍과 핀의 각각 1개씩을 들어 나타낸 것이다.

이 모양을 동적 공차선도를 이용해 나타내면, 17·294 그림과 같이 된다. 즉 구멍의 경우라고 하면 직경이 최대 실체 치수(MMS) 8.1에서 최소 실체 치수(LMS) 8.2로 증가한 0.1 만큼만 위치도 공차를 증대시켜 0.2로 할 수 있다. LMS가 아니어도 조금이라도 MMS에서 LMS 쪽으로 벗어나면, 그 벗어난 만큼만 위치도의 공차에 얹어 줄 수 있다.

그림의 세밀한 해칭을 실시한 직각 삼각형 부분이 그 증가된 공차역을 나타낸 것이며, 이를 보너스 공차역이라고 부른다. 여기서 직경 치수는

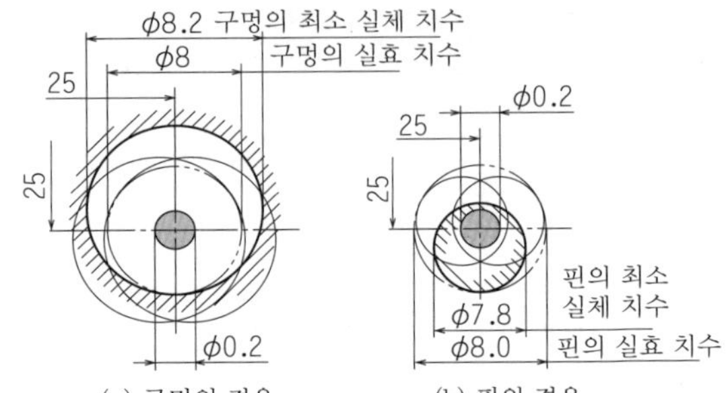

(a) 구멍의 경우 (b) 핀의 경우
17·293 그림 최대 실체의 원리가 적용된 경우의 공차역 증대

가로 축으로 나타내고 위치도 공차는 세로 축으로 나타내져 있으며, 또한 양쪽의 값은 항상 동일한 양이므로 보너스 공차역은 항상 직각 이등변 삼각형으로 표현되는 것에 주의하기 바란다.

핀의 경우에도 사정은 완전히 동일하다. 또한 이들 공차역의 증가는 서로 상대방의 가공 치수(실체 치수라고 부른다)에는 관계없이 이루어질 수 있고, 물론 양쪽 동시에 공차역을 증가시키는 것도 가능하며, 얻은 보너스 공차역 만큼 제작이 편해지고 경제적 효과를 얻게 된다.

이러한 최대 실체의 원리가 적용되는 것을 도면에 나타내기 위해서는 p.17-82 (10)항에서 말했듯이 공차 기입 틀에 Ⓜ의 기호를 이용해 나타내게 되어 있다.

만약 Ⓜ 기호가 기입되어 있지 않은 경우에는 통례의 공차가 적용되므로 공차의 증가는 허용되지 않게 되므로 주의하기 바란다.

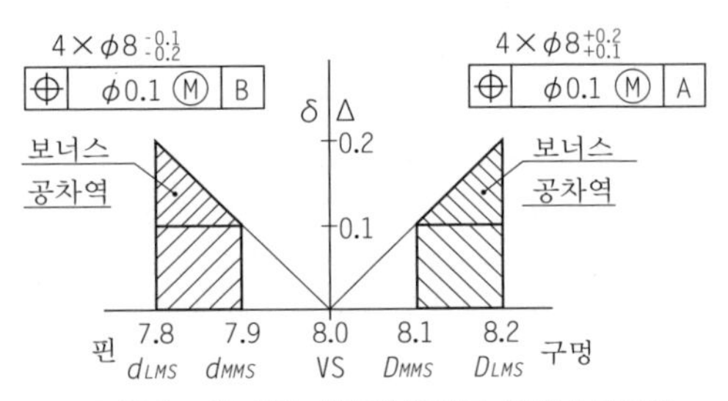

17·294 그림 최대 실체의 원리가 적용된 경우의 동적 공차선도

(3) 위치도 공차가 제로인 경우 위에서 말한 치수 공차 범위 내의 실체 치수의 변동이 위치도 공차에도 변동을 주는 것을 설명했다. 그러나 앞에서 말한 최대 실체의 원리 정의(p.17-97)에서는 '치수 공차와 기하공차(여기서는 위치도 공차)가 서로 의존하고 추가적인 공차를 허용할 수 있

다'고 하는 것이었기 때문에 이 정의에 따르면, 반대로 위치도 공차의 변동이 치수 공차에 변동을 주는 경우도 있어야 된다.

그러므로 만약 구멍의 중심 위치도가 제로인 경우, 즉 구멍의 중심이 이론적으로 정확한 위치에 정확하게 있는 경우를 생각해 보자. 위치도가 제로라고 하면 너무나도 극단적인 경우의 이야기처럼 들리지만, 요컨대 위치도 공차가 처음의 제한이었던 최소 틈새를 넘어 작아진 경우를 생각하면 되는 것이다.

17·295 그림은 이 경우의 상태를 동적 공차선도를 이용해 나타낸 것이다. 그림에서 구멍 및 핀을 나타내는 직각 이등변 삼각형의 빗변은 가로축의 8.0 점에서 교차하고 있는데, 이 8.0이라고 하는 점은 앞에서 든 17·290 그림(p.17-99)에서 구멍과 핀의 실효 치수를 나타내는 것이다.

따라서 구멍 및 핀이 각각의 최대 실체 치수 MMS를 넘고, 이 실효 치수 VS로 가공됐다고 해도 그들의 중심이 이론적으로 정확한 위치(진위치라고 한다)에 있으면, 바꿔 말하면 위치도 공차가 제로라면 끼워맞춤은 보증된다.

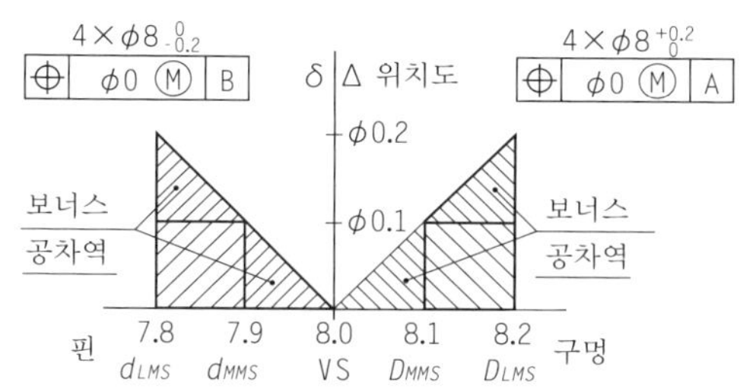

17·295 그림 제로 위치도 공차를 적용한 경우의 동적 공차선도

이와 같이 위치도 공차가 적어지면 그 만큼 형체의 치수를 최대 실체 치수를 넘어 실효 치수까지 근접시킬 수 있는 것이다.

이러한 공차 방식의 개념을 제로 위치도 공차 방식이라고 하며, 이 경우의 보너스 공차역은 더욱 확대되어 그림의 세밀한 해징을 실시한 부분 전체로 넓어지는 것을 알 수 있다.

제로 위치도 공차 방식을 적용하는 경우의 도시법은 우선 치수 공차가 확대되는 것이기 때문에 이 경우에는 구멍 $\phi8^{+0.2}_{\ 0}$, 핀 $\phi8^{\ 0}_{-0.2}$로서 나타내며, 또한 공차 기입 틀 내의 공차값을 ϕ0Ⓜ으로서 나타내 두면 된다.

이러한 공차역의 확대는 실제 가공을 매우 편하게 하는 동시에, 제품의 합격률을 크게 향상시킬 수 있으므로 매우 높은 경제적 효과를 기대할 수 있는 것이다.

(4) 포락의 조건 (JIS B 0024) 위의 절에서 설명한 것 중에 특히 주의해야 할 점은 형체가 제로 위치도로 가공된 경우, 진원도가 관계하게 되고 어떤 경우에는 조립이 보증되지 않는 경우가 있다고 하는 점이다.

이것은 위치도 공차의 규제는 진원도 공차까지 규제하지 않기 때문으로, 형체가 최대 실체로 가공된 경우, 위치도 공차(입체로 생각하면 진직도 공차)가 제로여도 진원도 공차(입체로 생각하면 원통도 공차)가 제로가 아니면 간섭 없는 끼워맞춤은 보증되지 않기 때문이다. 이와 같이 최대 실체 치수가 지시됐을 때에 완전 형상(여기서는 원통도 제로)의 포락면을 넘어서는 안 된다는 조건을 붙이는 경우가 있으며, 이것을 포락의 조건이라고 부른다. 도면 상에 포락의 조건을 지시하기 위해서는 Ⓔ의 기호를 이용해 17·296 그림과 같이 치수 공차 뒤에 기입해 나타낸다.

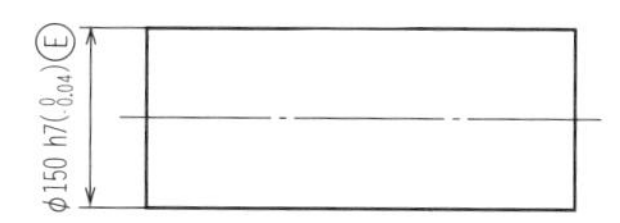

17·296 그림 원통 형체에 적용한 포락 조건의 기입

17·296 그림에서 요구되고 있는 조건을 나타내면, 다음과 같이 된다(17·297 그림).

(i) 기능상의 요구사항

① 축 표면은 최대 실체 치수(이 경우는 최대 허용 치수) ϕ150의 포락면을 넘어서는 안 된다.

② 축의 어느 직경의 실체 치수도 ϕ149.96보다 작아져서는 안 된다.

(ii) 도시법의 의미

① 축 전체가 ϕ150의 완전 형상의 포락면 경계 안에 있어야 한다.

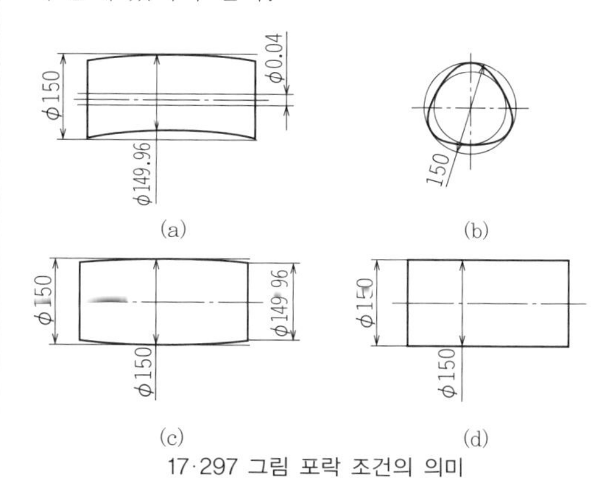

17·297 그림 포락 조건의 의미

17장

② 축의 어떤 직경의 실체 치수도 ϕ150과 ϕ149.96 사이에서 변동해도 된다[17·297 그림 (a)~(c)]. 따라서 모든 직경의 실체 치수(실체 직경)가, 그 최대 실체 치수 ϕ150일 때의 축은 정확한 원통형이어야 한다[동 그림 (d)].

4. 최대 실체 공차 방식의 적용 예

위에서 말한 것은 최대 실체 공차 방식을 위치도의 예에 의해 설명한 것이다. 이 방식은 위치 외에도 17·28 표(p.17-72)에 나타낸 자세 공차 및 위치 공차에 포함되는 모든 공차에 적용할 수 있다. 이하 몇 가지 예에 그 적용을 나타냈다.

(1) 데이텀 평면에 관련된 축의 평행도 공차 (17·298 그림)

(i) 기능 상의 요구사항 이 그림 예의 경우에는 공차역은 2개의 평행 평면 사이의 영역에서 지시되고 있기 때문에 그 실효 상태는 2개의 평행 평면 사이의 영역이 되고, 그 거리 즉 실효 치수는 핀의 최대 실체 치수에 공차값을 더한 값이 되며 다음의 요구사항이 필요하다.

① 핀의 직경이 ϕ6.5의 최대 실체 치수일 때, 축선은 데이텀 평면 A에 평행하고, 0.06 떨어진 2개의 평행 평면 사이에 있어야 한다.

② 핀의 실체가 데이텀 평면 A에 평행한 실체 상태(6.5+0.06=6.56)을 넘어서는 안 된다.

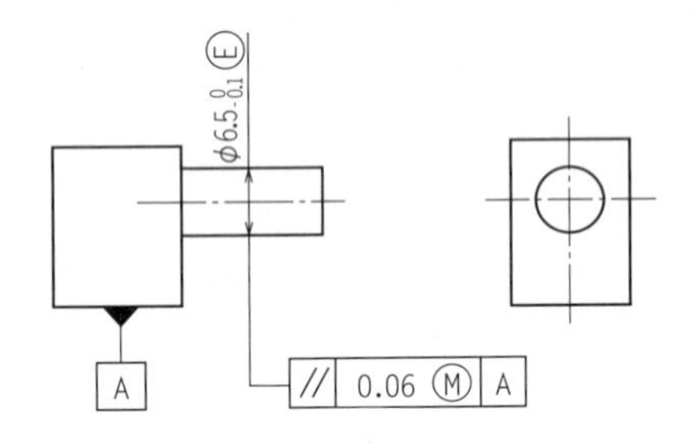

17·298 그림 평행도 공차의 적용 예

(ii) 설명 실제 핀은 다음의 조건에 적합해야 한다(17·299 그림).

① 핀의 직경은 0.1의 치수 공차 이내여야 한다. 따라서 ϕ6.5에서부터 ϕ6.4의 사이에서 변동할 수 있다.

② 핀의 직경이 ϕ6.5의 MMS일 때, 축선은 데이텀 평면 A에 평행하고, 0.06 떨어진 2개의 평행 평면 사이에 있어야 한다[동 그림 (a)].

또한 핀의 직경이 LMS의 ϕ6.4일 때, 축선은 최대 0.16까지의 공차역(2개의 평행 평면 거리) 내에서 변동할 수 있다[동 그림 (b)].

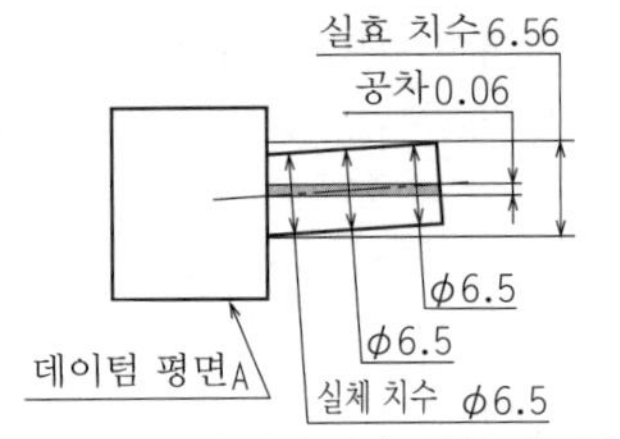

(a) MMS(핀의 최대 허용 치수)의 경우

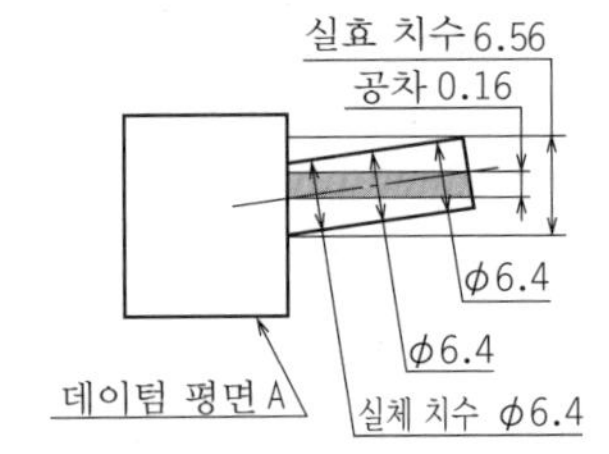

(b) LMS(핀의 최소 허용 치수)의 경우

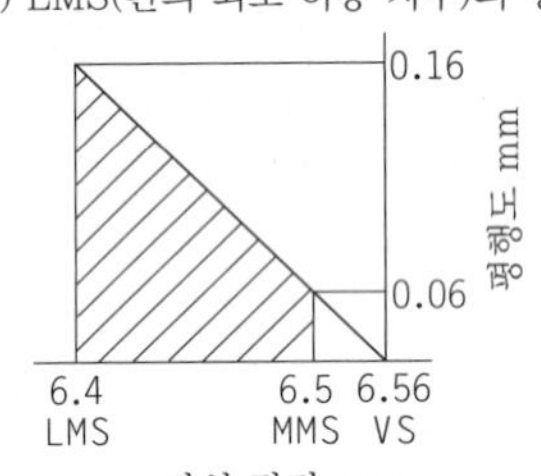

(c) 동적 공차선도

17·299 그림 17·298 그림의 설명

③ 실제 핀은 데이텀 평면 A에 평행하고, 6.56 떨어진 2개의 평행 평면에 의해 설정된 실효 상태의 경계를 넘어서는 안 된다.

동 그림 (c)에 이 경우의 동적 공차선도를 나타냈다.

(2) 데이텀 평면에 관련된 구멍의 직각도 공차 (17·300 그림)

(i) 기능 상의 요구사항

① 구멍의 직경이 MMS의 ϕ50일 때, 축선은 데이텀 평면 A에 직각이고, ϕ0.08의 공차역 내에 있어야 한다.

② 구멍부의 실체가 데이텀 평면 A에 직각인 실효 상태[ϕ(50−0.08)=ϕ49.92]를 넘어서는 안 된다.

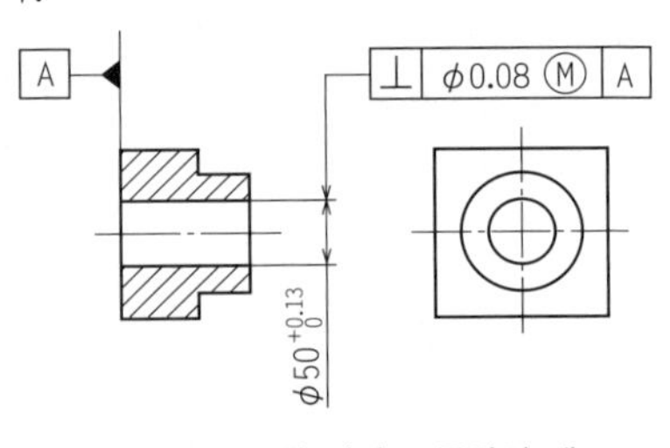

17·300 그림 직각도 공차의 예

(ii) **설명** 실제 구멍은 다음의 조건에 적합해야 한다(17·301 그림).

① 구멍의 직경은 0.13의 치수 공차 내에 있어야 한다. 따라서 ϕ50에서부터 ϕ50.13의 사이에서 변동할 수 있다.

② 구멍의 직경이 ϕ50인 MMS일 때, 축선은 데이텀 평면 A에 직각으로 ϕ0.08의 공차역 내에 있어야 한다[동 그림 (a)]. 또한 구멍의 직경이 ϕ50.13인 LMS일 때, 축선은 최대 ϕ0.21까지의 공차역 내에서 변동할 수 있다[동 그림 (b)].

③ 실제 구멍은 데이텀 평면 A에 직각이고, ϕ49.92의 완전 형상을 가진 내접 원통에 의해 설정된 실효 상태의 경계를 넘어서는 안 된다.

동 그림 (c)에 이 경우의 동적 공차선도를 나타냈다.

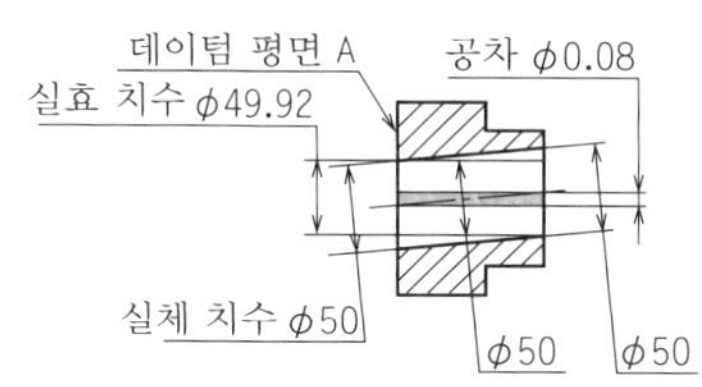

(a) MMS(구멍의 최소 허용 치수)의 경우

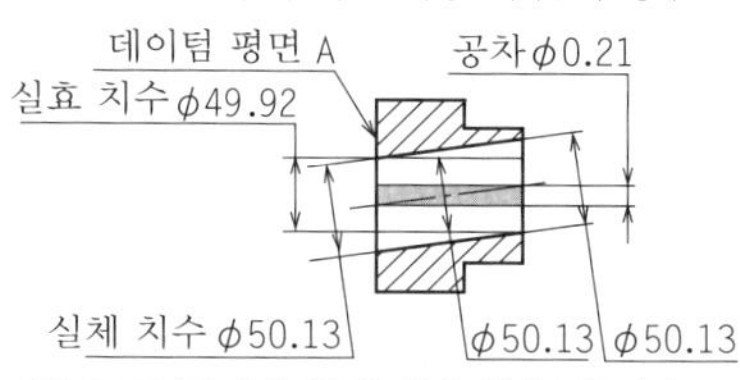

(b) LMS(구멍의 최대 허용 치수)의 경우

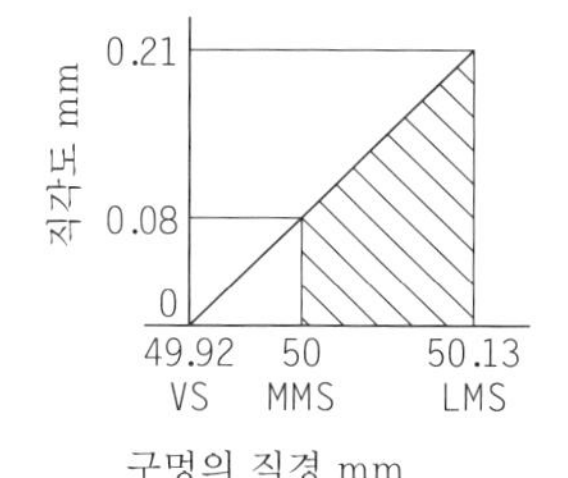

(c) 동적 공차선도

17·301 그림 17·300 그림의 설명

(3) 데이텀 평면에 관련된 홈의 경사도 공차(17·302 그림)

(i) 기능 상의 요구사항

① 홈의 폭이 6.32인 MMS인 때, 홈의 중심면은 0.13 떨어진 평행 두 평면 내에 있고, 이 평행 두 평면은 데이텀 평면 A에 대해 규정된 45°의 각도를 가지고 있어야 한다.

② 홈부의 실체가 데이텀 평면 A에 규정된 각

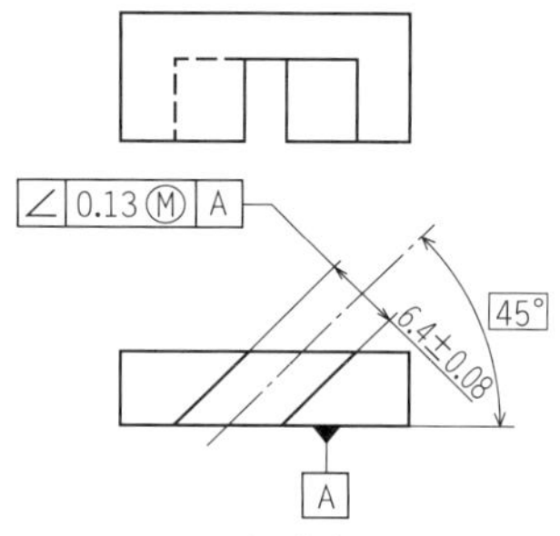

17·302 그림 경사도 공차의 예

도로 기울어진 실효 상태(6.32−0.13=6.19)를 넘어서는 안 된다.

(ii) **설명** 실제 홈은 다음의 조건에 적합해야 한다(17·303 그림).

① 홈의 폭은 0.16의 치수 공차 내에 있어야 한다. 따라서 6.32에서 6.48까지의 사이에서 변동할 수 있다.

② 홈의 폭이 MMS의 6.32일 때, 홈의 중심면은 데이텀 평면 A에 대해 규정된 45° 각도로 기울어져 0.13 떨어진 2개의 평행 평면 사이에 있어야 한다[동 그림 (a)].

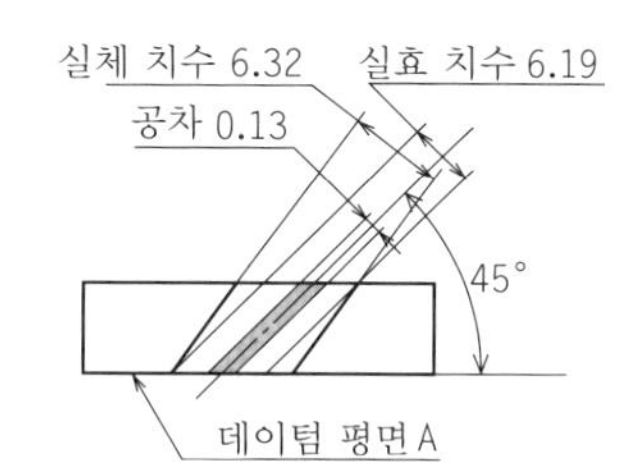

(a) MMS(홈의 최소 허용 치수)의 경우

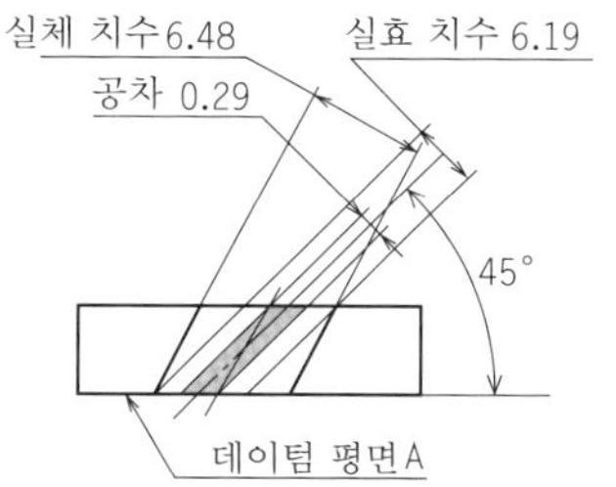

(b) LMS(홈의 최대 허용 치수)의 경우

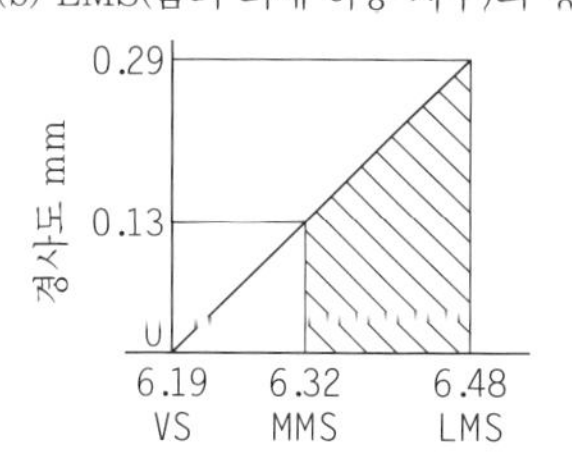

(c) 동적 공차선도

17·303 그림 17·302 그림의 설명

또한 홈의 폭이 LMS의 6.48일 때, 홈의 중심면은 최대 0.29까지 공차역 내에서 변동할 수 있다[동 그림 (b)].

③ 실제 홈은 데이텀 평면 A에 대해 규정된 45° 각도로 기울어지고, 6.19 떨어진 2개의 평행평면에 의해 설정된 실효 상태의 경계를 넘어서는 안 된다. 이 경우의 동적 공차선도를 동 그림 (c)에 나타냈다.

(4) 서로 관련된 4개 구멍의 위치도 공차 (17·304 그림)

(i) 기능 상의 요구사항

① 각 구멍의 직경이 MMS의 ϕ6.5인 경우, 4개 구멍의 축선은 각각 ϕ0.2의 위치도 공차역 내에 있어야 한다.

② 위치도 공차역은 서로 규정된 정확한 위치에 있어야 한다.

③ 각 구멍의 실효 치수는 ϕ(6.5−0.2)=ϕ6.3으로, 구멍부의 실체는 이것을 넘어서는 안 된다.

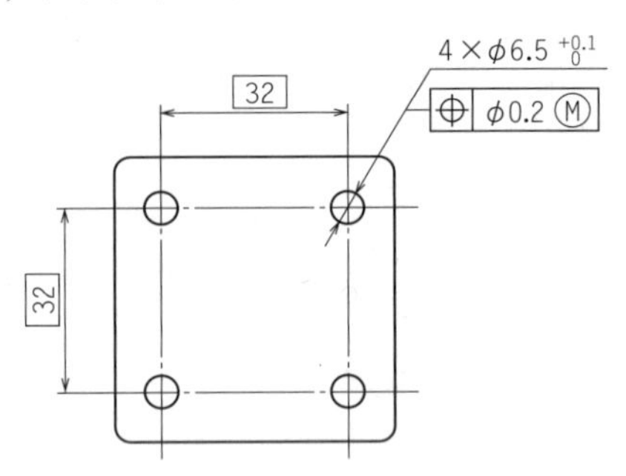

17·304 그림 위치도 공차의 예

(ii) 설명 실제 구멍은 다음의 조건에 적합해야 한다(17·305 그림).

① 각 구멍의 직경은 0.1의 치수 공차 내에 있어야 한다. 따라서 ϕ6.5에서부터 ϕ6.6까지의 사이에서 변동할 수 있다.

② 구멍의 직경이 MMS의 ϕ6.5인 경우, 각 구멍의 축선은 ϕ0.2의 위치도 공차 내에 있어야 한다[동 그림 (a)]. 또한 구멍의 직경이 LMS의 ϕ6.6인 경우, 각 구멍의 축선은 ϕ0.3의 공차역까지 변동할 수 있다[동 그림 (b)].

③ 위치도 공차역은 서로 규정된 정확한 위치에 있어야 한다.

④ 4개의 구멍은 진위치에 중심을 갖고, ϕ6.3인 완전 형상의 내접 원통에 의해 설정되는 실효 상태의 경계를 넘어서는 안 된다.

이 경우의 동적 공차선도를 동 그림 (c)에 나타냈다.

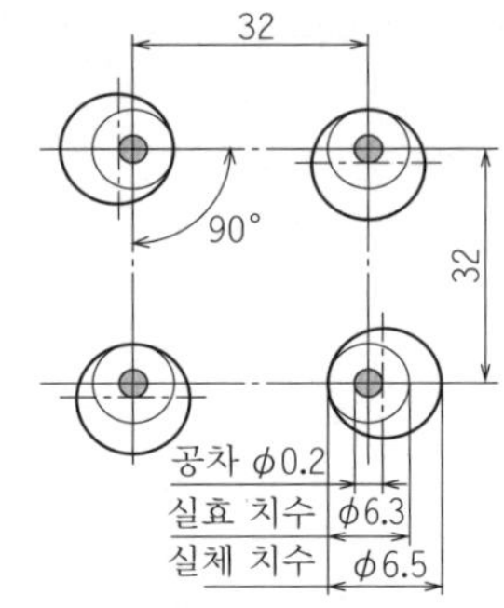

(a) MMS(구멍의 최소 허용 치수)의 경우

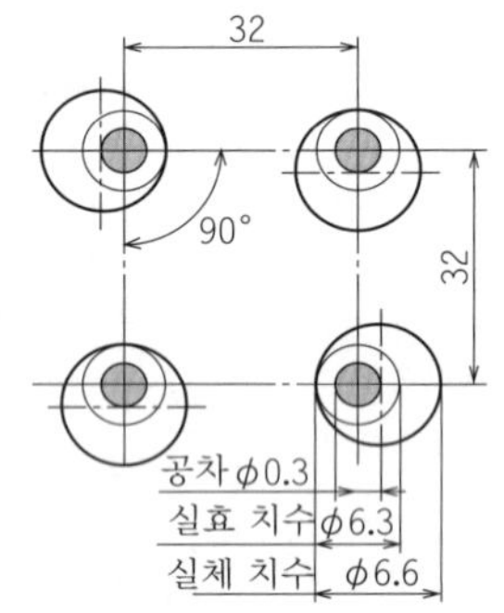

(b) LMS(구멍의 최대 허용 치수)의 경우

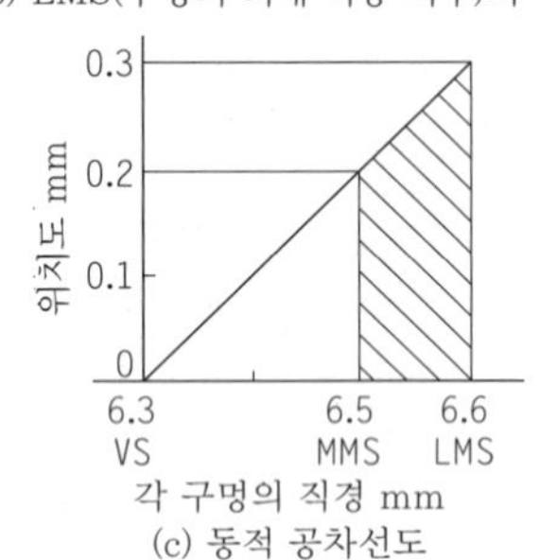

(c) 동적 공차선도

17·305 그림 17·304 그림의 설명

(5) 서로 관련된 4개 구멍의 제로 위치도 공차(17·306 그림)

(i) 기능 상의 요구사항

① 각 구멍의 직경이 MMS의 ϕ6.3인 경우, 4개 구멍의 축선은 규정된 정확한 위치여야 한다.

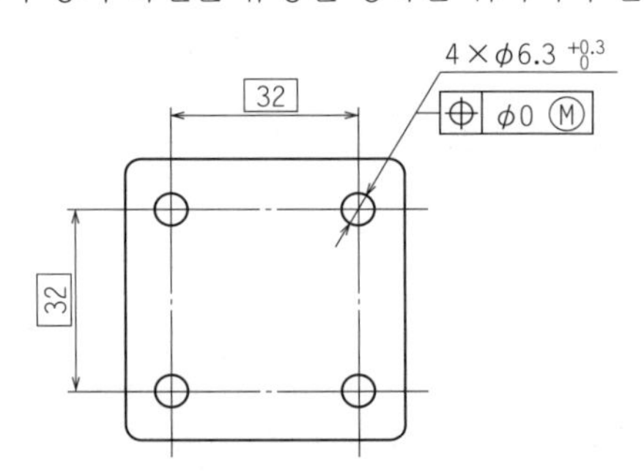

17·306 그림 제로 위치도 공차의 예

② 각 구멍의 실효 치수는 MMS의 ϕ6.3에 일치하고, 구멍부의 실체는 이것을 넘어서는 안 된다.

(ii) 설명

실제 구멍은 다음의 조건에 적합해야 한다(17·307 그림).

① 각 구멍의 직경은 0.3의 치수 공차 내에 있어야 한다 따라서 ϕ6.3에서부터 ϕ6.6까지의 사이에서 변동할 수 있다.

② 구멍의 직경이 MMS의 ϕ6.3인 경우, 위치도 공차역은 ϕ0이며, 각 구멍의 축선은 정해진 정확한 위치에 있어야 한다〔동 그림 (a)〕.

또한 구멍의 직경이 LMS의 ϕ6.6인 경우, 그 축선은 ϕ0.3의 공차역까지 변동할 수 있다〔동 그림 (b)〕.

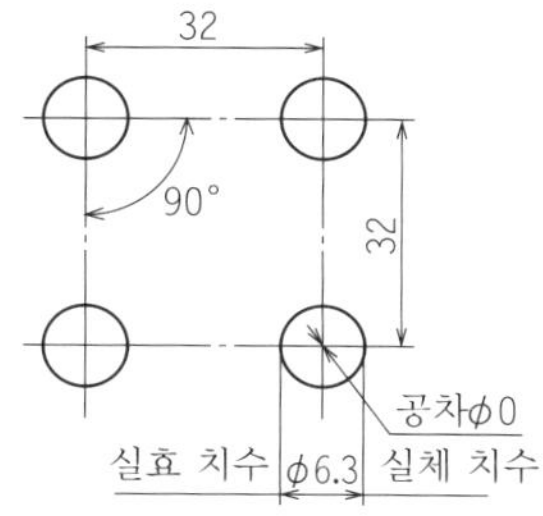

(a) MMS의 경우

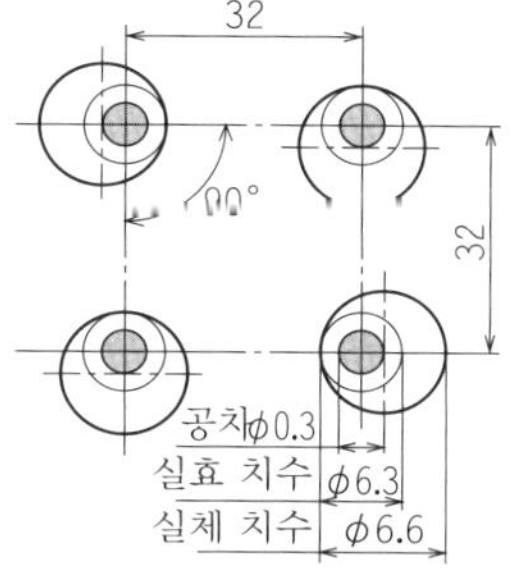

(b) LMS의 경우

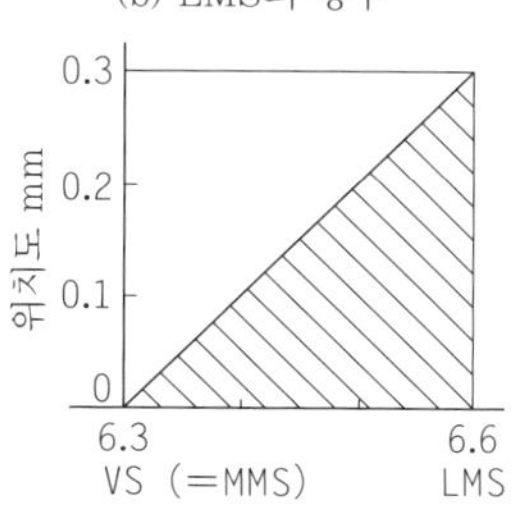

(c) 동적 공차선도

17·307 그림 17·306 그림의 설명

③ 위치도 공차역은 서로 규정된 정확한 위치에 있어야 한다.

④ 4개의 실제 구멍은 정해진 정확한 위치에 중심을 갖는 ϕ6.3의 완전 형상의 내접 원통에 의해 설정되는, 실효 상태의 경계를 넘어서는 안 된다. 이 경우의 동적 공차선도를 동 그림 (c)에 나타냈다.

(6) MMC를 데이텀 형체에도 적용하는 경우

최대 실체 공차 방식은 공차붙이 형체와 그 데이텀 형체의 양쪽에 적용할 수 있다. 이 경우의 예를 17·308 그림에 나타냈다.

(i) 기능적 필요 조건

① 각 구멍의 직경이 MMS의 ϕ6.5인 경우, 4개 구멍의 축선은 ϕ0.2의 공차역 내에 있어야 한다.

② 데이텀 구멍의 직경이 MMS의 ϕ7인 경우, 위치도 공차역은 서로에 대해 정확한 위치에, 또한 데이텀 축직선 A에 대해서도 정확한 위치에 있어야 한다.

③ 4개의 각 구멍의 실효 치수는 ϕ(6.5−0.2)=ϕ6.3으로, 구멍부의 실체는 이것을 넘어서는 안 된다.

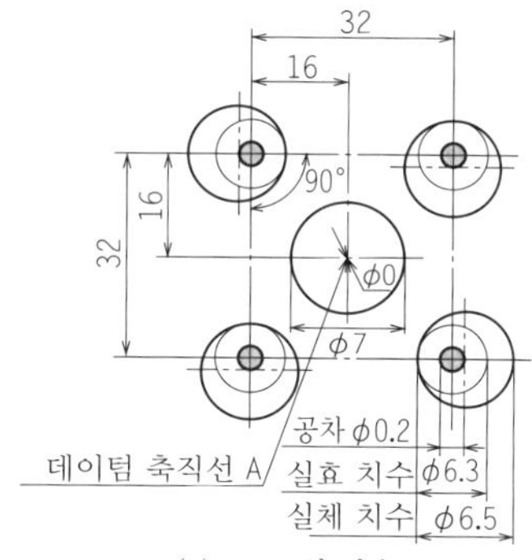

17·308 그림 MMC를 데이텀 형체에도 적용하는 예

(ii) 설명 실제 구멍은 다음의 조건에 적합해야 한다(17·309 그림).

① 각 구멍의 직경은 0.1의 치수 공차 내에 있어야 한다. 따라서 ϕ6.5에서부터 ϕ6.6까지의 사이에서 변동할 수 있다.

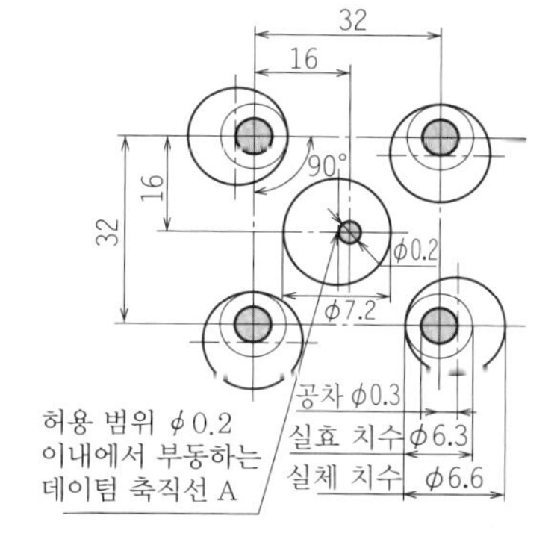

(a) MMS의 경우

(b) LMS의 경우

17·309 그림 17·308 그림의 설명

17장

② 구멍의 직경이 MMS의 ϕ6.5인 경우, 각 구멍의 축선은 ϕ0.2의 위치도 공차역 내에 있어야 한다[동 그림 (a)].

또한 구멍의 직경이 LMS의 ϕ6.6인 경우, 각 구멍의 축선은 ϕ0.3까지 변동할 수 있다. [동 그림 (b)].

③ 위치도 공차역은 서로에 대해 정확한 위치에 있어야 한다.

또한 데이텀 구멍의 직경이 MMS의 ϕ7인 경우에는 데이텀 축직선에 대해서도 정확한 위치에 있어야 한다[동 그림 (a)].

④ 데이텀 구멍의 직경이 LMS의 ϕ7.2인 경우, 데이텀 축직선 A는 ϕ0.2의 범위에서 부동할 수 있다[동 그림 (b)].

⑤ 4개의 실제 구멍은 서로에 대해 정확한 위치에 중심을 갖는 ϕ6.3의 완전 형상의 내접 원통으로 설정되는 실효 상태의 경계를 넘어서는 안 된다.

5. 기능 게이지

위의 설명에서 최대 실체 공차 방식 및 그 유용성에 대해 이해를 얻은 것으로 생각하는데, 기하 공차 그 자체는 측정 또는 검사의 방법에 대해서는 조금도 한정하고 있지 않으므로 특별히 지시가 되어 있지 않은 때에는 임의의 측정 또는 검사 방법을 선택하게 된다.

그러나 최대 실체 공차 방식을 적용한 실제 호환성 부품에서, 단순히 끼워맞춤의 가능성만 검사하면 되는 경우에는 이하에 설명하는 기능 게이지가 매우 편리하다.

(1) 기능 게이지의 원리 기능 게이지란 최대 실체의 원리에 기초해 부품을 검사할 때에 조합하는 상대 부품의 가장 엄격한 상태를 시뮬레이트한 게이지로, 이 가장 엄격한 상태란 이미 설명한 실효 치수(VS)가 사용된다.

즉, 예를 들면 구멍 부품에 대해서는 그 실효 치수의 직경을 가진 축 게이지가 이용되고, 또한 핀 부품에 대해서는 마찬가지로 그 실효 치수의 직경을 가진 구멍 게이지를 사용하는 것이다.

(2) 기능 게이지의 예 17·310 그림의 부품을 검사하는데 이용하는 기능 게이지는 다음과 같은 조건을 만족시키면 된다.

① 4개의 구멍은 규정된 정확한 위치에 있고, 또한 실효 치수 ϕ6.3의 직경을 가진 완전 형상의 내접 원통의 경계를 넘어서는 안 된다.

② 구멍의 직경이 ϕ6.5와 ϕ6.6 사이에 있는 것을 보증한다.

위의 ①에 대해서는 실효 치수의 원통을 구체화한 17·311 그림에 나타낸 기능 게이지를 이용하고, 이것에 의해 검사하면 이 게이지가 꼭 끼이지 않는 부품은 명확하게 구멍의 표면이 실효 치수의 원통 내부에 존재하고 있는 것이 되어 불합격이 된다.

또한 ②에 대해서는 별도로 한계 게이지 등을 이용해 검사하게 된다.

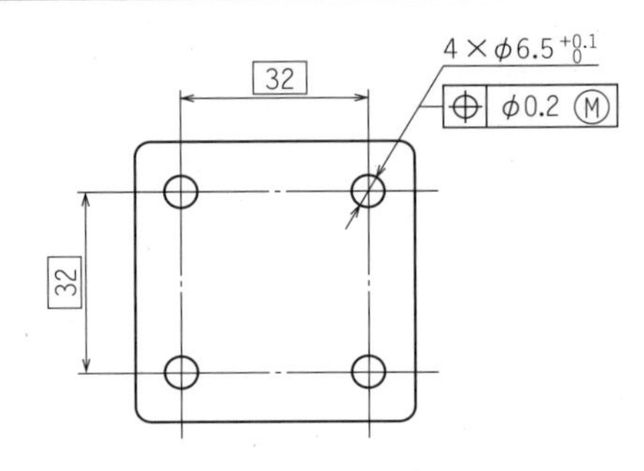

17·310 그림

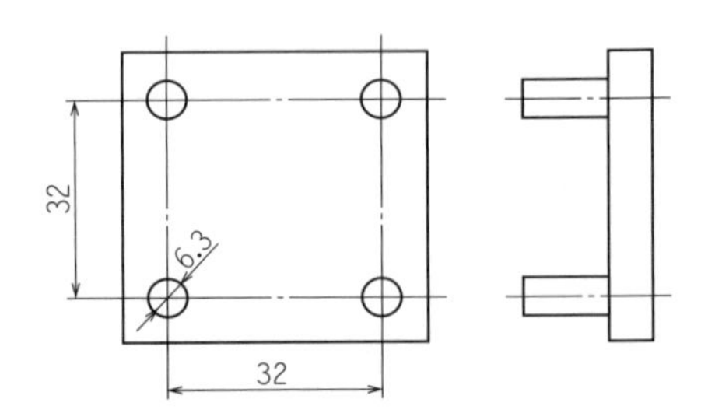

17·311 그림 17·310 그림의 기능 게이지

그리고 데이텀이 지정되어 있는 부품의 경우에는 게이지에 실용 데이텀 형체를 부속시켜야 한다. 그 경우의 예를 17·312 그림에 나타냈다.

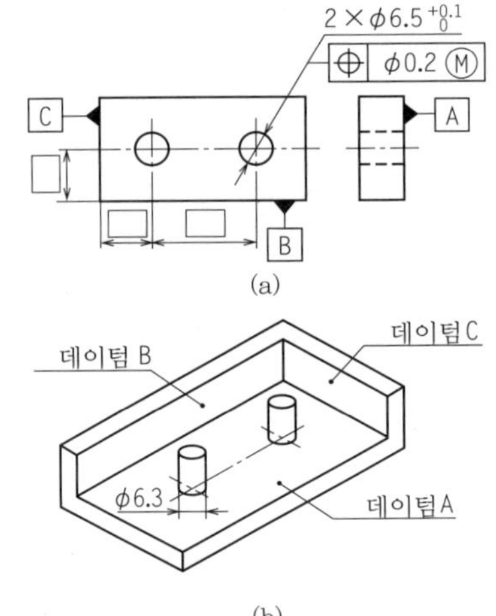

17·312 그림 데이텀을 갖는 경우의 기능 게이지

17·17 배관 제도

관(파이프)는 액체·기체 등의 운송 또는 이동에 이용되는 것이며, 각종 동력 발생장치, 제어장치 등에 필수적인 것이다. 관을 배치하는 것이 배관(파이핑)이라고 하며, 배관용 도면 작성에 관해서는 JIS에서는 '제도-배관의 간략 도시 방법-제1부~제3부' (JIS B 0011-1~3)을 규정하고 있다.

이 규격의 제1부에서는 통칙 및 정투영도를, 제2부에서는 등각투영도를, 제3부에서는 환기계 및 배수계의 단말장치를 각각 규정하고 있다.

1 정투영도에 의한 배관도

(1) 관 등의 도시 방법 관 등을 나타내는 흐름선은 관의 지름에는 관계없이, 관의 중심선에 일치하는 위치에 1개의 실선으로 나타낸다.

굽힘부는 간략화해 17·313 그림 (a)에 나타냈듯이 흐름선을 정점까지 곧바르게 펴도 된다. 단, 보다 명확히 하기 위해 동 그림 (b)와 같이 원호로 나타내도 된다.

(2) 선의 굵기 배관 제도에서는 관을 나타내는 선은 일반적으로 1종류의 굵기의 선만 이용한다. 단, 특별히 필요가 있는 경우에는 2종류 이상의 굵기의 선을 이용해도 된다.

17·34 표는 배관 제도에 사용하는 선 종류를 나타낸 것이다.

(3) 관의 호칭지름 기입법 배관용 강관의 호칭지름을 나타내는 방법으로는 A(미터제)와 B(인치제)의 2가지가 있으며, 이들 호칭지름을 기입하려면 17·313 그림 (a)에 나타냈듯이 호칭지름을 나타내는 치수 수치 앞에 단축 기호 'DN'을 기입해 두는 것으로 되어 있다. 이 'DN'은 표준 크기(nominal size)를 나타내는 것이다.

또한, 관의 치수는 17·313 그림 (b)에 나타냈듯이 관의 외경(d) 및 살두께(t)에 의해 그림의 $\phi 60.3 \times 7.5$와 같이 나타내도 된다.

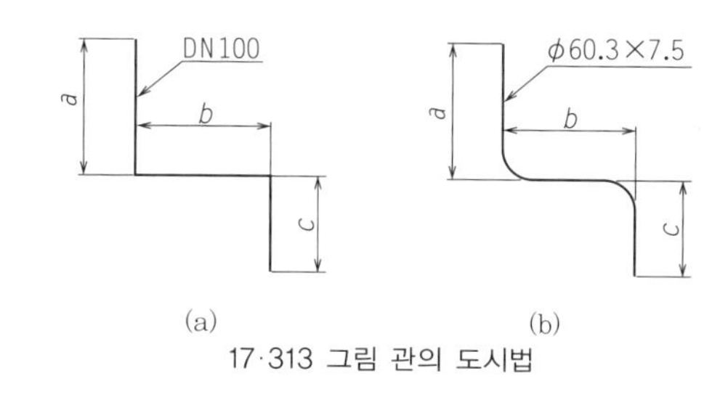

17·313 그림 관의 도시법

(4) 관의 교차부 및 접속부 접속하고 있지 않은 교차점은 17·314 그림 (a)의 ①에 나타냈듯이 잘린 틈을 주지 않고 교차시켜 그려도 된다. 단, 어떤 관의 배후를 통과하는 관이라는 것을 명시할 필요가 있는 경우에는 동 그림 (a)의 ②에 나

17·34 표 배관 제도에 이용하는 선의 종류 (JIS B 0011-)

선의 종류	호칭	선의 적용 (JIS Z 8316 참조)
A	굵은 실선	A 1 흐름선 및 결합 부품
B	가는 실선	B 1 해칭 B 2 치수 기입 (치수선, 치수보조선) B 3 지시선 B 4 등각격자선
C	프리 핸드의 물결형 가는 실선	C1/D1 파단선(대상물의 일부를 부순 경계선, 또는 일부를 제거한 경계를 나타낸다)
D	지그재그의 가는 실선	
E	굵은 파선	E 1 다른 도면에 명시되어 있는 흐름선
F	가는 파선	F 1 바닥 F 2 벽 F 3 천정 F 4 구멍 (블랭킹 구멍)
G	가는 1점 쇄선	G 1 중심선
EJ	아주 굵은 1점 쇄선*	EJ 1 청부 계약의 경계
K	가는 2점 쇄선	K 1 인접 부품의 윤곽 K 2 절단면 앞에 있는 형체

[주] *선의 종류 G의 4배 굵기.

17장

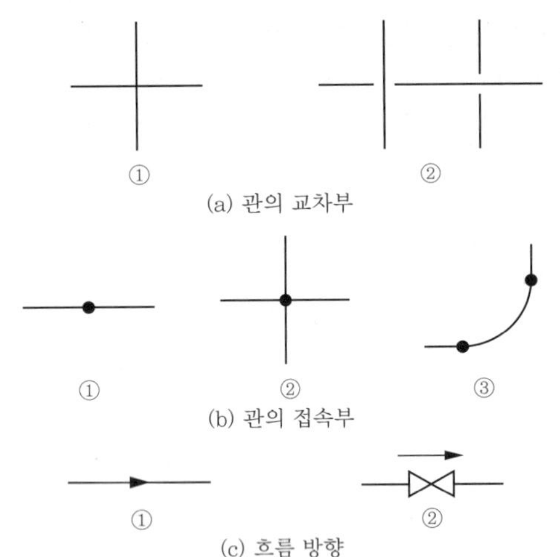

17·314 그림 관의 교차부, 접속부 및 흐름 방향의 표시법

타냈듯이 숨겨진 관을 나타내는 선에 잘린 틈을 주면 된다. 이 잘린 틈은 관을 나타내는 선의 5배 이상으로 한다.

용접 등에 의한 영구 결합부는 17·314 그림 (b)에 나타냈듯이 선의 굵기의 5배를 직경으로 하는 점으로 나타낸다.

(5) 흐름 방향 흐름 방향은 17·314 그림 (c)에 나타냈듯이 흐름선 상 또는 밸브를 나타내는 그림 기호 근방에 화살표로 지시하면 된다.

(6) 기존 이용하고 있던 간략 도시 방법 ISO에서는 배관계의 표시에 이용하는 간략 도시 기호의 원안을 작성 중이며, 향후 관련 ISO 규격의 개정·증보가 예상된다. 지금까지의 편의를 위해 기존 JIS에서 정하고 있던 간략 도시 기호를 부록에 싣고 있으므로 17·35 표에 그 개요를 나타내 둔다.

2. 등각투영법에 의한 배관도

배관은 일반적으로 3차원에 걸쳐 시공되므로 이 공작도에는 3차원에 걸친 정보가 담겨져 있는 것이 요망되는 경우가 있다. 이러한 때에는 17·315 그림에 나타낸 등각투영도에 의한 배관도를 이용하면 된다.

이 경우 각각의 관 또는 조립된 관의 좌표는 설치된 전체에 대해 채용된 좌표에 의한 것으로 하며, 그 좌표축에 평행으로 달리는 관은 특별한 지시를 하지 않고 그 축에 평행하게 그리고, 좌표축 방향 이외의 방향으로 사행하는 관은 동 그림에 나타냈듯이 해칭을 실시한 보조 투영면을 이용해 나타내는 것으로 하고 있다.

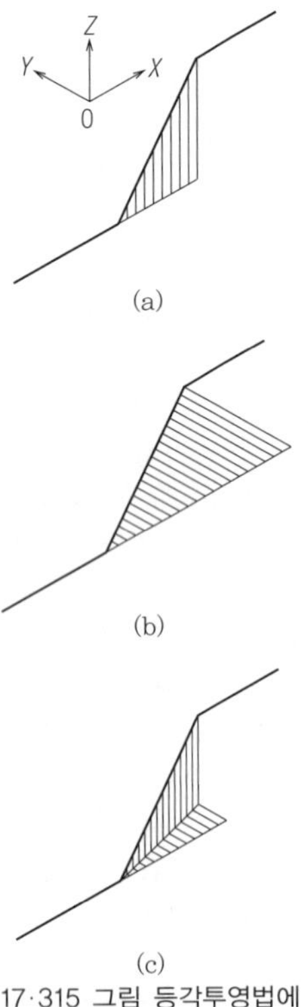

17·315 그림 등각투영법에 의한 배관도

17·35 표 배관도에 사용되는 간략도 기호 (JIS B 0011-1 부록 발췌)

종류	그림 기호	종류	그림 기호	종류	그림 기호
T		슬루스 밸브		안전 밸브	
크로스		볼형 밸브			
신축 관이음매		체크 밸브	또는		
휨 관이음매		볼 밸브		콕 일반	
캡 플랜지		버터플라이 밸브	또는	동력 조작	
나사식 캡·나사식 플러그		앵글 밸브			
용접식 캡		크로스 밸브		수동 조작	
밸브 일반		폐지 상태		계기	

17·18 각종 제도용 그림기호

앞에서 말한 배관제도와 같이 계통도적인 표시법을 하는 도면에서는 각각 그림기호를 이용해 단선으로 표시하는 것이 많이 이루어진다. JIS에서는 이들 그림기호에 대해 여러 규격을 정하고 있는데, 17·36 표~17·43 표, 17·316 그림에 그들의 규격 중에서 주요한 것을 발췌해 나타냈다.

17·36 표 유압·공기압 시스템 및 기기-그림기호- (JIS B 0125-1) (구 규격)

명칭	그림기호
주관로 파일럿 조작관로	
에너지 변환기기	l
계측기, 회전이음	$\frac{1}{2}\sim\frac{3}{4}l$
체크 밸브, 롤러, 링크	$\frac{1}{4}\sim\frac{1}{3}l$
오일 탱크 (통기식)	관 끝단을 액체 속에 넣지 않는 경우
	관 끝단을 액체 속에 넣는 경우 (통기용 필터 있음)
	관 끝단을 바닥에 접속하는 경우
	국소 표시 기호
기계의 연결 (회전축)	한 방향
	양 방향

명칭	그림기호
유압 펌프 및 모터	
공기압 펌프 및 모터	
유압 펌프 (1방향 흐름, 정용량형, 1방향 회전형)	
공기압 모터(2방향 흐름, 정용량형, 2방향 회전형)	
유압 모터(1방향 흐름, 회전형, 가변용량형, 양축형)	
요동형 액추에이터	유압 공기압
요동형 액추에이터(공기압, 정각도, 2방향 요동형)	

명칭	그림기호
단동 실린더	
단동 실린더 (스프링 붙이)	(1)
	(2)
복동 실린더 (1) 편 로드 (2) 양 로드	(1)
	(2)
복동 실린더 (쿠션붙이)	2:1
단동 텔레스코프형 실린더	(공기압)
복동 텔레스코프형 실린더	(유압)

명칭	그림기호
공유변환기 (단동형)	
2포트 밸브 항시 닫음	
2포트 밸브 항시 열림	
3포트 밸브 항시 열림	
2포트 수동 전환 밸브	
체크 밸브 스프링 없음	
릴리프 밸브	
스톱 밸브	
가변 드로잉 밸브	
압력계	

17·37 표 전기용 그림기호 (JIS C 0617-2~10)

명칭	그림기호
직류	
교류	
가변 조정	
접속 부위 (접속점)	
단자	
접지	
프레임 접지	
저항기	
가변 저항기	
고정 탭붙이 저항기	

명칭	그림기호
권선 또는 코일	
리액터	
자심 들이 인덕터	
2권선 변압기	
차폐붙이 2권선 단상변압기	
단상 전압 조정변압기	
콘덴서	
가변 콘덴서	
유극성 콘덴서	

명칭	그림기호
1차 전지 또는 전지	
휴즈	
개폐기	
정류접합	
교류전원	
회전기 (전동기)	M
반도체 다이오드	
터널 다이오드	
쌍방향성 다이오드	

명칭	그림기호
포토 다이오드	
포토 셀	
PNP 트랜지스터	
NPN 트랜지스터	
P형 베이스 단접합 트랜지스터	
N형 베이스 단접합 트랜지스터	
마이크로 폰 (일반)	
스피커(일반)	
안테나(일반)	

17·38 표 옥내 배선용 그림기호 (JIS C 0303)

명칭	그림기호	명칭	그림기호	명칭	그림기호	명칭	그림기호
천정 은폐 배선		수전점		형광등		배전반 분전반 제어반	
바닥 은폐 배선		버스 덕트		비상용 조명		전력량계	Wh
노출 배선		합성수지선 홈통		유도등		내선전화기	T
상승		환기팬		콘센트		누름 버튼	
인하		룸에어컨	RC	점멸기		부저	
소통		백열등 HID등		개폐기	S	차동식 스포트형 감지기	
접지극		벽붙이 백열등 ·HID등		배선용 차폐기	B	연기감지기	S

17·39 표 건축 재료, 구조 표시 기호 (JIS A0150)

명칭	표시 기호	명칭	표시 기호	명칭	표시 기호	명칭	표시 기호
벽 일반		철골		밤자갈		보온, 흡음재	재료명을 기입
콘크리트 및 철근 콘크리트		목재 및 목조벽	화장재 구조재 보조 구조재	자갈, 모래	재료명을 기입	망	재료명을 기입
경량벽 일반				석재 또는 초석	재료명·초석 명을 기입	유리	
보통 블록벽				미장 마감	재료명·마감 종류를 기입	타일 또는 테라코타	재료명을 기입 재료명을 기입
경량 블록벽		지반		다다미		그 외의 재료	윤곽을 그리고 재료명을 기입

17·40 표 건축 평면 표시 기호 (JIS A 0150)

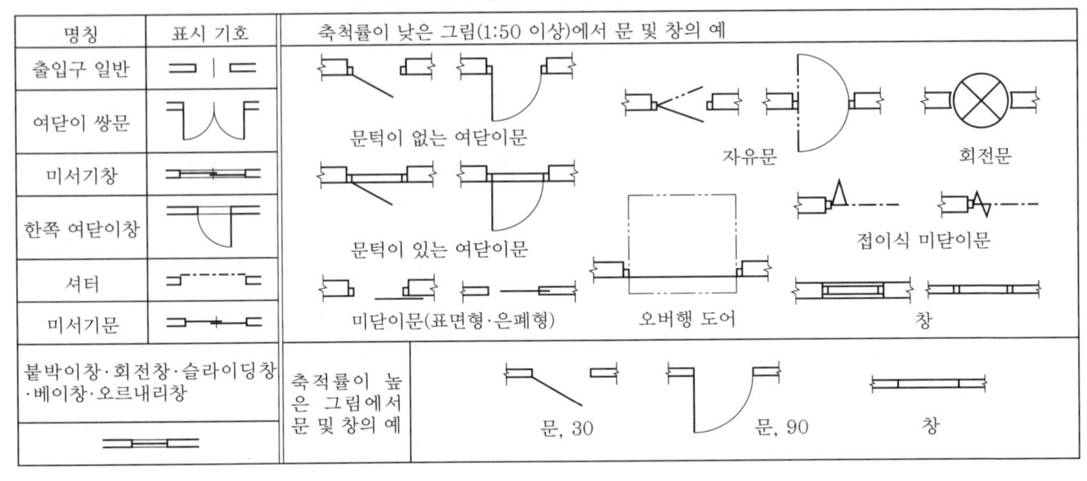

명칭	표시 기호
출입구 일반	
여닫이 쌍문	
미서기창	
한쪽 여닫이창	
셔터	
미서기문	
붙박이창·회전창·슬라이딩창·베이창·오르내리창	

축척률이 낮은 그림(1:50 이상)에서 문 및 창의 예

축적률이 높은 그림에서 문 및 창의 예

17·41 표 공정 기본 그림기호와 표시 예 (JIS Z 8206)

요소 공정	기호의 명칭	기호	의미
가공	가공	○	원료, 재료, 부품 또는 제품의 형상, 성질에 변화를 주는 과정을 나타낸다.
운반	운반	○	원료, 재료, 부품 또는 제품의 위치에 변화를 주는 과정을 나타낸다.
정체	저장	▽	원료, 재료, 부품 또는 제품을 계획에 의해 저장하고 있는 과정을 나타낸다.
	체류	D	원료, 재료, 부품 또는 제품이 계획에 반해 정체하고 있는 상태를 나타낸다.
검사	수량 검사	□	원료, 재료, 부품 또는 제품의 양 또는 개수를 측정해, 그 결과를 기준으로 비교해 차이를 아는 과정을 나타낸다.
	품질 검사	◇	원료, 재료, 부품 또는 제품의 품질 특성을 시험, 그 결과를 기준과 비교해 로트의 합격, 불합격 또는 개별품의 양품, 불량을 판정하는 과정을 나타낸다.

[비고] 운반 기호의 직경은 가공 기호의 직경의 1/2~1/3으로 한다. 기호 ○ 대신에 기호 ⇨를 이용해도 된다. 단, 이 기호는 운반의 방향을 의미하지 않는다.

표시 예

공정 분석도 (차축 부품) (그 1)

거리 (m)	시간 (min)	공정 경로	공정의 내용 설명
		▽	재료 창고에서
15	0.85	포	포크리프트 트럭으로 라인 톱으로
	125.00	▽	팰릿 상에서 손으로 기계로
1	0.05	손	
	1.00	1	밀링으로 끝단면 절삭
3	0.20	컨	컨베이어로 자동 반송
	0.50	4	축지름 자동 검사
3	0.20	손	손으로 설비장으로
	62.50	▽	팰릿 상에서
	0.35	9	축지름 검사
3	0.15	손	손으로 설비장으로
	30.00	D	팰릿 상에서
3	0.15	손	손으로 검사기로
	125.00	▽	팰릿 상에서
	0.10	13	수량 검사
7	0.75	포	포크리프트 트럭으로 완성품장으로
		▽	완성품장에서

17·42 표 철근의 표시 (JIS A 0101)

끝단부의 상태	표시(입면도)
끝단부가 90° 구부러진 철근	
끝단부가 90°와 180° 사이에서 구부러진 철근	
끝단부가 180° 구부러진 철근	
곧은 철근이 나란히 있는 경우, 또는 곧은 철근이 동일한 면에 있는 경우	1 2 1 2 가는 선을 끝단부에 설정, 대응하는 번호를 붙인다.

17·43 표 구멍·볼트·리벳의 기호 표시법

구멍·볼트·리벳	접시머리 없음	앞측이 접시머리	반대측이 접시머리	양측 모두 접시머리
공장 천공·공장 체결				
공장 천공·현장 체결				
공장 천공·공장 체결				

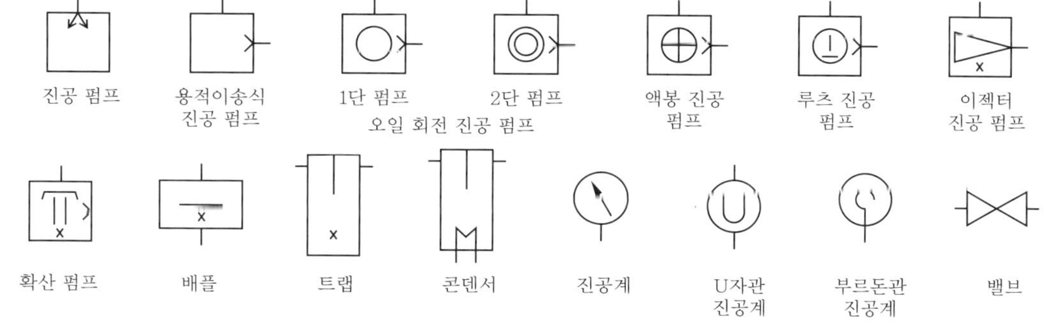

17·316 그림 진공장치용 그림기호 (JIS Z 8207)

17·19 도면 관리

도면은 그 기계를 제작할 때에 사용되지만, 그것에 관련되는 다른 작업에도 사용되고 있다. 이러한 중요한 도면도 그 보관과 운용에 있어 관리가 불충분하면 중복 또는 분실 등 때문에 순식간에 작업에 지장을 초래하게 된다. 따라서 이와 같은 미비함을 없애고 도면을 합리적으로 보관 및 운용할 수 있게 하는 것을 도면 관리라고 한다. 일반적으로는 원도의 작성과 원도의 운용 및 검도를 중심으로 복사도의 취급까지를 포함한다.

1. 대조 번호

기계의 부품에는 각각의 부품 명칭이 있는데, 이들 부품에 각각의 상호 관계를 갖게 하기 위해 이 각 부품에 번호를 붙여 정리하고 있다. 이 번호를 대조 번호(기존에는 부품 번호)라고 한다.

대조 번호는 17·317 그림 (a)와 같이 원 내(직경 10~16mm, 외형선의 약 1/2 두께로 쓴다)에 숫자(치수 수치보다 크고, 세로 5~8mm 정도로 두껍게 쓴다)로 기입하며, 부품도 안이나 옆에 인출선을 이용해 기입한다.

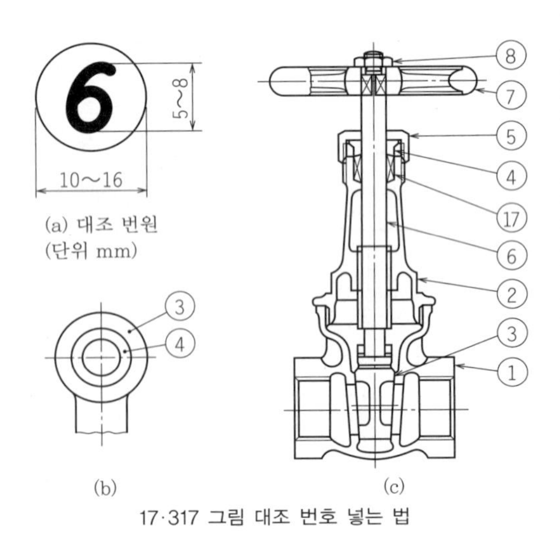

17·317 그림 대조 번호 넣는 법

조립도에 부품의 번호를 기입하는 경우는 동 그림 (c)에 나타냈듯이 각 부품에서 인출선을 내고 이 인출선의 끝에는 화살표를 붙이는데, 실질부에서 끌어내는 경우에는 동 그림 (b)와 같이 화살표 대신에 검은 점 '·'을 사용하는 편이 좋다. 또한 이 인출선은 치수선으로 착각하지 않도록 비스듬한 선으로 한다.

2. 표제란, 부품표 및 명세표

(1) 표제란 표제란은 도면의 오른쪽 아래 구석에 설정하며, 이것에 도면 번호, 도명, 척도, 투영법의 구별, 제조소명, 도면 작성 연월일 등을 명기하고 책임자의 서명을 하는데, 기입 양식에 대해서는 각 회사, 공장에서 여러 가지 고안하고 있다. 그리고 표제란 중에 도면을 특정하는 사항(도면 번호, 도명, 작성원 등)의 부분은 그것을 정상 방향에서 봤을 때에 표제란의 오른쪽 아래 구석에 있고, 또한 그 길이는 170mm 이하여야 한다고 규정되어 있다.

17·318 그림에 나타낸 표제란은 널리 일반적으로 이루어지고 있는 표준형의 한 예이다. 도면 번호는 도면의 정리 또는 사용 상으로 기계의 종류와 도면의 크기 및 작성의 순서에 따라 붙이는 경우가 많다. 예를 들면 선반(lathe)의 축(shaft)를 A열 3번의 용지를 사용해 가장 먼저 썼을 때는 'LS-3001'과 같이 표시하고 있다. 또한 도면 번호는 표제란에 나타내는 외에, 또한 도면의 왼쪽 위 구석에 거꾸로 기입한다. 이것은 도면의 파손과 정리 상, 만일 도면이 거꾸로 정리되어도 곧바로 도면 번호를 알 수 있기 때문이다.

25 (소) 40 (대)		도면 작성 연월일 책임자의 서명	척도	도명
	25			
	15	제도소명	투영법	도면 번호
		70	10	70
		150 (대) 100 (소)		

17·318 그림 표제란

(2) 부품표 도면 내에 그려져 있는 각 부품에 관한 모든 사항을 기재하는 표이다. 17·319 그림은 일반적으로 채용되고 있는 부품표로, 보통은 오른쪽 아래 구석의 표제란 위에 접해 설정하고 있다.

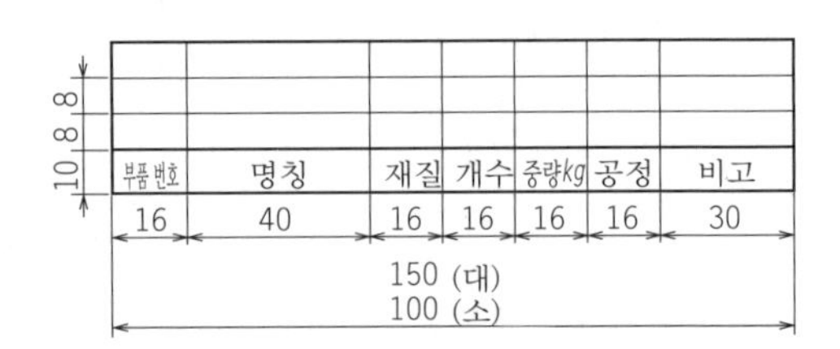

부품번호	명칭	재질	개수	중량kg	공정	비고
16	40	16	16	16	16	30

17·319 그림 부품표

이 표 중에 공정란에는 부품의 가공 과정을 기입한다.

예를 들면 주조품을 기계가공해 완성하는 경우라면, 목형 공장에서 만들고 다음으로 주물 공장에, 그리고 기계가공 공장으로 가는 과정을 나타낸다. 또한 이들 공장명을 일일이 입력하는 것은 번거로우므로 이들은 일반적으로 다음의 약칭을 사용하고 있다.

목…목형 공장　　　주…주물 공장
기…기계가공 공장　완… 완성 조립 공장
창…창고　　　　　단…단조 공장
관…제관 공장　　　시…시험장

또한, 표준품을 사용할 수 있는 경우에는 비고란에 JIS에 정해진 그 호칭법을 기입한다.

JIS의 제도 규격에는 부품표 위치와 부품표에 기재하는 사항 등에 관한 규정이 없기 때문에 여러 종류의 다양한 형식이 채용되고 있다.

(3) 명세표　간단한 기계의 조립도 등은 전체 부품의 명세를 부품표에 기입할 수 있지만, 복잡한 조립도가 되면 그 전부를 기입하는 것은 불가능하므로 이러한 경우에는 특별히 명세표라는 것이 작성된다. 이것은 전체 부품의 명세를 기재한 표로, 조립도와는 별도로 작성되는 것이다(17·320 그림).

		작성		심사		주문자		표매수
○○식 선반 도면 명세표						수량		
						기한		
항번	도면 번호	품명	인원수	재질	공정	중량	비고	

17·320 그림 명세표

이 명세표는 조립도와 부품도의 연락을 유지하고, 실제 제작에 필요한 도면의 매수, 소요 재료의 준비, 무슨 도면이 출도됐는지 등을 한 눈에 알 수 있도록, 그리고 또한 도면의 정리에 편리하도록 고안해 만든다.

3. 도면의 정정·변경

도면이 작성된 후, 도형 혹은 치수 등을 정정해야 하는 경우가 있다. 이것에는 추적의 오류, 계산 상의 실수에 의한 경우의 정정과 도면 자체에 오기는 없지만, 재질의 변경이나 설계 방침의 변경 및 공작 상의 사정에 따라 치수의 변경이 있는 경우의 개수가 있다.

이러한 이유에 의해 도면을 변경하는 경우에, 정정에 있어서는 변경 전의 도형과 치수를 남기지 않는 경우가 있는데, 적어도 개수의 경우에는 남겨 두는 것이 필요하다. 그것은 개수 전에 도면에 의해 이미 물품이 만들어져 있고, 어떻게 변경되었는지를 알 필요가 생길 수 있기 때문이다.

다음에 도면의 변경을 하는 경우의 예를 설명한다.

(1) 변경 문자　설계 변경 등을 할 때에 이용하는 문자로, 틀리기 쉬운 문자, 다른 기호와 동 종류의 문자는 정확을 기하기 위해 가급적 사용하지 않는다. 또한 하나의 변경이 많은 사항을 포함하는 경우, 각 항목을 표시하기 위해 변경 문자에 접미사(A_1, A_2, A_3와 같이)를 부가하면 된다.

(2) 숫자의 변경　앞의 도형, 치수를 남길 때에는 17·321 그림 (a)와 같이 숫자는 1~2개의 선으로 지우고, 그 위에 또는 아래에 새로운 숫자를 넣는다. 변경한 곳에는 변경 날짜, 이유 등을 분명하게 해 둔다.

그림 중에 쓸 수 없을 때는 적당한 기호, 예를 들면 A, B와 같은 것을 부기하고, 동 그림 (b)와 밑에 별도로 정정란을 설정해 필요 사항을 기입한다.

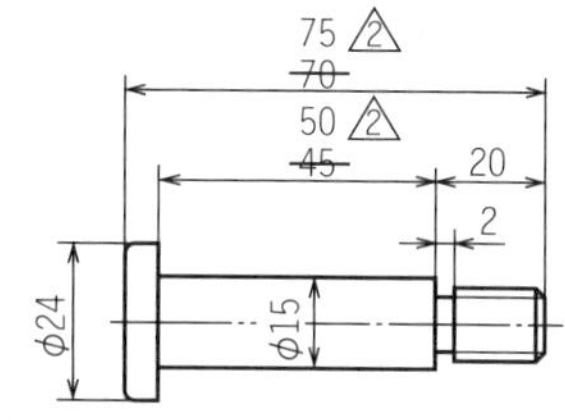

△2 치수 변경 (××년×월×일 변경)

(a) 치수의 변경

부호	연월일	정정 기사	날인
△A	27·3·20	재질 변경을 위해	쓰노다
△B	동상	동상	쓰노다

(b)

17·321 그림 문자의 변경

(3) 도형의 변경　개정을 위해 도형의 일부를 변경하는 경우에는 지우개로 지우거나 하지 않고, 그 부분만을 부근의 적당한 여백 부분에 별도로 그리는 것이 좋다(17·322 그림).

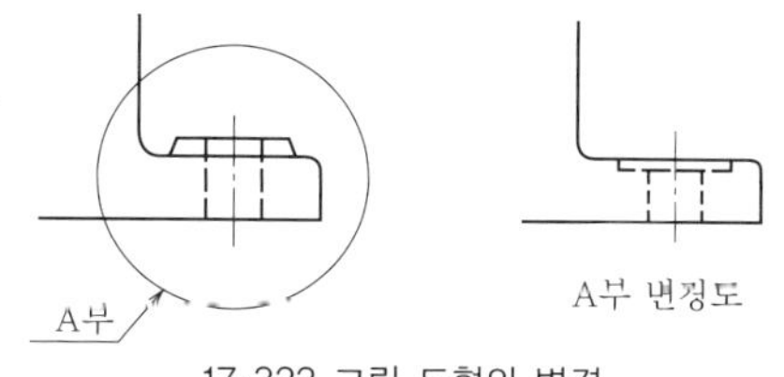

17·322 그림 도형의 변경

4. 검도

현재의 산업에서 도면에 오류가 전혀 없고, 일단 출도된 도면이 어떤 변경·정정도 없이 마지막까지 목적에 도달하는 것은 어려운 일이지만, 조금이라도 잘못을 줄이는 것은 매우 중요하다. 오류를 없애기 위해 현재 널리 사용되고 있는 방법으로서 체크리스트에 의한 검도법이 있다.

17·44 표는 미국에서 일반적으로 사용되고 있는 체크리스트의 한 예를 나타낸 것이다. 또한 일본의 공장에서 사용되고 있는 것의 한 예로서 17·45 표에 조립도용 체크리스트, 17·46 표에 부품도용 체크리스트를 나타냈다.

이러한 체크리스트를 사용해 각 항마다 검도를 하고, 그림의 오류를 발견·정정함으로써 도면의 권위를 높이고 많은 트러블을 미연에 방지할 수 있다.

17·44 표 미국 규격에 의한 체크리스트의 예

도형	치수와 주기	타이틀 블록
① 척도는 적당한가. ② 그림의 배치, 선정은 적당한가. ③ 단면, 화살표 기호는 적당한가 ④ 상세도의 선정은 적당한가. ⑤ 불필요한 그림은 없는가. ⑥ 투영은 모두 정확한가. ⑦ 그림은 정확한 크기로 그려져 있는가. ⑧ 그림은 명확하고 진하게 그려져 있는가.	① 치수는 정확히 기입하고 있는가. ② 중복 치수는 없는가. ③ 부족 치수는 없는가. ④ 치수의 지시 부위는 명확한가. ⑤ 치수선, 문자, 숫자에 불명확 또는 얇은 선은 없는가. ⑥ 나사의 지시는 정확한가. ⑦ 오자, 탈자는 없는가. ⑧ 치수 허용차의 지시가 적당한가. ⑨ 마무리 기호의 지시는 적당한가. ⑩ 주기는 적당한가.	① 명칭은 적당한가. ② 부품 번호는 정확한가. ③ 보통 허용차 기입은 적당한가. ④ 재료 규격은 적당한가. ⑤ 필요한 열처리의 지시는 적당한가. ⑥ 필요한 표면처리의 지시는 적당한가. ⑦ 필요한 물리적 성질의 지시는 적당한가. ⑧ 부품이 귀속하는 경로의 지시는 올바른가. ⑨ 필요 항목에 대한 기입이 빠지거나, 오자는 없는가. ⑩ 불필요한 항목은 제거되어 있는가.

17·45 표 조립도용 체크리스트

① 성능은 설계 사양서의 요구대로인가.
② 정도 유지에 불안정한 기구는 없는가.
③ 작동부의 움직임이 다른 부분에 닿는 곳은 없는가. 작동도에 따라 반드시 체크할 것.
④ 조립, 분해가 용이한가.
⑤ 회전 방향 및 회전수의 기입 누락 및 잘못은 없는가.
⑥ 하중(레이디얼, 스러스트)의 방향 및 받는 측은 적정한가.
⑦ 급유 방법은 적정한가.
⑧ 공수 절감할 수 있는 부분은 없는가. 공작 방법에 대해 의문점은 없는가.
⑨ 재료는 표준 사이즈의 것을 사용하고 있는가.
⑩ 표준 및 부품 규격의 게이지를 사용하고 있는가.
⑪ 조작 및 보수의 점에 미비한 점은 없는가.
⑫ 설치, 운반에 대해 고려되어 있는가.
⑬ 축간 거리가 기입되어 있는가.

17·46 표 부품도용 체크리스트
(a) 도면 내용의 체크리스트

검사 항목	검도 사항
① 치수	① 각 부품에 대해 도면 치수를 스케일로 대어 체크한다. ② 공작 치수의 기입 방법은 적정한가. ③ 치수 기입 누락 및 중복 치수는 없는가. ④ 투영도 및 단면도의 부족, 투영의 잘못은 없는가 주의할 것.
② 개수	① 부품 개수 및 적용 번호를 체크한다. ② 부품의 누락이 없는지 주의할 것.
③ 규격 표준 부품	① 규격·표준 부품을 규격 및 기본형과 대조해 체크한다. ② 구입품은 카탈로그와 대조해 체크한다. ③ 게이지 관계 치수를 규격과 대조해 체크한다. 게이지 No.의 기입 누락에 주의할 것.

(다음 페이지에 계속)

검사 항목	검도 사항
③ 규격 표준 부품	④ 기어, 웜기어 쌍, 스프링 등의 계산값을 조립도의 기입값과 대조해 체크한다.
④ 조합 치수	① 끼워맞춤 치수, 조합 치수 및 끼워 맞춤기호를 체크한다. ② 조립, 분해가 가능한가. 특히 부품의 충돌에 주의할 것. ③ 나사의 피치 기입 오류 및 기입 누락에 주의할 것. ④ 어태치먼트 및 치공구와의 관계 위치 및 치수를 체크한다.
⑤ 재질, 열처리	① 재질의 적합성, 열처리 및 경도를 체크한다. ② 열처리의 후가공에 대해 주의할 것. ③ 특히 열처리 경도의 기입 누락에 주의할 것. ④ 표면처리 지시에 대해 주의할 것.
⑥ 공작법	① 공작법(가공기계 및 공구) 및 공작 치수에 대해 체크한다. ② 공작은 필요한 기준면 및 보조 보스 기입 누락에 주의할 것. ③ 마무리 기호의 적합성 및 기입 누락에 주의할 것. ④ 평면도, 직각도, 평행도 및 공작에 필요한 특기 사항의 기입 누락에 주의할 것.
⑦ 작동	① 설계 사양에 대한 움직임 및 조정량을 체크한다. ② 움직임에 대해 부품의 충돌은 없는가, 특히 주의할 것. ③ 나사기어, 헬리컬기어, 웜기어 쌍의 좌우 및 클러치 방향을 회전 방향 및 스러스트 방향에 대해 주의할 것.
⑧ 최종 검도	① 정정 치수를 다시 체크한다. ② 체크 누락이 없는지 주의할 것.
⑨ 복사도 검도	트레이스의 정정 부분을 체크한다.

(b) 사무적인 체크리스트

검도 항목	검도 항목	검도 항목	검도 항목
작성 연월일	기입되어 있는가.	개수	적정한 기입이 되어 있는가.
도면 번호	기입되어 있는가.	재질 기호	적정한 기호가 기입되어 있는가.
설계자	체크 사인이 되어 있는가.	척도	도형과 척도가 적정한가.
제도자	체크 사인이 되어 있는가.	제도법	적정한 지정의 제도법으로 그려져 있는가.
부품 번호	기입되어 있는가.	비고	상대 부품 번호, 호칭법이 기입되어 있는가.
부품 명칭	기입되어 있는가.		

5. 도면의 보관

도면이 완성되면 우선 도면을 원도 대장(도면 원부) 또는 원도 등록 카드에 기입해 원도장(도면 창고)에 보관하고, 현장에는 모두 원도에서 복제한 복사도가 발행된다. 원도의 대출은 도면 변경의 경우 이외에는 절대 해서는 안 된다. 또한 원도를 변경해 그린 경우는 '구 도면'의, 또는 폐 도면이 된 경우에는 '폐 도면'의 스탬프를 가장 잘 보이는 곳에 찍어 신 도면과 구분해 보관하는 것이 필요하다. 17·323 그림에 원도 등록 카드의 한 예를 나타내고, 또한 17·324 그림에 복사도 대출 카드의 한 예를 나타냈다.

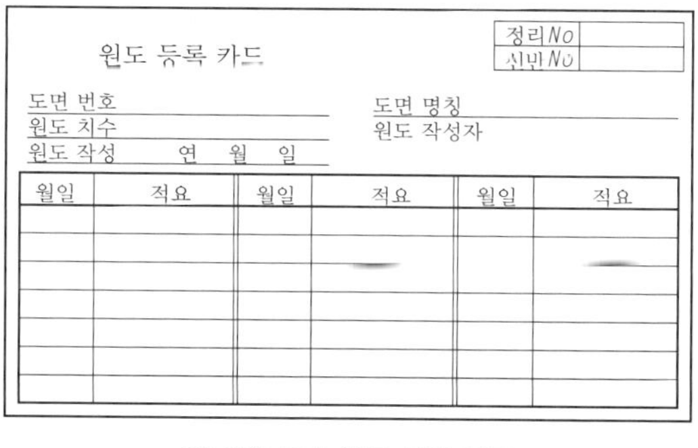

원도 등록 카드

정리 No
신번 No

도면 번호 / 도면 명칭
원도 치수 / 원도 작성자
원도 작성 연 월 일

월일	적요	월일	적요	월일	적요

17·323 그림 원도 등록 카드

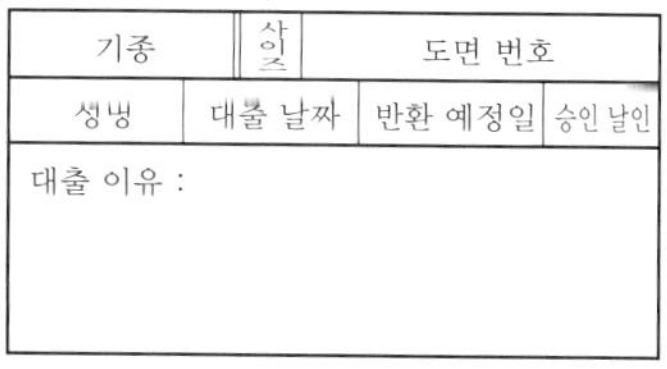

기종	사양	도면 번호	
성명	대출 날짜	반환 예정일	승인 날인

대출 이유 :

17·324 그림 복사도 대출 카드

17·20 약식도 (스케치도)

1. 약식도에 대해서

약식도란 기존제 기계를 보면서 그 형상, 치수, 구조 및 재질 등을 조사해, 일반적으로 연필을 사용해 프리 핸드로 그린 도면을 말한다. 약식도는

① 동일 기계를 다시 제조한다.

② 손상 부품을 새롭게 제조한다.

③ 개조해 새로운 제품을 만든다.

등의 경우에 만들어진다. 보통 이것을 기초로 해 제작도를 작도하는데, 간단한 것, 시급을 요하는 경우 등에는 이것을 그대로 제작도로 사용하는 경우가 있다.

2. 약식도의 용구

약식도를 그리는 경우, 일반적으로 다음의 용구를 준비하면 된다.

① 연필(HB), ② 칼, ③ 용지(방안지 또는 갱지), ④ 지우개, ⑤ 자(접자), ⑥ 패스(외 패스, 내 패스)

그 외에 정밀한 치수 측정기구로서

⑦ 각도기, ⑧ 버니어캘리퍼스, ⑨ 마이크로미터, ⑩ 각종 게이지(깊이 게이지, 틈새 게이지, 나사 게이지 등)

이상 외에 스패너, 해머, 직각자 등이 필요한 경우가 있다. 또한 더러워지기 쉬우므로 비누 등도 준비해 두면 좋다.

3. 약식도 그리는 방법

형상의 스케치는 제도법에 기초해 그리는 것이 좋지만(17·325 그림), 간단한 것은 17·326 그림과 같이 투시도적으로 그려도 된다. 이 경우에 있어서도 공작에 필요한 사항은 빠짐없이 기입해 둬야 한다. 다음에 약식도를 그릴 때의 주의에 대해 말한다.

① 처음에 스케치하는 기계의 조립도를 그려 각 부품의 관계를 분명하게 하고, 다음으로 기계를 분해해 부품도를 그린다.

② 부품이 JIS에 의한 표준품인 경우에는 간략 도시법 또는 호칭법으로 처리한다.

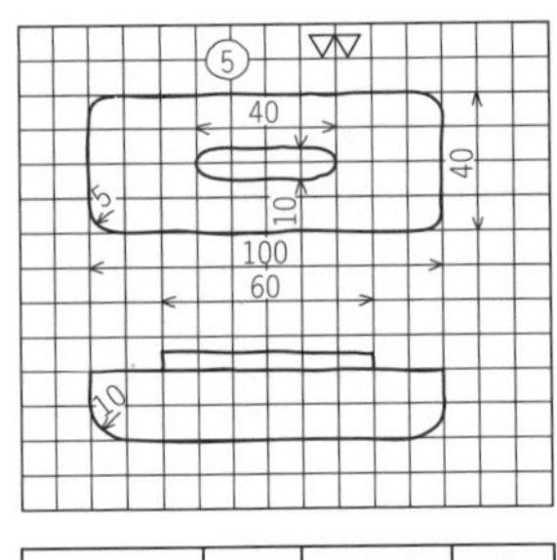

도면 번호	명칭	재질	개수
FC-4005	댐판	SF340	1

17·325 그림 삼각법에 의한 약식도

③ 치수는 정확하게 측정하고, 치수의 판정이 곤란한 경우에도 실제 형상과 실측 치수를 존중한다.

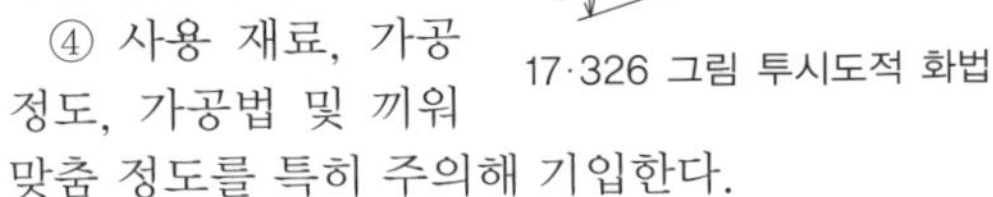

17·326 그림 투시도적 화법

④ 사용 재료, 가공 정도, 가공법 및 끼워 맞춤 정도를 특히 주의해 기입한다.

⑤ 드릴 구멍의 위치나 평면형의 곡선 등은 그 표면에 광명단 또는 기름을 칠하고 종이를 눌러 대어 실제 형상을 취한다(17·327 그림). 또한 복잡한 곡면 등은 17·329 그림에 나타냈듯이 연필로 본뜨기를 한다.

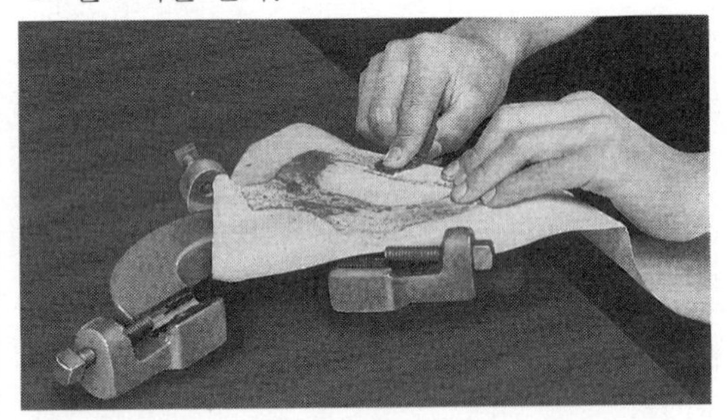

17·327 그림 프린트에 의한 방법

17·328 그림 프린트에 의한 방법

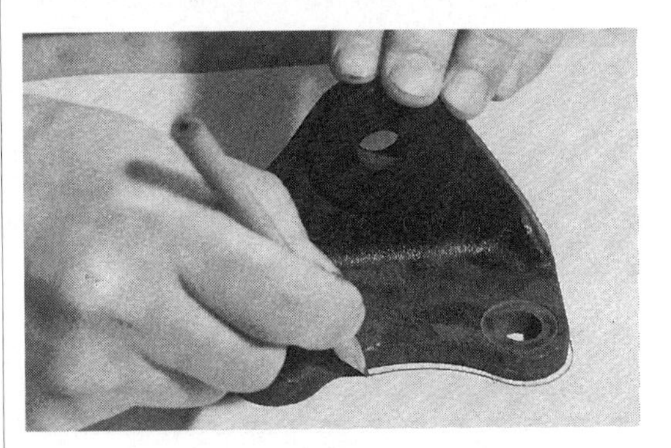

17·329 그림 본뜨기에 의한 방법

제18장

CAD 제도

18장. CAD 제도

18·1 CAD란

현재 설계 업무에 대해 CAD(Computer aided design)은 이미 상식화되어 있으며, 특히 최근의 급격한 IT(Information technology) 기술 혁신에 의해 기존보다 현격하게 높은 코스트 퍼포먼스성(가격에 비교해 성능이 높은 것)을 가진 기기가 계속해서 개발되고 있다.

CAD란 원래 컴퓨터 지원에 의한 설계 업무를 의미하는 말인데, 현재 컴퓨터는 설계에 한하지 않고 모든 분야에서 사용되고 있으므로 최근에는 컴퓨터로 도면을 그리게 하는, 이른바 CAD 제도를 의미하게 됐다. 이하, 이 절에서는 CAD를 그와 같은 의미로 이용하고 있다. 단, 여기서 특히 주의하고 싶은 것은 CAD라고 해도 기계가 맘대로 도면을 그려 주는 것이 아니라, 인간이 기계를 조종해서 도면을 그리게 하는 것이기 때문에 손으로 그리는 제도와 마찬가지로 제도법 및 기타 기초 지식은 충분히 갖추어 두는 것이 반드시 필요하다.

18·2 CAD의 하드웨어

18·1 그림은 CAD 시스템의 한 예를 나타낸 것인데, 일반적으로 컴퓨터 본체를 중심으로 해 이것의 주변기기로 구성되는 하드웨어와, 이들 기기를 유효하게 움직이게 하는 소프트웨어에 의해 구축되어 있다.

주변기기로서는 18·2 그림~18·4 그림에 나타낸 디지타이저, 플로터 등이 있다.

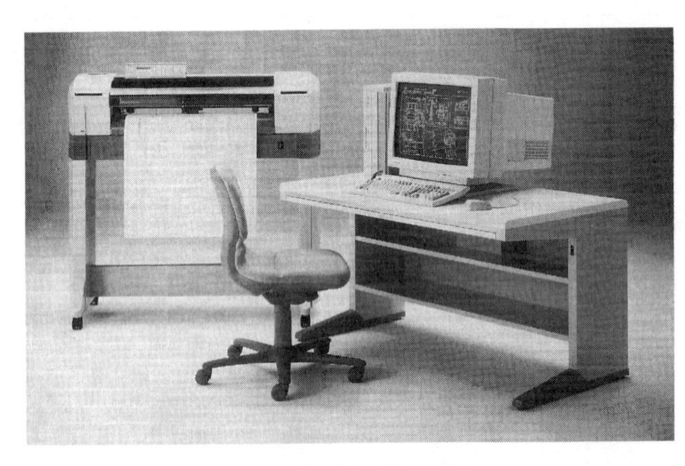

18·1 그림 CAD 시스템의 예

최근에는 퍼스널컴퓨터 CAD용의 우수한 소프트웨어가 몇 가지 시판되어 있으므로 보통 가정용 퍼스널컴퓨터로도 충분히 사용할 수 있게 됐다.

18·3 CAD의 소프트웨어

1. CAD 소프트웨어의 기능

시판 CAD 소프트웨어는 보통 다음과 같은 기능을 갖추고 있다.

① 도형 처리 소프트웨어…모델의 형상을 2차원 혹은 3차원 도형으로서 디스플레이 상에 표시하는 기능.

② 형상 모델링…모델을 여러 가지 방식으로 구축하는 기능.

③ 대화 처리…디스플레이를 통해 이용자와 컴퓨터 간의 대화를 원활하

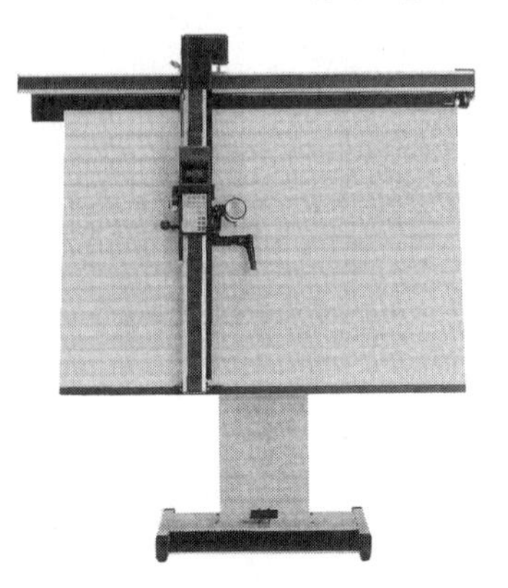

18·2 그림 디지타이저

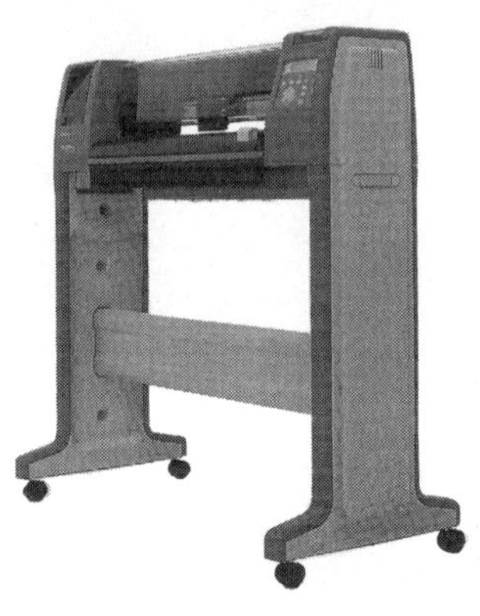

18·3 그림 플로터 (회전 드럼형)

18·4 그림 플로터 (플랫 헤드형)

게 하는 기능.

위와 같은 기능이 있다고 해도 CAD는 작도를 하는 것뿐만 아니라, 예를 들면 그 부분의 강도 계산 등과 동시에 이용할 수 있으면 더욱 편리하다. 그래서 시판 소프트웨어에 이용자가 원하는 기능을 가진 소프트웨어를 선택해 조합해 사용하는 것이 좋다.

2. 2차원 CAD 시스템

2차원 CAD에서는 디스플레이를 제도판으로 보고 도면을 작성하는 것으로 생각하면 된다. 단, 일반적인 수작업 제도와는 다른 것은 일단 등록한 도면은 그 입출이나 이동, 변형이 자유롭기 때문에 기존의 도면을 이용한 응용 설계 혹은 편집 설계가 가능하고, 이것에 의해 대폭적인 시간 단축이 도모되는 것이다.

(1) 기본 도형 작성 기능 2차원 도형을 컴퓨터 내부에서 취급하기 위한 소프트웨어는 그 도형의 요소인 점, 직선, 원 또는 원호, 곡선 등을 입력하는 커맨드(명령 기능)을 갖추고 있으며, 이들 집합으로서 도형이 작성된다.

CAD를 기동하면, 기종 혹은 소프트웨어에 따라 다르지만, 메뉴 바, 스테이터스, 커맨드 라인, 작도 영역 및 몇 가지 툴바가 표시된다. 이들 중에서 필요한 것을 선택해 클릭하면, 그 커맨드가 실행된다.

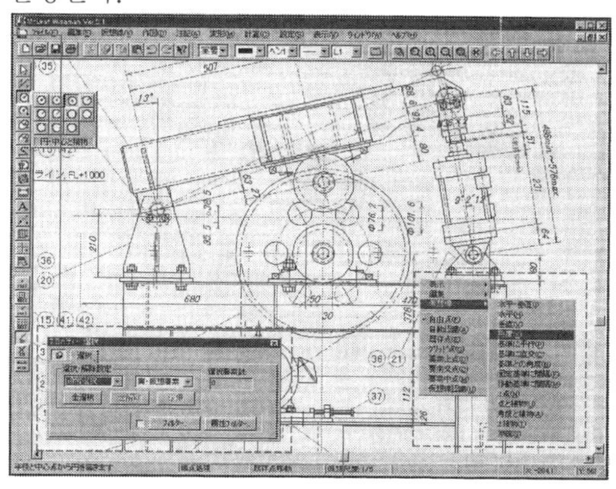

18·5 그림 커맨드의 예

(2) 도형 편집 기능 앞에서 말한 기본 도형 작성 기능에 의해 실행된 도형에 매크로 커맨드라고 해서 시스템의 커맨드를 서로 연결해 일련의 조작을 1개의 커맨드로 실행할 수 있는 기능을 갖게 한 것으로, 이것에는 다음과 같은 것이 있다.

① 이동·복사…도형을 지시한 위치에 이동시키는 기능 및 동일한 도형을 반복 작성하는 기능.

② 회전…도형을 지시한 회전 중심 및 회전각으로 회전 표시시키는 기능.

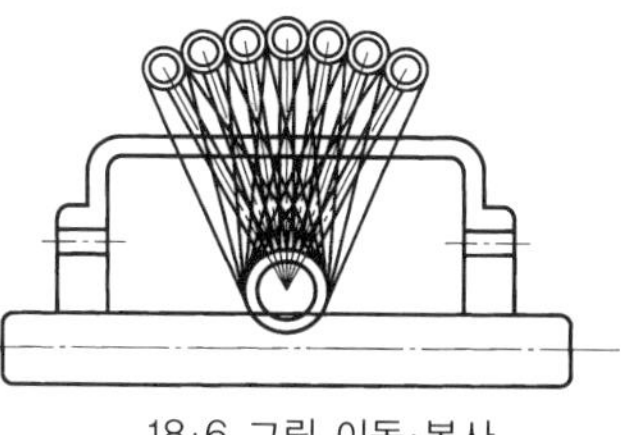

18·6 그림 이동·복사

③ 반전…도형을 어떤 대칭축에 대해 반전시키는 기능.

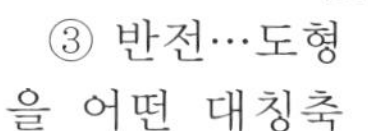

④ 파라메트릭…기본 도형의 각 치수값을 파라미터로 한 프로그램을 작성해 두고, 필요한 치수로 각각의 파라미터 값을 입력하면 새로운 도형으로 변환할 수 있는 기능(18·7 그림).

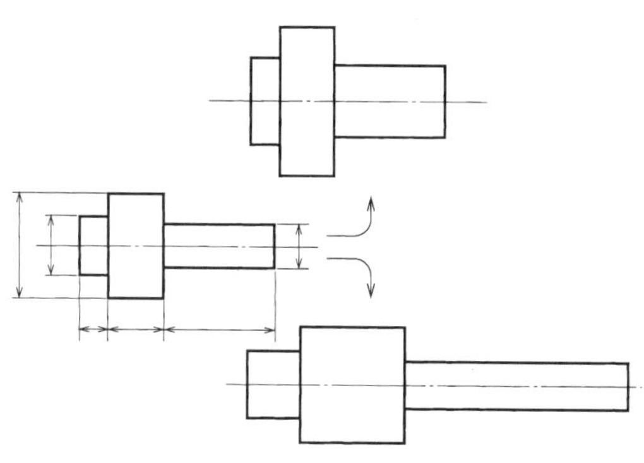

18·7 그림 파라메트릭

⑤ 해칭…외형선에 의해 둘러싸인 폐쇄 영역을 임의의 패턴으로 빈틈없이 칠하는 것을 필이라고 하는데, 제도에서는 익숙한 해칭이다.

⑥ 레이어…CAD로 조작 중인 도형을 효과적으로 분리해 보존해 두는 복수의 층을 말한다. 복잡한 도면을 다루는 경우, 이것을 분야마다 몇 가지

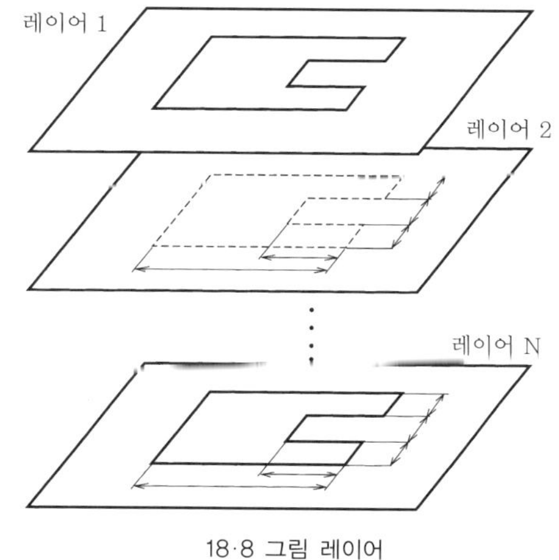

18·8 그림 레이어

층(레이어)로 나누어 별도로 보존해 두고, 그 전부 혹은 필요한 레이어만을 중복해 출력시킬 수 있는 기능(18·8 그림).

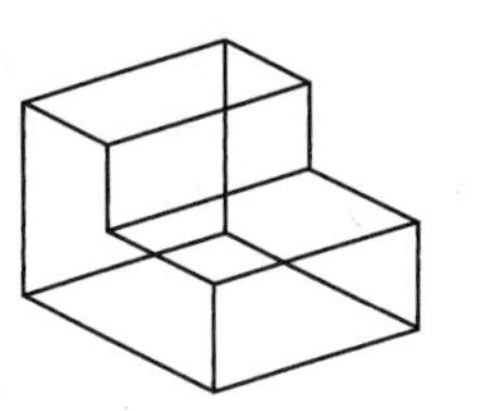

18·9 그림 와이어 프레임 모델

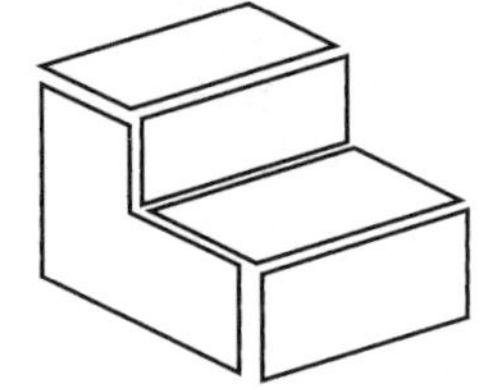

18·10 그림 서피스 모델

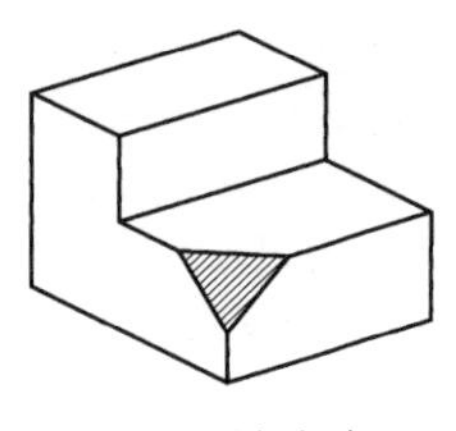

18·11 그림 솔리드 모델

3. 3차원 CAD 시스템

물체의 3차원 형상을 컴퓨터 내부에서 수치 예로서 취급하는 것을 형상 모델링이라고 하고, 그 소프트웨어를 형상 모델링이라고 한다. 3차원 CAD에서 이용되는 모델에는 와이어 프레임 모델, 서피스 모델 및 솔리드 모델이 있다.

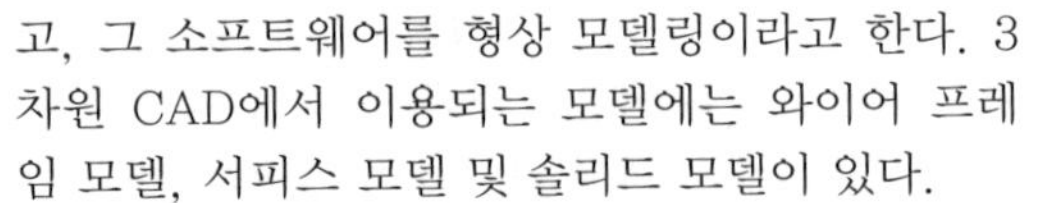

(1) 와이어 프레임 모델 와이어 프레임 모델이란 18·9 그림에 나타냈듯이 물체의 능선과 정점에서 3차원 형상을 표현한 모델이며, 철사세공과 같은 모양 때문에 이렇게 불린다. 이른바 2차원 도형에 Z축의 정보를 부가해 3차원 공간에서 다룰 수 있게 한 것이다. 데이터 구조는 간단하고, 기하학적 연산이나 표시 속도가 빠르며 모델이나 3면도, 투시도 등의 작성이 쉽다고 하는 특징이 있는데, 단면도 작성이나 숨은선 제거 등이 불가능하며 이용되는 범위는 한정되어 있다.

(2) 서피스 모델 서피스 모델은 18·10 그림에 나타냈듯이 와이어 프레임 모델에 면의 정보를 부가, 물체를 면의 집합으로서 표현하는 것이다. 이 모델은 면을 갖기 때문에 단면도 작성이나 숨은선 제거 등이 가능하다.

그 외에 곡면가공에 대한 응용, 부품의 간섭 체크, 렌더링 처리 등을 할 수 있다.

(3) 솔리드 모델 서피스 모델은 면의 정의는 가능하지만, 아직 완전하게는 입체의 정의가 가능하지 않으므로 입체의 체적이나 중심, 관성 모멘트, 단면 2차 모멘트 등의 물체 내부 정보(이것을 매스 프로퍼티라고 한다)를 가지고 있지 않다. 그래서 대상물을 완전히 입체로서 표현하는 방법이 솔리드 모델이다(18·11 그림).

솔리드 모델에서는 정의된 결과로서의 3차원 형상을 정점, 능선, 면 등의 경계 정보로서 그 접속 관계로 표현하는 것으로, 물체의 형상 그 자체를 명료하게 표현할 수 있기 때문에 매스 프로퍼티의 계산 등이 가능하다는 큰 장점을 가지고 있는데, 복잡한 정보를 취급하게 되기 때문에 컴퓨터에 대한 부하는 한층 더 커진다.

솔리드 모델을 표현하는 형상 모델러에는 대표적인 것으로 CSG(constructive solid geometry)와 B-Reps(boundary representation, 경계 표현)의 두 가지 방법이 있다.

(a) CSG법 CSG는 18·12 그림에 나타낸 프리미티브라고 부르는 기본적인 입체 형상 요소를 확대, 축소, 이동, 회전 등의 조작을 가하면서 집합 연산을 실시, 필요로 하는 입체를 정의하는 것

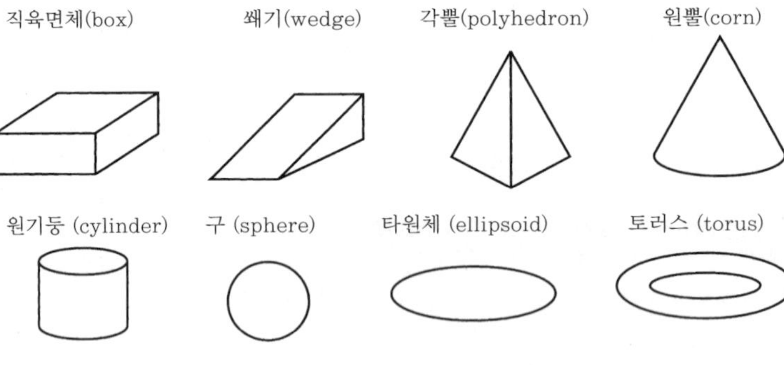

18·12 그림 프리미티브의 예

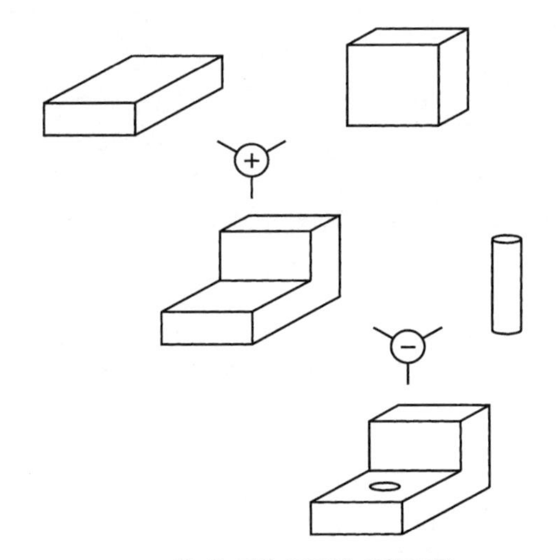

18·13 그림 CSG에 의한 표현

18·14 그림 솔리드 모델의 생성·변형의 예

이다(18·13 그림).

집합 연산은 18·14 그림에 나타냈듯이 합집합은 프리미티브끼리 이루는 최대 공간을, 차집합은 한쪽의 프리미티브에서 겹치는 부분을 제거한 공간을, 또한 교집합은 양쪽의 프리미티브가 겹치는 부분만을 남긴 공간을 만드는 조작을 하는 것인데, 이것을 반복해 목적한 형상을 정의할 수 있다.

(b) B-Reps법 B-Reps법은 18·15 그림에 나타냈듯이 입체를 둘러싸고 있는 경계면에 방향의 정보를 더해표현하는 방법이다.

이 방법은 입체, 면, 능선, 정점 등 경계면의 연결 방법을 나타내는 위상 요소와 정점의 위치나

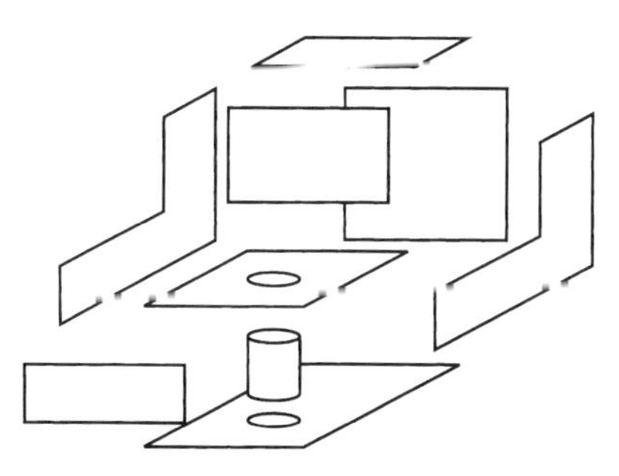

18·15 그림 B-Reps에 의한 표현

능선, 면의 방정식 등의 형상을 나타내는 기하 요소로 구성된다.

B-Reps는 CSG와 비교해 구조가 복잡하고 데이터량이 많은데, 실제 기하 요소를 데이터 구조로 가지고 있기 때문에 표시가 빠르고 자유곡면과 조합한 표현이나 국소 변형이 비교적 쉽다. 그렇기 때문에 그래픽 표시, 3면도나 단면도 등의 도면 작성, NC 데이터 작성 등의 표면 형상을 중시하는 시스템에 적합하다.

(4) 피처 베이스 모델 기존 CAD에서 솔리드 모델링의 기법으로서는 집합 연산을 이용해 프리미티브를 조합해 복잡한 형상을 만드는 것이 일반적이었는데, 최근에는 피처 베이스의 모델링 방법이 주목을 받아 많은 솔리드 모델러가 이 기능을 공급하고 있다.

피처란 의미를 가진 형상의 집합체이며, 피처 베이스 모델링이란 그 피처 단위로 모델을 만드는 방법이다.

이 때 모델 내에는 형상뿐만 아니라, 피처의 정보도 보존되어 있다. 피처는 파라미터를 변경함으로써 형상을 자유롭게 변경할 수 있다.

18·16 그림은 대표적인 피처를 나타낸 것이다.

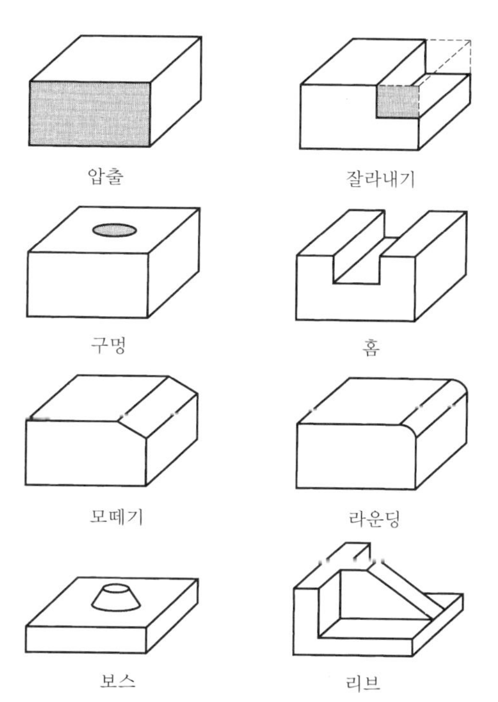

18·16 그림 피처의 예

18·4 JIS의 CAD 제도 규격

1. CAD 제도 규격에 대해서

앞 장에서 설명한 사항은 모두 수작업 제도에 대해서였다. 그런데 최근 컴퓨터 기술이 눈부시게 발전함에 따라 컴퓨터를 이용해 제도를 하는 CAD 제조(computer aided design and drawing) 시스템이 개발되고, 기업은 물론이고 학교 교육에도 급속하게 도입되기 시작했다.

이것은 단순히 설계·제도의 단계에 그치지 않고 기계에 의해 도면 판독을 가능하게 해 그 정보를 직접 제조 과정에 보내는 CAM(computer aided manufacturing) 시스템이 개발되었으며, 이들 양자를 합한 CAD/CAM 시스템으로서 큰 성과를 올리고 있다.

이와 같은 상황을 반영해 JIS에서는 CAD용 제조에 대해서도 규격(JIS B 3401 : CAD 기계 제도)를 정하고 있으며, 2000년 전면적으로 개정했으므로 이하에 그 개정 규격에 대해 설명한다.

2. 이 규격의 적용 범위

앞 장에서 설명한 제도에 대한 대부분의 원칙은 수작업인 경우에도 CAD의 경우에도 그다지 다른 점은 없지만, CAD로서의 특이성 때문에 몇몇 경우는 예외가 인정되고 있다. 따라서 이하에 설명하는 사항 이외는 모두 수작업의 경우와 동일하다고 생각해도 된다.

3. CAD 제조가 구비해야 할 정보

CAD 제도에서는 도면 관리 상 필요한 정보 도면 승인자 등을 명기해 둬야 한다. 또한 형상에 필요한 정보로서 정확한 투영도, 단면도 치수, 3차원 형상 데이터 등의 명기가 필요하다. 이 외에 재료, 표면 성상, 열처리 조건, 인용 규격 등도 필요에 따라 기입해 둔다. 이들 정보는 명확하게 표현하는 것이 필요하며, 애매한 해석이 생기지 않도록 표현의 일의성을 갖춰야 한다.

또한 CAD 제도에는 적절한 시스템을 이용하고, 수작업 제조와 혼용해서는 안 된다. 단 제조자, 기타 서명은 혼용으로 간주하지 않는다.

그 외에 제품(또는 부품) 제작을 위한 CAD 정보는 항상 관리 상태에 있어야 한다.

4. 도면의 크기 및 양식 (본서 17·2절 참조)

5. 선

(1) 선의 종류, 용도 및 굵기
(본서 17·3절 참조)

(2) 선의 요소 길이 파선, 1점 장쇄선, 2점 장

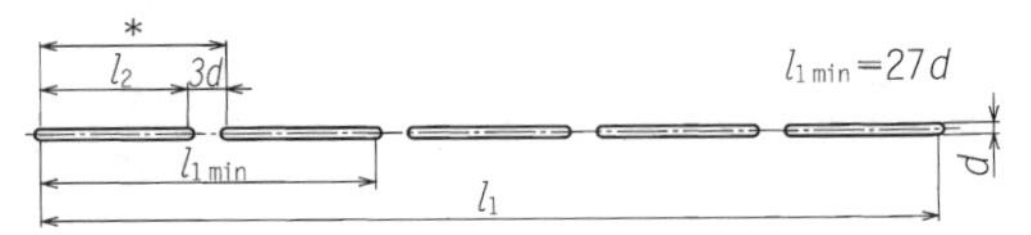

선의 길이 $l_1 = l_0$,
$l_{1\,min} = l_{0\,min} = l_2 + 3d + l_2 = 12d + 3d + 12d = 27d$

(a) 파선

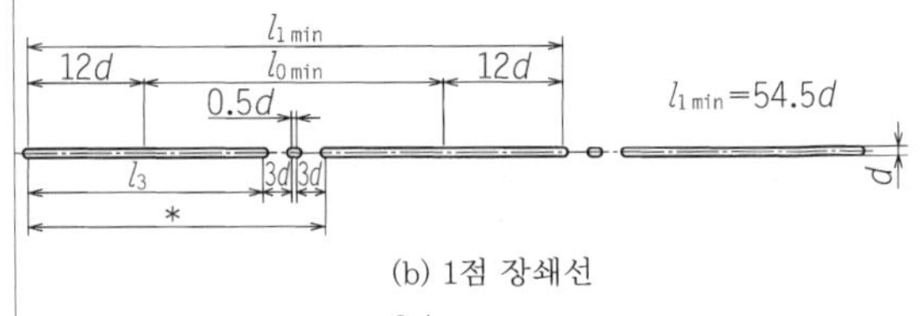

(b) 1점 장쇄선

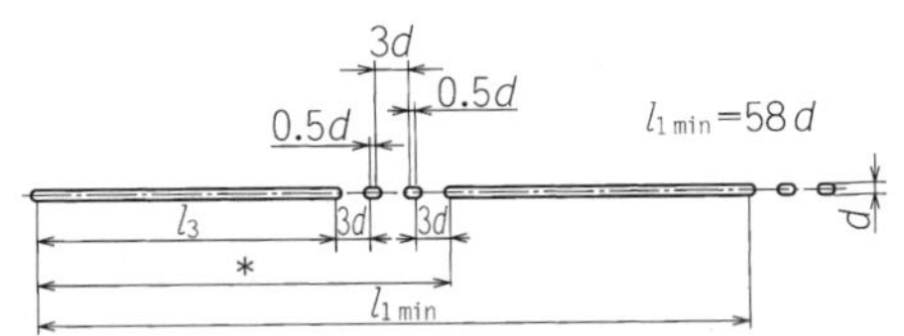

(c) 2점 장쇄선

[주] *선의 구성 단위

18·17 그림 선의 요소 길이

쇄선 등, 각각의 선 요소 길이는 18·17 그림과 같이 하면 된다.

(3) 선의 조합 선은 18·18 그림에 나타냈듯이 다른 종류의 것을 2개 조합해 의미를 갖는 선으로서 사용해도 된다.

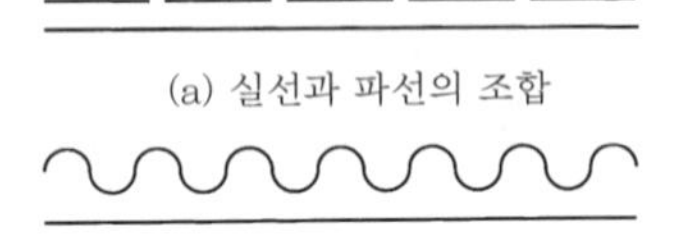

(a) 실선과 파선의 조합

(b) 실선과 일정한 물결형 실선의 조합

18·18 그림 선의 조합

(4) 선의 교차 장·단선으로 구성되는 선을 교차시키는 경우에는 18·19 그림에 나타냈듯이 가

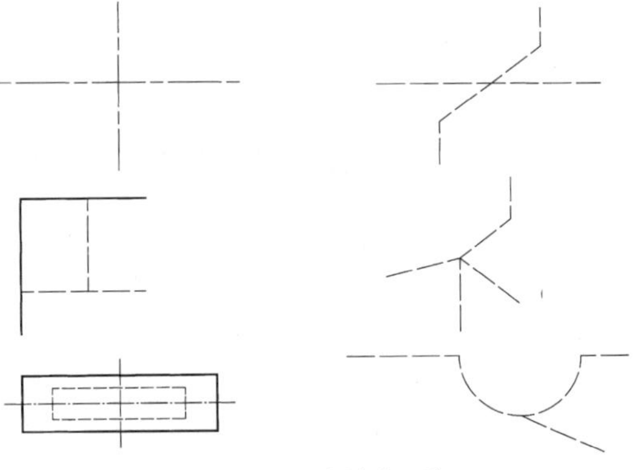

18·19 그림 선의 교차

급적 장선으로 교차시킨다. 단, 한쪽이 단선으로 교차해도 좋지만, 단선과 단선은 교차시키지 않는 것이 좋다.

(5) 선의 색깔 선의 색깔은 검정색을 표준으로 하는데, 다른 색을 사용 또는 병용하는 경우에는 그들 색깔의 선이 나타내는 의미를 도면 상에 주기해 둬야 한다. 단, 다른 색깔을 사용하는 경우에는 선명하게 복사할 수 있는 색깔이여야 한다.

6. 문자

문자의 종류는 한자, 히라가나명, 가타카나명, 로마자 및 아라비아 숫자를 이용하고, 한자는 상용한자를 이용하면 된다,

폰트(문자의 크기나 서체를 나타내는 말)에 대해서는 특별히 규정은 없지만, 한자, 히라가나명 및 가타카나명은 전각을, 로마자, 아라비아 숫자 및 소수점은 반각을 이용하는 것이 좋다.

7. 척도

척도는 그린 도형의 길이와 실제 대상물 길이의 비로 나타내며, 현척도의 경우에는 1 : 1이고 축척도의 경우에는 예를 들면 1 : 2, 배척도의 경우에는 예를 들면 5 : 1과 같이 나타낸다. 또한 예외적으로 현척도, 축척도 및 배척도의 어느 것도 사용하지 않는 경우에는 '비비례척도'라고 표시해 둔다. 그리고 2차원 도형의 도면에 3차원 도형을 참조도 나타내는 경우에는 그 3차원 도형에는 척도를 표시하지 않는 것으로 되어 있다.

8. 도형의 표시법(본서 17·4절 참조)

9. 치수의 기입(본서 본서 17·5절 참조

10. 치수의 허용한계(본서 17·13절 참조)

11. **기하 공차**(본서 17·15, 본서 17·16절 참조)

12. 표면 성상(본서 17·12절 참조)

13. 금속 경도

금속 경도를 지시하는 경우에는 로크웰 경도(HR), 비커스 경도(HV), 브리넬 경도(HB), 기타의 어느 것인가에 의해 지시한다.

[예] 비커스 경도의 경우 HV400

14. 열처리

열처리는 열처리 방법, 열처리 온도, 후처리 방법 등을 표제란 중, 그 부근 또는 그림 중의 어느 곳인가에 지시해 둔다.

[예] 오일 담금질 템퍼링, 810℃~560℃, 320℃~270℃, HV 410~480

15. 용접 지시 (본서 17·11절 참조)

16. 대조 번호

대조 번호는 보통은 아라비아 숫자를 이용하고, 그 붙이는 법은 조립의 순서, 구성 부품의 중요도, 기타의 근거 있는 순서에 따라 붙이면 된다. 그리고 조립도의 부품에 대해서 별도로 도면이 있는 경우에는 대조 번호 대신에 그 도면 번호를 기입해도 된다. 대조 번호는 18·20 그림에 나타냈듯이 명확하게 구별할 수 있는 문자로 쓰던가, 문자를 원으로 둘러싸서 쓰고, 대상으로 하는 도형에 인출선으로 연결해 둔다. 그리고 많은 대조 번호를 기입하는 경우에는 세로 또는 가로로 정렬시켜 쓰는 것이 좋다(본서 17·317절 참조).

18·20 그림 대조 번호

17. CAD 제도의 구 JIS 규격

앞에서 말한 것은 2000년에 개정된 CAD 제도를 해설한 것인데, 그 이전의 규격에 의하면 선의 각각의 요소 길이는 18·21 그림과 같이 규정되어 있었으므로 참고로 들어 둔다.

(1) 실선 연속된 선.

(2) 파선 선의 길이와 간격의 비율 기준을 3 : 1로 한다.

(3) 1점 쇄선 긴 선의 길이와 간격과 짧은 선의 길이의 비율 기준을 9 : 1 : 1로 한다.

(4) 2점 쇄선 긴 선의 길이와 간격과 짧은 선의 길이와 간격과 짧은 선의 비율 기준을 15 : 1 : 1 : 1 : 1로 한다.

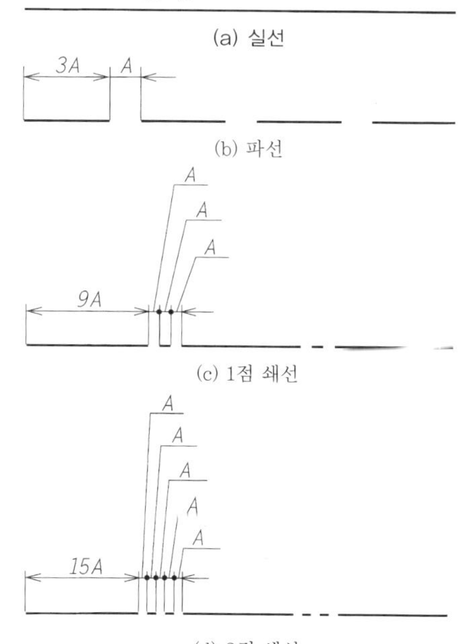

18·21 그림 구 CAD 제도 규격에 의한 선의 종류

18·5 CAD 용어

JIS B 3401에 기계공업의 CAD에 관해 사용되는 용어가 정의되어 있으므로 그 중에 중요한 용어를 발췌해 18·1 표에 나타냈다.

18·1 표 주요한 CAD 용어 (JIS B 3401에서 발췌)

(a) 일반

KS B 7090

용도	정의	대응 영어 (참고)
자동 설계	재품의 설계에 관한 법칙 또는 방법을 프로그램화하고, 컴퓨터를 이용해 자동적으로 하는 설계.	automated design
CAD	제품의 형상, 기타 속성 데이터로 이루어지는 모델을 컴퓨터 내부에 작성, 해석·처리함으로써 진행하는 설계.	computer aided design
CAM	컴퓨터 내부에 표현된 모델에 기초해 생산에 필요한 각종 정보를 생성하는 것 및 그것에 기초해 진행하는 생산의 형식.	computer aided manufacturing
CAD/CAM	CAD에 의해 컴퓨터 내부에 표현되는 모델을 작성, 이것을 CAM에서 이용함으로써 진행하는 설계·생산의 형식.	—
CAE	CAD의 과정에서 컴퓨터 내부에 작성된 모델을 이용해 각종 시뮬레이션, 기술 해석 등 공학적인 검토를 하는 것.	computer aided engineering
자동 제도	컴퓨터 내부에 표현된 모델에 기초해, 대상물의 도면을 자동화 장치에 의해 그리는 것.	automated drafting
파라메트릭 설계	제품 또는 그 부분에 대해 형상을 유형화하고, 치수 등을 파라미터로 줌으로써 컴퓨터 내부의 모델을 간이적으로 생성하는 설계 방법.	parametric design
컴퓨터 애니메이션	컴퓨터 그래픽스 등의 기술을 이용해 생성된 동영상, 또는 그것을 생성하는 것.	computer animation
컴퓨터 그래픽스, 도형 처리	컴퓨터 내부에 표현된 모델을 그래픽스 디스플레이 등에 표시하는 방법	computer graphics

(b) 장치

용어	정의	대응 영어 (참고)
워크스테이션	다른 계산기 시스템과 데이터를 공유할 수 있는 자립형 계산기 시스템으로, 고성능의 처리장치, 표시장치, 외부기억장치 등을 갖추고 멀티 윈도·네트워크 등의 기능을 가지는 것.	workstation
(그래픽) 디스플레이	도면 또는 화상을 표시하는 장치. [비고] 주사선의 제어 방식 차이에 따라 래스터형·벡터형이 있다.	graphic display
태블릿	위치를 지시하기 위한 기구를 가진 특수한 평판 모양의 입력 장치로, 보통 위치 입력장치로서 사용되는 것(JIS X 0013 참조). [비고] 보통 메뉴의 지정·디스플레이 상의 그래픽 커서의 제어 등에 이용한다.	tablet
마우스	평면 상을 이동시켜 조작하는 휴대식 위치 입력장치(JIS X 0013 참조). [비고] 보통 디스플레이 상의 그래픽 커서의 제어를 목적으로 이용한다. 기계 방식과 광학 방식이 있다.	mouse
좌표판독기, 디지타이저	좌표를 디지털화해 입력하는 장치.	coordinate digitizer

(다음 페이지에 계속)

용어	정의	대응 영어 (참고)
장치 좌표, 디바이스 좌표	장치에 의존한 좌표계로 지정되는 좌표(JIS X 0013 참조).	device coordinate
플로터	탈장착이 가능한 매체로, 컴퓨터의 정보를 그리는 장치. [비고] 벡터 이미지로 그리는 펜 플로터 및 도트 이미지로 그리는 래스터 플로터가 있다.	plotter

(c) 모델링

용어	정의	대응 영어 (참고)
모델	어떤 대상에서 당면하는 문제에 필요한 데이터를 추출, 그 대상을 표현한 것.	model
모델링	컴퓨터 내에 모델을 만들거나, 기존 모델을 변경하거나 하기 위한 기법.	modeling
오브젝트 모델	대상에 관해 형상 외에, 응용에 의존하는 각종 데이터를 포함한 모델.	object model
프로덕트 모델	제품을 제조하기 위해 필요한 형상, 기능 및 기타의 데이터에 의해 그 제품을 컴퓨터 내부에 표현한 모델.	product model
형상 모델링, 기하 모델링, 형상처리	컴퓨터 내부에 형상 모델을 생성, 표현 또는 제어하거나, 그들에 대한 조작을 하기 위한 기법.	geometric modeling
형상 모델, 기하 모델	평면 상 또는 3차원 공간 내의 형상을 컴퓨터 내부에 표현한 모델.	geometric model
와이어 프레임 모델	3차원 형상을 능선에 의해 표현한 형상 모델.	wire frame model
서피스 모델	3차원 형상을 면분에 의해 표현한 형상 모델.	surface model
솔리드 모델	3차원 형상을 그 형상이 점하는 공간이 애매하지 않고 규정되도록 표현한 형상 모델. [비고] 간략해서 솔리드라고도 한다.	solid model
3차원 모델	3차원 형상을 표현한 형상 모델. 체적 정보에 의한 솔리드 모델, 면 정보에 의한 서피스 모델, 선 정보에 의한 와이어 프레임 모델로 분류할 수 있다.	three-demensional (geometric) model
$2\frac{1}{2}$ 차원 모델	스위프에 의해 3차원 형상을 표현한 형상 모델.	$2\frac{1}{2}$-dimensional (geometric) model
매스 프로퍼티	물체가 가진 형상에 의존하는 면적, 체적, 1차 모멘트, 2차 모멘트, 중심 등의 특성값.	mass property
집합 연산	형상을 점 집합으로서 파악, 그 집합의 합, 곱, 차에 의해 새로운 형상을 생성하는 조작.	set operation
국소 연산	형상 모델을 국소적으로 변형하는 조작.	local operation
스위프	평면 상에서 정의한 도형을 공간 내에서 이동, 그 궤적에 따라 3차원 형상을 생성하는 조작.	sweep
CSG	서피스 프리미티브라고 불리는 기본 형상 요소의 집합 연산에 기초해 3차원 형상을 컴퓨터 내부에 표현하는 솔리드 모델 작성을 위한 기법.	constructive solid geometry
경계 표현	정점, 능선, 루프, 면분, 셀의 접속 정보에 의해 3차원 형상의 경계를 컴퓨터 내부에 표현하는 솔리드 모델 작성을 위한 기법.	boundary representation

(다음 페이지에 계속)

용어	정의	대응 영어 (참고)
선직면, 룰드 서피스	선의 양 끝단이 3차원 공간 내의 2개의 곡선 상을 각각 연속적으로 이동할 때, 그 선분의 궤적으로서 정의되는 곡면.	ruled surface
형상 모델러	형상 모델을 생성, 표현, 제어, 조작하는 소프트웨어. 단순히 모델러라고 하는 경우도 있다.	geometric modeler
셸	경계에서 인접하는 면분의 집합.	shell
루프	끝단점에서 접속하는 능선으로 구성되는 닫힌 윤곽. 면분의 경계를 나타낸다.	loop
정점, 버텍스	형상 모델을 나타내기 위한 점 요소. 기하의 점에 대응한다.	vertex
폴리곤	형상을 나타내기 위한 꺽은선.	polygon
트리밍	형상의 일부를 잘라 수정하는 조작.	trimming
카피	지정된 형상과 동일한 형상을 만드는 조작.	copying
미러	지정된 점, 직선 또는 평면에 대해 지정된 형상과 대칭인 형상을 만드는 조작.	mirroring
파라메트릭 곡선	하나의 매개변수를 변화시킴으로써 그 함수값으로서 주어진 좌표에 의해 만들어지는 곡선.	parametric curve
프리미티브	지집합 연산의 오퍼랜드로서 이용되는 기본 형상.	primitive
디멘션	치수 수치, 또는 치수 수치와 치수선으로 구성되는 치수 요소.	dimension
간섭 체크	평면 상 또는 3차원 공간 내에서, 복수 형상 간의 겹침을 조사하는 것.	interference check

(d) 대화

용어	정의	대응 영어 (참고)
커서	표면 상의 다음 조작 위치를 지시하기 위해 사용되는 가동 또는 가시의 표시 (JIS X 0013 참조).	cursor
그리드, 격자	그래픽 디스플레이 상에 표시된 일정 간격의 격자.	grid
메뉴	그래픽 디스플레이 상 등에 배치된 조작, 속성의 목록으로, 목록 중의 항목을 지시장치 또는 손가락에 의해 선택 가능한 것.	menu
아이콘	조작, 속성의 그림형 표현.	icon
레이어, 그림층	복수의 그림을 겹쳐 표시하기 위해 이용하는 층.	layer
러버 밴딩	앞의 지시점에서 현재의 커서 표시점까지의 추종 궤적을 동적으로 표시하는 기법.	rubber band technique
쉐이딩	3차원 형상의 그림을 사실적으로 표현하기 위해 면의 기울기, 광원의 위치 등을 고려해 면의 외관 색깔이나 밝기를 결정하는 것.	shading
그림자 처리	3차원 형상의 그림에 그림자를 넣은 조작.	shadowing
화소, 픽셀, PEL(생략형)	색깔 또는 휘도를 독립적으로 할당할 수 있는 표시면의 최소 요소 (JIS X 0013 참조).	pixel
렌더링	3차원 형상의 그림을 작성하는데 있어, 밝기 및 색깔을 부여해 현실에 가까운 질감을 주는 것.	rendering
숨김선 제거	3차원 형상의 투영도에서 실제로는 숨어서 보이지 않는 선을 표시하지 않는 것.	hidden line removal
숨김면 제거	3차원 형상의 투영도에서 실제로는 숨어서 보이지 않는 면을 표시하지 않는 것.	hidden surface removal
필	2차원 폐 영역을 정해진 모양으로 메우는 것.	fill

제19장

표준수

19장. 표준수

19·1 표준수에 대해서

설계 또는 규격으로 정해진 수치에는 각각 기술적인 근거가 있는 것은 말할 것까지도 없지만, 생산에서 낭비를 가능한 한 줄인다는 의미에서 수치의 선택은 가급적 통일하고, 가급적 적은 종류로 하는 것이 바람직하다.

표준수란 이와 같은 목적으로 정해진 것으로, 공업 상으로 이용되는 모든 수치에 있어 이것에 합리적 또는 포괄적인 단계를 주어, 이른바 예비적인 규격화를 도모하는 것으로서 여러 종류의 공비를 가진 등비수열을 실용 상 편리한 수계열로 정리한 것이다. 따라서 공업 표준화 혹은 설계 등에서 단계적으로 수치를 정할 때에는 이 표준수에 의해, 또는 이것에 한하지 않고 단일로 수치를 정하는 경우에도 가급적 표준수에서 선택하는 것이 JIS에 규정되어 있다.

19·2 표는 JIS Z 8601에 규정된 표준수를 나타낸 것이다. 이 표에서 '기본수열의 표준수'라고 하는 칸의 수치가 표준수이고, R5, R10, R20, R40은 그 수열의 기호이다. 이들은 각각 일정한 공비를 가진 등비수열이며, 예를 들면 R5의 수열에 대해서 보면 1.0, 1.60, 2.50, 4.00, 6.30 등의 수열은 약 1.6의 공비를 갖는 등비수열이다. 즉 3번째 값인 2.50은 1.6^2와 같고 4번째의 값 4.00은 1.6^3과 같으며, 이하 동일한 관계이다. 또한 R10, R20, R40 등의 수열은 공비를 각각 약 1.25, 1.12, 1.06으로 하는 등비수열이다.

표준수의 일반 항과 공비의 관계에 대해서는 19·1 표에 나타낸 대로이다.

이와 같이 표준수는 십진법에 따라 1에서 10까지의 사이가 모두 등비급수적 단계가 되도록 구분되어 있으며, R5의 계열은 그 구분의 수가 5개이고 공비는 $\sqrt[5]{10}$이다. 이하 마찬가지로 R10, R20, R40은 구분 수가 각각 10개, 20개, 40개이고, 공비는 각각 $\sqrt[10]{10}$, $\sqrt[20]{10}$, $\sqrt[40]{10}$이다.

19·2 표에는 표준 수열의 1에서 10까지의 값만 나타내고 있지만, 여기에 나타낸 값을 10, 100, 1000, …10^n배한 것 혹은 1/10, 1/100, 1/1000, …10^{-n}배한 것도 모두 표준수이며, 이와 같이 하면 모든 크기의 범위에 적용할 수 있다.

또한 표준수는 1에서 10까지의 자연수 중에 7 이외의 전부가 포함되어 있으며, 나중에 설명하게 될 계산 상의 법칙에 의해 이들 수치의 2승, 3승, …n승도 표준수가 된다. 또한 1/2(=0.50), 1/3(≒0.335), 1/4(=0.25), 1/5(=0.20), 1/8(=0.125), 1/16(≒0.063) 등의 분수값도 포함되어 있다.

그리고 $\sqrt{2}$는 1.4에, $\sqrt{3}$은 1.70에, $\sqrt[3]{2}$은 1.25라고 하는 표준수에 거의 동일하며, π(=3.14)는 3.15라고 하는 표준수로, 또한 절대영도 −273은 R80 수열의 272라고 하는 표준수로, 각각 충분히 대용할 수 있는 것이다.

19·1 표 표준수의 일반 항과 공비의 관계

수열	공비	n번째 항의 수치 (n은 자연수)
R 5	$\sqrt[5]{10} \fallingdotseq 1.60$	$(1.60)^{n-1} \fallingdotseq (\sqrt[5]{10})^{n-1} = (10^{\frac{1}{5}})^{n-1}$
R 10	$\sqrt[10]{10} \fallingdotseq 1.25$	$(1.25)^{n-1} \fallingdotseq (\sqrt[10]{10})^{n-1} = (10^{\frac{1}{10}})^{n-1}$
R 20	$\sqrt[20]{10} \fallingdotseq 1.12$	$(1.12)^{n-1} \fallingdotseq (\sqrt[20]{10})^{n-1} = (10^{\frac{1}{20}})^{n-1}$
R 40	$\sqrt[40]{10} \fallingdotseq 1.06$	$(1.06)^{n-1} \fallingdotseq (\sqrt[40]{10})^{n-1} = (10^{\frac{1}{40}})^{n-1}$

19·2 표준수에 관한 용어와 기호

1. 기본 수열

앞에서 말했듯이 19·2 표에 나타낸 각 수치 및 이들에 10의 플러스 또는 마이너스의 거듭제곱을 곱한 것이 표준수이고, R5, R10, R20, R40의 각 칸에 나타내는 수열을 기본수열이라고 한다.

이들 수열의 사용 범위를 나타내기 위해서는 수열 기호 다음에 괄호를 붙여 다음과 같이 기입한다.

[예] R10(1.25………)

R10 수열에서 1.25 이상의 것.

R20(………45)

R20 수열에서 45 이하인 것.

R40(7.5………300)

R40 수열에서 7.5 이상 300 이

19·2 표 표준수 (JIS Z 8601) KS B ISO 3

기본 수열의 표준수				배열 번호			계산값	특별 수열의 표준수	계산값
R 5	R 10	R 20	R 40	0.1 이상 1 미만	1 이상 10 미만	10 이상 100 미만		R 80	
1.00	1.00	1.00	1.00	−40	0	40	1.0000	1.00 1.03	1.0292
			1.06	−39	1	41	1.0593	1.06 1.09	1.0902
		1.12	1.12	−38	2	42	1.1220	1.12 1.15	1.1548
			1.18	−37	3	43	1.1885	1.18 1.22	1.2232
	1.25	1.25	1.25	−36	4	44	1.2589	1.25 1.28	1.2957
			1.32	−35	5	45	1.3335	1.32 1.36	1.3725
		1.40	1.40	−34	6	46	1.4125	1.40 1.45	1.4538
			1.50	−33	7	47	1.4962	1.50 1.55	1.5399
1.60	1.60	1.60	1.60	−32	8	48	1.5849	1.60 1.65	1.6312
			1.70	−31	9	49	1.6788	1.70 1.75	1.7278
		1.80	1.80	−30	10	50	1.7783	1.80 1.85	1.8302
			1.90	−29	11	51	1.8836	1.90 1.95	1.9387
	2.00	2.00	2.00	−28	12	52	1.9953	2.00 2.06	2.0535
			2.12	−27	13	53	2.1135	2.12 2.18	2.1752
		2.24	2.24	−26	14	54	2.2387	2.24 2.30	2.3041
			2.36	−25	15	55	2.3714	2.36 2.43	2.4406
2.50	2.50	2.50	2.50	−24	16	56	2.5119	2.50 2.58	2.5852
			2.65	−23	17	57	2.6607	2.65 2.72	2.7384
		2.80	2.80	−22	18	58	2.8184	2.80 2.90	2.9007
			3.00	−21	19	59	2.9854	3.00 3.07	3.0726
	3.15	3.15	3.15	−20	20	60	3.1623	3.15 3.25	3.2546
			3.35	−19	21	61	3.3497	3.35 3.45	3.4475
		3.55	3.55	−18	22	62	3.5481	3.55 3.65	3.6517
			3.75	−17	23	63	3.7584	3.75 3.87	3.8681
4.00	4.00	4.00	4.00	−16	24	64	3.9811	4.00 4.12	4.0973
			4.25	−15	25	65	4.2170	4.25 4.37	4.3401
		4.50	4.50	−14	26	66	4.4668	4.50 4.62	4.5973
			4.75	−13	27	67	4.7315	4.75 4.87	4.8697
	5.00	5.00	5.00	−12	28	68	5.0119	5.00 5.15	5.1582
			5.30	−11	29	69	5.3088	5.30 5.45	5.4639
		5.60	5.60	−10	30	70	5.6234	5.60 5.80	5.7876
			6.00	− 9	31	71	5.9566	6.00 6.15	6.1306
6.30	6.30	6.30	6.30	− 8	32	72	6.3096	6.30 6.50	6.4938
			6.70	− 7	33	73	6.6834	6.70 6.90	6.8786
		7.10	7.10	− 6	34	74	7.0795	7.10 7.30	7.2862
			7.50	− 5	35	75	7.4989	7.50 7.75	7.7179
	8.00	8.00	8.00	− 4	36	76	7.9433	8.00 8.25	8.1752
			8.50	− 3	37	77	8.4140	8.50 8.75	8.6596
		9.00	9.00	− 2	38	78	8.9125	9.00 9.25	9.1728
			9.50	− 1	39	79	9.4406	9.50 9.75	9.7163

하인 것.

R20(……22.4…)

R20 수열에서 22.4를 포함하는 것.

2. 특별 수열

이것은 공비를 $\sqrt[80]{10}$으로 하는 등비수열에서 얻어진 것으로, 특별수열이라고 하며 R80이라는 기호로 나타낸다. 이것은 R40으로도 나타낼 수 없는 작은 수계열이 필요한 때에만 이용한다.

3. 이론값

공비가 각각 $\sqrt[5]{10}$, $\sqrt[10]{10}$, $\sqrt[20]{10}$, $\sqrt[40]{10}$ 및 $\sqrt[80]{10}$인 등비수열의 각 항의 값을 이론값이라고 하며, 이들 $10^{\pm n}$(n은 플러스 정수)배를 포함한다.

4. 계산값

이론값을 유효 숫자 5자리로 반올림한 수치이다.

5. 유도 수열

어떤 수열의 어떤 수치에서 시작해 두 개째, 세 개째, …p개째마다 수치를 취해 늘어놓은 수열을 유도 수열이라고 하며, p를 피치수라고 한다. 예를 들면 카메라의 조리개 눈금에는 1.40, 2.0, 2.8, 4, 5.6, ……32라고 하는 수가 사용되고 있는데, 이것은 R20 수열에서 1.4에서 시작해 세 개째마다 취한 것이다. 따라서 이것은 R20에서 이끌어낸 유도 수열이며, 그 피치수는 3이고 이것을 다음과 같은 기호로 나타낸다.

원래의 수열 기호/피치수 (수열의 범위)

앞에서 말한 조리개의 예에서는 R20/3(1.4…32)로 나타내면 된다.

19·3 표는 공학 상, 주로 사용되는 수열 및 공비를 나타낸 것이다.

19·3 표 기본 수열 및 주요한 유도 수열

계열의 종류	기호	공비 (약)	다음 값에 대한 증대의 비율 (%)
유도 수열	R 5/3	4	300
유도 수열	R 5/2	2.5	150
유도 수열	R 10/3	2	100
기본 수열	R 5	1.6	60
유도 수열	R 20/3	$1.4 \fallingdotseq \sqrt{2}$	40
기본 수열	R 10	1.25	25
유도 수열	R 40/3	1.18	18
기본 수열	R 20	1.12	12
유도 수열	R 80/3	1.09	9
기본 수열	R 40	1.06	6

6. 변위 수열

증가율은 하나의 수열, 예를 들면 R10과 동일하게 하고 싶은데, 수치는 다른 수열 예를 들면 R40만 포함되어 있는 것을 포함하고 싶은 경우에는 R40/4라는 유도 수열을 만들면 되고, 이것을 특별히 변위 수열이라고 한다.

7. 배열 번호

R40 수열은 다음과 같이 써서 나타낼 수 있다.

$$(\sqrt[40]{10})^0=1$$
$$(\sqrt[40]{10})^1=1.06$$
$$(\sqrt[40]{10})^2=1.12$$
$$\vdots$$
$$(\sqrt[40]{10})^{40}=10$$

이 로그를 취하면, 다음과 같이 된다.

$$\log_{\sqrt[40]{10}} 1=0$$
$$\log_{\sqrt[40]{10}} 1.06=1$$
$$\log_{\sqrt[40]{10}} 1.12=2$$
$$\vdots$$
$$\log_{\sqrt[40]{10}} 10=40$$

이와 같이 R40 수열의 $\sqrt[10]{10}$을 밑으로 한 로그는 0에서 40까지의 수로 나타내진다. 이 로그의 값을 배열 번호라고 하며, 19·2 표에 나타냈다. 이것은 바꿔 말하면 R40 수열에 순서대로 번호를 붙인 것과 동일하며, 이 배열 번호는 로그의 성질로부터 다음 절에 설명할 표준수 간의 계산에 매우 유효하게 이용할 수 있다.

19·3 표준수의 활용

1. 표준수에 의한 계산의 법칙

표준수가 십진수에 기초하는 등비수열인 것으로부터 다음과 같은 계산의 법칙이 성립한다.

(1) 표준수끼리의 곱이나 몫도 역시 표준수이다. 표준수의 일반 항(n항 a_n)은 공비를 R로 하면, $a_n=R^{n-1}$이 되고, 마찬가지로 m항 $a_m=R^{m-1}$이 된다. 따라서 $a_n \times a_m=R^{(n-1)+(m-1)}=R^{n+m-2}$, $a_n \div a_m=R^{(n-1)-(m-1)}=R^{n-m}$이 된다. 따라서 표준수끼리의 곱 또는 몫도 마찬가지로 표준수가 된다.

(2) 표준수의 거듭제곱도 역시 표준수이다 예를 들면 $\sqrt[10]{10}=1.25=\sqrt[3]{2}$이기 때문에 $2=1.25^3$이라고 하는 수는 역시 표준수이다.

이상의 법칙으로부터 표준수에 익숙해지면 곱셈 나눗셈의 연산을 빠르게 할 수 있게 된다. 그 하나의 방법은 암산으로 하는 방법으로, 곱셈 나눗셈의 답을 대략 어림하고, 19·2 표에서 그것에 가까운 표준수를 선택하면 되는 것이다.

예를 들면 2.00×3.15라고 하는 계산을 하는 경우, 이것을 머릿속에서 대략 계산을 하고 2×3을 6으로 해 이것에 가까운 표준수를 표에서 선택하면 6.3이 된다.

2. 배열 번호를 이용하는 방법

(1) 표준수의 곱 2개의 표준수 N_1, N_2의 곱에 해당하는 표준수를 구하기 위해서는 배열 번호를 이용해 매우 간단하게 구할 수 있다.

우선 표에서 N_1 및 N_2에 대응하는 배열 번호를 읽어내고, 이것을 더한 배열 번호를 가진 표준수를 읽어내면 이것이 답이 된다.

[예] 2.24×4.75를 계산한다.

2.24의 배열 번호……14
4.75의 배열 번호……27
배열 번호의 합 14+27=41
41의 배열 번호에 대한 표준수……10.6

(2) 표준수의 몫 2개의 표준수 N_1, N_2의 몫에 해당하는 표준수를 구하기 위해서는 위와 동일하게 이들 수에 대응하는 배열 번호의 차를 배열 번호로 하는 표준수를 표에서 읽어내면 된다.

[예] 6.30÷25를 계산한다.

6.30의 배열 번호……32
25의 배열 번호……56
배열 번호의 차 32−56=−24
−24의 배열 번호에 대응하는 표준수……0.25

(3) 표준수의 거듭제곱 표준수 N의 플러스 거듭제곱에 해당하는 표준수를 구하기 위해서는 N의 배열 번호와 거듭제곱 지수의 곱과 동일한 배열 번호를 가진 표준수를 표에서 읽어내면 된다.

[예] $(2.24)^2$를 계산한다.

2.24의 배열 번호……14
배열 번호와 거듭제곱 지수의 곱
14×2=28
배열 번호 28에 대한 표준수……5.00

(4) 표준수의 거듭제곱근 표준수 N의 거듭제곱근에 해당하는 표준수를 구하기 위해서는 (N에 대한 배열 번호)÷(N의 근지수)의 값이 정수라면, 이 값과 동일한 배열 번호를 가진 표준수를 표에서 읽어내면 된다.

[예] $\sqrt{0.16}$의 계산을 한다.

배열 번호와 근지수의 몫(−32)÷2=−16
배열 번호 −16에 대한 표준수……0.4

19·4 표준수의 사용법

표준수 중에서 수치를 취하는 경우는 기본수열 중에서 가급적 증가율이 큰 수열에서 취하는 것이 바람직하다. 즉 가급적 R5의 수열에서 취하고, 이 중의 것으로는 부적당한 경우에는 R10, R20, R40의 순으로 취한다.

그리고 기본수열에 의하지 않는 경우에만 특별 수열에서 취하거나, 혹은 계산값을 사용한다.

또한 필요에 따라 몇 가지 수열을 병용하거나, 유도수열을 사용하면 된다. 19·4 표는 표준수를 적용한 예를 나타낸 것이다.

19·4 표 표준수의 적용 예

구별	내용
치수	각 부의 길이, 폭, 높이, 판두께, 둥근 봉의 직경, 관의 내외경, 선 지름, 피치(볼트 구멍 등의).
면적	각 표면적, 관, 축 등의 단면적.
용적	가스, 물 등의 탱크, 용기, 운반차.
정격값	출력(kW, 마력), 토크, 유량, 압력.
중량	실의 번수, 해머의 머리.
비의 값	기어, 벨트 풀리 등의 변속비 등.
기타	인장강도, 안전율, 회전수, 주속도, 농도, 온도, 시험이나 검사실험에 이용하는 수치(실험물의 치수, 시간 등).

[원통형 용기의 예]

하나의 계열을 이루는 원통형의 용기를 만들려고 할 때, 직경 d, 높이 h를 R10(100, ……) 및 R10(125, ……)로 하고, π=3.15(π=3.14인데, 표준수를 이용하기 위해 근사값)로 하면 그 용적 V는 표준수만의 곱

$$V = \left(\frac{\pi}{4}\right) d^2 h$$

으로 나타내기 때문에 V는 물론 표준수가 된다. 이 예에서는 19·5 표와 같이 V의 수열은 R10/3으로 나타낸다.

19·5 표 원통형 용기의 치수, 용적

번호	직경 d (mm)	높이 (mm)	용적 V (l)
	R 10	R 10	R 10/3
1	100	125	1
2	125	160	2
3	160	200	4
4	200	250	8
5	250	315	16
6	315	400	31.5
7	400	500	63
8	500	630	125
9	630	800	250
10	800	1000	500

d
h

부록

각종 수치 및 자료

부록 1 표 각종 단위 환산표

1. 길이의 환산표

단위	mm	cm	m	km	in	ft	yd	mile
1 mm	1	0.1	0.001	0.000001	0.03937	0.0032808	0.0010936	0.(6)6214
1 cm	10	1	0.01	0.00001	0.3937	0.032808	0.010936	0.(5)6214
1 m	1000	100	1	0.001	39.37	3.28084	1.0936	0.(3)6214
1 km	1000000	100000	1000	1	39370	3280.84	1093.61	0.62137
1 in	25.40	2.540	0.0254	0.(4)254	1	0.0833	0.02778	0.(4)1578
1 ft	304.8	30.48	0.3048	0.(3)3048	12	1	0.3333	0.(3)1894
1 yd	914.4	91.44	0.9144	0.(3)9144	36	3	1	0.(3)5682
1 mile	1609344.0	160934.40	1609.34	1.60934	63360	5280	1760	1

[비고] 표 중 ( ) 안의 숫자는 소수점 이하 0의 수를 나타낸다. [예] 0.(2)1=0.001

2. 질량의 환산표

단위	kg	g	ton	grain	short ton	long ton	lb
1 kg=1 N/m^2	1	10^3	10^{-3}	15.432×10^3	1.10231×10^{-3}	0.98421×10^{-3}	2.205
1 g	10^{-3}	1	10^{-6}	15.432	1.10231×10^{-6}	0.98421×10^{-6}	2.205×10^{-3}
1 ton	10^3	10^{-6}	1	15.432×10^6	1.10231	0.98421	2.205×10^3
1 grain	0.06480×10^{-3}	0.06480	0.06480×10^{-6}	1	0.07143×10^{-6}	0.06378×10^{-6}	0.01429×10^3
1 short ton	0.90719×10^3	0.90719×10^6	0.90719	14.00×10^{-6}	1	0.89286	2000
1 long ton	1.01605×10^3	1.01605×10^6	1.01605	15.680×10^{-6}	1.1200	1	2240
1 lb	0.4536	0.4536×10^3	0.4536×10^{-3}	7000	0.5000×10^{-3}	0.44643×10^{-3}	1

3. 압력의 환산표

단위	Pa = N/m^2	kgf/cm^2	atm	bar	mmHg(0°C)	mmAq(4°C)	lbf/in^2[psi]
1 Pa=1 N/m^2	1	1.01972×10^{-5}	0.986923×10^{-5}	10^{-5}	0.75006×10^{-2}	1.0197×10^{-1}	1.450377×10^{-4}
1 kgf/cm^2	0.980665×10^5	1	0.967841	0.980665	735.56	10^4	14.22334
1 atm=760 mmHg	1.01325×10^5	1.03323	1	1.01325	760	1.0332×10^4	14.69595
1 bar	10^5	1.01972	0.986923	1	0.75006×10^3	1.0197×10^4	14.50377
1 lbf/in^2	6894.757	7.030695×10^{-2}	6.804596×10^{-2}	6.894757×10^{-2}	51.71493	703.0695	1

4. 에너지의 환산표

단위	J = Nm	kW·h	kgf·m	PS·h	$kcal_{15}$ *	$kcal_{IT}$ *	Btu
1 J=10^7 erg	1	2.77778×10^{-7}	0.1019716	3.77673×10^{-7}	2.38920×10^{-4}	2.38846×10^{-4}	0.9480×10^{-3}
1 kW·h	3600000	1	367097.8	1.35962	860.11	859.845	3413
1 kgf·m	9.80665	2.72407×10^{-6}	1	3.703070×10^{-6}	2.34301×10^{-3}	2.34228×10^{-3}	9.297×10^{-3}
1 PS·h	2647796	0.735499	270000	1	632.611	632.415	2510
1 $kcal_{15}$	4185.5	1.16264×10^{-3}	426.80	1.58075×10^{-3}	1	0.99969	3.977
1 $kcal_{IT}$	4186.8	1.16300×10^{-3}	426.935	1.58124×10^{-3}	1.00031	1	3.968
1 Btu	1055.056	2.930711×10^{-4}	107.5	3984×10^{-3}	0.25207	0.25200	1

[주] *표시는 1kWh=860kcal로 정한 단위로, cal_{15}는 1kg을 14.5℃에서 15.5℃까지 온도 1℃를 올리는데 필요한 열량으로 정한 것이다.

5. 일률(동력)의 환산표

단위	kW	kgf·m/s	PS	$kcal_{IT}$/h	$kcal_{15}$/h	ft·lbf/s	Btu/h
1 kW = 1 kJ/s	1	101.9716	1.3596	859.845	860.11	0.737562×10^3	3412
1 kgf·m/s	9.80665×10^{-3}	1	0.013333	8.4324	8.4345	7.233013	33.460
1 PS	0.735499	75	1	632.415	632.611	542.4762	2509.52
1 $kcal_{IT}$/h	1.163×10^{-3}	0.11859	1.58124×10^{-3}	1	1.00031	8.577847×10^{-1}	3.9682
1 $kcal_{15}$/h	1.16264×10^{-3}	0.11856	1.58075×10^{-3}	0.99969	1	8.575192×10^{-1}	3.9669
1 Btu/h	0.2931×10^{-3}	29.8878×10^{-3}	3.9850×10^{-4}	0.2520	0.2521	2.1618×10^{-1}	1

부록 2 표 경도 간의 관계표 예 (ISO/DIS 4964 : 1984)

비커스 경도 (HV)	브리넬 경도		로크웰 경도				로크웰 슈퍼피셜 경도			쇼어 경도 (HS)	인장 강도 (MPa)
	강구 (HBS)	초경합금구 (HBW)	스케일 A *1 (HRA)	스케일 B *2 (HRB)	스케일 C *1 (HRC)	스케일 D *1 (HRD)	스케일 15N *1 (HR15N)	스케일 30N *1 (HR30N)	스케일 45N *1 (HR45N)		
940	—	—	85.6	—	68	76.9	93.2	84.4	75.4	98.0	—
900	—	—	85.0	—	67	76.1	92.9	83.6	74.2	95.6	—
865	—	—	84.5	—	66	75.4	92.5	82.8	73.3	93.4	—
832	—	(739)	83.9	—	65	74.5	92.2	81.9	72.0	91.2	—
800	—	(722)	83.4	—	64	73.8	91.8	81.1	71.0	89.0	—
772	—	(705)	82.8	—	63	73.0	91.4	80.1	69.9	87.1	—
746	—	(688)	82.3	—	62	72.2	91.1	79.3	68.8	85.2	—
720	—	(670)	81.8	—	61	71.5	90.7	78.4	67.7	83.3	—
697	—	(654)	81.2	—	60	70.7	90.2	77.5	66.6	81.5	—
674	—	(634)	80.7	—	59	69.9	89.8	76.6	65.5	79.7	—
653	—	615	80.1	—	58	69.2	89.3	75.7	64.3	78.1	
633	—	595	79.6		57	68.5	88.9	74.8	63.2	76.4	—
613	—	577	79.0	—	56	67.7	88.3	73.9	62.0	74.8	—
595	—	560	78.5	—	55	66.9	87.9	73.0	60.9	73.2	2075
577	—	543	78.0	—	54	66.1	87.4	72.0	59.8	71.7	2015
560	—	525	77.4	—	53	65.4	86.9	71.2	58.6	70.2	1950
544	(500)	512	76.8	—	52	64.6	86.4	70.2	57.4	68.8	1880
528	(487)	496	76.3	—	51	63.8	85.9	69.4	56.1	67.3	1820
513	(475)	481	75.9	—	50	63.1	85.5	68.5	55.0	65.9	1760
498	(464)	469	75.2	—	49	62.1	85.0	67.6	53.8	64.5	1695
484	451	455	74.7	—	48	61.4	84.5	66.7	52.5	63.1	1635
471	442	443	74.1	—	47	60.8	83.9	65.8	51.4	61.9	1580
458	432	432	73.6	—	46	60.0	83.5	64.8	50.3	60.6	1530
446	421	421	73.1	—	45	59.2	83.0	64.0	49.0	59.4	1480
434	409	409	72.5	—	44	58.5	82.5	63.1	47.8	58.2	1435
423	400	400	72.0	—	43	57.7	82.0	62.2	46.7	57.1	1385
412	390	390	71.5	—	42	56.9	81.5	61.3	45.5	55.9	1340
402	381	381	70.9	—	41	56.2	80.9	60.4	44.3	54.9	1295
392	371	371	70.4	—	40	55.4	80.4	59.5	43.1	53.8	1250
382	362	362	69.9	—	39	54.6	79.9	58.6	41.9	52.7	1215
372	353	353	69.4	—	38	53.8	79.4	57.7	40.8	51.6	1180
363	344	344	68.9	—	37	53.1	78.8	56.8	39.6	50.6	1160
354	336	336	68.4	(109.0)	36	52.3	78.3	55.9	38.4	49.6	1115
345	327	327	67.9	(108.5)	35	51.5	77.7	55.0	37.2	48.6	1080
336	319	319	67.4	(108.0)	34	50.8	77.2	54.2	36.1	47.6	1055
327	311	311	66.8	(107.5)	33	50.0	76.6	53.3	34.9	46.6	1025
318	301	301	66.3	(107.0)	32	49.2	76.1	52.1	33.7	45.5	1000
310	294	294	65.8	(106.0)	31	48.4	75.6	51.3	32.5	44.6	980
302	286	286	65.3	(105.5)	30	47.7	75.0	50.4	31.3	43.6	950
294	279	279	64.7	(104.5)	29	47.0	74.5	49.5	30.1	42.7	930
286	271	271	64.3	(104.0)	28	46.1	73.9	48.6	28.9	41.7	910
279	264	264	63.8	(103.0)	27	45.2	73.3	47.7	27.8	40.9	880
272	258	258	63.3	(102.5)	26	44.6	72.8	46.8	26.7	40.0	860
266	253	253	62.8	(101.5)	25	43.8	72.2	45.9	25.5	39.3	840
260	247	247	62.4	(101.0)	24	43.1	71.6	45.0	24.3	38.5	825
254	243	243	62.0	100.0	23	42.1	71.0	44.0	23.1	37.7	805
248	237	237	61.5	99.0	22	41.6	70.5	43.2	22.0	37.0	785
243	231	231	61.0	98.5	21	40.9	69.9	42.3	20.7	36.4	770
238	226	226	60.5	97.8	20	40.1	69.4	41.5	19.6	35.7	760
230	219	219	—	96.7	(18)	—	—	—	—	34.7	730
222	212	212	—	95.5	(16)	—	—	—	—	33.6	705
213	203	203	—	93.9	(14)	—	—	—	—	32.4	675
204	194	194	—	92.3	(12)	—	—	—	—	31.2	650
196	187	187	—	90.7	(10)	—	—	—	—	30.2	620
188	179	179	—	89.5	− (8)	—	—	—	—	—	600
180	171	171	—	87.1	− (6)	—	—	—	—	—	580
173	165	165		85.5	− (4)	—	—	—	—	—	550
166	158	158	—	83.5	− (2)	—	—	—	—	—	530
160	152	152	—	81.7	(0)	—	—	—	—	—	515

[주] *1 다이아몬드 원뿔 압자, *2 강구 또는 초경합금구(ϕ1.5875mm) 압자.
괄호 안의 것은 일반적인 사용 범위 외의 수치.

부록 3 표 단면 2차 모멘트 및 단면 계수

단면	단면적 A	중심의 거리 e	단면 2차 모멘트 I	단면 계수 $Z=I/e$
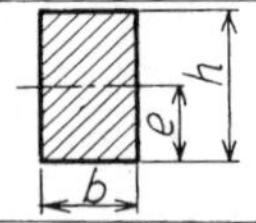	bh	$\frac{h}{2}$	$\frac{bh^3}{12}$	$\frac{bh^2}{6}$
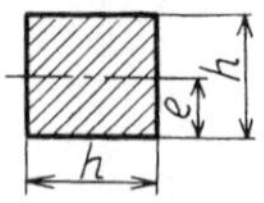	h^2	$\frac{h}{2}$	$\frac{h^4}{12}$	$\frac{h^3}{6}$
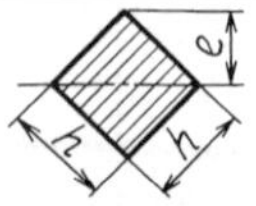	h^2	$\frac{h}{2}\sqrt{2}$	$\frac{h^4}{12}$	$0.1179h^3=\frac{\sqrt{2}}{12}h^3$
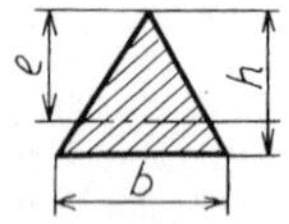	$\frac{bh}{2}$	$\frac{2}{3}h$	$\frac{bh^3}{36}$	$\frac{bh^2}{24}$
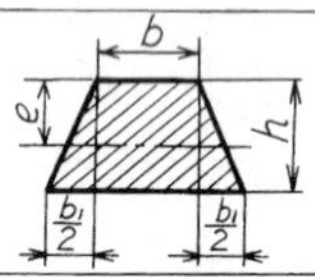	$(2b+b_1)\frac{h}{2}$	$\frac{1}{3}\times\frac{3b+2b_1}{2b+b_1}h$	$\frac{6b^2+6bb_1+b_1^2}{36(2b+b_1)}h^3$	$\frac{6b^2+6bb_1+b_1^2}{12(3b+2b_1)}h^2$
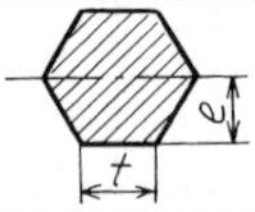	$\frac{3\sqrt{3}}{2}t^2$ $=2.598t^2$	$\sqrt{\frac{3}{4}}t=0.866t$	$\frac{5\sqrt{3}}{16}t^4=0.5413t^4$	$\frac{5}{8}t^3$
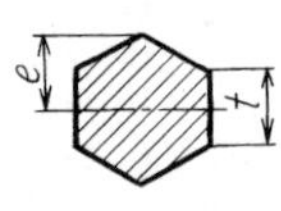		t		$\frac{5\sqrt{3}}{16}t^3=0.5413t^3$
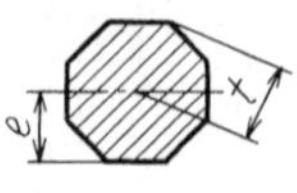	$2.828t^2$	$0.924t$	$\frac{1+2\sqrt{2}}{6}t^4=0.6381t^4$	$0.6906t^3$
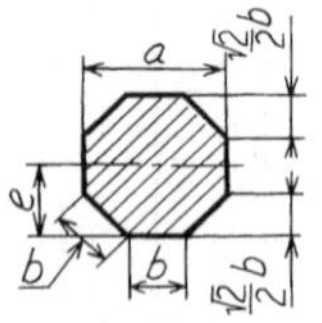	$0.8284a^2$	$b=\frac{a}{1+\sqrt{2}}$ $=0.4142a$	$0.0547a^4$	$0.1095a^3$
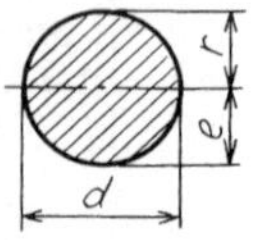	$\pi r^2=\frac{\pi d^2}{4}$	$\frac{d}{2}$	$\frac{\pi d^4}{64}=\frac{\pi r^4}{4}=0.0491d^4$ $\fallingdotseq 0.05d^4$ $=0.7854r^4$	$\frac{\pi d^3}{32}=\frac{\pi r^3}{4}=0.0982d^3$ $\fallingdotseq 0.1d^3$ $=0.7854r^3$
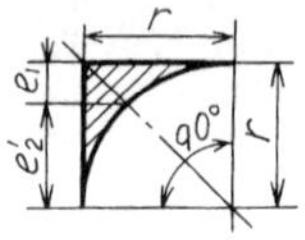	$r^2\left(1-\frac{\pi}{4}\right)$ $=0.2146r^2$	$e_1=0.2234r$ $e_2=0.7766r$	$0.0075r^4$	$\frac{0.0075r^4}{e_2}=0.00966r^3$ $\fallingdotseq 0.01r^3$
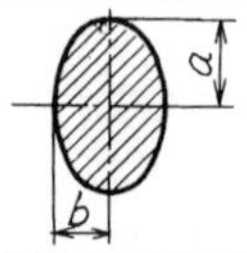	πab	a	$\frac{\pi}{4}ba^3=0.7854ba^3$	$\frac{\pi}{4}ba^2=0.7854ba^2$

(다음 페이지에 계속)

단면	단면적 A	중심의 거리 e	단면 2차 모멘트 I	단면 계수 $Z=I/e$
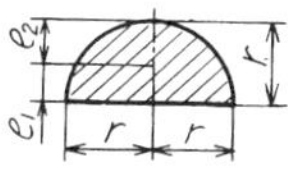	$\frac{\pi}{2}r^2$	$e_1=0.4244\,r$ $e_2=0.5756\,r$	$\left(\frac{\pi}{8}-\frac{8}{9\pi}\right)r^4=0.1098r^4$	$Z_1=0.2587r^3$ $Z_2=0.1908r^3$
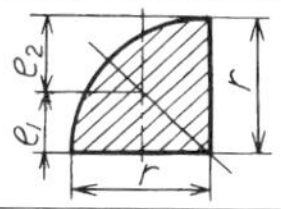	$\frac{\pi}{4}r^2$	$e_1=0.4244\,r$ $e_2=0.5756\,r$	$0.055r^4$	$Z_1=0.1296r^3$ $Z_2=0.0956r^3$
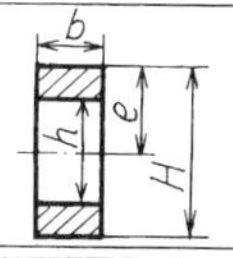	$b(H-h)$	$\frac{H}{2}$	$\frac{b}{12}(H^3-h^3)$	$\frac{b}{6H}(H^3-h^3)$
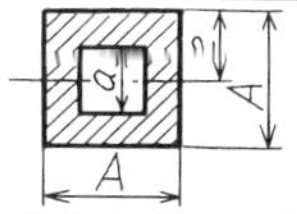	A^2-a^2	$\frac{A}{2}$	$\frac{A^4-a^4}{12}$	$\frac{1}{6}\left(\frac{A^4-a^4}{A}\right)$
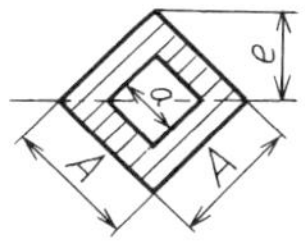	A^2-a^2	$\frac{A}{2}\sqrt{2}$	$\frac{A^4-a^4}{12}$	$\frac{A^4-a^4}{12A}\sqrt{2}$ $=0.1179\frac{A^4-a^4}{A}$
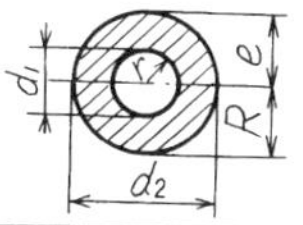	$\frac{\pi}{4}(d_2^2-d_1^2)$	$\frac{d_2}{2}$	$\frac{\pi}{64}(d_2^4-d_1^4)$ $=\frac{\pi}{4}(R^4-r^4)$	$\frac{\pi}{32}\left(\frac{d_2^4-d_1^4}{d_2}\right)$ $=\frac{\pi}{4}\times\frac{R^4-r^4}{R}$
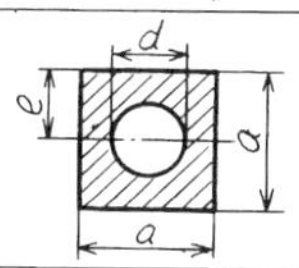	$a^2-\frac{\pi d^2}{4}$	$\frac{a}{2}$	$\frac{1}{12}\left(a^4-\frac{3\pi}{16}d^4\right)$	$\frac{1}{6a}\left(a^4-\frac{3\pi}{16}d^4\right)$
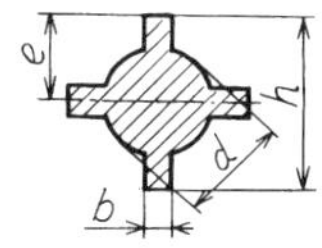	$2b(h-d)$ $+\frac{\pi}{4}d^2$	$\frac{h}{2}$	$\frac{1}{12}\left\{\frac{3\pi}{16}d^4+b(h^3-d^3)\right.$ $\left.+b^3(h-d)\right\}$	$\frac{1}{6h}\left\{\frac{3\pi}{16}d^4+b(h^3-d^3)\right.$ $\left.+b^3(h-d)\right\}$
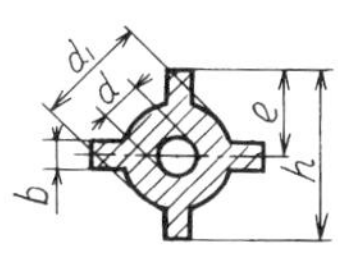	$2b(h-d)+$ $\frac{\pi}{4}(d_1^2-d^2)$	$\frac{h}{2}$	$\frac{1}{12}\left\{\frac{3\pi}{16}(d_1^4-d^4)\right.$ $+b(h^3-d_1^3)$ $\left.+b^3(h-d_1)\right\}$	$\frac{1}{6h}\left\{\frac{3\pi}{16}(d_1^4-d^4)\right.$ $+b(h^3-d_1^3)$ $\left.+b^3(h-d_1)\right\}$

단면	단면적	중심의 거리	단면 2차 모멘트	단면 계수
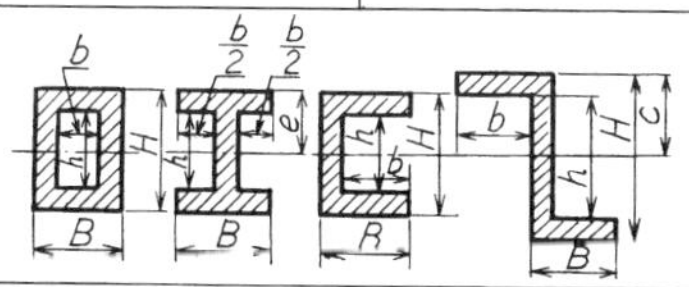	$HB-hb$	$\frac{H}{2}$	$\frac{1}{12}(BH^3-bh^3)$	$\frac{1}{6H}(BH^3\quad bh^3)$
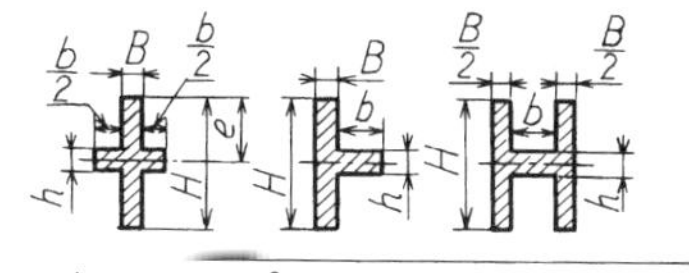	$HB+hb$	$\frac{H}{2}$	$\frac{1}{12}(BH^3+bh^3)$	$\frac{1}{6H}(BH^3+bh^3)$
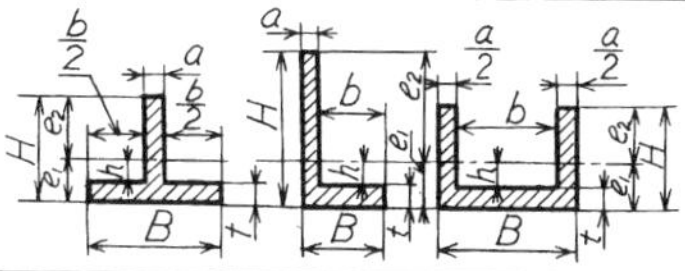	HB $-b(e_2+h)$	$e_2=H-e_1$ $e_1=\frac{1}{2}\times\frac{aH^2+bt^2}{aH+bt}$	$\frac{1}{3}(Be_1^3-bh^3+ae_2^3)$	$Z_1=\frac{I}{e_1}$ $Z_2=\frac{I}{e_2}$

부록 4 표 하중을 받는 보의 응력 및 휨

1. 단순 보

하중	반력	굽힘 모멘트	휨
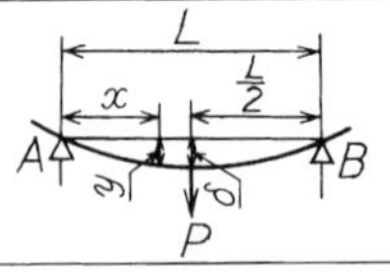	$A=B=\frac{P}{2}$	$M_x=\frac{Px}{2}$ $M_{max}=\frac{PL}{4}$	$\delta=\frac{PL^3}{48EI}$
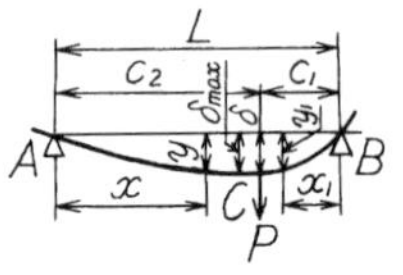	$A=\frac{Pc_1}{L}$ $B=\frac{Pc_2}{L}$	$Ac：M_x=\frac{Pc_1x}{L}$ $Bc：M_{x1}=\frac{Pc_2x_1}{L}$ $M_{max}=\frac{Pc_2c_1}{L}$	$\delta=\frac{P}{3EI}\times\frac{c_2^2c_1^2}{L}$ $x=c_2\sqrt{\frac{1}{3}+\frac{2}{3}\times\frac{c_1}{c_2}}$
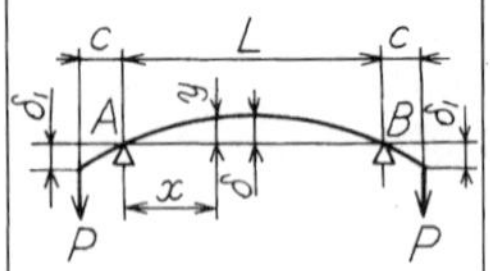	$A=B=P$	$M=-PC$	$\delta=\frac{PL^2c}{8EI}$ $\delta_1=\frac{P}{EI}\left(\frac{c^3}{3}+\frac{c^2L}{2}\right)$
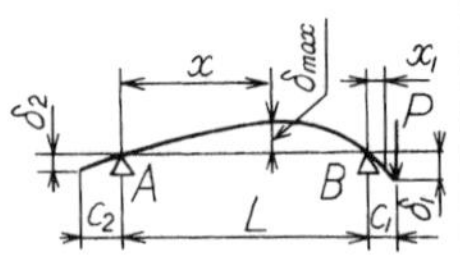	$A=\frac{Pc_1}{L}$ $B=P\frac{L+c_1}{L}$	$M_x=-P\frac{c_1x}{L}$ $M_{x1}=-P(c_1-x_1)$ $M_B=-Pc_1$	$\delta_{max}=\frac{PL^2}{9EI}\times\frac{c_1}{\sqrt{3}}$ $x=0.577L$ $\delta_1=\frac{Pc_1^2}{3EI}(L+c_1)$ $\delta_2=\frac{Pc_1c_2L}{6EI}$
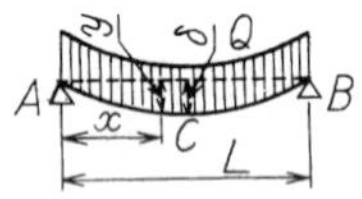	$A=B=\frac{Q}{2}$	$M_x=\frac{Qx}{2}\left(1-\frac{x}{L}\right)$ $M_{max}=\frac{QL^2}{8}$	$\delta=\frac{5QL^4}{384EI}$
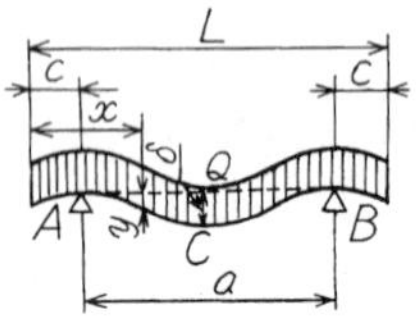	$A=B=\frac{Q}{2}$	$M_x=-\frac{Qx}{2}\left(\frac{x}{L}-1+\frac{c}{x}\right)$ $M_A=M_B=-\frac{Qc^2}{2L}$ $M_C=-\frac{QL}{4}\left(-\frac{1}{2}+\frac{2c}{L}\right)$	$\delta=\frac{QL^3}{24EI}\left(\frac{5}{16}-\frac{5}{2}\times\frac{c}{L}+6\frac{c^2}{L^2}-4\frac{c^3}{L^3}-\frac{c^4}{L^4}\right)$
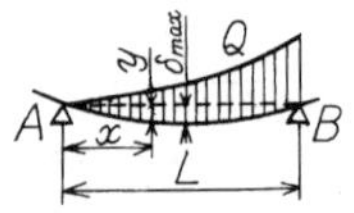	$A=\frac{1}{3}Q$ $B=\frac{2}{3}Q$	$M_x=\frac{Qx}{3}\left(1-\frac{x^2}{L^2}\right)$ $M_{max}=\frac{2}{9\sqrt{3}}QL=0.128QL$	$\delta_{max}=0.01304\frac{QL^3}{EI}$ $x=0.5193L$
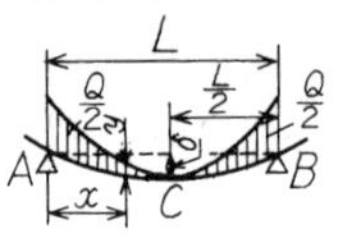	$A=B=\frac{Q}{2}$	$M_x=Qx\left(\frac{1}{2}-\frac{x}{L}+\frac{2}{3}\times\frac{x^2}{L^2}\right)$ $M_{max}=\frac{QL}{12}$	$\delta=\frac{3QL^3}{320EI}$
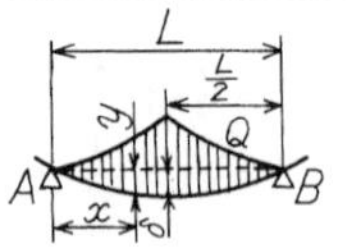	$A=B=\frac{Q}{2}$	$M_x=Qx\left(\frac{1}{2}-\frac{2}{3}\times\frac{x^2}{L^2}\right)$ $M_{max}=\frac{QL}{6}$	$\delta=\frac{QL^3}{60EI}$

(다음 페이지에 계속)

하중 및 반력	굽힘 모멘트	하중 및 반력	굽힘 모멘트
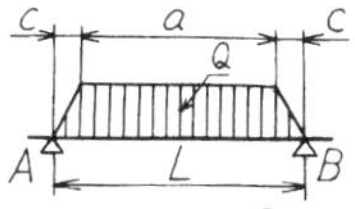 $A=B=\frac{Q}{2}$	M_{max} $=Q\frac{8c^2+3a(4c+a)}{24(c+a)}$	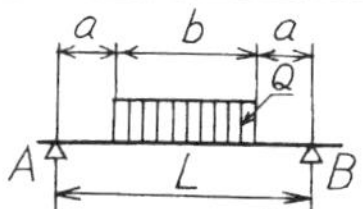 $A=B=\frac{Q}{2}$	$M_{max}=\frac{Q}{4}\left(L-\frac{b}{2}\right)$
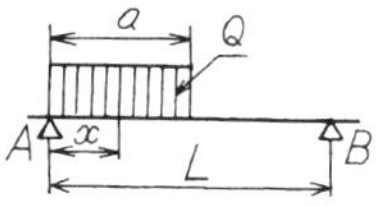 $A=Q\frac{2L-a}{2L}$ $B=Q\frac{a}{2L}$	$M_{max}=\frac{Q}{2}a\left(1-\frac{a}{2L}\right)^2$ $x=a\left(1-\frac{a}{2L}\right)<a$	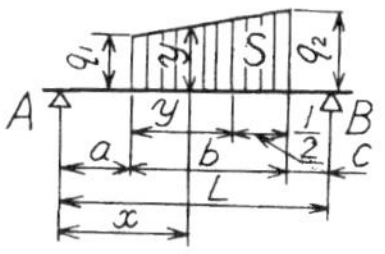 $y_1=\frac{b}{3}\times\frac{q_1+2q_2}{q_1+q_2}$ $y_2=\frac{b}{3}\times\frac{2q_1+q_2}{q_1+q_2}$ $A=\frac{q_1+q_2}{2}b\frac{c+y_2}{L}$ $B=\frac{q_1+q_2}{2}b\frac{a+y_1}{L}$	$y=q_1+\frac{(x-a)(q_2-q_1)}{b}$ $M_x=A_x-\frac{(x-a)^2(2q_1+y)}{6}$ $x>a$
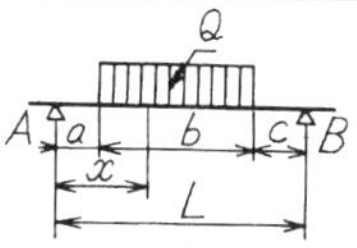 $A=Q\frac{2c+b}{2L}$ $B=Q\frac{2a+b}{2L}$	$M_x=A_x-\frac{Q(x-a)^2}{2b}$ $M_{max}=A\left(a+\frac{Ab}{2Q}\right)$ $x=a+\frac{Ab}{2Q}$	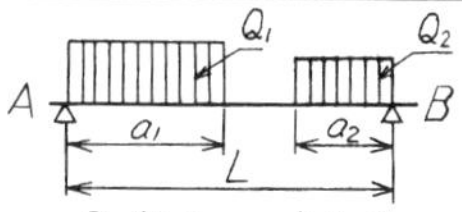 $A=\frac{Q_1(2L-a_1)+Q_2a_2}{2L}$ $B=\frac{Q_2(2L-a_2)+Q_1a_1}{2L}$	$A<Q_1$ $M=\frac{A^2a_1}{2Q_1}$ $B<Q_2$ $M=\frac{B^2a_2}{2Q_2}$

하중 및 반력	굽힘 모멘트	휨	하중 및 반력	굽힘 모멘트	휨
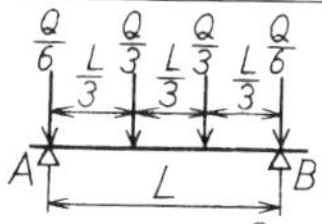 $A=B=\frac{Q}{2}$	$M_{max}=\frac{QL}{9}$	$\delta=\frac{23QL^3}{1944EI}$	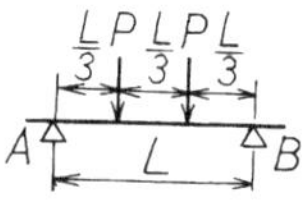 $A=B=P$	$M_{max}=\frac{PL}{3}$	$\delta=\frac{23PL^3}{648EI}$
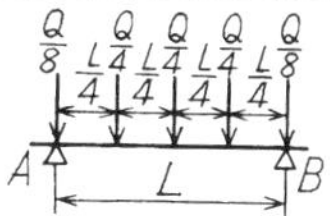 $A=B=\frac{Q}{2}$	$M_{max}=\frac{QL}{8}$	$\delta=\frac{19QL^3}{1536EI}$	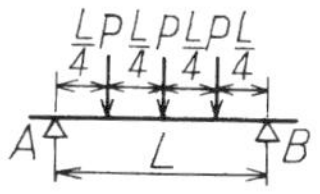 $A=B=\frac{3}{2}P$	$M_{max}=\frac{PL}{2}$	$\delta=\frac{19PL^3}{384EI}$
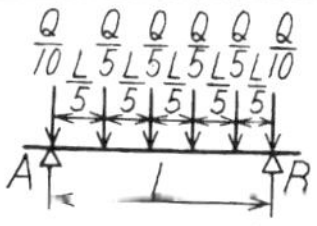 $A=B=\frac{Q}{2}$	$M_{max}=\frac{3QL}{25}$	$\delta=\frac{63QL^3}{5000EI}$	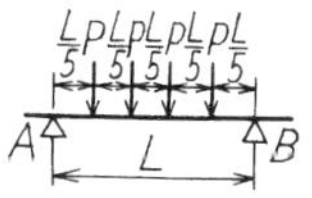 $A=B=2P$	$M_{max}=\frac{3PL}{5}$	$\delta=\frac{63PL^3}{1000EI}$

2. 외팔보

하중 및 반력	굽힘 모멘트	휨	하중 및 반력	굽힘 모멘트	휨
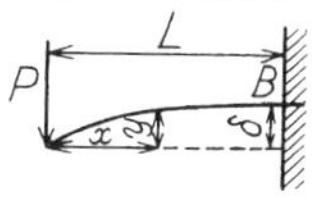 $B=P$	$M_x=P_x$ $M_{max}=PL$	$\delta=\frac{PL^3}{3EI}$	 $B=Q$	$M=\frac{Qx^2}{2L}$ $M_{max}=\frac{QL}{2}$	$\delta=\frac{QL^4}{8EI}$

(다음 페이지에 계속)

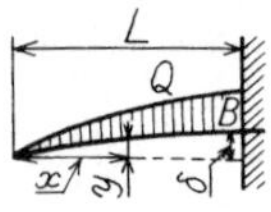	$B=Q$	$M_x=\dfrac{Qx^3}{3L^2}$ $M_{\max}=\dfrac{QL}{3}$	$\delta=\dfrac{QL^3}{15EI}$

3. 고정 보

하중	반력	굽힘 모멘트	휨
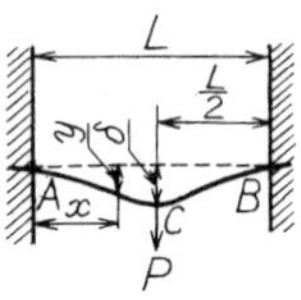	$A=B=\dfrac{P}{2}$	$M_x=\dfrac{PL}{2}\left(\dfrac{x}{L}-\dfrac{1}{4}\right)$ $M_A=M_B=-\dfrac{PL}{8}$ $M_C=+\dfrac{PL}{8}$	$\delta=\dfrac{PL^3}{192EI}$
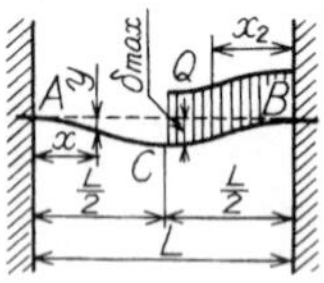	$A=\dfrac{3}{16}Q$ $B=\dfrac{13}{16}Q$	$M_{x1}=\dfrac{3}{16}Qx_1-\dfrac{5}{96}QL$ $M_{x2}=\dfrac{13}{16}Qx_2-\dfrac{Qx_3{}^2}{L}-\dfrac{11}{96}QL$ $M_A=-\dfrac{5}{96}QL,\ \ M_B=-\dfrac{11}{96}QL$	$\delta_{\max}=\dfrac{QL^3}{333EI}$ $x_2=0.445L$ $\delta=\dfrac{QL^3}{384EI}$
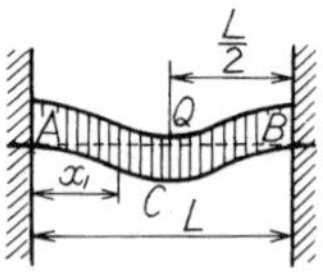	$A=B=\dfrac{Q}{2}$	$M_x=-\dfrac{QL^2}{2}\left(\dfrac{1}{6}-\dfrac{x}{L}+\dfrac{x^2}{L^2}\right)$ $M_A=M_B=-\dfrac{QL^2}{12}$ $M_C=\pm\dfrac{QL^2}{24}$	$\delta=\dfrac{QL^4}{384EI}$
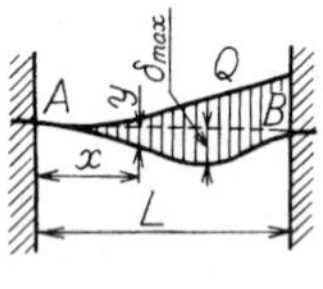	$A=\dfrac{3}{10}Q$ $B=\dfrac{7}{10}Q$	$M_x=-\dfrac{QL}{30}\left(10\dfrac{x^3}{L^3}-9\dfrac{x}{L}+2\right)$ $M_{\max}=+0.0492QL$ $x=0.548L$ $M_A=-\dfrac{QL}{15},\ \ M_B=-\dfrac{QL}{10}$	$\delta_{\max}=\dfrac{Qx^3}{384EI}$ $x=0.525L$
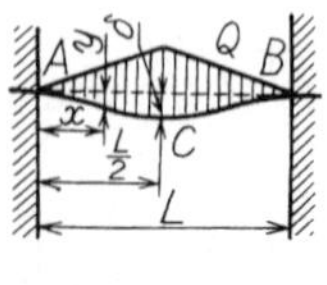	$A=B=\dfrac{Q}{2}$	$M_x=-QL\left(\dfrac{5}{48}-\dfrac{x}{2L}+\dfrac{2x^3}{3L^2}\right)$ $M_A=M_B=-\dfrac{5}{48}QL$ $M_C=+\dfrac{QL}{16}$	$\delta=\dfrac{7QL^3}{1920EI}$

하중	반력 및 굽힘 모멘트
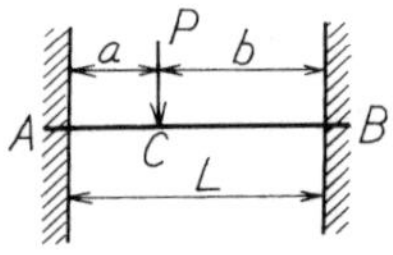	$A=P\dfrac{b}{L^3}(L^2-a^2+ab)\quad M_A=-P\dfrac{ab^2}{L^2}$ $B=P\dfrac{a}{L^3}(L^2-b^2+ab)\quad M_B=-P\dfrac{ba^2}{L^2}$ $M_C=2P\dfrac{a^2b^2}{L^3}\qquad \delta_c=\dfrac{Pa^3b^3}{3EIL^3}$
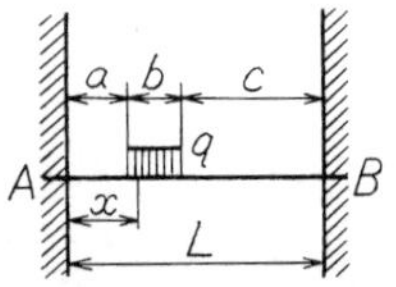	$A=A_0-\dfrac{M_A-M_B}{L}\quad M_A=-\dfrac{q}{12L^2}[4L\{(b+c)^3-c^3\}-3\{(b+c)^4-c^4\}]$ $B=B_0-\dfrac{M_B-M_A}{L}\quad M_B=-\dfrac{q}{12L^2}[4L\{(a+b)^3-a^3\}-3\{(a+b)^4-a^4\}]$ $M_x=M_{0x}+M_A\left(1-\dfrac{x}{L}\right)+M_B\dfrac{x}{L}$

(다음 페이지에 계속)

하중	반력 및 굽힘 모멘트
	$A=\frac{qb^3}{20L^3}(3L+2a)$ $B=\frac{qb}{20L^3}(10L^3-3Lb^2-2ab^2)$ M_{max} は $x=a+\frac{b^2}{L}\sqrt{\frac{3L+2a}{10L}}$ 점에서 일어난다. $A-C\quad M_x=A_x+M_a$ $M_A=-\frac{qb^3}{60L^2}(2L+3a)$ $M_C=\frac{qb^3}{30L^3}(3a^2+3aL-L^2)$ $C-B\quad M_x=A_x+M_A-\frac{q(x-a)^3}{6b}$ $M_B=-\frac{qb^2}{60L^2}(10aL+3b^2)$
	$A=A_0+\frac{M_A-M_B}{L}$ $M_A=-\frac{q}{L^2}\left(\frac{L^2a^2}{2}-\frac{2}{3}La^3+\frac{a^4}{4}\right)$ $B=B_0+\frac{M_B-M_A}{L}$ $M_B=-\frac{q}{L^2}\left(\frac{La^3}{3}-\frac{a^4}{4}\right)$ $M_x=M_{0x}+M_A\left(1-\frac{x}{L}\right)+M_B\frac{x}{L}$

[주] A_0, M_{0x} 등은 각각에 상당하는 단순 보인 경우의 값을 나타낸다.

4. 한 끝단을 고정하고 다른 끝단을 단순히 지지한 보

하중	반력	굽힘 모멘트	휨
	$A=\frac{5P}{16}$ $B=\frac{11P}{16}$	$M_C=+\frac{5PL}{32}$ $M_{max}=M_B=-\frac{3PL}{16}$	$\delta_{max}=\sqrt{\frac{1}{5}}\frac{PL^3}{48EI}$ $x=0.447L$
	$A=\frac{3}{8}Q$ $B=\frac{5}{8}Q$	$M_x=\frac{Qx}{2}\left(\frac{3}{4}-\frac{x}{L}\right)$ $M_{max}=M_B=-\frac{QL}{8}$ $M_C=\frac{9}{128}QL$	$\delta_{max}=\frac{QL^3}{185EI}$ $x=\frac{L}{16}(1+\sqrt{33})$ $=0.4215L$
	$A=\frac{Q}{5}$ $B=\frac{4}{5}Q$	$M_x=Qx\left(\frac{1}{5}-\frac{x^2}{3L^2}\right)$ $M_{max}=M_B=\frac{QL}{7.5}$ $M_C=0.06QL$	$\delta_{max}\fallingdotseq\frac{QL^3}{210EI}$ $x=\frac{L}{\sqrt{5}}=0.447L$

하중	반력 및 굽힘 모멘트
	$A=\frac{P}{2}\frac{b^2}{L^3}(a+2L)$ $M_B=-\frac{-Pa(L^2-a^2)}{2L^2}$ $B=-\frac{P}{2}\left(\frac{3a}{L}-\frac{a^3}{L^3}\right)=P-A$ $M_C=\frac{Pa}{2}\left(2-\frac{3a}{L}+\frac{a^3}{L^3}\right)$ $\delta_c=\frac{Pb^3a^2(4L-b)}{12EIL^3}$ $x=b$
	$A=A_0-\frac{q}{2L^3}\left(\frac{L^2a^2}{2}-\frac{a^4}{4}\right)$ $M_B=-\frac{q}{2L^2}\left(\frac{L^2a^2}{2}-\frac{a^4}{4}\right)$ $B=B_0+\frac{q}{2L^3}\left(\frac{L^2a^2}{2}-\frac{a^4}{4}\right)=qa-A$ $M_x=M_{0x}+M_B\frac{x}{L}$

[주] A_0, M_{0x} 등은 각각에 상당하는 단순 보인 경우의 값을 나타낸다.

부록 5 표 봉재 질량표 예

1. 둥근봉 강재

지름(mm)	kg/m	지름(mm)	kg/m
φ 6	0.222	50	15.4
8	0.395	55	18.7
9	0.499	60	22.2
10	0.617	65	26.0
12	0.888	70	30.2
13	1.04	75	34.7
14	1.21	80	39.5
15	1.39	90	49.9
16	1.58	100	61.7
18	2.00	110	74.6
19	2.23	120	88.8
20	2.47	130	104
22	2.98	140	121
25	3.85	150	139
28	4.83	160	158
32	6.31	165	168
35	7.55	180	200
36	7.99	200	247
38	8.90	210	272
42	10.9	250	385
44	11.9	280	483
46	13.0		

2. 주철 둥근봉 (FC)

지름(mm)	kg/m
φ 20	2.26
40	9.05
60	20.5
80	36.2
100	56.5
120	82.0
140	111.0
160	145
180	183.1
200	226

3. 청동 둥근봉 (BCo)

지름(mm)	kg/m
φ 20	2.67
30	6.0
40	10.7
50	16.7
60	24.6
80	42.5
90	55.4
100	66.6
120	96.0

4. 황동 둥근봉 (BSBM)

지름(mm)	kg/m	지름(mm)	kg/m
φ 6	0.246	35	8.38
9	0.554	38	9.88
12	0.985	42	12.1
14	1.341	44	13.25
16	1.752	50	17.1
19	2.470	55	20.7
22	3.311	60	24.6
25	4.27	65	28.9
26	4.62	70	33.5
28	5.36	85	49.3
32	7.00		

5. 사각 강재

변(mm)	kg/m	변(mm)	kg/m
7	0.385	30	7.07
12.7	1.27	31.75	7.91
15	1.77	32	8.04
15.87	1.98	38	11.3
19.05	2.85	44	15.2
22	3.80	50	19.6
25	4.91	75	44.2

6. 필릿 질량표 예 (단위 kg/m)

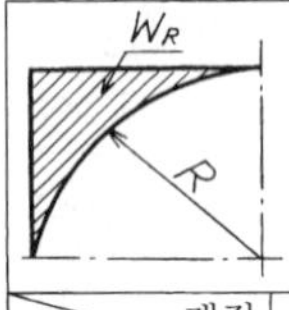

W_R : 필릿 질량(kg)≒$0.215R^2\gamma$
R : 구석 R 치수 (mm)
r : 단위 체적당 질량 (kg/cm³)

R (mm) \ 재질	주철	강	포금
5	0.035	0.039	0.043
10	0.15	0.16	0.18
15	0.35	0.38	0.42
20	0.62	0.67	0.74
25	0.97	1.11	1.16
30	1.4	1.52	1.68
35	1.89	2.04	2.26
40	2.48	2.69	2.98
45	3.13	3.39	3.76
50	3.87	4.17	4.62

부록 6 표 주요 원소 기호 및 밀도

원소명	기호	밀도 (20°C) g/cm³	원소명	기호	밀도 (20°C) g/cm³	원소명	기호	밀도 (20°C) g/cm³
아연	Zn	7.133 (25°)	브롬	Br	3.12	나트륨	Na	0.9712
알루미늄	Al	2.699	지르코늄	Zr	6.489	납	Pb	11.36
안티몬	Sb	6.62	수은	Hg	13.546	니오브	Nb	8.57
황	S	2.07	수소	H	0.0899×10^{-3}	니켈	Ni	8.902 (25°)
이테르븀	Yb	6.96	주석	Sn	7.2984	백금	Pt	21.45
이트륨	Y	4.47	스트론튬	Sr	2.60	바나듐	V	6.1
이리듐	Ir	22.5	세슘	Cs	1.903 (0°)	팔라듐	Pd	12.02
인듐	In	7.31	세륨	Ce	6.77	바륨	Ba	3.5
우라늄	U	19.07	셀렌	Se	4.79	비소	As	5.72
염소	Cl	3.214×10^{-3}	비스무트	Bi	9.80	불소	F	1.696×10^{-3}
카드뮴	Cd	8.65	탈륨	Tl	11.85	플루토늄	Pu	19.00 ~ 19.72
칼륨	K	0.86	텅스텐	W	19.3	베릴륨	Be	1.848
칼슘	Ca	1.55	탄소 (흑연)	C	2.25	붕소	B	2.34
금	Au	19.32	탄탈	Ta	16.6	마그네슘	Mg	1.74
은	Ag	10.49	티탄	Ti	4.507	망간	Mn	7.43
크롬	Cr	7.19	질소	N	1.250×10^{-3}	몰리브덴	Mo	10.22
규소	Si	2.33 (25°)	철	Fe	7.87	요소	I	4.94
게르마늄	Ge	5.323 (25°)	텔루르	Te	6.24	라듐	Ra	5.0
코발트	Co	8.85	동	Cu	8.96	리튬	Li	0.534
산소	O	1.429×10^{-3}	토륨	Th	11.66	인	P	1.83

부록 7 표 평면의 면적 및 여러 수치

명칭	치수	면적	중심의 위치 및 기타의 값
삼각형	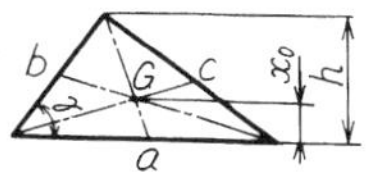	$A=\frac{ah}{2}=\frac{ab\ \sin\gamma}{2}=\sqrt{s(s-a)(s-b)(s-c)}$ $s=\frac{a+b+c}{2}$	$x_0=\frac{h}{3}$
직사각형	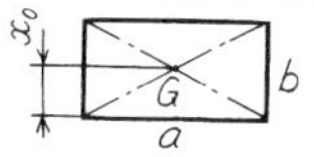	$A=ab$	$x_0=\frac{b}{2}$
평행사변형	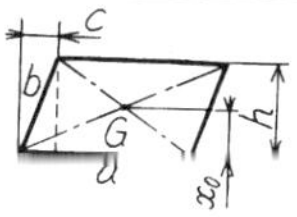	$A=ah$ $h=\sqrt{b^2-c^2}$	$x_0=\frac{h}{2}$
사다리꼴형	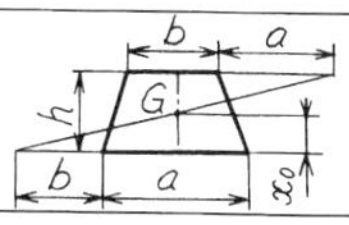	$A=\frac{a+b}{2}h$	$x_0=\frac{h}{3}\frac{a+2b}{a+b}$
부등변사변형	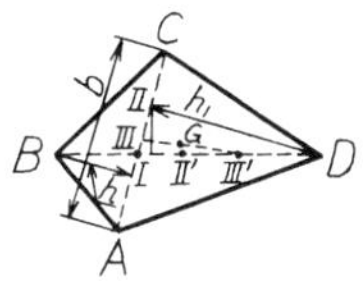	$A=\frac{h+h_1}{2}b$	$A-\text{III}'=\text{III}'-C$ $B-\text{II}'=\text{II}'-D$ $C-\text{II}=A-\text{I}$ $D-\text{III}=B-\text{I}$ G는 Ⅱ-Ⅱ′와 Ⅲ-Ⅲ′의 교점.
등변다각형	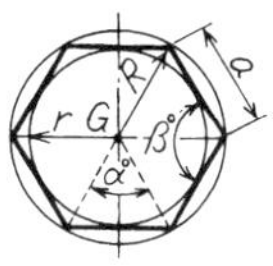	$A=\frac{na^2}{4}\cot\frac{\alpha}{2}=\frac{nR^2}{2}\ \sin\alpha$ $=nr^2\tan\frac{\alpha}{2}$	$R=\frac{r}{\cos\frac{180}{n}}=\frac{a}{2\sin\frac{180}{n}}$ $r=R\cos\frac{180}{n}=\frac{c}{2}\cot\frac{180}{n}$ $a=2R\sin\frac{180}{n}=2\sqrt{R^2-r^2}$ $\alpha°=\frac{360}{n}$; $\beta°=180-\alpha$
영향면	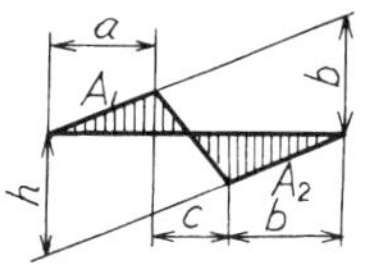	$A_1=\frac{h}{2}\frac{a^2}{a+b}$ $A_2=\frac{h}{2}\frac{b^2}{a+b}$ $A_2-A_1=\frac{h}{2}(b-a)$	각 삼각형의 중심 위치는 앞 항 참조.
원	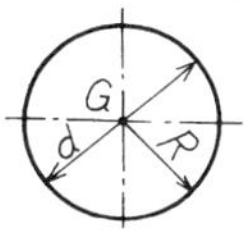	$A=d^2\frac{\pi}{4}=\pi r^2=\frac{sd}{4}$ $s=\pi d$	–
고리형	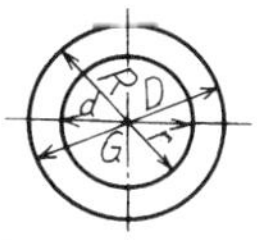	$A=\pi\frac{D^2-d^2}{4}=\pi(R^2-r^2)$	–
부채꼴 ①	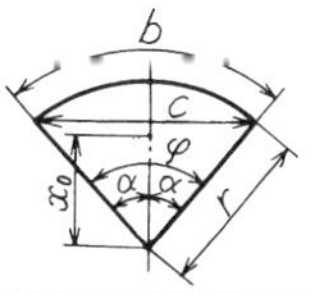	$A=\frac{br}{2}=\frac{\varphi}{360}\pi r^2$	$x_0=\frac{2}{3}r\frac{c}{b}=\frac{2}{3}\ \sin a\frac{180r}{\alpha°\pi}=\frac{r^2c}{3A}$ $b=r\frac{\varphi°\pi}{180}=0.01745r\varphi°$

(다음 페이지에 계속)

명칭	치수	면적	중심의 위치 및 기타의 값
타원	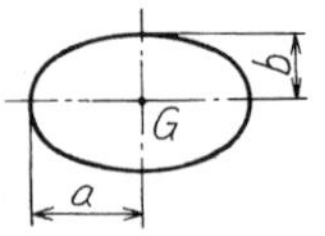	$A=\pi ab$	둘레길이 $s=\pi(a+b)k$ (아래 표 참조)
활형	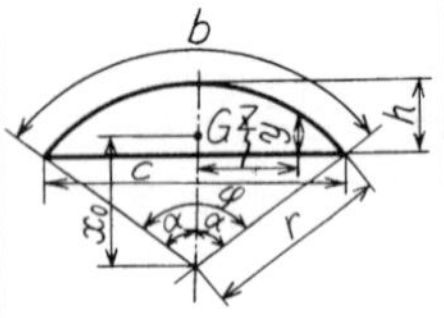	$A=\dfrac{r^2}{2}\left(\dfrac{\varphi^\circ \pi}{180}-\sin\varphi\right)$ $=\dfrac{r(b-c)+ch}{2}$	$x_0=\dfrac{c^3}{12A}=\dfrac{2}{3}\dfrac{r^3\sin^3\alpha}{A}$ $=\dfrac{4}{3}\dfrac{r\sin^3\alpha}{\dfrac{\alpha^\circ}{90}\pi-\sin 2\alpha}$ $r=\dfrac{c^2}{8h}+\dfrac{h}{2}$; $b=r\dfrac{\pi\varphi^\circ}{180}=0.01745r\varphi^\circ$ $c=2r\sin\dfrac{\varphi}{2}=2\sqrt{h(2r-h)}$ $h=r-r\cos\dfrac{\varphi}{2}$ $y=\sqrt{r^2-z^2}-(r-h)$
고리형의 일부	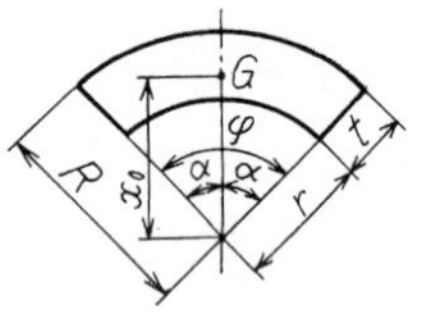	$A=\dfrac{\varphi^\circ\pi}{360}(R^2-r^2)$	$x_0=\dfrac{2}{3}\dfrac{R^3-r^3}{R^2-r^2}\sin\alpha\dfrac{180}{\alpha^\circ\pi}$
부채꼴 ②	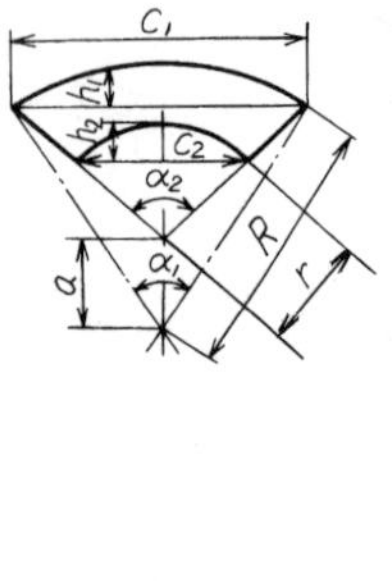	$A=\dfrac{\pi R^2\alpha_1}{360}-\dfrac{\pi r^2\alpha_2}{360}-\dfrac{ac_1}{2}$	$r=\dfrac{c_2^2}{8h_2}+\dfrac{h_2}{2}$; $R=\dfrac{c_1^2}{8h_1}+\dfrac{h_1}{2}$ $\sin\dfrac{\alpha_2}{2}=\dfrac{c_2}{2r}$; $\sin\dfrac{\alpha_1}{2}=\dfrac{c_1}{2R}$ $c_1=2\sqrt{h_1(2R-h_1)}$; $c_2=2\sqrt{h_2(2r-h_2)}$ $h_1=R-R\cos\dfrac{\alpha_1}{2}$; $h_2=r-r\cos\dfrac{\alpha_2}{2}$
포물선	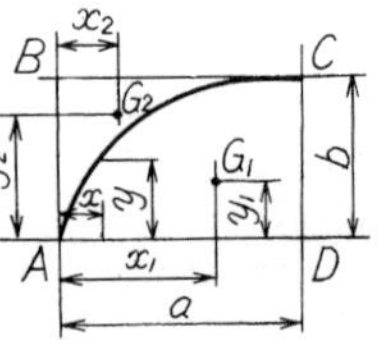	면적 ACD $A_1=\dfrac{2}{3}ab$ 면적 ABC $A_2=\dfrac{1}{3}ab$	G_1 : $x_1=\dfrac{3}{5}a,\quad y_1=\dfrac{3}{8}b$ G_2 : $x_2=\dfrac{3}{10}a,\quad y_2=\dfrac{3}{4}b$

타원 둘레길이 $s=\pi(a+b)k$

$\dfrac{a-b}{a+b}=$	0.1	0.2	0.3	0.4	0.5
$k=$	1.0025	1.0100	1.0226	1.0404	1.0635
$\dfrac{a-b}{a+b}=$	0.6	0.7	0.8	0.9	1.0
$k=$	1.0922	1.1267	1.1674	1.2148	1.2695

부록 8 표 입체의 용적 및 여러 수치

V…용적 A_s…측면적 x…바닥면에서 중심까지의 거리. S…표면적 A_b…바닥면적

치수	용적 및 여러 수치	치수	용적 및 여러 수치
정사각형	$V=a^3$ $S=6a^2$ $A_s=4a^2$ $x=\frac{a}{2}$ $d=\sqrt{3}a=1.7321a$	절두 원뿔	$V=\frac{\pi h}{3}(R^2+Rr+r^2)$ $=\frac{h}{4}[\pi a^2+\frac{1}{3}\pi b^2]$ $A_s=\pi la$ $a=R+r$ $b=R-r$ $l=\sqrt{b^2+h^2}$ $x=\frac{h}{4}\frac{R^2+2Rr+3r^2}{R^2+Rr+r^2}$
직사각형	$V=abh$ $S=2(ab+ah+bh)$ $A_s=2h(a+b)$ $x=\frac{h}{2}$ $d=\sqrt{a^2+b^2+h^2}$	각뿔	$V=\frac{A_b h}{3}$ $x=\frac{h}{4}$
정육각기둥	$V=2.598a^2h$ $S=5.1963a^2+6ah$ $A_s=6ah$ $x=\frac{h}{2}$ $d=\sqrt{h+4a^2}$	구	$V=\frac{4\pi r^3}{3}=4.188790205r^3$ $=\frac{\pi d^3}{6}=0.523598776d^3$ $S=4\pi r^2=\pi d^2$ $r=\sqrt[3]{\frac{3V}{4\pi}}=0.620351\sqrt[3]{V}$
원뿔	$V=\frac{\pi R^2h}{3}$ $A_s=\pi Rl$ $l=\sqrt{R^2+h^2}$ $x=\frac{h}{4}$	결구	$V=\frac{\pi h}{6}(3a^2+h^2)=\frac{\pi h^2}{3}(3r-h)$ $A_s=2\pi Vh=\pi(a^2+h^2)$ $a^2=h(2r-h)$ $x=\frac{3}{4}\frac{(2r-h)^2}{3r-h}$
정다각기둥 a=변 길이 n=변 수 A_b=바닥면적	$V=A_bh$ $S=2A_b+nha$ $A_s=nha$ $x=\frac{h}{2}$	각뿔대	$V=\frac{h}{6}[(2a+a_1)b+(2a_1+a)b_1]$ $=\frac{h}{6}[ab+(a+a_1)(b+b_1)+a_1b_1]$ $x=\frac{h}{2}\frac{ab+ab_1+a_1b+3a_1b_1}{2ab+ab_1+a_1b+2a_1b_1}$
원기둥 / 중공 원기둥	원기둥: $V=\pi r^2h=A_sh$ $S=2\pi r(r+h)$ $A_s=2\pi rh$ $x=\frac{h}{2}$ 중공 원기둥: $V=\pi h(R^2-r^2)$ $=\pi ht(2R-t)$ $=\pi ht(2r+t)$ $x=\frac{h}{2}$	둥근 고리	$V=2\pi^2Rr^2=19.739Rr^2$ $=\frac{1}{4}\pi^2Dd^2=2.4674Dd^2$ $S=4\pi^2Rr=39.478Rr$ $=\pi^2Dd=9.8696Dd$
절두 원기둥	$V=\pi R^2h$ $A_s=2\pi Rh$ $D=\frac{2R}{\cos\alpha}$ $x=\frac{h}{2}+\frac{R^2\tan^2\alpha}{8h}$ $y=\frac{R^2\tan\alpha}{4h}$	구 모양의 쐐기형	$V=\frac{2\pi r^2h}{3}=2.0943951024r^2h$ $S=\pi r(2h+a)$ $x=\frac{3}{8}(2r-h)$
절두 원뿔	$V=\frac{h}{3}(A_b+A_{b1}+\sqrt{A_bA_{b1}})$ $x=\frac{h}{4}\frac{A_b+2\sqrt{A_bA_{b1}}+3A_{b1}}{A_b+\sqrt{A_bA_{b1}}+A_b}$	구띠	$V=\frac{\pi h}{6}(3a^2+3b^2+h^2)$ $A_s=2\pi rh$ $r^2=a^2+\left(\frac{a^2-b^2-h^2}{2h}\right)^2$

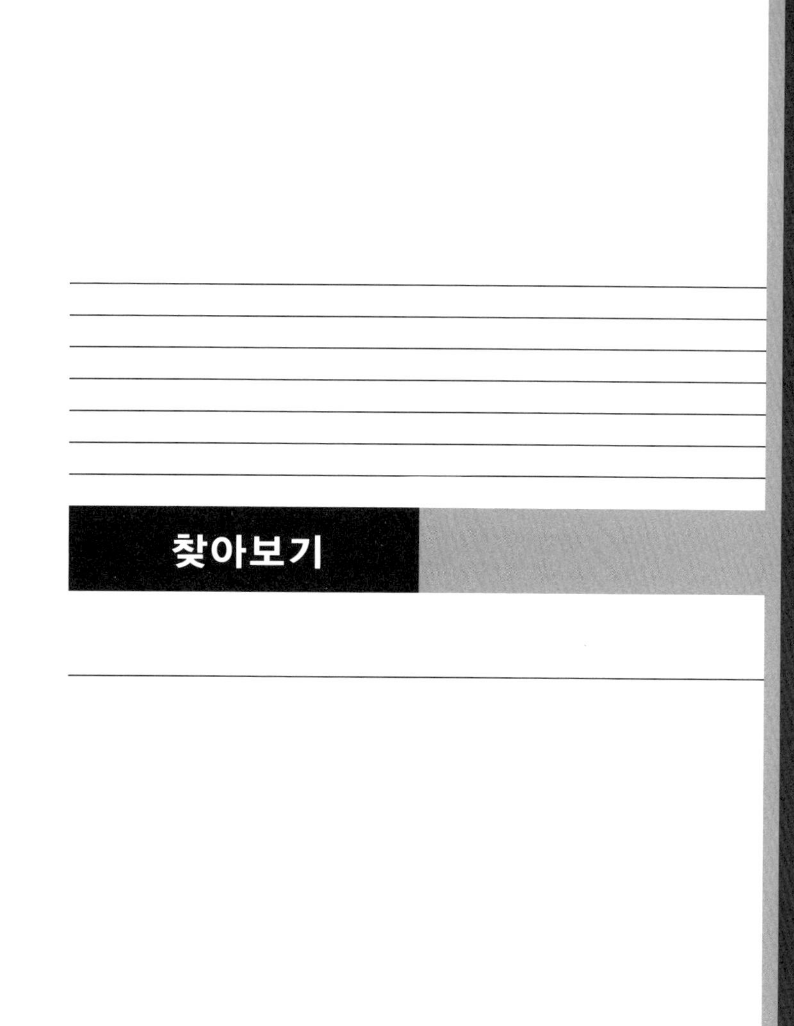

찾아보기

숫자·영문

10점 평균 조도 ten point height of roughness 17-62
16% 룰 rule of 16% 17-63
1점 쇄선 long dashed short dashed line 17-7
1줄 나사 single thread, single-start thread 8-2, 17-38
29도 사다리꼴 나사 29° trapezoidal thread 8-16
2점 쇄선 long double short dashed line 17-7
2줄 나사 double-start thread 8-2, 17-38
2항 정리 binomial theorem 2-2
30도 사다리꼴 나사 30° trapezoidal thread 8-16
B-Reps법 boundary representation 18-5
CAD 제도 computer aided design and drawing 18-2
CSG법 constructive solid geometry 18-4
dn값 dn value 10-68
ISO International Organization for Standardization 17-2
ISO 미터 나사 ISO metric screw threads 8-4
IT information technology 18-2
IT international tolerance 16-5
O-링 O-ring 14-32
S 꼬임 (로프) left-lay rope 11-64
SI Le Syst-me International d' Unit-s 1-2
T 이음 T-joint 13- 13
T 홈 볼트 T-slot bolt 8-59
V 벨트 V-belt, V-rope 11-42
V 벨트 전동 V-belt drive 11-42
V 풀리 grooved pulley for V-belt 11-42
Z 꼬임 (로프) right-lay rope 11-64
α철 alpha iron 5-3
γ철 gamma iron 5-3
δ철 delta iron 5-3

ㄱ

가공 경화 work hardening 5-6
가공 방법 기호 symbol of metal working processes 6-27
가는 나사 fine thread 8-3, 17-37
가속도 acceleration 3-5
가스관 gas pipe 14-3
가요 결합 flexible coupling, flexible joint 9-13
가장자리 용접 edge weld 13-13
가장자리 이음 edge joint 13-13
가죽 벨트 leather belt 11-61
각가속도 angular acceleration 3-5
각도 계열 angle series 10- 9
각속도 angular velocity 3-5
각형 스플라인 straight-sided spline 11-30
간섭 (기어의) interference 11-7
강성 계수 modulus of rigidity 4-3
강제 진동 forced vibration 3-10
개선 beveling 17-53
개스킷 gasket 14-9, 14-32
거친 나사끝 plain-sheared end 8-43
걸치기 이두께 base tangent length 11-26, 17-49
검사도 check of drawing 17-113
격자 참조 방식 grid system 17-6
겹치기 이음 lap joint 13-13
겹판 스프링 laminated spring 12-3, 12-11, 17-41
경도 hardness 5-15, 20-3
경사 투영 화법 oblique axonometry 7-7
경사도 공차 angularity tolerance 17-90, 17-103
고무 rubber 5-58
고무 벨트 rubber belt 11-61
고무 축 커프링 rubber shaft couplings 9-15
고용체 solid solution 5-3
고정 나사 set screw 8-40
고정 너트 check nut, lock nut 8-76
고정구 fixture 15-2
골의 지름 miner diameter 8-2
골조 목형 skeleton pattern 6-3
공구 압력각 cutter pressure angle 11-4
공기 해머 pneumatic power hammer 6-7
공률 power 3-7
공정 기본도 기호 schedule drawing symbols 17-111
공정체 eutectic 5-2
공진 resonance 3-10
공차 tolerance 16-3
공차 기입 틀 tolerance frame 17-78
공차 등급 grade of tolerance 16-5
공차 특징 형상 toleranced feature 17-74, 17-78
공차역 tolerance zone 16-4, 17-73
공차역 클래스 class of tolerance zone 16-5
공통 공차역 common tolerance zone 17-80
관 이음 pipe joint 14-6
관 플랜지 pipe flange 14-8

관련 형체 related feature 17-75
관성 inertia 3-6
관용 나사 pipe thread, gas thread 8-4
관용 테이퍼 나사 taper pipe thread 8-17, 17-37
관용 평행 나사 parallel pipe thread, straight pipe thread 8-17, 17-37
관통 볼트 through bolt 8-19
교차선 intersecting line 17-19
교차체 intersecting body 7-8
구대 grade, gradient slope 17-28
구멍 게이지 plug gauge 16-2
구멍 기준식 basic bore system 16-3
구배 키 taper key 8-83, 8-86
국부 투영도 partial projection drawing 17-13
굴곡 곡선 waviness profile 17-60
굴곡 파라미터 W-parameter 17-61
굽힘 모멘트 bending moment 4-6, 9-6
굽힘 시험 bending test 5-17
굽힘 응력 bending stress 4-6
권동 hoisting drum 11-69
그루브 groove 17-54
그리스 grease 10-65
극 단면 계수 polar modulus of section 4- 10
극 좌표 polar coordinates 2-4
극한 강도 ultimate strength 4-3
극한 응력 ultimate stress 4-3
긁기 형 sweeping mold 6-4
긁기형 sweeping board 6-3
금속재료시험 metallic materials testing 5-11
금형 mold, mould 6-2
금형 die, metallic mold 6-2
기계 요소 machine element 8-2
기계 제도 engineering drawing 17-2
기능 게이지 functional gauge 17-106
기능 치수 functional dimension 17-31
기능성 재료 functional material 5-62
기본 단위 fundamental unit 1-2
기본 동정격 하중 basic dynamic load rating 10-61
기본 정정격 하중 basic static load rating 10-62
기어 gears, toothed wheels, gearing 11-2, 17-44
기어 기호 letter symbols for gears 11-4
기어 절삭기 gear cutting machine 6-20
기어절삭 커터 gear form cutter 6-20
기어절삭 피치선 generating pitch line 11-8
기어형 축 커플링 geared type shaft coupling 9-15
기준 길이 sampling length 17-63
기준 랙 basic rack 11-8
기준 압력각 standard pressure angle 11-4, 11-8
기준 치수 basic dimension 16-4
기준 치형 basic tooth profile 11-8
기준 피치 standard pitch 11-4
기준선 reference line, datum line 16-4
기준원 reference circle 11-4
기준원 직경 standard pitch diameter 11-4
기초 볼트 foundation bolt 8-60
기초원 base circle 11-4
기하 공차 geometrical tolerance 17-71
기하 편차 geometrical deviation 17-72
긴 기둥 long column 4-15
길이 length 부록-2
깊은 홈 볼 베어링 deep groove ball bearing 10-7, 10-13
끝분할 테이퍼 핀 split taper pin 8-90
끼워맞춤 fit, fitting 10-55, 16-2, 17-69
끼워맞춤 방식 system of fit 16-2

ㄴ

나무 나사 wood screw 8-52
나비 너트 butterfly nut, wing nut 8-55
나비 볼트 butterfly bolt, wing bolt 8-55
나비형 밸브 butterfly valve 14-26
나사 screw 8-2, 17-34
나사 기어 screw gear 11-3, 17-46
나사 기초구멍 지름 hole size before threading 8-81
나사 드라이버 screw driver 8-71
나사 산 screw thread 8-2
나사 절삭 threading 6-13
나사붙이 뾰족 끝 threaded corn point 8-43
나사의 전조 thread rolling 6-23
내경 (암나사의) minor diameter (of internal thread) 8-2
내경 번호 bore diameter number 10-9
내력 internal force 4-2
내부 기어 internal gear 11-2
냉간 성형 리벳 cold headed rivet 13-2
냉간가공 cold working 5-5

너클 이음 knuckle joint 8-95
너트 nut 8-19
널링 공구 knurling tool 17-20
노멀라이징 normalizing 5-4
노치 효과 notch effect 9-7
높이 계열 height series 10-8
높이 계열 기호 height series number 10-9
누진 치수 기입법 superimposed running dimensioning 17-22

ㄷ

다듬질 기호 finish mark 17-69
다듬질 여유 finishing allowance 6-25
다이스 die 6-10
다줄 나사 multiple thread, multiple-start thread 8-2
다축 볼반 multi spindle drilling machine, multiple spindle drilling machine 6-15
다축 헤드 드릴링 머신 gang drilling machine 6-15
다판식 원판 클러치 multiple disc clutch 9-20
단독 형체 single feature 17-75
단면 section 17-14
단면 2차 모멘트 moment of inertia 4-6, 부록-4
단면 계수 modulus of section 4-6, 부록-4
단면 곡선 primary profile 17-60
단면 곡선 파라미터 P-parameter 17-61
단면도 sectional drawing 17-13
단속 용접 discontinuous weld 13-14
단순 응력 simple stress 4-2
단순보 simply supported beam 부록-6
단식 스러스트 볼 베어링 single-direction thrust ball bearing 10- 19
단열 (베어링) single row bearing 10-7, 10-10
단위 unit 1-2
단위계 unit system 1-2
단조 forging 6-7
단차 stepped pulley 11-63
단체 목형 solid pattern 6-3
단체 베어링 solid bearing 10-2
달랑베르의 원리 d'Alembert's principle 3-6
담금질 hardening, quenching 5-5
대기어 gear, wheel 11-2
대칭 도시 기호 symmetry mark 17-17
대칭도 공차 symmetry tolerance 17-94
더블 헬리컬 기어 double-helical gear 11-3, 17-46
덧댐 이음 strapped joint 13-13
데이텀 datum 17-75
데이텀 삼각기호 datum triangle 17-78
데이텀 타깃 datum target 17-75, 17-82
데이텀 형체 datum feature 17-75
데이텀계 datum system 17-75
도료 paint 5-61
도면 drawing 17-2
도면 관리 control of engineering drawings 17-112
도면 번호 drawing number 17-112
도면의 변경 drawing of alteration 17-113
독립의 원칙 principle of independency 17-72
돌출 공차역 projected tolerance zone 17-82
동등가 하중 dynamic equivalent load 10-61
동력 power 3-7
동마찰 dynamical friction 3-7
동심도 공차 concentricity tolerance 17-93
동적 공차선도 dynamic tolerance diagram 17-99
동축도 공차 coaxiality tolerance 17-93
둥근 끝 oval point, round point 8-43
둥근 너트 circular nut 8-60
드럼 (hoisting) drum 11-69
드로잉 형 drawing die 6-12
드롭 해머 drop hammer 6-7
드릴 drill, gimlet 6-15
드릴 drill, gimlet 6-15
드릴링 머신 drilling machine 6-15
등가속도 uniform acceleration 3-5
등각화법 isometric axonometry 7-6
디스크 브레이크 disk brake 12-20

ㄹ

라디안 radian 1-5
라운드 키 round key 8-89
래버린스 labyrinth 14-32
래핑 lapping 6-21
래핑 머신 lapping machine 6-22
랙 rack 11-3, 17-49
랙 커터 rack cutter 6-20
랭 꼬임 Lang lay 11-64
랭킨의 공식 Rankine's formula 4-15
레이디얼 드릴링 머신 radial drilling machine 6-15
레이디얼 롤러 베어링 radial roller bearing 10-7

레이디얼 베어링 radial bearing 10-2, 10-5
레이디얼 볼 베어링 radial ball bearing 10-7
레이디얼 하중 radial load 10-7
레이어 layer 18-3
로크 너트 lock nut 8-76
로크웰 경도 Rockwell hardness 5-16, 부록-3
로프 풀리 rope pulley 11-69
롤러 roller 10-7
롤러 베어링 roller bearing 10-7
롤러 체인 roller chain 11-35
롤러 체인 전동 roller chain drive 11-35
롤러 체인 축 커플링 roller chain shaft coupling 9-16
롤링 마찰 rolling friction 3-8
롤링 베어링 ball-and-roller bearing 10-7, 17-50
롤링 원 rolling circle, generating circle 11-2
리드 lead 17-38
리드 각 lead angle 8-2
리머 reamer, rimer 6-16
리벳 rivet 13-2
리벳 세터 rivet setter 13-2
리벳 이음 rivet joint, riveted joint 13-2, 13-7
림 rim 11-27

ㅁ

마그네트 볼 베어링 magneto ball bearing 10-34
마퀜칭 marquench 5-5
마르텐사이트 martensite 5-3
마찰 계수 coefficient of friction 3-8
마찰 원통형 커플링 friction muff coupling 9-11
마찰 클러치 friction clutch 9-19
마찰각 friction angle 3-8
만네스만법 Mannesmann piercing process 6-11
만능 밀링머신 universal milling machine 6-16
많이 이용되는 끼워맞춤 normalize fit 16-7
맞대기 용접 butt welding 13-13
맞대기 이음 butt joint 13-13
맞물림 길이 length of action 11-4
맞물림 압력각 operating pressure angle 11-4
맞물림 클러치 dog clutch 9-19
맞물림률 contact ratio 11-6
머시닝센터 machining centre 6-23
머프 커플링 muff coupling 9-13
면심 입방 격자 face centered cubic lattice 5-3
면의 윤곽도 공차 profile of a surface tolerance 17-86
모듈 module 11-7, 17-44
모떼기 chamfering, beveling 17-25
모르스 테이퍼 Morse taper 17-29
모멘트의 팔 moment arm 3-3
모방 선반 copying lathe 6-15
모서리 이음 corner joint 13-13
모재 base metal, parent metal 13-13, 17-53
미끄럼 마찰 sliding friction 3-8, 10-7
미끄럼 베어링 sliding bearing 10-2
미끄럼 베어링용 부시 bush for sliding bearing 10-2, 10-4
미끄럼 키 sliding key 8-83
미니어처 나사 miniature screw thread 8-3, 8-11
미첼 베어링 Michell bearing 10-3
미터 metre 1-4
미터 가는나사 metric fine thread 8-3, 17-37
미터 나사 metric thread system 8-3
미터 보통나사 metric coarse thread 8-3, 17-37
미터 사다리꼴 나사 metric trapezoidal screw thread 8-14
밀도 density 1-4
밀링 milling 6-16
밀링 머신 miller, milling machine 6-16
밀봉 장치 sealing equipment 14-32
밀착 높이 solid height 12-6

ㅂ

바니시 varnish 5-62
바이트 cutting tool 6-13
박스 스패너 box spanner, socket wrench 8-71
반 봉끝 half dog point 8-43
반달 키 woodruff key 8-83
반달 키 woodruff key 8-83, 8-87
반력 reaction torce 3-4, 4-5
반복 하중 repeated load 4-2
반전 turn over 18-3
방전가공 electrical discharge machining 6-22
방향 마크 direction mark 17-6
배관도 piping diagram 17-107
배면도 rear view 17-11
배척 enlargement scale, enlarged scale 17-7
백래시 back lash 11-4

백업 링 backup ring 14-37
밴드 브레이크 band brake, strap brake 12-18
밸브 valve 14-25
버티컬 밀링머신 vertical milling machine 6-16
벌류트 스프링 volute spring 12-3, 17-42
법선 피치 normal pitch 11-17
베벨 기어 bevel gear 11-3, 17-46
베벨 기어 straight bevel gear 11-3, 17-46
베어링 bearing 10-2
베어링 계열 기호 bearing series number 10-9
베어링 내경 bearing bore diameter 10-8
베어링 외경 bearing outside diameter 10-8
벡터 vector 3-2
벤드 bend 14-6
벨트 belt 11-42
벨트 전동 belt drive 11-42
벨트 풀리 belt pulley 11-42
변위 displacement 3-5
변태 transformation 5-3
변태점 transformation point 5-3
변형 strain 4-2
병렬 용접 parallel welding 13-14
병렬 치수 기입법 parallel dimensioning 17-22
보 beam 4-5
보링 머신 boring machine 6-18
보조 단위 subsidiary units 1-3
보조 투영도 auxiliary projection drawing 17-12
보통 공차 general tolerance 6-28
보통 꼬임 ordinary lay 11-64
보통 나사 coarse thread 8-3, 17-32
보통 선반 lathe 6-15
복사 duplicate 18-3
복식 스러스트 볼 베어링 double-direction thrust ball bearing 10- 20
복열 (베어링) double row bearing 10-7, 10-10
복합 재료 composite material 5-62
볼 베어링 ball bearing 10-7
볼트 bolt 8-19
볼트 구멍 bolt hole 17-27
볼형 밸브 globe valve, spherical valve 14-25
봉 끝 dog point 8-43
부등각 화법 trimetric projection 7-6
부분 조립도 partial assembly drawing 17-4
부분 투영도 partial view 17-13
부분 형 section pattern 6- 3
부시 bush, bushing 10-2
부품 번호 parts number 17-112
부품도 part drawing 17-4
분할 목형 split pattern 6-3
분할 핀 split pin 8-90
불꽃 시험 spark test 5-6
브라운-샤프 테이퍼 Brown and Sharpe taper 17-29
브레이크 brake 12-16
브로치 broach 6-21
브로칭 머신 broaching machine 6-21
브리넬 경도 Brinell hardness 5-15, 부록-3
블랭킹 형 blanking die 6-12
블로홀 blow hole 6-6
블록 브레이크 block brake 12-17
블록 브레이크 block brake 12-17
비교 눈금 metric reference graduation 17-6
비기능 치수 non-functional dimension 17-31
비중 specific gravity 4-4
비철금속 nonferrous metal 5-43
비커스 경도 5-15, 부록-3
비틀림 torsion 4-10
비틀림 모멘트 torsional moment, twisting moment 4-10, 9-6
비틀림 응력 torsional stress 9-6
비틀림 코일 스프링 torsion spring 12-3, 12-6, 17-39
비틀림각 helix angle 11-13
빼기구배 draft 6-4
뾰족 끝 corn point 8-43

ㅅ

사각 나사 square thread 8-3
사각 너트 square nut 8-39
사각 볼트 square head bolt 8-39
사각 키 square key 8-89
사다리꼴 나사 trapezoidal thread 8-3, 8-14
사이클로이드 곡선 cycloid curve 2-6, 7-5
사이클로이드 치형 cycloid tooth 11-2
사하중 dead load 4-2
산술 평균 조도 arithmetical mean deviation of roughness 17-62
산형강 angle steel 5-33, 5-36

삼각 나사 triangular thread 8-3
상당 굽힘 모멘트 equivalent bending moment 4-11
상당 비틀림 모멘트 equivalent twisting moment 4-11
상당 평기어 잇수 equivalent number of teeth 11-13
상상도 imaginary drawing 17-13
상상선 fictitious outline, imaginary line 17-8
샘플링 파트 sampling part 17-63
샤르피 충격시험 Charpy impact test 5-14
샤프트 shaft 9-2
섀클 shackle 11-71
서징 surging 12-6
서피스 보넬 surface model 18-4
선긋기 wire drawing 6-10
선의 윤곽도 공차 profile of a line tolerance 17-85
선철 pig iron 5-4
세 방향 콕 three way cock 14-30
세라믹스 ceramics 5-61
세레이션 serration 11-30
세미 튜블러 리벳 semi-tubular rivet 13-2, 13-6
세폭 V 벨트 narrow V-belt 11-50
세폭 V 풀리 narrow V-belt pulley 11-51
섹터 기어 sector gear 17-48
센터 구멍 center hole 17-52
센터 구멍 드릴 center drill 6-15, 17-52
센터리스 연삭 centreless grinding 6-20
셀러 표준 각나사 Seller's screw 8-3, 8-13
셀러식 원뿔 커플링 Seller's coupling 9-11
셰이핑 머신 shaper, shaping machine 6-17, 6-18
소르바이트 sorbite 5-4
소선 element wire 11-64
소켓 삽입 이음 socket and spigot joint 14-24
소프트웨어 software 18-2
솔리드 모델 solid model 18-4
쇼어 경도 Shore hardness 5-17
쇼크 업소버 shock absorber 12-15
수나사 external thread 8-2, 17-34
수명 (베어링의) life 10-61
수명 계수 life factor 10-61
수압 프레스 hydraulic forging press 6-7
수축 여유 shrinkage allowance 6-4
수치 제어 numerical control 6-23
수치의 반올림법 rounding off of numerical values 1-12
수평 밀링 머신 plain milling machine 6-16
숨은선 hidden outline 17-8, 17-18
슈퍼피니싱 super finishing 6-22
스냅 링 retaining ring 8-96
스러스트 베어링 thrust bearing, thrust block 10-2, 10-6
스러스트 볼 베어링 ball thrust bearing 10-8, 10-19
스러스트 자동 조심 롤러 베어링 self-aligning thrust roller bearing 10-8, 10-33, 10-50
스러스트 하중 thrust load 10-7
스머징 smudging 17-16
스윙 체크 밸브 swing check valve 14-26
스칼라 scalar 3-2
스큐 베벨 기어 skew bevel gear 11-3
스터드 볼트 stud 8-19, 8-38, 8-39, 17-36
스테라디안 steradian 1-5
스톱 밸브 stop valve 14-25
스트랜드 strand 11-64
스트레이트 섕크 straight shank 6-15
스파이럴 베벨 기어 spiral bevel gears 11-3, 17-47
스파이럴 스프링 spiral spring 12-3, 17-43
스패너 spanner, wrench 8-71
스폿 용접 spot welding 13-13
스폿 페이싱 spot facing 17-26, 17-27
스프로킷 sprocket 11-37
스프링 spring 4-13, 12-2, 17-39
스프링 와셔 spring washer 8-74
스프링 정수 spring constant, load rate 3-8, 12-9
스프링 지수 spring index 12-4
스프링 핀 spring pin 8-90, 8-94
스플라인 spline 11-30
스핀들 spindle 9-2
슬로팅 머신 slotter, slotting machine 6-17, 6-18
슬루스 밸브 sluice valve 14-25
슬링거 slinger 14-32
시멘타이트 cementite 5-3
시브 rope sheave 11-69
시험편 test piece 5-11
신축 이음 expansion joint 14-24
실 seal 14-32
실드형 shielded type 10-7
실선 continuous line 17-7
실용 데이텀 형체 simulated datum feature 17-75
실제 치수 actual size 16-2
실형 sealed type 10-7

실효 치수 virtual size 17-99
심 용접 seam welding 13-13
심블 thimble 11-71
십자 걸이 closed belting, cross belting 11-61
십자 구멍붙이 cross recessed head 8-40
십자 나사 드라이버 screwdriver for cross 8-71
쌍곡선 hyperbola 2-5

ㅇ

아래 치수 허용차 lower limit of variation 16-4, 17-70
아이 너트 eye nut 8-54, 8-55
아이 볼트 eye bolt 8-54, 8-55
아이들 풀리 idle pulley, idle wheel 11-63
아이들러 idler 11-46, 11-57, 11-61
아이조드 충격시험 Izod impact test 5-14
아크 용접 arc welding 13-13
안전 밸브 relief valve, safety valve 14-30
안전율 (재료의) factor of safety 4-3
암 arm, limb 6-6, 11-62
암나사 internal thread 8-2, 17-34
암슬러 만능시험기 universal testing machine 5-14
압력 pressure 부록-2
압력각 pressure angle 11-4, 11-6
압연기 rolling mill 6-10
압축 변형 compressive strain 4-2
압축 응력 compressive stress 4-2
압축 코일 스프링 compression coiled spring 12-2, 17-39
액슬 axle 9-2
앵귤러 볼 베어링 angular contact ball bearing 10-8, 10-15
앵글 밸브 angle valve 14-25
양구 스패너 double-ended wrench 8-71
어닐링 annealing 5-4
어댑터 슬리브 adapter sleeve 10-34
억지끼워맞춤 close fit 16-3
언더컷 undercut 11-7
업세팅 upsetting 6-9
에너지 energy 3-7, 부록-2
에릭센 시험 Erichsen test 5- 17
에피사이클로이드 epicycloid 2-6
엘보 elbow, knee bend 14-6
연삭 숫돌 abrasive wheel, grinding wheel 6-19
연삭기 grinder, grinding machine 6-19
연속 용접 continuous weld 13-14
열간 성형 리벳 hot headed rivet 13-2, 13-4
열간가공 hot working 5-5
열처리 (강의) heat treatment 5-4
영 계수 Young's modulus 4-3
영구 변형 permanent set 4-3
오른 나사 right-handed screw 8-2
오른쪽 감기 right-hand wind 17-41
오목 끝 cup point 8-43
오버 핀 지름 over pin diameter 11-27
오스테나이트 austenite 5-3
오스템퍼 austempering 5-5
오일 게이지 oil gauge 10-66
오일 구멍 드릴 oil hole drill 6-15
오일 그루브 oil groove 14-32
오일 링 베어링 oil ring bearing 10-2
오일 실 oil seal 14-40
오일 펌프 oil pump 10-66
오일러의 이론 공식 Euler's formula 4-15
오프셋 링크 offset link 11-35
오픈 벨트 open belting 11-61
오픈 벨트 open belting 11-61
오픈 벨트 open belting 11-61
올덤 커플링 Oldham's coupling 9-16
와셔 washer 8-73
와셔 조립 육각 볼트 hexagon bolt and washer assemblies 8-59
와이어 그립 wire grip 11-71, 11-74
와이어 로프 wire rope 11-64
와이어 프레임 모델 wire frame model 18-4
외경 (수나사의) major diameter (of external thread) 8-2
외접 기어 external gear 11-2
외팔보 cantilever 4-5
외형선 visible outline 17-8
왼 나사 left-handed screw 8-2, 17-39
왼쪽으로 감긴 스프링 left-handed spring 17-41
요철 profile irregularities 17-61
용접 welding, weld 13-13, 17-53
용접 기호 welding symbol 17-56
용접 이음 welded joint 13-13
운동 에너지 kinetic energy 3-7
운동량 momentum 3-6

원 피치 circular pitch 11-4
원뿔 롤러 tapered roller 10-7
원뿔 롤러 베어링 taper roller bearing 10-8, 10-27, 10-53
원뿔 마찰 클러치 cone friction clutch 9-20
원뿔 축 끝단 conical shaft end 9-4
원뿔형 코일 스프링 conical spring 12-3
원소 기호 chemical element symbols 부록-10
원주 흔들림 공차 circular run-out tolerance 17-94
원통 롤러 cylindrical roller 10-7
원통 롤러 베어링 cylindrical roller bearing 10-8, 10-22, 10-51
원통 축 끝단 cylindrical shaft end 9-3
원통도 공차 cylindricity tolerance 17-85
원판 브레이크 disk brake 12-20
원판 클러치 disc clutch 9-20
웜 worm 11- 3, 17-47
웜 기어쌍 worm gear pair 11-4
웜 휠 worm wheel 11-3, 17-48
위치 공차 location tolerance 17-72
위치 에너지 potential energy 3-7
위치결정 핀 positioning pin 15-8
위치도 공차 positional tolerance 17-91, 17-97
위트워어드 나사 Whitworth screw thread 8-3, 8-9
위험 회전수 (축의) critical speed 9-10
윗치수 허용차 upper limit of variation 16-4, 17-70
유니파이 가는나사 unified fine thread 8-3, 8-11, 17-37
유니파이 보통 나사 8-3, 8-9, 17-37
유압 프레스 hydraulic press 6-7
유지기 cage, retainer, separator 10-7
유효 말이 수 number of active coils 12-3
유효 이 높이 working depth 11-4
유효지름 pitch diameter 8-2
유효지름 육각 볼트 hexagon head bolt with reduced shank 8-20
육각 구멍붙이 볼트 hexagon socket headed bolt 8-53
육각 너트 hexagon nut 8-19
육각 볼트 hexagon bolt 8-19
육각 얇은 너트 hexagon thin nut 8-21, 8-37
윤곽 곡선 profile 17-60
윤곽 곡선 파라미터 profile parameter 17-61
윤곽선 border line 17-5
윤활 lubrication 10-65
응력 집중 stress concentration 9-7
응력-변형 곡선 stress-strain diagram 4-3
이 직각 모듈 normal module 11-14
이 직각 모듈 normal module 11-9
이 직각 피치 normal circular pitch 11-14
이끝 틈새 clearance 11-4
이끝원 addendum circle 11-4, 17-44
이끝의 높이 addendum 11-4
이끝의 면 tooth crest 11-4
이동 move 18-3
이두께 tooth thickness 11-4
이론적으로 정확한 치수 theoretically exact dimension 17-74, 17-81
이붙이 벨트 toothed belt, timing belt 11-55
이붙이 벨트 전동 toothed belt transmission 11-55
이붙이 벨트용 풀리 toothed belt pulley 11-57
이붙이 와셔 toothed washer 8-75
이뿌리원 root circle 11-4, 17-44
이뿌리의 높이 dedendum 11-4
이뿌리의 면 frank 11-4
이음매 없는 관 seamless pipe 6-11
이폭 face width 11-4
이홈 space 11-4
인발관 solid drawn tube, drawn tube 6-11
인벌류트 곡선 involute curve 2-6, 11-2
인벌류트 세레이션 involute serration 11-30
인벌류트 치형 involute tooth 11-2
인벌류트 함수 involute function 11-6
인장 변형 tensile strain 4-2
인장 시험 tension test 5-11
인장 응력 tensile stress 4-2
인장 코일 스프링 tension spring 12-2, 17-39
인장력 tensile load, tension load 4-2
인출선 leader outgoing line 17-21
일반용 미터 나사 general purpose metric screw threads 8-3, 17-37
잇 수 number of teeth 11-7
잇줄 tooth trace 17-44, 17-45, 17-49

ㅈ

자동 선반 automatic lathe 6-15
자동 조심 롤러 베어링 self-aligning roller bearing 10-8, 10-30

자동 조심 볼 베어링 self-aligning ball bearing 10-8, 10-18
자세 공차 orientation tolerance 17-72
자연 로그 natural logarithm 2-2
자유 높이 free height 12-7
자유 말이 수 number of free coils 12-4
자유 진동 free vibration 3-8
자재 이음 universal joint 9-17
자전거용 나사 cycle thread 8-3, 8-12
작용선 line of action 11-4
작은나사 machine screw 8-40
재단 마크 trimming mark 17-6
재봉틀용 나사 screw threads for sewing machine 8-3, 8-13
잭 jack 8-78
저널 journal 10-2
저항 용접 resistance welding 13-13
전개도 development 17-18
전단 변형 shearing strain 4-2, 4-10
전단 응력 shearing stress 4-2
전단각 shearing angle 4-10
전단력 shearing force 4-6
전동 transmission 11-2
전동 축 power transmission shaft 4-11, 9-2
전선관 나사 conduit tube thread 8-19
전위 계수 addendum modification coefficient 11-8
전위 기어 profile shifted gear 11-8
전위량 amount of addendum modification 11-8
전조 나사 rolled thread 6-23
절단 날끝 cutting edge point 8-43
절단선 cutting plane line 17-8, 17-14
절삭값 17-65
점 용접 spot welding 13-13
점도 viscosity 1-8, 10-65
접두어 prefix 1-3, 1-5
접선 응력 tangential stress 4-2
접시 볼트 flat head bolt 8-55, 8-57
접시 스프링 conical spring 12-14, 17-43
접시 스프링 와셔 conical spring washer 8-75
접촉각 contact angle 10-11
접촉률 percentage of thread engagement 8-81
정격 수명 rated life 10-61
정등가 하중 static equivalent load 10-64
정마찰 statical friction 3-7
정면 모듈 transverse module 11-14
정면 선반 face lathe 6-15
정면 피치 transverse circular pitch 11-4, 11-7, 11-14
정면도 front view 7-7, 17-12
정지 rest 3-2
정지 측 not-go end 16-2
제1각법 first angle projection 17-10
제3각법 third angle projection 17-10
제거가공 material removal process 17-60
제도 drawing 17-2
제도 용지의 크기 size of drawing paper 17-5
제로 위치도 공차 zero positional tolerance 17-101, 17-104
제작도 working drawing 17-4
조도 곡선 roughness profile 17-60
조도 파라미터 R-parameter 17-61
조립 단위 derived unit 1-2
조립도 assembly drawing 17-4
조심 와셔 aligning seat washer 10-8
조합 목형 combined pattern 6-3
조회 번호 reference number 17-112
종탄성계수 modulus of longitudinal elasticity 4-3
좌굴 하중 buckling load 4-15
좌표 치수 기입법 dimensioning by coordinates 17-23
좌표축 coordinate axis 2-4
주강 cast steel, steel casting 5-4
주물 castings, casting 6-2
주물 척 shrinkage rule, contraction rule 6-4
주조 casting 6-2
주철 cast iron 5-4
주철관 cast iron pipe 14-2
주투영도 principal view 17-11, 17-44
줄 수 number of thread 8-2, 17-38
중간 끼워맞춤 transition fit 16-3
중간 축 counter shaft 9-17
중공 환축 hollow shaft 9-2, 9-6
중력 gravity 3-5
중립 면 neutral plane, neutral surface 4-6
중립 축 neutral axis 4-6
중실 환축 solid shaft 9-2, 9-6
중심 center of gravity 3-5
중심 마크 centering mark 17-6

중심거리 수정계수 center distance modification coefficient 11-12
중심선 center line 17-8
증기 해머 steam hammer 6-7
지그 jig 15-2
지그재그 용접 staggered weld 13-14
지름 줄임 이음 reducer 14-6
지름 피치 diametral pitch 11-7
직각도 공차 perpendicularity tolerance 17-88, 17-102
직경 계열 diameter series 10-8
직경 계열 기호 diameter series number 10-9
직교 좌표 cartesian coordinates, rectanguler-coordinates 2-4
직렬 치수 기입법 chain dimensioning 17-22
진동 vibration 3-8
진원도 공차 roundness tolerance 17-84
진직도 공차 straightness tolerance 17-84
질화강 nitriding steel 5-6
짝힘 couple, couple of forces 3-3

ㅊ

차축 axle 9-2
참고 치수 auxiliary dimension 17-31
척도 scale 17-7
체결 여유 interference 16-2
체심 입방 격자 body centered cubic lattice 5-3
체인 전동장치 chain drive 11-35
체인 전동장치 chain drive 11-35
체크 리스트 check list 17-114
체크 밸브 check valve, nonreturn valve 14-26
촉침식 표면 조도 측정기 stylus instrument 17-60
총 권 수 total number of coils 12-4
총나사 육각 볼트 hexagon head screw 8-20
총이의 높이 whole depth 11-4
총흔들림 공차 total run-out tolerance 17-96
최대 높이 조도 maximum height roughness 17-62
최대 실체 공차 방식 maximum material principle 17-82, 17-97
최대 실체 상태 maximum material condition 17-97
최대 실체 치수 maximum material size 17-98
최대 응력 maximum stress 4-3
최대 체결여유 maximum interference 16-3
최대 틈새 maximum clearance 16-3
최대 허용 치수 maximum limit of size 16-2
최대값 룰 rule of maximum height 17-63
최소 실체 상태 least material condition 17-97
최소 실체 치수 least material size 17-100
최소 체결여유 minimum interference 16-3
최소 틈새 minimum clearance 16-3
최소 허용 치수 minimum limit of size 16-2
축 기준식 basic shaft system 16-3
축 커플링 coupling, shaft coupling 9-11
축직각 방식 system of rotation 11-9
축척 reduction scale, contraction scale 17-7
측변 밀링커터 side milling cutter 6-16
측면도 side view 7-7, 17-10
치수 계열 dimension series 10-9
치수 계열 기호 dimension series number 10-9
치수 공차 tolerance 16-3
치수 보조 기호 symbol for dimensioning 17-23
치수 보조선 extension line, projection line 17-8, 17-21
치수 허용차 variation of tolerance 17-70
치수선 dimension line 17-8, 17-21
치형 tooth form, tooth profile 11-2
치형 캘리퍼 tooth calipers 11-26
침 모양 롤러 베어링 needle roller bearing 10-8, 10-32, 10-51
침탄법 cementation 5-6

ㅋ

칼라 베어링 collar bearing 10-3
캠 cam 7-10
캠 선도 cam diagram 7-10
캠식 복동 프레스 cam press 6-11
컨트롤 반경 control radius 17-24
컷오프 값 cut-off values --17-63
켈빈 kelvin 1-4
코어 core 6-4
코어용 목형 core box 6-4
코일 스프링 coiled spring 12-2, 17-39
코일 평균 지름 mean diameter of coil 12-4
코킹 calking, caulking 13-7
코킹 calking, caulking 13-7
코터 cotter 8-95
코터 이음 cotter joint 8-95

콕 cock 14–30
콘크리트 concrete 5–60
크랭크 축 crank shaft 9–9
크랭크 프레스 crank press 6–11
크로스 벨트 closed belting, cross belting 11–61
클램프 커플링 split muff coupling 9–13
클러치 clutch 9–19
클로 (물림 클러치) claw 9– 19
클로즈드 벨트 closed belting, cross belting 11–61
키 key 8–83
키 홈 key seat 8–83, 17–28

ㅌ

타원 ellipse 2–5
타이밍 벨트 timing belt 11–55
탁상 선반 bench lathe 6–15
탄성 계수 elastic modulus, modulus of elasticity 4–3
탄성 한도 limit of elasticity, elastic limit 4–3
탄소강 carbon steel 5–4
태핑 나사 tapping screw 8–52
터릿 선반 capstan lathe, turret lathe 6–15
터프피치 동 tough–pitch copper 5–43
테이퍼 taper 17–28
테이퍼 나사 cone screw 8–4, 8–17, 17–37
테이퍼 리머 taper reamer 6–16
테이퍼 섕크 taper shank 6–15, 17–29
테이퍼 핀 taper pin, tapered pin 8–90
테트마이어 공식 Tetmajer's formula 4–15
템퍼링 tempering 5–5
토글 복동 프레스 toggle press 6–11
토션 바 torsion bar spring 12–13
토크 torque 3–3
톱니 나사 buttress thread 8–3
통과 대역 passband 17–63
통과 측 go–end 16–2
투시화법 perspective projection 7–7
투영 projection 7–6
투영법 projection method 17–11
트루스타이트 troostite 5–3
트위스트 드릴 twist drill 6– 15
특수강 special steel 5–4
틈새 clearance 16–2

ㅍ

파단선 break line 17–8
파라메트릭 parametric 18–3
파라미터 parameter 17–60
파라미터의 표준 계열 standard progression of parameter 17–63
파선 dashes line 17–7
파인 세라믹스 fine ceramics 5–61
판 스프링 leaf spring, flat spring 12–3
팔꿈치 이음 knuckle joint 8–95
패킹 packing 14–32
팽이형 자재 축이음 universal ball joint 9–18
펄라이트 pearlite 5–3
페더 키 feather key 8–83
페라이트 ferrite 5–3
페라이트 ferrite 5–3
편각 fleet angle 11–70
편구 렌치 single–ended wrench 8–71
평 기어 spur gear, spur wheel 11–2, 17–45
평 끝 flat point 8–43
평 벨트 전동 belt drive 11–61
평 와셔 plain washer, flat washer 8–73
평 키 flat key 8–89
평 풀리 pulley 11–62
평가 길이 evaluation lengh 17–63
평균선 mean lines 17–63
평면 연삭기 surface grinder 6–19
평면 좌형 스러스트 볼 베어링 thrust ball bearing with flat seats 9–49
평면도 plan, top view 7–7, 17–10
평면도 공차 flatness tolerance 17–84
평삭기 planer, planing machine 6–17, 6–18
평행 나사 straight thread, parallel thread 8–4, 8–17
평행 리머 parallel reamer 6–16
평행 이끝 틈새 parallel clearance 17–47
평행 키 parallel key 8–83
평행 핀 parallel pin 8–90
평행도 공차 parallelism tolerance 17–86, 17–102
평형 상태도 equilibrium diagram 5–2
포락의 조건 envelope principle 17–101
포물선 parabola 7–5
포틀랜드 시멘트 portland cement 5–60
폭 계열 width series 10–8

폭 계열 기호 width series number 10-9
폭목 core print, print matrix 6-4
표면 경화 hard facing 5-6
표면 성상 surface texture 17-60
표면 성상 도시 기호 complete graphical symbol 17-65
표면 조도 surface roughness 17-60
표제란 title panel, title block 17-112
표준 기어 standard gears 11-8
표준 수 preferred numbers 19-2
표준 온도 standard temperature 16-7
푸아송비 Poisson's ratio 4-3
풀리 pulley 11-42
프레스 가공 press 6-11
플랜지 flange 14-8
플랜지 커플링 flange coupling 9-11
플랜지형 플렉시블 축 커플링 flexible flanged shaft coupling 9-13
플러그 용접 plug welding 13-13
플러머 블록 plummer block 10-44
플레이킹 flaking 10-61
피니언 pinion 11-3
피니언 pinion 11-3
피니언 커터 pinion cutter 6-20
피벗 베어링 pivot bearing 10-3
피벗 베어링 pivot bearing 10-3
피처 기반 모델 feature base model 18-5
피치 pitch 8- 2, 11-4
피치 면 pitch surface 11-4
피치 원 pitch circle 11-4, 17-44
핀 pin 8-90
필릿 용접 fillet weld 13-13, 17-54
필릿 질량 fillet weight 부록-10

ㅎ

하드웨어 hardware 18-2
하면도 bottom view 17-10
하이포사이클로이드 hypocycloid 2-6
하이포이드 기어쌍 hypoid gears pair 17-47
한계 게이지 limit gauge 16-2
한계 게이지 방식 limit gauge system 16-3
한계 회전수 critical revolutions 10-68
합력 resultant force 3-2
합성 상자형 이음 split muff coupling 9-13
항복점 yield point 4-3
해칭 hatching 17-16, 18-3
허용 응력 allowable stress 4-3
허용한계 치수 limit size 16-2
헐거운 끼워맞춤 clearance fit, running fit 16-3
헐거움 방지 (나사의) locking 8-76
헬리컬 기어 helical gear 11-3, 17-45
혀붙이 와셔 tongued washer 8-76
현척 full scale, full size 17-7
형 단조 die forging, stamp forging 6-9
형강 shape steel 5-33
형상 공차 form tolerance 17-72
형상 모델링 geometric modeling 18-2
호닝 머신 honing machine 6-22
호브 hob 6-20
호칭 번호 (롤링 베어링의) bearing number 10-9
호칭 압력 nominal pressure 14-9
호칭 지름 육각 볼트 hexagon head bolt with normal diameter body 8-20
홈붙이 육각 너트 hexagon slotted nut, hexagon castle nut 8-59
화살표시법 arrow indication 17-11
화이트 메탈 white metal 5-56, 10-3
활하중 live load 4-2
회전 revolution 18-3
회전 투영도 revolved projection 17-12
회전비 (기어의) revolution ratio 11-9
횡탄성계수 modulus of rigidity 4-3
훅 hook 11-74
훅의 법칙 Hooke's law 4-3
훅의 자재 이음 Hooke 's universal joint 9-17
휨 opening camber 17-41
흔들림 공차 run-out tolerance 17-72
힘 force 3-2
힘의 3요소 3 elements of force 3-2
힘의 모멘트 moment of force 3-3
힘의 합성 composition of forces 3-2

기계설계제도 편람

2020. 4. 21. 1판 1쇄 인쇄
2020. 5. 5. 1판 1쇄 발행

지은이 | 오니시 키요시
감 역 | 노수황
옮긴이 | 김정아
펴낸이 | 이종춘
펴낸곳 | BM (주)도서출판 **성안당**
주소 | 04032 서울시 마포구 양화로 127 첨단빌딩 3층(출판기획 R&D 센터)
10881 경기도 파주시 문발로 112 출판문화정보산업단지(제작 및 물류)
전화 | 02) 3142-0036
031) 950-6300
팩스 | 031) 955-0510
등록 | 1973. 2. 1. 제406-2005-000046호
출판사 홈페이지 | **www.cyber.co.kr**
ISBN | 978-89-315-8930-6 (93550)
정가 | 35,000원

이 책을 만든 사람들
책임 | 최옥현
진행 | 김혜숙
본문 디자인 | 김인환
표지 디자인 | 임진영
홍보 | 김계향, 유미나
국제부 | 이선민, 조혜란, 김혜숙
마케팅 | 구본철, 차정욱, 나진호, 이동후, 강호묵
제작 | 김유석

■ 도서 A/S 안내

성안당에서 발행하는 모든 도서는 저자와 출판사, 그리고 독자가 함께 만들어 나갑니다.
좋은 책을 펴내기 위해 많은 노력을 기울이고 있습니다. 혹시라도 내용상의 오류나 오탈자 등이 발견되면 **"좋은 책은 나라의 보배"**로서 우리 모두가 함께 만들어 간다는 마음으로 연락주시기 바랍니다. 수정 보완하여 더 나은 책이 되도록 최선을 다하겠습니다.
성안당은 늘 독자 여러분들의 소중한 의견을 기다리고 있습니다. 좋은 의견을 보내주시는 분께는 성안당 쇼핑몰의 포인트(3,000포인트)를 적립해 드립니다.

잘못 만들어진 책이나 부록 등이 파손된 경우에는 교환해 드립니다.